Handbook of
Water Treatment Chemicals

水处理化学品
手册

刘明华　主编

化学工业出版社

·北京·

本书系统介绍了水处理化学品的制备和应用。全书共 12 章，第 1 章是绪论，第 2 章至第 12 章共收集包括混凝剂、絮凝剂、吸附剂、阻垢分散剂、缓蚀剂、杀菌灭藻剂、清洗剂、预膜剂、离子交换剂、膜材料、污泥脱水剂等多类水处理化学品，约四百余种，收录新药剂五十余种。

本书可供市政工程、环境科学与工程、化学工程等领域的工程技术人员、科研人员参考，也可供高等学校相关专业师生参阅。

图书在版编目（CIP）数据

水处理化学品手册/刘明华主编． —北京：化学工业出版社，2016.4（2022.5 重印）
ISBN 978-7-122-26265-3

Ⅰ．①水⋯　Ⅱ．②刘⋯　Ⅲ．①水处理料剂-手册
Ⅳ．①TU991.2-62

中国版本图书馆 CIP 数据核字（2016）第 026091 号

责任编辑：刘兴春　　　　　　　　　　　　　装帧设计：关　飞
责任校对：宋　玮

出版发行：化学工业出版社（北京市东城区青年湖南街 13 号　邮政编码 100011）
印　　装：北京虎彩文化传播有限公司
787mm×1092mm　1/16　印张 52　字数 1374 千字　2022 年 5 月北京第 1 版第 3 次印刷

购书咨询：010-64518888　　　　　　售后服务：010-64518899
网　　址：http://www.cip.com.cn
凡购买本书，如有缺损质量问题，本社销售中心负责调换。

定　　价：298.00 元
京华广临字 2016——9 号

《水处理化学品手册》
编委会

前　言

水是人类社会赖以生存和发展的不可替代的资源。随着社会经济的发展和人民生活水平的不断提高，人们对水的需求量越来越大，对其质量要求也越来越高，但人类可取用的水资源却不断减少。为改善水资源环境，促进节约用水和提高污水资源化程度，并使水资源短缺和水环境污染并存的局面得以改变，众多专家学者开展了大量的研发工作，从而使得水处理技术不断革新，水处理化学品不断呈现新品种，水处理行业不断向前发展。

水处理化学品是实施水处理技术与过程中的重要手段和材料。水处理化学品行业对于改善水质，防止结垢、腐蚀、菌藻滋生和环境污染，保证工业生产的高效、安全和长期运行，并对节水、节能、节材和环境保护等方面均具有重大意义。现代社会与工业的快速发展、水资源匮乏及污染加剧的严峻形势，极大地促进了水处理化学品新品种、新技术的不断出现和产业化规模的不断扩大。同时，新型水处理化学品的研究开发正向高效、低毒、无公害方面发展。

为了促进水处理行业的信息交流和技术合作，推广水处理化学品制造和应用技术，推动我国水处理工业的持续发展，本书结合近几年国内外在水处理化学品开发方面的新研究，编写了《水处理化学品手册》一书，以供读者参考。诚挚地希望本书的出版能够给相关工程技术人员在从事水处理工作时提供一定的指导作用，给环境科学和环境工程领域的科研、生产、教育等相关人员提供一些帮助。

全书共 12 章，第 1 章是绪论，第 2 章至第 12 章共收集包括混凝剂、絮凝剂、吸附剂、阻垢分散剂、缓蚀剂、杀菌灭藻剂、清洗剂、预膜剂、离子交换剂、膜材料、污泥脱水剂等多类水处理化学品，共收录药剂近 500 种。主要对各种化学品的性能、制备及应用进行了叙述，并对水处理化学品制备的机理及产品技术指标进行了分析和介绍。

限于编者的专业水平和知识范围有限，虽已尽力，但疏漏及不妥之处仍在所难免，恳请广大读者和同仁不吝指正。

编者
2016 年 1 月

目 录

5 阻垢分散剂 / 350

6 缓蚀剂 / 423

7 杀菌灭藻剂 / 514

8　清洗剂、预膜剂　/ 599

9　离子交换剂　/ 655

10 膜材料 / 715

11 污泥脱水剂 / 751

1 绪 论

1.1 水处理化学品概述

1.1.1 水资源与水处理

水资源是人类生活乃至生物赖以生存的极为重要的、不可缺少的物质资源，属于国民经济的基础资源。随着经济的不断发展和人民生活水平的不断提高，对水资源的需求量也越来越大。与此同时，水资源的污染也日趋严重。

1995 年 8 月世界银行调查统计报告公布：拥有世界人口 40％的 26 个国家正面临水资源危机，这些国家的农业、工业和人民的健康受到严重威胁。发展中国家约有 10 亿人喝不到清洁水，17 亿人没有良好的卫生设施，80％的疾病由饮用不洁水引起，并造成每年 2500 万人死亡。1999 年"世界水日"，联合国发出警告，随着人类生产的发展和生活水平的提高，世界用水量正以每年 5％的速度递增，每 15 年用水总量就翻一番，除非各国政府采取有力措施，否则，在 2025 年前，地球上将有 1/2 以上的人口面临淡水资源危机，1/3 以上的人口得不到清洁的饮用水，到 2030 年，全球半数人口将生活在缺水的环境中。世界卫生组织统计的数据显示，2012 年全球大概有 500 万人死于痢疾，其中大部分是儿童。水资源的短缺正在演变成为一场全球性的资源危机，正在成为一个关系人类生死存亡的问题。

我国多年水资源总量为 $28405 \times 10^9 \, m^3$（其中河川径流量 $27328 \times 10^9 \, m^3$，地下水资源量 $8226 \times 10^9 \, m^3$，二者重复量 $7149 \times 10^9 \, m^3$），考虑洪水和基本生态用水，中国河道外最大可消耗的地表水量为 $7524 \times 10^9 \, m^3$。近 50 年来，受自然因素和人类活动影响，我国水资源发生了深刻演变，尤其是 21 世纪以来，全国水资源量减少较明显。2001～2009 年与 1956～2000 年比较，全国降水减少 2.8％，地表水资源和水资源总量分别减少 5.2％和 3.6％，南北方均有所减少，其中，海河区减少最为显著，降水减少 9％，地表水减少 49％，水资源总量减少 31％。同时我国的水资源开发利用量却以年均 1.4％的增速逐年增长。

虽然我国水资源总量占全球水资源的 6％，仅次于巴西、俄罗斯和加拿大，居世界第四位，但单位国土面积水资源量为全球平均水平的 83％，人均水资源量约 $2100 \, m^3$，不足世界人均水平的 1/3。在联合国 2006 年对 192 个国家和地区的评价中，位居第 127 位，为全球人均水资源最贫乏的国家之一。此外，我国水资源空间分布与人口、耕地、矿藏资源等社会经济要素的空间分布不相匹配：我国南方面积占全国 36％，人口占全国 54％，耕地占全国 40％，GDP 占全国 56％，水资源占全国 81％；北方面积占全国 64％，人口占全国 46％，耕地占全国 60％，GDP 占全国 44％，水资源仅占全国 19％。

　　水资源短缺、水污染加剧、水资源过度开发和用水效率低下，正在不断加剧我国的水资源供需矛盾。目前，我国 600 多个城市中 400 多个城市供水不足，其中 110 多个城市严重缺水，据预测，2030 我国将达到人口高峰期，届时我国将成为严重缺水的国家。

　　2010 年全国总供水量 $6022 \times 10^9 \, m^3$，其中，地表水源供水量占 81.1%，地下水源供水量占 18.4%；生活用水占 12.7%，工业用水占 24.0%，农业用水占 61.3%，生态环境补水占 2.0%。工农业用水占我国总体水资源利用的 80% 以上，但目前的农业用水利用率不到 50%，灌溉水有效利用系数不到 0.5；工业用水重复利用率不到 40%，万元产值用水量为 $91 m^3$，超过发达国家的 8 倍，利用效率偏低，水资源浪费严重。

　　2011 年初国务院发布了《中共中央国务院关于加快水利改革与发展的决定》，7 月 8 日召开了中央水利工作会议；2012 年 2 月国务院发布了《关于实行最严格水资源管理制度的意见》[国发（2012）3 号]，确定了水资源问题应对策略。明确提出要实行最严格的水资源管理制度，将其定位为"加快转变经济发展方式的战略举措"。2011 年 4 月 24 日《人民日报》报道，我国将增加水资源战略储备。对海河和辽河等地下水供水比重较高的缺水流域，严格控制地下水开采总量，禁止深层地下水开采，利用南水北调水置换超采地下水，逐步恢复地下水的涵养能力，增加地下水战略储备。

　　为保障科学发展进程中的水资源安全，协调水资源开发利用过程中的人与自然关系，必须积极推进节水防污型社会建设，当前最迫切的工作是要实行最严格的水资源管理。实行污水资源化管理，加大重复利用比例是落实最严格水资源管理的重要举措之一。

　　工业用水总量的 80%～90% 主要用来作冷却降温，节约用水的关键是尽可能提高冷却水的使用率和重复使用次数。冷却水的循环利用可直接提高水的利用效率，达到节约水资源的目的。为保证循环冷却水的质量，往往投加包括阻垢剂、缓蚀剂、灭藻剂、杀菌剂等多种水处理化学品。这些化学品在工业循环冷却水中，不但要发挥各自的特长，而且还要有良好的相容性以及协同效应，以期更好地完成阻垢、缓蚀、杀菌灭藻、污泥剥离等各项任务。

　　合理用水、节约用水、提高工业用水的重复利用率愈显重要，因此，工业水处理也受到各行各业的普遍关注。而在这一大背景下，处于水处理中十分重要地位的水处理化学品工业也得以迅猛发展。

1.1.2　水处理化学品的定义

　　水处理化学品又称水处理剂，早期也称水质稳定剂。它主要指为了除去水的大部分有害物质（如腐蚀物、金属离子、污垢及微生物等）得到符合要求的民用或工业用水而在水处理过程中添加的化学药品，其中包括絮凝剂、阻垢分散剂、缓蚀剂、杀菌剂、阻垢缓蚀剂、锅炉水处理剂以及废水处理剂等化学品，共计 200 多个品种。其用途涉及循环冷却水、锅炉水、空调水、饮用水、工业给水、工业废水、污水和油田水处理等多个方面。

　　水处理化学品行业是精细化工产品中的一个重要门类，它对于提高水质、防止结垢、腐蚀、菌藻滋生和环境污染，保证工业生产的高效、安全和长期运行，并对节水、节能、节材和环境保护等方面均有重大意义。

1.1.3　水处理化学品的分类

　　通常水处理化学品包括以下三类产品：①通用化学品，原指用于水处理的无机化工产品，如硫酸铝等；②专用化学品，包括活性炭、离子交换树脂和有机聚合物絮凝剂等；③配方化学品，包括缓蚀剂、阻垢剂、杀菌剂和燃烧助剂等。

　　按其应用目的分为两类。①以净化水质为目的，使水体相对净化，供生活和工业使用，包括原水和污水的净化，所用的水处理化学品有 pH 值调整剂、氧化还原剂、吸附剂、活性炭和离子交换树脂、混凝剂和絮凝剂等。②因特殊工业目的而添加到水中的化学品，通过对设备、管道、生产设施以及产品的表面化学作用而达到预期目的，所用的水处理化学品有缓蚀剂、阻垢分散剂、杀菌灭藻剂、软化剂等。水处理化学品具有较强的专用性，如：城市给水是以除去水中的悬浮物为主要对象，主要用絮凝剂；锅炉给水主要解决结垢腐蚀问题，主要用阻垢剂、缓蚀剂、除氧剂等；冷却水处理主要解决腐蚀和菌类滋生，主要用阻垢剂、缓蚀剂和杀菌灭藻剂等；污水处理的目的是除去有害物质、重金属离子、悬浮体和脱除颜色，主要用絮凝剂、整合剂等。

1.2　水处理化学品的发展历程

1.2.1　国外发展概况

水处理技术在发展的初期和中期，添加的水处理化学品一般都是简单的无机化合物，如石灰、二氧化碳、硫酸、氯气、磷酸盐等。这些无机化合物大都为工业原料，价廉易得。然而，单纯使用无机化合物，水处理效果就会受到一定的限制。因此，在生产上逐步地发展成和某些天然的有机化合物复合使用来达到水质控制的目的。其中，丹宁、淀粉、木质素等都是很早就使用的有机水处理化学品。

工业的迅速发展对水处理技术提出了更高的要求，这进一步促进了水处理化学品的发展。20世纪60～70年代，是水处理化学品的大发展时期，各种水处理化学品都相继经历了各自发展的鼎盛时期，此间各种技术突破层出不穷，品种数量和产量均呈明显上升趋势。为了有效地达到缓蚀、阻垢和杀菌的目的，为了更好地控制排污水所造成的污染和公害，逐步发展和使用了新型的有机缓蚀剂、有机阻垢剂和有机杀菌剂。其总的趋势是无机水处理化学品正逐步被有机水处理化学品所取代，某些无机水处理化学品往往也只有和有机水处理化学品复合使用才更有效。

目前合成和新发展的有机水处理化学品大都是合成产物，而且几乎已完全代替了原来应用的天然有机化合物。许多行之有效的合成表面活性剂也逐渐应用到水处理技术中来，作为杀菌灭藻的水处理化学品和污泥剥离水处理化学品。此外，20世纪80年代，发达国家水处理化学品一直以8%以上的速度增长，近年来仍保持3%～5%的增幅，其市场已基本趋于饱和并开始转向大量出口。而发展中国家的需求量则是高速增长阶段，其中，拉美国家年增长速度达到12%～15%，亚太国家更高达20%。据不完全统计，目前全球水处理化学品市场总值为40亿～50亿美元（包括有机絮凝剂、缓蚀剂、阻垢剂、杀菌剂等），其中美国是水处理化学品生产和消耗最多的国家。

1.2.2　国内发展概况

我国水处理化学品的发展是随着现代水处理技术的引进而发展起来的，开发时间比发达国家晚30～40年，但发展很快，现已形成了自主研制、开发及产业化的体系。发展历程可分为两个阶段：1974～1989年为第一阶段，即引进吸收和国产化阶段，目标是建立我国水处理化学品研究及制造体系；1990～2000年为第二阶段，是创新研发及产业化阶段，目标是建立起我国具有自主知识产权的水处理化学品及技术体系。从1992年开始，专用化学品专项的建立则标志着水处理化学品的研究进入了创新阶段。经过此后8年时间的努力，形成了新一代具有自主知识产权的新产品、新技术。

中国是世界上水处理化学品及服务增长最快的地区。2010年中国专用水处理化学品销售额达12.6亿美元，2015年约达到17.0亿美元，2010～2015年水处理专用化学品增长率约为6.1%。

　　到目前为止，我国的水处理产品生产企业已达到 500 多家，主要集中在江浙区域。我国自行研制的水处理产品已有百种以上，如絮凝剂、缓蚀剂、阻垢剂、杀菌剂及配套的预膜剂、清洗剂、消泡剂等。各种水处理化学品从产量到质量已基本满足国内需要，且部分产品出口。从技术上讲，有些产品的生产技术和性能已处于国际领先水平。同时，通过工业水处理技术成果的推广，全国每年节水达 $50 \times 10^9 m^3$ 以上，经济效益和社会效益十分显著。

1.2.3　国内外发展比较及相应的对策建议

　　我国水处理化学品的生产和应用虽然起步较晚，但由于不同水处理领域发展的历史背景不同，因此对目前所体现的国内外差距不能一概而论。整体上看，由于我国水处理化学品是 20 世纪 70 年代以后陆续投产的，这些产品除少数是我国自行研制的外，大部分是剖析、仿制或依据国外专利研制的，再加上我国水处理化学品工业发展历史较短，科研经费有限，因此具有基础薄弱、技术比较落后、整体水平不高的特点。接下来，我们将从以下几方面分析国内外差距。

　　（1）产量较少，规模效益不突出

　　与先进国家相比，我国水处理剂的产量很低。美国 1997 年各种水处理剂的销售总额约为 35.2 亿美元。我国水处理剂的总产值与美国相差甚远。

　　（2）品种不全，系列化不够

　　目前，循环冷却水处理化学品如缓蚀剂、阻垢剂、杀菌剂及配套的预膜剂、清洗剂和消泡剂等大类品种国内基本配套齐全，已能大量替代进口，并能部分出口。通过对不同年代 3 次大型技术引进（20 世纪 70 年代 13 套大化肥装置、80 年代的石油化工装置和 80 年代末的宝钢冶金装置的配套水处理技术）的及时消化和开发，大大缩短了我国与国外先进水平的差距，基本掌握了国外一些著名的水处理公司如美国的 Nalco、Drew、Betz、日本的栗田、片山等公司的技术和配方特点。目前在品种上与国外的差距主要体现在新型水溶性共聚物阻垢分散剂、新型膦羧酸类缓蚀剂、氧化型杀菌剂和含溴杀菌剂上。有机聚合物絮凝剂，品种单一，除聚丙烯酰胺外，只有聚丙烯酸钠和少量聚胺。聚丙烯酰胺的系列化水平很低，高相对分子质量（1000 万以上）和超高相对分子质量（国外有高达 2000 万）的品种、低毒品种和阳离子品种（特别是粉末产品）远落后于国外。

　　（3）质量尚有差距

　　我国的水处理化学品约 80% 是由乡镇企业生产的。经过长期发展，出现一批在生产技术及设备、生产规模及管理上达到相当水平的优秀企业，但从整体看，随着乡镇企业潜力的枯竭，管理的滑坡，有不少企业的产品质量有待提高。从全行业看，各家产品质量参差不齐，致使整体质量欠佳。但以国内先进水平而论，则情况有所不同。循环冷却水处理剂，就国内某些主要生产厂家来说，其生产技术水平虽不能与国外先进水平全面相比，但其产品质量与国外相差不很大，有的品种质量与国外产品完全相当或超过国外产品，打入了国外市场。我国有机高分子絮凝剂除品种少外，在分子量、毒性和速溶性等方面也体现了质量上的差距，这些差距在水处理剂中还是很突出的。

　　（4）产品技术优势不明显

　　与美国、西欧和日本水处理企业相比，中国国内水处理公司缺少具有优势的专业化工品种和技术。许多中国国内水处理公司生产商品化水处理化学品比生产专业化学品更多。

　　（5）产品标准化建设和质量认证体系尚不完善

　　水处理剂标准是开展产品质量检验和产品认证的依据，是促进行业科学化、规范化管理，引导水处理产业健康有序发展，推动其高效、环保、安全利用的重要技术支撑。目前，我国已建立多项与水处理产品相关的产品和技术标准，尤其是单组分水处理化学品目前已基本建立相对较完善的标准体系，但与国外水处理药剂相比，整体仍存在较大差距。

随着水处理化学品市场需求规模的逐年增长，企业技术水平参差不齐，一些水处理剂产品质量得不到保证，特别是受利益的驱动，市场竞争混乱，而水处理化学品市场尚未形成国家及行业产品质量监管机制，产品质量缺乏监管。另一方面，认证规则中产品检验的依据是我国的国家标准和行业标准，而不是国际通用的 NSF/ANSI、ISO 和 ASTM 标准，不能颁发水处理剂产品出口通行证，产品出口需通过国外认证，不利于我国水处理剂产品参与国际市场竞争。

统观国内外水处理化学品的发展差异，根据我国国民经济运行的新特点，立足于我国实际，针对今后我国水处理化学品的开发及生产，建议如下。

（1）加快产业兼并重组，形成专业产业队伍

目前我国水处理化学品产业在产品的品种质量、技术水平方面和国外没有太大的差距，但在企业个体的实力、推广力度、经营模式和理念上存在较大差距。通过产业兼并重组，将小又散的产业队伍兼并重组做大做强，才能保证稳定的产品和服务质量；在兼并重组过程中，根据企业市场和专业优势，形成专业的生产型和服务型水处理化学品产业队伍，产品不断创新，服务能力的质量实现个性化、行业化、区域化。

（2）与市场接轨，不断创新产品种类

水处理化学品的开发应与市场充分接轨，研究课题应从市场出发，完善产品种类，尤其是使用天然原材料生产的水处理化学品和混合型水处理化学品的开发。

（3）改进生产工艺，提升产品质量

水处理化学品的研究方向主要应是改进工艺，以降低消耗，提高质量，减少自身生产的污染；根据用户需要，研究无磷或少磷的水处理配方；研究可以进行计算机控制的能在线测定浓度的水处理化学品及其应用技术；研究苛刻条件下有特殊要求的水处理化学品；研究海水代用淡水作冷却水的水处理剂；研究天然或半天然及生物絮凝剂；在无机絮凝剂方面应提高产品质量；在有机絮凝剂方面应达到单系列生产规模，提高产品质量（尤其是提高分子量，加快水溶速度及降低游离单体含量）；在缓蚀剂方面增加无毒、高效、适用于不同材质和介质的品种；在杀菌剂方面，降低用户成本，增加对人体、鱼类无害、低毒的品种。

（4）加强行业引导，扩大应用宣传和推广

水处理化学品目前面临的主要问题是推广速度跟不上形势需求。不管在行业上还是在工厂数目上，都还没有全面推广，需要加大推广力度，应在法规法制的制定、完善和贯彻上下工夫，也应该在行政上加以引导和干预。在利用经济杠杆方面，如提高水价、限期治理，国家都已经或将要采取措施，相信会有一定作用。在每个领域、每个行业都应大力加强宣传和推广力度。

现阶段推广的重点应首先继续放在冷却水处理化学品上，并把冷却水浓缩倍数由 2 提高到 2.5 以上最好，以提高节水水平；第二，应大力推广污水回用作冷却水的水处理技术和药剂，这对于节约用水、减少污染都有很大的效益；第三，推广不停车清洗技术和药剂，以保证现代化工厂的连续、高效、长周期运行，利于节能、高产；第四，是大力推广絮凝剂使用，以加速污水治理的速度。

（5）完善相关标准体系建设，规范行业发展

水处理产品行业相关标准的建立和完善应充分考虑国内市场与行业发展现状，与国际接轨，引导和规范水处理化学品产业健康发展，提高产业国际竞争力。

1.3　水处理化学品的发展趋势

现代社会与工业的快速发展、水资源匮乏及污染加剧的严峻形势，都会极大地促进水处理化学品新品种、新技术的不断出现和产业化规模的扩大。同时，新型水处理化学品的研究开发正向高效、低毒、无公害方面发展。具体说来可能有如下发展动向。

1.3.1　新型合成水处理化学品的开发

目前的有机合成水平已经基本上能够设计和合成出理想的具有特定结构的新型有机化合物，这使得筛选出合乎理想的、适合于水质控制以及废水处理的新型水处理化学品成为可能。故而，新型水处理化学品的研究主要侧重于有机化合物方面，其研究的方向主要有两个方面：一是研制性能更好的缓蚀剂、阻垢剂、污泥剥离剂、杀菌剂或清洗剂；二是合成兼具以上两种或多种性能的水处理化学品。

1.3.2　水处理化学品间的复配增效技术研究

目前所使用的水处理药剂几乎都是具有不同功能水处理化学品的复合产品。这主要是因为每种水处理化学品都有一定的局限性，同时也是为了充分地利用各种水处理化学品之间的协同效应。复合配方不仅在目前而且在今后一个相当长的时期内都是非常重要的。但是，复合配方对各种水处理化学品组分的要求也将日益严格，配方的组成应尽可能简化。

通过对水处理化学品间复配增效机理的研究，可以降低对环境毒性大的化学品使用量，一定程度上减轻它们的危害性。目前国内外都在致力于开发采用多元羧酸、羟基羧酸、不饱和羧酸、含磺酸基高分子共聚物、氨基酸和多糖等单剂的全有机系复合水处理药剂。

1.3.3　多功能水处理化学品的研究

开发具有缓蚀、阻垢和杀菌三种性能中的两种或全部性能的新型水处理化学品一直是水处理化学品研究工作者的努力方向。事实上已经使用的水处理化学品中就有不少这种情况，如季铵盐兼具缓蚀和杀菌的作用，有机磷酸盐也兼有缓蚀与阻垢的性能。有人进一步把以上两类化合物的结构结合起来，变成高分子的季铵盐形式，从而使之既具有原来有机磷酸盐的多元膦酸形式，又具有季铵盐的结构，是兼具缓蚀、阻垢和对某些细菌的抑制杀灭作用的高分子化合物。

1.3.4　水处理化学品的环境友好化

水处理化学品的环境友好化不单体现在无磷、抑制效率高、能独立标记、价格低等方面，更应表现出高的生物降解性、对人类和鱼类的低毒性等特点。以保护生态环境为目标，开发丹宁酸、天然化合物、可降解的聚合物和膦酰基化合物，代替金属离子、磷酸盐和低生物降解率的聚合物，实现水处理化学品的环境友好化，是其发展的主要方向。

近年来相继开发的聚天冬氨酸、聚环氧琥珀酸、聚谷氨酸等聚合物虽然在控制沉积物方面取得了一定的进展，然而在控制腐蚀方面则研究较少。其中，无磷、非氮并具有良好生物降解性能的合成高分子水处理剂聚天冬氨酸和聚环氧琥珀酸是国际公认的两种绿色水处理剂。美国 Nalco 公司开发的一种非磷非铬的全有机系水处理药剂（代号为 8365），经过应用试验确认其缓蚀、阻垢效果极佳，并且具有无毒、无环境污染的特点，可以消除污水排放的后顾之忧。

此外，也可利用天然化合物及其改性化合物，作为生物降解性较好的水处理化学品。例如：淀粉、葡萄糖酸钠、木质素、天然改性壳聚糖、改性淀粉、改性丹宁、改性瓜尔胶等。

由于其应用过程中存在性能不稳定、会加速微生物繁殖等缺点，目前应用尚不够广泛。然而不可否认的是，其具有良好的开发前景。

参考文献

[1] 我国与世界的水资源现状. 纺织导报，2008，（08）：111.
[2] 化学工业出版社组织编. 新领域精细化学品. 化工产品手册. 第3版. 北京：化学工业出版社，1999.
[3] 赵德丰等编著. 精细化学品合成化学与应用. 北京：化学工业出版社，2001.
[4] 李祥君主编. 新编精细化工产品手册. 北京：化学工业出版社，1996.
[5] 周学良主编. 精细化工产品手册·精细化工助剂. 北京：化学工业出版社，2002.
[6] 张光华. 水处理化学品制备与应用指南. 北京：中国石化出版社，2003.
[7] 何铁林. 水处理化学品手册. 北京：化学工业出版社，2001.
[8] 徐寿昌. 工业冷却水处理技术. 北京：化学工业出版社，1984.
[9] 李艳丽. 我国多功能水处理剂的研究现状. 石油化工环境保护，2003，26（3）：53-54.
[10] 李可彬，武玉飞. 多元膦酸复合水处理剂的合成. 化学研究与应用，2002，14（6）：750-753.
[11] 熊蓉春，董雪玲，魏刚. 绿色化学与21世纪水处理剂发展战略. 环境工程，2000，18（2）：20-22.
[12] 霍宇凝，刘珊，陆柱. 新型聚合物阻垢剂聚天冬氨酸的合成与性能. 精细化工，2000，17（10）：581-583.
[13] 雷武，王凤云，夏明珠等. 绿色阻垢剂聚环氧琥珀酸的合成与阻垢机理初探. 化工学报，2006，57（9）：2207-2213.
[14] 杨文忠，邱泽勤，王仰东. 水处理化学品的环境友好化. 工业水处理，2007，27（11）：1-3.
[15] 宫强. 中国水资源现状调查及可持续研究. 理科爱好者：教育教学版，2014，6（2）：119-120.
[16] 王春晓. 全球水危机及水资源的生态利用. 生态经济，2014，30（3）：4-7.
[17] 潘献辉，吴芸芳，王晓楠. 水处理药剂产品标准现状及发展建议. 中国给水排水，2014，30（10）：14-18.
[18] 张玎玎. 中国水处理化学品现状及发展趋势. 精细与专用化学，2014，22（7）：7-10.
[19] Hater W，Mayer B，Schweinsberg M. Development of environmentally benign scale inhibitors for industrial applications // Proceedings of the 9th European Symposium on Corrosion Inhibitors，Ferrara，Italy，2000：39-52.
[20] Kakuchi T，Shibata M，Matsunami S. Synthesis and Characterization of Poly（succinimide-co-6-aminocaproic acid）by Acid-Catalyzed Poly condensation of L-Aspartic Acid and 6-Aminocaproic Acid. J Polym Sci Part A：Polymer chemistry，1997，35（2）：285-289.
[21] Nakato T，Toshitake M，Matsubara K，et al. Relationship between structure and properties of polyaspartic acids. Macromolecules，1998，31（7）：2107-2113.
[22] Xiong R，Zhou Q，Wei G. Corrosion Inhibition of a Green Scale Inhibitor Polyepoxysuccinic Acid. Chinese Chemical Letters，2003，14（9）：955-957.
[23] Choi H J，Kunioka M. Preparation conditions and swelling equilibria of hydrogel prepared by γ-irradiation from microbial poly（γ-glutamicacid）. Radiat Phys Chem，1995，46（2）：175-179.
[24] Kunioka M，Choi H J. Hydrolytic degradation and mechanical properties of hydrogels prepared from microbial poly（amino acid）s. Polymer Degradation and Stability，1998，59（1-3）：33-37.

2 混凝剂

2.1 概述

在 20 世纪初，用混凝剂进行工作的快滤池进入给水处理的实践中，其运转经验表明，混凝剂具有很高的消毒能力。从最早使用的天然混凝剂到初级合成 $AlCl_3$、$FeSO_4 \cdot 7H_2O$ 或硅系列混凝剂，再到现今使用的高聚合类混凝剂（如 PAC、PFS、PASS、PAM 等），以及即将到来的生物混凝剂，人类使用混凝剂的过程也会经历一个从天然到合成再到天然的循环。混凝方法也由简单的搅拌发展到精确控制搅拌的各种边界条件、混凝剂最适应用环境，进而形成许多的混凝理论，在水的净化处理过程起着重要的指导作用。

2.1.1 混凝剂的分类

目前，混凝剂的品种繁多，按其化学成分可分为无机和有机两大类。无机类的品种较少，主要是铝和铁的盐类及其水解聚合产物，但在水和废水处理中的用量很大；有机类的品种很多，主要是高分子化合物，又可分为天然的及人工合成的两部分，但用量不如无机类大。

2.1.2 混凝剂在我国的发展现状

20 世纪 80～90 年代，我国水处理混凝剂的开发主要集中在无机高分子絮凝剂（IPF）的复合与混凝机理的研究方面，并提出了自己的某些理论，在指导新型混凝剂的开发方面起到了一定的作用。如汤鸿霄在 $AlCl_3$ 结构模型方面所做的研究与李圭白在利用 $KMnO_4$ 去除微污染水中的腐殖质方面的研究都在国际上有一定的影响。目前，我国无机混凝剂的品种比较齐全，但天然与人工合成有机高分子混凝剂相对国外而言品种较少。例如，常用的聚合高分子主要是聚丙烯酰胺系列化合物，电荷基本局限于阴离子型及非离子型，而一些发达国家无论在给水还是在废水处理中，阳离子型不同种类的聚合高分子的应用均明显超过阴离子型及非离子型聚合高分子。我国水处理混凝剂的研制工作在这方面有待加强。

2.1.3 混凝机理

化学混凝所处理的对象，主要是水中的微小悬浮物和胶体杂质。大颗粒的悬浮物由于受重力的作用而下沉，可以用沉淀的方法除去。但是，微小粒径的悬浮物和胶体，能在水中长期保持分散悬浮的状态，即使静置数十个小时以上，也不会自然沉降。这是由于胶体颗粒及细微悬浮颗粒具有"稳定性"。

根据研究，胶体都具有电荷。天然水中的黏土类胶体微粒以及污水中的胶原蛋白质和淀粉微粒等都带有负电荷，它的中心称为胶核。其表面选择性地吸附了一层带有同号电荷的离子，这些离子可以是胶核的组成物直接电离而产生的，也可以是从水中选择吸附 H^+ 或 OH^- 而造成的。这层离子称为胶体微粒的电位离子，它决定了胶体电荷的大小和符号。由于电位离子的静电引力，在其周围又吸附了大量的异号离子，形成了所谓的"双电层"。这些异号离子，其中紧靠电位离子的部分被牢固地吸引着，当胶核运行时，也随着一起运动，形成固定的离子层。而其他的异号离子，离离子位电较远，受到的引力较弱，不随胶核一起运动，并有向水中扩散的趋势，形成了扩散层。固定的离子层与扩散层之间的交界面称为滑动面。滑动面以内的部分称为胶粒，胶粒与扩散层之间，有一个电位差。此电位称为胶体的电动电位，常称为 ξ 电位。而胶核表面的电位离子与溶液之间的电位差称为总电位或 φ 电位。

胶粒在水中受几方面的影响：①由于上述的胶粒带电现象，带相同电荷的胶粒产生静电斥力，而且 ξ 电位越高，胶粒间的静电斥力越大；②受水分子热运动的撞击，微粒在水中作不规则的运动，即"布朗运动"；③胶粒之间还存在着引力——范德华引力，范德华引力的大小与胶粒间距的 2 次方成反比，当间距较大时，此引力可略去不计。

一般水中的胶粒，ξ 电位较高，其相互间斥力不仅与 ξ 电位有关，还与胶粒的间距有关，距离越近，斥力越大。而布朗运动的动能不足以将两颗粒推进到使范德华引力发挥作用的距离。因此，胶体微粒不能相互聚结而长期保持稳定的分散状态。

使胶体微粒不能相互聚结的另一个因素是水化作用。由于胶粒带电，将极性水分子吸引到它的周围形成一层水化膜。水化膜同样能阻止胶粒间相互接触。但是，水化膜是伴随胶粒带电而产生的，如果胶粒的 ξ 电位消除或减弱，水化膜也随之消失或减弱。

混凝作用过程是水中胶体粒子聚集的过程，也就是胶粒成长的过程，而这个过程是在混凝剂的水解作用下进行的。因此，混凝作用机理与以下三个因素有关：一是胶粒性质；二是不同混凝剂在不同条件下的水解产物；三是胶粒与混凝剂水解产物之间的相互作用。混凝剂水解产物与胶粒之间的作用有 4 种，即压缩双电层、吸附-电中和作用、吸附-架桥作用和卷扫作用。

2.1.3.1　压缩双电层作用

压缩双电层作用是指向水中投加混凝剂，增加反离子浓度，使胶体扩散层压缩，ξ 电位降低，排斥势能也就随之降低。当混凝剂量继续增加、胶粒 ξ 电位逐渐降至零时，胶粒间排斥势能消失，此点称为"等电点"。按 DLVO 理论，在等电点状态下，胶粒最易发生凝聚。DLVO 理论提出了关于各种形状微粒之间的相互吸引能与双电层排斥能的理论计算方法，成功解释了胶体的稳定性及其凝聚作用。其缺点在于忽视了水中反离子水解形态的专属化学吸附作用，不能解释混凝过程中出现的胶粒改变电性而重新稳定的现象。为此，又提出了其他几种理论。

2.1.3.2　吸附-电中和作用

用吸附-电中和理论可以解释高价混凝剂水解引起的胶体脱稳，能够解释压缩双电层理论所不能说明的一些问题。高价混凝剂（如铁盐、铝盐）在水中经水解缩聚而形成的带正电的高分子物，由于静电作用，带负电的胶粒与带正电的水解产物之间发生吸附，产生电性中和，导致胶粒 ξ 电位降低，最终发生凝聚。当胶粒吸附足够多正电荷时，其电性发生改变，变成正电荷胶体，重新形成稳定。

2.1.3.3　吸附-架桥作用

吸附-架桥理论指高分子物质对胶体的强烈吸附，体现在胶粒与胶粒之间的架桥连接作用。Lamer 认为，当高分子链的一端吸附了某一胶粒以后，另一端又吸附了另一胶粒，形成"胶粒-高分子-胶粒"的絮凝体。但当高分子过多时，将产生胶体保护作用：胶粒表面被高分子全部覆盖后，两胶粒接近时，由于"胶粒-胶粒"之间所吸附的高分子受到压缩变形而具有排斥势能，或者由于带电高分子的相互排斥，胶粒不能凝聚。

2.1.3.4 卷扫作用

卷扫作用是当铝盐或铁盐投加量超过溶度积时，会产生凝絮状氢氧化物的沉淀。这些凝絮状氢氧化物具有巨大的网状表面结构，且带一定正电荷量，具有一定的静电黏附能力，因而在沉淀物生成过程中，胶体颗粒可同时被黏附网捕在沉淀物中而迅速卷扫沉淀。

混凝过程实际是上述几种作用机理综合作用的结果，或是在特定水质条件下以某种机理为主。混凝机理不仅取决于所使用混凝剂的物化特性，而且与所处理水质特性，如浊度、碱度、pH 值以及水中各种无机或有机杂质等有关。

2.1.4 混凝剂的发展趋势

目前，世界水污染问题日趋严重，水处理问题也变得越来越严峻。混凝法是最重要的水污染控制方法之一，并且作为一种成本较低的水处理方法被广泛采用。混凝剂是混凝污染控制技术的关键和核心基础。虽然近几十年来，絮凝剂的发展方向逐渐由无机向有机化、低分子向高分子化、单一型向复合型、合成型向天然微生物型转化，但由于传统低分子絮凝剂价格低、货源充足、运输存储方便等优势，目前在工业水处理中仍占一定比例，并随着生活质量及环境保护水平的提高，需求量呈上升趋势。

目前应用最广泛的简单无机型絮凝剂是铁系、铝系金属盐。主要有三氯化铁、硫酸亚铁和硫酸铝。三氯化铁［常用的是六水合三氯化铁（$FeCl_3 \cdot 6H_2O$）］形成的矾花沉淀性好，处理低温水或低浊度水效果比铝盐好，适宜 pH 值范围较宽，但处理后水的色度比铝系的高，有腐蚀性。硫酸亚铁（$FeSO_4 \cdot H_2O$）离解出的 Fe^{2+} 只能生成最简单的单核络合物，不如三价铁盐那样有良好的混凝效果。硫酸铝［$Al_2(SO_4)_3$］是废水处理中使用最多的絮凝剂，使用便利，絮凝效果好，当水温低时水解困难，形成的絮体较松散，它的有效 pH 值范围较窄。明矾［$Al_2(SO_4)_3 \cdot K_2SO_4 \cdot 24H_2O$］的作用机理与硫酸铝同。

无机高分子絮凝剂的种类很多，其中复合型无机高分子絮凝剂的发展尤为迅速。目前无机高分子絮凝剂在城市污水强化絮凝与回用净化处理过程中具有十分巨大的潜在应用前景。由于城镇污水处理水量大，污染物质含量高，絮凝剂投加量将是给水处理的 2～5 倍，预计絮凝剂需求量将成倍增长。

为满足市场需求，今后无机高分子絮凝剂的开发研究还需着重考虑以下几点：

① 在原料选择上，加大废弃物回收、一些副产品和矿石的利用，降低无机高分子絮凝剂的生产成本，提高其环境使用价值；

② 对无机高分子絮凝剂作用原理进行深入研究，建立符合实际的理论系统与计算模式，借以指导絮凝反应系统的设计和改造，发展高效集成化的絮凝处理工艺；

③ 优化无机高分子絮凝剂的生产工艺，减少或避免使用一些对人体健康、环境有一定危害的有毒催化剂；

④ 加大对复合高分子絮凝剂的研制工作，使其在合成方法、使用条件和原料利用方面更趋合理化，在实验室研究基础上加快工业化生产进度，在设计无机高分子复合絮凝剂的制备方案时，需要考虑黏附架桥能力、稳定性、电中和能力等主要因素，增强复合絮凝剂的絮凝聚集效果。

2.2 无机低分子混凝剂

2.2.1 硫酸铝

【物化性质】 无水硫酸铝为无色结晶（斜方晶系），含水硫酸铝可带有 6 个、10 个、

16 个、18 个或 27 个结晶水分子，常温下十八水合物较为稳定。硫酸铝的结构式为 $Al_2(SO_4)_3 \cdot 18H_2O$，具有光泽的无色粒状或粉末（单斜晶系）晶体，工业产品为白色或微带灰色的粉末或块状结晶体，因可能存在少量硫酸亚铁杂质而使产品表面发黄。相对密度为 1.69（17℃），熔点 86.5℃。溶于水、酸和碱，不溶于醇。水溶液呈酸性。空气中长期存放易吸潮结块。加热至 770℃ 时开始分解为氧化铝、三氧化硫、二氧化硫和水蒸气。易溶于水并水解，水解产物为碱式盐和氢氧化铝的胶状沉淀。当水温低时，硫酸铝水解困难。在使用时对水的有效 pH 值范围较窄，约在 5.5~8 之间，随原水的硬度而异：软水 pH 值为 5.5~6.6；中硬水 pH 值为 6.6~7.2；高硬水 pH 值为 7.2~7.8。适用的水温 20~40℃，低于 10℃ 效果很差。容易跟钾、钠、铵的盐结合形成矾，如硫酸铝钾 $KAl(SO_4)_2 \cdot 12H_2O$。外观为白色片状或粒状，含低铁盐（$FeSO_4$）而带有淡绿色，又因低价铁盐被氧化而使产品表面发黄。有涩味，水溶液长时间沸腾可生成碱式硫酸铝。

【制备方法】

制备方法 1　铝土矿硫酸反应法

铝土矿的主要成分为 Al_2O_3 和 SiO_2。将铝土矿粉粉碎至 60 目，在加压条件下与 60% 左右的硫酸水溶液反应 7h 左右。对反应液进行沉降分离，蒸发浓缩，将澄清液用稀酸中和至中性，然后冷却制成片状或冷却凝固后进行粉碎、筛分，制得硫酸铝产品。反应式如下：

$$Al_2O_3 + 3H_2SO_4 \longrightarrow Al_2(SO_4)_3 + 3H_2O$$

当三氧化二铝过量时生成碱式硫酸铝，反应如下：

$$Al_2O_3 + 2H_2SO_4 \longrightarrow 2Al(OH)SO_4 + H_2O$$

碱式硫酸铝能被硫酸中和生成硫酸铝。反应如下：

$$2Al(OH)SO_4 + H_2SO_4 \longrightarrow Al_2(SO_4)_3 + 2H_2O$$

铝土矿硫酸反应法制备硫酸铝共分为三种方法，一是铝土矿与硫酸的常压法，该法由于铝浸出率低，未能大规模采用；二是煅烧矿与硫酸的常压法，需要将铝土矿经 860℃ 高温煅烧 40min，该法能耗高；三是铝土矿与硫酸的加压法，将铝土矿和硫酸在加压条件下直接反应，目前广泛采用第三种。将铝土矿粉碎至 60 目，在反应器内与 55%~60% 的硫酸在加压条件下反应 6~8h，粗制反应液经沉降分离、蒸发浓缩，澄清液加酸中和至中性或微碱性，然后冷却制成片状或冷却凝固后进行粉碎、筛分，制得硫酸铝产品。铝土矿加压反应法生产硫酸铝的工艺过程如图 2-1 所示。

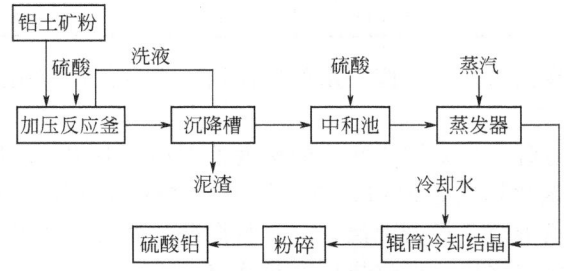

图 2-1　铝土矿加压反应法生产硫酸铝工艺流程

制备方法 2　氢氧化铝硫酸反应法

氢氧化铝与硫酸反应，反应液经沉降、浓缩，再冷却固化，经粉碎筛分，制得硫酸铝成品。反应式如下：

$$3H_2SO_4 + 2Al(OH)_3 \longrightarrow Al_2(SO_4)_3 + 6H_2O$$

制备方法 3　明矾石法

将明矾石煅烧，粉碎后用稀硫酸溶解，过滤去掉不溶物得到硫酸铝和钾明矾混合溶液，迅速冷却结晶除去钾明矾，浓缩母液，冷却加工成片状。

制备方法 4　高岭土法

经 700～800℃煅烧粉碎至一定粒度的高岭土，与一定浓度的硫酸在间歇蒸煮反应槽于 105～110℃反应 5h，然后反应料浆进入料浆储槽以便后续生产过程的连续化，经沉降分离后上部清液送入蒸发结晶器蒸发浓缩，冷却凝固打碎即为块状或片状硫酸铝产品，也可将浓缩液直接送至喷雾造粒塔制成粒状产品。反应料浆沉降槽中的沉渣再浆洗涤回收残余 $Al_2(SO_4)_3$ 后，可用于制作炭黑；洗涤澄清液则进入料浆储槽稀释料浆有利于沉降分离。

制备方法 5　粉煤灰法

以电厂排放的废弃物——粉煤灰为原料，60％的硫酸与粉煤灰在 100℃下反应 6h，过滤得到含铁硫酸铝溶液。往粗液中滴加 30％的过氧化氢，在室温下搅拌，加入萃取剂，静置分层，分离，蒸发浓缩，即得硫酸铝。硫酸铝广泛应用于造纸、净水、纺织印染、消防、制革等方面，而粉煤灰是电厂排放的废弃物，对环境产生了很大的污染，所以利用粉煤灰硫酸浸出生产硫酸铝，对粉煤灰的综合利用有着巨大的意义。但是由于粉煤灰中含铁较多，生产出的硫酸铝难以达到一级品标准。国内外对除铁方法的研究很多，主要有重结晶法、添加无机物使铁沉淀法、有机物萃取法等。行之有效的主要是后两种方法。美国、日本大都采用伯胺基阴离子交换剂除铁，也有采用叔胺或伯胺萃取除铁的。国内对脂肪酸萃取除铁和伯胺、叔胺除铁也有研究报道。

【技术指标】　HG/T 2227—2004

指 标 项 目	指 标			
	Ⅰ类		Ⅱ类	
	固体	液体	固体	液体
结晶氯化铝(Al_2O_3)的质量分数/%	15.6	7.8	15.6	7.8
pH 值(1%水溶液)	3.0	3.0	3.0	3.0
不溶物的质量分数/%	0.15	0.15	0.15	0.15
铁(Fe)的质量分数/%	0.50	0.25	0.50	0.25
铅(Pb)的质量分数/%	0.001	0.0005	—	—
砷(As)的质量分数/%	0.0004	0.0002	—	—
汞(Hg)的质量分数/%	0.00002	0.00001	—	—
铬[Cr(Ⅵ)]的质量分数/%	0.001	0.0005	—	—
镉(Cd)的质量分数/%	0.0002	0.0001	—	—

【应用】　硫酸铝是在给水、污（废）水处理使用历史最久，应用最广泛的一种无机盐混凝剂。

硫酸铝在污水处理过程中主要用于污水的深度处理和污泥调质。用量较大，能使污泥量增加，目前，可与聚合氯化铝组合使用，效果较好，并使药剂费降低。投加方式为连续投加，混合方式一般有管道混合、混合池混合、水泵混合、静态混合器混合以及机械混合等方式。投加量要根据不同污水水质，通过烧杯实验确定。

一般情况下，使用硫酸铝的 pH 值范围为 6.0～7.8。当 pH＝4～7 时，以去除水溶液中的有机物为主；当 pH＝5.7～7.8 时，以去除水溶液中的悬浮物为主；当 pH＝6.4～7.8 时，可以处理高浊度废水和低色度废水。通常的用量为 15～100mg/L。适合的水温为 20～40℃，当水温低于 10℃时，不宜选用硫酸铝作为混凝剂，当与活化硅酸使用时一般可以提高低温状态下的处理效果。

当用硫酸铝去除水中色度时，应将硫酸铝与氯气合用，氯气用于氧化水中有色物质，硫酸铝则中和其表面负电荷，并使其与硫酸铝的水解产物起化学反应而被除去。脱色的最佳 pH 值为 4.5～5.5，适用值为 4～7。

焦化废水是在炼焦过程中形成的一种难生物降解的高浓度有毒有机废水，其水质成分复杂，含有高浓度的氨氮（简写为 NH_4^+-N）和酚类、多环芳香族化合物（PAHs）以及含氮、氧、硫的杂环及脂肪族等有机化合物。这些污染物的排放对生态环境和人体健康造成了极大的危害。目前，国内焦化废水处理普遍采用以生物处理为核心的活性污泥工艺，由于焦化废水污染物成分复杂且浓度高，会对微生物产生一定的抑制作用，因此绝大部分废水处理后仍然无法达到国家排放标准（GB 13456—1992），尤其是 COD 和 NH_4^+-N 超标严重。

Joapuine 等用 $Al_2(SO_4)_3$ 作混凝剂处理焦化废水中的有机物，试验表明：COD 去除范围为 20%～55%，多酚去除范围为 28%～89%，芳香化合物去除率为 29%～90%，也研究了铁盐对该废水的处理效果，在相应的条件下对该废水处理效果几乎相同。

2.2.2　三氯化铝

氯化铝作为一种传统低分子无机絮凝剂，广泛应用于生活饮用水，工业用水和生产、生活废水的净化处理。在这方面前人做了很多研究，如熊鸿斌等用氯化铝对印染废水处理效能进行了实验研究，取得了令人满意的效果。郝红艳等指出氯化铝对污泥是一种很好的调理剂。除作混凝剂外，还可作制备染料及中间体的催化剂和石油化工催化剂，又可用在油品的精制及香料、试剂、农药、涂料等制造方面，以及洗涤剂的烷基化反应等。

【物化性质】　无水三氯化铝分子式为 $AlCl_3$，相对分子质量为 133.34。外观呈白色粉末，为无色透明六角晶体；其工业品含有铁等杂质，而呈浅黄色、黄绿色、红棕色等颜色。三氯化铝相对密度 2.44，熔点 194℃（2.5atm，1atm＝101325Pa）。暴露在空气中产生刺激性烟雾，至 178℃即升华。有强烈腐蚀性，易吸收水分并水解而产生氯化氢气体，并放出大量热，反应剧烈时甚至爆炸。三氯化铝易溶于多种有机溶剂如氯仿、四氯化碳、无水酒精和乙醚。

结晶三氯化铝的分子式为 $AlCl_3 \cdot H_2O$，工业品为淡黄色或深黄色。吸湿性很强，易潮解，在湿空气中水解生成氯化氢白色烟雾，加热分解放出水和氯化氢。溶于水、乙醇、乙醚和甘油中，易溶于水，生成六水合物（$AlCl_3 \cdot 6H_2O$），同时放出大量热，其水溶液为酸性，微溶于盐酸。

【制备方法】　结晶氯化铝是制备新型无机高分子絮凝剂聚氯化铝的原料或中间产品，在正规生产中，多采用结晶氯化铝产品为原料，通过中和法与热分解法等适当的方法转化为聚氯化铝产品。

我国于 20 世纪 50 年代初开始生产和应用。三氯化铝分为粗制品和精制品。结晶氯化铝的生产方法主要有铝锭法、铝氧粉法、煤矸石盐酸法和铝酸钙盐酸法，现分别介绍如下：

（1）铝锭法　铝锭法也称金属铝法，此法用铝锭及氯气直接反应制取，即将氯气用导管导入铝液层下，由于反应是放热反应，铝锭不断熔化，使铝液保持一定液位与氯气发生反应，生成三氯化铝气体，在一定温度下（以 700～800℃为宜）呈结晶析出。此法工艺流程短，设备简单，单位产品投资少且可达精制品等级。由于原料为铝锭，因此原料费用很高。其反应式为：

$$2Al + 3Cl_2 \longrightarrow 2AlCl_3$$

铝锭法制备三氯化铝工艺流程简单（见图 2-2），设备少，单位产品投资小，因此该法固定成本（包括折旧费及维修费等）低。

铝锭法生产三氯化铝的主要工序有液氯气化、三氯化铝生产、尾气吸收等三个工序。其具体工艺是：液氯在气化器中，通过热水间接加热后气化为氯气，经缓冲器后再经流量管计量加入反应炉。将铝锭放入熔融的反应炉内，氯气由上顺导管（燃烧管）送入炉内，从底

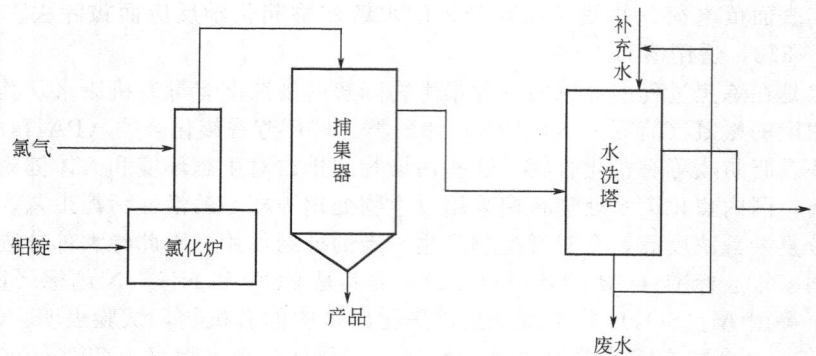

图 2-2　铝锭法生产三氯化铝工艺流程

部上升，高温下气液接触反应生成三氯化铝（升华成气相），反应温度一般控制在 800℃左右，气相产物在 400℃左右进入产品捕集器后，经自然冷凝结晶，即得到无水三氯化铝成品。尾气经稀碱或石灰乳水洗涤吸收后排空。

在反应过程中，反应界面始终处于铝过量的状态，因而生成的三氯化铝气体会与铝液继续反应生成不稳定的强还原性的一氯化铝及二氯化铝，该产物在向气泡内部渗透时又被氯气氧化成三氯化铝，直至气泡逸出铝液面，反应终止此时，反应产物中未反应完全的氯气（余氯）的含量多少是决定产品颜色的主要因素。随着产物中余氯含量的降低，三氯化铝的颜色会经历从橘红色→橘黄色→黄色→浅黄色→白色→浅灰色的变化过程。

（2）铝氧粉法　铝氧粉法是以铝氧粉（氧化铝）、氯气为原料，以炭作还原剂，在一定温度下反应生成三氯化铝。铝氧粉法生产三氯化铝又分为固定床和沸腾床两种。铝氧粉法工艺流程较铝锭法复杂，设备繁多，操作复杂，产品质量一般为粗制品等级，单位产品投资为铝锭法的 10 倍。该法的优点是原料用氧化铝粉，因此原料费用比铝锭法便宜很多。另外，铝锭法制三氯化铝间接耗电每吨 3000 千瓦时左右，而铝氧粉法要低得多。目前，在我国能源紧张的情况下铝氧粉法已受到重视。我国在 1977 年以前，是用铝氧粉法制三氯化铝，采用固定床氯化工艺，以后改用沸腾床氯化工艺。沸腾床法与固定床法相比，具有工艺流程短，氯气利用率高，成本低，劳动强度低，"三废"量低等优点。

铝氧粉沸腾床法氯化工艺：作为还原剂的炭有固体、液体和气体三种不同形式。

在还原剂炭存在的条件下，铝氧粉和氯气发生下列反应：

$$Al_2O_3 + (m+n)C + 3Cl_2 \longrightarrow 2AlCl_3 + mCO + nCO_2$$

该方法的工艺流程示意如图 2-3 所示。将铝氧粉及油焦浆按一定质量比投入焙烧炉，将经过焙烧的混合料溢流入氯化炉入口。在氯化炉底部导入氯气，使固相料处于沸腾状态，在炉里另一侧通入氧气，使之与固相中的剩余油焦燃烧，补充氯化炉热量，使氯化反应温度保持在 900～930 ℃之间。从氯化炉出来的气体经冷凝净化除去灰分和杂质后，经捕集器收集 90% 以上的粉粒状三氯化铝，尾气用水洗和碱洗后排放。

（3）煤矸石盐酸法

煤矸石的主要成分是 Al_2O_3 和 SiO_2，以及 Fe_2O_3、CaO、MgO、K_2O 等，对煤矸石进行焙烧、酸浸可以制备三氯化铝。

该方法的工艺流程如图 2-4 所示。将煤矸石在 600～800 ℃的温度下焙烧，焙烧后的炉渣冷却后，再用球磨机破碎到 60 目，然后送入料仓以供酸浸。焙烧是为了脱水和改变煤矸石的晶体结构，使其活化，以便酸浸。经过焙烧具有一定活性的煤矸石烧渣料粉与盐酸反应，其中具有活性的氯化铝生成氯化铝的水合物，转入溶剂，同时释放大量热。占料粉大约

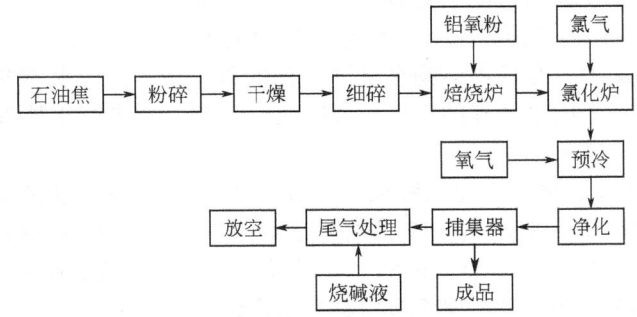

图 2-3　铝氧粉法制备三氯化铝工艺流程示意

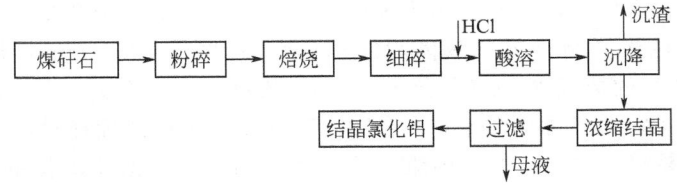

图 2-4　煤矸石盐酸法生产三氯化铝工艺流程

50％的二氧化硅不起反应，含量不高的铁、镁以及伴生的稀有金属镓、铟、铊、锗、钒、钛等会分别与盐碱反应转入液相中。经过浸出处理的大量煤矸石粉渣悬浮在浸出液中，可采用自然沉降法分离。用浓缩罐将溶出液浓缩结晶，待固液比为 1∶1 时，将浓缩液放入冷却罐，冷却到 50～60℃，晶粒进一步增长，然后将浓缩液真空吸滤就得到成品结晶氯化铝，其他氯化物留在结晶氯化铝母液中。

铝锭法和铝氧粉法以金属铝和工业氧化铝为原料，生产成本较高。而煤矸石盐酸法以废弃物煤矸石为原料，能够降低生产成本，但是此方法生产效率较低。

（4）铝氯酸钙盐酸法

铝酸钙极易溶于盐酸，在较低浓度时，其铝溶出率可达 90％以上，且价格低廉。所以，有学者采用工业稀盐酸和铝酸钙制备结晶氯化铝，制备方法如下。

先对稀盐酸预热，并搅拌，在搅拌过程中加入一定量的铝酸钙，当温度升至浸出温度后，恒温，持续搅拌进行浸出反应，反应过程中保持反应液的体积不变。酸浸反应结束后，自然沉降 24 h，进行离心固液分离，对获得的固体残渣进行洗涤，将洗涤液与分离出的原浸出液混合，混合后的液体经浓缩结晶、离心分离，即得固体结晶氯化铝。

以工业稀盐酸和铝酸钙制备结晶氯化铝，为低浓度工业废盐酸的处置和利用提供了新思路。

【技术指标】　HG/T 3541—2003

指 标 名 称	指标		指 标 名 称	指标	
	一等品	合格品		一等品	合格品
结晶氯化铝（$Al_2O_3 \cdot 6H_2O$）/％	95.0	88.5	铅（Pb）含量/％	0.002	0.002
铁（Fe）含量/％	0.10	1.10	镉（Cd）含量/％	0.0005	0.0005
水不溶物的含量/％	0.10	0.10	汞（Hg）含量/％	0.00001	0.00001
pH 值（1％水溶液）	2.5	2.5	六价铬（Cr^{6+}）含量/％	0.0005	0.0005
砷（Fe）含量/％	0.0005	0.0005			

【应用】　三氯化铝主要用于工业原水处理和饮用水絮凝净化处理，对高氟水降氟具有特

殊作用，但对低温低浊度及高浊度水处理效果一般。絮凝过程 pH 值对处理效果影响很大。使用时需调配成 5%～10% 溶液投加，一般有效投药量为 20～60mg/L。

印染废水具有水量大、有机污染物含量高、色度深、碱性大、水质变化大等特点，属难处理的工业废水，一直是废水处理的重点。混凝法一直都是印染废水处理的主要方法。国内外有很多学者研究过混凝法。

其中，Shi 等用铝盐、聚合氯化铝和纯 Al_{13} 处理用直接黑 19、直接红 28 和直接蓝 86 模拟的印染废水，三种絮凝剂对直接黑 19 去除率达到 90%，对直接红 28 的去除率超过 90%，对直接蓝的去除率分别为 60%，70% 和 80%，试验发现，由于纯 Al_{13} 具有高的电中和能力、稳定性和自组装趋势的特点，对三种染料均具有很高的去除能力。

2.2.3 三氯化铁

【物化性质】 三氯化铁，分子式为 $FeCl_3$，相对分子质量为 162.21，属于六方晶体系。外观为黑棕色带绿色光泽结晶体（液体为红棕色）。密度 2.898g/cm³，熔点 282℃，沸点 315℃（分解）。400℃的蒸气含 Fe_2Cl_6 分子，750℃的蒸气含 $FeCl_3$ 分子。极易吸潮，可生成 2 水合物、2.5 水合物、3.5 水合物、6 水合物。三氯化铁水溶液稀释时，能水解生成棕色絮状氢氧化铁沉淀。易溶于水、乙醇、丙酮、乙醚和异丙醚，可溶于液体的三氧化硫、乙胺、苯胺，不溶于甘油、三氯化磷和氯化亚锡，微溶于二硫化碳。水溶液呈酸性。不含游离氯的三氯化铁略有臭味，但不刺鼻。含有游离氯的三氯化铁则有刺激性恶臭，主要用作饮水和废水的处理剂，染料工业的氧化剂和媒染剂，有机合成的催化剂和氧化剂。

【制备方法】 通常，固体产品采用废铁屑氯化法、低共熔混合物反应法和四氯化钛副产法，液体产品多用铁屑盐酸法和一步氯化法。

（1）废铁屑氯化法

以废铁屑和氯气为原料，工艺流程如图 2-5 所示，在一立式反应炉内反应，生成的三氯化铁蒸气和尾气由炉的顶部排出，进入捕集器，经冷凝即得成品。反应尾气中有少量未反应的氯气和三氯化铁，用氯化亚铁溶液吸收氯气，可得液体三氯化铁。反应式如下。

$$2Fe+3Cl_2 \longrightarrow 2FeCl_3$$

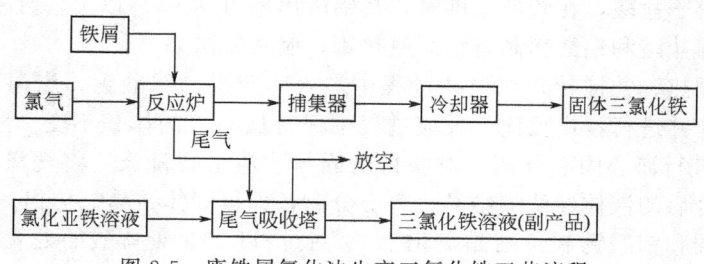

图 2-5 废铁屑氯化法生产三氯化铁工艺流程

此法得到的是无水产品。

（2）低共熔混合物反应法

在一个带有耐酸衬里的反应器中，令铁屑和干燥氯气在三氯化铁与氯化钾或氯化钠的低共熔混合物（例如 70% $FeCl_3$ 和 30% KCl）内进行反应。首先，铁屑溶解于共熔物（600℃）中，并被三氯化铁还原成二氯化铁，后者再与氯气反应生成三氯化铁，升华后被收集在冷凝室中，该法可制得纯度较高的三氯化铁。

（3）盐酸氯化法

将盐酸和铁屑反应，生成的二氯化铁溶液再用氯气氯化。反应过程如下式所示：

$$Fe+2HCl \longrightarrow FeCl_2+H_2$$

$$2FeCl_2 + Cl_2 \longrightarrow 2FeCl_3$$

（4）一步氯化法

将氯气直接通入浸泡铁屑的水中，一步合成液体 $FeCl_3$，反应式为：

$$Cl_2 + H_2O \longrightarrow HClO + HCl$$
$$Fe + 2HCl \longrightarrow FeCl_2 + H_2$$
$$2HClO + H_2 \longrightarrow Cl_2 + H_2O$$
$$2FeCl_2 + Cl_2 \longrightarrow 2FeCl_3$$

（5）美国专利4066748介绍了一种以酸洗浴的 $FeCl_2$ 为原料制备三氯化铁的方法，其主要步骤有：首先浓缩酸洗浴废水，使得氯化亚铁浓度至少达到34.25%（质量百分比），此浓缩液中仍含有大量的游离酸，中和浓缩液，采用逆流连续进行两次氯化。此法得到的溶液，1L中至少含有40%的氯化铁（以重量计），而氯化亚铁的含量不超过0.1%。

（6）中国专利200510200706.3"硫酸渣吸收含氯废气制备三氯化铁"中介绍了一种硫酸渣吸收含氯废气制备三氯化铁的工艺，以含铁量30%～60%的硫酸渣和含氯废气为原料，在吸收塔中反应而得。此工艺将硫酸渣的综合回收和含氯废气治理合二为一，达到了"以废治废、综合治理、变废为宝"的目的，且省去了传统三氯化铁生产的氯化、氧化工序，节约资源，并解决了盐酸的来源问题。含氯废气的吸收率达90%以上，可实现达标排放，实现了无污染的清洁生产。工艺流程如图2-6所示。

具体制备方法如下：

取硫酸渣（含铁60%，过60目）与若干水配成硫酸渣矿浆，由喷射装置进入吸收塔，含氯废气（100L/h，含氯化氢和氯气量为 $356mg/m^3$）从反应塔下部进入，在吸收塔内与硫酸渣矿浆逆流接触，85℃时循环吸收4h，烟气中的 Cl_2 和 HCl 与硫酸渣反应，将 Cl_2 和 HCl 除去，得到的由三氯化铁、硫酸渣和水组成的混合物从吸收塔流出，经过滤可实现水溶性的三氯化铁与渣的分离，得到水溶性的三

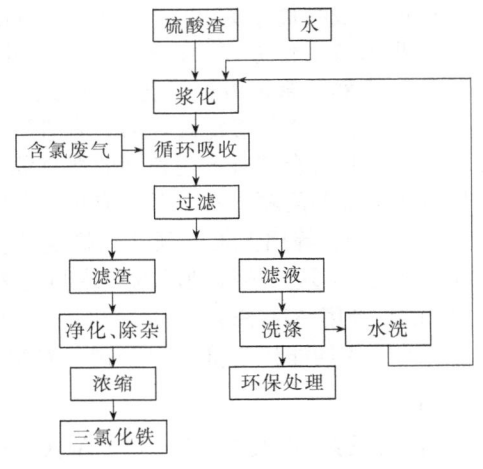

图2-6　硫酸渣吸收含氯废气制备三氯化铁流程

氯化铁，然后对三氯化铁溶液进行净化和去除重金属，再进行过滤得到比较纯净的三氯化铁溶液，经蒸发浓缩可得到固体三氯化铁，尾气可直接排放。

【技术指标】　GB 4482—2006

项　目	指　　标					
	固　体			液　体		
	优等品	一等品	合格品	优等品	一等品	合格品
氯化铁/%	98.7	96.0	93.0	44.0	41.0	38.0
氯化亚铁/%	0.70	2.0	3.5	0.20	0.30	0.40
水不溶物/%	0.50	1.5	3.0	0.40	0.50	0.50
游离酸(HCl)/%	—	—	—	0.25	0.40	0.50
砷/%	0.0020	0.0020	0.0020	0.0020	0.0020	0.0020
铅/%	0.0040	0.0040	0.0040	0.0040	0.0040	0.0040

【应用】 三氯化铁是铁盐混凝剂中最常用的一种，可用于饮用水及工业给水净化处理，具有易溶于水，矾花大而重，形成的絮体比铝盐密实，沉淀性能好，对温度、水质及 pH 值的适应范围宽等。液体产品可直接计量投加，固体产品需在溶解池调配成 10%～20% 溶液后计量投加。固体产品吸湿性极强，开封后最好一次性配成溶液，有效投加浓度一般在 10～50mg/L。产品腐蚀性强，投加设备需进行防腐处理，操作工人应配备劳动保护设施。

三氯化铁　三氯化铁适用的 pH 值范围较宽，用以去除水的色度时，pH 值为 3.5～5.0，因其水解过程会产生 H^+，降低 pH 值，因而一般需要投加石灰做助剂。用以去除水的色度时，最适宜 pH 值为 6.0～8.4，但在 6.0～11.0 范围内均可使用。

还可用于活性污泥脱水。使用的 pH 值范围为 6.0～11.0，最佳的 pH 值范围为 6.5～8.4。通常的用量为 5～100mg/L。形成的絮凝体粗大，沉淀速率快，不受温度的影响。用它来处理浊度高的废水，效果更显著。它的腐蚀性大，比硫酸亚铁的腐蚀性强，能腐蚀混凝土和使某些塑料变形。当它溶解于水时，产生氯化氢气体，污染周围环境。三氯化铁不仅可作絮凝剂，也可作防水剂等。

三氯化铁可与阴离子聚丙烯酰胺组合使用，提高污泥调质效果，降低污水处理费用，也可以与聚铝组合使用。

在污泥调质中，能产生大而重的絮体。对于混合污泥来说，其加药量一般为 2%～6%，要求相应的石灰投加量为 20%～40%，消化污泥的石灰投加量一般为 10%～20%。

随着我国城市化进程的迅速发展，城市垃圾的增长速度日益加快。卫生填埋法由于其成本低、技术成熟、管理方便等优点而在垃圾处理中得到了广泛应用。然而，在填埋场漫长的稳定化过程中所产生的渗滤液，因其有机污染大、氨氮浓度高、污染成分复杂、具有毒性等特点，会对环境和公众健康产生长期的严重危害，因而对渗滤液进行有效的收集和处理已成为城市环境亟待解决的问题。有学者研究过以混凝法处理垃圾渗滤液，已取得了较好的成果。

X. Ntampou 等用 $FeCl_3$ 预处理稳定的渗滤液，试验表明：COD 去除率达到 72%，色度去除率均超过 90%，预处理后的废水再经氧化处理能有效地降低渗滤液的 COD 值。

Hamidi 等用 $Al_2(SO_4)_3$、$FeCl_3$、$FeSO_4$ 和 $Fe_2(SO_4)_3$ 处理垃圾填埋场渗滤液，试验表明：$FeCl_3$ 的性能优于其他混凝剂，对渗滤液色度去除率达到 94%。

2.2.4　铝酸钠

【物化性质】 铝酸钠（$Na_2O \cdot Al_2O_3 \cdot nH_2O$）又名偏铝酸钠，为白色颗粒或无定型粉末。相对密度 1.58，熔点 1800℃，折射率 1.566～1.595。溶于水，不溶于醇。有吸湿性。铝酸钠是一种非常好的碱性混凝剂，其水溶液呈强碱性，能渐渐吸收水分而成氢氧化铝，加入碱或带氢氧根多的有机物则较稳定。与酸类发生剧烈反应，与铁盐发生反应释出氢气。

【制备方法】

（1）烧结法

碳酸钠溶解铝酸钙制备铝酸钠以优质的铝土矿与石灰石（Al_2O_3/CaO 的摩尔比为 1.4～1.8）混合，在 1350～1450℃ 烧结而成铝酸钙熟料。铝酸钙的含量一般为 Al_2O_3 50%～80%，CaO 25%～35%。烧碱与粉碎铝酸钙的溶出温度为 60～100℃。溶解在常压下进行。烧碱浓度为 6%～20%，溶解时间为 30min。一般 Al_2O_3 的溶出率可以接近 80%。沉降过滤，弃赤泥，便得到铝酸钠溶液。溶解产生的残渣赤泥可以用作生产水泥的原料。

（2）拜尔法

将铝矾土和苛性钠液混合，经高压溶出后，高温加热，生成铝酸钠溶液，再经分离去杂质，蒸发制得产品。反应式如下：

$$Al_2O_3 \cdot 3H_2O + 2NaOH \longrightarrow 2NaAlO_2 + 4H_2O$$

$$Al_2O_3 \cdot H_2O + 2NaOH \longrightarrow 2NaAlO_2 + 2H_2O$$

工艺流程如图 2-7 所示。

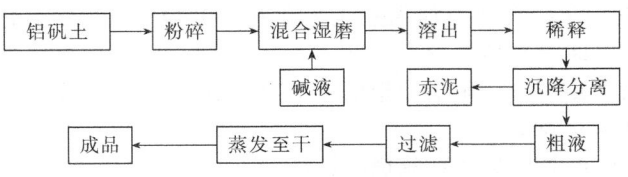

图 2-7 拜尔法制铝酸钠工艺流程

（3）中国专利 200510049689.8 中介绍了另外一种铝酸钠溶液的生产方法，以片碱和一水硬铝石型铝土矿为原料，包括如下步骤：将片碱吸潮后，与粉碎的铝土矿粉混合搅拌均匀；将得到的混合物于 320～450℃ 焙烘 10～60min；将焙烘反应物于水中溶出，溶出液过滤，滤液即为所述铝酸钠溶液。此法能耗低，使用设备简单，操作方便，生产的铝酸钠质量好。

（4）中国专利 CN1406871A 中介绍了一种高浓度铝酸钠的制备方法。工艺流程如图 2-8 所示。采用两段熟料溶出与分离工艺，一段熟料溶出与分离工艺与传统烧结法熟料溶出与分离工艺基本相同，将一段溶出与分离后所得溢流加入种分母液配制成二段溶出的调整液，加入熟料进行二段溶出，控制熟料溶出粒度 0.053～2.67mm，溶出温度 80～90℃，溶出时间 10～90min，分离后得到氧化铝浓度 160～230g/L 的铝酸钠溶液。

与现行的烧结法熟料溶出（其流程如图 2-9 所示）相比，本发明所得粗液中氧化铝浓度

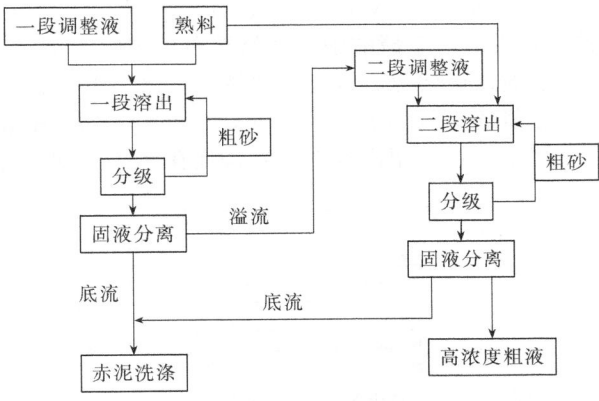

图 2-8 铝酸钠制备流程

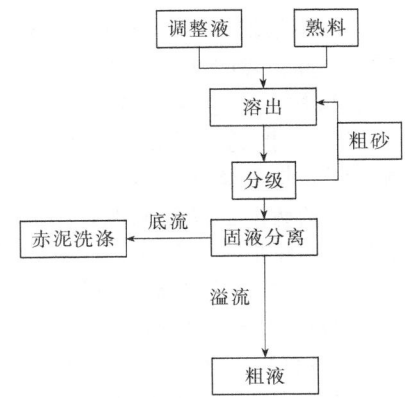

图 2-9 传统烧结法熟料溶出与分离工艺流程

提高 1 倍以上，从而可在利用现有设备的基础上，提高产能和生产率 1 倍以上。

（5）氢氧化铝碱解法

向 50～80℃的氢氧化钠溶液中加入粗氢氧化铝，升温至 110℃后，保温 3h，制得铝酸钠溶液，再蒸发至干，即得产品。

【应用】 铝酸钠主要用作净化水处理的絮凝剂，其使用的水温、pH 值等絮凝条件，应根据原水水质，通过实验确定。

铝酸钠还可用作生产其他类型絮凝剂的原料。

2.2.5 硫酸亚铁

【物化性质】 硫酸亚铁，分子式为 $FeSO_4 \cdot 7H_2O$，俗称绿矾，相对分子质量为 278.05，无臭无味，是天蓝色或绿色的单斜晶系结晶体。密度 1.898g/cm³，熔点 64℃，加热易失去结晶水。溶于水，不溶于醇，易吸潮，在水中的溶解度随温度升高而增大（0℃，28.8g/100gH₂O；100℃，57.8g/100gH₂O），有腐蚀性，在空气中放置易被氧化成黄色或黄褐色的碱式硫酸铁 Fe（OH）SO₄，其水溶液呈弱酸性，亚铁离子有较强的还原性，易与其他阳离子形成复盐。干燥空气中能风化，表面变成白色粉末。300℃时为无水物，温度继续升高则被分解。

【制备方法】

（1）铁屑硫酸法

由稀硫酸和铁反应生成硫酸亚铁和氢气，并放出热量。反应式如下：

$$Fe + H_2SO_4 \longrightarrow FeSO_4 + H_2\uparrow$$

如图 2-10 所示，首先将铁屑溶于硫酸中，加热至不再溶解为止（保持金属铁过量），过滤，滤液用硫酸酸化，冷后通入硫化氢至饱和，放置 2～3d，在水浴上加热后过滤，滤液倾入蒸馏烧瓶中，在通入不含氧的二氧化碳的状况下蒸至 1/2，然后在二氧化碳气中令其结晶，次日吸滤出结晶，先用水洗，再用乙醇洗，尽快地在 30℃下进行干燥，即得硫酸亚铁。

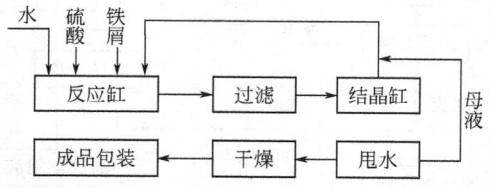

图 2-10　铁屑硫酸法生产硫酸亚铁工艺流程

（2）钛白副产法

我国有丰富的钛资源，约占世界储量的 50％。钛矿主要以钛铁矿的形式存在，它是分布最广、储量最大也是最有价值的矿石。我国钛铁矿主要产于海南、广西和广东等地，而且是风化形成的砂矿。钛铁矿的化学结构比较复杂，其分子式为 $FeO \cdot TiO_2$（或 $FeTiO_3$），风化的钛铁矿分子式为 $Fe_2O_3 \cdot TiO_2$。精选过的矿石一般含有 46％～60％ TiO_2，35％～45％总铁，还含有少量的锰、钒、铌、钪等微量元素。

在硫酸法生产钛白粉过程中产生的硫酸亚铁的来源：一是钛铁矿本身含有的三价铁和二价铁；二是在还原三价铁过程中加入的铁屑。一般生产 1t 钛白粉会副产 3.5～4t 硫酸亚铁。2004 年我国统计钛白粉产量为 54.7×10⁴t，副产硫酸亚铁 200 多万吨。其反应式如下：

$$Fe + H_2SO_4 \longrightarrow FeSO_4 + H_2O$$
$$TiO_2 + H_2SO_4 \longrightarrow TiOSO_4 + H_2O$$
$$Fe_2O_3 + 3H_2SO_4 \longrightarrow Fe_2(SO_4)_3 + 3H_2O$$
$$Fe_2(SO_4)_3 + Fe \longrightarrow 3FeSO_4$$

硫酸亚铁主要是在冷冻硫酸亚铁与硫酸氧钛溶液时产生的。结晶形成的硫酸亚铁晶体主要杂质是硫酸氧钛,因此必须再经水洗,回收晶体表面的钛液。一般经过冷冻结晶后,硫酸亚铁的含量在90%左右。

(3) 硫铁矿还原法   中国专利03103056.4中介绍了一种硫酸亚铁的制备方法。工艺流程如图2-11和图2-12所示。其主要步骤为:将烘干的硫铁矿烧渣(以质量百分比计,FeO为0.5%,Fe_3O_4为15.96%,Fe_2O_3为74.10%)与硫酸(浓度为50%,用量为理论用量的1.1倍)在80～130℃条件下反应,搅拌,使得烧渣均匀分布于反应液中,反应4h后得到含硫酸铁的酸性溶液,然后在含铁浓度为0.5～4mol/L的硫酸铁的酸性溶液中加入硫铁矿或硫精矿(液固比为100mL∶8g),搅拌,反应温度为100℃,得到硫酸亚铁溶液,再经−10～20℃冷却结晶、过滤、甩干,于40～80℃烘干得到七水硫酸亚铁($FeSO_4 \cdot 7H_2O$),即绿矾。此法工艺简单、反应温度低、反应速度快,降低了硫酸亚铁生产成本,所得$FeSO_4 \cdot 7H_2O$样品质量见表2-1。

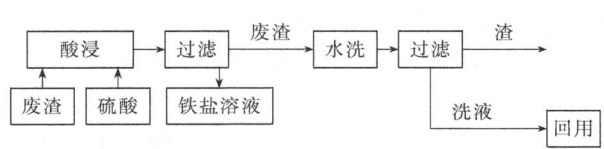

图 2-11   铁盐溶液制取工艺流程

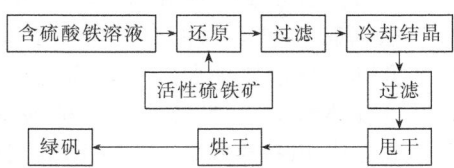

图 2-12   硫铁矿还原法制备绿矾工艺流程

表 2-1 $FeSO_4 \cdot 7H_2O$ 样品质量

项　　目	质量指标/%		
	所得绿矾	GB 10531—89(优等品)	GB 664—93(化学试剂)
$FeSO_4 \cdot 7H_2O$	98	≥97	98～101
Fe^{3+}	≤0.32		≤0.1
Pb	≤0.002	≤0.002	≤0.005
As	≤0.00045	≤0.0005	≤0.0002
Zn	≤0.041	—	≤0.02
Cl	≤0.05		≤0.05
Cu	≤0.0018	—	≤0.01
TiO_2	≤0.0039	≤0.5	—
水不溶物	≤0.019	≤0.2	≤0.02
磷酸盐(PO_4^{3-})	≤0.0066	—	≤0.002

由上表可知,所得$FeSO_4 \cdot 7H_2O$的质量好于GB 10531—89优等品质量,接近GB 664—93化学试剂标准。

【技术指标】   GB 10531—2006

项　　目	指　　标	
	Ⅰ类	Ⅱ类
硫酸亚铁($FeSO_4 \cdot 7H_2O$)含量/%	≥90.0	≥90.0
二氧化钛(TiO_2)含量/%	≤0.75	≤1.00
水不溶物含量/%	≤0.50	≤0.50
游离酸(H_2SO_4)含量/%	≤1.00	—
砷(As)含量/%	≤0.0001	—
铅(Pb)含量/%	≤0.0005	—

【应用】 硫酸亚铁用作絮凝剂使用的 pH 值范围为 $5.5 \sim 9.6$，水温对其絮凝作用的影响较小，适用于浓度大、碱性强的废水。絮凝作用稳定，形成絮凝体的速度快，絮凝效果良好，但有较大的腐蚀性。它不仅可作絮凝剂，还可以广泛用于工农业生产上。它是一种微量元素肥料，具有加速水稻、甜菜返青，中和碱性土壤，促进农家肥料腐熟，改善植物的生长条件等作用。

硫酸亚铁应用于原水、地下水和工业给水的净化处理时，要先将其调配成 $5\% \sim 10\%$ 的溶液后计量投加，最佳混凝 pH 值为 $6 \sim 8$。

硫酸亚铁适用于碱度高、浊度高的废水处理，受水质影响，适宜 pH 值为 $8.1 \sim 9.6$，最好与碱性药剂或有机高分子絮凝剂联合使用。

硫酸亚铁在水中离解的是二价铁离子（Fe^{2+}），水解产物只是单核配合物，故不具有 Fe^{3+} 的优良混凝效果。同时 Fe^{2+} 会使处理后的水带色，特别是当 Fe^{2+} 与水中有色胶体作用后将生成颜色更深的溶解物。故采用硫酸亚铁作混凝剂时，需采用氯化、曝气等方法，将 Fe^{2+} 氧化成 Fe^{3+}。目前有两种原水处理的情形可以使用 $FeSO_4$ 做混凝剂：一是加氯氧化，不仅可以提高通氯杀菌效率，而且可以在较宽的 pH 值范围内氧化 Fe^{2+}，使硫酸亚铁有效地对胶体颗粒起絮凝作用。硫酸亚铁稀释浓度 $2\% \sim 5\%$，$pH = 3 \sim 4$，经氯氧化后，$FeSO_4$ 生成 $Fe_2(SO_4)_3$ 和 $FeCl_3$ 的混合液，因此它既具有 $Fe_2(SO_4)_3$ 的絮凝性能，又具有 $FeCl_3$ 的絮凝性能，一般 $FeSO_4 \cdot 7H_2O$ 和 Cl_2 的比例为 $8:1$，并根据废水有机物含量大小，适当调整。二是石灰法软化原水并采用通氯杀菌的工艺时，投加 $FeSO_4$ 作絮凝剂效果明显改善。

Wei-ging 等用无机混凝剂预处理杀菌废水，试验结果表明：$FeSO_4 \cdot 7H_2O$ 对 S^{2-} 和 COD 去除率分别为 68.8% 和 33.9%，$FeCl_3 \cdot 6H_2O$ 对 S^{2-} 和 COD 去除率分别为 32.0%，24.1%，PAC 对 S^{2-} 和 COD 去除率分别为 28%，22.3%，使废水可生化性得到提高。

吕松等用硫酸亚铁预处理工业含酚废水，试验表明，COD 去除率达到 45%。

硫酸亚铁由于具有较高腐蚀性，限制了其在污水处理中的应用。

2.2.6 高铁酸钾

【物化性质】 高铁酸钾，分子式为 K_2FeO_4，纯品为暗紫色有光泽粉末。198℃ 以下稳定，极易溶于水而成浅紫红色溶液，静置后会分解放出氧气，并沉淀出水合三氧化二铁。溶液的碱性随分解而增大，在强碱性溶液中相当稳定，是极好的氧化剂。具有高效的消毒作用，为一种新型非氯高效消毒剂，主要用于饮水处理。

高铁酸钾是 20 世纪 70 年代开发的一种具有絮凝、助凝、氧化、吸附、杀菌、除臭等功效的多功能高效水处理剂。Schreyer 和 Thcmpson 在实验室利用次氯酸盐氧化三价铁盐制备出高纯度、高产率的高铁酸钾。它的氧化能力高于高锰酸钾和次氯酸盐，可以有效地去除难降解有机物、氰化物等污染物，作为氧化消毒剂使用不会产生二次污染。高铁酸钾在氧化-还原过程中生成的不同价态的铁离子可迅速地与硫化物生成沉淀，将氨氧化成硝酸盐，从而可以氧化分解多种恶臭物质如硫化氢、甲硫醇、氨等，是一种污泥、污水脱臭的有效试剂。

【制备方法】 已知的高铁酸钾的制备方法有湿法（次氯酸盐氧化法和电解法）和干法（高温过氧化物氧化法）两类。湿法制备工艺较为成熟，生产成本较低，设备投资少，更容易实现，不仅可制取高纯度的高铁酸钾晶体，且剩余的碱性高铁酸盐母液也是一种高效复合型强氧化性铁系絮凝剂，可直接用作净水剂或氧化剂。现介绍如下。

（1）次氯酸盐法

又称湿法，它是以铁盐和次氯酸盐为原料在碱性溶液中制备高铁酸盐。反应原理为：

$$2FeCl_3 + 10NaOH + 3NaClO \longrightarrow 2Na_2FeO_4 + 9NaCl + 5H_2O$$
$$Na_2FeO_4 + 2KOH \longrightarrow K_2FeO_4 + 2NaOH$$

此法产率一般为 $44\% \sim 76\%$，为了提高产率，也可将次氯酸钠改为次氯酸钾来氧化铁盐，不仅提高了产率，同时也简化了纯化工艺。

哈尔滨工业大学的姜洪泉等，对此工艺进行改进，以氯气、氢氧化钾、硝酸铁为原料制备高铁酸钾，简化了步骤且提高了产率。具体制备方法如下。

在一定温度下，将氯气缓慢通入质量分数为 $30\% \sim 35\%$ 的 KOH 碱液中，至氯气饱和逸出为止，生成饱和次氯酸钾溶液。在室温下，向次氯酸钾溶液中加入适量 KOH 固体，搅拌至 KOH 完全溶解，冰水冷却，过滤去除白色氯化钾结晶，得到碱性次氯酸盐溶液。在剧烈搅拌下，将 $Fe(NO_3)_3$ 分批加入，并适当控制反应温度。反应一定时间后，溶液中无氢氧化铁存在，反应完成，加 KOH 固体至饱和，使 K_2FeO_4 充分析出，过滤分离得高铁酸钾晶体粗产品，纯化，真空干燥，即得高铁酸钾。

（2）电解法

中国专利 03126342.9 中介绍了一种制备固体 K_2FeO_4 的方法，即用隔膜式电解槽，在含有稳定剂的 KOH 溶液中，用直流电电解，将含铁材料电极经阳极氧化一步直接制得纯度大于 90% 的固体 K_2FeO_4。本方法制备的固体 K_2FeO_4 适用于作污水或饮用水的处理剂和有机合成的氧化剂，其经纯化处理后还可作适用于碱性高铁酸盐电池的正极活性物质。此工艺可连续运行，电解液可循环使用，效率较高，成本较低，无污染。

电解法的特点是，阳极析氧是与高铁酸根生成平行存在的副反应，该副反应使生成高铁酸根的阳极电流效率降低。高铁酸根的阳极生成反应是在铁电极的过钝化电位范围内进行的，铁阳极表面随着电解过程钝化加剧造成阳极电流效率逐渐降低。阳极真实电流密度的提高会加剧阳极的钝化，所以电解多在较低阳极电流密度下进行。

（3）高温氧化法

又称干法，是用过氧化物在高温下氧化铁的氧化物制备高铁酸钾。US4545974 中公开了一种将赤铁矿、磁铁矿或那些能够在高温下分解为氧化物的铁化合物，与碱金属的硝酸盐混合后，在真空或惰性气氛中加热到 $780 \sim 1100\,℃$，制备高铁酸盐的方法。US4551326 和 US4385045 中提出一种在真空无氧或惰性气氛下将由碱金属的氧化物、碱金属过氧化物、铁盐或金属铁粉所组成的混合物加热到 $500 \sim 650\,℃$，制备高铁酸盐的方法。

高温氧化法虽然能够直接得到固态的产物，但该固态产物是由多种物质组成的混合物，其中高铁酸盐的含量很低，且是四价铁酸盐与六价铁酸盐的混合物，而且由于过氧化物在高温下容易爆炸，比较危险而很少采用。

【应用】　高铁酸钾作为一种非氯型高效饮水消毒剂和水处理剂，国内外均有做过较多的报道。如高铁酸钾用作饮水消毒剂时，具有杀菌能力强、快速且不产生三氯甲烷等有害成分的特点。实验结果证明，若水源中细菌含量未超过 $(20 \sim 30) \times 10^4/mL$，用浓度 6mg/L 的高铁酸钾处理 30min，即可基本上将细菌杀死，水中残存的细菌含量小于 100 个/mL，达到饮用水质的标准。另外，其适用的 pH 值范围比含氯药剂宽，处理后的水无臭无味，口感好，而且成本也低于其他净水剂。

作为水处理剂，高铁酸钾可以去除水中的氨氮，研究证明，高铁酸钾对高浓度氨氮（$8 \sim 10mg/L$）的去除率在 60% 左右。还可以去除水中酚类物质，当原始邻氯苯酚的浓度为 4mg/L，加入高铁酸钾浓度为 60mg/L，水中邻氯苯酚的去除率可达 99.3%。

高铁酸钾可明显去除废水中所含硫化物。当 pH＝5.95，加入高铁酸钾浓度为 45mg/L 时，水中 S^{2-} 浓度从 25.33mg/L 降至 0.33mg/L。高铁酸钾对废水中 CN^- 的去除效果也十分显著。

高铁酸钾还可以去除水中的藻类物质和腐殖质及难降解的有机物。

2.3　无机高分子混凝剂

无机混凝剂的应用历史悠久，但无机高分子混凝剂却是在 20 世纪 60 年代后期才在世界上发展起来的。

无机高分子混凝剂（inorganic polymer coagulant）作为第二代无机混凝剂，具有比传统的混凝剂（如硫酸铝、氯化铁等）效能更优异，比有机高分子絮凝剂（OPF）价格低廉等优点，成功地应用在给水、工业废水以及城市污水处理的各种流程（包括前处理、中间处理和浓度处理）中，现已开始成为主流絮凝剂。

我国无机高分子絮凝剂的开发成绩也很显著，20 世纪 60 年代几乎与日本同时起步。早在 1960 年就由哈尔滨城建局等单位生产出聚合氯化铝，1964 年试用于水处理。1983 年天津化工研究设计院等单位研制成功聚合硫酸铁，并用于水处理，随后一些单位也先后投产。近年，生产单位日益增多，规模也有所扩大。我国生产聚合铝盐与聚合铁盐，陆续发展了多种原料和工艺制造方法，基本上是结合了我国的条件，建立起独具特色的工艺路线和生产体系，满足了我国用水和废水处理的发展需要。

近年来，无机高分子絮凝剂的品种在我国已逐步形成系列：阳离子型的有聚合氯化铝（PAC）、聚合硫酸铝（PAS）、聚合磷酸铝（PAP）、聚合硫酸铁（PFS）、聚合氯化铁（PFC）、聚合磷酸铁（PFP）等；阴离子型的有活化硅酸（AS）、聚合硅酸（PS）；无机复合型的有聚合氯化铝铁（PAFC）、聚硅酸硫酸铁（PFSS）、聚合硅酸硫酸铝（PASS）、聚合硅酸氯化铁（PFSC）、聚合氯硫酸铁（PFCS）等。国内已有数十种专利，其中部分已被德温特的《世界专利索引》及美国《化学文摘》等所收录。

针对不同的悬浮物与溶解物种类，不同的化学耗氧量，以及水体不同的 pH 值范围，都应有最适宜的混凝剂。无机高分子混凝剂以其原料来源广泛，生产工艺简单，价格低廉以及优良的混凝效果一直受到水处理界的关注。从其发展趋势来看，无机高分子混凝剂应向多功能混凝剂方向发展，使它不仅具有优良的混凝性能，还要具备缓蚀、杀菌消毒、阻垢等多种功能。无机高分子混凝剂与其他的絮凝剂（如微生物絮凝剂、有机絮凝剂）配合优化使用，在废水处理后回收利用，以取得最佳的经济效益，这也是一个发展方向。而多功能无机高分子絮凝剂的发展与应用，必将对混凝沉降法的发展有着重大的推动作用。

2.3.1　聚合氯化铝（PAC）

【物化性质】　聚合氯化铝（PAC）（又称碱式氯化铝）、聚铝是常用的铝系高分子混凝剂，其结构式为 $[Al_2(OH)_nCl_{6-n} \cdot xH_2O]_m$（式中的 $m \leqslant 10$，$n=1 \sim 5$），为无色或黄色树脂状固体，易潮解，其溶液为无色或浅黄色透明液体。易溶于水并发生水解，水解过程中伴随有电化学、凝聚、吸附和沉淀等物理化学过程，有腐蚀性，产品多为液体，pH 值为 2～3，湿投配制的浓度为 5%～10%。

PAC 是 $AlCl_3$ 和 $Al(OH)_3$ 的中间产物，可以看做是其中的氯离子被羟基取代而生成的产物。调节溶液的酸度，借助于羟基架桥联合的特性，可使水解生成的羟基化合物通过架桥而结合成二聚体：

$$\begin{bmatrix} H_2O & & H_2O \\ H_2O-Al-H_2O \\ H_2O & & H_2O \end{bmatrix} Cl_3 + OH^- \Longleftrightarrow \begin{bmatrix} H_2O & & OH \\ H_2O-Al-H_2O \\ H_2O & & H_2O \end{bmatrix} Cl_2 + Cl^- + H_2O$$

$$2\begin{bmatrix} H_2O & OH \\ H_2O-Al-H_2O \\ H_2O & H_2O \end{bmatrix}Cl_2 \rightleftharpoons \begin{bmatrix} H_2O & H_2O & OH & H_2O & H_2O \\ & Al & & Al & \\ H_2O & H_2O & OHH_2O & H_2O \end{bmatrix}Cl_4+2H_2O$$

二聚体除以上二种羟基桥连外，还有单羟基、三羟基架桥等形式（如 $[Al_2(OH)_3(H_2O)_6]Cl_3$、$[Al_2(OH)(H_2O)_{10}]Cl_5$ 等）。二聚体还可以缩聚成三聚以至多聚体，如 $[Al_3(OH)_6(H_2O)_6]Cl_3$、$[Al_4(OH)_6(H_2O)_{12}]Cl_6$ 等。缩聚的结果使可供架桥的羟基数目减少，聚合物的电荷增加，相互间的电相斥作用增强，这两种因素反过来又阻碍了缩聚的进一步进行。因此，为提高聚合度，一种方法是可向溶液中加入铝酸钙 $[CaAl_2(OH)_8]$，理论上，1mol 的铝酸钙可提供 2mol 的铝离子和 8mol 的氢氧根离子，铝离子生成新的羟基铝，促进缩聚反应的进行；另一种方法是，在此基础上加入一定量的含 SO_4^{2-} 的助剂，以便于在聚合体之间架桥，促进其生成更大的聚合物。

PAC 自 20 世纪 60 年代在日本首先进入实用阶段以来，其他国家也纷纷进行试制，是目前技术最为成熟，市场销量最大的混凝剂。70 年代中期以后日本给水处理中 PAC 的使用超过了明矾。聚合氯化铝对高浊度、低浊度、高色度及低温水都有较好的混凝效果，其效能在许多方面优于明矾等传统铝盐，最明显的是投加量小，絮凝体形成速度快且颗粒大而重，易沉淀，反应沉淀时间短，对原水水温及 pH 值的适应范围广（5～9），而且还可以根据所处理的水质不同，制取最适宜的聚合氯化铝。它的加入量不宜过多，否则会使水发混。我国从 20 世纪 70 年代开始，已对聚合氯化铝进行了研发，近年来随着实验室研究的深入，工业生产得到了快速的发展。

【制备方法】 PAC 的生产方法较多，国内广泛应用铝酸钙调整法和铝灰酸溶一步法，国外一般采用氢氧化铝与盐酸溶液加压溶解法，但基本原理却都是相同的，都是以创造促使铝盐不断水解、聚合的条件为基本出发点，控制浓度、酸碱度、温度、碱化度及加碱速度、搅拌速度、陈化时间和陈化温度等条件，得到水解一聚合程度不同的产物。有铝屑酸溶法、碱溶法、沸腾热解法、中和法、凝胶法、电解法等，介绍如下。

（1）金属铝直接溶解法

该法所用原料主要是铝加工过程的下脚料——铝屑、铝灰和铝渣、铝材加工废渣等，用工业铝屑制净水剂聚合氯化铝是一种简便经济的方法，由于工业铝屑的主要成分是铝（铝94%，三氧化二铝 0.5%，杂质 5.5%），聚合后净水剂纯度较高，生产工艺也比较简便，在工艺上，该法可分为酸法、碱法、中和法三种。

酸法是将盐酸、水按一定比例投加于一定量铝灰中，在一定温度下充分反应，并经过若干小时熟化后，放出上层液体即得聚合氯化铝液体产品。铝反应为放热反应，如果控制好反应条件如盐酸浓度和量，水量及投加速度和顺序，就可以充分利用铝反应放出的热量，使反应降低对外加热量的依赖度，甚至不需外加热源而通过自热进行反应，控制其盐基度至合格。该法具有反应速度快，投资设备少，工艺简单，操作方便等特点，产品盐基度和氧化铝含量较高，因而该法在国内被普遍采用。但此工艺对设备腐蚀较严重，生产出的产品杂质较多，特别是重金属含量容易超标，产品质量不稳定。

其制备方法为：

工业铝屑经脱油去污处理后直接与盐酸反应，即可制得聚合铝，反应过程为：

$$2Al+6HCl+12H_2O \longrightarrow 2[Al(H_2O)_6]Cl_3+3H_2$$

$$Al_2O_3+6HCl+9H_2O \longrightarrow 2[Al(H_2O)_6]Cl_3$$

随着铝的溶出，pH 值升高，加速配位水解：

$$[Al(H_2O)_6]Cl_3 \longrightarrow [Al(H_2O)_5OH]Cl_2 + HCl$$

$$[Al(H_2O)_5OH]Cl_2 \longrightarrow [Al(H_2O)_4(OH)_2]Cl + HCl$$

水解过程中盐酸又促使铝的溶出，反应继续进行，pH 值继续升高，在相邻的两个羟基之间发生架桥聚合。

$$2[Al(H_2O)_4(OH)]Cl \longrightarrow [Al_2(H_2O)_6(OH)_4]Cl_2 + 2H_2O$$

$$2[Al(H_2O)_5OH]Cl_2 \longrightarrow [Al_2(H_2O)_8(OH)_2]Cl_4 + 2H_2O$$

反应后的产物熟化 24～48h 即可。

碱溶法先将铝灰与氢氧化钠反应得到铝酸钠溶液，再用盐酸调 pH 值，制得聚合氯化铝溶液。这种方法的制得的产品外观较好，水不溶物较少，但氯化钠含量高，原材料消耗高，溶液氧化铝含量低，工业化生产成本较大。

中和法先用盐酸和氢氧化钠与铝灰反应，分别制得氯化铝和铝酸钠，再把两种溶液混合中和，即制得聚合氯化铝液体。用此方法生产出的产品不溶物杂质较少，但成本较高。

（2）沸腾热解法

① 方法一

将结晶氯化铝在 170℃下进行沸腾热解，放出的氯化氢用水吸收制成 20％盐酸，然后加水在 60℃以上进行熟化聚合，再经固化，干燥，破碎，制得固体聚合氯化铝成品。其反应式如下：

$$2Al + (6-m)HCl + mH_2O \longrightarrow Al_2(OH)_mCl_{6-m} + 3H_2O$$

$$mAl + (6-m)AlCl_3 + 3H_2O \longrightarrow 3Al_2(OH)_mCl_{6-m} + 3m/2H_2$$

由于铝的溶出，pH 值升高，因而配位的水分发生水解，产生盐酸。盐酸浓度随之增加，这又促使铝的溶出反应继续进行，pH 值也继续升高，使相邻两个 OH^- 间发生桥连聚合。由于聚合又减少了水解产物的浓度，从而促使水解继续进行，这三个过程互相交替进行。在反应的同时控制反应投料比和反应时间，制得合格的碱式氯化铝溶液。

② 方法二

将铝灰（主要成分为氧化铝和金属铝）按一定配比加入预先加入洗涤水的反应器中，在搅拌下缓慢加入盐酸进行缩聚反应，经熟化聚合至 pH 值为 4.2～4.5，溶液相对密度为 1.2 左右进行沉降，得到液体聚合氯化铝。其反应式如下：

$$2AlCl_3 \cdot 6H_2O \longrightarrow Al_2(OH)_nCl_{6-n} + (6-n)H_2O + nHCl$$

$$mAl_2(OH)_nCl_{6-n} + mxH_2O \longrightarrow [Al_2(OH)_nCl_{6-n} \cdot xH_2O]_m$$

（3）以铝土矿、高岭土、明矾石等含铝矿物为原料。铝土矿是一种含铝水合物的土状矿物，其中主要矿物有三水铝石、一水软铝石、一水硬铝石或这几种矿物的混合物，铝土矿中 Al_2O_3 的质量分数一般在 40％～80％，主要杂质有硅、铁、钛等的氧化物。高岭土铝的质量分数在 40％左右，其分布较广，蕴藏丰富，主要成分为三氧化二铝和二氧化硅明矾石。在提取氯化物、硫酸、钾盐的同时，可制得聚合氯化铝。这些矿物中的铝一般不能被酸溶出，必须经一系列加工处理后才能使铝溶出，按铝的溶出方式分为酸法和碱法。

酸溶法适用于除一水硬铝矿外的大多数矿物。生产工艺是：

① 矿物破碎，为使液固相反应有较大的接触面，使氧化铝尽量溶出，同时又考虑到残渣分离难度问题，通常将矿石加工到 40～60 目的粉末；

② 矿粉焙烧，为提高氧化铝的溶出率，需对矿粉进行焙烧，最佳焙烧时间和焙烧温度与矿石种类和性质有关，通常在 600～800℃；

③ 酸溶，铝灰和盐酸按一定配比反应，在形成的溶液中，Al^{3+} 以 $[Al(H_2O)_6]^{3+}$ 存在，通常加入的盐酸浓度越高，氧化铝溶出率越高，但考虑到盐酸挥发问题，通常选用质量

分数为 20% 左右的盐酸，调整盐基度熟化后即得到聚合氯化铝产品。

一水硬铝石或其他难溶于酸的矿石，可用碱法制备聚合氯化铝。生产工艺前两步与酸法一样，都需破碎和焙烧，后用碱溶，用碳酸钠或氢氧化钠或其他碱与矿粉液反应，制得铝酸钠，再用碳酸氢钠和盐酸调节，制得聚合氯化铝。碱法投资大，设备复杂，成本高，一般使用较少。

（4）电解法

该法中科院研究较多，通常以铝板为阳极，以不锈钢为阴极，氯化铝为电解液，通以直流电，在低压、高电流的条件下，制得聚合氯化铝。曲久辉等利用此法制得了碱化度高、Al 含量高的聚合氯化铝产品。也有学者对此装置进行了改进，如何锡辉等用对氢过电位更低的金属铜作阴极，且可提高耐腐蚀性和导电性。罗亚田等用特制的倒极电源装置合成聚合氯化铝，据称可以减少电解过程中的极化现象。

【制备方法】　用三氯化铝为原料有中和法，热解法。

中和法制备原理：

$$m\,Al_2(OH)_3 + 6m\,HCl + mx\,H_2O \longrightarrow [Al_2(OH)_n Cl_{1-n} \cdot x\,H_2O]_m$$

将 $AlCl_3 \cdot 6H_2O$ 溶于 $0.05 \sim 0.08 mol/L$ 的盐酸溶液中，配成 $0.5 \sim 0.8 mol/L\ AlCl_3$ 溶液；在反应温度 $80 \sim 90 ℃$ 及搅拌条件下，往 $AlCl_3$ 溶液中缓慢滴加 $2 \sim 2.5 mol/L$ 的 NaOH 溶液，使得碱化度 B 值达到 $1.5 \sim 2.5$，即得到所述的聚合氯化铝。本发明制得的饮用水处理混凝剂有效成分含量高，聚合度大，分子链网密布，在饮用水处理过程中具有更强的吸附凝聚能力和低铝残留，是一种高效、低耗、安全的高效环保饮用水处理混凝剂。

随着聚合氯化铝应用范围的扩大，对产品中的杂质要求越来越严，现在很多生产过程采用氢氧化铝和盐酸中和、水解聚合，结晶三氯化铝沸腾热解等原料较纯的方法生产聚合氯化铝，以满足不同应用领域的品质要求。

【技术指标】　GB 15892—2003 水处理剂　聚氯化铝

指 标 名 称	指　标					
	Ⅰ类				Ⅱ类	
	液体		固体		液体	固体
	优等品	一等品	优等品	一等品		
氧化铝（Al_2O_3）的质量分数/%	≥10.0	≥10.0	≥30.0	≥28.0	≥10.0	≥27.0
盐基度/%	40~85	40~85	40~90	40~90	40~90	40~90
密度（20℃）/(g/cm³)	≥1.15	≥1.15	—	—	≥1.15	—
水不溶物的质量分数/%	≤0.1	≤0.3	≤0.3	≤1.0	≤0.5	≤1.5
pH(1%水溶液)	3.5~5.0	3.5~5.0	3.5~5.0	3.5~5.0	3.5~5.0	3.5~5.0
氨态氮(N)的质量分数/%	≤0.01	≤0.01				
砷(As)的质量分数/%	≤0.0001	≤0.0002		—		
铅(Pb)的质量分数/%	≤0.0005	≤0.001				
镉(Cd)的质量分数/%	≤0.0001	≤0.0002				
汞(Hg)的质量分数/%	≤0.00001	≤0.00001				
六价铬(Cr^{6+})的质量分数/%	≤0.0005	≤0.0005				

注：氨态氮、砷、铅、镉、汞、六价铬等杂质的质量分数均按 $10.0\% Al_2O_3$ 计算。表中Ⅰ类产品的指标为强制性的，Ⅱ类为推荐性的。

【应用】　聚合氯化铝是一种新型无机高分子混凝剂，是当前工业生产技术成熟、应用也最为广泛的品种，已经成为聚铝絮凝剂市场的主流产物生产和应用较早的是日本，于 20 世纪 60 年代后期就正式投入工业化生产和应用。我国也已于 20 世纪 70 年代初期开始生产和应用。碱式氯化铝的应用范围日趋广泛，可用于给水净化、工业废水、生活污水、污泥等的处理，是目前生活给水、工业给水处理中应用最为广泛的混凝剂。还可用于造纸胶剂、耐火材料黏结剂、纺织工业媒染剂以及用于医药、铸造、机械、制革、化妆品等方面。由于碱式氯化铝具有投加量少、流程简单、操作方便、净化效率高、原料来源广泛等优点，近20多年来国内外发展十分迅速。

该产品属于阳离子无机高分子混凝剂，投入水中可提供多核络离子，并会继续水解和缩聚，直至最终生成氢氧化铝。因此，聚合氯化铝水解以后，即可提供高价聚合离子，絮凝体形成快，颗粒大而重，沉淀性能好，絮凝效果优于硫酸铝等一般的铝盐。适宜的 pH 值范围比传统铝盐较宽（pH 值为 5～9），且处理后水的 pH 值和碱度下降较小。水温低时，仍可保持稳定的絮凝效果，其碱化度比其他铝盐、铁盐为高，因此药液对设备的侵蚀作用小。同时还能用于去除水中所含的铁、锰、铬、铅等重金属，以及氟化物和水中含油等，故可用于处理多种工业废水。产品的有效投加量为 20～50 mg/L。液体产品可直接计量投加，固体产品需先在溶解池中配成 10%～15% 的溶液后，按所需浓度计量投加，产品腐蚀性强，投加设备需进行防腐处理，操作人员需配备劳动保护设施。

聚合氯化铝对处理水的适应性强，尤其对于高浊度水的处理效果更为显著，如在城市、工业给水处理方面，它适用于任何水源水质处理及其循环净化处理过程，尤其对微污染严重的各类原水处理，纯净水的预处理以及火力发电厂给水循环净化处理等方面。水温较低时，传统混凝剂如硫酸铝的混凝除浊效能会明显降低并可能造成出水水质恶化。而使用 PAC 无论是低温还是低浊水，都能获得较好的混凝除浊效果，还能用于去除水中所含的锰、铁、铬、铅等中金属，以及氟化物和水中含油等。

另外，使用聚合氯化铝时，会出现混合不均匀的问题，可以稀释后再投加。

聚合氯化铝还可以与弱阳离子聚丙烯酰胺组合，与硫酸铝或三氯化铁组合，用于污泥调质。

随着工业的发展，工业废水及污水的排放量日益增加，其造成的污染已经严重地威胁着人们的健康，其中含油废水是一类常见的废水。含油废水主要来源于炼油废水、油田污水及机械加工行业的废水，而且含油废水的水质亦随着我国油田开采量的增加和原油加工深度的提高而日趋恶化。合理处理和利用含油废水，不仅可保护环境，而且能回收原油，提高水的循环利用率。对含油废水处理最常用最有效的方法是化学法，即向水中投加混凝剂进行混凝处理。无机高分子混凝剂因其优异的性能和便宜的价格而广泛应用于工业废水、生活污水和饮用水的处理中。

目前国内外对含油废水普遍采用"隔油气浮、混凝沉淀和曝气生物化学法"处理。其中混凝过程作为去除水中乳化油与悬浮物的关键环节，对整个废水处理工艺，特别是后续生化处理过程能否正常运行起着极为重要的作用，它决定着后续流程的运行工况、最终出水质量和成本费用。高分子无机混凝剂是这一处理过程中有效的药剂。

用混凝法处理石油化工废水时，聚合氯化铝较传统的絮凝剂如硫酸铝甚至聚铁，絮凝性能更好，尤其是高效聚铝，出水浊度达相同水平时，它的投加量仅为聚铁的1/5。这样产生的污泥少，有利于后续处理，而且去浊率高，对原水 pH 值影响小，可作为石化污水回用处理的絮凝剂。左榘等把聚合氯化铝用于工业胶片含银废水的处理中，对影响处理因素效果的因素如 PAC 用量、溶液 pH 值、温度及 PAC 碱化度进行研究。结果表明，在适当条件下，PAC 对胶片工业废水中的金属银有良好的混凝效果，处理后的废水银浓度一般在0.003～0.005mg/L，达到国家排放标准。

造纸工业废水排放量大，中段水占很大比例，而且许多造纸企业黑液经过预处理（厌氧、强酸处理，纤维素分离、中和等）后也混入中段水一起处理。目前对中段水进行处理最简单的方法是化学混凝法，所用混凝剂有单药剂聚合氯化铝或是双药剂聚合氯化铝-聚丙烯酰胺配合使用。使用双药剂虽处理速度快、效果好，但实际生产中操作麻烦，特别是当水质不稳定时，更为突出。

李德有等对河南武陟县西滑丰造纸厂中段水处理选用75%的PAC，通过连续观察发现，PAC盐基度、PAC用量、混凝温度对造纸中段废水处理效果都有影响，但盐基度的影响最大。当温度为25℃，PAC用量为0.6g/L的情况下，盐基度为75%的PAC处理后的水能达到排放标准。温度对处理效果也有影响，应根据季节温度的变化来选择PAC最佳用量才能达到最佳处理效果。

2.3.2　改性聚合氯化铝（MPAC）

【物化性质】　改性聚合氯化铝，别名净水灵，分子式为 $[Al_2(OH)_nCl_{6-n}\cdot H_2O\cdot Fe_2(OH)_nCl_{6-n}\cdot H_2O]\cdot M$，产品有水剂、粉剂，水剂为黄色液体，无异味，对皮肤无刺激。粉剂为粉末状，无异味，无刺激，两者pH值为3.5~4.2。

【制备方法】　第一步采用含有氧化铁的活性高铝粉，生产出中间产品聚合氯化铝，第二步聚合氯化铝与无毒有机高分子化合物络合，制成净水灵水剂，然后再加工成粉剂和片剂。工艺流程如图2-13所示。聚合温度70~110℃，聚合时间6~8h，pH值为3.5~4.2。

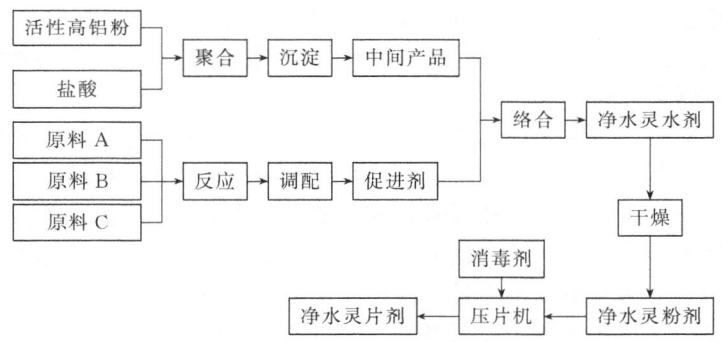

图 2-13　净水灵生产工艺流程

【应用】　改性聚合氯化铝的使用方法同聚合氯化铝，也是在沉淀池进口加入。因改性聚合氯化铝净化效果明显优于聚合氯化铝，所以配制药液要求浓度很低。工业使用时，粉剂和乳化剂加水配成2%溶液，最大不超过5%。不同浊度原水的净水灵粉剂加入量见表2-2。药剂用量在低浊度情况下不能加药过少，但在浊度较高（27~300NTU）时加药量也增加不多。这是由于净水灵对原水浊度的应变性甚强的缘故。饮用水使用净水灵做混凝剂对加氯消毒没有影响。

表 2-2　不同浊度原水净水灵药粉投加量

原水浊度/NTU	粉剂加入量/(mg/L)	原水浊度/NTU	粉剂加入量/(mg/L)
<50	1.4~1.6	2500~3000	4.6~5.0
50~300	1.6~1.8	3000~3500	5.0~5.2
300~500	1.8~2.0	3500~4000	5.2~5.5
500~1000	2.1~3.0	4000~4500	5.5~5.7
1000~1500	3.0~3.5	4500~5000	5.7~6.0
1500~2000	3.5~4.2	5000~10000	6.0~6.6
2000~2500	4.2~4.6		

2.3.3 聚合三氯化铁 (PFC)

【物化性质】 聚合三氯化铁（PFC）分子式为 $[Fe_2(OH)_nCl_{6-n}\cdot H_2O]_m$，其相对密度为 1.450，酸性，易溶于水，是 20 世纪 80 年代后期，针对铝盐絮凝剂残留铝对人体带来严重危害及铝的生物毒性问题，以及铁盐絮凝剂混凝效果差、产品稳定性不好等不足之处，研制开发的新型无机高分子絮凝剂。聚合氯化铁具有用量少、沉降速度快、去除率高等特点，絮凝效果与三氯化铁比较要好得多。当处理的水温较低时，效果更明显。目前，制备聚合三氯化铁的方法很多，在实验室中的制备研究已有大约 20 年的历史，并在一些方面显现优势，但一直未能在生产实践中推广应用，其原因在于 PFC 的混凝效果相对于聚合铝仍然较差。人们尝试在 PFC 的制备过程中加入一定量的添加剂（通常是磷酸盐类），来制得稳定性高达一年以上的产品，其中又以利用钢铁盐酸清洗废液制备高浓度聚合氯化铁混凝剂的方法较为经济简便。

【制备方法】

（1）以三氯化铁为原料

在三氯化铁溶液中加入氢氧化钠，生成碱式氯化铁-钠，加入氢氧化钙生成碱式氯化铁-钙。要求铁离子（Fe^{3+}）浓度范围在 $0.01 \sim 0.75$mol/L，氢氧根与铁的比（OH/Fe）$0 \sim 2.5$。具体配制如下：将 10mL 0.5mol/L 六水氯化铁（$FeCl_3\cdot 6H_2O$）用水稀释到 200mL，在快速搅拌下，缓慢地加入 50mL 0.25mol/L 的氢氧化钠，控制碱化度为 11% 左右，即为产品。每次制备数量不宜过多，制备后立即使用。如存放，不得超过 20h，否则溶液将发生变化。

（2）以氯化亚铁为原料

以 $FeCl_2$ 为原料时，需要先将 $FeCl_2$ 氧化成 $FeCl_3$，氧化方式有催化氧化法和直接氧化法。催化氧化法即在催化剂（如 $NaNO_2$、HNO_3 等）的作用下，利用空气或氧气将亚铁离子氧化为铁离子。空气氧化反应极其缓慢，使用催化剂 $NaNO_2$ 可以加快反应速度，但是总的反应时间仍长达十多小时，而且催化剂使用量大，生产效率低，反应过程中排放的氮氧化物会对环境造成污染。为克服以上不足，国内外普遍采用在一定温度和压力下直接通入纯氧进行氧化的方法制备。加热加压和提高氧气浓度可使反应缩短至数小时。但是，此法对设备的要求高、技术难度大，增加了生产成本。

直接氧化法采用强氧化剂（如 H_2O_2、$NaClO_3$ 等）直接将亚铁离子氧化成铁离子，再经水解和聚合而得到聚合三氯化铁。

（3）以钢铁盐酸洗液为主要原料合成聚合氯化铁

首先将含有氯化亚铁和盐酸的混合液加入储罐中，并补加一定量的稳定剂。在反应塔顶部引入氯化亚铁溶液和亚硝酸钠，在反应塔底部引入氧气，溶液流经填料表面时，使气液充分接触，达到氧化氯化亚铁的目的。反应过程中通过循环泵使液体在反应塔和储罐之间不断循环，使亚铁不断氧化，直至完全转化为 Fe^{3+}。反应过程中保持溶液的温度在 $40 \sim 90$℃范围内，以利于络合物的分解。工艺流程如图 2-14 所示。聚合氯化铁指标：Fe^{3+} 为 8% $\sim$ 13%，盐基度为 6% $\sim$ 12%，$Fe^{2+} \leqslant 0.1$%。

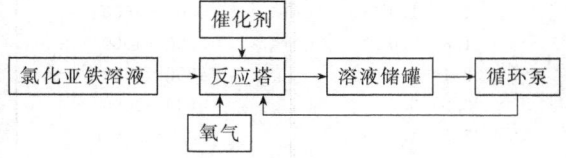

图 2-14　利用钢铁盐酸洗液制备聚合三氯化铁的工艺流程

【应用】　随着钢铁工业以及表面处理行业的发展，全国每年酸洗废液的产生量早已超过百万立方米，其污染危害是很明显的。利用钢铁盐酸洗液为原料制备聚合氯化铁混凝剂，聚合氯化铁对水温变化不敏感，这在水处理工业中是非常重要的，聚合氯化铁溶液中含有大量阳离子，可高水平发挥吸附、电中和的混凝作用，而且具有一定的碱度，其酸性低于氯化铁溶液，腐蚀性相对较弱，在水处理过程中混凝反应迅速、絮体沉降速度快。这样既减轻了钢管厂处理酸洗废液的负担，同时也增加了效益。

聚合三氯化铁可用于生活用水及生产给水的净化处理。可直接计量投加或适当稀释后投加，用作原水处理时有效投加量 20～50 mg/L。适用 pH 值范围广，处理后水的 pH 值降低不大，不增加水的色度，是一种新型高分子混凝剂。

聚合三氯化铁可用于低浊度水的处理，汤鸿霄等用自制的聚合三氯化铁与聚合硫酸铁对低浊度河水做了对比性实验，结果发现，在相同剂量时，使用聚合三氯化铁，絮凝效果可提高 20%～50%，而要处理到相同的浊度时，可节约药剂 20%～30%。

聚合三氯化铁可以用于合成洗涤剂废水的处理。合成洗涤剂厂排放的废水中主要含有烷基苯磺酸钠、苯、油类、酸碱和盐类等，使用聚合三氯化铁最佳的碱度值在 0.1～0.4，适应的 pH 值范围宽，当废水 pH 值为 4～10 时，均能达到良好的处理效果。

聚合三氯化铁还可以用于印染废水的处理。印染废水经生化处理后的 COD、色度仍然超标，用聚合三氯化铁处理印染废水，COD 的去除率最高可达 77%，色度去除率可达 82.5%，SS 的去除率可达 90.45%，是比较理想的混凝剂。

聚合三氯化铁产品由于稳定性不高等特点影响了其大规模使用，而经改性的复合 PFC 高分子混凝剂较之有更好的稳定性和更好的处理效果。因此开发新型高效的复合型 PFC 混凝剂是当前研究中的一大热点。

2.3.4　聚合硫酸铁（PFS）

【物化性质】　聚合硫酸铁（PFS），聚铁或硫酸聚铁，结构式为 $[Fe_2(OH)_m(SO_4)_{3-n/2}]_m$，其中 $n<2$，$m=f(n)$，是一种碱式硫酸盐，在此溶液中含有大量的 $[Fe_2(OH)_3]^{3+}$、$[Fe_3(OH)_6]^{3+}$、$[Fe_8(OH)_{20}]^{4+}$ 等高价多核聚合铁络合离子，它们具有很强的中和悬浮颗粒上电荷的能力，降低胶团电位，并水解成絮状羟基铁化合物。它具有较大的比表面积以及较强的吸附能力，与常用的混凝剂三氯化铁、硫酸铝以及碱式氯化铝相比，它有许多明显的优点，如净水过程中的生成矾花大、强度高、沉降快，在水溶液中，残留的铁比三氯化铁少；在污水处理时对某些重金属离子以及 COD、色度、恶臭等均有显著的去除效果，对处理水的 pH 值适应范围广（pH＝4～11），且 PFS 溶液对设备的腐蚀性小，因此许多国家都在研制和应用 PFS。

我国于 20 世纪 80 年代初期，由天津化工研究院、冶金部建筑研究院先后研制成功并推广使用。近年来，各国在 PFS 的研究、制备和应用等方面，都取得了很大进展。目前市场上供应的 PFS 有液体和固体两种产品，液体产品为红褐色黏稠透明液体，相对密度（20℃）＞1.45g/cm³，黏度（20℃）＞11mPa·s，固体为黄色无定形固体。固体聚合硫酸铁除了具有液体产品的性能外还具有运输、存储方便等特点。1974 年，日本铁矿业株式会社首先取得制备聚合硫酸铁的专利。该技术以硫酸亚铁和硫酸为原料，以亚硝酸钠为催化剂，经过 17h 空气氧化，最终可得到棕色聚合硫酸铁溶液。该工艺有一定的缺陷，如合成过程中产生的废气必须利用其他设备进行处理，反应时间过长，不利于生产。此后，日本及我国冶金部建筑研究院、天津化工研究所对此工艺提出了大量的改进方法，并相继投入生产，取得了较好的经济效益和社会效益。我国 1983 年以来开展了 PFS 的研究，目前我国 PFS 的生产技术已达到了国际水平，且广泛用于净水处理和污水处理。

【制备方法】 聚合硫酸铁的生产路线较多，有空气氧化催化法，硫铁矿渣加压酸溶法，氯酸钾氧化法，四氧化三铁矿石酸溶氧化法等。

(1) 利用钛白粉副产物生产 PFS 在用硫酸法生产钛白粉的过程中，有副产物硫酸亚铁生成。将酸性溶液中的硫酸亚铁，在 NO 催化下用空气氧化为三价铁离子，然后加入氢氧化钠中和，调整碱化度，使其发生聚合反应，可得到盐基度为 65.85% 的产品。李凤亭等报道了用氮氧化物催化氧化的新工艺，该法是一种经济实用的生产聚合硫酸铁的新工艺。此法的反应原理为：

$$2NO + O_2 \longrightarrow 2NO_2$$
$$4FeSO_4 + (2-n)H_2SO_4 + NO_2 \longrightarrow Fe_2(OH)_m(SO_4)_{3-n/2} + 2(1-n)H_2O$$

(2) 以工业硫酸废液为原料，亚硝酸钠为催化剂，废硫酸与硫酸亚铁的原料配比为 (0.3～0.5):1，在密闭容器中通入纯氧，于 55～90℃ 反应 1.5～2.0h，即得产品。该法是一种传统的生产方法，工艺简单、反应相对温和，但氧化时间长，催化剂的价格高、用量大，反应时还伴有氮氧化物的排出而造成环境污染。此外由于亚硝酸钠的毒性而限制了该法的推广使用。

(3) 将硫酸亚铁（$FeSO_4 \cdot 7H_2O$）和硫酸依次加入反应釜中，加水在搅拌下配成 18%～20% 的水溶液。升温至 50℃ 通入氧气，使反应压力达到 $3.03 \times 10^5 Pa$。然后分批加入亚硝酸钠（相当于投加量的 0.4%～1.0%）、碘化钠作助催化剂，反应 2～3h。冷却出料即为液体产品。液体产品经减压蒸发，过滤，干燥，粉碎得固体。

反应方程式为：

$$4FeSO_4 + (2-n)H_2SO_4 + O_2 \longrightarrow 2Fe_2(OH)_n(SO_4)_{3-n/2} + 2(1-n)H_2O +$$
$$mFe_2(OH)_n(SO_4)_{3-n/2} \longrightarrow [Fe_2(OH)_m(SO_4)_{3-n/2}]_m$$

式中，$0 < n < 2$，$m = f(n)$。

(4) 反应塔法制备聚合硫酸铁

目前国内多采用反应釜法生产聚合硫酸铁，存在反应周期长，设备腐蚀严重，日常维修任务重等缺陷。针对上述问题，山东建筑工程学院提出了反应塔生产聚合硫酸铁新工艺，用于生产，取得了良好的效果。

目前国内多采用反应釜法生产聚合硫酸铁，该工艺存在反应周期长，设备腐蚀严重，日常维修任务重等缺陷。针对上述问题，山东建筑工程学院提出了反应塔生产聚合硫酸铁新工艺，用于生产，取得了良好的效果。具体制备方法如下。

根据氧气氧化硫酸亚铁反应的特点，采用了耐腐蚀材料制成的反应塔，利用混合液在塔内流动时形成的巨大比表面积，加强气体的吸收，从而加快反应速度。利用反应塔进行生产既可以在常压，也可以在加压条件下进行。反应方程式为：

$$4FeSO_4 + (2-n)H_2SO_4 + O_2 \longrightarrow 2Fe_2(OH)_n(SO_4)_{3-n/2} + 2(1-n)H_2O + mFe_2(OH)_n(SO_4)_{3-n/2} \longrightarrow$$
$$Fe_2(OH)_m(SO_4)_{3-n/2}$$

式中：$0 < n < 2$，$m = f(n)$

聚合硫酸铁的生产过程如下：按比例将硫酸亚铁、硫酸和水加入溶解槽中，升温至硫酸亚铁溶解后，注入储罐，用耐腐泵将溶液打入反应塔内，调节液体流量，同时向塔内加入氧气和催化剂，混合液即发生催化氧化聚合反应。生产过程中不断对溶液中的亚铁离子进行监测，等亚铁离子完全氧化后，反应结束，将液体聚合硫酸铁成品用泵打入成品池。反应后剩余的催化剂和氧气可以留待下次生产继续使用。

（5）氯酸钾氧化法

氯酸钾是一种氧化剂，在酸性介质中其氧化性更强，氧化反应式：

$$6FeSO_4 + KClO_3 + 3H_2SO_4 \longrightarrow 3Fe(SO_4)_3 + KCl + 3H_2O$$

该法制备工艺简单，反应相对温和，氧化剂用量少，且无有害气体产生，但氯酸钾价格昂贵，生产成本高，而且钾盐杂质的夹入也影响产品质量。

制备方法 2　硝酸催化氧化

将一定量的硫酸亚铁、硫酸、硝酸和水加入反应釜中搅拌，控制反应温度在 $60 \sim 90 \ ^{\circ}C$，同时通入空气进行氧化。硝酸用量约为物料总量的 4.0%，反应时间 5 h 左右。由于硝酸价格较低，对人畜毒性较低，制得的聚铁可用于工业废水、生活用水等的净化处理，但是硝酸用量大，生产过程伴随氮氧化物的排出而污染环境。

反应原理如下：

$$Fe + H_2SO_4 \longrightarrow FeSO_4 + H_2 \uparrow$$
$$6FeSO_4 + 3H_2SO_4 + 2HNO_3 \longrightarrow 3Fe_2(SO_4)_3 + 4H_2O + 2NO \uparrow$$
$$2NO + O_2 \longrightarrow 2NO_2$$
$$2FeSO_4 + NO_2 + H_2SO_4 \longrightarrow Fe_2(SO_4)_3 + NO \uparrow + H_2O$$

总反应方程式：

$$4FeSO_4 + O_2 + (2-n)H_2SO_4 \longrightarrow 2Fe_2(OH)_n(SO_4)_{3-n/2} + 2(1-n)H_2O$$
$$mFe_2(OH)_n(SO_4)_{3-n/2} \longrightarrow [Fe_2(OH)_n(SO_4)_{3-n/2}]_m$$

式中，$m = f(n)$。

例如：以铁屑、铁矿粉或铁矿熔渣粉为原料，与硫酸反应生成硫酸亚铁，然后再通入 O_2 和硝酸（作催化剂）进行聚合，生成液体 PFS。该法的生产流程如图 2-15 所示。

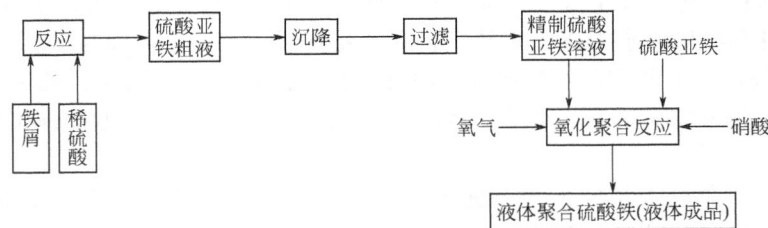

图 2-15　聚合硫酸铁工艺流程

PFS 固体产品：一般由液体聚铁经喷雾干燥制得，也有在氧化聚合反应后经调聚、固化、陈化、粉碎等工艺制备。

【技术指标】 GB 14591—2006

项　　目	指　　标			
	Ⅰ类		Ⅱ类	
	液体	固体	液体	固体
密度(20℃)/(g/cm³)	≥1.45	—	≥1.45	—
全铁的质量分数/%	≥11.0	≥19.0	≥11.0	≥19.0
还原性物质(Fe²⁺计)的质量分数/%	≤0.10	≤0.15	≤0.10	≤0.15
盐基度/%	8.0～16.0	8.0～16.0	8.0～16.0	8.0～16.0
不溶物的质量分数/%	≤0.3	≤0.5	≤0.3	≤0.5
pH 值(1%水溶液)	2.0～3.0	2.0～3.0	2.0～3.0	2.0～3.0
镉(Cd)的质量分数/%	≤0.0001	≤0.0002	—	—

续表

项　目	指　标			
	Ⅰ类		Ⅱ类	
	液体	固体	液体	固体
汞(Hg)的质量分数/%	≤0.00001	≤0.00001	—	—
铬[Cr(Ⅵ)]的质量分数/%	≤0.0005	≤0.0005	—	—
砷(As)的质量分数/%	≤0.0001	≤0.0002	—	—
铅(Pb)的质量分数/%	≤0.0005	≤0.001	—	—

【应用】　聚合硫酸铁在城市污水脱氮除磷、去除臭味等方面的优点是铝系混凝剂无法比拟的。该产品属于阳离子型无机高分子絮凝剂，混凝体形成速度快，密集和质量大且沉降速度快。尤其对低温低浊水有优良的处理效果，适用水体 pH 值范围较宽（pH 4～11），腐蚀性小。实验表明，用聚铁净化水，可降低亚硝氮及铁的含量。因此，它是优良安全的饮用水混凝剂，有取代对人体有害的聚合铝混凝剂的趋势。广泛应用于原水、饮用水、自来水、工业用水、工业废水及生活污水的处理。

聚合氯化铝可以用于处理高砷氟废水、电镀污水、合成洗涤厂废水，并可用于生化污泥脱水处理、磷矿浮选尾水处理及乳化废液破乳。

还可以用于处理印染废水。聚合硫酸铁对分散性染料、硫化染料、直接染料等漂染废水，均有良好的治理效果，COD 去除率高达 70% 以上，效果优于铝盐；用于脱色时，脱色率高达 95% 以上；用于除臭，可有效地去除硫化氢及甲基硫化氢等恶臭。

净水剂聚合氯化铝最佳 pH 值范围为 5.0～8.5，但 pH 值在 4～11 范围内均能形成稳定的絮体。制备简单，生产成本低，在价格上有较强的竞争优势，有取代铝盐净水剂的趋势。

曾科等以胜利油田污水为研究对象，将聚合硫酸铁（PFS）分别与 FA、AN 等组成的无机-有机复合混凝剂 PSF-PAM 系列对含油污水进行处理。结果表明，此类混凝剂在除去 COD、除浊、除油等方面效果均很好，沉淀速度快，沉降时间短，处理后的水可达到油田回注水标准。

印染行业是工业废水排放大户，据不完全统计，国内印染企业每天排放的废水量为（300～400）×10^4t，印染厂每加工 100m 织物，产生废水 3～5m³。印染废水具有水量大、有机污染物含量高、色度深、碱性大、水质变化大等特点，属难处理的工业废水，一直是废水处理的重点。

混凝法是最有效、最经济的脱色技术之一，尤其对分散染料、还原染料和硫化染料特别有效。目前所用的混凝剂有无机混凝剂、有机高分子混凝剂、多功能高效复合混凝剂等。国内用于印染废水的无机混凝剂有硫酸亚铁、氯化铁、聚合硫酸铁、硫酸铝、氯化铝、碱式氯化铝等。其中以铁盐、镁盐、铝盐以及硅、钙元素的化合物为主。

某印染厂主要采用硫化染料，沈阳化工学院利用该厂的上浮生产流稳装置，以 PFS 为絮凝剂进行实验。处理水量为 300t/d，加药量为 0.1%～0.15%。原水 COD 为 731.7mg/L 时，COD 去除率高达 95%，且对色度有很好的去除效果。

冯雷等采用混凝法对鱼粉加工废水进行预处理，并考察混凝剂种类、pH 值等因素对处理效果的影响。结果表明，聚合硫酸铁效果优于聚合氯化铝、聚合氯化铝铁、聚丙烯酰胺，COD 去除率为 45.5%，SS 去除率为 92.4%；聚合硫酸铁混凝预处理鱼粉加工废水的最佳条件为：投药量为 600mg/L，pH 值为 7，快搅速度为 200r/min、120s，慢搅速度为 80r/min、8min。

　　焦化废水是在炼焦过程中形成的一种难生物降解的高浓度有毒有机废水，由于焦化废水污染物成分复杂且浓度高，会对微生物产生一定的抑制作用，因此绝大部分废水处理后仍然无法达到国家排放标准（GB 13456—1992），尤其是 COD 和 NH_4^+-N 超标严重。梁杰群等用 PFS 处理某焦化厂经生物脱酚、脱氰后的焦化废水。COD、浊度去除率均达到 80%，酚、氰去除率为 40% 与 50%，同时可消除大部分腐坏的有机杂质，起到除异味的作用。处理后的废水，清澈透明，其浑浊度及肉眼可见物等均可达到国家排放标准，处理水可循环利用，从而提高了用水效率。

　　热电厂用水量大，对水质要求高，现一般采用石灰-硫酸亚铁水处理工艺，但处理后水质不理想。北京第二热电厂也曾采用该方法，在支农过程中，他们发现在不同季节时河水浊度变化较大。在雨季浊度较高时，即使增加亚铁投加量，出水仍不能满足要求，且亚铁投加量过高，氧化不完全，造成出水含铁量增大。他们改用 PFS 实验，取得良好的效果。采用 PFS 不仅改善了出水水质，且为提高后续的软化效率创造了条件。

　　天津第一发电厂亦采用 PFS 进行工业性试验，水源为海河水和引黄济津水。试验结果表明，尽管水源变化，水质不同，但经 PFS 处理后的出水透明度指数均能稳定在 150cm。在同等条件下处理效果高于硫酸亚铁絮凝剂。在出水指标相同时，PFS 处理原水耗药量明显比硫酸亚铁少。

　　蚌埠自来水公司净水剂厂多年来一直采用以氯气氧化硫酸亚铁的工艺生产氯化硫酸铁净水剂。处理前水质标为：浊度 45NTU，pH 值为 7.3，氨氮 4.5mg/L，化学耗氧量 8.94mg/L，水质属于严重污染。山东建筑学院进行了 24h 运行实验，采用聚合硫酸铁为混凝剂，总制水量为 77530t，加药量为 3520kg，千吨水药耗量为 45.4kg，沉淀水平均浊度为 4.9NTU，pH 值为 7.0。采用氯化硫酸铁时，总制水量为 71700 t，加药量为 18653kg，千吨水药耗量为 260.2kg，平均浑浊度为 5.4NTU，平均 pH 值为 6.8。采用聚合硫酸铁的投药量仅为氯化硫酸铁的 17%。另外在混凝过程中，使用聚合硫酸铁处理时，矾花大，颗粒密实，沉降速度快，出水水质达到国家饮用水标准（注：聚合硫酸铁按 1∶2 稀释后投加，指标为：$Fe^{3+} \geqslant 11\%$，$Fe^{2+} \leqslant 0.1\%$，$\rho > 1.45g/cm^3$。氯化硫酸铁按原始浓度投加，其指标为：$Fe^{3+} \geqslant 4\%$，$Fe^{2+} \leqslant 0.1\%$，$\rho > 1.1g/cm^3$）。

2.3.5 聚合氯化硫酸铁（PFCS）

　　【物化性质】聚合氯化硫酸铁（PFCS）结构式为 $[Fe_2Cl_n(SO_4)_{3-n/2}]_m$，为棕黄色黏稠液体，无味或略带氯气味，相对密度 1.450，酸性，易溶于水。可直接计量投加或适当稀释后投加，用做原水处理时有效投加量 20～50mg/L，适用 pH 值范围广，处理后水的 pH 值降低不大，不增加水的色度，是一种新型高分子絮凝剂。

　　【技术指标】

项　目	指标	项　目	指标
密度(20℃)/(g/cm³)	≥1.45	外观	棕黄色透明黏稠液体
Fe^{3+}/%	≥10.0	pH 值	0.5～0.7
黏度(20℃)/mPa·s	11～15	气味	无味或稍带氯气味
Fe^{2+}/%	≤0.1	氯化度	18～22

　　【制备方法】　PFCS 同 PFS 和 PFC 均系含有羟基的高价铁盐聚合物。制备此类聚合物的关键是控制 OH^- 和 Fe^{3+} 的摩尔比值。有研究表明，当 $[OH^-]/[Fe^{3+}] \leqslant 0.4$，聚合铁中 Fe^{3+} 的形态主要为 $[Fe_2(OH)_2]^{4+}$ 和 $[Fe_4(OH)_6]^{6+}$ 的低聚物，在絮凝中既可发挥专属吸附的电中和和凝胶脱稳作用，又可以发挥黏结架桥及卷扫絮凝作用，有很好的絮凝效能。

在 PFCS 的制备中，应控制 $[OH^-]/[Fe^{3+}]$ 值在 0.3～0.4。

(1) 以 $FeSO_4$ 为原料，$FeSO_4$ 用量为 23%～64%，水用量为 15%～20%，催化剂用量为 2%～8%，次氯酸钠为氧化剂，充分搅拌反应 3h，静止熟化后过滤，即得产品。

(2) 以硫酸铁为原料，以氯气为氧化剂，使二价铁氧化为三价铁离子，然后以氢氧化钠中和调整碱化度，同时加入氯化钙为稳定剂，反应 0.5h，可得到液体产品。

(3) 孙建辉等提出了利用 H_2SO_4-HCl 混酸溶解废钢渣的溶出液为原料，制备 PFCS。

轧钢废钢渣的酸溶出液中大约含有 42% 的 Fe^{2+}，Fe^{2+} 的氧化选用氧气作氧化剂，硝酸作催化剂。反应机理为：在硫酸酸性溶液中，硝酸分解产生 NO_2，NO_2 可直接氧化部分 Fe^{2+}，同时产生 NO。NO 可同 Fe^{2+} 形成一种黑褐色络合物 $[Fe(NO)SO_4]$，此络合物能迅速地同 O_2 作用生成 $Fe(OH)SO_4$。反应机理可以用下式表示：

$$Fe(NO)SO_4 + O_2 + H_2SO_4 \longrightarrow Fe(OH)SO_4 + NO + H_2O$$

控制溶液中 H_2SO_4 和 HCl 的量，其中存在的 $Fe_2(SO_4)_3$、$FeCl_3$ 和 $Fe(OH)SO_4$ 可发生聚合，生成 PFCS。

由上可见，由于 NO_x 的参与，改变了亚铁被 O_2 氧化的过程，使得在酸性条件下很难被 O_2 氧化的亚铁（反应速度常数趋向于零）变得容易被氧化。

具体制备方法为：在装有锚式搅拌器的搪瓷反应釜中加入计量的轧钢渣混酸溶出液，控制反应温度为 50～60℃，从反应釜底通入氧气，从高位槽滴加催化剂 HNO_3 和 H_2SO_4，使之进行催化氧化聚合反应。制备过程中不断对反应液中亚铁离子进行测定，待亚铁离子完全氧化（$Fe^{2+} \leqslant 0.01\%$）后结束反应，反应时间为 1h 左右。反应完成后，静置冷却至室温，放料包装。经测定，该产品的主要指标为：密度 $1.42g/cm^3$；Fe^{3+} 11.36%；Fe^{2+} 0.01%；碱化度 10.50%；pH 值 0.84。

【应用】 聚合氯化硫酸铁是一种新型高分子絮凝剂，可用于生活污水及生产给水的净化处理，适应 pH 值范围广，pH 值在 4～11 范围内均有净化效果，处理后水的 pH 值降低不大，不增加水的色度，可直接计量投加或适当稀释后投加，用作原水处理时有效投加量为 20～50mg/L。

用于给水和污水处理，产品密度较铝盐大，反应后的沉淀物密集，污泥量明显少于铝系混凝剂，混凝反应迅速、沉降速率快，容易澄清分层，沉淀污泥，脱水性能和压缩性能好，污泥含水量小，可作污泥脱水絮凝剂，其絮凝效果比 PFS 要强得多，比 PAC 稍强。跟 PAC 相比，达到相同水质的处理成本，可降低 30%，对低浊度水的处理效果尤为明显，处理后的水中盐分少，对工业纯水的制取后处理较为有利。

2.3.6 聚磷硫酸铁 (PPFS)

【物化性质】 聚磷硫酸铁（PPFS）的结构式为 $[Fe_3(PO_4)(SO_4)_3]_m$，它是深红棕色液体，经浓缩、干燥能得到红棕色固体。聚磷硫酸铁是新型无机高分子净水剂，它是在聚合硫酸铁的基础上引入磷酸根而合成的，其特点是不仅可以用于 pH 值范围广的水质，pH 值 7～10 时混凝效果最佳，而且其水解、沉降速度快，对废水中的 S^{2-}、COD、浊度有较高的去除率。

【制备方法】 聚磷硫酸铁的制备原理是先由硫酸亚铁经氧化制备聚合硫酸铁，然后向聚合硫酸铁溶液中加入计量的磷酸钠，在一定的温度下反应一段时间后即生成聚磷硫酸铁，将溶液浓缩干燥，可得红棕色固体产品。

在反应器中加入钛白粉生产副产品硫酸亚铁，按亚铁与浓硫酸摩尔比 1：0.40 加入一定量的浓硫酸，按硫酸亚铁与双氧水摩尔比 1：1.2 的量加入 30% 双氧水，在 80℃ 反应 2h。

然后按硫酸亚铁与磷酸钠摩尔比 1:(0.3～0.5) 定量加入磷酸钠,在 80℃继续反应 30min,即得深红棕色液体产品,50～60℃烘干可得固体产品。该产品用于废水处理时,水解沉降速度比 PFS 快,pH 值适用范围更宽。也有报道,以硫酸亚铁与浓硫酸和氯酸钠按一定摩尔比,在常温反应 10～30min,然后加入适量磷酸钠再反应 10～30min,可得液体产品,将此液体产品在 50～60℃烘干即成红棕色固体产品,其碱化度可达 31%,混凝脱色效果比 PFS 好。

【应用】 聚磷硫酸铁可用于生活污水和生产废水的处理。对分散染料染色废水的处理中,pH 值对絮凝处理的效果影响较大,最佳 pH 值范围为 2～9,最佳处理温度为 20～40℃。

2.3.7 聚磷氯化铝 (PPAC)

聚合氯化铝是目前应用最广的凝聚剂,为了提高它的凝聚效果,许多研究者做了大量的工作,主要在两个方面:一是在聚合铝制造过程中引入一种或多种阴离子,从而改变聚合物的形态结构及分布;二是根据协同效应的原理,将其他化合物与其复配形成新的凝聚剂。

聚磷氯化铝 (PPAC) 属于引入磷酸根阴离子的改性。它的结构式为 $[Al_2Cl_3(PO_4)]_m$。它通过磷酸根的增聚作用,使聚铝中产生新一类高电荷的带磷酸根的多核中间络合物,凝聚效果有所提高。

【制备方法】

(1) 在氯化铝溶液中,滴加 NaOH 溶液后,再滴入一定量的磷酸二氢钠溶液,滴加量由 P 与 Al 的摩尔比确定,可以为 0.1。在 80℃时回流数小时,可制得碱度为 2.0%、Al^{3+} 浓度为 0.24mol/L 的 PPAC。

(2) 中国专利 CN1088892A 介绍了一种聚磷氯化铝的制备方法,此法是在聚合氯化铝中直接引入磷酸盐多价阴离子,经过混合、反应、熟化等步骤即可制得聚磷氯化铝溶液,经过固化,可以制成固体产品。具体制备方法如下。

使用冷凝回流装置以保持反应物浓度不变,按 P/Al=0.1 制备聚合氯化铝,新制的聚合氯化铝溶液经冷却后,在激烈搅拌下加入一定量磷酸氢二钠溶液 (0.4mol/L),充分混匀,此时,溶液中有颗粒物出现,升温至 80℃以上反应数小时后制得透明聚磷氯化铝溶液。此制品 pH 值为 4.60,密度为 1.133g/mL,浓度按 Al 计为 1.09mol/L,碱磷化度 Bp 为 1.7。干燥固体为淡绿色颗粒物。

【应用】 磷酸根对聚铝有增聚作用,在聚合氯化铝 (简称 PAC) 中加入了适量的磷酸盐,通过磷酸根的增聚作用,聚合铝的总体形态结构及分布产生了变化,除主体羟基多核络合物外,还形成了磷酸根氢键连接羟基聚合物分子的更大的络合物分子,以及磷酸根直接与铝配位络合的新形态 (例如:$[PO_4Al_{12}(OH)_{24}(H_2O)_{12}]^{9-}$ 等)。新形态的主要特征是大分子、高电荷,总体形态分布更为理想,理论研究表明其混凝效能明显优于 PAC。采用 PPAC 对含油污水、有机废水毛纺染料废水及受污染的河水进行混凝处理,在较少投药量下,浊度、油分、Cr^{3+} 的去除率大于 90%,溶解性有机物的去除率也达 60% 以上,并且适应较高的 pH 值,其功效显著优于普通的 PAC,且不增高处理后水中磷含量,有广阔的开发应用前景。

显微电泳研究表明,PPAC 在 pH 值为 4～9 的范围内,电荷量高于碱化度可比的 PAC;在 pH 值为 4～6 之间,PPAC 之正 EM (电泳迁移度) 最大值比 PAC 约高 1 个单位以上。所以对以去除胶体及悬浮颗粒 (如浊度、油分) 为主的废水的混凝处理过程中,在发生专属吸附时,PPAC 能在比 PAC 更小剂量时就能达到电中和脱稳的效果,而且混凝反应更快。生成的矾花更大。从而在更低的剂量下,对浊度、油分以及由胶体悬浮物所引起的 COD,

便能达到较理想的去除效率，混凝过程也更理想。

2.3.8　聚合氯化铝铁（PAFC）

【物化性质】　聚合氯化铝铁是以铝盐为主、铁盐为辅的无机高分子复合混凝剂为橙黄色至棕色透明液体，固体聚合氯化铝铁为橙黄色至棕色结晶粉末。分子式 $[Al_2(OH)_nCl_{6-n}]_m[Fe_2(OH)_nCl_{6-n}]_m$（$n \leqslant 5$，$m \leqslant 10$）。由于其兼有聚合铝（PAC）的优良混凝效能和聚合铁（PFS）的强吸附活性、快速沉淀及适用范围宽的优点，我国、欧美和日本已有相关专利报道，并将其作为一种新型高效混凝剂推广应用。其制备方法很多，国内 PAFC大多利用工业废料如矾浆、煤矸石、明矾渣等经酸溶、水解、聚合、调整碱化度等工序而制备。

【技术指标】

项　目	指标	项　目	指标
外观	黄色或黄褐色粉状固体	氧化铁/%	3.0～6.0
氧化铝/%	≥27	水不溶物（质量分数）/%	≤0.75
盐基度/%	≥70		

　　PAFC 絮凝剂同时兼有聚铝与聚铁的优点，即反应速度快、形成的絮体大、沉降速率快等特点，并且除浊、除色、去除 COD 效能优于聚合氯化铝（PAC），稳定性又优于聚合硫酸铁（PFS），王继之等将其用于低浊的长江原水处理，处理后的水质符合《生活饮用水水质标准》；用于处理油田含油废水时，当投加量在 40mg/L 以上时，除油率及固体悬浮物去除率大于 90%；对于印染废水的处理，聚合氯化铝铁亦有较高的除色、除臭、除 COD 性能，各项指标优于 PAC。

【制备方法】

　　制备方法 1　常用方法。含三氧化二铝 20% 的碱式氯化铝、质量分数 26.2% 三氯化铁和少量水混合加热，控制反应温度不超过 110℃，反应时间 10h，即得红棕色黏稠液体。或先用三氯化铝按特定工艺制成 PAC 溶液，再按一定比例与三氯化铁浓溶液混合，剧烈搅拌，使反应均匀后静置即得黏稠红棕色液体。

　　制备方法 2　以铝土矿为原料。生产工艺流程如图 2-16 所示。

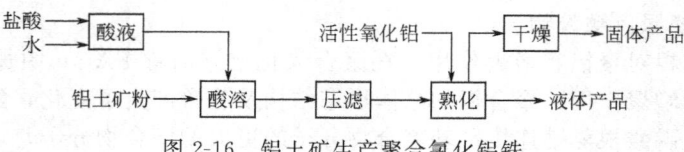

图 2-16　铝土矿生产聚合氯化铝铁

　　原料铝土矿中氧化铝以 $Al_2O_3 \cdot 3H_2O$ 形式存在，易溶于酸；铝土矿中氧化铁一般含量在 12% 以上。工业盐酸加水配成一定溶液。在搪瓷反应釜中，加入计算量的铝土矿粉和一定浓度的盐酸，加热并搅拌，铝土矿发生酸解反应：

$$Al_2O_3 + 6HCl + 9H_2O \longrightarrow 2[Al(H_2O)_6]Cl_3$$
$$Fe_2O_3 + 6HCl + 9H_2O \longrightarrow 2[Fe(H_2O)_6]Cl_3$$

　　随着酸解反应的进行，生成的 $[Al(H_2O)_6]Cl_3$ 和 $[Fe(H_2O)_6]Cl_3$ 逐步水解，并聚合成多聚体。这个过程大约需要 2 h，然后将酸溶物放入耐酸真空压滤器中进行压滤，除去杂质。滤渣洗水可返回配酸。得到相对密度 1.22～1.28，然后多批加入石灰乳，使溶液 pH值最后达到 3，即为液体产品。

　　液体产品进一步干燥即得固体产品。

制备方法3　以煤矸石为原料。煤矸石生产聚合氯化铝铁工艺流程如图 2-17 所示。

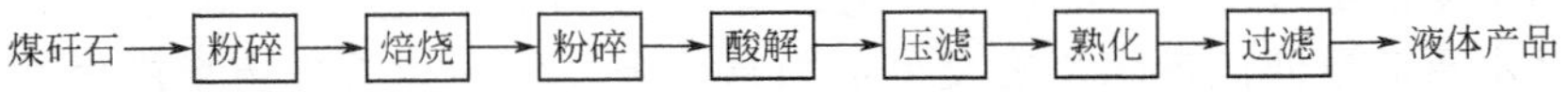

煤矸石 → 粉碎 → 焙烧 → 粉碎 → 酸解 → 压滤 → 熟化 → 过滤 → 液体产品

图 2-17　煤矸石生产聚合氯化铝铁

煤矸石中 Al_2O_3 含量较高，一般 Al/Fe 比为 3∶4，但活性较差，因此必须将煤矸石焙烧，焙烧温度为 800 ℃，然后粉碎至 60 目，加入耐酸反应釜中，与浓度 20% 的盐酸按计算量进行混合，并在 100～108 ℃下酸解反应。反应液冷却后进行过滤，滤液送入熟化器（也叫聚合反应釜），加入聚合剂，调整碱度进行熟化聚合，温度为 60℃，然后再次过滤，滤液即为液体产品。液体产品干燥即得固体产品，采用喷雾干燥时，工艺条件为：进风温度 140～160℃，排风温度为 75～85℃，塔内温度 80～90℃。

(1) 中国专利 95119000.8 中介绍了一种高聚合氯化铝铁的生产方法。该产品由铝、铁、羟基、氯元素组成，在产品中铝与铁的比例为 (1∶2)～(2∶1)。本工艺具有生产成本低、使用效果好、环境污染少等优点。具体制备方法如下。

将 80kg 生产硫酸的废渣尘（该废渣尘中含有 Fe_2O_3 55%、Al_2O_3 15%）粉碎、磨细成粉末，与 305kg 含量为 37% 的盐酸和 300kg 水放进具有搅拌器的反应釜内进行充分搅拌，浸泡得浸出溶液，再用 50kg 矾土水泥作为聚合剂加入浸出溶液中进行聚合反应 1h，聚合反应的温度最好在 (100±5)℃，在聚合反应时可根据具体情况补充适量的水，通过聚合反应就可以得到铝和铁的含量为全量的 10.08%、铝与铁的比为 1∶1 的高聚合氯化铝铁复合混凝剂产品。

(2) 中国专利 CN101215032A 中介绍了另一种聚合氯化铝铁的制备方法，在凹凸棒石黏土生产活性白土的过程中产生的酸化废液中，加入碱性物质氢氧化钠或氢氧化钾/生石灰/碳酸钠或碳酸氢钠；搅拌，调整溶液 pH 值为 4.0，并加热到 80～90℃，再充分搅拌反应 4～5h，使其聚合，生成无机高分子絮凝剂聚合氯化铝铁液体产品，此液体产品经一定条件下熟化干燥后即为固体聚合氯化铝铁产品。

(3) 中国专利 CN101172684A 中介绍了以粉煤灰为原料工业化生产聚合氯化铝铁的方法。此工艺生产流程短，操作简便，生产成本低，经济性能好，降低原料的使用成本，缩短反应时间，降低了反应能耗。

将 20t 的粉煤灰加入到反应釜，同时注入质量百分比为 10% 的工业废酸 48t，加入 0.45t 的氯化钠，并在反应釜内充分搅拌，将反应釜密闭，防止酸挥发。注入蒸汽进行加热，加热至 80～100℃，反应 2.5h，即得到合格的料液，其中合格的料液是指：氧化铝质量分数为 10.4%，氧化铁质量分数为 1.5%，水不溶物的质量分数为 0.15%，碱度是 55，密度为 1.19g/cm³，pH＝4.5。其中将合格的料液放入澄清池进行固液分离，分离出上清液和粉煤灰废渣，分离出的上清液注入聚合釜，加入 1.5t 的氨水，将聚合釜密闭，充分搅拌，通过聚合反应得到成品净水剂——聚合氯化铝铁。此净水剂的盐基度为 83，pH 值为 5.0。将成品净水剂注入干燥系统干燥为固体产品。分离后的粉煤灰废渣注入清水充分搅拌，进行洗涤，洗涤后的液体返回反应釜，作为下次反应溶液的稀释液，可节约盐酸的用量 10%，洗涤后的粉煤灰废渣经板式压滤器过滤，运往城建做成空心砖或砌块，可降低 PAFC 生产成本 10% 左右。全生产过程没有废水、废渣排放。

【应用】　聚合氯化铝铁是一种新型的无机高分子净水剂，产品中铝铁二者的配比是可调的，以适应不同水质的需求，已分别在石化、钢铁、煤炭工业等废水的净化处理中得到应用。结果表明，该药剂质优、价廉，是一种新型、高效、稳定的净水剂，具有广泛的应用前景。有人通过实验比较得出 PAFC 的净水效果稍好于 PAC，而且 PAFC 加药成本比 PAC 少得多。

产品可用于生活给水及工业给水的净化处理，适应 pH 值范围广，pH 值在 4~9 效果最好，对高浊度水及低温低浊度水均有良好的效果。聚合氯化铝铁投药量应根据原水水质而定，一般为 10~20mg/L，使用时先将产品溶解后稀释到 5%~10%溶液计量投加，配好的药液放置一般不超过 24h。

杨慧森等自制了聚合氯化铝铁，该絮凝剂综合了 PAC 和 PFS 的优点，沉降速度快，絮凝体大，且易于过滤。将其用于处理制革废水，浓度达 0.3~0.4 g/L 时水处理效果最佳。此时，COD 去除率达 90%左右，去浊率可达 99%，SS 去除率达 95%，各项指标均高于 PAC，处理后的废水达到国家排放标准，同时该产品还可用于饮用水和工业生产用水的净化治理。

2.3.9　聚硅硫酸铁 (PFSS)

【物化性质】　聚硅硫酸铁 (PFSS) 结构式为 $[Fe_2(SiO_2)_n(SO_4)_{3-n}]_m$，为灰绿色或红褐色液体，固含量 2%~5%，是一种较新型的无机高分子絮凝剂，其絮凝效果明显优于聚合硫酸铁或其他单一阴、阳离子的无机高分子絮凝剂，适于低温低浊度水的混凝处理。这是由于聚硅硫酸铁中的活化聚硅酸是一类阴离子型无机高分子絮凝剂，而其中的金属铁聚合物则是阳离子型无机高分子絮凝剂，前者主要通过吸附架桥絮凝，后者的存在可以在净水过程中同时发挥静电中和、吸附架桥及网捕三种功能。同时由于铁离子与硅酸之间有较强的吸附络合作用，使这种絮凝剂可以达到较高的分子量，因此在水处理中有望取代有机高分子絮凝剂。

【制备方法】

(1) 取计量的硅酸钠用水稀释到一定浓度，加硫酸调 pH 值，放置一定时间使硅酸聚合后再加入计量的硫酸铁，充分混合，陈化一定时间后即制得聚硅硫酸铁。

制备方法　引入硅的聚铁混凝剂的合成。取一定量已标定好的 $FeCl_3$ 溶液于小烧杯中，加入适量盐酸进行酸化，再加入适量蒸馏水，然后在快速搅拌下缓慢倒入设定量的单硅酸钠溶液，继续搅拌 5min 将其混匀，用已知浓度的氢氧化钠溶液将其慢速滴定到不同的 OH/Fe 比值，最后转移到容量瓶中，用蒸馏水稀释至刻度，得到引入硅酸根离子的复合型聚合铁混凝剂。

(2) 中国专利 200510094967.1 中介绍了一种以冶金渣为原料制备聚硅硫酸铁铝的方法。所制得的聚硅硫酸铁铝适用于处理高浊度悬浮液、生活污水和工业废水。该方法成本低廉，过程简单，减少了资源浪费及环境污染。具体制备方法如下。

配置浓度为 10%的硫酸溶液，备用。将转炉污泥和高炉渣以 2:1（质量比）混合，然后加入已配好的硫酸溶液，酸解一定时间，渣溶解完后，将其进行抽滤，并将滤液取出，备用。配置 10%的 NaOH 溶液，并调节 pH 值至 2.2，逐滴加入 30%H_2O_2，氧化终点用铁氰化钾检测法来控制（取少量溶液滴加在铁氰化钾固体上，若亚铁离子已全部氧化为三价铁离子，则不变色，若亚铁离子没被完全氧化，则会生成蓝色络合物）。在反应初期要进行充分搅拌，搅拌时间控制在 30min。将已经配置好的溶液放入 80℃左右的恒温水浴锅中使其聚合，当体系出现红棕色黏稠液体时，用 10%NaOH 溶液调节体系 pH 值至 2.0，继续在恒温水浴中放置 2h，充分聚合后生成红黄絮状颗粒。然后可将其在恒温水浴中继续放置蒸发水分，直至成为黄色固体状态，研磨得最终产品。

(3) 中国专利 200310108445.3 中介绍了固体聚硅硫酸铁的一步法生产方法。本工艺在室温条件下，将固体原料——一水硫酸亚铁与硅酸钠、硝酸和硫酸混合，搅拌，原料间发生氧化、聚合反应，得到固体聚硅硫酸铁产品。具体制备方法如下。

在室温条件下，向聚四氯乙烯容器中分别加入一定量的一水硫酸亚铁与硅酸钠固体，混合均匀，然后加入硝酸和硫酸的混合液。反应时间为 48 h，反应温度为 25～61℃，待反应完成后，取出粉碎，放置38h后，即得到固体聚硅硫酸铁混凝剂产品。该产物指标如下：总铁 22.0%；盐基度 25.5%；氧化硅 3.2%；还原性物质（以 Fe^{2+} 计）0.06%，不溶物低于1%，颗粒粒径 1～500μm。

聚硅硫酸铁是 PFS 的复配改性盐混凝剂。通过混凝性能测试，结果表明聚硅硫酸铁在较大的投加区域范围内比 PFS 显示出更为优越的除浊能力，絮体沉降性能也更好。

2.3.10　聚硅硫酸铝（PASS）

聚硅硫酸铝（PASS）是目前研究非常热的一种絮凝剂，国外 20 世纪 90 年代已经有报道，此类聚硅铝盐是一种多核碱式硅酸硫酸铝或氯化铝的复合物。

将硅酸盐与强碱性的铝酸盐混合生成一种强碱性的预混合物或中间产物，然后将该预混合物在强剪切混合条件下加入或注入酸性物质硫酸铝中形成稳定的多核含硅复合物。

聚硅硫酸铝的结构式为 $[Al_A(OH)_B(SO_4)_C(SiO_x)_D(H_2O)_E]$，其中 $A=1.0～2.0$，$B=0.75～2.0$，$C=0.3～1.12$，$D=0.005～0.10$，$2\leqslant x\leqslant 4$，$E\geqslant 4$。

【制备方法】

（1）中国专利 200410042786.X 中介绍的利用重油催化废催化剂制备无机高分子化合物聚硅硫酸铝絮凝剂的方法如下所述：用 3% 的硫酸在酸与废催化剂液固比为（5～15）∶1，反应温度为 80～100℃，反应时间为 1～2h，直接酸溶重油催化废催化剂，然后用所剩的渣与 5%～20% 的氢氧化钠在碱与渣液固比为 10∶1，反应温度为 80～100℃，反应时间为 1～2h 的条件下，制取硅酸盐，最后将铝盐与硅酸盐聚合制得液态聚硅硫酸铝。此发明为工业废渣综合利用提供了一条可行途径，同时为絮凝剂生产提供了一条原料廉价的工艺路线，用该絮凝剂处理各类的废水，其 COD_{cr} 去除率达到了 37%～67%，浊度去除率达到了 80% 以上，其治理效果非常显著，达到了治理目的。

（2）美国专利 4981675 和其他相关专利中介绍的聚硅硫酸铝的工艺主要包括以下几个步骤。首先，硅酸钠溶液和硫酸铝溶液混合生成一种酸性的中间混合物，然后将铝酸钠溶液缓慢地加入到这种酸性中间混合物中，并在强剪切混合条件下使两者反应。生成的聚硅硫酸铝溶液的氧化铝含量在 7%～10%。如果采取后继的浓缩工序去除水分，能生成氧化铝含量更高的溶液。

（3）美国专利 5296123 提供了聚硅硫酸铝的另外一种制备方法。首先将碱金属的硅酸盐加到碱金属的铝酸盐溶液中，并在连续搅拌的条件下使其反应生成一种碱性的中间混合物，然后在强剪切混合条件下将这种中间混合物加入酸性硫酸铝溶液中。

【应用】　聚硅硫酸铝是一种低温低浊度的净水剂，聚硅硫酸铝处理废水时，具有使用量少、形成矾花迅速而粗大、沉积速度快等优点。在处理高浊度并带有色度的废水如造纸废水、制革废水时也有很好的处理效果。其絮凝效果受很多因素的影响，pH 值范围在 7～10混凝效果最佳，对 COD 的处理效果也比较好。

2.3.11　聚合硅酸铝铁（PSAF）

20 世纪 90 年代初，国外首先发表了聚硅酸铝絮凝剂（PSAA）研制成功的报道，国内近年来也开展了对聚硅酸盐的深入研究，并取得了很大的进展。大量资料证实，聚硅酸铝、铁盐絮凝剂比传统的铝、铁盐絮凝剂的絮凝效果要好。根据近年来人们对 Al(Ⅲ) 和 Fe(Ⅲ) 的水解-聚合-沉淀的化学行为、Al(Ⅲ) 和 Fe(Ⅲ) 各自聚合机理、聚合物形态分布特征及转化规律的深入研究可知,铝盐和铁盐作为净水剂有各自的优缺点。为了发挥铝、铁类净水剂各自的优点,克服其单独使用时的缺点,在上述理论及应用研究的基础上,研究开发出了聚合硅酸铝铁絮凝剂。

【制备方法】

(1) 中国专利 200610010393.X 中介绍了聚合硅酸铝铁的制备方法,工艺简单、反应条件要求低,而且制得的产品具有高效、稳定且使用寿命长的优点,适用于工业化生产,其产品兼容铝系絮凝剂和铁系絮凝剂的优点,成为一种高效、经济、稳定的废水处理剂。

制备方法中硫酸加入量的不同,不但影响聚合硅酸钠的活化效果,而且对于絮凝剂的絮凝效果也将产生影响,此工艺基于被广泛采用的理论:聚十三铝 $[Al_{13}]$ 是聚合铝中的最佳凝聚絮凝成分,其含量可以反映制品的有效性,且 Al_{13} 的生成需要 $Al(OH)_4^-$ 作为前驱物,作为前驱物的 $Al(OH)_4^-$ 据认为是在聚合铝的制备过程中碱的加入点生成的。再加入的强碱与酸性铝酸液的界面上将有局部较高 pH 值出现,有可能产生 $Al(OH)_4^-$,并随后生成聚十三铝。因此,此工艺制备过程中对 Fe、Al 的加入顺序进行了严格的控制,从而使得产品达到了更好的絮凝效果。

此外,制备过程中 pH 值的调节对于絮凝效果将产生显著的影响。因为 pH 值过低不利于 Al_{13} 前驱物的生成,从而降低絮凝能力。而 pH 值过高则在制备过程中容易产生浑浊,出现自絮凝现象。因此,pH 值的调节是制备硅酸铝铁溶液的关键之一。

具体的技术方案为:将硅酸钠配制成聚硅酸钠溶液后,加入硫酸使其 pH 值降至 10～11,活化 15～20min,在 50℃ 左右的恒温条件下,按 Si、Fe、Al 摩尔比为 0.3:1:2 或 0.3:1:1.5 投入铁盐、铝盐,充分搅拌 1.5～2.0h,发生缩聚反应。对铝盐和铁盐的加入顺序的要求是在铝盐完全加入后,再加入铁盐,制得聚合硅酸铝铁溶液静置 4h 以上,进行熟化。

(2) 时文中等以硫酸铝、硫酸铁、水玻璃为主要原料,制备了聚合硅酸铝铁(PSAF)絮凝剂,并研究了不同 Al/Fe/Al 摩尔比、pH 值、投加量等因素对絮凝效果的影响,考察了 PSAF 的絮凝性能,还以模拟废水为对象,比较了 PSAF 与传统絮凝剂的絮凝性能。

【应用】 聚合硅酸铝铁可用于生活给水及工业给水的净化处理,使用时先将本品溶解后稀释到 5%～10%,计量投加,配好的药液放置一般不超过 24h。投药量根据原水水质而定,一般为 10～20mg/L。适用 pH 值范围广,在 4～10 效果最佳,对高浊度水及低温低浊度水均有良好效果。产品具腐蚀性,投加设备需进行防腐处理,操作工人需配备劳动保护措施。

还可以用于饮用水的处理。胡翔等将自制的聚硅酸铝铁用于饮用水的处理,结果表明:①PSFA 的混凝效果,明显优于单独投加 $Fe_2(SO_4)_3$ 与 $Fe_2(SO_4)_3$ +助凝剂 PS 的效果;②在处理浊度相同的情况下,PSFA 用量最少,故处理成本低;③原水处理后的剩余浊度降到 3 度以下时,PSFA 的静止沉降时间仅为投加 $Fe_2(SO_4)_3$ +助凝剂 PS 时的 1/2,为投加的 $Fe_2(SO_4)_3$ 的 1/3,提高了处理能力。

2.3.12 聚氯硅酸铝 (PASiC)

【制备方法】 Gao B. Y. 等研发了一种新的混凝剂——polyaluminium silicate chloride (PASiC)。其制备方法为:$AlCl_3$ 与聚硅酸混合(以摩尔比 Al/Si≥5 计)羟基化反应,PAC 与聚硅酸以摩尔比大于或等于 5,羟基化 2h 制得。Al^{3+} 在 PASiC 溶液中的水解聚合由 pH 滴定法来测定。

用水玻璃(25%SiO_2)稀释成 0.5mol/L SiO_2,再在磁力搅拌下,用 0.5mol/L 的 HCl 中和至 pH=2,得新鲜的聚硅酸溶液。另外配置 0.25mol/L $AlCl_3$。PASiC 的制备有以下两

种方法。

（1）将 0.5mol/L NaOH 缓慢滴加（0.05mL/min）至 AlCl₃ 中，并以大约 300r/min 的速度搅拌，以制备 PAC。PAC 溶液中，Al 的浓度为 0.1mol/L。所制得的 PAC 与聚硅酸混合（以摩尔比 Al/Si≥5 计）通过羟基化反应 2h，即制得 PASiC。

（2）将 0.5mol/L NaOH 以 0.05 mL/min 的速度缓慢滴加至 AlCl₃ 与聚硅酸的混合溶液中，并快速搅拌，直至溶液中的 [OH]/[Al] 为某一定值，即得 PASiC。

亚里士多德大学化学系的 Zouboulis 等将自制的 PASiC 和 PAC 的混凝性能进行比较，研究发现较之 PAC，PASiC 具有更好的混凝效果，特别是对浊度和色度的去除。

2.3.13 聚合氯化硫酸铁铝（PAFCS）

【物化性质】 聚合氯化硫酸铁铝，为深红棕色透明液体，密度（20℃）1.20g/cm³。

聚合氯化硫酸铁铝组成为含有多核聚铁及聚铝与氯离子、硫酸根配位的复合型无机高分子，不但具有聚合铝的优良混凝性能和聚合铁的强吸附性、快速沉淀及适用范围宽等特性，而且原料易得，成本低，更加经济实用。

【制备方法】

（1）PAFCS 是利用矾浆，加压酸溶出 Al_2O_3 和 Fe_2O_3，经过调整碱化度和聚合等工序精制而成的。矾浆是生产明矾过程中的多余废料，价格低廉，含有丰富的 Al^{3+}、Fe^{3+} 和 SO_4^{2-}。其他原料采用工业生产的废盐酸、氨水等。充分利用废物、降低生产成本、变废为宝、消除环境污染。

（2）张从良等以硫铁矿烧渣为原料制备聚合氯化硫酸铁铝。硫铁矿烧渣是以硫铁矿为原料制造硫酸过程中产生的废渣，其化学组成见表 2-3。

表 2-3　硫铁矿烧渣的化学组成

组成	Al_2O_3	Fe_2O_3	SiO_2	CaO	MgO	其他
质量百分比/%	20.8	32.3	38.0	5.1	0.9	2.9

首先用适当比例的硫酸与盐酸混合酸浸取研碎的硫铁矿烧渣，在搅拌回流下加热至一定温度，反应一定时间即可得到含有 Al^{3+}、Fe^{3+} 和 Fe^{2+} 的溶液。然后加入适量氯酸钠，将 Fe^{2+} 氧化成 Fe^{3+}，抽滤。最后在滤液中加入适量氢氧化铝调节 pH 值，使聚合铁铝能以一定物质的量比共聚，得到深红棕色 PAFCS 液体产品。

【技术指标】

项　目	指标	项　目	指标
Al_2O_3 含量/%	8~12	pH 值	2.5~4
SO_4^{2-} 含量%	2~4	碱化度%	50~75
Fe_2O_3 含量%	0.8~13.0		

【应用】 在使用中发现，PAFCS 较 PAC，有显著的除浊性能好、形成的絮体大、沉降速度快等特点。

另外，PAFCS 的吸附、再生能力强。当脱稳颗粒通过 PAFCS 架桥形成大的絮体时，能同时吸附大量的溶解性有机物、色素和重金属离子，大大提高了出水水质。当絮体遭激流产生剪切破坏后也能很快再结成絮体。

通常，PAC 适应原水的 pH 值范围在 6~9，而 PAFCS 的有效 pH 值范围可达 3.5~10。而且 PAFCS 对温度的适应性很强，低温浊水也能获得满意的处理效果。

更重要的是投药所带入的杂质和处理后留下的铝大大减少，这对饮用水水质的提高，保证人体健康是十分重要的。因此，PAFCS 具有很大的市场潜力。

2.3.14　聚硅酸铝铁（PAFSC）

【物化性质】　氯化铝、氯化铁和碳酸钠在一定的条件下反应可生成具有不同聚合度和正电荷的聚合氯化铝铁（Polyaluminum ferric chloride，PAFC）无机高分子聚合物；盐酸和硅酸钠在一定的条件下反应可生成具有不同聚集度的聚硅酸。聚硅酸和 PAFC 或铝、铁盐的溶液在一定条件下反应可生成 PAFSC 无机高分子混凝剂。在以上反应过程中，聚硅酸的加入有利于提高产品的分子量，而同时铁铝的存在又阻断了聚硅酸的凝胶化，产生以上两方面结果的原因是与聚硅酸的结构密切相关的，聚硅酸是由相邻硅酸分子上的羟基。经过脱水聚合而形成的具有硅氧键的聚合物，硅原子模型是四面体，所以硅酸分子可以向各个方向进行聚合，形成带支链的、环状的、网状的三维立体结构聚合物，最终形成硅酸凝胶当被引入到 Al^{3+}，Fe^{3+} 或 PAFC 溶液中后，由于 Al^{3+}，Fe^{3+} 及铝铁水解聚合产物与聚硅酸的链状、环状分子端的氢氧根进行配合作用和吸附作用，从而阻断了聚硅酸的凝胶化，提高了PAFSC 的分子量。

【制备方法】

（1）铝铁盐混合物的硅酸钠碱化聚合法

一定浓度的 $AlCl_3$ 溶液在快速搅拌的同时，用滴定管滴加 $FeCl_3$ 溶液，使之混合均匀，然后在一定的温度及剪切条件下，向铝铁混合液中滴加 Na_2SiO_3 碱性溶液，控制共聚物溶液达到一定碱化度，即得液体聚硅酸铝铁。1997 年，栾兆坤等用此方法，制备了不同 Al/Fe 摩尔比及碱化度为 1.0～2.0 的 PAFS，并研究了它们在熟化聚合过程中 pH 值的变化及其稳定性。通过流动电流的测定，验证了其所具有的电动特性，同时应用各种复合型聚硅酸铝铁对高浊含富里酸模拟悬浊液进行除浊脱色的对比研究。

（2）聚硅酸的铝铁盐引入法

选取适量硅酸钠用硫酸酸化至一定 pH 值，聚合一定时间后，加入一定量的铝盐，再聚合一定时间后，再加入一定的铁盐，制成不同 Al/Fe/Si 摩尔比的聚硅酸铝铁。

（3）无机矿物质（矿石粉、黏土、铝厂赤泥）酸浸液中和法

该方法是基于各种无机矿物（铝土矿，铝厂赤泥、黏土、煤干石灰渣等）含有 SiO_2、Fe_2O_3、Al_2O_3 等成分，采用一定的工艺（酸化或碱熔）将 Si、Fe、Al 等以硅酸盐、铁盐、铝盐的形式提取出来，然后在一定的条件下使其反应聚合而成。如经烘干即得到固体产品。用该方法制备的产品中除含有硅、铝、铁等成分外，还含有钙、镁等其他成分，所得产品的有效浓度一般低于 10%，产品储存期一般为 1 个月左右，时间过长则由于出现胶凝而失去混凝功能。

【应用】　聚硅酸铝铁保留了铝铁各自均聚物的优点，克服了 PAC 处理水样中残余铝含量较高和 PFC 混凝剂稳定性较差等缺点。与 PAC 相比，聚硅酸铝铁其有较低的残余铝含量，较好的除浊效果和脱色效果以及较好的除油和除 COD 效果。研究结果表明，PSFA 有着优良的混凝性能，其投加量小，适宜的 pH 值范围宽，形成矾花迅速且絮体密实；达到相同余浊时，PSAF 的用量最小，所需的沉降时间较 PASS 少，是一种有发展前途的无机高分子混凝剂。

参考文献

[1]　姚重华. 混凝与混凝剂. 北京：中国环境科学出版社，2001.

［2］ 朱月海. 投药与混合技术. 北京：中国环境科学出版社，1992.

［3］ 李润生. 水处理新药剂碱式氯化铝. 北京：中国建筑工业出版社，2001.

［4］ 甘光奉，甘莉. 高分子絮凝剂研究的进展. 工业水处理，1999，19（2）：26.

［5］ 唐道文，李军旗，郭晓光等. 硫酸渣吸收含氯废气制备三氯化铁的工艺. CN 1760134A. 2006-04-19.

［6］ 高廷耀，顾国维. 水污染控制工程. 北京：高等教育出版社，1989.

［7］ 田占宾. 以粉煤灰为原料制备的硫酸铝溶液萃取除铁研究. 辽宁化工，2006，35（12）：708-710.

［8］ 张光华. 水处理化学品. 北京：化学工业出版社，2005.

［9］ 李风亭，陶孝平，高燕等. 聚合氯化铝的生产技术与研究现状. 无机盐工业，2004，36（6）：4-7.

［10］ 郑雅杰，龚竹清. 一种硫酸亚铁的钾制备方法. ZL 03103056. 4，2005-12-28.

［11］ Lietard，Jean-Marie，Matthijs，et al. Continuous process for producing an aqueous solution of ferric chloride (USP). 4066748，January 3，1978.

［12］ Liu Ta-kang，Edward S K. Effect of base addition rate on the preparation of partially neutralized ferric chloride solutions. Journal of Colloid and Interface Science，2005，284（2）：542-547.

［13］ 温志明，孙太喜. 一种在洗钢、电镀等废酸中提取氯化亚铁、三氯化铁、聚合三氯化铁的生产的方法. 中国发明专利申请号 200810025471. 2. 2008-09-24.

［14］ 唐道文，李军旗，郭晓光. 硫酸渣吸收含氯废水制备三氯化铁的工艺. CN 1760134A. 2006-04-19.

［15］ 杨长春，高杰. 固体高铁酸钾制备方法. ZL 03126342. 9，2005-12-28.

［16］ Jiang H，Wang P，Zhao N，et al. Clean production technology of potassium ferrate by chemical oxidation. Modern Chemical Industry，2001，21（6）：31-34.

［17］ Li C，Li X Z，Graham N. A study of the preparation and reactivity of potassium ferrate. Chemosphere，2005，61（4）：537-543.

［18］ Jiang J Q，Lloyd B. Progress in the development and use of ferrate（Ⅵ）salt as an oxidant and coagulant for water and wastewater treatment. Water Research，2002，36：1397-1408.

［19］ Jiang J. Q，Lloyd B，Grigore L. Preparation and evaluation of potassium ferrate as an oxidant and coagulant for potable water treatment. Environmental Engineering Science，2001，18（5）：323-328.

［20］ 田宝珍，曲久辉. 化学氧化法制备高铁酸钾循环生产可能性的试验. 环境化学，1999，18（2）：173-177.

［21］ 华建村，陈锋杰，韩肖红. 一种铝酸钠溶液的生产方法. ZL 200510049689. 8，2007-08-22.

［22］ Dash B，Tripathy B C，Bhattacharya I N，et al. Effect of temperature and alumina/caustic ratio on preparation of precipitation of boehmite in synthetic sodium aluminate liquor. Hydrometallurgy，2007，88（1-4）：121-126.

［23］ Kloprogge J T，Seykens D，Jansen J B，et al. Nuclear magnetic reasonce study on the optimalization of the development of the Al_{13} polymer. Journal of Non-Crystalline Solids，1992，142（2）：94-102.

［24］ 付英，于水利. 聚硅酸铁水解规律及混凝机理的探讨. 环境科学，2007，28（1）：113-114.

［25］ 曲久辉，刘会娟，雷鹏举等. 电解法制备 PAC 在水处理中的应用研究. 中国给水排水，2001，17（5）：16-19.

［26］ 何锡辉，朱红涛等. 电解法制备聚合氯化铝的研究. 四川大学学报：自然科学版，2006，42（5）：1088-1092.

［27］ 张开仕，曾凤春. 聚合硫酸铝生产工艺的研究. 四川大学学报：自然科学版，2005，42（3）：562-566.

［28］ 付英，于水利，杨园晶等. 聚硅酸铁（PSF）混凝剂硅铁反应过程研究. 环境科学，2007，28（3）：114-122.

［29］ Rubini P，Lakatos A，Champmartin D，et al. Speciation and structural aspects of interactions of Al（Ⅲ）small biomolecules. Coordination Chemistry Reviews，2002，228：137-152.

［30］ Sharp E L，Parsons S A，Jefferson B. The impact of seasonal variations in DOC arising from a moorland peat catchment on coagulation with iron and aluminium salts. Environmental Pollution，2006，140：436-443.

［31］ 苗晶，岳钦艳，高宝玉等. 高浓度聚合氯化铁混凝剂的净水效果. 环境化学，2004，23（1）：62-65.

［32］ Wen P C，Chi F H. A study of coagulation mechanism of polyferric sulfate reacting with humic acid using a fluorescence-quenching method. Water Research，2002，36：4583-4591.

［33］ Hahn H H，Hoffmann E. Evaluation of aluminum-silicate polymer composite as a coagulant for water treatment. Water Research，2002，36：3573-3581.

［34］ 李风亭，张善发，赵艳. 混凝剂与絮凝剂. 北京：化学工业出版社，2005.

［35］ 王东升，汤鸿霄. 聚铁硅型复合无机高分子絮凝剂的形态分布特征. 环境科学，2001，22（1）：94-97.

［36］ Chang Q. Oxidation rate in the preparation of polyferric sulfate coagulation. Journal of Environmental Sciences，

2001, 13 (1): 104-107.

[37] Chang Qing, Wang Hong-yu. Preparation of PFS coagulant by sectionalized reactor. Journal of Environmental Sciences, 2002, 14 (3): 345-350.

[38] Doelsch E, Masion A, Rose J, et al. Chemistry and structure of colloids obtained by hydrolysis of Fe(Ⅲ) in the presence of SiO_4 ligands. Colloids and Surfaces A: Physicochem. Eng. Aspects, 2003, 217: 121-128.

[39] 王东田. 聚硅酸铝混凝剂的研究和应用 [博士学位论文]. 哈尔滨建筑大学, 1998: 52-69.

[40] Francois RJ. Ageing of aluminium hydroxide flocs. Water Res, 1987, (21): 523-531.

[41] 付英, 于水利. 聚硅酸铁 (PSF) 去除溶解性有机物的机理. 吉林大学学报, 2007, 37 (3): 709-714.

[42] 高宝玉, 何晓镇等. PACS 絮凝剂的制备及其性能研究. 环境科学, 1990, 11 (3): 34-37.

[43] 路光杰, 曲久辉, 汤鸿霄. 高效聚合氯化铝的电化学合成研究. 中国环境科学, 1998, 18 (2): 140.

[44] Tang Hongxiao. Features and mechanism for coagulation flocculation processes of polyaluminum choride. J. Environmental Sciences, 1995, 7 (2): 204.

[45] Guangjie Lu, Jiuhui Qu, Hongxiao Tang. The electrochemical production of highly effective polyaluminum choride. Water Research, 1999, 33 (3): 807.

[46] 赵华章. 高纯度聚合氯化铝的研制与表征 [博士学位论文]. 北京: 中国科学院生态环境研究中心, 2003.

[47] Ebeling J M, Rishel K L, Sibrell P L. Screening and evaluation of polymers as flocculant aids for the treatment of aquacultural effluents. Aquacultural Engineering, 2005, 33: 235-249.

[48] Xie C X, Feng Y, Cao W P. Novel biodegradable flocculating agents prepared by phosphate modification of Konjac. Carbohydrate Polymers, 2007, 67: 566-571.

[49] 李道荣. 水处理剂概论. 北京: 化学工业出版社, 2005.

[50] 周学良. 精细化工助剂. 北京: 化学工业出版社, 2002.

[51] 张如意, 阳红, 高彩玲. 高分子铝盐絮凝剂的应用. 工业水处理, 2000, 20 (4): 14-17.

[52] 孙建辉, 夏四清, 孙瑞霞. 絮凝剂 PFCS 的制备及其性能研究. 环境科学, 1996, 17 (4): 59-61.

[53] 陈辅君. 聚合硫酸铁的合成研究. 中国给水排水, 1995, 11 (1): 42-44.

[54] 天津第一发电厂, 化工部天津化工研究所. 聚铁混凝剂在发电厂水处理中的工业性试用. 工业水处理, 1983, (3): 13-15.

[55] 徐平. 聚合硫酸铁在火力发电厂处理中的应用. 环境工程, 1987, (2): 12-14.

[56] 中国石油天然气股份有限公司. 用废催化剂制备聚硅硫酸铝絮凝剂的方法. ZL 200410042786. X. 2007-07-11.

[57] Haase Dieter, Spiratos Nelu, Jolicoeur carmel. Polymeric basic aluminum silicate-sulphate (USP). 4981675. January 1, 1991.

[58] Haase Dieter, Christie Robert Ⅲ, Jolicoeur Carmel, et al. Polymeric aluminum silicate-sulphate and process for producing same (USP). 5296213. March 22, 1994.

[59] 胡勇有, 王占生, 汤鸿霄. 聚磷氯化铝混凝剂的制造方法. CN 1088892A. 1994-07-06.

[60] 严瑞瑄. 水处理剂应用手册. 北京: 化学工业出版社, 2003.

[61] Zhang, Kaishi, Zeng, Fengchun. Preparation of poly-ferric aluminium sillca coagulant from industries wastes. Journal of Chemical industry and Engineering, 2008, 59 (9): 2361-2365.

[62] 李玉明, 陈伟红, 唐启红等. 无机高分子聚硅酸盐混凝剂的研究与应用. 中国给水排水, 2003, 19 (2): 26-28.

[63] 李辽沙, 董元彪, 王平等. 用冶金渣制备聚硅硫酸铁铝的方法. ZL 200510094967. 1. 2007-10-24.

[64] 李凤亭, 张冰如, 周琪等. 混凝凝固体聚硅硫酸铁的一步法生产方法. ZL 200310108445. 3. 2007-11-07.

[65] 章兴华, 田应富, 赵亚民等. 高聚合氯化铝铁复合混凝剂及其生产方法. ZL 95119000. 8. 2003-01-01.

[66] 彭书传, 马步春, 陈天虎. 一种无机高分子絮凝剂聚合氯化铝铁的生产方法. CN 101215032A. 2008-07-09.

[67] 王贵明, 吴世华, 王贵生. 利用粉煤灰工业化生产聚合氯化铝铁净水剂的方法. CN 101172684A. 2008-05-07.

[68] 顾国维. 水污染治理技术研究. 上海: 同济大学出版社, 1997.

[69] 高宝玉, 于慧, 岳钦艳. 用煤矸石制备聚合氯化铝铁絮凝剂的研究. 环境科学, 1996, 17 (4): 62-64.

[70] 张海彦, 龙腾锐, 郑怀礼. PAC-PDMDAAC 无机/有机复合絮凝剂除磷研究. 水处理技术, 2005, 31 (3): 69-71.

[71] 田宝珍, 张云. 铝铁共聚复合絮凝剂的研制及应用. 工业水处理, 1998, 18 (1): 17-19.

[72] 时文中, 李灵芝, 余国中. 聚合硅酸铝铁 (PSAF) 的制备与絮凝性能研究. 重庆环境科学, 2003, 25 (4): 29-32.

[73]　李峻青，刘海燕. 聚合硅酸铝铁絮凝剂的制备方法. ZL 200610010393. X. 2008-07-02.

[74]　Hasse D, et al. Polymeric Basic Aluminum Silicate-sulfate (EPO). 372, 715A1, Jun, 13, 1990.

[75]　宋永会，栾兆坤等. 聚硅酸硫酸铁的絮凝性质及其应用. 环境化学，1997，16（6）：600-605.

[76]　高宝玉等. 聚硅酸硫酸铁絮凝剂的性能研究. 环境科学，1997，18（2）：46-48.

[77]　Gao B Y, Yue Q Y, Wang B J, et al. Poly-aluminum-silicate-chloride (PASiC)——a new type of composite inorganic polymer coagulant. Colloid Surf, 2003, 229 (2/3): 121-127.

[78]　Zouboulis A I, Tzoupanos N D. Polyaluminium silicate chloride——A systematic study for the preparation and application of an efficient coagulant for water or wastewater treatment. Journal of Hazardous Materials，2009，162 (2/3): 1379-1389.

[79]　Sinha S, Yoon Y, Amy G, et al. Determining the effectiveness of conventional and alternative coagulants through effective characterization schemes. Chemosphere，2004，57：1115-1122.

[80]　Gao B Y, Hahn H H, Hoffmann E. Evaluation of aluminum-silicate polymer composite as a coagulant for water treatment. Water Research, 2002, 36 (14): 3573-3581.

[81]　Zouboulis A I, Traskas G. Comparable evaluation of variouscommercially available aluminum-based coagulants for the treatment of surfacewater and for the post-treatment of urban wastewater. J Chem Technol Biotechnol, 2005, 80: 1136-1147.

[82]　Cheng P C, Chi F G, Yu R F, Shi P. Z, Evaluating the coagulants of polyaluminium silicate chlorides on turbidity removal. Separation Science Technology, 2005, 41: 297-309.

[83]　Boisvert J -P, To T G, Berrak A, et al. Phosphate adsorption in flocculation processes of aluminium sulphate and poly-aluminium-silicate-sulphate. Water Research, 1997, 31 (8): 1939-1946.

[84]　Gao B, Yue Q, Miao J. Evaluation of polyaluminium ferric chloride (PAFC) as a composite coagulant for water and wastewater treatment. Water Science and Technology, 2003, 47 (1): 127-132.

[85]　Jr-Lin Lin, Chihpin Huang, Jill Ruhsing Pan, et al. Effect of Al(Ⅲ) speciation on coagulation of highly turbid water. Chemosphere, 2008, 72: 189-196.

[86]　Xie C X, Feng Y, Cao W P. Novel biodegradable flocculating agents prepared by phosphate modification of Konjac. Carbohydrate Polymers, 2007, 67: 566-571.

[87]　Ebeling J M, Rishel K L, Sibrell P L. Screening and evaluation of polymers as flocculation aids for the treatment of aquacultural effluents. Aquacultural Engineering, 2005, 33: 235-249.

[88]　樊冠球. 新型净水剂——碱式硫酸铁混凝剂. 中国给水排水，1999，19（6）：27-28.

[89]　李化民等. 油田含油污水处理. 北京：石油工业出版社，1992.

[90]　李旭东等. 废水处理技术及工程应用. 北京：机械工业出版社，2003.

[91]　唐受印等. 废水处理工程. 北京：化学工业出版社，2004.

[92]　汤鸿霄. 环境化学. 北京：化学工业出版社，2002.

[93]　杨惠森，贾红光，周理君. 新型无机高分子絮凝剂在制革废水处理中的应用研究. 环境污染与防治，1997，19（3）：32-35.

[94]　Qian Y, Wen Y, Zhang H. Efficiency of pre-treatment methods in the activated sludge removal of refractory compounds in coke-plant wastewater. Water Research，1994，28：701-710.

[95]　Zhang M, Tay J H, Qian Y, et al. Coke plant wastewater treatment by fixed biofilm system for COD and NH_3-N removal. Water Research, 1998, 32 (2): 519-527.

[96]　Driscoll C T. Effects of aluminum speciation on fish in dilute acidified water. Nature, 1980, 284 (13): 161-164.

[97]　赖鹏，赵华章，叶正芳. 生物滤池 A/O 工艺处理焦化废水研究. 环境科学，2007，28（12）：2727-2732.

[98]　左槊，耿德全. 用聚合氯化铝从胶片工业废水中回收白银的研究. 水处理技术，1985，11（3）：48-52.

[99]　刘明华. 有机高分子絮凝剂的制备及应用. 北京：化学工业出版社，2006.

[100]　Ma Xiaoou, Kang Siqi, Liu Xiaojun, et al. Study on preparation and properties of coagulant polymeric ferric silicate-sulfate containing boron. Modern Chemical Industry, 2008, 20 (11): 42-44.

[101]　Hasegawa T，Hashimoto K，Onitsuka T，et al. Characteristics of Metal-Polysilicate Coagulants. Water Science and Techology, 1991, (23): 1713-1722.

[102]　Burnet G. Newer Technologies for Resource Recovery from Coal Combustion Solid waste. Energy, 1986, 11

(11)：1363.

[103] Oderaard H. Experience with chemical treatment of raw wastewater. Water Science and Technology, Norwegian：2001, 25 (12).

[104] Joongh Wan Mo, Jeong-Eun Hwang, Jonggeon Jega, et al. Pretreatment of a dyeing wastewater using chemical coagulants. Dyes and Pigments, 2007, 72 (2)：240-245.

[105] Duk Jong Joo, Wonsik Shin, Jeong-Hak Choi. Decolorization of reactive dyes using inorganic coagulants and synthetic polymer. Dyes and Pigments, 2007, 73 (1)：59-64.

[106] Baoyou Shi, Guohong Li, Dongsheng Wang. Removal of direct dyes by coagulation：The performance of preformed polymeric aluminum species. Journal of Hazardous Materials, 2007, 143 (1)：567-574.

[107] Peng Lai, Hua-zhang Zhao, Chao Wang. Advanced treatment of coking wastewater by coagulation and zero-valent iron process. Journal of Hazardous Mat-erials, 2007, 147 (1)：232-239.

[108] Joaquin R. Dominguez, Teresa Gonzalez, et al. Aluminium sulfate as coagulant for highly polluted cork processing. Journal of Hazardous Materials, 2007, 148 (1-2)：15-21.

[109] 梁杰群, 廖勇. 聚合硫酸铁处理终端焦化废水的研究. 中国环境监测, 2002, 18 (4)：63-64.

[110] Hamidi Abdul Aziz, Salina Alias, Mohd Nordin Adlan. Colour removal from landfill leachate by coagulation and flacculation processes. Bioresource Technology, 2007, 98 (1)：218-220.

[111] Ntampou X, Zouboulis A. I, Samaras P. Appropriate combination of physico-chemical method (coagulation/flocculation and ozonrtion) for the efficience treatment of landfill leachates. Chemosphere, 2006, 62 (5)：722-730.

[112] Weiqing Han, Lianjun Wang, Xiuyun Sun, et al. Treatment of bactericide wastewater by combined process chemical coagulation. Journal of Hazardous Materials, 2007, 7：1-10.

[113] 刘万毅, 吴尚芝. 复合絮凝剂 PAFCS 的絮凝研究. 工业水处理, 1996, 16 (4)：29-30.

[114] 陆柱. 水处理药剂. 北京：化学工业出版社, 2002.

[115] Wang J L, Quan X C, Wu L B, et al. Bioaugmentation as a tool to enhance the removal of refractory compound in coke plant wastewate. Process Biochemistry, 2002, 38：777-781.

[116] 祁鲁梁, 李永存, 张莉主编. 水处理药剂及材料实用手册. 北京：中国石化出版社, 2001.

[117] Kirk Othmer. Encyclopedia of Chemical Technology. Vol. 2. 4th ed. New Yook (USA)：John Wiley&Son Inc, 1992.

[118] Lange's Handbook of Chemistry. 13th ed. NewYork (USA)：McGraw-Hill book Company, 1985. 4-63, 10-12.

[119] 天津化工研究院等. 无机盐工业手册 (上册). 第 1 版. 北京：化学工业出版社, 1982.

[120] 天津化工研究院等. 无机盐工业手册 (下册). 第 1 版. 北京：化学工业出版社, 1988.

[121] 化学工业出版社组织编写. 中国化工产品大全 (上卷). 第 1 版. 北京：化学工业出版社, 1994.

[122] 李小斌, 丁安平, 刘桂华. 一种高浓度铝酸钠溶液的制备方法. CN 1406871A. 2003-04-02.

[123] 化学工业部天津化工院等编. 化工产品手册. 无机化学产品. 第 2 版. 北京：化学工业出版社, 1983.

[124] 廖蔚峰, 杨艳萍. 高铁酸盐在污水处理中的应用. 湖北化工, 1998, (5)：23-24.

[125] Harold G R, Kent M. Studies on the Mechanism of Istopic Oxygen Exchange and Reduction of Ferrate(Ⅵ) Ion (FeO_4^{2-}). Journal of the American Chemical Society, 1971, 93 (23)：6058-6065.

[126] Rolfe H H, David J. Lattice Dynamics and Hyperfine Interactions in M_2FeO_4 ($M=K^+$, Rb^+, Cs^+) and $MFeO_4$ ($M=Sr^{2+}$, Ba^{2+}). Inorganic Chemistry, 1979, 118 (10)：2786-2790.

[127] John A. Thompson. Process for producing alkali metal ferrates utlizing hematite and magnetit (USP). 4545974. Oct. 8, 1985.

[128] John A. Thompson. Process for preparing alkali metal ferrates (USP). 4551326. Nov. 5, 1985.

[129] John A. Thompson. Process for preparing alkali metal ferrates (USP). 4385045. May. 24, 1983.

[130] 曲久辉, 雷鹏举. 多功能高铁絮凝剂电化学合成的机理和条件. 环境科学, 1997, 16 (6)：528-533.

[131] Jiang Jia-qian, Wang S, Panagoulopoulos A. The exploration of potassium ferrate (Ⅵ) as a disinfectant/coagulation in water and wastewater treatment. Chemosphere, 2006, 63 (2)：212.

[132] 章振珗, 李安德. 高效混凝剂净水灵的开发及应用. 石油炼制与化工, 1995, 26 (7)：60-62.

[133] 李风亭, 刘遂庆. 无机高分子混凝剂聚合氯化铁合成方法. 工业水处理, 1999, 19 (6)：26-27.

[134] 吴宇峰, 周坤坪, 唐同庆. 高效絮凝剂聚合氯化硫酸铁的制备及其混凝效果的研究成果. 工业水处理, 2000, 20

（10）：24-26.

[135] 孙向东等. 聚硅硫酸铁的合成及性能研究. 工业水处理，2001，21（1）：21-25.

[136] 贾青竹，衣守志. 聚硅硫酸铝絮凝剂的制备及其应用研究. 水处理技术，2005，31（1）：50-52.

[137] 汤明. 新型无机絮凝剂——聚合氯化硫酸铁铝（PAFCS）. 中国给水排水，1997，13（6）：31.

[138] 张从良，胡国勤，王岩. 用硫铁矿烧渣制备聚合氯化硫酸铁铝絮凝剂. 无机盐工业，2007，39（4）：53-55.

3 絮凝剂

3.1 概述

凡是用来将水溶液中的溶质、胶体或者悬浮物颗粒产生絮状物沉淀的物质都叫作絮凝剂。在水处理过程中，絮凝剂能有效去除水中 80%～90% 的悬浮物和 65%～95% 的胶体物质，并能有效降低水中的 COD_{Cr} 值；再者，通过絮凝净化能将水中 90% 以上的微生物和病毒转入污泥中，使水的进一步消毒杀菌变得更为容易；此外，高分子絮凝剂因具有性能好、适应性强以及脱色效果好等优点，已在其他领域，如制浆造纸、石化、食品、轻纺、印染等行业得以广泛应用。目前，在上述行业的水处理中，絮凝剂的使用量占 55%～75%；在自来水工业中几乎 100% 使用絮凝剂来净化水质。国外高分子絮凝剂的生产与销售近 5 年来一直保持 6.5% 左右的年增长速率，我国大体保持在年均 10% 的增长速度。

3.1.1 絮凝剂的分类

根据絮凝剂的组成，可将其分为无机絮凝剂和有机絮凝剂；根据它们分子量高低，可将其分为低分子和高分子两大类；若按其官能团离解后所带电荷的性质，还可将其分为非离子、阴离子、阳离子和两性等类型。

3.1.1.1 无机絮凝剂

无机絮凝剂根据分子量的高低，可分为无机低分子絮凝剂和无机高分子絮凝剂。无机低分子絮凝剂主要包括硫酸铝、氯化铝、硫酸铁、氯化铁等。和无机低分子絮凝剂相比，无机高分子絮凝剂（IPF）因具有沉降速度快、用量少、效果好、使用范围广等优点，因此自 20 世纪 60 年代以来，得到了迅速发展，而且研制和应用聚合铝、铁、硅及各种复合型絮凝剂也成为热点，目前我国对无机高分子絮凝剂的开发应用较好，除个别品牌的絮凝剂未开发外，絮凝剂的品种已逐步系列化。根据所带电荷的性质，无机高分子絮凝剂可分为阳离子型和阴离子型两大类，其中阳离子型主要包括聚合氯化铝（PAC）、聚合硫酸铁（PFS）、聚合氯化铝铁（PAFC）、聚合硅酸铝（PASiC）、聚合硅酸铁（PSiFC）、聚磷氯化铝（PPAC）以及聚磷硫酸铁（PPFS）等；阴离子型主要有聚合硅酸（PSi）等。此外，开发复合型的无机有机高分子絮凝剂亦成为无机高分子絮凝剂发展的一个新亮点。

无机高分子絮凝剂原料易得、制备简便、价格便宜，对含各种复杂成分的水处理适应性强，可有效去除细微悬浮颗粒，但与有机高分子絮凝剂相比，生成的絮体不如有机高分子生成的絮体大且单独使用时药剂投药量大，因此，无机高分子絮凝剂常与有机高分子絮凝剂配合使用，并由过去的高速发展时期转向近年来的缓慢发展阶段。

3.1.1.2　有机絮凝剂

和无机高分子絮凝剂相比，有机高分子絮凝剂因具有用量小、絮凝能力强、絮凝速度快、效率高、受共存盐类、pH 值及温度影响小、生成污泥量少且易于处理等优点，对节约用水、强化废（污）水处理和回用有重要作用，尤其在提高絮凝体机械强度及其脱水效率，克服水处理"瓶颈效应"方面的作用更为突出。因此，自 1954 年美国首先开发出商品聚丙烯酰胺（PAM）絮凝剂以来，有机高分子絮凝剂的生产和应用一直发展较快，新产品不断问世，并正以单一和复配的方式，形成类型、规格系列化的一个新兴的精细化工领域。根据其性质与来源的不同，可将有机高分子絮凝剂分为合成和天然两大类。

3.1.1.3　合成有机高分子絮凝剂

合成有机高分子絮凝剂根据分子链上所带电荷的性质，可将其分为非离子、阴离子、阳离子和两性等类型。非离子型主要包括聚丙烯酰胺、聚氧化乙烯、脲醛缩合物和酚醛缩合物等；阴离子型主要有聚丙烯酸（钠）、丙烯酸-马来酸酐共聚物、丙烯酸-丙烯酰胺-2-甲基丙磺酸（钠）共聚物、丙烯酰胺-丙烯酸钠共聚物、丙烯酰胺-乙烯基磺酸钠共聚物、丙烯酰胺-丙烯酰胺-2-甲基丙磺酸钠共聚物、磺化三聚氰胺-甲醛聚合物、水解聚丙烯酰胺、磺甲基化聚丙烯酰胺、聚苯乙烯磺酸钠和聚-N-二膦酰基甲基丙烯酰胺等；阳离子型主要包括聚二甲基二烯丙基氯化铵、聚甲基丙烯酸二甲氨基乙酯、丙烯酰胺-二甲基二烯丙基氯化铵共聚物、丙烯酰胺-甲基丙烯酸二甲氨基乙酯共聚物、丙烯酰胺-丙烯酸乙酯基三甲基氯化铵共聚物、丙烯酰胺-丙烯酸乙酯基三甲基铵硫酸甲酯共聚物、丙烯酰胺-乙烯基吡咯烷酮共聚物、聚乙烯基吡啶盐、聚-N-二甲氨基甲基丙烯酰胺（微）乳液、聚-N-二甲氨基丙基甲基丙烯酰胺、聚乙烯胺、聚乙烯亚胺、聚-N-二甲氨基甲基丙烯酰胺溶液、聚苯乙烯基四甲基氯化铵、聚丙烯腈与双腈胺反应物、聚乙烯醇季铵化产物、有机胺-环氧氯丙烷聚合物、双腈胺-环氧氯丙烷聚合物、双腈胺-甲醛聚合物以及改性三聚氰胺-甲醛缩合物等；两性型主要包括丙烯酰胺-丙烯酸（钠）-二甲基二烯丙基氯化铵共聚物、丙烯酰胺-丙烯酰胺-2-甲基丙磺酸（钠）-二甲基二烯丙基氯化铵共聚物、丙烯酰胺-丙烯酸（钠）-甲基丙烯酸二甲氨基乙酯共聚物、丙烯酰胺-2-甲基丙磺酸（钠）-丙烯酰氧乙基三甲基氯化铵共聚物、丙烯酰胺-2-甲基丙磺酸（钠）-丙烯酸-丙烯酰氧乙基三甲基氯化铵共聚物、含膦酰基丙烯酰胺-二甲基二烯丙基氯化铵共聚物、含磺酸基丙烯酰胺-二甲基二烯丙基氯化铵共聚物、含膦酸基团的双腈胺-甲醛聚合物和含磺酸基团的双腈胺-甲醛聚合物等。

3.1.1.4　天然高分子改性絮凝剂

天然高分子改性絮凝剂根据原材料的不同，可分为改性淀粉类絮凝剂、改性瓜尔胶类絮凝剂、黄原胶及其改性产品、羧甲基纤维素（钠）及其改性产品、海藻酸钠、改性木质素类絮凝剂、植物丹宁及其改性产品以及 F691 粉改性产品等。按其官能团离解后所带电荷的性质，还可将天然高分子絮凝剂及其改性产品分为非离子型、阴离子型、阳离子型和两性型。

3.1.2　有机高分子絮凝剂的研究概况

3.1.2.1　合成有机高分子絮凝剂

合成高分子絮凝剂在废（污）水处理中占有重要的位置。近 30 年来，有机高分子絮凝剂的生产速度增长很快，平均年增长速度为 12%～15%，从美国在水和废水处理中使用的水处理化学品的情况看，合成高分子絮凝剂的消费量增长速度比无机絮凝剂要快得多，而且很多合成高分子絮凝剂的研制技术已较成熟，并已形成规模生产。在我国聚丙烯酰胺及其衍生物约占合成高分子絮凝剂总量的 85%，目前我国生产 PAM 的厂家有 40 余家，总生产能力约 8000 t/a，但与发达国家相比，我国 PAM 及其衍生物在质量上还存在差距。

合成高分子絮凝剂尽管有很多优点，但仍存在着储存期短、单体含量偏高或分子量不够理想等问题。因此，合成高分子絮凝剂的发展趋势如下。

(1) 向超高分子量和低单体含量发展

由于药剂分子量大，对水中胶体、悬浮颗粒的吸附"架桥"能力强，故能达到用药量少而絮凝性能好的应用效果。目前我国优质聚丙烯酰胺（PAM）的相对分子质量大于 1000万，与国外同类产品（相对分子质量大于 1500 万）比较，性能差距在缩小。为减少 PAM 应用过程对人体的毒性，我国对降低 PAM 单体含量已取得了很大进展，如长春应化所的研究，药剂相对分子质量大于 1200 万，游离单体含量小于 0.05%，产品溶解性能好。

(2) 加速发展龙头产品——阳离子高分子絮凝剂

目前我国生产的聚丙烯酰胺的阳离子衍生物，取代度还不够高，制备过程药剂的相对分子质量降低，与国外阳离子聚丙烯酰胺相对分子质量已达到 1000 万相比差距还很大。鉴于阳离子聚丙烯酰胺在污泥脱水处理中是不可缺少的药剂，美、日等国阳离子型絮凝剂已占合成絮凝剂总量的近 60%，而这几年仍然以 10% 以上的速度增长，但我国目前阳离子型絮凝剂只占 6% 左右，且大多数是低档产品，已成为制约我国废（污）水处理，特别是污泥脱水发展的"瓶颈"。我国已加强阳离子聚丙烯酰胺的技术攻关，如浙江化工研究院等单位研制了甲基丙烯酸二甲胺乙酯氯甲烷盐（DMC）类单体与丙烯酰胺的共聚物（DMC-AM）等产品有良好的应用性能。

(3) 开发两性/两亲高分子絮凝剂

两性高分子絮凝剂是指大分子链上同时含有阴、阳离子基团的聚合物，其中阴离子基团为羧酸、磺酸、硫酸，阳离子基团为叔胺、季铵盐。而两亲高分子絮凝剂是指大分子链上同时含有亲水、亲油基团的聚合物。两性高分子絮凝剂的合成一般是利用含有阴、阳离子基团的乙烯类单体通过自由基聚合反应来完成，也可以通过化学改性来达到目的。两亲高分子絮凝剂的制备则比较复杂，一般分为共聚合法（包括非均相共聚、均相共聚、胶束共聚）和大分子反应法等。

目前，絮凝剂的研究正朝脱除水溶性污染物发展。以水溶性染料的脱除为例，染料一般都含有苯环疏水基，在絮凝剂的合成中如引入疏水基团和带电离子基团，则通过螯合作用、静电相互作用、疏水缔合作用，破坏染料亲水基，增强疏水性质，能改变染料的水溶性环境。我国一些研究部门已开发这类水处理剂，并有较好的应用效果。而两性高分子絮凝剂由于兼有阴、阳离子基团的特点，在不同介质条件下，其所带离子类型可能不同，适于处理带不同电荷的污染物，特别对污泥脱水，不仅有电性中和，吸附架桥，而且有分子间的"缠绕"包裹作用，使处理的污泥颗粒粗大、脱水性好。它的另一优点是适用范围广，酸性介质、碱性介质中均可使用。对废水中由阴离子所稳定的各种表面活性剂所稳定的悬浮液、乳浊液及各类污泥或由阴离子所稳定的各种胶态分散液，均有良好的絮凝及泥脱水功效。此外在絮凝剂中引入疏水基团，则可以加快絮体的沉降速度，改善絮团搅拌时的机械强度。如果在两性絮凝剂中引入不带电的侧基不仅自身具有较强的吸附作用，还可以屏蔽分子链上正、负离子的静电吸引，抑制分子线团紧缩，使正、负离子充分发挥其功能。近几年，日、德、美等国对两性絮凝剂重新开展了实用性研究，相继发表了一些专利。我国对这类絮凝剂的研究开发起步较晚。

(4) 开发多功能高分子絮凝剂

工业用水与废水处理过程不仅涉及水质净化，也有设备管道的保养问题，因此净化、缓蚀、阻垢、杀菌等问题都十分重要，传统做法是分别使用多种水处理剂。为了简化流程、减少设备、方便操作、提高功效,一些专家学者逐渐开展了多功能水处理剂的研究。国外已有兼具絮凝、缓蚀、阻垢、杀菌等多种功能的水处理剂。国内对多功能水处理剂的研究始于20世纪80年代中期,主要以天然高分子为原料,通过醚化、接枝等化学改性,在大分子上引入—COO^-、—SO_3^-、—PO_4^{3-} 等活性基团,制得兼具絮凝、缓蚀、阻垢等多功能水处理剂,如华南理工大学开发的 CG-A 系列在油田污水处理中具有良好的絮凝-缓蚀双重功能。因此,开发多功能有机高分子絮凝剂,使研制出的絮凝剂兼具净化、缓蚀、阻垢、杀菌等多种功能亦是合成有机高分子絮凝剂的一个主要发展趋势。

(5) 向有机-无机复合型絮凝剂方向发展

随着水质越来越复杂,单一絮凝剂已不能满足水处理要求了,复合型絮凝剂的研究应运而生,并且发展很快。复合型絮凝剂不仅兼具二者的优点,而且由于协同效应还增强了絮凝性能。复合型絮凝剂的制备方法有两种:物理混合和化学反应合成。近年来科研工作者在有机-无机复合型絮凝剂的研究、开发和应用取得了一些进展,这些复合型絮凝剂用于处理各种废水均取得了较满意的效果。

(6) 开发选择性絮凝剂

选择性絮凝剂是最新的研究课题。它们可用于复杂的胶体系统,使一部分微粒絮凝沉降,另一部分保持稳定分散。目前常用的产品有 HPAM 和聚醋酸乙烯酯-马来酸酐共聚物,主要应用在油田清水钻井和低固相不分散钻井液方面,同时也广泛应用于水法选矿领域,其技术难点在于絮凝剂选择性吸附的控制上,这也限制了选择性絮凝剂在工业中的推广应用。

3.1.2.2 天然高分子改性絮凝剂

天然高分子改性絮凝剂主要是利用农产品、农副产品、甲壳类动物的外骨骼等天然有机物进行化学改性而成的,其中包括淀粉、纤维素、半纤维素、木素、植物丹宁、甲壳素、瓜尔胶及其衍生物等。天然高分子改性絮凝剂因原料来源广泛、价格低廉、无毒、易于生物降解等特点而显示了良好的应用前景,并引起了广大科研工作者的兴趣。近年来,天然高分子改性絮凝剂的研究已取得了很大的进展,有些天然高分子改性絮凝剂,如羧甲基淀粉钠、羧甲基纤维素钠、淀粉-丙烯酰胺接枝共聚物等的研制技术已较成熟,并已形成规模生产,目前产量约占高分子絮凝剂总量的 20%。由于天然高分子的分子链上活性基团多,结构多样化,因此经化学改性后,其性能优于一般的合成高分子絮凝剂。

从天然高分子改性絮凝剂的发展来看,国外在这方面研究较多,而且正朝着开拓它在水处理领域应用范围的方向发展。近十年来我国在这方面的研究虽然取得了一定的进展,但还不能满足实际需要。随着我国工业的发展,工业用水量将继续增大,废水处理量也相应增加,国家和有关厂矿企业对环保的更多投入使得絮凝剂市场潜力很大,行情看好。因此,根据我国国情,天然高分子改性絮凝剂的研究与开发可从以下几方面着手。

(1) 加速发展阳离子型/两性型天然高分子改性絮凝剂

阳离子型/两性型天然高分子改性絮凝剂在城市污水和工业废水的处理以及污泥脱水方面具有很重要的作用,因此可从絮凝剂的质量、品种和性能三方面着手,进一步拓宽阳离子型/两性型改性絮凝剂的应用范围,以满足复杂水质情况下多种水质要求的需要。

(2) 两亲型天然高分子改性絮凝剂的研究与开发

两亲型天然高分子改性絮凝剂是指天然有机物分子链上同时含有亲水、亲油基团的絮凝剂。目前,絮凝剂的研究开发正朝着脱除水溶性污染物的方向发展。以水溶性染料的脱除为例,染料一般都含有苯环疏水基,若在改性絮凝剂的研制过程中引入疏水基团和带电离子基团,则可通过螯合作用、静电吸引作用、疏水缔合作用,破坏染料分子的亲水基,增强疏水性质,改变染料分子的水溶性环境,从而达到脱除目的。此外,若在天然高分子改性絮凝剂中引入疏水基团，则可以加快絮体的沉降速度，改善搅拌时的机械强度。

（3）新型高效多功能天然高分子改性絮凝剂的研究与开发

工业用水与废水处理过程不仅涉及水质净化，也有设备管道问题，因此净化、缓蚀、阻垢、杀菌等问题都十分重要，传统做法是分别使用多种水处理剂。为了简化流程、减少设备、方便操作、提高功效，开发新型高效多功能天然高分子改性絮凝剂成为国内外学者共同关心的课题。

（4）复合絮凝剂的研制与开发

随着水质的复杂化，单一絮凝剂难于满足水处理的要求，因此复合絮凝剂应运而生。复合絮凝剂不仅保留了原有的优点，而且由于协同效应还增强了絮凝性能，因此开发新型复合型天然高分子改性絮凝剂是天然高分子改性絮凝剂的发展方向之一。新型复合型天然高分子改性絮凝剂的制备方法有物理混合和化学反应两种。

（5）选择性絮凝剂的研究与开发

选择性絮凝剂是最新的研究课题。它们用于复杂的胶体系统，使一部分微粒絮凝沉降，另一部分保持稳定分散。选择性天然高分子改性絮凝剂的技术难点在于絮凝剂选择性吸附的控制上，因此为了要促进选择性絮凝剂的发展，首先要解决这方面的问题。

3.2 非离子型合成有机高分子絮凝剂

非离子型合成有机高分子絮凝剂从其自身的制备方法分类，可分为聚合性和缩合型两大类，其中聚合性的有聚丙烯酰胺（PAM）、聚氧化乙烯（PEO）、聚乙烯醇（PVA）以及聚丙烯酰胺和聚氧化乙烯接枝共聚物等；缩合型的有脲醛缩合物、酚醛缩合物以及苯胺-甲醛缩合物等。

非离子型合成有机高分子絮凝剂与离子型合成有机高分子絮凝剂，尤其是与阴离子型合成有机高分子絮凝剂相比，具有以下 3 个特点：①絮凝性能受废水 pH 值和共存盐类波动的影响较小；②废水在中性和碱性条件下的絮凝效果比阴离子型合成有机高分子絮凝剂的差，但在酸性条件下却比阴离子型合成有机高分子絮凝剂的好；③絮体强度比阴离子型合成有机高分子絮凝剂的高。

3.2.1 聚合型絮凝剂

利用絮凝沉降法处理废水过程中，聚合性絮凝剂，尤其是聚丙烯酰胺絮凝剂用量最大，可单独使用，也可以与其他无机絮凝剂复配使用。

3.2.1.1 聚丙烯酰胺（PAM）

【制备方法】 聚丙烯酰胺的制备方法概括起来有 6 类：①水溶液聚合；②乳液聚合，其中包括反相乳液聚合和反相微乳液聚合；③悬浮聚合；④沉淀聚合；⑤固态聚合；⑥分散聚合。其中，水溶液聚合是 PAM 生产历史最久的方法，由于操作简单、容易，聚合物产率高以及对环境污染少等优点，在 PAM 制备中应用最多。反相乳液聚合是聚丙烯酰胺乳液合成的一种比较重要的方法，是将单体的水溶液借助油包水型（W/O）乳化剂分散在油的连续介质中的聚合反应。其常规操作是将丙烯酰胺水溶液分散在分散相中，剧烈搅拌，使溶液形成分散均匀的乳液体系，而后加入引发剂引发丙烯酰胺反应得到聚丙烯酰胺。这种方法特点是在高聚合速率、高转化率条件下可得到分子量大的产品。反相微乳液聚合是近年来在反相乳液聚合法理论与技术的基础上发展起来的。所谓微乳液通常是指一种各向同性、清亮透明

（或者半透明）、粒径在 8～80nm 的热力学稳定的胶体分散系。通过这种方法制造的水溶性 PAM 微乳，具有粒子均一、稳定性好等特点。悬浮聚合是指 AM 水溶液在分散稳定剂存在的情况下，可分散在惰性有机介质中进行悬浮聚合，产品粒径一般在 1.0～500nm 范围内。而产品粒径在 0.1～1.0nm 时，则被称为珠状聚合。工业上可用悬浮聚合法生产粉状产品。沉淀聚合是在有机溶剂或水和有机混合溶液中进行，这些介质对单体是溶剂，对聚合物 PAM 是非溶剂，因此聚合开始时反应混合物是均相的，而在聚合反应过程中 PAM 一旦生成就沉淀析出，使反应体系出现两相，使得聚合是在非均相体系中进行。这种方法所得产物的分子量低于水溶液聚合，但分子量分布较窄，且聚合体系黏度小，聚合热易散发，聚合物分离和干燥都比较容易。固态聚合是指将 AM 用辐射法引发进行固态聚合反应的方法，但此法至今未工业化。分散聚合是通过提供一种含有水溶性或水可溶胀的聚合物 A 和聚合的、水溶性的分散剂 B 的水包水型聚合物分散体的制备方法来实现。

总之，无论用上述哪种方法制备 PAM 絮凝剂，都是通过自由基聚合反应进行的，因此当今 PAM 絮凝剂的研发和生产发展方向是使研制或生产出的产品满足"三高"（即高分子量、高稳定性、高水溶性）和"一低"（即低单体含量）的要求，并尽可能降低生产成本。

（1）水溶液聚合

丙烯酰胺的水溶液聚合方法是往单体丙烯酰胺水溶液中加入引发剂，在适宜的温度下进行自由基聚合反应。根据对产品性能和剂型的要求，可分为低浓度（单体在水中的含量为 8%～12%），中浓度（20%～30%）和高浓度（>40%）聚合三种方法。低浓度聚合用于生产水溶液，而中浓度和高浓度聚合则用于生产粉状产品。在丙烯酰胺的水溶液聚合过程中，单体、引发剂、链转移剂和电解质的浓度以及温度等均影响 PAM 的分子量的重要因素。另外，微量的金属离子如 Fe^{3+}、Mn^{7+} 等能促进聚合反应的进行，而 Cu^{2+} 则起到阻聚作用，进而难以制备出高分子量的产品，为此，应注意聚合反应釜材质的选择，最好选用搪瓷、搪玻璃或不锈钢材质。

丙烯酰胺的水溶液聚合的制备工艺为：向聚合反应釜中加入规定量离子交换精制的丙烯酰胺单体水溶液以及计算量的螯合剂和链转移剂等，调节体系温度 20～50℃，通氮气 20～30min 以驱除反应体系中的氧气，然后加入引发剂溶液，引发聚合 3.0～8.0h 后，加入终止剂，即可得到 PAM 水溶液胶体产品。此外，为减少单体的残余量，通常加入少量的亚硫酸氢钠溶液，以使聚合反应完全。为制得干粉固体产品，加入甲醇或丙酮使聚合物沉淀析出。

在上述工艺中，要注意以下几个问题。

① 丙烯酰胺单体质量浓度，为了大量聚合热的产生，单体质量浓度不宜过大，以免产生交联，影响最终产品的水溶性，因此单体质量浓度以 20%～50% 为宜。

② 引发剂种类和用量，在 PAM 制备过程中，常用的化学引发剂有过氧化物、过硫酸盐、过硫酸盐/亚硫酸盐、过硫酸盐/脲、溴酸盐/亚硫酸盐和水溶性偶氮化合物等。此外，还可采用更为节能的物理引发体系，如等离子体引发、UV 光引发、辐射引发聚合等。引发剂的用量直接影响到聚丙烯酰胺分子量的大小，引发剂用量过大，PAM 分子量偏小；引发剂用量太少，则不利于聚合反应的进行。因此，以丙烯酰胺单体质量计算，引发剂用量宜控制在 0.1%～1.0% 内。

③ 螯合剂合剂可将影响聚合反应的重金属离子如 Cu^{2+} 起到"屏蔽"作用，进而促进聚合反应的进行。常用的螯合剂 Versenex 80、乙酰丙酮、乙二胺四乙酸二钠（即 EDTA-2Na）、焦磷酸钠等。季鸿渐等研究 PAM 水溶液聚合过程中发现对于含有较多铜的丙烯酰胺水溶液，加入 EDTA-2Na 后可以显著提高聚合物的转化率合特性黏度，一般加入量以 0.1%～0.2% 为宜。

④ 链转移剂可以有效防止 PAM 聚合反应后期发生的交联现象，并通过调节链转移剂的用量来控制分子量，常用的链转移剂有异丙醇和甲酸钠等。

⑤ 终止剂的适时加入，可迅速终止聚合反应的进行，使得到的聚合物分子量均匀，分子结构稳定，成为高品质产品。产用的终止剂有二硫代氨基甲酸钠和对苯二酚等。

（2）反相乳液聚合

由于丙烯酰胺的反相乳液聚合反应是在分散于油相中的丙烯酰胺微粒中进行，因而在聚合过程中放出的热量散发均匀，反应体系平稳，易控制，适合于制备相对分子质量高且相对分子质量分布窄的聚丙烯酰胺产品。

反相乳液聚合的制备工艺为：在反应器中加入规定量的油相、乳化剂、螯合剂以及其他添加剂并开启搅拌。同时在一定质量浓度的离子交换精制的丙烯酰胺单体水溶液和分散相中通入氮气驱氧约 30min 后，在单体中加入引发剂，摇匀后，在快速搅拌下加入油相中进行聚合，待出现放热高峰后于 30～60℃范围内保温 3.0～6.0h 后，冷却至室温加入终止剂后出料。在聚合过程中，定期取样测定单体的转化率和 PAM 乳液的相对分子质量。反相乳液聚合制备 PAM 乳液的工艺参数见表 3-1。

表 3-1　反相乳液聚合制备 PAM 乳液的工艺参数

引发剂种类	引发剂用量/%	AM 质量浓度/(g/L)	V(油):V(水)	油相种类	乳化剂	PAM 乳液相对分子质量
ROOH-Na$_2$S$_2$O$_3$	0.4	330	0.8:1	液蜡	Span 60	12.7×10^6
过硫酸铵-脲	0.3	—	1:1	白油	Span 80	>3.0×10^6
过硫酸钾-亚硫酸钠	0.7	240	—	煤油	Span 80 和 OP 10	2.5×10^6

注：引发剂的用量应相对于单体质量而言。

笔者和课题组成员曾用反相乳液聚合法制备聚丙烯酰胺乳液，并对聚丙烯酰胺乳液的制备工艺进行优选试验。工艺为：在 1L 反应釜中，按比例加入定量的油相、乳化剂和调节剂等，室温下匀速搅拌。同时在一定质量浓度的离子交换精制的丙烯酰胺单体水溶液和分散相中通入氮气驱氧约 40min 后，在单体中加入螯合剂和引发剂，搅拌均匀后，加入油相中进行聚合，待出现放热高峰后于 45℃范围内保温约 5.5h 后，冷却至室温加入终止剂后出料。

聚合物乳液承受外界因素对其破坏的能力称作聚合物乳液的稳定性，聚合物乳液的稳定性是乳胶涂料和乳液型胶黏剂等产品最重要的物理性质之一，是其制成品应用性能的基础。影响聚合物乳液稳定性的因素很多，主要有单体浓度、引发剂种类及用量、乳化剂种类及用量、反应时间、搅拌速度、油相种类以及油水体积比等。

① 油相种类　采用两种油相来制备 PAM 乳液，结果见表 3-2，从表中可知采用环己烷进行聚合反应制得的产品性能比用煤油所制备的要好。在其他条件相同的情况下，用环己烷作油相制备出的聚丙烯酰胺乳液的相对分子质量大于用煤油所制备的产品，而且乳液的性能稳定性好，产品溶解所需的时间也要短得多。

表 3-2　油相种类的影响

分散相	乳液稳定性	溶解时间/s	相对分子质量
环己烷	好	5	7.9×10^6
煤油	一般	1680	5.2×10^6

② 引发剂种类和用量　采用多元复合引发体系，即一种或几种氧化剂与几种不同还原剂复合，或是氧化-还原引发剂和偶氮类引发剂的复合，可以获得分子量很高的产品。通过引发剂的合理搭配，可在不同温度下使聚合体系始终保持一定的自由基浓度，使反应缓慢、

均匀地进行。氧化-还原引发剂反应活性较低，低于 18℃ 很难引发聚合。当温度升高时，虽能正常引发，但反应速度过快，自由基浓度迅速增加，使聚合反应速度不易控制。而该工艺使用的偶氮类引发剂在同类引发剂中分解温度最高（≥60℃），且分解速度较快，导致聚合速度过快。偶氮二异丁腈作引发剂有很多优点，它在 50～80℃ 范围内都能以适宜的速度较均匀分解，分解速度受溶剂影响小，诱导分解可忽略，为一级反应，只形成一种自由基。但是，偶氮类引发剂一般易溶于有机溶剂，难溶于水，这使得其无法均匀分布在反应体系中，聚合反应过程中会出现局部引发剂浓度过高、反应过快的现象。为此，笔者和课题组成员采用不同的引发剂进行试验，结果见表 3-3。表中结果表明，采用过硫酸钾/脲作为引发体系，所制备的产品的性能最好，单体转化率最高，为 99.6%，产品的相对分子质量为 7.9×10^6。

表 3-3　引发剂种类的影响

引发剂	乳液稳定性	溶解时间/s	单体转化率/%
过硫酸钾	好	20	96.2
过硫酸钾/脲	好	5	99.6
过硫酸钾/亚硫酸钠	好	300	95.3
偶氮二异丁腈	一般	1800	91.8
过硫酸钾/硫代硫酸钠	好	420	96.7
Fe^{2+}/H_2O_2	一般	660	90.9

在乳液聚合中，引发剂用量虽少，但对聚合的起始、粒子的形成、聚合速率、分子量的大小和分布、乳胶粒子的大小、分布和形态及最终乳胶的性质有相当大的影响。表面活性引发剂结构特征是分子中既含表面活性基团，又存在能产生自由基的结构单元。因此，这类物质兼乳化剂和引发剂性能于一体。用它代替一般乳化剂时，可以减少乳液聚合体系配方的组合。提高引发剂过硫酸钾/脲的用量有利于提高聚合物的相对分子质量，但是引发剂用量增加到一定用量（0.3%）时，继续增大引发剂用量，聚合物的相对分子质量反而略呈下降趋势，因此引发剂用量宜控制在 0.30% 左右（见表 3-4）。

表 3-4　引发剂过硫酸钾/脲用量的影响

引发剂用量/%	0.17	0.20	0.30	0.33	0.40
单体转化率/%	87.1	94.3	99.6	99.7	99.1
相对分子质量	5.6×10^6	7.0×10^6	7.9×10^6	7.9×10^6	7.8×10^6

③ 乳化剂的种类和用量　乳化体系的选择直接影响反相乳液的稳定性，是成功进行聚合反应的必要条件。另外它也影响与乳液性质有关的乳胶粒浓度和尺寸。乳化剂参与反应时，由于油水界面需保持中性，而作为连续相的油相介电常数又较低，所以反相乳液中，非离子型的单一乳化体系就不能维持乳液的稳定性，需配合使用高 HLB 值和低 HLB 值的乳化剂，或者使用三原嵌段复合乳化体系。通常在乳液聚合中尚无普遍使用的理论来指导乳化剂体系的选择工作，以往多用 HLB 值为参考，通过实验进行筛选。采用 Span 系列与Tween 系列或 OP 系列复配，它们属于非离子型，与有机介质很匹配，特别是 Span 系列还有利于制备超高分子量的聚合物。由表 3-5 可知，用 Span60 作乳化剂制得的乳液稳定性和溶解性都比 Span40 和 Span80 的好，而用 Tween80 和 OP 作乳化剂制得的乳液稳定性和溶解性都没有用 Span60 的好。当两种表面活性剂混合使用的时候，单体转化率比使用单一乳化剂的要高，而且乳液稳定性和溶解性会也会好一些。

表 3-5 乳化剂种类

乳化剂	乳液稳定剂	溶解时间/s	单体转化率/%
Span40	较好	120	95.7
Span60	好	8	98.3
Span80	较好	300	97.1
Tween80	差	2040	91.2
OP-10	差	1200	94.9
Span60Tween80(18∶1)	较好	720	95.2
Span60 和 Tween80(25∶1)	好	12	97.0
Span60 和 Tween80(30∶1)	好	36s	96.8
Span60 和 OP-10(4∶1)	一般	600	90.0
Span60 和 OP-10(6∶1)	一般	480	93.8
Span60 和 OP-10(7∶1)	较好	660	92.5
Span60 和 OP-10(8∶1)	较好	630	90.8
Span60 和 Tween80(8∶1)	好	5	99.6
Span60 和 Tween80(9∶1)	好	12	99.1

注：上述乳化剂的配比为质量比。

乳化剂属于表面活性剂，是可以形成胶束的一类物质，在乳液聚合中起着重要作用，同时也广泛地应用于其他技术领域和人们的日常生活中。乳化剂在体系乳液聚合的特征方面起着决定性的作用。其主要作用，聚合前可分散增溶单体，形成较稳定的单体乳化液；提供引发聚合的场所——单体溶胀胶束；聚合后吸附于乳胶粒子表面，稳定乳胶粒子，使之不发生凝聚；保证聚合物乳液体系具有适宜的固含量，适当的黏度和良好的稳定性。

在乳液聚合中，乳化剂不直接参加化学反应，但它可以使单体在水中的分散变得容易，并能降低单体相和水相之间的表面张力，影响聚合物分子质量和分子质量分布，影响乳胶的黏度和粒径，从而关联到乳液的稳定性，是乳液聚合的重要组分之一。乳液聚合过程中的乳化剂类型及用量、加入方式等都可能影响聚合物乳液的稳定性能。通过对乳化剂品种和浓度的选择，可调节聚合行为，粒子大小及乳胶的性质。另外，在乳胶产品的储运、调配和应用中，乳化剂还起稳定，分散和润湿作用。

司盘（Span）和吐温（Tween）都是非离子表面活性剂，每一种表面活性剂都具有某一种特定的 HLB 值，对于大多数表面活性剂来说，HLB 值越低，表明其亲油性越大，HLB 值越高，表明其亲水性越大。随着乳化剂用量的增加，共聚物的特性黏度不断增大。这是由于乳化剂用量直接影响聚合过程及聚合度，随着乳化剂用量的增加，单体珠滴数目增加，引发点增多，而使每个珠滴中自由基终止机会减少。从表 3-6 中数据可知：Span60 和 Tween80 复合乳化剂用量控制在 6.94% 左右，PAM 乳液的相对分子质量最大 (7.9×10^6)，单体的转化率最高（99.6%）。

表 3-6 乳化剂用量的影响

引发剂用量/%	5.30	6.00	6.30	6.94	7.50
单体转化率/%	99.0	99.5	99.3	99.6	98.9
相对分子质量	7.3×10^6	7.5×10^6	7.8×10^6	7.9×10^6	7.6×10^6

④ 单体浓度 单体浓度对聚合有至关重要的影响。共聚物的黏度随单体浓度的增加而增加，然而单体浓度增加到一定程度时（即 4.92mol/L），继续增大单体浓度会引起了聚合热增加，使聚合热不易分散和消失，进而引起聚合物胶化。实验结果见表 3-7，从表中可知 PAM 的黏度随着单体浓度的增大而增大，说明单体浓度的增大有利于促进聚合物的聚合，

表 3-7   单体浓度的影响

单体浓度/(mol/L)	4.02	4.69	4.92	5.16	5.63	6.25
相对分子质量	6.9×10^6	7.3×10^6	7.9×10^6	8.2×10^6	8.6×10^6	9.3×10^6
转化率/%	95.3	98.2	99.6	99.0	99.3	99.9
溶解时间/s	31	47	5	210	769	3210

但是浓度的增大在一定程度上也增加了聚合热的产生，促进聚合物的胶凝，因此单体的适宜浓度为 4.92mol/L。

⑤ 油水体积比   增加水相体积分数，一方面溶解在油相中的乳化剂量减少，分布在水油界面的乳化剂增加；另一方面，体系中丙烯酰胺的量也随之增加，这导致乳化效率提高，乳化剂的最小用量并不随水相体积分数成比例增加。随着水油体积比的增加，共聚物的特性黏度数先是不断增加，到一定程度后开始下降。这是因为油相作为连续相起着分散液滴的作用，同时也影响体系的散热情况、聚合过程、乳液粒子大小、形态和稳定性。当油水体积比较低时，体系中单体浓度较高，有利于聚合反应进行；当油水体积比较高时，油相对单体起了稀释作用，体系的单体浓度下降，阻碍了聚合反应进行，不利于生成高分子量聚合物。实验结果表明，油水体积比在 2.5:1 时共聚物特性黏度最大，但其溶解速度不好，因此从 PAM 乳液的综合指标以及经济效益的角度分析，宜选择的油水体积比为 1.3:1。

⑥ 反应温度   温度变化系通过下列物理量影响乳化系的稳定性：界面张力；界面膜的弹性与黏性；乳化剂在油相和水相中的分配系数；液相间的相互溶解度；分散颗粒的热搅动等。引发剂分解为自由基需克服其活化能，一般经热分解生成具有活性的带电引发离子。聚合反应链引发，链增长均与体系温度密切相关。在较低温度下，引发剂分解及自由基活性均受影响，活性基与单体作用减弱，有碍聚合链增长；在较高温度下，链引发增长速率常数，链终止速率常数同时增大，特性黏度反而有下降趋势。反应温度高时，引发剂分解速率常数大，当引发剂浓度一定时，自由基生成速率大，致使在乳胶粒中链终止速率增大，故聚合物平均分子量降低；同时当温度高时，链增长速率常数也增大，因而聚合反应速率提高。

当温度升高时，乳胶粒布朗运动加剧使乳胶粒之间进行撞合而发生聚结的速率增大，故导致乳液稳定性降低；同时，温度升高时，会使乳胶粒表面上的水化层减薄，这也会导致乳液稳定性下降，尤其是当反应温度升高到等于或大于乳化剂的浊点时，乳化剂就失去了稳定作用，此时就会招致破乳。在较低温度下，引发剂分解及自由基活性均受影响，活性基与单体作用减弱，有碍聚合链增长；在较高温度下，链引发增长速率常数，链终止速率常数同时增大，特性黏数反而有下降趋势。不同的反应温度反应时间，产物黏度不同，即产物相对分子质量不同。因此随着温度的升高，总的反应速率提高、粒径减少、相对分子质量略有降低（见表 3-8）。由实验发现，聚合反应温度宜控制在 30~50℃。

表 3-8   反应温度的影响

温度/℃	20	30	45	50	60
单体转化率/%	99.6	99.5	99.6	99.7	99.8
相对分子质量	7.8×10^6	8.0×10^6	7.9×10^6	7.9×10^6	7.6×10^6

⑦ 搅拌速度   在乳液聚合过程中，搅拌的一个重要作用是把单体分散成单体珠滴，并有利于传质和传热。选择适宜的搅拌速度有利于形成和维持稳定的胶乳。加料时，为了使形成的粒子颗粒小，且均匀分散在油相中，需要加大搅拌速度。聚合出现放热高峰时，为使体系产生的热量及时散出，也应加大搅拌速度。但搅拌强度又不宜太高，搅拌强度太高时，会

使乳胶粒数目减少，乳胶粒直径增大及聚合反应速率降低，同时会使乳液产生凝胶，甚至招致破乳。因此，对乳液聚合过程来说，应采用适度的搅拌。此外，搅拌强度增大时，每 $1cm^3$ 水中乳胶粒数目减少，反应中心减少，因而导致聚合反应速率降低；另一方面，搅拌强度大时，混入溶液聚合体系中的空气增多，空气中的氧是自由基反应的阻聚剂，故会使聚合反应速率降低。为了避免空气对聚合反应的影响，在某些乳液聚合过程中需通氮气保护，或在液面上装设浮子，以隔绝空气。在保温过程中，为减少机械降解，应适当降低搅拌速度，搅拌速度一般为 $100\sim300r/min$。

⑧ 电解质　乳液聚合体系的稳定性和电解质的含量密切相关。不少人认为，聚合物乳液最怕电解质，只要体系中含有电解质，乳液的稳定性就会下降，甚至发生凝聚。这也不尽然。此处有个量的问题，当电解质含量少时，它不但不会降低聚合物乳液的稳定性，反而会使其稳定性有所提高。这是因为含有少量电解质时，由于盐析作用，使乳化剂临界胶束黏度 CMC 值降低。这就使无效乳化剂减少，有效乳化剂增多，故使乳液稳定性提高；同时由于含有少量电解质时，有效乳化剂增大的结果，使胶束数目增多，成核几率增大，故可使乳胶粒数目、聚合物分子量及聚合反应速率增大，而使乳胶粒直径减小。当然，加入电解质的量不宜过大，电解质会降低乳胶粒表面和水相主体间的 ε 电位，这样会使乳液稳定性下降。

添加电解质会影响聚合转换率。当电解质浓度较低时，由于盐效应的影响使更多单体溶解在水中，所以聚合转换率和共聚物特性黏度随浓度增加而增加。当电解质浓度继续增加，盐效应使单体更少地溶解在水中，因此聚合转换率和共聚物的特性黏度随电解质浓度增加而减少。

⑨ 螯合剂　在乳液聚合反应体系中可能会含有微量的重金属离子，这些重金属离子即使含量极微也会对乳液聚合反应起阻聚作用，严重地影响聚合反应的正常进行，还会降低聚合物的质量和延长反应时间。为了减轻重金属离子的干扰，常常需要向反应体系中加入少量螯合剂。最常用的螯合剂为乙二胺四乙酸（EDTA）及其碱金属盐，它可以和重金属离子形成络合物。绝大部分重金属离子被屏蔽在络合物中而失去了阻聚活性，这样就使阻聚活性的自由重金属离子的浓度大大降低，阻聚作用大为减小。

⑩ 终止剂　终止剂有两个作用：a. 大分子自由基可以向终止剂进行链转移，生成没有引发活性的小分子自由基，也可以和终止剂发生共聚合反应，生成带有终止剂末端的没有引发活性的大分子自由基，虽然不能进一步引发聚合，但是它们可以和其他的活性自由基链发生双基终止反应，而使链增长反应停止；b. 终止剂可以和引发剂或者引发剂体系中的一个或多个组分发生化学反应，将引发剂破坏掉，这样既可以使聚合反应过程停止，也避免了在以后的处理和应用过程中聚合物性能发生变化。在以过硫酸盐为引发剂的高温乳液聚合反应中应用最多的终止剂为对苯二酚，它可被过硫酸盐氧化生成对苯醌而将引发剂破坏掉，它具有很高的终止效率。终止剂的效率在一定程度上与它的用量有关。即使是很好的终止剂，用量太小也不能使聚合反应完全停止。

（3）反相微乳液聚合

近年来，在反相乳液聚合的基础上又出现了反相微乳液聚合法。用表面活性剂稳定微乳液而使丙烯酰胺聚合，可以制得热力学稳定、光学上透明的水溶性 PAM 乳液，其粒径大小为 $0.005\sim0.01\mu m$，且分布均匀，相对分子质量为 $10^6\sim10^7$，具有良好的流变学性质。

工艺过程如下。将丙烯酰胺单体与脱盐水加入配料釜内，配置成一定质量浓度的丙烯酰胺单体水溶液。配置好的乳化剂、油相经计量罐计量后分别加入聚合反应釜，然后分步将配制好的丙烯酰胺单体水溶液加入聚合釜搅拌均匀，充高纯氮气驱氧后加入引发剂（如大分子水溶性有机偶氮盐等）。聚合温度控制在 $40\sim60℃$，聚合完毕后得到聚丙烯酰胺微乳液，将微乳液泵入后处理釜，将计量好的分散相（如煤油等）和转相剂加入后处理釜，蒸出有机溶剂即得到水溶性聚丙烯酰胺微胶乳产品。反相微乳液聚合制备 PAM 微乳液的工艺参数见表 3-9。

表 3-9　反相微乳液聚合制备 PAM 微乳液的工艺参数

引发剂种类	引发剂用量/%	AM 质量分数/%	V(油):V(水)	油相种类	乳化剂
过硫酸铵-亚硫酸氢钠	0.6	33.4	—	煤油	Span80 和 Tween60
过硫酸钾	0.4	32.0	0.6:1	煤油	Span20 和 Tween60
过氧化二碳酸二(2-乙基己酯)	0.3~0.5	25.0~45.0	1:1	白油	Span80 和 OP10

注:引发剂的用量应相对于单体质量而言。

（4）沉淀聚合

沉淀聚合的关键是采用适当的溶剂,使单体溶于其中,而生成的聚合物不溶于其中而沉淀下来,可直接得到粉状产品。

沉淀聚合的制备工艺为:在聚合反应釜内加入计算量的溶剂和丙烯酰胺单体,搅拌通氮气驱氧 30min 后,往反应体系中加入引发剂和分散剂,加热至 20~80℃,当产物出现白色浑浊后,继续反应一定时间。冷却、过滤后即得 PAM 产物,亦可经丙酮等溶剂脱水处理后得固体产品。

在沉淀聚合制备 PAM 过程中,主要注意溶剂和分散剂的选择。溶剂主要包括选择极性溶剂、极性-极性混合溶剂或极性-水混合溶剂（见表 3-10）、无机盐水溶液以及无机盐水溶液中加入分散剂等。分散剂主要有聚乙烯基甲基醚、羟丙基纤维素、聚丙烯酸、聚乙烯基甲基醚、聚乙烯吡咯烷酮（PVP）等。

表 3-10　沉淀聚合的有效溶剂

溶　剂	引　发　剂	备　注
丙酮	过氧化二苯甲酰-N,N 二甲基苯胺	①
乙醇、丙酮	偶氮二异丁腈(AIBN)	②
异丙醇、水	过硫酸钾($K_2S_2O_8$)	③
异丙醇、水	过硫酸钾-亚硫酸氢钠($K_2S_2O_8$-NaHSO$_3$)	④
极性溶剂、水	过硫酸钾-亚硫酸氢钠($K_2S_2O_8$-NaHSO$_3$)	⑤

① 单体浓度为 27%~32% 时,产物相对分子质量高达到 $9×10^5$。

② 调节混合溶剂的质量比和单体浓度,获得 PAM 相对分子质量为 $(2.0~24)×10^4$,AM 转化率可达 97%。

③ 异丙醇含量低于 36% 时为正常的溶液调节聚合,36%~75% 时为不完全沉淀聚合,高于 75% 时为沉淀聚合,所得 PAM 相对分子质量为 $10^4~10^6$。

④ AM 为 20%,$K_2S_2O_8$ 和 NaHSO$_3$ 的用量分别为 0.2%,当异丙醇含量低于 45% 时,随温度的升高分子量降低;而异丙醇含量高于 45% 时,随温度的升高分子量有上升现象,此时沉淀聚合明显。

⑤ 相同反应条件下,沉淀聚合产物分子量高于溶液聚合产物的分子量。

（5）分散聚合

利用分散聚合法可制备出一种 PAM 新产品,即水包水型 PAM 乳液。所谓水包水乳液是指将水溶性聚合物在分散剂的作用下分散到水性的介质中所制得的聚合物乳液,使用时用大量的水稀释,聚合物很快就溶于水。水包水乳液的优点是显而易见的。它具有油包水乳液所具有的优点,生产过程没有干燥粒工序,可以减少设备投资,降低能耗和成本,避免聚合物在干燥工程中的降解。它的溶解速度很快,10min 左右即可完全溶解。使用时不需要庞大的溶解设备,可以在水管道中直接注入,便于自动化操作和准确计量,节省人力。

水包水型 PAM 乳液的制备:将分散稳定剂和丙烯酰胺单体加入到反应介质中常温搅拌,并往反应体系中通入氮气驱氧,待分散稳定剂和 AM 在分散介质中全部溶解并形成均相体系时,调节体系温度至 20~80℃,加入引发剂,氮气氛下搅拌 4~10h。反应结束后,冷却至室温,即得水包水型 PAM 乳液产品。上述工艺中,AM 单体的质量分数以 20%~30% 为宜;分散介质选用甲醇-水、乙醇-水等;分散稳定剂选择聚乙烯醇（PVA）或聚乙烯

吡咯烷酮 (PVP)；聚合反应温度控制在 50～70℃ 范围内；引发剂选用过硫酸钾、过硫酸钾/亚硫酸钠、过硫酸钾/亚硫酸氢钠、偶氮二异丁腈 (AIBN)、过氧化二苯甲酰-N, N 二甲基苯胺等，引发剂用量为单体质量分数的 0.1%～0.8%。

【应用】 李坚等利用 100mg/L 硫酸铝、10mg/L 不同相对分子质量的聚丙烯酰胺 (500万～900万) 和计算量的硫酸亚铁处理制革工业综合废水，发现硫化物的去除率达到99.9%，COD_{Cr} 的去除率达到 96% 以上，总铬去除率为 95% 以上。

刘光畅利用聚丙烯酰胺和羟甲基化聚丙烯酰胺处理云南昆明某电镀厂和某冶炼厂的工业废水，发现加入聚丙烯酰胺后，废水中的 Cd^{2+} 的含量为 0.14mg/L，仍超标；加入羟甲基化聚丙烯酰胺后，Cd^{2+} 的含量小于等于 0.1mg/L，达到或低于排放标准。这说明聚丙烯酰胺经过羟甲基化改性后，絮凝能力明显提高。

乔洪棋等在对四环素工业废水进行预处理发现 3000mg/kg 硫酸亚铁和 15mg/kg 聚丙烯酰胺混合使用，处理效果最好，COD 的去除率最高，为 75.0%（见表 3-11）。

表 3-11   不同絮凝剂的 COD 去除率

絮凝剂	COD 去除率/%	絮凝剂	COD 去除率/%
钼矿粉	33.8	聚合硫酸铁	34.7
硫酸铝	40.3	碱式氯化铝	38.2
氯化铝	37.2	三氯化铁	30.5
硫酸亚铁	42.9	3000mg/kg 硫酸亚铁＋	75.0
明矾	34.3	15mg/kg 聚丙烯酰胺	
聚丙烯酰胺	25.4		

笔者用不同分子量的非离子聚丙烯酰胺和其他絮凝剂处理印染废水以及制药废水（废水的水质指标见表 3-12），发现当聚合氯化铝和聚丙烯酰胺的用量一定时，聚丙烯酰胺相对分子质量的增大有助于提高处理效果，试验结果如图 3-1 和图 3-2 所示。

表 3-12   废水水质指标

废水	pH 值	COD_{Cr}/(mg/L)	SS/(mg/L)	色度/倍
印染废水	10.5	1260	968	820
制药废水	2.6	7630	3120	370

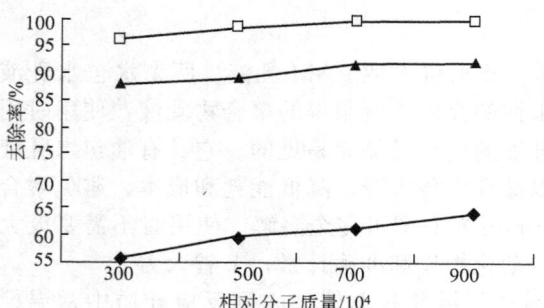

图 3-1   絮凝沉降法处理印染废水

（聚合氯化铝的用量为 120mg/L；
PAM 的用量为 20mg/L）

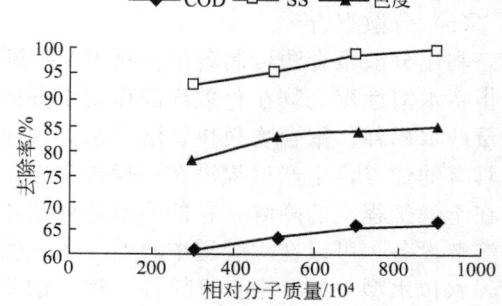

图 3-2   絮凝沉降法处理制药废水

（聚合氯化铝的用量为 250mg/L；
PAM 的用量为 35mg/L）

聚丙烯酰胺处理其他工业废水的效果见表 3-13。

表 3-13 PAM 处理工业废水的效果

工业废水	PAM 用量/(mg/L)	污染物含量/(mg/L)	
		处理前	处理后
玻璃厂废水	1(15%水解度)	SS:4000	SS:50
含 Zn^{2+} 电镀废水	10	Zn^{2+}:150	Zn^{2+}:5
氧化铅废水	2	Pb^{2+}:500	Pb^{2+}:0.1
含矿物油废水	2	油:2000	油:10

谢恒星研究聚丙烯酰胺和无机凝聚剂对磷精矿的沉降性能发现，在磷精矿矿浆中，添加适量的聚丙烯酰胺，通过高分子的桥连和网捕作用，能加速细微悬浮颗粒的絮凝，磷精矿的沉降速度明显加快，但上清液的透光率较低（40%～70%）；若先加入凝聚剂氯化铝和氯化铁，再加入聚丙烯酰胺，那么上清液的透光率可达到80%～95%。而且，最佳的用药量为：$AlCl_3$ 2.0kg/t，聚丙烯酰胺 10g/t，或 $FeCl_3$ 用量 2.0kg/t，聚丙烯酰胺 20g/t。

Howard 等利用聚丙烯酰胺作为造纸工业中的助留剂，发现如果没有聚丙烯酰胺的助留作用，大部分二氧化钛直接穿过纤维束而无法截留下来。如果聚丙烯酰胺的加入量为 0.61mg/g 和 0.82mg/g 纤维，那么在 pH 值为 6.5 的情况下，纸张的不透明度分别为 92.4% 和 91.9%。如果不加聚丙烯酰胺，那么纸张的不透明度仅 76.3%。

3.2.1.2 聚氧化乙烯（PEO）

【分子式】
$$\text{-(CH}_2\text{CH}_2\text{O)}_{\overline{n}} \text{ 或 HOCH}_2\text{CH}_2\text{O-(CH}_2\text{CH}_2\text{O)}_{\overline{n}}\text{H}$$

【物化性能】 聚氧化乙烯又称聚环氧乙烷，是环氧乙烷多相催化开环聚合而成的高分子量聚合物。由环氧乙烷聚合而成不同聚合度的高分子量物质，具有明显的晶型结构，其聚合物的性能主要取决于平均分子量的大小，当相对分子质量在200～600时呈稠状液体；相对分子质量在1000以上时呈蜡状固体；100万以上时呈疏质或硬质固体，色泽随分子量、催化剂和溶剂不同而变化。硬度和软化温度随分子量增大而减小，水溶液可盐析，溶于三氯甲烷、二氯甲烷等，不溶于乙醚、乙烷。PEO 的使用性能起视其分子结构、分子量和用量等条件而定。

【制备方法】 聚氧化乙烯的制备方法有氧烷基化和多相催化聚合两种，其中氧烷基化法生成的聚合物是黏稠的液体或蜡状的固体，最大的相对分子质量约 2×10^4；多相催化聚合法能生成相对分子质量高于 1×10^5 的聚氧化乙烯。在多相催化聚合制备 PEO 的过程中，所使用的多相催化体系有烷氧基铝-乙酰基乙烯酮体系、烷基铝-水-乙酰丙酮体系和稀土化合物-三异丁基铝-水催化体系等。

(1) 烷氧基铝-乙酰基乙烯酮体系

此法所用的烷氧基铝可为含甲氧基，乙氧基，丙氧基等的烷氧基化合物，其不活性物为苯、甲苯、环烷烃等，使烷氧基铝与水在活性介质中反应生成部分水解物后，再与乙酰基乙烯酮在不活性介质中进行加热反应生成产物作为聚合反应的催化剂，其中烷氧基铝、水和乙酰基乙烯酮的摩尔比为 1:1:1，聚合温度 100℃，反应最好在减压下进行。

(2) 烷基铝-水-乙酰丙酮体系

使用烷基铝催化剂可以是三乙基铝、三甲基铝、三异丁基铝等，催化剂中乙酰丙酮、三乙基铝的摩尔比为 0.8:1，水与三乙基铝的摩尔比为 0.3:1，催化剂在 65℃ 下陈化 2h，环氧乙烷的聚合温度为 20℃，以三乙基铝计的催化剂浓度为 2mol/L，稀释剂与环氧乙烷的摩尔比为 3:1,聚合 20h 左右的聚合转化率为 96.0%。

(3) 稀土化合物-三异丁基铝-水催化体系

稀土化合物可用于环氧乙烷的催化聚合,此催化剂的制备方法是由 Ziegler 型催化剂与稀土化合物混合,加入定量的甲苯,再注入烷基铝,于室温下陈化 0.5h,经冷却后用水充分反应而成,催化剂浓度以稀土化合物计为 0.28mol/L。水与烷基铝的摩尔比为 0.6:1,催化剂用量为 3.10%~5%。烷基铝与稀土化合物的摩尔比为 10:1,单体质量浓度为 150g/L。聚合温度 90℃,时间 12h,产品收率大于 96.0%。

【应用】 聚氧化乙烯可作为长纤维的分散剂,抄造卫生纸、餐巾纸、手帕纸时常用聚氧化乙烯树脂作长纤维分散剂。我国有一些造纸厂发现使用了聚氧化乙烯,可以缩短打浆时间。可以使用叩解度较低的纸浆,抄造出匀度良好的纸张,同时纸页柔软性和强度都较好。此外,聚氧化乙烯还可以用作新闻纸配料的助留剂。在高级纸厂使用的阳离子或阴离子助留助滤剂,对新闻纸厂不适合,因为在新闻纸配料中,存在着大量的短磨木浆纤维和木素衍生物之类的胶状物。

林跃春等比较了聚氧化乙烯(PEO)、阴离子聚丙烯酰胺(APAM)和阳离子聚丙烯酰胺(CPAM)三种助留剂的助留效果,PEO 的助留效果最好,CPAM 次之,APAM 最差,当上述三种助留剂的添加量分别为 0.10% 时,在中性抄纸系统中的单程留着率分别达到 97%、89% 和 78%;在酸性抄纸系统中的单程留着率分别达到 92%、86% 和 83%。

Yevmenova 和 Baichenko 利用联合胶体公司生产的相对分子质量为 5.6×10^6 的聚氧化乙烯、阴离子聚丙烯酰胺(M525 和 M365)和阳离子聚丙烯酰胺 M1440 作为絮凝剂来清除煤泥,试验结果表明若能有效溶解上述三种高分子絮凝剂,那么煤泥的过滤速度可以提高 30%~40%,煤泥的含水率可以降低 3%~4%。

3.2.1.3 聚乙烯醇(PVA)

【结构式】

$$\text{---}[CH_2\text{---}CH]_{\overline{n}}$$
$$\qquad\qquad |$$
$$\qquad\qquad OH$$

【制备方法】 聚乙烯醇是白色、粉末状树脂,由醋酸乙烯水解而得。由于分子链上含有大量羟基,聚乙烯醇具有良好的水溶性。聚乙烯醇不能直接由乙烯醇聚合而成,因为乙烯醇极不稳定,不可能存在游离的乙烯醇单体。因此聚乙烯醇的制备分为 3 步:①由乙酸乙烯聚合生成聚乙酸乙烯;②聚乙酸乙烯醇解生成聚乙烯醇;③回收乙酸和甲醇。

具体工艺如下。①乙酸乙烯的聚合通常采用溶液聚合法,乙酸乙烯经预热后,与溶剂(如甲醇等)和引发剂(如偶氮二异丁腈等)混合,送入两台串联聚合釜,于 66~68℃ 及常压下进行反应,聚合反应 4~6 h 后,有 2/3 的乙酸乙烯聚合成聚乙酸乙烯。②聚乙酸乙烯与氢氧化钠甲醇溶液以聚乙酸乙烯:甲醇:氢氧化钠:水为 1:2:0.01:0.0002 的质量比同时加入高速混合器经充分混合后进入皮带醇解机,皮带带速以 1.1~1.2m/min 移动,醇解结束后得到固化聚乙烯醇,经粉碎、压榨、干燥脱除溶剂后得到成品聚乙烯醇。③通过萃取和水解的方式回收乙酸和溶剂(如甲醇等)。上述工艺中,引发剂有过氧化苯甲酰、过氧化氢、偶氮二异丁腈等;溶剂有甲醇、甲苯、苯、氯苯、丙酮和乙酸乙酯等,工业上常用甲醇作溶剂,因为甲醇的链转移常数小,生产聚乙烯醇时不必分离去甲醇,可直接进行醇解。聚乙酸乙烯的醇解方法有两种:酸法醇解和碱法醇解,由于工业上酸法醇解生产出的产品不稳定、色深等缺点而很少采用。

3.2.1.4 聚丙烯酰胺和聚氧化乙烯接枝共聚物

【制备方法】 加拿大 McMaster 大学的邓玉林等以聚丙烯酰胺和聚氧化乙烯为原料,通过伽马射线辐射引发制备出聚丙烯酰胺和聚氧化乙烯接枝共聚物。具体工艺：将质量分数为1.16%的聚丙烯酰胺（相对分子质量为$5×10^6$）和质量分数为1.35%聚氧化乙烯（相对分子质量为$3×10^5$）溶于水中，并在室温下将上述水溶液用^{60}Co放射源进行辐射引发，辐射剂量为34krad/h，反应8.0h后，即得聚丙烯酰胺和聚氧化乙烯接枝共聚物，产物用丙酮沉淀以去除聚氧化乙烯均聚物。

3.2.2 缩合型絮凝剂

缩合型絮凝剂的使用范围不大，仅适用于一些特殊领域的废水处理，缩合型絮凝剂主要包括脲醛缩合物、酚醛缩合物以及苯胺-甲醛缩合物等。

3.2.2.1 脲醛缩合物

【制备方法】 脲醛缩合物主要用作胶黏剂和包埋剂等，因其存放时间较短（1～3月），因此限制其在絮凝剂方面的应用。脲醛缩合物的制备工艺有为一步法和二步法两种。

（1）一步法制备工艺

将液体甲醛或多聚甲醛加入反应瓶，用氢氧化钠水溶液调节pH值至9，升温到60℃。待溶液透明后加入尿素，在70～80℃下保温30min。然后加入甲醇，用酸溶液调节pH值为5～6，在80℃保温2～3h后用氢氧化钠水溶液调节pH值至7.5～8，继续反应2.0～4.0h，待游离醛和黏度达到要求，降温、出料。其中尿素和甲醛的摩尔比为（2.0～2.8）：1。

（2）二步法制备工艺

将一定量的甲醛水溶液置入带有回流冷凝器、温度计、搅拌器，并置于恒温水浴中的三口烧瓶中，升温，在搅拌的情况下加入氢氧化钠溶液，使体系pH=8.0～8.5，当反应体系升温到65～75℃时，投入第一批尿素，保持温升趋势，并在80～85℃范围内保温30～40min，使黏度达到一定值；当黏度达到要求时，调节温度并用甲酸溶液调节pH值至5～6，保持温度到浑浊点出现，调节pH=7，加入第二次尿素，保持温度测黏度，至聚合反应稳定，降温，出料。其中尿素和甲醛的摩尔比为（1.8～2.6）：1。

【应用】 笔者曾用脲醛缩合物、聚合氯化铝以及聚丙烯酰胺处理石材废水，结果发现：如果不加脲醛缩合物，直接用聚合氯化铝和聚丙烯酰胺处理后的石材废水中，浊度的去除率仅65.0%左右，这可能与石材废水中含有有机冷却剂有关，如果加入10.0mg/L的脲醛缩合物，再加入50～120mg/L聚合氯化铝和10～30mg/L聚丙烯酰胺，那么浊度的去除率高达98.6%，固体悬浮物（SS）的去除率到达99.7%，而且絮体的沉降速度明显加快。

3.2.2.2 酚醛缩合物

【制备方法】 与脲醛缩合物一样，酚醛缩合物主要用作胶黏剂，但是用酚醛缩合物处理含树脂和表面活性剂废水，在废水pH为中性或酸性时具有较好的絮凝沉降效果。酚醛缩合物制备的具体工艺：称取适量的苯酚，加热至40～50℃，熔化后放入反应器中，然后加入催化剂氢氧化钠溶液，反应10～20min后，加入第一次甲醛（加药量为总投料量的80%），然后保持反应体系温度在80～85℃，反应1h后缓慢加入剩余20%的甲醛，加完后将反应温度升至85～95℃，继续搅拌反应2～5h后，得到透亮棕红色的酚醛缩合物产品，产品完全溶于水。进一步在50℃下减压脱水，可以得到固含量更高的水溶性酚醛树脂。上述工艺中，苯酚、甲醛和氢氧化钠的摩尔比为1：（1.5～3.5）：（0.1～0.3）。

【应用】 酚醛缩合物可用于处理含树脂和含表面活性剂废水，而且在pH为中性或酸性时也有很好的絮凝沉降效果。

3.2.2.3 苯胺-甲醛缩合物

【结构式】

$$\left[\!\!-\!\!\left\langle \bigcirc \right\rangle\!\!-\!\!NH\!\!-\!\!CH_2\!\!-\!\! \right]_n$$

【制备方法】 苯胺-甲醛缩合物的制备工艺为：在含有 0.1mol 氯化氢的盐酸水溶液 50mL 中加入 9.3g 苯胺，使完全溶解，并加水稀释至 100mL，把含有 0.1mol 甲醛的甲醛溶液 100mL 缓慢加入上述苯胺溶液中，搅拌均匀后，在 20~30℃下反应 2.5h，即得苯胺-甲醛缩合物絮凝剂。在上述工艺中，应注意苯胺和甲醛的摩尔比、反应时间和反应温度等条件对产品性能的影响，实验结果见表 3-14 和表 3-15。如果苯胺过量，则反应时间太长；甲醛过量，则产品发生交联，呈体形结构，苯胺-甲醛缩合物变成凝胶。因此，苯胺和甲醛的摩尔比以 1.0：(1.0~1.3) 范围内为宜。反应温度亦是一个重要的影响因素，反应温度过低 (≤10℃)，反应太慢；温度过高 (≥40℃)，则产品变成凝胶，因此反应温度以 20~30℃为宜。此外，苯胺溶液中的苯胺含量不宜过高，苯胺含量过高会导致体形缩合物的生成，进而影响产品质量。

表 3-14　苯胺、甲醛摩尔比对产品性能的影响

m(苯胺)：m(甲醛)	1：0.25	1：0.75	1：1	1：1.2	1：1.3
反应时间/h	192	192	2.5	2.5	0.5
相对黏度(20℃)	1.17	1.25	1.36	1.43	凝胶

表 3-15　反应温度对产品性能的影响

反应温度/℃	10	20	30	40
反应时间/h	24	2.5	2.5	瞬间完成
相对黏度(20℃)	0.60	1.34	1.36	凝胶

【应用】 杨菊萍和朱超英利用苯胺-甲醛缩合物处理活性艳橙 K/G 和造纸黑液，发现处理活性艳橙 K/G 时苯胺-甲醛缩合物的最佳用量为 4g/L，脱色率和 COD 去除率可达 97% 和 78%；处理造纸黑液的最佳用量为 6g/L，脱色率和 COD 去除率可达 96% 和 76%。而且，苯胺-甲醛缩合物絮凝剂的用量不能超过上述用量，否则脱色率和 COD 去除率反而下降。

3.3　阴离子型合成有机高分子絮凝剂

阴离子型合成有机高分子絮凝剂在水中因分子内离子型基团间的相互排斥作用而使其分子伸展度比较大，从而表现出良好的絮凝性能。阴离子型合成有机高分子絮凝剂既可用作污泥脱水剂，也可用于处理炼铁高炉、铝加工、制浆造纸、食品、化工、制药等工业的废水。由于阴离子型合成有机高分子絮凝剂的絮凝性能不容易受到 pH 值和共存盐类的影响，因此还可用于矿物悬浮液的沉降分离。

阴离子型合成有机高分子根据其所带的基团的不同，可分为羧酸盐类的弱酸型和磺酸盐类的强酸型；根据其制备方法的不同，可分为聚合性和高分子反应性两大类。

3.3.1　聚合型絮凝剂

聚合型有机合成高分子絮凝剂有聚丙烯酸、聚丙烯酸钠、丙烯酸-马来酸酐共聚物、丙烯酸-丙烯酰胺-2-甲基丙磺酸（钠）共聚物、丙烯酰胺-丙烯酸钠共聚物、丙烯酰胺-乙烯基磺酸钠共聚物、丙烯酰胺-丙烯酰胺基-2-甲基丙磺酸钠共聚物以及丙烯酰胺-甲基丙烯酸甲酯-丙烯酸钠三元共聚物等。聚合型絮凝剂的制备方法归纳起来，主要有 3 种：①水溶液聚合；②乳液聚合，其中包括反相乳液聚合；③反相悬浮聚合。不过对于不同的聚合性絮凝剂，其制备方法的侧重点也有所不同。

3.3.1.1 聚丙烯酸钠 （PANa）

【物化性能】 聚丙烯酸钠是一种重要的精细化工产品，由于其结构为聚阴离子电解质，而且无毒，在食品、医药、纺织、化工、冶金、水处理等工业部门有广泛的用途，作为增稠剂、絮凝剂等使用的聚丙烯酸钠要求分子量高，溶解速度快。目前国内生产和使用的聚丙烯酸钠主要有 40% 胶体和 95% 干粉两种，40% 胶体的相对分子质量约 2000×10^4，溶解时间 5～8h，95% 干粉的相对分子质量约 1000 万，溶解时间 0.5～8h 不等。此外，国外已有相对分子质量 ≥3600 万的胶体产品和相对分子质量 ≥2000×10^4 的固体产品。

【制备方法】 聚丙烯酸（钠）的制备方法主要有水溶液聚合和反相乳液聚合两种。

（1）水溶液聚合

聚丙烯酸钠可以用相应的单体直接在水介质中聚合而得。一般在聚合配方中包括水、丙烯酸系单体、引发剂和活性剂等。引发剂可用过硫酸铵、过硫酸钾、过氧化氢等，聚合温度可以在 50～100℃ 的范围内选择。为了控制聚合物的链长，常使用一些链转移剂，常用的链转移剂为巯基琥珀酸、次磷酸钠和乙酸铜的混合组分。制备高分子量的聚合物，最简便的配方是 10 份单体、90 份水和 0.2 份过硫酸铵。制备聚丙烯酸，则反应体系一直保持均相。

由于丙烯酸被碱中和生成盐时，会产生大量热，容易引起单体在中和时的聚合，而且中和程度的不同会影响聚合度。因此，用单体的盐类来制备聚合物会产生单体酸所没有的弊病。但仍有一些工艺利用单体盐类的聚合方法制备聚合物，如把 pH 值提高到 13 时，可以成功地制得聚合物。用 γ 射线照射也可使丙烯酸盐聚合。如果把丙烯酸盐、水和引发剂组成的混合物喷射到热至 150～580℃ 的空气中，可以使聚合和干燥一步完成。用紫外线照射丙烯酸的溶液也可以引起聚合，获得很高分子量的聚合物。

具体制备工艺为：在配备有搅拌桨、温度控制器和冷凝器的 1.5L 的树脂反应器中加入 906.79g 去离子水、200g 丙烯酸单体和 220.34g 50% 的氢氧化钠溶液，将上述混合溶液的 pH 值调至 7.0，并加入 0.20g EDTA，往上述反应体系通入氮气，通氮气量为 1000cc/min，升温至 45℃，加入 5.00g 10% 2,2-偶氮双-(N,N-2-脒基丙烷) 二氯化物溶液，聚合反应在 5min 内开始，反应 20min 后，体系溶液开始变黏稠，升温至 80℃，并在 78～82℃ 内持续反应 16h，即得聚丙烯酸钠产品，所得产品在 25℃ 下的 Brookfield 黏度为 60000mPa·s。

水溶液聚合制备的聚丙烯酸钠溶液可以直接使用；也可以加以干燥，成为白色的、片状固体使用。经干燥的聚合物中，最好有 5% 的水分，这样在使用时就比较容易溶解。

（2）反相乳液聚合

工业上聚丙烯酸钠通常用溶液法制得，溶液法制备的不足在于聚合单体浓度低，水溶液法制备聚丙烯酸钠要想得到固体产品，需要经过长时间干燥、粉碎等过程，工艺复杂。此外，也有人采用反相悬浮法制得聚丙烯酸钠，此法存在受搅拌速度影响大、易聚结、共沸时体系不稳定、易产生凝胶、出水时间长等问题。反相乳液聚合法制备聚丙烯酸钠是国外 20 世纪 80 年代开发出的技术。利用反相乳液法制备的聚丙烯酸钠高分子絮凝剂产品不仅克服上述方法的缺点，从聚合到共沸出水过程体系稳定，且得到的聚丙烯酸钠具有更高的相对分子质量和更好的溶解性。

反相乳液聚合的制备工艺为：单体溶液由丙烯酸经氢氧化钠溶液中和，再加入少量丙烯酰胺制得。在 250mL 反应瓶中，加入单体溶液、十二烷基磺酸钠，搅拌使其混合均匀，同时通氮除氧 20min，加入还原剂、乳化剂、溶剂和氧化剂。将体系升温至反应温度，4h 后结束聚合。升温达到一定的出水量后，停止反应。最后将反应液过滤烘干，得到粉末状产物——聚丙烯酸钠。工艺的优选试验结果如下所示。

① 反应温度 对自由基聚合而言，聚合温度低有利于提高聚合物的相对分子质量。为

制得相对分子质量高的聚丙烯酸钠（PANa），采用氧化还原体系的引发剂，分别在30℃、35℃、40℃、45℃、50℃、55℃和60℃的温度下进行反相乳液聚合反应。随着聚合温度上升，PANa的分子量先升高，在45℃出现最大值（相对分子质量为2.005×10^7），而后随着聚合温度的进一步升高，相对分子质量下降。同时所得PANa中，残留单体含量最低，质量分数为1.07%左右；这是因为在较低温度下，自由基形成速度慢，因而聚合较慢；在较高温度下，链终止速率常数同时增大，相对分子质量反而下降。研究表明，聚合反应温度应控制在40～50℃较为合适。

② 引发剂 在聚合温度45℃，引发剂浓度为（1～6）mmol/L范围内，当引发剂浓度为4.0mmol/L时，PANa的相对分子质量最高，为2.005×10^7；当引发剂浓度小于4.0mmol/L时，PANa的相对分子质量随着氧化剂浓度的增大而增加；引发剂浓度大于4.0mmol/L时，PANa的相对分子质量随着氧化剂浓度的增大而减小。

在聚合反应温度为45℃，还原剂用量大于氧化剂用量时，配比的变化对相对分子质量影响不大，但当氧化剂用量大于还原剂用量时，配比的变化对相对分子质量有较大的影响。研究发现，当氧化剂/还原剂摩尔比为2/1时，所得产物的相对分子质量最高，可达到2.005×10^7。

③ 乳化剂 在聚合反应温度为45℃、氧化剂（占水相）浓度为3.7mmol/L、氧化剂/还原剂摩尔比为1/1以及单体中和度为80%的试验条件下，在乳化剂质量分数为3%～7%范围内，考察了PANa相对分子质量随乳化剂用量的变化。当乳化剂质量分数为5%时所得PANa相对分子质量最高，可达2.651×10^7；当乳化剂质量分数小于5%时，随着乳化剂在油中含量的增加，所得PANa相对分子质量增加；但当乳化剂质量分数大于5%时，随着乳化剂在油中含量的增加，PANa相对分子质量下降。同时研究发现乳化剂质量分数为2%时，体系不稳定，产物严重粘釜，这是由于反相乳液的乳化剂用量过低，不足以使水相粒子稳定在油相中，为了保证乳化体系的稳定性，乳化剂用量不能过低。

④ 单体中和度 单体丙烯酸在聚合前，加入氢氧化钠溶液中和，转变为丙烯酸钠之后聚合，形成PANa。结果发现丙烯酸的单体中和度也会影响PANa的相对分子质量。在聚合反应温度为45℃、氧化剂（占水相）浓度为3.7mmol/L、氧化剂/还原剂摩尔比为1/1，乳化剂（占油相）质量分数为4%的实验条件下，当单体中和度为70%时，PANa相对分子质量最高，达到3.07×10^7；当单体中和度高于80%时，聚合物相对分子质量较低且变化不大。这是因为丙烯酸钠容易电离，使得单体和聚合物均带负电荷，相互排斥，影响了聚合反应的进行。因此随单体中和度进一步提高，PANa的相对分子质量下降。研究还发现，当单体中和度高于50%时，体系稳定，而低于50%时，体系不稳定，容易发生粘釜现象，影响出料；单体中和度为50%和100%时，反应体系澄清透明，乳化效果差，得到的PANa相对分子质量不高。因此单体中和度应选择70%左右。

【应用】 （1）味精废水预处理 由于味精浓废水中含有大量蛋白质、残糖等，黏性大，难以压缩沉降；同时其呈强酸性，悬浮颗粒带较强的正电荷。因此，味精废水是难处理工业废水之一。基于其上述特性，采用普通的低分子量中性电荷的无机絮凝剂与有机絮凝剂进行絮凝试验难于取得预期的效果。因而，必须选用强负电荷、高分子量的絮凝药剂。先在强负电荷絮凝剂的电性中和作用下，使悬浮颗粒产生，然后在高分子絮凝剂的凝聚-架桥左右下使其高度絮凝。黄民生和朱莉选用1%羧甲基纤维素钠、1%木质素、0.5%聚丙烯酸钠三种絮凝药剂以及以聚丙烯酸钠为主絮凝药剂，羧甲基纤维素钠和木质素为助絮凝药剂来预处理味精废水。试验选用味精废水水样150mL，废水含COD 43000mg/L、SS 9564mg/L和SO_4^{2-} 57870mg/L，此外废水的pH=1.3。对废水pH值（1.0～7.0）、搅拌时间

（20～180s）和药剂投加量（3～15mL）对絮凝效果的影响进行了系统试验。试验过程发现：采用聚丙烯酸钠作为主要絮凝剂、木质素作为助凝剂、天然沸石作为吸附剂预处理味精浓废水，取得了十分好的效果。预处理过程对 COD、SS、SO_4^{2-} 的去除率分别达到 69%、91% 和 43%，预处理药剂费用约为 6.24 元/吨废水，分离出的蛋白质经济获益约 27 元/吨废水。

（2）炼钢厂转炉除尘废水处理　边立槐分别采用聚合硫酸铁、碱式氯化铝和聚丙烯酸钠处理天钢集团有限公司第二炼钢厂转炉除尘废水，结果发现絮凝剂选用聚丙烯酸钠具有用量少、沉降速度快等优点，而且絮凝性能优于聚合硫酸铁和碱式氯化铝，其合理投药量为 0.5mg/L，能够解决沉淀池出水悬浮物高的问题。

3.3.1.2　聚 2-丙烯酰氨基-2-甲基丙磺酸

【制备方法】　聚 2-丙烯酰氨基-2-甲基丙磺酸主要利用 2-丙烯酰氨基-2-甲基丙磺酸单体通过自由基聚合制备而成，反应式为：

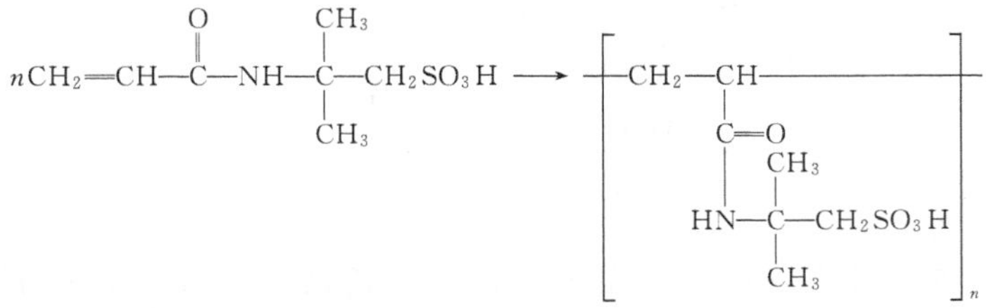

聚 2-丙烯酰氨基-2-甲基丙磺酸的制备一般采用水溶液聚合法，具体工艺为：在配备有搅拌桨、温度控制器和冷凝器的 2.0L 的树脂反应器中加入 657.4g 去离子水、344.8g 2-丙烯酰氨基-2-甲基丙磺酸单体，加入 0.2g EDTA 后，升温至 45℃，然后加入 0.1g 2,2'-偶氮双-（氨基丙烷）二氯化物，往上述反应体系通入氮气，通氮气量为 1000cc/min。15min 后开始聚合反应，体系溶液开始变黏稠。反应 14h 后，混合物变成一种非常黏稠的透明溶液。随后将体系温度升至 80℃，保温 4h 后加入 666.6g 去离子水，即可得到质量分数为 12.0% 的聚 2-丙烯酰氨基-2-甲基丙磺酸溶液。在 1.0mol/L NaNO₃ 溶液中测得聚 2-丙烯酰氨基-2-甲基丙磺酸溶液的特性黏数为 3.73dL/g。

3.3.1.3　丙烯酸钠-2-丙烯酰氨基-2-甲基丙磺酸钠共聚物

【制备方法】　丙烯酸钠-2-丙烯酰氨基-2-甲基丙磺酸钠共聚物主要是通过丙烯酸钠和 2-丙烯酰氨基-2-甲基丙磺酸钠两种单体通过水溶液共聚而成，具体反应式为：

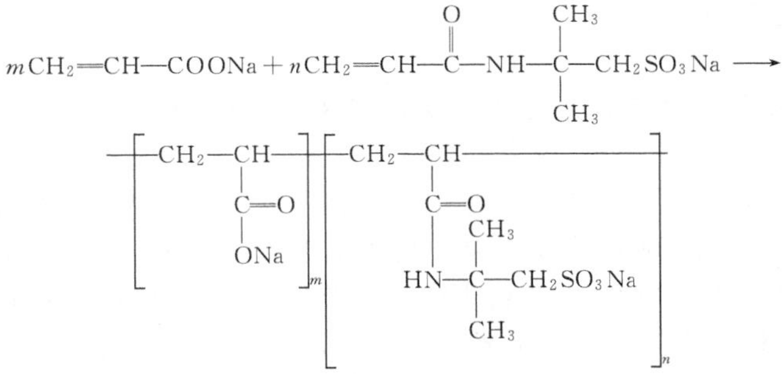

制备方法：在配备有搅拌桨、温度控制器和冷凝器的 1.5L 的树脂反应器中加入 910.75g 去离子水、49.45g 58% 2-丙烯酰氨基-2-甲基丙磺酸钠单体溶液、171.32g 丙烯酸单体和 187.17g 50% 的氢氧化钠溶液，将上述混合溶液的 pH 值调至 7.0 后，加入 0.20g EDTA，往上述反应体系通入氮气，通氮气量为 1000cc/min，升温至 45℃，加入 1.00g25% 亚硫酸氢钠溶液和 5.00g 10% 2,2'-偶氮双-(N,N-2-脒基丙烷) 二氯化物溶液（V-50），聚合反应在 5min 内开始，反应 15min 后体系溶液开始变黏稠，升温至 80℃，并在 78～82℃

内持续反应 16h，即得丙烯酸钠-2-丙烯酰氨基-2-甲基丙磺酸钠共聚物，所得产品在 25℃下的 Brookfield 黏度为 15100mPa·s。在 1.0mol/L NaNO₃ 溶液中测得质量分数为 15% 的丙烯酸钠-2-丙烯酰氨基-2-甲基丙磺酸钠共聚物溶液的特性黏数为 1.95dL/g（注：聚合工艺中丙烯酸钠和 2-丙烯酰氨基-2-甲基丙磺酸钠的质量比为 87:13）。

3.3.1.4 甲基丙烯酸钠-2-丙烯酰氨基-2-甲基丙磺酸钠共聚物

【制备方法】 甲基丙烯酸钠-2-丙烯酰氨基-2-甲基丙磺酸钠共聚物的制备主要是利用甲基丙烯酸钠和 2-丙烯酰氨基-2-甲基丙磺酸钠两种单体在水溶液介质中共聚而成，反应式为：

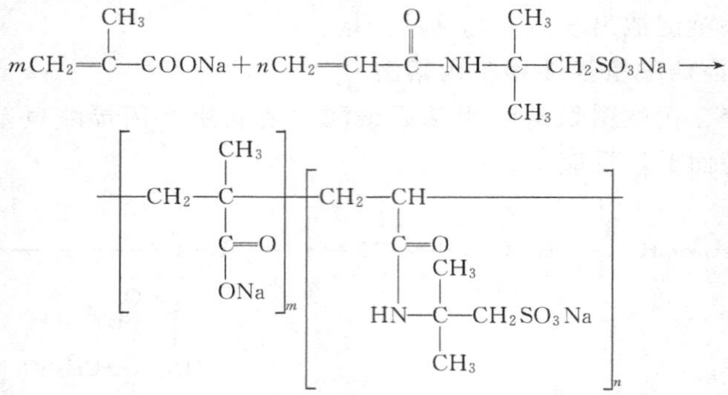

具体工艺为：在配备有搅拌浆、温度控制器和冷凝器的 1.5L 的树脂反应器中加入 945.59g 去离子水、141.96g 58% 2-丙烯酰氨基-2-甲基丙磺酸钠单体溶液、126.18g 99%甲基丙烯酸单体和 114.9g 50% 的氢氧化钠溶液，将上述混合溶液的 pH 值调至 7.0 后，加入 0.20g EDTA，往上述反应体系通入氮气，通氮量为 1000cc/min，升温至 45℃，加入 0.5g 2,2′-偶氮双-(N,N-2-脒基丙烷) 二氯化物 （V-50），聚合反应在 5min 内开始，反应 60min 后，体系溶液开始变黏稠，升温至 50℃，并在 48～52℃ 内持续反应 72h，即得甲基丙烯酸钠-2-丙烯酰氨基-2-甲基丙磺酸钠共聚物，所得产品在 25℃下的 Brookfield 黏度为 61300mPa·s。在 1.0mol/L NaNO₃ 溶液中测得质量分数为 15% 的甲基丙烯酸钠-2-丙烯酰氨基-2-甲基丙磺酸钠共聚物溶液的特性黏数为 4.26dL/g（注：在聚合工艺中甲基丙烯酸钠和 2-丙烯酰氨基-2-甲基丙磺酸钠的质量比为 62.5:37.5）。

3.3.1.5 丙烯酰胺-丙烯酸(盐)共聚物

【制备方法】 丙烯酰胺-丙烯酸 （盐） 共聚物的制备方法主要有水溶液聚合、反相乳液聚合和反相悬浮聚合三种。

（1） 水溶液聚合

Chen Haunn-lin 利用水溶液聚合法制备丙烯酰胺-丙烯酸铵共聚物，产品的 Brookfield 黏度可达 1420mPa·s。

具体工艺为：在配置有搅拌装置、温差电偶和通氮气系统的反应器中加入 774.57g 去离子水、约 38.49g 54.5% 的丙烯酰胺溶液、约 15g 5% 乙二胺四乙酸二钠溶液和约 408.11g 99%丙烯酸单体，用 303.66g 30%氢氧化铵溶液将上述混合溶液的 pH 值调至 5.75，通氮气保护，并将体系温度降至 6℃。大约 40min 后，加入 67.29g 30% 过硫酸铵溶液和约 67.29g 30% 偏亚硫酸氢钠溶液的同时开动搅拌装置，体系反应迅速升至 60℃ 左右，当反应温度降至 52℃ 时，升温至 63℃ 反应 4h，即可得到丙烯酰胺-丙烯酸铵共聚物。

此外，国内科研工作者亦利用水溶液聚合制备出高分子量的聚丙烯酰胺。季鸿渐等采用过硫酸钾/脲引发体系，利用水溶液聚合制备丙烯酰胺-丙烯酸钠共聚物，并系统研究了共聚特性黏度、单体转化率与各工艺参数的关系。他们发现：①单体溶液的 pH 值与共聚物产品的质量密切相关，在单体总质量分数为 20%不含链转移剂的共聚体系，当 pH<13 时产物

不溶；pH>13时产物溶解，而且随着pH值的增大，转化率有所提高，但特性黏度下降；pH超过13.5后，特性黏度降低明显加快；②在尿素用量10%以内，随着尿素用量的增大，产物溶解性明显提高，加量为5%（对单体而言），可明显缩短溶解时间；③选用异丙醇和甲酸钠两种链转移剂，发现它们对化学共聚的效果和规律与在辐射共聚中相同，即随着链转移剂用量的增加，产物的特性黏度显著减小，而不影响转化率，此外，甲酸钠的链转移效果比异丙醇更高；④转化率随着起始反应温度的升高而增大，但是产物的特性黏度反而呈下降趋势。

（2）反相乳液聚合

反相乳液法制备的丙烯酰胺-丙烯酸（钠）共聚物的产品有两种：胶乳和粉状。

粉状丙烯酰胺-丙烯酸钠共聚物产品的具体工艺为：首先用NaOH溶液中和丙烯酸，再加入丙烯酰胺制得单体溶液；然后在250mL四口反应瓶上装有搅拌器、控温探头、温度计、导气管。向瓶中依次加入单体溶液、十二烷基磺酸钠，搅拌使其混合均匀，同时通氮驱氧20min，之后加入亚硫酸氢钠、Span80、石油醚和过氧化物；将体系升温至反应温度，使单体聚合4h，再升温，共沸脱水，最后将固体物质过滤烘干，得到粉末状产物。通过优化工艺参数（如引发剂量、乳化剂量、抗交联剂量、单体摩尔比、油水体积比以及反应温度等），发现在最佳条件下，即乳化剂用量为0.80g、引发剂用量为2.50mL、抗交联剂0.05g、单体丙烯酸与丙烯酰胺摩尔比为3.5：6.5、油水体积比为2.25：1以及反应温度为45℃时，所制备的丙烯酰胺-丙烯酸钠共聚物的特性黏数为12.07dL/g。

丙烯酰胺-丙烯酸共聚物胶乳产品的制备工艺为：在0.5L四口瓶上装有搅拌器、回流冷凝器、温度计、导气管和取样器，并置于超级恒温水浴槽中，将配制好的复合乳化剂和200#溶剂油依次加入四口瓶中，用氮气置换30min，在水浴上加热，搅拌使之完全溶解；然后将已除氧的单体水溶液逐渐滴加到油相中，同时，高速搅拌（400r/min）令其乳化形成乳状液，乳化操作结束后，降低搅拌速度（200r/min），加入偶氮二异丁腈（AIBN）的甲苯溶液，于45℃下保持4h，然后加入（NH$_4$）$_2$S$_2$O$_8$/Na$_2$S$_2$O$_5$氧化还原引发剂，在相同的温度下继续反应2h；反应结束后降至室温并加入终止剂，停止搅拌出料即可得到均匀、稳定的W/O型丙烯酰胺-丙烯酸钠共聚物胶乳产品。

（3）反相悬浮聚合

采用水溶液聚合法、反相乳液聚合法和反相悬浮聚合法均可制备丙烯酰胺-丙烯酸钠共聚物，国内市场上的丙烯酰胺-丙烯酸钠共聚物主要是水溶液聚合产物，存在溶解慢、溶解不完全等缺点。反相乳液聚合法有利于反应热的散发，可制备分子量高、溶解性好的产品，但工艺较复杂，生产成本较高，难制得稳定的乳液，而且乳状产品运输不方便。反相悬浮法是近二十多年来发展起来的方法，能克服上述两法的不足，且生产工艺简单、成本低，便于实现工业化，产品分子量可达千万以上，溶解性能比水溶液聚合产品好，可直接得到粉状或粒状产品，包装和运输方便。

张中兴等以丙烯酰胺和丙烯酸钠为单体，采用反相悬浮自由基共聚的方法进行了合成阴离子型聚丙烯酰胺的中试研究，并得到了相对分子质量达$1.45×10^7$的超高分子量的丙烯酰胺-丙烯酸钠共聚物。具体工艺如下。①配料与投料：将环己烷130kg通过高位槽送至反应釜，加入1.7kg乳化剂失水山梨糖单硬脂酸酯（S-60）后搅拌，将釜温升至40℃，乳化剂溶解后将釜温降至30℃；称3.8kg NaOH置于化碱槽，用6kg水溶解并冷至室温；称20kg丙烯酰胺、1.2kg醋酸钠置于配料槽中，加入10kg水搅拌使其溶解，再加入10kg丙烯酸和定量的脲、K$_2$S$_2$O$_8$、甲基丙烯酸N,N-二甲氨基乙酯（DM）等溶液搅拌均匀，送至高位槽；在搅拌情况下将配好的单体溶液加入反应釜中，搅拌10min使体系成为均匀稳定的悬浮液，然后依次滴入 NaHSO₃、NaOH 溶液，滴碱时速度要缓慢并维持釜温不超 30℃。② 聚合与脱水：氢氧化钠溶液滴完后，将釜温升至 40℃ 并维持 1h，再在 1h 内将釜温升至 50℃，然后在 2h 内将釜温升至 71℃ 使体系共沸脱水，当出水量达加入水量的 75％ 时便可停止加热。③ 出料：停止加热后继续搅拌，夹套通冷水，当釜温降至 40℃ 后将丙烯酰胺-丙烯酸钠共聚物产品放到容器中，待聚合物颗粒完全沉降后，将上层溶剂转移到回收罐，产品风干。

　　此外，他们还比较了中试与实验室小试两种情况下聚合条件的不同，确定了原料丙烯酰胺中金属杂质铜和铁的含量，研究了原料丙烯酰胺在有机络合物乙二胺四乙酸二钠（EDTA）存在下与丙烯酸钠的共聚，并研究了中试条件下一些因素如引发剂浓度、脱水时间对产品分子量和溶解性能的影响。结果发现：在聚合反应体系中加入占丙烯酰胺单体质量 0.025％ 的 EDTA 能显著提高聚丙烯酰胺的分子量；在反相悬浮法制备丙烯酰胺-丙烯酸钠共聚物的过程中，引发体系 K₂S₂O₈/NaHSO₃ 引发剂的最佳用量是 K₂S₂O₈、NaHSO₃ 分别占单体质量的 0.05％；而且，随着脱水时间的延长，聚丙烯酰胺的分子量和溶解性能均呈下降趋势。

　　刘莲英等采用反相悬浮聚合，加碱水解，共沸脱水的方法合成了相对分子质量达 10⁷ 数量级的粉状、速溶阴离子型聚丙烯酰胺，即丙烯酰胺-丙烯酸钠共聚物。具体工艺为：将环己烷、乳化剂加入装有回流冷凝管的三颈反应瓶中搅拌，水浴控温加热待其完全溶解；称计量的丙烯酰胺用去离子水配成质量分数 50％ 的水溶液，加入反应瓶中；待水相、油相分散均匀后滴入引发剂反应 1.5～2h。反应结束后，加碱控温在一定时间内水解；适当增加一定量有机溶剂，共沸脱水得粉状产品。她们在工艺的优选试验中确定了最佳引发体系为 K₂S₂O₈-甲基丙烯酸二甲氨乙酯（DM）-NaHSO₃，适宜的反应温度为 35℃；研究了水解度与水解时间、水解温度、水解剂加量之间的关系，确定最佳水解时间为 40min，水解温度为 50℃，碱与丙烯酰胺的摩尔比为 0.2∶1。

3.3.1.6　丙烯酰胺-甲基丙烯酸甲酯-丙烯酸三元共聚物

【制备方法】　笔者和课题组成员以丙烯酰胺、甲基丙烯酸甲酯和丙烯酸为原料，采用反相乳液聚合法制备丙烯酰胺-甲基丙烯酸甲酯-丙烯酸共聚物乳液，所制备的产品的相对分子质量达到 8.3×10^6。反应式为：

$$x CH_2{=}CH{-}CONH_2 + y CH_2{=}\overset{\displaystyle CH_3}{\underset{\displaystyle }{C}}{-}COOCH_3 + z CH_2{=}CH{-}COOH \longrightarrow$$

$$\left[CH_2{-}\underset{\underset{\displaystyle NH}{\overset{\displaystyle |}{C}{=}O}}{\overset{\displaystyle |}{CH}} \right]_x \left[CH_2{-}\underset{\underset{\displaystyle OCH_3}{\overset{\displaystyle |}{C}{=}O}}{\overset{\overset{\displaystyle CH_3}{|}}{\underset{\displaystyle }{C}}} \right]_y \left[CH_2{-}\underset{\underset{\displaystyle OH}{\overset{\displaystyle |}{C}{=}O}}{\overset{\displaystyle |}{CH}} \right]_z$$

　　制备工艺为：将配制好的复合乳化剂（HLB 值为 7.8）和环己烷依次加入 1L 的反应釜中，用氮气置换 40min，升温至 35℃，搅拌使之完全溶解。然后将已经除氧并含有乙二胺四乙酸二钠的单体水溶液逐渐滴加到环己烷中，同时快速搅拌（400～500r/min）令其乳化形成乳状液，乳化操作结束后，降低搅拌速度（150r/min），加入 K₂S₂O₈/脲氧化还原引发剂，于 50℃ 下保持 5h，然后再适量加入 K₂S₂O₈/脲氧化还原引发剂，在相同的温度下继续反应 3h。反应结束后降至室温并加入终止剂，停止搅拌出料即可得到均匀、稳定的 W/O 型丙烯酰胺-甲基丙烯酸甲酯-丙烯酸钠三元共聚物乳液。

　　影响丙烯酰胺-甲基丙烯酸甲酯-丙烯酸三元共聚物乳液性能的因素很多，主要有单体摩尔比、引发剂种类及用量、乳化剂种类及用量、反应时间、搅拌速度以及油水体积比等。此处主要讨论单体摩尔比、引发剂种类和用量以及复合乳化剂用量对产品质量的影响。

（1）单体摩尔比 丙烯酰胺（AM）、甲基丙烯酸甲酯（MMA）和丙烯酸（AA）单体摩尔比对三元共聚物的相对分子质量影响很大，结果见表3-16。在3种单体中，甲基丙烯酸甲酯（MMA）的摩尔比越大，三元共聚物的相对质量则随之减小，因此3种单体的摩尔比宜控制在1∶0.02∶1左右。

表 3-16　单体摩尔比对共聚物相对分子质量的影响

$m(AM)∶m(MMA)∶m(AA)$	1∶0.2∶1	1∶0.1∶1	1∶0.05∶1	1∶0.02∶1	1∶0.01∶1.2
相对分子质量	$6.1×10^6$	$7.9×10^6$	$8.6×10^6$	$9.0×10^6$	$8.7×10^6$

（2）引发剂种类和用量 在反相乳液聚合反应中，引发剂的种类是影响共聚乳液相对分子质量大小的关键因素之一。不同引发剂对共聚物产品相对分子质量的影响见表3-17。从表中可以看出，过硫酸钾/脲引发体系的引发效果最好，所制备的丙烯酰胺-甲基丙烯酸甲酯-丙烯酸三元共聚物乳液性能稳定，相对分子质量为$9.0×10^6$，而且单体转化率可达99.7%。

表 3-17　引发剂种类的影响

引发剂	乳液稳定性	单体转化率/%	相对分子质量
过硫酸钾	好	98.6	$8.1×10^6$
过硫酸钾/脲	好	99.7	$9.0×10^6$
过硫酸钾/亚硫酸钠	一般	99.1	$8.6×10^6$
偶氮二异丁腈	较差	92.5	$7.9×10^6$
过硫酸钾/硫代硫酸钠	较差	95.1	$8.3×10^6$

增加引发剂的用量不仅可以提高单体的转化率，而且也使聚合反应以较快的速度进行。但这种用量的增加是有限度的。这是因为链自由基的生成及链增长反应是放热反应，引发剂的高用量必然导致反应体系高放热。如果体系蓄积的热量不能及时导出，势必体系的温度进一步升高，聚合反应急剧进行而引起冲料和凝胶。当引发剂的用量大于0.6%时，所得的乳胶在两个月内会凝结成块，而且引发剂用量加大，引发剂自由基增多，不但未见成核粒子数增多以及乳胶粒子粒径的减小，而是乳胶粒粒径稍稍增大，体系的表观黏度降低。产生这一现象的原因是体系中的一部分引发剂实际起了电解质的作用，它使粒子易于凝聚，而使粒径增大。本实验中，氧化还原引发剂过硫酸钾/脲的最佳用量是过硫酸钾和脲分别为单体质量的0.08%和0.6%。

（3）乳化剂用量 复合乳化剂的HLB值控制在7.8左右，乳化剂用量对三元共聚物乳液性能的影响见表3-18。由表3-18可以看出，随着乳化剂用量的增加，乳液的黏度、固含量、转化率均有提高。但乳化剂的用量低于6%时，乳液的稀释稳定性变差。由此可以看出乳化剂在乳液聚合的过程中具有非常重要的作用。乳化剂浓度越大时，聚合反应速率增大。这是由于乳化剂用量直接影响聚合过程及聚合度，随着乳化剂用量的增加，单体珠滴数目增加，引发点增多，而使每个珠滴中自由基终止机会减少。当乳化剂浓度低时，仅部分乳胶粒表面被乳化剂分子覆盖。在这样条件下乳胶粒容易聚结，由小乳胶粒生成大乳胶粒，严重时发生凝聚，造成挂胶和抱轴，轻则降低了收率，降低产品质量，重则发生生产事故。所以乳化剂用量以6%～9%为宜。

表 3-18   乳化剂用量对乳液性能的影响

乳化剂用量/%	转化率/%	相对分子质量	外观性质	稀释稳定性
2	99.2	11.3×10^6	颗粒均匀、细腻	差
6	99.6	9.6×10^6	颗粒均匀、细腻	稳定
7	99.5	9.2×10^6	颗粒均匀、细腻	稳定
9	99.6	8.7×10^6	颗粒均匀、细腻	稳定
12	98.7	8.0×10^6	颗粒均匀、细腻	稳定

3.3.2   高分子反应型絮凝剂

高分子反应型有机合成高分子絮凝剂主要有水解聚丙烯酰胺、磺甲基化聚丙烯酰胺、聚苯乙烯磺酸钠和聚-N-二膦酰基甲基丙烯酰胺等。高分子反应型絮凝剂的制备主要是利用相应聚合物基体自身官能团的活性，通过进一步的化学改性以赋予这种聚合物新的特性。在高分子反应型絮凝剂的制备过程中，聚丙烯酰胺是最常见、最重要的基体之一。

3.3.2.1   水解聚丙烯酰胺

【制备方法】   丙烯酰胺单体经聚合后加碱水解是生产水解聚丙烯酰胺的传统工艺，其反应式如下：

$$n\,CH_2{=}CH \longrightarrow \pm CH_2{-}CH \pm_n$$
$$\quad\quad | \quad\quad\quad\quad\quad\quad |$$
$$\quad\quad CONH_2 \quad\quad\quad\quad CONH_2$$

$$\pm CH_2{-}CH \pm_n + m\,NaOH + H_2O \longrightarrow \pm CH_2{-}CH \pm_{n-m} CH_2{-}CH \pm_m + m\,NH_4OH$$
$$\quad\quad | \quad\quad\quad\quad\quad\quad\quad\quad\quad\quad\quad\quad | \quad\quad\quad\quad | $$
$$\quad\quad CONH_2 \quad\quad\quad\quad\quad\quad\quad\quad\quad CONH_2 \quad\quad COONa$$

具体工艺为在一定质量分数的丙烯酰胺单体溶液（8%～30%），加入 0.1%～0.2%乙二胺四乙酸二钠（EDTA-2Na）和 0.01%～0.5%的引发剂（如过硫酸钾/尿素氧化还原引发体系等），通氮驱氧 10～20min 后，在 5～30℃下反应 2～4h，将聚丙烯酰胺胶块造粒后加碱水解 1～2h，经干燥、粉碎得白色粒状水解聚丙烯酰胺絮凝剂。

在水解聚丙烯酰胺制备过程应注意以下几个问题。

（1）引发剂   根据自由基反应规律，单体断键聚合放热使反应体系温度升高，从而加快了引发剂生成自由基的速度，聚合反应速度随之加快。在绝热聚合体系中，大量的聚合热使体系温度骤升，链终止速度加快，产物的分子量亦随之降低。在这种情况下，可考虑使用复合引发剂，在低温下引发聚合。通过调整活化能较低的氧化还原剂和高温分解的偶氮引发剂的用量，控制聚合反应速度，提高丙烯酰胺单体转化率，也较少了丙烯酰胺分子间的交联，使反应平稳进行。

（2）链转移剂   由于水解聚丙烯酰胺相对分子质量的大小与溶解性能的好坏相互矛盾，为了防止聚合物分子间的相互交联，提高聚合物的溶解性能，通常会加入一些链转移剂（如异丙醇、甲酸钠等），但是链转移剂的加入在一定程度上会造成聚合物分子量的降低，因此有必要严格控制链转移剂的用量。

（3）聚合反应温度   鞠耐霜和曾文江研究聚合反应温度对水解聚丙烯酰胺相对分子质量的影响，发现在 5～10℃范围内，水解聚丙烯酰胺的相对分子质量随聚合反应温度的升高而增大；在 10℃时达到最大值，为 2.0×10^7；在 10～30℃范围内，升高聚合反应温度反而大大降低水解聚丙烯酰胺的相对分子质量。因此，在水解聚丙烯酰胺制备过程中，引发剂和聚合反应温度是影响产品相对分子质量以及溶解性能的关键因素。

3.3.2.2   磺甲基化聚丙烯酰胺

【制备方法】   磺甲基化聚丙烯酰胺的制备主要是通过聚丙烯酰胺的活性酰氨基，与 α-羟甲基磺酸钠反应而成，反应式如下：

$$nCH_2\!=\!CH \longrightarrow \begin{array}{c} \!-\!\!\!-CH_2\!-\!CH\!-\!\!\!-\\ | \\ CONH_2 \end{array}\!\!{}_{\textit{n}}$$
（此处结构式中下标对应 CONH₂ 基团）

$$\begin{array}{c} \!-\!\!\!\!\big[CH_2\!-\!CH\big]\!\!{}_{\textit{n}}\\ | \\ CONH_2 \end{array} +H\!-\!\!\underset{\underset{H}{|}}{\overset{\overset{OH}{|}}{C}}\!-\!SO_3Na \xrightarrow{\text{催化}} \begin{array}{c} \!-\!\!\!\!\big[CH_2\!-\!CH\big]\!\!{}_{\textit{n}}\\ | \\ CONHCH_2SO_3Na \end{array}$$

具体工艺为在一定质量分数的丙烯酰胺单体溶液（6%～35%），加入 0.1%～0.3%乙二胺四乙酸二钠（EDTA-2Na）和 0.01%～0.5%的引发剂（如过硫酸钾/尿素氧化还原引发体系等），通氮驱氧 10～20min 后，在 5～30℃下反应 1～2h，往上述黏稠体系中加入 30% α-羟甲基磺酸钠溶液和适量的催化剂，在 70～95℃下反应 2～6h。胶块经造粒、干燥、粉碎得白色磺甲基化聚丙烯酰胺。

3.3.2.3　聚-N-二膦酰基甲基丙烯酰胺

【制备方法】　聚-N-二膦酰基甲基丙烯酰胺的制备主要是利用 Mannich 反应原理，反应式如下：

$$nCH_2\!=\!CH \longrightarrow \begin{array}{c} \!-\!\!\!-CH_2\!-\!CH\!-\!\!\!-\\ | \\ CONH_2 \end{array}\!\!{}_{\textit{n}}$$

$$\begin{array}{c} \!-\!\!\!\!\big[CH_2\!-\!CH\big]\!\!{}_{\textit{n}}\\ | \\ CONH_2 \end{array} +HCHO+H_3PO_3 \xrightarrow{\text{催化}} \begin{array}{c} \!-\!\!\!\!\big[CH_2\!-\!CH\big]\!\!{}_{\textit{n}}\\ | \\ CON[CH_2PO(OH)_2]_2 \end{array}$$

在一定质量分数的丙烯酰胺单体溶液（5%～25%），加入 0.1%～0.3%乙二胺四乙酸二钠（EDTA-2Na）和 0.01%～0.5%的引发剂（如过硫酸钾/尿素、过硫酸铵/次磷酸钠氧化还原引发体系等），通氮驱氧 10～20min 后，在 5～20℃下反应 0.5～1.0h，往上述黏稠体系中加入 37%～40%甲醛溶液和 H_3PO_3，在 25～65℃下，酸催化反应 4～6h。胶块经造粒、干燥、粉碎得聚-N-二膦酰基甲基丙烯酰胺产品。

3.3.2.4　聚苯乙烯磺酸钠

【制备方法】　聚苯乙烯磺酸钠可由苯乙烯磺酸钠单体自由基溶液聚合，聚苯乙烯磺化以及聚（n-丙基-p-苯乙烯磺酸）水解三种方法制得。在上述的三种制备方法中，苯乙烯磺酸钠单体溶液聚合法和聚（n-丙基-p-苯乙烯磺酸）水解法的制备过程复杂，成本较高；聚苯乙烯磺化法所用的磺化原料聚苯乙烯可以通过阴离子、阳离子或自由基聚合得到，也可以通过降解废旧聚苯乙烯塑料得到，整个制备工艺相对较简单。而且若用废旧聚苯乙烯塑料为原料，通过磺化工艺制备聚苯乙烯磺酸钠絮凝剂还可以实现"变废为宝"的目的。因此，本书主要介绍聚苯乙烯磺化法来制备高分子反应型聚苯乙烯磺酸钠絮凝剂。

首先使聚苯乙烯磺化，制成聚苯乙烯磺酸，然后加碱中和，反应式如下：

$$\left[\begin{array}{c} CH\!-\!CH_2 \\ | \\ C_6H_5 \end{array}\right]_n +nH_2SO_4 \longrightarrow \left[\begin{array}{c} CH\!-\!CH_2 \\ | \\ C_6H_4 \\ | \\ SO_3H \end{array}\right]_n +nH_2O$$

$$\left[\begin{array}{c} CH\!-\!CH_2 \\ | \\ C_6H_4 \\ | \\ SO_3H \end{array}\right]_n +nNaOH \longrightarrow \left[\begin{array}{c} CH\!-\!CH_2 \\ | \\ C_6H_4 \\ | \\ SO_3Na \end{array}\right]_n +nH_2O$$

具体工艺为将 40mL 含 400mg Ag_2SO_4 的浓硫酸加入带盖和磁搅拌棒的锥形烧瓶内，

然后在强搅拌下迅速将聚苯乙烯（$\overline{M}_w=239000$）粉加入其中，反应 15min，生成透明的淡稻草黄色黏性溶液；将反应混合物过滤、渗析处理，得到不含 Ag^+、SO_3^{2-} 的中性液体；为防止产生胶体银，磺化反应和渗析过程均须在避光下进行；将浓缩渗出液聚苯乙烯磺酸加碱中和，再经过滤和冷冻干燥，即可得到白色绒毛状粉末产品。

王村彦等则先用苯乙烯单体聚合制备聚苯乙烯，然后将聚苯乙烯进行强酸磺化、中和、浓缩、干燥并研磨，得到聚苯乙烯磺酸钠固体产品。具体工艺如下。

（1）中间产物聚苯乙烯（PS）的合成 在二氯乙烷溶剂中，加入路易斯（Lewis）酸为催化剂，水为助催化剂，边搅拌边升温并滴入苯乙烯单体，在 50～150℃ 范围内恒温反应使其聚合，聚合时间应根据催化剂用量和反应温度的不同加以调节，以便得到平均分子量合乎要求而分布又窄的产品。

（2）PS 磺化与 PSS 提纯 在上面制成的 PS 溶液中，补充部分二氯乙烷，边搅拌边滴入发烟硫酸，在加热条件下使 PS 磺化，然后加入部分温水，共沸馏出全部溶剂。降温后加入 $Ca(OH)_2$ 中和 H_2SO_4，滤除 $CaSO_4$，再加入 Na_2CO_3，滤除 $CaCO_3$，滤液中只剩下聚苯乙烯磺酸钠，浓缩后干燥并研磨，得到聚苯乙烯磺酸钠固体产品。

3.4 阳离子型合成有机高分子絮凝剂

阳离子型有机合成高分子絮凝剂是一类分子链上带有正电荷活性基团的水溶性高聚物。由于现代化工业的发展和生活水平的提高导致排水中的有机质含量大大提高，而有机质微粒表面通常带负电荷，阳离子型的高分子絮凝剂可以与水中的微粒起电性中和及吸附架桥作用，从而使水中的微粒脱稳、絮凝而有助于沉降和过滤脱水。阳离子型有机合成高分子絮凝剂能有效降低水中悬浮固体的质量分数，并有使病毒沉降和降低水中甲烷前体物的作用，使水中的总含碳量（TOC）降低，具有用量少、废水或污泥处理成本低、毒性小以及使用的 pH 值范围宽等优点。因此，进入 20 世纪 70 年代以来，阳离子絮凝剂的研制开发呈现出明显的增长势头，美、日、英、法等国目前在废水处理中都大量使用了阳离子型絮凝剂。美、日等国阳离子型絮凝剂已占合成絮凝剂总量的近 60%，而这几年仍以 10% 以上的速度增长。近年来，我国对这类絮凝剂的研究开发也已取得了相当进展。

阳离子型有机絮凝剂的合成方法主要有单体的聚合型、高分子反应型以及（多胺的）缩合型等。从反应物来看，又主要分为聚丙烯酰胺接枝及共聚物、环氧氯丙烷反应物、季铵盐类、亚胺类等等。随着阳离子型有机絮凝剂在水处理中占据了越来越重要的地位，它的合成方法也越来越多，怎样选择最简便的方法合成效能最好的絮凝剂，在降低成本的同时，得到更好的污水处理效果，是研究者们普遍关注的问题。

3.4.1 聚合型絮凝剂

聚合型絮凝剂的制备主要由含烯基的阳离子单体通过自由基聚合反应而成，主要有聚二甲基二烯丙基氯化铵、聚甲基丙烯酸二甲氨基乙酯、丙烯酰胺-二甲基二烯丙基氯化铵共聚物、丙烯酰胺-甲基丙烯酸二甲氨基乙酯共聚物、丙烯酰胺-丙烯酸乙酯基三甲基氯化铵共聚物、丙烯酰胺-丙烯酸乙酯基三甲基铵硫酸甲酯共聚物、丙烯酰胺-乙烯基吡咯烷酮共聚物、聚乙烯基吡啶盐、聚-N-二甲氨基甲基丙烯酰胺（微）乳液、聚-N-二甲氨基丙基甲基丙烯酰胺、聚乙烯胺和聚乙烯亚胺等。

聚合型絮凝剂的制备包括含烯基阳离子单体的均聚反应以及丙烯酰胺和其他阳离子单体

的共聚反应，制备方法归纳起来，主要有水溶液聚合、反相悬浮聚合和乳液聚合，其中乳液聚合又包括反相乳液聚合和反相微乳液聚合。

3.4.1.1　聚二甲基二烯丙基氯化铵（PDMDAAC）

【结构式】　PDMDAAC 的化学结构式有两种——五元环结构和六元环结构：

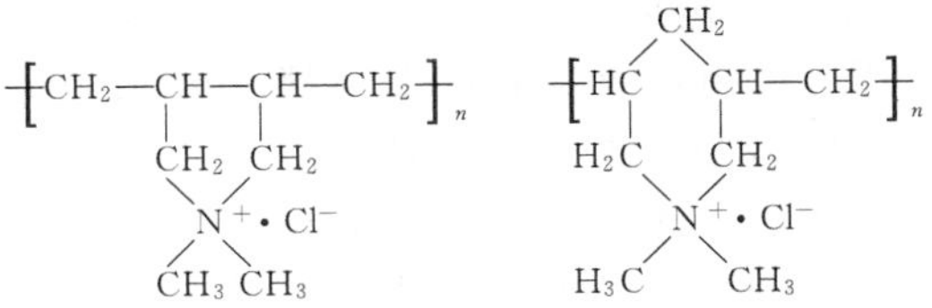

五元环　　　　　　　　六元环

【物化性能】　聚二甲基二烯丙基氯化铵（PDMDAAC 或 PDADMAC）为白色易吸水粉末，溶于水、甲醇和冰醋酸，不溶于其他溶剂。在室温下 PDMDAAC 水溶液在 pH＝0.5～14 范围内稳定。

【制备方法】　聚二甲基二烯丙基氯化铵的制备主要是利用二甲基二烯丙基氯化铵通过自由基聚合反应而成，其反应式如下：

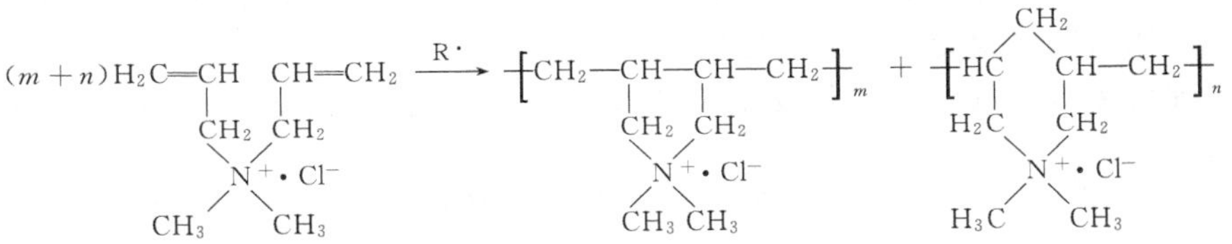

聚二甲基二烯丙基氯化铵的制备方法有水溶液聚合、非水相溶液聚合、沉淀聚合、乳液聚合和悬浮聚合等，其中水溶液聚合法工艺简单，成本较低，产品可直接应用，不必回收溶剂，因此应用最为广泛。

（1）水溶液聚合

水溶液聚合法制备聚二甲基二烯丙基氯化铵，可采用化学引发、UV 光引发、γ射线引发、荧光引发等引发方式。化学引发聚合采用的引发剂有无机过氧类，如过硫酸钾、过硫酸铵等；氧化还原引发体系，如过硫酸盐/脂肪胺、过硫酸盐/亚硫酸钠等；此外还有水溶性偶氮类引发剂等。以下主要介绍二甲基二烯丙基氯化铵（DMDAAC）单体和聚合物的制备方法。

① 双液法合成 DMDAAC

是由二步反应完成的，其反应式为：

$$(CH_3)_2NH + CH_2\!=\!CHCH_2Cl + NaOH \xrightarrow{\text{甲苯/H}_2\text{O}} (CH_3)_2NCH_2CH\!=\!CH_2 + NaCl$$

$$(CH_3)_2NCH_2CH\!=\!CH_2 + CH_2\!=\!CHCH_2Cl \xrightarrow{\text{甲苯}} (CH_3)_2N^+(CH_2CH\!=\!CH_2)_2Cl^-$$

中间产物可以分离出来，并能完全除去氯化钠杂质，最终得到高纯度的固体阳离子单体。采用有机溶剂双液相反应，可以有效抑制烯丙基氯的挥发和自聚，并能方便地将中间物分离，避免了蒸馏分离所带来的耗时、挥发损失、高温自聚和残留物损失等不利因素，鉴于有机溶剂能够反复套用，该方法不会带来环境污染，并可将过量的烯丙基氯回收利用，达到或接近无气、液排放水平。第一步反应得到的水相溶液在分离固体氯化钠后，部分液体与作干燥剂使用的氢氧化钠可以配成原料溶液返回利用，另一部分经多次积累后制成 DMDAAC 水溶液产品，使水相液体得到全部利用。

a. 单体制备步骤　在装有搅拌器、温度计的三口瓶中，加入 150mL 33％的二甲胺水溶液（1.0mol）及 100mL 有机溶剂，剧烈搅拌呈乳白色，在 3h 内滴加 82mL 烯丙基氯

（1.0mol）和 84g 50％的氢氧化钠水溶液（1.05mol），缓缓升温并维持体系回流 3h。冷却后，分出上层有机相，水相含有氯化钠固体，用少量有机溶剂萃取二次，合并有机相，加入 10g 氢氧化钠干燥，过滤，收集滤液备用。取上述 1/3 有机相滤液，在室温下加入 51mL（0.62mol）烯丙基氯于 40℃搅拌反应 5h，冷却后滤出 DMDAAC 固体，经丙酮洗涤后减压干燥、称重，滤液经气相色谱法测定烯丙基氯含量后返回套用。在上述水相滤液（滤除氯化钠后）中，加入 100mL 套用有机相溶液，于 45℃搅拌反应 5h，分出有机相，水相在 60～70℃减压蒸出 20mL 液体，得 DMDAAC 水溶液产品。

b. 聚合步骤　将 6g DMDAAC 固体，14g 丙烯酰胺溶于 62g 蒸馏水中，加入一定量的引发剂，在室温下用紫外灯引发聚合，至体系温度升至最高点（约 1.5h，47℃）后，冷却，得弹性胶状聚合物。

② 一步法制备 DMDAAC

采用一步法制备了二甲基二烯丙基氯化铵单体，即在强碱性条件下由烯丙基氯和二甲胺反应先生成二甲基一烯丙基叔胺，将该叔胺分离出来并再次加入烯丙基氯，于丙酮介质中结晶析出季铵盐晶体。但该法所得单体溶液中含有大量副产物如氯化钠、烯醇、烯醛、叔胺盐及未反应完的烯丙基氯等，虽经减压蒸馏但不能完全去除或完全不能去除，这将严重影响后续聚合步骤和作为给水絮凝剂的卫生性能。

实验原理为烯丙基氯和二甲胺发生亲核取代反应，先生成叔胺，再进一步反应得季铵盐。反应式如下：

$$2(CH_3)_2NH + CH_2=CH \cdot CH_2Cl \longrightarrow (CH_3)_2NCH_2CH=CH_2 + (CH_3)_2NH_2Cl$$

$$(CH_3)_2NCH_2 \cdot CH=CH_2 + CH_2=CH \cdot CH_2Cl \longrightarrow \begin{bmatrix} CH_2=CH \cdot CH_2 & CH_3 \\ & N^+ \\ CH_2=CH \cdot CH_2 & CH_3 \end{bmatrix} Cl^-$$

在由上述单体在一定引发剂下聚合。采用水溶液，作为絮凝剂，其相对分子质量越大越好，分子链越长越好。可以选用硫酸亚铁/过氧化氢引发系统，加入 EDTA 的二钠盐，再氮气保护并抽真空下聚合，以水为水溶剂。

由于原料烯丙基氯的市场价格比较高，因而产品 PDMDAAC 的市场售价比较高，但其投放量远比 HPAM 要小。

③ 在微波辐射下合成

分别采用一步法、二步结晶法和相转移催化法合成了二甲基二烯丙基氯化铵，其中微波辐射-相转移催化效果最好。

微波辐射一步法制备 DMDAAC 单体时，其方法是全部二甲胺、氢氧化钠溶液、50％～80％总用量的氯丙烯，在功率 75～1000W 微波辐射下 15～40min 内滴完。加入所余氯丙烯，75～1000W 微波辐射反应 1～2h。减压蒸馏，温度 50～120℃，真空度（0.5～0.8）×10^6Pa，用时 20～40min，80℃下过滤得产品。

微波辐射二步法，其方法是全部二甲胺、固体氢氧化钠、50％～80％总用量的氯丙烯，功率 75～1000W，微波辐射 5～10min，叔胺的转化率以指示剂百里酚酞显示。油水分离，用相当总用量的 40％～120％的固体氢氧化钠干燥脱水，脱水后氢氧化钠会用第一步反应。第二步将上述干燥后的叔胺与所余的烯丙基氯加入 50％～200％的丙酮中，在常温下静置 12～72h，得无色针状晶体即季铵盐单体。分离后减压蒸馏精制，温度 50～120℃，真空度（0.5～0.8）×10^6Pa，用时 5～10min。

微波辐射-相转移催化法，其方法是全部二甲胺、固体氢氧化钠、50％～80％总用量的氯丙烯，功率 75～1000W，微波辐射 5～10min，叔胺的转化率以指示剂百里酚酞显示。油水分离。用相当总用量的 40%～120% 得固体氢氧化钠干燥脱水，脱水后氢氧化钠会用第一步反应。第二步加入所余氯丙烯同时加入 20%～100% 的水为相转移催化剂升温回流 1～3h。减压蒸馏，温度 50～120℃，真空度 $(0.5～0.8)×10^6 Pa$，用时 10～20min。

聚二甲基二烯丙基氯化铵（PDMDAAC）的聚合方法以微波辐射-相转移催化可提高反应速度，增加产率，降低成本。

微波辐射一步法，用冰水浴控制温度，反应速度为常规反应的一半。其中微波对叔胺化作用明显，季铵化作用一般。微波辐射和相转移催化联用二步法，叔胺化反应 5～10min 完成，速度快，减少水解、消除等副反应。油水分离的目的是脱水除氯化钠，用相当总用量的 40%～120% 的固体氢氧化钠干燥脱水，脱水后氢氧化钠回用第一步反应，低成本下彻底脱盐效果好。第二步于丙酮中结晶，微波辐射因需 1h 以上，不实用，所以未采用，但明显可加速转化率 50% 之前的反应速度。

④ 方法四

以碱金属碳酸盐、络合剂摩尔比 (1～20)∶1 的混合溶液作为净化剂，以 0.1%～0.2% 的净化剂水溶液对氯丙烯进行一次或多次洗涤；在氯丙烯溶液中滴加二甲胺溶液和碱金属氢氧化物溶液，氯丙烯∶二甲胺∶碱金属氢氧化物的摩尔比为 2.1∶1∶1，并加入催化剂，催化剂为碱金属氟化物和高效络合剂摩尔比为 (50∶1)～(1∶20) 的混合溶液；控制温度在 40～70℃，反应时间 2～4h，减压抽出水及低沸点物，得到 DMDAAC；在 DMDAAC 溶液中，加入引发剂，调 pH 值为 6 左右，常温下自动聚合。该方法原料洗净效果好，反应易于控制，可得到高分子的聚合物。

⑤ 方法五

一种用于高纯二甲基二烯丙基氯化铵的合成方法。

该工艺采用低温下半干碱法自热催化快速合成叔胺。然后油水分离，干燥脱水、脱盐。最后油相结晶或相转移催化反应，减压蒸馏得产品。具体方法为加入全部二甲胺、部分氢氧化钠溶液、适量氯丙烯，在冰水浴或盐水浴（<5℃）下反应数分钟，分批加入固体氢氧化钠控温自热催化快速完成叔胺反应。然后油水分离，油相用固体氢氧化钠干燥。加入所余氯丙烯升温回流 1～3h，减压蒸馏精制 10～30min 即可。单体制备后在一定条件下加入引发剂进行聚合。

（2）反相乳液聚合

反相乳液聚合制备聚二甲基二烯丙基氯化铵的具体工艺为：在反应器中加入规定量的油相、乳化剂、螯合剂以及其他添加剂并开启搅拌；同时在一定质量浓度的离子交换精制的二甲基二烯丙基氯化铵单体水溶液和分散相中通入氮气驱氧 20～30min 后，在单体中加入引发剂，摇匀后，在快速搅拌下加入油相中进行聚合，待出现放热高峰后于 30～70℃ 范围内保温 3.0～6.0h 后，冷却至室温加入终止剂后出料；在聚合过程中，定期取样测定单体的转化率和 PDMDAAC 乳液的相对分子质量。

黄鹏程以异构烷烃混合物 Isopar M 为连续相，以丁二酸二 (2-乙基) 己基磺酸钠 (AOT) 和山梨糖醇单油酸酯 (SMO) 为乳化剂，以偶氮二异庚腈为引发剂，采用反相乳液聚合制备 PDMDAAC 乳液。此外，聚合反应温度为 60.5℃，油水体积比约 2.3∶1。

Morgan 和 Boothe 利用乳液聚合制备聚二甲基二烯丙基氯化铵的具体工艺为：往反应器中加入 321.5g 苯、138.5g 72.2% DMDAAC 水溶液和 40g 20% 辛烷基-苯氧基乙氧基-2-乙醇硫酸钠水溶液；上述混合物在 170～180r/min 转速下搅拌，并升温至 (50±1)℃，通氮驱氧 1.0h 后，加入 1.4mL 质量浓度为 3.51g/L 的硫酸亚铁铵溶液，然后再加入 0.336mL 75% 过氧酰基特戊酸丁酯醇溶液，并在 50℃ 下通氮搅拌反应 20h。通过蒸发分离出苯溶剂，就可得到玻璃状聚二甲基二烯丙基氯化铵固体产品。

【应用】　近年来，国内的部分生产厂家开始对二甲基二烯丙基氯化铵均聚物和共聚物进行了大量的研究。二甲基二烯丙基氯化铵均聚物和共聚物属于阳离子型有机合成高分子絮凝剂，具有良好的水溶性，水溶液呈中性，在水溶液中电离后产生带正电荷的季铵盐基团。这类絮凝剂除了具有一般高分子絮凝剂的架桥、卷扫等功能外，还具有相当强的电中和能力。其絮凝机理是高分子阳离子基团与带负电荷的污泥离子相吸引，降低并中和了胶体粒子的表面电荷，同时压缩了胶体扩散层而使微粒凝聚脱稳，并借助了高分子链的粘连架桥作用而产生絮凝沉降。

汤继军等利用自制的二甲基二烯丙基氯化铵均聚产品（HCA）和共聚产品（HCA-AM）对活性污泥进行絮凝脱水性能研究，并与阳离子聚丙烯酰胺进行了对比试验。当活性污泥的 pH 值为 5 时，絮凝剂的用量在 $10\sim30\mathrm{mg/L}$ 范围内，二甲基二烯丙基氯化铵均聚产品（HCA）和共聚产品（HCA-AM）的脱水效果始终优于阳离子聚丙烯酰胺。

3.4.1.2　聚甲基丙烯酰氧乙基三甲基氯化铵

聚甲基丙烯酰氧乙基三甲基氯化铵是一种具有特殊功能水溶性阳离子高分子聚合物，广泛用于石油开采、造纸、水处理等众多领域。聚甲基丙烯酰氧乙基三甲基氯化铵的制备采用水溶液聚合，质量分数为 40% 聚甲基丙烯酰氧乙基三甲基氯化铵溶液制备的具体工艺为：在反应器中 160 份质量分数为 75% 的甲基丙烯酰氧乙基三甲基氯化铵单体溶液，加上 140 份去离子水和 0.12 份偶氮引发剂 2,2′-偶氮双-[2-(2-苯并咪唑基)丙烷] 二盐酸盐，通氮气驱氧，并在室温下搅拌反应 1.0h，将反应体系温度升至 44℃，连续加热搅拌 21h，冷却室温、出料。聚甲基丙烯酰氧乙基三甲基氯化铵聚合物溶液的黏度约 1.4cP。

张光学等亦利用水溶液聚合法制备聚甲基丙烯酰氧乙基三甲基氯化铵，并研究了单体纯度、单体质量浓度、聚合温度、引发剂用量对聚合物分子量的影响。当单体质量浓度为 70%、反应温度为 65℃，偶氮二异丁腈的用量为单体质量的 0.05%，所制备的聚合物特性黏数可达 9.65dL/g。

3.4.1.3　聚甲基丙烯酸二甲氨基乙酯（PDMAEMA）

聚甲基丙烯酸二甲氨基乙酯（PDMAEMA）结构中既含有亲水性的氨基、羧基，也含有疏水性的烷基，是一种两亲性功能高分子。

【结构式】

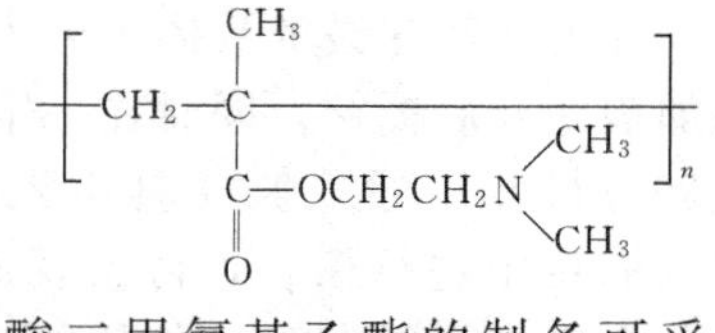

【制备方法】　聚甲基丙烯酸二甲氨基乙酯的制备可采用水溶液聚合和悬浮聚合两种方式。

（1）悬浮聚合

① 单体制备　甲基丙烯酸二甲氨基乙酯单体一般由甲基丙烯酸甲酯（易挥发液体）与 2-二甲氨基乙醇，在有锂、氧化锂、乙酰丙酮化锂或 $Bu_2Sn(OOCMe)_2$ 存在的情况下，通过酯交换反应制得。

② 聚合方法　甲基丙烯酸二甲氨基乙酯单体加入由去离子水 200 份、分散剂羟基异丙氧基纤维素 0.2 份、引发剂 2,2′-偶氮双-2,4-二甲基-4-甲氧基戊腈 0.8 份和偶氮二异丁腈 0.2 份的混合物中，在 50℃ 温度和搅拌作用下，使单体 30% 得以聚合，然后，再加入去离子水 16 份和硫酸钠 5 份，搅拌（250r/min）10min，最后，在 50℃ 下继续搅拌（150r/min）

聚合反应 3h，由此可得到颗粒状的聚甲基丙烯酸二甲氨基乙酯，产率为94.3%。

（2）水溶液聚合

胡晖和范晓东利用紫外光引发甲基丙烯酸二甲氨基乙酯进行溶液聚合制备PDMAEMA，具体工艺为：称取适量安息香乙醚溶于无水乙醇/水混合溶剂中，加入 DMAEMA 单体，用浓盐酸调节（或不调节）溶液的 pH 值，通氮气至少 20min 后，密封于玻璃容器中，在紫外光灯下引发聚合。

他们研究了引发剂安息香乙醚（BE）用量、单体浓度、光引发时间等因素对聚合速率、产率与相对分子质量的影响，并确定了对 DMAEMA 进行光引发自由基聚合的最佳工艺条件为：DMAEMA 单体的质量浓度为 0.5g/mL，用 HCl 调节溶液 pH 值为 1.5～2.0，BE 的用量为 1%，紫外光引发时间为 30min。

3.4.1.4　丙烯酰胺-二甲基二烯丙基氯化铵共聚物

【物化性能】　丙烯酰胺-二甲基二烯丙基氯化铵共聚物属于阳离子型絮凝剂，是一种带有阳离子基团的线性高聚物，它的大分子链上所带的正电荷密度高，具有水溶性好、絮凝能力强、用量少、不污染环境等优点，已被广泛用于废水处理。

【制备方法】　丙烯酰胺-二甲基二烯丙基氯化铵共聚物是由丙烯酰胺和二甲基二烯丙基氯化铵通过自由基聚合成的共聚物，反应式如下：

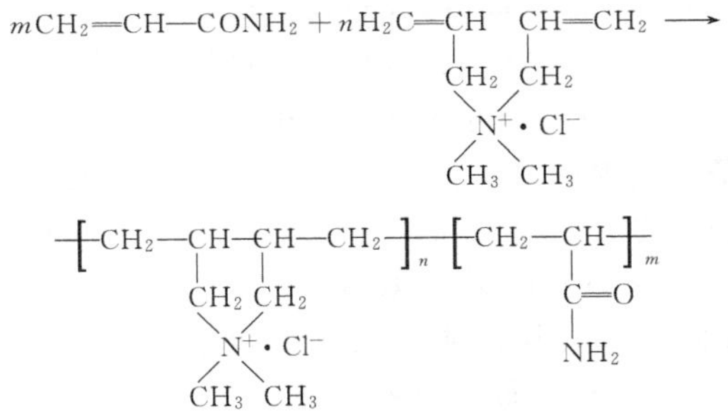

$$mCH_2\!\!=\!\!CH\!-\!CONH_2 + nH_2C\!\!=\!\!CH \quad CH\!\!=\!\!CH_2 \longrightarrow$$

丙烯酰胺-二甲基二烯丙基氯化铵共聚物可通过水溶液聚合、反相乳液聚合两种方法来制取，在共聚过程中，应注意两种单体在反应过程中的活性差异，避免因两种单体在长链上分布不均，引起的组分差异；另外，也要防止少量的二烯丙基二甲基氯化铵（DMDAAC）单体因侧基双链引发支化产生交联聚合物，所导致的共聚物水溶性下降的缺陷。

（1）水溶液聚合

罗文利等以过硫酸盐/脂肪胺氧化还原体系和特殊助剂引发二甲基二烯丙基氯化铵（DMDAAC）和丙烯酰胺（AM）水溶液共聚，制成了分子量较高且速溶的粉状共聚物。

步骤为将 DMDAAC、AM、去离子水和助剂加入聚合瓶，搅拌溶解，脱氧，加入过硫酸盐/脂肪胺引发剂，置于恒温水浴中聚合反应 4h，得到具有弹性的透明胶状体，经造粒、烘干、粉碎、过筛，得到粉状共聚物。

常青采用补加活泼单体法制得二甲基二烯丙基氯化铵-丙烯酰胺共聚物。步骤为将一定量的 DMDAAC 单体溶于一定量的蒸馏水中，控制温度为 20℃，充氮气 20min，加入由 A，B 两组分组成的复合引发剂，其中 A 组分 2‰，B 组分 6‰。在氮气保护下加入一定量的 AM 单体溶液，加量按 AM 与 DMDAAC 比率为 0.22 估算，并每隔 10min 补加一次，直到加完为止。此时单体总摩尔比为 1∶1，单体的最终总浓度达 40%。以甲醇稀释后于丙酮介质中析出聚合物，分离后于 70℃下恒温干燥。

（2）反相乳液聚合

反相乳液聚合是用非极性溶剂为连续相，聚合单体溶于水，然后借助于乳化剂分散于油相中，形成"油包水"（W/O）型的乳液而进行聚合。它为水溶性单体提供了一个具有高聚合速率和高分子质量产物的聚合方法。采用反相乳液聚合法可以制备丙烯酰胺-二甲基二烯丙基氯化铵共聚物乳液和固体两种产品。

吴全才以偶氮二异丁腈（AIBN）、过硫酸铵（APS）和亚硫酸钠（SS）复合引发体系，利用反相乳液聚合法合成高固含量、高分子质量丙烯酰胺-二甲基二烯丙基氯化铵共聚物胶乳产品。

具体步骤：在 500mL 四口瓶中安装搅拌器，导气管，冷凝器并置于超级恒温水浴槽中；将链烷烃、复合乳化剂及单体水溶液，用超高速剪切乳化机乳化，移入四口瓶中除氧 30min，加入复合引发剂 APS/SS/AIBN 在 30～60℃下反应 4～6h，然后脱溶剂降温出料；当单体的质量浓度为 46.5% 左右，二甲基二烯丙基氯化铵与丙烯酰胺单体的摩尔比为 2∶8，引发剂用量为单体总质量的 0.05% 时，所制备的共聚物胶乳的特性黏数为 854.2dL/g，固含量为 43.5%，产品的溶解时间小于 3min，而且丙烯酰胺单体的含量≤0.7%。

廖刚用反相乳液聚合的方法合成的水溶性阳离子型聚合物二甲基二烯丙基氯化铵（DMDAAC）和丙烯酰胺（AM）的共聚物。该聚合体系以煤油为分散介质，以 Span80 和 OP10 为乳化剂，以过硫酸钠和亚硫酸钠为引发剂。在油相/水相（V/V）为 30∶70、水相单体质量浓度为 60%、DMDAAC∶AM 为 1∶1、乳化剂用量为 6%、引发剂用量为 0.2%、聚合温度为 30℃的条件下聚合 12h，聚合物的特性黏数达 2.56dL/g。

【应用】 陈伟忠等以二甲基二烯丙基氯化铵和丙烯酰胺单体为原料，通过水溶液聚合法制备出不同阳离子度的阳离子型高分子絮凝剂 PDA，并用自制的阳离子度为 30% 的 3# PDA 与市场上几种阳离子型聚丙烯酰胺进行污泥脱水性能比较，结果见表 3-19。从表中数据可看出：阳离子度为 30% 的二甲基二烯丙基氯化铵与丙烯酰胺共聚物在城市生活污水处理的污泥脱水过程中具有良好的实际处理效果，当加入量为 60mg/L 时，COD 去除率为 79.4%，上清液透过率为 93.5%，且形成的絮体大而坚韧，易于后续脱水处理，与市售的几种阳离子型聚丙烯酰胺产品比较，脱水絮凝相近。

表 3-19   4 种 CPAM 产品的处理效果对比

样品号	阳离子度 /%	特性黏度 /(dL/g)	最佳用量 /(mg/L)	透过率 /%	COD 去除率/%	滤饼含水率/%	絮体形状
3# PDA	30	6.7	60	93.5	79.4	87	大
江苏某厂生产	30	6.2	80	89.2	80.3	80	较大
浙江某厂生产	10	12.0	50	94.0	82.8	93.9	大
国外公司进口	10	8.4	85	92.2	77.9	85.2	大

张跃军等对实验室自制的二甲基二烯丙基氯化铵与丙烯酰胺共聚产物 PDA 和市场上出售的几种有代表性阳离子型聚丙烯酰胺（CPAM）应用于城市生活污水中的污泥脱水的效果做了系统对比，结果见表 3-20 和表 3-21。CPAM 的最佳使用范围一般为 50～80mg/L，处

表 3-20   几种不同阳离子型聚丙烯酰胺样品的基本性能参数

样品编号	PDA	Z6	F4	ZJ	JS
阳离子度/%	30	30	10	10	30
特性黏数 /(dL/g)	6.7	8.7	8.4	12.0	6.2
外观	45%透明胶体	白色粉末	白色粉末	3%胶体	白色粉末
产品结构	DMDAAC-AM	DM-AM	DM-AM	改性阳离子	DM-AM
产地	实验室研制	英国	法国	浙江	江苏

表3-21　几种不同阳离子型聚丙烯酰胺产品的污泥脱水性能比较

CPAM	最佳用量/(mg/L)	COD去除率/%	透过率/%	滤饼含水率/%	絮体形状
空白	0	0	64.4	94.4	细末
PDA	60	79.4	93.5	87	大
Z6	50	88.5	93.4	80.9	较大
F4	85	77.9	92.2	85.2	大
JS	80	80.3	89.2	80.5	较大
ZJ	50	82.8	94.0	93.9	大

理后上清液COD去除率达到78%以上，透过率达90%以上，且形成的絮体大而坚韧，易于后续脱水处理。自制的PDA样品与市售几种不同结构的CPAM样品的絮凝效果性能比较，其性能相近。

顾学芳等利用二甲基二烯丙基氯化铵（DMDAAC）与丙烯酰胺（AM）共聚物（PDA）处理废纸再生造纸废水，并研究了无机絮凝剂聚合氯化铝、聚合硫酸铁或有机絮凝剂PDA单独处理废水和无机絮凝剂与有机絮凝剂配合使用处理废水的效果。结果表明：无机絮凝剂与有机絮凝剂配合使用有很好的处理效果；配合使用中有机絮凝剂相对分子质量较高者与阳离子度较高者相比，前者更有利于提高处理效果；当无机絮凝剂用量为300mg/L时，PDA型有机絮凝剂用量为3~6mg/L，废水经絮凝沉降处理后，清液透过率可达92%以上，COD去除率达74%上，COD值可降到100mg/L左右，水质达到排放标准，而且下层絮体坚韧易于脱水；与选定国外产品F4比较，自制PDA样品性能较优，而且下层絮体较大、坚韧、易于脱水。

3.4.1.5　丙烯酰胺-(2-甲基丙烯酰氧乙基)三甲基氯化铵共聚物

【制备方法】　丙烯酰胺-（2-甲基丙烯酰氧乙基）三甲基氯化铵共聚物的制备方法以水溶液聚合和反相微乳液聚合为主。

（1）水溶液聚合法

马少君采用水溶液聚合方法合成聚（2-甲基丙烯酰氧乙基）三甲基氯化铵（DMMC）-丙烯酰胺（AM）阳离子型共聚物，并分析讨论了单体浓度、引发剂浓度和聚合体系pH值对共聚物特性黏数的影响。制备方法为：在1000mL的三口玻璃釜上安装有N₂管、滴液漏斗，并将其置于超级恒温水浴中。将DMMC和AM水溶液加入玻璃釜中，通N₂除氧30min，调整pH值后加入引发剂在60℃下聚合7h。反应结束后取下玻璃釜盖拿出块状物，将聚合物造粒，将胶体粒置于真空烘箱中在1.33×10^3Pa和60℃条件下干燥14h，取出干燥后的颗粒粉碎即得聚DMMC-AM产品。当反应体系pH值为6，单体质量分数为30%，引发剂用量为0.1%时，所制备的共聚物溶解迅速，抗静电性能优良。

（2）反相微乳液聚合法

罗青枝等以油酸失水山梨醇酯Span 80和壬基酚聚氧乙烯醚OP 10为乳化剂，白油为连续介质，过氧化二碳酸（2-乙基己酯）（EHP）为引发剂，进行丙烯酰胺/(2-甲基丙烯酰氧乙基)三甲基氯化铵（AM/DMMC）反相微乳液共聚合反应。制备方法：单体水溶液和含有一定乳化剂的白油分别鼓氮驱氧30min，然后在氮气保护下先后将白油和单体水溶液加入到搅拌着的1000mL四口瓶中，充分乳化30min后加入引发剂EHP进行聚合反应。

【应用】　马少君采用反相乳液聚合法制备阳离子度为50%的2-甲基丙烯酰氧乙基三甲基氯化铵-丙烯酰胺共聚物，并将产品用于化工废水生化处理后的污泥的脱水试验，结果发现：利用30mg/L共聚物产品处理生化污泥后，滤饼的含水率从82.5%降至72.7%。

施周等利用由甲基丙烯酰基三甲基氯化铵与丙烯酰胺聚合而成的阳离子高分子絮凝剂CPF对水厂排泥水进行沉降及脱水性能试验，并与硫酸铝、聚合氯化铝（PAC）、复合铝铁以及非离子型聚丙烯酰胺进行沉降和脱水性能比较，发现：无机絮凝剂硫酸铝、PAC、复合铝铁对污泥沉降及脱水性能的改善很有限，CPF对污泥沉降性能的改善效果最显著，而PAM对污泥脱水性能的改善更突出（使污泥比阻大幅度下降）。因此，高浊度排泥水的混凝主要表现为絮凝过程，是使本已具有一定沉速的污泥以更快的速度下沉。对混凝剂而言，除要求其具有较高的聚合度外，还要有一定的分子链长度，以便能发挥较好的吸附和架桥作用。

应用PAM和CPF进行的进一步研究表明，在相同投加量下PAM对污泥脱水性能的改善优于CPF，但降低上清液的浊度以及污泥减容的效果明显不如CPF。经CPF处理过的污泥有很好的浓缩性能，能在短时间内实现减容，从而可减小浓缩构筑物的尺寸和脱水机的工作负荷。综上所述，CPF的处理效果优于PAM。

3.4.1.6　丙烯酰胺-甲基丙烯酸二甲氨基乙酯共聚物
【结构式】

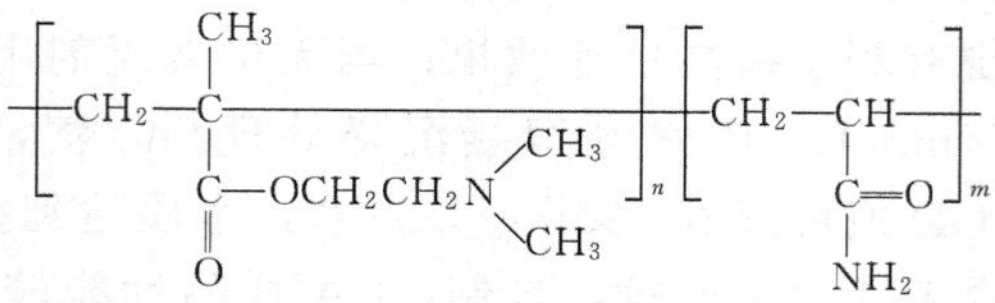

$$\begin{array}{c} CH_3 \\ -[CH_2-C]_n-[CH_2-CH]_m- \\ C-OCH_2CH_2N(CH_3)_2 \quad C=O \\ O \qquad\qquad NH_2 \end{array}$$

【制备方法】　丙烯酰胺-甲基丙烯酸二甲氨基乙酯共聚物的制备方法有水溶液聚合和乳液聚合等，但溶液聚合所得产品有效成分低，易于降解，不便于运输和储存。此外，为了提高共聚物的水溶性，甲基丙烯酸二甲氨基乙酯单体常以甲基氯化季铵盐形式参加反应。

（1）水溶液聚合

王雅琼等以过硫酸铵/亚硫酸钠为引发体系，利用水溶液聚合法制备丙烯酰胺-甲基丙烯酸二甲氨基乙酯共聚物。制备方法：将丙烯酰胺（AM）与甲基丙烯酸二甲氨基乙酯（DMAEMA）按1:9（摩尔比）配成质量分数为10%的水溶液，加入到带搅拌器的250mL三口瓶中，通N_2 40min后加入过硫酸铵/亚硫酸钠引发剂（引发剂的加入量为单体质量的0.4%），在30℃下聚合反应5h。

（2）乳液聚合

徐东平以丙烯酰胺、甲基丙烯酸二甲氨基乙酯、氯甲烷盐和聚醚分散剂为原料，以过硫酸铵/亚硫酸氢钠为引发体系，采用乳液聚合法制备丙烯酰胺-甲基丙烯酸二甲氨基乙酯共聚物。制备方法：在反应瓶内加入一定量的蒸馏水、分散剂以及丙烯酰胺和甲基丙烯酸二甲氨基乙酯单体，在通氮下搅拌，加热升温到60℃左右时，先加一定量的硫酸铵和亚硫酸氢钠，此时内温会自行升至80℃左右，保持此温度反应5h，再补加一定量的过硫酸铵与亚硫酸氢钠，继续反应1h，冷却出料即得丙烯酰胺-甲基丙烯酸二甲氨基乙酯共聚物乳液。其中，单体质量分数为30%～40%，丙烯酰胺与甲基丙烯酸二甲氨基乙酯单体的质量比为4:3，分散剂与单体总质量的比值为（5:100）～（7:100），引发剂浓度控制在6×10^{-4} mol/L，初始反应温度在65℃左右，保温反应温度在80℃左右。

3.4.1.7　丙烯酰胺-丙烯酸乙酯基三甲基氯化铵共聚物
【结构式】

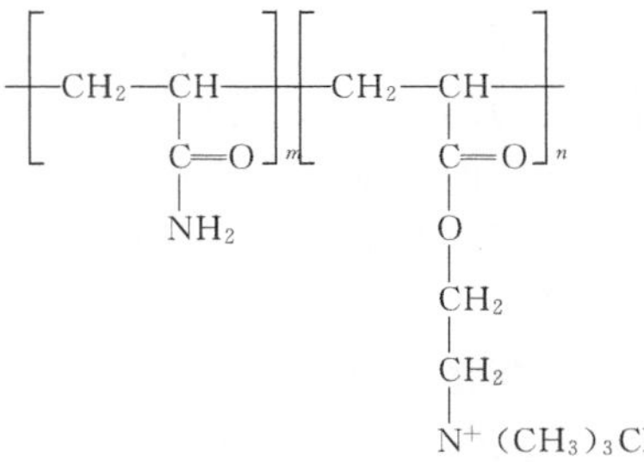

【制备方法】　丙烯酰胺-丙烯酸乙酯基三甲基氯化铵共聚物的制备采用反相乳液聚合法。

冯大春等以环己烷为连续相/十八烷基磷酸单酯为分散剂/无水亚硫酸钠和 VA-044 为引发剂，以丙烯酰胺（AM）和功能性阳离子型共聚单体丙烯酸乙酯基三甲基氯化铵（AQ）为单体，采用反相悬浮聚合法，合成丙烯酰胺-丙烯酸乙酯基三甲基氯化铵共聚物。首先在带有搅拌器、回流冷凝管、滴液漏斗及氮气导入管的四口烧瓶中加入定量的环己烷、十八烷基磷酸单酯，通入氮气逐出瓶中氧气，升温至规定温度使分散剂充分溶解。同时将一定计量的丙烯酰胺（AM）、阳离子单体 AQ（液体）、引发剂在烧杯中溶解，将混合液转入滴液漏斗中，在规定的时间内将混合单体匀速滴入四口烧瓶中，保持在 60℃ 下反应，滴毕继续反应 1.5h，降至室温，过滤分离、洗涤干燥后即得白色小颗粒状聚合物。其中，AM 与 AQ 的摩尔比 1:1，分散剂用量 2.5%（相对于单体总质量），油水体积比为 3:1，搅拌速度 350r/min，滴加时间 1h。在上述条件下，可制得平均粒径为 1mm，品质高的 AM/AQ 阳离子共聚物。

3.4.1.8　吡啶季铵盐型阳离子聚丙烯酰胺

【制备方法】　吡啶季铵盐型阳离子聚丙烯酰胺具有优良的絮凝、缓蚀、杀菌多种功能，是一种新型的多功能水处理剂。合成思路：先将 4-乙烯基吡啶（4-VP）与丙烯酰胺（AM）进行共聚合，然后使用季铵化试剂，使吡啶环正离子化，这样制得的共聚物不仅实现了聚丙烯酰胺的阳离子化，而且又将氮杂环季铵盐引入了高分子链之中。

丙烯酰胺是亲水单体，4-乙烯基吡啶是憎水单体，其共聚物是双亲聚合物，由于双亲聚合物的聚合单体极性差别很大，两者不能互溶，因此 4-乙烯基吡啶难以用一般自由基聚合方法合成，迄今为止，为克服这一问题，人们提出了几种可能的共聚合方法：①采用水溶性单体与油溶性单体的共溶剂进行共聚；②油溶性单体溶解在胶束中分散在连续的水介质中，即胶束聚合法；③油溶性单体悬浮在水溶液中。

（1）4-乙烯基吡啶-丙烯酰胺共聚物的制备

① 溶液聚合法

在装有搅拌器、温度计、回流冷凝管的四口反应烧瓶中，依次加入 30 份的丙烯酰胺、15 份的 4-乙烯基吡啶、5 份的 N,N-二甲基甲酰胺（或丙酮）和 50 份蒸馏水，通入 N_2 保护，匀速搅拌一定时间后，缓慢将温度升到 45℃，加入 0.015 份引发剂 $K_2S_2O_8$ 的水溶液，并开始计量，反应 6h 后，冷却出料，将黏稠液体倒入大量水中，并加入适量 $CaCl_2$ 溶液，即可沉淀出 4-乙烯基吡啶-丙烯酰胺共聚物。产物用蒸馏水洗涤数次后，用氯仿浸泡 24h，最后将产物真空干燥至恒重，置于干燥器中备用。

② 胶束共聚合法

在装有去离子水、温度计、搅拌器、冷凝器的四口烧瓶中，放入 0.41mol/L AM，水浴加热，升温到 50℃，高纯氮气保护，加 8.4×10^{-2} mol/L 十二烷基苯磺酸钠和 0.21mol/L 4-VP，保持恒定的温度，搅拌约 50min，滴加 2.72×10^{-3} mol/L 引发剂后，反应 5h。

（2）吡啶季铵盐型阳离子聚丙烯酰胺的制备

称取一定量的 4-乙烯基吡啶-丙烯酰胺共聚物，溶解于甲醇或甲醇与乙二醇的混合溶剂中（视共聚物的组成情况而采用不同的溶剂），在搅拌下缓慢加入 5 倍于共聚物中吡啶环摩尔量的硫酸二甲酯，以保证使共聚物中的吡啶环全部被季铵化，于室温下反应约 11h，用沉淀剂四氢呋喃沉淀出产物，并多次用四氢呋喃洗涤，将产品于室温下真空干燥 24h，最后置于干燥器中保存备用。

3.4.1.9　聚-N-二甲氨基甲基丙烯酰胺乳液

【制备方法】　聚-N-二甲氨基甲基丙烯酰胺乳液的制备主要利用二甲氨基甲基丙烯酰胺单体通过自由基聚合而成，因此制备工艺分为 2 个步骤：①单体的制备；②反相乳液聚合。聚-N-二甲氨基甲基丙烯酰胺乳液主要是通过自由基聚合反应而成，具体反应式如下。

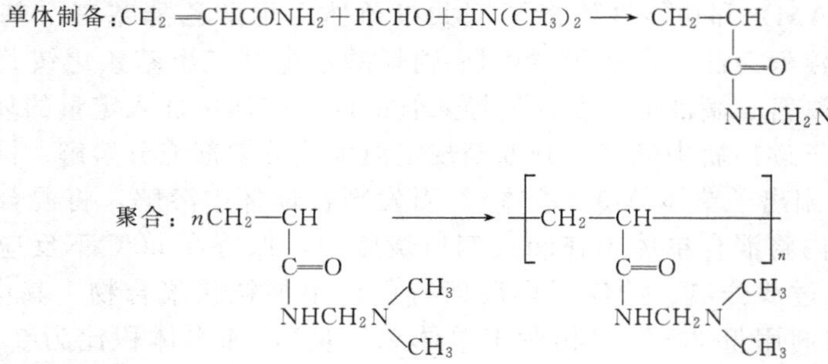

$$\text{单体制备：}CH_2=CHCONH_2+HCHO+HN(CH_3)_2 \longrightarrow$$

$$\text{聚合：}nCH_2-CH \longrightarrow [CH_2-CH]_n$$

（1）单体的制备

于装有温度计、电磁搅拌器和 pH 电极的三颈烧瓶内，加入 1 份（以质量计，下同）甲醛含量为 96% 的多聚甲醛和 3.71 份 40% 的二甲胺水溶液，控制温度低于 45℃ 反应 2h，然后加稀盐酸使反应得到的醛胺 pH 值降至 2（注意：加酸过程须在冰浴中进行，以保持反应混合液温度不高于 20℃）。

于上述酸化后的反应物中加入事先酸化，pH 值为 2 的 48% 丙烯酰胺水溶液 4.72 份，升温并控制在 65℃ 反应 2h，由此即可得到 N-二甲氨基甲基丙烯酰胺单体含量摩尔分数为 85% 的产品，备用。

（2）反相乳液聚合

于聚合釜内加入质量分数为 36% 的单体水溶液 298 份（pH=3）、去离子水 56 份、Isopar M140 份和油酸异丙醇酰胺 11 份，组成油包水乳化液。升温至 30℃，充氮 1h，然后加入常用的氧化还原催化剂，反应 3h 后，再加热至 50℃ 反应 1h，由此即可得到聚-N-二甲氨基甲基丙烯酰胺油包水乳液。

聚合反应所用的引发剂可选用氢醌、叔丁基焦儿茶酚、吩噻嗪或硫酸铜，引发剂的加量为丙烯酰胺量 0.001%～0.1%（质量分数）。反应中所加的 Isopar M 为闪点 76.7℃（170°F）的异链烷烃混合物。

3.4.1.10　聚-N-二甲氨基丙基甲基丙烯酰胺

【制备方法】　由于该产品多为季铵盐，故本方法着重阐述 N-二甲氨基丙基甲基丙烯酰胺季铵化聚合物的制备过程和条件。

（1）单体制备

在装有搅拌器、蒸馏塔、滴液漏斗和温度计的 2L 烧瓶内，加入 688.8g 甲基丙烯酸、817.6g N,N-二甲基-1,3-丙二胺和 8g N,N-二苯基对苯二胺，充入氮气，在 220℃ 温度下反应 1～5h，即可制得 N-3-二甲氨基丙基甲基丙烯酰胺黄色液体，备用。

（2）N-二甲氨基丙基甲基丙烯酰胺季铵盐的制备

在装有 170g N-二甲氨基丙基甲基丙烯酰胺的 1.6L 烧瓶中，加入乙酸 60g 和水 176g，升温至 50℃，在 1h 内加环氧乙烷 44g，保持此温度反应 30min，即可得到有以下结构的季铵乙酸盐：

$$CH_2=C-CNHCH_2CH_2CH_2N^+-CH_2CH_2OH\ CH_3COO^-$$

（3）聚合

将以上制得的甲基丙烯酰胺丙基羟乙基二甲基乙酸铵水溶液 50g 加去离子水 50g 稀释，然后在 30℃ 下充氮 1h，再加 0.4g 2,2'-偶氮双-(2-甲基-乙基腈) 作引发剂，于 65～70℃ 下聚合反应 3h，即可得到 N-二甲氨基丙基甲基丙烯酰胺季铵化聚合物。

3.4.1.11　聚乙烯胺

【物化性能】　聚乙烯胺产品有两种，细粉状和无色或淡黄色黏稠液体，其中淡黄色黏稠液体有氨臭味。粉状聚乙烯胺溶于水、稀酸、醇和乙酸，不溶于醚。其盐酸盐易溶于水，但不溶于极性有机溶剂如甲醇、乙醇等。与其他强碱性物质一致，聚乙烯胺及其水溶液应避免与大气中的二氧化碳接触，最好制成聚合物盐酸盐以便于保存。液体商品一般为 20%～50% 的水溶液。5% 水溶液的 pH 值为 8～11。在碱性条件下，储存稳定性良好，但在有酸存在下会凝胶化。聚合度较低，一般为 100 左右。

【制备方法】　制备聚乙烯胺的方法主要有 3 种：①由乙烯乙酰胺的合成、聚合和水解几步完成；②聚丙烯酰胺的 Hofmann 降级重排反应；③聚（N-酰基）乙烯胺的水解。

（1）由乙烯乙酰胺的合成、聚合和水解几步完成

①乙烯乙酰胺的合成　将工业乙酰胺（无色透明针状晶体，溶于水、乙醇）462g 加入 12.45g 6mol/L 硫酸中，随之加 168mL 乙醛，搅拌并加热至 70℃，反应 9min，再加热至 95℃，反应液自发结晶，升温至 106℃，制得亚乙基-双-乙酰胺。此后加入 60g 碳酸钙和 30g 软玻璃粉作催化剂，升温至 200℃ 使亚乙基-双-乙酰胺裂解，如此制得乙烯乙酰胺 195g（产率 76%）。

②乙烯乙酰胺的聚合　在以上制得的乙烯乙酰胺红棕色混合溶液 460g 中，加入甲醇 570mL，用离子交换树脂处理后，再加甲醇，制成 10%～50% 的乙烯乙酰胺单体溶液。之后，加入一定量的偶氮二异丁腈（AIBN）催化剂，在 65℃ 温度下聚合，得到黏稠的聚合物溶液。然后加入大量（15 L）丙酮，使聚合物沉淀析出，再经过滤、真空干燥（80℃），制成粗聚乙烯乙酰胺 459g。该聚合物为黄色细粒，相对分子质量在 200000 左右。

③聚乙烯乙酰胺水解制取聚乙烯胺　在以上制得的聚乙烯乙酰胺中加入 1000mL 水，再加入热浓盐酸 1000mL，在 97～106℃ 下加热回流 19h，再加水回流 27h，然后再加浓盐酸 1000mL，使聚合物沉淀析出。最后将混合物冷却至 18℃，使稠聚合物滗析分出，再于 50～75℃ 下真空干燥，如此可制得棕色的聚乙烯胺盐酸盐固体颗粒 332g（产率 77%）。

（2）聚丙烯酰胺的 Hofmann 降级重排反应

聚丙烯酰胺经 Hofmann 降级重排反应进行部分胺化可以制得具有不同胺化度的聚乙烯胺的报道出现于 20 世纪 50 年代，其反应式如下。

主反应：
$$\text{（CH}_2\text{—CH）}_n \xrightarrow[\text{低温}]{\text{NaOCl/NaOH}} \text{（CH}_2\text{—CH）}_n$$

副反应：
$$\text{（CH}_2\text{—CH）}_n + H_2O \longrightarrow \text{（CH}_2\text{—CH）}_n$$

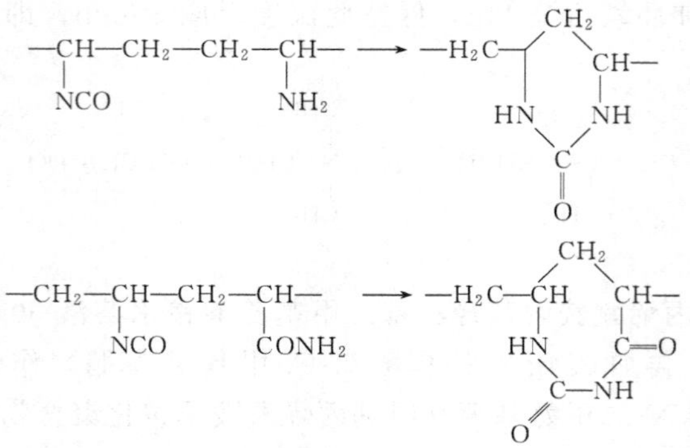

具体的实验步骤如下：将次氯酸钠和氢氧化钠水溶液置于 250mL 三口瓶中，用冰盐浴冷却至 $-15\sim-10^{\circ}C$；加入聚丙烯酰胺水溶液，反应 1h 后，加入第二批氢氧化钠水溶液，继续反应 1h，再换作冰浴反应。反应结束后，将反应液倾入 4 倍体积甲醇中，过滤，用甲醇洗涤滤饼至滤液 pH 值为 $7\sim8$。再将滤饼溶于少量水中，用 6mol/L 的盐酸进行中和，放出二氧化碳气体。中和完毕后保持溶液 pH 值为 2。最后将该溶液倾入 4 倍体积甲醇中析出固体，过滤、干燥得到聚乙烯胺盐酸盐固体，置于干燥器中保存。胡志勇等发现：①聚丙烯酰胺质量分数小于 5% 时，产品胺化度随着其质量分数的增加而增加，当聚丙烯酰胺质量分数大于 5% 时，产品胺化度随着其质量分数的增加有所降低；②当 $n(NaOCl)/n(PAA)=1$，$n(NaOH)/n(PAA)=1$（反应初期），$n(NaOH)/n(PAA)=30$（反应后期），反应时间为 10h 时，产物的胺化度相应达到极值（88%）；③由聚丙烯酰胺降级重排得到的聚乙烯胺盐酸盐存在两个主要失重区，随着胺化度的提高，产物的热稳定性有所降低。

目前人们普遍认为聚丙烯酰胺的 Hofmann 降解反应的转化率在 60% 左右。为了抑制水解副反应的发生，可以用乙二醇作溶剂，用乙二醇单钠盐作催化剂先合成了聚（N-乙烯基-2-羟乙基）碳酸酯，而后水解得到聚乙烯胺，收率可达 92% 以上。但是由于聚丙烯酰胺在乙二醇中的溶解度有限，因而在反应过程中需使用过量的乙二醇作溶剂，而且乙二醇的沸点较高，不利于溶剂的回收利用。同时聚（N-乙烯基-2-羟乙基）碳酸酯的水解十分困难，从而限制了该方法的使用。

（3）聚（N-甲/乙酰胺）乙烯胺的水解

用乙醛和乙酰胺为原料，经缩合，热解，聚合，水解等步骤制得了聚乙烯胺，其反应路线为：

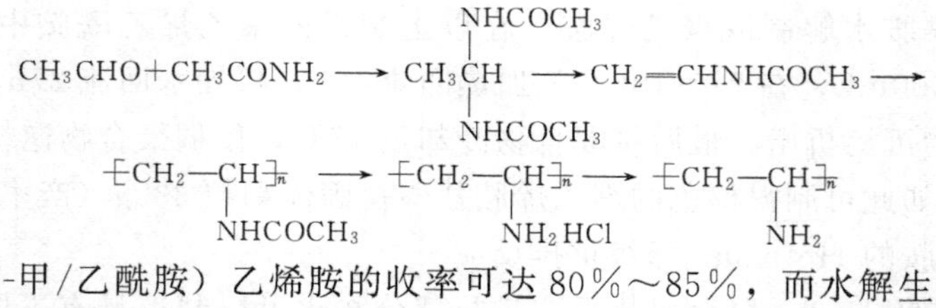

中间体聚（N-甲/乙酰胺）乙烯胺的收率可达 80%～85%，而水解生成聚乙烯胺盐酸盐的反应收率大于 90%。产物的胺化度在 97% 以上。在该反应中，亚乙基二甲/乙酰胺是合成 N-乙烯基甲/乙酰胺最重要的中间体，这主要是因为这种产物比较稳定，而且可以有效地热解为 N-乙烯基甲/乙酰胺。

【应用】 彭添兴等利用聚乙烯胺（PVAm）处理废纸脱墨废水，并与阳离子聚丙烯酰胺（CPAM）进行对比试验，结果发现：随着添加量的增大，PVAm 和 CPAM 的脱色率都明显增大，且低添加量时 PVAm 脱色效果比 CPAM 好，当添加量达到 10mg/L 之后，两者脱色效果相当。此外，随着添加量的增大，PVAm 和 CPAM 的去浊率都明显增大。PVAm 在低添加量时的去浊效果优于 CPAM，当添加量小于 10mg/L 时，PVAm 的去浊率保持在88%左右，而 CPAM 的去浊率则较低；当添加量大于 15mg/L 时，两者的去浊率接近，均在 90%左右。

3.4.1.12　聚乙烯亚胺

【制备方法】　以 1,2-亚乙基胺为原料，于水或各种有机溶剂中进行酸性催化聚合而成。聚合温度 90~110℃，引发剂可选用二氧化碳、无机酸或二氯乙烷等。根据需要，如制取高分子量产品，可使用双官能团的烷基化剂如氯甲基环氧乙烷或二氯乙烷；而要生产低分子量产品，则可使用低分子量胺如乙二胺进行聚合。由以上方法制得的聚合物相对分子质量可在 $300~10^6$，进而根据需要可制成相对分子质量范围在 $10^3~10^5$ 的系列产品。

实例：将 12.2kg 水，1.22kg 氯化钠和 200mL 二氯乙烷加入反应器内，该反应器装有搅拌、温度计，底部出口设有齿轮泵，泵的出口与反应器顶部相连；反应器逐渐升温至80℃，并在 2h 内将 5.9kg 1,2-亚乙基胺加入混合物中进行聚合反应，在加料的同时开动齿轮泵使反应液循环，每循环一次混合液大约 10min；在不停搅拌下，持续反应 4h，待测定反应液的黏度逐渐增至最大值时，即达到终点。所得产品固体含量的质量分数为 33%，黏度 $2.13mm^2/s$（1%溶液），絮凝速率为 33cm/min。

3.4.2　高分子反应型絮凝剂

高分子反应型絮凝剂主要是利用聚合物自身的活性基团，通过进一步的化学改性以赋予聚合物新的性质，主要包括聚-N-二甲氨基甲基丙烯酰胺溶液、聚乙烯基咪唑啉、聚苯乙烯基四甲基氯化铵、聚乙烯醇季铵化产物和改性脲醛树脂季铵盐等。高分子反应型絮凝剂主要是利用聚合物自身的活性基团，通过进一步的化学改性以赋予聚合物新的性质。

3.4.2.1　聚-N-二甲氨基甲基丙烯酰胺

【制备方法】　聚-N-二甲氨基甲基丙烯酰胺主要是利用聚丙烯酰胺上的活性基团——酰氨基，通过 Mannich 反应的方法制备而成。聚-N-二甲氨基甲基丙烯酰胺制备方法有 3 种：①采用单体水溶液聚合制备聚丙烯酰胺溶液，然后再 Mannich 反应；②采用反相微乳液聚合制备聚丙烯酰胺乳液，然后再 Mannich 反应；③直接用聚丙烯酰胺进行 Mannich 反应。具体反应式如下。

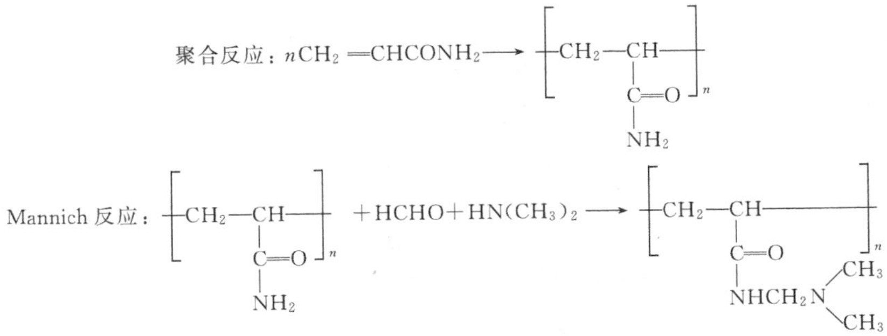

（1）采用单体水溶液聚合制备聚丙烯酰胺溶液，然后再 Mannich 反应

在配备有搅拌桨、温度控制器和冷凝器的 1.0L 的反应器中加入 100g 去离子水、20g 丙烯酰胺单体以及计算量的螯合剂和链转移剂等，通氮驱氧 20~30min 后，加入 0.15g 乙二胺四乙酸二钠，调节温度至 20~50℃，加入适量的引发剂溶液（如过硫酸钾/亚硫酸氢钠、过硫酸钾/脲等），引发聚合反应 2.5~6.0h 后，调节体系 pH 值至 9.0~11.0，加入 37%甲醛溶液在 40~55℃下反应 1~4h 后加入二甲胺，继续反应 2~4h，即得聚-N-二甲氨基甲基

丙烯酰胺凝胶。若要制成季铵盐产品，Mannich反应结束后，还可以往体系中加入硫酸二甲酯或硫酸二乙酯等季铵化试剂。其中，丙烯酰胺、甲醛和二甲胺的摩尔比可控制在1:(1.1~1.3):(1.0~1.5)。

(2) 采用反相微乳液聚合制备聚丙烯酰胺乳液，然后再Mannich反应

在装有搅拌器、温度计和滴液漏斗的四颈瓶中，加入一定量的油相、乳化剂、水、添加剂和丙烯酰胺，通高纯氮气，加入引发剂，进行聚合反应，得到淡黄色透明的非离子聚丙烯酰胺微乳液。调整温度，按一定的方式加入甲醛和二甲胺，反应后得到几乎透明的阳离子聚丙烯酰胺微乳液。国内的科研工作者已在这方面做了很多研究，具体的工艺参数见表3-22。

表3-22　聚-N-二甲氨基甲基丙烯酰胺制备的工艺参数

微乳液聚合条件						Mannich反应条件		
ω(单体)/%	乳化剂	ω(乳化剂)/%	聚合温度/℃	V(油):V(水)	ω(PAM)/%	n(二甲胺):n(甲醛)	反应温度/℃	反应时间/h
—	—	—	45	—	40	1.2:1	50	4
40~60	Tween/Span	6~8	10~30	(0.8~1.0):1	20~30	1.1:1	45	3

(3) 直接用聚丙烯酰胺进行Mannich反应

以相对分子质量为500万以上聚丙烯酰胺、甲醛、二甲胺、去离子水为原料，以过硫酸盐为催化剂，将聚丙烯酰胺溶到水中，用苛性碱调pH值在8~9，加入催化剂，加入甲醛，于48~52℃温度反应1h，再加入二甲胺，于68~72℃温度反应1h。其中聚丙烯酰胺（含量以100%计）、甲醛（质量分数为38%）、二甲胺（质量分数40%计）、水和过硫酸盐的质量比为(0.58~1.17):(0.80~0.9):1:(46~50):(0.0021~0.003)，利用该工艺得到的聚-N-二甲氨基甲基丙烯酰胺产品为无色透明状胶体，相对分子质量为1000万~1200万，产品易溶于水，而且同液体中颗粒混凝时间短，形成的絮块大，沉降速度快，沉降的污泥脱水彻底，无二次污染。

3.4.2.2　聚2-乙烯基咪唑啉

【物化性能】　纯聚2-乙烯基咪唑啉（不含酯、羧基和酰氨基以及未反应的氰基和聚胺）为无色固体；聚2-乙烯咪唑啉硫酸盐粗制品呈淡黄色颗粒，精制品为白色；聚2-乙烯咪唑啉盐酸盐为黄色树脂，两者皆溶于水。

【结构式】

聚2-乙烯咪唑啉

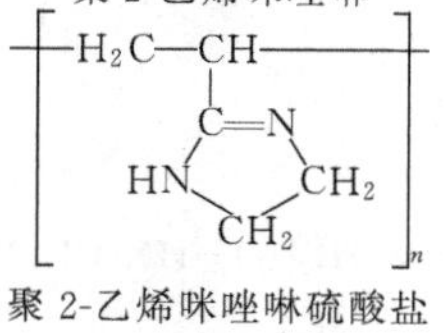

聚2-乙烯咪唑啉硫酸盐

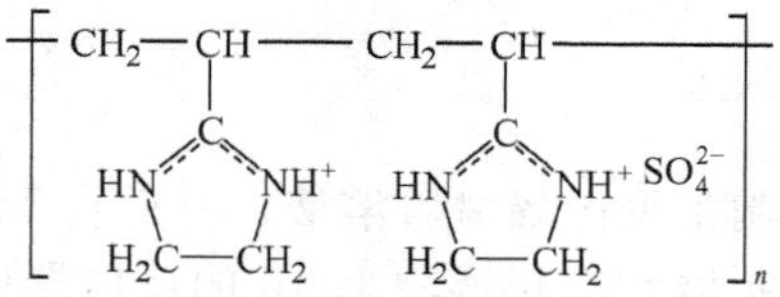

聚2-乙烯咪唑啉盐酸盐

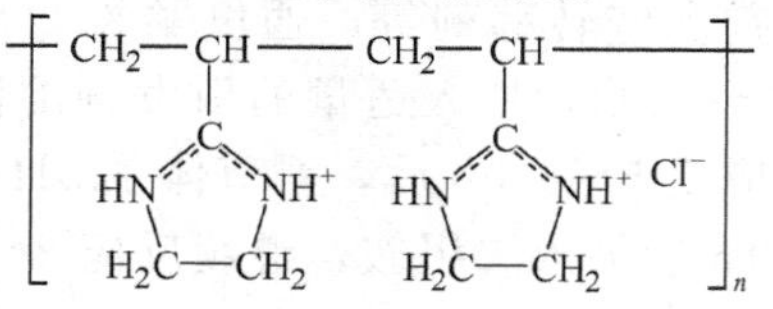

【制备方法】　聚2-乙烯基咪唑啉的制备方法有3种：①乙二胺与丙烯腈合成法；②乙二胺与聚丙烯腈合成法；③单体乙烯咪唑啉聚合法。

（1）乙二胺与丙烯腈合成法

该方法以乙二胺和丙烯腈为原料，反应过程如下：

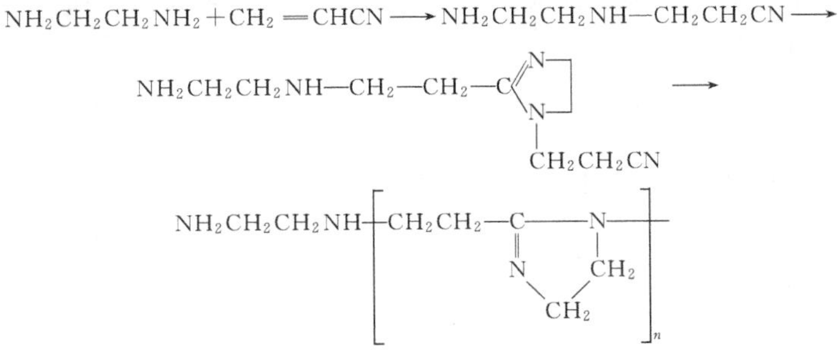

$$NH_2CH_2CH_2NH_2+CH_2=CHCN \longrightarrow NH_2CH_2CH_2NH—CH_2CH_2CN \longrightarrow$$

在装有480.8g（8mol）乙二胺的2L烧瓶中，在15min内将106.1g（2mol）丙烯腈加入其中，此间维持反应温度在25～30℃，之后，将多余的乙二胺在减压下脱除，制得 N-氰乙基-1,2-二氨基乙烷。随后加入2g硫脲并在130～155℃下进行缩聚反应10h，然后再加硫脲2g继续反应20h，直至氨的转化率达到96％以上时止。此法制成的聚合物相对分子质量可以达到 1×10^4。该产品可加入氯仿和乙醚后精制。

（2）乙二胺与聚丙烯腈合成法

可通过该法利用废弃的聚丙烯腈纤维得到聚2-乙烯基咪唑啉。具体工艺为：将3.5g的二甲胺、0.03g的硫粉、1.0g聚丙烯腈纤维，加入到在40g的环己烷中在60℃下反应4h得到水溶性的产物。聚乙烯基咪唑啉还可以通过加入氯甲烷，在40℃左右进一步反应生成季铵化产物。

（3）单体聚合法

将100.0份2-(2-甲氧乙基)-2-咪唑啉滴加入装有氧化钡催化剂的柱形反应器中，升温至410～425℃，柱内压力为0.2mm汞柱，反应约4h后，就可以回收50份2-乙烯基-2-咪唑啉，产物为白色结晶体，含少量水分。

以白色洁净2-乙烯基-2-咪唑啉为原料，加入硫酸或盐酸制成2-乙烯基-2-咪唑啉硫酸盐或2-乙烯基-2-咪唑啉盐酸盐，然后用质量分数为50％氢氧化钠将体系pH值调至3.0，并充入氮气，以亚硫酸钠、溴酸钠和过硫酸铵为引发剂，在室温下进行聚合制成浆状产物，加入过量乙醇精制，最后得到浅黄色粒状物，用1.0mol/L氯化钠溶液检测，产物的特性黏数为1.30dL/g。

3.4.2.3　聚苯乙烯基四甲基氯化铵

【制备方法】　聚苯乙烯的阳离子化改性一般是通过聚苯乙烯与氯甲基甲醚反应制备聚苯乙烯氯甲烷，然后再与阳离子化试剂如有机胺、硫醚或三烷基膦进行反应制备阳离子型改性物。因此，聚苯乙烯基四甲基氯化铵的制备可分为两步：第一步反应是聚苯乙烯的氯甲基化反应，即利用聚苯乙烯与氯甲基甲醚反应，生成聚苯乙烯氯甲烷；第二步是胺化反应，利用聚苯乙烯氯甲烷与三甲胺反应，生成聚苯乙烯基四甲基氯化铵。

氯甲基化反应：

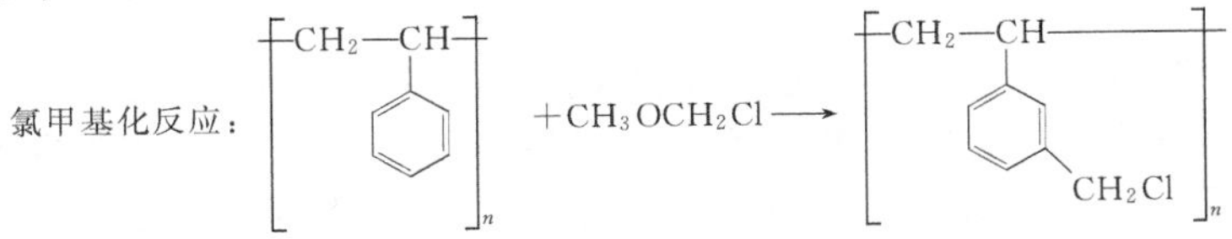

胺化反应：

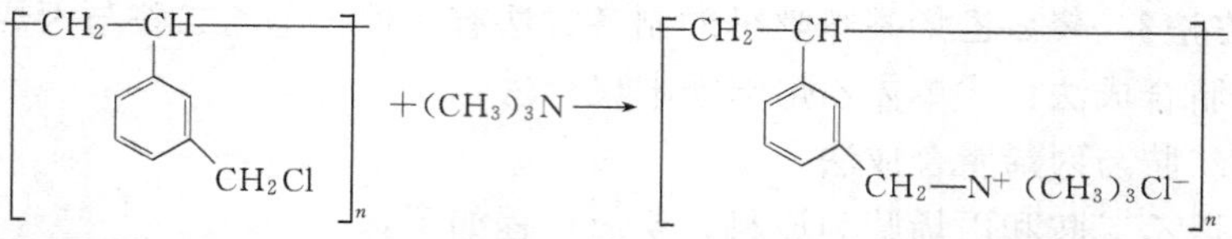

此外，聚苯乙烯还可与甲醛、盐酸反应，生成氯甲基化的聚苯乙烯，然后再与三甲胺反应生成聚苯乙烯基四甲基氯化铵。

氯甲基化反应：

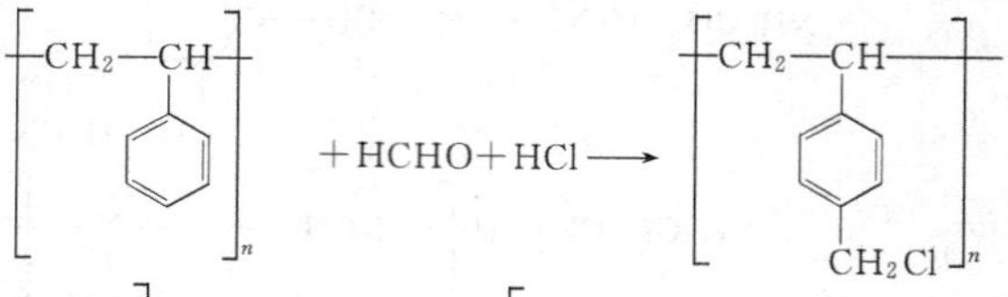

胺化反应：

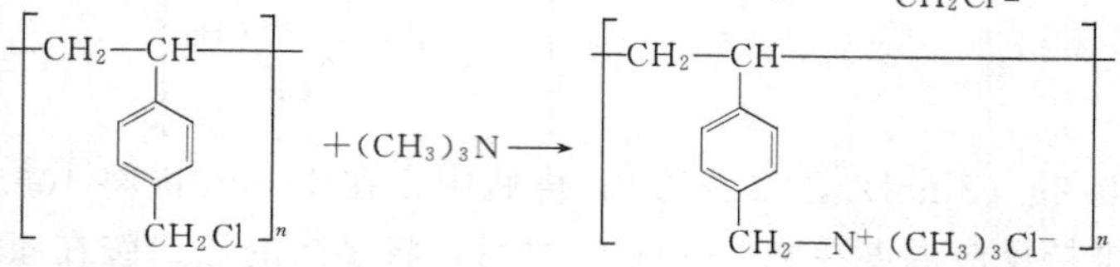

3.4.2.4 聚乙烯醇季铵化产物

【制备方法】 制备季铵化的聚乙烯醇（PVA）的方法主要有两种：第一种方法是利用聚乙烯醇（PVA）含有大量的活性羟基，能够与季铵化试剂通过酯化、醚化或缩醛化等反应，从而制备出阳离子型的 PVA 絮凝剂；第二种方法是首先让乙酸乙烯酯与一个含有季铵基团的共聚单体进行共聚，然后将乙酸酯基团水解为羟基，从而制备出聚乙烯醇季铵化产品。

（1）方法一

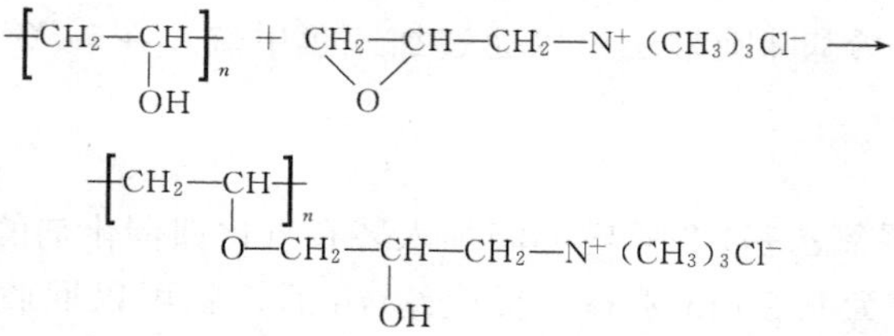

将所需量的 20% 的 NaOH 溶液加到 10.00g PVA 中并立即用一个不锈钢小刮铲加以混合。然后在 Sorvall Omni 混合器中以 12000r/min 的转速将该混合物搅拌数分钟，同时用手摇动该混合器以防止空化。搅拌停止后，用刮铲手工混合其中所含的混合物，其后再以 12000r/min 的转速重复搅拌。此后，称取 1.75g N-(3-氯-2-羟丙基)-N,N,N-三甲基氯化铵加到 PVA 中，在混合器中先用刮铲手工混合，然后边摇动混合器边进行搅拌。这种先用刮铲混合接着在 Sorvall 混合器中进行搅拌的顺序至少要重复两次。

最后，将仍呈自由流动状的 PVA、NaOH 和 N-(3-氯-2-羟丙基)-N,N,N-三甲基氯化铵的混合物用瓷研杵在研钵中进行手工研磨。所得聚合物置入严实密封的广口玻璃瓶中并让其在室温下进行反应。一定时间间隔后，将部分 PVA 悬浮于含稍微过量 HCl 的甲醇中进行中和。过滤该聚合物，用水体积比为 1:3 的水和甲醇的混合液洗涤三次，接着甲醇洗涤两次。最后，将该聚合物于 80℃ 下真空干燥至恒重。该工艺中，水的用量为 10%～15%，最好是 11%～13%（基于 PVA 的质量），季铵化反应的优选温度为 25～80℃。

（2）方法二

在一个装有冷凝管、滴液漏斗、温度计和搅拌器的四口瓶中加入 2500g 的乙酸乙烯酯和 4.8g 溶解在 697 份三甲基-(3-丙烯酰氨基-3,3-二甲基丙基) 氯化铵甲醇溶液，反应在氮气保护下进行，当反应温度升高到 60℃ 时，加入溶解在 50g 甲醇中 3.5g 2,2′-偶氮二异丁腈引发剂，聚合反应 3h，在聚合过程同时滴加 362g 50% 的 2,2′-偶氮二异丁腈溶液，当反应终止时得到质量分数为 49.8% 的产物。然后在搅拌状态下，反应温度控制在 35℃ 时，往 812g 共聚物产品的甲醇溶液中加入 42.1mL 2.0mol/L 的氢氧化钠甲醇溶液，继续搅拌反应，在 7min 20s 后聚合物变成胶体，再用甲醇洗，干燥研磨后得到白色聚合物粉末。质量分数为 4% 的聚合物水溶液在 20℃ 下的黏度约为 34.1mPa·s。

3.4.2.5　改性脲醛树脂季铵盐

【制备方法】　改性脲醛树脂季铵盐的制备可分为三步：①脲醛树脂的合成；②脲醛树脂的改性；③通过季铵化反应制备改性脲醛树脂季铵盐。

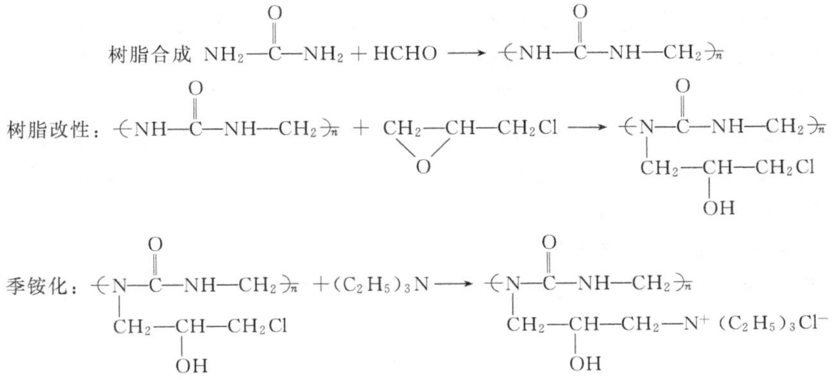

（1）脲醛树脂的合成

三口烧瓶中加入尿素和甲醛，用 NaOH 溶液调节 pH 值至 7.5~8，在 90~95℃ 下搅拌，反应 40~45min，其中甲醛尿素摩尔比为 2:1。

（2）脲醛树脂的改性

用分液漏斗慢慢滴加环氧氯丙烷于树脂中，全部滴完后，在 90~95℃ 下搅拌，反应 1h，其中甲醛、尿素、环氧氯丙烷三者的摩尔比为 2:1:0.5。

（3）季铵化（阳离子化）

改性的树脂中加入一定量的三乙胺，在 80~110℃ 下反应 4~5h，即可得到阳离子型改性脲醛树脂季铵盐絮凝剂。

3.4.2.6　改性三聚氰胺甲醛絮凝剂

【制备方法】　改性三聚氰胺甲醛絮凝剂的制备分 2 个步骤：①三聚氰胺甲醛树脂的制备；②阳离子化。

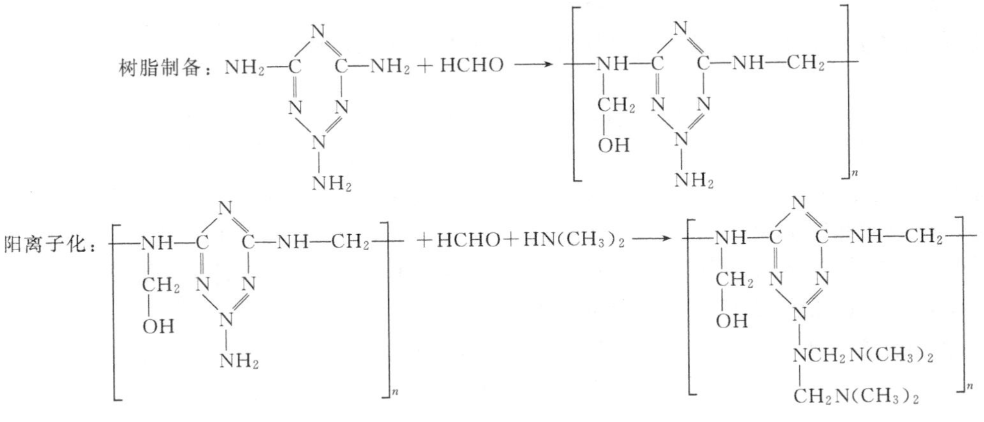

（1）三聚氰胺甲醛树脂的制备

先将水和原料三聚氰胺加入三口烧瓶中，将反应体系的 pH 值调至 8.5～10.0，缓慢加入甲醛，并升温至 80℃，三聚氰胺溶解后，用酸将体系 pH 值调至 3.0～5.5，聚合反应 3～5h，即得三聚氰胺-甲醛树脂。

（2）阳离子化

将反应体系的温度控制在 70～80℃，缓慢加入甲醛和二甲胺溶液，反应 2～5h 后出料。其中，三聚氰胺、甲醛和二甲胺的最佳摩尔比为 1:9:(4～7)。

3.4.3　缩合型絮凝剂

缩合型絮凝剂主要是利用两种或两种以上的有机物通过缩聚反应制备而成。缩合型絮凝剂主要是利用两种或两种以上的有机物通过缩聚反应制备而成，主要包括氨-环氧氯丙烷缩聚物、氨-二甲胺-环氧氯丙烷聚合物、环氧氯丙烷-N,N-二甲基-1,3-丙二胺聚合物、氯化聚缩水甘油三甲基胺、胍-环氧氯丙烷聚合物、双氰胺-环氧氯丙烷聚合物、双氰胺-甲醛聚合物及其改性产品、改性三聚氰胺-甲醛缩合物、改性脲醛缩合物、甲醇氨基氰基脲-甲醛缩合物和二氯乙烷-四亚乙基五胺缩聚物等。

3.4.3.1　氨-环氧氯丙烷缩聚物

【制备方法】　氨和环氧氯丙烷通过缩聚反应可制备出氨-环氧氯丙烷缩聚物，反应式如下：

$$NH_3 + CH_2\!-\!CH\!-\!CH_2Cl \longrightarrow \left[CH_2\!-\!CH\!-\!CH_2\!-\!NH\right]_n$$
$$\underset{O}{\qquad} \underset{OH}{\qquad}$$

（1）液体产品

在常温和搅拌作用下，将浓度为 28% 的氨水于 10min 内加入环氧氯丙烷中，控制环氧氯丙烷与氨的摩尔比为 1:4。缩聚过程为放热反应，温度逐渐上升至 98℃，当氨水全部加入后，常压回流 3h，并控制温度不高于 104℃。由此可得到固体含量为 48%，近乎无色透明的液体产品。

（2）固体产品

将以上制得的液体产品加入浓盐酸酸化，使 pH 值降至 2 左右，并充分搅拌和冷却，使酸化过程温度不高于 60℃。之后，将酸化液在真空和 50℃ 温度下蒸发，至混合液形成乳白色黏稠状，但仍可倾倒流动为止。然后加入相当其容量 3 倍的异丙醇进行处理，滗析除去异丙醇，最后将其放于浅盆中，在 60℃ 温度下真空干燥 3 天，再取出干硬半成品研磨，即可制成浅黄色的固体粉末。

3.4.3.2　二甲胺-环氧氯丙烷聚合物

【制备方法】　二甲胺与环氧氯丙烷制备聚合物，具体反应式为：

$$HN(CH_3)_2 + CH_2\!-\!CH\!-\!CH_2Cl \longrightarrow \left[CH_2\!-\!CH\!-\!CH_2\!-\!\overset{CH_3}{\underset{CH_3}{N^+}}Cl^-\right]_n$$
$$\underset{O}{\qquad} \underset{OH}{\qquad}$$

将 1.4g 荧光衍生物 I，31.2g 去离子水和 73.9g 质量分数为 1% 的二甲胺溶液放入帕尔压力反应器中，此时温度为 5℃。将反应器密封，并加热升温至 80℃。在 2.5h 内将 93.5g 环氧氯丙烷缓慢泵送入反应体系中，在 80℃ 下搅拌反应 2 个多小时后聚合完毕。

3.4.3.3　氨-二甲胺-环氧氯丙烷聚合物

【制备方法】　氨、二甲胺和环氧氯丙烷反应，制备三元聚合物，具体反应式为：

$$NH_3 + HN(CH_3)_2 + CH_2\!-\!CH\!-\!CH_2Cl \longrightarrow$$
$$\underset{O}{\qquad}$$

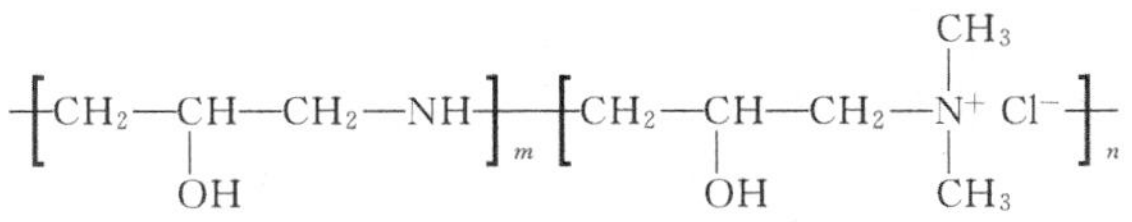

$$\left[CH_2-\underset{\underset{OH}{|}}{C}H-CH_2-NH\right]_m\left[CH_2-\underset{\underset{OH}{|}}{C}H-CH_2-\overset{\overset{CH_3}{|}}{\underset{\underset{CH_3}{|}}{N^+}}Cl^-\right]_n$$

在装有温度计、搅拌器、回流冷凝器和加料漏斗的 2000mL 烧瓶内，加入 40% 二甲胺水溶液 450g（4.0mol）和 29% 氨水 60.8g（1.0mol）。然后在低于 40℃温度下，于 2h 内向混合液中滴加环氧氯丙烷 412.9g（4.5mol），升温至 90℃反应 1h 后，再分几次将总量为 45.9g（0.5mol）的环氧氯丙烷加入其中，每次加入的时间间隔需保持在 20min，温度维持在 90℃，至全部加完后止。此后，将反应混合物冷却至 80℃，并加浓硫酸使反应液 pH 值降至 2.5，如此得到浓度为 50% 的产品，黏度为 3.6Pa·s。

3.4.3.4　环氧氯丙烷-N,N-二甲基-1,3-丙二胺聚合物

【制备方法】　环氧氯丙烷与 N,N-二甲基-1,3-丙二胺反应生成聚合物，反应式为：

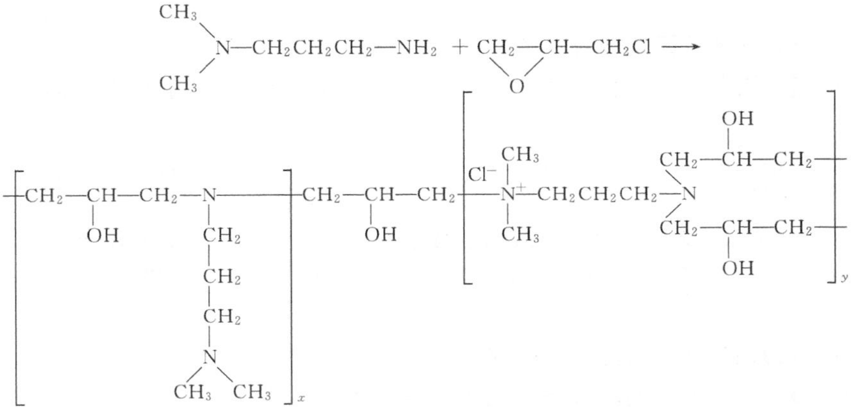

式中，x>y。

（1）于装有温度计、冷凝器、搅拌器和加料漏斗的烧瓶内，加入 471g 水和 344.5g（3.38mol）N,N-二甲基-1,3-丙二胺（DMAPA），然后，在 1h 内将 275.2g（2.97mol）环氧氯丙烷滴加到混合液中，升温至 90℃，加热 1h，保持此温度再将 29.1g（0.31mol）环氧氯丙烷分 9 次加入反应液中，注意 9 次的加量要依次递减，最后一次的加量为 0.1g。每加料一次搅拌 20min，并用 10mL 玻璃管测定黏度一次，至达到所需黏度为止。最后加入 350g 50% 硫酸作终止剂，如此，即可得到质量分数为 50%，黏度为 0.912mPa·s 的环氧氯丙烷-N,N-二甲基-1,3-丙二胺共聚物。将上述共聚物加水稀释至 35%（质量分数）作为最终产品，该产品的黏度为 94mPa·s，环氧氯丙烷与胺的摩尔比为 0.97:1。按所用原料的比例不同，可制成环氧氯丙烷与胺有各种比例的聚合物。

（2）于 7.57m³ 反应器中加入 1854kg 水和 978.9kg N,N-二甲基-1,3-丙二胺，然后将 806.7kg 环氧氯丙烷以 6.81~7.57L/min 的流速加入其中，升温至 90℃加热 1h。此后，在 90℃温度下再分批将剩余的环氧氯丙烷加到反应液中，注意每次加入量要递减，最后一次加量为 1.8kg。每加入一次搅拌 20min，取样测定黏度，直至达到所需黏度为止。然后，加水 3443.7kg 稀释反应产物，再缓慢地加入浓度为 93.2% 的硫酸 437.7kg，至 pH 值降至 5.0 时为止。产品黏度为（1.0±0.2）Pa·s（30℃），固体含量的质量分数为 50%。

3.4.3.5　氯化聚缩水甘油三甲基胺

【结构式】

$$\left[\begin{array}{c} O-CH_2-CH \\ | \\ CH_2 \\ | \\ CH_2Cl \end{array}\right]_x \left[\begin{array}{c} O-CH_2-CH \\ | \\ CH_2 \\ | \\ N^+\ Cl^- \\ H_3C\quad CH_3 \\ CH_3 \end{array}\right]_y$$

式中：$x+y=4\sim500$，y：$x=1$：2。

【物化性能】　氯化聚缩水甘油三甲基胺为黏稠油状液，易溶于水。

【制备方法】　将相对分子质量为800的聚环氧氯丙烷600g与浓度为25%的三甲胺水溶液225g加入不锈钢高压釜内，搅拌混合，加热至100℃并维持自身压力反应3.5h。之后，高压釜排气并在减压下继续加热，将挥发物如水和未反应的胺分离排出，如此釜内压力迅速降至667Pa，继而加热使釜内最终温度达到150℃。最后釜内得到由三甲胺与聚环氧氯丙烷的季铵加成物——聚缩水甘油三甲基氯化铵。该产品为黏稠状液体，聚合物中的氯与胺的摩尔比为1：0.15。

3.4.3.6　胍-环氧氯丙烷聚合物

【制备方法】　胍与环氧氯丙烷发生缩聚反应，生成胍-环氧氯丙烷聚合物，反应式为：

$$NH_2-\underset{\underset{NH}{\|}}{C}-NH_2 + CH_2-CH-CH_2Cl \longrightarrow \left[CH_2-CH-CH_2-NH-\underset{\underset{NH}{\|}}{C}-NH\right]_n$$

盐酸胍9.55g加入环氧氯丙烷9.25g成泥浆状，然后加入少量氢氧化钠，在100℃反应3h、135～145℃反应4h得产物。在实际使用时，将其稀释为1%固体含量的聚合物。

3.4.3.7　双氰胺-环氧氯丙烷聚合物

【制备方法】　以双氰胺与环氧氯丙烷为原料合成，具体反应式为：

$$NH_2-\underset{\underset{NH}{\|}}{C}-NH-CN + CH_2-CH-CH_2Cl \longrightarrow \left[CH_2-CH-CH_2-NH-\underset{\underset{NH}{\|}}{C}-NH-CN\right]_n$$

在配备有冷凝回流装置的反应器中加入环氧氯丙烷和50%氢氧化钠溶液中，然后加入双氰胺和少量引发剂，将体系温度升至75～85℃，反应2～5h后补充碱量，并继续将温度升至95～110℃，反应3～4h后，冷却至室温，即得两亲型双氰胺-环氧氯丙烷聚合物，产品为透明黏稠液体，固含量为40%～60%，略带芳香味，对印染废水、含油废水、制浆废水等有很好的去除效果。

3.4.3.8　双氰胺-甲醛聚合物及其改性产品

【制备方法】　双氰胺-甲醛聚合物是由双氰胺与甲醛在强酸或盐的存在下缩聚而成的，属于阳离子型缩聚物。自1891年Benberge首先报道以来，至今已有112年历史。它可用作黏合剂、纸张和玻璃纤维润滑剂、鞣革剂、固色剂、电镀添加剂等。近40年来，在开发絮凝剂应用过程中，发现它在一定条件下有良好的絮凝能力。除对染色废水有处理效果外，对含油污水、造纸废水、屠宰废水也有良好的处理效果，从而引起人们的重视。由于双氰胺甲醛聚合物的价格较高，因此吨废水处理费用较高，进而影响其推广应用，为此，国内很多科研工作者采用以下方法来解决这个问题：①与无机混凝剂并用；②在合成过程中用价格便宜的原料代替双氰胺，在降低产品成本的同时，又要使改性后的产品脱色性能接近于原有产品；③进行化学改性或与其他药剂复配以提高脱色能力。其中化学改性是主流，改性主要是选用合适的改性剂、催化剂、调节剂和相应的工艺配合而成，目的是提高产品的脱色絮凝性能或降低生产成本。

（1）双氰胺、甲醛和氯化铵的反应历程

Friedrich Wlof 在 1967 年的《Melliand Textilberichte》上发表文章，提出的反应历程是：双氰胺与甲醛反应，首先是甲醛与氨基（—NH$_2$）或亚氨基（＝NH）反应生成羟甲基（—CH$_2$OH），然后羟甲基与氨基、亚氨基上的氢脱水生成醚键（—C—O—C—），形成线型或带有支链的高分子聚合物。这个过程可用下列各式表示：

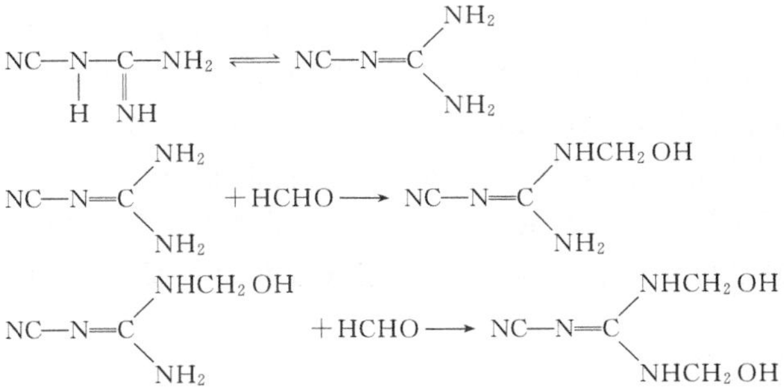

$$NC-N(H)-C(=NH)-NH_2 \Longrightarrow NC-N=C(-NH_2)-NH_2$$

$$NC-N=C(-NH_2)-NH_2 + HCHO \longrightarrow NC-N=C(-NHCH_2OH)-NH_2$$

$$NC-N=C(-NHCH_2OH)-NH_2 + HCHO \longrightarrow NC-N=C(-NHCH_2OH)-NHCH_2OH \quad （二羟甲基双氰胺）$$

反应时加入氯化铵与羟甲基双氰胺发生如下反应：

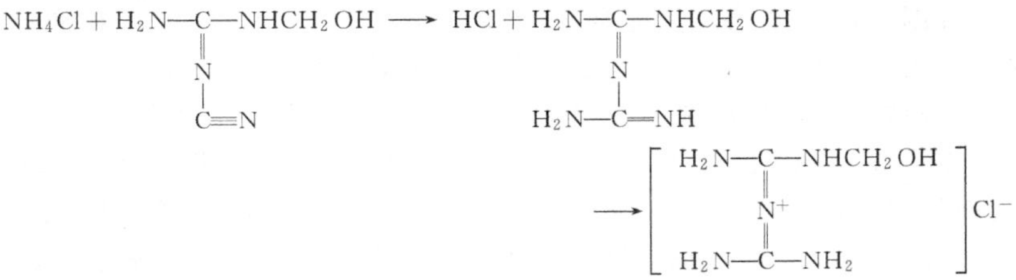

$$NH_4Cl + H_2N-C(=N-C\equiv N)-NHCH_2OH \longrightarrow HCl + H_2N-C(=N-C(=NH)-NH_2)-NHCH_2OH$$

$$\longrightarrow \left[\begin{array}{c} H_2N-C(-NHCH_2OH)=N^+ \\ H_2N-C(-NH_2) \end{array} \right] Cl^-$$

进一步与甲醛反应生成

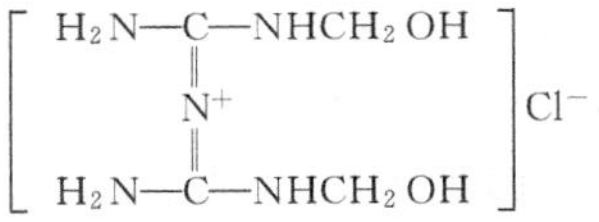

$$\left[\begin{array}{c} H_2N-C(-NHCH_2OH)=N^+ \\ H_2N-C(-NHCH_2OH) \end{array} \right] Cl^-$$

上述中间产物上的羟甲基与另一个分子上的氨基进行反应，生成亚甲基键，形成如下结构的聚合物：

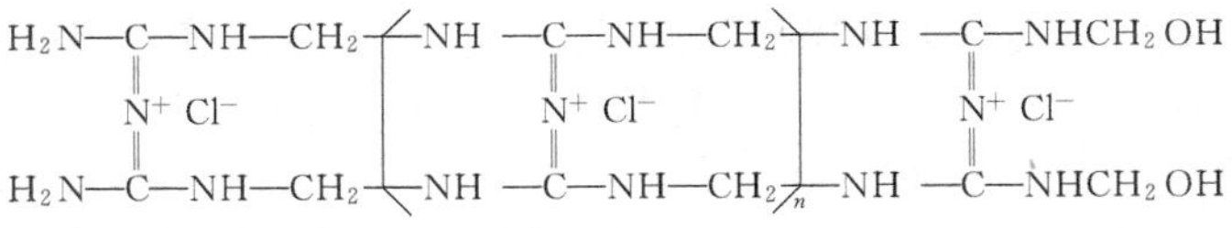

$$H_2N-C(=N^+Cl^-)(-NH-CH_2)\left[-NH-C(=N^+Cl^-)(-NH-CH_2)\right]_n-NH-C(=N^+Cl^-)(-NHCH_2OH)$$
（下方对应：—NH—C(—NH—CH$_2$)... —NH—C(—NH)—NHCH$_2$OH）

（2）在酸性介质中，双氰胺与甲醛反应历程

第一步：双氰胺与甲醛反应形成二聚体

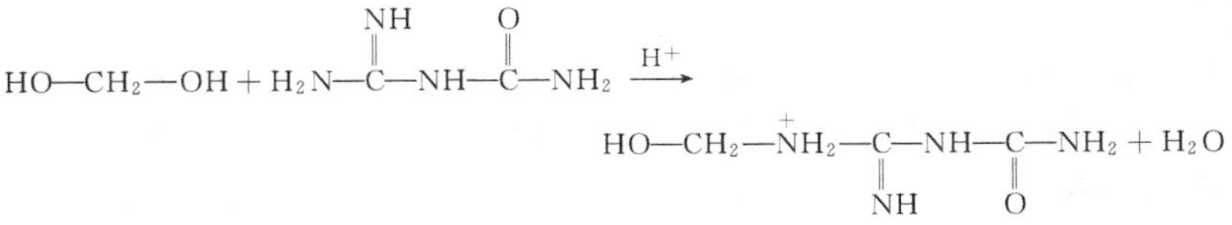

$$HO-CH_2-OH + H_2N-C(=NH)-NH-C(=O)-NH_2 \xrightarrow{H^+}$$

$$HO-CH_2-\overset{+}{N}H_2-C(=NH)-NH-C(=O)-NH_2 + H_2O$$

第二步：二聚体可以与双氰胺或甲醛进一步反应，形成三聚体，二聚体也可以相互反应形成四聚体，三聚体与四聚体还可以相互反应，自身反应或与单体、二聚体反应形成聚合物。

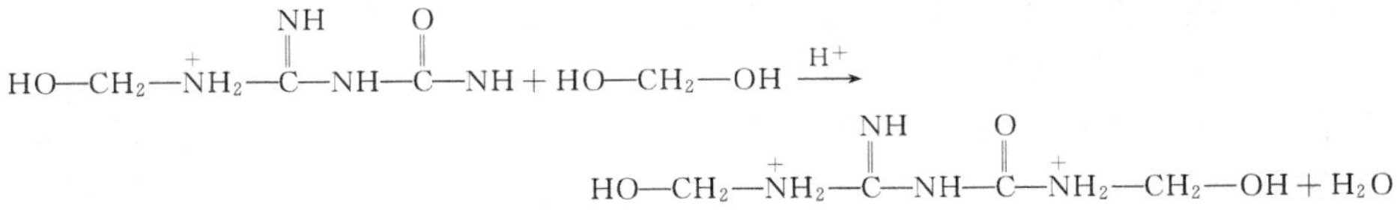

$$HO-CH_2-\overset{+}{N}H_2-C(=NH)-NH-C(=O)-NH + HO-CH_2-OH \xrightarrow{H^+}$$

$$HO-CH_2-\overset{+}{N}H_2-C(=NH)-NH-C(=O)-\overset{+}{N}H_2-CH_2-OH + H_2O$$

$$2(HO-CH_2-\overset{+}{N}H_2-\overset{\overset{NH}{\parallel}}{C}-NH-\overset{\overset{O}{\parallel}}{C}-NH_2) \xrightarrow{H^+}$$

$$HO-CH_2-\overset{+}{N}H_2-\overset{\overset{NH}{\parallel}}{C}-NH-\overset{\overset{O}{\parallel}}{C}-NH_2-CH_2-\overset{+}{N}H_2-\overset{\overset{NH}{\parallel}}{C}-NH-\overset{\overset{O}{\parallel}}{C}-NH_2-CH_2^- + H_2O$$

① 双氰胺-甲醛聚合物的制备

在工业化生产中曾经采用过"一步法"反应制备双氰胺-甲醛聚合物，就是一次将全部原料投入反应釜中进行反应。由于它是一个较强的放热过程，在放热高峰时每分钟温升可达10℃以上，操作困难，容易发生飞温、涨锅、喷料事故，生产不安全。所以其后就改进为"两步法"，即分两步加入甲醛或氯化铵，以缓解放热过程。先加入半数以上的物料，待反应到一定阶段后再缓缓加入剩下的另一部分物料。在双氰胺-甲醛聚合物的制备过程中，大致可分为三类工艺：直接用双氰胺、甲醛和氯化铵进行聚合反应；为了增大聚合物的相对分子质量，在上一工艺中加入添加剂，促进交联反应的产生；直接用酸催化剂，促进双氰胺-甲醛发生缩聚反应。

a. 工艺一

Ⅰ. 将双氰胺354.0kg及氯化铵178.6kg，甲醛178.6kg，投入配有回流冷凝器的搪玻璃反应釜中，升温，进行"第一步缩合"。当温升至（50±2）℃时，停止加热，并适当冷却，注意反应放热，控制温度为（55±2）℃，待反应放热高峰过后，再加入余下的357.0kg甲醛，进行"第二步缩合"，控制温度在（60±2）℃，保温4h，即得产品。

Ⅱ. 将双氰胺295.0kg及氯化铵186.0kg，甲醛279.0kg，投入Ⅰ的釜内，进行"第一步缩合"，当温升至（60±2）℃时，停止加热，并适当冷却，注意反应放热，控制温度为（65±2）℃，待反应放热高峰过后，再加入余下的279.0kg甲醛，进行"第二步缩合"，控制温度在（70±2）℃，保温3h，即得产品。

Ⅲ. 将双氰胺265.5kg及氯化铵200.0kg，甲醛401.7kg，投入同Ⅰ的釜内，进行"第一步缩合"，当温升至（70±2）℃时，停止加热，并适当冷却，注意反应放热，控制温度为（75±2）℃，待反应放热高峰过后，再加入余下的200.0kg甲醛，进行"第二步缩合"，控制温度在（98±2）℃，保温2h，即得产品。

b. 工艺二

在250mL四口烧瓶上装置电动搅拌器、温度计、回流冷凝管，用电热套和冷水浴调节反应温度，先加入61mL 37%的甲醛，在搅拌下加入23.2g双氰胺，3g尿素和3g添加剂，8.3mL 36%的盐酸，将此混合物在90℃下反应2h，此后冷却至50℃，在搅拌下再加入3g尿素，在70℃下反应1h，冷却到室温即得产品。产品为浅黄色黏稠液体，pH=6，20℃时密度为1.25g/mL，20℃黏度为0.65Pa·s，产品固含量为54%。

c. 工艺三

Ⅰ. 将等摩尔比的双氰胺，甲醛溶液加入三口烧瓶中，加入适量的无机酸作催化剂，在搅拌条件下控制适当的反应温度，反应3~5h，然后再加入少量稳定剂，熟化一段时间，即可制得黏稠胶状的双氰胺-甲醛聚合物，聚合物的相对分子质量为1000左右。

Ⅱ. 笔者曾利用有机酸作催化剂，催化双氰胺和甲醛发生缩聚反应，并加入适量的链转移剂，在95~99℃下反应4~6h，可制得相对分子质量为3000~10000的双氰胺-甲醛聚合物，产品为透明黏稠液体，pH值为2.5~4.7，产品的固含量为40%。

② 改性双氰胺-甲醛聚合物的制备

为了进一步提高双氰胺-甲醛聚合物的脱色和絮凝性能，或降低产品的成本，提高性价比，有必要对双氰胺-甲醛聚合物的制备工艺进行改进，研制出改性双氰胺-甲醛聚合物，便于拓宽双氰胺-甲醛系列聚合物的应用范围。目前，改性双氰胺-甲醛聚合物的制备方法有 3 类：进行化学改性或与其他药剂复配以提高脱色能力；在合成过程中用价格便宜的原料代替双氰胺，在降低产品成本的同时，又要使改性后的产品脱色性能接近于原有产品；与无机混凝剂并用。主要介绍前面两种方法。

a. 方法一

Ⅰ. 采用三氯化铝具有的酸性作为双氰胺-甲醛合成的催化剂，在合成过程中不断消耗其酸度使三氯化铝转化为聚氯化铝，并使反应产物很好融合而制备成双氰胺-甲醛复合铝絮凝剂。具体方法为称取双氰胺 22%～34%、三氯化铝 30%～60%、甲醛水溶液 18%～28%，混合均匀上述原料、缓慢加热，再升温并恒温 40～60℃，进行反应 2h 降温存放 24h 后制成双氰胺-甲醛复合铝絮凝剂。

Ⅱ. 笔者等曾以双氰胺、甲醛、铝盐和硫酸等化学原料来制备有机无机复合型改性双氰胺-甲醛聚合物，具体工艺：首先往反应釜中加入计算量的水和无机酸，并将体系的 pH 值控制在 1.0～2.0，然后在搅拌下加入双氰胺和甲醛，在 90～100℃保温反应 4～5h 后，在搅拌下将铝盐加入缩聚反应所获得的溶液中，然后将溶液的温度降至 80～90℃保温反应 2～3h 即得产品。

b. 方法二

Ⅰ. 在一个带有搅拌系统、温度计和冷凝管的三口烧瓶中加入甲醛 205g 和 81g 双氰胺，待双氰胺溶解后加入氯化铵 37g，而后加入脲 18g，在 97℃下反应 3h 即得改性絮凝剂产品。

Ⅱ. 在一个带有搅拌系统、温度计和冷凝管的三口烧瓶中加入浓度为 37% 的甲醛 240g 和 81g 双氰胺，使双氰胺溶解后，加入 48g 氯化铵和 30g 脲，之后提高水浴温度到 95℃。并在该温度下再反应 4h，冷却后即得改性絮凝剂产品。

Ⅲ. 在三口反应烧瓶中，加入浓度为 37% 的甲醛 285g、81g 的双氰胺，和 53g 氯化铵，随后再加入 48g 脲，升温到 97℃反应 4h，即得产品。

Ⅳ. 反应过程和所使用的药剂同上，加入甲醛 295g，双氰胺 81g，控制反应温度在 55℃的条件下加入 68g 氯化铵，升温到 110℃反应 2h，加入脲 60g，在该温度下继续反应 4h 得改性絮凝剂产品。

【应用】（1）在污泥脱水中的应用

江晓军和肖锦利用双氰胺-甲醛缩聚物处理广州某厂剩余活性污泥，并与三氯化铝和阳离子聚丙烯酰胺进行脱水性能比较，结果发现：双氰胺-甲醛缩聚物絮凝剂的脱水性能最好，它的药剂投加量少，比阻抗最低。阳离子聚丙烯酰胺不能使此种污泥的比阻抗降低，这是因为它的阳离子取代度不高，而此活性污泥浓度较高，负电荷亦比较高，故药剂对胶体的脱稳作用不明显，它的加入，反而造成过滤层的黏附，使污泥过滤性能变差。他们又利用双氰胺-甲醛缩聚物处理广州某酒店的活性污泥，发现双氰胺-甲醛缩聚物絮凝剂对处理此种酒店废水的活性污泥，其改善污泥的脱水性能效果仍是最好的。由于此活性污泥的质量浓度比较低，故使用阳离子改性聚丙烯酰胺也能改善污泥的脱水性能，但效果比双氰胺-甲醛缩聚物絮凝剂差些，且投加量范围较窄。若它投加过量，因会导致滤层的黏附，反而重新使污泥的过滤脱水性能变差。

（2）处理印染废水

林丰和邵青等利用双氰胺-甲醛聚合物处理印染及漂染废水，即将 1000mL 印染及漂染废水装入 1000mL 烧杯中，加入 10mL 10% 双氰胺-甲醛聚合物水溶液，即有大量絮状物生成，充分搅拌后静置 10min 后过滤，经处理后液体色度为 128 倍，脱色率为 87.5%；COD 为 523mg/L，去除率为 86.4%；pH 值为 11，折合脱色剂用量为 1kg/m³ 废水（注：印染厂的综合废水水质指标为，外观为浅绿色，乳状浑浊，pH 值为 12，色度为 1024 倍，COD 为 3864mg/L）。

　　董银卯和梁瀛洲利用自行研制开发的双氰胺-甲醛系列阳离子聚合物处理北京第三印染厂的总排水口废水，发现将废水的pH值控制在7～8，单独使用双氰胺-甲醛聚合物（聚合物-2），最佳投加量为200mg/L；聚合物-2与硅藻土混合使用可明显提高脱色絮凝效果，而且大大减少了聚合物-2的用量（见表3-23）。

表 3-23   印染废水处理结果

絮凝剂用量/(mg/L)		出水水质			去除率/%			
聚合物-2	硅藻土	色度/倍	COD/(mg/L)	SS/(mg/L)	色度	浊度	COD	SS
200	—	9	400	0	91	96.7	66.7	100
—	1.5	12	828	0	88	96.8	31.0	100
4	1.5	4	350	0	96	95.8	70.8	100

注：印染废水的色度为100倍；SS为1310mg/L；COD为1200mg/L；pH值为11.0。

3.4.3.9　改性甲醇氨基氰基脲-甲醛缩合物

【制备方法】　笔者等利用甲醇氨基氰基脲、多聚甲醛、氯化铵和无水氯化铝为原料，在酸性介质中，合成出有机无机复合型的改性甲醇氨基氰基脲-甲醛缩合物。制备方法：将甲醇氨基氰基脲、多聚甲醛、氯化铵和水以3:1:1.5:6的质量比加入反应釜中，反应30min后逐渐加入计算量的无水氯化铝和无机酸，反应60min后升温至90℃，反应4.0h后将反应温度降至常温，并适当添加一些助剂，继续反应30min即得透明黏稠状的有机无机复合型改性甲醇氨基氰基脲-甲醛缩合物（有效固含量为50.5%，其中Al_2O_3质量分数为5.5%，其pH值为1.6～2.1）。

　　此外，笔者与课题组成员还利用甲醇氨基氰基脲、甲醛、结晶氯化铝和盐酸等为原料，在酸性介质中，合成出有机无机复合型的改性甲醇氨基氰基脲-甲醛缩合物。制备方法：将适量的水加入反应釜中，并将体系温度升至85℃，然后加入自制的40g甲醇氨基氰基脲和一定量的甲醛，在85℃，反应一定时间后，加入结晶氯化铝和计算量的浓盐酸和催化剂，继续反应2.0h后自然降温，即制成有机无机复合型改性甲醇氨基氰基脲-甲醛缩合物絮凝剂，产品为无色透明，带有黏性且流动性良好的液体。而且通过红外光谱分析，发现所制备的改性甲醇氨基氰基脲-甲醛缩合物分子中含有以下基团：—NH_2（3360.26cm^{-1}）、—$CONH_2$（3360.26cm^{-1}、1324.72cm^{-1}和1022.29cm^{-1}）、—N＝（1708.56cm^{-1}）和—CN（2260.08cm^{-1}）。由于改性甲醇氨基氰基脲-甲醛缩合物分子中既含有亲水基团，如氨基和酰氨基，又含有亲油基团如氰基，说明改性甲醇氨基氰基脲-甲醛缩合物属于两亲型絮凝剂。

【应用】　（1）印染废水中的应用

　　笔者和课题组成员曾利用改性甲醇氨基氰基脲-甲醛缩合物（SY-1）处理活性染料模拟废水（如活性红M3BE、活性翠蓝KN-G、活性黑KNB、活性艳红K-2BP、活性分散橙3R和活性艳蓝KN-R等），并对各种影响因素进行了系统研究。结果发现，当模拟废水的pH值在6.0～8.0时，改性甲醇氨基氰基脲-甲醛缩合物对活性红M3BE、活性翠蓝KN-G、活性黑KNB、活性艳红K-2BP、活性分散橙3R和活性艳蓝KN-R等活性染料的絮凝脱色量分别达到2.0mg/mg、4.0mg/mg、1.2mg/mg、1.33mg/mg、2.0mg/mg和1.33mg/mg。

　　此外，改性甲醇氨基氰基脲-甲醛缩合物（SY-1）的絮凝脱色量和脱色率与染料分子的结构、性质有很大的关系，即与染料分子上所含的基团（如磺酸基、亚硝酸基、羧酸基、羟基、氨基等）的种类、数量也有很大的关系。改性缩合物的絮凝脱色量和脱色率与染料分子上的阴离子基团的数目成反比，即染料分子上的阴离子基团数目越多，改性缩合物的絮凝脱色量和脱色率也越低。此外，染料分子上的氨基及其基团数目对改性缩合物絮凝脱色量和脱色率的影响甚微。

不同类型絮凝剂的对比实验结果表明，改性甲醇氨基氰基脲-甲醛缩合物絮凝剂的絮凝性能明显优于聚合氯化铝（PAC）、$Al_2(SO_4)_3$、聚合硫酸铁（PFS）等絮凝剂（见表3-24）。

表 3-24　絮凝剂的絮凝性能比较

絮凝剂	脱色率/%		絮凝剂	脱色率/%	
	活性翠蓝 KN-G	活性红 M3BE		活性翠蓝 KN-G	活性红 M3BE
硫酸铝	99.79	61.85	聚合硫酸铁	99.72	28.99
聚合氯化铝	62.17	41.31	SY-1	100	100

注：SY-1、硫酸铝、聚合氯化铝、聚合硫酸铁铁的用量都为250mg/L；SY-1处理活性翠蓝 KN-G 模拟废水的质量浓度为1000mg/L，去除活性红 M3BE 模拟废水的质量浓度为500mg/L；其他絮凝剂处理染料模拟废水的质量浓度均为300mg/L。

（2）制浆造纸废水方面的应用

笔者和课题组成员曾用改性甲醇氨基氰基脲-甲醛缩合物处理制浆造纸废水（简称OHF），其中制浆造纸废水由福建某公司提供，废水由磨木浆废水、制浆废水和脱墨废水混合而成，其水质指标见表3-25。为了获得最佳的絮凝效果和絮凝参数，对各种影响絮凝作用的因素（如絮凝剂的用量、废水的pH值、废水温度等）进行了系统研究。

表 3-25　废水的水质指标

水质指标	COD_{Cr}/(mg/L)	SS /(mg/L)	pH 值	浊度/NTU
造纸废水	1720	320	7.2	14.93

① 絮凝剂用量

絮凝剂的用量对絮凝效果的影响，一般情况下，絮凝效果随着絮凝剂的用量的增加而增大。但是，絮凝剂的用量达到一定值时，出现峰值，再增加用量时，絮凝效果反而下降，所以在使用时要确定最佳效果的用量。当絮凝剂过量时，有时会使所形成的絮凝体重新脱稳，变成胶体。絮凝剂的用量与溶液中的悬浮物的含量有关，所以最佳用量不是理论推导出来而是从实验中测定出来的。OHF絮凝剂对絮凝效果的影响结果见图3-3。

由图可知：在 25～150mg/L 的范围内絮凝剂 OHF 都能使废水的浊度去除率达到89.3%以上。其中在 0～75mg/L 范围内，浊度去除率随OHF絮凝剂用量的增加变化不大，但都能达到89.5%的去除率；当絮凝剂用量在 75～120mg/L 时，废水经处理后上清液的浊度去除率有明显的增加，即废水的浊度明显下降，当OHF絮凝剂的用量达到120mg/L时，浊度去除率可达到最大，其值为93.0%，但当絮凝剂的用量超过150mg/L时，浊度的去除率开始下降，因此OHF絮凝剂的用量控制在120mg/L左右为最佳。

② 废水 pH 值

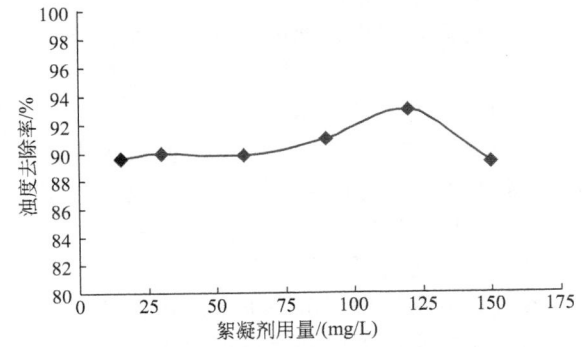

图 3-3　絮凝剂用量对絮凝效果的影响
注：废水 pH 值为 7.2；废水温度为 25℃。

pH 值对絮凝作用的影响是非常大的。一般情况下，阳离子型絮凝剂一般适用于酸性和中性环境，但聚季铵盐型的阳离子有机高分子絮凝剂也适用于碱性的介质中；阴离子型絮凝剂一般适用于中性和碱性环境；非离子型絮凝剂一般适用于弱酸性、中性以及偏微碱性环境。因此，选择适当的 pH 值，能够使絮凝剂作用进行得完全，絮凝效果良好，进而可以节省大量的絮凝剂，降低处理成本；如果 pH 值选择得不合适，轻者降低絮凝效果，重者不能形成絮凝沉淀，甚至使已经形成的絮凝体重新变成胶体溶液。所以，研究絮凝作用，必须研究 pH 值对絮凝作用的影响。

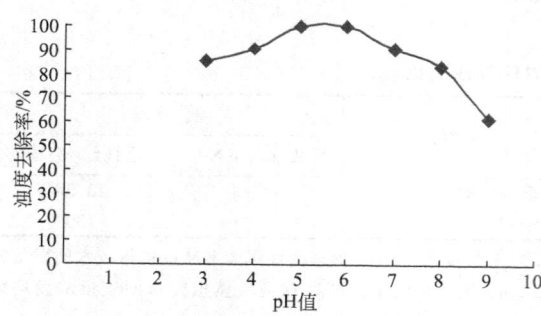

图 3-4   废水 pH 值对絮凝效果的影响

注：废水温度为 25℃，OHF 絮凝剂的用量为 120mg/L。

图 3-4 为废水 pH 值与废水浊度去除率的关系。从图 3-4 可以看出：在相同用量的情况下，絮凝剂对废水浊度的去除率随着 pH 值的改变变化很大。pH 值在 5~6 为最好，浊度去除率可达到 100%；在 3~6，OHF 絮凝剂对废水的浊度去除率随着 pH 值的增加而增大；在 6~9，浊度去除率随着废水 pH 值的增加而降低。当 pH 值超过 9 时，浊度去除率很小，小于 60%。这说明废水的 pH 值对胶体颗粒的表面电荷的 Z 电位、絮凝剂的性质和作用以及絮凝作用等等都有很大的影响。pH 应选得恰当，最好控制在 4~7。

③ 废水温度

水溶液的温度过高和过低，对絮凝作用皆不利。其温度最好在 5~50℃，当水温过高时，化学反应速度加快，形成的絮凝体细小，并使絮凝体的水合作用增加，因此，产生的活性污泥的含水量高、体积大、难处理。更重要的原因是，如果将处理的水加热升温时，会消耗大量的能量，提高成本。当水温过低时，有些絮凝剂的水解反应变慢，水解时间增长，影响处理的水量；若不增长时间，则影响处理的效果。温度过低也增加水的黏度。黏度大时，增加水对絮凝体的撕裂作用，使絮凝体变为细小，不易分离。

④ 采用不同的絮凝剂

如聚合氯化铝（PAC）、聚合硫酸铁（PFS）、阳离子聚丙烯酰胺（CPAM，相对分子质量为 9.0×10^6，阳离子度为 20%）和硫酸铝 $[Al_2(SO_4)_3$，简称 AS] 等与 OHF 作对比试验，由图 3-5 可以看出：在其他条件相同的情况下，OHF 絮凝剂的絮凝效果最好，无论是 COD_{Cr} 的去除率还是浊度去除率都比其他几种絮凝剂来得高，特别是浊度去除率明显要高得多，PAC、CPAM、AS 次之，而且这几种絮凝剂之间的浊度去除率相差不大，PFS 在浊度去除率方面效果最差。在 COD_{Cr} 去除率方面 OHF 絮凝剂较其他几种絮凝剂高，但相差不大，其中 CPAM 的 COD_{Cr} 去除率最差。

此外，还进行了化学污泥性能比较，将上述经各种絮凝剂处理后沉降下来的污泥经适当压滤后，用烘干法测定其湿污泥得率、污泥含水率，结果见表 3-26。从表中可以看出，在处理造纸废水过程中，OHF 的污泥量及污泥含

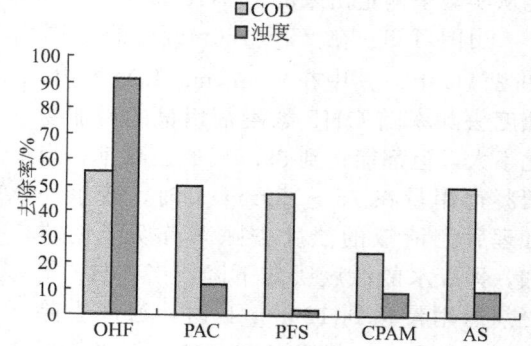

图 3-5   不同絮凝剂的絮凝性能比较

（OHF 和 CPAM 的用量为 120mg/L；PAC 用量为 300mg/L；PFS 用量为 320mg/L；$Al_2(SO_4)_3$ 用量为 600mg/L）

表 3-26　化学污泥性能比较

絮凝剂	OHF	PAC	PFS	CPAM	$Al_2(SO_4)_3$
湿污泥得率/(g/L)	10.98	17.95	22.48	19.86	21.28
污泥含水率/%	94.8	97.8	97.6	99.3	98.1
干污泥得率/(g/L)	0.5709	0.3950	0.5396	0.1390	0.4044

注：OHF 和 CPAM 的用量为 120mg/L；PAC 用量为 300mg/L；PFS 用量为 320mg/L；$Al_2(SO_4)_3$ 用量为 600mg/L。

水率明显优于 PAC、PFS、CPAM、$Al_2(SO_4)_3$。由此可见，OHF 不仅用量小，而且絮凝效果也很好。这些效果的不同是与絮凝剂自身的性质有关，OHF 絮凝剂兼具有无机絮凝剂和有机絮凝剂的优点，具有电中和、吸附架桥、卷扫和捕集等多种功能，因此絮凝效果较好。

3.4.3.10　二氯乙烷-四亚乙基五胺缩聚物

【制备方法】　四亚乙基五胺（22mol）416 份（质量份，下同），二氯乙烷（22mol）218 份，苛性钠（44mol）180 份，水 400 份。

将四亚乙基五胺溶于 100 份水中加入装有回流冷却器的反应器中，然后在搅拌下一边加热，一边加入二氯乙烷，加入速度应保持反应物处于回流状态。加完后，为了稀释黏稠溶液，则补加 100 份水，然后继续加热 2h。

3.5　两性型合成有机高分子絮凝剂

两性型合成有机高分子絮凝剂是指在分子链节上同时含有正、负两种电荷基团的水溶性高分子，是合成具特殊功效的有机高分子絮凝剂的主要研究方向之一。两性型合成有机高分子絮凝剂与仅含有一种电荷的水溶性阴离子或阳离子聚合物相比，性能较为独特。而且，两性型合成有机高分子絮凝剂的阴、阳离子基团可以处于同一分子链节上，也可以分别处于不同的分子链节上。按其阴、阳离子基团分布可分为聚两性电解质和聚内胺酯两种。

聚两性电解质是指阴离子基团与阳离子基团存在于同一条大分子主链。根据其单体单元的性质可分为强酸强碱型、强酸弱碱型、弱酸强碱型和弱酸弱碱型；根据其序列结构的不同，又可分为无规、交替、接枝和嵌段共聚物等。

聚内胺酯表现在阳离子基团与阴离子基团存在于同一侧基基团上，其结构一般是由具有聚合反应活性的烯基类单体的烯基部分和赋予电中性两性离子化特征的侧基部分组成。常见的有：羧酸甜菜碱型（羧内酯）聚合物和磺酸甜菜碱型（磺内酯）聚合物两种。与前者相比，后者的化学稳定性和热稳定性好，水化能力强且不易受溶液 pH 值影响。

两性高分子絮凝剂具有很好的水溶性、很高的分子量和良好的黏性容量。在不同介质条件下，其所带离子类型可能不同，适用于处理带不同电荷的污染物。两性高分子絮凝剂因具有适用于阴、阳离子共存的污染体系、适用的 pH 值范围宽及抗盐性好等特点而成为国内外的研究热点。两性高分子絮凝剂兼有阴、阳离子性基团的特点，适用于各种不同性质的废水处理，特别对污泥脱水，不仅有电性中和、吸附桥连作用，而且有分子间的"缠绕"包裹作用，使处理的污泥颗粒粗大，脱水性好，即使是对不同性质的不同腐败程度的污泥，也能发挥较好的脱水助滤作用。

两性高分子用作絮凝剂不仅可除去废水中的悬浮物和胶体，而且可除去一般絮凝剂所不及的范围——废水中的溶解物（如有色物质、腐殖酸及表面活性剂等）。这是因为两性高分子中的阴、阳离子基团能与色度物质、腐殖酸类物质及表面活性剂等物质发生络合（螯合）作用，再通过絮凝沉淀达到去除的目的。因此可望在印染废水处理、微污染给水处理等方面起到积极的作用。近年来，国外对两性型合成有机高分子絮凝剂的研究和开发趋于活跃，日、德、美等国都对两性絮凝剂开展了实用性研究，而我国对这类水处理剂的研究开发起步较晚。

根据制备方式的不同，两性型有机高分子絮凝剂可分为聚合型、高分子反应型和缩合型三大类。

3.5.1 聚合型絮凝剂

聚合型絮凝剂的制备主要由具有聚合反应活性的烯基类阳离子单体与阴离子单体二元共聚或丙烯酰胺与其他阴、阳离子单体通过三元或三元以上共聚反应而成，制备方法归纳起来，主要有水溶液聚合、反相悬浮聚合和乳液聚合等，其中以水溶液聚合为主。

3.5.1.1 丙烯酸钠-甲基丙烯酰氧乙基三甲基氯化铵共聚物

【制备方法】 丙烯酸钠-甲基丙烯酰氧乙基三甲基氯化铵共聚物主要是由丙烯酸钠单体和甲基丙烯酰氧乙基三甲基氯化铵单体通过水溶液聚合而成，反应式为：

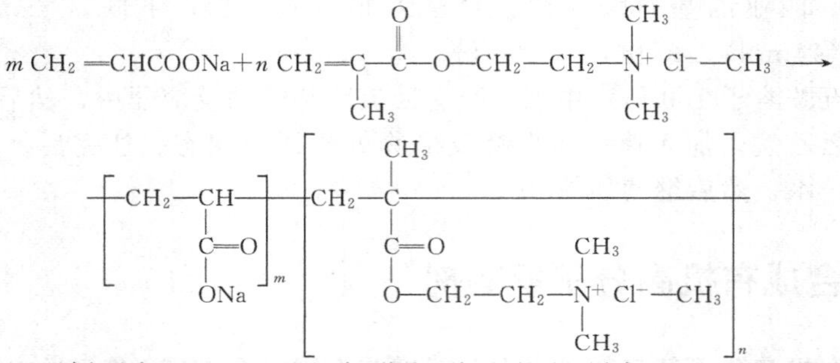

$$m\,CH_2{=}CHCOONa + n\,CH_2{=}C(CH_3){-}C(=O){-}O{-}CH_2{-}CH_2{-}N^+(CH_3)_3\,Cl^- \longrightarrow$$

$$\left[CH_2{-}CH(C=O)(ONa)\right]_m\left[CH_2{-}C(CH_3)(C=O){-}O{-}CH_2{-}CH_2{-}N^+(CH_3)_2Cl^-(CH_3)\right]_n$$

丙烯酸钠-甲基丙烯酰氧乙基三甲基氯化铵共聚物的制备方法主要采用水溶液聚合法，根据引发体系的不同，可分为化学引发和辐射引发等。

（1）化学引发制备方法

将去离子水、螯合剂、链转移剂和丙烯酸单体加入反应釜中，并加入质量分数为50%的氢氧化钠水溶液将体系pH值调至7～9，然后加入甲基丙烯酰氧乙基三甲基氯化铵单体，通氮除氧30min后，加入引发剂［如2,2'-偶氮双-(N,N-2-脒基丙烷)二盐酸盐等］，在15～35℃内引发聚合反应3～6h后即得丙烯酸钠-甲基丙烯酰氧乙基三甲基氯化铵共聚物。其中丙烯酸与甲基丙烯酰氧乙基三甲基氯化铵的摩尔比为（3～5）∶1。

（2）辐射引发制备方法

于辐射瓶中依次加入一定量的丙烯酸单体（AA）、蒸馏水、氢氧化钠（中和丙烯酸单体，中和度为0.8）和甲基丙烯酰氧乙基三甲基氯化铵单体，搅拌均匀，用橡皮塞塞紧，通N_2除氧20min，放在钴源辐射场中进行辐射，总剂量3000Gy，剂量率50Gy/min，辐射后除去残留单体，即得丙烯酸钠-甲基丙烯酰氧乙基三甲基氯化铵共聚物。其中，甲基丙烯酰氧乙基三甲基氯化铵与丙烯酸的摩尔比为（3～6）∶1。

3.5.1.2 苯乙烯磺酸钠-丙烯酸乙酯基三甲基氯化铵共聚物

【制备方法】 苯乙烯磺酸钠与丙烯酸乙酯基三甲基氯化铵通过自由基聚合反应生成苯乙烯磺酸钠-丙烯酸乙酯基三甲基氯化铵共聚物，反应式为：

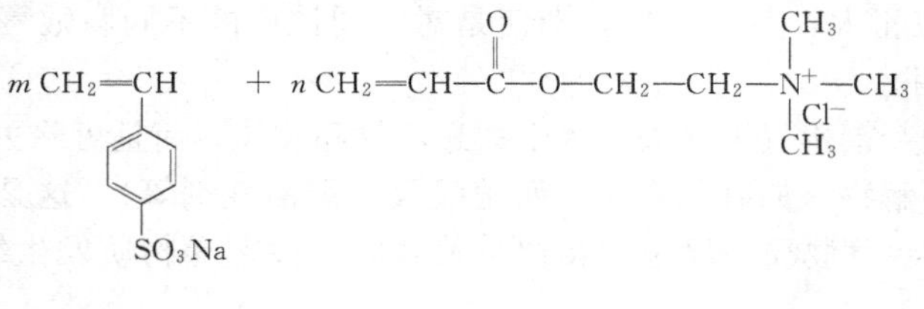

$$m\,CH_2{=}CH(C_6H_4SO_3Na) + n\,CH_2{=}CH{-}C(=O){-}O{-}CH_2{-}CH_2{-}N^+(CH_3)_3\,Cl^- \longrightarrow$$

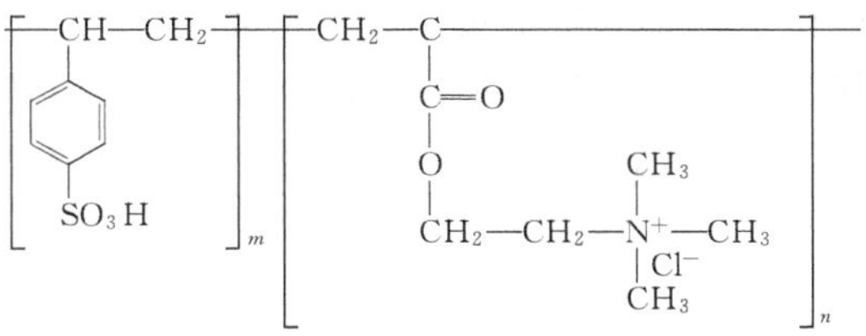

将去离子水、螯合剂、链转移剂和苯乙烯磺酸钠单体加入反应釜中，然后加入丙烯酸乙酯基三甲基氯化铵单体，通 N_2 除氧 20～30min 后，加入引发剂（如过硫酸钾/AIBN/脲等），在 20～45℃内引发聚合反应 4～8h 后即得苯乙烯磺酸钠-丙烯酸乙酯基三甲基氯化铵共聚物。其中苯乙烯磺酸钠与丙烯酸乙酯基三甲基氯化铵的摩尔比为 1：(4～6)。

3.5.1.3　4-乙烯基吡啶-4-乙酰氧基苯乙烯共聚物

【制备方法】　4-乙烯基吡啶-4-乙酰氧基苯乙烯共聚物的结构式及其制备过程如下式所示：

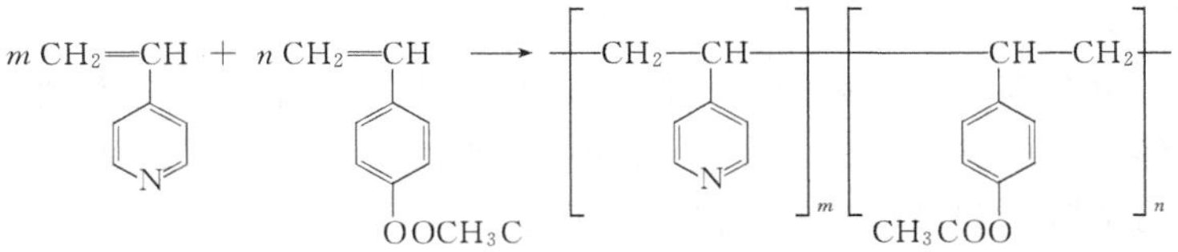

制备方法：在配备有磁力搅拌装置、通 N_2 装置和冷凝回流装置的反应器中加入 4.86g 4-乙酰氧基苯乙烯（30mmol）、3.15g 4-乙烯基吡啶（30mmol）和 16mL 甲醇。将 2,4-二甲基正戊腈（VAZO 52）甲醇溶液（0.24g 溶于 1mL 甲醇）加入上述反应体系中，然后通 N_2 驱除空气 3 次。在油浴中保持回流，其中油浴温度 60℃。分三次将其余的 2,4-二甲基正戊腈加入反应体系中，反应 1h 加入一次，每次 60mg。回流 20h 后，通过高效液相色谱检测发现反应液中完全不存在 4-乙酰氧基苯乙烯，说明 4-乙酰氧基苯乙烯已完全参与反应。冷却至 22℃，加入 3mL 浓盐酸和 40mL 甲醇，继续回流 6h，然后通过常压蒸馏，将产物溶液浓缩至约 20mL，冷却至 22℃，即得到 4-乙烯基吡啶-4-乙酰氧基苯乙烯共聚物。

3.5.1.4　丙烯酰胺-丙烯酸钾-甲基丙烯酰氧乙基三甲基氯化铵共聚物

【制备方法】　丙烯酰胺-丙烯酸钾-甲基丙烯酰氧乙基三甲基氯化铵三元共聚物可利用水溶液聚合法通过丙烯酰胺、丙烯酸钾和甲基丙烯酰氧乙基三甲基氯化铵（DMC）单体共聚而成，反应式为：

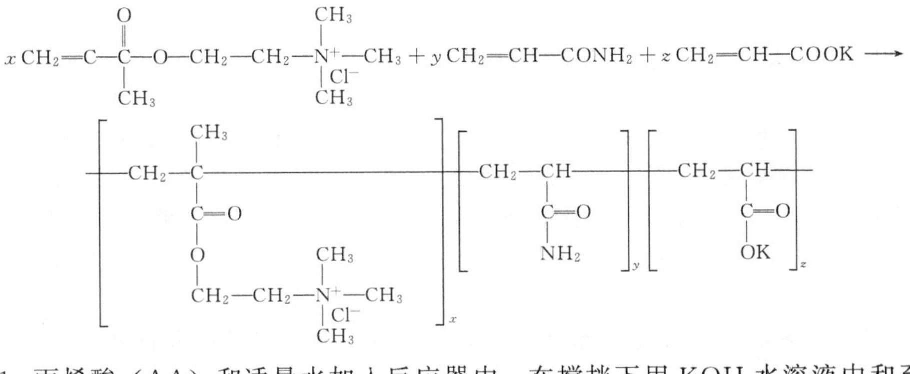

将 21g 丙烯酸（AA）和适量水加入反应器中，在搅拌下用 KOH 水溶液中和至 pH 值 9～12，加入 42g 丙烯酰胺（AM），待其溶解后加入 20g 甲基丙烯酰氧乙基三甲基氯化铵（DMC），升温至（35±1）℃，加入 0.25g 过硫酸铵和 0.125g 亚硫酸氢钠（均用少量水溶解），在（35±1）℃下反应 0.5～1h，得到凝胶状产物，于 130～150℃下烘干、粉碎即得丙

烯酰胺-丙烯酸钾-甲基丙烯酰氧乙基三甲基氯化铵三元共聚物。

3.5.1.5　丙烯酰氨基-2-甲基丙磺酸（钠）-丙烯酸乙酯基三甲基氯化铵共聚物

【制备方法】　丙烯酰氨基-2-甲基丙磺酸（钠）-丙烯酸乙酯基三甲基氯化铵共聚物的结构式和制备反应式如下所示：

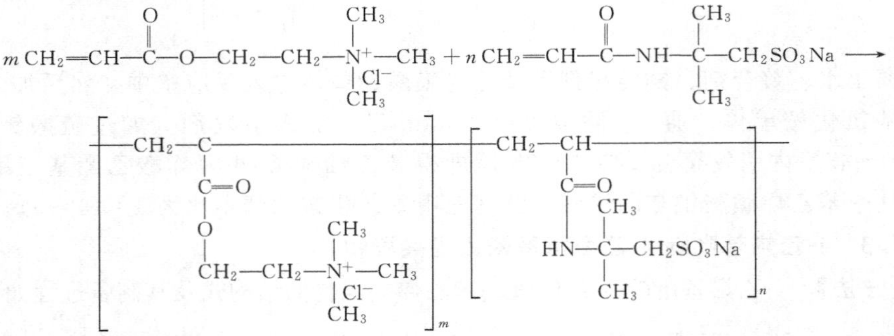

将去离子水、螯合剂、链转移剂和丙烯酰氨基-2-甲基丙磺酸钠单体加入反应釜中，然后加入丙烯酸乙酯基三甲基氯化铵单体，通 N_2 除氧 20～30min 后，加入引发剂〔如 2,2'-偶氮双-(2-甲基-乙基腈）和过硫酸钾/脲等〕，在 20～45℃内引发聚合反应 2～5h 后即得丙烯酰氨基-2-甲基丙磺酸（钠）-丙烯酸乙酯基三甲基氯化铵共聚物。其中丙烯酰氨基-2-甲基丙磺酸钠和丙烯酸乙酯基三甲基氯化铵的摩尔比为 1:(1～4)。

3.5.1.6　丙烯酰胺-丙烯酸钠-二甲基二烯丙基氯化铵共聚物

【制备方法】　丙烯酰胺-丙烯酸钠-二甲基二烯丙基氯化铵共聚物的制备采用水溶液聚合法，反应式如下：

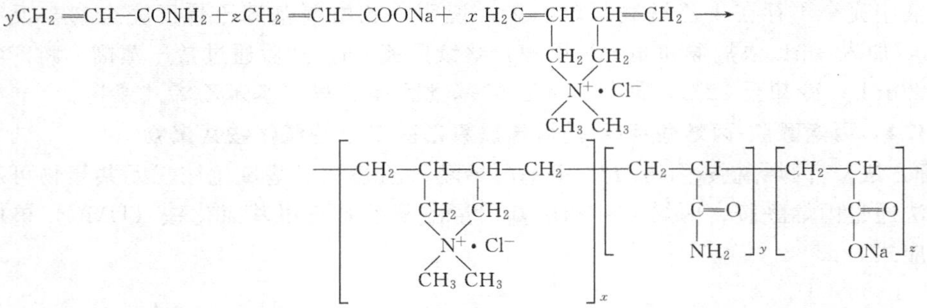

将去离子水、螯合剂、链转移剂和丙烯酸（AA）单体加入反应釜中，并用氢氧化钠溶液将体系 pH 值调至 6～9，分别加入二甲基二烯丙基氯化铵（DMDAAC）单体和丙烯酰胺（AM）单体溶液，通 N_2 除氧 30min 后，加入引发剂（如过硫酸钾/脲、过硫酸钾/亚硫酸氢钠等），在 30～65℃内引发聚合反应 3～7h，加去离子水至所需含量，冷却后，出料得丙烯酰胺-丙烯酸钠-二甲基二烯丙基氯化铵共聚物。其中丙烯酰胺、丙烯酸钠与二甲基二烯丙基氯化铵的摩尔比为 1:(0.1～0.3):(0.05～0.2)，引发剂的用量为单体总质量的 0.06%～0.1%。

3.5.1.7　丙烯酰胺-丙烯酰氨基-2-甲基丙磺酸钠-二甲基二烯丙基氯化铵共聚物

【制备方法】　丙烯酰胺-丙烯酰氨基-2-甲基丙磺酸钠-二甲基二烯丙基氯化铵共聚物是利用丙烯酰胺（AM）、丙烯酰氨基-2-甲基丙磺酸钠（AMPS）和二甲基二烯丙基氯化铵（DMDAAC）单体通过水溶液聚合而成，共聚物的结构式和反应过程如下所示：

$$x\ H_2C{=}CH\ CH{=}CH_2\ +y CH_2{=}CH{-}CONH_2+\ z\ CH_2{=}CH{-}\overset{\overset{\displaystyle O}{\|}}{C}{-}NH{-}\overset{\overset{\displaystyle CH_3}{|}}{\underset{\underset{\displaystyle CH_3}{|}}{C}}{-}CH_2SO_3Na \longrightarrow$$

$$\left[\begin{array}{c}CH_2{-}CH\ \ CH\ \ CH_2\\ \ \ \ \ \ \ \ |\ \ \ \ \ \ |\\ \ \ \ \ CH_2\ \ CH_2\\ \ \ \ \ \ \ \ \backslash\ \ \ \ \ /\\ \ \ \ \ \ \ N^+\cdot Cl^-\\ \ \ \ \ \ /\ \ \ \backslash\\ CH_3\ \ CH_3\end{array}\right]_x\left[\begin{array}{c}CH_2{-}CH\\ \ \ \ \ \ \ |\\ \ \ \ \ \ C{=}O\\ \ \ \ \ \ |\\ \ \ \ \ NH_2\end{array}\right]_y\left[\begin{array}{c}CH_2{-}CH\\ \ \ \ \ \ \ |\\ \ \ \ \ \ C{=}O\\ \ \ \ \ \ |\ \ \ \ CH_3\\ \ \ \ \ HN{-}C{-}CH_2SO_3Na\\ \ \ \ \ \ \ \ \ \ \ |\\ \ \ \ \ \ \ \ \ CH_3\end{array}\right]_z$$

将去离子水、螯合剂、链转移剂和丙烯酰氨基-2-甲基丙磺酸（AMPS）单体加入反应釜中，并在 20～30℃下用氢氧化钠溶液将体系 pH 值调至 6～7，然后分别加入二甲基二烯丙基氯化铵（DMDAAC）和丙烯酰胺（AM）单体溶液，通 N_2 除氧 20～30min 后，加入引发剂（如过硫酸钾/AIBN/脲、过硫酸钾/亚硫酸氢钠等），在 20～45℃内引发聚合反应 3～6h，冷却至室温，出料得丙烯酰胺-丙烯酰氨基-2-甲基丙磺酸钠-二甲基二烯丙基氯化铵共聚物。其中丙烯酰胺、丙烯酰氨基-2-甲基丙磺酸钠和二甲基二烯丙基氯化铵的摩尔比为 1：(0.05～0.15)：(0.1～0.2)，引发剂的用量为单体总质量的 0.05%～0.1%。

3.5.1.8　丙烯酰胺-丙烯酸钠-甲基丙烯酸二甲氨基乙酯共聚物

【制备方法】　丙烯酰胺-丙烯酸钠-甲基丙烯酸二甲氨基乙酯共聚物的结构式和合成反应式如下所示：

$$x\ CH_2{=}\overset{\overset{\displaystyle CH_3}{|}}{C}{-}\overset{\overset{}{}}{\underset{\underset{\displaystyle O}{\|}}{C}}{-}OCH_2CH_2N\overset{\diagup CH_3}{\diagdown CH_3}\ +y\ CH_2{=}CH{-}CONH_2+z\ CH_2{=}CH{-}COONa$$

$$\longrightarrow \left[\begin{array}{c}\ \ \ \ \ \ \ \ CH_3\\ \ \ \ \ \ \ \ \ |\\ CH_2{-}C\\ \ \ \ \ \ \ |\\ \ \ \ \ \ C{-}OCH_2CH_2N\overset{\diagup CH_3}{\diagdown CH_3}\\ \ \ \ \ \|\\ \ \ \ O\end{array}\right]_x\left[\begin{array}{c}CH_2{-}CH\\ \ \ \ \ \ \ |\\ \ \ \ \ \ C{=}O\\ \ \ \ \ \ |\\ \ \ \ \ NH_2\end{array}\right]_y\left[\begin{array}{c}CH_2{-}CH\\ \ \ \ \ \ \ |\\ \ \ \ \ \ C{=}O\\ \ \ \ \ \ |\\ \ \ \ \ ONa\end{array}\right]_z$$

丙烯酰胺-丙烯酸钠-甲基丙烯酸二甲氨基乙酯共聚物的制备主要有 2 种方法：①水溶液聚合；②反相乳液聚合。

（1）水溶液聚合

① 制备方法 1　将去离子水、螯合剂、链转移剂和丙烯酸（AA）单体加入反应釜中，并用氢氧化钠溶液将体系 pH 值调至 7～8，分别加入甲基丙烯酸二甲氨基乙酯（DMAEMA）单体和丙烯酰胺（AM）单体溶液，通 N_2 除氧 20～30min 后，加入引发剂（如过硫酸钾/脲、过硫酸钾/亚硫酸氢钠、过硫酸钾/硫代硫酸钠等），在 20～40℃内引发聚合反应 3～6h，冷却至室温，出料得丙烯酰胺-丙烯酸钠-甲基丙烯酸二甲氨基乙酯共聚物。其中丙烯酰胺、丙烯酸钠和甲基丙烯酸二甲氨基乙酯的摩尔比为 1：(0.1～0.2)：(0.05～0.15)，引发剂的用量为单体总质量的 0.03%～0.08%。

② 制备方法 2　将一定质量分数的丙烯酸（AA）溶液用碱调 pH 值至 6～7，在加入 AM 水溶液和适量的螯合剂与链转移剂等添加剂，在氮气保护下，用氧化还原引发体系（或单一引发剂）于 55℃引发聚合 4h，该共聚物为阴离子型聚丙烯酸类水溶性高分子，再加入 DMAEMA，升温至 60℃，继续反应 2h，合成两性高分子聚合物。反应中 AM、AA 和

DMAEMA 的摩尔比为 1∶(0.1～0.2)∶(0.1～0.2)；引发剂为过硫酸钾/亚硫酸氢钠等氧化还原引发体系，用量为单体总质量的 0.05%～0.1%。

（2）反相乳液聚合

反相乳液聚合法制备丙烯酰胺-丙烯酸钠-甲基丙烯酸二甲氨基乙酯三元共聚物，共分为以下 5 个步骤。

① 往反应器中加入 137.0 份质量分数为 52% 的丙烯酰胺溶液，100 份水和 0.2 份质量分数为 34% 的二乙三胺五乙酸钠水溶液、18.0 份丙烯酸和 20.0 份质量分数为 50% 的氢氧化钠溶液，搅拌均匀后得到 pH 值为 7.8 的均一溶液。

② 往上述体系中加入 88 份质量分数为 80% 的甲基丙烯酸二甲氨基乙酯与硫酸二甲酯的季铵化反应产物，搅拌均匀后得到 pH 值为 7.4 的均一溶液，水相 B。

③ 往另一个反应器中加入 150.0 份煤油、30 份油烯基甘油酸酯和 6.0 份硬酯酰甘油酸酯，搅拌加热至 40℃ 以获得均一的油相 A。

④ 在剧烈搅拌的条件下，将水相 B 慢慢加入油相 A 中以获得单体的油包水型乳液。将上述均质乳液转入聚合反应器中进行聚合反应。

⑤ 将上述 500 份乳液在室温下通 N_2 除氧 30min，并将 0.6 份 2,2'-偶氮二异丁腈（AIBN）溶于 3 份丙酮中后，加入反应体系中，在 N_2 保护下缓慢升温至 40℃，反应 3h，然后将温度升至 43℃，由于聚合反应过程中产生的聚合热作用使得体系温度在 1h 后升至 56℃。然后将体系温度升至 60℃，加入 30.0 份乙氧基壬基酚和 7.5 份双（乙基己基）磺基琥珀酸钠混合物作为转相表面活性剂，搅拌 30min 后，得到丙烯酰胺-丙烯酸钠-甲基丙烯酸二甲氨基乙酯共聚物乳液，产品的部分性能指标见表 3-27。

表 3-27　三元共聚物乳液的性能指标

固含量/%	活性组分/%	黏度/(mPa·s)	pH 值(1% 溶液)	冷冻-解冻试验	阳离子度/%	阴离子度/%
41.3	27.4	2050	7.65	通过	7.93	8.32

3.5.1.9　丙烯酰胺-二甲基二烯丙基氯化铵-马来酸共聚物

【制备方法】　丙烯酰胺-二甲基二烯丙基氯化铵-马来酸共聚物主要是利用水溶液聚合通过化学引发制备而成，具体反应式为：

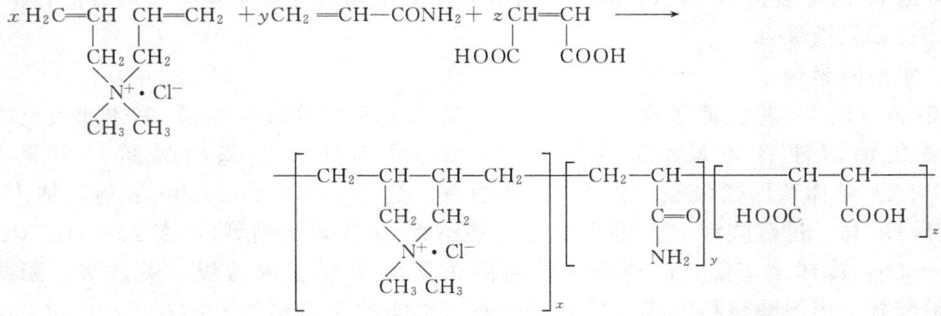

将计量的马来酸（MA）、丙烯酰胺（AM）和二甲基二烯丙基氯化铵（DMDAAC）按一定配比加到三颈瓶中，然后用适量的水配成一定浓度的溶液，搅拌使其溶解均匀，通氮除氧 30min 后加入一定量的引发剂，搅拌均匀，在 N_2 保护下反应 10h（反应温度 45℃），得到粗产物。用无水乙醇沉淀，洗涤，再沉淀洗涤，如此反复 2～3 次后，在真空烘箱中干燥、造粒得丙烯酰胺-二甲基二烯丙基氯化铵-马来酸共聚物产品，收率达 92% 左右。

3.5.1.10　丙烯酸-丙烯酸甲酯-甲基丙烯酸二甲氨基乙酯共聚物

【制备方法】　丙烯酸-丙烯酸甲酯-甲基丙烯酸二甲氨基乙酯共聚物制备采用乳液聚合法，三元共聚物的结构式和合成反应式如下所示：

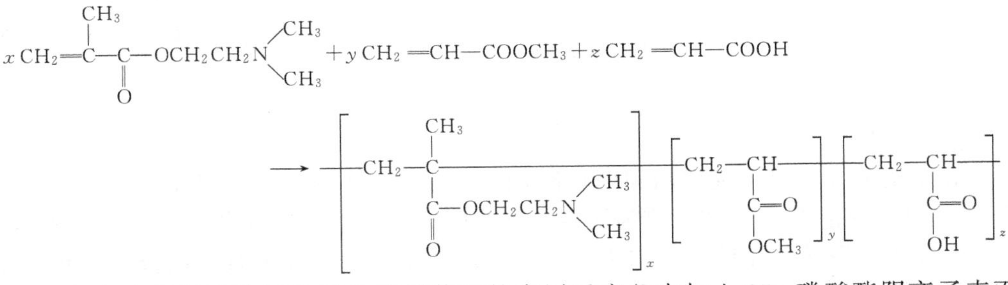

$$x\,CH_2=\!\!\overset{\overset{\displaystyle CH_3}{|}}{\underset{\underset{\displaystyle O}{\parallel}}{C}}-\!C\!-\!OCH_2CH_2N\!\!\overset{\overset{\displaystyle CH_3}{}}{\underset{\underset{\displaystyle CH_3}{}}{}} + y\,CH_2=CH-COOCH_3 + z\,CH_2=CH-COOH$$

$$\rightarrow$$

在配备有冷凝回流装置和震动搅拌装置的套层反应釜中加入 25g 磷酸酯阴离子表面活性剂（以将 H 型存在，pH=5）、25.0mL 二甲氨基乙醇和 2500mL 蒸馏水，搅拌均匀后，升温至 65℃，分别加入丙烯酸、丙烯酸甲酯和甲基丙烯酸二甲氨基乙酯单体，通 N_2 除氧后，加入 500mL 含有 5g 过硫酸钾的引发剂水溶液，反应至一定时间后，冷却至室温，将产物用丙酮洗沉析、水洗，然后用乙醇转化为两性电解质。将处理后的产物重新放入反应釜中，并将体系温度升至 80℃，在 1h 内滴加 1000mL 含 198g KOH 的水溶液，反应 1h 后，冷却至室温，即得到丙烯酸-丙烯酸甲酯-甲基丙烯酸二甲氨基乙酯共聚物。其中丙烯酸、丙烯酸甲酯和甲基丙烯酸二甲氨基乙酯的摩尔比为 4.0∶6.73∶1。

3.5.1.11　丙烯酰氨基-2-甲基丙磺酸钠-N-乙烯基-N-甲基乙酰胺-二甲基二烯丙基氯化铵共聚物

【制备方法】　丙烯酰氨基-2-甲基丙磺酸钠-N-乙烯基-N-甲基乙酰胺-二甲基二烯丙基氯化铵共聚物的制备采用反相悬浮聚合法，反应式如下：

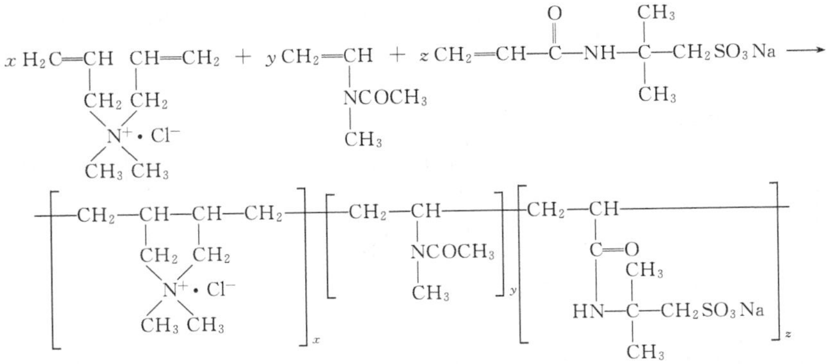

将丙烯酰氨基-2-甲基丙磺酸钠、N-乙烯基-N-甲基乙酰胺和二甲基二烯丙基氯化铵悬浮于丁醇中，在 N_2 保护下用偶氮二异丁腈（AIBN）于 75~80℃下聚合 2h，合成了带有磺酸基和季铵基团的两性高分子三元聚合物。

3.5.1.12　丙烯酰氨基-2-甲基丙磺酸钠-丙烯酸钠-丙烯酸乙酯基三甲基氯化铵共聚物

【制备方法】　丙烯酰氨基-2-甲基丙磺酸钠-丙烯酸钠-丙烯酸乙酯基三甲基氯化铵共聚物主要通过水溶液聚合法制备而成，反应式为：

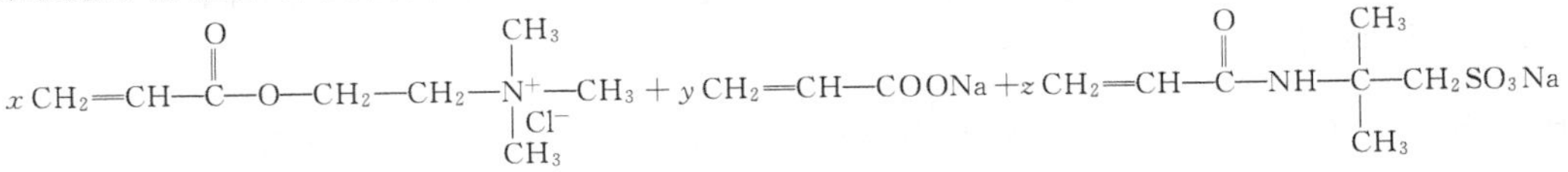

$$\rightarrow \left[\begin{array}{c}CH_2-CH\\ |\\ C=O\\ |\\ O\\ |\\ CH_2-CH_2-\overset{CH_3}{\underset{CH_3}{\overset{|}{N^+}}}-CH_3\\ Cl^-\end{array}\right]_x\left[\begin{array}{c}CH_2-CH\\ |\\ C=O\\ |\\ ONa\end{array}\right]_y\left[\begin{array}{c}CH_2-CH\\ |\\ C=O\\ |\\ HN-\overset{CH_3}{\underset{CH_3}{\overset{|}{C}}}-CH_2SO_3Na\end{array}\right]_z$$

（1）制备方法 1

将丙烯酰氨基-2-甲基丙磺酸钠和丙烯酸钠混合水溶液在氮气保护下，用氧化还原引发体系于 55℃引发聚合 4h，该共聚物为阴离子型聚丙烯酸类水溶性高分子，再加入阳离子单体丙烯酸乙酯基三甲基氯化铵，在 60℃下继续反应 2h，即合成出两性型高分子三元聚合物。反应中丙烯酰氨基-2-甲基丙磺酸钠-丙烯酸钠-丙烯酸乙酯基三甲基氯化铵的摩尔比为(0.1～0.2)：1：(0.2～0.3)。引发剂为 $K_2S_2O_8$、$(NH_4)_2S_2O_8$ 或过硫酸钾/亚硫酸氢钠、过硫酸钾/脲等氧化还原引发体系，用量为单体总质量的 0.06%～0.09%。

（2）制备方法 2

将丙烯酰氨基-2-甲基丙磺酸钠、丙烯酸钠和丙烯酸乙酯基三甲基氯化铵三者按摩尔比 0.1：1：0.3 混合，在氮气保护下用引发剂于 55～60℃引发聚合 4～6h，合成了带有磺酸基和季铵基团的两性高分子三元聚合物。

3.5.1.13 丙烯腈-丙烯酰胺-甲基丙烯酰氧乙基三甲基氯化铵-丙烯酸共聚物

【制备方法】 丙烯腈-丙烯酰胺-甲基丙烯酰氧乙基三甲基氯化铵-丙烯酸共聚物的制备采用乳液聚合法，反应式为：

$$x\,CH_2=\overset{O}{\underset{CH_3}{\overset{||}{C-C}}}-O-CH_2-CH_2-\overset{CH_3}{\underset{CH_3}{\overset{|}{\underset{Cl^-}{N^+}}}}-CH_3 + y\,CH_2=CH-COONH_2 + z\,CH_2=CH-COOH + n\,CH_2=CHCN$$

$$\rightarrow \left[\begin{array}{c}CH_2-\overset{CH_3}{\underset{|}{C}}\\ |\\ C=O\\ |\\ O\\ |\\ CH_2-CH_2-\overset{CH_3}{\underset{CH_3}{\overset{|}{\underset{Cl^-}{N^+}}}}-CH_3\end{array}\right]_x\left[\begin{array}{c}CH_2-CH\\ |\\ C=O\\ |\\ NH_2\end{array}\right]_y\left[\begin{array}{c}CH_2-CH\\ |\\ C=O\\ |\\ OH\end{array}\right]_z\left[\begin{array}{c}CH_2-CH\\ |\\ CN\end{array}\right]_n$$

在三口瓶中加入适量水，辛基酚聚氧乙烯（10）醚（Tx-10）和聚乙烯醇水溶液，搅拌下升温。用分液漏斗分别盛装 A 液（丙烯腈、丙烯酰胺、甲基丙烯酰氧乙基三甲基氯化铵和丙烯酸水溶液）和 B 液（过硫酸铵引发剂溶液），在浴温 65℃时，分别滴加 1/3 体积的 A、B 液，时间为 1h。滴加完毕后在 85℃反应 4h，直到没有明显单体气味，冷却至室温出料即得共聚物乳液。其中，引发剂用量为单体总质量的 0.1%～0.3%。

3.5.1.14 丙烯酸甲氧乙酯-丙烯酸二甲氨基乙酯-丙烯酰胺共聚物

【制备方法】 丙烯酸甲氧乙酯-丙烯酸二甲氨基乙酯-丙烯酰胺共聚物的制备采用水溶液聚合法，反应式为：

$$x\,CH_2=CH-\overset{O}{\overset{||}{C}}-OCH_2CH_2N\overset{CH_3}{\underset{CH_3}{\big\langle}} + y\,CH_2=CH-COOCH_2CH_2OCH_3 + z\,CH_2=CH-CONH_2 \rightarrow$$

$$\left[\begin{array}{c} CH_2-CH \\ | \\ C-OCH_2CH_2N{\begin{array}{c}CH_3 \\ CH_3\end{array}} \\ \| \\ O \end{array}\right]_x \left[\begin{array}{c} CH_2-CH \\ | \\ C=O \\ | \\ OCH_2CH_2OCH_3 \end{array}\right]_y \left[\begin{array}{c} CH_2-CH \\ | \\ C=O \\ | \\ NH_2 \end{array}\right]_z$$

在不锈钢制杜瓦瓶中加入丙烯酸甲氧乙酯（MEA）、丙烯酸二甲氨基乙酯氯甲烷季铵盐水溶液（DAC）、丙烯酰胺溶液和蒸馏水，上述三种单体的摩尔百分数分别为 5%、65% 和 30%，而且体系中物料的总质量为 1kg，其中单体的总质量分数为 47%。随后将体系温度控制在 15℃，并通 N_2 除氧 60min。分别加入 0.3mg/L 氯化铜、1.0mg/L 偶氮双脒基丙烷和 30mg/L 亚硫酸氢钠，反应 1.0h 后，即得丙烯酸甲氧乙酯-丙烯酸二甲氨基乙酯-丙烯酰胺三元共聚物。

3.5.1.15　N-甲氨基甲基丙烯酰胺-丙烯酰胺-丙烯酸钠共聚物

【制备方法】　笔者和课题组成员首先将丙烯酰胺单体进行 Mannich 反应，制备出阳离子型丙烯酰胺，即 N-甲氨基甲基丙烯酰胺，然后以 N-甲氨基甲基丙烯酰胺、丙烯酰胺和丙烯酸钠为单体原材料，通过反相乳液聚合制备出油包水型 N-甲氨基甲基丙烯酰胺-丙烯酰胺-丙烯酸钠共聚物乳液。

单体制备：$CH_2=CHCONH_2 + HCHO + HN(CH_3)_2 \longrightarrow$

$$\begin{array}{c} CH_2-CH \\ | \\ C=O \\ | \\ NHCH_2N{\begin{array}{c}CH_3 \\ CH_3\end{array}} \end{array}$$

聚合：$xCH_2=CH + yCH_2=CH-CONH_2 + zCH_2=CH-COONa \longrightarrow$

$$\begin{array}{c} C=O \\ | \\ NHCH_2N{\begin{array}{c}CH_3 \\ CH_3\end{array}} \end{array}$$

$$\left[\begin{array}{c} CH_2-CH \\ | \\ C=O \\ | \\ NHCH_2N{\begin{array}{c}CH_3 \\ CH_3\end{array}} \end{array}\right]_x \left[\begin{array}{c} CH_2-CH \\ | \\ C=O \\ | \\ NH_2 \end{array}\right]_y \left[\begin{array}{c} CH_2-CH \\ | \\ C=O \\ | \\ ONa \end{array}\right]_z$$

制备方法分为两个步骤。

① N-甲氨基甲基丙烯酰胺单体的制备　在装有温度计、电磁搅拌器和 pH 电极的三颈烧瓶内，加入 1 份（以质量计，下同）甲醛含量为 96% 的多聚甲醛和 3.71 份 40% 的二甲胺水溶液，控制温度低于 45℃反应 2h，然后加稀盐酸使反应得到的醛胺 pH 值降至 2。（注意：加酸过程须在冰浴中进行，以保持反应混合液温度不高于 20℃。）

于上述酸化后的反应物中加入事先酸化，pH 值等于 2 的 48% 丙烯酰胺水溶液 4.72 份，升温并控制在 65℃反应 2h，由此即可得到 N-二甲氨基甲基丙烯酰胺单体含量摩尔分数为 85% 的产品，备用。

② 反相乳液聚合　将丙烯酸单体用质量分数为 50% 氢氧化钠溶液调 pH 值至 7～9，放入反应釜内，随之加入含螯合剂和链转移剂的 N-甲氨基甲基丙烯酰胺和丙烯酰胺单体溶液，搅拌均匀后，加入乳化剂和油相，进一步搅拌形成油包水乳液。将反应体系升温至 20～60℃，充氮 1h，然后加入引发剂，反应 3～5h 后，再加热至 60℃反应 1h，加入终止剂后得到 N-甲氨基甲基丙烯酰胺-丙烯酰胺-丙烯酸钠共聚物乳液。

【物化性质】　聚合物乳液承受外界因素对其破坏的能力称作聚合物乳液的稳定性，聚合物乳液的稳定性是乳液产品最重要的物理性质之一，是其制成品应用性能的基础。影响聚合物乳液稳定性的因素很多，主要有油相种类、引发剂种类及用量、单体含量（质量分数）、乳化剂种类及用量以及油水体积比等，主要介绍其部分制备条件的优选试验结果。

（1）油相的种类

由于煤油的沸点较高，蒸馏回收困难，只有通过静置分层才能回收上层煤油。但是仍有煤油残留在两性型聚丙烯酰胺（AmPAM）中，导致乳液稳定性和溶解度都不理想。而采用液蜡乳化效果较差，且产品的水溶性较差。采用环己烷代替煤油、200$^\#$汽油或300$^\#$液蜡作为聚合连续相，能够形成稳定的 W/O 型乳液，且制得的聚合物的相对分子质量较大，为 7.6×10^6。

（2）引发剂的种类和用量

采用多元复合引发体系，即一种或几种氧化剂与几种不同还原剂复合，或是氧化还原引发剂和偶氮类引发剂的复合，可以获得分子量很高的产品。通过引发剂的合理搭配，可在不同温度下使聚合体系始终保持一定的自由基质量浓度，使反应缓慢、均匀地进行。经过多次的实验，发现采用 $K_2S_2O_8$/AIBN/$NaHSO_3$ 氧化还原引发体系，其引发效果优于 $K_2S_2O_8$/脲和 $K_2S_2O_8$/$Na_2S_2O_3$ 氧化还原引发体系，用 $K_2S_2O_8$/AIBN/$NaHSO_3$ 氧化还原引发体系制备出的两性聚合物乳液，其相对分子质量达到 7.6×10^6。

引发剂的用量直接影响到聚合物的相对分子质量。表 3-28 实验数据表明，随着引发剂的用量的升高，聚合物的分子量先升后降低。按自由基聚合规律，引发剂用量增加，在同样温度下，体系中的自由基浓度增加，引发速率加快，提高引发剂用量有利于提高聚合物的黏度，即聚合物的相对分子质量。但是引发剂用量增加到一定用量（0.6%）时，继续增大引发剂用量，会产生局部暴聚，聚合物的分子量反而开始下降。此外，引发剂的用量也直接影响到单体的转化率，随着引发剂用量的增大，单体的转化率首先显著上升后又缓慢下降，在引发剂用量为 0.6% 时，单体的转化率最大，因此引发剂的用量以 0.6% 左右为宜。

表 3-28   引发剂用量的影响

引发剂用量/%	0.20	0.40	0.60	0.90	1.0
单体转化率/%	97.5	99.0	99.5	99.3	99.1
相对分子质量	5.1×10^6	6.9×10^6	7.6×10^6	7.5×10^6	7.0×10^6

（3）单体含量（质量分数）

单体质量分数对三元共聚物乳液性能的影响见表 3-29。从表 3-29 可知：随着单体用量的增加，三元共聚物的相对分子质量不断增加，但是当单体质量分数增加到 40% 后，共聚物的相对分子质量变化不大，而单体转化率在单体质量分数为 15%～50% 范围内先增后减，在单体质量分数为 40% 时，转化率达到最大，为 99.5%。因此，单体的质量分数以 40% 左右为宜。

表 3-29   单体质量分数的影响

单体质量分数/%	15	20	30	40	45	50
相对分子质量	6.7×10^6	7.0×10^6	7.4×10^6	7.6×10^6	7.7×10^6	7.6×10^6
单体转化率/%	94.8	98.6	98.9	99.5	98.6	98.8

（4）反应温度

反应温度的升高有利于提高单体转化率和产品的相对分子质量，当反应温度达到 45℃

时，单体转化率为 99.5%，相对分子质量为 7.6×10^6。若继续升高反应温度，达到 50℃后，单体转化率开始有所降低。这是由于随着聚合反应温度的升高，乳胶粒布朗运动加剧，使乳胶粒之间进行撞合而发生聚结的速率增大，故转化率增大；但是温度继续升高时，会使乳胶粒表面上的水化层减薄，这会导致乳液稳定性下降，因此单体转化率开始降低。因此，聚合反应温度以 40～50℃ 为宜。

（5）乳化剂

近年的研究表明，乳化体系的选择直接影响反相乳液的稳定性，是成功进行聚合反应的必要条件。另外它也影响与乳液性质有关的乳胶粒浓度和尺寸。乳化剂参与反应时，由于油水界面需保持中性，而作为连续相的油相介电常数又较低，所以反相乳液中，非离子型的单一乳化体系就不能维持乳液的稳定性，需配合使用高 HLB 值和低 HLB 值的乳化剂，或者使用三元嵌段复合乳化体系。通常在乳液聚合中尚无普遍使用的理论来指导乳化剂体系的选择工作，以往多用 HLB 值为参考，通过实验进行筛选。采用 Span 系列与 Tween 系列或 OP 系列复配，它们属于非离子型，与有机介质很匹配，特别是 Span 系列还有利于制备超高相对分子量的聚合物。

当两种表面活性剂混合使用的时候，转化率比使用单一乳化剂的要高，而且乳液稳定性和溶解性会也会好一些。实验表明，采用 Span 60 和 Tween 80 混合乳化体系，并调整二者比例，使 HLB 值在 3～6 范围，可制得较稳定的 W/O 乳液。

【应用】 笔者和课题组成员利用实验室研制的油包水型 N-甲氨基甲基丙烯酰胺-丙烯酰胺-丙烯酸钠共聚物乳液（AmPAM）处理污水处理厂的污泥（含水率为 99.6%），并与国内外同类产品进行比较，结果见表 3-30。经 AmPAM 处理后的污泥含水率与 FC-2509 接近，比 FC-2506 和华北油田产品的都低，说明两性产品具有良好的絮凝和脱水性能。

表 3-30 不同高分子絮凝剂的处理效果

絮凝剂	空白	AmPAM	FC-2506	FC-2509	FA-40
污泥含水率/%	94.1	78.6	79.3	78.5	79.2

注：絮凝剂用量为干污泥质量的 0.6%。FC-2506 和 FC-2509 的相对分子质量为 12.0×10^6，为进口产品；FA-40 的相对分子质量为 9.0×10^6，为国产聚丙烯酰胺产品；AmPAM 的相对分子质量为 7.6×10^6。

3.5.2 高分子反应型絮凝剂

高分子反应型絮凝剂主要是利用聚合物自身的活性基团，通过进一步的化学改性以赋予聚合物新的性质。

3.5.2.1 吖丙啶改性丙烯酸-丙烯酰胺共聚物

【制备方法】 吖丙啶改性丙烯酸-丙烯酰胺共聚物的制备采用反相乳液聚合法，而且共聚物的制备分为 2 个步骤。

① 丙烯酸-丙烯酰胺共聚物的制备 在配置有温度计、冷凝器、滴液漏斗和 N_2 管的四颈烧瓶中加入 100g Isoper M（异链烷烃溶剂）和 11.6g 失水山梨糖醇单油酸酯，溶解后，加入含有 80g 丙烯酸、20g 丙烯酰胺、52.9g 质量分数为 28% 氨水和 33.9g 去离子水的混合液，通 N_2 驱除空气后，将反应体系加热至 60℃，加入 0.7g 偶氮双（二甲基戊腈）引发剂，搅拌反应 4h，得到油包水的丙烯酸-丙烯酰胺共聚物乳液。

② 两性产品的制备 将 200g 油包水的丙烯酸-丙烯酰胺共聚物乳液放入反应器中，加热至 50℃，在 30min 内滴加 16.0g 吖丙啶，然后加入 38.4g 质量分数为 61% 的硝酸溶液，反应 30min 后，又在 30min 内滴加 50.8g 吖丙啶，随后又加入 73.9g 质量分数为 61% 的硝酸溶液，反应 30min 后得到油包水的两性共聚物乳液。

3.5.2.2　N-二膦酰基甲基丙烯酰胺-二甲基二烯丙基氯化铵共聚物

【制备方法】　　N-二膦酰基甲基丙烯酰胺-二甲基二烯丙基氯化铵共聚物有 2 种方式：①首先利用丙烯酰胺与二甲基二烯丙基氯化铵单体进行共聚，生成丙烯酰胺-二甲基二烯丙基氯化铵共聚物，然后再利用 Mannich 反应，赋予共聚物膦酰基团；②直接用丙烯酰胺-二甲基二烯丙基氯化铵共聚物进行 Mannich 反应，制备两性共聚物。

聚合反应：$m\,CH_2{=}CH{-}CONH_2 + n\,H_2C{=}CH\ CH{=}CH_2 \longrightarrow$

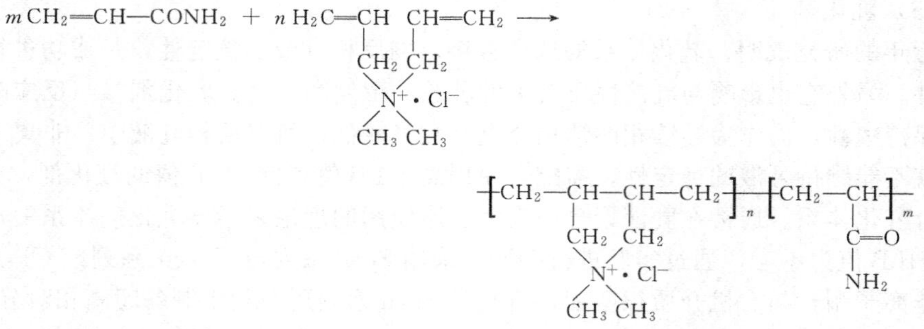

Mannich 反应：（结构式 $+ HCHO + H_3PO_3 \xrightarrow{\text{催化}}$）

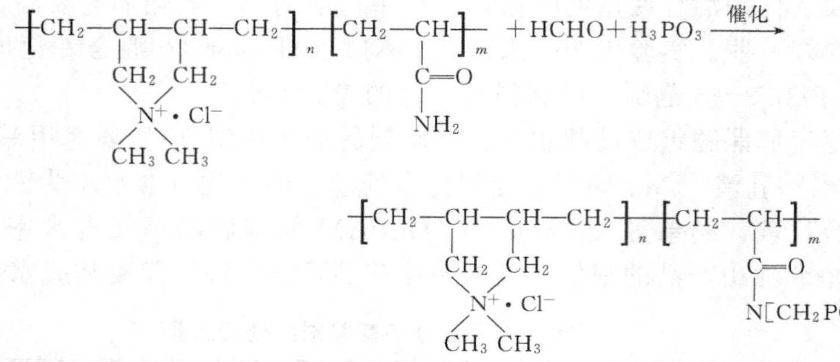

（1）制备方法 1

在一定质量分数的丙烯酰胺和二甲基二烯丙基氯化铵单体溶液中（10%～25%），加入 0.2%～0.5% 乙二胺四乙酸二钠（EDTA-2Na）和 0.1%～0.8% 的引发剂（如过硫酸钾/尿素、过硫酸铵/次磷酸钠氧化还原引发体系等），通 N_2 驱氧 10～20min 后，在 5～20℃ 下反应 0.5～1.0h，往上述黏稠体系中加入 37%～40% 甲醛溶液、H_3PO_3 和适量的引发剂，在 25～65℃ 下，催化反应 4～6h。胶块经造粒、干燥、粉碎得粉状 N-二膦酰基甲基丙烯酰胺-二甲基二烯丙基氯化铵共聚物。

（2）制备方法 2

将相对分子质量为 $3.0×10^6$ 的丙烯酰胺和二甲基二烯丙基氯化铵共聚物溶于冷水中，在剧烈搅拌下升温至 45～70℃，共聚物产品完全溶解后，并形成均匀胶体溶液，加入 37%～40% 甲醛溶液、H_3PO_3 和适量的引发剂，在 50～70℃ 下，催化反应 3～5h，即得 N-二膦酰基甲基丙烯酰胺-二甲基二烯丙基氯化铵共聚物。

3.5.2.3　磺甲基丙烯酰胺-二甲基二烯丙基氯化铵共聚物

【制备方法】　　磺甲基丙烯酰胺-二甲基二烯丙基氯化铵共聚物的制备主要是通过共聚物分子中的活性酰氨基团，与 α-羟甲基磺酸钠反应而成。

聚合反应：$m\,CH_2{=}CH{-}CONH_2 + n\,H_2C{=}CH\ CH{=}CH_2 \longrightarrow$

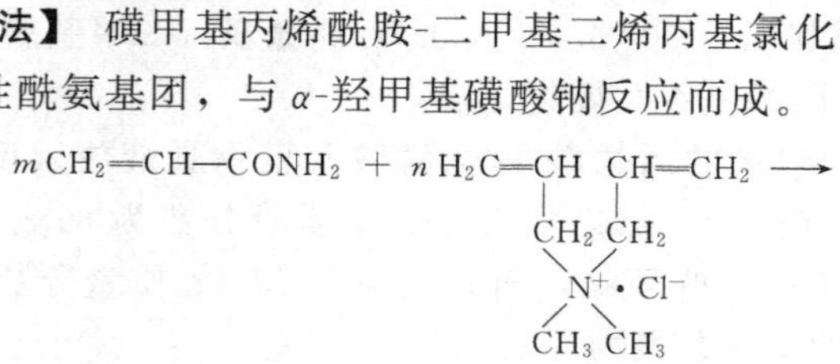

$$\left[\!\begin{array}{c} CH_2\!-\!CH\!-\!CH\!-\!CH_2 \\ \mid\quad\quad\mid \\ CH_2\quad CH_2 \\ \diagdown\;/ \\ N^+\!\cdot Cl^- \\ /\;\diagdown \\ CH_3\;\;CH_3 \end{array}\!\right]_n \left[\!\begin{array}{c} CH_2\!-\!CH \\ \mid \\ C\!=\!O \\ \mid \\ NH_2 \end{array}\!\right]_m$$

磺甲基化反应：
$$\left[\!\begin{array}{c} CH_2\!-\!CH\!-\!CH\!-\!CH_2 \\ \mid\quad\quad\mid \\ CH_2\quad CH_2 \\ \diagdown\;/ \\ N^+\!\cdot Cl^- \\ /\;\diagdown \\ CH_3\;\;CH_3 \end{array}\!\right]_n \left[\!\begin{array}{c} CH_2\!-\!CH \\ \mid \\ C\!=\!O \\ \mid \\ NH_2 \end{array}\!\right]_m + \begin{array}{c} OH \\ \mid \\ H\!-\!C\!-\!SO_3Na \\ \mid \\ H \end{array} \xrightarrow{\text{催化}}$$

$$\left[\!\begin{array}{c} CH_2\!-\!CH\!-\!CH\!-\!CH_2 \\ \mid\quad\quad\mid \\ CH_2\quad CH_2 \\ \diagdown\;/ \\ N^+\!\cdot Cl^- \\ /\;\diagdown \\ CH_3\;\;CH_3 \end{array}\!\right]_n \left[\!\begin{array}{c} CH_2\!-\!CH \\ \mid \\ C\!=\!O \\ \mid \\ NHCH_2SO_3Na \end{array}\!\right]_m$$

在一定质量分数的丙烯酰胺和二甲基二烯丙基氯化铵单体溶液中（10%～25%），加入 0.1%～0.3%乙二胺四乙酸二钠（EDTA-2Na）和 0.1%～0.6%的引发剂（如过硫酸钾/尿素、过硫酸钾/亚硫酸氢钠氧化还原引发体系等），通氮驱氧 20～30min 后，在 5～30℃下反应 0.5～1.5h，往上述黏稠体系中加入 30% α-羟甲基磺酸钠溶液和适量的催化剂，在 70～95℃下反应 3～5h，冷却至室温，胶块经造粒、干燥、粉碎得改性共聚物产品。

3.5.2.4 两性聚丙烯酰胺

【制备方法】　两性聚丙烯酰胺的制备主要是利用聚丙烯酰胺自身的活性基团——酰氨基，通过水解和 Mannich 反应制备而成。

聚合反应：
$$n\,CH_2\!=\!CH\!-\!CONH_2 \longrightarrow \left[\!\begin{array}{c} CH_2\!-\!CH \\ \mid \\ C\!=\!O \\ \mid \\ NH_2 \end{array}\!\right]_n$$

水解反应：
$$\left[\!\begin{array}{c} CH_2\!-\!CH \\ \mid \\ C\!=\!O \\ \mid \\ NH_2 \end{array}\!\right]_n + m\,NaOH + H_2O \xrightarrow{\text{碱}}$$

$$\left[\!\begin{array}{c} CH_2\!-\!CH \\ \mid \\ C\!=\!O \\ \mid \\ NH_2 \end{array}\!\right]_{n-m} \left[\!\begin{array}{c} CH_2\!-\!CH \\ \mid \\ COONa \end{array}\!\right]_m + m\,NH_4OH$$

Mannich 反应：
$$\left[\!\begin{array}{c} CH_2\!-\!CH \\ \mid \\ C\!=\!O \\ \mid \\ NH_2 \end{array}\!\right]_{n-m} \left[\!\begin{array}{c} CH_2\!-\!CH \\ \mid \\ COONa \end{array}\!\right]_m + HCHO + HN(CH_3)_2 \longrightarrow$$

$$\left[\!\begin{array}{c} CH_2\!-\!CH \\ \mid \\ C\!=\!O \\ \mid \\ NHCH_2N\!\!\begin{array}{c}CH_3\\CH_3\end{array} \end{array}\!\right]_{n-m-x} \left[\!\begin{array}{c} CH_2\!-\!CH \\ \mid \\ C\!=\!O \\ \mid \\ NH_2 \end{array}\!\right]_x \left[\!\begin{array}{c} CH_2\!-\!CH \\ \mid \\ COONa \end{array}\!\right]_m$$

将一定量的聚丙烯酰胺加入装有搅拌器、温度计的三口瓶中，加入一定量蒸馏水搅拌溶解后，加入一定量的碳酸钠水解 0.5h 左右。然后，将 pH 值调至 6～7，再向三口瓶中加入定量的甲醛和二甲胺，在一定温度下反应约 2h。反应结束后自然冷却，再加入定量的硫酸二甲酯季铵化，反应 0.5h 后出料，得无色透明的两性聚丙烯酸胺（APAM）。

3.5.2.5 丙烯酰胺-丙烯酸共聚物的 Mannich 反应产物

【制备方法】 丙烯酰胺-丙烯酸共聚物的 Mannich 反应产物主要是利用聚丙烯酰胺自身的活性基团——酰氨基，通过 Mannich 反应制备而成，反应式为：

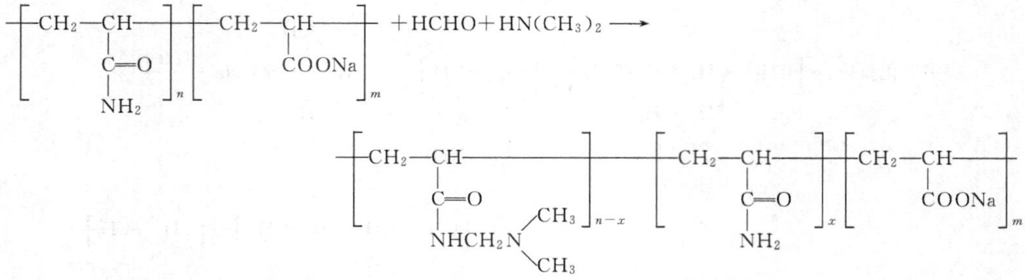

$$\left[CH_2-CH(C=O)(NH_2)\right]_n\left[CH_2-CH(COONa)\right]_m + HCHO + HN(CH_3)_2 \longrightarrow$$

$$\left[CH_2-CH(C=O)(NHCH_2N(CH_3)CH_3)\right]_{n-x}\left[CH_2-CH(C=O)(NH_2)\right]_x\left[CH_2-CH(COONa)\right]_m$$

将一定量相对分子质量的丙烯酰胺-丙烯酸（AM-AA）共聚物，在搅拌下分散于装有一定量的去离子水的三口烧瓶内，在室温下使其溶解。溶解后一并加入一定量的甲醛和二甲胺，在 40~60℃下反应 0.5~4h，将制得的水凝胶用甲醇沉淀、过滤、洗涤、烘干得白色块状的两性聚丙烯酰胺。

沈敬之等利用黏均相对分子质量为 300 万，阴离子度为 5%~40% 的丙烯酰胺-丙烯酸（AM-AA）共聚物为原料，通过 Mannich 反应制备出两性聚丙烯酰胺，并进行了合成条件的优选试验，发现：黏均相对分子质量为 300 万、阴离子度为 20%、质量分数为 2.5% 的共聚物，在原料配比为（AM-AA）∶HCHO∶NH(CH₃)₂=1∶1.1∶1.5（摩尔比）、反应温度为 (50±1)℃、反应 2h 的条件下，制得的两性聚丙烯酰胺的胺化度为 42.5%，用氯化铵和盐酸季铵化、中和产物，可增加产物的稳定性，而且特性黏数和胺化度随时间的增加，变化甚微。

3.5.2.6 聚丙烯腈与双氰胺反应物及其改性产品

寻找染料生产和印染过程所产生废水的高效脱色剂一直是废水处理的研究方向之一。20世纪 80 年代中期，Gohlke 等合成了聚丙烯腈和双氰胺的反应产物 PAN-DCD，并揭示了该产物具有絮凝悬浮颗粒的作用后，国内的很多科研工作者也合成了类似的产品及改性产品，并将其作染料及印染废水脱色剂。聚丙烯腈与双氰胺反应物的精细结构式和反应式为：

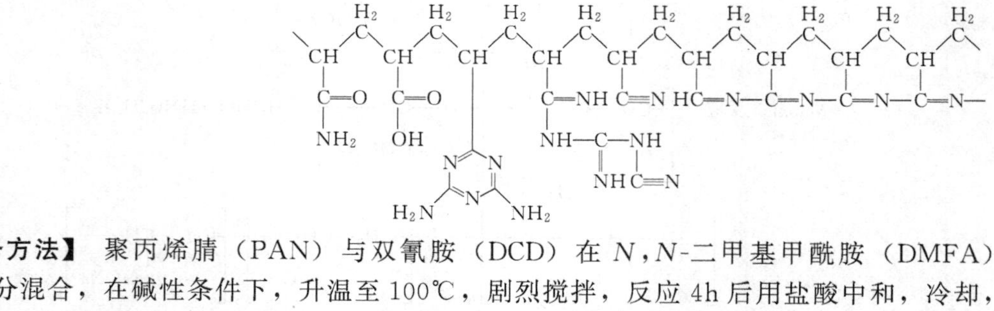

$$\left[CH_2-CH(CN)\right]_n + n\,NC-NH-C(=NH)-NH_2 \longrightarrow$$

（聚丙烯腈与双氰胺反应物的精细结构式）

【制备方法】 聚丙烯腈（PAN）与双氰胺（DCD）在 N,N-二甲基甲酰胺（DMFA）溶液中充分混合，在碱性条件下，升温至 100℃，剧烈搅拌，反应 4h 后用盐酸中和，冷却，水洗，抽滤，干燥后产品为黄色粉末，产率为 89.6%，特性黏数为 56mL/g（二甲基亚砜，25℃）。

此外，为了进一步提高聚丙烯腈与双氰胺反应物的絮凝性能，高华星等人在聚丙烯腈与双氰胺反应物的基础上，用氯化羟胺改性制成 PAN-DCD-HYA，它具有比 PAN-DCD 用量少、脱色效果好的特点。PAN-DCD-HYA 的精细结构式为：

CH₂ ... 结构式 ...（略）

3.5.3 缩合型絮凝剂

3.5.3.1 含膦酸基团的双氰胺-甲醛聚合物

【制备方法】 笔者曾以双氰胺、三氯化磷、甲醛和无机铵等为原料，通过缩聚反应制备出含膦酸基团的双氰胺-甲醛聚合物，反应式为：

$$NC-N-C-NH_2 + HCHO + NH_4Cl + PCl_3 \longrightarrow \left[O=P\begin{matrix}OH\\OH\end{matrix}\right]_x\left[CH_2HN-C-NHCONH_2\right]_y + HCl$$

① 缩聚反应　将无机铵盐溶于盛脂肪醛和水的反应器中，反应温度 10～60℃，加入二氰二胺，将反应温度升至 60～95℃，反应时间控制在 0.5～3h。

② 水解反应与酯化反应　将上述反应液的温度降至 20～70℃，加入三氯化磷，将反应温度升至 90～120℃，反应 2～9h，将物料温度降至 45～85℃，加入添加剂，继续反应 1～3h，冷却至室温得产品。

（1）方法一

① 缩聚反应　将 4.0kg 磷酸二氢铵缓缓溶于盛 25.0kg 甲醛和 47.0kg 水的反应器中，并将反应温度控制在 60℃左右，加入 9.0kg 双氰胺，将反应体系的温度升至 90℃，反应 2.0h。

② 水解反应与酯化反应　将上述反应液的温度降至 60℃，滴加 15.0kg 三氯化磷，滴加完毕，将反应温度升至 120℃，反应 4.0h，将物料温度降至 80℃，并添加 0.5kg NH₄H₂PO₄、0.5kg PVA、0.5kg 环亚乙烯脲和 0.5kg 硬脂酸，继续反应 2.0h，冷却至室温即得两性有机高分子絮凝剂。

（2）方法二

① 缩聚反应　将 1.0kg 硫酸铵、2.0kg 氯化铵和 1.0kg 硝酸铵缓缓溶于盛 30.0kg 甲醛和 22.5kg 水的反应器中，将反应温度控制在 10℃左右，加入 20.0kg 双氰胺，并将反应体系的温度升至 95℃，反应 1.0h。

② 水解反应与酯化反应　将上述反应液的温度降至 20℃，滴加 23.0kg 三氯化磷，滴加完毕，将反应体系的温度升至 90℃，反应 8.0h 后，将物料温度降至 45℃，并添加 0.5kg NH₄H₂PO₄，继续反应 1.0h，冷却至室温即得两性产品。

【应用】 笔者曾利用含膦酸基团的双氰胺-甲醛聚合物处理印染废水，结果见表 3-31。表中数据说明含膦酸基团的双氰胺-甲醛聚合物对印染废水具有很好的絮凝脱色效果。

表 3-31　印染废水处理效果

处理前水质指标				印染废水处理效果 去除率/%			
pH 值	SS/(mg/L)	COD/(mg/L)	色度/CU	pH 值	SS	COD	色度
13.66	2938	1730	87121	7.32	83.2	83.8	99.6

注：处理前可先将废水的 pH 值调至 6～8；絮凝剂的用量为 100mg/L。

笔者还利用含膦酸基团的双氰胺-甲醛聚合物（MDF）处理制浆漂白废水，并比较不同的絮凝剂的絮凝性能，结果见表 3-32。从表中结果可看出，多功能有机高分子絮凝剂的絮凝性能明显优于阳离子聚丙烯酰化胺（CPAM）、聚合氯化铝（PAC）以及聚合硫酸铁（PFS）等絮凝剂。七种絮凝剂处理后废渣的沉降速度为：$v_{MDF} > v_{CPAM} > v_{PAC} > v_{PFS}$，而且 MDF 絮凝剂处理后的沉渣量少。

3.5.3.2　含磺酸基的双氰胺-甲醛聚合物

【制备方法】　含磺酸基的双氰胺-甲醛聚合物的制备主要以双氰胺、甲醛、氨基磺酸以及 α-羟基磺酸钠等为原料，通过缩聚和磺化反应制备而成。制备方法：在室温下往反应釜中加入双氰胺、甲醛和氨基磺酸，反应过程中因发生放热反应，此时体系温度升至 60～75℃，反应 2～3h 后，将体系 pH 值调至 4.0～5.5，然后加入 α-羟基磺酸钠和适量催化剂；在75～95℃下反应 3～4h 后，冷却时室温，即得含磺酸基的双氰胺-甲醛聚合物。

表 3-32　不同絮凝剂处理制浆漂白废水效果

处理前水质指标				絮凝剂	印染废水处理效果 去除率/%			
pH 值	SS/(mg/L)	COD$_{Cr}$/(mg/L)	色度/CU		pH 值	SS	COD$_{Cr}$	色度
3.7	591	1681	1920	MDF	6.5	100	88.0	100
				CPAM	6.2	61.3	37.9	66.5
				PAC	6.0	76.8	62.6	79.2
				PFS	6.0	57.8	34.5	56.2

注：絮凝剂用量为 100mg/L。

3.6　非离子型天然有机高分子改性絮凝剂

非离子型天然有机高分子改性絮凝剂主要是利用淀粉、瓜尔胶、纤维素和 F691 粉等自身的活性羟基，通过进一步的化学改性研制而成。这类絮凝剂主要用作助凝剂，即与其他絮凝剂配合使用，部分产品可用作污泥脱水剂。

非离子型天然有机高分子改性絮凝剂根据原料来源的不同，可分为改性淀粉类絮凝剂、改性 β-环糊精产品、改性瓜尔胶产品以及 F691 粉改性产品等。

3.6.1　淀粉-丙烯酰胺接枝共聚物

淀粉是由许多 α-D-葡萄糖分子以糖苷键结合而成的高分子化合物，每个 α-D-葡萄糖单元的 2、3、6 三个位置上各有一个醇羟基，因此淀粉分子中存在着大量可反应的基团，淀粉衍生物是通过其分子中葡萄糖单元上羟基与某些化学试剂在一定条件下反应而制得的。在改性淀粉产品中，改性淀粉絮凝剂占有一定的位置，而且淀粉絮凝剂的研究与开发为天然资源的利用或生产无毒絮凝剂开辟了新途径，因为改性淀粉絮凝剂具有天然高分子改性絮凝剂的特点，其中包括无毒、可以完全被生物降解以及在自然界中形成良性循环等特点。在天然高分子改性絮凝剂的研究与开发中，水溶性淀粉衍生物和多聚糖改性絮凝剂最具有发展潜力。

近年来，我国在改性淀粉絮凝剂的研究与应用方面虽然取得了较大的进展，但正式投产的商品化的改性淀粉絮凝剂并不多，远远不能满足实际的需要。而且我国的改性淀粉絮凝剂与国外产品相比，无论在产品的品种、数量、质量，还是在性能方面都存在较大的差距，因此应从我国的国情出发，充分利用农副产品中的天然有机高分子化合物，尤其是丰富的淀粉资源，开发出更多高效、多功能、价廉的絮凝剂，而且品种要多样化以便满足各种废水处理的不同需要。

淀粉-丙烯酰胺接枝共聚物的制备主要是利用淀粉大分子上活化的自由基与丙烯酰胺单体通过接枝共聚制备而成，反应式为：

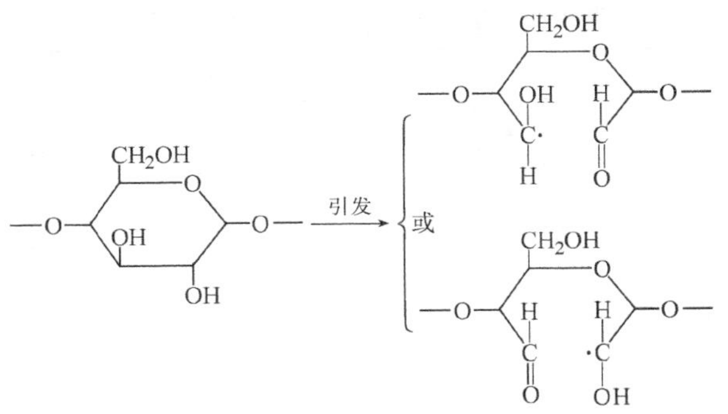

淀粉自由基,以 St· 表示

$$ST· + nCH_2\!=\!CH\!-\!CONH_2 \xrightarrow{引发} St\!\left[CH_2\!-\!CH\right]_n$$

淀粉-丙烯酰胺接枝共聚物的制备可采用两种方式:水溶液聚合和乳液聚合,其中水溶液聚合是最常用的方法。

3.6.1.1 水溶液聚合

【制备方法】 将带有电动搅拌器、温度计、氮气进出口管的四颈玻璃反应瓶置于恒温水浴中,升至一定温度,然后加入准确称量的淀粉和反应介质,通氮气保护,搅拌 1.0h 后冷却至 30℃,加入引发剂,反应 30min 后加入准确称量的丙烯酰胺单体,反应 3.0h。产物用甲醇、丙酮、乙醚洗涤,并用体积比为 1∶1 的 N,N-二甲基甲酰胺和冰醋酸混合液抽提除去均聚物,真空干燥至恒定质量。

淀粉能否与丙烯酰胺单体发生反应,除与单体的结构、性质有关外,还取决于淀粉大分子上是否存在活化的自由基。自由基可用物理或化学激发的方法产生。国内外的科研工作者已在这方面做了大量的研究工作。Fanta 等和 Hofreiter 等采用 Co^{60} 的 γ 射线辐照来引发淀粉-AM 的接枝共聚。但最常用的还是化学引发方法,一般用 Ce^{4+}、H_2O_2/Fe^{2+}、$K_2S_2O_8/KHSO_3$、$NH_4S_2O_8/NaHSO_3$ 或 $K_2S_2O_8/Na_2S_2O_3$、偶氮二异丁腈、$KMnO_4$ 等为引发剂,其中 Ce^{4+} 引发效能高,均聚物含量低。除 Ce^{4+} 外,Ranby 等采用 $[Mn(H_2P_2O_7)_3]^{3-}$ 作引发剂,也取得了很高的引发效果。但是有关引发剂的引发效率的比较以及不同的反应介质与接枝效果的关系这方面的研究工作报道较少,因此笔者就不同引发剂以及不同的反应介质与接枝效果的关系作了详细的研究,并探讨了淀粉与丙烯酰胺的接枝机理。

影响淀粉接枝反应的主要因素有引发剂的种类及浓度、反应时间、反应温度、单体用量、反应介质等。

(1) 引发剂种类

在其他条件相同的情况下,利用 8 种不同引发剂引发淀粉-PAM 接枝共聚,试验结果见表 3-33。从表中可看出,$Fe^{2+}/CH_3(CO)OOH$ 的引发效果最好,单体转化率可达 99.6%,接枝效率为 62.3%,接枝量为 38.3%,$[Mn(H_2P_2O_7)_3]^{3-}$、Fe^{2+}/H_2O_2 次之,钒酸钠最差。因此,拟采用 $Fe^{2+}/CH_3(CO)OOH$ 为淀粉-PAM 接枝共聚的引发剂。

(2) 引发剂浓度

在 $0.25×10^{-3}\sim1.0×10^{-3}$ mol/L 范围内,接枝效率、单体转化率和接枝量均随着引发剂 $Fe^{2+}/CH_3(CO)OOH$ 浓度的增大而增大;当 $Fe^{2+}/CH_3(CO)OOH$ 浓度超过 $1.0×10^{-3}$ mol/L 时,接枝效率和接枝量则随着引发剂浓度的增大而呈递减趋势(见图 3-6),引发剂浓度增大引起接枝效率下降的主要原因可能是由于过量的淀粉游离基加速了链终止反应,从而引起接枝效率的下降。因此,引发剂的最佳浓度为 $1.0×10^{-3}$ mol/L。

表 3-33　引发剂种类对接枝效果的影响

引　发　剂	接　枝　效　果		
	接枝效率 E/%	单体转化率 C/%	接枝量 G/%
硝酸铈铵	32.0	98.9	24.1
$K_2S_2O_8$	20.3	95.6	16.2
$K_2S_2O_8/NaHSO_3$	21.0	96.7	16.9
$K_2S_2O_8/Na_2S_2O_3$	23.1	97.2	18.3
Fe^{2+}/H_2O_2	53.8	98.1	34.5
$Fe^{2+}/CH_3(CO)OOH$	62.3	99.6	38.3
$[Mn(H_2P_2O_7)_3]^{3-}$	59.1	99.2	37.0
钒酸钠	11.5	91.5	37.0

注：淀粉用量 10.0g（绝干质量），丙烯酰胺用量 10.0g，引发剂浓度 1.0×10^{-3}mol/L，25℃，3.0h。

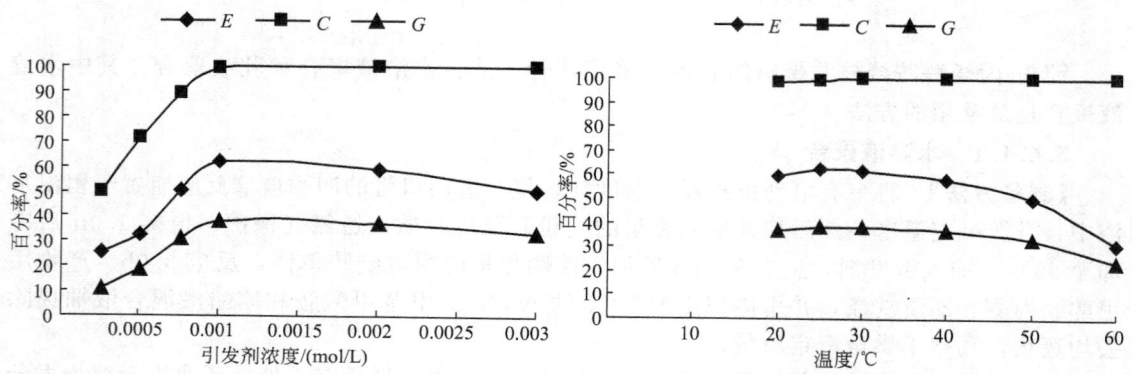

图 3-6　引发剂浓度对接枝效果的影响　　　　图 3-7　温度对接枝效果的影响
注：淀粉用量 10.0g（绝干质量），丙烯酰胺　　注：淀粉用量 10.0g（绝干质量），丙烯酰胺用量 10.0g，
用量 10.0g，25℃，3.0h。　　　　　　　　　引发剂浓度 1.0×10^{-3}mol/L，3.0h。

（3）温度

图 3-7 表明温度升高有利于提高单体的转化率，但是随着温度的升高，接枝效率呈下降趋势。这可能是随着温度升高，$CH_3(CO)OOH$ 的分解速度加快，淀粉游离基增多，与此同时能引起链终止反应的 Fe^{3+} 也相应增多，从而有利于丙烯酰胺均聚物的产生，提高单体的转化率，并引起接枝效率的下降。因此，聚合反应温度宜控制在 20～30℃。

（4）反应时间

接枝效率、单体转化率和接枝量均随着反应时间的增加而增大，但当反应 3h 后，继续延长反应时间有利于丙烯酰胺均聚物的生成，接枝到单体上的聚合物反而减少，即接枝效率略为降低（如图 3-8 所示），因此接枝反应以 3h 为宜。

（5）单体用量

单体用量在 2.5～20.0g 范围内，接枝效率、单体转化率和接枝量的变化如图 3-9 所示。随着丙烯酰胺用量的增加，接枝共聚反应和均聚反应都有所加快，但后者更快，这说明淀粉游离基链增长速度小于均聚物的链增长速度。另外，引发剂在引发淀粉产生游离基的同时，也引发丙烯酰胺产生单体游离基，因此如果增加单体用量，势必引起更多均聚物的生成。

（6）反应介质

淀粉与丙烯酰胺在不同的介质中发生反应，接枝效果有所差别，实验结果见表 3-34。从表中可看出，以水-乙二醇为反应介质，接枝效果最好，但综合考虑经济成本，仍以水为反应介质。

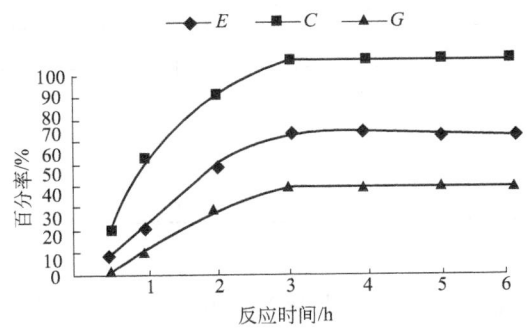

图 3-8　反应时间对接枝效果的影响

注：淀粉用量 10.0g（绝干质量），丙烯酰胺用量 10.0g，
　　引发剂浓度 $1.0×10^{-3}$ mol/L，25℃。

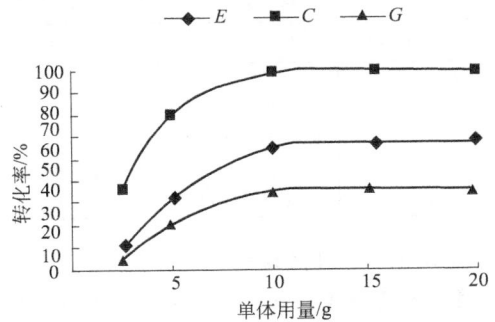

图 3-9　单体用量对接枝效果的影响

注：淀粉用量 10.0g（绝干质量），引发剂浓度
　　$1.0×10^{-3}$ mol/L，25℃，3.0h。

表 3-34　反应介质对接枝效果的影响

反应介质	接枝效果		
	接枝效率 E/%	单体转化率 C/%	接枝量 G/%
水	62.3	99.6	38.3
水-乙二醇(V/V=1/1)	63.6	100	38.9
水-N,N-二甲基甲酰胺(V/V=1/1)	62.6	100	38.5

注：淀粉用量 10.0g（绝干质量），丙烯酰胺用量 10.0g，引发剂 Fe^{2+}/CH_3(CO)OOH 浓度 $1.0×10^{-3}$ mol/L，25℃，3.0h。

总之，在淀粉-丙烯酰胺接枝共聚物的制备过程中，综合研究了影响接枝效果的因素，得出淀粉-PAM 共聚物制备的最佳条件为：淀粉用量 10.0g（干重），丙烯酰胺用量 10.0g，引发剂 Fe^{2+}/CH_3(CO)OOH 的浓度 $1.0×10^{-3}$ mol/L，反应温度 25℃，反应时间 3.0h。在上述条件下，单体转化率可达 99.6%，接枝效率为 62.3%，接枝量为 38.3%。

国内外同类研究工作中，Fanta 等以小麦淀粉为原料，在一定温度下预处理 1h，然后以丙烯酰胺为单体，以硝酸铈铵/硝酸、Fe^{2+}/H_2O_2 为引发剂，在 25℃下反应 2h，加入对苯二酚终止剂，即得淀粉-丙烯酰胺接枝共聚物。试验结果表 3-35。从表 3-35 可知：淀粉预处理的温度越高，共聚物的接枝效率越低；共聚物的接枝效率与丙烯酰胺单体的浓度影响不大；Fe^{2+}/H_2O_2 的引发效果优于硝酸铈铵/硝酸的引发效果。

表 3-35　淀粉与丙烯酰胺接枝效率

引发剂	预处理温度/℃	n(ST)：n(AM)	接枝量/%	共聚物相对分子质量	接枝效率/%
Ce^{4+}	25	1：1	6	—	33
Ce^{4+}	60	1：1	2	—	12
Ce^{4+}	25	1：3	12.2	8600	30
Ce^{4+}	60	1：3	16	65000	31
Fe^{2+}/H_2O_2	25	1：1	15.7	14000	54
Fe^{2+}/H_2O_2	60	1：1	12	38600	34

注：ST 指淀粉；AM 指丙烯酰胺单体。

国内很多科研工作者亦在淀粉-丙烯酰胺接枝共聚物的研究方面做了大量的研究工作，现将部分研究工作列于表 3-36。

表 3-36   国内开展淀粉-丙烯酰胺接枝共聚物合成的部分研究工作

$m(ST):m(AM)$	引发剂种类	引发剂浓度/(mol/L)	反应温度/℃	单体转化率/%	接枝率/%
1:2.7	自制	1.0×10^{-3}	—	92	170
1:1.69	Ce(Ⅳ)/HNO₃	1.0×10^{-3}	40	93.4	94.9
1:1	KMnO₄/H₂SO₄	1.2×10^{-3}	50	66	137.4
—	K₂S₂O₈	1.0×10^{-1}	60	99.9	124.3
1:1.93	硝酸铈铵	3.4×10^{-1}	60	>98	182

3.6.1.2   乳液聚合

【制备方法】   庄云龙等采用乳液聚合法制备淀粉-丙烯酰胺共聚物。制备方法：将淀粉溶解在二甲基亚砜-水的混合液中，与含一定量复合乳化剂一起在多功能食品粉碎机中快速搅拌成白色乳液，加入三口瓶中，搅拌并通氮气30min，从球形冷凝管中加入引发剂，交用草酸调节pH值，30min后，继续通氮气并加入单体丙烯酰胺，维持反应一定时间，得到白色乳液。他们还进行了制备条件的优选试验，并得出以下结论。

（1）pH值对产物分子质量的影响

由于实验中所用的乳化剂是非离子型乳化剂，pH值对乳液的稳定性影响不大，但当pH值太小时，会引起丙烯酰胺支链的亚胺化交联，生成不溶性的固化物，从而影响乳液的稳定性，实验中发现当pH值小于3时，产物放置一天后就有分层现象出现。

pH值对产物分子量的影响与溶液聚合中相似，过量的酸会降低产物支链的分子链，pH值越大，对产物分子量的提高越有利，但事实上当pH值大于7时，反应的效率很低，因此pH值应选择在5～6。

（2）水油体积比对产物相对分子质量的影响

在乳液聚合体系中，油作为连续相，起分散液滴的作用，油量太小，粒子不能分散得很细，很均匀，单体液滴体积大，每个粒子所含自由基数目多，各种链转移及链终止反应发生的几率大，结果使产物分子量降低，油量太大，油中杂质的链转移作用增强，也不会得到高分子量产物，因此应选择一适中的水油比。固定其他条件不变，当水/油的体积比为3/2时，产物支链的分子量最大。

（3）乳化剂的量对产物相对分子质量的影响

增加乳化剂浓度可以使乳液分散得更细、更均匀，单体液滴体积小，所含自由基数目少，链终止发生的几率也小，使分子量增大，但如果乳化剂浓度过大，会使得液滴表面的乳化剂层加厚，使聚合增长链向乳化剂转移的概率增大，使分子量降低。当乳化剂的质量占反应体系质量的13%时，产物的相对分子质量最大，为170×10^4。

（4）引发剂的浓度对产物相对分子质量的影响

增大引发剂浓度，聚合物支链分子量会降低，这是因为聚合进入恒速期后，已被引发的聚合核及单体液滴都已成为独立体系，也就是说每一个小液滴都是一个很小而又独立的溶液体系，因此引发剂的量对产物分子量的影响接近于溶液聚合的结果。引发剂的量越小，产物的分子质量越大，但如果引发剂的量过小，聚合转化率和聚合速率都会很低，没多大使用价值，因此引发剂的量应选在$(9\sim10)\times10^{-3}$mol/L为好。

（5）聚合温度对产物相对分子质量的影响

温度升高，产物分子量降低，符合自由基聚合的一般规律，由于试验中采用的是非离子型乳化剂，温度的变化对于非离子表面活性剂会有较大的影响，将使其亲水基的水化度减小，从而降低了乳化体系中水溶性表面活性剂的亲水性，因此温度存在一上限。在此温度以上，由于复合乳化剂的HLB值改变，乳液会发生凝聚破乳。对共聚物的分子质量而言，聚合温度越低越好，但如果聚合温度太低，反应效率很低。因此，聚合温度应选择30～40℃

为好。

【应用】 郭玲和金志浩以^{60}Co γ射线预辐照的方法制备淀粉-丙烯酰胺接枝共聚物，并分别选用淀粉-丙烯酰胺共聚物FSM（接枝率75%）和聚丙烯酰胺（PAM）作为絮凝剂，处理上海市某污水处理厂中的原水，处理结果见表3-37。

表3-37 FSM和PAM处理生活污水原水的试验结果

编号	FSM /(mg/L)	PAM /(mg/L)	絮凝速度	沉降速度	COD_{Cr} /(mg/L)	COD去除率/%	pH值	透光率/%
1	10	—	一般	一般	376.26	55.26	7.13	45
2	20	—	较快	较快	274.67	67.34	7.17	53
3	30	—	最快	较快	110.76	86.83	7.15	57
4	40	—	较快	较快	171.87	79.57	7.11	51
5	—	10	一般	一般	463.81	44.85	7.71	35
6	—	20	较快	一般	363.06	56.83	7.72	42
7	—	30	较快	较快	212.67	74.71	7.71	35
8	—	40	一般	一般	256.13	69.78	7.75	31

注：聚丙烯酰胺（PAM），上海创新酰胺厂，相对分子质量为30万～50万。

从表3-37中试验数据可得以下结论：①同剂量的FSM和PAM，前者处理效果优于后者，当FSM 30mg/L处理生活污水，可使污水的COD去除率达到86.83%，出水COD值为110.76mg/L，上清液透光率值为57%，且处理后污水的pH近中性，絮体的絮凝速度及沉降速度均较快，处理后污水可达标排放，而PAM的各项指标均较差；②当二者的用量超过30mg/L，COD的去除率降低，这是由于絮凝剂作为有机物质，随着其用量的增加，本身也会增加COD的数值；另外絮凝速度与沉降速度也变慢，这也是由于絮凝剂用量过多所致。根据"架桥"机理，絮凝效率与吸附有关，在固体表面上吸附占饱和吸附量一半时，最有利于高分子架桥，所以絮凝效率最高，如果固体表面上高分子吸附量增加，随即减少了提供架桥的可能性，所以絮凝效率下降。表中可见接枝物的加量在30mg/L时絮凝最好，继续增大用量，絮凝效率有所减弱，并随着接枝物的加量增加而渐渐失去絮凝能力。

此外，郭玲和金志浩还分别用微波预辐射法和硝酸铈铵/硝酸化学引发法制备淀粉-丙烯酰胺接枝共聚物，并分别选用上述两种方法制备的淀粉-丙烯酰胺共聚物和聚丙烯酰胺（PAM）作为絮凝剂，处理上海市某污水处理厂中的原水，结果见表3-38。从表3-38中可

表3-38 淀粉-丙烯酰胺接枝共聚物及PAM处理生活污水原水的试验结果

FSM /(10^{-6}mol/L)	MFSM /(10^{-6}mol/L)	PAM /(10^{-6}mol/L)	絮凝速度	沉降速度	COD /(mg/L)	COD去除率/%	pH值	透光率/%
10			一般	一般	376.26	55.26	7.13	45
20			较快	较快	274.67	67.34	7.17	53
30			最快	较快	110.76	86.83	7.15	57
40			较快	较快	171.87	79.57	7.11	51
	10		一般	一般	417.30	50.38	7.14	31
	20		较快	一般	307.13	63.48	7.13	43
	30		较快	较快	189.90	77.42	7.10	54
	40		较快	一般	249.02	70.39	7.11	49
		10	一般	一般	463.81	44.85	7.71	35
		20	较快	一般	363.06	56.83	7.72	42
		30	较快	较快	212.67	74.71	7.71	35
		40	一般	一般	254.13	69.78	7.75	31

注：MFSM和FSM分别为用微波预辐射法和硝酸铈铵/硝酸化学引发法制备的淀粉-丙烯酰胺接枝共聚物，二者的接枝率均为75%。

得以下结论：①同剂量的 FSM 和 MFSM，前者处理效果优于后者，当 FSM 3×10^{-5} mol/L 处理生活污水，可使污水的 COD 去除率达到 86.83%，出水 COD 值为 110.76mg/L，上清液透光率值为 57%，且处理后污水的 pH 近中性，絮体的絮凝速度及沉降速度均较快。而 MFSM 的各项指标均较差，可见微波预辐射法合成淀粉-丙烯酰胺接枝物还有待进一步改进；②FSM 和 MFSM 的处理效果均比 PAM 的好；③当三者的用量超过 3×10^{-5} mol/L，COD 的去除率降低，这是由于絮凝剂作为有机物质，随着其用量的增加，本身也会增加 COD 的数值；另外絮凝速度与沉降速度也变慢，这也是由于絮凝剂用量过多所致。从表中可见接枝共聚物的加量在 3×10^{-5} mol/L 时絮凝最好，继续增大用量，絮凝效率有所减弱，且随着接枝物的加量的增加而渐渐失去絮凝能力。

淀粉-丙烯酰胺接枝物用于油的回收早有过报道，鲁德忠等在 20 世纪 80 年代末合成了淀粉-丙烯酰胺接枝物，并研究了其对模拟含石油废水的处理，表明它对含石油废水具有良好的吸附性能。

李淑红等以硝酸铈铵为引发剂，通过接枝共聚反应，在淀粉骨架上引入聚丙烯酰胺，制得了淀粉-丙烯酰胺接枝物（FSM），并分别用淀粉-丙烯酰胺接枝物和聚丙烯酰胺（相对分子质量为 500 万～700 万）处理高矿化度油田废水，实验结果表明：①处理后油田水的剩余浊度，在 FSM 投药量为 2～6mg/L 时的剩余浊度变化不明显，都在 4～5mg/L，当投药量增加到 8～10mg/L 时剩余浊度略有上升；FSM 的絮凝机理属于吸附架桥机理，当高分子絮凝剂投药量适当时，油田水中悬浮的胶体粒子之间就会产生有效的吸附架桥作用，并形成絮体；倘若体系中的高分子 FSM 絮凝剂过量，则架桥作用所必需的粒子表面吸附活性点少了，架桥因而变得困难，同时由于粒子间的相互排斥作用而出现分散稳定现象，所以当 FSM 投药量过多时，油田水的剩余浊度会略有上升；②在相同的条件下，将 FSM 与聚丙烯酰胺（PAM）进行絮凝性能比较，发现用 FSM 处理的水的剩余浊度比 PAM 的低，这主要是因为 FSM 是通过接枝共聚反应，在天然高分子化合物淀粉骨架上接上了柔性的聚丙烯酰胺，进一步增加了高分子的分子量；同时，由于淀粉的分子链是半刚性的，它具有强烈的亲水性，在水中溶胀撑开，有很大的空间体积，这样的大分子对捕集悬浮微粒特别是细小的微粒效果更显著。

常文越和韩雪以硝酸铈铵/硝酸为引发体系，制备淀粉-丙烯酰胺接枝共聚物，并分别利用所制备的共聚物和非离子型聚丙烯酰胺（相对分子质量为 300 万）处理含油废水、牛奶废水、造纸废水、印染废水和电泳渡染废水，试验结果见表 3-39。表中数据说明：淀粉-丙烯酰胺接枝共聚物处理上述 5 种废水的效果良好，无论是 COD_{Cr} 去除率还是污泥沉降速度，优于或接近相对分子质量为 300 万的 PAM 絮凝剂，进而说明在一些含有机污染物的工业废水处理过程中，淀粉-丙烯酰胺接枝共聚物可以代替 PAM，取得良好的絮凝效果。

表 3-39   淀粉-丙烯酰胺接枝共聚物对几种废水的处理效果

废水水样	COD_{Cr}/(mg/L)	含油废水	牛奶废水	造纸废水	印染废水	电泳渡染废水
		412.2	1007.7	363.5	5393.1	7774.7
COD_{Cr}去除率/%	接枝淀粉	69.3	69.8	73.0	97.9	94.0
	PAM	53.8	70.6	66.7	97.2	93.8
污泥沉降时间/s	接枝淀粉	165.0	151.0	133.0	336.0	70.0
	PAM	200.0	200.0	123.0	385.0	505.0

3.6.2   *β*-环糊精改性产品

环糊精（Cyclodextrin），可简称 CD。它是由 D-葡萄糖以 α-1,4 苷键连接成的环状低聚糖，根据聚合度可分为 α-CD、β-CD、γ-CD，它们的聚合度分别为 6、7 和 8。其中 β-CD 在

各领域中的最广，图 3-10 为其结构图，增加或减少一个葡萄糖构成单元就成为 γ-CD 或 α-CD。

经 X 射线及 NMR 测定，CD 孔穴内侧是由—CH—基及葡萄糖苷键的氧原子组成，呈疏水性；而孔穴一端的开口处是 2,3-位羟基，另一端是 6-位羟基，因而 CD 外侧呈亲水性；此外，CD 的上、中、下层原子都不同，没有对称元素，即具有手性。由于 CD 的这些特殊结构，能有目的地用来包络某些化合物，实现一些特殊的需要。CD，特别是 β-CD，因水溶性不大，孔洞内径不大等一些因素，限制了其应用范围。但经化学修饰后的 CD 可适应不同场合下的一些特殊要求，从而大大扩展了 CD 的应用领域。

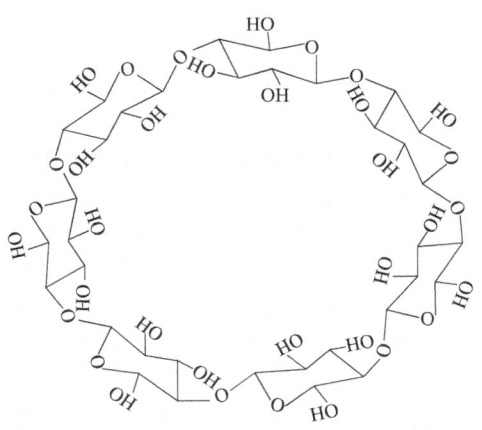

图 3-10　β-CD 分子结构示意

β-环糊精改性产品主要包括 β-环糊精-聚丙烯酰胺接枝化合物、水溶性 β-环糊精交联聚合物两类物质。

3.6.2.1　β-环糊精-聚丙烯酰胺接枝化合物

【制备方法】　周玉燕等以 β-环糊精与聚丙烯酰胺为原材料，通过化学改性，合成出 β-环糊精-聚丙烯酰胺接枝化合物，制备方法：①按文献合成以 β-环糊精对甲苯磺酸酯（β-CD-6OTS）；②将 4.30g 聚丙烯酰胺加入到 160.0mL 蒸馏水中，在 50℃水浴中搅拌使其溶解后，分批加入 2.00g β-CD-6OTS，于 50℃水浴中反应 24h，蒸干溶剂，分别用甲醇、乙醚洗涤，真空干燥，即得到白色固体 β-CD-PAM。

【应用】　周玉燕等以 β-环糊精与聚丙烯酰胺为原材料，通过化学改性，合成出 β-环糊精-聚丙烯酰胺接枝化合物（β-CD-PAM），并分别利用 β-环糊精-聚丙烯酰胺接枝化合物与聚丙烯酰胺处理重金属模拟废水，发现：β-CD-PAM 对不同金属离子的去除率不同，对 Cu^{2+} 的去除率较高，对 Zn^{2+} 的去除率较低，β-CD-PAM 对金属离子的去除率略大于 PAM；随着絮凝剂用量的增加，β-CD-PAM 对金属离子的去除率皆有不同程度的提高，当絮凝剂的质量和模拟水样的体积比达到 2.0% 时，β-CD-PAM 对 Cu^{2+}、Zn^{2+}、Cd^{2+}、Pb^{2+} 的去除率都较高。β-CD-PAM 对金属离子的去除率略大于 PAM，这可能是由于 β-CD-PAM 的—NH—O—CH_2—中的氧原子为给电子原子增加了氮原子周围电子云密度，即增强了配体的碱性，配体的碱性愈强，和同一金属离子形成配合物的稳定性愈强，且未参与络合的羟基对金属离子仍具有螯合作用。因此，β-CD-PAM 络合 Pb^{2+}、Cd^{2+}、Zn^{2+} 的能力比 PAM 强；而 β-CD 和 β-CD-PAM 对 Cu^{2+} 的去除率大致相当。根据 Irving Willianm 顺序可知，Cu^{2+} 的配位能力较强，可能受配体碱性影响较小。

他们在利用 β-环糊精-聚丙烯酰胺接枝化合物与聚丙烯酰胺处理苯酚和苯胺模拟废水时，发现 β-CD-PAM 和 PAM 对苯胺的吸收分 3 种情况：当絮凝剂的质量与模拟水样的体积比低于 0.25% 时，β-CD-PAM 与 PAM 对苯胺的包络能力大致接近；当絮凝剂的质量与模拟水样体积比为 1% 时，β-CD-PAM 与 PAM 对苯胺的包络能力差别较大，为 35.12%；随着絮凝剂的质量与模拟水样体积比的提高，β-CD-PAM 对苯胺的包络能力下降，PAM 略有上升。这可能是由于 β-CD-PAM、PAM 与苯胺皆含有—NH_2 基，在包络过程中受氢键效应、位阻效应等影响的结果，且 PAM 的体积较大，在一定程度上阻碍了苯胺进入 β-CD 的疏水空腔。

当絮凝剂的质量与模拟水样体积比为 0.25% 时，β-CD-PAM 和 PAM 对苯酚的包络能力大致接近；随着絮凝剂的质量与模拟水样体积比的提高，β-CD-PAM 对苯酚的包络能力大于 PAM。这可能是由于 β-CD 的空腔为非极性环境，可以范德华力、氢键等作用力与一些尺寸大小适宜的有机分子（如苯酚、苯胺）形成超分子化合物，而 PAM 则不会。

3.6.2.2   水溶性 β-环糊精交联聚合物

【制备方法】   将一定量的 β-环糊精加入质量分数为 33% 的 NaOH 水溶液中，室温下搅拌 13h 后在 30℃ 下，按 β-CD 和环氧氯丙烷（EP）的摩尔比分别为 1:6、1:8、1:9 和 1:10 迅速加入 EP，反应达到凝胶点时加入丙酮中止反应，用 6mol/L 的 HCl 调节体系酸度为 pH=12，然后在 50℃ 下搅拌 12h，冷却，调 pH=7，用透析法除去 NaCl，将溶液蒸至黏稠状，加入无水乙醇，析出白色固体，过滤，真空干燥，即得到不同摩尔配比的 β-CD-EP 产物。

【应用】   周玉燕等还以环氧氯丙烷为交联剂，在碱性介质中合成水溶性 β-环糊精交联聚合物，并考察了水溶性 β-环糊精交联聚合物对重金属离子的络合性能，结果表明：β-环糊精交联聚合物对重金属离子的吸附性能强。

3.6.3   改性瓜尔胶产品

瓜尔胶（guar gum）是一种天然的半乳甘露聚糖胶，从产于印度、巴基斯坦等地的瓜尔豆种子的胚乳中提取得到。瓜尔胶主链由 (1-4)-β-D-甘露糖为单元连接而成，侧链由单个

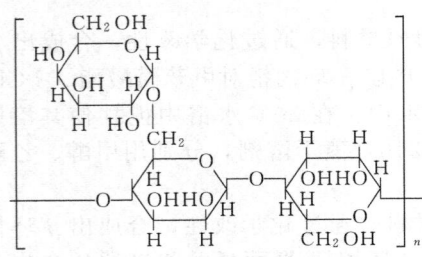

图 3-11   瓜尔胶分子结构

α-D-半乳糖组成并以 (1-6) 键与主链相接，如图 3-11 所示。从整个分子来看，半乳糖在主链上呈无规分布，但以两个或三个一组居多。这种基本呈线形而具有分支的结构决定了瓜尔胶的特性与那些无分支、不溶于水的葡甘露聚糖有明显的不同。因来源不同，瓜尔胶的分子量及单糖比例不同于其他的半乳甘露聚糖。其相对分子质量为 $(100 \sim 200) \times 10^4$，甘露糖与半乳糖之比约为 2:1。

尽管瓜尔胶具有很好的水溶性和增稠性，但是原粉往往具有下述缺点：①不能快速溶胀和水合，溶解速度慢；②水不溶物含量高；③黏度不易控制；④易被微生物分解而不能长期保存。这些缺点使瓜尔胶的应用受到很大限制。因此需要改变其理化特性，使其可广泛应用。改性主要分为 4 类：①官能团衍生，这类方法是基于瓜尔胶的糖单元上平均有三个羟基，这三个羟基在一定条件下，可发生醚化、酯化或氧化反应，生成醚、酯等衍生物；②接枝聚合，该方法是基于一定条件下，一些引发剂可使瓜尔胶或乙烯基类单体产生自由基，从而进行聚合反应，如丙烯酸、丙烯酰胺、甲基丙烯酰胺、丙烯腈等接枝；③酶法，该方法是利用酶降解而改变瓜尔胶的性质；④金属交联法，主要利用瓜尔胶的交联性。瓜尔胶主链上的邻位顺式羟基可以与硼及一些过渡金属离子，如钛、锆等作用而形成冻胶。此处主要介绍瓜尔胶通过接枝共聚制备非离子型瓜尔胶改性产品。

3.6.3.1   瓜尔胶的纯化

将豆胶用氢氧化钡饱和溶液在 60℃ 下连续搅拌 12h 制备出质量分数为 2.5% 的钡胶络合物，然后将钡络合物离心脱水后，加入 1mol/L 的乙酸溶液搅拌 8h，之后再离心脱水，并用乙醇沉淀出来。并分别用 70%、80% 和 90% 的乙醇洗涤，样品通过渗析，并用 0.45mm 微孔薄膜过滤，即得瓜尔胶纯品。

3.6.3.2   瓜尔胶-丙烯酰胺接枝共聚物

【制备方法】   根据引发方式的不同，瓜尔胶-丙烯酰胺接枝共聚物的制备有辐射引发和化学引发两种方式。其中，辐射引发包括 γ 射线和微波辐射等；化学引发剂主要包括 Ce^{4+}、

$KMnO_4/(COOH)_2$、$KBrO_4/FeSO_2$、H_2O_2 以及 $K_2S_2O_8$/抗坏血酸等。

Singh 等采用三种方式制备瓜尔胶-丙烯酰胺共聚物：①有氧化还原引发剂和催化剂存在下的微波辐射引发；②单纯的微波辐射引发；③常规的化学引发。

（1）制备方法 1

往 150mL 烧瓶中加入 25mL 含 0.1g 瓜尔胶以及浓度分别为 $1.6×10^{-1}$ mol/L 丙烯酰胺单体、$8.0×10^{-5}$ mol/L 硝酸银、$1.0×10^{-3}$ mol/L 过硫酸钾和 $2.2×10^{-3}$ mol/L 抗坏血酸的混合溶液，并放入家用微波炉中，用不同的功率进行辐射引发。共聚物产品通过体积比为 7∶3 的甲醇水溶液沉析除去聚丙烯酰胺均聚物，接枝共聚产品重复用体积比为 7∶3 的甲醇水溶液洗涤，干燥即得瓜尔胶-丙烯酰胺共聚物。上述工艺的最佳条件为：微波功率为80%，辐射时间 0.22min，反应温度 60℃。

（2）制备方法 2

往 150mL 烧瓶中加入 25mL 含 0.1g 瓜尔胶和浓度为 $1.6×10^{-1}$ mol/L 的丙烯酰胺单体混合溶液，并放入家用微波炉中，用不同的功率进行辐射引发。共聚物产品通过体积比为 7∶3 的甲醇水溶液沉析除去聚丙烯酰胺均聚物，接枝共聚产品重复用体积比为 7∶3 的甲醇水溶液洗涤，干燥即得瓜尔胶-丙烯酰胺共聚物。上述工艺的最佳条件为：微波功率为70%，辐射时间 0.33min，反应温度 63℃。

（3）制备方法 3

往 150mL 烧瓶中加入 25mL 含 0.1g 瓜尔胶以及浓度分别为 $1.6×10^{-1}$ mol/L 丙烯酰胺单体、$8.0×10^{-5}$ mol/L 硝酸银和 $22×10^{-3}$ mol/L 抗坏血酸的混合溶液，并恒温至 （35±0.2）℃。反应 30min 后，加入 $1.0×10^{-3}$ mol/L 过硫酸钾溶液，在 60℃下聚合反应 1.0h。共聚物产品通过体积比为 7∶3 的甲醇水溶液沉析除去聚丙烯酰胺均聚物，接枝共聚产品重复用体积比为 7∶3 的甲醇水溶液洗涤，干燥即得瓜尔胶-丙烯酰胺共聚物。

上述 3 种制备方法的对比试验结果见表 3-40。从表中数据可知：在氧化还原引发剂和催化剂存在的情况下，接枝效率最高，而且反应时间远远少于常规化学引发法。

表 3-40　方法比较

项目	方法 1	方法 2	方法 3
接枝效率/%	66.66	42.10	49.12
微波功率/%	80	70	—
温度/℃	60	63	60
反应时间/min	0.22	0.33	80
N 含量/%	3.26	2.47	4.98

3.6.3.3 羟丙基瓜尔胶-丙烯酰胺接枝共聚物

【制备方法】　Nayak 和 Singh 以羟丙基瓜尔胶为基体，以硝酸铈铵（CAN）为引发剂，通过接枝共聚的方法制备出羟丙基瓜尔胶-丙烯酰胺接枝共聚物。制备方法：将 1g 纯化的羟丙基瓜尔胶在不断搅拌的情况下溶于 250mL 蒸馏水，并通 N_2 驱氧 15min。将适量的丙烯酰胺单体溶于 150mL 蒸馏水后，与羟丙基瓜尔胶溶液混合，往反应体系中通 N_2 35min，加入 25mL 硝酸铈铵溶液，并再次通 N_2 10min，反应 24h 后，加入终止剂对苯二酚饱和溶液；聚合物用过量的丙酮沉析，并真空干燥，随后进行研磨和筛选，即得羟丙基瓜尔胶-丙烯酰胺接枝共聚物。整个反应体系的温度保持在 （28±1）℃，合成参数和共聚物的部分性能指标见表 3-41。

表 3-41   合成参数和共聚物的部分性能指标

系列号	共聚物	HPG 用量 /g	AM 用量 /mol	CAN 浓度 /($\times 10^3$ mol/L)	单体转化率/%	特性黏数 /(dL/g)	M_r /($\times 10^6$)
1	HPG-g-PAM 1	1	0.14	0.10	85.38	9.92	3.09
2	HPG-g-PAM 2	1	0.14	0.21	87.33	7.98	2.38
3	HPG-g-PAM 3	1	0.14	0.30	88.94	6.02	1.68
4	HPG-g-PAM 4	1	0.14	0.40	89.54	4.86	1.28
5	HPG-g-PAM 5	1	0.14	0.50	93.36	2.96	0.69
6	HPG-g-PAM 6	1	0.21	0.10	83.57	10.84	3.49

3.6.4 F691-丙烯酰胺接枝共聚物

植物胶作为絮凝剂的开发利用始于 20 世纪 70 年代，进入 80 年代后，随着 F691 等的兴起，这类天然絮凝剂已在水处理中占有一席之地。以华南地区一种名为刨花楠的植物为原料加工而成的 F691 粉是一种性能优良的植物胶粉，相对分子质量分布为 1500～1000000。它含有 50%左右纤维素，20%左右水溶性多聚糖，30%左右木质素和丹宁，起絮凝作用的成分主要是皮、茎、叶等细胞中的黏胶状多聚糖（主要是阿拉伯半乳聚糖），它约占干木料的 20%，是一种非离子型高分子絮凝剂，相对分子质量为 15 万～30 万。用 F691 粉可合成出集絮凝、缓蚀、阻垢、杀菌等多功能于一体的多功能水处理剂。

由于 F691 粉中的纤维素分子链中有较多羧基相互缔合氢键，使分子链紧密结合在一起，不易溶于水而无絮凝作用，有必要利用这些纤维素等不溶于水的物质，通过化学改性，使之成为水溶性高分子化合物，对悬浮颗粒有絮凝作用。

【制备方法】 F691-丙烯酰胺接枝共聚物的制备方法：将适量的 F691 粉和水放入反应器中，加热至一定温度，加入丙烯酰胺单体水溶液，搅拌均匀后通氮驱氧 20～30min，加入引发剂，反应 1～3h，即得黏稠的 F691-丙烯酰胺接枝共聚物产品。

3.7 阴离子型天然有机高分子改性絮凝剂

阴离子型天然有机高分子改性絮凝剂根据原料来源的不同，可分为改性淀粉类絮凝剂、瓜尔胶-丙烯酸钠接枝共聚物、黄原胶及其改性产品、改性纤维素类絮凝剂、海藻酸钠、改性木质素类絮凝剂、改性植物丹宁和 F691 粉改性产品等。

3.7.1 改性淀粉类絮凝剂

改性淀粉类絮凝剂的制备方法很多，可归纳为磷酸酯化、黄原酸酯化、羧甲基化、接枝共聚以及共聚物的改性 5 种方式。

3.7.1.1 磷酸酯化

【制备方法】 淀粉通过磷酸酯化与磷酸盐反应制备磷酸酯淀粉，即使很低的取代度也能明显地改变原淀粉的性质。磷酸为三价酸，能与淀粉分子中的三个羟基起反应生成一酯、二酯和三酯，其结构如下所示：

$$\begin{array}{ccc}
\text{St—O—P—OM} & \text{St—O—P—O—St} & \text{St—O—P—O—St} \\
\text{淀粉磷酸单酯} & \text{淀粉磷酸二酯} & \text{淀粉磷酸三酯}
\end{array}$$

式中，St 为淀粉；M＝H^+，Na^+，NH_4^+，K^+等。

淀粉磷酸单酯是工业上应用最广泛的磷酸酯淀粉，因此重点介绍淀粉磷酸单酯的制备。

（1）淀粉磷酸单酯

淀粉磷酸单酯的制备通常用正磷酸盐与淀粉反应制得，反应式如下：

$$St-OH + NaH_2PO_4/Na_2HPO_4 \longrightarrow St-O-\overset{\overset{\displaystyle O}{\|}}{\underset{\underset{\displaystyle OH}{|}}{P}}-ONa$$

制备工艺分湿法和干法两种。

① 湿法工艺　通常是将淀粉悬浮在磷酸盐溶液中，将混合物搅拌 10～30min，过滤，滤饼采用空气干燥或在 40～50℃下干燥至含水 5％～10％，然后加热反应。使用带式连续干燥机生产效果较好，用这种设备 48～124℃下干燥，淀粉不会发生凝胶化。在淀粉和磷酸盐混合物湿度减少到 20％以前，温度不应超过 60～70℃，这样能防止凝胶化和副反应的发生，用淀粉和磷酸盐做原料，湿法制备磷酸淀粉的代表性数据示于表 3-42。湿法反应的优点是试剂与淀粉由于渗透，混合均匀度好，缺点是滤饼的存在会产生"三废"问题，且由于滤饼湿度大，干燥的反应工时长。

表 3-42　湿法制备淀粉磷酸单酯的部分工艺参数

	NaH$_2$PO$_4$/Na$_2$HPO$_4$	淀粉/水/(g/mL)	温度/℃	时间/h	磷含量/%	取代度/%
A	2～3.2/—	162/240	160	0.5	0.45	—
B	34.5/96	186/190	150	4.0	1.68	—
C	57.7～83.7	100/106	155	3.0	2.50	0.15
D	7.5～11.2	50/65	145	2.5	0.56	0.03

注：A 采用 NaH$_2$PO$_4$·H$_2$O；B 采用 Na$_2$HPO$_4$·12H$_2$O；C 采用 NaH$_2$PO$_4$·7H$_2$O。A、B、C、D 的滤饼采用空气干燥，C 的滤饼在强制通风风箱内，40～45℃下干燥，然后再与 65℃下干燥 90min；B 和 D 用真空炉加热反应，A 和 C 加热时不断搅拌，悬浮液 pH 值：A 5.5；B —；C 6.1；D 6.5。

此外，淀粉和三聚磷酸钠反应，也可制备粉磷酸单酸，反应式为：

$$St-OH + \begin{matrix}\text{NaO}\\ \end{matrix} ... \longrightarrow St-O-\overset{\overset{\displaystyle O}{\|}}{\underset{\underset{\displaystyle OH}{|}}{P}}-ONa + Na_3HP_2O_7$$

这种方法生产的淀粉酯基本不发生降解，取代度（DS）较低（约 0.02）。

制备方法为玉米淀粉与足量的三聚磷酸钠在 pH 值大约 8.5 的水中搅拌，三聚磷酸钠的加入量应足以使过滤和干燥后的淀粉中保留 5％的盐含量。另一种方法是将三聚磷酸钠溶液喷雾到干淀粉上，要保证混合均匀，将湿的淀粉和三聚磷酸盐混合物干燥到含水量 5％～10％，然后在 100～120℃加热 1 h 左右，将产物冷却、水洗、干燥。产物含磷约 0.46％，DS 0.02（以磷酸根计）。部分工艺参数见表 3-43。

表 3-43　三聚磷酸钠制备淀粉磷酸单酯的部分工艺参数

淀粉用量/g	水量/mL	STP 用量/g	残留盐量/g	盐残留率/%
180	215	15.5	9	58.1
180	400	30.0	6	20.0
180	400	15.0	3	20.0
180	400	7.5	1.5	20.0

注：STP 为三聚磷酸钠。

② 干法工艺　干法工艺与湿法工艺的根本区别在于：干法反应使用的溶剂量少，将试

剂直接用喷雾法喷到干淀粉上，然后混合，去湿、反应。其后的步骤与湿法类同。干法反应的优点是无三废，去湿时间短，但干法反应对喷雾混合设备要求高，其均匀度不如湿法。

淀粉与磷酸氢盐和磷酸二氢盐的混合物（pH 5~6.5）反应可生成取代度达 0.2 的淀粉磷酸单酯，但淀粉也发生部分水解，产品具有很宽的流度范围，随反应的 pH 值，温度和时间的改变而改变。

（2）淀粉磷酸二酯

淀粉磷酸二酯的制备主要通过淀粉与三氯氧磷或三偏磷酸钠反应而成，反应式为：

$$\text{St—OH} + \text{POCl}_3 \xrightarrow{\text{NaOH}} \text{St—O—}\overset{\displaystyle O}{\underset{\displaystyle ONa}{P}}\text{—O—St} + \text{NaCl}$$

$$\text{St—OH} + \begin{array}{c}\text{三偏磷酸钠}\end{array} \xrightarrow{\text{Na}_2\text{CO}_3} \text{St—O—}\overset{\displaystyle O}{\underset{\displaystyle ONa}{P}}\text{—O—St}$$

① 与三氯氧磷反应的工艺　马铃薯淀粉 200g（干基）与 250mL 水混合，用氢氧化钠溶液调 pH 值至 11 左右，加入 1g 氯化钠。保持缓慢搅拌加入三氯氧磷，在室温下搅拌反应 2h。用质量分数为 2% 的盐酸溶液调 pH 值至 5，停止反应，过滤、水洗、干燥，得淀粉磷酸二酯产品。其中，三氯氧磷用量为淀粉的 0.015%~0.030%。

② 1mol 玉米淀粉（180g，水分含量 10%），加入到 325mL 三偏磷酸钠水溶液中（含三偏磷酸钠 3.3g），用碳酸钠调 pH 值至 10.2，将淀粉乳加热到 50℃，进行反应。取样，样品经中和、过滤、水洗、干燥，测定黏度。结果表明，随反应进行，体系黏度逐渐增高，当反应进行到 50min 时达到最大值，以后逐渐降低，糊变"短"，透明度降低。继续反应，得到淀粉磷酸二酯产品。

【应用】　磷酸酯淀粉不仅可以用来处理鱼类加工厂废水、屠宰场废水、发酵工厂废水、蔬菜水果浸泡水和纸浆废水等，还可用作泥浆的絮凝剂。

庄云龙等人利用实验室研制的磷酸酯淀粉絮凝剂处理废纸脱墨废水和精细化工厂的工业废水，发现：处理造纸脱墨废水，废水的 pH 值调至 5 左右，磷酸酯淀粉的加入量为废水质量的 0.1%，且絮凝时间为 24h 左右；处理某化工厂工业废水，磷酸酯淀粉的加入量以 0.2% 为宜，絮凝时间也为 24h 左右。上述结果表明絮凝需要一定时间，约 24h。在此之前，絮凝效果随时间增加而逐步增强，而超过此时后，由于部分磷酸酯淀粉的亲水作用，链节末端的吸附力下降，使已吸附的杂质离子再度悬浮，从而使絮凝效果下降。

磷酸酯淀粉还可以作为浮游选矿的沉降剂，回收铝矿石中的铝，沉降煤矿洗煤废水中的煤粉。此外，磷酸酯淀粉运用于牛皮纸系列产品生产中，可以提高产品的耐破度和撕裂度等主要物理性能指标。

3.7.1.2　黄原酸酯化

黄原酸酯化首先应用于黏胶纤维的制备过程中，以后才将此法用于制备淀粉黄原酸酯，具体反应过程如下所示：

$$\text{St—OH} + \text{S}=\text{C}=\text{S} + \text{NaOH} \longrightarrow \text{St—O—}\overset{\displaystyle S}{\underset{}{C}}\text{—S—Na} + \text{H}_2\text{O}$$

【制备方法】　将氢氧化钠溶液、淀粉和二硫化碳按计量比例混合，加入连续螺旋挤压机中，在高剪切下混合反应，大约 2min 后挤出黏稠状物，干燥即得成品。

【应用】 淀粉黄原酸酯主要用于处理金属废水，可以与许多高价金属离子生成难溶性盐类，可用于电镀、采矿、黄铜冶炼等工业废水中重金属离子的去除。张淑媛等人将 ISX 用来处理含镍电镀废水，脱除率达到 95% 以上，镍残余质量浓度＜0.2mg/L，低于国家规定的排放标准。他们还用淀粉黄原酸酯（ISX）处理含铬废水，实验表明 ISX 对于各种价态的铬都能很好地去除。

3.7.1.3 羧甲基化

最早的羧甲基淀粉（Carboxymethy Starch，简称 CMS）是于 1924 年研制出来的，当时利用质量分数为 40% 的氢氧化钠溶液、一氯乙酸和淀粉反应制备而成。随着取代度的增加，产品胶化温度下降。在较高取代度时，冷水可溶，絮凝剂用羧甲基淀粉主要为高取代度产品。

【制备方法】 淀粉与-氯乙酸在氢氧化钠存在下的醚化反应为双分子亲核取代反应，反应式如下：

$$St—OH + NaOH \longrightarrow St—ONa + H_2O$$

$$St—ONa + ClCH_2COOH + NaOH \longrightarrow St—OCH_2COONa + NaCl + H_2O$$

除主反应外还可与 NaOH 发生如下副反应：

$$ClCH_2COOH + NaOH \longrightarrow HOCH_2COONa + NaCl + H_2O$$

羧甲基淀粉主要有 4 种生产工艺，即水媒法、干法、半干法和溶剂法。不同方法制得的羧甲基淀粉在性能和用途方面存在差异。

（1）水媒法

在反应器中加入水作分散剂，在搅拌下加入工业淀粉，在 15℃ 下搅拌 15min 加入 NaOH 进行活化，再在 20℃ 下搅拌 30min，加入适量的氯乙酸进行醚化反应，反应完成后，液固分离，滤出固体用 5% 稀盐酸洗涤至 pH＝7。最后在 50～80℃ 下进行干燥即得 CMS 成品。其工艺条件为：投料比为水：淀粉：氢氧化钠：氯乙酸＝100：（25～40）：（0.6～0.8）：（1.3～1.6），反应时间为 5～6h，反应温度为 65～75℃。水媒法反应的优点是工艺简单，设备投资低；缺点是产品取代度低，溶解性能差，黏度低，而且一氯乙酸用量较大。

（2）干法

干法反应可制备较高取代度的产品，在反应过程中不加其他反应介质，其工艺过程为：将液碱按配方要求喷淋于工业淀粉中，在混拌机中混合均匀，2h 后用粉碎机将颗粒状淀粉粉碎（过 60 目筛），得碱化淀粉。然后，将粉碎细的碱化淀粉与氯乙酸按一定比例投入混拌机中，混合均匀后用滚轧机滚轧成薄片状。在混合及滚轧过程中即发生醚化反应。最后，将滚轧成片的产物送入烘房，控制烘房温度 60～80℃，保持 4h，使醚化反应充分，然后升温至 100～120℃，烘干、粉碎，即得成品。该法在常温下进行，所得产物含水量低，烘干速度快，能耗低；同时生产中无废水排放，有利于环保，产品质量符合标准，生产成本低，经济效益显著。

（3）半干法

经改进的半干法可制备冷水能溶解的 CMS。具体做法：先用少量的水溶解氢氧化钠和一氯乙酸，搅拌下喷雾到淀粉上，在一定的温度下，反应一定的时间，所得产品仍能保持原淀粉的颗粒结构，流动性好，易溶于冷水，不结块。例：玉米淀粉 100 份，先通氮气，于室温喷入 24.6 份的 40% 氢氧化钠碱液，搅拌 5min 后，再喷 16 份 75% 的一氯乙酸液，在 34℃，反应 4h 后，温度升到 48℃，在此期间保持通氮气，控制速度使反应物水分降低到约

18.5%；在 60～65℃反应 1h，在 70～75℃反应 1h，在 80～85℃反应 2.5h，冷却到室温，得 CMS 含水分 7%，pH 值为 9.7。

半干法反应的优点是反应效率高，操作简单，生产成本低，生产过程无废水排放，有利于环境保护。缺点是产品中含有杂质（如盐等），反应的装置要求高，产物的反应均匀度不如湿法等。

（4）溶剂法

溶剂法是 CMS 制备中最常用的方法。溶剂法一般以能与水相混溶的有机溶剂为介质，在少量水分存在的条件下进行醚化，能提高取代度和反应效率，产品仍保持颗粒状态。有机溶剂的作用是保持淀粉不溶解，常用的有机溶剂为甲醇、乙醇、丙酮、异丙醇等。于不同条件下比较甲醇、丙酮和异丙醇对取代度、产率、纯度和黏度的关系，结果表明，甲醇效果较差，丙酮和异丙醇较好，二者效果相同，但异丙醇不挥发，故更适用。

先将工业淀粉与氯乙酸固体按比例加入反应器内，然后加入工业乙醇稀释［乙醇体积：反应物体积为（1.5～2.0）∶1］，在搅拌下滴加氢氧化钠溶液进行反应。随着氢氧化钠加入，反应开始，整个反应需要 16～20h 完成，反应过程中温度缓慢升高，反应终温为 40～50℃。

反应完成后，进行固液分离，分离的乙醇母液可再套用（做稀释剂）几次，后经蒸馏净化可再利用，分离出的固体物即为 CMS 粗品，再在搅拌下用乙醇洗涤，以除去 NaCl 等杂质。洗涤次数和洗涤剂用量可根据不同使用要求掌握，洗涤净化后的固体物，经干燥得 CMS 产品。

溶剂法生产羧甲基淀粉受氢氧化钠用量、乙醇浓度、乙醇溶液体积、反应时间、氯乙酸用量、反应温度等各方面的影响，因此选择合适的反应条件是非常重要的。

溶剂法开发较早，优点是反应效率高，产品质量好，操作方便，是各生产厂家普遍采用的生产工艺，但此工艺存在如下缺点：a. 作为反应溶剂和洗涤溶剂的乙醇消耗量大，增加了生产成本；b. 产品干燥前水分较多，需较长时间烘干，常压干燥时 CMS 表层易结硬皮，改为真空虽可改善，但设备复杂、耗能多。因此，各生产厂家和科研单位都相继开展了CMS 生产工艺的改进工作，并取得了一定进展。

【应用】 羧甲基淀粉是变性淀粉的一种，属醚化淀粉，是淀粉在碱性条件下与一氯乙酸作用的产物。淀粉经羧甲基化后，许多性质发生了变化，具有亲水性强、易糊化、透光度高、冻融稳定性好等优点，而且无毒无味，因此在医药、食品、纺织、造纸、石油钻探等领域均有广泛的应用，尤其在食品工业中可作为增稠剂、稳定剂和保水剂等以改进产品性能，提高产品质量，还能部分代替价格较高的食用明胶、琼脂等，降低成本。此外，羧甲基淀粉钠在洗涤行业也是一种新的增稠剂、品种改良剂和代磷洗涤助剂。

3.7.1.4 接枝共聚

【制备方法】 接枝共聚法是制备阴离子型改性淀粉絮凝剂的主要方法之一。淀粉和羧甲基淀粉能否与丙烯酸类单体发生反应，除与单体的结构、性质有关外，还取决于淀粉大分子上是否存在活化的自由基，自由基可用物理或化学激发的方法产生。物理引发方法主要有 Co^{60} 的 γ 射线辐照、微波辐射和热引发等。化学引发法引发效率的高低，取决于所选用的引发剂，常用的引发剂有 Ce^{4+}、过硫酸钾（$K_2S_2O_8$）、$KMnO_4$、H_2O_2/Fe^{2+}、$K_2S_2O_8/KHSO_3$、$NH_4S_2O_8/NaHSO_3$ 和 $K_2S_2O_8/Na_2S_2O_3$ 等。阴离子型改性淀粉絮凝剂根据原材料的不同，可分为两类产品：淀粉接枝共聚物和羧甲基淀粉接枝共聚物。

（1）淀粉接枝共聚物

淀粉通过引发剂的引发作用，产生淀粉宏根，即活化的自由基，然后再与乙烯基类单体发生接枝共聚合，生成接枝共聚物，反应通式为：

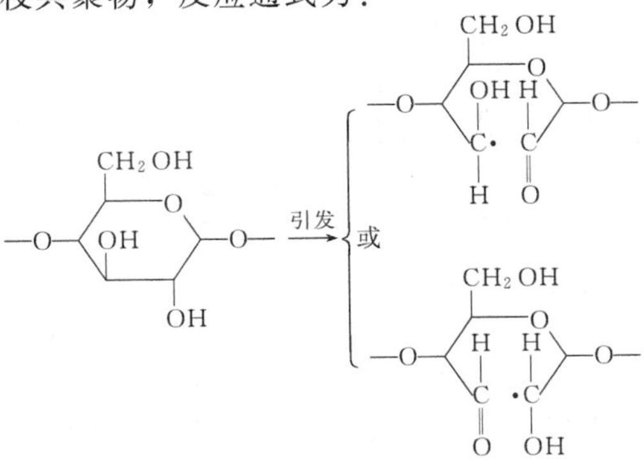

自由基，以 St· 表示。

$$St \cdot + nCH_2{=}CHX \xrightarrow{引发} St{-}\left[CH_2{-}\underset{X}{CH}\right]_n$$

式中，X=COOH、CONH$_2$、COONa、$-NH-\underset{CH_3}{\overset{CH_3}{C}}-CH_2SO_3Na$ 等。

① 淀粉与丙烯酸（钠）单体接枝共聚的反应式为：

$$St \cdot + nCH_2{=}CH{-}COONa \xrightarrow{引发} St{-}\left[CH_2{-}\underset{\underset{ONa}{\overset{|}{C=O}}}{CH}\right]_n$$

　　淀粉-丙烯酸钠接枝共聚物的制备方法根据引发方式的不同，有物理引发和化学引发，其中物理引发包括辐射引发和热引发等。

　　a. 辐射引发制备淀粉-丙烯酸钠接枝共聚物　将 7.2g 丙烯酸单体用 9.5mL 5mol/L 氢氧化钠溶液调 pH 值至 4.8，配制成质量分数为 46.6% 的丙烯酸钠单体溶液。然后与 46.4g（干基质量 40.5g）的酸化玉米淀粉混合，其中淀粉的含水率为 12.8%。将所形成的可自由流动的粉末在 N$_2$ 氛围内用 ^{60}Co 辐射，辐射剂量率为 0.88Mrad/h，总的辐射剂量为 0.1Mrad，辐射完后将聚合产品放在室温下静置 2h，所制备的接枝共聚物产品可以直接使用，无需进一步的纯化处理。

　　b. 热引发制备淀粉-丙烯酸钠接枝共聚物　将 50g 未经改性的马铃薯淀粉（含水率 17.7%）、0.3g 碳酸钙、13g 丙烯酸料液（38% 含固量，固含量为 10% 时的黏度为 20mPa·s）和水充分混合，制成浆料，浆料的总体积为 150mL。将浆料置于沸水浴中蒸煮 10min，然后在 100℃的恒温箱内干燥，所制备的产品为无色、透明粉末。

　　c. 化学引发制备淀粉-丙烯酸钠接枝共聚物　将 1g 面粉与 8g 蒸馏水加入反应器，搅拌均匀后升温至 90℃，熟化 0.5h，冷却至室温。在 0℃下，用 35% 浓度的 NaOH 溶液中和 3g 丙烯酸至所需的中和度，再加入 5.1mg N,N'-亚甲基双丙烯酰胺，溶解后转入反应器，在搅拌和通氮 10min 后注入 0.3mL 0.1mol/L 的硝酸铈铵的 0.1mol/L 硝酸溶液，升温至 60℃反应 0.5h，注入溶于水（总加入水量为 14g 的剩余量）中的 6.7mg 过硫酸钾，体系黏度达规定值后，用冰水浴冷却至 15℃左右，将黏稠液在氮气保护下转入内径 4mm，长 15mm 的玻璃管中，经反复充氮-抽气处理后封管。玻璃管先置于 70℃水浴中反应 2~4h，再在室温下放置 1 周，破管取出凝胶，切成 0.5cm 长圆片，浸泡于大量蒸馏水中以除去残存催化剂等，即得淀粉-丙烯酸钠接枝共聚物。

d. 化学引发制备淀粉-丙烯酸接枝共聚物　将 4g（干基）木薯淀粉及适量蒸馏水加入到带有搅拌及回流装置的烧瓶中，升温到 92℃搅拌糊化 30min 后降温以 55℃下搅拌回流反应 2h，再加驱净剂继续反应 1h 后出料，再用甲醇沉淀，过滤，滤物在 50℃红外灯下干燥至恒重。再用甲苯抽提 18h 以除去均聚物，再在 50℃红外灯下干燥至恒重，即得纯接枝共聚物。实验表明：随温度升高，单体转化率（C）、接枝百分率（G）和接枝效率（E）也相应提高，在 55℃左右达到最高值，分别为 96%，72%，70%，再升高温度，G 和 E 呈下降趋势；C、G 和 E 开始时随反应时间的延长而增加，但反应 3h，G 和 E 均达到最高值，分别为 72%和 69%，尔后 G、E 随反应时间延长而降低；引发剂的最佳浓度在 3mmol/L 左右为宜；单体浓度在 2.5～5.0mol/L 范围内，G、C、E 均呈上升趋势。接枝共聚和单体均聚反应都有所加快，但后者增加更快。这说明淀粉自由基链增长速度小于均聚物链增长速度。如果增加单体浓度，势必加速均聚物的产生。

② 淀粉与甲基丙烯酸接枝共聚的反应式为：

$$St^{\bullet} + nCH_2{=}\underset{\underset{}{\overset{|}{C}}}{\overset{\overset{CH_3}{|}}{C}}{-}COOH \xrightarrow{引发} St{-}CH_2{-}\underset{\underset{OH}{\overset{|}{\underset{}{C=O}}}}{\overset{\overset{CH_3}{|}}{C}}{\Big]}_n$$

a. 高度溶胀性淀粉的制备　将淀粉在机械搅拌（转速为 400r/min）下于 90℃蒸煮 30min，然后降温至 30℃，并继续缓慢搅拌，即得到高度溶胀性淀粉。

b. 接枝共聚　在配备有搅拌装置的 250mL 三颈瓶中加入高度溶胀淀粉和水，液比为 1:20，然后加入甲基丙烯酸，并加热升温至理想温度，搅拌溶液均匀后，在 1min 内加入过硫酸钾/硫代硫酸钠氧化还原引发剂，保持 300r/min 的转速和 70℃的反应温度 3h，冷却至室温，得到淀粉与甲基丙烯酸接枝共聚物。其中，过硫酸钾的浓度为 $1.1 \times 10^{-3} mol/L$，硫代硫酸钠的浓度为 $(2.2 \sim 3.3) \times 10^{-3} mol/L$；甲基丙烯酸的质量分数为 6%。在上述条件下，可以使得单体转化率和接枝率分别达到 60%，和 40%，均聚物含量为 10%。

③ 淀粉与 2-丙烯酰氨基-2-甲基丙磺酸钠接枝共聚的反应式为：

$$St^{\bullet} + nCH_2{=}CH{-}\overset{\overset{O}{\|}}{C}{-}NH{-}\underset{\underset{CH_3}{|}}{\overset{\overset{CH_3}{|}}{C}}{-}CH_2SO_3Na \xrightarrow{引发}$$

$$St{-}CH_2{-}\underset{\underset{HN{-}\underset{\underset{CH_3}{|}}{\overset{\overset{CH_3}{|}}{C}}{-}CH_2SO_3Na}{\overset{|}{}}}{CH}{\Big]}_n$$

将带有电动搅拌器、温度计、氮气进出口管的四颈玻璃反应瓶置于恒温水浴中，升至 80～95℃，然后加入准确称量的淀粉和反应介质，通氮气保护，搅拌 1.0h 后冷却至 20～45℃，加入 2-丙烯酰氨基-2-甲基丙磺酸钠溶液，搅拌 10～20min，缓慢滴加引发剂溶液（如过硫酸钾/亚硫酸氢钠、过硫酸钾/脲/亚硫酸氢钠或过硫酸钾/亚硫酸钠等），在 20～45℃下搅拌反应 2.0～3.0h，即得淀粉-2-丙烯酰氨基-2-甲基丙磺酸钠接枝共聚物。其中，淀粉与 2-丙烯酰氨基-2-甲基丙磺酸钠单体的质量比为 1:（1～2），引发剂的浓度：过硫酸钾浓度为 $(1.0 \sim 1.8) \times 10^{-3} mol/L$，还原剂的浓度为 $(1.5 \sim 3.0) \times 10^{-3} mol/L$。在上述条件下，单体转化率为 60%～85%，接枝效率为 30%～50%，均聚物含量为 11%～17%。

④ 淀粉与磺甲基丙烯酰胺接枝共聚的反应式如下。

磺甲基化反应：

$$CH_2\!\!=\!\!CH\!-\!CONH_2 + HCHO + NaHSO_3 \xrightarrow{OH^-} CH_2\!\!=\!\!CHCONHCH_2SO_3Na$$

接枝共聚：

$$St^{\cdot} + nCH_2\!\!=\!\!CHCONHCH_2SO_3Na \xrightarrow{引发} St\!\!-\!\!\!\underset{\underset{CONHCH_2SO_3Na}{|}}{[CH_2\!\!-\!\!CH]_n}$$

淀粉-磺甲基丙烯酰胺接枝共聚物的制备方法如下。

a. 磺甲基丙烯酰胺单体的制备 于装有温度计、电磁搅拌器和 pH 电极的三颈烧瓶内，加入 50g 去离子水和 36.1g 亚硫酸氢钠，通 N_2 驱氧，搅拌均匀后，控制温度低于 45℃，缓慢加入 27.8g 质量分数为 37% 的甲醛溶液，反应 2h 后，在 N_2 氛围内加入 47.3g 质量分数为 50% 的丙烯酰胺水溶液和适量催化剂，在 45~85℃ 下反应 2~3h，即得磺甲基丙烯酰胺单体。

b. 接枝共聚反应 将 20g 玉米淀粉（含水率 11.7%）和蒸馏水放入反应器中，在 80℃ 下糊化 1h，冷却至 20~35℃，加入上述磺甲基丙烯酰胺单体溶液，通 N_2 驱氧 30min，加入过硫酸钾/亚硫酸钠氧化还原引发剂，升温至 35~50℃，反应 2~5h 后，冷却至室温，即得淀粉-磺甲基丙烯酰胺接枝共聚物。其中，过硫酸钾浓度为 $(0.7\!\sim\!1.5)\times10^{-3}$ mol/L，还原剂的浓度为 $(1.0\!\sim\!2.6)\times10^{-3}$ mol/L，单体用量为 m（玉米淀粉）:m（磺甲基丙烯酰胺）= 1:(1~2)。在上述条件下，单体的转化率为 86%~99.6%，接枝效率为 45%~70%。

⑤ 淀粉与丙烯酰胺和丙烯酸（钠）接枝共聚的反应式为：

$$St^{\cdot} + mCH_2\!\!=\!\!CH\!-\!CONH_2 + nCH_2\!\!=\!\!CH\!-\!COONa \xrightarrow{引发}$$

$$St\!\!-\!\!\!\underset{\underset{\underset{NH_2}{|}}{\underset{C\!=\!O}{|}}}{[CH_2\!\!-\!\!CH]_m}\;\underset{\underset{\underset{ONa}{|}}{\underset{C\!=\!O}{|}}}{[CH_2\!\!-\!\!CH]_n}$$

淀粉-丙烯酰胺-丙烯酸（钠）接枝共聚物的制备方法有水溶液聚合和反相乳液聚合；根据引发方式的不同，有物理引发和化学引发，其中物理引发包括辐射引发和热引发等。

a. 水溶液聚合制备淀粉-丙烯酰胺-丙烯酸接枝共聚物

物理引发法，即将 0.361g（0.005mol）丙烯酸和 6.754g（0.095mol）丙烯酰胺与 10mL 水混合，配制成总质量分数为 41.5% 的单体溶液，然后与 45.7g（干基质量 40.5g）的未改性玉米淀粉混合，其中淀粉的含水率为 11.5%。将所形成的可自由流动的粉末在 N_2 氛围内用 ^{60}Co 辐射，辐射剂量率为 0.89Mrad/h，总的辐射剂量为 0.1Mrad，辐射完后将聚合产品放在室温下静置 2h，所制备的接枝共聚物产品可以直接使用，无需进一步的纯化处理。在上述制备条件下，单体的转化率为 83%，均聚物含量为 13%，共聚物产品的分子质量为 168000。

b. 水溶液聚合制备淀粉-丙烯酰胺-丙烯酸钠接枝共聚物

化学引发法，即把丙烯酸用氢氧化钠溶液中和（中和度为 80%），加入丙烯酰胺单体、玉米淀粉及碳酸钙，搅拌，缓慢升高温度至 50℃。加入过硫酸铵引发剂，充分搅拌后倒入搪瓷盘中，置于 80℃ 干燥箱中聚合、干燥，经粉碎后即可得到淀粉-丙烯酰胺-丙烯酸接枝共聚物产品。

c. 反相乳液聚合制备淀粉-丙烯酰胺-丙烯酸接枝共聚物

过硫酸铵引发法，反应在装有搅拌的四口烧瓶中进行，淀粉在水中打浆后加入，将乳化剂溶解在液体石蜡中加入，通氮搅拌至所需温度，加引发剂，将聚合单体配成一定浓度的溶液滴入，剧烈搅拌下进行接枝聚合反应。基本反应条件为：水相总浓度为 45%，其中 w（淀粉）=22.5%，w（单体）=22.5%，m（AM）:m（AA）=4:1；引发剂过硫酸铵浓度为 $2.4\times$

10^{-4} mol/L；以油酸∶油酸钠（钾）＝60∶40 混合物作乳化剂，乳化剂用量为 6％；油水相体积比 V（油）∶V（水）＝12∶10；反应温度 45～50℃；反应时间 6h。产品用乙醇沉淀，丙酮洗涤，40～60℃真空干燥，得粗品。然后用 V（乙二醇）∶V（冰醋酸）＝6∶4 的混合液抽提除去均聚物，干燥后得到淀粉-丙烯酰胺-丙烯酸接枝共聚物，接枝聚合物的特性黏数达到 1100mL/g。

　　d. 反相乳液聚合制备淀粉-丙烯酰胺-丙烯酸钠接枝共聚物

　　过硫酸钾引发法，在三口瓶内，加入 Isopan-M50、Span-80、Span-60 及 Toween-80、Toween-85，搅拌，使 Span、Toween 均匀地分散在 Isopan-M50 构成油相。另将氢氧化钠水溶液滴加到丙烯酸（AA）中，制成丙烯酸钠单体水溶液，并用丙烯酸单体调至 pH＝6.5，加入丙烯酰胺水溶液、直链淀粉糊化液、EDTA 水溶液、BAM（N,N-亚甲基双丙烯酰胺）及试验量的过硫酸钾，加入去离子水调节水相至计算的总体积，使 FD≥0.76。在搅拌下将水相滴入油相中，同时通 N_2 驱 O_2，待 W/O 超浓乳液制成后，使乳化均匀。最终得到丙烯酰胺-丙烯酸钠 W/O 型超浓单体乳液。待单体乳液与水浴温度相同时，停止搅拌，在 N_2 保护下接枝聚合，用铂膜热敏电阻测量反应物内部温度，待内部温度不再上升时，表明聚合反应已结束，加入转型剂及稳定剂，得到白色淀粉-丙烯酰胺-丙烯酸钠接枝共聚物乳液。其中，单体丙烯酸钠的浓度为 3.0mol/L，丙烯酰胺的浓度为 2.0mol/L；引发剂过硫酸钾浓度为 1.76×10^{-3} mol/L；淀粉浓度（以无水葡萄糖单元计）为 1.6mol/L；反应体系温度为 30℃；体系 pH 值为 7.2。

　　⑥ 淀粉与丙烯酰胺和甲基丙烯酸接枝共聚的反应式为：

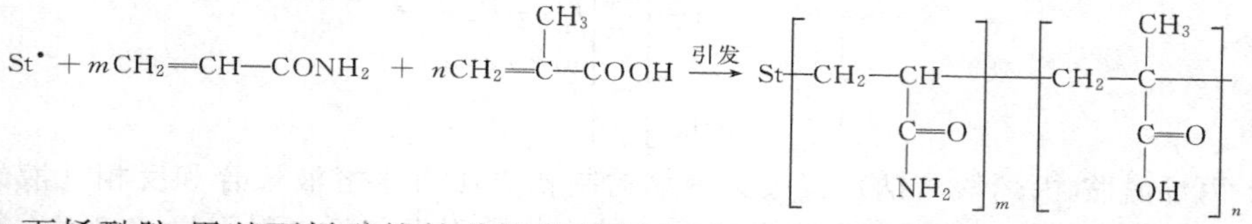

　　淀粉-丙烯酰胺-甲基丙烯酸接枝共聚物的制备采用反相悬浮聚合法，具体工艺为在装有搅拌器、滴液漏斗、温度计的 250mL 三口烧瓶中，氮气保护下，加入由 60mL 环己烷和体积分数为 3％的 Span-20 组成的油相和由 10g 淀粉、50mL 去离子水、3g 丙烯酰胺（AM）和 12g 甲基丙烯酸（MAA）组成的水相，恒温条件下，滴加引发剂，反应数小时。产物经丙酮沉淀、乙醇洗涤后干燥，得到粗接枝物（Ⅰ），在索氏抽提器中经冰醋酸和乙二醇（体积比为 6∶4）的混合液抽提萃取至恒重，真空干燥得纯接枝共聚物（Ⅱ），得淀粉-丙烯酰胺-甲基丙烯酸接枝共聚物产品。其中，聚合反应温度以 60℃为宜，反应时间 3h，引发剂 $K_2S_2O_8$ 为 1.2×10^{-2} mol/L，Span-20 的体积分数为 3％，所制备的产品的共聚物特性黏数为 1100mL/g，溶解速度小于 4min。而且，淀粉的接枝率为 146％，单体转化率为 90％。

　　（2）羧甲基淀粉接枝共聚物

　　羧甲基淀粉分子上的活性羟基通过引发剂的引发作用，产生活化的自由基，然后与乙烯基单体发生接枝共聚合，生成羧甲基淀粉接枝共聚物。

　　① 羧甲基淀粉与丙烯酰胺接枝共聚的反应式为：

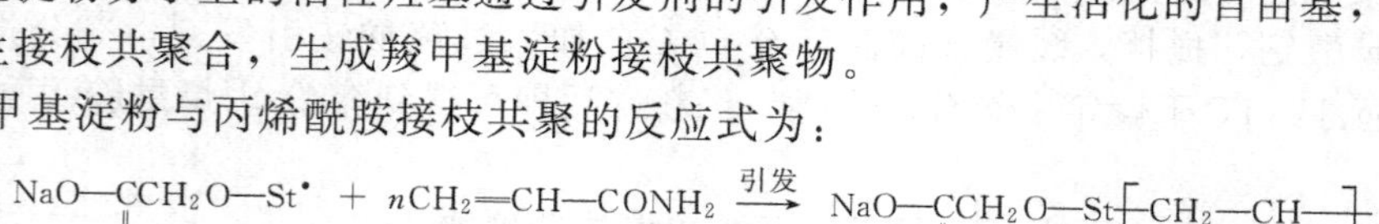

　　将 25g 羧甲基淀粉和蒸馏水放入反应器中，在 60℃下搅拌 20～30min，冷却至 20～30℃，加入丙烯酰胺单体溶液，通 N_2 驱 O_2 30min，加入过硫酸钾/亚硫酸氢钠氧化还原引发

剂，升温至 35～50℃，反应 1～3h 后，冷却至室温，即得羧甲基淀粉-丙烯酰胺接枝共聚物。

② 羧甲基淀粉与丙烯酸钠接枝共聚的反应式为：

$$NaO-CCH_2O-St^{\cdot} + nCH_2=CH-COONa \xrightarrow{引发} NaO-CCH_2O-St \left[\begin{array}{c} CH_2-CH \\ | \\ C=O \\ | \\ ONa \end{array} \right]_n$$

羧甲基淀粉-丙烯酸钠接枝共聚物的制备方法：将 25g 羧甲基淀粉和蒸馏水放入反应器中，在 60℃ 下搅拌 20～30min，冷却至 20～30℃，加入丙烯酰胺单体溶液，通 N_2 驱氧30min，加入过硫酸钾/亚硫酸氢钠氧化还原引发剂，升温至 35～50℃，反应 1～3h 后，冷却至室温，即得羧甲基淀粉-丙烯酰胺接枝共聚物。

【应用】 马希晨等利用淀粉-丙烯酰胺-甲基丙烯酸接枝共聚物处理某印染厂废水，结果见表 3-44。利用淀粉-丙烯酰胺-甲基丙烯酸接枝共聚物处理印染废水，产生的絮体大而密实，沉降速度快，沉降物固液界面清晰，COD_{Cr} 去除率达 81.2%，SS 去除率达 97.2%，色度去除率达 72%，浊度去除率达 99.8%，处理效果较理想。

表 3-44　对某印染集团废水的处理结果

检测项目	原废水	处理后废水	去除率/%
COD_{Cr}/(mg/L)	4046	759	81.2
SS/(mg/L)	284	8	97.2
吸光度	9.5	2.66	72
浊度/NTU	59.0	0.09	99.8
pH 值	13.7	9.2	—

3.7.1.5　共聚物的改性

【制备方法】 淀粉与乙烯基类单体的接枝共聚物可以利用乙烯基类单体自身的活性基团，通过进一步的化学改性，以赋予共聚物新的物化特性。

(1) 淀粉-丙烯腈接枝共聚物的改性

淀粉-丙烯腈接枝共聚物可通过皂化反应制备出淀粉-丙烯酰胺-丙烯酸钠接枝共聚物。

接枝共聚：

$$St^{\cdot} + nCH_2=CHCN \xrightarrow{引发} St \left[\begin{array}{c} CH_2-CH \\ | \\ CN \end{array} \right]_n$$

水解皂化反应：

$$St \left[\begin{array}{c} CH_2-CH \\ | \\ CN \end{array} \right]_n + NaOH \xrightarrow[加热]{H_2O}$$

$$St \left[\begin{array}{c} CH_2-CH \\ | \\ C=O \\ | \\ NH_2 \end{array} \right]_x \left[\begin{array}{c} CH_2-CH \\ | \\ C=O \\ | \\ ONa \end{array} \right]_y + NH_3$$

在带有搅拌器、导气管的三口烧瓶中加入适量的 50g 玉米淀粉（干基）和 150g 水，在75～95℃ 下糊化 30～60min，冷却至室温，加入 0.08～0.12g 硝酸铈铵，在氮气保护下搅拌10～15min，然后加入 25～100g 丙烯腈，反应 2～3h 后，加入 50% 氢氧化钠溶液，加热升温至 70～80℃，搅拌、水解皂化反应 2h，冷却至室温，用酸溶液中和至 pH＝2～3，再沉淀、离心分离、洗涤，再把产物用氢氧化钠溶液调至 pH＝6～7，在 (110±5)℃ 干燥，粉碎后得到淀粉-丙烯酰胺-丙烯酸钠接枝共聚物。

(2) 淀粉-丙烯酰胺接枝共聚物的改性

淀粉-丙烯酰胺接枝共聚物的改性主要是利用聚丙烯酰胺分子链上活性基团——酰氨基，

通过水解、磺甲基化等化学反应，制备出阴离子型淀粉-丙烯酰胺接枝共聚物。

接枝共聚：

$$St \cdot + nCH_2=CH-CONH_2 \xrightarrow{引发} St-[CH_2-CH(CONH_2)]_n$$

水解：

$$St-[CH_2-CH(CONH_2)]_n + mNaOH + H_2O \longrightarrow$$

$$St-[CH_2-CH(CONH_2)]_{n-m}-[CH_2-CH(COONa)]_m + mNH_4OH$$

磺甲基化：

$$St-[CH_2-CH(CONH_2)]_n + mHCHO + mNaHSO_3 \xrightarrow[pH=10\sim13]{催化剂}$$

$$St-[CH_2-CH(CONH_2)]_{n-m}-[CH_2-CH(C=O\ NHCH_2SO_3Na)]_m$$

① 淀粉-丙烯酰胺-丙烯酸钠接枝共聚物的制备

将带有电动搅拌器、温度计、氮气进出口管的四颈玻璃反应瓶置于恒温水浴中，升至一定温度，然后加入准确称量的淀粉和反应介质，通氮气保护，搅拌 1.0h 后冷却至 30℃，加入引发剂，反应 30min 后加入准确称量的丙烯酰胺单体，反应 3.0h，然后升温至 35～55℃，加碱水解反应 1～2h，冷却至室温，经粉碎、干燥得淀粉-丙烯酰胺-丙烯酸钠接枝共聚物絮凝剂。

② 淀粉-丙烯酰胺-磺甲基丙烯酰胺接枝共聚物的制备

a. 先合成淀粉-g-PAM，在 250mL 四颈瓶中加入淀粉和水，通入 N_2，升温至 70～80℃，搅拌糊化 30min。冷至 35℃ 时，加入 4mL 4.75×10^{-3} mol/L 的硝酸铈铵的硝酸溶液，10min 后，加入一定量的丙烯酰胺水溶液和交联剂，在 35℃ 时反应 1～1.5h，得到的淀粉-丙烯酰胺共聚物（CS-g-PAM）。

b. 将四颈瓶中的 CS-g-PAM 加入一定量的水，用 NaOH 调 pH=12～13，加入多聚甲醛，升温至 50℃，通入 N_2，搅拌下加入偏重亚硫酸钠，升温至 80℃，反应 10～12h，得淀粉-丙烯酰胺-磺甲基丙烯酰胺接枝共聚物。其中，淀粉与丙烯酰胺单体的质量比为 1:4，CS-g-PAM、多聚甲醛、偏重亚硫酸钠的摩尔比为 1:1:0.5。

【应用】 宋辉等分别利用淀粉-丙烯腈改性产品（SAH）和市售的水解聚丙烯酰胺（HPAM）处理针织厂印染废水和造纸厂污水，结果见表 3-45。由表 3-45 可知，SAH 对印染废水和造纸厂污水的处理效果要远远好于 HPAM 的处理效果。因为淀粉的刚性主链配以强阴离子的柔性支链，形成一种刚柔相济的大分子，具有较高的分子量和较好的絮凝效果。其絮体形成快，颗粒大，密实程度较高，沉降速度较快，浊度和 COD 去除率高，应用于工业废水处理。

表 3-45 絮凝效果对比表

水样	絮凝剂	沉降速度/(cm/min)	浊度去除率/%	COD 去除率/%
印染废水	SAH	6.5	91.2	90.1
	HPAM	2.6	63	72.7
造纸污水	SAH	5.8	80.4	94.6
	HPAM	4.6	64.3	83

注：印染废水的浊度为 500NTU，造纸污水的浊度为 2300NTU，印染废水的 COD 值为 464mg/L，造纸污水的 COD 值为 685mg/L。

在石油工业，淀粉-丙烯酰胺共聚物改性产品可用作流体输送的减阻剂，石油开发中固井、防转液漏失添加剂，二次采油、三次采油的驱油材料等。淀粉接枝磺化甲基化聚丙烯酰胺，在淡水、盐水、饱和盐水钻井液中 150℃ 下有较好的降失水能力。淀粉与 AMPS、AM 接枝共聚得到的淀粉-AMPS-AM 接枝共聚物降失水剂，其抗温、抗盐能力为优。

3.7.2　黄原胶及其改性产品

3.7.2.1　黄原胶

【结构式】

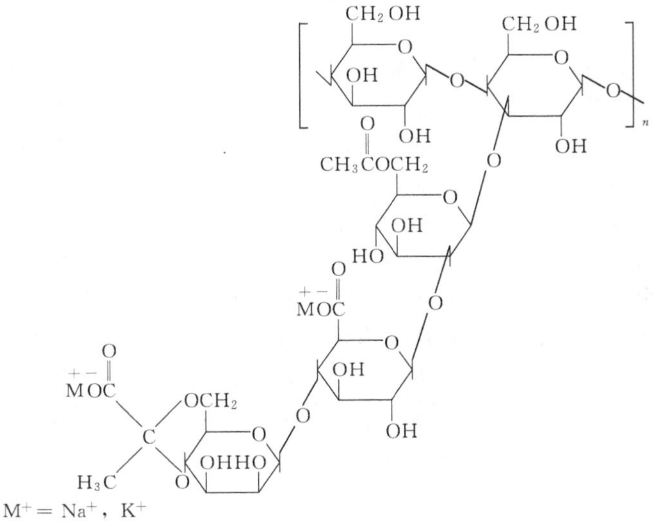

图 3-12　黄原胶分子结构

【物化性质】　黄原胶（xanthic gum）亦称汉生胶（rhodicareS），是采用黄单胞菌属（*Xanthomonascampestris*）微生物对糖发酵作用后提炼成的一种生物高分子多聚糖。因其具有增黏性、悬浮性、耐酸碱、耐高温及抗钙盐等许多优异性能，而广泛应用于食品、药品、化妆品、采矿、采油等行业。

黄原胶为白色或米黄色微具甜橙臭的粉末，属碳水化合物多聚糖类物质。黄原胶的分子结构见图 3-12。由图 3-12 可以看出，它具有纤维素的主链和低聚糖的侧链。主链由 D-葡萄糖以 β-1,4 糖苷键相连，每隔一个葡萄糖的 C3 位连接一个侧链，侧链由甘露糖-葡萄糖醛酸-甘露糖相连组成。与主链相连的甘露糖 C6 位带一个乙酰基，末端的 D-甘露糖有一半数量的分子，其 C4 和 C6 位与一个丙酮酸以缩酮链相连接。黄原胶的相对分子质量在 2×10^{6} ～50×10^{6}。近年来，国内外学者对黄原胶在水溶液中的构象进行了大量的研究，认为黄原胶在氯化钠水溶液中主要以多分子缔合状态存在，少量以单分子状态存在，且为蠕状链，缔合状态的分子呈分段的双股螺旋构象。

黄原胶为一阴离子型聚电解质，既溶于冷水，也溶于热水，但不溶于大多数有机溶媒。黄原胶具有良好的增黏性和优良的流变学特性，低浓度时就显示出很好的黏度和很强的假塑性，其 10g/L 的水溶液在静置时几乎成凝胶状，黏度为 15000～20000mPa·s，且表观黏度与浓度和剪切速率有关，随着黄原胶浓度的增大，其黏度也增大。当黄原胶溶液受到剪切时，黏度迅速下降，易于流动，一旦停止剪切，黏度立即恢复原状，由于其黏滞性很低，所以黄原胶溶液很容易倾出和用泵输送。因此，黄原胶是稳定性优越的增稠剂和悬浮剂。

【制备方法】　黄原胶的制取由发酵和提取两道工序完成。

① 发酵 以玉米淀粉为原料，以甘蓝黑腐病黄单胞菌 N.K-01 菌珠为产生菌，经培养、接种和发酵制成含黄原胶浓度为 2%～5% 的发酵液。一般发酵温度为 28～30℃，时间 72～96h，pH=6.5～7.0。发酵过程需不断通气和搅动。

② 提取 于黄原胶发酵液加入异丙醇使之沉淀，然后再经分离、干燥、研磨和过筛处理，即可得到淡黄色粉末状产品。

黄原胶在不同醇中产生的沉淀形体各异，在甲醇、乙醇中，沉淀细且碎，而在异丙醇中，得到的沉淀则长而齐，呈纤维状，易于回收分离，利于工业生产。

【应用】 黄原胶主要应用于石油、食品等工业。

（1）石油工业

用于油井的三次采油，黄原胶是多聚物驱动法采油的首选多聚物。因为它不仅是表面活性物质，能提取带多孔岩石中原油；更重要的是：在采油过程中，由于地层水的黏度低于原油黏度，常造成水超越油流动，使大量油带成为死油区。为了提高水的波及能力，减少死油区，用黄原胶调配成适当浓度的稠化水溶液，使其流动力低于地层油。将这种稠化水溶液注入井内，压进油层驱油，可提高采油率 10% 以上。

在钻探过程中需要用大量的化学改性泥浆，以平衡地压，防止井喷，保护井壁，防止卡钻等。国外广泛使用黄原胶作为泥浆滤失剂和泥浆增稠剂，其使用量仅次于聚丙烯酰胺。这是因为黄原胶和纤维衍生物、变性淀粉及磺化改性产品比较，具有良好的抗盐、耐热及耐剪切的显著流变性。因而在海上、高含盐层、高石膏层钻井以及钻深井时尤其需要。用黄原胶调制的泥浆，在含 NaCl 高达 30%，温度在 90℃ 条件下仍能正常工作，保证钻井。

我国近年来在一些高含盐油田也开始使用黄原胶，如中原油田、河南油田、渤海油田等。但由于我国生产黄原胶的成本较高，售价昂贵，油田用量不大，如果能设法改进工艺，降低生产成本，油田的潜在市场很大。

（2）食品工业

在食品工业中，黄原胶用作多目的稳定剂，稠化剂和加工助剂，广泛用于罐装、瓶装食品、面包、奶制品、冷冻食品、饮料、酿造、糖果、糕点、汤料、肉食产品等中。在冷冻食品中，使用黄原胶能明显地改进以淀粉为增稠剂的许多食品的冻-融稳定性。在液体饮料中使用黄原胶可以保持风味和口感性使果汁有良好的灌注性，口感滑爽；在固体食品中，可制作稳定性好，外观光滑的风味食品，这类食品在口中因咀嚼及舌头转动所形成的剪切力使黏度下降，感觉清爽细腻，利于风味施放。在罐头食品中，用 0.5%～1% 的黄原胶代替部分淀粉，可以更好地改善食品的质量和外形，且出品率提高 10% 以上。

（3）其他行业

在化妆品及洗涤工业，黄原胶主要用来配制牙膏、洗发香波、发型定性剂、染发剂等；在涂料行业，主要利用黄原胶的流变特性，用于喷涂式涂料中有着十分理想的防流挂效应；在消防行业，利用黄原胶的耐热性和低浓度高增黏性，用其制成的凝胶型抗溶泡沫灭火剂是消防事业的重大突破，黄原胶与其他阻燃物质也可配成阻燃剂；在纺织印染行业，主要用作增黏剂、上胶剂、上光剂、分散剂；在农业领域，用作化肥、农药的悬浮剂和稳定剂。由于其流变特性，易于倒进流出，很适用于喷洒作用；在胶黏剂行业，用作胶黏剂、密封剂的增稠剂和增黏剂；在陶瓷行业，以黄原胶作增稠剂，可使陶瓷表面涂膜均匀。

此外，黄原胶还在地矿、搪玻璃、医药、造纸、照相、录像带、建筑、重力选矿、湿法冶金、炸药、金属表面处理、照相制版、烟草等方面亦得以广泛应用。

3.7.2.2 黄原胶改性产品

【制备方法】 黄原胶-丙烯酰胺接枝共聚物的制备方法：将黄原胶和水放入反应器中，

搅拌溶解后，加入丙烯酰胺溶液，通 N_2 驱 O_2，随后加入硝酸铈铵的硝酸溶液，反应 $1\sim2h$ 后，即得黄原胶-丙烯酰胺接枝共聚物。

3.7.3　改性纤维素类絮凝剂

纤维素是无色、无味的具有纤维状结构的物质，是地球上最古老和最丰富的天然高分子之一，主要来源于树木、棉花、麻、谷类植物和其他高等植物，是自然界取之不尽、用之不竭的可再生资源。大自然每年通过植物的光合用可合成纤维素约 $1000\times10^9 t$，这是石油无法与其相比的。纤维素材料本身无毒，抗水性强，可以粉状、片状、膜以及长短丝等不同形式出现，使得纤维素作为基质材料的潜在使用范围非常广泛。

纤维素是天然高分子化合物，经过长期研究，确定其化学结构是有很多 D-吡喃葡萄糖酐（1-5）彼此以（1-4）苷键连接而成的线形巨分子，其化学式为 $C_6H_{10}O_5$，化学结构的实验分子式为 $(C_6H_{10}O_5)_n$（n 为聚合度），由含碳 44.44%，氢 6.17%，氧 49.39% 三种元素组成。它的部分结构示意如图 3-13 所示。

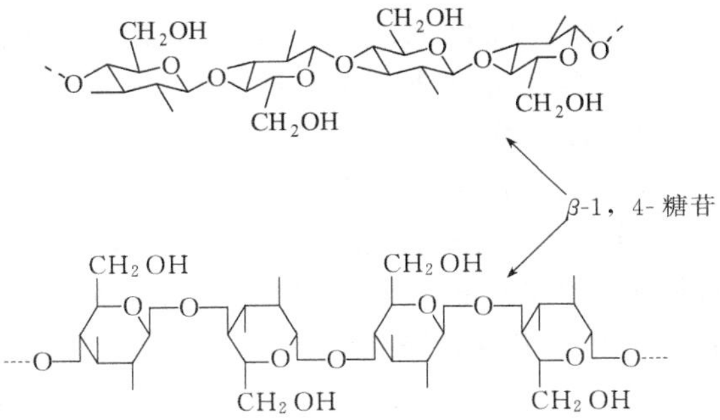

图 3-13　纤维素分子结构

3.7.3.1　羧甲基纤维素

羧甲基纤维素（CMC）的主要化学反应是纤维素和碱生成碱纤维素的碱化反应以及碱纤维素和一氯乙酸的醚化反应。

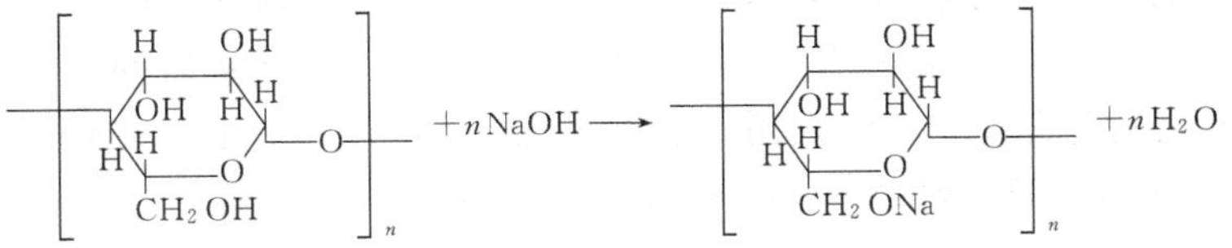

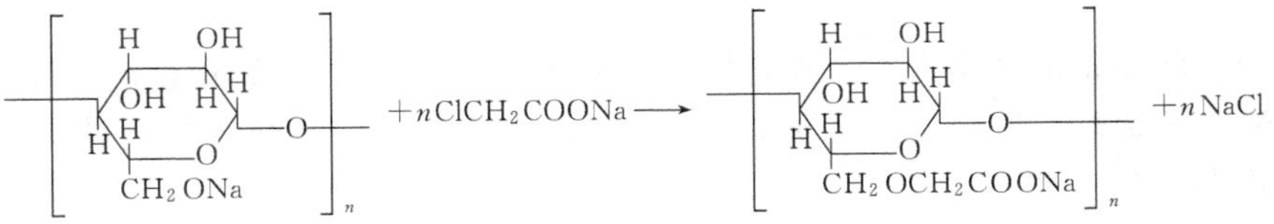

【制备方法】　CMC 的制备方法可分为水媒法和溶剂法两类。水媒法是早期的一种以水为反应介质的工艺方法，它是在碱纤维素与醚化剂在游离碱和水的条件下进行反应，不存在醇等有机溶剂。以下介绍几种不同纤维素原材料制备 CMC 的方法。

（1）用木屑制备羧甲基纤维素

① 木屑纤维素的精制　将无霉变木屑洗净，烘干，并用粉碎机粉碎至 1mm 左右，过筛。在电炉上先用水煮沸 2h，再用 15% NaOH 水溶液煮沸 2h。然后将 NaClO(g)：H_2O_2 (g)$=3:4$ 的混合液立即倾入浆料中，搅拌均匀，于 35℃下漂白 30min，再用稀盐酸酸化 10min，滤出，充分水洗至中性，晾干及得到疏松状的木屑纤维素。

② 羧甲基纤维素的制备　在250mL三口烧瓶中放入10g精制纤维素和75mL氢氧化钠-乙醇水溶液，在35℃下搅拌碱化60min，然后加入配制好的氯乙酸-乙醇溶液和少量碘化钾-醋酸钠水溶液，搅拌30min后，升温到70℃，在此温度下醚化30min，再加入25mL氢氧化钠-乙醇水溶液，继续醚化反应120～180min，取样检验，试样应溶于水，呈透明状。达终点后，用5％HCl溶液调至中性，过滤，用85％乙醇洗涤2次，再用95％乙醇洗涤1次，经烘干得成品。

（2）用废纸制备羧甲基纤维素

① 原料的精制　将清杂的废纸粉碎后，按1∶3（质量比）的比例加入3％NaOH水溶液打浆，在80～90℃时蒸煮2～3h，洗涤过滤后，加入过氧化氢溶液进行漂白，过滤即得到反应原料。

② 羧甲基纤维素的制备　在带有搅拌装置的三口瓶中，加入10.0g精制的原料，加入120mL的85％乙醇水溶液，混合均匀后加入9.0g氢氧化钠，在35℃下恒温搅拌反应90min，制得碱性纤维素。加入含12g氯乙酸的乙醇水溶液50mL，升温至70℃反应30min，滴加定量的氢氧化钠-乙醇的碱性催化剂溶液，在75℃搅拌反应150min。用酸中和，用75％乙醇洗涤2次，再用95％的乙醇洗涤1次，过滤，干燥得到CMC产品。

（3）用玉米秸秆制备羧甲基纤维素

① 原料的前处理　将玉米秸秆在80～90℃烘干，约3h，干燥后粉碎，再用15％的氢氧化钠溶液80℃下碱煮4.5h，再用水多次洗涤，去掉杂质，抽滤，在80℃下烘3h，以备使用。

② 羧甲基纤维素的制备　在500mL的三口烧瓶中，加入10g秸秆粉末，90mL75％乙醇，5.4g NaOH，在30～35℃下搅拌，碱化50min。在上面反应的烧瓶中加入30mL75％乙醇，11g一氯乙酸，升温至65～75℃，反应60min。二次加碱，在上面反应的烧瓶中加入2.6g NaOH（溶于75％乙醇中），恒温70℃，反应60min，得到粗品CMC。加入1mol/L盐酸，在室温下中和反应至pH=7～8时，再用50％乙醇洗涤2次，再用75％的乙醇洗涤1次，抽滤，在80～90℃下烘干2h，粉碎包装。

（4）用棉花秆制备羧甲基纤维素

① 原料的处理　挑选没有霉变的棉花秆，洗净晾干，用粉碎机粉碎。在100℃左右预水解1～2h，然后于100℃进行碱蒸煮，碱的浓度10％～20％，蒸煮时间3～5h。将次氯酸钠和双氧水按一定比例混合，立即倾入用水悬浮的浆料中，控制pH 8～10，温度35～40℃，漂白时间35～40min，用稀盐酸酸化10min，用水充分洗涤至中性，甩干，即制得所需的纤维素。

② 碱化　将制得的纤维素放入捏合机中，加入一定量20％的氢氧化钠，同时加入适量的95％乙醇。开始时，捏合机夹套通水冷却，碱液加完后，通入热水控制碱化温度为35～40℃，碱化时间2.5h。

③ 醚化　碱化反应完成后，按比例加入饱和的氯乙酸乙醇溶液。醚化开始阶段通水冷却，醚化剂加完后改通热水，使体系的温度维持70℃，醚化时间2h左右，取样检查终点样品应溶于水，呈透明状。

④ 洗涤、干燥　打开捏合机，取出羧甲基纤维素粗品，加入稀盐酸调至中性。再用70％的乙醇溶液洗涤，用离心机脱醇，脱醇后的CMC含水率为20％左右，经烘干后得成品。

【应用】　孙玉等以聚合硫酸铁为絮凝剂，以羧甲基纤维素钠（CMC）和壳聚糖为助凝剂，处理味精生产废水，结果见表3-46。单一地使用一种絮凝剂所形成的絮体小、疏松、易破碎，絮体沉降速率较慢。当加入羧甲基纤维素钠后，可形成一个网状泥层将细小的悬浮物和胶体卷扫下来，加快沉降速度，显著提高聚合硫酸铁絮凝处理废水的效果。

表 3-46　羧甲基纤维素作为助絮凝剂对味精废水絮凝处理效果

处理前废水 COD 浓度/(mg/L)	22360	22360	22360	22360	22360	22360
pH 值	5	6	7	8	9	10
聚合硫酸铁用量(5mL)＋CMC(3mL)	8	8	8	8	8	8
处理后废水 COD 浓度/(mg/L)	14112	12455	11736	12643	13126	14189
COD 去除率/%	34.4	42.1	45.4	43.5	39.0	34.0

注：当废水的 pH 值为 8.0 时，单独使用聚合硫酸铁处理味精废水，COD 的去除率为 30%。

羧甲基纤维素（CMC）具有许多优良性质如化学稳定性好，不易腐蚀变质，对生理完全无害，具有悬浮作用和稳定的乳化作用，良好的黏结性和抗盐能力，形成的膜光滑、坚韧、透明以及对油和有机溶剂稳定性好等。因此，除了在造纸行业水处理过程中作絮凝剂外，羧甲基纤维素（CMC）在纸张生产中作表面施胶剂，纤维助滤、助留剂；在涂布纸中作分散剂、胶黏剂，可使颜料及纤维充分分散；还可以用作食品增稠剂、稳定剂、降失水剂、成膜剂、固形剂和增量剂等，被广泛应用于纺织、食品、医药、石油、印染工业、日用化学品工业及其他工业等。

3.7.3.2　羧甲基纤维素接枝共聚物

【制备方法】　羧甲基纤维素通过引发剂的引发作用，产生活化的自由基，然后再与乙烯基类单体发生接枝共聚，生成接枝共聚物，反应通式为：

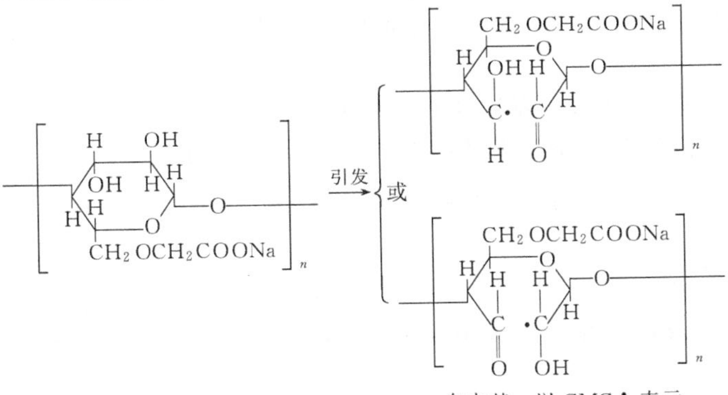

自由基，以 CMC· 表示。

$$CMC^{\cdot} + nCH_2{=}CHX \xrightarrow{引发} CMC\!-\!\!\left[CH_2\!-\!\!\underset{X}{\overset{\displaystyle H}{C}}\right]_n$$

式中，X＝COOH、CONH₂、COONa 等。

（1）羧甲基纤维素-丙烯酰胺接枝共聚物

羧甲基纤维素与丙烯酰胺单体接枝共聚的反应式为：

$$CMC^{\cdot} + nCH_2{=}CH\!-\!CONH_2 \xrightarrow{引发} CMC\!-\!\!\left[CH_2\!-\!\!\underset{\underset{NH_2}{\overset{\displaystyle |}{\underset{O}{\overset{\displaystyle \|}{C}}}}}{\overset{\displaystyle H}{C}}\right]_n$$

羧甲基纤维素与丙烯酰胺接枝共聚物的制备可采用化学引发法。

① 实例 1

将 1g 羧甲基纤维素（CMC）溶于 200mL 蒸馏水，并与 100mL 一定质量分数的丙烯酰胺水溶液混合，通 N₂ 驱 O₂ 30min，加入需要量的硝酸铈铵/硝酸溶液，在（30±1）℃下反应 24h，加入 0.5mL 对苯二酚饱和溶液，产物用异丙醇沉析，过滤，真空干燥后即得羧甲基纤维素-丙烯酰胺接枝共聚物。羧甲基纤维素与丙烯酰胺接枝共聚反应的部分工艺参数见表 3-47。

表 3-47　接枝共聚反应的部分工艺参数

反应混合物中的摩尔数		CMC/g	产量/g	单体转化率/%	特性黏数/(mL/g)
丙烯酰胺	铈盐×10³				
0.14	0.05	1	3.96	29.6	1150
0.14	0.10	1	9.17	81.7	734
0.14	0.20	1	9.18	81.8	605
0.14	0.30	1	10.00	90.0	541
0.21	0.10	1	13.83	85.5	850
0.28	0.10	1	15.48	72.4	900

注：反应体系中蒸馏水为 300mL；反应温度为（30±1）℃；反应时间为 24h。

② 实例 2

将一定量的羧甲基纤维素溶于水中，在 N_2 保护下搅拌至完全溶解，当温度一定时（20～40℃），加入引发剂，搅拌 10min 后加入单体丙烯酰胺，再继续搅拌 2～4h 结束（反应过程中温度始终恒定）。用乙醇溶剂对聚合物进行沉淀分离，干燥得粗接枝物，粗接枝物用丙酮在索氏抽提器中提取 10h 以除去均聚物，真空干燥即得纯接枝物。其中，单体质量分数为 30%，引发剂（H_2SO_4-$KMnO_4$）的质量浓度为 500mg/L，初始温度为 30℃，初始 pH 值为 9。

（2）羧甲基纤维素-丙烯酸（钠）接枝共聚物

羧甲基纤维素与丙烯酸（钠）单体接枝共聚的反应式为：

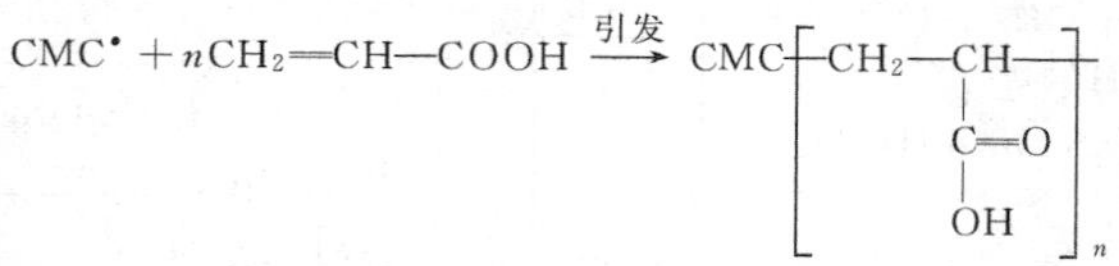

$$CMC^{\cdot} + nCH_2=CH-COOH \xrightarrow{引发} CMC \left[CH_2-CH \atop \substack{| \\ C=O \\ | \\ OH} \right]_n$$

羧甲基纤维素-丙烯酸（钠）接枝共聚物的制备根据引发方式的不同，可分为辐射引发和化学引发。

① γ 射线引发

称取 50g 羧甲基纤维素，量取一定量的去离子水和一定量的丙烯酸，将三者在一个带塞的三角瓶中混合均匀，最后用 3mol/L 的 NaOH 溶液将混合液调至中性。随即将已经调配好的混合物置于 ^{60}Co 辐射源旁边，在 γ 射线辐照下进行接枝聚合反应。其中，羧甲基纤维素、丙烯酸和水的质量比为 1:1:10，辐照剂量为 2000Gy。

② 化学引发

称取相应质量的丙烯酸（AA）于容器内，将容器置于冷水浴中，向容器内滴加碱性溶液以中和丙烯酸，待中和反应完毕，向容器内加入 N,N'-亚甲基双丙烯酰胺（MBAM），加水适量。反应器中加入 CMC 加水溶解，然后将反应容器置于恒温水浴中，通氮气，搅拌均匀，30min 后加入 $NH_4S_2O_8$ 溶液，再将容器内已配好的溶液加入。在氮气保护下，在 70℃下反应一定时间。反应结束后，将产物从反应器内取出，140℃下干燥，即得羧甲基纤维素-丙烯酸钠接枝共聚物。其中，引发剂与羧甲基纤维素的用量比为 1:25，丙烯酸与羧甲基纤维素的用量比为 10:3，中和剂为 $NaHCO_3$，中和度 70%，聚合温度 70℃，反应时间 3h。

（3）羧甲基纤维素-甲基丙烯酸接枝共聚物

羧甲基纤维素与甲基丙烯酸单体接枝共聚的反应式为：

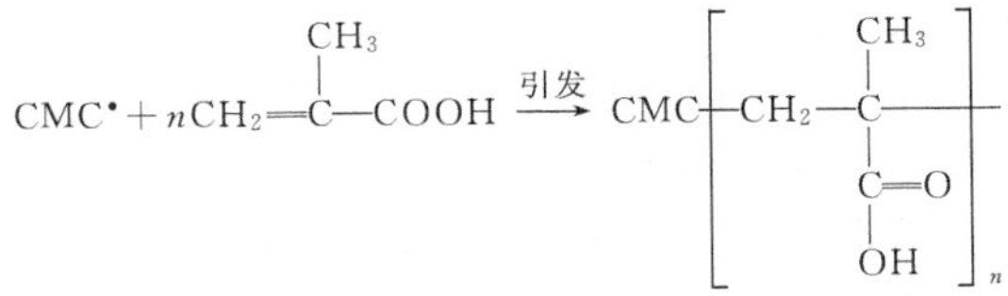

$$CMC^{\bullet} + nCH_2=C-COOH \xrightarrow{引发} CMC-CH_2-C-$$

将 2g CMC 溶于 150mL 水中，在 N_2 保护下搅拌 30min，温度为 15～45℃时加入引发剂 CAN-EDTA（硝酸铈铵和乙二胺四乙酸），搅拌反应 10min 后加入单体甲基丙烯酸（MAA），一定时间后加入 0.1g N-羟甲基丙烯酰胺（MAM），再反应 15min。冷却后用乙醇和水（体积比 50∶50）的混合溶剂对上述物质进行沉淀分离，干燥得粗接枝物，粗接枝物用丙酮在索氏抽提器中抽提 10h 以除去均聚物，真空干燥得纯接枝物。CMC 与 MAA 接枝共聚反应的较佳条件为：单体甲基丙烯酸的浓度为 0.7mol/L，反应温度 30～35℃，引发剂硝酸铈铵的浓度为 5.0×10^{-3} mol/L，乙二胺四乙酸（EDTA）的浓度为 5.0×10^{-3} mol/L，反应时间为 2h。

3.7.3.3　羧甲基纤维素接枝共聚物的改性

【制备方法】　羧甲基纤维素接枝共聚物的改性主要是利用接枝共聚物中的活性基团，通过进一步的化学改性，以赋予共聚物新的性质。以下主要介绍羧甲基纤维素-丙烯腈接枝共聚物通过进一步的水解皂化，制备出羧甲基纤维素-丙烯酰胺-丙烯酸钠共聚物。

接枝共聚：
$$CMC^{\bullet} + nCH_2=CHCN \xrightarrow{引发} CMC-CH_2-CH-$$

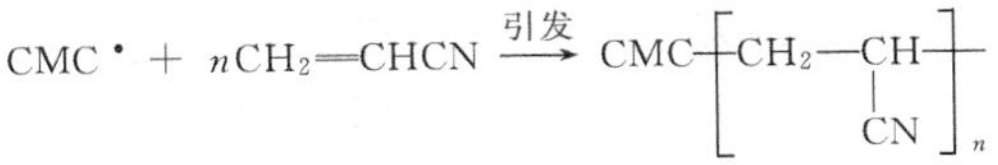

水解皂化反应：

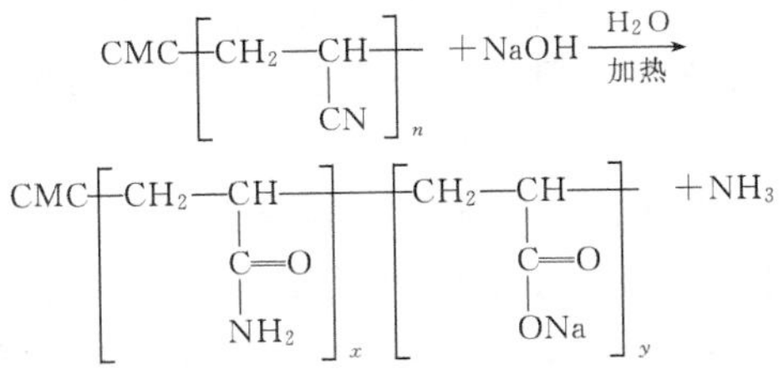

羧甲基纤维素-丙烯腈接枝共聚物通过水解皂化，制备出羧甲基纤维素-丙烯酰胺-丙烯酸钠共聚物的具体工艺为：取 10.0g CMC 和 40 mL 氢氧化钠水溶液混合，活化 10min 后，形成胶状物，加入 H_2SO_4 溶液中和，并将丙烯腈单体加入上述反应体系中，在 50℃下搅拌反应 1h，然后加入氢氧化钠溶液，并升温至 87℃，搅拌反应 3h，冷却至室温，用乙酸中和，脱水，真空干燥，粉碎得羧甲基纤维素-丙烯酰胺-丙烯酸钠共聚物产品。

3.7.4　海藻酸钠

【结构式】

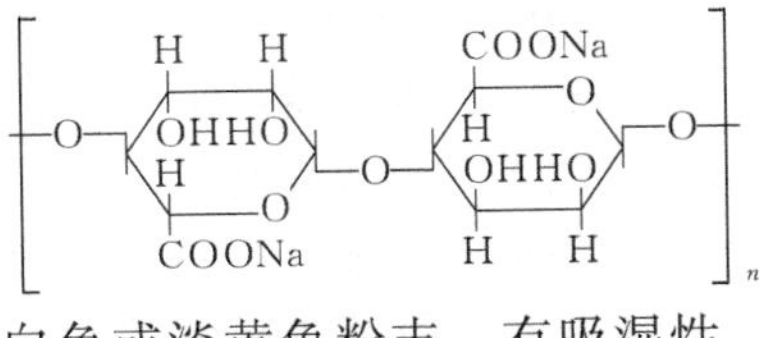

【物化性质】　海藻酸钠为白色或淡黄色粉末，有吸湿性。溶于水，生成黏性胶乳。不溶于醇和醇含量质量分数大于 30% 的醇水溶液，也不溶于乙醚、氯仿等有机溶剂和 pH<3 的酸水溶液。1% 水溶液的 pH 值为 6～8。黏性在 pH=6～9 时稳定，加热至 80℃以上则黏性降低。可与除镁之外的碱土金属离子结合，生成水不溶性盐。其水溶液与钙离子反应可形成凝胶。

【制备方法】　由褐藻类植物-海带加碱提取。藻酸盐溶解时加入碳酸钠,温度控制在60～80℃,反应约 2h。

【应用】　海藻酸钠在水处理、食品、纺织、医药、饲料和石油开采中有广泛用途。在水处理中用作絮凝剂;在食品中作增稠剂和稳定剂;在冰淇淋中加入本品可以稳定冰淇淋形态,防止容积收缩或出现结冰现象;在软饮料中用作悬浮剂;在纺织印染过程中用作上浆剂;饲料中用作黏合剂,其营养价值与黏合力均较好;在石油开采中用作钻井泥浆的添加剂;在医药中用作血浆代用品、止血剂、胶囊、药品包衣和牙齿压痕剂。此外,在临床医学方面可用作创伤恢复材料、治疗返流性食管炎以及恢复血容量等。

3.7.5 改性木质素类絮凝剂

作为地球上最丰富的可再生资源之一,木质素广泛存在于种子植物中,与纤维素和半纤维素构成植物的基本骨架。木质素在自然界中存在的数量非常庞大,估计每年全世界由植物生长可产生 $1500×10^8t$ 木质素,其中制浆造纸工业的蒸煮废液中产生的工业木质素有 $3000×10^4t$。人类利用纤维素已有几千年的历史,而真正开始研究木质素则是 1930 年以后的事了,而且至今木质素还没有得到很好的利用,我国仅约 6%的木质素得到利用。

近年来随着人们"环保意识"以及利用"可再生资源"意识的增强,木质素的研究发展迅速,而且通过改性的方法来提高木质素系水处理剂的应用性能是科研工作者的一个主要研究方向。根据国内外目前已经取得的科研成果以及木质素自身的特点来看,未来一段时间内,木质素水处理剂的研究工作集中在两个方面。一方面,由于木质素是天然高分子混合物,成分复杂,组成不稳定,性能波动大。因此,提高并稳定其水处理性能仍是木质素系水处理剂的研究重点之一。另一方面,将木质素水处理剂改性成多功能的水处理剂也是重要的研究方向之一。因为多功能水处理剂具有非常广阔的市场前景。目前,国内外均有絮凝、阻垢、杀菌、缓蚀等多功能水处理剂,但是迄今还没有木质素系多功能水处理剂的报道。

3.7.5.1 木质素磺酸盐

来源于造纸制浆工业蒸煮废水的工业木素主要分为三类。

① 碱木素,来自硫酸盐法、烧碱法、烧碱蒽醌法等制浆过程,可溶于碱性介质,具有较低的硫含量（<1.5%）,平均相对分子质量较低、有明显的相对分子质量多分散性、大量的紫丁香基和少量的愈创木基及羟苯基、含量较高的甲氧基、酚羟基和含量较低的醇羟基等,有较高的反应活性。

② 木素磺酸盐（LS）,主要来自传统的亚硫酸盐法制浆和其他改性的亚硫酸盐制浆过程,由于存在磺酸基团,其含硫量高达 10%左右,有很好的水溶性和广泛的应用途径。

③ 近年来,为了减少木质素与纤维素分离过程中的化学变化,大规模地利用这一资源,许多新型的制浆方法得到了研究和发展。如有机溶胶木质素（有机溶剂蒸煮而得）、AL-CELL 木质素（硬木有机可溶木质素、酒精/水蒸煮而得）、MILOX 木质素（过甲酸蒸煮）、ACETOSOLOV 木质素（乙酸蒸煮）,还有酯类蒸煮而得的木质素和蒸汽爆破木质素等等。

【制备方法】　木质素磺酸盐的制备有 2 种途径:①利用传统的亚硫酸盐法制浆和其他改性的亚硫酸盐制浆红液,通过浓缩、发酵脱糖以及喷雾干燥等工序制备出木质素磺酸盐,根据制浆过程中所使用的硫酸盐或亚硫酸盐原材料的不同,可分为木质素磺酸铵、木质素磺酸钠、木质素磺酸镁、木质素磺酸钙等;②利用碱法制浆黑液,通过羟甲基化、磺化等化学改性,制备出木质素磺酸盐。以下主要介绍碱木质素的磺化工艺。

（1）工业木质素的羟甲基化和磺化

工业碱木质素可溶于碱性介质中,当 pH 值大于 9 时,苯环上游离的酚羟基可以发生离子化，同时酚羟基邻、对位反应点被活化，可与甲醛反应，引入羟甲基，因碱木质素苯环上的酚羟基对位有侧链，只能在邻位发生反应，但是草类碱木质素中含有紫丁香基型木质素结构单元，两个邻位均有甲氧基存在，不能进行羟甲基化。

羟甲基化的碱木质素还可以进一步与 Na_2SO_3、$NaHSO_3$ 或 SO_2 发生磺化反应（即二步磺化），磺化后的碱木质素有很好的亲水性，可用作染料分散剂、石油钻井泥浆稀释剂、水处理剂、水泥减水剂或增强剂等。

碱木质素的磺化包括侧链的磺化和苯环的磺化。不加甲醛时，碱木质素在一定的温度下和 Na_2SO_3 作用发生侧链的磺化。在甲醛和 Na_2SO_3 存在下发生苯环的磺化，即一步磺化，此时，侧链的磺化很少发生。碱木质素在 $60\sim70℃$ 低温下，在氧化剂的作用下可以发生自由基磺化反应，在碱木质素酚羟基的邻位引入磺酸基。

（2）木质素的磺化工艺

笔者和课题组成员曾以四川某纸厂以竹子为原料采用碱法制浆的制浆厂黑液为原料，通过使用自制的羟甲基磺酸盐系列磺化剂，对碱木质素进行磺化改性。称取 200g 的黑液加入高压反应釜中，搅拌升温到 60℃，加入 2g 过氧化氢反应 20min 后用质量分数 20% 的稀硫酸，调节黑液至一定 pH 值，再加热至一定温度加入一定量自制的羟甲基磺酸盐系列磺化剂，磺化反应 $2\sim5h$，即得木质素磺酸钠。

笔者和课题组成员还以四川某纸厂以竹子为原料采用碱法制浆的制浆厂黑液为原料利用亚硫酸盐和甲醛改性剂，通过羟甲基化和磺化反应制备出木质素磺酸钠。称取 200 克黑液加入高压反应锅中，搅拌升温至 60℃，加入 2g 过氧化氢反应 20min，升温到 90℃加入 37% 甲醛 10g，羟甲基化 60min，继续升温到 150℃加入亚硫酸钠 20g 磺化 3h。

另外，某工艺为在装有回流冷凝管、搅拌器和温度计的三颈瓶中，依次加入一定量的木质素，37% 甲醛和水，控制溶液 pH 值为 13.5，温度 90℃，以 $Ni(OH)_2$ 为催化剂搅拌加热 2.0h，得到具有水溶性高分子骨架的木质素溶液。接着在上述已经反应好的三颈瓶中加入一定量的 Na_2SO_3 固体、10% $FeCl_3$ 和 20% $Na_2S_2O_3$，反应温度 80℃，反应时间 2.5h。待反应完毕后将产物溶液装入试剂瓶中即得产品。产品中絮凝剂有效浓度约为 2.5%，30℃时黏度为 1.062cP。

还有一个工艺，分以下 2 个实验阶段。

① 从制浆黑液中提取木质素　在黑液中加入一定量的 98% 的 H_2SO_4，搅拌均匀，再用 10% H_2SO_4 调黑液 pH 值为 3，静置分层，除去上清液，将下层浆液 pH 值调为 $0.5\sim1$，放在电炉上蒸煮，冷却沉降，除去上清液，浆液倒进离心过滤机过滤，同时，用自来水冲洗滤饼，至滤液呈中性，将滤渣放入烘箱，恒温、烘干的木质素置入研钵，研成粉末，粉末在 60 目网筛中过滤，将小于 60 目的木质素粉末放入广口瓶保存。

② 木质素磺化　取 20g 木质素，加入 Na_2SO_3 于烧杯中，再加入 10% NaOH 使木质素溶解，再用 10% Na_2SO_3 调溶液 pH 值为 7.8，用培养皿盖好，放入反应罐进行磺化。木质素磺化的最佳工艺条件为：木质素用量 20g，Na_2SO_3 用量 15g，反应时间 4h，工作压力 0.6MPa。

【应用】　陈俊平用制得的絮凝剂产品用于处理某绢麻厂的煮车间废水，回收其中的蛋白质，研究表明：pH 值越小，絮凝效果越好，蛋白质回收率越高，但 pH 值太小，处理成本加大，而且还会腐蚀设备。因此处理此类废液絮凝剂在 pH=3.0 时的最佳投加量为 30mg/L。而且搅拌速度与时间对絮凝效果也有影响，搅拌速度不能太快，时间不宜过长，研究表明最佳的搅拌时间为 10min，搅拌速度为 24r/min。其在处理该类废水 COD_{Cr} 去除率为 62.3%。此外，木素本身是具有良好反应活性的阴离子型高分子聚合物，其在混凝过程中可通过化学键加强对水中有机物的吸附。木素胶体在酸性状态下易脱稳凝，并形成层状和卷筒状的絮体，对废液中胶粒产生卷扫和网捕作用。直接利用木素可除去酿造废水中90%以上的悬浮及胶体物质，特别适用于回收味精废母液中悬浮或胶体状的高浓度菌体蛋白（SCP）。其混凝机理是：静电吸引与电性中和作用，卷扫和网捕沉降作用。所以木素直接脱除阳离子、还原、直接和部分弱酸性染料的效果很好，但对分散、活性染料的效果不佳。

3.7.5.2 木质素磺酸盐接枝共聚物

【制备方法】 木质素磺酸盐与乙烯基类单体发生接枝共聚的反应历程为：

$$LS \xrightarrow{\text{引发}} LS \cdot$$

$$LS \cdot + CH_2=CHF \longrightarrow LS \left[CH_2 - \underset{\underset{X}{|}}{CH} \right]_n$$

式中，LS=Lignosulfonate；X=COOH、COONa、CONH$_2$ 等。

（1）木质素磺酸盐-丙烯酰胺接枝共聚物

① 按一定比例加入木质素磺酸镁和蒸馏水，搅拌10min，使木质素活化后加入配比量的引发剂和丙烯酰胺单体，搅拌下控制一定的反应温度，反应一定时间，即得木质素磺酸镁-丙烯酰胺接枝共聚物。其中，丙烯酰胺单体浓度为1.4mol/L，木素和丙烯酰胺的质量比为1:5，液比为1:50，引发剂 K$_2$S$_2$O$_8$/Na$_2$S$_2$O$_3$ 的浓度为 0.5×10^{-2} mol/L，室温反应48h。

② 按一定比例加入木质素磺酸盐和蒸馏水，搅拌均匀后，加入配比量的引发剂和丙烯酰胺单体，搅拌下控制一定的反应温度，反应一定时间，即得木质素磺酸钙-丙烯酰胺接枝共聚物。其中，木质素磺酸钙0.5g（7.35×10^{-4} mol/L），丙烯酰胺单体2.5g（0.7mol/L），引发剂为Fenton试剂，氯化亚铁18.5mg（2.95×10^{-3} mol/L），过氧化氢20mg（1.18×10^{-2} mol/L）；反应介质水50mL；反应温度50℃；反应时间2h。此外，不同的木质素磺酸盐原材料，与丙烯酰胺接枝共聚的效果相差较大，结果见表3-48。

表3-48 不同木质素磺酸盐原材料的接枝共聚反应效果

木质素磺酸盐	单体转化率/%	木素磺酸盐反应度/%	产品特性黏数/(dL/g)
木质素磺酸钙	98.7	82.2	5.4
木质素磺酸钠	94.6	61.5	4.6
木质素磺酸铵	92.7	48.1	4.4

（2）木质素磺酸盐-丙烯酸接枝共聚物

按一定比例加入木质素磺酸钙和蒸馏水，搅拌均匀后，加入配比量的引发剂和丙烯酸单体，搅拌下控制一定的反应温度，反应一定时间，即得木质素磺酸钙-丙烯酸接枝共聚物。其中，木质素磺酸钙0.5g（7.35×10^{-4} mol/L），丙烯酸单体2.5mL（0.72mol/L），引发剂为Fenton试剂，氯化亚铁18.5mg（2.95×10^{-3} mol/L），过氧化氢20mg（1.18×10^{-2} mol/L）；反应介质水50mL；反应温度30℃；反应时间2h。

【应用】 张芝兰等用草本木质素、聚合氯化铝（PAC）和聚丙烯酰胺（PAM）处理味精废水和染料废水，其中废水的水质指标结果见表3-49。

表3-49 废水水质指标

废水	pH 值	COD$_{Cr}$/(mg/L)	BOD$_5$/(mg/L)	SS/(mg/L)	无机盐(Cl$^-$)/(mg/L)
味精废水	3.0~3.5	$(3 \sim 6) \times 10^4$	$(1.5 \sim 2.0) \times 10^4$	5000	2×10^4
分散染料废水	0.5~3.0	700~1000	—	—	—

注：染料废水为深棕色。

　　木质素处理味精废水的效果见图3-14，泥渣沉降曲线见图3-15。味精废水的主要成分是呈胶体和悬浮状态的菌体蛋白、多肽以及氨基酸类物质。木质素既有阴离子型絮凝剂的作用，又有吸附剂的作用，因此木质素处理味精废液的主要机理是静电吸引与电性中和作用，同时有憎水卷扫和网捕沉降。所以处理效果比较好。而聚合氯化铝和聚丙烯酰胺对高浓度酸性废水无处理效果，这就是木质素的优越性。

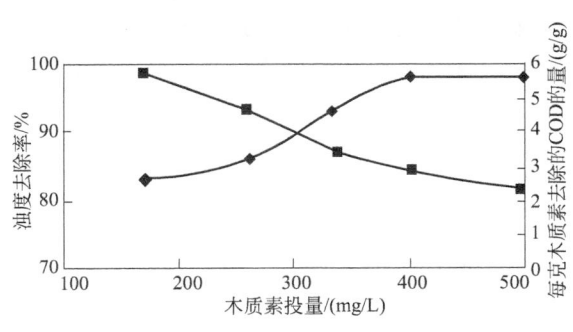

图 3-14　木质素处理味精废液的效果

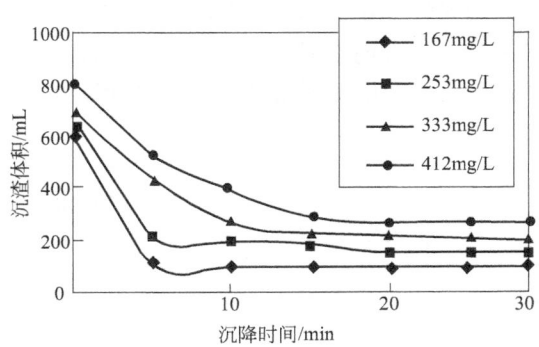

图 3-15　泥渣沉降曲线

　　木质素、聚合氯化铝（PAC）和聚丙烯酰胺（PAM）处理高酸度分散染料废水的效果见表3-50。废水中的分散染料带负电荷，而木质素也带负电荷，它们之间不会发生如味精废水与木质素之间的电荷作用，主要依靠颗粒间的氢键作用发生相互吸引，当氢键的吸引力大于各自负电荷之间的斥力时，就会发生胶体凝聚，接着被网状片层沉析的木质素卷扫下来，因此絮凝沉降性能较好。

表 3-50　木质素、PAC 和 PAM 处理高酸度分散染料的效果

絮凝剂	用量/(mg/L)	浊度/NTU	浊度去除率/%	色度/倍	色度去除率/%
无	0	260		3.546	
草类木质素	90	44	81.4	2.001	37.9
	170	27	87.5	1.775	40.6
	285	4.0	97.8	1.484	41.4
	375	3.5	98.0	1.318	41.5
PAC	130	80.4	69.1		
PAM	0.5	无絮体生成			
	2.0	无絮体生成			

　　注：投加 PAC 之前，首先将废水的 pH 值调至 7 左右。

　　这里必须指明的是，对于处理低浓度的废水，木质素磺酸盐-丙烯酰胺接枝共聚物与聚铝复配使用可起到更好的协同絮凝脱色效果，但是木质素若加量太大，则会起反作用，引起废水体系中 COD_{Cr} 升高。因此，利用木质素作为絮凝剂处理工业废水，务必要调节好木质素的最佳用量，以免引起二次污染。

　　黄民生和朱莉使用聚丙烯酸钠作为主要絮凝剂、木质素作为助凝剂处理味精浓废水，发现使用聚丙烯酸钠+木质素作为絮凝剂进行絮凝试验，可获得良好的絮凝效果。絮凝体粗大、沉降迅速（30s 内沉降物体积占 15% 左右），上清液的色度和浊度都大大降低（较清、微黄色），COD 去除率为 47%、SS 去除率为 89%，这比目前国内同类型的试验结果都要好。价格较低的木质素的使用减少了聚丙烯酸钠的投加量，对降低运行成本也十分有利。

3.7.6 植物丹宁及其接枝共聚物

植物丹宁为淡黄色至浅棕色的无定形粉末或鳞片或海绵状固体，是一种由五倍子酸、间苯二酚、间苯三酚、焦棓酚和其他酚衍生物组成的复杂混合物，常与糖类共存。

植物丹宁有强烈的涩味，呈酸性。易溶于水、乙醇和丙酮。难溶于苯、氯仿、醚、石油醚、二硫化碳和四氯化碳等。在 210～215℃下可分解生成焦棓酚和二氧化碳。在水溶液中，可以用强酸或盐（NaCl、Na$_2$SO$_4$、KCl）使之沉淀。在碱液中，易被空气氧化使溶液呈深蓝色。丹宁为还原剂，能与白蛋白、淀粉、明胶和大多数生物碱反应生成不溶物沉淀。丹宁暴露于空气和阳光下易氧化，色泽变暗并吸潮结块，因此应密封、避光保存。植物丹宁的结构式为：

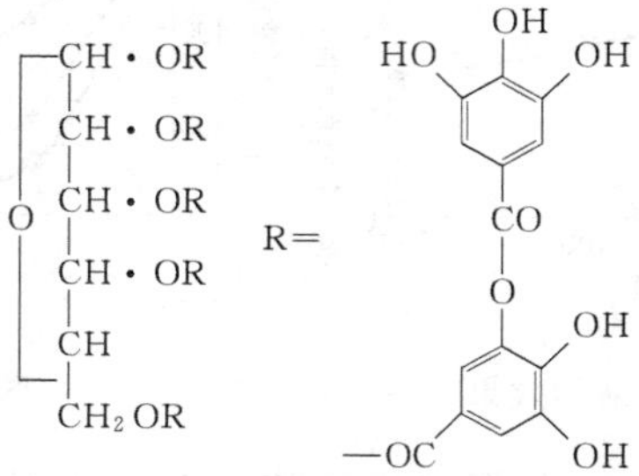

3.7.6.1 植物丹宁

【制备方法】 丹宁属络合酚类物质，广泛存在于植物的生长部分，如芽、叶、根苗、树皮和果实，以及某些寄生于植物的昆虫所产生的虫瘿中。故制备方法因原料不同也略有差异。

（1）以树皮为原料

不同种类的树皮丹宁含量各异，一般在 5%～16% 范围内。选用盘式或鼓式切碎机将原料破碎，切成 5～7mm 小块，然后进行水浸取。萃取器由木材、水泥、铜制成，分常压或加压萃取。萃取温度因树种而异，对于栎树树皮和云杉树皮，萃取温度为 90～105℃；柳树树皮为 60～70℃；萘树根为 70～80℃。萃取时间 6h。萃取后水中丹宁浓度较低，一般只有 5%～7.5%，需用真空蒸发使之浓缩至 40%，最后再干燥，装袋。

（2）以五倍子为原料

五倍子是五倍子瘿蚜虫寄生在盐肤木和滨盐肤木等树叶的基部或翼叶上的虫瘿产物。可归纳为角倍类、肚倍类和倍花类三种，丹宁的含量分别为 60%～68%、65%～71% 和 30%～40%。盛产于中国的贵州、四川、湖南和湖北一带。国外，如土耳其、波斯、叙利亚和的黎波里以及意大利、法国、德国和奥地利也有该类产物。以此为原料制取丹宁的方法是，先将五倍子破碎，筛选，加水浸渍，取出浸渍水澄清，再真空蒸发提浓，喷雾干燥得到成品。

【应用】 植物丹宁及其改性产品在水处理过程中，具有絮凝、脱氧、缓蚀、阻垢和杀菌作用；在冷却水中，可使用丹宁抑制硫酸盐还原菌，是良好的杀生剂；在医药中，用于制造收敛剂，具有止血作用，治疗上用作中毒时内服解毒药，胃出血的止血药和止泻药；外用于皮肤溃疡、褥疮、湿疹等，一般配成软膏敷用；在墨水工业中，用作蓝黑墨水的配料组分，与硫酸铁反应生成丹宁酸铁，经空气氧化生成暗青色不溶性丹宁酸高铁沉淀色素；在印染中，用作媒染剂，可提高织物的水洗和皂洗牢度；在皮革生产中，用作皮革鞣剂，提高皮革的柔软性；在冶金工业中，主要用于金属锗的提炼；在橡胶制造中用作混凝固化剂。

3.7.6.2 植物丹宁接枝共聚物

植物丹宁分子上含有很多活性羟基，因此通过引发作用，容易产生宏根和活性基，进而与乙烯基类单体发生接枝共聚，反应式为：

$$T \xrightarrow{\text{引发}} T\cdot$$

$$T\cdot + CH_2{=}CHF \longrightarrow T{-}\begin{bmatrix} CH_2{-}CH \\ | \\ X \end{bmatrix}_n$$

式中，T＝Tannin，丹宁；X＝COOH、COONa、CONH$_2$ 等。

【制备方法】 主要介绍丹宁-丙烯酸钠接枝共聚物的制备，制备方法为称取相应质量的丙烯酸（AA）于反应器中，向反应器内滴加碱性溶液以中和丙烯酸，并保持体系温度20～30℃，待中和反应完毕，向容器内加入荆树皮栲胶和适量水。搅拌均匀后，通氮气30min，然后加入引发剂溶液（如 K$_2$S$_2$O$_8$、K$_2$S$_2$O$_8$/NaHSO$_3$、Fe^{2+}/H$_2$O$_2$ 等），反应1～3h，冷却至室温，即得植物丹宁-丙烯酸钠接枝共聚物。其中，引发剂浓度为 $(1.0{\sim}5.0){\times}10^{-3}$ mol/L；液比为 1∶15；丙烯酸与植物丹宁的质量比为 1∶(1～3)，聚合温度20～50℃，反应时间1～3h。

3.7.6.3 磺甲基化丹宁

【制备方法】 称取100g杨梅栲胶加入高压反应锅中，搅拌升温至50℃，加入5g过氧化氢反应30min，升温到75℃加入37％甲醛15g，羟甲基化60min，继续升温到120～140℃加入亚硫酸钠20g，在120～140℃下磺化反应3h，冷却至室温，即得磺甲基化丹宁。

【应用】 磺甲基化丹宁由丹宁与甲醛和亚硫酸氢钠进行磺甲基化反应而得，水溶性好，抗温可达180℃，有降失水效果。

3.7.7 F691改性产品

F691改性，旨在将纤维素通过反应接上活化基团点，增加其水溶性和分子链上的活性基团点，达到增强药剂絮凝净化效果的目的。由于F691中的多聚糖和纤维素，是由许多单糖分子所组成，在每一个单糖分子中含有羟基，能在一定的条件下通过酯化或者醚化反应，生成新的衍生物。酯化反应通常在强酸介质中进行，由于酸性会使F691中的多聚糖迅速水解，破坏原有的絮凝作用。因此，根据选用原料的具体情况，选择在碱性介质下的醚化反应制取F691衍生物。在碱性介质下，醚化剂与多聚糖、纤维素等进行亲和取代反应：

$$[RCell(OH)_3]_n + nClCH_2COOH + 2nNaOH \longrightarrow$$
$$[RCell(OH)_2CH_2COONa]_n + nNaCl + 2nH_2O$$

除主反应外，一氯醋酸还与氢氧化钠进行如下副反应：

$$ClCH_2COOH + NaOH \longrightarrow CH_2OHCOONa + NaCl$$

根据上述基本原理，在制取改性絮凝剂时，着重控制羟基的取代作用和高分子化合物分子链的降解作用两个主要反应因素，使产品达到尽可能高的絮凝性能。

【制备方法】 在250mL三口烧瓶中放入15g F691和90mL氢氧化钠-乙醇水溶液，在35～50℃下搅拌碱化60min，然后加入配制好的氯乙酸-乙醇溶液，搅拌30min后，升温到70℃，在此温度下醚化30min，再加入50mL氢氧化钠-乙醇水溶液，继续醚化反应1.5～3.0h，取样检验，试样应溶于水，呈透明状。达终点后，用5％HCl溶液调至中性，过滤，用85％乙醇洗涤2次，再用95％乙醇洗涤1次，经烘干得成品。

【应用】 反应产物F691（FN-Al）是阴离子型絮凝剂，小批量生产的胶状产品，有效成分含量12％，易溶于水，取代度大于0.5，相对黏度4.0～5.0，该产品絮凝性能比较好，而且用量小。

用 FN-Al 对硫酸废水、造纸白水和黑液、盐泥、电石渣等几种废水废渣，通过酸碱中和，吸附除砷、除氟，用 FN-Al 絮凝沉淀，使一次处理后排出的废水 pH≈8.5～9，砷去除率达 98%～99% 以上，氟去除率为 80%～85%，使有害物质达到排放标准，悬浮沉降速度提高 1～3 倍（絮凝剂添加量为 3～6mg/L），上清液澄清度高，由灰褐色变为淡黄色，悬浮杂质清除率达 85% 以上。

用 FN-Al 对氯碱厂粗盐水进行澄清实验，对 Mg^{2+}/Ca^{2+} 之比从（0.7～4.2）∶1 的五种不同盐水进行实验。实验结果表明 FN-Al 对各种 Mg^{2+}/Ca^{2+} 之比的盐水都适用。沉降速度快，盐水的澄清度高，Mg^{2+}、Ca^{2+} 含量降低。

FN-Al 对糖厂亚硫酸法蔗糖汁进行澄清试验，分别对正常生产情况下的亚硫酸法蔗糖汁进行实验。实验结果表明，对质地较好的蔗糖汁在添加少量絮凝剂后，絮凝沉降速度明显加快，投加 1mg/L 时加快 1～1.5 倍。絮凝后的上层液澄清度令人满意。对脱出蔗糖汁中的钙、镁无机非糖分和胶体有较好的效果。

3.8　阳离子型天然有机高分子改性絮凝剂

阳离子型天然有机高分子改性絮凝剂根据原料来源的不同，可分为改性淀粉类絮凝剂、改性木质素类絮凝剂、改性纤维素类絮凝剂、壳聚糖及其改性产品以及 F691 粉改性产品等。

3.8.1　改性淀粉类絮凝剂

近十多年来，在聚丙烯酰胺研究基础上，我国已开展了化学改性天然有机高分子化合物的研究工作。在众多研究方向中，淀粉接枝产品的研究开发引人注目。淀粉分子具有多个羟基，通过羟基的酯化、醚化、氧化、交联等反应，能改变淀粉的性质，工业上便是利用这些化学反应生产改性淀粉。淀粉还能与丙烯腈、丙烯酸、丙烯酰胺等人工合成高分子单体起接枝共聚反应，淀粉分子链上接有人工合成高分子链，使共聚物具有天然高分子和人工合成高分子两者的性质，为制备新型化工材料开辟途径。综合开发淀粉资源，生产多种用途的改性淀粉已成为我国现代工业系统的重要方面。

在改性淀粉产品中，改性淀粉絮凝剂占有一定的位置。改性淀粉絮凝剂具有天然有机高分子改性絮凝剂的特点，包括无毒、可以完全被生物分解，在自然界形成良性循环等特点。

阳离子型改性淀粉类絮凝剂根据其制备方式的不同，可归纳为季铵化改性、接枝共聚以及共聚物的改性 3 种方式。

3.8.1.1　季铵化改性

季铵型强阳离子絮凝剂不仅具有优异的絮凝效果，而且还有一定的杀菌能力。通过对淀粉进行了季铵化改性，使研制出的产品兼具絮凝、杀菌等功能。

与叔胺淀粉醚相比，季铵淀粉醚阳离子性较强，且在广泛的 pH 值范围内均可使用，季铵淀粉醚迅速发展。其中特别是由带环氧的阳离子试剂制备的阳离子淀粉。由于其工艺简单，成本较低，发展更为普遍和迅速，值得我们充分重视。在造纸工业中，特别是已成为世界发展趋势的中性抄纸生产中，季铵化淀粉是应用最广的品种之一。

【制备方法】　季铵型阳离子淀粉是具有环氧基团的胺类化合物与淀粉分子中的羟基在碱催化作用下反应生成的醚类衍生物。它是叔胺或叔胺盐与环氧丙烷反应生成的具有环氧结构的季铵盐，再与淀粉醚化反应生成季铵型阳离子淀粉。反应式如下：

$$R_3N + Cl-CH_2-CH-CH_2 \longrightarrow H_2C-CHCH_2N^+ R_3Cl^- \xrightarrow{\quad St-OH \quad}{NaOH}$$
$$\qquad\qquad\qquad\;\backslash\,O\,/ \qquad\qquad\qquad \backslash\,O\,/$$

$$St-O-CH_2-CH-CH_2N^+ R_3Cl^-$$
$$|$$
$$OH$$

具有环氧结构的季铵型阳离子醚化剂，由于其环氧基具有较强的反应活性，用其制备阳离子淀粉比较容易，制备方法有湿法、干法和半干法三种。

（1）湿法制备

通常使用的制备方法是在碱性条件下（催化剂 NaOH 存在下），添加硫酸钠以防止淀粉膨胀。制备取代度 0.01～0.07 的产品，氢氧化钠与试剂的摩尔比为 2.6∶1，试剂与淀粉摩尔比是 (0.05～1.35)∶1 的淀粉悬浮液在 50℃ 左右反应 4h，转化率约为 84%。较低的温度需要较长的反应时间，试剂与淀粉的浓度均影响转化率。该工艺的反应条件温和，生产设备简单，反应转化率高，但阳离子剂中的杂质会影响产品的质量，必须提纯处理。反应必须加入碱和盐等以加速反应及防止淀粉膨胀。湿法制备工艺后处理困难，用水量大、耗能高、废水污染问题突出。

① 水溶液法

a. 实例 1

以玉米烹调淀粉与 3-氯-2-羟丙基二甲氯化铵为原料，在碱的催化下合成季铵型阳离子淀粉，采用凯氏定氮法分析产品中的含氮量，测出其取代度，并得到制各低取代度淀粉的最佳条件：反应温度 70℃，反应时间 8h，m(淀粉)∶m(醚化剂)＝100∶8，m(醚化剂)∶m(NaOH)＝1.00∶1.63，在此条件下制得的阳离子淀粉的含氮量 0.555%，取代度 0.0683，反应效率为 88.8%。反应分为以下两部分。

Ⅰ. 醚化剂（3-氯-2-羟丙基二甲氯化铵）的制备

在 250mL 三口瓶中加入 16mL（0.2mol）浓盐酸，用 16mL 去离子水稀释，常温下加入 40mL（0.2mol）33%二甲胺水溶液，调节 pH 近中性。滴加 19g（约 16mL，0.2mol）环氧氯丙烷，约 1h 滴完。继续搅拌 3h，反应结束后生成无色透明溶液，无分层现象。溶液经减压浓缩，有白色晶体析出。用丙酮洗涤，真空干燥后称重，得 3-氯-2-羟丙基二甲氯化铵 31.4g，测熔点 198～200 ℃，收率 84%。

Ⅱ. 阳离子淀粉的合成

向 250mL 二口瓶中加入 25g 精制玉米烹调淀粉，30mL 去离子水，控制一定温度范围内搅拌。另在一小烧杯中加入 10mL 去离子水，2.3g 30% NaOH 溶液和醚化剂 2.0g，搅拌溶解并冷却至 25℃ 左右，然后加入到淀粉水溶液中搅拌，搅拌时间 3～12h，反应完毕后冷却到室温，真空抽滤，并用 95%乙醇洗涤二次，滤液回收（滤液用 2%硝酸银检验，当无白色混浊出现时表明产品中的醚化剂已经除净），用分馏法回收乙醇，回收率 75%，把得到的浅黄色固体产物放到烘箱里 50℃ 干燥。取样在 105℃ 恒重后，用凯氏定氮法测定含氮量。

b. 实例 2

利用 2,3-环氧氯丙烷三甲基氯化铵与淀粉进行季铵化反应，产物固含量为 50%～60%。往三口烧瓶中加入 2270g 的淀粉与 1985mL 的水进行搅拌，同时加入 360g 的 2,3-环氧氯丙烷三甲基铵，再加入 385g 的氢氧化钠（10%固含量），搅拌温度控制在 30℃ 下反应 5h，然后利用 120℃ 蒸汽烘干加热至水分<14%，得粉末状阳离子淀粉。

c. 实例 3

以水为分散介质，玉米淀粉的季铵型阳离子化学改性的各种反应条件对转化率（阳离子试剂与玉米淀粉结构中的羟基反应的比例）和取代度（阳离子试剂取代伯羟基的比例）的影响实验。

将玉米淀粉与阳离子试剂的摩尔比为 1∶1，一定量的玉米淀粉用适量蒸馏水润湿浸淹，搅拌混合均匀，水浴加热糊化，在所需反应温度50℃下调节溶液的pH值至9～10，搅拌状态滴加溶解好的阳离子试剂溶液，反应过程中用稀碱调节pH值基本不变，反应时间6h。样品用无水乙醇及水多次沉淀、洗涤处理，烘干粉碎，即得到阳离子玉米淀粉干样品转化率和取代度可分别达到75%和0.75。

1981年Carr与Bagly用3-氯-2-羟丙基三甲基氯化铵醚化玉米淀粉（取代度0.01～0.07）研究反应效率，寻求最高效率的工艺条件，醚化剂用量与淀粉摩尔比在0.025～0.05范围内，反应效率达84%～88%。

d. 实例4

在容积250mL的密闭容器，具有搅拌器，在水浴中保持50℃，加入133mL蒸馏水，50g Na_2SO_4 和2.8g NaOH颗粒。完全溶解后，加入81.0g玉米淀粉，搅拌5min，加入8.33g 3-氯-2-羟丙基三甲基氯化铵的水溶液（密度为1.135g/mL），含0.0258活性试剂，混合1h，NaOH与醚化剂的比为2.8∶1，淀粉乳浓度35%，在反应过程中，一定时间取10g样品，混入200mL的乙醇，0.75mL HCl，盛于250mL的离心瓶中，过滤，分析样品的含氮百分比。

e. 实例5

蜡质玉米淀粉7500g，水8250mL，在搅拌的条件下，加热至37℃，同时用4%的氢氧化钠调pH值至11.2～11.5，加入600g 50%的二乙氨基乙基氯（diethylaminoethylchloride），同时保持pH值为11.0～11.5，恒温反应17.5h，反应结束后pH值为11.3，然后利用10%的盐酸调节pH值至7.0并过滤，滤饼用1.65L的水洗涤并在室温下干燥。最后经检测阳离子取代度为0.038。

② 溶剂法

1996年M. R. Kweon和P. R. Bhirud开发了一种更有效的阳离子的方法。他们研究了抗絮凝剂的影响，溶剂的类型，浓度，淀粉与水的比例，醚化剂的溶度对反应速度和取代度的影响。提出了乙醇-氢氧化钠作为溶剂是一种有效的方法。

a. 实例1

在250mL的烧瓶中放入30.9g NaOH和50g淀粉。准备氢氧化钠-乙醇溶液，1.7g NaOH溶于82mL 100%的乙醇中，这种氢氧化钠-乙醇溶液倒入瓶中，在50℃下搅拌10min加入4.2mL阳离子试剂，50℃搅拌6h，此时淀粉浓度为35%，反应完毕用3mol/L HCl中和过滤，用95%乙醇洗3次，用显微镜检测，空气烘干，结果表明35%～75%的乙醇或2-丙醛是最有效的溶剂。淀粉与水的比例1∶1时的效率最高，在50～55℃时获得高取代度和高效率，絮凝现象在较高温度下出现。随着3-氯-2-羟丙基三甲基氯化铵（CHPTMAC）浓度的增高 DS值增高。但CHPTAC最高时浓度会影响反应效率。最优条件是采用35%～75%的乙醇或2-丙酮作溶剂，反应温度是50～55℃。淀粉与水的比为1∶1。CHPTAC的浓度为0.05～0.2mol与带有低沸点的溶剂能用蒸馏分离，花费较低，过量的CHPTAC在液相中也方便回收。

b. 实例2

在用可控温电加热水浴锅加热的条件下向装有电动搅拌和回流冷凝的500mL三口烧瓶中加入50g淀粉，60mL甲醇于70～80℃加热搅拌。在一烧杯中加入10mL蒸馏水，加入1.2～2.2g NaOH，搅拌溶解并冷却至室温25℃，再加入到甲醇液中，回流搅拌4～16h。冷却至室温后抽滤，滤液回收后用分馏法回收甲醇，甲醇回收率为75%，产物再以200mL水分几次洗涤，抽干，将产品50℃以下干燥。

（2）干法制备

干法工艺与湿法制备工艺相比工艺简单；反应周期短；对阳离子试剂纯度要求不高，无需使用催化剂与抗胶凝剂；基本无"三废"产生，不必进行后处理。干法制备的缺点是固相反应对设备工艺要求比较高，同时反应温度高，淀粉容易解聚，反应转化率低。

将淀粉与阳离子试剂充分混合，60℃左右干燥至基本无水（<1%），于120～150℃反应约1h得产品。反应转化率40%～50%。

干法制备中，必须严格控制淀粉中水溶剂的含量。水有助于阳离子化试剂和碱催化剂很好地在淀粉中扩散并反应。但水量过多会引起两个副反应：一是阳离子化试剂的水解反应，水解后生成的副产物没有阳离子化能力，从而使反应体系中阳离子化试剂的有效浓度降低；二是水溶剂使生成的阳离子淀粉分解，生成淀粉和阳离子化试剂水解产物，同样导致反应效率的下降，因此水量过多不利于反应的进行，且给后处理带来麻烦。

a. 实例1

将阳离子醚化剂与NaOH水溶液按一定比例在冰浴中混合，在反应体系中水的质量分数为35%，阳离子醚化剂与淀粉物质的量比为0.35∶1，NaOH与阳离子醚化剂物质的量比为1∶4，迅速搅拌使散热均匀，阳离子醚化剂与NaOH混合温度低于10℃的条件下。迅速将混合物喷洒到淀粉上，充分混匀，风干（水含量小于5%），放入烘箱中，在90℃下反应4h。反应完成后，即得季铵盐型阳离子淀粉絮凝剂。反应温度90℃，反应时间4h。在此条件下合成的阳离子淀粉相对黏度为2.0。

反应机理为在催化剂氢氧化钠的存在下，淀粉与阳离子醚化剂（环氧丙基三甲基氯化铵）起醚化反应而制得阳离子改性淀粉絮凝剂。氢氧化钠不仅是使淀粉活化的催化剂，也是反应的参与试剂。反应中，氢氧化钠作为催化剂使淀粉羟基活化，与阳离子醚化剂反应生成季铵盐型阳离子淀粉，其反应过程如下：

$$H_2C\!\!-\!\!CHCH_2N^+(CH_3)_3Cl^- + St\!-\!OH \xrightarrow{OH^-} St\!-\!O\!-\!CH_2CHCH_2N^+(CH_3)_3Cl^-$$

$$CH_2\!\!-\!\!CHCH_2N^+(CH_3)_3Cl^- + H_2O \xrightarrow{OH^-} CH_2\!\!-\!\!CHCH_2N^+(CH_3)_3Cl^-$$

$$St\!-\!O\!-\!CH_2CHCH_2N^+(CH_3)_3Cl^- + H_2O \longrightarrow St\!-\!OH + CH_2\!\!-\!\!CHCH_2N^+(CH_3)_3Cl^-$$

b. 实例2

马铃薯淀粉在干法制备条件下与3-氯-2-羟丙基三甲基氯化铵进行季铵化反应。

Ⅰ. 往盛有7.2575g 3-氯-2-羟丙基三甲基氯化铵（CHPTMAC）溶液（0.0246mol，63.75%）置于一个塑料搅拌杯中缓慢加入6.5mL的3.88g的氢氧化钠溶液（0.0252mol），改杯置于搅拌下，经过10min后，CHPTMAC转化为2,3-环氧氯丙烷三甲基氯化铵。

Ⅱ. 称量94.48g的马铃薯淀粉（含有14.1626%的水分，淀粉为0.4953mol）置于一个搅拌容器中，在另外的容器中称量5.6147g（0.2mol）的干燥CaO和7.7977g（0.03mol）的高岭土。

Ⅲ. 缓慢搅拌容器内的马铃薯淀粉，慢慢加入氧化钙和高岭土混合物（添加时间控制在5min以上），然后将上述步骤中的环氧化物加入容器（添加时间控制在10min以上），随后提高搅拌速度搅拌5min，将产物转入塑料容器中在室温下静置2天。

c. 实例3

以玉米淀粉及3-氯-2-羟丙基三甲基氯化铵（CHPTMAC）为原料，运用改进常温干法-预干燥干法制备了高取代度季铵型阳离子淀粉。考察了水的质量分数、氢氧化钠用量醚化剂用量、反应温度和反应时间对取代度和反应效率的影响，确定了反应配方和反应条件，并对产物进行了性能测定，经测定所得产物含氮质量分数 2.171%，取代度 0.445。反应效率 79.6%。室内对产物性能测定结果表明，产物具有良好的分散性和溶解性，同时具有良好的絮凝性能。

称取分析纯氢氧化钠 0.375mol 置于 500mL 烧杯中，以水溶解。在冷水浴中放置冷却后与 0.345mol 醚化剂充分混合，反应 10min，然后加入 100g 玉米淀粉，在室温下搅拌 1h。在热风浴中预干燥至淀粉含水量降至 14% 左右，压碎混合均匀，置于密闭容器中，然后放置到恒温烘箱 80℃ 中反应 2.5h。取出样品冷却后用 80% 的乙醇溶液洗涤、抽滤到滤液不含氯离子。最后用无水乙醇洗涤、干燥，即得阳离子淀粉。

d. 实例 4

在装有搅拌器的二口烧瓶中加入玉米原淀粉，适量的碱催化剂，室温下搅拌 15min 后，加入阳离子醚化剂，室温下再搅拌 15min，然后在温度 60～70℃，反应 4h，得到干的白色固体粗产品，再用乙醇溶液浸泡，过滤，洗涤，真空干燥，得到白色粉末状精制的高取代度季铵型阳离子淀粉。

一般在干法制备阳离子淀粉过程中，可用无机碱，如氢氧化钠、氢氧化锂、氢氧化钾、氢氧化钙、氢氧化镁等，也可用有机碱，如二甲胺、氢氧化二甲基苄基铵等作为催化剂，该试验采用的碱催化剂为氢氧化钠。由于碱催化剂的存在，将大大增强淀粉中羟基的亲核能力，从而显著提高了反应的效率和速率。

一般来说，随着加入碱量的增加，反应效率、含氮量、取代度都有不同程度的提高。但加入量超过一定程度后，反应效率、取代度将逐渐下降。主要原因是碱过量时加速了阳离子化试剂中环氧基团数，同时碱量也将加速阳离子淀粉的分解反应。温度也是影响反应效率的因素，过低将使反应速度慢，反应时间延长，而温度过高，又将加速阳离子化试剂和阳离子淀粉的分解，而使产物的取代度降低。为了能得到较高的反应效率和高取代度阳离子淀粉，表 3-51 列出了不同条件对阳离子淀粉取代度（DS）和反应效率（RS）的影响。

表 3-51　反应温度、反应时间对取代度（DS）、反应效率（RS）的影响

温度/℃	含水率/%	（取代度/反应效率）/%	反应时间/h				
			2	3	4	5	6
60	25	DS/RS	0.391/66.47	0.474/80.58	0.500/85.00	0.494/83.98	0.483/82.11
	30	DS/RS	0.397/67.49	0.480/81.60	0.506/86.02	0.493/83.81	0.481/81.77
70	25	DS/RS	0.441/73.44	0.478/81.26	0.523/88.91	0.537/91.29	0.501/85.77
	30	DS/RS	0.375/74.97	0.490/81.26	0.523/88.91	0.539/91.63	0.511/86.87
80	25	DS/RS	0.341/57.97	0.420/71.40	0.490/83.30	0.521/88.57	0.460/78.20
	30	DS/RS	0.375/63.75	0.440/74.80	0.527/89.59	0.501/85.17	0.474/80.58

e. 实例 5

通过干法制备高取代度阳离子淀粉，原料是玉米淀粉和土豆淀粉。用甲醇把淀粉润湿后加入三口烧瓶，再加入适量的醚化剂。用质量分数为 40% 的 NaOH 溶液调 pH 值至 8～9，温度控制在 60～70℃，连续加热搅拌 4h。反应后的产物经过抽滤后自然干燥得粉状产品。通过化学分析，证明所得产品为高取代度阳离子淀粉，并对增干强性能进行了检测。阳离子玉米淀粉和阳离子土豆淀粉都能比较明显地提高纸张的干强度，当用量为 1% 时，增干强度分别提高 21.0% 和 18.4%。

本工艺分为 2 个步骤。

Ⅰ. 醚化剂的制备　分别把等摩尔量的二甲胺和环氧氯丙烷放入三口烧瓶，pH 值控制在 6 左右，温度控制在 70℃ 左右连续搅拌加热 2h，浓缩结晶干燥后得产品。

Ⅱ. 阳离子淀粉的制备　用甲醇把淀粉润湿后加入三口烧瓶,再加入适量的醚化剂。用质量分数为 40%的 NaOH 溶液调溶液的 pH 值到 8～9,温度控制在 60～70℃,连续加热搅拌 4h。反应后的产物经过抽滤后自然干燥得粉状阳离子淀粉产品。

f. 实例 6

在筒状玻璃瓶中加入淀粉 5.5g 和 5mol/L NaOH 的水溶液 1.6mL,室温搅拌 10min后,再加入阳离子化试剂室温搅拌 1h 后,在 80℃下反应 2.5h,得基本干的固体粗产品。粗产品用含有少量乙酸的质量分数为 50%的乙醇水溶液浸泡,过滤洗涤,真空干燥,即得季铵型阳离子淀粉。

g. 实例 7

微波法合成阳离子淀粉,该法具有反应时间短,反应效率高,操作步骤简单的优点。称取一定量的淀粉,均匀铺撒在微波盒中,将一定体积的季铵盐溶液及 NaOH 溶液混合后尽量均匀地喷洒在淀粉表面并混合。放在转盘式的微波盒中,在一定的强度下照 10min,然后在 50～60℃下保留 20～60min。得到的产品用 80%的乙醇溶液洗涤 2～3 次干燥 1～2h,得到一定取代度的阳离子淀粉。

h. 实例 8

工业淀粉气流烘干,使其含水量<3%,称取 60g 放于装有高速搅拌机的混合器中。CHPTMAC 30g 溶于 12mL 水中,11g KOH 溶于 11mL 水中。两种溶液混合,以喷雾的方式加到混合器中,搅拌与淀粉混均。混合物放入功率为 800W 的微波炉中加热 5～6min 取出,用稀盐酸中和至 pH=6.5～7.5,气流风干至含水量为 14%,即为产品。用 90%的乙醇冰溶液洗涤,凯氏定氮法测定含氮量为 2.2566%(未洗的含氮量 2.3728%,原淀粉含氮量 0.05 %),取代度 0.3429,试剂的有效转化率为 95 %。

(3) 半干法制备工艺

该工艺是继湿法及干法工艺后出现的。此法利用碱催化剂与阳离子剂一起和淀粉均匀混合,在 70～80℃反应 1～2h,反应转化率达 75%～100%。该工艺的优点很突出,除干法反应的优点外,还有反应条件缓和,转化率高。甚至利用本法将阳离子试剂、碱催化剂与淀粉按一定比例混合后,即使室温放置一段时间后,也能取得反应转化率相当高的产品。因此,这是一种很值得推广使用的方法。

阳离子淀粉合成技术在不断改进,如由间歇式生产改为连续化生产;利用特制的电磁合成仪采用干法制备;近年来还研究了用微波加速反应的方法,即将碱和阳离子化试剂的水溶液喷在淀粉上(含水量 40%),在 50～70℃用微波处理 20～30min,可得到含水量小于 17%的阳离子淀粉。

a. 实例 1

将碱(w=1.0%)溶解在适量的水(w=26%)中,喷入淀粉(w=18%)后搅拌10min,再将阳离子醚化剂(w=55%)加入到淀粉中搅拌 10min,放入烘箱,加入适量催化剂 E(w=10%),在指定的温度下 70℃反应 4h,得白色固体粗产品,粗产品用含有适量乙酸的质量分数为 80%的乙醇溶液浸泡,过滤,洗涤,真空干燥得取代度 0.510,反应效率达 88.7%的白色粉末状季铵型高取代度阳离子淀粉。

b. 实例 2

将淀粉 500g(含水量 14%),粉状 Ca(OH)₂ 4.4g,加入到高剪切力电热搅拌机中混合,加热至 65℃,3-氯-2-羟丙基三甲基氯化铵(CHPTMAC)25g 溶于 25mL 水,KOH 6.7g 溶于 35mL 水,二者混合均匀,以喷雾方式加到搅拌机中,高速搅拌混合 10～15min,在 65～75℃低速搅拌 1h。反应完成后用稀盐酸中和至 pH=6.5～7.5,于 100℃烘干 1h,即为产品。用 50%的乙醇水溶液洗涤,凯氏法测定含氮量为 0.351%(未洗的含氮量

0.441%，原淀粉含氮量 0.05%），取代度 0.036，试剂转化率 94.7%。反应式为：

$$\underset{\overset{|}{OH}\ \ \overset{|}{OH}}{CH_2-CHCH_2N(CH_3)_3Cl} + KOH \longrightarrow \underset{\overset{\diagdown}{O}}{CH_2-CHCH_2N(CH_3)_3Cl} + HCl$$

$$Starch-OH + \underset{\overset{\diagdown}{O}}{CH_2-CHCH_2N(CH_3)_3Cl} \xrightarrow{OH^-} Starch-O-CH_2-CH(OH)-CH_2N(CH_3)_3Cl$$

c. 实例 3

研究表明，淀粉与 N-(2,3-环氧丙基)三甲基氯化铵在碱催化剂存在下的半干法反应中，由于少量溶剂分子的介入，最大限度地抑制了副反应，同时使反应体系的微环境不同于液相反应，造成了反应部位的局部高浓度，提高了反应效率。而加入少量有机溶剂，抑制了水对淀粉的糊化，同时使阳离子化试剂和碱催化剂均匀地分布在反应体系中，得到取代基分布均匀的产品。该方法反应效率高，操作简便，污染小。实验结果表明，当淀粉和 GTA 用量分别为 11∶6（质量比）时，最佳反应条件为反应时间 2.5h，反应温度为 90℃，介质条件为氢氧化钠用量为控制 pH 值在 8～11，异丙醇∶水为 3∶7（体积比），取代度可达 0.55 以上反应效率大于 94%。

Ⅰ. 阳离子试剂（GTA）的制备

制备方法为在 500mL 三口烧瓶中加入环氧氯丙烷，冷却至 0℃，在搅拌条件下通入二甲胺气体（在二甲胺水溶液中滴加 40% 的氢氧化钠溶液即得）1h，常温下搅拌反应 4h。然后过滤，用 DMF、丙酮洗涤，真空干燥，得到白色固体产品，即为 GTA。具体反应过程如下：

$$R_3N + ClCH_2CH=CH_2 \longrightarrow [H_2C=CHCH_2NR_3]^+Cl^- \xrightarrow[(orCl_2)]{HOCl}$$

$$\underset{\overset{|}{Cl}\ \overset{|}{OH}}{[H_2C-CHCH_2NR_3]^+Cl^-} + \underset{\overset{|}{OH}\overset{|}{Cl}}{[H_2C-CHCH_2NR_3]^+Cl^-}$$

$$\underset{\overset{\diagdown}{O}}{[H_2C-CHCH_2NR_3]^+Cl^-} + Starch-OH \xrightarrow{OH^-} \underset{\overset{|}{OH}}{[Starch-OCH_2CH(CH_2)_nNR_3]^+Cl^-}$$

Ⅱ. 阳离子淀粉的制备

为提高反应效率与速率，用半干法制备环氧季铵型阳离子试剂，即在反应体系中加入碱催化剂和少量有机或无机溶剂，在 60～90℃反应 1～3h，该反应转化率为 75%～95%。该法反应如下：

$$\underset{\overset{\diagdown}{O}}{[H_2C-CH(CH_2)_nNR_3]^+Cl^-} + Starch-OH \xrightarrow{OH^-} \underset{\overset{|}{OH}}{[Starch-OCH_2CH(CH_2)_nNR_3]^+Cl^-}$$

制备方法为在烧杯中加入少量氢氧化钠和适量水，待氢氧化钠溶解后加入适量淀粉搅拌 10min 后，加入 1～3mL 异丙醇，接着加入 GTA 搅拌 1h。然后在 70～90℃下反应 2.5h，得到基本干的固体粗产品。粗产品用少量乙酸的质量分数为 80% 的乙醇水溶液浸泡，过滤，洗涤，干燥，即得季铵型阳离子淀粉。

3.8.1.2 接枝共聚

【制备方法】 接枝共聚法是制备阳离子型改性淀粉絮凝剂的主要方法之一。淀粉能否与乙烯基类单体发生反应，除与单体的结构、性质有关外，还取决于淀粉大分子上是否存在活化的自由基，自由基可用物理或化学激发的方法产生。物理引发方法主要有 ^{60}Co 的 γ 射线辐照和微波辐射引发等。化学引发法引发效率的高低，取决于所选用的引发剂，常用的引发剂有 Ce^{4+}、过硫酸钾（$K_2S_2O_8$）、$KMnO_4$、H_2O_2/Fe^{2+}、$K_2S_2O_8/KHSO_3$、$NH_4S_2O_8/NaHSO_3$ 和 $K_2S_2O_8/Na_2S_2O_3$ 等。

淀粉通过引发剂的引发作用，产生淀粉宏根，即活化的自由基，然后再与乙烯基类单体发生接枝共聚合，生成接枝共聚物，反应通式为：

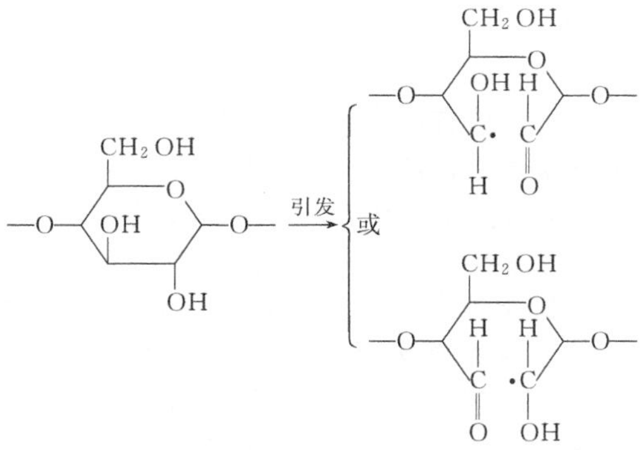

自由基，以 St˙ 表示。

$$St˙ + nCH_2{=}CHX \xrightarrow{引发} St{\left[CH_2{-}CH\atop{}X\right]}_n$$

式中，X 为阳离子基团。

（1）淀粉-二甲基二烯丙基氯化铵接枝共聚物

淀粉与二甲基二烯丙基氯化铵单体发生接枝共聚的反应式为：

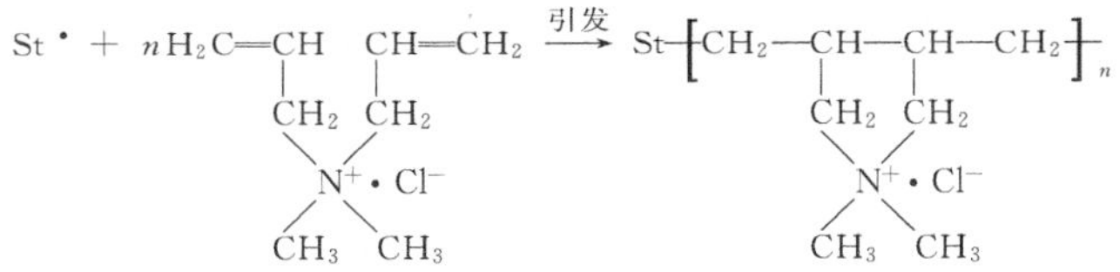

淀粉-二甲基二烯丙基氯化铵接枝共聚物的制备方法根据引发方式的不同，有物理引发和化学引发，其中化学引发则根据引发剂种类的不同，可分为 Ce^{4+}、过硫酸钾（$K_2S_2O_8$）、$KMnO_4$、H_2O_2/Fe^{2+}、$K_2S_2O_8/KHSO_3$、$NH_4S_2O_8/NaHSO_3$ 和 $K_2S_2O_8/Na_2S_2O_3$ 等引发方式。

a. 实例 1

Ⅰ. 二甲基二烯丙基氯化铵的纯化　阳离子单体二甲基二烯丙基氯化铵为工业产品，浓度为 60%，为了消除其中的杂质对引发剂的毒化，以及消除阻聚剂对接枝共聚反应的影响，故将二甲基二烯丙基氯化铵单体溶液过滤，并用无水乙醚及环己烷反复萃取 3 次。

Ⅱ. 淀粉接枝二甲基二烯丙基氯化铵共聚物的合成　在带有搅拌器、氮气进出口的三口烧瓶中，加入可溶性淀粉和蒸馏水（淀粉与 DMDAAC 单体的质量配比为 1∶4，淀粉与 DMDAAC 的总质量分数为 35%），引发剂浓度 0.8mmol/L。通氮气搅拌并用水浴加热到 50℃，将可溶性淀粉完全溶解，用 1mol/L 的 HCl 调节 pH 值至 2～3，在 30min 内逐渐滴加已处理好的二甲基二烯丙基氯化铵单体，搅拌加入 Ce^{4+} 和 EDTA.，并在氮气保护下反应 6h 后，密封静置，所得产品的接枝率达 92.10%，阳离子化度 58.55%，固含量 23.9%。

b. 实例 2

Ⅰ. 二甲基二烯丙基氯化铵的纯化　阳离子单体 DMDAAC 为工业产品，纯度约为 50%。为了消除 Ce^{4+} 杂质的敏感性，必须对单体加以纯化。将 DMDAAC 溶液过滤，置于 90～100℃ 的烘箱中烘 5h，冷却结晶后减压抽滤，用蒸馏水溶解晶体，重结晶后抽滤、再烘干制得纯品。

Ⅱ. 淀粉接枝二甲基二烯丙基氯化铵共聚物的合成　称取定量淀粉（w_0）溶于适量 80℃ 的蒸馏水中，溶解后降至室温并放入三口烧瓶，在一定温度通氮气、搅拌条件下加入定量的 DMDAAC 纯品水溶液，用 1mol/L HCl 调 pH 值，在 30min 内逐滴加定量的硫酸高铈溶液，8h 后停止搅拌，恒温密封静置 64h。然后用乙醇沉淀、洗涤、离心分离反应物，干燥得粗产物并称重（w_1）。最后将干燥后的粗产物用索氏抽提器以丙酮作抽提剂抽提 18h 除去均聚物，在 50℃下烘至恒重（w_2）得接枝产品。

c. 实例 3

取定量的淀粉和去离子水加入带有电子恒速搅拌器、温度计、回流冷凝管及氮气导气管的反应瓶中，使淀粉充分混合成浆状，通 N_2，搅拌，将淀粉在 90～95℃预处理 30min 后降温至预定温度，并将反应瓶置于恒温水浴中，通入氮气，加入准确称量的二甲基二烯丙基氯化铵水溶液和引发剂，继续通氮搅拌反应 4h。反应完毕后，产物用乙醇沉淀、过滤，最后在低于 50℃的真空干燥箱中干燥至恒量，得淡黄色颗粒状接枝共聚粗产物。

(2) 淀粉-二甲基丙烯酸酯乙基季铵丙磺酸内盐接枝共聚物

制备方法为将质量为 w_0 的淀粉和水加到三颈瓶中，N_2 气氛保护下，85℃以上糊化 30min，电动搅拌使之均匀。控温 20～60℃，用酸调节 pH 值，加入一定量的硝酸铈铵，作用 10min 后，加入质量为 w_1 单体二甲基丙烯酸酯乙基季铵丙磺酸内盐（DMAPS），定温下进行接枝共聚 5h 后，停止搅拌和加热，加入相当于反应体系体积 3～4 倍的丙酮使其沉淀分离，抽滤后将过滤物在丙酮中浸泡 10h，在 40～50℃烘箱中烘干至恒质量，得到粗接枝物。其中反应条件 m（淀粉）$= 1.0$g，m（DMAPS）$= 3.0$g，c（CAV）$= 5.0 \times 10^{-3}$ mol/L，pH $= 2.0$，温度 $= 40$℃，反应时间 $= 5$h，反应介质 $V(H_2O) = 50$mL。

(3) 淀粉-二甲基二烯丙基氯化铵-丙烯酰胺接枝共聚物

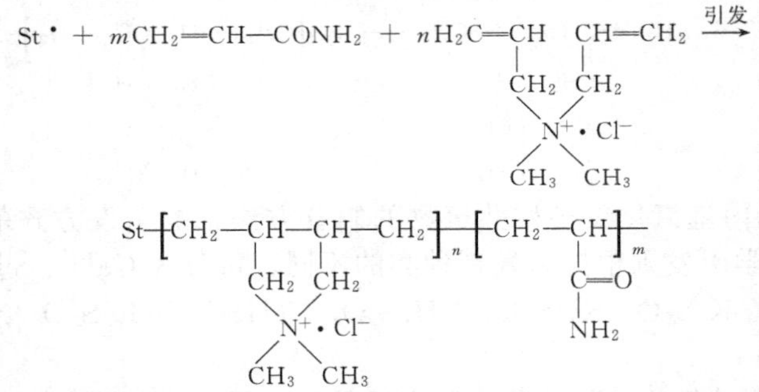

$$St^\bullet + mCH_2{=}CH{-}CONH_2 + nH_2C{=}CH \quad CH{=}CH_2 \xrightarrow{\text{引发}}$$

淀粉-二甲基二烯丙基氯化铵-丙烯酰胺接枝共聚物的制备可采用反相乳液聚合法和水溶液聚合法。

① 反相乳液聚合

a. 实例 1

反应在带有搅拌的四口烧瓶中进行，预先加入定量的油〔油：水$(V/V) \geqslant 1.4$〕和以 Span 80、OP-4 复配的 8%复合乳化剂，通氮搅拌，使乳化剂全部溶解。将淀粉配成 10%的淀粉乳，加温使其溶胀。两种单体配成总浓度为 35%的水溶液，与淀粉混合后倒入油相，继续搅拌均匀。加引发剂，水溶性引发剂加入水相，调 pH，引发聚合反应。其中，引发剂为过硫酸铵/尿素氧化还原引发体系，过硫酸铵的浓度为 2.30×10^{-4} mol/L，尿素浓度为 1.70×10^{-3} mol/L；反应时间 4h；反应温度 50℃；乳化剂用量为 8%；

b. 实例 2

在三口烧瓶中加入一定体积比的石蜡、水和乳化剂 Span 20，在氮气的保护下乳化 30min。将丙烯酰胺（AM）与萃取后的 二甲基二烯丙基氯化铵（DMDAAC）水溶液按一定摩尔比配成浓度为 45%的水溶液，与溶胀后的 40%淀粉乳一并加入油相（单体与淀粉的质量比为 1.5 : 1）。加入引发剂，调节 pH 值，在 50℃下反应 4h，降温出料即得反相乳液。其中，引发体系为过硫酸铵/尿素氧化还原引发体系。

c. 实例 3

在三口烧瓶中加入一定体积比的石蜡、水和乳化剂 Span 20，在氮气的保护下乳化

30min，将 AM 与萃取后的 DMDAAC 水溶液按一定摩尔比配成浓度为 45% 的水溶液，与溶胀后的 40% 淀粉乳一并加入油相（单体与淀粉的质量比为 1.5:1）。加入引发剂，调节 pH 值，在 50℃下反应 4h，降温出料即得反相乳液。

② 水溶液聚合

在 N_2 气氛保护下，将一定量的淀粉加到干燥的三颈瓶中，85℃以上糊化 30min，电动搅拌使之均匀，控温 30～60℃，依次加入引发剂和单体，在一定温下进行接枝共聚，5h 后，停止搅拌和加热；加入相当于反应体系体积 3～4 倍的无水乙醇使其沉淀分离，抽滤后将过滤物在 40～50℃红外灯下烘干至恒质量，得到粗接枝物。其中反应条件：$m($淀粉$)=0.5g$，$m(AM)=3.75g$，$m(DMDAAC)=0.7g$，$KMnO_4$ 的浓度为 $6.0 \times 10^{-3} mol/L$，酸的浓度为 $5.0 \times 10^{-2} mol/L$，反应温度为 40℃，反应时间为 5h，反应介质 $V(H_2O)$ 为 50mL。

（4）淀粉-甲基丙烯酸二甲氨基乙酯-丙烯酰胺接枝共聚物

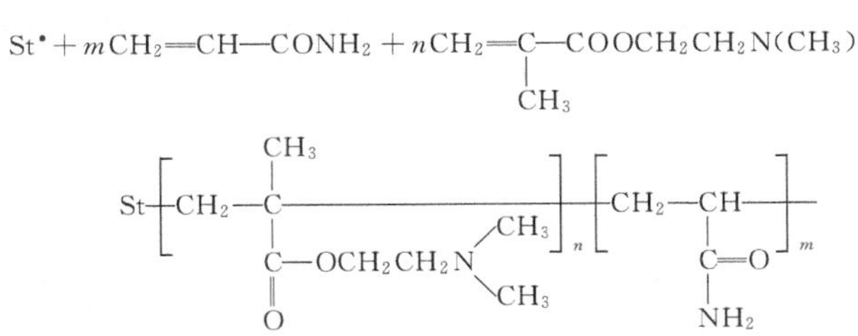

$$St^{\bullet} + mCH_2{=}CH{-}CONH_2 + nCH_2{=}C{-}COOCH_2CH_2N(CH_3)_2 \xrightarrow{引发}$$

淀粉-甲基丙烯酸二甲氨基乙酯-丙烯酰胺接枝共聚物的制备可采用反相乳液聚合法，即在装有搅拌的四口烧瓶中加入淀粉乳，乳化剂溶解在油中加入，通氮搅拌至所需温度，加引发剂，将聚合单体配成一定浓度的溶液滴入，进行接枝聚合反应。产品用乙醇沉淀，丙酮洗涤，40～60℃真空干燥，得淀粉-甲基丙烯酸二甲氨基乙酯-丙烯酰胺接枝共聚物。其中，以过硫酸铵/尿素为引发体系，Span 20 与 OP4 以 40:60 质量比配制复配物为乳化剂，其质量分数为 7%，反应体系 pH=8，淀粉与单体的质量比为 1:1.4，接枝率可达 135.4%，产品特性黏数可达 1080L/g。此外，加入甲酸钠产品特性黏数降低；加入乙酸钠和丙酸钠产品特性黏数增加，其中乙酸钠用量为 0.3% 时，产品特性黏数为 1230mL/g。

3.8.1.3 接枝共聚物的改性

【制备方法】 淀粉接枝共聚物的改性主要是利用共聚物分子上的活性基团，通过进一步的化学改性，以赋予原共聚物新的特性。

（1）淀粉-丙烯酰胺接枝共聚物的 Mannich 反应

在阳离子型改性淀粉类絮凝剂中，淀粉-丙烯酰胺接枝共聚物的 Mannich 反应产品是淀粉接枝共聚物改性的主要产品。

接枝共聚：

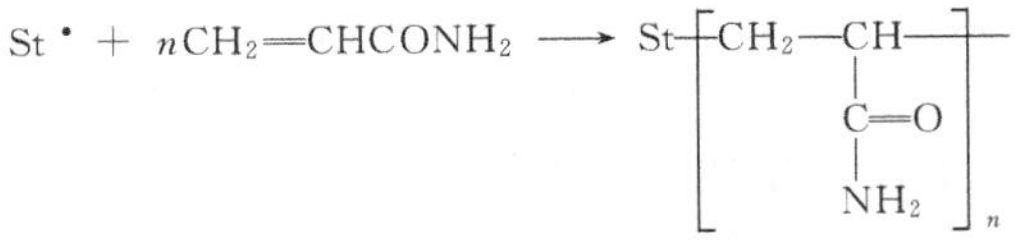

Mannich 反应：

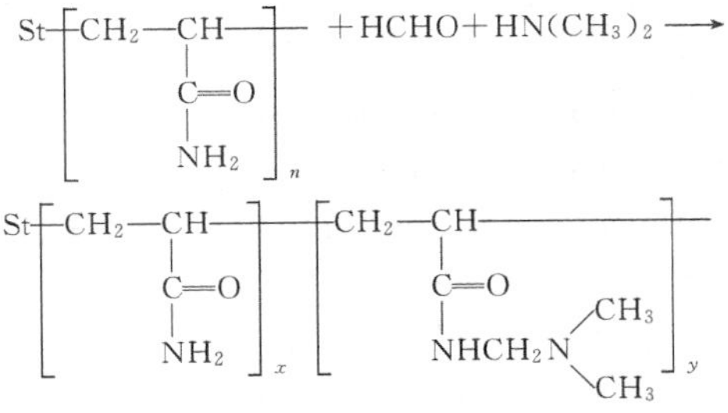

a. 实例 1

以淀粉为原料，采用γ射线辐射法合成淀粉的接枝共聚物，然后以接枝共聚物为母体，通过 Mannich 反应进一步胺甲基化改性，合成阳离子型淀粉改性絮凝剂。

该制备工艺分为 2 个步骤。

Ⅰ.接枝共聚物的制备　称取一定量淀粉置于三口烧瓶中，加入定量蒸馏水，搅拌通氮气，随后加入丙烯酰胺水溶液，在预定的温度下保温 0.5h。将上述样品置于⁶⁰Co 辐照场中，在一定的剂量率下，控制辐照时间，得到接枝共聚物。

Ⅱ.接枝共聚物的阳离子化　在接枝共聚物中，加入定量的甲醛和二甲胺，控制反应温度，搅拌反应一定时间，得到阳离子化产物。

淀粉接枝共聚物和接枝共聚物阳离子化产物的 SEM 图见图 3-16 和图 3-17。从图中可以清楚地看出，淀粉呈圆球状颗粒，其聚集态呈密集的堆砌结构，接枝共聚物阳离子化产物呈紧密的包埋状态，在接枝物骨架的淀粉附近，结合了大量的聚丙烯酰胺支链，形成柔性聚丙烯酰胺支链和刚性淀粉互相渗透的结构，正是这种刚柔相济的紧密包埋结构赋予淀粉-丙烯酰胺接枝共聚物阳离子化改性产品比聚丙烯酰胺具有更优异的性能。

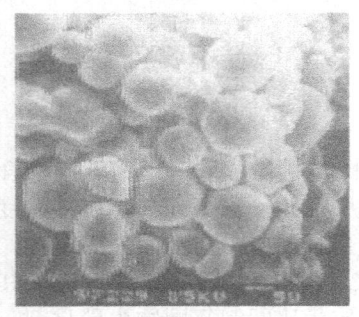 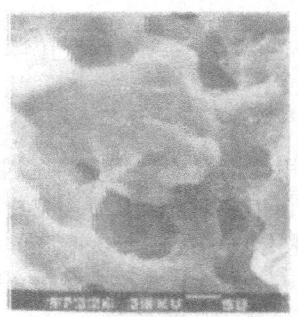

图 3-16　淀粉的 SEM 图　　　　　　　　图 3-17　接枝共聚物阳离子化后的 SEM 图

b. 实例 2

以玉米淀粉与丙烯酰胺为原料，通过接枝共聚反应制备出淀粉-丙烯酰胺接枝共聚物，然后对共聚物进一步阳离子化，制备出 DJG-1 阳离子絮凝剂。

其合成步骤分为 4 步。

Ⅰ.淀粉-丙烯酰胺接枝共聚物的制备　将 25g 玉米淀粉、20g 丙烯酰胺和 100mL 去离子水放入反应器中，然后加入 500～600mg 的硝酸铈铵 $(NH_4)_2Ce(NO_3)_6$，接枝共聚反应 60min，得淀粉接枝共聚物 A。

Ⅱ.Mannich 反应　为了更进一步地发生 Mannich 反应（提供具有活泼氢原子的化合物）和对废水有更好的絮凝性，接枝产物 A 先进行酯化反应得 B。酯化反应条件为：A：甲醇（物质的量的比）为 1：5，pH 值为 3，反应温度为 60～65℃，反应时间为 4h。

甲醛对二甲胺的亲电加成反应生成 C，将甲醛与二甲胺以 1：1（物质的量的比）混合，振荡，在室温下即发生剧烈反应，放出大量热量，温度随之上升（达 85℃以上），数分钟后，甲醛和二甲胺的刺激性气味减弱，生成油状物质 C，C 可经久保存而不起变化。此时体系的 pH 值为 8.5。为防止在碱性条件下发生副反应（如皂化），可先在容器中加入适量冰醋酸，再向其中加入甲醛和二甲胺，直至无烟后即得 pH 值为 4～5 的 N-羟甲基胺。在这里用冰醋酸的好处在于：一是防止发生皂化反应而分解；二是在酸性条件下 C（N-羟甲基胺，R_2N-CH_2OH）转化为具有弱阳离子的二甲基胺 C′。

Ⅲ.叔胺化反应　在 C′中加入 B，调节反应温度及 pH 值，反应一段时间后得产品 D（叔胺盐）。在此反应步骤中，影响反应的因素有原料配比、pH 值、溶剂用量、反应温度和反应时间。将在研制过程中得到的接枝产物 A 和溶剂的量固定，甲醛：二甲胺定为 1：1

（物质的量的比），其他条件为：B：C′（物质的量的比）为 1：4；pH 值为 4；反应温度为 60℃左右；反应时间为 4～5h。

Ⅳ. 季铵化反应　在快速搅拌下，从冷凝管顶部注入适量的碘乙烷，D 与碘乙烷的配料比为 1：2（物质的量的比），温度控制在 50℃左右，pH 值为 4～5，反应时间为 5～6h，得到一种浅红棕色液体 E。E 遇四苯硼钠后有白色沉淀生成。取适量产品 E 用无水乙醇洗、抽滤，滤饼用无水乙醇洗 3 次，再抽干，烘干至恒重即得 DJG-1 阳离子絮凝剂。

c. 实例 3

用硝酸铈铵为引发剂，使玉米淀粉跟丙烯酰胺接枝共聚，再在这种接枝共聚物（SGM）中加入计算量的甲醛和二甲胺进行阳离子化，得到阳离子絮凝剂（CSGM）。

Ⅰ. SGM 的制备　将 10g 玉米淀粉和 300mL 蒸馏水加入四口烧瓶中，在 85℃下搅拌 1h，然后降温至 45℃加入 20g 丙烯酰胺（AM）和 0.1mol/L 硝酸铈铵溶液 5mL。通氮，搅拌升温至 60℃，反应 2h，得淀粉-丙烯酰胺接枝共聚物，单体接枝率可达 98% 以上。

Ⅱ. 淀粉-丙烯酰胺接枝共聚物的阳离子化　在上述接枝物中加入计算量的甲醛和二甲胺，丙烯酰胺、甲醛和二甲胺的摩尔比为 1：1：1.5，反应温度为 50℃，搅拌反应 2h，阳离子度可达 49.5%。

d. 实例 4

以硝酸铈铵和过硫酸铵（CAN-APS）为复合引发剂，合成了改性淀粉接枝阳离子型絮凝剂。其步骤可分为以下 3 步。

Ⅰ. 淀粉和丙烯酰胺接枝共聚　在装有搅拌器，温度计，回流冷凝管和导管的 500mL 四颈瓶中加入定量的玉米淀粉及 300mL 去离子水，加热至 90℃，使淀粉糊化 30min。淀粉糊化完毕后，通入 N_2，降温至反应所需温度，加入定量的引发剂，搅拌 15min，滴加定量的丙烯酰胺，在规定的时间内反应，得到淀粉-丙烯酰胺接枝共聚物粗产品。

Ⅱ. 粗产品提纯　首先用丙酮洗涤沉淀，洗涤数次，在 50℃下真空干燥箱中烘干至恒重，这样得到的产物是接枝共聚物，均聚物及未接枝的淀粉的混合物。然后称取粗产品 1g，放在索氏抽提器中，用 60：40（体积比）的冰醋酸-乙二醇混合溶剂回流，抽提 1～2h 至恒重，再用甲醇洗涤 3 次，在真空干燥箱内烘干，所得产物含有接枝共聚物和未接枝的淀粉。在上面的产物中加入一定量的 0.5mol/L NaOH 溶液，在 50℃下用电磁搅拌 1h，以溶解未接枝的淀粉，接枝产物用布氏漏斗过滤，烘干，所得产物即为纯的淀粉-丙烯酰胺接枝共聚物。

Ⅲ. 接枝共聚物阳离子化　将接枝共聚物中加入计算量的甲醛和二甲胺，丙烯酰胺、甲醛和二甲胺的质量比为 1：1：3，反应温度为 50℃，搅拌反应 2h，取样沉淀，洗涤干燥，粉碎，检测产物性质。

（2）两亲型淀粉-丙烯酰胺接枝共聚物的制备

笔者曾以淀粉、丙烯酰胺、甲醇氨基氰基脲以及甲醛等原料来制备分子链上含有两亲基团（如亲水基团——酰氨基和季铵基以及亲油基团——氰乙基）的淀粉-丙烯酰胺接枝共聚物。两亲型接枝共聚物的制备分为以下 2 个步骤。

① 淀粉-丙烯酰胺接枝共聚物的制备　将带有电动搅拌器、温度计、氮气进出口管的四颈玻璃反应瓶置于恒温水浴中，升至一定温度，然后加入准确称量的淀粉和反应介质，通氮气保护，搅拌 1.0h 后冷却至 30℃，加入引发剂，反应 30min 后加入准确称量的丙烯酰胺单体，反应 3.0h。产物用甲醇、丙酮、乙醚洗涤，并用体积比为 1：1 的 N,N-二甲基甲酰胺和冰醋酸混合液抽提除去均聚物，真空干燥至恒定质量。在淀粉-丙烯酰胺接枝共聚物的制备过程中，综合研究了影响接枝效果的因素，得出淀粉-PAM 共聚物制备的最佳条件为：淀粉用量 10.0g（干重），丙烯酰胺用量 10.0g，引发剂 $Fe^{2+}/CH_3(CO)OOH$ 的浓度 $1.0\times$

10^{-3} mol/L，反应温度 25℃，反应时间 3.0h。在上述条件下，单体转化率可达 99.6%，接枝效率为 62.3%。

②接枝共聚物的改性　将带有电动搅拌器、温度计的三颈玻璃反应瓶置于恒温水浴中，并将温度升至 75℃，然后加入 10.0g 淀粉-PAM 共聚物和 100mL 蒸馏水，混合均匀后加入准确称量的甲醇氨基氰基脲，并逐渐滴加稀酸溶液和添加剂，反应 4.0h 后加入稳定剂即得两亲型淀粉改性脱色絮凝剂 CSDF。

在接枝共聚物的改性工艺中，影响 CSDF 制备的因素主要有淀粉的种类、甲醇氨基氰基脲的用量、反应温度、反应时间以及液比等。

①淀粉种类　以玉米淀粉、面粉、米粉、大豆粉以及支链淀粉和可溶性淀粉为对象来研究不同的淀粉对 CSDF 絮凝脱色效果的影响，试验结果见表 3-52。从表中可看出：以玉米淀粉为原料制备的 CSDF，其脱色效果明显优于其他淀粉，因此拟用玉米淀粉作为制备 CSDF 的原料。

表 3-52　淀粉种类对 CSDF 絮凝脱色效果的影响

淀粉种类	玉米淀粉	面粉	米粉	大豆粉	支链淀粉	可溶性淀粉
FD/(mg/mg)	2.25	2.06	1.99	2.12	2.17	2.19

注：甲醇氨基氰基脲用量 10.0g，温度 75℃，反应时间 4h，液比 1:10；FD 指脱色絮凝剂的絮凝剂脱色量。

②CSDF 制备的正交试验　在 CSDF 制备过程中，甲醇氨基氰基脲的用量、反应温度、反应时间和液比对 CSDF 的絮凝脱色效果影响很大。本文设计了四因素三水平的正交试验，选用 $L_9(3^4)$ 正交设计表，以 CSDF 的絮凝脱色量（FD）为指标，探讨以上四个因素的影响。表 3-53 为正交试验的因素水平表，实验结果见表 3-54。由于 $L_9(3^4)$ 正交设计表是饱和正交表，没有空列的试验（即四个因素全部占满），没有误差列，不能做方差分析，因此仅进行了极差分析，分析结果见表 3-55。

表 3-53　因素水平表

因素		水平		
		1	2	3
A	甲醇氨基氰基脲的用量/g	5.0	10.0	15.0
B	反应温度/℃	65	75	85
C	反应时间/h	2	4	6
D	液比	1:5	1:10	1:20

表 3-54　正交试验结果

试验号	甲醇氨基氰基脲的用量 A/g	反应温度 B/℃	反应时间 C/h	液比 D	絮凝脱色量 FD/(mg/mg)
1	5.0	65	2	1:5	1.01
2	5.0	75	4	1:10	1.35
3	5.0	85	6	1:20	1.27
4	10.0	65	4	1:20	2.01
5	10.0	75	6	1:5	2.18
6	10.0	85	2	1:10	1.90
7	15.0	65	6	1:10	2.31
8	15.0	75	2	1:20	2.06
9	15.0	85	4	1:5	2.24

表 3-55　正交试验极差分析结果

项目	因素			
	A	B	C	D
K_1	1.21	1.78	1.66	1.81
K_2	2.03	1.86	1.87	1.85
K_3	2.20	1.80	1.92	1.78
极差 R	0.99	0.08	0.26	0.07

由正交试验的结果和极差分析可知 $R_A > R_C > R_B > R_D$，因此因素的主次顺序为 A—C—B—D，最优方案是 A3、C3、B2、D2，四个因素对 CSDF 的絮凝脱色效果均有较大的影响。为了进一步优选出最佳的制备条件。本文用因素试验做进一步的证实。

③ CSDF 制备的单因素试验　从正交试验的结果看出，增大甲醇氨基氰基脲的用量、延长反应时间、提高反应温度有利于提高 CSDF 的絮凝脱色量，为了确定最佳的制备条件，本文进行了单因素试验，试验结果如图 3-18～图 3-20 所示。从图中可看出：CSDF 的絮凝脱色量均随着甲醇氨基氰基脲的用量的增大、反应时间的延长以及反应温度的增大而增大，但当甲醇氨基氰基脲的用量达到 10.0g，反应时间达到 4h，反应温度达到 75℃时，CSDF 絮凝脱色量 FD 的增加变得缓慢。因此，CSDF 的制备条件为：甲醇氨基氰基脲的用量 10.0g，反应时间 4h，反应温度 75℃，液比 1∶10。

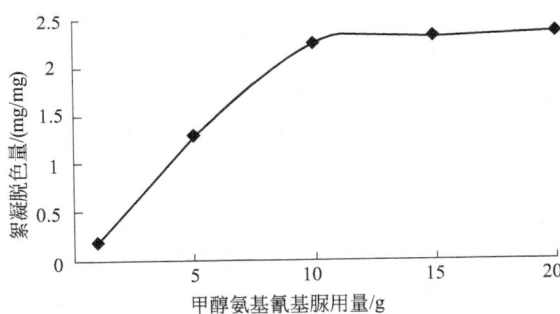

图 3-18　甲醇氨基氰基脲用量对 CSDF
絮凝脱色量 FD 的影响
（反应时间 4h；反应温度 75℃；液比 1∶10）

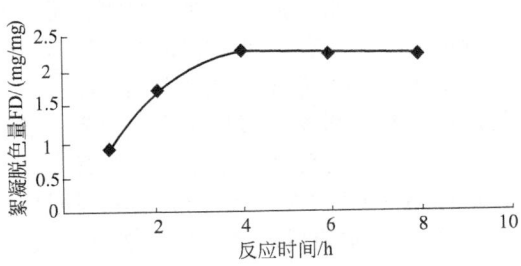

图 3-19　反应时间对 CSDF 絮凝脱色量 FD 的影响
（甲醇氨基氰基脲用量 10g；反应
温度 75℃；液比 1∶10）

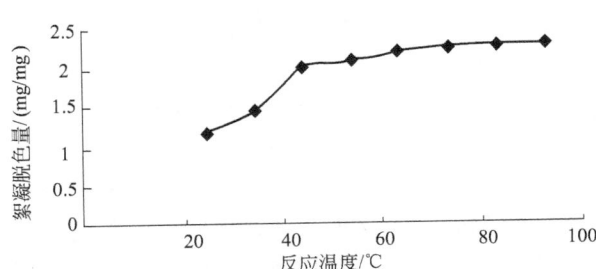

图 3-20　反应温度对 CSDF 絮凝脱色量 FD 的影响
注：甲醇氨基氰基脲用量 10g；反应时间 4h；液比 1∶10。

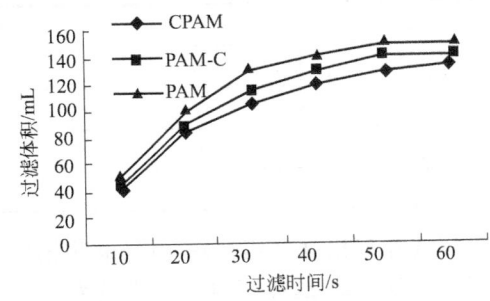

图 3-21　过滤时间与过滤体积的关系

【应用】

(1) 污泥脱水中的应用

李玉江和吴涛通过对淀粉和丙烯酰胺的共聚产物进行胺甲基化反应,制备胺甲基度较高的阳离子有机絮凝剂 CPMA,并用于污泥的絮凝脱水,发现 CPMA 可使污泥的含水率由 99.3% 下为 69%,絮凝脱水性能优于阳离子聚丙烯酰胺(PAM-C)和非离子型聚丙烯酰胺(PAM)。3 种有机高分子絮凝剂处理活性污泥的试验结果分别见图 3-21、表 3-56 和表 3-57。

表 3-56　滤液的透光率

絮凝剂	CPMA	PAM-C	PAM	空白样
投加量/%	0.8	0.8	0.8	
	0.8	1.3	1.7	
透光率/%	98	91	87	11
	98	96	92	

① CPMA 的脱水性能　污泥脱水实验是在同等操作条件下进行的,因此在一定时间内过滤滤液的体积是比较污泥脱水效果的直观指标,滤液越多则污泥滤饼的含水率越低,絮凝剂的脱水效果越好。图 3-21 反映 3 种絮凝剂投加量均为 0.8% 时,滤液体积与过滤时间的关系。由图 3-21 可知,同等投加量条件下 CPMA 的脱水性能最好。

② 滤液澄清情况　一种好的脱水絮凝剂不仅要有好的脱水性能而且要求滤液有较高的澄清度,滤液的澄清度可以用透光率来表示,透光率说明了絮凝剂对污泥中胶粒、微细粒子和杂质成分的脱除性能,表 3-56 是反复测试后选择最大吸收波长 650nm,以 751 分光光度计测出的滤液透光度。由表 3-56 看出以 CPMA 为絮凝脱水剂污泥的滤液透光性好,澄清度高。

CPMA 脱水性能好,滤液透光率高,可以认为与其本身的性质有着直接的关系。污泥中的胶体颗粒及微生物残体带有负电荷,而 CPMA 胺甲基度高具有很高的正电荷密度,它不仅可以起到对污泥颗粒的电中和作用,使污泥细粒脱稳聚集,而且依靠分子内正电荷的相互排斥作用使 CPMA 的主链得到最大限度的伸展从而大大增强了吸附架桥能力。

③ 污泥脱水前后的含水率与燃烧热值　随着过滤时间的延续,滤液体积逐渐增加,而污泥滤饼的含水率逐渐降低,直至真空度最终破坏,此时,滤饼含水率为真空脱水过程中所能达到的最低滤饼含水率,试验结果见表 3-57。由表 3-57 看出,CPMA 的投加量最小,滤饼含水率最低。

表 3-57　滤饼最低含水率

絮凝剂	CPMA	PAM-C	PAM	空白样
投加量/%	0.8	0.8	0.8	
	0.8	1.3	1.7	
滤饼最低含水率/%	69	77	80	93
	69	72	74	

杨波和赵榆林利用淀粉-丙烯酰胺接枝共聚物的 Mannich 反应产物处理城市污水的活性污泥,发现:a. 选择相对分子质量为 500×10^4 左右的絮凝剂比较理想,此时絮凝剂的最佳用量为 30mg/L;b. 随着胺化度增加,脱水率提高,当胺化度为 33% 时,脱水率最好,继续提高胺化度,脱水率反而下降。这是由于分子量高电荷密度高的比分子量高电荷密度低的

有机高分子絮凝剂被固体颗粒吸附得更多，能够桥连的立体环式和尾式结构减少。这样影响桥连，絮凝作用降低。

杨波等还利用阳离子型淀粉-丙烯酰胺接枝共聚物对活性污泥进行了脱水处理，并考察了处理效果，发现了以下几种情况。

① 絮凝剂用量达到某峰值，脱水污泥含水率最低。再增加用量时，絮凝剂效果反而下降，这是由于投加量继续增大，因架桥作用所必需的离子表面吸附活性点被絮凝剂所包裹，使得架桥变得困难，处理效率降低。另一方面絮凝剂的最佳用量随特性黏数增加而降低，但由于在聚合时，要防止特性黏数过大而产生交联，因此，控制特性黏数为 12.5dL/g 比较好，此时，絮凝剂的最佳用量为 40mg/L。

② 阳离子度对脱水污泥含水率的影响由于阳离子型改型天然高分子絮凝剂是通过 Mannich 反应，最终得到叔胺化产物，所以阳离子度与絮凝剂的电荷密度呈线性关系，随着阳离子度增加，含水率减少，当阳离子度为 40% 时，脱水污泥含水率最低，继续提高阳离子度，脱水污泥含水率反而上升，这是由于分子量高电荷密度高的比分子量高电荷密度低的有机高分子絮凝剂被固体颗粒吸附得更多能够桥连的立体环式和尾式结构减少，这样影响桥连，絮凝作用降低。

③ 接枝率高的共聚物比接枝率低的共聚物絮凝效果好，这是因为接枝聚合物比均聚物体积庞大，形成刚柔相济的网状大分子，桥连作用更为显著，但是，随着接枝率的提高，接枝共聚物的交联程度增加可溶性下降接枝率超过 60% 后接枝共聚物交联程度难以控制往往不溶，因此接枝率达到 60% 比较理想。

（2）在油田废水处理中的应用

油田废水中含 10μm 以下的乳化油，通常占含油量的 10%。它是一种带负电荷水化膜包含着油珠的乳化液，要水油分离，必须破乳。以阳离子型淀粉-丙烯酰胺接枝共聚物（SCAM）为主的混凝技术，则是这种废水的良好破乳处理剂。

利用 SCAM 对含油污水进行了澄清试验、沉降试验，考查了含油污水处理前后的 COD 值、浊度等，并对用 SCAM 处理含油污水（乳化油水混合体系）的机理进行了探讨，比较了 SCAM 系列产品及聚丙烯酰胺用于含油污水的处理情况，试验结果见表 3-58。从表中可知，SCAM 对石油污水的澄清效果优于常用的相对分子质量为 600×10^4 的聚丙烯酰胺絮凝剂。

表 3-58　含油污水澄清试验结果

絮体性状	用量					
	$3 \times 10^{-6}/(g/L)$		$5 \times 10^{-6}/(g/L)$		$7 \times 10^{-6}/(g/L)$	
	PAM600×10⁴	SCAM	PAM600×10⁴	SCAM	PAM600×10⁴	SCAM
絮体形成速度	较快	快	较快	快	较快	快
絮体密实程度	松散	密实	松散	密实	松散	密实
絮体颗粒大小	小	大	小	大	小	大
剩余浊度/NTU	174	76	132	104	276	174
浊度去除率/%	84.9	93.4	88.5	90.9	76.0	84.9

此外，还可以利用 SCAM 作为主要絮凝剂，和 $FeSO_4$、$Al_2(SO_4)_3$ 等混合，共同对油田废水进行破乳絮凝。由于 $FeSO_4$、$Al_2(SO_4)_3$ 在水中可发生水解，生成带正电荷的 $Fe(OH)_2$ 和 $Al(OH)_3$ 胶体，而 SCAM 的支链上含有大量的 —OH、—CONH₂、—NHCH₂OH、—NHCH₂N⁺R₂、—NHCH₂N⁺R₂R'X⁻ 等多种活性基团，特别是电正性极强的叔胺和季铵盐基团，它们和 $Fe(OH)_2$、$Al(OH)_3$ 协效，在彻底破坏水合膜的同时，又可把携带的油珠、机械杂质的 $Fe(OH)_2$、$Al(OH)_3$ 胶体粗粒一起絮凝而沉降，迅速地达到油水分离而使

污水澄清的目的。同时，季铵盐又是一种良好的高分子杀菌剂，可防止硫酸还原菌在整个系统内滋生繁殖，保证了处理的废水上清液循环再使用。

（3）在印染废水处理中的应用

笔者曾用两亲型高效阳离子淀粉脱色絮凝剂 CSDF（阳离子型改性淀粉絮凝剂）处理印染废水，其中印染废水来源为：印染废水 1# 由四川温江特种产品厂提供；印染废水 2# 由广东南海某印染厂提供；印染废水 3# 和 4# 由山东青岛某印染厂提供。两亲型高效阳离子淀粉脱色絮凝剂 CSDF 处理印染废水的效果见表 3-59 和表 3-60。从表中可看出，CSDF 能有效降低其他印染废水中的色度、SS、COD_{Cr} 和 TOC。

表 3-59　CSDF 处理印染废水的效果

印染废水	色度			SS			COD_{Cr}		
	处理前/倍	处理后/倍	去除率/%	处理前/(mg/L)	处理后/(mg/L)	去除率/%	处理前/(mg/L)	处理后/(mg/L)	去除率/%
印染废水 1#	42300	85	99.8	2938	73.5	97.5	1730	174.7	89.9
印染废水 2#	2500	25	99.0	2187	85.3	96.1	2260	264.4	88.3
印染废水 3#	6820	5	99.9	1673	21.3	98.7	1246	79.7	93.6
印染废水 4#	1380	35	97.5	3276	167.1	94.9	8965	1604	82.1

注：处理前先将上述印染废水的 pH 值调至 6～9 之间；处理印染废水 2# 和印染废水 4#，CSDF 的用量为 50mg/L；处理印染废水 1# 和印染废水 3#，CSDF 的用量分别为 800mg/L 和 350mg/L。

表 3-60　CSDF 对印染废水中 TOC 的去除效果

印染废水	TOC		
	处理前/(mg/L)	处理后/(mg/L)	去除率/%
印染废水 1#	2365	444.6	81.2
印染废水 2#	3786	783.7	79.3
印染废水 3#	1673	266.0	84.1
印染废水 4#	9120	2380	73.9

注：处理前先将上述印染废水的 pH 值调至 6～9 之间；处理印染废水 2# 和印染废水 4#，CSDF 的用量为 50mg/L；处理印染废水 1# 和印染废水 3#，CSDF 的用量分别为 800mg/L 和 350mg/L。

（4）在制浆造纸废水中的应用

制浆造纸废水排放量大，污染负荷严重，废水中含有大量的硫化木质素、氯化木质素、木质素磺酸盐、碱化木质素、纤维素及其降解产物以及有机硫化物、有机氯化物、酸、碱、盐等污染物。据统计，我国造纸企业每生产 1t 成品纸，耗水 50～200t，最高可达到 300t，年排放量占全国污水排放总量的 10%～12%，排名第三。排放污水中的化学耗氧量约占全国排放总量的 40%～45%，居第一位。

在高浓度、难降解漂白废水的处理过程中，因其成分复杂并含有影响降解菌种活性的有毒物质，故采用生化处理未能达到预期目标。因此，笔者曾采用阳离子淀粉脱色絮凝剂——CSDF 来降低高浓度、难降解漂白废水中的各成分，尤其是有毒污染物的含量，便于提高后续处理工段——生化处理的效果。

笔者利用阳离子淀粉脱色絮凝剂——CSDF 处理制浆漂白废水、脱墨废水和造纸混合废水，试验结果见表 3-61。从表中数据可知，CSDF 絮凝剂对制浆漂白废水有很好的处理效果，能有效降低漂白废水中的色度、SS 和 COD_{Cr}，色度、SS 和 COD_{Cr} 的去除率分别达到 98.5%、92.3% 和 77.9%。此外，CSDF 絮凝剂还能有效降低造纸混合废水和脱墨废水中的色度、SS 和 COD_{Cr}（表 3-61）。

表 3-61　CSDF 絮凝剂在其他废水中的应用情况

废水水样	色度			SS			COD_{Cr}		
	处理前/CU	处理后/CU	去除率/%	处理前/(mg/L)	处理后/(mg/L)	去除率/%	处理前/(mg/L)	处理后/(mg/L)	去除率/%
制浆混合废水	2012	30.2	98.5	476	36.7	92.3	1698	375.3	77.9
造纸混合废水	1376	7.0	99.5	516	14.4	97.2	1522	315.1	79.3
脱墨废水	1562	28.0	98.2	612	30.0	95.1	2234	853.0	61.8

注：絮凝剂用量为 100mg/L；水温为 25℃；制浆混合废水的 pH 值为 3.31。

3.8.2　改性木质素类絮凝剂

木质素分子上的酚羟基及其 α 碳原子具有较强的反应活性。木质素与脂肪胺及其衍生物能发生 Mannich 反应，这为木质素的改性开拓了新领域。通过化学改性，把仲胺、叔胺基团接枝到木质素的大分子上，随着大分子中氨基量的增多，改性木质素絮凝剂表现出阳离子特性。改性木质素阳离子絮凝剂的制备方法有季铵化改性、木质素的 Mannich 反应、接枝共聚、接枝共聚改性以及缩聚反应等。木质素分子通过阳离子化制备出阳离子型高分子絮凝剂，同时克服了单纯的木素作为絮凝剂使用时存在的平均分子质量偏低以及活性吸附点少等问题，进而提高改性木质素絮凝沉降性能。

3.8.2.1　季铵化改性

【制备方法】　木质素的季铵化改性一般以 3-氯-2-羟丙基三甲基氯化铵（CHPTMAC）为季铵化试剂，在碱催化下，通过醚化反应制备出木质素季铵盐。

CHPTMAC 的制备：　(CH₃)₃N + CH₂—CHCH₂Cl ⟶ (CH₃)₃N⁺CH₂CHCH₂Cl
　　　　　　　　　　　　　　　　　　　　　 \O/　　　　　　　　　　　　　 |
　　　　　　　　　　　　　　　　　　　　　　　　　　　　　　　　　　　 OH

季铵化反应：　Lig—OH + (CH₃)₃N⁺CH₂CHCH₂Cl ⟶ Lig—O—CH₂CHCH₂N(CH₃)₃
　　　　　　　　　　　　　　　　　 |　　　　　　　　　　　　　　　 |
　　　　　　　　　　　　　　　　 OH　　　　　　　　　　　　　　 OH

（1）实例 1

利用硫酸盐法制浆得来的木质素、三甲胺和环氧氯丙烷等为原料合成了木质素阳离子絮凝剂。其具体步骤如下。

① 木质素提取　先用体积配比为 1∶2 的 1,2-二氯乙烷和乙醇的混合溶剂溶解木质素，过滤得到上清液；再将上清液缓慢加入乙醚溶剂，得到絮状物，离心分离絮状物；然后将离心后的固体真空干燥，得到干燥的纯木质素。

② 季铵盐单体的合成　季铵盐单体用 33% 的三甲胺溶液和环氧氯丙烷在低温下合成，方法如下：将低温恒温回流器预置温度 -5℃，安装三口烧瓶反应装置；达到 -5℃ 后，按摩尔比 1∶0.7 称取一定量的三甲胺溶液和环氧氯丙烷于三口烧瓶中开始搅拌；反应 1h 后，取少量溶液滴加硝酸银试剂检验，如果有白色沉淀，说明有单体合成，若还有棕色浑浊，说明还有较多的三甲胺存在，可继续反应一段时间。

③ 木质素接枝季铵盐单体　把称好的木质素（木质素与单体的质量比为 1∶2.5，木素与水的质量为 1∶1）放入三口烧瓶中，置于 70℃ 恒温水浴中，装好回流冷凝管，加入 0.3%～0.9% 催化剂过硫酸铵使木质素分子活化（活化时间一般为 3min），短时间搅拌后加入单体，继续搅拌反应 3～4h，即制成木素季铵盐絮凝剂。

此产物为棕黑色黏稠液体，pH 值为 10～11，固体含量约为 47%～50%，密度约为 1.19～1.25kg/L。

（2）实例 2

吴冰艳等利用从制浆黑液中提取的木质素，与 3-氯-2-羟丙基三甲基氯化铵反应，合成出木质素季铵盐絮凝剂。其合成木质素季铵盐高分子絮凝剂的较佳工艺条件为：反应物质量比（木质素单体）为 1∶2.5；催化剂为 4mol/L 的 NaOH，投加量为 10mL；活化时间为 1min；恒温水浴温度为 70℃；反应时间为 4h。

（3）实例 3

将硫酸盐木质素及碱木质素中的羟基改性，生成木质素的阳离子醚衍生物（包括季铵醚衍生物），这种衍生物具有一定的水溶性，可以从废水中有效沉淀无机胶体，在工业化固液分离及水处理得到广泛应用。

（4）实例 4

针对木质素在碱性条件下其结构中含有酚羟基的特点，朱建华等采用两种方法制备了阳离子改性木质素。

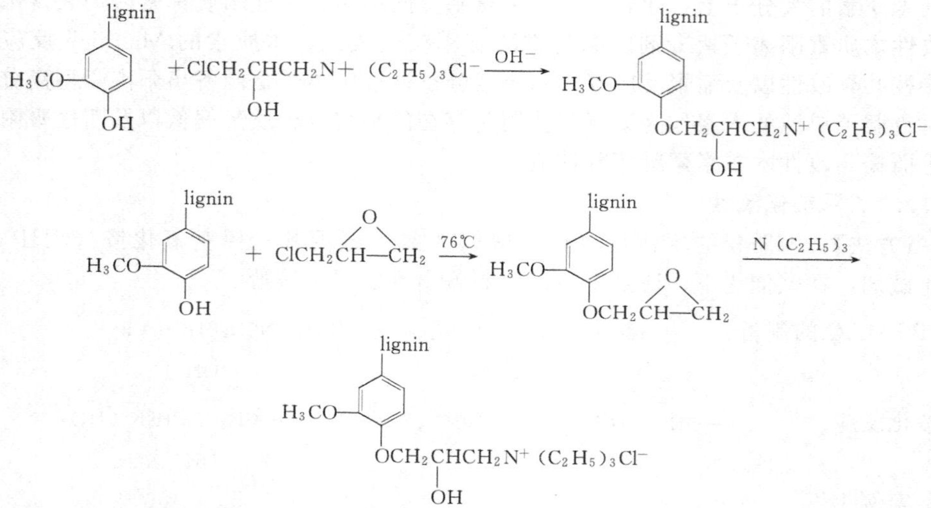

$$\begin{array}{l}\text{lignin}\\ H_3CO{-}\underset{OH}{\bigcirc}\ +ClCH_2CHCH_2N^+(C_2H_5)_3Cl^- \xrightarrow{OH^-}\ H_3CO{-}\underset{OCH_2CHCH_2N^+(C_2H_5)_3Cl^-}{\bigcirc}\end{array}$$

$$\text{lignin}\ H_3CO{-}\underset{OH}{\bigcirc}\ +\ ClCH_2CH{-}CH_2\ \xrightarrow{76℃}\ \text{lignin}\ H_3CO{-}\underset{OCH_2CH{-}CH_2}{\bigcirc}\ \xrightarrow{N(C_2H_5)_3}$$

$$\text{lignin}\ H_3CO{-}\underset{OCH_2CHCH_2N^+(C_2H_5)_3Cl^-}{\bigcirc}$$

【应用】　吴冰艳将从造纸黑液中提取的木质素与自制的季铵盐单体反应，合成木素季铵盐絮凝剂。其只用少量也能得到很好的絮凝效果。祝万鹏等用溶解的木质素与甲醛或聚甲醛试剂和胺组分及强酸催化剂，于 30～120℃ 温度下进行 Mannich 缩合反应，在木质素骨架上嵌接铵盐基团，然后加入烷基化试剂，于 40～100℃ 温度下，进行烷基化反应，最后减压蒸馏分离溶剂与产品制得的季铵盐阳离子絮凝剂，其絮凝效果好且投药量少，成本低。

（1）在印染废水中的应用

用高浓度、高色度的酸染料对木素阳离子的絮凝剂进行研究，研究表明：酸性黑 ATT 染料溶液脱色率随着木质素季铵盐投加量的增加而升高，但当絮凝剂的投加量超过 3g/L 时，溶液脱色率反而下降，这是由于过量的絮凝剂有时会使形成的絮凝体重新变成稳定的胶体。同时研究了溶液 pH 值对其絮凝脱色性能的影响，由实验得出，木质素季铵盐的最佳投加量为 2～3g/L。且其适合在弱酸性条件下使用，这是由于在酸性条件下阳离子型絮凝剂分子构型趋于伸展，能充分发挥大分子的桥连作用。

（2）在城市生活污水中的应用

木素季铵盐絮凝剂可用于处理生活污水（浊度为 50NTU），通过絮凝沉降速度和对污水的除浊效果来确定合成该絮凝剂的较佳工艺条件。合成的木素季铵盐絮凝剂处理污水沉降速度快，除浊效果最好（表 3-62）。

表 3-62　絮凝处理效果

因素	速度	剩余浊度/NTU	除浊率/%
催化剂浓度和用量(4mol/L)	快	2	96
活化时间(1min)	快	2	96
投料比(1∶2.5)	快	2	96

　　而且通过研究发现该木素季铵盐絮凝剂，其分子中含有大量羟基、羧基等反应活性基团，从而使其在絮凝过程中，易形成化学键，这在促进溶解状有机物吸附和胶体及悬浮物的网捕方面起重要作用。另外还发现，由于在聚合过程中接枝了季铵阳离子，因而增加了絮凝剂分子的电荷密度，使其电中和作用增强，促进了它的吸附架桥功能，从而使其具有较好的絮凝作用。

3.8.2.2　Mannich 反应

【制备方法】　可利用木质素自身的活性羟基，通过 Mannich 反应，合成 Mannich 碱，再通过烷基化进一步改性，生成含有正电荷的季铵盐，其反应原理可表示如下。

（1）方法 1

$$\text{Lignin} + \text{HCHO} + \text{NR}_2\text{H} \xrightarrow{\text{H}^+} \text{Lignin——CH}_2\text{——NR}_2$$

$$\text{Lignin——CH}_2\text{——NR}_2 + 烷基化试剂 \longrightarrow 木质素季铵盐$$

（2）方法 2

$$2\text{R}_2\text{NH} + \text{CH}_2\text{O} \longrightarrow \text{R}_2\text{NCH}_2\text{NR}_2$$

$$\text{R}_2\text{NCH}_2\text{NR}_2 + \text{Lignin} \xrightarrow{\text{H}^+} \text{Lignin——CH}_2\text{——NR}_2$$

$$\text{Lignin——CH}_2\text{——NR}_2 + 烷基化试剂 \longrightarrow 木质素季铵盐$$

注：Lignin 代表木质素。

（3）实例 3

以木质素为原料，采用了 Mannich 反应在木质素骨架上嵌接铵盐基团，然后烷基化制备季铵盐阳离子絮凝剂。具体合成工艺步骤如下：①用溶剂溶解木质素，木质素与溶剂质量比为1∶(10～30)，可选用的溶剂有乙醇、二甲基亚砜、二甲基甲酰胺、吡啶、1,4-二氧六环；②在上述溶液中加入甲醛或聚甲醛试剂，木质素与醛组分的质量比为1∶(1.4～5.6)，同时加入胺组分，醛组分∶胺组分摩尔比为1∶(0.5～1)之间，胺组分可选择为乙二胺、仲胺盐类、聚胺盐类或杂环胺盐类，以一定速度搅拌；③搅拌均匀后加入强酸催化剂，在30～120℃温度下，反应1～10h，催化剂的加入量为每克木质素0～0.02mol强酸；④上述 Mannich 反应完成后，加入烷基化试剂，胺组分与烷基化试剂摩尔比为1∶(1～3)之间，可选用的烷基化试剂有碘甲烷、硫酸二甲酯、1,2-二氯乙烷、环氧氯丙烷，反应温度为40～100℃，反应时间为0.5～6h；⑤反应完成后采用减压蒸馏法分离出产品即可。

（4）实例 4

①用溶剂溶解木质素，木质素与溶剂质量比为1∶(10～30)，可选用的溶剂有乙醇、二甲基亚砜、二甲基甲酰胺、吡啶、1,4-二氧六环；②将醛组分与胺组分先反应制备亚甲二胺，其中醛组分与胺组分摩尔比为1∶(0.5～1)，醛组分为甲醛或聚甲醛，胺组分可选为乙二胺、仲胺盐类、聚胺盐类或杂环胺盐类；③将上步制得的亚甲基二胺与木质素反应，木质素与前述醛组分的质量比为1∶(1.4～5.6)，搅拌均匀后加入强酸催化剂，在30～120℃温度下，反应1～10 h，催化剂的加入量为每克木质素0～0.02 mol强酸；④上述 Mannich 反应完成后，加入烷基化试剂，胺组分与烷基化试剂摩尔比为1∶(1～3)之间，可选用的

烷基化试剂有碘甲烷、硫酸二甲酯、1,2-二氯乙烷、环氧氯丙烷，反应温度为 40～100℃，反应时间为 0.5～6 h；⑤反应完成后采用减压蒸馏法分离出产品即可。

【应用】　Mckague 报道了硫酸盐木质素进行 Mannich 反应，与二甲胺和甲醛作用，进行甲基化和氯甲基化后，生成的木质素季铵盐衍生物可用作硫酸盐浆厂漂白废水的絮凝剂，效果显著。

3.8.2.3　接枝共聚

【制备方法】　木质素通过引发剂的引发作用，产生活化的自由基，然后再与阳离子型乙烯基类单体发生接枝共聚合，生成接枝共聚物，反应通式为：

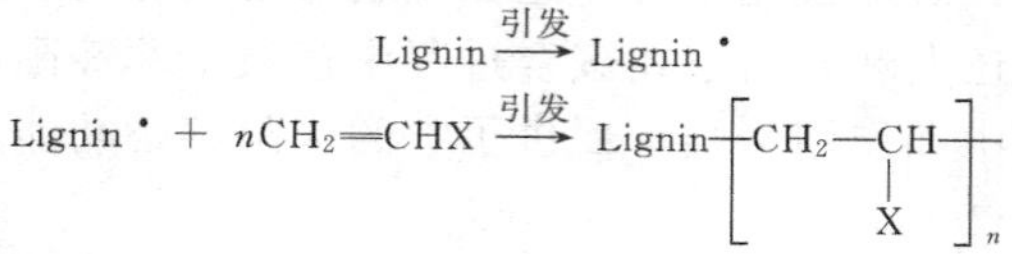

$$\text{Lignin} \xrightarrow{\text{引发}} \text{Lignin}^{\cdot}$$

$$\text{Lignin}^{\cdot} + n\text{CH}_2{=}\text{CHX} \xrightarrow{\text{引发}} \text{Lignin}{-}\!\left[\text{CH}_2{-}\overset{\displaystyle X}{\underset{\displaystyle |}{\text{CH}}}\right]_n$$

式中，X 为阳离子基团。

(1) 木质素-二甲基二烯丙基氯化铵接枝共聚物

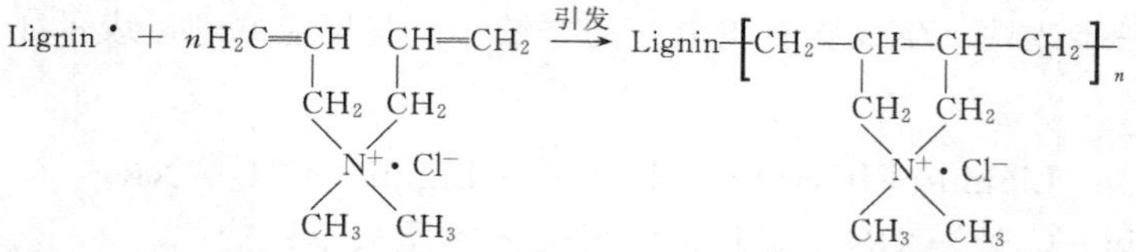

在带有搅拌器、氮气进出口的三口烧瓶中，加入马尾松硫酸盐浆木质素和蒸馏水，木质素与 DMDAAC 单体的质量配比为 1:(3～6)，木质素与 DMDAAC 的总质量分数为 30%，通氮气搅拌并用水浴加热到 40℃，在 30min 内逐渐滴加已处理好的二甲基二烯丙基氯化铵单体，搅拌均匀后，加入引发剂（如 Fe^{2+}/H_2O_2、过硫酸钾/脲、过硫酸铵/亚硫酸氢钠等）和乙二胺四乙酸二钠，引发剂浓度为 0.7mmol/L。在氮气保护下反应 3～6h 后，即得木质素-二甲基二烯丙基氯化铵接枝共聚物。

(2) 木质素-丙烯酰胺-二甲基二烯丙基氯化铵接枝共聚物

木质素与丙烯酰胺和二甲基二烯丙基氯化铵单体在引发剂的作用下，发生接枝共聚的反应式为：

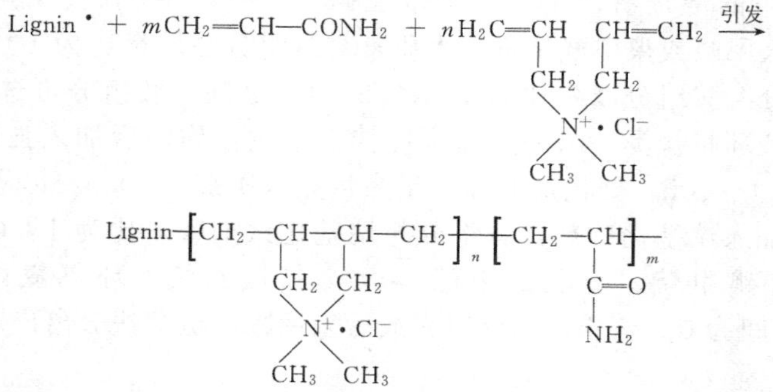

在 N_2 气氛保护下，将一定量的马尾松硫酸盐浆木质素和水加到干燥的三颈瓶中，搅拌均匀后，控温 30～50℃，依次加入引发剂和单体，在一定温度下进行接枝共聚，5～6h 后，停止搅拌和加热，得到木质素-丙烯酰胺-二甲基二烯丙基氯化铵接枝共聚物。其中反应条件：$m(\text{木质素})=2.0\text{g}$，$m(\text{AM})=5.0\text{g}$，$m(\text{DMDAAC})=0.6\text{g}$，$K_2S_2O_4$ 的浓度为 $8.0 \times 10^{-3}\text{mol/L}$，尿素的浓度为 $1.0 \times 10^{-2}\text{mol/L}$，反应温度为 40℃，反应时间为 5h。

3.8.2.4　木质素-丙烯酰胺接枝共聚物的改性

【制备方法】　木质素-丙烯酰胺接枝共聚物的改性主要是利用聚丙烯酰胺分子上的活性

酰胺基团，通过 Mannich 反应制备而成。

接枝共聚：

$$Lignin\cdot + nCH_2=CHCONH_2 \xrightarrow{引发} Lignin-\left[CH_2-\underset{\underset{NH_2}{\overset{C=O}{|}}}{CH}\right]_n$$

Mannich 反应：

$$Lignin-\left[CH_2-\underset{\underset{NH_2}{\overset{C=O}{|}}}{CH}\right]_n + HCHO + HN(CH_3)_2 \longrightarrow$$

$$Lignin-\left[CH_2-\underset{\underset{NH_2}{\overset{C=O}{|}}}{CH}\right]_x \left[CH_2-\underset{\underset{NHCH_2N(CH_3)_2}{\overset{C=O}{|}}}{CH}\right]_y$$

木质素-丙烯酰胺接枝共聚物的改性分为以下 2 个步骤。

① 木质素-丙烯酰胺接枝共聚物的制备　在 Ce^{4+}（硝酸铈铵）引发下，溶于 NaOH 的木素（有少量 $CaCl_2$ 共存）在一定条件下与丙烯酰胺发生接枝改性，反应 2~5h 后，用丙酮沉淀，即得木质素-丙烯酰胺接枝共聚物。

② 接枝共聚物的 Mannich 反应　将接枝共聚物溶液用 10% 氢氧化钠溶液调节至一定的 pH 值（9~11），加入甲醛在 45~55℃ 下羟甲基化反应 1~2h，再加入二甲胺在 50~65℃ 胺甲基化反应 2~3h，得到木质素-丙烯酰胺接枝共聚物的 Mannich 反应产物。

3.8.2.5　缩聚反应

【制备方法】　木质素亦可通过缩聚反应制备出阳离子型的改性木质素絮凝剂。刘德启利用硫酸盐法制浆得来的木质素、甲醛、尿素和去离子水等为原料合成了脲醛木质素絮凝剂。具体制备过程为：将装有搅拌器、水冷凝管和温度计的三颈烧瓶置于水浴中。把称好的木质素放入三颈烧瓶中并在 pH=10.1~12.0 下搅拌溶解；再加入已标定好浓度的 HCHO 溶液及尿素，在一定的温度条件下反应 150min。

【应用】　重革废水的色度一般都很高，有时会达到千倍以上，这是由于水溶性极强的植物鞣剂的流失造成的，是很难处理的一种废水。虽然这些植物鞣剂在废水中表现为阴离子，但这又绝对不能用铝系、铁系无机阳离子絮凝剂直接进行处理，因为它们会首先与铁、铝等金属离子形成络合物，而更加重了废水的色度与稳定性，不利于脱色及后续处理。以往主要采用有机复合脱色剂进行脱色，但运行成本较高。利用脲醛预聚体改性木质素所合成的絮凝剂处理重革废水，从表 3-63 中的试验数据发现所合成的改性木质素产品具有优异的脱色效果，改性的成本也很低，从水处理系统中回收的大量废渣可直接用于农业。

表 3-63　重革废水处理效果

项目	处理前	处理后	去除率/%
COD/(mg/L)	2300	345	85
色度/倍	650	65	90

而且通过实验也发现脲醛改性的木质素絮凝剂与废水中植物鞣剂形成的絮凝颗粒，要比木质素与植物鞣剂的颗粒大得多，并且颗粒也密实得多。在沉降性能上也明显地表现出：改性木质素絮凝剂形成絮体的速度快，界面分层快，压缩沉降区占的体积要比木质素-植物鞣剂絮体占的体积小得多。

3.8.3　改性纤维素类絮凝剂

阳离子型改性纤维素是一类重要的功能性聚合物，在工业生产中起着重要的作用。阳离子型改性纤维素的应用范围非常广泛。当前制备阳离子型改性纤维素的方法主要有两种：一是用纤维素类阳离子型单体为原料通过聚合反应制得；二是用阳离子化试剂与纤维素类高分子链上的基团进行化学反应而制得。前者由于制备工艺复杂、价格高等因素。在工业上受到了一定的限制，而后者由于制备工艺简单、优选余地大等特点，受到人们的青睐。以下介绍阳离子型改性纤维素类絮凝剂的 3 种制备方式。

3.8.3.1 阳离子化改性

【制备方法】 阳离子型改性纤维素的制备方式有以下几种：①直接利用阳离子化试剂进行醚化反应；②先羧甲基化，再酯化，最后进行阳离子化反应。

(1) 方法 1

以工业羟乙基纤维素为原料、3-氯-2-羟丙基三甲基氯化铵为醚化剂，制备了一系列水溶性阳离子化羟乙基纤维素。具体合成步骤为：首先将定量羟乙基纤维素 HEC 分散于一定体积的异丙醇水混合介质中，待搅拌均匀后分批加入所需量的 NaOH 和 CHPAC 溶液，再于 65℃下搅拌反应 2h。最后将反应混合物中和、过滤、洗涤、乙腈纯化、真空干燥、称量、粉碎即得阳离子化 HEC。

(2) 方法 2

以羧甲基纤维素（CMC）为原料，在酸催化作用下酯化，酯化产物再与碘乙烷反应生成的阳离子化的季铵盐聚合物。具体合成步骤为：①在 3 口玻璃瓶内先放入 CMC 水溶液（取 3g 溶于 150mL 水中），取 CMC 与甲醇摩尔比为 1:5 的混合溶液，置于恒温水浴槽内密封，搅拌，滴加几滴硫酸，在温度 60~65℃反应 6h，得产物 A；②在另一玻璃杯中装适量冰醋酸，向其中加摩尔比为 1:1 的甲醛和二甲胺混合液振荡，在恒温下反应，生成油状的产物 B；③在①反应装置中，加入第二步酸化产品 B，在 B 与 A 的摩尔比为 1:4 条件下，调节 pH=4，温度为 60℃左右，反应 4~5h，得产物叔胺盐 C；④将产物 C 在快速搅拌下，从冷凝管顶部注入适量的碘乙烷（注意避光），其配比关系为 C:碘乙烷=1:2（摩尔比），温度为 50℃，pH 值为 4~5 及反应时间 5~6h，即得最后产品浅红棕色液体季铵盐 D。

上述工艺的合成原理如下所示。

① 第一步，CMC 中含有羧酸根离子（—COO⁻），用它做絮凝剂处理污水效果不好，原因是—COO⁻对污水中的污泥有保护作用，故先酯化屏蔽羧酸根离子（—COO⁻），反应式为：

$$R—CH_2OCH_2—\overset{\displaystyle O}{\overset{\|}{C}}—OH + HOCH_3 \xrightarrow{H_2SO_4} R—CHOCH_2COOCH_3 \quad (A)$$

其中 R 为：

② 第二步，制备 N-羧甲基胺 B，反应式为：

$$\overset{CH_3}{\underset{CH_3}{N}}—H + H—\overset{\displaystyle O}{\overset{\|}{C}}—H \xrightarrow{H^+} \overset{CH_3}{\underset{CH_3}{N}}—CH_2OH \xrightarrow{H^+} \overset{CH_3}{\underset{CH_3}{\overset{+}{N}}}=CH_2 + H_2O \quad (B)$$

③ 第三步，A 与 B 发生 Mannich 反应。因 CMC 上的甲酯中甲基上的氢与羧基相连的—CH_2—上的氢较活泼，能提供活泼氢，为发生 Mannich 反应提供了条件，反应式为：

$$R—CH_2—O—CH_2—\overset{\displaystyle O}{\overset{\|}{C}}—OCH_3 + \overset{CH_3}{\underset{CH_3}{\overset{+}{N}}}=CH_2 \xrightarrow{1} R—CH_2—O—CH_2—\overset{\displaystyle O}{\overset{\|}{C}}—OCH_2CH_2—\overset{CH_3}{\underset{CH_3}{N}} + H^+ \quad (C)$$

$$R-CH_2-O-CH_2-\overset{\overset{\displaystyle O}{\|}}{C}-OCH_3 + \overset{CH_3}{\underset{CH_3}{N}}{-CH_2} \xrightarrow{2} R-CH_2-O-\overset{\overset{\displaystyle O}{\|}}{C}-\underset{CH_2-N(CH_3)_2}{C}-OCH_3 +H^+ \qquad (C)$$

（注：产品 C 有上述两种可能 1 和 2）

④ 第四步，因产物 C 只有在酸性条件下才具有阳离子化性能，故在叔胺盐的基础之上，进一步再烷基化，使其彻底阳离子化：

$$R-CH_2-O-CH_2-C-O-CH_2-CH_2-\overset{CH_3}{\underset{CH_3}{N}}+C_2H_5I \longrightarrow$$

$$R-CH_2-O-CH_2-C-O-CH_2-CH_2-\overset{\overset{\displaystyle CH_3}{|}}{\underset{\underset{C_2H_5}{|}}{N}}-CH_2I \qquad (D)$$

阳离子型纤维素还可以利用其他醚化剂制备而成，见表 3-64。

表 3-64　其他制备阳离子型纤维素的方法

纤维素种类	醚化试剂	阳离子类型
纤维素	$ClCH_2CH_2NH_2$	伯胺型
纤维素	$ClCH_2$—⬡—NH_2	伯胺型
乙基纤维素	$ClCH_2CH_2N(C_2H_5)_2$	叔胺型
羟乙基纤维素	$ClCH_2CH_2N(C_2H_5)_2$	叔胺型
纤维素	$ClCH_2CH_2N^+(C_2H_5)_2Cl^-$ 下接 CH_3	季铵盐型
羟乙基纤维素	$ClCH_2CH_2N^+(C_2H_5)_2Cl^-$ / OH H_2C—⬡	季铵盐型
微晶纤维素	$HOCH_2NHCCH_2CH_2N(C_2H_5)_2$ (C=O)	叔胺型
羟丙基纤维素	$ClCH_2CNHN^+(CH_3)_3Cl^-$ (C=O)	季铵盐型

【应用】　钻井废水由于其含油量高、COD 大等特点，也已成为一污染程度大而又难处理的污水来源之一。冯琳利用阳离子化的羧甲基纤维素处理钻井废水取得了明显的成效。

（1）应用实例 1

从川中矿区一厂的钻井队取现场循环钻井液时先行稀释，并模拟现场钻井废水，稀释一倍以后，取 250mL 于有刻度的容器中。用 H_2SO_4 调节废水 pH 值到 4 左右。向各容器中加入不同浓度的十八水合硫酸铝混凝剂，搅拌使其混匀，5min 后，再加入不同浓度、不同种类的絮凝剂（聚丙烯酰胺或改性 CMC 产品），再缓慢地搅拌 10～15min，静置沉淀 60min测定：①沉降体积比（在 60min 内沉降距离 H 与溶液总高度 H_0 之比）；②取上层清液测透光率；③对有代表性的絮凝剂用量配比。取上层清液测 COD_{Cr} 值与浊度值。其实验均在混凝剂十八水合硫酸铝为 100mg/L 条件下进行，加同量的改性产品 CMC 或 PAM 及二者复配使用，测得的 60min 体积沉降，上层清液透光率的关系，结果表明，在同样加量的十八水合硫酸铝的条件下，相同加量的改性产品 CMC 的 60min 体积沉降率和上层清液透光率均比加单纯的聚丙烯酰胺高，如果改性产品 CMC 和聚丙烯酰胺以相同比例复配，其相对应的值更高，在复配产品加量均为 2mg/L、5mg/L、10mg/L 时，上层清液透光率值达到 62%、

84％、86％。

（2）应用实例2——处理川中矿区钻井废水

川中矿区的磨120井和磨128井主要采用聚合物磺化钻井液。从现场取回沉淀池中的钻井废水（已经过隔油池除去浮油，大的悬浮物颗粒也在沉淀池中得到沉淀），等待进入间歇混凝装置进行絮凝沉淀，这正好与实验室的处理条件相吻合，其处理情况见表3-65。

表 3-65　絮凝效果

井位		絮凝剂用量			水质情况				
		硫酸铝 /(mg/L)	阳离子化 CMC /(mg/L)	PAM /(mg/L)	外观	pH 值	色度 /倍	悬浮物 /(mg/L)	COD_{Cr} /(mg/L)
磨120	处理前	—	—	—	黑色	11.5	2650	1850	15672
	处理后	2000	—	25	上层清液澄清	6.5	160	35	611
		1000	1.4	10	上层清液澄清	6.0	20	13	204
磨128	处理前	—	—	—	褐黑色	9.5	1000	950	8350
	处理后	1600	—	30	上层清液澄清	7.5	120		267
		800	1.5	20	上层清液澄清	5.0	16		150

从表3-65可看出，使用阳离子化的CMC处理钻井废水效果均较未加阳离子化的CMC时（只用硫酸铝和聚丙烯酰胺复配）好，计算结果比较见表3-66。阳离子化CMC的使用，不仅能使钻井废水处理效果提高，而且也大大节约成本。在废水处理过程中，阳离子化CMC的使用，使硫酸铝和聚丙烯酰胺用量大大减少。尽管阳离子化CMC成本（约22000元/吨）比聚丙烯酰胺（18000元/吨）成本高，但因用量少，从总的经济效益来看，使用阳离子化CMC产品与硫酸铝和聚丙烯酰胺复配，可降低成本费用50％～70％，降低了钻井成本。

表 3-66　絮凝处理效果

井位		脱色率	悬浮物去除率	COD_{Cr}去除率
磨120	未加阳离子化 CMC	94.0％	98.1％	96.11％
	加阳离子化 CMC	99.2％	99.3％	98.7％
磨128	未加阳离子化 CMC	88.0％	—	96.8％
	加阳离子化 CMC	98.4％	—	98.2％

表中实验结果说明，阳离子化的CMC产品与少量硫酸铝和聚丙烯酰胺复配使用，能有效地除去钻井废水中的COD色度及悬浮物。

3.8.3.2　接枝共聚

【制备方法】　部分可溶性纤维素及其衍生物可通过引发剂的引发作用，产生活化的自由基，然后再与阳离子型乙烯基类单体发生接枝共聚合，生成接枝共聚物，反应通式为：

$$Cell \xrightarrow{引发} Cell^{\bullet}$$

$$Cell^{\bullet} + nCH_2{=}CHX \xrightarrow{引发} Cell{-}\begin{bmatrix} CH_2{-}CH \\ | \\ X \end{bmatrix}_n$$

式中，X为阳离子基团；$Cell^{\bullet}$代表纤维素自由基。

（1）纤维素-甲基丙烯酸二甲氨基乙酯接枝共聚物

部分可溶性纸浆可与甲基丙烯酸二甲氨基乙酯在引发剂的作用下，生成纤维素-甲基丙烯酸二甲氨基乙酯接枝共聚物，反应式为：

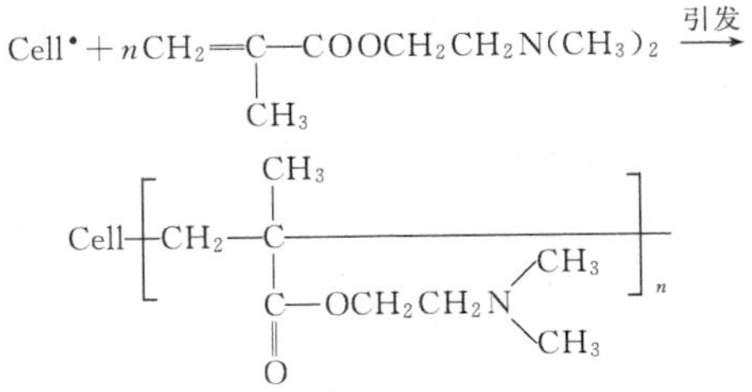

$$Cell\cdot + nCH_2=\underset{\underset{CH_3}{|}}{C}-COOCH_2CH_2N(CH_3)_2 \xrightarrow{引发}$$

$$Cell\left[CH_2-\underset{\underset{\underset{O}{\parallel}}{\underset{C-OCH_2CH_2N}{|}}}{\overset{\overset{CH_3}{|}}{C}}-CH_3\atop CH_3\right]_n$$

以可溶性纸浆为原材料，通过水溶液聚合法制备纤维素-甲基丙烯酸二甲氨基乙酯接枝共聚物。具体工艺为将制浆和水加入反应器中，搅拌均匀后，在 N_2 氛围内加入甲基丙烯酸二甲氨基乙酯，搅拌 $10\sim20min$ 后，加入引发剂（如过硫酸钾、过硫酸铵或过硫酸钾/亚硫酸氢钠等），在 $25\sim50℃$ 下反应 $1.5\sim4h$，即得纤维素-甲基丙烯酸二甲氨基乙酯接枝共聚物。

（2）羟乙基纤维素-N-二甲氨基甲基丙烯酰胺接枝共聚物

将一定量的羟乙基纤维素溶于蒸馏水中，完全溶解后加入一定量的 N-二甲氨基甲基丙烯酰胺，继续搅拌至溶解完全。通 N_2 驱 O_2 $30min$，将溶解好的单体溶液升温至 $40\sim50℃$，加入一定量的引发剂，反应 $2\sim5h$ 后，得到羟乙基纤维素-N-二甲氨基甲基丙烯酰胺接枝共聚物。

3.8.3.3　接枝共聚物的改性

【制备方法】　利用纤维素及其衍生物与乙烯基类单体发生接枝共聚反应，生成接枝共聚物，然后利用接枝共聚物上的活性基团，进一步化学改性，制备出阳离子型的接枝共聚物。

（1）羟乙基纤维素-丙烯酰胺接枝共聚物的改性

羟乙基纤维素-丙烯酰胺接枝共聚物的改性包括接枝共聚物的制备、共聚物的改性 2 个步骤。

① 接枝共聚物的制备　将一定量的羟乙基纤维素溶于一定量的蒸馏水中，完全溶解后加入一定量的丙烯酰胺单体，继续搅拌至溶解完全。将溶解好的单体溶液升温至 $30\sim40℃$，加入一定量的引发剂，反应一段时间后，即得羟乙基纤维素-丙烯酰胺接枝共聚物。

② 共聚物的改性　将接枝共聚物溶液用 10% 氢氧化钠溶液调节至一定的 pH 值（9～11），加入甲醛在 $45\sim55℃$ 下羟甲基化反应 $1\sim3h$，再加入二甲胺在 $50\sim65℃$ 胺甲基化反应 $1\sim2h$，得到羟乙基纤维素-丙烯酰胺接枝共聚物的 Mannich 反应产物。

（2）纤维素-丙烯腈接枝共聚物的阳离子化

以氰乙基纤维素为原料，通过还原反应制备出伯胺型的阳离子纤维素，反应式如下：

$$Cell-OCH_2CH_2CN \xrightarrow[THF]{BH_3-Me_2S} Cell-OCH_2CH_2CH_2NH_2$$

3.8.4　壳聚糖及其季铵化产品

甲壳素是一类广泛存在于甲壳动物和节肢动物以及真菌细胞壁上的多糖类化合物，也是地球上仅次于纤维素的数量最丰富的有机化合物之一。

甲壳素（chitin）又名甲壳质、几丁质、壳多糖等，是一种由 2-乙酰胺-2-脱氧葡萄糖通过 β-1,4-糖苷键连接起来的直链多糖，学名为 (1-4)-2-乙酰胺基-2-脱氧 β-D-葡聚糖。其结构为：

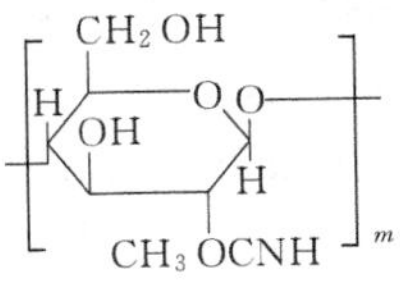

由于 O······H—O—O 型及 O······H—N—型氢键的作用，使甲壳素大分子间存在着有序结构，由于晶态结构的不同，存在有 α、β、γ 三种晶形物。在虾、蟹甲壳中的甲壳素，相邻分子链的方向是逆向的，为 α-型，这种结晶比较稳定。当甲壳素糖基上的 N-乙酰基大部分被去除时，就转化为甲壳素最重要的衍生物——壳聚糖。

壳聚糖（chitosan）属含氨基的均态直链多糖衍生物，是甲壳素的脱乙酰化产物，又名脱乙酰甲壳素、可溶性甲壳素等，学名为 [(1,4)-2-氨基-2-脱氧-D-葡聚糖]，结构为：

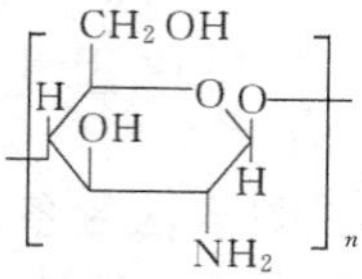

实际上仍有未脱乙酰化的单元，但已脱乙酰化的在链中占 80% 以上。壳聚糖同样也有 α、β、γ 三种晶形物。

其是天然多糖中唯一的碱性多糖，也是少数具有荷电性的天然产物之一。它具有许多特殊的物理、化学性质和生理功能，其分子链中通常含有 2-乙酰氨基葡聚糖和 2-氨基葡聚糖两种结构单元，两者的比例随脱乙酰化程度的不同而不同。正由于壳聚糖分子结构中含有丰富的羟基和氨基，使之易于进行化学修饰和改性。其应用领域也大为广泛。

由于这类物质分子中均含有酰氨基及氨基、羟基，因此具有絮凝、吸附等功能。下面就将甲壳素及壳聚糖改性为絮凝剂的制备工艺、应用情况以及发展前景做一介绍。

3.8.4.1 甲壳素和壳聚糖

【制备方法】

（1）化学方法

① 甲壳素的制备

a. 实例 1   甲壳质及壳聚糖由脱盐（钙盐）、脱蛋白和脱乙酰基三步生产制得，其制备方法很多，目前以化学加工法为主。比较先进的方法是将甲壳干燥后粉碎，将粉末置于 0.4～3.0mol/L 的盐酸溶液中，常温处理 10～25h 后水洗、过滤、干燥，得到粗甲壳素。

b. 实例 2   虾、蟹壳剔杂洗净，干燥至脆后粉碎过筛。用稀盐酸浸泡脱去无机盐后，水洗至中性，加入稀氢氧化钠溶液中浸煮脱蛋白质和脂类，水洗至中性，可制得略带肉色片状粗制甲壳素。粗品用 0.5% KMnO₄ 溶液浸渍 1h，水洗后置于 1% 草酸溶液中，于 60～70℃ 搅拌 0.5h 左右，水洗，干燥制得白色片状甲壳素。

② 壳聚糖的制备

a. 实例 1   将上述制备方法①制得的甲壳素置于氢氧化钠溶液中，在 80～100℃ 下浸 2～12h，得到粗壳聚糖；将该壳聚糖过滤，水洗，去离子水中浸渍，过滤后在水与有机溶剂的混合液中浸渍，再经过滤、洗涤、干燥得到壳聚糖。

b. 实例 2   将上述制备方法①制得的甲壳素分别浸于 30%～50% 浓氢氧化钠溶液中，温度控制在 50～90℃，反应 24h，然后水洗、干燥得白色片状壳聚糖。

c. 实例 3   将上述制备方法①制得的甲壳素分别浸于 30%～50% 浓氢氧化钠溶液中，温度控制在 130～140℃，反应 2～3.5h，然后水洗、干燥后得到白色片状壳聚糖。

（2）酶制备法

酶法的特点是节约能源，避免昂贵的化工原料，设备简单，但关键是要制备出脱乙酰酶，利用专一性酶对甲壳素进行脱乙酰基反应。这里介绍一种用黑曲霉电解法从菌丝体中提取甲壳素和碱法制备壳聚糖的工艺，其工艺条件如下：使用黑曲霉的最佳培养液 YEPD 培养菌体，最佳培养时间 42h，最终培养量 0.942g 干菌体，最终残糖质量浓度为 0.627mg/mL。黑曲霉湿菌体经质量分数为 5％ NaOH，100℃处理 6h，然后用 45％NaOH 溶液 126℃处理 2～3h，用质量分数 10％醋酸，95～100℃处理 3h，NaOH 滴定，析出壳聚糖。

（3）机械法

机械法提取的甲壳素和壳聚糖不太纯，含有一些壳质蛋白质及钙盐，可作为水产动物饲料的组成部分。

制备方法为将精选的虾蟹壳经过干燥、压碎、研磨、分选、精筛等步骤，提取天然甲壳素，从中分离出蛋白质、钙盐等成分。其优点是得到活性甲壳素，保留了独特的天然特性，如旋光性、分子量、分子结构。天然甲壳素具有 β 氨类键，具有生物活性，这些因素使该法制得的产品在螯合作用、絮凝作用、配位方面更具有优势。经分选得到的蛋白质和钙盐约占总重的 30％，可用作养殖对象的饲料。

（4）酸溶法

这种方法的主要生产工序是将收集来的虾、蟹壳洗净、干燥后，浸泡在 5％稀盐酸溶液中 2h，然后过滤、水洗至中性；在 10％的 NaOH 溶液中煮沸 2h，再过滤、水洗至中性，干燥后即得甲壳素；将制得的甲壳素放在 45％～50％的 NaOH 溶液中，在 100～110℃水解适当的时间而后得到壳聚糖，这个适当的时间一般是根据要制备壳聚糖的分子量而来，如果要制备的分子量越高，则脱酰基程度越高，所需的时间就越长，反之越短。

（5）微波法

先将粗虾蟹甲壳用稀 NaOH、稀 HCl 交替浸泡漂洗两次至中性进行脱蛋白质和脱钙，然后烘干、粉碎。按固液比为 1：15 与已配好的 45％ NaOH 溶液混合，搅拌均匀，再用微波加热（功率在 500W 以下），进行脱乙酰化处理。即得壳聚糖。

（6）其他方法

曾坤伟等采用 HCl 和 H_3PO_4 的水/醇溶液为反应介质降解壳聚糖，并用无水乙醇沉淀和洗涤，制备出收率超过 95％的水溶性微晶壳聚糖。其晶体尺寸为 400～800nm，晶型完全不同于固体粉末壳聚糖，制得的微晶壳聚糖可以均匀分散于冷水而溶于 60℃热水。

【应用】　甲壳素和壳聚糖可用于医药、净化饮用水、化妆品行业、轻纺工业、造纸工业、农业、食品工业等领域。

（1）医药领域

甲壳素和壳聚糖与器官、组织、细胞具有良好的生物相容性，在生物体中可降解成易被活体吸收、无毒副作用的小分子化合物氨基葡萄糖，不残留在活体内，是一类生物降解吸收型高分子材料，在生物医药方面具有广泛的应用，如酶的固定化技术、药物控释载体、中药药液的絮凝剂、吸附剂、人工透析膜、外科手术缝合线、伤口涂敷料、人造皮肤、抗凝血剂、疗伤用药等。甲壳素另外还具有缓释性，可利用壳聚糖及其他成胶物质形成一复合物，包埋药物或其他以达到控制物质释出的特性，以使药物于适当的时间释放适当的剂量。1999年，暨南大学成功研制开发了甲壳素/天然胶乳复合膜作为皮肤创伤敷膜。

（2）净化饮用水

用传统处理方法——氯气或漂白粉处理过的自来水，往往含有三氯甲烷、四氯化碳等卤代物，这类物质具有变异性与致癌性，尤其在氯气或漂白粉用量大时，自来水中还有呛鼻的氯气味，影响人体健康。壳聚糖中的氨基具有较高的结合水中卤代物的能力，用壳聚糖和甲壳素制成的净水材料具有很好的吸附作用，不但无毒，而且有抑菌、杀菌作用，能有效地去除自来水中的容易引起变异的物质。例如，将壳聚糖纺成纤维，切成 3cm 长的段，加工成絮状，作为净水材料可用于吸附水中的卤代物；将壳聚糖溶液吸附于颗粒活性炭上，用甲醛交联后所制得的吸附剂，用于处理高氟地下水，可去除水中 93％（质量分数）的氟，达到人、畜饮用的标准。

将壳聚糖与无机盐 $Al_2(SO_4)_3$ 和 $FeCl_3$ 复配，用于饮用水的处理，观察到明显改善的絮体结构，对饮用水中有机物的去除率从单用无机体系处理时的 22%～28% 提高到 54%～58.3%，同时使水中有机氯化物相应减少，处理后水中残留的 Fe^{3+}、Al^{3+} 浓度仅为 0.057mg/L 和 0.015mg/L，处理后的水质明显得到改善。

（3）废水处理

甲壳素和壳聚糖作为絮凝剂或吸附剂，在废水处理中的应用研究取得了很大进展，其原因主要是常规使用的无机或有机絮凝剂尽管有效，但用量大，操作烦琐，处理成本高，而壳聚糖分子结构上含有大量的氨基，通过配位键结合，形成极好的高分子螯合剂，它既可凝集废水中的染料，无毒，不产生二次污染，又可捕集铜、铬、锌等重金属离子，因此，在处理工业废水方面应用前景广阔。

① 造纸废水处理

近几年，壳聚糖应用技术日益发展，范瑞泉等的研究表明，将壳聚糖用于处理造纸废水时，COD 去除率都在 91% 以上，明显优于聚铝、明矾等净水剂，在去除水中悬浮物的同时，可去除水中对人体有害的重金属离子。张彤等研究认为，壳聚糖能将造纸废水中酶催化形成的有色低分子聚合物几乎完全去除，壳聚糖絮凝剂最佳投加量为 50～120mg/L，TOC 和 AOX 的去除率分别达到 90 % 和 100 %。Ganjidoust 等研究表明，用壳聚糖絮凝剂处理造纸工业废水，其对色度和 TOC 的去除均优于其他合成的絮凝剂，其中色度去除率大于 90%，TOC 去除率达到 70 %。

② 食品废水的处理

王永杰、张亚静等做了壳聚糖絮凝剂絮凝味精废水的研究，发现 COD_{Cr} 去除率达到 70%～80%。陈天等在蛋白质含量为 0.5%，并含有大量无机离子和有机物质的工业发酵废水中，加入 200～400mg/L 壳聚糖，经搅拌静置后过滤，其蛋白质的回收率可达 90%～98% 以上。

③ 印染废水处理

以壳聚糖为原料制备的吸附剂，对具有酸性基团的染料分子和活性染料表现出优异的吸附能力，吸附量约为粒状活性炭的数倍。在印染工业废水的脱色处理中，用壳聚糖吸附剂的吸附法明显优于传统的凝聚沉淀法、活性炭吸附法等。采用壳聚糖吸附剂吸附处理废水，不会出现吸附剂泄漏等问题，可降低处理成本和设备费用，处理效果理想，而且原料本身无毒，不会造成二次污染。以壳聚糖为原料制备的絮凝剂，用于处理食品工业废水时，其脱色效果和 COD 去除率也明显优于常用的其他絮凝剂；用于处理活性染料、直接染料和印染厂的废水时，其脱色率达到 93.7% 以上。

将相对分子质量为 310000、脱乙酰度为 98 % 的壳聚糖溶解于稀盐酸中，以 1∶10 的比例拌入粉状纤维素，用质量分数为 5% 的 NaOH 溶液进行处理，凝聚其中的壳聚糖，然后进行离心脱水，再用 100℃ 热风干燥后粉碎，所制得的吸附剂对染色废水的吸附率比粒状活性炭高 5.5 倍，而且过滤性能优良。

用脱乙酰度为 85% 以上的壳聚糖处理工业染色废水，选择了最适 pH 值、壳聚糖的用量以及搅拌时间等条件。表 3-67 说明壳聚糖能使工业废水中的 COD_{Cr} 降低 80%～90%，色度明显降低，且形成的矾花颗粒较大，沉降快。而用碱式氯化铝为絮凝剂处理后，COD_{Cr} 降低 30%～60%，色度无明显变化，且絮凝后不稳定，放置 1～2d 后色度又会逐渐加深，出现悬浮物现象。

表 3-67　壳聚糖对染色废水的絮凝试验结果

染色废水 COD$_{Cr}$/(mg/L)	加壳聚糖处理后		加碱式氯化铝处理后	
	COD$_{Cr}$/(mg/L)	去除率/%	COD$_{Cr}$/(mg/L)	去除率/%
184	25	86.4	101	45.3
109	11	89.9	66	39.4
520	98	81.1	360	30.7
210	33	84.1	89	57.7
874	107	87.7	504	42.3

（4）污泥脱水

Asano 利用壳聚糖絮凝剂来处理活性污泥，使其加入量为 0.8%～2.2%（质量分数）与离心分离技术相结合，悬浮固体的分离量达到 96% 以上。Bough 利用壳聚糖为助剂处理啤酒厂的活性污泥，脱水率达 90%，所回收的活性污泥可用作动物饲料。蔬菜罐头废水生化处理后的活性污泥用同样办法脱水，壳聚糖的剂量控制在 0.2%～0.3%，脱水率达 99%。

沙湖污水处理厂的浓缩污泥，其的 pH 值为 6.8。一次污泥用量为 100mL，其含水率为 93%～95%。试验温度为 16～18℃，投药后立即人工快速搅拌 1min，然后慢速搅拌 5min，试验压力为 53.32×10^{6}Pa，间隔 10s 记录一次滤液体积，4min 以后改为 30s 一次。每次加入絮凝剂溶液的量为 10mL。

壳聚糖用 1% 质量分数的醋酸来溶解，按表 3-68 中的质量浓度加入污泥中，加入时进行搅拌。5min 后倒入布氏漏斗中，然后抽真空。壳聚糖对污泥脱水性能的影响结果见表 3-68。

表 3-68　壳聚糖投加量对污泥脱水性能的影响

ρ(壳聚糖)/(g/L)	0.25	0.75	2	4	6	8	10	12	15	20
r/(×10^{8}s^2/g)	2.14	1.42	1.31	1.22	1.08	0.72	0.69	0.76	0.81	0.84

从表 3-68 可以发现，投加壳聚糖的最小比阻值与前两种絮凝剂相比是最小的，这可能是由于壳聚糖为弱阳性高分子聚合物，其具有电中和与吸附架桥的作用，由于壳聚糖相对分子质量在 2×10^6 并不很大，因此形成的絮体较小，且能形成较坚固的结构。如此使经其处理后的污泥比阻值达到最小。在实验过程中，发现该泥饼具有多孔性，而且泥饼结实，成形很好。随着壳聚糖剂量的增加，当达到最佳点后比阻值逐渐增大，同时也发现滤饼有黏滤纸的现象。

（5）去除无机悬浮固体和有机物

壳聚糖是直链型的高分子聚合物，由于其分子中存在游离氨基，在稀酸溶液中会被质子化，从而使壳聚糖分子链上带上大量正电荷，成为一种典型的阳离子絮凝剂。这种絮凝剂兼有电中和絮凝和吸附絮凝的双重作用，对无机悬浮固体有很强的凝聚能力，在硬水处理中用作澄清助剂，澄清效果比传统使用的明矾和聚丙烯酰胺并用处理的效果更好，且不易产生絮凝恶化现象。壳聚糖对蛋白质、淀粉等有机物的絮凝作用也很强，可用于从食品加工废水中回收蛋白质、淀粉（用作饲料）。甲壳素和壳聚糖对皂土颗粒也有很好的絮凝效果。

壳聚糖对蛋白质有很强的凝聚作用，不需要助凝剂就可以从液体中较快地分离出蛋白质。用它处理含水溶性丝胶蛋白的煮碱废液与碱式氯化铝处理该废水作对比试验，结果表明，壳聚糖在最适 pH 7～10 条件下，对 COD$_{Cr}$ 的去除率可达 85% 以上，远远高于碱式氯化铝，实验数据见表 3-69。壳聚糖对工业发酵液中蛋白质的絮凝作用研究结果表明，在发酵液中含有大量无机离子和有机物质情况下，壳聚糖对其中蛋白质、菌丝体具有极强的絮凝作用。

表 3-69   壳聚糖对蛋白质的絮凝试验结果

COD$_{Cr}$/(mg/L)	加壳聚糖处理后		加碱式氯化铝处理后	
	COD$_{Cr}$/(mg/L)	去除率/%	COD$_{Cr}$/(mg/L)	去除率/%
1420	162	88.6	853	39.9
876	95	89.2	397	54.7
1810	270	85.1	1040	42.5
2730	415	84.8	1740	36.3
4410	648	85.3	2200	50.1

(6) 回收重金属离子

壳聚糖在众多特异性能中，吸附性能是最令人瞩目的特性之一。它可以吸附金属离子、染料、蛋白质等，可用于金属收集、回收、分离、污水处理等。对多种金属离子（铜、银、锌、铅等离子等）有很强的吸附作用，能有效地从工业废水中吸附各种金属离子。在处理废水的同时回收贵重金属，如对工业废水中铜的回收已达工业化。

① 应用实例 1

将纤维粉末、壳聚糖盐酸水溶液和粉末活性炭按一定的比例制成的三元复合吸附剂，对 Pb^{2+} 的去除率达到 90 % 以上。此外，以甲壳素、壳聚糖为原料制备的吸附剂还能吸附、富集放射性核素，可用作放射性废液的去污剂，例如，利用甲壳素处理含锕系元素及其裂变产物的废水，废水中的镥可除去 80% 以上。金玉仁等采用壳聚糖对含锕系和镧系元素废水的处理进行了研究，调其 pH 值为 5 时磁性壳聚糖对锕系和镧系元素的吸收率为 95%～99%。此外，还可用其从海水中提取同位素铀。唐兰模等进行了壳聚糖去除水中微量 Cd^{2+} 的吸附条件研究。结果表明，在 Cd^{2+} 溶液质量浓度 ≤40mg/L、pH＝6～8、吸附平衡时间 24h 条件下，吸附率可达到 99.5% 以上。杨润昌等研制了含壳聚糖的三元复合固体絮凝剂，用来处理含 Zn^{2+}、Cu^{2+} 的废水，对含 Cu^{2+} 30mg/L、Zn^{2+} 15mg/L 的混合废水，处理后均能达标排放，其中 Cu^{2+} 的去除率大于 98%，Zn^{2+} 的去除率大于 95%，每立方水处理费用仅为 0.2 元。

② 应用实例 2

电镀行业中重金属离子对环境会造成严重污染。壳聚糖作为絮凝剂或吸附剂，能够有效地分离出工业废水中的这些重金属离子。下面对电镀废水中的 Cr^{6+}、Ni^{2+}、Cu^{2+}、Zn^{2+} 这几种重金属离子进行絮凝试验。结果见表 3-70。由表 3-70 表明，壳聚糖具有很强的从水溶液中分离出重金属离子的能力。试验还表明，当重金属离子浓度较高时，加入电解质 K$_2$SO$_4$ 用量为使壳聚糖与 K$_2$SO$_4$ 的质量比为 1.2：1 时，会达到最佳效果。

表 3-70   壳聚糖对电镀废水的絮凝试验结果

金属离子	初始浓度/(mg/L)	加壳聚糖处理后浓度/(mg/L)	去除率/%
Cr^{6+}	17.9	0.098	99.45
	21.3	0.083	99.61
	70.2	0.176	99.75
	3.98	0.023	99.42
Ni^{2+}	10.8	0.150	98.61
	46.9	1.64	96.50
	2.68	0.007	99.75
Cu^{2+}	26.4	0.087	99.67
	60.7	0.103	99.83
	12.5	0.029	99.77
Zn^{2+}	87.9	0.501	99.43
	24.8	1.58	99.36

（7）在食品工业上的应用

① 液体食品的絮凝剂

利用壳聚糖和有机酸生成盐的能力，壳聚糖作为絮凝剂应用于工业有其独特的优越性。目前工业上应用阳离子型工业絮凝剂绝大多数是合成高聚物，有很高毒性，不适于食品工业应用。而壳聚糖无毒副作用，可生物降解，不会造成二次污染，适于食品工业的应用。加入壳聚糖，能有效去除果汁中的悬浮物及大部分酚酸类物质，使果汁澄清透明，而不影响其中的营养成分和风味。用大米发酵生产出来的清酒，一般浊度为 350NTU，而在每升米酒中加入 3mL 0.2%壳聚糖酒石酸溶液和 1mL 0.1%聚丙烯酸钠水溶液，搅拌后静置，悬浮物立即沉淀，经过滤可得浊度为 5NTU 的清酒。原糖糖汁中含有多种有机胶体物质、纤维素、石灰和其他微小悬浮物，制糖时必须首先使之分离，壳聚糖是理想的糖汁絮凝剂，糖汁中添加 2～50mg/L 壳聚糖，就能迅速使糖汁中悬浮物凝集，形成的凝集物颗粒大，沉降迅速，易于过滤。

② 水果保鲜作用

壳聚糖具有良好的成膜性，可在水果表面形成一层无色透明的半透膜，进而调节水果采后的生理代谢过程，如抑制呼吸、延缓衰老等。壳聚糖还使水果表面伤口木栓化、堵塞皮孔和增强 HMP 途径等作用，从而提高果实的抗病能力。壳聚糖涂膜后在一定程度上可改变钙在细胞内存在的状态，使结合态钙增多，可溶性钙减少，因而可以增强细胞壁和细胞膜的稳定性，缓解促熟作用。此外，壳聚糖能够对真菌孢子产生直接的抑制作用，使菌体变粗，扭曲，甚至发生质壁分离。经损伤接种细链格孢的兰州大接杏，用壳聚糖涂膜处理后，在常温和低温下储藏，可明显降低其黑斑病发病率，抑制病斑的扩展速度。

陈天等对壳聚糖常温保鲜猕猴桃的研究结果显示，采用壳聚糖涂膜能显著提高果实的保鲜期。E. L. Ghaouth 等试验表明，110%或 115%壳聚糖涂膜的黄瓜和青椒在 13℃和 20℃、RH 85%条件下储藏，处理果失重率明显小于对照，且在使用浓度范围之内，浓度越高则失重越少。Ghaouth 等用壳聚糖处理草莓，发现其主要色素物质花青素的含量明显减少，且能显著提高果实 SOD 的活力。袁毅华等研究指出，用浓度 2%的壳聚糖对番茄涂膜保藏 15d 后，发现涂了膜的番茄总酸度、总糖量、VC 含量均与原番茄接近，保藏效果比 0.2%的苹果酸钠溶液好。Ghaouth 等以及李红叶等的试验结果还表明，用壳聚糖处理的苹果比未涂膜的发病率低，且对灰霉病菌、软腐病菌和褐腐病菌有直接的抑制作用。

③ 在果汁澄清上的应用

夏文水和王璋研究了壳聚糖用于苹果汁的澄清，可使果汁中的总酚含量由 138～153mg/L 降至 84～89mg/L，蛋白质含量由 0.782～1.423g/L 降至 0.447～0.796g/L，果胶由 0.87～1.25g/L 降至微量；并发现随着剂量的增加，其澄清效果逐渐提高。当剂量大于 0.3g/L 时，则透光率达最大值，若剂量再增大，透光率基本不变。这与一般高分子絮凝剂作用不同，一般高分子絮凝剂当剂量达到一定值时，果汁透光率达最大值，剂量再增加时，絮凝效果反而下降。

这一结论与梁灵等研究结论一致。梁灵等人研究还表明：壳聚糖澄清猕猴桃果汁适宜的 pH 3～4，但其作用温度较宽，不同温度下壳聚糖的澄清效果基本一致。王鸿飞研究结果表明：用 0.16g/L 壳聚糖、pH 3.15、45℃下澄清猕猴桃果汁透光率达 95%，且维生素 C 等营养成分损失不大，清汁低温（4～5℃）储藏 7 个月透光率基本不变，且无沉淀现象。

Horst 等研究发现：壳聚糖澄清果汁还有一个优点，即可降低果汁酶褐变速度和程度，能除去果汁中多酚氧化酶。徐金祥等用壳聚糖对胡萝汁、橘子汁、西瓜、玫瑰香葡萄进行澄清，透光率均达 85%以上。

④ 食物防腐剂

导致食物酸败的微生物有四种，食果糖乳杆菌、液化沙雷菌、胚芽乳杆菌、伯力接合酵母。壳聚糖具有抗微生物活性，其最初作用是杀灭细胞，使能生育的细胞数明显减少；在停滞期后，一些菌株复原，开始生长。壳聚糖的抗微生物活性随浓度提高而增强。壳聚糖-50对食果糖乳杆菌的抗微生物活性最有效，但对胚芽乳杆菌具有最强的抑制作用；而对液化沙雷菌和伯力接合酵母的抗微生物，活性没有区别。蛋黄酱中加入壳聚糖，25℃保存，可明显降低食果糖乳杆菌和伯力接合酵母生育细胞数。因而，壳聚糖可作为一种食物防腐剂，抑制蛋黄酱中的酸败微生物。

(8) 在农业上的应用

甲壳素及其衍生物可提高植物的免疫能力，增强抗倒、抗低温等抗逆能力。壳聚糖可用作种子处理剂和叶面喷肥，激发种子发芽，提高植物抗逆、抗病能力，促进生长提高产量。在许多作物上应用取得良好成效。利用壳聚糖的抗菌能力和改善土壤的能力制成杀菌剂和土壤改良剂，用甲壳素合成抑制剂类杀虫剂，具有特异性杀虫机制：通过抑制昆虫体壁甲壳素的合成阻止昆虫蜕皮，致使昆虫死亡。此类药剂在昆虫间有较强的选择性，对天敌等较安全，能有效保护环境和维持生态平衡。甲壳素可用作化肥缓释剂，提高化肥利用率。甲壳素及其衍生物可作为饲料添加剂，增强畜禽免疫力，提高畜禽生产性能。

(9) 在造纸工业上的应用

在造纸工业中，利用甲壳素和壳聚糖的优良特性作造纸工业的抗溶剂、纸张改性剂等。改善造纸工艺，研制开发特种用纸，如将壳聚糖和纸浆混合制成扩音器纸材，则能改善音质。由于甲壳素不怕水，可制成防水纸等。

取自陕西省咸阳市造纸厂的造纸中段白水，用 CAM65 和 CAM80 作为絮凝剂处理，结果见表 3-71，表中数据可看出以含 80% AM（质量分数）的 CAM 处理造纸中段白水，絮凝效果最为显著，在 CAM 的质量浓度为 5mg/L 时，造纸白水中固形物（SS）含量和化学耗氧量（COD_{Cr}）的去除率分别达 87% 和 88%。

表 3-71 造纸白水处理前、后固形物质量浓度和化学耗氧量的变化（CAM80 的质量浓度为 5mg/L）

项目 \ 指标	SS/(mg/L)	COD_{Cr}/(mg/L)
处理前	1314	1536
处理后	159	182
去除率/%	87	88

(10) 在轻纺工业上的应用

壳聚糖同淀粉、纤维素一样，可作为天然印花糊料，它在酸性溶液中膨化为黏稠性溶液，与酸性和直接染料有很好的相容性。目前染色常用的固色剂中，含有一定量的游离甲醛，而且有些固色剂的固色牢度也不够理想。而壳聚糖分子中含有大量的—NH_2 和—OH，与纤维的亲和性好，可溶入到纤维内部，与纤维活性基团—OH 和—NH_2 以氢键或共价键结合。由于壳聚糖是含氮的阴离子型聚合物，除阳离子型染料外，几乎不会与各类染料生成不溶性的沉淀。因此，壳聚糖被认为是阴离子型染料的理想固色剂。

(11) 在化妆品行业的应用

甲壳素的比表面积大，孔隙率高，能充分吸收皮脂类油脂、吸收能力远大于淀粉或其他活性物质，是干洗发剂的理想物质。甲壳素分子中的氨基带正电荷，头发表面带负电荷，两者有很强的亲和力，用作洗发香波、头发调理剂和定型发胶摩丝，具有黏稠性和保水性，防潮防尘、对头发无化学刺激等特点，可使头发柔顺、增添光泽，是理想的护发产品。

甲壳素具有高度的防辐射性、抗氧化性和消毒杀菌性，因此是理想的天然护肤化妆品的原料。

甲壳素具有保湿性，成膜性和活化细胞的功能，制备各种高级护肤健肤化妆品，可保持皮肤湿润、光泽和有弹性，能增强表皮细胞的代谢功能，抑制自由基氧化，消除脂褐质、老年斑，维修皮肤损伤和抑制螨虫等对皮肤的危害，使皮肤年轻，防止粗糙，修复 DNA 损伤，增进皮肤血流量和血流速率都有其他化妆品原料所不具备的优势。

3.8.4.2　壳聚糖季铵盐

【制备方法】　壳聚糖季铵盐除直接溶于水外，还能与某些有机溶剂以任意比例混合，如将 10% 的壳聚糖羟丙基三甲氯化铵溶液与乙醇、丙二醇、甘油以任意比例混合，均未观察到沉淀或浑浊现象发生。羟丙基三甲基氯化铵与壳聚糖反应制得的壳聚糖季铵盐，与椰油酰胺，甜菜碱的配位性良好，可用作阳离子表面活性剂。

用缩水甘油三甲基氯化铵对壳聚糖进行化学结构修饰，可在壳聚糖分子中引入季铵盐基团，制得壳聚糖季铵盐，反应式为：

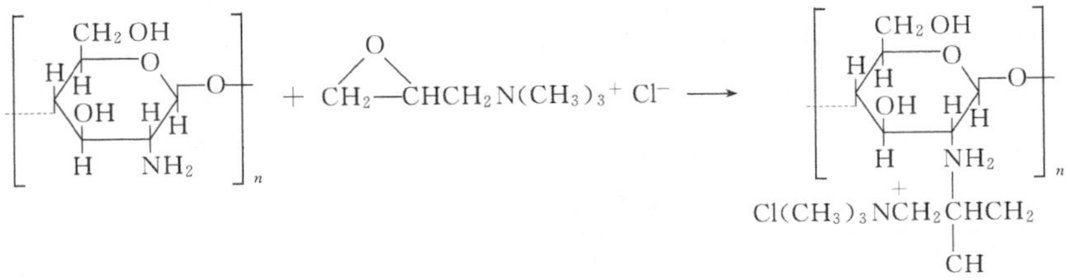

称取一定量的壳聚糖置于三颈烧瓶中，加入异丙醇，水浴加热，搅拌下升温至 80～90℃，再加入 2,3-环氧丙基三甲基氯化铵（EPTAC）水溶液，恒温搅拌反应 8～9h，产物经过滤、洗涤、抽滤、干燥后，储存待测。将合成的样品用乙醇溶液在索氏提取器中抽提 1 天，于 70～80℃烘箱中干燥得到精制产物。

此外，用环氧类季铵盐的反应活性向壳聚糖的—NH₂基上引入亲水性强的季铵盐基团，制备 N-羧丙基三甲基季铵化壳聚糖。

【应用】　季铵化壳聚糖可应用于医药领域、油田污水和炼油废水处理等领域。

（1）医药领域

具有浓缩 DNA 和有效基因传递作用。三甲基化的壳聚糖（TMO）能够浓缩 DNA，并与 RSV-α3 荧光素酶质粒 DNA 自动形成大小在 200～500nm 的壳聚糖复合物。DOTAP{N-[1-(2,3-二油酰)丙基]-N,N,N-三甲基硫酸铵} 脂复合物可转染 COS-1 细胞，但比 DOTAP-DNA 脂复合物范围小。季铵盐壳聚糖低聚体衍生物比低聚体壳聚糖转染 COS-1 细胞效果好。胎牛血清（FCS）的存在不影响壳聚糖复合物的转染性，但降低 DOTAP DNA 复合物的转染性。在壳聚糖低聚体存在时，细胞 100% 存活，而经 DOTAP 处理过的细胞的生存率在 COS-1 和 Caco-2 两种细胞系中降低到大约 50%。

DOTAP-DNA 脂复合物和壳聚糖复合物在 Caco-2 细胞培养基中转染效能降低，然而季铵化壳聚糖低聚体优于 DOTAP。二者在 Caco-2 细胞的生存能力与 COS-1 相似。因此，三甲基化壳聚糖 DNA 复合物可作为一种基因传递带菌者。

（2）油田污水和炼油废水处理

油田污水和炼油废水中往往含有大量的悬浮物、胶体、乳化油珠及细菌。叶筠等采用 5mg/L 壳聚糖季铵盐在皂土助凝下对炼油废水进行处理，取得较好的效果。壳聚糖季铵盐是一种阳离子型有机高分子化合物，在絮凝中起到吸附架桥作用，同时具有一定的破乳功能。另外，季铵根离子带正电荷而具有强阳离子性，可与许多细菌之间形成电价键，在其细胞壁上产生应力，导致溶菌作用，而使细菌死亡；其正电性还可使蛋白质变性，破坏细菌细胞壁的可渗透性，使维持细菌生命的养分摄入量降低而抑制其繁殖生长，甚至死亡。

苯酚是一种重要的工业化学试剂，具有挥发性，可造成空气污染。当含有 p-甲酚的蒸气与涂有酪氨酸酶的壳聚糖膜接触，可发现蒸气中无甲酚，并且紫外吸收发生明显的变化。

因而，酪氨酸酶壳聚糖膜可用于检测和除去苯酚蒸气。

炼油废水（取自炼油厂水处理车间的调节池中）主要来自于重柴油脱水、各个车间的循环用水（由于管道的跑冒滴漏而含有一定量的油污）、设备容器清洗水以及凉水塔和锅炉排污、蒸汽凝结水。废水呈蓝黑色，含油，并有 H_2S 的臭味，其主要性质见表 3-72。

表 3-72　炼油废水的性质

pH 值	浊度/NTU	含油量/(mg/L)
8.6～10	140～200	55.4～60.5

由试验可知，壳聚糖季铵盐在皂土的助凝作用下，仅加入 5mg/L 的壳聚糖季铵盐溶液时即可达到极好的絮凝效果，剩余浊度可低达 2NTU 以下，浊度去除率为 99.1%，且絮体粗大，沉速极快，絮体含水率极低，并测得除浊率最高的水样的剩余含油量仅为 1.4mg/L，含油去除率可达 97.4%。下面利用 PAC 和壳聚糖分别对炼油废水进行絮凝实验，结果见表 3-73，通过对比进一步证明了壳聚糖季铵盐对炼油废水具有极好的絮凝效果。

表 3-73　不同絮凝剂处理炼油废水的效果

絮凝剂	最佳用量/(mg/L)	pH 值范围	剩余浊度/NTU	去除率/%	剩余油量/(mg/L)	去除率/%	絮体情况
PAC	250	8～10	5.6	96.7	4.4	91.9	絮体较大，沉速中等，含水率高
壳聚糖	100	6～9	7.6	95.5	5.7	89.5	絮体较大，沉速慢，含水率高
壳聚糖季铵盐	5	6～11	1.5	99.1	1.4	97.4	絮体粗大，沉速快，含水率低

注：实验用的炼油废水浊度为 170NTU，含油量为 54.4mg/L；以壳聚糖季铵盐为絮凝剂时加入皂土为助凝剂；但 PAC、壳聚糖为絮凝剂时加皂土为助凝剂并无助凝效果，反而使投药量增加。

壳聚糖季铵盐属于阳离子型有机高分子化合物，絮凝中主要起到吸附架桥作用。同时，季铵盐类物质属阳离子型表面活性剂，有一定的破乳功能，有利于油水分离。但是这些作用都不十分强烈，絮体较小。因此，单纯用壳聚糖季铵盐进行絮凝处理的效果并不十分好，处理后有细小颗粒悬浮。

在炼油废水中加入皂土后再进行絮凝其效果显著提高，原因为：第一，皂土具有很强的吸附性能，有利于其对水体中油的大量吸附；第二，皂土在水体中呈负电性，而壳聚糖季铵盐为阳离子型絮凝剂，二者接触时由于静电吸引和电性中和作用而脱稳凝聚，并形成较大的絮体而沉降；第三，壳聚糖季铵盐在絮凝皂土时形成的沉降絮体呈蜂窝网状结构，在下沉过程中起到沉淀网捕作用。

3.8.5　F691 改性产品

F691 粉是华南理工大学开发的一种天然高分子植物胶粉，它含有 50% 左右纤维素，20% 左右水溶性多聚糖，30% 左右木质素和丹宁，起絮凝作用的成分主要是皮、茎、叶等细胞中的黏胶状多聚糖（主要是阿拉伯半乳聚糖），它约占干木料的 20%，是一种非离子型高分子絮凝剂，相对分子质量为 $(15～30)×10^4$。F691 原料本身为具有一定的支链的线性高分子，在水中有一定的溶解性，分子中含有—$CONH_2$、—OH 等活性基团，用作非离子型天然高分子絮凝剂具有一定的絮凝能力，但是其水溶性和絮凝能力还不够，仍须进行改性。华南理工大学化工所在此方面做了大量工作，先后开发出 CG 系列、FIQ 系列、FNQ 系列和 SFC 系列等，它们被广泛应用于城市污水、循环冷却水、油田污水、有机废水、高岭土悬油液、造纸污泥脱水、造纸抄纸白水和表面活性剂废水等的处理中。

【制备方法】

（1）FP-C 的制备

将 F691 胶借助于季铵化试剂同喹啉反应可制得聚氮杂环季铵盐药剂 FP-C，其结构式如图 3-22(a) 所示。

（2）FA-C 的制备

将 F691 胶借助于季铵化试剂同吖啶反应可制得 FA-C。而吖啶同盐酸的反应产物吖啶盐酸盐为水不溶物，因此制备季铵盐醚化剂时，须先将吖啶与环氧氯丙烷在少量醇类溶剂中，在 50℃下先制成溶液，再加入 HCl 溶液，从而制得吖啶的季铵盐醚化剂，该醚化剂在碱性条件下同 F691 胶反应，首次制得吖啶的聚氮杂环季铵盐，其结构式如图 3-22(b) 所示。

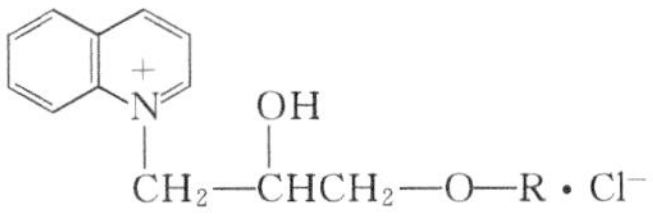

（a）FP-C 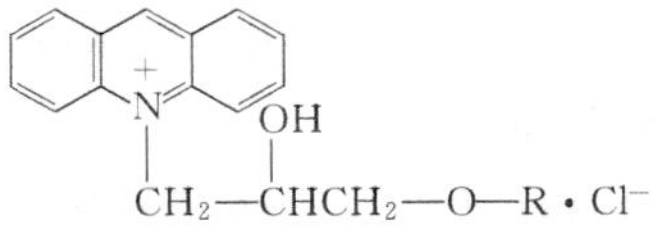　　　　　　（b）FA-C

图 3-22　FP-C 和 FA-C 的结构式

（3）FI-C 的制备

将 F691 胶借助于季铵化试剂同咪唑反应可制得聚氮杂环季铵盐药剂 FI-C，其结构式如下：

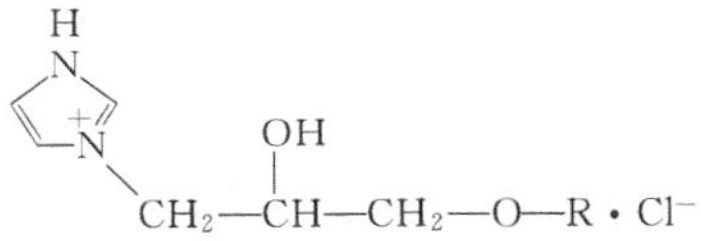

（4）FBI-C 的制备

将 F691 胶借助于季铵化试剂同苯并咪唑反应可制得聚氮杂环季铵盐药剂 FBI-C，其结构式如下：

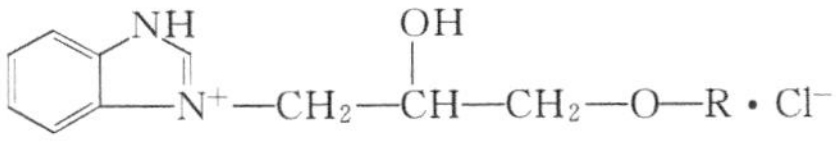

（5）FNP-C 的制备

药剂 FNP-C 的制备分两步进行，首先合成季铵盐醚试剂；然后用合成的季铵盐醚试剂与 F691 粉发生醚化反应，生成多功能水处理剂 FNP-C。

根据制备反应的化学原理，首先将吡啶酸化，制得吡啶盐。即将等摩尔的吡啶缓慢地加入等摩尔地盐酸中。因为该过程为强烈放热反应，在制备中应控制反应速度，并同时冷却反应产物。

在制得的吡啶盐中，控制适当反应温度，缓慢滴加等摩尔的环氧氯丙烷，并不断搅拌，反应熟化 24h 后，即制得吡啶季铵盐醚试剂。

在反应器中首先放入定量的 F691 粉，然后再加入分散剂（如乙醇），使 F691 粉分散及湿润，不然 F691 粉在后续反应中很容易产生不参加反应的粉团（鱼眼）。F691 粉湿润分散后，加入适量的 25% 的氢氧化钠，不断搅拌反应物料，对其进行碱化处理 0.5h。F691 粉碱化处理后，即加入吡啶季铵盐醚试剂及少量催化剂，进行醚化反应，控制适宜的醚化反应时间及反应温度，并不断搅拌反应物料。反应完毕后，加入大量的水及稳定剂，调节产品的有效浓度为 10%（以 F691 粉计），并在一定的温度下进行熟化反应，即可制得 FNP-C 的产品。为了增强药剂的杀菌能力，在加入大量水及稳定剂的同时，复配加入适量的杀菌剂1227，即得具有较强杀菌作用的产品 FNP-CC。

综合考虑产品的黏度与产品取代度这两项性能，通过正交实验可得其最佳的反应条件为：反应温度为 50℃，反应时间为 2h，醚化剂的投料摩尔比为 2，醚化催化剂氢氧化钠对 F691 粉的投加摩尔比为 1.2，碱化时间 30min，熟化反应时间大于 2h，熟化反应温度为 50～60℃。

（6）FQ-C 的制备

制备 FQ-C 是按 F691 粉中每一单糖结构作为一个反应单元，反应步骤分两步进行，首先是将喹啉转化成喹啉盐酸，再与环氧丙烷反应制得季铵盐醚化剂，然后 F691 粉再与季铵盐醚化剂进行季铵化反应，制得棕黄色胶状体产物，它是纤维素、多聚糖、葡萄糖等组分的季铵盐衍生物，平均相对分子质量为 8×10^5。

将 F691 胶借助于季铵化试剂同吡啶反应可制得 FQ-C。制备时以 F691 为主要原料，反应过程如下，喹啉为碱性物质，可同盐酸在常温常压下反应，反应产物再同 3-氯-1,2-环氧丙烷在常温常压下反应得到季铵盐醚化剂。将 F691 粉同上述产物在碱性条件（加入 NaOH，使 pH＞7.2）下，各反应的物质的量 1∶1，在 55℃下进行醚化反应，即得产品 FQ-C。具体过程如下。

① 碱性的喹啉同盐酸反应得喹啉盐酸盐，反应式为：

$$\text{喹啉} + HCl \longrightarrow \text{喹啉·HCl} + \text{放热}$$

② 喹啉盐酸盐同季铵化试剂 3-氯-1,2-环氧丙烷反应得季铵盐醚化剂，反应式如下：

$$\text{喹啉·HCl}^- + CH_2\text{—}CHCH_2Cl \longrightarrow \text{喹啉}^+\text{—}CH_2\text{—}CH\text{—}CH_2Cl_2^-（OH）$$

③ F691 胶同季铵盐醚化剂在碱性条件下进行醚化反应制得产品 FQ-C，反应式为：

$$\text{喹啉}^+\text{—}CH_2\text{—}CH\text{—}CH_2Cl_2^- + R\text{—}OH \longrightarrow \text{喹啉}^+\text{—}CH_2\text{—}CHCH_2\text{—}O\text{—}RCl^-（产品 FQ-C）$$

注：以上反应式中的 R—OH 为 F 胶所含纤维素、多聚糖等。

（7）FIQ-C 的制备

以 F691 粉为原料，与异喹啉进行化学改性，制备成阳离子型季铵盐絮凝剂。其改性过程如下所示：

$$\text{喹啉} + HCl \rightleftharpoons \text{喹啉}^+\text{·HCl}^-$$

$$\text{喹啉}^+\text{·HCl}^- + CH_2\text{—}CH\text{—}CH_2Cl \rightleftharpoons \text{喹啉}^+\text{—}CH_2\text{—}CH\text{—}CH_2Cl_2^-（OH）$$

$$\text{喹啉}^+\text{—}CH_2\text{—}CH\text{—}CH_2Cl_2^- + Rcell(CH)_3 \rightleftharpoons \text{喹啉}^+\text{—}CH_2\text{—}CH\text{—}CH_2\text{—}O\text{—}Rcell(OH)_3$$

注：Rcell(OH)$_3$ 为 F691 粉高分子链的结构单元。

在一定量 F691 粉中，加入 95％乙醇润湿分散，在搅拌下加入 30％的 NaOH 碱化 30min，然后加入季铵盐醚化剂，在水浴 50℃下反应 3h，即可制得阳离子絮凝剂 FIQ-C，其平均相对分子质量约为 10^6。其最佳制备条件为：氢氧化钠（30％）/F691（质量比）＝0.8，醚化剂/F691（摩尔比）＝1.2，反应温度 50℃，反应时间 3h。

（8）FNQD 的制备

取定量的 F691 粉加入 95％乙醇润湿分散，继而加入定量 20％ NaOH 于反应器中碱化 30min，然后加入季铵盐醚化剂（由一定体积的浓盐酸、相应体积的喹啉溶液以及一定体积的环氧氯丙烷反应而成），在 50℃下反应 3h，反应完毕降温、洗涤，用蒸馏水调节至有效成分 10%（以 F691 粉计），制得胶状 FNQD，其平均相对分子质量约为 $8×10^5$。

合成天然高分子改性阳离子絮凝剂 FNQD 的最佳反应条件为：NaOH（20%，质量分数）/F691 质量比＝1，醚化剂/F691 质量比＝1.5，反应温度 50℃，反应时间 3h。

【应用】

（1）在污泥脱水中的应用

废水和污水在处理过程中产生的污泥，特别是活性污泥，颗粒微细，含水率高达 99% 以上，脱水性能差，要是处置不当，还会引起二次污染问题。对此污泥直接用一般的固液分离方法及脱水机械往往达不到满意的脱水效果。因此必须对污泥进行物理、化学处理，从而改善污泥的脱水性能。

用 FNP-C 处理某大型化妆品厂的污泥，污泥初始浓度为 1.2%，pH 值为 6.8，温度为 25℃。对此污泥，分别用聚丙烯酰胺（PAM）、阳离子改性聚丙烯酰胺（PAM-C）以及药剂 FNP-C 进行污泥脱水实验，发现三种高分子絮凝剂都能起到一定的降低比阻抗的作用。其中药剂 FNP-C 的效果最好，PAM-C 的效果次之，而 PAM 的效果最差，且抽滤出的滤液是乳浊的。这可能是因为 PAM-C 的阳离子取代度不高，而阴离子高分子絮凝剂 PAM 不能中和污泥中的胶体负电荷所致。三种药剂都有最佳投加量，药剂过量后，因为高分子絮凝剂过量后增加过滤液的黏度阻滞污泥滤层，故比阻抗又会重新增加。

（2）高岭土悬浮液絮凝实验应用

① 刘四清使用 FQ-C 对高岭土悬浮液进行絮凝实验，并以此同阳离子型聚丙烯酰胺 PAM-C 的絮凝性能作比较。实验发现，采用 PAM-C 絮凝时产生的絮团较密实，且效果优于前者。这与 FQ-C 药剂分子链上阳离子取代度高有关，因而此类药剂絮凝优势在于电性中和能力强，易通过库仑引力加快吸附桥连速度，使之形成絮团。

当 pH 值升高时，因高岭土颗粒表面负电性增加，PAM-C 的絮凝效果降低，此时 PAM-C 的电性中和能力进一步降低，絮凝主要靠桥连进行。当 pH 值降低后，因高岭土颗粒表面负电性减弱，PAM-C 絮凝效果得到改善，可形成粗大絮团。说明当颗粒部分脱稳后，不利于 FQ-C 的絮凝。在较低用量时，PAM-C 的絮凝效果优于 FQ-C。

② 药剂 FNP-C 及 FNP-CC 具有良好的絮凝沉降性能，用它处理高岭土悬浮液，在药剂最佳投加量为 4mg/L 的情况下，处理后水的剩余浊度为 2.5NTU。进一步的研究表明，药剂 FNP-C 具有比其他阳离子高分子絮凝剂如 PAM-C 更宽的药剂投加量范围，以及更宽的 pH 值适应范围。这主要因为药剂 FNP-C 与 FNP-CC 具有以葡萄糖结构单元为骨架的半刚性高分子结构，以及高达 60% 的阳离子季铵盐取代度。

③ 使用 FIQ-C 处理含高岭土的悬浊水样（浊度为 45NTU，pH 值为 7.0），并与阳离子型聚丙烯酰胺 PAM-C 进行比较，结果如图 3-23 所示。由图 3-23 可以看出，FIQ-C 的絮凝效果优于 PAM-C，投加量 3mg/L 时，悬浊液的剩余浊度就可降到 1.5NTU 以下，从图中还可看出，当 PAM 投加量超过 4mg/L 时，悬浮液剩余浊度反而升高，即发生絮凝恶化现象，显然 FIQ-C 的絮凝恶化现象没有 PAM-C 的显著。

④ 阳离子 F691 粉絮凝剂 FNQD 处理含高岭土 200mg/L 的悬浊水样，水样的浊度为 46.3NTU，pH 值为 7.0。其中投加量对絮凝效果的影响见图 3-24。由图 3-24 可知 FNQD 的絮凝效果优于 PAM-C，投加量 3mg/L 时高岭土悬浊液的剩余浊度就可降至最少 2.0NTU。即用 FNQD 处理高岭土悬浊液时，药剂不仅具有桥连作用，而且因电荷中和能力强，使得颗粒间产生广泛的局部接触凝聚，从而导致絮凝沉降速度快，絮体密实。同时，由于投加 FNQD 时产生的"不可逆接触凝聚"能力强，因而脱稳颗粒再分散稳定的趋势减少，故在多投加药剂时 FNQD 的絮凝恶化现象没有 PAM-C 的严重。

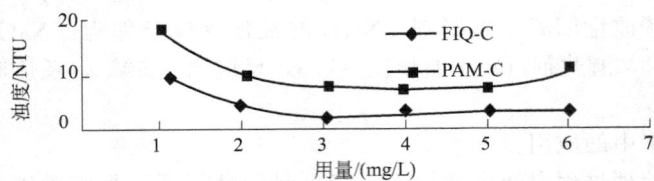

图 3-23   FIQC 和 PAM-C 的投加量对絮凝性能的影响

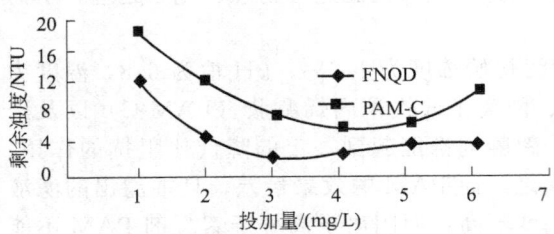

图 3-24   投加量对絮凝剂性能的影响

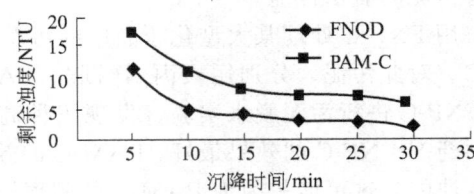

图 3-25   沉降时间对絮凝性能的影响

通过试验进一步研究了不同沉降时间下处理水的剩余浊度来比较 FNQD 与 PAM-C 的沉降性能，二者的投加量均为 3mg/L，结果如图 3-25 所示。从图 3-25 中可以看出，在相同的沉降时间下，加 FNQD 时粒子的沉降性能比加 PAM-C 时的好，这表明虽然 FNQD 的分子量比 PAM-C 低，但由于其分子链上阳离子取代度高，因而能充分发挥电性中和能力强这一优势，使胶体粒子易于脱稳，脱稳粒子再通过高分子的特殊网状架桥作用形成絮团而沉淀，从而弥补了分子量稍低而导致的桥连作用稍弱的不足。因此，在相同的沉降时间下，加 FNQD 时粒子的沉降性能比加 PAM-C 时的好。

还研究了 pH 值对 FNQD 处理高岭土悬浊液絮凝性能的影响，同时选择 PAM-C 进行对比实验，二者的投加量均为 3mg/L，结果见表 3-74。

由表 3-74 可知，FNQD 在中性及偏酸性条件下絮凝性能很好，且处理效果相差不大，在偏碱性条件下絮凝效果有所下降，但下降率很小；而 PAM-C 在偏碱性条件下絮凝能力差，在中性及偏酸性条件下性能转好但仍不及 FNQD。这一实验结果表明 FNQD 的絮凝效果受 pH 值变化的影响较小，因而水处理过程中它的适应性较强。

表 3-74   不同 pH 值时 FNQD 与 PAM-C 絮凝效果比较

pH 值	FNQD/NTU	PAM-C/NTU
9.0	5.2	15.3
7.0	2.0	5.8
6.0	1.1	5.4
5.0	0.8	4.9

FNQD 絮凝能力强的另一主要原因是 FNQD 中多聚糖和纤维素的高分子链是半刚性的，在这个半刚性分子链的链节上接上柔性的喹啉季铵基团，形成刚柔相济的具一定支链的线性高分子，这样的分子结构对捕获悬浮粒子有更大的能力，这已为前面的实验结果所证实。同时，由于 FNQD 半刚性的主链使整个大分子撑开为以支链为辅，直链为主的类似网状的结构，分子形态相对比较稳定，分子链上的阳离子离解度不易受 pH 值的影响，因此 FNQD 对 pH 值的适应范围比 PAM-C 的广。

(3) 在工业废水中的处理应用

① 在油田废水中的处理应用

a. 采用 FQ-C

通常油田废水含有大量乳化油、砂土、无机盐和细菌，去除油田废水中悬浮物颗粒，净化水质，可减少管线被堵塞和点蚀，特别是回注水中有细小颗粒时，轻易堵塞油层，造成产油率下降。提高药剂的絮凝效果，对净化油田废水十分重要。

由于油田废水中含有大量无机盐，胶体颗粒表面双电层的厚度可被明显压缩，因此对油田废水的絮凝相对容易。表 3-75 为各种用量为 2mg/L 时，不同 pH 值下絮凝沉降 5min 后的絮凝效果。

表 3-75　2mg/L 药剂用量下絮凝效果对比

pH 值	FQ-C/NTU	PAM-C/NTU
9.0	5.8	18.2
6.9	8.0	8.2
5.1	8.5	6.7

由表 3-75 可知，FQ-C 在碱性条件下，絮凝效果仍然较好，在中性和酸性条件下效果相差不大；而 PAM-C 在碱性条件下效果较差，酸性条件下效果最佳。说明两种药剂因阳离子电荷密度不同，分子构型不同，造成絮凝效果各异。

b. 采用 FNP-C 及 FNP-CC

油田废水中含有大量的无机盐及 SRB 菌等，具有较强的腐蚀性。汪晓军等通过实验比较 5 种药剂 FNP-C、FNP-CC、CG-A、CG-C 及 EDTMP 的缓蚀性能，试验结果见表 3-76。

表 3-76　5 种药剂的点蚀率与时间的关系

时间/d	5	10	15	20	25	30
CG-A/%	无	无	0.31	0.54	0.73	0.86
CG-C/%	无	无	0.23	0.45	0.58	0.71
FNP-C/%	无	无	无	无	0.25	0.36
FNP-CC/%	无	无	无	无	无	0.18
EDTMP/%	0.15	0.26	0.47	0.69	0.82	0.93
空白/%	0.38	0.57	0.76	0.95	1.23	1.56

从表 3-76 中可以看出：FNP-C 及 FNP-CC 的缓蚀能力最强，药剂在水中的投加量只要 4mg/L，在 40～60℃的范围内，平均腐蚀缓蚀率即可达 50%～60%。40℃时，20 天无点蚀的效果。

另外，油田也含有的微生物，其中以 SRB 为主，SRB 新陈代谢过程中产生的硫化氢气体将加速管道及设备的腐蚀，生成黑色的沉淀物。另外，SRB 消耗阴极形成的氢，使钢铁表面失去极化作用而加深了腐蚀。季铵盐是常用的杀菌剂，而多功能水处理剂 FNP-CC 高分子链上带有吡啶季铵盐基团，且含有为了增强药剂的杀菌效果，在药剂中复配加入的杀菌剂 1227，具有良好的杀菌性能。药剂的投加量只要 5mg/L，杀菌停留时间 1h，即可以取得 99.99% 的杀菌效果。

c. 药剂 FIQ-C 与 PAC 复配使用

能达到较好的处理效果，结果见表 3-77。

表 3-77   油田废水处理结果

絮凝剂	PAC	PAM-C+PAC	FIQ-C+PAC
用量/(mg/L)	100	40+60	40+60
浊度/NTU	12	8	2
COD_{Cr}/(mg/L)	187.6	144.3	101
COD_{Cr}去除率/%	61	70	79

注：原水 COD_{Cr} 为481mg/L，pH 值为6.9，浊度为43NTU。

由表 3-77 可见，无论是浊度还是 COD_{Cr} 去除率，都是 FIQ-C 与 PAC 复配使用的去除能力最强。

② 在造纸废水的处理中的应用   采用 FIQ-C，取某造纸厂中段废水及排放口综合废水处理，结果见表 3-78 和表 3-79。

表 3-78   中段废水处理结果

絮凝剂	PAC	PAM-C+PAC	FIQ-C+PAC
用量/(mg/L)	200	50+150	50+150
絮体形成及沉降情况	絮体细小,沉降慢	絮体较大,沉降较快	絮体粗大,沉降快
水色	清,微透明	清,透明	清,透明
COD_{Cr}/(mg/L)	224.8	180	118
COD_{Cr}去除率/%	60	68	79

注：原水 COD_{Cr} 为562mg/L，pH 值为7.2。

表 3-79   排放口废水处理结果

絮凝剂	PAC	PAM-C+PAC	FIQ-C+PAC
用量/(mg/L)	100	50+50	50+50
絮体形成及沉降情况	絮体稍大,沉降慢	絮体较大,沉降较快	絮体粗大,沉降快
水色	淡黄,透明	淡黄,透明	微黄,透明
COD_{Cr}/(mg/L)	308.2	260.3	191.8
COD_{Cr}去除率/%	55	62	72

注：原水 COD_{Cr} 为685mg/L，pH 值为7.5。

由表 3-78 和表 3-79 可知，处理造纸废水时可采用絮凝剂 FIQ-C 与 PAC 复配使用对造纸废水处理效果最好，处理后废水可达标排放。

③ 在印染废水的处理中的应用   采用 FIQ-C，取自某印染厂生化处理后的废水，实验结果见表 3-80。

表 3-80   印染废水处理结果

絮凝剂	PAC	PAM-C+PAC	FIQ-C+PAC
用量/(mg/L)	80	30+50	30+50
絮体形成及沉降情况	絮体稍大,沉降慢	絮体较大,沉降较快	絮体粗大,沉降快
水色	淡黄,透明	淡黄,透明	微黄,透明
COD_{Cr}/(mg/L)	123.2	102.7	86.9
COD_{Cr}去除率/%	22	35	45

注：原水 COD_{Cr} 为158mg/L，pH 值为7.1。

从表 3-80 可以得出，FIQ-C 对印染废水具有较好的处理效果，与 PAC 复配使用效果更佳。

④ 在城市污水处理中的应用   为考察天然高分子改性药剂 FIQ-C 对城市污水处理能力，

选择了华南理工大学东湖水为试验对象，取 FIQ-C 为混凝剂，并与 PAM-C 进行比较，试验结果见表 3-81。

表 3-81 FIQ-C 与 PAM-C 对城市污水处理能力的比较

药剂	FIQ-C	PAM-C
用量/(mg/L)	10	10
浊度去除率/%	85	70
COD 去除率/%	65	45
氨氮去除率/%	33	28

注：PAC 用量 5mg/L。

由表 3-81 的结果表明，药剂 FIQ-C 不仅对浊度去除效果好，同时对 COD 及氨氮都有一定去除效果。

⑤ 在循环冷却水中的应用 循环冷却水水质的控制，主要是为了降低浊度，减少污垢的沉积，避免腐蚀和黏泥的产生，因而药剂对循环冷却水的预处理是非常重要的。实验采用 FIQ-C 模拟工业循环冷却水，在 pH 值为 7.0 的条件下，絮凝剂用量为 3mg/L 的条件，研究了絮凝剂 FIQ-C 的絮凝效果，同时与絮凝剂 PAM-C 进行比较，试验结果表 3-82。

表 3-82 FIQ-C 与 PAM-C 的絮凝性能比较

沉降时间/min	FIQ-C/NTU	PAM-C/NTU
5	13.5	18.0
10	5.5	12.5
15	5.0	8.0
20	4.5	7.0
25	3.0	6.8
30	2.3	6.5

表 3-82 表明，FIQ-C 絮凝体具有良好的沉降性能，且 FIQ-C 絮凝体的沉降性能优于 PAM-C。实验发现，FIQ-C 絮凝体较 PAM-C 絮凝体密实，下沉速度快。这是由于 FIQ-C 分子链上阳离子取代度高，电中和能力强，易使胶体粒子脱稳，再通过高分子的特殊网状架桥作用形成絮团而沉降。

3.9 两性型天然有机高分子改性絮凝剂

天然改性类两性高分子水处理剂大体可分为两性淀粉、两性纤维素、两性植物胶等类别。对于改性原料的选择，世界各国依据各自的自然条件，侧重点不同，如美国对淀粉改性研究较多；英国对藻朊酸衍生物应用较多；日本利用甲壳素改性产物用于污水处理较早。

近年来，国内外许多文献报道了两性高分子水处理剂的制备、性能及初步应用。但是，两性高分子水处理剂的研究还很不完善，主要存在着以下一些问题。

① 就两性高分子水处理剂的制备而言，国内与国外发展差别悬殊。国外偏重合成类产品的开发，如对两性聚丙烯酰胺和 PAN-DCD 型两性高分子的研究较多、也较为成熟，已有工业化产品供应市场；我国虽然对天然高分子改性和化学合成两类产品均有报道，但仅限于实验室合成和对性能的初步研究，并没有成熟的、性能完善的产品供应市场。

② 对两性高分子水处理剂的应用性能和作用机理研究得还不够深入。从所收集的文献可总结出两性高分子水处理剂具有絮凝、螯合等多种功能，但对其作用机理的研究，除少数文献用红外光谱对 PAN-DCD 与染料分子的结合做了定性研究外，大部分文献对两性型高分

子水处理剂的应用效果的解释都处于推测之中。

因此，在两性高分子水处理剂的品种上，应重视开发天然改性类两性高分子水处理剂。这是因为国外对合成类两性高分子的研究得较多、也较成熟；我们应该针对我国天然高分子资源比较丰富的国情，从开发天然改性类两性高分子水处理剂方面找到一条创新的道路。此外，还应拓展两性高分子在水处理行业其他方面的应用研究，如用于阻垢和缓蚀等方面。

两性型天然有机高分子改性絮凝剂根据其原材料来源的不同，可分为改性淀粉类絮凝剂、改性木质素类絮凝剂、改性纤维素类絮凝剂、改性壳聚糖类絮凝剂和 F691 改性絮凝剂等。

3.9.1 改性淀粉类絮凝剂

两性淀粉是多元改性淀粉系列中的重要类型，是指在改性淀粉分子中同时含有阴离子基团和阳离子基团，它是在阴离子型、阳离子型、非离子型等普通变性淀粉基础上发展起来的新型淀粉衍生物。因其分子中同时含有阴离子和阳离子基团，故比单一改性产品有更优越的使用性能。两性及多功能淀粉衍生物类絮凝剂是以淀粉为原料合成各种改性聚合物，除了通过单一的接枝共聚、交联等反应外，还可以通过多个反应共同作用制取多功能水处理絮凝剂。两性淀粉类絮凝剂的制备归纳起来，主要有 3 类：①一般的化学改性方法，即利用淀粉分子中葡萄糖单元上的活性羟基，通过酯化和醚化反应，赋予改性淀粉阴、阳离子基团；②接枝共聚，淀粉及其衍生物通过物理或化学激发的方法产生活化的自由基，再与乙烯基单体发生接枝共聚，进而制备出两性型淀粉改性絮凝剂；③淀粉接枝共聚物的改性，主要是利用接枝共聚物上的活性基团，通过进一步的化学改性，合成出两性型淀粉改性絮凝剂。

3.9.1.1 一般的化学改性方法

【制备方法】 两性淀粉的制备主要有湿法、干法和半干法三种。相比而言，湿法研究较为成熟，它分为水法和溶剂法。溶剂法的成本相对较高，有毒、易燃，且存在溶剂回收问题；水法按淀粉存在形式又包括糊法和浆法，糊法中淀粉以糊化状态反应，反应物料黏度大，反应试剂较难渗入淀粉内部，目前此法应用较少；浆法中淀粉以悬浮形式存在，为避免其糊化，需加入抗凝剂及低于糊化温度反应，从而导致后处理复杂。干法工艺是将淀粉、氢氧化钠、氯乙酸按比例投入干粉混合器中混匀加热，并向干粉中喷适量的水，反应始终保持粉末状，故名干法。干法的特点是淀粉的羧甲基化无需醇/水作介质，醚化反应均匀、反应效率高、可得到较高取代度的产品。3 种方法的比较见表 3-83。

表 3-83   两性淀粉合成方法比较

方法	湿法	干法	半干法
$w(H_2O)/\%$	>40	<20	20~40
优点	反应均匀,条件温和,设备简单	工艺简单,无需后续处理,不需加抗凝剂,反应效率高	兼有干法、湿法的优点
缺点	效率低,需加抗凝剂,后续处理复杂,且三废严重	反应不均匀,对设备要求高(需加防爆装置)	
适合条件	适于制备低取代度产品	适于制备高取代度产品	高、低取代度产品均适宜

(1) 磷酸型两性淀粉

磷酸型两性淀粉应用于造纸工业比阳离子淀粉具有更优越的性能，关于它的研究、生产与应用已经受到广泛重视。磷酸型两性淀粉的制备有 2 种方式：①分步法，即先阳离子化反应，后磷酸化反应或先磷酸化反应，后阳离子化反应；②一步法，即阳离子化反应和磷酸化反应同步进行。目前，工业上主要采用分步反应工艺生产磷酸型两性淀粉，这种工艺存在生产周期长、能耗高等缺点；而在水-醇反应介质及较低温度下，用三聚磷酸钠作为阴离子反应试剂，阴离子化反应与阳离子化反应同时进行的一步合成工艺具有生产周期短、能耗低等优势，应用前景广阔。

① 分步法合成工艺

a. 实例1

Ⅰ. 阳离子化反应   在反应器中将7500g蜡质玉米淀粉（10%含水率）和8250mL水混合均匀后，升温至37℃，并用氢氧化钠溶液将体系pH值调至11.2~11.5，搅拌下加入600g质量分数为50%二乙基氨基乙基盐酸盐。在37℃下反应17.5h后，反应体系的最终pH值为11.3。反应结束后，用质量分数为10%的稀盐酸调pH值至7.0，过滤，将滤饼用16500mL水洗涤，在室温下自然晾干。季铵化产品的含氮量为0.33%，产品的阳离子度为0.038。

Ⅱ. 磷酸化反应   将1200g阳离子淀粉和1500mL水混匀后，加入60g三聚磷酸钠（STP），用质量分数10%的盐酸调pH值至5.0~7.4，配制成料浆。将料浆过滤后，在82~99℃下干燥至含水率为5.0%~7.0%，经检测，淀粉中大约含有35g三聚磷酸钠。采用干法磷酸化反应制备两性型季铵淀粉醚磷酸酯，将上述经三聚磷酸钠处理后的淀粉放入油浴反应器中，慢慢搅拌下将淀粉的反应温度升至133℃，反应约13~15min，冷却至室温，即得磷酸型两性淀粉。

b. 实例2

Ⅰ. 阳离子化反应   在反应器中将7500g蜡质玉米淀粉（10%含水率）和8250mL水混合均匀后，升温至37℃，并用氢氧化钠溶液将体系pH值调至11.2~11.5，搅拌下加入600g质量分数为50%二乙基氨基乙基盐酸盐。在37℃下反应17.5h后，反应体系的最终pH值为11.3。反应结束后，用质量分数为10%的稀盐酸调pH值至7.0，过滤，将滤饼用16500mL水洗涤，在室温下自然晾干。季铵化产品的含氮量为0.33%，产品的阳离子度为0.038。

Ⅱ. 磷酸化反应   将1200g阳离子蜡质玉米淀粉料浆的pH中和至8.0，过滤，无需水洗。将48g三聚磷酸钠溶于126g水，并将pH值调至5.0，配制成三聚磷酸钠溶液。将上述配制好的三聚磷酸钠溶液喷洒在淀粉滤饼上，将淀粉-三聚磷酸钠掺合料在82~99℃下进行干燥处理。干燥前，掺和料的pH值为6.9。将掺和料加热至133℃下反应9min后，冷却至室温，即得磷酸型两性淀粉产品。产品中的磷含量约0.17%，黏度约2000mPa·s。

c. 实例3

Ⅰ. 阳离子化反应   采用半干法合成阳离子淀粉。将催化剂与醚化剂一起和适量水混匀后，加入淀粉，然后在60~90℃下反应2~5h，再用80%的乙醇溶液洗涤。用此法合成的季铵化阳离子淀粉的阳离子取代度0.4。

Ⅱ. 磷酸化反应   称取上述产物100g，在摩尔比 $n(50\% \ NaH_2PO_4 \cdot 2H_2O)$：$n(Na_2HPO_4 \cdot 12H_2O) = 0.87:1$ 的200mL中成浆，搅拌均匀，过滤，50℃下干燥，使水质量分数小于15%，干饼在155℃下反应3h，冷却，用水和无水乙醇洗涤，再在50℃下干燥，所得产品即为两性淀粉QAP。

d. 实例4

将1000g阳离子蜡质玉米淀粉（绝干），即支链淀粉-2-羟基-3-（三甲氨）丙基醚氯化物，用20g质量分数为2%的三聚磷酸钠浸渍。将淀粉用2500g水混合，并将体系的pH值调至6.0，搅拌30min后，配成浆料。将浆料用布氏漏斗进行减压过滤，并将154g质量分数为13%的三聚磷酸钠溶液浇注在滤饼上，这种处理方法使得浸渍淀粉含有质量分数为

0.51%的无机磷。将浸渍淀粉在25℃下自然晾干至含水率为10%左右，然后粉碎。

淀粉的热处理直接影响到淀粉的磷酸化效果，首先将浸渍淀粉在104℃下干燥至含水率少于1%，然后将体系温度升至126℃，进行热处理20min。冷却至室温，即得季铵淀粉醚磷酸酯产品。两性产品的磷含量为0.19%，磷酸化反应效率为38%。

e. 实例5

Ⅰ.阳离子醚化剂的制备　精确计量环氧氯丙烷、三甲胺，将环氧氯丙烷加入装有搅拌器、温度计、冷凝器、滴液漏斗的反应器中，用一定量的水作为稀释剂，在搅拌下滴加三甲胺。滴加完毕后，在室温下反应1~2h，而后加入一定量的稳定剂，在1.33~5.33kPa下进行减压蒸馏，得淡黄色液体，固含量约40%。反应式为：

$$(CH_3)_3N + Cl-CH_2-\overset{O}{\overset{|}{CH}}-CH_2 \longrightarrow [H_2\overset{O}{\overset{}{C}}-CHCH_2N(CH_3)_3]^+ Cl^- \xrightarrow{HCl}$$

$$[H_2C-CHCH_2N^+(CH_3)_3]Cl^-$$
$$\quad\; | \quad\; |$$
$$\quad\; Cl \;\; OH$$

Ⅱ.阴离子、非离子剂的制备　精确计量尿素、磷酸，在40℃下搅拌制得阴离子、非离子剂混合液，于室温下储存待用。

Ⅲ.阳离子淀粉醚的制备　精确计量玉米淀粉、阳离子醚化剂、催化剂NaOH，将玉米淀粉投入到带搅拌器、温度计，通风良好，淀粉可均匀分散在自制不锈钢反应器中。在搅拌下，将阳离子醚化剂和NaOH的混合液均匀喷雾到淀粉上，喷完后在常温下搅拌混合30min，然后油浴升温，在70~80℃下反应1~2h，冷却，用HCl水溶液调节pH值到7左右，含水率为13%~14%，得率达105%，阳离子醚化剂的转化率为97%以上。

Ⅳ.多元变性淀粉的制备　精确计量阴离子、非离子剂用量，在常温下将其喷雾到以上所得阳离子醚化淀粉中，混合30min，用油浴升温（1℃/min），在110~130℃下反应30~120min，冷却至室温，得两性变性淀粉。反应式为：

$$淀粉-OH + [H_2\overset{O}{\overset{}{C}}-CHCH_2NR_3]^+ Cl^- \longrightarrow [淀粉-O-CH_2-\overset{OH}{\overset{|}{CH}}CH_2NR_3]^+ Cl^-$$

（R为烷基，且至少有两个甲基与N直接连接）

$$R + H_3PO_4 + CO(NH_2)_2 \longrightarrow H_2NCO-R'-OPO_3H_2$$

（R'为阳离子淀粉）

f. 实例6

在水醇反应介质中，加入玉米原淀粉（0#）和一定用量的碱，再加入3-氯-2-羟丙基三甲铵氯，在50℃温度下反应3~4h，中和，过滤，用去离子水洗滤数次，烘干，得阳离子淀粉；将阳离子淀粉与三聚磷酸钠在水醇混合碱溶液中、50℃温度下反应3~4h后，分别用去离子水和无水乙醇洗滤数次，烘干，得磷酸型两性淀粉。

② 一步法合成工艺

结合用季铵基阳离子醚化剂在淀粉中引入阳离子的阳离子化反应机理，磷酸型两性淀粉一步合成的反应历程推理如下：

$$St-OH + OH^- \longrightarrow St-O^- + H_2O$$

$$Cl-CH_2\overset{}{\underset{|}{CH}}-CH_2\overset{\oplus}{N}(CH_3)_3Cl^\ominus + NaOH \longrightarrow H_2\overset{O}{\overset{}{C}}-CHCH_2\overset{\oplus}{N}(CH_3)_3Cl^\ominus + NaCl + H_2O$$
$$\quad\;\;\; OH$$

$$St-O^- + H_2\overset{O}{\overset{}{C}}-CHCH_2\overset{\oplus}{N}(CH_3)_3Cl^\ominus \longrightarrow St-O-CH_2-\underset{|}{CH}CH_2\overset{\oplus}{N}(CH_3)_3Cl^\ominus$$
$$\quad\quad\quad\quad\quad\quad\quad\quad\quad\quad\quad\quad\quad\quad\quad\quad\quad\quad\quad\quad\quad\;\; O^-$$

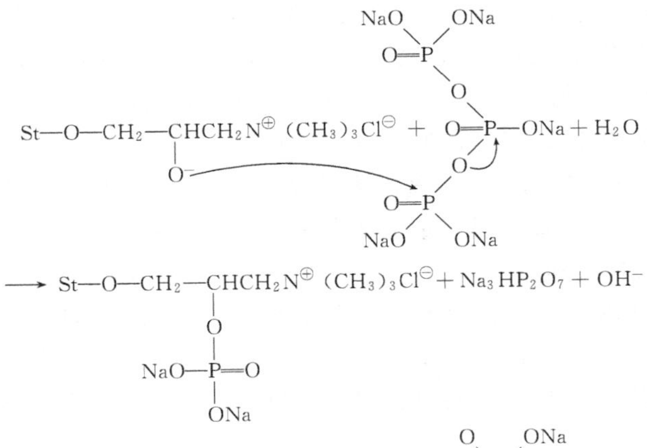

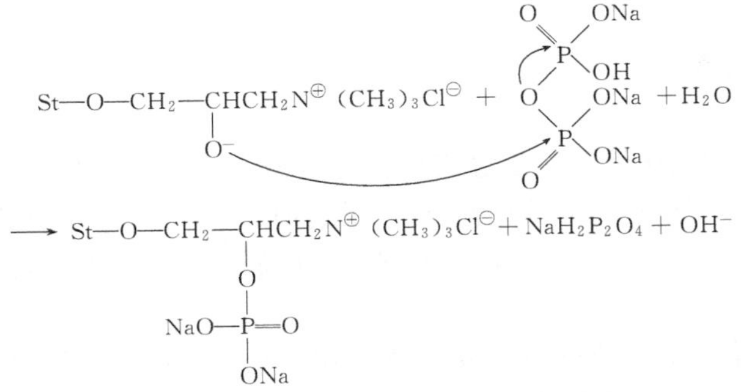

$$St-O-CH_2-CHCH_2N^{\oplus}(CH_3)_3Cl^{\ominus} + O=\overset{NaO\quad ONa}{\underset{O}{P}}-ONa + H_2O$$

$$\longrightarrow St-O-CH_2-CHCH_2N^{\oplus}(CH_3)_3Cl^{\ominus} + Na_3HP_2O_7 + OH^-$$

$$St-O-CH_2-CHCH_2N^{\oplus}(CH_3)_3Cl^{\ominus} + \ldots + H_2O$$

$$\longrightarrow St-O-CH_2-CHCH_2N^{\oplus}(CH_3)_3Cl^{\ominus} + NaH_2P_2O_4 + OH^-$$

对上述历程分析如下：在碱的作用下，淀粉中羟基生成负氧离子，作为亲核反应试剂，同时阳离子醚化剂生成活性较强的环氧结构，发生亲核取代反应，环氧结构环打开，环首端通过 C—O—C 键以醚结合形式生成具有阳离子基团淀粉衍生物。环被打开同时，在碱性环境中，开环另一端继续保持负氧离子状态，仍然具有较强的反应活性，与具有酸酐结构的三聚磷酸钠或焦磷酸钠进行亲核反应，三聚磷酸钠或焦磷酸钠酸酐结构分解，生成磷酸酯阴离子衍生物。

a. 实例 1

在水醇反应介质中，加入玉米原淀粉及三聚磷酸钠碱溶液，50℃ 温度下活化 10～30min，再加入 3-氯-2-羟丙基三甲铵氯，50℃ 温度下反应 3～4h，过滤后分别用去离子水和无水乙醇洗滤数次，烘干，得到两性淀粉。

b. 实例 2

将 1.7g NaOH 加入含 3.5g 三聚磷酸钠的水溶液中，混合后加入到含 50g 淀粉的乙醇溶液中，50℃ 下加热 10min，然后将 4.2mL 的 3-氯-2-羟丙基三甲基氯化铵（CHPTMAC）加入淀粉浆料中，在 50℃ 下搅拌反应 3h，产物用 3mol/L 盐酸中和，并在 8000r/min 的转速下离心 15min，再用蒸馏水洗涤 2 次，用 95% 乙醇洗涤一次，自然晾干，得磷酸型两性淀粉。

c. 实例 3

36g N-2-氯乙基乙胺盐酸盐加入到含 41.5g 磷酸的水溶液中，缓慢加入 59g 质量分数为 37% 的盐酸，待回流恒定后，滴加 81g 质量分数为 37% 甲醛，回流 3h，冷却至 24℃，将所得溶液 12.4g 加入至含 50g 玉米淀粉水浆中，调节 pH 值为 11.8，在 34℃ 下反应 6h，用质量分数为 9.5% 的盐酸调 pH 值至 3，过滤，水洗，干燥得产品。

d. 实例 4

在水醇反应介质中，加入玉米原淀粉及三聚磷酸钠碱溶液，50℃温度下活化 10～30min，再加入 3-氯-2-羟丙基三甲氯化铵，50℃温度下反应 3h，过滤后分别用去离子水和无水乙醇洗滤数次，烘干，得到两性淀粉。其中，三聚磷酸钠（STP）用量为 7%，3-氯-2-羟丙基三甲氯化铵（CHPTAC）用量为 7%，硫酸钠（Na_2SO_4）用量为 20%，Na_2HPO_4/NaH_2PO_4 为与 STP 水解成正磷酸盐时相当的用量，氢氧化钠用量为 3.0%（以上均指与淀粉干基为基的质量百分比）；水醇体积比＝1.0，淀粉乳质量浓度为 30%，反应温度 50℃，反应时间 3h。

（2）磺基丙酸型两性淀粉

将干燥的 3-氯-2-磺丙酸碱金属盐加入到淀粉水浆中，调节 pH 值为 9.5～12.0，搅拌，40～80℃反应 0.5～10.0h（或者将中和过的此试剂溶液喷到干粉，干热反应），保持碱性条件下加入 3-氯-2-羟丙基三甲基氯化铵（CHPTMAC），在 30～40℃下反应，过滤、洗涤及干燥后可得产品。

（3）羧酸型两性淀粉

① 实例 1

在室温下，将 5g 阳离子淀粉溶于过氧化氢水溶液，搅拌均匀后，得到黏稠溶液。然后一次性加入 0.5mL 质量分数为 40% 的氢溴酸，搅拌反应 5h 后，往淡黄色黏稠溶液中加入 250mL 甲醇，沉析物过滤，干燥，得到含羧基和季铵盐基团得两性淀粉。

② 实例 2

a. 淀粉的阴离子化   将交联淀粉 50g、水 110～180g、40%氢氧化钠溶液 50～80mL、一氯醋酸 20～30g，置于三口烧瓶中，在 30～60℃下搅拌反应 2～5h，中和至 pH＝6.5，过滤、干燥，得羧甲基化交联淀粉（CAS）。

b. 交联淀粉阳离子化   将交联淀粉 50g、水 110～180mL、40%氢氧化钠溶液 50～80mL、3-氯-2-羟基丙基三甲基氯化铵 25～40g，置于三口瓶中，在 40～60℃下搅拌反应 3～8h 后，中和至 pH＝6.5，过滤、洗涤、干燥，得阳离子化交联淀粉（CCS）。

（4）其他两性淀粉衍生物

李泰华等用淀粉 100 份、有机酸及酸酐 0.5～10 份、具有氢键的胺类或醇类化合物 0.5～10 份、吸水剂 0.1～5 份、无机填充剂 2～10 份、多元醇脂肪酸衍生物 0.4～10 份、有机填充剂 0.35～10 份、偶联剂 0.25～10 份制备了两性淀粉，该淀粉由于添加了多种添加剂，易于生物降解，而且加入了酸处理剂、解缔合剂等，不仅有利于降解，而且可加大降解塑料中淀粉含量。

3.9.1.2   接枝共聚

【制备方法】   接枝共聚法是制备两性型改性淀粉类絮凝剂的主要方法之一。淀粉和羧甲基淀粉能否与乙烯基单体发生反应，除与单体的结构、性质有关外，还取决于淀粉大分子上是否存在活化的自由基，自由基可用物理或化学激发的方法产生。物理引发方法主要有 ^{60}Co 的 γ 射线辐照、微波辐射、热引发和 UV 引发等。化学引发法引发效率的高低，取决于所选用的引发剂，常用的引发剂有 Ce^{4+}、过硫酸钾（$K_2S_2O_8$）、$KMnO_4$、H_2O_2/Fe^{2+} 和 $K_2S_2O_8/KHSO_3$ 等。两性型改性淀粉类絮凝剂根据原材料的不同，可分为两类产品：淀粉接枝共聚物、羧甲基淀粉接枝共聚物和阳离子淀粉接枝共聚物。

（1）淀粉接枝共聚物

淀粉通过引发剂的引发作用，产生淀粉宏根，即活化的自由基，然后再与乙烯基单体发生接枝共聚合，生成接枝共聚物，反应通式为：

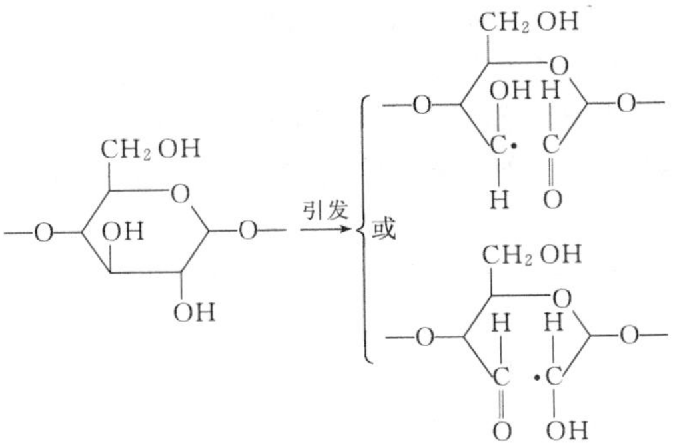

自由基，以 St· 表示。

$$St· + nCH_2=CHX + mCH_2=CHY \xrightarrow{引发} St \underset{}{\overset{}{\longleftarrow}} [CH_2-CH]_n [CH_2-CH]_m$$

式中，X=COOH、CONH₂、COONa、 $-NH-\overset{CH_3}{\underset{CH_3}{\overset{|}{C}}}-CH_2SO_3Na$ 等；Y 为阳离子基团。

① 淀粉-丙烯酰胺-2-丙烯酰氨基-2-甲基丙磺酸钾-二乙基二烯丙基氯化铵接枝共聚物

将 20g 小麦淀粉用适量的水调和均匀，于 60～80℃下糊化 1.0～1.5h，降温至室温，加入 56g 丙烯酰胺（AM）、45g 2-丙烯酰氨基-2-甲基丙磺酸钾（K-AMPS）和 12g 二乙基二烯丙基氯化铵（DEDAAC），并用氢氧化钾溶液使反应混合物的 pH 值调至 7～9。然后在不断搅拌下升温至 60℃，加入适量的除氧剂，5min 后加入占单体质量 0.5%～1.0% 的引发剂，搅拌均匀后，于 60℃下反应 0.5～10h，得凝胶状产品，其 1% 水溶液表观黏度≥20 mPa·s。

② 淀粉-丙烯酰胺-丙烯酸钾-3-甲基丙烯酰氨基丙基三甲基氯化铵接枝共聚物

将玉米淀粉用适量水调和均匀，于 60～80℃下糊化 1.0～1.5h，降温至室温，加入丙烯酰胺（AM）、丙烯酸钾（K-AA）和 3-甲基丙烯酰氨基丙基三甲基氯化铵（MPTMA），搅拌均匀，并用氢氧化钾溶液将反应混合物的 pH 值调至 10～11。然后在不断搅拌下升温至 60℃，加入适量的除氧剂，5min 后加入引发剂，搅拌均匀后，于 60℃下反应 0.5～2h，得凝胶状产物，其 1% 水溶液表观黏度≥20mPa·s，1.0% 水溶液 pH 值为 7.5～8.5。其中，丙烯酸钾、丙烯酰胺和 3-甲基丙烯酰氨基丙基三甲基氯化铵的摩尔比为 30∶55∶15；引发剂用量为单体总质量的 0.75%；淀粉用量占淀粉和单体总质量的 40%。

③ 淀粉-二甲基二烯丙基氯化铵-丙烯酰胺-甲基丙烯酸接枝共聚物

以淀粉为基材、二甲基二烯丙基氯化铵（DMDAAC）、丙烯酰胺、甲基丙烯酸等为原料，利用反相乳液聚合技术，采用四元聚合的方法，制备出淀粉-二甲基二烯丙基氯化铵-丙烯酰胺-甲基丙烯酸接枝共聚物乳液。方法为在 250mL 三口烧瓶中，安装搅拌器、滴液漏斗、导气管，置于恒温水浴中；再加入定量的液体石蜡和乳化剂 Span 20，通入高纯氮驱氧 30min 充分乳化；加入定量的淀粉乳，搅拌 10min；再加入适量的过硫酸铵/尿素氧化还原引发剂，引发 10min；将配制好的丙烯酰胺、二甲基二烯丙基氯化铵及预先处理好的甲基丙烯酸单体水溶液盛在滴液漏斗中，以一定速度分批滴入，在一定温度下，反应数小时。其中，过硫酸铵浓度为 $3.30×10^{-4}$ mol/L；尿素浓度为 $2.50×10^{-3}$ mol/L；单体质量分数为 30%；单体与淀粉质量比为 1.5∶1；丙烯酰胺、二甲基二烯丙基氯化铵和甲基丙烯酸的质量比为 70∶20∶10；乳化剂质量分数为 8%；油水体积比为 1.4∶1；反应温度 45℃；反应时间 4h。

④ 淀粉-丙烯酰胺-甲基丙烯酸乙酯基二甲基乙酸铵接枝共聚物

　　淀粉-丙烯酰胺-甲基丙烯酸乙酯基二甲基乙酸铵接枝共聚物的制备方法分为两性型单体——甲基丙烯酸乙酯基二甲基乙酸铵的制备、接枝共聚物的制备两个步骤。

　　a. 甲基丙烯酸乙酯基二甲基乙酸铵单体的制备　甲基丙烯酸乙酯基二甲基乙酸铵单体主要以甲基丙烯酸二甲氨基乙酯、氯乙酸和碳酸钠为原料制备而成。

主反应：

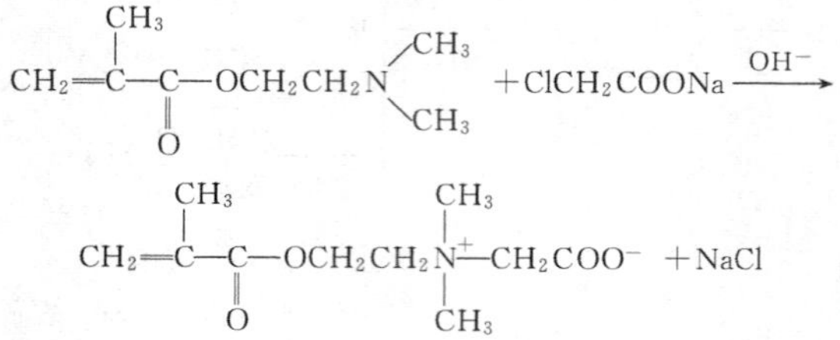

$$CH_2{=}C(CH_3){-}C(O){-}OCH_2CH_2N(CH_3)_2 + ClCH_2COONa \xrightarrow{OH^-}$$

$$CH_2{=}C(CH_3){-}C(O){-}OCH_2CH_2N^+(CH_3)_2CH_2COO^- + NaCl$$

副反应：

$$CH_2{=}C(CH_3){-}C(O){-}OCH_2CH_2N(CH_3)_2 \xrightarrow{OH^-} CH_2{=}C(CH_3){-}C(O){-}ONa + HOCH_2CH_2N(CH_3)_2$$

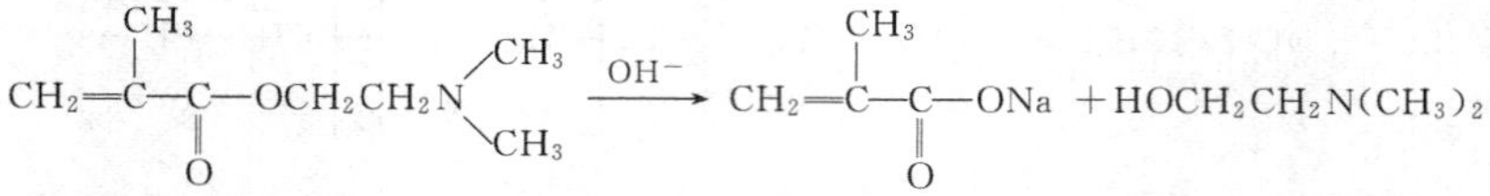

　　取一定量的氯乙酸，用碳酸钠调至 pH 值为 8～9，然后加入到过量 20%（摩尔比）的甲基丙烯酸二甲氨基乙酯（DM）中，用碳酸钠调 pH 值，升温反应一定时间，得两性单体。两性单体的制备工艺条件为：反应体系的 pH 值为 9～10；反应温度 85℃左右；反应时间 5h。

　　b. 接枝共聚物的制备　淀粉-丙烯酰胺-甲基丙烯酸乙酯基二甲基乙酸铵接枝共聚物的制备反应式为：

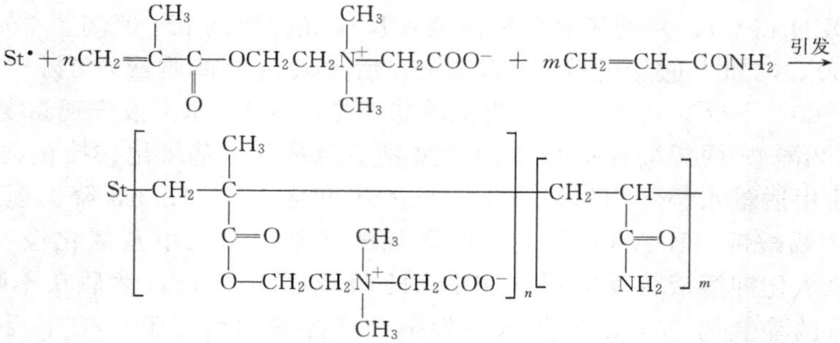

$$St^· + nCH_2{=}C(CH_3){-}C(O){-}OCH_2CH_2N^+(CH_3)_2CH_2COO^- + mCH_2{=}CH{-}CONH_2 \xrightarrow{引发}$$

$$St{-}[CH_2{-}C(CH_3)(C{=}O{-}O{-}CH_2CH_2N^+(CH_3)_2{-}CH_2COO^-)]_n{-}[CH_2{-}CH(C{=}O{-}NH_2)]_m$$

　　将淀粉悬浮于纯净水中，在搅拌下通氮 20min，并加热至一定温度，加入引发剂，10min 后加入两性单体和丙烯酰胺混合物，其中两性单体和丙烯酰胺的质量比为 2：3，反应一定时间后降温出料，得产物淀粉接枝两性絮凝剂（SGDA）。上述接枝共聚物的制备工艺中，水溶性引发剂过硫酸铵的浓度为 2.2×10^{-3} mol/L；聚合反应温度为 48℃；单体与淀粉的质量比为 1.8：1；聚合反应时间 4h。

　　(2) 羧甲基淀粉接枝共聚物

　　羧甲基淀粉接枝共聚物的制备方法有两种：直接用羧甲基淀粉与阴、阳离子单体进行接枝共聚反应；先将淀粉羧甲基化，再与阴、阳离子发生接枝共聚反应。

　　① 羧甲基淀粉-二甲基二烯丙基氯化铵接枝共聚物

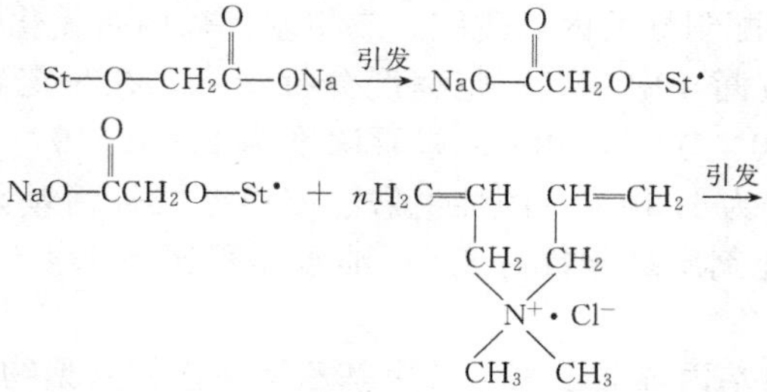

$$St{-}O{-}CH_2C(O){-}ONa \xrightarrow{引发} NaO{-}C(O)CH_2O{-}St^·$$

$$NaO{-}C(O)CH_2O{-}St^· + nH_2C{=}CH\,CH{=}CH_2\text{(二甲基二烯丙基氯化铵)} \xrightarrow{引发}$$

$$\text{NaO—CCH}_2\text{O—St} \left[\text{CH}_2\text{—CH—CH—CH}_2 \right]_n$$

（上式含季铵基结构：$\text{N}^+ \cdot \text{Cl}^-$，连接 CH_3、CH_3）

将 15g 羧甲基淀粉用适量的水溶解后，加入 15～30g 二甲基二烯丙基氯化铵（DMDAAC），并将反应体系的 pH 值控制在 7.0～8.5，通 N_2 驱 O_2 30min，在不断搅拌下升温至 30～60℃，加入适量的除氧剂和 EDTA-2Na，10min 后加入占单体质量 0.5%～1.2% 的引发剂，搅拌均匀后，于 30～60℃ 下反应 1.0～3.0h，得凝胶状接枝共聚物产品。

② 羧甲基淀粉-丙烯酰胺-甲基丙烯酸二甲氨基乙酯接枝共聚物

羧甲基淀粉-丙烯酰胺-甲基丙烯酸二甲氨基乙酯接枝共聚物的制备采用第二种方法，即先将淀粉羧甲基化，再与阴、阳离子发生接枝共聚反应，反应式为：

$$\text{St—OH} + \text{NaOH} \longrightarrow \text{St—ONa} + \text{H}_2\text{O}$$

$$\text{St—ONa} + \text{ClCH}_2\text{COOH} + \text{NaOH} \longrightarrow \text{St—OCH}_2\text{COONa} + \text{NaCl} + \text{H}_2\text{O}$$

$$\text{St—O—CH}_2\text{C—ONa} \xrightarrow{\text{引发}} \text{NaO—CCH}_2\text{O—St}^\bullet$$

接枝共聚：

$$\text{NaO—CCH}_2\text{O—St}^\bullet + n\text{CH}_2\text{=C—OCH}_2\text{CH}_2\text{—N} + m\text{CH}_2\text{=CH—CONH}_2 \xrightarrow{\text{引发}}$$

$$\text{NaO—CCH}_2\text{O—St} \left[\text{CH}_2\text{—C} \right] \left[\text{CH}_2\text{—CH} \right]_m$$

a. 羧甲基淀粉的制备　先用少量的水溶解氢氧化钠和一氯乙酸，搅拌下喷雾到淀粉上，在一定的温度下，反应一定的时间，所得产品仍能保持原淀粉的颗粒结构，流动性好，易溶于冷水，不结块。例如，玉米淀粉 100 份，先通氮气，于室温喷入 24.6 份的 40% 氢氧化钠碱液，搅拌 5min 后，再喷 16 份 75% 的一氯乙酸液，在 34℃，反应 4h 后，温度升到 48℃，在此期间保持通氧气，控制速度使反应物水分降低到约 18.5%。在 60～65℃ 反应 1h，在 70～75℃ 反应 1h，在 80～85℃ 反应 2.5h，冷却到室温，pH 值为 9.7。

b. 接枝共聚　将羧甲基淀粉用适量的水溶解后，加入丙烯酰胺（AM）和二甲基二烯丙基氯化铵（DMDAAC）单体，并将反应体系的 pH 值控制在 6.5～8.0，通 N_2 驱 O_2 30min，在不断搅拌下升温至 30～60℃，加入适量的除氧剂和 EDTA-2Na，10min 后加入占单体质量 0.6%～1.0% 的引发剂，搅拌均匀后，于 30～60℃ 下反应 1.5～2.5h，得凝胶状接枝共聚物产品。其中，丙烯酰胺和二甲基二烯丙基氯化铵的摩尔比为 4:1；羧甲基淀粉的质量分数占淀粉和总单体质量的 20%～30%；引发剂为过硫酸钾/尿素，过硫酸钾用量为单体质量的 0.6%～0.8%，尿素用量为单体质量的 0.8%～1.0%。

（3）阳离子淀粉接枝共聚物

阳离子淀粉接枝共聚物的制备可通过以下途径来实现：先将淀粉阳离子化，然后将阳离子改性淀粉与丙烯酸类单体进行接枝共聚，进而制备出两性型淀粉改性絮凝剂。

将鲜木薯淀粉用水调成 5% 的粉浆，用 2mol/L NaOH 溶液调 pH＝12～13，加热到 80℃，糊化 10～15min，加入阳离子醚化剂并维持 pH 值至 10～11，于 80～85℃ 搅拌醚化反应 2h，得到阳离子淀粉糊，加入丙烯酸钠/丙烯酰胺（AA-Na/AM）混合液，再用少量丙烯酸（AA）调 pH 至 7 左右，在 60～65℃的氧化-还原引发体系中接枝共聚反应 4h，产物为两性淀粉接枝共聚物（糨糊状）。其中，醚化剂用量为淀粉量的 10%～30%，醚化反应时间 120min 左右；单体总用量与淀粉量的质量比为 1:1，在 pH=7 左右、60℃下反应 4h，单体转化率可达 95% 以上。

【应用】　两性淀粉接枝共聚物处理印染废水的效果见表 3-84。

表 3-84　两性淀粉接枝共聚物对印染废水处理效果

絮凝剂		助凝剂		污水体积 /mL	各波长处脱色率/%				浊度去 除率/%
名称	用量/mL	名称	用量/mL		$450\mu m$	$530\mu m$	$590\mu m$	$680\mu m$	
SGe	0.10	BAC	0.1	200	82.3	82.3	85.9	60.7	71.2
SFe	0.10	BAC	0.1	200	94.3	94.3	94.2	90.8	72.2
SMn	0.10	BAC	0.1	200	89.7	90.4	93.1	99.3	72.0
SN	0.10	BAC	0.1	200	92.1	91.0	92.5	93.0	77.8
未加	0	BAC	0.1	200	69.5	71.3	75.4	70.9	66.7

注：1. 水样外观为暗灰色，絮凝前 pH 值为 9.2，絮凝时间 10min，絮凝后 pH 值为 7.7；
2. SGe、SFe、SMn、SN 分别为用铈盐、铁盐、偶氮二异丁腈和过硫酸铵引发剂合成的改性淀粉絮凝剂。

3.9.1.3　接枝共聚物的改性

【制备方法】　接枝共聚物的改性主要是利用共聚物分子上的活性基团，通过化学改性，以赋予接枝共聚物新基团和两性功能。

（1）淀粉-丙烯酰胺接枝共聚物的改性

在淀粉-丙烯酰胺接枝共聚物改性产品的制备过程中，首先要以淀粉为原料，通过接枝共聚的方法合成出淀粉丙烯酰胺接枝共聚物，然后以共聚物为原料，通过进一步的化学改性，如 Mannich 反应和水解反应或 Mannich 反应和磺甲基化反应来制备出两性型淀粉改性絮凝剂。

接枝共聚：

$$St \cdot + nCH_2=CH-CONH_2 \xrightarrow{引发} St \left[\begin{array}{c} CH_2-CH \\ | \\ CONH_2 \end{array} \right]_n$$

Mannich 反应：

$$St \left[\begin{array}{c} CH_2-CH \\ | \\ C=O \\ | \\ NH_2 \end{array} \right]_n + HCHO + HN(CH_3)_2 \longrightarrow$$

$$St \left[\begin{array}{c} CH_2-CH \\ | \\ C=O \\ | \\ NH_2 \end{array} \right]_x \left[\begin{array}{c} CH_2-CH \\ | \\ C=O \\ | \\ NHCH_2N \begin{array}{c} CH_3 \\ CH_3 \end{array} \end{array} \right]_y$$

水解反应：

$$St \left[\begin{array}{c} CH_2-CH \\ | \\ C=O \\ | \\ NH_2 \end{array} \right]_x \left[\begin{array}{c} CH_2-CH \\ | \\ C=O \\ | \\ NHCH_2N \begin{array}{c} CH_3 \\ CH_3 \end{array} \end{array} \right]_y + mNaOH + H_2O \longrightarrow$$

$$St \left[\begin{array}{c} CH_2-CH \\ | \\ C=O \\ | \\ NH_2 \end{array} \right]_{x-m} \left[\begin{array}{c} CH_2-CH \\ | \\ C=O \\ | \\ NHCH_2N \begin{array}{c} CH_3 \\ CH_3 \end{array} \end{array} \right]_y \left[\begin{array}{c} CH_2-CH \\ | \\ COONa \end{array} \right]_m + mNH_4OH$$

磺甲基化反应：

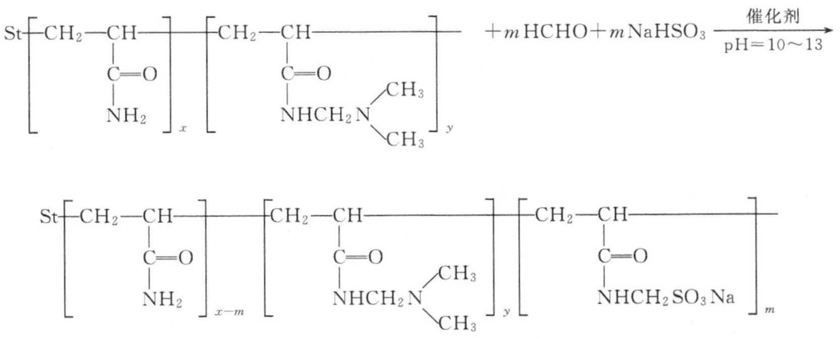

St$\left[\text{CH}_2\text{—CH}\right]$ ... $+ m\text{HCHO} + m\text{NaHSO}_3 \xrightarrow[\text{pH}=10\sim13]{\text{催化剂}}$

（结构式图）

① 淀粉-丙烯酰胺接枝共聚物的制备

方法详见 3.6 节非离子型天然有机高分子改性絮凝剂。

② 淀粉-丙烯酰胺接枝共聚物的改性

a. 方法 1

以淀粉-丙烯酰胺接枝共聚物为原料，通过 Mannich 反应和水解反应来制备两性型淀粉-丙烯酰胺接枝共聚物。称取定量的淀粉-丙烯酰胺接枝共聚物和去离子水，加入装有搅拌器、温度计和回流冷凝器的三口烧瓶中，在室温下搅拌、溶解后，一并加入甲醛和二甲胺，反应2~3h，调节温度，加入水解剂反应 2~4h，即得浅黄色透明黏稠状产品，取样沉淀、洗涤、干燥和粉碎，检验产物性质。其中，Mannich 反应条件：接枝物、甲醛、二甲胺的最佳摩尔比是 1:1.1:1.5，反应体系的 pH 值为 11，淀粉-丙烯酰胺接枝共聚物的质量分数为2.5%，反应温度 50℃，反应时间 2.5h。水解反应条件：水解剂选择质量比为 1.4:1 的碳酸钠与氢氧化钠混合物，水解反应温度为 65℃，反应时间为 3h。

b. 方法 2

以淀粉-丙烯酰胺接枝共聚物为原料，通过 Mannich 反应和磺甲基化反应来制备两性型淀粉-丙烯酰胺接枝共聚物。将定量淀粉接枝聚丙烯酰胺和水加入反应器中，用 NaOH 溶液将体系 pH 值调至 9~11，滴加甲醛，在 35~45℃下反应 1~2h，然后滴加二甲胺溶液，在70~85℃下反应 1~2h 后，滴加甲醛和 NaHSO$_3$ 混合反应液，继续反应 3~4h 后降温出料。其中，淀粉-丙烯酰胺接枝共聚物与甲醛、二甲胺的摩尔比为 1:1.2:1.5，接枝共聚物与甲醛、NaHSO$_3$ 的摩尔比为 1:0.5:0.7；接枝共聚物的质量分数为 3%~5.5%。

c. 方法 3

以淀粉-丙烯酰胺接枝共聚物为原料，通过 Mannich 反应和磺甲基化反应来制备两性型淀粉-丙烯酰胺接枝共聚物，然后进一步交联反应，制备出阳离子两性絮凝剂。在装有搅拌器、温度计和滴液漏斗的 250mL 三口烧瓶中，加入一定量的淀粉接枝聚丙烯酰胺，分别滴加计算量的甲醛和二甲胺溶液，同时滴加 0.1mol/L 的甲酸溶液以保持反应体系 pH 值为10~11，55℃恒温反应 3h 后，升温至 65~70℃，滴加 2mol/L 的 NaHSO$_3$ 溶液，继续反应3h 后降温至 50~55℃，分批滴入环氧氯丙烷，3.5h 后停止反应。其中，接枝共聚物:甲醛:二甲胺:亚硫酸氢钠:环氧氯丙烷的摩尔比为 1.0:1.2:0.7:0.4:0.4；磺化最佳工艺条件为反应温度 65℃、体系 pH12，反应时间 3.0h；季铵化最佳工艺条件为反应温度50℃、体系 pH11、反应时间 3.5h。淀粉基强阳离子两性絮凝剂的胺化度为 5.55×10^{-3} mol/g，阴离子化度为 2.44×10^{-3} mol/g，季铵化度为 2.55×10^{-3} mol/g。

（2）淀粉-丙烯酰胺-丙烯酸钠接枝共聚物的改性

淀粉-丙烯酰胺-丙烯酸钠接枝共聚物的改性主要是利用接枝共聚物上的活性酰胺基团，通过 Mannich 反应制备出两性淀粉改性絮凝剂。

接枝共聚：

$$St^{\bullet} + nCH_2\!=\!CHCONH_2 + mCH_2\!=\!CHCOONa \xrightarrow{\text{引发}}$$

$$St\!-\!\!\left[\!CH_2\!-\!CH\atop\underset{CONH_2}{|}\!\right]_{m}\!\!\left[\!CH_2\!-\!CH\atop\underset{\underset{ONa}{|}}{\overset{|}{C\!=\!O}}\!\right]_{m}$$

Mannich 反应：
$$St\!-\!\!\left[\!CH_2\!-\!CH\atop\underset{CONH_2}{|}\!\right]_{n}\!\!\left[\!CH_2\!-\!CH\atop\underset{\underset{ONa}{|}}{\overset{|}{C\!=\!O}}\!\right]_{m} + HCHO + HN(CH_3)_2 \longrightarrow$$

$$St\!-\!\!\left[\!CH_2\!-\!CH\atop\underset{\underset{NH_2}{|}}{\overset{|}{C\!=\!O}}\!\right]_{n-y}\!\!\left[\!CH_2\!-\!CH\atop\underset{\underset{NHCH_2N\!\!<^{CH_3}_{CH_3}}{|}}{\overset{|}{C\!=\!O}}\!\right]_{y}\!\!\left[\!CH_2\!-\!CH\atop\underset{COONa}{|}\!\right]_{m}$$

① 接枝共聚物的制备 反应在装有搅拌器的四口烧瓶中进行，淀粉在水中打浆后加入，乳化剂溶解在液体石蜡（油相）中加入，通 N_2 气搅拌，升温至所需温度，加引发剂，将聚合单体配成一定浓度的溶液滴入。基本反应条件为：水相质量分数为 40%，其中淀粉和单体的总质量比为 1:1；丙烯酰胺和丙烯酸钠的质量比为 4:1；引发剂过硫酸铵，浓度为 $2.4 \times 10^{-4} mol/L$；油水相体积比 1.2:1。

② 两性接枝共聚物的制备 将一定量的淀粉-丙烯酰胺-丙烯酸钠接枝共聚物乳液加入装有搅拌器、温度计的三口瓶中，将体系 pH 值调至 10~11，再向三口瓶中加入定量的甲醛和二甲胺，在 45~55℃下反应约 3h。反应结束后，自然冷却，再加入定量的硫酸二甲酯季铵化，反应 0.5h 后出料，得两性接枝共聚物。

（3）淀粉-丙烯腈接枝共聚物的改性

笔者曾利用淀粉为原料，以丙烯腈为单体，以硝酸铈铵为引发剂，通过接枝共聚反应制备出淀粉-丙烯腈接枝共聚物，然后通过进一步的化学改性，制备出含两亲基团（亲油基团 —CN 和亲水基团—COONa、—CONH$_2$ 以及—N$^+$H 等）的两性淀粉改性絮凝剂，具体工艺如下。

① 将淀粉和水按一定的配比加入反应釜中，通 N_2 保护，在 85~90℃下加热糊化 45min 后，冷却至室温，加入计算量的 Ce^{4+} 盐，反应 20min 后加入适量的丙烯腈（AN），反应 2.0h 后，过滤、水洗、丙酮和乙醚洗，干燥后即得氰乙基淀粉。

② 将氰乙基淀粉与双氰胺（DCD）在二甲基甲酰胺（DMFA）溶液中充分混合，并逐渐滴加碱液，45min 内加完，同时升温到 105℃，剧烈搅拌，反应 5h 后用盐酸中和，水洗、过滤、干燥后即得两亲型高分子絮凝剂 ASF。

（4）羧甲基淀粉-丙烯酰胺接枝共聚物的改性

采用来源极其广泛、价格便宜的玉米淀粉为原料，先以氯乙酸为醚化剂通过羧甲基化反应在淀粉分子上接上羧甲基，再通过接枝共聚反应，以硝酸铈铵为引发剂接枝丙烯酰胺单体，最后以甲醛、二甲胺为醚化剂，通过 Mannich 反应对接枝在淀粉分子上的丙烯酰胺进行氨甲基化改性，引入季铵基团，首次合成出改性玉米淀粉两性絮凝剂 CGAAC。羧甲基化反应中，淀粉:氯乙酸:氢氧化钠（摩尔比）=1:1:2，反应温度 50℃，反应时间 4h；接枝共聚反应中，淀粉:丙烯酰胺（重量比）=1:2，引发剂浓度为 0.01~0.1mol/L，反应温度 60℃，反应时间 2h；阳离子化反应中，酰氨基:甲醛:二甲胺（摩尔比）=1:1:1.5，反应温度 50℃，反应时间 2h。

【应用】 马希晨等以淀粉为基材，进行接枝共聚反应，再经羟甲基化、叔胺化、季铵化制得 SCAM 系列产品，并用 SCAM 处理含油废水，结果见表 3-85。从表中数据可知，SCAM 对石油污水的澄清效果优于常用的分子质量为 600 万的聚丙烯酰胺絮凝剂。

表 3-85　含油污水澄清试验结果

结果	用量					
	3μg/L		5μg/L		7μg/L	
	PAM600 万	SCAM	PAM600 万	SCAM	PAM600 万	SCAM
絮体形成速度	较快	快	较快	快	较快	快
絮体密实程度	松散	密实	松散	密实	松散	密实
絮体颗粒大小	小	大	小	大	小	大
剩余浊度/NTU	174	76	132	104	276	174
浊度去除率/%	84.9	93.4	88.5	90.9	76.0	84.9

注：原石油废水的 COD 为 2070mg/L，加入 5μg/L SCAM 为主的混凝剂沉降后，其上清液 COD 值下降到 302mg/L，COD 去除率可达 86%。

3.9.2　改性木质素类絮凝剂

改性木质素类絮凝剂的制备方法有 3 种：①木质素磺酸盐的 Mannich 反应；②木质素磺酸盐的接枝共聚；③接枝共聚物的改性。

3.9.2.1　木质素磺酸盐的 Mannich 反应

【制备方法】　木质素磺酸盐的 Mannich 反应主要是利用木质素磺酸盐上的部分活性基团（如羟基等），通过 Mannich 反应，制备出两性的改性木质素絮凝剂。将木质素磺酸盐（其中包括木质素磺酸钠、木质素磺酸钙、木质素磺酸镁等）溶于水中，将反应体系的 pH 值调至 10.5~12.0，加入占木质素磺酸盐质量 35%~70% 的甲醛溶液，在 70~80℃ 下反应 2~5h，加入二甲胺，反应 2~3h 后，将温度降至 45℃ 左右，加入硫酸二甲酯，反应 1h 后出料，即得两性改性木质素絮凝剂。

3.9.2.2　木质素磺酸盐的接枝共聚

【制备方法】　木质素磺酸盐的接枝共聚主要是利用引发剂引发木质素磺酸盐产生自由基，再与阳离子单体发生接枝共聚，制备出两性接枝共聚物。由于引发剂对木质素，尤其对木质素磺酸盐的引发效率不高，因此接枝效果不是非常理想。制备方法：将木质素磺酸盐蒸馏水中，在 25~45℃ 下通氮气，搅拌条件下加入定量的二甲基二烯丙基氯化铵（DMDAAC）和丙烯酰胺混合水溶液，在 30min 内逐滴加定量的引发剂硫酸亚铁/过硫酸钾/脲溶液，3~5h 后停止搅拌，恒温密封静置 2~3h，即得木质素磺酸盐-丙烯酰胺-二甲基二烯丙基氯化铵接枝共聚物。

3.9.2.3　接枝共聚物的改性

【制备方法】　木质素接枝共聚物以及木质素磺酸盐接枝共聚物的改性是制备两性改性木质素絮凝剂的主要方法之一。根据接枝共聚物原材料的不同，可分为木质素接枝共聚物的改性和木质素磺酸盐接枝共聚物的改性。

(1) 木质素接枝共聚物的改性

和淀粉-丙烯酰胺接枝共聚物的改性方法类似，木质素接枝共聚物的改性方式有 2 种：①以木质素-丙烯酰胺接枝共聚物为原料，通过 Mannich 反应和水解反应来制备两性型木质素-丙烯酰胺接枝共聚物；②以木质素-丙烯酰胺接枝共聚物为原料，通过 Mannich 反应和磺甲基化反应来制备两性型木质素-丙烯酰胺接枝共聚物。

① 改性方法 1

a. 木质素-丙烯酰胺接枝共聚物的制备　将木质素和适量蒸馏水加入四口烧瓶中，搅拌均匀后，在 N₂ 氛围内加入硫酸亚铁溶液，反应 10min 后，加入丙烯酰胺单体，10～20min 后，加入过硫酸钾溶液通氮，搅拌反应 2～3h，得木质素-丙烯酰胺接枝共聚物。

b. 两性木质素-丙烯酰胺接枝共聚物的制备　在上述接枝物中加入计算量的甲醛和二甲胺，接枝共聚物、甲醛和二甲胺的摩尔比为 1∶1∶1.5，反应温度为 50℃，搅拌反应 2～3h 后，加入碳酸钠和氢氧化钠混合水溶液，在 70～80℃下反应 2～3h，即得两性木质素-丙烯酰胺接枝共聚物。

② 改性方法 2

a. 木质素-丙烯酰胺接枝共聚物　将木质素和适量蒸馏水加入四口烧瓶中，搅拌均匀后，在 N₂ 氛围内加入硫酸亚铁溶液，反应 10min 后，加入丙烯酰胺单体，10～20min 后，加入过硫酸钾溶液通氮，搅拌反应 2～3h，得木质素-丙烯酰胺接枝共聚物。

b. 两性木质素-丙烯酰胺接枝共聚物的制备　在上述接枝物中加入计算量的甲醛和二甲胺，接枝共聚物、甲醛和二甲胺的摩尔比为 1∶1∶1.5，反应温度为 50℃，搅拌反应 2h 后，加入甲醛和亚硫酸氢钠的反应混合液，在 70～85℃下反应 3～4h，即得两性木质素-丙烯酰胺接枝共聚物。

(2) 木质素磺酸盐接枝共聚物的改性

木质素磺酸盐接枝共聚物的改性的工艺为：首先以木质素磺酸盐和丙烯酰胺为原料制备出木质素磺酸盐-丙烯酰胺接枝共聚物，然后通过 Mannich 反应进行阳离子化，制备出两性木质素磺酸盐-丙烯酰胺接枝共聚物。

① 木质素磺酸钙与丙烯酰胺的接枝共聚　在三口瓶中加入一定量的木质素磺酸钙和水，搅拌溶解，升温至 50℃，通氮气 5min，加入配比量的过硫酸钾及丙烯酰胺，保温反应。其中，过硫酸钾浓度为 5×10^{-3} mol/L，丙烯酰胺用量 1.4mol/L，反应温度 50℃，反应时间 2.5h。

② 接枝共聚物的 Mannich 反应　将接枝共聚物溶液用 10% NaOH 溶液调节至一定的 pH 值，加入甲醛在相应温度下羟甲基化反应一定时间，再加入二甲胺在一定温度下胺甲基化反应一定时间，得到反应产物。其中，醛胺摩尔比 1∶1，羟甲基化反应温度 50℃，羟甲基化反应时间 1h，胺甲基化反应温度 50℃，胺甲基化反应时间 2h，反应体系的 pH 值为 10。

【应用】(1) 印染废水处理中的应用

刘千钧以木质素磺酸盐为原料，以丙烯酰胺为单体，通过接枝共聚制备出木质素磺酸盐-丙烯酰胺接枝共聚物，将接枝共聚物进一步阳离子化，制备出两性絮凝剂 LSDC，并将其用来处理模拟染料废水，如活性艳蓝 X-BR、活性黄 X-R、活性紫 K-3R、活性黑 K-BR 以及直接橙 S 等。试验结果见表 3-86。结果发现：絮凝剂投加量为 30～250mg/L，废水 pH 值在 4～8 的条件，LSDC 对模拟印染废水的絮凝脱色效果最佳。而且通过对脱色反应的机理探讨认为：LSDC 对染料废水的絮凝脱色机理是电荷的中和作用、疏水作用机理和表面吸附机理共同作用的结果。

表 3-86　LSDC 脱色前后染料溶液 COD$_{Cr}$的变化

名称　　指标	活性艳蓝 X-BR	活性黄 X-R	活性紫 K-3R	活性黑 K-BR	直接橙 S
LSDC 投加量	150	75	150	250	30
脱色率/%	83.78	99.39	98.25	82.13	99.5
COD 的变化/(mg/L)	+135	−3	+42	+266	−30

(2) 污泥的絮凝脱水性能研究

刘千钧用自制的两性型木质素磺酸盐改性絮凝剂 LSDC 处理污水，并对污泥的絮凝脱水性能进行了研究。

① 对生物活性污泥的絮凝脱水作用

其生物活性污泥取自广州某污水处理厂二沉池，污泥含水率为99.2%，pH值为6.5～7.0。图3-26～图3-28分别列出了添加LSDC对生物活性污泥的沉降速度、减压过滤滤液体积的影响。

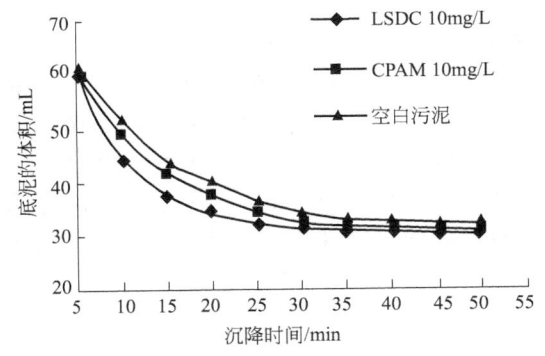

图 3-26　投药前后污泥的沉降曲线

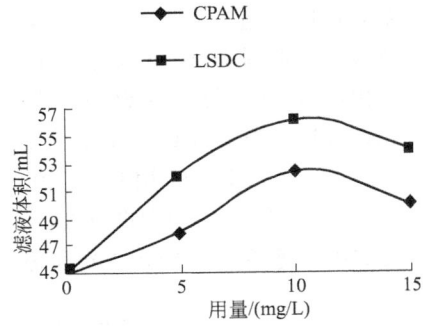

图 3-27　絮凝剂用量与自然过滤滤液体积的关系

污泥沉降速度是衡量絮体结构和泥水分离性能的一个指标。由图3-26可知，在沉降实验开始的前35min内污泥的沉降速度较快。空白污泥的平均沉降速度为1.86mL/min，投加CPAM的平均沉降速度为1.94mL/min，投加LSDC的平均沉降速度为2.33mL/min。显然，对提高污泥的沉降速度，LSDC比阳离子聚丙烯酰胺（CPAM）的性能更好。

污泥脱水实验是在同等操作条件下进行的。因此在一定时间内过滤滤液的体积是比较污泥脱水效果的直观指标。滤液越多，则污泥泥饼的含水率越低，絮凝剂的脱水效果越好。当为自然过滤时，图3-27是LSDC和CPAM用量与污泥自然过滤5min所得滤液体积的关系曲线。显然，LSDC对生物活性污泥脱水的最佳投加量为10mg/L，超过这个量，滤液体积将会降低。在同样的投加量下，LSDC的滤液体积较CPAM大，也即脱水性能好。

当为减压过滤时，图3-28是空白污泥、LSDC与CPAM投加量均为10mg/L时，所得滤液体积与时间的关系曲线，因此加入LS-DC后的滤液体积始终多于加入CPAM的体积。

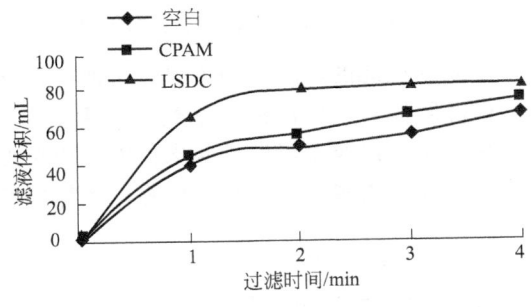

图 3-28　滤液体积随时间的变化

在过滤压力、过滤面积、过滤介质和滤液黏度相同的条件下，污泥的过滤比阻 r 与减压过滤滤液体积 V 有下列关系：

$$\frac{r_2}{r_1}=\frac{V_1^2}{V_2^2}$$

式中，r_1、V_1 分别为未投加LSDC的污泥过滤比阻和滤液体积；r_2、V_2 为投加LSDC的污泥过滤比阻和滤液体积。由图3-28知，当过滤时间 t 为1min时滤液体积 V_1、V_2 分别为45mL和70mL，当过滤时间 t 为2min时，滤液体积 V_1、V_2 分别为56mL和87.5mL。因此：

当 $t=1$min 时 $\dfrac{r_2}{r_1}=\dfrac{V_1^2}{V_2^2}=0.413$

当 $t=2$min 时 $\dfrac{r_2}{r_1}=\dfrac{V_1^2}{V_2^2}=0.410$

可见投加 LSDC 后，污泥比阻可降低至原始污泥的 41% 左右，过滤性能大大改善。

② 对造纸混合污泥的絮凝脱水作用

污泥取自广州造纸厂废水处理厂，污泥含水率为 96.8%，pH 值为 6.0~6.5。

同样通过沉降速度和脱水性能的研究，得出该絮凝剂的功效。对沉降速度的影响如图 3-29。由图 3-29 可见，在 60min 内，空白污泥的最大沉降高度是 5.0mL，平均沉降速度为 0.08mL/min，当 LSDC 的用量为 10mg/L 时最大沉降高度是 6.4mL，平均沉降速度为 0.11mL/min。当 LSDC 的用量为 20mg/L 时最大沉降高度是 8.0mL，平均沉降速度为 0.13mL/min；显然，LSDC 的加入，可以明显提高污泥的沉降速度，当投加量为 20mg/L 时，污泥的沉降速度是空白污泥沉降速度的 1.6 倍。

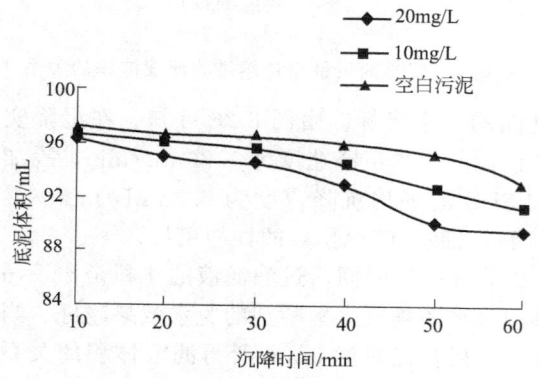

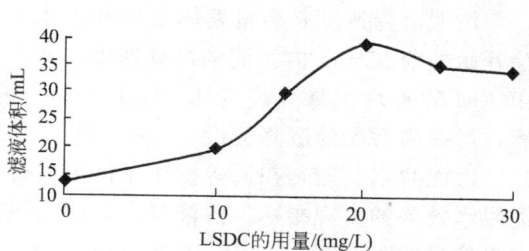

图 3-29 空白污泥和加入絮凝剂后污泥的沉降曲线   图 3-30 絮凝剂用量与自然过滤滤液体积的关系

对脱水性能的影响，当为自然过滤时，絮凝剂对污泥的絮凝脱水，在于改变污泥颗粒结构，破坏胶体稳定性污泥滤水性能，絮凝剂的投加量直接影响着污泥的脱水性能，投加量少，提高不足以改善污泥的脱水性能；而投加量过多由于有机絮凝剂的大分子结构，使污泥形成的絮体结构疏松，且刚性较强，絮体中所含水分也难以脱除。同时污泥本身的性质对絮凝剂的投加量也有一个适宜的要求。图 3-30 是 LSDC 用量与污泥自然过滤 10min 所得滤液体积的关系曲线。显然，LSDC 对造纸混合污泥脱水的最佳投加量为 20mg/L，超过这个量，滤液体积将会降低。

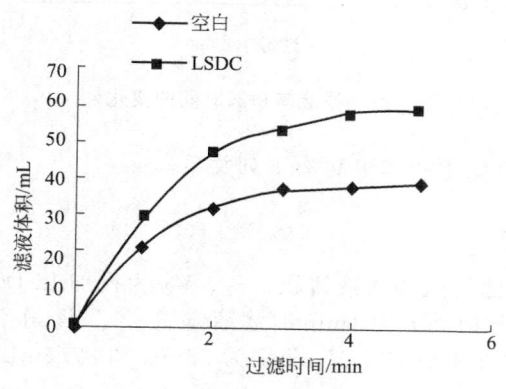

图 3-31 滤液体积随时间的变化

当为减压过滤时，污泥脱水实验是在同等操作条件下进行的。因此在一定时间内过滤滤液的体积是比较污泥脱水效果的直观指标。滤液越多，则污泥泥饼的含水率越低，絮凝剂的脱水效果越好。图 3-31 是 LSDC 投加量为 20mg/L 的污泥和空白污泥，减压过滤时滤液体积随时间的变化。

　　通过研究发现：LSDC 絮凝剂可使污泥的平均沉降速度由原始污泥沉降速度的 1.86mL/min 提高至 2.33mL/min，是原始污泥沉降速度的 1.25 倍。过滤比阻则降低至原始污泥的41％左右。其与现在一般用的 CPAM 相比，无论在提高污泥沉降速度方面，还是降低污泥含水率和污泥比阻方面性能都好。而且他们还通过研究发现此种絮凝剂单独使用时效果欠佳，与其他絮凝剂复配后效果更好，如与硫酸铝复配后变成复合型絮凝剂，其脱色性能明显增强，而且用量减少。此外其还可作为黏土絮凝剂和蛋白质回收等等。

3.9.3　改性壳聚糖类絮凝剂

　　壳聚糖上的氨基可以与醛酮发生 Schiff 碱反应，生成相应的醛亚胺和酮亚胺多糖。可用此反应来保护游离 NH_2，在羟基上引入其他基团；或用硼氢化钠还原得到 N-取代的多糖。同时根据羧甲基的取代位置不同，可以获得 O-羧甲基壳聚糖（O-CMC）、N-羧甲基壳聚糖（N-CMC）、N,O-羧甲基壳聚糖（N,O-CMC）三种衍生物。两性壳聚糖絮凝剂的制备方法主要有醚化、黄原酸化和磷酸化等。两性壳聚糖根据其所带的阴离子基团的不同，又可分为：羧甲基壳聚糖、黄原酸化壳聚糖钠盐和壳聚糖磷酸酯等。

3.9.3.1　羧甲基壳聚糖

　　【制备方法】　羧甲基壳聚糖对水解反应不敏感，有两性聚电解质的性质。羧甲基壳聚糖的制备主要是利用一氯乙酸在碱催化条件下，通过醚化反应制备而成，具体反应式为：

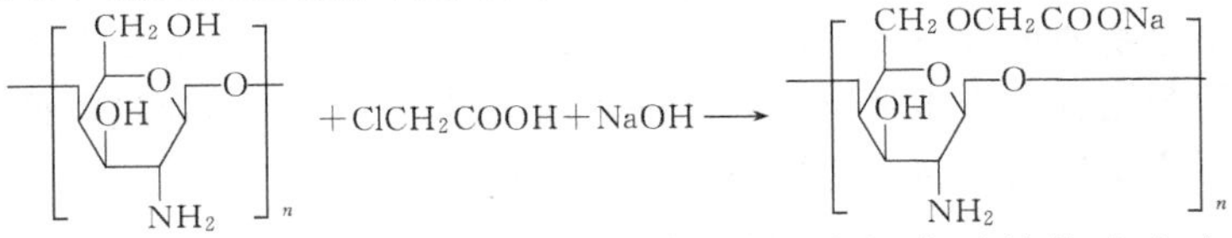

　　此外，利用氨基与醛基反应生成 Schiff 碱的性质，选择分子结构中含有羧基、羟基等亲水性基团的醛，也可实现羧甲基化反应，反应式如下式所示：

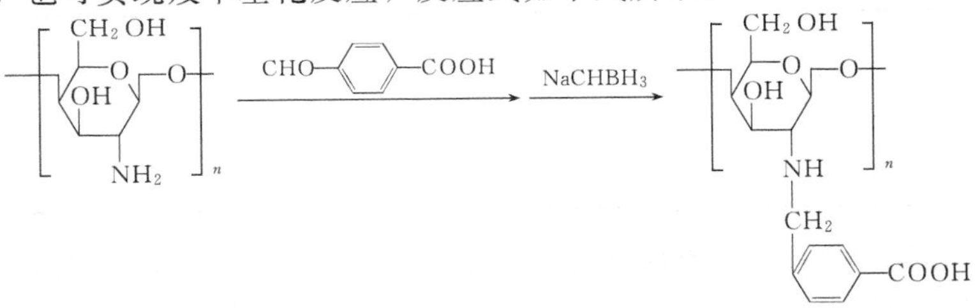

　　① 实例 1

　　取 15g 壳聚糖加入 35mL 50％NaOH 溶液、150mL 异丙醇，在三口烧瓶中碱化 8h 之后加入 18g 氯乙酸，反应 2h，升温至 65℃，再反应 2h，停止加热，用冰醋酸调节 pH 至中性，过滤后用 70％甲醇洗涤滤饼多次，再用无水乙醇反复洗涤 60℃烘干得羧甲基壳聚糖。

　　② 实例 2

　　壳聚糖 10g 粉末，异丙醇 15mL，浸泡 1～2h，加入 30％ NaOH 溶液 25mL，水浴加热，将 6g 氯乙酸溶解于 20mL 异丙醇中，搅拌下滴加入反应器，反应一定时间。反应完毕后，冷却，分出水层黏状物，加入 50mL 蒸馏水，充分搅拌，用 10％ HCl 调节 pH＝7，过滤出不溶物，滤液用甲醇充分沉淀，过滤，无水乙醇洗涤沉淀，烘干得产品。

　　③ 实例 3

　　由壳聚糖为原料合成羧甲基壳聚糖，可分为以下几个步骤：溶胀、碱化、羧甲基化、提纯。先用乙醇、异丙醇等有机溶剂浸泡数小时即可；然后用浓度为 38％～60％的碱液碱化，温度控制在 20～60℃之间，反应数小时之后加入适量的氯乙酸，反应温度为 65℃。在反应数小时即得粗品，最后用 75％或 80％乙醇或甲醇溶液进行洗涤以除去反应过程中的盐类，干燥即得产品。

④ 实例4

以甲壳素为原料合成羧甲基壳聚糖，具体制备方法如下：甲壳素浸泡于$40\%\sim60\%$的NaOH溶液中，一定温度下浸泡数小时后，在搅拌过程中缓慢加入氯乙酸，于70℃反应$0.5\sim5.0h$，酸碱质量比控制在（$1.2\sim1.6$）：1；反应混合物再在$0\sim80$℃时保温$5\sim36h$，然后用盐酸或醋酸中和，将分离出来的产物用75%乙醇水溶液洗涤后于60℃干燥。

⑤ 实例5

微波作用下合成羧甲基壳聚糖。将20g预处理过的壳聚糖在200mL异丙醇中制成悬浮液，在搅拌下往其中加入NaOH，在20min内分六份加入，然后再将24g固体氯乙酸每间隔5min一次，分五等份加到上述悬浮液中。将制好的样品放到微波炉中去。微波辐射若干分钟，接着将17mL冷蒸馏水加到此混合物中，并用冰醋酸将pH值调到7.0，然后将反应后的混合物过滤，固体产物先用70%的甲醇水溶液洗涤，再用无水甲醇洗涤，所得的羧甲基壳聚糖在真空干燥箱中60℃真空干燥即得产品。

【应用】 印染废水处理中的应用：用羧甲基壳聚糖絮凝剂来处理5种水溶性染料废水，分别是：活性艳蓝 X-BR、直接耐晒翠蓝 GL、酸性大红 3R、阳离子桃红 FG、碱性嫩黄 O。当絮凝剂投加量为$35\sim45mg/L$，pH值范围控制在$2.5\sim6.5$，处理效果见表3-87，试验结果表明，羧甲基壳聚糖对5种水溶性染料废水的COD去除率很高，说明在絮凝脱色处理过程中，使废水中染色物质的含量明显降低了。从观察到絮凝沉淀物的颜色与各染料原有颜色基本相同，说明絮凝过程并未破坏染料物质的组成与结构，主要是通过电荷中和及吸附架桥等絮凝作用除去了废水中的染料，从而达到脱色的目的。

表 3-87   羧甲基壳聚糖对染料废水的处理效果

废水类型	处理前 COD/(mg/L)	絮凝剂量/(mg/L)	pH	处理后 COD/(mg/L)	COD 去除率/%
活性艳蓝 X-BR	1567	35	2.5	58	96.3
直接耐晒翠蓝 GL	1480	35	6.0	48	98.7
酸性大红 3R	1364	35	3.5	67	95.1
阳离子桃红 FG	1293	42	4.2	86	93.2
碱性嫩黄 O	1183	42	4.0	93	92.4

羧甲基壳聚糖衍生物在水中有极好的溶解性，并具有成膜、增稠、保湿、絮凝和螯合性能。改性后的水溶性壳聚糖衍生物，由于进一步削弱了分子的致密性，因而对重金属离子的富集方面显示出优异的性能。它们可以有效地除去工业废水中的重金属离子。杨智宽等利用自制的羧甲基壳聚糖对含Cd^{2+}水溶液进行絮凝处理实验，结果表明，羧甲基壳聚糖对水中Cd^{2+}具有很高的去除效果，并与壳聚糖相比，受处理条件影响较小，絮体沉降速度快，含水量低。

3.9.3.2 黄原酸化壳聚糖钠盐

【制备方法】 壳聚糖与CS_2和NaOH的水溶液在60℃下反应6h后再与丙酮反应，可得到N-黄原酸化壳聚糖钠盐，壳聚糖发生黄原酸化反应的过程如下所示：

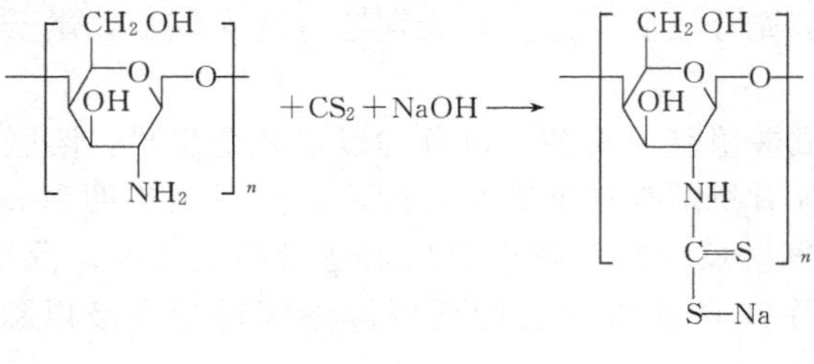

3.9.3.3　壳聚糖磷酸酯

【制备方法】　壳聚糖在甲磺酸中用五氧化二磷处理，可以得到壳聚糖磷酸酯，反应式为：

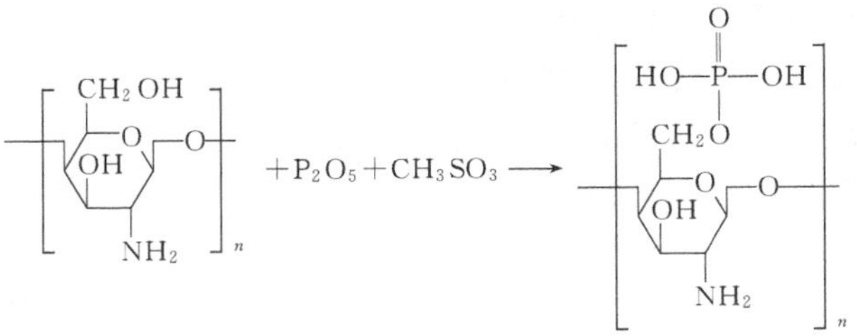

将 $0.5\sim4\text{mol}$ 的 P_2O_5 加到 2g 甲壳素或壳聚糖（脱乙酰度为 45％ 和 97％）的 14mL 的甲磺酸混合液中，在 $0\sim5℃$ 用玻璃棒手工搅拌 $2\sim3\text{h}$。在反应时，要防止反应物吸收空气中的湿气。反应完后，加入乙醚使产物沉淀，进行离心分离，用乙醚洗涤 5 次，用丙酮洗涤 3 次，用甲醇洗涤 3 次，最后再用乙醚洗涤 1 次，然后干燥。

3.9.4　改性纤维素类絮凝剂

改性纤维素类絮凝剂的制备方式有 3 种：①一般的化学改性，即醚化法；②接枝共聚；③接枝共聚物的改性。

3.9.4.1　醚化反应

【制备方法】　纤维素通过醚化反应制备出两性纤维素的方式有 2 种：①利用羧甲基纤维素进行阳离子化；②直接利用纤维素进行羧甲基化和阳离子化。由于羧甲基纤维素的制备已在第 3.7 节详细介绍过了，因此，以下主要介绍羧甲基纤维素的阳离子化。羧甲基纤维素（CMC）是一种重要的水溶性纤维素醚类衍生物，具有无毒、可生物降解、便宜易得、易水溶且在水溶液中具有良好的增黏及抗剪切能力等特点。羧甲基纤维素阳离子化改性是制备性能优良的天然两性高分子的重要方法之一。

由于 CMC 的结构与纤维素类似，在大分子骨架上均含有一定数量的未被羧甲基化的羟基，这些羟基与含有某些官能团（氯代基、环氧基、氯代酰基等）的试剂在一定条件下容易发生以下经典的有机化学反应。

Williamson 反应：
$$Cell—OH + NaOH + RX \longrightarrow Cell—OR + NaX + H_2O$$

碱催化烷氧基化反应：

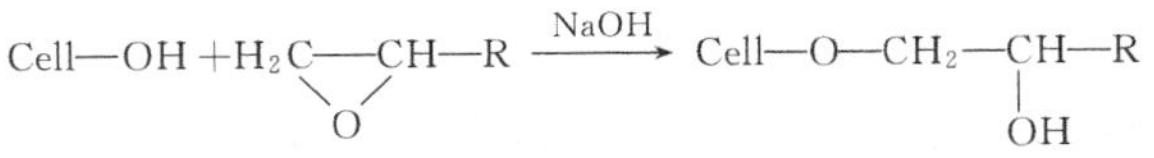

在借鉴上述反应的基础上，在叔胺制备季铵盐的过程中，有意识地引入相应的官能团（如氯取代基、环氧基等），可得到用于 CMC 阳离子化改性新型醚化剂。

环氧型阳离子醚化剂：

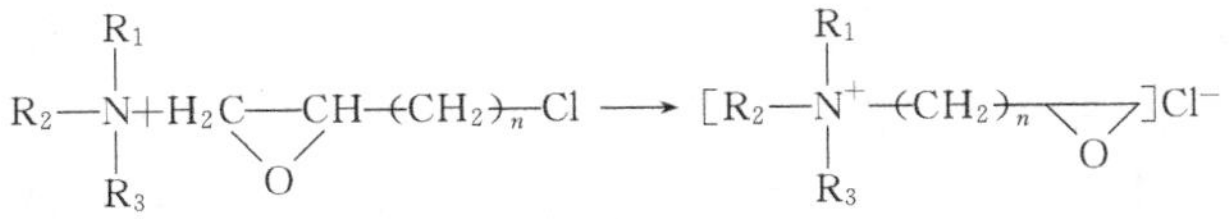

卤取代型阳离子醚化剂：

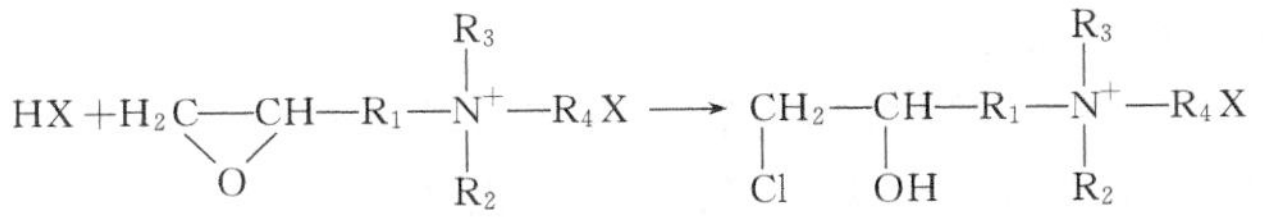

以羧甲基纤维素为原料，利用醚化反应制备两性型纤维素的主要是通过高分子侧基反应

来进行的。高分子侧基反应是指 CMC 大分子链上的羟基与反应型阳离子单体的特殊官能团发生大分子侧基反应从而在羧甲基大分子链上引入带有阳离子电荷基团的支链，是反应型阳离子单体接枝的常用途径。与接枝共聚合相比，该方法优点是制备工艺简单，优选余地大，反应比较简单，产物提取分离比较容易。缺陷是生成的侧链较短，CMC 阳离子化程度有限。当前用高分子侧基反应法对 CMC 进行阳离子化改性的研究并不多见，其原因可能是已工业化的适合高分子侧基反应的阳离子型单体品种少。

目前用此法制备阳离子化衍生物的主要途径（一步法和分步法）可以简单表示如下：

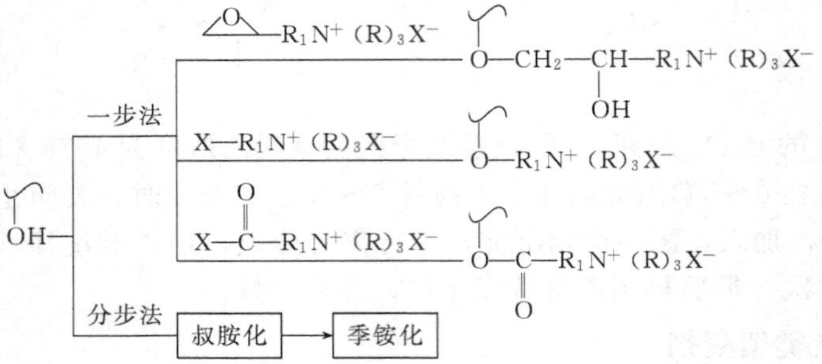

（1）一步法

一步法是在借鉴纤维素醚化反应的一些经典反应（如 Williamson 醚化反应、碱催化烷氧基化反应、碱催化加成反应等）的基础上发展起来的。CMC 大分子结构与纤维素类似，大分子葡萄糖环上一般都含有未羧甲基化的羟基，且 CMC 为水溶性，能够克服纤维素的非均相反应的缺点与阳离子单体可在水溶液中实现均相大分子侧基反应，从而可能制得性能较好的 CMC 阳离子化衍生物。能与 CMC 发生侧基反应的特定官能团有很多，以下举几例：

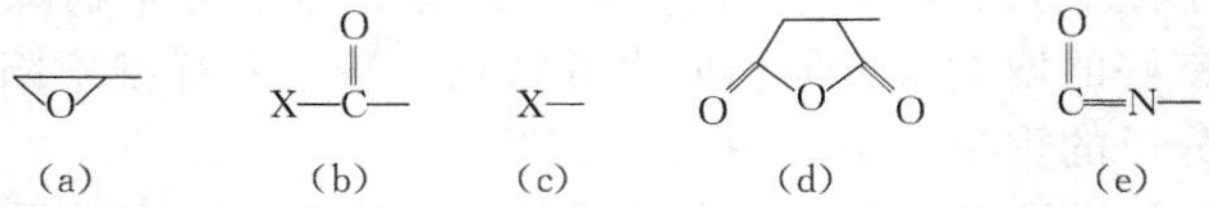

但实际上常用的有以下两类。

① 环氧型侧基反应　环氧型阳离子单体以水（可含也可不含有机溶剂如乙醇、丙醇等）为分散介质，在碱的催化作用下，与 CMC 中未羧甲基化的羟基进行均相反应，发生类似碱催化烷氧基化的反应，使阳离子单体成功接枝到 CMC 大分子链上，从而得到水溶性的阳离子化衍生物。

② SN₂ 取代反应　季铵型阳离子单体以水（可含也可不含有机溶剂如乙醇、异丙醇等）为分散介质，在碱的催化作用下，与 CMC 中未羧甲基化的羟基进行均相反应，发生类似 Williamson 醚化的反应。

（2）分步法

西南石油学院冯琳曾经通过分步法制备 CMC 阳离子化衍生物：利用羧甲基纤维素的羧酸根基团先与甲醇发生酯化反应，然后再与 N-羧甲基胺发生 Mannich 反应，最后烷基化得到阳离子化的羧甲基纤维素。此方法步骤繁多，需合成较多中间体，成本高，所以有关的研究报道并不多见。

① 实例 1：羧甲基纤维素季铵盐的制备

蒋刚彪等以十四胺、环氧氯丙烷为原料，合成长碳链季铵盐环氧丙基二甲基十四烷基氯化铵（MEQ）与羧甲基纤维素（CMC）接枝，合成两性高分子表面活性剂（MEQCMC）。其具体合成步骤如下。

　　a. 二甲基十四胺的制备　置 25mL 乙醇于四口瓶中，加入十四胺 15g，加热搅拌使其溶解，移入恒温水浴，55℃左右滴入 18～20mL 甲酸，恒温搅拌数分钟，升温至 63℃，缓慢滴加 15～20mL 甲醛，80～83℃恒温回流 2h，用 40% NaOH 中和至 pH 值为 10～12，静置分层，取上层液体减压蒸馏除去乙醇得淡黄色液体二甲基十四胺 15.6g。

　　b. 环氧丙基二甲基十四烷基氯化铵（MEQ）的制备　取二甲基十四胺 12g（0.05mol）置四口瓶中，加入 60mL 溶剂，剧烈搅拌升温 55℃，缓慢滴加 5.5g（0.06mol）环氧氯丙烷，保温回流数小时，减压蒸馏除去残余环氧氯丙烷及溶剂，得浅黄色膏状物 MEQ。

　　c. CMC 季铵化反应　3.0g CMC 置四口瓶中，加入 50mL 溶剂、0.75g KOH，60℃下搅拌 0.5h，分批加入 MEQ 5.5g，在一定温度下保温数小时，冷却，以丙酮沉淀，乙酸中和至中性，90%乙醇洗涤，60℃真空干燥得羧甲基纤维素季铵盐 MEQCMC。

　　② 实例 2：两性高分子 TOPCMC 的制备

　　a. EPTO 的制备　在装有搅拌器和温度计的四口瓶中加入 9.6g（0.03mol）三辛胺，10mL 介质，搅匀，移入水浴加热。当达到一定温度时，搅拌下缓慢滴加 2.8g（0.03mol）环氧氯丙烷，恒温搅拌数小时，冷却后减压蒸馏除去残留的环氧氯丙烷，即得季铵化剂 EPTO。

　　b. TOPCMC 的制备　称取 6.0g CMC 置于带有搅拌器、温度计的四口瓶中，加入一定体积的反应介质，搅匀，加入所需碱溶液，恒温搅拌 1h 后，再加入一定量的 EPTO，65℃下恒温搅拌 5h。结束反应，用乙醇洗涤，乙腈纯化，60℃真空干燥，即得产物 TOPCMC。

　　以三辛胺、环氧氯丙烷制备季铵盐，再接枝到羧甲基纤维素上，可获得有很高黏度稳定性和表面活性的新型两性高分子。

　　③ 实例 3：阴离子羧甲基纤维素的季铵化

　　张黎明等通过在碱性条件下用阴离子型羧甲基纤维素（CMC）与 3-氯-2-羟丙基三甲基氯化铵（CHPTMAC）结合进行季铵阳离子化从而合成两性纤维素。其合成步骤如下。

　　a. CHPTMAC 季铵化剂　在装有搅拌和温度计的四口瓶中，加入 44.9%的盐酸三甲胺水溶液，当水浴加热到 35℃时，搅拌下缓慢滴加等摩尔含量为 98%的环氧氯丙烷，滴完在该温度搅拌 1h，将所得混合物进行减压蒸馏（除去残留环氧氯丙烷），即得 CHPTMAC 季铵化剂。

　　b. CMC 季铵化　将称量的 CMC 分散于 100mL 反应介质中，搅拌均匀后加入所需的碱溶液通氮搅拌 30min，然后加入一定量的 CHPTMAC 溶液，于 60℃再通氮搅拌 120min。用丙酮沉淀、洗涤、乙腈纯化、40℃真空干燥、粉碎，即得 CMC 季铵化产物。并研究了 CMC 原料的取代度、碱的种类和用量、CHPTMAC 的用量对季铵取代度和季铵化反应效率的影响。研究发现：季铵取代度和季铵反应效率随着 CMC 取代度增大而减小；产物的季铵取代度随着 CHPTMAC 用量的增加而增大，而季铵化效率却随着 CHPTMAC 用量的增加而减小；在其他反应条件相同时，用 KOH 代替 NaOH 对二者都无明显影响，但产物的季铵取代度和季铵反应效率随着 KOH 的用量呈先增大后减小的变化趋势。

3.9.4.2　接枝共聚

　　【制备方法】　自由基接枝共聚（free-radical graft-coploymerization）是乙烯基类阳离子单体用于羧甲基纤维素（CMC）接枝改性的主要途径，其聚合反应过程通常由引发（initiation）、增长（propagation）、终止（termination）和链转移（chain transfer）四个基元反应构成。目前通常做法是：乙烯基类阳离子单体（多为阳离子型季铵盐），或与其他共聚单体（如 AM 等），在水介质中，选择适当的引发体系引发使之与 CMC 发生自由基共聚反应，反应通式为：

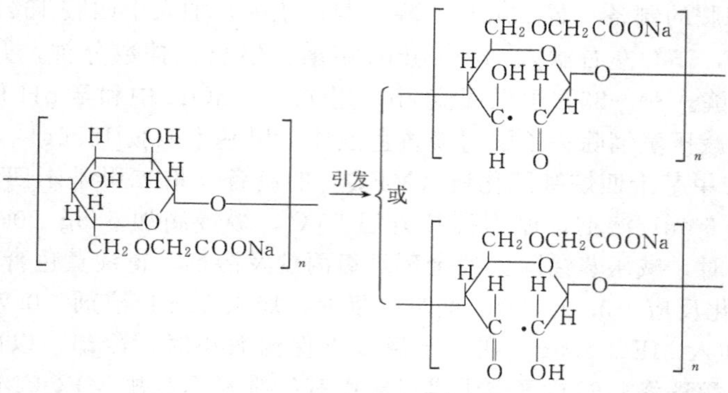

$$\text{CMC}^{\bullet} + n\text{CH}_2{=}\text{CHX} \xrightarrow{\text{引发}} \text{CMC}{-}\!\!\left[\!\!\begin{array}{c} \text{CH}_2{-}\text{CH} \\ | \\ \text{X} \end{array}\!\!\right]_n$$

式中，X 为阳离子基团。

目前自由基接枝共聚研究中比较典型且用到的引发体系有高锰酸钾-酸引发体系和过硫酸盐引发体系。$KMnO_4/H_2SO_4$ 体系是引发体系中最为廉价的一种，近年来高锰酸钾作为一种有效的引发剂广泛应用于纤维素的各种接枝反应，其特点是廉价易得，引发活化能低，可在室温下甚至更低温度下引发聚合，反应专一性强，可以将接枝反应中生成的均聚物控制在最低限度。但该引发体系也存在缺陷：①引发剂高锰酸钾易氧化乙烯类阳离子单体，单体利用率低且引发剂残余物不易去除，影响接枝物性能；②反应体系呈酸性，CMC 易发生酸性降解，导致接枝物黏度损失；③反应在酸性体系中进行，CMC 上的羧酸根基团以羧酸形式存在，易与大分子链上的羟基发生分子内酯化，而使产品的水溶性变差。过硫酸盐引发体系也是 CMC 阳离子化研究中用得较多的另一种氧化还原体系，其特点是引发剂廉价易得，残余的引发剂无色，易于除去，反应活性较强，反应可在室温下进行。但此引发体系存在明显的缺点：反应的专一性不强，均聚物生成机会大，单体有效利用率低。

① 实例 1：羧甲基纤维素-甲基丙烯酸二甲氨基乙酯接枝共聚物

谭业邦等采用过硫酸铵（APS）/四甲基乙二胺（TMEDA）氧化还原引发体系，将阴离子型羧甲基纤维素（CMC）与阳离子单体甲基丙烯酸二甲氨基乙酯（DMAEMA）进行接枝聚合，合成了一类新型两性聚合物（CGD）。

其合成步骤为：将一定量的 CMC 溶解在一定量的蒸馏水中，在 N_2 气氛下搅拌 30min，将温度升至预定温度，然后加入 TMEDA 溶液和 APS，反应 10min 后加入单体 DMAEMA（用 6mol/L 的盐酸溶液中和至 pH=4）。反应完毕，用丙酮进行沉淀分离，干燥至恒重，得粗接枝物；再用甲醇萃取 DMAEMA 均聚物，得纯接枝物。

② 实例 2：羧甲基纤维素钠-丙烯酰胺-甲基丙烯酸二甲氨基乙酯接枝共聚物

谭业邦等将羧甲基纤维素钠、丙烯酰胺、甲基丙烯酸二甲氨基乙酯、蒸馏水按一定比例混合，调节溶液的 pH 值至适当的数值，然后在惰性气体保护下加入引发剂进行反应。反应结束后产物用无水乙醇沉降分离，干燥得粗产品。粗产品用丙酮和水混合物进行萃取分离，除去均聚物即得两性纤维素接枝共聚物 CGAD。

③ 实例 3：羧甲基纤维素钠-丙烯酰胺-二甲基二烯丙基氯化铵接枝共聚物

采用反相乳液聚合法制备羧甲基纤维素钠-丙烯酰胺-二甲基二烯丙基氯化铵接枝共聚物。将 Span 80 溶于定量的石蜡，置于 250mL 三口烧瓶中，加入羧甲基纤维素（CMC）和适量的水，通氮 0.5h，调节 pH 至弱碱性。然后按 m（DMDAAC）：m（AM）=1：1.75 〔其

中 $m(CMC):m(单体)=4:11$〕比例将 2 种单体分别加入三口烧瓶中，搅拌均匀后加入引发剂，在 480℃恒温水浴中，氮气气氛下搅拌 4h，即得 CMC-g-DMDAAC-AM 乳液。其中，合成 CMC-g-DMDAAC-AM 的最佳条件为：单体总质量分数为 35%，二甲基二烯丙基氯化铵（DMDAAC）和丙烯酰胺单体的质量比为 1:1.75，乳化剂 Span 80 的用量为 6%，引发剂过硫酸铵的浓度为 0.055mol/L，油水体积比为 1.2:1，反应温度 48℃，反应时间 4h。

④ 实例 4：羟乙基纤维素与甜菜碱型烯类单体的接枝共聚

张黎明等以甲基丙烯酸二甲氨基乙酯和氯乙酸钠为原料，合成了一种甜菜碱型烯类单体 DMAC，同时研究了该单体与羟乙基纤维素的接枝聚合。

其合成步骤为：将甲基丙烯酸二甲氨基乙酯（DM）加入到四口瓶中，依次加入一定量的阻聚剂、氯乙酸钠和蒸馏水，调节体系 pH 值在 7～8 之间，升温至 80℃反应数小时；待反应结束，减压脱水，然后用丙酮和乙醚混合液提纯，得白色结晶物（DMAC）；然后，将定量羟乙基纤维素（HEC）预先溶于一定量蒸馏水中，充氮搅拌 30min 后，加热至预定温度，再分别加入一定量 EDTA 溶液和引发剂（硝酸铈铵，CAN）溶液反应 10min，然后加入单体 DMAC 进行接枝聚合反应，反应至预定时间结束；用丙酮进行沉淀分离，并用甲醇萃取粗接枝物，得到接枝聚合物。其中，当反应温度在 30～40℃范围内，时间为 6h，引发剂和 EDTA 浓度各为 5.0×10^{-3} mol/L 时该接枝反应较为理想。

3.9.4.3　接枝共聚物的改性

【制备方法】通过接枝共聚物的改性方法来制备两性纤维素的途径有 2 条：①以纤维素和丙烯酰胺等单体为原料，首先制备出纤维素接枝共聚物，然后利用接枝共聚物分子上的活性基团，进一步化学改性制备出两性纤维素絮凝剂；②以羧甲基纤维素和丙烯酰胺等单体为原料，首先制备出羧甲基纤维素接枝共聚物，然后通过阳离子化反应，制备出两性纤维素絮凝剂。

（1）纤维素-丙烯酰胺接枝共聚物的改性

用微晶纤维素微骨架，以高锰酸钾为引发剂，与丙烯酰胺接枝共聚制备微晶纤维素-丙烯酰胺接枝共聚物，然后把接枝共聚物与氢氧化钠反应一段时间，引进一定量的丙烯酸基团，成为阴离子型接枝聚丙烯酰胺，再加入预先用甲醛与二甲胺或甲醛与二乙胺或甲醛与二甲胺、二乙胺和混合反应生成的烷基氨基甲醇，制成最终产品——阳离子/两性型接枝型聚丙烯酰胺絮凝剂，即微晶纤维素-(丙烯酰胺-丙烯酸钠-二烷基氨甲基丙烯酰胺)$_n$。

接枝共聚反应

微晶纤维素—OH ＋ CH_2=CHCONH$_2$ $\xrightarrow[接枝共聚]{KMnO_4}$ 微晶纤维素—$(CH_2CHCONH_2)_n$

水解反应：部分酰胺基团转化为丙烯酰胺，成为阴离子型聚丙烯酰胺

微晶纤维素—$(CH_2CHCONH_2)_n$ ＋NaOH ⟶ 微晶纤维素—$(CHCH)_n$—$(CH_2CH)_b$ ＋ NH$_3$
（下标 CONH$_2$，COO$^-$ Na$^+$）

烷基氨基甲醇反应

HCHO＋R$_2$NH$_2$ ⟶ R$_2$NCH$_2$OH（R 表示—CH$_3$ 或—C$_2$H$_5$）

接枝共聚物继续与烷基氨基甲醇反应

微晶纤维素$(CH_2CH)_n(CH_2CH)_b$＋R$_2$NHCH$_2$OH ⟶
（CONH$_2$　COONa）

微晶纤维素$(CH_2CH)_n(CH_2CH)_b(CH_2CH)_c$
（CONH$_2$　COO$^-$ Na$^+$CONHCH$_2$NR$_2$）

（R 表示—CH$_3$ 或—C$_2$H$_5$）

微晶纤维素 2g，加水 40mL，60℃下加入 0.1mol/L KMnO$_4$ 溶液 4mL，通氮 0.5h，加入丙烯酰胺 5g，反应 2h，加水 100mL，搅拌均匀，升温至 70℃，加入 30% NaOH 0.8mL，反应 1h。加入 1.4g 硫酸钠和 1.4g 壬烷基酚 EO 加成物，再加入预先把 40% 二甲胺 3.7mL 与甲醛 5.3mL 的混合反应物，反应 0.5h 即得产品。

(2) 羧甲基纤维素-丙烯酰胺接枝共聚物的改性

接枝共聚：

$$CMC^\cdot + nCH_2=CH-CONH_2 \xrightarrow{引发} CMC\left[CH_2-CH\right]_n$$
（略：接枝共聚结构式）

Mannich 反应：

（略：Mannich 反应结构式）

① 羧甲基纤维素-丙烯酰胺接枝共聚物的制备　将一定量的羧甲基纤维素溶于水中，在 N$_2$ 保护下搅拌至完全溶解，当温度一定时（20～40℃），加入引发剂，搅拌 10min 后加入单体丙烯酰胺，再继续搅拌 2～4h 结束（反应过程中温度始终恒定）。用乙醇溶剂对聚合物进行沉淀分离，干燥得粗接枝物，粗接枝物用丙酮在索氏抽提器中提取 10h 以除去均聚物，真空干燥即得纯接枝物。

② 接枝共聚物的改性　将接枝共聚物溶液用 NaOH 溶液调节至一定的 pH 值至 10～11，加入甲醛在相应温度下羟甲基化反应一定时间，再加入二甲胺在一定温度下胺甲基化反应一定时间，得到反应产物。其中，醛胺摩尔比 1：1.5，羟甲基化反应温度 40～50℃，羟甲基化反应时间 1～2h，胺甲基化反应温度 60～70℃，胺甲基化反应时间 2～3h。

3.9.5　F691 改性絮凝剂

华南理工大学化工所在两性型 F691 改性絮凝剂的研究、开发和应用方面做了大量工作，已研发出的两性型产品有 CGAC 和 CGAAC 等。

3.9.5.1　CGAC

【制备方法】　F691 改性制得两性型水处理剂 CGAC 的阴阳离子化反应顺序是：在碱性条件下，先与阴离子醚化剂反应，再与阳离子醚化剂反应。阳离子醚化反应的加料方式为：CG（A）以胶状形式加入，碱化剂与醚化剂混合后加入。

F691 与氯乙酸的醚化反应可简单表示如下：

$$RCell(OH)_3 + ClCH_2COOH + 2NaOH \longrightarrow RCell(OH)_2OCH_2COONa + NaCl$$

用 95% 乙醇将 F691 粉润湿分散，边搅拌边慢慢滴入 NaOH，碱化 0.5h。将一氯乙酸配制成 50% 的水溶液，在适宜的时间范围内边搅拌边滴入上述混合物中，混合均匀后，置于恒温水浴中，40～70℃反应 2～7h，即得羧甲基 F691 产品（CG-A）。

羧甲基 F691 产品与季铵化试剂 3-氯-2 羟丙基三甲基氯化铵发生季铵化反应制出两性 F691 改性絮凝剂 CGAC，反应式为：

$$R_1Cell(OH)_3 + ClCH_2CH(OH)CH_2N^+(CH_3)_3Cl^- + NaOH + RCell(OH)_3 \longrightarrow$$
$$R_1Cell(OH)_2 - O - CH_2CHCH_2N^+(CH_3)_3Cl^- + NaCl + H_2O$$
$$O - R_1Cell(OH)_2$$

式中，R_1 为羧甲基 F691 产品。

称取羧甲基 F691 产品（CG-A）100g，将 40%NaOH 滴入 CG（A）中，碱化 20～40min，滴加入 45%～48% 3-氯-2 羟丙基三甲基氯化铵（CHPTMAC），边加边搅拌均匀，置于不同温度的水浴中，恒温反应约 2h，即得两性 F691 改性絮凝剂 CGAC。

【应用】 采用两性型 F691 改性絮凝剂（CGAC）配合聚合氯化铝（PAC）处理质量浓度为 198.4mg/L 的活性红染料废水，pH=7.6，结果如图 3-32 所示。

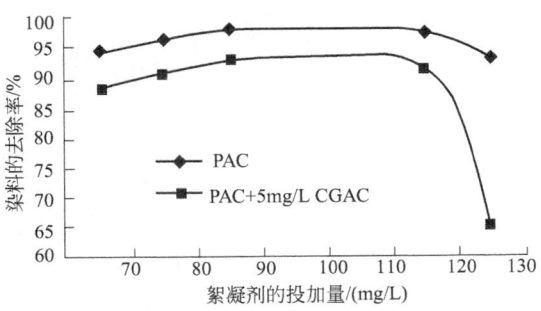

图 3-32 PAC 及 PAC 配合 5mg/L CGAC 处理活性红染料废水对比图

由图 3-32 可以看出，中性条件下，在 PAC 加量偏少或者较为适合时，少量 CGAC 的加入，可以使染料去除率提高 3%～5%，但当 PAC 加量稍微过量时，少量 CGAC 可使染料去除率提高 27%。

3.9.5.2 两性高分子絮凝剂 CGAAC

【制备方法】

① 羧甲基化反应 称取定量的 F691 粉，加入一定体积的溶剂将其分散均匀，然后加入定量碱液碱化 30min，再加入定量的氯乙酸，50℃下醚化，得到羧甲基化产物。

② 接枝共聚反应 在四颈瓶中加入羧甲基化产物和去离子水，通氮并加热到预定温度，搅拌下加入引发剂和丙烯酰胺单体，反应一定时间后冷却，得产物 CGAA。

③ Mannich 反应 将一定浓度的接枝共聚物溶解在去离子水中，然后加入计算量的甲醛和二甲胺，在 30～70℃下反应，冷却后将产物中和至 pH=6～7，得到两性高分子絮凝剂 CGAAC。

【应用】 （1）天然源水处理中的应用

取南方某河流天然源水，其中含腐殖酸 1.75mg/L，高岭土 0.2%。取上部悬浊液，测得原水浊度为 230NTU，pH=6.9。以聚合氯化铝（PAC）及 PAC 配合两性型 F691 改性絮凝剂（CGAC）做混凝实验并与羧甲基 F691 产品（CG-A）进行对比试验，结果列于表 3-88。

表 3-88 CGAC 和 CG-A 配合 PAC 去除天然源水浊度实验结果

使用药剂	PAC	PAC+CG-A	PAC+CGAC
有效剂量/(mg/L)	2	2+0.5	2+0.5
上清液吸光度	0.018	0.012	0.004
上清液剩余浊度/NTU	6.0	4.5	1.0
浊度去除率/%	97.4	98.0	99.6
现象	絮体较小，沉降较慢，余浊少	絮体大，沉降较快，上清液较为透明	絮体大，沉降较快，上清液很清，几乎无肉眼可见余浊

由表 3-88 中试验数据可看出，由于源水中含有少量腐殖酸，少量 CGAC 配合适量 PAC 可以使浊度去除率达到 99.6%，除浊效果比不含腐殖酸的纯浊度水更佳，与阴离子型絮凝剂对比实验表明两性型更有利于天然源水的除浊效果提高。

（2）污泥的絮凝脱水性能研究

王杰等利用两性 F691 粉改性产品 CGAAC 处理活性污泥，并与阳离子聚丙烯酰胺

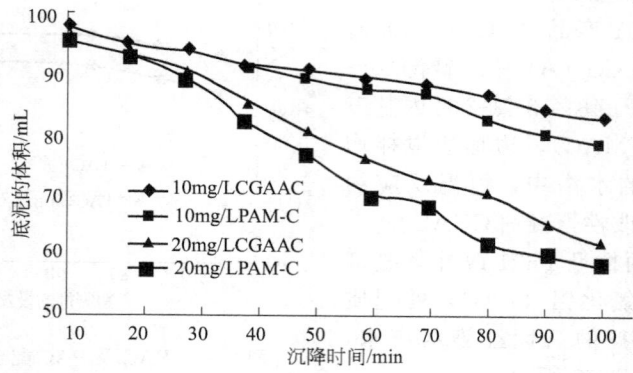

图 3-33　CGAAC 与 PAM-C 对污泥沉降性能影响

(PAM-C) 进行絮凝性能比较，结果如图 3-33 所示。从图 3-33 可以看出，CGAAC 使污泥表面附着水转化为游离水的能力明显大于 PAM-C，因而污泥的沉降速度较快，尤其在沉降 30min 后，效果更明显。

参考文献

[1] 刘明华. 有机高分子絮凝剂的制备及应用. 北京：化学工业出版社，2006.

[2] 刘明华. 两亲型高效阳离子淀粉脱色絮凝剂 CSDF 的研制及其絮凝性能和应用研究 [博士后研究工作报告]. 广州：华南理工大学轻工技术与工程博士后流动站，2002.

[3] Hewitt C N，Sturges W T Global atmospheric chemical change. England：Elsevier Science Publishers，1993.

[4] Campanella L. Problems of speciation of elements in natural water：the case of chromium and selenium. Chem Anal (N. Y.)，1996，135（Element Speciation in Bioinorganic Chemistry）：419-443.

[5] 刘明华，张新申. 制革污水中硫化物处理文献综述. 中国皮革，1998，27（7）：12-14.

[6] Minghua Liu, Xinshen Zhang, Yun Deng, Weiguo Liu. Removal and recovery of Chromium（Ⅲ）from Aqueous Solutions by Spheroidal Cellulose Adsorbent. Water Environment Research，2001，73（3）：322-328.

[7] Minghua Liu，YunDeng，Huaiyu Zhan，Xinshen Zhang. Adsorption and Desorption of Copper（Ⅱ）from Solutions on A New Spherical Cellulose Adsorbent. J Appl Polym Sci，2002，84：478-485.

[8] Minghua Liu，Xinshen Zhang. Automatic On-line Determination of Trace Chromium（Ⅵ）Ion in Chromium（Ⅲ）-bearing Samples by Reverse Adsorption Process. JSLTC，2002，86：1-5.

[9] 唐受印，汪大翚等编. 废水处理工程. 北京：化学工业出版社，1998.

[10] 王杰. 两性高分子絮凝脱水剂 CGAAC 的制备、性能及其作用机理研究 [D]. 广州：华南理工大学造纸与环境工程学院，2001.

[11] 严瑞瑄. 水处理剂应用手册. 北京：化学工业出版社，2001.

[12] 何铁林. 水处理化学品手册. 北京：化学工业出版社，2000.

[13] 冉千平. 两性高分子絮凝剂的合成及絮凝性能与机理研究 [D]. 成都：四川大学，2000.

[14] Deng Y，Pelton R，Xiao H，Hamielec A. Synthesis of nonionic flocculants by gamma irradiation of mixtures of polyacrylamide and poly（ethylene oxide）. Journal of applied Polymer science，1994，54：805-813.

[15] 严瑞瑄. 水溶性高分子. 北京：化学工业出版社，1998：84-171.

[16] 张乾，范晓东. 丙烯酰胺反相微乳液体系的制备、聚合及表征. 化学工业与工程，2001，18：316-322.

[17] 韩磊，宁荣昌. 分散聚合法制备聚丙烯酰胺水包水乳液. 功能高分子学报，2004，17（3）：493-495.

[18] Biswajit Ray，Broja M M. Dispersion polymerization of acrylamide：Part Ⅱ 2，2-azobisisobutyronitrile initiator. Journal of Polymer Science Part A：Polymer Chemistry，1999，37（4）：493-499.

[19] 辛刚, 蒋文举, 金燕等. 用神经网络辨识化学强化一级处理系统. 环境科学与技术, 2002, 25 (4): 10-12.

[20] 饶应福, 夏四清, 杨殿海等. 化学生物絮凝和化学絮凝工艺比较研究. 工业用水与废水, 2005, 36 (2): 8-10.

[21] 王大军. 絮凝沉降法强化处理城市污水的试验研究与探讨. 环境保护科学, 2004, 30: 36-38.

[22] Yevmenova G L, Baichenko A A. Raising effectiveness of polymeric flocculants for coal slime aggregation. Journal of Mining Science, 2000, 36 (5): 518-522.

[23] 郭亚萍, 胡云楚, 吴晓芙. 复合絮凝剂对生活污泥脱水的研究. 工业用水与废水, 2003, 34 (3): 73-76.

[24] Kurenkov V F, Shipova L M. Copolymerization of acrylamide with sodium-2-acrylamido-2-methylpropane sulfonate in inverse emulsion. Polymer-Plastics Technology and Engineering, 1997, 36 (5): 723-732.

[25] Shing J B W, Maltesh C, Hurlock J R, et al. (Nalco Chemical Company). Anionic and nonionic dispersion polymers for clarification and dewatering. US 6217778. 2001-04-17.

[26] 陈双玲, 赵京波, 刘涛等. 反相乳液聚合制备聚丙烯酸钠. 石油化工, 2001, 31 (5): 361-364.

[27] Selvarajan Radhakrishnan, Hurlock John R. Process for producing water soluble anionic dispersion polymers. US 5837776. 1998-11-17.

[28] Chen Haunn-lin. (Cytec Technology Corp.). Anionic polymer products and processes. US 5985992. 1999-11-16.

[29] 孟昆, 赵京波, 张兴英. 反相乳液聚合法制备聚丙烯酰胺. 石油化工, 2004, 33 (8): 740-742.

[30] Kurenkov V F, Snigirev S V, Churikov F I, et al. Preparation of anionic flocculant by alkaline hydrolysis of polyacrylamide (Praestol 2500) in aqueous solutions and its use for water treatment purposes. Russian Journal of Applied Chemistry, 2001, 74 (3): 445-448.

[31] 鞠耐霜, 曾文江. 阴离子型聚丙烯酰胺的合成及应用. 广州化工, 1998, 26 (4): 66-69.

[32] 黄民生, 朱莉. 味精废水的絮凝——吸附法预处理试验研究. 水处理技术, 1998, 24 (5): 299-302.

[33] Mallon Joseph J, Farinato Raymond S, Rosati Louis, et al (Cytec Technology Corp). Cationic water-soluble polymer precipitation in salt solutions. US 6013708. 2000-01-11.

[34] 任海静, 陈文纳, 陈远霞等. 阳离子型有机絮凝剂合成方法综述. 化工技术与开发, 2004, 33 (6): 27-29.

[35] 张光华. 水处理化学品制备与应用指南. 北京: 中国石化出版社, 2003.

[36] 徐青林, 胡惠仁, 谢来苏. 二甲基二烯丙基氯化铵聚合物及其在造纸中的应用. 造纸化学品, 2001, (4): 31-35.

[37] 常青, 陈野, 韩相恩. 聚二甲基二烯丙基氯化铵的合成及水处理絮凝效能研究. 环境科学学报, 2000, 20 (2): 168-172.

[38] 栾兆坤, 田秉晖, 吴晓清等. 微波辐射一相转移催化制备二甲基二烯丙基氯化铵的方法. CN 1508120A. 2004-06-30.

[39] 阎醒. 聚二甲基二烯丙基氯化铵的制备方法. CN 03135199. 9. 2005.

[40] 栾兆坤, 田秉晖, 吴晓清等. 高纯二甲基二烯丙基氯化铵的合成方法. CN 1508119A. 2004-06-30.

[41] 胡晖, 范晓东. 紫外光引发甲基丙烯酸-N,N-二氨基乙酯溶液聚合的研究. 化学工业与工程技术, 2003, 24 (3): 15-17.

[42] Barton J, Free radical polymerization in inverse microemulsion. Prog Polym Sci, 1996, 21 (3): 399-438.

[43] 罗青枝, 王德松, 朱学旺等. EHP 引发 AM/DMMC 反相微乳液聚合的研究. 功能高分子学报, 2003, 16 (1): 73-76.

[44] 冯大春, 尹家贵, 鲁红. AM/AQ 的反相悬浮共聚合. 中国矿业大学学报. 2001, 30 (6): 624-626.

[45] 酒红芳, 高保娇, 曹霞. 4-乙烯基吡啶 (4-VP) 与丙烯酰胺 (AM) 的溶液聚合. 高分子学报, 2002, (4): 438-442.

[46] 王香梅, 曹霞. 胶束共聚合法合成丙烯酰胺/4-乙烯基吡啶共聚物. 化学世界, 2002, (11): 579-580.

[47] 酒红芳, 高保娇, 曹霞. 丙烯酰胺与 4-乙烯基吡啶共聚物的季铵化及其若干性能. 高分子学报, 2002 (4): 487-492.

[48] 胡志勇, 张淑芬, 杨锦宗等. 聚乙烯胺 Hofmann 降级法合成及其热稳定性研究. 大连理工大学学报, 2002, 42 (5): 559-662.

[49] 赵勇, 何炳林. 丙烯酰胺反相微胶乳的 Mannich 反应研究. 高分子材料科学与工程, 2001, 17 (2): 61-63.

[50] 田华. 微乳阳离子聚丙烯酰胺絮凝剂研制. 化工科技, 2000, 8 (5): 35-37.

[51] 吕广明, 仲剑初, 孙晶. 阳离子型高分子絮凝剂及其制备方法. CN 98114326. 1. 2000.

[52] Inagaki Y, Watanabe H, Noguchi T. (Sony Corporation). High molecular flocculant, method for producing the

flocculant and water-treatment method employing the flocculant. US 6316507. 2001.

[53] Ananthasubramanian S, Shah J T, Cramm J R. (Nalco Chemical Company). Tagged epichlorohydrin-dimethylamine copolymers for use in wastewater treatment. US 5705394. 1998.

[54] 林丰. 双氰胺甲醛缩聚物类絮凝剂的发展与展望. 工业水处理, 2004, 24 (1): 1-4.

[55] 汪晓军, 肖锦, 黄瑞敏等. 双氰胺-甲醛复合铝絮凝剂的制备方法. CN 99116150. 5. 2002.

[56] 刘明华, 周华龙, 龚宜昌. 有机无机复合型絮凝剂及其生产方法. CN 01108579. 7. 2005.

[57] 赵景霞, 林大泉, 黄太洪等. 一种破乳型有机絮凝剂及其制备方法. CN 981211074. 0. 2002.

[58] 刘明华, 詹怀宇, 肖赞强. 用新型絮凝剂处理制浆漂白废水. 化工环保, 2003, 23 (4): 235-239.

[59] 施周, 谢敏. 混凝剂对水厂排泥水沉降及脱水性能的改善. 中国给水排水, 2003, 19 (12): 40-42.

[60] 鲁红, 冯大春, 尹家贵. 季铵盐有机高分子絮凝剂的分散聚合及应用研究. 化学推进剂与高分子材料, 2005, 3 (2): 32-35.

[61] 张祥丹. 阳离子型及两性絮凝剂现状与发展方向. 工业水处理, 2001, 21 (1): 1-4.

[62] 王杰, 肖锦, 詹怀宇. 两性高分子絮凝剂在污泥脱水上的应用研究. 工业水处理, 2000, 20 (3): 28-30.

[63] Bhattacharya Apurba, Davenport Kenneth G, Sheehan Michael T, et al. (Hoechst Celanese Corporation). Amphoteric copolymer derived from vinylpyridine and acetoxystyrene. US 5304610. 1994.

[64] Lipowski Stanley A, Miskel Jr, John J. (Diamond Shamrock Corporation). Preparation of amphoteric water-in-oil self-inverting polymer emulsion. US 4363886. 1982.

[65] 冉千平, 黄荣华, 马俊涛. 低电荷密度的两性高分子絮凝剂絮凝机理初步探讨. 高分子材料科学与工程, 2003, 19 (2): 146-149.

[66] Foss Robert P. (E. I. Du Pont de Nemours and Company). Silver halide emulsion containing acrylic amphoteric polymers. US 5189059. 1993.

[67] 沈一丁, 李刚辉. 两性 AN/AM/DMC/AA 共聚物乳液制备及其对纸张的增强作用. 中国造纸, 2002, 22 (9): 22-25.

[68] Mori Yoshio, Azuchi Minoru. (Toagosei Co., Ltd.). Polymeric flocculant and method of sludge dehydration. US 6872779. 2005.

[69] Platkowski Kristina, Pross Alexander, Reichert Karl-Heinz. Inverse emulsion polymerization of acrylamide with pentaerythritolmyristate as emulsifier. 2. Mathematical modeling. Polymer International, 1998, 45 (2): 229-238.

[70] 刘献玲, 刘翠云. 新型两性高分子絮凝剂性能研究. 石油化工腐蚀与防护, 2001, 18 (4): 31-34.

[71] Ying Yu, Yuan-yi Zhuang, Qi-meng Zou. Interactions between organic flocculant PAN-DCD and dyes. Chemosphere, 2001, 44: 1287-1292.

[72] 刘明华, 叶莉. 有机高分子絮凝剂及其制备方法和在水处理中的应用. CN 01127795. 5. 2004.

[73] Athawale V D, Lele V. Graft copolymerization onto starch. II. Grafting of acrylic acid and preparation of it's hydrogels. Carbohydrate Polymers, 1998, 35: 21-27.

[74] 党亚固, 费德君, 唐建华等. 淀粉接枝丙烯酰胺絮凝剂的制备及性能研究. 四川大学学报: 工程科学版, 2002, 34 (3): 50-52.

[75] 赵彦生, 李万捷, 温亚龙. 淀粉与丙烯酰胺的接枝共聚. 化学工业与工程, 1994, 11 (2): 18-22.

[76] 庄云龙, 程若男, 石荣莹. 淀粉与丙烯酰胺的乳液聚合. 上海造纸, 1999, (3): 21-24.

[77] 周玉燕, 潘丽娟, 郑瑛等. β-环糊精与聚丙烯酰胺的接枝化合物及其对水中污染物的絮凝作用. 化工环保, 2003, 23 (6): 362-366.

[78] 周玉燕, 陈盛, 项生昌. 水溶性 β-环糊精交联聚合物的合成及其络合性能研究. 合成化学, 2002, 10: 561-563.

[79] 邹时英, 王克, 殷勤俭. 瓜尔胶的改性研究. 化学研究与应用, 2003, 15 (3): 317-320.

[80] Singh V, Srivastava V, Pandey M, Sethi R, Sanghi R. Ipomoea turpethum seeds: a potential source of commercial gums. Carbohydrate Polymers, 2003, 51: 357-359.

[81] Singh V, Tiwari A, Tripathi D N, et al. Microwave assisted synthesis of Guar-g-polyacrylamide. Carbohydrate Polymers, 2004, 58: 1-6.

[82] Nayak B R, Singh R P. Synthesis and characterization of grafted hydroxylpropyl guar gum by ceric ion induced initiation. European Polymer Journal, 2001, 37: 1655-1666.

[83] 郭玲, 金志浩. 改性淀粉絮凝剂的研制及在污水处理中的应用. 环境科学与技术, 2004, 27 (5): 73-75.

[84]　王萍. 淀粉丙烯酰胺共聚物的研究及应用. 化工新型材料，1996，(8)：26-29.

[85]　林志荣，高群玉，陈莲英等. 羧甲基淀粉的制备和应用. 现代食品科技，2005，21 (1)：180-181.

[86]　张燕平. 变性淀粉制造与应用. 北京：化学工业出版社，2001.

[87]　Lenz Ruben P. (Archer Daniels Midland Company). Starch graft copolymer blast media. US 6197951. 2001.

[88]　Hebeish A, Beliakova M K, Bayazeed A. Improved synthesis of poly (MAA) -starch graft copolymers. Journal of Applied Polymer Science，1998，68：1709-1715.

[89]　赵华，王佩璋. 淀粉-丙烯酸-丙烯酰胺共聚物合成新工艺. 北京轻工业学院学报，1999，17 (1)：14-18.

[90]　曹亚峰，杨锦宗，刘兆丽. 油酸盐用于淀粉接枝 AM-AA 反相乳液共聚反应乳化剂. 化工学报，2004，55 (2)：325-327.

[91]　王学艳，赵振宇，寇欣等. 黄原胶的性质及在制剂中的应用. 中国药学杂志，1996，31 (10)：581-584.

[92]　Deshmukh S R, Singh R P. Drag reduction characteristics of graft copolymers of xanthangum and polyacrylamide. Journal of applied Polymer Sciences，1986，32：6163-6176.

[93]　邵自强，王飞俊，鹿红岩等. 改性软木纤维素的 NaOH 水溶液体系成膜性研究. 纤维素科学与技术，2002，10 (2)：8-11.

[94]　高杰，汤烈贵. 纤维素科学. 北京：科学出版社，1999.

[95]　许冬生. 纤维素衍生物. 北京：化学工业出版社，2003.

[96]　王新平，张艳红，李伟等. 废纸制备羧甲基纤维素的研究. 应用化工，2004，33 (2)：52-54.

[97]　王万森. 农作物秸秆制备羧甲基纤维素工艺的研究. 天津化工，2004，18 (1)：10-11.

[98]　赵龙涛，李入林. 用棉花秆制备羧甲基纤维素. 河南化工，2002，(4)：18-20.

[99]　Deshmukh S R, Sudhakar K, Singh R P. Drag-reduction efficiency, shear stability, and biodegradation resistance of carboxymethyl cellulose- based and starch- based graft copolymer. Journal of Applied Polymer Science, 1991, 43：1091-1101.

[100]　杨芳，黎钢，宋晓峰等. 羧甲基纤维素－丙烯酰胺接枝共聚最佳条件的研究. 纤维素科学与技术，2004，12 (2)：28-34.

[101]　王俊，姚评佳，吕鸣群等. 丙烯酸与 CMC 在 ^{60}Co 辐照下的接枝聚合反应. 广西大学学报 (自然科学版)，2002，27 (4)：305-308.

[102]　Cao Aili, Wang Qiang, Sun Jiyou, Zhang Jiaqi. Graft copolymerization and saponification of acrylonitrile with natural polymers as water-absorbents. Journal of Tianjin Institute of Technology, 1998, 14 (Suppl. 1)：3-5.

[103]　刘千钧，詹怀宇，刘明华. 木质素絮凝剂的研究进展. 造纸科学与技术，2002，21 (3)：24-26.

[104]　邹敦华，苏文华，廖永德等. 提高木质素磺酸镁黏结性的方法探讨. 造纸科学与技术，2002，21 (1)：47-48.

[105]　Xiao B, Sun X F, Sun Runchang. The chemical modification of lignins with succinic anhydride in aqueous systems. Polymer Degradation and Stability, 2001, 71：223-231.

[106]　蒋挺大. 木质素. 北京：化学工业出版社，2001.

[107]　楼宏铭，邱学清，杨卓如. 木质素类水处理剂的研究进展. 工业水处理，1999，19 (3)：1-3.

[108]　田震，邱学青，王晓东. 碱木素性能及应用研究进展. 精细化工，2001，18 (2)：63-66.

[109]　昌晓静，杨军，王迪珍等. 木质素的高附加值应用新进展. 化工进展，2001，(5)：10-14.

[110]　郑雪琴，黄建辉，刘明华. 碱木素磺化改性制备减水剂及其性能的研究. 造纸科学与技术，2004，23 (5)：29-32.

[111]　刘千钧，詹怀宇，刘明华. 木质素磺酸镁接枝丙烯酰胺的影响因素. 化学研究与应用，2003，15 (5)：737-739.

[112]　Chen R L, Kokta B V, Daneault C, Valade J L. Some water-soluble copolymers from lignin. Journal of Applied Polymer Science, 1986, 32：4815-4826.

[113]　章思规. 精细有机化学品技术手册. 北京：科学出版社，1992：1064.

[114]　宋辉，马希晨. SAH 阴离子天然高分子改性絮凝剂的合成及应用. 皮革化工，2003，20 (3)：17-21.

[115]　Hebeish A, Khalikl M I. Chemical factors affecting preparation of carboxyl methyl starch. Starke, 1988, 40 (4)：147-150.

[116]　Ragheb A A. Preparation and characterization of carboxyl methyl starch products and their utilization in textile printing. Starch/Starke, 1997, 49 (6)：238-245.

[117]　路婷，何静，吴玉英. 天然高分子改性阳离子絮凝剂. 精细与专用化学品，2004，12 (14)：10-14.

[118] 王深，李硕文，王惠丰等. 阳离子淀粉絮凝剂的合成及应用. 精细石油化工进展，2000，2 (8)：13-16.

[119] 邓宇. 淀粉化学品及其应用. 北京：化学工业出版社，2002.

[120] 刘英伦，郑元锁. 阳离子淀粉制备研究进展. 造纸化学品，2003 (3)：5-10.

[121] Likitalo Antti, Kaki Jouko. (Ciba Specialty Chemicals Corporation). Method for manufacturing high-cationic starch solutions. US 6855819, 2005.

[122] 邓宇，李兰青子. 干法合成阳离子淀粉絮凝剂的初步研究. 化学工业与工程技术，2005，26 (1)：9-13.

[123] Roerden, Dorothy L, Wessels, Clara D. (The Dow Chemical Company). Process for the dry cationization of starch. US 5241061. 1993.

[124] 陈夫山，陈启杰，王高升. 干法阳离子淀粉作电荷中和剂提高填料留着率. 中国造纸学报，2003，18 (2)：126-128.

[125] 沈一丁，李勇进. 高取代度阳离子淀粉的制备与应用. 造纸化学品，2002 (3)：9-13.

[126] 陈启杰，陈夫山，王高升，胡惠仁. 半干法制备高取代度阳离子淀粉. 造纸化学品，2004 (1)：24-27.

[127] 陈卓，范宏，洪涤. Fe^{2+}-H_2O_2 引发淀粉-二甲基二烯丙基氯化铵接枝共聚的研究. 高分子材料科学与工程，2002，18 (2)：81-84.

[128] 李淋，刘秉钺，曹亚峰. 反相乳液聚合制备阳离子改性接枝淀粉. 纸和造纸，2005，(1)：59-62.

[129] 蔡清海，张光林. 淀粉改性阳离子型絮凝剂的合成. 化学工程师，2002 (6)：3-4.

[130] Pulkkinen, Erkki, Makeia, et al. Preparation and testing of cationic flocculant from kraft lignin. ACS Symp. Ser. 1989, 397 (lignin)：284-293.

[131] 祝万鹏，巫朝红，余刚. 木质素季铵盐阳离子絮凝剂合成工艺. CN 1146999A. 1997-04-09.

[132] 刘德启. 尿醛预聚体改性木质素絮凝剂对重革废水的脱色效果. 中国皮革，2004，33 (5)：27-29.

[133] 谭亚邦，张黎明，李卓美. 用高分子化学反应法制备阳离子聚合物. 精细石油化工，1998 (4)：41-46.

[134] Graczyk T, Hornof V. Flocculation of metal-bearing waste waters using cellulose and its gfart copolymers. Journal of Applied Polymer Science, 1984, 29：1903-1910.

[135] 禹雪晴，黎钢，张松梅. 羟乙基纤维素接枝丙烯酰胺共聚物的合成及表征. 河北化工，2005，(3)：46-47.

[136] 曾坤伟，李夜平，方月娥. 水溶性微晶壳聚糖的制备及结构. 应用化学，2002，19 (3)：216-219.

[137] 蔡伟民，叶筠. 壳聚糖季铵盐的合成及其絮凝性能. 环境污染与防治，1999，21 (4)：124-125.

[138] 孙多先，徐正义，张晓行. 季铵盐改性壳聚糖的制备及其对红花水提液的澄清效果. 石油化工，2003，32 (10)：892-895.

[139] 黄少斌. 季铵盐絮凝-杀菌-缓蚀剂的研究 [博士学位论文]. 广州：华南理工大学，1995.

[140] 汪晓军. 天然高分子阳离子改性吡啶季铵盐型多功能水处理剂的研制及其应用研究 [博士学位论文]. 广州：华南理工大学，1996.

[141] 潘碌亭，顾国维等. 天然高分子改性阳离子絮凝剂的合成及对工业废水的处理. 环境污染与防治，2002，24 (3)：159-161.

[142] 黄光佛，卿胜波，李盛彪. 多糖类生物医用材料-甲壳素和壳聚糖的研究及应用. 高分子通报，2001 (3)：43-44.

[143] 徐良峰，杨建平，陈开勋. 甲壳素的应用及研究进展. 化学工业与工程技术，2003，24 (5)：24-27.

[144] 胡志鹏. 壳聚糖的研究进展. 中国生化药物杂志，2003，24 (4)：210-212.

[145] Thanou M, Florea BI, Geldof M, et al. Quaternized chitosanoligomers as novel gene delivery vectors in epithelial cell lines. 1Biomaterials, 2002, 23 (1)：153.

[146] 木船宏尔. 公开特许公报. JP 225688. 1985.

[147] 叶筠，蔡伟民，沈雄飞. 壳聚糖季铵盐的合成及其对炼油废水的絮凝和灭菌性能. 福州大学学报，2000，28 (4)：108-109.

[148] Wu L Q, Chen T, Wallace K K, et al. Enzymatic coupling of phenolvapors onto chitosan. Biotechnol Bioeng, 2001, 76 (4)：325.

[149] 范瑞泉，刘英. 甲壳糖的制备和絮凝作用. 福州大学学报：自然科学版，1995，23 (1)：71-75.

[150] H Ganjidoust, et al. Effect of Synthetic and Natural Coagulant on Lignin Removal from Pulp and Wastewater. Wat Sci Tech., 1997, 35 (2-3)：291-296.

[151] 张亚静，朱瑞芬，童兴龙. 壳聚糖季铵盐对味精废水絮凝作用. 水处理技术，2001，27 (5)：281-283.

[152] 邹鹏，宋碧玉，王琼. 壳聚糖絮凝剂的投加量对污泥脱水性能的影响. 工业水处理，2005，25 (5)：35-37.

[153] Lee C H, Liu L C. Sludge dewaterbility and floc structure in dual polymer conditionging. J. Envion. Eng, 1993, ASCE119: 159-171.

[154] 金玉仁, 李冬梅, 张宝川等. 磁性壳聚糖的制备及其对三价铜系和镧系的吸附性能研究. 离子交换与吸附, 1999, 15 (2): 177-178.

[155] 董学畅, 杨燕兵. 甲壳素和壳聚糖应用研究新动向. 云南民族学报, 2002, 11 (1): 566-584.

[156] El Ghaouth A, et al. Use of chitosan coating to reduce water loss and maintain quality of cucumber and bell pepper fruits. Journal of Food Processing and Presservation, 1991, 15 (5): 359-368.

[157] El Ghaouth A, et al. Chitosan coating effecton storability and quality of frech strawberchries. Journal of Food Science, 1991, 56 (6): 1618-1620.

[158] EL Ghaouth A, et al. Antifungla activity of chitosan on two postharvest pathogens of strawberry fruits. Phytopathology, 1992, 82 (4): 398-402.

[159] Solo-Peralta N V, Muller H, Knorr D. Effects of chitosan treatments on the clarity and color of apple juice. J. Food Sci., 1989, 54 (2): 495-496.

[160] Oh HI, Kim YJ, Chang EJ, et al. Antimicrobial characteristics of chitosans against food spoilage microorganisms in liquid media and mayonnaise. Biosci Biotechnol Biochem, 2001, 65 (11): 2378.

[161] 吕福堂. 甲壳素及其应用. 生物学通报, 2003, 38 (12): 21-22.

[162] 张光华, 谢曙辉. 一类新型壳聚糖改性聚合物絮凝剂的制备与性能. 西安交通大学学报, 2002, 36 (5): 541-544.

[163] 方景芳, 夏兆宁. 甲壳素及其衍生物在印染加工中的应用. 印染, 2004, (21): 20-22.

[164] 刘德明. 甲壳素与化妆品. 日用化学品科学, 2004, 27 (8): 47-48.

[165] 潘碌亭, 肖锦. 天然高分子改性药剂FIQ-C的絮凝性能及作用机理研究. 水处理技术, 2001, 2 (27): 84-86.

[166] 永泽满. 高分子水处理剂 (下卷). 北京: 化学出版社, 1985.

[167] 王杰, 肖锦, 詹怀宇. 两性高分子水处理剂的研究进展. 环境污染治理技术与设备, 2000, 1 (3): 14-18.

[168] Susumu Kawamura. Effectivenee of natural polyelectrolytes in water treatment. Journal AWWA, 1991, (10): 88-91.

[169] 李永红, 蔡永红, 曹凤芝等. 化学改性淀粉的研究进展. 化学研究, 2004, 15 (4): 71-74.

[170] 徐世美, 张淑芬, 杨锦宗. 两性淀粉的合成研究进展. 日用化学工业, 2002, 32 (6): 49-56.

[171] Solarek Daniel B, Dirscherl Teresa A, Hernandez Henry R, Jarowenko Wadym. (National Starch and Chemical Investment Holding Corporation). Amphoteric starches and process for their preparation. US 4964593. 1990.

[172] 吕彤, 韩薇. 两性絮凝剂QAP的制备及效果实验. 印染助剂, 2004, 21 (4): 15-17.

[173] Bindzus Wolfgang, Altieri Paul A. (National Starch and Chemical Investment Holding Corporation). Amphoteric starches used in papermaking. US 6365002. 2002.

[174] 倪生良, 金广平, 骆浩敏等. 多元变性淀粉的制备及性能研究. 西南造纸, 2003, 3: 22-24.

[175] 张友全, 张本山, 高大维. 磷酸型两性淀粉糊化性质的研究. 华南理工大学学报: 自然科学版, 2002, 30 (3): 83-86.

[176] Bhirud P R, Sosulski F W, Tyler R T, et al. (Grain Tech Consulting). Aqueous alcoholic alkaline process for cationization and anionization of normal, waxy, and high amylose starches from cereal, legume, tuber and root sources. US 5827372. 1998.

[177] 张友全, 童张法, 张本山. 磷酸型两性淀粉一步合成反应机理研究. 高校化学工程学报, 2005, 19 (1): 42-47.

[178] Kweno M R, Sosulski F W, Bhirud P R. Preparation of amphoteric starches during aqueous alcoholc cationization. Starch, 1997, 49 (10): 419-424, 61-66.

[179] Solarek D B. (National Starch and Chemical Investment Holding Corporation). Method of papermaking using crosslinked cationic/ amphoteric starches. US 5368690. 1994.

[180] Suc Sophie, Defaye Jacques, Gadelle Andree. (Elf Atochem S. A.). Process for the oxidation of cationic starches and amphoteric starches, containing carboxyl and cationic groups, thus obtained. US 5383964. 1995.

[181] 李泰华, 赵慧民, 李刚等. 一种改性淀粉及其制造方法. CN 1237585. 1999.

[182] 宋荣钊, 潘松汉, 陈玉放等. 两性淀粉接枝共聚物的就地制备和性质. 广州化学, 2002, 27 (2): 27-30.

[183] 马希晨, 秦鹏, 聂新卫. 淀粉基强阳离子两性絮凝剂的合成. 应用化学, 2004, 21 (12): 1253-1256.

[184] 刘明华，张宏. 一种复合絮凝剂的絮凝性能及应用研究. 化学应用与研究，2003，15（4）：475-478.

[185] 谢家理. 改性淀粉两性絮凝剂的制备及性能研究［硕士学位论文］. 成都：四川大学，2003.

[186] 詹怀宇，刘千钧，刘明华等. 两性木素絮凝剂的制备及其在污泥脱水的应用. 2005，24（2）：14-16.

[187] 刘千钧，詹怀宇，刘明华. 木素的接枝改性. 中国造纸学报，2004，19（1）：156-158.

[188] 田澍，顾学芳. 羧甲基壳聚糖的制备及应用研究. 化工时刊，2004，18（4）：30-32.

[189] 徐云龙，冯屏等. 微波合成羧甲基壳聚糖. 华东理工大学学报，2003，29，（4）：17-18.

[190] 万顺，邵自强，谭惠民. 羧甲基纤维素阳离子化衍生物的研究现状. 纤维素科学与技术，2002，10（4）：53-59.

[191] 高洁，汤烈贵. 纤维素科学. 北京：科学出版社，1996.

[192] 蒋刚彪，周枝凤. 羧甲基纤维素接枝长链季铵盐合成两性高分子表面活性剂. 精细石油化工，2000，（1）：21-23.

[193] 曹亚峰，邱争艳，杨丹红等. 羧甲基纤维素接枝二甲基二烯丙基氯化铵-丙烯酰胺共聚物的合成. 大连轻工业学院学报，2003，22（40）：247-249.

[194] 董玉莲. 天然高分子改性制两性高分子水处理剂及其性能研究［硕士学位论文］. 广州：华南理工大学，1999.

[195] 王杰，肖锦，詹怀宇. 两性高分子絮凝剂的制备及其应用研究. 环境化学，2001，20（2）：185-190.

[196] 刘千钧. 木质素磺酸盐的接枝共聚反应及两性木质素基絮凝剂 LSDC 的制备与性能研究［博士学位论文］. 广州：华南理工大学，2005.

[197] 杨智宽，单崇新，苏帕拉. 羧甲基壳聚糖对水中 Cd^{2+} 的絮凝处理研究. 环境科学与技术，2001，（1）：10-12.

4 吸附剂

4.1 概述

吸附法是利用多孔性的固体物质，使污水中的一种或多种物质被吸附在固体表面而除去的方法。具有吸附能力的多孔性固体物质称为吸附剂，而污水中被吸附的物质则称为吸附质。常用的吸附剂有活性炭、沸石、活性氧化铝、轻质氧化镁、硅胶等，还有一些改性纤维素类吸附剂、改性木质素类吸附剂等。

4.1.1 吸附剂的基本特征

吸附剂是流体吸附分离过程得以实现的基础，选择合适的吸附剂是吸附操作中必须解决的首要问题。一般来说，吸附剂必须具有以下特征。

① 大的比表面积 流体在固体颗粒上的吸附多为物理吸附，由于这种吸附通常只发生在固体表面几个分子直径的厚度区域，单位面积固体表面所吸附的流体量非常小，因此要求吸附剂必须有足够大的比表面积以弥补这一不足。吸附剂的有效表面积包括颗粒的外表面积和内表面积，而内表面积总是比外表面积大得多，只有具有高度疏松结构和巨大暴露表面的孔性物质，才能提供巨大的比表面积。

② 具有良好的选择性 在吸附过程中，要求吸附剂对吸附质有较大的吸附能力，而对于混合物中其他组分的吸附能力较小。

③ 吸附容量大 吸附容量是指在一定温度、吸附质浓度下，单位质量（或单位体积）吸附剂所能吸附的最大值。吸附容量除与吸附剂表面积有关外，还与吸附剂的孔隙大小、孔径分布、分子极性及吸附剂分子上官能团性质有关。吸附容量大，可降低处理单位质量流体所需的吸附剂用量。

④ 具有良好的机械强度和均匀的颗粒尺寸 吸附剂的外形通常为球形和短柱形，也有其他形式的，如无定形颗粒，其粒径通常为 40 目到 15mm 之间，工业用于固定床吸附的颗粒直径一般为 1～10mm。同时吸附剂是在温度、湿度、压力等操作条件变化的情况下工作的，这就要求吸附剂有良好的机械强度和适应性，尤其是采用流化床吸附装置，吸附剂的磨损大，对机械强度的要求更高，否则将破坏吸附正常操作。

⑤ 有良好的热稳定性及化学稳定性。

⑥ 有良好的再生性能 吸附剂在吸附后需再生使用，再生效果的好坏往往是吸附分离技术能否使用的关键，要求吸附剂再生方法简单、再生活性稳定。

此外，还要求吸附剂的来源广泛，价格低廉。

4.1.2　吸附的类型

吸附作用虽然可发生在各种不同的相界面上，但在污水处理中，主要利用固体物质表面对污水中物质的吸附作用。根据固体表面吸附力的不同，吸附可分为物理吸附、化学吸附和离子交换吸附三种类型。

① 物理吸附　吸附剂和吸附质之间通过分子间力产生的吸附称为物理吸附。物理吸附是一种常见的吸附现象。由于吸附是分子力引起的，所以吸附热较小。因物理吸附不发生化学作用，所以低温就能进行。被吸附的分子由于热运动还会离开吸附剂表面，这种现象称为解吸，它是吸附的逆过程；物理吸附可形成单分子吸附层或多分子吸附层。由于分子间力是普遍存在的，所以一种吸附剂可吸附多种吸附质。但由于吸附剂和吸附质的极性强弱不同，某一种吸附剂对各种吸附质的吸附量是不同的。

② 化学吸附　化学吸附是吸附剂和吸附质之间发生了化学作用，由于化学键力引起的。化学吸附一般在较高温度下进行，吸附热较大，相当于化学反应热。一种吸附剂只能对某种或几种吸附质发生化学吸附，因此化学吸附具有选择性。由于化学吸附是靠吸附剂和吸附质之间的化学链力进行的，所以吸附只能形成单分子吸附层。当化学键力大时，化学吸附是不可逆的。

③ 交换吸附　交换吸附就是通常所指的离子交换吸附。一种吸附质的离子，由于静电引力，被吸附在吸附剂表面的带电点上。在吸附过程中，伴随着等当量离子交换。如果吸附质的浓度相同，离子带的电荷越多，吸附就越强。对电荷相同的离子，水化半径越小，越能紧密地接近于吸附点，越有利于吸附。

物理吸附、化学吸附和离子交换吸附并不是孤立的，往往相伴发生。在水处理中，大部分的吸附往往是几种吸附综合作用的结果。由于吸附质、吸附剂及其他因素的影响，导致某种吸附成为主要的吸附作用。

4.2　吸附剂的制备和应用

4.2.1　粉煤灰（CFA）

【物化性质】　粉煤灰单体是由 SiO_2、Al_2O_3、CaO、Fe_2O_3、FeO 和一些微量元素、稀有元素组成的海绵状和空心状的细小颗粒，单个粉煤灰颗粒的粒径约为 $2.5\sim300\mu m$，平均几何粒径为 $40\mu m$。粉煤灰的比表面积很大，一般为 $2500\sim5000cm^2/g$。粉煤灰是一种浅灰色或黑色的多孔性的松散固体集合物，粉煤灰颗粒的外观一般用肉眼看到粉煤灰为灰色的粉末状物质。粉煤灰的颜色与 Fe_2O_3、CaO、残留炭含量和细度有关，Fe_2O_3 及残留炭含量越高，粉煤灰颜色越深，粗粒所占比例越多，反之颜色则越浅。其真密度为 $2\sim2.3g/cm^3$，堆积密度为 $0.55\sim0.658g/cm^3$，空隙率一般为 $60\%\sim75\%$，通常影响粉煤灰密度最主要的因素为 CaO 的含量。低钙粉煤灰密度通常较低，而且变化范围比较大。由于粉煤灰的比表面积较大、表面能高，且存在着许多铝、硅等活性点，因此具有较强的吸附能力，在一定条件下，也有一定的絮凝沉淀和过滤作用。

【制备方法】

粉煤灰的形成是煤粉能量守恒、灰渣总熵不断增加、从热能到粉煤灰潜能的能量转化过程，其产生包括煤粉的燃烧、灰渣的烧结、碎裂、颗粒熔融、骤冷成珠等。电厂燃烧煤粉的锅炉实质上是粉煤灰产生的反应炉。

煤粉由高速气流喷入锅炉炉膛,有机物成分立即燃烧形成细颗粒火团,充分释放热量。粉煤灰形成的过程,既是煤粉颗粒中矿物杂质的物质转变的过程,也是化学反应过程。

当温度超过 1000℃ 时,石英如果没有与黏土矿物结合,将溶解于熔融的铝硅酸盐中,再随温度升高大约达到 1650℃ 将开始挥发。

在 400℃ 时,高岭土开始失水形成偏高岭土。当温度超过 900℃ 时,偏高岭土将形成莫来石和其他无定形石英。大约在 800℃ 时,碳酸盐开始分解放出 CO_2 生成石灰(CaO),其他碳酸盐也会分解放出 CO_2 然后生成相应的氧化物,但分解的温度不同。

铁是影响煤灰中矿物相比较重要的元素。在实验室条件下,黄铁矿(FeS_2)300℃ 开始分解,然后在 500℃ 时氧化生成赤铁矿(Fe_2O_3)和磁铁矿(Fe_3O_4)。硫氧化后生成 SO_2。煤中绝大部分铁都是以 FeS_2 形式存在的,特别在烟煤中更是如此。因为硫氧化速度很慢,FeS_2 在火焰中也只是部分氧化,形成熔点较低、密度较大的 FeS/FeO 共晶体。在锅炉燃烧过程中,煤中大部分含铁矿物质在与碳及 CO 的作用下,形成 Fe_2O_3、Fe_3O_4,新生成的铁氧化物再与新生的硅、铝、钙质玻璃体连生在一起,形成球状或似球状的铁质微珠。

经燃烧后粉煤灰中的铁主要以磁铁矿和赤铁矿的形态存在,有少量的 $Fe_2O_3 \cdot SiO_2$,还有在高温下还原而成的少量金属铁,这是过还原现象。煤粉在燃烧过程中,铁、铝和硅的氧化物首先造渣形成熔化物,出炉后磁铁矿先结晶,故基体为硅铝酸盐玻璃物,磁铁矿晶粒在其间分布。凡有硅存在的地方均含有铝和少量铁。粉煤灰中的磁铁矿均在 1100℃ 以下结晶,晶体不完整,最大晶粒为 0.02mm 左右。同样由于各电厂燃烧的煤种、煤质和锅炉的炉型、燃烧制度以及除尘方式等各异,粉煤灰中磁珠性质、粒度组成、含量等也不同。

(1)粉煤灰的物理活化

① 分选   粉煤灰分选是采用不同手段将不同特征的颗粒进行分离,以便按其特性进行利用。粉煤灰的组成大都是以游离态的固相形式存在,其物理化学性质存在明显的差异,因此具备相互分选的条件。其分选方法主要有以下 4 种。

a. 炭的分选   粉煤灰中未燃尽炭的分选,是根据炭颗粒表面物理化学特性(即润湿性)的差别来进行分选的,采用浮选法。它是根据容重分离,如颗粒容重小于 1 的中空粉煤灰可以水为介质采用浮选法分离。含碳量较高的粉煤灰颗粒通常采用泡沫浮选法。它是用一种浮选促集剂有选择地黏附在被分选矿物表面,使矿物颗粒具有憎水性而黏附气泡;另一种外加剂为泡沫剂用于稳定气泡,要浮选的矿物黏附一定气泡后上浮表面经溢流堰而被分离。泡沫浮选的可行性取决于不同矿物黏附气泡的能力差异。一般假定粉煤灰中的炭类似于氧化的煤,因此泡沫剂应选用适合于清除被氧化的煤的物质。煤油可用作灰中炭的浮选促集剂,松节油或聚丙烯乙二醇可用作泡沫稳定剂。浮选方式特别适用于湿排粉煤灰。在浮选药剂(烃类油、松油等)的作用下,将粉煤灰中的未燃尽炭分选出来,一般可得到含炭 70% 左右的炭粒,可再用作锅炉燃料。湿灰经真空过滤可在 1~2min 内脱至含水率 17%~19%,脱水后的粉煤灰可采用传统方法干燥。

b. 磁珠的分选   粉煤灰中的磁珠是高温燃烧过程中,煤中含铁的矿物在 C 及 CO 的还原作用下,被还原成 Fe_3O_4 而存在于珠体中,形成了磁性微珠,由于含 Fe_3O_4 磁珠与其他颗粒有较大的磁性差别,因此可用磁选方法将磁珠从粉煤灰中分选出来。分选后可得到含铁为 60% 左右的磁珠,磁选后的非磁性颗粒具有比较高的火山灰活性。用非磁性粉煤灰颗粒配制的混凝土流动性更好,火山灰活性也有很大提高,因而是非常好的混凝土活性掺和材料,而磁性粉煤灰颗粒则可用于提炼金属铁或作他用。

c. 漂珠的分选   漂珠的密度为 400~750kg/m³,小于水的密度,而其他颗粒均大于水的密度。因此,可以利用漂珠与其他颗粒的密度差异,采用重选的方法,把漂珠从粉煤灰中分选出来，一般可得到纯度 95％左右的漂珠。

　　d. 沉珠的分选　当粉煤灰分选出炭、磁珠、漂珠后，只剩下沉珠和单体石英等，它们在密度、粒度及表面的物理化学特性上存在差别，因此，可采用重选法和浮选法把它们分离、分级，得到不同等级的沉珠。

　　② 物理细化　磨细工艺有以下几种：原状灰直接磨细、先分选后磨细、先磨细后分选和浅磨粉煤灰技术。

　　a. 机械粉磨　物质受到机械力作用时（仅限于机械对固体物质的粉碎作用，如研磨、冲击、压力等），能够被激活。体系的化学组成不发生变化时称为机械激活；化学组成或结构发生变化，则称为机械化学激活。目前，国内外粉煤灰机械粉磨的方法主要有：冲击磨、振动磨、气流磨、搅拌磨等。固体受机械力作用时发生的过程往往是多种现象的综合，大体上可分为两个阶段：Ⅰ. 受力作用，颗粒受击而破裂、细化、物料比表面积增大，相应地，晶体结晶程度衰退，晶体结构中晶格产生缺陷并引起晶格位移，系统温度升高，此阶段的自由能增大；Ⅱ. 自由能减小，体系化学势能减小，微粉起团聚作用，比表面积小，同时表面能释放，物质可能再结晶，也可能发生机械力化学效应。

　　机械磨细法机械磨细对提高粉煤灰（特别是颗粒粗大的粉煤灰）的活性非常有效。通过磨细，一方面粉碎粗大多孔的玻璃体，解除玻璃颗粒黏结，改善表面特性，减少摩擦，提高物理活性；另一方面，粗大玻璃体尤其是多孔颗粒粘连的破坏，破坏了玻璃体表明坚固的保护膜，使内部可溶性 SiO_2、Al_2O_3 溶出，断键增多，比表面积增大，反应接触面增加，活化组分增加，粉煤灰化学活性提高。

　　b. 超声细化　超声粉碎法对粉煤灰的细化处理，即在超声的作用下使液体中固体颗粒破碎。它由换能器发出的很强的声波在介质水中发生空化作用，从而将粉煤灰撕碎，破坏粉煤灰玻璃体网络中的 Si—O 键和 Al—O 键，增加表面的不饱和断键和缺陷达到超细化粉煤灰，明显提高粉煤灰活性，加快水化反应速度。研究发现，利用超声粉碎法对粉煤灰进行超声细化处理，超声作用时间越长，超声功率越大，粉煤灰被处理得愈细，早期增强效果愈好，掺粉煤灰超细粉的硬化浆体中，六角片状的 $Ca(OH)_2$ 明显减少或消失，而有益的水化产物 C-S-H 凝胶数量增多，改善界面结构和孔隙结构，降低浆体结构孔隙率，从而提高其强度。

　　(2) 粉煤灰的改性方法

　　粉煤灰在形成过程中，由于部分气体逸出而具有开放性孔穴，表面呈蜂窝状；部分气体未逸出被裹在颗粒内形成封闭性孔穴，内部也呈蜂窝状。前者由于孔穴暴露在表面，具有吸附性能；后者的吸附性能则很小，需用物理或化学方法打开封闭的孔穴，以提高其孔隙率及比表面积。化学改性不但能打开孔穴，还能通过酸碱的作用使之生成大量新的微细小孔，增加比表面积和孔隙率，处理废水的效果也将大幅提高。粉煤灰的改性方法目前采用较多的有如下几种。

　　① 酸改性　原粉煤灰颗粒，其表面比较光滑致密，经酸处理后的粉煤灰颗粒表面变得粗糙，形成许多凹槽和孔洞，增大了颗粒的比表面积。吸附剂比表面积越大，吸附效果越好，因此经酸改性的粉煤灰的吸附能力较原始粉煤灰增强，而且经酸改性处理后的粉煤灰释放出大量的 Al^{3+}、Fe^{3+} 和 H_2SiO_3 等成分，Al^{3+}、Fe^{3+} 可起絮凝沉降作用，H_2SiO_3 可捕收悬浮颗粒，起混凝吸附架桥作用。几种作用综合使酸改性后的粉煤灰去除污染物性能增强。常用的酸有 HCl、H_2SO_4、HNO_3 等，其中 HCl 对粉煤灰中 Fe^{3+} 的浸出效果较好，H_2SO_4 对粉煤灰中 Al^{3+} 的浸出效果较好。经酸改性后粉煤灰的比表面积普遍增大。

　　② 碱改性　碱类物质对硅酸盐玻璃网络具有直接的破坏作用，所以碱溶液对粉煤灰具

有很强的作用。影响粉煤灰碱性激发的因素很多，其中起主要作用的有：碱的种类、pH值、温度、粉煤灰结构与表面状态等。一般说来，碱性越强，pH值越高、温度越高，激发作用越强；而网络聚合度高，网络连接程度越高，破坏网络所需要的能量就越大，碱激发作用越困难，需要时间也越长。碱改性粉煤灰时采用的改性物质为碱金属溶液，通常为NaOH、CaO、Na_2CO_3 溶液。碱改性可用三种方法：一是将粉煤灰原灰与碱溶液在一定温度下混合改性；二是将粉煤灰预处理后与碱溶液混合；三是将粉煤灰与碱焙烧熔融，使粉煤灰颗粒转化为硅酸盐和铝酸盐。粉煤灰可通过酸洗或磁选预处理，去除一些对改性不利的铁和碱金属氧化物，还可焙烧去除有机物。

③ 盐改性　采用氯化钙、氯化钾和氯化铁分别对 NaOH 改性后的粉煤灰进行离子交换，分别得到了钙、钾和铁改性的粉煤灰。用其处理印染废水，结果表明，改性后的粉煤灰脱色率为 71.0%～99.4%，COD 除去率为 66.3%～81.9%，其中钙改性粉煤灰对印染废水的脱色效果最好，而且沉降速度快，去除 COD 也优于其他改性粉煤灰，是一种很好的污水处理剂。

④ 表面活性剂改性　表面活性剂是指具有固定的亲水亲油基团，在溶液的表面能定向排列，并能使表面张力显著下降的物质。近年来一些研究者采用表面活性剂对粉煤灰的改性进行了研究。十六烷基三甲基溴化铵（HDTMA）是一种阳离子表面活性剂。胡巧开等采用HDTMA 对粉煤灰进行改性，结果表明，用 HDTMA 改性的粉煤灰对二甲酚橙的吸附去除率远大于未改性的粉煤灰。Banerjee 等采用 HDTMA 对粉煤灰进行改性，然后用改性后的粉煤灰来处理海面上的石油，结果表明，经 HDTMA 改性后的粉煤灰对海面上漂浮的原油具有很好的去除能力。他们在另一篇文献中报道，分别采用四乙胺（TEA）、十六烷基三甲基溴化铵（HDTMA）、溴化十四烷基苄基二甲基铵（BDTDA）对粉煤灰进行改性，并以阴离子型染料来考察改性粉煤灰的吸附性能，结果表明，经这些表面活性剂改性后的粉煤灰吸附性能均得到了提高。聚二甲基二烯丙基氯化铵（PDMDAAC）是一种水溶性阳离子高聚物，在水处理领域中应用广泛。研究表明，采用 PDMDAAC 对粉煤灰进行改性，可以提高粉煤灰的吸附能力。

⑤ 混合改性　有时，几种改性方法的混合使用可以进一步提高粉煤灰对水中污染物的去除能力。李尉卿等采用碳酸钠、硫酸及碳酸钠处理后再加硫酸等改性方法对粉煤灰进行改性，用其处理造纸废水、垃圾渗滤液和生活废水的结果表明，用 $Na_2CO_3 + H_2SO_4$ 改性的粉煤灰的吸附性能优于其他改性剂，其原因是 $Na_2CO_3 + H_2SO_4$ 改性的粉煤灰既具有了聚合硫酸铝的絮凝性质，在废水中起到絮凝和架桥作用，又具有沸石的吸附性能，吸附废水中的有机物。陈雪初等将粉煤灰与 NaCl 在高速混合机中混合均匀后投入焙烧炉中煅烧活化，再向焙烧后冷却的物料中添加 15% 的 H_2SO_4，将反应后的物料烘干磨细即得到混合改性的粉煤灰粉末。研究结果表明：与未改性的粉煤灰相比，采用此工艺改性的粉煤灰除磷性能显著提升，约为粉煤灰投加量 1/20 时即可达到与之相当的除磷效果。

⑥ 水热合成改性法

水热合成法粉煤灰是在高温流态化条件下产生的，其传热传质过程异常迅速，在很短时间（约 2～3s）内被加热至 1100～1300℃ 或更高温度，液相出现，在表面张力作用下收缩成球形液滴，结构迅速密化，同时相互黏结成较大颗粒，在收集过程又由于迅速冷却，液相来不及结晶而保持无定型态（仅有微小莫来石固溶在其中），这种保持高温液相结构排列方式的介稳结构，内能结构处于近程有序，远程无序，常温下对水很稳定，不能被溶解（无定型态 SiO_2 是可溶的）。但在水热条件下，无规则网络被激活，水就可直接破坏网络结构，并随温度升高，破坏作用加强。水热合成后，网络硅铝变成活性硅铝溶于水中。

⑦ 超声和微波改性   近几年，超声和微波技术已经被用于制备材料，并且它们表现出比传统方法更高的效率。Wang 等将粉煤灰和 NaOH 溶液混合，置于超声波水浴池中，超声处理一段时间后过滤洗涤烘干，得到了 NaOH 和超声共同改性的粉煤灰，并将其用来去除水中的亚甲基蓝。结果表明：与未改性的粉煤灰相比，对亚甲基蓝的吸附能力从 $6 \times 10^{-6}\,mol/g$ 提高到 $1.2 \times 10^{-5}\,mol/g$。他们还将粉煤灰和一定浓度的盐酸溶液混合，然后分别置于超声波和微波浴池中，制得了盐酸和超声以及盐酸和微波共同改性的粉煤灰，亚甲基蓝、晶体蓝和罗丹明 B 的吸附实验表明：未改性的粉煤灰表现出较高的吸附能力，而经改性的粉煤灰吸附能力得到了进一步的提高，微波处理的粉煤灰吸附性能最佳。

【应用】   从目前研究报道的成果看，粉煤灰对生活污水，印染废水，造纸废水，电镀废水，含酚、含铬、含氟等废水有较好的处理效果。

粉煤灰吸附污染物质的效果与粉煤灰的粒度有关，颗粒越细，达到吸附平衡的时间越短，吸附速率越快。粉煤灰粒径越细、比表面积越大，处理效果越好，当粉煤灰颗粒从 $125\,\mu m$ 下降到 $53\,\mu m$ 时，对含铬染料的去除率由 64% 增加至 91%。粉煤灰中 SiO_2 和 Al_2O_3 等活性物质含量高，有利于化学吸附。CaO 含量对处理效果也有影响，当粉煤灰中 CaO 含量较低时，应投加石灰对粉煤灰进行改性。高温脱除粉煤灰中的结合水，能够使粉煤灰活化，提高处理效果。溶液 pH 值直接影响处理效果，但 pH 值的影响结果与吸附质的性质有关，当粉煤灰处理含氟废水，在酸性条件下效果好，而处理含磷废水是中性条件下磷的去除率最高。

国内外研究表明，温度越低，粉煤灰对废水中有害物质的去除率越高，如用其处理含铬染料废水时，温度从 $30\,℃$ 升至 $50\,℃$，去除率从 91% 下降到 69%。废水污染物质的溶解度、分子极性、分子量大小、浓度等对处理效果有影响，分子量越大，溶解度越小，处理效果越好。

(1) 生活污水

粉煤灰处理生活污水的工艺流程如图 4-1 所示。

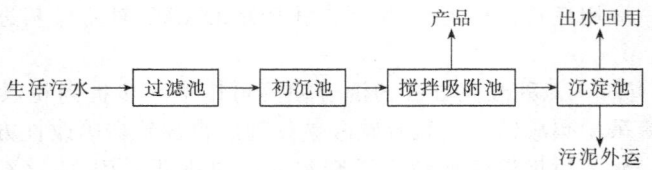

图 4-1   粉煤灰处理生活污水工艺流程

以 1∶20 硫酸为改性剂可以较好地改善粉煤灰的吸附活性，对生活污水 COD 的去除率可达到 75%。碱性激发在一定用量范围内能起到较好的改性作用，以 CaO 为碱激发剂其用量不超过 5%。酸碱联合改性粉煤灰在原料处理污水基础上处理能力有较大提高，对 COD 的去除率可达 70% 左右，并使出水 pH 保持中性。

采用石灰改性粉煤灰处理生活污水，处理效果见表 4-1。

表 4-1   生活污水处理前后水质比较

污水指标	pH 值	BOD_5 /(mg/L)	COD /(mg/L)	SS /(mg/L)	NH_4^+-N /(mg/L)	TN /(mg/L)	TP /(mg/L)	总大肠菌群数 /(个/100mL)
处理前	7.56	123.6	268.5	145	45.8	82.4	8.1	3.9×10^7
处理后	8.84	30.7	85.4	21.2	11.8	44.8	3.8	1.7×10^6
去除率/%	+1.28	75.2	68.2	85.4	74.3	45.6	53.3	95.4

(2) 染料废水

目前对染料废水进行处理的方法主要有活性炭吸附法、化学氧化法、反渗透、絮凝沉降和生物处理等。近年来，一些研究者采用粉煤灰作为吸附剂对染料废水进行了处理，结果表明：粉煤灰与活性炭相似，对相对分子质量大的污染物吸附效果较好，这是因为相对分子质量越大，分子间引力越强，物理吸附更易进行。所以粉煤灰对以染料大分子为主要污染物的废水表现出较好的吸附性能。表 4-2 是近年来以粉煤灰为吸附剂去除不同染料废水的一些研究结果，从中可以看出，粉煤灰可以作为吸附剂对不同染料废水进行有效处理。

表 4-2　粉煤灰对染料的吸附性能

染　料	粉煤灰类型	比表面积/(m²/g)	吸附容量	温度/℃
亚甲基蓝	粉煤灰	15.6	1.2×10^{-5} mol/g	30
	粉煤灰	5.6	6.0×10^{-6} mol/g	30
	粉煤灰	6.52	5.718mg/g	30
	粉煤灰	15.6	1.4×10^{-5} mol/g	40
	粉煤灰＋硝酸	27.6	2.4×10^{-5} mol/g	40
	粉煤灰＋硫酸	6.236	2.1×10^{-6} mol/g	15
	粉煤灰＋盐酸＋微波	35.7	2.0×10^{-5} mol/g	30
	粉煤灰＋氢氧化钠	20.2	8.0×10^{-6} mol/g	30
	粉煤灰＋氢氧化钠＋超声	35.4	1.2×10^{-5} mol/g	30
结晶紫	粉煤灰	15.6	8.0×10^{-6} mol/g	30
	粉煤灰＋盐酸＋微波	35.7	1.6×10^{-5} mol/g	30
罗丹明 B	粉煤灰	15.6	7.0×10^{-6} mol/g	30
	粉煤灰＋盐酸＋微波	35.7	1.0×10^{-5} mol/g	30
刚果红	褐煤	0.342	1.38×10^{-5} mol/g	20
反应黄	粉煤灰	0.342	37.26mg/g	20
反应蓝	粉煤灰	0.342	135.69mg/g	20
反应红	粉煤灰	0.342	47.26mg/g	20
反应黑 5	高石灰粉煤灰	5.35	7.184mg/g	20
阿斯屈拉松蓝 FGRL	粉煤灰	0.342	128.2mg/g	30

Janos 等以粉煤灰为吸附剂，对水中的几种染料进行了吸附去除实验。结果表明，无论是酸性染料（酸性橙 7、酸性红 1、酸性黄 11 和酸性黑 26）还是碱性染料（亚甲基蓝、罗丹明 B），粉煤灰均能将其去除。兰善红等采用粉煤灰固定化絮凝剂和微生物来协同处理印染废水。首先采用水解酸化对印染废水进行厌氧处理，然后在粉煤灰固定化絮凝剂存在的情况下，进行好氧生物处理。废水在吸附、絮凝、沉降、过滤和微生物降解等协同作用下，取得了良好的处理效果。Talman 等用粉煤灰来处理水中的阳离子型染料甲苯胺蓝，并研究了阳离子和阴离子型表面活性剂对吸附性能的影响。结果发现，由于阳离子型表面活性剂与甲苯胺蓝带同种电荷，两者互相争夺粉煤灰表面的吸附活性位，使得粉煤灰对甲苯胺蓝的吸附性能降低，而采用阴离子型表面活性剂时，则会提高粉煤灰对甲苯胺蓝的吸附。

（3）造纸废水

粉煤灰处理造纸废水，试验结果见表 4-3。

表 4-3　粉煤灰对造纸废水的处理结果

粉煤灰投加量/(g/L)	COD	COD 去除率/%	浊度/NTU	浊度去除率/%	色度/倍	色度去除率/%
5	1120	20.0	250	50.0	125	47.9
10	1050	25.0	241	51.8	117	51.2
15	980	30.0	232	53.6	103	57.1
20	900	35.7	220	56.0	92	61.7

续表

粉煤灰投加量/(g/L)	COD	COD去除率/%	浊度/NTU	浊度去除率/%	色度/倍	色度去除率/%
25	810	42.1	203	59.4	81	66.2
30	730	47.8	180	64.0	70	70.8
35	670	52.1	158	68.4	59	75.4
40	590	57.8	134	73.2	48	80.0
45	530	62.1	108	78.4	39	83.8
50	470	66.4	90	82.0	27	88.8
55	460	67.2	85	83.0	25	89.6
60	445	68.2	81	83.8	24	90.0

试验研究表明，随粉煤灰投加量增大，COD去除率、浊度去除率及色度去除率均有增加。但粉煤灰用量达50g/L时，曲线已趋平缓，COD去除率、浊度去除率及色度去除率增幅不大。考虑到粉煤灰用量增大会导致沉淀物增多后处理困难，所以粉煤灰用量以50g/L为宜。

（4）制革废水

硫酸改性粉煤灰吸附能力增强，对制革废水中各污染物具有良好的处理效果，不同改性粉煤灰添加量对制革废水处理效果见表4-4。

表4-4   不同投加量下改性粉煤灰对制革废水的处理效果

投加量/g	SS去除率/%	COD去除率/%	色度去除率/%	硫化物去除率/%	总铬去除率/%
5	60.2	45.8	58.9	43.7	72.4
10	78.6	56.9	82.6	52.1	83.8
15	87.2	63.5	91.3	58.7	93.6
20	92.4	72.6	98.2	66.9	97.6
25	92.7	72.9	98.5	67.3	97.9

硫酸改性粉煤灰对制革废水处理试验结果表明：①在常温条件下，改性粉煤灰粒度在180目以下、投加量40g/L、搅拌反应30min，制革废水中的COD、SS、色度、硫化物、总铬的去除率分别为72.6%、92.4%、98.2%、66.9%、97.6%，且改性粉煤灰沉降过程较快，12～16min内基本完成沉降过程，完全沉降后污泥体积较小；②温度对处理效果有一定的影响，在10～50℃的范围内，温度对COD的去除率基本没有影响，而对总铬的去除率却有很大影响，温度由30℃升高至50℃时，总铬的去除率由95.3%下降到80.2%；③改性粉煤灰处理制革废水具有较好的处理效果，应用于小型制革企业的污水处理，可有效降低制革企业的污水处理成本，具有很好的应用前景。

（5）炼油废水

炼油污水中的主要有机物有：石油类、悬浮物、挥发性酚、BOD、COD；无机物有硫化物、氰化物；金属化合物有汞及其化合物、镉及其化合物、六价铬化合物、砷及其化合物、铅及其化合物。由此可见，炼油污水中的化学成分非常复杂。由于粉煤灰价格低廉，又具有颗粒小、多孔、活性高、吸附性强的特点，作为炼油污水的吸附剂会取得较好的经济效益和环境效益，同时也可为炼油污水和粉煤灰的治理开辟一条新的途径。用粉煤灰处理炼油污水，其最佳操作条件是灰水比为2.5，搅拌时间为20min，静止时间为2h。其吸附性能符合Freundlich方程。经粉煤灰处理后的污水不用经过生化处理即可排放。

（6）含酚废水

近年来粉煤灰处理含酚废水的一些研究结果见表4-5，表明粉煤灰对酚类废水具有良好的吸附去除性能。

表 4-5　粉煤灰对酚类化合物的吸附性能

酚类化合物	粉煤灰类型	吸附容量/(mg/g)	温度/℃	酚类化合物	粉煤灰类型	吸附容量/(mg/g)	温度/℃
苯酚	粉煤灰	67	20	3-氯酚	粉煤灰	20	20
	C级粉煤灰	0.26	21	4-氯酚	C级粉煤灰	118.6	25
2-氯酚	粉煤灰	0.8～1.0	10～30	2,4-二氯酚	粉煤灰	22	20
	C级粉煤灰	98.7	25				

Sarkar等研究了粉煤灰对溶液中的苯酚和其他酚类污染物的去除效果，并考察了各操作参数对去除酚类污染物的影响。结果发现，有机物初始浓度低、粉煤灰粒径小、搅拌时间和速度增加、粉煤灰投加量增加，以及反应温度升高均有助于粉煤灰对酚类污染物的去除。溶液pH值也影响粉煤灰对酚类污染物的去除能力。Estevinho等用粉煤灰来吸附水中的2,4-二氯苯酚和五氯苯酚，表明粉煤灰具有较好的吸附性能，且价格便宜，是一种有望替代活性炭和其他吸附材料的吸附剂。

（7）含氟废水

粉煤灰用于处理含氟水，可直接往废水里投加，以废治废，成本低廉，缺点是氟的去除率低，投加量大，通常1L废水需投加40～100mg粉煤灰才能使废水含氟量达到排放标准。用粉煤灰为原料，添加$MgCl_2$、$Al_2(SO_4)_3$制成粉煤灰复合吸附剂来处理含氟工业废水，其除氟效果比直接用粉煤灰除氟效果好，用量可减少到只用粉煤灰时用量的1/10左右，即可达到除氟排放标准。

试验结果表明，经$Ca(OH)_2$溶液改性的粉煤灰除氟性能与改性试剂$Ca(OH)_2$溶液的浓度、吸附时间、废水氟离子初始浓度、废水pH值、反应温度等因素有关。将氟离子浓度为267.0mg/L的含氟废水的pH值调至3.5后，按单位废水中加入经过5%的$Ca(OH)_2$溶液改性烘干的粉煤灰0.05g，在室温下振荡1h，氟离子去除率可达98.0%。

（8）含磷废水

Oguz采用粉煤灰来去除水中的磷酸盐，结果表明：粉煤灰对磷酸盐的最大吸附量为71.87mg/g，溶液中磷酸盐的去除率达99%。分析认为，粉煤灰颗粒和磷酸盐之间存在静电吸引作用，使吸附剂和磷酸盐发生沉淀和离子交换。Yan等研究发现，粉煤灰对磷酸盐具有很好的滞留能力，滞留过程是不可逆过程，而且不可逆性随滞留能力的提高而增大，表明磷酸盐在粉煤灰上的滞留主要是由化学吸附作用引起的，生成磷酸钙沉淀是磷酸盐被滞留的主要机制。

① 用粉煤灰负载水合氧化铁制成的复合吸附剂对HPO_4^{2-}具有很强的吸附能力，在18℃，HPO_4^{2-}初始浓度2mg/L（以磷计），pH=3，吸附剂用量为8.0g/L的条件下，HPO_4^{2-}的去除率可达97%。通过对不同温度下吸附等温线及吸附动力学的研究可知，复合吸附剂对HPO_4^{2-}的吸附过程为化学吸附，Langmuir和Freundlich方程能较好地描述吸附平衡，其吸附动力学符合Lagergren二级方程。共存离子浓度在5～30mg/L时，SO_4^{2-}、NO_3^-、CO_3^{2-}和Cl^-等离子对HPO_4^{2-}的去除几乎没有影响，而SiO_3^{2-}的存在则明显抑制HPO_4^{2-}的去除。该吸附剂成本低廉，操作简单，有很好的实用价值。

② 热改性和微波改性能够显著提高粉煤灰的除磷能力，且吸附反应在0.25h内即可达

到平衡。得出在初始磷含量为 5mg/L 时：300℃下煅烧的粉煤灰对磷的去除率为 93.8%，出水中磷含量达到了 0.31mg/L；低火（119W）改性的粉煤灰的磷去除率达 95.4%，出水含 0.23mg/L。Langmuir 方程和 Simple Elovich 方程能够很好地描述吸附等温线试验的结果和吸附动力学试验数据。

③ 经亚铁离子改性后的粉煤灰对磷酸根的吸附能力得到明显改善，处理过程简单而且经济。温度是影响亚铁离子改性后粉煤灰吸附磷的主要因素，在 30～50℃范围内，温度升高有利于磷的吸附。在适当的温度下用亚铁离子改性粉煤灰对磷的吸附量可达 4mg/g 以上。50mg/L 含磷溶液 100mL，投加该改性粉煤灰 2.5%，溶液含磷量可以达到《污水综合排放标准》二级标准；投加该改性粉煤灰的量为 3.5%时溶液含磷量可以达到《污水综合排放标准》一级标准。经亚铁离子改性后粉煤灰的颗粒表面正电性增加，有利于去除溶液中的磷酸根，对磷的吸附符合 Freudlich 吸附等温式。

④ 2mol/L 的硫酸改性粉煤灰作为吸附剂来处理废水中的磷。在室温下，粉煤灰的最佳用量每 100mL 为 4g 左右，溶液体系 pH6～8 为宜，且粉煤灰颗粒越细去除磷的效果越好。对磷的质量浓度为 50mg/L 的废水溶液，反应 4h 后，磷的去除率可达到 92%以上。改性粉煤灰对磷的吸附符合 Freundlich 公式。不同粒径的吸附剂对磷的去除效果见表 4-6。

表 4-6   吸附剂粒径大小对磷去除率的影响

粒径/mm	平衡质量浓度/(mg/L)	吸附量/(mg/g)	去除率/%
0.20～0.15	8.3	1.043	83.4
0.15～0.10	7.4	1.065	85.2
0.15～0.07	6.1	1.097	88.8
0.07～0.05	4.7	1.132	90.6
< 0.05	3.1	1.173	93.8

⑤ 几种不同改性剂改性的粉煤灰对磷的处理效果见表 4-7。用碱溶液改性的粉煤灰除磷率低于未改性的粉煤灰，可能是因为碱溶液将粉煤灰的 SiO_2 成分溶解出来，生成了水玻璃物质 Na_2SiO_3，在处理生活污水的时候，通过分子间的缩合形成多聚硅酸高分子网状聚合物，吸附包裹在粉煤灰表面上，将粉煤灰的吸附孔堵塞，降低了吸附表面积，同时阻碍其化学吸附的进行。

表 4-7   不同改性剂的改性效果

改 性 剂	处理后磷浓度/(mg/L)	污水综合排放标准	除磷率/%
盐酸	0.57	达标	78.2
硫酸	0.6	达标	77.0
硝酸	0.16	达标	93.9
盐酸和硫酸	0.24	达标	90.8
盐酸和硝酸	0.18	达标	93.1
硫酸和硝酸	0.24	达标	90.8
氢氧化钠	2.28	未达标	12.6
氢氧化钙	1.28	未达标	51.0
未改性粉煤灰	0.91	达标	65.1

（9）重金属离子废水

表 4-8 是粉煤灰去除重金属离子的一些研究结果。

表 4-8   粉煤灰对重金属离子的吸附性能

重金属离子	粉煤灰类型	比表面积/(m²/g)	吸附容量/(mg/g)	温度/℃
Cu²⁺	粉煤灰	15.6	7	30
	粉煤灰	7.5	178.5~249.1	30~60
	粉煤灰+氢氧化钠	13.9	76.7~137.1	30~60
	粉煤灰小球	10.20	20.92	25
Cd²⁺	甘蔗渣粉煤灰	168.8	5.18	30
	粉煤灰小球	10.20	18.98	25
Zn²⁺	粉煤灰	4.5	$1.15×10^{-5}$/(mol/g)	23
Ni²⁺	甘蔗渣粉煤灰	168.8	5.78	30
Pb²⁺	粉煤灰	15.6	18	30
Cr⁶⁺	粉煤灰	63.7	23.86	30

Cho 等研究发现，粉煤灰可以作为重金属离子的吸附剂，当粉煤灰与水结合时，其 pH 值可达 10~13，因此金属离子会在其表面沉淀。pH 值在 10 左右，锌和镉离子沉淀速度快速增加；当 pH 值为 11 时，两种离子沉淀去除可达 90%。铅离子在 pH 值为 8 时就会发生沉淀，在 pH 值大于 9 时，99% 的铅会沉淀去除。铜离子发生沉淀的 pH 值甚至更低。当重金属离子浓度低于 100mg/L 时，4 种金属离子的去除率分别为：锌 86%~98%、铅 96%~99%、镉 51%~95%、铜 60%~99%，去除率随 pH 值的增大而提高。Alinnor 研究了粉煤灰对水中铜和铅离子的吸附，结果发现，粉煤灰对重金属离子的去除是由吸附和沉淀两种作用共同引起的。前 20min 内，铜和铅离子很快被粉煤灰吸附，2h 内逐渐达到吸附平衡。粉煤灰水合后，pH 值可达 10~13，在此 pH 值范围重金属离子容易发生沉淀，因此可以提高粉煤灰对重金属离子的去除能力。Papandreou 等将粉煤灰制成 3~8 mm 的小球，用它来吸附水中的铜和镉，结果发现对铜和镉的吸附能力分别达到 20.92mg/g 和 18.98mg/g，说明将粉煤灰制成小球可以作为去除水中铜和镉的吸附剂。

4.2.2 黏土

【物化性质】   黏土矿物是指粒径小于 2μm 的含水层状硅酸盐矿物，主要包括伊利石族、蛭石族、高岭石族、蒙皂石族、坡缕石族等矿物。层状硅酸盐矿物具有四面体片和八面体片组成的晶体结构。由一个四面体片和一个八面体片组成的结构单元层称为 1:1 型（TO 型），如高岭石、埃洛石和蛇纹石等；由两个四面体片夹一个八面体片组成的结构单元层称为 2:1 型（TOT）型，如叶蜡石、云母、蛭石等。另外，还有间层（混层）结构，如累托石等。结构单元层在垂直网片方向周期性地重复叠置构成矿物的空间格架，而在结构单元层之间存在着空隙称层间域。黏土矿物的层间域是一个良好的化学反应场所，它具有层间交换、吸附、催化、聚合、柱撑等特性。黏土矿物的结构单元层通常都带有电荷，分为结构电荷（永久电荷）和表面电荷（可变电荷）。由于黏土矿物颗粒细微、带有电荷、比表面积巨大和存在结构层间域等，使之具有吸附性、膨胀性、可塑性和离子交换等特殊性能。

黏土因具有独特的层状结构而具有良好的吸附和离子交换性能，且其储量大，价格低，是一类很有发展前景的优质廉价吸附剂。目前研究较多的黏土类吸附剂主要有：膨润土、硅藻土、蒙脱土、凹凸棒土、沸石、海泡石、蛭石、蛇纹石、高岭土和伊利石等。天然黏土矿物吸附性能较差，经过改性处理后其吸附性能提高。改性的方法主要有焙烧、酸浸渍、改性剂改性等。

【制备方法】   天然黏土一般由硅酸盐矿物在地球表面风化后形成，有些成岩作用也会产生黏土。天然黏土矿物存在着大量可交换的亲水性无机阳离子，使实际黏土表面通常存在着一层薄的水膜，因而不能有效地吸附疏水性有机污染物，直接用于废水处理，往往不能达到很好的处理效果。一般用于废水处理的黏土矿物经过一次或二次处理，或将矿物熔烧成粒状大面积材料，进一步增强其吸附能力及去除效果。

黏土矿物由于本身表面硅氧结构有极强的亲水性，其结构外部的阳离子又具有水解作用，因而它对有机污染物和阴离子污染物的处理效果不佳，为提高原土的污水处理能力，在使用黏土矿物处理废水时，一般先对其进行改性。改性黏土是利用某些层状黏土的离子或分子的可交换性，将一些原子、分子、化合物作为交联剂，插入到层间域而形成的化合物。交联黏土进一步加热脱氢或脱羟基后，会在层间域形成柱状金属氧化物群，将黏土层间撑开，产生分子大小的层间距，故又称为层柱黏土。

黏土改性的常见方法有两种。一是活化法，活化黏土矿物的方法较多，有酸化法、氧化法、还原法、熔烧法以及氢化法，其中以酸化法（用硫酸或盐酸处理）较为简单易行。二是添加无机或有机化合物或同时加入无机、有机化合物制成复合矿物，以满足不同用途的需要，并提高其处理废水的能力。

① 无机层柱黏土矿物　用无机阳离子改性黏土矿物是利用黏土矿物层间具有可交换阳离子的反应活性，把无机改性剂引入层间将黏土矿物层与层撑开而形成的化合物，从而改变层间结构，提高表面活性，增强其吸附能力。采用的无机阳离子插层剂一般是聚合羟基阳离子包括 Al、Zr、Ti、Cr、Fe、Si、Ni、Cu、V、Co 等或其复合型，最常用的是具有较大体积和较高电荷的 Al 和 Zr。

② 有机层柱黏土矿物　对黏土矿物进行有机改性是由于天然黏土矿物存在大量可交换的亲水性无机阳离子，使实际黏土表面常存在一层薄的水膜，因而不能有效地吸附疏水性有机污染物。这时需要对黏土矿物进行有机物改性，通常采用有机阳离子，通过离子交换，把黏土矿物中原先存在的无机阳离子置换出来，使其成为疏水性有机黏土，这样增加了黏土矿物的疏水性，增强了去除疏水性有机污染物的能力。国外采用的有机物种类较广，醇、醚、酮、醛、羧酸、酚、醌、胺、烃、芳香类、酰类、有机硫和磷都有涉及，国内主要集中于季铵盐和胺的研究。

③ 无机-有机复合层柱黏土矿物　E. Mortarges 等用羟基铝膨润土与聚合环氧乙烷反应得到无机-有机膨润土复合材料，对废水中 Cu^{2+}、Hg^{2+}、Cd^{2+}、Ni^{2+} 等多种重金属离子有良好的去除效果。张蕾等利用硅钛交联剂与膨润土进行交联反应制备硅钛交联膨润土，并以溴化十六烷基三甲基铵（CTMAB）改性，制成 CTMAB-Si-Ti 膨润土，用其处理造纸黑液，对 COD 吸附容量高达 549.3mg/g。这些表明无机-有机复合交联黏土矿物具有更好的吸附效果和更为广泛的应用范围。

改性实例 1：接枝聚丙烯腈

用 pH＝3.0 的乙酸水溶液，将偶联剂 KH-570 配成 2％的溶液。将酸活化的凹凸棒黏土制成 2％悬浮液后，加入到上述水解后的偶联剂溶液中，加热回流 1h，产物通过离心分离，用去离子水洗至 pH＝7.0，后用无水乙醇洗涤数次，在真空干燥箱中 40℃干燥 12h，即得硅烷改性凹土（Si-ATP）。

60mL 新蒸的 N,N-二甲基甲酰胺（DMF）中通入氩气排氧处理 30min 后，加入 0.0548g 过硫酸钾，搅拌溶解后向其中加入改性凹凸棒黏土 0.80g 和丙烯腈 10mL，升温至 60℃反应 5h（整个过程都在氩气保护下进行）。将离心处理得到的产物后置于 DMF 中反复超声分散，直至离心后的清液倾入去离子水中无白色沉淀产生，此时反应中形成的均聚物被完全除去。将产物用无水乙醇洗涤数次，在真空干燥箱中40℃干燥5h，得到聚丙烯腈接枝凹土（PAN-ATP）。

将接枝产物用1mol/L的NaOH溶液在80℃下皂化反应1.5h，所得产物通过离心分离后，在40℃干燥5h，得到皂化接枝改性凹土（Sap-ATP）。

改性实例2：氯化镧改性黏土

取500mL、2%（质量分数）的$LaCl_3$水溶液（起始pH值为8.3），加入10g黏土矿物样品。所得混合液在20℃下，恒温振荡48h。然后再将混合液在2×10^5Pa的压力条件下蒸煮1h。冷却后，用中速定性滤纸过滤（用超纯水充分洗涤3～5遍），所得黏土放入烘箱（60℃）老化12h，放冷后于干燥器中保存。改性黏土使用前，经100℃下烘干，研磨过180目筛，粒度小于$74\mu m$。

改性实例3：微波改性凹凸棒黏土

a. 凹土预处理　将实验用凹土进行机械粉碎，加入4%的稀盐酸进行酸活化处理：将4%的盐酸加入提纯坡缕石土中，使矿浆中固体（质量）与液体（体积）的比为1：5，搅拌活化2h。活化完成后将改性土洗涤至pH值为7左右，并于恒温烘箱中105℃烘干，粉碎至200目，备用。

b. 凹土热活化　称取一定量的凹土于陶瓷坩埚中，置于SRJX-2-9型箱型电阻炉内进行热活化，进一步提高凹凸棒石的活化程度和吸附程度。实验中对凹土进行2h的热活化，活化温度300℃，反应在SRJX-2-9型箱型电阻炉中进行。

c. 凹土钠化　称取一定量热活化凹土，配成15%的矿浆，加入4%的NaCl钠化2h。

d. 凹土微波有机改性　实验对物理改性的凹土继续进行有机改性。传统的有机改性仅是通过机械搅拌或超声波分散处理进行，改性时间长，改性不充分。而采用微波有机改性的方法，不但操作简便，而且与传统方法相比较，可明显加快反应过程，缩短活性凹土的制备时间，节约能源。实验采用WF-4000型微波快速反应器，反应在100Hz、80℃下，10min即可完成有机改性，既缩短了改性时间，改性剂又能更好地插入到凹凸棒石的层链结构中，提高其吸附性能。

【应用】　黏土及其改性物质主要应用于染料废水、重金属废水、垃圾渗滤液、苯酚废水等的处理。

天然黏土矿物材料具有较大的比表面积和离子交换容量，吸附性能良好，对废水中阳离子尤其是重金属离子的吸附处理有着特殊的功效。黏土矿物对重金属离子具有超强的吸附能力，归因于其本身的3个特性，即表面荷电性、结构通道和高的比表面积。黏土矿物的吸附作用包括选择性吸附和非选择性吸附。非选择性吸附属于静电作用，受黏土矿物所带的永久电荷量控制；选择性吸附属于化学吸附，受可变电荷表面的电量控制。由于黏土矿物（如坡缕石、海泡石等）中的结构通道和高的比表面积（如蛭石为$700m^2/g$等），因而具有高效吸附性。

蛭石对重金属离子的吸附实验表明，pH<4.0的酸性环境不利于吸附，pH>4.0的弱酸性至碱性条件下吸附效果好，对金属离子Pb^{2+}、Cu^{2+}、Cd^{2+}的吸附顺序为$Pb^{2+}>Cu^{2+}>Cd^{2+}$，用于处理电镀厂的含铜废水，Cu^{2+}去除率在90%以上。累托石处理含Cr^{6+}电镀废水的最佳条件为：累托石用量2g/L，搅拌吸附时间30min，在此条件下，其吸附效率可达99.89%，处理水的Cr^{6+}浓度由294.8mg/L降低到0.3mg/L，低于《污水综合排放标准》（GB 8978—1996）。高岭石吸附Cu^{2+}的吸附量随pH升高而增加，在pH2.5～4范围内，吸附量的增加非常缓慢，而在pH4～5.5范围内，吸附量迅速升高。膨润土、海泡石、凹凸棒

石对 Cd^{2+} 的吸附量的大小顺序：凹凸棒石＞钠基膨润土＞海泡石，随 pH 值的增大，黏土矿物对 Cd^{2+} 的吸附量总体上在增大。何宏平进行了蒙脱石、伊利石、高岭石对 Cu^{2+}、Pb^{2+}、Zn^{2+}、Cd^{2+}、Cr^{3+} 五种重金属离子的竞争吸附实验研究，蒙脱石对 Cr^{3+}、Cu^{2+} 有很好的选择性，高岭石和伊利石对 Cr^{3+}、Pb^{2+} 有较好的亲和力。此外黏土矿物对重金属离子的吸附选择性受矿物的层电荷分布、重金属离子的水化热、电价、离子半径、有效离子半径等因素控制。

黏土对铀有较好的吸附作用。在废水 pH 值为 5.0、废水中铀初始质量浓度为 20mg/L、黏土加入量为 5g/L 的条件下，振荡吸附 1h 后的吸附率达 75.4%。废水中铀初始质量浓度与铀的吸附率成反比，与铀的吸附量成正比。黏土粒径越小，对铀的吸附量越大，粒径为 0.20mm 时的吸附量最高（3.24mg/g）。黏土对铀的吸附符合 Freundlich 和 Langmuir 吸附等温式，饱和吸附量达 18.25mg/g；黏土对铀的吸附过程用 Ho 准二级反应动力学方程描述更合适。

吴平霄等研究了农药在蒙脱石层间的吸附类型，认为有以下几种。

① 分子吸附模式   氨基三唑以分子的形式吸附于蒙脱石层间域中，它与极化分子不同，不能置换层间阳离子、水滑层中的水分子，从而导致了层间距的增大，这种中性分子也是容易被淋洗出层间域的。

② 氢键吸附模式   由于发现 Al-蒙脱石吸附阿特拉津（Atrazine）的量比 Ca-蒙脱石高很多，认为 Atrazine 环上高电负性 N 与可交换水合阳离子的质子之间的氢键作用是蒙脱石吸附 Atrazine 的原因。

③ 不可逆交换吸附模式   有机农药直接从蒙脱石层间提取可交换阳离子，并与这些提取的阳离子络合形成不溶性的化合物沉淀在蒙脱石外表面。

④ 质子吸附模式   有机农药吸附到蒙脱石层间时是否发生质子化过程取决于层间阳离子有没有能力从有机农药分子上捕获到电子，Al-蒙脱石和 Fe-蒙脱石既可发生质子化过程，也可不发生，而 Ca-蒙脱石、Na-蒙脱石、K-蒙脱石一般不发生质子化过程。

⑤ 吸附分解模式 Al^{3+} 和 Fe^{2+} 极化水的较强酸性，使有机农药结构中某些基团（如含烯烃基，醇基，羟基，酯基等）的亲电性、键的强度发生变化，从而使吸附的有机分子发生分解。

孙家寿等在含氰电镀废水中加入 FS01 试剂后用累托石吸附 CN^- 的试验中，发现在试验条件下，CN^- 可由 27.2mg/L 降为 0.014mg/L，Cr^{6+} 由 28.56mg/L 降为 0.16mg/L，其吸附能力与活性炭吸附能力相当。动态试验表明，处理后的废液不仅含 Cr^{6+} 浓度低，而且颜色几乎透明。

用经聚丙烯腈接枝后皂化的凹凸棒黏土吸附 Pb^{2+}，结果见表 4-9。

表 4-9   经聚丙烯腈接枝后皂化的凹凸棒黏土吸附 Pb^{2+} 效果

Pb^{2+} 初始浓度 /(μg/mL)	吸附量/(mg/g)		去除率/%	
	改性前	改性后	改性前	改性后
200	29.296	31.952	91.55	99.85
300	35.984	47.537	74.97	99.04

由表 4-9 可知，接枝后的凹土对 Pb^{2+} 的去除率和吸附量都有明显的提高，这可能是由于皂化后的羧基和酰氨基与 Pb^{2+} 发生了强的螯合作用。吸附实验中测量 pH 值大约为 8.0，在此 pH 值范围内羧基部分水解形成 COO^- 有利于对金属离子的螯合。同时酰胺中的氮也

具有强的与金属离子配位的能力，可形成一元或二元配合物。由接枝产物这种独特的分子组成，可推断其对其他的重金属离子同样有良好的吸附作用。接枝的高分子长链具有的吸附架桥作用，使其絮凝能力也有所提高，这可通过在离心分离的过程中接枝后的凹土所需的离心力（3000r/min）明显小于未改性的凹土（5000r/min）来证实。

采用热活化结合微波有机改性凹凸棒石黏土（凹土），其对苯酚吸附的最佳工艺条件为：在 100mL 0.01mol/L 的苯酚溶液中加入 2g 改性凹土，用 SHZ-82A 型恒温振荡摇床进行吸附实验，在温度为 25℃、振荡时间为 25min、转速为 120r/min、pH＝2 的条件下进行反应，苯酚去除率为可达 99.76％。

4.2.3　硅藻土

【物化性质】　白色、淡黄色或米黄色粉末，是古生物硅藻残骸的沉积物。密度 1.9～2.35g/cm³，结构内有微孔，具有良好的吸附性。天然硅藻土的主要成分是 SiO_2、Al_2O_3，其余为 Fe_2O_3、CaO、MgO 及一些有机物。不溶于水、酸类（HF 除外）、稀碱，溶于强碱。硅藻土是声、热和电的不良导体。

【制备方法】　硅藻土是古代单细胞低等植物硅藻的遗体堆积后，经过初步成岩作用而形成的具有多孔性的生物硅质岩。硅藻原土对废水的处理效果较差，为了改善硅藻土污水处理的效果和范围，需对硅藻原土进行提纯、活化、扩容和改性等处理。对硅藻土进行一定的酸、热等活化、扩容处理，可改善硅藻土的一些表面性质，从而提高污水处理的效果。

常用的提纯、改性方法有酸浸法、擦洗法、焙烧法、离旋-选择性絮凝法、干法重力层析分离法、热浮选矿法、微波辐射改性等。

（1）酸浸法

这是我国制备高品位硅藻土应用比较多的一种方法。最初主要用来制备钒催化剂载体用硅藻土，现在已用于制备精细化工产品所用的高品位优质硅藻土。提纯方法是：先除去硅藻土中的砂砾杂质，在不断搅拌的条件下，按质量比酸∶硅藻土＝1∶1 的用量，加入硫酸或盐酸，并煮沸一定时间，使硅藻土中的 Al_2O_3、Fe_2O_3、CaO、MgO 等黏土矿物杂质与酸作用，生成可溶性盐类，然后压滤、洗涤并干燥，即得到品位较高的优质纯硅藻土。大量试验证明，用盐酸和硫酸效果差不多。但如果精土用于作钒催化剂载体，必须用硫酸，以防氯离子带入。至于其他用途，可以用盐酸。关于酸的浓度、加入量、煮沸时间、温度、精选次数，可视用途和硅藻土中的杂质含量和种类，通过试验来确定。用这种方法提纯硅藻土，品位越低，效果越好。该方法精选效果非常好，但其缺点是用酸量和洗涤用水量比较大，成本较高，只适宜生产附加值高的产品。

（2）擦洗法

擦洗法是先将硅藻土用水浸泡 5～6h，然后通过加入水和分散剂 NaOH，使料浆浓度达到 40％，并搅拌擦洗，使碎屑矿物和黏土矿物与藻壳分离，分别沉淀出砂级粗土、悬浮黏土和精选的硅藻土。擦洗时间每次约 40～50min，砂级粗土的沉降时间 6～8min，沉降硅藻土的时间约 6～7h。通过擦洗，碎屑矿物和黏土矿物得以去除，硅藻相对富集、SiO_2 提高，Al_2O_3、Fe_2O_3 降低，硅藻土质量变好。擦洗次数越多，精选的效果越好。该法工艺简便、技术可靠、设备投资较少、无尘土飞扬、劳动卫生条件好，但用地较大，用水较多，生产周期较长，精土烘干能耗较大。

（3）焙烧法

焙烧可使 OH—Si—OH 中的两个羟基脱水形成 O—Si—O，焙烧后的这种结构改变更有利于吸附。这是硅藻土提纯比较经济、有效的一种方法，特别是高烧失量型硅藻土，效果最好。高烧失量型硅藻土，通过 600～800℃煅烧，SiO₂ 由 49.83% 提高到 64.84%。它是除去有机质最有效、最简便的方法。焙烧法可以单独使用，也可以与其他方法配合使用，例如与酸浸法和擦洗法配合使用。

（4）硫酸焙烧法

该方法扬焙烧法之所长，避酸浸法转化反应速度慢之所短，将硫酸均匀地混入硅藻土中，经 380℃低温焙烧 1.5h，然后放入水中浸洗，除去铁、铝水溶物，剩下的便是优质硅藻土，经烘干便得精土。该法的缺点是浸洗产生酸性废水，需要进一步处理。

（5）离旋-选择性絮凝法

这种提纯方法是通过离旋，除去粗的碎屑矿物，然后加入选择性絮凝剂，使微粒状黏土矿物絮凝为较粗的团块，从而使硅藻壳与黏土矿物分离。该法工艺简单，设备投资少，成本比较低。

（6）干法重力层析分离法

该法的实质是利用硅藻土中碎屑矿物、黏土矿物和硅藻壳密度的差异，通过超声振动和旋风分离，将碎屑矿物与黏土矿物和硅藻壳分离，从而达到提纯的目的，因此要精选的硅藻土，含水量要小于 5%，粒度要小于 80 目，SiO₂ 不低于 70%。用这种方法提纯的硅藻土，Al₂O₃ 和 Fe₂O₃ 降低的幅度与酸浸法相当。

（7）热浮选矿法

硅藻土中的硅藻壳和黏土矿物、有机质炭粒，由于结构不同，吸水、吸热性能也不同，在 65℃以上，硅藻壳活性很强，很易与黏土和炭质分离。将硅藻原土经陈化后，破碎、制浆、通蒸气，经 40～45min 的浮沉，料浆便分成四层，自上而下，第二层便是含硅藻壳最高的精土，将其分流后，精土料浆用板框压滤机缩水、干燥，便得到精土。其工艺条件是：打浆时间 12min，煮浆温度 70℃，煮浆浓度 18%，浮沉时间 40min。该法工艺简单，硅藻土综合利用价值高。

（8）无机改性

硅藻土的无机改性是指通过加入无机大分子改性剂，可使分散的矿物单晶片形成柱层状缔合结构，在缔合颗粒之间形成较大的空间可以容纳有机大分子，从而提高其对有机物的吸附能力。

方法一：Fe（Cu）/硅藻土。采用浸渍法制备金属 Fe（Cu）/硅藻土吸附剂。将硅藻土原土研磨过筛，取粒径 20～40 目的硅藻土颗粒在 800℃焙烧 1h，以除去其中易挥发和易分解的物质，然后用蒸馏水洗涤，烘干后作为载体备用。将一定浓度的硝酸铁或硝酸铜溶液加入一定量的硅藻土中，快速搅拌均匀后室温下静置 2h，于空气氛围中 80℃下干燥 10h，最后在 200℃条件下焙烧 2h 即可。

方法二：锰基改性硅藻土。用氢氧化钠和氯化锰对硅藻土改性，制得锰基改性硅藻土（Mn-硅藻土）。样品先用蒸馏水冲洗以去除附着的杂质，烘干，干燥后储存在密封的玻璃瓶中。将 30g 的硅藻土样品浸泡在 4mol/L 氢氧化钠溶液中，控制固液比为 1∶3，并以 140r/min 的转速恒温（90℃±1℃）振荡 2h 后，将混合物倒入 100mL 的 2.0mol/L 氯化锰溶液（用盐酸将溶液 pH 值调至 1～2）中，室温下静置 1d。然后搅拌 1h，静置 24h，弃去上清液，加入新鲜的 25mL 的 2.0mol/L 氯化锰溶液，搅拌、静置，重复上述操作。为了形成氧化锰的水合物，改性后硅藻土应暴露于空气中约 24h，然后用蒸馏水洗至 pH 值为 6，离心烘干得产品。

（9）硅藻土的有机改性实例

在对原硅藻土进行提纯后，采用聚二甲基二烯丙基氯化铵（PDMDAAC）作为改性剂，对硅藻精土进行了有机改性，制备成新型的有机改性硅藻土。所用硅藻土为低品位硅藻土，硅藻土颗粒外部含有共生杂质矿物，内部含有黏土杂质，尤其是孔隙内有的杂质阻塞了硅藻土内部的孔隙结构，影响了硅藻土的吸附性能，因此在对硅藻土改性前对其进行提纯是非常重要的。

① 水洗　取一定量的硅藻原土放入 XZXC-15L 双槽擦洗机中，加水调至质量分数为 30%～40%，混匀后加入质量百分数 0.5% 的焦磷酸钠擦洗 20min，对擦洗产物进行搅拌稀释至质量分数为 10%～15%，然后过 100 目筛，以除去杂草、大颗粒的石英和长石。将剩余矿浆搅拌 5min，再静置 10min，清除沉降粗土及细沙后，对悬浮矿浆进行 2 次搅拌 10min，期间用 110mol/L NaOH 溶液调节 pH 值至 8～9，沉降 24h，倾去悬浮液，沉淀物为一次擦洗硅藻土。对一次擦洗硅藻土进行二次擦洗后，对二次擦洗硅藻土用去离子水洗涤至中性，在 100℃ 左右的温度下烘干，粉碎，磨细，过 200 目筛，密闭存放，备用。

② 酸浸　酸浸主要是利用 SiO_2 对酸的稳定性及杂质元素对酸的不稳定性，使硅藻原土中的 Al_2O_3、Fe_2O_3、CaO、MgO 等黏土矿物杂质生成可溶性的盐类，经过过滤、洗涤、干燥即可得到硅藻精土。

③ 有机改性　以 PDMDAAC 为改性剂，对硅藻精土进行有机改性。将硅藻土与 PDM-DAAC 按一定比例在水介质中混合，在 60℃ 水浴中搅拌反应 2.5h，反应完成后离心分离，洗涤 2～3 次后，75℃ 干燥，称重，保存待用。

【技术指标】　国内参考标准

指标名称	一级品	二级品	三级品
SiO_2/%	≥80	≥75	≥65
细度/目	60～180	60～180	60～180

美国 FCC 标准

指标名称	指标	指标名称	指标
砷 As/(mg/kg)	≤10	灼烧失重（干基计）/%	—
铅 Pb/(mg/kg)	≤10	天然粉末	≤7
干燥失重/%	—	煅烧或熔融煅烧粉末	≤2
天然粉末	≤10	pH 值	—
煅烧或熔融煅烧粉末	≤3	天然粉末和煅烧粉末	5.0～10.0
非硅物质（干基计）/%	≤25	熔融煅烧粉末	8.0～11.0

【应用】　硅藻土主要用作催化剂、助滤剂、保温材料、轻质建材和填料等，在日用化工制品中主要可用作除臭剂、化妆品原料、缓释剂、蚊香填料、液体电蚊香用多孔口吸液芯、氧化发热剂等。在水处理领域一般作为脱色剂、吸附剂，去除污染物，降低 COD。在净水处理领域，利用硅藻土处理印染废水、造纸废水等，其脱色率高达 90%～99%，COD 去除率为 60%～85%。

天然硅藻土对甲基蓝、活性黑、活性金黄等染料均有较好的吸附效果，吸附效果见表 4-10。

表 4-10　天然硅藻土对染料吸附效果

染料种类	硅藻土用量/(g/L)	染料初始浓度/(mg/L)	吸附时间/h	温度/℃	去除率/%	吸附量/(mg/g)
甲基蓝	0.05	200	48	25	40.5	81.1
活性黑	0.05	100	48	25	25.8	25.9
活性黄	0.05	100	48	25	20.1	20.1
甲基蓝	2.0	480	3.0	25	51.2	31.8
甲基蓝	1.0	200	24	20	92.7	18.4
活性黑	1.0	100	24	20	26.8	53.6
活性金黄	1.0	100	24	20	18.9	37.8

表 4-11 给出了国内外研究者使用改性硅藻土吸附染料的研究成果。

表 4-11　改性硅藻土对染料的吸附效果

硅藻土种类	改性方法	硅藻土用量/(g/L)	染料种类	初始浓度/(mg/L)	吸附时间/h	温度/℃	去除率/%	吸附量/(mg/L)
焙烧硅藻土	焙烧	0.05	甲基蓝	200	48	25	10.0	19.4
焙烧硅藻土	焙烧	0.05	活性黑	100	48	25	28.4	28.4
焙烧硅藻土	焙烧	0.05	活性黄	100	48	25	17.0	17.0
Mn 改性硅藻土	$MnCl_4$	0.6	活性蓝	100	5.0	20	70.6	120
Mn 改性硅藻土	$MnCl_4$	0.6	甲基蓝	100	5.0	60	67.1	114
Mn 改性硅藻土	$MnCl_4$	0.6	活性金黄	100	5.0	50	58.8	100
HCl 酸化浙江硅藻土	盐酸酸化	1.8	亚甲基蓝	80	6.0	25	77.5	35
HCl 酸化浙江硅藻土	盐酸酸化	1.8	亚甲基蓝	80	6.0	25	80	30
焙烧浙江硅藻土	焙烧	1.8	亚甲基蓝	80	6.0	25	75.0	15
焙烧硅藻土	焙烧	0.05	甲基蓝	50	5.0	25	49	25
焙烧硅藻土	焙烧	0.05	天龙蓝	200	5.0	25	77	150
氢氧化镁改性硅藻土	$Mg(OH)_2$	0.05	甲基蓝	10	5.0	25	28	14
氢氧化镁改性硅藻土	$Mg(OH)_2$	0.05	天龙蓝	50	5.0	25	25	45
焙烧硅藻土	焙烧	0.05	雷马素金黄	50	30	25	10	5
氢氧化镁改性硅藻土	$Mg(OH)_2$	0.05	雷马素金黄	50	30	25	72	36
焙烧云南寻甸硅藻土	焙烧	—	亚甲基蓝	—	6.0	25	—	30

采用质量浓度为 10% 的溴化十六烷基三甲铵溶液改性的硅藻土处理电镀废水，见表 4-12。在同一溶液中，改性硅藻土对 Pb^{2+}、Cu^{2+}、Zn^{2+} 的吸附为 $Pb^{2+} > Cu^{2+} > Zn^{2+}$。pH 值是影响吸附作用的重要作用因素，在 pH<4.0 的酸性条件下不利于吸附；在 pH>6.0 的中、碱性条件下易产生沉淀；在 pH=4.0~6.0 的弱酸性条件下吸附效果好。在 20℃，pH 值为 5.0 时，浓度分别为 40mg/L 的 Pb^{2+}、Cu^{2+}、Zn^{2+} 溶液，经改性硅藻土吸附 4h 后，3 种重金属离子的去除率均大于 98%。改性硅藻土吸附重金属离子 Pb^{2+}、Cu^{2+}、Zn^{2+} 后，经过洗脱再生后可重复使用。

表 4-12　改性硅藻土对电镀废水中 Pb^{2+}、Cu^{2+}、Zn^{2+} 的吸附效果　单位：mg/L

金属离子	原液浓度	天然硅藻土处理后浓度	改性硅藻土处理后浓度
Pb^{2+}	29.7	1.93	0.51
Cu^{2+}	23.1	2.76	0.57
Zn^{2+}	18.4	5.10	1.34

用经碳酸钙改性的硅藻土处理废水中的重金属离子 Cu^{2+}、Cr^{3+}、Pb^{2+} 和 Zn^{2+}，具有良好的吸附效果，见表 4-13。

表 4-13　改性硅藻土处理 4 种重金属离子的效果

类　　别	原配制溶液		吸附后溶液		吸附容量 /(mg/g)	去除率/%
	浓度/(g/L)	pH 值	浓度/(g/L)	pH 值		
Cu(NO₃)₂	0.79	4.91	0.32	5.57	64	59.5
	1.62	5.05	0.73	5.49	111	54.3
	2.41	4.56	1.08	5.33	168	55.3
	3.15	4.41	1.59	5.14	198	49.5
Cr(NO₃)₃	0.65	5.00	0	7.4	81	100
	1.01	5.00	0	6.9	127	100
	1.59	5.00	0.26	6.0	185	89.9
	2.08	5.00	0.81	4.7	159	61.3
	2.42	5.00	1.30	4.4	140	46.2
Pb(NO₃)₂	2.49	4.79	0	6.58	311	100
	5.08	4.57	0.62	4.74	559	87.8
	7.46	4.55	2.90	4.39	570	61.1
	10.57	4.58	5.49	4.40	632	48.0
Zn(NO₃)₂	0.75	5.94	0.065	7.04	85	91.3
	1.27	5.67	0.39	6.83	111	69.2
	2.35	5.58	0.88	6.60	173	62.5
	3.11	5.83	1.70	6.58	177	45.2

硅藻土经氢氧化钠改性并高温焙烧煅烧处理后，对废水中 Fe^- 的去除效果明显优于原土。对含 F 工业废水样的处理，除 F 率可达到 97 %以上。处理的最佳条件为：改性硅藻土加入量为 $100 \sim 150 mg/L$，pH 值为 $6 \sim 9$，室温条件下处理时间为 60min。处理后的废水中 Fe^- 浓度达到国家污水排放标准。表 4-14 给出了硅藻土改性前后对 Fe^- 的去除效果。

表 4-14　硅藻土改性对 Fe^- 去除效果的影响

硅藻土用量/(mg/L)	50	80	100	150	200
改性前去除率/%	30.8	43.5	47.0	59.6	63.2
改性后去除率/%	35.0	80.6	96.8	98.6	98.7

采用微波辐射技术及硫酸对硅藻土进行活化改性处理，用于处理生活污水，对硫化物及 COD 有较好的吸附效果，见表 4-15。

表 4-15　改性后硅藻土处理污水的效果

硫化物含量/(mg/L)			COD/(mg/L)		
处理前	处理后	去除率/%	处理前	处理后	ΔCOD
75.42	9.81	86.99	667	121	546
78.56	10.82	86.27	689	140	549
76.36	10.25	86.57	672	131	541

4.2.4　膨润土

【物化性质】 膨润土又名膨土岩，斑脱岩。膨润土是一种以蒙脱石为主要矿物成分（可达 85%～90%）的黏土岩，亦称蒙脱石黏土岩。常含有少量伊利石、高岭石、埃洛石、绿泥石、沸石、石英石、长石、方解石等。一般为白色、淡黄色，因含铁量变化又呈浅灰、浅绿、粉红、褐红、砖红、灰黑色等。具蜡状、土状或油脂光泽。膨润土有的松散如土，也有的致密坚硬。主要化学成分是二氧化硅、三氧化铝和水，还含有铁、镁、钙、钠、钾等元素。NaO 和 CaO 含量对膨润土的物理化学性质和工艺技术性能影响颇大。蒙脱石矿物属单斜晶系，通常呈土状块体，白色，有时带浅红、浅绿、淡黄等色。光泽暗淡。硬度 1～2，密度 2～3g/cm³。一般地，按照膨润土所含蒙脱石层间交换性阳离子的种类、含量和结晶化学性质等，天然膨润土分为：钠基、钙基、镁基、锂基、氨基膨润土等和天然漂白土；钙基膨润土包括钙钠基和钙镁基等膨润土。其中钙基土的储量最大，约占总储量的 70%～80%，其次是钠基土，其余很少。各种类型的膨润土，其性能都与蒙脱石含量有关，蒙脱石含量越高，性能越好。膨润土具有强的吸湿性和膨胀性，可吸附 8～15 倍于自身体积的水量，体积膨胀可达数倍至 30 倍；在介质中能分散成胶凝状和悬浮状，这种介质溶液具有一定的黏滞性、能变性的润滑性，有较强的阳离子交换能力，对各种气体、液体、有机物质有一定的吸附能力，最大吸附量可达 5 倍于自身的质量。

【制备方法】　由于天然膨润土的品质存在不足之处，直接加以使用效果不佳，为了满足某些行业的需要和提高膨润土产品的档次，需要对膨润土进行分离提纯、改性等处理，以提高其性能。

(1) 膨润土的提纯

膨润土的提纯方法有干法和湿法两种。干法（风选）是目前国内外的主要选矿方法，该法适用于蒙脱石含量高（蒙脱石含量大于 80%）、粒度较细而脉石矿物石英、长石较粗的矿石。其工艺流：膨润土原矿→自然干燥→破碎→气流干燥→风选分级→包装。该法工艺流程简便，处理量大，但产品质量不易控制。

湿法提纯方式有 2 种：①200 目矿粉→加水浸泡制浆→1 级提纯→2 级提纯→3 级提纯→脱水→干燥粉碎→精土；②小于 100 目矿粉→制浆（10%～20%）→沉淀→悬浮液（弃去残渣）→离心分离→高纯度浆液（弃去细渣）→过滤→滤饼（70%水循环利用）→反絮凝剂→精土。两种方法的主要区别是添加种类较多的絮凝剂和反絮凝剂，因絮凝剂使脱水过程中的蒙脱石颗粒迅速聚集紧缩，比表面积变小，颗粒部分表面被絮凝剂覆盖，使其固有的膨胀、吸附和粘接等性能降低，影响其在一些产品中的应用，湿法能将蒙脱石含量提高到 90%左右，但一些细小微粒用水沉淀不出来，且产量很低。经纯化后的膨润土可用于制备各种改型膨润土和复合纳米材料等。

(2) 膨润土的改性

Ⅰ. 膨润土的钠化改型

自然界中膨润土的储量以钙基膨润土为最多、最广泛。由于钠离子比钙离子有更强的水合作用，故钠基膨润土比钙基膨润土具有更优越的物化性能，如吸水率大、膨胀倍数高、阳离子交换容量大，胶体悬浮液触变性、黏性、润滑性好，热稳定性好并具有较强的可塑性和粘接性等。故有时需将钙基膨润土改型为钠基膨润土以提高其经济价值和应用价值。Na_2CO_3、$NaOH$ 及 $NaCl$-$NaOH$ 体系成本较低、效果较好，是国内目前用得最多的钠化改型剂。钠化改型钙基膨润土的过程为：

$$Ca\text{-}Bent + 2Na^+ \rightleftharpoons 2Na\text{-}Bent + Ca^{2+}$$

这是一个可逆交换反应，为了使反应向右进行，可提高 $[Na^+]$ 或降低 $[Ca^{2+}]$。当 $[Na^+]:[Ca^{2+}]=2:1$ 时，平衡左移，此时膨润土显示钙基膨润土的性质；但当 $[Na^+]:[Ca^{2+}]>2:1$ 时，平衡右移，钙基膨润土中 Ca^{2+} 被溶液中的 Na^+ 所置换而生成钠基膨润土，因此钠化反应是否能够完全，关键在于钠化方法和条件。

这种吸附-解吸平衡的移动决定了膨润土以钙基膨润土还是钠基膨润土形式存在，同时也就决定了膨润土-水系统的悬浮性和稳定性。

决定膨润土-水系统稳定性的主要因素是系统的 ξ 电位和颗粒分散度。提高膨润土的分整度能提高系统形成胶体的能力，即提高系统的稳定性。因此应尽量降低膨润土的粒度并使体系处于搅拌状态。系统的 ξ 电位主要取决于膨润土吸附的阳离子种类。在相同物质的量浓度下，系统的 ξ 电位大小与阳离子的种类关系正好与上述的阳离子交换顺序相反，即钙基膨润土的 ξ 电位小于钠基膨润土的 ξ 电位。系统的 ξ 电位越大，胶粒之间静电斥力越大，相互聚焦沉淀可能性越小，系统的稳定性就越好，所以钠基膨润土一般比钙基膨润土有更好的悬浮稳定性。正因为如此，人们想提高钙基膨润土涂料悬浮性的时候，往往预先要进行钠化处理，使之变为钠基膨润土。

钠化改型工艺有干法和湿法两种。

① 湿法改型工艺又称悬浮液法，即将膨润土配成 50％ 或更稀的矿浆，然后加入过量碳酸钠等钠化改型剂，在 $60\sim80℃$ 左右搅拌 $1\sim2h$ 即可。此法产品质量比较稳定，但产品脱水、干燥困难。

② 干法是将碳酸钠等钠盐加入膨润土中经挤压而成。常用干法加工工艺有：堆场法、轮碾法、双螺旋混合挤压法、螺旋阻流挤压法等。

干法加工工艺应用较广泛：①胡茂焱等用氧化镁、碳酸钠联合使钙基膨润土钠化改型的方法，开辟了低级钠土升级改造的新途径；②管俊芳等用氟化钠代替碳酸钠作为改型剂，改型后膨胀容可达 $98mL/g$，在工艺条件无改变、成本无大提高的情况下，取得了良好的效果，改变了目前改型钠土质量低、膨胀性差的状况；③杨久义等用氟化钠和碳酸钠以 $1:n$ 配比制备造纸废水处理用混凝剂，用于碱法麦草浆黑液废水絮凝，获得良好效果。

Ⅱ. 钙基膨润土的锂化改型

用于铸型涂料的悬浮剂有钙基膨润土、钠基膨润土、有机膨润土、锂基膨润土以及聚乙烯醇缩丁醛、纤维素衍生物、硬脂酸盐等。由于钙基膨润土、钠基膨润土不能在醇溶液中制成溶胶，制成的快干涂料悬浮性差，所以一般不适宜用来制造铸型快干涂料。有机膨润土价格昂贵，而且使用前必须先用其他溶剂制成凝胶，当使用量过多时，由于有机物的氧化使发气量增大，难于保证铸件质量。聚乙烯醇缩丁醛不但价格高，而且在涂料点燃时容易起泡。因此，它也不宜单独用于铸型涂料的悬浮剂。纤维素衍生物涂料易燃、易爆、存放和运输不安全，且点燃时冒黑烟，也不是理想的悬浮剂。而锂基膨润土作为悬浮剂的铸型快干涂料，具有成本低、性能好、铸件质量高等一系列优点，引起国内外同行的广泛关注。经过大量的试验研究说明，锂基膨润土复合悬浮剂是醇基涂料悬浮剂的最佳选择。

改性剂及改性机理：

根据蒙脱石的阳离子交换能力，选用各种无机锂盐，如 Li_2CO_3、$LiCl$、Li_2SO_4、$Li_2C_2O_4$ 等，用 Li^+ 将膨润土中的可交换阳离子 Ca^{2+}、Mg^{2+} 等置换出来，制备成锂基膨润土。其反应机理为

$$Ca(Mg)\text{-}膨润土 + Li_2CO_3 == Li_2\text{-}膨润土 + CaCO_3\downarrow + (MgCO_3\downarrow)$$
$$Ca(Mg)\text{-}膨润土 + Li_2Cl == Li_2\text{-}膨润土 + CaCl_2\downarrow(MgCh\downarrow)$$
$$Ca(Mg)\text{-}膨润土 + Li_2SO_4 == Li_2\text{-}膨润土 + CaSO_4(MgSO_4\downarrow)$$

或

$$Li_2CO_3 + H_2C_2O_2 == Li_2C_2O_4 + H_2O + CO_2\uparrow$$
$$Li_2C_2O_4 + Ca\text{-}膨润土 == 2Li\text{-}膨润土 + CaC_2O_4$$

（3）膨润土的活化改性

① 焙烧改性膨润土　焙烧活化是将膨润土在不同温度下焙烧，通过挥发和燃烧使蒙脱石表面及结构层间的分子水和有机质蒸发掉，使黏土矿物结构变得疏松。同时，随着温度的升高，黏土矿物的部分羟基脱失，裸露的断键增多，矿物的比表面积增大，使其活性提高。高温焙烧的目的是使膨润土失去表面水、水化水和结构骨架中的结合水以及空隙中的一些杂

质，减少水膜对污染物质的吸附阻力，有利于吸附质分子的扩散，使膨润土的吸附性能改善。但焙烧温度不能超过500℃，时间以2h为宜，否则会破坏有利于吸附的构造，导致膨润土卷边片状结构烧结、堆积，反而降低空隙度和孔径，也增加处理成本。此外，利用微波的高效性也可制得品质较优良的活化膨润土。

② 酸活化膨润土　天然膨润土多具微孔结构，不易接纳引起有机物着色的大分子色素组元，如胡萝卜素等，因而未酸化的膨润土脱色效率较低。酸活化是利用硫酸、盐酸、草酸、硝酸等以不同浓度，在一定条件下对膨润土进行活化处理，其目的在于提高膨润土产品的吸附性能，以适应轻工业中的漂白、脱色、净化等用途。将膨润土进行酸化处理不仅能够提高其活性（如比表面积、脱色率等），而且还可以提高其白度。因此，工业上酸活化膨润土又称为活性白土或漂白土。

酸活化处理可除去分布于膨润土通道中可溶物和混杂的有机物等，使孔道得到疏通，有利于吸附质分子的扩散；另一方面氢原子半径小于钠、钾、镁、钙等原子的半径，故体积较小的氢离子可置换膨润土层间的钠、镁、钙、钾等离子，使孔容积得到增大，并削弱了原来层间的键力，层状晶格裂开，孔道被疏通，吸附性能得到提高。

用酸处理的膨润土有可能产生两种形式的布朗斯特酸中心。第一种酸中心产生于蒙脱石层表面的边缘部分，由于铝离子在此结构位置中受电场的不对称影响产生的强烈的亲电子性，遇到水分子时就会吸附氢氧根，产生氢离子，形成B酸中心；第二种产生于蒙脱石层内，铝离子与氧原子形成共价键，并以配位键与另一个氧原子结合，呈现出一价的负电荷，它能强烈地吸附质子而达到电中性。用无机酸活化膨润土制得的活性白土具有很强的吸附性和脱色能力，可用于石油的精炼、润滑油和动植物油的脱色及绝缘油的净化等，是生产化妆品、医药、涂料的原料，颗粒状的活性白土还可做芳烃重整、异构化、歧化的催化剂。经酸处理的活性白土，酸度和表面积得到较大提高，在有机反应中可替代液体酸催化剂。

E. Gonalez-Pradas等研究了膨润土用硫酸活化和热处理后表面性质的变化规律。他们发现酸浓度的增大，膨润土的表面酸中心和微孔体积增加；在试验的温度和酸度范围内，经2.00mol/L硫酸活化和110℃处理的膨润土，有最大的表面积。

酸活化方法：当前酸溶液活化膨润土的方法有两种，即干法和湿法。干法活化是将一定细度的膨润土（120～200目）浸渍于硫酸、盐酸或磷酸溶液中充分混合，经过挤压后干燥，然后粉碎即得到活性白土产品。而湿法活化则是将膨润土与酸溶液混合后在一定的水浴温度下加热搅拌一定时间，抽滤去液，用水将滤后的膨润土洗至中性，于150℃下干燥后，研磨至原粒度即可。

膨润土酸活化的影响因素：影响酸活化膨润土质量的因素较多，如膨润土原土质量、投料顺序、打浆时间、固液比、活化剂、反应酸度、反应时间、反应温度、干燥温度、搅拌速度以及漂洗条件等。本书作者及多位学者对此进行了大量实验研究工作，确定了酸活化膨润土的最佳条件。

a. 原土质量　膨润土原土中蒙脱石品位越高，含砂量越少，则制造的活性白土的活性度越高，吸附性越强，产品的脱色率越高。原料粒度对活性度的影响也很大，粒度过大，酸液不能将颗粒浸透，使颗粒中心的物料未参加活化反应，造成物料活化不充分；粒度过小又浪费动力，增加成本。

b. 投料顺序　因为原土的膨胀容较大，如果采用水-土-酸的加料顺序则会出现投料量少、回收率低、产量小，消耗大等诸多问题。所以采用水-酸-土投料顺序，只要条件控制较好，则可以生产出质量合格的产品。

c. 打浆时间　打浆时间过长，能源消耗大，则生产成本增加，时间过短则膨润土不能充分分散，不利于酸活化反应的进行。

d. 固液比　打浆浓度实验结果显示，如果固液比大时，矿浆浓度大，体积小，反应不能充分进行；固液比小时，矿浆浓度小，体积大，则生产成本高，不经济。一般选择固液比为 1:10 效果最好。

e. 活化剂　采用不同的活化剂对膨润土进行活化，其活化效果不同。作者对不同酸活化剂进行了对比实验研究，结果表明，乙酸和磷酸的活化效果较差；硝酸和王水的活化效果较好，但由于反应过程中有氧化氮产生，会对环境造成严重污染，所以不可取；用盐酸和硫酸活化产品质量较好；用盐酸、硫酸复合活化效果更好。用亚硫酸盐作为除铁漂白剂，产品漂白效果一般；采用保险粉的效果较好；用碳酸钠、乙酸、乙酸钠复合作用加强保险粉的还原性能效果更好。

f. 反应酸度　产品质量随活化反应酸度的提高而提高；但超过一定酸度之后产品质量开始下降。原土质量不同，活化剂不同，反应酸度也不尽相同。

g. 反应时间　一般认为膨润土酸活化反应时间的延长可加深反应的完全程度，提高产品质量，但并非时间越长越好。

h. 反应温度　膨润土酸活化时的反应温度过低，反应速率过慢，不利于反应完全；提高温度可使反应速率加快，活性度和脱色率都明显提高，但是温度太高，能耗过大，活化性度和脱色率的变化不大。

i. 干燥温度　若干燥温度太高会使已活化的膨润土活性降低，一般大于 100℃ 而不超过 220℃ 为宜，以 160~220℃ 最好。

j. 漂洗条件　考虑到成本问题，漂洗应用常温硬水（自来水）漂洗，漂洗次数一般为 5~6 次，洗到 pH 值为 4~5 即可。酸活化膨润土的活性度随漂洗次数的增加而下降，脱色率则随漂洗次数的增加而升高。但漂洗过分也会因离子交换平衡被破坏而使脱色率下降。

③ 无机改性膨润土　通常将无机改性膨润土称为无机交联膨润土（又叫无机柱撑膨润土），是改性剂（又称交联剂、柱撑剂或柱化剂）中的聚合羟基金属阳离子借离子交换作用进入膨润土层间，将膨润土内的层与层撑开，从而形成黏土层间化合物，经进一步加热层间交联剂会脱去羟基，最终转化成稳定的氧化物柱体，交联剂代替了膨润土层间可交换阳离子，将其 2:1 单元层桥连并撑开，形成一种二维通道（2:1）两单元层为"板"、柱化剂为"柱"的"层柱"状结构的新物质。将多聚羟基金属阳离子引入膨润土层间除常用的离子交换方法外，还有浸渍法、物理吸附法，特殊的还有二步交换法。通过上述方法不但可以将单一的多聚合羟基金属阳离子插入膨润土层间，还能引入混合金属多聚物，如 OH-Cr-膨润土、OH-Al-Co- 膨润土、OH-Al-Fe-膨润土、OH-Al-Mg-膨润土等。

无机改性膨润土通常使用钠、镁、铝、铜、锌、铬、铁等的卤化物、硝酸盐或硫酸盐。

实例 1　$AlCl_3$ 改性膨润土制备

称取 100g 膨润土原矿，水洗精选提纯。将提纯土与 0.25g/g 改性剂 $AlCl_3$ 混合，加水 500mL，搅拌 2h，然后浸泡过夜，离心分离，在 110℃ 下烘干，将配入改性剂的膨润土移入瓷坩埚，于 450℃ 下焙烧 1.5h，得到改性膨润土吸附剂，测定吸附剂的比表面积和微孔总体积分别为 $350.21m^2/g$ 和 $0.907cm^3/g$。

实例 2　镍钛交联改性膨润土

a. 交联剂的制备　镍交联剂的制备：将 0.1mol/L NaOH 溶液以 15mL/min 的速度缓慢加入至 0.5mol/L $NiSO_4$ 溶液中，调节 $n(OH^-):n(Ni^{2+})=4$，在室温下连续搅拌 1.5~2.0h。

钛交联剂的制备：准确移取 8.8mL TiCl$_4$ 分析纯溶液，缓慢加入至 40mL 分析纯 HCl 溶液中，冷却后稀释至 160mL，得到 Ti（Ⅳ）浓度为 0.5mol/L 的钛交联剂溶液，室温下静置 5h 以上即得钛交联剂。

b. 无机交联膨润土的制备　取 5g 钠基膨润土制成 50g/L 黏土料浆，在 60℃ 水浴中搅拌条件下，将不同镍钛比（浓度比）交联剂以 15mL/min 速度滴加到黏土料浆中，并调节 pH 值在酸性条件下，持续搅拌 6h，反应完全后静置 24h，过滤，在 80℃ 下干燥，110℃ 下活化，研磨至粒度小于 74μm（过 200 目筛），得无机交联膨润土。

c. 有机交联膨润土的制备　称取镍钛交联膨润土 5g，加入至 100mL 50g/L 溴化十六烷基三甲基铵（CTMAB）-乙醇溶液中，60℃ 水浴中搅拌 2h，产物经过滤，用 10% 的乙醇溶液洗涤 2 遍，再用蒸馏水洗涤 2 遍，滤饼在 80℃ 下干燥，110℃ 下活化，研磨至粒度小于 74μm，即得有机交联膨润土。

实例 3　铁镍交联改性膨润土

a. 交联剂的制备　铁交联剂的制备：将一定比例的 NaOH 溶液以 15mL/min 的速度缓慢加入到一定浓度的 FeCl$_3$ 溶液中，调节 $n(OH^-):n(Fe^{3+})=2$，在室温下连续搅拌 1.5~2.0h。

镍交联剂的制备：将一定比例的 NaOH 溶液以 15mL/min 的速度缓慢加入到一定浓度的 NiSO$_4$ 溶液中，调节 $n(OH^-):n(Ni^{2+})=3$，在室温下连续搅拌 1.5~2.0h。

b. 无机交联膨润土的制备　取 5g 钠基膨润土制成 50g/L 的黏土料浆，在 60℃ 水浴中搅拌情况下将不同铁镍比交联剂以 15mL/min 的速度滴加到黏土料浆中，并调节 pH 在酸性条件下，持续搅拌 6h，反应完全后静置 24h，过滤、在 80℃ 下干燥、110℃ 下活化、研磨过 200 目筛，得无机交联膨润土。

c. 有机交联膨润土的制备　称取铁镍交联膨润土 5g，加入到 100mL 的 50g/L 十六烷基三甲基（CTMAB）-乙醇溶液中，60℃ 水浴中搅拌 2h，产物经过滤，用 10% 乙醇溶液洗涤 2 遍，再用蒸馏水洗涤 2 遍，滤饼在 80℃ 下干燥，110℃ 下活化，研磨过 200 目筛，即得有机交联膨润土。

④ 有机活化膨润土　用于膨润土有机改性的试剂种类繁多，有偶联剂、表面活性剂、有机胺、有机酸等。不同的表面改性剂特点各异，并都有各自不同的适用范围。采用偶联剂改性，只要矿物具有反应活性的基团即可获得相应的活化效果，但成本较高；羧酸盐类改性剂适用于溶液中带负电荷悬浮粒子的矿物；硅油、硬脂酸等本身不溶于水，硬脂酸适用于表面为弱碱性的矿物填料的改性；不饱和有机酸自身易于聚合。根据膨润土中的主要矿物蒙脱石的层状结构以及常采用的改性方法（湿法改性），一般选用有机阳离子型表面活性剂（如有机胺）作为膨润土有机改性剂，通过阳离子交换实现其对矿物的改性。膨润土改性的初期使用的改性剂是一些有机季铵盐，形成的产物称为有机膨润土或有机柱撑膨润土，有机改性剂一般是分子大小不等的季铵盐，常用 $[(CH_3)_2NRR']^+$、$[(CH_3)_3NR]^+$ 等表示，其中 R 代表烷基或芳基。有机膨润土具有在有机介质中高溶胀性、高分散性和触变性的特性，因此，应用领域比较广阔。目前，有机膨润土的制备方法有干法、湿法、混凝胶法 3 种。

a. 干法。干法是将含水的精选钠基膨润土与有机季铵盐直接混合，用专门的加热混合器混合均匀，再加以挤压，制成含一定量水分的有机膨润土，也可以进一步干燥、研磨成粉状产品；或将含一定水分的有机膨润土直接分散于有机溶剂中（如柴油），制成凝胶或乳胶体产品，工艺流程如图 4-2 所示。干法操作简单，生产效率高。制备时将膨润土和适量季铵盐（占膨润土的 15%~55%）充分混合，在高于季铵盐熔点的温度下反应。反应完毕，经研磨、过筛，得到 200 目干态物。该法制出的有机膨润土适于作为油基钻探液的增稠剂。

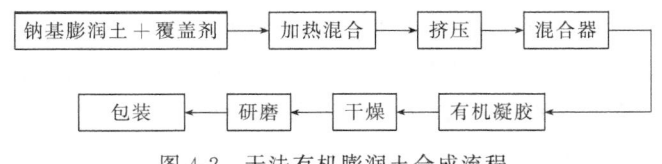

图 4-2　干法有机膨润土合成流程

b. 湿法。湿法分散蒙脱石，提纯、改型，用长碳链有机阳离子取代蒙脱石层间金属离子，使层间距扩大至 $1.7\sim3.0nm$，形成疏水有机膨润土，再经脱水、干燥、研磨成粉状产品，工艺流程如图 4-3 所示。该法的关键步骤是悬浮液中的微粒的粒度是否达到要求，它直接关系到有机膨润土性能的好坏，因此一定要经过实验予以确定。

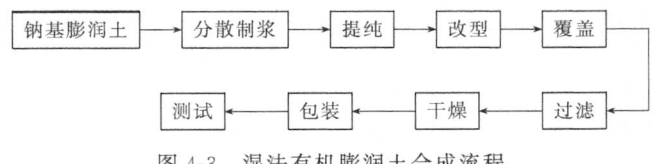

图 4-3　湿法有机膨润土合成流程

c. 预凝胶法。将膨润土分散、提纯、改型，在有机覆盖过程中，加入疏水有机溶剂（如矿物油），把疏水的有机膨润土萃取进入有机相，分离除去水相，再蒸发除去残留的水分，直接制成有机膨润土预凝胶，工艺流程如图 4-4 所示。

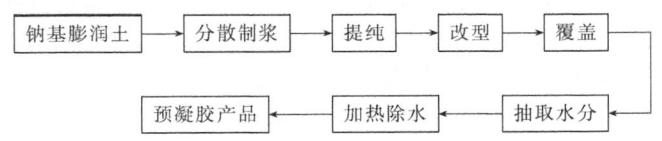

图 4-4　预凝胶法有机膨润土合成流程

实践证明，一般主碳链要 $C>12$，制成的有机膨润土在有机物中的分散性和凝胶性才较强。通常使用的有机阳离子改性剂有十八烷基胺、三甲基十八烷基氯化铵、二甲基双十八烷基氯化铵、二甲基十八烷苄基氯化铵、十六烷基三甲基溴化铵、双十八烷基甲基苄基氯化铵和 N-十八烷基对苯二甲酸钠等，除此之外还有用主碳链含碳不同的季铵盐。用这些阳离子与钠基蒙脱石进行交换反应，就可得到型号、规格不同、用途不同的有机膨润土。

钠基膨润土与季铵盐之间的离子交换反应，控制条件不是十分严格、工艺也并不复杂，常温条件下反应即可进行，一般是在 80℃反应 $1\sim2h$ 即可。关键是怎样选择和精制膨润土提高阳离子交换量和选择有机阳离子及控制交换的当量比。为了得到在有机溶剂中具有良好分散和凝胶能力的有机膨润土，选择好适当的有机阳离子的适当当量数是重要的。即随着阳离子覆盖剂的加入，有机阳离子与膨润土层间为离子吸附（化学吸附），当覆盖面积达 80% 左右，有机土质量最佳；若加入有机覆盖剂过量时，则变成超当量的分子吸附（物理吸附），有机土性能反而变差。一般是 100g 膨润土（精制、钠化）添加 $90\sim120mg$ 当量的有机覆盖剂。覆盖量的确定一方面要保证有机离子在层面有足够的覆盖度，另一方面要充分地取代层间可交换的阳离子。

此外，在选择有机覆盖剂时（包括长链的碳数、极性、短链基团的类型等），还需要注意蒙脱石层电荷分布的不均匀性、所用溶剂的特性、类型等因素；覆盖环境（pH 值、共存化学物质、温度、反应时间等）对有机土的制备亦有影响。

实例 1　聚胺改性制备有机复合膨润土　由二甲胺与乙二胺的混合物同环氧氯丙烷反应连接成链并季铵化，获得聚胺树脂。将钠基膨润土加水高速搅拌，制备质量分数 5% 的膨润土悬浮液，加入聚胺树脂，加入量是钠基膨润土阳离子交换容量的 1.5 倍。将混合物在 80℃下机械搅拌 3h，反应完成后用蒸馏水多次洗涤，离心分离，直到用 0.12mol/L AgNO$_3$ 检验上清液中无 Cl$^-$ 存在为止。最后将离心物在室温条件下晾干、研磨、筛选，得粉末状有机树脂复合膨润土。

实例 2 溴化十六烷基吡啶改性膨润土   在室温条件下，称取一定量的 Na 基膨润土（过 200 目筛），将其加入 250mL 三颈瓶中，加 200mL 去离子水，调 pH 值。待温度达到一定值后，加入适量溴化十六烷基吡啶。恒温下搅拌一段时间后，冷却抽滤，用去离子水洗涤至无溴离子为止，在 60℃下烘干，研磨后过 200 目筛备用。

实例 3 将原土浸泡 24h，然后进行浮选，将浮选出的土浆过 0.076mm 筛，抽滤，105℃烘干，用高速万能粉碎机将其粉碎，过 0.076mm 筛，得纯化土，备用。取一定量的纯化膨润土制成一定质量分数的悬浮液，加入 5% 的十六烷基三甲基溴化铵（CTAB）的水-乙醇溶液，在一定温度下搅拌。反应完成后，冷却至室温，减压过滤，用蒸馏水洗涤，至无法检验出 Br$^-$ 且滤液无泡沫。所得滤饼在 80℃ 下烘干，110℃ 下活化 1h，粉碎，过 0.154mm 筛，制得有机改性膨润土。

⑤ 无机/有机改性   由于多聚合羟基金属阳离子作为柱化剂制备出的柱撑膨润土层间距仍不足够大，将某些表面活性剂引入膨润土层间可合成出更大孔径的无机/有机柱撑膨润土，能明显改善其热稳定性。选用的表面活性剂一般是分子大小不等的可溶性季铵盐，无机柱撑膨润土有机化时应选择碳链较长的有机季铵盐，这样可以有效地撑开膨润土的层间距。

任丽以聚吡啶为重点研究对象，针对现状，采用有机/无机纳米复合体系，在本征导电的聚吡啶中引入纳米无机粒子二氧化硅（SiO$_2$）和层状黏土（Clay），以化学聚合方法为基础制备聚吡啶/二氧化硅（PPy/SiO$_2$）和聚吡啶/黏土（PPy/Clay）纳米复合材料。通过纳米效应既改善材料的力学性能又克服一般方法因力学性能改善而使电性能下降的弊端。H. Khalaf 等利用提纯的阿尔及利亚西部某地的膨润土，通过用氯化铝溶液和氯化铝与十六烷基三甲基溴化铵（CTAB）的混合溶液浸泡堆放的方式制得了 Al 柱膨润土和 Al/CTAB 柱膨润土。最佳合成条件是：OH/Al（摩尔比）为 1.8，Al/膨润土＝4mmol/g；CTAB/膨润土（质量比）为 2。Al 柱膨润土层间距约为 1.8nm，比表面积 250～300m^2/g，且在 500℃时热稳定性很好。

方法一：铁镍有机复合膨润土。取一定质量的铁镍交联土配制成质量分数为 2% 的悬浮液，在 70℃和搅拌的条件下加入含 5.0% 的溴化十六烷基三甲铵（CTMAB）的水-乙醇溶液，CTMAB/土为 0.72mmol/g，反应 0.5h 后，冷却至室温，减压过滤，用蒸馏水洗涤，至无法检验出 Br$^-$ 且滤液无泡沫为止。所得滤饼在 80℃下烘干，110℃下活化 1h，粉碎过 0.154mm 筛，即得铁镍有机复合土。

方法二：Al/溴化十六烷基三甲基铵复合膨润土。在 60℃的水浴条件下，将一定量的溴化十六烷基三甲基铵加入到 AlCl$_3$ 溶液中，搅拌 10min 制得复合改性剂，然后加入过 100 目筛的膨润土，搅拌 60min，所得的悬浮液在 80～90℃烘干粉碎，过 100 目筛，即得无机-有机复合膨润土。溴化十六烷基三甲基铵的用量固定为膨润土的 0.2 倍，AlCl$_3$ 用量为 0.5～1.0mmolAl/g 膨润土。

⑥ 热活化   热活化方法是将膨润土在不同温度下焙烧，通过挥发和燃烧使蒙脱石表面及结构层间的分子水和有机质蒸发掉，使黏土矿物结构变得疏松。同时，随着温度的升高，黏土矿物的部分羟基脱失，裸露的断键增多，矿物的比表面积增大，导致膨润土的活性提高。

⑦ 机械活化   机械力活化是利用机械力作用提高膨润土的某些活性和性能的作用过程，

包括超细粉碎和挤压。

超细粉碎是在膨润土的粉碎过程中利用机械力作用有目的地对矿物表面进行激活，在一定程度上改变膨润土矿物的晶体结构、溶解性能、化学吸附性和反应活性等。利用球磨机在对膨润土进行超细粉碎的过程中，借助球体和球体之间或球体与缸体之间的机械力作用使膨润土破碎的同时，蒙脱石的晶体结构局部出现断键或缺陷，从而提高其活性。实验证明，粉碎时间与膨润土的活性成正比。同时，影响机械力活化作用强弱的因素还与粉碎设备类型、机械力作用方式、粉碎环境等有关。显然，仅仅依靠机械力活化作用进行表面改性目前还难以满足应用领域对膨润土矿物表面物理性能和化学性能的要求。但是机械力化学作用可以激活膨润土矿物的表面，提高膨润土与其他无机物或有机物的作用活性。因此，如果在粉碎过程中添加表面活性剂或其他有机化合物，那么机械激活作用可以促进这些有机化合物分子在膨润土矿物表面的化学吸附或化学反应，达到粒度减小和表面有机化的双重目的。

挤压作用则主要体现在钙基膨润土钠化过程中，由于钙基膨润土不易溶于水，常以结晶集合体的形式悬浮于水中，颗粒表面被钠化后会形成一个隔水膜，阻止了颗粒内部钙基膨润土的进一步钠化，而挤压作用可以促进钠化过程的完善。挤压钠化尤其在低级膨润土的升级过程中起着决定性作用，主要原因有以下 3 点。

① 剥片作用　在较大剪切力作用下，颗粒之间以及结晶层之间产生相对运动而发生分离，加速了离子运动的速度，增加了膨润土与 Na^+ 接触的面积。

② 温度作用　因挤压摩擦产生大量的热，进一步加速了离子运动的速度，扩大了离子的运动范围，提高了钠化反应的速度。

③ 断键作用　在大的机械力作用下，蒙脱石结构内部的部分化学键遭到破坏，有利于吸附相反电荷的 Na^+，也有助于钠化反应的进行。

（4）微波法改性膨润土

① 微波制备钠基膨润土　改型剂一般用 Na_2CO_3、NaF，钠化反应的方法有悬浮液法、堆场钠化法、轮辗钠化法、挤压钠化法、双螺旋钠化法、超临界处理法、雷蒙磨法、水热钠化工艺等，但钠化反应需要一定温度和时间。微波钠化较上述方法时间短，效率高。

将溶有定量钠化物的乙醇水溶液喷入钙基膨润土粉中使其充分湿润，然后将湿物料均匀地铺成 3～20mm 的厚度，置于频率为 900～3000MHz 微波场中进行快速加热反应 2～6min，反应完成后粉碎就可得到钠基膨润土。用溶解有 $NaCl$ 的乙醇溶液湿润钙基蒙脱土，然后置于微波场中进行加热干燥处理 3min，阳离子交换容量达到 1.32mmol/g。微波处理对于膨润土干粉钠化具有很好的促进活化作用，膨润土干粉处理优于水浆处理，且在提纯前进行微波处理既有利于膨润土活化，又方便试验操作，钠化进行时微波处理可以提高反应速率，明显缩短交换所需要的时间。用微波合成的膨润土层间化合物对染料废水 COD_{Cr} 的吸附容量和电镀废水 Cr^{6+} 吸附容量较蒙脱石原土均有明显提高。

② 微波制备有机膨润土　微波也可用来制备有机膨润土，用微波法制备有机蒙脱土与常规方法相比，不仅操作方法简单易行，而且可以大大加快反应速率，缩短反应时间。

用微波制备双阳型有机膨润土表明微波法制备双阳型有机膨润土的适宜条件为两种阳离子型表面活性剂总用量为 100CEC，微波辐照能量 210J/mL。与常规湿法相比，有机膨润土的层间距、有机碳含量有所提高，对染料的去除率有较大提高。通过改变微波辐射时间，对不同的钠基蒙脱土进行有机化处理，并对其结构进行了表征：FT-IR 证明有机插层剂已进入蒙脱土的层间；XRD 表明钠基蒙脱土的层间距由 1.3nm 增加到 3.63～4.74nm；TEM 测试表明蒙脱土的层间距增大，粒层厚度为 50nm 左右。

用季铵盐、有机胺和复合试剂在微波场中对钠基膨润土进行有机化，有机化时间由常规的 2～3h 减至 15min。XRD 分析表明蒙脱石的层间距由 1.21nm 增大至 1.71～4.43nm；TG-DTG 测试表明蒙脱石层间的有机物在 300～310℃ 分解；失重≥30%，均说明有机物已进入蒙脱石层间。用溶解有改性剂的少量乙醇溶液与原料膨润土混合，然后把所得到的半干物料置于微波场中进行加热反应，与传统的湿法改性相比较，微波钠化和有机化反应时间分别缩短到原来的 1/60 和 1/90，产率分别提高 11.5% 和 16%。微波辐射加快了传质速度，当膨润土颗粒粒径小于 355μm 及微波辐射强度大于 50W/g 时，传质速度已超过反应速度，过程受反应控制。

以十六烷基季铵盐为有机化改性剂，用微波辐射加热的方法制备出了性能优良的有机膨润土，实验研究表明用微波法有机化改性大大缩短了实验操作时间，简化了工艺过程，减少了能耗，降低了产品的成本。以成都双流提纯、钠化膨润土为原料，以十六烷基三甲基溴化铵（CTAB）为插层剂，用功率为 480W 的微波加热反应 1min，就可使这种有机蒙脱石的胶体率达到 98%，晶面间距增大到 2.65nm，CTAB 阳离子以倾斜方式排列在蒙脱石结构片层间。将表面活性剂按膨润土原土的阳离子交换容量的 20%～200% CEC 溶于水中，其质量固液比范围在 (1:5)～(1:500)，加入经干燥、过筛的膨润土原土，放入 100～5000W 微波功率的微波反应器，辐照 10s～30min，过滤，洗去游离的表面活性剂，微波干燥，于 60～120℃ 下烘干，烘干时间为 30min～24h，研磨、过筛，得到有机膨润土，其吸附性能优良，去除有机污染物效果好，经济高效。

称取 2.31g 十六烷基三甲基溴化铵，用超纯水溶解，并移至 100mL 的容量瓶中，定容至刻度，摇匀。配好的活性剂的质量浓度 2.31%，放置备用。配制固液比为 1:10 的土浆水溶液。在碘量瓶中称取 3.05g 膨润土，加入约 30mL 的超纯水，准确移取 10mL 表面活性剂（2.31% 十六烷基三甲基溴化铵）加入其中，在磁力搅拌器上略加搅拌，制成均匀的土浆。将配好的土浆放入微波炉中，在微波辐射总功率 800W，反应时间 1min。反应得到的粗产品进行抽滤，滤饼用超纯水冲洗 4～6 次，用 $AgNO_3$ 溶液检验是否还含有 Br^-。将产品在 100℃ 的烘箱中烘干至恒重，用研钵研磨，装瓶待用。

③ 微波制备柱撑膨润土　膨润土是一种层状的硅酸盐矿物，经纳米柱撑后，其 $d(001)$ 由 1.5nm 可增大至 1.9～3.6nm，比表面积增大 4 倍左右，吸附性能和亲和力明显增大。用微波辐射 20min 制备钛柱撑活化膨润土，XRD、钛含量、表面酸度及催化活性分析结果表明蒙脱石的层间距明显增大，在热稳定性、表面酸性、催化活性、钛含量等性能指标上，微波法均优于传统方法，并且用微波制备的钛柱撑膨润土催化剂使戊醇的转化率均高于常规方法。用微波加热方法制备无机柱撑蒙脱石，X 射线衍射分析结果表明：无机柱撑蒙脱石的层间距增加为 1.7395nm；室温条件下，F^- 初始质量浓度 50mg/L，吸附剂投加量 20g/L，吸附振荡时间为 40min 时，无机柱撑蒙脱石对 F^- 的去除率达 74.6%，较相同条件下未改性柱撑蒙脱石对 F^- 的去除率提高了 19.5%，吸附等温线符合 Freundlich 吸附等温方程。用 XRD、TGA-DTA、FT-IR 表征用微波法制备的肉桂酸乙酯-蒙脱石层间复合物，结果表明：由微波场作用 20min 后，肉桂酸乙酯进入蒙脱石层间，使蒙脱石的层间距显著增长。以膨润土和水溶性的极性单体丙烯酸及丙烯酰胺为主要原料，用微波辐射可制备膨润土插层丙烯酸盐/丙烯酰胺共聚的杂化吸水材料。所制得的杂化吸水材料的吸水率为 500mL/g，吸水后凝胶强度大，这些优势使得其在旱作农业和生态环境建设方面作为保水剂、固沙种草剂、抗风蚀剂等方面易于得到推广应用。

【技术指标】　GB 12518—1990

有机膨润土用膨润土质量要求：

（1）蒙脱石含量大于 95%，改性后晶层间吸附的钠离子交换容量为总容量的 90% 以上。

（2）不含或少含（<5%）黏土粒级的方解石、石英石等杂质。

（3）粒度为 $2\mu m$ 的颗粒应占 95% 以上。

（4）蒙脱石为偏低层电荷型，层电荷单位半晶胞应不大于 0.45，通常选用层电荷为 0.25～0.40 晶格有序度低的蒙脱石。

活性白土用膨润土质量要求：

蒙脱石含量≥60%，膨胀倍数大于 8，胶质价大于 95%，粒度 200 目。

④ 柱撑改性膨润土

方法一：Fe-Al 柱化剂的制备：采用共聚合成法，即首先按 $n(Fe):n(Al)=0.2$ 的比例将 0.2mol/L 的 $FeCl_3$ 和 0.2mol/L 的 $AlCl_3$ 混合。再在高速搅拌下缓慢（200mL/h）滴入 0.2mol/L 的 Na_2CO_3 溶液，使 $n(OH):n(Fe+Al)=2.4$，滴加完毕后继续搅拌 1h，在 80℃水浴锅中陈化 2d，在老化过程中随时间向柱化液中添加去离子水，以补充蒸发的水分，使液面保持稳定。

羟基 Fe-Al 柱撑膨润土的制备：首先将膨润土配成 5% 的土浆，然后在不断搅拌条件下，将上述柱化剂滴入该土浆液中，使（Fe+Al）/膨润土=10mmol/g，滴完后继续反应 2h，于 80℃陈化 2d，再用去离子水洗涤至无 Cl^- 为止，烘干，105℃活化 1.0h，研磨，过 200 目筛，即可得到羟基 Fe-Al 柱撑膨润土。

方法二：TiO_2 改性柱撑膨润土。

TiO_2 柱化剂制备：在 30mL 的无水乙醇中加入 10mL 的钛酸丁酯，充分搅拌 20min 后形成透明的淡黄色溶液 A；另取 25mL 的无水乙醇，加入 0.5mL 浓度为 1mol/L 的 HNO_3，混匀后得 B 液；在快速搅拌下将 A 液逐滴滴入 B 液中，生成透明的 TiO_2 溶液，利用 1mol/L 的氢氧化钠调节该溶胶至 pH 值为 1.5，充分搅拌 0.5h，生成透明溶液，此液即为 TiO_2 柱化剂。

TiO_2 改性柱撑膨润土制备：取一定量氢氧化钠改性的膨润土配成浓度为 4.5g/L 的土浆，在不断搅拌下，按 Ti/膨润土=10mmol/g 的比例将 TiO_2 柱化剂不断滴入已配置好的土浆液中，反应温度控制在 30℃左右，滴加完毕后继续搅拌 3h，并在室温下陈化 2d，之后，将柱撑产物用无水乙醇及蒸馏水多次洗涤，烘干，于 105℃活化 1h，研磨，过 200 目筛，即得到 TiO_2 柱撑膨润土。

方法三：羟基铁柱撑改性膨润土。称取 24.20g 的 $Fe(NO_3)_3 \cdot 9H_2O$，加水溶解，在室温下搅拌，并缓慢加入 6.36g 无水 Na_2CO_3 粉末，加水稀释到 200mL，继续搅拌 24h，即得到羟基与 Fe^{3+} 摩尔比为 2.0 的褐色透明柱撑剂。然后称取 6.00g 的天然膨润土，加水 100mL，配成悬浊液。在 60℃恒温和搅拌条件下，滴加羟基-铁柱撑剂 200mL，使反应体系中的 Fe^{3+} 与膨润土的质量比满足 0.56，继续搅拌 2h。然后在 60℃恒温下陈化 24h，再经过洗涤、离心，105℃烘干，研磨过 200 目筛，在 105℃下烘干活化 2h，得到羟基与 Fe^{3+} 摩尔比为 2.0 的羟基铁柱撑膨润土。

⑤ 插层有机膨润土

方法一：己内酰胺插层有机膨润土。称取一定量的钠基膨润土于锥形瓶中，加水制成一定浓度的悬浮液，调节 pH 值并置于 70℃的恒温水浴锅中恒温搅拌。然后分别加入不同配比的十六烷基三甲基溴化铵和己内酰胺，搅拌活化，冷至室温，减压抽滤，在电热鼓风干燥箱中于 100℃下烘干，研磨得到插层膨润土复合材料，过 100 目后备用。

方法二：羧甲基壳聚糖插层膨润土。为了克服羧甲基壳聚糖和膨润土在应用中的缺点，将羧甲基壳聚糖插层膨润土中，制得一种新型、无毒、无污染且价廉的重金属离子吸附材料。操作过程如下。

羧甲基壳聚糖的制备：称取 10g 壳聚糖于 1000mL 的烧杯中，用 100mL 的去离子水溶胀 30min 后，搅拌升温至 40℃。同时加入体积分数 5％的盐酸溶液 100mL 使壳聚糖完全溶解，再加入 40％的强氧化钠溶液 25mL（总量的 1/5）碱化 60min。然后分 4 批次加入 45g 氯乙酸，并升温至 65℃，再分批加入剩余的氢氧化钠溶液继续反应 3h，用冰醋酸调节 pH 至中性，再用 95％的乙醇沉淀，减压抽滤并用无水乙醇洗涤，抽滤，65℃下烘干，粉碎，备用。

插层膨润土复合材料的制备：将 5g 钠基膨润土配制成含量为 50％的悬浮液，搅拌 10min，使膨润土充分分散，调整 pH 值为 5，然后按 2∶1 的量先后加入十六烷基三甲基溴化铵和羧甲基壳聚糖。70℃恒温搅拌活化 2h，后冷却至室温，减压抽滤，用蒸馏水洗涤，再抽滤，所得的滤饼在 90℃下烘干，粉碎，即可得到插层膨润土复合材料。

【应用】　膨润土有较好的膨胀性、粘接性、吸附性、催化活性、触变性、悬浮性、可塑性、润滑性和阳离子交换性等性能，可作为粘接剂、吸收剂、填充剂、催化剂、蚀变剂、洗涤剂、稳定剂、增稠剂等，广泛应用于冶金球团、铸造、钻井、石油、化工、轻工、纺织、造纸、橡胶、农业、医药、环境治理等领域。

当锌质量浓度为 300mg/L 时，天然膨润土单分子最大吸附容量为 52.91mg/g。膨润土对 Cr^{3+} 的吸附符合 Langmuir 等温式，其最大饱和吸附容量为 0.47mg/L，而对 Cr^{6+} 的吸附符合 Freundlich 等温式，且吸附能大大低于对 Cr^{3+} 的吸附能。pH 值对膨润土吸附铬化合物的行为有很大影响，Cr^{3+} 的吸附量随 pH 值的升高而增大；Cr^{6+} 的吸附量在 pH<8 时，随 pH 值的升高而降低，当 pH>8 时，则随 pH 值的升高而增大。

Mellah 和 Chegrouche 用天然蒙脱石去除 Zn^{2+}，其吸附量很好地与 Langmuir 等温线相吻合，最大吸附量为 53mg/g。

聂锦旭等采用 $AlCl_3$ 改性膨润土处理苯酚废水，探讨了改性膨润土用量、接触时间、溶液 pH 值、改性膨润土投加方式等对改性膨润土吸附苯酚的影响。结果表明，经过改性和 450℃焙烧的改性膨润土对苯酚的去除效果优于原土和活性炭，在原水苯酚浓度为 200mg/L、pH＝8.5、接触时间为 30min、改性膨润土投加量为 4g/L 时，对苯酚的去除率可以达到 92.2％；采用分批投药的方式，苯酚去除率可达 99.7％。接触时间、改性膨润土投加方式对改性膨润土吸附苯酚的影响分别见表 4-16、表 4-17。

表 4-16　不同接触时间的试验结果

接触时间/min	15	30	45	60	90	120	150
残余苯酚浓度/(mg/L)	26.4	15.7	21.6	23.6	23.6	27.4	28.0
去除率/%	86.8	92.16	89.2	88.2	88.2	86.3	86.0

表 4-17　分批加药试验结果

加药次数	1	2	3	4
残余苯酚浓度/(mg/L)	15.7	10.4	6.6	0.5
去除率/%	92.2	94.8	96.7	99.7

邵红等以钠基膨润土为原料制备了镍钛无机交联剂、有机交联系列改性膨润土，比较了二者对废水中 COD、Cr^{6+}、色度、浊度的去除效果，见表 4-18。结果表明：镍钛有机交联膨润土对 COD 和 Cr^{6+} 的处理效果明显优于镍钛无机交联膨润土；二者对浊度和色度处理效果相当。其吸附行为符合 Langmuir 方程。

表 4-18　综合实验

实验因素		pH 值	投加浓度/(g/L)	搅拌时间/min	去除率/%
无机土	COD	5	8	10	60.3
	Cr(VI)	5	8	20	85.6
	浊度	11	8	10	96.7
	色度	9	8	10	96.9
有机土	COD	3	6	10	80.41
	Cr(VI)	5	6	20	93.97
	浊度	11	6	20	97.33
	色度	9	6	10	96.88

邵红等以钠基膨润土为原料，制备了铁镍无机改性土和铁镍有机复合改性土，并应用于造纸废水的处理，探讨了改性土用量、废水 pH 值、搅拌时间等因素对 COD 去除率的影响。结果表明：铁镍有机复合改性土和铁镍无机改性土对废水的处理效果明显好于原土；膨润土的用量、废水的 pH 值对 COD 的去除率影响较大；对于铁镍无机改性土，吸附剂用量为 12g/L，溶液 pH=2，吸附时间为 10min 时，对废水中 COD 的去除率为 54.06%；对于铁镍有机复合改性土，吸附剂用量为 14g/L，溶液 pH=3，吸附时间为 20min 时，对废水中 COD 的去除率为 70.10%。各取 50mL COD 浓度为 1930mg/L 的造纸废水，分别加入定量的改性膨润土或原土，调节 pH 值，室温下振荡吸附 20min，2000r/min 离心，取上清液测定 COD 浓度、色度、浊度。改性膨润土对造纸废水的处理结果见表 4-19。

表 4-19　改性膨润土对造纸废水的处理结果

改性膨润土	COD 残留浓度/(mg/L)	COD 去除率/%	残留色度/度	色度去除率/%	残留浊度/NTU	浊度去除率/%
原土	981.7	49.12	400	68	168.5	67.75
铁镍交联土	340.7	82.34*	125	90	24.3	95.34
铁镍有机复合土	53.6	97.22*	62.5	95	17.9	96.57

注：* 为二次处理结果。

Sameer Al-Asheh 等分别用十六烷基三甲基溴化铵（CTAB）、聚合阳离子羟基铝、环己烷等处理膨润土，得到各种改性的膨润土，它们对水溶液中苯酚的吸附能力大小顺序为：CTBA/Al-膨润土＞CTBA 膨润土＞热处理膨润土＞环己烷处理膨润土＞天然膨润土，对苯酚的吸附量随着吸附剂用量和溶液 pH 值的增大而增大，随温度的升高而减小。吸附符合 Fruendlich 理论模型。David Christin Rodriguez-Sarmiento 等报道了分别用溴化四甲基铵（TAB）、溴化十六烷基三甲基铵（CTAB）、溴化十六烷基苄基二甲基铵（CDAC）、溴化烷基苄基二甲基铵（BTC）处理膨润土，将制得的有机膨润土用于吸附水溶液中的十二烷基苯磺酸钠。结果表明吸附符合 Langmuir、BET 和 Fruendlich 理论模型，求得了吸附 Gibbs 自由能。

4.2.5　纳米二氧化硅

【物化性质】　纳米二氧化硅（SiO_2）为无定形白色粉末，是一种无毒、无味、无污染的非金属材料。微结构为球形，呈絮状和网状的准颗粒结构。工业用 SiO_2 称作白炭黑，是一种超微细粉体，质轻，原始粒径 $0.3\mu m$ 以下，相对密度 2.319～2.653，熔点 1750℃，吸潮后形成聚合细颗粒。

【制备方法】　（1）纳米二氧化硅的制备

纳米二氧化硅的制备工艺可分为干法和湿法两大类。干法工艺制备的产品具有纯度高、性能好的特点，但生产过程中能源消耗大、成本高，主要有气相法和电弧法两种方法。湿法所用材料广泛、价廉，产品经过硅烷偶联剂化学改性后，补强性能接近于炭黑，分沉淀法和凝胶法。无论采用何种方法，其目标都是制备出粒度均匀、分布窄、纯度高、分散性好、比表面积大的纳米二氧化硅。

① 气相法

气相法多以四氯化硅为原料，采用四氯化硅气体在氢氧气流高温下水解制得烟雾状的二氧化硅。制备过程为：将精制的氢气、空气和硅化物蒸气按一定比例投入水解炉进行高温（1000～1200℃）水解，生产二氧化硅气溶胶，经聚集器收集二氧化硅纳米级粒子。其化学反应式如下：

$$SiCl_4 + 2H_2 + O_2 \longrightarrow SiO_2 + 4HCl$$
$$2CH_3SiCl_3 + 5O_2 + 2H_2 \longrightarrow 2SiO_2 + 6HCl + 2CO_2 + 2H_2O$$

气相法工艺生产的纳米 SiO_2 又叫 SiO_2 气凝胶，物化性能好，粒子大小、比表面积、表面活性等重要性质都很理想。SiO_2 气凝胶密度低，空隙率最高可达 98%，其独特的纳米介孔结构使其具有许多优异的性能，如热导率低、声速低等。

一般制备 SiO_2 气凝胶多采用超临界干燥工艺，由于超临界干燥在高于液体的临界温度和临界气压下去除湿凝胶中空隙液体，因而可以减小毛细管压力的影响，避免凝胶收缩和破碎发生。然而，超临界干燥需要用到高压釜，工艺复杂、原料昂贵、成本高，设备要求高，产量低，还有一定的危险性。为尽快实现 SiO_2 气凝胶的大规模生产及广泛的实际应用，研究 SiO_2 气凝胶的常压干燥技术非常必要。

② 沉淀法

沉淀法是硅酸盐通过酸化获得疏松、细分散的、以絮状结构沉淀出来的 SiO_2 晶体。该法原料易得，生产流程简单，能耗低，投资少，但产品质量不如采用气相法和凝胶法的产品好。其化学反应式为：

$$CaSiO_3 + 2HCl \longrightarrow CaCl_2 + SiO_2 + 2H_2O$$

③ 凝胶法

凝胶法是加入酸使碱度降低从而诱发硅酸根的聚合反应，使体系中以胶态粒子形式存在的高聚态硅酸根离子粒径不断增大，形成具有乳光特征的硅溶胶。成溶胶后，随着体系 pH 值的进一步降低，吸附 OH^- 带负电荷的 SiO_2 胶粒的电动电位也相应降低，胶粒稳定性减小，SiO_2 胶粒便通过表面吸附的水合 Na^+ 的桥连作用而凝聚形成硅凝胶，去水即得纳米粉。该法原料与沉淀法相同，只是不直接生成沉淀，而是形成凝胶，然后干燥脱水，产品特性类似于干法产品，价格又比干法产品便宜，但工艺较沉淀法复杂，成本亦高，应用较少。

④ 溶胶-凝胶法

该工艺是将硅酸酯与无水乙醇按一定的摩尔比搅拌成均匀的混合溶液，在搅拌状态下缓慢加入适量的去离子水，然后调节溶液的 pH 值，再加入合适的表面活性剂，将所得溶液搅拌后在室温下陈化制得凝胶，凝胶在马弗炉中干燥后得纳米 SiO_2 粉体。

堆玉秋等研究了正硅酸乙酯在碱的催化下与水反应，通过水解聚合制备纳米二氧化硅。将一定量的水和乙醇混合搅拌，滴入正硅酸乙酯和氨水，搅拌 30min 后静置一段时间，即分层得二氧化硅沉淀，将沉淀洗涤、干燥，制得纳米二氧化硅。

⑤ 微乳液法

微乳液法可制备粒度均一的纳米粒子。王玉琨等以 TritonX-100/正辛醇/环己烷/水（或氨水）形成微乳液，在考察该微乳液系统稳定相行为的基础上，由正硅酸乙酯（TEOS）

水解反应制备纳米粒子。该工艺的分析结果表明：选择适当的 R（水与表面活性剂量比）和 h（水与正硅酸乙酯量比），可合成出疏松球形纳米 SiO_2，且反应后处理较简便。粒径大小可由改变 R 和 h 控制，在 $R=6.5$、$h=4$ 的条件下，TEOS 受控水解制得的 SiO_2 粒子 99.7％粒径为 40～50nm。

⑥ 超重力法

该工艺是将一定浓度的水玻璃溶液静置过滤后置于超重力反应器中，升温至反应温度后，加入絮凝剂和表面活性剂，开启旋转填充床和液料循环泵不断搅拌和循环回流，温度稳定后，通入 CO_2 气体进行反应，当 pH 值稳定后停止进气。加酸调节料液的 pH 值，并保温陈化，最后经过洗涤、抽滤、干燥、研磨、过筛等操作，制得粒度为 30nm 的二氧化硅粉体。采用超重力法制备的纳米二氧化硅粒度均匀，平均粒径小于 30nm。传质过程和微观混合过程得到了极大的强化，大大缩短了反应时间。

⑦ 碱金属的硅酸盐制备纳米二氧化硅

唐芳琼采用将表面活性剂溶解在非极性有机溶剂中，配成溶液；依据纳米 SiO_2 颗粒的大小所要求的 R_w（水与表面活性剂的摩尔浓度比）及 R_{Si}（碱金属硅酸盐水溶液与表面活性剂的摩尔浓度比）来配制碱金属硅酸盐的水溶液；此水溶液在搅拌下加入到表面活性剂的非极性有机溶剂溶液中，制成碱金属硅酸盐的反胶束溶液，将此反胶束溶液加到酸化了的极性有机溶液分散相中，陈化一段时间，离心分离，制出粒径在 5～100nm 二氧化硅颗粒。汪国忠等用商品级水玻璃和碱金属盐类为原料，在表面活性剂的存在下，酸化、分离，再用去离子水洗涤至无 Cl^-、Fe^{2+} 和 Fe^{3+}，最后烘干得粒度可控的非晶球形纳米二氧化硅。该法生产的制备的纳米 SiO_2 粒度分布均匀、纯度高、多孔、具有球形和高比表面积。

（2）纳米二氧化硅表面改性

纳米 SiO_2 表面是亲水性的，这导致了在与橡胶等有机物配合时相容性差，难混入，难分散。表面改性分为热处理和化学改性，SiO_2 的表面改性就是利用一定的化学物质通过一定的工艺方法使其与 SiO_2 表面上的羟基发生反应，消除或减少表面硅醇基的量，使产品由亲水变为疏水，以达到改变表面性质的目的。

① 热处理

热处理后二氧化硅表面吸湿量低，且填充制品吸湿量也显著下降，其原因可能是由于高温加热条件下以氢键缔合的相邻羟基发生脱水而形成稳定键合，从而导致吸水量下降，此种方法简便经济。但是，仅仅通过热处理，不能很好改善填充时界面的黏合效果，所以在实际应用中，常对纳米 SiO_2 使用含锌化合物处理后在 200～400℃条件下热处理，或使用硅烷和过渡金属离子对纳米 SiO_2 处理后热处理，或用聚二甲基二硅氧烷改性二氧化硅，然后进行热处理。

② 化学改性

SiO_2 的表面活性硅醇基可以同有机硅烷、醇等物质发生化学反应，以提高它同聚合物的亲和性及反应活性。根据改性剂的不同，常用的化学反应有以下几种。

a. 与醇反应

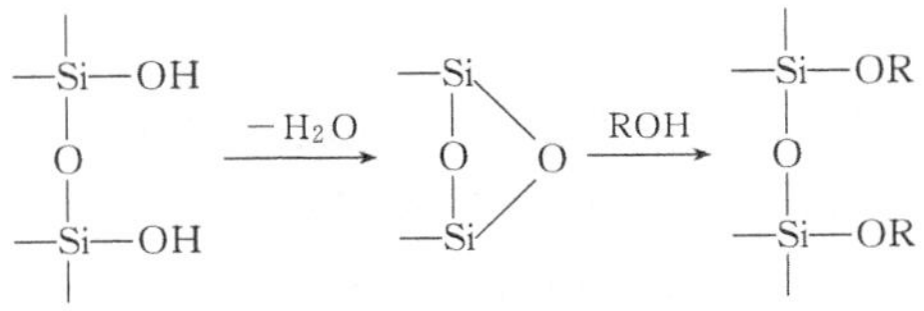

b. 与脂肪酸反应

$$—\overset{|}{\underset{|}{Si}}—OH + R—COOH \xrightarrow{-H_2O} —\overset{|}{\underset{|}{Si}}—OO—R$$

c. 和有机硅化合物反应

$$—\overset{|}{\underset{|}{Si}}—OH + Cl—Si(CH_3)_3 \longrightarrow —\overset{|}{\underset{|}{Si}}—O—Si(CH_3)_3 + HCl$$

d. 表面接枝聚合物

$$—\overset{|}{\underset{|}{Si}}—OH + SOCl_2 \longrightarrow —\overset{|}{\underset{|}{Si}}—Cl + R—OOH \longrightarrow$$

$$—\overset{|}{\underset{|}{Si}}—OOH + nCH_2{=}\overset{R}{\underset{COOR}{C}} \longrightarrow —\overset{|}{\underset{|}{Si}}—(CH_2\overset{R}{\underset{COOR}{C}})n$$

（3）制备实例

① PICA 法合成介孔二氧化硅

a. 二氧化硅溶胶的制备　将 122g $Na_2SiO_3 \cdot 9H_2O$ 溶于 224mL 水中配制成 20% 的硅酸钠水溶液备用。取上述溶液 75mL，在冰水浴中滴加入计量的 1:1 盐酸溶液中，边滴边搅拌，控制滴加速度以避免溶液产生浑浊，滴加完成后使溶液的 pH 值保持在 2 左右，所制得的二氧化硅溶胶在常温下放置 0.5~1h 备用。

b. 脲醛树脂/二氧化硅复合微球的制备　用 1:1 盐酸调节上述二氧化硅溶胶，用 PHB-8 型笔式 pH 计测量，使溶胶的 pH 值介于 0.4~1.2 之间。加入 15mL 无水乙醇，尿素 6g，待尿素完全溶解后，快速搅拌下加入 18.2mL 30% 甲醛溶液，继续搅拌 4min 后停止，常温下静置 4h。过滤、洗涤、干燥，得流动性好的白色脲醛树脂/二氧化硅复合微球。用 TEM 观察复合微球的形貌，差示扫描量热/热重（DSC/TG）分析复合微球中二氧化硅的含量。

c. 介孔二氧化硅的制备　将制得的脲醛树脂/二氧化硅复合微球 80℃ 真空干燥 2h，100℃ 真空干燥 2h，150℃ 真空干燥 6h。将经过真空干燥的脲醛树脂/二氧化硅复合微球在马弗炉里进行焙烧。焙烧温度 350~550℃，升温速度 5℃/min，焙烧时间 6h。

通过 XRD、TEM 和氮气脱吸附等分析手段证实了所得介孔二氧化硅有序性好，孔径分布均匀，其主要结构参数为：比表面积 288.7m^2/g，孔径 4.4nm，孔容 0.2044cm^3/g。

② 氨基改性介孔二氧化硅的制备

a. 较大孔径介孔二氧化硅的制备　称取 2.0g 嵌段共聚物表面活性剂 P123，溶于 75mL 浓度为 1.6mol/L 的盐酸中。置于室温下磁力搅拌 1h 后，滴入 0.6g 扩孔剂 1,3,5-三甲苯（TMB），将反应温度上升至 40℃ 搅拌 30min。之后慢慢滴加 4.4g 正硅酸乙酯（TEOS），40℃ 下继续搅拌反应 20h。将上述反应液转移到高压反应釜中，100℃ 晶化 24h，得到的反应产物经抽滤、洗涤后，于 80℃ 下烘干。将所得粉末置于马弗炉中，以 1.5℃/min 的速度升温至 500℃，空气气氛中焙烧 8h，得到焙烧产物，即孔径较大的介孔二氧化硅材料。

b. 氨基改性介孔二氧化硅的制备　分别取 0.5g MCF，5mL 3-氨丙基三乙氧基硅烷（APTES）加入到 50mL 甲苯中 80℃ 回流 12h，过滤、乙醇洗涤、干燥，得到较大孔径的氨基改性介孔二氧化硅。

③ 纳米二氧化硅辐射接枝

a. 纳米二氧化硅的表面改性　将纳米二氧化硅放入烘箱，在 50℃ 干燥 5h，将干燥好的纳米二氧化硅加入溶有偶联剂 KH570（硅烷偶联剂）的水溶液中，超声分散 1h。偶联剂的质量为纳米二氧化硅的 5%~16%。分散后将混合液在 110℃ 搅拌 8h。产物经洗涤，索氏抽提，烘干。

b. 辐射乳液聚合在改性的二氧化硅表面接枝 GMA　取一定量的去离子水于烧杯中，加入 1g 改性的纳米二氧化硅和 1g 十二烷基苯磺酸钠，另外加入精制的 GMA（甲基丙烯酸缩水甘油酯）溶液 5mL，并向其中加入 0.1g 阻聚剂 $CuSO_4 \cdot 5H_2O$，将该混合液体系超声分散 1h。将混合液加入特制瓶中经真空脱氧，氮气置换 5 次以上后封闭，辐照，吸收剂量为 3～30kGy。反应结束后将乳液破乳、抽滤、索氏抽提、烘干，所得产物即为 SiO_2-g-GMA 接枝共聚物。

c. SiO_2-g-GMA 接枝共聚物的氨化　将上述 SiO_2-g-GMA 接枝共聚物烘干研磨后与质量分数为 33% 的二甲胺溶液在搅拌状态下反应 6～10h，溶剂为 1,4-二氧六环，反应温度为 60℃。氨化反应结束后，将产物抽滤、索氏抽提、烘干，所得产物即为吸附材料。

④ 溶胶凝胶法制备超细二氧化硅

在超级恒温水浴中，将温度控制在 35℃ 左右，将一定浓度的 $Na_2SiO_3 \cdot 9H_2O$ 和分散剂 PEG12000 溶液加入三口烧瓶中，然后在高速搅拌下加入乙酸乙酯。随着乙酸乙酯的水解，溶液中的硅酸盐发生聚合反应生成溶胶，并逐渐聚集转化成凝胶，然后用 1:5 的乙酸溶液调节 pH 值至 6 左右。继续搅拌 1h，停止反应后在超声波中振荡 10min，真空抽滤，并先后用去离子水、无水乙醇和丙酮洗涤，将洗涤后的凝胶在 110℃ 进行干燥，再在 800℃ 左右煅烧即得到白色疏松的 SiO_2 粉体。

⑤ 载铜二氧化硅粉体

a. 纳米二氧化硅的制备

Ⅰ. 溶胶-凝胶法制备纳米 SiO_2　以正硅酸乙酯 $(C_2H_5)_4SiO_4$（CP）为原料，乙醇 C_2H_5OH（AR）为溶剂，氨水为催化剂，首先将正硅酸乙酯、乙醇、去离子水按 1:3:1 的摩尔比配置成清澈透明溶液，放入磁子后在磁力搅拌器中搅拌，待搅拌均匀后，再在溶液中慢慢加入适量的氨水，继续搅拌 1h 后形成淡蓝色透明溶胶，这些溶胶放置在空气中几天或几星期后即成凝胶。凝胶经研磨成凝胶粉后，凝胶粉在 60℃ 干燥数小时而成干凝胶。将干凝胶在马弗炉中经 400℃，500℃，600℃，700℃，800℃，900℃ 等不同温度烧结处理就得到所需超细 SiO_2 载体。

Ⅱ. 沉淀法合成纳米 SiO_2 载体　以水玻璃（模数为 3.3）和盐酸为原料，适时加入表面活性剂（OP-10）到反应体系中，合成温度为 50℃，直至沉淀溶液的 pH 值为 8 左右加入稳定剂，将得到的沉淀用离心法洗涤，经 80℃ 烘箱干燥。将 SiO_2 沉淀在马弗炉中经 400℃，500℃，600℃，700℃，800℃，900℃ 等不同温度烧结处理得到所需纳米 SiO_2 载体。

b. 载 Cu^{2+} 粉体制备

将由 2 种方法在不同温度下制备的相同质量 2.0g SiO_2 粉体超声波分散于一定量去离子水中，5.0×10^{-5} mol/L 的 $CuSO_4$ 溶液 100mL 在 20min 内滴加其中，滴加完毕后继续搅拌 2h，将分散后的悬浮液静置 30min 后离心，移取上层溶液，然后过滤、洗涤、干燥、粉碎，最后放入 450℃ 高温炉焙烧 2～4h，得载铜二氧化硅粉体。

【应用】　纳米二氧化硅广泛应用于电子封装材料、高分子复合材料、塑料、涂料、橡胶、颜料、陶瓷、胶黏剂、玻璃钢、药物载体、化妆品及抗菌材料等领域。在废水处理领域，纳米二氧化硅可作为吸附剂、脱色剂等。

胡萍等采用发射光谱研究了不同 pH 值和不同 Eu 初始浓度条件下，Eu 在纳米二氧化硅-水界面的吸附特征。研究发现，当 pH 值低时，Eu 在纳米二氧化硅表面的吸附很少，随着 pH 值的增加，Eu 在纳米二氧化硅表面的吸附急剧增加，当 pH>6 时，几乎所有 Eu 都被吸附。研究同时表明，吸附在纳米二氧化硅与水界面的 Eu 离子种类也取决于 pH 值：当 pH<5 时，吸附的 Eu 主要为 Eu^{3+} 水合离子；当 pH>5 时，吸附的 Eu 主要为 $Eu(CO_3)^+$，甚至

$Eu(CO_3)_2^-$ 离子。吸附的机理除了静电吸引外，更重要的是这些离子与纳米二氧化硅表面形成化学键，即表面化学吸附。

　　杨娜等采用氨基改性介孔二氧化硅去除水中的铜离子，表 4-20 给出了三次循环吸附数据。第一次循环吸附结束后，含铜溶液浓度从 303.8mg/L 减少到 84.6mg/L，移除量高达 72%，利用硝酸解吸附后的材料进行第二、第三次循环时，溶液浓度仅仅减少至 242.5 mg/L 和 245.7mg/L，移除量迅速减小，只有第一次循环移除量的 1/3。原因可能是第一次吸附时，氨基改性介孔二氧化硅孔道中氨基含量均匀且较多，在吸附过程中大部分与铜离子发生螯合反应，所以能移除大量铜离子。第二、三次循环时，循环使用的介孔材料中的氨基差不多耗尽，则吸附量急速减小，此时主要依靠孔道对铜离子的物理吸附。如果几次循环后想提高吸附能力，可对回收的吸附材料再次进行氨基嫁接。

表 4-20　氨基改性介孔二氧化硅对铜离子的循环吸收

循　　环	吸附剂浓度/(mg/L)	Cu^{2+}		
		原始浓度/(mg/L)	结束浓度/(mg/L)	去除率/%
1	200	303.8	84.6	72
2	200	303.8	242.5	20
3	200	303.8	245.7	19

　　胺接枝二氧化硅有望用于选择性吸附剂，特别适用于环境污染控制及催化等应用。例如，Lasperas 等（1997）和 Angeletti 等（1998）将胺功能改性 MCM-41 和硅凝胶用作 Knoevenagel 缩合反应所需的高效、可再生催化剂。Leal 等（1995）研究了二氧化硅在表面键合胺的硅凝胶上的吸附作用，尽管吸附量（1atm CO_2 时为 0.3mmol/g）很低。Huang 等（2003）在进一步的研究工作中制备出对 CO_2 和 H_2S 具有高吸附量和选择性的吸附剂。

　　他们的工作可简要归纳为：所用实验材料为二氧化硅干凝胶和 MCM-48。干凝胶采用标准技术由四乙氧基硅烷（TEOS）制备；MCM-48 采用 Schumacher 等（2000）的技术制备。使用这些含硅材料是因为它们具有高比表面积（干凝胶为 816 m^2/g，MCM-48 为 1389m^2/g）、高硅醇羟基数（干凝胶和 MCM-48 分别约为 5 和 8）以及高热稳定性（MCM-48 比 MCM-41 更稳定）。接枝改性剂为 3-氨丙基三乙氧基硅烷。

　　二氧化硅干凝胶和 MCM-48 的覆盖量分别为 1.7mmol$CH_2CH_2CH_2NH_2$/（g 吸附剂）和 2.3mmol$CH_2CH_2CH_2NH_2$/（g 吸附剂）。未改性的 MCM-48 在 3743cm^{-1} 位置出现一个属于表面自由羟基的尖锐峰。此外，也能在 3540cm^{-1} 处（谱带）观察到硅醇羟基与氢键相互作用。与 3-氨丙基三乙氧基硅烷发生表面反应后，表面羟基 IR 谱带消失，表明所有表面羟基均与硅烷反应消耗。3368cm^{-1} 和 3298cm^{-1} 处的谱带属于 NH_2 基团的非对称和对称伸缩振动。1590cm^{-1} 谱带为 NH_2 剪式振动。2931cm^{-1} 和 2869cm^{-1} 谱带属于 $CH_2CH_2CH_2NH_2$ 基团中 CH 伸缩振动。胺接枝二氧化硅稳定性较好，即使加热到 350℃，FTIR 光谱也观察不到变化。

　　胺接枝二氧化硅具有很高的 CO_2 和 H_2S 吸附容量和吸附速率。水的存在可显著促进 CO_2 的吸附，但对 H_2S 吸附没有明显影响。事实上，根据反应式，水存在条件下的 CO_2 吸附量是无水时的 2 倍。

4.2.6　沸石

　　【物化性质】　沸石又名泡沸石，分子筛，钢沸石，晶体铝硅酸盐，其化学成分主要是 SiO_2，其次是 Al_2O_3、CaO、MgO 和 Na_2O 等。沸石是沸石族矿物的总称，是一种含水的架状铝硅酸盐矿物，密度为 1.92～2.80g/cm^3，硬度为 5～5.5，无色，有时为肉红色，具有四面体骨架结构。到目前为止，已发现了 40 多种沸石，主要是方沸石、斜发沸石、片沸石、钠沸石、斜钙沸石、菱沸石等。多数沸石的孔体积在 $0.25\sim0.35cm^3/g$，比表面积很大，一般为 $500\sim1000m^2/g$，外表面积占总表面不足 1%，主要为晶内表面。合成沸石一般为白色晶体粉末，其粒径范围为 $1\sim10\mu m$，平均颗粒大小为 $1\sim5\mu m$。用天然矿物做原料或在合成过程中混入杂质，产品有时就会略带颜色。

【制备方法】　人工合成沸石方法是以硅酸钠、氢氧化钠、氢氧化铝、氯化钾、氯化钠、硫酸等为原料，掺入特定杂质元素，在常压下利用水热合成法制得不同种类沸石。

① 水热合成　这种方法使用的原料是碱、氧化铝、氧化硅和水。碱原料可以是氧化钠、氧化钾、氧化锂、氧化钙等，也可以是混合碱。氧化铝原料是各种氢氧化铝，如三水铝石、三羟铝石，还有一些铝盐，如硫酸铝、三氧化铝和废金属铝等。

氧化硅原料可以是水玻璃、硅酸、硅溶胶、卤代硅烷和各种活性无定形硅石。

现以合成 A 型分子筛为例，说明生产分子筛的一般过程。首先将水玻璃加水稀释，利用沉降法除去其中的杂质，同时将固体氢氧化铝和液碱加热（100℃以上）搅拌制成偏铝酸钠溶液。然后将稀释的水玻璃和偏铝酸钠溶液混合，在室温至 60℃ 范围内加热搅拌制成硅铝凝胶。将硅铝凝胶置入反应釜中，利用蒸气加热至 100℃ 左右，沸石即可自凝胶中结晶出来。

由于沸石是在过量碱的情况下结晶出来的，在晶粒上必然附着大量的氢氧化物，因此必须将其洗涤，否则影响沸石的性能。为此，要用 $60\sim80$℃ 的水进行反复洗涤，至 pH 值达到 9 左右为止。洗涤后的沸石再用金属盐溶液进行离子交换。经上述步骤制成的沸石，是一种沸石的白色粉末，还不能在工业上直接使用，还需要加入一定量的黏合剂，经捏合和滚压掺和后，用成型机成型。再将成型后的分子筛在一定的温度下烘干，然后在 $450\sim600$℃ 左右的温度下灼烧活化，即制成适于工业应用的 A 型分子筛。A 型分子筛的生产工艺使用高活性的溶液，因而生成沸石的纯度较高。

② 碱处理法　碱处理法又称水热转化法，其实质是在过量的碱的存在下，将一些固体硅铝酸盐水热转化成沸石。这种方法使用的原料分为两类：一类是天然矿物，如高岭土、膨润土、硅藻土、水铝英石，火山玻璃岩等；另一类是各种工业含硅、铝原料，如硅凝胶、铝凝胶、硅铝凝胶、炉灰渣等。通常高硅原料用于合成高硅沸石，低硅原料用于合成低硅沸石，因而是一种理想的合成沸石的原料。合成方法可以用火山玻璃加碱直接合成或用火山玻璃加烧碱和氢氧化铝合成。前一种方法是将火山玻璃破碎到 $80\sim100$ 目，把一定量的烧碱溶于适量的水中，将上述两种原料拌匀，烘干，这样就制成了生料。然后将此生料放入马弗炉中焙烧成熟料。再将熟料加入适量的水，生成硅铝胶，最后使硅铝胶在一定的温度下晶化，这样就制成了八面沸石。

后一种方法，其配料和焙烧工艺均与前法相同，只是将补加的氢氧化钠配置成偏铝酸钠溶液，在晶化反应开始时加入进去。实验表明，由于补加了铝，使混合物中的二氧化硅和三氧化铝的比值更适合八面沸石的形成，而且结晶时间可大大缩短，碱的用量可减少 1/2，产量可提高 1 倍。

应用工业硅铝原料合成沸石，其一般过程是先将硅溶胶或铝溶胶和六甲基四胺混合注入成型油中，使之成为微球型凝胶颗粒，再将这凝胶微球进行适当的水热处理，便可生成相应的沸石。

碱处理法合成的沸石的纯度虽不如水热合成法高，但具有生产成本低、产品强度高等优点。

③ 沸石膜的合成　沸石膜的合成在多孔载体上制备的多晶沸石膜为气-气、液-液分离提

供了新的解决方案，因此受到人们越来越多的重视，沸石膜具有高温稳定性和能适用于苛刻的化学条件的特点，为其在工业上的潜在应用提供了广阔的前景。近十几年来，沸石膜的合成成为无机膜领域的一大热点，大批的科研工作者开始从事沸石膜的工作，并相继合成了MFI、A、Y、L等沸石膜，其中尤以 MFI 沸石膜研究为多。

沸石膜在分离方面的巨大应用潜力，使得它成为无机膜研究的前沿。虽然沸石膜的研究报道很多，但大多处于实验室理论研究阶段，距成功地实现工业化还有很大距离。在沸石膜合成上，不仅要寻找合适的载体和处理方法，更重要的是膜的制备方法，最终制备出薄而连续的定向膜，从而满足选择性和渗透性能俱佳的要求。

天然沸石经过活化、改性，可以明显提高其孔隙率及表面活性，提高吸附性能、离子交换性能及交换量等，从而提高其使用价值。沸石改性主要有活化处理、表面改性和结构改性3 种。

（1）活化处理

沸石的活化方法一般有高温焚烧和无机酸处理等。天然沸石经干燥后再对其进行高温焙烧，控制焙烧温度在 $350 \sim 580 ℃$，焚烧时间 $90 \sim 120 min$，即为沸石的高温焙烧活化。焙烧温度过低往往起不到活化的效果，而温度过高通常会造成沸石结构的破坏。经高温焙烧后的沸石在机械强度和吸附能力方面均有较大幅度的提高。采用硫酸、盐酸等无机酸可对沸石进行预活化。通常采用质量分数 $4\% \sim 10\%$ 的盐酸或硫酸对沸石进行活化，低于此浓度的酸对存在于沸石中的杂质去除效果不好，而高于此浓度的酸会造成中和过程的不经济，不方便。一般高温焙烧活化与无机酸活化这两种方法往往配合使用。

（2）表面改性

在沸石的表面上覆盖一层多孔的、等电点高的改性剂，可以使改性后的沸石在保持原有优点的基础上，获得新的功能。用 NaCl 溶液对天然斜发沸石改性制得 Na 型沸石对水中的苯酚有较好的去除效果。而利用 NH_4Cl 和 $CaCl_2$ 溶液对天然沸石进行改性处理，也能够大幅度提高沸石对阳离子的吸附能力。而目前利用有机阳离子表面活性剂对天然沸石进行表面改性制备有机沸石以吸附水中的阴离子污染物，正成为目前研究热点。

① P 型沸石　P 型沸石可以用 NaOH 溶液处理天然沸石而形成，例如，将 $3910 \sim 200$ 目的天然斜发沸石，加入 10mL 5mol/L NaOH 溶液中，在 $(95 \pm 5)℃$ 下加热 70h，即获得 P 型沸石。

② Cu 型沸石　在用 Cu^{2+} 交换制取铜型沸石时，常因沸石中含有 H^+ 而使 Cu^{2+} 交换受阻。因在交换前，需将沸石在浓氨水中浸渍，使 NH_4^+ 先置换沸石中的 H^+。制备 Cu 型沸石主要是用硝酸铜（最佳）、硫酸铜或氯化铜处理沸石，同时使 Cu 交换率在 50% 以上。经交换后的沸石可拌水成型并在适当温度下活化备用。也可用少量硬脂酸铝、石墨等作黏合剂，或用氯化铝和硅藻土等载体成型。

③ H 型沸石　将天然丝光沸石用稀无机酸（HCl，H_2SO_4，HNO_3，$HClO_4$）处理，使 H^+ 交换率至少在 20% 以上，成型后在 $90 \sim 110℃$ 干燥，最后用 $350 \sim 600℃$ 温度加热活化即成。H 型沸石具有很高的吸附速度和阳离子交换容量。

④ Na 型沸石　将天然丝光沸石用过量的钠盐溶液（NaCl、Na_2SO_4、$NaNO_3$ 等）处理，使 Na^+ 交换率至少在 75% 以上，成型后在 $90 \sim 110℃$ 干燥，最后在 $350 \sim 600℃$ 温度加热活化制成。Na 型沸石将大大提高其对气体的吸附容量，甚至比合成的 5A 型分子筛的吸附量还大。王萍等用 NaCl 作为改性剂，对浙江缙云斜发沸石、甘肃白银块型斜发沸石进行Na 型沸石改性，改性后的沸石对苯酚（8mg/L）的去除率提高了 6 倍。

⑤ NH_4^+ 型沸石　将天然沸石用 2mol/L 的 NH_4Cl 溶液处理，然后用 2mol/L KCl 溶液

作提洗剂，能使阳离子的交换容量达到 145mmol/100g。

⑥ Ca 型沸石   将天然沸石用 2mol/L CaCl$_2$ 溶液处理，然后用 2mol/L NH$_4$Cl 溶液作提洗剂，其阳离子交换容量可达 59 mmol/l00g。

⑦ 八面沸石   目前我国探明的沸石矿很大部分为斜发沸石，其致命弱点是比表面积小，孔径小。如将斜发沸石改型为八面沸石，则可广泛应用于化工、炼油等领域，大大提高这种丰富而廉价矿物的使用价值。将斜发沸石改型为八面沸石，其矿物结构发生变化，由单斜晶系变为立方晶系，晶格参数及硅铝比均有大的变化，这一改型过程的机理实际上是沸石再结晶过程，即是硅酸盐阳离子骨架再形成的过程。斜发沸石在 NaOH 和 NaCl 的水溶液中，固相晶态的斜发沸石软化，受到介质中 OH$^-$ 的催化而发生解聚，生成沸石结构单元，晶核进一步有序化，生成八面沸石晶体。

⑧ 有机化沸石   近年来，沸石的有机化改性的研究呈上升趋势。有报道，用溴化十六烷基三甲胺为改性剂，制得的改性斜发沸石对 2,4-DCP 的去除率可达 90%。方法是，对天然斜发沸石用去离子水洗涤 3 遍，以去掉可溶性无机物，并在 500℃ 的马弗炉内焙烧 2h，以除去有机物质，然后把沸石磨碎成直径为 0.42～0.83mm，置于广口瓶中备用。称取 30g 沸石，置于 180mL 一定浓度的 HDTMA 溶液中，摇匀后放入恒温振荡器中，恒温 25℃ 振荡 24h，振速 150r/min，取出后用去离子水洗涤 2～3 次后风干备用。在 50mL 磨口碘量瓶中，分别加入 1.0g 沸石和 20mL 一定浓度的 2,4-DCP 溶液，盖紧塞子，恒温 25℃，振速 150r/min，振荡 24h，后静止 2h，在 5000r/rain 下离心 30min，上层滤液过 0.45Ftm 的微孔滤膜，测定滤液中的 2,4-DCP 的残留量。实验表明，天然沸石对 2,4-DCP 也有较小的吸附能力，但在相同条件下的吸附效果远不如改性沸石好。随着改性实验中 HDTMA 溶液浓度的增加，改性沸石对 2,4-DCP 的吸附能力也增强。当 HDTMA 溶液浓度为 15g/L，2,4-DCP的浓度为 100mg/L 时，改性沸石对 2,4-DCP 的吸附率达到 90%。

应该指出，沸石处理时，对温度和酸碱度的控制是很重要的，它们将直接影响其离子交换能力。实验表明，沸石的离子交换能力，在 600℃ 以下时变化较小，在 600℃ 以上时则急剧降低，900℃ 以上则基本丧失交换性能。如用 5mol/L 以下的 HCl 或 H$_2$SO$_4$ 处理沸石（煮沸 1h），其交换能力变化不大，但随着用酸浓度的增加，而其交换能力则随之降低。用碱处理的情况也相类似。当用 2mol/L NaOH 处理时，沸石结构已发生较大变化。当用 5mol/L NaOH 处理时，结构已发生相当大的变化，当用 10mol/L NaOH 处理，则结构破坏。所以，沸石的离子交换能力开始随 NaOH 的初始浓度的增加而增加，达到最高值后又依浓度增加而降低。

（3）结构改性

结构改性有两类：一类是对沸石骨架元素的改性；另一类是对非骨架元素的改性。对骨架元素的改性包括酸碱处理改性等，对非骨架元素的改性包括离子交换改性、沸石内配位化学等。

① 沸石骨架元素的改性   沸石骨架元素改性主要是脱铝及补铝，水热合成是改变沸石骨架元素的主要方法。

a. 酸处理   酸处理主要是使沸石骨架脱铝。用无机酸或有机酸处理沸石，使其骨架脱铝，可使用的酸有 HCl、H$_2$SO$_4$、HNO$_3$、HCOOH、CH$_3$COOH、C$_{10}$H$_{16}$N$_2$O$_8$ 等。根据沸石分子筛耐酸碱性差异，采用不同强度的酸进行骨架脱铝，一般高硅沸石，如丝光沸石、斜发沸石、毛沸石等多用盐酸漂洗，抽走骨架中的铝后，沸石结构仍保持完好。同时孔道中某些非晶态物质也被溶解，减少了孔道阻力，半径大的阳离子交换为半径小的质子，从而使孔径扩大并提高了吸附容量。

b. 超稳化　超稳化脱铝是指在蒸汽共存的情况下，将铵离子型或阳离子型沸石在 500℃以上烧制的一种方法。这种脱铝方法的起始原料一般采用铵型沸石，用作 NH_4^+ 交换的铵盐有 NH_4Cl、$(NH_4)_2SO_4$、NH_4NO_3 等。在水热烧制中，铝原子从结晶骨架上脱落，同时由其他部分的硅原子置换，从而提高硅铝比。但是从结晶骨架脱落下来的铝原子，残留在微孔中，必须将其除去。为此利用盐酸将残留在微孔中的铝溶解下来。结晶骨架的硅铝比的提高是依靠其他部分硅的补充，因此，产生晶格缺陷，在结晶内存在空隙。

c. 骨架铝化　沸石骨架铝化的研究工作主要是针对高硅沸石进行的。骨架铝化的方法是采用易蒸发的卤化铝蒸气处理沸石，即通过气固反应来实现，处理温度是 150～200℃。为了使铝化沸石有高的反应活性，通过水解反应或交换反应，使铝化沸石的阳离子位完全为质子所取代极为重要。目前广泛采用的方法是将高硅沸石与 Al_2O_3 混压、挤条，然后置于高压釜中经 160～170℃水热处理，铝从氧化铝迁入高硅沸石的四面体骨架中。沸石的吸附容量主要取决于铝原子取代四面体硅的数目，铝原子取代四面体硅数目越大，产生的过剩负电荷越多，对极性分子或离子的吸附能力也就越大。

通过改变沸石中硅铝比，可在较大程度上提高沸石对 H_2O、H_2S、NH_3 的吸附容量，可应用于除去工业废气中的 H_2S、NH_3。

② 非骨架元素的改性

a. 水溶液中离子交换改性

常用的水溶液改性方法有无机酸改性、无机盐改性及稀土改性 3 种方法。

Ⅰ. 无机酸处理基于半径小的 H^+ 置换沸石孔道中原有的半径大的阳离子，如 Na^+、Ca^{2+} 和 Mg^{2+} 等，使孔道的有效空间拓宽；同时无机酸的作用导致沸石矿物的结晶构造发生一定程度的变化，适度控制可增加吸附活性中心。酸浸活化法能有效地提高沸石的比表面积，对增强沸石对氨氮的去除效果较好。

Ⅱ. 无机盐处理则是用盐溶液浸泡增加沸石的离子交换容量，从而提高天然沸石的吸附性及阳离子交换性能。经过无机盐改性的沸石用于净化废水时，更有利于去除水中的各种污染物。一个完整的金属配合物离子可以在水溶液中通过离子交换进入沸石孔道内，使沸石固载某些已知的均相催化剂，从而提高沸石的催化和吸附性能。

Ⅲ. 稀土改性方法是利用 $LaCl_3$ 对天然沸石进行长时间浸渍，改性后，部分生成金属氧化物和氢氧化物。在这些金属氧化物表面，由于表面离子的配位不饱和，在水溶液中与水配位形成羟基化表面。表面羟基在溶液中可发生质子迁移，表现出两性表面特征及相应的电荷。改性后的沸石表面覆盖羟基后，易与金属阳离子和阴离子生成表面配位络合物，所以沸石能吸附水中的阴离子和阳离子。

b. 固态离子交换改性

常规溶液交换法所需交换时间长，交换后需处理大量的盐溶液，并且有很多不溶于水或在水溶液中不稳定的离子，不能通过常规溶液交换法引入沸石分子筛中。固态离子交换法是将沸石与金属氯化物或金属氧化物进行机械混合，再进行高温焙烧或水蒸气处理等不同手段，以得到该催化剂对特定反应的最佳催化活性。

c. 沸石内配位化学

由于硅烷活性非常高，它们能与沸石的表面羟基反应以致被接枝在沸石的表面，通过后续处理，最后形成一个稳定的硅氧表面层。R. S. Bowman 等发现，用离子表面活性剂改性的沸石，在保持原来去除重金属离子、铵离子和其他无机物能力的同时，还可有效地去除水中的含氧酸阴离子，并大大提高了其去除有机物的能力。但硅烷化处理也有其本身的缺点，有机硅烷化合物能对整个孔道进行修饰，因此除改变孔径外，沸石的内表面性质也发生较大变化，有可能影响沸石的吸附和催化性能。

d. 化学蒸气沉积（CVD）

CVD 法包括吸附沉积、化学分解、水解和氧化还原等几个过程。CVD 法可用于高分散、高含量的金属或金属氧化物负载型催化剂的制备。Karina Fodor 等用 $Si(OCH_3)_4$ 或 $Si(OC_2H_5)_4$ 对中孔 MCM-41 分子筛进行修饰，通过改变沉积条件，可以将 MCM-41 的孔径从 3nm 减小到 2nm，为中孔分子筛的孔径调变提供了有效方法。X. S. Zhao 等用三甲基氯硅烷对沸石进行表面改性，改性后的沸石既保持多孔结构，又具有良好的疏水表面，所以能在水存在的条件下，选择性吸附去除挥发性有机化合物（VOCs），在空气净化及含 VOCs 的废水处理方面有一定的利用价值。

但是 CVD 法需要真空装置，投资较大，操作比较复杂，难以工业推广应用。

（4）粉煤灰制备沸石分子筛

① 制备方法

目前粉煤灰制备分子筛主要方法有以下 7 种。

a. 传统水热合成法　传统水热合成法是将粉煤灰与一定浓度碱液混合，并调节反应条件（液固比、硅铝比、搅拌速度、反应温度、反应时间等），而后在玻璃或带有聚四氟乙烯内衬的不锈钢反应器中通过自升压力进行反应，或在开放体系中进行反应，来合成不同类型的沸石。

b. 两步水热合成法　为了解决一步法合成产物纯度较低的问题，Hollman 等提出了两步合成法。实验中，将 500g 粉煤灰与 2mol/L NaOH 混合，并在 90℃下保温 6h，首先使粉煤灰中的可溶有效成分溶出，然后过滤并调整滤液的硅铝比，再经水热反应得到纯度很高的沸石。利用水热反应后得到废液与第一步提取后粉煤灰残余物再进行水热反应 6h，可得到与一步法类似的类沸石产物。利用两步法已成功合成了纯度达 99% 的 P、A、X 型等沸石。但该法操作步骤烦琐，合成周期长，且高纯度产物仅限于利用上清滤液反应而得，粉煤灰形成沸石的总体转化率偏低。

c. 微波辅助合成法　微波辅助合成法和上述传统水热合成法相似，只是在晶化时有微波辅助，可使反应速度提高，合成时间大大缩短。

d. 晶种法　按照配比制备所要合成的沸石晶种，再将适量的晶种和粉煤灰以及碱源混合，在较低温度下晶化，便得到沸石。这种方法粉煤灰中的石英和莫来石不能完全转化。晶种在粉煤灰转晶为沸石时起导向作用，能大大减少其他沸石杂晶的生成。

e. 碱溶法　传统水热合成法，粉煤灰中的石英、莫来石等结晶体很难溶解于碱溶液中，为了提高产品的产量和纯度，Shigemoto 等提出并在实验中采用了在水热反应前引入碱熔融的方法。将一定量的 NaOH、铝酸钠与 10g 粉煤灰混合，在铂坩埚内加热至 773K，恒温 1h，混合物冷却至室温，研磨，加 100mL 蒸馏水混合搅拌 12h，放入容器中在 373K 下反应 6h，合成沸石主要为结晶相 NaX，含量高达 62%。富铝的粉煤灰则合成主要结晶相 NaA 沸石矿物。通过研究发现，在合成过程中，石英晶体溶解并参与合成，而莫来石仍然保持稳定的结晶相。通过在熔融前，向粉煤灰和 NaOH 混合物添加少量水，使莫来石在熔融过程中充分分解。

f. 盐-热（熔-盐）合成法　在上述合成方法中，发现在合成过程中都需要用水作为反应试剂，并且需要较高的液固比，因此不可避免地产生了废液处理问题。为了改善这种情况，Park 等提出并在实验中采用了盐-热合成法，在合成过程中用 $NaOH\text{-}NaNO_3$ 混合物取代水作反应介质，反应条件为温度 250～350℃，$m(NaOH)/m(NaNO_3)$ 为 0.3～0.5，$m(NaNO_3)/m(粉煤灰)$ 为 0.7～1.4 情况下反应得方钠石、钙霞石等沸石结晶体。

g. 混碱气相合成法　首先将一定比例的粉煤灰和碱源在水的参与下混合均匀，然后干燥成固态前驱态物质，再在水或水和有机胺蒸气中晶化。

② 制备实例

a. A 型分子筛的制备

采用水热合成法，水玻璃和偏铝酸钠、氢氧化钠按一定的摩尔比混合，在搅拌下于 80℃左右反应 30min，生成的凝胶升温至 90℃恒温 1h，继续升温至（102±2）℃，结晶 4～6h。过滤洗涤 pH 值为 9，在 100～200℃干燥得到晶体粉末品，即 4A 型分子筛粉末，再与粉合剂捏合成型、烘干、灼烧活化得 4A 型分子筛成型品。

上述粉末如果与 0.2mol/L KCl 溶液于 60～70℃下进行阳离子交换（交换度 70%），再经过滤、洗涤、烘干、成型、灼烧活化得 3A 型分子筛。

上述粉末品如果与 0.5～1mol/L $CaCl_2$ 溶液于 50～80℃下进行阳离子交换（交换度 70%），再经过滤、洗涤、烘干、成型、灼烧活化得 5A 型分子筛。

b. 膨润土深加工制 P 型沸石

Ⅰ. 氢氧化钠溶液活化膨润土法制 P 型沸石

取湿法提纯后粉碎成微细粉末的膨润土 40g，与 48g 氢氧化钠均匀混合后加入高压釜中，同时加入 700mL 水。在 150℃下膨润土活化反应 3h 后的固相组成 XRD 谱图分析表明：活化反应产物主要是水合硅铝酸盐（$Na_6Al_6Si_{10}O_{32} \cdot 12H_2O$），另外还有少量的 Na($AlSi_2O_6$)$H_2O$ 及 Na_2SiO_3。说明氢氧化钠碱溶液在高温高压条件下也能破坏膨润土的结构，使其转化为活性高的硅酸盐。

从高压釜中取出反应料液放入锥形瓶中，然后分别用氢氧化铝、氢氧化钠和水调整体系中的 Al_2O_3：SiO_2：Na_2O：H_2O 的摩尔比为 1：2.3：3：190。此混合体系先在 90℃下老化反应 8h，然后加入少量 4A 沸石晶种（为体系固相质量的 0.7%），搅拌几分钟后，体系密封置于 85℃恒定温度下晶化 6h。晶化后的料液固液分离，固相产品经洗涤、烘干、粉碎，即为 P 型洗涤用沸石。

Ⅱ. 氢氧化钠碱熔活化膨润土法制 P 型沸石

湿法提纯的矿粉经万能粉碎机粉碎成微细粉末后，取出 18g，与 21.6g 氢氧化钠均匀混合，混合料置于马弗炉中进行碱熔活化反应。虽然氢氧化钠的熔点为 318℃，但是由于膨润土的加入，实验时在近 400℃时反应体系才变成液态，此时膨润土与氢氧化钠反应易于彻底。

将碱熔活化原料粉碎后放入锥形瓶中，分别用氢氧化铝、氢氧化钠和水调整体系中的 Al_2O_3：SiO_2：Na_2O：H_2O 的摩尔比为 1：2.1：3.0：190。调整好配比的体系先在 80℃条件下搅拌老化反应 6h，再加入少量 4A 沸石晶种（为体系固相质量的 0.7%）搅拌均匀后，体系密封置于 85℃恒定温度下晶化 6h。对晶化后的料液进行固液分离，固相产品经洗涤、烘干、粉碎即为 P 型洗涤用沸石。

c. β 沸石的微波制备及修饰

Ⅰ. β 沸石原粉的合成

凝胶制备：以粗孔硅胶为硅源，偏铝酸钠为铝源，四乙基氢氧化铵为模板剂，摩尔组成为 $1.0Al_2O_3 \cdot nSiO_2 \cdot 2.14Na_2O \cdot 100H_2O \cdot n$TEAOH（四乙基氢氧化铵），分别以模板剂用量 n(TEAOH)$/n$(SiO_2)＝0.05～0.12 和 pH＝7～11 混合晶化母液，然后加入硅胶并充分搅拌 2～4h。

微波辐射法合成：将胶体转入微波反应釜，置反应釜于微波炉中接受微波辐射，微波功率 200W，晶化温度 80～180℃，晶化时间 1～5h，直至晶化完成，冷却，洗涤至 pH 值为 7，抽滤再经 110℃烘干得 Naβ 沸石原粉。

Ⅱ．Hβ 沸石的制备

微波辐射脱模法：微波功率 700W，升温速率 10℃/min，终温 180℃，恒温 0.5h，辐射脱模。

β 沸石的转型：脱模后 β 沸石用 0.2mol/L 的 NH₄Cl 水溶液（液固比 30mL/g），在 80℃下恒温回流 3h，用去离子水洗涤至溶液 pH 值为 7，110℃烘干，550℃焙烧 4h，即得 Hβ 沸石，再经压片、筛分（粒度 0.28～0.45mm）得 Hβ 沸石催化剂。

Ⅲ．Ag 修饰

将 AgNO₃ 溶于水中，再将其共溶液逐渐滴入称好的 Hβ 沸石中，室温阴干 6h，焙烧时由室温逐渐提高至 550℃焙烧，恒温 2h 后降温，再经压片、筛分（粒度 0.28～0.45mm）、即得 Ag/β 沸石（Ag 质量分数为 1.8%）。

d. 粉煤灰分步溶出硅铝制备纯沸石分子筛

Ⅰ．粉煤灰焙烧预处理过程

将粉煤灰与 200 目的碳酸钠以质量比 1：1.5 充分混合，置于刚玉坩埚中，在马弗炉中升温至 830℃，恒温 1h。焙烧产物为浅黄色粉体。

Ⅱ．沸石分子筛的合成

经焙烧预处理的粉煤灰焙烧产物，用去离子水以液固比为 5：1 浸取，加热搅拌，使可溶性硅酸盐充分溶解，过滤。用不同浓度的 NaOH 溶液浸取滤渣，搅拌下加热至沸，使焙烧产物中的硅铝酸盐在 OH⁻ 作用下分解为硅酸盐和铝酸盐，过滤。用盐酸或 CO₂ 调节滤液的 pH 值至 11～14，使其中的硅铝聚合，生成沸石的前驱体硅铝酸盐凝胶，在 100℃下晶化完全。为了提高晶化的方向和速度，在混胶过程中可加入少量的晶种或液态晶化导向剂。得到的沸石分子筛用去离子水洗涤至 pH 值为 10，110℃烘干。

e. 利用凹凸棒黏土制备 4A 沸石分子筛

Ⅰ．原料处理

将凹凸棒原土在 650℃下焙烧 30min，破坏其晶体结构，使其中的二氧化硅游离出来，成为无定形 SiO₂。焙烧时加入 3% 的氯化铵作为焙烧助剂，以除去铁的干扰。

Ⅱ．制备方法

在三口烧瓶中加入一定量的焙烧土与计量好的 30% 的氢氧化钠溶液进行碱溶，在磁力搅拌下恒温水浴反应，碱溶温度为 90℃以上，碱溶时间 4h，得凝胶混合物。然后在凝胶混合物中，按一定的比例调整加入偏铝酸钠和水，不断搅拌进行晶化反应。晶化反应温度为 90℃，晶化时间为 2～6h。反应结束后，过滤、洗涤，直至滤液的 pH≤11，将滤饼放入 120℃的烘箱中干燥 12h，得 4A 沸石分子筛产品。

【技术指标】　天然沸石国内参考标准

指标名称	指标	指标名称	指标
外观	黄绿、灰绿、赤褐色颗粒	稳定温度极限/℃	37
颗粒直径/cm	0.3～1.2	钠离子交换能力/(t/m³)	800
密度/(t/m³)	1.2～1.4		

【应用】　沸石在石油化工、土壤改良、污水处理、冶金、医药、原子能工业以及轻工业等部门有广泛的应用，而建材工业是沸石的主要应用领域。在污水处理领域，沸石可用于去除氨氮、磷、氟、砷、金属离子、有机污染物、放射性物质等。

① 处理含氟污水　天然沸石除氟效果很差，通过改性处理可以使其具备较强的除氟能

力。郝培亮等利用循环流化床粉煤灰合成分子筛,经载铁改性制备除氟剂用于处理含氟废水,以期达到以废治废的良好效果。表4-21是5种除氟剂的对比资料,载铁X型分子筛明显优于其他4种除氟剂,特别是对中、低浓度含氟废水具有很高的除氟率,一次处理即可达到排放要求;对高浓度含氟废水,该产品可以发挥高除氟率和除氟容量大的优点,使之降到较低浓度再行除氟。实验证明,除氟剂的除氟率低于80%时应用价值是有限的,特别是当除氟容量也不大时,因为它对中、高浓度含氟废水需要多次除氟,而对低浓度含氟废水也很难一次达标排放。

表4-21   5种除氟剂的比较

材 料	载铁X型分子筛	X型分子筛	改性膨润土	天然沸石	粉煤灰
除氟容量/(mg/g)	25.0～30.0	18.0	0.5	0.2	2.0～3.0
除氟率/%	74～98	70～80	40	90～99	63(中浓度)
反应时间/min	20～30	20～30	30	60～180	30

② 处理含氨氮废水   利用沸石去除污水中的氨氮,国内外已经有较广泛的研究,主要认为沸石对氨氮去除的机理为对非离子氨的吸附作用和与离子氨的离子交换作用,一般认为对非离子氨的吸附作用占主导地位。其原因是氨为极性分子,而沸石表面荷负电,因此对氨具有较强的吸附作用。目前人们的研究热点为对沸石进行活化与改性,以达到更好地去除氨氮的目的。

Jorgensen T. C. 等研究了斜发沸石在有机物存在条件下废水中氨氮的去除效果。研究表明,较传统的生物法去除废水中氨氮和有机物,采用斜发沸石处理能更好地承受冲击负荷,运行温度范围更广。用10g/L NaCl溶液活化斜发沸石,在脂肪酶、乳糖、乳清蛋白质和柠檬酸的存在下,氨离子的吸附容量都有所提高。其可能的解释是有机物的存在减小了液相的表面张力所致。

Junichi Minato 等经研究发现,利用3mol/L的NaOH溶液在100℃的条件下制得的改性沸石,对氨氮的吸附能力达到最高水平。李忠等在不同温度及超声辐射条件下,用NaCl溶液浸泡天然沸石来对其进行表面改性,以强化其对氨氮的吸附。应用静态吸附法分别测定了氨离子在天然沸石和美国产Champion、中国台湾产AZOO沸石和改性沸石上的吸附离子交换等温线,并探讨了溶液pH值、焙烧温度和浸泡方法对沸石吸附氨氮的影响。研究结果表明:天然沸石吸附氨氮的最佳pH值范围为3～9,吸附过程以离子交换作用为主;高温焙烧会引起沸石脱水,从而导致孔壁坍塌,使沸石孔径增大,比表面积减小,降低了对氨氮的吸附交换能力;经98℃ NaCl溶液浸泡后,沸石中Na^+的含量增加,沸石对氨氮的吸附交换容量明显增大,超过了美国产Champion沸石和中国台湾产AZOO沸石。

③ 去除废水中金属离子   Ouki S. K. 等研究了沸石去除重金属离子的效果。在混合重金属离子的废水中,斜发沸石对重金属离子的选择性顺序依次为$Pb^{2+}>Cu^{2+}>Cd^{2+}>Zn^{2+}>Cr^{3+}>Ni^{2+}$。用NaCl活化的沸石交换容量提高。

梁凤焦等以自制HDTMA-粉煤灰沸石为吸附剂,对铬酸盐的吸附进行了实验研究。讨论了吸附剂的投入量、废水pH值、吸附温度和吸附时间等各因素对Cr(Ⅵ)去除率的影响。研究表明:pH值对Cr(Ⅵ)的吸附效率无显著影响,且在HDTMA-粉煤灰沸石的投加量为20g/L、吸附温度为30℃、吸附时间为60min的条件下,Cr(Ⅵ)的去除率可达90%左右。

袁明亮等采用化学共沉淀法将具有吸附特性的天然沸石与磁性氧化铁颗粒结合,制备了具有吸附特性的磁性沸石复合体。与钠型沸石相比,磁性沸石的结构没有发生明显变化而比

表面积由 $25.13m^2/g$ 增大到 $100.90m^2/g$。对模拟废水中 Pb^{2+} 和 Cu^{2+} 的吸附研究可知，磁性沸石对 Pb^{2+} 和 Cu^{2+} 的吸附依赖于 pH 值的变化，在 pH>4.5 时对两者去除效率均大于 90%；同时，在不同初始浓度的废水溶液中，磁性沸石对 Pb^{2+} 和 Cu^{2+} 的最大吸附量分别为 $19.44mg/g$ 和 $6.20mg/g$。

④ 去除有机污染物　沸石对有机物的吸附能力主要取决于有机物分子的极性和大小。含有极性基团的有机物分子能与沸石表面发生强吸附作用，易被吸附。通过对天然沸石进行改性处理，可以提高其对酚类、苯类有机物的吸附效果。

Saeid Razee 等研究了沸石去除芳香族化合物的效果。斜发沸石在接触 4h 条件下，对苯胺、苯酚、4-甲基苯胺、4-氨基酸、2-氨基酸、4-硝基酚、2-硝基酚、2-甲基-4-硝基酚的吸附率为 45%～64%，沸石经环式糊精（CD），特别是 α-CD 改性后吸附效果提高到 65%～74%。

林琼等采用无模板剂水热合成法和晶种诱导水热合成法制备了 ZSM-5 沸石，并用于甲基叔丁基醚（MTBE）的吸附，研究发现，晶种诱导合成的 ZSM-5 沸石对 MTBE 的吸附容量随其投加量的增大而减小，存在明显的固体浓度效应；吸附体系达吸附平衡较慢，说明 MTBE 在 ZSM-5 沸石微孔道的扩散是影响吸附平衡的控制因素；该沸石再生方便，对处理初始质量浓度为 $200～1000\mu g/L$ 的 MTBE 溶液具有较好的再生吸附性能。

李效红等在碱性条件下，将 β-环糊精与 2,3-环氧丙基三甲基氯化铵合成了阳离子化的 β-环糊精（CCD），并用于改性沸石获得环糊精改性沸石（CDMZ）。研究了 CCD 合成条件对 CDMZ 吸附对硝基苯酚性能的影响。结果表明，在 2,3-环氧丙基三甲基氯化铵与 β-环糊精的配比为 7∶1，溶液 pH=13 的合成条件下，合成的 CCD 改性沸石所得 CDMZ 对对硝基苯酚的吸附能力最佳。同时研究了沸石改性前的活化处理，CCD 改性沸石的初始浓度和改性时间对 CDMZ 吸附对硝基苯酚性能的影响。实验表明，改性前用 NaCl 溶液活化沸石有助于 CDMZ 吸附性能的改善；当 CCD 改性沸石的初始浓度和改性时间分别为 15g/L（以 β-环糊精计）和 8h 时，所得 CDMZ 对对硝基苯酚（120mg/L）的吸附能力可达 $263.7\mu g/g$。

⑤ 去除放射性物质　Faghihian H 等研究了不同产地的天然斜发沸石及其钠盐形式去除废水中 Cs^+、Sr^{2+} 的效果，建立并讨论了其离子交换吸附等温线。结果表明，低 Si/Al 比有利于阳离子的去除，钠盐形式比未活化的沸石效果好。在钠型沸石中 Cs^+ 的离子交换平衡分数为 $0.32eq/dm^3$，Sr^{2+} 的离子交换平衡分数为 $0.68eq/dm^3$。

4.2.7　轻质氧化镁

【物化性质】　轻质氧化镁又名苦土，是白色轻质疏松粉末，在 25℃下的密度是 3.58 g/cm^3，熔点 2852℃，沸点 3600℃，无臭、无味、无毒。暴露在空气中极易吸收水分和二氧化碳，逐渐转化成酸式碳酸镁。难溶于水，不溶于醇，溶于酸或铵盐溶液中，溶于稀酸中生成相应的镁盐溶液。有高度耐火绝热性能。经 1000℃以上高温灼烧，可转化为晶体；温度升高至 1500℃以上时，则成死烧氧化镁或烧结氧化镁。

【制备方法】　轻质氧化镁的制备主要有卤水制法和固体矿制法两种。

（1）卤水制氧化镁

由卤水或水氯镁石制备氧化镁的方法主要有石灰法、碳铵法、氨法、纯碱法、水氯镁石直接热解法等。

① 石灰法　将氯化镁溶液与煅烧石灰石（或白云石）灰乳反应生成氢氧化镁沉淀，煅烧得氧化镁，实验原理如下：

$$CaO + H_2O \longrightarrow Ca(OH)_2$$
$$Ca(OH)_2 + MgCl_2 \longrightarrow Mg(OH)_2 \downarrow + CaCl_2$$
$$Mg(OH)_2 \longrightarrow MgO + H_2O$$

工艺流程如图 4-5 所示。

② 碳铵法

a. 方法一　碳酸氢铵（或二氧化碳与氨）同氯化镁溶液反应生成碱式碳酸镁，经煅烧分解成氧化镁，工艺流程如图 4-6 所示。

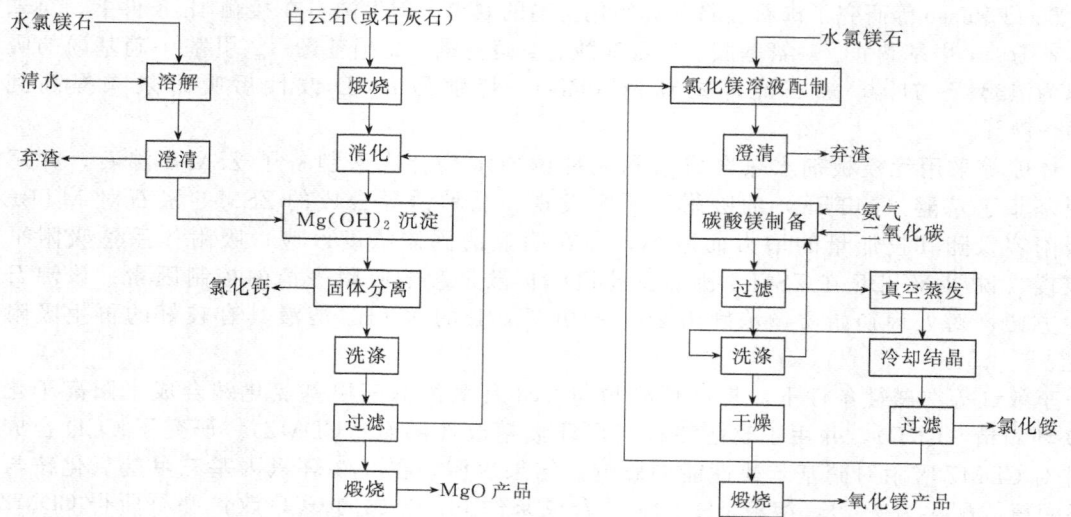

图 4-5　由水氯镁石石灰生产氧化镁工艺流程　　图 4-6　碳铵法制取氧化镁和氯化铵的工艺流程（一）

b. 方法二　将海水制盐后的母液（镁离子含量在 $50g/dm^3$ 左右）在除去杂质后与碳酸氢铵按适宜比例相混合，进行沉淀反应，再经离心脱水、烘干、煅烧、粉碎分级、包装，即得轻质氧化镁成品。反应方程式如下所示：

$$5MgCl_2 + 10NH_4HCO_3 + H_2O \longrightarrow 4MgCO_3 \cdot Mg(OH)_2 \cdot 5H_2O + 10NH_4Cl + 6CO_2 \uparrow$$
$$4MgCO_3 \cdot Mg(OH)_2 \cdot 5H_2O \longrightarrow 5MgO + 4CO_2 \uparrow + 6H_2O$$

工艺流程如图 4-7 所示。

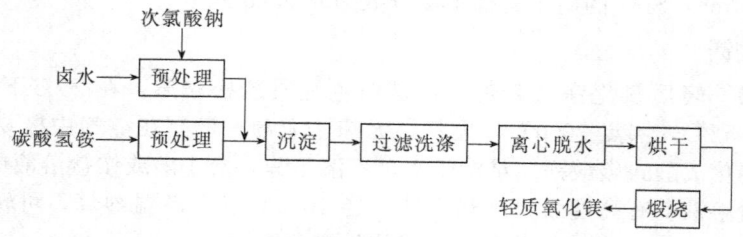

图 4-7　碳铵法制取氧化镁和氯化铵的工艺流程（二）

③ 氨法　将水氯镁石（或老卤）与液氨（或氨水）加入晶种沉镁，沉淀经洗涤、烘干、煅烧得到氧化镁产品，工艺流程如图 4-8 所示。

此法沉镁效率可达 80%～85%，氨转化率可达 80%，产品中氧化镁质量分数在 99% 以上，副产的 NH_4Cl 可作为化肥化工原料，且无工业三废，基本无环境污染。如在沉镁过程中添加特殊晶种核心，可生产超细氧化镁、磁性氧化镁及空气氧化镁。

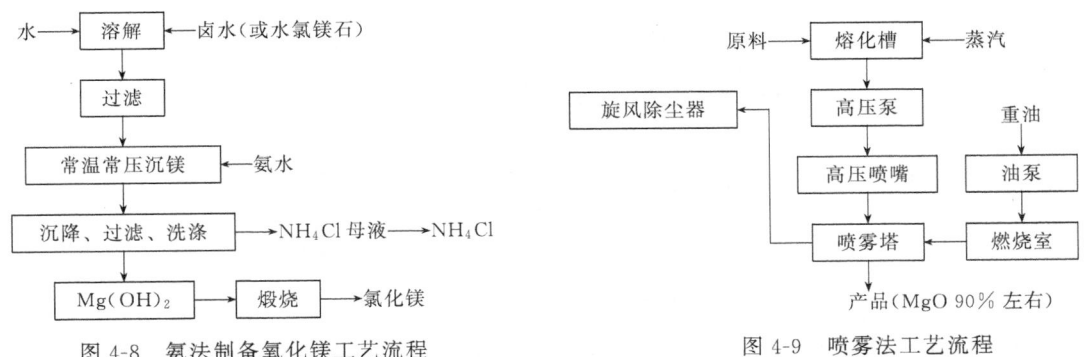

图 4-8　氨法制备氧化镁工艺流程　　　　图 4-9　喷雾法工艺流程

④ 纯碱法　将卤水与纯碱反应，生成碱式碳酸镁沉淀，洗涤、脱水后再经850℃煅烧，冷却、粉碎，制得氧化镁。此法制得的氧化镁产品纯度高，工艺简单，能耗小，但使用纯碱会使成本过高。有关化学反应方程式如下：

$$5MgCl_2+5Na_2CO_3+6H_2O \longrightarrow 4MgCO_3 \cdot Mg(OH)_2 \cdot 5H_2O+CO_2\uparrow+10NaCl$$

$$4MgCO_3 \cdot Mg(OH)_2 \cdot 5H_2O \xrightarrow{\triangle} 5MgO+4CO_2\uparrow+6H_2O\uparrow$$

⑤ 水氯镁石直接热解法　含水氯化镁在空气（或热气流）中加热，随着温度升高能逐步失去结晶水。反应方程式如下：

$$MgCl_2 \cdot 6H_2O \longrightarrow MgO+2HCl+5H_2O$$

该法工艺流程简单，不需消耗任何辅助原料，使生产成本降低，更易实现镁的高值化和产业化。现行方法主要有喷雾法和沸腾炉法2种。

a. 喷雾热解法　将卤水直接喷入热分解反应炉中进行热分解，煅烧后得粗氧化镁，多次水洗除去未完全分解的可溶性氯化物，粗氧化镁完全水化生成 $Mg(OH)_2$，煅烧至轻质氧化镁。该工艺的热解时间短，生产成本较低，但回收率比较低，氯化氢尾气腐蚀性强，对设备的要求很高，而且对氯化氢尾气的吸收和浓缩有很大的难度。其工艺流程如图 4-9 所示。

b. 沸腾炉热解法　将原料经沸腾炉脱水，热解和焙烧，产品由出料管自动溢入集料罐储存。沸腾炉炉体散热较大，应采用适当的隔热保温措施才能较低散热，提高炉子的有效热利用率。工艺流程如图 4-10 所示。

（2）由固体矿制备氧化镁

① 煅烧菱镁矿法　以菱镁矿煅烧制得的轻烧镁为原料，经消化、碳酸化、过滤制得碳

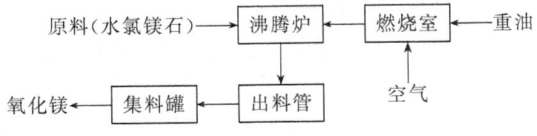

图 4-10　沸腾炉热解法工艺流程

酸氢镁溶液，准确称取适量已处理的活性炭及活化剂加入 1500mL 碳酸氢镁溶液中，然后置于恒温磁力搅拌器中进行吸附脱除反应。经吸附除杂后的碳酸氢镁溶液在 100℃下进行热解，热解得到的碱式碳酸镁过滤洗涤后干燥，再在 950℃下煅烧 3h 即得高纯氧化镁产品。

② 碳化法　碳化反应方程式如下：

$$Ca(OH)_2+CO_2 \longrightarrow CaCO_3\downarrow+H_2O$$

$$Mg(OH)_2+CO_2 \longrightarrow MgCO_3\downarrow+H_2O$$

$$MgCO_3+CO_2+H_2O \longrightarrow Mg(HCO_3)_2$$

碳化法生产轻质氧化镁工艺流程如图 4-11 所示。该工艺中，碱式碳酸镁的干燥和煅烧是同时在隧道窑中进行的。其不足是：能耗高；产品质量较低；操作条件恶劣，粉尘污染严重；不能连续生产。

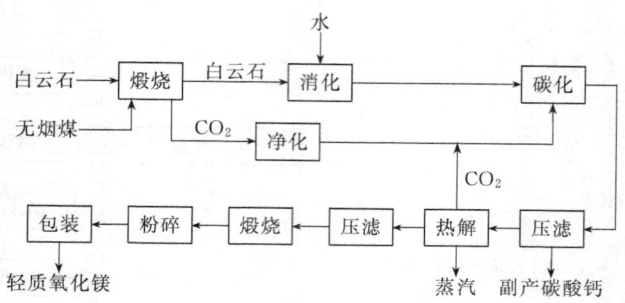

图 4-11   碳化法生产轻质氧化镁工艺流程

a. 改进方法一：利用旋转闪蒸干燥、旋流动态煅烧设备生产轻质氧化镁的新工艺，其流程如图 4-12 所示。

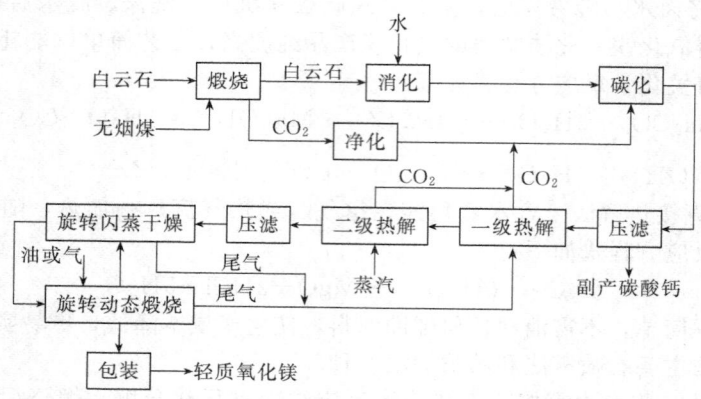

图 4-12   用闪蒸干燥、动态煅烧生产轻质氧化镁的工艺流程

b. 改进方法二：二次碳化法，原理与碳化法相同，只是在其基础上进行了第二次碳化除杂，相对提高了产品的纯度。工艺流程如图 4-13 所示。

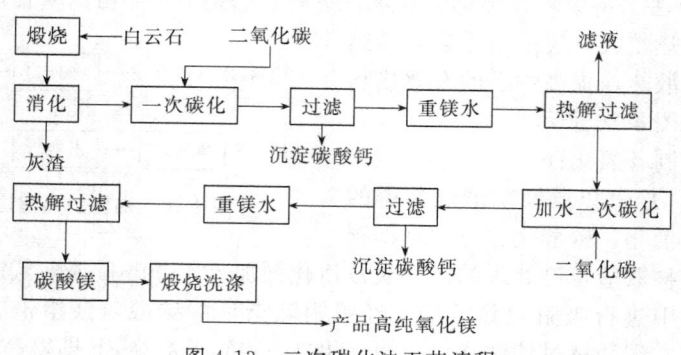

图 4-13   二次碳化法工艺流程

c. 改进方法三：加压碳化法。在碳化法中常压碳化后又进行了更加彻底的加压碳化，大大提高了碳化除杂的效率和氧化镁产品的纯度。

d. 改进方法四：碳氨双循环法。与传统碳化法比较，此法生产周期短、能耗低、生产成本低而且产品质量稳定，母液、氨、二氧化碳全部循环利用以保证环境最低污染。

③ 酸解法   酸解法主要分为酸解、煅烧、分离钙、酸溶、沉镁、灼烧 6 个步骤，工艺流程如图 4-14 所示。

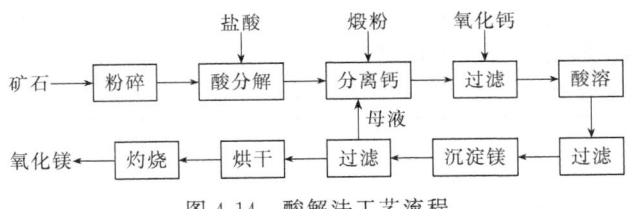

图 4-14 酸解法工艺流程

此法生产氧化镁，原料简单，设备投资少，能耗小，无工业三废污染，但进入的杂质离子较多，如不进行多步后处理，产品的纯度会受到影响。由于此法耗酸量大，如果没有合适的、廉价的酸来源，生产成本会大大提高。

④ 硫铵法　将菱镁矿粉碎会与硫酸铵反应，生成的硫酸镁吸氨沉淀，煅烧而得产品氧化镁。主要反应式为：

$$MgO + (NH_4)_2SO_4 \longrightarrow MgSO_4 + 2NH_3\uparrow + H_2O$$

⑤ 硝酸镁法　以硝酸镁为氧化剂，尿素为燃料，采用自蔓延燃烧的方法制备出粒径为 $15\sim60nm$ 的氧化镁纳米粉体。其反应方程为：

$$Mg(NO_3)_2 \cdot 6H_2O + NH_2CONH_2 \longrightarrow MgO + 8H_2O + CO_2 + 2N_2 + O_2$$

（3）有机前驱物分解法

根据前驱物种类不同，有机前驱物分解法可分为草酸镁法、硬脂酸镁法、柠檬酸镁法、邻苯二甲酸镁法、乙酰丙酮基乙醇镁法和醇镁法等。

① 草酸镁法　卢荣丽等用氯化镁为原料、草酸钠为矿化剂、乙二胺四乙酸二钠为表面活性剂，在高压釜中 100℃ 下进行水热反应，制备出纳米级的前驱体草酸镁，经加热分解制备出的氧化镁纳米晶体粒径尺寸为 5nm，分布均匀，结晶良好。

管洪波等以草酸和乙醇镁为原料，采用低温固相法制备纳米级的前驱体草酸镁，在氮气保护条件下加热分解，得到粒径为 $4\sim5nm$ 的氧化镁，具有很高的比表面积和优良的抗高温烧结性能。

Subramania 等以乙酸镁为原料、聚乙烯为保护剂、乙二醇为还原剂，在 197℃ 回流反应 2h，得到白色前驱物絮凝体，煅烧后得到氧化镁纳米粉体。在 500℃ 煅烧 2h 制备的氧化镁纳米粉体具有较高的比表面积。

② 硬脂酸镁法　宋士涛等以硝酸镁和硬脂酸为原料，利用溶胶凝胶法制备了硬脂酸镁凝胶，煅烧得到分散性好、平均粒径为 33nm 的氧化镁粉体。

③ 柠檬酸镁法　张志刚等以硝酸镁和柠檬酸为原料，采用溶胶凝胶法合成出粒径为 $10\sim100nm$ 的氧化镁粉体，研究了柠檬酸的作用机理，工艺条件对溶胶凝胶稳定性的影响以及煅烧温度对晶体粒径、结晶度的影响。

④ 邻苯二甲酸镁法　占丹等以普通氧化镁和邻苯二甲酸为原料，将两者混合均匀，加适量蒸馏水调成流变态移入反应器加热反应，得到邻苯二甲酸镁前驱物，高温煅烧制备出立方晶形，分散性好，平均粒径约 10nm 的氧化镁粉体。

⑤ 乙酰丙酮基乙醇镁法　朱传高等以金属镁作为牺牲阳极，在乙酰丙酮醇溶液中采用电化学溶解金属镁，一步制备出纳米级的乙酰丙酮基乙醇镁 $[Mg(OEt)_{2-x}(acac)_x]$ 前驱体。控制 pH 值将前驱体的电解液直接水解，水解产物经洗涤、干燥后煅烧，制备出单分散结构，平均粒径约 12nm 的氧化镁粉体。

⑥ 醇镁法　Hyun 等以甲醇镁和乙醇镁为原料，经煅烧处理制备出氧化镁纳米粉体。研究结果表明，乙醇镁的热分解温度和活化能比甲醇镁的低，但乙醇镁制得产物的结晶度比甲醇镁的高。

有机前驱物分解法制备氧化镁纳米粉体的优点是产品粒度小、分布均匀、纯度高，并且煅烧温度低、能耗小，但是原料成本较高、反应不易控制、产量低、不易实现工业化生产。

【技术指标】 HG/T 2573—2006   工业轻质氧化镁

指 标 名 称	I 类			Ⅱ 类		
	优等品	一等品	合格品	优等品	一等品	合格品
氧化镁（MgO）/%	≥95.0	≥93.0	≥92.0	≥95.0	≥93.0	≥92.0
氧化钙（CaO）/%	≤1.0	≤1.5	≤2.0	≤0.5	≤1.0	≤1.5
盐酸不溶物/%	≤0.10	≤0.20	—	≤0.15	≤0.2	—
硫酸盐（以 SO_4^{2-} 计）/%	≤0.2	—	—	≤0.5	≤0.8	≤1.0
筛余物（150μm 试验筛）/%	≤	≤0.03	≤0.05	≤0	≤0.05	≤0.1
铁（Fe）/%	≤0.05	≤0.06	≤0.10	≤0.05	≤0.06	≤0.10
锰（Mn）/%	≤0.003	≤0.010	—	≤0.003	≤0.010	—
氯化物（以 Cl^- 计）/%	≤0.07	≤0.20	≤0.30	≤0.15	≤0.20	≤0.30
灼烧失重/%	≤3.5	≤5.0	≤5.5	≤3.5	≤5.0	≤5.5
堆积密度/(g/mL)	≥0.16	≥0.20	≥0.25	≥0.20	≥0.20	≥0.25

【应用】 轻质氧化镁可用于重金属的脱除、印染废水脱色、废水脱磷脱铵等。MgO 吸附剂对印染厂排出的高浓度、高色度的印染废水可进行一级处理，其脱色率可达 90% 以上，COD 去除率达 50%；对生化处理后的印染废水可进行二级处理，其脱色率可达 98%，COD 去除率为 60%。

氧化镁还可用于吸附水中的氟离子，其对 F^- 的饱和吸附量为 38.57mg/g，相当于 1kg MgO 可处理约 1000kg 含氟 50mg/L 的污水或 4000kg 含氟 10mg/L 的污水，这比用 Al_2O_3 吸附 F^- 的饱和吸附量 0.8mg/g 大 50 倍。轻质氧化镁的吸附速度快，可将含氟 50mg/L 的污水较快地降低到饮用水标准以下（0.8~0.5mg/L），另外 MgO 原料较广泛，加热后可再生，这些特点使得含氟污水处理的设备简化，成本降低，所以氧化镁可望成为一种较理想的除氟吸附剂。氧化镁的除氟效果见表 4-22。

表 4-22   氧化镁的除氟效果

试剂名称	加入量/g	高氟水量/mL	搅拌时间/min	静置时间/min	氟含量/(mg/L)	总硬度/(mg/L)	pH 值
无	—	300	—	—	1.75	365	7.92
MgO	0.3	300	30	10	1.20	904	10.75
MgO	0.4	300	30	10	1.04	786	10.76
MgO	0.45	300	30	10	0.81	690	10.78
MgO	0.5	300	30	10	0.64	629	10.87
MgO	1	300	30	10	0.32	612	10.97

4.2.8   活性氧化铝（γ-Al_2O_3）

【物化性质】 活性氧化铝是一种极性吸附剂，一般用作催化剂的载体。Al_2O_3 一般不是纯的，而是部分水合物的无定形多孔结构物质。硅胶是胶团聚集而成的无定形硅酸聚合物。活性氧化铝与硅胶不同，不仅含有无定形的凝胶，还含有氢氧化物晶体形成的钢性骨架结构。活性氧化铝属于过渡形态氧化铝，为粉状、微球状或柱状白色固体，内部多孔，高分散度的固体物料，具有表面积大、吸附性能好、表面酸性、热稳定性良好的特点。相对密度 3.5~3.9。熔点 2018℃，比热容 0.88~1.67 kJ/(kg·K)。溶于水，可与酸碱反应，吸附性和抗压耐磨性好。

氧化铝一般由热分解氧化铝的水合物制成，水合物的原料有铝盐、金属铝、碱金属铝盐和氧化铝三水合物等。除氧化铝三水合物外，其余的都要预先制成凝胶，由于制备时的温度、pH 值，溶液浓度的不同，生成各种氧化铝水合物和混合物。这些水合物又分解成各种不同物相的氧化铝，在发生相转变的同时，其含水量、晶体结构、比表面、孔径大小和孔径分布都产生很大的变化。

【制备方法】　（1）制备方法

活性氧化铝通常是由氢氧化铝加热脱水得来的。依据氢氧化铝制造方法的不同，活性氧化铝生产可分为以下几种类型。

① 酸中和法　酸中和法是以铝酸钠为原料，在搅拌情况下加入一定浓度的酸或者通入二氧化碳气而得到氢氧化铝凝胶。

$$NaAl(OH)_4 + HNO_3 \longrightarrow Al(OH)_3 \downarrow + NaNO_3 + H_2O$$
$$NaAl(OH)_4 + CO_2 \longrightarrow Al(OH)_3 \downarrow + NaHCO_3$$
$$2Al(OH)_3 \longrightarrow Al_2O_3 + 3H_2O$$

生产中是将配制好的铝酸钠溶液、硝酸溶液和纯水经计量并流加至带有搅拌的中和器内进行中和反应。反应物在中和器内停留 $10 \sim 20min$ 后进入收集器储存，即可进行过滤、浆化洗涤。洗净的滤饼经干燥、粉碎、机械成型，最后在煅烧炉中经 $500 \, ℃$ 煅烧活化得到成品活性氧化铝。酸中和法生产活性氧化铝设备比较简单，原料来源方便，而且产品质量也较为稳定。

② 碱中和法　碱中和法是将铝盐溶液用氨水或其他碱液中和得到氢氧化铝凝胶。

$$AlCl_3 + 3NH_3 + 3H_2O \longrightarrow Al(OH)_3 \downarrow + 3NH_4Cl$$

用氨水中和氯化铝溶液在生产中是将配制好的氯化铝溶液先导入中和器中，在搅拌情况下加入氨水，反应完毕后即可进行过滤和浆化洗涤。水洗后的滤饼在 $40 \, ℃$、$pH = 9.3 \sim 9.5$ 下老化 14h。老化后滤饼经酸化滴球成型，得到小球，再干燥煅烧得到活性氧化铝成品。

③ 铝溶胶法　铝溶胶法制氧化铝是将金属铝煮解在盐酸或氯化铝溶液中，得到透明无色的铝溶胶。而后将铝溶胶与环六亚甲基四胺溶液在 $5 \sim 7 \, ℃$ 下均匀混合，通过滴头，在 $80 \sim 95 \, ℃$ 热油柱中胶凝成球，再经 $130 \sim 140 \, ℃$ 加压老化后，经洗涤、干燥、煅烧制得氧化铝。铝溶胶法制得的活性氧化铝小球特点是低密度、大孔容，而且强度较好，生产易于实现连续化。

④ 醇铝水解法　有机醇铝性质活泼，易溶于水并生成氢氧化铝。醇铝水解制得的氢氧化铝纯度高、比表面大、不含电解质、催化活性高。

$$(RO)_3Al + 3H_2O \longrightarrow Al(OH)_3 \downarrow + 3R—OH$$

通常用异丙醇铝为原料进行水解：

$$Al[OCH(CH_3)_2]_3 + 3H_2O \longrightarrow Al(OH)_3 \downarrow + \quad 3CH_3—\overset{\displaystyle |}{\underset{\displaystyle OH}{C}}—CH_3$$

（2）制备实例

① 以硫酸铝与氨水制活性氧化铝　将 $Al_2(SO_4)_3$ 配成 6% 水溶液，加入 $20\% \, NH_3 \cdot H_2O$ 在强烈搅拌下反应 $40 \sim 60min$，得到 $Al(OH)_3$ 沉淀，再经压滤、水洗、打浆、干燥得到的氢氧化铝产物，挤条成型，在 $550 \, ℃$ 下焙烧活化 4h，脱水生成活性氧化铝。

② 硝酸中和法　浓度为 $600g/L$ 的烧碱溶液，在 $50 \sim 80 \, ℃$ 下加入 $Al(OH)_3$，升温至 $110 \, ℃$，保温反应 3h，稀释后静置 1h，经过滤，除不溶性杂质，再将清液和 $20\% \, HNO_3$ 进行中和反应，温度控制在 $30 \sim 50 \, ℃$ 下，控制 pH 值为 $7 \sim 7.5$，反应 10min 后老化 2h，过滤洗涤，于 $110 \, ℃$ 烘干，挤条成型，干燥，在 $500 \, ℃$ 下活化 4h 得产品。工艺流程如图 4-15 所示。

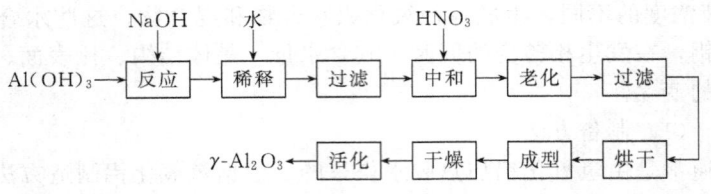

图 4-15   硝酸中和法制活性氧化铝工艺流程

③ 采用原料是工业硫酸铝，先后以 $CaCO_3$-Na_2CO_3 部分中和得到一个中间产物"碱式硫酸铝"沉淀，沉淀在氨水中完全中和以脱硫酸根，并老化得到氧化铝的水合物，经过滤、洗涤、烘干以后成为假-水软铝石（拟一水软铝石或假 α-$Al_2O_3 \cdot H_2O$），经灼烧活化成为 γ-Al_2O_3。

a. 原料液配制   将工业硫酸铝用温水（60～70℃）溶解，溶解过程中不断搅拌（应避免通蒸汽加热，以防止硫酸水解造成过滤困难，原料浪费），溶解后测相对密度（热溶液中测相对密度在 1.185 左右），冷却到室温要求相对密度在 1.21～1.23，相当硫酸铝浓度20%左右，含 Al_2O_3 60～70g/L，pH1.9～2.5，若相对密度不在上述范围可酌情补加硫酸铝或水调整，此溶液经真空过滤除去不溶残渣，滤液保留供部分中和用。

b. 部分中和   在室温下将工业碳酸钙粉末（粒度 150～200 目），以一定速度（产生 CO_2 气体不液泛反应器为原则），加入原料液中并不断进行搅拌，使反应完全，直到溶液的pH 值升至 3.5～3.6（此时产生的 CO_2 气泡不多）停止加碳酸钙，经过滤得到碱式硫酸铝溶液，滤渣可做副产品（石膏）。滤液加热到 60℃，以每秒钟 3～4 滴速度将 15%～20% Na_2CO_3 溶液缓缓加入并不断搅拌，此时溶液中逐渐生成白色沉淀，每隔 15min 测定 pH 值一次，直至 pH 值上升到 4.6～5.0 时停止加 Na_2CO_3，然后进行过滤，用温热蒸馏水打浆洗涤，直至洗液比电阻达到 2000Ω·cm 以上为止。

其反应式如下：

$$Al_2O_3 \cdot 3SO_3 + 1.5CaCO_3 \longrightarrow Al_2O_3 \cdot 1.5SO_3 + 1.5CaSO_4 \downarrow + 1.5CO_2 \uparrow$$
$$Na_2CO_3 + 2H_2O \longrightarrow 2NaOH + H_2CO_3$$
$$H_2CO_3 \longrightarrow H_2O + CO_2 \uparrow$$
$$Al_2O_3 \cdot 1.5SO_3 + NaOH \longrightarrow Al_2O_3 \cdot 0.7SO_3 \downarrow + Na_2SO_4 + H_2O$$
$$Al_2O_3 \cdot 0.7SO_3 \xrightarrow{水洗} Al_2O_3 \cdot 0.4SO_3 + Al_2O_3 \cdot 3SO_3$$

上述反应中加 $CaCO_3$ 反应 pH 值不超过 4 为原则，否则滤液遇水极易水解，造成原料损失。

c. 完全中和及二次洗涤   这步中和沉淀条件不同，对制备活性氧化铝化学组成、强度、堆密度、孔隙度、比表面等影响极大，随着沉淀条件不同，生成氧化铝水合物也不同。

将上述洗涤合格滤饼放入瓷桶中加 10%～15% 的氨水（体积百分数），控制 pH 值在10～11，先进行打浆然后在 60℃恒温水浴中保温老化 8h 后进行过滤，滤液回收硫酸铵。滤饼进行洗涤操作，洗涤直至滤液比电阻达 2000Ω·cm 以上为合格。每次抽滤后滤饼都进行打浆操作，使滤饼间夹杂着的母液洗净，作为洗水电阻应大于 $4 \times 10^4 \Omega$。其反应式如下：

$$Al_2O_3 \cdot 0.4SO_3 \xrightarrow{NH_3 \cdot H_2O} Al_2O_3 \cdot xH_2O + (NH_4)_3SO_4$$

（x 的数值取决于沉淀条件）

采用上述沉淀条件以保证生成假一水软铝石，如果 pH>11 则易生成 β-三水铝矿或生成诺得型氧化铝水合物（$Al_2O_3 \cdot 3H_2O$），温度低于 40℃ 则生成水氧化铝（α-$Al_2O_3 \cdot 3H_2O$）。

    d. 干燥与活化　活化的目的是使氧化铝水合物转变成我们要求的 γ-Al_2O_3 晶体并具有一定的物理性能。将上述洗涤合格的滤饼放入干燥箱，温度控制在 $105 \sim 110℃$ 烘干 6h，冷却取出、打碎、压片成型继续在马弗炉中活化 6h，温度保持 500℃ 制得氧化铝。滤饼也可以不干燥直接挤条成型或加一定量稀硝酸作胶黏剂打浆进行喷雾干燥。

    工艺流程如图 4-16 所示。

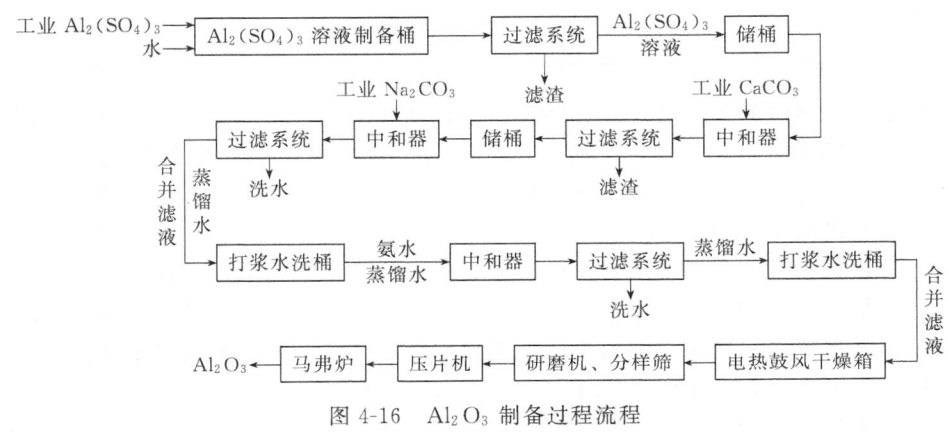

图 4-16　Al_2O_3 制备过程流程

【技术指标】　HG/T 3927—2007　工业活性氧化铝

项　　目	指　　标					
	吸附剂	除氧剂	再生剂	脱氯剂	催化剂载体	空分干燥剂
Al_2O_3 质量分数/%	≥90	≥90	≥92	≥90	≥93	≥88
灼烧失量/%	≤8	≤8	≤8	≤8	≤8	≤9
振实密度/(g/cm³)	≥0.65	≥0.70	≥0.65	≥0.60	≥0.50	≥0.60
比表面积/(m²/g)	≥280	≥280	≥200	≥300	≥200	≥300
孔容/(cm³/g)	≥0.35	≥0.35	≥0.40	≥0.35	≥0.40	≥0.35
静态吸附量(60%湿度)/%	≥12	≥12	—	≥10	—	≥17
吸水率/%	—	—	≥50	—	≥40	—
磨耗率/%	≥0.5	≥0.5	≥0.4	≥0.5	≥1	≥0.5
抗压强度/(N/颗)	粒径 0.5～2mm	≥10				
	粒径 1～2.5mm	≥35				
	粒径 2～4mm	≥50				
	粒径 3～5mm	≥100				
	粒径 4～6mm	≥130				
	粒径 5～7mm	≥150				
	粒径 6～8mm	≥200				
	粒径 8～10mm	≥250				
粒度合格率/%	≥90					

【应用】　活性氧化铝多应用在化工催化，它在水处理上的应用目前介绍较多的是去除水中的氟，也可去除水中有机物、磷酸盐、硫酸根离子等。

活性氧化铝的除氟效果见表 4-23。

表 4-23　活性氧化铝的除氟效果

试剂名称	加入量/g	高氟水量/mL	搅拌时间/min	静置时间/min	氟含量/(mg/L)	总硬度/(mg/L)	pH 值
无	—	300	—	—	1.75	365	7.92
活性 Al$_2$O$_3$	1	300	30	20	1.64	472	8.31
活性 Al$_2$O$_3$	2	300	30	20	1.60	423	8.3
活性 Al$_2$O$_3$	5	300	30	20	1.10	413	8.39
活性 Al$_2$O$_3$	6	300	30	20	0.92	403	8.36
活性 Al$_2$O$_3$	6.5	300	30	20	0.56	401	8.32
活性 Al$_2$O$_3$	7	300	30	20	0.39	400	8.28

彭波等研究了活性氧化铝处理草甘膦生产废水的工艺流程，得到了较适宜的吸附和脱附工艺条件。研究结果表明，活性氧化铝对该废水具有良好的吸附-脱附处理效果。在原废水中草甘膦质量浓度为 10000mg/L，COD 高达 30000mg/L 时，用 10mL 氧化铝吸附处理该废水（处理量为每批次 100mL），草甘膦的去除率大于 98%，COD 去除率大于 50%。

居沈贵等设计了正交水平实验对活性氧化铝吸附锌离子条件进行优化，主要考察了锌离子浓度、温度和溶液的 pH 值对锌离子吸附容量的影响。从活性氧化铝对锌离子吸附效果来看，锌离子浓度影响更为重要；测定了活性氧化铝对锌离子的静态吸附平衡数据，在实验的浓度范围内，吸附平衡符合 Freundlich 方程，其方程形式为：$q = 0.1205 \times c^{0.5463}$；测定了锌离子在活性氧化铝上的静态吸附动力学数据，数据表明在 8~10h 吸附即可达到平衡状态。

宁平等研究活性氧化铝对水中磷酸盐的吸附过程。结果表明：活性氧化铝比活性炭有较高的吸附容量，其吸附磷酸盐适宜的 pH 值是 3~4，吸附符合 Freundlich 等温吸附规律，饱和吸附容量为 10mg/g，是活性炭的 3~9 倍。

刘朝纲研究了活性氧化铝经不同温度活化处理后烷烃和环烷烃在其表面上的吸附振动时间和吸附停留时间。如果表明，对同一吸附质，活化温度越高，吸附振动时间越小，吸附停留时间基本不变，见表 4-24。

表 4-24　活性氧化铝上吸附振动时间和停留时间（135℃）

活化温度/℃	项　　目	戊烷	己烷	庚烷	环戊烷	环己烷	环庚烷
180	等量吸附热/(kJ/mol)	23.0	28.0	34.8	21.3	26.2	32.9
	吸附振动时间/s	3.21×10^{-12}	1.89×10^{-12}	8.27×10^{-13}	4.45×10^{-12}	2.73×10^{-12}	1.14×10^{-12}
	吸附停留时间/s	2.83×10^{-9}	7.26×10^{-9}	2.36×10^{-9}	2.37×10^{-9}	6.17×10^{-9}	1.86×10^{-8}
260	等量吸附热/(kJ/mol)	25.3	32.7	39.5	23.8	29.5	37.0
	吸附振动时间/s	1.56×10^{-12}	4.65×10^{-13}	1.85×10^{-13}	2.21×10^{-12}	1.01×10^{-12}	3.33×10^{-13}
	吸附停留时间/s	2.70×10^{-9}	7.14×10^{-9}	2.11×10^{-9}	2.46×10^{-9}	6.04×10^{-9}	1.82×10^{-8}
340	等量吸附热/(kJ/mol)	41.5	52.1	65.7	39.8	51.2	58.8
	吸附振动时间/s	1.42×10^{-14}	1.72×10^{-15}	9.24×10^{-17}	2.31×10^{-14}	1.88×10^{-15}	6.11×10^{-16}
	吸附停留时间/s	2.92×10^{-9}	8.05×10^{-9}	2.38×10^{-9}	2.88×10^{-9}	6.75×10^{-9}	2.06×10^{-8}
420	等量吸附热/(kJ/mol)	54.3	68.3	83.7	53.7	61.9	73.9
	吸附振动时间/s	3.18×10^{-16}	1.42×10^{-17}	4.17×10^{-19}	3.46×10^{-18}	7.66×10^{-17}	6.79×10^{-18}
	吸附停留时间/s	2.85×10^{-9}	7.88×10^{-9}	2.17×10^{-9}	2.59×10^{-9}	6.44×10^{-9}	1.96×10^{-8}

李树猷等研究了活性氧化铝对砷的去除情况，结果表明，除砷机理以吸附为主，其除 As^{5+} 的效率明显高于 As^{3+}，见表 4-25。

表 4-25　活性氧化铝除砷性能

活性氧化铝		As^{5+} 浓度/(mg/L)		除 As^{5+} 率 /%	除 As^{5+} 容量/(mg/g)	As^{3+} 浓度/(mg/L)		除 As^{4+} 率 /%	除 As^{4+} 容量/(mg/g)
粒径	投加量/(g/100mL)	原水	处理水			原水	处理水		
大颗粒	0.2000	0.178	0.037	79.2	0.070	0.150	0.094	37.3	0.028
	0.2000	0.294	0.069	76.5	0.112	0.300	0.187	37.7	0.057
	0.2000	0.798	0.194	75.7	0.302	0.750	0.521	30.5	0.115
	0.2000	2.080	0.667	67.9	0.706	2.000	1.519	24.1	0.241
	0.2000	3.900	1.784	54.3	1.058	4.000	3.140	21.5	0.430
	0.2000	10.175	4.012	60.6	3.082	10.000	8.200	18.0	0.900
小颗粒	0.2000	0.178	0.011	93.8	0.084	0.150	0.070	53.3	0.040
	0.2000	0.294	0.021	92.9	0.137	0.300	0.122	59.3	0.089
	0.2000	0.798	0.061	92.4	0.368	0.750	0.359	52.1	0.196
	0.2000	2.080	0.198	90.5	0.940	2.000	1.166	41.7	0.417
	0.2000	3.900	0.666	82.9	1.619	4.000	2.470	38.3	0.765
	0.2000	10.175	2.138	79.0	4.017	10.000	6.980	30.2	1.150

　　活性氧化铝是一种用途广泛的吸附剂，经改性调整之后可适用于很多特殊应用场合，活性氧化铝的新用途还在不断开发，进行这些开发工作的主要是一些铝业公司，有关改性技术的详细情况公开得比较少。不过改性技术的主要依据是简单的表面化学基本原理，如酸-碱化学反应。以下两种方法可用于氧化铝结构和性质的调整：a. 改变活化过程；b. 使用添加剂。已经证实的改性氧化铝的用途如下：

从气体和液体中脱除 HCl 和 HF；

从烃类中除去酸性气体（COS、CO_2、H_2S、CS_2）；

脱除氧化剂和 Lewis 碱；

除去水中的 As^{5+}、PO_4^{3-}、Cl^- 和 F^-；

有机加工液体清除剂；

碱性氧化铝用于脱除 SO_2。

　　酸性气体脱除　用于酸性气体脱除的氧化铝显然应具有相对较高的"碱"含量。由于 Bayer 工艺从铝土矿萃取氧化铝过程中需要使用 NaOH，一般氧化铝中都含有钠。氧化铝中 Na_2O 典型含量为 0.3%（质量分数），碱含量可能变化比较大。碱性氧化铝中碱含量一般大于 1%。活性氧化铝的 BET（Brunauer-Emmett-Teller）比表面积一般在 200～500m^2/g 范围内，总孔容接近 0.5 mL/g。

　　氧化剂脱除　用于除去氧化剂的氧化铝（如 Alcoa Selexsorb CDO—200）具有碱含量相对较低（0.3% Na_2O）、Lewis 酸度较高（即高表面 O 空位）、Bronsted 酸度很低等特点。显然因为经过热处理，比表面积也比较低（200 m^2/g）。这类氧化铝对醇、醛、过氧化物、酮以及羧酸、酯类、氨、腈、HCN 等 Lewis 碱具有选择性。因其 Bronsted 酸度很低，使得因氧化剂吸附过程中质子传递引起的副反应发生的可能性降到最小。经证实，这类氧化铝对从聚乙烯生产过程中的共聚单体（正己烯和正辛烯）中除去氧化性烃类特别有效。

　　水处理　氧化铝对水处理非常有用。有许多关于除去水中砷和氟化物的研究。氧化铝对吸附 As^{5+} 特别有效，As^{5+} 在水溶液中主要以 H_2AsO^{4-} 的形式存在。在水介质中，ZPC 作为氧化铝（或任何吸附剂）可测量的性质之一，具有非常重要的作用。pH 值控制要求表面净电荷为零。ZPC 可以用酸碱滴定的方法测定。当 pH 值低于 ZPC 时，氧化铝表面带正电荷；当 pH 值高于 ZPC 时，表面带负电荷。因此 pH 值低于 ZPC 时，氧化铝可吸附阴离子；当 pH 值高于 ZPC 时，氧化铝可吸附阳离子。根据质量的不同，商业活性氧化铝 ZPC 值一般在 pH=8～10 范围内。

　　碱性氧化铝　活性氧化铝经过 K_2O、Na_2O 或 NH_4OH 等碱性氧化物浸渍后可碱化。

碱性氧化铝是 20 世纪 70 年代早期发展起来的一种废气脱硫商业吸附剂。碱性氧化铝还有其他一些有意思的用途，这里讨论 CO_2 和 NO_x 的脱除两种。

碱性氧化铝通过用浸渍碱金属重碳酸盐等碱金属盐溶液制得。碱金属盐一般加热至 500℃ 热处理进行分解。典型碱金属氧化物含量为 5%（质量分数），文献报道的范围为 1%～10%。经过浸渍处理后，比表面积大约降低 50%。因为浸渍过程中仅微孔被阻塞，孔径分布受到的影响不明显。

4.2.9 硅胶

【物化性质】 别名氧化硅胶，硅酸凝胶，含水二氧化硅。玻璃状透明或半透明无光泽的粒状或块状体，具有多微孔结构和高的热稳定性。溶于氢氟酸和强碱，不和其他酸类起作用，不溶于水和气体二氧化硫及醇、醚、苯、汽油等溶剂。根据制备方法不同而使硅胶具有不同的微孔结构和比表面积，将硅胶分为细孔球形硅胶、细孔块状硅胶、粗孔球形硅胶、粗孔块状硅胶等。

【制备方法】 硅胶的生产方法有：硫酸法，将硅酸钠和硫酸（也可用其他酸类）反应而得；复分解法，用硅酸钠和水溶性盐类作用而得；沉淀法，借助于各种有机化合物从碱金属硅酸盐类溶液中析出硅胶而得；电解法，硅酸钠电解而得。硫酸法是目前常用的方法。

（1）粗、细孔块状硅胶的制备

粗细孔块状硅胶呈玻璃状透明或半透明的无光泽的粒状体或块状体，具有多微孔结构和高的热稳定性。主要用作干燥剂、防潮剂、防锈剂和石油化工催化剂的载体或吸附剂，也可用于变压器油的除酸再生。

所用原料为模数 3.3±0.1 的硅酸钠、硫酸和氨水。待静置澄清的稀硅酸钠溶液（密度为 $1.25 g/cm^3$，Na_2O 含量为 6%～6.2%）和浓度为 (30±1.5)% 的稀硫酸，用一定压力于 20～30℃ 时分别由反应喷头处喷出，相遇而高速化合出硅溶胶，其反应如下：

$$Na_2SiO_4 + H_2SO_4 + H_2O \longrightarrow Na_2SO_4 + H_4SiO_4$$

硅溶胶在酸性介质中极不稳定，立即凝成硅凝胶：

$$m H_4SiO_4 \xrightarrow{pH=2} m SiO_2 \cdot n H_2O + (2m-n) H_2O$$

硅凝胶在老化槽内老化 36h 以上，然后将凝胶割成不大于 3cm 碎块并水洗，除去硫酸钠（对细孔块状硅胶当水洗到一定程度时，需用热的较淡的稀酸反复洗涤）。水洗后，若制粗孔硅胶则把硅胶置于 0.13%～0.18% 稀氨水中，于 20～30℃ 温度下浸泡 16h，直至凝胶中含碱量达到 0.03% 为止，取出烘干。若制细孔硅胶则将硅胶置于 0.016%～0.02% 稀硫酸溶液中于 25～30℃ 下浸泡 12h，直至凝胶中含酸量达到 0.01%～0.015% 为止，取出烘干。

硅胶的烘干是在隧道式烘干室内进行。第一次烘干后用振动筛筛选出比较整齐的颗粒，然后进行二次干燥，即得成品。

（2）粗、细孔球形硅胶的制备

粗细孔球形硅胶呈白色透明或不透明的球形颗粒。由于它表面光滑并呈球形，因而机械强度高，不易破碎，阻力也较小。主要用作干燥剂、防潮剂、防锈剂和石油化工催化剂的载体或吸附剂，特别适用于变压器油的除酸再生。

生产方法采用硫酸法，将稀水玻璃溶液与稀硫酸在喷嘴中混合，在 pH=6～7 下，于 20～30℃ 进行空气造粒成型，经蒸汽老化、硫酸交换、漂油、水洗、干燥、筛选等步骤而得产品。

将静置澄清的密度为 $1.204 g/cm^3$、Na_2O 含量为 5.12%～5.25% 的硅酸钠稀溶液和浓度为 20% 的稀硫酸溶液用一定的压力分别打到反应喷头处，使其高速化合成硅溶胶：

$$Na_2SiO_4 + H_2SO_4 + H_2O \longrightarrow Na_2SO_4 + H_4SiO_4$$

硅溶胶由伞形分配盘分散进入成型柱的油浴内，借本身的表面张力而收缩成球形。由于硅溶胶在酸性介质（pH＝6.6～7）和在受热的情况下是极不稳定的，因而在5～7s内迅速凝成硅凝胶：

$$m\,H_4SiO_4 \xrightarrow{\triangle} m\,SiO_2 \cdot n\,H_2O + (2m-n)H_2O$$

球形凝胶由成型柱底部的循环水带出，进入筛子被分离出来。

如制粗孔球形硅胶，则把凝胶用蒸汽老化8h以上，在水洗槽中用0.1%～0.2%稀硫酸溶液浸泡12h，再用0.06%的合成洗涤剂液洗去表面的油污，最后再水洗除去SO_4^{2-}，用0.07%～0.1%的合成洗涤剂液进行表面活化处理，经干燥筛分后即得成品。

如制细孔硅胶则直接把凝胶在水洗槽内进行16h的酸交换，交换液含硫酸2%～2.3%，温度为25～30℃。然后用0.06%的pH值为4的合成洗涤剂液洗去油污，再用40～60℃热水进行水洗，至胶中含酸量为$(4～6)\times10^{-5}$后捞出干燥并筛分即得成品。

硅胶的扩孔处理

适用于不同用途的专用硅胶其制备方法也有所不同。制备特粗孔硅胶时，一般都以细孔硅胶作原料，通过适当扩孔方法将孔扩大1～2个数量级。这里介绍两种扩孔方法。

（1）高压水蒸气扩孔

在高压釜中放置硅胶和蒸馏水，然后加热至所需压力保持一定时间，洗涤干燥后可得扩孔硅胶，见表4-26。

表 4-26　高压水蒸气处理对硅胶孔结构的影响

处理条件			比表面 /(m²/g)	孔体积 /(mL/g)	质点直径 /nm	孔直径 /nm
P/MPa	t/h	T/℃				
—	—	—	286	1.01	10	14
5.07	2	280	31	0.90	90	120
8.11	0.2	300	34	0.90	80	110
8.11	2	300	20	0.87	140	180
15.71	2	355	12	0.92	220	300
22.29	2	345	9	0.92	300	410
28.68	11	350	4.7	0.87	380	740

高压水蒸气扩孔时也可用盐溶液代替蒸馏水，可降低压力和缩短时间。

（2）加盐焙烧扩孔

将一定量的硅胶和一定浓度的盐溶液混合，先在低温下干燥，再在高温下焙烧后，洗涤干燥可得扩孔硅胶。表4-27是在$LiCl \cdot H_2O$—NaCl—KNO_3三元复盐中浸湿硅胶，在不同温度下焙烧2h后所得某种硅胶的参数。

表 4-27　加盐焙烧处理对硅胶孔结构的影响

焙烧温度/℃	比表面/(m²/g)	孔体积/(mL/g)	堆密度/(g/L)	孔度	孔径/nm
550	19	0.85	0.47	0.65	120
600	17	0.85	0.48	0.66	130
650	5.9	0.67	0.54	0.62	320
680	2.9	0.55	0.50	0.58	560
700	1.3	0.55	0.54	0.58	920
730	2.6	0.50	0.54	0.56	600

【技术指标】 HG/T 2765.1—2005 A 型硅胶（细孔硅胶）

指 标 项 目		指　标		
		优等品	一等品	合格品
粒度合格率/%		协议		
堆积密度/(g/L)		协议		
25℃对水蒸气的吸附量/%	RH＝20%	≥10.5	≥10.0	≥8.0
	RH＝50%	≥23.0	≥22.0	≥20.0
	RH＝90%	≥34.0	≥32.0	≥30.0
球形颗粒合格率/%		≥82	—	—
加热减量/%		≤2.0	4.0	6.0
pH 值		4～8		
比电阻/(Ω·m)		≥3000		
二氧化硅/%		≥98		

注：球形颗粒合格率仅适用于细孔球形硅胶。

HG/T 2765.2—2005 C 型硅胶（粗孔硅胶）

指标项目		粗孔球形硅胶						粗孔块状硅胶			
		优等品		一等品		合格品					
粒度/mm		4.0～8.0	2.0～5.6	4.0～8.0	2.0～5.6	4.0～8.0	2.0～5.6	＞5.6	2.8～8.0	1.4～4.0	0.25～2.0
粒度合格率/% ≥		94				90		90			
磨耗率/% ≤		4	6	6	8	8	10	10	10	30	—
堆积密度/(g/L) ≥		400						400			
孔容/(mL/g) ≥		0.85		0.75		0.72		0.76			
球形颗粒合格率/% ≥		78		75							
加热减量/% ≤		5						5			

【应用】 由于硅胶为多孔性物质，具有较大的比表面，而且表面的羟基具有一定程度的极性，故而能优先吸附极性分子，如硅胶常用作脱水吸附剂、芳烃吸附剂等。近年来，随着硅胶制备技术的进步以及吸附技术在石化、化工、冶金工业、电子、航天、医药、食品及环保方面的不断研究和开发，硅胶的应用范围也越来越广泛。

刘学刚等研究了硅胶对硝酸体系中 Zr、Pu(Ⅳ) 的静态吸附和动态吸附行为。在 1.0～4.0mol/L HNO$_3$ 中，硅胶对 Zr 的静态吸附容量（以干硅胶计）约为 20mg/g，对 Pu(Ⅳ) 的吸附分配系数为 0.7～1.4mL/g。随着料液酸度的降低，硅胶对 Zr、Pu 的吸附增加。动态吸附实验结果表明，进料酸度为 2.0mol/L HNO$_3$ 时，硅胶吸附柱的工作容量约为 3.5 倍柱体积。使用 2mol/L HNO$_3$ 淋洗液可将吸附 Zr、Pu 后的硅胶柱中的部分 Zr、Pu 洗脱，但洗脱不完全。用 2 倍柱体积的 0.2mol/L H$_2$C$_2$O$_4$ 可将硅胶吸附的 Zr、Pu 解吸下来。硅胶柱用 0.2mol/L H$_2$C$_2$O$_4$ 解吸后复用 6 次，Zr 的穿透曲线位置相同。

表 4-28 是不同硝酸浓度下，硅胶吸附 Zr 的静态吸附容量（干硅胶）和分配系数（干硅胶）情况。

表 4-28 硅胶对 Zr 的静态吸附

硝酸浓度/(mol/L)	料液中的 Zr 浓度/(g/mL)		静态吸附容量（干硅胶）/(mL/g)	分配系数（干硅胶）/(mL/g)
	吸附前	吸附后		
1.0	1.021	0.816	20.53	25.17
2.0	1.005	0.814	19.08	23.43
3.0	1.019	0.840	17.91	21.32
4.0	1.014	0.843	17.21	20.31

范忠雷等利用氯丙基三氯硅烷与硅胶表面羟基反应制备了烷基化硅胶（CPTCS-硅胶），所得产物与聚烯丙基胺（PAA-15）反应合成了 PAA-硅胶复合材料。测定了 PAA-硅胶复合材料的 FT-IR 光谱、氨基含量和润湿角，考察了溶液 pH 值、吸附时间和吸附温度对其吸附性能的影响，得到在 25℃、pH＝3.5 条件下，复合材料对 Cu^{2+} 的吸附容量为 0.85mmol/g；当 pH＝4.0 时，对 Pb^{2+} 的吸附容量可达到 0.53mmol/g。结果表明，PAA-硅胶复合材料吸附性能优良，是一种良好的吸附材料。

崔玉国等研究了硝酸溶液中 Np(Ⅳ)、Np(Ⅴ) 和 Np(Ⅵ) 在硅胶上的吸附行为，得到以下结论：①在硝酸溶液中，Np(Ⅳ) 在硅胶上吸附 4h，Np(Ⅴ)、Np(Ⅵ) 吸附 2h 达到平衡；②在较高酸度条件下，三种价态的镎几乎都不被硅胶吸附，在低酸和碱性条件下，三种价态的镎在硅胶上都有不同程度的吸附，Np(Ⅳ) 被吸附的程度大于 Np(Ⅵ) 和 Np(Ⅴ)；③在低酸和碱性条件下，温度对镎在硅胶上的吸附有不同程度的影响，分配系数随着温度的升高而增加，说明镎在硅胶上的吸附是一个吸热过程；④实验范围内，改变氧化还原剂初始浓度，对三种价态的镎在硅胶上的吸附没有明显影响；⑤三种价态的镎的吸附规律基本上符合 Langmuir 吸附等温线；⑥根据镎在硅胶上的表观吸附热及单分子层吸附的结论，初步判断镎在硅胶上的吸附属于化学吸附。

李鑫等使用不同的金属盐溶液对中孔硅胶进行改性，并采用间歇式吸附方法研究了水蒸气在硅胶上的吸附动力学实验，利用程序升温脱附技术测定了水在改性硅胶上的程序升温脱附（TPD）曲线并估算了水的脱附活化能，讨论了表面改性对硅胶吸湿性能以及水的脱附活化能的影响。实验结果表明：与 C 型中孔硅胶相比，经 $CaCl_2$ 或 LiCl 改性的中孔硅胶，孔容变小而平均孔径变大，在相对湿度小于 80% 的范围内，其吸湿性能明显增加，水的脱附活化能也增大；由于 Ca^{2+} 的极化势大于 Li^+ 的极化势，水分子在经 $CaCl_2$ 改性的硅胶上的脱附活化能要大于其在经 LiCl 改性硅胶上的脱附活化能。

陈毅华等为了解 PAA-硅胶对重金属的吸附能力，对其静态吸附性能进行了测定，包括 pH 对吸附性能的影响、吸附平衡、重金属离子浓度对吸附性能的影响和温度对吸附性能的影响等实验。实验结果表明：PAA-硅胶使吸附达到最佳的 pH 值分别为：Cu^{2+} 为 4.0，Zn^{2+} 为 5.0，Ni^{2+} 为 5.5，Co^{2+} 为 5.0，Pb^{2+} 为 4.0；在适合的 pH 值条件下，PAA-硅胶对重金属具有良好的选择吸附性能，适用于含重金属水体的处理，对水中微量重金属的去除效率较高；温度升高有利于吸附。

表 4-29 是在最佳 pH 值条件下，不同温度下 PAA-硅胶对 5 种重金属离子的平衡吸附容量，吸附条件为：$V＝50mL$；$m＝0.5000g$。各种离子的初始浓度分别为：Cu^{2+} 为 0.02342mol/L；Zn^{2+} 为 0.02101mol/L；Pb^{2+} 为 0.02048mol/L；Co^{2+} 为 0.02333mol/L；Ni^{2+} 为 0.02071mol/L。

李延斌等通过 γ-氯丙基三甲氧基硅烷的偶联，将聚乙烯亚胺（PEI）偶合接枝在硅胶微粒表面，制得对铬酸根有强吸附作用的复合型吸附材料 PEI/SiO_2，并对其化学结构进行了表征；采用静态法研究了 PEI/SiO_2 对铬酸根的吸附性能及脱附性能。结果表明，凭借强

表 4-29　不同温度下 PAA-硅胶对金属离子的平衡吸附容量　　单位：mmol/g

温度/℃	25	35	45	55	65
Cu^{2+}	0.85	0.85	0.84	0.83	0.79
Zn^{2+}	0.43	0.45	0.49	0.55	0.63
Pb^{2+}	0.55	0.59	0.65	0.72	0.79
Co^{2+}	0.26	0.33	0.41	0.48	0.57
Ni^{2+}	0.35	0.36	0.41	0.51	0.64

烈的静电相互作用，硅胶表面的聚胺大分子 PEI 对铬酸根阴离子可产生很强的吸附作用，饱和吸附量可达 0.07g/g（pH＝6）；等温吸附满足 Langmuir 吸附等温方程；介质的 pH 值对吸附作用有很大的影响，pH 值越小，吸附容量越大；升高温度吸附量减小，表明静电相互作用导致的吸附作用为一放热过程。以 NaOH 水溶液为洗脱液，吸附在 PEI/SiO$_2$ 表面的铬酸根阴离子很容易被解吸脱附，便于 PEI/SiO$_2$ 的重复使用。

4.2.10　活性炭（AC）

【物化性质】　黑色多孔性粉末或颗粒，无臭、无味。沸点 4827℃，3652℃升华，相对密度 1.8～2.1，表观密度随其原料来源和制造方法的不同差别很大。如用软木制成的活性炭，表观密度 0.08g/cm^3 以下，用植物籽制成的活性炭，表观密度大致在 0.45g/cm^3 以上。孔隙容积 0.6～0.8mL/g，比表面积 500～1500m^2/g。对气体、蒸汽和有机高分子物质具有极强的吸附力。常温时化学性质稳定，遇碱类、酸类都不起化学变化，高温时能在空气中燃烧生成二氧化碳或一氧化碳。活性炭的强度比较大，不易破碎，耐磨性好，不溶于水，也不溶于普通溶剂。

活性炭的组成元素主要是碳，其含量在 90%～95%，此外还有氧（约 3.0%）、氢（约 5%）及少量金属元素（约 1.5%）。活性炭表面的化学基团有羟基、羧基、羰基、酚羟基、醌型羰基、环式过氧基及结构较复杂的碱性基团，这些有机基团使活性炭表面具有不少的活性中心。

应用于给水处理中的活性炭主要包括粒状活性炭（GAC）粉末活性炭（PAC）两种。粉末状的活性炭吸附能力较强，制备容易，价格较低，但再生比较困难，一般不能重复使用。颗粒状的活性炭价格较贵，但可再生后重复使用，并且使用时的劳动条件较好，操作管理方便。因此，在水处理中较为多采用的是颗粒状活性炭。

与其他大部分吸附剂相比，活性炭独特的表面特性是表面为非极性，或因为表面含氧官能团和无机杂质的存在具有弱极性。正是这些特性赋予了活性炭以下优点。

（1）活性炭是商业吸附剂中唯一在诸如空气净化等分离和净化操作之前无需进行预先严格干燥的吸附剂。也正因为如此，活性炭广泛用作水溶液处理附剂。

（2）因为具有巨大的易接触内表面（以及巨大的孔体积），活性炭比其他吸附剂能吸附更多非极性和弱极性有机分子。例如，室温、1atm 条件下，活性炭的甲烷吸附量约为 5A 沸石吸附量的 2 倍。

（3）活性炭吸附热或键强度比其他吸附剂低，这是因为活性炭吸附的主要作用力仅仅是非特异性作用力和范德华力。所以被吸附分子的脱除相对比较容易，吸附剂再生的能耗相对较低。

【制备方法】　活性炭制备一般经下述几个步骤：原料粉碎—黏合成型—干燥（120～130℃）—炭化（170～600℃）—活化（800～1000℃）—后处理。制备活性炭的原料主要有木炭、煤、硬果壳、骨头、炼油残渣等。

① 用无烟煤和长焰煤制备活性炭。为了提高颗粒活性炭的强度，减少黏结剂的配入量，采用新煤炭化工艺。其流程如下：

煤→制备（小于 150 目）→混捏（焦油＋水）→压球→碳化→破碎（直径 3～5mm）→活化（水蒸气）→活性炭→指标测定（强度、碘值）。

成型：将小于 150 目的煤粉、焦油和水，按一定比例（煤∶焦油＝9∶1）混捏后，在压力成型机上制成直径为 35mm×30mm 的煤球。每个球的最大成型压力约为 50MPa。

碳化：在炼焦炉内进行。控制加热速度为 3℃/min，加热从室温开始直至预定温度（650℃，700℃，750℃），并在此温度下停留 2h。碳化结束后，炭化料在炉外隔绝空气进行自然冷却。然后碳球被破碎成直径 3～5mm 的颗粒。

活化：将直径 3～5mm 的颗粒炭化料在固定床活化炉内活化。当炭化料被加热至预定温度（800℃，850℃，900℃）后，通入一定流量的水蒸气进行反应，并控制反应时间。水蒸气量由进水量计，水炭化约为 1.26～2.69。反应结束后，活性炭在炉外隔绝空气进行自然冷却。

用无烟煤制备活性炭的适宜条件为：炭化温度 700～750℃，活化温度 850～910℃，活化时间 5.5～6h，H_2O/C 比是 1.5～2.0。

用长焰煤制备活性炭的适宜条件为：炭化温度 700℃，活化温度 900℃，活化时间 5.5h，H_2O/C 比是 2.5。

② 由煤矸石制备活性炭/硅铝氧化物复合吸附材料。煤矸石质地坚硬，是碳素前驱体和无机硅酸盐的紧密复合物，孔结构很少，基本没有吸附性（比表面积为 7.5m^2/g）。为了提高其吸附性能，一般采取原位活化碳素物质造孔去除 SiO_2 及 Al_2O_3 协同造孔的方法。实际生产中，可以通过适度提高铝硅酸盐化学反应的活性，即将部分 SiO_2 及 Al_2O_3 等溶出从而在炭素体上造出新孔。试验时在隔绝空气条件下，适度高温活化煤矸石原料，再经碱浸、酸浸、洗涤、干燥等制得活性炭/氧化物复合吸附材料。然后，将碱浸液与酸浸液再调配制得聚硅铝水处理剂。这样也实现了以循环经济模式为出发点的新的综合利用途径。

煤矸石主要成分：$\omega(SiO_2)$＝34.96％，$\omega(Al_2O_3)$＝27.58％，$\omega(C)$＝15.8％。

试验方法：煤矸石经粉碎磨细后，加入一定质量的 Na_2CO_3，在研钵中研细混匀，然后转移到坩埚中，在马弗炉中缺氧焖烧（若有条件可在氮气气氛中焙烧）一定时间。然后冷却至室温，取一定质量的熟料，加入一定浓度的 NaOH 溶液中共热反应，搅拌回流 2h。反应结束后，趁热过滤，滤渣用热水洗涤至中性，收集滤液。将滤渣加入一定浓度的盐酸中共热反应，搅拌回流，趁热过滤，收集滤液。滤渣水洗后在 120℃下烘干，即得活性炭/氧化物复合吸附材料。将酸浸液缓慢加入所收集的碱提溶液中，调整溶液 pH 值后，搅拌反应一定时间，经熟化即可得到液体产品。

吸附复合材料制备的最佳工艺条件为：m（原料）：$m(Na_2CO_3)$＝20:15，活化温度为 750℃，活化时间为 1h，活化气氛为 N_2 气氛，活化料溶出固体比为 1:4。溶出时间为 1h，反应温度为回流温度。酸浸温度为 75℃，酸浸固液比为 1:6，酸浸时间为 1h。制备的吸附材料孔单位体积能达到 1.60cm^3/g，总比表面积能到达 305m^2/g，中孔占总孔容的 56.21％，只用于吸附大分子物质。

③ 以花生壳为原料制备活性炭。将花生壳洗净、烘干、粉碎、过筛，置于马弗炉中在隔绝空气的条件下，于不同温度下炭化一定的时间，冷却后取出，即得到花生壳活性炭。

④ 以山核桃壳为原料制备活性炭。山核桃壳经机械加工碎壳、自然风干后粉碎成 20 目的原料备用。将山核桃壳用磷酸溶液浸渍 24h，移至坩埚中，放入马弗炉内烧制活化，冷却，用 1％稀盐酸洗涤，再用蒸馏水洗涤至 pH 值接近 7，烘干，研磨，用 200 目筛网筛分，即得山核桃壳活性炭。

⑤ 以大麻秆为原料制备活性炭。将大麻秆置于 115mol/L 的磷酸溶液中煮沸 3h，取出烘干至恒重。将磷酸处理后的大麻秆前驱体置于管式电阻炉中，与 N_2 保护下分别升温至 300～600℃下保温 2h，待自然冷却至室温后取出，用去离子水洗至滤液为中性，烘干即得麻秆基活性炭。

⑥ 以稻壳为原料制备粉状活性炭。称取 1000g 稻壳，将其碾碎后置于管式电阻炉中，在氮气气流保护下，以每分钟升温 10℃速率加热到 400℃，保温 4h。再以同样的方法降温到室温，所得产物为预炭化产物。在 500mL 的烧瓶中加入 50g 预炭化产物和 250g85％磷

酸,将烧瓶置于套式恒温器中进行减压蒸馏,所得产物在 110℃下真空干燥 24h,然后将其置于管式电阻炉中,在 100mL/min N₂ 气流保护下进行活化,在 800℃活化 1h,所得产物冷却后用热水洗,直到洗液 pH 为中性,然后用冷水洗,以出去磷酸类化合物,最后将其置于电热恒温干燥箱中,在 110℃恒温条件下干燥 6h,得粉状活性炭。

(1) 活性炭的炭化活化

活化过程是活性炭制备过程中最关键的工艺过程,是在活化剂与炭化料之间进行复杂化学反应的过程。其活化作用主要表现在三方面:一是在初始孔隙的基础上形成大量的新孔隙;二是初始孔隙进一步扩展;三是孔隙间的合并与连通。因而,通过活化阶段,可得到比表面积更大、孔径分布更合理的活性炭产品。目前,活化主要有物理活化、化学活化、复合活化、催化活化等过程。

① 物理活化法　物理活化法是将原料先炭化,再利用气体进行炭的氧化反应,形成众多微孔结构,又称气体活化法。常用气体有水蒸气和二氧化碳,由于 CO_2 分子的尺寸比 H_2O 大,导致 CO_2 在颗粒中的扩散速度比水蒸气慢,所以工业上多采用水蒸气活化法。活化过程在活化炉中进行。炉中通入水蒸气,高温条件下水蒸气、空气、炭发生类似生成水煤气的反应。活化时炭料中的挥发物逸出,微晶石墨层间连接的碳被氧化,石墨平面上的基团亦发生变化。经过一段时间活化,从炉中取出,并在水中冷却,在炭颗粒内部形成许多互相贯通的气孔。其工艺特点是:活化温度高、时间长、能耗高,但该方法反应条件温和,对设备材质要求不高,对环境无污染。工艺流程如图 4-17 所示。

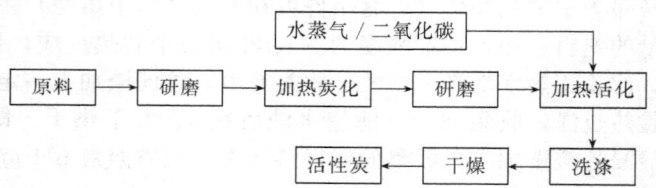

图 4-17　物理活化法制备活性炭工艺流程

物理活化反应实质是活化气体与含碳材料内部"活性点"上碳原子反应,通过开孔、扩孔和创造新孔而形成丰富的微孔。开孔作用指活化气体与堵塞在闭孔中的游离无序碳及杂原子反应使闭孔打开,增大比表面积,提高活性。扩孔作用指由于炭表面杂质被清理后微晶结构裸露,活化气体与趋于活性条件下的碳原子发生反应,使孔壁氧化,孔隙加长、扩大。生成新孔指活化气体与微晶结构中的边角或有缺陷的部分具有活性的碳原子发生反应,形成众多新的微孔,使活性炭表面积进一步扩大。

② 化学活化法　化学活化法是将原料与化学试剂(活化剂)按一定比例混合浸渍一段时间后,在惰性气体保护下将炭化和活化同时进行的一种制备方式,实质是化学试剂镶嵌入炭颗粒内部结构中作用而开创出丰富的微孔。常用的活化剂有碱金属、碱土金属的氢氧化物和一些酸,目前应用较多、较成熟的化学活化剂有 KOH、$ZnCl_2$、H_3PO_4 等,其工艺流程见图 4-18。

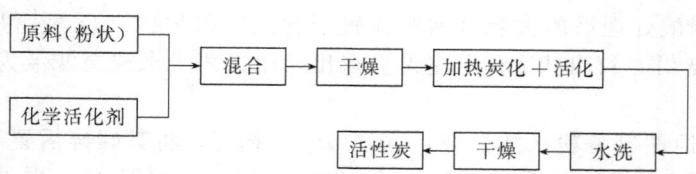

图 4-18　化学活化法制备活性炭工艺流程

三种活化剂的活化情况见表 4-30。

表 4-30 典型的化学活化法中的活化剂

活 化 剂	活化温度/℃	可能的活化作用	活 化 特 点
$ZnCl_2$	600~700	脱水作用、促进热解	收率高,微孔、中孔发达
H_3PO_4	400~600	脱水作用、催化热解	较 $ZnCl_2$ 孔径小、中孔发达
KOH	800~900	浸蚀作用、强反应性	比表面积大,微孔发达,反应快

与气体活化法相比,化学活化法的工艺特点是:操作大大简化,活化温度降低,时间缩短,能耗降低,并且可通过选择不同活化剂制得具有特殊孔径结构的活性炭。例如 KOH 活化是产生新微孔,而 H_3PO_4 或磷酸盐主要产生中孔。但同时也存在活化剂成本高、腐蚀设备、污染环境、产品残留活化剂、应用受到限制、需进一步处理等缺点。

活性炭表面生成哪种有机基团受活化条件影响。温度控制在 300~500℃,通入湿空气,表面以酸性基团为主,有利于吸附极性物质,如酚、重金属,不利于吸附非极性有机物,这是由于羧基易吸附水,阻碍非极性物质接近炭表面。温度控制在 800~900℃,用空气、水蒸气或二氧化碳活化,表面以极性较弱的碱性基团为主,易吸附非极性有机物。温度控制在 500~800℃时得到两性活性炭。

a. $ZnCl_2$ 和 H_3PO_4 活化剂 $ZnCl_2$ 和 H_3PO_4 活化法是比较成熟的制备工艺,其活化作用体现在两个方面:促进热解反应过程,形成基于乱层石墨结构的初始孔隙;填充孔隙,避免焦油形成,清洗除去活化剂后留下发达的孔结构。控制活化剂用量及升温制度,可控制活性炭的孔结构。但 $ZnCl_2$ 法污染严重,H_3PO_4 法需高温不易生产,且产品孔径偏小,因此国内研究热点已转向探索在传统工艺基础上与新型催化剂相结合的活化方法。

b. KOH 活化剂 KOH 活化法制备的活性炭比表面积较高,微孔分布均匀,吸附性能优异,是目前全世界制备高性能活性炭或超级活性炭的主要方法。KOH 活化机理非常复杂,国内外尚无定论,但普遍认为 KOH 至少有两个作用:碱与原料中的硅铝化合物(如高岭石、石英等)发生碱熔反应生成可溶性的 K_2SiO_3 或 $KAlO_2$,它们在后处理中被洗去,留下低灰分的碳骨架;在焙烧过程中活化并刻蚀煤中的碳,形成活性炭特有的多孔结构。后者主要反应为:

$$4KOH + C \longrightarrow K_2CO_3 + K_2O + 2H_2 \uparrow$$

同时考虑到 KOH,K_2CO_3 的高温分解及炭的还原性,推测伴有如下反应:

$$2KOH \longrightarrow K_2O + H_2O \uparrow$$

$$K_2CO_3 \longrightarrow K_2O + CO_2 \uparrow$$

由上述反应可知,活化过程中,一方面通过 KOH 与碳反应生成 K_2CO_3 而发展孔隙,另一方面 K_2CO_3 分解产生的 K_2O 和 CO_2 也能够帮助发展微孔,促进孔结构的发展。

③ 复合活化技术 将物理活化方法和化学活化方法的各自优点结合起来,所形成的复合活化技术越来越受到人们的重视,该技术发展初期,多采用简单物理活化加化学活化的双重活化方式。例如,Caturla 等在制备核桃壳活性炭的实验中,先用 $ZnCl_2$ 进行化学活化后,再用 CO_2 进行物理活化。试验结果表明,用该复合法制备的活性炭比表面积可达 $3000m^2/g$ 以上;但双重活化仍没有克服化学活化法中的不利因素的影响,而且还增加了劳动强度。

目前,多采取化学浸渍加物理活化的复合活化技术,通过控制浸渍比、浸渍时间、活化温度、活化时间等因素,可制得吸附性能优良、孔径分布合理的活性炭材料。

Lyubchik 等用氧化性试剂浸渍无烟煤后,用 CO_2 在 850℃下活化,可制得微孔和中孔均比较发达的活性炭材料。张文辉等在制备煤基活性炭研究中用 KOH 浸渍试样后,再用水蒸气活化。试验结果表明，产物比表面积大于 $1500m^2/g$，同时缩短了活化时间，提高了产品的吸附性能。赵乃勤等将炭粉和铵盐混合溶液 $\{m[(NH_4)_2SO_4]\colon m[(NH_4)_3PO_4]\colon m(H_2O)=6.6\colon3.4\colon90\}$ 按一定浸渍比浸渍、烘干，再用水蒸气进行活化，可以显著地提高活性炭的比表面积和活化收率。

复合活化技术虽有较多优点，但在活化程度、均匀性、有效性等方面仍有不足；因此，一方面需要加深对复合活化技术中的相关作用机理的认识，另一方面也需要加强与其他相关制备技术的配合。

④ 催化活化技术　催化活化是在简单物理活化和化学活化的基础上，随着对炭化、活化机理认识的深入而逐渐形成的一种活化方法。

在 20 世纪 70 年代初，Marsh 等对加入铁、镍的糠醇树脂进行了炭化、活化的研究，结果发现，活化反应主要在金属粒子的近处发生，抑制了微孔的形成，中孔明显增加。Tomita 等研究认为，金属催化气化产生的中孔反应主要集中在金属微粒的表面，金属微粒是向碳基体内部打洞前进的。Adler 等较为详细地研究了金属的催化气化反应机理，提出了氧传递机理。刘植昌等进行了铁催化活化制备沥青活性炭机理方面的研究，指出在铁微粒周围发生催化活化反应的同时，还有非催化活化反应进行，这些非催化活化反应主要产生微孔，所产生的微孔和中孔可使原来分散于沥青基碳球内部的铁微粒暴露于水蒸气气氛中，继续对活化反应起到催化作用，产生更多中孔，上述反应过程循环往复，从而产生大量的中孔。

有很多化合物，包括碱金属和碱土金属的盐类、氯化物、硫酸盐、乙酸盐以及大多数的酸类和氢氧化物等，在气体活化中具有催化加速作用，例如目前工业上用 KOH 和 K_2CO_3 作催化剂，用量 $0.1\%\sim5\%$，可以显著地提高物理活化速率和产品性能。

催化活化是一种有效的孔径调控制备技术，特别是对中孔活性炭的制备，但由于许多催化剂属于含金属的盐类，因此需考虑产品中的金属残留问题，尤其是在食品、医药、催化等领域中所应用的活性炭。

(2) 活性炭的改性

活性炭的吸附特性一方面取决于其孔隙结构，另一方面取决于其表面性质，活化技术主要侧重于孔隙结构方面，但随着对活性炭材料性能的要求越来越高，简单的炭化活化工艺已经很难满足要求，尤其是在一些高、精、尖领域的应用，因此，活性炭改性技术就越来越受到重视。改性技术一方面可进一步调整活性炭的孔隙结构，另一方面可对活性炭的表面进行修饰和改性，其主要方法有表面氧化处理、浸渍活化溶剂、沉积技术、热处理技术、低温等离子技术、微波技术等。

① 物理改性技术

a. 热处理法。热处理技术主要是指在一定条件下将活性炭在高温下进一步处理的过程。该技术的操作相对简便易行，被广泛应用于研究和应用领域。高温热处理技术对活性炭性能的影响主要表现在两个方面：其一，改变原活性炭的初始孔径和孔容；其二，改变活性炭的表面化学结构，包括元素、官能团种类等。目前，热处理技术多采用复合方式（浸渍热处理、活化气氛热处理等）进行，例如 Bagreev 等先用三聚氰胺浸渍活性炭，然后用 850℃ 的高温处理。试验结果表明：改性后的活性炭对 H_2S 的处理能力可提高 10 倍以上。

b. 微波法。活性炭能很好地吸收微波，但微波改性方法在 AC 领域的应用起步较晚，尚处在实验研究阶段。江霞等在利用微波改变活性炭性能方面进行了大量的实验研究，结果发现，经过微波改性后，活性炭的碘吸附值有所提高，吸附能力增强；同时，还发现活性炭的表面结构也有较大的改变，且孔结构变化多发生在中孔范围。目前，许多学者认为微波功率是改变活性炭性能的主要因素。微波对活性炭进行的改性处理，主要是通过快速、高效的热作用来引起炭骨架的收缩，从而导致孔径、孔容等参数的变化。

微波技术具有很多优点，正日益受到碳素工作者的重视。人们已经发现，在不同气氛条件下利用微波加热改性会影响活性炭表面基团的性质，如氧化性气氛有利于酸性基团的形成，而还原性气氛则有利于碱性基团的形成。

c. 低温等离子体法。等离子体是物质在特定激发条件下（如高温）的一种物质状态，是由大量正负带电粒子和中性粒子组成并表现出集体行为的一种准中性气体，是除固态、液态和气态以外的物质第四态。由于低温等离子体中绝大多数粒子的能量均高于活性炭表面常见化学键的键能，因此可以断开活性炭表面的某些化学键，从而使活性炭的表面改性得以实现。

García 等利用氧等离子体对活性炭表面进行改性研究发现，在基本不改变其表面组织结构的前提下，可以使其表面化学性质有针对性地发生改变。Boudou 等在用氧低温等离子体对活性炭改性的研究中发现，在基本不改变活性炭孔隙率的条件下，可在活性炭表面引入大量以羧基为代表的酸性官能团。

② 化学改性技术

a. 表面氧化改性。表面氧化改性是指利用合适的氧化剂在适当的温度下对活性炭材料表面的官能团进行氧化处理，从而提高材料表面含氧官能团的含量，增强材料表面的亲水性。常用的氧化剂主要有 HNO_3、$HClO$ 和 H_2O_2 等。

Abdel-Nasser 等进行的研究表明，用 HNO_3 处理后，活性炭表面的各种含氧官能团和吸湿性均明显增加，这有利于改性活性炭在液相吸附中的应用；但在另一方面，HNO_3 的腐蚀性会导致大孔增多。厉悦等利用氧化方法对活性炭进行改性，发现改性后的活性炭表面的酸性基团含量增加，活性炭表面的亲水性显著提高，但 pH_{PZC} 值（水溶液中固体表面净电荷为零时的 pH 值）却降低，并且对苯酚的吸附性能也降低。

方法一：硝酸改性活性炭。称取粒状活性炭 200g 放入反应器中，然后加入 1000mL 硝酸溶液（8%），置于恒温水浴中与 50℃回流处理 8h。处理后的样品经去离子水洗涤，再放入烘箱中于 110℃干燥 10，即得到相应的改性活性炭样品。

方法二：高锰酸钾改性活性炭。先将购买的活性炭过孔径为 250μm 的筛网，除去细粉末。然后，称取 250g 颗粒活性炭置于 1000mL 盛有 500mL 去离子水的烧杯中，加热至沸腾，在近沸腾的状态下浸泡 30min，并轻轻搅拌，待冷却后弃去上部溶液，然后室温用去离子水洗涤几次，直至上清液清亮为止，滤出后在 110℃下恒温干燥 11h。称取 5g 干燥活性炭放入盛有 0.03mol/L$KMnO_4$ 中，在慢速搅拌下加热至沸腾并回流 30min，将活性炭分离出来，室温用去离子水洗至无 MnO_2 的颜色为止，滤出后在 110℃恒温干燥 11h，即得样品。

b. 表面还原改性。表面还原改性是指通过还原剂在适当的温度下对活性炭材料表面官能团进行还原改性，从而提高含氧碱性基团的比含量，增强表面的非极性，这种活性炭材料对非极性物质具有更强的吸附性能。活性炭材料的碱性主要是由于其无氧的 Lewis 碱，可以通过在还原性气体 H_2，或 N_2 等惰性气体下高温处理得到碱性基团含量较多的活性炭材料。

高尚愚等利用 H_2 改性活性炭材料，改性后的活性炭材料孔隙性能没有明显的变化，但是由于表面含氧官能团，特别是含氧酸性官能团显著减少，使活性炭对苯酚的吸附能力提高近 2.5 倍。

c. 负载金属改性。活性炭材料作为一种特殊的材料载体，不仅因为其具有很大的比表面积、规则的孔径分布，以及丰富的表面官能团，而且由于活性炭材料具有很好的物理化学稳定性，使它成为一种理想的催化剂载体。此外，从一些贵金属催化剂的回收再生考虑，活性炭材料作为催化剂载体由于可以燃烧完全，使得贵金属的回收成本很低。

方法一：载金属离子活性炭。活性炭在使用前先用蒸馏水清洗几次去除表面的无机杂质，然后用 0.1mol/L 的硝酸洗，水洗，接着用 1mol/L 氢氧化钠清洗去除活性炭表面的有机杂质，接着水洗到中性为止，然后在 373K 下烘 12h。称取 10g 预处理过的活性炭，分别配置 150mL 浓度为 0.05mol/L 的 $FeCl_3$、$AgNO_3$、$Mg(NO_3)_2$、$CuSO_4$ 溶液中，浸渍时间为 24h，将过滤后的活性炭放在干燥箱中在 393K 温度下干燥 12h，即制得负载不同金属离子的活性炭。采用 Fe^{3+}、Mg^{2+} 和 Cu^{2+} 负载改性活性炭对三氯甲烷和二氯甲烷的饱和吸附量要高于未改性活性炭，而 Ag^+ 负载改性活性炭的吸附量要低于未改性活性炭。

方法二：氧化镁/活性炭复合材料。向麦草浆蒸煮黑液中加入一定量 $MgSO_4 \cdot 7H_2O$，搅拌 2h 后于 120℃ 下烘干，取干燥后的固体，用 $ZnCl_2$ 溶液浸渍一定时间离心分离后，在 N_2 气氛下于一定温度下活化，N_2 流量为 100mL/min，升温速度 10℃/min。活化后样品冷却至室温，用去离子水漂洗至无 SO_4^{2-} 和 Cl^- 存在，于 105℃ 下烘干 24h 制得氧化镁/活性炭复合材料。以造纸制浆过程中产生的污染物造纸草浆黑液和镁盐为原料制备出氧化镁/活性炭复合材料，为造纸草浆黑液的利用提供了一个新思路，具有明显环境效益和实用价值。

方法三：负载氧化镁活性炭。将 5g 活性炭浸入 40mL 一定浓度的 $KMnO_4$ 溶液中，再置于超声振荡器中振荡 2h，然后取出烘干，再在加热炉中于氮气气氛和设定温度下加热 0.5h，待冷却后取出，制得负载 MnO_x 活性炭。

注：$KMnO_4$ 溶液浓度和热处理温度对负载 MnO_x 活性炭的甲醛吸附量有重要的影响。$KMnO_4$ 浓度必须适中，当 $KMnO_4$ 浓度过高时，活性炭的空隙被堵塞，会导致其吸附能力降低。再者，热处理温度也必须适中，$KMnO_4$ 在低温度下分解程度小，在 650℃ 左右的分解产物以有利于吸附甲醛的 MnO_2 为主，温度过高时会被活性炭中的碳还原为低价态的锰。

③ 改性活性炭（一）

方法一：氢氧化钠改性活性炭。颗粒状果壳活性炭用去离子水洗涤数次至洗涤液澄清物色。在干燥箱中于 105℃ 烘干 24h，然后置于干燥器中备用。向装有 20g 洗净颗粒活性炭的锥形瓶中分别加入 40mL 不同浓度的 NaOH 溶液，30℃ 下震荡 2h，静置 24h，滤去浸渍液，将改性活性炭放入干燥箱中在 100℃ 下烘干 2h，再用去离子水清洗至中性，于 105℃ 烘干 24h，得到碱改性产品。

方法二：碳酸钠改性活性炭。首先用蒸馏水洗涤工业活性炭，在蒸馏水在浸泡 12h，在 110℃ 的温度下干燥 24h，然后用 7% 碳酸钠溶液浸渍 12h 后，在 110℃ 的温度下干燥 24h 后得到产品。

方法三：氢氧化钾改性活性炭。将成熟的互花米草茎秆清洗、烘干后用粉碎机粉碎，过 20 目筛，在 50mL/min 的氮气流保护下以 50℃/min 速率升至 450℃，恒温炭化 1h。按照 3∶1（KOH∶碳化料）的浸渍比，将样品浸渍在 KOH 溶液中 12h，将上述浸渍后的碳化料混合物在 105℃ 下烘干，置于管式炉中，在 50mL/min 的氮气流保护下，以 10℃/min 速率升至活化温度 800℃，并恒温活化 1.5h。将上述活化后的样品浸泡于 0.1mol/L 的盐酸中，在恒温振荡器中振荡 12h 以上，再用热的蒸馏水洗到 pH 值为 7.0，烘干即得活性炭。

④ 改性活性炭（二）

方法一：柠檬酸改性活性炭。将颗粒活性炭用蒸馏水洗涤数次至洗涤液澄清无色，在温度为 105℃ 干燥箱中烘 24h，然后称取该活性炭 20g 于锥形瓶中，量取 40% 的柠檬酸溶液 20mL 加入，在温度为 30℃ 下振荡 2h 后静置 24h，滤去浸渍液，在干燥箱 100℃ 加热 2h，然后洗至中性，在 105℃下干燥，得到产品。

方法二：磷酸浸渍法制备改性活性炭。棕榈科经磨碎并筛分，选取 1.0～2.0nm 的颗粒用于下一步试验。10g 原料用 10%～50% 的 200mLH$_3$PO$_4$ 于室温下浸渍 3～24h 然后干燥。混合物在 150cm^3/min 的 N$_2$ 流下进行活化，活化温度为室温至 300～700℃，并保温 2h，然后又冷却至室温，取出最终产物并用蒸馏水洗涤。

⑤ 吸附疏水性物质　赵振国等用三甲基氯硅烷蒸气处理活性炭，制备了表面硅烷化的活性炭，比表面积为 435～1212m^2/g，孔半径 0.73～0.89nm。发现活性炭对芳香族化合物吸附作用是以苯环吸附在活性炭表面方式进行的，活性炭表面硅烷化以后，其疏水性增强，因此，表现出对苯甲酸和苯甲醛的吸附能力增加。

⑥ 接枝聚合改性　由于炭表面有酚羟基、羧基、内酯基和醌型含氧基，这些活性基团存在为炭表面接枝聚合提供了良好的接枝点。蒋子铎等进行了许多炭黑表面接枝聚合改性工作，以改善炭黑的分散性和吸附性。自由基接枝聚合是利用炭表面具有捕捉自由基的能力，他们先用一定量的甲醛和催化剂，在碱性条件下与炭反应生成羟甲基，然后通过羟甲基的氧化还原反应与合适的单体实现自由基接枝聚合；或在炭表面先形成过氧化酯基，再用该过氧键引发自由基接枝聚合；也可以利用先形成偶氮基再实现自由基接枝聚合。

（3）物理化学联合发改性

物理化学联合法是将物理活化及化学活化两种方法结合起来，一般先进行化学活化再进行物理活化，可获得微孔丰富的活性炭。如 Caturla 等采用 ZnCl$_2$ 化学活化后再用 CO$_2$ 气进行物理活化核桃活性炭，获得的改性活性炭比表面积高达 3000m^2/g；Molinasa 等用 H$_3$PO$_4$ 和 CO$_2$ 分别处理木质纤维素活性炭，获得了比表面积高达 3700 m^2/g，总孔容达 2 mL/g 的超级活性炭。

（4）活性炭的成型

根据活性炭成型原材料的不同，可分为两类：一类是以碳质前体为原料制备成型活性炭；另一类则是直接以粉状活性炭为原料制备成型活性炭。

① 以碳质前体为原料制备成型活性炭　以碳质前体为原料制备成型活性炭，大致可以分为以下 3 种情况。

a. 直接使用碳质前体，经过炭化、活化而制得。Ramos-Fernández 等以渣油经过热裂解得到的中间相沥青为原料，与 KOH 充分混合后，于较高压力下压缩成型，再经高温活化、洗涤，制得成型活性炭，当 KOH/C 质量比为 4:1 时，其比表面积可达 2800m^2/g。然而，由于该成型活性炭是在高温下经化学活化制得，其孔隙结构较为发达，孔壁之间的结合较为疏松，因此，须在高压下压缩成型，才能保证其在活化后的洗涤过程中不会坍塌，即便如此，其机械强度和耐磨损度仍然较差。

Molina-Sabio 等将橄榄树果实的小颗粒分别浸入磷酸和氯化锌溶液中，烘干后压制成型，再经活化、洗涤，然后于 CO$_2$ 气中再活化，制得成型活性炭，将其用于甲烷吸附，在 298K、3.4MPa 压力下其最大吸附量分别可达 150 倍（体积比，下同）和 110 倍，性能较好。但是，由于该方法所用的原料为天然植物材料，所含有的木质纤维素经过炭化、活化后主要转化为无定形碳，而无定形碳颗粒之间的结合较为疏松，因此，所制成型活性炭的抗压强度和耐磨损度一般都较差。

b. 使用多孔材料浸渍碳质前体成型，再经炭化、活化而制得。Shi 等将自制的多孔成型硅浸入苯乙烯、二乙烯基苯的混合溶液中，直至饱和，再将其取出并密封，使其聚合，然后进行炭化，制得碳-硅复合成型物，其比表面积仅为 347m^2/g。Valdés-Solís 等以多孔陶瓷浸渍酚类或呋喃类树脂、多聚糖的混合物作为碳质前体，通过物理活化，制得成型活性炭，其比表面积为 $1450m^2/g$，而机械强度可达 16MPa。由该类方法所制得的成型活性炭由于含碳量较少，因此比表面积一般较低，且由于碳质前体在炭化、活化后与多孔材料的相互结合较差，所以其耐磨损度也较差。但是，由于其所使用的多孔材料一般强度较高，孔隙较大，因此，该类材料在反应器中具有较低的压降，较有可能作为固定床催化剂的载体而应用。

c. 使用黏结剂将碳质前体黏结成型，再经炭化、活化而制得。Arriagada 等以蓝桉树木块为原料制备碳分子筛，原料经炭化后，制成粉状，添加煤焦油沥青和有机溶剂为黏结剂，烘干后压缩成型，然后用 CO_2 进行活化，制得成型活性炭，用于气体分离，效果较好，但是，其机械强度非常差。Liu 等以煤粉为原料，煤焦油、甲基纤维素、豆油和水的混合物为黏结剂，混合均匀后压缩成型，再经干燥、炭化、水蒸气活化，制得蜂窝状活性炭，其比表面积可达 $804m^2/g$，机械强度大于 12MPa。该类方法以碳质前体为原料，先成型，再活化，若采用物理活化法，活化过程由成型的胶炭混合物表层到内部逐渐深入进行，若活化时间较短，难以深入到其内部，因而制得高比表面积成型活性炭的难度较大；若活化时间较长，虽然成型活性炭的比表面积增大了，但是其强度和耐磨损度下降过多；而采用化学活化法，较易得到高比表面积的成型活性炭，但是，由于其水稳定性较差，而在化学活化过程结束时，又必须经过洗涤过程洗去活化剂，释放出活性炭的孔结构，而该过程往往会破坏成型物。因此，该方法难以在保证其机械强度的条件下，制得高比表面积的成型活性炭。

② 以粉状活性炭为原料制备成型活性炭 以粉状活性炭添加黏结剂压缩成型，可以制得较高比表面积的成型活性炭。由于粉状活性炭的孔隙结构异常发达，成型过程必须尽可能地减少对其孔隙结构的堵塞、破坏，即减少黏结剂的添加量、降低成型压力，从而提高成型活性炭的比表面积；而由于粉状活性炭耐磨损度、耐压强度都很差，因此，要提高成型活性炭的机械强度又必须增加黏结剂的添加量、提高成型压力。因此，成型活性炭的吸附性能和机械强度是相互矛盾的，要同时提高其吸附性能和机械强度是十分困难的。根据成型所需黏结剂的不同，可分为两类，即有机类和无机类。

a. 有机类黏结剂。由于有机黏结剂与碳材料有较好的亲和能力，因此，对于粉状活性炭与有机黏结剂混合成型的研究较多，但由于有机黏结剂种类繁多，所以如何选择某种适合的有机黏结剂，使其既能保证成型活性炭较粉状活性炭原料比表面积下降较少，又能具有一定的机械强度，需要进行大量研究，下面简要介绍几种常见的有机类黏结剂。

Ⅰ. 腐殖酸及其钠盐。Lozano-Castello' 等以煤粉经过 KOH 化学活化后制得的粉状活性炭为原料，以腐殖酸的钠盐为黏结剂，均匀混合后，压缩成型，经高温热处理，即可制得成型活性炭。当黏结剂加入量为 15%（质量分数，下同）时，制得成型活性炭的机械强度为 0.15MPa，将其用于天然气吸附，在 298K、3.5MPa 下对甲烷的体积吸附量可达 85 倍。

Ⅱ. 黏结性木质素。以黏结性木质素作为黏结剂制备成型活性炭的研究报道较多。李建刚等以石油焦经 KOH 活化制得粉状活性炭，添加羧甲基纤维素为黏结剂（加入量为 20%），混合后压制成型，然后在氮气保护下经过热处理，制得成型活性炭，将其用于天然气吸附，在 298K、3.6MPa 下，对甲烷的体积吸附量可达 167.9 倍。

Ⅲ. 煤焦油。以煤焦油为黏结剂制备成型活性炭的研究较少，袁爱军等以大庆石油焦为原料，通过 KOH 化学活化制得粉状活性炭，以煤焦油沥青为黏结剂（加入量为 33%）制备成型活性炭。原料与黏结剂充分混合后，于 150℃下压制成圆柱状型炭，再经干燥、预氧化、炭化、活化 4 个过程，制得成型活性炭，其比表面积可达 $2381m^2/g$。

Ⅳ.聚乙烯醇及其衍生物。Ruth 等以橄榄树果实经 KOH 活化制得的粉状活性炭为原料,聚乙烯醇为黏结剂(加入量为 15%),经压制成型,并经过热处理,得到成型活性炭,其比表面积为 800m²/g 左右。Qiao 等则以煤焦油基活性炭为原料,以聚乙烯醇缩丁醛为黏结剂,并以邻苯二甲酸二丁酯为增塑剂,通过混合、成型、硬化及炭化处理,制得成型活性炭,其比表面积为 900m²/g 左右,抗压强度为 5MPa 以上。

Ⅴ.酚醛树脂。宋燕等以石油焦经 KOH 活化,制得高比表面积的粉状活性炭,以酚醛树脂为黏结剂,在一定压力下压制成型,型炭经炭化、活化后,制得成型活性炭。当黏结剂添加量为 30% 时,其比表面积为 1398m²/g 左右,抗压强度为 8.5MPa。

除以上所列举的一些有机黏结剂外,还可以使用其他高分子类水溶液或醇溶液等作为黏结剂制备成型活性炭。可以看出,黏结剂的种类决定了该类方法所制成型活性炭的性能,相对其他方法而言,该类方法较易得到比表面积较高的成型活性炭,但是其机械强度不是很好。所以,如何通过对黏结剂的优选,以提高其机械强度,仍需进一步研究。

b.无机类黏结剂。由于无机类黏结剂与粉状活性炭成型较易得到高强度的成型活性炭,且无机类黏结剂表面一般具有极性。因此,所制的成型活性炭较原粉状活性炭对某些气体具有更强的吸附能力,从而拓宽了活性炭的应用领域。所以,对于无机类黏结剂的研究报道也较多,以下简要介绍几种无机黏结剂及其性能。

Danh 等以斑脱土为黏结剂,混合粉状活性炭成型,制得的成型活性炭比表面积可达 1554m²/g,进一步研究发现,若在成型过程中引入铜离子,虽然成型活性炭比表面积有所下降,但可增加对 H_2S 气体的吸附量。Molina Sabio 等以橄榄树果实所制的粉状活性炭为原料,以海泡石为黏结剂(加入量 30% 以上)制得成型活性炭,用于气体吸附,发现海泡石不仅起到黏结的作用,同时还具有一定的吸附能力。

Yates 等分别以来源于煤、木材、椰壳、泥煤的粉状活性炭为原料,混合氧化铝或二氧化钛,再添加硅酸盐物质作为黏结剂(添加量约 50%),混捏后挤压成型,并于氮气中加热处理,制得蜂窝状成型活性炭。对比添加物料及处理条件的不同,得到的各种成型活性炭中,比表面积最大的为 732m²/g,其机械强度为 17.2MPa;而其中机械强度最高的可达 40.6MPa,但其比表面积仅为 631m²/g。

综上所述,以无机类物质作为黏结剂,可以大幅提高成型活性炭的机械强度,但是若其添加量较少,则不能成型;而添加量过多,又会导致成型活性炭中碳含量减少,比表面积下降。因此,该类方法适合生产某些具有特殊吸附性能的成型活性炭,而不适合制备高比表面积的成型活性炭。

(5)制备实例

① 以木材为原料制备活性炭 中国南方的两种针叶材杉木、马尾松和北方的两种阔叶材泡桐、杨木为原料,以氯化锌为活化剂,用不同的工艺制取活性炭。制备活性炭的工艺过程如下:

原料→筛分→氯化锌浸渍→炭活化→氯化锌回收→酸洗→漂洗→干燥→破碎。

主要工艺参数:木屑干燥气流温度 280℃,干燥后木屑水分 28%~30%;氯化锌浓度(以°Bé 计)分别为 45(pH1)、48(pH2)和 53(pH2.5)°Bé;氯化锌浸渍木屑时间 8h,温度 28~30℃;炭活化时间 2h,炭活化终点温度 650℃;酸洗蒸气压 0.2MPa,酸洗时间 1h;活性炭破碎细度 0.08mm 筛通过 80%。

其中 45°Bé 时木屑与氯化锌混合后锌屑比为 1.5∶1;48°Bé 时木屑与氯化锌混合后锌屑比 1.8∶1;53°Bé 时木屑与氯化锌混合后锌屑比 2.4∶1。

不同工艺条件下制取的活性炭的主要性能测试结果见表 4-31。

表 4-31   不同工艺条件下制取的活性炭主要性能测试结果

材　种	氯化锌浓度/°Bé	得率/%	灰分/%	亚甲基脱色力/(mg/g)	碘吸附值/(mg/g)	焦糖消光值	透光率/%			
							木糖	乳酸	胱氨酸	DOP
杉木	45	20	2	195	750	—	65	63	—	80
	48	28	3	195	700	0.08	75	76	65	80
	53	25	3	180	600	0.08	85	85	90	75
马尾松	45	30	3	180	800	—	60	59	—	80
	48	28	3	180	700	0.10	72	70	55	80
	53	25	4	180	650	0.09	80	80	85	78
泡桐	45	25	12	135	1000	—	45	40	—	85
	48	20	16	150	1000	0.50	45	46	30	90
	53	10	19	165	850	0.10	55	60	50	92
杨木	45	26	8	135	950	—	50	40	—	82
	48	22	10	150	900	0.45	50	55	30	85
	53	15	14	165	900	0.10	60	65	55	88

② 以污泥为原料制备活性炭

以某污水厂的生化污泥及剩余污泥为原料，采用氯化锌活化法制备活性炭。污水类型：生活污水厂的脱水房（记为 S1），巨化污水厂（主要处理酸碱废水、有机废水和氨氮废水）的缺氧池（记为 G1）、浓缩池（记为 G2）和脱水房（记为 G3）。

样品沉淀 24h，倾去上清液，用蒸馏水洗涤 3 次，然后在 100℃下烘干，碾碎，过 100 目尼龙筛，置于带封条塑料袋中待用。酸度计法测定 pH 值；恒重法测定含水率（干基）；高温灼烧法测定挥发分（干基）；容量法测定腐殖酸（干基）；灼烧法测定有机质。测定结果见表 4-32。

表 4-32   污泥的理化性质

污泥样品	含水率/%	pH 值	有机质/%	挥发分/%	污泥样品	含水率/%	pH 值	有机质/%	挥发分/%
S1	2.93	6.60	51.03	47.56	G2	4.24	6.86	55.59	53.28
G1	3.15	6.80	55.67	52.50	G3	3.75	6.98	55.56	54.02

为制得合格的含碳吸附剂，需对污泥进行改性活化。具体过程：先将 4 种干污泥分别与氯化锌浸渍液按一定比例搅和浸渍；然后将浸渍污泥装入坩埚放入高温马弗炉并控制一定温度进行活化，再冷却、洗涤数次；最后放入烘箱内在 105～115℃温度条件下干燥，即成为含碳吸附剂产品。

采用 S1、G1、G2 和 G3，在同样的工艺条件下制备活性炭（相应编号为 S1$_活$、G1$_活$、G2$_活$、G3$_活$），测定其碘值，结果见表 4-33。

表 4-33   不同污泥制备活性炭的吸附性能

工艺条件			活　性　炭	碘值/(mg/g)
质量比(干污泥：氯化锌)	活化温度/℃	活化时间/min		
5：2	500	60	S1$_活$	290.65
5：3	500	30		303.14
5：4	500	90		315.64
5：2	500	60		310.64

续表

工艺条件			活 性 炭	碘值/(mg/g)
质量比(干污泥∶氯化锌)	活化温度/℃	活化时间/min		
5∶3	500	30	G1活	318.80
5∶4	500	90		326.97
5∶2	500	60	G2活	310.10
5∶3	500	30		341.43
5∶4	500	90		372.75
5∶2	500	60	G3活	354.83
5∶3	500	30		374.27
5∶4	500	90		393.71

③ 微波辐射亚麻屑制活性炭　以亚麻屑为原料,采用微波辐射法制备活性炭,试验采用的工艺流程如图 4-19 所示。

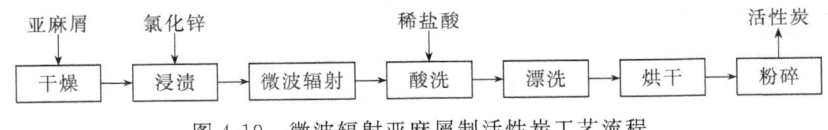

图 4-19　微波辐射亚麻屑制活性炭工艺流程

将亚麻屑干燥后,采用一定浓度的氯化锌溶液浸渍一段时间,把物料放入微波设备中,在一定的微波功率下进行辐射,对所得到的产品进行酸洗、漂洗、烘干、粉碎,得到粉状活性炭。其中,固定的实验条件如下:亚麻屑 15g;亚麻屑(干)与氯化锌溶液的质量比为 1∶4;用浓度为 10% 的盐酸溶液酸洗,洗涤时间为 8h,酸洗后漂洗,使物料的 pH 值达到 7,烘干温度为 120℃,时间为 12h,最后粉碎至 200 目。

微波辐射亚麻屑氯化锌法制备活性炭的最佳工艺条件为:原料量 15g,浸渍时间 24h,氯化锌浓度 20%,微波功率 600W,活化时间 12min。制得的活性炭碘吸附值 1071.3mg/g、亚甲基蓝吸附值 165mL/g、得率 37.1%。该工艺所需活化时间为传统方法的 1/30。碘吸附值和亚甲基蓝脱色力均超过国家一级标准。

④ 载铁酚醛树脂基活性炭　称取 10.8g Fe(NO₃)₃·9H₂O 溶于 40mL 的水中形成透明溶液,取 200g 热固性酚醛树脂(固含量 60%),搅拌下将配制的硝酸铁溶液加入到树脂溶液中,继续搅拌 30min 得到树脂-硝酸铁均相体系,60℃ 下减压蒸馏脱除溶剂,180℃ 固化处理 4h 得到载铁酚醛树脂基活性炭前躯体。将上述固化产品在 N₂ 保护下,以 2℃/min 的升温速率升温至 800℃,炭化 1h。然后将炭化样品在 850℃,通 CO₂(99.9%)活化 1.5h。活化结束后,在氮气保护下冷却至室温,得到载铁酚醛树脂基活性炭。担载量采用 optima 2000DV 全谱直读等离子体发射光谱仪测定样品中铁的质量分数为 5%。

⑤ 以槟榔渣制备活性炭　制备槟榔渣活性炭的工艺流程简图见图 4-20。

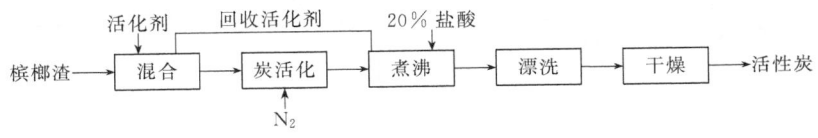

图 4-20　槟榔渣制备活性炭工艺流程

将槟榔渣洗净、烘干、粉碎,过 383μm 筛,按 5∶1 的液固比加入质量分数为 25%～30% 的活化剂 ZnCl₂ 溶液,混合,搅拌浸渍约 24h 后,在 550～600℃ 的温度下通氮气进行化学炭活化 4.5~5.0h，然后加入适量的 20%（质量分数）盐酸，煮沸一段时间回收活化剂，漂洗至中性后，再在 100~105℃ 下干燥 2h，冷却至室温后即得到槟榔渣活性炭产品。按此工艺条件制备的活性炭，产品收率达 37% 以上，活性炭性能优良。亚甲基蓝吸附值达 280mg/g 左右。

【技术指标】 木质净水用活性炭（GB/T 13803.2—1999）

指 标 名 称	一级品	二级品	指 标 名 称	一级品	二级品
碘吸附值/(mg/g)	≥1000	≥900	粒度[②]2.00~0.63mm/%	≥90	≥85
亚甲基蓝吸附率[①]/(mL/0.1g)	≥9.0	≥7.0	0.63mm 以下/%	≤5	≤5
(mg/g)	(≥135)	(≥105)	水分/%	≤10.0	≤10.0
强度/%	≥94.0	≥85.0	pH 值	5.5~6.5	5.5~6.5
表观密度/(g/mL)	0.45~0.55	0.32~0.47	灰分/%	≤5.0	≤5.0

① $A=15V$，A 为每克活性炭吸附亚甲基蓝毫克数，mg/g；V 为 0.1g 活性炭吸附亚甲基蓝毫升数，mL；
② 粒度大小范围也可由供需双方商定。

净化水用煤质颗粒活性炭（GB/T 7701.4—1997）

指 标 名 称		优级品	一级品	合格品
孔容积/(cm³/g)		≥0.65		
比表面积/(m²/g)		≥900		
漂浮率/%		≤2		
pH 值		6~10		
苯酚吸附值/(mg/g)		≥140		
水分/%		≤5.0		
强度/%		≥85		
碘吸附值/(mg/g)		≥1050	900~1049	800~899
亚甲基蓝吸附值/(mg/g)		≥180	150~179	120~149
灰分/%		≤10	11~15	—
装填密度/(g/L)		380~500	450~520	480~560
粒度/%	>2.5mm	≤2		
	1.25~2.5mm	≥83		
	1.00~1.25mm	≤14		
	<1.00mm	≤1		

注：1. 用户如对粒度、吸附值、漂浮率等有特殊要求，可在订货时协商；
2. 不规则形颗粒活性炭的漂浮率应≤10%。

化学试剂用活性炭（LY/T 1581—2000）

指 标 名 称	分析纯（AR）	化学纯（CP）
亚甲基蓝脱色力(0.15%浓度)/(mL/0.1g)	≥10	≥10
醇溶物/%	≤0.2	≤0.2
酸溶物/%	≤0.8	≤2.0
氯化物/%	≤0.025	≤0.10
硫化物含量(以硫酸盐计)/%	≤0.1	≤0.15
铁含量/%	≤0.02	≤0.10
酸溶性锌盐含量/%	≤0.05	≤0.10

指 标 名 称	分析纯（AR）	化学纯（CP）
重金属含量/%	≤0.005	≤0.01
灼烧残渣量/%	≤2.0	≤3.0
干燥减量/%	≤10	≤15
pH 值	5.0～7.0	4.5～7.5

【应用】 活性炭用于化工、环保、食品加工、冶金、军事化学防护等各个领域，且广泛用于工业三废治理、溶剂回收、水处理、气体的分离精制、冰箱的除臭、金属的提取、半导体应用等方面。活性炭可以单独使用，也可以和臭氧、生物膜、高分子膜、天然沸石等组合使用。优质活性炭是水处理的重要材料。它用于饮用水处理、微污染水处理、废水及污水处理，也可用于高纯水和海水淡化的预处理。

① 污水源的净化 用活性炭吸附水中的有机物、颜色、臭味、油、苯酚等。活性炭可吸附水中有机物、颜色、臭味、油和酚类等。活性炭对有机物的吸附，吸附量与有机物分子大小有关。从侯延明的研究看出活性炭对相对分子质量在 500 以下和 3000 以上的有机物吸附能力较差，而对相对分子质量在 500～1000 以内的有机物具有较好的去除能力。活性炭对有机物吸附，也与吸附质性质有关，如活性炭自水溶液中吸附脂肪酸，吸附量顺序为：丁酸＞丙酸＞乙酸＞甲酸，与其非极性大小顺序一致，极性大的物质不易被吸附。Tomaszewska 等用活性炭去除马维米（Mavmee）河中引起臭味的土臭素（geosmin）和 2-甲基异茨酸非常有效，按 10mg/L 量投入活性炭，可将这些臭味物质从 66mg/L 降到 2mg/L。何杰等研究表明，活性炭对饮用水中致色有机物的去除率达到 82.7%～86.6%；活性炭对有机物吸附也与吸附质溶解度有关，如对自来水中苯酚和苯胺的去除率分别达到 83.0% 和 92.9%。苯酚在水中溶解度大于苯胺，以非极性为主的活性炭表面对水中溶解度较小的物质苯胺有较大吸附能力，去除效果好。目前自来水中致色有机物的去除主要依靠活性炭吸附。

② 有机工业废水处理 由于活性炭对水中的有机物具有突出的吸附能力，对一些难以被生物降解的有机物更有独特的去除效果，因而被用于制革废水、造纸染料废水、焦化废水及其他有机废水的处理中。常规的处理方法不能有效地去除河水中的一些杀虫剂等物质，而活性炭则有较好的去除效果，在河水中投入 10mg/L 的活性炭可以将引起臭味的土臭素（Geosmin）和 2-甲基异茨酸（MIB）从 66mg/L 降到 2mg/L。

③ 无机工业废水处理 某些活性炭对于废水中无机重金属离子具有一定的选择吸附能力。如颗粒状活性炭对于 Pd^{2+}、Pd^{2+}、CrO_4^{2-} 等离子的吸附去除率可达 85% 以上。对其他金属离子如锑、铋、锡、汞、钴、铅、镍、铁等均具有良好的吸附能力。

④ 饮用水及微污染水净化领域 臭氧-生物活性炭工艺以其可以高效去除水中溶解性有机物和致癌突变物、出水安全、优质而备受重视。在这种工艺中，活性炭起着生物膜的载体材料的作用，而且活性炭可以很快地把臭氧分解掉，使液体中的溶解氧量增加，稳定了微生物的生息环境，为好气性微生物的生长提供了保证。

赵芝清等以污泥为原料制备活性炭用以对 Cr^{6+} 的吸附，以生活污水厂脱水房污泥和巨化污水厂脱水房污泥制备活性炭，在投加量为 0.01g/mL 的条件下，考察了反应时间、反应温度和起始 pH 值对吸附 Cr^{6+} 废水的影响。通过试验得出：随着反应时间、反应温度的改变，两种活性炭对 Cr^{6+} 的去除率均具有相似的变化趋势，最佳反应时间和反应温度分别为 20 min 和 25℃；随着起始 pH 值的改变，两种活性炭对 Cr^{6+} 的去除率均具有不同的变化趋势（见表 4-34），当 pH 值从 2 上升到 8 时，生活污水厂污泥活性炭对 Cr^{6+} 的去除率由

99.76%降到74.29%，而巨化污水厂污泥活性炭对Cr^{6+}的去除率基本不变，在最佳吸附条件下，两种活性炭对Cr^{6+}的去除率均达到99%以上。

表4-34   pH 值对活性炭吸附含 Cr^{6+} 废水的影响

项　　目	生活污水厂污泥活性炭			巨化污水厂污泥活性炭		
pH 值	2	5	8	2	5	8
反应时间/min	20	20	20	20	20	20
投加量/(g/mL)	0.01	0.01	0.01	0.01	0.01	0.01
反应温度/℃	25	25	25	25	25	25
进水 Cr^{6+} 浓度/(mg/L)	10	10	10	10	10	10
出水 Cr^{6+} 浓度/(mg/L)	0.24	2.02	2.57	0.07	0.02	0.02
去除率/%	99.76	79.85	74.29	99.93	99.8	99.75
滤液 pH 值	2.5	4～5	4～5	2.5	4～5	4～5

张旭等研究了煤质活性炭对腐殖酸的吸附性能，发现活性炭孔隙结构，比表面积与腐殖酸吸附值具有相关性，对腐殖酸类有机物来讲，微孔吸附不起主要作用，过度孔（2～50nm的孔）的吸附起至关重要的作用，如表4-35所列。

表4-35   孔隙结构、比表面积与腐殖酸吸附值试验数据

性　　能	样品 1	样品 2	样品 3	样品 4	样品 5
比表面积/(m²/g)	940.4	905.6	954.7	1178.0	970.6
微孔面积/(m²/g)	425.3	363.1	385.2	210.9	423.8
非微孔面积/(m²/g)	515.1	542.5	569.5	967.1	546.8
孔容积/(cm³/g)	0.5075	0.4896	0.5576	0.6679	0.6010
微孔容积/(cm³/g)	0.2305	0.1981	0.2069	0.1145	0.2260
非微孔容积/(cm³/g)	0.2770	0.2915	0.3507	0.5534	0.3750
平均孔径/nm	2.158	2.162	2.336	2.268	2.447
孔径分布/nm					
＜2.0	67.34%	63.22%	65.07%	75.94%	49.47%
2.0～3.0	12.15%	13.07%	12.53%	8.55%	12.88%
3.0～5.0	8.61%	9.86%	11.12%	6.38%	14.16%
5.0～10.0	5.97%	6.91%	6.21%	4.62%	11.78%
＞10.0	5.94%	6.95%	5.07%	4.50%	11.71%
腐殖酸吸附值/(mg/g)	0.160	0.163	0.402	0.538	0.633

曹晓强等研究了微波改性活性炭对甲苯的吸附性能。结果表明，随着改性温度升高，吸附值逐渐提高，表面碱性官能团含量也相应增加。改性温度为850℃时活性炭吸附甲苯性能最高，650℃与450改性后活性炭吸附甲苯的性能相差不大。扫描电镜分析显示微波改性使活性炭孔道更加通畅，有利于提高吸附甲苯的能力，但温度升高同样存在碳骨架收缩，孔道变窄的弊端。通过实验数据并结合扫描电镜结果分析，实验认为活性炭吸附甲苯包括物理吸附和化学吸附两种机理，低温改性时主要提高物理吸附性能，高温则主要提高化学吸附性能。

蒋新元等利用竹材加工剩余物竹蔸、竹节和竹枝制备竹炭，再以 H_3PO_4 为活化剂，在活化温度为700℃和不同的 H_3PO_4 浓度下进行活化制备竹活性炭，测定了吸附性能最强的竹活性炭在不同吸附时间和 Pb^{2+} 初始浓度下对 Pb^{2+} 的吸附率，并进行了结构表征。结果表明，当 H_3PO_4 溶液质量分数为45%时，所制备的竹活性炭吸附性能最强，其中竹蔸活性炭的 Pb^{2+} 吸附性能接近于商品活性炭；竹蔸活性炭吸附 Pb^{2+} 的吸附时间在 120～180min 为

佳；根据 Langmuir 最大吸附量计算公式求得竹箨活性炭最大吸附量为 91.1mg/g。竹枝炭、竹节炭与竹箨炭的孔隙度分别为 0.656、0.698 和 0.740，竹枝活性炭、竹节活性炭与竹箨活性炭的孔隙度分别为 0.690、0.715 和 0.755；竹箨炭和竹箨活性炭比表面积分别为 110.354m²/g、462.069m²/g，孔容分别为 0.090cm³/g、0.235cm³/g，平均孔径分别为 3.1552nm、2.0368nm。

4.2.11　活性炭纤维（ACF）

【物化性质】　又称纤维状活性炭。活性炭纤维耐酸、耐碱，具有良好的导电性能和化学稳定性能。活性炭纤维产品主要分为黏胶基 ACF、聚丙烯腈基 ACF（PAN-ACF）、沥青基 ACF（pitch-ACF）、酚醛基 ACF 等，各种活性炭纤维的形态特征如表 4-36 所列。

表 4-36　ACF 形态特征

种　　类	黏胶基	PAN 基	酚醛基	沥青基
纤维直径/μm	15~18	6~11	9~11	10~14
比表面积/(m²/g)	1000~1500	700~1200	100~2300	1000~2000
外表面积/(m²/g)	0.2~0.7	1.5~2.0	1.0~1.2	
微孔容积/(mL/g)			0.5~1.2	0.5~1.1
平均孔径/nm	1.0~1.6	2.0~3.0	1.5~3.0	1.5~4.5
抗张强度/MPa	70~100	200~500	300~400	100~180
弹性模量/GPa	10~20	70~80	20~30	4~6
伸长/%		<2	2.7~2.8	2.4~2.8
燃烧温度/℃			470	460~480
苯吸附率/%	30~60	20~45	38~40	22~68
碘吸附量/(mg/g)			950~2200	1000~2000
亚甲基蓝脱色力/(mg/g)		100~150	310~380	250~350

活性炭纤维具有很高的比表面积，BET 比表面积约为 1000~2000m²/g。除了具有本身纤维的性质之外，与 GAC 和 PAC 相比还具有以下独特的优点。

① 孔径分布窄且均匀（所以与吸附质的相互作用强）。

② 孔径小而均匀（所以吸附、脱附速率快）。

③ 有石墨化特征（所以具有较好的导电性和耐热性）。

④ 强度高、弹性好（在形态和形式上有很好的可塑性，例如 ACF 的衣物和报纸）。

正是由于这些优点，使 ACF 作为吸附剂具有很多优势。除了这些特性，ACF 的实际应用还是受到其高价格的限制。

【制备方法】　ACF 的合成原料除了聚丙烯腈（PAN）、酚醛树脂、纤维素基、聚乙烯醇及沥青基等比较常见外，还有采用其他原料如聚偏二氯乙烯、聚酰亚胺纤维、PBO 纤维、聚苯乙烯纤维、聚乙烯醇纤维、聚氯乙烯（Saran）基、PVA 基、天然植物纤维基等。其制备过程为：

$$原料纤维 \xrightarrow{预处理阶段} 可炭化纤维 \xrightarrow{炭化阶段} 炭化纤维 \xrightarrow{活化阶段} ACF$$

原料不同，ACF 的合成工艺和产品结构明显不同。为了获得收率高、强度好、吸附性能优良的产品，选择相宜的原料纤维以及炭化和活化条件至关重要。

预处理主要有盐浸渍和预氧化两种方式。盐浸渍是将原料纤维充分浸渍在盐（磷酸盐、碳酸盐、硫酸盐等）溶液中，然后使其干燥。该法用在黏胶基 ACF 生产中，与直接进行炭化或活化的相比，既可提高收率，同时其纤维力学和吸附性能也得到改善。预氧化处理一般采用空气预氧化的方法，原料纤维在一定的温度范围内，缓慢预氧化一定时间，或者按照一定升温程序升温预氧化。预氧化主要是为了防止 PAN 纤维、沥青纤维等高温炭化和活化时发生熔融并丝。将盐浸渍与预氧化处理结合起来，可以得到更好的结果。酚醛系纤维中因为酚醛树脂具有苯环样的耐热交联结构，可以直接进行炭化和活化而不必经过预氧化，其工艺简单而且容易制得比表面积大的 ACF。

炭化是在氮气气氛中加热（200～400℃），排除纤维中可挥发的非炭组分，使残留炭重排生成类石墨微晶的过程。

活化反应是使 ACF 生成丰富微孔、高比表面积及形成含氧官能团的主要过程。活化时尽可能多地造孔，形成多孔结构。常用的活性炭纤维的活化方法按活化剂分为气体活化法（又称物理活化法）和化学试剂活化法两种。

气体活化法的活化气体主要是以水蒸气、空气、二氧化碳或者燃烧气体为氧化介质，使炭材料中无定型碳部分氧化刻蚀成孔。在 800℃ 以上，氧气与碳的反应速度比 CO_2 或水的分别快了 3 个和 2 个数量级，况且氧气的氧化能力强，活化能力弱，氧气和碳反应放热剧烈，反应难控制，ACF 收率低，所以工业上的活化多以水蒸气活化为主。活化温度一般先在 600～1000℃ 之间，最好 700～900℃。活化时间一般在 10～60min。

水蒸气活化法的化学反应过程较为复杂，一般认为经反应与水煤气的化学反应相似，总反应示意如下：

$$C_x + H_2O \Longrightarrow H_2 + CO + C_{x-1}$$

实际上含有许多中间反应：

$$C + H_2O \Longrightarrow C(H_2O)$$
$$C(H_2O) + C \Longrightarrow C(HO) + C(H)$$
$$C(OH) + C \Longrightarrow C(O) + C(H)$$
$$C(O) \Longrightarrow CO$$
$$C(H) + C(H) \Longrightarrow 2C + H_2$$

化学试剂活化法先用化学试剂浸泡炭材料，在加热活化过程中，使原料中氢和氧主要以水蒸气形式逸出，抑制副产物焦油的生成，增加了收率，且可降低炭化活化的温度。常用的化学试剂有 $ZnCl$、H_3PO_4、KOH、K_2CO_3 等。

KOH 活化法的活化过程为，先把碳纤维放在 KOH 水溶液中浸泡一定时间，捞出后烘干，放入活化炉中在氮气保护下升温加热，与碳材料发生化学反应，使部分碳材料以小分子形式逸出，逐渐形成微孔，其总反应方程为：

$$4KOH + C \Longrightarrow K_2CO_3 + K_2O + 2H_2$$

考虑到 KOH 的高温分解，碳的还原性，结合碱金属盐作为蒸气活化催化剂的研究结果，推知在活化反应中还有以下反应：

$$2KOH \Longrightarrow K_2O + H_2O$$
$$C + H_2O \Longrightarrow H_2 + CO$$
$$K_2O + H_2 \Longrightarrow 2K + H_2O$$
$$K_2O + C \Longrightarrow 2K + CO$$
$$K_2CO_3 + 2C \Longrightarrow 2K + 4CO$$

这些反应多为吸热反应，提高活化温度有利于吸热反应的进行。实验中观察到淡黄色钾和氧化钾的析出，这是因为金属钾的沸点为 762℃，在 800℃ 以上活化时，KOH 高温分解，其中一部分钾蒸气随保护气体挥发掉，所以活化法活化温度以不超过 850℃ 为宜；另一部分钾蒸气挤进碳层间，对活化起到促进作用。

活性炭纤维的表面化学结构和孔隙结构是影响其吸附能力的重要因素，可通过改性改变其表面化学结构和孔隙结构，以进一步提高其吸附性能。

（1）化学活化与催化活化改性

化学活化改性即是化学试剂活化。

催化活化改性是在 ACF 中添加金属或非金属化合物等添加剂后，再碳化活化，制得中孔 ACF。当 ACF 中添加了金属组分，活化时金属原子对结晶性较高的碳原子起选择气化作用，从而使微孔合为一体，形成中孔。目前文献报道用于中孔 ACF 的金属化合物有 KOH、$FeSO_4$、TiO_2、MgO、$AgNO_3$、Co^+ 等。但以上方法会使 ACF 产物中含有金属杂质，在应用开发上带来不便。非金属添加剂制备中孔 ACF 并不是仅仅简单地由微孔拓宽而形成，大部分是在非金属添加剂/聚合物碳界面处形成。添加剂种类主要有环氧己烷、炭黑、石墨、PVA、PVAc。

Free man J. J. 等选用 3% $AlCl_3$，3% $ZnCl_2$，3% NH_4Cl，5% NaH_2PO_4 溶液浸泡人造丝，发现由此制得的 ACF 中孔率大大提高，经分析研究，认为对中孔形成有贡献的是磷酸根离子。

（2）氧化改性

氧化改性主要是利用强氧化剂在适当的温度下对 ACF 表面的官能团进行氧化处理，从而提高表面的含氧酸性基团的含量，增强表面的极性。氧化改性又可分为气相氧化和液相氧化，气相氧化是 ACF 在温度为 300～350℃的空气中被氧化，在表面产生含氧官能团，提高亲水性和表面酸性；液相氧化是 ACF 与硝酸、硫酸等酸性溶液发生氧化反应，引入含氧基团，随着酸液浓度的提高，ACF 表面酸性增强。

Morawski 等采用硝酸对酚基 ACF 进行处理，初步的研究结果表明，处理后 ACF 对三卤甲烷的吸附性能大幅度提高。高首山等通过对 ACF 的气相氧化和液相氧化处理，改变了 ACF 的酸性和极性。改性后的 ACF 对二氧化硫的吸附能力明显增强。

（3）引入含氮基团改性

将 ACF 浸泡于某些含氮化合物中，改性处理后的 ACF 表面含氮量增加，提高了吸附能力。大量研究表明，在比表面积为 700～2000m^2/g、微孔直径 10～30μm、微孔容积为 0.25～0.13m^3/g 的再生纤维素系、PAN 系、酚醛系、沥青系等 ACF 上，添加聚乙烯亚胺或对-氨基乙酰-N-苯胺，就可以达到吸附脂肪族醛等臭味的目的，而且它们与 ACF 表面上的氧（表面氧质量分数最好为 10%～20%）有相乘作用，经反复洗涤或随时间推移的性能劣化极少。

荣海琴等用含氨基的亲水性化合物溶液浸泡处理 PAN-ACF，改性后 PAN-ACF 对甲醛静态与动态吸附都大于未经处理的原样。部分被吸附物于 150℃不能够完全脱除，经推知，所发生吸附既有物理吸附又有化学吸附，是其表面官能团与孔结构共同作用的结果。吸附过程中含氮官能团的作用较显著。

（4）负载金属及金属化合物改性

负载金属及金属化合物改性是使金属离子在 ACF 的表面首先吸附，再利用 ACF 的还原性，将金属离子还原成单质或低价态的离子，通过金属或金属离子对被吸附物较强的结合力，从而增加 ACF 对被吸附物的吸附性能。

Oye 等研究出载银 ACF 具有吸附和灭菌双重功能。用载银 ACF 对大肠杆菌进行吸附，大肠杆菌分布于载银 ACF 的沟槽处，所吸附的细菌数量随银含量和比表面积的增大而增大；细菌吸附量还与载银 ACF 表面银颗粒的大小有关。杜秀英等研究了载锰 ACF（SACF-Mn）

的制备，以及对汽油中乙基硫醇的吸附。梅华等将 ACF 氧化处理和负载 Cu^+，发现均能改善 ACF 的乙烯/乙烷吸附分离性能。以表面氧化改性 ACF 为载体，CuCl 为活性组分的负载型吸附剂较 ACF 直接负载 CuCl 吸附剂具有较大的乙烯吸附容量和选择性，其原因是 ACF 氧化改性后，表面羧基基团明显增多，使 CuCl 与 ACF 表面结合力加强，改善了其分散状态，Cu^+ 的利用率提高，乙烯的化学吸附位增多。

以下以载锰剑麻基活性炭纤维的制备为例来说明一下活性炭纤维素的制备。

① 纤维的预处理　剑麻纤维首先用 5% 氢氧化钠水溶液浸渍 24h，除去其中的果胶等杂质，用水冲洗至中性后，用 5% 浓度的磷酸氢二铵水溶液浸渍 24h，捞出纤维，将其晾干后用于碳化活化。

② 碳化活化　经上述预处理的剑麻纤维置于碳化炉中，在惰性气体保护下以约 8℃/min 的升温速度加热至 700～900℃，得到不同碳化温度下的碳纤维；在该指定温度下恒温一短暂时间后，以恒定速度通入水蒸气使碳纤维活化，控制活化时间为 10～90min，自然冷却后得一系列剑麻基活性炭纤维，记为 SACF。

③ 锰的负载　将 SACF 浸泡在不同浓度的 $MnSO_4$ 溶液中，或浸泡在相同浓度且阴离子或价态不同的锰溶液中 24h，饱和吸附后将纤维晾干，最后在氮气中，分解温度下加热处理，获得改性 SACF，用 SACF-Mn 表示。

碳化活化反应符合一级动力学规律，反应速度与活性炭纤维的质量成正比例关系，并且随反应温度的升高，碳化活化反应速度常数也相应提高，反应速度常数随温度的变化关系符合阿累尼乌斯规律，剑麻基活性炭纤维的碳化活化反应的表观活化能为 124kJ/mol。

【应用】　ACF 适用于各种有机废水的处理，可对含氯废水、制药厂废水、有机染料废水、造纸黑液、苯酚废水、四苯废水、己内酰胺废水、二甲基乙酰胺和异丁醇废水进行处理。其吸附能力比粉状活性炭的吸附能力高得多，尤其适用于高平衡浓度时，每克 ACF 的吸附量约为粉状活性炭的 3 倍。其吸附能力随温度升高而提高。

(1) 染料废水

ACF 可以除去水中的亚甲基蓝、结晶紫、臭酚蓝等有机染料分子，其吸附量大，去除率高。对于不同的染料分子，ACF 吸附速率差别很大，陈水挟等对 ACF 吸附染料做了大量的研究工作表明，ACF 对亚甲基蓝的静态吸附量达 400mg/g，结晶紫 250mg/g，二甲酚橙 100mg/g 和对苯二胺 250mg/g。

Zhemin Shen 等用 ACF 电极电解降解 29 种染料，发现几乎所有的染料溶液都能有效脱色，具有 $-SO_3^-$、COO^-、SO_2NH_2·和 $-OH$ 等亲水基团和含偶氮的染料容易被分解，而具有 $-C=O$、$-NH-$、芳香基团等憎水基团的染料易被吸附和絮凝。

(2) 造纸黑液

贾金平等进行了 ACF 电极法电解处理造纸黑液的应用研究，发现当 pH 值为 7 左右、电解 80min 的条件下，COD、色度去除率分别达到 64.25% 和 94%。黑液经酸析及聚铝絮凝预处理后进行 ACF 电极电解，可进一步提高 COD 及色度的去除率。采用"酸化＋电解 (45min)＋Fenton 试剂 (60min)"的综合治理方案，上述去除率可分别提高到 94.2% 和 99.6%，出水近乎清澈透明。

(3) 高价重金属离子废水

R Fu 等研究发现，在碱性条件下 ACF 对 Pt^{4+} 有很好的还原吸附性能，吸附容量达 500mg/g。陈水挟等用经无机氧化剂改性的 ACF 吸附 Ag^+，发现改性的 ACF 在碱性条件下对 Ag^+ 的还原吸附容量大大提高，达 550mg/g。

十三吗啉农药废水、炼油废水经 ACF 处理后，COD 的去除率分别达到 94% 和 88.2%；

含 COD 达 10000mg/L 的制药废水，采用 ACF 三级吸附处理，效果很好，净化效率达 86%以上；含 75 种以上有机物、大量无机物、COD 高达 20000～50000mg/L 的油页岩干馏废水，采用 ACF 处理，可使出水 COD 降到 1000mg/L 以下，净化效率达 98% 以上，同时提高了 BOD_5/COD 值，为进一步生化处理提供可能；生产丙烯酸丁酯的废水，有机物含量高，COD 达 $1.2×10^5$mg/L，可生化性极差，采用传统的悬浮—澄清—过滤方法处理，根本无法达到排放标准，而用 ACF 处理后 COD<1000mg/L，达到排放标准，去除率达到 99% 以上。

活性炭纤维的吸附特性如下：

① 孔径分布窄且均匀　通常 ACF 的孔尺寸<20Å（1Å=0.1nm），大多在 8～10Å 范围。根据 ACF 吸附 N_2 的数据，Jaroniec 等确定了 PAN 基的和纤维素基 ACF 的孔径尺寸，发现 85% 的微孔孔径在 10Å 左右。事实上，大量文献记载的 ACF 的孔径尺寸均为 10Å。

ACF 具有精细孔结构以及孔径分布均匀（或孔径分布窄）的特征，可能是因为两方面的原因导致的。首先，因为前体（聚合体和沥青）是无灰分的，ACF 基本不含灰分。在 ACF 气体活化过程中，任何矿物都可能成为具有催化作用的微粒，这些微粒发挥炭纤维的成孔、隧穿和边沿缩减等作用，矿物的催化效应增大了 ACF 的孔径。由于炭纤维具有石墨化结构，在气化过程中，微孔被拉长而不是加宽，基面上的碳原子没有活性，不会气化，然而边缘的碳原子是气化的活化点。此外，边缘碳原子的反应是各向异性的，即齿形边缘比椅形边缘更具活性。实际的石墨基面是由不同结晶边缘的复合而成的，具有不同的反应活性。石墨结构基面内的间距为 3.35Å。气化反应从 ACF 边缘开始，沿着同一石墨层在相邻边缘继续。因此微孔两个层之间的孔被拉伸，微孔的尺寸约为 7Å。如果气化反应从两个层结合处上的边缘原子开始，微孔的尺寸会局限在两个层之间的距离内，即 10Å 左右的范围内。所以 ACF 的孔径尺寸多为 10Å。Freeman 等一系列发表的成果表明，为产生更大的孔以及保证均匀孔径分布，气体活化前需要加入催化剂。

由于孔隙小、孔尺寸分布均匀，使得 ACF 与吸附质分子间具有很强的相互作用。

② 纤维直径小而均匀　ACF 的前体是炭纤维。因为纤维是采用不同的纺纱技术制造而成，故可以保证其直径非常均匀。活化后纤维直径基本不会变化，大部分商业活性炭纤维直径接近 10μm，尽管也有部分活性炭纤维直径为 8～20μm。

纤维直径小而均匀对吸附、脱附过程的传质速率有直接和重要的作用。吸附和脱附速率与扩散时间常数 D/R^2（D 为扩散系数，尺为半径）有直接关系。R^2/D 的值大约为从初始条件开始，在球形颗粒上完成一个扩散步骤的 99% 所需的时间。随着 R 值减小，R^2/D 值急剧下降。ACF 仅具有扩散距离小于 R（即纤维半径）的微孔，而 GAC 同时具有微孔和中孔（大孔）。所以扩散时间常数有两种。Ruckenstein 等关于双扩散孔结构的分析中描述了两种扩散时间常数的相互关系。所有商业吸附剂中，因为大孔中的扩散距离更长，大孔（球状吸附剂）扩散阻力和微孔一样很重要。

很多研究报道了 ACF 和 GAC 固定床中 VOC 的穿透曲线，并且与 GAC 固定床进行了对比。Schmidt 等研究表明，人造丝基 ACF 从水溶液中吸附亚甲基蓝的速率比颗粒活性炭高 2 个数量级，比粉末活性炭高 1 个数量级。

Suzuki 研究了 ACF 床的轴向扩散行为。轴向扩散系数与流速成比例，且不同吸附床的比例常数可以与床层密度（单位：g/mL）进行关联，并随床层密度的增加而增大。Suzuki 利用扩散系数和 Freundlich 等温线预测了 ACF 吸附床的穿透曲线。

③ 石墨化结构、高电导率以及高强度　在 ACF 的发展早期就曾有人指出，由于 ACF 的高电导率特性，有可能采用原位电再生的方法进行再生，而且再生速率比较快。ACF 的

石墨化结构使其具有高电导率（或低电阻率）。各向同性 ACF 的电阻率（根据 Ohm 定理定义的电阻）为 4～6mΩ·cm。这些电阻值仅比石墨电阻率（1.38mΩ·cm）高约 3～5 倍。不过 ACF 布和织物的电阻率较高。Subrenat 等定了多种人造丝基 ACF 织物的电阻率，电阻率值高达 600mΩ·cm。ACF 复合整体塑料制品的电阻率为 130mΩ·cm。不同 ACF 布比较结果表明，由于孔隙比例较高，电阻率随比表面积的增加而增加（Subrenat 等，2001）。

由于 ACF 具有高电导率，吸附床可以采用电加热再生，这种再生方法称为电热脱附。很多研究团队开展过电热脱附方面的研究。电热脱附有望在诸如 VOC 治理等净化方面得到应用，Lordgooei 等利用纤维布吸附器对此做了示范研究。

由于具有石墨化的性质，ACF 可作为耐热材料，因为其燃烧温度高达 1000℃。产生的粉尘/细粉少也被认为是 ACF 的优点之一。

活性炭纤维拉伸强度高，因而可以加工成布、织物、纸、毡以及复合材料等多种形式。加之具有吸附容量大、吸附速率快的特性，这些材料非常有望用于制造体积小、吸附负荷大的吸附设备。例如采用波纹 ACF 的旋转式吸附器（带逆流热再生装置）已用于从空气中除去溶剂的示范应用。Humphrey 和 Keller 对这种类型的吸附器或称整体式吸附剂进行了详细的讨论。

采用酚醛树脂作为黏合剂制成的活性炭纤维整体复合材料可能用于包括气体分离在内的多个方面。密度小于 $0.25g/cm^3$ 的低密度复合材料特别有望用于气体分离和能源储存（CH_4 和 H_4）。Burchell 对这些类型的材料进行过详细讨论。

4.2.12　改性淀粉类吸附剂

【制备方法】 改性淀粉或淀粉衍生物是指在淀粉原有的固有特性基础上，为改善其加工操作性能和扩大淀粉的应用范围，利用热、酸、碱、氧化剂、酶制剂以及具有各种官能团的有机反应试剂与淀粉发生化学反应，或经过物理变化，改变天然淀粉的性质，增加其某些性能或引进新的特性而制备的淀粉。

淀粉衍生物一般按改性处理方法来分类：a. 物理改性，如预糊化淀粉、超高频辐射处理淀粉、烟熏淀粉等；b. 化学改性，如糊精、酸变性淀粉、氧化淀粉、交联淀粉、酯化淀粉、羟烷基淀粉、阳离子淀粉、羧烷基淀粉、淀粉接枝共聚物等；c. 酶法改性，如直链淀粉、糊精、普鲁蓝等。

（1）改性工艺

一般来说，在化学改性过程中，只在淀粉分子中引入极少量的化学基团，就可以大大地改善其性能。改性淀粉的品种虽然很多，但其生产工艺不外乎干法、湿法（包括溶剂法）和预糊化法等几种。改性淀粉工业具有原料易得、工艺简单、设备通用性强、成本低、性能好、用途广、种类多等优点。

① 湿法生产工艺　淀粉衍生物的湿法生产工艺是指其改性反应是在液相条件下进行的，其基本工艺流程如图 4-21 所示。

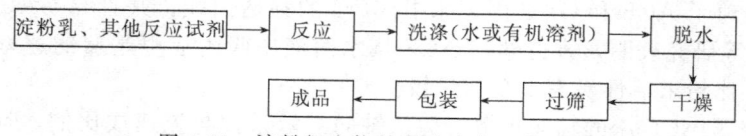

图 4-21　淀粉衍生物的湿法生产工艺流程

将一定浓度淀粉浆（一般浓度为 1.14～1.16kg/L）送入反应器，按工艺要求调整 pH 值、湿度和添加所需的反应试剂，反应一定时间，直至终止反应。然后进行洗涤，产品不同洗涤方法不同，如有的需预先稀释，然后洗涤、浓缩；有的需多次洗涤，脱水；有的用水洗涤；有的用有机溶剂洗涤等。经过洗涤并浓缩至浓度为 1.14～1.16kg/L 的淀粉衍生物浆液进行脱水，得到的湿改性淀粉进行干燥（干燥湿度视不同产品而不同），过筛即得产品。

② 干法生产工艺　淀粉衍生物的干法生产工艺是指其改性反应是在固相条件下进行的，其基本工艺流程有图 4-22 与图 4-23 两种形式，分述如下。

a. 以淀粉浆为原料，其生产工艺如图 4-22 所示。

图 4-22　淀粉衍生物的干法（以淀粉浆为原料）生产工艺流程（a）

将淀粉浆（1.14～1.16kg/L）送入反应器，在一定温度、一定 pH 值条件下吸附反应原料试剂于淀粉颗粒表面，经脱水和预干燥至一定水分，送入固相反应器进行反应。反应结束后，由于产品温度较高和水分偏低，需进行冷却和水平衡，最后过筛包装。

b. 以干淀粉为原料，生产工艺流程如图 4-23 所示。

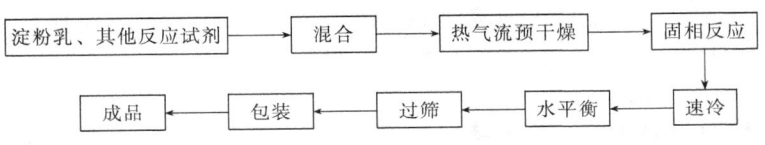

图 4-23　淀粉衍生物的干法（以干淀粉为原料）生产工艺流程（b）

将原料干淀粉在混合器中与反应试剂均匀混合，通常反应试剂是以喷淋形式喷入干淀粉中的，在这里关键是均匀混合。然后将湿淀粉用热空气干燥，再进行固相反应，反应结束后经快速冷却及水平衡，然后过筛、包装即得产品。

（2）制备实例

① 阳离子淀粉吸附剂的制备　肖昊江等以可溶性淀粉为原料，环己烷和水构成反相悬浮体系，Span60 和 Tween60 为复配乳化剂，N,N'-亚甲基双丙烯酰胺（MBAA）为交联剂，采用反相悬浮聚合法合成中性淀粉微球，再用醚化剂 GTA 与中性淀粉微球反应，制得阳离子淀粉微球。

a. 微球的合成　将 40mL 环己烷加入装有冷凝器的 250mL 三口烧瓶中升温至 60℃，Span60 与 Tween60 按 m（Span60）∶m（Tween60）=2∶1 的比例加入 0.5g。在 10mL 水中加入 1.5g 可溶性淀粉、0.4g MBAA、0.2g 过硫酸钾，溶解后加入油相中搅拌乳化。30min 后，加入 0.2g 亚硫酸氢钠。反应 2h 后停止。产物分别用乙酸乙酯、无水乙醇洗涤，离心分离，干燥备用。

b. 微球的醚化　取 1g 空白微球加入三口烧瓶，然后将 ω（GTA）=65% 的 GTA 0.15g、0.6g 水、w（NaOH）=10% 的 NaOH 溶液 0.4g 混匀，5～10min 后加入三口烧瓶，并升温至 50℃，反应 5h，达到 pH=11 左右，用 w（HCl）=20% 的 HCl 中和到 pH=6，离心洗涤，得成品。

② 阴离子淀粉吸附剂的制备　于九皋等以淀粉或淀粉衍生物为原料，环氧氯丙烷为交联剂，采用逆相悬浮交联聚合技术合成了阴离子淀粉微球。以淀粉为基质的中性微球为原料，用 $Na_3P_3O_9$ 作交联剂进行二次交联和阴离子化，得到另一种阴离子型淀粉微球。

a. 淀粉溶液的配制。在烧杯中加入 10.0g 预糊化淀粉、0.50g EDTA、10.0g NaOH、适量纯水，加热使其溶解成均相溶液，冷却后备用。

b. PSM 的合成。在 250mL 的三口瓶中加入 0.50g Span60、80mL 甲苯和 40mL 植物

油，装上电动搅拌及水浴恒温装置，加热至 60℃使固体溶解后，冷却至 20℃，加入适量淀粉溶液，控制搅拌速度，每隔一定时间取样置于显微镜下观察，当液珠分散程度达到要求时，滴加适量的 POCl₃ 进行交联反应。反应后，先除去油相，用 95% 乙醇和丙酮洗涤后，于 60℃以下真空干燥，即得 PSM。

c. TSM 的合成。在 250mL 三口烧瓶中，加入 0.50g Span60、80mL 甲苯和 40mL 植物油，装上电动搅拌及水浴恒温装置，加热至 60℃使固体溶解后，然后冷却至 50℃，加入淀粉溶液，控制搅拌速度，液珠分散稳定以后，加入环氧氯丙烷交联剂，反应 5h 后终止反应，静置除去油相，用 95% 乙醇和丙酮洗涤后，于 60℃以下真空干燥，得中性淀粉微球（ESM）。将 ESM 在含 NaOH 的 Na₃P₃O₉ 溶液中浸泡 12h，用 95% 乙醇洗涤后，在 120℃下干燥，即得 TSM。

③ 两性淀粉螯合吸附剂的制备　邹新禧采用玉米或红薯淀粉，经环氧氯丙烷交联、醚化剂（一氯醋酸和 3-氯-2-羟丙基三甲基氯化铵）阴、阳离子化，制得两性淀粉螯合吸附剂。

a. 交联淀粉的制备。于三口烧瓶中，依次加入淀粉 400g、环氧氯丙烷 32mL、6%～7% 氯化钠溶液 10mL、4% 氢氧化钠溶液 600mL，在室温至 35℃下搅拌反应 10～14h 后，用 2% 盐酸调节 pH 到 6～6.8，过滤，干燥后得交联淀粉。

b. 交联淀粉的离子化

Ⅰ. 交联淀粉的阴离子化：将交联淀粉 50g、水 110～180g、40% 氢氧化钠溶液 50～80mL、一氯醋酸 20～30g，置于三口烧瓶中，在 30～60℃下搅拌反应 2～5h，中和至 pH 值为 6.5，过滤、干燥，得羧甲基化交联淀粉（CAS）。

Ⅱ. 交联淀粉阳离子化：将交联淀粉 50g、水 110～180mL、40% 氢氧化钠溶液 50～80mL、3-氯-2-羟基丙基三甲基氯化铵 25～40g，置于三口瓶中，在 40～60℃下搅拌反应 3～8h 后，中和至 pH=6.5，过滤、洗涤、干燥，得阳离子化交联淀粉（CCS）。

c. 两性淀粉的制备

Ⅰ. 两性淀粉 CCCAS 的制备：CAS 在碱性水溶液中与 3-氯-2-羟丙基三甲基氯化铵反应得两性淀粉，过程与交联淀粉阳离子化过程相同。

Ⅱ. 两性淀粉 CACCS 的制备：CCS 在碱性水溶液中与一氯乙酸反应得两性淀粉CACCS，过程与交联淀粉的阴离子化相同。

④ 酶法改性制交联微孔淀粉吸附剂

a. 取 200g 干基玉米原淀粉，置于 1000mL 烧杯中，加入蒸馏水 500mL，于 45℃的水浴锅中预热 10min，同时用电动搅拌机搅拌。用 1mol/L NaOH 调 pH 值为 11，另加无水Na₂SO₄ 2%～3% 及 NaCl 0.1%～10%。缓慢加入一定量的三氯氧磷，滴加 12mol/L NaOH保持 pH 值为 11 不变。搅拌反应 2h，用 1mol/L HCl 调 pH 值为 6.7 终止反应。将悬浮液在 3000r/min 下离心 5min，用蒸馏水洗涤再离心，如此重复 3 次后，将所得淀粉置于真空干燥箱中干燥至恒量，用粉碎机粉碎后，即得交联淀粉。

b. 称取 100g 已制得的干基玉米交联淀粉，置于 1000mL 烧杯中，加入一定 pH 值的醋酸钠缓冲液 1000mL，于一定温度的水浴锅中预热 20min，同时用电动搅拌机搅拌。精确称取一定量的酶 [V(葡萄糖淀粉酶)：V(α-淀粉酶)＝4∶1]，用缓冲液配成酶液，将酶液全部转移到淀粉悬液中并准确计时，搅拌一定时间，终止反应。将悬浮液在 3000r/min 下离心5min，上清液量取体积后移入容量瓶中待测备用。剩余淀粉用蒸馏水洗涤并离心，如此重复 3 次后，将所得淀粉置于真空干燥箱中干燥至恒量，用粉碎机粉碎后，即得交联微孔淀粉。

⑤ 羧甲基淀粉吸附剂的制备　羧甲基淀粉（CMS）是淀粉在碱性条件下与一氯醋酸或其钠盐起醚化反应制得的。其制备方法有湿法、干法和溶剂法 3 种。

a. 制备步骤

笔者和课题组成员采用湿法制备 CMS 吸附剂。制备过程分为交联和接枝两个步骤。

Ⅰ. 交联反应：称量玉米淀粉（含水量＜12.0%）100g、150mL 水和 1.5g 氯化钠，调成浆状物后，加入需要量的环氧氯丙烷，然后缓慢滴加 40mL 15.0% KOH 溶液，30min 内加完后，在室温下（20~25℃）继续搅拌 16.0h，即得交联玉米淀粉（由于环氧氯丙烷易挥发损失，因此反应最好在密闭装置中进行）。

Ⅱ. 接枝反应：往交联淀粉浆液中补加 200mL 水，100mL 35.0% NaOH 溶液，室温下搅拌 30min 后，加入 200mL pH 值为 6.0 的氯乙酸溶液，于 65℃恒温搅拌反应 60min。此时，混合物体系应呈乳白色。将反应后的混合物冷却至室温，用布氏漏斗过滤回收碱液，再用水洗，得白色固状物。然后用 300mL 水调成浆状物，用 0.6mol/L HCl 调 pH 值至 6.5 左右，重新过滤，水洗，再用丙酮、乙醚洗（少量多次洗涤），然后干燥或烘干，即得产品羧甲基淀粉吸附剂（产物为纯白色粉末）。

b. 制备条件选择

Ⅰ. 交联条件的选择：影响交联反应的条件有原料、碱液的种类和用量以及环氧氯丙烷的用量等。

笔者最初选用直链可溶性淀粉作为原材料，结果发现在相同的工艺条件下，直链可溶性淀粉随着交联反应的进行，黏度越来越大，并无法获得满意的机体，后来采用玉米淀粉，则在交联反应的全过程，黏度始终非常小，并且很顺利地得到了合适的基体。

碱液的种类和用量。笔者分别采用氢氧化钠和氢氧化钾进行试验，结果发现淀粉在氢氧化钠溶液中比在氢氧化钾溶液中更易膨胀，并形成球形块状，不呈液态，根本无法搅拌。这可能与碱液的种类有关，因为碱金属氢氧化物对淀粉进行作用时，碱金属的离子半径越小，极化力越大，水化程度也越大，亦即带的水分子越多，其作用程度愈强，即溶解、润涨能力越大。因此，实验选用氢氧化钾作为交联反应的碱液。碱液的用量也非常关键，当 pH 值＜9 时，即使反应很长时间也达不到高的交联度，因此交联反应液中的 pH 值应大于9。为了使玉米淀粉有适当的膨胀，便于反应的进行，本实验中 KOH 的浓度为 15%。

环氧氯丙烷的用量是交联反应中最重要的因素，它直接影响到交联度的大小以及交联产品的质量。为了便于实验条件的优选，首先用 1.2mol/L 盐酸将交联淀粉调 pH 值至 6.5 左右，然后过滤、水洗、干燥（交联淀粉的含水量应小于12%）。环氧氯丙烷与淀粉摩尔比对交联度的影响见表 4-37。

表 4-37　环氧氯丙烷与淀粉摩尔比对交联度的影响

环氧氯丙烷：淀粉（摩尔比）	交联度	环氧氯丙烷：淀粉（摩尔比）	交联度
1:10.0	825.3	1:8.0	740.9
1:6.0	555.1	1:4.0	370.4
1:2.0	185.1		

注：反应温度为室温；反应时间16h；KOH用量6.0g。

由表 4-37 可见，随着环氧氯丙烷与淀粉摩尔比的增大，交联度也增大。由于交联度太低，对下一步的接枝聚合反应不利，同时综合经济效益的角度进行考虑，选择环氧氯丙烷与淀粉的摩尔比为 1:6.0 为宜。

Ⅱ. 接枝条件的选择：在接枝反应中，反应用水的硬度不宜过高，因为产物对重金属有明显的吸附作用外，对 Mg^{2+} 、Ca^{2+} 也有较强的亲和力，因此硬度过高的反应用水会对产物吸附性能略有损害。

氯乙酸反应液 pH 值应为 6.0 左右，如果中和所用碱量过高使其 pH 值高于 6.0，则会使部分氯乙酸不能有效地反应，造成原料的浪费。笔者曾试将反应液的 pH 值调至 4.0、7.0、9.0 和 10.0，分别进行试验，结果反应后产物滤出的母液仍显黄色，显然为含有氯乙酸的缘故，而且吸附剂的吸附容量也明显降低，结果见表 4-38。

表 4-38　氯乙酸反应液 pH 值对吸附容量的影响

氯乙酸反应液 pH 值	吸附容量/(mg/g)	氯乙酸反应液 pH 值	吸附容量/(mg/g)
4.0	15.8	6.0	17.0
7.0	16.5	9.0	13.8
10.0	12.9		

注：氯乙酸：交联淀粉=1.5∶1（摩尔比），反应温度 65℃，反应时间 1.0h。

氯乙酸用量亦是决定吸附剂吸附容量的重要因素，试验结果见表 4-39。

表 4-39　氯乙酸与交联淀粉摩尔比对吸附容量的影响

氯乙酸∶交联淀粉（摩尔比）	吸附容量/(mg/g)	氯乙酸∶交联淀粉（摩尔比）	吸附容量/(mg/g)
0.5∶1	11.1	1.0∶1	15.9
1.5∶1	17.0	2.0∶1	17.5
2.5∶1	17.7		

注：氯乙酸反应液 pH 值 6.0，温度反应温度 65℃，反应时间 1.0h。

由表 4-39 可见，吸附剂的吸附容量随着氯乙酸用量的增加而递增，当氯乙酸的用量达到一定值时，吸附容量的增加则不明显，因此最佳配比应为 1.5∶1（摩尔比）。

此外，反应的时间和温度亦是接枝反应中必须考虑的因素，试验结果见表 4-40、表 4-41。

表 4-40　反应时间对吸附容量的影响

反应时间/h	吸附容量/(mg/g)	反应时间/h	吸附容量/(mg/g)
0.5	10.9	1.0	17.0
2.0	17.3		

注：氯乙酸：交联淀粉=1.5∶1（摩尔比），氯乙酸反应液 pH6.0，反应温度 65℃。

表 4-41　反应温度对吸附容量的影响

反应温度/℃	吸附容量/(mg/g)	反应温度/℃	吸附容量/(mg/g)
50	14.7	60	16.8
65	17.0	70	16.9
80	16.5		

注：氯乙酸：交联淀粉=1.5∶1（摩尔比），氯乙酸反应液 pH6.0，反应时间 1h。

由表 4-40 可见，当反应时间超过 1.0h，吸附剂的吸附容量增加不明显。表 4-41 中的数据表明，温度越低，吸附剂的吸附容量也随之降低；但当反应温度超过 65℃时，吸附容量也变低，因此最佳反应温度为 65℃。至于温度的影响机理有待于进一步研究。

⑥ 3,5-二硝基苯甲酸淀粉酯的制备　于九皋等在非均相状态下以淀粉和 3,5-二硝基苯甲酰氯为原料合成了一种新的淀粉酯 3,5-二硝基苯甲酸淀粉酯。

在三口烧瓶中加入淀粉和吡啶，搅拌使淀粉充分分散，115℃下活化 1h，调节反应温度，分批加入 3,5-二硝基苯甲酰氯进行反应，反应完毕后，冷却，产物用乙醇沉淀，并用乙醇及蒸馏水反复洗涤直至用硝酸银溶液检验无 Cl⁻ 存在，滤饼经 80℃ 真空干燥 24h，即得不溶于水的粉末状 3,5-二硝基苯甲酸淀粉酯。

【应用】　改性淀粉类吸附剂主要用于清除电镀、采矿、铅电池制造及黄铜冶炼等工业废水中的重金属离子。

傅正生等将淀粉与偶氮化合物接枝共聚，制得了 4 种不溶性树脂，用其对 Cu^{2+}、Zn^{2+}、Co^{2+}、Cd^{2+}、Pb^{2+} 分别进行吸附，在这 5 种金属离子中吸附效率最高的是 Cu^{2+}，最低的是 Pb^{2+}。对不同金属离子吸附在 pH 值为 5.5～6.5、吸附时间为 5h 时，吸附量达到最大。在室温下，用 0.1mol/L HNO_3 溶液使得该不溶性树脂解吸，从而可以反复利用。同时经酸洗后可以回收金属。表 4-42 是四种接枝共聚物经 3 次吸附、解吸循环后对不同金属离子的吸附量值。

表 4-42　四种接枝共聚物经 3 次吸附、解吸循环后对不同金属离子的吸附量值　单位：mol/kg

金属离子	A				C			
	0	1	2	3	0	1	2	3
Cu^{2+}	6.30	5.40	4.40	2.80	3.95	3.40	2.10	0.50
Zn^{2+}	5.80	4.40	3.60	2.00	3.40	3.00	1.90	0.40
Co^{2+}	4.50	4.00	3.00	1.60	3.20	2.60	1.70	0.20
Cd^{2+}	4.30	3.60	2.60	2.00	3.15	2.50	1.60	—
Pb^{2+}	4.00	3.10	2.00	1.60	2.80	2.20	1.10	—
金属离子	B				D			
	0	1	2	3	0	1	2	3
Cu^{2+}	3.40	2.80	1.70	0.50	2.00	0.90	0.40	
Zn^{2+}	2.95	2.50	1.40	0.30	1.50	0.50	—	
Co^{2+}	2.40	1.90	1.00	0.10	1.00	0.30	—	
Cd^{2+}	2.30	1.90	0.95	—	0.90	0.10	—	
Pb^{2+}	2.20	1.80	0.75	—				

其中，A、B、C、D 的化学式分别如下：

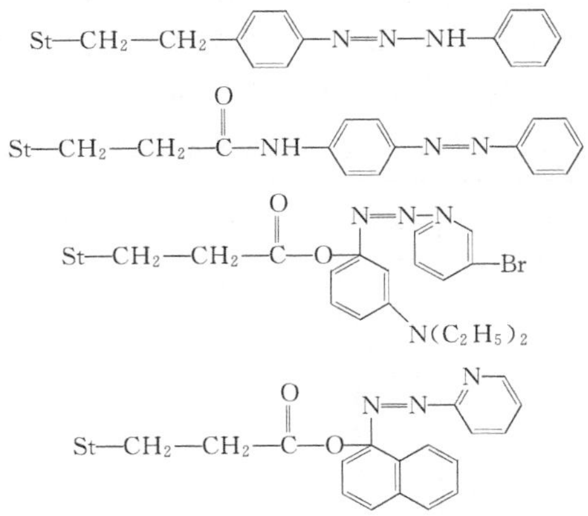

表 4-43 是三种交联淀粉对金属离子的吸附情况。CCS1、CCS2 和 CCS3 是 3 种不同阳离子含量的季铵基交联阳离子淀粉，阳离子质量分数分别是 0.61%、1.52% 和 2.18%，其吸附能力随阳离子含量的增加而增大。由增加吸附剂量的实验得知：增加阳离子的量比增加吸附剂的量对于提高吸附能力要有效得多。

表 4-43   三种交联淀粉对金属离子的吸附

金属离子	吸附剂	最佳 pH	吸附热力学	达到平衡的吸附时间/min	吸附等温线	最大吸附能力/(mg/g)
Cr^{6+}	CCS1	<4	放热	几分钟	Langmuir	31.75
	CCS2	<4	放热	几分钟	Langmuir	64.52
	CCS3	<4	放热	几分钟	Langmuir	97.08
Cu^{2+}	酰化淀粉			10	Langmuir	33.02
	氧化淀粉			10	Langmuir	79.68
Pb^{2+}	酰化淀粉			10	Langmuir	110.54
	氧化淀粉			10	Langmuir	48.23
Cd^{2+}	酰化淀粉			10	Langmuir	5.28
	氧化淀粉			10	Langmuir	6.24
Zn^{2+}	酰化淀粉			10	Langmuir	13.39
	氧化淀粉			10	Langmuir	37.06

    Xu 等用 3-氯-2-羟丙基三甲基氯化铵（65％水溶液）、环氧氯丙烷和氯乙酸制备出的交联两性淀粉（CAS）对水溶液中 Pb^{2+}、Cu^{2+}、Zn^{2+} 和 Cr^{6+} 的吸附性能及影响因素进行了研究和分析，发现其对前 3 种金属离子的吸附作用主要是利用交联两性淀粉中的—COO^- 与 Pb^{2+}、Cu^{2+} 和 Zn^{2+} 进行结合。吸附能力依赖于溶液 pH 值，Pb^{2+}、Cu^{2+} 和 Zn^{2+} 的浓度、交联两性淀粉阴离子羟基取代度（DS）和交联两性淀粉的量。他们在实验室制备了 3 种交联两性淀粉 CAS1、CAS2 和 CAS3。其中，CAS1、CAS2 和 CAS3 阳离子 DS 为 0.3，阴离子 DS 分别为 0.12、0.20 和 0.33；CAS1（A）、CAS2（A）和 CAS3（A）阳离子 DS 为 0.3，阴离子 DS 分别为 0.19、0.23 和 0.29。它们对金属离子吸附的最佳 pH 值是不同的（见表 4-44）。CAS 对这 3 种离子吸附能力随 Pb^{2+}、Cu^{2+} 和 Zn^{2+} 初浓度的增加而增加。CAS 对前 3 种离子的吸附能力随阴离子 DS 的增加而增加。随 CAS 用量的增加，Pb^{2+}、Cu^{2+} 和 Zn^{2+} 的残余浓度减少，但不同 DS 对其减少的量是不同的，从理论上讲，DS 为 0.20 时的吸附能力应该是 DS 为 0.12 时的 1.5 倍，但结果前者要比后者高得多，因为在高 DS 情况下，吸附微粒间的作用更加强烈，因此在金属离子初浓度一定的条件下，增加 DS 比增加吸附剂用量更加有效和经济。而对于 Cr^{6+}，采用 CAS1（A）、CAS2（A）和 CAS3（A）对其进行吸附，离子浓度与交联两性淀粉的量对 Cr^{6+} 吸附的影响与前面是相同的。不同的是其吸附能力随着阴离子 DS 的增加而减小，这是因为 Cr^{6+} 在溶液中以 $HCrO_4^-$ 的形式存在，主要与交联两性淀粉中的阳离子作用，阴离子 DS 的增加阻碍了它与阳离子的结合。CAS 对 Cr^{6+} 间的吸附能力应该随阳离子 DS 和吸附剂量的增加而增大。

表 4-44   几种交联两性淀粉对金属离子的吸附

金属离子	吸附剂	最佳 pH 值	吸附热力学	达到平衡的吸附时间	吸附等温线	最大吸附能力/(mg/g)
Pb^{2+}	CAS1	4～5	吸热		Langmuir	21.01
	CAS2	4～5	吸热		Langmuir	62.11
	CAS3	4～5	吸热		Langmuir	156.25
Cu^{2+}	CAS1	6	吸热	1h	Freundlich	29.60
	CAS2	6	吸热	1h	Freundlich	57.80
	CAS3	6	吸热	1h	Freundlich	84.40
Zn^{2+}	CAS1	4～6	吸热	2min	Langmuir	9.67
	CAS2	4～6	吸热	2min	Langmuir	26.88
	CAS3	4～6	吸热	2min	Langmuir	42.74
Cr^{6+}	CAS1（A）	2.5	放热	1h	Langmuir	28.78
	CAS2（A）	2.5	放热	1h	Langmuir	27.90
	CAS3（A）	2.5	放热	1h	Langmuir	23.30

笔者曾用静态法和动态法研究羧甲基淀粉（CMS）吸附剂对 Cr^{3+}、Al^{3+} 的吸附效果以及 pH 值对吸附效果的影响，然后用不同浓度的 HCl 溶液（0.3～1.2mol/L）进行解吸，研究解吸 Cr^{3+}、Al^{3+} 的回收情况，并探讨了吸附剂的吸附机理，结果表明：CMS 吸附剂的静态等温吸附符合 Freundilich 吸附等温式，动态吸附的吸附时间大大缩短，明显优于静态吸附，吸附的 pH 值范围宽，为 4.0～10.0，在解吸过程中，使用 0.6mol/L HCl 溶液效果最佳，Cr^{3+}、Al^{3+} 的最大回收率分别可达 96.1%～97.0%。表 4-45 是 CMS 吸附剂对 Cr^{3+}、Al^{3+} 的吸附效果。

表 4-45　CMS 吸附剂吸附 Cr^{3+}、Al^{3+} 的效果

项　目	金属离子	初始浓度/(mg/L)	残余浓度/(mg/L)	吸附率/%	吸附容量/(mg/L)
静态法	Cr^{3+}	78.0	6.2	92.1	17.0
	Al^{3+}	40.5	3.6	91.0	8.8
动态法	Cr^{3+}	78.0	6.9	91.2	—
	Al^{3+}	40.5	3.8	90.6	—

注：吸附温度 25℃；pH6.0；吸附剂用量 0.3g。

20 世纪 70 年代美国 WING R.E. 等由淀粉经交联反应和黄原酸化反应制得不溶性淀粉黄原酸醋（ISX），它是淀粉黄原酸钠和镁盐的混合物，具有离子交换的功能。ISX 不仅能脱除多种重金属离子，而且在酸性条件下还能将 Cr^{6+} 还原为 Cr^{3+}。不溶性淀粉黄原酸钠镁能与铬、钴、锰、镍、锌和其他若干重金属离子生成配合物而沉淀，钠、镁离子则进入水中，因此可将其用于工业废水处理，除去重金属。用 ISX 处理含重金属离子的废水，操作简单，工作温度范围广，在 pH 值为 3～11 范围内均可有效地去除废水中的重金属离子。

将 ISX 用来处理含镍电镀废水，脱除率达到 95% 以上，镍残余浓度小于 0.2mg/L，低于国家规定的排放标准。ISX 对各种价态的铬离子，包括阳离子和铬酸根阴离子均有相当高的脱除效果，脱除率大于 99%，残余浓度小于 0.1mg/L，低于排放标准，残渣稳定，也不会引起二次污染。

汪玉庭等以可溶性淀粉为基体，经环氧氯丙烷交联制备交联淀粉，以 Fe^{2+}-H_2O_2 为引发剂，将丙烯腈单体接枝到交联淀粉上，制得水不溶性接枝羧基淀粉聚合物，可有效地去除水体中的 Gd^{2+}、Pb^{2+}、Cu^{2+}、Cr^{3+} 等重金属离子，pH 值在 7～10 范围内效果较好，稀酸可脱附，回收重金属，再生离子交换树脂。

金漫彤用经过过硫酸钾预处理并经巴氏法灭菌的可溶性淀粉溶液与丙烯酸聚合制得淀粉接枝丙烯酸，其分子链中存在游离羟基和羧基基团，可吸附 Cr^{6+}，吸附容量达 42.23mg/g，Cr^{6+} 去除率可达 71.11%，且该吸附剂对 Cr^{6+} 具有较高的吸附选择性，可用于工矿企业污水的处理。

邹新喜采用玉米或红薯淀粉，经环氧氯丙烷、醚化剂（氯醋酸和 3-氯-2-羟基丙基三甲基氯化铵）阴、阳离子化，制得两性淀粉，它对重金属离子的吸附能力很强，吸附容量高，可处理多种重金属阳、阴离子或混合离子溶液，树脂可再生并能反复利用，因此，可望应用于电镀废水、矿物及冶金工业提取重金属离子、进行污水处理等。

4.2.13　改性壳聚糖类吸附剂

【物化性质】 壳聚糖又称为可溶性甲壳素、甲壳氨、几丁聚糖等，化学名为 2-氨基-β-1,4-葡萄糖，分子式为 $(C_6H_{11}O_4N)_n$，它是甲壳素经过脱乙酰基而得到的一种天然阳离子多糖，是最重要的甲壳素的衍生物，相对分子质量在 10 万左右，溶于 1% 乙酸溶液、柠檬酸稀溶液、低浓度盐酸（0.15%～1.1%），不溶于磷酸、硫酸，其溶于水可形成黏稠的胶体溶液，具有可降解性、良好的成膜性、良好的生物相容性及一定的抗菌性抗肿瘤等优异性能，在多种酶的作用下可分解为氨基葡萄糖单体。

【制备方法】 壳聚糖分子中含有大量的氨基和羟基，可以进行多种化学改性，主要有醛类改性、酚类改性、有机酸类改性、醚类改性等。

（1）醛类改性壳聚糖类吸附剂

① 水杨醛改性

方法一：称取 3.2g 壳聚糖，溶于 2% 的乙酸溶液中，搅拌 12h；加入理论量 3 倍的水杨醛，80℃ 下搅拌反应 6h，NaOH 溶液调节 pH 值；用水杨醛物质的量 1.5 倍的 10% $NaBH_4$ 水溶液还原，继续搅拌反应 3h，调节 pH=10；加入环氧氯丙烷，60℃ 下反应 2h；沉淀，过滤，水洗，乙醇洗，乙醇索氏提取 48h 以上，45℃ 真空干燥至恒重，得产品。

方法二：向装有 12.0g 壳聚糖的 500mL 三颈烧瓶中加入 200mL $w(H_2O_2)=5\%$ 的过氧化氢水溶液，置于 60℃ 水浴中，搅拌反应 60min；趁热减压过滤，向滤液中加入 3 倍滤液体积的无水乙醇，静置 12h，抽滤得淡黄色固体；用无水乙醇 20mL 洗涤多次，真空干燥得产品 4.6g，其相对分子质量为 5500～6000；称取 8.6g 上述制得的低分子量壳聚糖，用 95% 的乙醇 60mL 溶胀 2h，加入 20mL 水杨醛，于 60℃ 水浴中搅拌回流 6h，过滤出黄色固体产物；用乙醇在索氏萃取器上回流萃取 24h，萃取液为无色，真空干燥，得到 5.9g 水杨醛改性的低分子量壳聚糖吸附剂。

② 5-溴水杨醛改性

a. 5-溴水杨醛的制备 在圆底烧瓶中加入 80mL 冰醋酸的 22.5g 水杨醛，35℃ 水浴下加入 60mL 氢溴酸，电动搅拌，缓慢滴加 $NaClO_3$ 溶液，反应 90min，产物呈乳白色沉淀。加入 45mL 无水乙醇，温热使其全溶，冷却析出白色针晶，抽滤，少量无水乙醇洗涤，干燥得 5-溴水杨醛 15.3g，产率为 42.9%。

b. 壳聚糖微粒的制备 将 4.0g 壳聚糖溶解在 2% HAc 溶液中，得浓度为 5% 的黏稠溶液。在搅拌下向溶液中滴加 1mol/L 的 NaOH 溶液至 pH 值为 8～9，得絮状壳聚糖的沉淀，将此体系用高速组织捣碎以 12000r/min 匀浆 6min，得弥散的近似于乳状的悬浊液。离心，水洗沉淀至中性，抽滤，少量无水乙醇洗 3 次，得壳聚糖微粒。

c. 微粒化壳聚糖希夫碱的制备 将未烘干的壳聚糖微粒用 95% 乙醇溶液浸泡 24h，移入 500mL 三颈瓶中，按比例 1∶1.2（即壳聚糖与 5-溴水杨醛的摩尔比），称取 5-溴水杨醛，加入其中，在 70℃ 水浴中搅拌回流 8h，过滤，得黄色产物。抽滤，双蒸水洗至中性。移入索氏提取器中用乙醇回流提取 10h，用少量丙酮淋洗，抽干。在红外线快速干燥器中烘至开始成团，移入真空干燥器中真空干燥。取出，研磨粉碎，即得到微粒化的壳聚糖希夫碱产品。

d. 未微粒化壳聚糖希夫碱的制备 在室温和不断搅拌的条件下，往乙酸和甲醇的混合液（体积比为 1∶3）中加入壳聚糖直到其完全溶解为止，然后缓慢滴加计量好的 5-溴水杨醛，并用冰乙酸或氢氧化钠调节溶液的 pH 值在 4.5 左右，滴加完后继续反应 2h，抽滤，分离出产品和反应液。产品用乙醇在索氏提取器上回流提取 10h，用少量丙酮淋洗，产品真空干燥，研磨粉碎，即得到未微粒化的壳聚糖希夫碱产品。

③ 香草醛改性

a. 希夫碱壳聚糖的制备 称取一定量的壳聚糖置于 250mL 三口瓶中，加入醇浸泡数小时后，水浴 80℃ 时加入香草醛搅拌，回流。产品用水洗后再用乙醇溶液在索氏提取器中抽提 10h，70℃ 下干燥得到希夫碱壳聚糖。

b. 壳聚糖缩香草醛螯合树脂制备 称取一定量的希夫碱壳聚糖和十六烷基三甲基溴化铵加入到 80mL 浓度为 0.5% 的 NaOH 溶液中，搅拌 15min。升温至 50℃ 时，分别加入环氧氯丙烷和固体 NaOH，搅拌 4h 后冷却至室温抽滤、水洗，50℃ 烘干，得到交联产物。

④ 庚醛改性　取壳聚糖 3.2g 溶于 2% 的醋酸溶液中，搅拌过夜。加入理论量 4 倍的庚醛，催化剂十二烷基磺酸钠，100℃温度下搅拌反应 8h。用氢氧化钠溶液调节 pH 值，用 1.5 倍庚醛量的 10% NaBH$_4$ 水溶液还原，继续搅拌反应 2h，调节 pH 值至 9～10，静置过夜。抽滤，水洗，乙醇洗，索氏提取 24h 以上，45℃真空干燥至恒重，得产品 N-烷基化壳聚糖衍生物。

⑤ 戊二醛改性　笔者和课题组成员采用反相悬浮技术，以戊二醛为交联剂制备球形壳聚糖珠体，具体过程：在 500mL 容量的三口烧瓶中，分别加入变压器油、计算量的 Span80 和 Tween80，开动四叶平桨搅拌器达 300r/min。在强烈搅拌下，缓慢加入 80g 质量分数为 5% 的壳聚糖稀盐酸水溶液。滴完后，使其在该转速下持续进行 2～3h，以形成均匀细小颗粒。造粒结束后，紧接着加入适量的戊二醛对聚糖颗粒进行交联，先在低温下分散反应，接着升温交联聚合反应。反应结束后，静置、冷却，进行抽滤，用蒸馏水、丙酮洗涤至中性，产品在室温下晾干，称其质量。

在球形壳聚糖珠体的制备过程中的主要影响因素有分散相的种类和用量，分散剂的种类和用量，油水相的质量比，壳聚糖溶液的质量分数，交联剂的种类和用量，机械搅拌速度，反应温度等。

a. 分散相。反相悬浮体系中，分散相保持单体呈悬浮液滴状，并作为传热介质，将反应热传递除去，分散相应与单体相互不相溶并且有一定的密度差，使液滴易于形成并且易于回收。分散相的黏度、密度等物化性质直接影响单体的分散情况。反相悬浮体系中溶解相为水溶液，因此选择油性介质为分散相，即将壳聚糖溶液分散在与之不溶的油性介质中，形成"油包水"体系。本实验选择了煤油、变压器油、液体石蜡等油相来考察不同分散相对球形壳聚糖珠体得率、粒径分布的影响及油相回收率的影响。实验结果见表 4-46。

表 4-46 　分散相的选择

分　散　相	珠体得率/%	分布均一系数 K	分散相回收率/%
煤油	83.25	1.677	98.5
变压器油 10#	85.00	1.404	98.7
液体石蜡 300#	70.63	1.398	92.4

可见，三种油相在珠体得率方面，液体石蜡略小，其他分散相相差不多。但在粒径分布方面，液体石蜡、变压器油分布窄，但液体石蜡在实验后的分散相回收损失较大，因此选用变压器油为分散相。

b. 分散剂。反相悬浮体系中，分散剂起着非常重要作用，可以降低表面张力，帮助分散介质分散成液滴；又可起保护作用，防止粒子黏并，特别在聚合进行到一定阶段时，体系黏度增加，粒子间有黏结趋向，这时分散剂吸附在粒子表面，起到防黏聚并的作用。而且，在搅拌条件一定时，分散剂的种类、性质和用量是控制颗粒特性的关键因素。本实验选择了几种分散剂，实验结果见表 4-47。

表 4-47 　分散剂种类对壳聚糖珠体形成的影响

分散剂种类	壳聚糖珠体形成状况
Tween80	产品呈不规则形状，部分为球形
Span80	产品基本上呈球形，粒径分布较集中
Span80 和 Tween80	产品呈球形，粒径分布集中
十二烷基硫酸钠	产品未成球，黏结成块状
Span20	产品基本上呈球形，粒径分布不均匀

续表

分散剂种类	壳聚糖珠体形成状况
Span80 和十二烷基硫酸钠	产品未成球,黏结成块状
十二烷基苯磺酸钠	产品未成球,黏结成块状
十二烷基硫酸钠和十二烷基苯磺酸钠	产品未成球,黏结成块状
聚乙烯醇	产品未成球,成不规则颗粒
羧甲基纤维素	产品未成球,成不规则颗粒

　　由表 4-47 可知,分散剂的种类对球形壳聚糖珠体形成的影响较为明显,不同的表面活性剂调节表面张力的能力不同,故对一特定体系采用不同的表面活性剂有不同的分散效果。当采用 Span80 和 Tween80 时粒径较为集中,因此选择用 Span80 和 Tween80 为复合型分散剂。

　　c. 交联时间的影响。在交联反应中,时间是一个十分重要的因素,与温度、分散剂类型、壳聚糖浓度等有着极其密切的联系。交联时间短,壳聚糖交联不够,成球效果不好,珠体的硬度不够。但当交联时间达到一定程度时,再提高交联时间对提高壳聚糖珠体的成球率无太大用处,反而会加大成本。保持反应体系诸条件不变,改变戊二醛交联时间,对壳聚糖成球特性进行实验,结果列于表 4-48。

表 4-48　交联时间对壳聚糖珠体形成的影响

交联时间/h	壳聚糖珠体形成状况	交联时间/h	壳聚糖珠体形成状况
1	无法成球,呈褐色块状	3	成球,少量杂质,呈深褐色球状
2	大部分成球,杂质较多,呈深褐色微粒状	4	成球,少量杂质,呈深褐色球状

　　由实验结果可以得出交联时间少于 2h 时,壳聚糖交联时间不足,无法成球;而当交联时间超过 3h 时,再延长交联时间对于壳聚糖的成球并没有太大的帮助,故实验应选用 3h 最佳。

　　d. 壳聚糖溶液质量分数。固定液体变压器油与壳聚糖溶液的质量比为 2∶1,在其他实验条件不变的情况下改变壳聚糖溶液的质量分数分别为 3%、5%、10% 进行实验,结果见表 4-49。

表 4-49　壳聚糖溶液质量分数对壳聚糖珠体粒径分布的影响

壳聚糖溶液质量分数/%	均一系数 K	现　　象
3	1.519	淡黄,不透明微球珠
5	1.214	褐黄色,透明球珠
10	1.367	深褐色,透明球珠

　　注:实验条件为以 Span80 和 Tween80 为复合分散剂,变压器油为分散相,$m(油)∶m(H_2O)=2∶1$,搅拌速度为 300r/min。

　　由表 4-49 可看到,随着壳聚糖溶液初始质量分数的增大,球形壳聚糖珠体的颜色加深,颗粒度增大,但颗粒均匀性和成球性能却有所降低,这是由于壳聚糖的质量分数增大,使水相黏度提高,互相聚集不易分散所致。同时由于壳聚糖的质量分数增高使致孔剂等物质不易进入球形壳聚糖珠体,使产品多孔性降低,透明度增加,相同量的交联剂集中于较小的产品表面积上,而使单位表面积的交联剂量增多导致产品色泽变黄。由此可见,要得到粒度均匀,分散性好的多孔性壳聚糖微球,必须控制壳聚糖的质量分数在 5% 左右。

　　e. 机械搅拌速度。反向悬浮聚合要求反应器具备剪切分散、循环混合、传热和悬浮等功能,其中搅拌起着重要的作用。搅拌效果是借助于流体在容器内的流动而达到的。搅拌容器内流体的流动状态与搅拌转有密切关系。搅拌速度的确定，取决于反应体系对搅拌的要求。成球的过程中搅拌的剪切应力促进分散液滴，液滴在剪切应力、两相的界面张力和分散剂的分散作用下形成分散与合并的动态平衡，故提高搅拌速度能明显增加分散均匀性，降低产品的粒度大小并且能保持产品呈现均匀微球形态，因此在本实验中选择300r/min为实验的机械搅拌转速。

（2）酸类改性壳聚糖类吸附剂

① 丙酮酸改性　将1.8g的壳聚糖用50mL的蒸馏水溶胀，加入1.48g丙酮酸搅拌反应1h，过滤除去不溶物，缓慢滴入稀氢氧化钠调pH值至4～5，继续搅拌反应4h。加入硼氢化钠溶液（一定质量的硼氢化钠＋5mL蒸馏水），再加入一定量的蒸馏水，搅拌反应1.5h，用玻璃纤维过滤，滤液滴入适量的无水乙醇中，一边滴入一边搅拌，直至沉淀完全析出为止。用普通过滤装置过滤，滤渣用约30mL无水乙醚洗涤3次，红外线快速干燥器干燥15min后，即得易溶于水的白色粉末。

② α-酮戊二酸改性　将一定量壳聚糖用蒸馏水溶胀24h后，按一定摩尔比加入α-酮戊二酸，室温下搅拌至溶液透明，用玻璃纤维过滤。滤液用稀氢氧化钠溶液调pH值，搅拌反应一定时间后缓慢加入硼氢化钠溶液，控制滴加速度，使反应物不致溢出。滴加完毕后，再用稀盐酸调节pH值至6～7，再反应24h。将反应混合物缓慢倒入95%乙醇中，产物开始析出，继续搅拌1h，使产物完全析出。减压抽滤，产物依次用50mL无水乙醇、无水乙醚洗涤3～4次，转入索氏提取器中用乙醇连续萃取6h，红外干燥，得白色粉末状固体。

③ 用巯基乙酸作巯基化剂改性　巯基乙酸20mL，乙酸酐15mL，边震荡边加入浓硫酸等试剂，充分震荡冷却后，加入不同磨细度的壳聚糖（脱乙酰度84%），在25℃摇床下震荡3h。于暗处放置3d后，抽滤，用自来水，蒸馏水洗净，在36.5℃真空干燥箱中烘12h。制得的改性壳聚糖置于棕色瓶中保存。配置4%的NaOH溶液。将各份样品分别用4%的NaOH溶液洗涤，用玻璃棒迅速搅拌。改性壳聚糖形成许多颗粒而沉淀。清除碱液，在36.5℃真空干燥箱中干燥12h，取出，即得产品。

④ 丙烯酸为单体接枝共聚　笔者和课题组成员以交联球形壳聚糖珠体为骨架，以丙烯酸（AA）为单体，通过接枝共聚的方法赋予球形壳聚糖吸附剂弱酸型基团——羧酸基，合成出球形壳聚糖珠体/AA接枝共聚物。具体制备过程：在反应器中加入80.0g质量分数为4.0%的壳聚糖乙酸溶液（乙酸溶液的质量分数为2.0%）、少量Span80、Tween80和适量的10#变压器油，在70.0℃下搅拌60.0min，再加入适量戊二醛，反应30.0min后缓慢升温至75.0℃，反应1.5h后冷却，过滤，回收变压器油，并以水洗，过滤得到交联球形壳聚糖珠体。球形壳聚糖珠体的粒径范围为0.081～0.144mm，湿视密度为0.86g/mL，湿真密度为1.46g/mL。

在反应器中加入一定质量的交联球形壳聚糖珠体（含水率25.6%）和20.0g的乙酸溶液（质量分数2.0%），通氮气保护，在60.0℃下搅拌30.0min，加入引发剂，反应30.0min后加入计算量的丙烯酸（AA）单体，反应3.0h后，在60.0℃下继续反应1.0h，依次进行冷却、过滤、水洗、丙酮洗和干燥即得球形壳聚糖珠体/AA接枝共聚物。

a. 引发剂种类。接枝共聚反应的关键在于使壳聚糖骨架的大分子链上产生活性中心，即可由该活性中心引发单体聚合而形成支链。选用硝酸铈铵、硝酸铈铵/HNO$_3$、过硫酸铵、过硫酸铵/亚硫酸氢钠和H$_2$O$_2$-Fe^{2+}体系5种引发剂，实验结果见表4-50（引发剂用量为5.0%）。

表 4-50 引发剂种类对接枝反应的影响

引　发　剂	接枝率/%	接枝效率/%	引　发　剂	接枝率/%	接枝效率/%
硝酸铈铵	25.91	10.23	过硫酸铵/亚硫酸氢钠	23.82	26.21
硝酸铈铵/HNO₃	30.24	8.56	$H_2O_2\text{-}Fe^{2+}$	18.36	21.36
过硫酸铵	19.73	16.47			

表 4-50 中数据表明：引发剂的种类对接枝反应过程的影响非常大，在其他条件都相同的情况下，硝酸铈铵/HNO₃ 的引发效果最好，所得到的接枝共聚物的接枝率最高，而且丙烯酸的均聚物含量最低，因此选择硝酸铈铵/HNO₃ 作为壳聚糖珠体接枝丙烯酸的引发体系。

b. 引发剂的用量。采用硝酸铈铵/HNO₃ 为引发剂，引发剂用量是影响接枝反应的一个重要因素。当引发剂用量增加，接枝率增加，均聚物含量降低，但是硝酸铈铵用量超过6.0%时，接枝率反而减小，均聚物含量增大。说明引发剂用量的增加，增多了接枝活性点，进而提高接枝率。但是反应过程中存在均聚反应，引发剂超过一定用量时，均聚速率大于接枝共聚速率，均聚物的产生会阻碍接枝共聚反应。而且当铈离子浓度过高时，铈离子能与自由基反应，终止接枝链的增加，降低接枝率。反应体系中硝酸浓度对球形壳聚糖珠体接枝率的影响相当显著。当稀硝酸溶液用量在 4.0mL 时，接枝率最佳。

c. 单体的用量。在接枝过程中，丙烯酸对壳聚糖分子链的降解影响试验结果见表 4-51。

表 4-51 单体用量对接枝反应的影响

$m(AA) : m(chitosan)$	接枝率/%	接枝效率/%	$m(AA) : m(chitosan)$	接枝率/%	接枝效率/%
0.5	16.08	3.50	3.0	34.95	8.82
1.0	23.44	6.18	5.0	24.92	15.43
2.0	36.06	7.92			

注：以交联球形壳聚糖珠体的干基质量为标准。

由表 4-51 可知，随着单体浓度的增加，壳聚糖-单体自由基浓度增加，聚合反应速率提高，有利于壳聚糖的接枝共聚，但是单体浓度过高，会使水化的铈离子难以接近链活性增长点，减少了接枝共聚反应。当 $m(AA)/m$(壳聚糖)>2 时，丙烯酸用量高对壳聚糖分子链的降解作用也增大，致使接枝率降低，而且均聚物增多。因此，AA/壳聚糖用量比以 2.0 为最佳条件。

d. 反应温度。保持其他条件不变，考虑反应温度对接枝共聚的影响。当温度低于 60℃时，随着温度的升高，壳聚糖溶胀程度提高，单体和引发剂易扩散到壳聚糖珠体骨架附近，同时引发剂分解速度增大，自由基反应加快，接枝易发生；温度继续升高，接枝率反而下降，这是由于当温度升高时，单体均聚的概率增加，反而影响了单体与壳聚糖珠体之间的接枝共聚。温度以 60℃为宜。

e. 反应时间。保持其他条件不变，考虑反应时间的影响。接枝反应在 3h 内几乎完成，然后接枝率增加缓慢，这主要是因为反应体系中单体浓度随反应的进行不断下降，链增长速率降低，同时反应体系均聚物的增加，阻止了单体向壳聚糖珠体的扩散，致使接枝率增加缓慢。反应时间以 3h 为宜。

(3) 酚类改性壳聚糖类吸附剂

邻氨基苯酚改性壳聚糖制吸附树脂：取适量的壳聚糖溶于 2%（体积分数）的乙酸溶液中配成 5%（质量分数）的壳聚糖溶液，加入油相分散介质液体石蜡，乳化剂 Span80，高速搅拌使体系呈乳液状。维持搅拌 30min，然后加入适量的甲醛溶液，搅拌一段时间后，将乳液倒入大量的 NaOH/乙醇（1:1）的混合液中，继续搅拌 1h。停止搅拌，静止一段时间，弃去油层和水层，反复洗涤，得到粒度较均匀的壳聚糖微球 CS-1。

控制温度在 80℃ 左右，将壳聚糖微球 CS-1 置于 0.08mol/L 的环氧氯丙烷的碱性溶液中（pH=10）交联 4h，然后反复水洗多次，再置于 0.5mol/L 的 HCl 中搅拌过夜，水洗得到微球 CS-2。

在 80℃ 下溶解邻氨基苯酚于水中，配成 0.5mol/L 的溶液。加入适量的壳聚糖微球 CS-2（邻氨基苯酚与壳聚糖摩尔比分别为 1:1，1:5，1:10），再向其中加入乙二醛（邻氨基苯酚与乙二醛摩尔比为 2:1），在 80℃ 条件下反应 1h。过滤，微球用水、无水乙醇洗涤数次，干燥，得到邻氨基苯酚改性壳聚糖微球 CS-3、CS-4、CS-5。

（4）改性壳聚糖磁性微球

采用聚乙二胺或乙二胺进行改性。

① Fe_3O_4 纳米颗粒制备 将 $FeCl_3 \cdot 6H_2O$ 和 $FeCl_2 \cdot 4H_2O$（摩尔比为 2:1）溶于水后加入三颈瓶中，使总铁离子浓度为 0.3mol/L。氮气保护下加入 $NH_3 \cdot H_2O$ 形成沉淀，同时剧烈搅拌，维持 pH 值为 10，于 80℃ 下反应 30min，分离固相经水洗至中性后再用乙醇洗涤，于 70℃ 下真空干燥 24h，研磨即得 Fe_3O_4 纳米颗粒。

② 磁性壳聚糖微球（MCS）的制备 1.5g 壳聚糖溶于 150mL 质量分数为 1% 的醋酸（HAc）中，加入 0.5g Fe_3O_4 纳米颗粒、2.5mL 聚丙烯酸（PMA）溶液及 1.5mL 质量分数为 25% 的戊二醛水溶液，制成水相；环己烷和正己醇按体积比 11:6 混合，制成油相；油水相以体积比 17:4 混合，剧烈搅拌，制成反相（W/O）悬浮分散体系。微球经交联固化 24h，过滤分离，用甲苯和异丙醇洗去 PMA，再用去离子水洗至中性。

③ 聚乙二胺改性磁性壳聚糖微球（PEMCS）的制备 1.5g 聚乙二胺（PEI）溶于 50mL 二甲基乙酰胺（DMA）中，加入上述制备的 MCS 及 1.5mL 质量分数为 25% 的戊二醛水溶液，于室温反应 24h，产物过滤、洗涤、真空干燥。

④ 乙二胺改性磁性壳聚糖微球（EMCS）的制备 将 MCS 悬浮于 70mL 异丙醇中，加入 2mL 环氧氯丙烷（溶于 40mL 体积比为 1:1 的丙酮/水混合液中），于 60℃ 搅拌反应 24h，过滤分离。分离后的固相产物转入 50mL 体积比为 1:1 的乙醇/水混合液中，加入 2.5mL 乙二胺，混合物于 60℃ 搅拌反应 12h，产物过滤、洗涤、真空干燥。

（5）Cu^{2+} 模板交联壳聚糖树脂

称取 0.50g 壳聚糖于 100mL 三角瓶中，加入 20mL 5% 醋酸溶液，溶胀 2h，再往锥形瓶中加入 1.00g $CuSO_4 \cdot 5H_2O$，振摇使溶解。把锥形瓶置于微波炉内转盘中间的位置，炉内放置一高沸点溶剂，以保护磁控管，使反应混合物温度维持在 100℃ 左右。辐射功率设定为第二挡，辐射时间设定为 3min，辐射反应后，冷却。往混合物中慢慢加入适量 4mol/L 稀氨水，使 pH 值为 6。除去水溶液，用蒸馏水洗涤滤纸上的固体物至洗涤液用 Na_2S 法检测不出 Cu^{2+} 为止，再用乙醇、丙酮洗后，真空干燥，得到壳聚糖 Cu^{2+} 配合物，为蓝色粉末，记为 CTSCu。

将三份在相同条件下所制得的壳聚糖 Cu^{2+} 配合物于 100mL 锥形瓶中，分别加入 20mL 水和二噁烷（V:V=1:1）的混合溶剂于锥形瓶中，再分别加入 1mL、3mL、5mL 环氧氯丙烷，振摇，分别置于微波炉内转盘中央。炉内放置一高沸点溶剂，以保护磁控管，使反应混合物的温度在 100℃ 左右。微波功率设定为第二挡，辐射时间设定为 3min，辐射加热反应后冷却至室温，再分别加入 10mL 15% 的 NaOH，微波辐射下再反应 3min。冷却后，混合物抽滤，固体分别用 10mL 0.1mol/L 盐酸溶液洗涤三次，再依次用蒸馏水、乙醇、丙酮洗涤后，以丙酮为溶剂，索氏提取 24h，真空干燥，分别得到浅蓝色交联壳聚糖 Cu^{2+} 配合物固体。

分别将所制备的交联壳聚糖 Cu^{2+} 配合物用 0.1mol/L 盐酸溶液浸泡 24h，抽滤，水洗至中性，洗液用 Na_2S 法检测不出 Cu^{2+} 后，再用乙醇、丙酮洗涤后，以丙酮为溶剂，索氏提取 24h，真空干燥，得到具有 Cu^{2+} 孔穴的交联壳聚糖树脂，为褐色固体。

（6）IDA-壳聚糖金属螯合吸附剂

固定化金属亲和层析法 (Immobilized Metal AffinityChromatography，简称 IMAC) 具有螯合介质吸附容量大，选择性及通用性较好，易于再生，成本低等优点，逐渐成为分离纯化蛋白质等生物工程产品最有效的技术之一。随着基因工程的发展，通过基因融合表达策略可大量制备 N 一端或 C 一端融合了 6 个组氨酸的目标重组蛋白质。

固定化金属亲和吸附剂是固定化金属亲和层析成功的关键。壳聚糖是来源丰富的环境可再生资源，具有良好的生物相容性。将壳聚糖用作蛋白质分离纯化和酶固定化基质材料具有很好的应用前景。王晓军选用壳聚糖为基质载体、戊二醛为交联剂、环氧氯丙烷为活化剂、亚氨基二乙酸 (IDA) 为螯合配基制备金属螯合亲和吸附剂，研究了制备过程中各因素对吸附剂吸附性能的影响。

壳聚糖载体亲和吸附剂的制备：

① 交联。称取一定量壳聚糖，加入 1% (体积分数) 的 CH_3COOH 溶液，搅拌至完全溶解。滴入一定量戊二醛，搅拌交联 4h。在快速搅拌下加入 2mol/L 的 NaOH 溶液，将 pH 值调至 8.0 附近，使壳聚糖呈颗粒状沉淀。收集沉淀，水洗至中性，加入 NaOH 搅拌还原 40min，水洗至中性，抽滤。

② 活化。取一定量交联壳聚糖加入一定比例和浓度的 NaOH 与二甲亚砜 (DMSO) 的混合溶液中。充分搅匀，25℃下缓慢滴加 1.2mL 体积比为 0.3 的环氧氯丙烷，升温至 40℃，170r/min 下振荡反应一段时间，用大量水洗至中性，滤干。

③ 螯合配基的键合。取 13.31gIDA，8 gNaOH 溶解至 100mL，向活化后的交联壳聚糖中加入一定体积后定容至 50 mL，在恒温振荡器中于一定温度反应一段时间。洗涤至中性，用布氏漏斗抽干，得壳聚糖螯合凝胶。

④ 取螯合凝胶装柱 (1.3cm×15cm)，用 0.1mol/L 的 $CuSO_4$ 溶液灌流，凝胶柱螯合铜离子至饱和后用 0.05mol/L，pH 值为 7.5 的 Tris. HCl 缓冲液清洗，可得到螯合铜离子的亲和吸附剂，然后再测定一些因素对其的影响。

（7）载镧壳聚糖吸附剂

氟是人体必需的一种重要微量元素。日常饮用含氟量在 0.4～0.6mg/L 的水对人体健康有益无害，但长期饮用含氟量较高的水，则易患斑釉齿、氟骨病。因此，去除或控制饮水中氟含量对保护人民群众身体健康，提高人们生活质量具有十分重要的意义。

目前有不少技术可用于水中氟离子的去除，相比之下吸附法可能更好，因为它具有经济划算、设计和操作简单、出水量大、水质较好等优点，特别适合水中低浓度污染物的去除。活性炭、氧化铝、沸石等是常用的除氟吸附剂，但这些吸附剂依然存在成本太高、吸附效果不理想等问题。因此，开发来源丰富、价格低廉、效率较高、符合绿色环保要求的新型除氟吸附材料就显得尤为重要和十分必要。壳聚糖是一种来源十分丰富的天然阳离子聚合物，在体内不积蓄，同时他又容易与一些金属元素发生配位作用。为此李克斌等采用与硬碱氟离子具有强配位能力的硬酸 La^{3+} 改性壳聚糖制备除氟吸附材料，并对镧改性壳聚糖吸附去除水中氟离子的热力学和动力学特征进行研究，为进一步开发和利用该新型吸附材料提供理论指导。

吸附剂制备：25mL 蒸馏水中加入 49 壳聚糖粉末和 1 gLa $(NO_3)_3 \cdot H_2O$，在室温下磁力搅拌 24h 后过滤，滤饼在 80℃左右下烘干待用。预实验发现在上述条件下得到的镧改性壳聚糖 (La-Ch) 具有最大吸附氟容量。

(8) 壳聚糖席夫碱吸附剂

铬存在各种氧化态，其中 Cr (Ⅵ) 的毒性比 Cr (Ⅲ) 大了近 100 倍。Cr (Ⅵ) 为吞入性毒物和吸入性极毒物，皮肤接触可能导致敏感；更可能造成遗传性基因缺陷，对环境有持久危险性。因此，对 Cr (Ⅵ) 的处理方法一直备受关注。

传统去除溶解的重金属离子的方法有化学沉淀法、氧化还原、过滤、离子交换、电化学处理、膜技术和蒸发回收。这些技术有相当大的弊端，包括金属去除的不完全性、需要昂贵的设备和监控系统、试剂或所需能源要求高、产生新一代的有毒污泥或者其他需要处置的废弃物等。

壳聚糖在中性或酸性条件下可与芳香醛发生缩合反应，生成壳聚糖席夫碱 (CSB)。段丽红等研究用苯甲醛对壳聚糖进行化学改性，得到改性产物壳聚糖席夫碱，探讨了磁场对壳聚糖及其席夫碱的吸附铬离子性能的影响。

壳聚糖席夫碱的制备：称取一定量 (约 0.6449) 的壳聚糖加入到 20mL 3% 的冰醋酸，溶胀 30min，之后转移至 100mL 的三颈烧瓶中，再加 20mL 无水乙醇稀释，调节 pH 值，搅拌，于恒压滴液漏斗中按苯甲醛/壳聚糖摩尔比 6∶1 缓慢滴加苯甲醛 (溶于 20mL 无水乙醇中)，在预定的温度下反应一定时间后，抽滤，进行多次洗涤 (每次洗涤用乙醇、乙醚各 20mL)，恒温干燥后得到粗产物淡黄色固体。用 95% 的乙醇反复索氏回流萃取 8~12h，以除去过量苯甲醛及缩合产物所吸附的苯甲醛，将产品 CSB 干燥至恒重备用。

(9) N，O-羧乙基壳聚糖吸附剂

壳聚糖的羧甲基化及其对金属离子的吸附已有大量报道，有关壳聚糖的羧乙基化研究报道则很少，为此，孙胜玲在碱性条件下通过非均相法对壳聚糖进行了羧乙基化改性，系统研究了壳聚糖脱乙酰度大小、反应时间、反应温度、氢氧化钠用量和壳聚糖与 3-氯丙酸的摩尔比等因素对取代反应的影响，并对其结构和性能进行了表征和分析，通过对铜、钴、镍、锌、镉、汞、铅等七种金属离子吸附性能的研究，发现羧乙基壳聚糖比壳聚糖有更好的吸附性能。

N，O-羧乙基壳聚糖的制备：

将 1g 壳聚糖加入一定浓度的氢氧化钠乙醇溶液中，室温搅拌下，将 3-氯丙酸溶于 10ml 乙醇中于 30min 内滴入反应瓶，反应 30min 后升温至设定温度和时间，反应结束后调 pH 值至 7，过滤，用乙醇反复洗涤，干燥，即得目标产物。

【应用】改性壳聚糖类吸附剂的吸附性能现在主要应用于对各种金属离子的吸附上。此外还有对染料废水的染料吸附上，以及对饮用水净化时易引起变异的物质和臭味物质吸附上。

(1) 金属离子的去除

Rojasa 等利用 Schiff 反应，在酸性条件下，壳聚糖与戊二醛交联得到了尺寸为 0.85~2.0mm 壳聚糖与戊二醛交联的片状产物，研究及分析了产物在不同条件下对 Cr 离子的吸附性能及其影响因素。通过测定发现对吸附容量影响最大的是 pH 值。在 pH 值为 4.0 条件下，96h 对 Cr^{6+} 的吸附容量达到 215mg/g，去除率达到 99%。并对 Cr^{6+} 表现出很强的选择性。

Vieira 等以戊二醛为交联剂，制备了薄膜状金属离子吸附剂，并研究了其对 Hg^{2+} 的吸附性能，同时与环氧氯丙烷交联壳聚糖进行比较。研究表明，戊二醛交联吸附剂的吸附性能受 Hg^{2+} 的起始浓度、溶液的 pH 值影响最大。pH 值为 6.0，起始浓度为 80mg/L 时，达到最大吸附量为 75mg/g，两倍于环氧氯丙烷交联壳聚糖吸附剂的 35mg/g。该吸附薄膜在低 pH 值溶液中具有很好的稳定性，但是很难洗脱，用 EDTA 洗脱度仅为 20%，即使用 NaCl

改变 Hg^{2+} 在溶液中的构成形态，以提高洗脱度，洗脱度也只为 40%。

周利民等利用反相悬浮分散法和聚乙二胺改性制备成 Fe_3O_4/壳聚糖磁性微球以提高其氨基含量，并用于 Hg^{2+} 和 UO_2^{2+} 的吸附。结果表明，其吸附剂粒径小（15～30μm），吸附速率快；当氨基含量 6.47mmol/g、pH<3 时可选择性分离 Hg^{2+} 和 UO_2^{2+}，因 Hg^{2+} 能与 Cl^- 形成络阴离子（$HgCl_3^-$），以离子交换机理吸附，而 UO_2^{2+} 则不能。对 Hg^{2+} 与 UO_2^{2+} 的饱和吸附容量分别为 2.19mmol/g 与 1.38mmol/g。动力学数据采用拉格朗日拟合，对 Hg^{2+} 与 UO_2^{2+} 的吸附速率常数分别为 0.087min^{-1} 和 0.055min^{-1}。UO_2^{2+} 和 Hg^{2+} 可用 1mol/L H_2SO_4 脱附，UO_2^{2+} 还可用 2mol/L HCl 脱附，脱附率>90%。

Wan Ngah 等以不同的交联剂戊二醛（GLA）、环氧氯丙烷（ECH）和乙烯基乙二醇二环氧甘油醚（EGDE）使壳聚糖交联，讨论了 pH 值、搅拌速度和 Cu^{2+} 浓度对吸附的影响。发现 pH 值为 6 时最有利于 Cu^{2+} 的吸附，其吸附等温线符合 Langmuir 方程。壳聚糖、壳聚糖-GLA、壳聚糖-ECH、壳聚糖-EGDE 对 Cu^{2+} 的饱和吸附量分别为 80.71mg/g、59.67mg/g、62.47/g 和 45.94mg/g，吸附后用 EDTA 处理，Cu^{2+} 可被很快地从交联壳聚糖上洗脱下来。

Ding Shimin 等分别制备了 N,N'-己二烯联二苯-18-冠-6 壳聚糖和 N,N'-己二烯联二苯-18-冠-6 壳聚糖交联环氧氯丙烷，并研究了其对多种重金属离子的吸附性能，结果发现，在 Pd^{2+}、Pb^{2+}，Ni^{2+} 这 3 组分溶液中，前者对 Pd^{2+} 吸附容量为 248.1mg/g，对 Ni^{2+} 没有吸附，$K_{Pd^{2+}/Pb^{2+}}$ 达到 189.4，后者较前者吸附能力有所降低，但稳定性却明显增强。

（2）苯酚类物质的吸附

张兴松等采用反相悬浮环氧氯丙烷交联、氯乙酸羧甲基化制备交联羧化壳聚糖微球，并用于 2,4-二硝基苯酚的吸附研究。考察了吸附时间、溶液 pH 值、酚的浓度和 NaCl 等因素对 2,4-二硝基苯酚吸附的影响。结果表明，羧化改性交联壳聚糖微球具有较好的耐酸碱性能，对 2,4-二硝基苯酚有良好的吸附性能，在 pH 值为 3.6 条件下，吸附在瞬间就能达到平衡，吸附量达 230mg/g，吸附符合 Freundlich 等温方程。

（3）氨基酸类物质的吸附

笔者和课题组成员以自制球形壳聚糖珠体吸附去除甘氨酸（Gly）、赖氨酸（Lys）和丙氨酸（Ala）等 3 种物质，并探讨了吸附实验中，影响吸附效果的主要因素：吸附质的初始浓度、溶液的 pH 值、吸附时间等。

① 溶液 pH 值的影响　吸附质溶液 pH 值是影响吸附效果的重要因素之一。在 pH 值为 1.0～14.0 时，壳聚糖珠体对 3 种氨基酸的吸附效果见图 4-24。

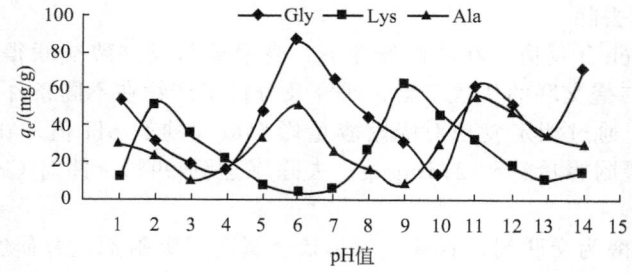

图 4-24　溶液 pH 值对吸附效果的影响曲线

吸附条件：吸附温度为 25℃；ρ（珠体）=0.2g/mL；吸附时间为 2h；

氨基酸初始浓度为：Gly、Lys 和 Ala 均为 10mg/mL。

由图 4-24 可知，吸附质溶液的 pH 值不仅能影响珠体的表面电荷，而且也能影响吸附质的水解和电离程度，图 4-24 表明在不同的 pH 值条件下，壳聚糖珠体对 3 种氨基酸的吸附量存在显著差异，随着溶液 pH 值的改变，珠体的吸附量也随之改变。

② 吸附时间的影响　吸附时间对吸附效果的影响见图 4-25。延长吸附时间有利于提高吸附效果，在 2h 内 3 种氨基酸都属于快速吸附阶段，吸附 2h 以后基本达到吸附平衡，继续延长时间对吸附效果的增加效果不明显。因此实验的吸附时间选择 2h。

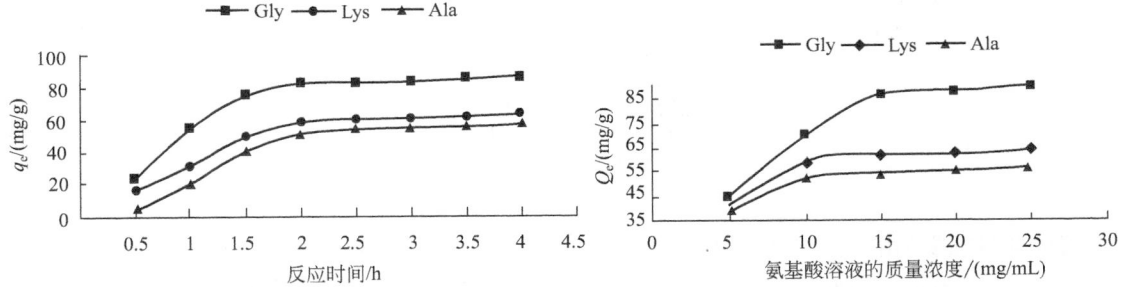

图 4-25　吸附时间对吸附效果的影响曲线
吸附条件：吸附温度为 25℃；ρ（珠体）＝0.2g/mL；
吸附时间为 2h；氨基酸初始浓度：
Gly、Lys 和 Ala 均为 10mg/mL。

图 4-26　氨基酸初始浓度对
吸附效果的影响曲线
吸附条件：吸附温度为 25℃；
ρ（珠体）＝0.2g/mL；吸附时间为 2h。

③ 吸附质初始浓度的影响　吸附质初始浓度对吸附效果的影响见图 4-26。

由图 4-26 可知，初始浓度高的氨基酸溶液中，珠体的吸附量也高，即吸附量随着氨基酸浓度的升高而增大，但随着珠体的吸附容量趋于饱和，吸附容量随着氨基酸浓度的不断升高而趋于饱和。

（4）壳聚糖、羧甲基壳聚糖作为絮凝吸附剂

壳聚糖是直链型的高分子聚合物，由于分子中有游离氨基，在稀酸中被质子化，从而使壳聚糖分子链上带上大量正电荷，成为一种典型的阳离子絮凝剂，它兼有电中和和吸附絮凝的双重功能，能与带负电荷的胶体微粒相互吸引，降低其表面 ζ 电势，压缩微粒表面的扩散双电层，从而使胶体微粒脱稳，并通过壳聚糖高分子链的吸附黏结和架桥作用而产生絮凝沉淀。壳聚糖乙酸溶液已用于去除无机和有机悬浮固体、饮料澄清、果汁脱酸和脱色、食品生产废水及含油废水的处理等，还可有效地去除废水中有机农药（如 DDT）和重金属。壳聚糖对蛋白质、淀粉等有机物的絮凝作用很强，可以从食品加工等废水中回收蛋白质、淀粉用作饲料。壳聚糖对染料有较好的亲和力，用于染料废水脱色和去 COD。印染工艺中使用的有机染料大多是水溶性的，一般为难降解的有机化合物，常规活性污泥中的微生物无法吞噬降解，一般的化学降解效果也较差，难以达到排放标准。传统的无机絮凝剂对疏水性染料、分子量较大的染料脱色效率高，但对水溶性极好、分子量较小的染料脱色效果差，且处理成本高。刘秉涛等用羧甲基壳聚糖对水溶性染料进行脱色试验。用浓度为 10 的羧甲基壳聚糖 5mL，作用于浓度为 50mg/L 的 500mL 五种染料溶液：直接耐晒蓝（B-2V）、直接深蓝（B-2G1）、直接大红（B-3G）、棕色及棕黄色染料，在 pH＝3 搅拌 20min，静置 6h，脱色率分别为 97.9%、75.5%、61.4%、92.2% 和 68.5%。在各自最佳 pH 值，而其他条件相同的情况下，分别用羧甲基壳聚糖、壳聚糖、聚合铝、聚丙烯酰胺 4 种絮凝吸附剂进行脱色比较试验，其脱色率依次为 98.2%、89.4%、80.5% 和 13.2%。相同加入量条件下，羧甲基壳聚糖和壳聚糖脱色效果比传统的聚合铝和聚丙烯酰胺都要好。羧甲基壳聚糖吸附絮凝 5 种

染料的等温线均符合 Freundlich 公式。羧甲基壳聚糖和壳聚糖兼有吸附、絮凝、易为微生物降解等优点，更适用染料废水的深度脱色处理。

4.2.14 改性纤维素类吸附剂

【结构式】 纤维素是以 D-吡喃葡萄糖基通过 β-1,4 苷键连接起来的具有线性结构的高分子化合物，由碳（44.4%）、氢（6.2%）和氧（49.4%）三种元素组成，它的化学式为 $C_6H_{10}O_5$，化学结构的实验分子式为 $(C_6H_{10}O_5)_n$（n 为 D-吡喃葡萄糖酐的数目，即聚合度）。其结构式如下：

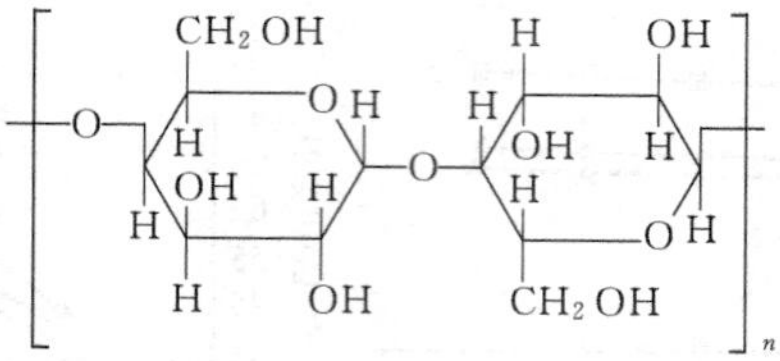

【物化性质】 由于其高度结晶及其羟基之间形成分子间氢键的结果，使纤维素具有相当硬的线性棒状结构，因此纤维素很难为常规溶剂所直接溶解，纤维素不溶于水和一般有机溶剂。尽管纤维素不溶于水，但由于天然纤维素分子链上存在大量的羟基，使其具有强的亲水性能。一般天然纤维素的含水率为 8%～9%，而相对湿度达到 100% 时，含水率可达 23%。

【制备方法】 直接利用天然纤维素为吸附剂，吸附容量小，选择性低，为了使纤维素达到人们所预期的吸附功能，对纤维素结构进行改性，通过改性后的纤维素适用范围更大，功能更强。纤维素的化学改性方法可归纳为两类：一是一般酯化和醚化，包括乙酰基化、氰乙基化、氨乙基化和羧甲基化等方法；二是接枝共聚法，包括游离基型的聚合法、阴离子型的聚合法以及缩合开环等。目前纤维素珠体上可引入的基团有磺酸基、羧酸、羧甲基、脂肪氨基、氨乙基、氰基、氰乙基、乙酰基、磷酸基、各种氨基型基团如乙基偕胺肟基等。

（1）一般酯化、醚化

Peterson 和 Sober 以棉花纤维粉末为原料通过直接醚化法成功地制备出各类粉末状纤维素离子交换剂，但直接醚化法反应过程中醚化程度很低，反应不易控制。因此目前多采用间接酯化醚化法，通过环氧氯丙烷、1,3-二氯-2 丙醇、二甲基二氯硅烷（DMCS）等活化剂和纤维素分子上的羟基在控制条件下反应活化，活化后的纤维再和需要引进的官能团反应。根据各种文献报道使用得最多的活化剂为环氧氯丙烷。Miky 等人将纸浆等含纤维素物质用环氧氯丙烷活化后再和二甲胺、二乙胺反应生成碱性吸附树脂，可用于染料和金属离子的吸附。

制备实例 1：改性芝麻秆纤维素吸附剂的制备

芝麻秆经水洗，捣烂放入三颈瓶中，加入 10%（质量分数，下同）的 HNO_3，100℃ 加热搅拌 2h，减压抽滤，滤饼水洗后放入三颈瓶中，加入 5% 的 NaOH，100℃ 加热搅拌 2h，过滤，滤饼水洗至中性，烘干得白色粉状芝麻秆纤维素。烘干，备用。取芝麻秆纤维素 10g 放入三颈瓶中，加入 20% 的 NaOH 溶液 250mL 搅拌 1h，抽干，滤饼放入三颈瓶中，加入 10% 的 NaOH 溶液 250mL，从滴液漏斗中滴加环氧氯丙烷 25mL，室温搅拌 24h，过滤，先用丙酮洗，再用水洗至中性，得环氧基芝麻秆纤维素 9.3g。放入三颈瓶中，加入 100mL 三乙胺盐酸盐溶解（质量含量 34.8%），65℃ 的恒温水浴中搅拌 4h，减压抽滤，丙酮洗，水洗至中性，得改性芝麻秆纤维素 8.24g。

制备实例 2：仲胺型硝化纤维素吸附剂的制备

以硝化纤维素为原料，经一锅法醚化和胺化 2 步反应合成了仲胺型硝化纤维素吸附剂。在装有搅拌器、恒压滴液漏斗、温度计及回流冷凝装置的四颈烧瓶中，加入 110g 硝化纤维素、40mL 无水乙醇、0.79g 环氧氯丙烷、3.5mL 蒸馏水，充分搅拌。升温至 75℃，在此温度下缓缓滴加 7.7mg 高氯酸和 3.4mL 水，连续反应 3h。然后将反应体系降温至 70℃，在此温度下加入 0.60mL 乙二胺，反应 3.5h 后冷却，加水使产物沉淀、过滤。先用水洗至滤液 pH=6.0，然后用乙醇脱水及洗去未反应的硝化纤维素，60℃下烘干，得 0.65g 仲胺型硝化纤维素吸附剂，产率 65%。

制备实例 3：谷糠纤维素硫酸单酯的制备

将谷糠用质量分数为 5% 的硫酸煮沸 2h，抽滤、水洗至中性，再用质量分数为 4% 的氢氧化钠沸煮半小时，水洗、干燥后得到谷糠纤维素。在装有回流冷凝管和搅拌器的三颈瓶中加入 2g 谷糠纤维素、8mL 环氧氯丙烷、40mL 3mol/L 氢氧化钠，进行加热回流 1.5h，并抽滤、水洗、干燥后得到交联谷糠纤维素。然后取 5mL 浓硫酸与 6mL 戊醇混合，加入到盛有 1g 交联谷糠纤维素的锥形瓶中，在 15℃ 下反应 1h，而后转移到砂芯漏斗中抽滤、水洗干燥后可得到谷糠纤维素强酸性阳离子交换剂。

制备实例 4：巯基纤维素吸附剂的制备

在 1L 磨口广口瓶中依次加入分析纯的巯基乙酸 400mL、乙酸酐 240mL、乙酸 160mL、浓硫酸 0.6mL，充分混匀（这时有放热反应发生），冷却至室温，加入 60g 脱脂棉，浸泡完全。加盖置于 (38 ± 2)℃ 水浴锅中反应，间隔 20h 用玻棒翻动一次。100h 后取出，用蒸馏水洗至中性，抽滤，摊开置于 35～37℃ 烘箱中烘干，即得巯基纤维素吸附剂。

（2）接枝共聚

纤维素接枝共聚物的合成多为自由基聚合，自由基聚合是指活性单体为带独电子的自由基的连锁聚合。自由基聚合根据引发方式及活性种产生方式的不同，又可分为化学引发聚合、热聚合、光聚合、辐射聚合、电化学聚合等多种类型，而纤维素的接枝共聚以化学引发聚合、辐射聚合、光聚合及多引发种混合使用居多。

① 化学引发聚合　纤维素可在过渡金属氧化性离子 MnO_4^-、$Cr_2O_7^{2-}$、V^{5+}、Ce^{4+} 及氧化还原引发体系 $Cl^--H_2O_2$、$Fe^{2+}-H_2O_2$、$S_2O_8^{2-}-SO_4^{2-}$ 等引发剂引发下与丙烯酰胺、丙烯酸、苯乙烯、甲基丙烯酸、甲酯等烯类单体发生接枝共聚反应。

过渡金属离子引发剂中，Ce^{4+} 和 MnO_4^- 使用得较为普遍，这一方法是基于过渡金属的氧化作用。而且使用不同酸介质，其氧化机理不同，如使用硫酸、硝酸等则是基于自由基聚合机理；采用氯酸时，则先与纤维素生成络合盐，后在溶液中生成纤维素自由基。

氧化还原体系引发剂可以 Fenton 试剂（$Fe^{2+}-H_2O_2$）为代表，该体系的引发机理是由链转移引发体系产生自由基，并通过基团转移反应，生成纤维素大自由基，然后再与单体聚合，从而制得接枝共聚物。

表 4-52 列出一些常见纤维素接枝共聚所需的烯类单体及引发剂。

表 4-52　常见的纤维素接枝共聚的单体及引发剂

改性纤维素	接枝单体	引发剂	聚合方式
羧甲基纤维素	丙烯酸	过硫酸盐	自由基聚合
	甲基丙烯酸	硝酸铈铵、乙二胺四乙酸钠	自由基聚合
	丙烯酰胺＋甲基丙烯酸二甲氨基乙酯盐酸	过硫酸铵＋四甲基二乙胺	自由基聚合
	丙烯酰胺＋甲基丙烯酰氧乙基二甲基辛基溴化铵	$K_2S_2O_8$＋四甲基二乙胺	自由基聚合
	丙烯酰胺＋N,N-二甲基丙烯酰氧乙基二辛基溴化铵	$K_2S_2O_8$＋四甲基二乙胺	自由基聚合
	二甲基二烯丙基氯化铵	$KMnO_4/H_2SO_4$	自由基聚合

改性纤维素	接枝单体	引发剂	聚合方式
羧乙基纤维素	甜菜碱型烯类单体(甲基丙烯酸二甲氨基乙酯＋氯乙酸钠)	硝酸铈铵-乙二胺四乙酸钠	自由基聚合
	磺酸甜菜碱两性单体	硝酸铈铵-乙二胺四乙酸钠	自由基聚合
羧丙基纤维素	甲基丙烯酸甲酯	铈盐或硫酸亚铁铵/过氧化氢	自由基聚合

Ogiwara 等将纤维素接枝共聚历程表示如下。

引发：

$$Ce^{4+} + Cell\text{-}H \longleftrightarrow 配合物 \longrightarrow Cell\cdot + Ce^{3+} + H^+$$
$$Cell\cdot + M \longrightarrow Cell\text{-}M\cdot$$
$$Ce^{4+} + M \longrightarrow M\cdot + Ce^{3+} + H^+$$

增长：

$$Cell\text{-}M_n\cdot + M \longrightarrow Cell\text{-}M_{n+1}\cdot$$
$$M_m\cdot + M \longrightarrow M_{m+1}\cdot$$

终止：

$$Cell\text{-}M\cdot + Ce^{4+} \longrightarrow Cell\text{-}M_n + Ce^{3+} + H^+$$
$$M_m\cdot + Ce^{4+} \longrightarrow M_m + Ce^{3+} + H^+$$
$$Cell\cdot + Ce^{4+} \longrightarrow 氧化产物 + Ce^{3+} + H^+$$

式中，Cell-H 代表纤维素反应官能团；M 是单体。

此外，为了提高接枝效率，减少引发剂的消耗，可同时使用几种引发方法。

笔者和课题组成员分别以丙烯腈、丙烯酸、2-丙烯酰氨基-2-甲基丙磺酸（AMPS）为单体对纤维素进行接枝聚合反应。

a. 以丙烯腈为单体

Ⅰ. 方法一：以棉花为原料，经过碱化、老化、黄化和溶解等工序研制出黏胶液，再利用热溶胶转相法，将黏胶均匀分散在变压器油中，制得粒径为 $0.8\sim1.2$mm 的球形纤维素珠体，并以其为基体，在引发剂作用下，与丙烯腈单体接枝共聚，再通过交联、皂化、酯化反应，研制出两种新型的球形纤维素金属吸附剂 SCAM-1 和 SCAM-2。

具体制备过程如下。

ⅰ. 黏胶的制备　称量 20.0g 棉花（水分含量 10％），用 18％ NaOH 溶液在 50℃下经过第一次浸渍后，压去多余的碱液，在常温下（$20\sim25$℃）于 12％ NaOH 溶液中进行第二次浸渍，然后将碱纤维素抽滤并压榨至 50.0g，粉碎后于室温下老化 48h，按一定比例加入一定量的 CS_2，振荡 2.5h，然后加入 150mL 4.0％ NaOH 溶液和计算量的表面活性剂溶解制得黏胶。

ⅱ. 纤维素珠体的制备　在 500mL 三口烧瓶中加入一定体积比的分散相和黏胶（相比为 4∶1），并加入适量的分散剂，在 200r/min 转速下搅拌分散均匀后，缓慢加热至一定温度并恒温 1.5h，使黏胶的黄化度逐渐降低而凝固，冷却后回收上层油相，将下层含纤维素珠体的溶液放在布氏漏斗中抽滤并用水洗干净，即得白色的球形纤维素珠体。

ⅲ. SCAM-1 吸附剂的制备　接枝反应：在装有搅拌器、回流冷凝管和温度计的三口瓶中加入 60.0g 球形纤维素珠体（含水量为 75.3％）和 90mL 水，常温搅拌 10min 后加入 30mL 1.2％氧化剂水溶液，继续搅拌 5min，然后加入计算量的丙烯腈（丙烯腈与纤维素的摩尔比为 2.4∶1），反应 1.0h 后，过滤、水洗、干燥，即得氰乙基纤维素珠体。

交联、皂化反应：在装有搅拌器、滴液漏斗、温度计及备有回流冷凝管的三口瓶中加入

20.0g氰乙基纤维素珠体（含水量为30.0%）和40mL水，然后加入一定量的氯化钠和环氧氯丙烷，搅拌。经滴液漏斗缓缓加入80mL一定浓度的NaOH水溶液，常温搅拌2.0h后，缓慢升温至75℃，继续反应2.0h，冷却过滤（回收碱液），用0.6mol/L HCl溶液调pH值至6.5左右，再过滤、水洗、干燥，即得球形纤维素金属吸附剂SCAM-1（产品颜色为黄色）。

ⅳ. SCAM-2吸附剂的制备　交联反应：在装有搅拌器、回流冷凝管和温度计的三口瓶中加入60.0g球形纤维素珠体（含水量为75.3%），并加入一定量的氯化钠和120mL一定浓度的NaOH水溶液，在常温下搅拌20min，然后加入环氧氯丙烷继续搅拌反应1.0h，升温至75℃下反应1.0h后冷却过滤，回收碱液，再水洗、过滤、干燥，即得交联纤维素珠体。

酯化反应：在装有搅拌器、回流冷凝管和温度计的三口瓶中，加入40.0g交联纤维素珠体（含水量为64.6%）和120mL惰性稀释剂，然后加入40mL 28.5%已预先制备好的植酸缓冲溶液，在80℃下搅拌8.0h后，减压除去稀释剂和水（回收利用），恒温干燥后，再水洗、过滤、干燥，即得球形纤维素金属吸附剂SCAM-2。

Ⅱ. 方法二：以硝酸铈铵为引发剂，在纤维素上接枝丙烯腈，将共聚物先皂化后偕胺肟化，制备了一种含偕胺肟基和羧基的新型纤维素螯合吸附剂（AOSC）。

具体制备过程如下。

ⅰ. 纤维素-丙烯腈接枝共聚物（ANC）的制备　将用水浸泡24h的6g（风干质量）马尾漂白硫酸盐浆纤维素加入带搅拌器的具塞三口烧瓶中，置于50℃恒温水浴中，在N_2氛围下和一定量酸化的硝酸铈铵搅拌15min后，加入120mL相应浓度的丙烯腈保温反应一定时间后取出，用水反复冲洗至出水澄清为止，晾干，即得ANC。

ⅱ. ANC的皂化　称取2g ANC于三口烧瓶中，加入80mL一定浓度的NaOH溶液，在75℃恒温水浴锅中搅拌反应1h，再保温静置1h后取出，用水反复洗涤、晾干，得到皂化产物。

ⅲ. 半皂化偕胺肟基纤维素吸附剂的制备　称取4g皂化产物放入三口烧瓶中，加入70mL含一定浓度盐酸羟胺的甲醇溶液和2g无水碳酸钠，在70℃恒温水浴锅中反应1h，保温静置2h后取出，用水反复洗涤、晾干，即得半皂化偕胺肟基纤维素吸附剂（AOSC）。

b. 以丙烯酸为单体

以球形纤维素珠体为基体，在引发剂的作用下，以丙烯酸为单体进行接枝共聚，制备羧酸（H）型纤维素吸附剂。

先配制浓度40%氢氧化钠水溶液冷却至室温，再把等量水稀释后的丙烯酸逐步加入其中。整个过程在冰水浴中进行且不断搅拌控制反应放热速度和中和溶液的温度，温度不超过45℃，避免丙烯酸及其中和后的丙烯酸钠单体会因为温度过高而产生热自聚合。取球形纤维素5g（干基），加入适量引发剂，搅拌10min后加入预制的丙烯酸中和溶液，在一定的温度下反应数小时，反应结束后取出过滤，用蒸馏水反复冲洗后，用丙酮冲洗后将产物用1mol/L盐酸浸泡24h，使其完全转为氢型，然后用无水乙醇洗至中性，60℃真空干燥至恒量，得到羧酸（H）型纤维素吸附剂。

c. 以2-丙烯酰氨基-2-甲基丙磺酸（AMPS）为单体

以马尾松纸浆（DP=360）为原料，以新型溶剂N-甲基吗啉-N-氧化物（NMMO）为溶剂，将纤维素溶解制得纤维素/NMMO溶液，然后按一定比例加入少量表面活性剂，混合均匀后分散在变压器油中，加热固化后制得球形纤维素，以$NaHSO_3/K_2S_2O_8$引发体系为引发剂，将2-丙烯酰氨基-2-甲基丙磺酸（AMPS）接枝到交联后的球形纤维素骨架上，制备出球形纤维素吸附剂。

在 250mL 三口瓶中加入一定体积比的分散相和纤维素/NMMO/H_2O 溶液，并加入适量的分散剂，在一定的转速下搅拌分散，同时通入氮气保护，缓慢加热至一定温度后恒温 1.0h，逐渐冷却至室温，静置一段时间后过滤回收油相，并将球形纤维素珠体混合物用蒸馏水洗涤、浸泡，直至珠体中的 NMMO 全部进入浸泡液中，即得白色的球形纤维素珠体，而浸泡液和洗液则经过浓缩、纯化后回收 NMMO。

往反应器中加入 300g 球形纤维素珠体（含水率 74.0%）、少量的 NaCl 和质量分数为 10% 的 NaOH 溶液，常温下搅拌 45min，然后加入适量环氧氯丙烷，反应 1h 后缓慢升温至 75℃，并在此温度下反应 1.5h 后冷却、过滤，回收碱液，并以稀酸中和，水洗，过滤得交联球形纤维素珠体。

在反应器中加入一定质量的交联球形纤维素珠体（含水率 61.2%）和 100mL 水，通氮气保护，在常温下搅拌 10min，加入 $NaHSO_3/K_2S_2O_8$ 引发剂，反应 20min 后加入计算量的 AMPS 单体及适量 NaOH 溶液，反应 1.0h 后，在 40℃ 下继续反应 3.0h，冷却、过滤、水洗、丙酮洗、乙醚洗，干燥即得含磺酸基团的球形纤维素吸附剂。

② 光引发聚合 光引发接枝法是指利用紫外光辐射在含有光敏剂的纤维素上，在纤维素表面上形成表面接枝中心表面自由基，从而将单体接枝到纤维素上。接枝用的光敏剂主要有 2 种：a. 光敏剂吸收光后能产生激发态分子，夺取纤维素分子中的氢而产生自由基，如二甲苯酮及其衍生物；b. 能产生自由基并向纤维素转移的光敏剂，这类光敏剂主要包括过氧化物、偶氮化物、亚硝基化物及安息香醚类等。如 Kuwabara 利用 $\lambda = 300nm$ 的紫外线辐射用过氧化氢和硫酸处理过的纤维素和丙烯酸的混合物，将丙烯酸接枝到纤维素基体上。

③ 辐射引发聚合 辐射聚合主要是利用 ^{60}Co 发出的 γ 射线或高固化速率的电子加速器发射的电子束的高能辐射引发纤维素大量自由基，辐射聚合主要有共辐射接枝、预辐射接枝、过氧化法三种方式。纤维素经辐射后会产生脱氢效应，生成自由基，此自由基一般产生在 C5 位置，即如果此时有单体存在就可以引发接枝聚合反应。

笔者和课题组成员以马尾松硫酸盐浆纤维素为原料制备黏胶纤维，利用热溶胶转相法，采用反相悬浮技术，制备球形纤维素珠体。对制得的纤维素珠体进行接枝及微波催化改性，制得含咪唑基和羧基的球形纤维素螯合吸附剂 SCCA。

a. 黏胶纤维的制备。称量 20.0g（干基）马尾松硫酸盐浆纤维素，用质量分数为 20.0% 的 NaOH 在室温下浸泡 2.0h，压去多余碱液至 100g 左右，于室温下老化 3.0d。取出碱纤维素，置于 500mL 的三口烧瓶中，加入 9.1mL CS_2，搅拌一段时间，然后加入 210mL 6% NaOH 溶液和一定量的油酸钠（表面活性剂），在室温下搅拌 3.0h，即得黏胶纤维。取出，密封，在避光条件下放置 1d，备用。

b. 纤维素珠体的制备。在 500mL 三口烧瓶中加入 30mL 黏胶纤维和一定量的包埋剂 $CaCO_3$，配制成聚合相，搅拌一段时间，加入 120mL 分散相变压器油，以一定的油水比加入蒸馏水和少量分散剂油酸钠，用明胶调节体系的黏度。在 200r/min 转速下搅拌分散均匀后，缓慢加热升温到 65℃ 并恒温反应 1.5h，撤去水浴，搅拌下自然冷却至室温，取出，回收上层油相，将下层含纤维素珠体水洗、筛选，即得到白色球形纤维素珠体。

c. 纤维素接枝丙烯腈。在三口烧瓶中加入一定量的球形纤维素珠体和 100mL 水，加入计算量的引发剂，常温搅拌 15min，然后加入计算量的丙烯腈，升温至一定温度下继续反应 1.0h 后静置，取出，用筛网过滤，用水冲洗，即得到接枝后产物。

d. 微波法促进多功能基吸附剂的合成。将适量纤维素-丙烯腈接枝产物 SCA 与二乙烯三胺及催化剂硫脲以合适的比例混合于圆底烧瓶中，搅拌均匀，盖上带有导管的瓶塞。将反应瓶置于微波炉中，选择适当的微波输出功率与反应时间。为减少原料纤维素球和二乙烯三胺、硫脲等在高温时存在的分解、氧化、炭化等副反应，采用间歇辐射（三次）制备产品，最后冷却至室温，用蒸馏水冲洗干净，得到含有咪唑啉基和羧基的球形纤维素螯合吸附剂 SCCA。

微波输出功率对缩合反应的影响较大，一定范围内提高辐射功率会提高收率，但功率不宜过高，否则易发生反应物的氧化、分解甚至炭化，从而影响收率。在单体浓度为 4.85mol/L，间歇辐射时间 60s，催化剂硫脲浓度为 0.39mol/L 的条件下，不同功率对产品收率及单体转化率的影响如图 4-27 所示。实验结果表明，在微波输出功率为 600W 时，产品得率可达 91%。

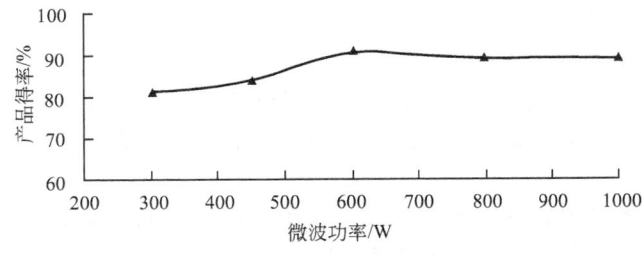

图 4-27　微波功率的影响

微波的辐射时间对反应收率有较大影响，在微波辐射功率为 600W（中高火力）、单体浓度为 4.85mol/L 的条件下，考察间歇辐射的时间对反应过程的影响，结果如图 4-28 所示。

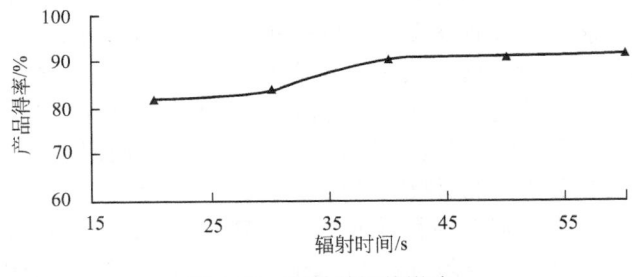

图 4-28　辐射时间的影响

实验过程中发现，在间歇辐射时间小于 60s 的范围内，随着辐射时间越长，产品得率及单体转化率均有一定的上升。但是，辐射时间过长也会使反应物本身温度过高而产生分解，且胺类物质会因挥发使合成产率下降。此外，当时间继续延长时，反应过于剧烈，致使反应液从瓶塞上的导管喷出，甚至会导致瓶塞弹出，操作过程不易控制。因此，将辐射时间选为 60s。

【应用】　纤维素经过不同方法的化学改性得到了许多具有不同功能的吸附剂，目前这些吸附剂已经广泛地应用于生物医学、生物化工、环境保护等各方面。改性后的纤维素在临床医学中可以利用它在不同的基体中分离得到各种所需的酶，还可以通过它的选择吸附作用进行血液分析。在生物化工上可以将改性后的纤维素用于染料等化学物质的吸附，溶液中离子检测、化学物质的分离提纯等。在废水处理领域，改性纤维素类吸附剂主要用于去除水体中的 Cu^{2+}、Mn^{2+}、Co^{2+}、Fe^{3+}、Pb^{2+}、Hg^{2+}、Cd^{2+} 等重金属离子以及有机物质、农药等，并均取得很好的处理效果，而且容易脱附再生。

Nada 等用琥珀酸酐和氯乙酸对甘蔗渣进行了化学改性，制得含有羧基的离子吸附剂，通过 NaOH 滴定测得所引入的羧基分别为 1.99mmol/g 和 0.33mmol/g，其对 Cu^{2+}、Ni^{2+}、Cr^{3+}、Fe^{3+} 等有较好的吸收；Nada 等还用三氯氧磷处理甘蔗渣、木材、玉米秸秆等农业废弃物，制备了含有较高吸附能力的磷酸基团的阳离子吸附剂，可以较好地吸附 Cd^{2+}、Pb^{2+}、Cu^{2+}、Co^{2+}、Cr^{3+}、Ni^{2+} 等离子。

张玉霞等通过对芝麻秆纤维素醚化后与季铵盐反应制备了改性纤维素，并用于苯胺的吸附，发现苯胺的去除率可达 93.2%。王少敏等用仲胺型硝化纤维素吸附肾毒性物质肌酐，在肌酐质量浓度为 60mg/L、温度为 37℃、透析液 pH＝7 的条件下，0.5g ACN 对肌酐的吸附平衡时间为 2h，平衡吸附率为 68%，吸附主要靠非氢键的化学作用。代瑞华等研究发现，球形醋酸纤维素吸附剂对水中狄氏剂、艾氏剂、异狄氏剂、七氯 4 种有机氯农药有较强的吸附能力，12h 后去除率均达到 85% 以上，并且对正辛醇-水分配系数较大的有机物具有更快的吸附速度，对七氯、艾氏剂的去除率在 0.5h 后可达 99%，说明该吸附剂对水中亲脂性的有机物具有较高的吸附效能。

笔者和课题组成员以自制含不同基团的球形纤维素吸附剂处理 Cu^{2+}、Co^{3+}、Cr^{3+}、Nd^{3+}、Cr^{6+}、Ni^{2+} 等重金属离子和表面活性剂（SDBS）、氨基酸等，均取得了较好的吸附效果。

用含有咪唑啉基和羧基的球形纤维素螯合吸附剂吸附表面活性剂，得到以下结论。①影响吸附剂对 SDBS 吸附效果的因素主要有 SDBS 初始质量浓度、吸附液的 pH 值、吸附时间及吸附温度等；实验结果表明：在 pH＝4 时，球形纤维素螯合吸附剂对初始质量浓度为 50mg/L 的 SDBS 溶液的吸附容量为 18.10mg/g，去除率达 90.3%；吸附时间的延长有利于提高吸附剂的吸附效果，但当吸附时间达到 60min 后，继续延长吸附时间，对 SDBS 的去除率无太大影响。②对 SDBS 溶液的静态吸附实验表明，吸附过程符合 Langmuir 等温模式，吸附呈单分子层形式。③动力学研究表明，吸附过程主要由表面扩散控制，吸附速度常数随着温度的升高而下降；④热力学研究表明，随着温度的升高，特征值 b、Q_0 均变小，这说明温度升高不利于吸附过程的进行，球形吸附剂对 SDBS 的吸附能力减弱；同时，ΔH 为 -11.721kJ/mol （<0）说明该吸附过程发生放热反应，以化学吸附为主；吸附质在 4 个温度条件下的自由能 ΔG 均为负值，说明吸附过程是自发进行的。

以羧酸型球形纤维素吸附剂对碱性氨基酸（L-赖氨酸、L-精氨酸和 L-组氨酸）进行吸附，得到以下结论。①静态等温吸附符合 Langmuir 吸附等温式。②吸附剂对碱性氨基酸的吸附效果与吸附质溶液的 pH 值、吸附质的初始浓度、吸附时间及吸附温度相关；球形纤维素吸附剂对各碱性氨基酸的吸附均有一最适 pH 值，提高吸附质的初始浓度，延长吸附时间，降低吸附温度均可提高吸附效果。③纤维素吸附剂对氨基酸的静态吸附和动态吸附实验表明，纤维素吸附剂对碱性氨基酸具有很好的吸附效果，在实验条件下，对 L-赖氨酸、L-精氨酸和 L-组氨酸的静态吸附量分别达到 95.8mg/g、106.1mg/g 和 110.6mg/g，动态吸附量分别达到 70.3mg/g、73.6mg/g 和 80.0mg/g，并具有很好的解吸再生能力。④吸附热力学和吸附动力学的研究结果表明：纤维素吸附剂对碱性氨基酸的吸附以化学吸附为主；纤维素吸附剂对三种碱性氨基酸吸附速率大小顺序为：L-组氨酸＞L-精氨酸＞L-赖氨酸。⑤研究了混合碱性氨基酸在球形纤维素吸附剂上的竞争吸附行为，实验结果显示，在三种碱性氨基酸的混合溶液中，球形纤维素将优先选择吸附 L-组氨酸。⑥与 732 型阳离子交换树脂比较，在吸附速率上，球形纤维素吸附剂比 732 型阳离子交换树脂具有明显的优势。

乔莎等基于 ATRP 法制备纤维素吸附剂，首先，以氯乙酰氯为酯化剂，在离子液体 BMIMCl 中与纤维素发生均相乙酰化反应，得到了 ATRP 大分子引发剂（Cell-ClAc），随后以 Cell-ClAc 为 ATRP 引发剂，以甲基丙烯酸缩水甘油酯（GMA）为单体，CuBr/bpy 为催化剂，进行 GMA 的 ATRP，制备出结构可控、分子量分布窄的纤维素接枝共聚物 Cell-g-PGMA，并对 ATRP 反应动力学进行研究。研究结果表明，该反应过程符合一级反应动力学规律，证明该 ATRP 聚合反应是"活性"/可控的；同时，用透射电镜观察到合成的 Cell-g-PGMA 在丙酮溶液中具备自组装行为；ATRP 聚合反应温度以及反应体系中的单体浓度是 Cell-g-PGMA 分子量及分子量分布的影响因素。

其次，以 Cell-g-PGMA 为基体，用乙二胺对其进行开环改性，通过单因素实验研究了吸附剂制备过程各因素的影响。研究结果得出，在乙二胺用量为 20 mL，制备温度为 80℃，制备时间为 1 h，得到的吸附剂 NPGMA 的含氮量为 10.16%。

再次，实验采用静态吸附方法研究了 NPGMA 对六价铬溶液的吸附性能，包括溶液 pH 值、初始浓度、吸附时间以及吸附温度等影响因素；同时对吸附过程进行了吸附动力学和热力学的研究，并对吸附机理进行了探讨。吸附实验显示，NPGMA 对 Cr（VI）吸附性能优异，其吸附容量和去除率分别达到 99.60 mg/g 和 99.60%。NPGMA 的静态等温吸附符合 Langmuir 和 Freundlich 吸附等温式，表明 NPGMA 对 Cr（VI）的吸附以化学吸附为主；表面扩散和颗粒内扩散共同控制整个吸附过程，但以颗粒内扩散为主。

最后，对 NPGMA 的再生性能进行研究。用浓度为 2 mol/L 的 NaOH 溶液对其进行简单再生后，就可恢复使用，重复次数达 3 次后，吸附容量仍较高；解吸后的 NPGMA 经红外光谱分析后显示其仍然具有氨基官能团，而从环境扫描电镜图中可以看出，其表面光滑，仍有大量的孔隙存在，表明解吸后的 NPGMA 与原 NPGMA 结构变化不明显，显示出广阔的应用前景。

笔者采用原子转移自由基聚合，在离子液体（BMIMCl）中对纤维素进行均相接枝共聚，并用乙二胺对其进行胺化开环改性，制备出含 N 型纤维素吸附剂 NPGMA，对产物的性能和吸附过程进行研究主要得出以下结论：

① 以甲基丙烯酸缩水甘油酯为单体，CuBr/bpy 为催化体系，纤维素氯乙酰酸酯为大分子引发剂，成功地引发了 GMA 在离子液体中的 ATRP。通过对聚合温度以及单体浓度等因素的改变，所得的纤维素接枝共聚物的分子量及分子量分布是不同的。整个聚合过程符合一级动力学规律，表明该聚合反应是活性可控的。用透射电镜可以观察到 Cell-g-PGMA 在丙酮溶液中的自组装行为。此外，热重显示，接枝改性后的纤维素热稳定性较之前未改性的纤维素稍差。XRD 谱图显示，纤维素经 ATRP 接枝改性后相对结晶度明显降低。

② 用乙二胺对纤维素接枝共聚物进行胺化开环改性，纤维素吸附剂制备的最佳工艺条件为：当纤维素接枝共聚物 0.5g 时，乙二胺用量 20mL，反应温度 80℃，改性时间 1h 时得到的纤维素吸附剂 NPGMA 对 Cr（VI）的去除率效果最好为 98.89%。红外分析显示，通过胺化开环改性，Cell-g-PGMA 上的环氧基特征峰已完全消失，出现了氨基特征峰。热分析结果表明，NPGMA 的纤维素结构稳定性变差。环境扫描电镜图中可以看出，胺化开环改性后，NPGMA 表面呈多孔状态，有利于吸附。

③ 影响 NPGMA 对 Cr（VI）吸附效果的因素主要有吸附质的 pH 值、吸附温度、吸附时间以及 Cr（VI）的初始质量浓度。试验结果表明，NPGMA 的吸附容量随着 Cr（VI）初始质量浓度的升高而增大；NPGMA 的零电荷点 $pH_{pzc}=7.92$，NPGMA 吸附 Cr（VI）的最佳吸附条件是：Cr（VI）初始质量浓度为 100 mg/L，pH=3，吸附时间为 180 min，吸附温度为 20℃，此时，Cr（VI）去除率为 99.60%。

④ NPGMA 对 Cr（VI）的吸附符合 Langmuir 吸附等温式和 Freundlich 吸附等温式，属于单分子层吸附，且该过程是自发的吸热过程。NPGMA 对 Cr（VI）的吸附动力学研究

证实，吸附过程由表面扩散和颗粒内扩散联合控制，且以颗粒内扩散为主。吸附速率常数随着温度的升高而增大。吸附机理为：在强酸性条件下，阴离子形态的 Cr（VI）在静电力驱动下扩散进入吸附剂表面的活性位点，与吸附剂表面的碱性官能团发生离子交换。

⑤ 通过 XRD 分析，NPGMA 的结晶度进一步降低，吸附 Cr（VI）后，Cr（VI）进入 NPGMA 内部后阻隔分子链的运动，更加破坏了分子链的规整排布，结晶度下降。对比吸附剂吸附前后的红外图，以及 XPS 和 EDAX 分析，都证明 Cr（VI）被吸附。

⑥ 解吸再生结果表明，当氢氧化钠溶液作为解吸剂时，其最佳使用条件为：氢氧化钠浓度为 2mol/L，解吸时间为 1h，相应的解析率为 92.28%。对 NPGMA 进行再生循环利用，其三次再生循环使用后对 Cr（VI）的吸附容量仅下降 10% 左右，说明 NPGMA 具有优异的再生性能。通过环境扫描电镜和红外谱图分析 NPGMA 解析后的结构，结果表明，解吸后其结构与再生前的结构变化基本不明显，仍具有吸附性能。

4.2.15　改性木质素类吸附剂

【结构式】　木质素是一类无定型、具有巨大网状空间结构的有机高分子，目前对于木质素还没有统一的结构和定义，迄今为止的研究表明，它基本上是由以下三种类型的苯丙烷单体结构经各种不同的联结方式和无规则耦合而产生的一类高聚物。

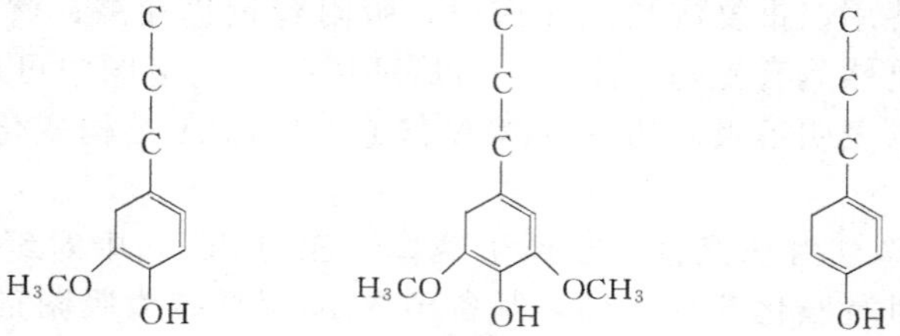

愈创木基结构　　　　　紫丁香基结构　　　　　对羟苯基结构

【物化性质】　原本木质素是一种白色或接近无色的物质，一般见到的木质素，在分离制备过程中造成，随着分离制备方法的不同，呈现出深浅不同的颜色。如我们通常所说的造纸工业的红液、黑液等。木质素的密度大约为 $1.35 \sim 1.50 g/L$。制备方法不同，相对密度也略有不同。木质素的分子结构中存在着芳香基、酚羟基、醇羟基、羰基、甲氧基、羧基、共轭双键等活性基团，可以进行氧化、还原、水解、醇解、光解、酰化、磺化、烷基化、卤化、硝化、缩聚或接枝共聚等许多化学反应。

【制备方法】　木质素的分子结构中存在着芳香基、酚羟基、醇羟基、羰基、甲氧基、羧基、共轭双键等活性基团，可以进行多种类型的化学改性。其中以酚羟基和醇羟基最为重要，酚羟基大部分以醚键的形式与其他结构单元相连，小部分以游离酚羟基形式存在。酚羟基的数量是木质素重要的结构参数，直接影响到木质素的物理化学性质，反映了木质素的醚化和缩合程度，同时能衡量木质素的溶解性能和反应性能。而木质素中的醇羟基具有较高的化学反应活性，常作为木质素化学结构改性的突破点。

木质素的化学改性可以大致分为芳香核选择性改性和侧链改性两大类。在芳香核上优先发生的是卤化和硝化反应，此外还有羧甲基化、酚化、接枝共聚等。侧链官能团的反应主要是烷基化和去烷基化、氧烷基化、甲硅烷基化、氨化、酰化、酯化（羧酸化、磺酸化、磷酸化、异腈酸酯化）等。此外，木质素通常还能进行氢解、氧化和还原及聚合等反应，这些反应是修饰木质素结构并加强官能化的基础，是制备木质素基化学品和高分子材料的基本途径。显然木质素能够直接反应合成酚醛树脂、聚氨酯、聚酯、聚酰亚胺等高聚物，可广泛用作工程塑料、胶黏剂、树脂、泡沫、薄膜等化工材料。大多数木质素改性都与羟基的反应相关，但是酚羟基容易形成分子内氢键，且反应活性较低。通常利用羟甲基化反应转化为醇羟基并形成星型结构的分子，以提高反应的活性和效率。改性木质素类吸附剂常用接枝共聚、交联反应等方法制备。木质素接枝共聚合成的单体包括丙烯酰胺、丙烯酸、丙烯腈、甲基丙烯酰胺和苯乙烯等，交联反应常用交联剂有环氧氯丙烷、甲醛等。

（1）木质素与丙烯酰胺接枝共聚

在常规实验条件下木质素与丙烯酰胺能发生接枝改性。改性产物有明显的—$CONH_2$红外吸收谱带，其大分子量部分（相对分子质量＞100000）显著增多，小分子量部分（相对分子质量＜50000）明显减少，几乎没有相对分子质量＜5000的木质素分子。由于—$CONH_2$接枝链的产生削弱了木质素原有的网状结构，接枝产物作混凝剂使用时并无优点，但作为吸附剂使用时，其吸附能力较改性前明显增强。

Chen R.C.等研究发现，木质素磺酸盐与丙烯酰胺接枝反应的最佳条件为$K_2S_2O_8/Na_2S_2O_3$的用量为1.0×10^{-2}mol/L，丙烯酰胺为1.4mol/L，反应液比、反应温度与反应时间分别为1.50、40℃和48h。

笔者和课题组成员曾以造纸黑液中的碱木质素为原料，采用两步法制备球形阳离子木质素吸附树脂。

① 球形木质素珠体的制备　以造纸黑液中的碱木质素为原料，利用反相悬浮法制备球形木质素珠体。在500mL的三口瓶中加入一定量的木质素溶液，再加入一定体积的煤油作为分散相，O/W相比为3∶1，加入适量的Tween80（含量为木质素质量的3％）为分散剂，环氧氯丙烷（占木质素质量1.5％）为交联剂，在200r/min的搅拌速度下分散均匀，并在30min内由室温升温至90℃，并恒温反应1h即得球形木质素珠体。

② 球形木质素吸附树脂的制备　球形木质素吸附树脂的制备采用接枝共聚法，取一定质量的上述球形木质素珠体于三口瓶中，加入少量蒸馏水，同时加入引发剂H_2O_2/Fe^{2+}，搅拌反应一段时间后加入一定量的丙烯酰胺（浓度为0.72mol/L），反应2h取出，水洗干燥后即得到具有阳离子吸附性能的球形木质素吸附树脂，离子交换容量为1.6405mmol/g。

（2）木素素与丙烯酸接枝共聚

Chen R.C.等用丙烯酸接枝木质素磺酸盐，反应条件为：木质素磺酸盐浓度7.35×10^{-4}mol/L，丙烯酸0.72mol/L，H_2O_2 1.18×10^{-2}mol/L，$FeCl_2$ 2.95×10^{-3}mol/L，反应液体积、反应温度与反应时间分别为50mL、30℃和2h，反应产物经异戊醇分离后再以乙醇抽提均聚物，然后用甲醇萃取除去未反应的木质素磺酸盐得到共聚物。

笔者和课题组成员以碱木素为原料，采用反相悬浮法交联制备出球形木质素珠体，并对珠体进行丙烯酸接枝改性，获得含羧酸基团的球形木质素吸附剂。

① 制备方法如下。

a. 木质素珠体的研制　500mL烧瓶中加入分散相后，分别加入50.0g滤后的碱木素（黑液）、分散剂、环氧氯丙烷，调节转速搅拌均匀后，升温至60℃，保温1h，升温至90℃，保温1h。冷却后回收上层油相，将下层含木质素珠体的溶液放在布氏漏斗中抽滤并用水洗干净，即得到红褐色的球形木质素珠体。

b. 接枝反应　在装有搅拌器、回流冷凝管和温度计的四口瓶中加入10.0g球形木质素珠体（含水率76.61％）和适量的蒸馏水，充入氮气以排去瓶内空气，搅拌升温至所需温度后加入引发剂，几分钟后加入计量的丙烯酸单体，反应一定的时间后，水洗，过滤，再用丙酮充分浸提以除去丙烯酸均聚物，干燥即得球形木质素吸附剂。

② 在接枝反应中，影响吸附剂吸接枝率的因素包括引发剂的选择、用量、单体用量、反应温度、反应时间等。

a. 引发剂种类的选择　实验尝试了木质素接枝共聚常用的 $KMnO_4$、Ce^{4+}、$K_2S_2O_8$、H_2O_2、Fe^{2+}-H_2O_2 5 种引发剂，结果见表 4-53。

表 4-53　引发剂的选择

引发剂种类	接枝率/%	接枝效率/%	引发剂种类	接枝率/%	接枝效率/%
$KMnO_4$	15.19	8.97	H_2O_2	11.82	7.02
Ce^{4+}-HNO_3	34.33	20.48	Fe^{2+}-H_2O_2	27.19	16.23
$K_2S_2O_8$	19.85	11.72			

反应条件：单体浓度 1.5mol/L，反应温度 50℃，$[KMnO_4]=2\%$；$[Ce^{4+}]=6.0mol/L$，$[HNO_3]=2.0mol/L$；$[K_2S_2O_8]=10.0mmol/L$；$[H_2O_2]=40.0mmol/L$；$[Fe^{2+}]=4.0mol/L$，$[H_2O_2]=40.0mmol/L$。

表 4-53 数据表明，引发剂种类对接枝效果影响很大，Ce^{4+}-HNO_3 和 Fe^{2+}-H_2O_2 引发效果最好，$KMnO_4$ 引发效果最差，由于 Ce^{4+} 较为贵重，因此选用较为便宜普通的 Fe^{2+}-H_2O_2 为引发剂。

b. 单体浓度的影响　丙烯酸单体的浓度对木质素珠体的接枝效果影响最大，故选取了 0.75～2.0mol/L 6 个水平的丙烯酸浓度进行试验。结果表明：随着单体浓度的增加，木质素珠体的接枝率和接枝效率都不断升高，这是因为随着增加单体浓度，每个自由基平均引发接枝的单体数目也增加，这样接枝率也就随之上升。但是当单体浓度超过 1.25mol/L 后，接枝率增加不明显，而接枝效率降低更快；单体浓度超过 1.75mol/L 后接枝率反而开始下降，这可能是因为当浓度增加到一定程度后，与接枝聚合反应竞争的均聚反应概率有所增加，从而对聚合反应有所抑制，影响接枝率。因此综合接枝率和接枝效率两个指标，单体的最佳浓度是 1.25mol/L，接枝率达 48.43%，接枝效率为 34.30%。

c. 引发剂浓度的影响　引发剂的作用是产生初级自由基，从而引发木质素珠体和丙烯酸单体的接枝共聚。因此引发剂的浓度对接枝效果也是很重要的影响因素。选择 30～50mmol/L 5 个水平的浓度考察引发剂的浓度对接枝效果的影响情况。结果表明：随着引发剂浓度增加，产生的自由基增多，因此反应速度快，接枝率和接枝效率都不断升高，但当引发剂浓度达到 40mmol/L 后，接枝效果就开始下降，这是由于引发剂浓度太高时，自由基反应所引起的链终止反应及单体自由基密集所引起的均聚反应几率也增加，这对活性链的增长不利。所以引发剂的最佳浓度为 40mmol/L。

d. 反应温度的影响　Fe^{2+}-H_2O_2 构成的氧化还原引发体系活化能低，能在较温和的温度下引发反应，可以减少高温度条件下木质素接枝副反应的产生。实验选择 30～50℃ 5 个水平的温度条件考察温度对接枝效果的影响，结果表明温度控制在 40℃时接枝效果最好。反应温度的影响有两方面的因素：一方面升高反应温度，引发剂的分解速率增大，链引发及链增长反应均加快，所以接枝率及接枝效率增大；另一方面，当反应温度升至一定程度后，体系中自由基增多，加速了均聚反应、链转移及链终止反应，故使接枝率及接枝效率减小。

e. 反应时间的影响　反应时间对木质素珠体接枝反应的影响，主要是在反应的开始阶段中，溶液中的单体浓度较大，反应速度较快，反应的接枝率、接枝效率升高快，但是到一定时间后单体引发剂的浓度逐渐变小，接枝率、接枝效率都将维持一个定值。反应时间过于长久，氧化终止的反应，链转移的反应，发生均聚的反应的概率都将增加，所以接枝率，接枝效率都将略微下降。最佳的反应时间为 2h。

（3）木素素与丙烯腈接枝共聚

笔者和课题组成员以硫酸盐浆马尾松木质素为原料，利用反相悬浮技术制备出球形木质素吸附剂，并以其为骨架，将其与丙烯腈进行接枝共聚，之后在近中性下羟胺化，制备出含有偕胺肟基官能团的螯合球形木质素吸附剂。

① 球形木质素珠体的制备 在 500mL 三口烧瓶中加入一定比例分散相变压器油和氯苯后，分别加入 40.0g 滤后的制浆黑液，再加入 0.5g 分散剂和 5g 环氧氯丙烷，搅拌反应 60min（搅拌速度为 250r/min），升温至 90℃，反应 60min 后降至常温。回收上层分散相，将下层含球形木质素珠体的混合物分别水洗、丙酮洗，纯化晾干后即得红褐色的球形木质素珠体。

② 木质素珠体与丙烯腈的接枝共聚反应

a. 方法一 将一定量的球形木质素珠体和引发剂加入 250mL 的平底烧杯中，室温下于磁力搅拌器上搅拌 10～15min，水洗滤干后重新加入烧杯，依次加入一定量的二亚甲砜溶剂和丙烯腈单体，充分搅拌均匀后，盖上表面皿，置微波转盘上，控制微波功率 150W，间歇辐射反应 1min，静置 1min，继续搅拌 1min，重复该过程累计辐射至一定时间后得接枝共聚物粗品。将制备的接枝共聚物分别用甲醇，水洗涤，再用 N,N-二甲基甲酰胺（DMF）50℃萃取 24h，水洗滤干得木质素硫酸盐和丙烯腈的接枝共聚物 SLAN。

b. 方法二 在装有搅拌和内设恒温系统的三口烧瓶中，加入球形木质素珠体、蒸馏水和引发剂，常温通 N_2 驱氧 10～15min 后，加入计量的丙烯腈（对应复合引发体系，此时继续加计量的过氧化物），反应 30～210min 后，分别用甲醇、水洗涤，再用 N,N-二甲基甲酰胺 50℃萃取 24h，除去均聚物，水洗干燥得球形木质素接枝共聚物 SLAN。

③ 螯合球形木质素吸附剂的制备 称取一定量的 SLAN，放入盛有一定体积盐酸羟胺的甲醇溶液（$V_{水}:V_{甲醇}=1:1$）的三口烧瓶中，用少量的无水碳酸钠调节溶液的 pH 值，置于恒温水浴锅，在 80℃下搅拌反应 60min，然后在相同温度下静置 60min，取出，洗涤，晾干，称量，即得含偕胺肟基的球形木质素螯合吸附剂 SLANO。

在偕胺肟化实验中主要的影响因素是盐酸羟胺浓度的影响。本实验在其他反应条件不变的情况下改变盐酸羟胺的用量，计算氰基转化率，以此来考察盐酸羟胺浓度对偕胺肟化效果的影响，实验结果如图 4-29 所示。

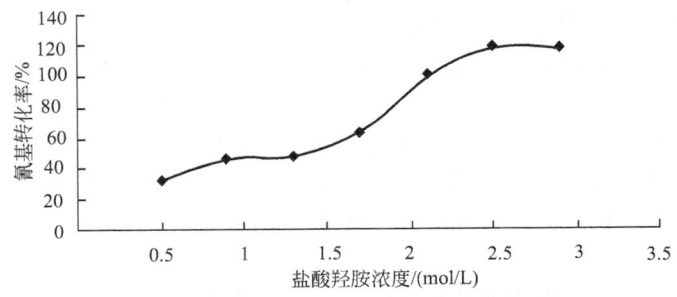

图 4-29 盐酸羟胺浓度对偕胺肟化反应的影响

由图 4-29 可见，盐酸羟胺浓度为 0.5～2.9mol/L 时，氰基转化率随着盐酸羟胺浓度的增大而不断增大。当盐酸羟胺浓度为 2.1mol/L 时，氰基转化率即达到 99.88%。实验中也发现当盐酸羟胺浓度超过 2.1mol/L 时，转化率超过 100%，这可能是发生了其他反应的缘故。因此，选择盐酸羟胺的浓度为 2.1mol/L，其相应转化率为 99.88%，这样既能保证氰基转化完全，又不至于发生其他反应，影响吸附剂的吸附效果。

（4）环氧氯丙烷直接交联

500mL 三口烧瓶中加入分散相液蜡 300# 后，分别加入 40.0g 滤后的制浆黑液和 1.0g 催化剂后升温至 60℃，反应 60min，再加入占黑液质量分数 1.2% 的分散剂和 8.0% 的环氧氯丙烷后，搅拌反应 60min，升温至 90℃，反应 60min 后降至常温。回收上层分散相，将下层含球形木质素珠体的混合物放在布氏漏斗中抽滤，分别水洗、丙酮洗和乙醚洗，纯化晾干后即得红褐色的球形木质素吸附剂。

（5）以甲醛为交联剂

在装有搅拌及回流装置的三口瓶中依次加入木质素磺酸钙、蒸馏水、酸催化剂、甲醛，搅拌均匀，再加入液体石蜡和少量表面活性剂作为有机相，其中木质素磺酸钙溶液浓度为 50％，盐酸浓度为 5mol/L，甲醛用量为木质素磺酸钙质量的 7％，表面活性剂用量为 2％，相比为 3∶1，控制搅拌速度为 200r/min 使水相均匀分散在有机相中，按一定升温程序加热，反应结束后分离出树脂产品，洗净过筛，筛选粒度为 0.2～0.45mm 的树脂备用。所得球形木质素基离子交换树脂，球形规整，粒径均匀，强度好。

（6）巯基木质素吸附剂

在磨口广口瓶中，依次加入一定量的巯基乙酸、乙酸酐、36％乙酸和浓硫酸，充分混匀；再加入适量工业硫酸盐木质素干燥样品，搅拌，使其浸透均匀；加盖后，放于 40℃ 烘箱中恒温，3d 后取出，抽滤，蒸馏水充分洗后，于常温下减压干燥，即得产物巯基木质素吸附剂，为棕黄色固体颗粒，不溶于水，但易吸潮，因此需密闭、避光、低温保存，以免巯基氧化。

（7）木质素基 β-环糊精醚的合成

碱木质素与环氧氯丙烷的质量比为 1∶12，每克木质素用 NaOH（质量分数 16.7％）5mL，充分搅拌，逐渐升温至 80℃，反应时间 3h，真空抽滤至干，产物用苯洗，水洗至中性，置于 40℃真空干燥箱干燥 24h。将一定量 β-环糊精固体溶解于一定浓度的 NaOH 溶液中，加入到上步合成的木质素基环氧树脂中，充分搅拌，逐渐升至一定温度，反应一定时间，过滤，滤饼用蒸馏水洗至中性，45℃真空干燥 24h，得到具有包络性能的木质素基 β-环糊精醚的黄色粉末状木质素基吸附剂。

（8）木质素其他改姓方法

硫酸盐木质素对 Hg 的吸附量可达 150mg/g，水解木质素对铅的吸附量范围为 0.47～1.72mg/g，用碱性丙三醇脱木质素法制得的木质素经改性后对 Pb^{2+} 和 Cd^{2+} 表现出良好的吸附性能，最大吸附量分别为 8.2mg/g 和 9.0mg/g，可用于开发治疗重金属中毒的药物。改性木质素与金属离子之间可以形成稳定的络合物，同时释放出质子。改性木质素与不同金属离子生成络合物时释放质子的容易程度顺序：$Fe^{3+}>Al^{3+}>Cu^{2+}>Pb^{2+}>Mn^{2+}>Ca^{2+}$。用甲基硫醚功能基与木质素的酚羟基反应，导入的疏水性硫醚基不仅降低了木质素的水溶性，而且增加了木质素对金属离子的选择性吸附能力，被吸附的金属离子可以较容易地解析。

用酸和酶水解软木混合物得到的水解木质素，能够吸附水中的丙酮、丁醇和其他醇类，却很少吸附葡萄糖，水解木质素通过被吸附物结构中烷基的疏水作用和羟基的亲水作用与木质素结合从而产生吸附。利用木质素样品的孔隙率和热力学参数计算出的木质素样品对丁醇、乙醇、丙酮和葡萄糖的吸附容量常数分别为 1.3～2.7mL/g、0.5～0.737mL/g、0.62～1.07mL/g、0.357mL/g。

酸水解制得的术质素用聚铵盐改性后，对芳香类有机化合物的吸附能力明显增强，对胆汁酸和胆固醇有很好的吸附性能；而用环氧胺改性木质素，对重金属离子吸附能力提高很大；若用二乙基环丙胺进行胺化改性，则获得了具有阴离子交换能力的胺化木质素；将含有氨基的碱性基团导入术质素结构中，使其从多元酸转变成多元碱，可提高木质素对有机化合物的吸附能力。

木质素 V 是香草醛生产过程中形成的一种废物经提纯后得到的一种木质素，将它溶于 KOH 溶液中，然后再加入某种染料，再用盐酸调节 pH 值为 0.5 左右，木质素 V 沉淀出来的同时吸附染料，研究表明，木质素 V 对阳离子染料和具有阴离子特性的活性染料的吸附都属于物理吸附，但对阳离子染料吸附性能更好，最大吸附量达 1.49/g，相应去除率为 99.6%。

【应用】 木质素及其改性产物表现出良好的吸附性能，不仅可用于吸附金属阳离子（如 Cd^{2+}、Pb^{2+}、Cu^{2+}、Zn^{2+}、Cr^{3+} 等），也可用于吸附水中的阴离子、有机物（如酚类、醇类、碳氢化合物、卤化物）和其他物质（如染料和杀虫剂）等。

（1）金属离子的吸附

Koch 等利用甲烷基硫醚化木质素去除水溶液中的汞和其他重金属离子，试验结果表明甲烷基硫醚化木质素可有效吸附 Hg^{2+}、Cd^{2+}、Cu^{2+}、Cr^{3+}、Fe^{3+} 等硝酸盐，对硝酸钠没有吸附作用，对 Ca^{2+} 盐具有一定的吸附效果。

Karsheva 等人利用水溶性木质素去除水中的铅离子，发现吸附过程符合 Langmuir 吸附等温线。而且粒径还是影响铅去除率的主要因素之一，大粒径木质素吸附剂的吸附效果明显优于小粒径的吸附剂。

笔者和课题组成员以丙烯酸为单体接枝共聚合成含羧酸基团的改性木质素类吸附剂，并用于 Cu^{2+}、Ni^{2+}、Zn^{2+}、Pb^{2+}、Cd^{2+} 金属离子的吸附，同时研究了 pH 值、吸附时间、吸附质初始浓度等吸附条件的影响，并进行了吸附热力学和吸附动力学研究。研究得到以下结果。①吸附质溶液的 pH 值不仅能影响吸附剂的表面电荷，而且也能影响吸附质的水解和电离程度，在较低的 pH 值条件下，木质素吸附剂 5 种金属离子的吸附效率都较低，随着溶液 pH 值的提高，吸附剂的吸附率随之提高。②延长吸附时间有利吸附效果，在 2h 内 5 种金属离子都属于快速吸附阶段，吸附 2.5h 以后基本达到吸附平衡，继续延长时间对吸附效果的增加效果不明显。③由于质量作用定律，初始浓度高的金属离子溶液中，吸附剂的吸附量也高，即吸附量随着离子浓度的升高而升高，但由于吸附剂的吸附容量趋于饱和，随着金属离子浓度的不断升高，吸附量增加趋势变缓。④5 种金属离子在木质素吸附剂上的吸附都符合 Langmuir 吸附等温式和 Freundlich 吸附等温式。⑤吸附热力学和吸附动力学的研究结果表明：木质素吸附剂对金属离子的吸附以化学吸附为主；吸附过程由表面扩散和颗粒内扩散联合控制，但以颗粒内扩散为主。

（2）氨基酸类物质的吸附

笔者和课题组成员研究了偕胺肟基螯合球形木质素吸附剂对 L-赖氨酸、L-精氨酸和 L-组氨酸的吸附性能，如表 4-54 所列。

表 4-54　静态法吸附氨基酸的效果

吸附质	初始质量浓度/(mg/L)	平衡质量浓度/(mg/L)	吸附率/%	平衡吸附容量/(mg/g)
L-赖氨酸	400.0	263.0	34.3	84.4
L-精氨酸	400.0	236.6	40.9	103.1
L-组氨酸	400.0	255.9	36.0	90.0

注：吸附条件为吸附温度为 20℃；吸附时间为 120min；吸附 L-赖氨酸、L-精氨酸和 L-组氨酸溶液时的 pH 值分别为 9.0、9.0 和 5.0。

碱性氨基酸在吸附之前，通常要用盐酸、氨水或者氢氧化钠调节 pH 值至一定值，因此，碱性氨基酸中存在一定量的氯化铵或氯化钠等无机盐。氯化铵或氯化钠的存在，对碱性氨基酸在球形木质素吸附剂上的吸附有一定的影响。实验测定了不同氯化钠、氯化铵浓度（0～1.0mol/L）对吸附剂吸附容量的影响，实验结果见表 4-55。

表 4-55   不同浓度 NaCl 和 NH₄Cl 的浓度对平衡吸附容量的影响

盐	浓度/(mol/L)	平衡吸附容量/(mg/g)		
		L-赖氨酸	L-精氨酸	L-组氨酸
NaCl	0	84.39	103.03	89.94
	0.1	78.4	96.67	84.24
	0.2	57.65	77.59	73.72
	0.4	37.53	59.78	59.79
	0.6	18.76	41.976	38.06
	0.8	3.58	29.26	24.75
	1.0	1.47	25.44	14.72
NH₄Cl	0	84.39	103.03	89.94
	0.1	81.7	94.13	82.08
	0.2	79.73	68.69	54.84
	0.4	71.5	38.16	34.79
	0.6	55.1	25.44	24.75
	0.8	19.98	16.54	12.21
	1.0	9.8	11.45	4.7

注：吸附条件为吸附温度 20℃；ρ(吸附剂)＝4.0g/L；吸附时间 120min；吸附 L-赖氨酸、L-精氨酸和 L-组氨酸时 pH 值分别为 9.0、9.0 和 5.0，初始质量浓度 400mg/L。

从表 4-55 可以明显地看出，随着氯化钠浓度的增大，各氨基酸的吸附容量迅速降低，其中氯化铵的影响比氯化钠更为明显。当氯化钠、氯化铵浓度达到 1.0mol/L 时，氨基酸的吸附容量就变得相当小。氯化铵或氯化钠对吸附容量的影响是由于铵离子或钠离子与碱性氨基酸阳离子的竞争吸附形成的。铵离子或钠离子，它们也可以被吸附剂所吸附。而且，由于铵离子和钠离子的粒子尺寸比氨基酸阳离子的粒子尺寸小，更易被吸附。因此，这些小的无机盐离子的存在，会对氨基酸离子的吸附造成明显的影响。试验结果表明，要用球形木质素吸附剂吸附分离各种氨基酸，必须尽可能脱除母液中的氯化铵或氯化钠，以保证较高的吸附率。

用 2.0mol/L 的氨水作解析液对吸附剂进行解吸再生，结果见表 4-56。由表 4-56 中数据可知：球形木质素吸附剂经 5 次吸附和解吸再生后，吸附率和解吸再生率逐渐趋于恒定，而且吸附率降低少（降低率小于 3.0%），说明球形木质素吸附剂不仅可以再生使用，而且具有较强的重复应用能力。

表 4-56   球形木质素吸附剂重复使用效果

重复次数	吸附容量/(mg/g)			解吸率/%		
	L-赖氨酸	L-精氨酸	L-组氨酸	L-赖氨酸	L-精氨酸	L-组氨酸
1	84.4	103.1	90	98.4	98.9	97.6
2	83.9	101.7	89.4	98.2	99.0	97.3
3	82.3	100.7	89.1	98	98.8	97.1
4	81.9	100.5	88.8	98	98.7	96.6
5	81.3	100.1	88.3	98.2	98.5	96.5

注：吸附条件为吸附温度 20℃；吸附时间 120min；吸附 L-赖氨酸、L-精氨酸和 L-组氨酸溶液时的 pH 值分别为 9.0、9.0 和 5.0；静态解吸时间 60min。各解吸液的浓度均为 2mol/L。

笔者和课题组成员还通过静态吸附试验，研究了环氧氯丙烷交联制备的球形木质素吸附剂对 L-天门冬氨酸的吸附动力学和热力学特性，探讨了 pH 值对吸附过程的影响。结果表明，当溶液 pH 值为 3.0 时，吸附剂的平衡吸附容量为 518.0mg/g，球形木质素吸附剂对 L-天门冬氨酸的吸附速率同时受液膜扩散和颗粒内扩散过程控制。吸附符合 Langmuir 和 Freundlich 等温吸附方程。且 $\Delta H = 16.81$kJ/mol，表明该吸附反应是以吸热的化学吸附过程为主，活化能 $E_a = 3.3406$kJ/mol，说明球形木质素吸附剂的吸附过程是以颗粒内扩散为主。

（3）染料废水的处理

范娟等以甲醛交联反应制得的球状木质素基离子交换树脂处理染料废水，发现树脂对低浓度和高浓度的阳离子染料溶液均有很好的吸附作用，对阳离子艳红的饱和吸附量可达 250mg/g 干树脂，而且前期吸附速度快，30min 后吸附速率趋缓，升高温度有利于前期吸附速率的增大。

笔者和课题组成员以马尾松浆厂提供的碱木素为原料研制出一种含有季铵基团的球形木质素吸附剂 SLBA，并研究其对活性翠蓝 KN-G 的吸附特性。实验结果表明：活性翠蓝 KN-G 在吸附剂上的吸附效果取决于吸附质溶液的 pH 值和吸附质的初始浓度。初始浓度的增大有利于提高平衡吸附容量。在 3～8 的 pH 值范围内，去除率从 12.3% 迅速升至 98.6%，当溶液的 pH 值为 10.0 时，去除率达 100%。吸附过程符合 Langmuir 吸附等温式。平衡常数的无量纲系数 RL 为 8.711×10^{-4}，远小于 0.1，说明活性翠蓝 KN-G 在 SLBA 上的吸附很容易进行。而且，SLBA 吸附剂的饱和吸附容量为 816.3mg/g，总的穿透容量为 761mg/g，吸附效果明显优于活性炭。吸附在 SLBA 吸附剂上的活性翠蓝可用乙醇、双氰胺-甲醛缩聚物和盐酸混合物解析，解析率可达 98.7%。

（4）含磷废水的处理

Wardas 等用硫代硫酸钠碱木质素去除水溶液中的磷酸根离子及磷酸铁盐，发现碱木质素可用来去除水中的 PO_4^{3-}，若水中含有 Fe^{3+} 时，在吸附过程中，PO_4^{3-} 和 Fe^{3+} 的化合物也将参加反应，反应顺序为 $[Fe_2HPO_4]^{4+} > [FeH_2PO_4]^{2+} > [FeHPO_4] > [Fe(HPO_4)_2]$。

（5）其他污染物的去除

Vakurova 等研究发现改性木质素吸附剂能有效地去除含溴和氯等卤素的高浓废水。Dizhbite 等的研究结果表明水解木质素氨基衍生物的阴离子交换容量为 2mg/g。木质素对苯酚及含氮芳香族化合物有很高的吸附能力，但经季铵化改性后，对苯酚的吸附能力增加 2～3 倍，而且改性产品对重金属的吸附性能也有很大的提高。此外，季铵化木质素吸附剂对胆汁酸和胆固醇的吸附量分别达 140mg/g 和 80mg/g。Zuman、Ainso 和 Wieber 等发现木质素的结构、种类、分子大小直接影响到木质素衍生物对亚硝基二乙胺的吸附效果，而且木质素衍生物的吸附能力随着平均分子量的增大而增大。

4.2.16　大孔吸附树脂

【物化性质】　大孔吸附树脂多为白色球状颗粒，一般不溶于水、酸碱溶液及甲醇、乙醇、丙酮、苯、氯仿等有机溶剂。在水和有机溶剂中能吸收溶剂而膨胀，室温下对稀酸稀碱稳定。耐热、耐化学药剂，不发生氧化还原反应，机械强度大，使用寿命长。根据大孔吸附树脂的结构表面不带或带有不同极性的功能基，可分为非极性、中极性和极性三类，它们的结构特性和吸附性各异。非极性吸附树脂是由偶极距很小的单体聚合制得，不带任何功能基，孔表的疏水性较强，可通过与小分子内的疏水部分的作用吸附溶液中的有机物；极性吸附树脂是指含酰氨基、氰基、酚羟基等含氮、氧、硫极性功能基的吸附树脂，通过静电相互作用吸附极性物质；中极性的吸附树脂是含酯基的吸附树脂，其表面兼有疏水和亲水两部分。

【制备方法】　在高分子化合物合成过程中加入致孔剂，控制反应条件可以制成具有一定孔径、孔容、比表面积和特定表面化学结构的树脂。合成吸附树脂单体有苯乙烯、甲基丙烯酸甲酯等；致孔剂有汽油、苯、石蜡等不含双键、不参与共聚、能溶于单体、可使共聚物溶胀或沉淀的物质；交联剂主要为二烯苯。聚合完成后存在于共聚物中的致孔剂经蒸馏或溶剂萃取而除去，从而得到多孔结构。

大孔结构的聚合物是大孔离子交换树脂和大孔吸附树脂的共同基础，因此它们的合成方法极为相似。大孔吸附树脂的特殊性在于它们需要具有较高的比表面积，较大的孔体积，因此，并非所有大孔共聚体都可以作为吸附树脂。

大孔共聚体的孔结构与交联剂和致孔剂的种类及用量密切相关。一般来讲，不管致孔剂的种类如何，在致孔剂用量一定的情况下，交联度越高，比表面积越大，而孔径则随交联度增加而减小。相反，在交联度固定不变的情况下，致孔剂用量越多孔体积越大，致孔剂的分子量越大，孔径越大。

在大孔结构形成过程中，致孔剂起着模板的作用。因此，致孔剂的分子结构、大小、功能基极性或偶极矩等参数都会直接影响树脂结构的形成。Sederel 最先归纳出三种制备大孔共聚体的方法。

(1) 用良溶剂致孔法

例如，在苯乙烯-二乙烯苯共聚体系中使用甲苯和二氯乙烷等为致孔剂。Sederel 等把这类共聚体称为溶剂致孔或 PS（porous by solvent）型。这种方法制得的树脂的特点是低孔体积（最高 0.8mL/g）、高的比表面积（50～500m^2/g）和较小的平均孔径。

(2) 用非良溶剂致孔法

如在苯乙烯-二乙烯苯共聚体系中使用正庚烷和正丁醇为致孔剂，这种方法形成沉淀剂致孔或 PP（porous by precipitator）型共聚体。这类共聚体的特点是孔体积大（0.6～2.0mL/g），比表面积由 10 到 100m^2/g 变化，平均孔径较大。

(3) 用线型聚合物致孔法

例如，使用聚苯乙烯为致孔剂时，得到高分子材料致孔或 PM（porousby macromolecular material）型共聚体。其特点为孔体积高达 0.5mL/g、比表面积 10m^2/g 和平均孔径较大。

Sederel 等采用同时加入两种不同类型致孔剂的方法制得了 PPS、PMS 和 PMP 三种新型共聚体。这些共聚体兼有两种致孔剂分别致孔所得到的孔结构特性。

现将以常见的良溶剂、非良溶剂、混合溶剂等为致孔剂制备吸附树脂的方法简单介绍如下。

(1) 非极性大孔吸附树脂的合成

在交联聚苯乙烯树脂中，连接在主链上的苯环是一个电子均匀分布的平面，偶极矩很小。因此，常以苯乙烯、二乙烯苯为单体制备非极性大孔吸附树脂。

非极性大孔吸附树脂的合成方法可以分为两类：二乙烯苯交联法和 Friedel-Crafts 反应交联法。

(2) 中极性大孔吸附树脂的合成

中极性吸附树脂是含有酯基的大孔共聚体，其交联剂一般为双（α-甲基丙烯酸）乙二醇酯或多元醇的多丙烯酸酯（或多甲基丙烯酸酯）。例如，三甲基丙烯酸三羟甲基丙烷酯或丙三醇三（α-甲基丙烯酸）酯，季戊四醇三（α-甲基丙烯酸）酯或季戊四醇四（α-甲基丙烯酸）酯，葡萄糖五（α-甲基丙烯酸）酯等。

中极性吸附树脂的比表面积虽不很高，一般在 500m^2/g 以下，但比一般大孔弱酸离子交换树脂的共聚体仍高得多，因此，不能与大孔弱酸离子交换树脂共聚体混淆。

　　国外有关中极性大孔吸附树脂合成的报道甚少。我国从 20 世纪 80 年代开始对中极性吸附树脂的合成和应用开展了较为广泛的研究。

　　20 世纪 80 年代初，楼一心等曾以甲基丙烯酸甲酯为单体，季戊四醇三（丙烯酸）酯或三羟甲基丙烷三（丙烯酸）酯为交联剂，在致孔剂存在下，通过悬浮聚合制得一系列 DR 型大孔中极性吸附树脂，并对其青霉素或四环素等的吸附能力进行了测定。

　　衣康酸为不饱和二元酸、在酸催化下可按下式与脂肪醇基醋化形成二元不饱和酸酯，采用下烯醇酯化可以制得衣康酸丙烯酪。酯的生成速度在很大程度上与羧酸和醇的结构，以及羧基所处羧酸中碳原子（伯、仲、叔）位置有关。

　　（3）极性大孔吸附树脂的合成

　　极性吸附树脂主要是指含腈基、酰胺基、亚砜基、羰基或酚基等极性基团的吸附树脂。由于这类树脂含有较强极性的基团，所以对其比表面积的要求不很高。

　　Wojaczynska 等对大孔苯乙烯、丙烯腈和二乙烯苯共聚物的结构和吸附性能进行了系统的研究。他们首先对比了在相同合成条件下制备的大孔苯乙烯-二乙烯苯（S/DVB）、丙烯腈-二乙烯苯（AN/DVB）和具有各种丙烯腈含量的三元共聚体（S/XAN/DVB）的孔结构和吸附性能。结果表明，三元共聚物的比表面积和孔体积比 S/DVB 和 AN/DVB 共聚物低，而二元共聚物有着几乎相同的孔结构特性。

　　Kolarz 等采用乙二胺（EDA）或二亚乙基三胺分别将丙烯腈-二乙烯苯共聚体（AN）和丙烯腈-二乙烯苯-丙烯酸丁酯共聚体（ANB）胺解制得一系列含有氨基的亲水吸附剂——丙烯酰胺吸附剂（AA）。

　　大孔吸附树脂的类型很多，没有统一的命名，目前较经常使用的有 D101 型、AB-8 型、HP 系列、XAD 系列等。

　　① 制备实例：DA100×3 大孔吸附树脂的制备

　　DA100×3 大孔吸附树脂是将二乙烯苯、过氧化苯甲酰、明胶、甲基环己烷在适合的温度下经缩聚而成。反应式如下：

$$n \quad \overset{CH=CH_2}{\underset{CH=CH_2}{\bigcirc}} \quad \xrightarrow[\triangle]{过氧化苯甲酰、明胶、甲基环己烷} \quad \left[\overset{CH-CH_2}{\underset{CH_2-CH}{\bigcirc}} \right]_n$$

工艺流程如图 4-30 所示。

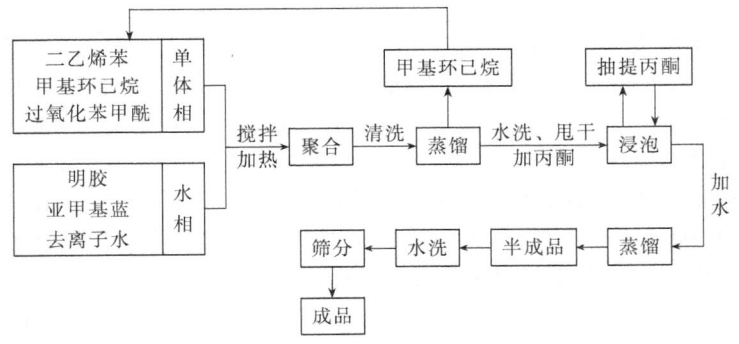

图 4-30　DA100×3 大孔吸附树脂制备工艺流程

② 制备实例：聚丙烯加热改性制备大孔吸附树脂

三颈瓶中加入一定量聚丙烯颗粒和致孔剂，不断搅拌下油浴加热至一定温度，N_2 保护下保温搅拌，待聚丙烯颗粒完全熔融并形成透明的均相溶液后，停止搅拌，控温冷却至室温，碾成粉末，装入索氏提取器内用丙酮提取固体粉末中的致孔剂，当虹吸管内无油迹时取出，加热干燥，回收丙酮，得白色大孔吸附树脂。

③ 制备实例：聚三烯丙基氰尿酸酯大孔吸附树脂的制备

在装有搅拌器、冷凝管和温度计的三口瓶中分别加入明胶、氯化钠、聚乙烯醇、亚甲基蓝和水，搅拌均匀后投入定量三烯丙基氰尿酸酯单体和正丁醚为致孔剂，以过氧化苯甲酰为引发剂在 85℃下进行悬浮聚合反应，制得乳白色不透明球，经过滤水洗，用乙醇提取，晾干后置于 40℃真空干燥箱烘干配用。

④ 制备实例：Friedel-Craft 后交联法制大孔吸附树脂

a. 聚苯乙烯共聚物白球的制备 以苯乙烯为单体，二乙烯苯为交联剂，BPO 为引发剂，悬浮聚合制得聚苯乙烯白球（简称白球）。改变交联剂用量，制备起始交联度为 0.5％和 1％的聚苯乙烯树脂。

b. 氯甲基化反应 取共聚物白球 60g，以无水 $ZnCl_2$ 作催化剂，用氯甲醚溶胀 12h，于 35℃进行氯化反应，当测得树脂的氯含量均大于 18％时终止反应，制得氯甲基化聚苯乙烯（简称氯球）。

c. Friedel-Craft 后交联反应 取上述氯球，以二氯乙烷为溶剂充分溶胀后，在无水四氯化锡催化下，于较高温度（约 90℃）下发生 Friedel-Craft 反应。测定树脂残留氯含量小于 3％后停止反应。取出树脂，洗净，晾干，于真空烘箱中 80℃下干燥 6h 即得产品大孔吸附树脂。

⑤ 制备实例：固化丹宁大孔吸附树脂的制备

a. 氨基树脂的合成 在 250mL 三口瓶中加入 7.0g 氯甲基化聚苯乙烯树脂，加入 10mL 四氢呋喃溶胀 1h，然后加入 40mL 乙二胺在 70℃反应 24h，反应物冷却后抽滤、洗涤、干燥，制得乙二胺树脂。

b. 丹宁固化 2g 氨基树脂加入 5mL 二甲亚砜，溶胀 2h 后，加入 25mL 蒸馏水和 1mL 甲醛水溶液（质量分数 37％），用盐酸调节溶液 pH 值到 4，在 99～100℃下反应 30min 后再加入 25mL 丹宁水溶液（事先调节 pH 值为 4），使体系的丹宁质量分数为 1％，继续反应 7h，合成固化丹宁大孔吸附树脂（MAR IT）。

【应用】 大孔吸附树脂可应用于有机废水、印染废水、制革废水、含汞废水、农药废水等的处理。对工业废水、废液的处理有着广泛的应用。如对废水中苯、硝基苯、氯苯、氟苯、苯酚等有机物均具有很好的吸附效果，且对废液中有害物质的浓度含量适应性强，并可做到一次性达标。

刘新铭等针对苯胺废水的特点，利用 NKA-Ⅱ大孔吸附树脂进行处理，研究了苯胺废水质量浓度、pH 值、温度和流速等因素对大孔吸附树脂动态吸附-脱附性能的影响。对于某工厂苯胺质量浓度为 4100mg/L，COD 为 8705mg/L 废水，NKA-Ⅱ大孔吸附树脂最佳的吸附条件为：温度为室温，pH 值为原水（pH＝7～10），流速为 40mL/h，最佳处理体积为 220mL；最佳脱附条件为：脱附剂为 20mL 浓度为 3mol/L 的 HCl 和 30mL H_2O，理想脱附温度为 55℃，脱附流速为 10mL/h。表 4-57 是在确定的最佳吸附及脱附操作条件下进行 10 次连续性实验，吸附出水的苯胺质量浓度、COD、处理量和脱附率的变化情况。

赵仁兴等对 RH 大孔吸附树脂吸附处理炼油厂的碱渣进行了试验，结果表明，RH 树脂可用于碱渣脱酚，在一定条件下，树脂的吸酚量可达 130mg/L，吸附饱和后的树脂，解吸后可重复使用。300mL 树脂柱吸附试验结果列于表 4-58。

表 4-57   NKA-Ⅱ树脂稳定性实验结果

| 批次 | 上柱液质量浓度 | | 吸附柱出水 | | | | | |
	COD /(10mg/L)	苯胺 /(10mg/L)	处理量 /mL	COD /(mg/L)	COD 去除率 /%	苯胺 /(mg/L)	苯胺去除率 /%	脱附率 /%
1	8705	4100	220	43.5	99.5	16.4	99.6	98.5
2	8705	4100	220	60.9	99.3	24.6	99.4	101.2
3	8705	4100	220	43.5	99.5	20.5	99.5	99.7
4	8705	4100	220	60.9	99.3	20.5	99.5	99.5
5	8705	4100	220	60.9	99.3	24.6	99.4	96.3
6	8705	4100	220	69.6	99.2	16.4	99.6	103.1
7	8705	4100	220	60.9	99.3	28.7	99.3	99.4
8	8705	4100	220	52.2	99.4	28.7	99.3	99.3
9	8705	4100	220	78.3	99.1	24.6	99.4	100.4
10	8705	4100	220	95.8	98.9	28.7	99.3	99.5

表 4-58   300mL 树脂柱吸附试验结果

| 周期 | 进水水质 | | | 处理水量 /mL | 出水水质 | | 吸附量 | |
	pH 值	酚/(mg/L)	S^{2-}/(mg/L)		酚/(mg/L)	S^{2-}/(mg/L)	酚/(mg/L)	S^{2-}/(mg/L)
1	6.5	8211.8	712.80	5035	119.62	117.50	137.0	10.90
2	6.5	2443.4	344.08	6641	9.26	135.58	49.0	4.50
3	6.5	2534.7	568.00	5400	10.04	—	45.5	—
4	6.5	2534.7	568.00	5520	10.50	164.34	46.0	11.29

李云松等研究了 XDA-1 型大孔吸附树脂对用自来水配制的低浓度溶液中氯仿的动态吸附能力，以及浓度、流速、温度和 pH 值等因素对吸附过程的影响。结果显示，采用 XDA-1 大孔树脂吸附水中的氯仿，其吸附效率可达 99% 以上，泄漏点前的吸附量为 160mg/mL。采用热空气热解吸方式回收氯仿，回收率达 85%。

许月卿等利用 DRH Ⅲ 大孔吸附树脂处理含磺胺废水。实验表明，DRH Ⅲ 树脂对磺胺具有良好的吸附-解吸效果。原废水中磺胺浓度约为 17.2g/L，COD 约为 13750mg/L，经树脂吸附处理后，废水中 COD 去除率约 86%，磺胺的吸附率 88.2%，树脂的解吸率为 97.5%，磺胺的回收率约 86.0%，其纯度达 99.8%。DRH Ⅲ 大孔树脂吸附法处理含磺胺废水的最佳工艺条件如下。

吸附：pH 值为 11，流速 2BV/h，温度 23℃；

解吸：4%～6% 的 NaOH 溶液，温度 80℃，流速 1BV/h。

Krishnaiah Abburi 采用 XAD-16 树脂处理苯酚和对氯苯酚生产废水，树脂在 pH 值为 6 的条件下对两者的吸附量分别为 150mmol/g 和 2.27mmol/g。采用甲醇解吸效果良好。

唐树和等对 NDA-150 树脂吸附处理含对硝基苯甲酸废水进行了研究，结果发现树脂的吸附容量为 2.13mol/g 干树脂，其对对硝基苯乙酮的吸附容量为 3.06mmol/g 干树脂。吸附对硝基苯甲酸后，在温度 40℃、用 1∶1（体积比）的 2% NaOH 和乙醇脱附剂，脱附率接近 100%。

李洁莹等研究了大孔吸附树脂 NDA-909 吸附水溶液中邻甲酚的热力学特征，并与 Amberlite XAD-4 树脂进行了比较。通过吸附动力学实验，初步探讨了初始温度对吸附过程的影响。结果表明，NDA-909 对邻甲酚的吸附符合 Freundlich 经验公式，表现为放热的物理吸附过程。此外吸附速率受颗粒内扩散和其他类型扩散的共同控制。

刘光明与尹大强使用两种大孔吸附树脂 XAD-4 和 NDA-804 吸附 NP10（壬基酚聚氧乙烯醚），结果表明两种树脂对 NP10 都有较好的吸附效果，温度对吸附有很大的影响，升高温度吸附量增大。NDA-804 对 NP10 的吸附效果要好于 XAD-4，这与它的化学特性、极性以及孔结构有关。NP10 在两种树脂上的吸附为优惠吸附，都能用 Langmuir 吸附等温线方程很好地拟合，表明属于单层分子吸附。吸附热力学参数计算结果表明，XAD-4、NDA-804 对 NP10 的吸附过程是吸热和自发的。吸附动力学拟合结果表明，两种树脂对 NP10 的吸附都符合假二级反应动力学。在初始质量浓度较低的情况下，两种树脂对 NP10 的吸附量相差不大，而在初始质量浓度较高时，NDA-804 对 NP10 的吸附量大于 XAD-4 对 NP10 的吸附量，但吸附速率低于 XAD-4 对 NP10 的吸附速率。

4.2.17 甲壳素类树脂

【物理性质】 甲壳素（chitin）也称壳多糖、聚乙烯胺基葡萄糖，是 N-乙酰-2-氨基-2-脱氧-D-葡萄糖以 β-1，4 糖苷键形式连接而成的多糖，广泛分布于自然界甲壳纲动物（虾、蟹、昆虫）的甲壳、真菌（酵母、霉菌）的细胞壁和植物的细胞壁中。

甲壳素具有无毒、无味、耐碱、耐热、耐晒、耐腐蚀、不畏虫蛀等特点，因此可广泛应用于纺织、印染、食品、医药、化妆品、污水处理等领域，尤其是在水处理中的应用力较广泛，可用作吸附剂、絮凝剂及分离膜材料等，用于染料废水的脱色，饮用水的净化，重金属离子的回收等，是一种性能优良、开发应用前景广阔的新型水处理材料。

【制备方法】 在甲壳素的实际应用过程中,需对甲壳素进行化学修饰，使其成为应用价值高的多功能系列衍生物。

① N,O-羧甲基壳聚糖 是水溶性的两性化合物。其制备方法为：在 10L 的烧杯中加入 200g 的壳聚糖，再计入 2000mL 的异丙醇，在一定温度下搅拌 20min。再将一定浓度的氢氧化钠分数次加入到烧瓶中，继续搅拌 45min。然后，再分数次加入一氯乙酸 240g，待反应物加热保温 3h 后，加入蒸馏水 170mL。用 pH 计测定反应液 pH 值，添加有机酸调节 pH 值到 7.0。过滤反应混合物，并经多次洗涤过滤，收集产品并真空干燥，最后可得 N,O-羧甲基壳聚糖。

② 溴化钾壳素 在 5L 的烧杯中加入 100g 的甲壳素粉末，400mL 40% 的 NaOH 溶液，使甲壳素粉末呈悬浮状。在一定温度下反应 1h，并放置 20h。然后加入 200mL 的异丙醇进行反应。随后加入 1700mL 的溴化物和痕量碘继续反应 24h。在一定温度下再经过 48h 反应后，过滤产品并充分水洗，烘干得溴化甲壳素，其收率为 69%。

③ 碱性甲壳素/壳聚糖 在 5L 的烧杯中加入 200g 的甲壳素粉末，800mL 40% 的 NaOH 溶液（内有添加剂）在一定温度下放置 1h 后，并在 -20℃ 条件下保持 24h，即可得碱性甲壳素。

碱性壳聚糖的制备方法：将甲壳素加入 40% 的氢氧化钠溶液中，在 100～190℃ 的蒸汽作用下维持 30～270min，即可制成。

【应用】

① 吸附金属离子

实例1：甲壳素吸附水中溶解的 Cr（VI）离子。水温 30℃，pH=2，离子强度 5mmol/L 的条件下，甲壳素对 Cr（VI）的最大吸附量为 13.1mg/g。甲壳素对 Cr（VI）的吸附主要是游离氨基静电吸附 $Cr_2O_7^{2-}$，且吸附符合 Langmuir 吸附等温线。

实例 2：菌丝体-甲壳素去除水体 Ni^{2+}。甲壳素作为水处理剂，在较大 pH 值变化范围内，对 Ni^{2+} 与柠檬酸镍都有较高的吸附容量。甲壳素在吸附金属离子的同时，对 H^+ 有吸附作用，且 H^+ 是金属离子的竞争性抑制剂。将甲壳素与市售吸附树脂相比，其对阳离子（Ni^{2+}）和络合阴离子 [柠檬酸镍 Ni（cit）$^{2-}$] 的吸附特性类似于阳离子交换树脂。同时，甲壳素不会带来二次污染，是一种具有广泛应用前景的环保型工业水处理剂。

② 处理某些废水　甲壳素为载体吸附金属 Ni^{2+} 处理含氰废水。甲壳素吸附金属离子（Ni^{2+}）作为载体催化氧化处理含氰废水是可行的，氰化物去除率为 99％以上。吸附了 Ni^{2+} 的甲壳素做载体催化氧化处理含氰废水较佳的工艺条件为：废水的 pH 值为 8.0～9.0，空气流量为 4.5L/min，Ni-甲壳素与废水质量比为 1.2×10^{-3}，反应时间 3h。经重复试验在该工艺条件下，氰化物的去除率可达 99.4％。

参考文献

[1] 边炳鑫，李哲著. 粉煤灰分选与利用技术. 徐州：中国矿业大学出版社，2005.

[2] 石建稳，陈少华，王淑梅等. 粉煤灰改性及其在水处理中的应用进展. 化工进展，2008，27（3）：326-334.

[3] Sarbak Z，Kramer-Wachowiak M. Porous structure of waste fly ashes and their chemical modifications. Powder Technol，2002，12：53-58.

[4] Woolard C D，Strongl J，Erasmus C R. Evaluation of the use of modified coal ash as a potential sorbent for organic waste streams. Appl Geochem，2002，17：1159-1164.

[5] Banerjee S S，Joshi M V. Treatment of oil spills using organo-fly ash. Desalination，2006，195：32-39.

[6] Banerjee S S，Joshi M V，Jayaram R V. Effect of quaternary ammonium cations on dye sorption to fly ash from aqueous media. J Colloid Interf Sci，2006，303：477-483.

[7] 岳钦艳，曹先艳，高宝玉. PDMDAAC 改性粉煤灰的制备及其脱色效果研究. 中国给水排水，2007，23（13）：106-108.

[8] Cao X Y，Yue Q Y，Song L Y，et al. The performance and application of fly ash modified by PDMDAAC. J Hazard Mater，2007，147：133-138.

[9] 陈雪初，孔海南，张大磊等. 粉煤灰改性制备深度除磷剂的研究. 工业用水与废水，2006，37（6）：65-67.

[10] 李松，陈英旭，曹志洪. 改性粉煤灰处理校园生活污水的研究. 能源环境保护，2007，21（1）：36-39.

[11] Kuma K V，Ramamurthi V，Sivanesan S. Modeling the mechanism involved during the sorption of methylene blue onto fly ash. J Colloid Interf Sci，2005，284：14-21.

[12] 兰善红，傅家谟，盛国英等. 粉煤灰固定化絮凝剂处理印染废水的研究. 工业水处理，2007，27（2）：20-23.

[13] Papandreou A，Stournaras C J，Panias D. Copper and cadmium adsorption on pellets made from fired coal fly ash. J Hazard Mater，2007，148（3）：538-547.

[14] Eren Z，Acar F N. Equilibrium and kinetic mechanism for Reactive Black 5 sorption onto high lime Soma fly ash. J Hazard Mater，2007，143：226-232.

[15] Lin J X，Zhan S L，Fang M H，et al. Adsorption of basic dye from aqueous solution onto fly ash. J Environ Manage，2007，87（1）：193-200.

[16] Dizge N，Aydiner C，Demirbas E，et al. Adsorption of reactive dyes from aqueous solutions by fly ash：Kinetic and equilibrium studies. J Hazard Mater，2007，150（3）：737-746.

[17] Acemioglu B. Adsorption of Congo red from aqueous solution onto calcium-rich fly ash. J Colloid Interf Sci，2004，274：371-379.

[18] Wang S，Boyjoo Y，Choueib A. A comparative study of dye removal using fly ash treated by different methods. Chemosphere，2005，60：1401-1407.

[19] Wang S，Boyjoo Y，Choueib A，et al. Removal of dyes from aqueous solution using fly ash and red mud. Water Res，2005，39：129-138.

[20] Karagozoglu B，Tasdemi M，Demirbas E，et al. The adsorption of basic dye (Astrazon Blue FGRL) from aqueous solutions onto sepiolite，fly ash and apricot shell activated carbon：Kinetic and equilibrium studies. J Hazard Mater，2007，147：297-306.

[21] Mitali Sarkar，Pradip Kumar Acharya. Use of fly ash for the removal of phenol and its analogues from contaminated water. Waste Manage，2006，26：559-570.

[22] Estevinho B N，Martins I，Ratola N，et al. Removal of 2，4-dichlorophenol and pentachlorophenol from waters by

sorption using coal fly ash from a Portuguese thermal power plant. J Hazard Mater, 2007, 143: 535-540.

[23] Ensar Oguz. Sorption of phosphate from solid/liquid interface by fly ash. Colloid Surface A, 2005, 262: 113-117.

[24] Yan J, Kirk D W, Jia C Q, et al. Sorption of aqueous phosphorus onto bituminous and lignitous coal ashes. J Hazard Mater, 2007, 148 (1-2): 395-401.

[25] 苗文凭, 林海, 卢晓君. 粉煤灰吸附除磷的改性研究. 环境工程学报, 2008, 2 (4): 502-506.

[26] 李芸, 苏晗. 改性粉煤灰对生活污水磷的吸附研究. 能源与环境, 2008 (1): 77-79.

[27] Wang S B, Terdkiatburana T, Tade M O. Single and co-adsorption of heavy metals and humic acid on fly ash. Sep Purif Technol, 2008, 58 (3): 347-352.

[28] Srivastava V C, Mall I D, Mishra I M. Equilibrium modelling of single and binary adsorption of cadmium and nickel onto bagasse fly ash. Chem Eng J, 2006, 117: 79-91.

[29] Cho H, Oh D, Kim K. A study on removal characteristics of heavy metals from aqueous solution by fly ash. J Hazard Mater B, 2005, 127: 187-195.

[30] Alinnor I J. Adsorption of heavy metal ions from aqueous solution by fly ash. Fuel, 2007, 86: 853-857.

[31] 王湖坤, 龚文琪. 黏土矿物材料在重金属废水处理中的应用. 工业水处理, 2006, 26 (4): 4-7.

[32] Montarges E. Intercalat ion of Al 13-polyethylenoxide comp lexes into montmorillonite clay. Clays and Clay Minerals, 1995, 43 (4): 241-252.

[33] 王晓鹏, 于波, 张俊平等. 凹凸棒黏土接枝聚丙烯腈的制备及其对 Pb^{2+} 的吸附性能. 非金属矿, 2008, 31 (6): 52-54, 66.

[34] 袁宪正, 潘纲, 田秉晖等. 氯化镧改性黏土固化湖泊底泥中磷的研究. 环境科学, 2007, 28 (2): 403-406.

[35] Wasay S A, Haron M D, Tokunage S. Adsorption of fluoride phosphate and arsenate ions on lanthanum-impregnated silica gel. Water Environmental Research, 1996, 68 (3): 295-300.

[36] 齐治国, 史高峰, 白利民. 微波改性凹凸棒石黏土对废水中苯酚的吸附研究. 非金属矿, 2007, 30 (4): 56-59.

[37] 李仕友, 谢水波, 王清良等. 黏土对废水中铀的吸附性能. 化工环保, 2006, 26 (6): 459-462.

[38] Potgieter J H, Potqieter J H, Monama P, et al. Heavy metals removal from solution by palygoraskite clay. Minerals Engineering, 2006, 19: 463-470.

[39] 祁鲁梁, 李永存, 张莉主编. 水处理药剂及材料实用手册. 北京: 中国石化出版社, 2006.

[40] 谷志攀, 何少华, 周炀等. 硅藻土吸附废水中染料的研究. 矿业快报, 2008 (471): 43-46.

[41] Reyad A Shawabkeha, Maha F Tutunji. Experimental study and modeling of basic dye sorption by diatomiceous clay. Applied Clay Science, 2003, 24 (1-2): 111-120.

[42] M A M Khraisheha, M A Al-Ghoutib, S J Allenb, el at. Effect of OH and silanol groups in the emoval of dyes from aqueus solution using diat omite. Water Reaserch, 2005, 39 (5): 922-932.

[43] Al-Degs, Y Khraisheh, M A M Tutunji, el at. Sorption of lead ions on diat omite and manganese oxides modified diat omite. Water Research, 2001, 35 (15): 3724-3728.

[44] M A Al-Ghouti, M A M Khraisheh, S J Allen, et al. The removal of dyes from textile wastewater: a study of the physical characteristics and adsorption mechanisms of diat omaceous earth. Journal Environment Management, 2003, 69 (3): 229-238.

[45] 曹亚丽. 硅藻土的有机改性及其对腐殖酸的吸附. 青岛科技大学学报, 2006, 27 (6): 486-492.

[46] Gao Baojiao, Jiang Pengfei, An Fuqiang, et al. Studies on the surface modification of diatomite with polyethylenei-mine and trapping effect of the modified diatomite for phenol. App lied Surface Science, 2005, 250 (1-4): 273-279.

[47] Amara M, Kerdjoudj H. Modification of the cation exchange resin properties by impregnation in polyethyleneimine solutions: Application to the separation of metallic ions. Talanta, 2003, 60 (5): 991-1001.

[48] 罗道成, 刘俊峰. 改性硅藻土对废水中 Pb^{2+}、Cu^{2+}、Zn^{2+} 吸附性能的研究. 中国矿业, 2005, 14 (7): 69-71.

[49] 刘景华, 吕晓丽, 魏丽丹等. 硅藻土微波改性及对污水中硫化物吸附的研究. 非金属矿, 2006, 29 (3): 36-37.

[50] 刘云. 日用化学品原材料技术手册. 北京: 化学工业出版社, 2003.

[51] 杨久义, 周广芬, 郭子成. 用膨润土制备造纸废水用混凝剂的研究. 非金属矿, 2004 (1): 44-46.

[52] Li J, Zhu L Z, Cai W J. Characteristics of organobentonite prepared by microwave as asorbent to organic contaminants in water. Colloids and Surfaces A: Physicochem Eng Aspects, 2006, 281: 177-183.

[53] Chatterjee D, Mody H M, Bhat t K N. Conversion of cyclohexanol to dicyclohexyl ether catalyzed by cation exchanged bentonite clays. Journal of Molecular Catalysis A: Chemical, 1995, 104: 115-118.

[54] 聂锦旭, 肖贤明. 改性膨润土吸附剂的制备及对苯酚的吸附性能. 金属矿山, 2006 (2): 75-78.

[55] Hassler，Thord Gustav G．Method for controlling pitch on a papermaking machine．US 5626720．1997-05-06．

[56] 赵丽红，刘温霞，何北海．无机矿物黏土吸附性能的改进及其机理研究．中国造纸学报，2007，22（2）：68-71．

[57] 邵红，孙伶，李辉等．改性膨润土预处理垃圾渗滤液试验研究．环境科学与技术，2008，31（12）：157-159．

[58] Sameer Al-Asheh，Faw Zi Banat，Leena Abu-Aitah．Adsorption of phenol using different types of activatd bentonites．Separation and Purif ication Technology，2003（33）：1-10

[59] Shen YunHwei．Preparation of organobentonite using nonionic surfactants．Chemosphere，2001（44）：989-995．

[60] Ma J F，Zhu L Z．Simultaneous sorption of phosphate and phenanthrene to inorgano-organo-bentonite from water．Journal of Hazardous Materials B，2006，136：982-988．

[61] Khalaf H，Boura O，Perrichon V．Synthesis and characterization of Al-pillared and cationic surfactant modified Al-pillared Algerian bentonite．Microporous Materials，1997，8：141-150．

[62] 童张法，韦藤幼，曹玉红等．微波干法制备钠基膨润土．CN 1454941，2003-05-09．

[63] 曹玉红，韦藤幼，吴旋等．微波辐射干法制备钠基蒙脱土．化工矿物与加工，2004，33（6）：10-12．

[64] 孙红娟，彭同江，梁志勇等．微波法制备有机蒙脱石实验研究．非金属矿，2006，29（2）：9-11．

[65] 李济吾，朱利中．微波合成有机膨润土的方法．CN 1446749．2003-04-07．

[66] 王慧娟，曹明礼，余永富．无机柱撑蒙脱石的微波制备及吸附作用研究．化工矿物与加工，2003，32（11）：9-11．

[67] 王云普，袁昆，张继等．用微波辐射制备膨润土插层杂化吸水材料．CN 1589958．2003-08-26．

[68] Brian E Reed，Mark R Matsumoto，James N Jensen，el at．Physicochemical processes．Water Environ Res，1998，70（4）：449-451．

[69] Susan E Bailey，Trudy J Olin，R Mark Bricka，et al．A Review of Potentially Low-Cost Sorbents for Heavy Metals．Wat Res，1999，33（11）：2469-2479．

[70] 邵红，潘波．铁镍改性膨润土对废水中有机污染物的吸附性能研究．环境污染治理技术与设备，2006，7（6）：92-95．

[71] Sameer Al-Asheh，Fam Zi-Banat，Leena Abu-Aitah．Adsorption of phenol using different types of activated bentonites．Separation and Purificat ion Technology，2003，（33）：1-10．

[72] David Christian Rodr′iguez-Sarmiento，Jorge Alejo Pinzon-Bello．Adsorption of sodium dodecy benzenel sulfonate on organophilic bentonites．Applied Clay Science，2001，（18）：173-181．

[73] 张密林，丁立国，景晓燕等．纳米二氧化硅的制备、改性与应用研究进展．应用科技，2004，31（6）：64-66．

[74] 曹淑超，伍林，易德莲等．纳米二氧化硅的制备工艺及其进展．化学与生物工程，2005，（9）：1-3．

[75] Checmanowski J G，Gluszek J，Masalski J．Role of nanosilica and surfactants in preparation of SiO$_2$ coatings by sol-gel process．Ochrona Przed korozis，2002，11：214-218．

[76] 王玉琨，钟浩波，吴金桥．微乳液法制备条件对纳米 SiO$_2$ 粒子形貌和粒径分布的影响．精细化工，2002，19（8）：466-468．

[77] 唐芳琼．从碱金属的硅酸盐制备纳米二氧化硅．CN 1183379．1998-06-03．

[78] 盛凤军，林保平．PICA 法合成介孔二氧化硅研究．化工时刊，2007，21（10）：1-3．

[79] 杨娜，朱申敏，张荻．氨基改性介孔二氧化硅的制备及其吸附性能研究．无机化学学报，2007，（9）：1627-1630．

[80] 孙贵生，俎建华，刘新文等．纳米二氧化硅辐射接枝制备离子交换吸附材料及其吸附性能．高分子材料科学与工程，2008，24（12）：164-167．

[81] 董兵海，王世敏，许祖勋等．纳米二氧化硅对铜离子吸附性能的研究．湖北大学学报：自然科学版，2007，29（1）：60-62．

[82] Takahashi Y，Kimura T，Kato Y，et al．Characterization of Eu（Ⅲ）species sorbed on silica and montmorillonite by laser-induced fluorescence spectroscopy．Radiochim Acta，1998，82：227-232．

[83] 赵春辉，于衍真，冯岩．沸石的改性与再生及其在水处理中的应用．江苏化工，2008，36（4）：30-33

[84] 孙杨，弓爱君，宋永会等．沸石改性方法研究进展．无机盐工业，2008，40（5）：1-4．

[85] Karina Fodor，Bitter J H．Investigation of vapor-phase silica deposition on MCM-41，using tetraalkoxysilanes．Microporous and Mesoporous Materials，2002，56（1）：101-109．

[86] Park M，Choi C L，Lee D H，et al．Salt-thermal zeolitization of fly ash．Enviromsci Technol，2001，35：2812-2816．

[87] 赵登山，李登好．利用凹凸棒黏土制备 4A 沸石分子筛的研究．非金属矿，2008，31（6）：7-9．

[88] 郝培亮，石泽华，李晓峰等．粉煤灰合成分子筛及处理含氟废水的研究．环境污染与防治，2007，29（11）：832-840．

[89] Jorgensen T C，Weatherley L R．Ammonia removal f rom waste water by ion exchange in the p resence of organic contaminants．Water Research，2003，37：1723-1728．

[90] Junichi Minato, Yun-Jong Kim, Hirohisa Yamada, et al. Alkali-hydrothermal modification of air-classified Korean natural zeolite and their ammonium adsorption behaveiors. Separation Science and Technology. 2004, 39 (16): 3739-3751.

[91] 李忠, 符巌, 夏启斌. 改性天然沸石的制备及对氨氮的吸附. 华南理工大学学报: 自然科学版, 2007, 35 (4): 6-10.

[92] Ouki S K, Kavannagh M. Treatment of metalscontam inated waste waters by use of naturalzeolites. Wat Sci Tech, 1999, 39 (10-11): 115-122.

[93] 林琼, 蔡伟民, 路佳等. ZSM-5 沸石的制备及其对甲基叔丁基醚的吸附性能研究. 环境污染与防治, 2008, 30 (6): 66-70.

[94] 李效红, 朱琨, 郝学奎. 环糊精改性沸石制备方法及对对-硝基苯酚吸附性能的影响. 环境工程学报, 2008, 2 (7): 922-926.

[95] Faghihian H, Ghannadi Marageh M, Kazemian H. The use of clinoptilolite and its sodium form for removal of radio-active cesium, and strontium f rom nuclear wastewater and Pb^{2+}, Ni^{2+}, Cd^{2+}, Ba^{2+} from municipal wastewater. Applied Radiation and Isotopes, 1999, 50: 655-660.

[96] 高洁, 狄晓亮, 李昱昀. 氧化镁的发展趋势及其生产方法. 化工生产与技术, 2005, 12 (5): 36-40.

[97] 陈康宁. 小化工生产技术指导. 上海: 上海科学技术出版社, 1990.

[98] 王亚芳, 仲剑初, 刘霁斌等. 由菱镁矿制备高纯氧化镁的工艺研究. 矿产保护与利用, 2005, (6): 17-20.

[99] Venkateswara K R, Sunandana C S. Structure and microstructure of combustion synthesized MgO nanoparticles and nanocrystalline MgO thin films synthesized by solution growth route. J Mater Sci, 2008, 43: 146-154.

[100] 卢荣丽, 胡炳元, 王麟生等. 低温水热法制备氧化镁纳米晶. 功能材料, 2007, 38 (5): 825-828.

[101] Guan Hongbo, Wang Pei, Zhao Biying, et al. Preparation of nanometer magnesia with high surface area and study on the influencing factors of the preparation process. Acta Phys-Chim Sin, 2006, 22 (7): 804-808.

[102] Subramania A, Vijaya C K, Sathiyaa R P, et al. Polyolmediated thermolysis process for the synthesis of MgO nano-particles and nanowires. Nanotechnology, 2007, 18: 5601-5608.

[103] Hyun S J, Lee J K, Kim J Y, el at. Crystallization behaviors of nanosized MgO particles from magnesium alkoxides. Journal of Colloid and Interface Science, 2003, 259: 127-132.

[104] 朱利霞, 张东. 活性氧化铝和活性氧化镁处理高氟饮用水的比较. 环境科学与管理, 2008, 33 (10): 127-129.

[105] Armand J de Rosset, Clarendon Hills, Des Plaines. Method of preparing alumina from aluminum sulfate. US 3169827. 1965-02-16.

[106] 居沈贵, 曾勇平, 姚虎卿. 活性氧化铝对废水中锌离子的吸附性能. 水处理技术, 2005, 31 (7): 25-26.

[107] Milonjic S K, Boskovic M R. Adsorption of uranium (Ⅵ) and zirconium (Ⅳ) from acid solution on silica gel. Sep Sci Technol, 1992, 27 (12): 1643-1645.

[108] 范忠雷, 李殿卿. 聚烯丙基胺硅胶复合材料的合成及其吸附性能. 应用化学, 2003, 20 (9): 867-870.

[109] 李延斌, 高保娇, 安富强. 表面接枝聚乙烯亚胺硅胶微粒对铬酸根的吸附特性. 环境化学, 2008, 27 (4): 463-467.

[110] 刘斐文, 王萍编著. 现代水处理方法与材料. 北京: 中国环境科学出版社, 2003.

[111] 赵丽媛, 吕剑明, 李庆利等. 活性炭制备及应用研究进展. 科学技术与工程, 2008, 8 (11): 2914-2919.

[112] Jose J P, Jose B P, Gema P, et al. Development ofmacr opor osity in activated carbons by effect of coal preoxidation and burn-off. Fuel, 1998, 77 (6): 625-630.

[113] 张晓昕, 郭树才, 邓贻钊. 高比表面积活性炭的制备. 材料科学与工程, 1996, 14 (4): 34-37.

[114] Lyubchik S B, Benoit R, Bguin F. Influence of chemical modificati on of anthracite on the porosity of the resulting activated carbons. Carbon, 2002 (40): 1287-1294.

[115] 郏其庚. 活性炭的应用. 上海: 华东理工大学出版社, 2002.

[116] Bagreev Andrey, Menendez Angel, Dukhno Irina, et al. Bituminous coal-based activated carbonsmodified with nitrogen as ads orbents of hydrogen sulfide. Carbon, 2004, 42 (3): 469-476.

[117] 汪南方, 华坚, 尹华强等. 微波加热用于活性炭的制备、再生和改性. 化工进展, 2004, 23 (6): 624-628.

[118] Abdel-Nasser A, El-Henda W Y. Influence of HNO_3 oxidation on the structure and adsorptive properties of corncob-based activated carbon. Carbon, 2003, 41 (4): 713-722.

[119] 闫新龙, 刘欣梅, 乔柯等. 成型活性炭制备技术研究进展. 化工进展, 2008, 27 (12): 1868-1881.

[120] Molina-Sabio M, Almansa C, Rodríguez-Reinoso F. Phosphoric acid activated carbon discs for methane adsorption. Carbon, 2003, 41 (11): 2113-2119.

[121] Almansa C, Molina-Sabio M, Rodríguez-Reinoso F. Adsorption of methane into $ZnCl_2$-activated carbon derived

discs. Microporous and Mesoporous Materials, 2004, 76 (1-3): 185-191.

[122] 甘琦, 周昕, 赵斌元等. 成型活性炭的制备研究进展. 材料导报, 2006, 20 (1): 61-64.

[123] Ramos-Fernández J M, Martínez-Escandell M, Rodríguez-Reinoso F. Production of binderless activated carbon monoliths by KOH activation of carbon mesophase materials. Carbon, 2008, 46 (2): 384-386.

[124] Arriagada Renán, Bello Germán, García Rafael, et al. Carbon molecular sieves from hardwood carbon pellets: The influence of carbonization temperature in gas separation properties. Microporous and Mesoporous Materials, 2005, 81 (1-3): 161-167.

[125] Carvalho A P, Mestre A S, Pires J, et al. Granular activated carbons from powdered samples using clays as binders for the adsorption of organic vapours. Microporous and Mesoporous Materials, 2006, 93 (1-3): 226-231.

[126] Ubago-Pérez Ruth, Carrasco-Marín Francisco, Fairén-Jiménez David, et al. Granular and monolithic activated carbons from KOH-activation of olive stones. Microporous and Mesoporous Materials, 2006, 92 (1-3): 64-70.

[127] 刘铁岭, 陈进富, 刘晓君. 天然气吸附剂的开发及其储气性能的研究 V——吸附剂成型与型炭甲烷储存特性研究. 天然气工业, 2004, 24 (8): 99-101.

[128] Danh Nguyen-Thanh, Bandosz Teresa J. Activated carbons with metal containing bentonite binders as adsorbents of hydrogen sulfide. Carbon, 2005, 43 (2): 359-367.

[129] Molina-Sabio M, González J C, Rodríguez-Reinoso F. Adsorption of NH_3 and H_2S on activated carbon and activated carbon-sepiolite pellets. Carbon, 2004, 42 (2): 448-450.

[130] Yates M, Blanco J, Martin-Luengo M A, et al. Vapour adsorption capacity of controlled porosity honeycomb monoliths. Microporous and Mesoporous Materials, 2003, 65 (2-3): 219-231.

[131] 龚建平, 林木森, 张燕萍. 氯化锌活化南方针叶材和北方阔叶材制备活性炭的研究. 生物质化学工程, 2008, 42 (5): 30-32.

[132] 赵芝清, 汪辉, 苏国栋等. 以不同污泥为原料制备活性炭及其对 Cr(Ⅵ) 的吸附. 安全与环境工程, 2008, 15 (2): 61-68.

[133] Andrey B, C L David, J B Teresa. H_2S adsorption/oxidation on adsorbents obtained from pyrolysis of sewage-sludge-derived fertilizer using zinc chloride activation. Ind. Eng. Chem. Res., 2001, 40 (16): 3502-3510.

[134] Xiaoge C, S Jeyaseelan, N Graham. Physical and chemical properties study of the activated carbon made from sewage sludge. Waste Management, 2002, 22: 755-760.

[135] Otero M, F Rozada, L F Calvo, et al. Elimination of organic water pollutants using adsorbents obtained from sewage sludge. Dye and Pigments, 2003, 57: 55-65.

[136] 邓兵杰, 曾向东, 李惠民. 活性炭纤维及其在水处理中的应用. 化工与环保, 2006, 9 (4): 47-49.

[137] 李世斌, 施培俊, 田永杰等. 活性炭纤维在水处理中的应用现状. 环境科学与管理, 2007, 32 (3): 159-161.

[138] 陆益民, 梁世强. 活性炭纤维化学改性的研究现状与展望. 合成纤维工业, 2004, 27 (5): 33-36.

[139] Morawski A W, Inagaki M. Application of Modified Synthetic Carbon for Adsorption of Trihalomethanes from Water. Salination. 1997, 114: 23-27.

[140] 荣海琴, 郑经堂. PAN-ACFs 对甲醛吸附性能的初步研究. 新型碳材料, 2001, 16 (1): 44-48.

[141] Zhemin Shen, Wenhua Wang, Jinping, et al. Degradation of dye solution by an activated carbon fiber electrode electrolysis system. Journal of Hazardous Materials B, 2001, 84 (1): 107-116.

[142] R Fu, Y Lu, W Xie, et al. The adsorption and reduction of Pt (Ⅳ) on activated carbon fiber. Carbon, 1998, 36 (1-2): 19-23.

[143] 邓宇. 淀粉化学品及其应用. 北京: 化学工业出版社, 2002.

[144] 刘明华, 詹怀宇. 羧甲基淀粉吸附剂的研制. 精细石油化工, 2000, (5): 35-38.

[145] 于九皋, 杨冬芝. 新型淀粉衍生物的合成及其对肌酐的吸附研究. 药学学报, 2003, 38 (3): 191-195.

[146] 王俊丽, 扶雄, 杨连生等. 淀粉基吸附剂对污水中重金属离子吸附研究的最新进展. 现代化工, 2006, 26: 103-107.

[147] Xu Shimei, Wei Jia, Shun Feng, et al. A Study in the adsorption behaviors of Cr (Ⅲ) on crosslinked cationic starches. Journal of Polymer Research, 2004, 11 (3): 211-215.

[148] Xu Shimei, Feng Shun, Gui Peng, et al. Removal of Pb (Ⅱ) bycrosslinked amphoteric starch containing the carboxymethyl group. Carbohydrate Polymers, 2005, 60 (3): 301-305.

[149] Xu Shimei, Feng Shun, Fan Yue, et al. Adsorption of Cu (Ⅱ) ions from an aqueous solution by crosslinked amphoteric starch. Journal of Applied Polymer Science, 2004, 92: 728-732.

[150] Cao Liqin, Xu Shimei, Shun Feng, et al. Adsorption of Zn (Ⅱ) ion onto crosslinked amphoteric starch in aqueous

solutions. Journal of Polymer Research，2004，11（2）：105-108.

[151] 刘明华，张新申，邓云. 羧甲基淀粉吸附剂对水溶液中铬和铝离子的吸附研究. 水处理技术，2000，26（4）：222-227.

[152] 仇立干，王茂元. 壳聚糖及其改性衍生物对锆（Ⅳ）离子的吸附研究. 离子交换与吸附，2007，23（6）：546-552.

[153] 唐星华，杨晓燕，沈明才. 5-溴水杨醛改性壳聚糖的制备及吸附性能. 水处理技术，2005，31（8）：25-27.

[154] 辛梅华，李明春，兰心仁等. 改性壳聚糖对酚类污染物的竞争吸附研究. 环境科学与技术，2007，30（7）：71-73.

[155] 胡慧玲，苏敏刚，徐江萍. 改性壳聚糖的制备及对 Cu^{2+} Pb^{2+} 的吸附研究. 离子交换与吸附，2007，23（3）：274-281.

[156] 刘秀芝，肖玲，杜予民等. 邻氨基苯酚改性壳聚糖树脂的制备及吸附性能的研究. 离子交换与吸附，2002，18（5）：399-405.

[157] 唐星华，张小敏，周爱玲. 交联壳聚糖对重金属离子吸附性能的研究进展. 离子交换与吸附，2007，23（4）：378-384.

[158] Rojas Graciela, Silva Jorge, Flores Jaime A, et al. Adsorption of chromium onto cross-linked chitosan. Separation and Purification Technology，2005，44（1）：31-36.

[159] Vieira Rodrigo S, Beppu Marisa M. Interaction of natural and crosslinked chitosan membranes with Hg(Ⅱ) ions. Colloids and Surfaces A：Physicochem，2006，279（1-3）：196-207.

[160] Ding Shimin, Zhang Xueyong, Feng Xianghua, et al, Synthesis of N, N-diallyl dibenzo 18-crown-6 crown ether crosslinked chitosan and their adsorption properties for metal ions. Reactive and Functional Polymers，2006，66（3）：357-363.

[161] 张兴松，李明春，辛梅华等. 羧化改性壳聚糖微球的制备及吸附硝基酚的性能. 化工进展，2007，26（11）：1654-1658.

[162] 黄建辉，刘明华，范娟等. 纤维素吸附剂的研制和应用. 造纸科学与技术，2004，23（1）：50-54.

[163] 蔡再生. 纤维化学与物理. 北京：中国纺织出版社，2004.

[164] 刘明华. 两种新型球形纤维素金属吸附剂的研究 [博士学位论文]. 四川：四川大学皮革化学与工程系，2000.

[165] 刘明华，叶莉，黄建辉. 大孔交联球形纤维素珠体及其清洁化喷射法制备工艺. CN 1456593. 2003-11-19.

[166] 刘明华，叶莉，黄建辉. 交联球形再生纤维素珠体及程序降温反相悬浮技术的清洁化制备方法. CN 1456594. 2003-11-19.

[167] 黄金阳，刘明华，黄统琳等. 一种新型纤维素螯合吸附剂的制备. 中国造纸学报，2008，23（4）：44-47.

[168] 刘明华，池明霞，黄统琳. 一种含偕胺肟基和羧基的球形纤维素螯合吸附剂及其制备方法. CN 101357325. 2009-02-04.

[169] 林春香，刘明华，黄建辉等. 一种新型球形纤维素吸附剂对水中 Ni^{2+} 的吸附行为. 纤维素科学与技术，2006，14（4）：22-26.

[170] Nada Abd-Allah M A, Hassan Mohammad L. Ion exchange properties of carboxylated bagasse. Journal of Applied Polymer Science，2006，102（2）：1399-1404.

[171] Nada Abd-Allah M A, Hassan Mohammad L. Phosphorylated cation-exchangers from cotton stalks and their constituents. Journal of Applied Polymer Science，2003，89（11）：2950-2956.

[172] 代瑞华，刘会娟，曲久辉等. 醋酸纤维素吸附剂的制备及其性能表征. 环境科学，2005，26（4）：111-113.

[173] Minghua Liu, Jianhui Huang. Adsorption behaviors of L-arginine from aqueous solutions on a spherical cellulose adsorbent containing the sulfonic group. Bioresource Technology，2007，98（5）：1144-1148.

[174] Minghua Liu, Xinshen Zhang, Yun Deng, et al. Removal and recovery of Chromium（Ⅲ）from Aqueous Solutions by a Spheroidal Cellulose Adsorbent. Water Environment Research，2001，73（3）：322-328.

[175] Minghua Liu, Xinshen Zhang. Automatic On-line Determination of Trace Chromium（Ⅵ）Ion in Chromium（Ⅲ）-bearing Samples by Reverse Adsorption Process. JSLTC，2002，86：1-5.

[176] Minghua Liu, YunDeng, Huaiyu Zhan, et al. Adsorption and Desorption of Copper（Ⅱ）from Solutions on A New Spherical Cellulose Adsorbent. J. Appl. Polym. Sci.，2002，84：478-485.

[177] 刘明华，邹锦光，洪树楠等. 造纸黑液制备球形阳离子木质素吸附树脂. 环境科学，2005，26（5）：120-123.

[178] 刘明华，叶莉. 球形木质素珠体及程序升温和交联固化的反相悬浮技术的清洁化制备方法. CN 1483753. 2004-03-24.

[179] Minghua Liu, Huaiyu Zhan, Qianjun Liu, el at. Preparation and Characteristics of A Novel Amphoteric Granular Lignin Adsorbent. 2nd International Pulp & Paper Conference. Guangzhou，2002.

［180］ 郑福尔，刘明华，黄杰等. 一种球形木质素吸附剂吸附 L-天门冬氨酸的性能研究. 中国造纸学报，2007，22（1）：88-91.

［181］ 范娟，詹怀宇，尹覃伟. 球形木质素基离子交换树脂的合成及其对阳离子染料的吸附性能. 造纸科学与技术，2004，23（5）：26-28.

［182］ 谢燕，曾祥钦. 巯基木质素的制备及其对重金属离子的吸附. 水处理技术，2006，32（6）：73-74.

［183］ 胡春平，方桂珍，李志娜等. 木质素基 β-环糊精醚的合成及对 Cu^{2+} 的吸附性能. 中国造纸学报，2008，23（4）：66-69.

［184］ Koch H F, Roundhill D M. Removal of mercury（Ⅱ）nitrate and other heavy metal ions from aqueous solution by a thiomethylated lignin material. Separation Science and Technology，2001，36：137-143.

［185］ Minghua Liu, Yun Deng. Adsorption of L-Arginine from Aqueous Solutions on Spherical Sulfonic Lignin Adsorbent. American Laboratory，2006，18：20-22.

［186］ 郑福尔，刘明华，黄金阳等. 一种球形木质素吸附剂对 L-天门冬氨酸的吸附行为研究. 离子交换与吸附，2007，23（5）：400-407.

［187］ Liu Ming-hua, Hong Shu-nan, Huang Jian-hui, et al. Adsorption Behavior of Reactive Turquoise Blue KN-G in Aqueous Solutions on a Novel Spherical Lignin-based Adsorbent. Acta Scientiarum Natralium Universitatis Sunyatseni，2005，44（S2）：1-6.

［188］ Dizhbite T, Zakis G, Kizima A. Lignin-a useful bioresource for the production of sorption-active materials. Bioresource Technology，1999，67（3）：221-228.

［189］ 郑旭煦，殷中意，唐金晶等. 聚丙烯加热改性制备大孔吸附树脂的工艺及其应用. 化学研究与应用，2003，15（6）：868-870.

［190］ 张金荣，陈艳丽，张静泽等. 孔径均匀、可控的大孔吸附树脂的制备及筛分性能的研究. 高等学校化学学报，2005，26（4）：765-768.

［191］ 许月卿，赵仁兴，白天雄等. 大孔吸附树脂处理含磺胺废水的研究. 离子交换与吸附，2003，19（2）：163-169.

［192］ Krishnaiah Abburi. Adsorption of phenol and p-chloro-phenol from their single and bisolute aqueous solutions on Amberlite XAD-16 resin. Journal of Hazardous Materials，2005，105：143-156.

［193］ 刘光明，尹大强. 大孔吸附树脂对烷基酚聚氧乙烯醚的吸附行为. 生态环境，2008，17（5）：1769-1773.

5 阻垢分散剂

5.1 概述

工业冷却水一般来自井水、湖水、河水等未经处理的天然水。这些水中含有一些微溶性杂质或污染物，在循环使用的过程中，冷却水蒸发使得水中致垢物质不断浓缩，直至饱和或过饱和。这些物质的溶解度随着温度的升高而减小，因而容易在换热面上析出结晶，形成水垢，常见的水垢有碳酸钙垢、硫酸钙垢、镁垢等。水垢使传热效率下降而影响传热的正常进行，消耗和浪费能量；同时还会引起金属腐蚀，缩短设备寿命。因此有必要对工业冷却水进行处理，从而保证能源的有效利用和设备的正常运转。

工业冷却水的处理主要是对沉积物、腐蚀和微生物三者的综合控制。控制其危害的方法有化学法（离子交换软化法、酸化法、加阻垢分散剂、缓蚀剂、杀菌剂等），物理法（膜法、静电水处理、表面涂装、电化学保护等），其中使用水处理剂进行防护是最常用、便捷的方法，普遍被采用。沉积物、腐蚀和微生物三者的危害过程一般掺杂在一起，互相影响。沉积物可引起腐蚀，为微生物繁殖创造条件，腐蚀产物能形成沉积物，微生物会引起沉积物和腐蚀的加速，因此，开发出高效、多功能、复合的水处理剂成为现代水处理剂研发的趋势。

阻垢剂能够防止水垢和污垢产生或抑制其沉积物的生长，其分子结构中一般含有多种官能团，在水处理体系中表现为螯合、吸附和分散作用，工业循环冷却水系统常用的阻垢分散剂的主要有聚磷酸盐类阻垢剂、天然高分子阻垢分散剂、有机磷酸盐、聚羧酸类共聚物。聚合磷酸盐阻垢分散剂虽然有良好的阻垢分散效果，但它易水解，与钙离子结合生成磷酸钙沉淀，此外，含磷酸盐的工业废水排入水体，容易造成水体富营养化，使受污染的水域菌藻大量繁殖生长，造成生态破坏。因此聚磷酸盐类阻垢剂已逐步被其他阻垢分散剂取代。

随着人类环保意识日渐高涨，环境友好型绿色阻垢剂逐渐成为阻垢剂的发展方向。20世纪中期，以木质素、丹宁、纤维素等为代表的天然聚合物被用来作为处理剂。尽管天然聚合物还存在性能不够稳定、药剂用量大、阻垢和分散效果不及合成聚合物阻垢剂等缺点，但因其具有来源广、价廉和可生物降解等优点，可对其进行改性以制备经济、环保、高效的聚合物阻垢剂，因此这一类天然聚合物具有良好的发展前期。

共聚物类阻垢剂是 20 世纪 80 年代发展起来的一类新型水处理药剂，其特点是含有多种官能团，通过利用不同官能团的单体以及控制其配比，使其具有特殊水处理功能，近年来陆续开发了一系列带有多种官能团的二元、三元甚至四元共聚物，不仅出现了能抑制碳酸钙垢、硫酸钙垢的共聚物，同时也出现了抑制锌垢、铁垢、硅垢和其他污垢的共聚物。

缓蚀剂又称腐蚀抑制剂或阻蚀剂，当它以适当浓度和形式存在于环境（介质）时，可以防止或减缓腐蚀的化学物质或复合物质。按化学组成分类，可分为无机缓蚀剂和有机缓蚀剂。按缓蚀剂对电极过程的影响分类，有阳极型缓蚀剂、阴极型缓蚀剂和有机缓蚀剂。按其在金属表面形成保护膜的特征分类，有氧化膜型缓蚀剂、沉淀膜型缓蚀剂和吸附膜型缓蚀剂等等。常用的缓蚀剂有铬酸盐、亚硝酸钠、钼酸盐、硅酸盐、无机磷酸盐、聚磷酸盐等。

5.2　天然改性阻垢分散剂的制备及应用

20 世纪中期，木质素磺酸盐、丹宁、纤维素、淀粉等天然有机高分子化合物曾被用作阻垢分散剂，在循环冷却水系统中控制水垢的生成发挥过重要作用。木质素是一种芳香型化合物，能与金属离子形成木质素的螯合物，从而抑制结垢。木质素经过化学改性，可进一步提高其阻垢性能。木质素磺酸钠是造纸工业的副产品，来源丰富，价格低廉，热稳定性好，是一种常用的阻垢剂，又是控制铁垢和悬浮物的良好分散剂。但其组成往往不够稳定，性能有波动。丹宁是含有很多酚羟基而聚合度不同的物质，能与 Ca^{2+}、Mg^{2+} 等形成溶解度较大的螯合物，对碳酸钙和硫酸钙都有较好的稳定作用。淀粉和纤维素都属于碳水化合物中的多聚糖类，由于其分子中含有大量的羟基，经羧甲基化后，—CH_2OH 基团变成了—CH_2—OCH_2COONa，成为羧甲基淀粉和羧甲基纤维素，从而使其具对 Ca^{2+}、Mg^{2+} 等盐晶体的生长具有一定的抑制作用。

天然聚合物阻垢分散剂来源广，价格低廉，无污染，可生物降解，通过对其进行改性可制备出经济、环保、高效的聚合物阻垢剂，具有广阔的应用前景。

5.2.1　木质素磺酸盐

【结构式】

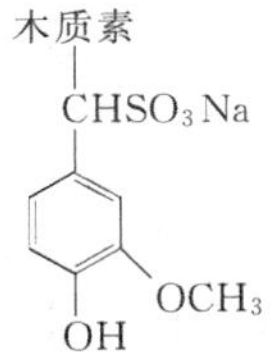

木质素磺酸盐是造纸工业的副产品，由制浆过程中的亚硫酸废液中获得，在一定压力和温度下，木浆与二氧化硫和亚硫酸盐反应便可制得木质素磺酸盐。根据木材和制浆工艺条件的不同，木质素磺酸盐的结构也存在差异，目前其精细结构尚未完全清楚。研究表明，木质素磺酸盐是一种阴离子表面活性剂，它的分子结构含有磺酸基、酚羟基和醇羟基等亲水性基团和疏水性基团烷基苯，相对分子质量为 5000～100000，聚合度分布比率为 3 或更高。木质素磺酸盐具有较强的化学反应能力，能进行化学氧化、烷基化、接枝共聚等，为进一步改性提供基础。

【物化性质】　木质素磺酸盐又称亚硫酸盐木质素，相对分子质量不同结构也不尽相同，是具有多分散性的不均匀阴离子聚电解质。固体产品为淡棕色自由流动的粉状物，具吸湿性，易溶于水，且不受水的 pH 值的影响，但不溶于乙醇、丙酮及其他普通有机溶剂。水溶液为棕色至黑色，有胶体性质，溶液的黏度随浓度的增加而升高，水溶液具有良好的化学稳定性、扩散性、耐热稳定性。木质素磺酸盐对降低液体间界面的表面张力的作用很小，而且不能减小水的表面张力或形成胶束，其分散作用主要依靠基质的吸附-脱附和电荷的生成。

木质素磺酸盐中含有较多的酚羟基、醇羟基、羧基和羰基，其中氧原子上的未共用电子对能与金属离子形成配位键，产生螯合作用，使其具有一定的缓蚀和阻垢作用。由于大量亲水基团的存在，木质素磺酸盐呈现负电性，在水溶液中形成阴离子基团，当它被吸附到各种有机或无机颗粒上时，由于阴离子基团之间的相互排斥作用，使质点保持稳定的分散状态。

【制备方法】（1）木质素磺酸盐的制备

木质素磺酸盐的制备有 2 种途径：①利用传统的亚硫酸盐法制浆和其他改性的亚硫酸盐制浆红液，通过浓缩、发酵脱糖以及喷雾干燥等工序制备出木质素磺酸盐。根据制浆中使用的硫酸盐或亚硫酸盐原材料的不同，可分为木质素磺酸铵、木质素磺酸钠、木质素磺酸镁、木质素磺酸钙等；②利用碱法制浆黑液，通过羟甲基化、磺化等化学改性，制备出木质素磺酸盐。

① 从亚硫酸盐法制浆红液中制备   在亚硫酸盐制浆情况下，把木材或非木材原料与亚硫酸盐蒸煮，木质素发生磺化反应，转化为水溶性的木质素磺酸盐。按照亚硫酸酸浆蒸煮液的酸碱度，采用亚硫酸盐法制备纸浆可分为碱性法、中性法和酸性法。酸性亚硫酸盐制浆法所生产的木质素磺酸盐比中性法的分子质量高，木质素磺酸盐质量好，而碱性法生产的木质素磺酸盐相对分子质量最小。一般亚硫酸盐制浆法均采用酸性亚硫酸盐制浆。废液中通常含有木质素，还原糖（己糖＋戊糖）14%～20%。若不经发酵或脱糖直接浓缩，得到的木质素磺酸盐为高糖木质素磺酸盐。若经过生物工程发酵或脱糖提取酒精，再将提取酒精后的废液（固含量为 10%左右）浓缩至一定质量浓度（40%～60%），通过喷雾干燥就可以得到普通的木质素磺酸盐。木质素磺酸盐的制备工艺流程如图 5-1 所示。

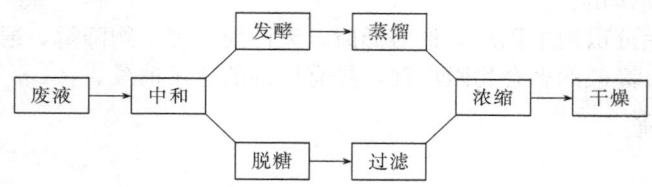

图 5-1   木质素磺酸盐的制备流程

② 从碱法制浆黑液中制取   使用制浆黑液为原料进行磺化改性制备木质素磺酸盐的方式有两种：一是将黑液浓缩后直接磺化；二是从黑液中提取木质素后，再将木质素磺化。

a. 将黑液浓缩后直接磺化。刘明华等用浓缩器将 4345kg 制浆黑液浓缩为 790kg 固含量为 55%的浓黑液后，将浓黑液加入反应器中，加入 3.8kg 氨基磺酸等酸性调节剂将反应体系的 pH 值调至 11.0，然后加入 4.2kg 过氧化氢/焦亚硫酸钠混合物和 130kg 10% α-羟甲基磺酸钠溶液，在 85℃的反应温度下反应 6.0h 后，加入 72kg 40%废糖蜜，反应 1.0h 后降温出料，产品为棕褐色液体，通过喷雾干燥后即得固体粉剂。其中，制浆黑液主要来自竹子、蔗渣、芒秆、稻麦秆、芦苇、桉木、桦木等原料及其按一事实上配比组成的两种或两种以上的混合原材料的碱法或硫酸盐法制浆废液，稀黑液的固含量为 5%～10%，密度为 1.02～1.08g/mL。

b. 从黑液中提取木质素后，再将木质素磺化

该工序分为两个阶段：黑液木质素提取；木质素磺化。

Ⅰ. 黑液木质素提取。黑液中木质素的提取通常采用酸系法，即往黑液中慢慢加入 H_2SO_4 溶液调节 pH 值，使木质素完全沉淀，过滤后即可回收碱木质素。

Ⅱ. 木质素磺化。工业碱木质素可溶于碱性介质中，当 pH 值大于 9 时，苯环上的游离的酚羟基可发生离子化，同时酚羟基邻位、对位反应点被活化，可与甲醛反应，引入羟甲基，因碱木素苯环上的酚羟基对位有侧链，只能在邻位发生反应，但是草类碱木素中含有丁香型木质素结构单元，两个邻位均有甲氧基存在，不能进行羟甲基化。

　　羟甲基化的碱木素还可以进一步与 Na_2SO_3、$NaHSO_3$ 或 SO_3 发生磺化反应（即两步磺化），磺化后的碱木素有很好的亲水性，可用作染料分散剂、石油钻井泥浆稀释剂、水处理剂等。碱木素的磺化包括侧链的磺化和苯环的磺化。不加甲醛时，碱木素在一定的温度下和 Na_2SO_3 作用发生侧链的磺化。在甲醛和 Na_2SO_3 的存在下发生苯环的磺化，即一步磺化，此时，侧链的磺化很少发生。碱木素在 $60\sim70℃$ 低温下，在氧化剂和作用下可以发生自由基磺化反应。在碱木素酚羟基的邻位引入磺酸基。

　　Ⅲ．木质素的磺化工艺。刘明华等曾以四川某纸厂的制浆厂黑液为原料，该纸厂以竹子为原料采用碱法制浆。通过使用自制的羟甲基磺酸盐系列磺化剂，对碱木素进行磺化改性。称取 200g 的碱木素加入高压反应釜中，搅拌升温到 60℃，加入 2g 过氧化氢反应 20min 后用质量分数 20% 的稀硫酸，调节黑液至一定 pH 值，再加热至一定温度加入一定量自制的羟甲基磺酸盐系列磺化剂，磺化反应 $2\sim5h$，即得木质素磺酸钠。

　　刘明华等还以四川某纸厂的制浆厂黑液为原料，该纸厂以竹子为原料采用碱法制浆，利用亚硫酸盐和甲醛改性剂，通过羟甲基化和磺化反应制备出木质素磺酸钠。称取 200g 黑液加入高压锅中，搅拌升温至 60℃，加入 2g 过氧化氢反应 20min，升温到 90℃加入 37% 甲醛 10g，羟甲基化 60min，继续升温到 150℃加入亚硫酸钠 20g 磺化 3h。

　　(2) 木质素磺酸盐的改性

　　木质素磺酸盐中的羟基等基团能与金属离子螯合，防止难溶物质结晶析出，同时它又能吸附在晶粒表面，产生晶格畸变，防止结晶长大，具有一定的阻垢和缓蚀作用。但是单独作为一种阻垢分散剂，其阻垢性能比较差。为了进一步提高木质素磺酸盐的阻垢分散性能，必须对木质素磺酸盐进行改性。改性方法分为物理方法和化学方法两大类。物理法主要以膜分离技术为主，通过超滤等膜分离将木质素磺酸盐分离、分级和提纯。化学法包括化学提纯和化学改性，其中化学改性包括化学氧化、缩合、烷基化和接枝共聚等。

　　以木质素磺酸盐-丙烯酸接枝共聚物为例，反应式为：

$$LS\cdot+nCH_2=CH-COOH(Na)\xrightarrow{引发}LS\left[CH_2-CH\begin{array}{c}\\|\\C=O\\|\\OH(Na)\end{array}\right]_n$$

　　木质素磺酸钠（SL）与丙烯酸（8%～10%）在 Fe(Ⅱ)(1%) 和 H_2O_2(4%) 作用下，pH 值为 3，反应温度为 $50\sim90℃$，反应时间 $2\sim5h$，进行接枝共聚反应得到 SLA 接枝共聚物。加入 6 体积丙二醇使产物沉淀分离，随后用 4 体积的乙醇冲洗除去副产物丙烯酸均聚物，再用 6 体积甲醇萃取接枝共聚物，沉淀分离出未反应的木质素磺酸钠，最后进行蒸发纯化。与木质素磺酸钠（SL）相比，改性木质素磺酸钠（SLA）对碳酸钙垢的阻垢率大大提高，这是由于 SLA 接入大量羧基基团等阴离子基团，极大提高了共聚物的负电性，从而使 SLA 具有较强的分散、螯合作用，同时 SLA 还会对晶体产生晶格畸变，破坏碳酸钙晶体的正常生长，使其停留在小晶体的阶段。

　　【技术指标】

项　　目	指　　标	项　　目	指　　标
水分/%	7	硫酸盐（硫酸钠计）/%	7
钙镁总量/%	0.6	全糖/%	4
水不溶物/%	0.4	pH 值	9.0～9.5

　　【应用】　木质素磺酸盐结构单元上含有酚羟基和羧基，具有分散、螯合作用，很早就被使用作为水处理剂，特别是作为工业循环冷却水的阻垢分散剂、缓蚀剂。但由于其投入量较

大，性能比不上有机磷系列阻垢缓蚀剂，逐渐被取代。随着社会进步和人类对环保意识的增强，开发和应用绿色环保的缓蚀阻垢剂成为人类可持续发展的必然选择。

国内外许多学者对木质素磺酸盐的缓蚀、阻垢性能及其改性、复配进行了研究。王青等测定了木质素磺酸钠（木钠）在循环冷却水中的阻垢、缓蚀性能，并和 HEDP、ATMP 进行比较，结果表明，木钠对碳酸钙的静态阻垢率较低，20mg/L 时仅为 8.24%，而 HEDP 达到 49.86%，ATMP 达到 47.10%。低投加量时，木钠的静态缓蚀率较低，并加快了碳钢的腐蚀。这说明未改性的木质素磺酸盐在低剂量条件下阻垢缓蚀率均较低，应用价值小。

楼宏铭等以木质素磺酸钠为原料制备出改性木质素磺酸盐缓蚀阻垢剂 GCL2-D3 并研究其在不同硬度、碱度水质中的阻垢性能。结果表明，在碱度小于 3mmol/L，硬度小于 6mmol/L 条件下，6mg/L 的 GCL2-D3 阻垢率可达到 100%；而在碱度为 6mmol/L 时，40mg/L 才达到 100%。在水质 pH＝5 时，缓蚀率约为 40%～45%，pH＝6～10 时对碳钢具有很好的缓蚀性能，碳钢的腐蚀速度小于 0.105mm/a；当水质中含有 Ca^{2+} 和 HCO_3^- 时，GCL2-D3 形成的吸附膜和无机沉淀膜协调增效，能有效地减缓碳钢的腐蚀速度。

Stephen M. Kessler 等用木质素磺酸铵与 NO_2、B_4O_7、SiO_2 和 HEDP 复配，在 60mmol/L Ca^{2+}、40mmol/L Mg^{2+}、170mmol/L M-alk9（$CaCO_3$）、42mmol/L Cl^-、60mmol/L SO_4^{2-}、2.3mmol/L SiO_2 条件下，考察碳钢的腐蚀情况，结果表明用木质素磺酸铵复配的阻垢缓蚀效果显著，见表 5-1 和表 5-2。

表 5-1　木质素磺酸铵复配产物

项　目	成　分	浓度/(mg/L)	项　目	成　分	浓度/(mg/L)
	NO_2	600	A	木质素磺酸铵	1250
	B_4O_7	200	B	木质素磺酸钠 1	1250
	SiO_2	230	C	木质素磺酸钠 2	1250
	HEDP	5			

表 5-2　复配产物的缓蚀效果

项　目	1h 后碳钢表面	碳钢表面		重量损失(7 天后)/mg
		1 天后	7 天后	
A	光洁	光洁	光洁	0.6
B	光洁	表面轻度腐蚀至交界处中度腐蚀	表面中度腐蚀至交界处严重腐蚀	19.7
C	光洁	表面轻度腐蚀至交界处中度腐蚀	表面中度腐蚀至交界处严重腐蚀	17.2

5.2.2　丹宁

【结构式】

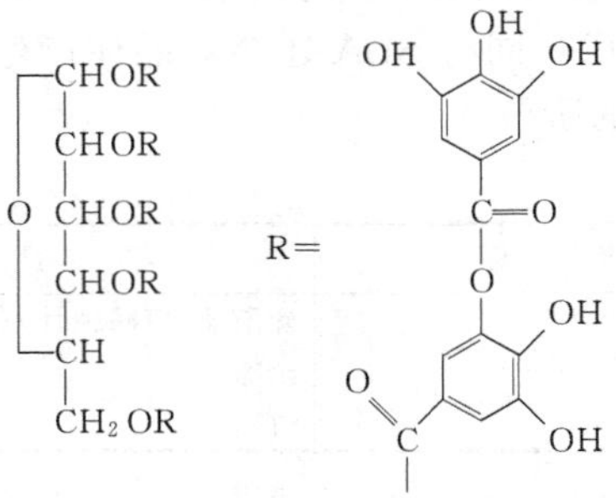

植物丹宁是复杂的较高等植物的次生代谢物，广泛分布在植物体内。根据化学结构特征，植物丹宁分为水解丹宁和缩合丹宁两类，其构成单元骨架不同，性质和应用范围也有显

著的差异。丹宁分子由多环芳核和多种活性基团构成，其活性官能团包括：酚羟基、羟基、羧基等。由于分子中具有多种活性官能团，植物丹宁具有亲水性、表面活性、络合能力及吸附分散能力等，因此可作为阻垢剂、缓蚀剂、分散剂和絮凝剂用于水处理中。

【物化性质】 丹宁为淡黄色至浅棕色的无定形粉末、鳞片或海绵状固体。是一种由五倍子酸、间苯二酚、间苯三酚、焦倍酚和其他酚衍生物组成的复杂混合物，常与糖共存。

丹宁有强烈的涩味，呈酸性。易溶于水、乙醇和丙酮。难溶于苯、氯仿、醚、石油醚、二硫化碳和四氯化碳等。在 $210 \sim 215^{\circ}C$ 下可分解生成焦倍酚和二氧化碳。在水溶液中，可以用强酸或盐（$NaCl$、Na_2SO_4、KCl）使之沉淀。在碱液中，易被空气氧化使溶液呈深蓝色。丹宁为还原剂，能与白蛋白、淀粉、明胶和大多数生物碱反应生成不溶物沉淀。丹宁暴露于空气和阳光下易氧化，色泽变暗并吸潮结块，因此应密封、避光保存。

【制备方法】

（1）植物丹宁的提取

提取丹宁应尽可能用新鲜的基料，植物原料的储存、干燥、粉碎会影响到植物丹宁的提取率。丹宁类化合物一般采用水和有机溶剂的混合物进行提取，通常有机溶剂的浓度为 $50\% \sim 75\%$，最常用的水解丹宁提取体系是丙酮-水体系，其次是甲醇、乙醇、乙醚等有机溶剂。采用乙醚、乙酸乙酯、乙醇、甲醇逐次浸提，可以将不同聚合度的丹宁分开。在室温下快速多次浸提粉碎的原料效果最好，各种酸、碱、热、酶和氧化作用，都能使丹宁发生不可逆的化学变化，应该注意避免。

（2）丹宁的分离纯化

经提取获得的丹宁提取液常常含有大量的游离糖、蛋白质、硫苷等杂质，特别是大量糖的存在使粗提取物无法彻底干燥，极易吸潮，变成糖浆状。必须进一步分离纯化除去杂质，提高其含量。

常用的初步分离方法有盐析沉淀法、透析法、溶剂法、凝胶柱色谱等。经过初步分离纯化的产品为粗丹宁，需对其进一步纯化和制备，一般采用柱色谱法。由于丹宁易氧化变性，因此丹宁的干燥方法一般采用冷冻干燥或低温真空干燥。有时也可采用低温气流干燥。

（3）丹宁的改性

丹宁是一种天然的阻垢缓蚀剂，由于其使用浓度高，水处理成本大，阻碍了它的广泛应用，国内外研究者对丹宁改性做了大量工作。研究表明，在低浓度条件，药剂相同时，改性丹宁的阻垢、缓蚀效果要比未改性的丹宁好。

将三口烧瓶置于冷水浴中，加入一定浓度的工业丹宁酸，搅拌，30min 后，缓慢加入 25g 硫酸，温度控制在 $45^{\circ}C$ 以下。添加完毕后，换电热碗加热，温度保持在 $50 \sim 55^{\circ}C$。反应后的混合物用 $NaOH$（1mol/L）中和至 pH 值为 $6.5 \sim 7.0$，在一定温度下真空蒸发浓缩，得到紫黑色粉末，即为磺化丹宁。反应程度控制：用浓度为 1mol/L $NaOH$ 测定反应液的总酸度；再用 $BaCl_2$ 测定反应液中剩余硫酸根含量，通过两者差值得到磺酸基含量。通过对比试验得出 2h 为最佳反应时间，产率为 75%，产品纯度为 $60\% \sim 63\%$。

【技术指标】 LY/T 1300—2005

指标名称	指 标		
	优等品	一等品	合格品
丹宁酸含量（以干基计）/%	≥83.0	≥81.0	≥78.0
干燥失重/%	≤9.0	≤9.0	≤9.0
水不溶物/%	≤0.5	≤0.6	≤0.8
颜色（罗维邦单位）	≤1.2	≤2.0	≤3.0

【应用】　植物丹宁是自然界中十分丰富的天然有机资源之一，有重要的应用价值。丹宁类化合物可作为水处理中的阻垢剂、除氧剂、絮凝剂、螯合剂。丹宁与钢铁表面的铁离子或氧化铁反应生成一种保护膜，具有缓蚀功能。作为阻垢分散剂时，pH 值为 6～8，使用浓度为 50mg/L 左右。近年来对植物丹宁进行改性，制作出新型絮凝剂，使其具备絮凝、阻垢及缓蚀等协同作用，不仅提高了处理的效果，而且减少了加药和处理工艺。

（1）植物丹宁作为阻垢缓蚀剂在水处理中的应用

丹宁用作阻垢剂有如下特点：低毒、易生物降解、无二次污染，是绿色阻垢剂；原料来源广、容易制取、价格低廉、使用简便、处理温和；应用范围广，可用于中小型蒸汽锅炉、工业循环冷却水系统等防垢、除垢。

丹宁能防垢、除垢的作用是多方面的：①丹宁含有许多酚羟基聚合度不同的物质（包括一些单体的混合物），相对分子质量一般 2000 以上，能与 Ca^{2+}、Mg^{2+} 等形成溶解度较大的螯合物，抑制了垢的沉积；②丹宁具有分散性，能使污垢粒子较长时间地保持分散的悬浮状态，减少沉积的产生；③丹宁破坏晶体使晶格畸变，丹宁在水中可令形成水垢盐的晶体由原来的立方晶形转变成正交晶形，后者很容易脱落，达到阻垢目的；丹宁与晶体表面进行螯合形成的螯合物占据晶格位置使晶格不能正常生长，若晶体继续生长，螯合物嵌入晶体中，使晶体易于破裂，阻碍了垢的生长。

（2）植物丹宁作为缓蚀剂在水处理中的应用

植物丹宁酸原料易得，产品无毒又可天然降解，作为阻垢缓蚀剂由来已久，但其自身的阻垢、缓蚀效果还达不到 HEDP、ATMP、PBTCA 等的水平，因此改性植物丹宁酸，研究丹宁酸与其他水处理剂复配成为国内外学者的研究热点。日本学者 Takatoshi Sato 在专利中以植物丹宁酸、葡萄糖、葡萄糖酸等进行复配，其中三者比例为 2∶5∶10 时，缓蚀率可达 86%。

黄占华等以落叶松丹宁为原料，氯乙酸为醚化剂，合成了具有表面活性的羧甲基落叶松丹宁。结果表明，该产物在酸性条件下（pH 值为 1～3），投入量小于 50mg/L 时，对 ATT 染料废水的 COD 去除效果好于未改性的植物丹宁酸，比 PAM 稍差，但阻垢率可达90.67%；同时还具有抑菌效果，对金黄色葡萄球菌、白色葡萄球菌、青霉等 8 种菌均有明显的抑菌效果。

5.2.3　淀粉磷酸酯

【结构式】

磷酸酯淀粉是淀粉与磷酸盐发生酯化反应生成的一种淀粉衍生物，磷酸为三价酸，能与淀粉分子中的三个羟基反应生成磷酸一酯、二酯和三酯，淀粉磷酸单酯是工业上应用最广泛的磷酸酯淀粉，其分子结构如下。

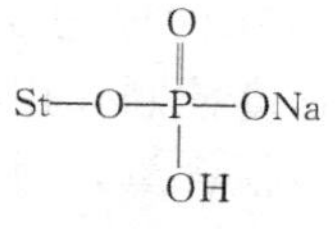

$$St-O-\overset{\overset{\displaystyle O}{\|}}{\underset{\underset{\displaystyle OH}{|}}{P}}-ONa$$

【物化性质】　磷酸酯淀粉是一种阴离子高分子电解质，带负电荷。白色至淡黄色粉末，几乎无臭，溶于热水，不溶于乙醇、丙酮、苯等有机溶剂。由淀粉与各种无机磷酸盐或有机含磷试剂反应制得。不同的工艺条件，可制成不同取代度的淀粉磷酸酯。经磷酸酯化的淀粉在外形上类似天然淀粉，但有良好的冷水分散性，糊化温度 50～60℃，其糊液的透明性、稳定性较淀粉有明显提高，阴离子性明显增加。4% 糊液 pH 值为 6.25℃时黏度值为 0.05Pa·s。不同取代度的磷酸酯淀粉其性能也不同。

【制备方法】　（1）制备方法

磷酸酯淀粉的制备方法有干法、湿法和半干法三种。

① 湿法工艺

磷酸酯淀粉的湿法生产工艺是指反应在液相条件下进行的，其工艺流程如图 5-2 所示。

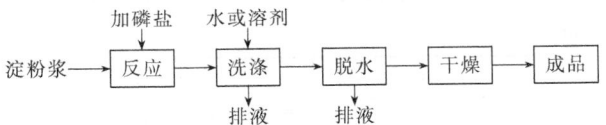

图 5-2 磷酸酯淀粉湿法合成工艺流程

湿法生产工艺比较成熟，现在国内外大部分工厂都是用湿法工艺生产。但必须消耗大量的水，而且需要对产生的废水进行处理。湿法工艺的优点是试剂与淀粉混合均匀度好，产品质量好，缺点是收率低，生产流程长，生产过程废水多，设备投资大等。

② 干法工艺

干法工艺是指反应在固相条件下进行的。其工艺流程如图 5-3 所示。

图 5-3 磷酸酯淀粉干法合成工艺流程

干法比较适合工业化生产，反应效率高、速度快、不产生废水、周期短。但目前国内干法生产工艺落后，特别是反应器不过关，淀粉和磷酸盐溶液很难混合均匀，产品质量不稳定。但由于投资少、能耗低、生产周期短等优点，因此具有一定的市场竞争力。

③ 半干法工艺

半干法工艺是指淀粉和磷酸盐的混合是在液相中进行，但反应是在固相中进行的一种方法。工艺流程如图 5-4 所示。

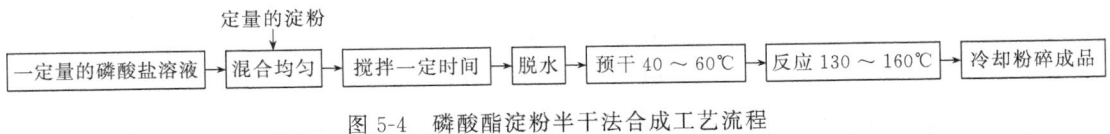

图 5-4 磷酸酯淀粉半干法合成工艺流程

半干法设备要求不高，而且混合是在液相中进行的，只需普通的电动搅拌器即可，适合在实验室中制备。

(2) 制备实例

单磷酸单酯通常用干法生产，将磷酸氢钠盐溶液与尿素在水中溶解并混匀，以喷雾形式加入到不断翻动的淀粉体中，待搅拌均匀，静止片刻，然后在 40～50℃ 下将物料干燥，再升温至 110～140℃，反应 1～4h，即可制得淀粉磷酸单酯。在反应中添加的尿素具有催化作用，有研究表明，在反应过程中尿素与淀粉结构，反应的活性部位在尿素的氨基上，磷酸盐一部分酯化到淀粉羟基上的同时，又将与淀粉结合的尿素取代下来，从而扩大了磷酸基取代的位置，提高了磷酸基的取代度。在磷酸单酯改性淀粉生产中，所采用的磷酸盐酯化剂有正磷酸盐、三聚磷酸钠、偏磷酸盐和有机磷酸化剂，不同酸化剂使用比例方法不同，所得酯化产物的取代度也有一定的差异。如果采用一定比例磷酸二氢钠、磷酸氢二钠混合作酯化剂，尿素作催化剂，在一定 pH 值下，使酯化剂在淀粉中充分渗透后，在 110～160℃ 温度下进行高温酯化反应，可获得 0.012 取代度的单磷酸酯淀粉。另外，随着挤压技术的发展，螺杆挤压机也可作为酯化反应器。但由于物料在挤压器中反应时间较短，选择合理酯化剂和催化剂及合理的挤压条件是制备理想磷酸酯淀粉的关键因素。

双酯型磷酸淀粉也是淀粉分子上两个羟基发生交联反应的产物,大多采用湿法生产。在碱性水悬浮液中使淀粉与氯氧化磷、磷酸、三偏磷酸盐、六偏磷酸盐反应便可制得该类产品,氯氧化磷在常温下反应,而三偏磷酸盐需在 pH＝10 以上加热条件下进行反应。

【技术指标】　企业标准

指标名称	指　　标	指标名称	指　　标
外观	白色粉末	磷含量/%	≥1.5
细度(100 目筛)/%	＞98	不糊化杂质/%	＜0.05
斑点/(个/cm²)	＜2.5	4%糊液黏度/mPa·s	＜80
水分/%	＜13	pH 值(1%糊液)	5.0～7.5
白度/%	≥80		

【应用】　磷酸酯淀粉是一种用途广泛的淀粉衍生物,它的种种特性为其开辟了广阔的前景。在水处理中可作为缓蚀阻垢剂、絮凝剂。在食品领域中主要用途是作为乳化剂和增稠剂,适用于不同食品加工的应用。应用于纺织工业上浆、印染和织物整理,效果比原淀粉好且用量省。同时磷酸酯淀粉还可用于选矿矿砂沉降剂,铸造业中的砂芯胶黏剂。

① 作为阻垢剂　在水中加入少量的磷酸酯淀粉有抵制或防止积垢生成的效果。当磷酸酯淀粉加入水中的量为 10mg/L 时,就能防止或抑制锅垢的形成。同样,在含 2～5.5g/L 硫酸钙的海水中加入 5～50mg/L 的磷酸酯淀粉,就能阻止硫酸钙溶液的形成,从而能够分离出高纯度的食盐。

② 絮凝剂　磷酸酯淀粉是一种阴离子淀粉,可用作絮凝剂。有学者用磷酸酯淀粉处理废纸脱墨废水和精细化工厂的废水,收到了很好的效果。

5.2.4　羧酸磷酸化淀粉

【结构式】

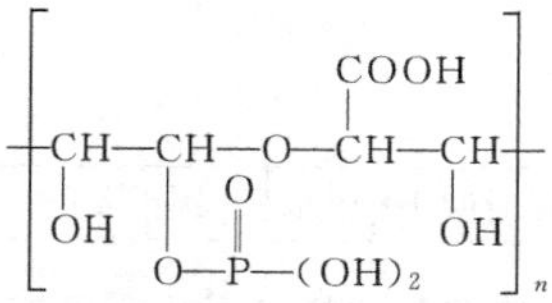

淀粉是一种天然高分子环状聚合物,具有"内腔亲水,外腔疏水"的特性,其外侧大量的羟基对高价金属具有螯合作用,因此天然淀粉具有一定的缓蚀阻垢性能。淀粉来源广、价格低、无污染,在提倡绿色化学的今天,有着广泛的应用前景。但是,天然淀粉作为阻垢剂存在用量大、性能不稳定等缺点,不能适应要求日益严格的现代水处理。近年来,人们采用各种方法对淀粉进行改性,使淀粉的结构、性质发生改变,以提高其阻垢性能。羧酸磷酸化淀粉是在淀粉分子中引入羧基基团和磷酸基团,提高淀粉的缓蚀阻垢性能。

【物化性质】　外观为白色或黄色固体,能与水互溶成透明黏稠液体,相对分子质量范围 10^3～10^5。羧酸磷酸化淀粉的阻垢机理与水解马来酸酐、聚丙烯酸类阻垢剂相似,具有络合增溶、晶格畸变和凝聚分散等作用。其阻垢性能受温度、pH 值、阴离子等多种因素影响,但表现出较大容忍性。羧酸磷酸化淀粉还可作为一种优良的缓蚀剂,它具有与锌离子有良好的协同效应,两者进行复配,缓蚀效果明显。

【制备方法】　制备羧酸磷酸化淀粉的工艺分为两个步骤,先进行氧化使淀粉羧基化再进一步磷酸化,工业上常用的氧化剂有次氯酸钠、高锰酸钾、过氧化氢等,酯化剂有正磷酸盐（NaH_2PO_4、Na_2HPO_4）、焦磷酸盐（$NaHP_2O_7$）、偏磷酸盐（$Na_4P_2O_7$）等。

将适量的玉米淀粉加入反应器中,加入适量的去离子水,开动搅拌并逐渐升温,在

70～80℃的温度下将淀粉预胶化，然后加入次氯酸钠或高锰酸钾进行氧化反应 3h。将氧化后的淀粉反应液冷却至室温，在搅拌下分批加入计量的五氧化二磷（P_2O_5），控制加入速度不使反应过于激烈，加完后继续搅拌反应 1h 即得羧酸磷酸化淀粉型阻垢缓蚀剂。反应式如下：

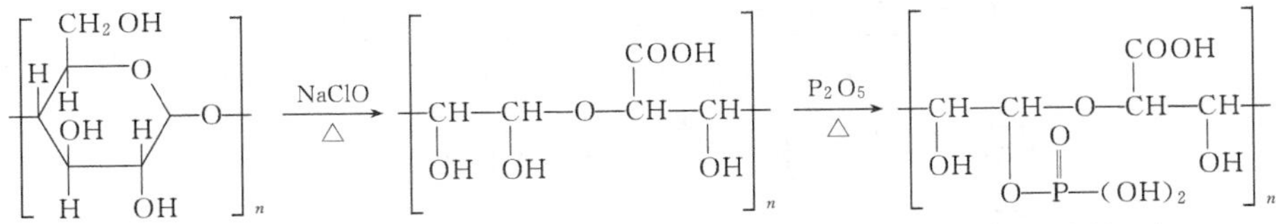

【应用】　羧酸磷酸化淀粉中含有较高的—COOH 含量，并且通过改性引入—PO(OH)$_2$基团，因此具有较高的阻垢和缓蚀性能。属于以阳极控制为主的混合型缓蚀剂，对自来水中的碳钢具有很好的缓蚀效果，在碳钢表面的吸附符合 Langmuir 吸附等温式。羧酸磷酸化淀粉的缓蚀阻垢性能受介质温度、pH 值、阴离子等多种因素的影响，但表现出较高的容忍度。而由于生产羧酸磷酸化淀粉的原材料来源广泛、价格低廉，因此这一水处理产品具有广阔的应用前景。

5.2.5　羧甲基纤维素钠

【结构式】

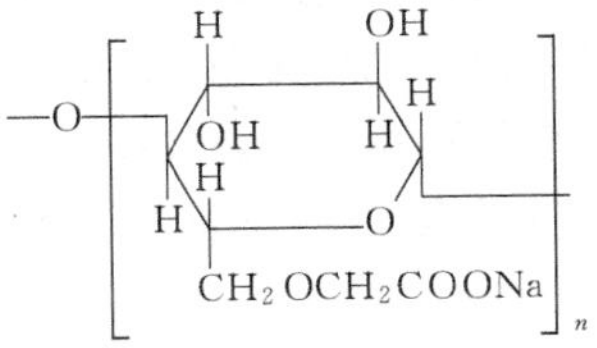

【物化性质】　羧甲基纤维素钠简称 CMC-Na，白色或淡黄色粉末，无臭、无味，无毒，具有湿润性。相对密度 1.60，2% 溶液的相对密度为 1.0088。加热至 190～205℃时呈褐色，碳化温度 235～248℃。羧甲基纤维素钠溶于水呈透明黏胶体，在水中溶解度与取代度有关。水溶性羧甲基纤维素钠具有不同的黏度。pH 值在 2～10 之间溶液稳定，pH<2 时可产生沉淀，pH>10 时黏度降低很快。

羧甲基纤维素钠不溶于酸和醇，遇盐如氯化钠、氯化钙不沉淀。对光、热、化学药品稳定。不易发酵，对油脂、蜡的乳化力大。

【制备方法】

① 原料预处理　将废棉花等纤维素原料洗净、烘干、破碎，在 100℃左右水解 1～2h，然后在 100℃条件下用碱蒸煮，碱的浓度 10%～20%，蒸煮 3～5h。将次氯酸钠和双氧水按一定比例混合立即倾入反应器中漂白，控制 pH 值为 8～10，温度 35～40℃，漂白时间在 0.5h 左右。用稀盐酸酸化，再用亚硫酸钠进行脱氯，水洗至中性甩干。

② 碱化　将纤维素原料放入碱化釜中，加入烧碱溶液剧烈搅拌，使其碱化，温度控制在 30～40℃，碱化时间在 0.5～1h。反应结束后，取出纤维素，置压滤机内压干。碱液回收用于溶解碱。反应方程如下：

$$[C_6H_7O_2(OH)_3]_n + nNaOH \longrightarrow [C_6H_7O_2(OH)_2ONa]_n + nH_2O$$

③ 醚化　将压干的碱纤维素放入醚化釜内，加入 1.7～2 倍的酒精，再加入与酒精等量的一氯醋酸，反应温度控制在 35℃，反应 3h。反应式如下：

$$[C_6H_7O_2(OH)_2ONa]_n + nClCH_2COOH + nNaOH \longrightarrow$$
$$[C_6H_7O_2(OH)_2OCH_2COONa]_n + nH_2O + nNaCl$$

④ 中和、洗涤、干燥　调整物料为中性，用 10% 的次氯酸钠漂白，用 75% 的乙醇洗

涤，除去反应产生的 CH_3COONa、$HOCH_2COONa$ 等盐类。干燥后得到成品。工艺流程如图 5-5 所示。

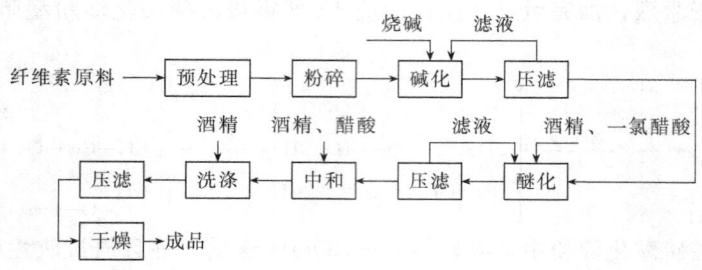

图 5-5　CMC-Na 的制备流程

17.3lb（磅，1lb＝0.45359237kg）由橡树公司生产 ER4500 的棉纤维（99％为 α-纤维素，含水率为 6.4％）与 81lb 异丙醇-水溶液（异丙醇比重为 86.9％，水为 13.1％）混合，温度控制在 57～66℃。混合 8min 后，容器的压力下降到 29in（1in＝0.0524m）水银柱，通入氮气使压力维持在 3atm（1atm＝101325Pa）。维持温度在 60～75℃区间内 13min，加入 8.21lb 氢氧化钠颗粒。在 59～66℃下苛化反应 47min。随后使温度上升至 114℃时，加入一氯醋酸反应 18min。在 9min 内使物料温度升至 150℃，并在 150～160℃下进行醚化反应，反应 33min。使真空度降至 29in 水银柱，温度范围在 110～196℃的条件下去除共沸物，CMC 在 150～180℃下干燥使其含水率为 8.2％。CMC 的取代度为 0.87，纯度为 77.6％。产品中含有 17.1％氯化钠，5.6％的乙醇钠。反应物的摩尔比例为纤维素：NaOH：MCA 为 1：2.03：1。

【技术指标】　GB 12028—2006

项　　目	指　　标	项　　目	指　　标
水分及挥发物/％	≤10	醚化度	0.50～0.70
黏度(1％水溶液)/mPa·s	5～40	有效成分(以干基计)/％	≥55
羧甲基纤维素钠(以干基计)/％	≥55	多种无机盐含量之和①/％	≤5
pH 值(1％水溶液,25℃)	8.0～11.5		

① 多种无机盐含量之和：指除氯化物之外的无机盐，包括碳酸盐（以 Na_2CO_3 计）、硅酸盐（以 SiO_2 计）、硫酸盐（以 Na_2SO_4 计）、磷酸盐（以 Na_3PO_4 计）等的含量之和。

【应用】　CMC-Na 广泛应用于食品、医药行业，在食品工业中主要作为稳定剂、增稠剂；在医药行业中则可用作针剂的乳化稳定剂，片剂的黏结剂和成膜剂。近年来，CMC-Na 的应用领域得到不断的拓展，如作为锅炉冷却水的阻垢分散剂，油井的稳定剂、保水剂和水处理中的絮凝剂。

5.2.6　海藻酸钠

【结构式】

海藻酸钠（Sodium Alginate，NaAlg，简称 AGS）是从褐藻类的海带或马尾藻中提取的一种多糖碳水化合物，是由 1,4-聚-β-D-甘露糖醛酸和 α-L-古罗糖醛酸组成的一种线型聚合物，是海藻酸衍生物中的一种，所以有时也称褐藻酸钠或海带胶和海藻胶。其分子式为 $(C_6H_7O_6Na)_n$，相对分子质量为 32000～200000，其结构单元相对分子质量理论值为 198.11。

【物化性质】　海藻酸钠为白色或淡黄色粉末，几乎无臭无味。易溶于水，不溶于乙醇、乙醚、氯仿和酸（pH<3）。当 pH 值在 6～11 之间时，海藻酸钠的稳定性较好，pH 值低于 6 时析出海藻酸；pH 值高于 11 时则凝聚。黏度在 pH 值为 7 时最大，但随温度的升高而显著下降。海藻酸钠水溶液遇钙、铁、铅等二价以上的金属离子，立即凝固成这些金属的盐类，不溶于水而析出。

【制备方法】　海藻酸钠的制备方法主要有以下 4 种。

（1）酸凝、酸化法

将原料海带或褐藻浸泡，除去机械杂质、褐藻糖胶、无机盐等水溶性组分，然后将原料切成均匀块状。在 25℃下，用低于 0.01mol/L 的稀盐酸或稀硫酸处理。浸泡过程或稀释过程中加入不超过所处理料液的 3%（质量分数）的甲醛溶液，以处理物料中带有的蛋白质，同时甲醛可与海带中的色素结合，防止海带中的色素也被浸出而加深成品色泽。然后加入碳酸钠。在 55～75℃下，搅拌反应 1～1.5h，把多价金属离子型的海藻酸转化为钠型。反应方程式如下：

$$Ca(Alg)_2 + Na_2CO_3 \longrightarrow 2NaAlg + CaCO_3$$
$$Mg(Alg)_2 + Na_2CO_3 \longrightarrow 2NaAlg + MgCO_3$$

式中，Alg 为海藻酸（下同）。

将原料消化液过滤，除去其中的粗大颗粒，其中未消化完全的残渣送回前一工序处理回收，过滤后的料液流入稀释池，同时通入压缩空气，以起到搅拌作用。缓缓加入稀盐酸沉降 8～12h，最后可得 50%～60%（质量分数）的清液。将料液先经鼓泡机或溶气罐溶气乳化后，再缓缓加入稀酸，调 pH 值约为 1～2，海藻酸即凝聚成酸块，流入酸化槽，并由于气浮作用上浮，酸块在槽中的停留时间控制在 1h 左右。反应如下：

$$NaAlg + HCl \longrightarrow HAlg + NaCl$$
$$2NaAlg + H_2SO_4 \longrightarrow 2HAlg + Na_2SO_4$$

收集酸块，洗涤、脱水、粉碎、拌入粉状碳酸钠，一般加碱量为 8%（质量分数）左右，搅拌混合均匀，静置 4～6h，使其完成转化过程，生成褐藻酸钠。中和后的产品含水量为 65%～75%，pH 值为 6.0～7.5。此为固相中和，也可进行液相中和。海藻酸粉碎后，分散于凝胶量 40%～80% 以上的碱性乙醇溶液中，于搅拌下混合反应得海藻酸钠，直至 pH 值为 7.5，中和完成后，过滤，干燥，粉碎即可得产品。

（2）钙凝-酸化法

原料处理、浸泡、消化、澄清工序与"酸凝-酸化法"相同，只是后面的凝固等工序不同：消化液过滤后，在 pH 值为 6.0～7.0 条件下，加入定量的 10% 的氯化钙溶液，搅拌下凝聚。钙凝得到的海藻酸钙经水洗除去残留的无机盐类后，用 10% 的稀酸酸化 30min，使其转化为海藻酸凝块。再用碳酸钠溶液通过液相法或者固相法转化成海藻酸钠，过滤，干燥，粉碎即可得产品。

（3）钙凝-离子交换法

本工艺的原料处理、浸泡、消化、预中和稀释、过滤、钙凝与"钙凝-酸化法"工序相同。钙凝后，以 10% 的氯化钠溶液为洗脱液，用柱层析交换，也可用容器间歇式反应。反应生成的海藻酸钠经干燥、粉碎后即得产品。

（4）酶解提取法

海藻除杂后、加入海藻量2%的木瓜酶，在55℃下搅拌进行酶解2h，反应完后用清水洗涤。本过程主要降解了海藻中的大分子杂质，使得海藻酸易于浸出，然后过滤、再采用常规工艺即可。实践证明，酶解工艺可以提高浸出率和浸出速度。

【技术指标】　GB 1976—2008

项　目	指　标	项　目	指　标
pH 值	6.0～8.0	透光率/%	符合规定
水分/%	≤15.0	铅(Pb)/(mg/kg)	≤4
灰分(以干基计)/%	18～27	砷(As)/(mg/kg)	≤2
水不溶物/%	≤0.6		

【应用】　海藻酸钠作为一种天然高分子物质以其良好的生物降解性和生物相容性，以及良好的增稠性、成膜性、稳定性、絮凝性和螯合性而被广泛应用于化学、生物、医药、食品等领域。

5.2.7　腐殖酸

腐殖酸是自然界中广泛存在的大分子有机物质，广泛应用于农、林、牧、石油、化工、建材、医药卫生、环保等各个领域。尤其是现在提倡生态农业建设、无公害农业生产、绿色食品、无污染环保等。

【结构式】

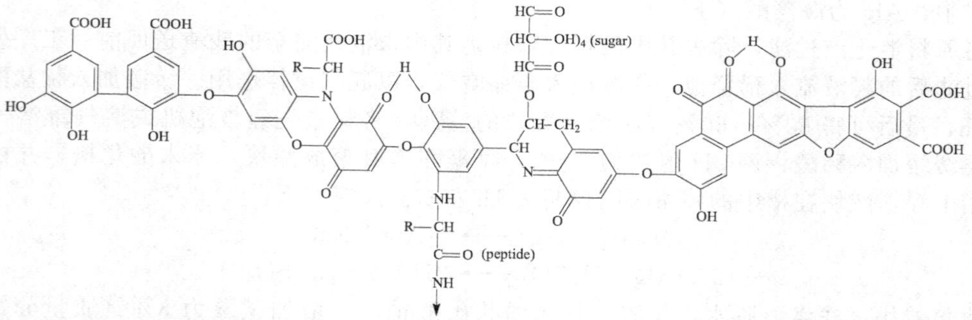

【物化性质】　腐殖酸（HAS）富含羧基（COOH）、酚羟基（酚 OH）、醇羟基（醇OH）、甲氧基（OCH）、羰基（C—O）等活性基团，决定了其具有良好的离子交换、吸附、络合等性能及良好的渗透与分散性能。HAS 可以从风化煤中提取制备，不仅有着成本低廉，原料来源广泛，制备工艺成熟的优势，还可以解决风化煤大量堆积，污染环境的问题。由此可见 HAS 是一种非磷系、无公害、易降解的绿色环保型阻垢剂，在工业水处理领域有着理论研究价值和广阔应用前景。

【制备方法】　以丙烯酸对腐殖酸进行接枝改性，结果表明，物质的量 HA∶AA=1∶1，引发剂用量为 10%，反应温度为 75℃，反应时间为 4h 时，所得产物对 $CaCO_3$ 水垢的阻垢率达到 95%。水垢具有较好的阻垢效果。共聚物合成工艺简单、生产成本低、无三废污染、可用作工业循环冷却水的处理剂。因此，腐殖酸接枝丙烯酸改性聚合物作为阻垢剂是一种具有开发前景的绿色阻垢剂。

（1）络合增溶作用是阻垢剂的基本作用，但是 HAS 与 Ca^{2+} 生成难溶的腐殖酸钙沉淀，因而它的增溶作用不能通过静态阻垢法完全表现出来。低浓度系统中，在一定的 HAS 范围内增溶量直线上升，中、高浓度体系中其最佳增溶量保持约 11～13.2mg/L。体系浓度越高，最佳 HAS 投加浓度越大，从低到高分别为 6mg/L、12mg/L、18mg/L。

（2）HAS 晶格畸变作用随 HAS 浓度的增加而增强且在高硬度水中更能体现其晶格畸变作用。

（3）HAS 对水中的 $CaCO_3$ 具有很强的分散作用，其分散能力优于同条件下的 HEDP 和 HPMA。

（4）HAS 与 HEDP 和 HPMA 有一定的协同作用，复配使用可以得到更好的处理效果。

5.2.8 壳聚糖

【结构式】

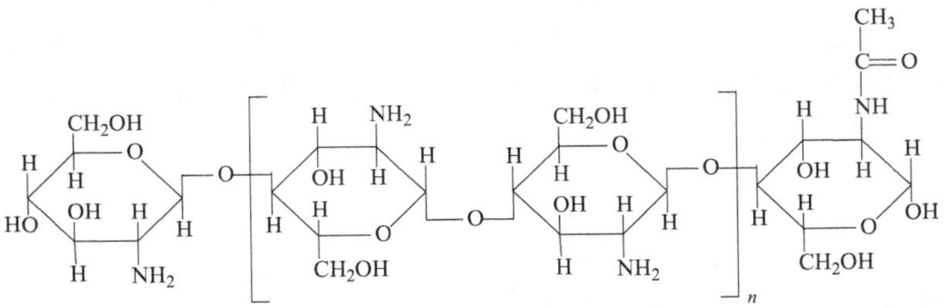

【物化性质】 壳聚糖作为一种天然高分子材料，是甲壳素的脱乙酰基产物，无毒无污染，具有很好的生物相容性、可降解性，在化工、生物医药及食品加工等诸多领域中已有着广泛的应用。壳聚糖分子链中存在大量的羟基和氨基，反应活性增强，可以进行多种形式的化学改性，如酰基化、烷基化、酯化醚化、交联反应、接枝共聚等等，通过改性提高了壳聚糖的应用性能，拓宽了其应用范围。

【制备方法】 利用低聚壳聚糖和 2,3-环氧丙磺酸钠经碱性开环接枝可以制得磺化低聚壳聚糖（SCS）。静态阻垢评价结果显示，SCS 对硫酸钙垢和磷酸钙垢都有很好的阻垢作用：在成垢组分浓度比较高的情况下，阻硫酸钙垢的使用剂量为 32mg/L，阻磷酸钙垢的剂量为 16mg/L，它们的阻垢率都在 80% 以上；对于高含量成垢组分体系，不改变 SCS 剂量也仍然能将阻垢率维持在 60% 以上。因此，SCS 是一种性能优异的新型绿色阻垢剂，在水处理方面将会有很好的应用前景。

实例 1 羧甲基-季铵两性壳聚糖（CMQAC）的制备

在 100mL 三口瓶内加入 3.00g 低聚壳聚糖、5.00g 氢氧化钠、6.00g 氯乙酸和 50mL 去离子水，65℃反应 4h 后加入一定量的 2,3,环氧丙基三甲基氯化铵，继续反应 4h，得到棕红色溶液，过滤除掉少量不溶性壳聚糖，加乙醇析出产物，用适量甲醇多次洗涤，可得到羧甲基-季铵两性壳聚糖。

实例 2 2-3 羧乙基季铵两性壳聚糖（CEQAC）的制备

在 100mL 三口瓶内加入 3.00g 低聚壳聚糖和一定量的 2,3,环氧丙基三甲基氯化铵，然后加入 50mL 去离子水，65℃反应 4h 后加入 2mL 丙烯酸继续反应 4h，得到透明棕红色溶液，加乙醇析出产物，用适量甲醇多次洗涤，即可得到羧乙基-季铵两性壳聚糖。

采用静态阻垢的方法对壳聚糖、羧甲基-季铵和羧乙基-季铵两性壳聚糖阻硫酸钙垢的性能进行了评价。结果表明，两性壳聚糖用量为 16mg/L 以上，$[Ca^{2+}] \leqslant 1900mg/L$，$[SO_4^{2-}] < 4560mg/L$，阻垢率可达到 100%；与壳聚糖相比阻垢率明显提高。

采用小瓶测试法测定了不同季铵取代度的两性壳聚糖对异养菌的杀菌率。结果表明，在加药量为 30 mg/L 时，羧甲基-季铵壳聚糖季铵取代度为 0.73 时杀菌率为 99.7%，羧乙基-季铵壳聚糖季铵取代度为 0.50 时杀菌率为 99.2%；与壳聚糖相比，两性壳聚糖衍生物对异养菌的杀菌性能得到明显改善。

综上，羧甲基-季铵壳聚糖和羧乙基-季铵壳聚糖具有优良的阻硫酸钙垢性能，且对异养菌有非常理想的杀菌效果，是一种有应用前景的绿色多功能水处理药剂。

5.3 多元膦酸型阻垢分散剂的制备及应用

有机多元膦酸是国外20世纪60年代后期开发的一类新产品，在70年代就在循环冷却水中得到广泛应用。在水处理应用过程中，有机磷酸和无机聚磷酸盐相比，具有良好的化学稳定性，不易水解、能耐较高温度和药剂用量小且阻垢性能优异等特点。

有机膦酸阻垢分散剂一般分为有机膦酸盐和有机膦酸酯两大类。有机膦酸化合物中，磷原子直接与碳原子相连；而有机膦酸酯中磷原子通过氧原子直接与碳原子相连。根据分子中膦酸基团数目，有机多元膦酸还可分为二膦酸、三膦酸、四膦酸等，如果是聚合物，则称聚膦酸。有机膦酸及膦酸酯的结构式如下。

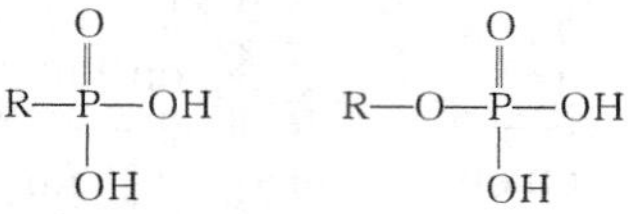

有机磷酸是一类阴极型缓蚀剂，具有明显的溶限效应和协同效应。它们对许多金属离子（如钙、镁、铁、锌等）具有优异的螯合能力，甚至对这些金属的无机盐类如硫酸钙、碳酸钙、硅酸镁等也有较好的去活化作用，因此大量应用于水处理技术中。目前它的品种还在不断地更新，是一类比较常用且有发展前途的药剂。我国自1974年年底开始研究以来，有机膦酸型阻垢分散剂的品种已经比较健全，价格也相对国外的低廉。

5.3.1 乙二胺四亚甲基膦酸（EDTMP）

【结构式】

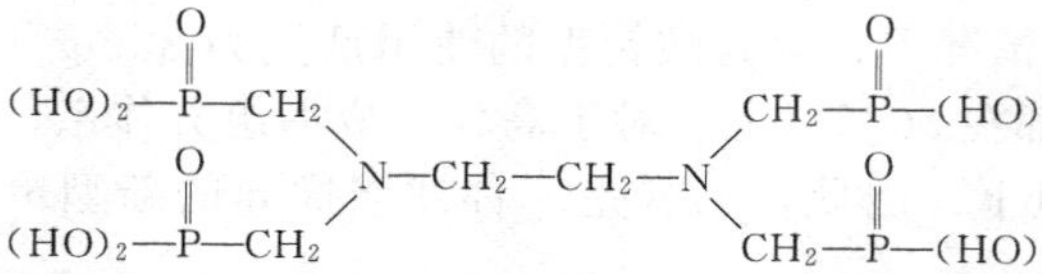

乙二胺四亚甲基膦酸简称EDTMP，它带有四个膦酸基团，在水溶液中能离解成八对正负离子。Ca^{2+}、Mg^{2+}、Zn^{2+}、Fe^{2+}等金属离子可与其形成双五元环金属螯合物，松散地分散于水中，同时晶体还能吸附带负电的EDTMP并掺杂在晶格点阵中，使晶体产生畸变，阻碍沉积垢的生长。

【物化性质】 棕色黏稠油状液体，易溶于水，不溶于醇、酮等有机溶剂。乙二胺四亚甲基膦酸钠盐为黄色透明黏稠液体，相对密度为1.3～1.4，能与水混溶，在200℃下有较好的阻垢作用，热稳定性好。

【制备方法】 到目前为止，乙二胺四甲基膦酸的工业合成方法主要有三种。

（1）乙二胺、甲醛、三氯化磷合成法

$$4PCl_3+12H_2O = 4H_3PO_3+12HCl$$

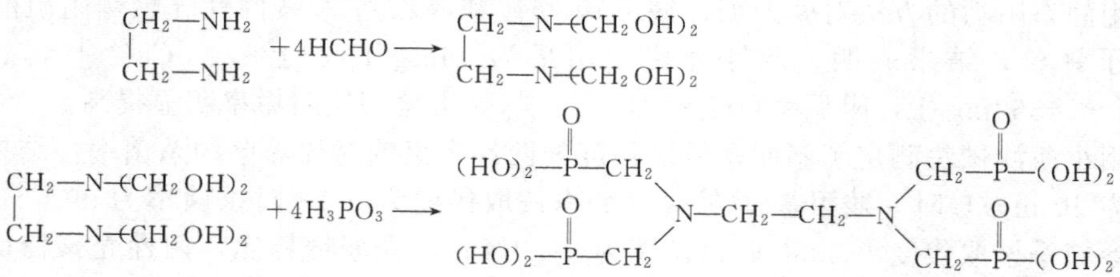

EDTMP

制备过程中，三氯化磷用来水解成亚磷酸，亚磷酸中的活泼氢可能看作与 Mannich 反应中碳原子上的活泼氢具有相同活泼性，磷原子的亲核性是生成 C—P 键的主要原因。生成的膦酸实际上是一个二元仲胺。可继续按上述机理与甲醛反应，生成四元膦酸乙二胺四亚甲基膦酸（EDTMP）。

三氯化磷水解时，有大量热量产生，并逸出大量 HCl 气体，应控制反应避免过于剧烈，并做好氯化氢的回收工作，以免造成污染和资源浪费。在理论上 1mol 的三氯化磷需要 3mol 的水才能完全水解生成亚磷酸，但实际反应中，水应稍过量。因为 Mannich 反应是在酸性溶液中进行的，过量的水有利于三氯化磷的水解，盐酸的存在也有利于甲醛在水中的溶解和参与反应。

（2）乙二醇、乙二胺、甲醛、三氯化磷合成法

反应以乙二醇为中间介质，乙二醇与三氯化磷反应生成氯化磷酸酯，再与乙二胺和甲醇反应生成 EDTMP，并释放出乙二醇。

（3）乙二胺四乙酸（EDTA）与三氯化磷合成法。

在这几种合成制备方法中，方法（2）、（3）的副反应少、产率高、产品较纯，其缺点是原料较贵，产品成本较高，方法（1）原料易得，生产成本较低，缺点是三氯化磷反应剧烈，生产条件要求严格，由此可知，从质量考虑宜采用方法（2）、（3），但考虑原料和综合经济效益，从实际出发，国内外厂家一般采用方法（1），所用原料为乙二胺、甲醛、三氯化磷及水。

以实验室制备高纯度的 EDTMP 为例，将 1.2L 浓盐酸装入 5L 三口瓶，加入 755g 磷酸，用电动搅拌器搅拌使磷酸溶解。使溶液温度降到 0℃，加入盐酸乙二胺 271g，加热搅拌。当溶液温度升至 60℃时，大量 HCl 被释放，进行回收。温度升至 88℃时，盐酸乙二胺完全溶解，继续加热至 100℃，回流。

当反应温度到达 100℃时，甲醛溶液（37%，902mL）通过蠕动泵逐滴加入溶液中，速率为 0.65mL/min，用时 22～24h，回流冷却 4h。悬浮液在真空下过滤（采用 1.5L 玻璃滤器），并且用两份 300mL 的蒸馏水冲洗。固体在空气下干燥，得到 607g EDTMP，得率为70%，核磁共振表明杂质少于 1%。

【技术标准】 HG/T 3538—2003

指 标 名 称	指标	指 标 名 称	指标
活性组分(以乙二胺四亚甲基膦酸钠计)含量/%	≥28.0	氯化物(以 Cl^- 计)含量/%	≤3.0
有机膦(以 PO_4^{3-} 计)含量/%	≥10.0	乙二胺含量/%	≤0.03
磷酸盐(以 PO_4^{3-} 计)含量/%	≤2.0	pH(1%水溶液)	≤9.5～10.5
亚磷酸(以 PO_3^{3-} 计)含量/%	≤5.0	密度(20℃)/(g/cm³)	≥1.25

【应用】

（1）阻垢机理

乙二胺四亚甲基膦酸（EDTMP）是一类应用广泛的水质稳定剂，也是一种重要的螯合剂。在水溶液中，EDTMP 能离解成八对正负离子，可与两个或多个金属离子螯合，能与水中的 Ca^{2+}、Mg^{2+}、Zn^{2+}、Fe^{2+} 等金属离子形成双五元环螯合物松散地分散于水中，使水垢的正常结晶被破坏。其与几种金属的螯合常数见表 5-3。因而，可以有效地抑制碳酸盐、硫酸盐、磷酸盐、羟基磷酸盐及水合氧化铁的沉淀，有效地阻止硬垢的生成。在水处理中主要用来阻抑碳酸钙、硫酸钙垢。

表 5-3　EDTMP 与某些金属离子的螯合常数

金属离子	Mg^{2+}	Ca^{2+}	Cu^{2+}	Zn^{2+}	Fe^{2+}
螯合常数	8.63	9.73	8.95	17.05	19.6

（2）用作阻垢缓蚀剂

EDTMP 作阻垢剂的单独使用浓度小于 10mg/L，作缓蚀剂单独使用浓度大于 100mg/L，与低分子质量阻垢剂复合使用浓度则小于 5mg/L。在金属表面清洗和处理方面，1%～5% 的乙二胺四亚甲基膦酸的除垢效果与稀盐酸相当。EDTMP 与 Na_2MoO_4 复合搭配使用，可以防止单独使用前者时对某些金属的腐蚀作用，产生了良好的协同效应，与聚羧酸型水处理药剂复合应用时也具有明显的协同效应。

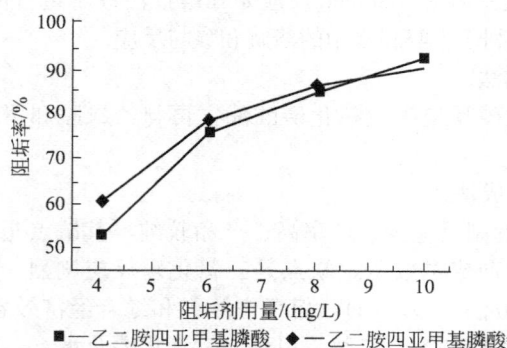

图 5-6 EDTMP 对硫酸钙阻垢效果   图 5-7 EDTMP 对碳酸钙的阻垢效果

沈国良等对 EDTMP 的阻垢性能进行测试，结果如图 5-6 和图 5-7 所示。

从图可以看出，EDTMP 及其钠盐对硫酸钙的阻垢效果显著，当阻垢剂用量为 10mg/L，阻垢率 90% 以上。当用量为 15mg/L 时，阻垢率超过 90%。

5.3.2　氨基三亚甲基膦酸（ATMP）

【结构式】

$$(HO)_2P(O)-CH_2-N \begin{cases} CH_2-P(O)(OH)_2 \\ CH_2-P(O)(OH)_2 \end{cases}$$

氨基三亚甲基膦酸简称 ATMP，是一种阴极性缓蚀剂，其单体结构带有 3 个膦酸基团，在水中能离解成 6 个正离子和 6 个负离子，能与钙、镁等金属离子形成多元螯合物，并以松散形式分散于水中，使钙垢、镁垢的正常结晶受到破坏。

【物化性质】　无色或微黄色透明液体，或白色颗粒状固体，易溶于水，低毒或无毒，热稳定性好，具有较好的化学稳定性，不易被酸、碱破坏，也不易水解，具有很好的螯合增溶、低限抑制和晶格畸变等性能，并可阻止水中各种无机盐类形成硬垢。ATMP 在缓蚀作用方面比无机聚磷酸盐强 4～7 倍，尤其是与其他水质稳定剂如 HPMA、PAA 等复配使用效果更好。

【制备方法】

（1）由甲醛、氯化铵、三氯化磷和水在一定温度下反应制得，反应式如下：

$$PCl_3 + 3H_2O \longrightarrow H_3PO_3 + 3HCl$$

$$3H_3PO_3 + NH_4Cl + HCHO \longrightarrow (HO)_2P(O)-CH_2-N \begin{cases} CH_2-P(O)(OH)_2 \\ CH_2-P(O)(OH)_2 \end{cases} + HCl + 3H_2O$$

将计量过的氯化铵和水加入反应釜中，开动搅拌器使之混匀，缓慢加入三氯化磷和甲醛。此时在反应釜夹套中通入冷却水进行冷却。加完三氯化磷和甲醛后，反应釜夹套中通入蒸气升温至回流。一般运行温度 50～53℃，投料时间 6h，浓缩时间 4h，浓缩温度 94～110℃，最后降温加水。

(2) 三乙酸基胺与亚磷酸反应，收率高，产品质量好便原料难得，成本较高。反应式如下：

$$N[CH_2COOH]_3 + 3H_3PO_4 \longrightarrow N[CH_2PO(OH)_2]_3 + CO_2 + 3H_2O$$

【技术标准】 HG/T 2841—2005

项　目	指　标	项　目	指　标
活性组分(以 ATMP 计)/%	≥50.0	氯化物(以 Cl^- 计)含量/%	≤2.0
氨基三亚甲基膦酸含量/%	≥40.0	pH 值(10g/L 水溶液)	≤2.0
磷酸(以 PO_4^{3-} 计)含量/%	≤0.8	密度(20℃)/(g/cm³)	≥1.30
亚磷酸(以 PO_3^{3-} 计)含量/%	≤3.5	铁(以 Fe^{2+} 计)含量/(μg/g)	≤20

【应用】 ATMP 具有良好的螯合、低限抑制和晶格畸变的作用，且与聚磷酸盐、聚羧酸盐、亚硝酸盐有良好的协同能力，可以有效地防止水中成垢盐类形成水垢，是工业循环冷却水处理领域常用的阻垢剂和分散剂。

(1) 阻垢机理

ATMP 在水中能够离解成 6 个正离子和含 6 个负电荷的离子，能与水中 Ca^{2+}、Mg^{2+} 形成多元环螯合物，这个大分子螯合物以松散的方式分散于水中，使钙、镁垢的正常结晶遭到破坏。所以，ATMP 对水中的碳酸钙、硅酸镁、硫酸钙等具有较好的阻垢作用。ATMP 为非当量的螯合剂，本身有"溶限效应"，可以由一个分子阻止几十个到几百个钙、镁离子与硫酸根离子等产生水垢沉淀，这是 ATMP 特有的阻垢性能。

(2) 用作阻垢缓蚀剂

ATMP 一般用作循环冷却水、油田注水和印染用水的阻垢剂，做阻垢剂单独使用浓度小于 10mg/L，做缓蚀剂单独使用浓度大于 100mg/L。此外，ATMP 可与多种缓冲剂、阻垢剂配合使用。与聚羧盐等有协同作用，可大大增加缓蚀阻垢效果，与低相对分子质量阻垢剂复合使用浓度小于 5mg/L。ATMP 与聚天冬氨酸（PASP）复配的阻垢性能测试结果见表 5-4。

表 5-4　复配物加入量及阻垢率

阻垢剂加入量/(mg/L)		阻垢率/%	阻垢剂加入量/(mg/L)		阻垢率/%
PASP	ATMP		PASP	ATMP	
0	4	66	2.7	1.3	83
1	3	74	3	1	77
1.3	2.7	80	4	0	53
2	2	86			

从表 5-4 可看出，在相同试验条件下，与单独投加 PASP 或 ATMP 相比，复配物明显提高了阻垢性能。在总投加量为 4mg/L 时，当 PASP 与 ATMP 的质量配比为 1∶1，其阻垢效果最好。

(3) 其他用途

ATMP 还可以用做金属清洁剂去除金属表面的油脂，还用于洗涤剂的添加剂，金属离子的掩蔽剂，无氰电镀添加剂，贵金属的萃取剂等。

5.3.3 1-羟基乙烷-1,1-二膦酸（HEDP）

【结构式】

$$\text{(HO)}_2\text{P}-\overset{\overset{\displaystyle O}{\|}}{\underset{\underset{\displaystyle CH_3}{|}}{C}}-\overset{\overset{\displaystyle OHO}{\|}}{P}\text{(OH)}_2$$

1-羟基乙烷-1,1-二膦酸简称 HEDP，是一种多元酸，易溶于水，在水中可离解 4 个氢离子。

【物化性质】　HEDP 的纯品为白色晶体粉末，其工业品一般为 $50\%\sim60\%$ 的无色或淡黄色黏稠透明水溶液。纯度为 $97\%\sim98\%$ 时，熔点为 $196\sim198℃$。$25℃$ 时，水中的溶解度为 68%，在其他有机溶剂中的溶解度均较低。与其他有机磷酸（盐）一样，HEDP 的抗水解性能比无机磷酸（盐）好，在 $260℃$、pH 值为 11 的水中经历 12h 后，只有 5.6% 的 HEDP 转化为正磷。同样条件下，无机聚磷酸（盐）则大部分水解为正磷。

【制备方法】　HEDP 的制备方法主要有三氯化磷-冰醋酸-水法、亚磷酸-乙酸酐法、正磷酸-乙酸酐法、正磷酸-乙酸酐-乙酰氯法。其中三氯化磷-冰醋酸-水法工艺路线短，设备投资少，操作较容易，普遍被国内外厂家所采用。主要反应如下：

$$CH_3COOH + PCl_3 \longrightarrow CH_2COCl + H_3PO_3$$

$$CH_3COCl + \ H-\overset{\overset{\displaystyle O}{\|}}{P}\text{(OH)}_2 \longrightarrow CH_3CO-\overset{\overset{\displaystyle O}{\|}}{P}\text{(OH)}_2 \ + HCl$$

$$CH_3CO-\overset{\overset{\displaystyle O}{\|}}{P}\text{(OH)}_2 \ + \ H-\overset{\overset{\displaystyle O}{\|}}{P}\text{(OH)}_2 \xrightarrow{+CH_3COOH} CH_3-\overset{\overset{\displaystyle O-C-CH_3}{|}}{\underset{\underset{\displaystyle PO_3H_2}{|}}{C}}-PO_3H_2 \ + H_2O$$

$$CH_3-\overset{\overset{\displaystyle O-C-CH_3}{|}}{\underset{\underset{\displaystyle PO_3H_2}{|}}{C}}-PO_3H_2 \ + H_2O \xrightarrow{\triangle} \text{(HO)}_2\text{P}-\overset{\overset{\displaystyle O}{\|}}{\underset{\underset{\displaystyle CH_3}{|}}{C}}-\overset{\overset{\displaystyle OHO}{\|}}{P}\text{(OH)}_2 \ + CH_3COOH$$

将醋酸和水加入反应釜中，然后滴加三氯化磷，控制釜中温度不高于 $40℃$。滴加完毕后缓慢升温。冷凝器投入运行，冷凝器凝液回流入釜，氯化氢进入吸收装置。在釜中温度 $50\sim70℃$ 下，控制升温然后升温到 $120℃$ 左右并保温。最后加水进行水解，并蒸出稀醋酸。釜中物料 $40℃$ 以下时出料即得产品。

以亚磷酸、乙酰氯和水为原料合成 HEDP 的主要反应方程式如下：

$$2CH_3COCl + 2H_3PO_3 \longrightarrow CH_3-\overset{\overset{\displaystyle O=P(OH)_2}{|}}{\underset{\underset{\displaystyle O=P(OH)_2}{|}}{C}}-OCOCH_3 \ + 2HCl \qquad (1)$$

$$CH_3-\overset{\overset{\displaystyle O=P(OH)_2}{|}}{\underset{\underset{\displaystyle O=P(OH)_2}{|}}{C}}-OCOCH_3 + H_2O \xrightarrow{\text{正丁醇}} CH_3-\overset{\overset{\displaystyle O=P(OH)_2}{|}}{\underset{\underset{\displaystyle O=P(OH)_2}{|}}{C}}-OH \ CH_3COOH \qquad (2)$$

合成步骤如下：

(1)向三口烧瓶中加入 20.5g 亚磷酸和 29.5g 乙酰氯,将三口烧瓶用铁架台固定于油浴锅中,在电磁搅拌器转速为 200r/min,油浴锅温度为 $40℃$ 的条件下,恒温反应 1.5h。然后将油浴锅温度缓慢上升到 $115℃$,在电磁搅拌器转速为 250r/min 的条件下恒温反应 1.5h,生成乙酸酯。

（2）向三口烧瓶中加入 25g 正丁醇，在 115℃条件下加热蒸馏出正丁醇以带走盐酸以及过量的乙酰氯。0.5h 后再加入 4.5g 水，在 60℃条件下反应 0.5h 进行水解，最后得到合成产物 HEDP。

这样通过"二步法"合成的 HEDP，产物为淡黄色黏稠液体，易溶于水。在反应过程除了有 CH_3COOH 和 HCl 生成外，无其他副产物生成。CH_3COOH 在乙酸酯加热水解过程中容易挥发，合成产物中应不含 CH_3COOH，可能含有少量未蒸馏出的 $CH_3(CH_2)_3OH$。反应过程中蒸出的副产物为重要的工业药品，可以收集利用；蒸出的未反应完的原料 CH_3COCl 可以回收套用。

本研究合成的 HEDP 投加量为 70mg/L，水温为 45～50℃，pH＝7 时，缓蚀率接近 90％，投加量为 5mg/L 时，阻垢率达到 90％以上。简化了传统合成方法的工艺路线，避免了大量副反应的发生，具有较高的技术实用性和市场开发价值。

【技术指标】 HG/T 3537—1999

项 目	指 标		
	优等品	一等品	合格品
活性组分/%	≥58.0	≥50.0	≥50.0
磷酸盐（以 PO_4^{3-} 计）含量/%	≤0.5	≤0.8	≤1.0
亚磷酸（以 PO_3^{3-} 计）含量/%	≤1.0	≤2.0	≤3.0
氯化物（以 Cl^- 计）含量/%	≤0.3	≤0.5	≤1.0
pH 值（1%水溶液）	≤2	≤2	≤2
密度（20℃）/(g/cm³)	≥1.40	≥1.34	≥1.34
钙螯合值/(mg/g)	≥500	≥450	≥450

【应用】

（1）作用机理

HEDP 以与多个金属离子螯合，并形成主体结构而成为双环或多环的螯合物，从而破坏了在水中形成硬垢的金属离子的正常结晶过程。HEDP 在水溶液中所形成的络合物还有增溶作用，HEDP 还具有表面活性剂作用以及与其他药剂复合配方的协同效应。

（2）作为阻垢缓蚀剂

HEDP 是工业循环冷却水常用的缓蚀阻垢剂，具有结构稳定，不易水解等特点，在 250℃下经 216h 水解，水解率仅为 50％。在中高硬度和碱性水质中，较低浓度的 HEDP 与二价金属作用在金属表面形成沉积保护膜，缓蚀率可达 90％。在去离子水介质中，较高浓度的 HEDP 在金属表面形成化学吸附膜，也有一定的缓蚀效果，如 40mg/L 的 HEDP 缓蚀率可达 90％以上。

HEDP 用于水垢抑制时，主要抑制碳酸钙垢。对碳酸盐的阻垢率可达 50％以上。HEDP 配伍性能好，与聚羧酸盐复合使用，提高对阻碳酸钙垢的效果，可从 50％提高到 70％以上；与锌盐复合使用，对碳钢的缓蚀效果可从 90％提高到 98％以上。HEDP 的使用量低度，投加活性组分的质量尝试一般为 1～10mg/L，超过这个浓度反而致垢，在复合配方中使用剂量一般为 2～5mg/L。

（3）作为清洗剂

HEDP 可用作酸清洗剂，易溶于水，有螯合金属离子的作用，经毒理试验属低毒，使用十分方便而且安全。HEDP 对锈和垢的溶解速度相对要慢些，但重要的是它对金属基体的侵蚀性小，并在酸洗后容易钝化，不易产生浮锈。

5.3.4　二乙烯三胺五亚甲基膦酸（DTPMP）

【结构式】

$$H_2O_3P-CH_2\qquad\qquad \begin{array}{c}PO_3H_2\\ |\\ CH_2\\ |\end{array}\qquad\qquad CH_2-PO_3H_2$$

$$N-CH_2CH_2-N-CH_2CH_2-N$$

$$H_2O_3P-CH_2\qquad\qquad\qquad\qquad\qquad CH_2-PO_3H_2$$

二乙烯三胺五亚甲基膦酸简称 DTPMP，单体中含有多个磷酸基团和氮原子，在水中易离解成 10 个正负离子，可与二价或三价金属离子形成稳定的多环螯合物。同时它还可与一些沉积物产生晶格畸变，产生阈值效应。在高 pH 值、高硬度下能有效地防止难溶钙、钡盐结垢。

【物化性质】　红棕色黏稠液体，能与水互溶，对碳酸钙、硫酸钙和硫酸钡沉积有良好的阻垢抑制作用，特别是在 pH 值为 10～11 的碱性溶液中，对碳酸钙沉积仍有较好的阻垢作用，其阻垢率比 HEDPA、ATMP 提高 2～3 倍以上。DTPMP 具有稳定的化学性质，在强酸碱介质中也不易分解，干品分解温度为 220～228℃。

【制备方法】　DTPMP 可以由不同的原料，经不同的工艺路线来合成，但工业方法主要有下列 2 种：①二乙烯三胺五乙酸和亚磷酸或三氯化磷合成法；②二乙烯三胺、甲醛水溶液、三氯化磷或亚磷酸合成法。反应式如下：

$$5PCl_3+15HCl\longrightarrow 5H_3PO_3+15HCl$$

$$5H_3PO_3+5HCHO+H_2NCH_2CH_2-NH-CH_2CH_2NH_2\longrightarrow$$

$$H_2O_3P-CH_2\qquad\qquad \begin{array}{c}PO_3H_2\\ |\\ CH_2\\ |\end{array}\qquad\qquad CH_2-PO_3H_2$$

$$N-CH_2CH_2-N-CH_2CH_2-N\qquad\qquad +6H_2O$$

$$H_2O_3P-CH_2\qquad\qquad\qquad\qquad\qquad CH_2-PO_3H_2$$

将 61 份二乙烯三胺和 95 份自来水投加到反应釜中，冷却至室温。然后缓慢加入 425 份三氯化磷，控制加料速度，必要时通冷却水加以冷却以保持釜内温度低于 40℃。三氯化磷投加完毕后，继续搅拌 30min。然后缓慢加入 253 份质量分数为 37% 的甲醛水溶液，反应过程中有氯化氢气体放出，甲醛的加入速度要视氯化氢气体逸出的速度进行适当调节，甲醛投加完毕后，继续搅拌反应 20min。缓慢加热使反应釜内温度升至 100～105℃，在此温度下保温反应 1.2h。最后用鼓风机向反应釜内产品中鼓入空气吹扫，吹气量约为 500L/30min，吹扫 1h 后，冷却至室温，经取样分析合格后，然后用泵送至成品储罐中。反应所生成的副产品氯化氢气体，经冷凝器冷却后，至填料吸收塔用水吸收得工业品稀盐酸。

【技术指标】　HG/T 3777—2005

指标名称	指　　标	指标名称	指　　标
外观	棕黄色或棕红色黏稠液体	密度(20℃)/(g/cm³)	1.35～1.45
活性组分/%	≥50.0	pH 值(1%水溶液)	≤2.0
亚磷酸(以 PO_3^{3-} 计)/%	≤3.0	Fe(以 Fe^{3+})/(mg/L)	≤35
氯化物(以 Cl^- 计)/%	12～17		

【应用】

（1）作用机理

二乙烯三胺五亚甲基膦酸（DTPMP）为阴极性缓蚀剂，能和多种金属形成稳定的络合物。在水溶液中能离解成 10 个正负离子，可以和两个或多个金属离子螯合，形成两个或多个立体结构大分子黏状络合物，松散地分散于水中，破坏碳酸钙等钙盐结晶生长，从而起到阻垢作用。DTPMP能有效地控制碳酸盐、硫酸盐、磷酸盐、羟基磷酸盐及水合氧化铁的沉淀，有效地阻止硬垢的生成。

（2）作为阻垢缓蚀剂

DTPMP是一种阴极性阻垢缓蚀剂，使用浓度小于3mg/L，与聚羧酸盐、亚硝酸盐有良好的协同能力，阻垢率达95%以上，特别是在碱性溶液中（pH值为10～11）对碳酸钙仍有良好的阻钙性能，此时的阻钙效果较HEDP、ATMP高2～3倍。DTPMP单独使用或复配使用时一般不加分散剂，单独使用的浓度为10～15mg/L，有效浓度为5～7.5mg/L。

（3）其他用途

DTPMP还能与活泼氧的化合物（如H_2O_2等）形成稳定的加成物，使活性氧保持稳定。如用于双氧水稳定剂（加入量为1%～10%）。也可以用做金属清洗剂去除金属表面的油脂，还可用于洗涤剂的添加剂、金属离子的螯合剂、无氰电镀添加剂、贵金属的萃取剂。

5.3.5 聚醚多氨基亚甲基膦酸盐-N-氧化物

【结构式】

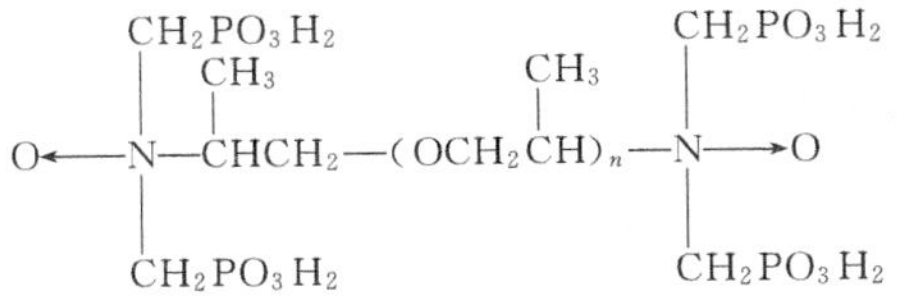

聚醚多氨基亚甲基膦酸盐-N-氧化物简称PAPEMP，别名多氨基多醚基甲基膦酸盐。结构式中n为2～12，一般选择2～4，最佳相对分子质量在600左右。

【物化性质】　黄色透明黏稠液体，相对分子质量大约在600。在高pH值、高溶解固体和高碳酸钙饱和度等苛刻条件下能发挥良好的阻垢性能。

【制备方法】　以相对分子质量约为230，结构为$H_2NCH(CH_3)CH_2[OCH_2CH(CH_3)]_{2.6}NH_2$的二胺与三氯化磷、甲醛反应，再用氧化剂氧化制得。

在装有搅拌器、回流冷凝器、滴液漏斗的反应瓶中加入1mol无水二胺，去离子水（8mol、144g），4mol甲醛（37%，324g），搅拌并冷却至30℃以下，缓慢滴加4mol（544g）三氯化磷，控制反应温度在30～40℃，反应中有氯化氢逸出。当三氯化磷加完后，将温度缓慢升至110℃，回流反应0.5h，然后再加入过氧化物氧化，即得黄色透明黏稠液体产品。

【技术标准】　企业标准

指 标 名 称	指 标	指 标 名 称	指 标
外观	黄色透明液体	磷酸（PO_4^{3-}计）/%	≤1.0
固体含量/%	≥45.0	密度(20℃)/(g/L)	≥1.20±0.05
活性组分（以PAPEMP计）/%	≥40.0	pH值（1%水溶液）	2.0±0.5

【应用】　PAPEMP为最新一代水处理剂，具有很高的螯合分散性能和很高的钙容忍度及优异的阻垢性能，该药剂可作为循环冷却水系统的阻垢缓蚀剂，特别适用于高硬度、高碱度、高pH值的循环冷却水系统和油田水处理。对碳酸钙、磷酸钙、硫酸钙的阻垢性能优异，同时可有效地抑制硅垢的形成，且具有良好的稳定金属离子如锌、锰、铁的能力。PAPEMP单独使用投加量为5～75mg/L，PAPEMP与其他药剂不同的是加量越多效果越好，PAPEMP可与聚丙烯酸等复配使用进一步提高其阻垢性能。

5.3.6　甘油磷酸三酯

【结构式】

$$CH_2-O-\overset{\displaystyle O}{\underset{\displaystyle}{P}}-(OH)_2$$
$$CH-O-\overset{\displaystyle O}{\underset{\displaystyle}{P}}-(OH)_2$$
$$CH_2-O-\overset{\displaystyle O}{\underset{\displaystyle}{P}}-(OH)_2$$

【物化性质】　多元醇磷酸酯作为工业循环冷却水系统的阻垢分散剂，具有良好的阻垢效果，甚至在循环冷却水系统中已出现钙垢沉积的情况下，在多元醇磷酸酯的存在下这些污垢也能逐渐疏松消解，生成易于流动的絮状物被水带走。

【制备方法】　多元醇磷酸酯是由多元醇与磷酸或五氧化二磷反应制得。将化学计量的丙三醇加入到带有分水器的反应器中，加入适量的苯，然后再加入化学计量的磷酸。取微量的浓硫酸加入到反应体系中。将反应物温度升到苯回流温度，在搅拌下回流脱水，当脱除的水量达到计算值时，酯化反应完成。加入适量的去离子水，配成一定比例的多元醇磷酸酯水溶液。

5.3.7　辛基酚聚氧乙烯醚磷酸酯

【结构式】

$$C_8H_{17}\text{—}\underset{}{\bigcirc}\text{—}O\text{-}(CH_2\text{-}CH_2\text{-}O)\text{-}\overset{\displaystyle O}{\underset{\displaystyle}{P}}\text{—}(OH)_2$$

【物化性质】　烷基酚聚氧乙烯醚磷酸酯是一种新型的水处理剂，属阳极型缓蚀剂，具有较高的热稳定性，能在较大温度范围内使用。一般而言，这类水处理剂含有单酯、双酯和少量的聚酯。单酯含两个羟基，亲水性较强，双酯平滑性好，但难溶于水。

【制备方法】　辛基酚聚氧乙烯醚磷酸酯的合成常用的磷化剂有五氧化二磷、三氯氧磷和聚磷酸，生成的磷酸酯往往是单酯、双酯的混合物。磷化剂的选择影响最终产品各组分的比例及功能。以辛基酚聚氧乙烯醚和五氧化二磷为原料，反应原理如下：

$$4C_8H_{17}\text{—}\bigcirc\text{—}(OCH_2CH_2)_nOH + P_2O_5 \longrightarrow$$

$$2[C_8H_{17}\text{—}\bigcirc\text{—}(OCH_2CH_2)_nO]\overset{\displaystyle O}{\underset{\displaystyle}{P}}\text{—}OH + H_2O$$

$$2C_8H_{17}\text{—}\bigcirc\text{—}(OCH_2CH_2)_nOH + P_2O_5 + H_2O \longrightarrow$$

$$2C_8H_{17}\text{—}\bigcirc\text{—}(OCH_2CH_2)_nO\text{-}\overset{\displaystyle O}{\underset{\displaystyle}{P}}\text{—}(OH)_2$$

$$3C_8H_{17}\text{—}\bigcirc\text{—}(OCH_2CH_2)_nOH + P_2O_5 \longrightarrow$$

$$C_8H_{17}\text{—}\bigcirc\text{—}(OCH_2CH_2)_nO\text{-}\overset{\displaystyle O}{\underset{\displaystyle}{P}}\text{—}(OH)_2 + [C_8H_{17}\text{—}\bigcirc\text{—}(OCH_2CH_2)_nO]_2\overset{\displaystyle O}{\underset{\displaystyle}{P}}\text{—}(OH)$$

由上述反应可看出，当辛基酚聚氧乙烯醚：P_2O_5 为 3:1 时，且无水条件下，可得等摩尔比的磷酸单酯和双酯的混合物；当摩尔比较低时，易得单酯，反之易得双酯。

合成方法为在装有搅拌器、温度计的 500mL 圆底烧瓶中加入辛基酚聚氧乙烯醚，在强搅拌、室温（20℃）条件下，缓慢将 P_2O_5 分批加入，加料过程中的温度应控制在 40℃左右，加料完毕后，往圆底烧瓶中通入 N_2，在密闭条件下升温至 75℃，保温酯化 4h，停止反应。

【应用】 辛基酚聚氧乙烯醚磷酸酯是一种新型多元醇磷酸酯，与一般的有机磷酸酯相比，其稳定性、缓蚀性能和溶解度有不同程度的改善。与阻垢剂 HEDP 复配可组成缓蚀阻垢剂。辛基酚聚氧乙烯醚磷酸酯还可作为一种优良的表面活性剂，其兼有非离子和阴离子的特性，在纺织、医药、化妆品等行业中应用广泛。目前，我国聚氧乙烯醚磷酸酯的生产厂家还不多，处于发展阶段，但它以 8%～10% 的速度递增，为此，研制、开发聚氧乙烯醚磷酸酯具有很大价值。

5.3.8 2-膦酸丁烷-1,2,4-三羧酸（PBTC）

【结构式】

$$
\begin{array}{c}
\text{O} \\
\text{HO}-\overset{\text{O}}{\underset{}{\text{P}}}-\text{OH} \\
\text{HO}-\overset{\text{O}}{\underset{}{\text{C}}}-\text{CH}_2-\text{CH}_2-\overset{}{\underset{\overset{}{\underset{\text{O}}{\text{C}-\text{OH}}}}{\text{C}}}-\text{CH}_2-\overset{\text{O}}{\underset{}{\text{C}}}-\text{OH}
\end{array}
$$

2-膦酸丁烷-1,2,4-三羧酸简称 PBTC，其分子结构中同时含有膦基—PO_3H_2 和羧基—COOH，使得 PBTC 能在高温、高硬度和高 pH 值的水质条件下，具有比常用有机多元膦酸更好的阻垢性能。与有机多元膦酸相比，PBTC 不易形成难溶的膦酸钙。同时它还有缓蚀作用，特别是在高剂量使用时，它还是一种高效缓蚀剂。PBTC 与锌盐和聚磷酸盐复配可产生良好的协同效应。

【物化性质】 外观为无色或淡黄色，几乎无味的透明液体。通常为含固体量为（50±1）% 的水溶液。密度（20℃）1.27～1.30g/cm³，黏度（20℃）15～25mPa·s，凝固点约为－15℃。pH 值（1% 重量活性药剂水溶液）为 1.5～1.8。由亚磷酸二甲酯和马来酸二甲酯的加成产物再与丙烯酸甲酯加成，得 2-膦酸二甲酯丁烷-1,2,4-三羧酸甲酯，然后在酸存在下进行水解制得。具有良好的缓蚀阻垢性能，能耐酸、耐碱和耐氧化。对锌盐溶解度高且具协同效应。适用于高温、高硬、高 pH 值、高浓缩倍数的苛刻水质条件。

【制备方法】 目前国内一般采用德国 Bayer 公司的技术路线：①亚磷酸酯与丁二酸酯在催化剂作用下发生亲核加成反应，生成磷酰基琥珀酸四烷酯；②磷酰基琥珀酸四烷酯与丙烯酸酯在催化剂作用下进行 Michael 加成反应，生成 2-膦酰基丁烷-1,2,4-三羧酸五烷酯；③2-膦酰基丁烷-1,2,4-三羧酸五烷酯在酸性介质中水解得到最终产物 PBTC。工艺路线如下：

$$
\underset{\text{H}-\overset{\text{O}}{\underset{}{\text{P}}}-(\text{OR})_2}{} + \underset{\overset{\text{CH}-\text{COOR}}{\overset{\|}{\text{CH}-\text{COOR}}}}{} \xrightarrow{\text{加成反应}} (\text{RO})_2-\overset{\text{O}}{\underset{}{\text{P}}}-\underset{\overset{}{\underset{\text{CH}_2-\text{COOR}}{}}}{\text{CH}-\text{COOR}} \tag{A}
$$

$$
\text{A}+\text{CH}_2=\text{CH}-\text{COOR} \longrightarrow (\text{RO})_2-\overset{\text{O}}{\underset{}{\text{P}}}-\underset{\overset{}{\underset{\text{CH}_2-\text{COOR}}{}}}{\overset{\overset{\text{CH}_2-\text{CH}_2-\text{COOR}}{}}{\text{C}-\text{COOR}}} \tag{B}
$$

$$
\text{B}+5\text{H}_2\text{O} \longrightarrow (\text{HO})_2-\overset{\text{O}}{\underset{}{\text{P}}}-\underset{\overset{}{\underset{\text{CH}-\text{COOH}}{}}}{\overset{\overset{\text{CH}_2-\text{CH}_2-\text{COOH}}{}}{\text{C}-\text{COOH}}}
$$

这里的 R 主要为 Me 或 Et。此外，也可用丙烯腈替代丙烯酸，但该产品在合成过程中涉及剧毒的氰化物，对环境造成二次污染，因而工业生产几乎不采用此路线。

【技术指标】 HG/T 3662—2000

项　　目	指　　标		项　　目	指　　标	
	一等品	合格品		一等品	合格品
活性组分(PBTC)/%	≥50.0	≥50.0	pH 值(1%水溶液)	1.5~2.0	1.5~2.0
磷酸(以 PO_4^{3-} 计)含量/%	≤0.20	≤0.50	密度(20℃)/(g/cm³)	≥1.270	≥1.270
亚磷酸(以 PO_3^{3-} 计)含量/%	≤0.50	≤0.80			

【应用】　PBTC 是一种兼具阻垢缓蚀性能高、化学稳定性强和低毒特点的水处理剂。在苛刻条件下，如高温、高硬度、高碱度下能发挥很强的阻垢作用，尤其在有 Fe^{3+} 存在，其阻垢性能优于其他有机磷酸盐；对硫酸盐的阻垢性能略差。PBTC 具有良好的缓蚀性能，与锌盐、聚磷酸盐有很好的协同缓蚀作用，其缓蚀机理是：碳钢表面发生腐蚀时，腐蚀产物，主要是水解氧化铁，在金属表面沉积；当有 PBTC 存在时，PBTC 与水解氧化铁在金属表面反应生成了一层不溶于水的缓蚀膜，将水与金属隔开，从而抑制了金属的腐蚀。锌、钙离子也可参与膜的形成。它不易被酸碱破坏，不易水解，耐高温。据报道，1 份 PBTC 与 4 份 50% 的氢氧化钠水溶液在 80℃ 放置 1 年，或 1 份 PBTC 与 9 份 98% 的硫酸在 80℃ 放置 3 周，PBTC 有效成分均未发生改变；PBTC 还耐氧化剂如氯、优氯净、强氯精的氧化分解；PBTC 不易与 Ca^{2+}、Mg^{2+}、Fe^{3+} 等生成难溶的有机磷酸盐沉淀。

PBTC 可用于石油、化工、发电、工业锅炉的水处理。其加入量就应根据现场水质及水系统运行状况进行试验后确定，推荐浓度一般为 5~20mg/L，一般与其他缓蚀剂、阻垢剂复合使用，药剂应连续注入冷水系统中；加药设备应耐酸性腐蚀。

5.3.9　二甲基磷酸氨基甲磺酸（DPAMS）

【结构式】

$$(HO)_2-P(=O)-CH_2 \diagdown N-CH_2-SO_3H \diagup (HO)_2-P(=O)-CH_2$$

【物化性质】　白色或黄色透明黏稠液体，易溶于水。由于磺酸基团的引入，增大了有机磷酸的活性，使本品比传统的 ATMP、HEDPA 阻碳酸钙垢性能更佳。在阻垢方面本品不受系统水中金属离子的影响，对 P、S、Ca、Ba、Mg(OH)₂、CaCO₃ 等形成的盐，特别是对磷酸钙沉积有良好的抑制作用，并且能有效地分散中间过程中产生的微晶颗粒物。它不但能稳定金属离子和有机磷酸，而且与磷酸基团复合使用有很好的协同增效作用，并保持阻垢分散剂药力持久，不易结胶。低浓度时即可达到较好的阻垢效果。磷含量相对来说比常用的有机磷酸低，有利于减少循环水里的磷含量。

【制备方法】

① 氨基甲磺酸的制备

$$NH_3 + HCHO + SO_2 \longrightarrow H_2NCH_2SO_3H$$

将一定量的质量分数为 25% 的浓氨水投加到反应釜中，在室温下缓慢投加质量分数为 37% 的甲醛水溶液，控制投加速度，使釜内温度不超过 30℃。甲醛投加完毕后，将釜内反应温度缓慢升至 50℃，维持搅拌反应 30min。将反应液降温并冷却至 10℃，慢慢通入二氧化硫气体，直至饱和，当出现白色沉淀后继续反应 30min，停止通入二氧化硫。滤去反应液，得白色粉状产物-氨基甲磺酸，真空干燥。产率为 90%。

② 二甲基磷酸氨基甲磺酸的制备

$$H_2NCH_2SO_3H+2HCHO+2PCl_3+4H_2O \longrightarrow HO_3S-CH_2-N\begin{array}{c}CH_2-\overset{O}{\underset{||}{P}}-(OH)_2\\[4pt]CH_2-\underset{||}{\overset{O}{P}}-(OH)_2\end{array}$$

将 297 份氨基甲磺酸溶解于 72 份水中，在搅拌下将 162 份质量分数为 37% 的甲醛水溶液缓慢加入到上述水溶液中，控制反应温度在 30～35℃，甲醛水溶液投加完毕后，继续搅拌反应 30min，然后将反应温度缓慢升至 50℃，在此温度下保温反应 30min。将反应液冷却至 20℃左右，并用冷却水继续冷却。在搅拌下缓慢投加 137.5 份三氯化磷，投加过程中应严格控制投加速度，控制反应温度不超过 30℃。三氯化磷投加完毕后，将反应温度升至 85～90℃，继续搅拌反应 2h 后，降温停止反应，加入适量的去离子水，配制成所需要的浓度，取样检验产品的各项指标。即得二甲基磷酸氨基甲磺酸。

【应用】　DPAMS 在膦酸型阻垢分散剂的分子中引入磺酸基团，就构成了磺酸磷酸型阻垢分散剂。在工业冷却水阻垢、缓蚀、分散等各种功能性药剂的发展中，磷酸型阻垢分散剂和磷酸型阻垢分散剂的推广应用，很好地解决了循环冷却水系统中产生的碳酸钙污垢问题，但并没有解决以磷系配方、锌系配方处理的系统所产生的磷酸钙污垢问题和磷酸锌污垢问题。磺酸基团对磷酸钙污垢和磷酸锌污垢有独特的高效抑制能力和对金属离子的稳定作用。除此之外，磺酸基团的另一突出特点是：在阻垢方面不受系统水中金属离子的影响，对 P、S、Ca、Ba、$Mg(OH)_2$、$CaCO_3$ 等形成的盐，特别是对磷酸钙沉积有良好的抑制作用，并且能有效地分散中间过程中产生的微晶颗粒物。它不但能稳定金属离子和有机磷酸，而且与磷酸基团有很好的增效协同作用，并保持阻垢分散剂药力持久，不易结胶。一般投加量为 5～10mg/kg，对碳酸钙、磷酸钙的阻垢率可接近 100%。由于含磺酸基磷酸所具有的这些特点，使其在工业冷却水系统中作为阻垢分散剂受到关注。

5.3.10　N,N,N-三亚甲基三膦酸-乙二胺-N-羟丙基磺酸（EDTMPPS）

【结构式】

$$H_2O_3P-CH_2 \atop H_2O_3P-CH_2 \!\!\!\Big\rangle\! N-CH_2CH_2-N \!\Big\langle\!\!\! {CH_2-\overset{OH}{CH}-CH_2-SO_3H \atop CH_2-PO_3H_2}$$

【物化性质】　棕黄色透明黏稠溶液，与水任意比例互溶。相对密度为 1.3～1.4。本品是一种有机多元磷磺酸，分子中含有三个磷酸基、一个磺酸基和一个羟基，能电离出 7 个氢离子。可以和两个或多个金属离子螯合，形成两个或多个立体结构的大分子络合物，松散地分散于水中，使钙垢的正常结晶破坏，并使已形成的碳酸盐微晶分散于水介质中，减少水垢的形成，起到良好的阻垢作用。

【制备方法】　以氯代羟丙磺酸、乙二胺、甲醛和三氯化磷等为基本原料，在水溶液中，一定温度下反应，得到本品，反应式如下：

$$ClCH_2CH(OH)CH_2SO_3H+H_2NCH_2CH_2NH_2 \longrightarrow H_3^+NCH_2CH_2NHCH_2CH(OH)CH_2SO_3^-$$

$$H_3^+NCH_2CH_2NH_2CH_2CH(OH)CH_2SO_3^-+3PCl_3+3CH_2O \longrightarrow EDTMPPS$$

① 将 1mol 氯代羟丙磺酸溶解于 2mol 的水中，在搅拌下慢慢滴加 2mol 的氢氧化钠溶液到氯代羟丙磺酸的水溶液中，控制反应温度在 30～35℃，继续搅拌反应 0.5h，将反应液冷却至 20℃左右。

② 在装有搅拌器、回流冷凝器、滴液漏斗的反应瓶中加入 1mol 无水乙二胺，缓慢滴加

①中的溶液，控制反应温度在 30～40℃。滴加完毕后，将反应温度升至 85～90℃，继续搅拌反应 2h 后降温停止反应。

③ 将②的反应液在搅拌并冷却至 30℃ 以下，加入 3mol 的甲醛，在搅拌下慢慢滴加 3mol 的三氯化磷，当三氯化磷加完后，将温度缓慢升至 110℃，回流反应 0.5h 即得橙红色液体。此液即可作为阻垢剂用于循环冷却水。

【技术标准】

项　目	指　标	项　目	指　标
外观	棕色透明水溶液	总无机磷(PO_4^{3-})/%	≤5.0
固含量/%	≥40.0	pH 值(1%水溶液)	≤2.0
总磷(PO_4^{3-})/%	≥22.0		

【应用】　本品不但自身有优良的"溶限效应"，而且与其他阻垢分散剂有良好的协同作用。与传统的阻垢剂相比，对钙有更大的容忍度；对碳酸钙的阻垢率优于 PBTC 和其他有机磷酸盐，如 7mg/L 本品的阻垢率和 7mg/L 的 PBTC 相当，但浓度再增加，本品的阻垢率继续增加，而 PBTC 的阻垢率不再增加。与锌盐有优良的协同效果和复配性能，可与 4% 以上的锌盐（以锌计）复配成稳定的复合剂。同时具有良好的缓蚀效果，其缓蚀效果可以与 HEDP 相媲美。本品有良好的热稳定性、酸碱稳定性，不易水解。但抗氧化性杀生剂作用较弱，与同类物质 EDTMP 相当。

本品一般用于循环冷却水和印染用水等的防垢，以及锅炉软垢的调解剂、一般用量为 4～8mg/L。可与其他缓蚀剂、阻垢剂复合使用。也可作为复合剂中的锌盐稳定剂，较适用于高硬度碱度的循环冷却水处理。

5.4　聚合物型阻垢分散剂的制备及应用

聚合物型阻垢剂包括均聚物和共聚物。均聚物主要有聚丙烯酸钠（PAA）、聚甲基丙烯酸（PMA）、聚天冬氨酸（PASP）等，共聚物种类繁多，利用带有不同官能团的单体及它们不同构成比，可组成一系列带有多种官能团的二元、三元、四元共聚物。共聚物阻垢剂的阻垢机理大致有以下 3 种方式。

① 螯合增溶作用　共聚物阻垢剂溶于水后，羧基、羟基、磷酸基等基团能离解出氢离子，使之成为带负电荷的阴离子，这些负离子与 Ca^{2+}、Mg^{2+} 等金属离子形成稳定络合物，从而提高了 Ca 晶粒析出时的过饱和度，也就是增加了 $CaCO_3$ 在水中的溶解度。

② 晶格畸变作用　在碳酸钙微晶成长过程中，加入阻垢剂时，它们会吸附到碳酸钙晶体的活性增长点上与 Ca^{2+} 螯合，抑制了晶格向一定的方向成长，使晶格歪曲。这也是产生临界值效应的机理。另外，部分吸附在晶体上的化合物，随着落晶体增长被卷入晶格中，使 $CaCO_3$ 晶格发生错位，在垢层中形成一些空洞，分子与分子之间的相互作用减小，使硬垢变软。

③ 凝聚与随后的分散作用　对于聚羧酸盐类阻垢剂，在水中离解生成含有羧酸根的离子，在与碳酸钙微晶碰撞时，会发生物理化学吸附现象而使微晶表面形成双电层。聚羧酸盐的链状结构可吸附多个相同电荷的微晶，它们之间的静电斥力可阻止微晶的相互碰撞，从而避免了晶体的形成。在吸附产物又碰到其他聚羧酸盐离子时，会把已吸附的晶体转移过去，出现晶粒的均匀分散现象。从而阻碍晶粒间及晶粒与金属表面间的碰撞，减少溶液中的晶核数，进而将碳酸钙稳定在水溶液中。

共聚物类阻垢剂作为水处理药剂，具有品种繁多，合成方法较成熟，适用水质范围宽，低毒无公害等优点，是一类极具发展前途的绿色阻垢剂。共聚物类阻垢剂在我国具有广阔的研究、开发及应用前景。

5.4.1 聚丙烯酸（PAA）

【结构式】

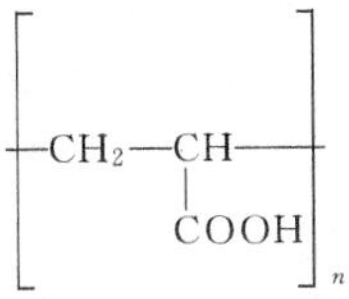

$$\left[\begin{array}{c} -CH_2-CH- \\ | \\ COOH \end{array} \right]_n$$

【物化性质】 无色或淡黄色液体。能与水中金属离子，如钙、镁等形成稳定的络合物，对水中碳酸钙、氧化钙有优良的分散作用。本品为低分子量聚电解质，聚丙烯酸的水溶液含有很少电离的紧密卷曲的聚合物分子，黏度较低。聚丙烯酸存在于稀盐酸溶液中，聚合物分子的卷曲趋势就会增大，电离趋势就减小。用碱中和丙烯酸聚合物，电离度增大，黏度也随之增大。一价离子的盐类一般不会使聚丙烯酸水溶液沉淀，二价离子的盐类能使之析出白浊物。聚丙烯酸的水溶液流动性因聚合度不同而不同。用于水处理的聚丙烯酸相对分子质量一般在 2000～5000，可与水互溶，溶于乙醇、异丙醇等。聚丙烯酸呈弱酸性，pK_a 为 4.75。在 300℃ 以上易发生分解。

【制备方法】 采用溶液聚合方法，以丙烯酸为原料，经水稀释后，在引发剂作用下聚合而成。丙烯酸聚合既快又发热，为实现对聚合过程的控制，用于循环水处理的聚丙烯酸通常把丙烯酸配成 40% 以下的水溶液进行聚合，聚合温度通常控制在 50～150℃。常用引发剂为过硫酸铵和亚硫酸钠，在聚合过程中还常加少量的（<5%）巯基琥珀酸、异丙醇等做缓聚剂，对苯二酚或邻苯二酚用作阻聚剂。

将化学计量的去离子水加入到装有电动搅拌、回流冷凝管、滴液漏斗和温度计的反应器中，开动搅拌并将反应温度升至 80℃ 左右，将计量的巯基乙酸或异丙醇加入到反应器中与水混溶。将化学计量的过硫酸铵用计量的水配成稀溶液，置于聚合反应器上的滴液漏斗中，将计量的丙烯酸（AA）单体与一定量水混合，置于聚合反应器上的另一滴液漏斗中。当反应器中的水温达到反应所需要的温度后，开始滴加丙烯酸单体水溶液和引发剂过硫酸铵水溶液，控制滴加速度使反应温度在 85～90℃ 聚合反应 3～5h。反应完成后，将聚合液冷却至室温，取样分析各项技术指标，符合要求后分装。

将 8g 丙烯酸和 2g 丙烯腈加入到 60mL 水中，加入 0.2g $NaHSO_3$ 和少许 HNO_3，于 70℃ 时滴加含有 0.1g 过硫酸铵的引发剂水溶液，经引发聚合后，体系自动升温至 85℃ 左右，保持此温度，继续反应 2h，得到透明黏稠液体，加入稀碱，调 pH 值至 6.5 左右。放料即为产品。

在上述反应中加入 HNO_3 的目的是增溶，因为聚丙烯腈是水不溶物，共聚物也为混浊溶液，加入增溶剂后可使体系呈完全透明。另外该反应系游离基共聚，体系剧烈放热，极易引起爆聚，自加速效应也很明显，为了使聚合平缓，可加入二乙醇胺或十二烷基硫醇等作为相对分子质量调节剂。

【技术指标】 GB/T 10533—2000

项 目	指标	项 目	指标
固体含量/%	≥30.0	密度(20℃)/(g/cm³)	≥1.09
游离单体(以 CH_2=CH—COOH 计)含量/%	≤0.50	极限黏数(30℃)(dL/g)	0.060～0.10
pH 值(1%水溶液)	≤3.0		

【应用】

(1) 聚丙烯酸是聚羧酸产品最早的一种均聚物。它在水溶液中羧基官能团发生部分电离，因而具有导电性，称其为聚电解质。聚丙烯酸中的羧酸根对 Ca^{2+}、Mg^{2+} 等离子具有螯合作用，使其具有阻垢性能。聚丙烯酸电解质还能对泥土、腐蚀产物等无定性物具有分散作用，是一种分散剂。单独用量一般在 $2\sim15mg/L$。

(2) 聚丙烯酸具有阻 $CaCO_3$ 性能，$1mg/L$ 的聚丙烯酸能拴住 $45mg/L$ 的钙离子，阻 $CaCO_3$ 性能优于一般的聚羧酸共聚物，但几乎没有阻 $Ca_3(PO_4)_2$ 的能力。

(3) 本品常与缓蚀剂复配复合水质稳定剂使用。它可以作为铝系、钨系、磷系复合引发体系配方中一种阻垢分散剂组分。它与有机磷酸盐复配成的药剂对其阻垢性能有增效作用，复配药剂适用水质硬度为 $150\sim450mg/L$（以 $CaCO_3$ 计）和碱度为 $150\sim450mg/L$（以 $CaCO_3$ 计）的中等硬度的水质。

(4) 用于水处理剂的聚丙烯酸相对分子质量一般在 $2500\sim5000$，在此范围内，相对分子质量宽窄对其阻 $CaCO_3$ 性能影响不大。

5.4.2 聚丙烯酰胺（PAM）

【结构式】

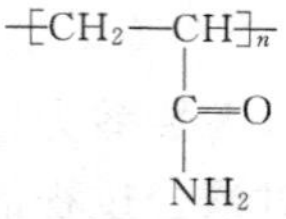

$$\left[CH_2{-}CH\right]_n$$
$$|$$
$$C{=}O$$
$$|$$
$$NH_2$$

聚丙烯酰胺扩链呈线型，具有亲水的酰氨基（$-CONH_2$），因此能溶于水。

【物化性质】 白色粉末或半透明珠粒和薄片。密度 $1.30g/cm^3$（$23℃$）。玻璃化温度 $153℃$。软化温度 $210℃$。溶于水，水溶液为均匀清澈的液体。聚丙烯酰胺不溶于绝大多数有机溶剂中，故其水溶液中添加大量的水溶性有机溶剂时（丙酮、甲醇等），它会从水溶液中沉降出来。水溶液的黏度随其浓度增加而提高，在同一浓度下，分子量越大，黏度也越大。易发生水解反应，pH 中性时水解速率最低，一般低于 1%。但在碱性条件下，酰氨基很易水解成丙烯酸，成为二元共聚物。

【制备方法】 聚丙烯酰胺的制备方法很多，详见第 3 章聚合絮凝剂聚丙烯酰胺的制备。聚丙烯酰胺作为阻垢剂的主要制备方法按照聚合实施方法可分为水溶液聚合法、反相悬浮聚合法、反相乳液聚合法、反相微浮液聚合法等。

(1) 水溶液聚合法

水溶液聚合是将单体丙烯酰胺和引发剂溶解在水中进行的聚合反应，是聚丙烯酰胺工业生产最早、国内用得最多的方法。与本体聚合相比，溶液聚合的优点是：有溶剂为传热介质，聚合温度容易控制；体系中的聚合物浓度较低，容易消除自动加速现象；聚合物分子量较均一；不易进行链自由基大分子转移而生成支化或交联的产物；反应后物料也可以直接使用。该法具有安全、工艺设备简单、成本较低等优点，目前也是国内聚丙烯酰胺主要的生产方法。

实例：聚丙烯酰胺乳液的制备方法

① 将去离子水加入容器内，在 $40\sim70r/min$ 的搅拌速度下，加入丙烯酰胺、硫酸铵、分散剂、丙烯酰氧乙基二甲基苄基氯化铵，溶解均匀制成原料液待用。

② 将原料液泵入反应釜中，通氮气除氧，并升温至 $20\sim50℃$，加入种子乳液 $20\sim100$ 份，在 $50\sim60r/min$ 的速度下进行搅拌。

③ 将引发剂、还原剂加水溶解后，加入原料液中，在 $40\sim60r/min$ 的搅拌速度下反应 $10\sim20h$。

④ 加无水硫酸钠，继续搅拌 30min。

⑤ 加入醋酸，继续搅拌 30min 出料，即得到产品。

（2）反相乳液聚合法

反相乳液聚合是指把水溶性单体在乳化剂的作用下分散到非极性有机溶剂中，用油溶性或水溶性引发剂引发的聚合。反相乳液聚合法的优点在于：由于聚合反应是分散在油相中的微粒中进行，不易发生爆聚现象，聚合过程中放出的热量散发均匀，反应体系平稳，易控制，故所得产品相对分子质量高且分布窄。

但该法工艺过程较难控制，引入有机溶剂后不仅成本增加，并且所得产品需经破乳及去杂处理，回收处理废溶剂也非常麻烦，而且会带来污染，工艺繁杂。目前还没有很好的办法来解决这些问题，还没有在生产中得到大规模应用。

李小兰等研究引发剂、油水比和加料方式对合成超高相对分子质量聚丙烯酰胺的影响。选出最佳的引发剂为过硫酸钾-连二亚硫酸钠，过硫酸钾浓度为 0.04mmol/L，连二亚硫酸钠的浓度为 0.03mmol/L。油相液体石蜡和水的质量比为 1.1：1。分两次分别滴加质量分数为 27％和 35％的丙烯酰胺（AM）溶液，实验应严格控制搅拌速度和反应温度（控制在 40～60℃），PAM 相对分子质量为 16.6×10^6。

Reekmas 在专利 USP6686417 中以两亲性高分子低 HLB 值嵌段聚合丁基硬脂酸酯为乳化剂，以植物油为连续相，制备聚丙烯酰胺。

（3）沉淀聚合法

所谓沉淀聚合法是指在溶液聚合的基础上，采用适当的溶剂和添加剂，使单体溶于介质中，生成的聚合物不溶于介质中而沉淀下来，可直接得到颗粒状产品，这种方法称为沉淀聚合法。

沉淀聚合法的优点是：聚合热易于散发，而且体系黏度小，大大提高了聚合过程的易操作性；反应后期剩余的单体仍然可以自由扩散，这有利于提高转化率和增大分子量；沉淀聚合产物分子量分布窄，残留单体大部分保留在溶剂中，有利于获取高纯低毒产品；反应物料可用泵送，产物经分离或过滤，气流干燥得到疏松粉状产品，简化了后处理过程。

（4）辐射聚合法

辐射聚合的方法为将丙烯酰胺水溶液加入容器中，然后抽真空、充入氮气、封闭容器，在一点温度下用 ^{60}Coγ 射线辐射使其发生聚合反应，得到产品。此法成本低，但存在反应难以控制、产物难以分离、残留未反应单体多等缺点。

【技术指标】 GB 17514—1998　水处理剂 聚丙烯酰胺

项　　目	饮用水用	污水处理用	
	优等品	一等品	合格品
固含量(固体)/%	≥90.0	≥90.0	≥87.0
丙烯酰胺单体含量(干基)/%	≤0.05	≤0.10	≤0.20
溶解时间(阴离子型)/min	≤60	≤90	≤120
溶解时间(非离子型)/min	≤90	≤150	≤240
筛余物(1.00mm 筛网)/%	≤5	≤10	≤10
筛余物(180μm 筛网)/%	≥85	≥80	≥80

【应用】　聚丙烯酰胺作为工业冷却水系统的阻垢剂使用，多数情况下需要与其他阻垢剂复配使用并且要求相对分子质量在 8000～10000 范围内，高相对分子质量的聚丙烯酰胺一般用作絮凝剂使用。相对分子质量在 10^5～10^6 范围内的聚丙烯酰胺在与其他阻垢剂配合使用时具有剥离污泥的作用。

5.4.3 聚丙烯酸钠（PAAS）

【结构式】

$$\left[\begin{matrix} -CH_2-CH- \\ | \\ COONa \end{matrix}\right]_n$$

【物化性质】 淡黄色黏稠液化，易溶于水，呈弱碱性，能溶于甲醇、乙二醇。聚丙烯酸钠分子链上有许多羧酸根负离子，使高分子链附近存在着强大的静电力，在这静电力的作用下，使阳离子与高分子链上的羧酸根之间的亲和力比相应的单体上的羧酸根与同样阳离子间的亲和力要强。聚丙烯酸钠羧酸根对阳离子的束缚作用随聚合物离解程度的增加而增加，随阳离子价数增加、离子半径减小而增加。相对密度为 1.10 ± 0.1。

【制备方法】 （1）制备工艺

聚丙烯酸钠的制备一般采用过硫酸铵作引发剂，甲醇、异丙醇等作链转移剂，丙烯酸单体在温度较高的水溶液中进行聚合，聚合完成后，用 NaOH 中和。具体制备方法有 2 种。

① 丙烯酸精制后用氢氧化钠中和生成丙烯酸钠，配成一定浓度的丙烯酸钠水溶液，再以过硫酸盐为引发剂加热聚合，得到本品。反应式如下：

$$CH_2=CHCOOH \xrightarrow{NaOH} \begin{matrix} CH_2=CH \\ | \\ COONa \end{matrix} \xrightarrow{引发剂} \begin{matrix} -CH_2-CH-_n \\ | \\ COONa \end{matrix}$$

工艺流程如图 5-8 所示。

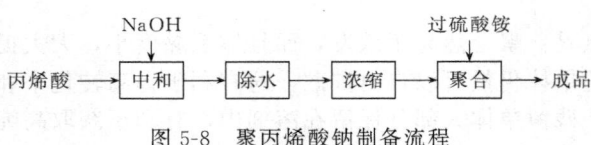

图 5-8　聚丙烯酸钠制备流程

② 丙烯酸精制后用过硫酸盐为引发剂在水中加热聚合，生成的聚合物再用氢氧化钠中和，得到本品。反应式如下：

$$nCH_2=CHCOOH \xrightarrow{引发剂} \begin{matrix} -CH_2-CH-_n \\ | \\ COOH \end{matrix} \xrightarrow{NaOH} \begin{matrix} -CH_2-CH-_n \\ | \\ COONa \end{matrix}$$

（2）制备实例

实例 1　将 53kg 氢氧化钠和适量水加入反应器中，慢慢搅拌加入丙烯酸，待加完丙烯酸后，加入相对分子质量调节剂和纯碱，搅拌使其分散，控制体系的温度为 80℃（丙烯酸和氢氧化钠中和热即可达到此温度），加入过硫酸钾 2.2kg，搅拌均匀，约 10min 后，发生快速聚合反应，最后得到白色泡沫状产物。将产物冷却，粉碎，即得到聚丙烯酸钠产品。

实例 2　首先，将 20kg 过硫酸铵溶解在 120kg 自来水中得到过硫酸铵水溶液；其次，在 1000L 的搪瓷间歇反应釜中加入 200kg 自来水，升温至（75±2）℃；开动搅拌，分别滴加 275kg 工业纯丙烯酸、反应温度控制在 75～85℃，滴加时间 2h，尽量保持不同物料同时滴加完毕；然后，滴加完毕，在（80±2）℃保温 0.5h，加入 40% NaOH 溶液调节 pH 值至7～8 得到成品。

实例 3　以废腈纶为原料制备聚丙烯酸钠。在装有回流冷凝器的 300L 搪瓷反应釜中加入废腈纶 20kg，固体氢氧化钠 2kg 和水 40kg，启动搅拌，开始缓慢升温，升温速度为0.4～0.8℃/min，控制升温速度可以防止水解反应过于剧烈，否则大量氨气集中释放，夹带黏稠液体物料喷出，容易造成危险；在 $1\sim2h$ 内将温度升高到 $65\sim70℃$，反应 $1\sim2h$ 后，继续升温到 $95\sim98℃$ 反应 $3\sim4h$，反应过程中注意用氨气吸收罐或塔（用水或稀酸做吸收液）吸收氨气；水解结束后向反应釜中加入约 10% 的乙二胺（或己二胺）水溶液 $800g$（乙二胺/腈纶为 0.02%），反应 $4h$，水解以无明显氨排出为控制终点的参照点，所以允许时间在一个范围之内浮动，最后得到浅黄色黏稠的聚丙烯酸钠水溶液，固含量为 21%，黏度为 $24000cP$。

【技术指标】 HG/T 2838—1997

项　　目	一等品	合格品
外观	无色或淡黄色透明液体	
固体含量/%	$\geqslant30.0$	$\geqslant30.0$
游离单体（以 $CH_2=CH-COOH$ 计）含量/%	$\leqslant0.50$	$\leqslant1.0$
pH 值	$6.5\sim7.5$	$6.0\sim8.0$
密度(20℃)/(g/cm^3)	$\geqslant1.15$	$\geqslant1.15$
极限黏数(30℃)/(dL/g)	$0.060\sim0.085$	$0.055\sim0.10$

【应用】 聚丙烯酸钠根据相对分子质量大小的差异而具有不同的用途，可分为：低相对分子质量聚丙烯酸钠（$1000\sim5000$），主要起分散作用；中相对分子质量（$10^4\sim10^6$），主要起增稠作用；高相对分子质量（$10^6\sim10^7$），主要起絮凝作用。超低相对分子质量（700 以下）的聚丙烯酸钠盐的用途还未完全开发，超高相对分子质量的聚丙烯酸钠高吸水性树脂，主要用作吸水剂。

聚丙烯酸钠用作阻垢分散剂与聚丙烯酸相似，但由于聚丙烯酸钠已中和成钠盐，所以其包装、运输、使用过程中腐蚀性大大降低。

5.4.4 聚甲基丙烯酸（PMA）

【结构式】

$$-[CH_2-\underset{\underset{COOH}{|}}{\overset{\overset{CH_4}{|}}{C}}]_n-$$

【物化性质】 透明易碎的固体，液体则为无色或淡黄色。溶于水，易溶于乙二醇乙醚、二甲基甲酰胺、甲醇、乙醇，不溶于丙酮和乙醚。能与水中金属离子，如钙、镁等形成稳定的络合物，对水中碳酸钙、氧化钙有优良的分散作用。本品为低相对分子质量聚电解质，聚甲基丙烯酸的水溶液含有很少电离的紧密卷曲的聚合物分子，黏度较低。聚甲基丙烯酸存在于稀盐酸溶液中，聚合物分子的卷曲趋势就会增大，电离趋势就减小。用碱中和甲基丙烯酸聚合物，电离度增大，黏度也随之增大。一价离子的盐类一般不会使聚甲基丙烯酸水溶液沉淀，二价离子的聚甲基丙烯酸相对分子质量一般在 $2000\sim5000$ 之间，可与水互溶，溶于乙醇、异丙醇等。聚甲基丙烯酸呈弱酸性，在 $300℃$ 以上易发生分解。

【制备方法】 一般采用水溶液聚合方法合成，原料甲基丙烯酸（由丙酮和氢氰酸反应生成）使用时蒸馏除去阻聚剂，过硫酸铵为引发剂，巯基乙酸为分子量调节剂。将计量的去离子水加到装有电动搅拌器、回流冷凝器、温度计和滴液漏斗的聚合反应器中，将巯基乙酸加入到反应器中与水混合均匀，开动搅拌并升高反应温度。将引发剂用计量的水配成适当的稀溶液置于聚合反应器上的滴液漏斗中，再将计量的甲基丙烯酸（MA）与计量的水配成一定比例的水溶液置于聚合反应器上的另一滴液漏斗中。当反应温度升至 $80℃$ 左右时开始滴加引发剂溶液和甲基丙烯酸溶液，控制滴加速度使反应维持 $3\sim4h$，并使反应温度控制在 $85\sim90℃$ 之间。聚合反应完毕，冷却反应物，取样测定产物的黏度、固含量，检查产物的阻垢率，合格后装桶入库。

聚合反应中，温度的控制、引发剂的用量、单体的浓度、相对分子量调节剂的用量以及单位时间内单体的浓度都将影响最终产物的分子量分布情况。因此整个聚合反应的操作必须严格按照工艺规定执行。

主要反应式如下：

$$CH_3-\overset{\overset{\displaystyle O}{\|}}{C}-CH_3 + HCN \longrightarrow (CH_3)_2-\overset{\overset{\displaystyle OH}{|}}{C}-CN \xrightarrow{H_2SO_4} CH_2=\overset{\overset{\displaystyle CH_3}{|}}{C}-COOH$$

$$CH_2=\overset{\overset{\displaystyle CH_3}{|}}{C}-COOH \xrightarrow[\text{调节剂}]{\text{过硫酸铵或 } H_2O_2} -\!\!\left[CH_2-\overset{\overset{\displaystyle CH_3}{|}}{\underset{\underset{\displaystyle COOH}{|}}{C}}\right]_{\!\!n}$$

【应用】 在水处理中聚甲基丙烯酸多用作锅炉水的阻垢剂，以及水中悬浮物质的分散剂。也可用于冷却水的处理。其阻垢分散性能与聚丙烯酸相似，耐温性较好，但价格较贵，因而限制了它的广泛使用。聚甲基丙烯酸常与其他水处理剂组成配方使用。适于作水处理药剂的聚丙烯酸的相对分子质量为 2000～10000，而聚甲基丙烯酸的相对分子质量为 500～2000。

5.4.5 聚天冬氨酸（PASP）

【结构式】

$$-NH-\overset{\overset{\displaystyle O}{\|}}{\underset{\underset{\displaystyle CH_2-COOH}{|}}{CH}}-\overset{\overset{\displaystyle O}{\|}}{C}-\overset{\overset{\displaystyle H}{|}}{N}\!\!\left|\!\!\overset{}{\underset{\underset{\displaystyle COOH}{|}}{CH}}-CH_2-\overset{\overset{\displaystyle O}{\|}}{C}-\overset{\overset{\displaystyle H}{|}}{N}-CH_2-\right|_{\!\!n}$$

α 型 β 型

聚天冬氨酸的分子结构如图所示。天冬氨酸分子中的氨基与羧基缩合后形成酰胺键，构成大分子主链，天冬氨酸的另一个羧基则分布在主链的两侧。在聚天冬氨酸大分子链中，由于与氨基缩合羧基的位置不同，结构单元有 α、β 两种结合方式。聚天冬氨酸大分子主链是由 α、β 型酰胺键组成。酰胺键的化学稳定性较高，高温不易分解。另一方面 α 型酰胺键也是肽键，它具有生物活性。所以说聚天冬氨酸具有类似蛋白质的结构。

聚天冬氨酸结构单元中，有 3 个氧原子和 1 个氮原子，O、N 原子极易与水分子形成氢键。大分子中含有丰富的—COOH、—NHCO—等极性基因，使聚天冬氨酸具有很好的亲水性和水溶性。聚合物大分子侧链上的羧基—COOH，在水溶液中很容易电离形成羧基负离子—COO⁻，它能与多种离子发生络合反应，使聚天冬氨酸在水溶液中具有很高的化学活性。

【物化性质】 淡黄色透明水溶液，pH 值为 9.5，具有优良的分散水中多重无机和有机离子的性能，可被生物降解为无毒物质，是一种非常理想的水处理剂。

【制备方法】 目前，合成聚天冬氨酸的原料主要有两类：一类是以 L-天冬氨酸为原料，另一类是以马来酸酐及其衍生物为原料。以马来酸酐及其衍生物为原料合成聚天冬氨酸，具有原料易得，生产成本低的优势，但聚合产品的相对分子质量较低，反应可控性较差；以 L-天冬氨酸为原料，在有或无催化剂存在下，热缩合成聚天冬氨酸，工艺简单，可控性好，反应过程除生成少量水蒸气外，对环境无任何污染，通过改变工艺条件，可得到不同相对分子质量的聚天冬氨酸，是工业化过程中比较合适的工艺路线。

（1）直接利用天冬氨酸热缩聚合的方法制备聚天冬氨酸

天冬氨酸热缩聚合生成聚琥珀酰亚胺（Polysuccinimide），然后用碱溶液水解，便会得到和组分自由组合的聚天冬氨酸盐（Polyaspartate），这种聚合物是一种完全外消旋体（D/L=1∶1）的混合物。合成路线为：

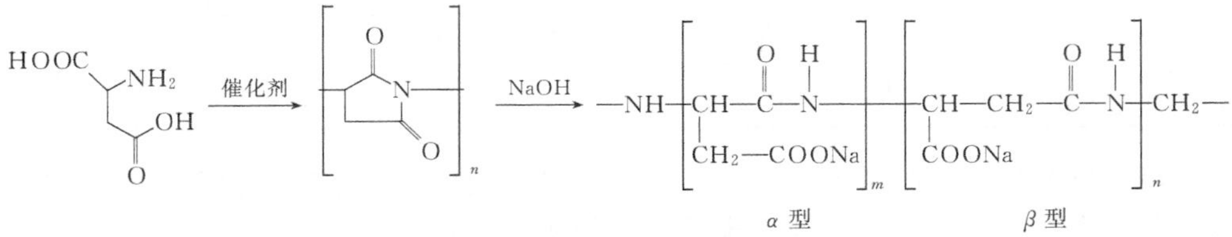

天冬氨酸　　聚琥珀酰亚胺　　聚天冬氨酸钠盐

① 实例 1

15g L-天冬氨酸、15g 去离子水、1.5g 磷酸放置在内部容积为 50mL 的高压釜中，加热到 180℃。当内部温度到达 180℃后，压力达到 1.1MPa。该温度保持 1h 后冷却，最终的产物为类似糖浆的均一溶解聚合物，溶液的 pH 值为 3.2（25℃），聚合物的平均相对分子质量为 3300。溶液在室温下生成大量沉淀，用 5 倍于原始体积的水稀释，使之成为均一溶液，测得单体转化率为 89%。往聚天冬氨酸加入 100mL 水并进行搅拌，逐步加入 5mol/L 氢氧化钠溶液，调整 pH 值为 9.5，转变成聚天冬氨酸钠盐。冷冻后破碎成为粉末。

对聚合物进行改性好氧生物降解实验（MITI），发现第 7 天的生物降解达到 58.9%，第 14 天达 71.2%，第 28 天为 70.2%。好氧生物降解后对聚天冬氨酸进行凝胶色谱（GPS）分析，证实聚天冬氨酸得到很好的去除。

② 实例 2

2kg 的天冬氨酸（微粒半径为 0.1～1mm）装入带有搅拌器的流化床反应器中，搅拌使反应物处于流动状态，通入流量为 2000L/h 的 N_2，流态化气体的温度在 185℃。流化床反应器半径为 10cm，高度为 80cm，流态化的天冬氨酸的高度为 30cm。加热反应器壁和底部使天冬氨酸的温度在 180～185℃。温度到达后，加入 1L 10%的磷酸（温度为 90℃），用喷雾嘴通入流量为 1600L/h 的氮气使磷酸雾化，整个过程为 4h。蒸汽和液化气在反应器的顶部被去除。反应器的顶部放置 4 个陶瓷烛型过滤器，并且定期用煤气火焰进行清理。加入酸后，反应物有少许大小为 3mm 的结块，流动性好，反应物颗粒大小平均在 1μm 到 1mm 之间，反应器壁没有块状物质。反应物加完后，在 180～185℃下反应 2h，随后进行冷却。聚合冷凝物用 4L 水冲洗，干燥后加入 25%氢氧化钠溶液使其转化为聚天冬氨酸钠盐，相对分子质量约为 10000。聚天冬氨酸的相对分子质量用凝胶色谱进行测量。

（2）利用马来酸（马来酸酐）和氨等反应制备聚天冬氨酸

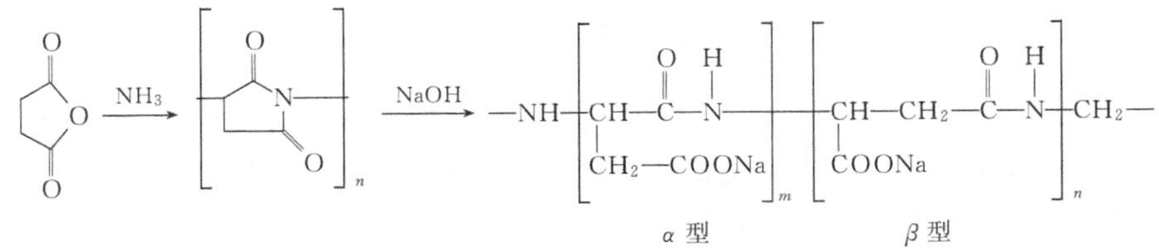

马来酸　　聚琥珀酰亚胺　　聚天冬氨酸钠盐

往高压釜中加入 245g 马来酸、90g 水，加热至 60℃后加入 44.5g 的 NH_3。随后温度升至 200℃反应 30min，维持该温度搅拌反应物再反应 30min。温度降至 60℃时，加入 167g（1.25mol）30%的氢氧化钠，冷却至室温后得到红色溶液。在 60℃的条件下进一步反应加入 140g（1.05mol）30%氢氧化钠，使全部转化为聚天冬氨酸钠盐。喷雾干燥后得到聚天冬氨酸钠盐，单体转化率为 72%（水解后用高效液相色谱测得），产物有良好的分散螯合性能。

【技术指标】 HG/T 3822—2006

项　目	指　标	项　目	指　标
固体含量/%	≥30.0	pH 值(10g/L 溶液)	8.5～10.5
密度(20℃)/(g/cm³)	≥1.15	生物降解/%	≥60
极限黏度(30℃)/(dL/g)	0.055～0.090		

【应用】 聚天冬氨酸在排入环境以后，能在环境微生物作用下迅速分解成氨基酸小分子，作为营养物质氨基酸小分子进一步被微生物吸收，它对环境无毒无害，不产生任何污染，所以说聚天冬氨酸是一种难得的环境友好型高分子材料。在其问世以后，它的工程应用就得到世界各国的高度重视和迅速开发。聚天冬氨酸相对分子质量分布较宽，可从 1000 到 100000 以上，不同分子量的聚合物性能各异，所以聚天冬氨酸的用途较为广泛。主要有以下几个方面。

① 阻垢剂　聚天冬氨酸能附着在微小颗粒的表面，通过分散作用将固体颗粒分散到水溶液中，使其不能形成沉淀。对 $CaCO_3$、$CaSO_4$ 型沉淀有极好的阻垢作用，可作为阻垢分散剂替代聚丙烯酸（PAA）广泛使用于工业循环冷却水、锅炉水和油气田废水的阻垢处理。

② 分散剂　少量聚天冬氨酸具有明显的助洗效果，它可以用作洗衣粉的组分。作为工业分散剂，聚天冬氨酸可用于选矿。在油漆和涂料中聚天冬氨酸能起到很好的分散作用，使其便于混合并能均匀使用。

③ 缓蚀剂　聚天冬氨酸能与多种金属形成螯合物，附着在金属容器表面阻止金属腐蚀。可作为缓蚀剂用于处理锅炉水和油气田管线的腐蚀。

④ 保湿材料　聚天冬氨酸具有很强的吸水性和保湿性，如用于牙膏，化妆品等日用化学品的组分，它能起到保持水分、滋润皮肤的作用。聚天冬氨酸也可用作强吸水材料，如毛巾、卫生保健用品。

⑤ 农业肥料　聚天冬氨酸能够吸收和富集植物根部周围土壤中的营养元素，如 N、P、K 及 Ca、Mg 等。添加少量聚天冬氨酸能明显提高植物对营养成分的吸收，促进植物生长。除直接施肥外，还可用于植物种子的包衣，具有提高发芽率和保证出苗率的作用。

5.4.6　聚环氧琥珀酸（PESA）

【结构式】

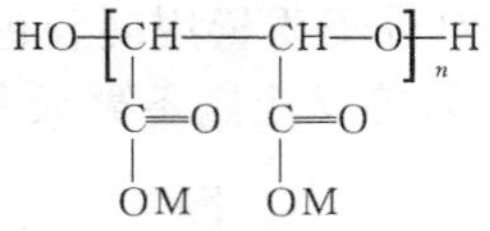

$$HO - \left[\begin{array}{cc} CH & CH \\ | & | \\ C=O & C=O \\ | & | \\ OM & OM \end{array} \right]_n OH$$

$$n = 2 \sim 25$$

其中，n 值一般为 2～50，M 为 H^+ 或者水溶性的阳离子，如 Na^+、K^+、NH_4^+ 等。聚环氧琥珀酸简称 PESA，是一种无磷无氮的绿色水处理剂，它是在聚马来酸类阻垢剂的分子中插入氧原子，使其既具有良好的阻垢性能，对钙、镁、铁等离子的螯合力强，又无磷无氮、易生物降解，适用于高碱、高硬、高 pH 值条件下的冷却水系统，可实现高浓缩倍数运行。

【物化性质】 水溶性聚合物，不溶于 pH=2.5 的酸化甲醇。其钠盐为白色固体，是一种有效的螯合剂，具有螯合多价金属阳离子的性能。

【制备方法】 根据合成的步骤和条件，聚环氧琥珀酸的合成主要分为两种：一步合成法和多步合成法。一步合成法是以马来酸酐为原料，使之碱性水解生成马来酸钠，再以钨酸钠为催化剂，用 H_2O_2 氧化得到环氧琥珀酸钠后，用 $Ca(OH)_2$ 作引发剂，使之引发聚合为聚环氧琥珀酸盐。此法简单，原料易得，是目前应用最广泛的方法。但是在此法中，引发剂 Ca(OH)$_2$ 用量较大，致使产物中 Ca^{2+} 含量较高，且存在副产物含量高的问题，影响阻垢效果。

20 世纪 80 年代末，美国 Prector & Gamble Company 公司利用两步法合成 PESA，即在水溶液中合成环氧琥珀酸盐，用丙酮使其沉淀干燥后，配成一定浓度，在一定温度下，用 Ca(OH)$_2$ 引发聚合得到聚环氧琥珀酸盐。

(1) 一步合成法实例

22.3g 马来酸酐（0.227mol）溶解在 32mL 水中，冰浴进行冷却。随后加入 29.3g（50% 溶液，0.34mol）的氢氧化钠。反应在 500mL 圆底烧瓶中进行，圆底烧瓶带有一个磁力搅拌器，一个 pH 计，一根温度计和一个漏斗。圆底烧瓶放在 60℃ 的油浴锅中，当温度到达 55℃ 后，加入 27g 30% 过氧化氢（0.238mol）和 0.784g（0.0024mol）的钨酸钠，加入 9.1g（50%，100℃）的过氧化氢使反应体系 pH 值维持在 5～7。记录 50～100℃ 的温度变化，40min 后得到一条放热曲线。温度下降至 60℃ 时维持 1h，加入 0.84g（0.0114mol）氢氧化钙，随后加热至 100℃，保持 2h。检测反应样品若还有琥珀酸盐残留，再加入 0.84g（0.0114mol）氢氧化钙，并加热至 100℃，保持 2h。真空下去除挥发物，产物在 100℃ 的真空下干燥 16h。得到 43.4g 白色固体，产物中含有杂质 2,6-二羟基-3,5 二甲基-4-乙二酸-1,7-庚二酰的钠盐或钙盐（约 5%），高分子量琥珀酸低聚物，酒石酸（约 20%）。

(2) 二步合成法实例

① 琥珀酸二钠盐的合成

4mol 马来酸用 1.2L 去离子水溶解，装入 5L 的三口瓶中，三口瓶附带两个漏斗、一个 pH 计和一个搅拌器，分别向两个漏斗倒入 8mol 50% 的氢氧化钠水溶液和 4.8mol 30% 过氧化氢。向装有马来酸的烧瓶中加入 6.0mol 的氢氧化钠，使 pH 值大约为 5.7。反应温度维持在 70℃。

往上述溶液中加入 0.08mol 的钨酸钠，溶液呈黄绿色。加入 2mol 的 NaOH 和 4.8mol 的 H$_2$O$_2$ 维持温度在 60～65℃，pH 值为 6～6.5。冰浴 0.5h 后反应体系温度升至 70℃ 反应 1.5h。反应完全后冷却至室温后加入 NaOH 调节 pH 值至 10。把溶液转移到容器中，缓慢加入 8L 的丙酮使之沉淀为琥珀酸二钠盐。用滤纸过滤，干燥。

② 环氧琥珀酸钠盐的合成

1.7mol 的琥珀酸钠盐加入到 1L 的烧瓶中，烧瓶带有搅拌器，用油浴加热。往烧瓶中加入 16.6mol 的去离子水，搅拌 15min 后加入 0.17mol 的氢氧化钙，加热至 100℃ 反应 2h。此时反应产物略带黄色，冷却至室温后加入 2L 去离子水。用酸离子交换树脂（Dowex 50W-X8，酸式）使溶液 pH 值下降至 2.8。过滤去除离子交换树脂，滤液经减压蒸馏得到黏稠油状液体。加入 0.5L 甲醇收集沉淀反应物，用 0.1L 甲醇清洗。固体溶解在 1L 的去离子水中，pH 值用 NaOH 调整到 9.5。加热至 100℃ 真空蒸发 24h 使聚琥珀酸钠盐变成白色粉末。用高效液相色谱分析，结果如下，低聚物 n＝1（5.1%），n＝2（2.8%），n＝3（3.9%），n＝4（5.5%），n＝5（8.3%），n＝6（8.0%）。其余的为高聚物。PESA 的平均分子量用 ^{13}C 核磁共振分析，平均相对分子质量约为 900。

【技术指标】 HG/T 3823—2006

项　目	指　标	项　目	指　标
固体含量/%	≥35.0	pH 值（10g/L 溶液）	≥7.0
密度(20℃)/(g/cm³)	≥1.28	生物降解/%	≥60
极限黏数(30℃)/(dL/g)	0.030～0.060		

【应用】 聚环氧琥珀酸作为一种绿色水处理剂，在高硬度、高碱度和高 pH 值条件下不会像传统的阻垢剂那样因形成钙化合物而失效。在恶劣的水质中仍能控制结垢和污泥的形成。与聚丙烯酸和磷酸盐相比，对 LSI 值在 0～3.5，特别是有相对较高 LSI 值（即 2.5～3.0）的水质中，聚环氧琥珀酸具有很高的阻垢效果。而且，聚环氧琥珀酸作为阻垢剂可减少由于调节值而加入酸的量，可用于磷酸盐受限制使用的系统。聚环氧琥珀酸同许多现有的缓蚀剂配合使用，效果更佳。因此被广泛地应用到工业水处理的各个领域。

（1）在造纸工业中的应用

在牛皮纸蒸煮器绿色液体管道和漂白工厂的分离釜中，碳酸钙是一种常见的水垢。水垢的形成会妨碍流体的流动和降低热交换器的效率。而且，通过形成不同的氧浓差电池，垢会引起严重的局部腐蚀而造成金属表面穿孔。金属表面的大量腐蚀将会导致加工设备过早地损坏，缩短设备的更换周期或维修周期。因此，防止管道和造纸设备的腐蚀和结垢对于这些系统经济又有效地运行是十分重要的。美国专利 US 5147555，采用了 PESA 或者其盐来防止循环冷却水系统中金属的腐蚀和结垢。美国专利 US 5344590 中，采用了加入特定分子量的一种或者多种 PESA，来防止腐蚀的发生。美国专利 US 5256332 中，通过向水溶液中加入有效剂量的正磷酸盐、聚环氧琥珀酸、溶于水的一氮二烯五元化合物和丙烯酸/烯丙基磺酸醚单体的共聚物来控制结垢。

（2）在喷淋冷却水系统中的应用

美国专利 US 5705077 中，通过加入 PESA 防止氟化垢的生成。而且加入到水中的 PESA 的用量低于化学计量用量时，就可以有效地处理有高朗格缪尔饱和指数（LSI）的水质，是一种不含磷酸和磷酸盐的低剂量阻垢方法。

（3）在浓缩盐和蒸发系统中的应用

使用盐水蒸发器可以处理污水和依靠注入浆状盐水可以控制循环水的结垢。传统的水垢抑制剂如聚磷酸盐和聚丙烯酸盐，需要频繁地中断生产来实施，周期大约 3～6 个月，使用化学药品和蒸汽气流除去蒸发器表面的水垢。结果导致蒸发器的工作能力降到设计能力的 60% 左右。盐水浓缩器接受冷却塔排出物的废物并将其浓缩成固体，成为可掩埋掉的垃圾。这种方法具有零排放的特点，因此工厂不想或者不能向下水道系统排放污水时常采用这种设备。美国专利 US 5886011 中，在盐浓缩和蒸发系统中加入低于化学计量用量的 PESA，不但有效地控制了矿物垢如碳酸钙、硫酸钙和磷酸钙的生成，而且对于浓缩固化的工业过程没有任何影响。是一种不含磷酸和磷酸盐的低剂量阻垢方法。

（4）聚环氧琥珀酸在地下蓄水系统中的应用

PESA 还是一种有效的地下蓄水池流体的阻垢剂。在美国专利 US 5409062 中，加入低于化学计量用量的聚环氧琥珀酸可以有效地防止碳酸钙、草酸钙、硫酸钙、硫酸钡和硫酸锶的沉淀，而且不会形成阻垢剂-钙沉淀。相对于传统的阻垢剂如 PAA，PESA 有更高的离子容忍性。

5.4.7 水解聚马来酸酐

【结构式】

$$\begin{array}{c} \displaystyle -\!\!\!\begin{array}{c} CH\!-\!CH \\ | \qquad | \\ O\!=\!C \quad\ C\!=\!O \\ | \qquad | \\ OH \quad OH \end{array}\!\!\!-_n \end{array}$$

【物化性质】 棕黄色透明液体，易溶于水。聚马来酸是一种聚电解质，易溶于水，在聚合物链上的每一个碳原子均带有高电位电荷，因此它的聚电解质性质就不同于聚丙烯酸。当用 NaOH、KOH、(CH₃) NOH 滴定时，只有总酸一半的羧基被中和，即滴定曲线只在半中和点有一个突跃。因此，就电位滴定而言，聚马来酸被视作单元酸。当用 NaOH 中和聚马来酸水溶液时，其相对黏度或比浓黏度将增加，在半中和点达到极大，然后双下降。化学稳定性和热稳定性很高，分解温度在330℃以上，在高温（＞350℃）和高 pH 值（8.3）下也有明显的溶限效应。在聚合物分子中仍有少量的未水解的酐存在。

【制备方法】 水解聚马来酸酐（HPMA）在水处理中已得广泛应用。目前的合成方法大致有三种。第一种是传统的生产工艺，即以苯、甲苯类作溶剂，过氧化苯甲酰作引发剂，产物经洗涤、分离水解得到产品水溶液。第二种方法是加入少量丙烯酸（如总单体量的2％），在水溶液中用过硫酸盐作引发剂，直接制得产品水溶液。第三种方法是直接将马来酸酐在水溶液中加过氧化物作引发剂的水溶液。

① 实例1 200份（2.041mol）马来酸，30份（0.938mol）甲醇和232份（2.189mol）甲苯在搅拌下加热，加入33份（0.226mol）过氧化二叔丁基，反应回流2.5h。反应回流1h后冷却至90℃，用350份热水水解。蒸馏除去未反应的二甲苯，产品调整到占溶液总质量的47％～53％。溶液中含241份聚合物，平均相对分子质量为670。在不添加甲醇且使用66份甲醇的情况下重复上述步骤，结果将得到236份的聚合物，其平均相对分子质量为780。

② 实例2 将150份水投加到反应釜中，同时开动搅拌，在搅拌下投加295份马来酸酐，加热使釜内温度升至110℃，然后在搅拌下缓慢加入质量分数为48％的NaOH水溶液，调节 pH 值（大约2h加完），加入过程中维持釜内温度不超过128℃，接着加入46份催化剂，约4h投加完毕。在搅拌下分别投加71份质量分数为30％的过硫酸盐水溶液和188份质量分数为60％的双氧水，3h投加完毕。在90～120℃下保温反应1～2h，然后通冷却水降温至40℃，即得成品。

③ 实例3 将一定比例的去离子水加入到装有电动搅拌器、回流冷凝器、滴液漏斗的反应釜中，再加入计量的三氯化铁，开动搅拌，将反应器内水温升至90～95℃。将定量的马来酸酐分批加入到反应器中，充分搅拌并使反应器内水温保持在95～100℃。待反应器内马来酸酐完全溶解后，在搅拌下向反应器中的反应液慢慢滴加称量的过氧化氢水溶液，控制滴加速度使聚合反应的温度维持在95～100℃，整个反应过程大约需要3～4h。产物为棕黄色水溶液。

【技术指标】 GB/T 10535—1997

项 目	指 标		
	优等品	一等品	合格品
固体含量/％	≥48.0	≥48.0	≥48.0
平均相对分子质量	≥700	≥450	≥300
溴值/(mg/g)	≤80	≤160	—
pH 值(1％水溶液)	2.0～3.0		
密度(20℃)/(g/cm³)	≥1.18		

【应用】 水解聚马来酸酐作为工业冷却水系统的阻垢缓蚀剂效果非常优异。特别是它的耐高温性能十分突出，175℃介质中长期使用而不影响其阻垢效果。比聚丙烯酸的使用温度高50℃左右，聚丙烯酸在121℃时阻垢效果迅速降低，并随温度的上升继续降低。由于聚马来酸酐优异的耐高温性能和极好的阻垢效果，被用于低压锅炉、海水淡化的闪蒸装置等系统的阻垢缓蚀处理，用量2～15mg/L。

(1) 阻垢机理

水解聚马来酸酐兼有晶格畸变和阈值效应，有分散碳酸钙、磷酸钙微晶的效能。水解聚马来酸酐的活性基团羧酸基团（—COOH）可以与水中的 Ca^{2+}、Mg^{2+} 螯合，在水垢正常生成中它被吸附在水垢晶体表面，使之不能正常生成而产生畸变，从而阻止垢的生成。使用后即使生成垢，也比较疏松，易被水流冲洗掉。同时聚马来酸酐可与锌盐复配使用。

（2）阻垢性能

水解聚马来酸酐适合在高碱度、高硬度的、高 pH 值循环冷却水中使用，通过大量研究表明水解聚马酸酐的阻垢性能优越，因此在工业水处理方面具有广泛的应用前景。有学者测试国产水解聚马来酸酐的静态阻垢性能，得出表 5-5～表 5-7 的结果。

表 5-5　药剂用量与阻垢率的关系

试验号	1	2	3	4	5
用量/(mg/L)	0	1	2	4	8
阻垢率/%	75.9	87.7	99.5	100	99.6

注：水质 Ca^{2+} 258mg/L，HCO_3^- 854mg/L；条件60℃，17h，pH 8.5。

表 5-6　不同钙离子浓度的阻垢率

试验号	1	2	3	4
Ca^{2+}	200	300	400	500
阻垢率/%	99.7	93.9	86.7	84.1

注：水质 HCO_3^- 854mg/L；实验条件60℃，17h，pH 8.5，药剂用量 4mg/L。

表 5-7　温度对阻垢率的影响

温度	60℃				
用量	2mg/L	4mg/L	8mg/L		
阻垢率/%	87.7	99.5	100		
温度	70℃				
用量	2mg/L	4mg/L	8mg/L	10mg/L	
阻垢率/%	87.7	99.5	100	97	
温度	80℃				
用量	2mg/L	4mg/L	8mg/L	10mg/L	12mg/L
阻垢率/%	43.4	47.6	77.9	85.0	93.0

注：水质 Ca^{2+} 258mg/L，HCO_3^- 854mg/L；条件60℃，17h，pH 8.5。

从上表可以看出：①温度越高，在相同用量的条件下阻垢率越低；②温度越高，在相同阻垢率的条件下，所需的药剂的用量越大。

5.4.8　聚亚甲基丁二酸（聚衣康酸）

【结构式】

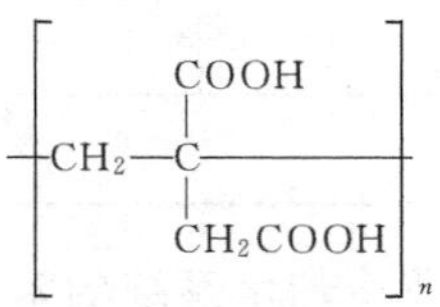

【物化性质】　无色透明或淡黄色透明黏性液体。

【制备方法】　一般采用水溶液聚合方法合成，原料使用时蒸馏除去阻聚剂，以过硫酸铵为引发剂。将计量的去离子水加入到装有电动搅拌器、回流冷凝管、滴液漏斗的聚合反应器中，并将水温升至85℃左右。将适量的亚甲基丁二酸加入到去离子水中，搅拌使其充分溶解。用适量的去离子水将计量的引发剂过硫酸铵配成水溶液置于聚合反应器上的滴液漏斗内。当反应体系的温度达到85～90℃时，在搅拌下开始滴加过硫酸铵水溶液，维持滴加速度使反应温度保持在90℃左右，搅拌聚合3～4h。聚合反应结束，冷却产物至室温。产物为无色透明黏性液体，加入适量的去离子水，配成一定比例的水溶液。

将 271g 衣康酸，85g 去离子水和 0.04g 十二水合硫酸铁铵加入到装有机械搅拌器、回流冷凝管和温度计的 1L 的四口烧瓶中。开始搅拌并缓慢加入 66.6g 质量分数为 50% 的 NaOH（得到 20 当量百分率的衣康酸）。加入 264.8g 30% 的过氧化氢引发剂，回流反应 3h。反应产物回流冷却 1h，得到产品，包装。

衣康酸的转化率为 99.9%，聚合物的固含率为 38.02%，pH 值为 3.59。用凝胶渗透色谱测得聚合物的重均相对分子质量为 1920，数均相对分子质量为 1730。

【应用】　聚亚甲基丁二酸用作工业冷却水系统的阻垢分散剂，不但具有良好的阻止水中钙镁离子产生污垢的能力，而且还能使冷却水系统中原有的垢层松动变软，最后分散成微小的絮状物被水流带走。因此，聚亚甲基丁二酸是一种性能比较优良的工业冷却水系统阻垢分散剂。

5.4.9　聚苯乙烯磺酸钠

【结构式】

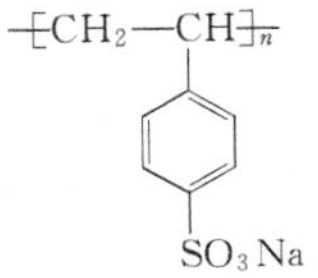

$$\text{---}CH_2\text{---}CH\text{---}_n$$

（苯环上带 SO_3Na）

【物化性质】　无色透明或黄色透明黏性液体，或为白色松软粉末。溶于水，不溶于有机溶剂。

【制备方法】　聚苯乙烯磺酸钠由苯乙烯磺酸钠单体自由基溶液聚合，聚苯乙烯磺化以及聚（n-丙基-p-苯乙烯磺酸）水解三种方法制得。前两种方法的制备工艺如下。

（1）苯乙烯磺酸钠单体溶液聚合法

① 苯乙烯磺酸钠的制备　用 98% 的浓硫酸做磺化剂，Ag_2SO_4 做催化剂，对苯二酚做阻聚剂。浓硫酸∶苯乙烯（摩尔比）＝2∶1，催化剂质量分数为 1%、阻聚剂质量分数为 1%。当温度为 54℃ 时开始加料，加完料升温至 70℃，恒温反应 2～2.5h，得到棕色溶液，再用氢氧化钠中和，即可得到苯乙烯磺酸钠单体。

② 溶液聚合　将一定量的去离子水加入到装有电动搅拌器、回流冷凝器、滴液漏斗的聚合反应器中，称取定量的苯乙烯磺酸钠单体溶入反应器中的去离子水中，在搅拌下将反应温度缓慢升至 85～90℃，然后滴加用去离子水配制的计量的过硫酸铵水溶液，控制滴加速度，使反应在 90℃ 左右聚合反应 3～4h，停止加热，冷却至室温，即制得相对分子质量适中的聚苯乙烯磺酸钠水溶液。

（2）聚苯乙烯磺化法

首先使聚苯乙烯磺化，制成聚苯乙烯磺酸，然后加碱中和，反应式如下：

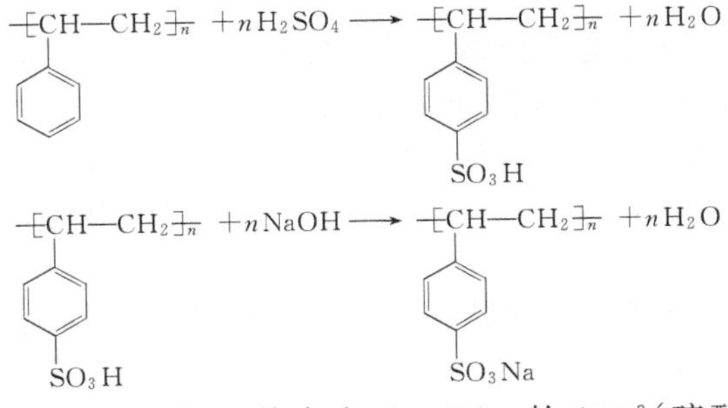

$$\text{---}CH\text{---}CH_2\text{---}_n + nH_2SO_4 \longrightarrow \text{---}CH\text{---}CH_2\text{---}_n + nH_2O$$
（苯环）　　　　　　　　　　　　　　　　　（苯环上带 SO_3H）

$$\text{---}CH\text{---}CH_2\text{---}_n + nNaOH \longrightarrow \text{---}CH\text{---}CH_2\text{---}_n + nH_2O$$
（苯环上带 SO_3H）　　　　　　　　　　　　（苯环上带 SO_3Na）

于带盖和磁搅拌的锥形瓶内，加入其中含 Ag_2SO_4 的 100% 硫酸 40mL，然后在强力搅拌下迅速将聚苯乙烯（$M_w=239000$）粉加入其中，反应 15min，生成透明的淡黄色黏性溶液。将反应混合物过滤、渗析处理，得到不含 Ag^+、SO_4^{2-} 的中性液体。为防止产生胶体银，磺化反应和渗析过程均须在避光下进行。将浓缩渗出液聚苯乙烯磺酸加碱中和，再经过滤和冷冻干燥，即可得到白色绒毛状粉末产品。

【应用】 主要用于锅炉水、冷却水、城市污水以及采矿废水处理。用作锅炉冷却水处理系统的阻垢分散剂具有独特作用，大分子链上的磺酸基团，使其具有很强的浸润分散作用，能将较大的污垢分散成微小颗粒并悬浮于水中。对系统中已有的老垢也能使其逐渐分散溶解至消除垢层。另外由于磺酸基在水中能够稳定有机膦酸基团，对多种金属盐有增溶分散作用，因此能与其他阻垢分散剂配合使用，并起增效协同效应。

5.4.10 聚-2-丙烯酰基-2-甲基丙磺酸钠（PAMPS）

【结构式】

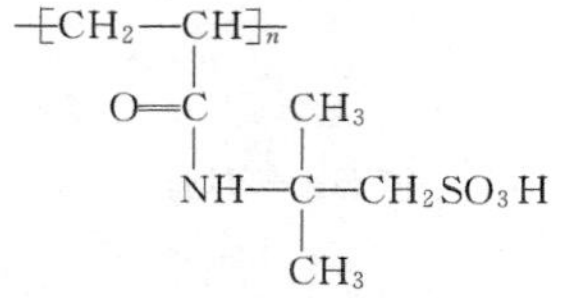

$$
\begin{array}{c}
\hline
-\!\!\left[CH_2\!-\!CH\right]_n\!\!\\
\quad\quad | \\
O\!=\!C\quad CH_3 \\
\quad | \quad\quad\ | \\
NH\!-\!C\!-\!CH_2SO_3H \\
\quad\quad | \\
CH_3
\end{array}
$$

【物化性质】 白色结晶固体，熔点为 185℃（分解），极易溶于水和二甲基甲酰胺，难溶于苯、乙腈、乙烷、乙酸乙酯等溶剂。

【制备方法】 （1）单体制备方法

AMPS 的合成始于 1961 年，20 世纪 70 年代美国 Lubrizol 公司首先工业化，之后日本、英国也相继出现工业装置。AMPS 的合成主要以丙烯腈、异丁烯和发烟硫酸为原料。

① 二步合成法

Lubrizol 公司的合成方法是二步法，此法是先将异丁烯加到醋酸-氯甲烷体系，再将混合物加入三氧化硫醋酸溶液，形成乙酰硫酸，之后再与异丁烯反应，生成甲代丙烯磺酸，最后与丙烯腈反应生成 AMPS。

② 一步合成法

Rohm & Haas 公司提出了合成 AMPS 的一步法，此方法是低温下，将异丁烯溶解于丙烯腈中，滴加发烟硫酸，然后将反应混合物升温继续反应 2h，随后将反应液分离，得白色结晶产品，收率 85%。

③ 常温分步法

目前国内普遍采用此方法，即在室温或在冷却下，将发烟硫酸加入到兼做原料和溶剂的过量丙烯腈中，然后向反应物中通入异丁烯，升温至 40～50℃，反应一定时间，冷却至室温，得白色结晶，收率 80%以上。

（2）聚合物制备实例

① AMPS 单体制备 在装有搅拌器、回流装置、分液漏斗、温度计的反应釜内，用高纯氮赶走空气，加入丙烯腈和 98%的浓硫酸，升温至 30～60℃水解，使丙烯酰胺生成量至少有丙烯腈质量分数的 1%后，加入异丁烯，于 30min 内加完，搅拌 1min，加入少量水，然后冷却滤去沉淀物，用丙烯腈洗净后干燥，可得 2-丙烯酰基-2-甲基丙磺酸无色晶体，收率 77.8%，纯度 98.8%。

② 溶液聚合 按化学计量的 2-丙烯酰基-2-甲基丙磺酸钠溶于适量的去离子水中，加入到装有电动搅拌器、回流冷凝器、滴液漏斗的聚合反应器中。将计量的过硫酸铵用适量的去离子水配成稀溶液放入滴液漏斗中。开动搅拌并将反应温度缓缓升至 85～90℃，保持此温度并在搅拌下滴加溶有计量的过硫酸铵的水溶液。控制滴加速度在 3～4h 内加完，加完后保持反应温度继续反应 1h，停止加热将反应液冷至室温。

【技术指标】　HG/T 3642—1999

项　目	指　标	
外观	无色或淡黄色黏稠液体	
固体含量/%	≥30	≥40
游离单体(以丙烯酸计)/%	≤0.5	≤0.8
密度(20℃)/(g/cm³)	≥1.05	≥1.15
极限黏数(30℃)(dL/g)	0.055～0.100	—
pH 值(1%水溶液)	≤2.5	≤3.5～4.5

【应用】　AMPS 的均聚物和共聚物在水处理中有广泛的用途，可用作高硬度和较宽 pH 值范围水质条件阻钙的阻垢剂，同时也有效地用作铁、锌、铜、铝及其合金的缓蚀剂，在锅炉、冷却塔、空气洗涤器、气塔除去或抑制水垢的形成。AMPS 与丙烯酸、低分子量的丙烯酰胺均聚物和共聚物可有效地抑制 $CaCO_3$、$CaSO_4$ 垢。PAMPS 与 HEDP 及 PCA 的阻垢性能比较见表 5-8。

表 5-8　PAMPS、HEDP 和 PCA 阻垢性能比较

阻垢剂浓度/(mg/L)	阻 $CaCO_3$ 垢率/%			阻 $CaSO_4$ 垢率/%		
	PAMPS	HEDP	PCA	PAMPS	HEDP	PCA
1	8.3	40.35	23.73	78.50	0	8.85
3	42.50	52.49	33.44	98.32	3.33	16.20
5	67.94	54.72	59.40	99.91	3.73	34.47
10	83.73	58.48	72.60	100.00	4.68	85.40
15	88.14	60.02	80.05	100.00	6.53	85.42
20	87.25	59.53	79.69	100.00	15.65	85.67

从表 5-8 可以看出，PAMPS 的阻垢性能随着浓度的增加而增加，并优于 HEDP 与 PCA。当 PAMPS 浓度为 10mg/L 时，阻 $CaCO_3$ 垢率为 83.73%，阻 $CaSO_4$ 垢率达到 100%。

由 2-丙烯酰基-2-甲基丙基磺酸钠经自由基均聚合反应制得的聚 2-丙烯酰基-2-甲基丙磺酸水溶性磺酸型大分子，是一种磺酸型阻垢分散剂。磺酸基所起的作用使大分子本身具有分散污垢颗粒，溶解难溶盐类的能力。这类阻垢分散剂一般不单独使用，多与其他药剂复配，发挥协同作用。

5.4.11　次磷酸基聚丙烯酸

【结构式】

$$H \left[\begin{array}{c} CH-CH_2 \\ | \\ COOH \end{array} \right]_m \begin{array}{c} O \\ \| \\ P \\ | \\ OH \end{array} \left[\begin{array}{c} CH_2-CH \\ | \\ COOH \end{array} \right]_n H$$

次磷酸基聚丙烯酸分子中含有磷酸亚基和羧基，兼有有机膦酸和聚羧酸的阻垢与缓蚀特点。此外，次磷酸基聚丙烯酸中的磷酸亚基和羧基的比例在合成时可以调节，使得其含磷量可根据实际水质和工况条件调至合理状态，这样既可能保证药剂的阻垢与缓蚀作用，又能有效降低排放水中的磷污染。

【物化性质】　白色玻璃状固体。磷含量为 1.7% 左右。

【制备方法】　丙烯酸与次磷酸(盐)按 (7～13):1 的摩尔比，以水为溶剂，以过氧化物作引发剂，于 85～100℃ 的温度范围内加热 2～4h，减压浓缩或加水调节至要求的含量，即可制得次磷酸基聚丙烯酸的水溶液产品。

若欲制备高纯度的固体产品，可于减压下（如 100℃/13.3Pa）将水蒸干。再将所得固体溶于甲醇中，滤去不溶物。向所得滤液中加入二乙基醚。将所得的沉淀滤除水分后，于真空下蒸干即可。

在装有冷凝管、电动搅拌器和温度计的 250mL 三口烧瓶中，加入 80g 去离子水和一定质量分数的次磷酸钠；开动搅拌器，缓慢升温至 80℃，开始同时滴加 36g 丙烯酸和一定质量分数的过氧化氢（控制滴加速度，使滴加时间约为 90min）；加料完毕，控制反应温度为 ±1℃，继续反应 1h；反应完毕，停止加热，冷却至 40℃ 左右出料。

【技术指标】

项　　目	指　　标	项　　目	指　　标
固含量/%	≥46～52	总黏度/Pa·s	0.38～0.90
含磷量（以 P 计）/%	≤0.86	溶解性	与水、乙二醇混溶于 50% 的碱液中
pH 值	3.5		

【应用】 本品适合在高硬度、高碱度、高浓缩倍数等苛刻条件下使用，在水处理中用作硫酸钙垢、氢氧化镁垢和碳酸钙垢的阻垢剂，还可用作硅酸镁垢的溶垢剂。本品作阻垢剂使用时，投入水中的量，一般以其在水中的浓度达到 2～20mg/L 为宜。用来溶除已形成的硅酸镁垢时，剂量一般需高达 500～2000mg/L，并且最好是与其他非离子或阴离子分散剂合用，在条件为 $MgSiO_3$ 500mg/L，pH=8.5，温度 37.7℃ 左右时，次磷酸基聚丙烯酸 500mg/L 时，溶解硅酸镁率达 80%。

本品也可以与其他水处理药剂组成配方使用，具有明显的协同效应。如分别与羟基亚乙基二磷酸（HEDP）或羟基磷酸基乙酸（HPA），锌盐和其他水溶性聚合物如甲基丙烯酸/2-丙烯酰胺-2-甲基丙基磺酸共聚物等组成配方时，缓蚀阻垢效果非常理想。

5.4.12　丙烯酸-丙烯酸甲酯共聚物

【结构式】

$$\underset{\substack{\\ \underset{OH}{\underset{|}{C=O}}}}{+CH_2-CH+_m} \underset{\substack{\\ \underset{OCH_3}{\underset{|}{C=O}}}}{+CH_2-CH+_n}$$

【物化性质】 摩尔比为（4:1）～（5:1）的丙烯酸-丙烯酸甲酯共聚物是亮黄至无色液体，有明显气味。相对密度 1.18。呈弱酸性，溶于水，能电离，不溶于烃类溶剂。

【制备方法】 在工业上，丙烯酸-丙烯酸甲酯共聚物的制备通常采用引发剂引发聚合反应，共聚物的分子量和分子量分布以及单体原料的摩尔比例是影响产品性能的三个重要参数。研究表明，作为阻垢剂，共聚物的相对分子质量在 6000～8000 较好；共聚物的重均分子量与数均分子量之比小于 1.5 时产品的分散性能较为理想；两单体之间的摩尔比应比较小以发挥共聚物的优越性能。

摩尔比为 4:1 左右的丙烯酸和丙烯酸甲酯单体在引发剂 0.5%～5% 过硫酸铵（以单体计）和 8%～9% 巯基乙酸（以单体计）的存在下，在水溶液中进行聚合，得到二种或三种单体，在过氧化物引发剂存在下，发生聚合反应后用氢氧化钠中和而成。工艺流程如图 5-9 所示。

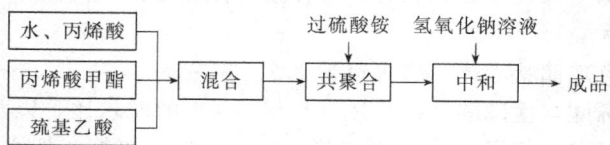

图 5-9　丙烯酸-丙烯酸甲酯共聚物制备流程

按比例将水、丙烯酸、丙烯酸甲酯和巯基乙酸加到反应釜中，冷却至 $15\sim25℃$ 在冷却下加入 50% 过硫酸铵水溶液，在 30min 内加完。由于反应放热，反应温度迅速上升至 $45\sim55℃$，在 10min 内完成聚合。聚合溶液 pH $3\sim5$。将 50% NaOH 水溶液加到反应釜中，中和聚合物溶液 pH 值至 7。聚合物在水溶液中浓度为 35% 左右。

在此反应中由于反应放热较快，为使反应容易控制也可采用滴加部分单体，同时延长反应时间来进行。

【技术指标】 HG/T 2429—2006

项 目	指 标
固体含量/%	≥30.0
极限黏数(30℃)/(dL/g)	0.650~0.095
密度(20℃)(g/cm³)	≥1.10
游离单体(以丙烯酸计)/%	≤0.50
pH 值(10g/L 水溶液)	2.0~4.0(6.5~8.5)①

① 当产品被中和后，其 pH 值应在 6.5~8.5 之间。

【应用】 丙烯酸-丙烯酸甲酯共聚物除能有效地抑制碳酸钙、硫酸钙垢的形成外，对磷酸钙、磷酸锌和氢氧化铁也具有良好的抑制和分散作用。丙烯酸-丙烯酸甲酯共聚物用于高 pH 值（10 以上）和较高温度的含钙水中，也能抑制钙垢的沉积。如对于 pH 值为 10，71℃或更高条件下的含 5000mg/L 钙（以 $CaCO_3$ 计）的水，用无机磷酸盐和膦酸盐、磷酸酯以及一些丙烯酸类聚合物无效，而丙烯酸-丙烯酸甲酯共聚物却可抑制其钙垢。如将摩尔比为 $(4\sim5):1$，相对分子质量为 6000~8000 的丙烯酸-丙烯酸甲酯共聚物，以 1%（质量）剂量投入到含有 5000mg/L 钙（以 $CaCO_3$ 计）的 5%（质量）的硫酸钠水溶液中，当 pH 值为 10，温度在 71℃以上时，可抑制硫酸钙和碳酸钙的沉积。

丙烯酸-丙烯酸甲酯共聚物与聚磷酸盐、膦酸盐、磷酸酯和锌盐等药剂复配使用。一般用量为 $10\sim40mg/L$。在以六偏磷酸钠（或三聚磷酸钠）加锌作缓蚀剂，或用膦酸盐（HEDP、ATMP、EDTMP）和聚羧酸（聚丙烯酸钠，聚马来酸）作阻垢分散剂时，适当加丙烯酸-丙烯酸甲酯共聚物，可提高冷却水 PO_4^{3-} 的浓度，获得较佳的缓蚀阻垢效果。

5.4.13 丙烯酸-马来酸酐共聚物

【结构式】

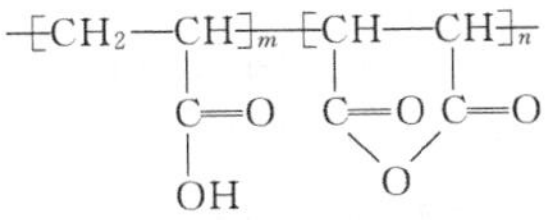

【物化性质】 黄色易粉碎的固体。可溶于水，其水溶液为浅黄色或黄棕色透明黏稠液体。固体含量≥50%，相对密度（20℃）1.18~1.22，pH 值为 2~3。是低相对分子质量的聚电解质，耐温可达 300℃。

【制备方法】 根据共聚合反应中所使用的溶剂不同，最终产品的形态不同。一般有两种共聚合方法。目前工业上常采用甲苯为溶剂，以过氧化二苯甲酰为引发剂，先聚合再水解的生产工艺。该工艺存在一些不足，后来有学者以水为溶剂合成丙烯酸/马来酸酐共聚物，此方法合成的关键是高催化剂的选择。

(1) 溶剂聚合

在苯、甲苯、二甲苯、三甲苯、乙苯、异丙苯、丁苯或它们的混合物中进行共聚合，可得到白色易碎的固体状聚合物，相对分子质量在 4000 左右。一般情况下将固体共聚物用碱中和成钠盐的形式，以增加共聚物水中的溶解性。

　　将 1000 份马来酸酐溶于 1100 份（质量）干燥的甲苯中，加入到装有电动搅拌器、回流冷凝器、滴液漏斗的聚合反应器中，通入氮气排除反应器内的空气，并在共聚反应的全过程中用氮气保护聚合反应物。将聚合反应温度升至甲苯回流温度（约 123℃）。将计量的 80 份（质量）过氧化二苯甲酰溶于计量的 100 份（质量）的经除去阻聚剂的丙烯酸中，然后向丙烯酸-过氧化二苯甲酰混合液中加入 700 份（质量）的干燥甲苯，混合均匀。在搅拌下向反应器滴加丙烯酸混合液，保持回流温度，控制滴加速度，使丙烯酸混合液在 4h 内加完。保持温度继续反应 0.5h。反应中共聚物不断从反应混合液中析出，待共聚物全部沉析后停止加热，停止通氮气。将共聚物过滤，并于 125℃下干燥 1h。

　　将干燥后的丙烯酸-马来酸酐共聚物用计量的 10% NaOH 稀溶液皂化中和，配成总固含量为 25%～30% 的共聚物水溶液。水溶液呈浅黄色，共聚物的平均相对分子质量约为 4000。

　　马来酸酐和丙烯酸在乙酸乙酯-环己烷混合物中聚合。1L 的树脂炼聚锅装有搅拌器，回流冷凝器，N_2 通入管，另一个入口用一橡胶隔膜堵住，用来加引发剂。向反应器加入 49.0g（0.50mol）马来酸酐，275g（75%，质量分数）乙酸乙酯和 92g（25%，质量分数）环己烷，搅拌反应物并且通入 N_2，持续 30min 使马来酸酐完全溶解。加热至 65℃，通过隔膜加入 0.3mL 引发剂 Lupersol 11。同时逐滴滴加丙烯酸，持续 3h，加入量为 73.0g（1.0mol），在这期间每 0.5h 加入 0.3mL 引发剂。全部滴加完后，保持 65℃反应 2h。

　　15min 反应混合物变白，形成均一、黏稠的乳液，把乳液转移到过滤装置中。过滤聚合物，在 65℃，通风干燥 12h。产品为均一，细白色粉末，平均相对分子质量为 47000。

　　（2）水溶液聚合

　　若用水做聚合介质，须先将马来酸酐用碱转化成其钠盐形式以增加其在冷水中的溶解度。也可将马来酸酐加入水中升温到 90～100℃，使其溶于热水中，然后进行共聚合，这样共聚合所得产物直接溶在水中，水溶液呈微黄色。

　　将计量的马来酸酐用等摩尔氢氧化钠中和制成马来酸酐的钠盐。向装有电动搅拌器、滴液漏斗、回流冷凝器的聚合反应器中加入适量的去离子水，将计量的马来酸酐的钠盐溶于反应器中的水中，在搅拌下将反应温度升 95～100℃。取计量的过硫酸铵加入到计量的丙烯酸中，用适量的去离子水配成丙烯酸-过硫酸铵稀溶液，并置于反应器上的滴液漏斗中。当反应器中的反应温度升至需要的温度时，开始滴加丙烯酸混合液，控制滴加速度，约 4h 加完，加完丙烯酸混合液后，保持反应温度继续反应 1h，停止反应，得浅黄色至无色共聚物水溶液。

　　马来酸酐/丙烯酸的单体摩尔比为 1∶1。向装有温度计，搅拌器和回流冷凝器的可分离的烧瓶中加入 132.8g 去离子水，400g 48% 的氢氧化钠，235.2g 马来酸酐。搅拌并进行回流，反应液加热至沸腾。分别向反应器滴加 216g 80% 的丙烯酸（聚合开始后 180min 内加完），57.6g 35% 过氧化氢水溶液（聚合开始后 90min 内加完），96g 15% 的过硫酸钠，160g 纯水（聚合 90min 后 100min 内滴加完）。滴加完后继续反应 30min，得到产物。pH 值为 7.5，固含量为 45%。平均相对分子质量为 10000。

　　【技术标准】　HG/T 2229—1991

项　　目	指　　标		
	优等品	一等品	合格品
固体分含量/%	≥48.0	≥48.0	≥48.0
平均相对分子质量	450～700	300～450	280～300
游离单体(以马来酸计)含量/%	≤9.0	≤13.0	≤15.0
pH 值(1%水溶液)	2.0～3.0	2.0～3.0	2.0～3.0
密度(20℃)/(g/cm³)	1.18～1.22	1.18～1.22	1.18～1.22

【应用】 丙烯酸-马来酸酐共聚物对碳酸盐等具有很强分散作用，热稳定性高，可在300℃高温等恶劣条件下使用。适用于碱性水质，与其他阻垢缓蚀剂复合使用有协同效应。与聚膦酸盐、磷酸盐、膦羧酸、锌盐组成的配方碱性运行。一般情况下用量为 $1\sim5mg/L$。

（1）阻垢机理

丙烯酸-马来酸酐共聚物的阻垢机制主要有 4 个方面：①晶体畸变作用，国内外学者通过 X 衍射图证明加有丙烯酸-马来酸酐共聚物的 $CaSO_4 \cdot 2H_2O$ 晶体发生了畸变，其衍射峰及其面积随阻垢剂的加入量的增加而变化显著；②吸附作用，丙烯酸-马来酸酐共聚物还能吸附 $CaSO_4 \cdot 2H_2O$ 等致垢物晶体或微晶，抑制晶粒的增长速率，吸附还会致使晶粒带有同种电荷而互相排斥，从而使晶粒悬浮于溶液中，达到阻垢的目的；③分散和增溶作用，表 5-9 所列数据为 MA-AA 共聚物对 $CaSO_4 \cdot 2H_2O$ 和 $CaCO_3$ 增溶分散作用；④螯合作用（表 5-10）。

表 5-9 MA-AA 共聚物对 $CaSO_4 \cdot 2H_2O$ 和 $CaCO_3$ 增溶分散作用

MA-AA 共聚物/(mg/L)	$CaSO_4 \cdot 2H_2O$/(mg/L)	MA-AA 共聚物/(mg/L)	$CaCO_3$/(mg/L)
0	0.0708	0	0.0042
5	0.0946	2	0.0056
10	2.4128	4	0.0115
20	3.6046	8	0.0095

表 5-10 MA-AA 共聚物对 $CaCO_3$ 的螯合作用

MA-AA 共聚物/g	0.2	0.4	0.8	1.0
螯合的 $CaCO_3$/mg	454	480	663	626

（2）阻垢性能

丙烯酸-马来酸酐共聚物能在恶劣环境下使用，又具有良好的储存稳定性，是一种阻垢性能优良的药剂。研究表明，丙烯酸-马来酸酐共聚物可以在 pH＝6～9 之间使用；丙烯酸-马来酸酐共聚物适宜在高硬度的水中使用，当钙离子浓度为 1000mg/L 时，阻垢率仍达到 98.1％。

5.4.14 丙烯酸-丙烯酰胺共聚物

【结构式】

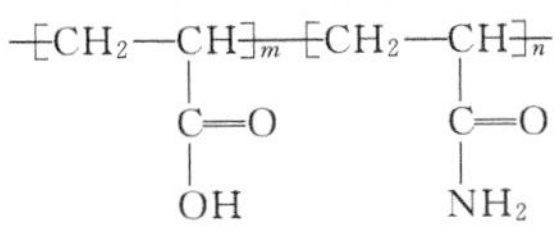

【物化性质】 无色透明或淡黄色透明黏性液体。

【制备方法】 丙烯酸-丙烯酰胺共聚物的制备方法有两种：第一种是由丙烯酸单体与丙烯酰胺单体进行自由基共聚合反应制得。第二种方法是水解聚丙烯腈（含有羧基的聚合物）；第二种方法的优点是可以利用工业废聚丙烯腈，如人造羊毛或腈纶等。

（1）由丙烯酸和丙烯酰胺直接共聚

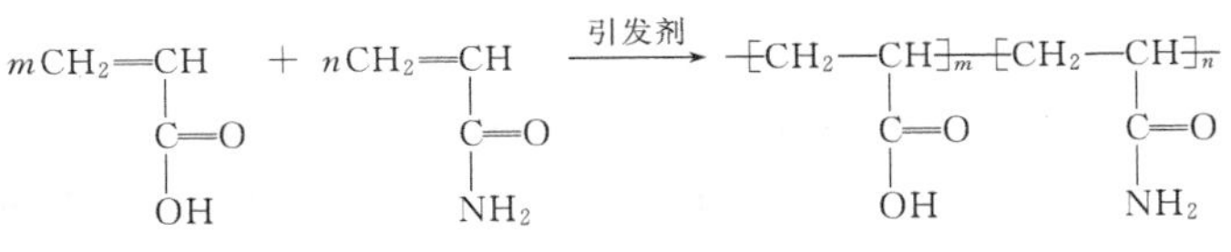

取适量的去离子水加入到装有电动搅拌器、回流冷凝器、滴液漏斗的聚合反应器中，将计量的丙烯酰胺用适量的水，配成稀的丙烯酰胺水溶液置于聚合反应器上的滴液漏斗中。将单体总质量7%～8%的过硫酸铵与计量的丙烯酸和适量的水配成稀的丙烯酸，与过硫酸铵水溶液置于聚合反应器上另一滴液漏斗中。当反应器内的水温达到85～90℃时同时滴加丙烯酰胺水溶液和丙烯酸混合液。保持反应温度，在搅拌下约4～5h滴加完毕。滴加过程中，反应体系温度会自动升高，当升温过快时，应通入冷却水控制温度在90℃左右。加完两种单体后，继续搅拌反应0.5h，冷却反应液。

（2）由腈纶废丝水解制丙烯酸-丙烯酰胺共聚物

聚丙烯腈分子链上含有大量的氰基，可水解成羧基和酰氨基，反应式如下：

$$\begin{array}{c} \text{—}\!\!\left[\text{CH}_2\text{—CH}\right]_{\!n}\!\text{—} \\ | \\ \text{CN} \end{array} \xrightarrow{\text{NaOH}} \begin{array}{c} \text{—}\!\!\left[\text{CH}_2\text{—CH}\right]_{\!m}\!\!\left[\text{CH}_2\text{—CH}\right]_{\!n}\!\text{—} \\ | \qquad\qquad | \\ \text{C}\!=\!\text{O} \qquad\quad \text{C}\!=\!\text{O} \\ | \qquad\qquad | \\ \text{OH} \qquad\quad \text{NH}_2 \end{array}$$

将24.4份50%（质量）的NaOH水溶液加到水解反应器中，并加热至90℃。将100份14.7%（质量）的聚丙烯腈水浆在搅拌下50min～1h内连续加至反应器内。将反应混合物的温度升至90～100℃，在搅拌下水解，水解过程中定期取样分析羧基和酰氨基的含量。当水解产物中羧基的含量达到70%～80%，酰氨基的含量达到20%～30%时，水解反应完成。水解反应中水解温度对水解程度影响较大，水解反应时间一般在2.5～5h为宜。因此水解反应的全过程中反应温度应控制在95～100℃，总反应时间应控制在3h左右，这样所得产物阻垢性能最好。

（3）反相浮液聚合制备丙烯酸-丙烯酰胺共聚物

将丙烯酸与氢氧化钠进行中和反应，制得丙烯酸钠的水溶液；将丙烯酰胺用一定量的去离子水溶解，与制得的丙烯酸钠水溶液混合物均匀成水溶液相。

在500mL反应器中加入液体石蜡和乳化剂，搅拌、加入处理后的水溶液相，进行乳化，体系中的水相和油相例为2.75∶1，乳化除氧后，升温，加入引发剂进行聚合反应。反应结束后，从乳液中析出产物，产物经真空干燥后，粉碎，得到白色的聚丙烯酰胺粉末状产品。

【应用】 低分子量的本品有较强分散性，用于冷却水、锅炉水等水循环系统中，有较强的螯合性与高热稳定性及分散性，不仅能螯合水中可溶性致垢物质，也能螯合已成垢的钙、镁、铁等物质。本品与其他水溶性高聚物配合使用时，效果更佳。如相对分子质量50000、组成比为3∶1的丙烯酸-丙烯酰胺共聚物与水溶性分散剂丙烯酸钠-乙烯磺酸共聚物（平均相对分子质量为4900，组成比为3∶1）按20∶1混合，一般用量1～30mg/L，在中、低压锅炉中抑垢效果好。

5.4.15 丙烯酸-丙烯醇共聚物

【结构式】

$$\text{—}\!\!\left[\text{CH}_2\text{—CH}\right]_{\!m}\!\!\left[\text{CH}_2\text{—CH}\right]_{\!n}\!\text{—} \\ \qquad | \qquad\qquad\qquad | \\ \qquad \text{COOH} \qquad\qquad \text{CH}_2\text{OH}$$

【物化性质】 无色透明或淡黄色透明黏性液体。

【制备方法】 一般采用水溶液聚合，以过硫酸铵为引发剂，原料丙烯酸与丙烯醇的摩尔比为5∶1。反应式：

$$\begin{array}{c} \text{CH}_2\!=\!\text{CH} \\ | \\ \text{COOH} \end{array} + \begin{array}{c} \text{CH}_2\!=\!\text{CH} \\ | \\ \text{CH}_2\text{OH} \end{array} \xrightarrow[\triangle]{\text{引发剂}} \begin{array}{c} \text{—}\!\!\left[\text{CH}_2\text{—CH}\right]_{\!m}\!\!\left[\text{CH}_2\text{—CH}\right]_{\!n}\!\text{—} \\ | \qquad\qquad\qquad | \\ \text{COOH} \qquad\qquad \text{CH}_2\text{OH} \end{array}$$

将计量的丙烯醇与计量的去离子水混合后加入到装有电动搅拌器、回流冷凝器和滴液漏斗的聚合反应器中,在搅拌下将反应温度升至95~100℃。将计量的过硫酸铵用适量的去离子水配成水溶液并与计量的丙烯酸混合。当反应器内的混合液温度达到95℃时开始滴加丙烯酸与过硫酸铵混合液,保持反应温度,在4h内将丙烯酸混合液滴加完。加完丙烯酸混合液后,继续反应0.5h。产物为淡黄色至水白色透明有黏性的水溶液,相对分子质量在5000~10000之间,固含量为30%。

【应用】 含有羟基的共聚物作为工业冷却水阻垢分散剂,可以发挥羟基功能团在水中对磷酸盐类如磷酸钙、磷酸锌和氢氧化锌的阻垢作用。因此将丙烯酸与烯丙醇两种单体以一定的摩尔比进行共聚合,可以得到大分子链上含有羧基和羟基的共聚合产物。用作工业冷却水的阻垢分散剂时,羧基和羟基共同发挥作用。

5.4.16 丙烯酸-衣康酸共聚物

【结构式】

$$\begin{array}{c} & & \text{COOH} \\ & & | \\ -\!\!\!-\text{CH}_2-\text{CH}\!\!-\!\!\overline{]_m}\!\!-\!\!\text{CH}_2-\text{C}\!\!-\!\!\overline{]_n} \\ & | & | \\ & \text{COOH} & \text{CH}_2\text{COOH} \end{array}$$

【物化性质】

无色透明或淡黄色透明黏性液体。易溶于水,可溶于甲醇和乙醇。密度(20℃)1.09g/cm³。pH值(1%水溶液)为2.0±0.5。固含量30.0%。

【制备方法】 丙烯酸-衣康酸共聚物的制备方法一般有2种。

(1)将计量的衣康酸溶于适量的去离子水中并加入到装有电动搅拌器回流冷凝器、滴液漏斗的聚合反应器中,在搅拌下缓慢将溶液的温度升至100℃。将单体总质量的15%的过硫酸铵用去离子水溶解并与计量的丙烯酸混合,当反应器内衣康酸溶液的温度升至100℃时,开始滴加丙烯酸和过硫酸铵混合液,保持反应温度在6~7h内将丙烯酸混合液加完。继续反应1h。

(2)原料为衣康酸90~50mol、丙烯酸10~50mol、过硫酸钠1%~2%(以单体总质量计)、亚硫酸氢钠6%~12%(以单体总质量计)、硫酸亚铁0.02%~0.04%(以单体总质量计)、去离子水。

将衣康酸、硫酸亚铁和去离子水加到装有电动搅拌器、回流冷凝器和滴液漏斗的聚合反应器中,通N₂10min排除反应体系内的空气,并在聚合全过程中不间断通入N₂,使反应一直在N₂保护下进行,在搅拌下将反应液的温度加热至回流。开始缓慢滴加丙烯酸、过硫酸钠和亚硫酸氢钠溶液,将它们在3~5h内同时加完。然后保持反应温度继续聚合1.5h。

圆底烧瓶装有搅拌器,回流冷凝器和N₂通入口。向反应器加入68mL水,0.08g(0.3mmol)FeSO₄·7H₂O和39.0g(0.30mol)衣康酸。通入氮气保护,加热至100℃。分别使3.69g(15.0mmol)过硫酸钠溶于38mL水中,9.92g(95.0mmol)亚硫酸氢钠溶于30mL水中,把上述溶液连同丙烯酸加入到容器中,3.5h内加完。继续回流反应60min。得到黄色反应产物205.6g,固含率为52.8%。高效液相色谱分析得出产物的数均平均相对分子质量为2210,重均平均相对分子质量为4460。

【应用】 不同分子量和组成的丙烯酸-衣康酸共聚物有不同的性能和用途。用于水处理的阻垢剂,其相对分子质量最好为3000~5000,在此范围内的共聚物是窄分子量分布的组成物,其化学组成上也是均质的。聚合物中衣康酸结构单元与丙烯酸结构单元基本上是交替连接的。本品用为阻垢剂的参考用量2~15mg/L。

王光江等研究表明丙烯酸-衣康酸对 $CaCO_3$ 的阻垢效果明显，可适应温度范围宽，在共聚物用量较小的情况下即可取得显著的阻垢效果。表 5-11～表 5-13 分别为药剂用量、Ca^{2+} 浓度和温度对阻垢率的影响。

表 5-11   药剂与阻垢率的关系

用量/(mg/L)	1	3	5	8	10
阻垢率/%	93.9	96.3	97.3	97.1	97.0

注：水质 Ca^{2+} 200mg/L，CO_3^{2-} 300mg/L，pH=8，60℃，6h。

表 5-12 Ca^{2+} 浓度与阻垢率的关系

Ca^{2+} 浓度/(mg/L)	100	200	250	300
阻垢率/%	100	97.5	77.8	47.4

注：共聚物用量 10mg/L，水质 pH=8，恒温 6h。

表 5-13   温度对阻垢率的影响

温度/℃	50	60	70	80
阻垢率/%	98.5	97.3	92.4	88.1

注：共聚物用量 10mg/L；水质 Ca^{2+} 200mg/L，CO_3^{2-} 300mg/L，pH=7，60℃，6h。

本品还可与其他化学处理药剂配合使用。例如碱性物质氢氧化钠、氢氧化钾、吗啉或环己胺等，缓蚀剂如磷酸盐、胺、三乙醇胺等，螯合剂 EDTA 和杀菌剂次氯酸钠等。

5.4.17   丙烯酸-丙烯酸羟丙酯共聚物

【结构式】

$$\begin{array}{cc} \cdots\!\!-\!\!CH_2\!-\!CH\!-\!\!\cdots_m & \cdots\!\!-\!\!CH_2\!-\!CH\!-\!\!\cdots_n \\ | & | \\ C\!=\!O & C\!=\!O \\ | & | \\ OH & OCH_2\!-\!CH\!-\!CH_3 \\ & | \\ & OH \end{array}$$

【物化性质】   水溶液为无色或浅黄色液体，相对分子质量为 500～1000，共聚物的结构中随两种单体的组成的不同，产物的性能和在水中的溶解性能均会发生变化。当共聚物的组成中丙烯酸-β-羟基丙酯的含量增加时，共聚物的阻碳酸钙能力降低。作为工业循环冷却水的阻垢分散剂，要求相对分子质量不能太高，大约为 1000～50000。这就要求共聚物的组成比最好控制在 (11∶1)～(1∶2)。这样所得产物的相对分子质量适中，水溶性较好，阻垢分散效果也较为理想。

【制备方法】

（1）用丙烯酸-β-羟丙酯与丙烯酸或其钠盐进行自由基共聚合，使用引发剂为过氧化苯甲酰或偶氮二异丁腈。也可用氧化还原系统引发剂，过硫酸铵和硫酸亚铁引发聚合反应，并适当加入异丙醇或硫醇等链转移剂来控制聚合物的分子量。工艺流程如图 5-10 所示。

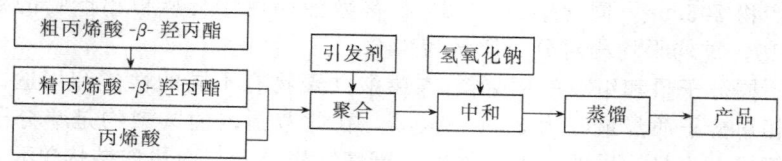

图 5-10   丙烯酸-丙烯酸羟丙酯共聚物制备工艺流程

（2）将环氧丙烷用氮气压入有聚丙烯酸水溶液的压力釜中，在 $100℃$ 左右反应 $20min\sim$ 2h，然后用稀氢氧化钠溶液中和得到。

【技术指标】 HG/T 2429—2006

项 目	指 标	
	中性	酸性
外观	无色至淡黄色黏稠液体	
密度(20℃)/(g/cm³)	1.100	
pH 值(1.0%水溶液)	7.50±1.00	2.50±0.50
固体含量子/%	30.0±2.0	30.0±2.0
游离单体(以丙烯酸计)/%	≤0.50	≤0.5
极限黏数(30℃)/(dL/g)	0.650～0.095	

【应用】 丙烯酸-丙烯酸羟丙酯共聚物作为阻垢分散剂适用于碱性和高磷酸盐存在的循环冷却水系统，油田回注水、洗涤水和锅炉水等系统。

丙烯酸-丙烯酸羟丙酯共聚物可单独使用，和其他药剂配伍，效果更佳。相对分子质量为 $3000\sim20000$，采用含 $5\%\sim6\%$ 羟丙酯，在油田回注水系统作为阻垢剂，用量 $10mg/L$ 以上，高至 $200\sim500mg/L$，用来处理含 $500\sim1000mg/L$ 的钙的油田回注水，防止结垢十分有效。组成比为 $(11:1)\sim(1:2)$，平均相对分子质量为 1000 的丙烯酸-丙烯酸羟丙酯共聚物，在水系统中用 $10mg/L$，可抑制 96% 的磷酸钙沉积。并可分散 83.2% 和 84.7% 的黏土和油垢。表 5-14 比较了聚丙烯酸、聚甲基丙烯酸和丙烯酸-丙烯酸羟丙酯共聚物阻磷酸钙垢性能。

表 5-14 几种阻垢剂性能比较

名 称	用量/(mg/L)	阻磷酸钙垢率/%	名 称	用量/(mg/L)	阻磷酸钙垢率/%
聚丙烯酸	10	48.2	丙烯酸-丙烯酸羟丙酯共聚物	10	100
聚甲基丙烯酸	10	27.1			

5.4.18 马来酸酐-丙烯酰胺共聚物

【结构式】

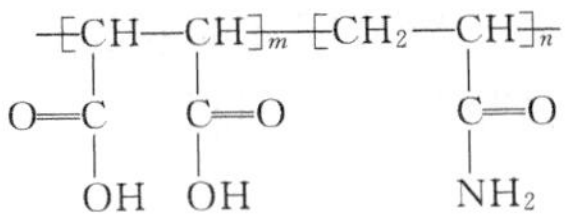

$$-[CH-CH_2]_m-[CH_2-CH]_n-$$
$$O=C \quad C=O \qquad C=O$$
$$OH \quad OH \qquad NH_2$$

【物化性能】 浅黄色水溶液，pH $4\sim5$，总固含量约为 30%。

【制备方法】 一般采用水溶液聚合，以过硫酸铵为引发剂。取适量的去离子水置于装有电动搅拌器、回流冷凝器、滴液漏斗的聚合反应器中，将其加热升温至 $95℃$。取计量的马来酸酐加至聚合反应器中的热水中，在搅拌下继续加热升温直至马来酸酐全溶解。将计量的丙烯酰胺溶于适量的去离子水中配成稀溶液，置于聚合反应器上的滴液漏斗中，再将计量的过硫酸铵溶于去离子水中，配成一定浓度的稀溶液，置于聚合反应器的另一滴液漏斗中。当聚合反应器中的物料温度升至 $95\sim100℃$ 时，在搅拌下缓慢滴加引发剂水溶液和丙烯酰胺水溶液，保持反应温度，控制滴加速度，$4\sim5h$ 内加完原料单体，继续反应 0.5h，即得浅黄色水溶液产品。

【应用】 马来酸酐-丙烯酰胺共聚物除具有阻垢效率高、热稳定性好、对环境污染小，

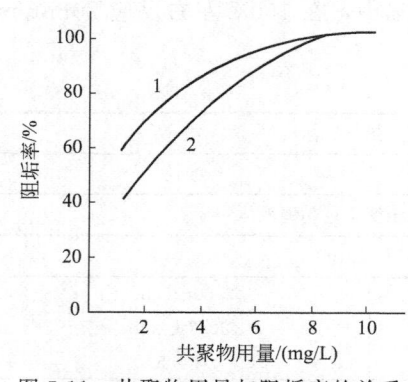

图 5-11　共聚物用量与阻垢率的关系

还具有钙容忍度高、pH 值适用范围宽、协同效应好，广泛用于低压锅炉、集中采暖、宾馆空调以及各类循环冷却水系统。可与有机膦盐复配使用。

探讨了阻垢剂用量、Ca^{2+} 浓度、温度以及阻垢剂与其他药剂复配对马来酸酐-丙烯酰胺共聚物阻垢率的影响。从图 5-11 可以看出，低浓度时，随共聚物用量的增加，阻垢率显著增大，至共聚物加入量为 8mg/L 时，阻垢率已达 98%。（水质 $CaCO_3$ 200mg/L，$CaSO_4$ 600mg/L，pH=8，曲线 1 为 $CaCO_3$ 模拟水，曲线 1 为 $CaSO_4$ 模拟水。）

当共聚物用量为 8mg/L，恒温 70℃，反应 8h，$CaCO_3$ 浓度为 200mg/L，不同温度下的阻垢率见表 5-15。

表 5-15　温度对阻垢率的影响

温度/℃	50	60	70	80	90
阻垢率/%	91.92	90.66	88.02	79.85	77.65

5.4.19　马来酸酐-丙烯酰吗啉共聚物

【结构式】

$$\left[CH_2-CH \right]_m \left[CH_2-CH \right]_n$$

【物化性质】　浅棕色或浅黄色水溶液，pH 值为 3～4，总固含量为 30%。

【制备方法】

① 丙烯酰吗啉单体的制备　将 1mol 经充分干燥过的吗啉溶于适量的经充分干燥的丙酮中，将计量的干燥的三乙胺（缚酸剂）置于反应器上的滴液漏斗中。取与吗啉相同摩尔比的丙烯酰氯加入反应器上的滴液漏斗中，将反应器置于冰盐浴中冷却，在搅拌下将吗啉混合液冷却，使其温度降至 0℃ 左右。当吗啉混合液的温度达 0℃ 时，在搅拌下开始滴加丙烯酰氯和三乙胺的丙酮稀溶液，控制滴加速度，使反应混合物的温度不要超过 0℃。反应结束后抽滤，将反应生成的三乙胺盐酸盐除去，滤液减压蒸去丙酮溶液，得无色至浅棕黄色丙烯酰吗啉产物，再向丙烯酰吗啉中加入计算量的阻聚剂对苯二酚（或氯化亚酮）进行减压蒸馏，得纯净丙烯酰吗啉。

② 共聚物的制备　在装有电动搅拌器、回流冷凝器、滴液漏斗的共聚合反应器中加入适量的去离子水，将其加热升温至 80～90℃。将 1mol 的马来酸酐加入到聚合反应器中的去离子水中，搅拌下使其完全溶解。将 1mol 的丙烯酰吗啉用去离子水稀释配成 10% 的稀溶液置于聚合反应器上的滴液漏斗中，将计量的过硫酸铵用去离子水配成稀溶液置于反应器上的另一滴液漏斗中，准备完毕后，当水溶液的温度升至 95～100℃ 时，开始滴加引发剂和丙烯酰吗啉溶液。控制滴加速度，大约需要 4h 滴完引发剂溶液和丙烯酰吗啉溶液。

【应用】　丙烯酰吗啉可以看作丙烯酰胺分子中酰氨基的氮原子上的氢全部被取代的产物，这样丙烯酰吗啉的聚合物相应比聚丙烯酰胺具有较好的杀菌性。同时由于酰氨基上氢原子被全部取代，大分子链中酰氨基之间的氢键作用被削弱，这样就使大分子链缠绕作用减轻。大分子链在水中容易伸展，使各功能基团能够充分发挥作用。因而，可使聚合物的溶解速度加快，同时，阻垢、杀菌性能也将更好地发挥。

5.4.20　丙烯酸-丙烯酰基吗啉共聚物

【结构式】

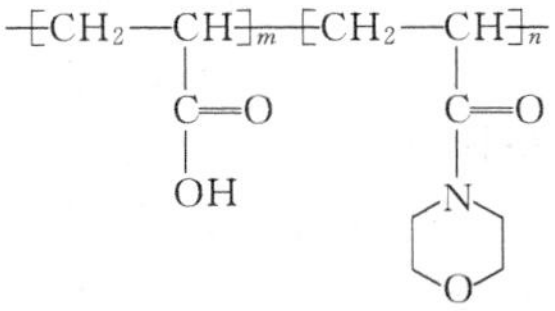

$$-[CH_2-CH]_m-[CH_2-CH]_n-$$

【物化性质】　白色或淡黄色透明水溶液，pH值约为5，总固含量30%。

【制备方法】　一般采用水溶液聚合，以过硫酸铵为引发剂。将等摩尔的丙烯酸和丙烯酰基吗啉分别用去离子水配成稀溶液并分别置于聚合反应釜上方的高位箱内，将计量的引发剂用适量的去离子水配成稀溶液，置于聚合反应釜上方的另一高位箱内。取计量的去离子水加到聚合反应釜内并加热到80℃，在搅拌的同时滴加丙烯酸水溶液、丙烯酰基吗啉水溶液和过硫酸铵水溶液。维持聚合反应温度在80～85℃，并在2h内将三种反应物料同时加完。然后维持聚合温度继续反应1h。冷却聚合液，得水白色至淡黄色水溶液。

【应用】　本产品具有很好的阻垢分散性能，并且由于大分子链中引入了含有叔胺结构的吗啉基团，因此使共聚合产物具有很好的杀菌作用。

5.4.21　丙烯酸-异丙烯膦酸共聚物（AA/IPPA）

【结构式】

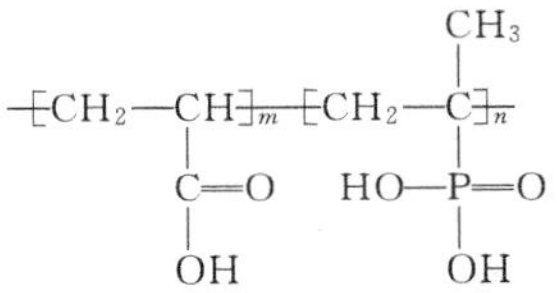

$$-[CH_2-CH]_m-[CH_2-C]_n-$$

【物化性质】　无色或淡黄色透明水溶液，pH值为3～4，总固含量30%。

【制备方法】　丙烯酸-异丙烯磷酸共聚物的制备可分为两步进行，即异丙烯磷酸单体的制备和异丙烯磷酸单体与丙烯酸单体的聚合。

① 异丙烯磷酸单体的制备　目前，异丙烯磷酸单体的合成方法主要以三氯化磷、丙酮和冰醋酸为原料。在四口烧瓶中加入1mol的丙酮，将1mol的三氯化磷快速滴加到烧瓶中，在室温下保温，再将产物倒入另一滴液漏斗中。在四口烧瓶中加入足量的冰醋酸，将上述物料滴加到烧瓶中，室温下搅拌2h，缓慢加热至温度达到130～150℃，并冷凝回收冰醋酸和乙酰氯，再将温度降至50℃以下，加入一定量的水即可。反应式如下：

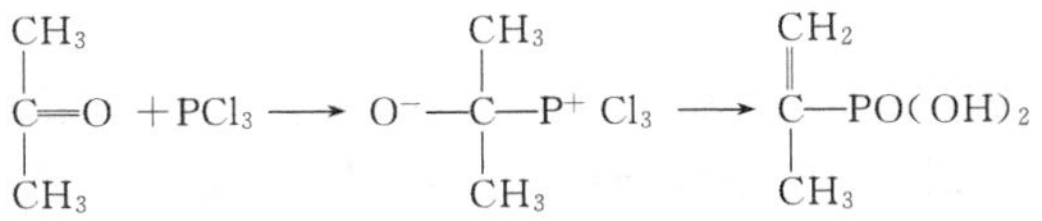

$$\underset{CH_3}{\overset{CH_3}{C=O}} + PCl_3 \longrightarrow O^-\underset{CH_3}{\overset{CH_3}{C}}P^+Cl_3 \longrightarrow \underset{CH_3}{\overset{CH_2}{C}}PO(OH)_2$$

② 溶液聚合　原料异丙烯磷酸与丙烯酸单体的摩尔比为4:6。将其加入至装有电动搅拌器、冷凝器、滴液漏斗的聚合反应器中，并加入适量的去离子水使其溶解。取计量的过硫酸铵溶于适量的去离子水中配成稀溶液，置于聚合反应器上的滴液漏斗中。将与异丙烯膦酸等摩尔的丙烯酸用适量的去离子水稀释成一定浓度的稀溶液，使其体积与过硫酸铵水溶液的体积大致相等，置于聚合反应器上的另一滴液漏斗中。准备就绪后，在搅拌下将聚合反应器中水升温至85℃时，向聚合反应器中滴加异丙烯膦酸和丙烯酸的混合水溶液和引发剂过硫酸铵的水溶液。使聚合反应温度保持在85℃左右，控制滴加速度，在1.5h内将两种原料液

加完。升温至90℃，保温1h左右，冷却至室温，即得到产品。

【应用】

（1）阻垢性能测试

本产品对碳酸钙、硫酸钙垢有很好的阻垢分散性能，在较宽的温度、pH值范围内仍有较好的阻垢性能。本品用量为20mg/L时，硫酸钙晶体产生严重的晶格畸变。在 $[Ca^{2+}]$（以$CaCO_3$计）为250mg/L，$[HCO_3^-]$ 为305mg/L的水样中，加入不同量的AA/IPPA共聚物，得出AA/IPPA共聚物浓度与阻垢率的关系曲线，如图5-12和图5-13所示。由图5-12中的关系曲线可见，当AA/IPPA共聚物浓度为20mg/L时，阻垢率接近100%。在图5-13中保持水样中 $[HCO_3^-]$ 的浓度为305mg/L，AA/IPPA共聚物的浓度为15mg/L，改变体系 $[Ca^{2+}]$，得到 $[Ca^{2+}]$ 与阻垢率的关系图。在 $[Ca^{2+}]$ 小于200mg/L时，随 $[Ca^{2+}]$ 的增加，阻垢率基本保持不变，接近100%，当体系 $[Ca^{2+}]$ 大于200mg/L时，随 $[Ca^{2+}]$ 增加，阻垢率开始下降。

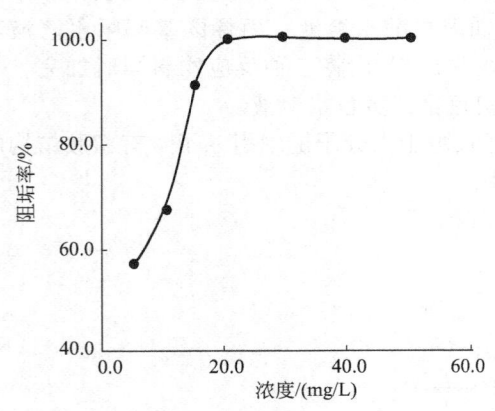

图5-12　共聚物浓度对阻垢率的影响

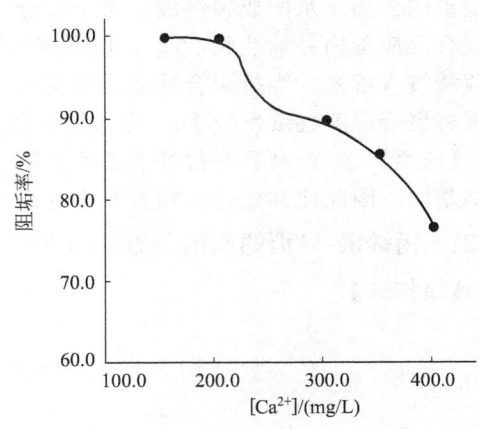

图5-13　Ca^{2+} 浓度对阻垢率的影响

考察温度对其影响，如表5-16所列。结果表明，随溶液温度的升高，阻垢率下降，但下降的趋势较缓。此共聚物的阻垢效果对温度的敏感程度较小，说明其适用的温度范围较宽。

表5-16　温度对共聚物阻垢效果的影响

温度/℃	50	60	70	80	90
阻垢率/%	96.55	96.30	93.48	91.40	89.23

注：表中 $[Ca^{2+}]$（以$CaCO_3$计）为250mg/L，$[HCO_3^-]$ 为305mg/L，共聚物浓度为15mg/L。

本产品对氧化铁有较好的分散能力，当用量为4mg/L时，就能较好抑制氧化铁沉淀。除此之外，本品还能作为碳钢的缓蚀剂，通过在金属铁表面形成保护膜，从而抑制电化学腐蚀反应，作为缓蚀剂量的一般用量为15mg/L。

（2）缓蚀性能

AA/IPPA共聚物中存在着羟基，羟基上的氧原子因未共用电子对与铁金属表面上的铁离子或带有部分正电荷的铁原子发生化学吸附形成配位键，产生一种吸附膜。这种吸附膜盖在铁金属表面，阻止了溶解氧向金属表面扩散，从而抑制了电化学腐蚀的阴极反应，且由于AA/IPPA共聚物中的甲基伸向吸附膜的外侧，有利于阻止溶解氧向金属表面扩散，更有效地防止了铁的腐蚀。

5.4.22　丙烯酰胺-丙烯酰基吗啉共聚物

【结构式】

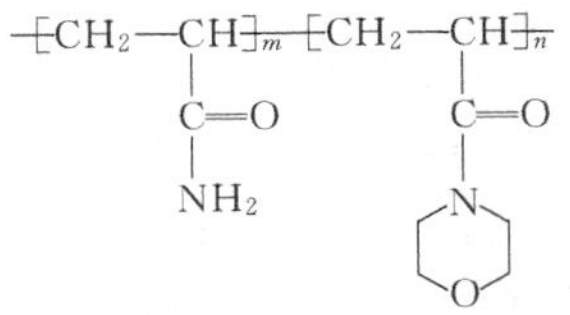

【物化性质】　白色或淡黄色透明水溶液，pH 值约为 7，总固含量 30%。

【制备方法】

该聚合物的合成一般分为功能单体的制备和溶液聚合 2 步来进行。

① 丙烯酰基吗啉的制备　向带有搅拌器、分馏装置填料塔的四口烧瓶中，加入 118.1g 3-甲氧基丙酸甲酯和 174.2g 吗啉，在 100℃下边蒸出甲醇边反应 6h，反应完毕，在减压下蒸出未反应的吗啉，再蒸出低沸物，得到的反应液为甲氧丙酰吗啉。向与上述反应器相同的反应器中加入上面得到的反应液，加入 2.7g 氢氧化钙作为催化剂，加入 0.3g 铜铁灵（N-亚硝基-β-苯胲胺）作为阻聚剂，在 120℃、40kPa 下进行反应。反应生成的醇蒸出反应体系外。反应进行 3h 结束，得到的反应物进行减压蒸馏，得到 N-丙烯酰基吗啉 98.8g，收率 70.3%。

② 溶液聚合　在带有电动搅拌器、回流冷凝器、滴液漏斗的反应釜内加入计量的去离子水和丙烯酰胺，充分搅拌使丙烯酰胺完全溶解，在搅拌下将聚合反应器的丙烯酰胺水溶液慢慢加热。取与丙烯酰胺等摩尔的丙烯酰基吗啉用去离子水配成稀溶液并将其置于聚合反应器上的滴液漏斗内，将计量的引发剂过硫酸铵用适量的去离子水配成稀溶液并将其置于聚合反应器上的另一滴液漏斗内。当聚合反应器内丙烯酰胺水溶液的温度达到 70～80℃时，开始同时滴加丙烯酰基吗啉水溶液和过硫酸铵水溶液，控制反应温度低于 80℃，在 90min 内将丙烯酰基吗啉水溶液和过硫酸铵水溶液加完。然后将反应温度升至 80℃，继续反应 1h。冷却反应物，得水白色至浅黄色透明水溶液。

【应用】　本产品具有很好的阻垢分散性能。并且由于大分子链中引入了含有叔胺结构的吗啉基团，因此使共聚合产物具有很好的杀菌作用。

5.4.23　丙烯酸-丙烯酸羟丙酯-次磷酸钠共聚物

【物化性质】　黄色透明液体。

【制备方法】　由丙烯酸、丙烯酸羟丙酯和次磷酸在含有引发剂的溶剂中反应而得。所用溶剂有水、醇和二噁烷水溶液。引发剂可选用双偶氮异亚硝酸异丁酯，有机过氧化物如过氧化苯、过氧化甲基乙基甲酮、二叔丁基过氧化物，以及氧化剂如过氧化氢、过硼酸钠和过硫酸钠等。

丙烯酸羟丙酯可由丙烯酸与环氧丙烷反应制得。次磷酸可由次磷酸氢钠经离子交换树脂处理制取。反应产物为溶液，可通过蒸发方法除去其中的部分或全部溶剂。本产品可不经精制直接使用。

① 方法一　将丙烯酸羟丙酯 22.5g 和丙烯酸 37.9g 混合备用。在内装 40.1g 水、13.2g 次磷酸和 0.38g 过氧化苯甲酰的烧瓶中加入上述混合物 6g，升温至 95～98℃，并在 100℃下回流，之后，将余下的混合物经加料漏斗滴加到烧瓶内，当滴加 5～10mL 后，即能观察到回流速度加快，反应液变得黏稠。而后在 10min 内将剩余的混合物慢慢地加入瓶内，回流速度随之加快，聚合反应发生，如此在 100℃下回流 3h，最后将反应物放置过夜，即可得到含固量 54.4%的液体产品。产品的组成为丙烯酸：丙烯酸羟丙酯：次磷酸＝3：1：1（摩尔比）。

② 方法二　将 6.37g 过硫酸钠及 100g 水的溶液和 54g 丙烯酸与 9.75g 丙烯酸羟丙酯的混合液，于 2h 以上滴加到 75℃的 4.54g 次磷酸钠的 52g 水的溶液中，加完后，升温至 85℃并保持 1.5h，可得到质量分数为 33.1％的丙烯酸-丙烯酸羟丙酯-次磷酸钠调聚物 221g。

【应用】　本产品能有效地抑制水系统碳酸钙和磷酸钙结垢，对钙离子具有很高的容忍性能，除适用于钙离子浓度是 300mg/L 的循环冷却水值系统外，还宜在锅炉水系统，洗涤塔系统，盐水脱盐、除尘系统以及反渗透等水系统中使用。

本共聚物经瑞士全国腐蚀工程师协会阈限值试验，使用质量浓度分别为 7.5mg/L 和 10mg/L，抑制碳酸钙沉积作用为 81％和 90％。在水系统中的投加剂量为 2.5～100mg/L。与其他化学品具有相容性，在冷却水系统操作中，可与无机磷酸盐、有机磷酸盐、有机磷酸酯以及多价金属盐如锌盐等配伍使用，以提高对水系统的缓蚀阻垢能力。

5.4.24　丙烯酸/聚乙二醇单甲醚丙烯酸酯二元共聚物

【制备方法】　在装有机械搅拌、恒压漏斗的三颈瓶中，按一定配比加入次亚磷酸钠和蒸馏水，在一定温度和搅拌条件下，分别同时滴加过硫酸铵水溶液和单体溶液［聚乙二醇单甲醚（相对分子质量为 400）丙烯酸酯和聚乙二醇单甲醚（相对分子质量为 1000）丙烯酸酯］进行共聚反应，滴加完后保温一段时间，冷却出料，即得产品聚醚型共聚物阻垢剂 T-400 和 T-1000。

【应用】　该阻垢剂主要以所含的阴离子聚羧酸根影响了碳酸钙垢的形成，阻垢率与所含的阴离子浓度有关，而与聚醚长度基本无关；与此相反，聚醚长度严重影响硫酸钙垢的生成，聚醚长度较长时其阻垢效果较好。这是典型的空间位阻型分散作用机理。因此，可以通过合理调节羧酸根与聚醚的比例及聚醚的长度，获得综合性能良好的聚醚型共聚物阻垢剂。

通过对阻垢剂用量、钙离子浓度、阻垢时间、温度及溶液 pH 值等对阻垢性能影响的考察，长链侧基的聚醚型阻垢剂 T-400 与 T-1000 表现出了优良的阻碳酸钙垢性能和优异的阻硫酸钙垢性能。综观两种共聚物阻垢剂 T-400 和 T-1000 对碳酸钙垢和硫酸钙垢的阻垢性能，可以发现，对阻碳酸钙垢均是 T-400 优于 T-1000，对阻硫酸钙垢则是 T-1000 优于 T-400，这说明阻垢剂对两种钙垢的作用机理显著不同：阻垢剂主要以所含的阴离子聚羧酸根影响了碳酸钙垢的形成，阻垢率与所含的阴离子浓度有关，而与聚醚长度基本无关；与此相反，聚醚长度严重影响了硫酸钙垢的生成，聚醚长度较长时其阻垢效果较好，这是典型的空间位阻型分散作用机理。因此，可以通过合理调节羧酸根与聚醚的比例及聚醚的长度，获得综合性能良好的聚醚型共聚物阻垢剂。

5.4.25　丙烯酸-马来酸-膦基三元共聚物

【物化性质】　浅黄色透明黏稠液体。

【制备方法】　在装有回流冷凝管、温度计、电动搅拌器、滴液漏斗的 250mL 四口烧瓶中，按一定配比加入马来酸酐和蒸馏水，在回流冷凝条件下加热搅拌，待马来酸酐完全溶解后，升温到 80℃时开始滴加引发剂，同时开始滴加丙烯酸和次亚磷酸钠的混合液，控制滴加时间约为 1h。滴加完毕后保温反应 3h，冷却即得目标产品。膦基丙烯酸三元共聚物合成的最优工艺条件：AA∶MA=3∶1，引发剂用量为 25％，反应时间为 3h，反应温度为 90℃。

【应用】　在相同水质条件下，按照 GB/T 16632—2008 标准进行阻垢性能测定，膦基丙烯酸三元共聚物在 5mg/L 时的阻垢率明显高于氨基三甲叉膦酸和二乙烯三胺五亚甲基膦酸在 10mg/L 时的阻垢率。由此表明，膦基丙烯酸三元共聚物不仅具有优良的阻碳酸钙垢性能，而且由于含磷低，用量少，利于环保。

5.4.26　丙烯酸-2-丙烯酰基-2-甲基丙磺酸-次磷酸钠共聚物

【结构式】

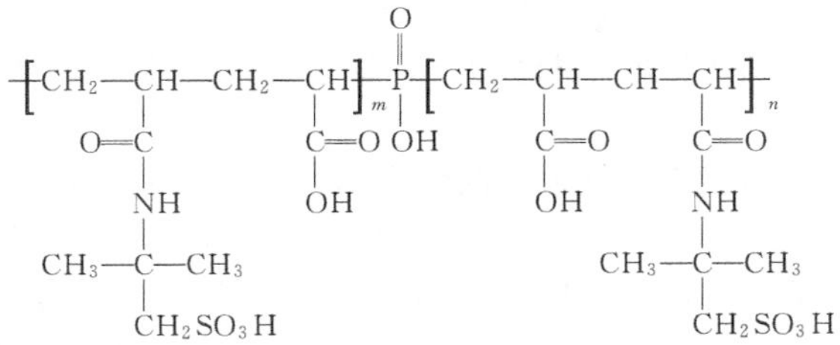

丙烯酸-2-丙烯酰基-2-甲基丙磺酸-次磷酸钠共聚物溶于水和乙二醇，由于丙烯酸-2-丙烯酰基-2-甲基丙磺酸（AMPS）结构中含有强阴离子、水溶性的磺酸基团，屏蔽的酰胺基团，因而具有亲和性、导电性、离子交换性和对二价阳离子的耐受力；酰胺基团使其具有很好的水解稳定性、抗酸、抗碱及热稳定性，因此，本产品得到广泛应用。

【物化性质】　产品外观为淡黄色黏稠透明液体，固体含量≥30%，总磷（以 PO_4^{3-} 计）≥5%，游离单体含量（以 AA 计）≤1%，pH 值（1%水溶液）为 2.5～3.5，密度为 1.15～1.35g/cm³。

【制备方法】　丙烯酸-β-羟丙酯可由丙烯酸与环氧丙烷反应制得。次磷酸可由次磷酸氢钠经离子交换树脂处理制取。反应产物为溶液，可通过蒸发除去其中的部分或全部溶剂。本产品可不经精制直接使用。

在装有电动搅拌器、滴液漏斗、温度计和回流冷凝器的反应瓶中，加入一定量的水和次磷酸钠，开动搅拌，升至一定温度后，同时滴加单体丙烯酸和 AMPS 的混合物和引发剂过硫酸铵的水溶液，滴加完毕，继续搅拌反应 2～3h，冷却至 40℃ 左右即可得共聚物产品。

【技术指标】　企业标准

项　　目	指　　标	项　　目	指　　标
外观	清澈到微浑浅黄色液体	动力黏度(25℃)/Pa·s	0.4～0.7
气味	类似稀醋酸	沸点/℃	13～105
固含量/%	50	凝固点/℃	-3～-12
密度(20℃)/(g/cm³)	1.22～1.26	磷	1
pH 值	2.5		

【应用】　本产品能有效地抑制水系统磷酸钙结垢，在稳定锌盐和分散氧化铁等方面均优于 HEDP 和 AA/AMPS 共聚物，缓蚀性能优异。在水系统中的投加剂量为 25～100mg/L。与其他化学品具有相容性，在冷却水系统操作中，可与无机磷酸盐、有机磷酸盐、有机磷酸酯以及多价金属盐如锌盐等配伍使用，以提高对于水系统的缓蚀阻垢能力，是一种有很好的推广应用前景的新型高效水处理剂。

丙烯酸-2-丙烯酰胺-2-甲基丙磺酸-次磷酸钠共聚物在水处理中用作磷酸钙垢的阻垢剂。与传统丙烯酸类阻垢分散剂相比，它的突出特点是不受水中是否存在金属离子的影响，对 P、S、Ca、Mg、Ba 等盐垢，特别是磷酸钙垢有良好的抑制作用，且能有效地分散颗粒物，稳定金属离子和有机磷酸。由于丙烯酸-2-丙烯酰胺-2-甲基丙磺酸-次磷酸钠共聚物中含有磺酸基团，可以有效防止由于均聚物与水中离子反应而产生难溶性钙凝胶。

含 AMPS 共聚物随 AMPS 含量不同及共聚物中其他组分的差异，产品的性能各不相同，应根据水质的情况进行选择。如对于高硬度的结垢性强，腐蚀性弱的水质，可选择丙烯酸含量较高的共聚物，既可以降低成本又可以达到较好的阻垢效果；对于磷酸盐、锌盐含量较高的水处理配方，应选择 AMPS 含量较高或第三单体阻磷酸钙垢和稳锌性能好的共聚物，以保证循环水中磷酸盐和锌的稳定性。

作为循环冷却水用阻垢分散剂，丙烯酸-2-丙烯酰胺-2-甲基丙磺酸-次磷酸钠共聚物单独使用时，投加量一般为 2～10mg/L，连续投加但在大多数情况下是与多种水处理剂复配使用。由于含 AMPS 共聚物价格适中，具有优异的阻磷酸钙垢、碳酸钙垢和稳锌性能，同时在复配过程中与有机磷酸盐和锌盐有很好的互容性，已成为水处理复合配方中聚合物类分散剂的首选品种。

含 AMPS 共聚物具有优异的对氧化铁分散性能，由于其对锌盐有很好的分散性能，特别是在中性或碱性水处理配方中，并且具有一定的缓蚀效果，与缓蚀剂复合使用有协同增效作用。

含 AMPS 共聚物不仅在高硬度水中具有优异的阻垢性能，由于其对锌盐的很好的分散性能，可使循环水中的锌离子含量高达 5mg/L 以上，为保证低硬度的或各种腐蚀性水质降低腐蚀速率，并为提高处理效果提供了可能。

5.4.27　2-丙烯酰基-2-甲基丙磺酸钠-丙烯酰基吗啉共聚物

【结构式】

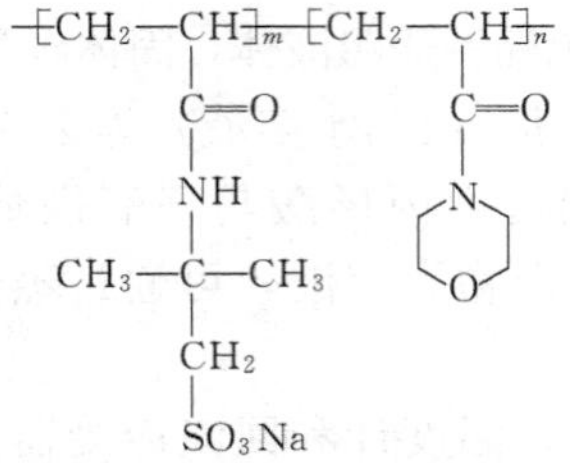

【物化性质】　淡黄色透明水溶液，pH 值约为 6，固含量 30%。

【制备方法】　该聚合物的合成一般分为功能单体的制备和溶液聚合 2 步来进行。

① 2-丙烯酰基-2-甲基丙磺酸钠单体制备　在装有搅拌器、回流装置、分液漏斗，温度计的反应釜内，用高纯氮赶走空气，并加入丙烯腈和 98% 的浓硫酸，升温 30～60℃ 水解，使丙烯酰胺生成量至少有丙烯腈质量分数的 1% 后，加入异丁烯，于 30min 内加完，搅拌 1min，加入少量水，然后冷却滤去沉淀物，用丙烯腈洗净后干燥，可得 2-丙烯酰基-2-甲基丙磺酸无色晶体，收率 77.8%，纯度 98.8%，其 25% 的水溶液的色泽为（APHA）10，用氢氧化钠中和可得到 2-丙烯酰基-2-甲基丙磺酸钠。

② 溶液聚合　取一定量的 2-丙烯酰基-2-甲基丙磺酸钠用适量的去离子水配成稀溶液并置于聚合反应器上方的高位箱中，取等摩尔的丙烯酰基吗啉用去离子水配成稀溶液并置于聚合反应器上方的另一个高位箱中，将引发剂过硫酸铵溶于去离子水中并置于聚合反应器第三高位箱中。取计量的去离子水加至聚合反应器中并将其加热至 80℃，在搅拌下开始同时缓缓滴加 2-丙烯酰基-2-甲基丙磺酸溶液、丙烯酰基吗啉水溶液、过硫酸铵水溶液，控制聚合反应温度在 30～85℃，在 3h 内加完三种物料。然后保持温度继续反应 0.5h。产物为淡黄色透明水溶液，pH 值约为 6，固含量 30%。

【应用】　由于大分子链中引入了磺酸基，使本产品具有良好的阻垢分散能力，又含有叔胺结构的吗啉基团，因此使共聚合产物又具有很好的杀菌作用。

5.4.28　苯乙烯磺酸-苯乙烯膦酸共聚物

【结构式】

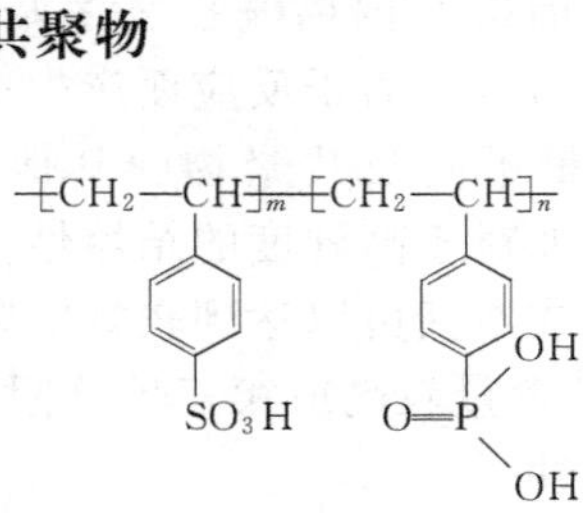

【物化性质】　白色或黄色透明黏稠溶液，与水任意比例互溶。本品是一种有机多元膦磺酸，可分散于水中，使钙垢的正常结晶破坏，并使已形成的碳酸盐微晶分散于水介质中，减少水垢的形成，起到良好的阻垢作用。

【制备方法】　苯乙烯磺酸-苯乙烯膦酸共聚物的制备可分为 2 步进行，具体如下。

① 聚苯乙烯的提纯精制　将回收的废旧聚苯乙烯溶解于三氯甲烷中然后用甲醇沉析，收集析出的聚苯乙烯，再溶于三氯甲烷中用甲醇沉析。经反复溶解沉析提纯的聚苯乙烯基本不含其他添加剂和杂质。取适量经提纯的聚苯乙烯用苯作溶剂，配成适当的浓度，在乌氏黏度计上测定其黏度，根据测得的黏度计算出废旧聚苯乙烯的相对分子质量。

② 磺酸膦酸化反应　反应式如下：

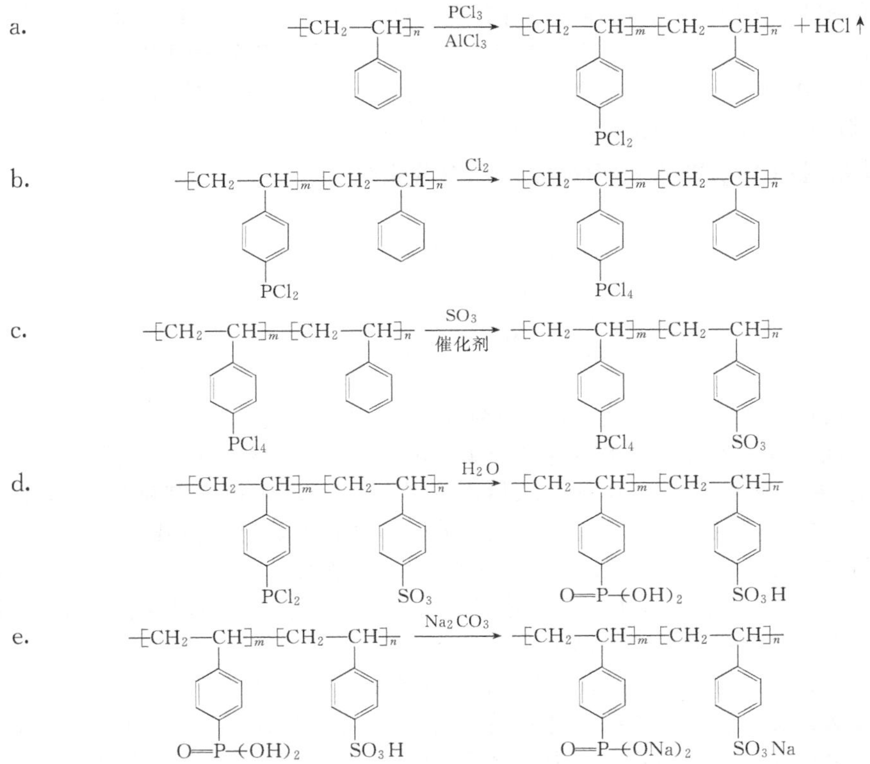

a.
$$\text{[CH}_2\text{-CH]} \xrightarrow[\text{AlCl}_3]{\text{PCl}_3} \text{[CH}_2\text{-CH]}_m\text{[CH}_2\text{-CH]} + \text{HCl}\uparrow$$
（苯环，对位取代 PCl₂）

b.
$$\text{[CH}_2\text{-CH]}_m\text{[CH}_2\text{-CH]}_n \xrightarrow{\text{Cl}_2} \text{[CH}_2\text{-CH]}_m\text{[CH}_2\text{-CH]}_n$$
（PCl₂ → PCl₄）

c.
$$\text{[CH}_2\text{-CH]}_m\text{[CH}_2\text{-CH]}_n \xrightarrow[\text{催化剂}]{\text{SO}_3} \text{[CH}_2\text{-CH]}_m\text{[CH}_2\text{-CH]}_n$$
（PCl₄；PCl₄ 和 SO₃）

d.
$$\text{[CH}_2\text{-CH]}_m\text{[CH}_2\text{-CH]}_n \xrightarrow{\text{H}_2\text{O}} \text{[CH}_2\text{-CH]}_m\text{[CH}_2\text{-CH]}_n$$
（PCl₂、SO₃ → O=P(OH)₂、SO₃H）

e.
$$\text{[CH}_2\text{-CH]}_m\text{[CH}_2\text{-CH]}_n \xrightarrow{\text{Na}_2\text{CO}_3} \text{[CH}_2\text{-CH]}_m\text{[CH}_2\text{-CH]}_n$$
（O=P(OH)₂、SO₃H → O=P(ONa)₂、SO₃Na）

将提纯精制后的聚苯乙烯溶于适量的四氯乙烷中，加入化学计量的无水三氯化铝催化剂，搅拌并将温度升至 30～35℃，待无水三氯化铝全部溶解后，将反应的温度降低到 20～25℃，并用冷却水浴控制温度。在搅拌下慢慢滴加计量的三氯化磷，控制滴加速度，使反应温度不高于 40℃。三氯化磷滴加完毕后，维持反应温度继续搅拌反应 2h。此时三氯化磷的反应已结束，加入与催化剂无水三氯化铝等物质的量的三氯氧磷（POCl₃），三氯氧磷将反应体系中无水三氯化铝发生络合反应而从反应体系中析出，滤去三氯氧磷与无水三氯化铝的络合沉淀物。在搅拌下向反应液中通入计量的干燥氯气（Cl₂）。Cl₂ 通完之后，继续搅拌反应 1h。然后向反应液中加入计量的微量吩噻嗪，并向反应液中通入干燥的三氧化硫（SO₃），进行磺化反应。SO₃通完后，继续搅拌反应 1h。通入 Cl₂ 和 SO₃ 气体的反应中，控制适当的通气速度，并用冷却水浴将反应体系的温度控制在 35～40℃。蒸去溶剂四氯乙烷，向反应物慢慢加入适量的冰水（化学计量的水）进行水解，此时有大量的氯化氢气体产生，必须进行 HCl 气体的收集处理，以免 HCl 气体逸出造成环境污染和生产设备的腐蚀。水解反应完成后再加适量的去离子水，配成一定比例的水溶液即可。若欲制成钠盐的形式，可加入适量的 NaOH 或 NaHCO₃ 中和。最后对产品进行质量和阻垢功能的检查，符合要求后方可装桶入库。

5.4.29　苯乙烯磺酸钠-丙烯酰基吗啉共聚物

【物化性质】　淡黄色透明水溶液，pH 值约为 6，固含量 30%。

【制备方法】　一般采用水溶液聚合，以过硫酸铵为引发剂。先将苯乙烯磺酸钠用适量的去离子水配成稀溶液并置于聚合反应器上的滴液漏斗中，将与苯乙烯磺酸钠等摩尔的丙烯酰基吗啉用去离子水配成稀溶液置于聚合反应器上的另一滴液漏斗中，将过硫酸铵用去离子水配成稀溶液置于聚合反应器上的第三滴液漏斗中。将计量的去离子水加至聚合反应器中并将其加热。当聚合反应器内的温度达到 80～85℃时同时开始缓缓滴加苯乙烯磺酸钠水溶液、丙烯酰基吗啉水溶液和过硫酸铵水溶液，并在搅拌下保持聚合温度在 85℃左右。大约需 3h 把三种反应物料加完，然后保持反应温度继续反应 1h，冷却聚合反应液，得淡黄色透明水溶液。

【应用】　由于大分子链中引入了磺酸基，本品具有良好的阻垢分散能力，又含有叔胺结构的吗啉基团，因此使共聚合产物又具有很好的杀菌作用。

5.4.30　N-丙烯酰基对氨基苯磺酸钠-丙烯酰基吗啉共聚物

【结构式】

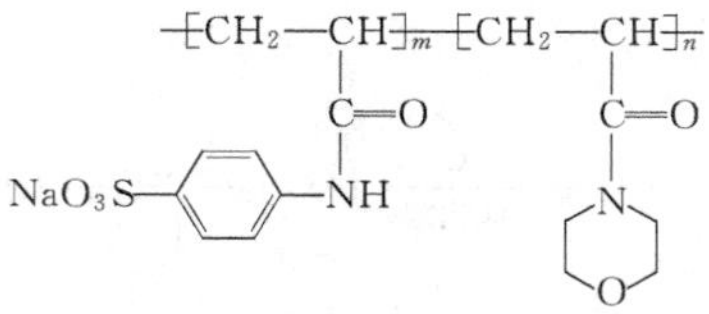

【物化性质】　淡黄色透明水溶液，pH 值约为 6，固含量 30%。

【制备方法】　该聚合物的合成一般分为功能单体的制备和溶液聚合两步来进行。

① N-丙烯酰氨基苯磺酸钠单体制备　原料丙烯基氯与无水对氨基苯磺酸钠摩尔比为 1.2∶1。在三口瓶中加入蒸馏水，然后加入对氨基苯磺酸钠，加热搅拌使其溶解；当温度在 45℃时开始加入丙烯基氯，先加入 1/3，当出现回流时开时滴加；滴加完以后，开始升温至 47℃反应 3h，将反应液在 40℃下减压蒸干，然后加入无水乙醇洗涤，趁热抽滤；将滤液在 40℃时减压蒸干，得白色结晶粉末状产品。

② 溶液聚合　取计量的丙烯酰氨基苯磺酸钠用适量的去离子水溶解后加至聚合反应器中，开动搅拌并缓缓升温，将与丙烯酰氨基苯磺酸钠等摩尔的丙烯酰基吗啉用去离子水配成稀溶液并将其置于聚合反应器上滴液漏斗中，将计量的过硫酸铵用去离子水溶解后置于聚合反应器上的另一滴液漏斗内。当聚合反应器内丙烯酰氨基苯磺酸钠水溶液的温度升至 85～90℃时，在搅拌下同时开始滴加引发剂水溶液和丙烯酰基吗啉水溶液，保持聚合温度在 90℃左右，在 3～4h 加完引发剂水溶液和丙烯酰基吗啉水溶液。然后继续反应 1h，冷却反应物，得浅黄色透明水溶液。

【应用】　由于大分子链中引入了磺酸基，具有良好的阻垢分散能力，又含有叔胺结构的吗啉基团，因此使共聚合产物又具有很好的杀菌作用。

5.4.31　丙烯醇-丙烯酰基吗啉共聚物

【结构式】

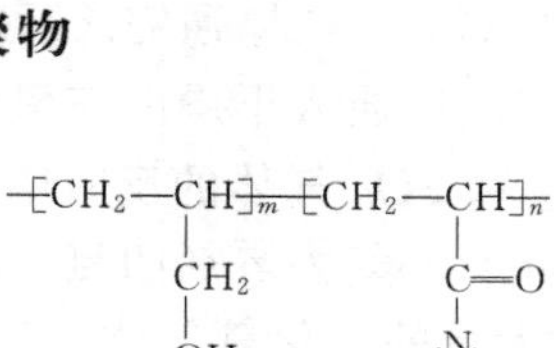

【物化性质】 淡黄色透明水溶液，pH 值约为 6.5，固含量 30%。

【制备方法】 一般采用水溶液聚合，以过硫酸铵为引发剂。将计量的除去阻聚剂的丙烯醇用去离子水配成稀溶液加至聚合反应器中并在搅拌下缓缓加热升温，将与丙烯醇等摩尔的丙烯酰基吗啉用去离子水配成稀溶液置于聚合反应器上的滴液漏斗中，将计量的过硫酸铵用去离子水溶解后置于聚合反应器上的另一滴液漏斗中。待聚合反应器内丙烯醇水溶液的温度升至 90℃时，在搅拌下缓慢滴加过硫酸铵水溶液和丙烯酰基吗啉水溶液，保持聚合温度在 90℃左右，4h 内加完引发剂水溶液和丙烯酰基吗啉水溶液。然后保持反应温度，继续反应 1h，冷却反应物，得淡黄色透明水溶液。

【应用】 本品具有良好的阻垢分散能力，又含有叔胺结构的吗啉基团，因此使共聚合产物又具有很好的杀菌作用。

5.4.32 丙烯酸羟丙酯-丙烯酰基吗啉共聚物

【结构式】

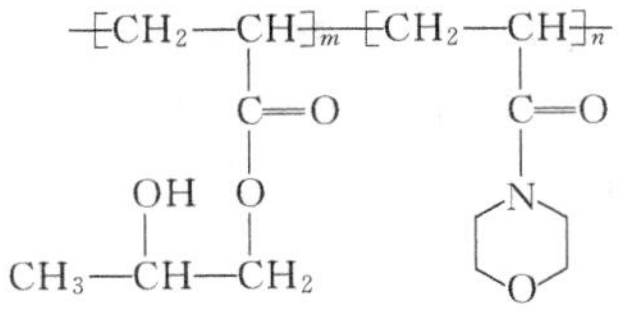

$$-[CH_2-CH]_m[CH_2-CH]_n-$$

（结构图：两单体重复单元，左侧酯基 C=O—O—CH(OH)—CH₂，CH₃—CH—CH₂；右侧 C=O—N 连接吗啉环）

【物化性质】 淡黄色透明水溶液，pH 值约为 7.0，固含量 30%。

【制备方法】 一般采用水溶液聚合，以过硫酸铵为引发剂。将计量的等摩尔的丙烯酸-β-羟丙酯和丙烯酰基吗啉分别用去离子水配成稀水溶液，并分别置于聚合反应器上的两个滴液漏斗中。向聚合反应器中加入适量的去离子水并将其加热升温，取计量的过硫酸铵用去离子水配成稀的水溶液并置于聚合反应器上的另一滴液漏斗中。当聚合反应器中的水温达到 80～85℃时，在搅拌下缓慢滴加过硫酸铵水溶液、丙烯酸-β-羟丙酯水溶液和丙烯酰基吗啉水溶液，控制三种原料的滴加速度，使其基本保持相同的速度。滴加过程中保持聚合反应的温度在 80～85℃，约 3h 将原料加完，然后保持聚合温度继续搅拌反应 45min，冷却反应液，得淡黄色透明水溶液。

【应用】 由于大分子链中引入了磺酸基，具有良好的阻垢分散能力，又含有叔胺结构的吗啉基团，因此使共聚合产物又具有很好的杀菌作用。

5.4.33 2-丙烯酰基-2-甲基丙基膦酸-丙烯酰基吗啉共聚物

【结构式】

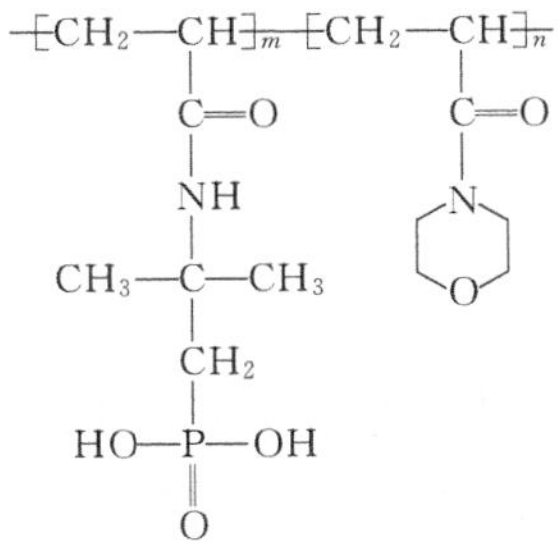

$$-[CH_2-CH]_m[CH_2-CH]_n-$$

（结构图：左侧 C=O—NH—C(CH₃)₂—CH₂—P(OH)(OH)=O；右侧 C=O—N 连接吗啉环）

【物化性质】 淡黄色透明水溶液，pH 值约为 4，固含量为 30%。

【制备方法】 该聚合物的合成一般分为功能单体的制备和溶液聚合 2 步来进行。

（1）改进的 2-丙烯酰基-2-甲基丙磺酸单体制备方法

2-丙烯酰基-2-甲基丙膦酸（AMPP）的改进合成方法为将脱氯剂由五氧化二磷换为二氧化硫，详细过程如下。

① 2-甲基丙烯膦酰二氯制备 称取 208.2g 五氯化磷（1mol）置于盛有 1L 甲苯的四口瓶中，搅拌下维持 10～15℃，通入异丁烯 67.2g（1.2mol）后，继续搅拌 0.5h，导入二氧化硫至混合液清澈透明。蒸出溶剂后加入 0.6g 三苯基膦，减压加热（4.0kPa，180℃）8h 后，收集 116～118℃/2.5kPa 馏分为淡黄色液体，质量为 144.0g，产率 83.3%（以 PCl_5 计）。

② 二氯化物的水解 称取二氯化物 86.5g（0.5mol）于三口瓶中，搅拌下加入 200mL 水，3h 后减压脱水至恒重，残液呈淡黄黏状，重 67.5g，产率 99%（以二氯化物计）。

③ 2-丙烯酰基-2-甲基丙膦酸的合成 称取异丁烯膦酸 34.0g（0.25mol）加入 16.0g 丙烯腈（0.3mol）及 0.1g 吩噻嗪于 500mL 三口瓶中，混匀后搅拌下滴加 15g 98% 的硫酸（0.25mol）和 4g 水，4h 后升温至 60℃，并继续搅拌 1h，减压蒸出过量丙烯腈，缓慢加入 14.0g 氧化钙及 200mL 水，搅拌 2h，过滤，水洗滤渣，合并滤液，减压脱水至体系呈黏状，无气泡逸出时，加入 200mL 丙酮搅拌均匀，静置析出白色针状结晶或粉末，过滤干燥，熔点 147～149℃（经异丙醇重结晶一次后为 149～150℃），重 37.2g，产率 72.0%（以水解产物计）。三步总产率为 83.3%×99%×72%＝59%。

（2）聚合物的合成

取摩尔比为 1.5∶1 的 2-丙烯酰基-2-甲基丙基磷酸与丙烯酰基吗啉分别用去离子水配成稀溶液，并分别置于聚合反应器上滴液器中待用，将计量的过硫酸铵用去离子水溶解配成与上述两种单体水溶液相等体积的水溶液，置于聚合反应器上的滴液漏斗中。将计量的去离子水加至聚合反应器中，加热升温，当温度升至 90℃ 左右时，在搅拌下同时滴加 2-丙烯酰基-2-甲基丙基磷酸水溶液、丙烯酰基吗啉水溶液和过硫酸铵水溶液，调节滴加速度，使三种原料的滴加速度大致相同。大约需要 3～4h 滴加完毕，然后保持聚合反应温度继续反应 40min。冷却反应液，得淡黄色透明水溶液，pH 值约为 4，总固含量为 30%。

【应用】 本产品由于大分子链中引入了膦酸基，具有良好的阻垢分散、缓蚀能力，又含有叔胺结构的吗啉基团，因此使共聚合产物又具有一定的杀菌作用。

5.4.34 2-丙烯酰基-2-甲基丙基膦酸-丙烯酸共聚物

【结构式】

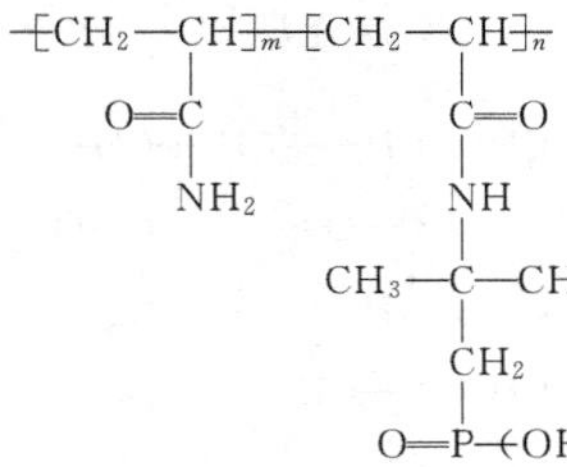

【物化性质】 白色至淡黄色透明水溶液，pH 值约为 2，固含量 30%。

【制备方法】 该聚合物的合成一般分为功能单体的制备和水溶液聚合两步来进行，水溶液聚合以过硫酸铵为引发剂。将 2-丙烯酰基-2-甲基丙基膦酸与丙烯酸摩尔比为 1∶（1～5.5）的两种单体分别用去离子水配制成稀溶液，分别加入到聚合反应器上的滴液漏斗中，计量的过硫酸铵溶液用去离子水配成稀溶液并置于聚合反应器上的滴液漏斗中。取计量的去离子水加入到聚合反应器中并加热升温至 90℃ 左右，在搅拌下开始滴加 2-丙烯酰基-2-甲基丙基膦酸和丙烯酸水溶液及过硫酸铵水溶液，保持聚合温度在（90±5）℃之间，4h 内将二种原料同时加完，然后继续反应 4min～1h，冷却反应物，得水白色至淡黄色水溶液，pH 值约为 2，总固含量为 30%。

　　【应用】　分子中有羧酸根对 Ca^{2+}、Mg^{2+} 等离子具有螯合作用，使其具有阻垢性能。同时磷酸基又具有缓蚀阻垢性能，所以，是一种多功能水处理剂。

5.4.35　2-丙烯酰基-2-甲基丙基膦酸-丙烯酰胺共聚物

　　【结构式】

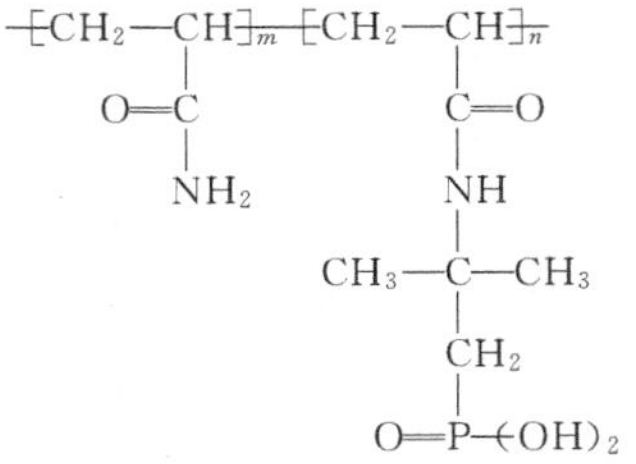

$$\substack{+CH_2-CH}_{m}\substack{+CH_2-CH}_{n}$$

　　【物化性质】　水白色或淡黄色透明水溶液，pH 值约为 5，固含量力 30%。

　　【制备方法】　该聚合物的合成一般分为功能单体的制备和水溶液聚合 2 步来进行，水溶液聚合以过硫酸铵为引发剂。取摩尔比为 1.5∶1 的丙烯酰胺与 2-丙烯酰基-2-甲基丙基膦酸分别用去离子水配成一定体积的稀溶液，将计量的过硫酸铵溶于去离子水中配成稀溶液，将上述 3 种原料的水溶液分别置于聚合反应器上的 3 个滴液漏斗中。取计量的去离子水加入到聚合反应器中并加热升温，当水温升至 75～80℃时，在搅拌下分别同时滴加引发剂水溶液和原料单体水溶液，调节丙烯酰胺水溶液和 2-丙烯酰基-2-甲基丙基膦酸水溶液的滴加速度，使其达到每滴加一体积的丙烯酰胺水溶液，同时滴加两体积的 2-丙烯酰基-2-甲基丙基膦酸水溶液，控制反应温度为（80±5）℃，3～4h 同时加完三种原料水溶液。然后保持温度继续反应 1h，冷却反应物，得水白色透明水溶液，pH 值约为 5，总固含量 30%。

　　【应用】　本产品具有很强的阻垢性能，同时膦酸基又有一定的缓蚀性能，是一种多功能水处理剂。

5.4.36　2-丙烯酰基-2-甲基丙基膦酸-丙烯酸-β-羟丙酯共聚物

　　【结构式】

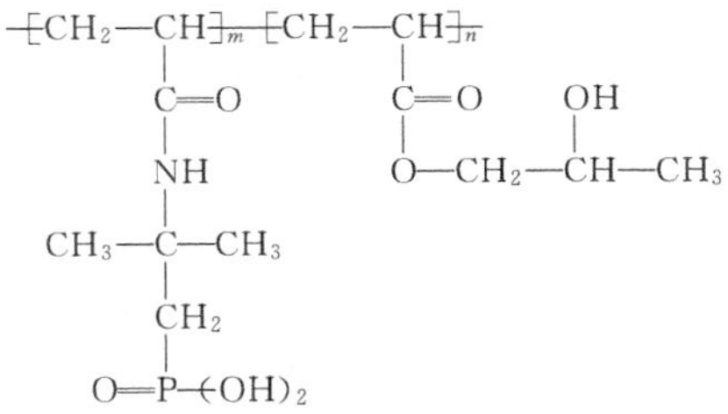

$$\substack{+CH_2-CH}_{m}\substack{+CH_2-CH}_{n}$$

　　【物化性质】　白色透明水溶液，pH 值约为 5，固含量为 30%。

　　【制备方法】　该聚合物的合成一般分为功能单体的制备和水溶液聚合两步来进行，水溶液聚合以过硫酸铵为引发剂。取 2-丙烯酰基-2-甲基丙基膦酸与丙烯酸-β-羟基丙酯摩尔比为 1∶（3～5）的两种单体分别用去离子水配成 1∶（3～5）体积比的稀溶液，分别置于聚合反应器上的滴液漏斗中，将计量的过硫酸铵用去离子水溶解配成稀溶液并置于聚合反应器上的另一滴液漏斗中。将聚合反应器中计量的去离子水加热升温，当水温升至 85℃左右时开动搅拌并同时滴加 3 种原料单体的水溶液，保持反应温度在（85±5）℃内，调节 2-丙烯酰基-

2-甲基丙基膦酸水溶液与丙烯酸-β-羟丙酯水溶液的滴加速度为 1∶3（体积比），在 4h 内全部同时加完 3 种原料水溶液，保持反应温度 85℃，继续反应 1h。冷却反应物，得水白色透明水溶液，pH 值约为 4，总固含量约为 30%。

【应用】　由于大分子链中引入了膦酸基，具有良好的阻垢分散、缓蚀能力，是一种性能较好的阻垢剂，一般可复配使用，也可单独使用。

5.4.37　2-丙烯酰基-2-甲基丙基膦酸-2-丙烯酰基-2-甲基丙磺酸共聚物

【结构式】

$$\begin{array}{c} -\!\!\left[CH_2\!-\!CH\right]_{\!m}\!\!\left[CH_2\!-\!CH\right]_{\!n}\!\!- \\ | \qquad\qquad | \\ O\!=\!C \qquad\qquad C\!=\!O \\ | \qquad\qquad | \\ NH \qquad\qquad NH \\ | \qquad\qquad | \\ CH_3\!-\!C\!-\!CH_3\;CH_3\!-\!C\!-\!CH_3 \\ | \qquad\qquad | \\ CH_2 \qquad\qquad CH_2 \\ | \qquad\qquad | \\ O\!=\!P\!-\!(OH)_2 \qquad SO_3Na \end{array}$$

【物化性质】　淡黄色透明水溶液，pH 值为 5～6，总固含量为 30%。

【制备方法】　该聚合物的合成一般分为功能单体的制备和水溶液聚合两步来进行，水溶液聚合以过硫酸铵为引发剂。取摩尔比为 1∶1 的 2-丙烯酰基-2-甲基丙基膦酸和 2-丙烯酰基-2-甲基丙磺酸钠混合后，用去离子水溶解配成稀的水溶液，并置于聚合反应器上的滴液漏斗中，取计量的去离子水加入到聚合反应器中并加热升温。取计量的过硫酸铵用去离子水溶解后配成一定体积的水溶液并置于聚合反应器上的另一滴液漏斗中。当反应器中的水温升至 85℃左右时，在搅拌下开始滴加过硫酸铵水溶液和两种单体混合水溶液。控制聚合温度在 85～90℃，调节滴加速度使单体和引发剂在 3h 内同时加完，然后保持温度继续反应 40min，冷却反应产物，得淡黄色透明水溶液，pH 值为 5～6，总固含量为 30%。

【应用】　由于大分子链中引入了磺酸基和磷酸基，具有良好的阻垢分散、缓蚀能力，是一种性能较好的阻垢分散剂，一般可复配使用也可单独使用。

5.4.38　2-丙烯酰基-2-甲基丙基膦酸-苯乙烯磺酸钠共聚物

【结构式】

$$\begin{array}{c} -\!\!\left[CH\!-\!CH_2\right]_{\!n}\!\!\left[CH\!-\!CH_2\right]_{\!m}\!\!- \\ | \qquad\qquad\quad | \\ \bigcirc \qquad\qquad C\!=\!O \\ | \qquad\qquad\quad | \\ SO_3Na \qquad\qquad NH \\ \qquad\qquad CH_3\!-\!C\!-\!CH_3 \\ \qquad\qquad\quad | \\ \qquad\qquad\quad CH_2 \\ \qquad\qquad\quad | \\ \qquad O\!=\!P\!-\!(OH)_2 \end{array}$$

【物化性质】　淡黄色透明水溶液，pH 值为 5～6，总固含量为 30%。

【制备方法】　该聚合物的合成一般分为功能单体的制备和水溶液聚合两步来进行，水溶液聚合以过硫酸铵为引发剂。取两种单体的摩尔比为 1∶1 的 2-丙烯酰基-2-甲基丙基膦酸和苯乙烯磺酸钠混合后用去离子水配成一定浓度的稀溶液，取计量的过硫酸铵用去离子水配成一定体积的稀溶液，将 2 种单体混合物水溶液和引发剂水溶液分别置于聚合反应器上的 2 个滴液漏斗内。将计量的去离子水加至聚合反应器中并加热升温至 90℃左右，在搅拌下开始滴加单体混合液和引发剂水溶液。控制聚合温度在 90℃ 左右，调节滴加速度，使引发剂水溶液和单体混合液在 3h 中加完，然后维持聚合温度，继续反应 40min，得淡黄色透明水溶液，pH 值为 5～6，总固含量为 30%。

【应用】　由于大分子链中引入了磺酸基和膦酸基，具有良好的阻垢分散、缓蚀能力，是一种性能较好的阻垢分散剂，一般可复配使用也可单独使用。

5.4.39　2-丙烯酰基-2-甲基丙基膦酸-甲基丙烯酸共聚物

【结构式】

$$
\begin{array}{c}
CH_3 \\
\mid \\
-\!\!-\!\!\big[\,C\!-\!CH_2\,\big]_n\,\big[\,CH\!-\!CH_2\,\big]_m\!\!-\!\!- \\
\mid \qquad\qquad \mid \\
C\!=\!O \qquad C\!=\!O \\
\mid \qquad\qquad \mid \\
OH \qquad\quad NH \\
\mid \\
CH_3\!-\!C\!-\!CH_3 \\
\mid \\
CH_2 \\
\mid \\
O\!=\!P\!-\!(OH)_2
\end{array}
$$

【物化性质】　产品为水白色至淡黄色透明水溶液，pH 值为 2～3，总固含量 30%。

【制备方法】　该聚合物的合成一般分为功能单体的制备和水溶液聚合 2 步来进行，水溶液聚合以过硫酸铵为引发剂。取摩尔比为 1：3 的 2-丙烯酰基-2-甲基丙基膦酸与甲基丙烯酸混合后，用去离子水配成一定体积的稀溶液，将计量的过硫酸铵用去离子水配成与单体混合液体积相同的稀溶液，将两种原料的水溶液分别置于聚合反应器上的两个滴液漏斗中。将计量的去离子水加至聚合反应器中并将其加热升温，当水温升至 90℃ 左右时，在搅拌下开始滴加引发剂水溶液和混合单体水溶液，控制聚合温度在（90±5）℃内，调节滴加速度使两种原料在 4h 内同时加完。然后保持聚合温度继续反应 1h，使共聚单体尽量反应完全。冷却共聚反应液，取样检测共聚物的黏度、pH 值和总固含量，符合工艺指标后装入 25kg 的塑料桶入库，产品为水白色至淡黄色透明水溶液，pH 值为 2～3，总固含量 30%。

【应用】　产品分子中有羧酸根，对 Ca^{2+}、Mg^{2+} 等离子具有螯合作用，使其具有阻垢性能。同时膦酸基又具有缓蚀阻垢性能，所以，是一种多功能水处理剂。

5.4.40　烯丙氧基聚醚羧酸盐共聚物

【制备方法】　由丙烯酸（AA）和对甲基烯丙基氧基苯磺酸（MBS）共聚形成的高分子（CAABS）和另一种小分子 2-膦酸丁烷-1，2，4-三羧酸（PBTC）混合制成。在装有机械搅拌和冷凝回流装置的四口烧瓶中加入 8.2127g MBS、0.2603g 引发剂次亚磷酸钠和 10g 去离子水，在通氮气条件下升温至 70℃，同时缓慢滴加质量分数为 10% 的过硫酸钾溶液 3.2470g 和丙烯酸 21.1480g，滴加过程中温度维持在 70～80℃，约 0.5h 滴加完毕。反应 5h 后溶液呈橘黄色，并具有一定的黏度，停止反应，室温下冷却，得到白色针状的 CAABS 沉淀，在乙醚中沉淀 3 次后将所得样品真空干燥，备用。实验所用过硫酸铵、丙烯酸和次亚磷酸钠在使用前均需精制处理。

【应用】　三元复合驱硅垢主要成分是无定形 SiO_2 及碱对地层矿物溶蚀产生大量的硅离子，在三元体系中（pH＞10），溶液中羟基的存在会促使硅酸质子化和自聚合反应的发生，使分子量越来越大，最终会在溶液中形成硅酸胶团，胶团之间聚集脱水最终会形成无定形 SiO_2。该硅阻垢剂主要通过延缓或阻碍硅的聚合、吸附分散硅胶团以及对不溶性 SiO_2 的溶蚀起到阻碍或延缓硅垢形成的作用。小分子 PBTC 无法阻碍硅的聚合以及硅胶团的聚集，

但是却对不溶性 SiO_2 具有很好的溶蚀作用；而聚合物 CAABS 能够通过氢键作用阻碍硅的聚合以及硅胶团的聚集，但是对于不溶性 SiO_2 的溶蚀作用有限。由于 PBTC 和 CAABS 之间存在协同作用，二者复配得到的该阻垢剂能使结垢井的结垢程度明显减小，平均检泵周期从 50d 延长到 300d，具有较好的防垢效果。

5.4.41　衣康酸-丙烯酰胺共聚物

【结构式】

$$\begin{array}{c} COOH \\ | \\ \text{—}CH_2\text{—}C\text{—}_m\text{—}CH_2\text{—}CH\text{—}_n \\ | \qquad\qquad | \\ CH_2COOH \quad CONH_2 \end{array}$$

【物化性质】　无色至浅淡黄色透明水溶液，pH 3～4，总固含量 30％。

【制备方法】　一般采用水溶液聚合，以过硫酸铵为引发剂。取衣康酸 1mol 用 40℃的去离子水溶解配成一定比例的水溶液，置于装有电动搅拌器、回流冷凝器、滴液漏斗的聚合反应器中。取 1mol 的丙烯酰胺用去离子水溶解配成一定比例的稀溶液并置于聚合反应器上的滴液漏斗中，将过硫酸铵用适量的去离子水溶解，配成与丙烯酰胺水溶液间体积的水溶液置于聚合反应器上的另一滴液漏斗中。在搅拌下将聚合反应器内的衣康酸水溶液加热升温至 75～80℃，同时滴加过硫酸铵水溶液和丙烯酰胺水溶液，保持聚合温度在 80～85℃，在 2～3h 内将过硫酸铵溶液和丙烯酰胺水溶液加完，然后在 85℃下继续反应 40min。产物为无色至浅淡黄色透明水溶液，pH 3～4，总固含量 30％。

【应用】　本产品有很强分散作用，用于低压锅炉集中采暖、宾馆空调以及各类循环冷却水系统。可与有机磷盐复配使用。

5.4.42　衣康酸-2-丙烯酰基-2-甲基丙基膦酸共聚物

【结构式】

$$\begin{array}{c} COOH \\ | \\ \text{—}CH_2\text{—}C\text{—}_m\text{—}CH_2\text{—}CH\text{—}_n \\ | \qquad\qquad\quad | \\ CH_2 \qquad\qquad C=O \\ | \qquad\qquad\quad | \\ COOH \qquad\qquad NH \\ \qquad\qquad\quad | \\ CH_3\text{—}C\text{—}CH_3 \\ \qquad | \\ \qquad CH_2 \\ \qquad | \\ O=P\text{—}(OH)_2 \end{array}$$

【物化性质】　淡黄色透明黏性水溶液，pH 3～4，总固含量 30％。

【制备方法】　该聚合物的合成一般分为功能单体的制备和水溶液聚合两步来进行，水溶液聚合以过硫酸铵为引发剂。取亚甲基丁二酸与 2-丙烯酚基-2-甲基丙基膦酸摩尔比为 2.5∶1，亚甲基丁二酸用去离子水溶解后与 2-丙烯酰基-2-甲基丙基膦酸溶液混合，然后用去离子水稀释后配成一定体积的稀溶液。将其置于聚合反应器上的滴液漏斗中。将计量的过硫酸铵溶于去离子水后加水稀释到与单体混合水溶液的体积大致相同，将其置于聚合反应器上的另一滴液漏斗中。将计量的去离子水加至聚合反应器中并加热升温，当水温升至 90℃时开始滴加引发剂水溶液和混合单体水溶液。控制聚合温度在 90℃左右，调节滴加速度，在 4h 内将引发剂水溶液和两种单体混合水溶液同时加完，然后在 90℃下继续搅拌反应 1h，冷却反应溶液。产物为淡黄色透明黏性水溶液，pH 值为 3～4，总固含量 30％。

【应用】　分子中有羧酸根对 Ca^{2+}、Mg^{2+} 等离子具有螯合作用，使其具有阻垢性能。同时膦酸基又具有缓蚀阻垢性能，所以，是一种多功能水处理剂。

5.4.43 衣康酸-2-丙烯酰基-2-甲基丙磺酸钠共聚物

【结构式】

$$\text{--}\!\!\left[\!CH_2\text{--}\underset{\substack{CH_2\\|\\COOH}}{\overset{\substack{COOH\\|}}{C}}\!\right]_{\!m}\!\!\left[\!CH_2\text{--}\underset{\substack{C=O\\|\\NH\\|\\CH_3\text{--}C\text{--}CH_3\\|\\CH_2\\|\\SO_3Na}}{CH}\!\right]_{\!n}$$

【物化性质】 淡黄色透明水溶液,pH 4~5,总固含量30%。

【制备方法】 该聚合物的合成一般分为功能单体的制备和水溶液聚合两步来进行,水溶液聚合以过硫酸铵为引发剂。

① 2-丙烯酰基-2-甲基丙磺酸钠单体制备 在装有搅拌器、回流装置、分液漏斗、温度计的反应釜内,用高纯氮赶走空气,加入丙烯腈和98%的浓硫酸,升温30~60℃水解,使丙烯酰胺生成量至少有丙烯腈质量分数的1%后,加入异丁烯,于30min内加完,搅拌1min,加入少量水。然后冷却滤去沉淀物,用丙烯腈洗净后干燥,可得2-丙烯酰基-2-甲基丙磺酸无色晶体,收率77.8%,纯度98.8%,其25%的水溶液的色泽为(APHA)10,用氢氧化钠中和可得到2-丙烯酰基-2-甲基丙磺酸钠。

② 水溶液聚合 采用亚甲基丁二酸与2-丙烯酰基-2-甲基丙磺酸摩尔比为1:1,将计量的亚甲基丁二酸和2-丙烯酰基-2-甲基丙磺酸用去离子水溶解后混合到一起,用去离子水稀释到一定体积并置于聚合反应器的滴液漏斗中。将计量的过硫酸铵用去离子水溶解,再用去离子水稀释成与亚甲基丁二酸和2-丙烯酰基-2-甲基丙磺酸两单体混合液同体积的稀溶液,将其置于聚合反应器上的另一滴液漏斗中。将计量的去离子水加至聚合反应器中并加热升温,升温至90℃时,在搅拌下开始滴加引发剂水溶液和混合单体水溶液,保持90℃的聚合温度,调节滴加速度,在4~5h内将引发剂和单体同时全部加完,然后在聚合温度下继续搅拌反应1h。冷却反应物,得淡黄色透明水溶液,pH值为3~4,总固含量30%。

【应用】 分子中有羧酸根对Ca^{2+}、Mg^{2+}等离子具有螯合作用,使其具有阻垢性能。同时磺酸基又具有分散性能,所以,可作为循环水阻垢分散剂使用,也可复配使用。

5.4.44 衣康酸-丙烯酸羟丙酯共聚物

【结构式】

$$\text{--}\!\!\left[\!CH_2\text{--}\underset{\substack{CH_2\\|\\COOH}}{\overset{\substack{COOH\\|}}{C}}\!\right]_{\!m}\!\!\left[\!CH_2\text{--}\underset{\substack{C=O\\|\\O\quad OH\\|\quad|\\CH_2\text{--}CHCH_3}}{CH}\!\right]_{\!n}$$

【物化性质】 无色或淡黄色透明水溶液,pH值为3~4,总固含量30%。

【制备方法】 该聚合物的合成一般分为功能单体的制备和水溶液聚合两步来进行,水溶液聚合以过硫酸铵为引发剂。取亚甲基丁二酸与丙烯酸-β-羟基丙酯摩尔比为1:1,亚甲基丁二酸用适量的去离子水溶解后与计量的丙烯酸-β-羟基丙酯混合,加入计量的去离子水配成一定体积的稀溶液并置于聚合反应器上的滴液漏斗中。将计量的过硫酸铵用去离子水溶解后加入适量的去离子水配成与单体混合液体积相同的稀溶液,置于聚合反应器上的另一滴液漏斗中。将计量的去离子水加入到聚合反应器中并加热升温，当其温度升至 85~90℃ 时，在搅拌下开始滴加引发剂水溶液和混合单体水溶液，保持聚合温度在 85~90℃，在 4h 内将引发剂溶液和单体混合物溶液同时全部加完，然后在 90℃ 下继续反应 1h。冷却反应物，得水白色至淡黄色透明水溶液，pH 值为 4~5，总固含量 30%。

【应用】 抑制 $CaCO_3$ 垢的性能比聚丙烯酸强，对磷酸钙、硫酸锌、氢氧化锌、铁氧化物等都具有好的抑制和分散作用，是循环冷却水处理的阻垢分散剂。

5.4.45 衣康酸-丙烯基磺酸钠共聚物

【结构式】

$$-\!\!-\!\!\left[CH_2-\underset{\underset{\underset{COOH}{|}}{\overset{\overset{COOH}{|}}{C}}}{}\right]_m\!\!\left[CH_2-\underset{\underset{SO_3Na}{|}}{\overset{}{CH}}\right]_n\!\!-\!\!-$$

【物化性质】 淡黄色透明水溶液，pH 值为 3~4，总固含量 30%。

【制备方法】 该聚合物的合成一般分为功能单体的制备和溶液聚合两步来进行，溶液聚合以过硫酸铵为引发剂。

① 丙烯基磺酸钠制备 采用丙烯基氯和亚硫酸钠加热反应可制得丙烯基磺酸钠，其反应式如下：

$$CH_2 = CH-CH_2Cl+NaSO_3 \longrightarrow CH_2 = CH-CH_2SO_3Na+NaCl$$

在反应釜中加入蒸馏水 500kg，然后搅拌下加入无水亚硫酸钠 126kg，加热使其充分溶解；将反应体系温度升至 40℃ 时，开始慢慢加入丙烯基氯 77kg，待丙烯基氯加完后，加热回流 7h。反应时间到达后，将体系降温至室温。过滤除去结晶副产品氯化钠，滤液减压浓缩，然后用乙醇 200kg 进行重结晶，所得的晶体在 50℃ 下真空干燥得丙烯基磺酸钠白色结晶粉末。

② 采用溶液聚合 亚甲基丁二酸与丙烯基磺酸钠摩尔比为 2:1，取计量的丙烯基磺酸钠用去离子水溶解后加至聚合反应器中，用计量的去离子水稀释至一定的体积。将计量的亚甲基丁二酸和过硫酸铵分别用去离子水溶解后再用去离子水稀释成相同体积的溶液，并分别置于聚合反应器上的两个滴液漏斗中。将聚合反应器中的丙烯基磺酸水溶液缓慢加热，当温度达 90℃ 时，在搅拌下开始滴加过硫酸铵水溶液和亚甲基丁二酸水溶液，保持聚合温度在 (90±5)℃，在 5h 内将过硫酸铵水溶液和亚甲基丁二酸水溶液加完，然后在聚合反应温度下继续搅拌反应。冷却聚合产物，得淡黄色透明水溶液，pH 值为 3~4，总固含量 30%。

【应用】 本品对碳酸盐等具有很强分散作用，热稳定性高，可在 300℃ 高温等恶劣条件下使用。用于低压锅炉、集中采暖、宾馆空调以及各类循环冷却水系统。可与有机磷盐复配使用。一般用量为 2~10mg/kg。

实验室测试结果表明，衣康酸-丙烯磺酸钠共聚物具有优良的阻垢分散性能。表 5-17 为衣康酸-丙烯磺酸钠共聚物与水处理剂 T-225（丙烯酸-丙烯酸羟丙酯共聚物）比较的结果。

表 5-17 静态阻碳酸钙垢试验结果

药剂名称	不同药质量浓度下的阻垢率/%					
	1	2	3	4	5	6
衣-丙共聚物	32.42	56.17	76.25	85.72	95.61	97.43
T-225	21.63	38.75	63.62	77.33	86.34	95.27

从表可知，衣康酸-丙烯磺酸钠共聚物对碳酸钙垢的静态阻垢率在低浓度时，药剂浓度的增加而大幅度增加，而后增加幅度减小并趋于平缓，当药剂质量浓度达到 6mg/L 时，阻垢率达到 97.43%，优于 T-225。

对衣康酸-丙烯磺酸钠共聚物单独及分别与 HEDP、Zn^{2+} 复合后的缓蚀性能进行了测试，试验结果见表 5-18。从表 5-18 可知，衣康酸-丙烯磺酸钠共聚物在低浓度时缓蚀率较低，当分别与 HEDP、Zn^{2+} 复合后缓蚀率较高。

表 5-18   缓蚀试验结果

衣-丙共聚物/(mg/L)	Zn^{2+}/(mg/L)	HEDP/(mg/L)	缓蚀率/%
4	0	0	54.36
6	0	0	71.67
4	0	2.0	81.52
4	2.0	0	85.59
6	0	2.0	92.47
6	2.0	0	94.32

5.4.46   衣康酸-丙烯三羧酸-丙烯酸-聚环氧琥珀酸共聚物

【制备方法】   衣康酸-丙烯三羧酸-丙烯酸-聚环氧琥珀酸共聚物的制备包括 4 个步骤：

（1）丙烯三羧酸-丙烯酸共聚物的合成

通过生物发酵产品柠檬酸的分子内脱水，可制得丙烯三羧酸，再将其按比例与异丙醇及水混合加热，同时滴加过硫酸铵水溶液及少量的丙烯酸，反应 2h，即可得丙烯三羧酸-丙烯酸共聚物。

（2）衣康酸均聚物的合成

衣康酸均聚物以生物发酵产品衣康酸为原料，在引发剂和复合链转移剂存在下，通过衣康酸单体的均聚而得。

（3）聚环氧琥珀酸 PESA 的合成

将马来酸酐水解后，在催化剂作用下通过环氧化生成环氧琥珀酸，通过调节 pH 值大于 12 后，分批加入引发剂 $Ca(OH)_2$，即可聚合生成 PESA。

（4）阻垢分散剂的制备

将上述三组分及其他助剂混合均匀后，便可使用。

【性能】   本产品主要用于工业水处理系统的阻垢。包括本产品在内的各种药剂的阻垢性能试验结果见表 5-19。

表 5-19   各种药剂的阻垢性能试验结果

药剂	三元配方药剂	丙烯三羧酸-丙烯酸	衣康酸均聚物	PESA	T225	HPMA
阻垢率/%	83.44	66.25	67.52	77.18	75.26	72.18
透过率/%	38.4	31.4	82.2	89.6	30.4	90.2

本产品对碳酸钙阻垢效果良好，当药剂投加量为 6mg/L 时，阻垢率达到 83.44%；当药剂投加量达到 12mg/L 时，阻垢率最高可达到 97.14%。

本产品可有效降低氧化铁分散体系的透过率，具有较为优异的分散性能。

5.4.47 衣康酸-马来酸-丙烯磺酸钠三元共聚物

【结构式】

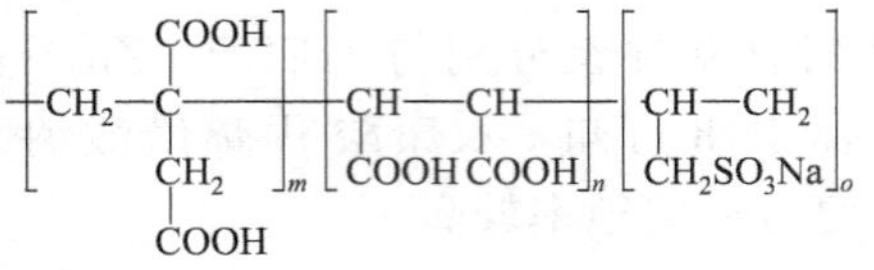

【物化性质】 黄色黏稠液体，相对分子质量范围为 10000～20000。

【制备方法】 在三口烧瓶中按一定比例加入衣康酸 IA、丙烯磺酸钠 SAS、马来酸 MA，10mL 去离子水溶解，同时加入催化剂硫酸亚铁铵，微波辐射加热，同时分别滴加引发剂 [m（过氧化氢）：m（亚硫酸氢钠）=1:1 的混合液] 及分子链转移剂异丙醇，在一定时间内滴完。反应完毕后，将部分异丙醇减压蒸馏分出，丙酮洗涤提纯得浅黄色黏稠液体，即衣康酸-马来酸-丙烯磺酸钠三元共聚物 IA-MA-SAS。

【性能】 IA-MA-SAS 具有良好的阻垢性能和热稳定性，且对 Fe_2O_3 有良好的分散效应，其阻垢机理主要有晶格畸变、螯合和分散作用。IA-MA-SAS 与 PASP 有很好的协同效应，其复配物阻垢率高达 95% 以上，适用于高硬度、高碱度、高水温的水处理系统，且有很高的时效性和经济性。

5.4.48 聚乙二醇-衣康酸-AMPS/MA 三元共聚物

【物化性质】 浅黄色透明液体。

【制备方法】 以水为溶剂，以 $(NH_4)_2S_2O_8$/$NaHSO_3$ 氧化还原体系引发合成聚乙二醇-衣康酸-AMPS/MA 三元共聚物。

（1）衣康酸酯化单体的合成

在 250mL 四口烧瓶中按一定配比依次加入衣康酸、聚乙二醇、对苯二酚、对甲苯磺酸，搅拌下水浴加热到一定温度，测试初始酸值。再反应一段时间至终点，制得聚乙二醇-衣康酸酯，测试终止酸值并计算酯化率。

（2）聚合物的合成

在配有搅拌器、冷凝器、恒压滴液漏斗和温度计的 250mL 四口烧瓶中加入适量的聚乙二醇-衣康酸酯、马来酸酐和去离子水，搅拌下加热至一定温度使其溶解，分别滴加一定量的 AMPS 单体和引发剂水溶液 [$(NH_4)_2S_2O_8$：$NaHSO_3$=1.2:1]，同时控制温度在一定范围内。待 AMPS 单体加完后，剩余引发剂在 15min 内加完，在该温度下继续反应一段时间，冷却，得浅黄色透明液体，即为共聚物溶液。

【性能】 本品具有良好的阻碳酸钙垢能力。在最佳工艺条件下（单体配比：聚乙二醇-衣康酸酯：AMPS：MA=2:1:4，反应温度 80～85℃，引发剂占单体总量分数为 5%～7%，反应时间 4h），合成的共聚物阻垢剂用量为 15mg/L 时，对碳酸钙的阻垢率可达到 95% 以上。

5.4.49 S-羧乙基硫代琥珀酸

【制备方法】 S-羧乙基硫代琥珀酸（CETSA）合成过程为：先将 NaHS 和丙烯腈合成 β-巯基丙酸，再与无水马来酸酐聚合成 S-羧乙基硫代琥珀酸，具有非常好的生物降解性能。CETSA 适应很宽的 pH 值范围，而且具有高效的捕集重金属的能力、保水性及分散性。这类物质每个分子中含有三个羧基和一个磺酸基，它在处理效果上优于传统磷系阻垢缓蚀剂，对环境带来的污染很小，是一种绿色环保型的阻垢缓蚀剂。

【性能】　本产品对冷却水水质有很强的适应性，能够与多种金属离子发生螯合作用，从而有效抑制结垢。与此同时，CETSA 还能在金属表面生成致密的保护膜，有效抑制金属腐蚀。将其与几种其他药剂复配后缓蚀效果大幅度提高，用量减少，使成本大大降低。

5.4.50　烯丙氧基聚醚羧酸盐共聚物

【物化性质】　黄色透明黏稠液体，在 350～450℃时才分解，具有良好的热稳定性。相对分子质量为 8.7×10^4，分布范围为 $1.9 \times 10^4 \sim 9.9 \times 10^4$。

【制备方法】　烯丙氧基聚醚羧酸盐共聚物一般分为两个步骤来进行。

（1）烯丙氧基聚醚羧酸盐（APEX）单体的合成

将 80g 烯丙基聚乙二醇单醚（APEO）和 10g 氢氧化钠装入三口圆底烧瓶中，室温搅拌碱化 2.0h 后加入 15g 1,4-丁内酯，滴加时将反应温度逐渐升至（80±1）℃。继续保温 2.0h 后停止加热、搅拌。反应结束后，上层溶液清亮呈酒红色，下层略有固体。冷却至室温并将产物倒入 3 倍体积的无水乙醇中。抽滤，除去下层固体。然后进行减压蒸馏除去乙醇，并将含有微量乙醇的产物置于烘箱中，干燥得酒红色黏稠状透明液体烯丙氧基聚乙烯氧基丁酸钠（APEX）。反应方程式及产物 APEX 结构如下式：

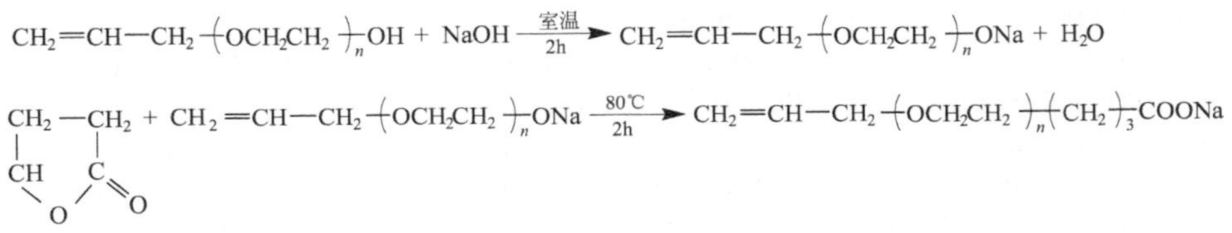

（2）共聚物 APEX/AA 阻垢剂的制备

在装有磁子、温度计和恒压滴液漏斗的四口烧瓶中，加入 20g 蒸馏水和 8g APEX，在一定温度和搅拌条件下，在 N_2 气保护的四口烧瓶中同时滴加 2g 过硫酸铵溶液（引发剂）和 2.9g AA（APEX 和 AA 的摩尔比为 1:3），滴加温度控制在（80±1）℃，滴加时间约为 1.0h，滴加完毕后升温至（90±1）℃，继续保温反应 1.5h 后停止加热和搅拌，冷却即得固含量为 30%左右的黄色透明黏稠液体 APEX/AA。调整 APEX 与 AA 的摩尔比，保持其他条件不变，分别合成了不同单体配比的 APEX/AA。反应方程式及产物结构如下式：

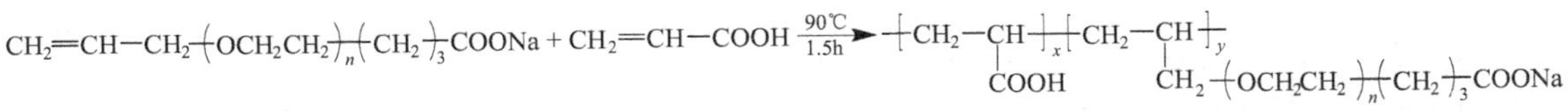

【性能】　n（APEx）：n（AA）为 1:2 的共聚物在质量浓度为 6mg/L 时，阻磷酸钙率达 100%，适用于高钙、高 pH 值和高温水质。其阻磷酸钙垢效果明显优于商业阻垢剂，且无磷污染，可作为工业循环水系统中性能优良的磷酸钙阻垢剂。

5.4.51　聚醚型无磷共聚物阻垢剂

【物化性质】　固含量约为 30%，淡黄色状透明液体。

【制备方法】　以丙烯酸（AA）、大分子单体烯丙基聚氧乙烯基羧酸（APEY）为原料，利用自由基聚合反应在水相中制得聚醚型无磷共聚物阻垢剂 AA/APEY。

（1）APEY 的合成

烯丙基聚氧乙烯基醚 APEG 和马来酸酐 MA 装入三口烧瓶中，氮气保护下室温搅拌 1.0h 后升温至 50～80℃，保温继续搅拌反应 0.5h。反应结束时得到稠状的羧基封端聚醚大分子单体 APEY。

（2）AA/APEY 的合成

在装有机械搅拌、温度计、回流冷凝管、恒压漏斗和氮气入口的多口烧瓶中，按一定配比加入 APEY 和蒸馏水，在一定的温度和搅拌条件下，向氮气保护的多口瓶中同时滴加引发剂和丙烯酸水溶液，滴加温度控制在（70±1）℃，滴加时间约 1.5h，滴加完毕后升温至（80±1）℃，继续保温反应 1.5h 后停止加热、搅拌，冷却至室温得固含量约为 30％的淡黄色状透明液体 AA/APEY。

【性能】 该阻垢剂不含磷、氮等富营养元素，是一种环境友好型阻垢剂。由于聚醚链段特别是聚氧乙烯醚由成氢键而使分子间引入了亲水基团，使得这类阻垢剂对硬度、悬浮物、温度有更高的承受力，并有更高的钙容忍度。

参考文献

[1] 何铁林. 水处理化学品手册. 北京：化学工业出版社，2000.

[2] 张光华. 水处理化学品制备与应用指南. 北京：中国石化出版社，2003.

[3] 叶文玉编. 水处理化学品. 北京：化学工业出版社，2002.

[4] 祁鲁梁，李永存，杨小莉编. 水处理药剂及材料实用手册. 第 2 版. 北京：中国石油出版社，2000.

[5] 刘明华. 有机高分子絮凝剂的制备及应用. 北京：化学工业出版社，2006.

[6] Xinping Ouyang, Xueqing Qiu, et al. Corrosion and Scale Inhibition Properties of Sodium Lignosulfonate and Its Potential Application in Recirculating Cooling Water System. J Ind Eng Chem Res，2006，45，5716-5721.

[7] 王青，陈建中，邱小平. 木质素磺酸钠缓蚀、阻垢性能的研究. 应用化工. 2006，35（9）：732-734.

[8] 刘明华，黄建辉，洪树楠. 一种利用制浆黑液制备木质素磺酸钠减水剂的方法. CN 200410044834. 9，2004.

[9] 杨丹丹，陈中兴. 天然水处理剂丹宁的改性及性能研究. 华东理工大学学报. 2001，27（4）：388-391.

[10] Takatoshi Sato. Corrosion inhibitor for boiler water systems. US 4975219，1990-12-4.

[11] 黄占华，方桂珍. 羧甲基落叶松丹宁表面活性剂的制备及性能分析. 东北林业大学学报. 2006，3（34）：62-64.

[12] Collins, Peter J. Tannin extraction and processing. US 5417888，1995.

[13] 潘远凤. 磷酸酯淀粉的合成及其反应机理研究［广西大学硕士论文］. 2002.

[14] 王世敏，黎俊波，余响林. 淀粉磷酸酯的制备及其应用研究. 胶体与聚合物. 2004，22（1）：28-29.

[15] Lowell, Jack L Nevins, Michael J. Process for preparing alkali metal salt of carboxymethyl cellulose. US 4401813，1983.

[16] 王新平，张艳红，李伟. 废纸制备羧甲基纤维素的研究. 应用化工. 2004，33（2）：52-54.

[17] F Manoli, E Dalas. The effect of sodium alginate on the crystal growth of calcium carbonate. Journal of Materials Science：Materials In Medicine. 2002，13：155-158.

[18] Breen, Patrick J Downs, Hartley H. Metal ion complexes for use as scale inhibitors. US 5207919.

[19] Garlich Joseph R，Simon Jaime, et al. Method for purifying aminomethylene-phosphosphonic acids for pharmaceutical use. US 4937333.

[20] Kuczynski, Krzysztof, Ledent, Michel Alex Omer. Water-treatment composition and method of use. US 6177047，2001.

[21] 卢园，王剑波，曹怀宝. PASP 和 ATMP 复合阻垢剂阻垢性能研究. 工业用水与废水. 2008，39（1）：84-86.

[22] Wen Ruimei, Deng Shouquan, Zhu Zhiliang. Studies on complexation of ATMP, PBTCA, PAA and PMAAA with Ca^{2+} in aqueous solutions. Chem Res，2004，20（1）：36-39.

[23] 张荣华，朱志良，邓守权. ATMP 对钙、镁离子阻垢作用机理的配位化学研究. 工业水处理. 2003，23（7）：25-27.

[24] Baffardi, Bennett P. Corrosion inhibitor. US 4206075，1980.

[25] Vazopolos Steve. Process for preparing 1-hydroxy, ethylidene-1, 1-diphosphonic acid. US 3959360，1976.

[26] 曹英霞，杨坚，李杰. 阻垢剂 HEDP 和 PBTCA 阻垢机理探讨. 同济大学学报. 2004，32（4）：556-560.

[27] 沈国良，赵文凯，傅承碧. 二乙烯三胺五甲叉膦酸合成新工艺及产品应用研究. 精细石油化工进展. 2005，7（1）：40-43.

[28]   Chen Shih-Ruey T，Matz Gary F. Polyether polyamino methylene using phosphonates method for high pH scale control. US 5358642，1994.

[29]   Dhawan，Balram et al. Methods for inhibition of scale in high brine environments. US 4931189，1990.

[30]   Gill Jasbir S，Schell；Charles J，Sherwood Nancy S. Zinc，iron and manganese stabilization using polyether polyamino methylene phosphonates. US 5262061，1993.

[31]   吕翔，雷武，夏明珠. 多氨基多醚基亚甲基膦酸盐的合成与阻垢性能. 工业水处理. 2007，27（12）：43-46.

[32]   Holzner Christoph，Ohlendorf Wolfgang，Block Hans-Dieter. Production of 2-phosphonobutane-1，2，4-tricarboxylic acid and the alkali metal salts thereof. US 5639909，1997.

[33]   李杨树. PBTC 的合成工艺改进［南京工业大学硕士论文］. 2004.

[34]   韩应琳，王卉，马迎军. 一种膦磺酸型水处理剂的合成及阻垢分散性能的研究. 工业水处理. 1997，17（3）：9-13.

[35]   吕翔，雷武，夏明珠. 多氨基多醚基亚甲基膦酸盐的合成与阻垢性能. 工业水处理. 2007，27（12）：43-46.

[36]   Brown J Michael，McDowell John F，Chang Kin-Tai. Methods of controlling scale formation in aqueous systems. US 5147555，1992-9-15.

[37]   Carter Charles，Fan Lai-Duien，Fan Joseph C. Method for inhibiting corrosion of metals using polytartaric acids. US 5344590，1994-9-6.

[38]   Kessler Stephen M. Method of inhibiting corrosion in aqueous systems. US 5256332，1993-10-26.

[39]   Robertson Jennifer J. Method of controlling fluoride scale formation in aqueous systems. US5705077，1998-1-6.

[40]   赵彦生. 异丙烯膦酸-丙烯酸共聚物的阻垢效果. 水处理技术. 1998，24（1）：43-45.

[41]   Tanoue Yoshihiro，Beppu Koichi，Okayama Akira. Piperidine derivatives as substance Pantagonists. US 5886011，1999-3-23.

[42]   Brown J Michael，Brock Gene F. Method of inhibiting reservoir scale. US 5409062，1995-4-25.

[43]   张洪利，梅超群，刘志强. 水解聚马来酸酐的绿色合成研究. 工业水处理. 2008，28（5）：63-65.

[44]   文霞，韦亚兵. 水解聚马来酸酐的阻垢性能. 精细石油化工. 2006，13（7）：51-54.

[45]   Mukouyama Masharu，Yasuda Shinzo. Polyaspartic acid. US 6380350.

[46]   Kroner Matthias，Schornick Gunnar，Feindt Hans-Jacob. Preparation of polyaspartic acid. US 5830985，1998.

[47]   Groth Torsten，Joentgen Winfried，Muller Nikolaus. Process for preparing polyaspartic acid. US 5714558，1998.

[48]   王光江，韦金芳，成西涛. 衣康酸-丙烯酸二元共聚物的合成及其阻垢性能研究. 工业水处理. 2000，20（4）：25-26.

[49]   马艳然，靳通收，李珊. 阻垢剂马来酸酐-丙烯酰胺共聚物的合成及其阻垢性能. 河北大学学报. 2006，26（6）：612-615.

[50]   Koskan Larry P，Low Kim C，Meah Abdul Rehman Y. Polyaspartic acid manufacture. US 5391764，1995.

[51]   Benedict James J，Bush Rodney D，Sunberg Richard J. Oral compositions and methods for reducing dental calculus. US 4846650，1989.

[52]   Matsumoto Yukihiro，Nakahara Sei，Ishiza Kunihiko. Method for producing polyacrylic acid. US 7038081，2006.

[53]   李小兰，王久芬，陈孝飞. 反相乳液聚合法合成超高相对分子质量聚丙烯酰胺的研究. 应用化工. 2005，34（7）：414-418.

[54]   Reekmans Steven Irene Jozef，Cornet Phillip. Surfactant composition for inverse emulsion polymerization of polyacrylamide and process of using the same. US 6386418，2004.

[55]   Fang；Ta-Yun. Methods for preparing polyacrylamide gels for electrophoretic analysis. US 5543097，1996.

[56]   Huebner Norbert，Mueller Wolf-Ruediger，Peters Bernd Willi. Polyacrylamide with low molecular weight. US 6180705，2001.

[57]   Smith Robert A. Acrylamide polymerization. US 4485224，1984.

[58]   刘明华，叶庆，黄杰. MA-AA-AM 三元共聚物的阻垢性能. 石油化工高等学校学报. 2006，19（1）：25-27.

[59]   Burke Peter E. Production of hydrolyzed polymaleic anhydride. US 4670514，1987.

[60]   黄杰，刘明华，郑福尔. MA-AA-AM-SMAS 四元共聚物的阻垢性能研究. 西南石油大学学报，2007，29（2）：117-121.

[61]   黄杰，刘明华. 含膦酰基的 MA-AA-AM-SMAS 四元共聚物的阻垢剂的制备. 石油化工高等学校学报. 2006，19（2）：13-16.

[62]   Graham Swift，Blue Bell，Kathryn M. Process for polymerization of itaconic acid. US 5336744，1994.

[63]   Tazi Mohammed，Plochocka Krystyna. Slurry polymerization of maleic anhydride and acrylic acid in a cosolvent sys-

tem of ethyl acetate and cyclohexane. US 5008355，1991.

[64]　Maeda Yoshihiro，Hemmi Akiko，Yamaguchi Shigeru . Water-soluble polymer and its use. US 6780832，2004.

[65]　刘明华，叶庆，黄杰. MA-AA-AM 三元共聚物的制备及阻垢性能. 精细化工. 2005，22（7）：533-535.

[66]　牛志刚，刘济威，白明. 反相乳液聚合法制备丙烯酰胺-丙烯酸钠二元共聚物. 内蒙古石油化工. 2008，7：21-23.

[67]　慕朝，赵如松. 丙烯酸钠与丙烯酰胺共聚反应研究. 石油化工. 2003，32（9）：767-770.

[68]　余敏，刘明华，黄建辉. MA-AA-MAS 三元共聚物阻垢性能研究. 西南石油学院学报，2005，27（6）：65-68.

[69]　Walinsky Stanley W. （Meth）acrylic acid/itaconic acid copolymers，their preparation and use as antiscalants. US 5032646，1991.

[70]　余敏，刘明华，黄建辉. MA-AA-MAS 三元共聚物的制备及阻垢性能研究. 西安石油大学学报，2005，20（6）：56-59.

[71]　吴运娟，郭茹辉，张彦河. 衣康酸-丙烯磺酸钠共聚物的合成. 工业水处理. 2007，27（11）：26-27.

[72]　武世新，张洪利. 腐殖酸接枝丙烯酸改性制备天然产物基阻垢剂研究. 应用化工，2011，40（6）：1026-1028.

[73]　Khil'ko S L，Titov E V，Fedoseeva A A. The Effect of Strong Electrolytes on Aqueous Solutions of Sodium Salts of Native and Sulfonated. Humic Acids Colloid Journal，2001，5（63）：645-648.

[74]　胡新华，马青兰，王增长. 腐植酸钠阻垢机理与性能的探讨. 太原理工大学学报，2009，40（1）：38-41.

[75]　张惠欣，葛丽环，周宏勇，等. 羧烷基-季铵两性壳聚糖的制备及其阻垢杀菌性能. 化工进展，2011，30（9）：2055-2059.

[76]　孙绪兵，梁兵. 丙烯酸/聚乙二醇单甲醚丙烯酸酯二元共聚物阻垢性能研究. 内江师范学院学报，2011，26（2）：30-33.

[77]　李彬，冯素敏，秦宗仁，等. 膦基丙烯酸三元共聚物的合成及阻垢性能评定. 河北化工，2010，35（7）：2-4.

[78]　程杰成，王庆国，周万富，等. 三元复合驱硅垢防垢剂 SY-KD 的合成及应用. 高等学校化学学报，2010，35（2）：332-337.

[79]　董社英，张黎黎，钮丽，等. 衣康酸三元共聚物的合成、性能及阻垢机理研究. 工业水处理，2015，35（1）：80-84.

[80]　张安琪，张光华，魏辉，等. 新型磺酸基聚合物阻垢剂的合成及性能. 化工进展，2011，30（8）：1858-1861.

[81]　李娜，符嫦娥，周钰明，等. 聚醚型无磷共聚物的合成及其阻垢性能. 应用化学，2013，30（5）：528-532.

[82]　黄镜怡，刘广卿，周钰明，等. 共聚物阻垢剂 AA/APEY 的合成及性能研究. 化工时刊，2013，27（12）：19-20，28.

6 缓蚀剂

6.1 缓蚀剂的分类及作用机理

金属材料或制件在周围环境介质的作用下，逐渐产生的损坏或变质现象称为腐蚀。腐蚀给人们带来巨大的经济损失，耗竭了宝贵的能源与资源。为使损失降到最低，国内外学者创造和发展了多种防腐蚀措施，其中，缓蚀剂是应用广泛、效果较显著的手段之一。

缓蚀剂又称腐蚀抑制剂，是添加到腐蚀介质中能抑制或降低金属腐蚀过程的一类化学物质，常用于冷却水处理、化学研磨、电解、电镀及酸洗等行业。

6.1.1 缓蚀剂分类

缓蚀剂的种类很多，按照缓蚀剂在金属表面所形成的保护膜的成膜机理可分为钝化膜型缓蚀剂，沉淀膜型缓蚀剂，吸附膜型缓蚀剂。有关各类膜的性质和实例见表 6-1。

表 6-1 缓蚀剂按表面膜的种类分类

膜种类	典型缓蚀剂	膜的特性
钝化型膜	铬酸盐、亚硝酸盐、钼酸盐	致密,膜薄,与基体金属附着力强,防腐蚀性能优良
吸附型膜	含极性基团有机物、胺类、醛类、杂环类、表面活性剂等	在酸性和水溶液中形成良好的膜,膜极薄,膜稳定性差
沉淀型膜(水中离子型)	聚磷酸盐、锌盐、硅酸盐等	膜多孔且较厚,与基体金属附着力较差
沉淀型膜(金属离子型)	巯基苯并噻唑,某些螯合剂等	致密,膜薄,与基体金属附着力好,防腐蚀性能好

① 钝化膜型缓蚀剂　又称氧化膜型缓蚀剂，简称钝化剂，为无机强氧化剂，包括铬酸盐（因有毒已被禁用或限制使用）、钼酸盐、亚硝酸盐、钨酸盐等。在反应中比较容易被还原的强氧化剂才能作钝化剂。钝化剂作用于金属表面时，将其氧化成一层耐腐蚀的膜，这层膜一般较致密，能使金属的阳极产生一定的超电压。所以，钝化剂是阳极极化剂，对金属材料起阳极保护作用。钝化剂一般对可钝化金属（铁族过渡性金属）有良好的保护作用，而对于不钝化金属如铜及其合金、锌等非过渡性金属没有多大效果。

在冷却水处理中，氧化剂的浓度必须超过临界钝化浓度才能实现钝化，否则有加速腐蚀的倾向。如在氯化物的溶液中，加入不足量的铬酸盐往往会引起强烈的局部腐蚀，特别是在金属的切边和水线处更易发生，而且有时总的腐蚀量也可能会增加。所以，作氧化剂的缓蚀剂浓度一般要高些。

② 沉淀膜型缓蚀剂　这类缓蚀剂包括磷酸盐、硅酸盐、锌盐、苯并噻唑、三氮唑等，低浓度的铬酸盐也可通过生成沉淀膜起缓蚀作用，故也属于沉淀膜型。沉淀膜型的缓蚀剂添加到冷却水中之后，能与介质中的有关离子（如钙、铁、CO_3^{2-} 和 OH^- 等）反应，并在金属表面上的阴极区形成抑制腐蚀的沉淀膜，该种膜一般要比氧化膜厚，但其致密性和附着力则比氧化膜差得多，所以防腐效果一般比钝化膜差。为形成完整的沉淀膜，一般要求水中某种特定离子的浓度不能低于某一范围。如聚磷酸盐作沉淀膜型缓蚀剂使用时，钙与聚磷酸盐之摩尔比应在 0.2 以上，否则缓蚀效果不好。

此外，只要介质中还存在着能与缓蚀剂组分反应生成沉淀的离子，沉淀膜就会不断加厚，由此可能造成结垢并引起垢下腐蚀。通常这类缓蚀剂要和去垢剂共同使用，才能有较好的保护效果。多种沉淀膜缓蚀剂同时使用，会在一种膜上再加上另一种膜，或用另一种膜去增强或修补已形成的膜，使防腐效果更佳，这种作用称为增效作用。

③ 吸附膜型缓蚀剂　吸附膜型缓蚀剂分子中有极性基团，能在金属表面吸附成膜，并由其分子中的疏水基团来阻碍水和去极剂达到金属表面，保护金属。这类缓蚀剂一般都是有机化合物，包括有机胺、硫醇类、木质素类葡萄糖酸盐等。大多数吸附膜都是有机缓蚀剂，分子结构中都含有亲水基团，如—OH、—NH₂、= NH 或 ≡N 和—COOH 等，又具有憎水基团，如烷基、苯基等。此类缓蚀剂在冷却水中分散后，亲水基吸附在金属表面，憎水基向外，因而形成吸附膜，将金属和腐蚀环境隔开而起缓蚀作用。

按缓蚀剂的化学组成和结构分类，我们常把缓蚀剂分为无机缓蚀剂和有机缓蚀剂两类。无机缓蚀剂主要有铬酸盐/重铬酸盐、硝酸盐/亚硝酸盐、磷酸盐/聚磷酸盐、钼酸盐、硅酸盐等；有机缓蚀剂主要有胺类、醛类、膦类、杂环化合物、咪唑啉类等。

按照缓蚀剂的化学组成和结构分类显然有助于研究合成新的缓蚀剂，确定含有复杂组分缓蚀剂混合物的主要成分，但实际上用作缓蚀剂的物质通常是由于它们在介质中或在金属表面上发生了化学变化，从而使它们成为缓蚀剂。也就是说缓蚀剂的缓蚀作用，除了与缓蚀剂本身的化学组成和结构密切相关外，还与介质和金属材料的性质有着紧密的联系。所以，我们不能根据具有某一特定组成和结构的缓蚀剂来判断其适用于何种金属或介质。

根据缓蚀剂缓蚀反应发生的是阴极反应或是阳极反应或二者兼而有之，缓蚀剂则可分为阴极型缓蚀剂、阳极型缓蚀剂和混合型缓蚀剂。

① 阳极型缓蚀剂　如铬酸盐、钼酸盐、钨酸盐等无机缓蚀剂，能降低阳极金属的电极电位，使腐蚀电位增加，达到钝化缓蚀的目的。阳极缓蚀剂应用广泛，但若用量不足，不能充分覆盖阳极表面，由于暴露在介质中的阳极面积远小于阴极面积，从而形成小阳极大阴极的腐蚀电池，反而会加速金属的局部腐蚀；而用量太大则毒性较大，污染环境，因此此类缓蚀剂又被称为"危险的缓蚀剂"。

② 阴极型缓蚀剂　如聚磷酸盐、硫酸锌、酸式碳酸钙等。阴极型缓蚀剂通常是缓蚀剂的阳离子移向阴极表面，并形成化学的或电化学的沉淀保护膜，随着厚度的增加，阴极释放电子的反应被阻挡，从而抑制金属腐蚀。这类腐蚀剂在用量不足时不会加速腐蚀，故又称为"安全的缓蚀剂"。

③ 混合型缓蚀剂　如胺类、硫醇、硫醚、硫脲、琼脂等，能吸附在清洁金属表面形成单分子膜，阻止电子的转移，达到缓蚀的目的。该类缓蚀剂对阴极过程和阳极过程同时起抑制作用，虽然腐蚀电位变化不大，但腐蚀电流却降低很多。

按照使用的介质分类，有酸性、中性、碱性水溶液及非水溶液和气相缓蚀剂。表 6-2 表明，不同的介质应选用不同的缓蚀剂。

6.1.2 缓蚀剂的特征及缓蚀机理

对缓蚀剂的缓蚀机理研究可追溯到 20 世纪初，而近 30 年来，这方面的研究更是引起了广大科学工作者的重视，学者们先后提出了吸附理论，修饰理论，软硬酸碱理论（SHAB），钝化理论，尖端突变理论等。由于金属腐蚀和缓蚀过程的复杂性以及缓蚀剂的多样性，且各种理论着重点及研究角度都不尽相同，难以用同一种理论解释各种各样缓蚀剂的作用机理。某些缓蚀剂的应用范围分类见表 6-2。

表 6-2 某些缓蚀剂的应用范围分类

适用范围	缓蚀剂名称	适用范围	缓蚀剂名称
酸性介质溶液中	醛、炔醇、胺、季铵盐、硫脲、杂环化合物（吡啶、喹啉、页氮）咪唑啉、亚砜、松香胺、乌洛托品、酰胺、若丁等	气相腐蚀介质	亚硝酸二环己胺、碳酸环己胺、亚硝酸二异丙胺等
		混凝土中	铬酸盐、硅酸盐、多磷酸盐
碱性介质溶液中	硅酸钠、8-羟基喹啉、间苯二酚、铬酸盐	微生物环境	烷基胺、氯化酚盐、苄基季铵盐、2-硫醇苯并噻唑
		防冻剂	铬酸盐、磷酸盐
中性水溶液	多磷酸盐、铬酸盐、硅酸盐、碳酸盐、亚硝酸盐、苯并三氮唑、2-硫醇苯并噻唑、亚硫酸钠、氨水、肼、环己胺、烷基胺、苯甲酸钠	采油、炼油及化学工厂	烷基胺、二胺、脂肪酸盐、松香胺、季铵盐、酰胺、氨水、氢氧化钠、咪唑啉、吗啉、酰胺的聚氧乙烯化合物、磺酸盐、多磷酸锌盐
盐水溶液中	磷酸盐＋铬酸盐、多磷酸盐、铬酸盐＋重碳酸盐、重铬酸盐	油、气输送管线及油船	烷基胺、二胺、酰胺、亚硝酸盐、铬酸盐、有机重磷酸盐、氨水、碱

（1）无机化合物缓蚀剂的特征及缓蚀机理

无机缓蚀剂大多是用于中性介质的体系，主要影响金属的阳极过程和钝化状态。无机化合物有可能成为缓蚀剂的物质包括以下几类。

① 形成钝化保护膜类物质　主要是含 MeO_4^{n-} 型阴离子的化合物，如 K_2CrO_4、$KMnO_4$、Na_2MoO_4、Na_2WO_4、Na_3VO_4 等，另外还有 $NaNO_3$、$NaNO_2$ 等。

② 产生难溶盐沉积膜类物质　聚合磷酸盐、硅酸盐、HCO_3^-、OH^- 等。这类物质多是和水中 Ca^{2+}、Fe^{2+}、Fe^{3+} 等在阴极区产生难溶盐沉积来抑制腐蚀的。这类膜和被保护的金属表面没有紧密的联系，它的生长与水溶液中缓蚀剂离子的量密切相关。

③ 活性阴离子　主要指 Cl^-、Br^-、I^-、HS^-、SCN^- 等，可通过吸附在金属的表面产生缓蚀作用。一般是和其他缓蚀剂配合使用，产生协同作用而获得有工业应用价值的缓蚀剂。

④ 金属阳离子　指金属离子 Sn^{2+}、Cu^{2+}、Fe^{2+}、Pb^{2+}、Al^{3+}、Ag^+ 等。金属阳离子参加阴极反应，当金属阳离子参加氧化/还原反应时，许多高价的离子就消耗由阳极反应形成的电子使金属钝化。

（2）有机化合物缓蚀剂的特征及缓蚀机理

有机缓蚀剂主要是指那些含有未配对电子元素（如 O、N、S）的化合物和各种含极性基团的化学物质，特别是含有氨基、醛基、羧基、羟基、巯基的物质。

目前认为有机化合物缓蚀剂的缓蚀作用机理主要有吸附机理、成膜机理以及电化学机理三个。吸附机理认为缓蚀剂在金属表面具有吸附作用，能生成一种吸附在金属表面的吸附膜，从而使金属的腐蚀减慢；成膜理论认为缓蚀剂与金属作用生成钝化膜，或缓蚀剂与介质中的离子反应形成沉淀膜而使金属的腐蚀减缓；电化学理论则认为缓蚀剂的作用机理是对电极过程的阻滞作用。实际上这三种理论相互间均有着内在的联系。

能形成吸附膜的缓蚀剂大多是有机物。吸附膜型缓蚀剂是通过缓蚀剂分子上极性基团的物理吸附或化学吸附作用，使缓蚀剂吸附在金属表面。这样，一方面改变金属表面的电荷状态和界面性质，使金属表面的能量状态趋于稳定化，从而增加腐蚀反应的活化能（能量障碍），使腐蚀速度减慢；另一方面被吸附的缓蚀剂上的非极性基团，尚能在金属表面形成一层疏水性保护膜，阻碍着与腐蚀反应有关的电荷或物质的转移（移动障碍），因而也使腐蚀速度减小。

不论金属表面吸附的是哪种离子，只要它能形成一层完好的吸附膜，就会对金属的电极反应有抑制作用而减缓腐蚀。对于物理吸附的缓蚀剂保护膜，多数是阴极抑制型，即多数是吸附阳离子的。

许多含有氮、磷、硫、砷等元素的有机缓蚀剂，在酸性水溶液中能与氢离子形成Onium离子。所谓Onium离子就是指含有未共用电子对元素的化合物（如含氮、硫、磷、砷等元素的化合物），以孤电子对与氢离子或其他阳离子形成配价键。这些Onium离子能以单分子层吸附在金属表面，如图6-1所示。

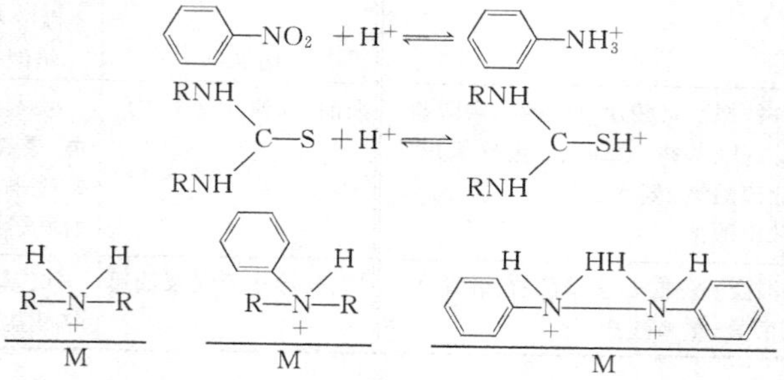

图 6-1　单分子层吸附在金属表面示意

当阴极表面吸附了这种离子后，酸性介质中的氢离子便难以接近金属表面进行还原，因而增加了氢离子反应的过电位而使腐蚀减缓。

在酸溶液中各种缓蚀剂的元素组成的化合物类别见表6-3。可用于工业循环水和酸洗中的有机缓蚀剂见表6-4。

表 6-3　酸溶液中缓蚀剂的元素组成和化合物类别

元素组成	化合物类别
C,H,O	醛,醇,羧酸
C,H,N	脂肪胺,芳胺,氮杂环化合物,胺醛缩聚物
C,H,S	有机硫化合物
C,H,N,O	氨基酚衍生物,松香胺微生物,酮胺化合物
C,H,S,O	芳基及烷基亚砜,磺酸,黄原酸
C,H,N,S	硫脲,有机硫氰酸盐
C,H,S,N,O	噻唑,磺化咪唑啉

表 6-4　酸洗和循环水用有机缓蚀剂

类　别	化合物举例或说明
烷基脂肪酸衍生物	一元胺 R—NH_2, R_2NH, R—N（CH_3）$_2$；二元胺 $RNHCH_2CH_2NH_2$；酰胺 $RCONH_2$；聚乙氧化合物；乙酸,油酸,二环烷酸或磷酸类；两性化合物
咪唑啉及其衍生物	有机酸同二元胺反应物,含有1或2个咪唑啉环
四元化合物（季铵盐）	以长链胺或咪唑啉为原料的化合物
松香衍生物	松香酸为基础的含长链复杂胺的混合物
有机硫化合物	高相对分子质量石油磺酸盐,硫脲衍生物

6.1.3 工业缓蚀剂的协同应用技术

大量的科学实验和生产实践证明，在腐蚀介质中同时添加两种或两种以上的缓蚀剂，其缓蚀效果比单独使用时不仅用量少，而且缓蚀效果更好。这种缓蚀效果并非是两者简单的加和，而是相互促进的结果。如在 80℃，20% HCl 中聚甲醛或乌洛托品与卡特平复配后，使单独使用卡特平的钢的腐蚀速度由 63.16g/(m² • h) 降到 9.39g/(m² • h) 和 9.31g/(m² • h)。像这样由两种或两种以上的缓蚀剂混合使用时能提高缓蚀效果的现象，称为缓蚀协同效应（作用）；若使缓蚀效果降低的则为负的协同效应。

协同作用应用最广、研究较多的是活性阴离子与有机物之间的协同作用。活性阴离子同在酸性溶液中能形成阳离子的有机物如季铵盐、杂环化合物等能产生明显的协同作用，这时原来低效或无效的缓蚀剂可产生良好的缓蚀效果，这种添加阴离子而使缓蚀效果提高的现象，也称为"阴离子效应"。要获得良好的阴离子效应，需采用能被金属强烈吸附的阴离子，例如碘离子、溴离子、氯离子、硫氢根离子、硫氰根离子等；而吸附性能较弱的硫酸根离子、磷酸根离子、醋酸根等阴离子，由于不能改变铁的表面电荷状态，所以效果很差。如某些缓蚀剂对盐酸的缓蚀作用较硫酸的大，这与阴离子效应是有关的，见表 6-5。

表 6-5 活性阴离子与有机物的协同作用（20# 碳钢，10%硫酸，60℃）

缓蚀剂	浓度/%	腐蚀率/(mm/a)	缓蚀剂	浓度/%	腐蚀率/(mm/a)
NaSCN	0.1	70.5	NaSCN＋苯胺	0.3	12.0
苯胺	0.2	109.4	NaSCN＋苯酚	0.3	10.7
苯酚	0.2	115.5	NaSCN＋乌洛托品	0.4	1.6
甲醛	0.3	310.0	NaSCN＋甲醛	0.3	2.0
乌洛托品	0.3	257.4			

由于对缓蚀剂与金属之间的化学键的本质揭示得不够，因此关于缓蚀剂的协同效应的解释还没有统一的观点，只是在各自的研究中，特别是从大量的试验中总结出有效的配方，提出种种解释。用于工业生产的缓蚀剂，具有良好的缓蚀性能只是满足了对其最基本的要求，要得到实际应用，还应同时符合各种特定的要求。由此可知，缓蚀物质虽很多，但要寻求满足工业实际应用的理想缓蚀剂仍属不易。

6.2 有机缓蚀剂

6.2.1 六亚甲基四胺

【结构式】

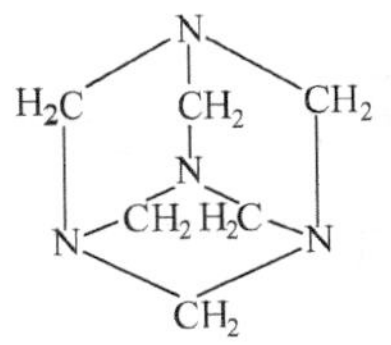

【物化性质】 又名乌洛托品，环六亚甲基四胺，六次甲基四胺。白色结晶粉末或无色有光泽的晶体，几乎无臭，相对密度 1.27（25℃），230℃开始升华，263℃以上分解，易溶于水、乙醇、氯仿等有机溶剂，难溶于苯、四氯化碳，不溶于乙醚、汽油。水溶液呈碱性，pH 值为 8～9。对皮肤有刺激作用，燃烧火焰无色。有中等毒性。

【制备方法】

① 制备方法 1

取 200mL 甲醛含量为 30%～40% 的溶液于容器中,在不断搅拌下通氨水,氨水加入量为 150mL,保持氨过量。反应时间约 0.5h,终点控制在 pH=9,此时反应混合液中游离氨含量约为 0.5%～0.8%,且温度不低于 80℃。上述反应为放热反应,其反应式如下:

$$6HCHO + 4NH_3 \xrightarrow{\triangle} N_4(CH_2)_6 + 6H_2O$$

将上述反应混合液加热,若有沉淀生成则过滤之,滤液进行加热蒸发至糊状后,冷却至室温,然后进行抽滤,产品在干燥皿内干燥 3～4h,干燥温度控制在 80℃,剩余的母液可用 0.1% 活性炭脱色,然后将其加热至沸腾并维持 10min,冷却、过滤,再浓缩结晶。

② 制备方法 2

甲醇经氧化制得的甲醛气经冷却后,于反应器内与氨气在温度为 68～73℃ 的母液中,进行缩醛反应生成乌洛托品,所得产品溶液,经浓缩结晶,离心脱水即得成品,再经沸腾床热风干燥降低水分后便可使用。反应式如下:

$$CH_3OH + \frac{1}{2}O_2 \xrightarrow[\text{Ag 催化剂}]{600～700℃} CH_2O + H_2O$$

$$6CH_2O + 4NH_3 \xrightarrow[\text{水溶液}]{70℃} (CH_2)_6N_4(\text{乌洛托品}) + 6H_2O$$

③ 制备方法 3

陈民生等利用连续波激光引发合成乌洛托品,具体制备方法如下。

实验所用的连续 CO_2 激光器的功率为 15W,聚集后,焦斑处的功率密度约为 2000W/cm²。反应器为玻璃质,内表面涂有一层 Al_2O_3 系催化剂。实验时,首先将整个反应体系抽真空,然后在一环境为 70℃ 的储瓶中将氨与甲醇按 1:1 的压力比混合。混合气体流经反应器,并用激光辐照。实验压力约 300Torr(1Torr=133.322Pa)。实验时,反应器壁的温度约为 100℃。反应产物以乌洛托品为主,此外还有甲胺和未反应掉的氨和甲醇。乌洛托品凝结在反应器出口处附近的管壁上,呈白色结晶状。用无水乙醇(分析纯)洗涤下来,蒸去乙醇,可得乌洛托品。反应式如下:

$$CH_3OH + NH_3 \xrightarrow[\text{Al}_2\text{O}_3]{\text{激光}} (CH_2)_6N_4$$

乌洛托品生产工艺流程如图 6-2 所示。

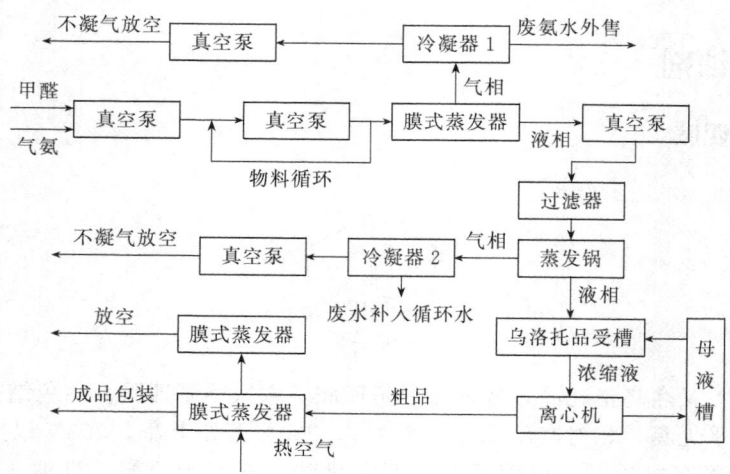

图 6-2 乌洛托品生产工艺流程

甲醛水溶液由甲醛储槽用甲醛泵送入甲醛高位槽。甲醛高位槽保持溢流，回流液仍返回甲醛储槽。从甲醛高位槽底部流出的甲醛水溶液经调节阀控制一定流量后进入反应器底部。

氨气由界外送入，经调节阀控制一定流量后也进入反应器底部鼓泡反应，温度控制在60℃左右。甲醛水溶液与氨气在反应器里反应生成乌洛托品溶液。反应液从反应器上部流入反应液中间槽。反应液控制 pH=8～9，并和甲醛进料调节阀形成自控。生成乌洛托品的反应为放热反应，生成热借助于反应液循环泵打入板式换热器冷却后，也送入反应器底部，依次形成循环冷却。反应液中间槽中的乌洛托品溶液经转子流量计（或调节阀）被抽入膜式蒸发器内加热，为保证蒸发效果及节约蒸汽，膜式蒸发器压力由真空泵控制在 −0.06MPa 以下。蒸发后的气液进入旋风分离器，乌洛托品浓缩液从旋风分离器底部流入中间槽。废气由真空泵抽出经冷凝后送入回收罐集中外售（含氨质量分数 3%～5%）。

乌洛托品浓缩液的质量分数由进料量和加热蒸汽来控制，浓缩液含乌洛托品质量分数一般控制在 38% 左右。乌洛托品浓缩液经浓缩液泵打入高位槽，再经过滤也被抽入蒸发锅。蒸发锅保持一定的真空度（−0.06MPa 以下），被蒸发的水分被抽入冷凝器冷却。蒸发锅内水分被蒸发后，乌洛托品便形成结晶体；当结晶体质量分数达到 50%～55% 后，停止加热，打开放空阀和锅底放料阀，将乌洛托品和母液排入乌洛托品受槽后进入离心机甩干（出料质量分数约 95%）。母液流入母液槽，再由母液泵打入母液高位槽，经过滤后仍流入蒸发锅内脱水。

经脱水后的含水（质量分数）3%～5% 的乌洛托品被送入干燥系统，利用气流干燥成质量分数为 99.3% 以上乌洛托品出料。最后成品经称量、包装后入库。

少量乌洛托品粉末被引风机抽入旋风分离器分离后，进入布袋除尘器，乌洛托品粉尘落入旋风分离下边的收集料仓，废气排入大气。

【技术指标】 GB/T 9015—1998 工业六次甲基四胺

指 标 名 称	优等品	一等品	合格品
纯度/%	≥99.3	≥99.0	≥98.0
水分/%	≤0.5	≤0.5	≤1.0
灰分/%	≤0.03	≤0.05	≤0.08
水溶液外观	合格	合格	—
重金属(以 Pb 计)/%	≤0.001	≤0.001	—
氯化物(以 Cl⁻ 计)/%	≤0.015	≤0.015	—
硫酸盐(以 SO_4^{2-} 计)/%	≤0.02	≤0.02	—
铵盐(以 NH_4^+ 计)/%	≤0.001	≤0.001	—

【应用】 乌洛托品有很广泛的应用，可用作有机合成的原料、分析化学试剂、抗生素、燃料、黏合剂、缓蚀剂、促进剂等。

乌托洛品是大型锅炉的盐酸酸洗常用缓蚀剂之一，能很好地吸附在金属表面，形成一层保护膜，抑制盐酸液对金属的腐蚀作用。用于盐酸酸洗缓蚀剂时，单独使用浓度为 0.5%；混合使用时浓度：乌洛托品 0.5%，冰醋酸 0.4%～0.5%，苯胺 0.2%。乌洛托品用作缓蚀剂，其不同浓度时的缓蚀效果见表 6-6。

表 6-6　5%盐酸中加入不同浓度的缓蚀剂后碳钢腐蚀速率

缓蚀剂浓度/%	腐蚀速率/[g/(m²·h)]	缓蚀剂浓度/%	腐蚀速率/[g/(m²·h)]
0.1	3.58	0.4	3.68
0.2	3.15	0.5	3.30
0.3	3.09		

Graneset S. L. 研究了乌洛托品对硫酸盐溶液中铁的缓蚀性能。在 0.1mol/L Na_2SO_4 溶液中，调节 pH 值为 2，温度 25℃，利用极化技术测定乌洛托品对纯铁的缓蚀效果，并采用单脉冲的方法测量双电层容量。根据得到的 Temkin 等温线知，乌洛托品吸附在纯铁的表面。通过实验还发现，在存在碘离子的条件下，乌洛托品对铁的缓蚀性能增强。

Tyr S. G. 以乌洛托品和 KI 的混合物作为盐酸（体积分数 10％）酸洗缓蚀剂，在 25℃ 下具有最好的缓蚀效果。单光栅编程的数学公式充分说明了在不同混合物组成情况下钢铁在 10％ HCl 溶液中的溶解情况，从而得到最佳缓蚀效果的乌洛托品与 KI 的配比。在恒压情况下测出电流随时间降低的曲线，从而得出混合缓蚀剂的缓蚀机制。

张亚青等用分光光度法测定了 A_3 钢在 2.0mol/L HCl 中的腐蚀速率，研究了乌洛托品对 A_3 钢-盐酸体系的缓蚀作用及其在 A_3 钢表面的吸附规律。结果表明，腐蚀速率受活化极化控制，腐蚀速率和缓蚀率均随温度的升高而增加，乌洛托品在 A_3 钢表面的吸附符合 Freundlich 等温方程式。

黄峰等采用失重法研究了不同温度下不同浓度的乌洛托品在 10％盐酸介质中对黄铜的缓蚀作用，结果表明，乌洛托品在 10％盐酸介质中对黄铜的腐蚀有良好的抑制作用，乌洛托品吸附于黄铜表面，其吸附规律服从 Langmuir 等温式。随着乌洛托品浓度的增大，缓蚀率提高；在测量温度范围内，随温度的升高，缓蚀率增大。乌洛托品的吸附为吸热过程，且熵值增大，并由此获得了相关热力学参数。

6.2.2 硫脲

【结构式】

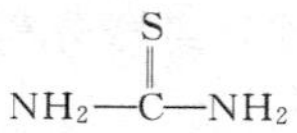

$$NH_2-\overset{\overset{\displaystyle S}{\|}}{C}-NH_2$$

【物化性质】 硫脲又称硫代尿素，硫代碳酰二胺，是白色而有光泽的晶体，味苦，相对密度 1.405（20℃），熔点 180～182℃，150～160℃升华，微溶于冷水、易溶于热水，室温下微溶于甲醇、乙醇、乙酸和石脑油等。

【制备方法】

(1) 制备方法 1

传统生产工艺用生石灰和水反应得到石灰乳，吸收硫化氢气体生成硫氢化钙溶液，再与固体粉末状石灰氮（氰氨化钙）合成反应制得硫脲溶液。该溶液过滤后，将清液进行减压、蒸发、浓缩，之后经冷却结晶、离心分离、烘干，即可得到成品硫脲。反应方程式如下：

生成硫氢化钙：

$$Ca(OH)_2+2H_2S \longrightarrow Ca(SH)_2+2H_2O$$

合成硫脲：

$$2CaCN_2+Ca(SH)_2+6H_2O \longrightarrow 2(NH_2)_2CS+3Ca(OH)_2$$

(2) 制备方法 2

石灰氮溶液直接吸收硫化氢气体生成硫脲，即石灰氮与水混合均匀后，边搅拌边通入硫化氢气体进行反应，制备硫脲溶液。该溶液过滤后，将清液进行冷冻结晶、离心分离、烘干即可以得到硫脲成品。反应方程式如下：

$$H_2S+CaCN_2+2H_2O \longrightarrow (NH_2)_2CS+Ca(OH)_2$$

该工艺比传统工艺缩短了工艺流程，降低了产品成本，提高了产品的质量，并且减轻了对环境的污染。

(3) 制备方法 3

废石膏中回收利用副产物硫脲，在废石膏（即钙硫废渣）的处理和回收利用中，硫脲可作为一种副产物得到。用该法制备硫脲可解决废石膏的处理和回收问题，为我国的磷肥、脱硫等行业产生的废渣找到了新的高附加值之路。其反应原理如下。

① 焙烧

$$CaSO_4 + 2C \longrightarrow CaS + 2CO_2$$
$$2CaSO_3 + 3C \longrightarrow 2CaS + 3CO_2$$

② 浸取

$$2CaS + 2H_2O \longrightarrow Ca(SH)_2 + Ca(OH)_2$$
$$Ca(OH)_2 + 2H_2S \longrightarrow Ca(SH)_2 + 2H_2O$$

③ 置换

$$Ca(SH)_2 + CO_2 + H_2O \longrightarrow CaCO_3 + 2H_2S$$

④ 合成

$$H_2S + CaCN_2 + 2H_2O \longrightarrow (NH_2)_2CS + Ca(OH)_2$$

（4）制备方法 4

利用工业废硝酸制备硫化氢同时副产硝酸钠，并且能够合成得到硫脲。该生产工艺与硫脲的传统生产工艺相比，不但降低了生产成本，又变废为宝，同时还减少了废酸直接排放引起的环境污染。其反应原理如下。

① 硫化氢和硝酸钠的制取

$$2HNO_3 + Na_2S \longrightarrow 2NaNO_3 + H_2S$$

② 硫氢化钙的制取

$$CaO + H_2O \longrightarrow Ca(OH)_2$$
$$Ca(OH)_2 + 2H_2S \longrightarrow Ca(HS)_2 + 2H_2O$$

③ 硫脲的合成

$$2CaCN_2 + Ca(SH)_2 + 6H_2O \longrightarrow 2(NH_2)_2CS + 3Ca(OH)_2$$

④ 副反应

$$2H_2S + 2O_2 \longrightarrow SO_2 + S + 2H_2O$$
$$CaCN_2 + 3H_2O \longrightarrow 2NH_3 + CaCO_3$$

（5）制备方法 5　尿素-氰氨化钙法

① 氰氨化钙的制备　制备氰氨化钙采用二步法，具体方法是：首先，用筛子对粉碎的块状氧化钙、氢氧化钙和碳酸钙进行筛选，分别筛选出小于 40 目和 80 目的氧化钙、氢氧化钙和碳酸钙，将一定量的尿素加入反应器加热，待其融化后，按尿素/钙的氧化物摩尔比为 2.5～3.0 的投料比加入氧化钙、氢氧化钙和碳酸钙，搅拌，在 160～400℃下反应 110h，冷却即可制得氰酸钙，将制得的氰酸钙研碎后加入管式炉内，并用氮气作保护气，在 600～900℃下反应 115h，冷却即得到氰氨化钙。反应方程式如下：

$$2NH_2CONH_2 + CaO \xrightarrow{130～480℃} Ca(OCN)_2 + 2NH_3 + H_2O$$
$$2NH_2CONH_2 + Ca(OH)_2 \xrightarrow{130～480℃} Ca(OCN)_2 + 2NH_3 + 2H_2O$$
$$2NH_2CONH_2 + CaCO_3 \xrightarrow{130～480℃} Ca(OCN)_2 + 2NH_3 + H_2O + CO_2$$

氰酸钙煅烧可得氰氨化钙：

$$NH_2CONH_2 \xrightarrow{600～900℃} CaCN_2 + CO_2$$

② 硫脲的制备　将硫化氢通入石灰乳中，搅拌并冷却至溶液呈灰绿色即得硫氢化钙溶液。按硫氢化/氰氨化钙摩尔比为 110 的投料比将硫氢化钙溶液加入反应器内，加热至 50～

60℃后，将粉碎的氰氨化钙（40 目）40g（1mol）加入反应器内，搅拌，在 75～80℃下反应 110h，冷却，过滤，将滤液加入冷却结晶器，控制温度冷冻结晶，结晶液离心分离，将晶体烘干即得硫脲成品。

相关反应方程式如下：

$$Ca(OH)_2 + 2H_2S \Longrightarrow Ca(SH)_2 + 2H_2O$$
$$Ca(SH)_2 + 2CaCN_2 + 6H_2O \Longrightarrow 3Ca(OH)_2 + 2NH_2CSNH_2$$

尿素-氰氨化钙法制硫脲，能耗低、污染小，原料来源丰富；另外，该工艺还解决了传统制备方法中产品含有大量游离态的电石等问题，硫脲总产率比传统工艺高出 5%～10%，因而该工艺路线具有推广应用的经济价值。

【技术指标】 HG/T 3266—2002 工业用硫脲

指 标 名 称	优等品	一等品	合格品
硫脲含量/%	≥99.0	≥98.5	≥98.0
加热减量/%	≤0.40	≤0.50	≤1.0
水不溶物含量/%	≤0.02	≤0.05	≤0.10
硫氰酸盐（以 SCN^- 计）含量/%	≤0.02	≤0.05	≤0.10
熔点/℃	≥171	≥170	—
灰分/%	≤0.10	≤0.15	≤0.30

【应用】 硫脲可作为缓蚀剂、还原剂、稳定剂、漂白剂等。

（1）硫脲作为缓蚀剂

硫脲及其衍生物在金属的腐蚀防护领域中有着广泛的应用。在特定溶液中，硫脲在金属表面能产生吸附行为，而这正是它产生缓蚀作用的重要原因。如在盐酸溶液中，硫脲在低碳钢表面发生吸附作用，吸附覆盖度随温度和浓度的增大而增大，缓蚀作用也愈加明显。而在硫酸溶液中，硫脲对铁也能产生缓蚀作用，它具有浓度极值现象，低浓度的硫脲通过活性点吸附抑制铁的阳极溶解，高浓度的硫脲参与铁的阳极溶解反应；低浓度硫脲主要以平等吸附为主，高浓度硫脲则倾向于垂直吸附。而硫脲在碳酸钾溶液中银电极上的电化学行为，就是它可作为氰化镀银光亮剂的主要作用成分的原因。

CO_2 腐蚀一直是石油和天然气工业安全生产的主要问题，而吗啉衍生物与咪唑啉衍生物、硫脲及丙炔醇复配后对抑制 CO_2 的腐蚀有良好的效果，气相中的缓蚀效率可达 93.6%，液相中的缓蚀效率为 96.9%，可作为一种高效的气-液双相缓蚀剂。

硫脲单独作为缓蚀剂的使用浓度为 0.1%，与其他药剂组成混合缓蚀剂时其使用浓度为 0.06%。一些混合缓蚀剂组分的浓度见表 6-7。

表 6-7 氢氟酸酸洗缓蚀剂成分

氢氟酸浓度/%	硫脲	NH₄SCN	HPB	OP-15	粗吡啶
1	0.05	0.02	0.02	0.02	
2	0.05	0.03	0.01		0.03
3	0.02	0.02			新洁尔灭:0.02

当酸洗液中 Cu^{2+} 含量较多时，铜会在钢铁表面析出，使锅炉金属表面镀有金属铜，这样由于两种不同金属在溶液中紧密接触，更易于形成腐蚀电池，使电极电位较低的金属铁受到腐蚀。酸洗溶液中这些氧化性离子（Fe^{3+}、Cu^{2+} 等）所引起的腐蚀，不能靠缓蚀剂来防止，必须控制酸洗液中 Fe^{3+}、Cu^{2+} 的含量，为此一般控制酸洗液中 [Fe^{3+}、Cu^{2+}]<1000mg/L。当上述离子较多时，可向酸洗液中添加硫脲，当酸洗液中硫脲的浓度为0.2%～1.0%时，由硫脲与 Cu^{2+} 的掩蔽作用，可以降低酸洗液中 Cu^{2+} 的浓度，从而防止 Cu^{2+} 对

锅炉金属的腐蚀。

朱建芳用电化学方法研究了硫脲与烯丙基硫脲在 1mol/L 盐酸中对 1Cr18Ni9Ti 不锈钢在 20℃ 的缓蚀作用，证实了硫脲与烯丙基硫脲的加入能提高 1Cr18Ni9Ti 在盐酸中缓蚀能力。对于硫脲来说，它对 1Cr18Ni9Ti 不锈钢在 1mol/L HCl 中是一个阴极缓蚀剂；在浓度为 6.2×10^{-3} mol/L 时缓蚀效率最大，达到 85%；在大于 6.2×10^{-3} mol/L 时，缓蚀效率下降。对于烯丙基硫脲来说，它既是阳极缓蚀剂又是阴极缓蚀剂，随着浓度的增加缓蚀效率增大，在浓度 5.0×10^{-3} mol/L，缓蚀效率趋于最大，达到 94%，二者相比，烯丙基硫脲的缓蚀能力大于硫脲。

林志成等用动态极化曲线法研究硫脲及其衍生物对低碳钢的缓蚀作用，得到以下结论。①苯硫脲和二苯基硫脲：在 10～60℃ 范围内，随温度的升高，从以阴极控制为主，逐步转为以阳极控制为主，并以二苯基硫脲明显。②硫脲：在 10～20℃ 范围，以阳极控制为主，在 30～60℃ 范围，缓蚀效果降低，缓蚀效果低温比高温显著。③二邻甲苯基硫脲：在 10～20℃ 范围，以阴极控制为主，在 30～60℃ 范围呈阴、阳极混合控制，缓蚀效果提高，是种较高温度下有效的有机缓蚀剂。④有机缓蚀剂在金属表面因温度变化，引起吸附、成膜或者脱附的效果，吸附能力较大，覆盖面积越大阳极变化越大，缓蚀效果越好。

李广超等利用失重法和电化学动电位复活（EPR）技术，研究了 1.0mol/L H_2SO_4 溶液中，硫脲对不锈钢的缓蚀效果受 H_2S 影响的情况。结果表明：硫脲在酸性溶液中水解产生的 H_2S 对不锈钢的缓蚀效率有很大影响，硫脲对不锈钢的缓蚀效率随溶液温度的升高而降低，其浓度极值现象与 H_2S 的生成有关。

Syed Azim S. 等采用失重法、动电位极化、线性极化和阻抗测量，研究了 0.5mol/L H_2SO_4 溶液中，N-苯基硫脲（N-PTU）与碘离子对生铁的协同缓蚀性能。研究表明，随着 N-PTU 浓度的增大，缓蚀效率提高。随着碘化钾的加入，N-PTU 的缓蚀效果相应增强。N-PTU、碘化物、N-PTU 与碘化物的混合物的吸附都符合 Langmuir 吸附等温式。N-PTU 受库仑力作用吸附在金属表面，而碘离子则受化学键的作用吸附在金属表面。

（2）硫脲作为还原剂

在油田工业中，由于开采程度的不断加深，国内大多数油田都进入了中、高含水期，堵水调剖技术得到了广泛的应用。延缓型交联剂是堵水剂的主要成分，由重铬酸钠、硫代硫酸钠、硫脲复合而成的延缓型交联剂具有成胶时间可调、凝胶强度较高、表观黏度满足现场生产的需要等特点。其中硫脲与重铬酸钠发生氧化还原反应，硫脲作为还原剂将 Cr^{6+} 还原为 Cr^{3+}。

据报道，在硫酸介质中，以 Fe^{2+} 和 Cu^{2+} 作催化剂，用硫脲作还原剂还原 Mo^{6+} 为 Mo^{5+}，Mo^{5+} 与硫氰酸盐生成橙黄色配合物，即可以进行测定，该法可用于复杂物料中微量钼的测定，结果理想。

（3）硫脲作为稳定剂

聚丙烯酰胺的氧化降解是实际应用中十分突出的问题，而在高温条件下硫脲和 Co^{2+} 的复合体系可以产生协同效应，能有效地阻止 HPAM 的氧化降解。在 Sn 和 Sn-Pb 的合金镀液中加入硫脲及其衍生物，可以有效地提高镀液的高温时效稳定性。据报道在碳纤维表面化学镀镍工艺中，及在 Ni-P-TiO$_2$（纳米）化学复合镀工艺中，硫脲都可以作为有效的稳定剂。在分析水果中的乙氧喹含量及成分时，硫脲作为稳定剂可以与试样均匀地混合在一起，并用丙酮代替乙烷以增加测定的有效率。

（4）硫脲作为解脱液

由对磺基苯偶氮变色酸制得的树脂能够将微量铂和钯的氯配阴离子交换并与常见的金属

离子分离，之后可以用酸性硫脲溶液定量洗脱，该法适用于测定微量铂和钯。

泡沫塑料吸附富集-石墨炉原子吸收光谱法测定各类地质样品中痕量金，硫脲溶液作为解脱液，其浓度在 8～30g/L 时 Au 的解脱可趋于完全。

（5）硫脲作为活化剂

钢的低温渗硼是一种非常有效的表面强化工艺，而硫脲正是低温粉末渗硼剂中的主要活化剂，它能与其他物质共同作用提高渗速，使渗层均匀、致密，从而提高渗层的耐磨性。

硫脲对高镍铜阳极电解阴极铜表面晶粒状况能产生一定的影响，硫脲作为表面活性物质，能在阴极上生成硫化亚铜微粒，补充结晶中心，而使阴极结晶变细，与胶联合使用，可以细化结晶，获得结构均匀致密的阴极铜。

（6）硫脲作为漂白剂

在纺织工业中，硫脲可作为漂白剂应用于织物的漂白。

6.2.3 N,N-二邻甲苯基硫脲

【结构式】

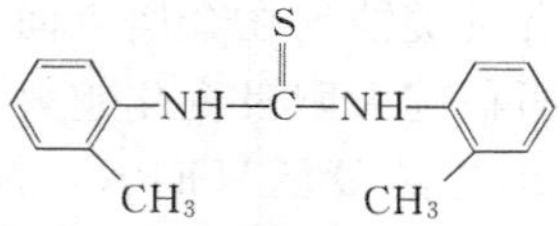

【物化性质】   别名为二邻甲苯基硫脲，促进剂 DOTU，2,2-二甲基二苯基硫脲。白色或浅灰黄色粉末，有刺激性气味。可溶于二甲基甲酰胺、氯仿和苯，不溶于乙醇、水。

【制备方法】   邻甲苯胺与二硫化碳按 2:1 的摩尔比进行投料，在 160～165℃下反应生成二邻甲苯硫脲。无需纯化处理即可直接作为缓蚀剂使用。

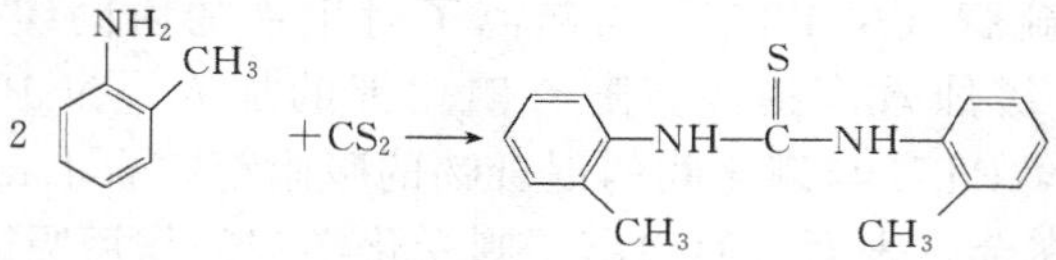

【技术指标】

项 目	指 标	项 目	指 标
外观	白色至淡黄色粉末	灰分/%	≤0.3
纯度/%	≥95	加热失重/%	≤0.5
熔点/℃	≥148	溶解性	合格

【应用】   由于二邻甲苯硫脲的缓蚀率很高，所以在常用的几大酸洗剂中都有广泛的应用。缓蚀性能比硫脲好，但其水溶性很差。一般是与其他组分混合使用，此外还必须加辅助剂以产生润湿作用，帮助有效成分与酸液混合，使其不致浮于液面而生成泡沫，以利于消除酸雾。用做锅炉化学清洗缓蚀剂时，可单独加入酸溶液中使用。例如，在 20℃的 0.5mol/L 硫酸溶液中，加入 0.02%～0.1%，缓蚀剂对铁的缓蚀率为 80%～90%。

6.2.4 吡啶

【结构式】

【物化性质】   吡啶又称氮（杂）苯，是无色或微黄色液体，相对密度 0.978，有特殊的气味。溶点-42.0℃，沸点 115.5℃，闪点 20℃（闭式），黏度 0.97mPa·s（20℃）；爆炸极限 1.8%～12.5%（体积）；着火点 482℃。溶于水、乙醇、乙醚、苯、石油醚和动植物油，是许多有机化合物的优良溶剂，并能溶解许多无机盐类，对酸和氧化剂稳定，呈碱性，

与无机酸作用生成盐，其蒸气与空气形成爆炸性混合物。

【制备方法】

(1) 醛或酮与氨为原料的合成法

最普通的吡啶类的工业合成法是用价廉易得的各种醛或酮和氨反应，得到各种各样的吡啶。通常用氧化铝-氧化硅系的催化剂，为提高收率，延长催化剂的寿命及便于再生，而配入各种金属。反应条件是：混合气空速为 $500\sim1000/h$，反应温度 $400\sim500℃$。反应式如下：

$$HCHO+CH_3CHO \longrightarrow CH_2=CHCHO+H_2O$$

$$HCHO+CH_2=CHCHO+NH_3 \longrightarrow \text{（吡啶）} +3H_2O$$

(2) 从煤焦化副产物中回收吡啶

煤炼焦时有副产物吡啶碱类生成，国内外大型焦化厂一般都有吡啶回收及提纯装置。烟煤中平均含氮 $1.1\%\sim1.6\%$。焦化过程中生成的焦炉气中含有此类氮化合物的降解产物吡啶碱。经初步冷却后，高沸点的吡啶碱溶于焦油和氨水中，而沸点较低的吡啶碱则几乎完全留在煤气中，其含量约 $0.4\sim0.6g/cm^3$。煤气进入饱和器与稀硫酸鼓泡接触，煤气中的氨及吡啶碱被稀硫酸吸收而成盐，回收率 $90\%\sim95\%$。随着吸收过程的进行，母液内吡啶硫酸盐含量逐渐增多，在母液沉降槽中沉降除去硫酸铵结晶，然后进入中和器，在此用蒸氨塔来的 $10\%\sim12\%$ 氨气中和。氨气鼓泡穿越母液层时与母液中和而分解出吡啶，自中和器蒸出，进入冷凝冷却器，冷却至 $30\sim40℃$，冷凝液进入油水分离器，上层粗吡啶流入计量槽，下面的水层返回中和器。如此得到的粗吡啶碱含吡啶 $60\%\sim63\%$，水分不大于 15%，其余为焦油状物。精制时先用纯苯共沸蒸馏，脱除其中水分，然后精馏。

(3) 以 α-甲基吡啶为原料制备吡啶

战佩英等向安装有温度计、回流冷凝管、机械搅拌装置的 $250mL$ 的圆底四口烧瓶中加入适量的水（作为溶剂）、α-甲基吡啶及高锰酸钾，加热搅拌。当温度达到 $80\sim90℃$，紫红色褪去。待反应完全，冷却、抽滤，用浓盐酸调 pH 值至 $3\sim4$，然后加热蒸馏，收集 $115\sim116℃$ 馏程范围的馏分，为淡黄色液体。反应原理如下：

$$\text{（}\alpha\text{-甲基吡啶）} \xrightarrow[\triangle]{KMnO_4} \text{（吡啶甲酸）} \xrightarrow{\triangle} \text{（吡啶）}$$

① 反应温度对吡啶收率的影响　取 α-甲基吡啶 $23g$，水 $100mL$，$KMnO_4$ $15g$，在不同的温度下反应 $4h$。根据实验结果可知，温度升高，产率上升，但温度达 $120℃$ 后，收率又开始下降，原因是吡啶环在高于此温度后被破坏掉，不能生成吡啶，致使吡啶的收率下降。最佳反应温度为 $120℃$。

② 反应时间对吡啶收率的影响　同样取 α-甲基吡啶 $23g$，水 $100mL$，$KMnO_4$ $15g$，在 $120℃$ 温度下反应 $2\sim6h$，得：随着反应时间的增加，吡啶收率明显增大，但反应 $4h$ 后，吡啶收率不再增加，则最佳反应时间为 $4h$。

③ 氧化剂 $KMnO_4$ 用量对吡啶收率的影响　取 α-甲基吡啶 $23g$，水 $100mL$，改变 $KMnO_4$ 用量，在 $120℃$ 温度下反应 $4h$，结果表明：随着氧化剂用量的增加，吡啶的收率也随之增加，但超过 $15g$ 后，产率趋于平稳，不再增加，故选原料 α-甲基吡啶与氧化剂 $KMnO_4$ 的最佳用量（质量）之比为 $1:0.65$。

(4) 分离法

Stetsinko E. Y. 采用分离法制得吡啶。在生产硫酸盐和焦油冷浸剂的母液中含有吡啶，通过分离可以制得吡啶及其同系物：采用程序降温和浓缩法，对母液进行中和，并分离得到吡啶。

【技术指标】 GB/T 689—1998　化学试剂　吡啶

指标名称	分析纯	化学纯	指标名称	分析纯	化学纯
含量(C_5H_5N)/%	≥99.5	≥99.0	硫酸盐(SO_4^{2-})/%	≤0.001	≤0.002
与水混合试验	合格	合格	氨(NH_3)/%	≤0.002	≤0.004
蒸发残渣/%	≤0.002	≤0.004	铜(Cu)	合格	合格
水分(H_2O)/%	≤0.1	≤0.2	还原高锰酸钾物质	合格	合格
氯化物(Cl^-)/%	≤0.0005	≤0.001			

【应用】 吡啶类在作缓蚀剂时，可直接加到酸洗液中，利用其吸附作用达到缓蚀效果。吡啶加入到介质中时，其分子的极性基因定向吸附排列在金属的表面，从表面上排除了氢离子的腐蚀性介质，对金属的腐蚀起到缓蚀作用。在盐酸中缓蚀效率可达97%，腐蚀速度在$0.6 \sim 0.7 g/(m^2 \cdot h)$，在同类缓蚀剂中是比较低的，而且吡啶易溶于酸，使用很方便。但是由于吡啶类有奇特的臭味，在实际应用中受到一定限制。

在酸性溶液中，吡啶是以质子化形式对铝合金起缓蚀作用的，阴离子的加入可能增强其缓蚀效果。颜肖慈等通过试验和量子化学计算，研究了碘离子与吡啶对纯铝缓蚀作用的影响。试验表明，在磷酸介质中，吡啶和碘离子对纯铝的缓蚀作用存在着协同效应，既可以抑制阳极溶解反应，又可以抑制阴极析氢反应。量子化学计算表明，净协同作用可能是产生协同缓蚀效应的一个重要原因。

6.2.5　烷基吡啶

【制备方法】 各种烷基吡啶一般是以三聚乙醛和氨为原料，进行气相或液相的催化合成。

（1）气相法

使用硅-铝为主要成分的触媒，在$300 \sim 400 ℃$下，醛和氨反应，根据醛的种类不同，生成的碱类及组分也都各有不同。

① 以乙醛为原料

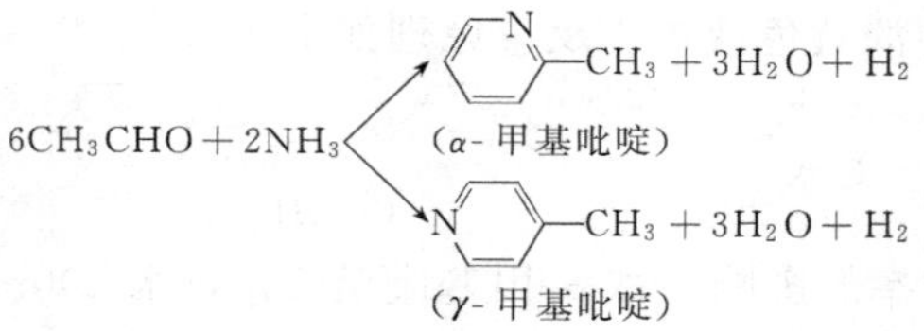

$$6CH_3CHO + 2NH_3 \nearrow$$
（α-甲基吡啶）$+ 3H_2O + H_2$
（γ-甲基吡啶）$+ 3H_2O + H_2$

② 以乙醛和甲醛为原料

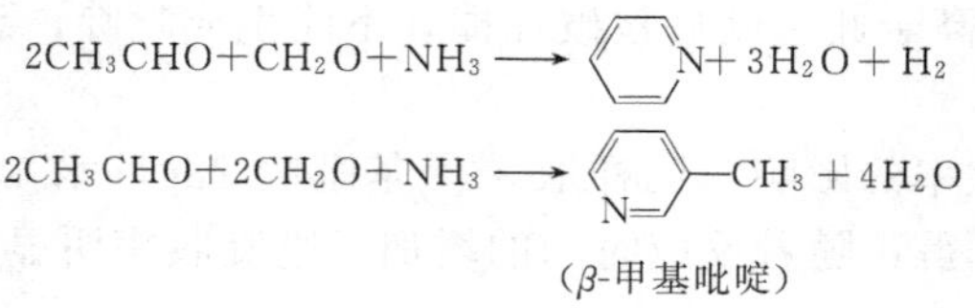

$$2CH_3CHO + CH_2O + NH_3 \longrightarrow \quad + 3H_2O + H_2$$
$$2CH_3CHO + 2CH_2O + NH_3 \longrightarrow \quad + 4H_2O$$
（β-甲基吡啶）

③ 以丙烯醛为原料

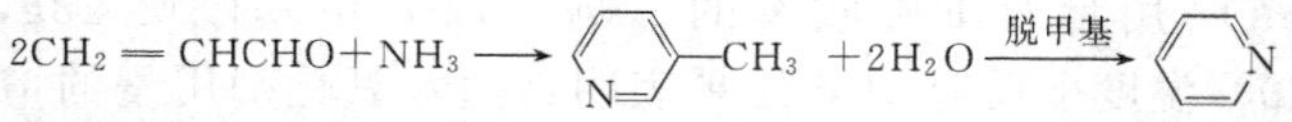

$$2CH_2 = CHCHO + NH_3 \longrightarrow \quad + 2H_2O \xrightarrow{脱甲基} \quad$$

在这些反应中，对醛来说碱类的收率为$60\% \sim 70\%$，α-甲基吡啶/γ-甲基吡啶或者吡啶/β-甲基吡啶的比例大致接近1。

（2）液相法

该法以三聚乙醛为原料，生成碱主要是 2-甲基-5-乙基吡啶。三聚乙醛和氨水在高压釜中于$200 \sim 300 ℃$下 $100 \sim 200 kgf/cm^2$（$1kgf = 9.80665N$）压力下进行反应。反应式如下所示：

$$\frac{4}{3}(CH_3CHO)_3 + NH_3 \longrightarrow CH_3CH_2 -\!\!\!\!\bigcirc\!\!\!\!- CH_3 + 4H_2O$$

此反应在无触媒情况下也能进行，但通常都使用醋酸铵或各种氟化物为触媒，以三聚乙醛计收率达 70% 左右。

（3）由不饱和碳氢化合物合成吡啶的方法

将钯盐溶解在氨水中，调制成钯-氨络合物的氨溶液，用它作触媒溶液，在一定条件下，同烯烃接触，就可生成吡啶碱类。钯能被还原为金属状态析出。

用乙烯生成 2-甲基-5-乙基吡啶和 α-甲基吡啶，反应如下所示：

$$3C_2H_4 + 4[Pd(NH_3)_4]^{2+} \longrightarrow \bigcirc\!\!\!\!- CH_3 + 4Pd + 8NH_4^+ + 7NH_3$$

$$4C_2H_4 + 4[Pd(NH_3)_4]^{2+} \longrightarrow C_2H_5 -\!\!\!\!\bigcirc\!\!\!\!- CH_3 + 4Pd + 8NH_4^+ + 7NH_3$$

（4）乙烯法

这种方法是使用 Pd^{2+}-Cu^{2+} 氧化还原为触媒的方法。由于在反应过程中还原了的触媒可以氧化再生，因而这种方法具有经济价值。乙烯法可分为两种方法：一种是由于在反应系统内有氧共存，碱合成反应和触媒再生反应同时进行的一步法；另一种是将通过反应成为还原状态的触媒取出系统外，再用氧进行再生的两步法。

【应用】　木冠南用失重法研究了溴化十六烷基吡啶对铝在盐酸溶液中的缓蚀作用，应用吸附理论和 Sekine 方法处理实验数据，发现溴化十六烷基吡啶自盐酸溶液中在铝表面上产生了吸附，且基本服从 Langmuir 吸附等温式。求得吸附热为 35.4kJ/mol，认为这种吸附是产生缓蚀作用的重要原因。实验还表明，缓蚀率随温度升高而增大。

周欣欣用失重法研究氯化十六烷基吡啶对铝在氢氧化钠溶液中的缓蚀作用。将两块 5cm×2cm 的铝片（含 99.5% Al）用蒸馏水、甲醇、丙酮依次洗涤，干后分别精确称重，悬于 100mL 含有 $100×10^{-4}$% 氯化十六烷基吡啶的 0.05mol/L NaOH 溶液中，保持（20±0.2）℃，经 1h 取出铝片，用蒸馏水反复洗涤、烘干、精确称重。由实验结果得知，在 0.05mol/L NaOH 溶液中，各实验温度下氯化十六烷基吡啶对铝均有一定的缓蚀作用，且缓蚀作用皆随其浓度的增大而加强。当氯化十六烷基吡啶达一定浓度后，缓蚀作用基本保持不变。氯化十六烷基吡啶的缓蚀作用是由于其被吸附在铝表面上引起，且吸附规律服从 Langmuir 等温式。

周欣欣采用失重法研究了盐酸溶液中溴化十六烷基吡啶对铝的缓蚀作用，得出结论：在盐酸溶液中，溴化十六烷基吡啶对铝也能起到缓蚀作用，且由于铝在盐酸溶液中的反应比在 NaOH 溶液中平缓，缓蚀作用更加明显。

6.2.6　苯胺

【结构式】

$$\bigcirc\!\!\!\!- NH_2$$

【物化性质】　本产品为无色油状液体，有强烈气味，有毒，又称阿尼林油。相对密度 1.0216，熔点 $-6.2℃$，沸点 184.4℃，燃点 530℃，露置空气或见光会逐渐变棕色。稍溶于水，能与醇、苯、硝基苯及其他多种有机溶剂混溶。

【制备方法】　苯胺制备有 4 种方法：硝基苯铁粉还原法、硝基苯氢气还原法、苯酚氨解法和苯直接胺化法。

（1）硝基苯还原法

$$\underset{}{\bigcirc}\!\!\!\!- NO_2 + Fe + H_2O \xrightarrow[HCl]{FeCl_2} \bigcirc\!\!\!\!- NH_2 + Fe_3O_4$$

方法一：将硝基苯、氯化亚铁溶液（或氯化铵溶液）及磨碎的铁粉加入反应釜中，不断搅拌，在100℃条件下进行还原反应；然后，间断地用石灰中和，并分离，分离成水相和氧化铁泥浆。

方法二：在磨口锥形瓶中，放置0.400g还原铁粉、0.400mL水和1～2滴乙酸，振荡使其混合，小火加热煮沸1min。称取0.200g硝基苯，装上回流冷凝管，小火加热至流液中黄色油状物（硝基苯）消失而转变为乳白色止（约5～10min）；稍冷却后加入5mL水，蒸馏，收集蒸馏液2～3mL（约20～25min），馏出液中的油珠即苯胺。

硝基苯还原法是生产苯胺的最古老方法，工艺落后，苯胺收率低，污染较严重。

（2）流化床气相催化加氢法

硝基苯加热后，进入硝基苯气化器，并在此与预热的氢气混合并气化。混合气体经过热后进入流化床反应器的底部，并均匀分布进入催化剂层，在240～370℃下反应生成苯胺，冷凝、分离出粗苯胺。

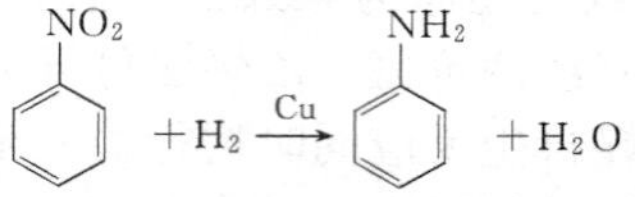

$$\text{NO}_2\text{-苯} + H_2 \xrightarrow{Cu} \text{NH}_2\text{-苯} + H_2O$$

其工艺流程为硫化床反应器装填催化剂后，通入氢气并启动循环压缩机，采用中压蒸汽预热升温，使催化剂床层温度升至150～180℃后，开动硝基苯加料泵，缓缓增加料量，与氢气混合，用2.45MPa的蒸汽预热硝基苯和氢气混合物，从硫化床底部送入，以控制系统压力0.3MPa，待硫化床下段温度接近250℃时，开动硫化床列管水泵与硫化床夹套软水泵，控制硫化床各段反应温度。含苯胺的水蒸气和过量的氢气的气相反应物从硫化床的顶部析出，经与新鲜氢气换热后进入冷却器，分离出苯胺的不凝气，液相部分送入苯胺分离器，分离器上层的含苯胺废水送入苯胺水储槽。下层流出的粗苯胺进入粗苯胺水储存槽，粗苯胺经脱水塔进料泵入脱水塔，主要含水蒸气和少量苯胺的塔顶气冷凝后进入苯胺水储槽，塔底液相进入精馏塔再进行减压蒸馏，塔顶真空度大于或等于97kPa，塔顶气相主要是精制苯胺，冷凝后再送入成品储槽。

（3）苯酚氨解法

将苯酚气化，然后加入过量的氨气混合、气化，进入装有 SiO_2-Al_2O_3 系催化剂的固定床管式反应器内，苯酚与氨的摩尔比为1∶20，在400～480℃、0.98～2.94MPa压力下反应生成苯胺和水。从反应器出来的气体经冷凝器进入蒸馏塔回收氨气，冷却下来的苯胺和水再经干燥脱水后，减压分离产品。

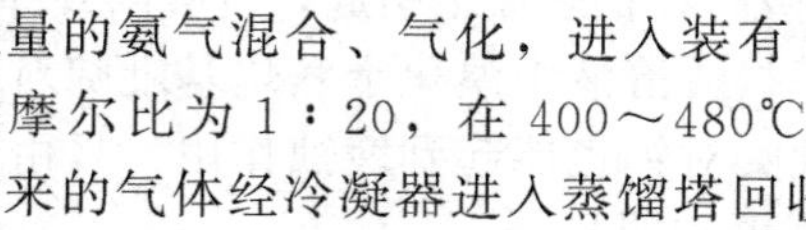

$$\text{OH-苯} + NH_3 \xrightarrow{SiO_2\text{-}Al_2O_3} \text{NH}_2\text{-苯} + H_2O$$

（4）苯直接胺化法

采用 V_2O_5 为催化剂，在150～500℃、1.013～101.3MPa下，苯可直接胺化合成苯胺，该反应原子利用率高达98%，唯一的副产物是氢。

（5）新工艺介绍

我国采用的苯胺制备工艺由苯的硝化、硝基苯的气相加氢及苯胺精制三大过程组成。其中硝基苯的气相加氢是过程的核心，其原理是将硝基苯和氢同时加热到180～200℃，然后通入流化床反应器，在220～320℃、Cu/SiO₂催化剂的作用下生成苯胺。

蹇伟中等采用两段流化床新技术制备高纯度的苯胺，新型流化床的直径为4.5m，高30m，生产能力为7万吨/年。主要技术是采用高压降的变质量流环管式气体分布器（阻力降约 15kPa），8、9、10 层装有开孔率为 50％的脊型构件，换热面积为 $500\sim700\,m^2$ 的换热器、旋风分离器以及两段流化床结构。在流化床中部安装二次分布板（阻力降约为 $2\sim3\,kPa$），在高速气流的作用下，部分催化剂被携带至二次气体分布板上方。控制二次分布析的开孔率，在其上方形成一个催化剂密相区。其催化剂密相区的高度由设置在流化床外侧的外置溢流管［通量为 $300\sim400\,kg/(m^2\cdot s)$］控制，多余的催化剂会沿着外置溢流管返回反应器底部的催化剂密相区。这样在一个流化床中就同时存在 2 个高度不同的催化剂密相区。控制反应器底部的催化剂的密相区高为 $6\sim7m$，平均温度为 $250\sim290℃$；而控制反应器上部的催化剂密相区高为 1m，温度为 $210\sim220℃$。

试验所用的新鲜氢气由甲烷水蒸气转化及水煤气变换过程得到，经变压吸附装置后，纯度达 98％以上。硝基苯由苯硝化及精制而得，纯度＞99.16％。反应器入口压力 $0.08\sim0.09MPa$，出口压力为 $0.03\sim0.04MPa$。试验过程中硝基苯的投料量为 $10\sim11\,m^3/h$，氢气与硝基苯的摩尔比为 $(12\sim14):1$，多余的氢气经压缩机循环使用。

该技术的特点是：①采用高压降的气体分布器和较高的操作气速，保证催化剂处于良好的流化状态；②采用脊型构件，既能有效破碎气泡，又不阻碍催化剂的剧烈运动，进行良好的换热；③采用两段流化床新技术，可有效抑制流化床中的气体返混，增加了硝基苯转化的推动力，促进了硝基苯的深度转化，在一个反应器中达到高效转化硝基苯、制备高纯度苯胺的目的。

【技术指标】　GB 2961—2006

指　　标	优等品	一等品	合格品
外观	无色至浅黄色透明液体，储存时允许颜色变深		
苯胺质量分数/％	≥99.80	≥99.60	≥99.40
干品结晶点/℃	≥-6.2	≥-6.4	≥-6.6
水分质量分数/％	≤0.10	≤0.30	≤0.50
硝基苯胺含量/％	≤0.002	≤0.010	≤0.015
低沸物质量分数/％	≤0.005	≤0.007	≤0.010
高沸物质量分数/％	≤0.01	≤0.03	≤0.05

【应用】　苯胺是一种重要的有机化工原料和精细化工中间体，用途很广，主要用于医药和橡胶硫化促进剂，也是制造树脂和涂料的原料，本身也用于染黑色和测定油的苯胺点等。以苯胺为原料可制成 300 多种产品和中间体。可与硫氰酸钾、乌洛托品配置硝酸酸洗缓蚀剂 Lan-5。其配方为硫氰酸钾：乌洛托品：苯胺的质量比为 1：3：2。也可直接用作盐酸、硫酸等无机酸的缓蚀剂。

（1）应用于生产异氰酸酯（MDI）

MDI 主要用于制人造革、聚氨酯软质或硬质泡沫塑料（主要用于家具、汽车、建筑及冰箱等工业绝缘保温材料）。主要由苯胺和甲醛在盐酸溶液中反应生成 4,4-二氨基二苯基甲烷（MDA）及其多聚物，经与光气反应（以氯苯为溶剂）生成二苯基甲烷二异氰酸酯（MDI）及其多聚物。

（2）橡胶助剂

在橡胶行业，主要是用于生产防老剂如 RD、4010-NA，促进剂如 M、DM 等，另外可用于橡胶抗氧剂、抗臭氧剂、硫化剂、稳定剂及活性剂等。

（3）染料及医药、农药等方面

染料行业消耗苯胺量主要有染料和碱性染料，品种有靛蓝、N,N-二甲基苯胺色酚 AS，对苯二酚等。在医药中用于生产乙酰苯胺、氨基比林、安乃近、磺胺类药物及甜味剂等。农药方面主要用于生产除草剂、杀虫剂、动物驱虫剂、落叶剂等。

（4）其他方面

苯胺 N-烷基衍生物作为加铅汽油防爆剂，苯胺盐可作为发动机燃料添加剂用来防止气化气结冰及防锈，另外，在精细化工中苯胺及其衍生物也有着广泛的用途。

6.2.7　苯胺、乌洛托品缩聚物

【结构式】

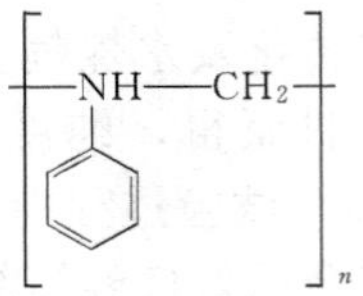

$$\left[-NH-CH_2- \right]_n$$

【物化性质】　棕褐色液体，固含量 25%。

【制备方法】　苯胺、乌托洛品缩聚物缓蚀剂的合成方法有两种：一种方法是真空法，该法对设备密封性要求高，真空度不易控制，中间体高温时易被氧化，影响质量；另一种方法是溶剂法，该法对设备要求不高，反应平稳，物料反应完全，易于监测和控制。下面主要介绍溶剂法。

将苯胺、乌洛托品、溶剂和引发剂一块投入到反应装置中，在一定温度下，反应一定时间即得产物。产物的缓蚀性能测定以静态失重法为主，通过测试试样面积，记录腐蚀时间，称量铁片质量，计算出腐蚀速度及缓蚀效率。通过比较所合成的苯胺缩聚物缓蚀剂缓蚀性能的优劣，从而确定产物的合成条件和影响因素。

（1）原料配比对缓蚀效率的影响

苯胺与乌洛托品的配比对产物缓蚀效率的影响见表 6-8。

表 6-8　苯胺与乌洛托品的配比对缓蚀效率的影响

编号	1	2	3	4	5
苯胺:乌洛托品	1:1	2:1	3:1	4:1	5:1
缓蚀效率/%	72.93	81.32	92.40	96.31	90.19

注：反应条件为反应时间为 45min，反应温度为 70～80℃，溶剂为水，引发剂为冰醋酸。

由表 6-8 可见，随着苯胺量的适当增加，产物的缓蚀效率逐渐增加，但苯胺量过大时，产物中会残留很多苯胺，反而会影响产品的缓蚀效率。从加快反应速度考虑，适当增大乌洛托品用量可以加速反应且提高产品的缓蚀效率。

（2）溶剂对缓蚀效率的影响

苯胺缩聚物的合成实验中，常用的溶剂有水和无水乙醇，二者对产物的缓蚀效率影响见表 6-9。

表 6-9　溶剂对缓蚀效率的影响

编　号	1	2
溶剂	水	无水乙醇
缓蚀效率/%	96.31	94.78

注：合成条件：苯胺:乌洛托品=4:1；反应时间为 45min；反应温度为 75℃。

由实验数据看，水和乙醇都可以作溶剂，考虑水造价低廉，因此选用水做溶剂，溶剂用

量要根据设备及投料来决定，只要能够保持反应体系在反应温度下乌洛托品完全溶解即可。溶剂量过大会降低设备的利用率，增加负荷。

（3）反应温度的影响

反应温度应控制在一定的范围内（50～120℃）。温度太高，正向反应速度增大，聚合度增大，因此必须缩短反应时间。反之，则应相应地延长反应时间。

（4）反应时间的影响

反应时间应控制在一定的范围内（45min～4h）。时间过长，其 n 值增大，聚合度增大，从而不利于其在腐蚀介质中的溶解。时间过短，其 n 值太小，又利于其在金属表面的吸附，从而降低缓蚀效率。

（5）引发剂的选择

引发剂应以冰醋酸为好。在其他相同条件下（苯胺：乌洛托品＝4：1；反应时间为45min；反应温度为75℃），冰醋酸作引发剂，产物的缓蚀效率可达到95.24％。由于盐酸的酸性太强，它可和呈碱性的苯胺反应生成盐，故一般不采用。

【应用】 可作为锅炉、设备酸洗的缓蚀剂，使用量为1％时，缓蚀率为90％以上。

冯辉霞等采用失重法研究了苯胺、乌洛托品缩聚物在不同的温度、不同酸浓度的介质中，随缓蚀剂加入量的不同，而对A3钢产生不同的缓蚀效果，从而可以发现苯胺、乌洛托品缩聚物具有优良的缓蚀性能，并得出其适宜的应用条件和用量。

（1）温度对缓蚀效率的影响

在10％的盐酸溶液中，缓蚀剂的加入量为1.0％，所合成的苯胺、乌洛托品缩聚物的缓蚀效率先是随温度的升高而增大，达到极值（30℃左右）后便又开始下降。

苯胺、乌洛托品缩聚物为吸附型缓蚀剂，温度的高低直接影响其在金属表面的吸附和脱附能力。在初始，温度升高，吸附及其脱附速度都增大，但由于金属表面吸附分子少，正反应速率大于逆反应速率，其缓蚀效率增大。温度升到一定范围内后，出现正逆反应速率相等的情况，则其缓蚀效率便达到了极值。之后，随温度的升高，正反应速率小于逆反应速率，金属表面的吸附量减少，从而增大了介质与金属接触的表面积，提高了金属的溶解速度，由此导致了缓蚀效率的下降。

（2）酸浓度对缓蚀效率的影响

随着酸浓度的提高，缓蚀剂的缓蚀效率增大，但当酸浓度增加到一定数值后（15％），缓蚀剂的缓蚀效率出现下降情况。这可能是由于发生钝化的原因。吸附膜与基底钢片在酸溶液中均有不同程度的溶解，酸溶液浓度增大，则吸附膜在盐酸中的溶解速度增大，金属表面缓蚀剂分子的吸附量减少，结果导致金属与介质的作用面积增大，加快了金属的溶解速度，降低了缓蚀效果。

在低浓度区，可能由于苯胺缩聚物缓蚀剂的溶解性不大，使得其缓蚀效率不高。

（3）缓蚀剂加入量对缓蚀效率的影响

A3钢在10％的HCl溶液中，其腐蚀速率与缓蚀剂的浓度有密切的关系。A3钢在10％的HCl溶液中，在室温下，在缓蚀剂加入量0.1％～1.0％范围内，缓蚀效率随缓蚀剂的用量的增加而趋于增大。

（4）缓蚀时间对缓蚀效率的影响

时间对缓蚀效率的影响见表6-10。由表6-10可见，随着腐蚀时间的延长，缓蚀效率有一定程度的提高，这是由苯胺缩聚物缓蚀机理所决定的。由于苯胺缩聚物能在金属的表面形成保护膜，从而阻止了腐蚀介质与金属接触，提高了缓蚀效率。

表 6-10　时间对缓蚀效率的影响情况

序　　号	时间/h	A/cm^2	$\Delta m/g$	$v/(g \cdot cm^{-2} \cdot d^{-1})$	缓蚀效率/%
1	22	16.296	0.13640	3.805	
2	22	15.629	0.00783	0.228	
3	22	17.250	0.01082	0.285	93.26
4	48	16.627	0.25188	3.853	
5	48	17.361	0.01594	0.191	
6	48	18.843	0.01584	0.175	95.24

注：反应条件：苯胺：乌洛托品＝4：1；缓蚀剂加入量为 1%（1，4 加入量为 0）；酸浓度为 10%。

6.2.8　苯并三氮唑（BTA）

【结构式】

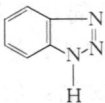

【物化性质】　苯并三氮唑又名苯骈三氮唑、苯三唑、苯并三氮杂茂、连三氮茚，为无色至淡褐色结晶性粉末，熔点 90～95℃，沸点 201～204℃（2kPa），在 98～100℃升华。易溶于热水、醇、苯及其他有机溶液，微溶于冷水，在空气中氧化逐渐变红。水溶液呈弱碱性，对酸、碱及氧化剂、还原剂稳定，可与碱金属离子生成盐。

【制备方法】

（1）邻苯二胺常压法

先将邻苯二胺溶于乙酸水溶液中，并配制 40% 左右的亚硝酸钠水溶液；两种溶液预冷至 1～5℃后混合反应，并保持在冰浴中，随后迅速升温至 80℃闭环生成苯并三氮唑，冷却后过滤、水洗得到粗产品；在绝对压力为 2000Pa 下蒸馏，收集 201～204℃的馏分，用苯结晶得到产品，收率为 70%～80%。其反应式如下：

$$\text{邻苯二胺} + NaNO_2 \longrightarrow \text{苯并三氮唑} + CH_3COONa + H_2O$$

目前，国内生产厂家大都采用此法。但此法具有邻苯二胺毒性大、消耗大量醋酸、产品精制困难、收率低、反应条件苛刻等缺点。国外在 20 世纪 50～70 年代对上述工艺进行了许多改进，提高了产品收率。

我国杜斌等通过改进制备苯并三氮唑，产率可达 90.5%。具体工艺为在两只 100mL 小烧杯中分别配制由 0.1mol 邻苯二胺、0.2mol 冰醋酸、30mL 蒸馏水组成的溶液和由 0.109mol 亚硝酸钠、12mL 蒸馏水组成的溶液，两溶液水浴加热至全溶，然后冰水浴降温至 5℃；不断搅拌，在 1～2min 内混合于三颈瓶中，反应混合物立即变成暗绿色，温度迅速升至 70～80℃，溶液变成橘红色，反应 1h 后，将反应液趁热倒入 600mL 大烧杯中；加蒸馏水（以溶液体积约 500mL 为宜）于反应液中，加热至溶液中无沉淀，同时向溶液中加入少量活性炭脱色，热过滤后得无色滤液约 500mL；放置空气中自然冷却 10～20min，最后于冰水浴中冷却，析出白色针状晶体，抽滤；所得滤液不弃去，将滤液再次加热浓缩，使体积减小 50～100mL，然后自然冷却→冰水浴冷却→抽滤，反复处理 3～4 次（每次抽滤过的滤液可作为下次抽滤用的提取液）可得较纯净的产品，空气中晾干，总量为 10.7g，产率可达 90.5%。

美国 Joseph 改用滴加亚硝酸钠水溶液法，初始反应温度提高到 55～60℃，反应混合物用混合的戊基醇萃取，在压力为 266.6Pa 下蒸馏，收集 157～170℃馏分，经冷却、过滤、干燥得到近于无色的苯并三氮唑，收率可达 96%。此法便于控制温度，取消了不利于工业化生产的冰浴。

用己醇萃取反应后的混合物，向萃取液中加入聚乙二醇 200，先减压蒸馏回收己醇，随后在 266.6Pa 压力下，共沸蒸出苯并三氮唑的聚乙二醇溶液。这种改进不仅使苯并三氮唑的收率提高到 95.1%，而且减少了苯并三氮唑真空蒸馏分解爆炸的危险。

前西德 Rochat 用亚硝酸钾代替亚硝酸钠，在二甲苯和醋酸存在下，反应温度为 20～50℃，收率可达 97%。

美国 Chan 等将正苯二胺、亚硝酸钠、乙酸溶解于水中，保持温度为 5～25℃，进行反应，然后用苛性钠进行中和以释放出苯并三氮唑，苯并三氮唑的收率较高。

（2）邻苯二胺高压法

邻苯二胺高压法是由美国 John 发明的。邻苯二胺与亚硝酸钠的投料摩尔比为 1∶(1～1.05)，反应温度为 200～300℃，压力为 4.8～6.9MPa。反应完毕后，用酸调 pH 值为 6。由于重氮化闭环反应没有酸参加，所以减少了重氮偶合产生深颜色焦油状物的机会，从而提高了产品的收率，同时使产品的纯化变得容易。例如，邻苯二胺同 37% 的亚硝酸钠水溶液，在温度为 260℃，压力为 3.0～3.3MPa 条件下，反应 3h 后冷却，用浓硫酸将 pH 值从 11.7 调到 6，得到纯度为 100%、收率为 96.9 的苯并三氮唑。此工艺无需乙酸、副反应少、污染小、收率高且反应时间短，可以连续生产。

我国科研人员采用加压一步法合成苯并三氮唑现已取得成功。由邻苯二胺与亚硝酸钠经加压一步合成苯并三氮唑钠，再经酸化结晶得产品。该法成本降低 50%～70%，并填补了两项国内空白。

（3）苯并咪唑酮法

苯并咪唑酮与亚硝酸钠水溶液在 190℃，高压下反应 75min，经酸化、水洗、干燥，获得产品，收率为 85.3%。由于苯并咪唑酮是由邻苯二胺与尿素反应制备，所以价格昂贵，制约了此合成方法的应用。

（4）邻硝基苯肼法

邻硝基苯肼在氨水、异丙醇和己二醇混合水溶液中，在 140℃和高压下反应 1.5h，生成 1-羟基苯并三氮唑（HBTA）。用铜-三氧化二铬作催化剂，按照 92∶8 比例通入氢气和氮气，在 160～170℃和高压下脱氧加氢反应 1h，HBTA 脱氧加氢生成 BTA，最终苯并三氮唑的收率为 89%。反应式如下：

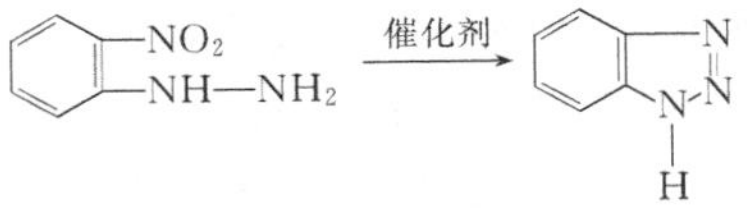

（5）邻硝基氯苯法

先由邻硝基氯苯与水合肼直接合成 HBTA，然后脱氧加氢生成 BTA，最高总收率可达 98.6%。此法收率高、中间环节少，是一种很有前途而且十分重要的方法。

① 1-羟基苯并三氮唑（HBTA）的合成　在 250mL 三颈烧瓶中，装上搅拌器、回流冷凝器、温度计，投入邻硝基氯苯 15.8g，85%水合肼 6.25g，溶剂乙醇 16mL，在回流下反应 4h，稍冷却，再加入邻硝基氯苯 15.8g，85%水合肼 6.25g，工业苛性钠 8.4g（配成 50%溶液），改回流为蒸馏，进行水-肼-醇三元共沸蒸馏，回收水合肼。蒸馏液冷至室温，搅拌下慢慢加入浓盐酸至 pH 值为 3～3.5，即有 HBTA 析出，吸滤抽干，用冰盐水（10%）洗涤 2～3 次。得白色结晶，收率 96% 左右。在制备 HBTA 时，邻硝基氯与水合肼反应按

1：3.5（摩尔比）分 2 次加料，以四氢呋喃为溶剂，其收率可稳定在 96% 左右。

反应式：

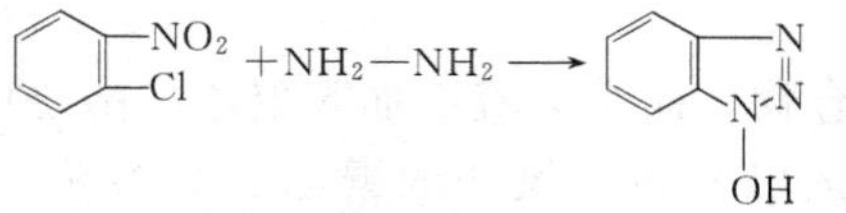

② HBTA 还原　HBTA 用铁粉与盐酸还原，可转化为 BTA：

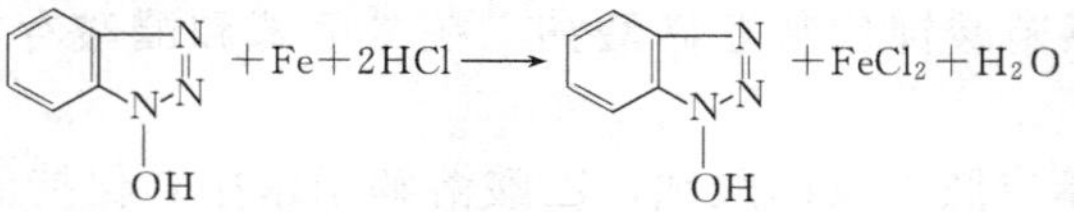

在 250mL 三颈烧瓶中，装上搅拌器、温度计、滴液漏斗与回流冷凝器，置于水浴中加热。先投入 5g（以 100% 计）HBTA 及 1.4g 还原铁粉，再注入 25mL 水，然后在沸水浴中保温 1h，再加入 80mL 水与 21mL 37% 盐酸配成的稀盐酸 25mL 左右。1h 后再加入 1.4g 铁粉，同时加入 25mL 稀酸（1h 内），如此反复加入铁粉和盐酸共 4 次。每次加铁粉 1.4g，稀盐酸 25mL，滴完后再回流保温反应 1h 后。趁热滤去残余铁粉。将滤液浓缩至原液一半左右。冷却后加入适量 NaOH 溶液，中和至 pH 值约为 4。再加入适量的 NaCl 饱和，用 80mL 乙酸乙酯分 4 次萃取。BTA 即转入有机相中，蒸馏回收溶剂后即得产品 BTA。若产品颜色较深，可以进行重结晶，再用沸水溶解，脱色，即可得到白色针状结晶，产率为 90%。

【技术指标】　HG/T 3824—2006

项　目	指　标	项　目	指　标
外观	白色至淡黄色针状晶体	pH 值	5～6.5
纯度	≥98%	酸溶解试验	无不溶物、近似透明
熔点	90～95℃		

【应用】　用作铜、银设备水处理的缓蚀剂及用于制备净水剂、水质稳定剂、防锈油脂等。在镀铬过程中作铬雾抑制剂，在焦磷酸盐、锡酸盐、铜锡合成金镀液中作光亮添加剂。也可用于油类抗氧、金属抗氧防锈等，还是紫外线吸收剂、合成染料杀菌剂的原料。

苯并三氮唑可与多种缓蚀剂配合，如与铬酸盐、聚合磷酸盐、钼酸盐、硅酸盐等并用，可提高缓蚀效果。也可以和多种阻垢剂、杀菌灭藻剂配合使用，尤其在密闭循环冷却水系统中缓蚀效果甚佳。该产品是有发展前途的品种。

苯并三氮唑使用的浓度一般为 1～2mg/L。一般认为是它的负离子和亚铜离子形成一种不溶性的极稳定的络合物。这种络合物吸附在金属表面上，形成了一层稳定、惰性的保护膜从而使金属得到了保护。苯并三氮唑在 pH 值为 5.5～10 的范围内缓蚀作用都很好，但在 pH 值低的介质中缓蚀作用降低，这可能是在酸性溶液中，存在着大量的 H^+，因而抑制苯并三氮唑在水中的离解。苯并三氮唑对聚磷酸盐的缓蚀作用不干扰，对氧化作用的抵抗力很强。但是当它与自由性氯同时存在时，则丧失了对铜的缓蚀作用，而在氯消失后，其缓蚀作用便得到恢复，这是巯基苯并噻唑（MBT）未能具有的性质。但由于苯并三氮唑的价格较高，因而它的应用不如 MBT 广泛。

Milić S. M. 等采用电化学法研究在含有氯离子的四硼酸钠（硼砂）溶液中苯并三氮唑对铜的缓蚀行为，并研究苯并三氮唑对铜阳极的影响。研究发现，随着在四硼酸钠溶液中浸渍时间的加长，铜的表面形成铜的氧化物 Cu_2O 和 CuO，同时阳极侧产生极大的电流。铜在四硼酸钠溶液里浸渍 1h 后，氯离子的活化作用开始变得明显；浸渍 6h 后，氯离子不仅具有活化作用，同时具有钝化作用。对苯并三氮唑的研究表明，随着浸渍时间的加长和苯并三氮唑浓度的增大，其缓蚀效率增大。另外，苯并三氮唑在低浓度时（8.4×10^{-5} mol/L）对铜的溶解具有活化作用。过程符合 Langmuir 吸附等温式，且吸附标准自由能为 -35.4 kJ/mol。

Milić S. M. 等还采用电化学法研究了在 pH 值为 10.0 的四硼酸钠（硼砂）碱溶液中苯并三氮唑对铜铝镍硅合金的缓蚀行为。研究不同的浸渍时间和不同的苯并三氮唑浓度（0.1mol/L 四硼酸钠溶液中苯并三氮唑的浓度分别为 8.4×10^{-4} mol/L，8.4×10^{-5} mol/L，8.4×10^{-6} mol/L，8.4×10^{-7} mol/L）对合金的缓蚀效果。结果表明，当苯并三氮唑的浓度为 8.4×10^{-7} mol/L 时对合金具有活化作用。测出自由能为 -38.7 kJ/mol，表明在苯并三氮唑和合金表面的化学吸附占主导地位。

日本的 Kim 等研究了在铜磨光工业中苯并三氮唑对铜浆的缓蚀作用，同时考虑了 H_2O_2 和 pH 值的影响。加入苯并三氮唑可以形成一层 Cu-BTA 钝化层，无论铜浆中的 H_2O_2 和 pH 值如何改变都能有效地防止铜被腐蚀。钝化层与铜晶片表面形成 50°角。在不存在 BTA 时，铜浆中铜的减少主要受 H_2O_2 的浓度和 pH 值的影响。铜浆中加入 BTA，在铜表面形成的 Cu-BTA 层可以保护铜面。在 pH 值为 2 和 4 时，存在 BTA 的情况下铜的减少率小于不存在 BTA 的情况。然而，在 H_2O_2 的浓度大于 10%，且当铜浆的 pH 值为 6 或更高时，加入 BTA 反而会增大铜的减少率，这是由于在 pH 值和 H_2O_2 的浓度都较大时，在铜表面形成一层厚的氧化层保护膜。

6.2.9　N,N-双（苯并三氮唑亚甲基）月桂胺

【结构式】

【物化性质】　本产品为粉状白色固体。微溶于水，易溶于乙醇等有机溶剂。

【制备方法】　室温下将苯并三氮唑和月桂胺溶解于甲醇中，置于冰水浴中调温到 2~4℃，搅拌下滴加甲醛，约 6min 内滴加完。继续搅拌 0.6~1h，即析出白色固体。经减压过滤、干燥，即得粗产物。用甲醇重结晶得产物。

加料比（摩尔）：苯并三氮唑：甲醛：月桂胺=1:1.2:0.6

溶剂比：投料 1 摩尔的苯并三氮唑加 1.5L 甲醇作溶剂。

重结晶方式：粗产物用 10 倍甲醇重结晶一次。

【应用】　N,N-双（苯并三氮唑亚甲基）月桂胺对铜有良好的缓蚀性，可用于酸洗、循环水中的缓蚀剂，用量一般为 1~10mg/L。

6.2.10　2-巯基苯并噻唑（MBT）

【结构式】

【物化性质】　简称 MBT，又称快热粉，硫化促进剂 M，为淡黄色粉末，有微臭和苦味，相对密度 1.42，熔点 178~180℃（工业级产品熔点为 170~175℃）。闪点 515~520℃，遇明火可燃烧。不溶于水，25℃时在酒精中溶解度为 2g/100mL，在丙酮中为 10g/100mL，在四氯化碳中小于 0.2g/100mL，在冰醋酸中有中等溶解度，溶于碱和碱金属的碳酸盐溶液中。

【制备方法】　2-巯基苯并噻唑目前主要有邻硝基氯苯法、苯胺法、硝基苯和苯胺混合法 3 种制备方法。

（1）邻硝基氯苯法

将硫化钠、硫黄制成多硫化钠，然后将多硫化钠、邻硝基氯苯、二硫化碳在 $100\sim130℃$ 和低于 $0.34MPa$ 压力下，缩合成 2-巯基苯并噻唑的钠盐。经 $25\%\sim30\%$ 的硫酸进行一次酸化（pH $2\sim3$），水洗（80℃），氢氧化钠碱溶（pH $11.5\sim12$），过滤，硫酸二次酸化（温度 $60\sim65℃$，pH $4\sim5$）、中和、水洗、干燥、粉碎，即为成品。

邻硝基氯苯法由于原料价格高，生产工艺复杂，故国内大多数助剂生产企业均不采用此法。

（2）苯胺法

将苯胺、二硫化碳和硫黄依次加入缩合釜中进行反应，其投料比（摩尔比）为 $1:0.96:0.36$。在 $8.1MPa$ 下加热至 260℃ 左右，2h 后缩合反应结束，得 2-巯基苯并噻唑粗品。冷却过滤，将其转移到中和釜中，加 $7\sim8mol/L$ 的碱液中和，过滤，弃除杂质，滤液转入酸化釜内，加 $10mol/L$ 的硫酸酸化至 pH 值为 $6\sim7$。过滤，滤饼用水洗两次，干燥，粉碎，过筛包装得成品。反应式如下：

$$\text{C}_6\text{H}_5\text{—NH}_2 + \text{CS}_2 + \text{S} \longrightarrow \text{(苯并噻唑)—C—SH} + \text{H}_2\text{S}$$

苯胺法合成 2-巯基苯并噻唑是我国各助剂厂普遍采用的方法。其特点是原料来源稳定，操作难度小，对反应器材质要求低；其缺点是由于该法生产的粗产品中 2-巯基苯并噻唑含量较低（85%），焦油量大，收率较低。

（3）硝基苯和苯胺混合法

硝基苯和苯胺混合法不但生产成本低，而且可使反应产生的 H_2S 比苯胺法降低 1/3，但由于存在着反应难以控制和对反应器材质要求高的问题，目前国内仅少数企业利用此法生产。

硝基苯与苯胺的混合物与二硫化碳及硫黄在高温高压下进行反应，制得 2-巯基苯并噻唑，即 MBT。以苯胺法为基础，适当减少苯胺的投料量而代之以相应量的硝基苯，添加硝基苯的目的在于利用在反应过程中出现的副产物硫化氢，以减少 H_2S 的排放量。反应机理如下。

① 硝基苯的还原

$$\text{C}_6\text{H}_5\text{—NO}_2 + \text{CS}_2 + \text{H}_2\text{S} \longrightarrow \text{C}_6\text{H}_5\text{—NH}_2 + \text{CO}_2 + 3\text{S}$$

② 二苯硫脲的生成

$$2\,\text{C}_6\text{H}_5\text{—NH}_2 + \text{CS}_2 \longrightarrow \text{C}_6\text{H}_5\text{—NH—CH—HN—C}_6\text{H}_5\ (\overset{|}{\text{S}}) + \text{H}_2\text{S}$$

③ 苯氨基苯并噻唑的生成

$$\text{C}_6\text{H}_5\text{—NH—CH—HN—C}_6\text{H}_5}\ (\overset{|}{\text{S}}) + \text{S} \longrightarrow \text{(苯并噻唑)—C—NH—C}_6\text{H}_5 + \text{H}_2\text{S}$$

④ MBT 的生成

$$\text{(苯并噻唑)—C—NH—C}_6\text{H}_5 + \text{H}_2\text{S} \longrightarrow \text{(苯并噻唑)—C—SH} + \text{C}_6\text{H}_5\text{—NH}_2$$

⑤ MBT 钠盐的制备

$$\text{(苯并噻唑)—C—SH} + \text{NaOH} \longrightarrow \text{(苯并噻唑)—C—S—Na} + \text{H}_2\text{O}$$

⑥ 从 MBT 钠盐溶液中分离 MBT

$$2\,\text{(苯并噻唑)—C—S—Na} + \text{H}_2\text{SO}_4 \longrightarrow 2\,\text{(苯并噻唑)—C—SH} + \text{Na}_2\text{SO}_4$$

苯胺与 CS_2 生成二苯硫脲及 H_2S，硝基苯与 CS_2 及 H_2S 生成苯胺、二氧化碳及硫黄，二苯硫脲与硫黄生成苯氨基苯并噻唑入 H_2S，苯氨基苯并噻唑与 H_2S 生成 MBT 及苯胺，在第四步反应中，MBT 即已生成，分离出的苯胺继续与未反应的 CS_2、硫黄重复 2～4 步反应，直至反应结束，最终生成物是一种由多种成分组成的混合物，其中 MBT 含量 85%～90%，不明结构的焦油状物质（俗称树脂）含量 5%～8.5%，另外还有一些极少量的未反应的原料以及苯并噻唑等其他副产物。

混合法工艺流程简述如下。苯胺与硝基苯在配制容器内配制成混合物，送入合成釜内，与 CS_2 及硫黄在高温高压下进行合成反应，生成 MBT，同时也产生一定量的焦油状物质，即树脂。将合成反应结束的物料送入已盛有 NaOH 溶液的 MBT 钠盐制备容器内，反应生成粗 MBT 钠盐后，送入反应釜内，加入稀硫酸用以析出树脂，且过滤掉树脂，得到精 MBT 钠盐，送入酸化釜内，加入硫酸，制备成 MBT，再经过洗涤、脱水、干燥后，即可制成合格的成品 MBT 进行称重包装了。

粗 MBT 的精制：此法精制粗 MBT 的反应机理是将含有近 20 种杂质的粗 MBT 溶于浓碱液中，再将浓碱液稀释数倍，过滤去除固体杂质。再用稀酸调节母液至微酸性，过滤后，水洗、干燥，得到商品 MBT。工艺流程：在 50～60℃，用水将粗品 MBT 打浆，加入分离剂，搅拌反应 30min，生成溶于水的 MBT-Ca 盐，过滤除去不溶于水的杂质；在 30～40℃ 间调节母液的 pH 值至 9.0～10.5，加入转化剂，将 MBT-Ca 盐转化成 MBT-Na 盐，同时得到不溶于水的固体物质 $CaCO_3$，分离固相和液相，保留母液；在 30～40℃，向母液中滴加置换剂，将 MBT-Na 盐还原成 MBT，水洗、干燥，得到商品 MBT。

【技术指标】　GB 11407—2003（硫化促进剂 M）

指 标 名 称	优等品	一等品	合格品
外观	淡黄色或灰白色粉末、粒状		
初熔点/℃	≥173.0	≥171.0	≥170.0
加热减量的质量分数/%	≤0.30	≤0.40	≤0.50
灰分的质量分数/%	≤0.30	≤0.30	≤0.30
筛余物的质量分数/%	≤0.0	≤0.1	≤0.1

注：筛余物不适用于粒状产品。

【应用】　MBT 既是橡胶工业重要的硫化促进剂，又是大多数次磺酰胺类促进剂的母体材料，还是生产噻唑类硫化促进剂不可缺少的中间体，经进一步合成加工后可以产出促进剂 DM、CZ、NS 和 DZ 等多种促进剂，其产量在各种橡胶助剂中占首位。MBT 还可用作矿物浮选剂、载体树脂、化学镀的稳定剂和腐蚀抑制剂，纯品可用做金属特种试剂。

（1）MBT 作为缓蚀剂

用于水处理，由于它本身很难溶解于水，一般用其钠盐。可将其制成碱溶液与其他水处理剂配合在一起使用。在开始进行防腐处理时，巯基苯并噻唑的浓度以 2mg/L 或稍高为宜，特别是当水的 pH 值低于 7 时不应低于 2mg/L，否则防腐作用不够理想。建立保护之后，只要维持 1mg/L 以上，就可修补可能损坏的保护膜而维持对腐蚀的控制。MBT 容易被氧化而失效，所以应避免和氧化剂型的缓蚀剂一起使用。因此当用氯作为杀菌剂时应该先加它，并且在有足够的反应时间使之形成膜后再投氯。MBT 会降低聚磷酸盐的缓蚀功能，但加锌或其他二价阳离子能消除这种干扰。

MBT 对磷酸、盐酸、硫酸等无机酸溶液中铜用缓蚀效果见表 6-11。

Ramji 等采用动电位极化法、X 射线分光光谱法和感应耦合等离子法研究了 0.2mol/L NaCl 溶液中，2-巯基苯并噻唑（MBT）与 Tween 80 对黄铜缓蚀的协同效应。动电位极化

表 6-11　MBT 对三种无机酸溶液中铜的缓蚀效果（加入量 100mL，30℃，24h）

酸　类	酸浓度/%	铜试片减量/(mg/cm²)		酸　类	酸浓度/%	铜试片减量/(mg/cm²)	
		空白	加入 MBT			空白	加入 MBT
磷酸	5	0.268	0.072	硫酸	2	0.256	0.030
盐酸	2	0.192	0.019	硫酸	5	0.256	0.019

分析结果显示，MBT 具有两极钝化作用，而 Tween 80 只具有阳极钝化作用。缓蚀剂吸附在黄铜表面产生缓蚀效应，MBT 与 Tween 80 的吸附都符合 Langmuir 吸附等温式。动电位极化分析同时显示，MBT 与 Tween 80 混合具有协同效应。在最佳条件下，MBT 与 Tween 80 的缓蚀效率分别为 79.0% 和 62.5%，而两种物质混合后的缓蚀效率提高为 94.0%。X 射线分光光谱分析显示，MBT 与 Tween 80 一起被吸附在黄铜表面。通过对溶液进行感应耦合等离子分析，可知 MBT 与 Tween 80 混合能有效控制黄铜表面的脱锌现象。

（2）MBT 作为促进剂

MBT 为通用型橡胶硫化促进剂，是一种半超速促进剂，可单独使用，亦可混用。与二硫代氨基甲酸盐和秋兰姆类促进剂相比，活性比较低，抗焦烧性能比较好，但硫化速度比较慢，在胶料中促进剂和硫化剂的用量需要适当增大，硫化温度也需要适当提高。

（3）MBT 作为矿物浮选剂

MBT 可以用作黄铜矿、方铅矿、黄铁矿和活化闪锌矿等硫化矿浮选的捕获剂，还可以与二硫代氨基甲酸盐类混用，进一步提高浮选的成品回收率和品位。

（4）MBT 用于环氧树脂改性

MBT 可以明显提高环氧树脂的黏合强度、韧性和固化速度，具有明显降低反应温度、缩短固化反应时间的作用，而且 MBT 的用量越大，固化速度越快。

6.2.11　丙炔醇（PA）

【结构式】

$$CH \equiv C - CH_2OH$$

【物化性质】　本产品为无色、有挥发性和刺激性气味的液体。熔点 -52℃，沸点 114℃，能与水、乙醇、醛类、苯、吡啶和氯仿等有机溶剂互溶，部分溶于四氯化碳，但不溶于脂肪烃。长期放置，特别在遇光时易泛黄。

【制备方法】

（1）从乙炔与甲醛高压法生产丁炔二醇之副产物中回收

把含量为 80%～90% 的乙炔压缩到 0.4～0.5MPa，预热至 70～80℃，送入反应器，以丁炔铜为催化剂，和甲醛在 110～120℃ 温度下反应，得丁炔二醇粗产物。反应产物经浓缩精制得丁炔二醇，同时得副产物丙炔醇，丙炔醇约占 5%。若选用适当条件，如提高乙炔分压和降低甲醛浓度，则丙炔醇收率可进一步提高。

（2）自"DD 合剂"合成

① α-1,3 二氯丙烯抽取　"DD 合剂"经分馏，收集 104～105℃ 馏分，即为 α-1,3 二氯丙烯，106～112℃ 馏分分别为 α、β 两种异构体混合物，112℃ 时得到 β-1,3 二氯丙烯。两种异构体约各为 50%。

② α-1,3 氯代丙烯-2 醇制备　向 500mL 三口瓶中投入常水，Na_2CO_3（或事先配制的 10% Na_2CO_3）搅拌溶解后加 α-1,3 二氯丙烯，升温到 84～90℃ 搅拌回流反应 2h，冷却、盐酸中和到 pH 值为 6～7，反应液分馏，收集 97～100℃ 共沸物，分出油层约 30g。碳酸钾

脱水、蒸馏，收集 147～149℃馏分 21g 左右。收率平均 81.5%。

③ 丙炔醇制备　将 α-1,3 氯代丙烯-2 醇 46.3g，NaOH（50%）38.5g 加入 500mL 高压釜，密闭好，通入液氨 170g，搅拌升温到 75℃，维持 1h，自然降温，停止搅拌，缓缓泄掉釜压，排放氨气。打开高压釜将物料转移到三角瓶中，略加真空抽，以除去部分残余氨，盐酸中和到 pH<6，冷却，滤除无机盐。滤液经改良凯氏瓶蒸馏。收集 97～100℃共沸物，化验丙炔醇含量，平均得丙炔醇 22g 左右，收率 80.4%。

用"DD 合剂"合成丙炔醇，其原料来源方便，价格便宜，工艺过程比较简单，适合工业化，不但使得废物得到利用，还可以降低丙炔醇的成本。

（3）利用甘油副产 2,3-二氯丙烯制取

包括两个阶段：酰基化阶段和 2-氯烯丙醇醋酸酯的水解阶段。

$$CH_2ClCHClCH_2Cl \xrightarrow[\text{催化剂}]{NaOH} CH_2ClCClCH_2 \xrightarrow{CH_3COONa} CH_3COOCH_2CClCH_3$$

$$\xrightarrow{NaOH} CH_2CClCH_2OH \xrightarrow[\text{催化剂}]{NaOH} CH{\equiv}CCH_2OH$$

【技术指标】　工业品一般纯度在 97% 以上，水分小于 0.05%。

【应用】　丙炔醇具有广泛的应用，在医药、冶金、轻工业领域可用于降低黏胶纤维的亲水性，可用于合成农药、生产金属腐蚀抑制剂、生物活性剂和具有特定性质的聚合物，还可用于合成以其为基础的火箭燃料。

丙炔醇可单独用作缓蚀剂，最好能同其产生协同效应的物质复配，以获得更高的缓蚀效率。如为了增加炔醇在稀硫酸溶液中的缓蚀效果，可再加入氯化钠、氯化钾、氯化钙、溴化钾、碘化钾或者氯化锌等。

如下配方的复合物在盐酸溶液中对钢的缓蚀效率很高，其中丙炔醇 0.2%，苯胺与乌洛托品缩合物 0.5%。向 15% HCl 溶液中加入 0.2% 丙炔醇，混合均匀，再加入 0.5% 苯胺与乌洛托品缩合物，混合均匀，在保持 80℃温度下，测得钢的缓蚀率为 99.1%。

如下配方的复合物甚至在 140℃的盐酸溶液中对钢的缓蚀效率仍很高：己炔醇 12%；苄胺与乌洛托品缩合物 25%；碘化钾 1%。按配方比例将三种组分混合均匀即制得缓蚀剂。向 15% HCl 溶液中加入该缓蚀剂 0.1%，混合均匀，在溶液温度保持 140℃的情况下，测得钢的缓蚀率为 99.6%。

李海洪等采用极化曲线和电化学阻抗谱方法研究了丙炔醇对 Q235 钢在硫酸中的缓蚀作用。结果表明，丙炔醇属于抑制阳极反应为主的缓蚀剂，且随着浓度的不同，阳极脱附现象有所差别。丙炔醇的缓蚀效率在 4h 时出现明显的浓度极值，24h 后浓度极值现象消失，这主要由于丙炔醇的缓蚀机理发生了变化。随着丙炔醇浓度的升高，缓蚀作用由吸附反应变为了以聚合反应为主。

闫丽静等应用动电位扫描、交流阻抗法研究了含 H_2S 的硫酸溶液中丙炔醇对铁腐蚀的抑制作用。结果表明，丙炔醇能有效抑制铁在酸性 H_2S 体系中腐蚀的阴、阳极反应，属于以抑制阳极反应为主的负催化型缓蚀剂；一定温度范围内，丙炔醇具有较好的缓蚀效能；吸附在电极表面的丙炔醇能逐渐聚合成膜，但膜对基体的保护性与电极表面状态相关；H_2S 可影响丙炔醇间的聚合反应，且降低聚合膜的致密性与完整性。

李春颖等采用失重法研究了氢氧化钠溶液中丙炔醇在不同温度和浓度下对铝的缓蚀作用，发现丙炔醇在铝表面上的吸附是产生缓蚀作用的重要原因，且吸附规律服从 Langmuir 吸附等温式。用 Sekine 方法处理实验数据，获得了吸附过程相关的重要热力学参数。吸附过程是吸热过程，且熵值增大。随温度升高，吉布斯自由能减少，缓蚀率增大。

6.2.12 二聚炔醇（DMH）

【结构式】

$$CH_3-\overset{\overset{\displaystyle CH_3}{|}}{\underset{\underset{\displaystyle CH_3}{|}}{C}}-C\!\equiv\!C-C\!\equiv\!C-\underset{\underset{\displaystyle OH}{|}}{C}H_2$$

【物化性质】 透明针状晶体，熔点74～76℃，又名1,6-二羟基-1,1-二甲基-2,4-己二炔。

【制备方法】 可分为两步进行，具体如下。

① 丙炔醇溴化物的制备 首先由NaBrO反应制备丙炔醇的溴代产物。NaBrO试剂的制备方法为：5mol/L NaOH溶液（500mL水加100g NaOH）66mL冷却至0℃，然后滴加5～6mL Br$_2$，保持体系温度为0℃。加完后反应2h，直到体系呈淡黄色为止。此时把适量的反应试剂丙炔醇溶于70mL 1,4-二氧六环中，再滴加到NaBrO体系内，滴加过程用冰浴控制温度0～6℃，然后在室温下反应2h，冷却；再用乙醚萃取三次，萃取液用MgSO$_4$干燥，经蒸馏后得浅黄色液态的溴代丙炔醇初产物，得率为95%。

② DMH化合物的制备 采用歧化偶联的方法合成炔醇衍生物DMH，反应过程是：在带搅拌器、通氮气保护管的250mL的三口烧瓶中，先加0.8g盐酸羟胺和0.08g CuCl$_2$溶液于8mL 30%的乙胺水溶液中，通入氮气5min以赶尽空气，然后滴加0.03mol（3.7mL）与5mL四氢呋喃配成溶液的3,3-二甲基丙炔醇，滴加时体系温度控制在5℃左右（滴加时体系放出大量的热），最后将0.025mol的上述初产物溴代丙炔醇与20mL四氢呋喃配成的溶液在冰浴条件下滴加入体系内，加完后在35～40℃下反应5h，冷却，用乙醚萃取，馏后得固体产物DMH，用1,4-二氧六环重结晶得透明针状晶体。反应得率89%，熔点74～76℃。

【应用】 可作为锅炉、设备酸洗以及各种酸性介质的缓蚀剂使用，一般作为高温缓蚀剂使用。

DMH化合物是炔醇的二聚衍生物，其分子体积比相应的低分子炔醇提高近一倍，因而，当DMH分子形成缓蚀保护被膜时，不但被膜的化学稳定性提高了，而且被膜的厚度也相应增加了。二乙炔衍生物由于分子内三键形成共轭电子离域结构，体系能级差减小，极易发生聚合反应，因此，在类似丙炔醇缓蚀体系的条件下，DMH分子的二乙炔结构更易发生聚合作用。DMH分子的体积效应和聚合作用，使得缓蚀被膜不断增厚，从而使其具有优异的缓蚀性能。表6-12给出了DMH化合物用作缓蚀剂时的实验结果，从所得实验数据分析可知，DMH化合物所具有的优良的缓蚀效果与其独特的分子结构及炔醇类化合物的缓蚀机理是相吻合的。

表6-12　DMH化合物缓蚀实验结果

缓蚀剂	丙炔醇(A)	甲基丁炔醇(B)	DMH化合物(C)			(A)+(B)+(C)
加入量/×10^6	112	168	112	168	200	400
缓蚀率/%	81.2	80.5	90.1	93.4	96.0	99.2

注：实验条件为10%氨基磺酸溶液，60℃，2h。

6.2.13 葡萄糖酸钠（GS）

【物化性质】 又称葡酸钠、五羟基己酸钠。白色或淡黄色结晶粉末，在水中的溶解度20℃时为60%，50℃时为85%，80℃时为133%，100℃时为160%。微溶于醇，不溶于醚。

【制备方法】 葡萄糖酸钠的传统生产方法是生物发酵法，工业上的化学方法主要有过氧化氢氧化法、多相催化氧化法、次氯酸钠氧化法、电解氧化法等。

(1) 生物发酵法

该法有真菌发酵和细菌发酵工艺，另外还有固定细胞发酵法等，其中较普遍采用的是黑曲霉菌发酵制葡萄糖酸钠的工艺。该方法是在 240～300g/L 的葡萄糖溶液中加入一定量的营养物质，灭菌，冷却至适宜温度，接种体积比为 10% 的黑曲霉种子液，开动搅拌和通气流，调整发酵液的 pH 值维持在 6.0～6.5，温度保持在 32～34℃，发酵过程中滴加消泡剂，以消除发酵过程中所产生的泡沫。整个发酵过程约需 20h，当残糖降至 1g/L 时，可以认为发酵结束。菌体与发酵液分离后，发酵液经真空浓缩、结晶可得到葡萄糖酸钠晶体，或经喷雾干燥后制提葡萄糖酸钠粉状产品。

该方法具有发酵速度快、发酵易于控制，产品易提取等特点，但同时也有一定缺陷，如产品色泽不易控制、无菌化要求程度高等。

以甘蔗废糖蜜发酵法生产葡萄糖酸钠为例。

① 甘蔗废糖蜜预处理　废糖蜜中由于含有大量的灰分和胶体及重金属离子，发酵前应进行适当的处理，采用六氰合铁酸盐（Hexacyanoferrate，简称 HCF）处理甘蔗废糖蜜，具体步骤为取废糖蜜 1kg，用去离子水稀释 5 倍，活性炭进行脱色处理。之后加入 HCF 315mmol/L，调 pH 值为 4.0～4.5，80℃ 加热 15min。所得沉淀物为含重金属离子的复合物，过滤除去，所得滤液即为可发酵碳源。根据葡萄糖含量调整至相当于适当浓度的葡萄糖溶液。

② 黑曲霉麸曲的制备　取新鲜麸皮，用 60 目筛子筛去细粉，以减少淀粉含量。将麸皮加入一定量水，拌匀至无干粉又无结团现象。拌匀后，分装到三角瓶中，0.1MPa 灭菌 30min，趁热摇散，冷却至 35℃，培养 1d。未发现气味异常或染菌，即可使用。

在无菌室中，于无菌操作条件下，每一个三角瓶中接入 5 环已划好的斜面菌种孢子，于 30～32℃ 培养 16～20h 后，有白色小菌落在麸皮上出现，再培养 24～30h 后可看到培养基结成块状，菌丝生长旺盛。摇瓶时必须充分摇匀，使结块的培养基疏散，铺平后，继续扣瓶培养。待长出的黑色孢子布满丰盛后，即可使用。

③ 发酵

a. 预处理后的甘蔗废糖蜜加入一定量营养盐 KH_2PO_4，$MgSO_4 \cdot 7H_2O$，0.015% 玉米浆。待充分溶解定容后加入 10～20mL 泡敌（pH 值自然），121℃ 灭菌 17min，冷却至 35℃，pH 值 5.5～6.5 备用。

b. 向罐中接入 30g 长有黑曲霉孢子的麸曲（向上述 500mL 麸曲瓶中加入 200mL 无菌水，拌匀），通入无菌空气 1～210vvm［空气流量单位：单位时间（min）单位液体体积内通入的标态下空气体积］，罐压为 0.1MPa，保证溶氧超过 50%，搅拌转速为 300～400r/min，温度为 30～35℃。

c. 当残糖低于 0.5% 时发酵结束。

④ 提取

a. 发酵结束后，将料液通过小型板框过滤机，除去发酵液中的菌体及其悬浮固体杂质。

b. 将料液加热至 80℃，再向其中加入 0.5% 的活性炭（糖用），缓慢搅拌 30min，滤出活性炭，得澄清发酵液，用 NaOH 调节 pH 值为 6。

c. 真空浓缩蒸发仪将料液浓缩到合适的浓度（50%～80%），静置 5～8h，料液中便有葡萄糖酸钠晶体析出（也可向其中加入少量晶种）。

d. 抽滤、干燥即得较为纯净的产品。剩余母液可重复上述结晶过程再次处理。

(2) 催化氧化法

采用的技术原理及工艺流程如图 6-3 所示。

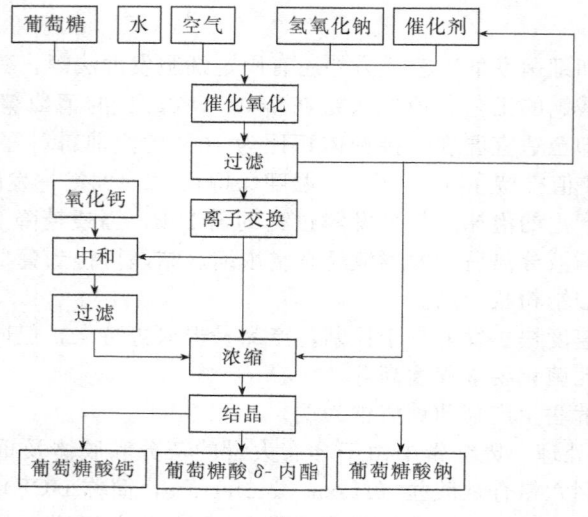

图 6-3 工艺流程

先在反应釜中放入水，再投入一定量葡萄糖，配成一定浓度的葡萄糖溶液，夹套加热，使温度保持在 45℃，把上次用过的催化剂返洗回反应釜中。通入空气，开动搅拌，滴加 30% 以上的氢氧化钠溶液中和反应产生的葡萄糖酸，使溶液 pH 值控制在 9.0～10.0，计算耗碱量可算出葡萄糖转化率。在转化率达 95% 左右时，取样用碘量法测定葡萄糖转化率，待转化率超过 95% 时，停止反应。分离出的催化剂投入下次循环使用。得到的清亮如啤酒色一样的葡萄糖酸钠溶液，经浓缩、结晶、分离、干燥，即得葡萄糖酸钠产品。收率在 80% 以上。

（3）多相催化氧化法

多相催化氧化法是以含氧气体为氧源，以吸附在活性炭和二氧化硅等载体上的铂、钯或金等贵金属作催化剂，在碱性条件下催化氧化葡萄糖制取葡萄糖酸盐的气、液、固三相反应。该方法具有工艺过程简单、反应条件温和、反应时间短、转化率高、三废少和产物易处理等优点。最常用的催化剂载体是活性炭，活性炭的孔结构和孔径分布对催化剂的活性有着十分重要的影响，它不仅决定贵金属晶粒在活性炭表面的分散程度，也控制反应分子到达金属晶粒表面的能力。

① Pt 系和 Pd 系催化剂 葡萄糖多相氧化的催化剂一般是铂族金属催化剂。Pt 和 Pd 同属ⅧB族的过渡金属元素，性能相似，常用作催化加氢和催化氧化的催化剂。Pt/C 和 Pd/C 是葡萄糖催化氧化制葡萄糖酸最常用的高活性和高选择性催化剂，氧化条件：温度 323～373K，pH＝8～10，葡萄糖浓度 20%～30%，m（催化剂）：m（葡萄糖）＝0.005～0.02，贵金属负载质量分数一般在 5% 左右。

Dirkx J. M. H. 等以负载在活性炭上的铂为催化剂，以氧气为氧化剂，在弱碱性介质中氧化葡萄糖制取葡萄糖酸，初始速率很快，并发现有生成糖醛酸的副反应发生。但是反应过程中 Pt/C 催化剂由于 Pt 金属的氧化而强烈失活。

Abbadi A. 等以 5% Pt/C 为催化剂，在炉式反应器中进行葡萄糖多相催化氧化反应，并考察了 pH 值对该反应的影响。发现如果不控制 pH 值进行催化氧化反应，催化剂的活性迅速受到抑制，反应进程也立即停止，pH＝5 时，反应 6h 后转化率仅为 27%，而在碱性条件下可达到 90%，因此，催化活性对 pH 值有很强的依赖性。

Nikov I. 采用经过修饰的 Pd/Al₂O₃ 催化剂，在弱碱性介质中用于葡萄糖催化氧化反应，发现催化剂的最佳用量为活性金属含量 0.175g/L，颗粒尺寸对反应过程没有显著影响，葡萄糖浓度对反应速率的影响小，而反应速率的下降主要是由于反应产物吸附在催化剂表面上或催化剂的失活引起。认为组成该催化剂的颗粒有：不均匀分散和均匀分散，根据 Dijkgraaf P. J. M. 的扩散模型，这些催化剂的结构性能可以加快氧气从 Pd 晶格中脱附和产物的脱附。因此，与均匀负载在活性炭上的钯催化剂相比，Pd/Al_2O_3 具有更高的反应速率。Gavrilidis A. 等的研究说明，不均匀分散的催化剂有更好的转化率、选择性和持久性。

尽管 Pt/C 和 Pd/C 催化体系对葡萄糖氧化都有较高的活性和选择性，但失活较快，因此，常采用双金属或多金属复合型催化剂，即在 Pt 和 Pd 中加入一定量的 Pb、Bi、Ru、Cd、Se、Co 和 Sn 等助催化剂。

Besson M. 等由负载在活性炭上的高分散的 Pd 颗粒出发，将 Bi 原子有选择地固定在 Pd 颗粒表面，最后制成 Bi 均匀分散的 Pd-Bi/C 催化剂。Bi 原子紧紧地吸附在 Pd 表面，在反应中 Bi 没有损失。Bi 吸附原子大大增加了 Pd 的活性，反应速率被氧气传质快速限制而不是被催化剂的活性所限制。经几次重复使用后，葡萄糖酸盐收率仍高达 99%，一系列 Pd 和 Pd-Bi 催化剂的研究表明，氧中毒是失活的主要原因，认为吸附的 Bi 原子形成了新的活性中心，比 Pd 更易于氧化，而 Bi 由于对氧气具有更强的亲和力，可作为助催化剂防止 Pd 的氧中毒。

Hermans S. 等研究了水相中以 Ru-Pd/C 或 Ru-Bi/C 为催化剂的葡萄糖选择性氧化反应中 Ru 所起的作用。发现单金属 Ru/C 催化剂对葡萄糖氧化反应并没有催化活性，但可以提高 Pd/C 的催化活性。双金属 Ru-Bi/C 催化剂在 60℃ 以下活性很低，在高温下可以使葡萄糖氧化，但对葡萄糖酸的选择性降低，主要产物是葡萄糖醛而不是葡萄糖酸，且使 Bi 的流失量增加，表明 Ru 和 Pd 可以用来制备不同产物。

② Au 系催化剂　由于 Pt 和 Pd 催化体系存在的弱点，研究者开始将研究对象转移到其他具有催化活性的金属。

Bianchi C. 等和 Biella S. 等在研究 1,2-二醇的氧化反应中注意到，Au 催化剂在将主要的醇基氧化为相应的羧酸盐上有着不同寻常的选择性，比 Pt 和 Pd 的选择性还高。假定醇氧化过程中形成一种醛中间体，可将 Au 作为醛基选择性氧化的催化剂。将 Au/C 和 Pt-Bi/C、Pd-Bi/C 催化剂进行对比实验发现，Au/C 在 pH=8 一个多小时就反应完全，而且 pH=8 或 9.5 的反应速率几乎一样，并且在 pH=7 也有相当数量的葡萄糖转化。而 Pt 和 Pd 催化体系在 pH 降到 8 时活性显著下降，pH=7 催化剂失活。在对比实验中还发现，Au 是唯一在任何 pH 下都能达到 100% 选择性的催化剂。

（4）均相催化氧化法

均相催化氧化法主要指 H_2O_2 氧化法，即以 H_2O_2 为氧化剂在催化条件下将葡萄糖氧化为葡萄糖酸。由于 H_2O_2 价廉易得，用其作氧化剂时反应条件温和和无污染等优点，是一种环境友好的氧化剂。一般认为，H_2O_2 将醛氧化成羧酸的能力很弱，但在无任何有机溶剂、卤化物和金属催化剂的条件下，在醛氧化反应中却得到很好的结果。

汪祖模等选用以 H_2O_2 为氧化剂的催化氧化法制备葡萄糖酸，HBr 为催化剂。选用不同的催化剂如 HBr 和 Br_2 等进行比较，发现用 HBr 作催化剂时，反应较平稳，产品较纯；用 Br_2 作催化剂时反应较激烈，副产品多，但反应的转化率较高。只要所用 H_2O_2 总量一定，H_2O_2 的浓度对反应转化率影响不大。实验还表明，在 H_2O_2 滴加完的 2h 内转化率提高较快，随反应时间的延长转化率虽有提高，但变化幅度不大。该工艺过程简单平稳，原料丰富，反应过程简单，对设备无特殊要求。

(5) 次氯酸钠氧化法

采用次氯酸钠氧化葡萄糖，用溶剂萃取法分离副产物氯化钠制备葡萄糖酸钠，产品收率高，达到90%～96%，一级品纯度达99%。反应机理如下所示。

① 液碱中通氯气制备次氯酸钠

$$2NaOH + Cl_2 \Longrightarrow NaClO + NaCl + H_2O$$

② 次氯酸钠氧化葡萄糖生成葡萄糖酸钠

$$CH_2(OH)[CH(OH)]_4CHO + NaClO + NaOH \Longrightarrow CH_2(OH)[CH(OH)]_4COONa + NaCl + H_2O$$

③ 用酸酸化反应液，使葡萄糖酸钠转化为葡萄糖酸内酯

$$CH_2(OH)[CH(OH)]_4COONa + HCl \Longrightarrow CH_2(OH)CH[CH(OH)]_3CO + NaCl + H_2O$$

④ 减压蒸水，溶剂萃取，用碱中和内酯得葡萄糖酸钠

$$CH_2(OH)CH[CH(OH)]_3CO + NaOH \Longrightarrow CH_2(OH)[CH(OH)]_4COONa \downarrow$$

(6) 电解氧化法

电解氧化法是在电解槽中加入一定浓度的葡萄糖溶液，再加入适宜的电解质，在一定温度、一定电流密度下恒电流电解。其中各工艺参数的确定因加入电解质的不同而异。例如：以溴化钠为电解质时，葡萄糖浓度为23.5%，温度控制在40℃，电流密度为$1A/dm^2$，电解质浓度为2%，电解过程中碳酸钠可一次性加入。电解结束后电解液经浓缩、结晶，可得葡萄糖酸钠晶体。整个工艺的流程见图6-4。

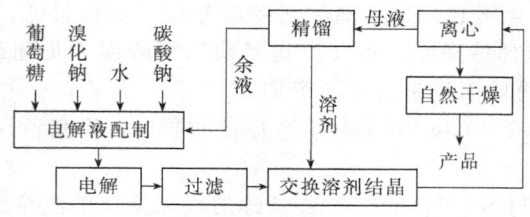

图6-4　电解氧化法制取葡萄糖酸钠工艺流程

电解氧化法与其他生产方法相比，产品纯度好，可达98%，收率可达90%，设备一次性投资相对较少，但在工业生产中能耗大，不易控制，因此工业化生产中很少采用。

【技术指标】

项　　目	指　　标	项　　目	指　　标
外观	白色或淡黄色结晶粉末	含氯化物/%	0.2
含量/%	95	pH(1%水溶液)	8～9
含水量/%	4	还原糖	微量

【应用】　葡萄糖酸钠是一种多羟基羧酸型的缓蚀阻垢剂，可用作工业循环冷却水、低压锅炉炉内水处理以及内燃机冷却水系统的处理药剂，还可组成碱性清洗配方用于金属表面除垢除锈；水泥速凝的阻抑剂；纺织加工助剂以及金属离子携带剂等。葡萄糖酸钠无毒，不造成环境污染，但会被微生物利用，为微生物提供营养，促进微生物的生长和繁殖。

葡萄糖酸钠的缓蚀效果随温度升高而增加，可以和多种缓蚀剂配合使用而呈现良好的协同效应，当它与钼系缓蚀剂复配时可以使主缓蚀剂钼酸盐的缓蚀效果明显提高。葡萄糖酸钠还可以和硅系、磷系、硼系、钨系、亚硝酸系、有机缓蚀剂系列等多种缓蚀剂复配使用而增效。当水质为：钙离子（以$CaCO_3$计）为198mg/L，氯离子197.2mg/L，碱度115.7mg/

L，pH＝8.2，由 100mg/L 钼酸钠、5mg/L 硫酸锌、10mg/L 聚丙烯酸钠组成复合钼系配方，分别加入不同量的葡萄糖酸钠后对碳钢的腐蚀速率见表 6-13。

表 6-13　葡萄糖酸钠投加量对碳钢缓蚀率的影响

葡萄糖酸钠加量/(mg/L)	腐蚀速率/(μm/a)	缓蚀率/%
空白	25.4	—
40	0.281	84.92
60	0.131	92.91
100	0.118	93.66

Touir R. 等采用湿重法、极化曲线法、电化学阻抗光谱法（EIS）和扫描电子显微（SEM）技术研究了模拟冷却水中葡萄糖酸钠对铁的缓蚀阻垢效果。葡萄糖酸钠的浓度为 $1.0 \times 10^{-4} \sim 0.1 \text{mol/L}$。研究结果显示，在模拟冷却水中葡萄糖酸钠具有很好的缓蚀阻垢效果。随着葡萄糖酸钠浓度的增大，缓蚀阻垢效果增强，且在低温下有利于缓蚀作用的进行。吸附过程符合 Langmuir 吸附等温式。SEM 和 X 射线能量色散分析法数据显示葡萄糖酸钠的缓蚀阻垢作用极佳。

6.2.14　对苯二酚（HQ）

【结构式】

$$HO-\langle\quad\rangle-OH$$

【物化性质】　别名氢醌、几奴尼、1,4-苯二酚、1,4-二羟基苯、鸡纳酚。是无色或白色针状结晶，相对密度 1.358（20℃），熔点 172℃，沸点 286.2℃，闪点 165℃，自燃温度 515.5℃。在温度稍低于其熔点时，能升华而不分解。易溶于热水、乙醇、乙醚，难溶于苯。水溶液在空气中因氧化而变成褐色，碱性溶液更易氧化。

【制备方法】

（1）苯胺氧化法

氧化反应如下：

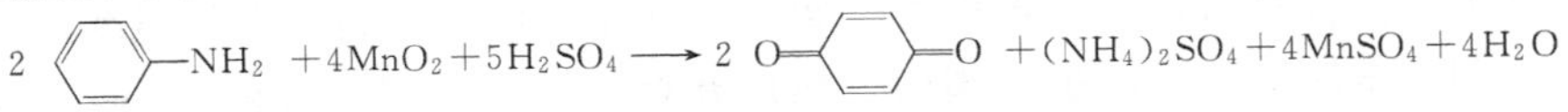

$$2\ \langle\quad\rangle-NH_2 + 4MnO_2 + 5H_2SO_4 \longrightarrow 2\ O=\langle\quad\rangle=O + (NH_4)_2SO_4 + 4MnSO_4 + 4H_2O$$

还原反应如下：

$$O=\langle\quad\rangle=O + Fe + H_2O \longrightarrow OH-\langle\quad\rangle-OH + FeO$$

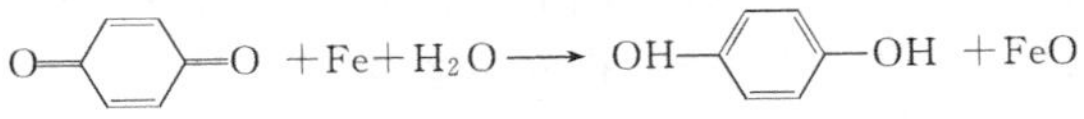

此方法是将苯胺加到 10℃ 以下的硫酸中，然后再加入用水和 MnO_2 调成的锰粉浆，反应生成苯醌；再经汽提塔蒸馏出苯醌，进入还原锅经铁粉还原成对苯二酚；再经过滤、蒸发浓缩、结晶、干燥得到成品。此方法的缺点是有硫酸锰、硫铵、铁泥三废，因反应料液中含有稀硫酸腐蚀，大部分设备需使用不锈钢来防腐蚀。

（2）苯酚和丙酮法

苯酚和丙酮用浓盐酸催化法反应生成双酚 A，然后催化分解为异丙基苯酚和苯酚，对异丙基苯酚氧化生成对苯二酚和丙酮。

反应式如下：

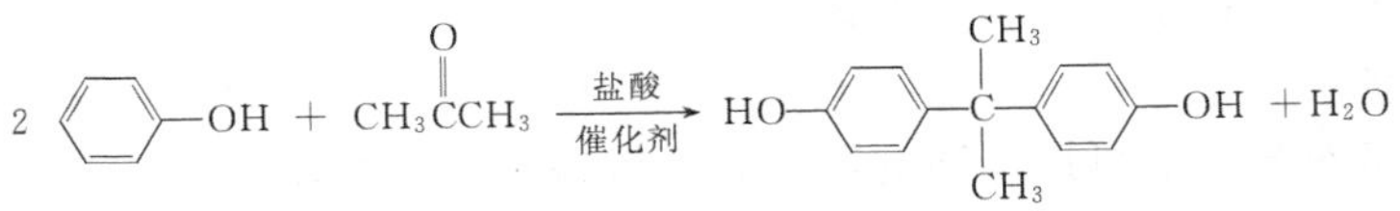

$$2\ \langle\quad\rangle-OH + CH_3\overset{O}{\overset{\|}{C}}CH_3 \xrightarrow[\text{催化剂}]{\text{盐酸}} HO-\langle\quad\rangle-\underset{CH_3}{\overset{CH_3}{\underset{|}{\overset{|}{C}}}}-\langle\quad\rangle-OH + H_2O$$

双酚 A

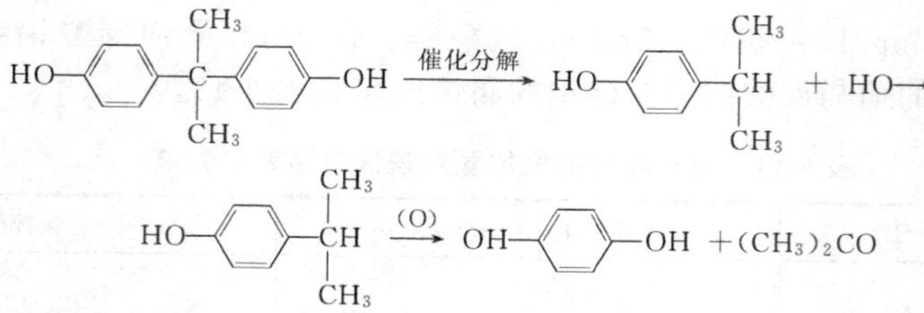

双酚A $\xrightarrow{\text{催化分解}}$ 对异丙基苯酚 + 苯酚

对异丙基苯酚 $\xrightarrow{\text{(O)}}$ 对苯二酚 + $(CH_3)_2CO$

该法没有副产物，双酚A分解生成的苯酚返回制取双酚A。对异丙基苯酚氧化生成丙酮也返回制取双酚A。该工艺路线比较合理和理想，比经典的苯胺二氧化锰氧化法优越，没有三废，反应生成的中间体都可以循环使用，收率高，因此该法经济效益好。

（3）苯和丙烯法

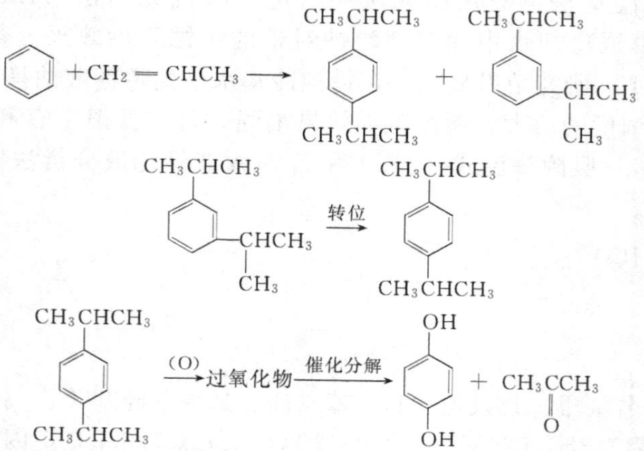

苯 + $CH_2=CHCH_3$ $\longrightarrow$ 对二异丙苯 + 间二异丙苯

间二异丙苯 $\xrightarrow{\text{转位}}$ 对二异丙苯

对二异丙苯 $\xrightarrow{\text{(O)}}$ 过氧化物 $\xrightarrow{\text{催化分解}}$ 对苯二酚 + CH_3CCH_3（丙酮）

此方法是用苯和丙烯进行烷基化反应，生成两种异丙苯异构物，分离出对位异丙苯；间位异丙苯可转位成对位异丙苯，然后对位异丙苯氧化成二异丙苯过氧化物，再经酸性催化剂分解为对苯二酚和丙酮。

（4）苯酚催化氧化法

① 苯酚催化氧化制对苯醌 在0.5L高压釜内，加入一定量的苯酚、溶剂和催化剂。将高压釜的盖合上，插入热电偶，开动搅拌，调节温度控制仪，控制一定的温度，通入一定量的氧气使之达到一定压力，关闭进气阀门，然后开始加热，恒温一定时间后，冷却至室温。缓缓放气，将高压釜盖取下，减压抽取混合物，用少量溶剂将高压釜洗涤2~3次，合并溶液，过滤催化剂（催化剂可回收、再生），得对苯醌溶液。

② 对苯醌还原成对苯二酚 将上述对苯醌溶液进行水蒸气蒸馏，待馏出液不带黄色为止。在馏出液中加入15％苯酚量的氢醌（可与结晶母液套用）、2％的硫酸亚铁、理论量的2.5倍的铁粉，在搅拌下维持温度50~60℃，反应1h。反应结束后，趁热过滤，用少量热水洗涤滤渣，在滤液中加入少量草酸、硫酸亚铁后，进行减压浓缩，回收溶剂，冷却、结晶析出氢醌，产品为白色结晶。

（5）苯酚双氧水氧化法

该法是以苯酚和双氧水为主要原料，以无机盐（硫酸亚铁、亚铁氰化钾）、无机磷酸、有机酸、甲酸、三氟乙酸、三氯乙酸等作为催化剂反应而得对苯二酚。此法消除了污染，联产邻苯二酚经分离后，可进一步加工利用。

（6）有机电解法

用电解法制备对苯二酚可用不同的原料，电解得到对苯二酚。

① 以苯为原料的工艺。

$$\text{C}_6\text{H}_6 + 2\text{H}_2\text{O} \xrightarrow[-6e]{\text{PbO}_2} \text{O}=\text{C}_6\text{H}_4=\text{O} + 6\text{H}^+$$

$$\text{H}_2\text{O} \xrightarrow{-2e} [\text{O}] + 2\text{H}^+$$

$$\text{O}=\text{C}_6\text{H}_4=\text{O} + 6\text{H}^+ \xrightarrow[+6e]{\text{Pb}} \text{HO}-\text{C}_6\text{H}_4-\text{OH} + 2\text{H}_2$$

$$2\text{H}^+ \xrightarrow{+6e} \text{H}_2$$

② 以硝基苯为原料的工艺 以硝基苯为原料的电解，分二段进行。首先硝基苯经电解后，生成对氨基苯酚，然后再经过催化水解，生成对苯二酚。

$$\text{C}_6\text{H}_5\text{NO}_2 \xrightarrow{\text{电解}} \text{对氨基苯酚} \xrightarrow[\triangle]{\text{H}^+,\text{催化剂}} \text{对苯二酚}$$

硝基苯在浓度为 75% 的酸液中用 Pt/C 电极，在 $50\sim80℃$ 条件下，硝基苯：硫酸为 1：5（质量比）时进行电解。然后电解液在硫酸存在下，温度在 $200\sim300℃$ 下催化水解。阳极液用 8% 硫酸，阴极液用 30% 硫酸，加 0.01% 表面活性剂乳化，以增加均匀混合的效果，得到氨基酚收率大于 90%，电耗 2375kW·h。如果水解在 MeHSO_4 存在下，240℃ 时水解 3h，对苯二酚最高收率可达 99%。

③ 以苯酚为原料的工艺 该工艺中，苯酚在苯中阳极氧化成醌的电流效率为 80%，阴极还原电流效率几乎为 100%。此法的特点是，电流效率高达 95%；电压低，电流密度高，产品的生成速度与电流密度成正比。

④ 对苯二醌为原料的工艺 采用电化学方法，以纯铅作阴极在固定床电化学反应器内进行对苯二醌阴极还原制备对苯二酚。工艺条件为：电解液为 1mol/L 硫酸溶液，电解液流速 0.30m/s，反应器厚度 30mm，电流 10A，对苯二醌质量浓度 0.04。

（7）超临界连续 GAS 法

Wubbolts F. E. 等以丙酮为溶剂，利用连续 GAS 过程（$T=310℃$，$p=8.0\text{MPa}$，$w=0.12$，$v=5\text{mL/min}$）制备了对苯二酚颗粒。在该条件下，颗粒呈棒状与棱柱形。

Serge R. Bitemo 等建立了一套连续的气体抗溶剂实验装置，以对苯二酚-丙酮-二氧化碳为研究物系，实验温度和压力分别控制在 310℃ 和 8.0MPa，喷嘴孔径为 $50\mu\text{m}$，溶液浓度分别为 110g/L 和 5g/L，溶液流速分别为 200mL/min 和 1200mL/min，抗溶剂流量为 6mL/min。结果发现，实验在不同溶液流量条件下制备的对苯二酚颗粒的形貌只有两种：棒状（小流量：200mL/min）和棱柱形（大流量：1200mL/min）。

【技术指标】 HG 7-1360—1980

指标名称	指标	指标名称	指标
外观	近乎白色结晶或浅灰色或微带米黄色结晶粉末	初熔点/℃	≥170.5
		干燥后失重/%	≤0.3
含量/%	≥99	灰分（硫酸盐）/%	≤0.3

【应用】 对苯二酚是一种重要的有机化工原料，在染料、颜料、医药、农药、照相、印刷等方面有着重要的用途，还可用作单体阻聚剂、石油抗凝剂、合成氨的催化剂、洗涤剂的缓蚀剂等。

熊蓉春等通过除氧试验、腐蚀试验和电化学试验，研究了对苯二酚对亚硫酸盐防腐蚀效果的影响。结果表明，对苯二酚使亚硫酸盐几乎失去了除氧作用，但却提高了亚硫酸盐在含氧水中对 20g 钢的防腐蚀性能，使钢的自腐蚀电位更剧烈负移并使阴极极化增加。试验结果用公认的除氧机理无法解释，但为外加还原性气氛机理提供了有力证据，同时为增强亚硫酸盐的防腐蚀效果和解决其储存失效问题提供了可行的方法。

6.2.15 苯甲酸

【结构式】

$$\text{〈}\bigcirc\text{〉—COOH}$$

【物化性质】 又名安息香酸。鳞片状或针结晶，具有苯或甲醛的气味，易燃。相对密度 1.2659，熔点 122.4℃，沸点 249℃，在 100℃升华，闪点 121~123℃。蒸气易挥发。微溶于水，溶于乙醇、甲醇、乙醚、氯仿、苯、甲苯、二硫化碳、四氯化碳和松节油。

【制备方法】 苯甲酸的生产方法主要有甲苯氧化法、苯甲醛氧化法、苯甲醇氧化法等。

（1）甲苯氧化法

① 甲苯液相空气氧化法　常用的催化剂为可溶性钴盐或锰盐，以乙酸为溶剂。

$$\text{〈}\bigcirc\text{〉—CH}_3 + 3/2 O_2 \xrightarrow{\text{催化剂}} \text{〈}\bigcirc\text{〉—COOH} + H_2O$$

其反应机理为自由基反应，反应温度为 165℃左右，压力为 0.6~0.8MPa，反应为放热反应。副产物主要有苯甲醛、苯甲醇、邻甲基联苯、联苯、对甲基联苯及酯类。副产物均可回收和利用，尤其是苯甲醛和苯甲醇，其本身单价常为苯甲酸的 4~5 倍，可以大幅度提高装置的产值和利润。

② 甲苯氯化水解法　甲苯于 100~150℃进行光氯化反应所得三氯苄基苯，在 $ZnCl_2$ 存在下（或用石灰乳及铁粉）与水反应得苯甲酸。以三氯苄基苯计，苯甲酸产率为 74%~80%。反应式为：

$$\text{〈}\bigcirc\text{〉—CH}_3 + Cl_2 \xrightarrow[100\sim150℃]{h\nu} \text{〈}\bigcirc\text{〉—CCl}_3$$

$$\text{〈}\bigcirc\text{〉—CCl}_3 + \text{〈}\bigcirc\text{〉—COOH} \longrightarrow \text{〈}\bigcirc\text{〉—COCl} + HCl$$

$$\text{〈}\bigcirc\text{〉—COCl} + H_2O \longrightarrow \text{〈}\bigcirc\text{〉—COOH} + HCl$$

由于该法耗氯，HCl 水溶液加热腐蚀极严重，因此，此法只能是甲苯氯化水解制苯甲醛和苯甲醇的副产物回收利用的补充方法。

③ 高锰酸钾氧化法

$$\text{〈}\bigcirc\text{〉—CH}_3 + 2KMnO_4 \longrightarrow \text{〈}\bigcirc\text{〉—COOK} + KOH + 2MnO_2 + H_2O$$

$$\text{〈}\bigcirc\text{〉—COOK} + HCl \longrightarrow \text{〈}\bigcirc\text{〉—COOH} + KCl$$

a. 以氧化铁为催化剂。取 110mL 高锰酸钾饱和溶液（含 6g $KMnO_4$）加入到 250mL 的三口瓶中，按 n（甲苯）∶n（高锰酸钾）＝1∶1 加入甲苯 4mL，以氧化铁（0.20g）为催化剂，装上回流冷凝管，开动搅拌，分段加热反应 4h（75℃加热 1.5h、85℃加热 1.5h、95℃加热 1h）。反应结束后，撤去回流冷凝管，装上直形冷凝管改成蒸馏装置（继续搅拌），加热蒸出未反应的甲苯（甲苯和水的共沸物）直至冷凝管无油珠止。反应器中的混合物趁热过滤，滤渣用少量热水洗涤，滤液冷却，同时滴加浓盐酸酸化至 pH 值为 2，苯甲酸全部析出，抽滤、少量冰水洗涤、干燥、称重。产率可达 74.32%。

b. 以四丁基溴化铵（TBAB）为相转移催化剂。甲苯在氧化剂高锰酸钾及相转移催化剂四丁基溴化铵（TBAB）的作用下，生成苯甲酸钾；苯甲酸钾用浓盐酸酸化生成不溶于水的苯甲酸固体。

称取 8.5g 高锰酸钾置于 100mL 烧杯中，用 50mL 蒸馏水溶解；将该高锰酸钾溶液移至三口烧瓶中，并在三口烧瓶中加入 2.7mL 甲苯、0.2g 四丁基溴化铵和 50mL 蒸馏水。中口装上球形冷凝管，左口装上温度计，使温度计的测温球完全接触反应物。用电热套加热回流（但不能让回流液高于球形冷凝管的第2个冷凝球）；反应至回流液不出现油珠（约需1.5h）。

将反应混合液趁热减压过滤，并用少量热水洗涤滤饼；然后将滤液置于200mL的烧杯中，在冰水浴中冷却。用浓盐酸酸化滤液，直到苯甲酸全部析出为止。将析出的苯甲酸减压过滤，用少量冷水洗涤，挤压去水分，用红外灯将制得的苯甲酸进行干燥，得产品，产率74.59%。

c. 以二乙二醇二甲醚为相转移催化剂。于250mL四口瓶上装好温度计、滴液漏斗、搅拌器及回流装置，将11g高锰酸钾、0.16g二乙二醇二甲醚、0.4g氢氧化钠及100mL水放入烧瓶中，再将2.3g甲苯倒入滴液漏斗中。在搅拌下加热回流，温度保持80~90℃，在此温度下，慢慢滴加甲苯，控制滴加速度约30min。反应完毕，趁热滤去二氧化锰沉淀，滤液用少量亚硫酸氢钠使其褪色，无色溶液浓缩至约50mL后冷却，用浓盐酸酸化。析出白色晶体进行抽滤，干燥后得苯甲酸，产量约2.5g。

（2）苯甲醇氧化法

① 过氧化氢氧化法

a. 以十六烷基三甲基硅钨杂多酸铵为催化剂

Ⅰ. 催化剂的制备　在500mL平底烧瓶中加入5.0g钨酸、搅拌磁子，安装在带有水浴的磁力搅拌器上，水浴升温至60℃，加入18mL 30%过氧化氢，开动搅拌。当反应体系变成浅黄色乳浊液后，停止加热和搅拌，冷却至室温。再次开动搅拌，加入1.24mL 4mol/L的硅酸钠，搅拌15min。将含有6.8g十六烷基三甲基溴化铵的水溶液在搅拌下缓慢加入到烧瓶中。停止搅拌，抽滤、洗涤、干燥，得黄色固体8.3g，即为催化剂十六烷基三甲基硅钨杂多酸铵。

Ⅱ. 苯甲酸的制备　在带有水浴的磁力搅拌器上安装好100mL圆底烧瓶，装入搅拌磁子，加入0.2g催化剂、10.3mL苯甲醇，装上回流冷凝管。加热水浴升温至90℃后，开动搅拌，加入30.6mL 30%的过氧化氢，恒温反应20h。停止反应后，用pH试纸测量反应体系的pH值，并用淀粉-碘化钾试纸检验有无未反应完的过氧化氢。然后，加入10%的碳酸钠水溶液至反应体系的pH≥9，倒入分液漏斗中静置分层。分出水层于烧杯中，用1:1硫酸中和至pH≤3。抽滤、洗涤，于80℃的烘箱中干燥4h，得白色针状苯甲酸固体，产率为85.9%。

b. 以十六烷基三甲基磷钨杂多酸铵为催化剂

Ⅰ. 催化剂的制备　在烧瓶中加入5.0g钨酸及50mL水，升温至60℃，加入18mL 30%过氧化氢。当反应体系变成浅黄色乳浊液后，停止加热和搅拌，冷却至室温。加入1.24mL浓度为4mol/L的磷酸，搅拌15min。在搅拌下将含有6.8g十六烷基三甲基溴化铵的水溶液50mL缓慢加入到烧瓶中，15min后停止搅拌，抽滤、洗涤、干燥，得黄色固体8.6g，即为催化剂十六烷基三甲基磷钨杂多酸铵。

Ⅱ. 苯甲酸的制备　在烧瓶中加入0.20g催化剂、10.0mL苯甲醇，加热升温至90℃，在搅拌下加入30.0mL 30%过氧化氢，恒温反应20h。停止反应后，用pH试纸测量反应体系的pH值，并用淀粉-碘化钾试纸检验有无过氧化氢，加入10%的碳酸钠水溶液至反应体系pH≥9，静置分层。将水相置于烧杯中，用1:1硫酸中和至pH≤3。抽滤、洗涤，于80℃的烘箱中干燥4h，得白色针状苯甲酸固体，产率为86.3%。

② 无溶剂催化氧化法　将金属氧化物催化剂（2.4mol）加入到苯甲醇（2.2g；20.37mmol）和氢氧化钠（0.82g；20.5mmol）的混合物中，加热混合物，并使之回流一定

时间，然后加入 20mL 水，酸化，最后减压过滤得到白色晶体。

几种不同的金属氧化物催化氧化苯甲醇的实验结果见表 6-14。

表 6-14 不同催化剂与产率的关系

催化剂	反应时间/h	产率/%	催化剂	反应时间/h	产率/%
ZnO	2	81	Fe_3O_4	16	19
CuO	24	58	MnO_2	12	10
CaO	24	21	CeO_2	12	13
CrO	24	17.9	Al_2O_3	18	28

当催化剂为 ZnO 和 CuO 时，产率分别为 81% 和 58%。但是，使用其他六种催化剂所得产品产率较低。此外，ZnO 作为催化剂时，反应时间最短。

通过实验，可以得出最佳合成条件为 n（苯甲醇）：n（NaOH）：n（ZnO）=10：10：1，回流时间为 2h，收率可达到 90% 以上。

（3）苯甲醛氧化法

在 50mL 锥形瓶中加入 50mmol 苯甲醛，同时加入一定量的 $Na_2WO_4 \cdot 2H_2O$（作为催化剂）和 $NaHSO_4 \cdot H_2O$（二者物质的量比为 1：1），磁力搅拌下从冷凝管上方缓慢滴加一定量的 30% H_2O_2，冷水回流反应 5h。反应结束后，将反应液低温静置、冷水洗涤后抽滤得固体苯甲酸，苯甲酸的收率为 80.06%。

$NaHSO_4 \cdot H_2O$ 用非离子表面活性剂替代，可以提高收率，当以 β-环糊精替代时，收率可达到 90.03%。

反应方程式如下所示：

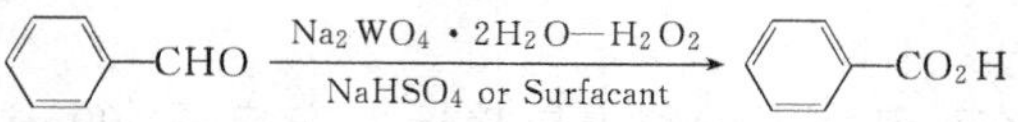

（4）邻苯二甲酸酐加热脱羧法

该方法可分为液相法和气相法。前者催化剂为邻苯二甲酸铬盐和钠盐等量组成的混合物；后者的脱羧催化剂为等量的碳酸铜和氢氧化钙。副产物有邻苯二甲酸、少量联苯、二苯甲酮和蒽醌。反应式为：

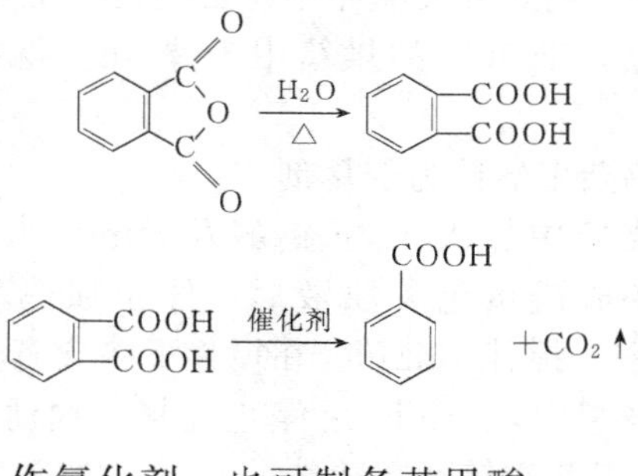

（5）苄卤氧化法

以苄卤为原料，$KMnO_4$ 作氧化剂，也可制备苯甲酸：

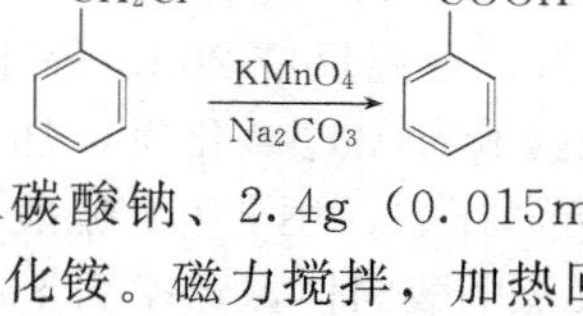

150mL 锥形瓶中加入 1g 无水碳酸钠、2.4g（0.015mol）高锰酸钾、50mL 水、1.2mL（0.01mol）苄卤及 0.2g 四丁基溴化铵。磁力搅拌，加热回流后继续反应 2h，至无油珠。冷却，抽滤，滤液小心用 6mol/L 盐酸中和，苯甲酸析出，加热，赶走二氧化碳泡沫，冷却，抽滤，得苯甲酸晶体。干燥，产率 87%，熔点 120～121℃。

（6）家用漂白粉氧化法

把 350mL 漂白粉（0.26mol NaClO）放入 500mL 装有磁搅棒的锥瓶中。启动搅拌器，一次加入 1000mL 苯乙酮（0.086mol），溶液的温度逐渐升到 30℃，连续搅拌 1h 后，溶液由黄色变为无色。加 1g Na_2SO_3 破坏残留的氧化剂。用 1 份 25mL 的乙醚萃取以除去残留的苯乙酮及反应中产生的氯仿。

水相以冰冷却，加 3mol/L H_2SO_4 至溶液呈酸性，得苯甲酸白色沉淀，通过抽滤或用乙醚萃取可分出固体。总共可得粗品 9.5g（91%）。用热水进行重结晶即得纯苯甲酸，熔点为 122℃。

（7）电化学合成法

以氯苯、CO_2 为原料，N,N-二甲基甲酰胺为溶剂，铝为牺牲阳极，不锈钢为阴极，在无隔膜电解池中，水浴温度 5℃ 下电化学羧化制备苯甲酸，苯甲酸产率为 21%，电流效率为 60%。

采用牺牲阳极法电解制备苯甲酸的方法与化学合成方法相比，具有以下优点：①反应步骤少，通常只要一步反应就可以制得；②反应条件温和；③电解槽结构简单，易实现工业化；④用铝等廉价金属作阳极，可降低成本。

【技术指标】　HG/T 3458—2000　化学试剂苯甲酸

指标名称	分析纯	化学纯	指标名称	分析纯	化学纯
含量/%	≥99.5	≥99.0	铁(Fe)/%	0.0005	0.001
熔点/℃	121.0~123.0	121.0~123.0	重金属(以 Pb 计)/%	<0.001	0.001
澄清度试验	合格	合格	还原高锰酸钾物质	合格	合格
氯化物(Cl⁻)/%	0.01	0.02	硫酸试验	合格	合格
灼烧残渣(以硫酸盐计)/%	0.01	0.02			

【应用】　苯甲酸是一种重要的精细化工产品，广泛应用于医药、食品、染料、香料等行业。此外，苯甲酸还可用作钢铁设备的防锈剂、洗涤剂的缓蚀剂、汽车防冻液的缓冲剂、印染工业中的媒染剂、蚊香、中草药的防腐防霉剂。

曾凌三等采用动态恒电位极化曲线法和线性极化法来研究苯甲酸及其衍生物在弱碱性介质中的缓蚀行为，并与失重试验法和静态潮湿试验法结果进行比较。苯甲酸及其衍生物对碳钢是一种非氧化型的阳极型缓蚀剂。

失重法测定苯甲酸及其衍生物在室温下对碳钢的缓蚀性能见表 6-15。

表 6-15　苯甲酸及其衍生物对 45# 碳钢的腐蚀速率

苯甲酸及其衍生物名称	腐蚀速率/[mg/(dm²·d)]	苯甲酸及其衍生物名称	腐蚀速率/[mg/(dm²·d)]
基础液	15.82	对硝基苯甲酸	5.52
苯甲酸	11.93	3,5-二硝基邻羟基苯甲酸	5.00
间甲基苯甲酸	11.78	对溴苯甲酸	5.02
邻羟基苯甲酸	8.35	间溴苯甲酸	3.67
间羟基苯甲酸	11.42	5-溴-2 羟基苯甲酸	5.63
对羟基苯甲酸	12.01	4-羟基-3-甲氧基苯甲酸	12.31
邻氨基苯甲酸	11.11	4-羟基-3,5-二甲氧基苯甲酸	16.49
对氨基苯甲酸	9.39		

6.2.16　2-羟基膦基乙酸（HPAA）

【结构式】

【物化性质】　白色晶体，含磷量 19.8%，溶点 165～167.5℃，1%水溶液 pH 值为 1，能与水以任意比例混溶。

【制备方法】　美国专利曾提出乙醛酸酯与亚磷酸酯加成，以碱金属、碱土金属的氢氧化物为催化剂，加成产物直接水解得 2-羟基膦基乙酸。

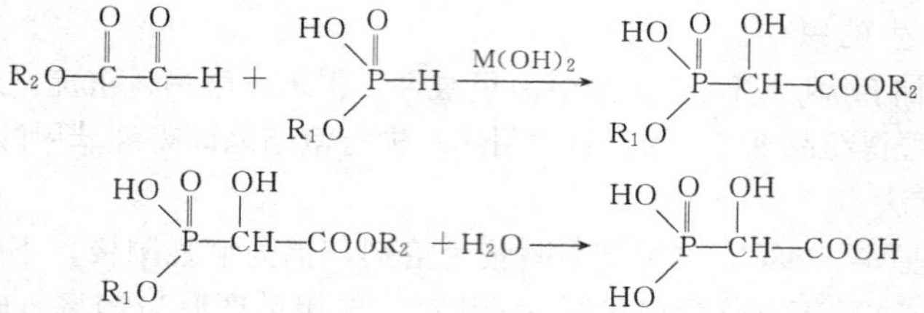

【技术指标】　企业标准

项　目	指　标	项　目	指　标
外观	棕黑色液体	pH 值(20℃,1%水溶液)	1
固含量/%	≥50	总磷(以 PO_4^{3-} 计)/%	≥27
密度(200℃)/(g/cm³)	1.35±0.05	溶解性	与水任意比例混溶
亚磷酸(H_3PO_3)/%	<5	着火点	无

【应用】　从 20 世纪 60 年代开始，含磷缓蚀阻垢剂的发展经历了从无机磷酸盐类到有机磷酸盐类（如有机磷酸酯）的历史。由于环境保护要求限制磷的排放，又出现了含磷最低的膦羧酸类缓蚀阻垢剂。此类化合物分子中同时含有膦基（—PO_3H_2）和羧基（—COOH）。HPAA 就是其中突出的代表。HPAA 的含磷量相对较低，不但对高硬度水具有良好的缓蚀效果，对低硬度水质的缓蚀效果更加优异，解决了由有机磷-磷酸盐-聚磷酸盐复合缓蚀剂等高含磷物质引起的磷酸钙垢和微生物繁殖的问题。

在普通水中的 Ca^{2+} 浓度为 52～104mg/L 的情况下，其浓度小于 10～15mg/L 时，对碳钢的腐蚀率随其浓度的增加而提高，同时它对锌盐的协同效应也非常突出，当它与 $ZnSO_4$ 共同使用时可减少自身用的 1/2～2/3，其中 Zn^{2+} 浓度为 1～3mg/L 时协同缓蚀效果最好。

HPAA 的加入量应根据现场水质及水系统运行状况进行试验后确定，推荐浓度一般为 5～30mg/L；药剂应连续注入水系统中；加药设备应耐酸性腐蚀。HPAA 有可能被氯气等氧化型杀菌剂分解，但在间歇式加氯的冷却水系统中受余氯（0.5～1.0mg/L）的影响较小；也可以采用保护剂，使 HPAA 免受氧化型杀菌剂的破坏。

6.2.17　S-羧乙基硫代琥珀酸

【结构式】

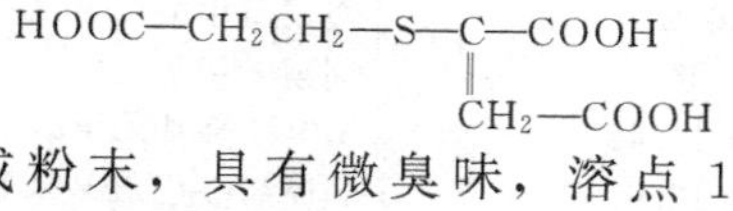

$$HOOC—CH_2CH_2—S—C—COOH$$
$$|$$
$$CH_2—COOH$$

【物化性质】　白色固体或粉末，具有微臭味，溶点 150.5～152.5℃，分解温度为 163℃，有效成分含量 58%或 20%的水溶液。

【制备方法】　将 β-巯基丙酸与无水马来酸酐以摩尔比为 1∶1 的比例进行加成反应而得到，反应式如下：

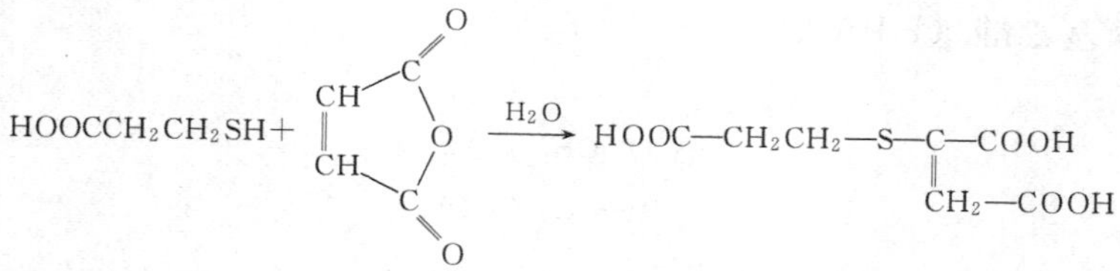

项　　目	指　标	项　　目	指　标
外观	白色粉末（微臭）	酸值	757
纯度/%	99.8	pH 值（1%水溶液）	2.4
密度/(g/cm³)	0.79		

【应用】　该产品是近年来为了满足环保的要求，而出现的一种新型阻垢、缓蚀剂，在日本由日本 MTS 公司生产并销售。S-羧乙基硫代琥珀酸具有水溶性、生物降解性，在宽 pH 值范围内具有缓蚀和阻垢性能，应用前景良好。由于该类产品具有较好的水溶性、生物降解性和在宽 pH 值范围内具有缓蚀和阻垢性能，在循环冷却水系统的应用前景为：①在闭路系统是亚硝酸钠的替代品；②在敞开式循环水系统作阻垢剂和代替羟基乙酸作为清洗剂。

6.2.18　多元醇磷酸酯（PAPE）

【结构式】

$$R_1O-\overset{\displaystyle O}{\underset{\displaystyle OH}{P}}-OR_2$$

式中，R_1 和 R_2 分别为 H，$HO-CH_2-CH_2-O-$，$CH_3-CH_2-O-CH_2-CH_2-O-$，

$$\begin{array}{l} CH_2\!-\!(CH_2CH_2O)_{\overline{n_1}} \\ CH_2\!-\!(CH_2CH_2O)_{\overline{n_2}} \\ CH_2\!-\!(CH_2CH_2O)_{\overline{n_3}} \end{array}$$（n_1、n_2、n_3 为 0 或 1），$\begin{array}{l}CH_2CH_2O \\ N-CH_2CH_2O- \\ CH_2CH_2O\end{array}$，$\begin{array}{l}CH_2O- \\ | \\ CH_2O-\end{array}$。

【物化性质】　本品为棕色膏状物或酱黑色黏稠液体，水溶性好，水解率低，近乎无毒。

【制备方法】

（1）多元醇磷酸酯以甘油、三乙醇胺、醚胺、醚类为起始原料，经 P_2O_5 一步法合成。生产工艺流程如图 6-5 所示。

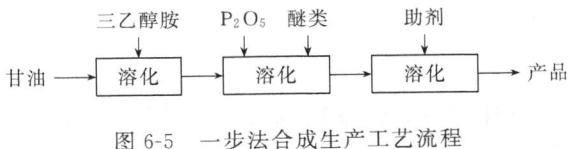

图 6-5　一步法合成生产工艺流程

首先在夹套反应釜中加入共 2 份（摩尔数）的甘油、三乙醇胺、醚类等，搅拌均匀。然后逐步升温，分批加入共 1 份（摩尔数）的 P_2O_5 进行酯化。反应结束后，反应液降温输送至调整槽中，加入助剂，搅拌均匀即得产品。

（2）多元醇与 H_3PO_4 进行酯化反应

酯化反应在四口烧瓶中进行，四口烧瓶上装有不锈钢真空搅拌器、温度计和醇水分离器，醇水分离器上接冷凝管，冷凝管末端接三口烧瓶，一个口接压力计，另一个口接干燥塔和缓冲瓶。用泵抽真空，反应用可调电热套加热。

装置安装好后，首先将多元醇（50%或 70%）加入反应器中，再加入磷酸，开动搅拌器，滴加 NaOH 溶液，封好装置后，抽真空并加热，当反应器内料液温度达 120℃时，停止加热和抽真空，加入多元醇（固体）继续加热并抽真空，使反应器内温度保持在 140～145℃，压力 0.7～0.8kPa。当冷凝管无水滴滴下，蒸汽温度降至室温时，停止加热和抽真空。当产品温度降至 120℃时慢慢滴加水并加快搅拌速度。当产品溶液降至 70℃滴加 NaOH 溶液，调节产品溶液的 pH 值，即可得到相应的多元醇磷酸酯。

【技术指标】 HG 2228—2006

指 标 项 目	指　标	
	A 类	B 类
磷酸酯(以 PO_4^{3-} 计)/%	≥32.0	≥32.0
无机磷酸酯(以 PO_4^{3-} 计)/%	≤8.0	≤9.0
pH 值(10g/L)水溶液	1.5~2.5	

【应用】 常用于炼油厂、化工厂和化肥厂等循环水系统做缓蚀剂。一般的有机磷酸酯在水中都有一定的溶解性，它们的溶解度随 R 烷基的碳原子数增加而降低。磷酸一酯和二酯都是酸性，在水溶液中可以离解出氢离子。在碱性介质中，更加速了这种离解。虽然比聚磷酸盐水解慢一些，但在较高温度和碱性条件下，容易发生水解，水解速度比在中性介质快 10^8 倍，产生正磷酸盐和相应的醇。一旦发生水解，不仅丧失缓蚀和阻垢作用，而且产生的磷酸盐可以和水中的钙离子结合，生成溶解度极小的磷酸钙垢沉淀。但对季铵盐类杀生剂不会发生沉淀反应，具有吸附-解吸性能。

王清等用失重法和电化学方法研究了 PC-602 缓蚀剂（化学组分为多元醇磷酸酯、聚磷酸盐和磷酸盐）对 0.16%~3.5% NaCl 溶液（含氯离子 1~22g/L）中碳钢的缓蚀作用，测定了极化曲线。结果表明，100~300mg/L 缓蚀剂的缓蚀率可达 95%~97%，对阴极电化学过程有强烈的抑制作用。应用 AES 分析研究了缓蚀膜的化学组分及其深度分布，发现在氯离子含量高于 4g/L 的 NaCl 溶液中，氯离子可嵌入碳钢表面形成的缓蚀膜表面层中，溶液中氯离子浓度对氯离子嵌入膜中的量有一定影响。

6.2.19　N-月桂酰基肌氨酸 (LS)

【结构式】

$$C_{11}H_{23}\!-\!\overset{\displaystyle O}{\overset{\|}{C}}\!-\!\overset{\displaystyle CH_3}{\underset{}{N}}\!-\!CH_2COOH$$

【物化性质】 白色晶体。

【制备方法】

(1) 制备方法 1

① 月桂酰氯的制备　月桂酸与亚硫酰氯在加热情况下合成月桂酰氯，因反应生成的副产物都是气体，故产品易于提纯。反应式为：

$$C_{11}H_{23}COOH + SOCl_2 \longrightarrow C_{11}H_{23}COCl + SO_2\uparrow + HCl\uparrow$$

在 250mL 三颈瓶中加入 20g（0.1mol）月桂酸，水浴加热至 75℃，搅拌下滴入 14.6mL（0.2mol）亚硫酰氯，反应一段时间后，将反应混合物进行精制，收集 140~150℃（2132.8~2266.1Pa）的馏分，供第 3 步缩合用。

② 肌氨酸的合成　称取 9.45g（0.1mol）一氯乙酸，用 40mL 蒸馏水溶解后加入 4.0g（0.1mol）氢氧化钠，并用 1mol/L 氢氧化钠溶液调节 pH 至碱性，装入滴液漏斗中备用。在三颈烧瓶中加入 24.3mL（0.2mol）一甲胺水溶液，置于水浴中，搅拌下滴加一氯乙酸钠溶液，滴加完后反应 2h，用 1mol/L 盐酸酸化反应混合物至 pH 值为 1~2。减压蒸除溶剂，将得到的产品用无水乙醇进行重结晶，得到精制的肌氨酸 11.0g。主要反应式为：

$$CH_3NH_2 + ClCH_2COONa \longrightarrow CH_3NHCH_2COONa + HCl$$

③ N-月桂酰基肌氨酸的合成　称取 1.31g 肌氨酸，用 25mL 1mol/L 的氢氧化钠溶液溶解后加入到 250mL 三颈瓶中，加入 50mL 丙酮，水浴升温至 45℃，搅拌下滴加 2.38mL 月桂酰氯，滴加完后再反应 1h。反应过程中维持溶液为碱性，反应完成后用盐酸调 pH 值至

1，再用乙酸乙酯萃取，蒸除溶剂后即生成 N-月桂酰基肌氨酸。产品用正己烷重结晶后得纯品 1.65g。主要反应式为：

$$C_{11}H_{23}COCl + CH_3NHCH_2COONa \xrightarrow{\text{水-丙酮}} C_{11}H_{23}CON(CH_3)CH_2COONa$$

$$C_{11}H_{23}CON(CH_3)CH_2COONa \xrightarrow{H^+} C_{11}H_{23}CON(CH_3)CH_2COOH$$

（2）制备方法 2

① 月桂酰氯的制备　在反应釜中加入月桂酸，通蒸汽加热至熔化，体系温度可达 75℃ 左右，抽真空减压除水，降温至 50～60℃，滴加 PCl₃，控制流量，0.5h 滴定，反应 3h，静止分层，上层即为月桂酰氯。

② 缩合　在反应釜中吸入一定量的 35% 肌氨酸钠、20% 氢氧化钠和去离子水，在 10℃ 搅拌下按计算量滴加月桂酰氯，控制滴加速度，保证反应体系温度不高于 10℃。继续搅拌 30min，使体系温度上升至 60～70℃，再搅拌 30min。

③ 酸化　将缩合产物置于酸化罐中，经真空吸入 30% 盐酸，用去离子水清洗加料管道，搅拌 30min，静置 40min，分层，放出废酸，即可得产品 N-月桂酰基肌氨酸。

涉及的主要反应方程式如下：

$$3C_{11}H_{23}COOH + PCl_3 \longrightarrow 3C_{11}H_{23}COCl + H_3PO_3$$

$$CH_3NHCH_2COONa + C_{11}H_{23}COCl + NaOH \longrightarrow NaCl + H_2O + C_{11}H_{23}CON(CH_3)CH_2COONa$$

$$C_{11}H_{23}CON(CH_3)CH_2COONa + HCl \longrightarrow C_{11}H_{23}CON(CH_3)CH_2COOH + NaCl$$

工艺流程如图 6-6 所示。

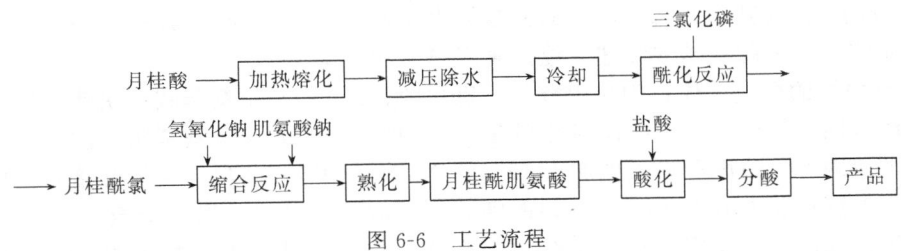

图 6-6　工艺流程

【应用】　N-月桂酰基肌氨酸是一种具有多种基团的油溶性表面活性剂，其钠盐属阴离子表面活性剂。可用于洗发精、洗手皂、牙膏及一些特殊洗涤剂，也可用于金属防腐、矿物浮选、农药调配、油品添加剂和皮革处理剂，还可用于纺织、塑料加工及金属加工中。一般用作冷凝器循环水缓蚀剂，无毒副作用，安全可靠，并可生物降解。

单独使用 LS 缓蚀剂的缓蚀效果见表 6-16。

表 6-16　不同温度下单独使用 LS 缓蚀剂的缓蚀效果

浓度/（mg/L）	腐蚀速率/（×10⁻² mm/a）			
	20℃	40℃	50℃	70℃
空白	28.82			
20	8.28	13.13	14.72	17.70
40	5.80	7.92	7.75	10.64
50	4.52	5.62	6.55	7.53
60	3.51	5.19	6.05	6.88
80	3.22	3.62	4.59	4.59
100	0.95			
150	0.90			
200	0.80			

由表 6-16 可知，室温下当单独使用 80mg/L 的 LS 时，相对于空白的腐蚀速率为 0.2382mm/a，其缓蚀效率仅为 86%，而浓度增大到 100mg/L 时，缓蚀效率为 96%，这说明单独使用 LS 的缓蚀效率已经较高。

6.2.20 2-炔丙基巯基苯并咪唑

【结构式】

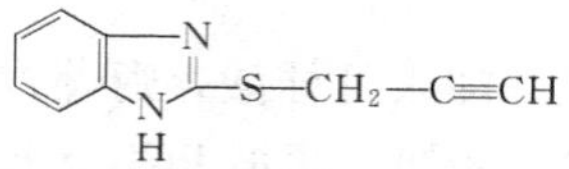

【物化性质】 本品为白色闪光粒状晶体，熔点为 169.5~170.5℃。

【制备方法】 2-炔丙基巯基苯并咪唑的合成分为 3 个步骤。其化学反应式为：

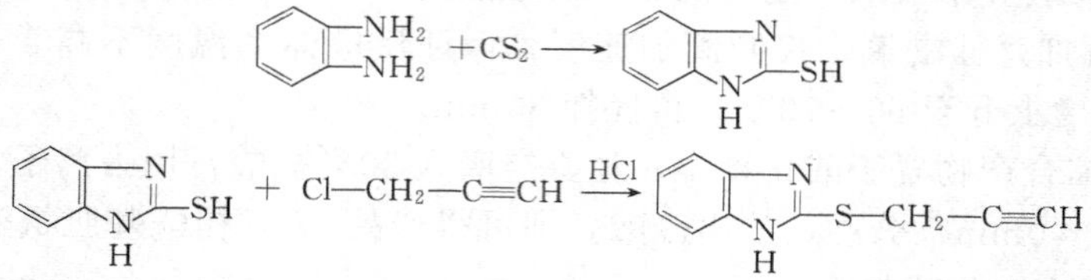

① 2-巯基苯并咪唑的合成 称取一定量的邻苯二胺、氢氧化钾、二硫化碳于圆底烧瓶中，加入一定量的 95% 的乙醇和水，加热回流 4h，待冷却后加入活性炭，再回流 15min，趁热过滤，滤液加热到 60~70℃，在其中加入 60~70℃ 的水稀释，搅拌下加入乙酸酐酸化，即有淡黄色闪光晶体析出。在冰箱中放置 3h，使结晶完全，然后抽滤、水洗，用少量乙醇洗涤，得晶体 A。经熔点仪测定，其熔点为 302~304℃，薄层色谱分析仅有一点，表明晶体 A 纯度较高。2-巯基苯并咪唑熔点的文献值为 303~304℃，与实测晶体 A 的熔点相吻合，可以确定晶体即为 2-巯基苯并咪唑。经计算产率为 90%。

② 3-氯丙炔的合成 原料为炔丙醇、三氯化磷、N,N-二甲基苯胺。快速量取一定量的三氯化磷注入四口烧瓶中，用冰盐浴冷却至 0℃，加入 N,N-二甲基苯胺，搅拌下用滴液漏斗缓慢滴加炔丙醇（炔丙醇中预先加入 15% 的 N,N-二甲基苯胺）。滴加开始时，瓶内弥漫大量烟雾，温度迅速上升至 10℃，一段时间后，反应趋于平稳，温度降至 5~6℃，控制滴加速度和搅拌速度，使反应一直维持在 10℃ 以下。滴加完毕，在冰盐浴中继续搅拌，待瓶内液体与冰盐浴的温度达平衡后，撤去冰盐浴。瓶内为透明的橘黄色溶液。继续搅拌 1h，以尽可能除去残余的 HCl 气体，搅拌完毕，静置，溶液呈橘红色。将此溶液进行常压蒸馏，收集 40~60℃ 馏分，得 3-氯丙炔无色液体。

③ 2-炔丙基巯基苯并咪唑的合成 在三口烧瓶中加入一定量的丙酮和 2-巯基苯并咪唑晶体，搅拌使之溶解，加入氢氧化钾和适量的水，溶液呈黄色。快速注入四丁基溴化胺作催化剂，立即有淡黄色固体产生，搅拌片刻后消失。在瓶中滴加 3-氯丙炔，瓶内出现烟雾，缓慢搅拌，瓶内有大量固体出现，滴加完毕，缓慢搅拌 10min，再水浴回流 40min，最后仍留下少量白色固体。溶液静置，调节 pH 值为 7，然后旋转蒸干，得黄色固体。此固体用 95% 乙醇重结晶，待全溶后再加适量水，静置，有白色闪光粒状晶体出现，过滤，得晶体。将其烘干，用熔点仪测定其熔点为 169.5~170.5℃，薄层色谱分析仅有一点，纯度较高。

【应用】 可作为不锈钢设备酸洗的缓蚀剂，使用量为 20mg/L 时缓蚀率为 95% 以上。

6.2.21 咪唑啉季铵盐缓蚀剂

【物化性质】 该类缓蚀剂无特殊的刺激性气味，热稳定性好，毒性低。

【制备方法】 （1）咪唑啉季铵盐缓蚀剂的合成

① 咪唑啉的合成　咪唑啉是通过酰胺脱水和环化进一步脱水而成的。在合成工艺中有不同的脱水方法，如真空脱水法、真空催化剂法和潜溶剂法。真空脱水法是直接真空加热脱水，工艺较简单：采用真空操作和连续通入氮气的措施，以硬脂酸等脂肪羧酸和二乙烯三胺或三乙烯四胺等为原料，在温度为 150～200℃ 时合成烷基咪唑啉。真空催化剂法是在抽真空的条件下，加入特定催化剂，如氧化铝等，达到使反应时间缩短，收率提高的目的。潜溶剂法是采用苯、二甲苯等溶剂进行脱水，这些溶剂对人体有害，其投入和回收重复利用过程也比较复杂。采用甲苯作为携水剂控制适宜条件合成咪唑啉中间体，并利用红外、紫外光谱对合成过程进行跟踪分析，在非真空条件下，用氮气保护，控制一定回流速度，并进行阶段升温，酸价约为 3，反应温度达 190～200℃ 时便能制备出咪唑啉，且颜色较浅。

② 咪唑啉季铵盐的合成　在咪唑啉环上引入烷基或烷基芳烃，使其与 Fe 原子的吸附作用能、双原子作用能和重叠集居数增大，来推测引入烷基或烷基芳烃可能增加的缓蚀性能。依据这些结果设计合成取代基咪唑啉化合物。以苯甲酸、二乙烯三胺为原料，加入二甲苯作为携水剂，反应物在 160～180℃ 内发生缩合反应，生成咪唑啉。

再进一步进行咪唑啉季铵化的反应：在温度为 100～120℃ 时，将咪唑啉与等摩尔的氯化苄进行季铵化反应（时间为 35h），即可得到咪唑啉季铵盐。

（2）制备实例

① 在三颈瓶中加入 0.06mol 有机羧酸和 100mL 二甲苯，加热至 120℃ 时开始缓慢滴加 0.072mol 二乙烯三胺，程序升温至 230℃，反应 5～8h，至不再有 H_2O 生成时结束反应，用旋转蒸发仪减压蒸馏出溶剂，得到红棕色黏稠液体即为咪唑啉化合物。

用适量去离子水与 0.05mol 氯乙酸钠配成氯乙酸钠水溶液，加入 0.02mol 咪唑啉化合物，升温至 80～90℃，反应 3h，反应结束后蒸馏出 H_2O，得到黏稠状咪唑啉季铵盐化合物。

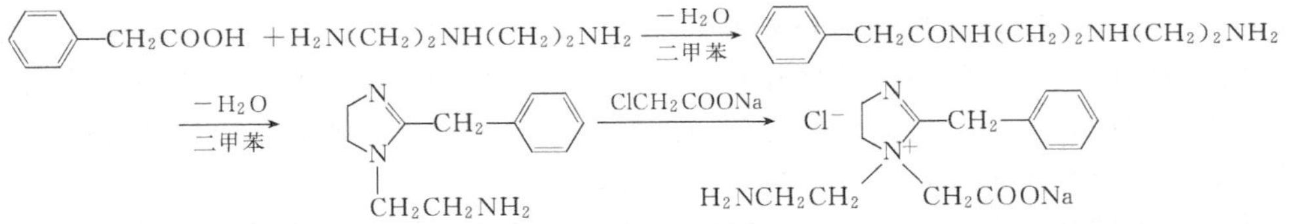

② 李邦以酸值（KOH）为 190mg/g 的环烷酸为原料与多亚乙基多胺反应合成了环烷基咪唑啉中间体，再用硫酸二乙酯对该中间体进行季铵化，制得了红棕色黏稠透明的水溶性环烷基咪唑啉季铵盐缓蚀剂。

较佳合成条件为：第一步，环烷酸:二乙烯三胺（摩尔比）=1:（1.2～1.4），催化剂 H_3BO_3 用量为环烷酸用量的 0.3%～0.5%，室温至 240℃ 阶梯升温方式；第二步，中间体:硫酸二乙酯（摩尔比）=1:（1.4～1.6），以异丙醇为溶剂，反应温度 50℃，反应时间 2h。

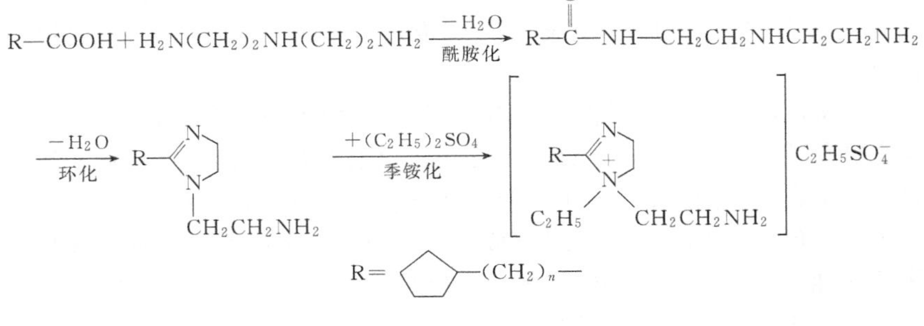

③ 宋莎莎采用苯甲酸、三乙烯四胺为原料合成咪唑啉母体，用 1-氯-3-苯基丙烷对其进行改性来制备咪唑啉季铵盐缓蚀剂：将苯甲酸和三乙烯四胺以摩尔比 1：1.1 的比例加入到 250mL 的三口烧瓶中，同时加入二甲苯作为携水剂。采用电热套加热，开动搅拌，待温度升到 150℃下酰化反应 2h，继续缓慢升温到 220℃环化反应 2h 得到咪唑啉中间体，然后体系降温到 90℃并加入异丙醇和水做溶剂加入季铵化剂反应 4h，得到目标产物。

④ 张光华以油酸（工业品，为减压 180～230℃/mmHg 条件下所得馏分）、二乙烯三胺和氯化苄在二甲苯溶液中反应而制得 2-氨乙基十七烯基咪唑啉季铵盐。反应过程如下：

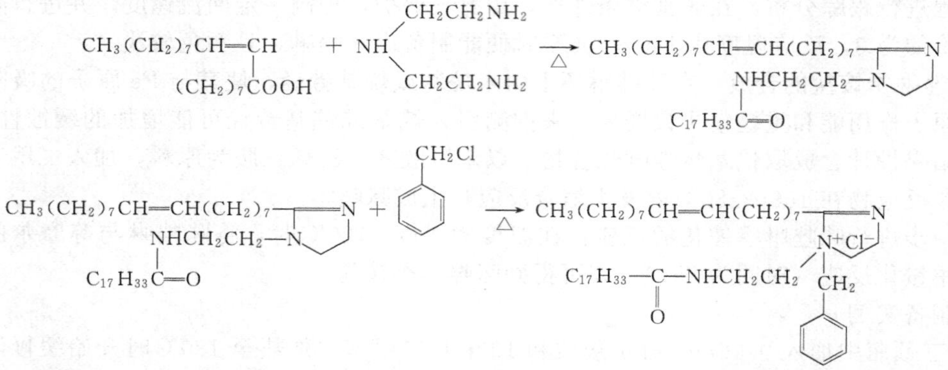

在反应釜中投入油酸、二乙烯三胺、二甲苯、催化剂，并装上分水器，将反应物回流分出水分。反应完后，脱去溶剂，减压下脱去未反应的反应物，反应温度 190～200℃，油酸与二乙烯三胺的摩尔比为 1：1.05；反应时间 3h，产物为棕黄色黏稠状液体，降温至 130℃时，加入氯化苄进行季铵化，得到 2-氨乙基十七烯基咪唑啉季铵盐缓蚀剂。

【应用】　通过腐蚀失重法、动电位极化技术对咪唑啉季铵盐在酸洗液中对碳钢的缓蚀效果进行测定。结果表明，在咪唑啉分子中引入多个苯环，能使分子覆盖能力增强，从而提高缓蚀效率。咪唑啉缓蚀剂的缓蚀效果随咪唑环中电子密度的增加而增加。如果向缓蚀剂分子中引入非极性基团，不仅可以通过诱导效应改变中心原子的吸附能力，而且还可以增大缓蚀剂的疏水效应，有利于形成吸附膜，提高缓蚀性能。

咪唑啉的季铵盐如癸二酸盐，咪唑啉的油酸盐及其和二聚酸盐的混合物都是有效的缓蚀剂。咪唑啉季铵盐如通过四乙烯五胺同脲或硫脲反应制备成咪唑啉酮和咪唑基二硫脲都是有效的缓蚀剂。许多硫咪唑啉季铵盐和咪唑啉的多硫化物，如具有 $(SCCH_2N=C)_2R$（R 是二羧酸根）结构的双噻唑啉及哩唑啉、取代三嗪等都是很好的缓蚀剂。

咪唑啉季铵盐缓蚀剂的缓蚀效果较好是多种因素协同作用的结果：a. 当金属与酸性介质接触时，该缓蚀剂可以在金属表面形成单分子膜；b. 由于该缓蚀剂中咪唑啉的 N 原子经季铵化后成为阳离子大分子，很容易被表面带负电荷的金属表面活性点吸附，对氢离子放电有很大的抑制作用，从而有效地抑制了阴极反应；c. 季铵盐大分子有很大的覆盖作用。

该缓蚀剂能显著抑制腐蚀的阴极过程，对阳极过程影响有限，属于以阴极控制为主的复合控制型缓蚀剂。

燕音等合成了苯乙酸咪唑啉季铵盐（PAIPI）和萘乙酸咪唑啉季铵盐（NAIPI），通过失重法、电化学方法研究了两者在 1mol/L HCl 中对 Q235 钢的缓蚀性能，并探讨了其在 Q235 钢表面的吸附行为。结果表明，两者在 1mol/L HCl 中对 Q235 钢均为阳极型缓蚀剂，其中 NAIPI 对 Q235 钢的缓蚀性能优于 PAIPI；两者在 Q235 钢表面均是单层吸附，属于物理吸附。

李邦以采用失重法测出环烷基咪唑啉季铵盐缓蚀剂在 1.000g/L HCl＋1.000g/L H_2S 腐蚀介质中对 A3 钢的缓蚀效果，缓蚀率大于 85%。

　　宋莎莎针对国内某含 CO_2 油田的开发状况，采用动态失重法研究了用 1-氯-3-苯基丙烷改性的咪唑啉季铵盐在 6MPa 下模拟油田水介质中对 L80 钢在不同缓蚀剂浓度、不同温度和不同时间下的缓蚀性能。结果表明：在试验条件下，随着温度的升高，缓蚀效率有明显的下降，到 90℃时变化趋于平缓；在腐蚀反应初期，腐蚀速率很高，但随着腐蚀时间的延长，腐蚀速率明显下降，在较长的一段时间之后，缓蚀效率就几乎不再下降，而是稳定在一个较小的范围之内，所合成的缓蚀剂达到了预期的结果。

6.2.22　咪唑啉酮类缓蚀剂

【结构式】

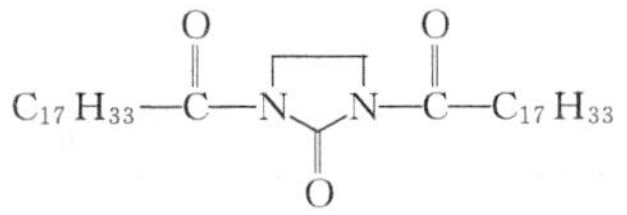

【物化性质】　红棕色黏稠状液体。

【制备方法】　咪唑啉酮缓蚀剂的合成可分为两个步骤，其反应式如下：

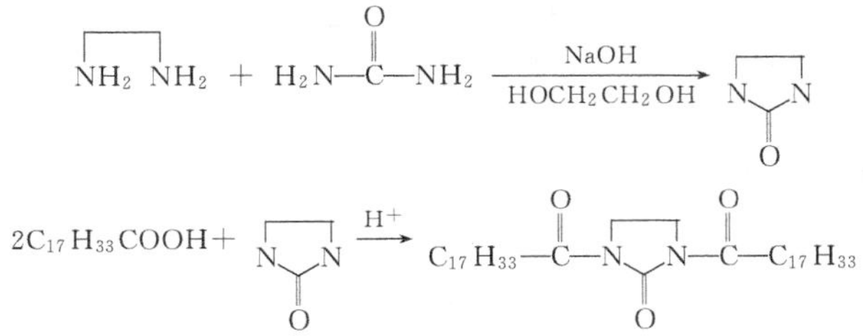

　　① 咪唑啉酮的合成　在 250mL 三口烧瓶中，加入乙二胺 30.5g，尿素 29.5g，水 10mL，乙二醇 101g，加热搅拌，不断除水，温度逐渐上升到 160℃时保温反应 2h，趁热倒出反应液，冷却、结晶、抽滤，滤饼用丙酮洗涤数次，得白色固体。

　　② 取代咪唑啉酮的合成　在装有搅拌装置的三口瓶中，加入 0.2mol 油酸，在氮气保护下，加热到 140℃，加入 0.1mol 咪唑啉酮及适量 NaOH 溶液，搅拌，保温反应 2h，再逐渐升温到 180℃，再保温反应约 3h，得到红棕色黏稠状液体。

【应用】　可作为锅炉、设备酸洗的缓蚀剂，使用量为 20mg/L 时缓蚀率为 95％以上。

6.2.23　复合芳基双环咪唑啉季铵盐

【制备方法】　复合芳基双环咪唑啉季铵盐合成分为两个步骤。

　　① 将一定量芳香酸加入带有温度计、分水器、搅拌器和冷凝柱的四口烧瓶（400mL）中，加入二甲苯后再将二乙烯三胺装入滴液漏斗，升温至 90℃时开始滴加二乙烯三胺，完毕后继续升温，在 140～160℃下反应 3h，缓慢升温至 240～250℃，并维持该温度反应 3h，完成酰胺化、环化反应，合成双环咪唑啉中间体。反应方程式如下：

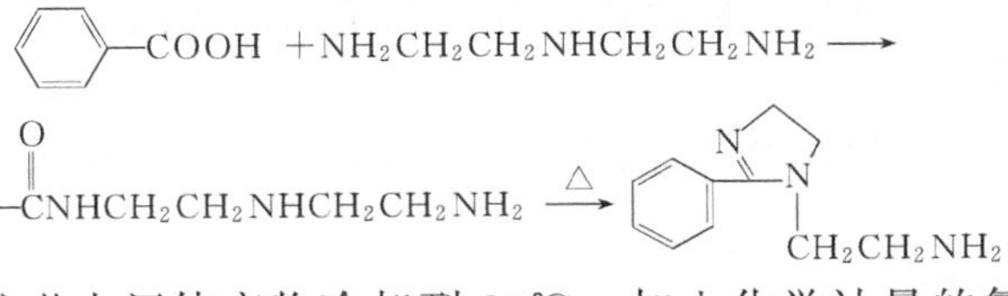

　　② 将合成的双环咪唑啉中间体产物冷却到 80℃，加入化学计量的氯乙酸钠，在特定的条件下反应 4h，即制得双环咪唑啉季铵盐，反应方程式如下：

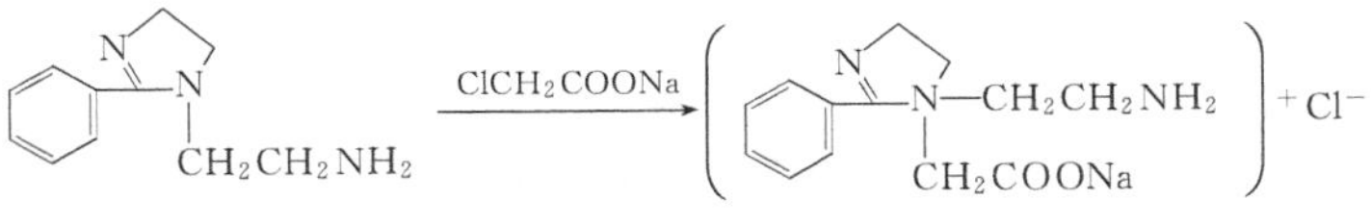

【应用】　复合芳基双环咪唑啉季铵盐类缓蚀剂在酸性介质中对碳钢具有优良的缓蚀能力，适用于盐酸以及氢硫酸酸性介质对钢铁的腐蚀。在高温下稳定，可作为高温酸性介质的缓蚀剂，缓蚀效率高，可作为工业循环水中的缓蚀添加剂使用。

郑平等用静态挂片失重法测定在加入不同质量缓蚀剂的腐蚀介质（质量分数为 15％盐酸和 408mg/L）中钢片的腐蚀速度，测定温度为 90℃。同时研究了在合成缓蚀剂加入碘盐形成复配缓蚀剂的缓蚀性能。

在加入缓蚀剂的质量分数为 1％时未复配与复配缓蚀剂挂片性能评价实验数据见表 6-17。由表 6-17 可知，加入复配缓蚀剂的钢片的质量变化明显较小，腐蚀速率明显降低，缓蚀率达 99％以上，效果显著。

表 6-17　缓蚀剂性能评价数据对比

项　　目	m_1/g	m_2/g	Δm/g	t/h	S/mm^2	v/[g/(m$^2 \cdot$ h)]	η/%
空白挂片	10.1463	6.6343	3.5120	4	856.12	1025.56	—
加入未复配缓蚀剂的挂片	10.0157	9.8290	0.1867	4	856.12	54.52	94.68
加入复配缓蚀剂的挂片	10.7255	10.7101	0.0154	4	856.12	4.50	99.56

注：S—挂片的表面积，v—腐蚀速率，η—腐蚀率。

6.2.24　羧酸类缓蚀剂

【结构式】

$$\text{HOOCRO}-\underset{R''_x}{\text{⬡}}-Z-\underset{R'''_y}{\text{⬡}}-\text{OR'COOH}$$

式中，R 和 R′是含有 1～6 个碳原子的碳氢化合物；R″和 R‴是含有 1～4 个碳原子的碳氢化合物或含有芳香环的化合物；$x \geqslant 0$，$y \leqslant 3$；Z 是氧、硫、二氧化硫、一氧化碳或是含有 1～9 个碳原子的碳氢化合物。

【物化性质】　白色结晶。

【制备方法】　把多元酚 1.0mol 溶于装有 4.0mol NaOH 溶液的三口烧瓶中，再缓慢加入 1mol 碳酸钠和 2L 水，搅拌，溶液加热回流直至产生一澄清溶液；此外，将 1.0mol 氯乙酸加入装有 0.8mol NaOH 和 500mL 水的三口瓶中，溶液加热回流直至产生另一澄清溶液。将两种澄清溶液混合并加热回流 3h，继而用稀硫酸酸化，然后过滤，水洗后干燥。为了防止氯乙酸水解成羟基乙酸，减少药品的浪费，应持续加入过量的碱。

得到的产品中由于存在一元酸副产物，产品只有一定的黏性。将它溶进冰醋酸溶液中回流重结晶，同时加入足够的水使醋酸溶液稀释到 40％，此时不会有晶体析出。但如果注入水的速度较快，就会有晶体沉淀析出，加热后晶体又会重新溶入母液。把母液冷却，得到的产物不会有前者那么强的黏性。最后，再用 30％的醋酸溶液进行类似的操作，便可得到白色的纯度较高的结晶产物。

【应用】　可用于冷凝器循环水、汽车不冻液的缓蚀剂，使用量为 6 mg/L 时缓蚀率为 95％以上。

6.2.25　2-苯甲酰基-3-羟基-1-丙烯（BAA）

【结构式】

【物化性质】　常温下是一种黄色黏稠状液体，密度为 1.0749g/mL。

【制备方法】　将苯乙酮、甲醛做原料，摩尔比约 1：2，在助溶剂和催化剂作用下，可合成出 2-苯甲酰基-3-羟基-1-丙烯，其化学反应方程式如下：

$$\underset{}{C_6H_5-\overset{\displaystyle O}{\overset{\displaystyle \|}{C}}-CH_4} + 2HCHO \xrightarrow[\text{溶剂}]{\text{催化剂}} \underset{CH_2OH}{C_6H_5-\overset{\displaystyle O}{\overset{\displaystyle \|}{C}}-C=CH_2} + H_2O$$

将此反应混合物经酸中和及盐水处理，用乙酸乙酯反复萃取，用无水干燥剂干燥脱水，减压蒸馏出乙酸乙酯，得到黄色油状物。用硅胶（粒度＜20μm）作吸附剂，乙酸乙酯作洗脱液进行层析得到 2-苯甲酰基-3-羟基-1-丙烯。

【应用】　可作为盐酸高温酸洗缓蚀剂，用量 0.1%，在 62℃时条件下，对碳钢的缓蚀率达到 90%。在有机氮化物复配时，缓蚀效率可进一步提高。

范洪波等用失重法研究了 BAA 在盐酸中对碳钢的缓蚀作用。

（1）不同浓度 BAA 在 28% HCl 中的缓蚀性能（92℃）

缓蚀试验结果见表 6-18。

表 6-18　不同浓度 BAA 缓蚀性能试验结果

BAA 浓度/%	0	0.25	0.50	0.75	1.00
腐蚀速度/[g/(cm² · h)]	6231.9	4069.8	855.5	418.5	31.1
缓蚀率/%	—	34.7	86.2	93.3	99.5

（2）不同温度下 BAA 在 28% HCl 中的缓蚀性能

试验结果见表 6-19。

表 6-19　BAA 在不同温度下的缓蚀性能（28%HCl，0.25%BAA）

温度/℃	92	82	72	32
腐蚀速度/[g/(cm² · h)]	4069.8	3186.6	833.4	28.1
缓蚀率/%	34.7	37.5	75.9	94.8

注：温差为 ±1℃。

（3）不同浓度 HCl 对 BAA 缓蚀性能的影响

试验结果见表 6-20。

表 6-20　0.1%BAA 在不同浓度 HCl 中的缓蚀性能（62℃）

浓度/%	5	10	15	20	28
腐蚀速度/[g/(cm² · h)]	7.06	12.07	40.70	405.12	1008.20
空白试验/[g/(cm² · h)]	175.80	278.88	409.95	860.12	2031.30
缓蚀率/%	95.98	95.67	90.07	52.89	50.36

（4）BAA 与丙炔醇缓蚀性的对比

将 BAA 与丙炔醇在不同情况下做对照试验，结果见表 6-21。

表 6-21　BAA 与丙烯醇的对照试验（85℃，28%HCl）

缓蚀剂名称	缓蚀剂浓度/%	腐蚀速度/[g/(cm² · h)]
丙炔醇	0.6	53.74
BAA	0.6	27.70
丙炔醇(0.6%)复配有机氮化物(0.2%)	0.8	18.94
BAA(0.6%)复配有机氮化物(0.2%)	0.8	5.74

由表 6-21 可以看出，BAA 与丙炔醇在相同条件下，不论是单独比较，还是复配后对比，都比丙炔醇的缓蚀性能优良，同时与有机氮化物有很好的协同作用。

BAA 可同时抑制阴、阳两极的腐蚀过程，属于混合型缓蚀剂。BAA 抑制钢在 HCl 中的腐蚀，是覆盖效应和负催化效应共同作用的结果。

6.2.26　多氨基多醚基亚甲基膦酸（PAPEMP）

【结构式】

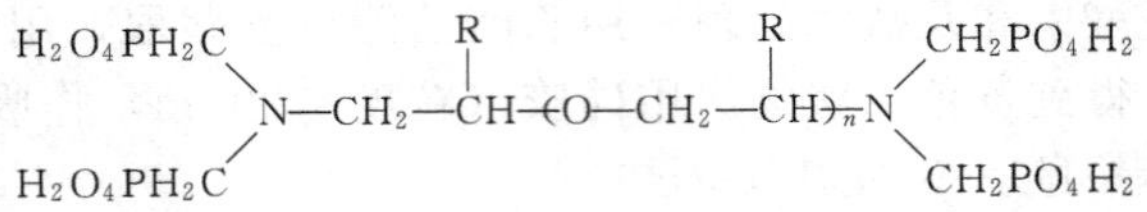

$$H_2O_4PH_2C-N(CH_2PO_4H_2)-CH_2-CH-O-CH_2-CH_n-N(CH_2PO_4H_2)(CH_2PO_4H_2)$$

其中，$n=2\sim3$，相对分子质量约在 600

【物化性质】　本产品为红棕色透明液体。

【制备方法】　在装有电动搅拌器、回流冷凝管、滴液漏斗和温度计的三口烧瓶中加入一定量的亚磷酸。启动搅拌，加入少许浓硫酸和蒸馏水的混合物。保持反应温度在 40℃左右，加入端氨基聚醚。升温至 100℃，冷凝回流，向溶液中缓慢滴加甲醛，滴加时间不少于 50min。滴加完毕，在温度不小于 110℃的情况下继续加热回流约 2.0h。减压蒸馏，最后补加一定量的水，混合均匀后而得到合格液态产品。

【技术指标】

项　目	指　标	项　目	指　标
外观	红棕色透明液体	pH(1%水溶液)	2.0~2.5
固含量/%	≥50	亚磷酸含量/%	≤2.0
活性组分含量/%	56.8(以 PAPEMP 计)	钙容忍度	≥69000
密度(20℃)/(g/cm³)	≥1.20		

【应用】　PAPEMP 是新一代的有机膦酸，已在国内外的石化、电力、油田等部门得到了广泛应用。可以作为碳酸钙阻垢剂，铁、锌、锰的氧化物的稳定剂，特别是针对在高浓缩倍数、高温度、高碱度下运行的循环冷却水，它可以同时解决在苛刻条件下的缓蚀及阻垢问题。

6.2.27　2-癸硫基乙基胺盐酸盐（DTEA）

【结构式】

$$C_{10}H_{21}-S-CH_2CH_2NH_2 \cdot HCl$$

【制备方法】　在带搅拌和回流装置的四口烧瓶中加入 33.7g 巯基乙胺盐酸盐（质量分数 98%），11.2g 水，38.0g 1,2-丙二醇（AR），将反应混合物加热至 65℃，搅拌，回流。同时，向其中滴加 43.8g 1-癸烯（质量分数 96%）和 1.4mL 双氧水（质量分数 3%），反应温度控制在 65℃，回流加热反应 1h。滴加完毕后，再向其中缓慢滴加 3.0mL 双氧水，反应温度控制在 65℃，继续回流反应 3.5h。停止加热，冷却至室温，得白色固体，重结晶，真空干燥，即得纯品，收率 78%。

【应用】　在 25℃的温度条件下，0.1mol/L 的盐酸溶液中，当 DTEA 浓度为 1mmol/L 时，对碳钢的缓蚀效果最好，缓蚀率为 96.2%。在 0.1mol/L 的盐酸溶液中，在考察的温度范围内（25~55℃），DTEA 对碳钢的缓蚀率变化不大。

6.2.28　YSH-05 高温酸化缓蚀剂

【制备方法】　YSH-05 高温酸化缓蚀剂是以缓蚀剂 MNX 为母体，复配以四种增效剂制备而成。

（1）母体缓蚀剂 MNX 的合成

YSH-05 母体缓蚀剂 MNX 是含有活泼氢的酮、醛及胺缩合生成的一种 β-氨基酮，此反应称为 Mannich 碱反应。在配有回流冷凝器、温度计、电热套和搅拌装置的三口烧瓶中加入一定量的有机胺和无水乙醇，搅拌并滴加 20％的盐酸中和至 pH 值为 2 左右，然后按一定比例加入甲醛和有机酮，加热至一定温度，回流反应 24h。冷却至 50℃左右时，加入一定量的分散剂，然后再搅拌冷却至室温，即得到母体缓蚀剂 MNX。

YSH-05 母体缓蚀剂 MNX 的反应通式：

$$R_1-\overset{\overset{O}{\|}}{C}-CH_4 + HCHO + HN\overset{R_2}{\underset{R_4}{|}} \xrightarrow{\triangle} R_1-\overset{\overset{O}{\|}}{C}-CH_2CH_2N\overset{R_2}{\underset{R_4}{|}} + H_2O$$

注：式中 R_1，R_2 和 R_3 为烷基或芳基。

（2）高温酸化缓蚀剂 YSH-05 制备

当酸液中只加入母体缓蚀剂 MNX 时，实验测得腐蚀速率为 33.919g/(m²·h)，有一定的缓蚀效果，但不能达到标准要求。选择加入四种增效剂（PA 增效剂、碘化物 XI、氯化物 YCl 和 ZCl）与之复配来提高缓蚀效果，配比为：MNX∶PA∶XI∶YCl∶ZCl=(31～33)∶(1～3)∶(0.5～1.5)∶(0.5～1.5)∶(3～5)。高温酸化缓蚀剂 YSH-05 可使腐蚀速率降至 2.3974g/(m²·h)。

【应用】　用静态失重法研究 YSH-05 高温酸化缓蚀剂在不同温度、不同加量以及不同酸液类型及酸液浓度下的缓蚀性能，结果显示，随缓蚀剂浓度的增加，腐蚀速率相应减小；腐蚀速率随盐酸浓度的提高而急剧增加，但当盐酸浓度小于 20％时，腐蚀速率相对较小。相同温度（90℃）下改变盐酸浓度的腐蚀速率如表 6-22 所列。

表 6-22　不同盐酸浓度对腐蚀速率的影响

盐酸浓度/％	缓蚀剂加量/％	腐蚀速率/[g/(m²·h)]	盐酸浓度/％	缓蚀剂加量/％	腐蚀速率/[g/(m²·h)]
10	1.00	0.9057	25	1.50	11.1880
15	1.00	2.3974	30	2.00	39.1217
20	1.20	5.1690			

酸化缓蚀剂 YSH-05 不仅在盐酸中有很好的缓蚀效果，在氢氟酸和土酸中也表现出了优异的性能，如表 6-23 所列。

表 6-23　酸化缓蚀剂 YSH-05 在不同酸液中的效果对比

酸液介质	YSH-05 加量/％	腐蚀速率/[g/(m²·h)]	缓蚀率/％
15％ HCl	0	1202.30	0
15％ HCl	1	2.3974	99.8006
15％ HF	1	5.9427	99.5057
12％ HCl+3％ HF	1	4.2860	99.6435

由表 6-23 可知，在 15％的盐酸、氢氟酸和土酸中，90℃时的腐蚀速率分别为 2.3974 g/(m²·h)，5.9427g/(m²·h) 和 4.2860g/(m²·h)，缓蚀率均大于 99％，耐温可达 150℃，具有良好的缓蚀性能。

6.2.29　PTX-4 缓蚀剂

【物化性质】　本品要成分为烷基苯聚氧乙烯醚磷酸酯，是橙黄色油状黏稠液体。

【制备方法】 将聚氧乙烯烷基苯基醚加入反应釜，于 40℃ 左右加入 0.2%～0.3% 的亚磷酸（配成 50% 的溶液）。然后加 P_2O_5（每分钟加 1kg，加 1.5h 左右）。加毕后，升温至 80～90℃，搅拌 4h。酯化结束后，用 NaOH 水溶液调 pH 值至 6.0～8.0。如果产品颜色深，可加双氧水脱色。反应式如下：

$$R-\!\!\left\langle \!\!\bigcirc\!\! \right\rangle\!\!-O\!-\!(CH_2CH_2O)_m H \xrightarrow{P_2O_5} R-\!\!\left\langle \!\!\bigcirc\!\! \right\rangle\!\!-O\!-\!(CH_2CH_2O)_m\overset{\overset{\displaystyle O}{\|}}{P}-(OH)_2$$

【应用】 在化工、石油、冶金、车船内燃机等密封式循环冷却水系统中作缓蚀剂，一般使用含量 3.5×10^{-4}。正常条件下对碳钢腐蚀率 $<50.8\times10^{-6}\,m/a$，对铜 $<50.8\times10^{-6}\,m/a$。

6.2.30 环己胺

【结构式】

【物化性质】 无色液体。有鱼腥胺气味。能随水蒸气挥发，并与水形成共沸混合物。

【制备方法】 由苯胺催化加氢而得，可分为常压法和加压法。此外，通过环己烷或环己醇的催化氨解，硝基环己烷还原，以及氢存在下的环己酮催化氨解等方法均可制得环己胺。

制备方法 1 苯胺催化加氢常压法

先将苯胺在蒸发器内气化，再按 1：2 摩尔比与氢气混合进入催化反应器；在镍系或钴系催化剂存在下，于 150～180℃ 常压加氢反应，空速 $0.1～0.12h^{-1}$；反应产物经氢气分离器后，进入蒸馏塔，分离的氢气循环使用；从塔顶得到粗环己胺，经进一步精馏，得到产品环己胺，纯度 98.5%；塔底是未反应的苯胺和副产物二环己胺，苯胺可循环使用，二环己胺也是重要精细化工中间体。产品收率（以苯胺计）为 90%，每生产 1t 环己胺，耗用苯胺（98.5%）1.12t 左右。

制备方法 2 苯胺催化加氢加压法

以钴为催化剂，240℃，压力 14.7～19.6MPa，苯胺与氢气的摩尔比为 1：10，空速 $0.4～0.7h^{-1}$，以固定床液相加氢，可得 80%～89% 环己胺，不生成或很少生成二环己胺，加氢产物经分馏可使产品纯度达 98% 以上。虽质量稍差，但该法空速比常压法高 3～6 倍，装置利用率高。

以上二法反应过程均为：

$$\left\langle \!\!\bigcirc\!\! \right\rangle\!\!-NH_2 \xrightarrow{3H_2} \left\langle \!\!\bigcirc\!\! \right\rangle\!\!-NH_2$$

制备方法 3 硝基环己烷还原法

可用催化加氢、化学还原和电解还原法。

$$\left\langle \!\!\bigcirc\!\! \right\rangle\!\!-NO_2 \xrightarrow{\text{还原}} \left\langle \!\!\bigcirc\!\! \right\rangle\!\!-NH_2$$

制备方法 4 氯代环己烷催化氨解法

$$\left\langle \!\!\bigcirc\!\! \right\rangle\!\!-Cl + NH_3 \longrightarrow \left\langle \!\!\bigcirc\!\! \right\rangle\!\!-NH_2 + HCl$$

本产品可用于金属缓释。因为气化温度低，在使用中还有气相阻隔作用，能在金属和工作液之间形成一层气相保护层，适用于汽车发动机油和传动液。

制备方法 5 环己醇催化氨解法

$$\left\langle \!\!\bigcirc\!\! \right\rangle\!\!-OH + NH_3 \longrightarrow \left\langle \!\!\bigcirc\!\! \right\rangle\!\!-NH_2 + H_2O$$

制备方法6　环己酮催化氨解法

需在氢气存在下进行。

$$\text{环己酮}-O+NH_3+H_2 \longrightarrow \text{环己基}-NH_2+H_2O$$

考虑到原料的价格、来源和工艺的简便性。绝大多数厂家采用苯胺催化加氢法（常压法和加压法），少数厂家采用环己醇和环己酮的催化氨解法，今后的发展方向将是苯胺电解还原法，工艺简单而污染极少。

环己胺是一种化学反应活泼的伯胺，其深加工途径主要是胺的典型反应，如与无机酸和有机酸盐的碱性反应，与羧酸、酰氯、酸酐、磺酰氯等的取代反应，与卤代烷形成仲胺、叔胺和季铵盐的反应等。

① 碳酸环己胺：白色粉末结晶，在乙醇中可结晶成针状，具有氨气昧。本品主要用作钢的气相缓蚀剂，对铁、铅、铝、锌、镍、锡及其合金也有效，对铜及其合金则加速腐蚀。生产方法主要有：直接法、雾化法、气相法和溶剂法。溶剂法操作程序如下：将环己胺溶于低沸点汽油中，质量比约1:5，在回流反应器中成盐反应，即在冷却下慢慢通入干燥二氧化碳气体，直至白色沉淀不再增加为止，真空抽干，用汽油洗涤1~2次，置于室温下晾干即可。

$$2\,\text{环己基}-NH_2+CO_2 \longrightarrow \left[\text{环己基}-NH_2\right]_2 CO_2$$

② 铬酸环己胺：黄色结晶粉末。本品为金属气相缓蚀剂，对铁、钢、铜、锌、镍、锡、铝及其合金以及氧化了的镁等有效。取18g环己胺慢慢注入200g蒸馏水中，不断搅拌，使成乳白色液体；逐渐加入85%磷酸，调节溶液pH值为8~9，此时溶液变为透明；搅拌下将30%铬酸钠水溶液60g慢慢加入所得环己胺溶液，立即有淡黄色结晶析出，抽滤，用蒸馏水洗涤2次，在40℃下烘干即得产品。

$$2\,\text{环己基}-NH_2+Na_2CrO_4+H_3PO_4 \longrightarrow \left[\text{环己基}-NH_3^+\right]_2 [CrO_4^{2-}]+Na_2HPO_4$$

③ 磷酸环己胺：白色结晶粉末，可溶于水和醇。本品为黄铜的气相缓蚀剂，若与苯并三氮唑和十一碳酸三乙醇胺混合使用，对钢、铜合金、铝合金等也有效。将环己胺溶于石油醚，质量比为1:9，升温回流，在10~15min内滴加85%磷酸（投料量为环己胺的一半），继续升温回流反应2h搅拌下冷却至室温，抽滤，用石油醚洗涤，在室温下自然干燥。

$$2\,\text{环己基}-NH_2+H_3PO_4 \longrightarrow \left[\text{环己基}-NH_3^+\right]_2 [HPO_4^{2-}]$$

④ 水杨酸环己胺：淡黄色透明液体，易分解。若呈红色，仍可使用。本品为铸铁、钢的气相缓蚀剂，但对黄铜有腐蚀性。将14g水杨酸溶于80g工业乙醇，强烈搅拌下慢慢加入26g环己胺，水浴蒸发出未反应的环己胺和溶剂乙醇即得。

$$\text{水杨酸}-COOH + \text{环己基}-NH_2 \longrightarrow \text{水杨酸}(OH \cdot NH_2)(COOH \cdot NH_2)\text{环己基}$$

⑤ 其他产品：亚硝酸环己胺、苯甲酸环己胺、硼酸环己胺、二硼酸环己胺、三硼酸环己胺、碳酸环己胺、葡萄糖酸环己胺、己酸环己胺、异辛酸环己胺、肉桂酸环己胺、壬酸环己胺、对甲苯甲酸环己胺、月桂酸环己胺。

【应用】　环己胺是重要的精细化工中间体，用以制备环己醇、环己酮、己内酰胺、醋酸纤维和尼龙等。环己胺本身为溶剂，可在树脂、涂料、脂肪、石蜡油类中应用。也可用于制取脱硫剂、橡胶抗氧剂、硫化促进剂、塑料及纺织品化学助剂、锅炉给水处理剂、金属缓蚀剂、乳化剂、抗静电剂、胶乳凝固剂、石油添加剂、杀菌剂、杀虫剂。还用于有机合成、塑料合成，防腐剂和酸性气体吸收剂，用作橡胶硫化促进剂，也用作合成纤维、染料、气相缓蚀剂的原料。也用作生产水处理化学品、人工甜味剂、橡胶加工化学品和农用化学品的中间体。

6.2.31 1-羟甲基苯并三氮唑

【结构式】

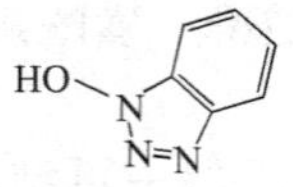

【物化性质】 白色结晶粉末。

【制备方法】 将 11.9g（0.1mol）苯并三氮唑（BTA）、10mL 水与 10mL 甲醛（37% 水溶液）混合，立即有白色粉末状物质生成，加热搅拌使固体溶解后，于 80℃保温 30 min，冷却，过滤得到白色针状 1-羟甲基苯并三氮唑 14.4g（收率 97.5%）。

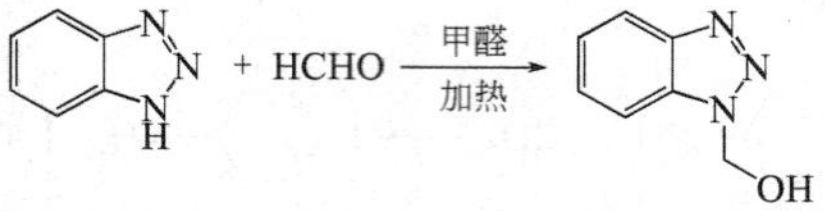

【应用】 1-羟甲基苯并三氮唑用于金属（如银、铜、铅、镍、锌等）的防锈剂和缓蚀剂，广泛用于防锈油（脂）类产品中，多用于铜及铜合金的气相缓蚀剂，特别对空调中铜材管道进行保护，使得循环水系统得以高效而广泛的利用。也可与多种阻垢剂、杀菌灭藻剂配合使用，尤其对封闭循环冷却水系统缓蚀效果甚佳。

1-羟甲基苯并三氮唑可单独用作缓蚀剂，若同其产生协同效应的物质复配时，可得到更好的缓释效果。1-羟甲基苯并三氮唑也可与其他物质复配使用。

（1）乙二胺复配使用。将 1-羟甲基苯并三氮唑与乙二胺以摩尔比 4:1 混合后，白色针状固体很快溶解，溶液呈现淡黄色。通过静态挂片、极化曲线以及交流阻抗等方法测得其在 3%NaCl 溶液中比传统缓蚀剂 BTA 对铜材有更好的缓蚀效果。10mg/L 的使用浓度下，其对黄铜的缓蚀率能达到 90%，与乙二胺复配后的产物是一种在中性高氯根水中性能优良的缓蚀剂，具有用量少，效果好的特点。

（2）与异丙胺复配。称取 5.0g 1-羟甲基苯并三氮唑与 25mL 乙醇混合，微热使其溶解。量取 1.5mL 异丙胺，将 1-羟甲基苯并三氮唑溶液滴入到该溶液中，电磁搅拌。25℃情况下搅拌 5h 后结束。蒸馏除去乙醇，最后得到白色或者淡黄色黏稠的油状物质，使用丙酮为助溶剂，配置缓蚀剂。10mg/L 的使用质量浓度下，其对黄铜的缓蚀率能达到 85%，复配后的产物是一种在偏酸性溶液中优良的铜缓蚀剂，可以取代 BTA 使用。

6.2.32 氨基三亚甲基膦酸（ATMP）

【结构式】

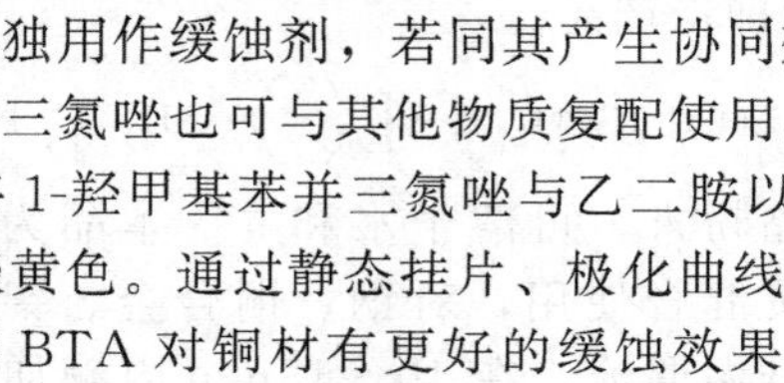

【物化性质】 本品为为结晶性粉末，易溶于水，易吸潮。

【技术指标】

项目	指标		
	符合 HG/T 2841—1997	符合 HG/T 2841—2005	
外观	无色或淡黄色透明液体		白色结晶性粉末
活性组分(以 ATMP 计)/%	≥50.0	≥50.0	≥95.0
氨基三亚甲基膦酸含量/%	——	≥40.0	≥80.0
亚磷酸(以 PO_3^{3-} 计)/%	≤5.0	≤3.5	
磷酸(以 PO_4^{3-} 计)/%	≤1.0	≤0.8	≤0.8
氯化物(以 Cl^- 计)/%	≤3.5	≤2.0	≤2.0
铁(以 Fe^{2+} 计)含量/(mg/L)	——	≤20.0	≤20.0
密度(20℃)/(g/cm³)	≥1.28	≥1.30	——
pH(1%水溶液)	1.5~2.5	1.5~2.5	≤2.0

【应用】　ATMP 用于火力发电厂、炼油厂的循环冷却水、油田回注水系统。可以起到减少金属设备或管路腐蚀和结垢的作用，在水中化学性质稳定，不易水解。在水中浓度较高时，有良好的缓蚀效果。

6.2.33　羟基乙叉二膦酸（HEDP）

【结构式】

$$\text{HO}-\overset{\overset{\displaystyle OH}{|}}{\underset{\underset{\displaystyle O}{\|}}{P}}-\overset{\overset{\displaystyle OH}{|}}{\underset{\underset{\displaystyle CH_3}{|}}{C}}-\overset{\overset{\displaystyle OH}{|}}{\underset{\underset{\displaystyle O}{\|}}{P}}-\text{OH}$$

【物化性质】　HEDP 是一种有机磷酸类阻垢缓蚀剂，能与铁、铜、锌等多种金属离子形成稳定的络合物，能溶解金属表面的氧化物。HEDP 在 250℃下仍能起到良好的缓蚀阻垢作用，在高 pH 值下仍很稳定，不易水解，一般光热条件下不易分解。

【制备方法】

制备方法 1　工业上通常采用冰醋酸与三氯化磷酰反应，再由酰基化产物与三氯化磷水解产物缩合法。将计量的水，冰醋酸加入反应釜中，搅拌均匀。在冷却下滴加三氯化磷，控制反应温度在 40~80℃。反应副产物氯化氢气体经冷凝后送入吸收塔，回收盐酸。溢出的乙酰氯和醋酸经冷凝仍回反应器。滴完三氯化磷后，升温至 100~130℃，回流 4~5h。反应结束后，通水蒸气水解，蒸出残留的醋酸及低沸点物，得产品。

制备方法 2　通过二乙烯三胺与甲醛的亲核加成，加成产物与三氯化磷水解产物酯化，中和得产品。详见 EDTMP（乙二胺四甲叉膦酸）。

制备方法 3　由三氯化磷与冰醋酸混合后，加热、蒸馏得乙酰氯，再与亚磷酸反应制得。市售品为以水稀释为含量 50% 的黏稠液体。每吨产品消耗三氯化磷（95%）931kg，冰醋酸 591kg。

【技术指标】　HG/T 3537—1999

项目	指标		
	优等品	一等品	合格品
外观	无色透明液体	无色或微黄色透明液体	无色或微黄色透明液体
活性组分/%	≥58.0	≥50.0	≥50.0
磷酸(以 PO_4^{3-} 计)含量/%	≤0.5	≤0.8	≤1.0

续表

项目	指标		
	优等品	一等品	合格品
外观	无色透明液体	无色或微黄色透明液体	无色或微黄色透明液体
亚磷酸（以 PO_3^{3-} 计）含量/%	≤1.0	≤2.0	≤3.0
氯化物（以 Cl^- 计）含量/%	≤0.3	≤0.5	≤1.0
pH 值(1%水溶液)	≤2	≤2	≤2
密度(20℃)/(g/cm³)	≥1.40	≥1.34	≥1.34
钙螯合值/(mg/g) ≥	500	≥450	≥450

【应用】 是锅炉和换热器的缓蚀剂，锅炉水、循环水、油田注水处理中的阻垢缓蚀剂，是一类阴极型缓蚀剂。

6.2.34 乙二胺四甲叉膦酸五钠（EDTMP·Na₅）

【物化性质】 中性产品，EDTMP·Na₅ 是含氮有机多元膦酸盐，属阴极型缓蚀剂。能与水混溶，无毒无污染，化学稳定性及耐温性好。

【技术指标】

项 目	指 标	
外观	琥珀色透明液体	白色粉末固体
活性组分（以 EDTMP·Na₅ 计）/%	30.0～32.6	≥81.4
活性组分（以 EDTMPA 计）/%	24.0～26.0	≥65.0
氯化物（以 Cl 计）/%	≤2.0	≤2.0
密度(20℃)/(g/cm³)	≥1.25	
Fe(以 Fe)含量/(mg/L)	≤20	≤20
pH 值(原液)	6.0～8.0(原液)	6.0～8.0(1%水溶液)

6.3 无机缓蚀剂

6.3.1 亚硝酸钠

【物化性质】 亚硝酸钠（$NaNO_2$）是一种白色或淡黄色斜方晶系结晶或粉末，相对密度 2.168（0℃），熔点 271℃，320℃时分解。水溶液呈碱性反应，能从空气中吸收氧而逐渐变为硝酸钠。有致癌作用，须注意安全。微溶于甲醇、己醇、乙醚，与有机物接触易燃易爆，有毒。

【制备方法】 亚硝酸钠的生产方法大体上可归纳为两类：一类是还原法，即在一定的温度条件下，用铅、钙或氢作还原剂还原硝酸钠而制得亚硝酸钠，这类方法的问题是工艺过程复杂，成本高；第二类是国内外主要生产方法，即用碱溶液吸收氧化氮气体联产硝酸钠和亚硝酸钠。

(1) 直接法

直接法是氨气和空气经氧化炉内铂催化剂，将氨氧化为 NO，又经废热锅炉回收反应热之后，出废热锅炉含高浓度的氧化氮和二氧化氮气体，然后用碱溶液吸收从氧化炉出来的浓的氧化氮和二氧化氮气，吸收率在 98.5%～99%，吸收后中和液中 $NaNO_2$：$NaNO_3$ 大于 20：1，尾气氧化氮浓度小于 0.2%。

用纯碱溶液吸收氧化氮气体的反应方程式如下：

$$NO_2 + NO + Na_2CO_4 \Longrightarrow 2NaNO_2 + CO_2 \uparrow$$

$$2NO_2 + Na_2CO_4 \Longrightarrow NaNO_4 + NaNO_2$$

用烧碱溶液吸收氧化氮气体的反应方程式如下：

$$2NaOH + NO + NO_2 \longrightarrow 2NaNO_2 + H_2O$$

$$2NaOH + 2NO_2 \longrightarrow NaNO_4 + NaNO_2 + H_2O$$

直接法生产亚硝酸钠的工艺分为 4 个步骤：

a. 氨的氧化，氨与空气中的氧在铂系催化剂作用下反应，生成一氧化氮和水；

b. 碱吸收，用碱液在碱吸收塔内吸收氮的氧化物得到含亚硝酸钠、硝酸钠（比值 20∶1 以上）的中和液；

c. 中和液经蒸发、结晶、分离提取亚硝酸钠产品；

d. 提取亚钠后的母液用硝酸转化，转化液经蒸发、结晶、分离得硝酸钠产品。

亚硝酸钠与硝酸钠的生产装置工艺流程如图 6-7 所示。

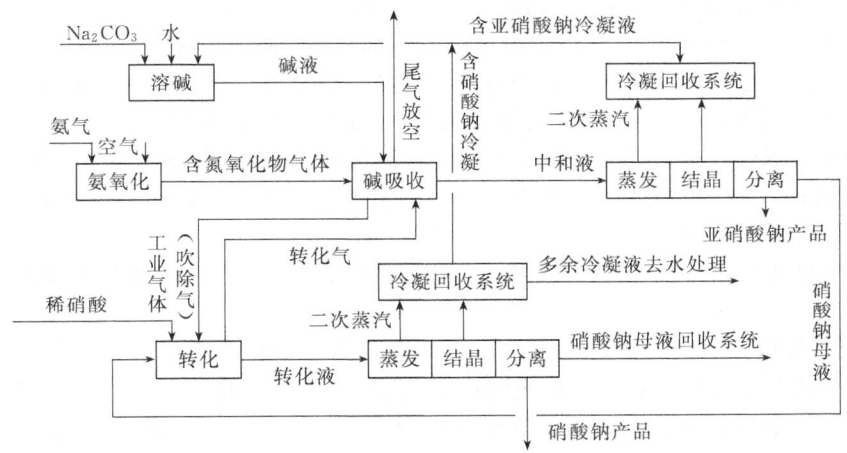

图 6-7 亚硝酸钠与硝酸钠的生产装置工艺流程

在溶碱槽中，温度为 60～100℃ 的情况下配制 15%～20% 纯碱溶液。然后将浓度为 15%～20% 的纯碱溶液打到冷却器和各碱吸收塔，碱溶液在吸收塔中与氧化来的氧化氮混合气逆流接触，反应后的碱溶液再以循环泵进行循环吸收，至碱度下降到 3～5g/L 时，若溶液中的亚硝酸钠含量未到 380g/L，则回溶碱槽加碱，加碱后的溶液再回吸收塔进行吸收，直到溶液碱度降至 3～5g/L，亚硝酸钠含量达 380g/L 时，则打到蒸发器中进行蒸发。然后结晶、分离，即得亚硝酸钠。当分离亚硝酸钠后的母液不能制取亚硝酸钠时（即溶液中 $NaNO_2/NaNO_3 < 8$ 时），则用稀硝酸使其转化为硝酸钠。因此，另外备用两个酸塔，以便供酸给生产硝酸钠用。

在生产过程中，主要是控制氧化氮混合气中 NO、NO_2 的含量，使其在吸收过程中以 N_2O_3 的形式存在，为此必须使混合气中 NO 的氧化度≤50%。

由 NO 氧化速度公式可知 NO 的氧化度随 NO 和 O_2 的浓度及氧化时的温度和时间的增加而增加。从氧化炉出来的氧化氮混合气在常温常压下的氧化速度很快，当 NO 的氧化度达 50% 时，只需 10s 左右的时间。而稀硝酸生产中的尾气当的氧化度达 50% 时，则需 100s 以上。因此为了保证 NO 氧化度≤50%，应控制混合气中较低的氧含量，并使其氧化在较高的温度下进行，以减慢 NO 的氧化速度；另一方面，在吸收中选择较大的碱溶液喷淋量，尽快降低混合气中低氧化物的浓度，以减慢 NO 的氧化速度。然而在吸收后阶段则与其相反，应该设法加快 NO 的氧化速度，方能使吸收过程中有较多的 N_2O_3 存在。在整个吸收过程中，混合气的氧含量应是由低向高递增，而温度则由高向低递减。这样则既能保证亚硝酸钠的生成，而又使吸收完全，保证放空尾气合格。

吸收的温度由 170℃ 到 650℃ 时的氮的氧化物的吸收速度基本上是一样的。若其吸收在 650℃ 以上的温度进行，防止了氮氧化物混合气中水蒸气的冷凝，缩短溶液的循环时间。同时碱吸收塔的循环液采用连续自动分析，严格控制循环液的碱度。将会使溶液中 $NaNO_3$ 含量稳定在 13g/L 以下。亚硝酸钠得率将达 90%。

(2) 尾气法

尾气法可分为三种：硝酸尾气吸收法、硝酸尾气增浓法和配气法。

① 硝酸尾气吸收法　硝酸尾气吸收法，按硝酸装置吸收压力的不同，划分为常压法（其吸收压力 0.125~0.21MPa）和加压法（其吸收压力 0.45~1.1MPa）。

该法是用 20%~35% 的 Na_2CO_3 水溶液在大型填料塔内吸收硝酸生产中含 NO_x 0.2%~1.0% 的尾气，再把吸收后的中和液（含 $NaNO_2$ 350g/L，$NaNO_3$ 50g/L，Na_2CO_3 2~5g/L）送去蒸发、结晶、分离等加工工序来生产亚硝酸钠，分离亚硝酸钠后的母液，经用硝酸转化为硝酸钠溶液后，送至另一套系统，经蒸发、结晶、分离等工序，生产出硝酸钠。

该法的优点是碱吸收比水吸收的效率高，缩短了酸吸收流程，减少了放空尾气中氮的氧化物含量，减轻了对环境的污染，同时可副产回收硝盐，使硝盐的生产成本降低。此法存在的弊端有：①由于硝酸生产尾气含 NO_x 浓度低，反应速度慢，吸收效率低，吸收塔容积庞大，硝酸尾气难以达标排放；②硝盐产量低，约为硝酸产量的 5%~7%，硝盐中亚硝酸钠与硝酸钠的比值约为 1:1，要提高 $NaNO_2/NaNO_3$ 的比值和增加亚硝酸钠的产量很困难。

② 硝酸尾气增浓法　此法适用于常压多塔生产硝酸流程，为了增加硝盐的产量，可停掉一个或几个硝酸吸收塔，提高进碱吸收塔尾气中 NO_x 的浓度，操作得当，可生产一部分亚硝酸钠，但亚硝酸钠与硝酸钠的比值难以维持 1:1，一般硝酸钠的产量多于亚硝酸钠的产量。

③ 配气法　此法是上海化工研究院开发的，采用调节进碱吸收塔氮的氧化物含量和氧化度（$\alpha=50\%$），以降低硝酸排放尾气中的 NO_x 的浓度，同时增加硝盐的产量。在实际应用中由于缺乏 NO、NO_2 快速分析仪，靠人工经验调节控制，虽然硝盐产量有所增加，可使亚硝酸钠与硝酸钠的比值维持 1:1，但排放硝酸尾气含 NO_x 偏高。

(3) 复分解法

复分解法是用硝酸直接作用于碱类生产硝酸钠，但该法受到资源、原料来源的限制，不宜大量发展。

【技术指标】　GB 2367—2006　工业亚硝酸钠

项　目	优等品	一等品	合格品
亚硝酸钠($NaNO_2$)(以干基计)/%	≥99.0	≥98.5	≥98.0
硝酸钠($NaNO_3$)(以干基计)/%	≤0.8	≤1.0	≤1.9
氯化物(以 NaCl 计)(以干基计)/%	≤0.10	≤0.17	—
水不溶物(以干基计)/%	≤0.05	≤0.06	≤0.10
水分含量/%	≤1.4	≤2.0	≤2.5
松散度(以不结块物的质量分数计)/%	≥85	≥85	≥85

注：松散度指标为添加防结块剂产品控制的项目，在用户要求时进行测定。

【应用】　亚硝酸钠广泛用于制备亚硝酸钾、硝基化合物、偶氮染料、药物、氧化氮、防锈剂、腌肉、印染、洁白等，还在建筑业上用作混凝土的添加剂，可防冻和提高混凝土的强度和寿命。

亚硝酸钠是一种阳极型缓蚀剂，在金属表面生成一层氧化性的保护膜，其作用于碳钢时，能使钢铁表面生成一层致密的 γ-Fe_2O_3。这类缓蚀剂一方面在阳极上引起钝化，一方面又在阴极上起去极化作用。因此，用于冷却水处理时，一般需要很高的浓度，投药量在200mg/L以上。特别是当水中侵蚀性离子的浓度较高时，如果亚硝酸钠与侵蚀性离子的质量比小于1，就会出现点蚀。再加上其对环境的负面效应，在敞开式循环冷却水系统中一般很少使用亚硝酸钠作为缓蚀剂。但是随着零排污技术的推广，亚硝酸钠仍可能被一些方案采用。

C. M. Mustafa 等研究了在模拟循环冷却水中，MoO_4^{2-} 和 NO_2^- 对偶联有铜的碳钢的缓蚀作用，结果表明在 pH>6 时，两者之间存在协同作用。T. R. Weber 等采用极化曲线和失重法对不同氧浓度条件下的钼酸盐和亚硝酸盐之间的协同作用进行了研究，结果显示，将钼酸盐和亚硝酸盐复合使用能大大提高缓蚀效果。这是因为在金属表面氧化铁膜被破坏、腐蚀可能发生的区域，由于亚硝酸盐的强氧化性，能够起到修复的作用，从而保护了膜的完整。同时，MoO_4^{2-} 被吸附在膜外层并带负电荷，能够排斥侵蚀性离子的进入。

骆素珍等利用磁致伸缩空蚀实验机研究了 20SiMn 低合金钢在 3%NaCl 和 3%NaCl＋$NaNO_2$ 溶液中的空蚀行为，测量了静态和空蚀条件下的腐蚀电位变化、电化学阻抗谱和极化曲线。结果表明：$NaNO_2$ 通过抑制腐蚀与空蚀间的交互作用，对 20SiMn 低合金钢在 3%NaCl 溶液中的空蚀损伤有良好的抑制作用，浓度为 1% 的 $NaNO_2$ 的缓蚀效率达到 80.2%。添加 $NaNO_2$ 对 20SiMn 低合金钢在 3%NaCl 溶液中的电化学行为有显著影响。在 3%NaCl 溶液中，自腐蚀电位、线性极化电阻都随空蚀进行而逐渐负移和减小。与此相反，添加 $NaNO_2$ 后，20SiMn 的自腐蚀电位、线性极化电阻都随空蚀的进行而逐渐正移和增大。3%NaCl＋1%$NaNO_2$ 溶液中的电化学阻抗谱特征与空蚀表面形貌的变化有较好的对应关系。

Miura Kenzo 等研究发现，亚硝酸钠可以作为缓蚀剂用于循环冷却水中船用柴油机铬钼合金的缓蚀。当溶解氧浓度高时，腐蚀速率明显加快，而在溶解氧浓度低时，腐蚀效率较慢。Miura Kenzo 等同时研究了亚硝酸钠在硫酸溶液中对铬钼合金的坩埚钢的缓蚀作用。采用腐蚀实验和极化测定研究了在硫酸盐溶液中不同亚硝酸钠浓度对铬钼合金的缓蚀作用，包括三种不同类型的表面预处理：磨损、钝化、生锈。锈铁的腐蚀率大于磨损铁和钝化铁，这使得需要更多量的亚硝酸钠进行缓蚀。研究发现，在高温时需要浓度更大的亚硝酸钠进行缓蚀实验，以维持稳定的钝化膜。

Ledovskikh V. M. 通过测量物理化学参数研究了中性介质中有机胺与亚硝酸钠协同作用下对铁的缓蚀效果。有机胺包括吡啶、脂肪胺、二胺，它们与亚硝酸钠混合使用，在中性介质（0.1mol/L NaCl）中可以提高缓蚀效率。

6.3.2　硝酸钠

【物化性质】　无色透明结晶或白色颗粒粉末。无臭，味咸微苦。在潮湿空气中略吸潮。溶于水，稍溶于乙醇，当溶解于水时其溶液温度降低，溶液呈中性。相对密度 2.26，熔点 308℃，加热至 537.7℃ 爆炸，与有机物、硫黄接触能引起燃烧和爆炸。

【制备方法】　硝酸钠最方便的来源是从钠硝石矿中浸取而得，但钠硝石矿较少，所以大量的硝酸钠由合成法制得。

（1）碱吸收法

碱吸收法可分为碱吸收硝酸"尾气"法和碱吸收硝酸法。硝酸的生产主要是用纯碱（或烧碱）溶液吸收硝酸"尾气"而得到。由于硝酸"尾气"数量有限，有时也用碱液吸收硝酸来制备，也叫中和法。这两种方法成本较高，对设备腐蚀性较大，且由于两碱供应紧张，使产量受到限制。

（2）氯化钠制备法

以氯化钠为原料，可以通过转化法和内循环法而得到硝酸钠。

转化法是由氯化钠与硝酸铵两种不易直接反应的易溶盐在一定的条件下反应而实现。这两种盐来源丰富，可就地取材，是比较合理的原料路线。依据实现转化的条件不同，可分为直接转化法、浮选法、离子交换法。

① 直接转化法 直接转化法是通过研究反应中 Na^+、NH_4^+/Cl^-、NO_3^--H_2O 交互体系相图，得知 $NaCl$ 与 NH_4NO_3 为不稳定盐对，而 $NaNO_3$ 与 NH_4Cl 为稳定盐对；随着温度的降低，$NaNO_3$ 与 NH_4Cl 结晶区的面积不断增大。故当在一定浓度的母液中，加入相等物质的量的 $NaCl$ 与 NH_4NO_3，在较高的浓度下令其溶解，再按照合适的工艺冷却后，析出 $NaNO_3$ 与 NH_4Cl 晶体。反应基本上定量地完成。由于 $NaNO_3$ 结晶的密度大于 NH_4Cl，如果条件选择得合适，则 $NaNO_3$ 会以较大的晶粒析出，可方便地与 NH_4Cl 结晶分离。

② 浮选法 浮选法也是通过 $NaCl$ 与 NH_4NO_3 制取 $NaNO_3$ 与 NH_4Cl 的联产工艺。操作过程中利用同离子效应防止发生逆反应。利用静态结晶和浮选手段达到 $NaNO_3$ 与 NH_4Cl 混晶分层浮选的目的。整个联产工艺是一个投入产出的闭路循环，生产过程中不需投入第三种物质。所用设备均为常压通用化工设备，为一种较好 $NaNO_3$ 的生产方法。

③ 离子交换法 离子交换法是在离子交换树脂上，完成 $NaCl$ 与 NH_4NO_3 之间反应。强酸性阳离子交换树脂中活性基团（—SO_3H^+）上的氢离子，能选择性地交换溶液中的阳离子。利用该特性，在交换柱上进行 Na^+ 和 NH_4^+ 的相互交换，制得 $NaNO_3$ 溶液。经浓缩、结晶、离心分离、烘干等工序，制得高纯度的硝酸钠和副产品氯化铵。其交换反应如下：

淋洗： $R—SO_4Na + NH_4NO_4 \rightleftharpoons R—SO_4NH_4 + NaNO_4$
再生： $R—SO_4NH_4 + NaCl \rightleftharpoons R—SO_4Na + NH_4Cl$

该法通过一个交换循环过程，直接得到硝酸钠溶液，而使树脂在循环过程中再生，周而复始，可长期使用。生产过程中无三废产生。该法缺点是收集液的浓度太小，浓缩时能耗太大，而且蒸发氯化铵溶液有严重的设备腐蚀问题，致使该法的实用化受到限制。

④ 内循环法

实现该过程的基本反应为：

$$NaCl + NH_4HCO_4 \longrightarrow NH_4Cl + NaHCO_4$$
$$NaHCO_4 + NH_4NO_4 \longrightarrow NaNO_4 + NH_4 + CO_2 + H_2O$$
$$NH_4 + CO_2 + Ca(NO_4)_2 + H_2O \longrightarrow NH_4NO_4 + CaCO_4$$

NH_3、CO_2 可循环使用。该途径反应较多，工艺操作要求较为严格。采用本法生产硝酸钠，成本与吸收法相当，但产量高，节省能源，设备腐蚀小，成品中不含有害物质——亚硝酸盐，副产品既可作工业原料又可作化肥。

（3）硫酸钠制备法

硫酸钠来源广泛，利用硫酸钠来制备硝酸钠是一条有意义的途径。直接利用芒硝来制备硝酸钠的方法，所依据的途径有三条。其一为硝酸、石灰、芒硝法，反应为：

$$2HNO_4 + CaCO_4 \longrightarrow Ca(NO_4)_2 + CO_2 + H_2O$$
$$Na_2SO_4 + Ca(NO_4)_2 \longrightarrow 2NaNO_4 + CaSO_4 \downarrow$$

在第一步反应中制得 $Ca(NO_3)_2$，第二步为不可逆反应，但在产品中往往残留少量硫酸盐。为了得到高质量 $NaNO_3$，可在后处理中加入 $Ba(NO_3)_2$，以除去残存的 SO_4^{2-}。

第二种途径是利用芒硝、碳酸氢铵、硝酸铵之间的反应而实现：

$$2NH_4HCO_4 + Na_2SO_4 \longrightarrow (NH_4)_2SO_4 + 2NaHCO_4$$

$$NaHCO_4 + NH_4NO_4 \longrightarrow NH_4HCO_4 + NaNO_4$$
$$\quad \quad \longrightarrow NH_4 + CO_2 + H_2O$$

二式相加得：

$$2NH_4NO_4 + Na_2SO_4 \longrightarrow 2NaNO_4 + (NH_4)_2SO_4$$

此法生产 $NaNO_3$，钠转化率高达 98%，氨转化率也达 80% 以上，产品 $NaNO_3$ 纯度可达 99.5%，$(NH_4)_2SO_4$ 纯度也达 95% 以上。从理论上讲，此过程中，NH_4HCO_3 只起中间媒介作用，并没有损耗，但在实际过程中，若在常压下吸收氨和 CO_2，不可能全部转化成 NH_4HCO_3，其往往为 NH_4HCO_3 与 $(NH_4)_2CO_3$ 的混合物，且回收率为 90%，不能作内部循环使用，只能以化肥形式出售。

第三种途径是芒硝直接与硝酸反应：

$$Na_2SO_4 + HNO_4 \longrightarrow NaHSO_4 + NaNO_4$$

利用往溶液中加入含有 $CaCO_3$ 的石灰，将生成的 $NaHSO_4$ 除去。该步所引入的过量钙，由最后加入 Na_2CO_3 或 $NaHCO_3$ 生成 $CaCO_3$ 沉淀而除去。

（4）含硼矿制备法

这类方法利用硼矿、硼镁矿或硼钙矿首先与烧碱溶液作用，浸取生成偏硼酸钠，然后用硝酸溶解，再经冷却、结晶、离心分离、纯化、干燥等过程处理而制得 $NaNO_3$，副产硼酸。在该方法中，$NaNO_3$ 的精制也可以利用 $NaNO_3$ 在醇中的溶解性能，用甲醇或乙醇萃取 $NaNO_3$，蒸去醇后，便可得到产品硝酸钠。

除利用含硼矿做原料之外，也可以直接利用硼砂与 HNO_3 反应来制备：

$$Na_2B_4O_7 \cdot 10H_2O + 2HNO_4 \longrightarrow 4H_4BO_4 + 2NaNO_4 + 5H_2O$$

反应极易进行。反应产物可利用硼酸与 $NaNO_3$ 在水中溶解度的不同进行分离。在此方法中利用硝酸代替了老工艺中的硫酸，使难以销售的 Na_2SO_3 产品被 $NaNO_3$ 替代，适用于硼酸生产厂家老工艺的改进。

（5）甲酸钠制备法

这种方法报道于波兰专利。反应过程为：

$$HCO_2Na \xrightarrow{475\sim400℃} (CO_2Na)_2 \xrightarrow{HNO_4} (COOH)_2 + NaNO_4$$

方法中以甲酸钠为起始原料，在高温下得到草酸钠，最后草酸钠与硝酸在阳离子交换树脂上完成反应，得到草酸与硝酸钠两种重要的化工原料。

【技术指标】 GB/T 4553—2002 工业硝酸钠

指 标 名 称	优等品	一等品	合格品
硝酸钠（$NaNO_3$）的质量分数（干基）/%	≥99.7	≥99.3	≥98.5
水分的质量分数/%	≤1.0	≤1.5	≤2.0
水不溶物的质量分数/%	≤0.03	≤0.06	—
氯化物（以 NaCl 计）的质量分数（干基）/%	≤0.25	≤0.30	—
亚硝酸钠（$NaNO_2$）的质量分数（干基）/%	≤0.01	≤0.02	≤0.15
碳酸钠（Na_2CO_3）的质量分数（干基）/%	≤0.05	≤0.10	—
铁（Fe）的质量分数/%	≤0.005	—	—
松散度/%	≥90	≥90	≥90

注：1. 水分以出厂检验为准；
2. 松散度指标为加防结块剂产品控制项目。

【应用】 硝酸钠是一种重要的化工原料，可用于制造硝酸钾、药物、火药、炸药，也可用作玻璃消泡剂与脱色剂及搪瓷工业助剂等。

袁郎白等用失重法研究了在盐酸介质中正丁胺和硝酸钠对铝的缓蚀协同作用。研究发现：①正丁胺和硝酸钠分别对铝有一定的缓蚀作用，但其缓蚀率均较低，不能单独用作铝的缓蚀剂；②在盐酸介质中，正丁胺和硝酸钠对铝表现出强烈的缓蚀协同效应，缓蚀率最高可达 90% 以上，故正丁胺和硝酸钠可作为铝的复合缓蚀剂应用于酸性介质中；③正丁胺在铝表面上的吸附规律符合 Frumkin 非理想吸附方程，吸附自由能参数 $f > 0$，说明铝表面极不均匀，且已吸附在铝表面的缓蚀剂粒子之间有吸引力，这正是产生 NO_3^- 和正丁胺之间缓蚀协同效应的根本原因所在。由此，可以推测有机胺盐与无机阴离子之间对铝可能普遍存在有缓蚀协同效应。

袁朗白等还用失重法研究了在盐酸介质中阴离子型表面活性剂十二烷基磺酸钠（DSASS）和硝酸钠对铝的缓蚀协同效应。30℃、40℃时，DSASS 对铝在一定浓度范围内有一定的缓蚀作用，当浓度分别为 35mg/L、80mg/L 时，缓蚀率约为 50% 和 43%；在 30℃、40℃时 $NaNO_3$ 浓度分别为 40mg/L、100mg/L 时，缓蚀率为 58% 和 33% 左右。30℃、40℃时在含 DSASS 分别为 35mg/L 和 80mg/L 的 1.2mol/L HCl 的介质中，随着外加 NO_4^- 浓度的增加，DSASS 的缓蚀率大大提高，且明显高于相同浓度下单独 NO_4^- 或单独 DSASS 对铝的缓蚀率，可高达 90% 左右，说明 NO_4^- 和 DSASS 对铝产生了强烈的缓蚀协同效应，且产生最佳协同效应的浓度范围较宽（30℃时，NO_4^- 在 15～40mg/L，40℃时，NO_4^- 在 40～100mg/L）。

这种协同作用产生的原因可能是：铝在酸性溶液中，阴极部分带正电荷，铝表面对 NO_4^-、DSASS 有一定的静电引力，这两种阴离子将在铝表面的阴极部分发生竞争吸附，有可能同时吸附到阴极，从而抑制了阴极反应，使缓蚀率明显提高。

二正丁胺和硝酸钠在盐酸介质中对铝的缓蚀也形成协同效应。袁朗白等用失重法研究了在盐酸介质中二正丁胺和硝酸钠对铝的缓蚀作用，发现温度为 30℃、35℃时，在一定浓度范围内，两者之间产生了明显的缓蚀协同效应，缓蚀率分别可达 70% 和 90% 以上。

6.3.3 硅酸钠

【物化性质】 又名水玻璃，泡花碱，为无色、淡黄色或青灰色透明的黏稠液体。溶于水呈碱性，遇酸分解而析出硅酸的胶质沉淀，属于玻璃体物质，无固定熔点，水处理用一般模数为 2.5～3.0。

【制备方法】 （1）传统生产方法

硅酸钠的传统生产方法分为干法、湿法和芒硝法三种。

① 干法制备方法

a. 纯碱法 将纯碱和硅粉按比例混合后，在 1300～1400℃下煅烧，熔融出来的物料经冷却变成固体。然后再经溶解、澄清与浓缩，得到不同规格的液体硅酸钠产品。该法的主要优点是可制得模数为 0.5～4.0 的系列产品，尤其是模数 2.5 以上的产品均用该法生产；该法的缺点是对燃料的要求较高，需用优质煤、煤气或重油。反应方程式为：

$$Na_2CO_4 + SiO_2 \longrightarrow Na_2SiO_4 + CO_2 \uparrow$$

b. 天然碱法 天然碱、硅砂、煤粉按比例混合，融熔反应制得。

② 湿法制备方法（液相法） 该法以液体烧碱代替纯碱，且对煤质的要求低，所以生产成本比固相法低。生产同一牌号的产品，液相法的生产成本仅为固相法的 1/3 左右。该法的缺点是不能生产高模数的硅酸钠品种，且硅粉的单程转化率较低，仅为 70%～80%。反应

方程式为：

$$2NaOH + SiO_2 \longrightarrow Na_2SiO_4 + H_2O$$

③ 芒硝法　该法是用煤粉和芒硝取代纯碱。主要优点是工艺流程简单，对原料要求不苛刻，工业粗制芒硝和副产品芒硝均可使用。缺点是芒硝熔点较高，达 884℃（纯碱为 851℃），需要提高熔制温度，熔融时有二氧化硫气体产生，增加了对窑炉的腐蚀。

（2）制备实例

① 稻壳灰与碱液反应制备硅酸钠

稻壳灰与碱液反应制备硅酸钠的工艺流程如图 6-8 所示。

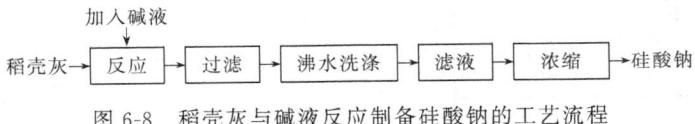

图 6-8　稻壳灰与碱液反应制备硅酸钠的工艺流程

反应方程式为：

$$nSO_2(s) + 2NaOH(l) \longrightarrow Na_2O \cdot nSiO_2 + H_2O$$

对稻壳灰制备硅酸盐各影响因素的实验研究表明，常压下由稻壳灰制备的硅酸盐的最佳工艺条件为：物料比 10:2，反应温度 140℃，反应时间 6h。制备的硅酸钠模数可以达到 2.9，溶出率 56.73%。在压力 0.6MPa 下最佳工艺为物料比 10:2，反应时间 4h，得到的硅酸钠模数为 2.77，溶出率 62.03%。两者均达到 GB 4209—1996 优等品指标。

常压最优条件下得到的硅酸钠产品较压力最优条件下得到产品模数高，但其耗时长。加压条件下可以缩短用时，但是加压条件对仪器设备有一定的要求，操作难度较大，且得到产品的模数不如常压常时的产品。在实际生产中可以根据生产需要选用不同的工艺条件。

② 蛋白土为原料制备硅酸钠

蛋白土是一种无定形的硅质矿产，其主要化学成分是 $SiO_2 \cdot H_2O$。用蛋白土制备硅酸钠的试验流程为：蛋白土→粉碎（至 200 目）→烧碱碱溶→固液分离→蒸发浓缩（碱渣另作处理）→硅酸钠。由于蛋白土中所含的 SiO_2 为无定型结构，故碱溶条件较温和，反应可在常压及 100℃ 左右的条件下进行。其化学反应如下：

$$SiO_2 \cdot nH_2O + 2NaOH \longrightarrow Na_2O \cdot mSiO_2 + (n+1)H_2O$$

式中，m 为硅钠比，即硅酸钠的模数。

具体的试验过程为：将蛋白土粉碎（200 目），置马弗炉中 650℃ 煅烧 30min，煅烧后的蛋白土和氢氧化钠溶液放在恒温水浴锅里加热，加热过程中不断搅拌，一段时间后将混合溶液用真空泵过滤，除去滤渣所得滤液即为硅酸钠溶液。工艺条件：投料比（蛋白土:水）= 1:(0.3~0.35):(3~4)；反应（碱溶）时间 75min；反应温度 100℃。

利用蛋白土制备硅酸钠的实验，具有工艺简单、能耗低、生产成本低的特点。应用到生产实践，可取得较高的经济效益，且生产过程的废渣和废水，不含限制排放的物质，pH 值也在可直接排放的范围内，对环境不会产生污染。

③ 硅藻土为原料制备硅酸钠

在制备硅酸钠前，先将硅藻土过 40 目筛，置马弗炉中 700℃ 煅烧 30min。煅烧使硅藻土中的 FeO 转化为 Fe_2O_3，去除有机质。通过试验，硅藻土煅烧后的失重率为 3.93%，煅烧后硅藻土中 SiO_2 含量 83.68%。用煅烧后的硅藻土加碱溶液进行碱溶。工艺条件为：反应时间 75min，碱量:硅藻土量为 0.31:1，液固比为 2.5。

④ 煤矸石制备硅酸钠

煤矸石主要成分是硅、铝、铁等元素，将酸处理后的煤矸石渣经水洗至近中性并晒干。称取一定量煤矸石与一定浓度、体积的氢氧化钠溶液混合于三颈烧瓶中，浸泡一定时间，加热、搅拌、回流，保持微沸一定时间后，趁热抽滤，再将滤液水浴蒸发待液体成为黏稠状，冷却后即得硅酸钠。

【技术指标】 GB/T 4209—2008   工业硅酸钠

工业液体硅酸钠要求：

指标项目	液-1			液-2			液-3			液-4		
	优等品	一等品	合格品	优等品	一等品	合格品	优等品	一等品	合格品	优等品	一等品	合格品
铁(Fe)/%	≤0.02	≤0.05	—	≤0.02	≤0.05	—	≤0.02	≤0.05	—	≤0.02	≤0.05	—
水不溶物/%	≤0.10	≤0.40	≤0.50	≤0.10	≤0.40	≤0.50	≤0.20	≤0.60	≤0.80	≤0.20	≤0.80	≤1.00
密度(20℃)/(g/mL)	1.336～1.362			1.368～1.394			1.436～1.465			1.526～1.599		
氧化钠(Na_2O)/%	≥7.5			≥8.2			≥10.2			≥12.8		
二氧化硅(SiO_2)/%	≥25.0			≥26.0			≥25.7			≥29.2		
模数	3.41～3.60			3.10～3.40			2.60～2.90			2.20～2.50		

工业固体硅酸钠要求：

指标项目	固-1			固-2			固-3	
	优等品	一等品	合格品	优等品	一等品	合格品	一等品	合格品
可溶固体/%	≥99.0	≥98.0	≥95.0	≥99.0	≥98.0	≥95.0	≥98.0	≥95.0
铁(Fe)/%	≤0.02	≤0.12	—	≤0.02	≤0.12	—	≤0.10	—
氧化铝	≤0.30	—	—	≤0.25	—	—		
模数	3.14～3.60			3.10～3.40			2.20～2.50	

【应用】 硅酸钠的用途极广：在石油工业中，可制造石油裂化催化用的硅铝催化剂；化学工业中，可制造硅胶、硅酸盐类、分子筛、白炭黑、涂料等；还可作肥皂填充料，以增加其碱度、硬度和强度，并防止析出游离脂肪酸。硅酸钠还是一种高效的洗涤剂和软水剂，在机械工业中可用于铸造、精密铸造、砂轮和金属防腐剂；建筑工业中，可作快干水泥、耐酸水泥、瓦楞板、耐火材料等；矿业上用于选矿、防水和堵滤。用其浸渍木材，可具有防火特性；经其浸渍后的禽蛋可长期存放而不变质。高模数的硅酸钠还常用作黏结剂。在纺织工业中，它被用作助染、漂白和浆纱，还被用作防火处理剂和显色剂等。

溶于水的硅酸盐解离出硅酸根离子与金属离子或腐蚀物在金属表面形成保护膜，硅酸盐浓度高时形成的膜较透明，浓度低时形成的膜则无光泽。可溶性硅酸盐和金属离子反应建立保护膜的过程是缓慢的，从加入硅酸盐算起，需要几个星期才能完成。初期加入的硅酸盐浓度为 60～80mg/L，循环 3～4 个星期建立比较充分的保护之后，可将 SiO_2 浓度降低至 30～40mg/L。

硅酸盐既可在清洁的金属表面上，也可在有锈的金属表面上生成保护膜，但这些保护膜是多孔性的，因此单独使用硅酸盐缓蚀性能较差，它常与聚磷、有机膦酸、钼酸盐、锌盐等缓蚀剂复配起增效作用。

冷却水中含适量的 Fe^{2+}、Ca^{2+}、Zn^{2+}、Pb^{2+} 等会加强硅酸盐对腐蚀的控制。水中 Mg^{2+} 浓度高时，采用硅酸盐缓蚀剂会出现严重点蚀。硅酸盐使用于冷却水的 pH 值应维持在 8.0～9.5 为宜，特别适应于碱性冷却水系统。在碱性范围内，硅酸盐又有形成硅垢的危险，应采取必要的防垢措施。添加有机物配合使用可解决硅垢问题。

朱法祥研究认为，在冷却水中的硅酸盐一般是可溶性硅，单、双硅酸及其阴离子都具有缓蚀作用，聚硅酸的聚合程度和含量与硅酸盐结垢和缓蚀性能均有联系。

Stericker 的研究表明，对 pH 值为 6 的水，模数为 3.3 的硅酸钠缓蚀效果最佳。

Briggs 的试验表明，硅酸钠用量 30～40mg/L 对开放型冷却水系统能提供有效的腐蚀抑制作用。

吴宇峰的研究表明，硅酸钠用量 100mg/L，缓蚀效果很不明显。

张淑玲在高温冷却水缓蚀剂的试验研究中得出，单组分硅酸钠高达 0.1% 时，试片仍生锈，而 0.2% 硅酸钠虽能使缓蚀合格，但溶液中产生白色絮状沉淀。

陈建新等采用旋转挂片失重法对硅系水质稳定剂进行了研究，分析了冷却水中钙离子浓度、温度、pH 值等因素对其缓蚀阻垢性能的影响。结果发现，单一硅酸钠（模数 3.3，以 SiO_2 计）作缓蚀剂，随用量的增加碳钢的腐蚀速率下降，硅酸钠用量大于 150mg/L 时，缓蚀性能较好。故硅酸钠不宜单独作缓蚀剂使用。硅系药剂在一定范围随温度、pH 值的降低，缓蚀效果增加，适当地增加钙离子浓度，利于碳钢缓蚀。硅酸盐与常用缓蚀剂（六偏磷酸钠、羟基亚乙基二膦酸、硫酸锌、钼酸钠）复配的缓蚀性能，发现：①对硅酸钠缓蚀效果增效顺序为羟基亚乙基二膦酸＞六偏磷酸钠＞钼酸钠＞硫酸锌；②随硅酸钠用量的增加，腐蚀速率有降低趋势，但到 90mg/L（以 SiO_2 计）以后腐蚀速率反而有升高趋势，可能是含硅酸盐浓度高，易形成垢下腐蚀的原因；③硅酸钠与其他缓蚀剂复配能起到增效作用，获得比加单一硅酸钠低得多的腐蚀速率，从而能更有效地保护换热设备免遭严重腐蚀；④与其他缓蚀剂复配时，对硅酸钠缓蚀效果影响最大的是羟基亚乙基二膦酸，其他缓蚀剂影响较小，且除羟基亚乙基二膦酸外，其他几种常用缓蚀剂均为固体，添加不方便。

倪铁军等通过吸附实验、XRD 等方法研究了模拟碳钢表面氧化物对硅酸盐在金属表面吸附过程的影响；用极化曲线法研究了硅酸盐在碳钢表面氧化物上的电化学行为；讨论了在 Fe/FeOOH/硅酸钠溶液体系中，温度、pH 值、金属离子、硅酸盐稳定剂等因素对硅酸钠界面缓蚀作用的影响。结果表明：①在有机硅化合物存在的条件下，硅酸钠的稳定性有较大幅度的提高，通常在 7d 内不出现凝胶的组成物，具有无限期的稳定性（6 个月内不发生凝胶）；②温度、pH 值对硅酸钠在 FeOOH 上的吸附量的影响，随着温度的升高，硅酸钠在 FeOOH 上的最终稳定吸附量逐渐下降，在 pH 近中性条件下，硅酸盐可达到最佳的最终稳定吸附量；③通氧状态有利于硅酸钠在 FeOOH 表面上吸附，而氯离子对溶液中硅酸钠在 FeOOH 表面上的吸附没有明显的影响；④在中、低硬度的水溶液中，钙离子的存在有利于硅酸盐在 FeOOH 表面的吸附；⑤由 Fe/FeOOH 电极在硅酸钠水溶液中极化曲线研究得知，硅酸钠对 Fe/FeOOH 电极的缓蚀作用主要表现为对阴极氧扩散的抑制作用，随着温度的升高和 pH 值的上升，这种抑制作用逐渐下降，硅酸钠的缓蚀率也逐渐下降；⑥羟基氧化铁的存在有利于锌离子与硅酸钠更好地发生协同效应，因为硅酸钠与锌离子的螯合物能在羟基氧化铁表面形成较好的保护膜，抑制电极的阴极反应；⑦较高的硬度不利于硅酸钠的缓蚀作用。

Salasi Mobin 等采用电化学阻抗、极化曲线测量、SEM 和 EDAX 研究了硅酸钠与羟基亚乙基二膦酸（HEDP）混合缓蚀剂在不同浓度和水力条件下对碳钢的缓蚀效果。研究表明，在低浓度下，硅酸钠与 HEDP 能产生协同效应；对电解液进行搅拌情况下，缓蚀剂的缓蚀效率和协同性能有所提高。另外，缓蚀剂的浓度太大则缓蚀效率反而下降。在硅酸钠：

HEDP 为 4:1 时，缓蚀效率达到 90% 以上，在电极角速度提高时，腐蚀效率可降低到 1% 以下。SEM 对表面的观察显示，复合缓蚀剂的表面形成一层紧密均匀的薄膜。

Aramaki Kunitsuqu 采用极化法研究了 30℃时硅酸钠和氯化铈（$CeCl_3$）在 0.5mol/L NaCl 溶液中对锌的协同缓蚀行为。X 射线光谱研究显示，在锌的表面形成一层保护层，该保护层由大量的水合铈盐或羟基铈盐及少量的氢氧化锌和硅酸盐组成。30℃下，将 1×10^{-3} mol/L 硅酸钠在含有 1×10^{-3} mol/L $CeCl_3$ 的 NaCl 溶液中处理 30min，用于对锌电极进行缓蚀实验，缓蚀效率为 97.7%。

Saji V. S. 等研究了中性水溶液中钨酸钠与硅酸钠对碳钠的协同缓蚀效应。研究发现，在硅酸钠：钨酸钠为 4:1（总浓度为 1g/L）时，缓蚀效率最好。FTIR 光谱显示，缓蚀溶液中，钨酸根离子和硅酸根离子具有协同作用，使得碳钢表面形成一层金属氧化物钝化层。

6.3.4　三聚磷酸钠（STPP）

【结构式】

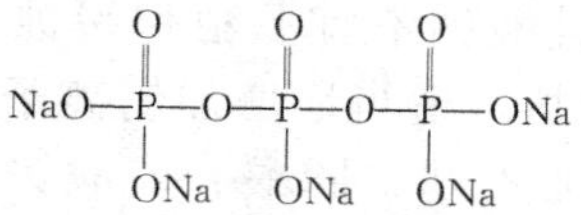

【物化性质】　三聚磷酸钠又名磷酸五钠、三磷酸钠、五钠、焦偏磷酸钠，分子式 $Na_5P_3O_{10}$。为白色粉末，熔点 622℃。易溶于水，在水中逐渐水解生成正磷酸盐，呈碱性，1% 水溶液的 pH 值为 9.7。能与钙、镁、铁等金属离子络合，生成可溶性络合物。

【制备方法】

（1）热法磷酸法

将磷酸（50%～60%）溶液经计量后放入不锈钢的中和槽内，升温并开动搅拌机，在搅拌下缓慢加入纯碱进行中和反应，中和槽内维持磷酸氢二钠和磷酸二氢钠的比例为 2:1。中和后的混合液经高位槽进入喷雾干燥塔进行干燥，经干燥后的正磷酸盐干料由塔底排出，送到回转聚合炉，被炉气带走的少部分干料由旋风除尘器加以回收。正磷酸盐干料在聚合炉中于 350～450℃下进行聚合反应，生成三聚磷酸钠，经冷却、粉碎后，制得三聚磷酸钠成品。

反应方程式如下：

$$6H_4PO_4 + 5Na_2CO_4 \longrightarrow 4Na_2HPO_4 + 2NaH_2PO_4 + 5H_2O + 5CO_2 \uparrow$$

$$2Na_2HPO_4 + NaH_2PO_4 \xrightarrow{\text{高温}} Na_5P_4O_{10} + 2H_2O$$

（2）湿法磷酸法

将磷矿粉与硫酸反应制得萃取磷酸，用纯碱先在脱氟罐中除去其中的氟硅酸，再在脱硫罐中用碳酸钡除去硫酸根，以降低磷酸中的硫酸钠含量。然后用纯碱进行中和。经过滤除去大量的铁、铝等杂质，再经精调，过滤，将所得的含一定比例的磷酸氢二钠和磷酸二氢钠溶液在蒸发器中浓缩到符合喷料聚合的要求。把料浆喷入回转聚合炉中，经热风喷粉干燥和聚合。再经冷却、粉碎、过筛后，制得三聚磷酸钠成品。

（3）烧碱替代纯碱

将磷酸加入中和槽，再加入烧碱中和，配制成中和度（氧化钠与五氧化二磷的摩尔比）为 1.667 的母液，再用高压泵送入聚合炉中干燥、聚合，反经冷却、破碎、筛分即得产品。中和反应方程式如下：

$$5NaOH + 4H_4PO_4 + nH_2O \longrightarrow 2Na_2HPO_4 + NaH_2PO_4 + (n+5)H_2O$$

【技术指标】　GB/T 9983—2004　工业三聚磷酸钠

指　标　名　称	优级	一级	二级
白度/%	≥90	≥85	≥80
五氧化二磷(P_2O_5)/%	≥57.0	≥56.5	≥55.0
三聚磷酸钠($Na_5P_3O_{10}$)/%	≥96	≥90	≥85
水不溶物/%	≤0.10	≤0.10	≤0.15
铁(Fe)/%	≤0.007	≤0.015	≤0.030
pH 值(1%溶液)	9.2～10.0	9.2～10.0	9.2～10.0
颗粒度	通过 1.00mm 试验筛的筛分率不低于 95%		

【应用】　三聚磷酸钠是一种性能优秀的无机助洗剂，具有良好的综合、分散、乳化、增溶、抗再沉积、pH 缓冲及对表面活性剂的协同增效作用，被广泛应用于轻工、日化、食品加工等各个领域，特别是民用洗衣粉、餐具洗洁精、金属清洗剂的生产配方中，更是少不了三聚磷酸钠这一重要成分。

聚磷酸盐是使用最早、最广泛、最经济的冷却水缓蚀剂之一，除了作为缓蚀剂用外，还可作为阻垢剂使用。单独使用时，使用浓度在 pH6.0～7.0 时为 20～40mg/L，在 pH7.5～8.5 时为 10～20mg/L，浓度低于 10mg/L 会加大腐蚀速度。为了提高缓蚀效果和降低三聚磷酸钠的用量，通常与锌盐、钼酸盐、有机膦酸盐等缓蚀剂配合使用，磷系配方要求冷却水中应有一定浓度的钙离子。从缓蚀角度考虑不宜小于 30mg/L（以 $CaCO_3$ 计），从阻垢角度考虑不宜大于 200mg/L（以 $CaCO_3$ 计），水中溶解氧要求在 2mg/L 以上。对敞开式循环冷却水系统，水中溶解氧已达到饱和状态，可以满足这一要求。

三聚磷酸钠对水的流速有一定的要求，流速很低则腐蚀速度升高。流速至少要达到 0.3～0.5m/s，最好达到 1m/s。三聚磷酸钠适用于 50℃ 以下的水温。在水中停留时间不宜太长，应小于 100h。否则，三聚磷酸钠水解生成正磷酸钠，会增加产生磷酸盐垢倾向。

6.3.5　六偏磷酸钠

【结构式】

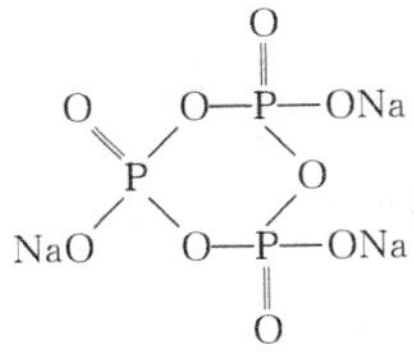

【物化性质】　别名格来汉氏盐，多磷酸钠，为透明玻璃片粉末或白色粒状晶体。熔点 616℃（分解），相对密度 2.484（20℃）。易溶于水，不溶于有机溶剂，水溶液呈酸性反应。吸湿性很强，露置空气中能逐渐吸收水分而呈黏胶状物。与钙、镁等金属离子能生成可溶性络合物。在水中逐渐水解生成正磷酸盐。

【制备方法】

(1) 磷酸二氢钠法

首先用黄磷为原料制取热法磷酸，再以烧碱作中和剂制取磷酸二氢钠。将磷酸二氢钠加入聚合釜中，加热到 700℃，脱水 15～30min，然后用冷水骤冷，加工成型即得。反应式如下：

$$NaOH + H_4PO_4 \longrightarrow NaH_2PO_4 + H_2O$$

$$2NaH_2PO_4 \longrightarrow Na_2H_2P_2O_7 + H_2O$$

$$4Na_2H_2P_2O_7 \longrightarrow (NaPO_4)_6 + 4H_2O$$

磷酸二氢钠法制备六偏磷酸钠的工艺流程如图 6-9 所示。

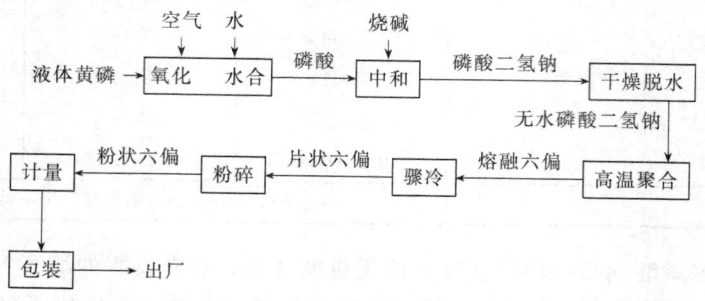

图 6-9   磷酸二氢钠法制备六偏磷酸钠的工艺流程

(2) 磷酸酐法

黄磷经熔融槽加热融化后，流入燃烧炉，磷氧化后经沉淀、冷却，取出磷酐 (P_2O_5)。将磷酐与纯碱按 $1:0.8$（摩尔比）配比在搅拌器中混合后进入石墨坩埚。于 $750\sim800℃$ 下间接加热，脱水聚合后，得六偏磷酸钠的熔融体。将其放入冷却盘中骤冷，即得透明玻璃状六偏磷酸钠。反应式如下：

$$P_4 + 5O_2 \longrightarrow 2P_2O_5$$

$$P_2O_5 + Na_2CO_4 \longrightarrow 2NaPO_4 + CO_2 \uparrow$$

$$6NaPO_4 \longrightarrow (NaPO_4)_6$$

磷酸酐法制备六偏磷酸钠的工艺流程如图 6-10 所示。

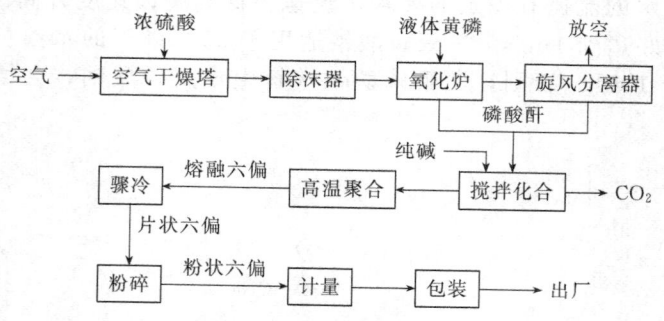

图 6-10   磷酸酐法制备六偏磷酸钠的工艺流程

（3）磷铁法

以电炉黄磷副产磷铁为原料，经破碎及磨细后，与纯碱混合进行焙烧，其生成物为烧结态固体。其中含有可溶性磷酸三钠，以热水浸出得磷酸三钠溶液，经过滤除去不溶性杂质。净化后的磷酸三钠液送去中和制得磷酸二钠。磷酸二钠液经真空浓缩、结晶除去可溶性杂质，再进一步中和制得磷酸二氢钠溶液。磷酸二氢钠溶液经喷雾干燥制成无水一钠 ($NaPO_4$) 再送去脱水聚合即生成六偏磷酸钠。

（4）一步法

以液体黄磷为原料，经氧化直接与纯碱在高温下化合、聚合，所制得的熔融六偏磷酸钠于炉缸直接流入冷却圆盘中骤冷，即得六偏磷酸钠。

【技术指标】 HG/T 2837—1997 水处理剂 聚偏磷酸钠

指　标　名　称	优等品	一等品	合格品
总磷酸盐(以 P_2O_5 计)/%	≥68.0	≥67.0	≥65.0
非活性磷酸盐(以 P_2O_5 计)/%	≤7.5	≤8.0	≤10.0
水中不溶物/%	≤0.05	≤0.10	≤0.15
铁(Fe)/%	≤0.05	≤0.10	≤0.20
pH 值(1%水溶液)	5.8~7.3	5.8~7.3	5.8~7.3
溶解性	合格	合格	合格
平均聚合度	10~16	—	—

【应用】　六偏磷酸钠对金属离子尤其是钙、镁等碱土金属离子具有特异的络合能力，因此在工业上主要用作锅炉用水软水剂，在纤维工业、漂染工业上用作清洗剂及选矿工业的浮选药剂。六偏磷酸钠在食品工业中作为食品品质改良剂、pH 值调节剂、金属离子螯合剂、黏着剂和膨胀剂等。

六偏磷酸钠属于聚磷酸盐，其缓蚀机理与三聚磷酸钠类似。木冠南用量热法测定了各种磷酸盐对铝在盐酸中的缓蚀率，发现缓蚀率大小顺序为：$(NaPO_3)_6 > Na_2HPO_4 \cdot 12H_2O > Na_3PO_4 \cdot 12H_2O > NaH_2PO_4 \cdot H_2O$。

6.3.6　钼酸钠

【物化性质】　本品为白色菱形结晶体，分子式为 $Na_2MoO_4 \cdot 2H_2O$，密度为 $3.28g/cm^3$。微溶于水，不溶于丙酮。加热到 100℃失去结晶水变成无水物。

【制备方法】　我国钼酸钠主要以废钼酸铵渣、非标准三氧化钼和废钼粉料制取。各种钼废料首先经过焙烧得三氧化钼，三氧化钼再溶于加热的氢氧化钠溶液中生成钼酸钠溶液，然后经过蒸发结晶分离，最后获得产品钼酸钠。钼酸钠的生产工艺流程如图 6-11 所示。

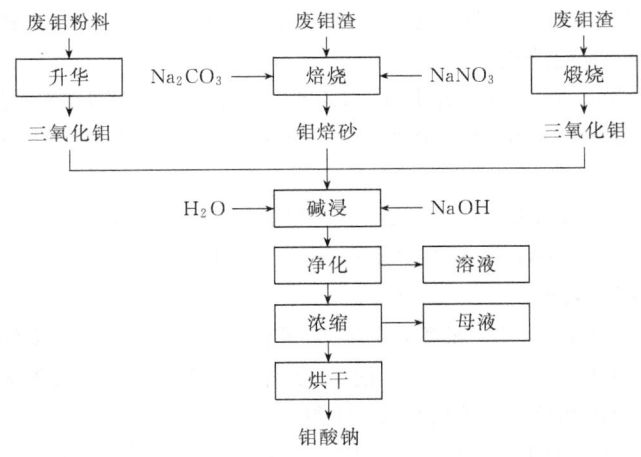

图 6-11　钼酸钠生产工艺流程

(1) 制备实例 1

在 650℃，2.0h 的焙烧条件下制备焙砂，焙砂经过 20%的碳酸钠浓液，液固比为 5:1，搅拌浸取 1h，浸液经硫化钠溶液净化除杂，除杂后于滤液中滴加硝酸调节 pH 值，加热浓缩，终点 pH=8~9，体积质量达 $1.5g/cm^3$ 后停止加热，冷却到 25℃左右，钼酸钠晶体析出，而过量的碳酸钠仍留在溶液中。

(2) 制备实例 2

利用钼酸铵尾渣生产钼酸钠。

① 钼尾渣苏打焙烧　传统工艺处理钼尾渣采用苏打焙烧法，即把钼渣与苏打、硝石按 70∶40∶4 的比例球磨混合，在反炉内于 800～1000℃ 焙烧熔融，使钼转变为溶性的钼酸钠，主要反应方程式为：

$$4NaNO_4 \xrightarrow{\triangle} 2Na_2O + 4NO_2\uparrow + O_2\uparrow$$

$$2MoO_2 + O_2 \xrightarrow{\triangle} 2MoO_4$$

$$2MoS_2 + 7O_2 \xrightarrow{\triangle} 2MoO_4 + 4SO_2\uparrow$$

$$MoO_4 + Na_2CO_4 \xrightarrow{\triangle} Na_2MoO_4 + CO_2\uparrow$$

$$FeMoO_4 + Na_2CO_4 \xrightarrow{\triangle} Na_2MoO_4 + FeCO_4$$

$$CaMoO_4 + Na_2CO_4 \xrightarrow{\triangle} Na_2MoO_4 + CaCO_4$$

$$MoO_4 + Na_2CO_4 \xrightarrow{\triangle} Na_2MoO_4 + CO_2\uparrow$$

$$SiO_2 + Na_2CO_4 \xrightarrow{\triangle} Na_2SiO_4 + CO_2\uparrow$$

② 焙烧渣水浸　将焙烧好的钼尾渣按固液比 1∶2 进行水浸，使钼酸钠溶于水，生成钼酸钠水溶液，除去 $Fe(OH)_2$、SiO_2、Pb 和 Ca 的碳酸盐等杂质。水浸温度 90～95℃，搅拌 30～40min，然后过滤，滤液相对密度在 1.10 以上，淡黄色透明，残渣用热水洗涤，洗好后的渣含钼在 2 % 以下。

③ 浓缩结晶　将过滤的钼酸钠溶液蒸发浓缩至溶液密度达 $1.5g/cm^3$，冷却至 30～50℃，结晶出钼酸钠晶体，浓缩中要不时去掉溶液上部的泡沫（浮渣）并要首先捞出先结晶的钼酸钠，否则很难获得合格产品。

史兴元在焙烧中只加苏打，利用空气中的氧对二氧化钼和二硫化钼进行氧化焙烧，用苏打把难溶性钼酸盐转变为钼酸钠。

① 焙烧渣盐酸分解　将苏打法焙烧后的渣按固液比 1∶2 的比例用盐酸进行中和分解，盐酸分解时盐酸一定要超过理论量，否则反应不彻底，反应温度 95～100℃，保温 2h，钼以钼酸析出：

$$Na_2MoO_4 + 2HCl \longrightarrow 2NaCl + H_2MoO_4\downarrow$$

$$MeMoO_4 + 2HCl \longrightarrow H_2MoO_4\downarrow + MeCl$$

Me 为 Fe、Ca、Pb 等金属。

由于盐酸过量，会使部分钼以氯氧化钼阳离子留在溶液中。为减少钼的损失，在酸分解后，加入适量的碱液调 pH 值至 1～0.5，使钼较完全沉淀下来。盐酸分解可先用钼酸铵生产中盐酸预处理废液浸出焙烧渣，然后补加盐酸。

② 钼酸碱溶和净化　按固液比 1∶3 用液碱溶解钼酸，控制碱度 4.0mol/L，于 95～100℃ 保温 1h，将钼酸转化为钼酸钠溶液。碱溶中要补加水，终点 pH 值控制在 9～9.5。反应方程式如下：

$$H_2MoO_4 + 2NaOH \longrightarrow Na_2MoO_4 + 2H_2O$$

溶液中含有少量二氧化硅，需中和 pH 值至 8.5～8.8，使硅酸钠水解成不溶于水的硅酸沉淀除去，为避免生成硝酸钠等盐类，用氟酸中和。

③ 浓缩结晶　用液碱调 pH 值至 10.5～11，通蒸气浓缩，蒸发过程中要不断补液，直至溶液密度为 $1.5g/cm^3$ 时通水冷却至 30～35℃，过滤甩干，可得纯度较高的钼酸钠产品。

钼尾渣生产钼酸钠工艺流程见图 6-12。

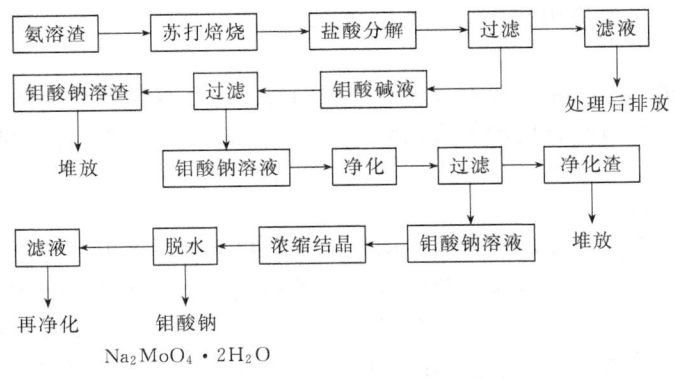

图 6-12　钼尾渣生产钼酸钠工艺流程

（3）制备实例 3　分析纯钼酸钠的制备

分析纯钼酸钠的常规工艺是将钼精矿氧化焙烧制得三氧化钼（简称钼焙砂），用氢氧化钠溶液浸出，制得工业钼酸钠，将工业钼酸钠重结晶后再溶于水，加硝酸沉淀出三氧化钼的二水合物，充分洗涤后进行干燥，再于 700℃升华制得高纯三氧化钼，将其溶解于纯氢氧化钠溶液中，经蒸发浓缩，冷却结晶而制得。

贾荣宝等以工业四钼酸铵为原料，用纯水洗涤除去杂质后与纯氢氧化钠合成，加热赶尽氨后，蒸发浓缩，冷却结晶和重结晶而制得分析纯钼酸钠。工艺流程如图 6-13 所示。

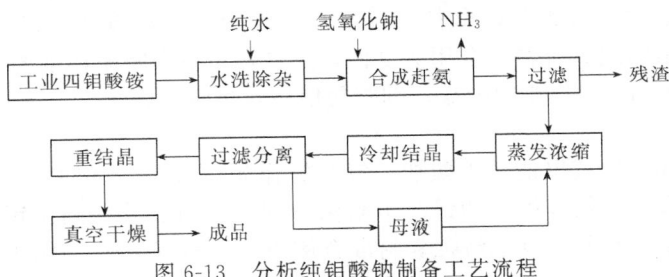

图 6-13　分析纯钼酸钠制备工艺流程

【技术指标】

西方钼酸钠技术标准：　　　　　　　　　　　　　　　　　　　　　　　　单位:%

指　标　名　称	晶体试剂	无水试剂	晶体工业	无水工业
钼酸钠	≥99.5	≥99.0	≥83.7	≥98.0
三氧化钼	—	—	≤58.5	≤68.5
不溶物	≤0.005	≤0.005	≤0.05	≤0.05
氯化物	≤0.005	≤0.005	—	≤0.2
磷酸盐	≤0.0005	≤0.0005	—	—
硫酸盐	≤0.015	≤0.02	—	≤0.2
铵酸盐	≤0.001	≤0.001	—	—
二氧化硅	≤0.005	≤0.005	—	—
铁	≤0.001	≤0.001	—	—
重金属(Pb)	≤0.0005	≤0.0005	—	—

工业钼酸钠标准（原天津化学试剂四厂）：

项　　目	指　　标
分子式	$Na_2MoO_4 \cdot 2H_2O$
形状	白色结晶性粉末,溶于水,100℃时失去结晶水,熔点686℃(无水物)
用途	染料和制药工业,水稳定剂
规格:钼酸钠含量	一级品≥99.0%;二级品≥98.0%

【应用】　钼酸钠主要应用在化工、催化剂、缓蚀剂、搪瓷、染料、颜料及微量元素肥料领域。

钼酸盐毒性较低,不像铬、锌对环境有严重污染,也不像磷易产生磷垢及对水体有富营养化作用,因此钼系配方是目前国外应用较多的一种新型水稳剂配方。钼酸钠缓蚀剂主要应用领域如下。

（1）发动机冷却液

钼酸钠作缓蚀剂在汽车发动机上的应用最早,起初是单独使用,目前主要与硝酸盐、磷酸盐、硼酸盐、硅酸盐、苯甲酸盐、膦酸胺、膦基聚羧酸盐、聚丙烯酸盐、羟基苯甲酸盐、邻苯二甲酸盐、己二酸盐、苯比三唑、苯三唑、巯基苯比三唑和葡萄糖酸钠等合用。

在乙二醇中,钼酸钠的浓度通常为 0.1%～0.2%。在这一水平上,可保持冷却水系统的钢件、铝件、铜件和焊接剂等多种金属的缓蚀。它可防止铝汽缸盖的热输送腐蚀,也可防止铸铝水泵的空化腐蚀和铝散热器的点蚀。此外钼酸钠对低铝或高铅焊料有缓蚀作用。

在用钼酸钠作缓蚀剂时,如用硬水或特硬水稀释时,容易生成钼酸钙,而影响其缓蚀效果,此时可用十二钼磷酸盐或十二钼硅酸盐等钼化合物代替。

（2）工业冷却水

水是最常见的液态冷却介质,工业冷却水常用于敞开式循环系统和密闭式循环系统。敞开式冷却水的特点是冷却液可被空气或氧饱和,1mg/L 的钼酸钠在上述两个系统就可以保持钢材缓蚀,后来改进为钼酸钠与硝酸盐、硅酸盐、羧酸盐、磷酸盐、聚磷酸盐、葡萄糖酸盐、马来酸戊烯共聚物或聚合物,合用成本低,效果好。在密闭循环系统,钼酸盐使用浓度为 100mg/L,与 100mg/L 的亚硝酸盐、硼酸盐使用效果颇佳。

（3）颜料涂料

早在 1912 年 Rigg 等就申请用钼酸盐、钨酸锌作防锈颜料,1954 年有人推荐用微溶性的钼酸锌、钼酸钙和钼酸铁作钢铁和铝的防锈保护剂。目前已发展到用钼酸季铵、钼酸钙、钼酸铝、钼酸钛、钼酸锶等与其他缓蚀颜料混合使用,如与氧化锌、磷酸盐、硼酸盐、氧化锡等合用。

（4）钢筋混凝土

Miksic 研究发现,以葡萄糖酸钠 32%、葡萄糖酸锌 3% 和钼酸钠 10%,其余为水作为钢筋混凝土的缓蚀剂,3.785L 水用 452.8g 上述配剂可以使钢筋缓蚀并增强水泥的强度。

（5）水流体和金属加工流体

在浓缩聚合物乙二醇流体中用 1% 的钼酸钠作为铝、中碳钢、铅焊料、镀锌钢板、黄铜、铜的缓蚀剂。

（6）转化涂层

转化涂层是通过化学反应在金属表面形成的保护层。转化涂层有钢件表面的磷酸盐涂层、氧化物涂层、锌或镀锌钢材表面的铬酸盐涂层等。钼酸盐可以各种金属反应产生转化涂层,从而可保护材料表面免受与少受腐蚀。

例如对于铝材钼酸盐可改善阳极铝表面的耐蚀性与耐候性。用钼酸盐处理后在不锈钢表面形成的转化涂层耐氯液、硫酸和盐酸的腐蚀得到增强。将中碳钢表面浸渍在钼酸盐有机聚合物溶液中,然后热焦化可形成钼酸铁转化涂层。对磷酸盐化钢表面处理时加钼酸盐可改善腐蚀保护。对锌和镀锌钢材钼酸盐已代替了有毒的铬酸盐来钝化锌或镀锌钢材。据报道,在可溶性镍盐中加入钼酸盐溶液可在钢材、铜材、黄铜、锡和镉等表面形成黑色涂层,这些涂层可很好地保护上述金属材料不受或少受腐蚀。将钢材部件置于密闭室中,加热至 650℃,

喷注钼酸铵溶液,在钢件表面形成氮化钼保护层。

钼酸盐投加到中性或碱性冷却水中后,钼酸根离子吸附到铁的表面,首先与二价铁离子形成非保护性的络合物,然后水中的溶解氧把亚铁离子氧化,络合物转变为钼酸高铁,覆盖在金属表面形成保护膜。钼酸盐的钝化也存在临界钝化浓度,约为750mg/L。因此,钼酸盐作缓蚀剂的初期浓度必须在1000mg/L左右,才能建立充分的保护。为减少钼酸盐的使用量、降低处理费用和提高缓蚀效果,钼酸盐常与聚磷酸盐、葡萄糖酸盐、锌盐、苯并三氮唑复配。复配后MoO_4^{2-}用量可降至4~6mg/L。

钼酸盐的一个突出优点是能在较高温度下抑制腐蚀。钼酸盐在温度高于70℃、pH>9的冷却水中的缓蚀效果最好。

J. C. Oung 等对钼酸钠与硅酸盐强腐蚀性模拟循环水中对低碳钢的协同缓蚀作用进行了研究。结果表明:钼酸钠与硅酸钠的协同作用比与锌盐和磷酸盐的协同作用显著。当钼酸钠:硅酸钠的质量比为20:80时,能达到最佳的缓蚀效果,极化曲线表明此时的钝化电流密度比单一组分的要低得多。同时俄歇深度曲线也显示,在碳钢表面所形成的保护膜中,存在Si、Mo和O元素。

钼酸盐与硅酸盐之间之所以存在协同作用,是因为Na_2SiO_3形成的沉淀膜,能弥补Na_2MoO_4形成的钝化膜的缺陷,即在具有阴离子选择性的氧化铁膜外层再增加了一层具有阳离子选择性的MoO_4^{2-}-SiO_4^{2-}膜层,从而既阻止了Fe^{2+}和Fe^{3+}通过膜层向溶液迁移,又阻止了溶液中侵蚀性离子向金属表面的迁移。最终起到较好的缓蚀效果。

李玉明等采用静态失重法研究了钼酸盐与磷酸盐、钼酸盐与硅酸盐复配对碳钢分别在常温(25℃)和50℃时的中性自来水介质中的缓蚀情况,对实验结果用EXCEL软件进行了数据处理,并分析了钼酸盐与磷酸盐复配以及钼酸盐与硅酸盐复配可能的机理,以及其最佳浓度组合。实验结果分别如表6-24~表6-28所列。

表 6-24 钼酸盐单成分时的缓蚀效果 (25℃)

浓度 /(mg/L)	V_{corr} /[g/(m²·h)]	V_L /(mm/a)	失重 Δm/g	η/%	试 片 表 面	溶 液
0	0.123	0.14	0.0048	—	严重腐蚀,黄色锈斑	较浑浊,有黄色沉淀
5	0.151	0.17	0.0068	−22.76	严重腐蚀	较浑浊,有黄色沉淀
10	0.137	0.16	0.0053	−11.38	严重腐蚀	较浑浊,有黄色沉淀
50	0.097	0.11	0.0038	21.14	严重腐蚀	较浑浊,有黄色沉淀
100	0.041	0.05	0.0016	66.67	有腐蚀	较浑浊,有黄色沉淀
250	0.043	0.05	0.0017	65.04	有腐蚀	较浑浊,有黄色沉淀
500	0.041	0.05	0.0016	66.67	有腐蚀	较清澈
1000	0.035	0.04	0.0014	71.54	有腐蚀	较清澈

表 6-25 钼酸盐浓度 100mg/L 时与磷酸盐复配的情况 (25℃)

浓度 /(mg/L)	V_{corr} /[g/(m²·h)]	V_L /(mm/a)	失重 Δm/g	η/%	试 片 表 面	溶 液
20	0.030	0.03	0.0023	75.61	部分红锈,灰色,半边好	变黄,有较多红锈沉积
25	0.010	0.01	0.0008	91.87	光泽度好,略有气泡	清澈
33.3	0.004	0.005	0.0003	96.75	光泽度好,无气泡	清澈
50	0.000	0.00	0.0000	100.00	光亮如初,手感光滑	最清澈
62.5	0.000	0.00	0.0000	100.00	光亮,角上有少许红锈	微量粒状红锈有白色絮状物
83.3	0.003	0.003	0.0001	97.56	光泽度好,无明显腐蚀	清澈,有白色絮状物

续表

浓度 /(mg/L)	V_{corr} /[g/(m²·h)]	V_L /(mm/a)	失重 Δm/g	η/%	试片表面	溶液
100	0.004	0.005	0.0003	96.75	光泽度好无明显点状膜	变黄,有少量红锈
250	0.005	0.006	0.0002	95.93	光泽度好,无明显腐蚀	清澈,有白色絮状物
50	0.000	0.00	0.0000	100.00	光亮如初,手感光滑	最清澈
62.5	0.000	0.00	0.0000	100.00	光亮,角上有少许红锈	微量粒状红锈有白色絮状物

表 6-26 钼酸盐浓度 100mg/L 时与硅酸盐复配的情况 (25℃)

浓度 /(mg/L)	V_{corr} /[g/(m²·h)]	V_L /(mm/a)	失重 Δm/g	η/%	试片表面	溶液
20	0.025	0.03	0.0019	79.67	绿色,点蚀(半边严重)	变黄,有较大量红锈沉积
25	0.034	0.04	0.0026	72.36	绿色腐蚀(两边均严重)	变黄,有较大量红锈沉积
33.3	0.020	0.02	0.0014	89.25	光泽度较好,局部有点状膜	略黄
50	0.000	0.00	0.0000	100.00	光泽度好,有均匀的点状膜	清澈
62.5	0.000	0.00	0.0000	100.00	光亮,角上有少许红锈	微量粒状红锈有白色絮状物
83.3	0.003	0.003	0.0001	97.56	光泽度好,无明显腐蚀	清澈,有白色絮状物
100	0.004	0.005	0.0003	96.75	光泽度好无明显点状膜	变黄,有少量红锈
62.5	0.000	0.00	0.0000	100.00	很薄的点膜颜色与试片相同	清澈
83.3	0.000	0.00	0.0000	100.00	很薄的点膜颜色与试片相同	清澈
125	0.000	0.00	0.0000	100.00	很薄的点膜颜色与试片相同	(最)清澈

表 6-27 钼酸盐浓度 100mg/L 时与磷酸盐复配的情况 (50℃)

浓度 /(mg/L)	V_{corr} /[g/(m²·h)]	V_L /(mm/a)	失重 Δm/g	η/%	试片表面	溶液
50	0.042	0.05	0.0016	65.85	局部灰、红色腐蚀	有红锈及白色絮状物
62.5	0.039	0.04	0.0015	68.29	局部灰、红色腐蚀	有红锈及白色絮状物
83.3	0.021	0.02	0.0008	82.93	局部灰、红色腐蚀	有红锈及白色絮状物
250	0.000	0.00	0.0000	100.0	无腐蚀,光亮	清澈
50	0.042	0.05	0.0016	65.85	局部灰、红色腐蚀	有红锈及白色絮状物

表 6-28 钼酸盐浓度 100mg/L 时与硅酸盐复配的情况 (50℃)

浓度 /(mg/L)	V_{corr} /[g/(m²·h)]	V_L /(mm/a)	失重 Δm/g	η/%	试片表面	溶液
50	0.040	0.05	0.0015	67.48	局部腐蚀未腐蚀处有膜	有红锈,混浊
62.5	0.061	0.07	0.0023	50.41	局部腐蚀未腐蚀处有膜	有红锈,混浊
83.3	0.081	0.09	0.0031	34.15	局部腐蚀未腐蚀处有膜	有红锈,混浊
125	0.075	0.09	0.0029	39.02	局部腐蚀未腐蚀处有膜	有红锈,混浊
50	0.040	0.05	0.0015	67.48	局部腐蚀未腐蚀处有膜	有红锈,混浊

研究表明:①钼酸盐 25℃单成分时,缓蚀率随浓度的增大而增大,钼酸钠浓度大于 100mg/L 时缓蚀效果较好;②钼酸盐与磷酸盐或硅酸盐的复配在 25℃都要比 50℃时的缓蚀效果好得多;③钼酸盐与磷酸盐或硅酸盐复配时,当 Na_2MoO_4 浓度为 100mg/L 时的缓蚀效果最好,缓蚀率接近 100%;④当钼酸盐浓度小于 50mg/L 时,钼酸盐与磷酸盐复配的缓蚀效果比钼酸盐与硅酸盐复配的要好。

龚利华等用极化曲线法研究了钼酸钠与乌洛托品、三乙醇胺、苯并三氮唑、磷酸氢二钠之间的复配对 A3 钢的缓蚀效果。试验发现钼酸钠与磷酸氢二钠的复配效果较为突出，在不同温度下缓蚀率均达 99% 左右，且成本最低。如表 6-29 所列。

表 6-29　不同复配比例、不同工作温度下的缓蚀率

温度	复配比例（钼酸钠∶复配缓蚀剂）	三乙醇胺	磷酸氢二钠	苯并三氮唑	乌洛托品	100% 钼酸钠
20℃	3∶7	67.54%	97.24%	81.93%	41.87%	28.37%
	1∶1	63.19%	88.63%	74.03%	63.37%	
	7∶3	63.90%	88.08%	80.87%	66.22%	
30℃	3∶7	41.25%	88.08%	80.87%	66.22%	71.4%
	1∶1	42.99%	99.54%	加速腐蚀	99.24%	
	7∶3	49.01%	99.82%	75.35%	11.69%	
40℃	3∶7	90.97%	99.66%	87.71%	88.31%	76.21%
	1∶1	92.09%	92.81%	87.98%	61.17%	
	7∶3	94.80%	95.86%	89.66%	57.95%	

郭茹辉研究了钼酸钠与聚天冬氨酸与协同缓蚀作用，见表 6-30。

表 6-30　聚天冬氨酸与钼酸盐的协同缓蚀作用

药剂组成	浓度/(mg/L)	腐蚀速率/(mm/a)	缓蚀率/%
聚天冬氨酸/钼酸钠	5/1	0.0505	95.98
	4/2	0.0465	96.30
	3/3	0.0310	97.53
	2/4	0.0246	98.04
	1/5	0.0356	97.96
空白	0	1.2564	—

由表 6-30 可知，钼酸钠与聚天冬氨酸存在明显的缓蚀协同效果，聚天冬氨酸与钼酸钠的药剂组成为 1∶2 时，缓蚀效果最佳。

Shibli S. M. A. 等采用失重法、电化学极化法和阻抗技术研究了中性溶液中葡萄糖酸钙与钼酸钠对碳钢的缓蚀效果。葡萄糖酸钙与钼酸钠混合缓蚀剂是冷却水系统中环境友好缓蚀剂，葡萄糖酸钙与钼酸钠都是无毒、环境友好的化学药剂。两种物质的协同效应显示出非线性关系。

Slaiman Qassim J. M. 等研究了 pH 值、氯离子、温度等对钼酸钠缓蚀行为的影响。钼酸钠是一种钝化膜型缓蚀剂，可以在中性和近中性溶液中且存在溶解氧的情况进行缓蚀作用。研究发现，在 pH 值为 5.66～7 时，钼酸钠在 0.1mol/L 时具有缓蚀作用，但当低于 0.01mol/L 时则无缓蚀作用。存在氯离子的情况下则会加快腐蚀。

6.3.7　钨酸钠

【物化性质】　本产品为无色或白色结晶体，相对密度 4.179，熔点 698℃。溶于水，呈微碱性，不溶于乙醇，微溶于氨，遇强酸分解成不溶于水的钨酸。在干燥空气中风化。加热到 100℃ 失去结晶水成无水物。

【制备方法】

（1）钨矿石碱解法

将黑钨矿（主要成分：$MnWO_4 \cdot FeWO_4$）粉碎至 320 目，与 30% 的氢氧化钠加入反应器中进行碱解，碱解后与氯化钙作用合成钨酸钙，钨酸钙与盐酸反应生成钨酸，再与氢氧化钠反应生成钨酸钠，经蒸发结晶、离心脱水、干燥，即得钨酸钠成品。

主要化学反应如下：

$$MnWO_4 \cdot FeWO_4 + 4NaOH \longrightarrow 2Na_2WO_4 + Fe(OH)_2 \cdot Mn(OH)_2$$

$$Na_2WO_4 + CaCl_2 \longrightarrow CaWO_4 + 2NaCl$$

$$CaWO_4 + 2HCl \longrightarrow CaCl_2 + H_2WO_4$$

$$H_2WO_4 + 2NaOH \longrightarrow Na_2WO_4 + 2H_2O$$

生产工艺流程如图 6-14 所示。

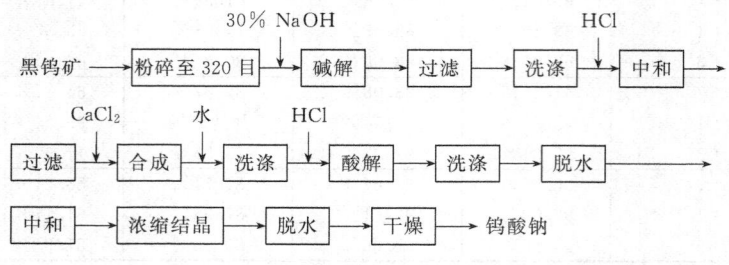

图 6-14　钨矿石碱解法工艺流程

（2）火法生产钨酸钠

将钨尘灰、碳酸钠按一定比例混均，在电炉内加热熔化，将发生如下反应：

$$2FeWO_4 + 2Na_2CO_4 + \frac{1}{2}O_2 \xrightarrow[\triangle]{800\sim900℃} 2Na_2WO_4 + Fe_2O_4 + 2CO_2\uparrow$$

$$4MnWO_4 + 4Na_2CO_4 + \frac{1}{2}O_2 \xrightarrow[\triangle]{800\sim900℃} 4Na_2WO_4 + Mn_4O_4 + 4CO_2\uparrow$$

由于反应温度低，钨尘灰在炉内熔清后，即开眼放出，以避免其在炉内停留时间过长，挥发损失大。将这样制成的粗钨酸钠球磨后水浸，可得到钨酸钠溶液，并可制出高纯钨酸钠产品。

通常，对于制得的粗钨酸钠，采用饱和结晶法制取精钨酸钠：将粗钨酸钠溶解于热水中，澄清过滤后的钨酸钠溶液在沸腾温度下，蒸发至 Na_2WO_4 过饱和，冷却溶液到 50℃以下，获得精钨酸钠产品。

【技术指标】

指 标 名 称	指 标	指 标 名 称	指 标
钨酸钠($Na_2WO_4 \cdot 2H_2O$)/%	>99.0	硫酸盐/%	<0.02
硝酸盐/%	<0.01	水不溶物/%	<0.02
氯化物/%	<0.03	钼/%	<0.03
铁/%	<0.002	重金属(按 Pb 计)/%	<0.02
砷/%	<0.002		

【应用】　钨酸钠用于涂料、染料和纺织部门，还可作为原料用于钨制品深度加工。钨酸盐具有低毒无污染的特点，作为工业水处理剂使用具有良好的缓蚀作用，其缓蚀性能优于钼系及磷系。钨酸盐是一种依其自身的氧化性和氧化作用使金属表面钝化而抑制腐蚀的缓蚀剂。当钨酸盐与其他缓蚀剂复配使用因协同效应而达到更好的缓蚀效果。常见的复配型有钨杂多酸、钨酸盐-有机磷酸盐、钨酸盐-有机酸盐、钨酸盐-硅酸盐等。

徐群杰等采用交流阻抗法和极化曲线法来研究环境友好型缓蚀剂钨酸钠和苯并三氮唑（BTA）、$ZnSO_4$、D-葡萄糖酸钠等的复配对碳钢的缓蚀效果。研究发现，当缓蚀剂总浓度为 5×10^{-4} mol/L，钨酸钠和 BTA 复配摩尔比为 2：1 时缓蚀效果最好，当配方中含有

$4mg/L$ $ZnSO_4$，其缓蚀效果有一定增加；再加入 $10mg/L$ D-葡萄糖酸钠后缓蚀效果明显增加。

李燕等运用旋转圆盘电极测定碳钢的阳极极化曲线，研究了在含 Cl^- 的中性腐蚀介质中钨酸钠对碳钢的缓蚀机理。结果表明，在水溶液中，钨酸钠对碳钢的缓蚀作用为钝化机理，增大钨酸钠浓度、降低 Cl^- 浓度对钝化膜的形成有利；介质中 Ca^{2+}、Mg^{2+} 的存在对该钝化作用有影响，Mg^{2+} 比 Ca^{2+} 的影响显著，特别是 Mg^{2+} 浓度较大时，其在电极表面的富集显著影响钨酸盐对碳钢的钝化缓蚀机理。

徐群杰等用交流阻抗法和极化曲线法，以模拟水溶液为介质，通过电化学谱图研究了两种环境友好型水处理药剂聚天冬氨酸和钨酸钠的复配对纯铜的缓蚀作用，同时通过改变模拟水介质条件研究复配聚天冬氨酸对铜的缓蚀效果。研究表明，聚天冬氨酸和钨酸钠复配后对模拟水中的铜有明显的缓蚀效果，在缓蚀剂总质量分数为 $16×10^{-6}$，聚天冬氨酸与钨酸钠的质量比为 1∶1 时，对铜的缓蚀效果最佳，其缓蚀效率为 90.50%。当模拟水体系的温度升高、pH 值增大、氯离子含量及硫离子浓度增加时，都会使复配缓蚀剂对铜的缓蚀效果变差。

白玮等用失重法和动电位极化曲线法研究了在 $0.2mol/L$ HCl 介质中，钼酸钠、钨酸钠对冷轧钢片的吸附及其缓蚀作用。实验结果表明，在酸性溶液中，钼酸盐、钨酸盐均对冷轧钢片具有较好的缓蚀作用，而且用量很低。缓蚀剂在钢表面的吸附符合 Langmuir 吸附方程。在相同条件下，对比了钼酸钠、钨酸钠对冷轧钢的缓蚀作用，发现缓蚀率取决于缓蚀剂的质量浓度，当缓蚀剂浓度极低时缓蚀率排序为：钼酸钠＜钨酸钠，但在较大缓蚀剂质量浓度范围内钼酸钠表现出优越的缓蚀性能。动电位极化曲线表明，钼酸盐、钨酸盐在 HCl 中为混合抑制型缓蚀剂。

Robertson 研究了钨酸盐在空气饱和的中性水介质中对钢铁的缓蚀机理，发现在该条件下当钨酸盐浓度超过一定值（$0.0001mol/L$）时具有与铬酸盐相当的缓蚀作用，同时发现在同样条件下 WO_4^{2-} 不能氧化 Fe^{2+}。另外，与浓度低的铬酸盐溶液相似，当钨酸盐浓度低于一定值（临界浓度）时，也会加快金属的腐蚀速度。Robertson 还测定了腐蚀试验前后钨酸盐的浓度，发现：当钨酸盐的初始浓度低于临界浓度（即有局部腐蚀发生）时，终态浓度大大低于初始浓度；而添加浓度在临界浓度以上（金属完全得到保护），则试验前后浓度不发生变化。说明钨酸盐对钢铁的钝化作用并不会大量消耗 WO_4^{2-}，而腐蚀产生的 Fe^{2+} 或 Fe^{3+} 可能与 WO_4^{2-} 反应生成了 $FeWO_4$ 或 $Fe_2(WO_4)_3$。

Pryor 和 Cohen 进行了除氧条件下钨酸盐对 Fe^{2+} 的氧化性实验。结果表明，虽然钨酸盐的氧化能力很弱，但在中性水溶液中仍对 Fe^{2+} 有一定的氧化能力，不过该氧化反应的速度较慢，慢的反应速度不足以使金属表面形成有效的保护性氧化膜，但随着浸入时间的延长，阳极极化作用会随之增加。这是由于吸附态的 WO_4^{2-} 氧化 Fe^{2+} 时自身被还原所致。另外，钨酸盐溶液中铁阳极极化曲线的斜率大于非氧化性无机盐溶液中的现象也证明了钨酸盐具有氧化作用。

Oguru 等测定 WO_4^{2-} 溶液中铁的动电位极化曲线时发现，极化曲线上电流突然增大的现象可因加入 WO_4^{2-} 而被抑制。他们认为，钝化前铁离子溶解进入溶液，在溶液中形成 $Fe(OH)_3$ 或铁盐，然后沉淀于金属表面形成钝化膜。

Sastri 等对钨酸盐缓蚀机理也持钝化膜的观点。他们研究了水煤浆系统中钨酸钠对碳钢的缓蚀作用，失重法和电化学测量结果都表明，钨酸钠对碳钢有较好的缓蚀作用，其主要为阳极型缓蚀剂。

Chew 等在研究几种金属在除氧的酸性水溶液中的腐蚀行为时发现，WO_4^{2-} 和 CrO_4^{2-}

可抑制铜和不锈钢的腐蚀，特别对不锈钢的腐蚀，WO_4^{2-} 比 CrO_4^{2-} 的缓蚀效率高。

Haleem 等在中性卤离子溶液中考察了 WO_4^{2-} 对钢点蚀的抑制，试验前先向溶液中充氧 15min，发现在含 WO_4^{2-} 的溶液中，钢的点蚀电流先升高达到最大值后开始降低至某一稳定值。这说明 WO_4^{2-} 发生了还原，生成了可溶性的卤素-钨化合物，对钢是没有保护作用的。

6.3.8　硫化钠

【物化性质】　又名硫化碱，臭碱，硫化石。无色透明或粉红色结晶体，有臭味，无水物相对密度 1.856（14℃），熔点 1180℃，易潮解，有腐蚀性。溶于水，微溶于醇，在空气中易氧化，遇强酸能产生有毒的硫化氢气体。工业品一般为带不同结晶水的硫化钠的混合物。本品有毒。

【制备方法】　硫化钠的工业生产方法主要是煤粉还原芒硝法。该法工艺设备简单，易操作，对原辅材料要求较低，生产成本低，到目前仍为多数国家所采用，在我国，该法的产量约占总产量的 95% 以上。

煤粉还原芒硝法的主要反应方程式如下：

$$Na_2SO_4(s)+2C(s)\Longrightarrow Na_2S(s)+2CO_2(g)$$
$$Na_2SO_4(s)+4C(s)\longrightarrow Na_2S(s)+4CO_2(g)$$
$$Na_2SO_4(s)+4CO(g)\Longrightarrow Na_2S(s)+4CO_2(g)$$

还原过程可以分为 3 个阶段：第一阶段是把炉料加到炉中之后硫酸钠被加热并逐渐熔融，同时还原过程的速度逐渐加快；第二阶段也是主要阶段，特点是熔融液"沸腾"，即强烈地析出气体，这个阶段熔体变成液态，相应的还原过程速度最大；第三阶段是还原过程的末期，特点是炉料变稠，同时由于液相中 Na_2SO_4 浓度的下降而使 Na_2S 增长速度降低。除了生成 Na_2S 的主反应外，还发生副反应，由此在熔体中出现了一定量的 Na_2SO_3、Na_2CO_3、Na_2SiO_3、$Na_2S_2O_3$。除以上杂质外，尚含有未参与反应的煤、煤中的矿物质，以及硫酸钠中的杂质。

国内外许多专家发明了制备硫化钠的新工艺，但总产量比较少。

王永山等将煤和无水芒硝混合后焙烧生成粗碱，然后降温浸取得到首次浓碱液，其特点在于每立方米首次浓碱中加入 4~8kg 的除铁剂，碱液温度控制在 50~100℃，最佳为 65~85℃，经搅拌后，沉降时间不少于 4h，再进行固液分离得到一次精制碱液。其工艺简单，对环境污染少，成品不但铁的含量低，而且碳酸钠、氯化钠、硫代硫酸钠、亚硫酸钠等杂质含量也较低。

曹引群等人发明了一种改进煤还原硫酸钠工艺制取低硫化钠的生产方法。该方法是在经煅烧、水浸取后的含硫化钠（粗碱）的卤液中加入除铁剂——硫化钡，除去铁和其他杂质，再经处理和蒸发浓缩等工艺而制取的低铁硫化钠，其中铁质量分数小于 0.008%，完全可满足现代工业生产中制革、染色、造纸等行业中生产高档精制产品的需要。

联邦德国法兰克福底古萨股份公司在真空下于接触式干燥器内加热含水质量分数 38%~40% 的硫化钠，其中要干燥固体的温度从固体进料处的大约 20℃ 增加至固体出口处的 ≥180℃，制备无水硫化钠。

王尚军等人将助剂加入煤粉还原硫酸钠工艺制取的硫化钠溶液除去杂质后结晶，制得含 9 个结晶水或 5.5 个结晶水的硫化钠晶体，然后在减压条件下加热干燥，利用本方法获得的无水硫化钠晶体具有纯度高、比表面积大、颗粒均匀的特点，完全可满足聚苯硫醚合成时对无水硫化钠质量的要求。

　　周长生将煅烧后粗碱热溶后得硫化钠半成品溶液，再将配好的除铁、除杂溶液加入硫化钠半成品溶液中进行除杂，沉淀澄清后的硫化钠溶液，经蒸发浓缩、制片包装，得成品。在除杂后各工序中，结合特种钢技术的运用，有效地将铁离子含量控制在规定范围内，保证了最终产品铁质量分数≤80×10^{-6}。

　　王银川等人在芒硝与煤的混合炉料中掺入适量无机助剂粉——重晶石粉（1份精渣取1.5～2.4份重晶石），在煅烧过程生成除铁、除杂物质，可以使后续蒸发过程中不出精渣，提高蒸发强度，减少产品中杂质含量。

　　王振汗等以硫化钡和食盐为原料，以钠型交换树脂为离子交换剂，采用离子交换法制备硫化钠和氯化钡，再通过分离得到硫化钠。其原理为：

交换反应：$2R—Na+BaS \rightleftharpoons Na_2S+R_2Ba$（脱附）

再生反应：$R_2Ba+2NaCl \rightleftharpoons BaCl_2+2R—Na$（洗脱）

　　唐孟诗等以硫化钡和食盐为原料，以强酸性苯乙烯系阳离子交换树脂为离子交换剂，采用离子交换法制备硫化钠和氯化钡，交换所得的硫化钠溶液经浓缩得固体硫化钠。工艺原理如下：

交换反应：$2R—SO_4Na+BaS \rightleftharpoons (R—SO_4)_2Ba+Na_2S$

再生反应：$(R—SO_4)_2Ba+NaCl \rightleftharpoons 2R—SO_4Na+BaCl_2$

【技术指标】　GB/T 10500—2000　工业硫化钠

指标项目	1类			2类		3类
	优等品	一等品	合格品	一等品	合格品	
Na_2S 含量/%	≥60.0	≥60.0	≥60.0	≥60.0	≥60.0	≥65.0
Na_2SO_3 含量/%	≤2.0	—	—	—	—	—
$Na_2S_2O_3$ 含量/%	≤2.0	—	—	—	—	—
Fe 含量/%	≤0.03	≤0.12	≤0.20	≤0.003	≤0.005	≤0.08
Na_2CO_3 含量/%	≤3.5	≤5.0	—	≤2.0	≤3.0	≤4.0
水不溶物含量/%	≤0.20	≤0.40	≤0.80	≤0.05	≤0.1	≤0.3

【应用】　硫化钠用于印染、造纸、选矿、皮革脱毛、防腐及橡胶生产等行业，也是硫代硫酸钠、多硫化钠等的原料。

　　王成等利用极化曲线及扫描电子显微镜（SEM）研究了硫化钠对硬铝合金（LY12CZ）在 3.5% 的氯化钠溶液中的缓蚀作用机制。电化学极化曲线测试结果表明，硫化钠对铝合金具有较好的缓蚀作用，当硫化钠的浓度较低时，随着硫化钠浓度的增大缓蚀效率增大；当硫化钠的浓度较大时，缓蚀效率随着浓度的增大而降低。硫化钠使铝合金出现了钝化现象。SEM 实验表明，硫化钠促进了铝合金表面膜的形成，抑制了铝合金点蚀的发生。

　　Trivedi Kavita 等研究了在盐湖和海水中苯甲酸钠、偏磷酸钠、亚硝酸钠和硫化钠对铁的缓蚀效果，并考察了盐度效应、溶解氧、温度等的影响。在相同条件下发现，硫化钠缓蚀效果与 pH 值关系较大，而偏磷酸钠的缓蚀效果最好。

6.3.9　七水硫酸锌

　　【物化性质】　别名为锌矾，皓矾，为无色或白色结晶性粉末物质，密度 1.957g/cm^3，在干燥空气中易风化。易溶于水和胺类，微溶于乙醇和甘油，不溶于液氨和酮。加热到 30℃失去 1 分子结晶水，100℃失去 6 分子结晶水，280℃失去 7 分子结晶水，767℃分解成 ZnO 和 SO_3。

　　【制备方法】　一般采用酸水解法制备。在带搅拌器的耐酸反应釜中，先加入少量氧化锌和一定量硫酸形成硫酸锌稀溶液，然后在搅拌下加入氧化锌调成浆状，再加入硫酸控制 pH

值为5.1，即为反应终点。将反应液过滤，滤液加热至80℃，加入锌粉，将铜、镉、镍等置换出来，再过滤，滤液加热至80℃以上，加入高锰酸钾（或漂白粉）并加热至沸，将铁、锰等杂质氧化。过滤后滤液先经澄清，然后蒸发至49～52°Bé，经冷却结晶，离心脱水和干燥制得七水硫酸锌。

（1）从废锌铁合金中制备七水硫酸锌

① 酸溶　在带搅拌的耐酸反应器中加入30%的稀硫酸，然后加入破碎好过量的废锌铁合金零件，开始反应，用水蒸气对反应器加热，温度控制在80～95℃，可间断加热、搅拌、反应至无气体放出，pH值为5.1即为反应终点，主要反应式：

$$Zn + H_2SO_4 \longrightarrow ZnSO_4 + H_2 \uparrow$$
$$Fe + H_2SO_4 \longrightarrow FeSO_4 + H_2 \uparrow$$
$$ZnO + H_2SO_4 \longrightarrow ZnSO_4 + H_2O$$
$$Fe_2O_4 + 4H_2SO_4 \longrightarrow Fe_2(SO_4)_4 + 4H_2O$$
$$CuO + H_2SO_4 \longrightarrow CuSO_4 + H_2O$$
$$Cu^{2+} + Zn \longrightarrow Cu + Zn^{2+}$$
$$2Fe^{4+} + Zn \longrightarrow 2Fe^{3+} + Zn^{2+}$$

② 过滤　反应终止后，趁热过滤（在过滤器中进行），滤出Cu、As混合的不溶黑色絮状杂质，As有部分形成AsH_3气体放出，AsH_3有毒，所以生产车间中通风和防护措施一定要良好。

③ 用黄铁钒法净化除铁　向滤液中加入氧化剂$NaClO_3$或$KClO_3$，将Fe^{2+}全部转化为Fe^{3+}，控制加热温度为85～95℃，pH值在1.6～1.8范围内。在搅拌的条件下，加入Na_2SO_4，Fe^{3+}在热溶液中生成黄色黄铁矾大颗粒沉淀，趁热过滤，除去杂质铁。反应方程如下：

$$4FeSO_4 + NaClO_4 + 4H_2SO_4 \longrightarrow 2Fe_2(SO_4)_4 + NaCl + 4H_2O$$

④ 蒸发和结晶　将最后过滤所得纯净的硫酸锌溶液注入蒸发器中，加热蒸发至溶液的浓度为49～52°Be，外观溶液表面出现鳞片时，停止加热，趁热将浓溶液注入结晶器中，冷却结晶出无色的$ZnSO_4 \cdot 7H_2O$晶体，最佳结晶温度为18～12℃。

（2）利用菱锌矿抽取七水硫酸锌

锌菱矿的主要成分是$ZnCO_3$，焙烧后得氧化物，再用硫酸进行浸取，此时发生如下主反应：

$$ZnO + H_2SO_4 \longrightarrow ZnSO_4 + H_2O$$

菱锌矿焙烧后，其中的亚铁被氧化为高铁，锰被氧化成二氧化锰。用硫酸浸取焙烧矿粉时，Pb、Cu、Fe、Ca、Mg、Cd等也有与Zn类似的反应，生成物中$PbSO_4$、$CaSO_4$溶解度较小，而含量较多的硅为不溶性硅酸盐或多硅酸盐。pH值为5.0时，Fe^{3+}、Al^{3+}完全水解为$Fe(OH)_3$及$Al(OH)_3$沉淀，Zn^{2+}则在pH值5.5时才开始水解。故中性浸取液（控制pH值5.2）过滤便可除去Si及Fe^{3+}、Al^{3+}，基本除去Ca^{2+}、Pb^{2+}及Mn^{2+}，而锌粉不损失。通过氧化法再除去少量的Fe^{2+}、Mn^{2+}，锌粉置换法除Cu^{2+}、Cd^{2+}等重金属，沉淀法除Mg^{2+}，制得精制的硫酸锌溶液，此液直接蒸发、浓缩、结晶，制得七水硫酸锌。

（3）电解法精制粗硫酸锌

用焙烧后的锌精矿或粗锌溶于硫酸，可以得到粗硫酸锌溶液。粗制的硫酸锌溶液中常含有少量的铁、锰、铜、镉等杂质，用电解法除杂质时，为不使锌在电极上析出，使用较低的电流密度为宜。为低电流密度下，铁、锰在阳极区分别以氢氧化铁和二氧化锰形式析出，而铜、镉在阴极区则以金属形式析出。金属或金属氧化物在电极上沉积，金属离子放电和表面扩散同时进行，在一定程度上表面扩散起重要作用。因此，当沉积物原子扩散到结晶位错中去时，可以中断外电流。

【技术指标】　HG/T 2326—2005　工业硫酸锌

指　标　名　称		I			II		
		优等品	一等品	合格品	优等品	一等品	合格品
主含量	(以 Zn 计)/%	≥35.70	≥35.34	≥34.61	≥22.51	≥22.06	≥20.92
	(以 $ZnSO_4 \cdot H_2O$ 计)/%	≥98.0	≥97.0	≥95.0	—	—	—
	(以 $ZnSO_4 \cdot 7H_2O$ 计)/%	—	—	—	≥99.0	≥97.0	≥92.0
不溶物含量/%		≤0.020	≤0.050	≤0.10	≤0.02	≤0.050	≤0.10
pH 值(50g/L 溶液)		≥4.0	≥4.0	—	≥3.0	≥3.0	—
氯化物(以 Cl 计)含量/%		≤0.20	≤0.60	—	≤0.20	≤0.60	—
铅(Pd)含量/%		≤0.002	≤0.007	≤0.010	≤0.001	≤0.010	≤0.010
铁(Fe)含量/%		≤0.008	≤0.020	≤0.060	≤0.003	≤0.020	≤0.060
锰(Mn)含量/%		≤0.01	≤0.03	≤0.05	≤0.005	≤0.10	—
镉(Cd)含量/%		≤0.002	≤0.007	≤0.010	≤0.001	≤0.010	—

【应用】　在冷却水系统中，锌盐是最常用的阴极型缓蚀剂，主要由锌离子起缓蚀作用。在阴极部位，由于 OH^- 的聚积，使局部 pH 值升高，Zn^{2+} 能迅速形成 $Zn(OH)_2$，沉积于阴极表面，抑制阴极反应而起缓蚀作用。

锌盐一般是和聚磷酸盐、有机膦酸盐、多元醇磷酸酯、钼酸盐等复配起增效作用，并可降低它们的用量。锌离子在复合缓蚀剂中常用量为 2～4mg/L。锌盐用量增加，腐蚀速度降低，但超过一定浓度后，锌离子用量继续增加，对腐蚀速度的影响不太明显，反而会增加运行成本和排污水中的锌离子浓度。

6.3.10　氯化锌

【物化性质】　氯化锌又名锌氯粉，盐化锌。本品为白色六方晶系粒状结晶或块状、棒状或粉末，密度 $2.911g/cm^3$，熔点 283℃，沸点 732℃。极易潮解，极易溶于水、乙醇、乙醚等含氧溶剂，也易溶于脂肪胺、吡啶、苯胺等含氮溶剂，不溶于液氨和酮。熔融的氯化锌具有良好的导电性。

【制备方法】　(1) 制备方法

目前，国内生产工业氯化锌主要有两种方法，一种是氧化锌和盐酸反应；另一种是锌灰、锌渣与盐酸反应，其生产工艺基本相同。

氯化锌生产传统工艺流程如图 6-15 所示。

氯化锌的生产主要包括浸出、净化、蒸发结晶三个工序。

① 浸出工序　浸出工序的主要化学反应：

$$Zn + 2HCl \longrightarrow ZnCl_2 + H_2 \uparrow$$
$$ZnO + 2HCl \longrightarrow ZnCl_2 + H_2O$$
$$6FeCl_2 + KClO_4 + 6HCl \longrightarrow 6FeCl_4 + KCl + 4H_2O$$

浸出时间约 1h，搅拌，浸出温度为常温，浸出终点 pH 值为 4.5～5.0。如果浸出渣中含锌高，可进行二次浸出，二次浸出液可返回一次浸出，如果采用金属锌为原料，浸出时将产生大量氢气，为防止爆炸，应分批缓慢加料、浸出槽附近应杜绝火源，操作工人严禁吸烟。氯酸钾（$KClO_3$）作为氧化剂，将溶液中的 Fe^{2+} 氧化成 Fe^{3+}。

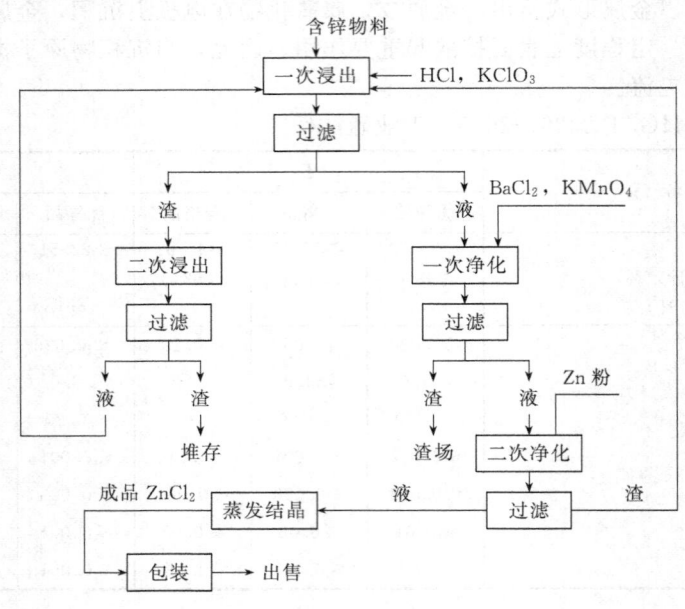

图 6-15　氯化锌工艺流程

② 净化工序

a. 一次净化。将溶液中的 SO_4^{2-} 除去，并将残余的 Fe^{2+} 氧化成 Fe^{3+}，以便水解除去，其主要化学反应方程式如下：

$$SO_4^{2-} + Ba^{2+} \longrightarrow BaSO_4 \downarrow$$

$$4FeCl_2 + KMnO_4 + 7H_2O \longrightarrow MnO_2 \downarrow + KCl + 4Fe(OH)_4 \downarrow + 5HCl$$

反应条件：温度大于 80℃，老化时间为 1 昼夜。所谓老化时间是指净化后的溶液澄清时间。实践证明，在同一净化槽中除去 SO_4^{2-} 和 Fe^{3+} 是有好处的，即先将 $BaCl_2 \cdot 2H_2O$ 加入净化槽，紧接着加 $KMnO_4$，这样，Fe^{3+} 水解产生的 $Fe(OH)_3$ 沉淀将与 $BaSO_4$ 一起共沉淀，絮状的 $Fe(OH)_3$ 沉淀对彻底除去溶液中的 SO_4^{2-} 等杂质起良好的作用。在一次净化过程中，除采用 $KMnO_4$ 作氧化剂外，还可采用氯气氧化。

b. 二次净化。将溶液中的 Pb、Cd 等重金属杂质离子除去，铅在溶液中主要呈 $PbCl_2$ 形态存在，可采用加还原剂锌粉的方法去除。反应温度 80℃ 左右，净化时间 0.5～1.0h。

③ 蒸发结晶工序　蒸发结晶应完全除去水分，否则成品的主成分 $ZnCl_2$ 将达不到要求，如果在蒸发结晶快结束时，出现黄色，则是有机物的影响，可加少量硝酸氧化除去或者在蒸发结晶前加一道活性炭吸附工序。

（2）制备实例

① 锌矿粉直接酸解生产氯化锌　矿粉的主要成分与盐酸作用，反应如下：

$$ZnO + 2HCl \longrightarrow ZnCl_2 + H_2O$$

$$ZnCO_4 + 2HCl \longrightarrow ZnCl_2 + H_2O + CO_2 \uparrow$$

$$ZnSiO_4 + 2HCl + H_2O \longrightarrow ZnCl_2 + H_4SiO_4$$

经上述反应生成的氯化锌进入溶液，硅元素则以原硅酸的形式成为凝胶，影响过滤，而在料液较稀和 pH＞4 时，可进行压滤式吸滤。由于硅胶的吸附性，滤渣会带走大量料液。

其他金属元素也会与盐酸发生类似的反应，形成相应的氯化物，而矿中的酸不溶物则无反应。工艺过程：将称量的矿粉投入31%的定量盐酸矿化，而后经氧化水解除铁，硫酸除钙、铅，氯化钡除硫，氢氟酸深度除钙、镁等一系列净化分离除杂过程，再经浓缩脱水，冷却粉碎，即得氯化锌产品。

② 盐酸直接分解菱锌矿制取氯化锌

菱锌矿的主要成分为 $ZnCO_3$，用盐酸浸取时发生如下反应：

$$ZnCO_4 + 2HCl \longrightarrow ZnCl_2 + H_2O + CO_2 \uparrow$$

用菱锌矿制备氯化锌的工艺流程如图 6-16 所示。

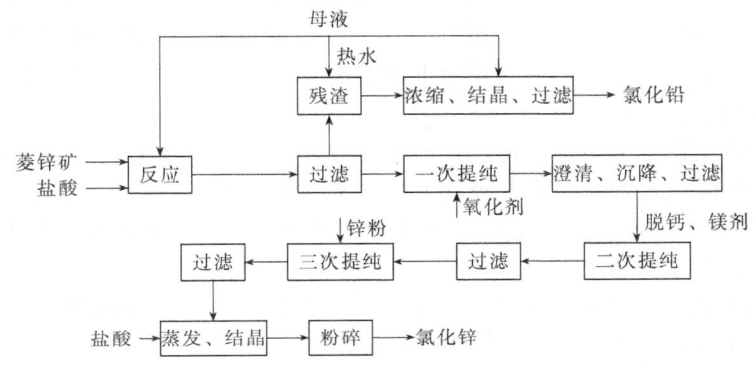

图 6-16　用菱锌矿制备工业氯化锌的工艺流程

矿中的 Fe、Cu、Pb、Cd、Ca、Mg 等也有类似反应，生成物也溶于水，需要通过各种方法除去。

a. 浸取。取工业盐酸 300g，加水 300mL 混匀，倒取一半盐酸溶液于 1000mL 烧杯中，置烧杯于带有调压器的电炉上，溶液温度控制在 50～70℃，开动搅拌器，用约 1h 的时间，徐徐加入菱锌矿粉 300g，然后将溶液温度升至 90～100℃，逐渐加入余下的盐酸，加毕，再继续加热搅拌 3h 加入氧化剂，冷却至室温，待滤液 pH 值上升到 4.5～5.0 时再过滤，用蒸馏水洗涤 3 次，每次用水 60mL。

将抽滤漏斗置于另一个抽滤瓶上，用 90℃热水洗涤滤渣，使渣中氯化铅溶解于热水中，洗涤数次（洗涤液约 1500mL），在滤液中加入盐酸调溶液 pH 值为 1 左右。加热浓缩至 500mL，冷却至室温，过滤，回收氯化铅，富集到一定数量后精制提纯。母液返回系统作配酸用。

b. 净化。浸出液中的 Fe、Mn、Pb、Cu、Cd 等可用目前生产中使用的方法除去，而钙镁则需要寻找新的方法。

Ⅰ. SO_4^{2-} 除 Ca：加入 SO_4^{2-}，使 Ca 生成 $CaSO_4$ 沉淀，可以除去大部分 Ca。SO_4^{2-} 可以用 H_2SO_4 在浸取时加入，也可在以后用 $ZnSO_4$ 溶液加入。Ca、Mg、Zn 的硫酸盐在不同温度下的溶解度不同，在 100℃下 $ZnSO_4$ 与 $CaSO_4$ 的溶解度相差最大，因而 Ca 与 Zn 能分离，而 $MgSO_4$ 的溶解度一直很大，不能从溶液中除去，所以用 SO_4^{2-} 除镁不彻底。

Ⅱ. HF 除 Ca、Mg：加 HF 可使 Ca、Mg 生成溶解度很小的 CaF_2 和 MgF_2 而沉淀除去。HF 的加入量为理论量 0.5 倍。用 HF 除 Ca、Mg，能收到较好效果。

③ NH_4Cl 浸取菱锌矿制氯化锌　NH_4Cl 有溶解 ZnO 的性质，在不同浓度、不同温度下，NH_4Cl 溶液溶解 ZnO 的量差别较大，因此，可以采取高温下用 NH_4Cl 溶液浸取矿石来溶解矿中的锌，然后分离矿渣，再把浸出液冷却使锌沉淀出来以提取矿中的锌，而 NH_4Cl 理论上并不消耗。最后将分离出来的 ZnO 再与盐酸反应制 $ZnCl_2$。

④ 以硫化锌为原料生产氯化锌　根据硫化锌的性质，在一定温度下硫化锌能燃烧氧化成氧化锌，而氧化锌与盐酸作用即生成氯化锌；此外，硫化锌与盐酸反应也可生成氯化锌。因此用硫化锌为原料可以有两种流程：第一种称为焙烧法；第二种为直接法。主要反应方程式如下：

$$2ZnS + 4O_2 \longrightarrow 2ZnO + 2SO_2$$

$$ZnO + 2HCl \longrightarrow ZnCl_2 + H_2O$$

$$ZnS + 2HCl \longrightarrow ZnCl_2 + H_2S$$

焙烧法除增加一道焙烧工序以使硫化锌转化为氧化锌外，其他工序与传统生产法基本相同，只是在浸取时因原料中含有少量硫化锌，反应时除有酸雾外还会有少量有毒气体 H_2S 产生，更应注意反应尾气的排放和洗涤吸收及操作岗位的通风。焙烧产生的 SO_2 气体可考虑用碱液或氨水吸收。

直接法由于反应产生大量的硫化氢，浸取设备必须密闭且尾气必须经过碱液吸收完全才能放空。为不使硫化氢外泄，浸取及吸收系统应维持负压操作。

⑤ 利用副产氢氧化锌制备氯化锌　利用副产氢氧化锌制备氯化锌的生产工艺过程为水洗、化合、净化、浓缩四个工序。

a. 水洗：氢氧化锌中含有可溶性硫酸盐、亚硫酸钠，以水洗涤除之。用 10% 氯化钡溶液检查洗涤液，至得到较纯的氢氧化锌沉淀为止。

b. 化合反应：将处理好的氢氧化锌沉淀在不断搅拌下加入计量的盐酸，使其反应生成氯化锌。反应终点控制在 pH 值为 3.5～4。若反应液中硫酸盐超过控制指标，再加入氯化钡溶液进一步除去，测硫酸盐控制在 <0.005%、钡 <0.1% 时，然后静置备用。

c. 净化：第一次处理：将静置 24h 后的反应液，加入过锰酸钾溶液至呈微粉色，以除去锰及部分铁。控制条件：酸度 pH 值为 3.5，钡 <0.1%，硫酸盐 <0.005%。第二次处理：将第一次处理的溶液过滤，滤液在不断搅拌下加入锌粉和氯酸钾，并通入蒸汽，以除去铁、铅及铜。净化合格后，静置过滤。控制条件：酸度 pH 值为 4、铅 <0.0005%，外观纯白。

d. 浓缩：将净化滤液调节酸度后移入反应釜蒸发，浓缩至 50°Be 以上后，再移入大盆中继续蒸发浓缩。在蒸发过程中，若发现溶液有异常现象，可加入氯酸钾或盐酸联胺处理，至溶液清澈透明无杂色。浓缩至液温达 260～270℃时，等气泡变小后，出盆、冷却、粉碎，即得氯化锌成品。

【技术指标】　HG/T 2323—2004 工业氯化锌

项　目	指　标				
	Ⅰ型		Ⅱ型		Ⅲ型
	优等品	一等品	一等品	合格品	
氯化锌($ZnCl_2$)质量分数/%	≥96.0	≥95.0	≥95.0	≥93.0	≥40.0
酸不溶物质量分数/%	≤0.01	≤0.02	≤0.05		—
碱式盐(以 ZnO 计)质量分数/%	≤2.0		≤2.0		≤0.85
硫酸盐(以 SO_4^{2-} 计)质量分数/%	≤0.01		≤0.01	≤0.05	≤0.004
铁(Fe)质量分数/%	≤0.0005		≤0.001	≤0.003	≤0.0002
铅(Pb)质量分数/%	≤0.0005		≤0.001		≤0.0002
碱和碱土金属质量分数/%	≤1.0		≤1.5		≤0.5
锌片腐蚀实验	通过		—		通过
pH 值	—		—		3～4

【应用】 工业氯化锌是重要的化工原料之一，主要用于有机合成工业的脱水剂及催化剂；染织工业的媒染剂、丝光剂、上浆剂及防腐剂；制干电池、活性炭、钢化纸；用作木材防腐剂、焊药水及石油净化剂等。

锌盐作为阴极缓蚀剂，在 pH 较高的阴极微区迅速形成氢氧化锌的沉积物，覆盖在阴极表面，减缓了阴极去极化过程。$ZnCl_2$ 易溶于水而微水解产生不溶性的 $Zn(OH)Cl$ 胶粒，使得复合缓蚀剂呈胶状浑浊而不澄清透明，随时间延长，$Zn(OH)Cl$ 胶粒逐渐聚集而沉淀。因此，配制同量锌离子复合缓蚀剂时，$ZnCl_2$ 比 $ZnSO_4 \cdot 7H_2O$ 更易产生沉淀。通过配方稀释或加少量 H_2SO_4、HCl、H_3PO_4 或冰醋酸等酸性物质，能抑制复合缓蚀剂中锌盐析出，但应注意酸性物质加入后，某些复合剂会变色，加入少量的苯并三氮唑能防止这种变色反应发生。

锌盐单独使用也有一定缓蚀作用，但它所形成的膜不很牢固，一般与别的药剂复合使用。

Hatch G. B. 研究发现，在 pH 值为 5～7 时，用 30～40mg/L 的多磷酸盐和 10mg/L 的锌盐组成的混合缓蚀剂对钢铁具有很好的缓蚀效果，二者形成协同效应，在阴极附近形成一层保护膜。

董秉直等研究发现，由锌盐、钼酸盐和膦酸盐组成的复合缓蚀剂对软水的缓蚀效果良好。表 6-31 是锌盐与钼酸盐和膦酸盐复配的结果。由表 6-31 可以看出：随着锌盐投量的增加，腐蚀率下降，表明锌盐与钼酸盐和膦酸盐有着良好的协同作用。

表 6-31　锌盐与钼酸盐和膦酸盐复配结果

钼酸盐/(mg/L)	膦酸盐/(mg/L)	锌盐/(mg/L)	腐蚀率/(mm/a)	缓蚀率/%
0	0	0	2.62	—
10	0	0	0.151	94.2
20	0	0	0.013	99.5
50	0	0	0.007	99.7
100	0	0	0.005	99.8
10	0	0	0.156	94.0
10	2	0	0.079	97.0
10	4	0	0.031	98.8
10	6	0	0.033	98.7
10	2	1	0.086	96.7
10	2	2	0.091	96.5
10	2	3	0.056	97.8
10	2	4	0.048	98.3

霍宇凝等研究了聚天冬氨酸与锌盐的复配物对碳钢缓蚀性能的影响。结果表明，锌盐可降低聚天冬氨酸的用量，两者的复配物表现出混合型缓蚀剂的特征。

C. F. Colturi 等将钼酸盐和锌盐复配使用于循环冷却水的处理中，挂片腐蚀速率可以降到 0.05mm/a。Y. J. Qian 等的研究也表明两者之间存在协同作用，并揭示了钼酸盐和锌盐之间的协同作用机理。两者的混合物实际上还是一种阴极型缓蚀剂，而并不像通常认为的是阳极钝化作用和阴极抑制作用的混合，钼酸盐的引入大大促进了锌在阴极区的沉积。通过在金属表面的阴极区形成既含 Zn 又含 MoO_4^{2-} 的化合物沉积膜，抑制了 O_2 的还原。这种化合物沉淀可能是 $Zn_2(OH)_2MoO_4$ 或 $Zn_3(OH)_2(MoO_4)_2$。

6.3.11 水合肼

【结构式】

$$H_2N—NH_2$$

【物化性质】 本品外观为无色发烟液体，有强还原作用和腐蚀性。

【制备方法】

制备方法1 稀水合肼的制备

将氯酸钠的制备将30%的液碱加水稀释至20%左右，在30℃以下按一定流量通入氯气，使有效率达8%～10%即可，冷却备用。

将次氯酸钠溶液加入氧化锅中，再加入适量的30%氢氧化钠液及0.2%的高锰酸钾，然后一次迅速倾入尿素溶液（含量50%），加热搅拌，在104℃下反应几小时即得稀水合肼。水合肼的浓缩，将稀水合肼减压蒸馏，分去无机盐，浓缩至32%～40%即得产品。

制备方法2 拉希法

拉希法（又称氯胺法或氨氧化法）是水合肼的工业化生产方法之一。用次氯酸钠氧化氨水，用明胶或骨胶等作催化剂，在130℃左右，加压下反应制得。反应方程式：

$$NH_3 + NaOCl \longrightarrow NH_2Cl + NaOH$$

$$NH_2Cl + NH_3 + NaOCl \longrightarrow H_2N—NH_2 + NaCl + H_2O$$

此法在国外已趋于淘汰，国内因生产规模小，成本较高。

制备方法3 尿素法

在拉希法的基础上用尿素代替氨作为氮源，由于反应中可使用定量的尿素，故可减少庞大的氨回收装置。反应方程式：

$$NH_2CONH_2 + NaOCl + 2NaOH \longrightarrow H_2N—NH_2 \cdot H_2O + NaCl + Na_2CO_3$$

将次氯酸钠与氢氧化钠按一定比例混合配成溶液，边搅拌边加入尿素与少量高锰酸钾的混合液，直接通蒸汽加热到103～104℃进行氧化反应，反应液中含肼量20g/L，真空浓缩制得40%水合肼，再经烧碱脱水、减压蒸馏，得到80%水合肼。此法工艺成熟，设备简单，技术易掌握，是国内厂家采用的主要方法。

【应用】 水合肼及其衍生物产品用作循环水的缓蚀剂在热电厂和核电厂等工业应用中得到广泛的使用。

6.3.12 磷酸二氢钠

【结构式】

【物化性质】 无色结晶或白色结晶性粉末。无臭，味咸，酸。热至100℃失去全部结晶水，灼热变成偏磷酸钠。

【制备方法】 将氢氧化钠或纯碱加入浓磷酸，控制pH值为4.4～4.6；将中和液过滤、浓缩再冷却至41℃以下结晶；离心分离，干燥得产品。

$$Na_2CO_3 + H_3PO_4 \longrightarrow 2NaH_2PO_4 + H_2O + CO_2 \uparrow$$

采用中和法。由磷酸与纯碱或氢氧化钠中和而得到。

【应用】 作品质改良剂，有提高食品的络合金属离子、pH值、增加离子强度等的作用，由此改善食品的结着力和持水性。我国规定可用于炼乳，最大使用量0.5g/kg。制造六偏磷酸钠和焦磷酸钠，常用于铅质管道的防腐蚀。

参考文献

[1]　化学工业部化工机械研究院编.（耐蚀金属材料及防蚀技术.Ⅱ）腐蚀与防护手册.北京：化学工业出版社，1990.

[2]　张光华编.水处理化学品制备与应用指南.北京：中国石化出版社，2003.

[3]　杨文治，黄魁元，王清等编.缓蚀剂.北京：化学工业出版社，1989.

[4]　周晓东，王卫，王凤英.工业缓蚀阻垢剂的应用研究进展.腐蚀与防护，2004，25（4）：153.

[5]　范洪波编著.新型缓蚀剂的合成与应用.北京：化学工业出版社，2003.

[6]　Granese S L. Study of the inhibitory action of nitrogen-containing compounds. Corrosion，1988，6（44）：322-327.

[7]　Tyr S G. Mixed inhibitors for hydrochloric acid media. Zashchita Metallov，1992，28（2）：242-248.

[8]　周学良主编.精细化工助剂.北京：化学工业出版社，2002.

[9]　吉玮，景苏，刘建兰等.硫脲的制备方法及应用.化工时刊，2004，18（5）：10-15.

[10]　齐欣，王茜，李忠波等.尿素制备硫脲新工艺.化学工业与工程，2006，23（5）：407－410.

[11]　李广超，杨文忠，俞斌.稀硫酸中硫脲对不锈钢的缓蚀行为受 H_2S 影响的研究.材料保护，2003，36（8）：24-46.

[12]　Mahqoub F M. Effect of protonation on the inhibition efficiency of thiourea and its derivatives as corrosion inhibitors. Anti-Corrosion Metheds and Materials，2008，55（6）：324-328.

[13]　Schafer，Martin，Bottcher，et al. Preparation of pyrrole and pyridine. US 6538139. 2003-3-25.

[14]　Stetsinko E Ya. Preparation of raw pyridine bases from mother liquor of sulfate separation. Koks i Khimiya，1992，（5）：25-27.

[15]　颜肖慈，赵红，罗明道等.磷酸溶液中吡啶和 I^- 对铝协同缓蚀机理的研究.材料保护，1999，32（6）：12-15.

[16]　Yadav P N S，et al. Pyridine Derivatives as Corrosion Inhibitors for 3003 Aluminium in Very Dilute Hydrochloric Acid. Transaction of the SAEST，1993，28（3）：134.

[17]　Talati J D，et al. N-Heterocyclic Compounds as Corrosion Inhibitors for Aluminium-Copper Alloy in Hydrochloric Acid. Corrosion Sci，1983，23（12）：1315.

[18]　何铁林.水处理化学品手册.北京：化学工业出版社，2000.

[19]　祁鲁梁，李永存，杨小莉主编.水处理药剂及材料实用手册.北京：中国石化出版社，2001.

[20]　徐克勋主编.精细有机化工原料及中间体手册.北京：化学工业出版社，1998.

[21]　周欣欣.烷基吡啶盐对铝的缓蚀作用.材料保护，1994，27（12）：3-6.

[22]　Nagata，Teruyuki，Watanabe，et al. Process for preparing high-purity aniline. US 5616806. 1997-4-1.

[23]　清华大学.硝基苯气相加氢制备苯胺的装置及方法.CN 200310100201.0. 2003-10-10.

[24]　骞伟中，柯长颢，方晓明等.高纯度苯胺的大工业制备技术.现代化工，2005，25（10）：49-53.

[25]　Shnaider G S. Evaluation of the hydrodynamic conditions in multistaged fluidized countercurrent flow reactors in pilot and semicommercial catalytic Cracking units. The Chemical Engineering Journal，1988，38（2）：97-109.

[26]　Kannan C S，Rao S S，Varma B G. A study of stable range of operation in multistage fluidized beds. Powder Technology，1994，78（3）：203-211.

[27]　hidambaram，Ramakrishnan，Kant，et al. Process for the preparation of aniline-derived thyroid receptor ligands. US 6806381. 2004-10-19.

[28]　孟庆茹.苯胺的生产与市场分析.江苏化工，2004，32（4）：53-59.

[29]　Li S L，Ma X Y，Lei S B，et al. Inhibition of copper corrosion with schiff base derived from 3-methoxysalicy laldehyde and 0-phenyldiamine in chloride media. Corrosion Science Section，1998，（12）：947-951.

[30]　孔得翔.NS3 油溶性缓蚀剂的合成研究.精细石油化工，1999，（9）：19-23.

[31]　Mikeos K. Synthesis of IH-1，2，3-Berzotriazole. BE 838705. 1983-09-28.

[32]　化学工业部科技情报所编辑.世界精细化工手册（续编）.北京：煤炭工业出版社，1986.

[34]　Michel D，Istran T. Condensed trazole. SW 647514. 1985-10-31.

[34]　John W L，Lubomir V. Preparation of IH-1，2，3-Berzotriazole. US 4363914. 1983-04-11.

[35]　郑清.苯并三氮唑合成的改进.辽宁化工，2004，33（7）：388-389.

[36]　刘云.日用化学品原材料技术手册.北京：化学工业出版社，2003.

[37]　Milić S M，Antonijević M M. Some aspects of copper corrosion in presence of benzotriazole and chloride ions. Corrosion Science，2009，（51）：28-34.

[38]　Milić S M，Antonijević M M，Šerbula S M，et al. Influence of benzotriazole on corrosion behaviour of CuAlNiSi alloy

in alkaline medium. Corrosion Engineering, Science and Technology, 2008, 43 (1): 30-38.

[39] Kim In-Kwon, Kanq Younq-Jae, Kim Tae-Gon, et al. Effect of corrosion inhibitor, benzotriazole, in Cu slurry on Cu polishing. Japan Society of Applied Physics, 2008, 47 (1): 108-112.

[40] 李斌, 陈元春. 2-巯基苯并噻唑. 精细与专用化学品, 2005, 13 (18): 10-11.

[41] 奚国辉, 王晓华. 2-巯基苯并噻唑合成反应工艺研究. 石化技术与应用, 2003, 21 (4): 259-261.

[42] 李薇, 吴凯涛. 正交试验研究生产促进剂 M 的主反应工艺条件. 内蒙古石油化工, 2005, (9): 12-13.

[43] Ramji, Karpaqavalli, Cairns, el at. Synergistic inhibition effect of 2-mercaptobenzothiazole and Tween-80 on the corrosion of brass in NaCl solution. Applied Sulface Science, 2008, 254 (15): 4483-4493.

[44] 李海洪, 赵永韬, 郭兴蓬. 丙炔醇对 Q235 钢在硫酸中的缓蚀作用. 腐蚀与防护, 2007, 28 (3): 113-115.

[45] Feng Y, Siowa K S, Teo W K, et al. The synergistic effects of propargyl alcohol and potassium iodide on the inhibition of mild steel in 0.5M sulfuric acid solution. Corrosion Science, 1999, 41: 829-852.

[46] Gojic M. The effect of propargyl alcohol on the corrosion inhibition of low alloy CrMo steel in sulphuric acid. Corrosion Science, 2001, 43: 919-929.

[47] 闫丽静, 林海潮. 含 H_2S 的硫酸溶液中丙炔醇对铁腐蚀的抑制作用. 中国腐蚀与防护学报, 1999, 19 (4): 221-226.

[48] 李春颖, 王佳, 刘明婧等. 氢氧化钠溶液中丙炔醇对铝的缓蚀作用及吸附热力学研究. 表面技术, 2007, 36 (3): 12-13.

[49] 费逸伟. 二聚炔醇酸性介质缓蚀剂的合成与应用. 化学清洗, 1997, 13 (3): 4-8.

[50] 陈先明, 胡宝妹, 程卫平等. 催化氧化葡萄糖制备葡萄糖酸钠和 D-葡萄糖酸 δ-内酯. 化学世界, 1990, (5): 205-206.

[51] 王素芳, 刘浦, 王向宇. 葡萄糖催化氧化制备葡萄糖酸 (盐) 催化剂研究进展. 工业催化, 2007, 15 (10): 5-11.

[52] Wenkin M, Touillaux R, Ruiz P, et al. Influence of metallic precursors on the properties of carbon-supported bismuth-promoted palladium catalysts for the selective oxidation of glucose to gluconic acid. Applied Catalysis A: General, 1996, 148 (1): 181-199.

[53] Abbadi A, Bekkum H. Effect of pH in the Pt-catalyzed oxidation of D-glucose to D-gluconic acid. Journal of Molecular Catalysis A: Chemical, 1995, 97 (2): 111-118.

[54] Nikov I, Paev K. Pd on alumina catalyst for glucose oxidati on: reaction kinetics and catalyst deactivation. Catalysis Today, 1995, 24 (1-2): 41-47.

[55] Hermans S, DevillersM. On the r ole of ruthenium associated with Pd and/or Bi in carbon-supported catalysts for the partial oxidati on of glucose. Applied Catalysis A: General, 2002, 235 (1-2): 253-264.

[56] Bianchi C, Porta F, Prati L, et al. Selective liquid phase oxidation using gold catalysts. Top ics in Catalysis, 2000, 13 (3): 231-236.

[57] Biella S, Prati L, RossiM. Selective oxidati on of D-glucose on gold catalyst. Journal of catalysis, 2002, 206 (2): 242-247.

[58] Porta F, Prati L, RossiM, et al. Metal s ols as a useful tool for heterogeneous gold catalyst preparati on: Reinvestigati on of a liquid phase oxidation. Catalysis Today, 2000, 61 (1-4): 165-172.

[59] 高树桐, 谷英瑞, 孙连生. 次氯酸钠氧化法制备葡萄糖酸钠. 化学世界, 1991, (10): 472-474.

[60] 郭子成, 李伟, 李红梅等. 电解氧化法制取葡萄糖酸钠. 现代化工, 1995, (5): 25-27.

[61] Touir R., Cenoui M, El Badri M, el at. Sodium gluconate as corrosion and scale inhibitor of ordinary steel in simulated cooling water. Corrosion Science, 2008, 50 (6): 1530-1537.

[62] Shibli S M A, Kumary V Anitha. Inhibitive effect of calcium gluconate and sodium molybdate on carbon steel. Anti-Corrosion Methods and Materials, 2004, 51 (4): 277-281.

[63] 叶文玉编. 水处理化学品. 北京: 化学工业出版社, 2002.

[64] 王家斌. 改进对苯二酚生产方法的途径. 辽宁化工, 1992, (6): 46-50.

[65] Komatsu, Yuuki, Minami, el at. Processes for the preparation of hydroquinone and benzoquinone derivatives. US 5637716. 1997-06-10.

[66] 赵鸿斌, 徐石海, 刘淑萍. 苯酚催化氧化制备对苯二酚的研究. 现代化工, 1995, (5): 21-24.

[67] Wubbolts F E, Bruinsma O S L, de Graauw J, et al. Continuos Gas Anti-solvent Crystallization of Hydroquinone from A cetone U sing Carbon Dioxide. Japan Sendai: International Society for the Advancement of Supercritical Fluids, 1997.

[68] Michelhaugh S L, Carrasquillo A, Soriaga M P. Site selection in electrode reaction: quinone/hydroquinone redox at submono layer iodine-coated electrode surfaces. J Electroanal Chem, 1991, 319: 387.

[69] 张新胜. 固定床成对电解反应器的基础研究——对苯二酚的电解合成 [博士学位论文]. 上海: 华东理工大学, 1996.

[70] 熊蓉春, 魏刚, 张小冬等. 对苯二酚对亚硫酸盐防腐蚀效果的影响. 北京化工大学学报, 1999, 26 (2): 69-72.

[71] 吴鑫干, 陈舒伐. 苯甲酸的合成和精制. 现代化工, 2000, 20 (8): 10-14.

[72] 郑公铭, 何建新, 谢秋香等. 苯甲酸制备新工艺研究. 茂名学院学报, 2004, 14 (3): 4-6.

[73] 李东胜, 严红燕, 刘春生等. $Na_2WO_4 \cdot 2H_2O\text{-}H_2O_2$ 催化氧化苯甲醛制备苯甲酸. 合成化学, 2004, 12 (6): 595-597.

[74] Kauzuhiko Sato, Maumoru Hyodo, Junko Takagi, el at. Hydrogen Peroxide Oxidation of Aldehydes to Carboxylic Acids: An Organic Solvent, Halide and Metal-free Organic Procedure. Tetrahedron Lett, 2000, 41: 1439-1442.

[75] 周建峰, 陈芳, 许世道等. 苄卤氧化制备苯甲酸. 化学试剂, 1999, 21 (1): 60.

[76] 王民. 家用漂白粉氧化法合成苯甲酸. 化学试剂, 1985, 7 (3): 175.

[77] 杨国英, 钟惠妹, 程尉等. 苯甲酸的电化学合成. 精细化工, 2005, 22 (4): 287-289, 310.

[78] M Heintz, Oumar Sock, Christophe Saboureau, et al. Electrosynthesis of aryl-carboxylic acids from chlorobenzene derivatives and carbon dioxide. Tetrahedron, 1988, 44 (6): 1631-1636.

[79] Oumar Sock, Michel Troupel, Jacques Perichon. Electrosynthesis of carboxylic acid from organic halides and carbon dioxide. Tetrahedron letters, 1985, 26 (12): 1509-1512.

[80] 郑程玉, 刘树春. 多元醇膦酸酯的生产与应用. 工业水处理, 1996, 16 (6): 19-20.

[81] 陈复主编. 水处理技术及药剂大全. 北京: 中国石化出版社, 2000.

[82] 方岩雄, 丁学杰, 袁雄国等. N-月桂酰基肌氨酸及其钠盐的合成. 现代化工, 1995, (10): 36-37.

[83] 董银卯, 马洁峰, 彭金乱. 月桂酰基肌氨酸钠的生产工艺研究. 化学试剂, 2002, 24 (1): 55-56.

[84] 陈尚冰, 王静云, 张璐. N-月桂酰基肌氨酸类缓蚀剂的合成测定及协同作用研究. 石油与天然气化工, 1997, 26 (1): 50-54.

[85] 陈尚冰, 王静云, 张璐. 月桂酸类缓蚀剂与钼酸钠的协同缓蚀作用研究. 油气田地面工程 (OGSE), 1997, 16 (1): 34-36.

[86] Starchak V G, et al. Corrolation analysis in a study of inhibition of steel corrosion by hydrogesulfide. Zh Prikl Khim, 1988, 61 (3): 507.

[87] 张士博, 王慧, 李东胜等. 咪唑啉季铵盐缓蚀剂的合成及应用研究. 当代化工, 2006, 35 (5): 297-299.

[88] 王大喜, 王兆辉. 取代基咪唑啉分子结构与缓蚀性能的实验研究. 中国腐蚀与防护学报, 2001, 21 (2): 112.

[89] 燕音, 丁晓丽, 颜灵芝. 咪唑啉季铵盐的合成及对 A3 钢在盐酸溶液中的缓蚀性能和吸附行为研究. 喀什师范学院学报, 2007, 28 (3): 56-59.

[90] 李邦. 水溶性咪唑啉季铵盐型缓蚀剂的合成及性能评价. 精细石油化工, 2005, (4): 44-46.

[91] 宋莎莎. 咪唑啉季铵盐缓蚀剂的制备及其性能研究. 江苏化工, 2008, 36 (2): 15-17.

[92] 张光华, 杨建桥, 高文军. XQ多功能缓蚀抑雾剂的性能研究. 材料保护: 2001, 34 (2): 13-14.

[93] 郑平, 辛寅昌, 孔会会等. 复合芳基双环咪唑啉季铵盐的合成及耐高温缓蚀性能评价. 应用科技, 2008, 16 (12): 24-25.

[94] Fan H B, Wang H L, Guo X P, et al. Corrosion inhibition mechanism of carbon steel by sodium N, N-diethyl dithiocarbamate in hydrochloric acid solution. Anti-Corrosion Methods and Materials, 2002, 49 (4): 270.

[95] Fan H B, Fu C Y, Wang H L, et al. Inhibition of corrosion of mild steel by sodium N, N-diethyl dithiocarbamate in hydrochloric acid solution. British Corrosion Journal, 2002, 37 (2): 122.

[96] Martin R, McMahon J A, Alink B A. Imidazolintype Biodegradable Corrosin Inhibitors Having Low Toxicity In Marine Application. US 5393464. 1995-02-28.

[97] 唐永明, 王磊, 杨文忠等. 2-癸硫基乙基胺盐酸盐的合成及其缓蚀性能研究. 现代化工, 2007, 27: 225-227.

[98] 杨永飞, 赵修太, 邱广敏等. YSH-05 高温酸化缓蚀剂缓蚀性能研究. 石油化工腐蚀与防护, 2007, 24 (1): 8-11.

[99] Norman Hackerman, A C Makrides. Action of Polar Organic Inhibitors in Acid Dissolution of Metals. Ind Eng Chem, 1954, 46 (3): 523-527.

[100] 蓝瑞芬. 直接法生产亚硝酸钠. 化工技术与开发, 1986, (4): 9-10.

[101] 王晓伟, 周柏青, 李芹. 循环冷却水处理中钼酸盐的无机协同缓蚀剂. 工业用水与废水, 2002, 33 (6): 19-21.

[102] C M Mustafa, S M Shahinoor Islam Dulal. Molybdate and nitrite as corrosion inhibitors for copper-coupled steel in

simulated cooling water. Corrosion, 1996, 52 (1): 16-22.

[103]　C M Mustafa, S M Shahinoor Islam Dulal. Corrosion behaviour of containing molybdate and nitrite. British Corrosion Journal, 1997, 32 (2): 133-137.

[104]　骆素珍, 郑玉贵, 敬和民等. NaNO₂ 对 20SiMn 低合金钢在 3％NaCl 溶液中空蚀损伤的缓蚀作用. 腐蚀科学与防护技术, 2004, 16 (6): 347-351.

[105]　Suzhen Luo, Yugui Zheng, Moucheng Li, et al. Effect of cavitation on corrosion behavior of 20SiMn low alloy steel in 3％NaCl solution. Corrosion, 2003, 59 (7): 597-605.

[106]　Ledovskikh V M. Synergistic inhibitor of corrosion of steel in a neutral medium by mixtures of organic nitrogen compounds with sodium nitrite. Protection of Metals, 1983, 19 (1): 67-73.

[107]　李宝林, 杨维平. 硝酸钠生产方法的研究进展. 现代化工, 1995, (4): 21-23.

[108]　Mu Cuan-nan, Zhao Tian-Pei. Effect of metallic cations on corrosion inbibition of an anionic surfactant for mild steel. Corrosion, 1996, 52 (11): 853-856.

[109]　袁朗白, 刘晓轩, 李向红等. 盐酸介质中十二烷基磺酸钠和硝酸钠对铝的缓蚀协同效应. 腐蚀与防护, 2003, 24 (9): 376-377, 394.

[110]　邓凡政, 张有双. 用酸处理后的煤矸石制备工业硅酸钠的研究. 能源环境保护, 1994, 8 (5): 14-15.

[111]　吴宇峰. 冬季采暖水系统用缓蚀剂的研制. 工业水处理, 1998, 18 (1): 201.

[112]　陈建新, 周长恩, 寇战峰等. 硅系水质稳定剂研究. 工业水处理, 2001, 21 (11): 20-21.

[113]　Salasi Mobin, Shahrabi Taqhi, Roayaei Emad. Effect of inhibitor concentration and hydrodynamic conditions on the inhibitive bebhaviour of combinations of sodium silicate and HEDP for corrosion control in carbon steel water transmission pipes. Anti-Corrosion Methods and Materials, 2007, 54 (2): 82-92.

[114]　Aramaki Kunitsuqu. Synergistic inhibition of zinc corrosion in 0. 5 M NaCl by combination of cerium (Ⅲ) chloride and sodium silicate. Corrosion Science, 2002, 44 (4): 871-886.

[115]　Saji V S, Shibli S M A. Synergistic inhibition of carbon steel corrosion by sodium tungstate and sodium silicate in neutral aqueous media. Anti-Corrosion Methods and Materials, 2002, 49 (6): 433-443.

[116]　周骏宏, 顾春光, 骆德池等. 化学净化技术在三聚磷酸钠生产中的应用. 无机盐工业, 2006, 38 (6): 43-45.

[117]　钱锐, 王佳, 黄峰等. 氟硼酸体系中三聚磷酸钠对铝的吸附及缓蚀作用. 清洗世界, 2007, 23 (1): 1-3, 10.

[118]　刘秀明. 六偏磷酸钠的生产工艺. 云南化工, 1994, (3): 30-33.

[119]　董允杰. 国内外钼酸钠应用和产耗概况. 中国钼业, 2003, 27 (6): 25-27.

[120]　刘小成, 吴银枝, 邱祖民. 利用废钼催化剂生产钼酸钠的研究. 江西化工, 2002, (3): 58-60.

[121]　王志诚, 郝绍鹏. 利用氨浸渣生产工业钼酸钠. 中国钼业, 2003, 27 (2): 32-34.

[122]　张文钲. 钼酸钠应用前景展望. 中国钼业, 2000, 24 (4): 7-9.

[123]　Miksic, Boris A, Chandler, el at. Corrosion inhibitor for reducing corrosion in metallic concrete reinforcements. US 5750053. 1998-05-12.

[124]　Heqazy M M, EI-Eqamy S S. Inhibition effect of chromate and molybdate ions on the corrosion of some steels in Ca(OH)₂ containing sodium chloride. Bulletin of Electrochemistry, 1995, 11 (10): 470.

[125]　Oung J C, Chiu S K, H C Shih. Mitigating steel corrosion in cooling water by molybdate-based inhibitors. Corrosion Prevention & Control, 1998, 45 (4): 156-162.

[126]　李玉明, 刘静敏, 马志超等. 钼酸盐与磷酸盐、硅酸盐复配缓蚀剂的研究. 腐蚀与防护, 2004, 25 (6): 248-251.

[127]　龚利华, 环毅. 钼酸盐水处理缓蚀剂复配研究. 给水排水, 2006, 32 (6): 60-63.

[128]　Shibli S M A, Kumary V Anitha. Inhibitive effect of calcium gluconate and sodium molybdate on carbon steel. Anti-Corrosion Methods and Materials, 2004, 51 (4): 277-281.

[129]　Shams E I, Din A M, Liufu Wang. Mechanism of corrosion inhibition by sodium molybdate. Desalination, 1996, 107 (1): 29-43.

[130]　王文. 火法生产钨酸钠的实践. 铁合金, 2000, (3): 31-33.

[131]　Lohse, Michael. Sodium tungstate preparation process. US 5993756. 1999-11-30.

[132]　徐群杰, 陆柱, 周国定. Na₂WO₄ 与 BTA 复配对碳钢的缓蚀作用. 华东理工大学学报, 2003, 29 (5): 493-495.

[133]　Kader J M A E, Warraky A A E, Aziz A M A E. Corrosion inhibition of mild steel by sodium tungstate in neutral solution: Behavior in distilled water. Br Corros J, 1998, 33 (2): 139-144.

[134]　李燕, 张关永, 陆柱. 除氧中性水中钨酸盐对碳钢的缓蚀机理研究. 中国腐蚀与防护学报, 2000, 20 (6):

349-354.

[135] Abd El Kader J M, El Warraky A A, Abd El Aziz A M. Corrosion inhibition of mild steel by sodium tungstate in neutral solution part Ⅰ: Behavior in distilled water. Br Corrosion J, 1998, 33 (2): 139-144.

[136] 徐群杰, 金雯静, 周国定. 复配聚天冬氨酸对不同条件模拟水中铜的缓蚀作用. 精细化工, 2007, 24 (5): 504-507, 516.

[137] 白玮, 李向红, 木冠南等. 钼酸盐和钨酸盐在 HCl 中对冷轧钢的缓蚀作用. 清洗世界, 2006, 22 (5): 1-4.

[138] 吕桂双, 芮玉兰, 柳鑫华等. 钨酸盐做海水缓蚀可行性研究状况. 清洗世界, 2006, 22 (7): 1-7.

[139] Sastri V S, Packwood R H, Brown J R, et al. Corrosion inhibition by some oxyanions in coal water slurries. British Corrosion Journal, 1989, 24 (1): 30-35.

[140] 周长生. 硫化钠生产工艺的研究与改进. 化学工程, 2005, 33 (1): 75-78.

[141] 苏鹏翼. 硫化碱市场与生产技术浅论. 无机盐工业, 2004, 36 (2): 7-9.

[142] 联邦德国底古萨股份公司. 无水硫化钠的制备方法. CN 1220233. 1999-06-23.

[143] Maeda, Kannosuke, Aoyama, el at. Process for preparing crystals of anhydrous sodium sodium sulfide. US 5173088. 1992-12-22.

[144] Alig, Alfred. Method for the preparation of anhydrous sodium sulfide. US 6582675. 2003-06-24.

[145] 王尚军, 曹引群. 无水硫化钠晶体的制备方法. CN 1308013. 2001-08-15.

[146] Magiera, Robert Alt, Hans Christian Rasig, el at. Process for the preparation of anhydrous sodium sulfide. US 6503474. 2003-01-07.

[147] 周长生. 低碳、低铁黄色片状硫化钠生产工艺. CN 1244493. 2000-02-16.

[148] 王银川, 陈平. 改良法硫化碱生产工艺. CN 1067225. 1992-12-23.

[149] 王成, 江峰, 林海潮等. 硫化钠对铝合金在 3.5% 氯化钠溶液中缓蚀作用的研究. 腐蚀与防护, 2000, 21 (3): 104-106.

[150] 丁晖, 余刚. 硫化钠对铝合金在 3.5%NaCl 溶液中腐蚀行为的影响. 腐蚀与防护, 2001, 30 (6): 37-42.

[151] Trivede Kavita, Srivastava S K, Shukla N P. Corrsion in saline and sea water. Corrosion Prevention and Control, 1992, 39 (4): 99-104.

[152] 郭瑞九, 郭大刚. 从废锌铁合金中制备硫酸锌. 化学世界, 2004, (10): 521-523.

[153] 杜敏, 高荣杰, 公平等. 海水介质中碳钢 "绿色" 缓蚀剂缓蚀过程的研究. 材料科学与工艺, 2006, 14 (6): 596-600.

[154] 穆振军, 杜敏. 天然海水中硫酸锌、葡萄糖酸钙和 APG 等复合碳钢缓蚀剂的研究. 中国海洋大学学报, 2004, 34 (2): 238-244.

[155] Kruesi, Paul R. Chlorides of lead, zinz, copper, silver and gold. US 4209501. 1980-06-24.

[156] Hatch G B. Polyphosphate inhibition potable waters. Nat Ass of Corros Eng, 1970: 130-135.

[157] 霍宇凝, 蔡张理, 赵岩. 聚天冬氨酸及其与锌盐的复配物对碳钢缓蚀性能的影响. 华东理工大学学报, 2001, 27 (6): 669-672.

[158] Colturi C F, Kozelski K J. Corrosion and biofouling control in a cooling water system. Materials Performance, 1984, 23 (4): 43-47.

[159] Qian Y J, Turgoose S. Inhibition by zinc-molybdate mixtures of corrosion of mild steel. British Corrosion Journal, 1987, 22 (4): 268-271.

[160] 郑旭华, 韩平. 环己胺的生产和深加工. 山东化工, 1996, (3): 34-35, 47.

[161] 双考克. 苯及其工业衍生物. 北京: 化学工业出版社, 1982.

[162] 高洁, 卢会杰, 樊耀亭, 等. 苯并三氮唑的三脚架化合物及其配合物研究. 郑州大学学报 (理学版), 2003, 35 (1): 83-86.

[163] 马淑云. 苯并三氮唑的合成与应用. 辽阳石油化工高等专科学校学报, 2001, 17 (2): 8-11.

[164] 董一军, 罗芳. 氧化型杀生荆对苯并三氮唑缓蚀性能影响的研究. 工业水处理, 2001, 21 (5): 20-22.

7 杀菌灭藻剂

7.1 概述

7.1.1 微生物概况及危害

微生物是所有形体微小、单细胞或个体结构较为简单的多细胞，甚至没有细胞结构的低等生物的统称，一般包括细菌、酵母菌、霉菌、放线菌、病毒等；其中细菌是一种最小的有机体。

根据细胞对不同来源的含碳物质的利用能力，可把细菌分为自养型和异养型细菌。自养菌能在完全无机物的环境中生长繁殖，能以二氧化碳或碳酸盐作为碳源，在菌体内合成有机含碳化合物，如部分铁细菌属于自养型。异养型细菌只能从现成的有机含碳化合物中取得碳素，能源来自有机物的氧化所产生的化学能，所有的腐生菌、寄生细菌都属于这种类型。在呼吸过程中，能够利用分子状态氧的细菌称为好氧菌，如铁细菌和腐生菌。只能在无分子状态氧的环境中进行呼吸的细菌称为厌氧菌。既能在有氧情况下呼吸，又能在无氧情况下呼吸的细菌称为兼性厌氧菌。硫酸盐还原菌严格来说应属于专性厌氧菌。

工业用水特别是循环冷却水统中主要的细菌有异养菌、铁细菌、硫酸盐还原菌；藻类有蓝藻类、绿藻类和硅藻类。循环冷却水系统中微生物的种类及特征见表 7-1。

表 7-1　开放式循环冷却水系统的微生物

微生物种类		特　　　点
藻类	蓝藻类	细胞内含有叶绿素,利用光能,进行碳酸同化作用,在冷却塔和温水池、冷水池等接触光的场所最常见
	绿藻类	
	硅藻类	
细菌类	菌胶团状细菌	块状琼脂,细菌分散于其中。在有机物污染的水体中最常见
	铁细菌	氧化水中的亚铁离子,使高铁化合物沉积在细胞周围
	硫细菌	一般在体内含有硫黄颗粒,使水中的硫化氢、硫代硫酸盐、硫黄等氧化
	硝化细菌	将氨氧化成亚硝酸的细菌和使亚硝酸氧化成硝酸的细菌
	硫酸盐还原菌	使硫酸盐还原,生产硫化氢的厌氧性细胞
真菌类	藻菌类	在菌丝中没有隔膜,全部菌丝成为一个细胞
	绿菌类	在菌丝中没有隔膜

（1）异养菌

异养菌是一类细菌的总称，此类细菌不能依靠自生能力生长繁殖，必须依靠外界环境提供的有机物及无机物作为自生繁殖所必需的碳源及营养源。异养菌在工业循环水中大量存在，尤其当有机介质泄漏时，为其提供了大量的碳源，生长繁殖迅速，形成黏泥，严重影响换热效果，也会造成设备腐蚀。

（2）铁细菌

铁细菌是一种好氧异养菌，在含气量小于0.5mg/L的系统中也能生长。铁细菌的生长需要铁，但对铁浓度的要求并不高，在总铁量为1～6mg/L的水中，铁细菌繁殖旺盛，铁菌以有机物为营养源，其生长需要有机物，偏爱铁与锰的有机化合物。这类有机物被利用后，铁和锰被作为废物排出，附着于细菌的丝状体上。铁细菌是好氧菌，在静止水中，完全缺铁的深层是很难生长繁殖的，在流动的水中有一定的溶解氧，铁细菌能生长。

凡是具有以下生理特征的为典型的铁细菌，即：能在氧化亚铁氧化成高价化合物过程中起催化作用；可以利用铁氧化中释放出来的能量满足其生命的需要。铁细菌偏好铁质较多的酸环境，以碳酸盐为碳源。

$$4FeCO_4 + O_2 + 6H_2O \longrightarrow 4Fe(OH)_4 + 4CO_2 + 能量$$

反应产生能量和高铁维持其能量代谢。不溶性$Fe(OH)_3$经菌体排出后，形成大量的棕色黏泥。铁细菌在酸性环境中对其发育有利，碱性水中不适应铁细菌的生长，其适宜的pH值为6～8，所需温度偏低，最适宜的温度为22～25℃，适宜的静水压为0～100MPa。

铁细菌是在与水接触的菌种中最常见的一种菌。它的存在会导致严重的设备的腐蚀。这是由于一方面因为其中许多菌具有附着在金属表面的能力，另外它具有氧化水中亚铁成为氢氧化高铁的能力，使高铁化合物在铁细菌胶质鞘中沉积下来：

$$2Fe^{2+} + (x+2)H_2O + 1/2O_2 \longrightarrow Fe_2O_4 \cdot xH_2O + 4H^+ + 能量$$

这样形成了包含菌体和氢氧化高铁等组成的结瘤，使水流中溶解氧很难扩散到底部金属表面。另外菌呼吸也消耗了氧，而这个区域为贫氧区，结瘤周围的氧浓度相对较高，形成了氧浓差电池。瘤下部缺氧区为腐蚀电池的阳极区，瘤周围为阴极区，设备管壁溶解出的亚铁离子向外扩散，未能到表面的成为氢氧化亚铁，这样结瘤扩大，阳极区腐蚀随之加深。由于瘤底部缺氧，使腐蚀加深。

铁细菌也会大量存在于油田注水系统中，除了会造成上述所说的设备腐蚀问题，还由于铁细菌会分泌大量的黏性物质，从而造成注水井和过滤器的堵塞，使注水井的注入能力降低，同时由于细菌的生化作用还会造成原油中溶解气的含量降低，造成原油的黏度升高。总之，铁细菌的存在对油田注水系统有着不可忽视的影响，有效地控制注水中铁细菌的数量是人们研究的中心问题之一。

（3）硫酸盐还原菌

硫酸盐还原菌是一种在厌氧条件下使硫酸盐还原成硫化物而以有机物为营养的细菌。硫酸盐还原菌存在两种类型：一种是无芽孢的磺弧菌属；另一种是有芽孢的去磺弧菌属。硫酸盐还原菌中危害较大的是去磺弧菌属。

去磺弧菌属为革兰阴性的弯曲杆菌，呈S形或螺旋形，长约$2\mu m$，带有厚约1000nm的一根鞭毛。硫酸盐还原菌严格厌氧，所需的营养物质中，除去Na^+、Mg^{2+}、Ca^{2+}、SO_4^{2-}、Cl^-、CO_4^{2-}、NO_4^-、$H_2PO_4^-$、NH_4^+外，还有铁的存在。它在生长繁殖时，为了构成菌体，要比其他细菌多固定2～3倍的二氧化碳，所需的碳素化合物中以酵母汁最为有效。

硫酸盐还原菌的生长受环境因素的制约，它的生长温度随菌种不同分为中温型和高温型两类。硫酸盐还原菌的生长温度在 $1\sim90℃$，硫酸盐还原菌生长的 pH 值范围很广，一般在 $5.5\sim9.0$ 都可生长，最适宜的 pH 值在 $7.0\sim7.5$。

硫酸盐还原菌与铁细菌一样，它的存在也会导致严重的腐蚀问题。硫酸盐还原菌的腐蚀主要是由于氢化酶的作用。硫酸盐还原菌的氢化酶可在金属表面上的阴极部位把硫酸根生物催化成硫离子和初生态氧，初生态氧在阴极使吸附在阴极表面的氢去极化而生成水，即硫酸盐还原菌总的来说起了阴极去极化作用，加速了钢铁的腐蚀过程。硫酸盐还原菌造成金属腐蚀的机理分两步：第一步是细菌通过氢化酶从金属表面放出原子态氢，并帮助氢原子将硫酸盐还原成硫化物；第二步是阴极去极化作用：

$$4Fe \longrightarrow 4Fe^{2+} + 8e^- （阴极反应）$$
$$8H_2O \longrightarrow 8H^+ + 8OH^- （水的离解）$$
$$8H^+ + 8e^- \longrightarrow 8H（阴极反应）$$
$$SO_4^{2-} + 8H \xrightarrow{SRB} S^{2-} + 4H_2O（去极化）$$
$$Fe^{2+} + S^{2-} \longrightarrow FeS（腐蚀产物）$$
$$4Fe^{2+} + 6OH^- \longrightarrow 4Fe(OH)_2（腐蚀产物）$$

总反应：
$$4Fe + SO_4^{2-} + 4H_2O \longrightarrow FeS + 4Fe(OH)_2 + 2OH^-$$

7.1.2 杀菌灭藻剂的分类

目前常用的水处理杀菌剂主要有两类，即氧化型杀菌剂和非氧化型杀菌剂。

氧化性杀生剂一般都是较强的氧化剂，能够使微生物体内一些和新陈代谢有密切关系的酶发生氧化而杀灭微生物。除了杀死微生物之外，也会对其他水处理药剂产生氧化分解作用，特别是在循环水处理系统中会影响缓蚀剂和阻垢剂的处理效果。因此，在使用中应特别注意其加入方式、加入位置以及与缓蚀阻垢剂的加入时间间隔和先后顺序等方面的问题，避免产生相互影响。

用于工业循环水的氧化性杀生剂主要包括：氯系杀生剂，其代表产品有液氯、次氯酸盐、氯化异氰尿酸等；溴系杀生剂，其代表产品有溴素、次溴酸及其盐、溴代海因等；二氧化氯、臭氧、过氧化氢、过氧乙酸等。

非氧化性杀生剂种类较多，应用较早的有氯酚类、有机胺类、有机硫化合物、季铵盐类，新开发的有异噻唑啉酮、有机锡化合物、季鏻盐、戊二醛等。

7.1.3 杀菌机理

无论是无机杀菌剂或有机杀菌剂，氧化型杀菌剂或非氧化型杀菌剂，其杀菌机理可归纳为以下几种机理。

① 阻碍菌体的呼吸作用 细菌在呼吸时要消耗糖类、碳水化合物，以维持体内各种成分的合成。这个过程主要靠一种酶，如果杀菌剂进入菌体，影响酶的活性，使能量代谢中断或减少，呼吸就会停止而死亡。

② 抑制蛋白质合成 组成蛋白质的氨基酸分子通过肽键依次缩合成多肽链。由两个氨基酸分子缩合而成的化合物称为二肽，是两个氨基酸分子之间的一个氨基与另一个的羧基失水缩合而成，连接两个氨基酸的键即称为肽键，其结构式如下。

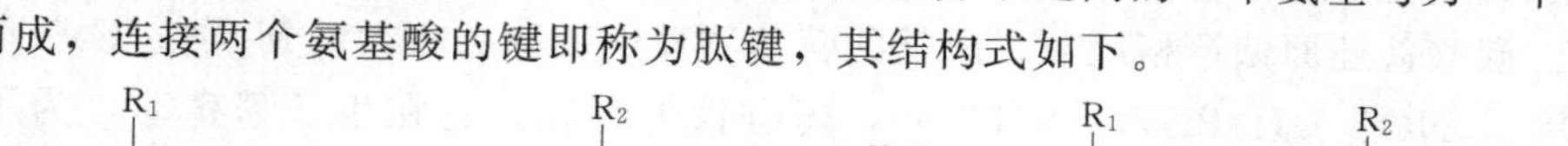

由三个氨基酸缩合而成的化合物称为三肽，以此类推为四肽、五肽，以至多肽。构成蛋白质的多肽链，有的较短，有的较长。其侧链 R 的数目与结构也不同，因此使蛋白质表现特异性的区别，成为生命的物质基础。当杀菌剂进入菌体后，如果阻止了某一次肽键的形成，即能破坏蛋白质的合成，或者破坏了蛋白质的水膜或中和了蛋白质的电荷，使蛋白质沉淀而失去活性，达到抑制或致死的作用。

③ 破坏细胞壁　细胞壁是同外界进行新陈代谢，同时保持内外平衡的一种起屏障作用的物质，能帮助离子或营养物质的吸收，并可阻挡某些大分子的进入和保留存在于细胞壁和细胞膜之间的蛋白质，而有些介质中的蛋白质是对细菌生理很重要的酶。细胞壁主要由肽聚糖组成，如果杀菌剂能溶化细胞壁，或者阻止介质中蛋白酶的作用，这样就破坏了细胞壁，也破坏了内外环境的平衡，达到杀死的目的。

④ 阻碍核酸的合成　核酸是生物体遗传的物质基础，其化学组成可分为两大类，一类称脱氧核糖核酸（简称 DNA），主要存在于细胞核内，微量存在于细胞质；另一类称核糖核酸（简称 RNA），主要存在于细胞质内，微量存在于细胞核。生物体的遗传特征主要由 DNA 决定。如果杀菌剂加入，破坏了核酸分子的某一环节，从而使核酸的特异结构发生任何改变时，都可引起出现突变或使原有活性丧失或改变，从而破坏了菌体本身的生长和繁殖。

由于杀菌剂种类很多，其杀菌机理当然也不相同，但凡具备以上条件之一的，均能使细菌被抑制或致死。

7.1.4　杀菌灭藻剂的发展趋势

国内外杀菌灭藻剂的研究进展很快，产品不断更新换代，种类不断增加，呈现出以下趋势：以高效、低毒、速效、广谱、稳定性强等为目标，开发一剂多效的多功能杀菌灭藻剂；以溴代氯，开发氯与溴协同作用的新型药剂；提高杀菌剂的分子量，引入新基团，逐渐向聚阳离子方向发展；将有杀生功效的官能团固载在高分子载体上，制成杀菌性好，使用寿命长，再生简单的不溶性杀菌剂，从而解决药剂二次污染和费用高等问题；开发复合配方的杀生剂；有针对性的特效杀生剂。

7.2　氧化型杀菌灭藻剂的制备及应用

氧化型杀菌灭藻剂是具有强烈氧化性的杀生药剂，通常是一种强氧化剂，对水中的微生物的杀生作用强烈。氧化型杀菌剂对水中其他还原性物质能起氧化作用，故当水中存在有机物、硫化氢及亚铁离子时，会消耗一部分杀菌剂，降低它们的杀菌效果。水处理常用的氧化型号杀菌剂有：含氯化合物、过氧化物、含溴化合物等具有氧化性质的化合物。它们普遍具有杀菌灭藻速度快、杀生效果的广谱性、处理费用较低、对环境污染相对影响较小、微生物不易产生抗药性等优点。不足之处在于受水中的有机物和具有还原性物质的影响较大，药效时间短，受水中 pH 值影响较大，分散渗透和剥离效果差等。

7.2.1　液态氯

【分子式】　Cl_2

【物化性质】　黄绿色液体。沸点时相对密度 1.57，沸点 $-34.6℃$。氯气临界温度 143.9℃。临界压力 7.71MPa（76.1atm）。易溶于水、碱液。有强烈刺激性和腐蚀性。不自燃，但可助燃，在日光下与其他易燃气体混合时发生燃烧和爆炸。易与大多数元素或化合物反应，剧毒。表 7-2 是氯气在水中的溶解度。

表 7-2   氯气在水中的溶解度

温度/℃	溶解度/(g/100g H₂O)	温度/℃	溶解度/(g/100g H₂O)
10	0.9972	45	0.4226
15	0.8495	50	0.3952
20	0.7293	60	0.3295
25	0.6413	70	0.2793
30	0.5723	80	0.2227
35	0.5104	90	0.1270
40	0.4590	100	0.0000

【制备方法】 氯气的工业制法一般采用电解法，将精制后的氯化钠水溶液置于隔膜电解槽内，接通直流电后发生氯化钠分解反应，反应式如下。

$$2NaCl + 2H_2O \longrightarrow Cl_2 + 2NaOH + H_2$$

其电解法工艺流程如图 7-1 所示，电解方法的电流效率可达 95%～97%。

【技术标准】 GB/T 5138—2006

指 标 名 称	指 标		
	优等品	一等品	合格品
氯的体积分数/%	≥99.8	≥99.6	≥99.6
水分含量的质量分数/%	≤0.015	≤0.040	≤0.040
三氯化氮的质量分数/%	≤0.002	≤0.004	≤0.004
蒸发残渣的质量分数/%	≤0.015	≤0.10	—

注：水分、三氯化氮指标强制。

【应用】 氯作为消毒剂主要用于饮用水和污水的消毒。氯加入天然水中后，将产生复杂的反应，主要是由于氯溶于水后，迅速发生水解反应，生成次氯酸和盐酸：

$$Cl_2 + H_2O \longrightarrow HClO + HCl$$

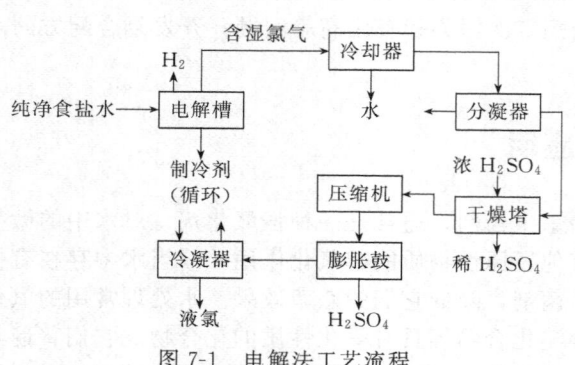

生成的次氯酸是一种很强的氧化剂，极易穿透微生物的细胞壁，与细胞的原生物质化合，破坏细胞的代谢机能，从而导致微生物的死亡。

在自来水厂应用时，先将水源水经过沉淀、混凝、过滤后，将液氯通过转子加氯机加入水中，与水充分混合，进程消毒。加氯量通常为 1～4mg/L，作用 30min 后，水可出厂。出厂水的余氯应保持在 0.3～0.5mg/L。

图 7-1   电解法工艺流程

液氯还可用作医院的污水消毒，先将液氯钢瓶的液氯减压后通过缓冲器通到氯水桶中，使之成为 0.3% 的氯水。该氯水应与医院的污水定量池相通，当定量池污水排放时，氯水同时定量排放。通过调节氯水投放量，使污水排放口的余氯含量达到国家规定的医院污水排放标准。

此外，氯还可以应用在工业水处理领域，它在工业水处理中的作用，除了消毒、杀菌之外，还起到了控制臭味、脱色、除铁锰、破坏有机螯合物、除硫化氢、控制黏泥及藻类等作用。

7.2.2   臭氧

【分子结构】 臭氧的分子结构呈三角形，顶角的角度为 116.8°。

$$\underset{O\diagup 116.8°\diagdown O}{\overset{O}{}}$$

【物化性质】　常温常压下，较低浓度的臭氧是无色气体，当浓度达到 15％时，臭氧为淡蓝色气体。密度为 2.14g/L（0℃，0.1MPa），熔点－251℃，沸点－112℃，有特殊臭味。臭氧分子结构不稳定，常温下自行分解为氧气，1％浓度以下臭氧在空气中的半衰期为 0.5h 左右，高温下分解迅速。在水中比在空气中更容易自行分解，臭氧在不同温度下的水中溶解度见表 7-3。具有极强的氧化能力，与其他氧化性物质氧化性对比如下：氟＞氢氧根＞臭氧＞过氧化氢＞高锰酸根＞二氧化氯＞次氯酸＞氯气＞氧气。

表 7-3　臭氧在不同温度下的水中的溶解度

气体	密度/(g/L)	温度 0℃	温度 10℃	温度 20℃
O_2	1.492	28.8	38.4	31.4
O_3	2.143	641	520	368
空气	1.2928	28.8	23.6	18.7

【制备方法】　目前产生臭氧的方法大致有电晕放电法、紫外线辐射法和电化学法。电化学法是利用直流电源电解含氧电解质产生臭氧的方法。紫外线辐射法原理是仿效大气层上空紫外线促使分子分解并聚合成臭氧的方法，即用人工产生的紫外线促使氧分子分解并聚合成臭氧的方法。电晕放电法是在常压下使大量氧气体在交流高压电场作用下产生电晕放电生成臭氧的过程，电晕放电法臭氧发生器相对能耗较低，广泛应用于工业。

（1）电晕放电法

电晕放电法产生臭氧的反应过程主要有以下 4 个步骤：

① 高压电场使气体发生电离，产生放电，放电通道中产生一定能量的电子；

② 电子的无规则的运动碰撞引起氧分子的电离，分解产生氧原子；

$$O_2 + 高能量电子 \longrightarrow 2O + 低能量电子$$

③ 氧原子和氧分子结合起来产生臭氧，式中 M 是间隙中的任何其他气体分子；

$$O + O_2 + M \longrightarrow O_4 + M + 热$$

④ 与此同时，原子氧和电子也同样同臭氧反应形成氧。

$$O + O_4 \longrightarrow 2O_2$$

$$O_4 + e^{-1} \longrightarrow O_2 + O + e^{-1}$$

图 7-2 是一种典型电晕放电元件示意，由充满气体的间隙和一块介电体分开的两块金属板电极组成。在对电极施加高电压，同时含氧气体从放电间隙流过。输入到电晕中的大部分电能，主要以热的形式散失，较小部分转化为光、声、化学等能量。

目前大多数臭氧发生器都是根据电晕放电原理制成的，结构大致相同，通过细节上的改进来提高臭氧的产生量。如美国专利

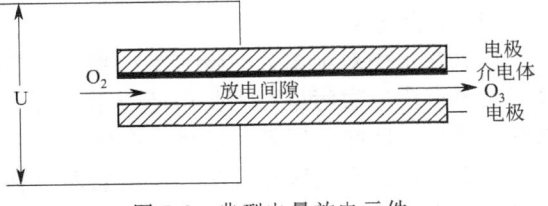

图 7-2　典型电晕放电元件

7402289 提出一种臭氧发生装置，不仅提高了臭氧产生的效率而且减少了副产物 NO_x 的浓度。臭氧发生器的主要装置是由一对低压电极和高压电极组成，电极上附带一种光催化材料（由 WO_3、CrO_2、Fe_2O_3、TiO_2，金属半导体结构，铁电体组成），前后通入三种气体原料，第一种为 99.9％以上的 O_2，第二种为微量的氧化物气体，如 NO_2、NO、N_2、CO_2、CO，浓度小至 $0.2\mu L/m^4$，大至几百微升每升；第三种原料是通过电极放电和光引发使氧化物气体分解产生的气体，如 N_2O、NO_2、CO 等，浓度小至几百微升每升，大至

50000μL/L。第二种原料和第三种原料可以促进氧气和氧化物气体的分解，从而提高臭氧的产生率。

（2）电化学法

电化学法制备臭氧所需设备相对简易，常用于小型规模的生产。电解装置由阴阳两极和电解质溶液构成，阳极处析出臭氧，阴极处析出氢气。电化学反应式如下。

阳极 主反应： $4H_2O \longrightarrow O_4 + 6H^+ + 6e^-$

        副反应： $2H_2O \longrightarrow O_2 + 4H^+ + 4e^-$

阴极 析氢反应： $2H^+ + 2e^- \longrightarrow H_2$

电解法制备臭氧的过程中，阳极材料首先必须具备较高的析氧过电位以有利于较多臭氧的产生，同时也要具有一定的耐腐蚀性。常用的电极材料主要有 Pb、Au、PbO_2，戴峻等探讨了探讨了 Pb 及铅合金电极的电化学性能、耐腐蚀性能和电解产生臭氧的产率，及铅合金电极在不同电流强度下电解产生臭氧的最佳条件。结果表明：掺杂 Sn、Ce 等金属能提高铅合金电极的析氧电位和臭氧产率，其中以 Pb-0.8%、Sn-0.1%、Ca-0.1%、Ce 合金电极为阳极，铂电极为阴极，饱和硫酸钾溶液为电解液，pH=1，电流强度为 7.5mA 时，产生臭氧的最高电流效率达到 19%。

【应用】

（1）杀菌机理

臭氧是一种广谱杀菌剂，可杀灭细菌繁殖体和芽孢、病毒、真菌，并可破坏肉毒杆菌毒素。研究表明，O_3 是通过物理、化学及生物等几个方面的综合作用来杀灭细菌和病毒的。其作用机制可归结为以下两点：

① O_3 能氧化分解细菌内部氧化葡萄糖所必需的葡萄糖氧化酶，并直接与细菌和病毒发生作用，破坏其细胞和核糖核酸，分解 DNA、RNA、蛋白质、脂肪类和多糖等大分子聚合物，使细菌的物质代谢生长和繁殖过程遭到破坏；

② O_3 能渗透细胞膜组织，侵入细胞膜内作用于外膜脂蛋白和内部的脂多糖，使细胞发生畸变，导致细胞的溶解死亡。

臭氧浓度 0.28mg/L 时，10min 内可以 100% 杀死飘浮弧菌、副溶血弧菌、溶藻胶弧菌等几种常见的致病弧菌。霉菌和酵母菌对臭氧的耐受能力比较强，但 1.00mg/L 的臭氧浓度在 1min 内仍可以 100% 杀死枯草杆菌芽孢黑色变体。4mg/L 的臭氧浓度在 1min 内可以使乙型肝炎表面抗原失活。臭氧浓度为 1.25mg/L 时，灭藻率为 13%～36%；浓度为 2.08mg/L 时，灭藻率可达 50% 以上，当浓度达到 4.17mg/L 时，对藻类的杀灭率可达 89%。

（2）饮用水处理

臭氧在水中对细菌、病毒等微生物杀灭率高、速度快，对有机化合物等污染物质去除彻底而又不产生二次污染，因此广泛应用于饮用水杀菌消毒。臭氧氧化法处理饮用水主要包括杀菌、除臭、除味、脱色、除铁、除锰、除去微量有机物。臭氧氧化可降解脂肪烃及其卤代物、酚类物质、有机胺化合物和有机农药等有机微污染物，去除情况与有机物的结构及臭氧的投加量有关，这是臭氧的显著特点。

（3）循环冷却水处理

臭氧能与 Ca^{2+} 发生络合作用的物质发生氧化还原反应，增加这些物质的醛基和羧基的总数，使 Ca^{2+} 稳定在水中，达到一定的阻垢作用。臭氧的强氧化作用可以使金属表面由活化腐蚀状态转变为钝化状态，形成一层致密氧化膜。李梅等利用臭氧处理中央空调冷却水的试验研究表明，臭氧的缓蚀效果与水中臭氧浓度有关，当水中臭氧浓度小于 0.5mg/L 时，缓蚀率随着臭氧浓度的增加而增加，但当水中臭氧浓度大于 0.5mg/L 时，缓蚀率反而下降；

投加臭氧的阻垢率在 17%～25%，臭氧的投加量对阻垢效果影响不大；臭氧的杀菌效果很好，臭氧浓度在 0.25mg/L 时灭菌率可达到 99% 以上。

（4）其他用途

除以上用途，臭氧还可用于游泳池消毒，这项技术已十分成熟，欧美等国使用也很普遍，国际比赛游泳池几乎都是采用臭氧技术处理。臭氧还普遍用于处理养殖水，臭氧不仅可以灭菌和抑制病毒对鱼虾的感染，还可以降解有机物，降低化 COD 和 BOD，是改善水质的好措施。

7.2.3　次氯酸钠

【别名】　漂白水。

【组成成分】　次氯酸钠的分子式为 NaClO，相对分子质量为 74.44。次氯酸钠是一种弱酸盐，溶液状态属于一种复杂和不稳定的化学系统，组成按溶液 pH 值的变化而改变，因此在不同的 pH 值下次氯酸钠具有不同的氧化性能。不同 pH 值时次氯酸钠溶液的组成成分见表 7-4。

表 7-4　不同 pH 值时次氯酸钠溶液的组成成分

pH 值	2	2～3	4～5	5～6	9
成分	绝大部分为 Cl$_2$	主要为 Cl$_2$ 和 HClO	主要为 HClO 少量为 Cl$_2$	主要为 HClO 和 NaClO	主要为 NaClO

【物化性质】　次氯酸钠溶液为浅黄色液体，有类似于氯气的刺激性气味。水溶液不稳定，受温度、pH 值等因素影响，通常要在低温、碱性条件下保存。温度在 15℃ 以下，次氯酸钠溶液比较稳定，温度达到 70℃ 以上时分解迅速，甚至可能发生爆炸。当 NaClO 溶液具有 2%～3% 的碱度时，可保存 10～15 天，且其热稳定性也有所提高。次氯酸钠在水中的溶解度见表 7-5。

表 7-5　次氯酸钠在水中的溶解度

温度/℃	0	10	20	30	40
溶解度/(g/100g H$_2$O)	29.4	36.4	53.4	100	100

【制备方法】　次氯酸钠的制备方法分为化学法和物理法，化学法主要是利用碱吸收氯碱厂产生的尾气从而产生次氯酸钠。其中氢氧化钠氯化和碳酸钠氯化是生产次氯酸钠的主要工艺。

（1）液碱氯化法

一定量的碱，加入适量的水，配成一定浓度的氢氧化钠溶液。然后通入氯气进行反应，待溶液中次氯酸钠含量达到一定时，即为成品。反应式为：

$$2NaOH + Cl_2 \longrightarrow NaClO + NaCl + H_2O$$

反应过程中必须采用冷却盘管冷却，控制反应温度低于 40℃，以免温度过高使 NaClO 分解。反应期间必须注意通氯速度，氯过量时会发生过氯化反应，使全部次氯酸钠瞬间分解。因此，常控制氧化钠过量 0.1%～1%，使反应终点为碱性。该生产工艺有间断生产和连续生产两种。

① 间断法生产工艺　先将 30% 液碱用水配制成 15.5% 浓度，在反应池内用盘管通冷冻盐水冷却，然后通氯反应，温度保持低于 55℃，待有效氯达 10.5%，过碱量含 NaOH 约 1% 时停止反应，出料至储槽。

② 降膜法连续生产工艺　将 30% 液碱配制成 15% 浓度液碱，送至膜式反应器顶部，其上部为填料塔；然后进入膜式反应管壁，成液膜状向下流动，与由膜式反应器中部进入的氯

气反应生成次氯酸钠。未反应完毕的氯气可在上部填料塔与碱液继续反应,氯吸收率可达90%。膜式反应器采用冷冻盐水进行冷却,反应温度亦保持在低于55℃。成品次氯酸钠浓度为10%～15%。

液态氢氧化钠氯化法生产次氯酸钠经济合理,可制备各种有效氯含量的溶液,是目前大批量生产的主要方法。但该方法生产出来的产品含有较多杂质,产品浓度高时容易受热挥发,从而给运输、存储和使用造成不便。美国学者 Powell 在连续生产工艺第一阶段的基础上对设备进行改进,提高了次氯酸钠的溶液浓度,析出 NaCl 晶体,降低了杂质含量;第二阶段制备出的次氯酸钠溶液浓度超过 25%,盐含量在 9.5% 以下。

(2) 电解法

电解法是指以盐 (NaCl) 为原料通过次氯酸钠发生器电解生成次氯酸钠的方法。次氯酸钠发生器生产和研制已有近百年历史,已被证明是一种安全、可靠、运行成本较低、药物投加准确、杀菌消毒效果好的设备。

表 7-6 是几种次氯酸钠生产方法的比较。

表 7-6　次氯酸钠生产方法比较

序号	原料	反应方程式	工艺简介	优 缺 点
1	NaOH(液)液氯或氯气	$2NaOH + Cl_2 \longrightarrow$ $NaClO + NaCl + H_2O$	向氢氧化钠溶液中通氯。生产装置分为间歇法和连续法,设备有槽式、塔式、管道反应器等	经济合理、可制备各种有效氯含量的溶液,是大批量生产的主要方法
2	碳酸钠、液氯或氯气	$Na_2CO_4 + Cl_2 + H_2O \longrightarrow$ $NaClO + NaCl + NaHCO_4$	氯气通入碳酸钠溶液中,因碳酸钠溶解度低,所以成品有效氯低	比上法需要 2 倍的钠,原料费用高,但反应热低,不需要冷却装置,pH 值在 8.5～9
3	电解氯化钠溶液	$2NaCl + H_2O \longrightarrow$ $NaOH + Cl_2 + H_2$ $2NaOH + Cl_2 \longrightarrow$ $NaClO + NaCl + H_2O$	把 3% 氯化钠溶液在无隔膜电槽内,阳极用钛作基极,表面覆铂族金属和合金及其氧化物的混合物,阴极用铬网、钛等	装置简单、使用方便、原料易得,适合边远地区。直接用在上下水的消毒上,有效氯的含量在 0.8%～1.3%,产量在 1～2.5m³/d
4	漂白粉或纯碱溶液,漂白液与硫酸钠溶液	$Ca(ClO)_2 + Na_2CO_4 \longrightarrow$ $2NaClO + CaCO_4$ $Ca(ClO)_2 + Na_2SO_4 \longrightarrow$ $2NaClO + CaSO_4$	储槽内进行复分解反应,控制温度不超过 35℃,生成有效氯 1% 的次氯酸钠溶液,碳酸钠或者硫酸钠同时也与氯化钙反应	生产量少,仅应用于洗衣房

【技术指标】 GB 19106—2003

指标名称	型号规格				
	A①		B②		
	Ⅰ	Ⅱ	Ⅲ	Ⅳ	Ⅴ
	指标				
有效氯(以 Cl 计)的质量分数/%	≥10.0	≥50	≥13.0	≥10.0	≥5.0
游离碱(以 NaOH 计)的质量分数/%	0.1～1.0			0.1～1.0	
铁(以 Fe 计)的质量分数/%	≤0.005			≤0.005	
重金属(以 Pb 计)的质量分数/%	≤0.001			—	
砷(以 As 计)的质量分数/%	≤0.0001			—	

注:① A 型适用于消毒、杀菌及水处理等;② B 型仅适用于一般工业用。

【应用】 次氯酸钠溶液是一种非天然存在的强氧化剂,它的杀菌效果同氯气相当,属于高效、广谱、安全的强力灭菌、杀病毒药剂,对细菌,病毒,真菌和芽孢均有较强的杀灭能力,且对人类 MNO、肝病毒素及其他病毒亦有较强的灭活作用,同时有很强的漂白性,因而应用范围极其广泛。

（1）杀菌机理

次氯酸钠的消毒机理包括次氯酸钠的氧化作用，新生态氧的作用及氯化作用。目前认为次氯酸钠的氧化作用是主要的。

① 次氯酸钠在溶液中水解后发生下面反应：

$$Cl^+ + 2e \longrightarrow Cl^-$$

$$ClO^- + 2e + 2H^+ \longrightarrow Cl^- + H_2O$$

次氯酸根离子被还原时，极易得到电子而具有很强的氧化性，在溶液中次氯酸根离子与氢离子结合，呈现很小的中性分子状态，由于其对外不显电性，极易扩散到细菌表面，然后穿透细胞壁进入细菌内部，破坏其酶系统，导致细胞死亡。

② 新生氧的作用　由次氯酸分解形成的新生态氧，将菌体蛋白质氧化。

③ 氯化作用　消毒剂中含有的氯对菌体蛋白质引起氯化作用。

（2）次氯酸钠在杀菌、消毒等方面的应用

次氯酸钠可用来对水质进行消毒和抑制水中藻类生长，是最常用的一种含氯消毒剂，广泛用于水处理行业。实验研究和临床应用均证明次氯酸钠溶液的杀菌活性强，作用快，效果好，对环境无污染，排放后余氯对污水可进一步消毒。

① 水处理杀菌　工业水处理行业中常将次氯酸钠配制成有效氯浓度为 15% 的标准溶液并用水稀释后使用，使用时直接耐蚀泵加入水系统。由于次氯酸钠在较高 pH 值的条件下多以 ClO$^-$ 形式存在，其杀生效果很差，而在较低 pH 值条件下呈分子形式（HClO），此时的杀生效果很好，故在使用时宜将水系统 pH 值控制在 6.0 以下。一般的使用量为 100mg/L。次氯酸钠投加时，余氯会很快消失，持效时间较短。次氯酸钠常用于耗氧量较少的水系统。

游泳池水可直接使用次氯酸钠消毒，加氯量在 5~10mg/L 即可保持良好的消毒效果。

高浓度的次氯酸钠对黏泥有良好的剥离作用，但因其有腐蚀性，故须与铬酸盐或聚磷酸之类的缓蚀剂复配使用（用量 100mg/L）。此前最好先加其他非氧化性杀菌剂（洁尔灭 100mg/L）进行杀菌处理。次氯酸钠的加量视黏泥量而定。

当次氯酸钠含 400mg/L 有效氯时，若作用 10min，对偶发分支杆菌的杀灭率可达 99.99%。次氯酸钠消毒剂可用于杀灭溶血性链球菌；溶血性链球菌对消毒剂的抵抗力低于大肠杆菌。以含有效氯 100mg/L 次氯酸钠消毒剂溶液对大肠杆菌、金黄色葡萄球菌作用 5min，含有效氯 2000mg/L，该消毒液对枯草杆菌黑色变种芽孢作用 20min，杀灭率均为 100%。

② 其他方面的应用　当次氯酸钠含 300mg/L 有效氯时，若作用 15min，对脊灰质炎病毒的杀灭对数值＞4.00。同样浓度对 f2 噬菌体作用 60min 杀灭对数值＞5.00。含有效氯 1000mg/L 的消毒液作用 45min 可有效破坏不锈钢载体上 HBsAg 抗原性以含有效碘 5000mg/L 的碘溶液作用至 40min，却不能破坏 HBSAg 抗原性。

7.2.4　次氯酸钙

【别名】　漂白粉。

【物化性质】　白色颗粒状粉末，与熟石灰相似，有时稍带灰色，有氯臭。相对密度 2.35，100℃ 时分解。纯品不易吸潮，但易吸收空气中的 CO_2 而分解，生成碳酸钙，放出氯气。可溶于水，25℃ 时溶解度 21.4%。无水状态下的次氯酸钙很稳定，温度超过 250℃ 时才放出氧气引起爆炸性分解，与有机物质接触时由于氧化发热而导致爆炸。杂质和储存地湿度会影响其稳定性，含 1% 水分的次氯酸钙每年分解损失有效氯约 1%~3%。与水接触时次氯酸钙会水解成不稳定的 HClO，并进一步分解出氧或使 Ca(ClO)$_2$ 氧化生成氯酸钙和氯化钙，氯化钙又能与次氯酸钙反应放出氯气。

【制备方法】

(1) 一氧化氯法

用一氧化氯与固体消石灰或氯化钙反应可以制得次氯酸钙。

$$Ca(OH)_2 + Cl_2O \longrightarrow Ca(ClO)_2 \cdot H_2O$$
$$CaCl_2 + 2Cl_2O \longrightarrow Ca(ClO)_2 + 2Cl_2$$

此方法由美国 PPG 公司开发，生产过程是将含有大约 $10\%Cl_2$（过量 8 倍）、CO_2 和 $20\sim30℃$ 下饱和水蒸气的混合气通入一旋转的管式反应器，与 $Na_2CO_3 \cdot H_2O$ 反应。反应后气体含 $1\%\sim2\%Cl_2O$，通入水中生成 $10\%\sim15\%$ 的 HClO 溶液，与消石灰在 pH 值为 $10\sim10.5$ 条件下反应生成 $15\%\sim20\%Ca(ClO)_2$ 溶液，经喷雾干燥制成粉状或粒状产品，也可用压片机制成粒片产品。过量的 Cl_2 和 CO_2 一起循环使用。这种方法生产的产品的有效氯含量在 75% 左右。

(2) 石灰氯化法

将氯气与消石灰或石灰乳反应产生二碱次氯酸钙，进一步被氯化后产生 $Ca(ClO)_2 \cdot 2H_2O$，过滤、干燥和筛分制得成品。

$$2Ca(OH)_2 + 2Cl_2 \longrightarrow Ca(ClO)_2 + CaCl_2 + 2H_2O$$

将石灰乳定量加入铣制氯化反应器中，通入氯气，调节氮气流量和冷却水量以控制适当的反应温度，通过观察氯化浆粗大均匀的 $Ca(ClO)_2$ 晶体形态来控制反应终点。为了降低反应副产物 $CaCl_2$ 的量，该法和一氧化氯法都添加些次氯酸钠溶液。为回收滤液中的 $Ca(ClO)_2$，将滤液在 $40℃$ 下用消石灰处理再回收进行氯化反应。为降低产物次氯酸钙在滤液中的溶解量，可添加些氯化钠。该法生产成本较低，但每吨成品副产 $8\sim10t$ 的漂白液。

(3) 烧碱石灰法

采用石灰乳和烧碱溶液（或次氯酸钠）与氯气反应，而后冷却到 $-15℃$，得含有效氯 80% 左右的次氯酸钙三聚盐 $Ca(ClO)_2 \cdot NaClO_2 \cdot NaCl \cdot 12H_2O$ 结晶。$16℃$ 以上时 $Ca(ClO)_2 \cdot 2H_2O$ 很难过滤，而三聚盐在低于此温度下是大六方棱柱晶体，过滤，从母液中分离，未反应的消石灰悬浮液通过滤网。滤饼加入到已氯化的石灰浆中，将三聚盐转化成为 $Ca(ClO)_2 \cdot 2H_2O$，经干燥得成品。

石灰乳氯化法根据以下反应式进行反应，副产物 $CaCl_2$ 在反应过程中阻碍 $Ca(ClO)_2$ 的生成。$CaCl_2$ 若带入产品中，由于其吸湿性大，造成产品容易吸潮而降低成品的稳定性。因此工业生产上添加一些氢氧化钠或次氯酸钠，使反应生成中间产物次氯酸钙三聚盐，再用氯化的浆液处理，将次氯酸钙三聚盐转化成为 $Ca(ClO)_2$，而 $CaCl_2$ 就变为 NaCl 留在溶液中，经过滤分离除去。

$$Ca(OH)_2 \xrightarrow{NaClO,Cl_2,H_2O} Ca(ClO)_2 \cdot NaCl \cdot 12H_2O$$
$$\xrightarrow{Ca(ClO)_2 + CaCl_2} 2Ca(ClO)_2 + 2NaCl + 12H_2O$$

采用这种方法可制得高级次氯酸钙，产品质量好，溶解性能和稳定性好，反应副产物少，但成本较高。

【技术标准】 GB/T 10666—2008

指标名称	指标					
	钠法			钙法		
	优等品	一等品	合格品	优等品	一等品	合格品
有效氯（以 Cl 计）	≥70.0	≥65.0	≥60.0	≥65.0	≥60.0	≥55.0
水分	4~10			≤3	≤4	
稳定性检验有效氯损失	—	—	—	≤8.0	≤10.0	≤12.0
粒度	≥90 (0.355~1.4mm)	≥85 (0.355~1.4mm)	—	≥90 (0.035~2mm)		

【应用】　次氯酸钙是一种氧化性杀菌剂，其杀菌机理与次氯酸钠相似。投加方式采用冲击式投加，用 pH 值为 6～8.5 的循环水体系，投加量漂白粉为 100mg/L，漂粉精由于有效氯高，可适当降低投加量。长期使用该产品应考虑会增加体系 Ca^{2+} 浓度。其主要用途如下。

① 消毒剂　医用纱布、生活用品的漂白和消毒，饮水和游泳池、房屋和畜禽舍净化等方面。

② 漂白剂　漂粉精的性能比漂白粉优良，因而多用于一些高档场合的漂白和消毒，例如用于棉、麻、化学纤维、纸浆和淀粉的漂白。

7.2.5　二氧化氯

【物化性质】　二氧化氯在常温下是黄色的气体，具有类似于氯气的刺激性气味，沸点 10℃，相对密度 3.09（11℃）。冷却到零下 40℃ 以下，成为深红色液体；温度低于 -59℃ 时，为橙黄色固体。二氧化氯易溶于水形成黄绿色溶液，作为溶解的气体保留在溶液中，在阴凉处避光保存并严格密封非常稳定。二氧化氯在常温条件下即能压缩成液体，并很易挥发，在光线照射下将发生化学分解。储藏在敞开容器中的二氧化氯水溶液，其浓度很易下降。二氧化氯易发生爆炸，温度升高，暴露在光线下或与某些有机物接触摩擦，都可能引起爆炸；液体二氧化氯比气体更易爆炸。由于二氧化氯易挥发、易爆炸，因此不宜储存，应以现场制取和使用为主。

【制备方法】　由于二氧化氯的不稳定性，必须现场发生就地使用，二氧化氯的生产方法很多，仅工业生产方法就达十余种，产品主要有发生器、液剂、固剂、缓释剂、泡沫剂和混合剂等。二氧化氯发生器是一种现场制备 ClO_2 的设备，从发生原理上分为两大类：电解法和化学法。其中化学法又分为还原法和氧化法。以亚氯酸盐和氯酸盐为原料的化学法发生 ClO_2 技术已趋成熟，而以亚氯酸盐和氯酸盐为原料的电解法发生 ClO_2 技术也有很大发展。

（1）亚氯酸钠法

目前，以亚氯酸钠为原料发生二氧化氯的方法主要有酸化法、氯气氧化法、过硫酸根离子氧化法、二氧化碳法和电解法等，大多数方法都是氧化过程，Donald J. Gates 总结了不同方法的化学反应方程式，见表 7-7。

表 7-7　亚氯酸钠为主要原料的二氧化氯制备方法

发生器类型	主要反应 反应物、副产物、关键反应	特　性
酸-亚氯酸盐	$4HCl+5NaClO_2 \longrightarrow 4ClO_{2(液)}+ClO_4^-$ · 低 pH 值 · 可能存在 ClO_4^- · 反应速率慢	需要化学给水泵联运装置； 产量 25～30lb/d； 最大产量时效率约 80%
氯水-二氧化氯	$Cl_2+H_2O \longrightarrow [HOCl/HCl]$ $[HOCl/HCl]+NaClO_2 \longrightarrow$ $ClO_2+H/OCl^-+NaOH+ClO_4^-$ · 低 pH 值 · 可能存在 ClO_4^- · 反应速率较慢	过量的 Cl_2 或酸中和 NaOH 产率 1000lb/d 高转化率但产量仅为 80%～92%；低 pH 值（2～3）出水；要用到三种不同的化学泵
氯气-亚氯酸钠法	$Cl_2(固)+NaClO_{2(液)} \longrightarrow ClO_{2(液)}$ · pH 值中性 · 反应速率快 · 给水硬度高时可能致垢	产率 5～120000lb/d 不需水泵；用活动水稀释；中性 pH 出水；没有过量余氯；需要大口径流量计（提供表压 40kPa）
氯气-固体亚氯酸盐	$Cl_2(g)+NaCl_2(s) \longrightarrow ClO_2(g)+NaCl$ · 反应速率快 · 新技术	氯气用 N_2 气或过滤空气产生浓度约为 8% 的 ClO_2。最大产率约为 1200lb/d；批量生产 > 100001b/d

续表

发生器类型	主要反应 反应物、副产物、关键反应	特　性
电解法	$NaClO_2$（液）$\longrightarrow ClO_2$（液）$+e^-$ · 新工艺	逆流水循环冷却二氧化氯，通入电流要求精确
酸/过氧化氢/氯化物	$2NaClO_4+H_2O_2+H_2SO_4 \longrightarrow$ $2ClO_2+O_2+NaSO_4+H_2O$	使用浓缩 H_2O_2 和 H_2SO_4。低 pH 值

(2) 氯酸盐法

氯酸盐法的主要原料为氯酸钠，辅助氯酸盐或氯酸。氯酸钠价格相对于次氯酸钠便宜，常在大规模生产中作为主要原料。在酸性条件下与不同的还原剂生产得到二氯化氯，常用的还原剂有二氧化硫、氯离子、甲醇和过氧化氢等。

① 二氧化硫为还原剂的氯酸盐法　以二氧化硫为还原剂的方法有马蒂逊（Mathieson）法、大曹法、霍尔斯特（Holst）法、佩尔松法（Persson）法和 R1 法。

a. 马蒂逊法（硫酸法）。1930 年由美国马蒂逊（Mathieson）碱业公司成功开发出马蒂逊法二氧化氯生产工艺，首次实现了工业化生产。该方法在硫酸介质中，用二氧化硫还原氯酸钠生成二氧化氯：

$$2NaClO_4+SO_2+H_2SO_4 \longrightarrow 2ClO_2+Na_2SO_4+H_2SO_4$$

Mathieson 技术的示意流程如图 7-3 所示。它实际上是液路串联、气路并联的两级错流

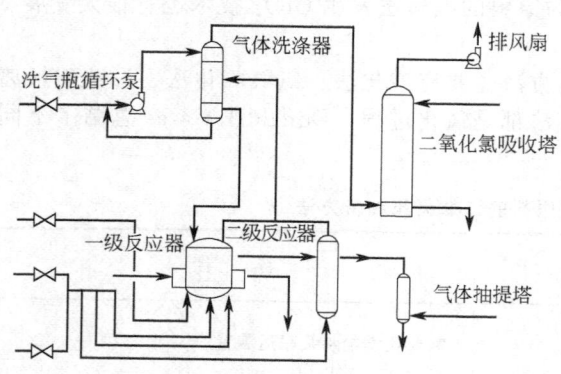

反应系统。计量的硫酸送入第一级反应器底部，溢流再进入第二级反应器顶部，用空气稀释的二氧化硫分别送入两个反应器底部的分布板，在鼓泡上升过程中二氧化硫被反应消耗，空气则将产物和副产物气带走并稀释至安全限以下的适当浓度，先经气体洗涤器用氯酸钠进料液洗去酸雾，然后进入吸收塔用冷冻水吸收制漂液，从第二级反应器排出的残液经气提抽出少量残留的二氧化氯之后送到硫酸盐回收系统。

该方法具有投资少、操作方便等优点，但效率较低。后来部分生产工艺作了些许

图 7-3　Mathieson 法生产二氧化氯工艺流程

改进，在反应物料中加入 5%～20% 氯化钠（以氯酸钠的加入重量计），使产品收率提高到 95%～97%。改进的方法称为"新马蒂逊法"。

此外，还出现了与马蒂逊法相似的大曹法以及霍尔斯特法和金属钠法等，这些方法或因效率较低或因运转操作不便等，已被工业生产所淘汰。

b. R1 法（二氧化硫法）。1964 年，加拿大普逊（Rapson）教授发明了制备二氧化氯新方法，称为 R1 法，并相继加拿大、瑞典投入工业化生产。R1 法仍以二氧化硫和氯酸钠为原料，与马蒂逊法的区别在于二氧化硫同时起硫酸的作用，不需另外加硫酸，但该方法副反应较多，产品中夹杂有二氧化硫气体，限制了它的使用。反应式如下：

$$2NaClO_4+SO_2 \longrightarrow 2ClO_2+Na_2SO_4$$

② 氯离子为还原剂的氯酸盐法　使用盐酸和氯化钠为还原剂生产二氧化氯，反应速度快，转化率高，但会产生大量氯气，每生产 1mol 的二氧化氯就伴随有 0.5mol 的氯气产生，这是该方法的致命缺点。具体化学反应方程式和反应类型见表 7-8。

表 7-8　氯离子为还原剂的二氧化氯发生技术

发生器类型	主　要　反　应
R2、R3、R3H、R4	$NaClO_4 + NaCl + H_2SO_4 \longrightarrow ClO_2 + 1/2Cl_2 + Na_2SO_4 + H_2O$
R5（盐酸法、Kesting 法）	$NaClO_4 + 2HCl \longrightarrow ClO_2 + 1/2Cl_2 + NaCl + H_2O$
日曹法	$Ca(ClO_4)_2 + 4HCl \longrightarrow 2ClO_2 + Cl_2 + CaCl_2 + 2H_2O$
	$NaCl + 4H_2O \longrightarrow NaClO_4 + 4H_2O$
R6	$Cl_2 + H_2 \longrightarrow 2HCl$
	$NaClO_4 + 2HCl \longrightarrow ClO_2 + 0.5Cl_2 + NaCl + H_2O$
R7 法	$2NaClO_4 + 2HCl + H_2SO_4 \longrightarrow 2ClO_2 + Cl_2 + Na_2SO_4 + 2H_2O$
	$Cl_2 + SO_2 + 2H_2O \longrightarrow HCl + H_2SO_4$

③ 甲醇为还原剂的氯酸盐法　以甲醇为还原剂的发生方法，尤其是 R8 法，是世界上工业化生产应用最多的二氧化氯发生技术。但它的副产物甲醛、甲酸等有机物给工厂带来二次水污染问题，化学反应方程式及相应的发生技术见表 7-9。

表 7-9　甲醇为还原剂的二氧化氯发生技术

方　法	反应方程式
Solvay 法	$4NaClO_4 + CH_4OH + 2H_2SO_4 \longrightarrow$ $4ClO_2 + 4H_2O + HCOOH + 2Na_2SO_4$
R8/SVP-LITE 法、SVP-SCW 法、SVP-GAP/S 法、R9、R10	$12NaClO_4 + 4CH_4OH + 8H_2SO_4 \longrightarrow$ $12ClO_2 + 9H_2O + 4HCOOH + 4Na_4H(SO_4)_2$

Sovlya 法生产设备简单，操作方便。R8 法是 Solvay 法与 R3 法相结合，它与 SVP-LITE 最大的区别是反应中酸度的不同。SVP-SCW 是将 SVP-LITECIO 发生器的酸性芒硝产品洗涤转变为中性芒硝、硫酸和甲醇的水溶液，并将后两者重新返回发生器使用。SVP-GAP/S 主要针对 SVP-LITE 法产生的酸性芒硝，经过滤洗涤回收氯酸钠后，再溶解经具有吸收树脂填充床的酸净化单元回收硫酸，得中性芒硝，也适用其他 ClO_2 发生系统。R9 法是将 R8 法排出的盐经电解生产出酸和碱，从而将废物消化，其中硫酸返回发生器重新利用。R10 法是将其他工艺产生的副产品酸性芒硝转变成中性芒硝，分离出酸送回发生器。SVP-SCW 法、SVP-LITE 法、SVP-GAP/S 法、R9 和 R10 的目的是采用电解或物理洗涤酸性芒硝的方法回收硫酸，得到中性芒硝的清洁生产集成过程。

美国阿布莱特·威尔逊公司改进的甲醇法称为 R8 法，如图 7-4 所示。R8 法的巧妙之处在于使用 R3 法的二氧化氯发生器，即反应、蒸发、结晶的单元反应器，在 13.33～26.66kPa 下，高酸度反应液的沸腾温度（约 70℃）下进行，而采用 Sovlya 法的化学反应机理，即使用甲醇为还原剂。因此，R8 法是甲醇法（Sovlya法）与 R3 法相结合的产物。不同的地方包括：还原剂甲醇不是和氯酸钠预先混合而是单独送入系统的，由于 R8 技术没有副产物氯气，所以只有二氧化氯吸收塔而没有氯气吸收塔；从过滤器分离出来的盐饼是硫酸氢钠 $[Na_3H(SO_4)_2]$，因而处理方法也略有不同。R8 法工艺简单，容易控制，

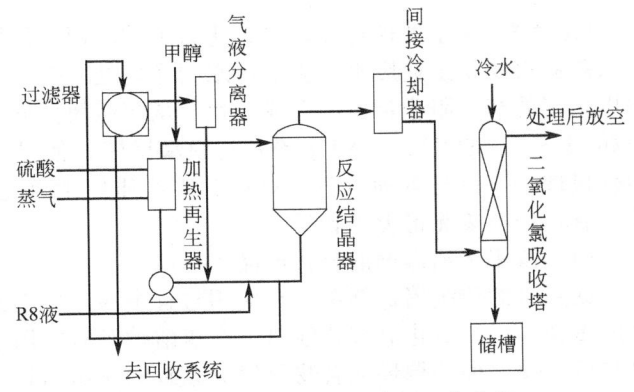

图 7-4　R8 法生产二氧化氯工艺流程

生产效率高,加拿大 1985 年投产以来,生产装置迅速增加,全世界采用 R8 法装置有上百套。

（3）电解法

电解法以氯化钠或氯酸钠为原料,采用隔膜电解技术制取 ClO_2,所用电解液可以是食盐溶液、次氯酸盐溶液和氯酸盐溶液。电解过程中,在阴极制得烧碱溶液和氢气,阳极获得 ClO_2、Cl_2、H_2O_2 及 O_3 的混合物。早期的电解法直接利用双电极电解亚氯酸钠溶液（如美国专利 2163793）,大约 72% 的氯转化为 ClO_2,但也使电解液的 pH 值升高至 11~12,产生以下反应,使 ClO_2 的浓度迅速下降,从而失去利用价值。

$$2ClO_2 + 2OH^- \longrightarrow ClO_4^- + ClO_2^- + H_2O$$

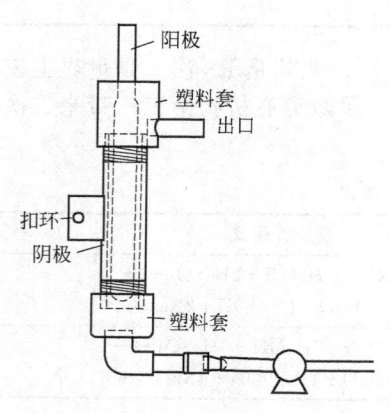

阳极
塑料套
出口
扣环
阴极
塑料套

图 7-5 电解法二氧化氯发生器

美国学者 Kascur 在专利 USP5084149 中改进了上述方法,通过在两电极中加入半透膜,保持阳极区的溶液 pH 值在 2~3,阴极区溶液在 12~13,此方法制备的二氧化氯比较稳定。但此方法设备复杂,半透膜寿命短,故障率高,需周期清除副产物等,影响了该方法的推广使用。近年来,国内外学者通过改造电极组对方式,采用无膜电解法,取得了一系列成果,如美国学者 Joseph Matthew Kelley 在专利 USP6306281B1 中公布了一种稳定二氧化氯的制备方法,所涉及的二氧化氯发生器如图 7-5 所示,装置可采用碳电极或方片电极作为阳极,阳极位于中间并用绝缘材料使之与阴极隔绝。溶液从底部管路输入,在两电极中通入 3~10V 的直流电压,设备顶部的缓冲系统用来控制二氧化氯溶液的 pH 值,使二氧化氯气体溶于低于 10 的溶液中,最后输出稳定二氧化氯溶液。装置省去了半透膜,采用低直流电源,从一定程度上克服了电解法制备二氧化氯的不足,为今后的研究开辟了一条新的思路。

【技术标准】 GB/T 20783—2006

项 目	指 标	
	I 类	II 类
二氧化氯(ClO_2)的质量分数/%	≥2.0	≥2.0
密度(20℃)/(g/cm³)	1.020~1.060	1.020~1.060
pH 值	8.2~9.2	8.2~9.2
砷(As)的质量分数/%	≤0.0001	≤0.0003
铅(Pb)的质量分数/%	≤0.0005	≤0.002

【应用】 在水处理行业,二氧化氯可广泛用于饮用水的消毒、脱色、除臭,工业循环冷却水杀菌灭藻及工业废水、生活污水的净化处理等。杀菌机理是靠其强氧化性破坏生物细胞赖以生存的酶,阻止蛋白的合成过程,从而将菌藻分解杀死。除臭作用是因为它能与异味物质如 H_2S、—SOH、—NH_2 等发生脱水反应并使异味物质迅速氧化转变为其他无臭物质。净化机理是通过与各种有色、有毒有害物质发生氧化反应,生成水、氯化钠和微量二氧化碳、有机糖类等无毒无害物质。

（1）饮用水消毒剂的替代产品

饮用水的传统消毒剂氯气在应用过程中易产生三氯甲烷等致癌物质,已引起世界各国的高度重视。用二氧化氯替代液氯、次氯酸钠等对饮用水进行消毒,不仅不生成有害物质,而且它可以使致癌的稠环化合物降解成无致癌作用的物质,并可除去水中的无机物和异味,因此二氧化氯作为液氯和次氯酸钠的换代产品受到世界发达国家的普遍重视。20 世纪 80 年代初，美国已有几百个大型饮用水处理厂使用二氧化氯消毒、杀菌，加拿大有 10 多个类似的水厂，在欧洲则有几千个这种水处理系统，并且应用范围一直不断扩大。我国的自来水厂水源多为地表水，大多已被污染，因此以氯作为消毒剂时所产生的致癌物质普遍存在，二氧化氯作为氯的替代产品已引起重视。目前，我国上海、重庆、芜湖等城市已将二氧化氯应用于饮用水的处理，为大范围的推广应用积累了不少经验。

（2）工业循环冷却水系统的强力杀生剂

20 世纪 70 年代初，美国的一些氨厂、石油化工厂、炼油厂、电厂等在循环冷却水系统开始使用二氧化氯作为水处理剂。实践应用表明，二氧化氯在使用过程中具有用量少、杀菌灭藻效果明显优于氯气、不污染环境等特点，并且操作方便，使用成本低，经济效益明显，特别适于在水质较差、菌藻繁殖严重、采用有机碱性水稳剂和氨厂循环冷却水系统使用，是一种比较理想的杀生剂。近几年，我国在合成氨厂等的工业循环冷却水系统对二氧化氯的应用进行了大量试验研究，已在多家大、中型氨厂的 10 多个循环水系统中推广应用。

（3）游泳池水消毒剂

游泳池是公共场所，若消毒不好，容易使人感染上呼吸道炎、外耳道炎以及皮肤真菌感染等疾病。最近，国内外研究还发现，游泳池水中能检测出乙型肝炎表面抗原。为了预防病毒性肝炎，常加大氯制消毒剂的用量，但过浓会刺激眼睛，因此在欧美国家已经开始将二氧化氯用于游泳池水的消毒。使用表明，二氧化氯几乎不产生难闻气味，比较适合水质污染严重的场合。根据我国有关部门提供的数据，用液氯、次氯酸钠、次氯酸钙、氯异氰尿酸盐和二氧化氯处理游泳池水运行费用比为 1∶3∶14∶10∶2，由此可见除液氯外，二氧化氯的运行费用是最低的。山东工业大学经过长期研究和实践，发明了一种游泳池分离式闭路循环加氯系统专利技术，配用二氧化氯发生器效果尤为显著。

（4）污水的净化剂

二氧化氯是一种强氧化剂，它能将工业废水中的少量 S^{2-}、SO^{2-}、SnO_2^{2-}、AsO_4^{2-}、NO_2^-、CN^- 等还原性酸根氧化除去，也可以将 Fe^{2+}、Mn^{2+}、Ni^+ 等金属离子以及它们与酚类、CN^- 形成的络合物除去。因此，二氧化氯可广泛应用于含酚、氰、有机物、金属离子等的工业废水处理，还可以对医院污水、生活污水杀菌消毒。最近几年，我国在这些方面的研究比较活跃，报道逐年增多。

7.2.6　二氯异氰尿酸钠

【别名】　优氯净，简称 NaDCC。

【结构式】

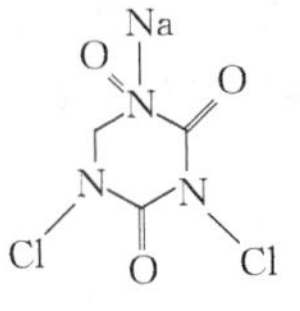

【物化性质】　白色粉末状晶体，有氯气味，在 25℃ 条件下，溶解度可达 25%，加热至 240～250℃ 时剧烈分解。溶液为弱酸性，1% 水溶液的 pH 值为 5.5～5.6。有效氯 60%～64%。

【制备方法】　二氯异氰尿酸钠的生产工艺主要有 3 种：二氯异氰尿酸中和法（氯化法）、次氯酸钠法、三氯异氰酸复分解法（也称中和法）。

（1）二氯异氰尿酸中和法（氯化法）

氰尿酸与烧碱按 1∶2 的摩尔比配成水溶液，通氯气氯化生成二氯异氰尿酸，浆料过滤得到二氯异氰尿酸滤饼可以用水充分洗涤，除去滤饼中的氯化钠，得到二氯异氰尿酸。反应式如下：

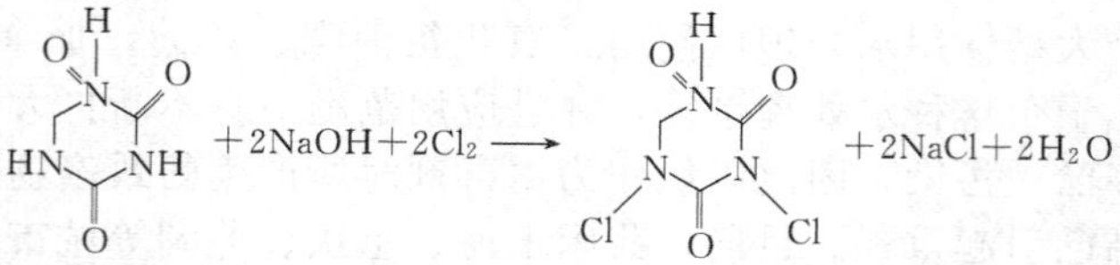

$$+2NaOH+2Cl_2 \longrightarrow +2NaCl+2H_2O$$

将湿的二氯异氰尿酸加水配在浆料，或投入二氯异氰尿酸钠母液中，按 1∶1 的摩尔比滴加烧碱进行中和反应。反应液经过冷却、结晶、过滤得到湿的二氯异氰尿酸钠，然后干燥得到粉末状二氯异氰尿酸钠或其水合物。反应式如下：

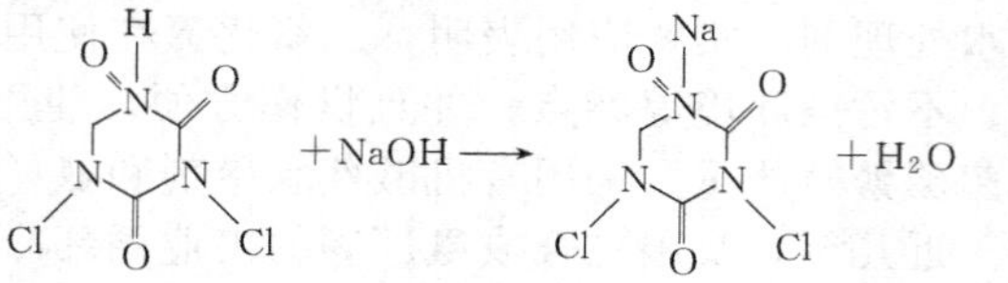

$$+NaOH \longrightarrow +H_2O$$

（2）次氯酸钠法

首先由烧碱和氯气反应，生成合适浓度的次氯酸钠溶液，根据次氯酸钠溶液的浓度的不同，可分为高低浓度两种工艺。次氯酸钠与氰尿酸进行反应生成二氯异氰尿酸和氢氧化钠，为控制反应 pH 值，可以采用补充氯气的方法，使反应生成的氢氧化钠与氯气生成次氯酸钠继续参与反应，这样使反应原料得到充分的利用。但由于氯气参与氯化反应，对原料氰尿酸和反应的操作条件控制要求比较严格，否则易发生三氯化氮爆炸事故；另外，也可以采用无机酸（如盐酸）中和的办法，这种方法没有氯气直接参与反应，因此操作易于控制，但对原料次氯酸钠的利用不完全。该工艺的主要反应式如下：

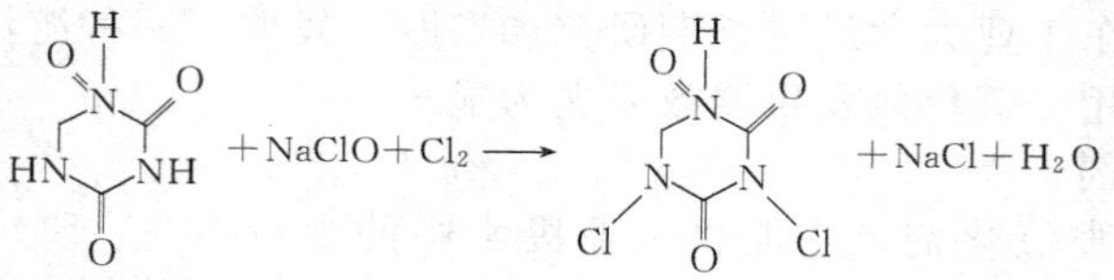

$$+NaClO+Cl_2 \longrightarrow +NaCl+H_2O$$

（3）三氯异氰尿酸复分解工艺

氰尿酸与烧碱按摩尔比 1∶3 配制成氰尿酸三钠盐，在适当温度下与氯气进行氯化反应生成三氯异氰尿酸，离心过滤得到湿三氯异氰尿酸，反应式如下：

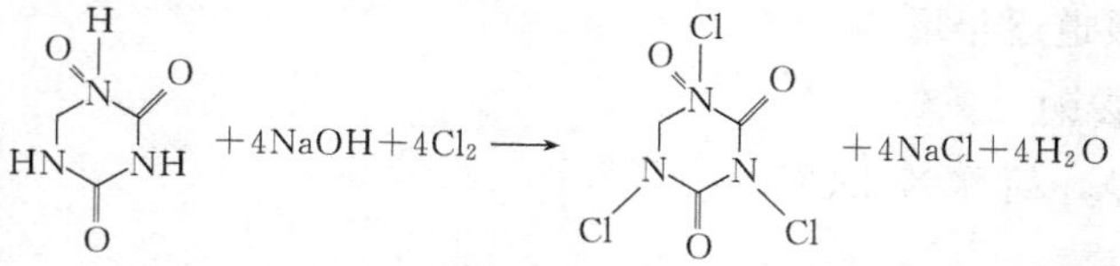

$$+4NaOH+4Cl_2 \longrightarrow +4NaCl+4H_2O$$

三氯异氰尿酸与氰尿酸、氢氧化钠溶液按 2∶1∶3 摩尔配比，在 30～40℃下进行复分解反应，冷却结晶、过滤、干燥后可得粉末状二氯异氰尿酸钠产品，复分解反应式如下：

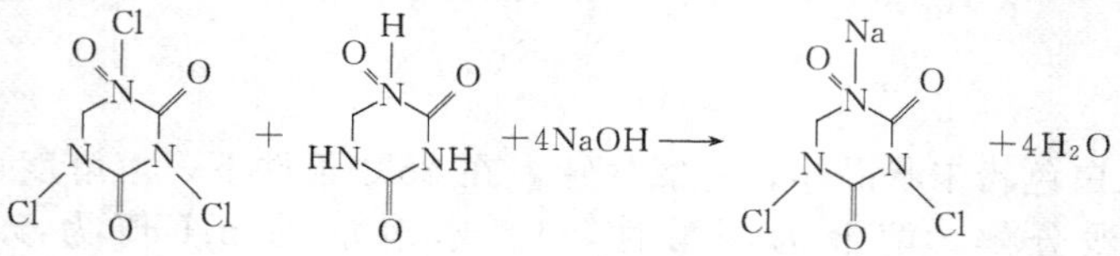

$$+ \quad +4NaOH \longrightarrow +4H_2O$$

（4）干燥

制备的二氯异氰尿酸钠成品主要有三种形态，无水化合物、一水化合物及二水化合物，其中一水化合物的含水率约为 7.6%，二水化合物的含水率约为 14.1%。带两个结晶水的二氯异氰尿酸钠更加稳定，更易储藏。国内常采用气流干燥加沸腾床干燥，气流干燥后含水率还比较高，但能满足造粒的需求，二次沸腾床干燥进一步降低水分至小于 1%。要单独干燥出带两个结晶水的二氯异氰尿酸钠还比较困难，国内在这方面的探索还属于空白，国外有些学者对其进行探索，取得了一些成果。德国学者 Auslegeschrift 在专利 2433113 中把初步干燥的二氯异氰尿酸钠进一步溶解在丙酮等有机溶剂中，并在低于 40℃ 的温度下干燥，最后精制出粒状二水合物，解决了低含水率下二氯异氰尿酸不能造粒的难题。美国学者 Friedrich Lunzer 等在专利 USP450225 中以二氯异氰尿酸与氢氧化钠或碳酸钠为原料，在 70%～80% 的有机溶剂（如甲醇、乙醇等）中反应，再过滤掉有机溶剂，真空下 50℃ 干燥，制备出一种粒状的、带有两个结晶水二氯异氰尿酸钠晶体。

【技术指标】 HG/T 3779—2005

指 标 名 称	指 标			
	I 类		II 类	
	无水	含结晶水	无水	含结晶水
有效氯(以 Cl 计)含量/%	≥58.0	55.0～57.0	≥58.0	55.0～57.0
水分含量/%	≤3.0	10.0～15.0	≤3.0	10.0～15.0
pH 值(10g/L,水溶液)	5.5～7.0		5.5～7.0	
水不溶物/%	≤0.1		≤0.1	
砷含量(以 As 计)/%	≤0.0005		—	
重金属含量(以 Pb 计)/%	≤0.001		—	

【应用】

（1）游泳池消毒

二氯异氰尿酸钠广泛用于游泳池水的消毒，它具备以下优点，如水溶彻底、溶液澄清；在允许浓度下使用对人体无害，杀菌效率高。在美国，二氯异氰尿酸钠被 Pool&SPA 行业列为首选的游泳池消毒剂，是世界卫生组织（WHO）推荐的消毒剂之一。

（2）饮用水消毒

二氯异氰尿酸用于饮用水中，能有效地杀灭各种藻类生物，破坏水中硫化氢等污染物的颜色及其气味。在浓度为 2mg/L 时，对大肠杆菌、骨灰质炎病毒、痢疾病菌以及肝炎病毒等的杀灭率可以达 100%。

（3）水产养殖消毒

二氯异氰尿酸能有效地防治因细菌、真菌和藻类引起的鱼病，对鱼类的病毒性疾病也有明显的疗效，可用于各种鱼类、对虾、河蟹、牛蛙等水产养殖中的清塘、鱼种消毒、消毒和渔具消毒。

（4）工业循环水处理

二氯异氰尿酸钠是种重要的氧化杀菌剂，可以用来替代液氯或次氯酸盐，用于循环冷却水系统，有效地防止水体中藻类的生长，对工业设备不产生腐蚀，可较长时间地保持循环水系统的水质。投加方式一般为冲击式投加于集水池中。

（5）民用卫生消毒

餐具消毒时，每升水加二氯异氰尿酸钠 400～800mg，浸泡消毒 2min 可全部杀灭大肠杆菌，8min 以上对芽孢杆菌的杀菌率为 98% 以上，15min 可以彻底杀灭乙型肝炎病毒表面抗原。还可用于水果、禽蛋外表的消毒；冰箱杀菌除臭及卫生间消毒除臭等。刘德峰等用消毒碗粉（主要杀菌成分为二氯异氰尿酸钠）消毒洗碗机，向该洗碗机投加 4g 洗碗粉，有效氯达 50mg/L，消毒 21min 后，餐具表面大肠杆菌完全灭除，HbsAg 抗原性检测为阴性。

（6）纺织工业漂白

在纺织工业中，二氯异氰尿酸钠主要用作天然纤维和合成纤维的漂白剂。天然及合成纤维的漂白是破坏纤维中含有的色素。二氯异氰尿酸钠在水中能产生次氯酸，次氯酸与纤维中的发色基团的共轭键发生反应，改变纤维对光吸收的波长，破坏纤维中的色素，从而达到漂白的目的。

7.2.7　三氯异氰尿酸

【别名】　强氯精，简称 TCCA。

【结构式】

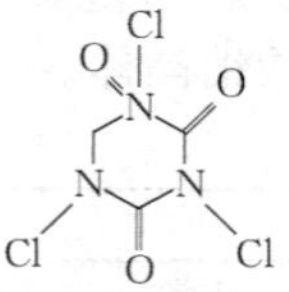

【物化性质】　纯品为白色粉末晶体，具有次氯酸的刺激气味，易溶于水，25℃时在水中溶解度为 1.2g/L，熔点 225～230℃。相对密度 0.55～0.70（粉末状），0.92～0.98（粒状）。1%的 pH 值为 2.8～3.2，有效氯含量 90%。在干燥稳定，遇酸或碱易分解，对金属有腐蚀性。

【制备方法】　三氯异氰尿酸的合成方法主要有四种：氰尿酸钠盐通氯法（又称钠盐法或者氯气法），次氯酸钠法，氯气-溶剂法和复合法。目前绝大多数企业采用成熟工艺钠盐法。

（1）氰尿酸钠盐通氯法

① 氰尿酸（CA）合成　氰尿酸的生产主要采用尿素热裂解脱氨法，反应式为：

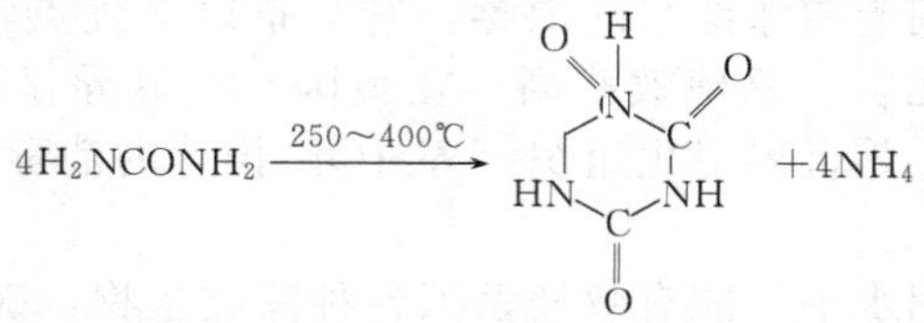

$$4H_2NCONH_2 \xrightarrow{250\sim400℃} \text{(氰尿酸)} +4NH_4$$

根据热裂方法不同，又分为固相法和液相法。固相法是热解炉中尿素在 200～300℃下熔融状态进行脱氨缩合，得含量 80%～90%的粗氰尿酸，将粗氰尿酸再经过滤、水洗、干燥等得到纯度大于 98%的氰尿酸。液相法是将尿素溶解在溶剂（如硝铵，环丁砜，N-甲基吡咯烷酮）中，再进行高温脱氨反应，该法的关键是高沸点溶剂的选择和回收利用。

② 碱溶

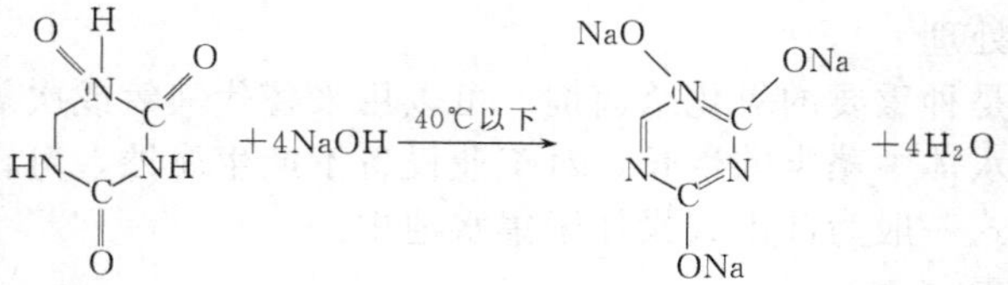

$$\text{(氰尿酸)} +4NaOH \xrightarrow{40℃以下} \text{(氰尿酸钠)} +4H_2O$$

③ 氯化

$$\text{(氰尿酸钠)} +4Cl_2 \xrightarrow{10\sim15℃} \text{(TCCA)} +4NaCl$$

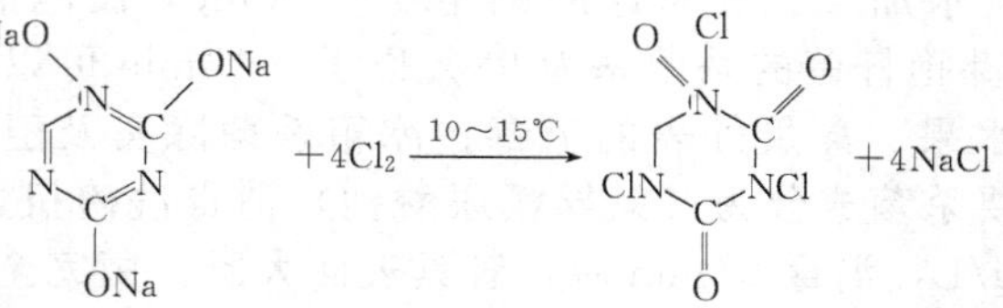

根据氯化方法的不同又可分为孟山都法、FMC 法、BASF 法，孟山都法是将氰尿酸钠与过量氯气（10%～15%）连续混合，强力搅拌，赶排 NCl_3，pH 值控制在 3.0～4.5，TCCA产率为 80%～90%（以氰尿酸计）。FMC 法为两步氯化法，副反应减少，TCCA 的产率有进一步的提高。BASF 法可避免 NCl_3 生成，且或获得 98%的产率。

④ 实例　称取氰尿酸 384g，98%氢氧化钠 360g 投入到盛有 400mL 12.5%氯化钠溶液的反应器中，在搅拌下通入氯气氯化。反应前期通氯稍快，1h 后减慢通氯速度并逐渐

加入 20.8％的碳酸钠溶液调节 pH 值。共氯化 3h，到 pH 值为 2.9 为止，经水洗干燥得到产品。

（2）氯气-溶剂法

称取氰尿酸 20g，碳酸氢钠 78g 及丙酮 400g 配成悬浮液，于 0℃通入氯气氯化，共通入氯气 40g 生成的三氯尿酸溶于丙酮，用硫酸钠干燥后过滤，滤饼用丙酮洗涤，于 30℃以下真空蒸馏，得产品 34g。

（3）次氯酸钠法

将氰尿酸配制成浆液，用预制的氯化剂（如 Cl$_2$O、HClO、NaClO 等），在一定的 pH 值下氯化。反应式如下：

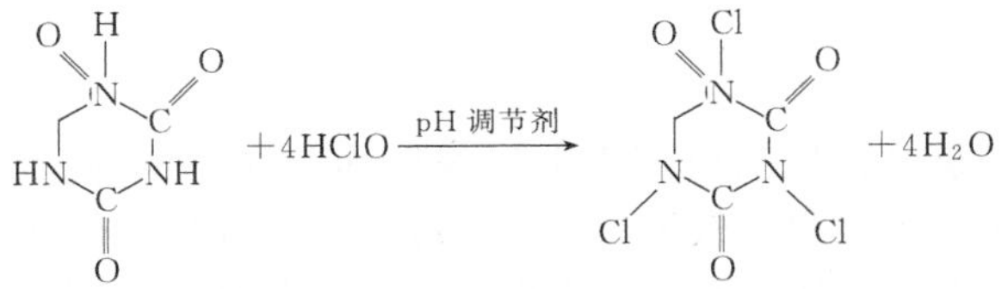

将氰尿酸与水配成 18.5％的悬浮液，以 55mL/min 投入反应器内，同时加入 10.86％的次氯酸钠溶液，两者投料比为 1∶17（mol/mol），反应过程中 pH 值维持在 10 以下。反应液溢流至第二反应器并继续氯化，反应温度 14～16℃，氯化程度控制 pH 值在 2.5～3.5。溢出反应液经过滤、洗涤、干燥得产品。

（4）复合法

将 96％的氢氧化钠 19.8g 与 98％以上的氰尿酸 19.4g 溶于 100mL 蒸馏水中，配成氰尿酸三钠盐悬浮液。将氯气通入 100mL 蒸馏水中，于 5℃将三钠盐悬浮液缓慢加入氯水中，控制 pH 值为 3 左右，过滤、洗涤、干燥得到产品。

【技术指标】 HG/T 3263—2001

项 目	指 标	
	优等品	合格品
有效氯（以 Cl 计）含量/％	≥90.0	≥88.0
水分/％	≤0.5	≤1.0
pH 值（1％水溶液）	2.6～3.2	

【应用】 三氯异氰尿酸是高效、广谱的有机杀菌灭藻剂，可杀灭多种细菌、真菌、病毒和藻类。由于其水溶液的水解产物是次氯酸，故其杀菌机理主要是次氯酸的作用。美国联邦食品药物管理局（FDA）和环保局（EPA）已批准三氯异氰尿酸在食品和饮用水方面做消毒剂。该物质无致癌、致突性，是理想的卫生杀菌剂，可用于民用卫生消毒、游泳池水消毒、循环冷却水的杀菌灭藻剂以及果蔬保鲜等。

（1）化学作用机理

氯代异氰尿酸溶解在水中能迅速与水反应，生成次氯酸和氰尿酸，所以具备净化、洗涤、除垢、漂白、杀菌、消毒的效能。当水中有足够的氯代异氰尿酸时，其活性氯的浓度可达 50～200mg/kg。一般在酸性或者近酸性的条件下，有利于杀菌、消毒；中性或接近碱性时，有利于清洗、除垢；碱性时有利于漂白。

（2）游泳池水消毒

在国外，氯代异氰尿酸产品大量用于游泳池水消毒，因为使用氯代异氰尿酸消毒后水质清澈透明，对皮肤的刺激性微弱，游离氯浓度稳定，在使用效果和安全方便性上优于传统消毒产品，因而备受青睐，目前世界上三氯异氰尿酸消费量 80％用于游泳池水体消毒。在国内，三氯异氰尿酸用于游泳池消毒尚处于起步阶段，一些中高档游泳池也开始使用三氯异氰尿酸来杀菌消毒，未来我国游泳池水消毒所需氯代异氰尿酸类产品将有较大幅度增加。

用氯代异氰尿酸产品消毒游泳池是一般在泳池开场 0.5h 加药，夏季早上清理池底的沉淀物后加一次药，以后每隔 8h 左右加一次，可保持全天游离氯的浓度合格；冬天在早上清理池底的沉淀物后加一次药即可。对室外循环过滤式游泳池，每天按 $1.5 \sim 2.5 \mathrm{g/m^3}$ 加药。室内游泳池，在夏天时按 $1.5 \sim 2.0 \mathrm{g/(m^3 \cdot d)}$ 加药。

（3）循环冷却水处理

在工业方面，三氯异氰尿酸可用于循环水处理，控制细菌、海藻和有机体。浓度为 $0.5 \mathrm{mg/kg}$ 就能有效清除苔藓类生物，对硫酸还原菌、铁细菌、真菌，浓度为 $20 \mathrm{mg/kg}$ 时杀菌可达 99.9%。

（4）漂白剂

在纺织行业中，三氯异氰尿酸可用作天然纤维和合成纤维的漂白剂。由于不含碱性物质，在较低温度下使用，不仅漂白效果高而且对纤维腐蚀程度也较其他漂白剂低，还能提高纤维的张度和伸长度，尤其是作为衣物洗涤剂、添加剂及羊毛防缩处理剂等。随着国内洗涤剂产品结构的调整及其产品质量的提高，三氯异氰尿酸的用量将会逐渐增大。

7.2.8　氯胺-T

【别名】　氯亚明、对甲苯磺氯代酰胺钠、氯亚明-T。

【结构式】

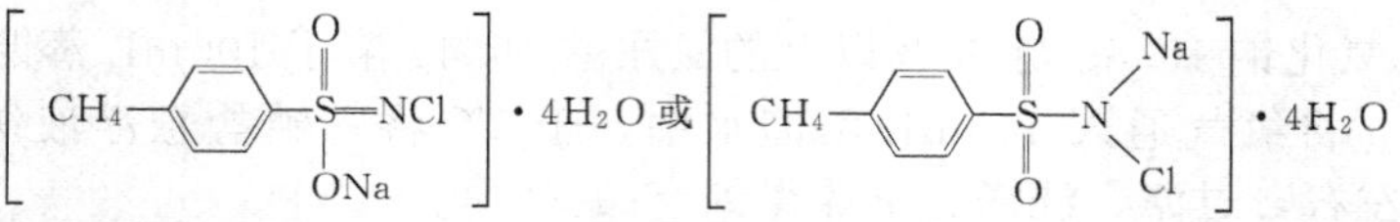

【物化性质】　白色结晶性粉末，有轻微氯气味，味苦。置空气中缓慢分解，渐渐失去氧而变成黄色。有效氯为 23%～26%，熔点 167～170℃（分解）。易溶于水，溶于乙醇，甘油，不溶于氯仿、乙醚和苯。在水和乙醇中缓缓分解，在酸性介质中剧烈分解，放出氧气，因此适宜在中性溶液中进行，其水溶液缓冲至 pH 值为 9 时较稳定。无水物在 175～180℃时爆炸。在 90～100℃干燥时不分解。

【制备方法】　由对甲苯磺酰氧化胺化生成磺酰胺，再用次氯酸钠溶液氯化制得。反应式如下：

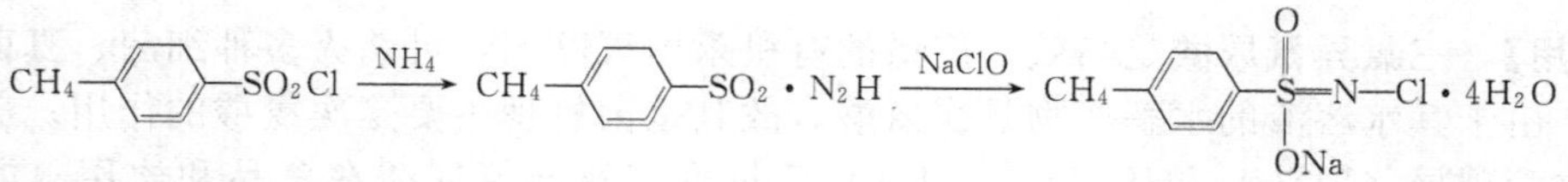

【技术标准】　HG 3-972—76

指标名称	指　标	指标名称	指　标
外观	白色晶体粉末,有氯臭	澄清度试验	合格
氯胺-T含量(以活性氯计)	≥24%		

注：以上为氯胺-T试剂标准。

某企业产品标准：

指　标　名　称	指标	指　标　名　称	指标
有效成分(氯胺-T)含量	≥80%	酸碱度(0.5%水溶液 pH 值)	9～10
游离水分	≤4%	粒度(20 目筛通过量)	90%
稳定性(干燥避光下50℃ 1周,有效成分损失)	≤1%		

【应用】

（1）杀菌消毒

氯胺-T 为外用广谱杀菌能力的消毒剂，对细菌、病毒、真菌、芽孢均有杀灭作用。其作用原理是溶液产生次氯酸放出氯，有缓慢而持久的杀菌作用，可溶解坏死组织。其作用温和持久，对黏膜无刺激性，无任何副作用，效果极佳，常用于伤口与溃疡面冲洗消毒；广泛用于医药企业的无菌室消毒及医疗器械的消毒灭菌；且适用于饮用水、食品、各种器具、水果蔬菜养殖业消毒，创面、黏膜冲洗；也曾用于毒瓦斯毒气的消毒等，在印染业用作漂白剂与氧化退浆剂，用作供给氯的试剂。

本品消毒作用受有机物影响较小。在应用时，如按 1∶1 的比例加入铵盐（氯化铵、硫酸铵），可加速氯胺的化学反应而减少用药量。冲洗创口用 1%～2%；黏膜消毒用 0.1%～0.2%；用于饮水消毒时，用量为每吨水中加入 2～4g 氯胺；餐具消毒用 0.05%～0.1%。0.2% 的水溶液 1h 可杀灭细菌繁殖型，5% 溶液 2h 可杀灭结核杆菌，杀灭芽孢需 10h 以上。各种铵盐可促进其杀菌作用。1%～2.5% 溶液对肝炎病毒亦有作用。3% 水溶液用于排泄物的消毒。在日常使用中，以 1∶500 的比例配制的消毒液，性能稳定、无毒、无刺激反应、无酸味、无腐蚀、使用保存安全。可用于室内空气、环境消毒和器械、用具、玩具的擦拭、浸泡消毒等。氯胺-T 水溶液稳定性较差，故宜现配即用，时间过久，杀菌作用降低。表 7-10 为氯胺-T 在水溶液中的使用浓度。

表 7-10　水溶液消毒使用剂量（15～25℃）

消毒对象与条件	药 液 浓 度	作用时间/min
肠道细菌污染表面		
轻度（无可见污染）	0.2%～0.5%	60
	1.0%	40
	3.0%	10
重度（有排泄物痕迹）	1.0%	240
	3.0%	30
结核杆菌污染面	5.0%	240
细菌芽孢污染表面	10.0%	240

（2）氯胺-T 在印染上的用途

① 用作漂白剂　氯胺-T 主要用以漂白植物纤维。使用方便，只需加适量水溶解，再加水稀释成 0.1%～0.3% 溶液，加热至 70～80℃后，织物就可投入漂白。氯胺-T 还可用于人造丝等织物的漂白，只需把被漂物投入上述溶液中，加热至 70～80℃，放置 1～2h 后，取出水洗，再以淡醋酸或淡盐酸溶液洗涤，以中和织物上残余的碱性。

② 用作氧化退浆剂　棉布用氧化剂退浆时，一般除用次氯酸钠外，也可用氯胺-T。氯胺-T 与水作用时即生成次氯酸，次氯酸再分解，放出初生态氧。氧化剂退浆比较迅速，但必须十分注意工程条件的控制，否会损伤纤维。

7.2.9　过氧化氢

【别名】　双氧水。

【物化性质】　无色透明液体，密度为 1.442g/cm³。熔点－0.41℃，沸点 150.2℃。溶于水、醇、醚等溶剂。在酸性条件下较稳定，有一定的腐蚀性；在碱性或过氧化酶、过氧化氢酶存在时则易分解成水和氧气，为防止其分解可使用稳定剂。常用的稳定剂有磷酸、焦磷酸钠、六偏磷酸钠、苯甲酸等，其中磷酸盐添加量为 1%～2%。

【制备方法】   目前工业上制备过氧化氢的方法主要有蒽醌法和氢氧直接化合法，国外绝大部分采用蒽醌法及其改进工艺。

（1）蒽醌法

蒽醌法是以烷基蒽醌和有机溶剂为工作液，并在催化剂存在下，加氢合成蒽氢醌，在纯氧或空气下氧化得到过氧化氢。反应式如下：

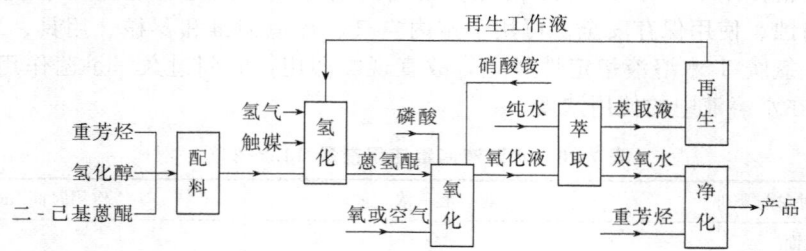

典型的生产流程如图 7-6 所示。

重芳烃
氢化醇   再生工作液
二-己基蒽醌 → 配料 → 氢气触媒 → 氢化 → 磷酸 蒽氢醌 → 氧化 ← 氧或空气 → 纯水 氧化液 → 萃取 → 硝酸铵 萃取液 → 再生 → 双氧水 → 净化 ← 重芳烃 → 产品

图 7-6   蒽醌法制备过氧化氢生产流程

蒽醌法工艺已趋成熟，但优化的空间还非常大，各有关厂商和学者对工艺的个别技术环节进行研究改进。Kemira 在专利中，用粉末钯/载体催化剂进行蒽醌悬浮氢化时，借助电磁辐射（微波）加热，提高氢化效率和减少催化剂用量。产生微波能的常用设备为磁控管和速调管，根据不同反应规模，可选用不同的功率。实例中对比了常规加热和微波加热的氢化结果，结果表明，即使减少大量催化剂用量，微波加热的氢化效率仍明显高于水浴加热的氢化效率。

（2）氢氧直接化合法

虽然目前大部分厂商都采用蒽醌法，但该法也存在步骤多、需提纯而且使用大量溶液等不足，基于此国内外加大投入开发新型工艺，以此来降低成本，精简工艺步骤。氢氧直接化合法制备过氧化氢也成了近几年来国内外研究的热点，有关公司和高校对其进行了开发研究，并申请了许多专利。Harold A. Huckins 在专利采用管式反应器连续制备较高浓度的 H_2O_2，将 H_2、O_2 分别由不同位置喷入充满并流动于反应管内的液体介质中，从而快速流动的液流中形成许多分散的气泡，且被液相包围着，当 H_2、O_2 反应时，需足够的液体冷却反应物，防止爆炸。反应产物中 H_2O_2 的质量分数约为 6%。

Le-Khac 在载体中加入一种硫醇盐阻止贵金属的反应，以此来提高过氧化氢的产量。专利中采用铂、钯等贵金属或其化合物为催化剂，以氧化铝/二氧化硅为载体，硫醇或硫酸盐固定在载体上，乙醇、乙醚等作为溶剂。用此催化剂在连续反应器中合成过氧化氢。

（3）电解法

电解法一般在强酸或强碱条件下进行，所制备的过氧化氢需纯化才能用于水的深度处理，生产过程可能带来一定程度的污染。华南理工大学徐科锋等以 $IrO_2 \cdot RuO_2$ 涂层钛电极

（Ir$_2$Ru/Ti）为阳极，将其与活性炭纤维布（ACFC）阴极一起构成电解池来制备过氧化氢，当溶液为中性、不外加化学试剂、空气流量为 80mL/min、工作电压为 20V、电解反应 90min 时，生成的过氧化氢浓度达 8118×10^{-4}mol/L。

【技术指标】　GB 1616—2003

指 标 名 称	指　　　标					
	27.5%		30%	35%	50%	70%
	优等品	合格品				
过氧化氢(H$_2$O$_2$)/%	≥27.5	≥27.5	≥30.0	≥35.0	≥50.0	≥70.0
游离酸(以 H$_2$SO$_4$ 计)/%	≤0.040	≤0.050	≤0.040	≤0.040	≤0.040	≤0.050
不挥发物/%	≤0.08	≤0.10	≤0.08	≤0.08	≤0.08	≤0.12
稳定度/%	≥97.0	≥90.0	≥97.0	≥97.0	≥97.0	≥97.0
总碳(以 C 计)的质量分数/%	≤0.030	≤0.040	≤0.025	≤0.025	≤0.035	≤0.050
硝酸盐(以 NO$_3^-$ 计)的质量分数/%	0.020	0.020	0.020	0.020	0.025	0.030

注：过氧化氢的质量分数、游离酸、不挥发物、稳定度为强制性要求。

【应用】

（1）饮用水处理

过氧化氢预氧化饮用水是替代氯化的有效、经济的方法，其不产生有机氯，可以显著除去水中低分子量的溶解性有机物，从而减少消毒过程中产生的有机氯，同时过氧化氢还能明显抑制藻类生长。采用过氧化氢预氧化系统比常规的沉淀过程去除有机物的效率高，去除的有机物主要是溶解性有机物。通过过氧化氢预氧化对水中藻类、有机物及浊度的去除试验表明，投加适量过氧化氢可以显著提高水中浊度、藻类和有机物的去除率。过氧化氢的投加量为 4mg/L 时，藻类的去除率为 84.2%。在杀菌方面，过氧化氢对一般细菌和杀菌效力的剂量是 3～10mg/L。

（2）循环冷却水处理

过氧化氢用来处理工业冷却水，可改善水质的味道，消除难闻的气味，降低色度，而且其分解的产物不污染环境，易就地排放，不与循环水中的氨反应。

（3）三废处理

过氧化氢处理废水，主要依靠过氧化氢分解产生氧化能力很强的游离羟基。常用的 H$_2$O$_2$-Fenton 体系（称为 Fenton 试剂）已经广泛用为处理剂，同时过氧化氢还常与其他方法（如臭氧氧化、紫外线照射等）联合使用以强化处理效果，处理那些难以分解的污染物。硫化物、氰化物和酚类常用过氧化氢处理。用 H$_2$O$_2$ 处理含 SO$_2$、H$_2$S 的废气时可生成硫酸，变废为宝。过氧化氢处理苯酚、甲酚、氯代酚等多种酚类的效果极好。在室温、pH 值为 3～6 和 FeSO$_4$ 催化剂存在下，过氧化氢可快速破坏酚的结构，氧化过程中先将苯环分裂为二无酸，最后生成 CO$_2$ 和 H$_2$O。过氧化氢还可用于印染厂和染料生产厂排出的废水的脱色。

（4）漂白

在造纸工业中，采用 H$_2$O$_2$ 漂白取代氯漂白（用 Cl$_2$、NaClO 作漂白剂），可避免有害污染物有机氯化物的产生和排放，后者有剧毒，甚至致癌，严重污染环境。纺织品、针织品等早先多采用氯漂，排放物污染环境，且漂后产品放久易泛黄。现国内外已基本改用 H$_2$O$_2$ 漂白，消除了氯的污染，改善了环境，提高了产品质量，还因漂后洗净容易，可减少用水，节约厂房和用地。

7.2.10　过氧乙酸

【结构式】

$$CH_4-\overset{\overset{\displaystyle O}{\|}}{C}-O-OH$$

【物化性质】　无色透明液体，沸点 110℃（强烈爆炸），40％溶液在 105℃ 以下相对稳定，相对密度 1.226（15℃），折射率 1.3994（15℃），闪点 40.5℃，溶于水、乙醇、甘油、乙醚。水溶液呈弱酸性，有醋酸的刺激性气味，对光热不稳定，易分解，在 20 ％浓度以下经稳定化处理的过氧乙酸水溶液，避光和室温下可保存半年。

【制备方法】　过氧乙酸的合成方法主要包括过氧化氢法、乙醛氧化法和乙酰基活化剂法。

（1）过氧化氢法

过氧化氢法采用醋酸或醋酸酐与过氧化氢反应，在酸的催化作用下，制得过氧乙酸。化学反应式如下：

$$CH_4-\overset{\overset{\displaystyle O}{\|}}{C}-OH + H_2O_2 \underset{}{\overset{H^+}{\rightleftharpoons}} CH_4-\overset{\overset{\displaystyle O}{\|}}{C}-O-OH + H_2O$$

$$(CH_4CO)_2O + H_2O_2 \underset{}{\overset{H^+}{\rightleftharpoons}} CH_4-\overset{\overset{\displaystyle O}{\|}}{C}-O-OH + CH_4COOH$$

该方法在化学反应达到平衡时，过氧乙酸中含有大量的水和酸性催化剂，分离精制较困难，制取的过氧乙酸含量不高。减少平衡体系中的水分，化学反应将向右移动，有利于过氧乙酸的生成。采用连续催化工艺可以大大缩短反应时间和减少杂质含量，经分离精制可制得较高浓度的产品。采用醋酸酐为原料的反应过程中产生大量热量，可能导致危险，因此从安全角度考虑，采用醋酸比较适合。

Pohjanvesi 在专利 USP6677477 中提出了一种连续催化工艺制备稳定过氧乙酸的方法，解决了过氧乙酸在储存过程中易分解的问题，制得了一种高浓度、低杂质的过氧乙酸溶液。实例中以乙酸、过氧化氢为原料，硫酸为催化剂，以氢氧化钠为中和剂，反应中不断精馏出过氧乙酸（dPAA），向 dPAA 产品中加入 0.2％～5％ 的 ePAA（包含 H_2O_2、CH_3COOH、少量过氧乙酸和催化剂），同时添加一种稳定剂（200～300mg/kg 的 1-羟基亚甲基二磷酸，50～60mg/kg 的 2,6-吡啶二羧酸），质量分数为 38％ 的产品在 0℃ 或 −10℃ 下储藏 9 周，检测过氧乙酸的含量，结果见表 7-11。

表 7-11　9 周后 38％ 的 PAA 分解测试结果

试验	dPAA/％	ePAA			储存温度/℃	PAA 最终含量/％
		％	Fe 含量/(mg/kg)	中和硫酸/(pH 值)		
1	100	0	—	—	0	28.0
2	100	0	—	—	−10	36
3	98	2	—	—	0	19.5
4	98	2	—	—	−10	32.4
5	98	2	5	—	0	19.6
6	98	2	5	—	−10	32.5
7	98	2	—	—	0	14.8
8	95	5	—	—	−10	28.3
9	95	5	5	—	0	14.9
10	95	5	5	—	−10	27.5
11	95	5	—	1.49	0	27.4
12	95	5	—	1.49	−10	36.0
13	95	5	5	1.25	0	26.6
14	95	5	5	1.25	−10	35.6
15	95	5	5	2.00	0	28.5
16	95	5	5	2.00	−10	33.9

表 7-11 表明当产物中硫酸被中和后，过氧乙酸经过数周后仍能保持较高浓度，金属杂质能对 PAA 的分解影响不大。

（2）乙醛氧化法

乙醛氧化可以得到乙酸，改变乙醛氧化的条件，降低反应温度，就可以得到过氧乙酸。反应式如下：

$$CH_4-\overset{O}{\underset{\|}{C}}-H \xrightarrow{O_2,\ 0℃} CH_4-\overset{O}{\underset{\|}{C}}-O-OH$$

此反应比较复杂，要想得到较高的转化率和过氧乙酸的收率，必须加入适当的催化剂。乙醛氧化合成过氧乙酸有气相法和液相法两种。气相法是将乙醛与氧气混合，在 150～160℃ 条件下反应。该法是用氧作催化剂，提高过氧乙酸的收率。尾气可以循环使用，阵低了生产成本。液相法合成过氧乙酸的工艺，由德国 Bakker 公司开发，日本达赛公司首先实现工业化。该法采用乙酸乙酯为溶剂，抑制乙醛单过氧乙酸酯的生成，以微量金属盐为催化剂，乙醛转化率 50%，过氧乙酸选择性 73%～80%。

【技术指标】　GB 19104—2008

指　标　名　称	指　标		
	Ⅰ 型	Ⅱ 型	Ⅲ 型
过氧乙酸（$C_2H_4O_3$）的质量分数/%	≥15	≥18	≥25
硫酸盐（以 SO_4^{2-} 计）的质量分数/%	≤3		
灼烧残渣的质量分数/%	≤0.1		
重金属（以 Pb 计）的质量分数/（mg/kg）	≤5		
砷（As）的质量分数[①]/（mg/kg）	≤3		—

① 当Ⅱ型产品用于漂白剂和有机合成时不控制砷的质量分数。Ⅰ型产品、Ⅱ型产品主要用作消毒剂的原料，Ⅱ型产品也用作漂白剂和有机合成，Ⅲ产品主要用作有机合成。

注：过氧乙酸（$C_2H_4O_3$）的质量分数、重金属（以 Pb 计）的质量分数、砷（As）质量分数为强制性要求。

【应用】　过氧乙酸是一种广谱、高效的杀菌剂，具有很强的杀菌能力，对各种微生物，包括细菌殖体、芽孢、霉菌和病毒具有高效和快速杀灭效果，在水处理、医疗、防疫、食品等领域上有广泛的应用。

（1）循环冷却水处理

过氧乙酸用于工业水处理主要集中在循环冷却水系统杀菌，段杨萍等考察了过氧乙酸对循环水中异养菌、铁细菌、硫酸盐还原菌三种细菌的杀菌效果及维持作用时间，同时考察了过氧乙酸与现行水稳定剂配方的协同配伍及对金属材质的腐蚀的影响，并进行了工业现场杀菌试验，结果表明，在实验室及室温条件下，过氧乙酸浓度为 5mg/L，作用时间 1h，对循环水中异氧菌、铁细菌和硫酸盐还原菌杀灭快，杀菌率在 94% 以上。浓度为 15mg/L，药效可维持 48h，特别是对硫酸盐还原菌而言，浓度为 5mg/L 时药效可维持 48h 以上。在现场系统，投入 15mg/L 的过氧乙酸，对异养菌、铁细菌、硫酸盐还原菌的杀菌效果基本上可维持 24h。同时实验还显示循环水系统水质条件如温度、硬度对过氧乙酸的自身分解影响不大，水中含氨 50mg/L 不影响过氧乙酸的杀菌效果。

Kramer 探讨了过氧乙酸在工业水处理中的效果。发现只需 10mg/L 左右的过氧乙酸就能对循环水中假单胞铜绿菌、真菌、蓝绿藻类等十数种细菌产生较好的杀灭效果。其研究表明对于常规废水处理无法有效去除的致病菌、病毒和原生类寄生虫等，过氧乙酸能起到良好的杀灭效果。

Huey-Song 在专利中公布了一种利用过氧乙酸处理食品废水的工艺，解决了食品厂废水由于细菌浓度高难处理的难题。实例中的工艺包括一个预氧化池（10m³），一个好氧反应池（44m³）。食品废水先在预氧化池中用过氧乙酸氧化，充气并进行搅拌使过氧乙酸分解；之后转移至好氧反应池。废水在预氧化池的水力停留时间为0.5h，每立方米的废水中每分钟充入空气15L。在好氧反应池的水力停留时间为2h，充气速率为1.7m³/min。中试2个月后，废水的初始COD为（209±59）mg/L，$Na_2S_2O_3$的消耗量为（475±43）mg/L；通过预氧化池后为（176±63）mg/L，$Na_2S_2O_3$的消耗量为（151±7）mg/L；好氧反应后为（34±14）mg/L，$Na_2S_2O_3$的消耗量为（4±2）mg/L。废水的浊度也明显降低，经过砂滤后被回用。

（2）医疗卫生方面的应用

主要用于有真菌或病毒感染的皮肤病的治疗。低浓度过氧乙酸既是角质松解剂又是广谱消毒防腐药，不但能使角化过度的角层细胞松软解离，促进其脱落，而且还对各种皮肤癣菌具有强大的杀灭作用。可促进创面愈合，治疗足部跖疣、寻常疣。此外，过氧乙酸还可以用来治疗口腔溃疡、软组织感染等。

7.2.11 溴氯海因（BCDMH）

【别名】 3-溴-1-氯-5,5-二甲基海因，溴氯二甲基乙内酰脲。

【结构式】

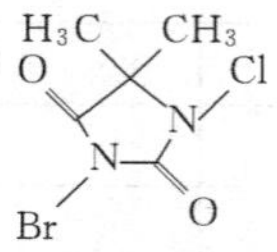

【物化性质】 白色或淡黄色粉末，有氯气味，160℃时分解，分解时产生刺激性浓烟。20℃时在水中的溶解度为2g/L，1%水溶液的pH值为2.8。容易吸潮，吸潮后部分分解，在水中水解生成次溴酸和次氯酸。

【制备方法】 溴氯海因的制备方法中，其主要的制备方法有3种。

① 以次卤酸盐（如次氯酸钠、次溴酸钠）为卤化剂进行间接卤化。该方法中次卤酸盐在制备过程中容易分解，影响整个反应产率，且工艺复杂，生产难度大，未见工业化。

② 利用溴化物和氯气为卤化剂在碱存在下进行间接卤化，先用氯气把溴化物中的溴离子氧化为溴，使其进行溴化，然后再进行氯化。该方法工艺简单，便于操作，国内有的生产厂家采用此法，缺点是生产成本高，氯气的消耗量比较大。

③ 由卤素、碱在现场制备次卤酸，进行直接卤化反应。国外主要生产厂家采用本法生产，所采用的碱主要有氢氧化钠、氢氧化钙、碳酸钠等。但此法反应前期溶液碱性太强，二甲基海因分解明显，产品色泽深，收率和纯度均不理想。

张文勤在专利中以二甲基海因为主要原料，通过溶解、溴化、氯化、过滤、干燥主要步骤制备溴氯海因。制得的产品纯度为95%～97.5%，总有效溴含量在62%～64.8%。反应式如下：

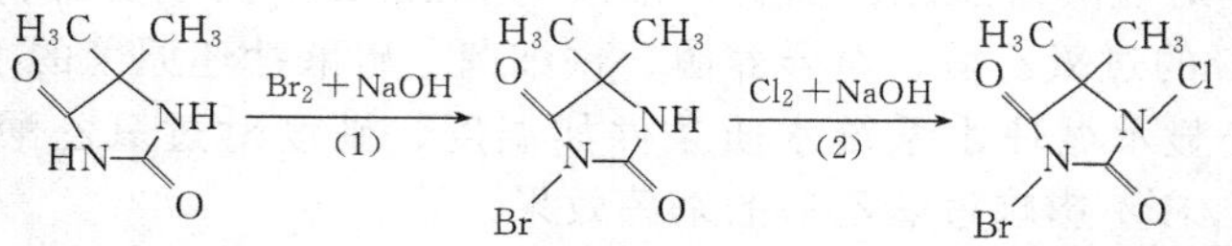

将25.6g二甲基海因溶于200mL水中，在搅拌下，同时滴加16g液溴和40%的氢氧化钠溶液，控制反应温度在12℃，同时控制pH值在7.5～7.8。滴加完溴后，通入氯气，仍继续滴加液碱并控制pH值在7.5～7.8。当总共42g氢氧化钠的水溶液滴加完毕后，继续缓慢通入氯气，当pH值降至6.0时，停止反应。过滤反应生成的沉淀，用10mL水淋洗，干燥后即得成品。产品重46.4g，收率96%，纯度97.5%。

【技术标准】

指 标 名 称	指 标	指 标 名 称	指 标
活性物含量/%	≥92.5	溴氯摩尔比	1.0∶1.2
有效溴(质量分数)/%	≥30.6	总氧化剂(以 Cl 计)/%	55.3
有效氯(质量分数)/%	≥13.6	非活性组分/%	≤7.5

【应用】 溴氯海因是近期发展的海因类消毒剂,是一种高效、广谱、快速的新型氧化型消毒剂,在除去生物膜和防止生物膜在传热面上形成方面,有效性比氯高 10～20 倍。其消毒杀菌作用主要源于水解产物 HClO 和 HBrO,水中 Br^- 还与 HClO 反应生成活性很高的 HBrO。HBrO 是杀灭微生物的关键组分。

(1) 游泳水处理

崔玉杰等用市售溴氯海因片对 6 个游泳池消毒的试验结果表明,有效卤素含量为 1.5mg/L 的溴化钾氯海因消毒片作用 30min,可使游泳池水达到合格标准,见表 7-12。

表 7-12 溴氯海因消毒片对游泳池水的消毒效果

检 验 项 目	消毒前	消毒后	标准值
平均细菌总数及范围/(cfu/mL)	768(5460～11863)	319(109～538)	≤1000
平均大肠菌群数及范围/(cfu/L)	528(227～920)	11(8～18)	≤18
余氯/(mg/L)		0.3～0.5	0.3～0.5

有效卤素含量为 1mg/L 的溴化钾氯海因消毒片作用 10min,有效卤素含量 2mg/L,作用 2.5min 可使水中大肠杆菌降至 100cfu/mL,对小白鼠的毒理作用 LD_{50}＞5000mg/kg,对皮肤的刺激反应几乎为零。

(2) 其他领域的杀菌处理

通过进一步研究,发现有效氯溴 75mg/L 的溶液对金黄色葡萄球菌作用 3min,杀灭对数值均＞5.00;有效氯溴 600mg/L 的溶液对白色念珠球菌作用 5min,杀灭对数值均＞5.00;有效氯溴 1200mg/L 的溶液对枯草杆菌黑色变种芽孢作用 120min,杀灭对数值均＞5.00。但用含有效氯溴 1200mg/L 的溶液浸泡不同金属容器 72h,发现对不锈钢无腐蚀,对铝片和铜片有中度腐蚀,对碳钢有重度腐蚀。

7.2.12 二溴海因 (DBDMH)

【别名】 1,3-二溴-5,5-二甲基海因。

【结构式】

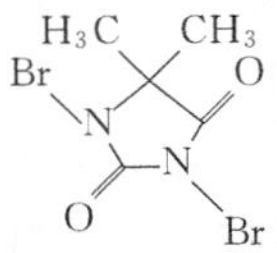

【物化性质】 白色或淡黄色结晶粉末,微溶于水,溶于氯仿、乙醇等有机溶剂,在强酸或强碱中易分解,干燥时稳定,有轻微的刺激性气味;质量分数≥98%;熔点 194～197℃;干燥失重≤0.8% (60℃恒温 1h);溴含量≥54.0%;溶解度 20℃水温时 1 L 水溶解 2.2 g 二溴海因,0.1%水溶液 pH 值为 2.6。

【制备方法】 二溴海因的制备方法有以下 3 种。

① 用碱和卤素制备出次卤酸盐(次氯酸钠,次溴酸钠),以此卤化剂与二甲基海因反应,再用盐酸中和,得到卤代海因,此方法是最早采用的工业方法。

② 以二甲基海基为原料，再加入溴化物溶液（如溴化钠或溴化钾）然后在碱存在下通入氯气，把溴化物中的溴离子氧化为溴，进行溴化，根据不同的配比可得到溴氯海因和二溴海因；

③ 以二甲基海因为原料，在碱存在下通溴通氯，得到卤代海因。二甲基海因与溴的最佳摩尔比为 1∶2.0，溶剂用量为 80mL（水）/0.1mol（海因）；反应温度为 30℃，反应时间为 5min。最后产品收率可达 80％。反应式如下：

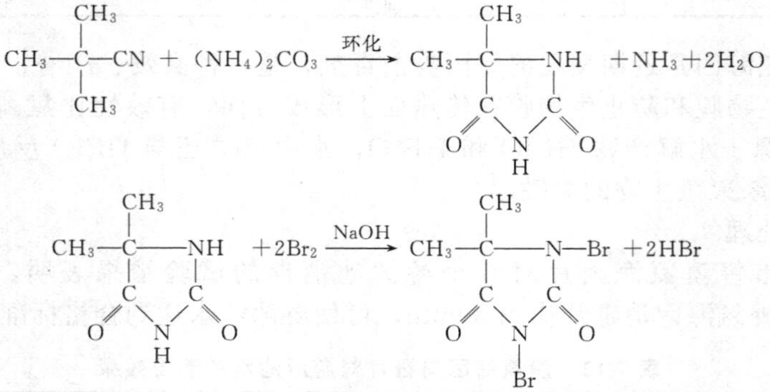

$$CH_3-\underset{\underset{CH_3}{|}}{\overset{\overset{CH_3}{|}}{C}}-CN + (NH_4)_2CO_3 \xrightarrow{\text{环化}} \text{海因} + NH_3 + 2H_2O$$

$$\text{二甲基海因} + 2Br_2 \xrightarrow{NaOH} \text{二溴海因} + 2HBr$$

近几年，国内外学者在工艺简化、提高收率，降低成本方面进行研究，提出了一些专利。如国内学者姜延益以二甲基为原料，在碱性溶液中进行溴化，利用在线计量方法控制物料投加的摩尔配比，进行卤化反应全过程的瞬间优化控制。最终得到产品收率可达 96％，产品纯度达 99％，废水排量也相应减少。反应式如下：

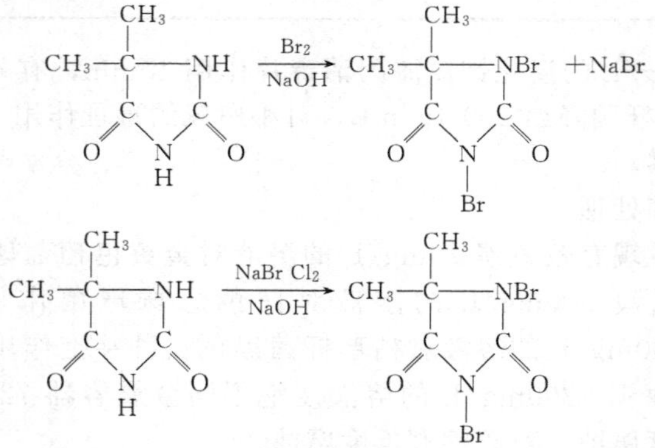

$$\text{二甲基海因} \xrightarrow[NaOH]{Br_2} \text{二溴海因} + NaBr$$

$$\text{二甲基海因} \xrightarrow[NaOH]{NaBr\ Cl_2} \text{溴氯海因}$$

在 2000L 的搪玻璃反应釜内加入二甲基海因 152kg，水 1189 kg，在常温下搅拌 15min，然后控制温度在 5℃，通过在线计量装置同时滴加 34.5％氢氧化钠溶液 290 kg 和滴加溴素 390kg，滴加完氢氧化钠溶液时，剩余溴反应结束，将反应液送离心分离，再用 120kg 水洗涤、甩净，在 60～80℃下干燥，得白色粉末结晶产品二溴海因 330kg，收率 96.9％，纯度 99.2％，回收母液及洗液约 1200kg；在另一 2000L 的搪玻璃反应釜内加入二甲基海因 100kg，加入上述回收配制好 11.5％浓度的溴化钠母液 1430kg，在常温下搅拌 15min，然后控制温度在 3℃，通过在线计量装置同时按比例滴加 35％的氢氧化钠溶液 181kg，通氯气 115kg，滴加完氢氧化钠溶液时，剩余氯气 5kg，并继续通完，然后仍在 3℃下，继续搅拌反应 40min，反应结束。将反应液送离心分离，并用 80kg 水洗涤，在 60～80℃下干燥，得白色粉末结晶二溴海因 216kg，收率 96.5％，纯度 99.3％。

【技术标准】

指　标　名　称	指　　　标	指　标　名　称	指　　　标
主含量/％	98	活性溴含量/％	54

【应用】

二溴海因主要作为工业用溴化剂和杀菌消毒剂。它具有强烈杀灭真菌、细菌及病毒的效果，同时还可用于水产养殖中鱼、虾等的疾病的预防和治疗；游泳池消毒、水果保鲜和工业用循环水灭藻等。二溴海因在水中水解主要形成次溴酸，以次溴酸的形式释放出溴。二溴海因释放溴的反应很快，在水中能够不断地释放出 Br^-，从而起到杀菌效果。

（1）游泳池水消毒

在游泳池水中加入 1mg/L 有效溴的二溴海因作用 1h，可使其水中细菌总数由 1960cfu/mL 降为 0，大肠菌群由 226300cfu/L 降至 10cfu/L 以下。

（2）医院污水消毒

医院污水中加入有效溴 25mg/L 的二溴海因作用 1h，可使污水中粪大肠菌群由消毒前的＞23800MPN/L 下降至 900MPN/L 以下；未经消毒的医院污水中可分离到沙门菌和志贺菌，消毒后这些菌均未检出，符合《医疗机构污水排放要求》。

（3）水产养殖消毒剂

主要用于防治淡水鱼类暴发性出血病及烂鳃病、肠炎、赤皮等；也可用于防治效果对虾红腿病、白斑综合征等，使用浓度为 2～3mg/L。

（4）其他方面消毒

各种物品表面、餐具消毒，浸泡、擦拭、喷雾，一般消毒液浓度 250mg/L，作用 10～30min。特殊物品消毒液浓度 2000mg/L，作用 1h。饮水消毒加溴量 4～10mg/L；储水器的消毒用量在 500mg/L 作用 10～20min。

7.2.13 2,2-溴氰乙酰胺（DBNPA）

【别名】 2,2-二溴-3-次氨基丙酰胺。

【结构式】

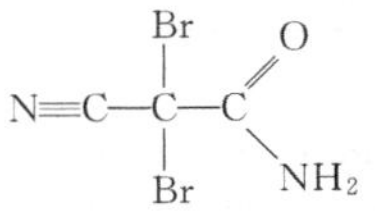

$$N\!\equiv\!C\!-\!\overset{\displaystyle Br}{\underset{\displaystyle Br}{C}}\!-\!\overset{\displaystyle O}{C}\!-\!NH_2$$

【物化性质】 白色结晶，熔点 125℃。微溶于水（25℃，100g 水仅溶解 1.5g），溶于一般的有机溶剂。其水溶液在酸性条件下较为稳定，在碱性条件下容易水解，提高 pH 值或加热、紫外光的照射，都可加速其分解。DBNPA 易被还原，可被硫化氢分解而变成氰乙基胺，使其杀菌率大大降低。

【制备方法】 合成 DBNPA 的方法较多，可以用氯乙酸、氰乙酸、二烷基氨基丙烯醛、氨基缩醛二醇或氰乙酸甲酯等为原料，先制得氰乙酰胺，再进行溴化得到 DBNPA。

（1）氰乙酰胺的制备

氰乙酰胺是合成 DBNPA 的中间体，其合成方法主要有以下几种。

① 以氯乙酸为原料 先将氯乙酸用碳酸钠或 NaOH 中和，制取氯乙酸钠；然后在丁醇溶液中与 NaCN 反应，用浓盐酸酸化制得氰乙酸；氰乙酸与甲醇进行酯化反应生成氰乙酸甲酯；再经氨解制成氰乙酰胺。

② 以氰乙酸为原料 将氰乙酸与甲醇或乙醇进行酯化反应生成氰乙酸甲酯，再经过氨解制成氰乙酰胺。

③ 以氰乙酸甲酯为原料 直接将氰乙酸甲酯与氨作用，即制成氰乙酰胺。

（2）二溴次氨基丙酰的合成

将氰乙酰胺与氧化剂（如 Br₂）进行反应即可得 DBNPA。反应方程式为：

$$N\!\equiv\!C\!-\!CH_2\!-\!\underset{\underset{NH_2}{|}}{\overset{\overset{O}{\|}}{C}} \;+Br_2 \longrightarrow\; N\!\equiv\!C\!-\!\underset{\underset{Br}{|}}{\overset{\overset{Br}{|}}{C}}\!-\!\underset{\underset{NH_2}{|}}{\overset{\overset{O}{\|}}{C}} \;+2HBr$$

国内外学者通过大量实验得出结论：直接溴化，产率极低。因为随着副产物 HBr 的增多，阻碍了反应的进行；同时直接溴化将使一半的溴转化成 HBr，浪费有价值的溴化物，并造成污染，腐蚀装置。要得到较高的产率，必须选择一种氧化剂将反应产生的副产物 HBr 氧化为 Br_2，使反应能循环进行。

Joshua 根据前人研究结果，分析了 $NaBrO_3$、$KBrO_3$、$NaClO_3$、$KClO_3$、H_2O_2 作为氧化剂的优缺点，以 H_2O_2 为氧化剂不会使反应产物引入其他金属盐副产物，可以制备出纯度高的 DBNPA 产品。

以氰基乙酰胺（CAA）、H_2O_2 和 Br_2 为原料，在带有溢流排出管的反应器内搅拌反应，控制反应温度在 $(88\pm1)℃$，反应 12.5min 后通过溢流管转移至第二个反应器内冷却，冷却温度为 20℃。沉淀得到白色晶体，抽滤干燥得到产品。第二个反应器内母液再次转移至第一个反应器内，补充反应物，进行连续循环操作。反应条件和产品质量见表 7-13 和表 7-14。

表 7-13   连续法制备 DBNPA 的操作条件

样品	运行时间/min	反应物添加速率/(g/min)			摩尔比例		产品品质		
		CAA,7%溶液	Br₂	H₂O₂ 47.5%	Br₂/CAA	H₂O₂/CAA	原浆	滤液	干燥的 DBNPA
1	35	65.8	9.22	4.15	1.05	1.06	326.1	271.2	46.1
2	80	65.8	9.22	4.15	1.05	1.06	43.7	36.1	6.2
3	110	65.2	9.92	4.74	1.14	1.22	42.9	35.9	6.1
4	135	66.5	10.15	5.09	1.14	1.28	77.5	65.5	10.6
5	140	65.2	9.97	5.41	1.15	1.39	599.7	500.1	82.4

注：第一阶段的停留时间为 12.5min。

表 7-14   产品分析

样品	产率/%	滤液分析			固体分析		
		N/%	H₂O₂/%	[Br]/%	Br⁻/%	N/%	活性 Br/%
1	84.4	0.36	0.56	0.65	2.1	11.4	65.7
2	84.6	0.36	0.54	0.45	2.4	11.4	66.2
3	86.4	0.30	0.86	0.53	2.3	11.6	66.1
4	83.4	0.35	1.02	0.54	2.3	11.6	66.1
5	84.2	0.35	1.11	0.64	2.0	11.6	65.7

武汉工业学院李建平同样对不同的氧化剂进行比较，最后选择 H_2O_2 作为合成的氧化剂，使 Br_2 与氰乙酰胺一起加热回流制备 DBNPA，大大缩短了反应时间，并且使副产物 HBr 氧化成 Br_2，使反应循环进行。降低了 Br_2 的使用量，减少溴化物的浪费，提高了氰乙酰胺的转化率，降低成本。

称取 2.1g（0.025mol）氰基乙酰胺于三颈瓶中，加 15mL 水溶解。三颈瓶的一侧颈口装上冷凝管，另两颈口分别插两恒压漏斗，分装 5mL H_2O_2 及一定量的 Br_2（可加适量的 CCl_4）。水浴加热，控制温度 80~90℃，磁力搅拌，滴加 Br_2，待反应进行一定时间后，加入 H_2O_2，约 20~30min。取出，冰水冷却，有白色结晶析出。抽滤，干燥结晶。产品即为二溴次氨基丙酰胺，产率达 99% 以上。

【应用】 DBNPA 是一种新型高效的杀菌灭藻剂和水处理剂，具有高效广谱、容易降解、无残留毒物，对环境无污染等优点。

（1）水处理杀菌除藻

中石化某厂用 DBNPA 作杀菌剂，该系统循环水量约 $10080m^3/h$，系统水量 $5500m^3$，pH＝8.5～9.0。现场试验表明：DBNPA 具有良好的杀菌效果，杀生速度较快，投加 $100mg/L$ 的 DBNPA，作用 2h 后杀菌率为 99.9％，24h 为 98.64％；对黏泥有很好的剥离效果，投加 DBNPA 1h 后，冷却水浊度显著增加；与其他水处理剂配伍好，对系统的腐蚀小。

据美国迪尔本（Dearborn）化学公司介绍，有一座大型的糖浆制造厂出现了微生物严重污染问题，尤其在冷却塔的填料上长满了污垢，纤维状黏泥团块也堵满了填料，大大降低了冷却塔操作效率，采用 $15mg/L$、20 ％的二溴次氨基丙酰胺，在 1 个月的时间内，不仅控制了微生物，而且还能剥离掉原堵满填料的黏泥团块，恢复了冷却塔的冷却效率。

（2）作为防腐防霉剂

DBNPA 不仅可作为杀菌剂和除黏剂使用，还可广泛用于金属加工润滑油、水乳化液、纸浆木材、涂料、胶合板等原料和产品中作为防腐防霉剂，效果极佳。

7.2.14　高铁酸钾

【物化性质】　K_2FeO_4，纯品为暗紫色有光泽粉末。198℃以下稳定。极易溶于水而成浅紫红色溶液，静置后会分解放出氧气，并沉淀出水合三氧化二铁。溶液的碱性随分解而增大，在强碱性溶液中相当稳定。

【制备方法】　国内外报道高铁酸钾的制备方法主要有以下 3 种：熔融法、次氯酸盐氧化法和电解法。

（1）熔融法

熔融法又称为过氧化钠氧化法。其机理是：在高温条件下将碱金属的过氧化物和铁或铁盐熔融，并使之反应生产高铁酸盐。以铁/Na_2O_2 和 Fe_2O_3/K_2O_2 体系的反应为例，反应式分别如下：

$$Fe + 3Na_2O_2 \longrightarrow Na_2FeO_4 + 2Na_2O$$

再加入过氧化钾即可转化为高铁酸钾。

$$2Fe + 6K_2O_2 \longrightarrow K_2FeO_4 + 5K_2O$$

熔融法是最早的一种制备方法相对较成熟，对此法的产品收率和纯度的影响因素主要有：a. 氧化剂的种类、氧化剂与铁源物质的物质的量配比；b. 所用的升降温程序及变温速率；c. 最高反应温度和保持时间的长短应根据物料的种类而定。

熔融法工艺中用的氧化剂从最早的硝酸盐（如 KNO_3）发展到亚硝酸盐（如 KNO_2）及过氧化物（如 Na_2O_2，BaO_2）等，铁源物质也从铁屑发展到几乎包括所有常见的 Fe(Ⅱ) 和 Fe(Ⅲ) 的盐、氧化物、水和氧化物。反应方式也从简单加热发展到在不同气体保护下进行，目前有游离苛性碱下的加热熔融。反应温度以不同物料在 400℃ 到 1200℃ 的范围内变化。

最近俄罗斯学者提出在氧气流下，温度控制在 350～370℃，煅烧 Fe_2O_3 和 K_2O_2 混合物制备 K_2FeO_3 晶体。由于该反应为放热反应，温度升高快，容易引起爆炸。

干法工艺的特点：反应温度较高，可能有苛性碱存在或生成，使反应容器腐蚀严重。直接烧制产品的纯度较低，需经后续提纯处理。该法需严格控制操作条件，比较危险且难以实现，目前很少采用。

（2）次氯酸盐氧化法

次氯酸盐氧化法又称为湿法。该法是以次氯酸盐和铁盐［如 $FeCl_3$、$Fe(NO_3)_3$］为原料，在碱性溶液中反应，生成高铁酸钠，然后加入氢氧化钾，将其转化成高铁酸钾。由于高铁酸钠在氢氧化钠浓溶液中的溶解度较高，故可从中分离出高铁酸钾晶体。反应原理如下：

$$2NaOH + Cl_2 \longrightarrow NaClO + H_2O$$

$$2FeCl_3 + 10NaOH + 3NaClO \longrightarrow 2Na_2FeO_4 + 9NaCl + 5H_2O$$

$$Na_2FeO_4 + 2KOH \longrightarrow K_2FeO_4 + 2NaOH$$

该方法于 1950 年由 Hrostowski 等提出，采用该法制得的产品纯度可达到 96.9%，但产率很低，不超过 10%～15%。Thomposn 等对上述方法从制备与纯化过程进行了改进，以硝酸铁为铁源原料，对粗产品依次用苯、乙醇、乙醚洗涤处理，产品纯度保持在 92%～96%，产率提高到 44% 以上。目前，国内外有大量对此法的研究报道。如采用钾钠混合碱法在制备过程中加入稳定剂，改进分离提纯工艺等，从而提高溶液的稳定性，提高产物的时效和产率，而且回收利用了废碱液，降低生产成本。

次氯酸盐法工艺中氧化剂除常用的 NaClO 和 Ca(ClO)$_2$ 外，曾有以 H_2O_2 和 HSO_4^- 作为氧化剂来制备高铁酸盐的报道。Evrard 提出一种通过 $FeSO_4 \cdot 7H_2O$、KOH、Ca(ClO)$_2$ 三种固体混合后所发生的固相反应来制备分子式为 M(Fe，X)O$_4$ 的碱金属、碱土金属高铁酸盐复合物的方法。这种方法所制产品虽为固体形式，但其中高铁酸盐的含量不高。

（3）电解法

高铁酸钾电解法制备是通过电解以铁为阳极的碱性氢氧化物溶液来实现的，国外专利技术大量介绍电解合成高铁酸钾的工艺。电解法的生产机理是：以铁片为阳极，镍片或炭棒为阴极。在外加电源的作用下来电解氢氧化钠溶液，使 Fe 或 Fe^{3+} 转化为 FeO_4^{2-}。其反应如下。

阳极：
$$Fe + 8OH^- \longrightarrow FeO_4^{2-} + 4H_2O + 6e$$
$$Fe^{3+} + 8OH^- \longrightarrow FeO_4^{2-} + 4H_2O + 3e$$

阴极：
$$Fe^{3+} + 8OH^- \longrightarrow FeO_4^{2-} + 4H_2O + 3e$$
$$Fe + 2OH^- + 2H_2O \longrightarrow FeO_4^{2-} + 3H_2$$

总反应：
$$2Fe^{3+} + 10OH^- \longrightarrow 2FeO_4^{2-} + 2H_2O + 3H_2$$

在电解后的溶液中加入过量的氢氧化钾即可得到高铁酸钾。反应如下：

$$FeO_4^{2-} + 2K^+ \longrightarrow K_2FeO_4$$

电解法操作简单，方便灵活，使用的原料少，但电能消耗大。电解法分为直接法和间接法。直接法是 KOH 作为电解液，直接生成 K_2FeO_4；间接法是 NaOH 作为电解液，先电解生成 Na_2FeO_4，再加入 KOH 转化为 K_2FeO_4。

【技术标准】　HG 3247—2008

项　　目	指　标 Ⅰ型	指　标 Ⅱ型	项　　目	指　标 Ⅰ型	指　标 Ⅱ型
高氯酸钾(KClO$_4$)w/%	≥99.2	≥99.0	水不溶物 w/%	≤0.01	—
水分 w/%	≤0.02	≤0.03	铁(以 Fe$_2$O$_3$ 计)w/%	≤0.002	
氯化物(以 KCl 计)w/%	≤0.05	≤0.10	pH 值	7±1.5	
氯酸盐(以 KClO$_3$ 计)w/%	≤0.05	≤0.15	粒度：通过率/% 420μm 试验筛	≥100	
次氯酸盐(以 Cl 计)w/%	无	无	粒度：通过率/% 180μm 试验筛	≥99.9	
溴酸盐(以 KBrO$_3$ 计)w/%	≤0.02	—	粒度：通过率/% 150μm 试验筛	≥99.5	≥99.0
钠(以 NaClO$_4$ 计)w/%	≤0.20	—	粒度：通过率/% 75μm 试验筛	≥90.0	
钙镁盐(以氧化物计)w/%	≤0.20	—			

【应用】

（1）水处理中的应用

高铁酸钾有很强的氧化性，同时其溶于水时生成的 $Fe(OH)_3$ 能吸附各种阴阳离子，因此高铁酸钾有极好的杀菌、脱色、除臭、净化效果，所以可作一种有效的水处理剂在供水工程及污水处理中大量应用。在用高铁酸盐处理水的过程中，因高铁酸钾本身不含有害物质，在用于水处理时不会产生有害的离子和有害的衍生物；且它的杀菌效果比氯系氧化剂更强，由于氯系氧化剂在处理有机物废水时易生成具有毒性的有机氯化物，高铁酸盐是取代现行氯源净水的最好选择。

高铁酸钾可以选择性地氧化水中的许多有机物。研究表明，高铁酸钾在氧化 50% 的苯、醇类如正己醇的同时，能够有效降低水中的联苯、氯苯等难降解有机物的浓度。面对那些还原性较强的污染物质，高铁酸盐表现出更为突出的氧化降解功效。在 pH 值为 11.2 的条件下，采用 75mg/L 和 167mg/L 高铁酸钾，在 10min 内可以分别将水中 10mg/L 的 CN^- 氧化降解至 0.082mg/L 和 0.062mg/L，去除效率分别达 99.18% 和 99.38%。因此，高铁酸盐是一种集消毒、氧化、絮凝、吸附以及助凝为一体的、无任何毒副作用的高效多功能水处理化学药剂。

（2）高铁酸钾在有机氧化合成中的应用

氧化反应是有机反应的重要类型，随着有机合成的发展，人们在氧化剂的选择上提出了新的要求：原料转化率高；产物选择性和收率好；具有立体合成效用；氧化剂经济、对环境影响较少。

目前常用的氧化剂主要是 MnO_2、$KMnO_4$、CrO_3、KCr_2O、K_2CrO_4 等无机氧化剂，这些氧化剂对人体有害，如 K_2CrO_4 的衍生物具有致癌作用，而且其还原产物也有毒性，会造成环境污染。再者这些氧化剂的选择性差，需严格控制反应条件，目标产物的产率也不高。高铁酸钾相对上述无机氧化剂来说是一种理想的氧化剂，高铁酸钾氧化性强，可以氧化 H_2、$-NH_2$、SCN、S_2O_6 等无机化合物和醇、酸、胺等多种有机化合物，并不给环境带来任何破坏，具有较强的选择性和较高的收率，Audette 等报道了用高铁酸钾氧化苯乙醇制备苯乙醛，苯乙醛收率达 92%。因此，近年有许多关于用 K_2FeO_4 做氧化剂的报导。当然，K_2FeO_4 在有机溶剂里的溶解性低使得它在有机化学里面的应用受到了比较大的限制，但是使用了 PTF（Phase Transfer Catalysis，相转移催化剂）如季铵盐等之后在一定程度上弥补高铁酸钾的这一缺陷，使它在有机氧化中有更广泛的应用。

7.2.15　四氯甘脲（TCGU）

【结构式】

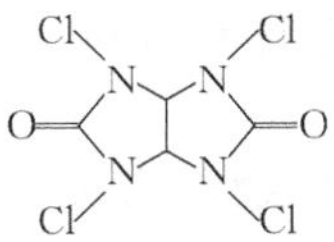

【物化性质】　白色粉末，具有氯气臭味，有效氯含量大于 95%。在 25℃ 水中溶解度为 77mg/kg，饱和水溶液的 pH 值为 4.6。溶于丙酮、乙腈、甲酰胺、二甲基甲酰胺、乙酸乙酯等有机溶剂。甲酰胺溶解后，加水稀释成任何溶液不再析出。可利用的游离氯大约在 $10\%\sim20\%$。稳定性较好，可在室温条件下存放 $1\sim2$ 年，加热或暴露与空气后，有缓慢分解现象。本品的熔点为 180℃，超过 280℃分解。

【制备方法】

（1）在 $10\sim20$℃下，将氯通入乙二醛二脲的黏合液中反应制得四氯甘脲。

（2）乙二醛、尿素在水中加热，再加盐酸反应先制得甘脲，然后用氯处理在水中的甘脲，加入氢氧化钠混合物的 pH 值保持在 7～8，可制得 1,3,4,6-四氯甘脲。

（3）在碳酸氢钠存在下，将甘脲悬浮在水中，用碳酸氢钠水溶液调 pH 值至 4～8，通氯进行氯化，并且用碳酸氢钠随时调 pH 值，使反应保持在 pH 值为 7～8 的条件下进行，制得四氯甘脲产品。

【技术指标】

指 标 名 称	指 标	指 标 名 称	指 标
外观	白色粉末状固体	水中溶解度（25℃）/（mg/L）	77
有效氯含量/%	≥95	饱和水溶液的 pH 值	4.6
游离氯含量/%	10～20		

【应用】 主要作为水处理剂，用于污水废水的处理和游泳池水的消毒杀菌。还可用作脱色剂（漂白）、卫生洗涤剂。例如：在游泳池水中投放 50mg/kg 的量即可控制细菌的繁殖。将其与次氯酸钙混合处理污水，可迅速防止多种细菌，且有效期长。也可用于食品工厂、化妆品厂、制药厂等环境处理和容器的消毒。在医院、饭店、食堂等部门用作器具的消毒剂。我国生产厂有西安 204 研究所、天津立新化工厂。表 7-15 是四氯甘脲对几种细菌的杀菌效果。

表 7-15 四氯甘脲的杀菌效果

微生物名称	IC/（mg/L）	微生物名称	IC/（mg/L）
大肠杆菌	5	金黄色葡萄球菌	10
枯草杆菌	50		

7.2.16 过硫酸氢钾

【别名】 单过硫酸氢钾复合盐、过一硫酸氢钾三合盐过氧化单硫酸钾盐；英文名称 Oxone、Potassium Monopersulfate Compound、Potassium、Monopersulfate triple salt、potassium peroxy monopersulfate；简称：PMPS 或 KMPS；CAS No.70693-62-8，是常用功能化学品 Oxone、Caroat、ZA200/100、Basolan2448 的基本有效组分。

【结构式】 复合物分子式：$2KHSO_5 \cdot KHSO_4 \cdot K_2SO_4$，相对分子质量 614.7。
分子结构：

$$
\begin{array}{c}
\quad\quad O\quad\quad O \\
\quad\quad \| \quad\quad \\
K^+ \!-\! O \!-\! S \!-\! O \!-\! OH \\
\quad\quad \| \quad\quad \\
\quad\quad O\quad\quad
\end{array}
$$

【物化性质】

物理性状：呈可以自由流动的白色粉状固体，易溶于水，在 20℃ 时，水溶解度大于 250g/L。相对堆积密度 1.1～1.2。

化学特性：过硫酸氢钾复合盐的活性物质为过硫酸氢钾 $KHSO_5$（或称之为过一硫酸氢钾）。具有非常强大而有效的非氯氧化能力，使用和处理过程符合安全和环保要求，因而被广泛地应用于工业生产和消费领域。通常状态下比较稳定，当温度高于 65℃ 时易发生分解反应，其不同温度的溶解度和活性氧如表 7-16 所列。

表 7-16 过硫酸氢钾的溶解度和活性氧

温度/℃	溶解状态下/（g/L）	活性氧质量分数/%	温度/℃	溶解状态下/（g/L）	活性氧质量分数/%
20	256	0.92	60	315	1.08
27	268	0.95	71	335	1.13
49	300	1.04			

【技术指标】

序号	项目		指标数据	序号	项目		指标数据
1	活性氧/%		≥4.5~4.9	6	pH 值(25℃)水溶液	1%	2.3
2	有效成分(KHSO$_5$)/%		≥42.8~46			3%	2
3	堆积密度/(g/cm^3)		1.10~1.30	7	溶解度(20℃)/(g/L)		256
4	水分/%		≤0.2	8	稳定性,每月活性氧损失/%		<1
5	颗粒大小/%	筛分#20	100	9	标准电势(E°)/V		−1.44
		筛分#200	≤8	10	热导性/(W/m)		0.161

【制备方法】 制备该复盐的原料为过一硫酸、硫酸和碳酸钾,因此在制备复盐前必须首先合成过一硫酸。过一硫酸的合成方法如下。

① 可用过氧化氢与计量的氯磺酸反应来制备。反应由于放热而非常激烈,用冷冻剂使反应在−15℃进行,过氧化氢要逐渐地分批加入,反应在异戊醇中进行产量较高,反应式为:

$$
\begin{array}{ccc}
& O & \\
& \| & \\
HO-S-Cl + H-OOH & \longrightarrow & HO-S-OOH + HCl \\
& \| & \\
& O & \\
\end{array}
$$

② 阳极氧化法:用铂电极电槽电解硫酸,生成的过二硫酸 H$_2$S$_2$O$_8$ 在室温下水解 5 小时便生成过一硫酸,反应式为:

$$H_2S_2O_8 + H_2O \Longrightarrow H_2SO_5 + H_2SO_4$$

过硫酸氢钾复盐的合成:过硫酸氢钾复盐是用过一硫酸和硫酸的混合物与碳酸钾按一定的比例进行反应来制备,所生成的混合物的 pH 值大约为 1.5~2.5,最好是 2.0~2.5,pH 值不能大于 3,否则,过多的过硫酸氢钾的分解会导致活性氧的损失,合成工艺流程如图 7-7 所示。

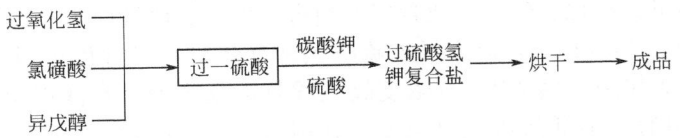

图 7-7 过硫酸氢钾复盐的合成工艺流程

【应用】

杀菌机理:过硫酸氢钾复合盐是一种广谱杀菌剂,可杀灭细菌繁殖体和芽孢、病毒、真菌,不同微生物对消毒剂的敏感性有一定差异,其中细菌芽孢对消毒剂抵抗能力最强。过硫酸氢钾复合物在水中经链式反应可连续持久地产生小分子自由基、次氯酸、新生态氧和活性氧衍生物,氧化和氯化病原体,使菌体蛋白质变性凝固,产生的·OH 自由基作用于 DNA、RNA 的磷酸二酯键,干扰病原体 DNA 和 RNA 的合成,从而杀灭病原微生物。在这个链式反应通路中,氯化钠被单过硫酸氢钾(KMPS)三盐化合物氧化,生成的氯气没有被释放而是与氨基磺酸(作为氯的受体)相互作用形成一个中间体复合物,然后此复合物被分解生成次氯酸,同时,这个反应是循环进行的,氯从氨基磺酸中释放之后,用来形成更多的氯化钠分子,为这个循环提供源源不断的原料。在此反应过程中,通过产生 H$^+$ 可以起到酸制剂的消毒效果、中间产物 Cl$_2$ 和 ClO 可以起到卤素消毒剂的作用、通过释放 O$_2$ 自由基可以起到过氧化物类消毒剂的作用。具体反应过程如图 7-8 所示。病毒颗粒主要由蛋白质衣壳及其包裹的核酸芯髓构成,衣壳与芯髓共同构成部分核衣壳,部分病毒核衣壳外还有囊膜及纤突;衣壳蛋白具有抗原性,是病毒颗粒的主要抗原,囊膜和纤突构成病毒颗粒的表面抗原,与宿主细胞嗜性、致病性和免疫原性有密切关系。过硫酸氢钾复合粉消毒剂与病毒颗粒相互作用

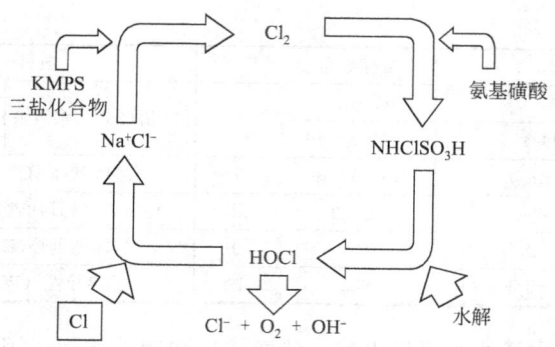

图 7-8   过硫酸氢钾复合粉水溶液链式反应过程

时，释放不同有效成分作用于病毒颗粒的多个位点，包括病毒囊膜、纤突、蛋白衣壳和病毒核酸，进而干扰病毒 DNA 或 RNA 的合成，并使病毒核衣壳蛋白变性、凝固。因此，即使一种微生物对主要的氧化剂产生了耐受性，此消毒剂还有其他的一些杀生物剂（biocide）成分可以用来攻击病毒。

过硫酸氢钾复合粉消毒剂对多种致病微生物具有杀灭作用，而实际消毒使用的水溶液具有极低的毒性，对人和动物无害且不会对环境造成残留问题。目前过硫酸氢钾复合粉产品已在英国、澳大利亚、新西兰、美国、加拿大、墨西哥等国家上市，并已广泛用于各型农场、畜舍环境、饮水设备及空气的消毒。在国内过硫酸氢钾复合盐被广泛地应用在动物环境消毒，水产养殖业水处理，能杀灭几乎所有的人畜共患疾病的细菌和病毒，对口蹄疫、禽流感、SARS 等具有优异的杀灭作用；游泳池消毒与水冲击性处理（SHOCKS），快速清除尿素等有机物，净化水质，提高 ORP；油田、石化、金属电镀企业污水处理、废气处理中絮凝剂、净化剂，油田、石化、建材工业含聚合物污水处理、硫黄回收、油层压裂助剂等。

细菌：Gasparini 等（1995）研究了过硫酸氢钾复合粉对金黄色葡萄球菌、铜绿假单胞菌、大肠杆菌的杀灭作用，发现用 1% 浓度过硫酸氢钾复合粉消毒液作用 22s，杀灭率达到 100%，对三株细菌的最小抑菌浓度（MIC）分别为 0.011%、0.075%、0.075%。用生理盐水作为溶剂，配制成 1% 浓度的过硫酸氢钾复合粉消毒液与枯草芽孢杆菌孢子作用 5min，可将悬液中的芽孢全部杀灭。Hernández 等（2000）分别使用悬液定量试验和载体定量试验验证 1% 浓度过硫酸氢钾复合粉消毒液的体外抗菌活性，作用时间为 5min，结果表明在悬液定量试验中其对金黄色葡萄球菌、铜绿假单胞菌、大肠杆菌、希氏肠球菌、耻垢分枝杆菌均有杀灭作用，而在载体定量试验中除对耻垢分枝杆菌杀菌效果不明显外，对其他几株细菌均有杀灭作用；De Lorenzi 等（2007）以结核分支杆菌为研究对象考察过硫酸氢钾复合粉的杀菌性能，结果发现在 20℃ 或 30℃ 温度下，即使过硫酸氢钾复合粉消毒液浓度升高到 4% 后与结核分支杆菌作用 60min，仍然不能将其杀灭，作者将试验温度升高到 40℃ 后发现，0.5%、1%浓度消毒液与结核分枝杆菌作用 60min，杀菌对数分别降低了 4.71 和 4.70，而在污染条件下2% 浓度的过硫酸氢钾复合粉消毒液与结核分枝杆菌作用 60min，杀菌对数降低了 5.79，结果均符合消毒评价的标准；Gehan 等（2009）以养殖场常见鼠伤寒沙门氏菌为研究对象，1% 过硫酸氢钾复合粉消毒液与鼠伤寒沙门氏菌作用 30min，具有很好的杀菌效果。

真菌：研究表明（Hernández, et al, 2000；Marchetti, et al, 2006），过硫酸氢钾复合粉消毒剂对犬小孢子菌、白色念珠菌、须毛癣菌和发癣菌均有一定的杀灭作用。Gehan 等（2009）用 1% 过硫酸氢钾复合粉消毒液与烟曲霉菌作用 30min 后，杀菌率达到 100%。

病毒：Gasparini 等（1995）使用 1% 浓度过硫酸氢钾复合粉消毒液与乙型肝炎病毒表

面抗原（HBsAg）作用 10min，可将此病毒完全灭活；Scioli 等（1997）以携带有 HBsAg+/ HBeAg+/ HBV-DNA+病毒的病人血清为研究对象，然后使用不同浓度的过硫酸氢钾复合粉消泡剂与此血清作用不同时间，结果发现 3％浓度的过硫酸氢钾复合粉消毒剂与血清作用 10min 后，病毒放射自显影信号抑制率为 90％，4％浓度的过硫酸氢钾复合粉消毒剂与血清作用 15min 后，乙肝病毒放射自显影信号的抑制率为 100％；McCormick 等（2004）为研究过硫酸氢钾复合粉对腺病毒 5 型和 6 型的灭活效果，使用终点稀释法计算病毒的感染滴度，结果表明 0.9％浓度的过硫酸氢钾复合粉消毒剂与两种不同血清型的病毒作用 5min 后，病毒的平均灭活对数值均大于 6.0，符合病毒灭活试验的评价规定；Maes 等（2006）使用实时定量反转录多聚酶链式反应（qRT-PCR）技术来评价过硫酸氢钾复合粉消毒剂对普马拉病毒的消毒效果，证明 1％～2％浓度过硫酸氢钾复合粉消毒剂与普马拉病毒作用超过 10min，即可将此病毒完全灭活。

目前，过硫酸氢钾复合粉可以用于防控的疫病包括大多数 OIEA 类传染病，如禽流感 H5N1、新城疫、经典猪瘟和口蹄疫等，且过硫酸氢钾复合粉是美国环保局（EPA）批准注册的第一个和唯一的用于预防口蹄疫的兽用消毒剂（Virkon S EPA-registered for F&M disease，2001；United states environmental protection agency，2009）。此外，在 EPA 注册目录中，过硫酸氢钾复合粉消毒剂还对人类 HIV-1 病毒、乙型肝炎病毒、丙型肝炎病毒、诺瓦克样病毒、耐甲氧西林金黄色葡萄球菌、耐万古霉素粪肠球菌等病原微生物具有杀灭效果（United states environmental protection agency. List C-H，2009），其可用于此类疫病的消毒防控。在澳大利亚紧急疫病防治计划指南中，本消毒剂是唯一一个被澳大利亚政府推荐用于控制口蹄疫的消毒药品。

案例：在燕山石化炼油厂第 4 循环水场进行现场运行试验。试验进行了 3 天，第 1 天一次性投加单过硫酸氢钾 25mg/L；第 2 天每 12h 投加单过硫酸氢钾 10mg/L，全天共投加单过硫酸氢钾 20mg/L；第 3 天每 6h 投加单过硫酸氢钾 5 mg/L，全天共投加单过硫酸氢钾 20mg/L。试验进行中循环水的余氯变化如图 7-9 所示。由图 7-9 可见，3 种投加方式对比，每 6h 投加 5mg/L 的方式余氯保持最平稳。杀菌效果如图 7-10 所示。由图 7-10 可见，一次性投加 25mg/L 和每 12h 投加 10mg/L 这 2 种加药方式，加药一段时间以后异养菌数都会出现明显反弹，直到再次加药异养菌数才能得到控制，这与余氯的变化趋势是一致的。相比之下采用每 6h 投加 5mg/L 这种“少量多次”的加药方式，异养菌数可以稳定控制在 10^4 个/mL 以下，杀菌效果较好。总体来讲在试验期间，循环水中的异养菌数一直没有超过 10^5 个/mL，符合循环水微生物控制要求。另外通过 3 天的杀菌性能试验，可以看到循环水凉水塔塔壁上的藻类明显变黑并且脱落，可见该杀菌剂具有很好的除藻功效。

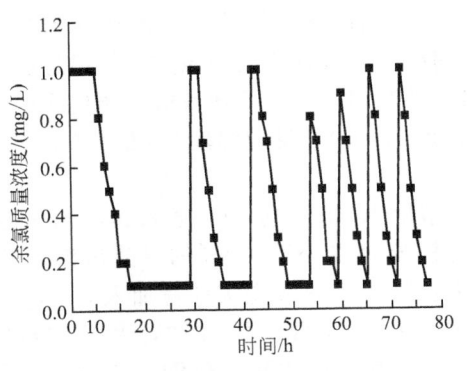

图 7-9 循环水余氯变化

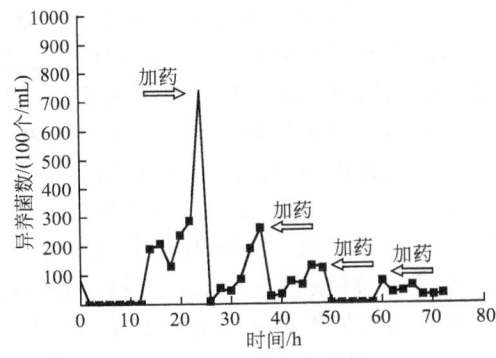

图 7-10 循环水中异养菌变化

7.3 非氧化型杀菌灭藻剂

7.3.1 氯酚类

氯酚类化合物是一类应用较早的水处理杀菌剂，主要有双氯酚，五氯酚，五氯酚钠等。法国引进的杀菌剂 G-4 就是以双氯酚为主要成分；一些酚类的衍生物，如 N-(2,2-二氯乙烯) 水杨酰胺。氯酚类杀菌剂毒性较大且不易生物降解，不宜与季铵盐类共用，因此近年来用途逐渐减少。

7.3.1.1 双氯酚

【别名】 2,2'-二羟基-5,5'-二氯苯甲烷。

【结构式】

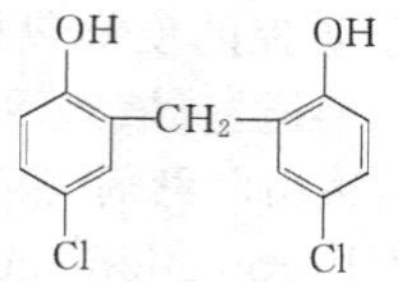

【物化性质】

白色晶体。熔点 $177 \sim 178℃$，密度 $0.15 g/cm^3$。在 $25℃$ 水中的溶解度为 0.003%，几乎不溶于水，能溶于乙醇、甲苯等有机溶剂。在碱性水溶液中溶解，并生成双氯酚盐。

【制备方法】

(1) 以硫酸为催化剂

德国法本公司于 1927 年公布了生产双氯酚的方法，该法是用对氯苯酚与甲醛在硫酸或氯化锌作用下缩合制得。反应式如下：

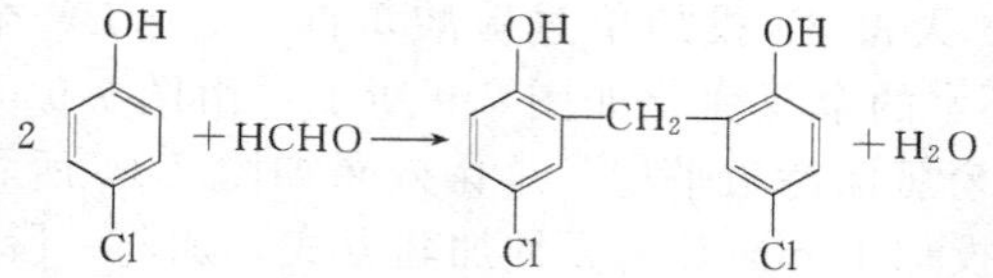

目前所用方法大致是在 0℃ 下，用硫酸使甲醛和对氯苯酚在醇溶液中反应。用氯化锌作缩合的催化剂时，反应要在较高温度 (140~150℃) 下完全缩合，方可得满意产率。由于酚在高温下容易氧化，反应终点不易控制，使该法受到了限制。另一个缺点在于产品双氯酚的纯度不高，英国药监局认为产品中对氯苯酚的毒理效应应低于 1%。德国和美国等公布的一些专利在不同层面上逐一克服了上述不足，如德国专利 530219 以对氯苯酚：甲醛为 2：(0.96~1.09)，以 50% 硫酸为催化剂，从而提高了产品的产率，但并没考虑纯度和产品颜色，后续的专利进步提高了纯度，但颜色还是无法解决。笔者查阅关于该方法的最近美国专利总结了前人研究结果，克服了上述不足，制备出一种产率高，杂质含量低，颜色浅的双氯酚产品。专利中对氯苯酚与甲醛的摩尔比为 2：(1.02~1.05)，反应温度为 45~75℃，反应8~15h，最后得出的产品的产率为 99%。

在反应釜中，先将 405 kg 质量分数为 96% 硫酸溶解于 300kg 水中，通入 N_2，维持温度在 50~55℃，然后盖上。以恒定速率加入 200kg 对氯苯酚和 88kg 30% 的甲醛溶液，9h 内加完，维持 N_2 的压力为 80kPa。反应时间控制如下：开始 15min 先按计量加入 8.0kg 对氯苯酚，然后同时加入对氯苯酚和甲醛，8h 后全部加完 200kg 对氯苯酚和 80kg 甲醛溶液，余下的 8 kg 甲醛溶液在 1h 内加完。搅拌反应 5h，得到产品，过滤除去硫酸。滤液可以用来回用硫酸。产品用 3500kg 水洗至中性，在 70℃ 真空下干燥。最后得到 208kg 双氯酚，产率为 99%。

（2）以分子筛为催化剂

南京大学陈子涛在 20 世纪 80 年代初提出了一种以 Y 型分子筛为催化剂的双氯酚制备工艺，产品纯度在 80% 以上，产率为 90%。

在一只三口瓶中，放入 63.0g 重蒸过的对氯苯酚，7.5mL 30% 甲醛溶液，0.38g 在 500℃ 烘焙过的 YH 分子筛，搅拌 5min 后在 110℃ 回流反应，搅拌回流 3h，减压抽去水分，在 2mmHg 下蒸去未反应的对氯苯酚，得粗产物 21g，含量 88%，产率（按纯品计）91.5%。粗产物可用 15% 氢氧化钠溶解，滤去分子筛，用 6mol 盐酸中和至酸性即析出沉淀，过滤，用水洗至中性，烘干，熔点为 161℃。可用乙醇，再用甲苯重结晶，可得到白色晶体，熔点 175℃ 以上。

【应用】

（1）循环冷却水处理

双氯酚用作杀菌灭藻剂，对循环冷却水中的异养菌、铁细菌、硫酸盐还原菌及蓝藻、绿藻有较强的杀灭和抑制作用。在大型化肥厂的循环冷却水中，水质 pH 值在 7.8～8.2 之间，一次投加 G-4 为 50～100mg/kg，作用 24h，浓度为 100mg/kg 时对硫酸盐还原菌、铁细菌的杀菌率超过 99%，黑曲霉为 97% 以上，药效可维持一周。对颤藻静态试验表明，5 天致死 100%。

（2）医药方面应用

双氯酚钠可作为一种抗炎药，目前，双氯酚钠滴眼液已用于眼科临床，主要用于眼科非感染性炎症的抗炎治疗，如白内障、青光眼、准分子激光角膜切削术等手术前后的抗炎治疗。同时双氯酚钠还可用作缓释制剂。

7.3.1.2　五氯酚钠

【别名】　五氯苯酚钠。

【结构式】

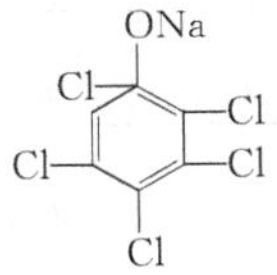

【物化性质】　白色或淡黄色针状结晶。具有酚气味，熔点约 190℃，相对密度 1.978，蒸气压 0.12mmHg（100℃）。易溶于水、乙醇、甲醇、丙酮，微溶于四氯化碳和二硫化碳。水溶液呈弱碱性，加酸酸化至 pH6.8～6.6 时，全部析出为五氯酚。受日光照射易分解，干燥时性质稳定。

【制备方法】

（1）制备方法

① 六氯苯路线法　传统制备五氯酚钠采用三步法，即"无用体→三氯苯→六氯苯→五氯酚钠"的合成路线。首先利用六六六无毒体为原料，经高压水解制得三氯苯，再经氯化六氯苯，最后与碱反应得到五氯酚钠。反应式如下：

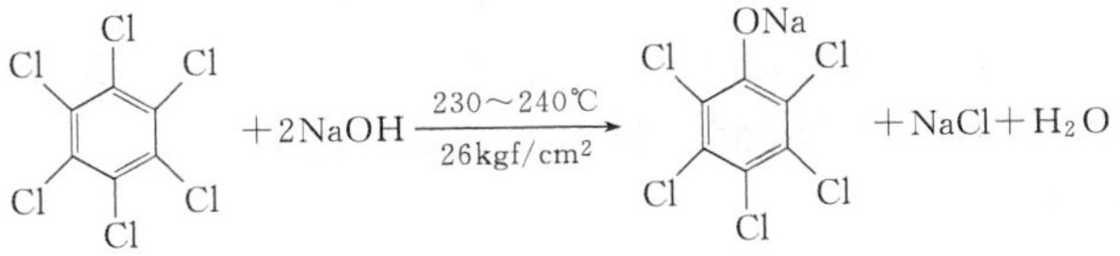

上述反应不用甲醇做溶剂，反应温度和压力比甲醇溶剂水解法稍高。此法特点是：工艺过程简单，产品质量高、生产安全。图 7-11 是六氯苯路线工艺流程图。

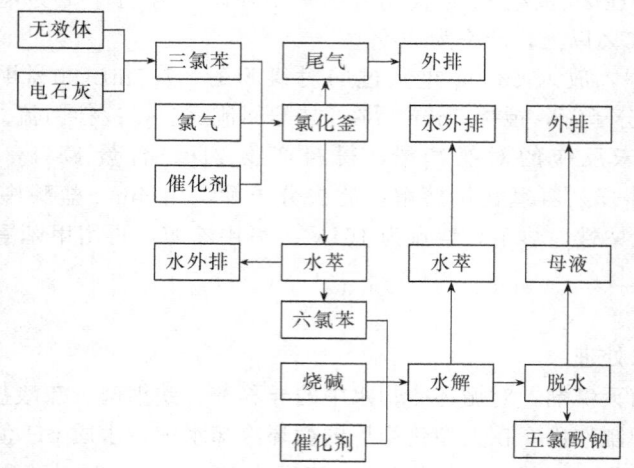

图 7-11　六氯苯路线法工艺流程

② 苯酚直接氯化法　该法是专利 CN1923777 中提出的一种制备五氯酚钠的方法，采用二步法"苯酚→五氯酚→五氯酚钠"。首先将苯酚氯化得到五氯酚，然后进行碱化得到五氯酚钠。工艺流程路如图 7-12 所示。

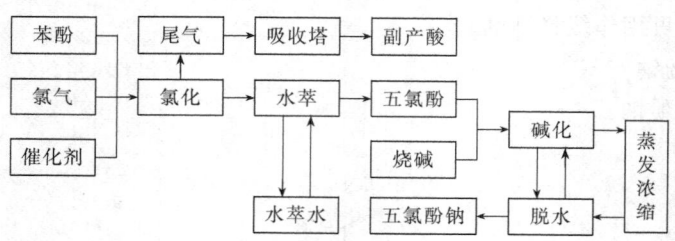

图 7-12　苯酚直接氯化法工艺流程

(2) 制备实例

① 将 1000kg 石油苯酚加入氯化反应釜内，向氯化反应釜夹套内通入蒸汽，使釜内温度快速上升到 80℃时，按 1% 的比例加入纯铝作为催化剂，再通入氯气进行氯化反应，用氯总量为 3100kg，每釜反应总时间为 20h，并分为 3 个阶段：a. 在 70～90℃的温度下，反应 11h，用氯流量 150kg/h，用氯量为 1650kg；b. 在 90～160℃的温度下，反应 8h，用氯流量 170kg/h，用氯量为 1360kg；c. 在 160～195℃的温度下，反应 1h，用氯流量 190kg/h，用氯量为 170kg。

经上述反应后得到五氯酚。

② 在碱化罐中投入片碱，在 80℃的温度下分 3 次，每次间隔 10min，投入五氯酚，投料后将温度控制在 90～95℃，碱化 2h 后，将蒸汽压力控制在 0.4MPa 左右，真空压力控制在 −0.03～−0.02MPa，进行蒸发浓缩、脱水得五氯酚钠。

【技术指标】　HG 2-347—76

项　目	一　级　品	二　级　品
外　观	灰白色或淡红色颗粒状结晶	灰白色或淡红色颗粒状结晶
有效成分含量/%	≥75	≥65
析出五氯酚初熔点/℃	≥174	≥170
干燥减量/%	≤20	≤30
水不溶物/%	≤2.0	≤2.0

【应用】　五氯酚钠主要用作除草剂，杀菌剂，防腐剂，防霉剂等，用作工业循环冷却水的杀菌剂时，主要用于特效杀灭异养菌、铁细菌及硫酸盐还原菌等，一般使用浓度为 $100\sim500mg/L$，当使用浓度为 $500\times10^{-6}mg/L$ 时，对以上 3 种菌的杀灭效率均超过 99.9%。不宜与阳离子药剂（如季铵盐）共用，但其与某些阴离子表面活性剂复配时，能够降低其用量，提高杀菌效果。

五氯酚钠为触杀型除草剂，主要防除稗草和其他种子萌发的幼芽。同时还是纺织品、皮革、纸张和木材的防霉剂。美国食品和药物管理局许可将其用于食品包装材料的黏合剂中，作为一种有效的防霉剂。

7.3.2　有机硫化合物

有机硫化合物杀菌灭藻剂对真菌、黏泥形成菌，尤其是对硫酸盐还原菌的杀灭作用十分有效。二硫氰基甲烷又称二硫氰酸甲酯，是使用较早的有机硫化物杀菌剂。它能有效地抑制藻类、真菌和细菌，尤其对硫酸盐还原菌有特效。二硫氰基甲烷通常与某些分散剂和渗透剂混配使用以提高药剂的活性，它适宜的 pH 值在 $6.0\sim7$，当冷却水的 pH＞7.5时，二硫氰基甲烷就会迅速水解而且失效，因此，不能用于高碱性的循环冷却水系统中。此外，杀菌性能良好的有机硫化合物类杀菌剂还有甲烷双硫代氨基甲酸钠、乙烷双硫代氨基甲酸二钠、2-硫代氰基甲基硫代苯并噻唑（TCMrB）、异噻唑啉酮等。其中异噻唑啉酮是一类较新的有机硫化物杀菌剂，其代表产品是 2-甲基-4-异噻唑啉-3-酮和 5-氯-2-甲基-4-异噻唑啉-3-酮，该类杀菌剂通过断开细菌和藻类蛋白质的肽键而起杀菌作用。使用质量浓度为 $0.5mg/L$ 时即能有效地抑制冷却水系统中的藻类、真菌和细菌。具有广谱、高效、作用时间长、低毒、不起泡沫等优点，并能阻止黏泥生成。国外已广泛应用于冷却水处理中，国内也在逐步应用。

7.3.2.1　异噻唑啉酮

【别名】　美国 Rohm&Haas 公司最先开发研究的一类药剂，并进行商品化生产，其主要成分是 5-氯-2-甲基-4-异噻唑啉-3-酮（MI）和 2-甲基-4-异噻唑啉-3-酮（CMI）。

【结构式】

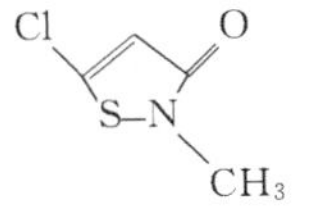

5-氯-2-甲基-4-异噻唑啉-4-酮（Ⅰ） 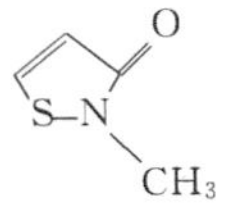　　　2-甲基-4-异噻唑啉-4-酮（Ⅱ）

【物化性质】　白色固体，溶于水和低碳醇、乙二醇及极性有机溶剂，MI 的熔点 $54\sim55℃$，CMI 的熔点 $48\sim50℃$，相对分子质量分别为 149.60 和 115.16。通常两者的比例为 1:3，pH 值的有效范围为 $3.5\sim9.5$；水解后均比较稳定，半衰期超过 30 天。

【制备方法】　异噻唑啉酮的合成方法最早由 Goerdeler 和 Mittler 提出，之后美国的 Rohm&Haas 公司对该类化合物进行全面的研究，最终形成了现在比较普遍使用的两种合成方法。

（1）由二硫代二酰胺在惰性溶剂中和卤化剂反应制得，反应式如下：

第一步，酰胺化过程：

$$\text{—(SCH}_2\text{CH}_2\text{COCH}_3)_2 + 2\text{CH}_3\text{NH}_2 \xrightarrow{\text{甲苯}} \text{S}_2\text{—(CH}_2\text{CH}_2\text{CNHCH}_3)_2 + \text{CH}_3\text{OH} + \text{副产物（约5\%）}$$

第二步，环化后中和：

$$\text{S}_2\text{—(CH}_2\text{CH}_2\text{CNHCH}_3)_2 \xrightarrow{\text{Cl}_2\text{ 或 SO}_2\text{Cl}_2}$$

（2）以巯基酰胺为原料制备异噻唑啉酮的方法，反应式如下：

【技术指标】 HG/T 3657—1999

项　目	指　标		项　目	指　标	
	Ⅰ类	Ⅱ类		Ⅰ类	Ⅱ类
活化物含量/%	≥14.0	≥1.50	pH 值	2.0~4.0	2.0~5.0
CMI/MI（质量百分数）/%	2.5~4.0	2.5~4.0	密度(20℃)/(g/cm³)	≥1.30	≥1.02

注：Ⅰ类：活性物含量为14%，用于制备活性物含量为1.5%产品；
Ⅱ类：活性物含量为1.5%，用作杀菌剂。

【应用】

（1）循环水处理

2-甲基-3-异噻唑酮（Ⅰ）和 5-氯-2-甲基-3-异噻唑酮（Ⅱ）的混合物（Ⅰ：Ⅱ＝1：3）杀菌性能具有广谱性，能杀死藻类、真菌、细菌，同时对黏液具有穿透作用；在低浓度（有效浓度在 0.5mg/L）时，就能很好地控制细菌生长；混同性好，能与氯、缓蚀剂、阻垢分散剂和大多数阴离子、阳离子及非离子表面活性剂达到物理的相容，应用于工业循环冷却水系统中，配方中多用铜盐作为稳定剂；对环境无害，该药剂在水溶液中降解速度快；对 pH 值适用范围广；是工业循环冷却水用理想杀菌剂。

金陵石化公司利用异噻唑啉酮处理化肥厂废水，停止通入氯气，向废水中投加 50mg/L 的异噻唑啉酮，24h 后分析细菌含量。结果见表 7-17。

表 7-17　异噻唑啉酮现场应用杀菌效果

分析项目	加药前菌数/(个/mL)	加药 24h 后菌数/(个/mL)	杀菌率/%
异养菌	1.1×10^5	1.1×10^3	99.0
硝化菌	5.6×10^4	6.5×10^2	98.8
亚硝酸细菌	2.5×10^2	25	90.0
反硝化细菌	1.5×10^2	0	100
硫细菌	2.5×10^2	90	64.0
真菌	20	10	50.0
铁细菌	2.5	2.5	0
硫酸盐还原菌	0.4	0	100

（2）作为防腐剂

以异噻唑啉酮衍生物为主要活性成分的防腐剂具有长时间抑菌的高活性；适用的 pH 值范围宽；毒性低等特点，可用于化妆品、洗涤剂、皮革等产品的防腐。一般使用尝试为产品重量的 0.02%～0.08%。目前以异噻唑啉酮为主要活性成分的防腐剂产品有美国的

Rohm&Haas 公司的 Kathon-CG、国产广东石化研究院的 SG-812、陕西省化工研究院的 KF-88、西安吉利化工的快克"卡松"、北京防化院的 FBCT-02 等，利用这几种防腐剂对化妆品中的危害细菌如大肠杆菌、金黄色葡萄球菌、绿脓杆菌、霉菌等进行抑菌效果测定，均取得良好的抑菌效果。

7.3.2.2　苯并异噻唑啉酮（BIT）

【别名】　1,2-苯并异噻唑-3-酮。

【结构式】

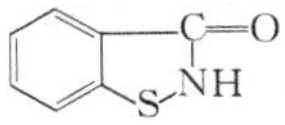

【物化性质】　淡黄色粉末。熔点 155～158℃，微溶于水，可溶于碱、氨水溶液、乙醇等。溶于热水（90℃，100g 水中溶解 1.5g），其钠盐和铵盐易溶于水。

【制备方法】　苯并异噻唑啉酮（BIT）的合成方法很多，根据其合成工序的不同，可分为多步法和一步法。

（1）多步法制备

第一步，二硫化苯甲酸的合成：

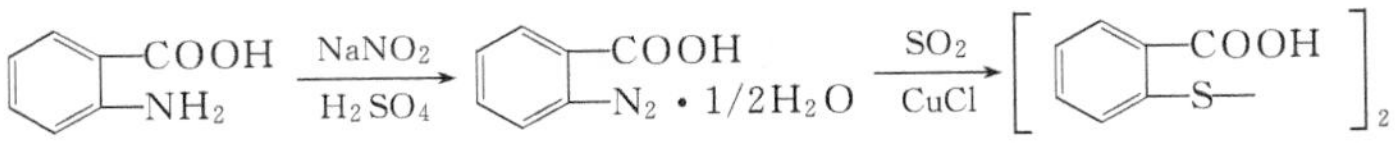

在装有机械搅拌的 2000mL 烧杯中，加入 100g（0.73mol）邻氨基苯甲酸，50g（0.6mol）硫酸和 500mL 水，充分溶解后加 500g 碎冰使液体冷至 0℃ 以下，在 15min 内滴加完 190mL 27% 亚硝酸溶液，控制温度在 5℃ 以下，加完后用碘化钾-淀粉试纸检测呈蓝色并保持 0.5h 不变后，加 3g 尿素消除过量亚硝酸，保持低温待用。

与此同时，在另一装有机械搅拌的四口瓶中，加入 500mL 水，通入适量二氧化硫，然后加入 12g 氯化亚铜和重氮盐，并通入二氧化硫，控制二氧化硫总量在 165g，保持温度 20℃ 以下，结束后保温 0.5h，用硫酸调节酸值，使刚果红试纸呈红色即为终点。过滤、洗涤至中性烘干，得 95% 二硫化二苯甲酸 135～140g，收率大于 83%。

第二步，二硫化二苯甲酰氯的制备：

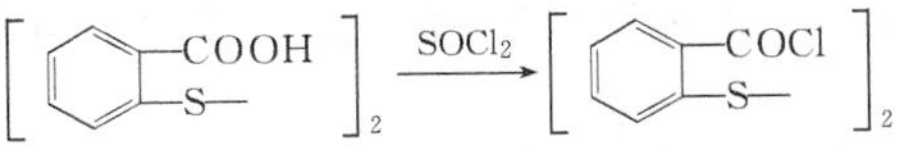

装有机械搅拌、温度计、回流装置的四口瓶中，加入干燥的二硫化二苯甲酸 306g（1mol）、溶剂 1500mL、氯化亚砜 400g（4mol），加热回流 12h 后，蒸出溶剂和过量氯化亚砜，回收套用，得二硫化二苯甲酰氯 240～245g。

第三步，苯并异噻唑啉-3-酮的制备：

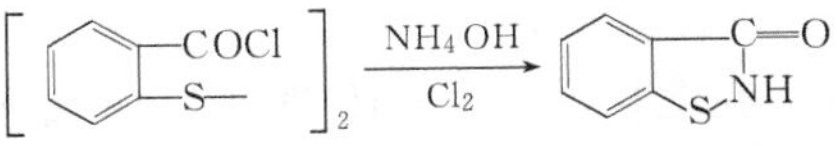

在装有机械搅拌、温度计和脱氢装置的四口瓶中，加入 20% 氨水 1000g 和二硫化二苯甲酰氯，先通入 82g 氯气，保持温度 30～40℃ 0.5h 后，脱除多余氨，并用液碱调节溶液 pH 值到 11～12，冷冻结晶，得 BIT 钠盐（淡黄色），将此钠盐溶解于 1500mL 水中，加 15g 活性炭，加热脱色后，用硫酸中和至 pH 值为 4～5，析出 BIT 原药，过滤、洗涤，即得类白色产品 245g，纯度 98.5%（HPLC），熔点 156～157℃，收率 75%。

（2）一步法制备

将 2,2-二硫化二苯甲酸、氯化亚砜和催化剂加入反应釜中，加入苯作溶液，开始搅拌。升温至回流，反应 1h。冷却到 10℃ 以下，搅拌下缓慢加入溴及溴催化剂。之后将 13% 氨水在液面以下加入，继续反应约 1h，蒸馏除去苯，釜液进入结晶釜，用水重结晶，离心分离，烘干得产品，收率 66%～76%。反应式如下：

$$\left[\begin{array}{c} \text{COOH} \\ \text{S} \end{array}\right]_2 \xrightarrow{+SOCl_2} \left[\begin{array}{c} \text{COCl} \\ \text{S} \end{array}\right]_2 \xrightarrow{Br_2,\ NH_3} \begin{array}{c} \text{C}=\text{O} \\ \text{S}-\text{NH} \end{array}$$

【应用】　苯并异噻唑啉酮（BIT）是 1990 年 Collier 和 Ramsey 合成的一种异噻唑啉酮化合物，它具有高效、广谱的杀菌能力，对细菌、真菌、放线菌均有明显抵制作用，因此对植物的腐烂病、根腐病、早期落叶病等有良好的防治作用；对动物标本保存、皮革保存等效果优于现行的防腐剂，且没有气味，中文商品名称叶绿宝和霉敌。

使用时通常加入 100～500mg/L 浓度的药剂。其对病原菌最低抵制浓度为：金黄色葡萄球菌 10mg/L，绿脓杆菌 10mg/L，大肠杆菌 10mg/L，普通变形菌 5mg/L。同时对黑曲霉、黑根霉、橘青霉、串珠镰刀霉、腊叶芽枝霉及啤酒酵母亦有效。

7.3.2.3　正辛基异噻唑啉酮（DCOIO）

【别名】　4,5-二氯-2-正辛基-4-异噻唑啉-3-酮。

【结构式】

$$\begin{array}{c} \text{Cl}\quad\text{Cl} \\ \text{S}\ \ \ \ \text{C}=\text{O} \\ \text{N} \\ \text{C}_8\text{H}_{17} \end{array}$$

【物化性质】　白色或淡黄色结晶，微溶于水，一般以 DCOIO 为活性组分，与溶剂及表面活性剂复配成水溶液。

【制备方法】　目前制备正辛基异噻唑啉酮的方法有两种，一种是以 N-正辛基-3-巯基丙酰胺为原料，在惰性溶剂和环化剂（如氯气）存在下生成目标产物；另一种方法是以 N-正辛基-3-巯基丙酰胺为原料在氧化剂（如过氧化氢）作用下形成异噻唑啉酮。

（1）以 N-正辛基-3-巯基丙酰胺为原料

该方法的主要步骤如下，丙烯酸甲酯和硫氢化钠反应制得 3-巯基丙酸甲酯；3-巯基丙酸甲酯与正辛胺反应制得 N-正辛基-3-巯基丙酰胺；氯化生成正辛基异噻唑啉酮盐酸盐，在乙酸乙酯溶剂中加入碱中和生成 N-正辛基异噻唑啉酮，抽滤、分层、蒸馏去除乙酸乙酯，得到 N-正辛基异噻唑啉酮。

（2）以 N-正辛基-3-巯基丙酰胺为原料

① 丙烯酸甲酯与二硫化钠反应生成二硫代二丙酸甲酯，反应式如下：

$$CH_2=CH + NaS_2 \longrightarrow (S-CH_2-CH_2-\overset{\displaystyle O}{\overset{\displaystyle \|}{C}}-OCH_3)_2$$
$$\ \ \ \ |$$
$$COOCH_3$$

在装有搅拌装置、冷凝器、温度计的 1000mL 四颈瓶中加入 NH$_4$Cl/氨水缓冲溶液（3g 氯化铵，5g 氨，92g 水），加入 380g 二硫化钠溶液，温度控制在 $-10\sim5$℃，滴加丙烯酸甲酯 150g，1.5～2.5h 内滴完，反应过程中控制 pH 值在 10.5～11.5，反应结束保温 0.5～1.5h，抽滤得棕红色液体，将上述滤液加入 300mL 5% 亚硫酸钠溶液中，搅拌反应，滤出沉淀，滤出沉淀杂质，滤液分层，分去水后有机相里加入无水 MgSO$_4$ 干燥，抽滤，得二硫代二丙酸甲酯。产物经气相色谱分析含量大于 95%，收率 92.5%。

② 二硫代二丙酸甲酯与正辛胺反应生成二硫代二（N-正辛基丙酰胺），反应式如下：

$$(S-CH_2-CH_2-\overset{\displaystyle O}{\overset{\displaystyle \|}{C}}-OCH_3)_2 + 2C_8H_{17}NH_2 \longrightarrow (S-CH_2-CH_2-\overset{\displaystyle O}{\overset{\displaystyle \|}{C}}-NHC_8H_{17}) + 2CH_3OH$$

在 1000mL 烧瓶中加入 236g 二硫代二丙酸甲酯、250g 正辛胺，200g 水，温度控制在 (25 ± 5)℃，搅拌 (20 ± 5)h，静止，抽滤、烘干，得二硫代二（N-正辛基丙酰胺）白色粉末，熔点 126～129℃，收率 90%。

③ 二硫代二（N-正辛基丙酰胺）与氯气反应制备 N-正辛基异噻唑啉酮，反应式如下：

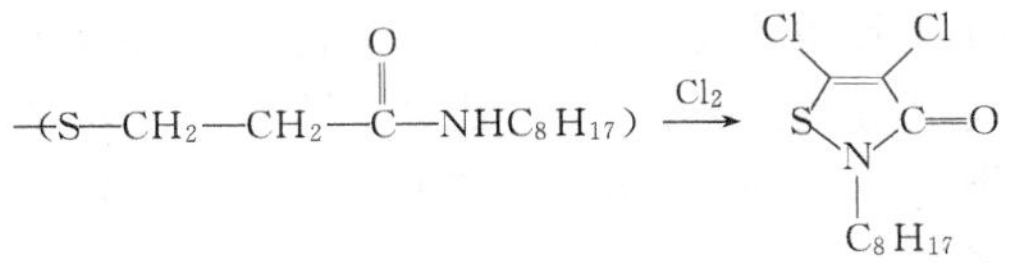

在装有搅拌器、冷凝器、温度计的 1000mL 三颈瓶中加入乙酸乙酯 600mL，二硫代二（N-正辛基丙酰胺）140g，控制反应温度在 0～15℃，通入氯气 70g，(3 ± 0.5)h 通完。之后于 (20 ± 5)℃下保温 1～2h，抽滤得白色固体 N-正辛基异噻唑啉酮盐酸盐，将 N-正辛基异噻唑啉酮盐酸盐投入 1000mL 三颈瓶中，加入 600mL 乙酸乙酯，搅拌，加入 NaOH 调节 pH 值到 6～7 之间，抽滤，分层，有机相减压蒸馏，蒸去乙酸乙酯，得淡黄色液体，即为 N-正辛基异噻唑啉酮，经液相色谱检测含量大于 99%，收率 85%。

【技术指标】

指 标 名 称	指 标	指 标 名 称	指 标
活性组分 DCOIO/%	4.25	pH 值	4.0～6.0
溶剂/%	8.50	黏度(21℃)/(mPa·s)	60
去离子水/%	59.25	密度(22℃)/(g/cm³)	1.025～1.035

【应用】 正辛基异噻唑啉酮类产品主要包括 2-正辛基-4-异噻唑啉-3-酮、5-氯气-2-正辛基-4-异噻唑啉-3-酮和 4,5-二氯-2-正辛基-4-异噻唑啉-3-酮三种异噻唑啉酮，其中 4,5-二氯-2-正辛基-4-异噻唑啉-3-酮（DCOIO）应用最广。DCOIO 最早由 Rohm&haas 公司开发出来，它是一种低毒品、广谱型杀菌剂，广泛应用于工业水处理、涂料、化妆品、建筑材料等领域。

（1）循环冷却水处理

在国内，DCOIO 用于工业循环冷却水的案例虽然不多，但面对日益突出的耐药性等水处理难题，同时为提供用户更多更好的杀菌灭藻剂，DCOIO 开始得到重视，有学者对其杀菌灭藻性能进行了研究。结果表明藻类在活性组分质量浓度 1.0mg/L 下曝露 96h，杀灭率大于 90%，异养菌在活性组分质量浓度 0.5mg/L 下曝露 24h，杀灭率大于 99%。

（2）海洋防污处理

海洋生物附着是海洋经济开发的难题，若处理不慎将引起重大经济损失并带来不安全因素，防污处理是最为重要的防治手段。防污涂料广泛应用于与海洋相关的运输业、养殖业、捕捞业、海上矿产开发、石油化工等产业，具有巨大的市场和前景。DCOIO 常作海洋防污剂，它的最大特点是能够快速降解，最大限度减少其在环境中的浓度，因此是一种绿色的防污剂。它在海水中的降解过程如下所示：

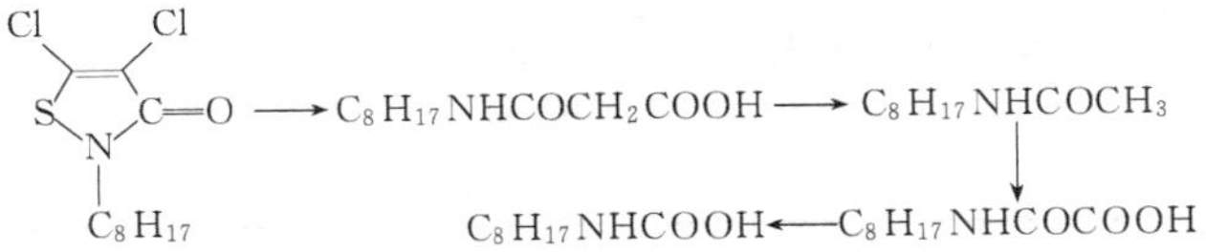

DCOIO 与现在海洋船舶中最常用的防污剂 TBT（三丁基锡）的毒性比较，结果见表 7-18。

表 7-18   DCOIO 与 TBT 对生物的毒理性研究

项 目	DCOIO/(μg/L)	TBT/(μg/L)	项 目	DCOIO/(μg/L)	TBT/(μg/L)
急性毒性	2～10	2～10	代谢物的毒性	大于 125000	100～400
慢性毒性	0.6～6	0.001～0.01			

与 TBT 不同，DCOIO 在其浓度显著低于急性毒性时并不表现出慢性毒性，而 TBT 在其浓度小于水中分析检测极限时就会导致荔枝螺的变性和牡蛎的壳变厚；此外 DCOIO 的代谢物的毒性要小于源化合物的 100000 多倍，而 TBT 仅为 50 倍，因此生物降解能使 DCOIO 解除并显著地降低其对环境的危害。

7.3.2.4   二硫氰基甲烷 （MBT）

【别名】   二硫氰酸甲酯、亚甲基二硫氰酸酯。

【结构式】

$$N \equiv C—S—CH_2—S—C \equiv N$$

【物化性质】   无色针状结晶。熔点 102～104℃。溶于二氧六环、二甲基甲酰胺，微溶于其他有机溶剂。在室温水中的溶解度为 2.3×10^3 mg/kg。对 pH 很敏感，在 pH 值在 8 以上很快水解，pH<7 使用条件最好。

【制备方法】   目前合成二硫氰基甲烷的方法主要有两种。

① 以二溴甲烷和硫氰化钠为原料，水作溶液，在 90℃下制得。反应式如下：

$$CH_2Br_2 + 2NaSCN \xrightarrow{H_2O} CH_2(SCN)_2 + 2NaBr$$

日本专利 JP7606928 以上述方法制备二硫氰基甲烷，收率达到 90.8%，但原料消耗比较大。山东大学秦炳杰等以此为基础进行改进，得出了合成二硫氰基甲烷的最佳条件，以四丁基溴化铵为催化剂，水为溶剂，温度控制在 85～90℃，摩尔比 CH_2Br_2：NaSCN 为 1:1，产率 71%，该方法的成本较低。

在 250mL 的锥形瓶中依次加入二溴甲烷 31.64g（0.2mol）、硫氰化铁 32.40g（0.4mol）、70mL 水及适量的催化剂，在 80～85℃搅拌反应。反应完毕后将产品抽滤、脱色、烘干得黄白色产品，熔点在 102～106℃。

② 以二氯甲烷和硫氰化钠为原料，反应式如下：

$$CH_2Cl_2 + 2NaSCN \xrightarrow{H_2O} CH_2(SCN)_2 + 2NaCl$$

重庆大学谭世语以水为溶剂，在相转移剂四丁基氢氧化铵辅助下，用二氯甲烷和硫氰酸钠合成二硫氰酸甲酯。物料摩尔比 CH_2Cl_2：NaSCN 为 1:2.3，相转移剂占总物料体积 2.5%，90℃反应 3h，产品收率 68.1%。

称取适量的硫氰酸钠置于反应釜中，加入定量的蒸馏水使其完全溶解，加入计量体积的二氯甲烷，密闭反应釜，控制搅拌转速为 400r/min，加热至反应温度反应一定时间后，冷却至常温，过滤收集反应产物。用蒸馏水洗涤晶体至无氯离子，烘干得到产品。

【技术指标】

指标名称	指标	指标名称	指标
外观	淡琥珀结晶性粉末	干燥失重/%	≤0.5
含量/%	≥98	含溴量/%	≥54.8
熔点/℃	≥185		

【应用】   二硫氰基甲烷对各种真菌、藻类和细菌，包括好氧菌和厌氧菌都有良好的杀灭效果，广泛应用于工业循环水、养殖水、油田注水等处理中。其杀菌作用机理是：二

硫氰基甲烷在分解过程中生成硫氰酸根阻碍了微生物呼吸链中电子的转移，从而导致微生物死亡。

二硫氰甲烷在水中会慢慢分解，分解产物为硫氰酸盐及甲醛等，所以它的残留毒性很小。在高的 pH 值或高温条件下会加速分解；根据试验二硫氰基甲烷在 70℃ 以下分解较缓，80℃ 以上分解剧烈。

二硫氰基甲烷处理养殖水时，对存在于水中的主要细菌、真菌和藻类具有高效的杀灭效果，而且药效维持时间长，适用的 pH 值和温度范围较宽。下面是二硫氰基甲烷对鱼类的疾病治疗方法。赤皮病：将 2% 的二硫氰基甲烷，用量 0.15mL/m³，加水稀释 200 倍，沿水面均匀泼洒。水霉病：在发病的池塘中，用 4% 二硫氰基甲烷，用量 0.3～0.4mL/m³，全池均匀泼洒。由卵甲藻引起的疾病：用 2% 二硫氰基甲烷，用量 0.18mL/m³。

7.3.2.5 乙蒜素

【别名】 乙基硫代磺酸乙酯，抗菌剂 401，抗菌剂 402。

【结构式】

$$CH_3CH_2-\overset{\displaystyle O}{\underset{\displaystyle O}{S}}-S-CH_2CH_3$$

【物化性质】 无色油状液体。沸点 80～81℃（66.7kPa），相对密度 1.1987，折光率 1.512（20℃），加热至 130～140℃分解。易溶于乙醚、氯仿、乙醇、冰醋酸，室温水中溶解度为 1.2%。

【制备方法】 乙蒜素的制备方法以硫化钠、硫黄、氯乙烷为主要原料，冰醋酸为酸化剂，硝酸为氧化剂，不起溶解作用。硫化钠与硫黄反应生成二硫化二钠，其反应式如下：

$$Na_2S + S \longrightarrow Na_2S_2$$

二硫化二钠再与氯乙烷反应，生成二乙基二硫化物，其反应如下：

$$Na_2S_2 + 2CH_3CH_2Cl \longrightarrow (CH_3CH_2S)_2 \xrightarrow{O} CH_3CH_2-\overset{\displaystyle O}{\underset{\displaystyle O}{S}}-S-CH_2CH_3$$

将硫化钠水溶液与硫黄粉在 80～100℃ 反应制成二硫化二钠溶液，于 50～60℃ 通入氯乙烷。压力约 0.1MPa，最终反应温度 80～90℃。分出二乙基二硫化物，加入冰醋酸，在 40～55℃ 下用 40% 硝酸进行氧化，得 93%～94% 含量的乙蒜素。原料消耗定额：硫化钠（65%）1000kg/t、硫黄粉 300kg/t、氯乙烷 1000kg/t、冰醋酸 60kg/t、硝酸（98%）480kg/t。

乙蒜素的制备工艺流程如图 7-13 所示。

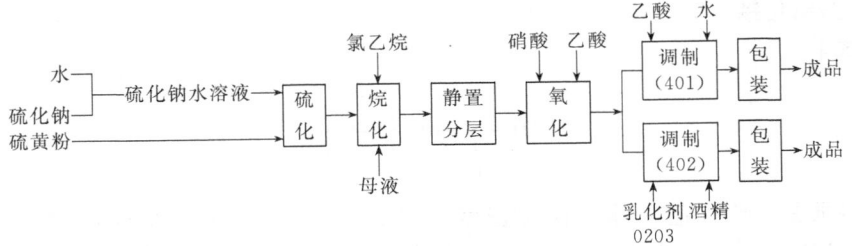

图 7-13 乙蒜素制备工艺流程

国内以乙基硫代磺酸乙酯为主要成分的产品抗菌剂 401、抗菌剂 402 的配方见表 7-19。

表 7-19　抗菌剂 401、402 的主要配方

原　料	用量（质量比）401	用量（质量比）402	原　料	用量（质量比）401	用量（质量比）402
乙基硫代磺酸乙酯	10%	80%～84%	乳化剂		7%
乙酸	65%		酒精		加至 100%
水	补至 100%				

【应用】

（1）循环水处理

乙基硫代磺酸乙酯简称乙蒜素，是一种非氧化杀菌灭藻剂，现在市面上的商品抗菌剂 401 和 402 两种剂型以该药剂为主要成分。乙蒜素可用于循环水，其使用浓度：401 为 300mg/L；402 为 100mg/L。在偏酸性条件下使用效果最佳；碱性条件下乙蒜素易分解而失效，因此不宜用于碱性水中；不能与氯气使用。

（2）农业杀菌

农业上用途广谱杀菌剂。可防治水稻烂秧、稻瘟病、棉苗病害、棉花枯萎病、油菜霜霉病、番薯黑斑病、大豆紫斑病、马铃薯晚疫病、家蚕白僵病。防治棉苗病害、油菜霜霉病、稻瘟病用 5000～8000 倍液喷雾；浸种时，加水 7000～9000 倍，籼稻浸种 2～3d，粳稻浸种 3～4d，防治水稻烂秧病；加水 5000～8000 倍，棉籽浸种 16～24h，可防治立枯病、炭疽病、红腐病；加水 1000～2000 倍，维持液温 55～60℃浸泡棉籽 0.5h，可防治棉枯、黄萎病；加水 2000 倍浸泡种薯 10min，可防治番薯黑斑病；加水 5000～6000 倍浸泡豆种 1h，可防治大豆紫斑病。闷种时，加水 500 倍，每 100kg 稀释液均匀喷洒于 500kg 棉籽中，边喷边搅拌闷种 24h，即可播种。还可进行土壤处理和灌注，防治棉花枯萎病。

7.3.3　有机锡化合物

有机锡化合物是比较常见的杀菌灭藻剂，主要有双丁基氧化锡（TBTO）、三丁基氯化锡（TBTC）、三丁基氢氧化锡（TBTHO）等，TBTC 杀菌能力最强，0.5mg/L 即能抑制微生物，TBTO 较差，需 30mg/L 以上。

有机锡化合物对藻类、霉菌和木材腐败菌有毒性。其杀菌作用是由于在水溶液中不电离，较易穿透微生物的细胞壁并侵入细胞质，与蛋白质中的氨基和羧基形成复杂化合物，从而破坏蛋白质而杀死微生物。

有机锡化合物在碱性下杀菌效果最好，与季铵盐、胺类杀菌剂等复配可改善其分散性，起到增效作用。常用的药剂有美国 Nalco 公司的 J-12（LDBC＋TBTO）、N-7325（胺类＋TBTO）、N-7328（季铵盐＋TBTO）和美国 BETZ 公司的 J-12（LDBC＋TBTO）等。这类药剂可用于工业循环冷却水处理和油田回注水处理，使用量一般为 25～30mg/L。有机锡化合物对水生生物有毒害作用，这也限制了其在某些领域的使用。

双三丁基氧化锡（TBTO）

【结构式】

$$\begin{array}{ccc} & C_4H_9 & C_4H_9 \\ & | & | \\ C_4H_9-&Sn-O-Sn&-C_4H_9 \\ & | & | \\ & C_4H_9 & C_4H_9 \end{array}$$

【物化性质】　微黄色液体，相对密度（25℃）1.17，沸点 220～230℃（1.33kPa）、180℃（0.27kPa），熔点低于 -45℃，闪点大于 100℃，折射率（20℃）1.8472，黏度（25℃）4.1mPa·s。不溶于水，与有机溶剂混溶。

【制备方法】　锡和氯气反应合成四氯化锡，正丁醇与盐酸在氯化锌存在下反应生成氯丁

烷；再与四氯化锡和金属镁反应生成三丁基氯化锡。然后用氢氧化钠处理制得双三丁基氧化锡。反应式如下：

$$Sn+2Cl_2 \longrightarrow SnCl_4$$

$$C_4H_9OH+HCl \xrightarrow{ZnCl_2} C_4H_9Cl+H_2O$$

$$3Mg+3C_4H_9Cl+SnCl_4 \longrightarrow (C_4H_9)_3SnCl+3MgCl_2$$

$$2(C_4H_9)_3SnCl+2NaOH \longrightarrow [(C_4H_9)_3Sn]_2O+2NaCl+H_2O$$

工艺流程如图 7-14 所示。

【应用】　双三丁基氧化锡属于有机锡杀菌剂，也是一种重金属杀菌剂。重金属的阳离子一般对微生物都有一定的毒性，同时对水生生物有相当毒性，使用受到了限制。无机锡几乎没有杀菌作用，有机锡则有强的杀菌能力。有机锡的分子能透过细胞膜，与蛋白质及酶中的酸性基团缔合的阳离子竞争，使细胞代谢极度紊乱而导致微生物死亡。有机锡可用来抑制产生黏泥的细菌，对硫酸盐还原菌和某些产气菌的杀灭效果也较

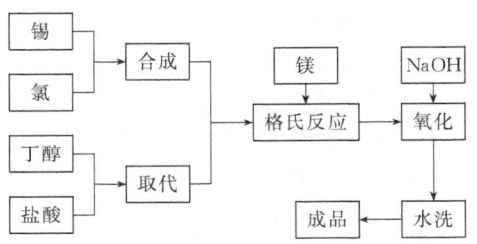

图 7-14　双三丁基氧化锡生产工艺流程

好。有机锡控制革兰阳性菌的效果比阴性菌更有效，对某些阴性菌几乎完全无效，如抑制大肠杆菌和绿脓杆菌的浓度应高于 1000mg/L。有机锡的毒性很强，但能被生物降解为无毒的残余物。所以，三丁基锡也用作冷却水的杀菌剂，用量为 10~50mg/L。

双三丁基氧化锡不溶于水，因此不能直接用于循环冷却水。在循环冷却水中使用的都是其与其他药剂或溶剂复配的水溶液，例如商品牌号为 J12 是含 5% 的双三丁基氧化锡与 24% 季铵盐复配的水溶液，N7328 是双三丁基氧化锡与胺类的复合剂。这些药剂使用浓度一般为 50mg/L。双三丁基氧化锡在碱性 pH 值条件下效果最好。

7.3.4　烯醛类

醛类化合物是常用的一类杀菌剂，具有较好的杀菌效果。主要包括：甲醛、异丁醛、丙烯醛、肉桂醛、苯甲醛、乙二醛、戊二醛等。其杀菌基团为醛基，醛基（—CHO）的极性效应使醛基碳带正电荷，醛基氧带负电荷，醛通过带正电荷的碳与带孤对电子的氨基（NH₂—）（细胞蛋白质的氨基）或巯基（—SH）（细胞酶系统的巯基）等发生亲核加成反应，使细菌失去复制能力，引起代谢系统紊乱，达到杀菌的目的。这类杀菌剂的杀机效果与结构有关，效果较好、使用较多的是戊二醛、甲醛和丙烯醛。

7.3.4.1　丙烯醛

【结构式】

$$CH_2 \!=\! CHCHO$$

【物化性质】　无色透明易燃易挥发不稳定液体，具有强烈刺激性，其蒸气有强烈催泪性。暴露于光和空气中或在强碱、强酸存在下易聚合。沸点 52.5~53.5℃。熔点 −86.9℃。相对密度 0.8410。折射率 1.4017。黏度（20℃）0.393mPa·s。蒸气压（20℃）27.997kPa。蒸气和空气形成爆炸性混合物，爆炸极限 2.8%~31%（体积）。溶解度（质量）：醛在水中（20℃）为 20.6%，水在醛中（20℃）6.8%。丙烯醛能与大多数有机溶剂如石甲苯、二甲苯、氯仿、甲醇、乙醇、乙二醚、丙酮等完全互溶。产品不稳定，易被氧化成丙烯酸，放置易聚合变成无定形固体，因此常加入 0.2% 的对苯二酚做稳定剂。

【制备方法】

（1）由乙醛和甲醛催化缩合制得

1938 年 Degussa 公司就用乙醛和甲醛经气相催化缩合制得丙烯醛，并在 1942 年实现工业化，这是最早的工业生产方法，美国、法国等国家沿用至今。最好的催化剂是用硅酸钠浸渍过的硅胶，甲醛水溶液和乙醛（稍微过量）通过管式反应器中的催化剂层，反应温度控制在 300～320℃，未反应的甲醛和乙醛可以回收循环使用，总收率约 65%（以甲醛计）反应式如下：

$$CH_3CHO + HCHO \xrightarrow[\text{催化剂}]{300\sim320℃} CH_2 \!=\! CHCHO + H_2O$$

（2）丙烯催化氧化法

由于石油工业的发展，产生了大量的丙烯原料，因此利用丙烯氧化制备丙烯醛的方法成为目前工业上普遍采用的方法。该法工艺简单，便于大规模生产。丙烯催化氧化的相关文献比较多，本书介绍的方法是用载于二氧化硅上的氧化铜（或硅酸铜）作催化剂，将丙烯用空气氧化制得丙烯醛，该法收率较高。反应式如下：

$$H_2C \!=\! CH\!-\!CH_3 + O_2 \xrightarrow{\text{催化剂}} H_2C \!=\! CH\!-\!CHO + H_2O$$

工艺流程如图 7-15 所示。

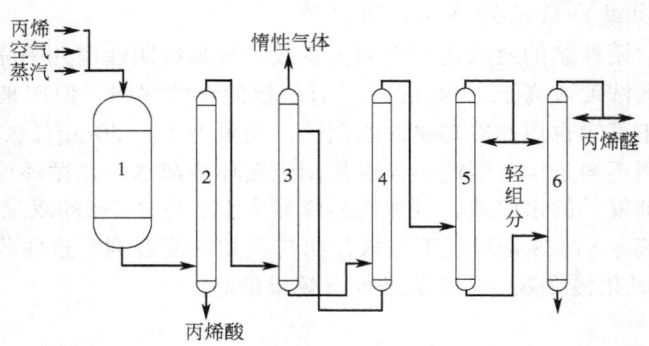

图 7-15 丙烯醛生产工艺流程
1—反应器；2—洗涤塔；3—吸收塔；4—分馏塔；5,6—精馏塔

丙烯、空气（氧）和水蒸气以一定的比例混合、预热，然后在 290～380℃，205～308kPa 压力下反应，反应物中引入蒸气，蒸气含量可达 40%，用以控制反应温度，还可适当提高催化剂的选择性，未反应的丙烯可循环使用。反应过程大量放热必须回收利用，并控制反应温度，反应器出来的气体经冷却并用大量水骤冷以除去酸性副产物。气体进入吸收塔溶解可溶产物丙烯醛，吸收塔出来的气体含 N_2、O_2、CO、丙烷及未反应的丙烯，这些气体可循环使用，也可经催化焚烧处理后排入大气。把含有丙烯醛的水溶液经汽提，精制后得到产品丙烯醛。目前，丙烯氧化制丙烯醛是生产丙烯醛的最佳方法，其优点是原料价廉易得，消耗低，产品质量好，三废排放量小，设备投资也少。

【技术指标】

指 标 名 称	指 标	指 标 名 称	指 标
相对密度	0.842～0.846	主含量(质量)/%	≥92
10%水溶液的 pH 值(25℃)	≤6.2	对苯二酚含量(质量)/%	0.10～0.25
其他饱和羰基物含量(以乙醛计)%	1.066	水分含量(质量)/%	≤0.5

【应用】 丙烯醛是一种高效的杀菌灭藻剂，1.5mg/L 丙烯醛就能杀灭大多数水中微生物。在石油工业上用作油田注水杀菌灭藻剂，以抑制水中细菌的生长，防止细菌在地层造成

腐蚀及堵塞问题，在油田盐水区，丙烯醛可促进水有效流动，使其易于处理，同时还可消除油田水中硫氢化合物的异味。在工业循环冷却水处理用作杀菌灭藻剂，控制微生物生长，保护设备。在造纸工业用作黏泥剥离剂。丙烯醛杀菌灭藻剂在中性至微碱性的循环冷却水中用量一般为 $0.2\sim1mg/L$。在油田回注水中用量一般为 $10\sim15mg/L$。

丙烯醛是制造有机产品的中间体，可用来制造蛋白氨酸、甲基吡啶、吡啶、戊二醛、甘油等，其均聚和共聚物广泛用作造纸、鞣革和纺织助剂，用它处理羊毛可有效地防蛀。

7.3.4.2　水杨醛

【别名】　邻羟基苯甲醛。

【结构式】

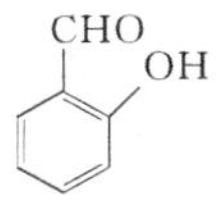

【物化性质】　无色或深红色油状液体。具有苦杏仁气味。蒸汽压 13kPa（33℃），熔点 $-7℃$，沸点 196.5℃、密度（20℃）$1.167g/cm^3$。微溶于水，溶于乙醇、乙醚和苯。能与蒸气一起挥发。与硫酸作用呈橘红色，与金属离子可形成有色螯合物。遇三氯化铁溶液显紫色。可被还原成水杨醇。

【制备方法】　合成水杨醛的方法较多，传统的方法是利用 Reimer-Tiemma 反应或者以邻甲酚为原料氯化后制取水杨醛。此两种方法存在一定的不足，如前者存在反应非均相、产率低、羟基选择性不强等问题，而后者存在危险性大、环境不友好的缺点。因此国内外学者对其进行了大量探索改进，提出了一些新方法。比如水杨醇液相催化氧化法、电化学法合成水杨醛等。甚至运用了一些工业新技术来合成，如采取相转移与微波技术结合的方法。

（1）以苯酚为原料的 Reimer-Tiemann 法

Reimer-Tiemann 反应由 K. Reimer 和 F. Tiemann 于 1876 年发明，该反应利用苯酚、氯仿、碱合成酚醛。Reimer-Tiemann 反应操作工艺简单、原料廉价易得。它是以苯酚和氯仿为原料，在 NaOH 的水溶液中，氯仿首先转化为二氯卡宾，与苯酚钠发生加成反应生成苄基二氯，然后迅速水解为醛，再用盐酸酸化得到水杨醛和对羟基苯甲醛。反应过程如下：

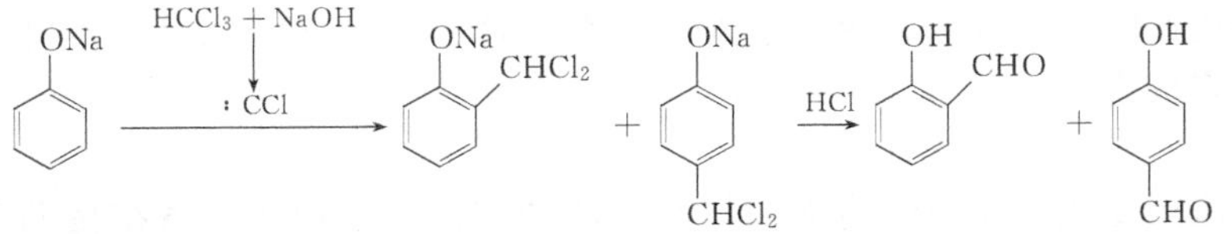

传统的 Reimer-Tiemann 法是在非均相体系中进行，生成的醛与未反应的苯酚钠形成聚合物，使反应收率降低，通常产物收率只有 $20\%\sim35\%$。因而，围绕着如何达到高收率、高选择的研究一直进行着。一般对 R-T 反应的改进主要是利用相转移催化剂，使用三正丁胺、聚乙二醇、季铵盐、表面活性剂等使水杨醛的产率大大提高；也有学者以甲醇作为反应的溶剂，对 Reimer-Tiemann 法合成水杨醛进行了改进，效果较好，产率达 54.6%；还有学者利用相转移催化法与超声波催化法催化合成邻羟基苯甲醛和对羟基苯甲醛，超声波催化使总羟基苯甲醛收率达到 77%，用叔胺和季铵盐作为相转移催化剂，总醛收率达到 60% 以上。

（2）以邻甲酚为原料的合成法

以邻甲酚为原料制备水杨醛多采用将侧链氯化后水解得到产品的方法。有光气法、三氯氧磷氯化法等。光气法存在危险大、环境不友好的缺点，故在工业上使用较少。而三氯氧磷法是邻甲酚与三氯氧磷在氧化镁存在下，进行酯化反应，生成三（邻甲基苯基）磷酸酯。在热引发下，通入氯气，进行氯代反应，生成三（邻二氯亚甲基苯基）磷酸酯。最后将二氯代物水解得到水杨醛。粗产品经减压蒸馏得到纯品。

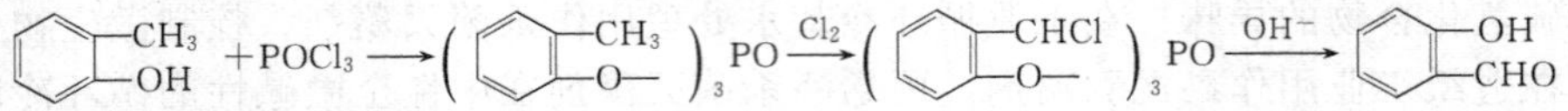

（3）以水杨酸为原料的电化学法

水杨酸电解还原可制得水杨醛，控制反应条件可使羧基有选择地进行阴极还原而得到醛基。其反应式如下：

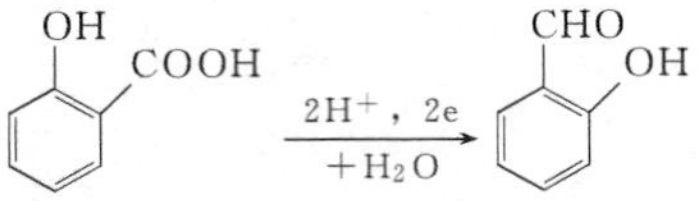

（4）以水杨醇为原料的合成法

以水杨醇为原料制取水杨醛的方法主要有水杨醇液相催化氧化法和电氧化法两种。谢维跃利用研制的非贵金属催化剂 HLO-509 进行了水杨醇的液相催化氧化制水杨醛实验并取得了进展，水杨醛的产率以苯酚计达到 73%～76%。于伯章等人在相转移催化剂（Bu_4NHSO_4）作用下，用 Cr(Ⅵ)/Cr(Ⅲ) 以及 Ag(Ⅱ)/Ag(Ⅰ) 双媒介体系对醇类进行间接电氧化，产率为 75.4%～97.5%。国外有利用 $HAuCl_4/Fe_2O_3$、ZnO、CaO、及 Al_2O_3 作为金属催化剂液相催化氧化邻羟基苯甲醇合成水杨醛的报道，水杨醛作为反应的主要产物选择性很高，且转化率达到 90%。此方法环境友好、选择性高、产率高，是一种很好的水杨醛绿色合成线路。

【技术指标】

指 标 名 称	指 标	指 标 名 称	指 标
熔点/℃	−5.8	折射率	1.3722
沸点/℃	101	pH 值	3.1
相对密度	1.066	蒸气压(20℃)/kPa	2.93

【应用】 水杨醛主要用于水处理、医药工业、食品香料与香精、农药、电镀等领域，制造各种产品的化学中间体。水杨醛有良好的杀生效果，当使用浓度为 50mg/L 时，可杀灭 60% 的铁细菌，85% 的硫酸盐还原菌。在工业循环冷却水和油田回注水等水处理中用作杀菌剂，在香料中用作防腐杀菌剂。用于水处理一般用量为 50～100mg/L。使用浓度应在水溶范围之内，可直接投加。

（1）医药工业

水杨醛在医药工业中作为医药中间体有广泛的应用。可用于制备抗菌药和抑制葡萄-6-磷酸酯类的糖尿病的有效制剂，还是制备外消旋垂体促进性腺激素的中间体。水杨醛与硫酸二甲酯甲基化反应制得的邻甲氧基苯甲醛，是重要的有机合成中间体，主要用于生产药品拟肾上腺素、喘咳宁。

（2）食品香料和香精

水杨醛作为合成香豆素的原料，广泛用于香皂和香精工业上。水杨醛本身还能作为香精油和香料的杀菌剂。即使很低浓度的水杨醛也具有很强的抗菌活性。水杨醛还可合成其他如 6-苄化香豆素、3-甲基香豆素等用于香味剂以及化妆品和配制紫罗兰等香料。

（3）农药中间体、杀菌剂

水杨醛是生产除草剂和杀虫剂的有价值中间体。水杨醛的苯腙用于抑制谷物生斑，也用于制造除草剂，另外水杨醛的腙和苯腙都是非常有效的灭菌剂。水杨醛的 N-甲基和 N,N-二甲基氨基甲酸酯缩醛和缩硫醛是非常有效的杀虫剂。如从水杨醛和乙二醇形成的水杨醛环缩醛的 N-甲基氨基甲酸酯广泛用于欧洲和非洲国家土豆和可可的害虫防治。水杨醛与 2-氨基噻唑席夫碱合成的杀线虫剂是国外开发的一种新型杀虫剂。水杨醛的另一个重要用途是微量营养素的合成。如铁离子螯合物已用于柑橘和橄榄林的碱性和石灰土壤。

7.3.4.3　戊二醛

【结构式】

$$\underset{\parallel}{\overset{O}{H-C}}-CH_2CH_2CH_2-\underset{\parallel}{\overset{O}{C}}-H$$

【物化性质】　无色或浅黄色油状液体。沸点 187～189℃（分解）。易溶于水、乙醇，溶于苯。能随水蒸气挥发。纯度在 98％以上的戊二醛在室温下可保存数日不变，但纯度低时易聚合成不溶性玻璃体。戊二醛在水溶液中游离态存在不多，大量的是不同形式的水合物，而大多数是环状结构的水合物。高浓度戊二醛不易保存，50％戊二醛水溶液聚合反应不显著。市售商品多为 25％的戊二醛水溶液，其熔点为－6℃（纯戊二醛熔点约－14℃），沸点101℃，相对密度 1.062。

【制备方法】

（1）环戊烯氧化法

环戊烯氧化法是最早用于合成戊二醛的方法，早期人们用臭氧作为氧化剂，环戊烯与臭氧反应生成臭氧化合物，然后经还原分解得到戊二醛，同时伴有醛酸、戊二酸及脂类化合物生成反应液中生成的戊二醛需立即处理，否则易被继续氧化成戊二酸，该方法设备要求高，工艺条件苛刻等，目前仅限于实验室制备。反应式如下：

$$\bigcirc \xrightarrow[\text{(2) }H_3CCOOH]{\text{(1) }O_3} \diamondsuit{\overset{-CHO}{-CHO}}$$

（2）吡啶法

该法以吡啶为原料，用甲醇和金属钠还原吡啶为二氢吡啶，再经盐酸羟胺处理得戊二肟，最后用亚硝酸钠和盐酸使戊二肟分解得戊二醛。有关反应方程式如下：

$$\bigcirc_{N} \xrightarrow[CH_3OH]{Na} \bigcirc_{N} \xrightarrow[HCl]{NH_2OH} \underset{\overset{\displaystyle CH=NOH}{\vert}}{\overset{\displaystyle CH=NOH}{\vert}}(CH_2)_3 \xrightarrow[HCl]{NaNO_2} \underset{\overset{\displaystyle CH_2-CHO}{\vert}}{\overset{\displaystyle CH_2-CHO}{\vert}}CH_2$$

该法转化率可达 90％，但收率较低，约 50％。适合小规模生产，该方法反应步骤较多，工艺流程长，仅适合小规模生产。

（3）吡喃法

1950 年 Lonely 和 Emerson 采用丙烯醛和乙烯基乙醚为原料，经过加成水解两步反应合成戊二醛。反应式如下：

$$CH_2=CHCHO+CH_2=CHOC_2H_5 \longrightarrow \bigcirc_{O}{-OC_2H_5}$$

$$\bigcirc_{O}{-OC_2H_5}+H_2O \longrightarrow OHC(CH_2)_3CHO+C_2H_5OH$$

第一步反应生成 2-乙氧基-3,4-二氢吡喃。这是双烯加成反应，所用催化剂为 AlCl₃、BF₃、SbCl₃、ZnCl₂ 等。近年来也开始引入稀土元素做催化剂，反应可在常温常压下进行，也可在高温高压下进行，收率一般可达 80％～90％。

第二步反应是水解反应，所用催化剂为有机酸或无机酸，反应条件缓和，但收率不高，一般可在 70％左右采用加压水解或常压低酸量催化水解，收率可达 75％。由于吡喃法成本较低，操作方便，投资少，收率高，产品质量好，污染小，因而它很快取代吡啶法，是目前工业化最广的方法。美国的联合碳化物公司和壳牌公司，比利时的杨森公司，日本的石丸制药公司，国内的北京化工厂、北京制药厂、武汉有机合成化工厂、山西制药厂和上海医工院南翔实验厂都用此法生产；其缺点是原料来源困难，且丙烯醛和乙烯基乙醚沸点低，不宜储运，但由于其优势较明显，至今还是最为常用的方法。

（4）多元醇氧化法

早期曾有人采用四醋酸铅氧化分解 1,2-环戊二醇或者 1,2,3-环己三醇的方法合成戊二醛，但环戊二醇还是由环戊烯制得。1,2,3-环乙三醇更不易得，所以这些方法并没有引起重视。20 世纪 80 年代初先后有文献报道运用 1,5-戊二醇催化氧化制备戊二醛，运用这种方法制备戊二醛主要采用载体银做催化剂，空气做氧化剂，反应是在一个固定床反应器中进行，将预热汽化后的戊二醇与空气混合，进入催化剂床层进行气、固相反应即可生成戊二醛。

（5）戊二酸法

工业上生产己二酸的过程中副产了大量的戊二酸，国内外学者以其为原料，开发出合适的催化反应体系，直接用戊二酸合成戊二醛。如法国学者用钯作催化剂，以叔酰胺作助催化剂，将戊二酸还原为戊二醛，收率为 55.88%。目前要解决的是催化剂的寿命问题，如果能完善催化体系，此法将是一条理想的戊二醛的生产线，本方法有很好的工业化前景。

【技术标准】

指　标　名　称	指　标	指　标　名　称	指　标
外观	无色或微黄色液体	pH 值	3.2～4.2
戊二醛含量/%	≥50		

【应用】　1962 年 Pepper 等人发现戊二醛具有强大的杀菌作用，尤其是杀芽孢活性，之后国内外对其理化特性、杀菌活性、杀菌影响因素、毒性等进行了广泛的研究。研究和应用表明，戊二醛是一种广谱、高效、低刺激、低腐蚀、安全低毒、稳定的杀菌剂。戊二醛能渗透到微生物的细胞壁，与微生物蛋白质产生化学交联作用，使微生物蛋白质凝固，阻止其新陈代谢，从而抑制了细菌的繁殖。

（1）循环冷却水处理

戊二醛常用于石油化工、造纸等领域的水处理，作为杀菌剂常与其他药剂复配，也可单独使用。戊二醛作为水处理剂有以下优点：水溶液本身可生物降解，不会造成新的污染；毒性低，2% 戊二醛水溶液，其 LD_{50}（小白鼠口服）为 12.6mL/kg，接近无毒化学品水平；pH 值使用范围宽；能与任何比例与水互溶；本身不会对设备腐蚀。第一次投加戊二醛的量一般为 100～150mg/L，时间大约维持 4～6 周，水变清澈后，可以减少戊二醛的投加量，一般维持在 50mg/L 的水平。

以戊二醛为杀菌剂，考察其杀菌性能、对金属的腐蚀性及与其阻垢缓蚀剂的配伍情况，结果如下。当混合异养菌浓度为 $5.4×10^8$ 个/L 时，戊二醛的杀菌率见表 7-20。

表 7-20　戊二醛在不同浓度下的杀菌率

戊二醛/(mg/L)	25	50	75	80	100
杀菌率/%	60.9	84.8	91.1	93.3	98.8

当戊二醛浓度为 50mg/L，起始混合异养菌浓度为 $4.4×10^8$ 个/L 时，加入不同浓度的阻垢缓蚀剂 ECM 时戊二醛的杀菌率见表 7-21。

表 7-21　阻垢缓蚀剂 ECM 对戊二醛杀菌性能的影响

ECM/(mg/L)	0	80	100
杀菌率/%	83.9	85.0	85.5

由表 7-21 可看出试验中的阻垢缓蚀剂 ECM 对戊二醛的杀菌性能基本没有影响，故可以认为戊二醛是一种具有较好配伍性的水处理杀菌剂。

以某炼油厂补给水为试验水，悬转挂片实验结果如表 7-22 所列。

表 7-22　戊二醛对碳钢的腐蚀性

戊二醛/(mg/L)	0	0	50	50	100	100
ECM/(mg/L)	0	50	0	50	0	50
腐蚀速率/(mm/a)	0.367	0.0213	0.386	0.0268	0.423	0.0354

由表 7-22 可知，戊二醛对碳钢的腐蚀速率相对于空白样自来水对碳钢而言较小，故它是一种对金属腐蚀性很小的杀菌剂，且与 ECM 阻垢缓蚀剂有一定的协同效应。

（2）医学临床杀菌消毒

戊二醛作为低温灭菌剂，在临床上得到广泛应用，主要用于不耐高热的内镜、口腔器械、透析机和呼吸机的各种导管、麻醉科器械、瓣膜、人工关节等不耐高温消毒的高危物品，还可用于测腋温的体温计、各种物体表面等中危物品的消毒。戊二醛对细菌繁殖体、芽孢、结核分枝杆菌、真菌和病毒具有良好的杀菌作用。pH 值为 4.19 的酸性强化戊二醛 500mg/L，作用 3min，对金属片上大肠埃希菌的杀灭率达 99.99%；作用 5min，对金黄色葡萄球菌和白假丝酵母菌的杀灭率均达 100%；含量为 20g/L，作用 2h，对金属片及医用止血钳齿端的枯草杆菌黑色变种芽孢的杀灭率分别为 99.98% 和 99.99%。陈越英等对含 2% 中性戊二醛的复方消毒剂——OK 器械消毒液进行悬液杀菌试验，作用 3h，对枯草杆菌黑色变种芽孢杀灭率达 100%；作用 10min 可完全破坏乙型肝炎表面抗原（HBsAg）。Angelillo 研究发现，牙科器械清洗后，2% 碱性戊二醛可在 1min 之内杀灭所有细菌繁殖体，4～5h 内可杀灭枯草杆菌芽孢。Erickson 等通过比较研究 5 种商业戊二醛消毒剂对牛型结核分枝杆菌的杀菌活性，结果 5 种戊二醛最大可以降低 5 个对数级的活性结核分枝杆菌。

7.3.4.4　α-溴代肉桂醛

【别名】　2-溴-3-苯基丙烯醛。

【结构式】

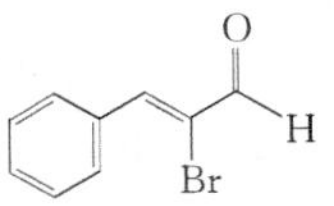

【物化性质】　无色针状结晶，纯品熔点 72～73℃，工业品熔点 69～72℃。不溶于水。由苯甲醛和乙醛进行缩合先制得肉桂醛，再溴化、脱溴化氢制得。广泛用于纺织、皮革、涂料等的防霉。用作除臭剂，特别是除脚臭。是处理金属工作液，如金属切削液或研磨液的杀菌剂。它可防止并抑制冷却塔、空调器、增湿器、循环冷却水、造纸水中的黏泥微生物。

【制备方法】　α-溴代肉桂醛（简称 α-BCA）的合成有多种路线，但比较简便、经济且适于工业基础生产的方法是以肉桂醛开始，与溴素加成，再消去溴化氢。

（1）合成原理

以肉桂醛和溴为主要原料，由冰醋酸作溶剂合成 α-BCA 的原理主要有两个方面：一方面存在大 π－π 共轭效应，总能量比孤立的 π 键低，因而比孤立双键体系稳定，不饱和性降低；另一方面羰基是吸电子基，由于羰基的诱导效应，α-氢的反应将显著被促进。反应式如下：

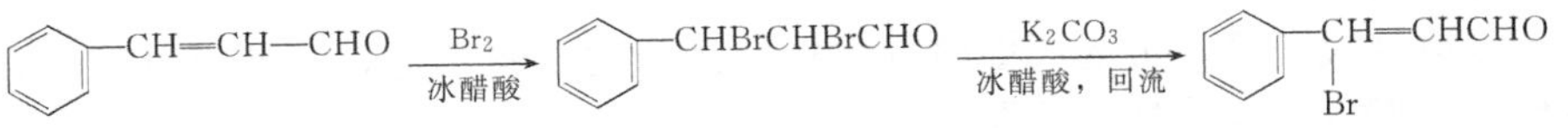

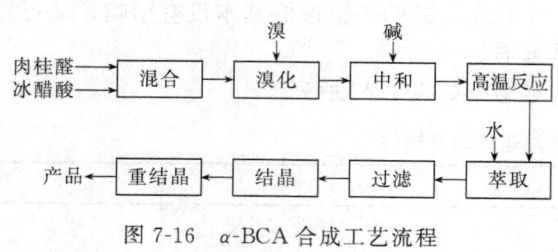

图 7-16   α-BCA 合成工艺流程

为了提高转化率，必须在反应适当的时候加入适量的碱和醇，以促进反应的进行，缩短反应时间。此方法已经有比较成熟的工艺，即在冰醋酸中水浴冷却下加溴，加成产物不经分离即可加入碳酸钾，于冰醋酸回流情况下消去溴化氢，根据文献记录收率可达 75%～85%。工艺流程如图 7-16 所示。

（2）改进方法 1

陆昱京在专利 CN1086204 中以无水碳酸钠作碱试剂，控制反应温度在 80℃以下。实例中产率达 91%。

在装有搅拌器、回流冷凝器、滴液漏斗的三颈圆底烧瓶中加入 11g 肉桂醛、40mL 冰醋酸，滴入 13.5g 溴之后，搅拌，再加入 5.5g 无水碳酸钠，此时有 CO_2 放出，反应器内呈无色透明黏稠状，然后使反应体系升温至 80℃，反应 1h，随后将其倒入蒸馏水中，有结晶生成，然后离心过滤分出结晶，再用乙醇洗净，晾干即得 16g 淡黄色 α-溴代肉桂醛，其熔点为 69～70℃，产率为 91%。

（3）改进方法 2

传统方法产物色泽较深，重结晶难，有学者通过以下措施克服以上不足：适当降低反应温度来改善色泽，并提高收率；以四氯化碳作溶剂（代替冰醋酸），用 2,4-二甲基吡啶（代替碳酸钾）作碱试剂。

在装有电动搅拌、温度计、滴液漏斗和回流冷凝器的 150mL 四口瓶中，加入肉桂醛 11.0g 和冰醋酸 40mL。搅拌下滴加 13.3g 溴素，冰-水浴冷却，始终控制反应温度不超过 5℃。溴素加完后反应呈微黄色，在此温度下继续搅拌反应约 30min，红色退去。生成的溴加成物无需分离继续进行消除反应，搅拌下分批加入无水碳酸钾 7.0g。待全部溶解不再发泡后，水浴加热至 80℃，在此温度维持 1.5h，反应结束。冷却至室温，将上述反应液倾入 100mL 蒸馏水中，析出沉淀物；减压过滤，得浅黄色粗产物。在 80%乙醇中重结晶得白色 α-BCA 15.1g；收率 86%；熔点 71～72℃。

【应用】   α-溴代肉桂醛是一种广谱杀菌剂和消臭剂，可用于水体杀菌灭藻，个人卫生和器械消毒杀菌，也可用于纤维织物、木材、皮革、纸张、涂料和塑料等制品的防腐、防蛀和消臭。

（1）杀菌机理

肉桂醛本身具有一定杀菌效果，其抗菌性和菌体细胞膜的磷脂蛋白的双分子层透过性能有关，经过 α-溴化后，抗菌性增强。BCA 的萜烯，带有不稳定性特征，主要干扰能量代谢中的酶反应，抑制呼吸作用，破坏正常代谢途径。国外对 32 种卤代肉桂醛衍生物的抗菌性和物质研究结果表明 α-BCA 和对氨基-α-溴代肉桂醛的最低致辞死量几乎相同，含 0.5%～1.0%BCA 对某些菌类抑制生长作用很明显。

（2）杀菌消毒

本品配制液可作为医院、公共场所、厕所杀菌消毒剂，医院医疗器械消毒剂，家用物品消毒剂，兽用驱虫剂，生物尸体保存防腐剂。

表 7-23 是 α-BCA 的最小抑菌浓度。

（3）防霉除臭

掺入天然或合成纤维，可起长期防霉防蛀作用。用于制革业，可使所制皮革色泽鲜艳，使用寿命延长，配成液剂擦拭军用器械，可防霉防烂。

表 7-23　α-BCA 的最小抑菌浓度

微生物名称	浓度/(mg/L)	微生物名称	浓度/(mg/L)
大肠杆菌	10	黄曲霉	40
黑曲霉	40	水霉	30
黑根霉	10	串联镰刀霉	50
桔青霉	5	枯草杆菌	10
腊叶芽枝霉	10	铜绿假单胞杆菌	70
出芽短梗霉	15		

7.3.5　季铵盐类杀菌剂

季铵盐是一类有机铵盐，高效低毒，不仅杀菌能力强，而且具有黏泥剥离能力强和 pH 值适用范围宽等特点。季铵盐类杀菌剂由于价格低廉，杀菌速度快，已经被人们广泛研究和利用。

1915 年 Jocobs 首次合成季铵盐类表面活性剂，并指出这种化合物有一定的杀菌作用，但未引起人们的注意。1935 年 Domagk 进一步研究了其杀菌作用与其化学结构的关系，后来进行了临床消毒试验，此后逐步引起了重视。迄今，含阳离子的表面活性剂型杀菌剂已被广泛应用，但它们在使用过程中的毒性、余毒和刺激性问题还有待解决，尤其当大分子阴离子化合物存在时会降低其菌活性。为了改善阳离子表面活性剂的杀菌性能，尤其是降低它对环境和人畜的刺激性和毒性，把杀菌官能团固载到水不溶性载体上是一个很好的研究方向。近年来人们在季铵盐杀菌剂的研究方向上还侧重于向疏水链上引入氧、硫等杂原子，以提高抗菌活性。从目前的水不溶性杀菌剂合成路线来看，普遍倾向聚合单体连接抗菌活性官能团后再进行聚合。季铵盐类杀菌灭藻剂由于具有较好的杀菌灭藻剥离效果，受到国内外水处理工作者的重视和青睐。

近年来含氮阳离子如季铵盐型杀菌剂研究的最重要进展之一是聚季铵盐杀菌灭藻剂的出现。这类产品按其是否溶于水，分为水溶性聚季铵盐型杀菌剂和水不溶性聚季铵盐杀菌剂。迄今，国内外已经成功开发了不少不同结构的水溶性聚季铵盐型杀菌灭藻剂，并且已开始在工业循环水系统使用。

国际上已经开发出的四代具有典型意义的季铵盐杀菌剂。这类杀菌剂的抗菌能力和毒性随结构变化的一般规律是：同类季铵盐杀菌剂含短烷基链的毒性要比长烷基链的大；在烷基链长相同时，带苄基的毒性要比带甲基的小；单烷基的毒性要比双烷基的大。烷基链长短对抗菌力影响较大，当烷基链中碳原子数少于 10 或大于 16 时，杀菌剂对细菌的杀伤力不大；而当碳原子数为 14 时，杀菌剂的抗菌力最大。烷基链为苄基及其衍生物时抗菌力要比为甲基时高得多。Kourai 等于 1995 年报道了一些含有不饱和烷基的季铵盐杀菌剂，它们均具有高效、广谱的抗菌性，并且认为季铵盐中引入不饱和烷基有助于提高抗菌活性。由于一些传统的季铵盐类杀菌剂长期使用会产生一定的抗药性，使用后的残余物会产生一定的毒性，于是新的、对环境友好的杀菌剂引起广泛关注。1980 年 Boder 等人提出了软杀菌剂的概念并制备出了一系列的软杀菌剂。软杀菌剂是指具有抗菌活性并容易在环境中生物降解为无毒、对环境友好的物质的杀菌剂，随后各种各样的软杀菌剂得到广泛的发展。

同时 Nagamune H 等合成了一系列新的双季铵盐，由于其分子中有个季铵盐离子，电荷密度更高，比典型的单季铵盐有更强的抗细菌和抗霉菌活性，并且几乎不受 pH 值和温度的影响，这些杀菌剂都是用—CONH—、—COO—、—S—连接 2 个季铵离子，因此，在环境中能降解成无毒的物质。这些可生物降解的杀菌剂都是理想的抗菌药物和消毒剂。

7.3.5.1　氯化十二烷基二甲基苄基铵

【别名】　苯扎氯铵，洁尔灭，1227。

【结构式】

$$\left[C_{12}H_{25}-\overset{\displaystyle CH_3}{\underset{\displaystyle CH_3}{N}}-CH_2-\bigcirc \right]^{+} Cl^{-}$$

【物化性质】　黄白色蜡状固体及胶状体。易吸潮，易溶于水，微溶于乙醇。具有芳香气味，味极苦。具有典型阳离子表面活性剂的性质，水溶性搅拌时能产生大量泡沫。性质稳定，耐光，耐热，无挥发性，可长期存放。

【制备方法】　美国专利 USP3385893 介绍了两种制备十二烷基二甲基苄基氯化铵的方法，第一种方法利用十二烷基胺与甲醛、甲酸合成十二烷基二甲基叔胺，最后与苯氯甲烷反应生成十二烷基二甲基苄基氯化铵。反应式如下：

$$C_{12}H_{25}NH_2 + 2HCHO + 2HCOOH \longrightarrow C_{12}H_{25}N(CH_3)_2 + 2CO_2 + 2H_2O$$

$$C_{12}H_{25}N(CH_3)_2 + ClCH_2-\bigcirc \longrightarrow \left[C_{12}H_{25}-\overset{\displaystyle CH_3}{\underset{\displaystyle CH_3}{N^{+}}}-CH_2-\bigcirc \right] Cl^{-}$$

第二种方法以十二烷基醇和二甲胺为原料，反应合成十二叔胺，最后再与苯氯甲烷反应生成十二烷基二甲基苄基氯化铵。反应方程式如下：

$$C_{12}H_{25}OH + HCl \xrightarrow{ZnCl_2} C_{12}H_{25}Cl + H_2O$$

$$C_{12}H_{25}N(CH_3)_2 \cdot HCl + NaOH \longrightarrow C_{12}H_{25}N(CH_3)_2 + NaCl + H_2O$$

$$C_{12}H_{25}N(CH_3)_2 + ClCH_2-\bigcirc \longrightarrow \left[C_{12}H_{25}-\overset{\displaystyle CH_3}{\underset{\displaystyle CH_3}{N}}-CH_2-\bigcirc \right] Cl^{-}$$

国内大部分生产厂家采用此法，其主要原料氯代十二烷可由椰子油或液体石蜡加工而成，前者制备的十二醇价格高，限制了其应用。因此常采用液体石蜡作为原料，经氯化制备一氯代十二烷，合成十二烷基二甲基苄基氯化铵。其制备流程如图 7-17 所示。

【技术指标】　HG/T 2230—2006

指 标 名 称	指 标		
	优等品	一等品	合格品
外观	无色或微黄色透明液体	淡黄色透明液体	淡黄色蜡状固体
活性物含量/%	≥44.0	≥80	≥88
胺盐含量/%	≥2.0	≥2.0	≥2.0
pH 值(1%水溶液)	6.0~8.0(原液)	6.0~8.0	6.0~8.0
	常规产品	流动性好	流动性好

【应用】

（1）循环冷却水处理

氯化十二烷基二甲基苄基铵属季铵盐类杀菌灭藻剂的第一代产品，不仅具有广谱、高效的杀菌性能，还具有对铁金属起缓蚀、清洗及剥离菌藻污泥的功能，是一种多功用的药剂。国内使用的洁尔灭（85%含量）或 1227（45%含量）属于此类产品。

该类产品主要用于循环冷却水处理剂、石油化工装置中的水质稳定剂和腈纶的均染剂，广泛用于杀菌、消毒、防腐、乳化、去垢、增溶等方面。用作杀菌剂时，与普通水稀释至一定有效浓度，使细菌蛋白凝固结合，阻止细菌的代谢作用，达到杀菌效果。在循环冷却水处理中洁尔灭和 1227 的使用浓度一般为 50mg/L 和 100mg/L，最适宜的 pH 值使用范围为 7~9。中科院微生物研究所吕人豪等用 1227（45%含量）对循环冷却水中的硫酸盐还原菌、铁

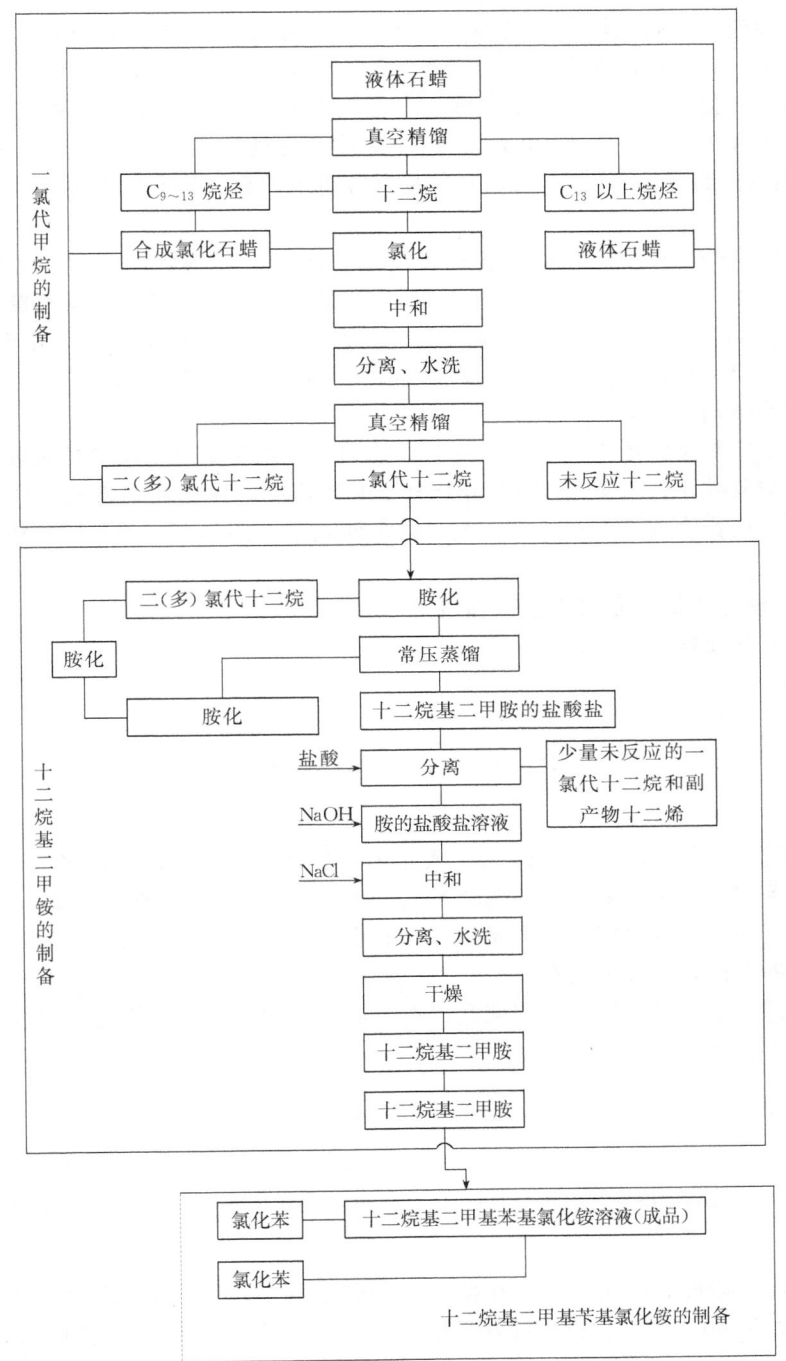

图 7-17　十二烷基二甲基苄基氯化铵工艺流程

细菌和异养菌进行灭菌试验，30mg/L 1227 的杀菌率可达 99%，作用 4h 的细菌存活率降至最低，药剂浓度降到 20mg/L 时杀菌率趋于稳定，8～12h 后菌数开始上升。用氧化性杀菌剂控制的循环冷却水每周或半个月投加一次该产品进行黏泥剥离和系统清洗，投加 1227 的浓度为 100～200mg/L，投加后应停止排污。

该产品还可应用于医疗器械、伤口、公共餐具等的消毒杀菌。国内有学者对其杀菌效果及稳定因素、稳定性与腐蚀性进行试验，结果表明：在 19～21℃，以含十二烷基二甲基苄基氯化铵 2000mg/L 稀释液对布片上金黄色葡萄球菌和大肠杆菌分别作用 4min，以含十二烷基二甲基苄基氯化铵 5000mg/L 稀释液对布片上白色珠菌作用 8min，杀灭率均达 99.90% 以上。溶液 pH 值在 4.11～8.10 时对其杀菌效果无明显影响。该品于 54℃ 恒温箱中放置 14d，下降率为 1.124%。含 10000mg/L 的稀释液对不锈钢、铜和铝基本无腐蚀，对碳钢有轻度腐蚀。

该产品还经常与二硫氰基甲烷、异噻唑啉酮等进行复配得到综合性能更佳的复合杀菌剂。专利 CN1854074 公开了一种复合杀菌剂，由 20%～30% 的多元醇磷酸酯、30%～50% 的异噻唑啉酮、30%～50% 的十二烷基二甲基苄基氯化铵复配而成。该品用于循环冷却水系统的杀菌灭藻，pH 值调控在 6 左右，投加浓度在 150mg/L 比较适宜。

（2）用作均染剂

用于阳离子染料染腈纶纤维的匀染剂时，能阻滞纤维对阳离子染料的吸收，延缓腈纶染色速度，达到匀染效果。匀染剂 1227 用于织物柔软处理，可使纤维膨松，外观优美，并具有抗静电功效，可作合成纤维纺织加工前的静电防止剂。还具有灭菌、抑霉作用，可使织物安全储存。

7.3.5.2　溴化十二烷基二甲基苄基铵

【别名】　苯扎溴铵、新洁尔灭。

【结构式】

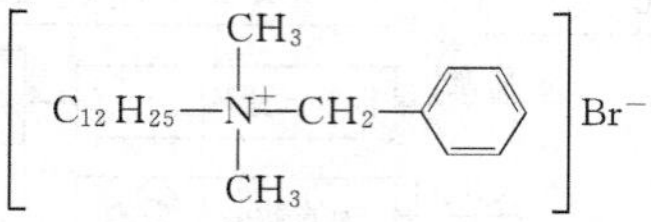

$$\left[C_{12}H_{25} - \overset{\overset{\displaystyle CH_3}{|}}{\underset{\underset{\displaystyle CH_3}{|}}{N^+}} - CH_2 - \bigcirc \right] Br^-$$

【物化性质】　无色或淡黄色固体或胶状液体，易溶于水或乙醇，有芳香气味，味极苦，具有洁净、杀菌作用。杀菌效力一般为苯酚的 300～400 倍，具有典型阳离子表面活性剂的性质，其水溶液强力振荡时能产生大量泡沫，有良好的分散、剥离黏泥作用。性质稳定，耐光、耐热，无挥发性，可长期储存。

【制备方法】　十二醇与溴化氢在硫酸存在下制得溴化十二烷，再与二甲基苄基胺发生铵化。反应式如下：

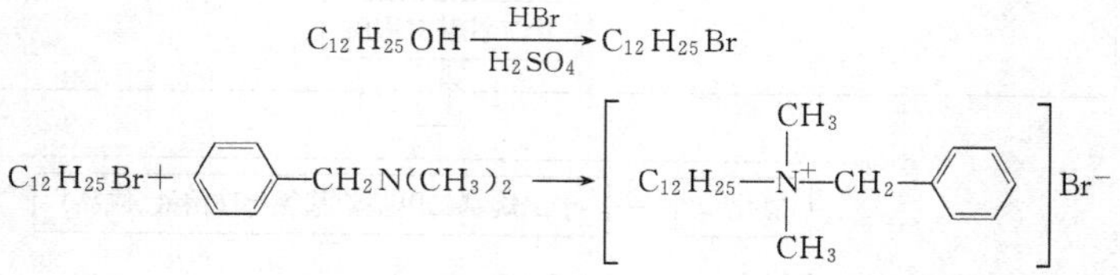

$$C_{12}H_{25}OH \xrightarrow[H_2SO_4]{HBr} C_{12}H_{25}Br$$

$$C_{12}H_{25}Br + \bigcirc - CH_2N(CH_3)_2 \longrightarrow \left[C_{12}H_{25} - \overset{\overset{\displaystyle CH_3}{|}}{\underset{\underset{\displaystyle CH_3}{|}}{N^+}} - CH_2 - \bigcirc \right] Br^-$$

将十二醇加入搪玻璃反应罐中，在搅拌和冷却条件下，缓慢加入硫酸，1h 后，加入氢溴酸。逐步升温至 90～95℃，持续搅拌反应 8h。反应完毕，静置后分去酸层，用稀碱液调节油层的 pH 值至 8 左右，分去碱液，再以 50% 的乙醇洗 2 次，经减压蒸馏，收集 140～200℃、1.25×133.3Pa 的馏分，即可得溴代十二烷，收率可达 90% 以上。

在装有溴代十二烷的搪玻璃反应釜中，加入二甲基苄胺，搅拌加热至 80℃，再让反应物自然升温至 110℃，冷却，控制温度继续升高。搅拌反应持续 6h，得到十二烷基二甲基苄基溴化铵。收率可达 99%。

工艺流程如图 7-18 所示。

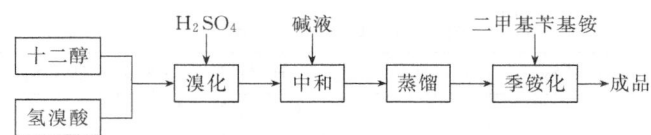

图 7-18　溴化十二烷基二甲基苄基铵制备工艺流程

【应用】　溴化十二烷基二甲基苄基铵属季铵盐类杀菌灭藻剂的第一代产品，不仅具有广谱、高效的杀菌性能，还能对金属设备起缓蚀作用，起到缓蚀、清洗及剥离菌藻污泥的功能，是一种多功用的药剂。国内使用的新洁尔灭（5%水溶液）属于此类产品。

（1）循环水处理

该品用于循环冷却水系统的微生物控制与清洗时，与十二烷基二甲基苄基氯化铵具有相似的性能，但本品比十二烷基二甲基苄基氯化铵有更好的杀菌活性，例如在 10mg/L 有效物的用量下，十二烷基二甲基苄基溴化铵对异养菌的杀灭率为 98.9%，而十二烷基二甲基苄基氯化铵则略低一点。在平常使用情况下，其使用浓度为 50～100mg/L。十二烷基二甲基苄基溴化铵毒性小，不受水硬度影响，使用较方便、成本相对其他类药剂低。苯扎溴铵是一类阳离子表面活性剂，对于酸性介质中金属的腐蚀有良好的抑制作用，其机理主要是苯扎溴铵在锌表面形成了单分子吸附层，隔离了锌与氨基酸溶液，起到缓蚀作用。例如用氨基磺酸、硫酸等清洗剂清洗镀锌设备时会对镀膜产生严重腐蚀，加入苯扎溴铵能有效地改善状况。

（2）医疗卫生消毒

苯扎溴铵是常用的消毒剂，由于其性质稳定，无刺激性，腐蚀性低，因此常用于医药上用作消毒防腐剂。稀释液可用于外科手术前洗手（0.05%～0.1%，浸泡 5min）、皮肤消毒和霉菌消毒（0.1%）、黏膜消毒（0.01%～0.05%）、器械消毒（置于 0.1% 的溶液中煮沸15min 后再浸泡 30min）。不能与肥皂、盐类或其他合成洗涤剂同时使用，避免使用铝制容器。消毒金属器械需加 0.5% 亚硝酸钠防锈，不宜用于膀胱镜、眼科器械及合成橡胶的消毒。对革兰阴杆菌及肠道病毒作用弱。对结核杆菌及芽孢无效。

（3）其他应用

为了进一步提升十二烷基二甲基苄基溴化铵产品性能，避免因微生物抗药性等问题，或者作为其他用途，近年来，人们常以十二烷基二甲基苄基溴化铵为原料与其他杀菌剂，如 ClO_2、$NaClO$、$NaBrO$、H_2O_2、戊二醛、双三丁基氧化锡等配合使用，达到更好的杀菌灭藻、黏泥剥离和清洗等作用，同时减少其用量，减少使用过程中的泡沫。

李来好等把苯扎溴铵复方消毒液（苯扎溴铵溶液加碳酸钠 pH 值为 9，在应用时加入0.2g/L 的亚硝酸钠）用于水产品加工各种工序的消毒。结果表明：含量为 0.2g/L、0.4g/L的苯扎溴铵复方消毒液分别对大肠杆菌和金黄色葡萄球菌在消毒时间 1min 以上有完全杀菌效果；含量为 0.5g/L 的苯扎溴铵复方消毒液对枯草杆菌黑色变种芽孢在消毒 15min 以上有完全杀菌效果；含量为 0.2g/L 的苯扎溴铵复方消毒液对水产品加工厂中生产人员的双手、手套和装虾的塑料筛上的大肠杆菌在消毒 1min 以上达到完全杀菌效果；苯扎溴铵复方消毒液对不锈钢、碳钢和铜无腐蚀，对铝只有轻微的腐蚀。

专利 CN101126052 公开了一种环保洗净液，用于日常生活中衣物、办公用品、家用电器、卫生间等方面的洗涤、杀菌、除味。主要配方见表 7-24。

表 7-24　环保洗净液配方

环保洗净液中各成分(物质)名称	质量分数/%	环保洗净液中各成分(物质)名称	质量分数/%
N-酰基谷氨酸盐	10	失水山梨醇脂肪酸酯	3
菠萝酶	5	脂肪酸二乙醇胺	5
十二烷基二甲基苄基溴化铵(新洁尔灭)	9	遮光剂	0.5
脂肪醇聚环氧乙烷醚 AEO-20(平平加)	8	尿素	1.5
丁二酸酯磺酸盐(琥珀酸酯磺酸盐)	6	次氯酸钠	0.6
硼酸双甘酯	4	香素	0.2
直链十二烷基苯磺酸钠(LAS)	8	水	39.2

7.3.5.3　氯化十四烷基二甲基苄基铵

【别名】　1427。

【结构式】

$$\left[C_{14}H_{29} \overset{\overset{\displaystyle CH_3}{|}}{\underset{\underset{\displaystyle CH_3}{|}}{N^+}} - CH_2 - \bigcirc \right] Cl^-$$

【物化性质】　白色晶体，熔点 62～63℃，易溶于水和乙醇，不溶于苯和醚等有机溶剂。该产品是一种常用的阳离子表面活性剂，也是最早用于杀菌灭藻的季铵盐水处理剂之一。

【制备方法】　以十四烷基二甲基叔胺为原料，与一氯苯甲烷反应，进行季铵化反应即可制得本品。但由于国内十四醇原料中常常含有一定量的十二醇，采用十四醇与二甲胺的催化氯化新工艺制得的十四烷基二甲基叔胺中也常含有一定量的十二烷基二甲基叔胺，故在制得的本品种也常含有一定量的十二烷基二甲基苯甲基氯化铵。

取十四烷基二甲基叔胺 241 份，于反应釜中加热，在不超过 100～110℃ 的温度下投入苯氯甲烷 126.5 份，在 120℃ 保温 2h，得到淡黄色黏稠液体，冷却成固体，收率 90% 以上。

【应用】　在工业循环水处理中常用作杀菌灭藻剂、黏泥剥离剂和系统清洗剂。在工业循环水系统使用时，一般每一周或两周投加一次，每次投加量为 40～100mg/L，采用冲击式投料；在用于系统清洗或黏泥剥离时，可以加大药剂量，如采用 100～200mg/L 的用量，投加后应停止排污。一般情况下会产生泡沫，应投加消沫剂，当循环水中浊度达到最高值时，加入消泡剂使循环水的浊度降至控制值。

7.3.5.4　氯化十六烷基二甲基苄基铵

【别名】　1627。

【结构式】

$$\left[C_{16}H_{33} \overset{\overset{\displaystyle CH_3}{|}}{\underset{\underset{\displaystyle CH_3}{|}}{N^+}} - CH_2 - \bigcirc \right] Cl^-$$

【物化性质】　该产品为白色或浅黄色固体。易溶于水、乙醇，不溶于苯、乙醛。纯品的熔点为 68℃，具有洁净、杀菌作用。具有典型阳离子表面活性剂的性质，其水溶液强力振荡时能产生大量泡沫。有良好的分散、剥离黏泥作用。性质稳定，耐光、耐热，无挥发性，可以长期储存。

【制备方法】

（1）

$$C_{16}H_{33}NH_2 + 2NaOH + 2CH_3Cl \xrightarrow{\triangle} C_{16}H_{33}N(CH_3)_2 \xrightarrow[\triangle]{CH_3Cl} \left[C_{16}H_{33} \overset{\overset{\displaystyle CH_3}{|}}{\underset{\underset{\displaystyle CH_3}{|}}{N^+}} - CH_2 - \bigcirc \right]^+ Cl^-$$

（2）甲酸/甲醛法

十六胺与甲酸、甲醛反应后与三氯甲烷反应得到季铵盐。

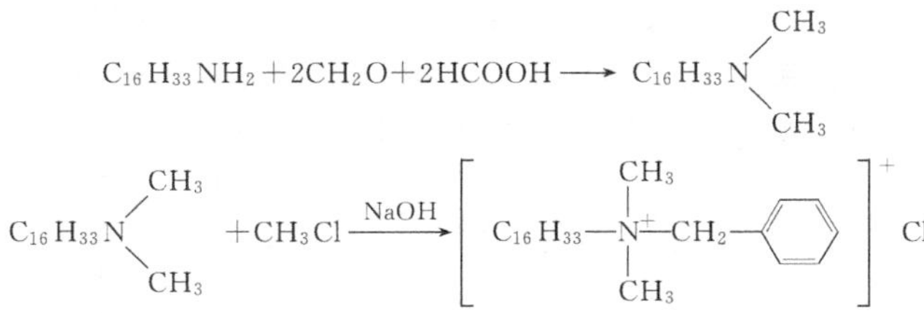

$$C_{16}H_{33}NH_2 + 2CH_2O + 2HCOOH \longrightarrow C_{16}H_{33}N \begin{matrix} CH_3 \\ | \\ CH_3 \end{matrix}$$

$$C_{16}H_{33}N \begin{matrix} CH_3 \\ | \\ CH_3 \end{matrix} + CH_3Cl \xrightarrow{NaOH} \left[C_{16}H_{33} \overset{CH_3}{\underset{CH_3}{N}} CH_2 \bigcirc \right]^+ Cl^-$$

将十六烷胺 120.7 份溶于 150 份乙醇，缓慢加入 150 份 85% 的 HCOOH，保持温度约 30℃。当 HCOOH 滴加完毕后，再加入 115 份 37% CH_2O，将混合物保持温度在 40℃，以使产生 CO_2 的反应平稳下来。将温度提高到回流点，于此温度下加热到不再产生 CO_2。然后用 NaOH 水溶液将反应液调至碱性。加入适量水即分为两层。取上层进行水洗，干燥和蒸馏，则于 80% 收率得二甲基十六烷胺〔沸点 1.47℃（2mmHg）〕。将上述制得的二甲基十六烷胺投入季铵化反应锅中，加入氯甲烷，加压、加热条件下反应。反应完毕，蒸出未反应的氯甲烷，得到十六烷基三甲基氯化铵。

工艺流程如图 7-19 所示。

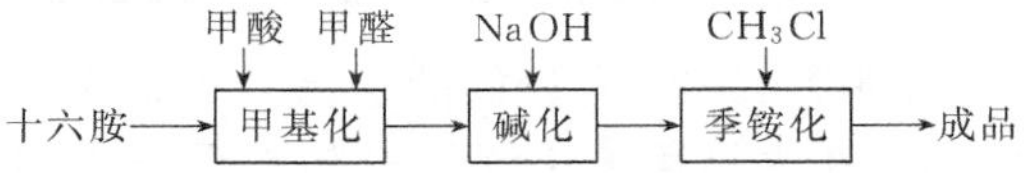

图 7-19　氯化十六烷基二甲基苄基铵制备流程

【应用】　十六烷基二甲基苄基氯化铵是第一代季铵盐杀菌剂典型代表之一，在工业循环水领域可用作杀菌灭藻剂、黏泥剥离剂及清洗剂，还可用作柔软剂和头发调理剂等。该品与十二烷基二甲基苄基氯化铵具有相似的理化性质，但在同等条件下，该品具有更高的杀菌活性。例如在 10mg/L 的用量下，该品对异养菌、铁细菌和硫酸盐还原菌的杀菌率均优于十二烷基二甲基苄基氯化铵，如表 7-25 所列。

表 7-25　十六烷基二甲基苄基氯化铵的杀菌性能

浓度/(mg/L)	杀菌率/%			浓度/(mg/L)	杀菌率/%		
	异养菌	铁细菌	硫酸盐还原菌		异养菌	铁细菌	硫酸盐还原菌
5	97.4	99.2	99.9	20	99.9	99.6	100
10	99.9	99.6	100				

该品是许多复合杀菌灭藻剂的一种组分，可与二硫氰基甲烷，异噻唑啉酮，双（三丁基）氧化锡，双 $C_8 \sim C_{10}$ 烷基二甲基季铵盐等和适量的渗透剂进行复配，可得到复合型杀菌灭藻剂。

7.3.5.5　氯化十二烷基三甲基铵

【别名】　1231。

【结构式】

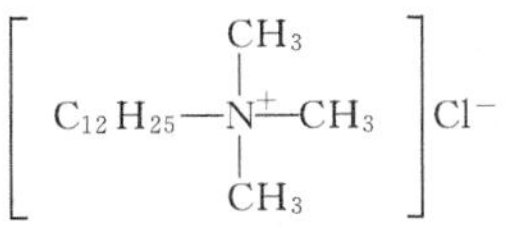

$$\left[C_{12}H_{25} \overset{CH_3}{\underset{CH_3}{\overset{|}{\underset{|}{N}}} CH_3} \right] Cl^-$$

【物化性质】　浅黄色透明的胶状液体，活性物含量分为 30%、33% 和 50% 三种。相对密度 0.98，凝固点 −15℃（33%）、−10.5℃（50%），HLB 值为 17.1，闪点 60℃，溶于水、乙醇和异丙醇水溶液，1% 的水溶液 pH 值为 6～8。化学稳定性好，耐热、耐光、耐压、耐强酸和强碱。属阳离子型季铵盐类表面活性剂。具有良好的渗透、乳化、抗静电和杀菌性能。可生物降解。

【制备方法】 由十二烷基二甲基叔胺在压力釜中与氯甲烷反应制得。在压力釜中首先加入十二烷基二甲基叔胺、乙醇和水，并加入少量碱，用氮气置换压力釜中的空气，升温至反应温度，通入氯甲烷，反应数小时后即可，冷却出料。反应式如下：

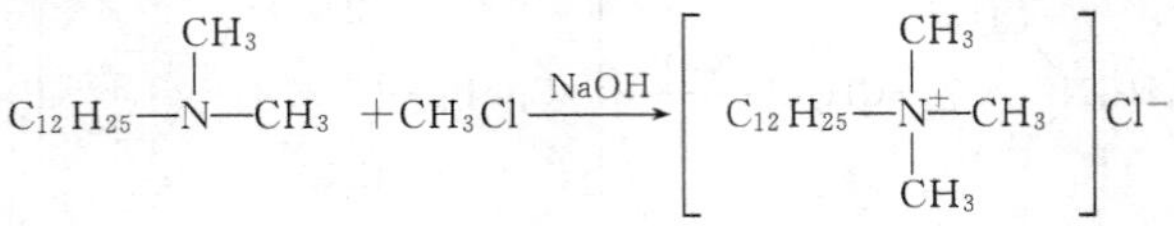

$$C_{12}H_{25}-\underset{\underset{CH_3}{|}}{\overset{\overset{CH_3}{|}}{N}}-CH_3 +CH_3Cl \xrightarrow{NaOH} \left[C_{12}H_{25}-\underset{\underset{CH_3}{|}}{\overset{\overset{CH_3}{|}}{\overset{+}{N}}}-CH_3\right]Cl^-$$

【技术指标】

指 标 名 称	指 标		
活性物含量/%	30	33	50
外观	无色至微黄色透明液体		
pH 值	7～8		
氯化钠含量/%	≤3		

【应用】 1231 有较好的杀菌效果，它在油田回注水、食品、造纸及纺织工业水中用作杀菌剂，在大型化工装置的冷却水系统中用作杀菌灭藻剂，是乳胶工业的黏泥防止剂和隔离剂。

（1）循环冷却水处理

在工业循环水处理中，一般采用冲击加药方式。加药量一般为 30～50mg/L。氯化十二烷基三甲基铵（简称 1231）对异氧菌、铁细菌和硫酸盐还原菌在加药后 4h 后的杀菌率见表 7-26。

表 7-26 1231 的杀菌性能

加药浓度/(mg/L)	杀菌率/%		
	异氧菌	铁细菌	硫酸盐还原菌
10		78.89	98.00
20	94.42	94.40	99.17
30	97.9	97.89	99.98

（2）其他应用

1231 用作抗静电剂，皮革和纤维柔软剂，头发调理剂，胶乳发泡剂，金属清洗和抛光剂，矿物浮选剂，淀粉稳定剂，沥青、天然橡胶及合成橡胶的乳化剂。钻凿深井时，用作抗高温油包水乳化泥浆的乳化剂；水和污泥处理的絮凝剂。还可作为分散剂、缓蚀剂、颜料涂饰剂等。它也是农业的杀菌剂，蚕室、蚕具、畜圈、食品机械器具的杀菌消毒剂。

7.3.5.6 溴化十六烷基三甲基铵

【别名】 1631。

【结构式】

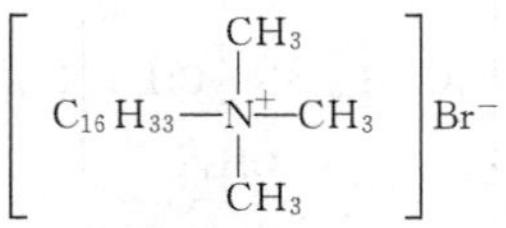

$$\left[C_{16}H_{33}-\underset{\underset{CH_3}{|}}{\overset{\overset{CH_3}{|}}{\overset{+}{N}}}-CH_3\right]Br^-$$

【物化性质】 该产品为白色或淡黄色的固体或胶状液体。熔点大于 230℃（分解），易溶于水、乙醇。耐热、耐光、耐强酸和强碱。具有优良的表面活性、稳定性和生物降解性，水溶液震荡时能产生大量泡沫，在水中离解成阳离子基团，在水中对多种油脂具有良好的乳化作用。与阳离子、非离子，两性离子表面活性剂有良好的配伍性。

【制备方法】

① 十六烷胺与甲醛、甲酸反应得到叔胺，然后与氯甲烷季铵化。反应式如下：

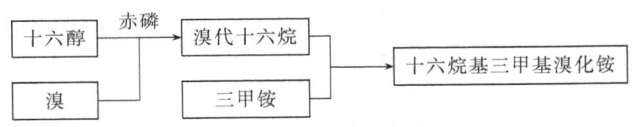

将十六烷胺 120.7 份溶于 150 份的乙醇，于其中徐徐加入 150 份 85% 的 HCOOH，保持温度约 30℃。当 HCOOH 滴加完毕后，再加入 115 份 37% H_2O，将混合物保持温度在 40℃，以使发生 CO_2 的反应平稳下来。将温度提高到回流点，在此温度下加热到不再发生 CO_2。然后用 NaOH 水溶液将反应液调至碱性。加入适量水即分为两层。取上层进行水洗、干燥和蒸馏，则以 80% 收率得二甲基十六烷胺（沸点 1.47℃/2×133.3Pa）。

将上例方法制得的二甲基烷基胺同溴甲烷在碱存在下反应，便可生成三甲基烷基铵基溴化物。

② 由十六醇经溴化后再与三甲胺反应，制备流程如图 7-20 所示。

图 7-20　溴化十六烷基三甲基铵制备流程

【应用】 十六烷基三甲基溴化铵是一种常见的阳离子表面活性剂，具有杀菌、消毒、乳化、去垢、增溶等作用，主要用作工业及油田水处理中杀菌灭藻剂、黏泥剥离剂和清洗剂。

① 用于循环水系统的微生物控制与清洗　本品与洁尔灭具有相似的抗微生物性能。研究表明：5mg/L 有效物的用量下，对异养菌、铁细菌、硫酸盐还原菌的杀灭率分别为 99.9%、99.9%、99.9%。在通常情况下，其使用浓度为 50~100mg/L。

② 石油工业添加剂　由于十六烷基三甲基溴化铵可以在金属表面形成一层单分子薄膜，从而起到延缓腐蚀的作用。在石油工业中，将其加入原油中，可以起到保护管道、水泵和储油罐的作用；同时还可用于钻井作业中，作为防蜡剂、缓蚀剂、润湿剂、缓速剂等。

③ 化妆品功能助剂　十六烷基三甲基溴化铵能牢牢地吸附在带负电荷的头发上，带有亲油性的长链烷基能使头发光滑、柔软，消除了头发表面因摩擦而产生的静电，使头发易于梳理，因而常被用于护发类化妆品的配制。由于其低毒性，还广泛用于牙膏和化妆品中，以改进其他表面活性剂与皮肤的相容性，在牙膏中作为口腔杀菌剂。

7.3.5.7　氯化十六烷基吡啶

【结构式】

$$\left[C_{15}H_{31}CH_2-N^+ \right] Cl^-$$

【物化性质】 白色固体，一般带一分子结晶水，其熔点为 77~83℃。极易溶于水、乙醇，可溶于氯仿，几乎不溶于苯、乙醚。1% 的水溶液的 pH 值为 6.0~7.0。强力振荡其水溶液会产生泡沫，具有良好的表面活性和杀菌消毒性能。

【制备方法】 在 48mL $SOCl_2$ 和 0.3gHCONMe 的混合物中，搅拌下控制温度 30~35℃，滴入 81g 十六醇。滴毕，混合物煮沸 30min，冷却，蒸馏得 138~140℃（270Pa 压

力）馏分，得到氯代十六烷。

将 80g 氯代十六烷和 32g 干吡啶油浴加热到 150~160℃，反应 12~15h，反应完毕。加入 80mL 丙酮，混合物水浴加热溶解后再冷却得 94％收率的产品。熔点 87~88℃。反应式如下：

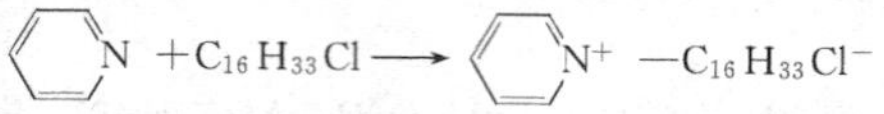

$$\text{（吡啶）} N + C_{16}H_{33}Cl \longrightarrow \text{（吡啶）} N^+ - C_{16}H_{33}Cl^-$$

【应用】 氯化十六烷基吡啶是一种阳离子表面活性剂。在工业冷却水处理中可用杀菌剂和缓蚀剂。在医药上用作消毒剂，其具有宽范围的活性。1：83000 的稀释液在 37℃时能杀死阳性绿豆葡萄球菌素，但杀死阴性绿豆假单胞菌则需要 1：5800 的稀释液，它对线病毒也是有效的，可作为防腐剂和杀菌剂。

（1）循环水处理

氯化十六烷基吡啶对异养菌、铁细菌和硫酸盐还原菌的杀菌试验情况见表 7-27。

表 7-27　十六烷基氯化吡啶杀菌试验

药剂浓度/（mg/L）	杀菌剂/%		
	异养菌	铁细菌	硫酸盐还原菌
1	98.0	98.7	66.7
5	98.6	99.7	99.84
10	99.9	99.9	99.99

氯化十六烷基吡啶投药方式一般采用：每天少量投药，有利于抑菌；每隔数日采用一次冲击式大剂量投药，有利于杀菌。一般用量为 10~20mg/L。

（2）医用消毒

由于氯化十六烷基吡啶具有广谱的杀菌性，因此很早之前就被用于医学临床消毒。据英国马丁代尔药典记载，氯化十六烷基吡啶制剂为非处方药，在欧美广泛用于口腔清洁、消毒，如牙龈炎的防治、口咽部感染控制及预防龋齿等。

（3）其他用途

近年来，国内外研究者不断扩展氯化十六烷基吡啶的用途，有研究者把其用于肉类（包括牛肉、鸡肉等）的处理，达到较好的杀菌效果。氯化十六烷基吡啶的杀菌抑菌机理，目前有两种解释，一种认为氯化十六烷基吡啶是表面活性剂，具有亲水和亲脂的两个基团，因此与细菌接触有良好的浸润性，使细菌表面张力减少而失活，起到抑菌和杀菌的作用；另一种解释是氯化十六烷基吡啶是一种季铵盐，可以与细菌的一些酸性基团发生反应，形成弱的离子化合物，阻断细菌的呼吸作用，影响细菌的新陈代谢。

7.3.5.8　聚季铵盐

【结构式】

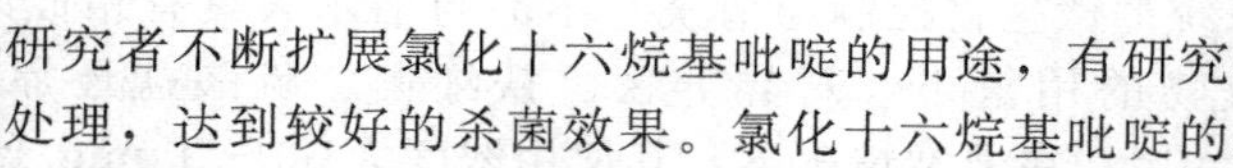

$$[RN^+(CH_3)_2]_m \left[CH- \text{（苯环）} -[N^+(CH_3)_2]_o -[E]_p Cl_{m+o}^- \right]_n$$

【物化性质】 浅黄色或黄色黏稠液体，略有苦味。pH7~8。性质稳定，可长期存放。

【制备方法】 以氯化苄、环氧化合物、二甲胺及长链胺进行合成反应制得聚季铵盐。

【技术指标】

指 标 名 称	指 标	指 标 名 称	指 标
外观	淡黄色或黄色液体	运动黏度/（m²/s）	10×10^{-6}
活性物含量/%	40±1	pH 值	7.5~8.0

【应用】 聚季铵盐一种新型非氧化性高效杀菌灭藻剂。主要成分为聚季铵盐，对循环冷却水系统中存在的异养菌、铁细菌、硫酸还原菌，厌氧菌及真菌等具有较好杀灭和抑制作

用，对油田注水中的菌藻杀灭更佳，具有广谱、高效、低毒、水溶性好等特点。

　　广泛用于工业循环冷却水系统、油田采油注水。不能用于饮用水和生活用水。作为杀菌灭藻剂时，一般投加剂量为 20～50mg/L；作黏泥剥离剂，使用量为 50～200mg/L。可与其他类型的缓蚀剂，阻垢分散剂配合使用，也可与氯气等氧化性杀菌剂配合使用。除此之外还可作为表面活性剂，缓蚀剂，防霉剂。

7.3.5.9　双季铵盐

【结构式】

$$\left[C_{12}H_{25}-\overset{\overset{\displaystyle CH_3}{|}}{\underset{\underset{\displaystyle CH_3}{|}}{N^+}}-R-\overset{\overset{\displaystyle CH_3}{|}}{\underset{\underset{\displaystyle CH_3}{|}}{N^+}}-C_{12}H_{25} \right] \cdot 2X^-$$

X：　Cl 或　Br

以双十二烷基为例

【制备方法】　目前国内外的对称双季铵盐的合成路线主要有以下两种。

　　(1) 长链叔胺的合成

　　将 140kg 十二胺（或碳链长度＝10～18 的脂肪胺）加入反应釜中，然后缓慢加入 158kg 甲酸（88%）和 159kg 甲醛（37%），维持反应温度 80～150℃，反应 6～15h，然后加入 50%NaOH，使体系 pH≥10，加水稀释后，倒入油水分离器，静置 6h，分离出上层的油状物，用无水 Na$_2$SO$_4$ 干燥后即得约 150kg 长链叔胺。

$$C_{12}H_{25}NH_2 + 2HCOOH + 2HCHO \longrightarrow C_{12}H_{25}N(CH_3)_2$$

　　(2) 双季铵盐的合成

　　将 150kg 长链叔胺和 60kg 二氯代醚加入反应釜，同时加入适量的有机溶剂（甲苯、二甲苯），搅拌并控制在一定的温度下，反应得到淡黄色浑浊混合物，蒸馏除去溶剂后，得浅黄色固体或黏稠状液体，即为双季铵盐化合物。工艺流程如图 7-21 所示。

【应用】

　　(1) 杀菌机理

　　双季铵盐分子中具有两个长链的基团，通过诱导作用使两个 N 原子上的正电荷增加，有利于杀菌剂分子在细菌表面的吸附，从而进一步改变细胞壁的渗透性，使菌体破裂。同时，杀菌剂吸附到菌体表面后，有利于疏水基团分别深入到菌体细胞的磷脂层，导致酶推动活性和蛋白质变性。

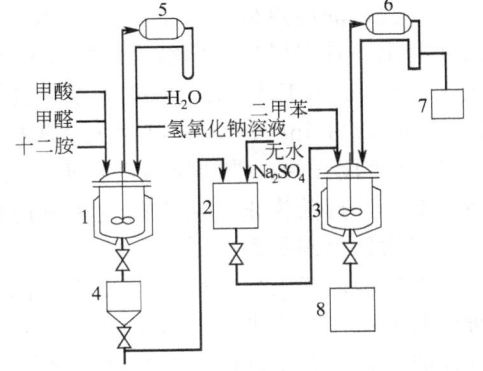

图 7-21　双季铵盐型杀菌剂生产工艺流程

1,3—反应釜；2—干燥罐；4—油水分离器；
5,6—冷凝器；7—水罐；8—成品罐

　　(2) 循环冷却水处理

　　双季铵盐型杀菌灭藻剂用于循环冷却水处理，杀生效果比单季铵盐杀生效果好，试验表明，双十二烷基季铵盐与同等尝试的 1227 相比，杀菌效果是其 5 倍左右。当硫酸盐还原菌数量为 4.5×10^5 时，该品浓度 20mg/kg，在 4h 内杀菌率就可达 99%，且药效时间长。长期使用双季铵盐作为杀菌剂不会产生抗药性。

7.3.6　季鏻盐杀菌灭藻剂

　　季鏻盐类杀菌剂是在季铵盐基础上开发的新一代高效、广谱非氧化杀菌剂，除具有很强的杀菌性能，季鏻盐类杀菌剂还有较强的黏泥剥离能力、低的发泡性、低剂量、良好的配伍性以及较宽的 pH 使用范围，因此它出现后就成为国内外学者的研究热点。目前国内各种水处理药品书籍对其介绍比较简单，因此本书将更深入地对其进行总结，以供研究者和使用者参考。

（1）季鏻盐类杀菌灭藻剂的杀菌机理

季鏻盐类杀菌剂从结构、类型上来看属于阳离子表面活性剂，其杀菌机理一般可认为此类化合物中带正电荷的有机阳离子被带负电荷的细菌选择性地吸附（阳离子通过静电力、氢键力以及表面活性剂分子与蛋白质分子之间的疏水结合等作用），或聚集在细胞壁上，产生室阻效应，导致细菌生长受抑而死亡，或通过渗透和扩散作用，穿过表面进入细胞膜，从而阻碍细胞膜的半渗透作用，并进一步进入细胞内部，使细胞酶钝化，蛋白质酶不能产生，从而使蛋白质变形，达到杀死细菌细胞的作用。这种阳离子表面活性剂的亲油基团能溶解并损伤细菌表面的脂肪壁，改变了细菌原生质膜的物化性质。亲油基的溶解性能越好，越有利于破坏细菌原生质膜，加速细菌的死亡。

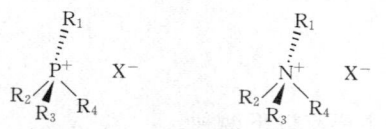

图 7-22　季鏻盐与季铵盐的结构比较

季鏻盐与季铵盐有相似的结构，如图 7-22 所示，只是用含磷的阳离子代替季铵盐中含氮的阳离子。季鏻盐中的磷原子与季铵盐中的氮原子同是第 V 主族元素，均采用 SP3 杂化轨道与其他 4 个烷基碳原子相连，形成一个四面体，这样的分子结构比较稳定，与一般氧化还原剂、酸碱性物质及其他类型化合物不起作用。但是，氮原子是第二周期元素，而磷原子是第三周期的元素，磷原子半径较氮原子半径大，相应的离子半径也大。离子半径大使其极化作用增大，从而使其周围的正电性增加。正电性增加使其容易与带负电荷的微生物产生静电吸附作用，更容易杀死微生物。因此从结构上分析季鏻盐的杀菌效果比季铵盐的杀菌效果更好。季鏻盐对革兰阴性菌、革兰阳性菌及霉菌和藻类等都有效。

（2）季鏻盐类杀菌灭藻剂的研究进展

季鏻盐的应用最早开始于 1941 年，当时美国的 Conrad Schoeller 等，经过理论研究和实际应用，首先提出季鏻盐是织物和有关工业中的良好的助燃剂，这项成果获得美国专利。次年，Norman E. Searle 又提出季鏻盐可作为消毒剂、杀虫剂和去污剂。随后，Willelm Lommel 和 Heinrich Munzel 两人将季鏻盐用于织物材料杀虫、杀菌的研究获得成功。从 20 世纪 70 年代开始，季鏻盐的发展便进入了一个辉煌的成熟期。正是这个时期，应用领域不断拓宽，到目前为止，从它的应用方向来看，可分为催化剂、植物生长剂、杀菌剂、阻燃剂、织物处理剂等等。

季鏻盐用于水处理使其进入了一个新的发展阶段，经过几年的发展已经初具规模。早期研究的季鏻盐主要带有三苯基鏻的结构，开始研究时已初步显示出好的抗菌性。Akihik 等研究的带有长烷基链的季鏻盐则有更佳的抗菌活性。进一步的 Akihiko 等又于 1993 年报道了带一个长烷基的三丁基鏻，当长烷基链碳数为 12，14，16，18 时，均对 *E. Coli* 及 *S. Aureus* 菌有高效、快速的杀灭活性，并分析了杀菌效果与烷基碳链长短的关系。同年 Akihiko 等报道的乙基苄基三烷基氯化鏻，当烷基为正辛基、乙基、正丁基、苯基时，他们发现当烷基为正辛基时抗菌活性最强。

1994 年 Akihiko 等在前面研究的基础上报道了带有单、双长烷基链的三甲基、二甲基季鏻盐。他们所研究的长烷基链的碳数分别为 10、14、18。这些季鏻盐对所试的 11 种典型微生物均有好的抗菌性。Akihiko 还就其他结构相同，仅阳离子种类不同的季铵盐和季鏻盐进行了对比，结果是后者比前者具有更佳的抗菌活性。Akihiko 等于 1996 年报道了对乙基苄基-二甲基-长链烷基季鏻盐对 *S. Aureus* 菌和 *E. Coli* 菌的构效关系并测定了此种季鏻盐对上述两种菌种的最小抑菌浓度（MIC）。

　　我国对季鏻盐类杀菌剂的研究起步较晚，主要是在国外研究的基础上，进行进一步的分子设计，以使得此类杀菌剂成为不仅具有良好的杀菌性能，而且还具有阻垢、缓蚀和分散能力的一类多效的绿色环保型水处理药剂。发展方向是研制改性季鏻和聚季鏻盐。改性季鏻盐主要可分为烷氧基改性季鏻盐、缩醛改性季鏻盐和聚醚改性季鏻盐，它们主要都是通过化学反应将烷氧基基团、醛基基团和醚基基团直接连在分子中的中心磷原子上，通过分析证明这将大大增强中心磷原子的正电性，有助于杀菌性能的提高。在聚季鏻盐的研究方面，主要是设法通过季鏻盐杀菌剂-单体化合物的聚合或将季鏻盐杀菌剂分子固定在高分子载体上制成聚合物杀菌剂，尤其研究的是水不溶性聚合物杀菌剂。聚季鏻盐已初步显示了良好的杀菌性，适当的相似结构的聚季鏻盐较聚季铵盐有更佳的抗菌性，这类聚合物的缓蚀、长效性更为人关注，但目前该类聚合物尚有一定的水溶性，而且合成原料受限，尚需作更多的探索和研究。

　　(3) 季鏻盐杀菌灭藻剂的生产应用

　　季鏻盐类杀菌剂虽然具有很多其他杀菌剂并不具备的性能，但由于此类产品生产工艺复杂，生产成本较高，工业化较为困难。在国外与国内水处理药剂市场上有英国 Ciba-Geigy 公司的产品 B-350，由于其优良的性能在国外得到了普遍的使用，在国内也有良好的应用前景。此产品中起杀菌作用的活性成分就是单长链的三丁基氯化鏻，通过复配，得到一种无色透明液体，可以与任何比例的水互溶，药剂有效含量为 50%，使用非常方便。由我国石油化工科学研究院研制的季鏻盐型杀菌剂 RP-71，通过在不同药剂浓度下评定对异养菌、铁细菌、真菌和硫酸盐还原菌的杀菌效果时发现，RP-71 的杀菌率无论是在低浓度还是在高浓度下，均与 B-350 相当，具有高效、广谱和低剂量的特点。

7.3.6.1　四羟甲基硫酸鏻（THPS）

【结构式】

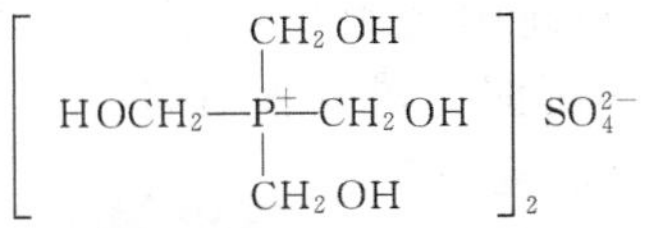

$$\left[\begin{array}{c} CH_2OH \\ | \\ HOCH_2-P^+-CH_2OH \\ | \\ CH_2OH \end{array} \right]_2 SO_4^{2-}$$

　　【物化性质】　无色至浅黄色液体或白色晶体，吸湿性强，极易溶于水，水溶性 $\geqslant 10 g/mL$（18℃），易溶于低级醇，不溶于其他有机溶剂。黏度（20℃）为 $30 \sim 45 mPa \cdot s$，pH3.0~4.0，熔点为 $-35℃$，沸点为 111℃，凝固点 96℃，密度 1.4g/mL（25℃）。

　　【制备方法】　THPS 的合成方法主要有以下几种：以氯化氢为催化剂、磷化氢和烷基醛类为反应原料；以甲醛和磷化氢为反应原料，控制压力和温度在一定的范围内；甲醛-磷化氢在少量分散的金属或化合物存在下反应，通过两步连续的反应，即用磷化氢与过量的甲醛在高压下，控制一定的温度得到三羟甲基磷半缩醛溶液，最后用酸处理；以金属磷化物、甲醛以及无机酸为原料。

　　(1) 以磷化物、甲醛以及无机酸为反应原料

　　1921 年，Hoffman 使磷化铝与水作用产生磷化氢气体，然后通入甲醛和浓盐酸溶液，反应完成后蒸去挥发性成分和水，获得了氯化四羟甲基鏻［Tetrakins (hydroxymethyl) phosphonium chloride, THPC］白色晶体。基本反应如下所示：

$$AlP + 3H_2O \longrightarrow Al(OH)_3 + PH_3$$

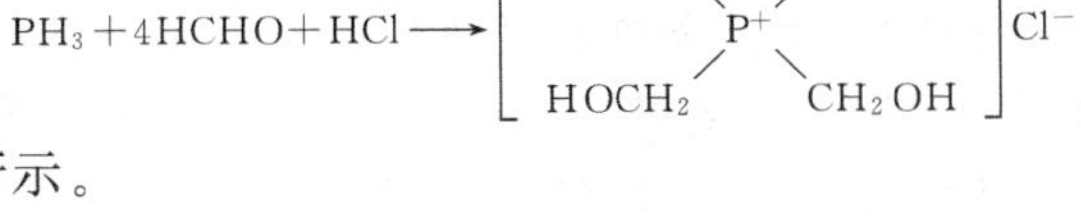

$$PH_3 + 4HCHO + HCl \longrightarrow \left[\begin{array}{c} HOCH_2 \quad CH_2OH \\ P^+ \\ HOCH_2 \quad CH_2OH \end{array} \right] Cl^-$$

　　工艺流程如图 7-23 所示。

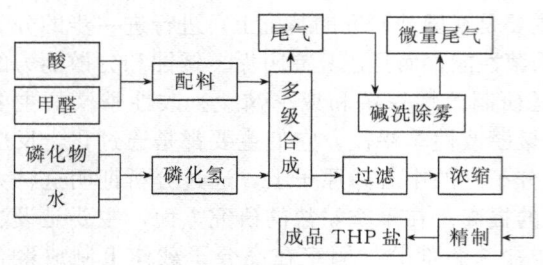

图 7-23　THPS 生产工艺流程

目前，大多数化工厂采用类似 Hoffman 法的工艺流程制备 THPS 盐。使用的磷化物有磷化铝、磷化钙和磷化锌等，强酸吸收液有浓盐酸、浓硫酸和浓磷酸等。在反应中使用催化剂可以使 THPS 盐的产率达到 90%。随后，Moedritger 以氯铂酸钾为催化剂使产率达到 92%。陈邦银提出，用氯化锌、氧化铝、氧化锡、氢氧化锌、氢氧化铝、氢氧化锡、氯化锌、三氧化铝和氯化锡等作为催化剂，可以将 THPS 盐的产率提高到 99%。

（2）以磷化氢、甲醛和无机酸为原料

冯振华在专利 CN101143887 和 CN101224378 公开了一种制备四羟甲基硫酸磷的方法，该方法中以次磷酸钠生产过程中所产生的废气（磷化氢）为原料，将甲醛，硫酸按摩尔比配成水溶液，与磷化氢在 40～50℃ 的温度条件下反应生成四羟甲基硫酸磷。

次磷酸钠反应釜投料 5min 后，釜内不断有磷化氢气体产生，利用釜内气体的压力，将磷化氢直接输送到气体储藏罐中进行收集。将甲醛，硫酸按摩尔比为 8.2:1 配成水溶液。将该水溶液用耐腐蚀泵打入吸收塔，自塔顶向下喷淋，用送气泵将气罐中的磷化氢气体送入吸收塔内，在 50℃ 的温度条件下，进行反应合成，制得四羟甲基硫酸磷水溶液。反应式如下：

$$8HCHO + H_2SO_4 + 2PH_3 \longrightarrow [(CH_2OH)_4P]_2SO_4$$

【应用】

（1）在油田系统中的应用

在石油工业中 THPS 能够很好地解决微生物引起的各种问题。THPS 不仅能够减少 H_2S 气体的产生，还能够溶解 FeS 沉淀，减少管道堵塞，保持水速率和出油产量，因而被广泛地应用于油田注水系统、水层恢复系统、储藏库以及管道保护。油田系统中 SRB 会在成严重的危害，由它产生的 H_2S 不仅具有腐蚀性，还具有毒性。一方面会影响工作人员的健康和安全，另一方面腐蚀管道和容器，导致石油产品的意外泄漏，污染油田周围的空气和水域，造成环境污染。THPS 对硫酸盐还原菌具有良好的抑制性能，可减少 H_2S 的产生及其对管道造成的腐蚀。图 7-24 为THPS 对产生 H_2S 的脱硫弧菌作用前、后的效果图。

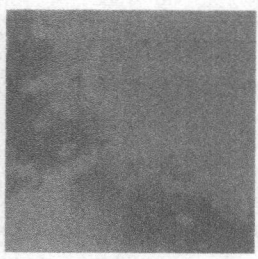

图 7-24　THPS 对产生 H_2S 的脱硫弧菌
作用前、后效果

自 1994 年以来，位于北海丹麦区域的 Maersk 石油与天然气科学院所有的采油区以 THPS 作为杀菌剂，采用不同的处理方式取得了不同的效果，见表 7-28。

（2）THPS 工业水处理中的应用

THPS 用作工业水系统杀菌剂具有如下优点：a. THPS 具有高效广谱的杀菌效果，并能去除生物黏泥；b. THPS 低毒，容易降解为无毒物质，使其成为冷却水排入生态敏感水域时的一种理想杀菌剂；c. THPS 对于冷却水系统的各类水均相容，其稳定性很好；d. 与常见水处理剂，如聚丙烯酸（PAA）、氨基三亚甲基磷酸（ATMP）等具有良好的配伍性；e. 对硫酸盐还原菌、铁细菌均具有良好的杀菌效果。实验证实，当 THPS 质量浓度大于 60mg/L

表 7-28　实验总结

日期	实验说明	效果
1994-06	向注水井持续加入 THPS6d（开始 THPS 质量浓度为 1000mg/L，结束时其质量浓度为 weu300mg/L）	相应的出油井内 H_2S 减少 50%，持续时间 3~4 月
1995-01~03	THPS 与常规杀菌剂联合使用，THPS 的质量浓度为 200~250mg/L，加药时间为 8~24h	H_2S 减少 35%~40%，在最后阶段由 100mg/L 减少到 65mg/L，停止加药后 3~5d 开始增加
1997-07~12	先连续加入 THPS 200mg/L75h，然后改为脉冲式加药（第一阶段其质量浓度为 400mg/L，6min/h；第二阶段 4min/h）	一次性大剂量加入 THPS 使 H_2S 迅速减少，由 460kg/d 降为 400kg/d；随后的脉冲式处理控制了 H_2S 的增加
1999-01~06	批处理：1 月连续加入 THPS 200mg/L，72h；3 月连续加入 THPS 200mg/L，72h；6 月连续加入 THPS 125mg/L，105h	气态 H_2S 减少 25%，4 星期后出现上升趋势；气态 H_2S 减少 15%，4 星期后出现上升趋势；由于浓度太低，对 H_2S 没有效果

时，对硫酸盐还原菌的杀菌率达到 100%；f. 与季铵盐 1227、MQA 相比，当 THPS 的质量分数大于 60% 时，其冰点小于 $-20℃$，因此可用于及其寒冷的地方；g. THPS 最小有效剂量能够通过比较容易的在线分析方法测得。

（3）其他方面的应用

在消防喷洒系统中存在生物、化学沉积物并且具有充足的氧气，传统上使用的氧化剂、杀菌剂，不仅不能够很好地抑制微生物造成的腐蚀，在某种程度上还促进了腐蚀。由于 THPS 还具有黏泥剥离性能，使用 THPS 能够帮助清洁消防喷洒系统内部表面的油污、尘粒及其他庇护微生物，并为其提供营养的物质，从而能够抑制 MIC（Microbiologically induced corrsion）细菌，达到控制 MIC 细菌、黏泥、沉淀物及由此造成的腐蚀的目的。

挪威海岸天然气生产基地使用 THPS 减少 H_2S 引起的腐蚀，控制 H_2S 对空气的污染。此外由于 THPS 是环境友好型杀菌剂，因此被批准代替毒性较高的杀菌剂用于环境敏感区域。

7.3.6.2　四羟甲基氯化磷（THPC）

【结构式】

$$\left[\begin{array}{cc} HOCH_2 & CH_2OH \\ & P^+ \\ HOCH_2 & CH_2OH \end{array}\right] Cl^-$$

【物化性质】　无色透明液体（80% 水溶液），pH 值为 5~5.5，相对密度为 1.28~1.3，易溶于水，具有吸湿性。加热时放出酸性物质，本品使用时不需加催化剂，在胺存在下形成阻燃缩合物，对纯棉织物有较好的阻隔燃效果。

【制备方法】　THPC 制备机理是通过金属吸附在磷的表面，在酸的存在下，磷和磷化氢反应（金属与酸生成的新生态的氢反应生成）。然后再与甲醛、酸反应得到四羟甲基磷盐。下面提供一种以磷化物、甲醛以及无机酸为反应原料的方法。

首先用磷化铝与水作用产生磷化氢气体，然后通入甲醛和浓盐酸溶液，反应完成后蒸去挥发性成分和水，获得四羟甲基磷白色晶体。基本反应式如下：

$$AlP + 3H_2O \longrightarrow Al(OH)_3 + PH_3$$

$$PH_3 + 4HCHO + HCl \xrightarrow{\text{催化剂}} \left[\begin{array}{cc} HOCH_2 & CH_2OH \\ & P^+ \\ HOCH_2 & CH_2OH \end{array}\right] Cl^-$$

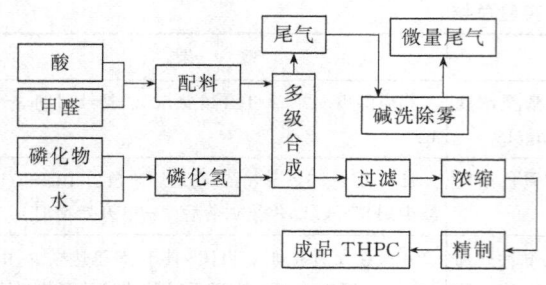

图 7-25　THPC 的生产工艺流程

该方法的工艺流程如图 7-25 所示。

目前，大多数化工厂采用类似 Hoffman 法的工艺流程制备的 THPC。使用的磷化物有磷化铝、磷化钙和磷化锌等，强酸吸收液有浓盐酸、浓硫酸和浓磷酸等。在反应中使用催化剂可以提高 THPC 的产率。在 1959 年发布的美国专利中，Martin 以汞为催化剂使 THPC 盐的产率达到 90%。随后，Moedritger 以氯铂酸钾为催化剂使产率达到 92%。

陈邦银于专利中提出，用氧化锌、氧化铝、氧化锡、氢氧化铝、氢氧化锡、氯化锌、三氧化铝和氯化锡等作为催化剂，将 THPC 盐的产率提高到 99%。

① 在一个磷化氢气体发生器内装入 900mL 水，通氮气约 10min，充分赶净气体发生器内的空气，然后分数次加入 180g 磷化铝，这时磷化铝和水作用产生磷化氢气体。

② 取一个 1000mL 三口烧瓶，装上搅拌器，装入 665g 37%的甲方醛溶液、170mL 36% 盐酸和 4g 三氯化铝，通氮气约 10min，充分赶净反应器的空气，调节温度 40～50℃，开动搅拌器，均匀通入磷化氢气体，通完约 102g 磷化氢气体 3.0mol 后回流约 30min，反应完后得到具有甲醛气味的无色透明溶液。

③ 将此反应液在 70～80℃蒸去挥发性成分和水分，可以得到 THPC80%水溶液，继续蒸去水分，可以得到白色结晶产物，粗产物置于一个装有固体氢氧化钠为干燥剂的干燥器内，干燥后得到 THPC 晶体 376g，熔点 149～150℃，产率 99%。

实验室制备实例，在装有搅拌器、回流冷凝装置和温度计的 500mL 四颈瓶中加入一定量的黄磷、锌粉、甲醛，通入氮气保护，滴加一定量的浓盐酸，然后将反应物加热到 80℃，在此温度下滴加盐酸。反应 6h，将反应混合物减压浓缩，弃去析出的盐，再进一步减压脱水得产品。

【应用】　THPC 是一种新型的低分子量的季鏻盐杀菌剂，具有高效、广谱、低毒、易生物降解等特点，广泛应用于纺织品阻燃剂。近年来国内外致力于寻求一种杀菌效率高、使用范围广、低毒、对黏泥有强渗透剥离作用、适用 pH 值范围宽的杀菌灭藻剂。经过多年的探索，证明季鏻盐类杀菌灭藻剂具有高效、广谱、强的表面活性和黏泥剥离清洗效果、低的发泡性、低剂量、低毒、配伍性好、宽 pH 值使用范围和化学性能稳定等优点。

(1) 循环冷却水处理

THPC 不仅对杀灭硫酸盐还原菌特别有效，在高浓度硫化氢和井下厌氧环境中依然保持活性，目前已经在国内一些油田及循环冷却水中作为杀菌灭藻剂。将 THPC 用于硫酸盐还原菌、铁细菌的杀菌试验，结果表明，THPC 对循环冷却水中的菌藻有很好的杀灭作用，与季铵盐复配后杀菌效果更佳。杀菌效果如表 7-29 所列。

根据表 7-29，在 20mg/L 时，THPC 对硫酸盐还原菌的杀菌率达 100%，对铁细菌的杀菌率达 99.9%，说明 THPC 有很好的杀菌功效。

(2) 用作溶垢剂

酸性油气田设备结垢的主要成分是硫化氢腐蚀所产生的硫化亚铁，有时夹杂少量的碳酸铁、碳酸钙和碳氢组分等。腐蚀沉积物不仅会阻碍流体在管道和地层间的流动，而且沉积物下会发生垢下腐蚀。目前处理硫化亚铁沉积物的最常用方法是用强酸溶解。强酸对硫铁比高的硫化亚铁（FeS₂）的溶解度很有限且溶解速度慢，而且会腐蚀管道和产生剧毒的硫化氢气体，因此急需开发高效环保性的硫化亚铁垢溶解剂。

表 7-29　THPC 的杀菌效果

药剂浓度/(mg/L)	硫酸盐还原菌		铁细菌	
	存活菌数/(个/mL)	杀菌率/%	存活菌数/(个/mL)	杀菌率/%
5	4.5×10^5	90	4.5×10^5	0
10	4.5×10^2	98.33	4.5×10^5	0
20	0	100	4.5×10^2	99.9
40	0	100	0	100
60	0	100	0	100
80	0	100	0	100
100	0	100	0	100

英国 Albright & Wilson 公司最先申请了将 THPC 用于清除油管硫化亚铁沉积物的专利。单一的 THPC 在 60℃时对注水管垢和输气管垢的溶解量分别为 62% 和 39%，而当溶液中加有氯化铵或二亚乙基三胺五（亚甲基膦酸）钠（NaDETPMP）时，溶垢量提高 24%～30%。THPC 之所以能溶解腐蚀产物，是由于 THPC 能与腐蚀垢中的铁离子形成水溶性络合物。

THPC 作为溶垢剂在现场使用时可连续注入，使 THPC 在系统中的浓度保持在 5～200mg/L；也可一次性加入，系统中 THPC 瞬时浓度最高可达 200g/L。加药方式和剂量取决于系统温度和结垢程度。

7.3.6.3　十二烷基三丁基氯化鏻

【结构式】

$$\left[\begin{array}{c} C_4H_9 \\ | \\ C_4H_9{-}P^{+}{-}C_{12}H_{25} \\ | \\ C_4H_9 \end{array} \right] \ Cl^{-}$$

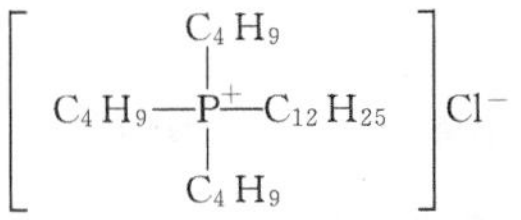

【物化性质】　无色透明液体，几乎不溶于苯、乙醚。耐热，耐光，耐强酸和强碱。具有优良的表面活性和杀菌消毒性能。作为杀菌灭藻剂使用的季鏻盐系列产品，一般为有一定固含量的水溶液。

【制备方法】　十二烷基三丁基氯化鏻的合成路线具体如下：在装有机械搅拌、回流冷凝管、恒压滴液漏斗和温度计的四口烧瓶中，通入氮气作为保护气，在四口烧瓶中先加入一定量的 1-氯代正十二烷和溶剂，然后在一定温度和搅拌条件下，利用恒压滴液漏斗滴加三丁基膦，控制一定的滴加速度，滴加完毕以后，保持一定反应温度反应一段时间。停止加热、搅拌，冷却出料，得粗产物。将粗产物进行减压过滤，滤去溶剂，再将所得产物用正己烷进行萃取，分离后放入真空干燥箱中干燥，制得十二烷基三丁基氯化鏻。

【应用】　十二烷基三丁基氯化鏻（DTPC）是一种阳离子季鏻盐杀菌灭藻剂，有高效、广谱、低剂量、低发泡性、强表面活性、强黏泥剥离和清洗效果、宽广的 pH 值适用范围以及化学性能稳定等优点，因此广泛用来作为工业循环水系统的杀菌灭藻剂、黏泥剥离剂。DTPC 可以和各种带负电的缓蚀剂、阻垢剂同时使用，且不易产生沉淀，基本上不影响缓蚀剂和阻垢剂的使用效果，还能与其他阴离子缓蚀剂发生协同效应，是一种具有缓蚀、阻垢和杀菌等功效的多功能药剂。

DTPC 的杀菌机理与十四烷基三丁基氯化鏻相似，有学者通过比较三种烷基（12，14，16）三丁基氯化鏻杀菌效力，证明三种药剂在低剂量的情况下杀菌效率高。

控制杀菌时间为 12h，三种药剂对异养菌、铁细菌、硫酸还原菌的杀菌效果如图 7-26

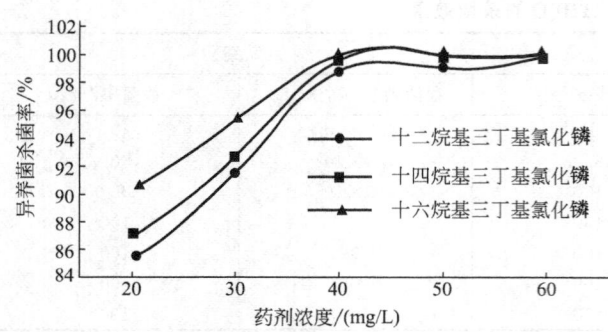

图 7-26   三种季鳞盐对异养菌的杀菌能力

所示。

由图 7-26 可知，在药剂浓度小于 40mg/L 时，随着季鳞盐分子结构中长碳链的增长，异养菌的杀菌效果越佳。在药剂浓度大于 40mg/L，三种季鳞盐的异养菌杀灭率都能基本达到 100%。

由图 7-27 可知，季鳞盐类杀菌剂对铁细菌杀灭的优异效果，当用量仅为 10mg/L 时，杀菌率已达到 95%。

由图 7-28 可知，三种季鳞盐杀菌剂在 20mg/L 的时候，对硫酸盐还原菌的杀菌率均接近 99%。

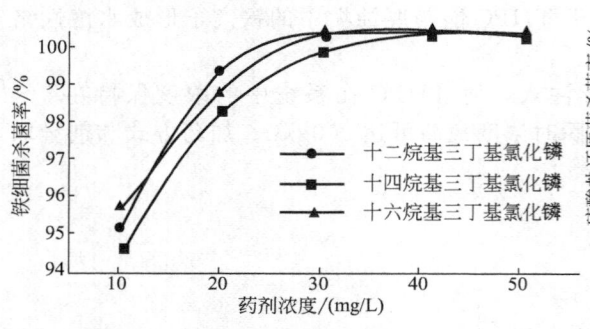

图 7-27   三种季鳞盐对铁细菌的杀菌能力

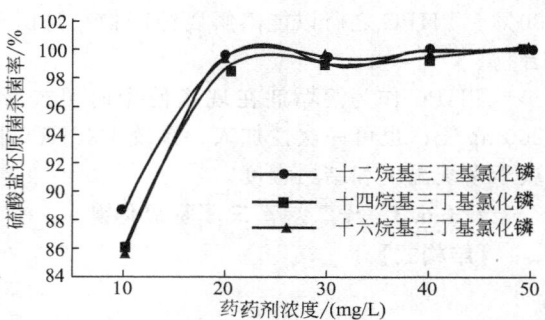

图 7-28   三种季鳞盐对硫酸盐还原菌的杀菌能力

7.3.6.4   十二烷氧基甲基三丁基氯化鳞

【结构式】

$$\left[C_{12}H_{25}OCH_2 \underset{\underset{C_4H_9}{|}}{\overset{\overset{C_4H_9}{|}}{P^+}} C_4H_9 \right] Cl^-$$

【制备方法】 （1）十二烷氧基甲基三丁基氯化鳞的制备分两步进行。

① 十二烷基甲基醚的合成   将等物质的量的十二醇与甲醛、盐酸加入反应釜中，在 60℃的条件下，进行氯甲基化反应 5～6h，得到十二烷基氯甲基醚。反应式如下：

$$C_{12}H_{25}OH + HCHO \xrightarrow{HCl} C_{12}H_{25}OCH_2Cl$$

② 长链烷基季鳞化   将十二烷基氯甲基醚与三丁基膦进行季鳞化反应，得到一种季鳞盐杀菌剂，反应如下：

$$C_{12}H_{25}OCH_2Cl + \underset{\underset{C_4H_9}{|}}{\overset{\overset{C_4H_9}{|}}{P}} C_4H_9 \longrightarrow \left[C_{12}H_{25}OCH_2 \underset{\underset{C_4H_9}{|}}{\overset{\overset{C_4H_9}{|}}{P^+}} C_4H_9 \right] Cl^-$$

（2）实例

① 在四口瓶中加入 0.1mol 月桂醇、0.2mol 多聚甲醛催化剂，在搅拌下于 80℃缓缓通入氯化氢气体 0.2mol，反应 3h，减压蒸馏得十二烷氧基氯甲烷，产率 72%。

② 在反应釜中加入 0.5mol 十二烷氧基氯甲烷和三丁基膦，在氮气保护下，控温 100～160℃，搅拌反应 48h，冷却出料，得浅黄色蜡状固体十二烷氧基甲基氯化鳞，产率 98%。

【应用】　十二烷氧基三丁基氯化磷属于季磷盐阳离子表面活性剂，具有杀菌效率高，和羧酸阻垢缓蚀剂配伍好的特点，具备缓蚀效果，可作为工业水处理中的杀菌剂和黏泥剥离剂，还可作为纺织、印染和日用化工行业的杀菌剂、乳化剂及分散剂，是最新一代的杀菌剂。

7.3.6.5　十四烷基三丁基氯化磷（TTPC）

【结构式】

$$\left[\begin{array}{c} C_4H_9 \\ C_4H_9-\overset{+}{P}-C_{14}H_{29} \\ C_4H_9 \end{array}\right] Cl^-$$

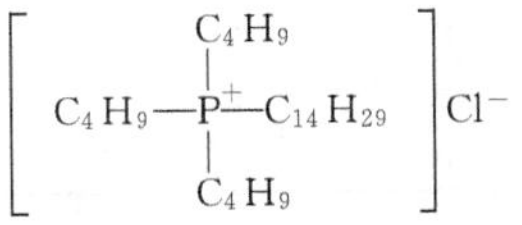

【物化性质】　纯品为白色结晶，易吸潮。易溶于水、乙醇，几乎不溶于苯、乙醚。耐热，耐光，耐强酸和强碱。具有优良的表面活性和杀菌消毒性能。作为杀菌灭藻剂使用的季磷盐系列产品，一般为一定固含量的水溶液。

【制备方法】　在装有机械搅拌、回流冷凝管、恒压滴液漏斗和温度计的四口烧瓶中，通入氮气作为保护气，在四口烧瓶中先加入一定量的1-氯代正十四烷和溶剂，然后在一定温度和搅拌条件下，利用恒压滴液漏斗滴加三丁基膦，控制一定的滴加速度，滴加完毕以后，保持一定反应温度反应一段时间。停止加热、搅拌，冷却出料，得粗产物。将粗产物进行减压过滤，滤去溶剂，再将所得产物用正己烷进行萃取，分离后放入真空干燥箱中干燥，制得十四烷基三丁基氯化磷。

以正十四醇、吡啶、氯化亚砜为原料，用常规的氯代烷制备方法可制得氯代十四烷，收率为71.3%。在装有搅拌和温度计的250mL三口瓶中加入51.2g1-氯代十四烷和40.5g三丁基膦，在氮气保护、150℃条件下反应48h得到十四烷基三丁基氯化磷。将产物溶于100mL水中，用100mL正己烷萃取3次，在真空干燥箱中干燥，得产品85.2g，以三丁基膦计，收率为98%。

【技术指标】　企业标准

指标名称	指　　标	指标名称	指　　标
色泽	无色透明液体	凝固点/℃	−8
pH值	7.0～8.0	水中溶解度	与任何比例的水相溶
沸点/℃	100℃	固含量/%	≥50

【应用】　十四烷基三丁基氯化磷是20世纪80年代后期由汽巴嘉基公司推出的季磷盐杀菌剂，商品名称为B-350。石油化工科学研究院研制了类似产品RP-71。季磷盐类杀菌灭藻剂的出现主要是针对解决季铵盐型杀菌剂存在的毒性、起泡、抗药性等问题。季铵盐和季磷盐的结构因素类似，但季磷盐对微生物的杀灭性能明显优于季铵盐，十四烷基三丁基氯化磷常与快速渗透剂联合适用，使本产品能够快速渗入黏泥的多糖层，破坏细胞内蛋白质的结构，减少细胞呼吸作用必需的还原酶，最终破坏整个细胞，从而起到杀灭微生物和剥离黏泥的作用。目前季磷盐的制备尚有如下不足：原料受限、原料和成品的制备条件苛刻（常在氮气保护下进行反应），例如叔膦的制备常用格氏试剂法（需绝对无水），而季磷化反应时为了避免叔膦的氧化，因此反应也常常在氮气保护下进行，所以季磷盐产品的成本往往较高。

（1）用于水处理杀菌灭藻

十四烷基三丁基氯化磷具有高效、广谱、低剂量、低发泡性、强表面活性、强黏泥剥离和清洗效果、宽广的pH值适用范围以及化学性能稳定等优点，因此广泛用来作为工业循环水系统的杀菌灭藻剂、黏泥剥离剂。十四烷基三丁基氯化磷与冷却水系统杀菌剂的配伍性好，几乎不耗余氯；pH（2～12）的变化对杀菌活性无影响。表 7-30 是几种药剂对链球菌的最小抑菌浓度（MIC），表 7-31 和表 7-32 是本品的最小杀死浓度（MKC）及本品对几种细菌的 MIC。

表 7-30　几种药剂对链球菌的 MIC

药　剂	MIC/(mg/L)	试验菌浓度/(个/Ml)	药　剂	MIC/(mg/L)	试验菌浓度/(个/Ml)
RP-71	2	3×10^6	FN7326	10	5×10^4
B-350	3	1×10^7	MT	15	5×10^4
DDM	3	5×10^4	15′	>100	5×10^4
洁尔灭	5	5×10^4	聚季铵盐	>100	1.7×10^5

表 7-31　几种药剂对链球菌的最小杀死浓度 MKC

药剂浓度/(mg/L)		1	2	3	4	5	6	7	8	9	10
存活菌数/(个/L)	RP-71	>6500	>6500	50	32	13	4	0	0	0	0
	B-350	>6500	>6500	>6500	2700	53	1	0	0	0	0

表 7-32　本产品对几种细菌的 MIC

菌　名	MIC/(mg/L)	试验菌浓度	菌　名	MIC/(mg/L)	试验菌浓度
枯草芽孢杆菌	2	5.1×10^5	藤黄橄球菌	1	2.8×10^5
干燥棒杆菌	5	1.3×10^6	地衣芽孢杆菌	7	9.2×10^5
铜绿色假单胞菌	2	2.0×10^6	粪产碱杆菌	1	1.2×10^6

十四烷基三丁基氯化磷用于循环冷却水系统灭藻，试验效果如表 7-33～表 7-35 所列。

表 7-33　对微孢藻 MIC 的测定

杀菌剂	MIC/(mg/L)	杀菌剂	MIC/(mg/L)
RP-71	2	B-350	2

表 7-34　对颤藻 MIC 的测定

杀菌剂	MIC/(mg/L)	杀菌剂	MIC/(mg/L)
RP-71	5	B-350	6

表 7-35　几种药剂对鼓藻 MIC 的测定

杀菌剂	MIC/(mg/L)	杀菌剂	MIC/(mg/L)
RP-71	3	FN7326	20
B-350	3	MT	6
DDM	30	15′	>200
洁尔灭	1	聚季铵盐	>500

十四烷基三丁基氯化磷也是循环冷却水系统优良的黏泥剥离剂。使用 RP-71 和 B-350 实验结果表明：系统实验前，塔柱壁水下部分有藻类和絮状黏泥，挂片器管内壁布满了藻层，向该系统投加 30mg/L 浓度的产品后，凉水塔水面上出现了一层 2～5mm 厚的白色泡沫，2h 厚管内壁上藻层有部分脱落，1d 后薄藻层被洗掉，厚藻层仍绿，6d 后，厚藻层变白死亡，塔柱水下部分的藻类和黏泥剥离干净。就清洗性而言，由于十四烷基三丁基氯化磷在远低于季铵盐杀菌剂用量的条件下，就有良好的清洗效果，因此不像季铵盐产品那样易产生大量的泡沫。

十四烷基三丁基氯化磷使用方法如下：在循环水系统有大量生物黏泥或微生物严重污染

的情况下，建议连续投加两次。第一次投加 $30\sim40\text{mg/L}$，$5\sim8\text{h}$ 后再投加 $30\sim40\text{mg/L}$，继续运行 $1\sim2$ 天后就能起到良好的污泥清洁作用。一般循环冷却水系统每月投加一次，每次投加浓度为 $30\sim40\text{mg/L}$。

（2）用作缓蚀剂

十四烷基三丁基氯化磷还可作为缓蚀剂，对钢铁及锌的缓蚀性能良好。季磷盐类物质在金属表面的缓蚀机理一般认为是发生了缓蚀剂在金属表面的吸附。

季磷盐类作为有机缓蚀剂使用已有一段时间。蒋嘉、姚禄安、旷宝贵等研究了季磷对钢铁及锌的缓蚀作用。何柞清、李金良等人研究了在 $MgCl_2$ 溶液中季磷盐对铝的缓蚀作用，他们采用了微分极化电阻和微分电容测量技术研究三种季磷盐化合物对铝的缓蚀作用及季磷盐分子结构对缓蚀效果的影响。随后他们又采用相同的办法分别研究了季磷盐在高氯酸铝溶液中对铝的缓蚀作用和季磷盐与阴离子对铝缓蚀的协同作用。他们发现季磷盐类物质的缓蚀机理主要是由于此类物质在金属表面的吸附，既包括由静电或范德华力引起的物理吸附也包括由配位和电荷引力引起的化学吸附，在不同的溶液条件下，季磷盐类物质在金属表面的吸附过程也会有所不同。但无论是物理吸附还是化学吸附，缓蚀剂在金属表面的吸附过程总伴随着体系自由能的降低。

刘建华等对以十四烷基三丁基氯化磷为主要成分的 BHP 为缓蚀剂进行碳钢腐蚀试验，缓蚀剂浓度为 100×10^{-6}，$\text{pH}=7.0$，实验周期为 20d。结果见表 7-36。

表 7-36　钢试片在四种溶液中的腐蚀情况

溶液代号	失重/g	腐蚀速率/[g/(m² · h)]	缓蚀效率/%
1	0.01621	1.350×10^{-2}	
2	0.00035	2.1917×10^{-4}	97.8
3	0.00290	2.417×10^{-3}	82.1
4	0.00961	8.008×10^{-3}	40.1

注：1没有加入缓蚀剂，2、3分别加入 BHP1，BHP2 缓蚀剂，4 加入新洁尔灭（季铵盐类杀菌灭藻剂）。

7.3.7　其他杀菌灭藻剂

7.3.7.1　十六烷基二甲基（2-亚硫酸）乙基铵

【结构式】

$$C_{16}H_{33}-\overset{\overset{\displaystyle CH_3}{|}}{\underset{\underset{\displaystyle CH_3}{|}}{N^+}}-CH_2CH_2OSO_2^-$$

【物化性质】

该产品具有季铵内盐两性表面活性剂结构。易溶于水，不溶于乙醚、氯仿、苯等有机溶剂。具有缓蚀杀菌、黏泥剥离和良好的清洗性。

【制备方法】　十六烷基二甲基（2-亚硫酸）乙基铵的制备可分为两步进行。

① 亚硫酸亚乙酯的合成　利用乙二醇与亚硫酸钠在酸催化剂作用下，进行酯化反应生成亚硫酸亚乙酯。反应式如下：

$$\begin{array}{c} CH_2OH \\ | \\ CH_2OH \end{array} + H_2SO_4 \longrightarrow \begin{array}{c} CH_2-O \\ \diagdown \\ S=O \\ \diagup \\ CH_2-O \end{array}$$

② 亚硫酸亚乙酯的氨解　亚硫酸亚乙酯与十六烷基二甲基胺进行氨解反应，得到十六烷基二甲基(2-亚硫酸)乙基铵，反应式如下：

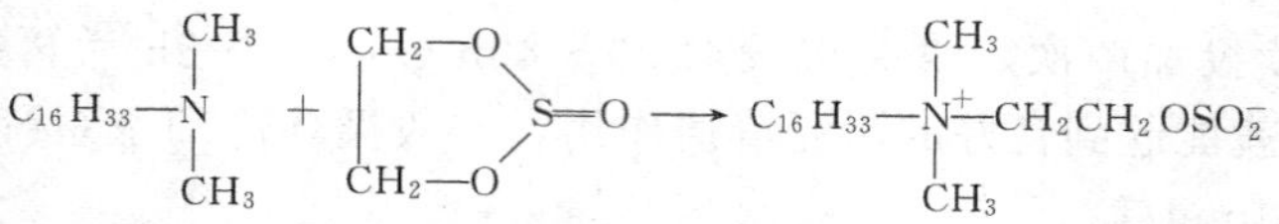

$$C_{16}H_{33}-N(CH_3)_2 + \underset{CH_2-O}{\overset{CH_2-O}{\diagdown}}S=O \longrightarrow C_{16}H_{33}-\overset{+}{N}(CH_3)_2-CH_2CH_2OSO_2^-$$

【应用】　本品是一种两性离子内盐杀菌剂，杀菌效果是 1227 的 2～5 倍，能有效地杀灭硫酸盐还原菌（SRB）、铁细菌等系列厌氧菌，是石油、化工、医药、电力、冶金行业循环水处理的一种非氧化型杀菌剂。该产品除了具有杀菌、缓冲功效外，还具有抑制细菌繁殖的能力。对石化、化肥厂、炼油厂、制药厂等化工企业及发电厂、矿山的工业循环水杀菌灭藻均有特效。杀菌剂浓度 20～30mg/L 时杀灭硫酸盐还原菌（SRB）效果不低于 99%。杀菌剂浓度在 20～30mg/L 的情况下，对油田钢管的缓蚀作用不低于 65%。

此外，本品有优良的污泥剥离能力，可用于各种冷却装置的黏泥剥离和凉水塔净化。在使用过程中，本品与常用的水质稳定剂（如阻垢剂）配伍性好。本品在现场系统作清洗使用时，在 80～100mg/L 的用量下，具有较好的缓蚀效果。将本品用于循环水系统处理时，可间歇投药，在蓄水池出口的泵前程投入，投药量为 80～100mg/L，系统在通氯的情况下，每月投加本品 1～2 次，夏季可适当提高提高频率，如系统未设计通氯，每 2～3 天投加本品 20～30mg/L。

本品集杀菌、清洗剥离、缓蚀于一体，具有易降解、高效、低毒等优点，使用浓度小，成本低，对环境无污染，毒性远远小于 1227 杀菌剂。可与常用的水质稳定剂进行复配，使用范围更为广泛和多样化。

7.3.7.2　西维因

【别名】　α-甲氨基甲酸-1-萘酯、甲萘、1-萘-N-甲基氨基甲酸酯。

【结构式】

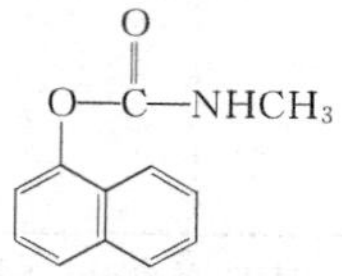

【物化性质】　白色结晶固体。相对密度（20℃）1.232，纯品熔点为 145℃，微溶于水，30℃时在水中的溶解度为 120mg/L，易溶于乙醇、丙酮等大多数有机溶剂。对水、光、热（低于 70℃）都稳定，遇碱（pH≥10）迅速水解成甲萘酚。

【制备方法】

① 由 1-萘酚先与光气反应制得氯甲酸 1-萘酯，再使氯甲基酸 1-萘酯与甲胺作用制得西维因，反应式如下。

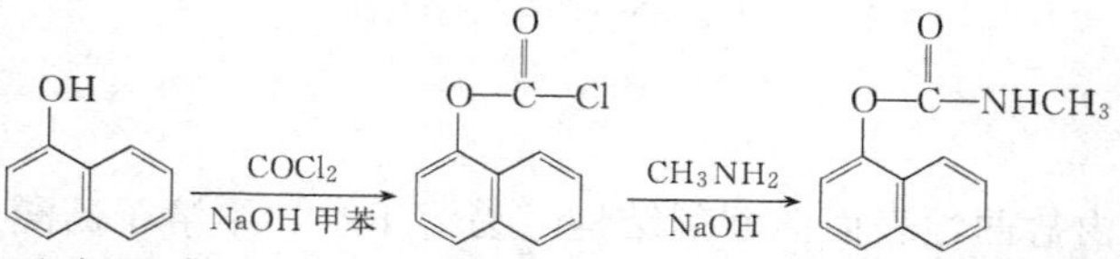

将甲苯加入搪瓷反应釜中，再加入熔融的 1-萘酚，搅拌并冷却至 -5℃ 以下，通入光气，同时滴加氢氧化钠溶液，反应维持 pH 值在 6～7，光化反应完成后，仍在 -5℃ 左右滴加一甲胺和氢氧化钠溶液，加完后搅拌保温 2h。将反应物放出，过滤，滤液回收，甲苯循环使用，滤饼用稀盐酸和水洗涤，干燥即得西维因成品。收率约 90%。

② 一甲胺与光气反应生成甲氨基甲酰氯，再与甲萘酚合成西维因，反应式如下。

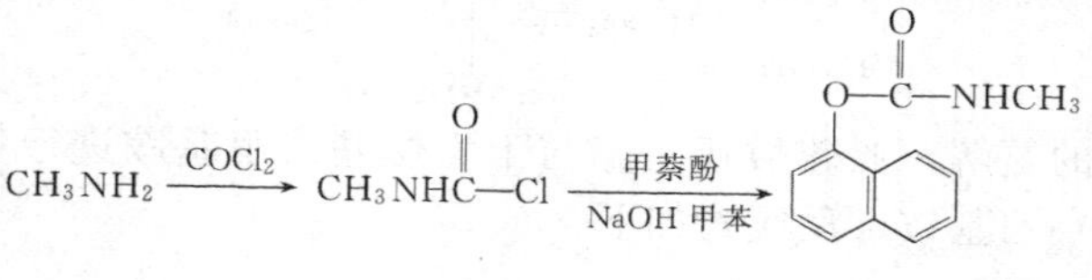

将光气预热至 90℃ 左右，甲胺预热至 220℃，按甲胺与光气的摩尔比为 1∶1.3 调节流量，送入酰氯合成反应器中反应，反应器上部温度控制在 340～360℃，下部温度控制在 240～280℃，控制反应器缓冲罐出口压力在 0.1MPa 以下，酰氯合成器和冷凝器夹套水温应严格控制。得到的甲氨基甲酰氯平均含量在 90% 以上，收率在 80% 以上。再将甲萘酚和甲氨基甲酰氯以 1∶1.2 的摩尔比投入缩合釜，搅拌反应，其工艺过程可采用先将甲氨基甲酰氯溶于甲苯或四氯化碳、氯苯等溶剂中，再与甲萘酚反应；也可将配好的 5% 甲萘酚钠盐的水溶液，3%NaOH 溶液和甲氨基甲酰氯溶液投入缩合釜，控制温度在 10～15℃，在 pH8～11 下连续反应，溢出的反应物经离心分离，水洗，干燥得产品。

【技术指标】　K62.38—1962（美国）

指标名称	纯　品	工　业　品
颜色	白色	粉红色、淡紫色、棕黄色、苍绿色
形状	结晶固体	结晶固体
气味	基本上没气味	基本上没气味
熔点/℃	142	142
蒸气压(26℃)/Pa	≤0.667	0.667
相对密度(20℃)	1.232	1.232
闪点/℃	193.3	193.3
溶解性/%	丙酮 20～30,环己酮 20～30,水≤0.01	丙酮 20～30,环己酮 20～30,水≤0.01

【应用】　西维因是一种高效低毒广谱的杀菌剂，对常见的菌、藻、真菌都有良好的杀生作用，它是军用快速饮用水的消毒剂。

（1）循环冷却水处理

西维因对工业循环冷却中的几种细菌有较高灭活效果，比洗必泰（双氯苯双胍己烷）好，见表 7-37。

表 7-37　西维因杀菌效果

药剂名称	使用浓度/(mg/L)	铁细菌			硫酸盐还原菌		
		试验菌数/(个/mL)	存活菌数/(个/mL)	杀菌率/%	试验菌数/(个/mL)	存活菌数/(个/mL)	杀菌率/%
西维因	50	4.5×10^3	0	100	9.5×10^2	0.9×10^2	91.5
洗必泰	50	4.5×10^3	2.5×10^3	44.5	9.5×10^2	0.4×10^2	91.8

在使用西维因时，可在基固体中加入少量分散剂，靠西维因本身的自然溶解度在循环冷却水系统中灭菌。可用若干多孔塑料篮放上西维因固体于进水处，使西维因溶解至 5mg/L 左右，进入冷却水系统杀菌灭藻。

（2）其他应用

西维因还常用来杀灭鱼塘中的水生生物及藻类，将粉剂溶于水后全池泼洒。对豆类、烟草的虫害也很有效，可用来拌种等。

7.3.7.3　金属银离子消毒剂

【类别】　银金属、醋酸银、硝酸银、蛋白银和磺胺嘧啶银

【结构式】　磺胺嘧啶银分子结构如下：

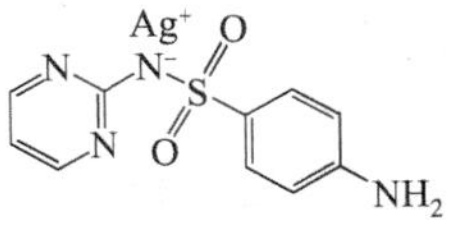

【应用】　一直以来，银及其化合物一直被当作抗菌剂使用。银金属、醋酸银、硝酸银和

蛋白银均有一定的抗菌性能，其中较为常用的银化合物为磺胺嘧啶银，这些银化合物常被用来预防烧伤感染、眼部感染和疣的治疗等；金属离子消毒剂是指通过物理吸附或离子交换吸附等方法，将银、铜、锌等抗菌金属离子负载于沸石、硅胶、膨润土、羟基磷灰石等无机物的载体中，通过抗菌金属离子的缓释作用进行杀菌的一类抗菌材料。

银离子的抗菌机制主要通过银离子与菌体蛋白和功能酶的巯基（-SH）结合，形成不可逆的硫银化合物，干扰微生物的正常生理过程，导致细菌细胞死亡；银离子与菌体细胞膜接触时，因细胞膜带负电荷，依靠库伦引力，两者牢固吸附，银离子穿透细胞壁进入胞内，抑制菌体细胞的分裂，导致细菌细胞尺寸大小发生改变，细胞质膜、胞质内容物和外层细胞结构发生异常，最后银离子与菌体核酸相互作用，使菌体 DNA 分子上的化学键断裂。

Spencer 和 Mahendra 等研究表明，银离子消毒剂对大肠杆菌、甲氧西林耐药金黄色葡萄球菌（MRSA）、耐万古霉素肠球菌（VRE）、病毒和真菌均有效且灭活率大概为99.99%，但对芽孢的杀灭效果并不理想；银离子消毒剂具有无色、无味、无腐蚀性、无需防护设备和药效持续时间长等特点，目前已经成为金属离子消毒剂的典型代表。随着对此类消毒剂的深入研究，科研工作者不断对其抗菌性能进行改进，纳米银消毒剂就是一个很好的例子。通过将银盐（抗菌剂）负载到纳米粒子（抗菌载体）上或单纯将抗菌剂超细化、纳米化，获得的纳米银消毒剂的理化特征和光学特征发生了巨大的变化，提高了抗菌效果，并随着纳米颗粒的粒径和形状的变化而呈现出不同的抗菌效应，经实验证明，这种纳米银消毒剂可广泛用于伤口的包扎、医疗设备的涂覆和纺织品的浸轧等。

银离子消毒剂对微生物的杀灭作用受到多种因素影响，如银离子价态、溶液的 pH 值、温度、有机物等；也有关于其毒性研究的报道，韩彦峰等通过 MTT 比色法，对五种无机载银抗菌剂的体外细胞毒性进行评价，结果显示 100g/L 的 5 种载银无机抗菌剂对小鼠成纤维细胞有轻微毒性，随质量浓度下降，其细胞毒性亦随之下降，当质量浓度≤50g/L 时对小鼠成纤维细胞已无毒性。

7.3.7.4　复合消毒剂

非氧化型杀菌剂不是以氧化作用杀死微生物，而是以致毒作用于微生物的特殊部位，因而不受水中还原物质的影响。非氧化型杀菌剂的杀生作用有一定的持续性，对沉积物或黏泥有渗透、剥离作用，受硫化氢、氨等还原物质的影响较小，受水中 pH 值影响较小，但处理费用相对氧化型杀菌剂较高。为了获得高效、持久的杀菌剂，需要将不同性质的杀菌剂进行筛选和复配，筛选出适合的作用快速、高效的杀菌剂。

（1）无机-无机复合杀菌剂

银离子杀菌剂虽然抗菌活性高，但由于 Ag^+ 被氧化发黑变色，降低了产品的商业价值；纳米 TiO_2 光催化型消毒剂低廉、安全，但利用太阳能效率较低且易受电子—空穴复合的影响而使抗菌活性降低。载银纳米 TiO_2 消毒剂的出现，既可实现纳米 TiO_2 和 Ag^+ 的协同抗菌作用，又可通过 Ag^+ 的掺杂，有效防止 TiO_2 光催化时电子-空穴对的复合。Traversa 等采用溶胶-凝胶法制备了片状纳米 Ag^+/TiO_2，药敏试验表明，其抗菌效力相当于国际标准规定效力的 8 倍。通过掺杂稀土金属离子对纳米 TiO_2 进行改性，制备了稀土元素铈负载纳米二氧化钛抗菌剂，其不需紫外光的照射就呈现出很强的抗菌作用。载银纳米 TiO_2 和稀土纳米 TiO_2 等新型无机复合抗菌剂的研究，实现了功效上的协同作用，这将为新型无机抗菌剂的研究和应用提出一个新的思路。

（2）有机-有机复合消毒剂

侯青顺等通过将壳聚糖、双八烷基二甲氯基化铵、双十烷基二甲基氯化铵和十二烷基二甲基苄基氯化铵按比例混合，克服了任一单方季铵盐消毒剂均不能杀死细菌芽孢的缺点，复合后形成的生物壳聚糖环保消毒液通过其协同作用的特性可以杀死细菌芽孢，大大提高了灭菌效果。单链季铵盐、双链季铵盐到单双链季铵盐的联合应用，再到多组分复合季铵盐的研究，从而实现了功效的强强互补，使得其在有效含量极低的浓度下即可达到灭活细菌、病毒的目的。

（3）有机-无机复合消毒剂

利用具有抗菌性能的有机配体和具有抗菌性能的无机阳离子/银离子形成复合盐消毒剂，如三碘氧化合物、四缩氨基硫脲的 Ni（Ⅱ）、Cu（Ⅱ）、Zn（Ⅱ）螯合物的合成等，使得消毒剂复合后的抗菌活性明显提高；Antec 公司研发的卫可 Virkon® S 消毒剂，是由过硫酸氢钾三盐复合物、强效催化剂、表面活性剂、无机缓冲溶液、氯化钠和专利有效性指示剂等组成的一种复合消毒剂，多项独立试验证实对细菌繁殖体、霉浆菌、霉菌、真菌、芽孢均有很好的杀灭效果，并对影响人类及动物的所有 17 种病毒科均有效；因具有低毒、广谱、高效和使用方便的优点，美国已将其作为机场出入境消毒的常用消毒剂之一，目前已广泛用于各型农场、宠物、孵化场及食品加工厂。因此，如何利用消毒剂的复合性、功能的多样性、作用的互补性，将它们的抗菌效应达到最佳范围，已逐渐成为未来新型消毒剂的研究热点之一。

参考文献

[1]　刘明华. 有机高分子絮凝剂的制备及应用. 北京：化学工业出版社，2006.
[2]　刘明华. 水煤浆添加剂的制备及应用. 北京：化学工业出版社，2007.
[3]　何铁林. 水处理化学品手册. 北京：化学工业出版社，2000.
[4]　张光华. 水处理化学品制备与应用指南. 北京：中国石化出版社，2003.
[5]　叶文玉编. 水处理化学品. 北京：化学工业出版社，2002.
[6]　祁鲁梁，李永存，杨小莉编. 水处理药剂及材料实用手册. 第 2 版. 北京：中国石油出版社，2000.
[7]　Ezzat A M，et al. Control of Microbiological Activity in Biopolymer-Based Drilling Muds. SPE/LADC 39285，1997：329-335.
[8]　李虞庚，冯世功. 石油微生物学. 上海：上海交通大学出版社，1998.
[9]　Sakurai Kazuo，Ogura Kotaro. Chemical coloration method of stainless steel. JP Patent 07252688，1994.
[10]　Wagner P，Little B. Impact of alloying on microbiologically influenced corrosion-areviw. Materials Performance. 1993，9：65-68.
[11]　Booth G H，Tiller A K. Cathodic characteristics of mild steel in suspensions of sulphate-reducing bacteria. Corrosion，1998，44（9）：671-678.
[12]　Tabata，Youichiro. Ozone generator. US 7402289，2008-07-22.
[13]　戴峻，王荣，贾金平. 新型铅合金电极用于电解法制备臭氧. 华东理工大学学报：自然科学版. 2007，33（1）：61-64.
[14]　Da Silva L M，De Faria L A，Boodts J F C. Elect rochemicalozone production：influence of the supporting electrolyte on kinetics and current efficiency. Elect rochim Acta，2003，48（5）：699-709.
[15]　刘艳菊，李梅，张兆海. 臭氧氧化技术在循环冷却水处理中的应用. 山东建筑大学学报. 2006，21（5）：438-441.
[16]　李梅，刘艳菊. 臭氧处理中央空调冷却水的试验研究. 给水排水. 2008，34（2）：84-86.
[17]　Pryor A E，Fisher M. Practical guidelines for safe operation of cooling tower water ozonation systems. Ozone：Sci& Eng，1994，16：505-536.
[18]　曲显恩. 含氯消毒剂的性能与应用. 中国氯碱. 2005，1：19-23.
[19]　邵黎歌，程卿. 次氯酸钠的分解特性及提高其稳定性能的途径. 氯碱工业. 1997，4：21-24.
[20]　Powell Duane J，Bebow Robert B，Hardman Brent J. Manufacture of high-strength，low-salt sodium hypochlorite bleach. US 7175824. 2007-2-13.

[21] LaBarre，Ronald L. Batch sodium hypochlorite generator. US 4118307，1978-10-03.

[22] 曲显恩. 含氯消毒剂的性能与应用. 中国氯碱. 2005，1：19-23.

[23] 陈越英，徐燕，周品众. 次氯酸钠消毒液对病毒杀灭效果的实验研究. 现代预防医学. 2007，34（1）：122-123.

[24] Aieta E M，Roberts P V，Hernand Z M. Deteminaton of Chlorine Dioxide Chlorine Chlorite and Chlorate，J. AWWA，1984，76（l）：64-71.

[25] Electrolysis cell for generating chlorine dioxide. US 7048842. 2006-03-23.

[26] Donald J Gates. Chlorine Dioxide Handbook. Denver，colorado：AWWA Publishing，1998，56.

[27] 黄君礼. 新型水处理剂：二氧化氯技术及其应用. 北京：化学工业出版社，2000.

[28] Owen D，Perot P，Harrington E，Scribner H C. A survey of chlorine dioxide generation in the United States. Tappi J. 1989，72（11）：87-92.

[29] Cowley G，Lipsztain M，Edward J B，Paul F E. Reduction of saltcake and production of caustic from a chlorine dioxide generator. Tappi Pulping Conference. Chicago，1995.

[30] 许延峰. 二氯异氰尿酸钠的生产与应用. 中国氯碱. 2002，2：28-31.

[31] Friedrich Lunzer. Process for the preparation of free-flowing，coarsely crystalline sodium dichloroisocyanurate dehydrate. US 4503225. 1985-04-05.

[32] Tadao Shimamura，Junji Nadano. Production of tablets of sodium dichloroisocyanurate. US 4394336. 1983-07-19.

[33] 刘德峰，蒋霞. 在洗碗机内用二氯异氰尿酸钠溶液消毒餐具效果观察. 中国消毒学杂志. 1999，16（3）：166-177.

[34] 蒋琦，丁峰. 三氯异氰尿酸合成. 化工生产与技术. 2001，8（4）：45-46.

[35] 龙荣. 氯代异氰尿酸合成的探讨. 氯碱工业. 2000，12：36-37.

[36] Mitchell Charles A. Process for curing diseases in cultured fish US 6386145. 2002-03-14.

[37] Thompson Paul Martin，Glidden Daniel L. Point-of-use water treatment system. US5846418. 1998-12-08.

[38] AkselaReijo，Paloniemi Juhani. Hydrogenation of a working solution in a hydrogen peroxide production process. EP：1245534 A2，2002.

[39] Huckins Harold A. Method for producing hydrogen peroxide from hydrogen and oxygen. WO031629，1996.

[40] Le-Khac. Process for producing hydrogen peroxide. US 7501532，2009-03-10.

[41] 徐科峰，李忠，黎华亮. 采用环境友好电解法制备过氧化氢. 华南理工大学学报. 2007，35（5）：122-125.

[42] 周克钊. 饮用水过氧化氢预氧化生产性试验. 给水排水. 2003，29（2）19-23.

[43] Pohjanvesi，Seppo，Pukkinen Arto，Sodervall Teemu. Process for the production of peracetic acid. US 6677477，2004-01-13.

[44] 段杨萍，胡跃华，段青兵. 过氧乙酸用于循环冷却水系统杀菌的试验研究. 化工进展. 2005，24（6）：676-681.

[45] Kramer J F. Peracetic acid：a new biocide for industrial water application . Chemical Treatment，1997，36（8）：42-50.

[46] Huey-Song Chou，Shan-Shan Chang，Sheng-Hsin. Process for treating wastewater containing peracetic acid. US 7163631，2007-01-16.

[47] 张文勤. 溴氯二甲基海因消毒灭菌剂的制备方法. CN1388122，2003-01-01.

[48] 崔玉杰，王宝品，张继达. 溴氯海因消毒片对游泳池水消毒效果及毒性试验研究. 现代预防医学，2008，35（14）：2756-2757.

[49] 姜延益. 二溴海因消毒杀菌灭藻剂的制备方法. CN1611493，2005-05-04.

[50] 陈越英，徐燕，谈智. 二溴海因对水中细菌杀灭效果观察. 中国消毒学杂志，2006，23（5）：429-431.

[51] Joshua. Process for the preparation of 2，2-dibromonitrilopropionamide. US 4925967，1990-05-15.

[52] 李建芬. 二溴次氮基丙酰胺的合成及其在水处理方面应用. 环境科学与技术. 2006，29（2）：82-83.

[53] 黄文氢，高庆丰，郑冬梅. BC-655 杀菌灭藻剂的应用研究. 工业水处理，2000，20（11）：18-21.

[54] Adolf Lehment，Klaus-Friedrich，Backhaus，Wilhelm. Preparation of dichlorophene. US 4127735，1978-11-28.

[55] 陈子涛，田笠卿，周日新. 双氯酚合成的新方法. 南京大学学报，4：481-483.

[56] 欧阳志. 杀菌剂异噻唑啉酮在化肥厂循环冷却水中的应用. 工业水处理，2000，20（2）：40-41.

[57] 沈洪春. N-正辛基异噻唑啉酮的制备方法. CN 1907976，2006.

[58] 秦炳杰，林吉茂，陈仕艳. 二硫氰酸甲撑酯的合成. 合成化学，2001，9（6）：547-548.

[59] 谭世语，李泽全，张云怀. 二硫氰酸甲酯的水相合成研究. 精细化工，1999，16：15-17.

[60] Angelillo I F，Bianco A，Nobile C G，et al. Evaluation of glutar-aldehyde and peroxygen for disinfection of dental instruments. Lett Appl Microbiol，1998，27（5）：292-296.

[61] Erickson B D, Campbell W L, Cerniglia C E. A rapid method for determining the tuberculocidal activity of liquid chemical germicides. Curr Microbiol, 2001, 43 (2): 79-82.

[62] 陈越英, 顾健, 吴小成等. OK器械消毒液杀灭微生物效果与腐蚀性的试验观察. 中国消毒学杂志, 1999, 16 (1): 11-14.

[63] 陆昱京. 一种 α-溴代肉桂醛的合成方法. CN 1086204, 1994.

[64] Korai. Synthesis and Antibacterial Activity of Unsaturated Quaternary Ammonium. Bokin bobia, 1995, 3: 271.

[65] Bodor N. Soft drug design: Labile quaternary ammonium salts as soft antimicrobials. J Med Chem, 1980, 23: 469-474.

[66] Bodor N. Soft drug design: General Principles and recent aplicantion. J Med Res Rev, 2000, 20: 58-101.

[67] Nagamune H, Maedal T. Evaluation of the cytooxic ects of bisquatemary ammonium antimicrobial reagent on human cells. Toxicology in Vitro, 2000, 14: 139-147.

[68] Peter J. S. Advances in quarternary ammonium biocides. Am Oil Chem Soc, 1984, 61 (2): 987-389.

[69] 刘吉起, 薄玉霞. 十二烷基二甲基苄基氯化铵性能的试验观察. 医学动物防制, 2003, 19 (1): 1-3.

[70] Lorenz Joachim, Grade. ReinhardtAqueous system treated with a biocide. US 4752318, 1988-6-21.

[71] 彭义刚, 王秀云, 都国基. 苯扎溴铵消毒液抑菌试验及应用效果观察. 中国消毒学杂志, 2006, 23 (5): 397.

[72] Reyonlds J E F. Martidale the extra pharmacopceia. London. The Pharmceutical press, 1993: 788.

[73] J Radford, D Beightont, Z Nugent, et al. Effect of use of 0.05% cetylpyridinium chloride mouthwash on normal oral flora. Journal of Dentistry, 1997, 1: 35-40.

[74] Pohlman F W, Stivarius M R, McElyea K S. The effects of ozone, chlorine dioxide, cetylpyridinium chloride and trisodium phosphate as multiple antimicrobials of ground beef. Meat Science. 2002b, 61: 307-313.

[75] Kim J W, Slavik M F. Cetylpyridinium chloride (CPC) treatment on poultry skin to reduce attached Salmonella. Journal of Food Protection, 1996, 59 (3): 322-326.

[76] 傅佳骏. 一种新型季鏻盐杀菌剂合成、性能与应用研究. 南京理工大学, 2004.

[77] Akihiko Kanazawa et al. Polymeric Phosphoninm Salts as a Novel Class of Cationic Biocides. V Synthesis and Antibacterial. Activity of Polyesters Releasing Phosphonium Biocides. Journal of Polymer Scirnce: Part A: Polymer Chemistry. 1993, 31: 3003-3011.

[78] Wilson K. Whitekettle, Jamison. Methods For Controlling Asiatic Clams. US 5468739.

[79] Sharifian, Hossein. Production of quaternary ammonium and quaternary phosphonium borohydrides. US 4904357.

[80] Akihiko Kanazawa, Tomiki Ikeda, Takeshi Endo. Novel polycationic biocides: Synthesis and antibacterial activity of polymeric phosphonium salts. Journal of Polymer Science Part A: Polymer Chemistry, 31 (2): 335-343.

[81] Jacques Uziel, Nadege Riegel. A Practical Synthesis of Chiral and Achiral Phosphonium Salts from Phosphoine Borane Complexes. Tetrahedron Litters. 1997, 38 (19): 3405-3408.

[82] 秦海涛, 付长青, 李龙. 水处理剂四羟基硫酸鏻的合成及波谱分析. 江西化工, 2007, 1: 91-93.

[83] Hoffman A. Production of tetrakis (hydroxymethyl) phosphonium chloride. J Am Chem Soc, 1921, 43: 1684-1688.

[84] Moedritger K. Method for the manufacture of organo substituteed phosponium salt. US 4101587, 1978-07-18.

[85] 陈邦银. 催化法制备阻燃剂氯化四羟甲基鏻新工艺. CN 88101082A, 1988-12-21.

[86] Randall Frey. Award-Winning Biocides are Lean, Mean, and Green. Today's Chemist at Work, 1998, 7 (6): 34-35.

[87] Kelly Millar, et al. Biocide Application Prevents Biofouling of a Chemical Injection. Sixth Intermational in Situ and On-Site Biore Mediation Symposium, San. Diego, California, 2001. 333-340.

[88] Moedritzer. Method for the manufacture of organo substituted phosponium salt. US 4101587, 1978.

[89] Hoffman A. Production of terakis (hydroxymethyl) phosphonium chloride. J Am Chem Soc, 1921, 43: 1684-168.

[90] Moedritger K. Method for the manufacture of organo substituted phosphonium salt. US 4101587, 1978.

[91] 陈邦银. 催化法制备阻燃剂氯化四羟甲基鏻新工艺. CN 88101082, 1988.

[92] Odell B, Joness C R, Talbol R E. Leaching divalent metal salt. WO 0021892, 2000.

[93] 王瑛, 傅佳骏, 严莲荷. 烷基三丁基氯化鏻的合成与性能研究. 应用化工, 2005, 34 (8): 478-481.

[94] Jurgen Curtze. Phosphonium salts and fungicidal use. US 5933328, 2000.

[95] 薄玉霞, 王长德, 李书建, 刘吉起. 过氧化氢银离子复方消毒剂杀菌效果试验观察 [J]. 中国消毒学杂志, 2009, 26 (3): 274-276.

[96] 侯青顺. 生物壳聚糖环保消毒液. 中国, 200710115393.0 [P]. 2009.

[97]　韩彦峰，李源真，马辰春，陈一怀．五种无机载银抗菌剂的体外细胞毒性比较 [J]．中国组织工程研究与临床康复，2008，12 (27)：5287-5290.

[98]　王超英，翟国元，孙彩琴，魏怀录，袁莉，莫云，等．复合过硫酸氢钾类消毒剂杀灭口蹄疫病毒消毒效果的试验 [C]．北京：中国畜牧兽医学会，2004：1180-1181.

[99]　杨准，杜莉．银系无机抗菌剂在口腔材料中的应用及研究进展 [J]．中华老年口腔医学杂志，2007，5 (4)：233-244.

[100]　Anipsitakis, G., Tufano, T., Dionysiou, D. Chemical and microbial decontamination of pool water using activated potassium peroxymonosulfate [J]. Water Research, 2008, 42: 2899-2901.

[101]　Baldry, M. G. C., French, M. S., Slater, D. The activity of peracetic acid on sewage indicator bacteria and viruses [J]. Water Science and Technology, 1991, 24 (2): 353-357.

[102]　Lambert, P. A., Hammond, S. M. Potassium fluxes. First indications of membrane damage in microorganisms [J]. Biochemical and Biophysical Research Communications, 1973, 54 (2): 796-799.

[103]　Sharma, V.. Potassiumferrate (Ⅵ): an environmentally friendly oxidant [J]. Advances in Environmental Research, 2002, 6 (2): 143-156.

[104]　Kasuga, N. C., Sekino, K., Ishikawa, M., et al. Synthesis, structural characterization and antimicrobial activities of zinc complexes with four thiosem icarbazone and two semicarbazone ligands [J]. Journal of Inorganic Biochemistry, 2003, 96: 298-310.

[105]　Spencer, M. P., Cohen, S., McAllister, J. Microbiologic Evaluation of a Silver Antimicrobial Disinfectant Spray [J]. American Journal of Infection Control, 2007, 35 (5): 2-20.

8 清洗剂、预膜剂

8.1 概述

新工业装置投入使用前，水系统的管道和设备中都留有油污、油脂、铁锈及机械杂质。已经使用的老系统在管道和设备中也会有水垢、沉积物、腐蚀产物、生物黏泥及机械杂质。这些附着物不但影响水处理效果的发挥，而且还会增加能耗，降低传热效率，促进腐蚀，严重的还可能堵塞管道。为此，不管是新装置还是老装置，在水系统投入运行之前，都必须将这些附着物去除，这就是使用清洗剂的目的。

用于工业污垢清洗的化学制剂，一般应满足下述的技术要求。用于不同的清洗目的与清洗对象的清洗剂，对于这些要求可以有所侧重或取舍。

（1）清洗污垢的速度快，溶垢彻底。清洗剂自身对污垢有很强的反应、分散或溶解清除能力，在有限的时间内，可较彻底地除去污垢。

（2）对清洗对象的损伤应在生产许可的限度内，对金属可能造成的腐蚀有相应的抑制措施。

（3）清洗所用药剂便宜易得，清洗成本低，不造成过多的资源消耗。

（4）清洗剂对生物与环境无毒或低毒，所生成的废气、废液废渣应能够被处理到符合国家相关法规的要求。

（5）清洗条件温和，尽量不依赖于附加的强化条件，如对温度、压力、机械能等不需要过高的要求。

（6）清洗过程不在清洗对象表面残留下不溶物，不产生新污渍，不形成新的有害于后续工序的覆盖层，不影响产品的质量。

（7）不产生影响清洗过程及现场卫生的泡沫和异味。

常用的化学清洗药剂可有不同的分类方法。例如按其化学组成可分为无机化学清洗剂和有机化学清洗剂。若其中有的清洗剂可能对不同的污垢有不同的作用，或对同一种污垢具有两种或两种以上的作用，则应按其在一般情况下的主要作用归类。本书按化学组成来对化学清洗剂进行分类介绍。

清洗剂中无机酸主要用来清除无机垢，使污染物中一部分不溶性物质转变为可溶性物质；强碱主要是清除油脂、蛋白、藻类等的生物污染、胶体污染及大多数的有机污染物；螯合剂主要是与污染物中的无机离子络合生成溶解度大的物质，从而减少膜表面及孔内沉积的盐和吸附的无机污染物。

缓蚀剂的防腐作用大多是通过成膜而实现的。不管是氧化膜、沉积膜还是吸附膜，膜的均匀性、致密性对腐蚀效果都影响很大。为了使金属表面在活性较大的初期形成一层相对较厚、较致密均匀的膜，常常进行预膜处理，或叫基础投加。预膜处理时投加正常剂量 6～7 倍的药剂，在清洗之后的干净活性金属表面形成缓蚀膜，正常投加时的缓蚀剂起到补膜的作用。实践证明，预膜的有无及成功与否，对后期的防腐蚀效果影响很大。因此，在新设备系统开车前，或老设备停车检修后在开车都应进行预膜。

预膜剂的组分自然是以缓蚀剂为主，通常应与正常投加的水处理中的缓蚀剂相一致。常用的预膜剂是六偏磷酸钠和硫酸锌。许多工厂将正常投加的缓蚀阻垢剂以 7 倍的量投入水系统作为预膜剂使用，也收到良好的预膜效果，在国内外都有不少实例。影响预膜效果的效果如下：

① 流速   预膜时水流速稍大些为好，以利于氧和预膜剂的扩散，对成膜有利，但水流速不能太高，以免冲刷已成膜的膜层，流速以 1～2.5m/s 为佳；

② 温度   水温对预膜的影响很大，较高的温度可以加速成膜，温度过低膜的成长慢，需要延长预膜时间，最适宜的温度为 25～50℃，这在夏天是容易达到的，但在冬天，北方地区冷态运行时就很难达到，可以采用蒸汽加热或延长预膜时间来解决；

③ pH 值   预膜时，水系统的 pH 值在 5.5～6.5 为佳。pH 值过低造成膜的溶解，过高则易使成垢物质沉积，影响膜的质量；

④ 浊度   水中浊度过高，形成的膜不致密，因此要求浊度在 10NTU 以下；

⑤ 钙离子含量   水中钙离子质量浓度不能低于 50mg/L，最好大于 100mg/L，不然达不到预膜效果，钙离子含量低时，可以增加锌的浓度，或者补钙；

⑥ 重金属离子 Fe^{3+}、Al^{3+}、Cu^{2+} 等对预膜也能产生不利影响，如铜离子质量浓度应小于 0.7mg/L。

8.2   无机化学清洗剂

8.2.1   无机酸清洗剂

酸清洗剂可分为无机酸和有机酸两大类。常用无机酸清洗剂有盐酸、硫酸、硝酸、氨基磺酸、磷酸、氢氟酸等；常用有机酸清洗剂有柠檬酸、甲酸、乙酸、羧基乙酸和乙二胺四乙酸（EDTA）等。

无机酸具有对垢物作用力强、除垢速度快、效果明显和清洗费用低等特点，尤其是对那些层状的 $Cu\text{-}Fe_3O_4$ 积垢和含有复杂硅酸盐及硫化物的硬垢，清洗效果较为明显。

无机酸除垢的最大缺点是对金属材料腐蚀性大，易产生氢脆、应力腐蚀等。以 5％盐酸为例：由于清洗废液中含有大量 Cl^-，如果处理不当，则可能造成不锈钢的应力腐蚀。无机酸在清洗过程中有大量酸雾生成，造成环境污染，对清洗操作人员也易造成伤害。另外废液排放处理，也是其缺点之一。所以一些水处理技术发达的国家，已逐步用有机酸清洗剂取代无机酸。

由于有机酸不仅利用它们的酸性来溶解附着垢层，更主要是利用它们有能与铁离子生成络离子的性能。因此有机酸清洗有许多特点：a. 不会使清洗液中出现大量沉渣或悬浮物而堵塞管道，这对于结构和系统都很复杂的高参数大容量锅炉非常有利；b. 有机酸可用来清洗奥氏体钢或其他特种钢制成的锅炉设备；c. 当锅炉和炉前系统（给水系统）的构造比较复杂时，清洗后要将废液完全排干有困难，如用有机酸清洗时，则要安全许多，因为残留在废液中的有机酸在高温下会分解成对系统无害的二氧化碳和水；d. 有机酸多为弱酸，可用来清洗已有严重腐蚀，尤其是已有晶间腐蚀的设备，且没有致脆作用；e. 有机酸对硅酸盐垢和硬、厚、层状的 $Cu-Fe_3O_4$ 垢清洗能力弱；f. 清洗费用高。

8.2.1.1　盐酸

【物化性质】　盐酸，别名氢氯酸，盐镪水，焊锡药水，分子式为 HCl，相对分子质量 36.46。为无色有刺激性液体，含有杂质时呈微黄色。熔点 $-114.8℃$，沸点 $-84.9℃$，密度 $1.187g/cm^3$。属无机强酸，有酸味，腐蚀性极大。极易溶解于水，也易溶解于乙醇、乙醚。能与许多金属、金属氧化物、碱类、盐类起化学反应。浓盐酸（36%）在空气中会发烟，触及氨的蒸气会成白色云雾。常用的盐酸约含 31% 的氯化氢，密度 $1.16g/cm^3$。氯化氢气体有刺激性，极毒，对动物、植物均有害。

【制备方法】

（1）电解法

由隔膜法电解食盐所得的 Cl_2 和 H_2，经合成而得。

（2）化学法

由食盐与 H_2SO_4 反应而得的 HCl，用水吸收而得。

（3）中国专利 CN1113878A

此法是将现有的盐酸生产中 Cl_2、H_2 合成的盐酸气体 50%～100% 吸收后，经升温加压或喷射吸引后，返回盐酸合成炉前与 Cl_2 或 H_2 混合；或返回盐酸吸收塔前与 HCl 气体混合后循环使用，基本上实现了尾气零排放。

（4）中国专利 CN101139724A

本工艺采用太阳能电池板来利用太阳光发电，并用高温对海水的盐分进行浓缩提高浓度，然后对高浓度的盐水进行电解，生成氢氧化钠、氢气和氯气，再使氢气和氯气气化合成氯化氢，这样同时得到盐酸与烧碱。利用太阳能发电，利用海水为原料来制备，有效地降低了制造盐酸与烧碱的成本，与传统制盐酸与烧碱的工艺相比，成本能降低 45% 以上。

（5）欧洲专利 0618170A1　试剂级盐酸的制备方法

发明人利用异氰酸酯生产的副产物氯化氢来制备试剂级盐酸，收集异氰酸酯反应器中的氯化氢，浓缩，转化成盐酸溶液，最后用强碱性阴离子交换树脂除铁。制备出的盐酸铁含量小于 $200\mu g/L$（传统方法制备出的盐酸中铁含量都大于 $200\mu g/L$）。

（6）中国专利 CN101200285A

其技术方案是使氯化钙或者氯化钠的浓溶液与浓硫酸在加热的条件下进行反应，生成相应的硫酸盐，放出氯化氢，利用放出的氯化氢生产生产聚氯乙烯和盐酸。根据此工艺可以实现纯碱厂（氨碱法）联产聚氯乙烯。利用纯碱厂排出的废液（含 $CaCl_2$ 10%）生产氯化氢，供给聚氯乙烯厂生产聚氯乙烯。而聚氯乙烯厂排出的废电石渣可以配制成石灰乳供纯碱厂使用，聚氯乙烯厂排出的石灰窑窑气也能为纯碱厂利用。此工艺不但变废为宝，而且解决了两厂严重的环境污染问题，是一个节能减排、节能降耗的极好的工艺路线，也是一个典型的循环经济模式。具体制备方法有以下两种。

① 以 NaCl 为原料

将盐（NaCl）配置成 25% 左右的溶液，加热到 90℃ 左右。将盐溶液打入用蒸汽加热的带搅拌的夹套反应器，将预热了的、略过量的浓硫酸逐步加入反应器，同时开启搅拌机，反应温度保持在 90℃ 左右。反应完成后，反应生成硫酸钠呈过饱和状态，送入蒸发器进一步脱水，生成的结晶通过离心分离、气流干燥，俗称元明粉。离心机母液送回蒸发器继续蒸发。HCl 从反应器顶部抽出，经冷凝器将夹带的水分和硫酸冷凝下来，冷凝液返回去化盐。可以用来吸收 HCl，也可以送往 PVC 厂制造 PVC。

② 以纯碱废液为原料

纯碱废液经澄清得到清液（含 10％$CaCl_2$ 和 4％～5％NaCl），清液经蒸发器蒸发，当 $CaCl_2$ 浓度达到 45％左右时，NaCl 析出，用离心机将 NaCl 分离出去，送纯碱厂使用。母液加热到 90℃左右送入带搅拌的夹套反应器，夹套内通入蒸汽。将预热了的、略过量的浓硫酸逐步加入反应器同时开启搅拌机。反应温度保持在 90℃左右。

将反应生成的泥状白色沉淀物硫酸钙放入抽滤箱，分离出硫酸钙（石膏）。

HCl 从反应器顶部抽出，通过冷凝器将夹带的水分和硫酸冷凝下来，送回蒸发器。HCl 气体可以用水吸收制成盐酸，也可以送到 PVC 厂制备 PVC。

纯碱生产中每产 1t 纯碱平均排出 $10m^3$ 废液，废液澄清液中含有 10％$CaCl_2$ 和 4％～5％NaCl。一百多年来，这种废液无法处理，造成严重的环境污染。PVC 生产中也排出大量废电石渣，生产 1t PVC 有含固量 50％的干渣 3t 左右。电石渣主要成分是 $Ca(OH)_2$。电石渣造成严重的环境污染，几十年来也没有彻底解决。石灰窑产生的窑气（含 CO_2 25％左右）也污染了环境。

此法实现了变废为宝，节能减排和节能降耗，是一个典型的循环经济模式。

【技术指标】 GB/T 622—2006 化学试剂 盐酸

名 称	优级纯	分析纯	化学纯
HCl，w/％	36.0～38.0	36.0～38.0	36.0～38.0
色度/黑曾单位	≤5	≤10	≤10
灼烧残渣(以硫酸盐计)，w/％	≤0.0005	≤0.0005	≤0.002
游离氯(Cl)，w/％	≤0.00005	≤0.0001	≤0.0002
硫酸盐(SO_4^{2-})，w/％	≤0.0001	≤0.0002	≤0.0005
亚硫酸盐(SO_3^{2-})，w/％	≤0.0001	≤0.0002	≤0.001
铁(Fe)，w/％	≤0.00001	≤0.00005	≤0.0001
铜(Cu)，w/％	≤0.0001	≤0.00001	≤0.0001
砷(As)，w/％	≤0.00003	≤0.000005	≤0.00001
锡(Sn)，w/％	≤0.0001	≤0.0002	≤0.0005
铅(Pb)，w/％	≤0.00002	≤0.00002	≤0.00005

【应用】 盐酸是化学工业的重要原料之一，以盐酸为主剂进行化学清洗具有作用力强（除硅垢外）、速度快、效果明显、清洗后设备表面状态良好、使用方便、所需费用低等优点，适用于碳钢、铜。但较少用于奥氏体不锈钢、钛等材质的水冷却器化学清洗。

盐酸与氧化铁垢的反应是溶解作用，随酸的浓度增大，温度增高，溶解力相应增强，溶解速度加快。以盐酸为清洗主剂的清洗工艺条件见表 8-1。

表 8-1 以盐酸为清洗主剂的清洗工艺条件

清洗液	温度/℃	缓蚀剂加入量/％	碳钢缓蚀率/％
5～15	20～30	六亚甲基四胺 0.2	95
10	20～30	苯胺、甲醛缩合物 0.3	98.7
10	50	Lam-826 0.2	99.44
10～15	90	0.4％丙炔醇	高效
15	80	0.4％丙炔醇，0.5％苯胺和乌洛托品反应物	99
5～15	25	0.5％苯胺和乌洛托品反应物	90～95
5～15	90	0.01％～0.25％炔醇与有机胺反应物	99
10	25	0.3％苯胺和甲醛反应物	98
5～20	60	0.5％烷基苄基吡啶氯化物	99
5～25	25	0.6％乌洛托品，0.02％氯化铜	99

续表

清洗液	温度/℃	缓蚀剂加入量/%	碳钢缓蚀率/%
15	60	0.15%乌洛托品,0.4%高级吡啶碱,1%硫酸钠	高效
5~15	60	0.5%~1%松香胺	高效
5~15	80	0.1%~0.5%二邻甲苯硫脲	高效
5~20	20~80	0.5%乌洛托品与苯胺反应物	96~99
20	40~100	0.5%乌洛托品,0.1%碘化钾	99
10	60	0.15%乌洛托品,0.1%硫脲,0.005%铜离子	99
5~20	40~90	0.3%喹啉碱,0.1%氯化钠	99
10	80	0.3%苯酚,0.2%甲醛,0.1%硫氰酸钠	99
5~15	20~30	六亚甲基四胺 0.2	95
10	50	Lan-826 0.2	99.4
15	50	SH-406 0.42	98
8	60	Lan-893 0.3	高效缓蚀率0.98mm/a

5%~6%HCl+1%HF+缓蚀剂可用于清除换热器中的碳酸盐、硫酸盐、磷酸盐及硅垢、铁垢。另一种方案是25%的盐酸100kg,乌洛托品5kg,硫脲2kg,葡萄糖酸钠1kg,煤油1.5kg,冷却水系统 pH 值控制在 2~4,清洗 32h 后,系统中 1.5mm 厚的垢被清洗除去。

电站锅炉受热面长期处于高温高压和高热负荷状态,需定期进行酸洗除垢。酸洗过程的腐蚀控制不当会引起运行中受热面的腐蚀,影响机组的安全经济运行。因此,必须严格控制酸洗过程中钢的腐蚀速率。由于价格低、来源广泛、清洗效果好等原因,盐酸被广泛用于电站锅炉的化学清洗。但是,盐酸的腐蚀性较强,酸洗过程的腐蚀控制是保证盐酸清洗质量的主要环节之一。通过大量的试验发现,影响清洗过程中钢铁腐蚀的工序是酸洗、酸洗后水冲洗和漂洗。曹杰玉等通过实验室试验,研究了盐酸清洗不同阶段钢的腐蚀规律和腐蚀控制方法。得出结论:化学清洗过程中不仅酸洗阶段会对钢产生较大的腐蚀,水冲洗阶段和漂洗阶段也会对钢产生较大的腐蚀;酸洗阶段对钢的腐蚀速率影响最大的因素是流速和 Fe^{3+} 浓度,这两个因素的共同作用会使腐蚀速率增加 20 倍以上,而缓蚀剂浓度和温度的影响相对较小;静态腐蚀速率测量结果并不能反映动态腐蚀速率的趋势,为了有效控制酸洗过程中的腐蚀速率,必须在动态条件下选择和检验缓蚀剂。

胡述容将盐酸用于硅片的化学清洗。在硅片半导体的制作过程中,硅片的化学清洗是贯穿前后各种工序、关系到半导体器件质量和成品率的十分重要的问题。在管芯铝金属化前的清洗中,有用过以硫酸为主体的"硫酸-王水"法和 H_2O_2 清洗液,以及 H_2SO_4 加 H_2O_2 清洗液的方法。但是都存在各自的缺点。通过实验发现,盐酸清洗法有以下一些优点:a. 能更有效地去除杂质,从而提高了器件、电路的管芯和成品的合格率,增强了稳定性;b. 提高产品合格率、降低产品成本,盐酸法只需用极少量的 HCl 配置,不同于硫酸法;c. 由于只用低沸点的清洗液热煮,避免了局部过热和暴沸,清洗过程硅片不易破裂,这为清洗大面积硅片提供了较为可靠、安全的清洗方法。

用盐酸作为清洗介质的特点和应注意的事项如下。

(1)盐酸的大多数金属盐(金属氯化物)的水溶性大,因此,用盐酸溶垢(除硅酸盐垢外)与溶锈的速度快。呈碱性的碳酸盐垢、铁锈、铜锈、铝锈等都容易溶解于盐酸中。在同样的条件下,其清洗率是硫酸的 1.3 倍,甲酸的 70 倍,乙酸的 150 倍,柠檬酸的 42 倍左右。

(2)盐酸属于还原性酸,对许多金属,尤其是无纯化倾向的金属的腐蚀损害比硝酸和硫酸小,操作的危险性较小。

（3）盐酸的价格便宜，产品易得。

（4）盐酸是挥发性酸，酸雾大，尤其在 40℃以上的条件下，氯化氢容易从盐酸中挥发，对操作人员有一定伤害；气体会引起金属的气相腐蚀；清洗操作较困难，因此清洗温度不宜过高。

（5）由于盐酸含有大量的氯离子，容易引起钝性金属的局部腐蚀，引起奥氏体不锈钢的应力腐蚀开裂等，不适于不锈钢、铝材的清洗。

综上所述，由于盐酸是各种无机酸中价格最低的一种，综合性能比较好，因此，是最常用的酸洗介质，在能满足清洗的基本技术要求的情况下，是首选的酸洗介质。通常使用质量分数 10% 以下的盐酸水溶液，加适当的缓蚀剂，尽量常温清洗，以免产生酸雾。盐酸适用于碳钢、铜和铜合金及许多非金属的设备，如换热器、反应设备、锅炉、采暖系统等的清洗。

8.2.1.2　硫酸

【物化性质】　硫酸，分子式为 H_2SO_4，相对分子质量 98.07，为无色透明油状液体，熔点 10.4℃。沸点 290℃。密度 1.84g/cm³。能以任意比例与水混合，并放出大量的热。化学性质活泼，几乎与所有金属、氧化物、氢氧化物反应生成硫酸盐。具有极强的吸水性和氧化性，能使棉布、纸张、木材等碳水化合物脱水碳化，接触人体能引起严重的烧伤。空气中体积含量达 4%～75% 时具有爆炸性。无水硫酸在 10℃凝固，加热到 340℃分解成三氧化硫和水。浓度低于 76% 的硫酸与金属反应会放出氢气。市售硫酸按纯度不同颜色自无色、黄色乃至红棕色。密度随含量增加而增加，熔点随含量减少而下降。

【制备方法】

（1）硫磺法

由硫磺制取二氧化硫气体，再将二氧化硫催化氧化，生成三氧化硫，最后将三氧化硫与水接触制取硫酸。

（2）硫铁矿法

以硫化铁矿为原料，经焙烧得到二氧化硫，经净化、氧化成三氧化硫，用稀硫酸吸收得到成品。

（3）中国专利 CN1113878A

此法也是利用焙烧硫化铁矿法，但是，在制备过程中，采用含 N₂0～60%（重量含量）的纯氧或富氧空气依次顺流流入串联的 1～5 个硫铁矿氧化焙烧炉中进行硫铁矿的焙烧，每个炉的出口气体温度为 600～1000℃。此高温可用于产生蒸汽及发电。焙烧硫铁矿完毕后的气体经处理后进入转化炉进行转化，使气体中含有的大部分 SO_2（50%～100%）转化为 SO_3，转化后的气体被吸收制备硫酸，吸收后气体中的 SO_3 50%～100% 转化为硫酸产品，所得的最终尾气经升温加压或被喷射吸引后返回硫铁矿焙烧炉前与氧气混合或返回 SO_2 转化炉前与 SO_2 炉气混合或返回 SO_3 吸收塔前与 SO_3 炉气混合后循环使用。由于生产过程中使用的氧气中含有部分氮气，因此，在生产过程中，气体中 N_2 的含量逐渐增加。当 N_2 含量达到一定数值时，排放部分硫酸吸收塔后的最终尾气经处理后放空，以维持生产过程中的循环气体中氮的含量为一定数值。

（4）钛白废酸回收硫酸上

钛铁矿的主要成分是偏钛酸亚铁，是一种弱酸弱碱盐。硫酸法生产钛白的过程是使钛铁矿与硫酸反应生成可溶性的钛盐进入溶液，然后通过物理、化学方法使其呈偏钛酸析出，废酸液的有关成分如下：

水合 TiO_2 悬浮物和 Ti^{3+} 共 5%～10%，$FeSO_4$ 17%，游离酸（H_2SO_4）15%～20%。

李海等采用了溶剂萃取与蒸发浓缩相结合的方法综合利用钛白废酸。主要操作步骤如下。

① 向钛白废酸中加入盐酸，用磷酸三丁酯（TBP）萃取 Fe^{3+}，得到萃合物为 $HFeCl_4 \cdot 2TBP$；

② 在 TBP 浓度为 2.53mol/L、HCl 浓度为 4.53mol/L、萃取与反萃取相比均为 1 的条件下，对 Fe^{3+} 浓度为 1.023mol/L 的钛白废酸进行连续 5 级逆流萃取、反萃取，得总产率为 99.4%、纯度为 99.88% 的氯化铁；

③ 对除 Fe^{3+} 后的废酸直接蒸发浓缩，进行二次蒸发浓缩后硫酸质量分数可达 80% 以上。

此法以钛白废酸为原料，制得了氯化铁和盐酸，达到了综合利用钛白废液的目的。

（5）许多湿法冶金工艺会产生大量的废酸，比如在用溶液萃取和电解金属法生产铜的时候，产生的电解液中的硫酸浓度达到 180g/L。Gottliebsen、Ken 等用萃取法进行处理，硫酸浓度可降至 18g/L，回收率达 90%。萃取剂由三 2-乙基己基胺（TEHA）、Shellsol2046 和辛醇三种药剂组成，其中 Shellsol2046 的作用是降低萃取溶剂的黏性。随后，升温反萃取。实验对反应条件如萃取和反萃取温度、改良剂浓度、萃取相与水相的比例等，并进行优化实验。

【技术指标】　GB/T 534—2002　工业硫酸

项　　目	指　　标					
	浓硫酸			发烟硫酸		
	优等品	一等品	合格品	优等品	一等品	合格品
硫酸（H_2SO_4）的质量分数/%	≥92.0 或 ≥98.0	≥92.0 或 ≥98.0	≥92.0 或 ≥98.0	—	—	—
游离二氧化硫（SO_3）的质量分数	—	—	—	≥20.0 或 ≥25.0	≥20.0 或 ≥25.0	≥20.0 或 ≥25.0
灰分的质量分数/%	≤0.02	≤0.03	≤0.10	≤0.02	≤0.03	≤0.10
铁（Fe）质量分数/%	≥0.005	≥0.010	—	≥0.005	≥0.010	≥0.030
砷（As）质量分数/%	≥0.0001	≥0.005	—	≥0.0001	≥0.0001	—
汞（Hg）质量分数/%	≥0.001	≥0.01	—			
铅（Pb）质量分数/%	≥0.005	≥0.02	—	≥0.005		
透明度/mm	≥80	≥50	—			
色度/mL	≤2.0	≤2.0	—			

注：指标中的"—"表示该类别产品的技术要求中没有此项目。

【应用】　硫酸是一种不易挥发的强酸，因此，可以通过适当加热来加快清洗速度。一般用 5%～15% 浓度的硫酸做清洗液时，可以加热到 50～60℃。硫酸清洗液的优点是价格便宜，对不锈钢和铝合金设备没有腐蚀性。但与盐酸相比，硫酸用于钢铁表面氧化皮、铁锈、化工设备的清洗除垢，效果较差。硫酸酸洗时产生氢脆，还能使脂肪族有机缓蚀剂失效。对铁锈的溶解能力较差。对含钙的水垢虽然具有一定的清洗效果，但水中钙离子浓度高时易生成难溶的硫酸钙沉淀，清洗后表面状况不理想，故硫酸不宜做冷却水设备上碳酸钙和碳酸钙垢的清洗剂。一般采用硫酸和盐酸混合，去除金属表面铁锈、氧化皮、鳞铁，效果极好。以硫酸为清洗主剂的清洗工艺条件见表 8-2。

表 8-2　以硫酸为清洗主剂的清洗工艺条件

硫酸/%	温度/℃	缓蚀剂加入量/%
5	20～80	苯胺和乌洛托品反应物 0.5
10	65	乌洛托品＋KI(8:1)
10	65	Lam-826 0.25

邹联沛等将硫酸用于一体式膜生物反应器的清洗，采用的膜的清洗顺序为：先用自来水冲洗，去除纤维丝间淤泥，通量可恢复 11％；然后用 0.033％的次氯酸钠浸泡 12h，自来水冲洗，通量可以恢复 23％；最后用 0.33％的硫酸浸泡 6h，自来水冲洗，通量可以恢复 31％。

目前，用硫酸清洗设备使用得不多，已被盐酸取代。

硫酸和盐酸混合使用，作为金属表面处理除去铁锈、氧化皮，表面状态极好。硫酸加硝酸可除焦油、焦炭、海藻类生物等一系列的污垢。

硫酸清洗工艺大致为：水洗—酸洗—水洗—中和—水洗—弱酸洗—调 pH 值—钝化。

酸洗工序条件为：H_2SO_4 6％～8％；若丁缓蚀剂 0.5％；80℃循环清洗 6～8h 终点；Ca^{2+}、酸浓度变化不大，铁离子浓度骤升，放空水洗。用 5％Na_2CO_3 中和残酸，然后用弱酸中和放空。用 0.6％左右柠檬酸溶液除去浮锈 1h 后放空。用 0.5％Na_2CO_3 溶液循环 3～4h 钝化放空。

硫酸是二元酸，能和许多金属或金属氧化物反应生成硫酸盐或酸式硫酸盐。硫酸有很强的吸水性，在与水迅速结合的同时放出大量的热。浓硫酸有很强的氧化性。在稀释硫酸时，务必把硫酸缓慢加入水中，并随时搅拌；切不可把水注入硫酸，以免酸液猛烈飞溅，引起严重事故！

在工业清洗中常用 98％（质量分数）及其以下浓度的硫酸，用硫酸作为清洗介质的特点和应注意的事项如下。

（1）硫酸的稀释热很大，在进行稀释操作时一定要注意只可把酸注入水中，以免发生事故。

（2）清洗中生成的许多硫酸盐的溶解度较小。例如，在用硫酸清除碳酸钙垢时，又生成了水溶性差的硫酸钙，因此，除垢效果不好。若用盐酸清洗，就没有这种问题，因为所生成的氯化钙是可溶于水的。所以，只有在不能选用盐酸时，再考虑应用硫酸，例如用于奥氏体不锈钢的清洗。

（3）稀硫酸和钢铁反应产生大量氢气，因此用稀硫酸进行酸洗，比较容易引起材料的渗氢和氢损伤。

（4）硫酸水溶液不易挥发，稳定性好，使用硫酸比用盐酸环境中的酸雾较少。可以采用加热方法，提高清洗速度。例如，用质量分数 5％～15％的硫酸水溶液清洗时，可以加热到60℃左右。

（5）稀硫酸的酸根 SO_4^{2-} 无氧化性，比硝酸安全；它又不含有会引起奥氏体不锈钢应力腐蚀开裂和其他局部腐蚀的氯离子，因此，在另一些场合，它又比盐酸安全。

（6）60％（质量）以上的浓硫酸水溶液，对钢铁有钝化作用，使钢铁具有耐蚀性。在一定浓度范围内的硫酸对铝合金、不锈钢几乎没有腐蚀作用。

（7）硫酸的价格也比较便宜。

根据上述性能，在工业清洗中，凡是能采用盐酸的场合，一般不用硫酸。在用硫酸清洗时，一般采用 15％（质量）以下的水溶液。一般用在清洗不锈钢、铝合金等的特殊设备。

8.2.1.3　硝酸

【物化性质】　硝酸，分子式为 HNO_3，相对分子质量 63.01，为无色透明液体。熔点 −42℃，沸点 83℃，密度 1.5027g/cm^3（250℃）。能与水以任何比例混合，具有刺激性和强烈的窒息性和腐蚀性。硝酸水溶液具有导电性，会灼伤皮肤。化学性质活泼，常温下能分解出二氧化氮。可与许多金属剧烈反应，是一种无机强酸和强氧化剂。市售稀硝酸含量 49％，呈微黄色。发烟硝酸呈红褐色，液体，是强氧化剂，能使铝钝化，与有机物、木屑相混能引起燃烧。

【制备方法】

（1）氨氧化法

以铂为催化剂，将氨氧化为一氧化氮，再用空气与浓硝酸全部氧化为二氧化氮，然后用浓硝酸吸收，生成发烟硝酸，再经过解吸而得。或将氨氧化生成一氧化氮，再与空气中的氧作用生成二氧化氮，用水吸收得到稀硝酸。

（2）中国专利 CN1113878A

此法是在氨氧化法的基础上进行改进。具体步骤有：采用含 0%～60% N_2（重量含量）的纯氧或富氧空气与后述循环回的富 N_2 尾气及原料氨气混合，依次顺流流入串联的 1～5 个氨氧化焙烧炉中进行氨氧化反应，每个炉的出口气体温度为 600～1000℃。此高温可用于产生蒸汽及发电。氧化后的气体与氧气或富氧空气混合氧化后，进入硝酸吸收塔，使气体中的大部分氮氧化物（50%～100%）转化为稀硝酸，吸收后的最终尾气经升温加压或被喷射吸引后返回氨氧化炉前与反应气体混合或返回氮氧化物吸收塔前与氮氧化物气体混合后循环使用。在生产过程中，气体氮的含量维持一定数值，以便使足够的富氮尾气返回氧化炉前与反应气体混合，消除由于使用富氧空气或纯氧而造成的爆炸危险。而当生产过程中气体氮的含量超过上述一定数值即尾气量过大时，应排放部分吸收塔后尾气，以使气体的氮含量维持上述一定数值。

硝酸属于强氧化性酸，对大多数金属也有腐蚀作用。高浓度硝酸对金属有钝化作用。一般缓蚀剂容易被硝酸分解失效。现在最佳的硝酸专用缓蚀剂是 Lam-5 和 Lam-826，缓蚀效果比其他缓蚀剂要好。硝酸主要用于清洗碳钢、不锈钢、铜、黄铜、碳钢-不锈钢组成的设备。硝酸可除去水垢、铁锈，对 α-Fe_2O_3 和磁性 Fe_3O_4 有良好的溶解力，去除氧化皮速度快，操作简单、水垢清除完全。一般硝酸清洗工艺见表 8-3。

表 8-3　硝酸清洗工艺

垢厚/mm	酸含量/%	缓蚀剂/%	温度/℃	缓蚀率/%
1～2	5～7	Lam-5 0.6	30～40	99.6
3～5	7.5～10	Lam-5 0.6	30～40	99.6
3～5	10	Lam-826 0.25	25	99.0
75	10～14	Lam-5 0.6	30～40	99.9

注：Lam-5 缓蚀剂是由六甲基四胺、亚铁氰化钾与苯胺按 3∶2∶1 质量比组成的，当硝酸浓度大于 17% 时会失效。

罗升等用硝酸清洗陶瓷过滤机的滤盘，并阐述和探讨了化学清洗机理，说明了硝酸、草酸在陶瓷过滤清洗过程中的作用，并解决了生产中碰到的清洗问题。滤盘的清洗是过滤循环中的关键步骤，每一块陶瓷板的过滤效率的高低取决于被过滤的物料是否最大限度地从陶瓷板的微孔中被清除干净。为了保持滤片的通透性，过滤机一般配有超声波和酸洗的联合清洗。采用约含 1% 的稀硝酸与反冲洗水同时清洗滤片，凡口铅锌矿采用此法联合清洗后，通过对出厂精矿水分分析可知，联合清洗效果非常有效，尤其对锌精矿。

占光全以 3%～5% 浓度的硝酸清洗液清洗蒸漂锅及料框等设备表面形成的蒸漂复合水垢，并对此浓度清洗液的腐蚀性进行测试。试验结果显示：除垢率达 99% 以上，效果明显，清洗液对蒸漂相关设备不产生腐蚀。

硝酸不稳定，遇光和热分解，放出二氧化氮。硝酸易溶于水，并放出热。浓硝酸是强氧化剂，且不论浓度大小，都具有氧化性，能使铁、铝、铬等易钝化的金属钝化。硝酸有强烈的腐蚀性，会引起人体皮肤灼伤，损害黏膜和呼吸道。会使含蛋白质的物质变成黄色的黄蛋白酸。

硝酸是三大重要的强酸之一，具有酸的共同性质。

用硝酸作为清洗介质的特点和应注意的事项如下：

（1）由于它属于氧化性的强酸，除硅酸盐垢外，对其他各种锈、垢的反应速度大，因此溶垢快。

（2）硝酸在分解时产生新生态的原子氧，具有很强的氧化性，是常用的强氧化性酸，对许多金属基体的腐蚀严重。但是，在一定的浓度范围内，其氧化性又可使某些可致钝的金属钝化，不存在像盐酸那样会造成金属发生孔蚀和应力腐蚀的危险。必须根据其对不同金属的腐蚀行为，合理地选用。

（3）硝酸的氧化性有利于把污垢中的许多有机物氧化、分解，使许多难溶的金属氧化物和盐溶解，而且溶解速度快。

（4）硝酸是挥发性酸，而且在光和热的作用下容易分解出二氧化氮、一氧化氮等气体，其毒性对人体和环境的污染较严重。

例如：
$$4HNO_3 \longrightarrow 4NO_2 + 2H_2O + O_2$$

因此，在实验室，硝酸应保存于深色容器中，在清洗作业中，硝酸应密闭贮存于阴凉避光处。

（5）硝酸具有的强酸性、强氧化性、不稳定性、易挥发性等，增加了其清洗操作的危险性，应特别加以注意。

硝酸一般应用于不适合使用盐酸清洗的可钝化金属材料，例如，铝、不锈钢等材料的清洗。在工业清洗中，一般采用5%（质量）左右的硝酸溶液，适用于碳钢、不锈钢、铜与铜合金以及它们的组合件的清洗。

8.2.1.4 磷酸

【物化性质】 磷酸，分子式为 H_3PO_4，相对分子质量为98.00，无色斜方晶体，密度1.834，熔点42.35℃。一般商品是含有83%～98% H_3PO_4 的稠厚液体，溶于水和乙醇。加热到213℃时，失去一部分水而转变为焦磷酸，进一步转变为偏磷酸。对皮肤有些腐蚀性，能吸收空气中的水分，酸性介于强酸和弱酸之间。用途很广，如制磷酸盐、甘油磷酸酯、磷酸铵肥料，并用作化学试剂等。

【制备方法】 制法主要有萃取法和热法两种，分别称萃取磷酸和热法磷酸。

（1）黄磷气化后导入空气或过热水蒸气使其氧化，生成五氧化磷，用水吸收，经除砷而得。

（2）用硝酸使磷氧化而得。

（3）磷酸三钙与稀硫酸共热，经分解后，滤出滤液，再浓缩而得。

（4）中国专利03131935.1中介绍了一种用93%～98%的浓硫酸萃取磷矿生产磷酸的方法。硫酸和磷矿按一定比例分别加入两个串联的等体积的圆筒形反应槽中。每个反应槽都装有若干个硫酸分布器和表面冷却器，以及单台大循环量的中心搅拌桨。冷空气从表面冷却器和硫酸分布器抛洒起来的料浆表面掠过，被加热增湿，从而带走水蒸气。萃取反应在两个槽中同时进行，可以分别控制两个槽的操作条件，更有利于分解磷矿和使结晶粗大；硫酸在硫酸分布器的抛洒下易分散，更均匀，不会局部产生大量 SO_4^{2-} 过量。本工艺对磷矿适应性强，可有效提高 P_2O_5 的萃取率。

具体操作步骤有：采用自制的 $6 \times 10^4 t/a$ P_2O_5 磷酸萃取装置，原料93%～95%的浓硫酸按8∶2（重量比）、磷矿浆按7∶3（质量比）分别加入1♯反应槽和2♯反应槽，反应料浆停留时间4.9h，中心搅拌桨电机功率90kW，1♯反应槽和2♯反应槽均配有4个硫酸分布器和4个表面冷却器。1♯反应槽温度80℃，P_2O_5 浓度为24%～25%，液固比2.8∶1，搅拌功率 $0.275kW/m^3$；2♯反应槽温度70℃，P_2O_5 浓度为27%～28%，液固比2.2∶1，搅拌功率 $0.285kW/m^3$，P_2O_5 萃取率≥97.5%，尾气洗涤工序所配的尾气风机风量为75000 m^3/h。

（5）中国专利94111777.4中介绍了一种用盐酸法制取萃取磷酸的方法。将原料磷矿粉加入分解槽，制备萃取磷酸，利用制得的萃取磷酸对磷矿粉进行预处理以除去碳酸盐及磷酸中的游离盐酸，经澄清，上层清液即为目的物。而下层稠浆再与盐酸进行萃取反应即得萃取磷酸，再经澄清，上层清液输往反应槽重复初始程序，而底层酸渣移送至分离器后排除。此法因对原料矿粉进行了预处理，降低了其中的碳酸盐含量，因此减少了 $28\% \sim 30\%$ 的盐酸消耗量，降低了生产成本。

(6) 中国专利 96117727.6 中介绍了一种湿法磷酸的制备方法。现有技术的湿法磷酸生产流程是：将粉碎的磷矿石与硫酸在酸解反应槽内反应生成磷酸料浆，从酸解槽出来的磷酸料浆不分层次先后直接进入真空过滤分离装置进行液固分离，分离出来的液相为成品磷酸，固相为磷石膏。对分离出来的固相磷石膏进行水洗后排出。磷石膏的洗涤液与 2/3 左右的成品磷酸混合返回到酸解槽循环使用。该湿法磷酸的生产流程多年来为国内外的生产企业所采用，是传统的经典流程。但该流程的不足之处是从酸解槽中出来的料浆不分先后直接进入过滤分离装置，带来了诸多不利的后果。其一，料浆固相中的细小结晶粒子极易堵塞滤布（过滤介质）孔隙与滤渣层通道，导致过滤阻力增加，磷石膏含量增加，洗涤效果、过滤强度与过滤机生产能力下降，磷酸产率低。其二，料浆固相中的细小结晶粒子易穿透滤布，使成品磷酸中的固体含量增加，产品的质量降低。其三，磷酸料浆全部进入过滤分离装置所得的成品磷酸中大部分又返回酸解槽循环，加大了过滤机负荷，增加了生产成本，降低了生产能力。

此工艺旨在克服已有技术的不足之处，提出了一种能使磷酸生产过程中的液固分离装置生产能力提高，分离出来的液相成品磷酸含固量和固相磷石膏含湿量都低的湿法硫酸化优化生产工艺流程。

主要工艺流程为：将粉碎的磷矿石和硫酸一起加入到酸解槽中进行酸解反应，生成磷酸料浆，将其加入到重力沉降槽中进行粗分级，然后从沉降槽底部稠浆层引出料浆（含有较大结晶粒子部分的料浆）；先加入到真空过滤机，待过滤介质上形成滤渣层之后，将从沉降槽上部稀浆层引出的料浆再加入到过滤机，过滤，过滤液即为成品磷酸。此法生产的成品磷酸固含量低，P_2O_5 回收率高。

【应用】 磷酸作为无机强酸，也可用于化学清洗（一般不采用磷酸清洗的方法）。磷酸比盐酸的溶垢能力差，所以只有浓度较高时溶垢效果才好。如果避免磷酸铁的沉淀，清洗铁锈时磷酸的使用浓度必须超过 25%，通常是不经济的，而且也增加了废液的排放处理问题。对各种金属均有腐蚀，需要加入缓蚀剂。

用磷酸清洗的优点是钢铁表面自然形成防锈膜。磷酸可用于循环冷却水系统检修开车时的清洗剂，例如 20% 的磷酸溶液，以硫脲或乌洛托品为主要成分，分别与阳离子、阴离子或非离子表面活性剂复配作为缓蚀剂在常温下循环清洗，清洗后用水冲洗即可投入预膜运行，这样水冷却器表面将形成均匀致密的保护膜，达到防腐作用。

用磷酸作为清洗介质的特点和应注意的事项如下：

① 在磷酸的正盐中，除了钾盐、钠盐和铵盐以外，大多难溶于水。而磷酸的酸式盐随其所含氢离子的增加，溶解度加大。溶解度 $Ca_3(PO_4)_2 < CaHPO_4 < Ca(H_2PO_4)_2$。磷酸清洗后的许多产物在水中的溶解度小。例如，采用稀磷酸溶液溶解氧化铁后，生成的磷酸铁也很难溶解于水，影响清洗的效果。

② 磷酸是多元酸，当它与其他酸混合时，可以起到缓冲溶液的作用，有利于清洗液酸碱性的调节和控制。

③ 磷酸为难挥发酸，不会增加酸洗现场的酸雾，作业比较安全。

④ 磷酸的酸性较弱，对金属基体的腐蚀较小，而且在钢铁等金属表面生成的磷酸铁等盐，难溶于水，形成有保护性的磷化膜。因此，用磷酸清洗后的钢铁等金属表面有一定的抗

大气腐蚀能力。

⑤ 高温、高浓度的磷酸对许多金属有很强的溶解能力，即使对不很活泼的铜、钨、铌等金属，由于能生成杂多酸型的配合物，也能使之溶解。因此在清洗这类金属时应加以注意。

⑥ 磷酸的价格比较高，使用的浓度又大，因此清洗成本比采用其他无机酸高。

工业清洗中常用的磷酸清洗液，一般使用 40～60℃，10％～15％（质量）的磷酸，有时使用浓度达 25％。采用大于 25％（质量）的磷酸溶液清洗氧化皮，能生成溶解度较大的含磷杂多酸配合物，改善清洗效果，但是，成本比较高。

在对清洗后的工件有特殊要求时，才考虑使用磷酸。例如，为防止零件返锈的中间酸洗；预处理纤焊工件及钎焊氧化区表面的清洗等。磷酸不适于清洗钙垢，因为新生成的磷酸钙也难溶于水。一般的清洗不首先考虑用磷酸。

8.2.1.5 氢氟酸

【物化性质】 氢氟酸，分子式为 HF，相对分子质量为 20.01，含氟化氢 60％以下水溶液为无色澄清的发烟液体。有刺激性气味，易挥发，空气中即冒白烟。对金、铂、铅、石蜡及某些塑料不起腐蚀作用，但会腐蚀很多金属，与硅及硅的化合物反应生成气态的四氟化硅。因此，不能用玻璃及陶瓷器作容器。有毒，触及皮肤即溃烂，吸入蒸气，危害更大。

【制备方法】

(1) 用 H_2SO_4 分解萤石得 HF 气体，再用水吸收而得。

(2) 中国专利 CN101077770A 中介绍了一种以磷肥生产中的副产品——氟硅酸制取的氟化铵或氟化氢为主要原料，制备氢氟酸的方法。氟化铵和氟化氢资源丰富，价格低廉，用于替代目前生产氢氟酸的主要原料——日益紧缺的萤石。反应式如下：

$$2NH_4F + H_2SO_4 \longrightarrow 2HF + (NH_4)_2SO_4$$
$$2NH_4HF_2 + H_2SO_4 \longrightarrow 4HF + (NH_4)_2SO_4$$

具体制备方法为：将氟化铵与硫酸按摩尔比为 2∶1 的比例在反应炉内混合反应，氟化铵为含水极少的固体，硫酸浓度为 98％以上，反应温度控制在 180℃，反应时间为 4h，反应产生的气体经冷凝净化或吸收得到无水氢氟酸或有水氢氟酸，反应产生的固体为硫酸铵产品。

(3) 中国专利 CN101134561A 中介绍了氢氟酸的另外一种方法。该法以氟硅酸为原料，包括以下步骤：a. 将氟硅酸溶液和硫酸钠固体反应 10～60min，过滤得到氟硅酸钠固体，硫酸废液排放处理；b. 将氟硅酸钠在 300～800℃的温度下分解 1～5h，生成氟化钠固体和四氟化硅气体；c. 将四氟化硅气体用水吸收并水解，过滤得到氟硅酸溶液返回制氟硅酸钠，二氧化硅固体洗涤、干燥得到白炭黑；d. 将步骤 b 生产的氟化钠固体和 98％以上的硫酸反应，产生的气体经冷凝精馏得到氢氟酸，固体硫酸钠返回制氟硅酸钠。

该法也是以磷肥副产氟硅酸为原料代替了传统方法中的以萤石矿产为原料生产氢氟酸，节约了萤石资源。

【技术指标】 GB 7744—2008

项　　目	指　　标						
	Ⅰ类			Ⅱ类			
	HF-Ⅰ-40	HF-Ⅰ-55	HF-Ⅰ-70	HF-Ⅱ-30	HF-Ⅱ-40	HF-Ⅱ-50	HF-Ⅱ-55
氟化氢(HF), $w/\%$	≥40.0	≥55.0	≥70.0	≥30.0	≥40.0	≥50.0	≥55.0
氟硅酸(H_2SiF_6), $w/\%$	≤0.05			≤2.5	≤5.0	≤8.0	≤10.0
不挥发酸(H_2SO_4), $w/\%$	≤0.05	≤0.08	≤0.08	≤1.0	≤1.0	≤2.0	≤2.0
灼烧残渣, $w/\%$	≤0.05						

【应用】　氢氟酸是一种弱酸，对金属腐蚀性低于硫酸、盐酸。氢氟酸常温除硅垢、铁垢的能力强。可清洗奥氏体不锈钢，不会产生应力腐蚀（SCC），清洗时间短（1～2h）。清洗效率高表面状态好，一般用于清洗硅酸盐垢及铁垢。在硅酸盐垢高达40%～50%、铝和铁的氧化物高达25%～30%或硅垢及氧化铁垢含量都较高时，选用氢氟酸加氟化物做清洗剂。但氢氟酸对铸铁、钛等金属腐蚀严重，对铝等钝态金属，用氢氟酸清洗污染较严重。可与盐酸、硝酸混合使用，其工艺见表8-4。

表8-4　盐酸-氢氟酸、硝酸-氢氟酸清洗液及工艺条件

清洗液	浓度/%	温度/℃	缓蚀率/%	适用材质、垢型
HCl+HF	12+5	40	99.4	碳钢、不锈钢、合金钢、铜、铜合金、碳钢-不锈钢、碳钢-铜、硬质水垢、硅垢、磁性 Fe_3O_4、$\alpha\text{-}Fe_2O_3$
HCl+HF	7+6	30	98.4	
HNO_3+HF	8+2	25	1～104mm/a	

单独使用一般氢氟酸浓度为1.0%～2.0%，缓蚀剂浓度为0.3%～0.4%，缓蚀可用硫脲或它的复合药剂，清洗温度为30～40℃。

用氢氟酸作为清洗介质的特点和应注意的事项如下：

① 氟化氢的酸性较弱，对基体金属的损伤较小，但是也有一定的腐蚀性。加缓蚀剂后，碳钢的腐蚀速率可降到$1g/(m^2 \cdot h)$以下。

② 氟化氢对铁皮等氧化物的溶解速率大，清洗效率高。

因为氟化氢与四氧化三铁反应，发生铁与氧的交换，进而氟离子与三价铁离子进行配合反应，使氧化皮溶解：

$$Fe_3O_4 + 8H^+ + 12F^- \longrightarrow Fe^{2+} + 2\,[FeF_6]^{3-} + 4H_2O$$

③ 氟化氢对硅垢有特殊的溶解能力，即使在低温时，氢氟酸也能溶解硅垢，这是其他酸所不具备的性质。

④ 氟离子的存在不会引起奥氏体不锈钢的应力腐蚀。

⑤ 氢氟酸有毒，又有挥发性，毒化清洗环境，对人体有很强的毒害作用。要尽量避免氟化氢气体的逸出，注意现场人员的保护，戴好橡胶手套、防护面罩或口罩。

⑥ 氢氟酸酸洗废液较容易处理，利用廉价的石灰水中和，即可使酸得到中和，使氟离子转变为难溶的CaF_2从溶液中除去。

⑦ 氢氟酸主要应用于清除硅垢，当然也可以清除其他污垢。通常采用5%（质量）以下的水溶液，通过提高温度，以保证必要的清洗速度，操作温度一般在50℃左右。

⑧ 用氟化氢清洗过的锅炉的受热面洁净，所生产的蒸汽质量好，且容易形成有一定保护作用的钝化膜。

⑨ 为了减少氟化氢的毒害，也可以用氟氢酸铵NH_4HF代替氢氟酸，性能比较缓和。由于有氟离子的参与，也可以清除硅垢。

一般采用氢氟酸和盐酸、硫酸、硝酸和氟氢化铵等混合使用。

例如，氢氟酸-盐酸清洗液用以清除碳酸盐垢；氢氟酸-氟氢化铵清洗液用于清除硅垢；氢氟酸-氟氢化铵-盐酸或硝酸清洗液主要用于清除铁锈垢；氢氟酸-盐酸清洗液主要用于清除碳酸盐、硅酸盐和氧化皮的混合污垢。因为氢氟酸能迅速溶解氧化铁和硅垢，而盐酸溶解碳酸盐的能力较强。

在用盐酸清洗时，为了同时清除可能存在的硅垢，往往在盐酸清洗液中加入少量的氟氢酸铵，利用氟氢酸铵和盐酸反应生成的氢氟酸以加快碳酸盐-铁锈-硅酸盐混合垢的溶解。氢氟酸-硝酸清洗液对于硅酸盐、碳酸盐、氧化皮都具有良好的清除效果，尤其适用于不宜采用含氯离子清洗液清洗的不锈钢-碳钢、不锈钢-铜合金组合件及铝设备的清洗，已应用于多

种锅炉、换热器、化工设备等的清洗，不但对基体的损伤小，而且很少发生渗氢现象，可以常温清洗，溶垢快，节能，成本低。

近年来，我国及日本清洗以硅垢为主的垢型，所采用的清洗液均由氢氟酸、聚磷酸盐、氟化物加缓蚀剂和渗透剂组成，日本用于清洗地热发电厂高硅垢的清洗剂就是由以上成分组成，清洗效果良好。

8.2.2　无机碱清洗剂

8.2.2.1　磷酸三钠

【物化性质】　磷酸三钠化学式为 Na_3PO_4（无水级），相对分子质量为164。十二水磷酸三钠化学式为 $Na_3PO_4 \cdot 12H_2O$，相对分子质量为380.14。工业级磷酸酸钠主要用作软水剂、锅炉清洗和洗涤剂、非金属防锈剂、织物丝光增强剂等，食品级磷酸酸钠可用作改良剂、乳化剂、营养增补剂和面食碱水剂等。

【制备方法】

(1) 用纯碱中和磷酸后得到磷酸氢二钠溶液，浓缩，加入液体烧碱，继续浓缩，等反应进行中所发生的 CO_2 全部逸出后，在压滤机上过滤。将滤液放入结晶器内结晶，然后用离心机脱水，即得磷酸氢二钠。再用烧碱中和后，即生成磷酸三钠。反应式如下：

$$H_3PO_4 + Na_2CO_3 \longrightarrow Na_2HPO_4 + H_2O + CO_2$$
$$Na_2HPO_4 + NaOH \longrightarrow Na_3PO_4 + H_2O$$

(2) 徐樟松等用三聚磷酸钠中和废渣为原料来制备磷酸三钠。三聚磷酸钠生产中排放出的"中和废渣"，俗称碱渣，绝大部分厂家将其作为肥料出售，而这受到地区和季节的限制往往堆积，成为三聚磷酸钠生产中排出的一种废物。碱渣若不处理，不仅污染环境，而且不利于降低三聚磷酸钠生产成本。采用烧碱中和结晶法制备磷酸三钠，并用于生产，投资少、工艺流程短。

碱渣的主要成分是铁、铝、钙、镁的磷酸盐、氟化物以及可溶性磷酸盐等，总 P_2O_5 含量可达25%左右。废渣中水溶性 P_2O_5 可通过热水洗渣、过滤，得到回收；非水溶性的 P_2O_5（铁、铝的磷酸盐），可通过加入烧碱转变为可溶性的磷酸三钠和不溶性氢氧化物，从而得到回收。此反应能否顺利进行，受反应条件和难溶物质的溶度积所支配。在用 NaOH 处理废渣时，可发生如下反应：

$$FePO_4 \cdot 2H_2O + 3NaOH \longrightarrow Fe(OH)_3 + Na_3PO_4 + 2H_2O$$
$$AlPO_4 \cdot 4H_2O + 3NaOH \longrightarrow Al(OH)_3 + Na_3PO_4 + 4H_2O$$

镁的磷酸盐在中和过程中，有部分因局部过碱而生成 $Mg_3(PO_4)_2$，而该物质难以再被 NaOH 分解。渣中的磷酸氢镁在强碱性介质中能被逐步转化成磷酸三钠和氢氧化镁：

$$MgHPO_4 + 3NaOH \longrightarrow Mg(OH)_2 + Na_3PO_4 + H_2O$$

此外，$Al(OH)_3$ 部分被 NaOH 溶解而形成铝酸钠：

$$Al(OH)_3 + NaOH \longrightarrow NaAl(OH)_2 + 2H_2O$$

根据溶度积的理论，由于铁、铝的氢氧化物溶度积远大于它们的磷酸盐溶度积，因此废渣中的大部分水不溶性 P_2O_5 可转入水溶液中，通过过滤工序去残渣，回收废渣中有价值的 P_2O_5。

具体操作方法为：将废渣与热水或母液配成30%～40%的料浆，加热至85℃，再加入液碱（30%），反应一段时间，加碱量以控制反应终了时，液相中含过量 NaOH0.1%～0.5%为宜；过滤后，将滤液蒸发浓缩，再经冷却结晶、洗涤、烘干，得到磷酸三钠产品。

【应用】　磷酸三钠溶在水中有滑腻的感觉，能增加水中的润湿能力，有一定的乳化作用，是除去硬表面和金属表面上污垢的极好洗涤剂。

化学清洗中，常见的碱洗溶液配方有两种：一种是配制磷酸三钠（0.5%～1%）和氢氧化钠的混合溶液；另一种是配制磷酸三钠（0.3%～0.5%）和磷酸氢二钠（0.1%～0.2%）的混合溶液。前者过去用得多，但目前普遍认为后者更好。尤其是奥氏体合金钢对游离氢氧化钠很敏感，故清洗范围内如有用奥氏体合金钢制成的部件，碱洗是不宜用氢氧化钠的。

磷酸盐用作清洗液的特点和注意事项如下：

① 磷酸三钠是强碱弱酸盐，水解成氢氧化钠和磷酸，磷酸的电离度小，溶液呈强碱性。其他形式的磷酸盐的碱性较弱，可根据需要进行选择。

② 使用磷酸盐有利于硬水的软化，磷酸盐有显著的分散作用，能把颗粒大的污垢分散到接近胶体粒子大小的颗粒。对金属离子也具有一定的螯合作用，尤其是多聚磷酸盐，能把水中的钙离子、镁离子螯合，成为不溶解于水的钙盐和镁盐而除去。

③ 三聚磷酸钠比较不稳定，受热后会逐渐水解为磷酸三钠和焦磷酸钠等较简单的磷酸盐。

④ 焦磷酸钠用于碱性清洗时，具有较明显的表面活性，表面活性比磷酸三钠强，比硅酸钠稍弱，可以用在不能使用硅酸钠的清洗液中，比如在轴承的清洗中，如果使用含硅的化合物，其残留物增加轴承活动面之间的摩擦。

⑤ 磷酸盐除了具有上述的作用外，还具备显著的抑制金属腐蚀的性质。

⑥ 磷酸盐的价格虽然不是很昂贵，但是比其他碱类物质价格高，一般不作为碱性清洗剂的主剂。

8.2.2.2 氢氧化钠

【物化性质】 氢氧化钠是一种常见的主要强碱。化学式为 NaOH，相对分子质量为40.01，熔点318.4℃，沸点1390℃。纯的无水氢氧化钠为白色半透明，结晶状固体。氢氧化钠极易溶于水，溶解度随温度的升高而增大，溶解时能放出大量的热，288K 时其饱和溶液浓度可达 26.4mol/L（1∶1）。它的水溶液有涩味和滑腻感，溶液呈强碱性，具备碱的一切通性。市售烧碱有固态和液态两种：纯固体烧碱呈白色，有块状、片状、棒状、粒状，质脆；纯液体烧碱为无色透明液体。氢氧化钠还易溶于乙醇、甘油；但不溶于乙醚、丙酮、液氨。对纤维、皮肤、玻璃、陶瓷等有腐蚀作用，溶解或浓溶液稀释时会放出热量；与无机酸发生中和反应也能产生大量热，生成相应的盐类；与金属铝和锌、非金属硼和硅等反应放出氢；与氯、溴、碘等卤素发生歧化反应。能从水溶液中沉淀金属离子成为氢氧化物；能使油脂发生皂化反应，生成相应的有机酸的钠盐和醇，这是去除织物上的油污的原理。

【制备方法】

（1）纯碱苛化法。

（2）电解 NaCl 水溶液。

【应用】 氢氧化钠的用途十分广泛，在化学实验中，除了用做试剂以外，由于它有很强的吸湿性，还可用做碱性干燥剂。烧碱在国民经济中有广泛应用，许多工业部门都需要烧碱。使用烧碱最多的部门是化学药品的制造，其次是造纸、炼铝、炼钨、人造丝、人造棉和肥皂制造业。另外，在生产染料、塑料、药剂及有机中间体，旧橡胶的再生，制金属钠、水的电解以及无机盐生产中，以及制取硼砂、铬盐、锰酸盐、磷酸盐等，也要使用大量的烧碱。工业用氢氧化钠应符合国家标准 GB 209—2006；工业用离子交换膜法氢氧化钠应符合国家标准 GB/T 11199—2006；化纤用氢氧化钠应符合国家标准 GB 11212—2003；食用氢氧化钠应符合国家标准 GB 5175—2008。

另外，在化学清洗前，设备通常用1%～2%的氢氧化钠溶液进行脱油脂的预处理。

氢氧化钠用于清洗时，对其中杂质含量应做要求，尤其是高参数锅炉机组清洗时，应严格要求其氯离子含量。

乌鲁木齐石化公司曾发生了数次缩聚装置乙二醇（EG）循环喷淋系统管线堵塞，如终聚釜喷淋冷凝器与 EG 热井的连接直管堵塞，循环的 EG 倒流入升气管，温度急剧下降。装置长时间运行时，预缩聚釜的流量从 40m³/h 降到 25m³/h 以下，管子通道被堵塞，只能同时启动两台泵。解决方案主要是停工后机械清理，费时费力，管道的弯头部分尤其难以清理。

为解决这个问题，杨波等引进在线清洗技术，以氢氧化钠为清洗剂，根据清洗液的 pH 值调节氢氧化钠的加入量，并控制碱洗时间 48h，碱液浓度为 1%～10%。清洗效果好，且省时省事、不中断正常生产。

不同氢氧化钠制造方法产品的氯离子含量相差很大。用于火电厂锅炉机组与钝化的氢氧化钠应是离子交换膜法制取的，其质量应符合《离子交换膜法氢氧化钠》（GB/T 11199—1989）的要求，该标准对产品分为优级品、一级品和二级品三类。其中质量差的二级品氯化钠含量≤0.01%，可满足电力行业清洗之用。

国家标准 GB 209—1993 规定了汞法和苛化法的质量标准。汞法三个等级的氯化钠含量依次为≤0.02%、≤0.027%和≤0.033%。苛化法三个等级的氯化钠含量依次为≤0.47%、≤0.53%和≤0.67%。试验证明，作为碱洗剂，氢氧化钠中氯离子含量不宜超过 0.5%，作为钝化剂和溶解 EDTA 的药剂，其杂质含量不可超过 0.1%。

氢氧化钠溶于乙醇和甘油。氢氧化钠具有很强的碱性，对皮肤、纸张、织物等有机物有强烈的腐蚀性。由于它的碱性，它在空氢氧化钠应贮存于密气中吸收二氧化碳逐渐转变成碳酸钠。因此，氢氧化钠应存贮于密闭的容器中。由于氢氧化钠会腐蚀玻璃，因此不能用玻璃容器贮存。

氢氧化钠用作清洗液的特点和注意事项如下：

① 氢氧化钠对于动植物油脂是通过皂化作用达到清除目的的。例如，硬脂的清除：

$$(C_{17}H_{35}COO)_3C_3H_5 + 3NaOH \longrightarrow 3C_{17}H_{35}COONa + C_3H_5(OH)_3$$

　　　　硬脂　　　　　　　　　　　肥皂　　　　甘油

反应的生成物可溶于水，肥皂具有表面活性剂的湿润性。

② 氢氧化钠可以转化强酸强碱盐，例如，硫酸镁、硫酸钙都属于强酸强碱盐，不能直接和酸作用。先用氢氧化钠与之作用，生成可溶解于酸的氢氧化镁和氢氧化钙：

$$MgSO_4 + 2NaOH \longrightarrow Mg(OH)_2 + Na_2SO_4$$

$$CaSO_4 + 2NaOH \longrightarrow Ca(OH)_2 + Na_2SO_4$$

③ 氢氧化钠对人体有很强的腐蚀作用，可引起皮肤烧伤，眼睛的虹膜受损，在清洗作业中要注意严密的防护。

④ 氢氧化钠腐蚀玻璃，也能使某些涂层变色，对某些金属有腐蚀作用等，在选用时应加以注意。

8.2.2.3　碳酸钠

【物化性质】　碳酸钠，化学式为 Na_2CO_3，相对分子质量为 105.99，俗名块碱、纯碱、苏打等，稳定性较强，但高温下也可分解，生成氧化钠和二氧化碳。易溶于水，微溶于无水乙醇，不溶于丙醇，长期暴露在空气中能吸收空气中的水分及二氧化碳，生成碳酸氢钠，并结成硬块。吸湿性很强，很容易结成硬块，在高温下也不分解。含有结晶水的碳酸钠有 3 种：$Na_2CO_3 \cdot H_2O$、$Na_2CO_3 \cdot 7H_2O$ 和 $Na_2CO_3 \cdot 10H_2O$。

碳酸钠是重要的化工原料之一，用于制化学品、清洗剂、洗涤剂，也用于照相技术和制医药品。绝大部分用于工业，一小部分为民用。在工业用纯碱中，主要是轻工、建材、化学工业，约占 2/3；其次是冶金、纺织、石油、国防、医药及其他工业。玻璃工业是纯碱的最大消费部门，1t 玻璃消耗纯碱 0.2t。化学工业用于制水玻璃、重铬酸钠、硝酸钠、氟化钠、小苏打、硼砂、磷酸三钠等。冶金工业用作冶炼助熔剂、选矿用浮选剂，炼钢和炼锑用作脱硫剂。印染工业用作软水剂。制革工业用于原料皮的脱脂、中和铬鞣革和提高铬鞣液碱度，还用于生产合成洗涤剂添加剂三聚磷酸钠和其他磷酸钠盐等。

【制备方法】

（1）吕布兰法

1791 年开始用食盐、硫酸、煤、石灰石为原料生产碳酸钠，但此法原料利用不充分、劳动条件恶劣、产品质量不佳，逐渐为索尔维法代替。

（2）索氏制碱法

1859 年比利时索尔维用食盐、氨水、二氧化碳为原料，于室温下从溶液中析出碳酸氢钠，将它加热，即分解为碳酸钠，此法被沿用至今。

（3）侯氏制碱法

1943 年中国侯德榜结合中国内地缺盐的国情，对索尔维法进行改进，将纯碱和合成氨两大工业联合，同时生产碳酸钠和化肥氯化铵，大大地提高了食盐利用率。

其制备原理为：

$$NH_3 + H_2O + CO_2 \longrightarrow NH_4HCO_3$$

$$NH_4HCO_3 + NaCl \longrightarrow NH_4Cl + NaHCO_3 \downarrow$$

$$2NaHCO_3（加热）\longrightarrow Na_2CO_3 + H_2O + CO_2 \uparrow$$

此法保留了氨碱法的优点，消除了它的缺点，使食盐的利用率提高到 96%；NH_4Cl 可做氮肥；可与合成氨厂联合，使合成氨的原料气 CO 转化成 CO_2。

碳酸盐用作清洗液的特点和注意事项如下。

（1）碳酸钠用于清洗油脂，可使油脂疏松、分散、乳化和皂化。但是，碳酸氢钠和倍半碳酸钠的碱性较弱，已不足以使油脂皂化。

（2）在高温下，碳酸钠可使难溶于酸的无机盐转化为易溶于酸和水的碳酸盐、碳酸氢盐或倍半碳酸盐。碳酸钠能使水中的钙、镁离子生成难溶的碳酸钙、碳酸镁、碳酸氢钠和倍半碳酸钠，能使水中的钙、镁离子生成可溶性的酸式碳酸钙、酸式碳酸镁。因此它们对硬水都具有一定的软化能力。

（3）在空气中氧的作用下，碳酸盐有利于某些金属的钝化。

（4）无水碳酸钠的吸湿性强，产品容易结块。在空气中容易吸收二氧化碳变成碳酸氢钠。十水物 $Na_2CO_3 \cdot 10H_2O$ 是无色晶体，俗名洗濯碱或晶碱，在空气中容易风化，失去水分而成一水合物的粉末。

（5）碳酸钠是多元酸盐，对溶液的酸碱性有一定的缓冲性能，对有色金属的腐蚀小于氢氧化钠。

8.2.2.4 硅酸钠

化学组成 $xNa_2O \cdot ySiO_2 \cdot zH_2O$。通常写成 Na_2SiO_3，其中二氧化硅的分子数和碱性氧化物分子数的比值称为硅酸钠的模数。模数对硅酸钠的性质和用途有重要的影响。硅酸钠是无色、青绿色或棕色的固体或黏稠液体。其品种和性质随成品中 Na_2O 和 SiO_2 的比例不同而变。包括最常见的水合偏硅酸钠 $Na_2SiO_3 \cdot zH_2O$，z 等于 5、6、7、8、9，其水溶液称为水玻璃，工业上俗称泡花碱，是无色的，含杂质后呈紫色。此外还有 $Na_2Si_2O_5$、Na_4SiO_4、$Na_6Si_2O_7$ 等组成。$Na_4SiO_4 \cdot 5H_2O$ 称为原硅酸钠。

硅酸钠有很大的使用价值，例如，建筑工业上作为黏合剂，木材、纺织物等浸过水玻璃，具有防火、防腐烂的性能，可作为洗涤剂、肥皂的助剂、金属的防锈剂等。

硅酸钠水解出不溶性的硅酸和氢氧化钠，呈碱性。

硅酸钠用作清洗液的特点和注意事项如下：

（1）硅酸钠水溶液呈强碱性，碱性接近于氢氧化钠的水溶液。硅酸钠分子内 Na_2O 和 SiO_2 的比例越大，水解后的碱性越强。原硅酸钠的碱性是各种硅酸钠中最强的，因为分子内的 Na_2O 所占的比例大。偏硅酸钠的碱性比原硅酸钠的弱。

（2）硅酸钠水解出的硅酸以胶状悬浮于溶液中，对污垢有分散和稳定的作用，可以阻止污垢在表面的再沉积。

（3）由于硅酸钠的碱性比较强，对人体皮肤有不同程度的刺激，尤其是原硅酸钠。

（4）在中性、碱性介质中，硅酸钠对某一些金属有一定的缓蚀性，偏硅酸钠对铝、锡、锌等有色金属的腐蚀抑制作用比原硅酸钠的更强。

（5）硅酸钠溶液的湿润、浸透性能良好，能保持污垢的分散状态。

（6）硅酸钠溶液遇到强酸生成游离硅酸，容易在被清洗的表面黏附，成为不溶于水的膜，不易清除。

设备表面用碱性清洗液清洗后，各种清洗添加剂在表面的残留会影响后续工序的质量，必须用冷水或热水进行必要的漂洗，其中氢氧化钠和原硅酸钠所需漂洗的次数最多，即最难于漂洗。

8.3 有机化学清洗剂

8.3.1 有机酸清洗剂

8.3.1.1 氨基磺酸

【物化性质】 氨基磺酸化学式为 H_2NSO_2OH，相对分子质量为 97.09，是白色斜方晶系片状结晶，无臭，不挥发，不吸湿，可燃，低毒，对皮肤和眼睛有一定的刺激作用。相对密度 2.216（20℃/4℃）。熔点 205℃，在 209℃时开始分解，在 260℃下，会分解成二氧化硫、三氧化硫、氮和水等。折射率 α 型 1.553，β 型 1.563，γ 型 1.568。溶于水和液氨，微溶于甲醇，不溶于乙醇和乙醚，也不溶于二硫化碳和液态二氧化硫。氨基磺酸的水溶液具有与硫酸、盐酸一样的强酸性。所有的普通盐（不包括钙、钡、铅盐）都不溶于水。

【制备方法】

（1）由尿素和发烟硫酸在 40℃下进行磺化生成氨基磺酸粗品，然后加水进行结晶，再经过干燥制得。反应式如下：

$$(NH_2)_2CO + H_2SO_4 \cdot SO_3 \longrightarrow 2NH_2SO_3H + CO_2\uparrow$$

此反应为放热反应，在 80℃左右反应进行很快，使用相当过量的发烟硫酸时，可得到接近理论量的氨基磺酸。

（2）美国专利 4386060 中介绍了一种以尿素、硫酸酐和硫酸为原料，在低于 50℃的温度下，以三氧化硫（溶解于有机氟化物）为磺化剂，生产氨基磺酸。具体制备方法如下。

① 往反应器中加入一定量的硫酸与三氯三氟代乙烷混合，当温度升至 35℃时，加入计量的工业级尿素，反应时间为 1.0～1.5h，生成硫酸尿悬浮液。再加入计量的 SO_3，SO_3 用量为三氯三氟代乙烷用量的 1.4 倍。升温至 47～48℃，除去溶液中的不溶物。再加热至 85℃，反应至 CO_2 和 SO_3 逸出，即得产品。制得的氨基磺酸纯度为 96.2%。

② 与法①不同的是，法②中先由浓硫酸和尿素制成硫酸尿溶液，反应温度为 35℃。升温至 47～48℃，往三氯三氟代乙烷中通入 SO_3，SO_3 的用量不超过计算量的 2%。绝大部分

的三氯三氟代乙烷通过滗析从溶液中除去，升温至 85℃，反应物分解，直至 CO_2 和 SO_3 逸出。反应制得的氨基磺酸呈球状，易通过滗析分离，平均纯度为 93.3%。

【技术指标】 工业氨基磺酸技术指标

项　　目	指　标		
	优等品	一等品	合格品
外观	无色或白色结晶	无色或白色结晶	白色粉末
氨基磺酸含量/%	≥99.5	≥98.0	≥92.0
硫酸盐(SO_4^{2-})/%	≤0.4	≤1.0	—
水不溶物/%	≤0.02	—	—
铁(Fe)含量/%		≤0.01	
干燥失重/%	≤0.2	—	—

【应用】 氨基磺酸的水溶液呈酸性，与金属氧化物、氢氧化物、碳酸盐反应，形成可溶性盐，因此可除去氧化铁锈、水垢等。氨基磺酸易溶于水，并随着水温的升高，溶解度增大。在清洗过程中，消耗氨基磺酸质量分数与垢层厚度有关，按理论计算，除去 1g 碳酸钙垢需要 1.94g 氨基磺酸。

在实际清洗过程中，若清洗液 pH 值上升至 3.5 时，清洗液中的氨基磺酸基本耗尽，需添加氨基磺酸，清洗液才能恢复清洗除垢性能。氨基磺酸清洗液随着清洗液温度的升高，与水垢的反应也越完全。无水的氨基磺酸是白色稳定晶体，它的水溶液稳定性较差。一般控制情况时的温度不高于 60℃。

氨基磺酸对橡胶塑料、尼龙等均无腐蚀作用，但对金属有一定的腐蚀性，因此在清洗时，针对不同的材质需在清洗液中添加合适的缓蚀剂。为提高清洗效果，在氨基磺酸清洗液中添加具有润湿、渗透、乳化和增溶作用的表面活性剂。供选择的有：TX-10、十二烷基苯磺酸钠等阴离子型或非离子型表面活性剂，质量分数一般取 0.1%。

氨基磺酸与表面活性剂等组分组成一种金属锈垢及水垢清洗剂（质量标准见表 8-5），国内多家水处理剂，应用较多。

表 8-5　金属锈垢及水垢清洗剂质量标准

外观	密度/(g/cm³)	总磷(以 PO_4^{3-} 计)/%	pH 值(1%水溶液)
白色粉末	1.30±0.5	>5.0	<1.0

该产品由于采用氨基磺酸为主剂，对金属的腐蚀比一般无机强酸小，尤其是不易产生氢脆现象。该产品中复配了聚磷酸盐和硫脲等缓蚀成分，有一定的缓蚀作用。使用该产品的方法为按系统保有量计算，一次投加量为 500～1000mg/L，加入汇水道，粉状药剂在一定水流下混合，溶解，经泵抽入系统循环清洗，控制 pH 值为 2～4（用该药剂调整），清洗时间一般为 6～12h，以总铁和浊度数据判定清洗终点。

用氨基磺酸作为清洗介质的特点和应注意的事项如下。

(1) 氨基磺酸是一元固体酸，便于运输。

(2) 氨基磺酸对金属的腐蚀性较小，适合于多种金属材料的清洗，是唯一可用于清洗镀锌金属的酸。氨基磺酸与硫酸盐酸对金属的相对腐蚀速度见表 8-6。

(3) 氨基磺酸对多数金属盐的溶解度较大，清洗后的产物大多可溶解于水，不至于产生新的沉淀。

(4) 氨基磺酸的价格比较高。

(5) 氨基磺酸可以和钙盐、镁盐发生激烈反应，而且所生成的碱土金属的氨基磺酸盐在水中能很好地溶解，所以能很好地清除水垢。

表 8-6　氨基磺酸与硫酸盐酸对金属的相对腐蚀速率（3％，22℃±2℃）

金属	氨基磺酸	H_2SO_4	HCl	金属	氨基磺酸	H_2SO_4	HCl
1010 钢	1	2.6	4.2	锌	1	2.2	很快腐蚀
铸铁	1	3.2	3.2	铜	1	1.5	6.7
铸锌铁皮	1	63.0	很快腐蚀	青铜	1	1.5	2.8
锡	1	81.0	23.0	黄铜	1	4.0	7.0
30不锈钢	1	10.0	很快腐蚀	铅	1	0,6	5.3

　　工业清洗中常使用 7％～10％（质量）的氨基磺酸水溶液，在 60℃以下清洗水垢，一般在几十分钟内，可使 90％左右的钙镁垢转化为可溶性的氨基磺酸钙、氨基磺酸镁。

　　(6) 氨基磺酸对铁锈的溶解速度较小，可在其清洗液中添加一定量的氯化钠，使之产生部分盐酸，使难溶的铁的氧化物，转变为可溶解的氯化物。

8.3.1.2　柠檬酸

【物化性质】 柠檬酸，又称枸橼酸，学名 2-羟基丙烷-1,2,3-三羧酸。广泛分布于植物界中，如在柠檬、醋栗、覆盆子、葡萄汁等中。有两种形式：从热的浓水溶液中得到的半透明无色晶体是无水物，熔点 153℃。无水物分子式为 $C_6H_8O_7$。从冷水溶液中得到的半透明无色晶体是一水物，相对密度 1.542。75℃软化，约 100℃熔化，分子式为 $C_6H_8O_7 \cdot H_2O$，相对分子质量为 210.14。一水物在干燥空气中可失水，是强有机酸，溶于水、乙醇和乙醚。可从植物原料中提取，也可由糖进行柠檬酸发酵制得。其结构式分别如下所示：

$$
\begin{array}{ll}
CH_2{-}COOH & CH_2{-}COOH \\
| & | \\
HO{-}C{-}COOH & HO{-}C{-}COOH \cdot H_2O \\
| & | \\
CH_2{-}COOH & CH_2{-}COOH
\end{array}
$$

　　柠檬酸是一种用途广泛且生产量极大的化工原料，我国主要利用黑曲霉通过薯干粉、淀粉等粮食原料生产，但成本较高。近年来，人们正致力于开发多种多样的替代粮食原料的方法发酵生产柠檬酸。

【制备方法】

　　(1) 由糖质发酵而得，以砂糖、糖蜜、淀粉、淀粉渣或葡萄糖为原料，用黑霉菌经液体或土体培养法发酵后用热水萃取柠檬酸，并添加碳酸钙得柠檬酸钙，再用硫酸处理，除去硫酸钙，滤液经浓缩、粗结晶、重结晶而得一水合物。一水合物加热至 37℃以上可得无水物。

　　(2) 中国专利 95111000.4 中介绍了另一种柠檬酸的制备方法，采用玉米粉或薯干粉为原料加水、高温淀粉酶通过高温液化、过滤、钙盐法等步骤提取柠檬酸。该法能提高产酸率、缩短发酵周期。

　　① 液化　按液化罐容量将未经干脱皮脱胚的玉米粉和水依质量比 1∶5 调浆，然后采用蒸汽加温，温度至 65℃时加入高温淀粉酶，加入量取决于投入玉米粉的质量，每克玉米粉加 9 单位，继续升温至 90℃时维持该温度直至完全液化。

　　② 过滤　将完全液化的上步产物用板框快速压滤分离出玉米渣和液化液，将全部液化液用泵通过管道打入发酵罐。

　　③ 调整培养基　将压滤分离出玉米渣总质量的 8％加入发酵罐，然后开三路蒸汽进行消毒，温度至 85℃时开冷却水进行快速降温，温度至 37℃时将种子罐接入发酵罐，其中的柠檬酸生产菌株已经玉米粉酸性平板反复进行驯化复壮。

　　④ 提取　采用目前通用的钙盐法对发酵后含柠檬酸液的液体进行提取得柠檬酸晶体。

（3）中国专利99123751.X中介绍了一种以稻米为原料生产柠檬酸的工艺。该专利介绍了以稻米为原料，经过预处理、调浆、液化、过滤、制备培养基和发酵等工序得到柠檬酸。该工艺简单且生产率高，生产成本低。具体操作步骤有：

① 稻米预处理　将早稻米加水浸泡、漂洗后，粉末成米粉浆。米粉浆加水调成浓度为20％的浆液，经输送管道送至液化装置；

② 液化　将米粉浆的pH值调节为7.0，然后用蒸汽使其升温至60℃，再按每克稻米10单位加入高温α-淀粉酶，继续升温到95℃后，维持该温度30min；

③ 过滤　将液化后得到的米粉液化液用板框加压过滤，所得的滤清液供发酵用，过滤湿渣部分用于发酵，剩下的湿渣烘干，制成大米蛋白粉；

④ 配置培养基　将滤清液打入发酵罐，并且加入相当于发酵体积8％的过滤湿渣，开动搅拌使二者混合均匀，定容后升温到105℃灭菌30min，然后快速降温；

⑤ 发酵　培养基灭菌后快速冷却到36℃，采用菌丝接种的方式接入黑曲霉菌种，在此温度下发酵64h，转化率96.4％，发酵液中的柠檬酸用钙盐法提取。

（4）农作物秸秆是自然界中储量丰富的可再生资源，我国每年农作物秸秆产量达7亿吨之多。但是，这些资源长期未得到合理的开发，除少量用作造纸、饲料外，其余都被焚烧，这既是对天然资源的巨大浪费，又造成了环境的严重污染。农作物秸秆主要成分中的纤维素和半纤维素降解后分别可以得到葡萄糖和其他单糖和寡糖，如果能将这些糖类应用于发酵生产，将给秸秆的利用开辟一条新的途径。曾经有人提出"以秸秆为原料生产柠檬酸的方法"（CN1129739A），为秸秆的利用开辟了一条新路。该方法是通过纤维素酶的作用，破坏秸秆的细胞壁，释放其中的淀粉，蛋白质，再用淀粉酶水解淀粉来为发酵提供碳源，同时利用的蛋白质作为发酵的氮源。但这种处理方法用于发酵的主要不是纤维素基质，也没有利用秸秆中占干重20％～30％的半纤维素。

中国专利CN1884563A中介绍了以汽爆秸秆为原料发酵生产柠檬酸的方法。具体制备步骤如下。

① 将汽爆秸秆粉碎至60～80目后，按汽爆秸秆粉料与水的质量比为（1:4）～（1:9）的比例，将汽爆秸秆粉料加入自来水中，用盐酸、硫酸或磷酸调pH值至4.5～5.5后，按每克汽爆秸秆加酶20单位的比例加入纤维素酶，搅拌均匀，在45～55℃下水解40～80h，酶解结束后，经压滤，得到还原糖浓度为40～50g/L的滤液。

② 浓缩上述糖滤液，在50～70℃下对上述滤液采用薄膜浓缩，得到原滤液体积1/3～1/2的浓缩液。

③ 对浓缩液进行发酵生产柠檬酸：将浓缩液装入发酵罐中，同时加入占浓缩液重量0.5％～5％的麸皮。灭菌后，接入黑曲霉Aspergillus niger 2160进行发酵，按照常规钙盐沉淀的方法经过中和、洗糖、酸化、脱色、浓缩、结晶得到柠檬酸。黑曲霉Aspergillus niger 2160的接种量为每毫升浓缩液$4×10^6$个孢子。发酵条件为：温度28～37℃，罐压0.1MPa，搅拌转速为150r/min，发酵周期4～7d。

（5）欧洲专利0597235A1中介绍了一种从糖蜜啤酒发酵液中回收柠檬酸的方法。具体操作步骤有：在糖蜜啤酒发酵罐中接入黑曲霉Aspergillus niger进行发酵，过滤除去生成的生物，滤清液用于发酵作用，并于22℃下加入提取剂。此提取剂由34％的三月桂胺、5％的辛醇和61％的Shellsol-80（以质量分数计）组成。提取剂与啤酒体积比为2.2:1，54％的柠檬酸被转移到有机相中，从残余液中分离，并于90℃下用水进行反提，水与提取剂体积比为7:1。产品中含有20.5％柠檬酸。

【技术指标】　GB/T 8269—2006　柠檬酸

项　目	无水柠檬酸		一水柠檬酸		
	优级	一级	优级	一级	二级
鉴别试验	符合试验		符合试验		
柠檬酸含量/%	99.5～100.5		99.5～100.5		≥99.0
透过率/%	≥98.0	≥96.0	≥98.0	≥95.0	—
水分/%	≤0.5		7.5～9.0		
易炭化物	≤1.0		≤1.0		
硫酸灰分/%	≤0.05		≤0.05		≤0.1
氯化物/%	≤0.005		≤0.005		≤0.01
硫酸盐/%	≤0.01		≤0.015		≤0.05
草酸盐/%	≤0.01		≤0.01		
钙盐/%	≤0.02		≤0.02		
铁/(mg/kg)	≤5		≤5		
砷盐/(mg/kg)	≤1		≤1		
重金属(以 Pb 计)/(mg/kg)	≤5		≤5		
水不溶物	滤膜基本不变色,目视可见杂色颗粒≤3 个		滤膜基本不变色,目视可见杂色颗粒≤3 个		—

　　注：无水柠檬酸的水分应不大于 0.5%，其他指标均与优等品相同。

【应用】　柠檬酸有较强的螯合作用，可去除铁、铜等金属氧化物垢，操作简便、安全，适用材质广（可用于钛、碳钢、不锈钢等多种材质），对金属腐蚀性小，由于分子中不含 Cl^- 故不会引起设备的应力腐蚀，它能够络合 Fe^{3+}，削弱 Fe^{3+} 对腐蚀的促进作用。用作清洗剂柠檬酸比盐酸对钢铁腐蚀率小，60℃时 5% 的盐酸与 90℃时 37% 柠檬酸相比，腐蚀比为 12：1。柠檬酸以清除铁锈为主，对钙、镁、硅垢溶解性较差。故主要用于清洗新建的大型装置。

　　常用 3% 柠檬酸（用氨水调节 pH 3～4，加 0.1%～0.3% 缓蚀剂）。在 90℃下进行清洗时，对碳钢腐蚀速率为 0.31mm/a，缓蚀率为 99.6%。

　　柠檬酸不能消除钙镁水垢和硅酸盐水垢，但是，柠檬酸与氨基磺酸、羟基乙酸成甲酸混合使用，可用来清洗铁锈和钙镁垢（柠檬酸 10%、甲酸）；柠檬酸与 EDTA 混用，可用来清洗换热器。

　　在柠檬酸清洗液中加入的缓蚀剂主要是硫脲，使用浓度为 0.1%，也可以用 0.06% 的硫脲与其他缓蚀剂混合使用。

　　柠檬酸在化学清洗中的另一大用途是作为中和预处理剂或漂洗剂。具有可以溶解氢氧化铁等腐蚀产物，在低浓度下对金属几乎没有腐蚀，在中性、碱性条件下对金属的掩蔽能力强，不会在金属表面析出氢氧化物沉淀。

　　穆永智等研究了 200MW 机组汽轮机油系统化学清洗技术，采用的清洗工艺流程为：水压试验→热水冲洗→碱洗→水冲洗→柠檬酸酸洗→水冲洗→漂洗→钝化→水冲洗→镀油膜。

　　其中，柠檬酸酸洗控制工艺条件为：缓蚀剂（柠缓 1 号）0.5%、柠檬酸 3.0%、温度 85～90℃、清洗流速 0.4～1.6m/s、氨水调 pH 值至 3.5～4.0（尽可能达到 3.8）。

　　酸洗过程中按规定化学监督项目进行试验，待监测铁离子浓度平衡、柠檬酸浓度无变化及监视管段锈蚀产物全部清洗干净，酸洗结束。

　　柠檬酸废液排放时加入 NaOH 溶液，调节废液 pH 值为 6～9 后，加 NaClO 进行搅拌中和，待 COD_{Mn}＜150mg/L，pH 6～9 合格后排放。

　　漂洗工艺为：缓蚀剂（柠缓 1 号）0.1%、柠檬酸 0.3%、氨水调 pH 值为 3.5～4.0、漂洗温度 85～90℃、漂洗流速 0.4～1.6m/s。

漂洗结束后若漂洗液 T_{Fe} ＜300mg/L 时，直接调 pH 值转入钝化，若漂洗液 T_{Fe} ＞300mg/L 时则采取置换方式待漂洗液 T_{Fe} ＜300mg/L 时转入钝化。

经此化学清洗后的油系统运行后，油质颗粒度由清洗前美国宇航标准 10～11 级降至 7～9 级。

柠檬酸是工业清洗中应用得最多的有机酸，在化学清洗用酸中，用量仅次于盐酸。

用柠檬酸作为清洗介质的特点和应注意的事项如下：

(1) 柠檬酸可以溶解铁和铜的锈垢，一方面因为其所含氢离子能和碱性氢氧化物作用，另一方面，柠檬酸具有对金属离子的配合作用，促进金属氧化物的溶解。柠檬酸铁的溶解度小，如果在柠檬酸清洗液中加入氨，生成柠檬酸单铵 $NH_4H_2C_6H_5O_7$，可以和铁离子生成柠檬酸亚铁铵和柠檬酸高铁铵的配合物，具有很高的溶解度，有利于铁锈的清除。

(2) 柠檬酸是多元酸，分级电离，其水溶液中的柠檬酸根的浓度受 pH 值的影响很大。pH 值越大，溶液中的柠檬酸根浓度越大。

(3) 柠檬酸根对多种金属具有配合能力。对不同金属离子的配合能力不同，配合能力越强，形成配合物所需的柠檬酸根越少，所形成的配合物越稳定。

在柠檬酸酸洗中，当酸洗液中的铁离子浓度太大且 pH 值大于 4 时，可能生成柠檬酸铁的沉淀，影响清洗的效果。

防止柠檬酸铁沉淀生成的技术措施：保持酸洗温度大于 80℃，不使温度骤降，一般应维持在 90～105℃之间，同时保证清洗速度，力求缩短清洗时间，争取在 3～4h 内清洗完，一般不超过 6h；适当提高流速，一般采用 0.5m/s，甚至 1～1.5m/s；由于柠檬酸铁不溶于柠檬酸中，但是能溶解于热水中，当溶液中的铁离子浓度迅速增加，溶液 pH 值高于 4.5 时，应使用热水置换柠檬酸溶液，出现柠檬酸铁沉淀后，再用热水循环清洗；在柠檬酸溶液中，加入氨水，使溶液的 pH 值提高到 3.0～3.5，成为柠檬酸单铵清洗液，再加入适当的渗透剂，可较有效地减少柠檬酸铁的沉淀。

(4) 在以盐酸清洗的锅炉表面，可用柠檬酸稀溶液漂洗，利用其配合铁离子的能力，清除残留的铁盐，有利于清洗后表面的钝化处理。

(5) 柠檬酸的酸性较弱，为了保证一定的清洗速度，一般应保持较高的清洗温度。

(6) 柠檬酸的价格较高，因此在一般的清洗中尽量首先选择其他酸洗液，而不随便用柠檬酸。

(7) 柠檬酸的毒性小，但是，其浓溶液刺激黏膜。

柠檬酸主要用于清洗造价比较高的设备表面的氧化物垢，也能溶解碳酸盐水垢。

8.3.1.3　乙二酸（草酸）

【物化性质】　乙二酸，又名草酸，分子式为 $H_2C_2O_4 \cdot H_2O$，相对分子质量为 126.07。是无色透明结晶体或白色粉末，无臭，味酸，密度 1.650g/cm³，熔点 101℃，沸点 150℃（升华），稍溶于冷水，易溶于热水、乙醇，微溶于醚，不溶于苯。在干燥空气加热会失去结晶水。是有机酸中的强酸，与碱类起中和作用。具有还原性。与浓硫酸作用则失去水分，分解成二氧化硫和一氧化碳。与氧化剂作用易被氧化成二氧化碳和水。有毒，对皮肤、黏膜有刺激及腐蚀作用，极易经表皮、黏膜吸收引起中毒。空气中最高容许浓度为 1mg/m³。

【制备方法】　乙二酸是一种可用于制备各种染料、中间体、医药、农药的重要原料之一。现阶段乙二酸的生产方法以甲酸钠脱氢法为主。该法不但需要消耗大量的酸、碱，而且在反应中排放大量的铅盐和有害气体，对环境的污染较为严重，为此，人们在不断地寻求乙二酸的绿色生产方法。目前，以草酸二乙酯制备乙二酸的方法成为人们所关注的研究课题之一。在有关的文献报道中指出：采用釜式反应器进行间歇精馏操作制备乙二酸时，在反应体系中加入酸、碱，试图加快反应速率，但此举对乙二酸转化率和乙二酸的收率并未有根本性的改变。草酸二乙酯的转化率和乙二酸的收率仍然较低，分别为75%、70%，并且给产物的后处理的分离工作带来很大的困难。

（1）中国专利CN1263082A中公布了一种以草酸二乙酯制备草酸的方法。该方法是以草酸二乙酯为主要原料，直接水解反应制取，制备过程主要通过反应精馏塔实现。

针对原料草酸二乙酯在水中溶解度较低，在常温下水解反应速率较慢，加入酸、碱水解剂对提高反应速率不明显的特点，此法从提高反应温度对反应速率影响这一因素出发，较大幅度地提高了反应温度，操作反应温度控制在100～110℃。在该反应温度条件下，不但有利于提高了反应速率，而且也有利于塔顶乙醇的蒸出。此外，确定了合适的水酯进料比，也是提高草酸二乙酯的转化率和乙二酸的收率的一个重要因素。如果在水酯比中，水分过高，尽管转化率较高，但能耗较大，乙二酸的收率太低。反之，若水的比例太少，草酸二乙酯的转化率又较低。具体操作方法是：

在反应精馏塔釜中加入320mL含有少量草酸的母液，加热升温并实行全塔回流，然后在塔上部以60g/h，150g/h的加料速度向塔内加入草酸二乙酯和水，进料10min以后，调整回流比为2.4∶1，塔的操作温度为98℃。此时，由塔顶产出乙醇水，塔底产出草酸溶液，塔平稳运行5h后，经分析测量、核算，草酸二乙酯的转化率为97%，草酸的收率为90%。

若改变水酯进料量，草酸二乙酯64g/h，水为210g/h，并将回流比调整为2∶1，塔运行4h，草酸二乙酯转化率为98%，草酸的收率为87%。

此工艺同现有的以加酸、碱为水解剂，采用间歇装置制备草酸的方法相比，其明显特点是，生产过程无环境污染，产物后处理简单，草酸二乙酯的转化率可达97%以上，草酸的收率可达87%以上。反应精馏过程中虽然能耗较高，但从收支比来看，经济效益仍然是合算的。

（2）中国专利89104318.7中介绍了一种用淀粉经硝酸氧化制草酸的方法。将母液水（第一次为自来水）与硫酸（98%）配比成溶液、搅拌，控制温度50℃，加入淀粉水解、糖化2h，加入1%催化剂V_2O_5，并将容器密封，然后一次加入淀粉重1%的浓硝酸开始氧化反应。待浆料反应开始后，再加氧气加压，压力为0.4MPa，待反应器内的气体颜色为白色时，再加氧气加压，呈红黑色时停止加压。该加压反应反复进行，强迫NO_x气体循环进入浆料中，进行充分氧化吸收，直到反应器中的气体在加氧级停止加氧时均不再改变颜色为止。排放气体，于60℃下保温2h，当浆料呈果绿色时，放于结晶池中，自然结晶，甩干后成草酸粗品。将草酸粗品与水按1∶1配比成溶液，控制温度为70℃，保温2h，过滤，重结晶，甩干成草酸精品，其含量为99.4%。

（3）碳水化合物氧化法

以葡萄糖、蔗糖、淀粉、糊精和糖浆等碳水化合物为原料，在钒催化剂存在下，通过硝酸-硫酸氧化而制得草酸粗品，经冷却、结晶、离心、干燥得成品。废气中的氧化氮送入吸收塔回收稀硝酸，在73～80℃温度下，将约含85%纯淀粉的原料加到草酸母液中、分散成浆液并回流水解约6h，所得淀粉溶液含有50%～60%的葡萄糖，送入装有钒催化剂的反应器中与回收的较浓草酸母液混合，用蒸汽将葡萄糖母液加热至约63℃，在搅拌下逐渐加入硝酸进行氧化反应。反应热通过冷却盘管吸收，生成的NO_x烟雾通过鼓入空气除去。氧化反应完成后送入粗结晶器，搅拌冷却到24～30℃。排入沉淀槽进一步结晶，然后离心分离，母液经蒸发浓缩供下批循环使用。粗产物用母液和热水再溶解，经脱脂、分离、过滤和重结晶，最终产品纯度达99%以上草酸二水化合物，产率为63%～65%。

（4）中国专利CN1073160A中介绍了草酸的另一种制备工艺。该法以肝泰乐母液为原料催化氧化制备草酸。

目前，据资料分析，生产肝泰乐的厂家对肝泰乐母液均未作处理。有关资料表明，每生产 1t 肝泰乐成品，将产生 9~10t 的肝泰乐母液，该母液为黏稠状，有异味的黑色液体，总酸度（以 H_2SO_4 计）达 23%~24%，其中还原性有机物干物质含量为 60%~65%，直接排放严重污染环境。

该专利即是针对上述现有技术的不足，提出一种肝泰乐母液催化氧化制取草酸的工艺，变废为宝，对肝泰乐母液进行有效的处理，净化环境。技术方案是，将肝泰乐母液经蒸发处理后作为制取草酸的原料，加入含矾的催化剂，用硝酸和硫酸氧化，在氧化反应中控制反应温度，得到反应生成物草酸混合液，再经过滤、结晶得到粗草酸，然后精制，用水做溶剂进行重结晶，得到成品工业草酸，对于反应过程中放出的 NO_x 气体，通过专用系统或装置，回收、利用。具体操作步骤如下。

在经过蒸发处理的肝泰乐母液中，取出 150 份，按比例加入含矾催化剂 0.08~0.15 份，且用 H_2SO_4（98%）70~100 份，HNO_3（50%~90%）320~450 份一起进行氧化反应，控制反应温度为 35~90℃，必要时经过冷却水降温。为保证反应过程的顺利进行，进行上述氧化反应时可以将按上述配比的含矾的催化剂置于反应器中，然后向反应器中加入 H_2SO_4，再加入 HNO_3 用量的 1/2。安装好 NO_x 气体的回收装置，启动搅拌器进行搅拌。向反应器中缓慢加入经过蒸发处理的肝泰乐母液，用加料速度控制反应温度不超过 90℃，加完肝泰乐母液后，在 40~80℃ 条件下保温反应 1h，再加入剩余的硝酸的 1/2，再反应 1.5h，将剩下的全部硝酸加入，继续保温反应 4~7h 后得到草酸混合液。反应过程中，放出的有害气体 NO_x（一氧化氮或二氧化氮）通过回收装置用水吸收制成稀硝酸再使用，用以稀释浓硝酸，或通过专用回收装置用 Na_2CO_3 吸收，制成"两钠"，即硝酸钠和亚硝酸钠。反应器停止保温，草酸混合液被静置 12h，结晶、析出，将草酸混合液上层的清液倾出，通过离心机甩滤或抽滤得结晶体，获得粗草酸。粗草酸经过精制得到成品工业草酸。精制过程中，用水作溶剂，溶解粗草酸加热至 70~80℃，加少许活性炭作脱色剂，进行重结晶，粗草酸、水、活性炭的配比等于 100:150:(1~2)，过滤后的草酸结晶体用 40~60℃ 的热空气流干燥，即得到纯净的工业草酸。

制草酸后的废液主要含 H_2SO_4 及少量的草酸、硝酸和催化剂，可用石灰中和后排放，中和残渣（主要是 $CaSO_4$ 沉淀物）可以就地堆肥或作其他用。制草酸后的废液还可以制造化学肥料。

另一方面，过滤后的草酸混合液置于 0~5℃ 的冷库中冷却结晶 3~5h，经超冷甩滤也可以制得粗草酸，同样再用精制方法加工制成草酸成品工业草酸。

催化剂的配制：V_2O_5（AR）4g，K_2SO_4（AR）3g，$Fe_2(SO_4)_3 \cdot xH_2O$（CP）（Fe 21%~23%）3g，将三种化合物置于坩埚中搅拌混合后，放入 690℃ 高温炉中灼烧 50min 取出冷却后，研磨成细粉状，过 140 目筛，取筛下物留用。

此工艺简单易行，收率高，成本低，实现了变废为宝，减少了有害物质对环境的污染。

（5）专利 WO9110637 中公开了草酸的另外一种制备方法。具体操作步骤为：在 60℃ 温度条件下，草酸二甲酯和水分别以 590g/h 和 1380g/h 的速率同时注入反应器中，混合均匀后，缓慢注入蒸馏塔中，甲醇由蒸馏塔下部以 325g/h 的速率注入，草酸和水的混合物从上部以 1640g/h 的速率向下喷射。在 25℃ 的反应温度下，草酸从上述混合物中结晶析出，草酸二甲酯的收率达到 74.5%。

【技术指标】 GB/T 1626—2008

项　目	指　标					
	I 型			II 型		
	优等品	一等品	合格品	优等品	一等品	合格品
草酸(以 $H_2C_2O_4 \cdot 2H_2O$ 计)的质量分数/%	≥99.6	≥99.0	≥96.0	≥99.6	≥99.0	≥96.0
硫酸根(以 SO_4^{2-} 计)的质量分数/%	≤0.07	≤0.10	≤0.20	≤0.10	≤0.20	≤0.40
灼烧残渣的质量分数/%	≤0.01	≤0.08	≤0.20	≤0.03	≤0.08	≤0.15
重金属(以 Pb 计)的质量分数/%	≤0.0005	≤0.001	≤0.02	≤0.00005	≤0.0002	≤0.0005
铁(以 Fe 计)的质量分数/%	≤0.0005	≤0.0015	≤0.01	≤0.0005	≤0.0010	≤0.005
氯化物(以 Cl^- 计)的质量分数/%	≤0.0005	≤0.002	≤0.01	≤0.002	≤0.004	≤0.01
钙(以 Ca 计)的质量分数/%	≤0.0005	—	—	≤0.0005	≤0.0010	

草酸对氧化铁的溶解能力极强，且可在较低温度下进行。可是，因为可析出草酸铁、草酸钙等溶解度小的盐，所以清洗时往往要和其他有机酸配合使用。表 8-7 列出几种可供选用的配方。当清洗对象的内表面积很大时，会出现欲除去的氧化铁量很大而清洗液量相对较小的情况。此时，可适当提高清洗的含量。

当清洗对象为原子能设备时，可首先用高锰酸钾氧化，然后再用柠檬酸、草酸清洗剂清洗，即可消除放射性污染物。

表 8-7　草酸清洗配方　　　　　　　　　　　　　　　　　单位：%

配方	配方 1	配方 2	配方 3	配方 4	配方 4
草酸	2	1	1	0.5	0.5
硫酸	3				
甲酸				0.5	0.5
柠檬酸铵		2		2	1
EDTA-NH_4			3		3
缓蚀剂	0.3	0.3	0.5	0.3	0.5
酸洗温度/℃	40~60	80~90	100~130	80~90	100~130

草酸是较强的二元有机酸，电离常数分别为 5.9×10^{-2}、6.4×10^{-5}，并具有还原性。草酸在水溶液中遇强酸发生分解。草酸应用于工业清洗的特点和注意事项如下。

(1) 由于许多草酸盐是难溶于水的，例如，草酸钙、草酸镁是难溶盐，因此，不能用硬水配制草酸清洗液，也不能用于清除碳酸钙、碳酸镁垢。

(2) 草酸对铁锈具有较好的溶解能力，主要用于清除铁的氧化物。

(3) 草酸对不同金属的腐蚀性能不同：钢铁在常温下受草酸的缓慢腐蚀；高温时反而不腐蚀，因为生成有保护性的草酸铁表面膜。不锈钢、铜、铝、镍在草酸溶液中，锌和锡在稀的草酸溶液中都具有较好的耐蚀性。在选用时应加以注意。

(4) 草酸的溶垢能力除了与其酸性有一定关系以外，更重要的是其螯合作用。

(5) 草酸的酸性对皮肤和黏膜有刺激和腐蚀作用。沸腾的草酸形成很细的酸雾，引起咳嗽、支气管炎和局部炎症等，对内脏和循环系统也有伤害。直接与皮肤接触，数日后感到疼痛、淤血，严重时引起血管损伤。因此，尽量不吸入其蒸气、粉尘，不使其直接接触皮肤。

8.3.1.4　羟基丁二酸

【结构式】

$$HOOC—CH_2—CH—COOH$$
$$|$$
$$OH$$

【物化性质】　羟基丁二酸，别名苹果酸。常温下为白色结晶固体。分子中含有不对称碳原子，故存在两种光学异构体。L-苹果酸（左旋体）易溶于水、甲醇、乙醇、丙酮等，熔点

100℃，140℃分解，旋光度－2.3（8.5g/100L水），密度1.595g/cm³。D-苹果酸（右旋体）易溶于水、甲醇、乙醇、丙酮等，熔点101℃，140℃分解，密度1.595g/cm³，旋光度＋2.92（甲醇）。等量的左旋体和右旋体的混合物为外消旋体，DL-苹果酸。熔点131～132℃，150℃分解，密度1.601g/cm³，溶于水、甲醇、乙醇等，不溶于苯。L-苹果酸具有生理活性。多存在于不成熟的山楂、苹果、葡萄等水果中。

苹果酸作为酸味剂广泛应用于饮料及食品工业，其酸味比柠檬酸强，酸味持久，被广泛应用于饮料、食品和酸味调节。近年来，用苹果酸的盐代替三聚磷酸钠作为洗涤剂助剂引起了国内外学者极大的兴趣。

【制备方法】

(1) 将苯催化氧化，得到马来酸和富马酸，然后在高温和高压下水合。水合反应的条件通常是在180～220℃和1.4～1.8MPa压力下反应3～5h。反应生成物主要是苹果酸和少量反丁烯二酸晶体，调节苹果酸在40℃的浓度为40％并使溶液冷却到约15℃，过滤分离反丁烯二酸晶体，母液浓缩，离心分离固体，得粗苹果酸，再经精制结晶得成品。

尽管从天然植物的果实如苹果中可提取苹果酸，也可以用发酵的方法制备，但从经济的角度上，最具竞争力的方法是马来酸或富马酸水合制备苹果酸。US3379756中介绍了一种从马来酸制备苹果酸的方法。该方法在温度150～200℃，压力10～15atm的条件下，马来酸与水反应生成苹果酸，同时生成与之平衡的富马酸，苹果酸与富马酸的摩尔比为1.7∶1。还有少量未反应的马来酸，再经过一系列的分离精制得到苹果酸。达到平衡所需时间6～10h。时间长，能耗高，生产效率低，成本高。

EP0515345介绍了一种改进的方法，在钠离子或钙离子存在的情况，马来酸、富马酸或其混合物水合，温度160～220℃，压力10～15kgf/cm²（1kgf/cm²＝98.0665kPa，下同）。由于钠离子或钙离子的催化作用，反应时间可缩短到2～4h，苹果酸的收率有所提高，但达到平衡时未反应的马来酸含量很高，转化率低。而且由于反应混合物中引入钠离子或钙离子，需要繁杂的过程将其除去，因而此方法的生产成本也较高。其他方法虽有所不同，但无本质差异。其缺点是反应时间长，能耗高，成本高，市场竞争力不强。

(2) 中国专利98111387.7中介绍了一种富马酸、苹果酸的联合生产工艺。

取脱色后的质量浓度为49％的顺丁烯二酸溶液750mL，在温度160℃、压力0.43MPa条件下反应4h，然后冷却至15℃，经离心过滤取出富马酸结晶，用水洗涤三遍。在80℃温度下干燥，含量达99.7％，含水量小于0.3％，得富马酸产品205g。将余下的母液过离子柱，然后加温至70℃，在700mmHg的真空条件下浓缩，浓度达65％，冷却至18℃，结晶析出，经过离心过滤，得到苹果酸结晶，再经过在80℃温度下干燥，使其含量达99.6％，含水量小于0.4％，得苹果酸产品。

该工艺无催化反应，富马酸的收率为40％～50％，苹果酸的收率为20％～50％，二次母液回用，降低了生产成本，而且无催化剂反应，消除了原催化剂对环境的污染。

(3) 中国专利CN1560016A中介绍了另一种羟基丁二酸的制备方法。制备过程为马来酸酐、马来酸或富马酸与水和催化剂混合，置于反应器中，微波加热2min，反应体系的温度达到130℃以上，反应开始进行。控制反应的压力9～15kgf/cm²及温度160～200℃，在间歇式反应时，微波每次照射2min，停止2～5min，如连续式反应则用换热器控制反应温度和压力。当照射时间累计达10min时，反应已大部分完成，生成大量富马酸，而只有少量未反应的马来酸。当时间达到15～20min时，反应即达到平衡，经换热器降温低于100℃后，进入富马酸结晶槽结晶出富马酸，温度低于40℃后，经过滤除去生成的富马酸和催化剂，滤液进一步精制浓缩结晶得高品质苹果酸。马来酸酐、富马酸与水的质量比为

$(1:0.6)$～$(1:4)$，最好是 $(1:0.8)$～$(1:1.5)$，所加水量以使反应混合液中除去富马酸后苹果酸的重量百分数在 40%～60% 为佳。催化剂采用氧化铝/活性炭或氢氧化铝/活性炭，催化剂用量为马来酸重量的 2%～20%，最好是 5%～10%。微波炉选用输入功率为 1～30kW、微波频率为 2450MHz 的微波炉，加热速度及反应时间与微波的功率有关。

苹果酸合成液按传统方法经阴离子交换除去马来酸，活性炭吸附除去富马酸及色素，阳离子交换除去阳离子后得到苹果酸净化液，浓缩结晶得到高品质苹果酸。

【技术指标】

项　目	指　标	项　目	指　标
外观	白色粉末或颗粒	顺丁烯二酸/%	≤0.05
含量/%	≥99.0	反丁烯二酸/%	≤1.0
溶点/℃	127～130	重金属(以 Pb 计)/%	≤0.002
溶解度/(g/g)	≥1.25	铅/%	≤0.002
水不溶物/%	≤0.1	砷/%	≤0.003
灼烧残渣/%	≤0.1		

【应用】 在适当 pH 值的水溶液，苹果酸能与金属离子形成络合物或螯合物，工业上利用这种螯合作用来消除或控制金属离子的催化作用，消除腐蚀产物（如铁锈）和降低金属氧化电势等。苹果酸的螯合性能随不同金属离子、离子强度与 pH 值而变，但在许多情况下大致与其他羟基酸相当。苹果酸水溶液对碳钢略有腐蚀作用，在正常情况下对不锈钢几乎没有腐蚀作用，对马口铁基本上不腐蚀，其本身又不含氯离子，因而是一种安全的清洗剂。

苹果酸可单独与其他有机酸配合使用。使用配方如：苹果酸 2%、甲酸 1%、缓蚀剂 0.3%、水（余量）。

8.3.1.5　羟基乙酸

【结构式】

$$HO-CH_2-\overset{\overset{\displaystyle O}{\|}}{C}-OH$$

【物化性质】 羟基乙酸，分子式为 $C_2H_4O_3$，相对分子质量为 76.05，别名乙醇酸、甘醇酸。常温下为无色结晶固体，易潮解。熔点 80℃，沸点 100℃（分解），闪点 300℃（分解），相对密度 1.49。易溶于水、乙醇、丙酮和乙酸，微溶于乙醚。由于分子中既有羟基又有羧基，兼有醇与酸的双重性。

【制备方法】

(1) 工业上主要由一氯乙酸在碱性条件水解制得。

(2) 美国专利 3867440 中公开了一种羟基乙酸的制备方法。该方法以羟基乙腈为主要原料，在催化剂亚磷酸或亚硫酸的作用下水解来制备羟基乙酸，水解温度为 75～175℃，最佳为 140～150℃，羟基乙腈与酸的摩尔比为 (1～2):1。

(3) 美国专利 4054601 中提出了从含有杂质的水溶液中回收纯羟基乙酸的方法。该方法是将 88% 的羟基乙腈与 55% 的硫酸在 135～140℃ 的温度下水解 3h，取出反应物，并冷却至 60～70℃，加入适量的水以防止结晶化。然后用三丁基磷酸酯和二异丙基醚以 1:1 混合的萃取剂在 40～50℃ 进行萃取分离，再用水反萃取，得到纯净的羟基乙酸，其浓度为 18%～20%。

(4) 中国专利 92104616.2 中介绍了一种由羟基乙腈经水解、萃取、浓缩等步骤来合成羟基乙酸的工艺。该工业包括如下步骤：由甲醛与纯氢氰酸在酸性或碱性条件下合成羟基乙腈水溶液，在酸性介质中于 100～160℃ 下水解羟基乙腈 1～10h 得到羟基乙酸的混合水溶液，然后于 5～45℃ 下萃取分离羟基乙酸，反萃取得到纯净的羟基乙酸水溶液，羟基乙酸的含量为 5％～20％，在减压条件下于 50～75℃下进行蒸发浓缩，浓缩后可得到 30％～70％的羟基乙酸。

取上述萃取操作后的萃余液，先用饱和氨水溶液调节 pH 至中性，然后进行减压蒸发，经冷却，结晶过滤，得到硫酸铵的白色固体结晶，滤液可反复使用，总回收率以硫酸计为 95％。

（5）中国专利 200510041168.8 也介绍了一种由羟基乙腈制备羟基乙酸的工艺。首先用羟基乙腈水溶液与硫酸水解得到羟基乙酸和硫酸铵的酸式盐的水溶液，然后向该水溶液中加入甲醇进行酯化，并蒸馏出包括甲醇、水、羟基乙酸甲酯的混合物，残留下硫酸铵的酸式盐，再向蒸馏出的混合物中加入水进行羟基乙酸甲酯的水解，分离出甲醇，得到结晶的羟基乙酸。该工艺制得的羟基乙酸以羟基乙腈计可达到 84％以上的收率。

与现有技术相比，具有诸多优点，如：羟基乙腈水溶液来源广泛、价格低，生产装置简单且通用性强，反应条件温和易控制，制得的羟基乙酸纯度高，残渣可通入氨制得硫酸铵，另外甲醇和蒸出的水可用于回收再利用，等等。

具体实施方法为：在具有搅拌器、温度计、回流管、蒸馏管和滴液加料管的玻璃反应釜内，先加入 16kg 水和 40kg 的 98％的浓硫酸，以蒸汽加热，逐渐加入含羟基乙腈 50％的溶液 45.6kg，反应温度保持在 115～120℃，水解反应 6h，减压蒸出水溶液 19.5kg，然后加入甲醇在回流条件下酯化反应并蒸出反应产物甲醇、水和羟基乙酸甲酯的混合物，与甲醇酯化，其酯化过程以常压减压蒸馏法分三次加入甲醇，分别为 48g、25g 和 25g。收集蒸出的水溶液和酯化后蒸出的混合物及 50kg 的蒸馏水置于反应釜内，蒸汽加热搅拌水解 4h，保持温度不超过 100℃，蒸馏分离出甲醇，得到含羟基乙酸的水溶液。

【技术指标】

项　　目	指　　标	项　　目	指　　标
含量/％	58	硫酸盐(以 SO_4^{2-} 计)/％	0.01
燃烧残渣/％	0.1(硫酸盐)	铁(Fe)/％	0.001
氯化物/％	0.005	重金属(以 Pb 计)/％	0.001

【应用】　羟基乙酸是有机酸清洗剂，它能与设备中的锈垢、钙、镁盐等充分反应而达到除垢目的，对材质的腐蚀性很低，且清洗时不会发生有机酸铁的沉淀。比如羟基乙酸与钙离子能生成螯合物，也能与铁络合，并能抑制对铁氧化细菌的生长，容易去除碳酸钙垢和铁垢。

羟基乙酸与甲酸结合的混合酸清洗剂（2％的羟基乙酸和 1％甲酸）是一种效率高成本低的清洗剂，与铁离子生成的铁盐具有高溶解度，不易产生沉淀而引起结垢。因此，在换热器和管道中用于排除铁锈和污垢。

羟基乙酸对不锈钢的腐蚀性很小，还适用于奥氏体钢材质的清洗。更因为其分解形成物具有挥发性，若残留少量设备中也无害处，且用羟基乙酸进行化学清洗危险性小，操作方便。

表 8-8 是几种酸洗溶液溶解锈垢能力的比较。由表 8-8 可以看出，使用羟基乙酸清洗时，用量少，效果好。

表 8-8　几种酸洗溶液溶解锈垢能力的比较

酸洗液种类	质量分数/％	溶解锈垢的量/(g/L)	酸洗液种类	质量分数/％	溶解锈垢的量/(g/L)
盐酸	5	39.55	羟基乙酸	2	13.42
磷酸	3	0.96	EDTA 铵盐	3	3.00
磷酸	19	5.99	EDTA 铵盐	6	5.99
柠檬酸铵	3	8.63	EDTA 铵盐	13	6.23

由于羟基乙酸的分子中比乙酸多一个亲水的羟基，因此其水溶性比乙酸好，酸性比乙酸强，属于有机强酸，在做清洗剂时有以下特点和注意事项：

(1) 由于羟基乙酸的酸性稍大，介于乙酸和强酸之间，因此，一般而言，它对基体金属的腐蚀性比乙酸略大，比盐酸、硫酸等小得多。

(2) 由于羟基乙酸含有一个羧基和一个羟基，因而具有羧酸和醇的双重性质，即它作为酸，可以溶解垢样中的许多金属，并生成相应的有机盐类；作为醇，对某些油垢具有一定的溶解能力，对某些表面活性剂也有去除作用。

(3) 羟基乙酸的酸性高于乙酸，其对氧化铁的溶解能力与柠檬酸相当。由于其与三价铁络合后，可以防止铁化物的二次沉淀，因此，可以用于亚临界（或超临界）锅炉或其他锅炉的过热器部分的氧化铁皮的清洗，并有较好的效果。

(4) 羟基乙酸的分解温度很低，所以即使残留在锅炉设备中也可以随加热而分解，从而无害。

(5) 羟基乙酸主要应用于超临界锅炉及其他锅炉的过热部分表面氧化皮的清洗，有较好的效果。

(6) 清浅氧化铁皮的参考工艺条件：2%羟基乙酸＋1%甲酸水溶液，82～104℃，循环清洗。

(7) 腐蚀率低，酸性对人体有刺激性。

用羟基乙酸和甲酸混合酸的清洗方法，在 1963 年由杜邦公司提出。清洗实践证明：羟基乙酸可单独使用或与其他清洗剂（如甲酸）配合使用，效果较好。

用氨将羟基乙酸与柠檬酸的混合酸调整为 pH 值为 4 的清洗液，对铁氧化物和盐类沉积物均具有优良的溶解性。对大型高压锅炉和大型化工装置的清洗，可采用下述配方（以质量计）：羟基乙酸 2%、甲酸 1%、氟化氢铵 0.25%、缓蚀剂（例如 Lam-826）0.25%、水余量。

用蒸汽把清洗液加热到 90℃，以 0.5m/s 左右流速循环清洗 4～6h。该清洗液对轧制铁鳞的溶解速度很快，清洗过程中不会产生难溶性产物。因而在国外得到广泛应用。

又如为了从黑色金属屑表面除去坚硬的氧化铁垢，可使用如下配方的清洗剂：柠檬酸 3%、氨水调 pH 值至 3.5～4.0、羟基乙酸 1%、异抗坏血酸 0.3%、缓蚀剂 0.5%、水余量。按配方向清洗系统中注入水并用蒸汽加热到约 100℃，在保持循环下加入缓蚀剂并循环均匀，加入柠檬酸并循环均匀，加入羟基乙酸并循环均匀，加入氨调 pH 值为 3.5～4.0，加入异抗坏血酸并循环均匀，以 0.5m/s 左右流速循环清洗 4～6h，设备内部沉积的坚硬磁性氧化铁垢即被除去。

8.3.1.6　衣康酸

【结构式】

$$CH_2=\overset{\displaystyle |}{\underset{\displaystyle CH_2COOH}{C}}-COOH$$

【物化性质】　衣康酸，学名亚甲基丁二酸。无色无臭吸湿性晶体。相对密度 1.632，熔点 162～164℃。在真空下能升华。溶于水、乙醇和丙酮，微溶于氯仿、苯和乙醚。易聚合，也能与其他单体共聚。分子式为 $C_5H_6O_4$，相对分子质量为 130.1。

目前世界上只有美国、日本、中国、俄罗斯 4 个国家生产衣康酸，全球年总生产能力为 $10×10^4$t 左右。其中，美国 pfizer 公司的产量最大，曾经一度垄断国际衣康酸市场，其产能为 $2×10^4$t/a；日本 1971 年开始引进美国专利进行消化吸收，自行生产该项产品，目前仅有磐田株式会社独家生产，其产能为 $1×10^4$t/a；中国青岛琅琊台集团科海生物有限公司是国内最大、世界第三的衣康酸生产企业，其产能为 5000t/a；俄罗斯也生产衣康酸，但产量很少。我国在 20 世纪 60 年代初就已有衣康酸的生产。但对衣康酸全面、系统研究是 80 年代末期才展开的，直到 90 年代才取得突破性进展。

【制备方法】　工业制法有合成和发酵法。将浓柠檬酸水溶液在减压下（4.0～53kPa）下加热到 280～300℃，分解生成衣康酸酐和衣康酸，再从中分离提取衣康酸。工业上采用发酵法较多，用糖类（葡萄糖或砂糖）作培养基，加氮源和无机盐等，用土曲酶为菌种在 38℃下发酵 2d，发酵后过滤、浓缩、脱色、结晶、干燥便得到衣康酸。

按照目前国内外发酵技术水平，一般发酵液中含衣康酸 30～50g/L，另外还含有少量杂酸。因此，需精制提取衣康酸。目前，从发酵液中分离衣康酸的方法主要有以下 3 种：a. 重结晶法，对于含杂酸较少的发酵液，通过重结晶，可得到纯度 95%～98% 的晶体，但该法能耗大，工艺路线长，提取率低；b. 离子交换树脂法，对于含杂糖多的衣康酸发酵液，采用离子交换法更合理，可降低衣康酸的损耗，天津轻工业学院贾士儒等采用弱碱性阴离子交换树脂 D301 对预处理液中的衣康酸进行分离，以硫酸为洗脱剂，以 3 倍于理论交换容量的氨水为再生剂，衣康酸的回收率较重结晶法提高 5%；c. 有机溶剂萃取法，据报道，从含杂质较多的溶液中提取衣康酸采用有机溶剂萃取的效果较好。

【技术指标】　QB/T 2592—2003

项　　目	指　　标	
	优级	一级
含量（质量分数）/%	≥99.5	≥99.0
熔点/℃	165～169	
色度/APHA	≤10	≤20
干燥失重（质量分数）/%	≤0.3	≤0.5
灼烧残渣（质量分数）/%	≤0.1	
氯化物（以 Cl^- 计）/(mg/kg)	≤25	
硫酸盐（以 SO_4^{2-} 计）/(mg/kg)	≤100	
铁（以 Fe^{3+} 计）/(mg/kg)	≤10	
重金属（以 Pb 计）/(mg/kg)	≤30	

8.3.1.7　甲酸

【物化性质】　甲酸，结构式为 HCOOH，相对分子质量 46.03。无色透明油状发烟液体，具有强烈的刺激性气味。相对密度（25℃/4℃）1.21405，凝固点 8.3℃，沸点 100.5℃，闪点（开口）68.9℃，燃点 601.1℃，折射率 1.3140，黏度（25℃）1.966mPa·s，溶解度参数 $\delta=13.5$。与水、乙醇、乙醚、甘油能任意混合。易溶于丙酮，溶于苯、甲苯。遇明火或高温会引起燃烧。蒸气与空气形成爆炸性混合物，爆炸极限（体积分数）18%～57%。甲酸有毒，对脂肪有溶解性，可经皮肤吸收，对皮肤黏膜的刺激性比醋酸强。蒸气对眼睛有强烈刺激性，吸收蒸气可引起咽痛、咳嗽及胸痛等。对黏膜的腐蚀性类似无机酸。空气中最高容许浓度 0.0005%。

【制备方法】　甲酸的工业生产方法有甲酸甲酯水解法、甲酸钠水解法、甲酰胺水解法等。

（1）甲酸甲酯法

目前在甲酸的制备方法中，最新的工业规模制备方法均是以甲酸甲酯为起始原料（甲酸甲酯可以较容易地用甲醇羰基化或甲醇脱氢等方法制得），使甲酸甲酯在酸催化下（一般采用产物甲酸自催化）发生水解。得到甲酸甲酯、水、甲酸和甲醇四个组分的高比例混合物。

　　另外，由于甲酸与水形成一个共沸混合物，在大气压下的沸点为107.1℃。此含水甲酸不能通过一般蒸馏制得纯甲酸或高纯度甲酸。

　　美国专利 US2160064 建议采用不同压力下的蒸馏分离水和甲酸的共沸混合物的方法。为此水解产品先经一个分离塔分离出甲醇和甲酸甲酯，得到的水和甲酸的混合物再经一个加压塔分离成塔顶产物水和塔底产物富甲酸共沸混合物，最后这一共沸混合物在操作压力相对较低的另一个蒸馏塔中再次蒸馏，塔顶得产品甲酸和塔底产物——酸含量低于上一个蒸馏塔底产物的共沸混合物，此混合物被送回上一个塔中。

　　中国专利 00816435.5 则公开了一种采用萃取剂萃取出甲酸水溶液共沸混合物中甲酸，再分离萃取相得到甲酸产品的方法。为此，水解产品同样经过一个分离塔分离出甲醇和甲酸甲酯，得到的水和甲酸混合物在萃取蒸馏塔中用萃取剂进行萃取蒸馏，得到萃取剂和甲酸的混合物，最后该混合物经一个蒸馏塔分离出甲酸产品和萃取剂，萃取剂可循环使用。

　　但是，在蒸馏水解混合物的过程中，因甲酸甲酯沸点最低，分离塔中总是或多或少有一部分甲酸和甲醇重新反应生成甲酸甲酯，称为"逆向酯化"反应。较好的工艺设计可使逆向酯化率控制在2%左右，较差的可在10%以上，实际操作中竟达30%以上。由于逆向酯化反应，使整个系统物料的循环比增大，大大降低了设备的生产能力，并增加了能耗。为了尽量减少逆向酯化反应，一般的做法是降低分离甲醇和甲酸甲酯蒸馏塔的操作压力，以降低蒸馏温度来减慢反应，有的甚至采用减压蒸馏。

　　上述的各种方法均不同程度地存在流程长、能耗高且易发生逆向酯化反应等缺点。

　　中国专利 CN101125795A 中提出了一种流程短、能耗低的甲酸制备方法，并有效地控制逆向酯化反应的发生率。主要包括以下步骤。

　　① 水解反应　使原料和甲酸甲酯在水解系统中发生水解反应，生成含水、甲酸、甲醇和过量甲酸甲酯的水解混合物。

　　② 加压蒸馏分离　将上步所得的水解混合物引入蒸馏塔（板式塔），甲酸甲酯流速为8124kg/h，甲醇2233kg/h，水5319kg/h，甲酸2411kg/h，操作压力为0.13MPa，塔顶温度为109℃，回流比 $R=1.2$；通过加压蒸馏，将甲醇、水和甲酸甲酯从上述混合物中分离出来，从塔顶采出含水、甲醇、甲酸甲酯的混合物蒸气，经冷凝后，部分作为回流，另一部分排出本系统。

　　③ 将含水甲酸塔釜液经蒸馏塔再沸器换热后进入蒸馏塔（填料塔）中部进行减压蒸馏，操作压力为 -0.089MPa，塔底操作温度为55℃，回流比 $R=2.8$；从塔顶分离出高纯度甲酸15，从塔底排出的较低浓度含水甲酸釜液进行循环蒸馏。

　　甲酸回收率为105.18%，甲酸纯度为99.4%，整个蒸馏过程抑制了逆向酯化反应，同时还有部分甲酸甲酯水解为甲酸。

　　（2）甲酸钠法

　　将脱硫和压缩后的一氧化碳引入盛有20%～30%氢氧化钠液的反应釜，在160～200℃，1.4～1.6MPa 条件下反应，生成甲酸钠，然后用稀硫酸处理即得76%的甲酸-水共沸物，可进一步提浓精制。

　　（3）甲酰胺法

　　以甲醇钠为催化剂，在70℃和32.5MPa条件下，向氨的甲醇溶液中通入一氧化碳，生成甲酰胺。然后用硫酸水解甲酰胺，生成甲酸和硫酸胺，经蒸馏精制得甲酸。由于甲酸和水形成共沸物，因而制备无水甲酸比较困难。工业上通常是将含水的85%～90%商品甲酸精馏、共沸蒸馏或萃取蒸馏，尤以共沸蒸馏较为常用。共沸溶剂一般为甲酸正丙脂。对于化学清洗，采用便宜的含水甲酸即可。

【技术指标】 GB/T 2093—93

项　目	指　标		
	优等品	一等品	合格品
色度(铂-钴)/号	≤10	≤20	—
甲酸含量/%	≥90.0	≥85.0	≥85.0
稀释试验(酸＋水＝1＋3)	不浑浊	合格	—
氯化物(以 Cl^- 计)/%	≤0.003	≤0.005	≤0.020
硫酸盐(以 SO_4^{2-} 计)/%	≤0.001	≤0.002	≤0.050
铁(以 Fe 计)/%	≤0.0001	≤0.0005	≤0.0010
蒸发残渣/%	≤0.006	≤0.020	≤0.080

【应用】　甲酸及其水溶液能溶解许多金属、金属氧化物、氢氧化物及盐，所生成的甲酸盐都能溶解于水，因而可作为化学清洗剂。甲酸不含氯离子，可用于含不锈钢材料的设备的清洗。甲酸挥发性好，清洗后容易彻底除去，因而可用于对残留物敏感的清洗工程。对某些非常难溶的金属氧化物，例如过热器在运行中形成的致密氧化层，甲酸是一种特效清洗剂。在清洗浓度下，甲酸对人体无毒无害，对金属的腐蚀不如无机酸强烈，因而是一种安全的清洗剂。

甲酸在碱性范围内不能与铁形成络合物。为此，几乎没有单独使用这些药剂的情况，往往与其他有机酸类清洗剂配合使用。例如，对大型高压锅炉和大型化工装置的清洗，可采用8.3.1.5中的配方。

用蒸汽把清洗液加热到90℃，以0.5m/s左右流速循环清洗4～6h。该清洗液对轧制铁鳞的溶解速度很快。清洗过程中不会产生难溶性产物，因而在国外得到广泛应用。

在酸洗中为了防止工件受到腐蚀，同时也为了防止渗氢，应添加缓蚀剂。无机缓蚀剂在酸性介质中一般效果不高。常用的酸性介质缓蚀剂大多为含氯、硫、氧的有机缓蚀剂，如吡啶、喹啉、烷胺、苯胺、嘧啶、聚甲亚基亚胺、二邻甲苯基硫脲、六亚甲基四胺（即乌洛托品）、硫脲等。缓蚀剂加入量一般为0.2%～0.4%。钢铁零件除锈使用硫酸清洗，一般使用浓度为5%～10%，使用温度60～80℃为宜。硫酸酸洗后，为消除渗氢影响，常把工件加热到200℃，保持0.5h。使用盐酸酸洗，使用浓度为5%～15%，一般在室温下使用，加热不超过40℃。因为温度升高氯化氢气体易挥发，有害人体，污染环境，增加渗氢。酸性清洗剂在半导体生产中，使用比较多。如在硅片清洗中，要用硫酸浸泡，再用硫酸与硝酸的混合酸浸泡，再用氢氟酸浸泡，最后用硫酸与硝酸的混合酸浸泡。半导体零件可伐头（即管座上露出的引线头）要用盐酸溶液清洗，再用氢氟酸清洗。可伐头在镀金前要在乙酸与硝酸的混合酸中清洗。铜零件镀前要用硫酸与硝酸的混合酸发亮浸馈。氢氟酸除硅垢能力特别强，常用于硅片清洗。

8.3.1.8　醋酸

【物化性质】　醋酸，又名乙酸，分子式 CH_3CHOOH，无水醋酸在低温时凝固成冰状，称为冰醋酸。普通的醋酸是含纯醋酸36%（质量分数）的水溶液，是无色透明液体，有刺激性气味，相对密度1.049。醋酸的熔点是16.7℃，沸点118℃，溶于水、乙醇、乙醚。

【制备方法】　醋酸的制备可以通过人工合成和生物发酵两种方法。生产醋酸的基本原料有乙醛、甲醇、一氧化碳、裂解轻汽油及农副产品等。目前，醋酸的生产方法主要有轻烃液相氧化法、乙醛氧化法、乙烯直接氧化法、乙烷选择性催化氧化（联产醋酸和乙烯）法和甲醇羰基合成法。

制备方法1　轻烃液相氧化法

正丁烷和轻质石脑油（含低沸点烃类，尤其是戊烷和己烷）经过液相氧化生成醋酸，氧化反应在 160～200℃ 下进行，可采用催化剂（钴或锰），也可不用催化剂，主要产物为醋酸和甲乙酮，同时还生成其他有机产物如乙醇、甲醇、甲酸、丙酸和丁酸等。该方法因原料转化率较低、产品分离工艺复杂、成本高等因素使其竞争力受到限制。

制备方法 2　乙醛氧化法

在醋酸锰（或钴、铜）催化剂存在时，乙醛空气（或纯氧）经液相氧化生成醋酸。

$$2CH_3CHO + O_2 \longrightarrow 2CH_3COOH$$

当用空气为氧化剂时，反应温度为 55～60℃，压力一般为 800kPa；当用纯氧氧化时，反应温度略高些，约为 70～80℃，压力需使乙醛处于液相。工业上通常采用空气氧化，氧化时的原料液为 5%～15%（质量分数）乙醛的醋酸溶液，内含溶解的催化剂为 0.1%～0.2%，乙醛与空气摩尔比为 1:(4～4.3)。乙醛转化率在 90% 以上，以乙醛计醋酸收率为 95%～98%。

此法的原料路线有电石乙炔、乙醇、石油乙烯等。由于乙炔路线和乙醇路线工艺落后，不是发展方向。乙烯乙醛氧化法又名二段乙烯氧化法，1960 年德国由乙烯直接氧化制乙醛实现工业化，它是在氯化钯催化剂存在下，由乙烯与空气或氧气进行液相氧化制得乙醛，乙醛再在醋酸钴和醋酸锰作用下，液相氧化生成醋酸。该法工艺简单，收率较高，成为 60 年代以后的重要醋酸生产方法，在 20 世纪 60～70 年代发展较为迅速。

制备方法 3　乙烯直接氧化法

乙烯直接氧化制备醋酸工艺由日本昭和电工株式会社开发成功，并于 1997 年在日本大分建成目前该方法的唯一一套工业生产装置。该工艺以负载钯的催化剂为基础（含有三种组分），反应在多管夹套反应器中进行，反应温度为 150～160℃。反应器进料为乙烯、氧气、蒸气和稀释用氮气。使用蒸汽的目的在于提高醋酸的选择性。当采用 Pd、杂多酸和硅钨酸组成的三组分催化剂时，醋酸、乙醛和 CO_2 的单程选择性分别为 85.5%、8.9% 和 5.2%，大部分乙醛循环回反应器以提高碳的利用率和醋酸总收率。

制备方法 4　乙烷选择性催化氧化法

乙烷选择性催化氧化法制备醋酸最早由联碳（UCC）公司于 20 世纪 80 年代开发并投入中试，从乙烷和乙烯混合物催化氧化生成醋酸有较好的选择性，称为 Ethoxene 工艺。该路线主要特征是除生成醋酸之外，还生成大量乙烯作为联产品。该工艺还具有安全环保、醋酸产品纯度高等特点，适宜在有廉价乙烷原料的地区工业化应用。

制备方法 5　甲醇羰化法

甲醇羰化法是甲醇和一氧化碳在催化剂存在下一步合成醋酸的方法。

$$CH_3OH + CO \longrightarrow CH_3COOH$$

甲醇羰化法分为高压法和低压法。具体生产工艺目前主要包括：

（1）Monsanto/BP 工艺

1966 年美国 Monsanto（孟山都）公司在 BASF 技术基础上公司开发成功用铑或铱代替钴的催化剂，以碘为活化剂的可溶性催化剂体系的羰基合成反应低压甲醇羰化法，也称为 Monsanto 法。该催化体系活性很高，反应条件十分温和，与高压羰基化相比，反应温度由 250℃ 下降到 180℃，压力由 70MPa 降至 3.5MPa，产物以甲醇计收率为 99%，以 CO 计为 90%。此后，以铑为催化剂制醋酸工艺逐渐成为甲醇羰基合成醋酸的主流工艺。1986 年，BP 公司获得 Monsanto 公司甲醇制醋酸技术，经过进一步改进后称为 Monsanto/BP 工艺。但该工艺反应系统需要大量的水以维持催化剂的活性和稳定性，且反应后水的分离过程能耗很高，限制了装置的生产能力；此外，铑催化剂价格昂贵，回收费用高且步骤复杂。

（2）AO-Plus 工艺

20 世纪 80 年代，Celanese 公司在传统 Monsanto 法的基础上开发成功 AO-Plus 法（酸优化法）新工艺。该工艺通过在铑催化剂中加入高浓度的无机碘化物（主要是碘化锂），提高了铑催化剂的稳定性，同时，加入碘化锂与碘甲烷助剂后，可使反应器中水含量降低至 4%～5%，而羰基化反应速率仍保持很高水平，从而提高反应器的产能。

（3）Cativa 工艺

1996 年，BP 化学公司开发成功了基于甲醇羰基合成醋酸的 Cativa 新工艺。Cativa 工艺以金属铱作为主催化剂，并加入一部分铼、钌和锇等作为助催化剂。与传统铑系催化工艺相似，该催化剂体系活性高于铑催化剂，副产物少，成本大幅度降低，并可在水浓度较低（小于 5%）的情况下操作，可大大改进传统的甲醇羰基化过程。Cativa 工艺的反应器无需搅拌器，而是通过反应器冷却回路进行喷射混合，反应物料从反应器底部经冷却后循环至反应器顶部。二段反应器设置在闪蒸塔前，可延长反应物停留时间，提高 CO 的利用率，增加醋酸产量。因此，Cativa 工艺的可变成本比铑工艺明显减少，特别是水蒸气用量减少了 40%，而 CO 效率则从 90% 增加至约 97%。

（4）UOP/千代田 Acetica 工艺

日本千代田（Ehiyoda）公司和 UOP 公司于 1997 年联合开发了 Acetica 甲醇羰基化制备醋酸工艺，并于 1999 年完成了中试验证。该工艺使用添加有碘甲烷助剂的多相铑系催化剂，其中，活性 Rh 络合物以化学方法固定在聚乙烯基吡啶树脂上。

Acetica 工艺与常规的多相催化系统不同，溶液中无需过量水来保持催化剂的金属活性。反应器中碘化氢浓度低，大大缓解了腐蚀环境；催化剂浓度较高，可减少反应器尺寸 30%～50%，同时副产物生成量减少约 30%；另外，使用泡罩塔环管反应器（传统工艺采用搅拌槽反应器），无需采用搅拌釜高压密封设备和后续催化剂回收工序；催化剂磨损小，并可获得高气/液传质速率；可通过反应器热交换剂回收反应热，并用作蒸馏塔所需的热源；操作压力较高（6.2MPa），可保持优化的 CO 分压，从而能够采用低纯度 CO，降低原料费用。

我国贵州有机晶体化学品集团公司醋酸装置是全球首套采用 Aeetiea 工艺的醋酸生产装置。

（5）部分改进型制备方法

① 欧洲专利 EP2628720（A1）　该专利提供了高效地除去乙醛，并稳定地制造高纯度醋酸的方法。

制造过程包括以下步骤。

在金属催化剂，卤化物盐和甲基碘的存在下，甲醇和一氧化碳反应；将反应混合物连续供给至闪蒸器，分离成含有醋酸及甲基碘的低沸点组分（2A）和含有金属催化剂及卤化物盐的高沸点组分（2B）；将低沸点组分（2A）供给至蒸馏塔，分离成含有甲基碘及乙醛的低沸点组分（3A）和含有醋酸的馏分（3B），并回收醋酸；使低沸点组分（3A）冷凝，临时置于滗析器，然后排出；从由上述滗析器排出的低沸点组分（3A）中分离乙醛，同时将分离液循环到反应系统。在上述制造过程的冷凝步骤中，根据供给到滗析器的低沸点组分（3A）的流量变化来控制所容纳的低沸点组分（3A）的量。

② 美国专利 US2013184491（A1）　该专利用增加稳定性的催化剂生产醋酸，提供了在液相反应介质中甲醇和它的反应衍生物羰基化反应生产醋酸的过程，该过程中，反应介质包括限定量的水，均相催化剂，烷基卤化物促进剂和含有非对称性膦阳离子的催化剂稳定剂/助催化剂。

就目前来讲，乙烯—乙醛氧化法和低压甲醇羰基化法是世界上两种最主要的醋酸生产方法，但后者的经济指标远优于前者。

【技术指标】 GB/T 1628—2008

项目	指标		
	优等品	一等品	合格品
色度/Hazen 单位(铂-钴色号)	≤10	≤20	≤30
乙酸的质量分数/%	≥99.8	≥99.5	≥98.5
水的质量分数/%	≤0.15	≤0.20	—
甲酸的质量分数/%	≤0.05	≤0.10	≤0.30
乙醛的质量分数/%	≤0.03	≤0.05	≤0.10
蒸发残渣的质量分数/%	≤0.01	≤0.02	≤0.03
铁的质量分数(以 Fe 计)/%	≤0.00004	≤0.0002	≤0.0004
高锰酸钾时间/min	≥30	≥5	—

【应用】

醋酸25℃时的电离常数为 1.76×10^{-5}，是一元有机弱酸，应用于工业清洗有以下特点。

(1) 醋酸的酸性较弱，对金属的腐蚀性较小。尤其适用于清洗对晶间腐蚀敏感的金属材料和黄铜设备。对高压锅炉的清洗比采用其他无机酸更安全。

(2) 醋酸的许多盐易溶于水，因此，可用以清洗水垢、锈垢等。

醋酸的毒性小，可以用于食醋，但醋酸的挥发性较大，浓溶液的蒸气对人体皮肤有刺激性和腐蚀性，能刺激食道、胃，引起呕吐、腹泻、循环系统麻痹、酸中毒、尿中毒、血尿等。人体在 $25mg/m^3$ 浓度的环境中，不宜工作超过 8h，施工现场的最高允许浓度 $65mg/m^3$。

8.3.2 螯合物清洗剂

8.3.2.1 氨基三乙酸

【结构式】

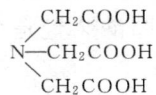

【物化性质】 氨基三乙酸，分子式为 $C_6H_9NO_6$，相对分子质量为 191.14，为白色棱形结晶。熔点 242℃ (分解)，沸点 167℃ (1.73kPa)。溶于氨水、氢氧化碱溶液，微溶于热水，饱和水溶液 pH 值为 2.3，不溶于有机溶剂。

【制备方法】 由氯乙酸与氢氧化钠反应生成氯乙酸钠，然后与氯化铵反应生成氨基三乙酸钠，再经酸化即得成品。

【应用】 氨基三乙酸是一种有机多元羧酸螯合剂，国外对其研究较早。20 世纪60～70年代有大量专利发表。因为其分子小，可以螯合更多的金属且生物降解能力强，故作为化学清洗剂有一定应用前景。由氨基二乙酸 15.0%、过氧化焦磷酸钠 50.0%、碳酸氢钠24.0%、碳酸钠10.0%、表面活性剂1.0%组成的清洗剂，可用于冷却水系统中有机黏泥和无机钙垢的去除。氨基二乙酸中加入一定量的还原剂、pH 调节剂，去除 Fe_2O_3、赤铁氧化物效果优异。

8.3.2.2 乙二胺四乙酸（EDTA）及乙二胺四乙酸二钠（EDTA-Na）

【结构式】

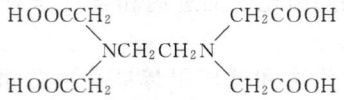

【物化性质】　乙二胺四乙酸俗名乙底酸，又称为软水剂，康泼来宗Ⅱ，简称EDTA，分子式$(CH_3)_2N_2(CH_3COOH)_4$，是无色结晶性固体。分解温度240℃，是无臭无味、无色结晶性固体。不溶于冷水和普通有机溶剂，微溶于热水。

EDTA属四元酸，可用H_4Y表示，在水中分四步电离，各级电离常数分别为1×10^{-2}，2.1×10^{-3}，6.9×10^{-7}，5.5×10^{-11}，形成H_4Y、H_3Y^-、H_2Y^{2-}、HY^{3-}和Y^{4-}五种形式的平衡，它们的比例受溶液的pH值影响。

EDTA作为一种重要的配合剂，应用于工业清洗。EDTA能与碱金属的氢氧化物发生中和作用，生成可溶于水的盐，如二钠盐。

在实际生产中，为了提高乙二胺四乙酸的溶解度，多使用的是乙二胺四乙酸二钠。乙二胺四乙酸二钠在水中的存在形式是随溶液的pH值升高而改变的。

【制备方法】

(1) 由氯乙酸与乙二胺在氢氧化钠作用下反比生成EDTA钠盐，经分离后用硫酸进行酸化、过滤，得到成品EDTA，再经过氢氧化钠部分中和后过滤、冷却结晶、再过滤、水洗、烘干而得到EDTA二钠盐，其主要反应式如下所示：

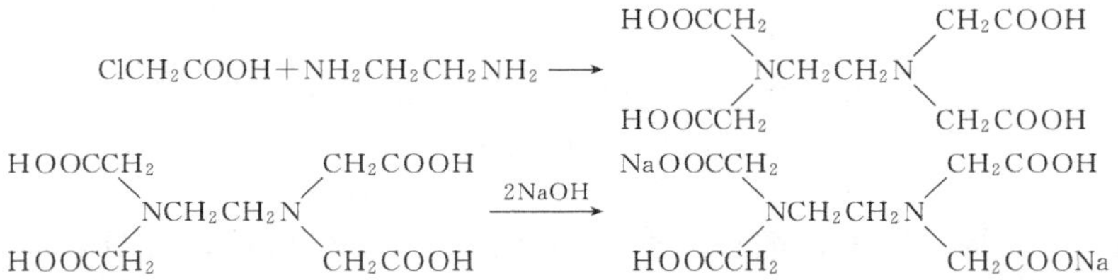

$$ClCH_2COOH + NH_2CH_2CH_2NH_2 \longrightarrow$$

（EDTA结构式）

$$\xrightarrow{2NaOH}$$

（EDTA二钠盐结构式）

(2) 以乙二胺与甲醛、氰化钠一步法反应得到EDTA钠盐，经分离后用硫酸进行酸化、过滤，得到成品EDTA，再经过氢氧化钠部分中和后经过滤、冷却结晶、再过滤、水洗、烘干而得到EDTA二钠盐，其主要反应式：

$$H_2NCH_2CH_2NH_2 + 4NaCN + 4HCHO + 4H_2O \longrightarrow$$
$$(CH_2COONa)_2NCH_2CH_2N(CH_2COONa)_2 + 4NH_3$$

【技术指标】　Q/CNPC 58—2001

项　目		指　标		
		优等品	一等品	合格品
加热减量/%		≤6.0	≤8.0	≤10.0
络合力	$CaCO_3$/(mg/g)	≥266.2	≥263.5	≥260.8
	Fe_2O_3/(mg/g)	≥212.9	≥210.8	≥208.6
含量(干品)/%		≥99.0	≥98.0	≥97.0

【应用】　乙二胺四乙酸二钠是螯合剂的代表，对钙、镁、铁成垢离子有螯合或络合作用，溶垢效果高，对金属设施腐蚀性很小，无氢脆和晶间腐蚀，可在循环冷却水系统进行不停车清洗，清洗过程中不产生氢，一旦清洗干净，金属一般即可得到良好的钝化。另外它可以在较宽的pH值范围内（特别是碱性条件下）使用，清洗时可在高温下进行，从而缩短清洗时间。

采用乙二胺四乙酸二钠做清洗剂时，应注意如下几点。

① 选择适当的pH值。采用乙二胺四乙酸二钠清洗时，控制适当的pH值很重要，它可以保证附着物清洗干净，又可以防止锅炉受热面的腐蚀。pH值较低（pH<3.0以下）垢中金属成分容易以离子状态溶出，可以加快清洗；如果pH值过高（如pH值在6以上），虽然钢的腐蚀速度较低，但不利于清洗反应。因为乙二胺四乙酸二钠的络合清洗是利用垢中溶

出的金属离子与 EDTA 反应，溶液的 pH 值越高，垢中的氢氧化物越稳定，清洗时间将延长，清洗效果也差。考虑到 pH 值为 5 时，清洗液中主要是 Na_2H_2EDTA，还有相当数量的 $Na_3H-EDTA$，均可与钙、镁、铜、锌及铁（Ⅱ）、铁（Ⅲ）等络合，可选为开始清洗的浓度。

② 控制适当的清洗温度。用乙二胺四乙酸二钠清洗时，保持适当的温度对清洗有利。生产实践表明，清洗温度低于 120℃，清洗效果不好，温度高（超过 140℃ 以上时）则乙二胺四乙酸二钠开始分解。因此采用乙二胺四乙酸二钠盐清洗时，采用自然循环清洗、锅炉点火加热的方法，维持清洗温度 130～135℃，但锅炉点火加温可能存在温度不均匀问题。

③ 用乙二胺四乙酸二钠盐清洗时，清洗液对硅酸盐垢不起作用，因此还应有洗硅措施。

④ 乙二胺四乙酸二钠盐价格昂贵，故应采用回收措施。回收可采用硫酸或盐酸。使用硫酸回收时，由于有难溶硫酸盐存在的问题，会影响回收药剂的质量问题；采用盐酸回收，则药剂中可能存在较多量的氯离子，需要对药剂进行多次水洗，以提高回收药剂的纯度。

乙二胺四乙酸二钠由于价格高，常温下溶垢速度慢，不能清除硅垢等特点，限制了它的使用。

8.3.2.3   二乙烯三胺五乙酸钠 （DTPA-Na）

【结构式】

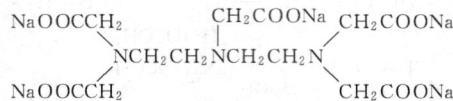

【物化性质】   二乙烯三胺五乙酸钠，外观为无色或浅黄色液体，含量≥90%，灼烧残渣≤0.1%，氯化物含量≤0.05%。二乙烯三胺五乙酸（DTPA）是一种重要的氨基螯合剂，外观为白色结晶性粉末，pH 值为 2.1～2.5，螯合值 253～258，易溶于热水和碱溶液，不溶于醇和醚等有机溶剂，它对于金属离子尤其是高价态显色金属离子的螯合能力特别强，因而在清洗业有着重要的应用。

【制备方法】   将氯乙酸与氢氧化钠中和后，在低温下让氯乙酸钠与二乙烯三胺反应，生成的产物再经净化处理后得到产品 DTPA。

① 二乙烯三胺的净化   原料要求有效物含量大于 90%，其杂质一般为二乙烯三胺的衍生物，可通过蒸馏法进行分离、收集 204～208℃ 的馏分。

② 氯乙酸的净化   工业品的国标要求含量应大于 95%，杂质一般为二氯乙酸，在碱性条件下一般会水解为羟基乙酸和二羟基物。羟基化物对 DTPA 的合成很不利，必须除去。首先把固体溶解为溶液，采用静态自然过滤，除去机械杂质，731 树脂离子交换除去二氯乙酸。另外，浓盐酸和氢氧化钠也应进行净化。

③ 在反应釜内加入原料配比量的氯乙酸，加入溶解性好的氢氧化钠溶液，然后恒压滴入二乙烯二胺和浓盐酸，滴加过程可用冰、水混合物降温，保温不高于 65℃，强烈搅拌。滴加完毕后，用浓盐酸酸化至 pH 值为 2.3 左右，保温 30℃ 以下，反应过夜，然后固液分离、重结晶、洗涤过滤、烘干得成品。

【技术指标】

项　　目	指　标	项　　目	指　标
外观	细白色结晶粉末	燃烧残留物/%	≤0.1
纯度/%	≥99	挥发物(105℃)/%	≤1.0
螯合值(以 CaCO₃ 计)/(mg/g)	≥230	饱和水溶液的 pH 值	2.1～2.5

【应用】   DTPA 对钙、镁、铁成垢离子有络合或螯合作用，溶垢效果好。用螯合剂法进行化学清洗时，可采用 DTPA 代替 EDTA 钠盐和 EDTA 铵盐；可在设备停用期间采用停

用清洗法，也可在设备运行期间采用不停用清洗法。

该品作为螯合清洗剂进行不停炉清洗时，螯合剂净用量（即螯合剂用量减去结水所消耗的螯合剂量）一般为 0.1~0.2mg/L。在锅炉运行中，随给水按量加入螯合剂，直至锅水铁含量达到稳定为止，此过程大约需要 30~120d。

8.3.3 聚合物清洗剂

8.3.3.1 丙烯酸-衣康酸共聚物清洗剂

【结构式】

$$-\!\!\left[\!CH_2\!-\!CH\right]_m\!\!\left[\!CH_2\!-\!C\right]_n\!\!- \quad \begin{array}{c} COOH \\ | \\ CH_2COOH \end{array}$$

【物化性质】　丙烯酸-衣康酸共聚物是由丙烯酸和衣康酸在引发剂存在下共聚制得。不同分子量和组成比的丙烯酸和衣康酸共聚物具有不同的性质与用途。用于水处理中作阻垢剂的共聚物，至少含有 80%（摩尔分数）衣康酸，共聚物相对分子质量为 3000~50000。易溶于水，也溶于甲醇和乙醇。含 1%~6%（质量分数）共聚物的水溶液呈浅黄至橙色。

【制备方法】
（1）原料为丙烯酸（聚合前提纯除去阻聚剂）、衣康酸、去离子水、过硫酸铵。将计量的衣康酸溶于适量的去离子水中并将其加入到装有电动搅拌器、回流冷凝器、滴液漏斗的聚合反应器中，在搅拌下缓慢将溶液的温度升至 100℃。将单体总质量为 15% 的过硫酸铵用去离子水溶解并与计量的丙烯酸混合，当反应器内衣康酸溶液的温度升至 100℃ 时，开始滴加丙烯酸和过硫酸铵混合液，保持反应温度，在 6~7h 内将丙烯酸混合液加完，继续反应 1h。

（2）美国专利 US5032646 公开了一种丙烯酸-衣康酸共聚物的制备方法。该方法以丙烯酸和异丁烯酸为原料，过硫酸钠为引发剂，制备出平均相对分子质量为 500~7000 的丙烯酸-衣康酸共聚物。具体操作方法为：取 0.70mol 衣康酸和 0.025mol 过硫酸钠溶解于 100mL 蒸馏水中，将其转移到容量 300mL 配有搅拌器、冷凝器的圆底烧瓶中。在氮气氛围下，加热搅拌。然后再往烧瓶中缓慢注射 0.30mol 丙烯酸和 0.075mol 过硫酸钠混合液 60mL，加药时间控制为 5h 左右。加药完毕后，反应 1h，反应器内的温度将达到 103℃。此时，对反应产物进行蒸馏，得到固含量为 54.8% 的液体，即为丙烯酸-衣康酸共聚物。

（3）原料为衣康酸 50~90mL、丙烯酸 10~50mol、过硫酸钠 1%~2%（以单体总质量计）、亚硫酸氢钠 6%~12%（以单体总质量计）、硫酸亚铁 0.02%~0.04%（以单体总质量计）、去离子水，将衣康酸、硫酸亚铁和去离子水加到装有电动搅拌器、回流冷凝器和滴液漏斗的聚合反应器中，通氮气 10min 排除反应体系内的空气，并在聚合全过程中不间断通入氮气，使反应一直在氮气保护下进行，开始缓慢滴加丙烯酸、过硫酸钠和亚硫酸氢钠溶液，将它们在 3~5h 内同时加完。然后保持反应温度继续反应聚合 1.5h。

【应用】　衣康酸/丙烯酸共聚物（组成质量比 90:10），用于循环冷却水系统的在线清洗，可有效地除去较厚的垢层（0.01~1.7mm）。含 67% 羟基磷灰石、13% 硅酸镁的硬垢附着在加热表面，用 100mg/L 的衣原酸/丙烯酸共聚物（组成质量比 90:10）处理，除垢率达到 90%。而用聚丙烯酸钠（平均相对分子质量为 4500）处理，除垢率仅有 15.2%。其除垢特点是：可以在设备正常运行的同时进行，清洗条件温和，无需加酸调低 pH 值，清洗时间稍长（一般 10~60d）。

8.3.3.2　衣康酸-甲基丙烯酸共聚物

【结构式】

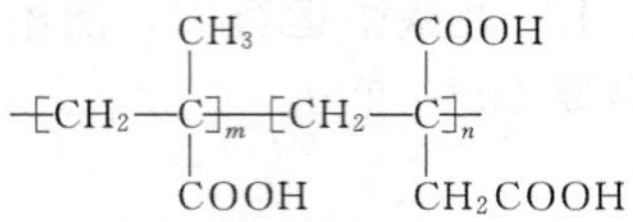

$$-\left[CH_2-\underset{\underset{COOH}{|}}{\overset{\overset{CH_3}{|}}{C}}\right]_m\left[CH_2-\underset{\underset{CH_2COOH}{|}}{\overset{\overset{COOH}{|}}{C}}\right]_n-$$

【物化性质】　衣康酸-甲基丙烯酸共聚物为无色或淡黄色透明黏性液体。

【制备方法】　该聚合物的制备一般有两种方法。

(1) 原料为甲基丙烯酸（聚合前提纯除去阻聚剂）、衣康酸、去离子水、过硫酸铵。

将计量的衣康酸溶于适量的去离子水中并将其加入到装有电动搅拌器、回流冷凝器、滴液漏斗的聚合反应器中，在搅拌下缓慢将溶液的温度升至100℃。将单体总质量为15％的过硫酸铵用去离子水溶解并与计量的甲基丙烯酸混合，当反应器内衣康酸溶液的温度升至100℃时，开始滴加甲基丙烯酸和过硫酸铵混合液，保持反应温度在 6~7h 内将丙烯酸混合液加完，继续反应 1h。

(2) 原料为衣康酸 50~90mL、丙烯酸 10~50mol、过硫酸钠 1％~2％（以单体总质量计）、亚硫酸氢钠 6％~12％（以单体总质量计）、硫酸亚铁 0.03％~0.06％（以单体总质量计）、去离子水。

将衣康酸、硫酸亚铁和去离子水加到装有电动搅拌器、回流冷凝器和滴液漏斗的聚合反应器中。通氮气 10min 排除反应体系内的空气，并在聚合全过程中不间断通入氮气，使反应一直在氮气保护下进行，在搅拌下将反应液的温度加热至回流。开始缓慢滴加甲基丙烯酸、过硫酸钠和亚硫酸氢钠溶液，将它们在 3~5h 内同时加完。然后保持反应温度继续反应聚合 1.5h。

【应用】　与衣康酸-丙烯酸共聚物相似，衣康酸-甲基丙烯酸共聚物也可用于循环冷却水系统的在线清洗，可有效地除去较厚的垢层，除垢率达到 90％以上。也可以在设备正常运行的同时进行清洗，清洗条件温和，无需加酸调低 pH 值。

8.3.4　表面活性剂

任何一种表面活性剂都是由非极性的亲油（疏水）的碳氢链基团和极性的亲水（疏油）基团所组成的，而且两部分分处两端，形成不对称结构。亲油基团是容易在油脂中溶化或被油脂湿润的原子团，和油一样有排斥水的性质。但是，疏水基不一定都是亲油基，亲油基只是疏水基中的一部分。亲水基是由容易溶于水或被水湿润的原子团所组成的。许多表面活性剂的亲水基团都是无机性质的，但也有有机物，例如，非离子表面活性剂的亲水基。

表面活性剂分子中同时具有亲水的极性基团与亲油的非极性基团，当它的加入量很少时，即能大大降低溶剂（一般是水）的表面张力以及液界面张力，并且具有润滑、增溶、乳化、分散和洗涤等作用，在家庭生活及工业生产的清洗中，有广泛的用途。

清洗剂、缓蚀剂、表面活性剂是构成化学清洗溶液的三大组成部分。表面活性剂特殊的化学结构，决定了表面活性剂溶解在液体溶液中后，使得溶液的表面张力大大降低，提高了溶液的润湿能力。特别当溶液中表面活性剂的浓度达到临界胶束 CMC 浓度时，溶液的表面张力、渗透压、黏度、光学性质等都有显著变化。表面活性剂在化学清洗过程中的润湿、渗透、分散、乳化、增溶作用起到事半功倍的效果。

概括起来，化学清洗中表面活性剂主要有两种作用：一是利用胶束的溶解作用提高难溶性有机污染物的表观浓度，即增溶作用；二是由于表面活性剂具有两亲基团，能吸附或富集在油相与水相的界面上，使界面张力降低。

　　表面活性剂由于其分子结构中同时具有亲水基和疏水基部分，在化学清洗中起着吸附、渗透、乳化、溶解、洗涤等作用，其在化学清洗中不仅仅作为辅助剂，而且可以作为主要组分而得到广泛重视，尤其在酸洗、碱洗、缓蚀、除油杀生等清洗过程中已经发挥出越来越大的作用。国内外对表面活性剂在化学清洗中的应用进行了大量的研究。

　　表面活性剂有多种分类方法。一般根据它在溶剂中的电离状态及亲水基团的离子类型分类。最常用的有阴离子表面活性剂、阳离子表面活性剂、两性表面活性剂及非离子表面活性剂等。前三类为离子型表面活性剂。

　　其中，阴离子表面活性剂有磺酸盐（如直链烷基苯磺酸钠和 α-烯基苯磺酸钠）、硫酸盐（脂肪醇聚氧乙烯醚硫酸钠和十二烷基硫酸钠）和脂肪酸盐；阳离子表面活性剂有十六烷基二甲基氯化铵（1631）、十八烷基三甲基氯化铵（1831）、阳离子瓜尔胶（C-14S）、阳离子硅油、十二烷基二甲基氧化胺（OB-2）；非离子表面活性剂有烷基醇酰胺（FFA）、脂肪醇聚氧乙烯醚（AE）、烷基酚聚氧乙烯醚（APE 或 OP）、吐温等。本书主要介绍几种常见的表面活性剂。

8.3.4.1　石油磺酸钠

【结构式】

$$R\text{—}SO_3Na$$

【物化性质】　石油磺酸钠，别名烷基磺酸钠、表面活性剂 AS、石油皂，为白色或淡黄色液体，溶于水而成半透明液体。在酸碱和硬水中都比较稳定，有臭味，密度 $1.090g/cm^3$。本品是不同链长的烷烃（$R=C_{10}\sim C_{16}$）混合物的磺酸盐，工业品一般为含有盐、水和未磺化油的黏稠液体。以馏分油品为原料的磺化产品呈橙黄色，以原油为原料的呈黑色。在水中的溶解度依其平均相对分子质量而异，随平均相对分子质量的增加而减小，随水中含盐度增加而减小。含盐度大于 1% 时，常产生盐析现象。能同钙离子、镁离子、铁离子等多价金属阳离子形成不溶于水的石油磺酸盐（石油磺酸钙或石油磺酸镁等）沉淀。在有低碳醇存在时，可大大增加溶解度。

【制备方法】　石油磺酸钠的制备方法主要有以下几种。

　　① 以馏分油为原料　用 190~240℃馏分油品经过氯化、缩合后脱油，用浓硫酸或三氧化硫磺化。用 NaOH 中和磺化产品，得到淡黄色黏稠液体。

　　② 以芳烃含量高的原油为原料，用浓硫酸或直接通入三氧化硫磺化、中和而得黑色黏稠液态产品。此法可降低成本。

　　③ 以石蜡基原油为原料，向含有 $C_{14}\sim C_{18}$ 的直链石蜡（馏分 230~320℃）中通入二氧化硫和氯气，在紫外光照射下，于 65℃进行反应生成烷基磺酰氯，然后与氢氧化钠作用，得到产品。

　　④ 中国专利 CN1218800A 中公开了一种石油磺酸钠的制备方法。该方法首先将 2~5 种的石油磺酸钠按二硫酸钠/二磺酸钠加单磺酸钠的质量百分含量进行极性大小分类。然后将其中两种或三种极性不同的石油磺酸钠进行复配，以获得廉价有效的石油磺酸钠产品用于三次采油行业中。方法操作简便，使用方法，安全可靠。具体操作方法为：将三种极性大小不同的石油磺酸钠，分别进行提纯，然后进行复配，取三种石油磺酸钠的混合物 1g，其中第一种石油磺酸钠 30%，第二种 40%，第三种 30%，配制成 1% 的水溶液，溶液中含有正丁醇 1%，氯化钠 0.902%，以庚烷作油相，油相与水相均为 50mL，摇匀后放置 22℃，可以出现三相。

【技术指标】　企业标准

项 目	指 标	项 目	指 标
外观	淡黄色半透明液体	游离碱含量/%	0.1
活性物含量/%	24~26	中性油含量/%	3
氯化钠含量/%	8		

【应用】 石油磺酸钠在化学清洗中用作脱脂时的润湿剂，油脂成分在酸液中几乎同水不溶合，即使在碱液中也相当难溶解。为了加快乳化，强化同碱溶液的接触，可使用石油磺酸钠等阴离子表面活性剂作为润湿剂。也可以和非离子表面活性剂一起使用，作为油脂成分的润湿剂。下述配方可供进行脱脂清洗时的选择：氢氧化钠 0.1%~0.3%、碳酸钠 0.1%~0.3%、石油磺酸钠 0.05%~0.2%、水余量。

将各组分按配方量溶于水中，在 60~80℃下循环清洗 6~8h，系统内的油污即被除去。

对于新建锅炉使用前的清洗，为了充分除去附着在锅炉内壁的油脂成分和二氧化硅等污垢，推荐使用如下配方的清洗剂：氢氧化钠或碳酸钠 0.5%~1.0%、磷酸三钠 0.5%~1.0%、石油磺酸钠 0.05%~0.2%、水余量。

首先按配方将清洗剂各个组分溶于水中，配制成浓清洗液，然后尽可能均匀地把配制好的浓清洗液随上水逐渐注入锅炉，在炉膛点火加热，进行煮炉。碱煮压力一般为锅炉工作压力的 1/5~1/3，最高压力不应超过 2MPa。对于工作压力低于 2MPa 的锅炉，最高压力不应超过工作压力。为防止发生疲劳裂纹等锅炉损伤，锅炉升温和降温速度不应超过 50℃/h。碱煮升压后的保压时间一般为 12~24h，具体时间可根据监测结果确定。

为了使酸不溶性硬质水垢（例如硅酸盐和硫酸盐等）转化为可溶性或酸溶性垢，推荐使用如下配方的清洗剂：氢氧化钠 1%~5%、碳酸钠 0.5%~2.5%、磷酸三钠 0.5%~2.5%、石油磺酸钠 0.05%~0.2%、水余量。

配方中氢氧化钠、碳酸钠和磷酸三钠的用量可根据实际情况调整。当水垢成分以硅酸盐为主时，氢氧化钠的用量应该大一些，碳酸钠和磷酸三钠的用量应适当减小。按调整好的配方将清洗剂的各个组分溶于水中，配制成浓清洗液，然后尽可能均匀地把配制好的浓清洗液随上水逐渐注入设备，在 80℃以上温度下，使清洗液在系统内循环 10~24h。对于锅炉，也可在 0.5MPa 压力下进行煮炉。

8.3.4.2　琥珀酸二烷酯磺酸钠

【结构式】

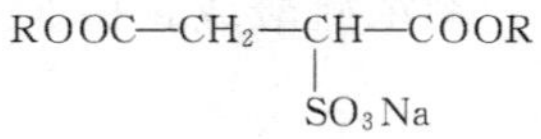

$$ROOC—CH_2—CH—COOR$$
$$|$$
$$SO_3Na$$

式中，R 一般为 C_8H_{17}。

【物化性质】 琥珀酸二烷酯磺酸钠，别名丁二酸二异辛酯磺酸钠、表面活性剂 1292，属阴离子型表面活性剂。无色透明的黏稠液体。易溶于水、低级醇、醚、酮等亲水性溶剂中，亦可溶于苯、四氯化碳、煤油及石油系溶剂中。1%水溶液的 pH 值为 5.5±1.0。耐酸性、耐硬水性好，而且能耐一定程度的弱碱。耐电解质性较差，在添加少量电解质时显示表面活性，但是超过一定限度时会发生恶化现象。在电解质水溶液中的溶解度依金属离子的原子价态而异，原子价态越高越不容易溶解。水溶液在 25℃时对石蜡面的接触角测定值为105℃，当加入浓度为 1.0%的琥珀酸二烷酯磺酸钠时，接触角为 36℃，0.1%时接触角为 44℃。

【制备方法】 琥珀酸二烷酯磺酸钠的制备方法一般分为两步，先由 2mol 脂肪醇与 1mol 顺丁烯二酸（或顺丁烯二酸酐）用甲苯磺酸或硫酸催化酯化，生成丁烯二酸酯，然后与亚硫酸氢钠水溶液在搅拌下加热，在酯的双键处导入磺酸基，生成琥珀酸二烷酯磺酸钠。

【技术指标】

项　目	指　标	项　目	指　标
外观	白色或浅黄色黏稠状液体	密度(20℃)/(g/cm³)	0.9400～0.9480
含量/%	97.5	游离酸/%	0.5

【应用】　琥珀酸二烷酯磺酸钠可广泛用于金属制品和设备的化学清洗。将其掺入肥皂、矿物油系、洗涤粉等去垢剂中，可提高润湿力，使去垢剂渗透于金属表面的所有细小处，发挥良好的去垢性。用于乳化型切削油的洗涤，可使金属屑迅速沉降。用作溶剂去垢剂，可清除输油管、储槽等的污垢及探知储槽、装置的泄漏等。也可单独与水配制成脱脂清洗液。若和其他助剂混合，配制成清洗液，清洗效果则更好。对冷却水系统预膜前的清洗，推荐使用如下配方的清洗剂：琥珀酸二烷酯磺酸钠 20kg、异丙醇 30kg、水 50kg。

清洗时，首先将冷却塔、冷却水池、冷却设备及管道洗干净，然后向水池和循环水系统中注水，打开循环泵进行循环水冲洗，一边补水一边排污。若冷却塔设有回水旁路管时，清洗时水可以不经过冷却塔。当冲洗水的浊度不再增加时，停止补水和排污，把系统水的 pH 值控制在 5.5～6.5，向系统中加入已按配方配制好的清洗剂 50～100mg/L，进行循环清洗。若清洗时有大量泡沫产生，应向系统中加入消泡剂消泡。

清洗剂被加入系统后，循环水的浊度和铁离子的浓度会迅速增加，然后缓慢增加直至达到稳定。当浊度连续 3h 不再增加时，清洗工作即告完成。清洗过程大约需要 24h。当系统用清水置换后，即可进行预膜处理。

8.3.4.3　脂肪醇聚氧乙烯醚

脂肪醇聚氧乙烯醚，属非离子型表面活性剂，其亲水性和亲油性取决于分子内亲水基结构单元和疏水基单元的数目。当疏水基中的链长度为 m 个碳而乙氧基数目 n 为 $0～m/3$ 时，脂肪醇聚氧乙烯醚不溶于水但有良好的油溶性。当 n 为 $m/3～m$ 时，产品在油及水中都能适度溶解。当 $n \geqslant m$ 时，水溶性很大而油溶性极小。化学清洗中常用的是 R 等于 $C_{12}～C_{18}$，n 等于 $15～16$ 的产品，其外观为白色至微黄色膏状物，10% 水溶液在 25℃ 时澄清透明，10% 氯化钙溶液的浊点为 75℃ 以上。脂肪醇聚氧乙烯醚（醇醚）是脂肪醇与环氧乙烷的加成聚合物，是典型的非离子表面活性剂，其生物降解性好，抗硬水性能与耐电解质性能较佳，具有良好的乳化、润湿、分散、增溶及去污等性能。以醇醚为中间体，通过硫酸化、磷化等工艺过程，还可以衍生出一系列改性产品，其性能大大优于其他种类的非离子型表面活性剂，因此被誉为继烷基磺酸盐、直烷基苯磺酸盐之后发展起来的第三代洗涤剂。

【结构式】
$$R—O(CH_2CH_2O)_{\overline{n}}CH_2CH_2OH$$
其中，R＝$C_{12}～C_{16}$ 烷基，$n＝15～16$。

【制备方法】

(1) 醇醚的合成是将脂肪醇作为起始原料，在酸性或碱性催化剂的存在下，与一定量的环氧乙烷一次进行加成反应。目前，制取醇醚表面活性剂所用的直链醇是 $C_8～C_{18}$ 高碳醇。高碳脂肪醇的原料来源有两大类，一类为天然动植物油脂，主要是椰子油、棕榈仁油和牛油，另一类为石油化工产品，主要有乙烯、石蜡、正构烷烃。

脂肪醇和环氧乙烷的加成反应是一个阶梯式反应，最终产品是各种不同聚合度的醇醚混合物。在碱催化剂存在下脂肪醇首先生成醇盐离子：

$$ROH + R'OM \rightleftharpoons ROM + R'OH \qquad ROM \rightleftharpoons RO^- + M^+$$

式中，R'＝H，CH_3，C_2H_5；M＝Na，K，然后醇盐离子与环氧乙烷进行反应：

$$RO^- + CH_2\!\!-\!\!CH_2 \longrightarrow ROCH_2CH_2^-$$
$$O$$

若在 BF_3 酸性催化剂存在下，则脂肪醇与环氧乙烷的加成反应机理为：

$$ROH + BF_3 \rightleftharpoons ROH \cdot BF_3 \rightleftharpoons RO \cdot BF_3 \cdots H \cdots O\!\!-\!\!H$$
$$|$$
$$R$$

$$ROH \cdot BF_3 + CH_2\!\!-\!\!CH_2 \longrightarrow ROBF_3 \cdots H \cdots O \begin{matrix}CH_2\\|\\CH_2\end{matrix} \longrightarrow ROCH_2\!\!-\!\!CH_2OH + BF_3$$

$$RO \cdot BF_3 \cdots H \cdots O\!\!-\!\!H + CH_2\!\!-\!\!CH_2 \longrightarrow ROCH_2\!\!-\!\!CH_2OH + BF_3 \cdot ROH$$
$$|\qquad\qquad\qquad O$$
$$R$$

工业上，脂肪醇和环氧乙烷的加成反应是在高温、压力和碱性催化剂存在下引发。反应首先在 $125 \sim 135℃$ 的温度下引发。反应开始后，按规定的聚合度持续地向反应混合物中通入所需数量的环氧乙烷。该加成反应是放热反应，一般情况下，必须及时移走所生成的反应热，以维持基本稳定的反应温度，一直到压力下降到固定数值为止。

影响该加成反应的主要因素有：

① 环氧乙烷　纯度要求不低于 98%，乙醛含量不大于 0.4%，水分不大于 0.2%；

② 反应温度　$120 \sim 220℃$，一般控制在 $130 \sim 180℃$ 范围内；

③ 催化剂　粉状或片状苛性钠、苛性钾或甲醇钠，用量为原料醇的 $0.1\% \sim 0.5\%$，催化剂可直接溶解在原料醇中，或者先配制成 50% 水溶液，与原料醇混合均匀后一起加热，在 $100℃$ 左右抽真空脱除水分；

④ 原料醇　反应速度与醇的分子结构依次为伯醇＞仲醇＞叔醇，在同系物中，烷基碳链长的反应比碳链短的慢。

(2) 醇醚的生产早已工业化，但工业上传统使用的强碱性催化剂，如 NaOH、KOH、KAC 等，得到的产品中含有较大多的未反应醇，脂肪醇的环氧乙烷加合物分布也较宽，不利于产品的合理利用。使用的酸性催化剂，如路易斯酸、无机酸等，虽然可以得到接近理想分布的窄分布加合物，但是，较多的副产物以及催化剂与产物反应生成有机衍生物等缺点使得酸性催化剂难以应用。

为了控制醇醚产物的分布，同时减少副反应，国内外相继开发了新型的碱土金属催化剂。巫艳萍等以碱土金属催化剂，合成得到脂肪醇聚氧乙烯醚，其常温下接近白色，黏度随着平均聚合度 n 的增加而增加，由液状、浆状、膏状到蜡状，pH 值为 $6.5 \sim 7$。

【应用】　在化学清洗中，脂肪醇聚氧乙烯醚主要用作脱脂时的润湿剂。油脂成分在酸液中几乎同水不溶合，即使在碱溶液中也相当难溶解。为了加快乳化、强化同碱溶液的接触，脂肪醇聚氧乙烯醚在碱洗时可作为润湿剂。为加快清洗液在硬质的致密水垢中的浸透，在酸洗时也可使用该表面活性剂。此外，还可作为某些复合型缓蚀剂的组分而起到协同作用。

该表面活性剂为非离子型，可作为涤纶等合成纤维纺丝油剂的组分。纺织业中用作各类染料的匀染剂、固色剂，一般用量为 $0.2 \sim 1g/L$，对硬脂酸、石蜡、矿物油等具有独特的乳化性能。可作玻璃纤维润滑油的乳化剂及涂料、黏合剂和橡胶等产品的原料。高分子乳液聚合时用作乳化剂。可以和阴离子型、阳离子型表面活性剂混配使用。作为油脂成分的润湿剂，下述配方可供进行脱脂清洗时选择：氢氧化钠 $0.1\% \sim 0.3\%$、碳酸钠 $0.1\% \sim 0.3\%$、脂肪醇聚氧乙烯醚 $0.05\% \sim 0.2\%$、水余量。

将各组分按配方量溶于水中，在 $50 \sim 60℃$ 下循环清洗 $6 \sim 8h$，系统内的油污即被除去。当为了加快酸清洗液在硬质致密水垢中的浸透时，可将脂肪醇聚氧乙烯醚之类的非离子表面活性剂直接加入清洗液中。对盐酸洗来说，向酸洗液中添加 0.5% 以下的脂肪醇聚氧乙烯醚，即可加速除锈过程。

8.3.4.4 壬基酚聚氧乙烯醚

【结构式】

$$C_9H_{19}-\!\!\!\bigcirc\!\!\!-O\text{-}(CH_2CH_2O)_{\overline{n}}H$$

【物化性质】

壬基酚聚氧乙烯醚，别名乳化剂 OP 或者乳化剂 NP，为非离子型表面活性剂，对硬水和酸、碱、氧化剂等都较稳定，可溶于四氯化碳、乙醚、丁醚、全氯乙烯、甲苯等。引入乙氧基数目对产品的表面活性、溶解性及其他物化性能会产生重大影响。表 8-9 表示壬基酚聚氧乙烯醚的乙氧基数目与其亲水亲油平衡值（HLB）、浊点及溶解性的关系。乙氧基数目少者 HLB 小，浊点低，亲油性强，可溶于煤油、矿物油，不溶于水及乙二醇。乙氧基数目多者亲水性强，可溶于水、乙二醇，而不溶于煤油及矿物油。化学清洗时常用的乙氧基数目等于 10 的产品（商品名乳化剂 OP-10）。其外观为淡黄色至黄色膏状物，可溶于各种硬度的水中。1% 水溶液的浊点为 75℃ 以上。由于具有优良的去污、润湿和乳化等表面活性，因而在工业表面活性剂中应用极为广泛。

表 8-9 壬基酚聚氧乙烯醚的乙氧基数目与溶解性

乙基氧数	HLB	浊点/℃	油溶性	水溶性
1	3.3	<0	极易溶解	不溶
4	8.9	<0	易溶解	稍微分散
5	10	<0	易溶解	白色乳浊分散
7	11.7	5	可溶解	分散乃至溶解
9	12.9	54	稍难溶	易溶解
10		75	难溶乃至不溶	

【制备方法】

（1）由烷基酚和环氧乙烷缩合而成。一般以 α-烯烃为原料，先与苯酚缩合制得烷基酚，然后用氢氧化钠或氢氧化钾为催化剂，与一定摩尔量的环氧乙烷进行加成反应，即得产品。

（2）在不锈钢反应器中，加入壬基酚和氢氧化钠（或氢氧化钾）溶液，在搅拌下加热升温。同时抽真空脱除水分及空气，再通入氮气数次以驱尽空气。加热至 160℃，然后逐渐加入环氧乙烷，反应温度控制在 160~180℃，压力不超过 0.2MPa。反应终点（测浊点）到达后，于 140℃ 加入冰醋酸中和物料至中性，然后加入双氧水漂白，在 60℃ 以下出料，得到成品。

（3）工业上，壬基酚和环氧乙烷通常是在 140~180℃，碱性催化剂条件下进行，催化剂可采用 NaOH、KOH、Na$_2$CO$_3$ 等。我国目前生产壬基酚聚氧乙烯醚的厂家，多采用 NaOH 作催化剂。但在生产工艺和产品质量上存在一定的问题，如产品分子量分布较宽，产品需经中和、脱色和压滤等处理等。朱建民等以能改进产品分子量分布的新型催化剂 ZS-I 作为乙氧基催化剂，对壬基酚的乙氧基反应工艺条件进行优化。研制出具有较窄分子量分布的产品，且在最佳条件下得到的产物无色透明，而且酸碱性适中，无需中和及压滤即可达到承诺品需求指标，大大简化了产物的后处理过程。具体操作方法为：取计算量的壬基酚和适量的 ZS-I 催化剂，室温下加到干燥的不锈钢压力釜中，同时用氮气置换三次；待釜内温度升至 120~130℃ 时，在 20mmHg 下抽空 10min，连续加入环氧乙烷直至反应掉指定配比量时为止。反应在恒温恒压下完成，得到的产品 pH 值为 5.5~7.0。

【技术指标】 OP-10 标准

指标名称	指　　标	指标名称	指　　标
外观	淡黄色或棕黄色膏状物	pH 值	5～7
1%溶液浊点/℃	75～85		

【应用】　壬基酚聚氧乙烯醚的适用范围与其表面活性即降低表面张力的能力、洗涤性、润湿性、渗透性、乳化性、分散性和增溶性有关。其表面活性取决于引入的乙氧基数目，乙氧基数目不同，其用途也不同。可以和阴离子型、阳离子型表面活性剂混合使用。在化学清洗时，主要作为脱脂程序中的润湿剂。油脂成分在酸液中几乎同水不相溶，即使在碱液中也相当难溶解。为了加快乳化，强化油脂成分同碱溶液的接触，可使乙氧基数目为 7～10 的非离子表面活性剂壬基酚聚氧乙烯醚作为润湿剂。下述配方可供进行脱脂清洗时选择：氢氧化钠 0.1%～0.3%、碳酸钠 0.1%～0.3%、壬基酚聚氧乙烯醚（OP-10）0.05%～0.2%、水余量。

将各组分按配方量溶于水，在 50～60℃下循环清洗 6～8h，系统内的油污即被去除。为加快酸清洗液在硬质致密水垢中的浸透，也可使用壬基酚聚氧乙烯醚之类的非离子表面活性剂。对盐酸酸洗来说，向酸洗液中添加 0.5% 以下的 OP-10，即可加速除锈过程。

用壬基酚聚氧乙烯醚直接作为酸洗缓蚀剂组分的情况的也不少。例如，如下配方的缓蚀剂可在硫酸溶液中使用：二丁基硫脲 0.5%、壬基酚聚氧乙烯醚（OP-10）0.25%、水余量。

按配方将两种组分混合均匀，使用时直接加入清洗液中。在 60～80℃ 的 10%～20% 硫酸溶液中，缓蚀剂对钢的缓蚀效率很高。

此配方的缓蚀剂可用于大型锅炉的氢氟酸酸洗：烷基吡啶氯化物 0.02%、硫脲 0.02%、2-巯基苯并噻唑 0.03%、壬基酚聚氧乙烯醚（OP-15）0.05%、水余量。

按配方将各组分混合均匀，然后加入氢氟酸中混合均匀，制得浓的氢氟酸清洗液。将浓清洗液用脱盐水稀释成 1%～2% 氢氟酸溶液并加热到 50～60℃，以大约 0.5m/s 的流速注入系统，流过预先设定的路线后从出口排放。该缓蚀剂对系统中的碳钢、不锈钢和其他合金都有较好的缓蚀效果。

此配方的清洗剂可用于清除钢铁表面的腐蚀产物：磷酸 3%～4%、壬基酚聚氧乙烯醚（OP-7）0.1%、2-巯基苯并噻唑 0.02%、水余量。

按配方配制清洗液并将其注入设备，在大约 100℃ 温度下循环清洗，钢铁表面的氧化铁即被除去，而基体金属则得到有效保护。该清洗剂亦可用于钢材和其他钢制品除锈。

8.3.4.5　烷醇酰胺

【结构式】

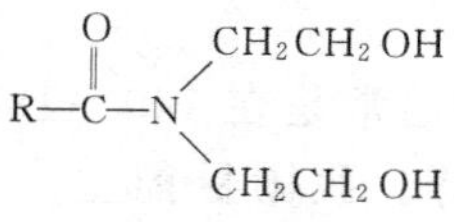

$$R-\overset{\overset{O}{\|}}{C}-N\underset{CH_2CH_2OH}{\overset{CH_2CH_2OH}{<}}$$

式中，R 为以 C_{11} 为主的烷烃链。

【物化性质】　烷醇酰胺，别名净洗剂 6501、椰子酸二乙醇胺缩合物、稳泡净洗剂 CD-110，根据脂肪酸和醇胺的组成和制法的不同，呈现各种不同的外观。一般为白色至淡黄色的液体或固体；具有润湿、抗静电等性能，是良好的泡沫稳定剂，也有柔软化性能。

【制备方法】　脂肪酸烷醇酰胺型非离子表面活性剂具有稳泡、增黏等特性，可提高洗涤剂的去污能力和携污性能，并具有良好的脱油效果。近年来，已被广泛应用于工业洗涤剂、泡沫稳定剂、织物柔软剂、餐具洗涤剂、洗发香波、金属清洗剂、防锈剂及抗静电剂等工业和日用产品中。该产品具有抗盐、抗高价离子的优点，可以在较宽的 pH 值范围内应用。

　　(1) 脂肪酸烷醇酰胺的制备方法有直接法和交酯法。前者是将脂肪酸直接与二乙醇胺缩合，此法工艺简单，但产品纯度低，品质甚差。后者是将脂肪酸甲酯与二乙醇胺反应，此法工艺较复杂，原料消耗较多，故成本高，但由于它的产品纯度高而得到应用。20 世纪 70 年代后期美国专利 3024260 中采用了二步法制备脂肪酸烷醇酰胺，随后日本小山基雄又对二步法进行了改进。

　　单希林等对直接法进行研究，参考二步法，采用改进的一步法，制得脂肪酸烷醇酰胺表面活性剂，该产品性能稳定、无毒，在避光、隔绝空气条件下可以长期保存。

　　也可以脂肪酸与乙醇胺反应制得。脂肪酸一般是椰子油酸、十二酸、十四酸、硬脂酸和油酸。乙醇胺一般是一乙醇胺、二乙醇胺等。例如，在温度 120~130℃ 和苛性钾存在下，椰子油与二乙醇胺进行缩合反应即得成品。每生产 1t 产品所耗椰子油 508kg，二乙醇胺 508kg。

　　(2) 合成烷醇酰胺传统上使用椰子油，我国椰子油产量较低，需要进口，但我国生产棉籽油，来源极其丰富，利用棉籽油进行化工综合开发无疑是达到多次增值的一个方向。傅文斌等用棉油和甲醇酯化得到的棉油酸甲酯为原料，不经提纯，直接与二乙醇胺缩合，可制得一种新型烷醇酰胺。制得的棉油烷醇酰胺的性质与椰油烷醇酰胺基本相同。其具体操作方法如下。

　　将棉油和甲醇 [摩尔比 1:(3~4)] 加入反应器中，投入计算量的氢氧化钾，控制反应温度 50~60℃，微回流 1.5h，冷却静置，放出底部甘油，再投入相当于棉油 3 倍摩尔量的甲醇和相当于 0.5% 棉油重量的氢氧化钾，与 60~70℃ 控温 1.5h，冷却静置，分出底部甘油，得到酯化率大于 95% 的棉油脂肪酸，直接用于合成烷醇酰胺。

　　往充氮后的反应器中投入摩尔比为 1:1.8 的棉油酸甲酯和二乙醇胺，再加入相当总投料量 0.5% 的氢氧化钾，控温 (125±5)℃，反应 5~6h，再于 100℃ 左右保温 1h，冷却后得到棕色黏稠透明液体，即为棉油烷醇酰胺，其游离胺值小于 25%，收率大于 97%。

　　【应用】　烷醇酰胺具有优异的渗透力、洗净力和起泡力，与其他表面活性剂配合使用更有优异的增效作用。具有分散污垢粒子、分散肥皂用及增稠的作用，而且对皮肤的刺激性小，是轻垢型液体洗涤剂、洗发剂、清洗剂、液体肥皂、刮脸膏、洗面剂等中性洗涤剂的不可缺少的成分，也可作为鞋油、印刷油墨、绘图用品和蜡笔等膏霜制品的乳化稳定剂，是丙纶等合成纤维纺丝油剂的组分之一。一般用作阴离子表面活性剂的泡沫稳定剂，与肥皂一起使用时耐硬水性好，还可用作纤维处理剂，使织物柔软。

　　用作金属表面清洗剂，烷醇酰胺不仅具有清洗性能，并有一定的防锈作用，油脂成分在酸液中几乎同水不溶合，即使在碱溶液中也相当难溶解。为了加快油脂乳化、强化同碱溶液的接触，可使用烷醇酰胺等非离子表面活性剂作为润湿剂。也可以和阴离子型表面活性剂混配使用，作为油脂成分的润湿剂。此配方可供进行脱脂清洗时选择：氢氧化钠 0.1%~0.3%、碳酸钠 0.1%~0.3%、烷醇酰胺 0.05%~0.2%。

　　将各组分按配方量溶于水中，在 50~60℃ 下循环清洗 6~8h，系统内的油污即被除去。

　　此外，为了加快酸性清洗液在硬质致密水垢中的浸透，也可使用表面活性剂。例如，一种酸性除垢剂的配方为：氨基磺酸 95.8%、乌洛托品 3.5%、烷醇酰胺 0.5%。

　　按配方及系统垢量计算好各个组分的需要量，向清洗系统中注入并用泵使之循环，用蒸汽将水加热至 60℃，加入需要量的缓蚀剂并循环均匀，再加入需要量的氨基磺酸并循环均匀，加入需要量的烷醇酰胺，循环清洗至达到清洗终点。也可以将三种组分预先混合均匀，制成酸性除垢剂混合物，使用时直接将其加入循环系统。由于烷醇酰胺的加入，酸洗液对碳酸钙垢层的润湿或渗透性增强，从而加快了垢的溶解去除过程。

8.3.4.6 咪唑啉表面活性剂

【结构式】

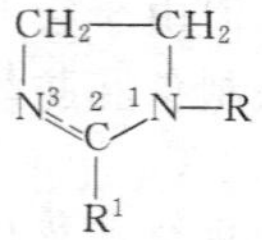

式中，R 代表 $HCH_2CH_2R^2$；R^1 代表 $C_{11} \sim C_{12}$ 的烷基或苯基等；R^2 为羟基、氨基或硫脲基等基团。目前，使用最多的是阳离子咪唑啉表面活性剂和两性咪唑啉表面活性剂。

【物化性质】 咪唑啉又叫氧化咪唑。自 1888 年 Hoffmann 合成了第一个咪唑啉，此后大量的咪唑啉被合成。咪唑啉表面活性剂是一类性能优异的表面活性剂，低毒、耐硬水、起泡、乳化性能好，在日用化工、纺织印染、化纤、医疗卫生、石油采矿等领域有着广泛的应用。

【制备方法】 咪唑啉一般是由脂肪酸或脂肪酸甲酯与多胺（见表 8-10）反应制得。其合成主要分为两步：首先，脂肪酸与多烯多胺脱去一分子水生成烷基酰胺；然后烷基酰胺在高温下继续脱去一分子水形成咪唑啉环。具体反应过程如下（以油酸与二乙烯三胺反应为例）：

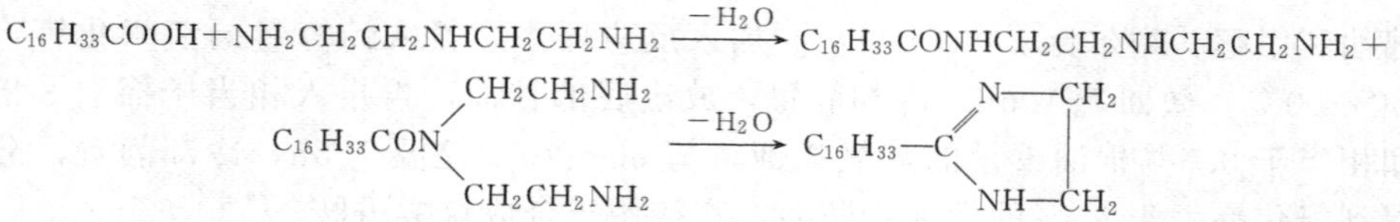

$$C_{16}H_{33}COOH + NH_2CH_2CH_2NHCH_2CH_2NH_2 \xrightarrow{-H_2O} C_{16}H_{33}CONHCH_2CH_2NHCH_2CH_2NH_2 +$$

脱水成环工艺有三种：升温自由脱水法、真空脱水法和溶剂脱水法。咪唑啉成环反应可以通过出水速率、酸值和缩合物当量等控制指标来监测。

表 8-10 合成咪唑常用多胺

名　　称	缩写	分　子　式
二乙烯三胺	TETA	$H_2NCH_2CH_2NHCH_2CH_2NH_2$
羟乙基乙二胺	AEEA	$H_2NCH_2CH_2NHCH_2CH_2OH$
乙胺	EDA	$H_2NCH_2CH_2NH_2$
三乙烯四胺	TETA	$H_2NCH_2CH_2NHCH_2CH_2NHCH_2CH_2NH_2$
四乙烯五胺	TEPA	$H_2NCH_2CH_2NHCH_2CH_2NHCH_2CH_2NHCH_2CH_2NH_2$

咪唑啉与正碳离子经季铵化反应而形成阳离子型表面活性剂：

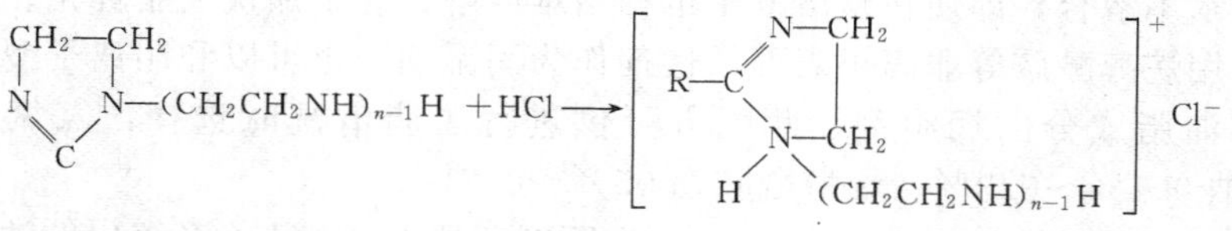

将咪唑环与烷基化试剂反应可生成两性咪唑表面活性剂：

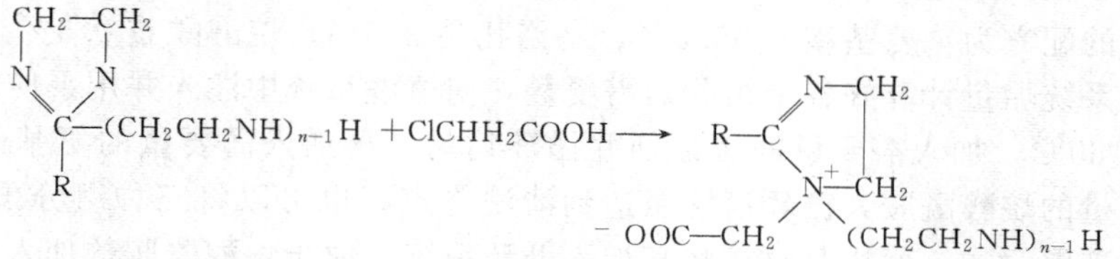

表 8-11 中列出了一些常用的烷基化试剂。

表 8-11　常用烷基化试剂

引入的阴离子基团	烷基化试剂名称	烷基化试剂结构式
羧基	氯乙酸钠 丙烯酸甲酯 丙烯酸 丙烯酸乙酯 2-羟基-1,3-丙烯烷内酯	$ClCH_2COONa$ $CH_2{=}CHCOOCH_3$ $CH_2{=}CHCOOH$ $CH_2{=}CHCOOCH_2CH_3$ 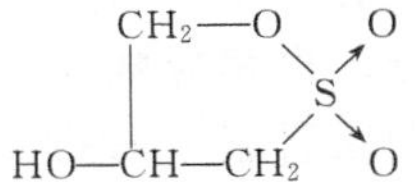 （结构式）
硫磺酸	1,3-丙烷磺内酯	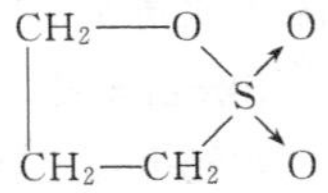 （结构式）
磷酸酯基	磷酸酯卤化物	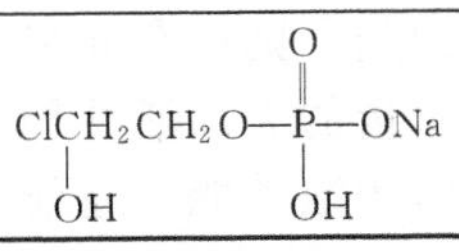 （结构式）$ClCH_2CH_2O{-}P({=}O)(OH){-}ONa$ 带 OH

【应用】　咪唑啉环对碱性水解极为敏感，在酸性条件下可抑制水解开环。咪唑啉环上碳链 R^1 越长，其毒性也就越大，水溶性变差，可以通过引入乙氧基基团来提高其水溶性，一般来说乙氧基越长毒性越小。

咪唑啉表面活性剂在清洗剂中的应用：磺酸盐类咪唑啉在所有 pH 值范围内都保持阴离子特性，在硬水、软水中均具有良好的洗涤能力，耐硬水、耐电介质、具有钙皂分散能力、生物降解性好，在广泛的 pH 值范围内与多种清洁剂组分有相容性，在清洗剂配方中应用广泛。

丙烯酸及其酯作为引入羧基的烷基化试剂，可制取"无毒"两性表面活性剂，优于其他烷基化试剂产品，无毒、无刺激、无损害、柔和、高泡、抗静电，在清洗剂、洗涤剂中广泛应用。咪唑啉表面活性剂与其他表面活性剂复配有良好的协同效应，特别是与非离子表面活性剂的复配能制取对合成纤维、油性污垢有良好去除力的洗涤剂及纺织浆洗剂；也能用于配制干洗剂，洗涤呢绒和羊毛等高级衣物，用作火车、汽车、轮船、飞机、宇航器等方面的清洗剂及洗涤家具、地面灰浆、砖面、蔬菜水果等。如可用作洗涤剂成分的咪唑啉磷酸酯盐两性表面活性剂。

8.3.4.7　表面活性剂在化学清洗中的应用

在选择表面活性剂时，应特别注意清洗剂、缓蚀剂、表面活性剂各组分的性质及其相互作用的匹配性。

（1）在缓蚀剂中的应用

表面活性剂是能对缓蚀过程产生显著作用的添加剂，能增加润湿性、分散性与发泡性，促进酸洗液同垢、锈的接触，以及改变酸洗后基体金属表面状态，从而提高酸洗质量。有的表面活性剂还具有一定的缓蚀性能，能得到比使用单一缓蚀组分更好的效果。在缓蚀剂配方中一般添加的表面活性剂为阴离子型的 $C_{10} \sim C_{18}$ 烷基或烷基苯磺酸盐或烷基硫酸盐，或为非离子型的高级醇、酚类的聚氧乙烯基化合物。但某些缓蚀剂中也会有阳离子型表面活性剂，如季铵盐等。

有文献报道，非离子表面活性剂 Tween80 在三种无机酸介质（HCl、H_2SO_4、H_3PO_4）中对钢都有较好的缓蚀作用。袁朗白等研究过阴离子表面活性剂十二烷基苯磺酸钠（DBSAS）和非离子表面活性剂聚乙二醇辛基苯基醚（OP）的协同效应对钢的缓蚀效果，发现 DBSAS

和 OP 复配后对钢产生明显的缓蚀协同效果，且复配浓度范围较宽。

（2）在酸洗中的应用

① 用作酸雾抑制剂　在酸洗中，盐酸、硫酸或硝酸在与锈垢反应的同时，不可避免会与金属基体反应、放热，并产生大量酸雾。在酸洗液中加入表面活性剂，由于其憎水基的作用，在酸洗液的表面形成定向排列的不溶的线状膜覆盖层，并利用表面活性剂的发泡作用，可抑制酸雾挥发。当然，一般酸洗液中往往加入缓蚀剂，能大大减少金属的腐蚀速度，降低了析氢量，也相应减少了酸雾。

王瑞峰研制了 BSY 型酸雾抑制剂，在金属材料酸碱处理时能有效地抑制酸雾，长沙矿冶研究院袁交秋等研制了 YJ2509 酸雾抑制剂，抑雾效率可达 92％以上。

② 用作酸洗除油二合一清洗　一般工业设备化学清洗中，如污垢有油脂成分，为保证酸洗质量，首先要经过碱洗再进行酸洗。如在酸洗液中添加一定量的以非离子表面活性剂为主的除油剂，则可合并成一个工序。此外，一般固体清洗液大多以氨基磺酸为主要成分，并含有一定量的表面活性剂、硫脲及无机盐等组分，使用时兑水。这种清洗剂不仅具有良好的除锈除垢缓蚀性能，还能同时去除油分。

梁国柱等研究开发的 BH-6 高效酸洗除油剂效果显著，几年来在国内一百多家电镀、喷涂厂中应用，取得了良好的经济效益和社会效益；余存烨等采用复合无机酸加非离子表面活性剂及缓蚀剂的清洗液进行喷淋循环清洗，也取得了满意的效果。

（3）在碱洗中的应用

① 一般设备清洗　碱洗是以强碱性的化学药剂作为清洗剂来疏松、乳化和分散金属设备内污垢的一类清洗方法。它往往作为酸洗的前处理，以除去系统与设备中的油脂或使硫酸盐、硅酸盐等难溶垢转化，使酸洗易于进行。常用碱洗药剂有氢氧化钠、碳酸钠、磷酸钠或硅酸钠，同时添加表面活性剂，以便润湿油脂与分散污垢，提高碱洗效果。

徐高扬等发现在重碱洗水中加入添加剂 NPE210，可有效地降低重碱水含量和 NaCl 含量，既减少停炉次数，又提高了燃烧炉的生产能力；余存烨研究的设备酸洗前碱洗除油配方为：氢氧化钠 3％～5％、碳酸钠 2％～3％、三聚磷酸钠 4％～5％、水玻璃为 1％～115％、十二烷基磺酸钠 2％～5％，80～90℃。

② 用于水基金属清洗剂　水基金属清洗剂是一类以表面活性剂为溶质，水为溶剂，金属硬表面为清洗对象的洗涤剂。它可代替汽油、煤油以节约能源，主要用于机械制造与修理、机械设备维修与保养等方面的金属清洗。有时也可以用于石化设备一般油垢的清洗。水基清洗剂多是以非离子型表面活性剂与阴离子型表面活性剂复配物为主体，再加入多种辅加剂所形成的混合物。前者去污力大，具有良好的防锈、缓蚀能力，后者能提高并改进清洗剂的综合性能。

关于这方面的报道很多。宝鸡中铁宝工有限责任公司优选 CM8301 型水基金属清洗剂，取得了很好的效果；南昌铁路科研所周江萍等研制新型高效水基金属清洗剂的配方，该水基金属清洗剂能在常温条件下进行洗涤操作，去油污和顽垢能力强，清洗率为 98％。

（4）在络合清洗中的应用

络合剂又称螯合剂或配位体，它是利用各种络合剂（含螯合剂）对各种成垢离子的络合作用（配位作用）或螯合作用，使之生成可溶性的络合物（配位化合物）而进行清洗的。在络合剂清洗中往往加入表面活性剂，以促进清洗过程。常用的无机络合剂有三聚磷酸钠等，常用的有机螯合剂有乙二胺四乙酸（EDTA），氮三乙酸（NTA）等。络合剂清洗除用于冷却水系统清洗外，目前在难溶垢的清洗中有较大发展。由于它能络合或螯合各种难溶垢中的金属离子，故清洗效率高。

武钢烧结厂黄新发等人采用碱式络合清洗法对溴机溶液腔进行了清洗和预膜，达到了减轻腐蚀，延长溴机使用寿命的目的。

（5）在重质油垢、焦垢清洗中的应用

石油炼制和石油化工装置中，换热设备和管线的重质油垢与焦垢沉积严重，经常需要清洗。采用有机溶剂毒性大，易燃易爆；而采用一般碱洗法，对重质油垢与焦垢无效。目前国内外研制的重质油垢清洗剂主要以复合型表面活性剂为主，由几种非离子型表面活性剂和阴离子型表面活性剂的复配物，再加无机助洗剂与碱性物质组成。复合表面活性剂不仅产生润湿、渗透、乳化、分散、增溶与起泡效果，还具有吸收 FeS_2 的作用，一般需在 80℃ 以上加热清洗。

王国泰等以表面活性剂、有机溶剂和水为原料，采用转相乳化法研制了一种性能优良的硬表面油垢清洗剂，能高效快速地去除各种硬表面（如厨房灶具、玻璃、瓷片等）上的油性污垢，特别是对各种金属表面的油垢和焦垢十分有效。

8.4 预膜剂

预膜是工业水处理技术中必不可少的重要组成部分。通常在开车前、大检修系统停水后、系统酸洗后、系统 pH 值长时间过低或设备长时间停水暴露于空气后进行，尤其是在酸洗之后，必须进行钝化预膜处理，否则会出现一系列不良后果：轻则发生"红水"现象；重则出现二次锈蚀，造成设备及管网点蚀、穿孔或报废。预膜处理是提高循环水设备耐腐蚀能力和稳定系统运行效率的一项重要手段，其目的是在化学清洗后的金属表面生成一层致密而耐蚀的保护膜，防止设备因酸洗引发二次腐蚀，从而保证设备的稳定运行，并节约资源、保护环境。目前，使用的预膜剂种类和品种很多，常用的预膜剂是有机磷配方产品。但单一预膜剂的缓蚀效果往往不够理想，复合预膜剂利用预膜剂之间的协同效应，可提高其缓蚀性能，达到减少药剂用量，降低应用成本，扩大适用范围的目的。亚硝酸钠、碳酸钠、磷酸三钠和多聚磷酸钠均是比较常用的预膜剂，由于它们对金属的钝化预膜特性不同，缓蚀效果也不一样。

8.4.1 表面活性剂-聚磷酸盐预膜剂

【物化性质】 表面活性剂/聚磷酸盐预膜剂为浅黄色糊状体，稍有刺激性气味，密度 $1.24g/cm^3$（20℃），易溶于水，用水可任意稀释。主要由非离子表面活性剂 [如 $C_{12\sim18}$ 脂肪醇聚氧乙烯（10）醚、1∶1 $C_{12\sim18}$ 烷基二乙醇酰胺]、聚磷酸盐组成。

【制备方法】 用一定量的水将聚磷酸盐溶解后，加入计量配比的非离子表面活性剂 [例如 $C_{12\sim18}$ 脂肪醇聚氧乙烯（10）醚、$C_{12\sim18}$ 烷基二乙醇酰胺] 搅拌均匀即得产品。

【技术指标】 表面活性剂-聚磷酸盐清洗预膜剂质量标准

项　目	指　标	项　目	指　标
外观	浅黄色糊状体，稍有刺激性	总磷（以 PO_4^{3-} 计）/%	35 ± 1.5
pH 值（1% 的水溶液）	9～10	水溶性	可与任意比例水互溶
密度（20℃）/(g/cm³)	1.24 ± 0.05		

【应用】 表面活性剂/聚磷酸盐预膜剂系聚磷酸盐和非离子型表面活性剂等组成的混合物，易溶于水，能迅速除去热交换设备中油污等有机物和初期的铁锈、钙垢，使所有的金属表面得到清洗并处于活性状态，然后在这些表面形成一层均匀防腐蚀膜，膜厚达到 500～700nm。所以本品不仅可以清洗金属表面，而且还可在金属表面形成一层牢固的防蚀保护

膜。适用于黑色金属，可用于循环冷却水的管道、换热器等的清洗预膜，还可用于炼油厂清洗和不停车清洗。

在开车前常温水中加入本产品 800～1000mg/L，pH 值调节为 6～6.5，并加入消泡剂 10～20mg/L，冷态运行 48h 后，排放至总无机磷酸盐含量小于 10mg/L。

当系统铁锈和钙垢严重时，可将 pH 值调节至 5.5～6.0。水温小于 27℃时，总无机磷酸盐控制在 350mg/L（以 PO_4^{3-} 计）；水温在 27～32℃时，总无机磷酸盐控制在 280mg/L（以 PO_4^{3-} 计）。

8.4.2 六偏磷酸钠-锌盐预膜剂

【物化性质】 六偏磷酸钠/锌盐预膜剂别名格来汉氏盐，由六偏磷酸钠和七水硫酸锌组成。为无色透明玻璃片状或白色粒状结晶。密度为 $2.484g/cm^3$（20℃），易溶于水，不溶于有机溶剂，吸湿性很强，露置于空气中能逐渐吸收水分而呈黏胶状，在水中能逐渐水解生成正磷酸盐，与钙、镁等金属离子能生成可溶性络合物。

【制备方法】 六偏磷酸钠的制备一般有磷酸二氢钠法和五氧化二磷法。

（1）磷酸二氢钠法

将纯碱溶液与磷酸在 80～100℃温度下进行中和反应 2h，生成的磷酸二氢钠溶液经蒸发浓缩、冷却结晶，制得二水磷酸二氢钠，加热至 110～230℃脱去两个结晶水，继续加热脱去结构水，进一步加热至 620℃时脱水，生成偏磷酸钠熔融物，并聚合成六偏磷酸钠。然后从 650℃骤冷至 60～80℃制片，经粉碎制得六偏磷酸钠成品。

（2）五氧化二磷法

将黄磷在干燥空气流中燃烧氧化、冷却而得的五氧化二磷与纯碱按一定比例（Na_2O：$P_2O_5 = 1.0 : 1.1$）混合。将混合物粉碎后于石墨坩埚中，间接加热使其脱水熔聚，生成的六偏磷酸钠熔体经骤冷制片、粉碎，制得六偏磷酸钠成品。

（3）由六偏磷酸钠和七水硫酸锌经研磨、混匀。

聚磷酸盐/锌盐预膜剂是 20 世纪 50 年代发展起来的用于工业循环冷却水系统的一种缓蚀剂，在实践中证明在高浓度时是一种很好的预膜剂，在国内有 S-204、B807 等商品牌号。目前在我国也是使用广泛的一种预膜剂。

聚磷酸盐/锌盐主要用于预膜，使循环冷却水系统中所有的换热设备与管道的金属表面形成完整的耐蚀保护膜。目前国内广泛使用的预膜剂是聚磷酸盐/锌盐。

锌盐是阴极型缓蚀剂，在阴极高 pH 值区域生成 $Zn(OH)_2$ 沉淀，抑制了阴极反应而起到缓蚀作用。锌成膜速度快，但膜不牢固，利用这一特性与聚磷酸盐成膜的耐久性相结合，亦会产生防腐性能好的磷酸锌铁保护膜。适宜的使用浓度为 200mg/L，pH 值控制在 5.5～6.5。

影响六偏磷酸钠/锌盐预膜剂的因素较多，主要有以下几个方面。

① 六偏磷酸钠/锌盐预膜剂很关键的一个因素是要有足够的钙，一般来说，预膜时 Ca^{2+} 至少要大于 50mg/L，预膜效果较好，低于 50mg/L，可在水中添加 Ca^{2+}。

② 温度 聚磷酸盐/锌在冷却水温度高的情况下有利于成膜。在提高冷却水温度有困难时也可以在常温进行，但要延长预膜时间。比如水温 50℃，预膜时间仅需要 4～8h，常温预膜需要 36～48h。

③ pH 值 预膜中控制好 pH 值是最重要的因素，聚磷酸盐/锌盐成膜的最佳的 pH 值是 5.5～6.5，当 pH 值大于 7.5 后成膜效果有所下降，当 pH 值超过 8 时，产生的磷酸钙沉积的趋势要加大，影响膜的致密性与金属表面的结合力。反之，当 pH 值小于 5.5 时，聚磷的络合物膜将因增溶而破坏。因此，最佳成膜的 pH 值为 5.5～6.5。通常情况下，预膜开

始后 6h，要严格控制 pH 值。6h 后，可维持自然 pH 值。为防止 pH 值升高引起的磷酸钙垢和锌盐沉积，要向系统中加入一定量的分散剂。

④ 流速　在预膜过程中，流速要高一些，约为 1.0～1.5m/s。流速大有利于预膜剂和水中溶解氧的扩散，同时流速增加有利于电沉积过程，可使成膜速度增快，生成的膜均匀密实。但流速过大（大于 2.5m/s）则有可能引起预膜水溶液对金属的冲刷侵蚀。

⑤ 浊度和铁　水的浊度过高或含有较多的铁离子会影响膜的质量，故一般要求浊度小于 10NTU，总铁小于 1mg/L。

预膜效果的检验，目前尚无准确、简便、快速的方法。进行现场检验，一般是利用盘路挂片进行检测。在预膜过程中用肉眼观察，使用聚磷酸盐/锌进行预膜，若预膜效果好，则挂片上呈一层均匀的带蓝光的彩色膜，膜质均匀致密，无锈蚀。也可用硫酸铜溶液或亚铁氰化钾溶液滴于挂片上进行成膜效果检验。

【技术指标】　六偏磷酸钠/锌盐预膜剂的质量标准

指标名称	指　标	指标名称	指　标
外观	白色固体粉末	总无机磷(以 PO_4^{3-} 计)/%	60～65
pH 值(1%的水溶液)	2.5～3.5	水不溶物含量/%	<0.05

参考文献

[1]　张国俊，刘忠洲. 膜过程中膜清洗技术研究进展. 水处理技术. 29（4）：187-190.
[2]　宋业林. 锅炉清洗实用技术. 北京：中国石化出版社，2003.
[3]　门伟. 硫酸硝酸盐盐酸的生产方法. CN1113878A. 1995-12-27.
[4]　杨贻方. 太阳能制盐酸烧碱. CN101139724A. 2008-03-12.
[5]　Nuernberg K Edward，Schwarz Hans V. Process fir producing reagent grade hydrichloric acid from the manufacture of organic isocyanates. EP 0618170A1. 1993-03-31.
[6]　康仁. 一种生产聚氯乙烯和盐酸的方法. CN101200285A. 2008-06-18.
[7]　曹杰玉，姚建涛，邓宇强. 电站锅炉盐酸清洗中的腐蚀控制. 腐蚀科学与防护技术，2005，17（2）：125-127.
[8]　李潜，朱红力. 萃取法回收钛白水解废酸中的硫酸. 化工环保，2003，23（4）：225-228.
[9]　李海，童张法，陈志传等. 用钛白废酸制备氯化铁和硫酸. 化工环保，2006，（6）：510-513.
[10]　Xu Tongwen，Yang Weihua. Sulfuric acid recovery from titanium white waste liquor using diffusion dialysis with a new se ries of anion exchange membranes-static runs. Membrane Science，2001，183：193-200.
[11]　Gottliebsen，Ken，Grinbaum Baruch. Recovery of Sulfuric Acid from Copper Tank House Electrolyte Bleeds. Hydrometallurgy，2000，56：293～307.
[12]　Eyal A M，Hazan B，Bloch R. Recovery and concentration of strong mineral acids from dilute solutions through LLX. II. Reversible extration with branched-chain amines. Solvent Extraction and Ion Exchange，1991，9（2）：211-222.
[13]　Wisniewski M，Bogacki M B，Szymanowski J. Extration of sulphuric acid from technological solutio of hydroxyla-mine sulphat. Journal of Radionalytical and Nuclear Chemistry，1996，208（1）：95-206.
[14]　邹联沛，王宝贞，张捍民. 膜生物反应器中膜的堵塞与清洗的机理研究. 给水排水，2000，26（9）：73-75.
[15]　吴大农. 胡文生. 洪金武. 用93%～98%浓硫酸萃取磷矿生产磷酸的方法和设备. ZL03131935. 1. 2005-12-28.
[16]　龚家竹. 一种用盐酸法制取萃取磷酸的方法. ZL94111777.4. 1999-05-05.
[17]　梁明征，张允湘，冯立威等. 湿法磷酸优化生产流程. ZL96117727. 6. 2000-05-24.
[18]　李世江，侯红军，杨华春. 一种生产氢氟酸的方法. CN101077770A. 2007-11-28.
[19]　李世江，侯红军，杨华春. 一种氢氟酸的制备方法. CN101134561A. 2008-03-05.
[20]　徐樟松. 用三聚磷酸钠中和废渣制备磷酸三钠. 化工环保，1994，14：246-248.
[21]　杨波，韩逊，宋鹏等. 聚酯装置乙二醇喷淋系统的在线清洗技术. 合成纤维工业，2003，26（6）：55-57.
[22]　Leclercq，Philippe，Luternauer. Process for the preparation of sulfamic acid. USP 4386060. May 31，1983.

[23]　Gerhard Hamprecht, Adolf Parg，Karl-Heinz. Sulfamic acid halides and processes for the preparation of sulfamic acid halldes. USP 4327034. Jun 25，1979.

[24]　魏竹波，周继维，姚瑶. 金属清洗技术. 北京：化学工业出版社，2003.

[25]　袁卫晶，袁庆怡. 氨基磺酸的清洗技术. 清洗世界，2008，24（1）：35-36.

[26]　袁卫昌，袁庆怡. 中央空调的化学清洗技术. 清洗世界，2006，22（3）：10-13.

[27]　薛培俭，金其荣，李荣杰. 一种柠檬酸或柠檬酸钠的制备方法. ZL95111000. 4. 1997-02-15.

[28]　陈洪章，张志国. 一种以汽爆秸秆为原料发酵生产柠檬酸的方法. CN1884563A. 2006-12-27.

[29]　张金生，李忠兴，焦旭东. 以秸秆为原料生产柠檬酸的方法. CN1129739A. 1996-08-28.

[30]　Bemish T A, Chiang J P, Patwardhan B H. Production of citric acid and trisodium citrate from molasses. EP 0597235A1, 1993-1-10.

[31]　Kulprathipanjia, Santi. Separation of citric acid from fermentation broth with a neutral polymeric adsorbent. USP 4720579. 1986-12-18.

[32]　Rieger，Manfred, Kioustelidis, Johannes. Process of producing alkali metal or ammonium citrates. USP 3944606. 1974-10-29.

[33]　Sean MacDonald. 新建联合循环发电锅炉的化学清洗. 华东电力，2003，(11)：74-75.

[34]　穆永智，李光林. 200MW 机组汽轮机油系统化学清洗. 华北电力技术，2003，(5)：49-51.

[35]　金福禄. 一种草酸生产方法. ZL89104318. 7. 1993-10-10.

[36]　Vuori, Antti, Ilmari, etal. A process for preparing oxalic acid. WO9110637. 1991-7-25.

[37]　许根慧，张毅民，徐燕. 以草酸二乙酯制备草酸的方法. CN1263082A. 2000-08-16.

[38]　高连新，李文杰，叶逊. 肝泰乐母液催化氧化法制草酸工艺. CN1073160A. 1993-06-16.

[39]　Kwat I. The Process for the preparation of oxalic acid and sodium hydrogen oxalate from crude sodium oxalate. USP 5171887. 1992-12-15.

[40]　李云政. 苹果酸的制备方法. CN1560016A. 2005-01-05.

[41]　冷一欣，芮新生，蒋俊杰. 富马酸、苹果酸联合生产工艺. ZL98111387. 7. 2000-09-09.

[42]　Ramsey S H，Schultz R G. Preparation of malic acid. EP 0515345A2. 1992-5-21.

[43]　Chemie Linz，Aktiengesellischaft. Process for the preparation of malic acid. GBP 1368596. 1973-6-21.

[44]　Ramsey S H，Schultz R G. Preparation of Malic Acid. CA2069283. 1992-11-25.

[45]　Shozo Sumikawa, Shinichiro Sakaguchi，Tomoo Okiura. Process for the preparation of malic acid crystals. USP 4035419. 1977-7-12.

[46]　陈道埙，赵曾漠. 合成羟基乙酸的新工艺. ZL92104616. 2. 1996-02-22.

[47]　陈延全，张建忠，秦伟星. 制备羟基乙酸的工艺. ZL200510041168. 8. 2007-10-17.

[48]　Kobetz，Lindsay，Keeneth L. Process for the preparation；of glycolic acid. USP 3667440. 1975-2-18.

[49]　Ebmeyer Frank，Haberlein Harald，Mohn Holger. Process for preparing a particularly pure glycolic acid. CAP 2194739. 1997-7-11.

[50]　褚丽萍，吴伟群，陈小龙. 衣康酸的生产、应用和前景. 中国生物工程杂志. 2008，28（6）：306-310.

[51]　S·赫拉迪，M·斯塔尔切夫斯基，Y·帕兹德尔斯基等. 甲酸的制备方法. ZL00816435. 5. 2005-02-16.

[52]　林必华，胡文励，彭奕等. 一种甲酸的制备方法. CN101125795A. 2008-02-20.

[53]　James F，Eversole, et al. Manufacture of formic acid. USP 2160064. 1936-6-17.

[54]　Aitta Eero, et al. Solid formic acid product. WO0164050A1. 2000-5-1.

[55]　Ikariya Takao, Hsiao Yi, Jessop P G. A method for producing formic acid or its derivatives. EP 0652202A1. 1994-12-4.

[56]　Serhiy Hladiy, Mykhaylo Starchevskyy, Yuriy Pazderskyy. Method for production of formic acid. USP 6713649B1. 2004-5-30.

[57]　Saari Kari, et al. Method for preparing fomic acid. WO0039067. 2000-7-6.

[58]　Improvements in the Deacidification of Chrome Leather. GBP 485254. 1938-5-17.

[59]　Tooth Cleaning Agents. GBP 490384. 1938-8-15.

[60]　Walinsky S W. （METH）acrylic acid/itaconic copolymers, their preparation and use as antiscalants. USP 5032646. 1991-7-16.

[61]　李之平，曾红霞，林小博. 生产石油磺酸钠产品的方法. CN1218800A. 1999-06-09.

[62]　Michael T Costello, Igor Riff, Rebecca F. Siebert，et al. Sodium petroleum sulfonate blends as emulsifiers for peteroleum oils. USP 2004/0248996A1. 2004-12-9.

[63]　巫艳萍，陈安国. 脂肪醇聚氧乙烯醚的合成技术进展. 皮革化工，1996，(3)：18-19.

[64] Schildknecht C E. Polymerization Processes. New York：Wiley-Interscience，1977：231.

[65] Edwards C L. Preparation of nonionic surfactants. USP 4721817. 1988-1-26.

[66] Edwards，Charles Lee. Preparation of nonionic surfactants. EP 0228121. 1987-7-8.

[67] Behler A D，Plooguwedr. Use of alkaline earch salts of ethercarboxylic acids as alkoxylation catalysts. EP 0295578. 1988-12-21.

[68] 朱建民，金子林. 壬基酚聚氧乙烯醚的合成及条件优化. 精细化工，1988，5（4）：1-5.

[69] 小山基雄. 烷醇酰胺的制备方法. 日用化工译丛，1984，（3）：19-22.

[70] 单希林，康万利，孙洪彦等. 烷醇酰胺型表面活性剂的合成及在 EOR 中的合成. 大庆石油学院学报，1999，23（1）：32-35.

[71] 傅文斌，殷树梅，李高宁等. 用棉油酸甲酯合成烷醇酰胺. 精细石油化工，1990，（6）：29-32.

[72] 汪多仁. 脂肪酸二乙醇酰胺的生产应用与市场前景. 江苏日化，1998，（2）：20-22.

[73] 杨文泊等. 缓蚀剂. 北京：化学工业出版社，1989.

[74] Jim Maddox，Jr Huston，Tex. Carboxylic acid salts of 1-aminoalkyl-2-polymerized carboxylic fatty acid imidazolines. US3758493. 1973-9-11.

[75] Toshiya Kataoka，Chigasaki-shi，Atunobu Takada. Method of inhibiting the acid corrision of metals US3736098. 1973-5-29.

[76] 李宗石等. 表面活性剂合成与工艺. 北京：轻工业出版社，1990.

[77] 梁梦兰，安па城. 两性咪唑啉表面活性剂的合成与应用. 精细石油化工，1986，5：14-27.

[78] 马红梅，朱志良. 表面活性剂在化学清洗中的应用及研究进展. 清洗世界，2005，21（4）：22-27.

[79] Madaeni S S，Mohamamdi S，Moghadam T K. Chemical cleaning of reverse osmosis membranes. Desalination，2001，134（1-3）：77-82.

[80] Morton S A，Samuel A，Keffe D J. CounceR. M，etal. Thermodynamic method for prediction of surfactant-modified oil droplet contact angle. J Colloid Interface Sci，2004，270（1）：229-241.

[81] Sabatini D A，Acosta E，Harwell J F. Linker molecules in surfactant mixtures. Current Opinion in Colloids Interface Sci，2003，8（4-5）：316-326.

[82] Healy M G，Devine C M，Murphy R. Microbial production of biosurfactants. Resources Conservation and Recycling，1996，18（1-4）：41-57.

[83] Kolev V L，Kochijashky L L，Danov K D，et al. Spontaneous detachment of oil drops from solids substrates：governing factors. J Colloid Interface Sci，2003，257（2）：357-363.

[84] Schramm L L. Surfactants：Fundamentals and Applications in the peotroleum Industry. Cambridge：Cambridge University Press，2000.

[85] 柳长福. 复合表面活性剂在硅钢清洗剂中的应用. 材料保护，2000，33（12）：49-51.

[86] 刘宪秋，李守荣. 我国工业清洗技术的发展. 化工进展，1999，18（6）：8-10.

[87] 姜兆华，孙德智. 应用表面化学与技术. 哈尔滨：哈尔滨工业大学出版社，2002.

[88] 王书斌. 化学清洗与表面活性剂. 化学清洗，1997，5（13）：36-40.

[89] 刘晓轩，袁朗白，李向红等. 非离子表面活性剂 Tween80 对钢的缓蚀作用. 成都大学学报：自然科学版，2003，22（2）：40-43.

[90] 王瑞峰. BSY 型酸雾抑制剂的开发应用. 辽宁化工，1998，27（1）：30-32.

[91] 梁国柱，詹益腾. BH-6 高效酸洗除油工艺的研究. 电镀与涂饰，1997，16（3）：1-7.

[92] 徐高扬，李泉. 表面活性剂在重碱过滤中的应用开发. 淮海工学院学报，1999，8（2）：39-41.

[93] 黄新发，张昌治. 碱式络合清洗法在溴机溶液腔清洗中的应用. 武钢技术，2000，38（4）：16-17.

[94] 王国泰. 硬表面油垢清洗剂的研制及应用. 化工时刊，1998，12（6）：31-33.

[95] 梁治齐. 实用清洗剂技术手册. 北京：化学工业出版社，2005.

[96] Tian Bing-hui，Fan Bin，Peng Xian-jia，et al. A cleaner two-steps synthesis of high purity diallyldimethylammonium chloride monomers for flocculant preparation. Journal of Environmental Sciences，2005，17（5）：789-801.

[97] 赵慧昂，于文. 改性丙烯酸聚合物在玻璃清剂中的应用研究. 日用化学品科学，2007，30（8）：27-30.

[98] 张光华. 水处理化学品制备与应用指南. 北京：中国石化出版社，2003.

[99] 何铁林. 水处理化学品手册. 北京：化学工业出版社，2000.

[100] 张光华. 水处理化学品. 北京：化学工业出版社，2004.

[101] 李宗石等编. 表面活性剂合成与工艺. 北京：中国轻工业出版社，1995.

[102] 徐寿昌. 工业冷却水处理技术. 北京：化学工业出版社，1984.

[103] 祁鲁梁，李永存，张莉主编. 水处理药剂及材料实用手册. 北京：中国石化出版社，2001.

[104] 陈复主编. 水处理技术及药剂大全. 北京：中国石化出版社，2000.

[105] 秦国治，李欣红. 化学清洗实用技术. 北京：中国石化出版社，1996.

[106] Sander U H F et al. Sulphur Dioxide and Sulphuric Acid. British Sulphur Corporation Ltd，1984.

[107] 崔小明. 醋酸生产技术进展及国内外市场分析. 维纶通讯，2014，24（4）：6-18.

[108] 王茜. 甲醇羰基化合成醋酸技术进展. 化学工程与装备，2012，(7)：125-127.

[109] 陈旭俊. 工业清洗剂及清洗技术. 北京：化学工业出版社，2002.

[110] GB/T 1628—2008.

[111] Shimizu，Masahiko. Acetic Acid Production Method（EP）. EP20110830526，Aug，21. 2013.

[112] Carole Marie Le Berre，Duc Hanh Nguyen，Phillipe Gilles Serp. etc. Production of Acetic Acid with Enhanced Catalyst Stability（USP）. US20130184491（A1），Jul，18. 2013.

9 离子交换剂

9.1 概述

离子交换现象是物质运动的一种形式，它普遍存在于万物的运动变化中。1850年前后，英国人汤姆森（Thompson）和韦（Way）系统地报告了土壤中钙、镁离子与水中的钾、铵离子的交换现象，引起了人们很大的注意。后来，艾科恩（Eichorn）等人继续研究指出：土壤中可逆的离子交换以及等当量的关系是基于泡沸石的作用，1903年，哈姆斯（Harms）和吕普坳（Rumpler）报道了硅酸铝盐离子交换剂的合成，接着甘斯（Gans）首先把天然的和合成的硅酸盐用于水的软化和糖的净化处理。1933年英国人亚当斯（Adams）和霍姆斯（Holms）首先用人工方法制造酚醛类型的阳、阴离子交换树脂。1945年美国人迪阿莱里坞（D'Alelio）发表了关于聚苯乙烯型强酸性阳离子交换树脂及聚丙烯酸型弱酸性阳离子交换树脂的制备方法，后来聚苯乙烯阴离子交换树脂、氧化还原树脂以及螯合型树脂等也相继出现，在应用技术及其范围上也日益扩大。到了20世纪50年代后期，各种大孔型的树脂也相继发展起来，在生产及科学研究中，离子交换树脂起着越来越重要的作用。

9.2 无机离子交换剂

离子交换剂分为无机质和有机质两类。无机离子交换剂主要分为以下六类：①铝硅酸盐类，包括天然的蒙脱土、各种沸石及合成的各种分子筛；②不溶性多价金属酸式盐，多价金属包括锆、钛、铈、锡等，酸根包括磷酸根、焦磷酸根、锑酸根、钼酸根和砷酸根；③不溶型多价金属水合氧化物，如铍、镁、铝、锡、硅、钍、钛、锆、锰、锑、钒、铌、钨、钼的水合氧化物；④不溶性亚铁氰化物，主要有银、锌、镉、钨、铜、钴、铁、钛、钒、钼、钨、铀的亚铁氰化物；⑤杂多酸盐及复合无机离子交换剂，其中以十二磷钼酸铵（AMP）为代表；⑥其他类，如某些硫化物、硫酸盐。目前，无机离子交换剂的最主要应用领域为放射性同位素的分离。由于它具有很强的选择性，故可用于一价碱金属阳离子分离，从含大量 Na^+ 的溶液中分离 Cs^+，从含大量 MoO_4^{2-} 的溶液中分离 WO_4^{2-} 等。利用无机离子交换剂如斜发沸石和丝光沸石对 Pb^{2+}、Cu^{2+}、Zn^{2+}、Cd^{2+} 的选择性吸附，对处理有关含重金属工业废水和电镀废水有良好效果。

9.2.1 泡沸石

早在200多年前，B. 克龙施泰特第一个把铝硅酸盐命名为泡沸石。泡沸石又称沸石，是一种结晶型的铝硅酸盐，其晶体结构中有规整而均匀的孔道，孔径为分子大小的数量级。泡沸石可以分为七大类。每大类中的各种泡沸石的晶体，均具有类似的晶胞，例如，第七大类中的 Faujaste、Linde A、Z.K-5 和 Paulingite 均含有去顶的八面体和去顶的四面体作为其基本结构。

这样的结构，使泡沸石晶体中具有一定孔径的孔穴。它只能让它与相对应的强极性分子或弱极性分子进入并将其吸附，这样就使其吸附具有选择性。和其他无机离子交换剂一样，泡沸石的孔径也是可调的。如 Linde X 为 Na-型时，其孔径为 10.0 埃。若将其放入交换柱中，在 $60 \sim 70℃$ 下用 KNO_3 淋洗 10h，就变成了 K-型的 Zeolite X。因为半径较小的 Na^+，被半径较大的 K^+ 所取代，孔径就变为 7.0 埃。用泡沸石的离子交换反应来调节其孔径，再利用不同孔径的泡沸石来吸入不同直径的分子或离子，因此泡沸石被称为分子筛。当然，即使用泡沸石筛选各种有机物，也是建立在离子交换基础上的。

【化学式】

沸石的一般化学式为：$A_m B_p O_{2p} \cdot n H_2O$，结构式为 $A_{(x/q)}[(AlO_2)_x(SiO_2)_y]_n (H_2O)$，其中：A 为 Ca、Na、K、Ba、Sr 等阳离子，B 为 Al 和 Si，p 为阳离子化合价，m 为阳离子数，n 为水分子数，x 为 Al 原子数，y 为 Si 原子数，(y/x) 通常在 $1 \sim 5$，$(x + y)$ 是单位晶胞中四面体的个数。

【物化性质】 沸石可分为天然沸石和人造沸石两大类。天然沸石耐高温、耐酸（碱）性、耐辐射、机械强度大，成本低、储量大。自然界已发现的沸石有 30 多种，较常见的有方沸石、菱沸石、钙沸石、片沸石、钠沸石、丝光沸石、辉沸石等，都以含钙、钠为主。方沸石、菱沸石常呈等轴状晶形，片沸石、辉沸石呈板状，毛沸石、丝光沸石呈针状或纤维状，钙十字沸石和辉沸石双晶常见。纯净的各种沸石均为无色或白色，但可因混入杂质而呈各种浅色，玻璃光泽。莫氏硬度中等，相对密度介于 $2.0 \sim 2.3$，含钡的则可达 $2.5 \sim 2.8$。

无毒、无害、耐磨、耐蚀、良好的热稳定性、廉价易得。化学稳定性低，其离子交换过程只能在窄小的 pH 值范围内进行。在中性和酸性介质中的交换容量低，对大小不同的离子有不同的渗透性。

【制备方法】

（1）沸石的人工合成方法

合成泡沸石至少要用四种原料：强碱性氢氧化物或混合碱、硅酸盐、铝酸盐（或镓酸盐）、水。泡沸石中的可交换的离子，在合成时由碱提供。在合成时必须掌握好结晶的温度与时间。例如，当 Na_2O/Si_2O、Si_2O/Al_2O_3 和 H_2O/Na_2O 分别为 $0.335 \sim 0.4$、$7 \sim 40$、$12 \sim 120$ 时，在室温下反应 24h 得 Zeolite Y，加热到 $90 \sim 100℃$ 时，48h 后得 Y、B、C 的混合物，96h 后为 100% 的 Linde B。

① 水热合成法

A. J. Rcgis 等研究了 Na_2O-Al_2O_3-SiO_2-H_2O 体系，主要有 4 种成分。将原料按照一定的比例配制成反应混合物，其组成通常用氧化物的摩尔比来表示，一般写成：

$$x M_2O \cdot Al_2O_3 \cdot y SiO_2 \cdot z H_2O$$

公式中 M 为碱金属（主要是 Na_2O，K_2O，CaO，Li_2O，SrO 等），也可以是混合碱，如 Na_2O-K_2O、Na_2O-Li_2O、Na_2O-$(CH_3)_4NOH$，x、y、z 分别为各组分的摩尔数。有时也可写成 SiO_2/Al_2O_3（硅铝比），M_2O/SiO_2（钠硅比）、H_2O/M_2O（水钠比）三个比值的形式。

将上述四种成分按照适当的比例充分混合均匀放入反应釜中，加热到一定温度（$373 \sim 473K$）和晶化时间，沸石便结晶出来。沉淀物经过滤、洗涤、干燥等步骤，即得到白色沸石晶体粉末。

② 碱处理法

又称为水热转化法，其实质是在过量碱的存在下，将一些固体硅铝酸盐水热转化成沸石。这种方法使用的原料分为两类：一类是天然矿物，如高岭土、膨润土、硅藻土、水铝莫石、火山玻璃岩等；另一类是各种工业含硅、铝原料，如硅凝胶、铝凝胶、硅铝凝胶、炉灰渣等。通常高铝原料用于合成高硅沸石，低硅原料用于合成低硅沸石。

（2）沸石的改性方法

沸石对于尺寸小于沸石孔径的分子，如氨分子有较高的选择性，因此具有分子筛的作用，其交换能力远大于活性炭和离子交换树脂。可以用化学方法对沸石的表面进行改性，提高沸石的孔隙率、阳离子交换能力以及吸附其他非极性有机物等的能力。沸石改性技术有三种类型：一是对沸石骨架元素的改性；二是对非骨架元素的改性；三是对晶体表面的改性。对骨架元素的改性包括酸碱处理、超稳化、铝化等，对非骨架元素的改性包括离子交换改性、沸石内配位化学、表面活性剂改性等。在这里，我们只对常用改性方法做简单介绍。

① 酸处理　酸处理主要是使沸石骨架脱铝。用无机酸或有机酸处理沸石，使其骨架脱铝，可使用的酸有 HCl，H_2SO_4，HNO_3，HCOOH，CH_3COOH，$C_{10}H_{16}N_2O_8$ 等。根据沸石分子筛耐酸碱性差异，采用不同强度的酸进行骨架脱铝，一般高硅沸石，如丝光沸石、斜发沸石、毛沸石等多用盐酸漂洗，抽走骨架中的铝后，沸石结构仍保持完好。同时孔道中某些非晶态物质也被溶解，减少了孔道阻力，半径大的阳离子交换为半径小的质子，从而使孔径扩大并提高了吸附容量；对于耐酸性差的沸石，用乙二胺四乙酸使骨架脱铝。

由于水的极性较大，沸石对水有很大的吸附容量，在竞争吸附中，NH_4^+、F^-、Pb^{2+} 的竞争能力远不及水，所以水的存在很大程度上影响沸石对阳离子的吸附。通过酸处理，可以降低沸石中铝的含量甚至完全去除铝原子，使沸石分子筛表现出无极性、疏水性，从而可以提高沸石对 NH_4^+、F^-、Pb^{2+} 等离子的吸附能力。

② 水溶液中离子交换改性　常用的水溶液改性方法有无机酸改性、无机盐改性及稀土改性 3 种方法。

a. 无机酸处理，其原理是基于半径小的 H^+ 置换沸石孔道中原有的半径大的阳离子，如 Na^+、Ca^{2+} 和 Mg^{2+} 等，使孔道的有效空间拓宽；同时无机酸的作用导致沸石矿物的结晶构造发生一定程度的变化，适度控制可增加吸附活性中心。说明酸浸活化法能有效地提高沸石的比表面积，对增强沸石对氨氮的去除效果较好。

b. 无机盐处理，则是用盐溶液浸泡增加沸石的离子交换容量，从而提高天然沸石的吸附性及阳离子交换性能。经过无机盐改性的沸石用于净化废水时，更有利于去除水中的各种污染物。

c. 稀土改性方法，是利用 $LaCl_3$ 对天然沸石进行长时间浸渍。改性后的沸石表面覆盖羟基后，易与金属阳离子和阴离子生成表面配位络合物，所以沸石能吸附水中的阴离子和阳离子。

③ 化学蒸气沉积（CVD）　CVD 法包括吸附沉积、化学分解、水解和氧化还原等几个过程，可用于高分散、高含量的金属或金属氧化物负载型催化剂的制备。Karina Fodor 等用 $Si(OCH_3)_4$ 或 $Si(OC_2H_5)_4$ 对中孔 MCM-41 沸石进行修饰，通过改变沉积条件，可以将 MCM-41 的孔径从 3nm 减小到 2nm，为中孔沸石的孔径调变提供了有效方法。Zhao X. S. 等用三甲基氯硅烷对沸石进行表面改性，改性后的沸石既保持多孔结构，又具有良好的疏水表面，所以能在水存在的条件下，选择性吸附去除挥发性有机化合物（VOCs），在空气净化及含 VOCs 的废水处理方面有一定的利用价值。

CVD 法需要真空装置，投资较大，操作比较复杂，难以工业推广应用。

④ 沸石的表面有机金属化学　采用分子反应的研究方法，使有机金属化合物与沸石分子筛的表面羟基反应，形成含超分子表面有机物种的多相催化活性中心，或将均相催化剂接枝到分子筛等固体表面上，在分子水平上再造沸石分子筛的表面，形成具有不同催化性能的复合催化剂。V. R. Choudhary 等将无水 $AlCl_3$ 接枝到 MCM-41 等沸石分子筛的表面硅羟基上，制得环境友好的负载型固体酸催化剂。

有机金属化合物的引入可以改变沸石的孔尺寸并提高沸石的催化性能，但同时将使沸石孔内的自由空间大大降低。

⑤ 水溶液中离子交换改性　常用的水溶液改性方法有无机酸改性、无机盐改性及稀土改性 3 种方法。

无机酸处理基于半径小的 H^+ 置换沸石孔道中原有的半径大的阳离子，如 Na^+、Ca^{2+} 和 Mg^{2+} 等，使孔道的有效空间拓宽；同时无机酸的作用导致沸石矿物的结晶构造发生一定程度的变化，适度控制可增加吸附活性中心。说明酸浸活化法能有效地提高沸石的比表面积，对增强沸石对氨氮的去除效果较好。夏丽华等发现，改性对沸石的粒径基本上没有影响，改性前的平均粒径为 $14.08\mu m$，改性后的平均粒径为 $14.70\mu m$。

无机盐处理则是用盐溶液浸泡增加沸石的离子交换容量，从而提高天然沸石的吸附性及阳离子交换性能。经过无机盐改性的沸石用于净化废水时，更有利于去除水中的各种污染物。

一个完整的金属配合物离子可以在水溶液中通过离子交换进入沸石孔道内，使沸石固载某些已知的均相催化剂，从而提高沸石的催化和吸附性能。Pabb Canizares 等用离子交换法制备的 Pd-ZSM-5 沸石分子筛对丁烷临氢异构化反应表现出高反应活性和高选择性，当 Pd 的质量分数为 0.53% 时，即可提供足够的酸性，保证反应进行，生成异丁烷的选择性达到 90% 以上。

稀土改性方法是利用 $LaCl_3$ 对天然沸石进行长时间浸渍，改性后部分生成金属氧化物和氢氧化物。在这些金属氧化物表面，由于表面离子的配位不饱和，在水溶液中与水配位形成羟基化表面。表面羟基在溶液中可发生质子迁移，表现出两性表面特征及相应的电荷。改性后的沸石表面覆盖羟基后，易与金属阳离子和阴离子生成表面配位络合物，所以沸石能吸附水中的阴离子和阳离子。

⑥ 固态离子交换改性　常规溶液交换法所需交换时间长，交换后需处理大量的盐溶液，并且有很多不溶于水或在水溶液中不稳定的离子，不能通过常规溶液交换法引入沸石分子筛中。固态离子交换法是将沸石与金属氯化物或金属氧化物进行机械混合，再进行高温焙烧或水蒸气处理等不同手段，以得到该催化剂对特定反应的最佳催化活性。M. M. Mohamed 将氢型沸石与 Cu^{2+}、Na^+ 混合，通过 XRD 及 FT-IR 分析，发现发生离子交换后，降低了 Cu^{2+}、Na^+ 的自由扩散能力，这表明沸石骨架元素和这些阳离子之间发生了离子交换。

研究发现，尽管离子交换法能够对沸石进行改性，但还是存在一定的局限性和缺点：不适用于高硅铝沸石，孔径变化与阳离子交换能力不成线性关系，而且离子交换能力的控制比较困难，因此，很难通过此方法实现沸石孔径的精细调变。

⑦ 超稳化　超稳化脱铝是指在蒸汽共存的情况下，将铵离子型或阳离子型沸石在 500℃ 以上烧制的一种方法。这种脱铝方法的起始原料一般采用铵型沸石，用作 NH_4^+ 交换的铵盐有 NH_4Cl、$(NH_4)_2SO_4$、NH_4NO_3 等。在水热烧制中，铝原子从结晶骨架上脱落，同时由其他部分的硅原子置换，从而提高硅铝比。但是从结晶骨架脱落下来的铝原子，残留在微孔中，必须将其除去。为此利用盐酸将残留在微孔中的铝溶解下来。结晶骨架的硅铝比的提

高是依靠其他部分硅的补充，因此，产生晶格缺陷，在结晶内存在空隙。

Y 型、L 型沸石都能采用高温水热脱铝法稳定生产。经超稳化 Y 型沸石催化活性好，稳定性强，是新一代裂化催化剂，在石油催化中起着重要的作用。

⑧ 骨架铝化　沸石骨架铝化的研究工作主要是针对高硅沸石进行的。骨架铝化的方法是采用易蒸发的卤化铝蒸气处理沸石，即通过气固反应来实现，处理温度是 $150\sim200℃$。为了使铝化沸石有高的反应活性，通过水解反应或交换反应，使铝化沸石的阳离子位完全为质子所取代极为重要。目前广泛采用的方法是将高硅沸石与 Al_2O_3 混压、挤条，然后置于高压釜中经 $160\sim170℃$ 水热处理，铝从氧化铝迁入高硅沸石的四面体骨架中。沸石的吸附容量主要取决于铝原子取代四面体硅的数目，铝原子取代四面体硅数目越大，产生的过剩负电荷越多，对极性分子或离子的吸附能力也就越大。杨春等报道了用 $NaAlO_2$ 溶液对 β 沸石进行补铝。包佳青等的研究结果表明，通过铝酸钠溶液处理沸石，可以提高沸石催化剂的芳烃转化率及苯和甲苯的选择性。

通过改变沸石中硅铝比，可在较大程度上提高沸石对 H_2O、H_2S，NH_3 的吸附容量，可应用于除去工业废气中的 H_2S、NH_3。

⑨ 骨架杂原子改性方法　骨架杂原子改性方法主要有以下几种。a. 气固相骨架杂原子改性法。该方法需要具有较高的挥发性，分子间力不能太大，这样有利于在反应温度下分子筛孔道发生同晶交换或植入反应。b. 液固相骨架杂原子改性法，即传统的水热合成法。该方法将钛原子引入沸石骨架，含钛沸石对以廉价低浓度的双氧水参与的各种有机氧化反应具有独特的催化性能，产物选择性高，且反应条件温和，不会发生深度反应。张雪梅等研究结果表明：经高温焙烧的沸石分子筛，其离子交换能力较低温焙烧的沸石分子筛强；低浓度的 $FeCl_3$ 溶液能较好地促进离子交换，只需 1min 左右，即可达到离子交换的动态平衡状态。Pang Xinmei 等发现，用稀土元素改性 Y 沸石可增强沸石的裂化活性，用钒、锌、铜等改性的 Y 沸石可以吸附流化床催化裂解过程中的噻吩。

⑩ 沸石内配位化学　由于硅烷活性非常高，它们能与沸石的表面羟基反应以致被接枝在沸石的表面，通过后续处理，最后形成一个稳定的硅氧表面层。谢晓凤等研究了用溴化十六烷基三甲基铵改性沸石，由于溴化十六烷基三甲基铵是大分子的长链季铵盐，有机阳离子不能进入沸石孔穴内部，其阳离子的 N 端被吸附在带负电荷的沸石表面上，在沸石表面形成了类似胶束的一层覆盖物。用此改性沸石去除废水中的重铬酸根，重铬酸根阴离子由于与表面活性剂形成沉淀被去除。R.S.Bowman 等发现，用离子表面活性剂改性的沸石，在保持原来去除重金属离子、铵离子和其他无机物能力的同时，还可有效地去除水中的含氧酸阴离子，并大大提高了其去除有机物的能力。

但硅烷化处理也有其本身的缺点，有机硅烷化合物能对整个孔道进行修饰，因此除改变孔径外，沸石的内表面性质也发生较大变化，有可能影响沸石的吸附和催化性能。

【应用】　在化学工业中作为固体吸附剂，被其吸附的物质可以解吸再生；还用于气体和液体的干燥、纯化、分离和回收；在石油炼制工业中还可用作裂化催化剂。在水处理中，沸石能够有效地去除有机物、氨氮、重金属离子、氟和磷，并且在使用和处理过程中不会对环境造成二次污染，是一种环境友好材料，因此具有较好的应用前景，特别是把沸石作为生物滤料，能够把天然沸石的吸附性、离子交换性能与滤池的过滤、吸附和生物代谢功能有机结合起来，更好地去除污水中的 NH_3-N、有机物、SS 和色度等。

在无机物合成分离与提纯上，用 Na-型 Zeolite Y 可将合成 SiH_4 中的杂质总含量降到小于 0.02mg/L。100kg 泡沸石，一次可处理 $260m^3$ SiH_4。交换剂可用加热法使其再生。在同位素分离上，可用 Co、Na 型 Zeolite A 分离反应产物中的 H_2 与 D_2，也可用 Na-型 Zeolite A

或 X。同时也可用 Zeolite 分离锂的同位素。泡沸石还可用于空气中惰性气体的提纯、海水中 K^+ 的回收以及污水处理。

9.2.2 磷酸锆

磷酸锆是一种具有强酸性离子化基团的合成无机离子交换吸附剂。吸附剂是由锆盐溶液与磷酸混合制成，再把混合所形成的磷酸锆沉淀分离出来，并加以烘干。这种吸附剂甚至在 200℃ 下也不致使自己的离子交换性质改变。离子交换剂还明显地表现出对单电荷离子的选择性，这是极有价值的。如用磷酸锆能很容易地把铷离子和铯离子分开。

磷酸锆是以 ZrO_2 为骨架的离子交换剂。交换基为 PO_4^{3-} 或 $H_2PO_4^-$，吸附在交换基上的 H^+ 或 Na^+ 或其他阳离子为可交换离子，所以它也可以改型。磷酸锆中的锆可全部或部分被钛、铪、钍、锡等所取代，磷可被钨或钼所取代。

【结构式】 磷酸锆有两种不同的结构类型：α-磷酸锆和 γ-磷酸锆。α-磷酸锆有 α-$Zr(HPO_4)_2 \cdot H_2O$ 和 α-ZrP。γ-磷酸锆有 γ-$Zr(PO_4)(H_2PO_4) \cdot 2H_2O$ 和 γ-ZrP。

【物化性质】 具有良好的化学、热稳定性和机械强度，不溶于水和有机溶剂，能耐较强的酸和一定的碱度；层状结构稳定，在客体引入层间后仍然可以操持层状结构；有较大的比表面积，表面电荷密度较大，是一种较强的固体酸，具有良好的离子交换特性。外观为白色粉末，密度 $3.0g/cm^3$，平均粒径 $2\mu m$，比表面积 $>25m^2/g$，水溶性 $<0.01mg/L$。

磷酸锆的晶体为层状结构每一层的上方，与上一层的下方形成六边形的洞穴，由这些洞穴所组成的通路，可容许一定粒径的微粒通过。磷酸锆有几种变体：α-磷酸锆，其组成为 $Zr(HPO_4)_2 \cdot H_2O$。层间空隙为 7.55 埃。γ-磷酸锆，其组成为 $Zr(HPO_4)_2 \cdot 2H_2O$。层间距离为 12.2 埃。β-磷酸锆，即无水 γ-磷酸锆，层间距离为 9.4 埃。这些磷酸锆的孔隙的大小，是可以通过改型加以调节的。例如，用 0.5mol/L 的 Na_2HPO_4 淋洗以上磷酸锆，就可得到其孔径已发生相应变化的 Na-型磷酸锆。

【制备方法】

制备 α-磷酸锆时，可采用 $ZrOCl_2$ 与 Na_2HPO_4 在浓 HCl 中反应，也可采用 $ZrOCl_2$ 与 H_3PO_4 直接反应的方法。制出的磷酸锆为玻璃状沉淀物。先用水洗去沉淀物中所含的无机盐，再洗至洗液呈微酸性。然后烘干并趁热放入水中，裂成碎片，筛分后，可得一定粒径的交换剂。磷酸锆的其他变体，可用改变反应时间、反应物混合比以及反应温度来制取。钛、磷及其类似化合物，可用类似的方法制取。这类化合物的一个特点就是很难溶于酸，但不耐碱的腐蚀。故使用时介质应保持酸性。

(1) 将 1mol 的可溶性锆盐溶于 4000~5000mL 水中，加入 1~2mol 的 40%HF 水溶液和 2~3mol 的 85%（质量分数，下同）H_3PO_4；然后将混合液于 60~90℃ 搅拌 2~4h；冷却后过滤，用水洗涤至洗涤液的 pH≈6，干燥，即可得到磷酸锆 α-$Zr(HPO_4)_2 \cdot H_2O$ 晶体。其中，所用的锆盐为氧氯化锆 $ZrOCl_2 \cdot 8H_2O$、碳酸锆或硫酸氧锆。HF 的加入量以锆盐的 1~1.3 倍摩尔量为优选。H_3PO_4 的加入量以锆盐的 2~2.4 倍摩尔量为优选。反应温度以 70~80℃ 为优选。

(2) 在 300mL 纯水中加入 22g $ZrOCl_2 \cdot 8H_2O$ 溶解后加入 5mL 40%HF，然后投入 15mL 85%H_3PO_4，在搅拌同时升温至 80℃ 保持 2h，冷却后过滤用纯水洗涤至液体 pH≈6，在 75℃ 下烘干，然后进行透镜观察、粒度分析及 X 射线衍射分析，结果为平均粒度 $1.3\mu m$ 六角片状 α-$Zr(HPO_4)_2 \cdot H_2O$。

(3) 在 $3m^3$ 反应釜中，加入 $2.75m^3$ 去离子水，投入 225kg $ZrOCl_2 \cdot 8H_2O$，溶解后加入 75kg 40% HF，之后投入 245kg 85%H_3PO_4，在 60r/min 搅拌下 20℃/h 速率升温，至

80℃后保温 3h，然后从反应釜中卸出并冷却至常温、过滤洗涤，然后取样进行透镜观察、粒度分析及 X 射线衍射分析，结果为平均粒度 $1.5\mu m$ 六角片状 $\alpha\text{-}Zr(HPO_4)_2 \cdot H_2O$。

（4）将 1mol 的碳酸锆溶于 4000mL 水中，加入 1mol 的 40% HF 水溶液和 2mol 的 85% H_3PO_4；将混合液于 60℃搅拌 4h；冷却后过滤，用水洗涤至洗涤液的 pH≈6，干燥，得到磷酸锆 $\alpha\text{-}Zr(HPO_4)_2 \cdot H_2O$ 晶体。然后进行透镜观察、粒度分析及 X 射线衍射分析，结果为平均粒度 $1.7\mu m$ 六角片状 $\alpha\text{-}Zr(HPO_4)_2 \cdot H_2O$。

（5）将 1mol 的硫酸氧锆溶于 5000mL 水中，加入 2mol 的 40% HF 水溶液和 3mol 的 85% H_3PO_4；将混合液于 90℃搅拌 2h；冷却后过滤，用水洗涤至洗涤液的 pH≈6，干燥，得到磷酸锆 $\alpha\text{-}Zr(HPO_4)_2 \cdot H_2O$ 晶体。然后进行透镜观察、粒度分析及 X 射线衍射分析，结果为平均粒度 $1.3\mu m$ 六角片状 $\alpha\text{-}Zr(HPO_4)_2 \cdot H_2O$。

（6）将 1mol 的碳酸锆溶于 4500mL 水中，加入 1.3mol 的 40% HF 水溶液和 2.4mol 的 85% H_3PO_4；将混合液于 70℃搅拌 3h；冷却后过滤，用水洗涤至洗涤液的 pH≈6，干燥，得到磷酸锆 $\alpha\text{-}Zr(HPO_4)_2 \cdot H_2O$ 晶体。然后进行透镜观察、粒度分析及 X 射线衍射分析，结果为平均粒度 $1.4\mu m$ 六角片状 $\alpha\text{-}Zr(HPO_4)_2 \cdot H_2O$。

【应用】

① 优良的离子交换和质子传导材料，可用于制备许多电化学设备如固相气体传感器、聚合物/无机质子传导膜材料、全固相燃料电池以及电致发光材料等。

② 可以通过各种手段引入各类不同的活性物质，以制备不同用途的催化剂和催化剂载体。采用离子交换或与层内杂环有机胺络合的方法，把具有催化活性的金属离子如 Rh^{3+}、Pd^{2+}、Pt^{2+} 插入主体层间。如：Dragone 制备磷酸锆的组氨酸插层化合物，用于催化 H_2O_2 的氧化反应；Karlsson 将膦化铑固定于 $\alpha\text{-}ZrP$，用于催化丙烯和己烯的加氢催化反应。

③ 在分子电子设备、非线性光学材料、人工光合作用等器件研制中具有诱人的应用前景。

④ 在环境保护领域中，可用于去除放射性核废料和污水处理中的有害物质。还用于开发吸附气体和感应气体的材料，如 Danjo 制备 polyamine 插层的 $\alpha\text{-}ZrP$ 可用于吸附甲醛、甲酸等有害气体。

⑤ 用磷酸锆在制备 Cs 中的提纯也十分方便。在 Li^+、Na^+、K^+、Rb^+、Cs^+ 被吸附以后，可先用 1N 的 NH_4Cl 将 Li^+、Na^+、K^+、Rb^+ 洗去，最后用饱和的 NH_4Cl 将 Cs^+ 洗出。

在 Cu^{2+}、Ag^+、Au^{3+} 的制备和提纯时，使溶液通过用磷酸锆装成的交换床，Au^{3+} 不被吸收，而 Cu^{2+}、Ag^+ 则被吸附。先用 0.1N 的 HCl 洗出 Cu^{2+}，再用 4N 的 $NH_3\text{-}NH_4Cl$ 溶液洗出 Ag^+。分离碱土时，用磷酸锆床吸附 Mg^{2+}、Ca^{2+}、Sr^{2+}、Ba^{2+} 后依次用在 0.014M 的 $(NH_4)_2SO_4$ 中加入 60% 的 CH_3OH 洗出 Mg^{2+}、0.2M 的 $NH_4NO_3 + 0.005N$ 的 HNO_3 洗出 Ca^{2+}、用 1M 的 NH_4NO_3 洗出 Sr^{2+}，最后用浓 NH_4NO_3 洗出 Ba^{2+}。

此外，还可用磷酸锆分离和提纯 Li^+、Pd^{2+}、Rh、Ru 及其他元素。同时还可以由离子交换法组装磷酸根插层水滑石。

9.2.3　海绿石

【化学式】　海绿石是一种在海底生成的含水的钾、铁、铝硅酸盐矿物，成分复杂，一般化学式可写为：$(K、Ca、Na)_{<1}(Fe^{2+}、Fe^{3+}、Al、Mg)_{2\sim3}[Si_3(Al、Si)O_{10}] \cdot (OH)_2 \cdot nH_2O$。除了含有钾、钠、钙、铁、镁等元素外，其他尚杂有硼、锰、铜等多种微量元素。

【物化性质】 单斜晶系，单晶体呈假六方网状、板状或片状；集合体呈鳞片状。有玻璃光泽，颜色有灰绿色、绿色、深绿色、绿黑色等。解理平行，底轴面极完全。密度 2.2～2.8g/cm³，硬度为 2～3，性脆。

【制备方法】 海绿石是一种典型的表生矿物，系黑云母、伊里石等碎屑层状硅酸盐在陆棚较深处的风化条件下，有有机质参与的弱氧化至弱还原环境中形成的。因而，它是沉积环境的氧化还原条件的标志矿物之一。常呈团块状或浸染状分布于从震旦纪到现代所有地质时期的滨海沉积和海洋软泥中，并多具有一定的层位，因而它在地层对比中可起一定的辅助作用。在具备上述条件的内陆湖盆环境中亦可形成。此外，海绿石在地表条件下很不稳定，常易变为高岭石和针铁矿或纤铁矿。

【应用】 可作钾肥，质地纯净的可作颜料；具有阳离子交换能力，可用作净水剂、硬水软化剂、玻璃染色剂和绝缘材料，在轻工、化工和冶金工业方面有着广泛的用处。

9.3 有机离子交换剂

无机离子交换剂的突出特点是：对酸很敏感，不能在酸性条件下使用。故而，随着其在工业上的广泛应用，它的局限性也逐渐显现出来。在这一背景下，人们制成了粗糙但价格低廉的磺化煤。1933 年亚当斯（B. A. Adams）和霍姆斯（E. L. Holms）用苯酚和甲醛合成了阳离子交换树脂，开创了合成树脂的方向。进入 20 世纪中叶，随着离子交换树脂的工业化生产，大批量的化学稳定性好、交换容量高、可以满足各种工艺用水要求的离子交换树脂广泛应用于各个领域，逐渐取代了磺化煤。有机离子交换剂的发展经磺化酚醛树脂、凝胶苯乙烯系树脂、聚丙烯酸系，直到后来的大孔离子交换树脂和吸附树脂，发展迅速并以其应用范围的广泛性而遍布于国民经济各个领域。自 20 世纪 60 年代初期大孔离子交换树脂以及之后的大孔吸附树脂问世以来，更是以前所未有的速度向前发展。近年来无论是在树脂的合成方面，还是树脂的应用方面，在发展的广度和深度上都有较大的发展。

9.3.1 磺化煤

【结构式】 磺化煤有氢型和钠型两种型式，前者含有可交换的氢离子，以 RH 表示；后者含可交换的钠离子，以 RNa 表示。其结构式如下：

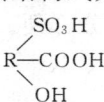

$$R—COOH$$

（上为 SO_3H，下为 OH）

【物化性质】 磺化煤为无光泽的黑色、不规则颗粒，粒径一般为 0.3～1.6mm，湿视密度一般在 0.55～0.65g/mL。为多孔物质，具有吸水能力，吸水后体积膨胀增大 10%～15%。磺化煤的全交换容量为 500mol/m³ 左右，工作交换容量为 200～380mol/m³。化学稳定性较差，特别是对于碱性强的水，抵抗力很差。水温超过 40℃ 时，会产生焦化脱色。且性能因原煤的品种而异，难以保持稳定的产品质量。机械强度不好，易碎，一般年损耗率为 10%～15%。比表面积大，表面极性和破乳力强、吸附能力大等。

【制备方法】 煤的磺化是使它的结构富有附加的酸性基团—SO_3H。磺基中的氢，与酚基或羧基的氢不同，具有很高的离解度，这就提供了阳离子交换过程在强酸性（pH 值为 2）介质中进行的可能性，并大大地提高了吸附剂的交换能力，交换能力的数值随进入煤中磺基数目的增加而增大。利用煤本身的空间结构，作为交换剂的高分子骨架，用浓硫酸（或发烟硫酸）进行处理，引入活性基团而制成。其磺化反应如下：

$$RH + HOSO_3H \longrightarrow R—SO_3H + H_2O$$

　　浓硫酸在加热的条件下，同时是一种氧化剂，能够将煤分子结构中的—CH_3，—C_2H_6等基团氧化为羧基，C—H键氧化成为羟基。

　　具体步骤为原煤经粉碎，过筛为一定规格细粒后，用 10～15 倍的浓硫酸（或发烟硫酸）于 50～100℃下加热 5～24h 进行磺化。磺化后的磺化煤用稀酸，清水洗涤，并加碱液中和，再经干燥，筛分、制得磺化煤成品。

　　磺化煤在潮湿状态下的散重等于 0.36～0.47g/cm^3，溶胀系数为 1.24～1.55，吸附容量（以从氯化钙溶液中吸附钙离子计）为 1g 干磺化煤吸附 20～30mg，或湿磺化煤吸附350～400 mg。

　　制造磺化煤的工艺过程简单，原料易得且价格较低，磺化煤中有保证从溶液中完全除去阳离子的强酸基团存在。这些就是磺化煤在水的软化过程和除去矿物质处理中日益广泛应用的原因。由于磺化煤中具有不同型式的离子化基团（磺化煤含有磺酸羧基和羟苯基），又加煤的成分不同，所以，各种离子化基团的比例不能做统一的规定；由于化学、稳定低性和交换容量低，使磺化煤很难在色谱分析过程中使用。

　　将木素磺化，能够制得机械强度比磺化煤更高的离子交换剂。用含某种酚的甲醛处理已制得的木素磺酸，可使它不溶并具有足够的机械强度。木素磺酸吸附剂的交换容量（以钙离子计）与磺化煤的交换容量等值，为 1.2me/g。这种吸附剂的化学稳定性与磺化煤一样低，其离子化基团的异型程度也与磺化煤相同。

　　用磺化煤和木素磺酸从氧化钙溶液中吸附钙离子计的交换剂容量，可以说明其中磺基及部分羧基的数目，因为离子交换是在羧基电离度很低和羟苯基没有电离的条件下进行的。随着介质值 pH 值的提高，吸附剂的交换容量迅速增加，但与此同时，因低的耐碱性使吸附裂解的程度也在增大。

　　注意事项：①磺化煤在使用前应进行筛分，以清除碎末，使用的筛子依次为 55 目和 12目，筛分后的粒度为 0.3～1.6mm；②磺化煤最好用水力装罐，初次使用可能杂质、碎末较多，为了反洗方便可考虑分两次装填，第一次先装至 0.9m 高，第二次再装到预定高度，每次装完，应用清水反洗至出水清澈时为止；③磺化煤的反洗流速应在 15～20m/h，时间为30～45min；④磺化煤的再生可采用 10% 食盐溶液，盐耗按 200g/mol 估算，再生流速为3～4m/h 为宜；⑤正洗流速为 10～15m/h，正洗终点为出水硬度 0.25mmol/L。

　　【应用】 具有离子交换和物理吸收两个作用，对硝基物、氨基物、酚类、有机氯、有机磷等都有较好的吸收能力；在污水处理中用做吸附剂以回收污水中的稀有金属；可以用做软水剂；还可以用做有机化学反应的催化剂、环氧化合物的聚合剂以及淀粉的水解剂等。

9.3.2　阳离子交换树脂

　　交换基团是酸性基团，能交换阳离子的树脂称为阳离子交换树脂。

　　例如，磺酸型离子交换树脂所含的交换基团磺酸基（—SO_3H）中含有一个可被交换的阳离子氢离子和一个不能交换的阴离子—SO_3^-，其中不能交换的离子称为固定离子，可以交换的离子称为平衡离子。能交换阳离子的交换基团还有次甲基磺酸基（—CH_2SO_3H）、磷酸基（—PO_3H_2）和羧基（—COOH）等。它们在水中浸泡后都能电离产生氢离子，因此，可以把它们看成酸，其酸性强弱由交换基团决定。

　　根据交换基团酸性的强弱，阳离子交换树脂可分为强酸性和弱酸性。

$$R—SO_3H > R—CH_2SO_3H > R—PO_3H_2 > R—COOH > R—OH$$
　　　　强酸性　　　　　　中等酸性　　　　　弱酸性

阳离子交换树脂根据所含交换基团性质的不同，可以分为两类：强酸性阳离子交换树脂和弱酸性阳离子交换树脂；根据其孔隙度的不同，又可以分为凝胶型和大孔型两种。

(1) 强酸性阳离子交换树脂

这类离子交换树脂的交换基团为磺基，磺酸是强酸，在水中完全电离。

$$\boxed{P}-SO_3H \longrightarrow \boxed{P}-SO_3^- + H^+$$

P 代表树脂的高分子载体

强酸性阳离子交换树脂在碱性、中性，甚至在酸性介质中，都能显示离子交换功能。它是用途最广、用量最大的一类离子交换树脂。这类树脂能交换各种金属阳离子，例如：

$$\boxed{P}-SO_3H + Ca^{2+} \underset{再生}{\overset{交换}{\rightleftharpoons}} (\boxed{P}-SO_3)_2Ca + 2H^+$$

（或—SO_3^- Na^+）   5%～10% HCl   （或 2Na^+）

强酸性阳离子交换树脂也可作为酸性催化剂使用。

(2) 弱酸性阳离子交换树脂

这类离子交换树脂的交换基团有—COOH，—O—P(OH)_2，—C_6H_6(OH) 等。其中以含羧基的弱酸性阳离子交换树脂用途最广，它在水中的电离度较小。

$$\boxed{P}-COOH \rightleftharpoons \boxed{P}-COO^- + H^+$$

弱酸性阳离子交换树脂仅在接近中性和碱性介质中，才能电离而显示离子交换功能。虽然这是它的不足之处，但单位质量树脂的交换量比强酸性树脂几乎大一倍。因此，它被广泛应用于软化水和工业废水处理中。

9.3.2.1　001×7 强酸性苯乙烯系阳离子交换树脂

除浓硫酸、氯磺酸外，三氧化硫和发烟硫酸也可用作磺化试剂。小分子芳环的磺化反应很容易进行，芳环引入磺酸基的位置与反应温度有关。温度越高，对位磺化产物的比例越大。但苯环的磺化是一个可逆反应，不能得到理论产率。如以浓硫酸来磺化苯，在 100℃ 和 200℃ 进行反应，苯磺酸的产率分别为 72% 和 78%。

苯乙烯-二乙烯苯共聚球体的磺化，一般是用 93% 的工业硫酸在 70～80℃ 下进行的。由于共聚体为紧密的立体网状结构，其磺化又是非均相反应，即使在用溶剂（如二氯乙烷）膨胀的情况下，磺化速度也往往较慢。

【结构式】

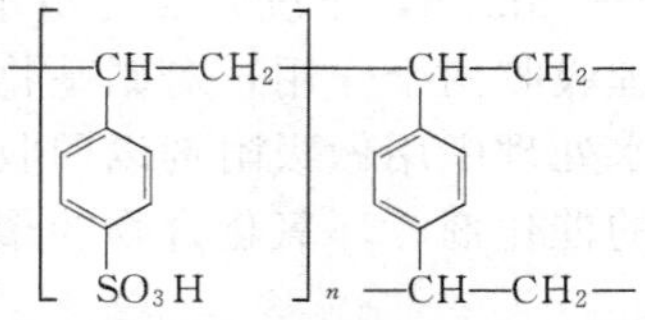

【物化性质】　淡黄色到黄棕色，透明或半透明粒状物质，粒度为 0.3～1.25mm 不等。相对密度为 1.2～1.3。树脂含水量为 45%～50%。在水溶液中呈强酸性，能以其氢离子交换溶液中的阳离子（金属离子），不溶于有机溶剂，不溶于一般酸、碱、盐类的水溶液。化学性质稳定，无毒，可燃。失效后可用食盐或酸再生，使之得到重新交换离子的能力。

【制备方法】

将苯乙烯和二乙烯苯混合，在引发剂的作用下于 65～95℃ 范围内进行悬浮共聚合成珠体。其反应如下：

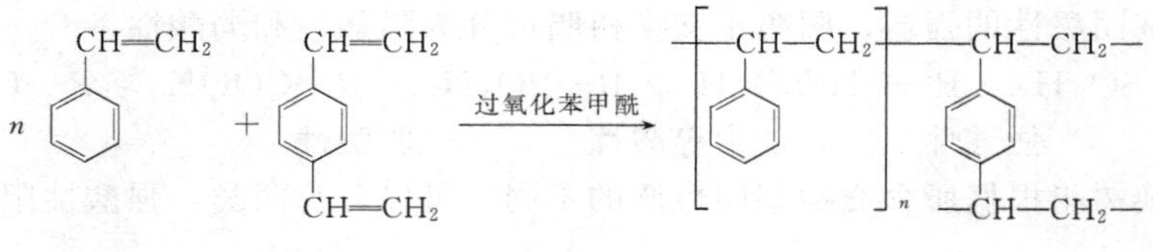

再将制得的珠体用浓硫酸（或氯磺酸）进行磺化处理，引入带有可交换离子的基团后，即可获得强酸性阳离子交换树脂。其反应如下：

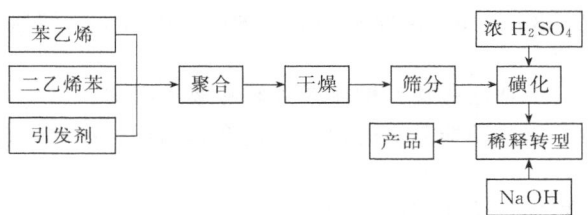

在装有搅拌器、回流冷凝器的搪瓷反应釜中，依次加入一定量的合格共聚珠体、二氯乙烷（膨胀剂）和浓硫酸（磺化基），在一定温度下进行磺化反应。一般原料质量配比为共聚珠体：二氯乙烷：浓硫酸为 1：0.4：5。磺化反应条件为常温下投料，投料后在搅拌下以（5～6℃）/10min 的升温速度升温至 80℃，保温反应 2h 后，再以 1℃/10min 的升温速度升温到 85℃，保温反应 2h，然后以 2℃/10min 的升温速度升温到 95℃，保温反应 2h，并进行常压蒸馏，蒸出二氯乙烷，此后以（2～3℃）/10min 的升温速度升温至 118℃ 左右，继续常压蒸馏 30min，最后在 118～120℃ 减压蒸馏至无馏出物止。降温至 30℃ 以下后逐级加酸稀释，最后用大量水清洗和用碱转成钠型后，再水洗至中性，即得到最终产品。

工艺流程如图 9-1 所示。

图 9-1 001×7 强酸性苯乙烯系阳离子交换树脂工艺流程

【技术指标】 GB/T 13695—92

项　目		指　标		
		优级	一级	合格
含水量/%		46～52	45～53	45～53
质量全交换容量/(mmol/g)		≥4.5	≥4.4	≥4.3
体积全交换容量/(mmol/mL)		≥1.8	≥1.7	≥1.8
湿视密度/(g/mL)		0.77～0.87	0.77～0.87	0.77～0.87
湿真密度/(g/mL)		1.24～1.28	1.24～1.28	1.24～1.28
较度/%	(0.315～1.25mm)	≥95		
	小于 0.315	≤1	—	—
有效粒径/mm		0.40～0.60		
均一系数		≤1.7		
磨后圆球率/%		≥95	≥85	≥70

影响共聚球体磺化反应的因素主要如下。

（1）共聚物的结构

常用的磺化试剂硫酸不能溶胀非极性的苯乙烯-二乙烯苯共聚物，无法进入共聚体内部进行磺化反应。因而一般预先以二氯乙烷将共聚体膨胀。即使这样，共聚物结构的紧密程度依然对磺化反应有很大的影响。可以想象，交联度越高，磺化反应的速率就越小。

大孔树脂的结构有利于硫酸的扩散。磺化反应的速率也较快。如以甲苯为致孔剂

（$F_\mu=0.5$），含 DVB16％和 32％的球体的磺化速率比 8％DVB 的凝胶共聚体还快。以非良溶剂为致孔剂的共聚物的磺化速率介于上述甲苯致孔共聚体与凝胶型共聚球体之间。

交联度与制孔剂所引起的共聚物结构上的差别对磺化速率的影响，在磺化温度较低时更为显著。

（2）交联剂的成分

二乙烯苯异构体对共聚物的结构影响很大，因而能显著地影响磺化反应的速率。

（3）磺化温度

交联聚苯乙烯的磺化反应速率随温度的升高而加大。由于磺化时一般用二氯乙烷（bp 83℃）做膨胀剂，因此，在 80℃进行磺化是比较适宜的。在磺化反应的后期，共聚物链上的磺酸基使其具备了亲水性，可逐渐提高温度，在减压的情况下将二氯乙烷蒸出、回收。树脂的交换量达到最高值，磺化结束。

（4）溶胀剂

工业上使用二氯乙烷做溶胀剂制备强酸树脂，但这并不是最好的选择。二氯乙烷能够与硫酸混溶，硫酸向树脂内部的扩散成为磺化速率的控制因素。二甲基亚砜能与硫酸混溶，有利于硫酸向共聚物内部扩散，并在共聚体内保持较高的浓度，因而使磺化速率明显地加快。如交联剂为 8％m-DVB 时，反应 9h，以二甲基亚枫或二氯乙烷为溶胀剂的共聚体的交换量分别为 4.69meq/g 和 2.08meq/g。由此看来溶胀剂的介电常数，溶胀剂-硫酸体系的均匀性是磺化速率的影响因素之一。

大孔共聚物的磺化反应速率较快，溶胀剂的影响要小得多。

溶胀剂不仅会影响共聚物功能基化的速率，还会影响到产品的性能。这是高分子反应的一个特点。

（5）极性单体对共聚体磺化速率的影响

少量极性单体的加入可大大改善共聚物的磺化性能。共聚物中极性单体链节的存在，改善了聚合物链与硫酸的亲和性。同时，"邻近基团效应"（neighboring-group effect）使磺化反应的活化能明显降低。因而使磺化反应速率大大提高。在这种情况下，磺化过程为反应速率所控制，而不再表现为扩散速率控制。

由以上叙述可以看出，交联共聚球体的磺化比小分子芳烃的磺化要复杂得多。对磺化产物——强酸性阳离子交换树脂的要求也是多方面的，包括较高的交换量，较好的动力学性能，较高的机械强度和溶胀性能等。这些都与磺化过程有一定的联系。

交联聚苯乙烯磺化之后，由亲油性变为强列的亲水性。必须缓慢地用水稀释，逐步地从浓硫酸过渡到水中，否则就会因急剧溶胀而破碎。在实际生产中，磺化结束后剩余的硫酸浓度一般在 86％左右，此时树脂球内所含的硫酸只有 37％左右。此树脂与 40％以上的硫酸溶液接触时，放热很小。但若与较稀的硫酸接触，则放热量随硫酸浓度的降低而急剧上升。因此，当树脂外部的硫酸浓度降到 40％以下时，要特别仔细地进行稀释才能保证球体不破裂。另一方面，树脂溶胀度也会在硫酸的稀释过程中逐步增大。为使树脂的溶胀不致于太快，也需要缓慢地使硫酸逐步稀释。研究表明，在稀释过程中，磺酸树脂球体中硫酸溶液的含有量及其所对应的树脂体积逐渐变小，当硫酸浓度低于 67％以后，磺酸基的水合作用增强，树脂体积因而迅速膨胀。这说明在硫酸浓度下降到 67％以后，就应放慢稀释的速率，否则会因树脂急速膨胀而导致球体破裂。

【应用】　主要用于硬水软化、脱盐水制备、纯水及高纯水的制备，又可用于湿法冶金来分离、提纯稀有元素，还用于催化、制糖、制药和有机工业上的精制及纯化、分析化学中的层析等。

9.3.2.2 001×11 强酸性苯乙烯系阳离子交换树脂

【结构式】

$$\left[-CH-CH_2-\right]_n CH-CH_2-$$
（结构式：带 SO_3H 的苯环与带 —CH—CH_2— 交联的苯环）

【物化性质】 棕黄色至棕褐色球形颗粒，颗粒粒径为 0.3~1.25mm，相对密度为 1.2~1.3，树脂固含量为 35%~60%，含水量为 40%~60%，湿视密度为 0.8~0.9g/cm³。在水溶液中呈强酸性，可以交换水中的阳离子，可在 100℃下使用，具有良好的化学稳定性、耐酸碱和抗氧化性，无毒，可燃。

【制备方法】 将苯乙烯和二乙烯苯混合，在引发剂的作用下于 65~95℃ 范围内进行悬浮共聚合成珠体，其反应如下：

共聚珠体用浓硫酸（或氯磺酸）进行磺化而得 001×11 强酸性苯乙烯系阳离子交换树脂，其反应如下：

其工艺流程如图 9-2 所示。

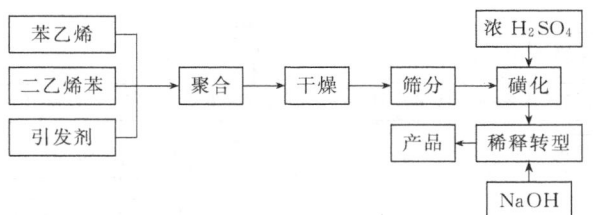

图 9-2 001×11 强酸性苯乙烯系阳离子交换树脂工艺流程

【技术指标】 SH 2605.03—1997（氢型/钠型）

指标名称	指 标	指标名称	指 标
质量全交换容量/(mmol/g)	4.90/4.40	粒度①/%	(0.63~1.25mm)≥95
体积全交换容量/(mmol/mL)	1.90/2.10		(<0.63)≤1
含水量/%	38~43	有效粒径/mm	0.65~0.90
湿视密度/(g/mL)	0.81~0.87	均一系数	≤1.40
湿真密度/(g/mL)	1.24~1.30	磨后圆球率/%	≥95

① 粒度、有效粒径和均一系数测定用钠型。

【应用】 主要用于双层床水处理工艺，可与 D111 SC 弱酸阳离子树脂或 D113 SC 弱酸阳离子树脂配套组成阳离子双层床，对水进行脱碱软化或除盐处理，还可与 D201 大孔型强碱性苯乙烯系阴离子交换树脂组成高速混床，处理冷凝水。此外，还可用于在电镀工业中回收铬、电力工业水处理。

9.3.2.3 D001大孔型强酸性离子交换树脂

【结构式】

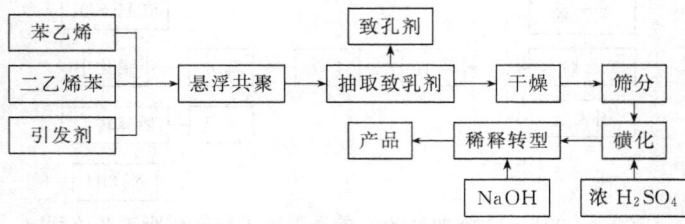

【物化性质】 乳白色至淡黄色粒状，其颗粒粒度为 0.3～1.25mm。相对密度为 1.2～1.3，树脂固含量 35%～60%，含水量为 40%～60%，具有良好的化学稳定性和机械强度。大孔，可燃，在水溶液中呈强酸性，H 型在 100℃以下使用，Na 型在 120℃以下使用。

【制备方法】 在苯乙烯和二乙烯苯的混合物中，加入一种可与单体互溶，而又不参加聚合反应的惰性物质，在引发剂的作用下于 65～95℃范围内进行悬浮共聚成合成珠体。待共聚完成后再除去这类物质，即可得到具有物理孔的共聚珠体，其反应如下：

将上述共聚珠体用浓硫酸进行磺化而得 D001 大孔强酸树脂，其反应如下：

工艺流程如图 9-3 所示。

图 9-3 D001 大孔型强酸性离子交换树脂工艺流程

【技术指标】

指标名称	D001	D001FC	D001SC	D001MB
质量全交换容量/(mmol/g)	≥4.35	≥4.35	≥4.35	≥4.35
体积全交换容量/(mmol/mL)	≥1.75	≥1.75	≥1.75	≥1.75
含水量/%	≥45～55	≥45～55	≥45～55	≥45～55
湿视密度/(g/mL)	≥0.75～0.85	≥0.75～0.85	≥0.75～0.85	≥0.75～0.85
湿真密度/(g/mL)	≥1.23～1.28 (0.315～1.25mm)	≥1.23～1.28 (0.45～1.25mm)	≥1.23～1.28 (0.63～1.25mm)	≥1.23～1.28 (0.63～1.25mm)
粒度/%	≥95.0 (<0.315)≤1	≥95.0 (<0.45)≤1	≥95.0 (<0.63)≤1	≥95.0 (<0.63)≤1
均一系数	≤1.70	≤1.60	≤1.40	
磨后圆球率/%	≥90			

【应用】　用于废水处理、纯化、催化、脱色等。主要用于双层床水处理工艺，而且可与 D201 大孔强碱性阴离子交换树脂配套组成高速混床，用于高压、超高压电厂的汽轮机凝结水的处理。

9.3.2.4　D111 大孔型弱酸性丙烯酸系阳离子交换树脂

【结构式】

$$\left[\begin{array}{c} CH_2-\underset{COOH}{\overset{\overset{\displaystyle H}{|}}{C}}-CH-CH_2 \\ | \\ \end{array} \right]_n$$

【物化性质】　白色或淡黄色，大孔半透明球状物。在水中溶胀率较大，抗氧化性和抗有机物污染能力较强，机械强度较低。含有羧酸基（—COOH）较弱，只能与水中弱酸盐类（即与 HCO_3^-、$HSiO_3^-$ 相化合的那部分阳离子）交换反应，几乎显示不出分解中性盐的能力。质量交换容量和体积交换容量偏低。应于 100℃ 下使用，化学性质稳定，无毒，可燃。

【制备方法】　在丙烯酸甲酯与二乙烯苯的混合物中，加入一种可与单体互溶而不参加聚合反应的惰性物质，在引发剂的作用下于 65～95℃ 范围内进行悬浮共聚，合成珠体。待共聚结束后再除去这类致孔物，即可得到具有物理孔的共聚珠体：

$$n\underset{COOCH_3}{\overset{R}{C}}=CH_2 + \text{（二乙烯苯）} \xrightarrow{\text{悬浮共聚}} \left[CH_2-\underset{COOCH_3}{\overset{\overset{\displaystyle CH_3}{|}}{C}}-CH-CH_2 \right]_n$$

将上述合成珠体水解，即得 D111 大孔弱酸性树脂：

$$\left[CH_2-\underset{COOCH_3}{\overset{CH_3}{C}}-CH-CH_2 \right] \xrightarrow[NaOH]{\text{水解}} \left[\underset{COONa}{\overset{R}{CH}}-CH-CH-CH_2 \right]$$

工艺流程如图 9-4 所示。

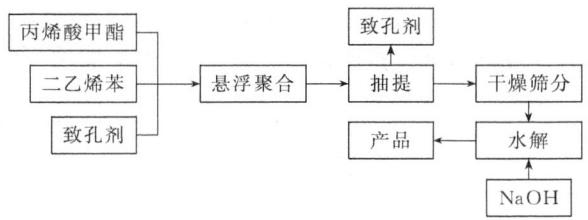

图 9-4　D111 大孔型弱酸性丙烯酸系阳离子交换树脂工艺流程

【技术指标】　SH 2605.04—1997 技术标准（H 型）

指　标　名　称	D111	D111FC	D111SC
H 型率/%	≥98	≥98	≥98
全交换容量/(mmol/g)	≥9.50	≥9.50	≥9.50
体积交换容量/(mmol/mL)	≥3.50	≥3.50	≥3.50
含水率/%	40～50	40～50	40～50
湿视密度/(g/mL)	0.72～0.82	0.72～0.82	0.72～0.82
湿真密度/(g/mL)	1.12～1.22	1.12～1.22	1.12～1.22

指 标 名 称	D111	D111FC	D111SC
粒度/%	(0.315～1.25mm)≥95 (<0.315)≤1	(0.315～1.25mm)≥95 (<0.315)≤1	(0.315～1.25mm)≥95 (<0.315)≤1
有效粒径/mm	0.40～0.70	0.50～0.75	0.40～0.50
均一系数	≤1.60	≤1.60	≤1.40
转型膨胀率(H→Na)/%	≤65	≤65	≤65
渗磨圆球率/%	≥90	≥90	≥90

【应用】 与001×7强酸性苯乙烯系阳离子交换树脂组成合成弱酸氢-钠离子串联交换工艺，用于水的脱碱软化处理。此外，两者还可组成复床处理工艺，制备除盐水和纯水。还可与D001SC强酸性阳离子交换树脂配套成双层床，制取除盐水和高纯水。

9.3.2.5 D113 大孔型弱酸性丙烯酸系阳离子交换树脂

丙烯酸甲酯或甲基丙烯酸甲酯与二乙烯苯进行悬浮共聚可以得到球状交联共聚体。若在单体混合物中加入适量的致孔剂也可制成大孔共聚物。在方法上与苯乙烯-二乙烯苯的悬浮共聚基本相同，只是由于丙烯酸酯类有一定的水溶性，在进行悬浮共聚时，一般用饱和食盐水作为分散介质，以减少丙烯酸酯在水相中的溶解度。

甲基丙烯酸甲酯的交联共聚物的水解比较困难。只有在相当剧烈的条件下进行水解才能得到较高的交换量。

【结构式】

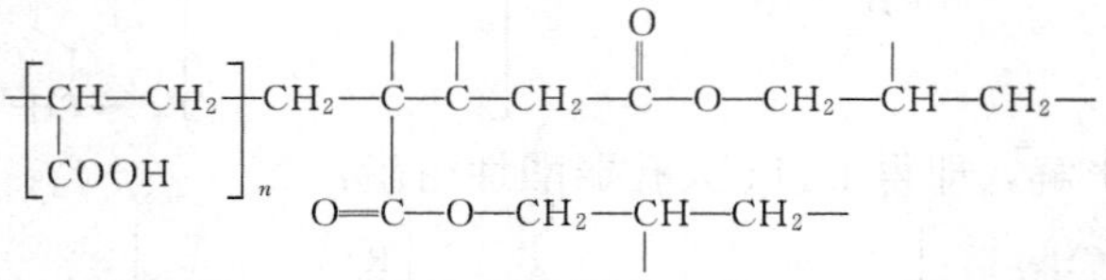

【物化性质】 乳白色至乳黄色不透明粒状颗粒，属于大孔径离子交换树脂，其颗粒粒径为0.3～1.25mm，相对密度为1.15～1.20，树脂固含量为35%～60%，含水量为40%～55%，在水溶液中呈弱酸性，化学性质稳定，耐酸碱，无毒，可燃。

【制备方法】 在丙烯酸甲酯与衣康酸烯丙酯的混合物中，加入一种可与单体互溶而不参加聚合反应的惰性物质，如羟乙基纤维素、明胶为分散剂，在过氧化苯甲酰为引发剂的作用下于65～95℃范围内进行悬浮共聚，合成珠体。待共聚结束后再除去这类致孔物后，在碱液中进行水解，后处理，转型后即可得到具有物理孔的D113大孔型弱酸性阳离子交换树脂。

【技术指标】 HG/T 2164—94

指 标 名 称	指 标		
	优级	一等	合格
含水量/%	45～52	45～52	45～53
质量全交换容量/(mmol/g)	≥11.0	≥10.8	≥10.5
体积全交换容量/(mmol/mL)	≥4.5	≥4.2	≥3.9
湿视密度/(g/mL)	0.76～0.80	0.74～0.80	0.72～0.80
湿真密度/(g/mL)	1.15～1.20		
转型膨胀率(H→Na)/%	≤65	≤75	≤80
粒度(0.315～1.25)/%	≥95		≥90
有效粒径/mm	0.35～0.55		
均一系数	≤1.7		
渗磨圆球率/%	≥90	≥75	≥60

SH 2605.05—1997

指标名称	D113	D113FC	D113SC
氢型率/%	≥98		
全交换容量/(mmol/g)	≥10.80		
体积交换容量/(mmol/mL)	≥4.20		
含水率/%	45～52		
湿视密度/(g/mL)	0.72～0.80		
湿真密度/(g/mL)	1.14～1.20		
粒度/%	(0.315～1.25mm)≥95.0 (<0.315)≤1	(0.345～1.25mm)≥95.0 (<0.45)≤1	(0.335～0.63mm)≥95.0 (<0.355)≤1
有效粒度/mm	0.35～0.55	0.50～0.75	0.40～0.50
均一系数	≤1.60		≤1.40
转型膨胀率(H→Na)/%	≤65		
渗磨圆球率/%	≥90		

【应用】　可与001×7强酸性苯乙烯系阳离子交换树脂组成弱酸氢-钠离子串联处理工艺,用于对原水的脱碱软化处理。此外,两者还可组成复床处理工艺,制取除盐水或纯水。还可与D001SC强酸性阳离子交换树脂配套成双层床,制取除盐水和高纯水。与D111大孔型弱酸性丙烯酸系阳离子交换树脂相比,交换容量较高,转型膨胀率却较低,因而,在水处理方面,D113大孔型弱酸性丙烯酸系阳离子交换树脂拥有更为广阔的应用前景。

9.3.2.6　强酸性缩聚型阳离子交换树脂

通过缩聚反应制备离子交换树脂是人工合成有机离子交换剂最早采用的方法。虽然现在生产的离子交换树脂多为加聚型功能基化共聚物,但缩聚方法仍然很有用,一些缩聚型离子交换型也仍有广泛的用途。早期的缩聚树脂是用本体聚合制成块状聚合物,再经粉碎,过筛,得到无定型颗粒。这种树脂在柱式操作时的水力学性能不太好,因此后来亦采用悬浮聚合的方法制备球状树脂。

合成缩聚树脂所用的单体均为水溶性,故不能用水做分散介质。适用于缩聚反应分散介质的物质有邻二氯苯、变压器油、液体石蜡、邻苯二甲酸二乙酯、邻苯二甲酸二辛酯、四氯化碳等。这种在非水介质中进行的悬浮缩聚反应称为反相悬浮聚合。

此类树脂有两种合成方法。第一种是将浓硫酸加到苯酚中,在100℃搅拌4h,生成苯酚磺酸,并残留部分苯酚。将此混合物调至碱性,加入35%甲醛水溶液,于100℃反应5h,再调至酸性,然后加到100℃的氯苯中,分散成合适的粒度,加热1h,得到球状树脂。交换量可达3meq/g。其结构可用下式表示:

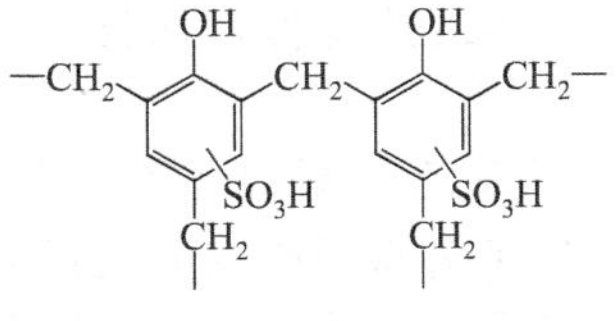

另一种方法是用2,4-苯磺酸甲醛、间苯二酚与甲醛缩聚,此反应可在酸性条件下进行,也可在碱性溶液中进行。所得树脂的交换量为2.8meq/g。

缩聚型磺酸基离子交换树脂的耐热性、耐氧化性和机械强度都不及苯乙烯系强酸树脂,所以逐渐被后者代替。

另外,对一羟基苄磺酸与苯酚,甲醛缩聚也可得磺酸基阳离子交换树脂,这种树脂的酸性较弱,实际用途不多。

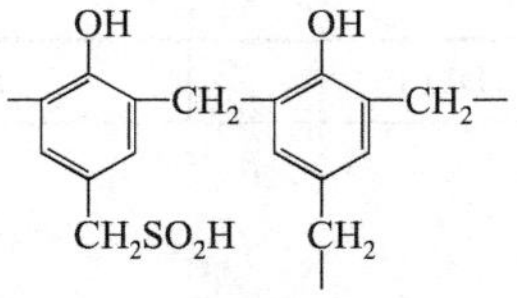

9.3.2.7　弱酸性缩聚型阳离子交换树脂

最先合成的羧酸型阳离子交换树脂是由 3，5-二羟基苯甲酸与甲醛缩聚而成的。

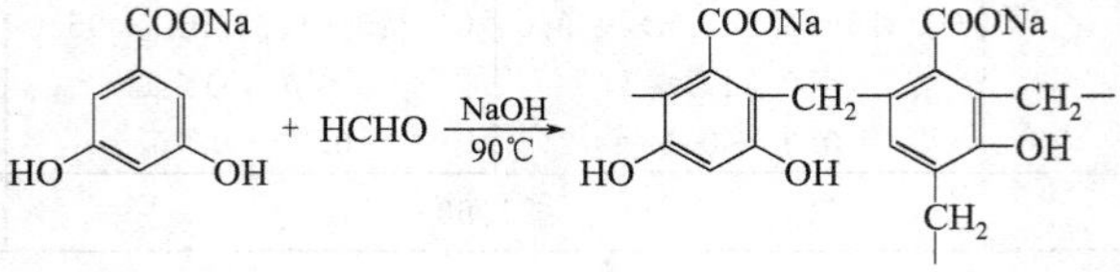

这种树脂的交换量可达 7meq/q 左右。

将 20g2，4-二羟基苯甲酸溶于碱水中，再加入 10g 氯化钠和 6g 苯酚，然后置于冰盐水中冷却，在搅拌下滴加 44g 甲醛，于 40℃反应（约 50min）至变成暗红色黏稠的树脂浆。最后在透平油中分散成适当的粒度，在 55℃继续聚合，升温到 110℃脱水，得暗红色的球状大孔弱酸性树脂。

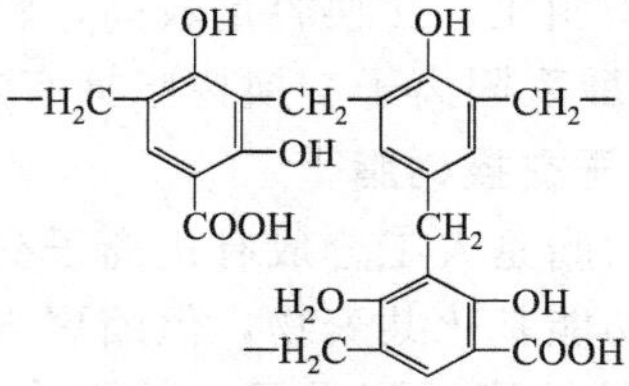

以可溶性淀粉、Na_2SO_4 或 NaCl 为致孔剂，使水杨酸与甲醛缩聚，在乳化之后再加入一定量的苯酚、甲醛，聚合至体系黏稠时，于透平油中继续进行悬浮聚合，也可得到结构相似的弱酸性树脂。

上述弱酸性树脂对维生素 B_2 有良好的吸附性能，用于链霉素硫酸盐洗脱液脱色也有很好的效果。

9.3.3　阴离子交换树脂

1935 年，英国化学家亚当斯（Adams）和霍姆斯（Holmes）通过间苯二胺和甲醛的缩聚反应，制备了聚苯胺醛系弱碱性阴离子交换树脂，即将胺溶液与二倍量的盐酸混合，再与过量的甲醛溶液混合，在 90～95℃下加热 1.5h，然后用大量冷水使树脂沉淀下来后，最后在 130～135℃的烘箱中进行最终的缩聚，直至固态不可溶块状物形成为止。但是这种树脂性能还不稳定，碱性弱，建立吸附平衡的速度低，而且不能同时去除水中的弱酸阴离子，如硅酸及碳酸。

1944 年，美国人戴尔利奥合成了苯乙烯系离子交换树脂，这类树脂非常稳定，交换容量大，可以去除包括硅酸、碳酸等弱酸阴离子在内的全部阴离子。

阴离子交换树脂根据所含交换基团性质的不同，可以分为两类：强碱性阴离子交换树脂和弱碱性阴离子交换树脂。根据其孔隙度的不同，又可以分为凝胶型和大孔型两种。

（1）强碱性阴离子交换树脂

以季铵基为交换基团的离子交换树脂，在水中的解离如下：

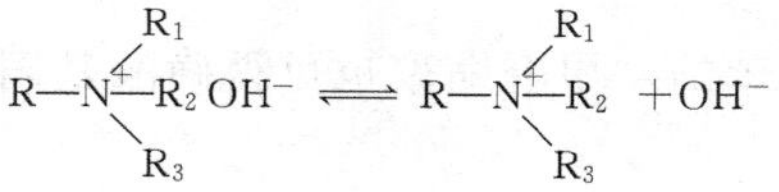

　　常用的阴离子交换树脂，多用苯乙烯-二乙烯苯共聚微球经氯甲基化再胺化制得。当用三甲胺胺化时，得到Ⅰ型强碱性阴离子交换树脂；用二甲基乙醇胺胺化时，得到Ⅱ型强碱型阴离子交换树脂。这类树脂的碱性相当于苛性碱，能除去水溶液里很弱的酸如硼酸、硅酸、碳酸、低分子量的有机酸等。它们的羟基与氮原子结合能力很弱，故易与金属盐发生复分解作用，形成碱性很强的溶液。羟型树脂对热不稳定，若为强碱Ⅰ型树脂，使用温度不能超过60℃；若为Ⅱ型树脂，不能超过40℃。因此，这类树脂不使用时，一般以氯型保存，不能以羟型保存。

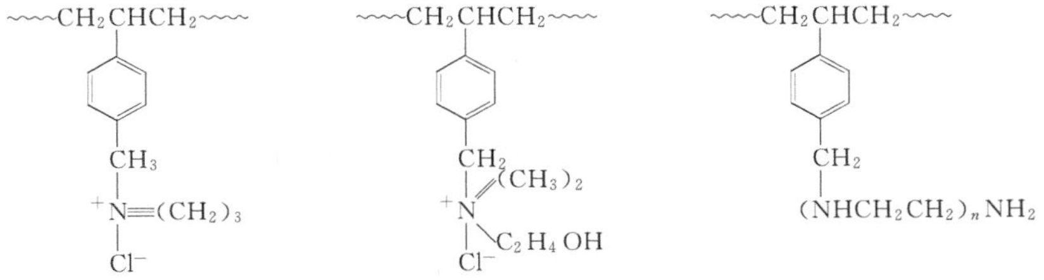

强碱性阴离子交换树脂（Ⅰ型）　　强碱性阴离子交换树脂（Ⅱ型）　　弱碱性阴离子交换树脂

　　（2）弱碱性树脂

　　以伯胺或仲胺或叔胺为交换基团的离子交换树脂。这类树脂在水中的解离程度很小而呈弱碱性：只有在中性和酸性介质中才显示离子交换功能，只能交换盐酸、硫酸、硝酸这样的无机酸阴离子，而对硅酸等弱酸几乎没有交换能力。其一般特点为交换容量较高、容易再生、对氧和热的稳定性差。

$$R-NH_2 + H_2O \rightleftharpoons R-NH_3^+ + OH^-$$

【制备方法】

　　目前工业用的阴离子交换树脂大多是以交联聚苯乙烯为骨架的。传统的制备方法采用氯甲基化法，即将苯乙烯与二乙烯苯反应形成共聚珠体，然后在催化剂下的作用下，与氯甲醚进行氯甲基化反应，再与相应的胺进行胺化反应，即得到相应的阴离子交换树脂。大孔型离子交换树脂只需在苯乙烯、二乙烯苯的混合物中加入一种可与单体互混但不参加聚合反应的惰性致孔剂，最终产品即为大孔型离子交换树脂。常用的致孔剂有煤油、汽油、石蜡、聚苯乙烯、甲苯等。

　　氯甲基化法具有反应条件温和、产率高、易获得交换容量高且性能稳定的阴离子交换树脂、成本低廉易于工业生产的优点，但是也存在一些缺点。由于原料氯甲醚具有致癌性，被国际上列为工厂禁用试剂。此外，在氯甲基化反应中伴随有亚甲基的二次交联而使树脂的性能受损，因此该方法逐渐受到限制，出现了一些新的合成方法。

　　（1）使用长链氯甲基醚类的氯甲基法

　　该方法是采用长链氯甲基醚类代替氯甲醚，避免氯甲醚的使用。长链氯甲基醚类的化学结构与氯甲醚有类似之处，但尚未发现它们的致癌性，因此采用长链氯甲基醚类作为氯甲基化试剂是比较安全的。以色列的 Warshawsky Abraham 等提出使用氯甲基辛基醚和高分子氯甲基醚作为氯甲基化试剂。Luca 等分别对以 1,4-二氯甲氧基丁烷（BCMB）和氯甲醚（CMME）为试剂进行氯甲基化反应的结果进行研究，发现 1,4-二氯甲氧基丁烷（BCMB）比较适合低交联共聚物的氯甲基化反应，在高交联共聚物上的反应结果较差。由于长链氯甲基醚类毒性抵，使用安全，因此该方法完全适用于低交联度阴离子交换树脂的制备。

　　（2）酰胺甲基化法

　　该法的具体过程为在交联苯乙烯上经酰胺甲基化反应引入酰胺甲基，再水解得到含胺甲基的伯胺型弱碱树脂，然后将弱碱树脂经叔胺化或季铵化等反应得到相应的弱碱或强碱树脂。较常用的酰胺甲基化试剂有 N-羟甲基甲酰胺、N-羟甲基丁二酰亚胺、N-羟甲基邻苯二甲酰亚胺、N-羟甲基邻苯二甲酰亚胺的脂类等。可用反应式表示如下：

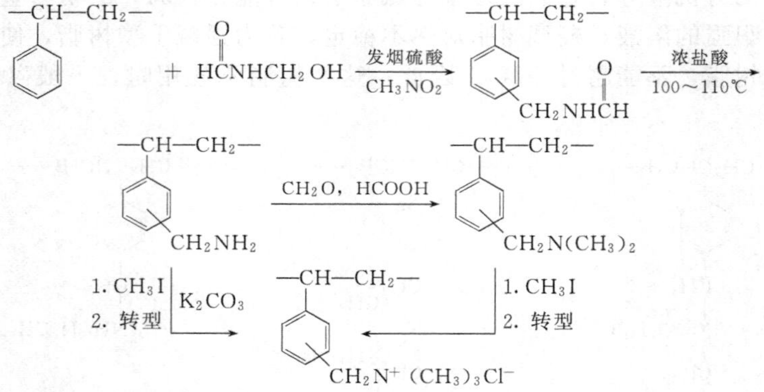

该法最早是在 1961 年由 Corte 提出。70 年代后，Rohm&Haas 公司，Dow 化学公司和 Bayer AG 公司都在这方面进行过深入的研究。尤其是 Bayer AG 公司在这方面做出了突出的贡献。

Bayer AG 公司在专利 3882053 中公布了一种制备阴离子交换树脂的工艺：将苯乙烯-二乙烯共聚珠体，先用氯乙烯浸泡，加入二苯二甲酰亚氨基乙烯和氯化铁进行缩合反应；加热 10h 后冷凝、抽滤、氯乙醚洗、干燥；然后珠体在水合肼和氢氧化钠溶液中加热至 80～90℃，反应 6h；最后在盐酸溶液中加热至 90℃，反应 6h，然后用稀碱液和水洗去邻苯二甲酰胺，即得阴离子交换树脂。

张效田等也曾用 N-羟甲基甲酰胺进行酰胺甲基化反应，制备了交联度较大的阴离子交换树脂。其具体过程为将交联度不同的胶态或大孔苯乙烯-二乙烯苯共聚珠体经硝基乙烷膨胀，酸为催化剂，N-羟甲基甲酰胺为酰胺甲基化试剂，引入酰胺甲基，然后酸性水解得到弱碱树脂。将该树脂叔胺化可得叔胺弱碱树脂。若将上述两种弱碱树脂分别季铵化，便得到相应的强碱阴离子树脂。

采用酰胺甲基化法制备的阴离子交换树脂具有交换容量高、机械强度高、渗透性好的优点，但是酰胺甲基化试剂价格高，反应条件较为苛刻，对设备的要求高，能耗高，导致树脂的生产成本较高。

（3）氯甲基苯乙烯聚合法

该方法是以含氯甲基的苯乙烯为单体，和交联剂如二乙烯苯共聚物得到氯甲基共聚体，然后胺化得到阴离子交换树脂。可用反应式表示如下：

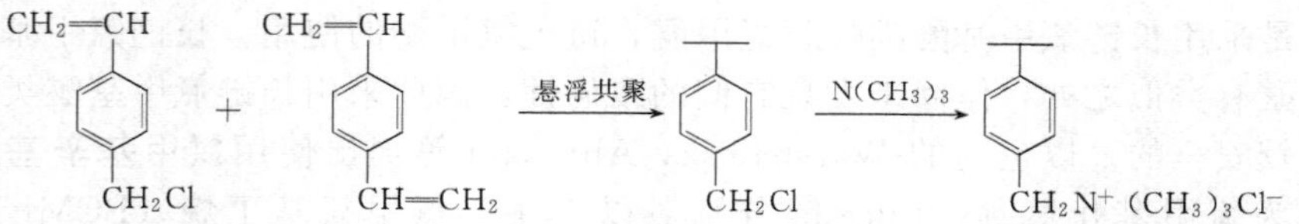

1962 年，McMaster 首先提出使用该法制备阴离子交换树脂。由于生产成本高等原因，到 20 世纪 70 年代才受到重视。Rohm&Haas 公司、日本的东京有机化工株式会社、前苏联的研究人员在该方法上做了很多研究。

Rohm&Haas 公司把胺化反应移到单体上进行，即先将氯甲基苯乙烯转化为胺甲基苯乙烯，然后利用胺甲基化单体和交联剂共聚，直接得到阴离子交换树脂。

Amick 首先通过氯甲基苯乙烯聚合得到线性聚合物，再通过热处理使线性聚合物轻度交联得到稳定小球，然后以 Friedel-Crafts 为催化剂，将小球适度后交联得到交联的聚氯甲基苯乙烯，最后与胺化剂反应制得阴离子交换树脂。

采用氯甲基苯乙烯法制备的阴离子交换树脂功能基分布比较均匀，交换容量高，机械稳定性、热稳定性和氧化性好，再生效率高，抗有机污染性强。但是由于氯甲基苯乙烯单体的制备比较复杂，导致树脂的生产成本高。

（4）烷基苯乙烯共聚体的卤代法

该法是通过卤代反应在烷基（主要是甲基）苯乙烯共聚体的烷基上引入卤素得到卤烷基（主要是卤甲基）共聚体，然后再和胺反应得到阴离子交换树脂。

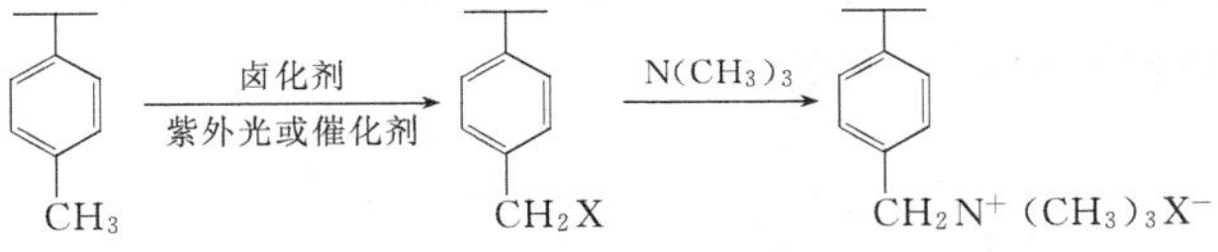

X 为 Cl、Br

1952 年，Dow 化学公司以三氯化磷为催化剂，使甲基苯乙烯-二乙烯苯共聚体和氯在紫外光照射下反应制得了氯甲基共聚体，并由此出发制备了阴离子交换树脂。

1981 年，Herbin 等以硫酸亚铁为催化剂，以溴或溴释放剂为原料，与甲基苯乙烯共聚体进行二溴代反应，然后胺化制得高密度和高容量的阴离子交换树脂。

采用烷基苯乙烯共聚体的卤代法制备阴离子交换树脂避免了氯甲醚的使用，消除了附加交联，具有一定的优越性。但其本身存在一些问题，如有的卤代试剂有毒性，有的卤代试剂价格贵，而且在卤代过程中易发生主链卤代或多重卤代，卤代过程难以控制。

（5）Mannich 胺化反应（Ⅰ）

该方法在进行 Mannich 反应之前需在苯环上引入活性基团，否则 Mannich 反应难以进行，具体过程为：使含对乙酰氧基的苯乙烯单体和二乙烯苯等交联剂共聚得到对乙酰氧基交联聚苯乙烯，然后水解得到含羟基的共聚体（不直接使用对羟基苯乙烯单体参加共聚是为了防止羟基在聚合过程中遭受破坏），由于羟基的供电子作用使苯环活化，可以和甲醛、胺发生 Mannich 反应得到弱碱性阴离子交换树脂，再继续和碘甲烷或硫酸二甲酯反应得到强碱性阴离子交换树脂。

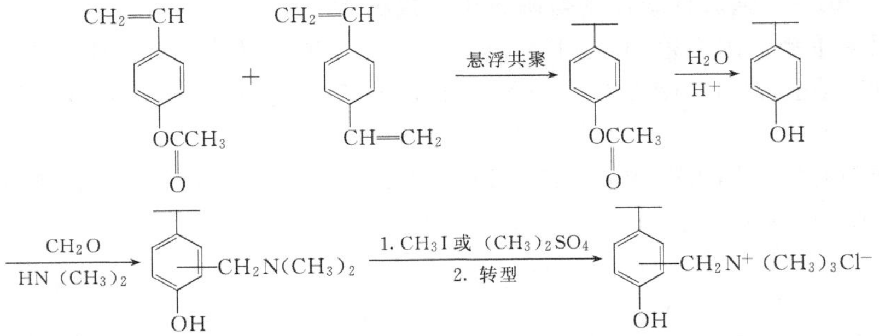

该方法避免了氯甲醚的使用，而且 Mannich 反应简便易行，所用原料简单易得，能在一个苯环上引入不止一个氨基，可以制得交换容量很高的阴离子交换树脂。但是由于树脂的芳香核需要活化处理，增加了制备的复杂性和难度，导致树脂的成本提高。

（6）Mannich 胺化反应（Ⅱ）

该方法是通过在苯环上引入乙酰基，利用乙酰基的活性来进行 Mannich 反应。

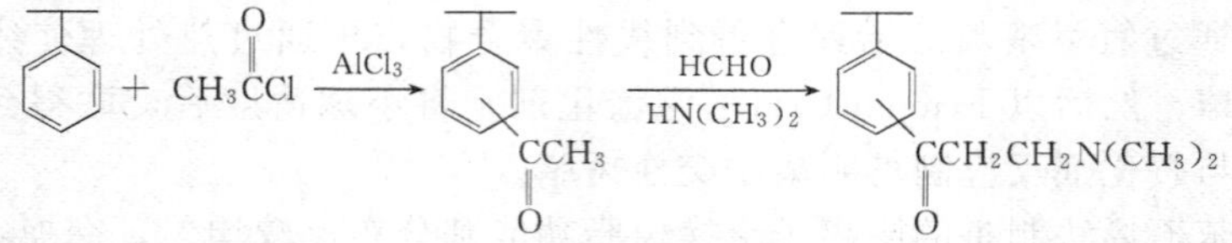

许辉在专利 CN96101131 中公布了一种弱碱性阴离子交换树脂的制备方法，其具体过程如下：将芳香族单乙烯基化合物和多乙烯化合物进行悬浮聚合得到凝胶结构或多孔结构的含芳香核三维结构；然后将该三维共聚体经膨润剂膨润 1～5h，在催化剂作用下与酰基化试剂进行傅氏反应，得到酰基化芳香族三维共聚体；最后与多聚甲醛和铵盐或胺盐在 60～120℃进行 Mannich 反应 4～10h，分别得到伯、仲、叔胺型弱碱性阴离子交换树脂。

此外，许辉等从上述中间产物乙酰基交联聚苯乙烯出发，经溴化、胺化或直接还原胺化得到另两种阴离子交换树脂的制备方法。

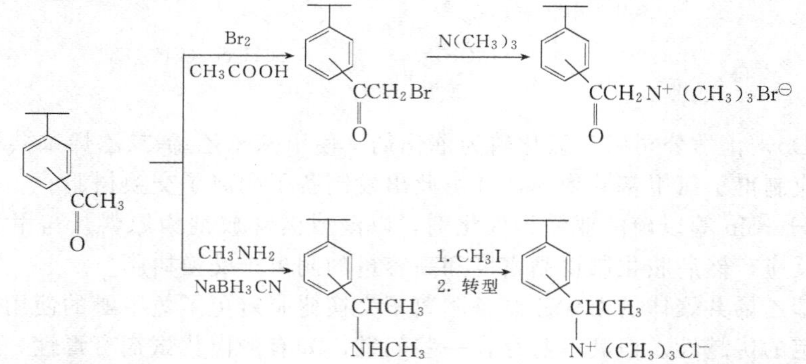

该方法避免了氯甲醚的使用，也消除了二次交联的影响，而且反应所用试剂简单易得、便宜、毒性小、反应条件较温和，是一种经济、安全、理想的合成方法。但是由于羰基的影响，季铵基团不稳定，易发生 Hoffmann 消除反应而脱落下来。因此，该方法不适合生产强碱性阴离子交换树脂，大大限制了它的应用范围。

此外，丙烯酸系阴离子交换树脂是另一种有广泛应用前景的阴离子交换树脂。其制备方法为以丙烯酸酯类为单体，二乙烯基苯为交联剂，经悬浮共聚得到性能良好的骨架结构的树脂，再经胺解和烷基化制得相应的强碱或弱碱型阴离子交换树脂。它与苯乙烯阴离子交换树脂相比，具有抗污染性好、交换容量稳定、再生效率高、合成过程中无需氯甲醚类致癌物质等优点。

9.3.3.1 201×7 强碱性苯乙烯型阴离子交换树脂

201×7 强碱Ⅰ型：国内曾用名 717，强碱 2 号，强碱 4 号，强碱 201，214，707 等；国外类似品牌有 AmberLite IRA-400（美），Dowex-1（美）；Ionac A-540（美），Diaion-SA10A（日）。

201×7 强碱Ⅱ型：国内曾用名 717，202，201×2，201×4，714 等；国外类似品牌有 AmberLite IRA-410（美）等。

【结构式】

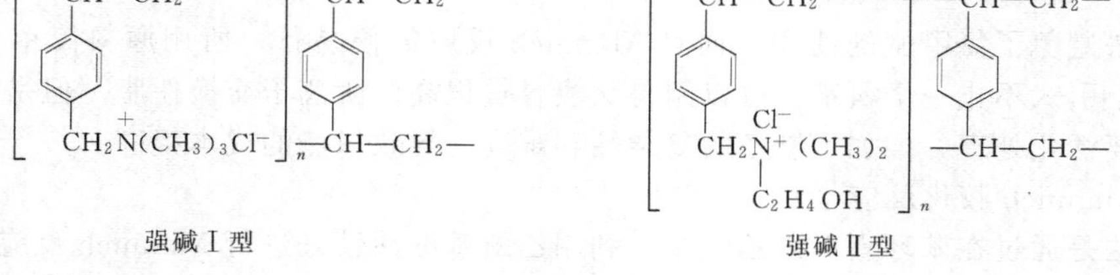

强碱Ⅰ型   强碱Ⅱ型

【物化性质】　本品为淡黄色至金黄色粒状物质，其颗粒粒度为 $0.3\sim1.25mm$，相对密度为 $1.0\sim1.15$，树脂含固量为 $40\%\sim60\%$，在水溶液中呈强碱性，可以交换水中的酸根离子，通常使用碱液再生。可在 $60\,℃$ 以下使用。化学性质稳定，无毒，可燃。

锅炉水处理中常用 201×7 强碱 I 型阴离子交换树脂，强碱 II 型用得不多，下面主要介绍 201×7 强碱 I 型阴离子交换树脂。201×7 强碱 II 型阴离子交换树脂与 D202 大孔强碱性苯乙烯系阴离子交换树脂相似。

201×7 强碱 I 型阴离子交换树脂不溶于水、酸、碱和各种有机溶剂，但在不同型式或介质中有不同程度的膨胀或收缩。该产品可在 pH＝0～14 范围内使用，氯型允许使用温度≤80℃，氢氧型允许使用温度≤60℃。由于该产品碱性很强，对水中强酸性阴离子具有很强的吸着能力，但对弱酸阴离子的吸着能力较弱，对 $HSiO_3^-$ 虽然能吸着，但吸着能力更差。如果它与水中硅酸钠反应，会生成强碱，导致出水中含大量的反离子 OH^-，使得交换反应不能彻底进行，经这样处理的水常不能满足高参数锅炉的要求。

$$ROH+NaHSiO_3 \longrightarrow RHSiO_3+NaOH$$

【制备方法】　采用氯甲基化法制备。

① 苯乙烯与二乙烯苯共聚物的制备　在装有调速搅拌器、回流冷凝器的搪瓷（或不锈钢）反应釜内，加入约二分之一容积的纯水及相当于水相 $0.1\%\sim0.5\%$，预先溶解好的醇解度为 88% 的聚乙烯醇或 $0.5\%\sim1.0\%$ 的明胶作为分散剂。在搅拌下加热升温至 $45\,℃$，将预先溶解有过氧化苯甲酰（聚合引发剂）的苯乙烯和二乙烯苯单体混合物（油相）加入水相中。二乙烯苯为二乙苯的脱氧产物，其中二乙烯苯异构体的含量为 $40\%\sim55\%$。一定交联度的苯乙烯和二乙烯苯共聚物的配料比，必须根据二乙烯苯试剂含量计算确定。在悬浮聚合体系中，单体和水相的质量比一般为 $1:(2\sim5)$，引发剂的用量一般为单体的 $0.5\%\sim1.0\%$（质量）。在搅拌下单体混合物以油滴形式分散在水相中，视珠体粒度大小适当调节搅拌速度，并逐渐升温至 $78\sim80\,℃$，并反应 2h，之后升温至 $85\sim90\,℃$，反应 4h，最后在 $90\,℃$ 以上反应 6h。将得到的固态球形共聚物颗粒过滤、热水洗涤、风干、过筛，筛取 $0.3\sim0.8mm$ 合格珠体进行磺化反应。

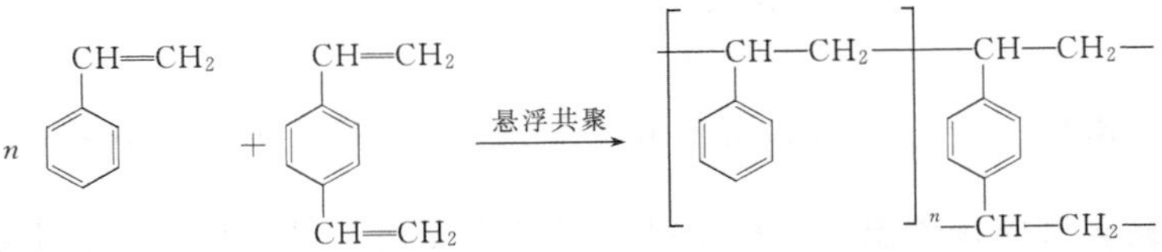

② 共聚珠体的氯甲基化　将上述的共聚珠体加入装有搅拌器、回流冷凝管的搪瓷反应釜中，加入适量的氯甲基化试剂氯甲醚，在室温下搅拌使共聚珠体充分膨胀 $2\sim4h$，然后继续搅拌，每隔 0.5h 加一次催化剂（无水氯化锌或无水三氯化铝），每次加入总投量的三分之一，三次投完。投料配比一般为共聚珠体：氯甲醚：催化剂为 $1:2:0.4$（质量）。催化剂加完之后，升温至 $(40\pm2)\,℃$，反应 12h，取样测氯含量达到 16% 以上时，停止反应。抽出氯化母液，用甲醇将氯甲基化产物洗净，50℃ 热风吹干，得到氯甲基化珠体。

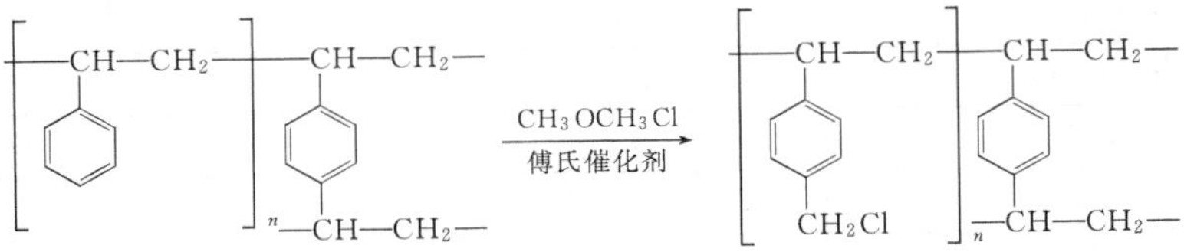

③ 共聚体的胺化　在装有搅拌器、回流冷凝器的一定容积的搪瓷反应釜中，依次加入一定量的干氯甲基化珠体和苯，在室温下搅拌，使氯甲基化珠体充分膨胀 4h。然后在 15℃

和搅拌的情况下缓慢滴加 36% 的三甲胺甲醇溶液，滴加时间视釜温而定，一般 10h 以上。滴加完后，升温至 25℃，反应 12h。抽出母液，将珠体于 50℃ 热风吹干，得到胺球；将胺球用食盐水浸泡 2h，加盐酸转型和用自来水逐渐稀释，得到 201×7 强碱 I 型阴离子交换树脂。如果与二甲基乙醇胺反应可得 201×7 强碱 II 型阴离子交换树脂型。

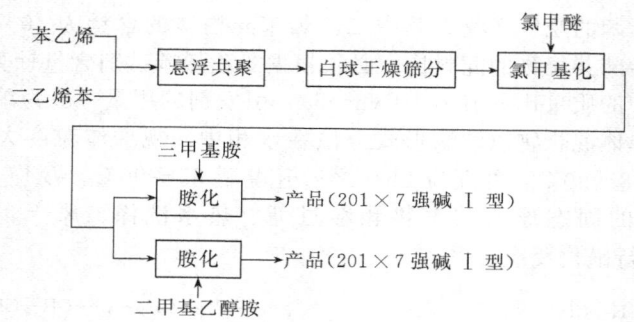

工艺流程如图 9-5 所示。

图 9-5　201×7 强碱性苯乙烯型阴离子交换树脂制备的工艺流程

氯甲基化法具有反应条件温和、产率高、易获得交换容量高且性能稳定的阴离子交换树脂、成本低廉，易于工业生产的优点，但是由于原料氯甲醚具有致癌性，该方法逐渐受到限制。

【技术指标】　GB/T 13660—92

指标名称	指标		
	优等	一等	合格
质量全交换容量/(mmol/g)	≥3.6	≥3.4	≥3.2
体积全交换容量/(mmol/mL)	≥1.4	≥1.3	≥1.2
中性盐分解容量/(mmol/g)	≥3.2	≥3.0	≥2.8
湿视密度/(g/mL)	0.66~0.75		
湿真密度/(g/mL)	1.06~1.11		
含水量/%	42~48		

续表

指标名称		指　　标		
		优等	一等	合格
粒度/%	0.315～1.25mm	≥95		
	小于0.315mm	≤1	—	
有效粒径/mm		0.42～0.58		
均一系数		≤1.7		
磨后圆球率/%		≥95	≥90	≥75

SH 2605.06—1997（OH 型/Cl 型）

指标名称	201×7	201×7FC	201×7SC	201×7MB
全交换容量/(mmol/g)	3.80/3.60	3.80/3.60	3.80/3.60	3.80/3.60
强型集团容量/(mmol/g)	3.60/3.40	3.60/3.40	3.60/3.40	3.60/3.40
体积交换容量/(mmol/mL)	1.15/1.40	1.15/1.40	1.15/1.35	1.20/1.40
含水率/%	53～58/42～48	53～58/42～48	53～58/42～48	53～58/42～48
湿视密度/(g/mL)	0.66～0.71/ 0.67～0.73	0.66～0.71/ 0.67～0.73	0.66～0.71/ 0.67～0.73	0.66～0.71/ 0.67～0.73
湿真密度/(g/mL)	1.06～1.19/ 1.07～1.10	1.06～1.19/ 1.07～1.10	1.06～1.19/ 1.07～1.10	1.06～1.19/ 1.07～1.10
粒度/%	(0.35～1.25mm)≥95	(0.45～1.25mm)≥95	(0.63～1.25mm)≥95	(0.4～0.9mm)≥95
粒度/%	(<0.315mol)≤1	(<0.45mol)≤1	(<0.63mol)≤1	(<0.90mol)≤1
有效粒径/mm	0.42～0.58	0.50～0.75	0.65～0.90	0.50～0.70
均一系数	1.60	1.60	1.40	1.40
渗磨圆球率/%	90	90	90	90

【应用】　主要用于脱盐水、纯水和高纯水的制备，放射性元素的提取及在海藻类物质中提取碘，化学试剂的提取及污水处理等。

① 用201×7强碱性阴离子树脂与001×7强酸性阳离子树脂配套使用组成复床，对原水进行除盐处理。常用工艺如两床式除盐工艺、两床三塔式除盐工艺、三床四塔式除盐工艺、四床五塔式除盐工艺。

② 201×7MB阴离子树脂是混合床离子交换处理专用，可与001×7强酸性阳离子树脂配套使用，组成混合离子交换床用作对水深度化学除盐处理。

9.3.3.2　201×4强碱性苯乙烯型阴离子交换树脂

国内曾用名711；国外类似品牌有 AmberLite IRA-402（美），Dowex 1×4（美），Diaion -SA11A（日）。

【结构式】

强碱 I 型

【物化性质】　本品为淡黄色至金黄色粒状物质，不溶于水、酸、碱和各种有机溶剂，比201×7强碱阴离子交换树脂膨胀率更大，具有较高的工作交换容量和耐渗透特性，适用于大分子阴离子吸附。物化性能稳定，耐渗透压冲击。

【制备方法】　与201×7强碱性苯乙烯型阴离子交换树脂基本相同，其唯一的差别是该产品的交联度较低（即交联度为4）。

【技术指标】　HG/T 2163—91 01×4树脂（氯型）

指标名称		指　标		
		优等品	一等品	合格品
含水量/%		≥54～56	≥53～63	≥53～63
质量全交换容量 $Q_m^n\left(\frac{1}{x}B^{x-}\right)$/(mmol/g)		≥4.0	≥3.8	≥3.6
体积全交换容量 $Q_V^n\left(\frac{1}{x}B^{x-}\right)$/(mmol/mL)		≥1.15	≥1.05	≥0.95
中性盐分解容量 $Q_m\left(\frac{1}{x}B^{x-}\right)$/(mmol/g)		≥3.5	≥3.3	≥3.1
湿视密度/(g/cm³)		0.66～0.73		
湿真密度/(g/cm³)		1.04～1.08		
粒度/%	0.315～1.250mm	≥95		
	小于0.315mm	≤1		
均一系数		≤1.7		
有效粒径/mm		0.42～0.60		
磨后圆球率/%		95	90	75

【应用】　201×4强碱阴离子交换树脂在纯水、高纯水制备中主要用于起精制作用的混合床。这种混合床是由阳、阴离子交换树脂填充而成，作用是在除盐设备之后去除水中残存的微量盐、二氧化硅和有机物，并且将pH值调节到6～7.5。由于201×7强碱阴离子交换树脂交联度较高，而201×4强碱阴离子交换树脂具有较小的交联度，因此抗有机物污染能力较强，所以用于精混床代替201×7强碱阴离子交换树脂比较适宜。

9.3.3.3　D201大孔强碱性季铵Ⅰ型苯乙烯系阴离子交换树脂

国内曾用名DK251、290、D201/7、D231、731等；国外类似品牌有AmberLite IRA-900（美），Dowex MSA-1（美），Lewatit MP 500（德），Diaion -PA308（日）。

【结构式】

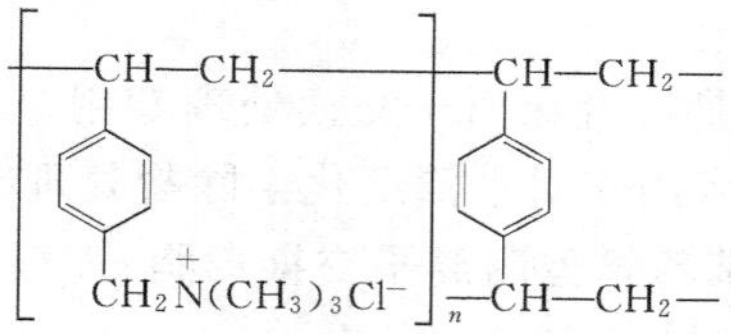

强碱Ⅰ型

【物化性质】　本品为乳白色至淡黄色、不透明粒状，属于大孔离子交换树脂。其颗粒粒径为0.3～1.25mm，相对密度为1.0～1.1，树脂含固量为35%～60%，含水量为40%～60%。不溶于水、酸、碱和各种有机溶剂，但在不同型式或不同介质中有一定程度的膨胀或收缩。本品在水溶液中呈强碱性，可交换一般无机酸根阴离子，也可交换弱酸根阴离子。该产品可在pH=0～14范围内使用，氯型允许使用温度≤80℃，氢氧型允许使用温度≤60℃。

【制备方法】

①　大孔型苯乙烯和二乙烯苯共聚珠体的制备　在苯乙烯、二乙烯苯的混合物中加入一种可与单体互混但不参加聚合反应的惰性致孔剂，在引发剂的作用下于65～95℃范围内进行悬浮共聚合成珠体。具体制备工艺同D001大孔型苯乙烯和二乙烯苯共聚珠体基本相同。

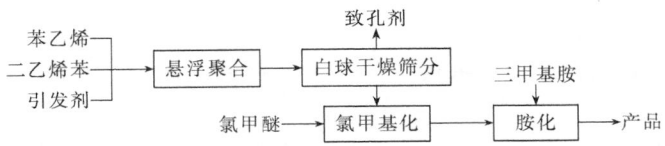

② 大孔型苯乙烯和二乙烯苯共聚珠体的氯甲基化和胺化 在傅氏催化剂作用下与氯甲醚作用进行氯甲基化反应，然后氯甲基化珠体与三甲胺进行胺化反应得 D201 大孔强碱性树脂。具体工艺同 201×7 强碱 I 型阴离子交换树脂相似。

工艺流程如图 9-6 所示。

图 9-6 D201 大孔强碱性季铵 I 型苯乙烯系阴离子交换树脂制备流程

【技术指标】 SH 2605.07—1997（OH 型/Cl 型）

指 标 名 称	D201	D201FC	D201SC
全交换容量/(mmol/g)	≥4.00/3.80	≥4.00/3.80	≥4.00/3.80
羟基含量/(mmol/g)	≥3.3./3.60	≥3.3./3.60	≥3.3./3.60
体积交换容量/(mmol/mL)	≥0.90/1.15	≥0.90/1.10	≥0.95/1.15
含水率/%	55~65/50~60	55~65/50~60	55~65/50~60
湿视密度/(g/mL)	0.63~0.72/0.68~0.73	0.67~0.72/0.68~0.73	0.67~0.72/0.68~0.73
湿真密度/(g/mL)	1.05~1.08/1.06~1.10	1.05~1.08/1.06~1.10	1.05~1.08/1.06~1.10
粒度/%	(0.315~1.2mm)≥95	(0.45~1.25mm)≥95	(0.63~1.75mm)≥95
粒度/%	(<0.315mm)≤1	(<0.45mm)≤1	(<0.63mm)≤1
有效粒径/mm	0.40~0.70	0.50~0.75	0.65~0.90
均一系数	≤1.60	≤1.60	≤1.40
渗磨圆球率/%	≥90	≥90	≥90

【应用】

① 用于制备除盐水和纯水。D201 大孔强碱性阴离子树脂与 001×7 强酸性阳离子树脂（或 D001 强酸性阳离子树脂）等配套使用。

② 用于高纯水制备，尤其适用于高速混床凝结水处理装置。D201 大孔强碱性阴离子树脂与 D001 强酸性阳离子树脂组成混床（MB）用于凝结水处理或高纯水制备。D201MB 强碱性苯乙烯阴离子交换树脂与 001×7MB 强酸性阳离子树脂组成混床用于水深度化学除盐。

9.3.3.4 D202 大孔强碱性季铵 II 型苯乙烯系阴离子交换树脂

国内曾用名 D252、D208、D231、763、II 型多孔树脂等；国外类似品牌有 AmberLite

910（美），Dowex MSA-2（美）；Lewatit MP 600（德），Diaion -PA412（日）。

【结构式】

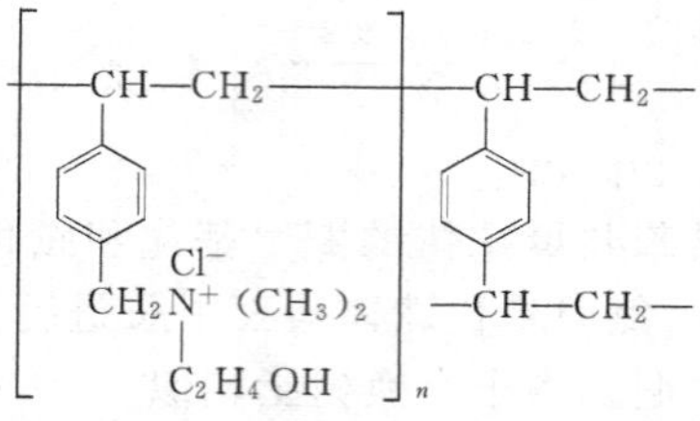

强碱Ⅱ型

【物化性质】 本品为乳白色至淡黄色、不透明球状颗粒，属于大孔离子交换树脂。不溶于水、酸、碱和各种有机溶剂，但在不同型式或不同介质中有一定程度的膨胀或收缩。本品在水溶液中呈强碱性，可交换一般无机酸根阴离子，也可交换弱酸根阴离子。该树脂碱性与化学稳定性比 D201 型树脂弱，但再生效率和抗有机物污染能力更强。本品使用 pH 值范围为 4～11，允许使用温度≤40℃。

【制备方法】

① 大孔型苯乙烯和二乙烯苯共聚珠体的制备 在苯乙烯、二乙烯苯的混合物中加入一种可与单体互混但不参加聚合反应的惰性致孔剂，在引发剂的作用下于 65～95℃ 范围内进行悬浮共聚合成珠体。具体制备工艺同 D001 大孔型苯乙烯和二乙烯苯共聚珠体基本相同。

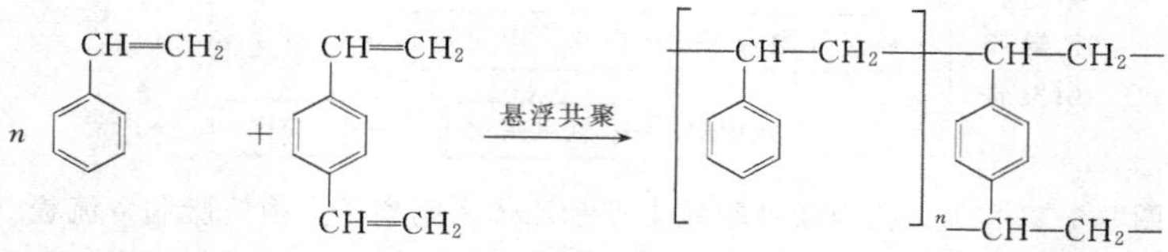

② 大孔型苯乙烯和二乙烯苯共聚珠体的氯甲基化 在傅氏催化剂作用下与氯甲醚作用，进行氯甲基化反应，具体工艺同 201×7 强碱Ⅰ型阴离子交换树脂基本相同。

③ 大孔型苯乙烯和二乙烯苯共聚珠体的胺化 将经醇-苯混合液洗涤，再经抽滤所得的合格大孔型氯甲基珠体与苯依次加入反应釜中，在室温下膨胀 1～2h。在搅拌下滴加二甲基乙醇胺的甲醇溶液。胺溶液滴加完毕后，逐步升温至 20～25℃ 反应 4～6h。然后升温至30～50℃ 反应 4～6h，过滤、出料、干燥。将干燥的胺化珠体在饱和食盐水溶液中浸泡 3～4h，在搅拌下滴加自来水至溶液相对密度为 1 后，水洗，再加盐酸调节 pH=2～3，水洗至中性便可得到最终产品。

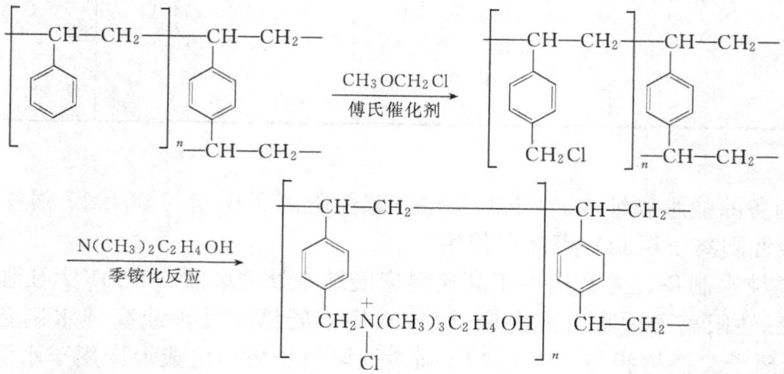

具体工艺流程如图 9-7 所示。

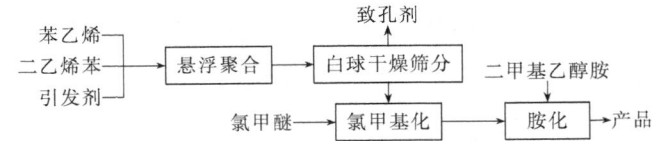

图 9-7   D202 大孔强碱性季铵 Ⅱ 型苯乙烯系阴离子交换树脂制备流程

【技术指标】   SH 2605.08—1997（OH 型/Cl 型）

指 标 名 称	D202	D202 FC	D202 SC
全交换容量/(mmol/g)	≥3.7/3.60	≥3.7/3.60	≥3.7/3.60
强型基团含量/(mmol/g)	≥3.50/3.30	≥3.50/3.30	≥3.50/3.30
体积交换容量/(mmol/mL)	≥1.10/1.20	≥0.95/1.15	≥1.00/1.20
含水率/%	50～60/47～57	50～60/47～57	50～60/47～57
湿视密度/(g/mL)	0.67～0.72/0.68～0.73	0.67～0.72/0.68～0.73	0.67～0.72/0.68～0.73
湿真密度/(g/mL)	1.06～1.08/1.07～1.12	1.06～1.08/1.07～1.12	1.06～1.08/1.07～1.12
粒度/%	(0.315～1.25mm)≥95 (<0.315mm)≤1	(0.45～1.25mm)≥95 (<0.45mm)≤1	(0.63～1.25mm)≥95 (<0.355mm)≤1
有效粒径/mm	0.40～0.70	0.50～0.75	0.65～0.90
均一系数	≤1.60	≤1.60	≤1.40
渗磨圆球率/%	≥90	≥90	≥90

【应用】   主要用于脱盐水、纯水及高纯水的制备，由于大孔强碱 Ⅱ 型阴离子交换树脂比凝胶型阴离子交换树脂交换容量高、再生效率高、抗有机物污染能力强，因此可与凝胶型强酸型阳离子交换树脂（001×7）配合使用，构成复床，制备脱盐水。在原水含盐量较高时，可与凝胶型强碱阴离子交换树脂（201×7）构成阴复床或阴双层床用于纯水和高纯水处理系统。这种树脂国外使用比较普遍。

9.3.3.5   D301 大孔弱碱性苯乙烯型阴离子交换树脂

国内曾用名 D351、D354、D370、多孔弱碱树脂、750B、710A、710B（致孔剂不同分为 A、B）等；国外类似品牌有 AmberLite IRA-93（美），AmberLite IRA-94（美）、Dowex MWA-1（美），Lewatit MP 64（德），Diaion -WA30（日）。

【结构式】

$$\left[\begin{array}{c} CH-CH_2 \\ \\ CH_2N(CH_3)_2 \end{array} \right]_n \begin{array}{c} CH-CH_2 \\ \\ CH-CH_2 \end{array}$$

【物化性质】   本品为淡黄色至金黄色不透明粒状，其颗粒粒径为 0.3～1.25mm，相对密度为 1.0～1.1，树脂含固量为 35%～60%，含水量为 40%～60%。本品在水溶液中呈弱碱性，能在酸性、近中性介质中有效地交换强酸阴离子，对硅酸等弱酸几乎无交换能力，具有交换容量大、再生效率高、抗有机物污染能力强，机械强度好等优点。可用于 pH 值范围为 0～9，允许使用温度≤100℃。

【制备方法】

① 大孔型苯乙烯和二乙烯苯共聚珠体的制备   D301 大孔型苯乙烯和二乙烯苯共聚珠体的制备与 D001 大孔型强酸阳离子交换树脂基本相同。以在苯乙烯、二乙烯苯为共聚单体，在致孔剂存在下，用过氧化苯甲酰为引发剂，在水分散介质体系中，以明胶为分散剂，于 65～95℃范围内进行自由悬浮共聚合成珠体。

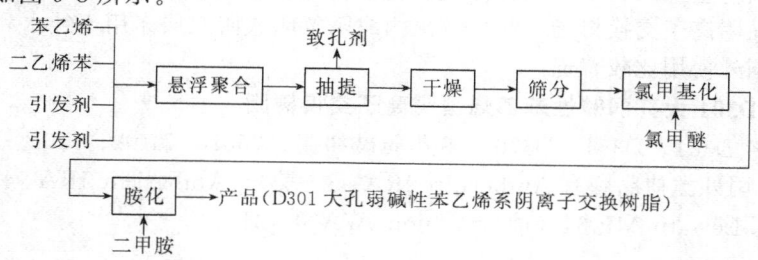

② 大孔型苯乙烯和二乙烯苯共聚珠体的氯甲基化　将经过聚合、水洗、烘干、提取致孔剂、筛分等工序得到的合格共聚珠体投入反应釜，加入氯甲醚，在 25℃膨胀 2h，加入氯化锌，在 38℃下反应 12h，取样测定氯含量在 18.0% 以上时停止反应。珠体、氯甲醚、氯化锌的配比为 1:3.8:0.6（质量）。

③ 大孔型苯乙烯和二乙烯苯共聚珠体的胺化　用甲缩醛洗涤氯甲基化珠体，并用球体一倍量的甲缩醛膨胀 2h。在 20℃下滴加二甲胺水溶液，滴加时间为 5h。随后在 20℃下保温 12h，抽出母液，经水洗，转型等后处理后，得到 D301 大孔型弱碱阴离子交换树脂。

工艺流程如图 9-8 所示。

苯乙烯
二乙烯苯
引发剂
引发剂　→　悬浮聚合　→　抽提　→　干燥　→　筛分　→　氯甲基化
　　　　　　　　　　　　致孔剂↑　　　　　　　　　　　　↑氯甲醚

胺化　→　产品（D301 大孔弱碱性苯乙烯系阴离子交换树脂）
↑二甲胺

图 9-8　D301 大孔弱碱性苯乙烯型阴离子交换树脂制备流程

【技术指标】　HG/T 2165—91

指 标 名 称	优等	一等	合格
全交换容量/(mmol/g)	≥4.80	≥4.60	≥4.20
体积交换容量/(mmol/mL)	≥1.5	≥1.4	≥1.3
含水率/%	50~60	50~60	45~65
湿视密度/(g/mL)	0.65~0.72	0.65~0.72	0.65~0.72
湿真密度/(g/mL)	1.03~1.07	1.03~1.07	1.03~1.07
粒度(0.315~1.25mm)/%	≥95	≥95	≥90
粒度(≤0.315mm)/%	≤1	≤1	≤1
有效粒径/mm	0.45~0.70	0.45~0.70	0.45~0.70
均一系数	≤1.60	≤1.70	≤1.70
渗磨圆球率/%	≥95	≥90	≥85

【应用】

① 用于除盐和制备纯水　D301 大孔弱碱阴离子交换树脂与 001×7 强酸性阳离子交换树脂、201×7 强碱性阴离子交换树脂组合成复床除盐工艺，除盐或制备纯水。常用工艺如

弱碱二床三塔式、弱碱三床四塔式、弱碱四床五塔式、弱碱-弱碱四床五塔式除盐工艺。

② 用于制备高纯水　D301 大孔弱碱阴离子交换树脂与 001×7 强酸性阳离子交换树脂、201×7 强碱性阴离子交换树脂组合成复床-混床除盐工艺，制备高纯水。常用工艺如弱碱-混床三床四塔式、弱碱-弱碱四床五塔式、弱碱四床五塔式除盐工艺。

③ 用于双层床除盐或制备纯水　D301 大孔弱碱阴离子交换树脂与 201×7 强碱性阴离子交换树脂配套成双层床，除盐或制备纯水。常用工艺如阴离子双二床三塔式、阴离子双三床四塔式除盐工艺。

9.3.3.6　大孔强碱性丙烯酸系阴离子交换树脂

【结构式】

$$\left[CH_2-CH_2-\overset{\overset{\displaystyle O}{\|}}{C}-NH-CH_2-\overset{+}{N}(CH_3)_3Cl^-\right]_n$$

【物化性质】　产品为白色至淡黄色不透明球状颗粒，湿视密度为 $0.8\sim1.05g/mL$，亲水性好，脱色能力大，再生效率高。抗污染能力较苯乙烯为骨架的产品强，但耐热性较差。

【制备方法】　丙烯酸甲酯与二乙烯苯的共聚物，经胺解、烷基化后，制得丙烯酸系强碱性阴离子交换树脂。

以丙烯酸酯类为单体，二乙烯基苯等为交联剂，惰性溶液为致孔剂，明胶为分散剂在一定的温度和搅拌速度下进行悬浮共聚，然后把共聚珠体和 N,N-二烷基二胺按一定比例反应，得到叔胺型弱碱性阴离子交换树脂（即叔胺球）。再将叔胺球和碱性水溶液反应，通入卤代烷，得到白色不透明的季铵型强碱性阴离子交换树脂。

$$二乙烯苯 + 丙烯酸酯 \xrightarrow[交联]{共聚} \underset{珠体}{苯苯树脂} \left(CH-CH_2\right)_m \cdots \underset{COOR}{|} \xrightarrow[胺解]{H_2N(CH_2)_nNR'_2}$$

$$\left(CH-CH_2\right)_m \cdots \underset{CONH(CH_2)_nNR'_2}{|} \xrightarrow[烷基化]{R''X} \left(CH-CH_2\right)_m \cdots \underset{\underset{CONH(CH_2)_n-\overset{+}{N}-R''}{\underset{X^\ominus}{|}}}{R''}$$

叔胺球　　　　　　　　　季铵球

此外，也可用 N-(N'-二烷基胺)甲基丙烯酰胺与二乙烯苯共聚，可直接得到带叔胺基的树脂。

【应用】　主要用于水处理和脱色。可用于新霉素和庆大霉素脱色以及含有机杂质较多的工艺废水处理等方面。

丙烯酸甲酯与二乙烯苯的共聚物，可用多种胺进行胺解，制成丙烯酸系弱碱树脂。若进一步进行烷基化，还可得到丙烯酸系强碱性阴离子交换树脂。

交联聚丙烯酸甲酯与多乙烯多胺进行胺解可得到弱碱性树脂：

$$\underset{COOC_2H_5}{\overset{\displaystyle -CH-CH_2-}{|}} \xrightarrow{HN\,(C_2H_4NH_2)_2} \begin{array}{c} -CH-CH_2-\\ |\\ C=O\\ |\\ NH-C_2H_4-NH-C_2H_4-NH\\ |\\ C=O\\ |\\ -CH-CH- \end{array}$$

此反应会产生附加交联。

丙烯酸甲酯与二乙烯苯的共聚物在二乙苯或苯乙酮的溶胀下于 $130\sim150℃$ 和四乙烯五胺反应，生成多胺树脂，交换量可达 $7.0meq/g$。再用甲醛、甲酸进行甲基化，可得到叔胺树脂。用 N,N-二甲基丙二胺与交联聚丙烯酸甲酯在 175℃ 反应 18h，也可得到含叔胺基的弱酸性树脂，交换量在 5meq/g 以上。

$$\begin{array}{c}\mathrm{-CHCH-}\\|\\\mathrm{COOCG_2}\end{array} + \mathrm{NH_2(CH_2)_3N} \begin{array}{c}\mathrm{CH_3}\\\\\mathrm{CH_3}\end{array} \longrightarrow \begin{array}{c}\mathrm{-CHCH_2-}\\|\\\mathrm{C=O}\\|\\\mathrm{NH(CH_2)_3N} \begin{array}{c}\mathrm{CH_3}\\\\\mathrm{CH_3}\end{array}\end{array}$$

用 N-(N′-二烷基胺) 甲基丙烯酰胺与二乙烯苯共聚，可直接得到带叔胺基的树脂：

$$\begin{array}{c}\mathrm{-CH-CH_2-}\\|\\\mathrm{C=O}\\|\\\mathrm{NHCH_2-N} \begin{array}{c}\mathrm{R}\\\\\mathrm{R}\end{array}\end{array}$$

这里 R＝—CH₃，—CH₂CH₃，—C₃H₇，—C₃H₉或—C₆H₁₃。

与苯乙烯系阴离子交换树脂相比，强碱性丙烯酸系树脂的优点显得更加突出，其合成方法是将带叔胺基的丙烯酸系树脂和溶有 Na₂CO₃ 的水溶液加到高压釜中，通入氯甲烷直到达到 0.3MPa 以上，并在此压力下反应 18h，得到交换容量 4.0meq/g 以上的强碱性树脂（弱碱交换容量 0.23meq/g）：

$$\begin{array}{c}\mathrm{-CHCH_2-}\\|\\\mathrm{C-NHCH_2-NR_2}\\\|\\\mathrm{O}\end{array} + \mathrm{CH_3Cl} \longrightarrow \begin{array}{c}\mathrm{-CHCH_2-}\\|\\\mathrm{C-NHCH_2-N} \begin{array}{c}\mathrm{CH_3}\\\\\mathrm{R_2}\\\\\mathrm{Cr}\end{array}\\\|\\\mathrm{O}\end{array}$$

在碱性条件下用氯乙醇进行烷基化，可制成多羟基季铵树脂。

9.3.3.7　大孔弱碱性丙烯酸系阴离子交换树脂
【结构式】

$$\begin{array}{c}\mathrm{-CH_2-CH-} \cdots \mathrm{CH-CH_2-}\\|\\\mathrm{C=O}\\|\\\mathrm{NH}\\|\\\mathrm{(C_2H_4NH)_{3\sim5}H}\end{array}\quad(\mathrm{I})$$

$$\left[\begin{array}{c}\mathrm{-CH_2-CH-} \cdots \mathrm{CH-CH_2-}\\|\\\mathrm{C=O}\\|\\\mathrm{NH}\quad\mathrm{CH_3}\\|\\\mathrm{(C_2H_4N)_{3\sim5}}\end{array}\right]_n\quad(\mathrm{II})$$

(a)（I）式甲基化而成

$$\left[\begin{array}{c}\mathrm{-CH_2-CH-} \cdots \mathrm{CH-CH_2-}\\|\\\mathrm{C=O}\\|\\\mathrm{NH}\quad\mathrm{CH_3}\\|\\\mathrm{(C_2H_4N)_{3\sim5}-CH_2NH}\\|\\\mathrm{CH_3}\end{array}\right]_n\quad(\mathrm{III})$$

(b) 与所用多胺有关

【物化性质】　产品为白色至淡黄色不透明球状颗粒，湿视密度为 0.8～1.05g/mL，亲水性好，脱色能力大，再生效率高，使用温度≤40℃。

【制备方法】 将丙烯酸甲酯与交联剂二乙烯苯进行悬浮共聚，加入致孔剂，反应生成珠状共聚物，再经过多乙烯多胺酰胺化反应后制得。

中国专利 CN85104153 在装有搅拌器、温度计、回流冷凝器的 2000mL 反应瓶中，加入 1000mL 水，3g 明胶，100g 氯化钠，搅拌溶解，在一烧杯中称取 75g 二乙烯苯，3g 过氧化苯甲酰，225g 丙烯酸甲酯，120g 汽油，10g 苯二甲酸二甲酯，混合均匀后加入反应瓶中，搅拌成珠状，在 80℃ 下反应 14h，然后冷却、过滤、水洗、干燥。称取大孔共聚物 100g，加入带有搅拌器、回流冷凝器、温度计的 1000mL 反应瓶中，加入 300g 甲苯，2h 后加入 200g 乙二胺，100g 四乙烯五胺，于 100℃ 下反应 10h，蒸出甲苯，水洗树脂，用盐酸酸化，再用水洗后得到树脂成品。

【应用】 主要用于水处理，稀有元素的提炼，脱色等，并可处理含有机物的溶液。

9.3.3.8 弱碱性环氧系阴离子交换树脂

国内曾用名 331、330、701。

【结构式】

【物化性质】 白色至金黄色球状颗粒，含水量 55%～65%，湿真密度 1.05～1.09g/mL，具有交换容量较高、容易再生且再生效率高、抗污染能力强的优点。

【制备方法】

(1) 由多乙烯多胺（如四乙烯五胺或五乙烯六胺）与环氧氯丙烷缩聚而成。

① 预缩物的制备　在反应釜中加入 27.4kg 四乙烯五胺和 60kg 纯水，夹套加入冷冻剂，开始搅拌，控制温度在 30℃，缓慢加入 33.1kg 环氧氯丙烷，然后升温（控制在 50℃ 以下），若温度上升，可适当缩短维持时间。

② 悬浮缩聚　将透平油 132.5kg、机械油 132.5kg 混合加入抗凝剂 0.9kg，预先加热到 70℃，然后加入预缩物，温度自动降到 66～67℃，加完后自动升温或略加升温至 70℃，约 0.5h 成型，保温 1h 再升温至 90℃，维持 1h，放料，滤去油层装盘，在 110～115℃ 的条件下固化 24h。

③ 后处理　将固化的树脂抽入干燥设备，用汽油 120kg，分四次淋洗，滤去汽油，在 50℃ 下进行干燥、出料、过筛、筛取 10～50mg 颗粒、酸碱处理，水洗、抽干，即得产品。

工艺流程如图 9-9 所示。

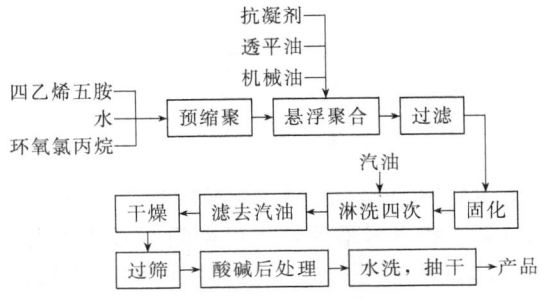

图 9-9　弱碱性环氧系阴离子交换树脂制备流程

（2）用环氧氯丙烷与多乙烯基多胺反应，经过胺化与开环的逐步共聚和反应，再直接得到多氨基阴离子交换树脂过程中，不生成或得到低分子物。

一步成球法：将 910 份氯苯、1080 份二氯苯和 20 份顺聚 1,4-丁二烯混合均匀，在搅拌状态下，温度为 20～30℃，缓慢加入溶解在 264 份水中的 205 份多乙烯基多胺，控制温度在 30℃下，滴加 313 份环氧氯丙烷，逐渐升温搅拌 6～8h 至 100℃。蒸出水与氯苯共沸物，到 140℃大部分水已蒸出，继续加热 4h，然后降温，过滤，水洗，醇洗，酸碱处理，水洗，即得产品。

（3）另一种制备方法如下。

① 由多乙烯多胺与环氧氯丙烷预聚制成浆液，再悬浮聚合，使缩聚反应完成。

取 189 份四乙烯五胺，溶解在 366 份去离子水中，控制温度在 28～30℃下，0.5h 内滴完 277 份环氧氯丙烷，升温至 50℃，保持 1～1.5h，得到聚合物浆液。

② 将 5 份聚苯乙烯加到 30 份邻二氯苯中，溶解后再加入 98 份邻二氯苯和 96 份二甲苯，搅拌混合均匀。加入 83.2 份上述的聚合物浆液，升温至 87℃，使其逐步固化，再升温至 100～102℃，蒸出二甲苯及水共沸液体，最好升温至 130～140℃，保温 2h，冷却、过滤、苯洗。

③ 叔胺化反应：将上述树脂先用甲酸浸泡后加到三口瓶中，然后加入甲醛，回流 12h，得叔胺化后的树脂。季铵化反应：将上述树脂用二甲基甲酰胺或甲醛溶胀后，在三口瓶中，滴加碘甲烷即得。

【应用】 主要用于水处理中除去 Cl^-、SO_4^{2-} 等，链霉素精制中除去酸，提取有机酸和脱除色素等。

9.3.3.9   缩聚型阴离子交换树脂

缩聚型阴离子交换树脂的合成主要有两条路线，一是芳香胺或芳香胺和脂肪多胺与甲醛缩聚，二是多胺与环氧氯丙烷缩聚。

间苯二胺与甲醛的盐酸溶液分散悬浮于邻苯二甲酸二乙酯、邻苯二甲酸二辛酯和四氯化碳的混合介质中，在 35℃聚合 20min 即可固化成球，再在 100℃条件下聚合 15～20h，得到弱碱性树脂：

间苯二胺和多乙烯胺与甲醛头聚，得到下面结构的树脂：

这就是最早的阴离子交换树脂 Wofatit M，交换容量为 1.2meq/mL。

用苯酚代替间苯二胺与多胺和甲醛缩聚，也可得到弱碱性树脂。如苯酚和四乙烯五胺与甲醛缩聚至浆状液，再在邻二氯苯中进行悬浮聚合，可得到球状弱碱性树脂，交换量可达 9.97meq/g 和 2.39meq/mL。

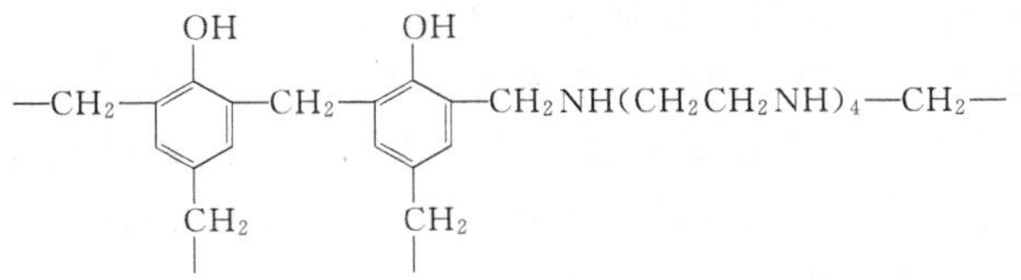

$$—CH_2\overset{\underset{\displaystyle OH}{|}}{\bigcirc}CH_2\overset{\underset{\displaystyle OH}{|}}{\bigcirc}CH_2NH(CH_2CH_2NH)_4—CH_2—$$

三聚氰胺、胍与甲醛缩聚制成的弱碱性树脂，交换量为 5.23meq/g 和 2.56meq/mL。

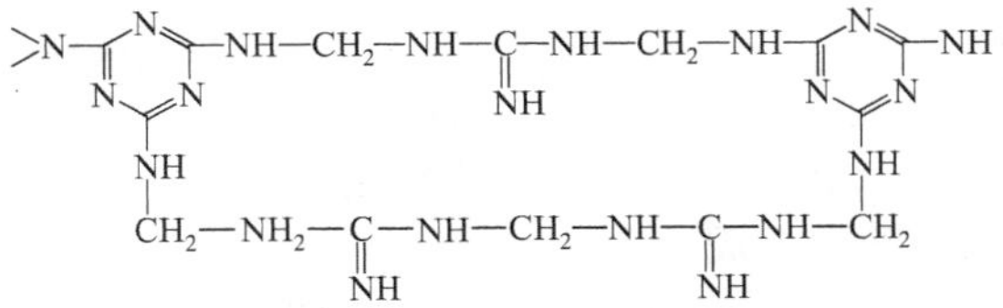

$$\text{结构式}$$

此树脂能从水溶液中吸附染料，能与一些有色及贵金属（如 Cu^{2+}、Ni^{2+} 等）生成络合物，也可用于提纯蔗糖。但在酸性溶液中易水解。

氯代环氧丙烷及其衍生物与多乙烯多胺缩聚可以制成带有伯胺、仲胺、叔胺及季胺的阴离子交换树脂。合成方法是 1mol 的四乙烯五胺和 3mol 的环氧氯丙烷的水溶液（在 28～30℃条件下慢慢滴加环氧氯丙烷），在 50℃时加热 1～1.5h，制成浆状液，再分散在邻二氯苯和二甲苯混合液中进行悬浮聚合，得到性能优良的阴离子交换树脂。

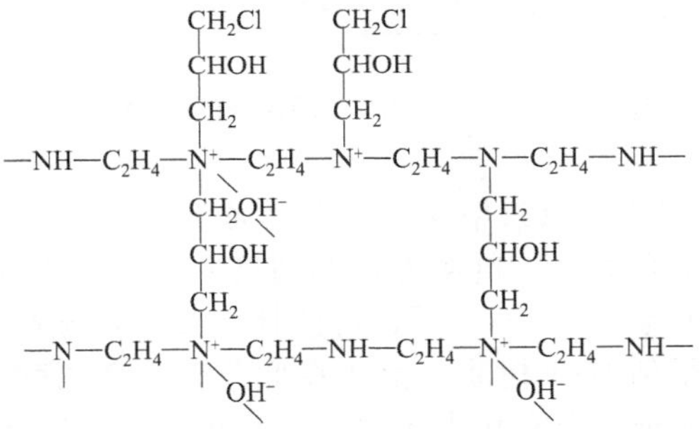

$$\text{结构式}$$

树脂的总交换容量达 9.5meq/g 和 2.5meq/mL，其中强碱交换容量接近 1meq/g，耐压强度接近 700g。在水处理、天然产物的提取分离、酸类回收及吸附铜、银离子等方面，这种树脂有许多用途。

9.3.4　螯合树脂

螯合树脂是指带有螯合基团，能与金属离子形成多配位络合物的交联功能高分子材料。在其功能基中存在着具有未成键孤对电子的 O、N、S、P、As 等原子，这些原子能以一对孤对电子与金属离子形成配位键，构成与小分子螯合物相似的稳定结构。一些螯合树脂功能基的可解离部分还可像普通离子交换树脂一样能与金属离子形成离子键。按配位原子分类，有以下 6 种类型：a. N,O 配位基螯合树脂；b. N,N 配位基螯合树脂；c. O,O 配位基螯合树脂；d. 含硫螯合树脂；e. 含磷螯合树脂；f. 冠醚型螯合树脂。

与普通离子交换树脂相比，螯合树脂与金属离子的结合力更强，选择性更高。其合成方法基本上与离子交换树脂相似，一是使具有配位基的低分子化合物聚合，二是通过高分子反应将配位基引入交联聚合物，得到各种结构的螯合树脂。下面按照配位原子的类型分组概述。

9.3.4.1　N,O 配位基螯合树脂

氨基羧酸类是此类树脂中最重要的品系，其中亚胺二乙酸基（IDA）树脂又是最主要的商品螯合树脂。除氨基羧酸类外，胺（或氨）基近旁有羟基、羧基的基团以及肟基近旁有羟

基、羰基的基团也属此类。这种螯合树脂的吸附速度大,对大多数金属离子具有选择吸附性,容易再生,应用最广泛。IDA 树脂的合成方法很多,主要有以下 2 种。

① 通过高分子反应在高分子载体上引入配位体 如苯乙烯系亚氨基二乙酸型螯合树脂是在苯乙烯-二乙烯苯共聚所得的聚苯乙烯母体中引入官能团而制得。

亚氨基二乙酸型树脂的合成:

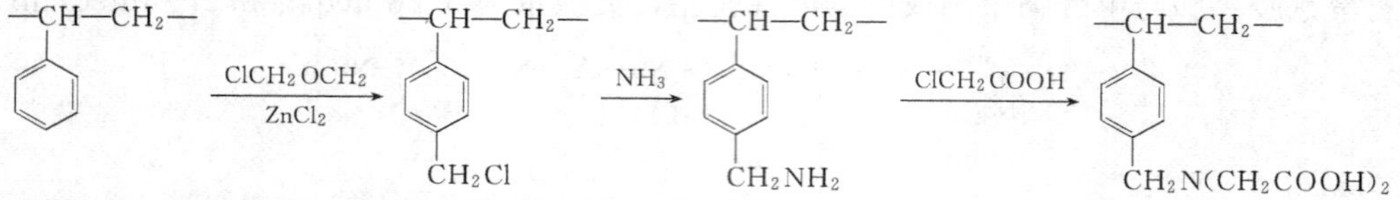

O-羟基苄基亚氨基二乙酸的合成:

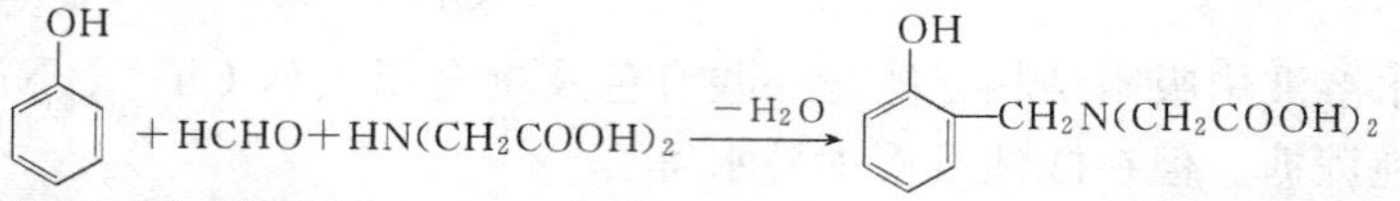

② 含有氨基羧酸的烯类单体的聚合反应 首先合成含氨基羧酸的烯类单体,再进行聚合反应。例如,由氯甲基苯乙烯合成对甲氨基苯乙烯,经氨基与马来酸二乙酯进行加成反应,得到的化合物水解后,得到氨基羧酸单体,它进行自由基聚合生成氨基羧酸树脂。

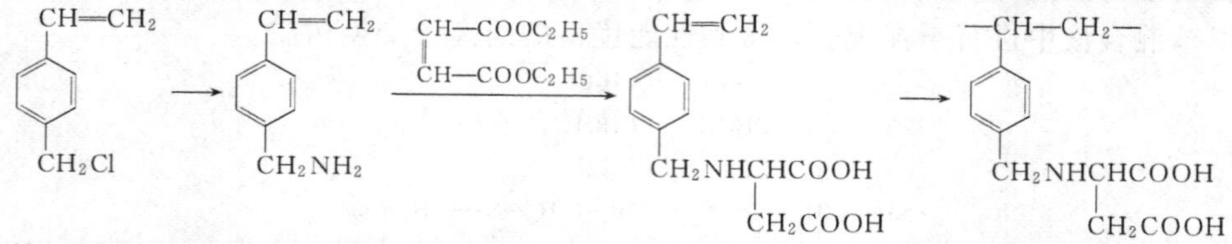

此外,苯乙烯系 IDA 树脂可以氯甲基化中间体或其胺化产物(带伯胺基的弱碱性阴离子交换树脂)为起始原料来合成。其典型方法为将带伯胺基的树脂加到氯乙酸的水溶液中[—NH$_2$ 与氯乙酸的摩尔比为 1:(3～5)],在搅拌状态下用碳酸钠将 pH 值调至并维持在 9,于 60℃反应 8～72h,得到 IDA 树脂。由于在此条件下氯乙酸还会发生水解,因而与苄胺基的反应不易进行得很完全,会有相当多的单乙酸基存在。只有使用过量的氯乙酸或再加入适量的氯乙酸进行二次反应,才能得到对 Cu^{2+} 的吸附较高的树脂。

憎水的氯甲基交联聚苯乙烯很难与水溶性的亲核试剂胺基羧酸反应,因而不能用此类试剂进行胺化,直接得到 IDA 树脂。但是先以三甲胺使氯甲基化中间体部分胺化,则可用亚胺二乙酸直接进行胺化,得到对 Cu^{2+} 的交换量达 1.9mmol/g 的 IDA 树脂。

丙烯酸系和其他缩聚型多胺树脂和间位或对位苯二胺也可以用于制备 IDA 树脂。如 P—C(=O)—NH(CH$_2$NH)$_m$H 可与氯乙酸反应得到胺羧基树脂;苯二胺先与氯乙酸酯反应,经水解制成苯二甘氨酸 C$_6$H$_4$(NHCH$_2$COOH)$_2$,再与甲醛缩聚,得到下面结构的树脂:

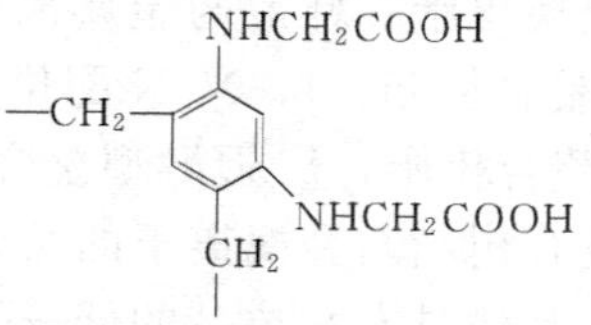

在用上述各种方法制备 IDA 树脂时,使用的氯代羧酸,除氯乙酸外还可用 β-氯丙酸、γ-氯丁酸等;所用的氨基羧酸酯,可以是甲氨基乙酸酯、氨基三乙酸酯、亚胺二丙酸酯等。

尚有其他一些制备亚胺羧酸树脂的方法,但苯乙烯系的 IDA 仍然是最重要的。就基团而言,能形成双五元环的 —N(CH$_2$COOH)$_2$ 最为理想。其对金属离子的选择顺序为:

$$Cu^{2+} \gg Pb^{2+} > Fe^{3+} > Al^{3+} > Ni^{2+} > Zn^{2+} > Co^{2+} > Cd^{2+} > Fe^{2+} > Ba^{2+} > Ca^{2+} \gg Na^+$$

然而在许多合成方法中，所得到的基团的结构并不十分明确，因而共性能与双五元环结构的"半 EDTA"基可能不完全相同。

8-羟基喹啉树脂也是 N，O 配位整合剂，有多种合成方法。最简单的是在酸性条件使 8-羟基喹啉与甲醛进行缩聚：

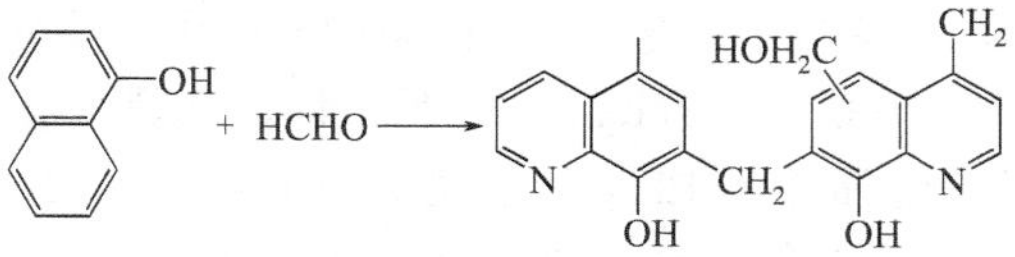

先将 8-羟基喹啉氯甲基化，再与伯胺树脂在 100℃反应 10h，可得到球状螯合树脂：

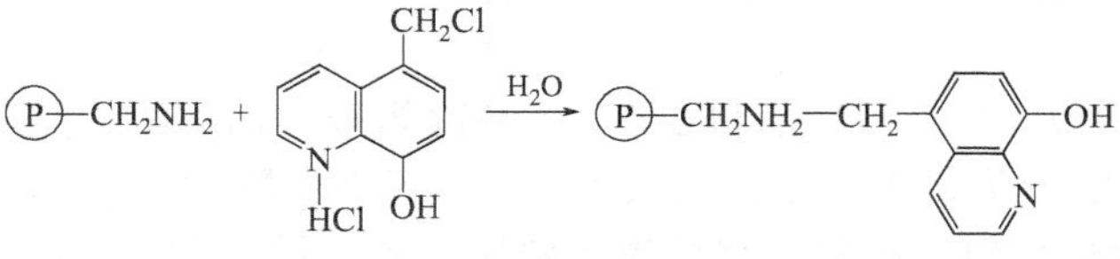

用 5-氯甲基-8-羟基喹啉，在 $SnCl_4$ 催化下与大孔交联聚苯乙烯进行傅-克反应，也可得到 8-羟基喹啉树脂。对 Cu^{2+} 的交换量达到 2.16meq/g。

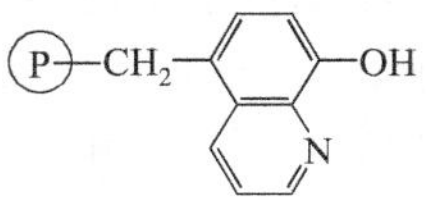

西佛碱也是一大类 N，O 配螯合树脂。基本上都是由伯胺与醛缩合而成。在结构上要求在西佛键的近旁有-OH 或-SH 等配位基，以便形成整合结构。如 2，5-二羟基对苯二甲醛与二胺在冰醋酸中回流 16h，得到下面结构的聚合物

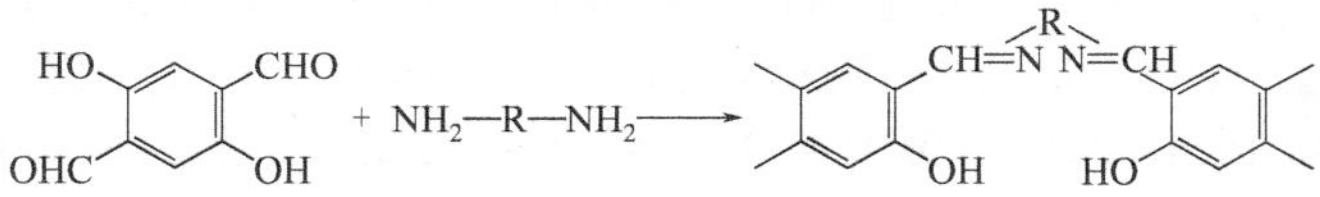

与 Cu^{2+} 形成的螯合物结构为：

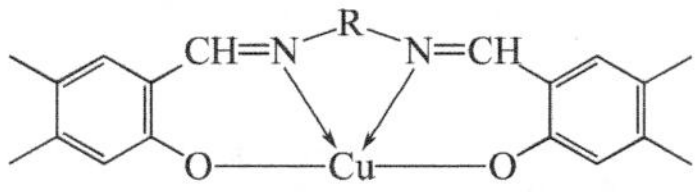

用 2，6-二氨基对甲酚与乙二醛缩合成的西佛碱树脂结构为

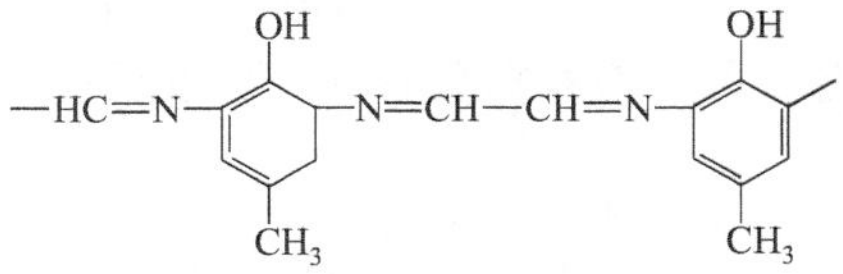

其与 Cu^{2+} 形成的螯合结构与上面的整合物相似。

（1）实例 1

① 将大孔苯乙烯和二乙烯苯氯甲基化共聚珠体在乙醇和二氯乙烷混合溶液中于 20～25℃下搅拌溶胀 1h，加入六亚甲基四胺，在 40℃下搅拌 6h。抽出母液，乙醇洗，加浓盐酸在 pH＜1 和 40℃下分解反应 2h，水洗，加 5%的氢氧化钠在 pH＞14 下转型 2h，然后水洗、过滤得聚乙烯苄胺树脂。

② 配置 30%的氯乙酸水溶液，然后用碳酸钠调节 pH 至碱性，加入上述的聚乙烯苄胺树脂，在搅拌下升温至 60℃反应 6h，再升温至 80℃反应 2h，即得 IDA 树脂。

（2）实例 2

将乙醇洗涤后的大孔氯甲基化珠体，在二氯乙烷溶胀下与 N,N-二甲基苯胺在 43～50℃回流 2h，再加入甲醇和水继续反应 4h，抽出母液，用甲醇和水交替洗涤，制得季铵树脂。然后将该季铵树脂与亚胺二乙酸在碱性条件下回流反应，得到 IDA 树脂。

（3）实例 3

① 用交联度为 8% 的大孔苯乙烯-二乙烯苯的共聚珠体，以二卤代烷作溶剂，浓硫酸或路易斯酸为催化剂，在酸酐的参与下，于 60～100℃ 与羟甲基酞酰亚胺反应，制得酞胺球。然后用 30% 的液碱在 150～170℃，3～7kg/cm² 下水解，获得伯胺球。

② 在装有搅拌器的三口烧瓶中，加入摩尔比为（1∶1）～（1∶2）的伯胺球和氯乙酸，在 40℃ 以下加入与氯乙酸等摩尔的液碱（或稍稍过量的液碱），进行羧甲基化反应。反应 10h 后，除去母液，洗涤，得亚胺二乙酸基型螯合树脂。

（4）实例 4

① 用悬浮共聚法以 1% 二乙烯苯和 2% 双甲基丙烯酸乙二醇酯为交联剂合成凝胶型聚丙烯酸甲酯。以 6% 二乙烯苯和 2% 双甲基丙烯酸乙二醇为交联剂，以 50%200 号汽油为致孔剂，合成大孔型聚丙烯酸甲酯树脂。将所得的树脂与乙二胺在 120℃ 的回流温度下反应 12h，制得凝胶型伯胺树脂（A1）或大孔型伯胺树脂（DAI）。

② 取 18.0g 氯乙酸，用 NaOH 溶液调整 pH 值至 7.0，然后将 12.0g 伯胺基树脂和 24g 无水碳酸钠，72mL 水加入上述溶液中，于 65℃ 反应 4h，分别制得 19.9g 亲水性凝胶螯合树脂（A2），19.2g 亲水性大孔螯合树脂（DA2）和 17.0g 聚苯乙烯骨架型大孔螯合吸附树脂（DS2）。

（5）实例 5

取 80g 氯甲基化胺后的苯乙烯-二乙烯共聚小球，加入 160mL 乙醇、16mL 二氯乙烷混合。搅拌 0.5h 后，加入 10mL 三甲胺盐酸盐，在搅拌下用碱调节 pH 值至 70℃，反应 1h。冷却后用甲醇洗涤。取上述部分季铵化湿树脂 20g，加入 26mL 甲醇、20g 亚胺二乙酸、25mL 40%NaOH 和 15mL 水。升温至 80℃，回流 5～20h，即得部分季铵化的螯合树脂。

8-羟基喹啉树脂也是 N，O 配位基螯合树脂，有多种合成方法，最简单的是在酸性条件下使 8-羟喹啉与甲醛进行缩聚。

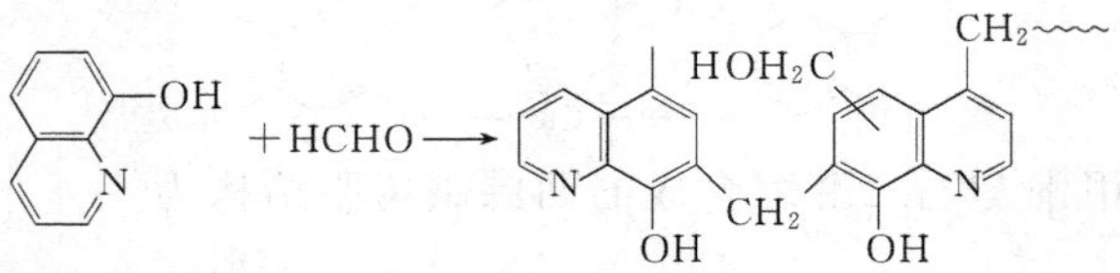

先将 8-羟基喹啉氯甲基化，再与伯胺树脂在 100℃ 下反应 10h，可得到球状螯合树脂。

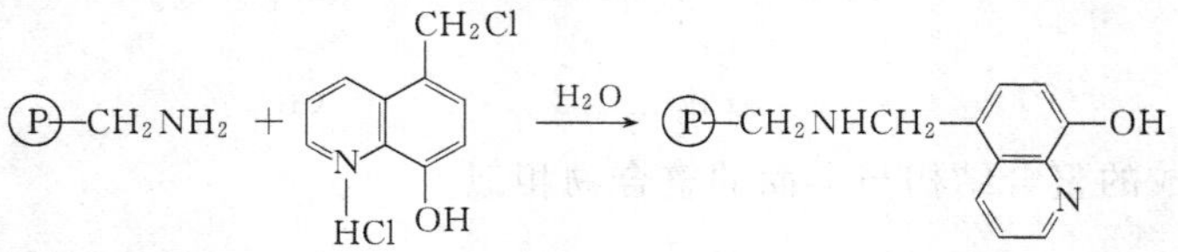

用 5-氯甲基-8-羟基喹啉，在 SnCl₄ 催化下与大孔交联聚苯乙烯进行傅-克反应，可得到 8-羟基喹啉树脂。

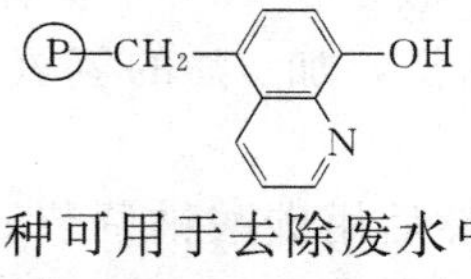

美国专利 US 3886080 公布了一种可用于去除废水中多种重金属离子及富集痕量金属离子的 8-羟基喹啉型离子螯合树脂的制备方法。该方法的具体过程为将硅胶置于经重蒸，氯化钙脱水的甲苯中，加入 γ-氨丙基三乙氧基硅烷，搅拌回流 15～24h，分别用甲苯、丙酮洗

去过量的硅烷化试剂，烘干后置于 $40\sim70$ mL 氯仿中，搅拌下加入 $0.8\sim1.2$ g 对硝基苯甲酰氯及 $0.8\sim1.2$ mL 三乙胺，$40\sim60$℃ 恒温振荡反应 $40\sim60$ h，反应产物依次用氯仿、甲醇、丙酮洗涤，此时产物呈橙黄色；再将此产物置于 $40\sim60$ mL $4\%\sim6\%$（w/v）连二亚硫酸钠溶液中，$40\sim50$℃ 恒温振荡反应 $12\sim18$ h。产物用去离子水洗涤后加入含 $0.8\sim1.2$ g 亚硝酸钠的 2mol/L HCl 溶液中，在 $0\sim4$℃ 条件下搅拌反应 $20\sim40$ min，用冰去离子水洗涤，最后将产物加入含 $0.8\sim1.2$ g 8-羟基喹啉的 $40\sim60$ mL 无水乙醇溶液中，常温搅拌反应 $2\sim4$ h。所得产物先用 1mol/L 的盐酸洗涤，再用去离子水洗涤，$50\sim70$℃ 烘干得产品。

中国专利 CN200510044986.3 公布了一种通过胺甲基化反应合成 8-羟基喹啉型螯合树脂的方法，具体过程为将大孔层析硅胶置于 $0.05\sim0.15$ mol/L HCl 溶液中，在 90℃ 下静置 $18\sim30$ h，用去离子水洗至无氯离子，在真空干燥箱中干燥好，然后置于经重蒸和氯化钙脱水的甲苯中，加入硅烷化试剂，搅拌回流 $12\sim24$ h，分别用甲苯和丙酮洗涤后于 $100\sim120$℃ 下烘干，得中间产物 I；将 8-羟基喹啉溶于 $50\sim70$℃ 下微热的乙醇中，再依次加入 10mmol 多聚甲醛、中间产物 I，然后在 $50\sim70$℃ 下搅拌反应 $5\sim8$ h，得中间产物 II；将中间产物 II 在 $80\sim100$℃ 下干燥 1h，再用乙醇多次洗涤产物后，在 $100\sim120$℃ 下干燥 2h。最后用 1mol/L 的盐酸洗涤一遍，再用去离子水洗至中性，得到具有黄色的 8-羟基喹啉型螯合树脂。

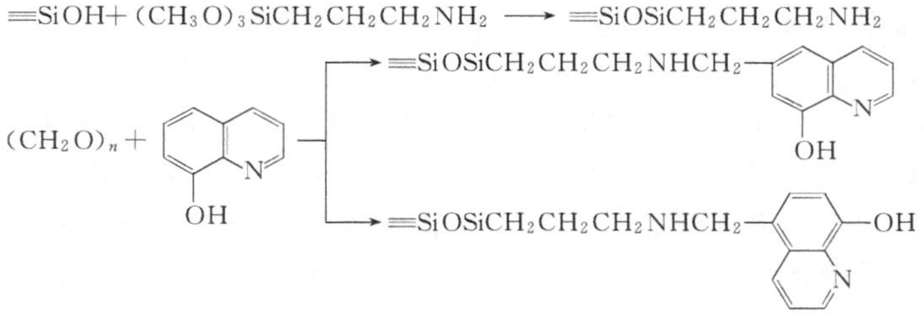

Schiff 碱型树脂也是一类 N，O 配位基螯合树脂，基本上都是由伯胺与醛缩合而成，在结构上要求在 Schiff 键的近旁有—OH 或—SH 等配位键，以便形成螯合结构。制备方法主要有以下几种。

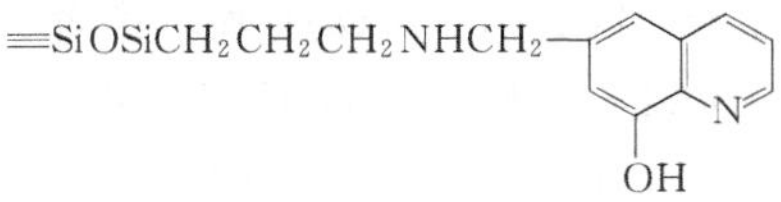

① 缩合反应　二元醛和二元胺进行缩合反应，可得到在主链上有 Schiff 碱的高分子螯合物。

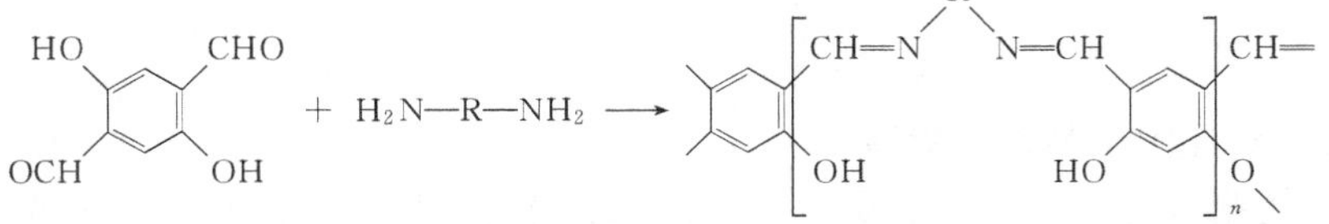

式中，R= $-(CH_2)_2-$ ，$-(CH_2)_3-$ ，，。

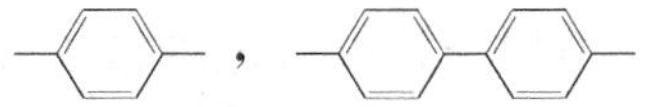

② 从聚苯乙烯出发，通过高分子反应，生成侧基为 Schiff 碱的螯合高分子。

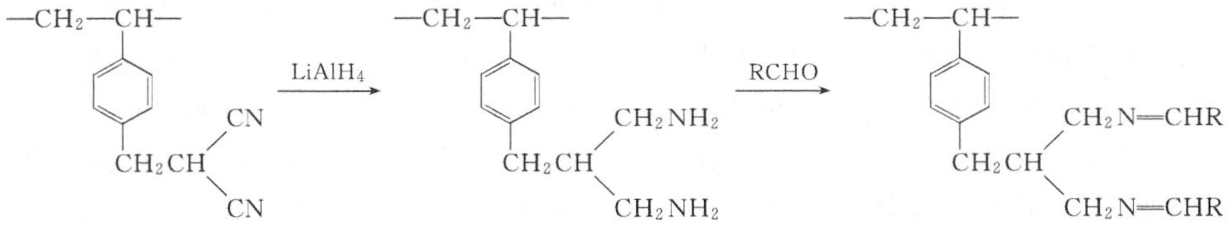

③ 合成丙烯酰胺衍生物，进行自由基聚合，得到含螯合基团的高分子。

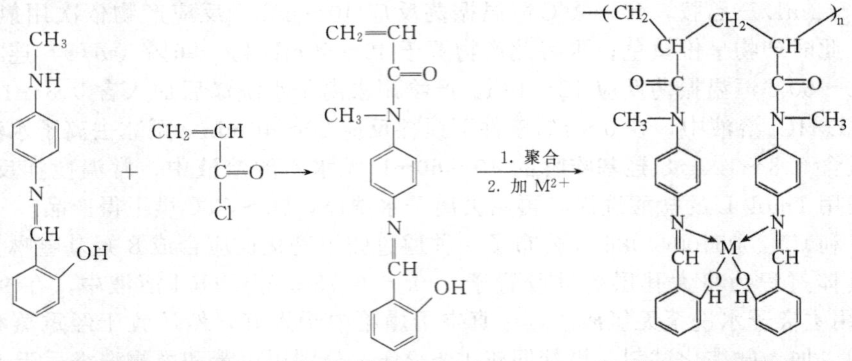

如 2,5-二羟基对苯二甲醛与二胺在冰醋酸中回流 16h，得到下面结构的聚合物。

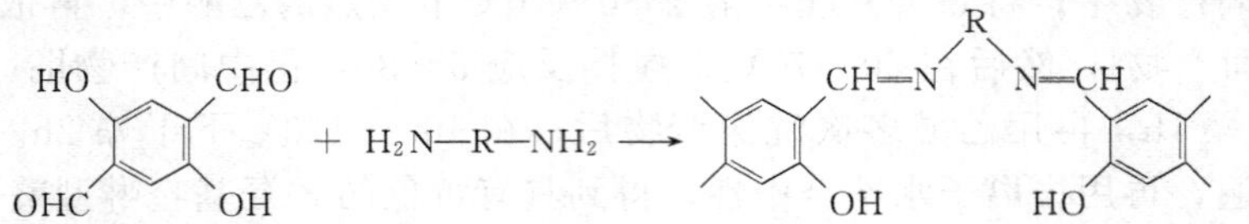

　　取 15g 大孔苄胺树脂经充分溶胀后，加入 pH＝10 的 Na_2CO_3-$NaHCO_3$ 缓冲溶液中，升温至（30±2）℃，分批加入 8.5mL 水杨醛，反应 10h 后，弃去上层清液。将所得树脂放入 10％NaOH 溶液中，搅拌 0.5h，水洗至上层清液无色，然后以 5％盐酸浸泡 24h，水洗至中性，抽滤。60℃下真空干燥 24h，得到大孔 Schiff 碱树脂螯合树脂。

　　又如，在室温和不断搅拌状态下，往乙酸和甲醇混合液中逐渐加入精制的壳聚糖直到其完全溶解为止，然后缓慢滴加计量好的水杨醛，并用冰乙酸或氢氧化钠调节 pH 值在 4.5 左右，滴完后继续反应 2h，抽滤，分离出产品和反应液。产品用乙醇在索式提取器上回流萃取 24h，萃取出树脂所吸附的水杨酸，最后把产品真空干燥。

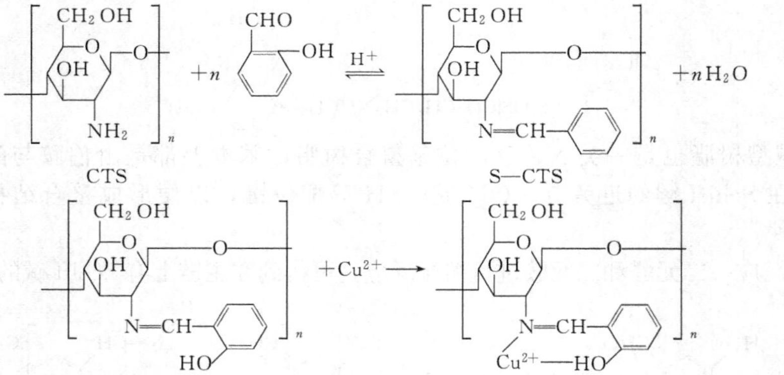

9.3.4.2　N,N 配位基螯合树脂

　　此类螯合树脂包含多胺类、吡啶类、肟类、吡唑类、咪唑类、胍类等许多品种。多胺类螯合树脂也是阴离子交换树脂，可通过将苯乙烯-二乙烯苯共聚物经氯甲基化后引入多乙烯多氨基制得，这种类型的树脂对贵金属等有较大的选择性，但对碱土金属不吸附。

　　例如，将 0.1mol 苯氧乙醇溶于含 0.3mol 甲醛的甲酸溶液中，室温搅拌下滴加 2mL 浓硫酸，在搅拌下混匀，水浴 70～80℃加热反应 4～5h，取出固形物研碎，水洗至中性，乙醇提取 10h，干燥过 40 目筛，测定羟值为 209.0mg KOH/g。取一定量固体产物悬浮于无水吡啶中，冰水浴冷却，搅拌下滴加苯磺酰氯（按羟值的 5 倍计），反应完成后抽滤、抽提，得淡黄色粉末固体。适量固体悬浮于过量三乙烯四胺中，水浴 85～90℃反应 7～8h，冷却，抽滤，抽提，干燥得多胺树脂。

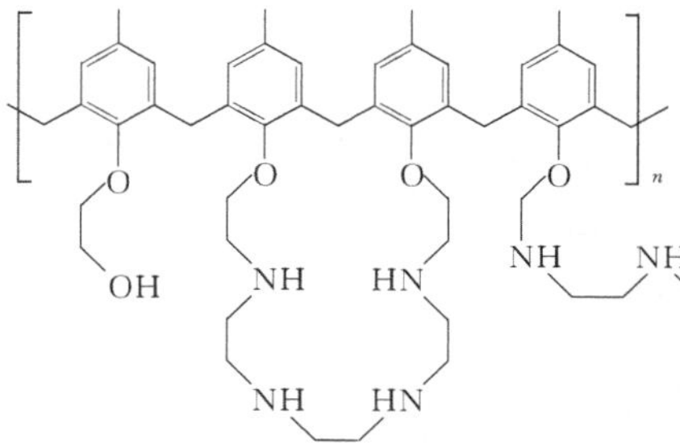

吡啶和胍类化合物与氯甲基化交联聚苯乙烯反应可得到相应的螯合树脂。

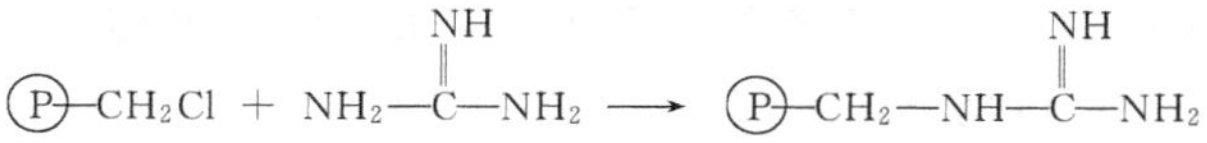

例如，在 250mL 三颈瓶中加入 5.0g 氯甲基聚苯乙烯树脂和 20mL 吡啶，让树脂溶胀过夜，再加入 20g 氢氧化钠和 20mL 水，搅拌下加热至 95～100℃，回流搅拌一定时间，冷却，倾入 200mL 水中，搅拌后静置，待沉降后换水 1～2 次，再抽滤，水洗至中性并无氯离子，再用乙醇洗至无吡啶气味，真空干燥至恒重，即得聚苯乙烯-吡啶树脂。

又如，油相为乙烯吡啶、交联剂、致孔剂和引发剂按一定量比例混合；水相为在去离子水中加入一定浓度分散剂，盐析剂混合均匀。将油相和水相在低于 40℃ 下搅拌混合，当油相在水相中分散成均匀液滴，升温至 65℃ 以上保持 1～2h，85℃ 以上再反应 3～4h，进行悬浮聚合。产物先用大量热水冲洗，抽干后在索式抽提器中用甲醇抽提出残留的杂质后烘干，改变各原料比例可制得不同交联度的聚乙烯吡啶树脂。

林雪等研究了 4 种具有不同骨架及不同功能基的含胍基和氨基胍的新型含氮螯合树脂：交联聚苯乙烯骨架的胍基树脂（SG）、氨基胍树脂（SGN）、交联甲基丙烯酸环氧丙酯的胍基树脂（GC）、氨基胍树脂（GGN）。其合成路线如下。

① SG 树脂的合成

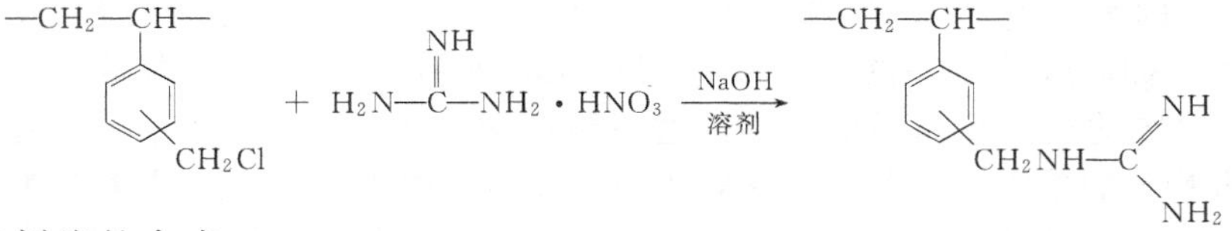

② SGN 树脂的合成

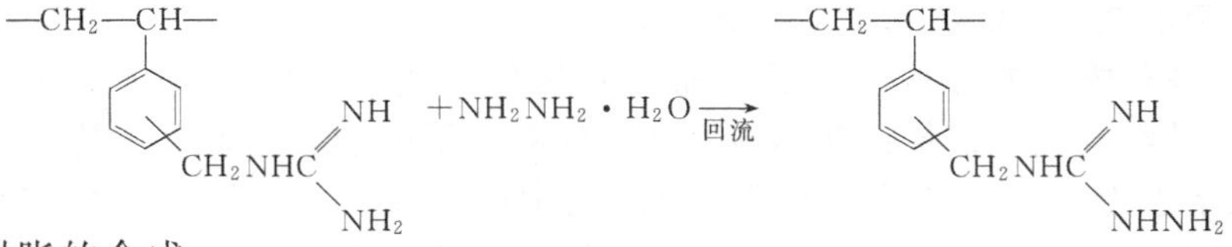

③ GG 树脂的合成

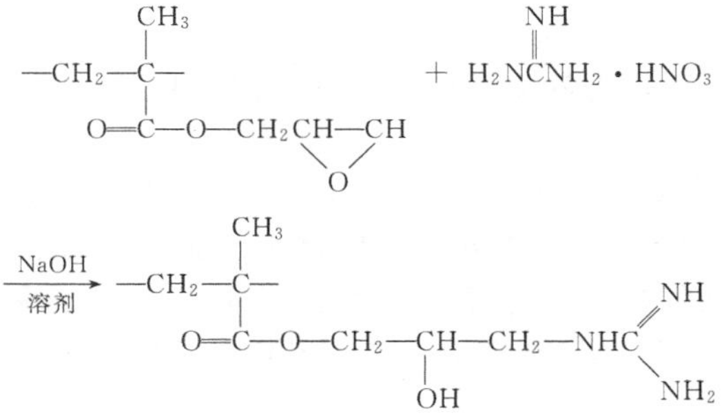

④ GGN 树脂的合成

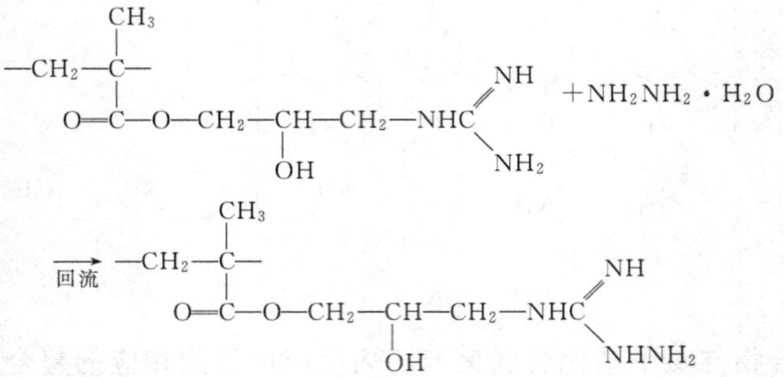

肟类螯合树脂可由丙烯腈与二乙烯苯共聚物来合成，将共聚物加入盐酸羟胺溶液中，滴加丁醇钠，60℃反应24h，得到下面产物：

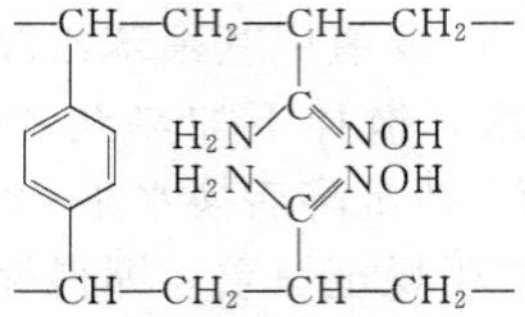

由乙酰化聚苯乙烯在二氧六环-HCl中与亚硝酸甲酯反应，再以羟胺肟化也可得到肟型树脂。

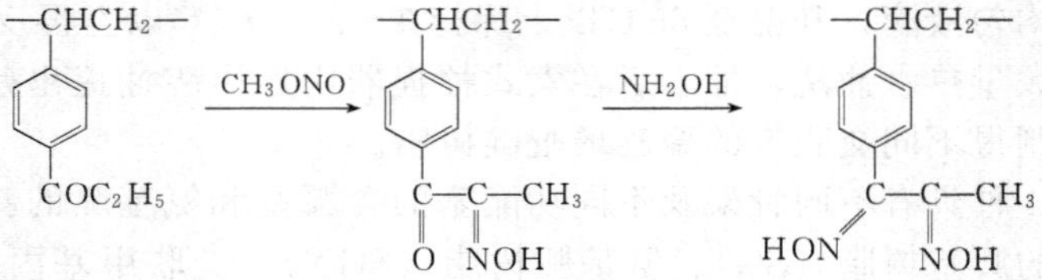

(1) 实例1

① 二乙烯苯交联聚丙烯腈珠体的制备   在装有电动搅拌的回流冷凝管的三口反应瓶中，分别加入1.0%的水、10%的明胶和NaCl，并加入0.1%亚甲基蓝水溶液若干，水浴加热配制分散剂溶液。称取适量44%的二乙烯苯（DVB），丙烯腈（AN）或丙烯酸甲酯，混匀后，溶入单体量0.1%的过氧化苯甲酰，加入适量致孔剂（甲苯、异辛烷、异辛酸、庚烷等），混匀。将混合均匀的单体液加入三口反应瓶中，逐步升温聚合，在反应温度为60～90℃条件下，反应8～12h。抽滤后，热水（70～80℃）洗涤。所得珠体用水煮沸，除去致孔剂，抽滤，水洗，筛取0.2～0.8mm珠体，风干备用。

② 偕胺肟螯合树脂的合成   取适量聚合物珠体，选择不同反应介质（水、甲醇或乙醇），溶入适量盐酸羟胺，以保证珠体中氰基与反应介质中羟胺适量摩尔比，并以氢氧化钠溶液调节介质溶液为中性，然后在上述三口烧瓶中搅拌混合，溶胀1～2h，反应温度60～90℃，反应时间4～10h，抽滤，水洗，水浸保存，得到偕胺肟螯合树脂。

(2) 实例2

夏焱等用苯乙烯-二乙烯苯为母体，合成三种不同结构的大孔偕胺肟树脂RCH、RAH和RPH。具体过程如下。

① RC的合成   一般方法合成大孔苯乙烯（ST)-二乙烯苯（DVB）共聚物珠体并进行该珠体的氯甲基化反应，然后在10g氯甲基化珠体中，加入50mL二甲基亚砜，室温下溶胀1h，搅拌下加入3.7g粉状氰化钠，升温至60℃，搅拌6h后滤出树脂，用二甲基亚砜洗涤一次，再用温水充分洗涤，在40℃下真空干燥，得到含氰基中间体。

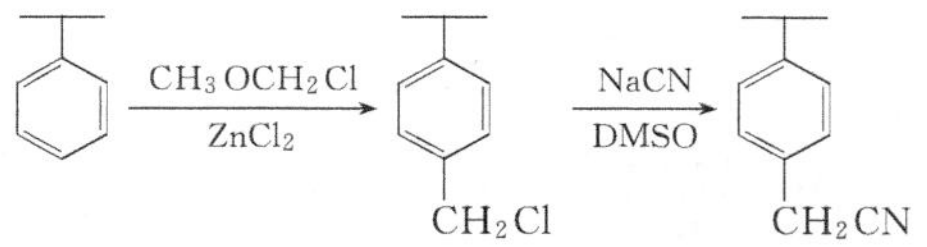

② RA 和 RP 的合成　　同上得到的氯甲基化 ST-DVB 共聚物珠体，在 10g 该珠体中加入 50mL 二甲基甲酰胺（DMF）和 38g 亚氨基二乙腈，或加入 30mL DMF 和 40mL 亚氨基二丙腈，于 100℃搅拌 30h 后滤出树脂，水洗，真空干燥，分别得到 RA 和 RP。

③ RCH、RAH 和 RPH 的合成　　在 5g 含氰基中间体树脂中，加入 1.8 倍于树脂（质量比）的盐酸羟胺（10%的甲醇溶液），搅拌下再加入适量的碱（氢氧化钠或乙醇钠）使羟胺游离。在接近回流的温度（62~64℃）下，使 RC、RA 和 RP 分别反应 4h、0.5h 及 20h 后滤出树脂，水洗，真空干燥，分别得到 RCH、RAH 和 RPH。过筛，去 44~60 目者，得到偕胺肟螯合树脂。

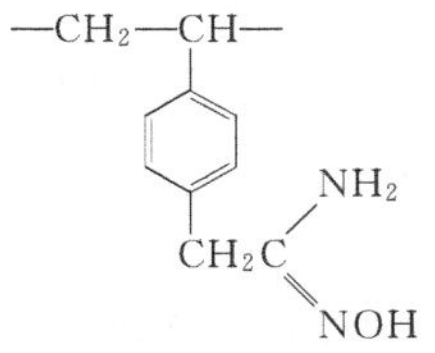

RCH 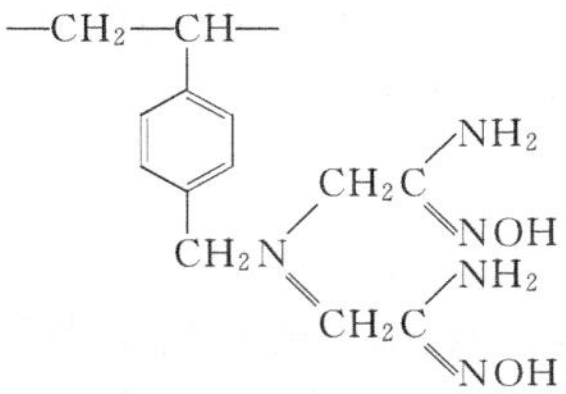　　　　　　　　　　　RAH

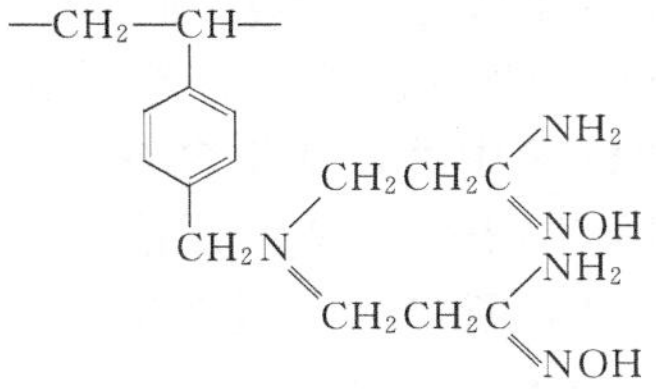

RPH

（3）实例 3

在室温条件下对聚苯乙烯-二乙烯基苯树脂颗粒进行辐射，在 80℃下接枝丙烯腈，反应后的接枝产物用 N,N-二甲基甲酰胺多次洗涤，并干燥至恒重。然后将接枝好的聚苯乙烯-二乙烯基苯-丙烯腈树脂颗粒与盐酸羟胺水溶液反应，用氢氧化钠溶液调节 pH 值至 7.0，在 80℃下反应 3h，反应后的螯合产物用丙酮洗涤，即得螯合树脂。

9.3.4.3　O,O 配位基螯合树脂

此类树脂有羟基羧酸类、β-二酮类、酚类等一系列含氧基团。

水杨酸树脂有两种合成方法，一种是通过高分子反应，将水杨酸基团接到高分子载体上，如从水杨酸和交联氯甲基苯乙烯出发，在催化剂 ZnCl₂ 作用下，进行傅氏反应，得到水杨酸树脂。另一种是将含有水杨酸基团的单体进行聚合。

例如，取适量漆酚石油醚溶液，称取合适比例的 S 催化剂，研细后加入到反应瓶中，20℃恒温搅拌反应，预聚 1h 后，加入水杨酸和接枝催化剂，温度升至 50℃继续搅拌反应 2h，加阻聚剂使催化剂失活，蒸出溶剂，用水反复洗涤，40℃干燥。将粗产品装柱，先用水回流 2h，再用丙酮回流 1h，除去聚合物中的小分子物质，然后干燥，得到漆酚-水杨酸接枝树脂。

β-二酮类树脂是典型的 O,O 配位基螯合树脂，合成方法大致有两种。一种是首先合成含有 β-二酮的烯类单体，然后进行聚合反应，反应式如下：

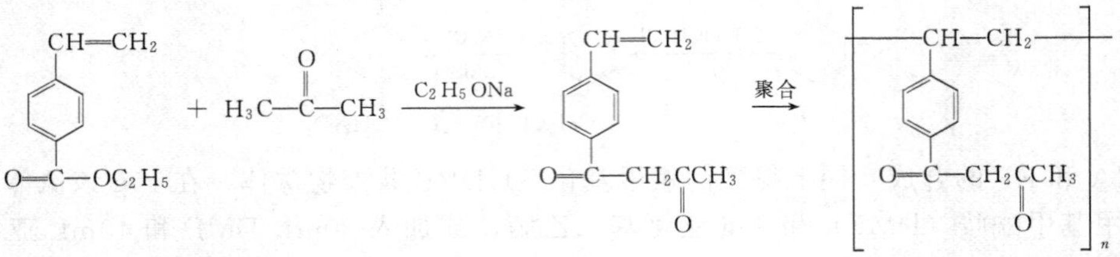

另一种是通过高分子反应的方法合成 β-二酮。在催化剂作用下，聚甲基乙烯基酮与乙酸酐反应，会生成两种不同结构的 β-二酮，一个在侧基上，另一个羰基分别在主链的两侧，反应式如下：

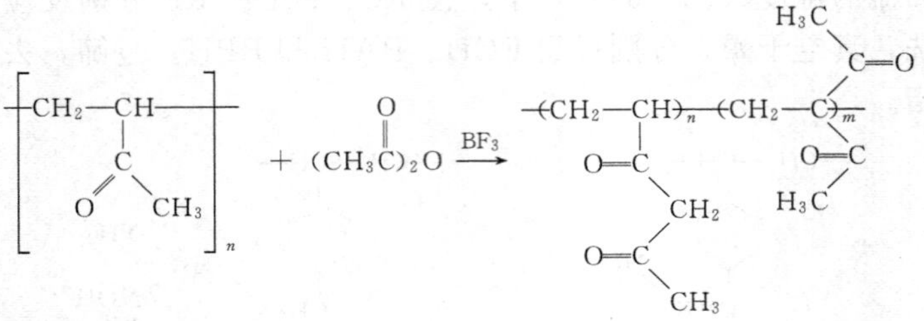

β-酮酸酯具有与 β-二酮相似的结构，其络合性质也相似。例如，在 DMF 溶剂中，基乙烯醇与 $CH_2 = C = O$ 反应，生成 β-二酮酯。

将 15g 经二甲基甲酰胺充分溶胀的大孔聚苯乙烯（PS）珠体在 30min 内加入到 0～5℃ 30mL 浓 HNO_3 和 58mL 浓 H_2SO_4 的混合液中，然后在 30min 内升温至 58℃，并反应 30min。弃去上层清液后树脂用水洗至中性，加至含有 20g 金属锡，50mL 工业乙醇和足量浓盐酸的反应器中，混合并加热回流 12h。弃去上层清液，依次用 5％NaOH、水和 5％HCl 洗涤树脂，至洗出液加 5％NaOH 无沉淀产生。接着将上述产物加入甲苯中，分批加入双乙烯酮 10mL，在室温下反应 2h。倾出上层清液，所得树脂以乙醚洗涤后，60℃ 减压干燥 24h。

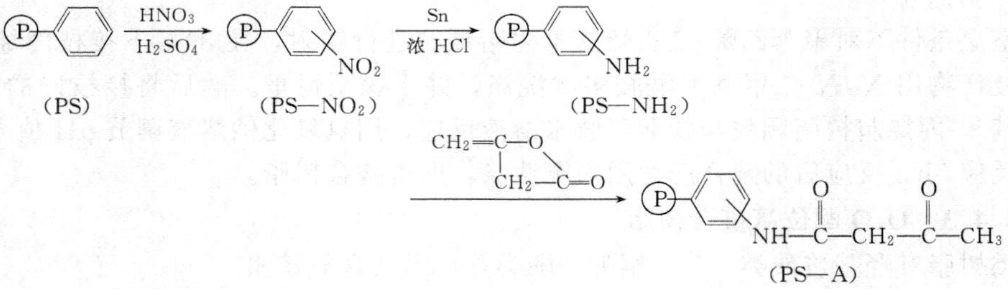

酚类螯合树脂可经重氮盐偶联反应制得，反应过程为：

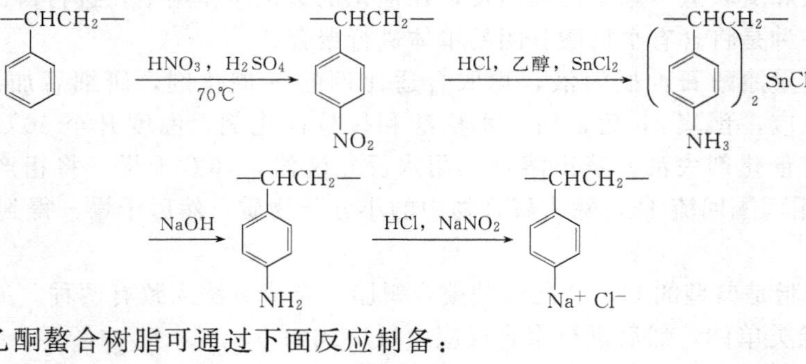

邻羟基苯乙酮螯合树脂可通过下面反应制备：

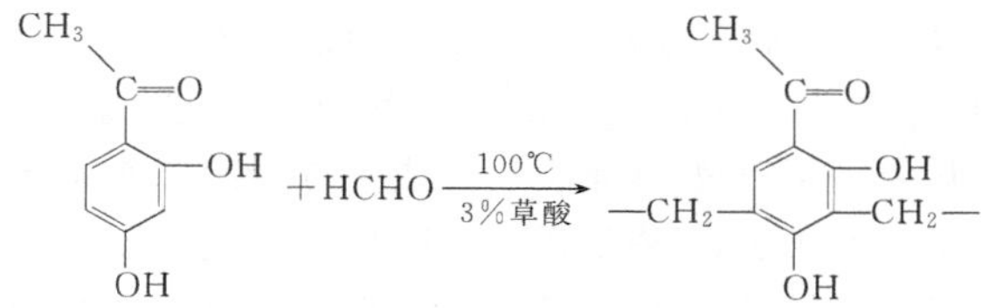

9.3.4.4 含硫螯合树脂

含硫的螯合树脂主要有以下几种类型。

① 用氯甲基化交联聚苯乙烯与硫脲反应制得硫脲树脂，结构如下：

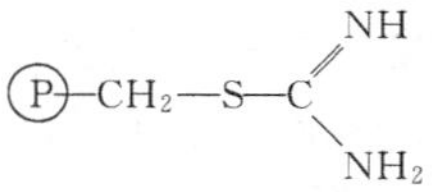

② 硫脲树脂在 NaOH 溶液中加热到 80℃，水解 10h，得到巯基树脂。

③ 环硫氯丙烷在 $BF_3 \cdot (CH_3CH_2)_2O$ 催化下聚合，再用硫脲与之反应，也得到硫脲树脂，经碱水解则得到巯基螯合树脂，反应式如下：

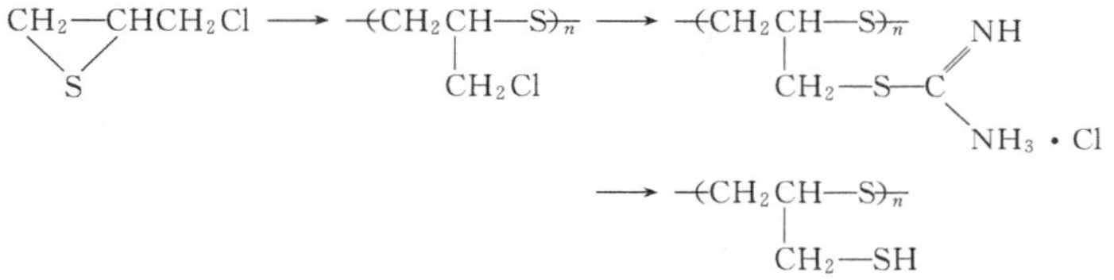

④ 聚环硫氯丙烷与多乙烯多胺反应，得到含 S、N 的聚合物，再与环硫丙烷反应得到 S 含量更高的螯合树脂。

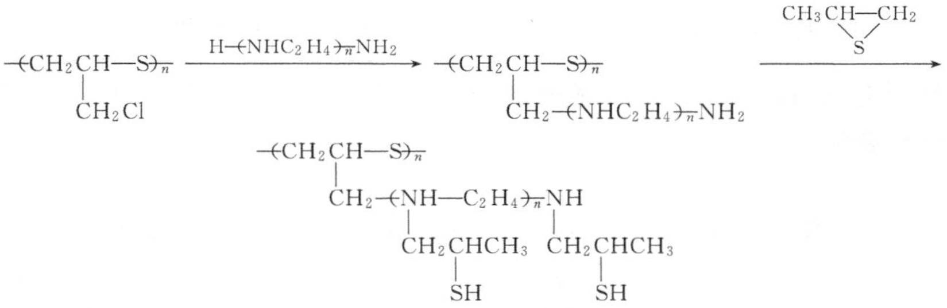

⑤ 将环硫氯丙烷与多乙烯多胺进行缩聚，可得到巯基胺螯合树脂。

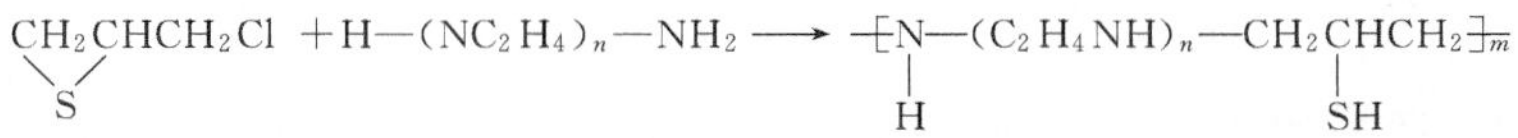

（1）实例 1

中国专利 CN85100246 公布了一种合成巯基胺型螯合树脂的方法，具体过程为环硫氯丙烷按常用方法由环氧氯丙烷与硫脲（或硫氰酸钾）反应制备。环硫氯丙烷分别与乙二胺、二乙烯三胺、三乙烯四胺、四乙烯五胺 [NH_2 与 Cl 的比例为（1.0～0.5）∶1.0] 在有机溶剂（甲苯或苯或其他有机溶剂）中在 -5～60℃ 下搅拌进行反应，1h 内即可出现凝胶生成交联聚合物，再过一段时间后，进行纯化处理和干燥后即得巯基胺型树脂。

（2）实例 2

① 交联聚丙烯酰胺的合成　在装有搅拌器、冷凝管和温度计的四口烧瓶中，分别加热 40g 丙烯酰胺（AAm）和 0.4g 双丙烯酰胺（MBIS）于水相中，加热搅拌全溶后，通 N_2 排除空气 20min。加热升温至 50℃，加入 $0.5gK_2S_2O_3$ 和 $0.15KHSO_3$，在 N_2 保护下维持此

温度反应 50min。生成的凝胶用水和甲醇依次进行洗涤，在 70℃干燥器中进行干燥，烘干后进行研磨，得到细的白色粉末。生成的交联聚丙烯酰胺用 CPAAm 表示。

② 氨基硫脲改性交联聚丙烯酰胺的合成　称取 1.5g 交联聚丙烯酰胺（CPAAm），在室温下用蒸馏水浸泡溶胀 4h。加入 HCl 稀溶液将 pH 值调节为 7.0，此时加入 1.67g 质量分数为 36.69%的 HCHO 水溶液，配成 n(CPAAm)：n(HCHO)＝1：1 的溶液，在 25℃下发生羟甲基化反应，并维持此温度反应 3h。然后，在反应物中加入氨基硫脲（TSC），使 n(CPAAm)：n(HCHO)：n(TSC)＝1：1：0.6。升高温度到 80℃，搅拌反应 9h，反应时通入 N_2 进行保护。反应结束后，产物用蒸馏水进行洗涤，直到 pH 为中性。在 30℃的真空干燥器中进行烘干，得到以聚丙烯酰胺为主链，侧链带螯合基团的改性氨基硫脲树脂。

又如，大孔氯甲基化二乙烯苯的聚苯乙烯微球与硫脲在乙醇中回流反应 5h，然后在氮气保护下用 50%的氢氧化钠水解 12h，经水洗-酸洗-水洗后，用 95%的乙醇回流萃取 8h，真空干燥得产品。

9.3.4.5　含磷螯合树脂

膦酸树脂是一种中强酸性阳离子交换树脂。对高价金属离子有特殊的选择性，又是一种螯合树脂。可通过下面的反应制备：

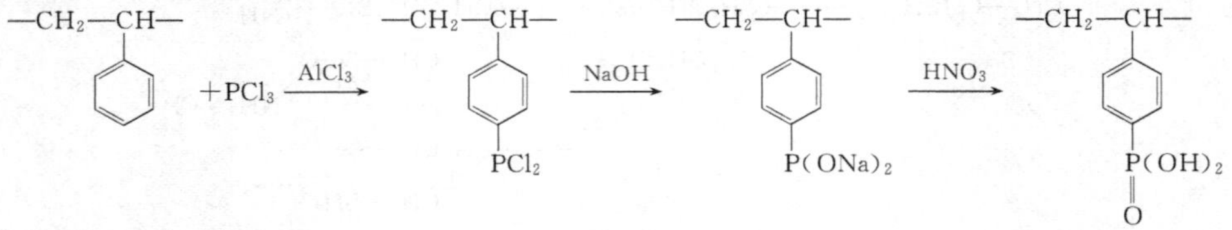

氨基膦酸树脂的合成方法如下：

$$\text{Ⓟ}-CH_2NH_2 + HCHO + H_3PO_3 \xrightarrow[H_2O]{H^+} \text{Ⓟ}-CH_2NHCH_2P(=O)(OH)_2$$

含伯胺基的树脂与乙醛反应，生成希夫碱，再与氢化膦酸二乙酯于 100℃共热，得到带 α-氨基膦酯基的螯合树脂：

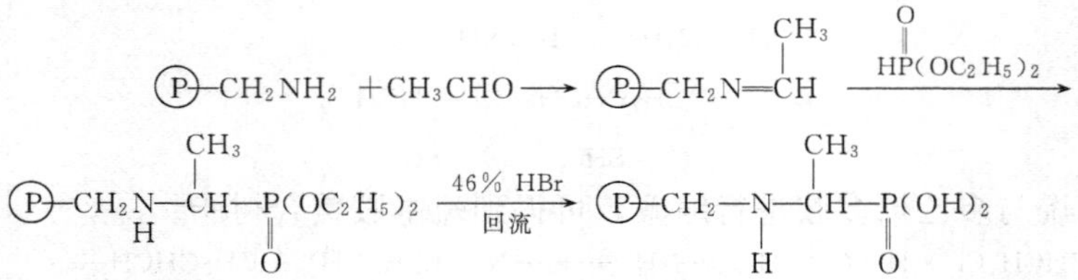

以伯胺树脂、甲醛水溶液、亚磷酸为原料，以水为反应介质，在盐酸的催化下进行 Mannich 反应，合成了该类树脂。具体过程为在装有搅拌器、冷凝管、温度计、恒压滴液漏斗的 250mL 四口瓶中加入伯胺树脂 50g，亚磷酸 27.9g，37% $HCl_2$5g 及水 85mL，开动搅拌、升至一定温度，开始滴加 36%甲醛溶液 22g，滴加完后再继续反应一段时间，制得功能基为—$CH_2NHCH_2P(O)(OH)_2$ 的氨基膦酸树脂（简称 Np 树脂）。

又如，在装有搅拌器的三口烧瓶中，加入苯乙烯-二乙烯苯共聚珠体伯胺球、亚磷酸水溶液、盐酸，在一定温度下滴加甲醛溶液。反应 8h 除去母液，水洗，酸碱转型，以除去亚磷酸，转至氢型，水洗至中性，最后在 80℃下真空干燥。

9.3.4.6　冠醚型螯合树脂

冠醚结构中的配位原子可以是 O，也可以是 N 或 S，有的是几种配位原子共存。冠醚树脂的合成，一般是经高分子反应将功能化的冠醚引入高聚物。功能化冠醚可由芳香冠醚的亲电取代反应来制备：

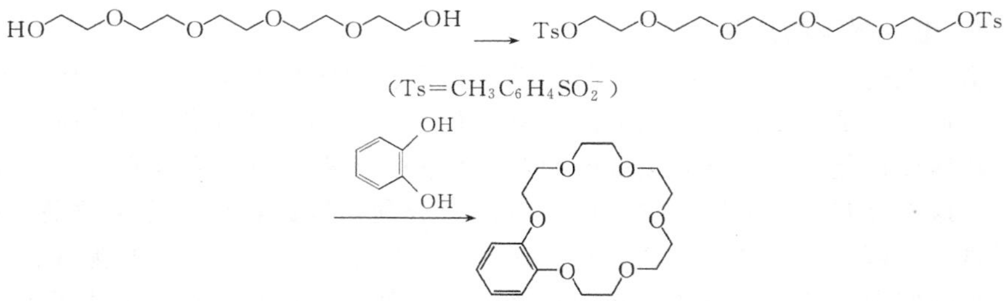

$$(Ts＝CH_3C_6H_4SO_2^-)$$

此冠醚可以制成下列功能化冠醚：

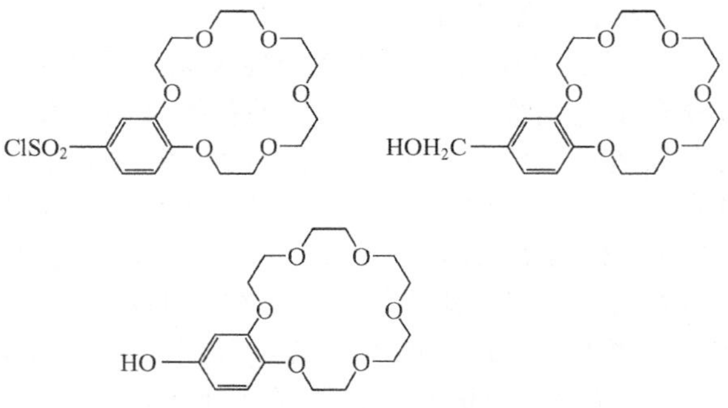

再以通常的方法引入到高分子骨架上，得到多种冠醚树脂，如：

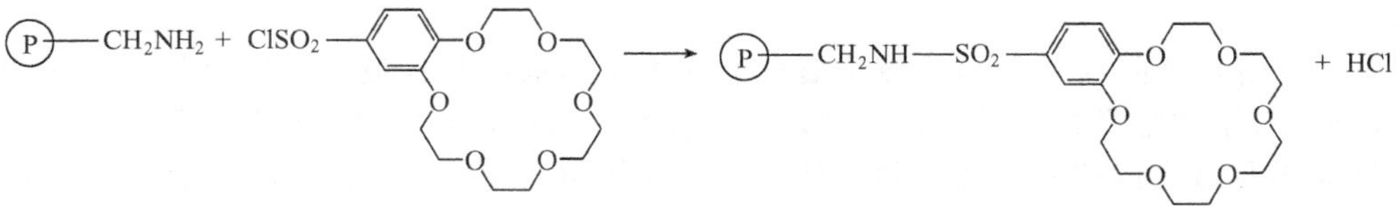

硫醚树脂可由下面的反应制得：

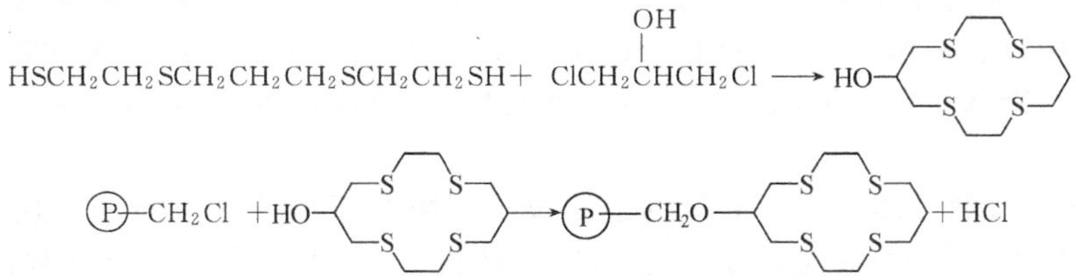

$$HSCH_2CH_2SCH_2CH_2CH_2SCH_2CH_2SH + ClCH_2CHCH_2Cl \longrightarrow$$

　　在装有磁力搅拌器和冰浴冷却下的锥形瓶中，在氮气保护下加入 0.06mol 环氧氯丙烷和 10mL 无水二氧六环。用干燥的注射器缓慢注入新蒸的 BF$_3$·Et$_2$O 0.02mol，搅拌反应 2h，得到环氧氯丙烷低聚物（PO）的二氧六环溶液。在另一个装有回流冷凝管和电动搅拌器的三口烧瓶中，在氮气保护下加入 30mL 无水二氧六环和 0.02mol 的二乙醇胺，再缓慢加入 2.4gNaH（80%），在 50℃下反应 2h。冷却至室温后，加入已制备好的 PO 溶液，升温至 50℃，反应 3h 左右则有大量的交联聚合物析出。升温至回流温度后再反应若干小时，停止加热，减压蒸出溶剂，树脂用水洗，过滤，丙酮抽提 24h。最后所得树脂用蒸馏水洗至流出液无氯离子为止，于 60～80℃真空干燥至恒重，即得氮杂冠醚型树脂。

　　在装有磁力搅拌器和回流冷凝管的三口瓶中，加入 30mL 无水二氧六环和 0.02mol 三乙醇胺，在氮气保护下升温至 50℃，缓慢加入 1.85gNaH（80%），搅拌反应 2h。然后滴加 0.06mol 环硫氯丙烷，约 1h 滴完。在 50℃下继续反应 3h，则有黄色固体交联聚合物析出，

升温至 $80\sim100℃$ 再反应若干小时。减压蒸出溶剂，冷却，加水，过滤，用蒸馏水洗聚合物至流出液为中性，用丙酮抽提 24h，真空干燥至恒重，即得硫杂冠醚型树脂。

9.3.4.7 螯合树脂的应用

螯合树脂在无机、冶金、分析、放射化学、药物、催化和海洋化学等领域得到了迅速的发展。特别是近年来重金属离子对水质的污染、化学工业污水的净化处理等问题日趋严重，地球化学、环境保护化学、公害防治等领域对螯合树脂的需求也越来越高。从工业废液中回收有用物质，这不仅有利于环境保护，而且可以充分利用资源，提高经济效益。除此以外，高分子金属络合物可作为耐高温材料、半导体材料、催化剂，用于手性氨基酸、肽的外消旋体的分离，有的作为输送氧的载体，光敏树脂、耐紫外光吸收剂、黏合剂和表面活性剂等，用途极为广泛。下面主要以氨基羧酸型树脂为例加以叙述。

(1) 痕量金属离子的分离、浓缩及回收

① 由络合能力小的阳离子所形成的盐分离络合性金属离子的方法　用任何氨基羧酸型树脂都可以由碱金属盐分离重金属离子。将欲分离的盐溶液流通中性或碱性盐型树脂柱即可。形成惰性络合物的金属离子（Cr^{3+}，Hg^{2+} 等）时可将柱子加热至 $80\sim90℃$。碱土金属、重金属类离子被吸附于树脂上，洗脱是用 $2mol/L\ H_2SO_4$，在 $80\sim90℃$ 下进行，经水洗后再以 $1mol/L$ EDTA 的氨性溶液（pH8$\sim$9），在 $80\sim90℃$ 下洗脱。在洗脱操作之前，最好是将此树脂在柱外用精制氨水处理，使成氨型。最初的 H_2SO_4 溶液可直接进行分析，而EDTA溶液需用硫酸酸化，蒸掉水，用硫酸润湿的热残渣与 70% 过氯酸缓慢混合。经此操作可除去有机物及 NH_4^+，金属离子以硫酸盐的形式进行分析。

欲得到络合能力弱的金属离子，可使用过量很多的树脂。柱子越长，对于分离痕量的离子越好。

② 由含络合性阳离子金属盐分离痕量金属离子　欲回收的痕量金属离子与除去的金属盐阳离子，对于树脂具有同样亲和性时，分离较难。当痕量金属离子种类以及清楚时，要选择 DpH 之差尽量大的树脂。使用同一种配位基的树脂（IDA，IAP，肌氨酸型树脂等），才有可能进行有效的分离。

③ 由弱络合试剂分离络合性痕量金属离子　从给电子化合物除去痕量的重金属离子并非容易，然而用螯合树脂有可能达到。H_2O、NH_3、CH_3COO^-、Cl^- 等弱络合试剂，只将溶液流经树脂就能除去重金属离子。但要注意氨基酸树脂不吸附碱土类、稀有元素、铝等的离子。

④ 由强络合试剂分离络合性痕量的金属离子　络合试剂的配位能力越强，越难分离它的金属离子。然而络合试剂-金属的络合稳定性比树脂-金属的络合稳定性强时也有可能除去。可以使用络合能力腔的螯合型树脂，但要注意这时的交换能力非常小。Dowex A-1，IDA 树脂等是适宜的。这些螯合树脂不能从非常强的螯合试剂氰化物除去痕量的重金属。

(2) 金属离子的定量分离

① 用稀强酸的方法　如果金属离子能以强酸中的盐溶液而分离，并能立即滴定定量是合宜的。很多情况下可用这种方法定量。如用间苯二酚-甲醛-间苯二胺缩聚树脂可定量分离Co/Ni。将此树脂的 H 型填于 $100\times1cm$ 的柱中，流通 1mmol 无缓冲剂的 Co、Ni 溶液。洗脱液用 $0.01mol/L$ HCl。则 Co 先洗出，然后再用 $1mol/L$ HCl 洗脱 Ni。

② 金属离子的过滤选择　定量分离金属离子时，如能不经金属吸附层的色谱展开而分离是非常好的。通过这种选择过滤的方法进行了 Fe^{3+}/Cu^{2+} 的分离；UO_2^{2+}、Ca^{2+}、Mg^{2+}、Ni^{2+}、Co^{2+}、Mn^{2+}、Zn^{2+} 中 Fe^{3+} 与 Cu^{2+} 的分离。例如，从 Cu(Ⅱ) 盐分离络合能力弱的痕量金属为使 Cu^{2+} 定量地吸附在 IDA 树脂上，Cu^{2+} 浓度应以 $0.01mol/L$ 以下，

这时以痕量存在的其他金属离子（M）的浓度过于稀薄，对于直接定量洗脱液是困难的。能够直接定量的是 Cu：M＝20：1。M 若比此时再小时在洗脱后就需浓缩。从 Cu 分离洗脱后，使其吸附与第二根 IDA 树脂柱上，再洗脱即可。用此方法可定量到 1000：1 的浓度。

③ 使用络合剂溶液的金属离子的选择过滤　在溶液中共存有低分子络合试剂时，能使树脂对金属离子的选择性、稳定性顺序发生变化，从而使分离能够顺利进行。这个操作是先将树脂在短柱中用络合剂溶液处理使其达到平衡，然后在通常分离用的柱中，流通金属离子的络合剂溶液。这时，络合剂常使溶液的 pH 值下降，故需以碱调节 pH 值。洗脱是用络合剂溶液。由于洗脱的金属离子是络合物，不能直接用滴定法定量。分离络合剂时，将所得的洗脱液的 pH 值调到 5，在 70℃ 下通过适当的中性吸附树脂，用水充分洗涤分离的络合剂后，以 $2mol/L\ H_2SO_4$ 吸附的金属离子。

④ 利用金属离子选择掩蔽的选择过滤　使特定的金属离子络合以掩蔽而阻碍向树脂上的吸附来进行分离。掩蔽剂常用 KCN。用此方法可将 UO_2^{2+}、Hg^{2+}、Cu^{2+}、Cd^{2+}、Ni^{2+}、Co^{2+}、Pb^{2+}、Zn^{2+}、Ag^+ 中的 Pb，UO_2 分离出来。

除 NH_3/NH_4NO_3 缓冲液与 KCN 外，再添加微量的酒石酸，使 Pb，UO_2 磷化物滞留与溶液中。将 IDA 树脂事先用 NH_3/NH_4NO_3 缓冲液达到平衡后流通上述溶液。当有 Co^{2+} 共存时先在空气中放置 24h，使不稳定的 $[Co(CN)_6]^{4-}$ 络合物氧化为温度的 $[Co(CN)_6]^{3-}$。由于 $[Ni(CN)_6]^{2-}$、$[Co(CN)_6]^{3-}$、$[Cu(CN)_4]^{3-}$、$[Hg(CN)_4]^{2-}$、$[Ag(CN)_2]^-$ 不与 IDA 树脂的配位基进行交换反应，用水即能洗脱出来。Cu^{2+}、Cd^{2+} 在 IDA 树脂上部分形成 $CN^-\cdot IDA$ 混合络合物而被吸附。在 40℃ 下用含有少量 CN^- 的缓冲液即能洗脱出来。水洗后，被吸附的 Pb^{2+}、UO_2^{2+} 可用 $0.5mol/L\ HNO_3$ 洗脱。Zn，Cd 的螯合物可用甲醛分解其 CN-络合物后再进行。分解 Ni，Cu 的络合物，可在升温下使用双氧水。Co^{3+} 络合物可用热 H_2SO_4 与 $HClO_4$ 分解。Hg^{2+}、Ag^+ 络合物也可用同样方法分解。

（3）金属络合物的分解、分析

与分离金属离子相反，利用金属离子与树脂的络合以分离金属离子与低分子配位体，低分子配位体由下部流出。这样就能使得金属离子与配位体各自分开，再进行它们的分析即可。此法比常用的 H_2S、电解的分解方法有很多长处。

（4）金属盐及有机化合物的精制

根据欲精制盐的阳离子配位体的强弱来决定是采用过滤法，还是置换色谱法。碱金属、碱土金属离子一般用过滤法就能满足要求。重金属盐需用置换色谱法，置换色谱法要用较长的柱子 ［长：径＝（20～100）：1］。

精制有机溶剂时，由于树脂与有机溶剂的亲和很重要，有机溶剂需加水。所加水量由下述实验确定。在干净的溶剂中加入络合而显色的适当金属离子，再加入与水能混容的溶剂，缓慢通过中性型树脂。如果柱能吸附金属离子而显色时，可以不加水就能精制。如不显色，加入适当量的水观察其着色的状态，以取得必须加入的水量。

（5）其他

将交联度小的 IDA 树脂涂布于纸上，用于定量分析极微量的金属离子混合物。

还有研究了外消旋体的分离。氯甲基化聚苯乙烯的交联聚合物与 L-脯氨酸反应：

使其吸附 Cu（Ⅱ）。将其填于柱（9×475mm）中，流通 5mL 脯氨酸外消旋体的 10％

溶液，用水洗脱（7.5mL/h），洗脱液每 6.2mL 取样。在起始流通到第 21 小时后开始流通 1mol/L 氨溶液。从编号 5～18、32～50 级分分别得到纯的 L-及 D-脯氨酸 0.25g。同样，也能分离丙氨酸、缬氨酸、亮氨酸等的外消旋体。但是，从此操作要用水来洗脱 L-体，及用 0.5～1.0mol/L 氨来洗脱 D-体这点，被认为其选择性不是动力学性质，而是基于热力学性质。

9.3.5 氧化还原树脂

氧化还原树脂是指带有能与周围活性物质进行电子交换，发生氧化还原反应的一类树脂，又称电子交换树脂。它以价键方式，把具有氧化还原性的基团牢固地连接在大分子键上，进行氧化还原反应时释放出氢，与水中溶解氧结合成水。典型离子为：

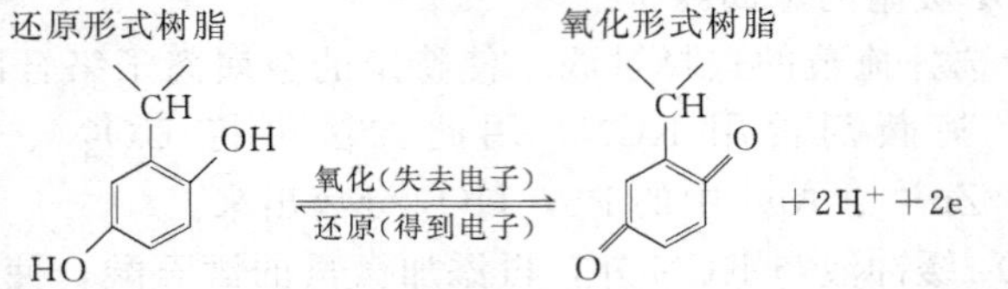

树脂失去电子，由原来的还原形式变为氧化形式，而周围的物质被还原。带氢醌的树脂与水及氧气反应，树脂变成醌式，水中出现过氧化氢是一个典型的例子。

氧化还原树脂的制备可以通过将带有氧化还原基团的单体通过加成聚合或缩合聚合等方法制备；也可通过将一些单体先制成骨架，再通过高分子功能基反应，引入氧化还原基团。这些还包括在离子交换剂原有的交换功能基团上带入氧化还原基团的，天然物质的改性；将能进行氧化还原的物质通过吸附或沉淀，使其黏结在高分子物质上制得。常见的制备方法如下。

（1）氢醌类

氢醌、萘醌、蒽醌等可以通过醛类等进行聚合反应成为氧化还原树脂。这些醌类的乙烯基化合物也可以通过与二乙烯苯等共聚成氧化还原树脂。

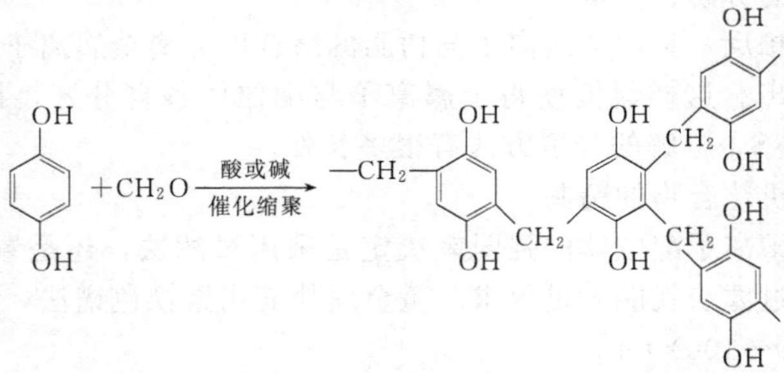

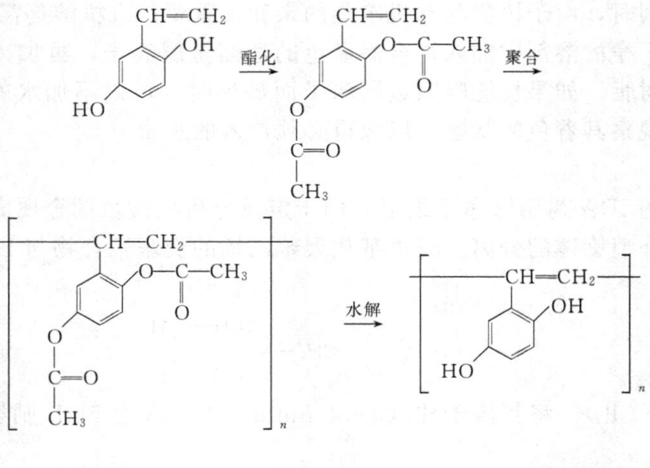

在催化反应釜内通氮气，将空气置换尽后，在氮气保护下将对苯二酚、甲醛和氢氧化钠按一定比例加入，控制温度在 100℃，然后缓慢升到 180℃，使之固化。产物经粉碎机粉碎后，置于水回流器内回流 3h，送回苯回流器回流 2h，过滤干燥后即得产品。反应方程如下：

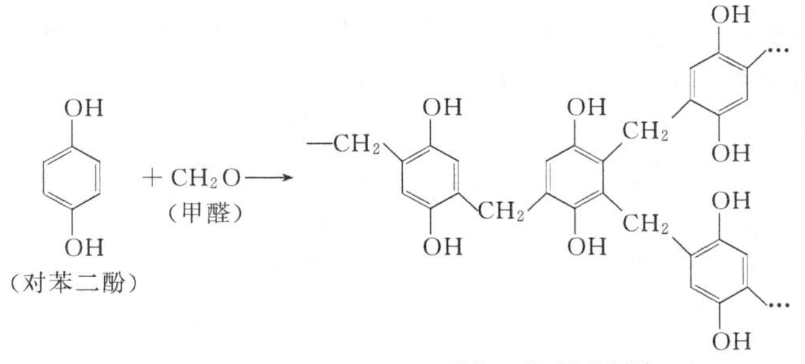

（对苯二酚） （甲醛） → （对苯二酚-甲醛树脂）

（2）吡啶类

将烟酰胺加到氯甲基化聚苯乙烯树脂上得到下列氧化还原树脂。

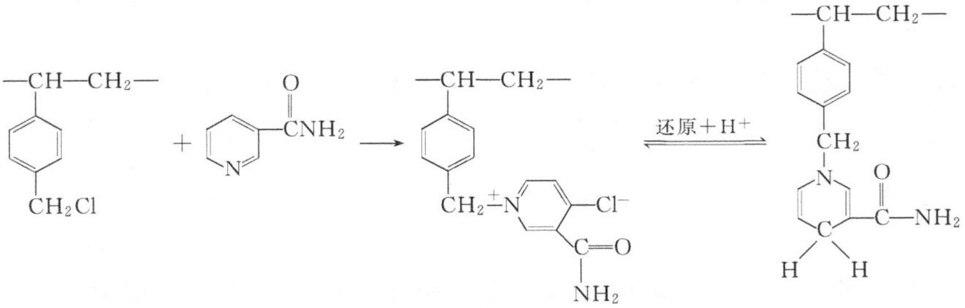

还原+H+

将原料乙烯吡啶（或 2-甲基 5-乙烯吡啶等）与二乙烯苯按一定比例投入配料槽中，搅拌混合均匀，共聚后加入碘甲烷或硫酸二甲酯等在烷基化釜中进行烷基化反应，然后在水洗釜中反复水洗，经离心机过滤干燥后，制得具有强碱基团的阴离子交换树脂。反应方程如下：

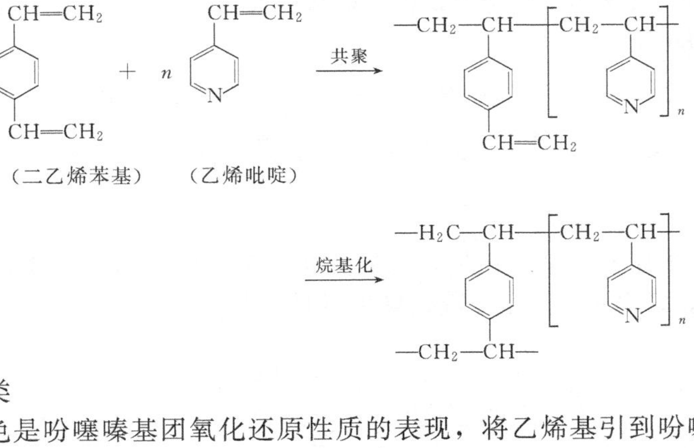

（二乙烯苯基） （乙烯吡啶） 共聚

烷基化

（3）吩噻嗪类

亚甲基的变色是吩噻嗪基团氧化还原性质的表现，将乙烯基引到吩噻嗪类上，再经聚合制得下列的氧化还原树脂。

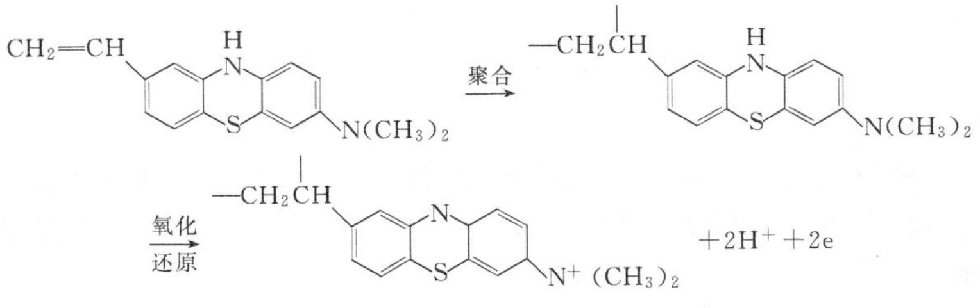

聚合

氧化 / 还原 +2H+ +2e

　　高压反应釜用氮气置换后，加入一定量吩噻嗪，溶剂四氢呋喃、强碱氨基钠，然后通入乙炔。在压力 1.5MPa，60℃条件下反应 8～10h，制得乙烯基吩噻嗪。产物经水洗釜水洗后，送入酰化釜中，在 150℃下加热反应 15h，与醋酸酐反应，即得乙酰化聚合物。最后在水解反应釜内，经乙醇钠与四氢呋喃混合体系回流水解 2h，再经中和、过滤、重结晶、干燥即得聚乙烯基吩噻嗪氧化还原树脂。反应方程如下：

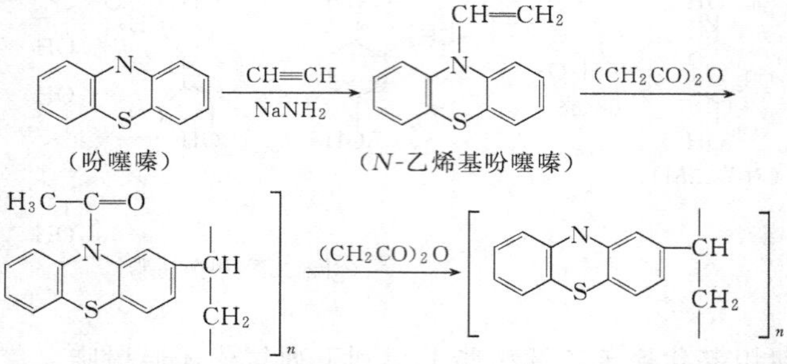

（吩噻嗪）　　　　　　　　（N-乙烯基吩噻嗪）

（聚 N-乙酰基乙烯基吩噻嗪）　　　　　（聚乙烯基吩噻嗪）

（4）巯基类

可以通过化学反应，把巯基引入苯乙烯-二乙烯苯共聚体上得到。

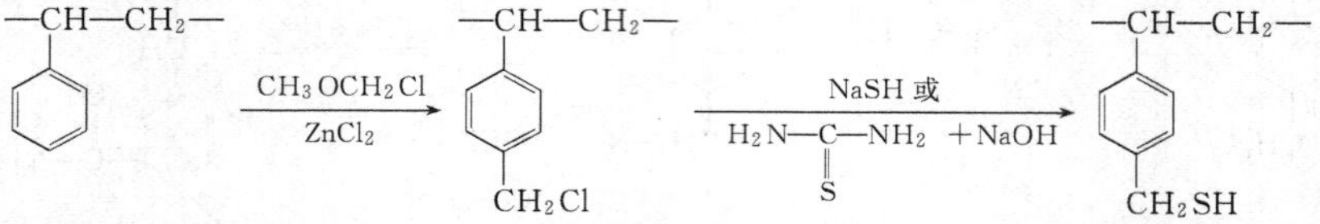

　　大孔的氯甲基化的二乙烯苯交联的聚苯乙烯小球与硫脲在乙醇中回流反应 5h，然后在氮气保护下用 50% 的氢氧化钠水解 12h，经水洗-酸洗-水洗后，用 95% 的乙醇回流萃取 8h，真空干燥得产品。

（5）二茂铁类

二茂铁类是良好的氧化还原化合物，将乙烯基引入二茂铁上，再通过游离基聚合，即可得到下列的氧化还原树脂。

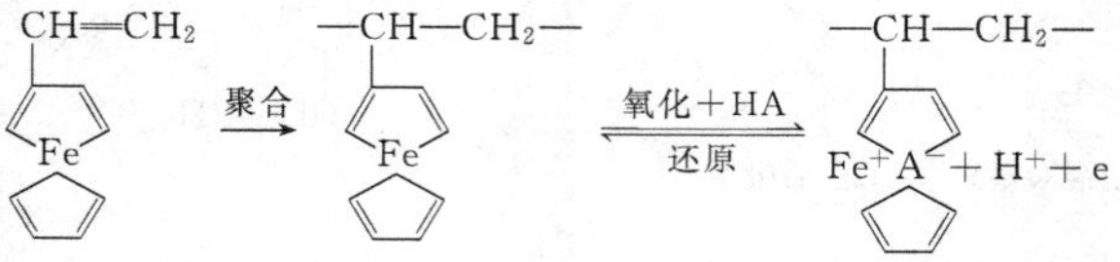

　　在聚合釜内加入单体乙烯基二茂铁，以偶氮异丁腈为引发剂，混合均匀后，密闭加热（60～80℃）数小时，即得聚乙烯基二茂铁氧化还原树脂。

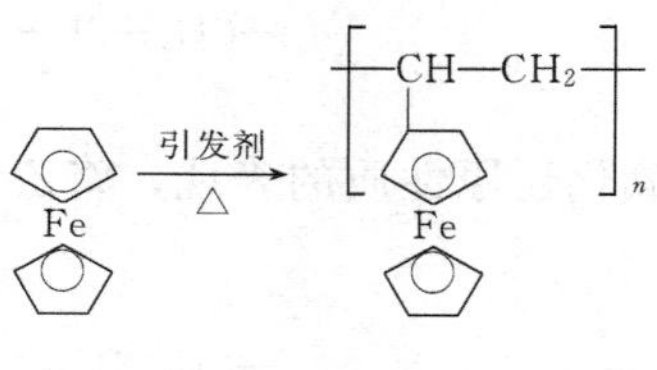

（乙烯基二茂铁）　　（聚乙烯基二茂铁）

（6）其他类型

利用聚苯乙烯进行硝化、还原得到氨基聚苯乙烯。它在亚硝酸钠与盐酸作用下进行重氮化反应，然后再与具有氧化还原能力的化合物，如氢醌类、二茂铁及结晶紫等偶合，也可以得到氧化还原树脂：

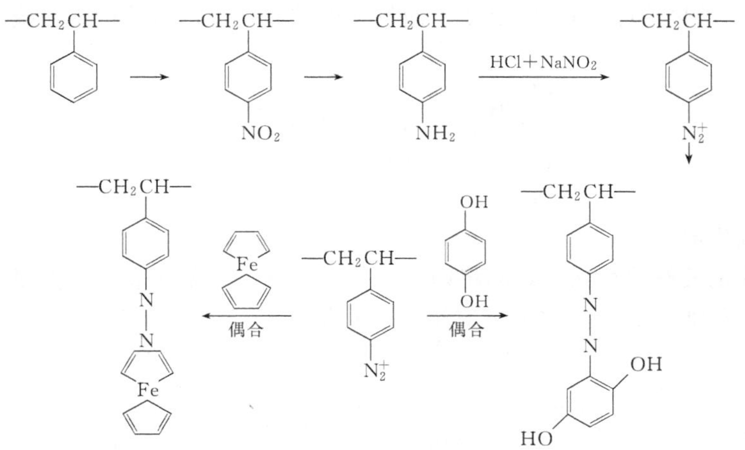

聚苯乙烯在硝化釜中经硝酸硝化后，加入硫化钠与硫粉加热使之还原为对氨基聚苯乙烯。然后送入偶氮化槽中，对氨基聚苯乙烯低温重氮化后，和黄原酸钾乙酯在偶合反应釜中反应，生成不溶物。中间体经离心过滤后，送到水解釜用碱液水解后，送入酸化釜内用硫酸作酸化处理，过滤干燥后即得聚苯乙烯硫醇氧化还原树脂。反应方程如下：

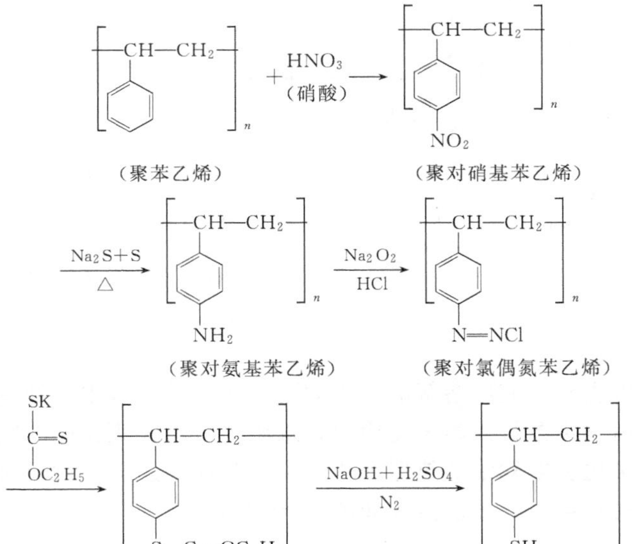

（聚苯乙烯）　（聚对硝基苯乙烯）

（聚对氨基苯乙烯）　（聚对氯偶氮苯乙烯）

（聚苯乙烯黄原酸乙酯）　（聚苯乙烯硫醇）

（7）利用一般离子交换树脂所带的交换功能基，通过离子交换的方式与具有氧化还原能力的离子发生交换，使树脂带上氧化还原基团，然后加以利用。

① 阳树脂　羧酸或磺酸、磷酸等阳树脂带上 Cu^{2+}、Sn^{2+}、Hg^{2+}、Fe^{2+}、Co^{2+}、Ni^{2+}、Mn^{2+} 及 NH_2-NH_2 等后，都可以保留此类离子原来的氧化还原能力，在使用之后，再用氧化剂或还原剂再生，循环使用。

② 阴树脂　带 SO_3^{2-}、HSO_3^-、MnO_4^-、$S_2O_4^{2-}$、$S_2O_6^{2-}$ 的强碱树脂都可以作为氧化还原剂，用于特殊的系统，如水中去氧。

【应用】

（1）过氧化氢的制备

氢醌甲醛缩聚型树脂能将经氧气饱和的水转化为过氧化氢，其转化率可达 $80\%\sim$

100%，再循环的结果浓度可达 2mol/L，而且纯度较高。使用后的树脂用硫代硫酸钠还原后可再用。

$$
\underset{\text{O}_2}{\overset{\text{Na}_2\text{S}_2\text{O}_3}{\rightleftharpoons}}
$$

（2）作为氧化剂

氧化型树脂是良好的氧化剂，能将四氢萘氧化为萘，二苯肼氧化为偶氮苯，半胱氨酸氧化为胱氨酸，以及维生素 C 转化为去氢维生素 C 等。

（3）去氧剂

氧化还原树脂可以去除溶液中溶解的氧气而不引入杂质，可用于处理高压锅炉供水。具体的工艺流程为软水由软水泵打入离子交换器，水中的氧与氧化还原树脂中的活性氢结合生成水，除氧水经软水泵送变换软水加热器加热，供生产使用。再生时，再生剂由药水泵打入交换器，使氧化还原树脂再生。工艺流程如图 9-10 所示。

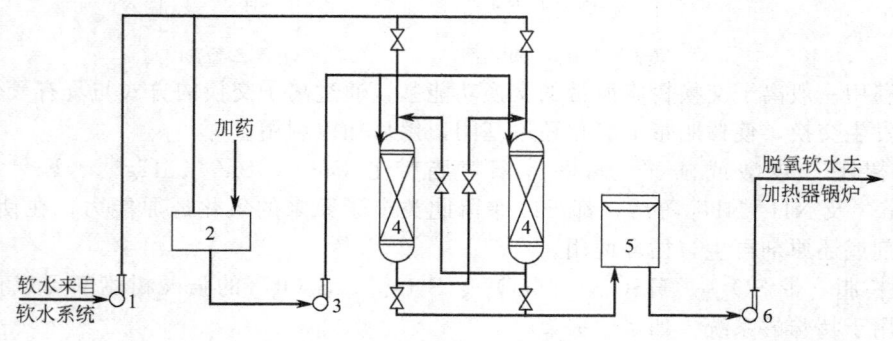

图 9-10　氧化还原树脂除氧工艺流程

1—给水泵；2—加药箱；3—加药泵；4—除氧器；5—脱氧水箱；6—加药泵

（4）抗氧化剂

氧化还原树脂可以用来抑制或阻止橡胶、不饱和油、香精油、石油产品、肥皂、醛类等的氧化作用，也可改进表面涂盖树脂如织物涂盖树脂、纸张涂料、黏合剂、涂料及干性油等，以防止氧化作用。

（5）净化单体及环境保护

氧化还原树脂可以用于去除单体及醚类中过量的过氧化物；除去单体中阻聚剂；使水中所含氯气转化为氯化物，使水质更好；将电镀废水中六价铬还原为三价铬。

（6）医疗上的应用

缩聚得到的氢醌甲醛树脂可以用来医治胃溃疡；服用巯基树脂可以除去体内 50％ 的二甲基汞。

（7）生化上的应用

氧化还原树脂配合生化合成方法可以制备许多具有生化活性的物质，如维生素 C、B2、B12、紫精类、2,4-二羟基苯丙氨酸等。

（8）照相方面的应用

氢醌类氧化还原树脂可以用作彩色乳胶的非扩散性还原剂，避免胶片中出现斑点。

（9）半导体上的应用

聚苯乙烯氢醌类及二茂铁类树脂可以用于半导体领域。

（10）氧化还原指示纸的应用

将氧化还原树脂加入纸张中，可以制成氧化还原试纸，用于化学分析检定。

9.3.6　两性树脂

两性树脂是一类在同一树脂颗粒内存在着阳、阴两种基团的离子交换树脂。这类树脂中的两种基团彼此接近，可以互相结合，遇到溶液中的离子又可同时与阳、阴两种离子进行离子交换。饱和后只需大量水洗，便可使树脂得到再生，恢复其原有的交换能力。

两性树脂的合成方法有以下几种。

（1）单体共聚再功能基化

如苯乙烯与丙烯腈或丙烯酸甲酯共聚、氯甲基化、磺化、水解；苯乙烯与丁烯二酸酐共聚，氯甲基化、胺化、水解；苯乙烯与二乙烯苯共聚体经氯甲基化、胺化、磺化等。

以丙烯酸甲酯为单体，二乙烯苯为交联剂，汽油和甲苯为致孔剂，进行悬浮共聚合制得大孔共聚珠体，再经胺解、羧甲基化，最后碱性水解而制得具有叔胺基团和羧酸基团的两性螯合离子交换树脂。合成工艺如下：

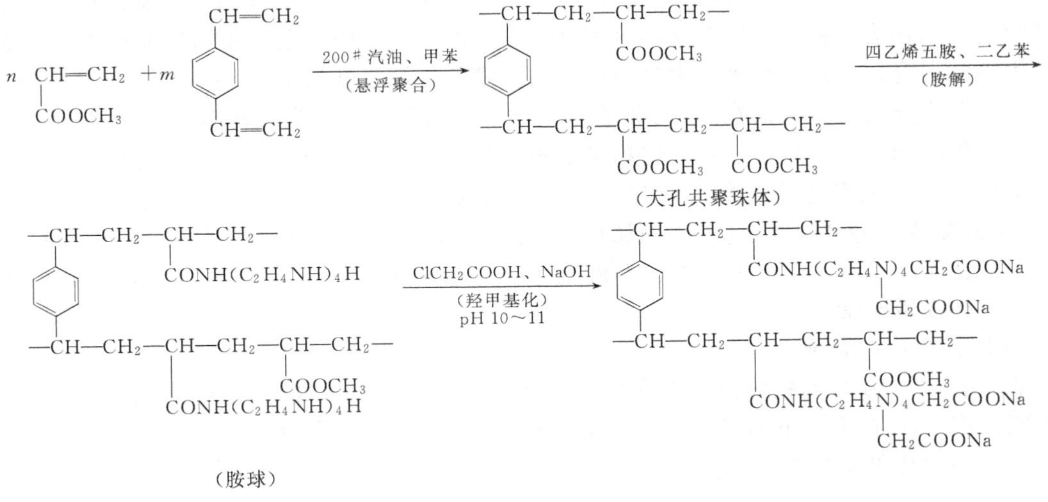

（大孔共聚珠体）

（胺球）

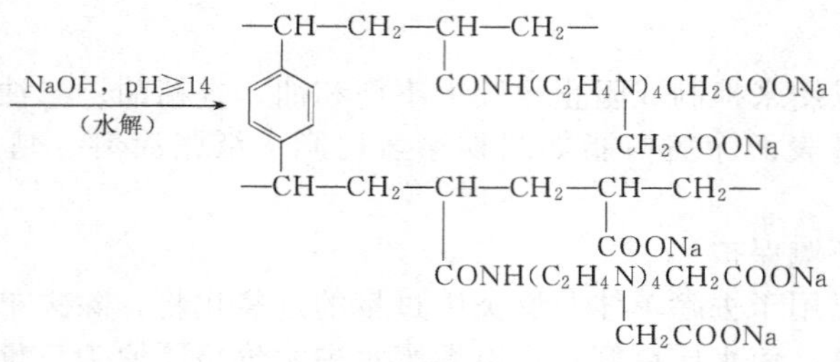

$$\xrightarrow[\text{(水解)}]{NaOH，pH\geqslant14}$$

（螯合树脂）

又如，以苯乙烯和丙烯酸为单体、二乙烯苯为交联剂，在致孔剂环乙烷和甲苯存在的条件下以悬浮聚合法制备强碱弱酸两性树脂。

① 网状交联间聚物的合成

油相：将苯乙烯和丙烯酸混合均匀后，加入二乙烯苯交联剂、致孔剂、过氧化苯甲酰和偶氮二异丁腈引发剂，按一定比例混合溶解。

水相：在去离子水中加入一定浓度 NaCl 和聚乙烯醇混合，搅匀，加入数毫升 0.1% 的亚甲基蓝。

在三口瓶中，先加入水相，再倒入油相，在低于 40℃ 的温度下搅拌混合，当油相在水相中分散成均匀液滴后，升温 1h 至 50℃，在 50～70℃ 反应 4～5h，升温 2h 至 80℃ 进行悬浮聚合，煮球 6～8h。再蒸出致孔剂，提取小球。

② 氯甲基化

在反应釜内加入小球，加入氯甲醚后，于 20～25℃ 下膨胀 1h，分 3 次加入氯化锌，温度控制在 30℃ 以下，在 30min 左右升温至（38±1）℃ 反应 12h，取样测氯含量，当氯质量分数在 18% 以上，即可停止反应，然后用甲醇浸泡搅拌 0.5～1h。

③ 胺化

将氯球转移到干净的胺化釜内，缓慢加入二甲胺水溶液控制温度在 45℃ 以下，大约 4～6h 加完。用 NaOH 调节 pH 值至 10 以上，升温至（45±1）℃ 反应 8h，出料，过滤，水洗至 pH 值为 8 即可。

另外还有例子。

① 强碱树脂的合成

以苯乙烯为单体、二乙烯苯为交联剂、异庚烷为致孔剂、过氧化苯甲酰和偶氮二异丁腈为引发剂，将上述原料混合溶解，作为油相。在去离子水中加入总水量 1% 氯化钠和 1% 聚乙烯醇，搅匀作为水相。在装有搅拌器和升温装置的三口瓶中，把油相加到水相中，在低于 40℃ 下搅拌混合，当油相在水相中分散成均匀液滴后，缓慢升温至 75～80℃，恒温反应 5h，然后过滤并充分洗涤产物，在 100℃ 下真空干燥，蒸出致孔剂，提取小球。在干净的三口瓶中投入小球，加入一定量的二氯乙烷和氯甲醚混合液，在 30℃ 下浸泡 3h；降温至 25℃，加入小球质量 80% 的氯化锌，升温至 45℃，反应 8h 后降至室温，过滤，水洗至 pH 值为 2～3，风干得氯球。将氯球置于盛有丙酮的三口瓶中，搅拌下缓慢加入三甲胺溶液至 pH＝11，控制温度在 45℃ 以下，4～6h 加完。升温至 45℃，反应 8h，出料，过滤，水洗至 pH＝8 即得球状大孔强碱树脂。

② 两性树脂的合成

取 50g 40～50 目的强碱树脂加入装有搅拌、温度计的三口瓶中，加一定量的去离子水和硫酸浸泡 6h，在搅拌下加热，反应一定时间，得到强酸强碱树脂。

（2）功能化单体共聚

如乙烯基磺酸与乙烯吡啶或丙烯酰胺等。

以苯胺、浓硫酸、苯酚和甲醛为原料，经磺化、预聚、交联三步反应制得两性吸附树脂 PSN。具体过程如下。

① 对氨基苯磺酸的合成

苯胺磺化反应在有回流及搅拌装置的三口烧瓶中进行。把一定量苯胺逐滴加入 50g 浓硫酸中，升温至 185～190℃，反应 5h，冷至室温，倾入冷水中，过滤烘干，得灰白色固体。

② 对氨基苯磺酸与甲醛的预缩聚

把 16g 对氨基苯磺酸加入三口烧瓶中，加入一定量 98％浓硫酸，搅拌，逐滴加入一定量 34％甲醛溶液，升温，反应一段时间，得棕红色黏稠液体。

③ 树脂交联反应

向预聚物中加入一定量苯酚，搅拌 30～50min，逐滴加入一定量质量分数 34％的甲醛溶液，升温，反应至凝胶点，取出树脂，真空脱水 5h，得棕色松香状树脂。

④ 树脂后处理

将树脂粉碎至 1～2mm 粒径的颗粒，用蒸馏水洗去游离酸，至树脂 pH 值不变，40℃烘干，密封保存待用。

（3）丙烯酸甲酯与功能化单体（如烯丙胺）共聚

如三烯丙胺和甲基丙烯酸在有氯化锌存在下，pH 值为 4～5 条件下共聚合得到弱酸弱碱型两性树脂。加入氯化锌的目的是抑制三烯丙胺和甲基丙烯酸的静电相互作用，使阴、阳基团保持适当距离。

（4）以阳（或阴）离子交换树脂吸收适当单体后聚合，再功能化

所用离子交换树脂是交联的，可视为笼，由所吸收的单体聚合成高分子链是线型的，可视为蛇，交联链和线型链绞缠在一起，相邻的阳、阴交换基团又互相结合，使线型链不会跑出。因而被称为蛇笼树脂。热再生的概念即来源于这类树脂的特殊性质：在热水中对盐的吸附量小于在冷水中的吸附量，或者说此类树脂（含弱酸、弱碱基团）的离子交换平衡会受温度的影响。

取 40～50 目的强碱性季铵 I 型阴离子交换树脂加到装有冷凝器、搅拌、温度计和氮气保护的四口瓶中，加入一定量的丙烯酸单体和引发剂过硫酸钾，氮气保护下在一定温度下反应 12h，加入碳酸钠中和后水洗至中性，即得强碱弱酸两性树脂。

（5）复合树脂

将阴、阳两种树脂的细粉用亲水性好的聚合物（如聚乙烯醇）包结成球。

热再生树脂是具有弱酸、弱碱基团的两性树脂。用于苦咸水及废水脱盐，用热水再生。热水的离解度比常温水高几十倍，此时的 H^+ 及 OH^- 足以使功能基与水中离子形成的弱酸或弱碱解离，从而使树脂再生。

但是热再生对弱酸、弱碱基团的性能有比较严格的要求。其关键是树脂的滴定曲线必须是平缓的。适合于热再生的基团有：

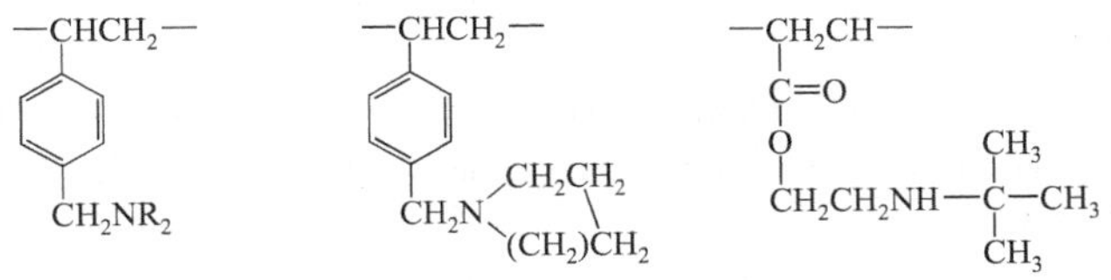

具有下列结构的基团：

$$-CH-CH_2- \qquad -CH_2-CH- \qquad -O-CH_2-CH-$$

（结构式：苯环带 CH₂NH₃；苯环带 CH₂N(C₂H₅OH)₂；CH₂-N 带哌啶环）

因其滴定曲线的斜率较大，不宜在热再生工艺中使用。另外，带有混合氨基（伯氨基、仲氨基和叔氨基）的树脂，其滴定曲线也是倾斜过大，不宜选用。这些树脂在以热再生方式使用时，基团的利用率很低（<10%）。

两性树脂的另一个重要用途是以离子阻滞法去除极性有机物中的盐类，如将含盐的蔗糖溶液通入两性树脂柱，则溶液中的强电解质被树脂截留（离子交换），而蔗糖则随流出液排除。然后用水冲洗，树脂上的弱酸或弱碱盐水解，交换到树脂上的无机盐也被洗出，使蔗糖与无机盐分开。

参考文献

[1] 钱庭宝. 离子交换剂应用技术. 天津：天津科学技术出版社，1984.

[2] 翁皓珉. 无机离子交换剂及其应用. 北京：原子能出版社，1998.

[3] 陈连璋. 沸石分子筛催化. 大连：大连理工大学出版社，1990.

[4] 孙杨，弓爱君，宋永会等. 沸石改性方法研究进展. 无机盐工业，2008，40（5）：1-4.

[5] Ovchinnikova O V，Glazunov O O，Starkov E N. Sorp tion of silver and chemiluminescent activity of clinoptilolite. Russian Journal of Applied Chemistry，2005，78（11）：1806-1812.

[6] Bowman R S. App lications of Surfactant-modified zeolites to environmental remediation. Microporous and Mesoporous Materials，2003，61（1）：43-56.

[7] Karina Fodor，Bitter J H. Investigation of vapor-phase silica deposition on MCM-41，using tetraalkoxysilanes. Microporous and Mesoporous Materials，2002，56（1）：101-109.

[8] Zhao X S，Lu G Q. Modification of MCM-41 by surface Silylation with Trimethylchorosilane and Adsorption study. J Phys Chem B，1998，102（9/10/11/12）：1556-1561.

[9] Avelino Corma，Maria Teresa Navarro，Micheal Renz. Lewis acidic Sn（Ⅳ）centers - grafted onto MCM-41 as catalytic sites for the Baeyer-Villiger oxidation with hydrogen peroxide. Journal of Catalysis，2003，219（1）：242-246.

[10] Choudhary V R，Kshudiram Mantri. AlClx-grafted Si-MCM-41 prepared by reacting anhydrous AlCl$_3$ with terminal S—OH group s：an active solid catalyst for benzylation and acylation reactions. Microporous and Mesoporous Materials，2002，56（3）：317-320.

[11] 古阶祥. 沸石. 北京：中国建筑工业出版社，1980.

[12] Alberti G，Vivani R，Marmottini F，Zappelli P. Microporous solids based on pillared metal（Ⅳ）phosphates and phosphonates. Journal of Porous Materials，1998，5：205-220.

[13] 陈运法等. 一种制备磷酸锆的方法. CN 1640817A. 2005-07-20.

[14] Li S L，Ma X Y，Lei S B，et al. Inhibition of copper corrosion with schiff base derived from 3-methoxysalicy laldehyde and 0-phenyldiamine in chloride media. Corrosion Science Section，1998（12）：947-951.

[15] Yaroslavtsev A B，Nikonenko V V，Zabolotskij V I. Ion transfer in membrane and ion exchange materials. Uspekhi Khimii，2003，72（5）：438-471.

[16] Alberti G.，Carbone A.，Palombari R. Oxygen potentiometric sensors based on thermally stable solid state proton conductors：A preliminary investigation in the temperature range 150～200℃. Sensors and Actuators，B：Chemical. 2002，86（2-3）：150-154.

[17] Yang C，Srinivasan S，Arico Ascreti P，Baglio V，Antonucci V. Composite Nafion/zirconium phosphate membranes for direct methanol fuel cell operation at high temperature. Electrochemical and Solid State Letters，

2001，4：A31-A34.

[18] Bonet B，Jones D J，Roziere J，et al. Electrochemical characterisation of sulfonated polyetherketone membranes. Journal of New Materials for Electrochemical Systems. 2000，3：87-92.

[19] 王永华，刘文荣编. 矿物学. 北京：地质出版社，1985.

[20] 祁鲁梁等主编. 水处理药剂及材料实用手册. 北京：中国石化出版社，2000.

[21] 周春山，熊兴安主编. 新编实用化工小商品产品规格及检验方法. 长沙：中南大学出版社，1995.

[22] 金熙等编. 工业水处理技术问答. 北京：化学工业出版社，2003.

[23] 于信令主编. 味精工业手册. 北京：中国轻工业出版社，1995.

[24] 冯胜主编. 精细化工手册　上. 广州：广东科技出版社，1993.

[25] 孙酣经，黄澄华主编. 化工新材料产品及应用手册. 北京：中国石化出版社，2002.

[26] 何铁林. 水处理化学品手册. 北京：化学工业出版社，2000.

[27] 郑淳之. 水处理剂和工业循环冷却水系统分析方法. 北京：化学工业出版社，2003.

[28] 张光华. 水处理化学品制备与应用指南. 北京：中国石化出版社，2003.

[29] 王昭宇，朱锦升. 一种低交联、高交换容量、高机械强度的阴离子交换树脂的生产工艺. CN 86101680A. 1990.

[30] 许辉，胡喜章. 聚苯乙烯型阴离子交换剂的合成方法. 高分子通报，1998，4：86-93.

[31] Abraham Warshawsky，Abraham Deshe，Rodika Gutman. Safe halomethylation of aromatic polymers via BCME-free long chain haloalkylethers. British Polymer Journal，1984，16（4）：234-238.

[32] Abraham Warshawsky，Abraham Deshe. Halomethyl octyl ethers：convenient halomethylation reagents. Journal of polymer science，1985，23（6）：1839-1841.

[33] Gary R Buske，Midland，Mich. Aminoalkylation of aromatic polymers using aldehyde，diacylamine and strong acid catalyst. US 4232125.

[34] Michael Lange，Giinter Naumann. Process for the production of anion exchangers-amidoalkylation of crosslinked water insoluble aromatic-group containing polymers using esters of cyclic N-hydroxyalkylimides. US 3989650.

[35] Herbert Corte，Harold Heller，Otto Netz. Process for the preparation of anion exchangers by aminoalkylation of crosslinked aromatic polymer using sulphur trioxide catalyst. US 4077918.

[36] Reinhold M Klipper，Peter M Lange. Process for preparing synthetic resins having anion exchanger properties by amidomethylating a backbone polymer containing aromatic nuclei with a specially prepared N-hydroxymethyl phthalimide. US 4952608.

[37] Glavis，Frank L Clemens，David H. Preparation，polymerization，and use of new bis-vinylbenzyl nitrogenous monomers. US 4137264.

[38] Amick，David R. Uniform polymer beads and ion exchange resins therefrom prepared by post-crosslinking of lightly crosslinked beads . US 4192920.

[39] Herbin Jean E E，Grammont，Paul D A. Process for the preparation of high density anion exchange resins by bromination of crosslinked vinyltoluene copolymers. US 4280003.

[40] 许辉，胡喜章. 一种弱碱性阴离子交换树脂及其制备方法. CN 96101131. 9，1997.

[41] 许辉，胡喜章. Friedel-Crafts 酰基化法制备聚苯乙烯型阴离子交换树脂. 功能高分子学报，1998，11（4）：513-520.

[42] 钱庭宝. 离子交换剂应用技术. 天津：天津科学技术出版社，1984.

[43] 金熙，项成林. 工业水处理技术问答. 第三版. 北京：化学工业出版社，2005.

[44] 祁鲁梁，李永存，张莉. 水处理药剂及材料实用手册. 北京：中国石化出版社，2006.

[45] 何炳林，黄问强. 离子交换与吸附树脂. 上海：上海科技教育出版社，1995.

[46] 周学良. 精细化工产品手册功能高分子材料. 北京：化学工业出版社，2002.

[47] Harold G. Cassidy，Kenneth A. Kun. Oxidation-reduction polymers：redox polymers. New York：Interscience Publishers，1965.

[48] 黄海兰，曲荣君. 巯基树脂对重金属离子的吸附性能. 离子交换与吸附，2004，20（2）：113-118.

[49] 黄海兰，曲荣君. 巯基树脂对金属离子的吸附性能（Ⅱ）. 离子交换与吸附，2005，21（3）：271-276.

[50] 王大全. 精细化工生产流程图解（一部）. 北京：化学工业出版社，1997.

[51] 潘才元. 功能高分子. 北京：科学工业出版社，2006.

[52] 何炳林，程晓辉，闫虎生. 亲水性亚胺二乙酸基螯合树脂合成与性能的研究. 离子交换与吸附，1992，8（2）：

159-163.

[53]　王征，荆淼，殷月芬. 8-羟基喹啉型螯合树脂及其合成方法. CN 200510044986. 3，2006.

[54]　陈行琦，吴耀勋. Schiff 碱螯合树脂的合成及其对金属离子的吸附规律. 高等学校化学学报，1990，11（9）：1037-1039.

[55]　刘春萍，曲荣君，刘庆俭等. 多胺型螯合树脂对重金属离子的吸附研究. 离子交换与吸附，1998，14（6）：548-553.

[56]　刘春萍，曲荣君，孙琳等. 多胺型螯合树脂对 Au（Ⅲ）的吸附性能. 离子交换与吸附，2001，17（4）：339-344.

[57]　彭奇均，刘晓亚，贺蓉. 聚乙烯吡啶树脂的合成研究. 精细化工，1998，15（2）：18-20.

[58]　林雪，杨益忠，何炳林等. 几种新型含氮螯合树脂的合成及其性能的研究. 化学试剂，1991，13（2）：65-68.

[59]　熊洁，许云书，黄玮. 聚苯乙烯-二乙烯基苯胺螯合树脂的辐射接枝合成. 原子能科学技术，2007，41（3）：292-296.

[60]　刘道杰，刘奉辉，柳仁民. 大孔 β-二酮螯合树脂的合成及其对铍（Ⅱ）的吸附特性. 分析化学，1992，21（11）：1294-1296.

[61]　徐羽梧，杨杰，董世华. 用环硫氯丙烷与二元胺反应合成巯基胺型螯合树脂. CN 85100246A. 1986.

[62]　黄海兰，曲荣君. 巯基树脂对金属离子的吸附性能（Ⅱ）. 离子交换与吸附，2005，21（3）：271-276.

[63]　张政朴，钱庭宝. 氨基膦酸树脂的合成及其对氟离子的吸附. 离子交换与吸附，1988，4（1）：42-48.

[64]　徐羽梧，高峰，董世华. 螯合树脂研究（ⅩⅩⅥ）氮杂冠醚型树脂的合成及其吸附性能. 离子交换与吸附. 1994，10（6）：517-522.

[65]　徐羽梧，高峰，董世华. 螯合树脂研究 ⅩⅩⅤ. 环硫（氧）氯丙烷与三（二）乙醇胺钠盐反应合成硫氮杂冠醚型树脂. 高分子学报，1996，1：28-33.

[66]　周永华，钟宏，曹智. 新型两性吸附树脂 PSN 的合成. 现代化工，2002，22（4）：34-38.

10 膜材料

10.1 概述

分离膜是指能以特定形式限制和传递流体物质的分隔两相或两部分的界面。膜的形式可以是固态的，也可以是液态的。被膜分割的流体物质可以是液态的，也可以是气态的。膜至少具有两个界面，膜通过这两个界面与被分割的两侧流体接触并进行传递。分离膜对流体可以是完全透过性的，也可以是半透过性的，但不能是完全不透过性的。膜在生产和研究中的使用技术被称为膜技术。

膜技术是多学科交叉的产物，亦是化学工程学科发展的新增长点。膜技术是当代高效分离新技术，与传统的分离技术相比，它具有分离效率高、能耗低（无相变）、占地面积小、过程简单（易放大与自控）、操作方便不污染环境、便于与其他技术集成等突出优点。它的研究和应用与节能、环境保护、水资源开发、利用和再生关系极为密切。在当今世界能源、水资源短缺，水和环境污染日益严重的情况下，膜分离科学与技术的研究得到了世界各国的高度重视，成为实现经济可持续发展战略的重要组成部分。目前，膜分离技术在我国的石油化工、制药、生化、环境、能源、电子、冶金、轻工、食品、航天、海水（苦咸水）淡化、医疗（人工肺、人工肾）等领域已获得有效而广泛的应用。

10.2 膜的分类

10.2.1 功能膜的分类

10. 2. 1. 1 按膜断面的物理形态分类

根据分离膜断面的物理形态不同，可将其分为对称膜，不对称膜、复合膜、平板膜、管式膜、中空纤维膜等。这种划分的依据主要来自于不对称膜的底层和皮层的孔尺寸大小不同，即从底层到皮层的膜本体中存在膜孔径的梯度分布。其中的一表面层甚至两表面层可能没有孔。也有可能是有不同的材料构成的所谓复合膜（Composite membranes）。对称膜包括无孔的致密膜（Homogeneous membrane）和多孔对称膜。所有膜装置的核心部分是膜组件，即按一定技术要求组装在一起的组合构件。膜组件主要可分为毛细管中空纤维式、平板-框式和卷式膜组件。膜的基本形态种类如图 10-1 所示。

10. 2. 1. 2 按膜的材料分类

不同的膜分离过程对膜材料有不同的要求。反渗透膜材料必须是亲水性的（hydrophilic），

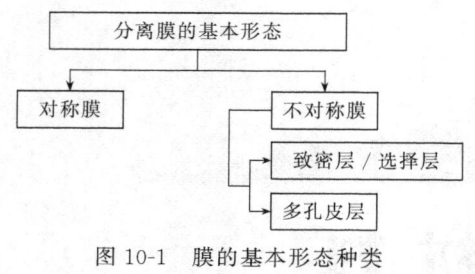

图 10-1　膜的基本形态种类

气体分离膜的透量与有机高分子膜材料的自由体积和内聚能的比值有直接关系；膜蒸馏要求膜材料是疏水性的（hydrophobic）；超滤过程膜的污染取决于膜材料与被分离介质的化学结构。因此，根据不同的膜分离过程和被分离介质，选择合适的聚合物作为膜材料是制备分离膜首先必须解决的。目前研究和已经应用的聚合物分离膜材料大致可归纳为以下几类，见表 10-1。

表 10-1　膜材料的分类

类别	膜材料	举例
纤维素酯类	纤维素衍生物类	醋酸纤维素，硝酸纤维素，乙基纤维素等
非纤维素酯类	聚砜类	聚砜，聚醚砜，聚芳醚砜，磺化聚砜等
	聚酰（亚）胺类	聚砜酰胺，芳香族聚酰胺，含氟聚酰亚胺等
	聚酯、烯烃类	涤纶，聚碳酸酯，聚乙烯，聚丙烯腈等
	含氟（硅）类	聚四氟乙烯，聚偏氟乙烯，聚二甲基硅氧烷等
	其他	壳聚糖，聚电解质等

纤维素是资源最为丰富的天然高分子，由于纤维素的分子量很大，在分解温度前没有熔点，且不溶于通常的溶剂，无法加工成膜，必须进行化学改性，生成纤维素醚、纤维素酯才能溶于溶剂。纤维素本身也能溶于铜氨溶液和二硫化碳等，在纺丝和成膜过程中又回复到纤维素的结构，故称为再生纤维素。再生纤维素目前主要应用在微滤膜和超滤膜；硝酸纤维素（CN）主要应用在微滤膜；醋酸纤维素（CA）和三醋酸纤维素（CTA）是制备不对称反渗透膜的基本材料，CA 也被制备为卷式超滤组件以及微滤膜；乙基纤维素（EC）主要被应用在分离 O_2、N_2 的中空纤维膜中。

聚砜是一类耐温高强度工程塑料，具有优异的抗蠕变性能，故自双酚 A 型聚砜（PSF）出现后，即继 CA 后发展成为目前最重要、生产量最大的合成膜材料，它可用作微滤膜和超滤膜，更可用作复合膜的底膜，用于 RO 和气体分离膜。

聚酰胺类主要有脂肪族聚酰胺（RO 膜、气体膜的支撑底布和微滤膜）、聚砜酰胺（超滤膜和微滤膜材料）、芳香族聚酰胺（第二代 RO 膜）、交联芳香聚酰胺（RO 膜）；聚酰亚胺是一类耐高温、耐溶剂、耐化学品的高强度、高性能材料。聚酰亚胺在气体分离方面表现出有较高的选择透过性，但气体的透过速率很慢，缺乏实用价值。大量结构与透气性能间关系的研究总结出在结构中引入六氟异亚丙基基团，在酰亚胺氮的位置引入甲基、异丙基或卤素基团，有利于增加聚合物的自由体积，导致气体透过系数可以增加 1～2 个数量级，而选择性则下降不多。

聚酯类树脂强度高，尺寸稳定性好，耐热、耐溶剂和化学品的性能优良，广泛用于分离膜的支撑增强材料。主要有涤纶（PET）、聚对苯二甲酸丁二醇酯（PBT）、聚碳酸酯（PC）等。聚烯烃类主要有聚乙烯，聚丙烯腈和聚 4-甲基-1-戊烯（PMP）等；乙烯类聚合物是一大类聚合型高分子材料，其中在膜材料方面得到应用的有聚丙烯腈、聚乙烯醇、聚氯乙烯和聚偏氯乙烯。含氟（硅）类主要有聚四氟乙烯，聚偏氟乙烯，聚二甲基硅氧烷等，但是目前还没有广泛使用。其他主要有壳聚糖和聚电解质等，主要与别的材料联合使用。

10.2.1.3　按膜的分离原理及适用范围分类

根据分离膜的分离原理和推动力的不同，可将其分为微孔膜、超过滤膜、反渗透膜、纳滤膜、渗析膜、电渗析膜、渗透蒸发膜等。

10.2.1.4 按功能分类

日本著名高分子学者清水刚夫将膜按功能分为分离功能膜（包括气体分离膜、液体分离膜、离子交换膜、化学功能膜）、能量转化功能膜（包括浓差能量转化膜、光能转化膜、机械能转化膜、电能转化膜、导电膜）、生物功能膜（包括探感膜、生物反应器、医用膜）等。

10.2.2 膜分离过程的类型

分离膜的基本功能是从物质群中有选择地透过或输送特定的物质，如颗粒、分子、离子等；或者说，物质的分离是通过膜的选择性透过实现的。膜分离过程有微滤、超滤、纳滤、反渗透、电渗、透析、膜蒸馏、渗透蒸发等，几种主要的膜分离过程及其传递机理见表10-2。

表 10-2 几种主要膜分离的分离过程

膜过程	推动力	传递机理	透过物	截留物	膜类型
微滤	压力差	颗粒大小形状	水、溶剂溶解物	悬浮物颗粒	纤维多孔膜
超滤	压力差	分子特性大小形状	水、溶剂小分子	胶体和超过截留分子量的分子	非对称性膜
纳滤	压力差	离子大小及电荷	水、一价离子、多价离子	有机物	复合膜
反渗透	压力差	溶剂的扩散传递	水、溶剂	溶质、盐	非对称性膜复合膜
渗析	浓度差	溶质的扩散传递	低分子量物、离子	溶剂	非对称性膜
电渗析	电位差	电解质离子的选择传递	电解质离子	非电解质，大分子物质	离子交换膜
气体分离	压力差	气体和蒸汽的扩散渗透	气体或蒸汽	难渗透性气体或蒸汽	均相膜、复合膜、非对称膜
渗透蒸发	压力差	选择传递	易渗溶质或溶剂	难渗透性溶质或溶剂	均相膜、复合膜、非对称膜
液膜分离	浓度差	反应促进和扩散传递	杂质	溶剂	乳状液膜、支撑液膜

各种膜分离装置主要由膜分离器（膜组件）、泵、过滤器、阀、仪表及管路组成。根据产生需要，常用的膜组件形式主要有平板式、管式、螺旋卷式、中空纤维式，最近又出现了动态膜。

10.3 膜材料及膜的制备与结构

10.3.1 膜材料

用作分离膜的材料包括广泛的天然的和人工合成的有机高分子材料和无机材料。原则上讲，凡能成膜的高分子材料和无机材料均可用于制备分离膜。但实际上，真正成为工业化膜的膜材料并不多。这主要决定于膜的一些特定要求，如分离效率、分离速度等。此外，也取决于膜的制备技术。目前，实用的有机高分子膜材料有：纤维素酯类、聚砜类、聚酰胺类及其他材料。从品种来说，已有成百种以上的膜被制备出来，其中约40多种已被用于工业和实验室中。以日本为例，纤维素酯类膜占53%，聚砜膜占33.3%，聚酰胺膜占11.7%，其他材料的膜占2%，可见纤维素酯类材料在膜材料中占主要地位。

10.3.1.1 纤维素酯类膜材料

纤维素是由几千个椅式构型的葡萄糖基通过 $1,4\text{-}\beta\text{-}$苷链连接起来的天然线性高分子化合物，其结构式为：

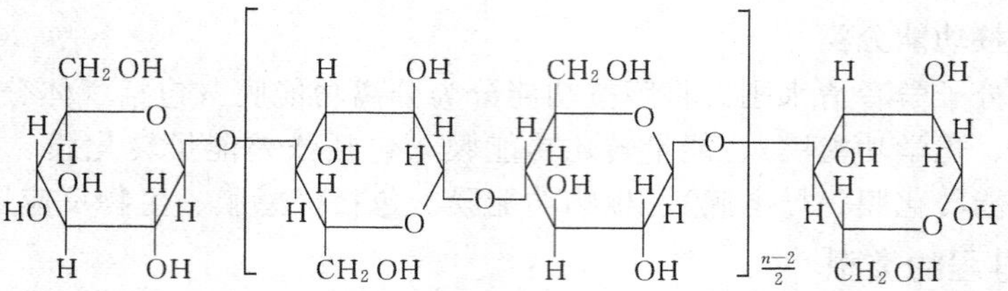

从结构上看，每个葡萄糖单元上有三个羟基。在催化剂（如硫酸、高氯酸或氧化锌）存在下，能与冰醋酸、醋酸酐进行酯化反应，得到二醋酸纤维素或三醋酸纤维素。

$$C_6H_7O_2 + (CH_3CO)_2O \Longrightarrow C_6H_7O_2(OCOCH_3)_2 + H_2O$$

$$C_6H_7O_2 + 3(CH_3CO)_2O \Longrightarrow C_6H_7O_2(OCOCH_3)_3 + 2CH_2COOH$$

醋酸纤维素是当今最重要的膜材料之一。醋酸纤维素性能稳定，但在高温和酸、碱存在下易发生水解。为了改进其性能，进一步提高分离效率和透过速率，可采用各种不同取代度的醋酸纤维素的混合物来制膜，也可采用醋酸纤维素与硝酸纤维素的混合物来制膜。此外，醋酸丙酸纤维素、醋酸丁酸纤维素也是很好的膜材料。纤维素醋类材料易受微生物侵蚀，pH 值适应范围较窄，不耐高温和某些有机溶剂或无机溶剂。因此发展了非纤维素酯类（合成高分子类）膜。

10.3.1.2   非纤维素酯类膜材料

非纤维素酯类膜材料的基本特性：①分子链中含有亲水性的极性基团；②主链上应有苯环、杂环等刚性基团，使之有高的抗压密性和耐热性；③化学稳定性好；④具有可溶性。

常用于制备分离膜的合成高分子材料有聚砜、聚酰胺、芳香杂环聚合物和离子聚合物等。

主要的非纤维素酯类膜材料有以下一些。

（1）聚砜类

聚砜结构中的特征基团为：

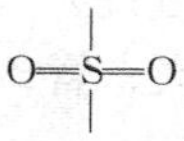

为了引入亲水基团，常将粉状聚砜悬浮于有机溶剂中，用氯磺酸进行磺化。聚砜类树脂常用的制膜溶剂有：二甲基甲酰胺、二甲基乙酰胺、N-甲基吡咯烷酮、二甲基亚砜等。

聚砜类树脂具有良好的化学、热学和水解稳定性，强度也很高，pH 值适应范围为 1～13，最高使用温度达 120℃，抗氧化性和抗氯性都十分优良。因此已成为重要的膜材料之一。这类树脂中，目前的代表品种有：

聚砜

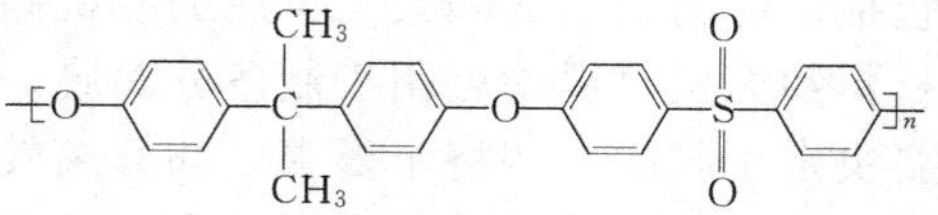

聚芳砜

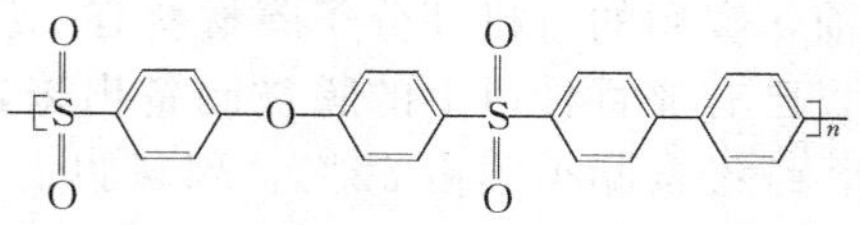

聚醚砜

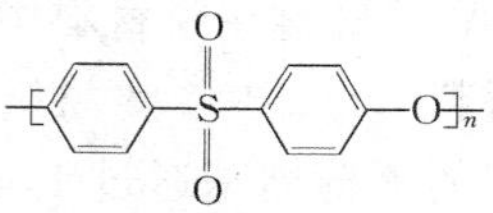

聚苯醚砜

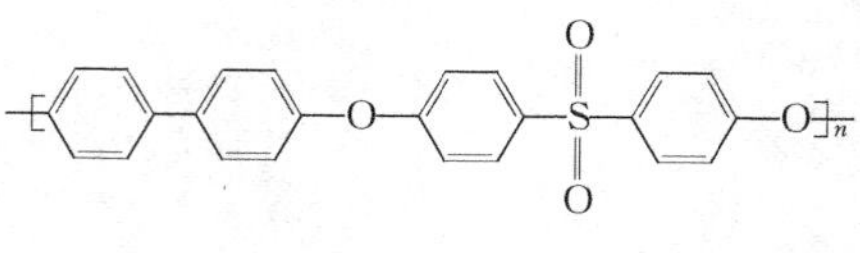

（2）聚酰胺类

早期使用的聚酰胺是脂肪族聚酰胺，如尼龙-4、尼龙-66 等制成的中空纤维膜。这类产品对盐水的分离率为 $80\%\sim90\%$，但透水率很低，仅 $0.076mL/(cm^2\cdot h)$。以后发展了芳香族聚酰胺，用它们制成的分离膜，pH 值适用范围为 $3\sim11$，分离率可达 99.5%（对盐水），透水速率为 $0.6mL/(cm^2\cdot h)$。长期使用稳定性好。由于酰胺基团易与氯反应，故这种膜对水中的游离氯有较高要求。

Du Pont 公司生产的 DP-I 型膜即为由此类膜材料制成的，它的合成路线如下所示：

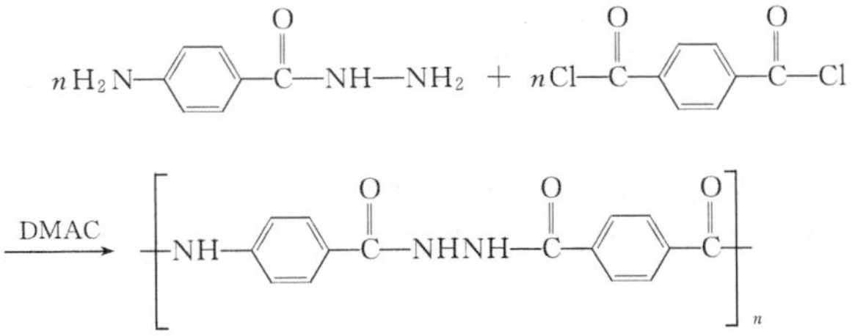

类似结构的芳香族聚酰胺膜材料还有：

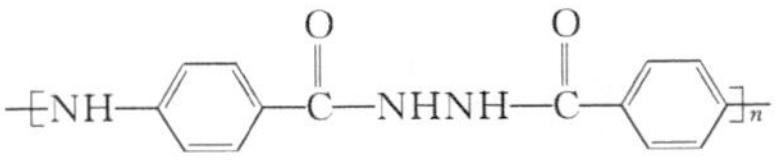

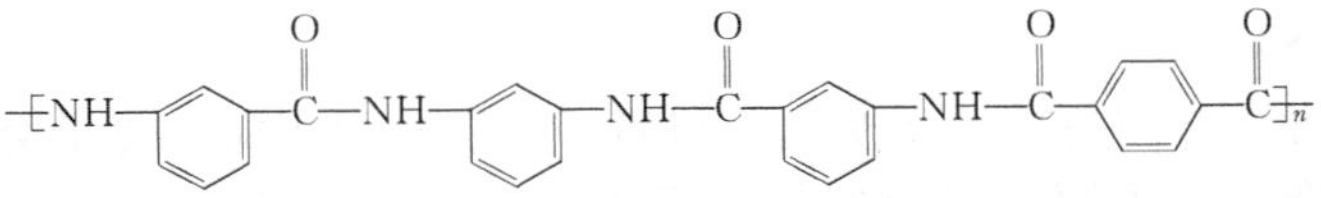

（3）芳香杂环类

① 聚苯并咪唑类　如由美国 Celanese 公司研制的 PBI 膜即为此种类型。这种膜材料可用以下路线合成：

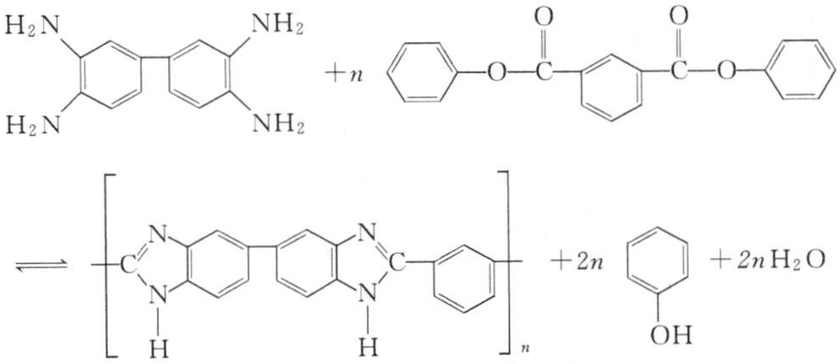

② 聚苯并咪唑酮类　这类膜的代表是日本帝人公司生产的 PBLL 膜，其化学结构为：

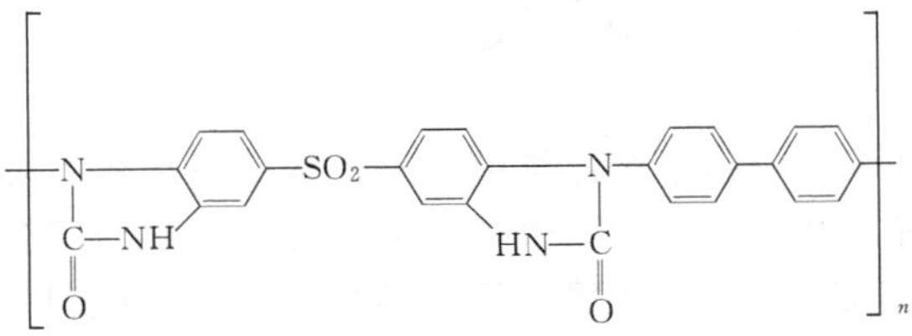

这种膜对 0.5% NaCl 溶液的分离率达 $90\%\sim95\%$，并有较高的透水速率。

③ 聚吡嗪酰胺类　这类膜材料可用界面缩聚方法制得，反应式为：

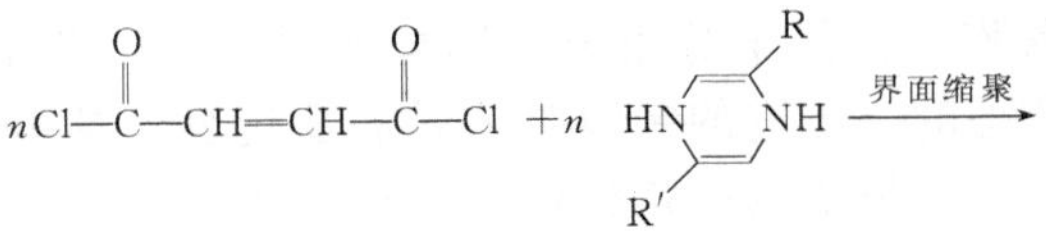

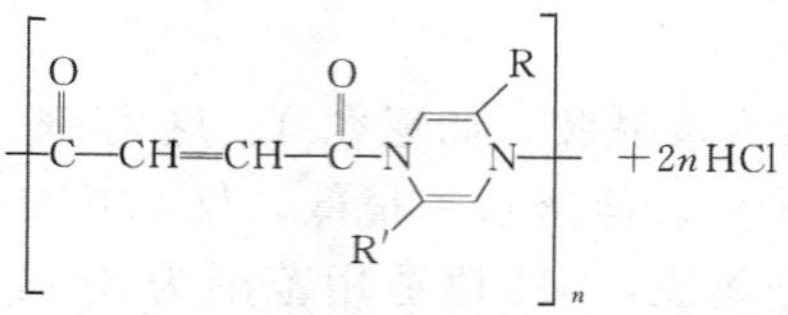

$$+2n\,HCl$$

④ 聚酰亚胺类　聚酰亚胺具有很好的热稳定性和耐有机溶剂能力，因此是一类较好的膜材料。例如，下列结构的聚酰亚胺膜对分离氢气有很高的效率。

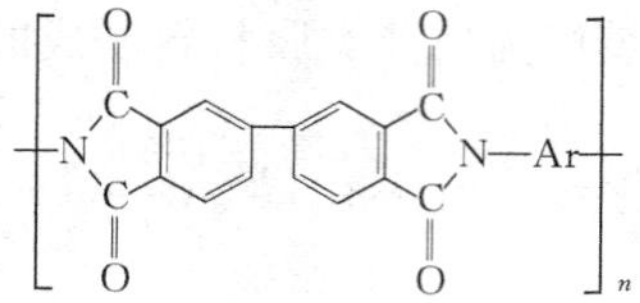

其中，Ar 为芳基，对气体分离的从易到难次序如下：H_2O，$H(He)$，H_2S，CO_2，O_2，$Ar(CO)$，N_2（CH_4），C_2H_6，C_3H_8。聚酰亚胺溶解性差，制膜困难，因此开发了可溶性聚酰亚胺，其结构为：

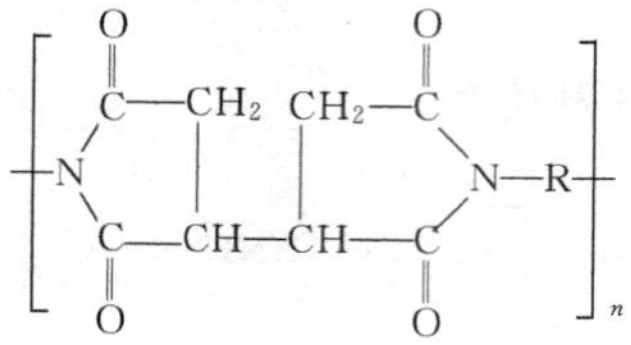

（4）离子性聚合物

离子性聚合物可用于制备离子交换膜。与离子交换树脂相同，离子交换膜也可分为强酸型阳离子膜、弱酸型阳离子膜、强碱型阴离子膜和弱碱型阴离子膜等。在淡化海水的应用中，主要使用的是强酸型阳离子交换膜。磺化聚苯醚膜和磺化聚砜膜是最常用的两种离子聚合物膜。

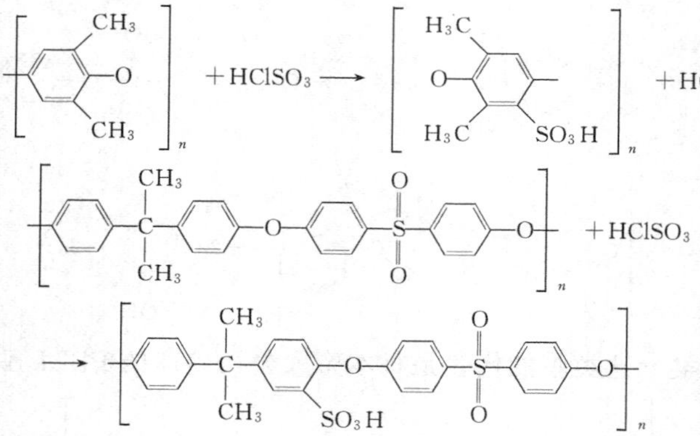

$$+HClSO_3 \longrightarrow \qquad +HCl$$

$$+HClSO_3$$

（5）乙烯基聚合物

用作膜材料的乙烯基聚合物包括聚乙烯醇、聚乙烯吡咯烷酮、聚丙烯酸、聚丙烯腈、聚偏氯乙烯、聚丙烯酰胺等。共聚物包括：聚丙烯醇/苯乙烯磺酸、聚乙烯醇/磺化聚苯醚、聚丙烯腈/甲基丙烯酸酯、聚乙烯/乙烯醇等。聚乙烯醇/丙烯腈接枝共聚物也可用作膜材料。

10.3.2　膜的制备

（1）分离膜制备工艺类型

膜的制备工艺对分离膜的性能十分重要。同样的材料，由于不同的制作工艺和控制条件，其性能差别很大。合理的、先进的制膜工艺是制造优良性能分离膜的重要保证。目前，国内外的制膜方法很多，其中最实用的是相转化法和复合膜化法。

（2）浸没沉淀相转化法

1963 年，Loeb 和 Sourirajan 首次发明相转化制膜法，其工艺框图如图 10-2 所示，从而使聚合物分离膜有了工业应用的价值。自此以后，相转化制膜被广泛地研究和采用，并逐渐成为聚合物分离膜的主流制备方法。所谓相转化法制膜，就是配置一定组成的均相聚合物溶液，通过一定的物理方法改变溶液的热力学状态，使其从均相的聚合物溶液发生相分离，最终转变成一个三维大分子网络式的凝胶结构。相转化制膜法根据改变溶液热力学状态的物理方法的不同，可以分为以下几种：溶剂蒸发相转化法、热诱导相转化法、气相沉淀相转变法和浸没沉淀相转变法。

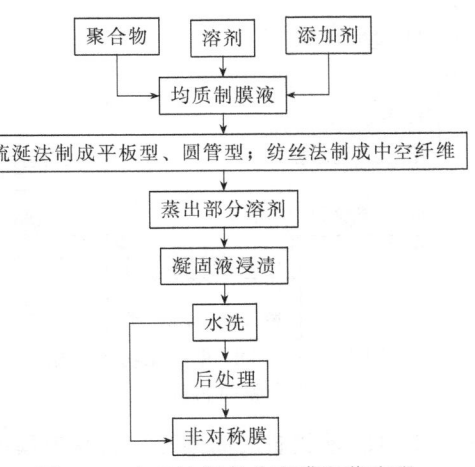

图 10-2　L-S 法制备分离膜工艺流程

① 浸没沉淀制膜工艺　目前所使用的膜大部分是采用浸没沉淀法制备的相转化膜。在浸没沉淀相转化法制膜过程中，聚合物溶液先流延于增强材料上或从喷丝口挤出，而后迅速浸入非溶剂浴中。溶剂扩散浸入凝固浴（J_2），而非溶剂扩散到刮成的薄膜内（J_1），经过一段时间后，溶剂和非溶剂之间的变换达到一定程度，聚合物溶液变成热力学不稳定溶液，发生聚合物溶液的液-液相分离或液-固相分离（结晶作用），成两相，聚合物富相和聚合物贫相，聚合物富相在分离后不久就固化构成膜的主体，贫相则形成所谓的孔，图 10-3 所示是浸没沉淀过程膜/凝固浴界面。浸入沉淀法至少涉及聚合物/溶剂/非溶剂 3 个组分，为适应不同应用过程的要求，又常常需要添加非溶剂、添加剂来调整铸膜液的配方以及改变制膜的其他工艺条件，从而得到不同的结构形态和性能的膜。所制成的膜可以分为两种构型：平板膜和管式膜。平板膜用于板框和卷式膜中，而管式膜主要用于中空纤维、毛细管和管状膜器中。

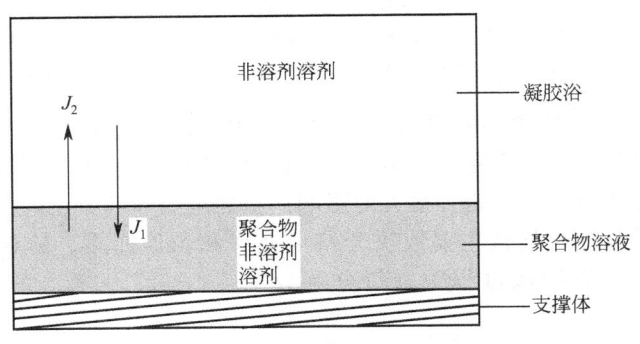

图 10-3　膜/浴界面

组分：非溶剂，溶剂，聚合物，J_1 为非溶剂通量，J_2 为溶胶通量

② 平板膜　先将支撑层聚酯无纺布在复合刮膜机上装好，调整刮刀刀口厚度（即铸膜液厚度），调节线速控制仪上的走布速度。然后将制膜液倒进料槽中，开动线速控制仪，线速控制仪启动转轴，使支撑层前进，溶液涂刮在了支撑层上。随后浸入到温度恒定的凝固浴中，PVDF 液膜很快凝固成膜。将刮好的膜在去离子水中浸泡一段时间之后浸泡到 15% 的甘油水溶液中一段时间，自然晾干。PVDF 复合膜制膜工艺过程如图 10-4 所示。制备条件包含聚合物的浓度、蒸发时间、湿度、温度、铸膜液组成（如添加剂）、凝固浴组成等，这些条件大体决定了膜的形态结构和基本功能，也决定了膜的应用场合。

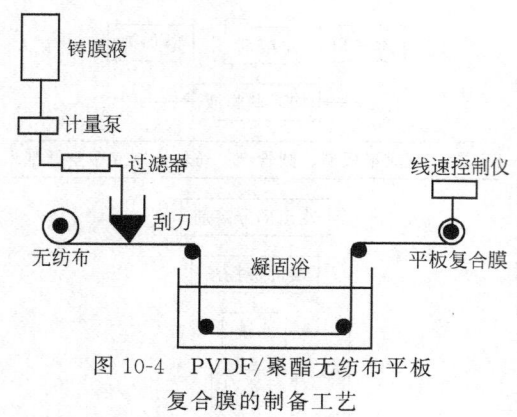

图 10-4　PVDF/聚酯无纺布平板
复合膜的制备工艺

③ 管式膜　管式膜根据规格的不同可以大致分为三种：中空纤维膜（直径小于 0.5mm）、毛细管膜（直径为 0.5～5mm）和管状膜（直径大于 0.5mm）。管状膜的直径太大需要支撑，而中空纤维膜和毛细管膜则是自撑式。

中空纤维膜和毛细管膜有 3 种不同的制备方法：湿纺法（干-湿纺法），熔融纺丝法和干纺法。其中干-湿纺法是制备可溶性聚合物中空纤维膜的最常用方法，其制备过程如图 10-5 所示。由聚合物、溶剂、添加剂组成的制膜溶液经过滤后用泵打入喷丝头，以围绕由喷丝头中心供给的丝状芯液周围形成管状液膜的形式被挤出，经"空气间隙"被牵引、拉伸到一定径向尺寸后浸入凝固浴固化成中空纤维，再经洗涤等处理后被收集在导丝轮。采用这种方法制备中空纤维的聚合物一般具有足够高的分子量，以便制膜溶液有足够黏度（一般大于 10Pa·s）来保证纤维的强度。制膜液挤出速度、芯液流速、牵伸速度、在空气间隙中停留时间及喷丝头规格等因素与聚合物组成和浓度、凝结浴组成和温度共同决定最终纤维膜的结构和性能。

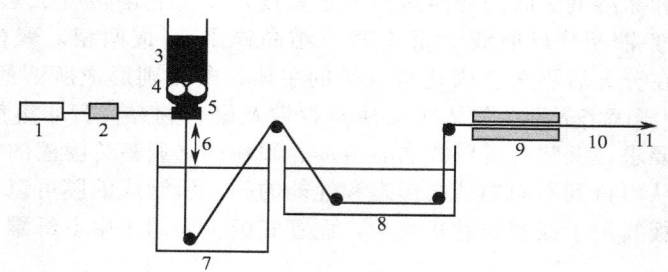

图 10-5　PVDF 中空纤维膜的制备工艺
1—芯液；2—泵；3—聚合物溶液；4—齿轮泵；5—喷丝头；6—空气间隙；
7—凝固浴；8—冲洗浴；9—后处理；10—中空纤维膜；11—收集

在干-湿纺丝过程中，喷丝头的规格十分重要，因为纤维规格主要由其大小决定，浸入凝固浴后的纤维规格基本上就不变了；但溶液的挤出速度（喷丝头中溶液的剪切速率）对中空纤维的形态、渗透性和分离性能有很大的影响。在熔融纺丝和干纺丝过程中，喷丝头的规格不十分重要了，因为纤维规格主要取决于挤出速率和牵伸速率。熔融纺丝中，纺丝速率（每分钟数千米）比干-湿纺丝过程中（每分钟几米）要高很多。

管状膜的制备工艺完全不同于中空纤维和毛细管膜，聚合物管状膜不是自撑式的，它是聚合物溶液刮涂在一种管状支撑材料上，如无纺聚酯、多孔碳管和陶瓷管上等，管状膜的制备工艺如图 10-6 所示。加压于一个装有聚合物溶液的储罐，使溶液沿一个中空管流下，在此刮管下部有一个带小孔的"刮膜棒"，聚合物溶液通过小孔流出，当多孔管在机械作用下或重力作用下垂直运动时，在其内壁上被刮上一层

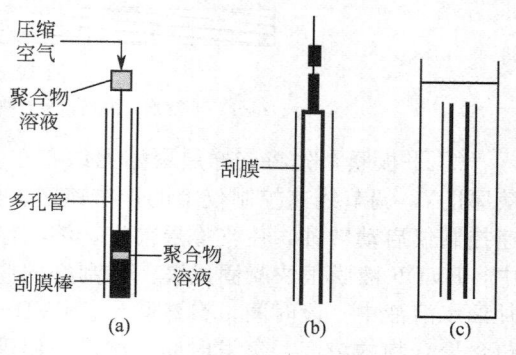

图 10-6　管状膜的制备

聚合物薄膜，然后将此管浸入凝固浴中，此时所刮涂上的溶液沉淀，从而形成管状膜。

无定形聚合物浸没沉淀相转化法成膜机理和结晶性聚合物浸没沉淀相转化法制膜本文不做详细解释，可以参考相关书籍和文献。

（3）应力场下熔融挤出、拉伸制备聚烯烃微孔膜

① 概述 聚烯烃微孔膜主要是利用热致相分离和熔融挤出拉伸工艺制备。在热致相分离过程中，高聚物与稀释剂混合物在高温下形成均相熔体，随后在冷却时发生固液或液液相分离，稀释剂所占的位置在除去后形成微孔。而在熔融挤出拉伸过程中，以纯高聚物融体进行熔融挤出，微孔的形成主要与聚合物材料的硬弹性有关系，在拉伸过程中，硬弹性材料垂直于挤出方向平行排列的片晶结构被拉开形成微孔，然后通过热定型工艺固定出孔结构。由于拉伸法在制膜过程中不需要任何添加剂，对环境无污染，适合大规模的工业化生产。拉伸法生产成本低、应用广泛，用此法生产的膜的产值、产量远远超过热致相分离法。

拉伸成孔法制备中空纤维微孔膜最早由日本三菱人造丝公司的镰田健资等于 1975 年开始研究，1980 年实现工业化生产。拉伸法制备平板膜由美国 Elanese 公司 M. Druin 等于 20 世纪 70 年代初首先研制成功（美国专利 3558764）。1975 年的美国专利中详细地介绍了聚丙烯中空纤维微孔膜的制备过程，其制备工艺主要包括熔融纺丝、牵伸、热处理、拉伸、热定型等步骤。该专利所得中空纤维膜的外径小于 $400\mu m$，内径大于 $20\mu m$，孔径范围在 $20\sim120nm$。浙江大学的徐又一等根据中空纤维膜制备过程中工艺路线较长、拉伸前需要热处理、能耗较大、得到的膜的孔径较大（在 25nm 以上）的特点，改进了中空纤维膜生产工艺，省去了热处理过程并简化了拉伸工艺，制备了一种孔径更小的中空纤维膜（孔径在 10nm 左右），这种膜可用作超微过滤膜、无菌过滤膜、渗透-蒸发膜、反渗透膜以及人工肾、血浆分离器等用的渗透膜，用途广泛，发展前景较好。上述微孔膜的制备是利用 α-聚丙烯在应力场下形成的垂直于纤维轴平行排列的片晶结构，通过拉伸工艺使该片晶结构分离而得到微孔结构。除了利用 α-聚丙烯制备微孔膜外，史观一等用 β-聚丙烯制备了微孔膜并研究了其成孔机理。其方法为，首先用 β 成核剂制备 β-聚丙烯，然后通过熔融挤出-拉伸工艺制备中空纤维微孔膜。这主要是利用 β-聚丙烯晶体在拉伸过程中发生晶相转变，β-晶生成更为稳定的 α-晶，在转变过程中由于结晶度增大导致密度的变大，体积收缩，从而得到微孔结构。而体积收缩难以生成较大的微孔，只能生成半径为 $0.02\mu m$ 的小孔。还有人认为 β-聚丙烯通过拉伸得到微孔结构主要是由于拉伸导致球晶的破裂和原纤化的结果。

聚乙烯（PE）微孔膜的制备，最早是通过将聚乙烯与小分子增塑剂（例如低分子量的酯、聚乙二醇等）熔融共混挤出，然后将小分子的物质溶解而得到最大孔径为 5nm 的中空纤维膜，见美国专利（US 4020230）。日本专利（JP 137026//77）中所制备的聚乙烯中空纤维膜，孔径为 $0.01\sim0.5\mu m$，孔隙率最大为 23％。美国专利（US 4530809）详细报道了 PE 中空纤维膜（密度最好大于 $0.965g/cm^3$）制备的工艺条件，膜的孔隙率为 30％～90％。浙江大学的徐又一等利用熔融纺丝-冷拉伸工艺制备 PE 中空纤维膜并研究了影响 PE 微孔膜孔结构及性能的因素。发现 115℃下热处理 2h 的初生中空纤维比较适合制备性能良好的微孔膜，且膜壁上孔的尺寸和大小随拉伸比率的增大而增加。得到的微孔膜的孔隙率为 43％，N_2 的渗透率大于 $4.96mL/(m^2 \cdot h \cdot mmHg)$。

聚-4-甲基-1-戊烯（PMP）也是一种结晶性聚烯烃，具有化学稳定性、耐热性（可在 180℃下长期使用）和气体透过性。因此，PMP 作为膜材料可以用在一些较高温度的分离过程（如医疗上的蒸汽消毒过滤等）。目前国内外对 PMP 作为膜材料的主要研究工作主要是采用复合、共混、接枝和溶液浇铸等方法。对 PMP 中空纤维膜的研究不是很多。王建黎的博士论文中详细地介绍了采用熔融纺丝-拉伸工艺制备 PMP 中空纤维膜的过程，得到的

PMP 中空纤维膜具有较好的气体（氧气/氮气或二氧化碳）分离性能。

通过熔融挤出拉伸工艺除了可以制备聚烯烃中空纤维膜，还可以制备平板膜，两者的制备原理是一致的。目前关于 PP、PE 等微孔膜的制备及研究还在进行。

② 微孔膜的制备的工艺　聚烯烃微孔膜的制备工艺一般是先在应力场下熔融挤出制备硬弹性中空纤维或平板膜，再进行热处理以得到具有垂直于纤维轴平行排列的片晶结构，然后控制一定的拉伸速度进行拉伸（一般先进行冷拉，然后热拉），最后将拉伸后的纤维或膜在一定温度下热定型，使拉伸所产生的微孔结构保留下来，即可得具有一定微孔结构的微孔膜。其制备工艺可用图 10-7 说明。

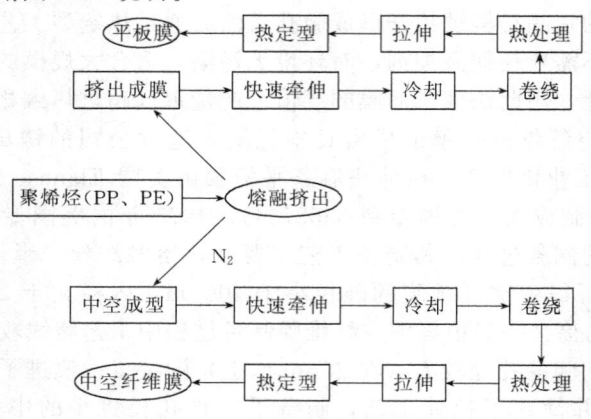

图 10-7　聚烯烃微孔膜的制备流程

③ 聚烯烃微孔膜的产品实例　国外产品实例以美国 Celgard 和日本 Mitsubishirayon 公司生产的微孔膜为例。平板膜以美国 Celgard 公司生产的为例，主要有 PP、PE 以及 PP/PE/PP 的三层复合膜。PE 微孔膜的 SEM 照片如图 10-8 所示。

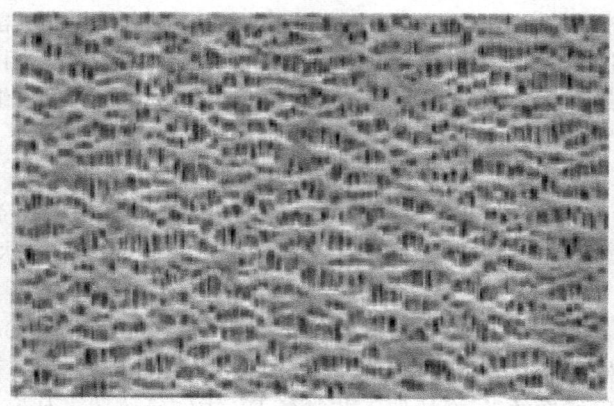

图 10-8　PE 微孔膜的 SEM 照片（放大 2000 倍）

PP、PE 以及三层复合微孔膜的性能参数的对比见表 10-3。

表 10-3　PP、PE 以及三层复合微孔膜的性能参数的对比

参数	膜厚/μm	孔径/μm×μm	空隙率/%	拉伸强度/(kgf/cm²)
PP	25	0.117×0.042	37	1300
		0.209×0.054	55	1200
PE	43	0.110×0.054	43	1700
PP/PE/PP	20	0.089×0.041	42	1750
	25	0.090×0.040	41	1900

Celgard 公司的 PP 中空纤维膜和 Mitsubishirayon 公司 PE 中空纤维膜的性能见表 10-4。

表 10-4　PP 中空纤维膜和 PE 中空纤维膜的性能

参数	膜内径/μm	膜外径/μm	平均孔径/μm	空隙率/%
PP	200～240	300	0.03～0.04	25～40
PE	260～280	310～335	0.25～0.35	60～70

国内产品实例以浙大凯华膜技术有限公司生产的 PP 和 PE 中空纤维膜为例。PP 和 PE 的 SEM 照片如图 10-9、图 10-10 所示。

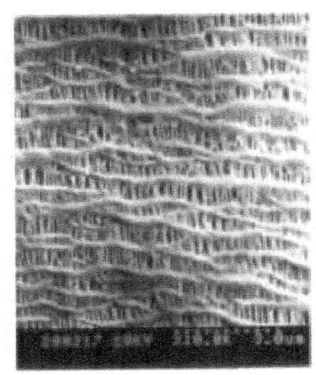 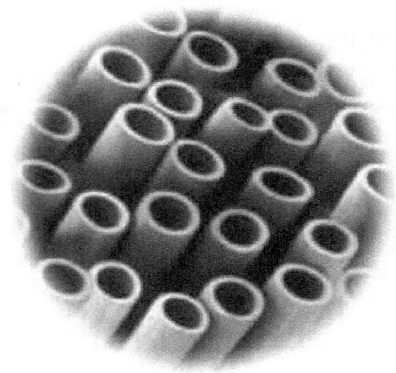 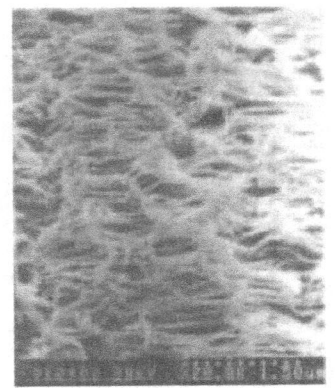

图 10-9　PP 中空纤维膜　　　　　　　　　　图 10-10　PE 中空纤维膜

PP 中空纤维膜和 PE 中空纤维膜的性能见表 10-5。

表 10-5　PP 中空纤维膜和 PE 中空纤维膜的性能

参数	膜内径/μm	膜壁厚/μm	平均孔径/μm	孔隙率/%	透气率(N_2)/$[10^{-2} \cdot cm^3/(cm^2 \cdot s \cdot cmHg)]$
PP	280～300	40～50	0.1	35	4.0～5.0
PE	250～280	45～50	0.25	60～65	7.5～9.5

注：1cmHg＝1333Pa。

（4）**热诱导相分离法（TIPS）制备聚合物微孔膜**

① 概述　20 世纪 80 年代初，Castro 专利提出了一种较新的制备微孔膜的方法，即热诱导相分离法（thermally induced phase separation），简称 TIPS，随后美国专利及一些研究论文对其做了报道。该方法是将聚合物与高沸点、低分子量的稀释剂在高温时（一般高于结晶高聚物的熔点 T_m）形成均相溶液，降低温度又发生固-液或液-液相分离，而后脱除稀释剂就成为聚合物微孔膜。这种由温度改变驱动的方法称为热诱导相分离。许多结晶的、带有强氢键作用的聚合物在室温下溶解度差，难有合适的溶剂，故不能用传统的非溶剂诱导相分离的方法制备膜，但可以用 TIPS 法，如聚烯烃或其共聚物及其共混物等都可以用 TIPS 法得到孔径可控的微孔膜，根据需要可以制得平板膜、中空纤维膜、管状膜。TIPS 法制备微孔膜的过程、成膜条件与孔结构形态的关系正引起人们的很大兴趣并已有较系统的研究。美国的 3M 公司已用 TIPS 法生产出了热稳定性好、耐化学腐蚀的聚丙烯中空纤维微孔膜、平板膜和管状膜。TIPS 在工业上主要有两个应用领域：控制释放和微滤。

国内潘波曾对高聚物/稀释剂体系 TIPS 过程制备微孔膜的意义、原理、过程及研究现状进行了评述。骆峰等简述了 TIPS 法制备高分子微孔膜的相平衡热力学及相分离动力学原理，并对国内外研究进展进行了评述。张翠兰等简述了 TIPS 法制备聚丙烯微孔膜的影响因素。本文将从 TIPS 法制备微孔膜的特点、制备方法、成膜的基本原理几个方面加以说明，并介绍 TIPS 微孔膜材料及制膜影响因素的最新研究情况，同时在现有的研究工作基础上对今后的研究方向提出了建议。

② TIPS 制备微孔膜的步骤

TIPS 法制备微孔膜主要有溶液的制备（可以连续也可间歇制备）、膜的浇铸和后处理三步，具体步骤如下：a. 聚合物与高沸点、低分子量的液态稀释剂或固态稀释剂混合，在高温时形成均相溶液；b. 将溶液制成所需要的形状（平板、中空纤维或管状）；c. 溶液冷却，发生相分离；d. 除去稀释剂（常用溶剂萃取）；e. 除去萃取剂（蒸发）得到微孔结构。

一个典型的 TIPS 制备聚合物微孔平板膜的流程如图 10-11 所示。聚合物/稀释剂溶液可在塑料挤出机中形成，溶液按预定形状被挤出并浇在控温的滚筒上，由于滚筒温度低，溶液立即分相并固化。然后经溶剂萃取脱去稀释剂，干燥检测并卷绕成产品。

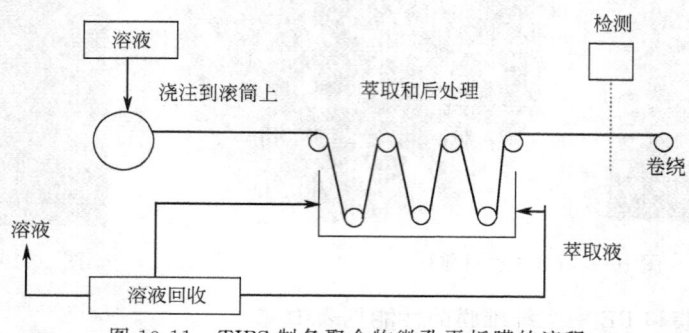

图 10-11   TIPS 制备聚合物微孔平板膜的流程

目前 TIPS 实验上的进展是探讨了挤出与退火之间的稀释剂挥发阶段对成膜结构的影响，发现挥发时间的恰当选择可调节孔径及膜中孔分布的对称性。理论上的进展是通过直接观察到微孔形成的动力学过程来确定相分离聚结机理的幂率关系与微孔形成的一些动力学因素。在现有的研究基础上，以后的研究方向可概括为以下几点。

a. 纵观以往的研究成果，尽管已经研究了许多材料可通过 TIPS 法制备微孔膜，但绝大多数还限于实验室研究阶段。对这些膜进行工业化生产是今后研究工作的一个重要方面。

b. 从膜材料上说，主要集中在 PP、PE、PMMA、PS 等的均聚物或共聚物方面。相比而言，用共混聚合物制膜可以综合均衡各组分的性能，可以降低某些性能优良但价格昂贵的原材料成本，而且将亲水、疏水材料共混制得的膜有利于提高膜表面的抗污染性，也是今后研究的一个方向。

c. 目前的研究主要集中在制备平板膜、中空纤维膜，对管状微孔膜的制备将是一个研究方向。

d. TIPS 过程要求安装凝固浴与淬出稀释剂，从而会造成浪费稀释剂的问题。因此可采用易升华的稀释剂，便于稀释剂的回收与再利用。另外，稀释剂的除去也可采用冷冻干燥技术。

e. TIPS 法易形成皮层，在制备过程中可采用 TIPS 与冷拉伸相结合的办法，也可采用稀释剂与聚合物、稀释剂混合物共混的方法对皮层加以控制。

（5）复合制膜工艺

由 L-S 法制的膜，起分离作用的仅是接触空气的极薄一层，称为表面致密层。它的厚度 $0.25 \sim 1 \mu m$，相当于总厚度的 1/100 左右。理论研究表明可知，膜的透过速率与膜的厚度成反比。而用 L-S 法制备表面层小于 $0.1\mu m$ 的膜极为困难。为此，发展了复合制膜工艺，如图 10-12 所示。

10.3.3　膜的结构

　　膜的结构主要是指膜的形态、膜的结晶态和膜的分子态结构。膜结构的研究可以了解膜结构与性能的关系，从而指导制备工艺，改进膜的性能。用电镜或光学显微镜观察膜的截面和表面，可以了解膜的形态。下面仅对微滤膜（MF 膜）、超滤膜（UF 膜）、纳滤膜（NF 膜）、反渗透膜（RO 膜）膜材料的形态做简单的讨论。

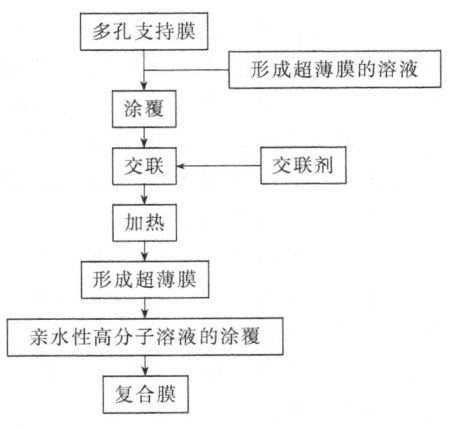

图 10-12　复合制膜工艺流程

　　（1）微滤膜——具有开放式的网格结构

　　微孔膜具有开放式的网格结构，形成机理为：制膜液成膜后，溶剂首先从膜表面开始蒸发，形成表面层。表面层下面仍为制膜液。溶剂以气泡的形式上升，升至表面时就形成大小不等的泡。这种泡随着溶剂的挥发而变形破裂，形成孔洞。此外，气泡也会由于种种原因在膜内部各种位置停留，并发生重叠，从而形成大小不等的网格。开放式网格的孔径一般在 $0.1 \sim 1\mu m$，可以让离子、分子等通过，但不能使微粒、胶体、细菌等通过。

　　（2）反渗透膜和超过滤膜的双层与三层结构模型

　　雷莱（Riley）首先研究了用 L-S 法制备的醋酸纤维素反渗透膜的结构。从电镜中可看到，醋酸纤维反渗透膜具有不对称结构。与空气接触的一侧是厚度约为 $0.25\mu m$ 的表面层，占膜总厚度的极小部分（一般膜总厚度约 $100\mu m$）。表面没有物理孔洞，致密光滑。下部则为多孔结构，孔径为 $0.4\mu m$ 左右。这种结构被称为双层结构模型。

　　吉顿斯（Gittems）对醋酸纤维素膜进行了更精细的观察，认为这类膜具有三层结构。最上层是表面活性层，致密而光滑，其中不存在大于 10nm 的细孔。中间层称为过渡层，具有大于 10nm 的细孔。上层与中间层之间有十分明显的界限，中间层以下为多孔层，具有 50nm 以上的孔。与模板接触的底部也存在细孔，与中间层大致相仿。上、中两层的厚度与溶剂蒸发的时间、膜的透过性等均有十分密切的关系。

10.3.4　膜的结晶态

　　舒尔茨（Schultz）和艾生曼（Asunmman）对醋酸纤维素膜的表面致密层的结晶形态作了研究，提出了球晶结构模型。该模型认为，膜的表面层是由直径为 18.8nm 的超微小球晶不规则地堆砌而成的。球晶之间的三角形间隙，形成了细孔。他们计算出三角形间隙的面积为 $14.3nm^2$。若将细孔看成圆柱体，则可计算出细孔的平均半径为 2.13nm；每 $1cm^2$ 膜表面含有 6.5×10^{11} 个细孔。用吸附法和气体渗透法实验测得上述膜表面的孔半径为 $1.7 \sim 2.35nm$，可见理论与实验十分相符。

　　对芳香族聚酰胺的研究表明，这类膜的表面致密层不是由球晶、而是由半球状结晶子单元堆砌而成的。这种子单元被称为结晶小瘤（或称微胞）。表面致密层的结晶小瘤由于受变形收缩力的作用，孔径变细。而下层的结晶小瘤因不受收缩力的影响，故孔径较大。

10.4　膜组件的结构设计

10.4.1　膜材料与膜组件

　　从制膜过程得到的膜仅仅是具有选择性透过功能（即分离功能）的材料，绝大多数情况下，这些膜材料并不能直接应用于分离工程中，而需要将一定面积的膜装填到某种开放或封闭的壳体空间内构造成一定形式和结构的单元（unit），即膜组件（membrane module），在一定意义上，可以说是膜组件直接推动了膜分离技术的普遍应用。膜组件的设计需要考虑以下4个方面主要问题：a. 分离膜的形态结构有平板、中空纤维、管式等不同形式，由它们制作成组件的结构有很大的差别；b. 由于分离对象的不同、运行过程中对化学环境、温度、压力等工艺条件的要求不同，需要设计组件的密闭性、壳体等封装质材；c. 在膜分离工程运行过程中，不可避免地出现膜的污染或浓差极化，导致膜的分离速度（通量）下降，因而在设计组件时要充分考虑流体在组件内的流程和膜污染清洗的流程；d. 要考虑组件制作的方便性、维修的方便性以及组件间组合实现模块化的方便性。可以看出，膜组件的设计涉及材料、化学、流体力学、机械、工程和过程等多学科的知识。获得具有优异性能的分离膜，只是膜分离技术的必要条件之一，膜材料性能在膜分离技术的实现，还必须以合理膜组件为载体。正是这个原因，目前市场上销售的绝大多数是膜组件，而非仅仅是膜材料。

尽管膜组件是膜从材料走向应用的载体，在膜科学与技术中占有重要的地位，而且膜组件制备技术在20世纪60～70年代已取得突破性进展，但这是一个反常的现象，很多研究者并没有充分意识到膜组件设计的重要性。其中部分原因在于多数膜组件是由相关公司内部开发，相应的多数膜组件设计与制作技术也因只在专利中出现而被众多学者所忽视。目前看来，虽然组件的制作受膜材料的限制，早期膜组件设计水平和制作技术相对于膜材料有些滞后，但是，一旦合理的膜组件的结构和制作技术被开发出来，多数情况下它们就可以直接用于新材料，即膜组件的结构和制作工艺相对于膜材料又具有独立性和更普遍的适用性。本节以下的内容简要介绍几种常见膜组件的结构、组件内流体流程和组件应用等特点。

10.4.2　板框式膜组件与流程

最早的膜组件是于20世纪60～70年代开发出的平板超滤膜组件，使用时类似于板框压滤机，组件被夹在一定形式的框架中间，这种结构的组件成为板框式膜组件（plate and frame modules），有板支撑［见图10-13(a)］和网支撑［见图10-13(b)］两种，其中具有连通性的网格（板支撑组件中膜与支撑板之间的网格衬层）为流体的流道之一。原理上可以采用网格侧为原料液体的进料流程（内压），也可以采用网格侧为透过物通道的流程（外压），但是由于膜被粘接于支撑板或网格上，若采用内压流程，耐压性很差，当膜两侧压力稍大时就把膜胀破或将粘接破坏，因而绝大多数的半筐膜组件均采用外压式流程。另外，单个膜组件的膜面积较小，在使用时为了保证分离速度，需要采用较多的组件，因而衍生出组件与组

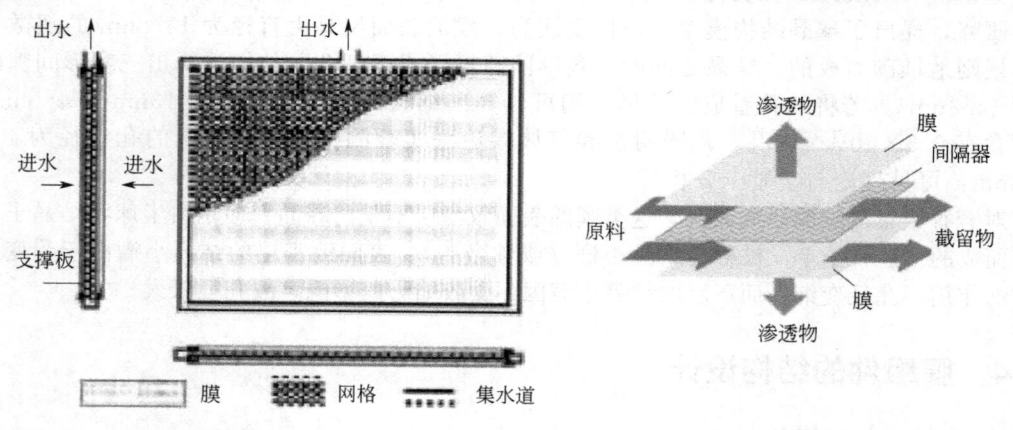

(a) 板支撑膜组件   (b) 网支撑膜组件

图 10-13　平板膜板框式膜组件的基本结构和流体流程

件组合（或集装）的问题，组件的可组合性也是在组件结构和流程设计中必须考虑到的。

板框膜组件的结构变化主要在外形和流道方面，但总的可变化性较小。图 10-14 是早期用于分离天然气中氦气的平板膜板框式组件及其集成结构。该组件的透过气出口在膜的一侧，多个组件平行叠放后透过气串联起来放置于密闭的耐压容器中，运行时采用的是外压流程。图 10-15 为由板框膜组件在反渗透过程中的组合集成组件结构和流程，该结构有较高的膜装填密度和较小的流道压力损失。图 10-16 为德国 HUBER 公司设计制作的板框膜组件、膜组件的集成结构及其浸没式膜生物反应器（Sumberged Membrane Bioreactor，SMBR），

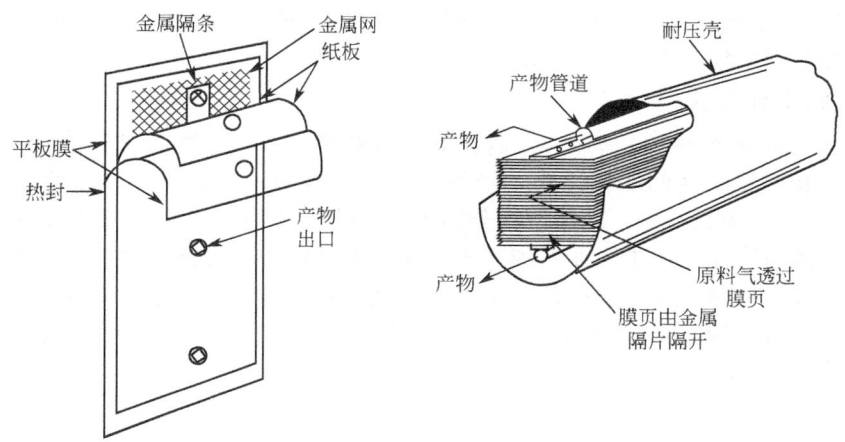

图 10-14 分离天然气中氦的平板膜板框式组件及其集成结构

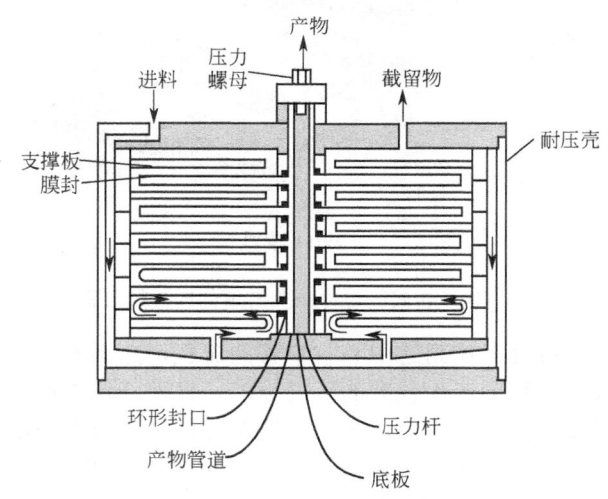

图 10-15 反渗透过程用板框膜组件的组合与流程

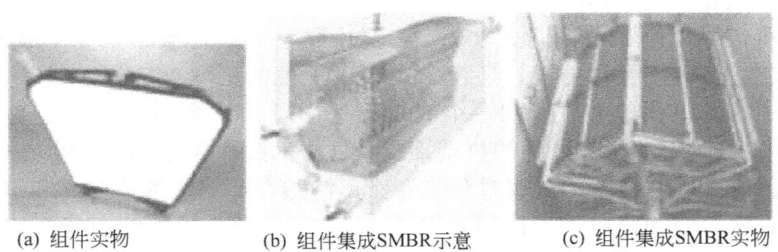

(a) 组件实物   (b) 组件集成SMBR示意   (c) 组件集成SMBR实物

图 10-16 德国 HUBER 平板膜板框式膜组件及在浸没式膜生物反应器（SMBR）中的集成

该组件为扇形，组合成集成组件圆柱状，具有较好的安装特性。使用时，将集成组件作为一个整体浸入生物反应池中，透过液出口与真空系统连接，反应池中的液体在负压作用下透过膜被抽吸出来，而固体仍被截留于反应池中。

尽管板框式膜组件是最早获得应用的组件，但相对于其他形态膜的组件，它存在如下主要问题：一是组件中膜的装填密度（单位空间容积内的膜面积）较低，单个组件的通量较小；二是在应用中进行组件组合时，需要采用大量密封垫圈，容易产生流体的泄漏；三是制造成本高。目前，除了在电渗析（ED）系统、渗透汽化（Pervaporation，PV）系统和少量的反渗透（RO）系统及高固含量/易污染的超滤（UF）系统中的应用外，板框膜组件已逐渐被平板膜卷式膜组件、中空纤维膜组件代替。

10.4.3　卷式膜组件与流程

顾名思义，平板膜的卷式膜组件是将膜制作成卷状，基本结构如图 10-17 所示，其特点是将一片膜夹在两片柔性间隔网之间，经卷绕、密封得到，其中膜的分离功能层表面一侧（膜为非对称膜时）为原料侧。两层网格分别为液体或气体原料流体的通道和透过膜流体的通道，网格层的厚度随组件中膜面积和膜通量的增大而增大。制备这种组件的关键是流体流道进出口的设计，通常情况下采用的是中心管为透过物收集流道，原料流体进口、浓缩流体（截留物或排污）出口和透过物出口在圆柱体两端的结构。在试验用小型单层膜的卷式组件中，膜面积为 $0.2\sim1.0\mathrm{m}^2$。

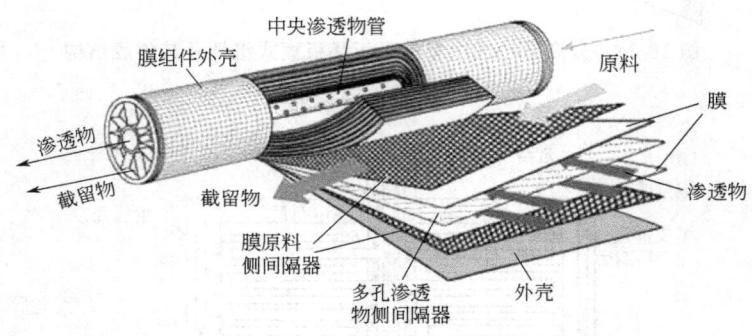

图 10-17　卷式膜组件结构与组件内流体流程

分离运行过程中，透过物流体到达中心收集管的流程可达到数米（与组件的直径有关），如此之长的流程会导致透过物侧产生较大的压力损失，进而降低膜两侧的压力差和通量。为解决这个问题，在工程化分离应用中常用的卷式膜组件往往是将间隔层隔开的多片膜卷绕到中心管上，以减小透过物流体到达中心管的流程，每片膜的面积也提高到 $1\sim2\mathrm{m}^2$。工业常用标准卷式膜组件的外径为 8in、长度为 40in（$1\mathrm{in}=0.0254\mathrm{m}$，下同），膜片数为 $15\sim30$、总膜面积为 $20\sim40\mathrm{m}^2$，也有外径为 4in 和 6in 的组件，它们的长度、膜片数和总膜面积也相应地减小。目前，外径为 12in、长度为 60in、膜片数为 40、总膜面积为 $600\mathrm{m}^2$ 的卷式膜组件已有产品供应，但由于操作更难，还没有实现大规模的工程化应用。通常，人们把 $4\sim6$ 个卷式组件经中心管串联起来放置到一个大直径的耐压长管容器内进一步制作成大的组件（图 10-18）。一种含有 6 个 8in 组件的典型集成组件内的膜面积为 $100\sim200\mathrm{m}^2$。

上述结构的卷式膜组件适用的膜过程主要有反渗透、超滤、气体分离和纳滤等，运行时压力往往较高，密封成为膜组件设计和制作的关键之一。在卷式膜组件的反渗透、超滤过程处理食品、饮料等易导致膜污染的体系中，需要采用原料流体的错流和一定比例的回流工艺，使膜表面流体有较高的线速度，以降低膜表面的吸附污染。其中错流的实现可以通过组

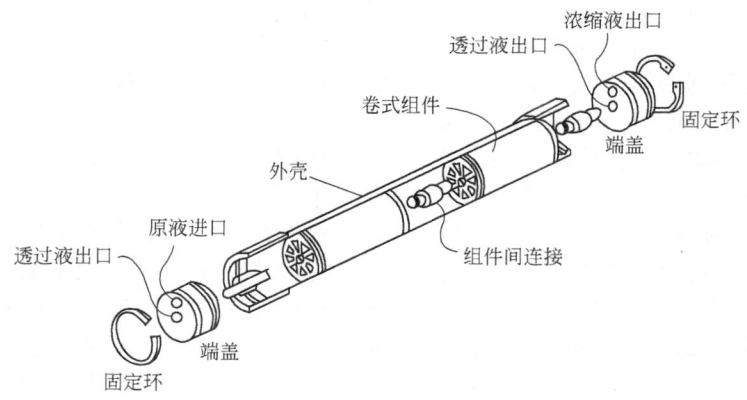

图 10-18　卷式膜组件的集成结构

件结构和流程设计实现。

　　与前面卷式膜结构不同，另一种由平板膜制备、外形也呈圆柱状的组件称为折叠组件（常称折叠滤芯）。该组件的多层材料分别具有过滤、保护、支撑等作用，也可通过不同层材料（膜）之间的孔径梯度使不同的层有不同的截留性能。使用时，常用流程是以中心管为透过流体的收集管、外压工艺运行。由于采用的膜主要为微滤膜和超滤膜，折叠滤芯比较适合于气体过滤除尘和液体中悬浮物的分离。

10.4.4　中空纤维膜组件与流程

　　中空纤维膜是外径在 $1000\mu m$ 以下的管状膜，早期的中空纤维膜常常被封装于管状容器内制作成组件。根据纤维膜的排列和封装结构，组件可分为 U 形和列管式两种，组件内流体的流程也分为芯流程（内压）和壳流程（外压）两种（见图 10-19、图 10-20）。U 形组件中，中空纤维膜束的一端被弯折或胶封，处于自由状态，而另一端用胶固定在管状壳体上；列管式组件中，膜束的两端均被胶固定在壳体上，而且组件的两端之间纤维膜中心孔是穿通的。壳流程中，纤维膜的外侧与壳体内壁之间的空隙为原料流体和浓缩液、截留物的通道，纤维的中心孔为透过流体的通道；芯流程反之。

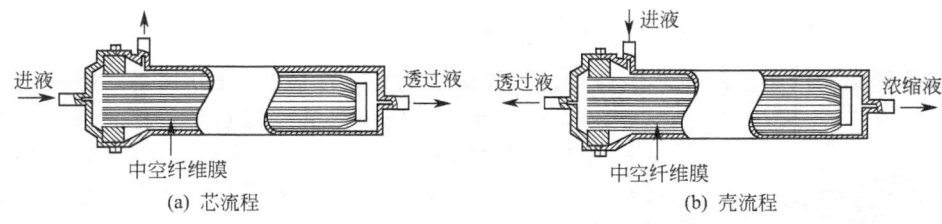

图 10-19　U 形中空纤维膜组件的基本结构

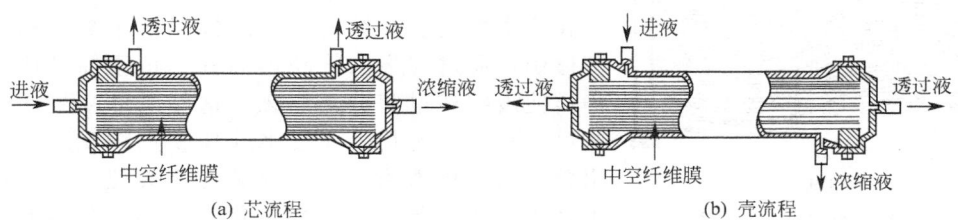

图 10-20　列管式中空纤维膜组件的基本结构

设计组件结构和流程时，需要从以下主要几个方面出发。

① 膜的对称性　对结构对称的膜，原理上采用内压和外压均可以，但要根据膜的强度和运行过程中膜两侧的压力决定内压流程或是外压流程；当膜的强度低、膜两侧压力差大时，应当采用外压壳流程［壳流程耐压最大可达 1000psi（1psi＝6894.76Pa），高压］。对结构非对称膜，需要防止膜孔堵塞污染，若纤维膜的外表面为分离功能层，应采用外压流程，反之采用内压流程［芯壳流程耐压小于 150psi，中低压］。

② U 形组件的内压流程为全过滤过程，无浓缩物料导出或原料液循环，极易形成膜污染，不适合高悬浮物含量流体混合物的分离，而列管式组件内压流程具有较好的耐污染性。

③ 采用组件结构与流程相结合降低膜污染、实现自清洗，即采用原料流体的错流或循环、提高膜表面的流速控制污染物在膜表面的吸附和浓差极化，此时在进料侧需要两个出口，一个用于进料，另一个用于物料循环、浓缩料出口。可以看出，根据这两种基本结构和流程，结合具体分离对象物化性质，可以设计出最合理的组件结构和流程，甚至是分离工程运行的运行工艺。

流体，尤其是原料流体在组件内的流体力学分布是决定很多膜分离过程（膜在膜接触过程）效果和效率的重要因素，往往需要物料流体在组件内有均匀的分布、较长的停留时间和较快的膜表面线速度。图 10-21 为一种采用了中心分布管提高物料分布均匀性、带有回流或截留收集或浓缩液排放、可以进行错流操作运行列管式中空纤维膜组件，这也是中空纤维组件在反渗透过程中通常采用的结构和流程。虽然图中示意的仅为外压流程，实际上，该流程组件同样适用于内压流程。

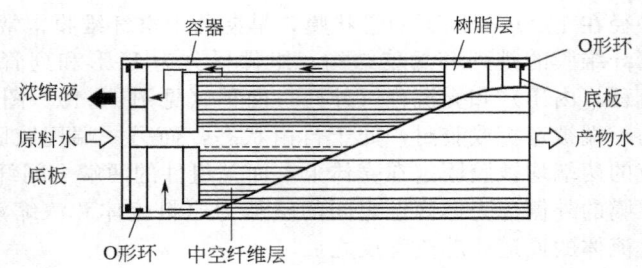

图 10-21　采用物料分布管（收集）的列管式中空纤维膜组件结构

上述几种结构的中空纤维膜组件均是把膜束装到管状容器内，适用的膜过程除了反渗透

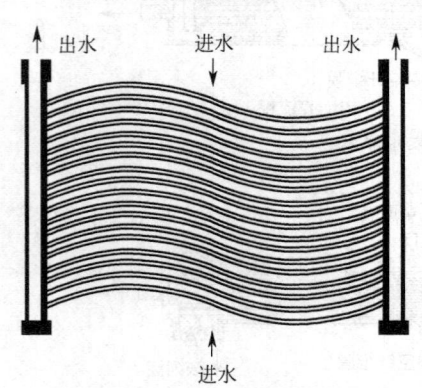

图 10-22　帘式膜组件结构

外，还有超滤、气体分离、渗析和渗透汽化等，特点是组件中膜的填装密度高、分离速度快，应用领域十分广泛。近 10 年来，又出现了不用外壳、相对为开放式的膜组件——屏幕式（或帘式）膜组件（见图 10-22）。组件中，中空纤维膜平行排列成片状，两端用胶封固定在集水管内。运行时，将组件浸没于被分离的液体流体中，通过与集水管相连的真空负压抽吸或液体的静压使液体透过膜分离出来。这种组件主要用于膜生物反应器中，尤其是在废水处理膜生物反应器中表现出极大的发展潜力。为了安装使用方便，常常把多个膜片集装在一起制作成模块化的组件，几种商业化的产品如图 10-23 所示。

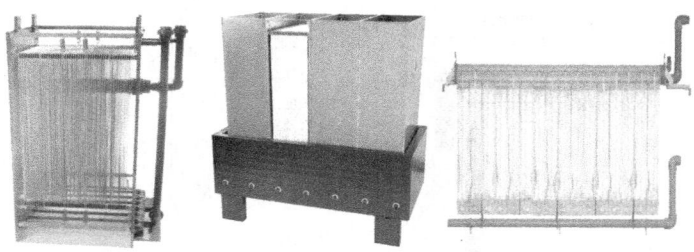

图 10-23　模块化的膜组件

10.4.5　管式膜组件的基本结构

　　管式膜组件的外径为 1～3cm 的管状膜，相对于中空纤维膜具有更好的自支撑强度。早期的管式膜主要是陶瓷或金属膜，高分子管式膜是在最近 10 多年才真正取得应用的。无机管式膜组件几乎与板框膜组件同时出现，后来的高分子管式膜组件主要沿袭无机管式膜组件的结构和流程。图 10-24 所示为含有 30 根管式超滤膜的组件，其中管式膜被支架和断头固定、定位，物料的进口和可透过流体的出口多在断头上，膜外可以用封闭壳体，也可以开放式。高分子管式膜组件的流程、适用的膜过程和应用领域与中空纤维膜组件相类似，但在高黏度、高悬浮物流体分离中更具有优势。

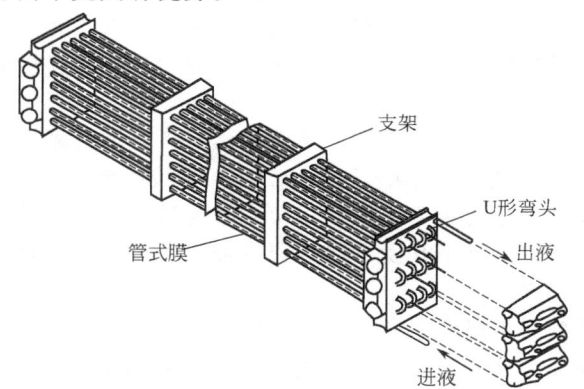

图 10-24　管式膜组件的结构与流程

10.5　典型的膜分离技术及应用领域

　　典型的膜分离技术有微孔过滤（MF）、超滤（UF）、纳滤（NF）、反渗透（RO）、渗析（D）、电渗析（ED）、离子交换膜、液膜（LM）及渗透蒸发（PV）等，物质微粒的大小、膜过程与膜机理的基本对应关系如图 10-25 所示，下面分别介绍。

10.5.1　微孔过滤技术

　　（1）微孔过滤和微孔膜的特点

　　微孔过滤技术始于 19 世纪中叶，是以静压差为推动力，利用筛网状过滤介质膜的"筛分"作用进行分离的膜过程。实施微孔过滤的膜称为微孔膜。

　　微孔膜是均匀的多孔薄膜，厚度 90～150μm，过滤粒径 0.025～10μm，操作压 0.01～0.2MPa。到目前为止，国内外商品化的微孔膜约有 13 类，总计 400 多种。

　　微孔膜的主要优点为：①孔径均匀，过滤精度高，能将液体中所有大于制定孔径的微粒

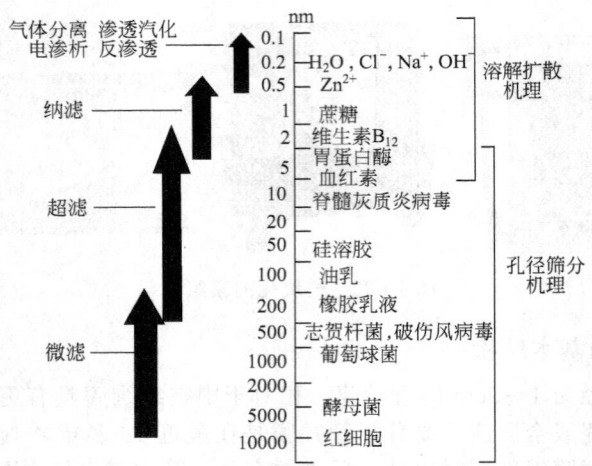

图 10-25 物质微粒的大小、膜过程与膜机理的基本对应关系

全部截留；②孔隙大，流速快，一般微孔膜的孔密度为 107 孔/cm²，微孔体积占膜总体积的 70%～80%，由于膜很薄，阻力小，其过滤速度较常规过滤介质快几十倍；③无吸附或少吸附，微孔膜厚度一般为 90～150μm，因而吸附量很少，可忽略不计；④无介质脱落，微孔膜为均一的高分子材料，过滤时没有纤维或碎屑脱落，因此能得到高纯度的滤液。

微孔膜的缺点：①颗粒容量较小，易被堵塞；②使用时必须有前道过滤的配合，否则无法正常工作。

用于制作微滤膜的材料很多，有尼龙、聚丙烯、聚砜、聚四氟乙烯、聚酯等合成高分子物质，还有玻璃纤维、多孔玻璃、硝酸纤维（CN）、醋酸纤维（CA）等，其孔径、膜厚和耐药性等的选择范围较广。超滤膜为多孔膜，微滤膜为微多孔膜，膜孔形状根据膜的材料而有不同，有圆形和长方形。近年来开发了用陶瓷或金属微粒子烧结而成的膜，还有像多孔玻璃经酸处理而成的圆孔膜等。

微滤膜的性能也表现为截留粒子的大小，膜性能指标可用孔径（通常用最大气孔径）表示。国外及我国生产的部分微滤膜规格及性能分别见表 10-6 和表 10-7。

表 10-6 国外部分微滤膜的规格和性能

型号	材质	平均孔径 /μm	水流速 /[mL/(cm²·min)]	空气流速 /[L/(cm²·min)]	孔隙率 /%	气泡点 /MPa	可被水萃取物/%
Millipore							
SC	混合纤维	8.0	630	65	74	0.028	6.0
SM	混合纤维	5.0	400	32	84	0.042	6.0
SS	混合纤维	3.0	296	30	83	0.070	6.0
RA	混合纤维	1.2	222	20	82	0.084	5.0
AA	混合纤维	0.80	157	16	82	0.112	4.0
DA	混合纤维	0.65	111	9	81	0.134	3.0
HA	混合纤维	0.46	38.5	4	79	0.232	2.5
PH	混合纤维	0.30	29.6	3	77	0.281	2.0
GS	混合纤维	0.22	15.6	2	75	0.387	2.0
VC	混合纤维	0.10	1.5	0.6	74	1.76	1.5
VM	混合纤维	0.05	0.74	0.5	72	2.64	1.5
VS	混合纤维	0.0205	0.15	0.2	70	2.52	1.5
FA	聚四氟乙烯	1.0	90	16	85	0.021	—
FH	聚四氟乙烯	0.5	40	8	85	0.049	—
FG	聚四氟乙烯	0.2	15	3	70	0.91	—

型号	材质	平均孔径/μm	水流速/[mL/(cm²·min)]	空气流速/[L/(cm²·min)]	孔隙率/%	气泡点/MPa	可被水萃取物/%
Mitex							
LC	聚四氟乙烯	10.0	126	14	68	0.004	—
LS	聚四氟乙烯	5.0	51.9	9	60	0.006	—
Polytic							
BS	聚氯乙烯	2.0	23.1	19	79	0.028	3.2
BD	聚氯乙烯	0.6	33.3	3	73	0.070	3.2
Celotate							
FA	醋酸纤维	1.0	178	7	74	0.098	—
EH	醋酸纤维	0.5	49.6	4.5	72	0.197	—
EG	醋酸纤维	0.2	15.6	2.2	71	0.387	—

表 10-7　我国生产和研制的部分微滤膜的性能

膜材料	生产和研制单位	平均孔径/μm	通量/[mL/(cm²·min)]	孔隙率/%	厚度/μm	备注
混合纤维（CN/CA）	上海医工院	0.1	2		110~115	通量在20℃，−0.026MPa下测得（国家海洋二所提供）
	江西庆江化工厂	0.15	6		110~115	
	国家海洋二所	0.20	12	72	110~115	
	上海第十制药厂	0.30	24	73	110~115	
	上海集成制药厂	0.40	36		110~115	
	北京化工学校	0.45	43	76	110~115	
	苏州净化设备厂	0.65	71	78	110~115	
		0.80	108	81	120~160	
		1.2	120	82.6	120~160	
		3.0	136		120~160	
聚砜	北京工业大学	1.00	0.22			
		1.20	7.94			
		1.50	14.0			
		1.90	30.0			
		2.20	58.0			
		3.00	77.5			
聚苯砜酰胺	大连化物所	0.2	4.5	68	150±30	
		0.3	7.5	68		
		0.45	10.3	70.8		
		0.65	20.0	72		
		0.80	38.7	74		
		1.20	46.5	76		
醋酸纤维素和三醋酸纤维素混合物	无锡化工研究所	0.45	6.1			
		0.65	15.6			
		0.80	20.7			
		1.20	31.1			
		3.0	41.5			
		5.0	62.5			

（2）微孔过滤技术应用领域

用微滤膜对具有一定浊度的液/固进行分离，得到了越来越多的应用。微滤膜表面均匀分布的许多微孔能将大于孔径的微粒、细菌、污染物截留在滤膜表面，达到净化、分离等目的。微滤膜的孔径和微孔分布的均匀性可以精确控制和预先测定，滤膜使用时可以预估其截留效果，作为微滤膜过程的核心材料，微滤已在众多固/液、固/气分离领域获得应用。除此之外，微滤膜也常用作超滤、纳滤、反渗透等膜过程的前处理，在液态混合物和固态混合物分离方面，微孔过滤技术目前主要在以下方面得到应用。

① 微粒和细菌的过滤　可用于水的高度净化、食品和饮料的除菌、处理油田采出水，还可用于油田注水、药液的过滤、发酵工业的空气净化和除菌等。

② 微粒和细菌的检测　微孔膜可作为微粒和细菌的富集器，从而进行微粒和细菌含量的测定。

③ 气体、溶液和水的净化　大气中悬浮的尘埃、纤维、花粉、细菌、病毒等；溶液和水中存在的微小固体颗粒和微生物，都可借助微孔膜去除。

④ 食糖与酒类的精制　微孔膜对食糖溶液和啤、黄酒等酒类进行过滤，可除去食糖中的杂质、酒类中的酵母、霉菌和其他微生物，提高食糖的纯度和酒类产品的清澈度，延长存放期。由于是常温操作，不会使酒类产品变味。

⑤ 药物的除菌和除微粒　以前药物的灭菌主要采用热压法。但是热压法灭菌时，细菌的尸体仍留在药品中。而且对于热敏性药物，如胰岛素、血清蛋白等不能采用热压法灭菌。对于这类情况，微孔膜有突出的优点，经过微孔膜过滤后，细菌被截留，无细菌尸体残留在药物中。常温操作也不会引起药物的受热破坏和变性。许多液态药物，如注射液、眼药水等，用常规的过滤技术难以达到要求，必须采用微滤技术。

10.5.2　超滤技术

（1）超滤和超滤膜的特点

超滤技术始于 1861 年，其过滤粒径介于微滤和反渗透之间，约 $5\sim10nm$，在 $0.1\sim0.5MPa$ 的静压差推动下截留各种可溶性大分子，如多糖、蛋白质、酶等相对分子质量大于 500 的大分子及胶体，形成浓缩液，达到溶液的净化、分离及浓缩目的。超滤技术的核心部件是超滤膜，分离截留的原理为筛分，小于孔径的微粒随溶剂一起透过膜上的微孔，而大于孔径的微粒则被截留。膜上微孔的尺寸和形状决定膜的分离效率。

超滤膜均为不对称膜，形式有平板式、卷式、管式和中空纤维状等。超滤膜的结构一般由三层结构组成。即最上层的表面活性层，致密而光滑，厚度为 $0.1\sim1.5\mu m$，其中细孔孔径一般小于 10nm；中间的过渡层，具有大于 10nm 的细孔，厚度一般为 $1\sim10\mu m$；最下面的支撑层，厚度为 $50\sim250\mu m$，具有 50nm 以上的孔。支撑层的作用为起支撑作用，提高膜的机械强度。膜的分离性能主要取决于表面活性层和过渡层。

中空纤维状超滤膜的外径为 $0.5\sim2\mu m$。特点是直径小，强度高，不需要支撑结构，管内外能承受较大的压力差。此外，单位体积中空纤维状超滤膜的内表面积很大，能有效提高渗透通量。

制备超滤膜的材料主要有聚砜、聚酰胺、聚丙烯腈和醋酸纤维素等。超滤膜的工作条件取决于膜的材质，如醋酸纤维素超滤膜适用于 $pH=3\sim8$，三醋酸纤维素超滤膜适用于 $pH=2\sim9$，芳香聚酰胺超滤膜适用于 $pH=5\sim9$，温度 $0\sim40℃$，而聚醚砜超滤膜的使用温度则可超过 $100℃$。

（2）超滤膜技术应用领域

超滤膜的应用也十分广泛，在作为反渗透预处理、饮用水制备、制药、色素提取、阳极电泳漆和阴极电泳漆的生产、电子工业高纯水的制备、工业废水的处理等众多领域都发挥着重要作用。

超滤技术主要用于含相对分子质量 500~500000 的微粒溶液的分离，是目前应用最广的膜分离过程之一，它的应用领域涉及化工、食品、医药、生化等。主要可归纳为以下方面。

① 纯水的制备　超滤技术广泛用于水中的细菌、病毒和其他异物的除去，用于制备高纯饮用水、电子工业超净水和医用无菌水等。

② 汽车、家具等制品电泳涂装淋洗水的处理　汽车、家具等制品的电泳涂装淋洗水中常含有 1%~2% 的涂料（高分子物质），用超滤装置可分离出清水重复用于清洗，同时又使涂料得到浓缩重新用于电泳涂装。

③ 食品工业中的废水处理　在牛奶加工厂中用超滤技术可从乳清中分离蛋白和低分子量的乳糖。

④ 果汁、酒等饮料的消毒与澄清　应用超滤技术可除去果汁的果胶和酒中的微生物等杂质，使果汁和酒在净化处理的同时保持原有的色、香、味，操作方便，成本较低。

⑤ 在医药和生化工业中用于处理热敏性物质，分离浓缩生物活性物质，从生物中提取药物等。

⑥ 造纸厂的废水处理。

10.5.3　纳滤技术

（1）纳滤膜的特点

纳滤膜是 20 世纪 80 年代在反渗透复合膜基础上开发出来的，是超低压反渗透技术的延续和发展分支，早期被称作低压反渗透膜或松散反渗透膜。目前，纳滤膜已从反渗透技术中分离出来，成为独立的分离技术。

纳滤膜主要用于截留粒径在 0.1~1nm，相对分子质量为 1000 左右的物质，可以使一价盐和小分子物质透过，具有较小的操作压（0.5~1MPa）。其被分离物质的尺寸介于反渗透膜和超滤膜之间，但与上述两种膜有所交叉。

目前关于纳滤膜的研究多集中在应用方面，而有关纳滤膜的制备、性能表征、传质机理等的研究还不够系统、全面。进一步改进纳滤膜的制作工艺，研究膜材料改性，将可极大提高纳滤膜的分离效果与清洗周期。

（2）纳滤膜及其技术的应用领域

纳滤逐渐取代低端超滤和高端反渗透在各行各业中应用越来越广泛。正如 Rautenbach 等归纳的那样，纳滤可应用于以下 3 种场合：a. 对单价盐并不要求有很高的截留率；b. 欲实现不同价态离子的分离；c. 欲实现高相对分子质量与低相对分子质量有机物的分离。

纳滤技术最早也是应用于海水及苦咸水的淡化方面，纳滤膜最大的应用领域是饮用水的软化和有机物的脱除。用纳滤进行水的软化，降低浓度 TDS 浓度、除去色度和有机物。应用纳滤膜技术进行水的软化处理，没有副产品，成本低，对于二价离子和小分子有机物具有较高的脱除率，对于一价离子具有相对较低的脱除率，并且作为一个重要的需求，希望能够在很低的压力和很高的回收率的条件下进行处理。这样可降低处理成本。法国的一家工厂使用纳滤技术生产饮用水，生产能力为 140000m³/d。生产业绩非常令人满意，特别是在两个方面除去了有机物和杀虫剂。对于氯的气味和钙含量的降低，消费者也感到很满意。整个工厂是实行自动化控制，相当有效率。相比于传统的工厂，操作费用也大大降低了，这家工厂使用纳滤技术是非常成功的。另外有机废水中含有许多生物不能降解的低分子量有机物，这些问题只有用纳滤膜才能有效地解决。纳滤膜在浓缩废水中有机成分的同时，让盐分透过，从而了达到分级分别处理的目的。比如纺织工业废水中含有大量的有害物质，例如染料、清洗剂、杀菌素、油脂、硫化物、重金属、无机盐等；利用纳滤技术对其中的有害物质进行处理取得了可喜成绩。在除去镍电镀清洗液中的离子时，纳滤比反渗透更为经济，需要的操作压更低。

在食品行业中，纳滤膜可用于果汁生产，大大节省能源。制作冰淇淋需要浓缩牛乳，而在一般的浓缩乳中，由于存于其中的盐类也被浓缩，所制成的冰淇淋口感不佳。而利用纳滤膜浓缩的牛乳却可以制成高级冰淇淋，因为经纳滤膜浓缩的牛乳中盐类减少，使制成的冰淇淋口感嫩滑，同时因为没有被加热，制品的奶味格外浓郁。果汁的浓缩传统上是用蒸馏法或冷冻法浓缩，不仅能耗大，且导致果汁风味和芳香成分的散失。膜技术出现后，反渗透技术很快被引入果汁浓缩工艺，但单一的反渗透法由于渗透压的限制很难以单级方式把果汁浓缩到较高浓度。Nabetani 等考虑用反渗透膜和纳滤膜串联起来进行果汁浓缩，以获得更高浓度的浓缩果汁，其工艺流程如图 10-26 所示。这个系统适用于各种果汁的浓缩，既可以保证在浓缩过程中果汁的色、香、味不变，又可以节省大量的能源。

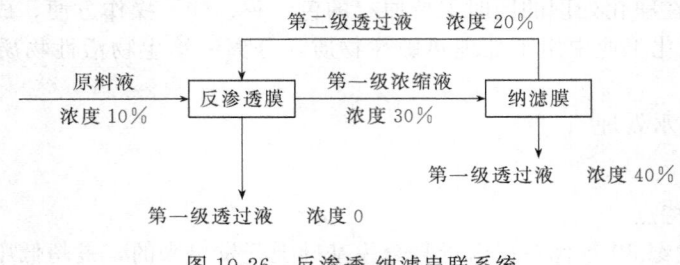

图 10-26　反渗透-纳滤串联系统

在医药行业可用于氨基酸生产、抗生素回收等方面。由于纳滤膜具有分离效率高、节能、不破坏产品结构、少污染等特点，在医药产品生产中也得到了日益广泛的运用。目前，纳滤技术在医药方面的应用主要集中在生化试剂生产上。生化试剂多具有热敏性，在加工过程中易因受热而破坏。利用纳滤技术提纯与浓缩生化试剂，不仅可以降低有机溶剂与水的消耗量，而且还可以去除微量有机污染物及低分子量盐，最终达到节能、提高产品质量的效果。吴麟华采用耐溶剂的管式纳滤膜浓缩 6-APA，裂解液 6-APA 的相对分子质量为 216，其选用的膜组件是英国公司 PCI 的型管式纳滤膜 AFC30，该膜截留相对分子质量约 200，两根膜并联操作，每根膜的面积为 1.2m³，膜的平均截留率在 99％以上，而透析损失率小于1％，浓缩效果是比较理想的。

纳滤的应用越来越广泛，除了以上几方面的应用外，还在生物化工、染料、石油工业等方面都有具体应用，这里不一一叙述。

10.5.4　反渗透技术

（1）反渗透原理及反渗透膜的特点

渗透是自然界一种常见的现象。人类很早以前就已经自觉或不自觉地使用渗透或反渗透分离物质。目前，反渗透技术已经发展成为一种普遍使用的现代分离技术。在海水和苦咸水的脱盐淡化、超纯水制备、废水处理等方面，反渗透技术有其他方法不可比拟的优势。

渗透和反渗透的原理如图 10-27 所示。如果用一张只能透过水而不能透过溶质的半透膜将两种不同浓度的水溶液隔开，水会自然地透过半透膜渗透从低浓度水溶液向高浓度水溶液一侧迁移，这一现象称渗透［图 10-27(a)］。这一过程的推动力是低浓度溶液中水的化学位与高浓度溶液中水的化学位之差，表现为水的渗透压。随着水的渗透，高浓度水溶液一侧的液面升高，压力增大。当液面升高至 H 时，渗透达到平衡，两侧的压力差就称为渗透压［图 10-27(b)］。渗透过程达到平衡后，水不再有渗透，渗透通量为零。

　　如果在高浓度水溶液一侧加压，使高浓度水溶液侧与低浓度水溶液侧的压差大于渗透压，则高浓度水溶液中的水将通过半透膜流向低浓度水溶液侧，这一过程就称为反渗透 [图 10-27 (c)]。反渗透技术所分离的物质的相对分子质量一般小于 500，操作压力为 2～100MPa。

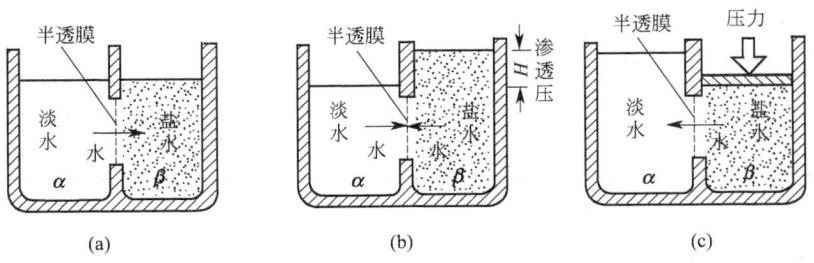

图 10-27　渗透与反渗透原理示意

　　用于实施反渗透操作的膜为反渗透膜。反渗透膜大部分为不对称膜，孔径小于 0.5nm，可截留溶质分子。膜材料的物理化学性能决定了由其制备的反渗透膜的大部分性能。几十年来，醋酸纤维素在膜材料中占有十分重要的地位，主要原因是它资源无穷无尽，且无毒，耐氯，价格便宜，制膜工艺简单，便于工业化。此外制得的膜用途广。水渗透率高，截留率也好。尽管有众多优点，但醋酸纤维膜抗氧化能力差，易水解，易压密，抗微生物性能较弱等，限制了它的应用范围。人们曾开发出了多种膜材料，以适用于不同的目的。制备反渗透膜的材料主要有醋酸纤维素、芳香族聚酰胺、聚苯并咪唑、磺化聚苯醚、聚芳砜、聚醚酮、聚芳醚酮、聚四氟乙烯等，表 10-8 是几种主要的膜材料及其结构式。

表 10-8　用于反渗透膜的主要高分子材料

序号	聚合物名称	符号	重复单元结构
1	醋酸纤维素酯	CA_{398}	$(CH_2)_4(CH)_{20}(O)_8(OH)_{2.19}(O\overset{\displaystyle O}{\overset{\|}{C}}CH_3)_{9.18}$
		CA_{376}	$(CH_2)_4(CH)_{20}(O)_8(OH)_{3.05}(O\overset{\displaystyle O}{\overset{\|}{C}}CH_3)_{8.95}$
		CA_{383}	$(CH_2)_4(CH)_{20}(O)_8(OH)_{2.78}(O\overset{\displaystyle O}{\overset{\|}{C}}CH_3)_{9.22}$
2	三醋酸纤维素酯	CTA	$(CH_2)_4(CH)_{20}(O)_8(OH)(O\overset{\displaystyle O}{\overset{\|}{C}}CH_3)_{11}$
3	醋酸纤维素丙酸酯	CAP-151	$(CH_2)_4(CH)_{20}(O)_8(OH)_{0.8}(O\overset{\displaystyle O}{\overset{\|}{C}}CH_3)_{11}—(O\overset{\displaystyle O}{\overset{\|}{C}}CH_3)_{2.95}$
4	纤维素	CE	$(CH_2)_4(CH)_{20}(O)_8(OH)_{12}$
5	芳香共聚多酰胺	PA	$—HN—Ph—\overset{\displaystyle O}{\overset{\|}{C}}—NH—$
6	芳香聚酰胺酰肼	$PPP-H_{1115}$	$—HN—Ph—\overset{H}{\underset{}{N}}—\overset{\displaystyle O}{\overset{\|}{C}}—Ph—\overset{\displaystyle O}{\overset{\|}{C}}—$
		$PPP-H_{8273}$	$—\overset{H}{\underset{}{N}}—\overset{H}{\underset{}{N}}—\overset{\displaystyle O}{\overset{\|}{C}}—Ph—\overset{\displaystyle O}{\overset{\|}{C}}—N—NH—$

序号	聚合物名称	符号	重复单元结构
7	芳香聚酰肼	PH	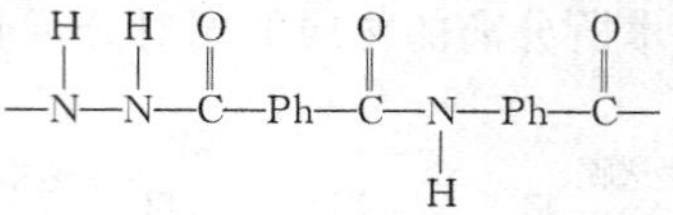 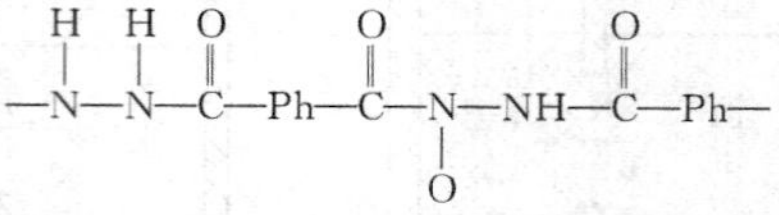
8	聚哌嗪酰胺	PiP	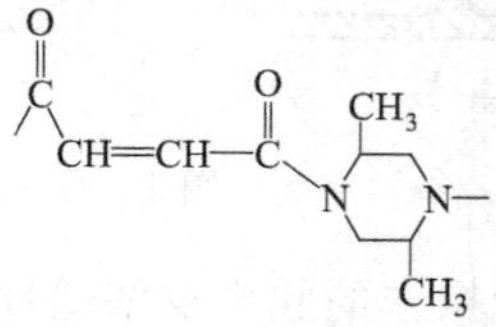
9	聚苯并咪唑西酮	PBil	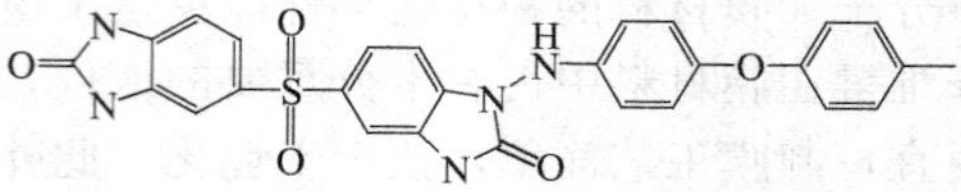
10	聚酰亚胺	PI	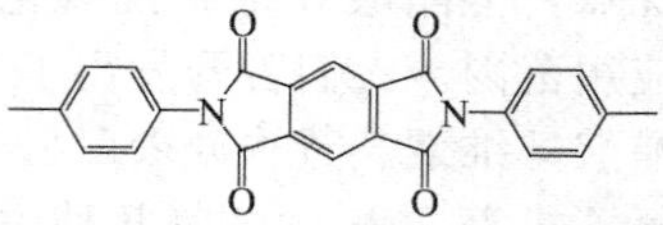
11	尼龙-66	Ny-66	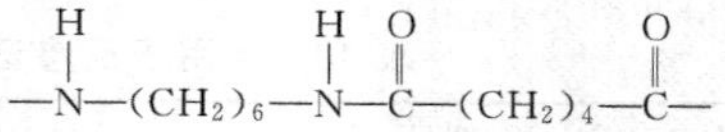
12	聚砜	PS-U	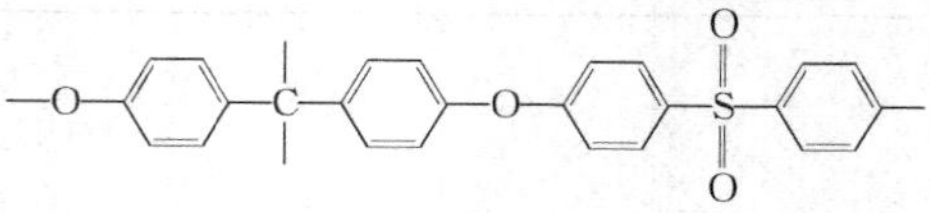
		PS-V	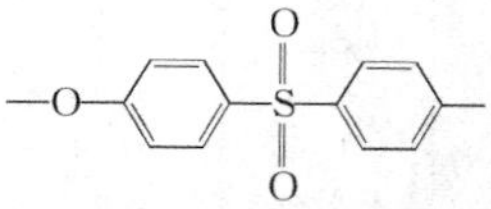
13	聚乙烯醇缩甲醛	PVF	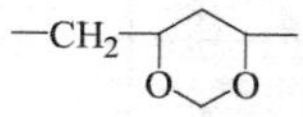
14	聚乙烯醇缩丁醛	PVB	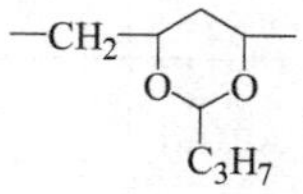
15	聚醚砜	PES	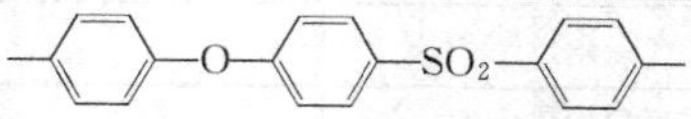
16	聚丙烯	PP	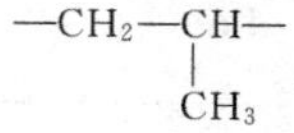
17	聚乙基甲基丙烯酸酯	PEM	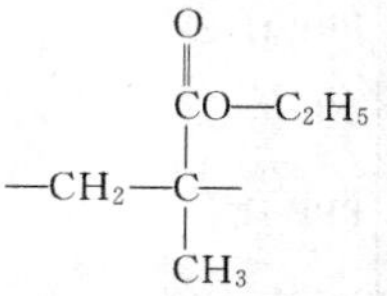

序号	聚合物名称	符号	重复单元结构
18	聚联丙烯邻苯二甲酸酯	PDP	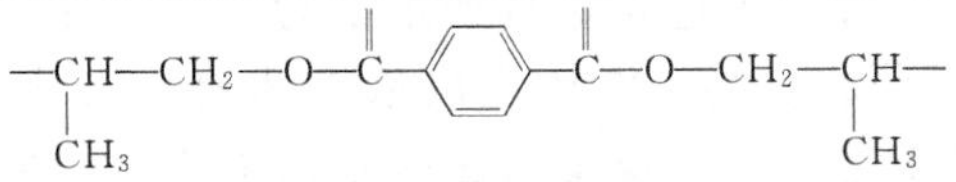 —CH—CH₂—O—C—⟨苯环⟩—C—O—CH₂—CH—　（CH₃, O, O, CH₃）
19	聚醚亚胺砜-氨基甲酸乙酯	PEIS-U	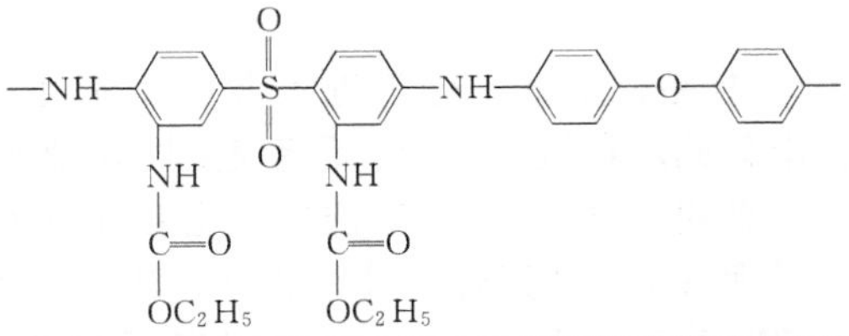 —NH—⟨苯环⟩—S(=O)(=O)—⟨苯环⟩—NH—⟨苯环⟩—O—⟨苯环⟩—（NH—C=O—OC₂H₅ 基团）

目前，实现工业应用的反渗透膜分为三类：高压海水脱盐用反渗透膜；低压苦咸水脱盐用反渗透膜；超低压反渗透（LPRO）膜。用于海水脱盐的反渗透膜主要有五种：三醋酸纤维素的细中空纤维膜、直链全芳族聚酰胺细中空纤维膜、交联全芳族聚酰胺型薄层复合膜、芳香-烷基聚醚脲型薄层复合膜及交链的聚醚薄层复合膜。反渗透膜的分离机理至今尚有许多争论，主要有氢键理论、选择吸附-毛细管流动理论、溶解扩散理论等。

（2）反渗透与超滤、微孔过滤的比较

反渗透、超滤和微孔过滤都是以压力差为推动力使溶剂通过膜的分离过程，它们组成了分离溶液中的离子、分子到固体微粒的三级膜分离过程。一般来说，分离溶液中相对分子质量低于 500 的低分子物质，应该采用反渗透膜；分离溶液中相对分子质量大于 500 的大分子或极细的胶体粒子可以选择超滤膜，而分离溶液中的直径 $0.1\sim10\mu m$ 的粒子应该选微孔膜。以上关于反渗透膜、超滤膜和微孔膜之间的分界并不是十分严格、明确的，它们之间可能存在一定的相互重叠。

反渗透、超滤和微孔过滤技术的原理和操作特点比较见表 10-9。

表 10-9　反渗透、超滤和微孔过滤技术的原理和操作特点比较

分离技术类型	反渗透	超滤	微孔过滤
膜的形式	表面致密的非对称膜、复合膜等	非对称膜，表面有微孔	微孔膜
膜材料	纤维素、聚酰胺等	聚丙烯腈、聚砜等	纤维素、PVC 等
操作压力/MPa	$2\sim100$	$0.1\sim0.5$	$0.01\sim0.2$
分离的物质	相对分子质量小于 500 的小分子物质	相对分子质量大于 500 的大分子和细小胶体微粒	$0.1\sim10\mu m$ 的粒子
分离机理	非简单筛分，膜的物化性能对分离起主要作用	筛分，膜的物化性能对分离起一定作用	筛分，膜的物理结构对分离起决定作用
水的渗透通量/$(m^3 \cdot m^{-2} \cdot d^{-1})$	$0.1\sim2.5$	$0.5\sim5$	$20\sim200$

（3）反渗透膜技术应用领域

在各种膜分离技术中，反渗透技术由于具有分离效率高、能耗低，无污染等特点，已成为近年来国内应用最成功、发展最快、普及最广的一种。反渗透膜最早应用于苦咸水淡化。随着膜技术的发展，反渗透技术已扩展到化工、电子及医药等领域。反渗透过程主要是从水溶液中分离出水，分离过程无相变化，不消耗化学药品，这些基本特征决定了它以下的应用范围。

① 海水、苦咸水的淡化制取生活用水，硬水软化制备锅炉用水，高纯水的制备。近年来，反渗透技术在家用饮水机及直饮水给水系统中的应用更体现了其优越性。目前世界最大

的反渗透苦咸水淡化装置为位于美国亚利桑拿州的日产水量为 28 万吨的运河水处理厂，最大的反渗透海水淡化装置，位于沙特阿拉伯，日产水量为 12.8 万吨。最大的纳滤脱盐软化装置位于美国佛罗里达州，日产水量为 3.8 万吨。

② 在医药、食品工业中用以浓缩药液、果汁、咖啡浸液等。与常用的冷冻干燥和蒸发脱水浓缩等工艺比较，反渗透法脱水浓缩成本较低，而且产品的疗效、风味和营养等均不受影响。

③ 印染、食品、造纸、化工等工业中用于处理污水，回收利用废业中有用的物质等。比如兖矿鲁南化肥厂投资 1.17 亿元建成全国化肥行业规模最大、工艺最先进的污水处理厂，主体处理工艺采用 A/O 法＋反渗透法，主要针对鲁化排放的工业废水和生活污水进行处理。项目设计日处理污水 2.6 万吨，其中 2 万多吨进行回用，回用率达 70％以上，每年减排废水 330 万吨、COD 2660t、氨氮 1420t。对经絮凝剂聚合氯化铝预处理之后的造纸厂缺氧/好氧（A/O）污水处理系统二沉池出水，采用中试规模的连续微滤（CMF）和反渗透（RO）集成工艺进行深度处理，满足造纸工艺回用水的要求。印染废水经反渗透膜处理后含盐量和电导率大大降低，回用水的各项指标均达到印染生产用水要求，可满足中高档印染产品的生产需要。

10.5.5 离子交换膜与电渗析

（1）离子交换膜的分类

① 按可交换离子性质分类 与离子交换树脂类似，离子交换膜按其可交换离子的性能可分为阳离子交换膜、阴离子交换膜和双极离子交换膜。这三种膜的可交换离子分别对应为阳离子、阴离子和阴阳离子。

② 按膜的结构和功能分类 按膜的结构与功能可将离子交换膜分为普通离子交换膜、双极离子交换膜和镶嵌膜三种。普通离子交换膜一般是均相膜，利用其对一价离子的选择性渗透进行海水浓缩脱盐；双极离子交换膜由阳离子交换层和阴离子交换层复合组成，主要用于酸或碱的制备；镶嵌膜由排列整齐的阴、阳离子微区组成，主要用于高压渗析进行盐的浓缩、有机物质的分离等。

（2）离子交换膜的工作原理

离子交换膜主要利用其选择性。阳离子在阳膜中透过性次序为：$Li^+>Na^+>NH_4^+>K^+>Rb^+>Cs^+>Ag^+>Ti^+>UO_2^{2+}>Mg^{2+}>Zn^{2+}>Co^{2+}>Cd^{2+}>Ni^{2+}>Ca^{2+}>Sr^{2+}>Pb^{2+}>Ba^{2+}$。阴离子在阴膜中透过性次序为：$F^->CH_3COO^->HCOO^->Cl^->SCN^->Br^->CrO_4^{2-}>NO_3^->I^->(COO)_2^{2-}$（草酸根）$>SO_4^{2-}$。离子交换膜是一种含离子基团的、对溶液里的离子具有选择透过能力的高分子膜。因为一般在应用时主要是利用它的离子选择透过性，所以也称为离子选择透过性膜。离子交换膜可装配成电渗析器而用于苦咸水的淡化和盐溶液的浓缩。1950 年 W. 朱达首先合成了离子交换膜。1956 年首次成功地用于电渗析脱盐工艺上。

① 电渗析 在盐的水溶液（如氯化钠溶液）中置入阴、阳两个电极，并施加电场，则溶液中的阳离子将移向阴极，阴离子则移向阳极，这一过程称为电泳。如果在阴、阳两电极之间插入一张离子交换膜（阳离子交换膜或阴离子交换膜），则阳离子或阴离子会选择性地通过膜，这一过程就称为电渗析。

电渗析的核心是离子交换膜。在直流电场的作用下，以电位差为推动力，利用离子交换膜的选择透过性，把电解质从溶液中分离出来，实现溶液的淡化、浓缩及钝化；也可通过电渗析实现盐的电解，制备氯气和氢氧化钠等。图 10-28 为用于食盐生产的电渗析器的示意图。

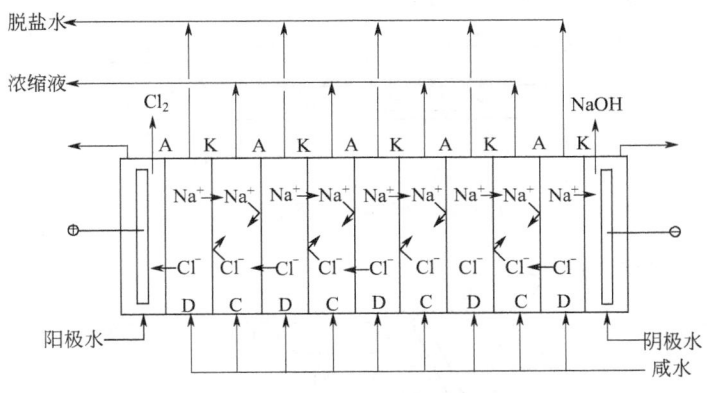

图 10-28　食盐生产电渗析器
A—阴离子膜；K—阳离子膜；D—稀室；C—浓室

② 膜电解　膜电解的基本原理可以通过 NaCl 水溶液的电解来说明。在两个电极之间加上一定电压，则阴极生成氯气，阳极生成氢气和氢氧化钠。阳离子交换膜允许 Na$^+$ 渗透进入阳极室，同时阻拦了氢氧根离子向阴极的运动，在阳极室的反应是：

$$2Na^+ + 2H_2O + 2e \Longrightarrow 2NaOH + H_2$$

在阴极室的反应为：

$$2Cl^- - 2e \Longrightarrow Cl_2$$

用氟代烃单极或双极膜制备的电渗析器已成为用于制备氢氧化钠的主要方法，取代了其他制备氢氧化钠的方法。

如果在膜的一面涂上一层阴极的催化剂，在另一面涂一层阳极催化在这两个电极上加上一定的电压，则可电解水，在阳极产生氢气，而在阴极产生氧气。

（3）电渗析技术应用领域

自电渗析技术问世后，其在苦咸水淡化、饮用水及工业用水制备方面展示了巨大的优势。

随着电渗析理论和技术研究的深入，我国在电渗析主要装置部件及结构方面都有巨大的创新，仅离子交换膜产量就占到了世界的 1/3。我国的电渗析装置主要由国家海洋局杭州水处理技术开发中心生产，现可提供 200m^3/d 规模的海水淡化装置。

电渗析技术在食品工业、化工及工业废水的处理方面也发挥着重要的作用。特别是与反渗透、纳滤等精过滤技术的结合，在电子、制药等行业的高纯水制备中扮演重要角色。此外，离子交换膜还大量应用于氯碱工业。全氟磺酸膜（Nafion）以化学稳定性著称，是目前为止唯一能同时耐 40% NaOH 和 100℃ 温度的离子交换膜，因而被广泛应用作食盐电解制备氯碱的电解池隔膜。全氟磺酸膜还可用作燃料电池的重要部件。燃料电池是将化学能转变为电能效率最高的能源，可能成为 21 世纪的主要能源方式之一。经多年研制，Nafion 膜已被证明是氢氧燃料电池的实用性质子交换膜，并已有燃料电池样机在运行。但 Nafion 膜价格昂贵（700 美元/m^2），故近年来正在加速开发磺化芳杂环高分子膜，用于氢氧燃料电池的研究，以期降低燃料电池的成本。

10.5.6　气体分离膜

（1）气体分离膜的原理

气体膜分离过程就是在压力驱动下，把要分离的气体通过膜的选择渗透作用使其分离的过程（见图 10-29）。一般来说，所有的高分子膜对一切气体都是可渗透的，只不过不同气

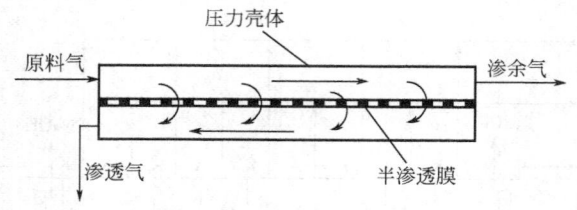

图 10-29　气体膜分离过程示意

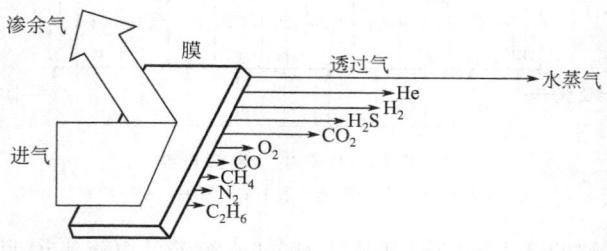

图 10-30　气体透过膜的相对渗透速率

体渗透速度各不相同（见图 10-30）。人们正是借助它们之间在渗透速率上的差异，来实现对某种气体的浓缩和富集。

通常人们把渗透较快的气体叫"快气"，因为它是优先透过膜并得到富集的渗透气，而把渗透较慢的气体叫"慢气"，因它较多地滞留在原料气侧而成为渗余气。"快气"和"慢气"不是绝对的，而是针对不同的气体组成而言的，如对 O_2 和 H_2 体系来说，H_2 是"快气"，O_2 是"慢气"；而对 O_2 和 N_2 体系来说，O_2 是"快气"，N_2 是"慢气"；因为 O_2 比 N_2 渗透得快；因此，这主要由其所在体系中的相对渗透速率来决定。

气体透过膜是一种比较复杂的过程。一般来说，使用的材质不同，其分离的机理也不相同，如当气体透过多孔膜时，有可能出现分子流、黏性流、表面扩散流、毛细管凝聚和分子筛筛分等现象（见图 10-31）。不过当气体透过非多孔膜时，如透过橡胶态聚合物或玻璃态聚合物时，比较一致的说法为溶解扩散机理，即气体分子首先被吸附并溶解于膜的高压侧表面，然后借助浓度梯度在膜中扩散，最后从膜的低压侧解吸出来（见图 10-32）。气体的溶解扩散是在膜上没有连续通道的情况下，靠聚合物母体上链段的热挠动产生瞬变渗透通道进行的，从膜的上表面扩散到下表面。

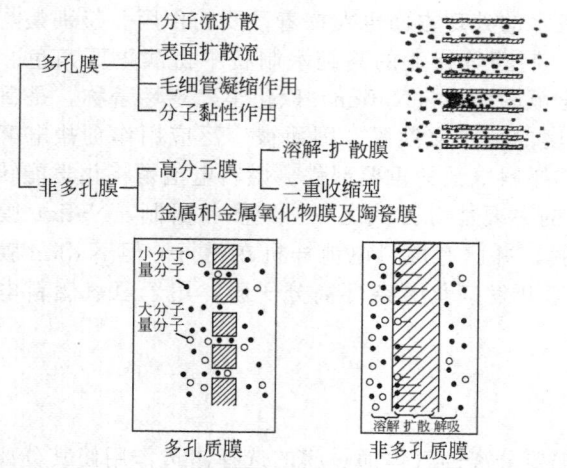

图 10-31　多孔质膜和非多孔质膜的气体分离机理示意

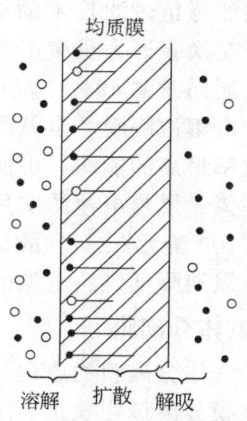

图 10-32　高分子均质膜的分离机制

　　因此，人们可以通过改变聚合物的化学性质，来调节自由产生的通道大小和分布，以延缓一种组分的运动，而让另一种组分更多地通过，从而实现分离的目的。这就是所说的流动选择性机理。但是，研究发现流动选择性机理不是决定膜选择性的惟一因素，决定膜选择性的另一个因素是溶解选择性，也就是说气体分子在膜内的溶解扩散不仅受瞬变的流动通道制约，而且还受到它们在无孔聚合物或在超微孔网状物中的相关吸附性影响。通常把两种气体的相关溶解度的大小用相应沸点来表示，例如，氦和氮的正常沸点分别为 4K 和 77K，这表明氦不容易浓缩，而且和氢相比，它在高聚物和超微孔介质中的吸附也比较低。膜材料和气体之间相互作用是很微妙的，而且在许多情况下可以忽略不计。此外，当纯气体在玻璃态聚合物中溶解时，将会出现两种吸附现象。

　　从图 10-31 和图 10-32 中可以看出，气体在多孔膜中的分离机理主要受孔径大小的制约，而在非多孔膜中的渗透通过则按溶解—扩散机理和双吸收双迁移机理进行。

　　① 气体在多孔膜中的渗透视理　从图 10-33 中可以看出，当气体通过多孔膜时，其分离性能与气体的种类及膜孔径的大小有关。如膜孔大到足以发生对流，分理就不可能发生。如果膜孔尺寸比气体分子的平均自由程小，则对流被分子流（Knudsen 扩散）所代替。在这种情况下，气体分子与孔壁的相互作用比起气体分子之间的相互作用更为频繁。另外，低分子量的气体比高分子量的气体扩散得快，因而发生分离。在零渗透压力下，两组分迁移速率之差与它们分子量比的平方根成反比。

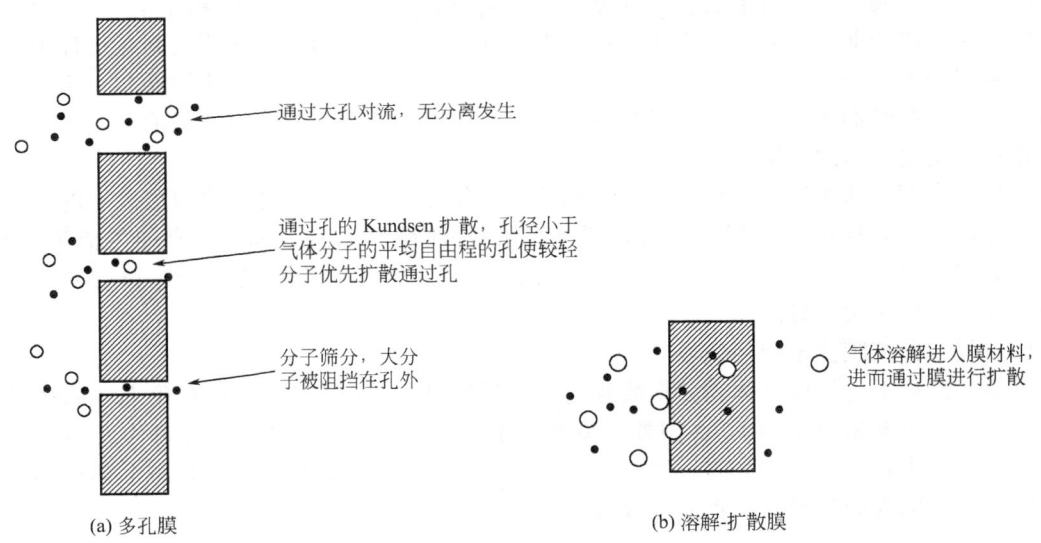

图 10-33　膜法气体分离机理

　　从上面的介绍可以看出，当气体透过多孔膜时，其传递机理可分为分子流、黏性流、表面扩散流、分子筛筛分机理、毛细管凝聚机理等。

　　② 气体在非多孔膜中的渗透视理　对于非多孔膜材料主要有橡胶态聚合物和玻璃态聚合物。气体在非多孔膜中的扩散是以浓度梯度为推动力，可以用 Fick 定理来描述；气体在非多孔膜中的透过机理比较公认的是溶解—扩散机理。不过，气体在玻璃态聚合物中溶解时，存在两种吸附现象：一种是来自玻璃态聚合物本身的溶解环境；另一种则是来自它的微腔中，所以需要用双吸附—双迁移机理来描述。

　　③ 气体在复合膜中的渗透　复合膜是非多孔膜的一种，其结构为非对称型，其渗透机理应符合非多孔膜的机理，所不同的是复合膜中各组成部分所起的作用不同。目前用于气体

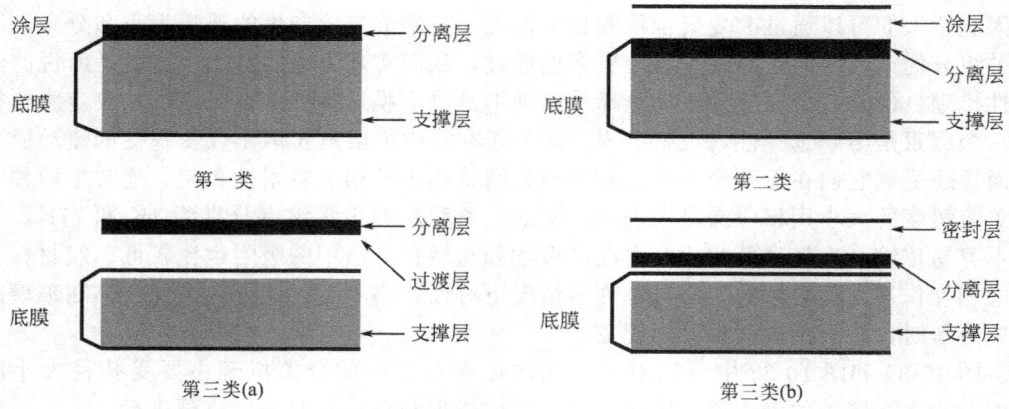

图 10-34 气体分离用复合膜示意

分离的复合膜主要有三种类型：第一类为支撑型多孔底膜；第二类为阻力型复合膜；第三类为多层复合型（见图 10-34），现简介如下。

支撑型多孔底膜：这一类膜主要由两部分组成，其底膜为多孔支撑层，上面涂敷一层选择性和渗透性都较好的聚合物涂层。底膜起到机械支撑作用，膜分离性能主要由涂层决定。成膜方法主要有薄层叠合、溶液浇铸、界面聚合和等离子体聚合等。

阻力型复合膜：阻力型复合膜为完整表皮非对称膜，由非对称底膜和涂层两部分组成。所不同的是底膜为非对称结构，由致密层和多孔支撑层两部分组成，在膜的制备过程中，由于在致密层表面会存在少量缺陷孔，这会影响膜的分离性能，所以要用涂层涂布。涂层是高渗透量，低选择性的聚合物材料，常用的是硅橡胶，以弥补致密层表面的缺陷孔。不过，起分离作用的主要是由致密层决定的。

多层复合型：这类膜可看作是第一类和第二类复合膜的改进。这是由两层以上的聚合物膜复合而成。其结构有的类似第一类，即分离层/过渡层（见图 10-34）。有的类似第二类，即密封层/分离层/支撑层（见图 10-34）。其中过渡层和密封层都起到减少选择层缺陷或使选择层与支撑层粘接更好的作用。

（2）气体分离膜技术应用领域

目前，世界上可提供气体膜分离装置的国外厂商已有 60 多家，其中有代表性的产品特征及市场概况可参见表 10-10。在国外，膜法气体分离技术日趋成熟，并在许多领域中得到推广应用，其中包括气体的分离、回收和浓缩；环保和节能；替代和完成传统分离过程不能承担的任务，成为国外膜业的重要组成部分。

表 10-10 国外主要气体分离膜系统及其市场概况

公 司	用的主要膜材料	组件类型	主要市场/估计销售额
Permer(Air Products)	聚砜	中空纤维	均系最大的气体膜分离公司
Medal(Air Liquide)	聚酰亚胺/聚芳酰胺	中空纤维	氮/空气：0.75 亿美元/年
Generon(MG Industries)	四溴聚碳酸酯	中空纤维	氢分离：0.25 亿美元/年
IMS(Praxair)	聚酰亚胺	中空纤维	
Kvaerner	醋酸纤维素	螺旋卷式	大都系天然气分离
Separex(UOP)	醋酸纤维素	螺旋卷式	0.30 亿美元/年
Cynara(Natco)	醋酸纤维素	中空纤维	
Parker-Hannifin	聚苯醚	中空纤维	蒸气/气体分离
Ube	聚酰亚胺	中空纤维	空气脱湿及其他
GKSS Licensees	硅橡胶	板框式	0.25 亿美元/年
MTR	硅橡胶	螺旋卷式	—

我国气体分离膜研究始于20世纪80年代初，先由中国科学院组织了中国科学院化学研究所、中国科学院长春应用化学研究所、中国科学院兰州化学物理研究所和中国科学院大连化学物理研究所等单位协同攻关，进行高分子富氧技术的研究和聚砜（PS）中空纤维膜的研究，1985年PS中空纤维器试制成功，1987年SR—PS卷式富氧器试制成功。20世纪80～90年代还研制了多种材料，如用PS和聚酰亚胺（P1）膜研究开发了H_2/N_2、O_2/N_2、H_2O/CH_4、CO_2/CH_4、$H_2O/$空气、CO/H_2的分离过程以及Pd—陶瓷复合膜上H_2的分离。上述膜及器件主要应用于H_2的回收、提浓和制造盲氧盲氮气体及气体除湿。特别在通过国家"七五"、"八五"科技攻关的基础上，已建成中空纤维氮/氢膜生产线和卷式富氧膜生产线，并发展建立了膜技术国家工程研究中心产业化基地和研发基地。

膜法富氧技术已投入应用，并在高分子膜材料领域进行了成功的探索，国产螺旋卷式富氧器官氧浓度可达28％～30％，已在30多家玻璃窑炉和燃油及燃煤锅炉上推广应用。另外在气体脱湿干燥、水果保鲜、煤气脱硫、天然气除酸性气体、超纯氢制造等方面也进行了研究开发工作，并取得了一些进展。目前应用最广的有富氧技术。

膜法气体分离的操作方法主要有加压法、减（负）压法和一侧加压一侧减压三种。在空气富氧操作中，大都采用减（负）压法和一侧加压一侧减压法，因为对螺旋卷式富氧膜组件来说，一般加压法的能耗是减（负）压法的3.0～6.5倍。有人试图在进空气一边采用加压法，以推进空气膜法富氧，结果表明该法在经济上是不可行的，因为这要把大量的电能消耗在压缩所有进料空气上，其能耗可能是在渗透气一边抽真空的两倍，而得到的只是少量透过膜的富氧空气，所以加压法是不可取的。不过，减压法的膜组件用量是加压法的3.0～6.5倍。因此，对于实际应用，需从能耗、投资和厂方的资源情况等通过优化评估来确定最佳的操作流程。通常减压法操作更简单、更经济、更实用。图10-35所示为一级膜法生产富氧空气的减压法操作方式，可得到30％～60％的富氧空气。正压操作系统则可在下列情况下使用。

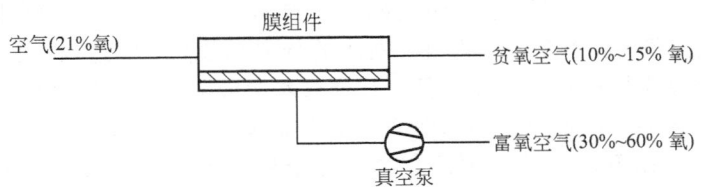

图10-35　生产富氧空气的一级膜分离过程示意

① 有压缩空气气源，且空气流量有过剩，系统压力不小于0.4MPa（绝压），同时原来使用压缩空气场合对氧浓度不作要求。

② 富氧和富氮同时应用：对于中空纤维膜富氧组件，系统压力不小于0.8MPa（绝压）。

在生产实践中，不仅需要30％～60％的富氧空气，而且有许多用户需要纯氧。图10-36所示为生产纯氧的二级膜分离过程。因为送入二级膜分离器的气量只是进入一级装置气量的

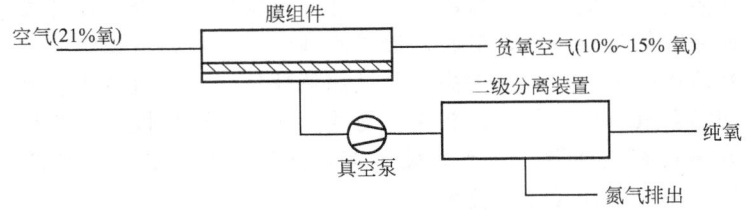

图10-36　生产纯氧的二级膜分离过程示意

1/4～1/3，而且氧的含量更高，所以二级膜分离器要比一级的小许多，操作成本也会比一级的低。第二级膜分离也可采用另一种膜系统。这种二级膜分离系统，对每天产气量不到200t的小装置有点像是真空变压吸附，而对空气量较大的装置，更像是深冷分离系统。

要生产与现行深冷技术相比在成本价格上有竞争力的氧气，就需要膜对氧的选择性要远远超过对氮的（即其分离性能良好）。另外，膜还需要具有较高的渗透量，以控制成本。

与膜法提氢流程相比，膜法富氧的工艺流程比较简单。因为空气的组成是恒定的，不含有对高分子膜有害的杂质组分，只需对空气进行预过滤，除去空气中可能含有的少量冷凝水和压缩时带进的机油，否则这些成分很容易吸附在膜的表面上，降低它的渗透速率。总之原料的净化是很重要的。

气体分离膜是当前各国均极为重视开发的产品，已有不少产品用于工业化生产。如美国Du Pont 公司用聚酯类中空纤维制成的 H_2 气体分离膜，对组成为 70% H_2，30% CH_4，C_2H_6，C_3H_8 的混合气体进行分离，可获得含 90% H_2 的分离效果。

10.5.7 其他类型膜

（1）渗透蒸发技术

渗透蒸发技术和渗透蒸发膜的特点：渗透蒸发是近十几年中颇受人们关注的膜分离技术。渗透蒸发是指液体混合物在膜两侧组分的蒸气分压差的推动力下，透过膜并部分蒸发，从而达到分离目的的一种膜分离方法。可用于传统分离手段较难处理的恒沸物及近沸点物系的分离。具有一次分离度高、操作简单、无污染、低能耗等特点。

渗透蒸发膜材料的选择：对于渗透蒸发膜来说，是否具有良好的选择性是首先要考虑的。基于溶解扩散理论，只有对所需要分离的某组分有较好亲和性的高分子物质才可能作为膜材料。如以透水为目的的渗透蒸发膜，应该有良好的亲水性，因此聚乙烯醇（PVA）和醋酸纤维素（CA）都是较好的膜材料；而当以透过醇类物质为目的时，憎水性的聚二甲基硅氧烷（PDMS）则是较理想的膜材料。用于制备渗透蒸发膜的材料包括天然高分子物质和合成高分子物质。天然高分子膜主要包括醋酸纤维素（CA）、羧甲基纤维素（CMC）、胶原、壳聚糖等。这类膜的特点是亲水性好，对水的分离系数高，渗透通量也较大，对分离醇-水溶液很有效。但这类膜的机械强度较低，往往被水溶液溶胀后失去机械性能。如羧甲基纤维素是水溶性的，只能分离低浓度的水溶液。采用加入交联剂可增强膜的机械性能，但同时会降低膜性能。用于制备渗透蒸发膜的合成高分子材料包括聚乙烯（PE）、聚丙烯（PP）、聚苯乙烯（PSt）、聚四氟乙烯（PTFE）等非极性材料和聚乙烯醇（PVA）、聚丙烯腈（PAN）、聚二甲基硅氧烷（PDMS）等极性材料。非极性膜大多被用于分离烃类有机物，如苯与环己烷、二甲苯异构体，甲苯与庚烷以及甲苯与醇类等，但选择性一般较低。

（2）液膜

液膜分离技术是 1965 年由美国埃克森（Exssen）研究和工程公司的黎念之博士提出的一种新型膜分离技术。直到 20 世纪 80 年代中期，奥地利的 J. Draxler 等科学家采用液膜法从黏胶废液中回收锌获得成功，液膜分离技术才进入了实用阶段。液膜是一层很薄的液体膜。它能把两个互溶的但组成不同的溶液隔开，并通过这层液膜的选择性渗透作用实现物质的分离。根据形成液膜的材料不同，液膜可以是水性的，也可是溶剂型的。

液膜的特点是传质推动力大，速率高，且试剂消耗量少，这对于传统萃取工艺中试剂昂贵或处理能力大的场合有重要的经济意义。另外，液膜的选择性好，往往只能对某种类型的离子或分子的分离具有选择性，分离效果显著。目前存在的最大缺点是强度低，破损率高，难以稳定操作，而且过程与设备复杂。

液膜分离技术应用领域如下。

① 在生物化学中的应用　在生物化学中，为了防止酶受外界物质的干扰而常常需要将酶"固定化"。利用液膜封闭来固定酶比其他传统的酶固定方法有如下的优点：容易制备；便于固定低分子量的和多酶的体系；在系统中加入辅助酶时，无需借助小分子载体吸附技术（小分子载体吸附往往会降低辅助酶的作用）。

② 在医学中的应用　液膜在医学上用途也很广泛。如液膜人工肺、液膜人工肝、液膜人工肾以及液膜解毒、液膜缓释药物等。目前，液膜在青霉素及氨基酸的提纯回收领域也较为活跃。

③ 在萃取分离方面的应用　液膜分离技术可用于萃取处理含铬、硝基化合物、含酚等的废水。我国利用液膜处理含酚废水的技术已经比较成熟。其他如石油、气体分离、矿物浸出液的加工和稀有元素的分离等方面也有应用。

参考文献

[1]　刘茉娥，陈欢林. 新型分离技术基础. 杭州：浙江大学出版社，1999.

[2]　郑领英. 膜分离与分离膜. 高分子通报，1999；134-144.

[3]　Londsdale H K. The growth of membrane technology. Membrane SCI，1982，10；81.

[4]　Mason E A. From pig bladders and cracked jars to polysulfones；an historical perspective on membrane transport. Membrane SCI，1991，60；125.

[5]　Yarsley V E，Flavell W，Adamson P S，Perkins N G. Cellulosic Plastics- Cellulose acetate；cellulose ethers；regenerated Cellulose；Cellulose nitrate. London；Iliffe Books ltd，1964.

[6]　Gollan. ARYE Z.（A/G Technology Co.）. US 4681605. 1987.

[7]　倪玉山，徐纪平. 氧化偶氮双苯并冠醚的合成. 应用化学，1984，03；15.

[8]　Sandler S R，Karo W. Polymer Syntheses. Vol. 1 Chapter 4. Polyamides. New York-London；Academic Press，1974.

[9]　文瑞梅，王在忠. 高纯水的制备及其工艺. 上海：上海科学技术出版社，1998.

[10]　M Watler Marray Edwards. FR 1239491. 1960；Androski L E. Ind Eng Chem，Prod Res Develop. 1663，2；189.

[11]　潘波，李文俊. 热致相分离聚合物微孔膜. 膜科学与技术，1995，1.

[12]　陈敏霞.（中国科学院上海有机化学研究所）. CN 1034375. 1989；UK 2251205. 1994.

[13]　严福英. 聚氯乙烯工艺学. 北京：化学工业出版社，1990.

[14]　Raurenbach R 著. 膜工艺. 王东夫译. 北京：化学工业出版社，1998.

[15]　[日] 清水刚夫，齐藤省吾，仲川勤. 新功能膜. 李福绵，陈双基译. 北京：北京大学出版社，1990.

[16]　许振良. 膜法水处理技术. 北京：化学工业出版社，2001.

[17]　陈文华，郭丽梅. 制药技术. 北京：化学工业出版社，2003；107-109.

[18]　Gatenholm P et al. Process Biohem. 1988，23；79.

[19]　严希康. 生化分离工程. 北京：化学工业出版社，2004.

[20]　Wu J，Yuan Q. J Membr Sci，2002，204；185-194.

[21]　郝继华，王志，王世昌. 高分子材料科学与工程，1997，13（4）；64-68.

[22]　Gryzelda Pozniak，Marek Bryjak，Witold Trochimczuk. Sulfonated polysulfone membranes with antifouling activity. Angewandte Makromolekulare Chemie，1995，233（1）；23-31.

[23]　Sourirajan S. Reverse osmosis and synthetic membrane. National Research Council Canada thaws，1977.

[24]　Jian X G，Dai Y，He G H et al. Preparation of UF and NF Ploy（phthalazin ether sulfone ketone）smembrane for high temperature application. Journal of membrane Sci，1999，161；185-191.

[25]　Young T H，Chen L W. A two step mechanism of diffusion-controlled ethylene vinyl alcohol membrane formation. J Membr Sci，1991，（57）；69-81.

[26]　Cheng L P，Dwan A H，Gryte C C. Isothermal phase behavior of Nylon-6，-66 and-610 polyamides in formic acid-water system. J Polym Sci（Part B）；Polym Phys，1994，32；1183-1190.

［27］ Young T H，Cheng L P，You W M，et al. Prediction of EVAL membrane morphologies using the phase diagram of water-DMSO-EVAL at different temperatures. Polymer，1999，40：2189-2195.

［28］ Boom R M，Wienk L M，Smolders C. A.. Microstructures in phase inversion membranes（Part 2）：the role of a polymeric additive. J Membr Sci，1992，73：277-292.

［29］ Cheng L P，Young T H，Fane L，et al. Formation of particulate microporous PVDF membranes by isothermal immersion precipitation from the 1-octanol/dimethylformamide/ PVDF system. Polymer，1999，40：2395-2403.

［30］ Li S G，Koops G H，Muder M H V. Boomgaard T van den，Smolders Ca. J Member Sci，1994，94：329.

［31］ ［荷］ Mulder M. 膜技术基本原理. 第二版. 李琳译. 北京：清华大学出版社，1999.

［32］ Leea H K，Kimb J Y，Kimb Y D，Shinb J Y，KIMB S C. Polymer，2001，42：3893.

［33］ 史观一. β-晶型聚丙烯研究. 1987 年自然科学年鉴. 上海：上海翻译出版公司，1985：248.

［34］ 史观一，储凤等. Mackromol Chem，1989，190：907.

［35］ 王卫平，陈稀，郭礼和等. β-晶聚丙烯形成微孔的研究. 中国纺织大学学报，1991，17（3）：31-37.

［36］ Shion M，Yamamoto T，Fukunage O，Yamamori H. US 4530809. 1985.

［37］ Shen L Q，Xu Z K，Xu YY. J Appl Polym Sci，2002，84：203.

［38］ 王建黎. 聚烯烃中空纤维膜结构及其气体分离性能的研究 ［学位论文］. 杭州：浙江大学高分子研究所，2001.

［39］ Kesting R E. Phase inversion embrances. //Lloyd D R ed. Materials science of synthetic membrance. ACS Symp Ser No. 269，Washington DC：American Chemical Society，1985，147.

［40］ Hiatt W C，Vitzhum G H，Wagener K B，et al. Micropporous membranes via upper critical temperature phase sepration. //Lloyd D R ed. Materials science of synthetic membrance. ACS Symp Ser No. 269，Washington DC：American Chemical Society，1985，267.

［41］ Lloyd D R，Barlow J W，Kinzer k E. Micropporous membrane formation via thermally induced phase separation. //Sirkar K K，Lloyd D R ed. New membrabe materials and process for separation. AICHE Symp. Ser. No. 261. NewYork，NY：American Institute of Chemical Egineers，1988.

［42］ Gerard T C，David S S. Macromolecules，1985，18：2545.

［43］ Lloyd D R，Kim S S，Kinzer k E. J Membr Sci，1991，64：1.

［44］ Shang M X，Matsuyama H，Taisuke M，et al. J Appl Polym Si，2003，87：853.

［45］ 潘波，李文俊. 膜科学与技术，1995，15（1）：1.

［46］ 骆峰，张军，王晓琳等. 南京化工大学学报，2001，2：9.

［47］ 张翠兰，王志，李凭力等. 膜科学与技术，2000，20（6）：36.

［48］ Richard W. Baker，Membrane Modules，Membrane Technology and Applications. New York：McGraw-Hill，2000. 136.

［49］ Shigeji Konagaya. J A P S，79：517-527，2001.

［50］ Nam-Wun OH. J A P S，80：2727-2736；2001.

［51］ Luo G S，Pan S，Liu. J G. Use of the electro-dialysis process to concentrate a formic acid solution. Desalination 150（2002）：227-234.

［52］ Vu Hong Thang，Werner Koschuh，K-laus D Kulbe，Senad Novalin. Detailed investigation of an electrodialytic process during the separation of lactic acid from a complex mixture. Journal of Membrane Science，2005，249：173-182.

［53］ Punita V Vyas，Shah B G，Trivedi G S，Gaur P M，Ray P，Adhikary S K. Separation of inorganic and organic acids from glyoxal by electrodialysis. Desalination，2001，140：47-54.

［54］ Ed M．van der Ent，Tom P．H．Thielen，Jos T．F．Keurentjes. Electrodialysis System for Large-Scale Enantiomer Separation. Ind Eng Chem Res，2001，4（5）：6021-6027.

［55］ Arnold W A，et al. Pathways and kinetics of chlorinated ethylene and chlorinated acetylene reaction with Fe particles. Environ Sci & Technol 200，34（9）：1794-1801.

［56］ 王从厚，陈勇，吴鸣. 新世纪国外膜分离技术应用汇编. 分离信息荟萃，大连：中国科学院大连化学物理研究所，2002.

［57］ Winston Ho W S 等著. 膜手册. 张志诚等译. 北京：海洋出版社，1999.

11 污泥脱水剂

11.1 概述

在工业废水和生活污水处理过程中产生的大量污泥,以有机污泥(包括初沉池污泥、腐蚀污泥、剩余活性污泥及消化污泥等)为主,主要由亲水性带负电的胶体颗粒组成,颗粒细小很不均匀(直径为 $0.1\sim10\mu m$)、与水的结合力很强、含水率很高(一般在95%以上)、过滤比阻值较大,因而该类污泥的脱水性能很差,对后续压滤处理工序不利。目前,在对污泥进行压滤处理前,国内外多采用投加有机高分子污泥脱水剂对污泥进行调质。其机理是通过电中和、吸附架桥等,与污泥颗粒结合,从而减少污泥与水的亲和力,改变污泥中水分子存在形式,使污泥形成颗粒大、空隙多和结构紧密的滤饼以利于后续的机械脱水。

目前所用的污泥脱水剂中聚丙烯酰胺类占绝大部分,同时国内外还有一些新型污泥脱水剂问世。本章主要介绍有机高分子污泥脱水剂的类型及其生产工艺。

在污泥脱水中,常用的有机高分子污泥脱水剂主要有人工合成型和天然高分子改性型。按形态分一般有水溶液型、干粉型和乳胶型。

11.2 天然高分子改性污泥脱水剂

随着社会的发展,对水环境保护日趋严格的要求,在污泥脱水剂市场占据大部分份额的聚丙烯酰胺类合成高分子水处理剂的毒性问题、难降解问题已日益受到关注。天然高分子水处理剂具有资源丰富多样化、原料价格相对低廉、原料产品无毒、产品在使用后易生物降解等优点,而且其原料的分子量分布广、活性基团多、结构多样化,有助于多功能多用途产品的开发,其优越性正日益受到重视。天然高分子改性污泥脱水剂包括淀粉、木质素、纤维素、甲壳素/壳聚糖、含胶植物、多糖类和蛋白质等类别的衍生物。这类絮凝剂的研究开发为天然资源的利用和生产无毒污泥脱水剂开辟了新的途径,其中研究成果较多的是水溶性淀粉衍生物、壳聚糖改性和多聚糖改性污泥脱水剂。

11.2.1 淀粉改性类污泥脱水剂

淀粉存在于许多植物中,是一种六元环状的天然高分子。淀粉及其衍生物都具有无毒、可生物降解、价廉等优点。淀粉中含有许多羟基,表现出较活泼的化学性质,通过羟基的酯化、醚化、氧化、交联、接枝共聚等化学改性,其活性基团大大增加,聚合物呈枝化结构,分散了絮凝基团，对悬浮体系中颗粒物有更强的捕捉与促沉作用。

11.2.1.1 淀粉磷酸酯

【物化性质】   淀粉磷酸酯是阴离子型高分子电解质，具有黏度高、稳定性强、透明度好、胶黏能力强等特性。单酯具有糊状透明、抗老化、稳定性好的特性和良好的保水性能。低温长期保存或重复冷融化无水分析出。

【制备方法】

(1) 称取一定玉米淀粉，转入烧瓶内，加入溶剂和酯化试剂后摇匀。安装在微波反应炉内，并连接冷凝装置，接通冷凝水。选择一定的微波辐照强度，在不同辐照时间内进行酯化反应。并对反应后的产物通过抽滤分离、洗涤、干燥等处理得到相应酯化产品。

(2) 半干法生产磷酸酯淀粉是将淀粉投入带有高速搅拌机、温度计与加热装置的反应器内，淀粉的加量为160g（含水率为13%）。再将定量磷酸二氢钠与尿素5.6g溶于24mL的水中，配成溶液，用乙酸和碱溶液调节pH值为5.5后，再分批加入淀粉溶液内，在高速搅拌下使物料混合均匀，再在135℃下，在适当的搅拌下反应近4h后得产品。将所获得的料液冷却，用3%的氯化钠液洗至无磷酸盐后，抽滤，干燥后其含磷量为0.775%。取代度0.036。

(3) 两步法制备，按引入淀粉的先后顺序，可分为先阴离子化后阳离子化以及先阳离子化后阴离子化两种。这两种方法都涉及淀粉的阴、阳离子化单元反应。过程包括磷酸酯化、硫酸酯化和羧基化等，受开发的用途制约，目前研究多集中在磷酸酯化及羧基化；而阳离子化是指淀粉与含有氨基、亚氨基及铵等的试剂反应，从而显示电正性的过程。通常，在商业中广泛使用的衍生物是季铵类醚化剂。而叔胺类醚化剂，如2-二乙基氨基乙基氯化物（DEC），由于其阳离子性只在酸性条件下才具备，故其应用受到限制。将淀粉用磷酸盐处理，得到淀粉磷酸单酯。如将甘薯淀粉分散于磷酸盐的水溶液中浸泡、搅拌、过滤，滤饼在50℃以下干燥至含水量10%，然后进行固相酯化反应，用水或醇溶液洗涤后得到淀粉磷酸单酯。

其中磷酸盐可以是三聚磷酸钠、焦磷酸钠、磷酸二氢钠或它们的混合物。相比之下，三聚磷酸钠反应条件相对温和，反应在弱酸性条件下进行。

(4) 湿法生产中，将磷酸盐加入到淀粉悬浆中，50℃反应，过滤、洗涤和干燥即得淀粉磷酸酯或使用糊化淀粉与三聚磷酸钠反应，较之浆法有高的取代度（大于0.3）和反应效率（可达85%）。干法生产中，将细粉末状磷酸盐与干淀粉混合（常用磷酸盐溶液喷淋到淀粉饼或干淀粉上），直接于130~150℃下进行热反应得产品。

(5) 将含玉米淀粉（10%湿度）2500g的悬浮液，调pH为中性，搅拌下加入208g质量分数60% CHPTMAC的水溶液，在43℃下反应24h，用盐酸中和后再过滤、水洗、室温下风干。将所得阳离子淀粉醚1000g与含40g三聚磷酸钠的水溶液配成浆，过滤，干燥至湿度为6%，升温至133℃下反应15min，产品中n（阴离子）：n（阳离子）为0.198：1.000，磷的质量分数为0.14%，或用干法，将阳离子淀粉悬浆过滤，再配制STPP溶液48g溶于126g水中，pH值为5。将此溶液喷到滤饼上，干燥，133℃反应9min，产品n（阴离子）：n（阳离子）为0.233：0.000，磷的质量分数为0.17%。

(6) 一步法，阴、阳离子化同时进行，可简化反应及后处理过程。但由于阴、阳离子化试剂间可能存在相互作用及反应条件不同，会给此过程的应用带来一定的限制。

在淀粉的水浆中，可用石灰控制pH值为9~11，加入3-氯-2-磺丙酸和CHPTMAC，在20~45℃反应6~24h得所需产品。

11.2.1.2　水性环糊精

【物化性质】　环糊精简称 CD，是由直链糊精两端的葡萄糖分子以 β-1,4 糖苷键连接而成的环状结构的麦芽低聚糖，是软化芽孢杆菌作用于淀粉的产物。其最显著的结构特点是存在一个立体手性疏水空腔，其分子独特的环状空间结构和极稳定的化学性质，它包括以 6，7 或 8 个葡萄糖分子组成的 1-CD、2-CD 或 3-CD。分子结构呈环形圆筒状，不易受酶、酸、碱、热等条件的作用而分解。CD 内部的空洞内部有—CH—与葡萄糖苷结合的氧原子，呈疏水性，葡萄糖的 2 位、3 位和 6 位的—OH 基，分别在空洞的两端，外部呈亲水性，这是由于分子的羟基均朝向外面所致，具有表面活性剂的性质。

【制备方法】　环糊精的生产工艺流程为：将 CGTase 加入 15％的淀粉悬浮液中，于 85～90℃液化 30min，冷至 60～65℃后，在物化淀粉溶液中加入 Ca(OH)₂，再次调节 pH 值至 8.5，再加入适量的 CGTase，继续于 60℃进行环化反应 30～45h，升温至 100℃使酶失活，再冷却至 80℃，调 pH 至 6，用葡萄糖淀粉酶将未转化的淀粉水解为麦芽糖和葡萄糖，水解被经活性炭和离子交换树脂处理后，减压浓缩至 45％～60％（质量分数），低温放置，收得纯度大于 98％的 β-环糊精结晶。

绝大多数 CGTase 作用淀粉后的产物为环糊精的混合物，绝大多数以 β-环糊精为主，极少有产生单一环糊精的。其中 β-环糊精在水中的溶解度最小，只要对发酵后的淀粉悬浮液进行浓缩，β-环糊精就会以结晶态沉淀出来。另一种方法是用有机溶剂络合，由于不同晶型的环糊精所含的葡萄糖残基数不同，内部孔径不同，可以与不同分子大小的有机络合剂相结合，生成不溶的络合物而从反应体系中分离出来。应用乙醇可增加 β-环糊精的产量。随着先进设备的应用及生产工艺的改进，环糊精的分离方法会越来越成熟。

11.2.1.3　阳离子淀粉

【物化性质】　阳离子淀粉是带有正电荷的性质相似的几种淀粉衍生物的总称，它包括叔胺烷基淀粉醚、季铵淀粉醚和阴阳两性淀粉等。阳离子淀粉具有高分散性和溶解性，稳定性高，凝沉性弱。作为带有叔胺盐或季铵盐基团的改性淀粉，取代度（DS）在 0.1 以上的阳离子淀粉称高取代度的阳离子淀粉。它具有阳离子表面活性剂的性质，在水中具有较好的溶解性。

白色粉末的阳离子淀粉，溶于水形成稳定的透明溶液，在水中分散时形成泡沫，由液体内部上升集聚在液体表面，1～2h 后消失，对固体表面有吸附性。

【制备方法】　取代度为 0.15～0.25 的阳离子淀粉可使污泥脱水，其固体湿度低于 70％。阳离子淀粉的合成有浆法、糊法和干法。由于阳离子淀粉的取代度越高遇水糊化的温度越低。浆法只能制取低取代度的阳离子淀粉。糊法可以制取糊状高取代度的阳离子淀粉，而粉状高取代度的阳离子淀粉的制取比较困难。

用淀粉与醚化剂反应生成的阳离子淀粉又称为淀粉醚。其技术处理方法有干法与湿法。季铵型阳离子淀粉使用的阳离子化试剂是由叔胺与氯丁烯或环氧氯丙烷反应而成。叔胺型阳离子淀粉与季铵型阳离子淀粉的差别在于使用的阳离子试剂不同，阳离子试剂用的是仲胺，但性能不如季铵盐。

（1）称取分析纯氢氧化钠置于 500mL 烧杯中，以水溶解。在冷水浴中放置冷却后与醚化剂充分混合，反应 10min，然后加入 100g 玉米淀粉，在室温下搅拌 1h。在热风浴中预干燥至淀粉含水量降至 14％左右，压碎混合均匀，置于一密闭容器中，然后放置到恒温烘箱中反应数小时。取出样品冷却后用 80％的乙醇溶液洗涤、抽滤到滤液不含氯离子。最后用无水乙醇洗涤、干燥，即得阳离子淀粉。

（2）其适宜配方是：28％盐酸 20.1kg，30％ Me₃N₃ 9.6kg，99％表氯醇适量，含水率

小于 14％的淀粉 400kg，1∶2 的氢氧化钠与氢氧化钙 12kg，98％氯化铵 40kg，水 1200kg。

将含 15.2％水的淀粉与 18.32g 的 76.65∶23.5 的硅酸钠、二氧化硅加入带搅拌器、温度计与回流冷凝器的玻璃反应瓶内在搅拌下反应 4min 后，再用数分钟时间滴入 25.38g 的甘油三甲基氯化铵将混合物反应 15min 后再储藏 2d 得干燥的阳离子淀粉。

（3）将 200kg 原淀粉投入反应釜，打开搅拌，称取 8kg 醚化剂 EDTA（乙二胺四乙酸），投入反应釜，搅拌 10min，喷入 2kg 乙醇溶液，缓慢通蒸汽，升温至 40～50℃，在此温度范围内保温 1h 后将温度再缓慢升至 70～80℃，保温 90min 降温放料，将产品用粉碎机粉碎后，过筛，计量。

（4）低取代阳离子淀粉

在 250mL 三口瓶中加入环氧氯丙烷 157mL（2.0moL），冷却至 0℃；在搅拌条件下，1h 内通入三甲胺 23.6g（0.4mol），常温下搅拌反应 4h；然后过滤，用 DMF、丙酮洗涤，真空干燥，得白色固体产品 58.5g 阳离子化试剂 GTA（甘油三乙酸酯），收率为 97％。

称取干燥的玉米淀粉 9.6g、GTA0.4g 一起放入 100mL 烧杯中。搅拌均匀后放置于恒温 45℃的水浴器中预热 0.5h，接着加入配制好的含 0.003g NaOH 的水溶液 2.5mL，混合搅拌至无结块，再在 45℃恒温水浴器中反应 80min。然后用 80％的乙醇洗涤、抽滤至滤液不含氯离子。最后用无水乙醇洗涤、干燥后即得低取代阳离子淀粉。取样、恒重，测得样品中氮的质量分数为 0.290％（已扣除原淀粉中氮的质量分数），取代度为 0.0346，反应效率为 82.4％。

（5）高取代阳离子淀粉

称取干燥的玉米淀粉 7.0g、GTA3.0g 一起放入 100mL 烧杯中。搅拌均匀后放置于恒温 90℃水浴器中预热 0.5h，接着加入配制好的含 0.06g NaOH 的水溶液 2.5mL，混合搅拌至无结块，再在 90℃恒温水浴器中反应 160min 即可。然后用 80％的乙醇洗涤、抽滤至滤液不含氯离子。最后用无水乙醇洗涤、干燥后即得高取代阳离子淀粉。取样、恒重，测得样品中氮的质量。

季铵型阳离子淀粉制备方法大体上可分为有机溶剂法、水溶剂法和干法三种。有机溶剂法需使用昂贵的有机溶剂，成本高，不安全。水溶剂法不适合制备高取代度产品，对环境有污染。与有机溶剂法和水溶剂法相比，干法具有工艺简单、反应效率高、环境污染小等很突出的优点。

目前工业上应用的主要是低取代度季铵烷基淀粉醚，而高取代度阳离子淀粉随着取代度的提高，各方面的应用性能如絮凝、脱色、染料上色率等都有不同程度的增强。

（1）在装有搅拌器的筒状玻璃瓶中，加入 5.5g 玉米淀粉（水质量分数 12.0％）和适量的碱催化剂，室温下搅拌 10min；再加入 GTA 4.5g，室温下继续搅拌 1h 后，在一定的温度和时间反应下，得到基本干的白色固体粗产品。粗产品用含乙酸的 80％乙醇液浸泡后再经过滤、洗涤、干燥得季铵盐阳离子淀粉。

（2）采用乙醇为原料与 α-淀粉酶及半纤维素混合于 50～60℃和 6bar 下反应得含阳离子淀粉的液体，再用膜分离得成品。阳离子淀粉的品种繁多，但带环氧基的阳离子化试剂制备的季铵烷基淀粉醚工艺简单、成本低，各方面的性能均优于叔胺基淀粉醚。以玉米淀粉、环氧氯丙烷、三甲胺等为原料，制取高取代度季铵烷基淀粉醚阳离子淀粉，可以实现高效率、无污染、低成本。

（3）为提高反应效率与速率，可以采用半干法制备环氧季铵型阳离子剂，即在反应体系中加入碱催化剂和少量有机或无机溶剂，在 60～90℃下反应 2h，转化率为 95％。

在烧杯中加入少量氢氧化钠和适量水，待氢氧化钠溶解后加入适量淀粉搅拌 10min 后，加入 2mL 异丙醇，接着加入 GTA 搅拌 1h。然后在 80℃下反应 2.5h，得到基本干的固体粗品，用少量乙酸的质量分数为 80％的乙醇水溶液浸泡、过滤、洗涤、干燥即得季铵型阳离子淀粉。

在反应过程中加入少量有机溶剂可以降低水对淀粉的溶解力，防止淀粉的糊化；还可以维持淀粉的膨胀状态，使阳离子化试剂和碱催化剂均匀地分布在反应体系中，提高反应效率，得到取代基分布均匀的产品。但加入过多，则会改变反应环境，使取代度降低。

在碱催化剂存在下，淀粉与 N-(2,3-环氧丙基)三甲基氯化铵的半干法反应中。由于少量溶剂分子的介入，最大限度地抑制了副反应，同时使反应体系的微环境不同于液相反应，造成了反应部位的局部高浓度，提高了反应效率。而加入少量有机溶剂，抑制了水对淀粉的糊化，同时使阳离子化试剂和碱催化剂均匀地分布在反应体系中，得到取代基分布均匀的产品。该方法反应效率高，操作简便，污染小。当淀粉和 GTA 用量分别为 11∶6（质量比）时，最佳反应条件为反应时间 2.5h，反应温度为 90℃，介质条件为氢氧化钠用量为控制 pH 值在 8~11，异丙醇∶水为 3∶7（体积比），取代度可达 0.55 以上，反应效率大于 94％。

（4）工业淀粉气流烘干，使其含水量小于 3％，称取 60g 放于装有高速搅拌机的混合器中。CHPTMAC 30g 溶于 12mL 水中，11gKOH 溶于水中。两种溶液混合，以喷雾的方式加到混合器中，搅拌与淀粉混匀。混合物放于功率为 800W 的微波炉中加热 5~6min，取出用稀盐酸中和至 pH 值为 6.5~7.5，气流风干至含水量≤14％，即为产品。用 90％的乙醇-水溶液洗涤，凯氏定氮法测定含氮量为 2.2566％（未洗的含氮量 2.3728％，原淀粉含氮量 0.05％），取代度 0.3429，有效转化率为 95％。

干法制备阳离子淀粉加热过程一般是介质传递热量。由于淀粉中蓄含大量不流动的空气，构成一个保温层，使热量的传递速率很慢。即使在搅拌下进行反应，也需要 1~1.5h。微波介电加热是电磁波作用于极性分子，使它发生振动和转动，电磁波转变成热能。当微波作用于反应物时，可加剧分子运动，提高分子的能量降低反应的活化能，提高反应速度。微波介电加热几分钟就可完成反应。用微波干法制备阳离子淀粉，操作简单，能耗低，试剂的转化率高。

微波辐射会产生"局部热点"，即体系的整体温度仍然很低，但某一个区域温度升得比较高。用单级微波炉介电加热，会产生局部热点，使反应物内部碳化，而外部达不到反应温度。使用时要注意调整物料在炉中的位置。采用多重微波炉可以解决"局部热点"问题。微波介电加热升温速度快，易造成不同的温度区域，使化学反应不均匀。如果采用间歇式加热，使热量有扩散、传导的时间，就可以避免局部过热，反应均匀进行。反应温度最好控制在 85℃以下。用微波干法在于可制备取代度 0.35~0.50 的阳离子淀粉。

微波是一种频率为 300MHz~300GHz 的电磁波，属高频波段的电磁波，具有电磁波的特性。微波的热效与一般传统加热不同。后者是外部加热，通过表面能量吸收再传导到内部；前者是微波进入物体内部，分子在电磁场作用下极化，并随电磁场的变化而变化，产生高频振荡，这样极化分子本身的热运动和分子之间的相对运动会产生类似摩擦、碰撞、振动、挤压的作用，使所在体系能量增高并快速升温。这种能量转换方式是内外同时进行，瞬时可达到高温，能量损失小，控制方便。

微波技术应用在化学反应、化学分析和环境保护等领域，表现出节省能源和时间、简化操作程序、减少有机溶剂使用、提高反应速率和显著降低化学反应产生的废物对环境造成的危害等优点。采用微波干法合成，针对废水处理固液分离过程中大部分微细颗粒和胶体都带负电荷的特点，季铵盐型阳离子絮凝剂不仅具有优异的絮凝效果，而且还有一定的杀菌能力。

将阳离子醚化剂与 NaOH 水溶液按一定比例混合，迅速将混合物喷洒到淀粉上，充分混匀，放入微波炉反应完成后，取出一部分粗产品以无水乙醇洗涤数次，抽滤，50℃下干燥，即得季铵盐型阳离子淀粉。

在微波干法合成季铵盐型阳离子淀粉絮凝剂的过程中需加入少量的水，淀粉的活化、季铵盐的闭环以及阳离子絮凝剂的合成都需要游离状态的 OH^-；同时，水还是微波介电加热固相反应的引发剂。一般固体物质不能有效地吸收微波。只有极性小分子物质像水、醇、酸等能够有效地吸收微波能量，变电磁波为化学能，引发淀粉的阳离子化反应。但是另一方面，水溶剂可引起两个副反应：一是阳离子醚化剂的水解反应，水解后生成的副产物没有阳离子化能力，从而使反应体系中阳离子化试剂的有效浓度降低，产物的相对黏度下降；二是水溶剂使生成的阳离子淀粉分解，生成淀粉和阳离子醚化剂水解产物，同样导致产物相对黏度下降。因此，水量过多不利于反应的进行。从以上实验结果表明，反应体系水的质量分数为 30% 左右取得较好的结果。

在阳离子醚化剂与淀粉摩尔比为 0.35、NaOH 与阳离子醚化剂摩尔比为 1∶2、微波功率为 184W 的条件下，辐射时间为 5min。

辐射是采用辐射线（UV、EB、射线、可见光、荧光等）辐照于液相待加工物体，使其在高能量射线作用下瞬间发生分子激化，进而发生快速化学反应过程，得到性能优异的产物。具有高速率、低能耗、几乎无公害、适于连续化生产等特点。

辐射技术已发展为具有特色和应用优势的新型"绿色"技术，被称为"面向 21 世纪的绿色工业新技术"。

【应用】 高级阳离子淀粉成本低，絮凝性能好，可用于污泥脱水处理。

新型的阳离子絮凝剂是一种网状长链的高分子物质，其分子链中所带的官能团多，吸附活性点多，用于污水处理厂二级污水处理，可缩短泥水分离的絮凝沉降过程。特别是在生化系统混合液中投加适量的絮凝剂，对进一步提高出水水质有显著效果，可为城市污水处理后的回用提供符合要求的水质。它对城市污水处理中的污泥脱水具有良好的促进作用，从而可减轻干化或脱水机械的负荷，污泥脱水后含水率减少，达到污泥脱水要求，为污泥进一步利用创造有利条件。

阳离子淀粉品种繁多，其中叔胺烷基醚和季铵烷基醚是主要的商品阳离子淀粉。

叔胺型接枝阳离子淀粉，该产品借助电中和与架桥作用，絮凝效果优异。以此法制得的接枝率 60% 的阳离子淀粉用于活性污泥脱水，投加量 40mg/L，可使活性污泥含水率由 95.3% 降到 73.3%。虽然叔胺型阳离子淀粉所用的阳离子剂成本低，但因其只在酸性能条件下呈阳离子性，其应用受到局限。

与叔胺型阳离子淀粉相比，季铵型阳离子淀粉的阳离子性较强，而且在酸性、中性、弱碱性环境中均呈阳电位，因此成为研究的重点。季铵型阳离子淀粉不仅有优异的絮凝效果，还有一定的杀菌、缓蚀能力，是一种很有前途的多功能水处理剂。

11.2.2 壳聚糖改性污泥脱水剂

甲壳素作为一种天然多糖资源，已在工农业中广泛应用，其脱乙酰产物壳聚糖因其天然、无毒、安全性而被美国环保局批准作为饮用水的净化剂，被美国食品药物管理局（FDA）批准作为食品添加剂。但因壳聚糖电荷密度小、水溶性较差、分子量较低等缺点限制了它的广泛使用。故根据实际应用的需要，通常需要对壳聚糖进行相应的化学改性，国内外已有较多的相关研究，改性壳聚糖（VCG）产品种类众多。

对壳聚糖进行改性应用最多的是化学改性，目前，国内外对壳聚糖的化学改性主要是利用壳聚糖分子上的氨基和羟基的活性，引入新的基团，以改善其化学性能。作为污泥脱水剂使用的改性壳聚糖的化学改性方法主要有羧基化和接枝共聚反应。

11. 2. 2. 1　壳聚糖的接枝共聚产物及其应用

用不饱和烯类单体与壳聚糖接枝共聚是对其进行化学改性的重要方法。目前所用改性单体有阳离子烯类单体改性如二甲基二烯丙基氯化铵、非离子或阴离子型单体如丙烯酰胺、丙烯腈和丙烯酸等。

【制备方法】

(1) 将水浴锅调至80℃，待温度恒定后，将1.00g壳聚糖放入盛有1.5%（体积浓度）的乙酸溶液的三口反应瓶中，通入氮气，开始搅拌。待壳聚糖完全溶解后，加入引发剂硫酸铈铵0.2g，10min后加入丙烯酰胺单体0.75g，反应3h后，冷却至室温，用无水乙醇洗涤得到白色沉淀，再用无水乙醇反复洗涤至中性，得到接枝共聚产物。

(2) 将装有搅拌器，通入 N_2 的三口反应瓶置于恒温水浴锅中，加入体积分数为1.5%的冰乙酸水溶液95mL，干燥后的壳聚糖2g，在30℃下搅拌30min，滴加0.1g/L的引发剂过硫酸铵溶液5mL，15min后，分别加入丙烯酰胺单体4g，二甲基二烯丙基氯化铵单体2g，继续反应3h，冷却至室温，反应产物即为接枝共聚物。

(3) 将脱乙酰度80%的壳聚糖经水洗、风干、恒重后，配成质量分数为2%的壳聚糖-乙酸水溶液，取100mL该水溶液装入带温度计和搅拌棒的三口烧瓶中，按不同质量分数分别加入丙烯酰胺固体，通氮气搅拌使其溶解后开始升温至80℃，在20min内分2次投加引发剂过硫酸铵合计0.2g，继续反应3h后停止通氮气，待反应体系温度降至室温，即得接枝共聚产物。

(4) 在三口烧瓶中依次加入100mL溶剂、经甲醇溶胀的壳聚糖2.0g、硫酸铈铵0.4g、浓硫酸1.5mL，丙烯酰胺1.5g，控制反应温度为80℃，反应时间8h，冷却至室温，即得AAM-CHT乳液。

(5) 采用两步法，先用二甲胺和烯丙基氯反应生成二甲基烯丙基叔胺，分离后加入烯丙基氯，于丙酮介质中析出高纯度DMDAAC单体；称取0.65g壳聚糖溶于100mL体积分数5%的醋酸溶液中，在90℃、通氮气、搅拌下依次加入1mL硝酸铈铵溶液（浓度0.055 mol/L）和10mL DMDAAC纯水溶液（浓度0.40mL/L）10mL，反应3h，冷却后，用乙醇沉淀、洗涤、抽滤、真空干燥的粗产品并称重、再把粗产品用丙酮在索氏萃取器中抽提8h除去均聚物后，真空干燥即可。

【应用】　张印堂等对pH值为6.00，各絮凝剂用量均为20mg/L的条件下，真空抽滤5min后各试样的泥饼含水率进行了测定，考察各絮凝剂在降低污泥含水率方面的作用大小，实验结果见表11-1。

表11-1　各泥饼的含水率

试样号	含水率/%	试样号	含水率/%
1#（空白样）	95.4	5#（阳离子型丙烯酰胺）	93.3
2#（阳离子型接枝共聚物）	86.4	6#（聚丙烯酰胺）	94.7
3#（非离子型接枝共聚物）	88.4	7#（壳聚糖）	88.0
4#（阴离子型接枝共聚物）	92.0		

实验合成的三种壳聚糖接枝共聚物中，阳离子型接枝共聚物较适于污泥的脱水，抽滤5min后，即可将污泥的含水率从95.4%降低到86.4%，低于其他几种常用的污泥脱水剂。

谭淑英等对壳聚糖和碱铝复配应用于炼油活性污泥的处理效果进行了研究，并与GD-112（主要成分是聚丙烯酰胺）、碱铝的复配进行了比较。结果表明，壳聚糖和碱铝复配后作为活性污泥脱水剂，投加量为壳聚糖1.67mg/L、碱铝10mg/L时，即有很好的效果，pH值适用范围为6.0~7.0。在活性污泥pH值为7.0时，壳聚糖、碱铝复配与GD-112、碱铝复配在实验浓度范围内效果基本相当。

Asano 等用商品名称为 Flonac 的脱乙酰壳聚糖对厌氧消化污泥进行脱水处理试验，发现污泥脱水剂加入量（以污泥中悬浮固体含量计，下同）为 0.7%～1.5%，污泥经凝聚和离心分离后，有 96%以上的悬浮固体分离出来形成含水量为 65%～75%外观干燥的污泥饼；用 0.6%～1.4%的污泥脱水剂处理由厌氧消化污泥和活性污泥组成的混合污泥时，污泥中悬浮固体的 96%以上可以分离出来，污泥饼的含水量为 75%～83%。活性污泥是较难脱水的污泥，当污泥脱水剂的加入量为 0.8%～2.2%时，悬浮固体的分离量仍达到 96%。污泥脱水时若不加入脱乙酰壳聚糖，从污泥中离心分离出来的悬浮固体量不足 60%。

Bough 等亦曾用脱乙酰壳聚糖对啤酒厂废水生化处理时产生的活性污泥，进行过脱水处理。当污泥脱水剂的加入量为 0.6%～0.8%，用 Sharples BD-1 型连续式离心机分离凝聚物，结果悬浮固体的分离量为 95%。

古森尧喜在对面包酵母厂废水生化处理所产生的活性污泥作脱水试验时，发现在聚合氯化铝存在下，有脱乙酰壳多糖帮助污泥脱水效果会更好。阳离子型的壳聚糖絮凝剂用于污泥的脱水处理在日本已被广泛工业化应用。

11.2.2.2 壳聚糖的羧基化改性产物及其应用

壳聚糖在引入羧基一方面提高了其水溶性，使其完全溶于水，另一方面其改性产物为两性，含阴、阳两种离子。在污泥脱水领域有很好的应用前景。

该类改性壳聚糖中，研究最多的是羧甲基壳聚糖。羧甲基壳聚糖是壳聚糖羧甲基化后的产物，它既保留了壳聚糖的优点，又极大地改善了其水溶性。

【制备方法】 把壳聚糖加入到装有搅拌器和回流冷凝管的三口烧瓶中，并加入一定量的异丙醇搅拌，使其溶胀；加入适量 NaOH 溶液，搅拌，让壳聚糖在碱性条件下膨胀，形成碱化中心，然后将适量固体氯乙酸分多次加入溶液中，每次间隔数分钟，加热至 70℃，控制反应时间为 3h，得羧甲基壳聚糖混合物；反应结束后向溶液中加入蒸馏水，冰醋酸调 pH 到 7.0，抽滤数分钟后，用 70%的乙醇水溶液洗涤，所得产品放入烘箱在 60℃下至干，得白色粉末状羧甲基壳聚糖。最佳物料比为：异丙醇：壳聚糖（体积比）＝10：1，氯乙酸：壳聚糖（质量比）＝1.2：1，氢氧化钠：壳聚糖（体积比）＝3：1。

【应用】 封盛、相波等研究了聚合氯化铝、壳聚糖和 3 种羧甲基壳聚糖（N-羧甲基壳聚糖、N,O-羧甲基壳聚糖和 O-羧甲基壳聚糖）对污泥的脱水性能作用。实验结果表明，羧甲基壳聚糖对污泥进行脱水时，形成的絮体强度大，不易破碎，对污泥脱水的效果明显好于普通絮凝剂。在 3 种所研究的羧甲基壳聚糖中 N-羧甲基壳聚糖对污泥的脱水效果最好，污泥比阻抗最低，与未加絮凝剂时相比，含水率从 99.1%下降到 73%，污泥的体积减少为原来的 1/30，热值提高为原来的 40 倍。

(1) 絮凝剂对污泥沉降性能的影响

表 11-2 是开始沉降 30min 内污泥体积随时间的变化。由表 11-2 可以看出，加入 N-羧甲基壳聚糖絮凝后的污泥沉降速度最快。

表 11-2   污泥的沉降体积随时间的变化

沉降时间/min	污泥体积/mL					
	空白	聚合氯化铝	壳聚糖	N-羧甲基壳聚糖	N,O-羧甲基壳聚糖	O-羧甲基壳聚糖
0	250	250	250	250	250	250
10	223	178	164	147	154	158
20	206	145	135	116	123	127
30	185	113	110	88	97	105

（2）上清液的透光率

向污泥中加入一定量的絮凝剂，搅拌后自然沉降 30min 测定上清液的透光率，结果见表 11-3。

表 11-3　污泥上清液透光率　　单位：%

絮凝剂名称	投加量/(mg/L)								
	0	15	20	30	40	45	60	80	120
聚合氯化铝	7.4				78.9			85.2	86.4
壳聚糖	7.4		94.2		97.5		98.1		
N-羧甲基壳聚糖	7.4	95.0		98.1		98.3			
N,O-羧甲基壳聚糖	7.4	94.5		97.7		97.5			
O-羧甲基壳聚糖	7.4	94.2		97.6		93.8			

从表 11-3 中可以看出，用 N-羧甲基壳聚糖絮凝剂处理污泥，其上清液的透光率较高，这是因为污泥中的胶体颗粒及微生物残体带有负电荷，N-羧甲基壳聚糖分子中具有较高的正电荷密度，不仅起到对污泥的电中和作用，使污泥细粒脱稳沉降聚集，而且依靠分子内正电荷的相互排斥作用，使壳聚糖分子内的主链得到最大限度的伸展，从而大大增强了吸附架桥能力。

（3）滤饼的含水率

滤饼的含水率关系到泥饼进一步处理的成本和难易。一般来讲，含水率与泥饼的剥离性是相关联的，含水率低，污泥密实，成型容易，剥离性能好；含水率高，泥饼体积大，结构疏松，不易剥离。在实验操作中，真空过滤各试样到真空度破坏为止，测定泥饼的含水率。絮凝剂投加量为各自的最佳投加量，结果见表 11-4。

表 11-4　各滤饼的含水率　　单位：%

试样名称	含水率/%	试样名称	含水率/%
空白	91	N-羧甲基壳聚糖	73
聚合氯化铝	82	N,O-羧甲基壳聚糖	74
壳聚糖	78	O-羧甲基壳聚糖	74

从表 11-4 可以看出，N-羧甲基壳聚糖作为污泥脱水剂，所得的泥饼具有较低的含水率，滤饼成型容易，剥离性能好。

（4）污泥比阻的测定

表 11-5 为改变 5 种絮凝剂的投加量对污泥进行脱水实验测定污泥脱水的比阻结果。

表 11-5　污泥比阻随不同污泥脱水剂用量的变化　　单位：10^{-5} m/kg

污泥脱水剂名称	投加量/(mg/L)								
	0	15	20	30	40	45	60	80	120
聚合氯化铝	31.63				8.29			6.40	6.45
壳聚糖	31.63		6.23		4.45		5.68		
N-羧甲基壳聚糖	31.63	5.65		3.82		4.03			
N,O-羧甲基壳聚糖	31.63	5.91		3.94		3.99			
O-羧甲基壳聚糖	31.63	5.87		3.93		4.15			

从表 11-5 可以看出，聚合氯化铝和壳聚糖也能够改善污泥的脱水性能，但效果明显比羧甲基壳聚糖差，并且投加量要比羧甲基壳聚糖大，当絮凝剂投加量过多时，更易导致滤层的黏附，从而重新使污泥的过滤性变差。在羧甲基壳聚糖中，N-羧甲基壳聚糖的脱水效果

要比 N,O-羧甲基壳聚糖和 O-羧甲基壳聚糖好。

(5) 污泥脱水前后的热值比较

污泥的含水率直接影响到污泥处理的成本和难易,含水率高会增加运输费用和燃料费用。污泥中加入 N-羧甲基壳聚糖絮凝脱水后,含水率由未加絮凝剂时 99.1% 下降到 73%。由计算可分别求得脱水前后污泥的体积比和热值比。表 11-6 为污泥用聚合氯化铝、壳聚糖、N-羧甲基壳聚糖、N,O-羧甲基壳聚糖和 O-羧甲基壳聚糖脱水前后的体积与燃烧热值比较。由表 11-6 中可以看出,污泥投加 N-羧甲基壳聚糖脱水后,其体积降至原来的 1/30,燃烧值提高 63 倍,其对污泥的处理效果比其他几种絮凝剂效果要好。污泥经 N-羧甲基壳聚糖絮凝脱水后,大大节省污泥堆放占地和运输费用,而且污泥能够更好地燃烧,有机物含量高,一般只需少量或不需再添加辅助燃料,燃烧处理费用降低。

表 11-6　不同污泥脱水剂脱水前后污泥热值比较

污泥脱水剂名称	脱水前后体积比	燃烧值提高/倍
聚合氯化铝	20∶1	32
壳聚糖	24∶1	32
N-羧甲基壳聚糖	30∶1	40
N,O-羧甲基壳聚糖	29∶1	38
O-羧甲基壳聚糖	29∶1	38

11.2.3　其他天然高分子改性污泥脱水剂

除了淀粉改性和壳聚糖改性污泥脱水剂外,目前国内外天然高分子改性污泥脱水剂的研究领域还包括纤维素/木质素改性、植物多糖类改性、含胶植物改性等多方面。

11.2.3.1　纤维素/木质素类改性污泥脱水剂

纤维素类的天然有机高分子絮凝剂主要包括纤维素衍生物类絮凝剂和木质素类絮凝剂两部分。纤维素来源于树木、棉花、麻类植物和某些农副产品,是自然界中资源丰富、价格低廉的可再生资源。历史上,纤维素是高分子化学诞生和发展时期的主要研究对象。以后,随着石油基化工产品和合成材料的涌现及发展,人们对纤维素研究的兴趣逐渐淡化。然而,20世纪 70 年代的石油危机和近年来石油化工原料价格的猛涨,以及对环境污染和健康等问题的重视,迫使人们把注意力重新集中到纤维素——世界上广泛存在,价廉物丰的可再生资源上来,使曾一度受"冷落"的天然高分子出现了世界范围的复兴。

据统计,地球上每年经光合作用生成的植物为 5000 亿吨,可利用的植物资源约为 2000亿吨。木材和草木秸秆中含有大量纤维素、半纤维素和木质素等天然高分子物质。它们具有生物降解性和可再生性,是理想的绿色环保材料。

纤维素改性产品主要是指纤维素分子链中的羟基与化合物发生酯化或醚化反应后的生成物,包括纤维素醚类、纤维素酯类以及酯醚混合衍生类。此外还有纤维素的接枝共聚产物、季铵盐醚化产物等。经过改性后的纤维素,其功能的多样性和应用的广泛性都得到了很大提高,并且纤维素功能材料所具有的环境协调性,使其成为目前材料研究中最为活跃的领域之一。

木质素是结构复杂的芳香族天然高分子聚合物,具有三维网状空间结构,含有多种功能基,木质素结构单元之间的连接方式较多且位置不同,具有潜在的反应性能和反应点,因此对其进行化学改性的潜力巨大。另一方面,作为地球上最丰富的可再生资源之一,木质素与纤维素及半纤维素构成植物的基本组成部分,据估计每年全世界由植物新合成的木质素即达1500 亿吨,来源丰富,市场前景广阔。

【制备方法】　通过接枝共聚反应在木质素骨架上接上特定的官能团是最常见的改性方法。如引入—$CONH_2$、—$CH_2N(CH_3)_2$、—$N(CH_3)_3$—、—OSO_3CH_3 等官能团,从而增加木质素分子上的活性点，改善其絮凝脱水性能。

Meister 和 Patil 等将具有较好吸附性能的—CONH₂ 接枝在木质素骨架上。他们的研究表明，在含有 CaCl₂ 和微量 Ce⁴⁺ 的已光解二烷中，松木木质素能与丙烯酰胺发生接枝共聚，引发体系为 Ce⁴⁺ 过氧化物。在木质素与烯类单体的接枝反应中研究最多的是木质素与丙烯酰胺的接枝反应，所用的引发剂有铈盐、菲林试剂、高锰酸钾、过硫酸盐以及 γ 射线辐射等。

詹怀宇等通过对木素磺酸钙与丙烯酰胺接枝共聚物的 Mannich 反应制备了两性絮凝脱水剂 LSDC，用裂解气相色谱-质谱联用技术证明了阳离子基团的存在，并将 LSDC 应用于生物活性污泥的絮凝脱水处理，取得了良好的效果。

制备方法为在三口烧瓶中加入一定量的木质素磺酸钙和水，搅拌溶解，升温至 50℃，通氮气 5min，加入配比量的过硫酸钾及丙烯酰胺，保温反应，K₂S₂O₈ 用量 5mmol/L，丙烯酰胺用量 1.4mol/L，反应温度 50℃，反应时间 2.5h。

将接枝共聚物溶液用 10% NaOH 溶液调节至一定的 pH 值，加入甲醛在相应温度下羟甲基化反应一定时间，再加入二甲胺在一定温度下胺甲基化反应一定时间，得到反应产物。反应条件优化以反应产物对 250mg/L 活性艳橙 K-G 染料的脱色效果为考察对象。

经正交实验确定较佳反应条件为醛胺摩尔比 1:1，羟甲基化反应温度 50℃，羟甲基化反应时间 1h，胺甲基化反应温度 50℃，胺甲基化反应时间 2h。

确定了胺甲基化反应的较佳条件为：醛胺摩尔比 1:1，反应温度 50℃，反应时间 2h，pH10。在此条件下制备的两性木质素絮凝剂称为 LSDC。

邱会东等以花生壳为原料制备污泥脱水剂，其制备方法如下：160 目花生壳粉与质量分数 15% 的 NaOH 于 20℃下反应，碱化 90min 后反应制得预处理过的花生壳粉。预处理的目的是改变天然纤维素材料的结构，破坏纤维素-木质素-半纤维素之间的连接，降低纤维素的结晶度，脱去木质素，增加原料的疏松性以增加纤维素与醚化剂的有效接触，从而提高反应效率。预处理过程的主要影响因素有花生壳粉的粒度，预处理碱液的浓度，预处理温度及时间等。

纤维素原料在破裂、碾磨等外力作用下使颗粒变小，结晶度降低。增大比表面，有利于碱化处理。实验发现粉碎 160 目宜于反应进行。碱处理利用—OH 使木质素主要的醚键发生断裂，从而使木质素大分子碎片化，部分木质素溶解于反应溶液中，同时使纤维素膨胀，半纤维素溶解，并削弱纤维素和半纤维素的氢键及皂化半纤维素和木质素分子之间的酯键。碱处理可引起较少的糖降解。从实验现象及数据表明纤维素的润胀在质量分数 15% 的氢氧化钠溶液中最佳，质量分数过大，可能会导致部分半纤维素被分解，致使损失太多。所以，实验选用质量分数 15% 的 NaOH 溶液处理。碱化为放热反应，随温度提高，纤维素润胀程度下降，碱纤维的反应活性降低。进一步通过单因素实验发现，温度低于 20℃以下，反应时间加长，同时温度 0℃左右时，碱化过程不好控制，无法充分进行，温度升高，产物的絮凝效果增强，但温度过高，样品会使花生壳中某些成分分解和糊化，不利于反应的进行，故实验条件选取 20℃。由正交实验数据分析可得，碱化 90min 即可使纤维素润胀基本完全，碱化时间过长可能导致花生壳中有用成分损失。所以花生壳碱化预处理时间选用 90min。

按一定比例加入预处理好的花生壳粉及质量分数为 30% 的阳离子醚化剂，在 80℃水浴中反应 3h，冷却，烘干即得絮凝剂 PNET。反应原理如下所示：

$$CC—OH + H_2C—CH—R \xrightarrow{NaOH} CC—O—H_2C—CH—R$$

PNET 的制备过程的主要影响因素有反应时间、反应温度、醚化剂质量分数和花生壳与醚化剂质量比等。反应时间的长短直接决定反应产物的醚化程度。时间过短反应不充分，时间过长，会带来一些副反应产物，对于该实验，选取反应时间为 3h 较易。在有机合成反应过程中，反应温度是一个重要的反应参数，能控制反应速度，对反应还有其他影响，如高温可破坏高分子链的结构，以至影响产物的絮凝性能，经过分析，实验指标随着反应温度的增大而缓慢增加，故确定反应温度为 80℃。根据实验数据及实验现象可知，在上述反应条件下，质量分数为 30% 醚化剂即可完全与花生壳反应。故实验选用质量分数 30% 醚化剂与花生壳反应。在已完成优化实验条件基础下，对花生壳与醚化剂的配料比进行了单因素实验，数据见表 11-7。花生壳与醚化剂的最优质量比为 10:1 时，所制得的絮凝剂对模拟水样透光率较高，且合成絮凝剂所用原料配比比较合理，达到了既节约原料又降低成本的效果。

表 11-7　花生壳与醚化剂的质量比对污泥脱水效果的影响

m(花生壳)/m(醚化剂)	20:1	10:1	5:1	5:3	5:5	5:7
透光率/%	40.1	69.2	70.7	68.6	67.3	68.2

【应用】　LSDC 在生物活性污泥脱水处理研究表明，投加 LSDC 后，污泥比阻可降低至原始污泥的 41% 左右，过滤性能大大改善。LSDC 在提高污泥沉降速度、降低污泥含水率和过滤比阻方面有很好的性能，优于对比样 CPAM。

取重庆市北碚污水厂的活性污泥 300mL 置于 500mL 的烧杯中，用搅拌器中速搅拌，在一定 pH 值下搅拌中加入 0.9g 左右絮凝剂 PNET，然后继续搅拌 15min，倒入布氏漏斗中，真空抽滤脱水，每隔一定时间记录一次滤液体积，测抽滤至真空度破坏时滤液的透光率达到 93.5%，滤饼的含水率 82%，污泥脱水率为 89%。同时对生活废水和电镀废水进行处理，生活废水除磷率为 58.3%，电镀废水除铬率为 74%。通过实验现象和实验数据说明了絮凝剂对污泥处理效果比较理想。同时，絮凝剂对生活废水中的磷和电镀工业废水中铬离子具有一定的絮凝净化能力。

11.2.3.2　丹宁类改性污泥脱水剂

【物化性质】　植物丹宁为淡黄色至浅棕色的无定形粉末或鳞片或海绵状固体，广泛分布在植物体的各器官结构中，是一种由五倍子酸、间苯二酚、间苯三酚、焦棓酚和其他酚衍生物组成的复杂混合物，常与糖类共存。

植物丹宁有强烈的涩味，呈酸性。易溶于水、乙醇和丙酮。难溶于苯、氯仿、醚、石油醚、二硫化碳和四氯化碳等。在 210～215℃ 下可分解生成焦棓酚和二氧化碳。在水溶液中，可以用强酸或盐（$NaCl$、Na_2SO_4、KCl）使之沉淀。在碱液中，易被空气氧化使溶液呈深蓝色。丹宁为还原剂，能与白蛋白、淀粉、明胶和大多数生物碱反应生成不溶物沉淀。丹宁暴露于空气和阳光下易氧化，色泽变暗并吸潮结块，因此应密封、避光保存。

丹宁带有阴离子基团，而水中的胶体大多带负电，因此，丹宁在水中具有分散作用，当其与无机或有机阳离子絮凝剂配对使用时，可减少药剂投加量并增强处理效果。而丹宁作为污泥脱水剂的最重要作用是丹宁能与蛋白质、多糖、聚乙烯醇、非离子表面活性剂、金属离子结合而沉淀的特性。

【制备方法】　丹宁的氨基化改性：薛学佳和周钰明用以丹宁为主的混合植物胶和二甲胺、甲醛进行 Mannich 反应，制得一种阳离子絮凝剂。其制备过程为：将 44mL 质量分数为 33% 的二甲胺与 19mL 质量分数为 35% 的甲醛溶液混合预反应 1h；加入 40g 丹宁，再加等量的水加热到 51℃ 搅拌溶液 1～2h，使之完全溶解，然后降温到 29℃，再滴加质量分数为 36% 的醋酸 52mL，使温度不超过 46℃；最后滴加预反应液，全部加完后，升温到 70℃，反应 3h，到达终点后用冰迅速降温到室温。所得产品为棕红色液体，水分含量约为 60%，黏度在 $(4.0～8.0)×10^{-2}Pa·s$，密度为 $1.1g/cm^3$。

【应用】 薛学佳和周钰明用自制的氨基化丹宁絮凝剂配成5%的溶液，处理活性污泥水（在1000mL自来水中加入10g高岭土和10g活性污泥，搅拌15min，沉降15min后，取上层液）；取上述活性污泥水100mL，投加絮凝剂，快搅1min，慢搅15min，沉降15min，取上清液测透光率和COD。结果表明：随着药剂投加量的增加，透光率先升高后下降，COD先下降后上升，得出最佳投加量为4.0mL/L左右。

11.2.3.3 F691粉改性污泥脱水剂

F691学名刨花楠，是产于中国南方广大地区的多年生乔本植物。F691粉是这种含胶植物经加工粉碎后的木粉，其主成分是半乳甘露聚糖，属于非离子型高分子，可能含有带一定支链的阿拉伯半乳糖。

【制备方法】 以天然高分子植物粉F691为原料，通过醚化、接枝共聚等反应合成出两性天然高分子改性絮凝剂（CGAC1和CGAC2）。

（1）将三甲胺水溶液加入三口烧瓶中，通过滴液漏斗滴入浓盐酸，控制一定的温度，制得铵盐，然后加入环氧氯丙烷，控制反应温度45～65℃，反应3～5h，产物经浓缩、纯制后配制成45%～48%浓度的水溶液。

（2）制备CGAC2的反应分为三步。

① 胺甲基化反应 称取定量的原料F691粉，加入一定体积的乙醇将其分散均匀；在水冷却下加入氢氧化钠溶液碱化30min；然后再加入定量的一氯醋酸水溶液，在50℃下反应醚化2h，制得胺甲基化中间产物CG(A)（F691/氢氧化钠/一氯醋酸/乙醇（质量比）=1.0/0.10/0.13/1.2）。

② 接枝共聚反应 在反应容器中加入羧甲基化中间产物和去离子水，通氮气并加热到60℃，在搅拌下加入丙烯酰胺单体及引发剂，反应2h后冷却出料，制得接枝中间产物CG(AA)[AM/F691=3/1；过硫酸盐（引发剂）=0.06mol/L]。在上述制备条件下，制得产品CG(AA)的接枝率为56%；相对黏度（0.5%水溶液，25℃）=2.3。

③ 胺甲基化反应 将一定浓度的接枝共聚物溶解于去离子水中，然后加入定量的甲醛和二甲胺，在50℃下反应2h，冷却中和pH值，制得改性两性型污泥脱水剂CGAC2[CG(AA)/甲醛/二甲胺（摩尔比）=1.0/1.0/1.5]。

【应用】

① 对工业污泥的脱水性能 试验用污泥取自广州市某针织厂的废水处理厂，选取了活性污泥和浓缩污泥两种类型，活性污泥用于沉降试验，浓缩污泥用于过滤试验。两种污泥的性质见表11-8。

表11-8 污泥的性质分析

种类	含水率/%	pH值	温度/℃
活性污泥	99.14	6.5～7.0	14～15
浓缩污泥	97.5	6.5～7.0	14～15

由表11-8可知，两种污泥的含水率都很高，需要进行脱水处理。

絮凝剂用量对污泥沉降性能的影响：由于污泥中的微细颗粒带负电，互相排斥，还有部分污泥与表面附着水结合成凝胶体，所以它们能在水中稳定分布，沉降性能较差，靠重力沉降只能将污泥与游离水分开；当加入絮凝剂后，絮凝剂使带负电的污泥颗粒脱稳，并将表面附着水转化成游离水。由此可见，污泥的沉降性能可作为衡量絮凝剂性能的一个指标。

当投药量为20mg/L时，沉降速度比空白样提高38%，而PAM-C的沉降速率比空白样提高10%～15%。投加CGAC2后污泥比阻有一定幅度的降低，且比阻受药剂量变化的影响较小。

② 对造纸混合污泥的脱水性能 实验研究加药对污泥自然过滤和减压过滤性能的影响，发现在相同条件下 CGAC2 比 PAM-C、PHP 处理的滤液体积增加 10%～18%。

11.3　合成型有机高分子污泥脱水剂

合成型有机高分子污泥脱水剂具有分子量大、分子中活性基团多、易与污泥胶粒相互吸附形成大的絮体物质的特点，在市场上占绝对优势。目前，合成型高分子污泥脱水剂主要以丙烯、马来酸等为原料，以—COOH、—CONH$_2$、—OH、—CO 等一种或几种为活性基团，通过聚合反应获得相对分子质量从数万到千万级的水溶性线状化合物。国外有机高分子污泥脱水剂中 80%左右是合成型的，我国在 20 世纪 90 年代才开始对合成型污泥脱水剂的专业研究。产品类型一般有水溶液型、干粉型和乳胶型。

污泥脱水中，应用效果较好的是阳离子型和两性型高分子污泥脱水剂。

11.3.1　合成型有机阳离子污泥脱水剂

由于绝大部分污泥中吸附带有带负电荷的离子，故一般污泥带负电荷。投加阳离子型污泥脱水剂可以中和其负电荷，使其内部菌胶团间的同性电荷的排斥力减弱，从而有机会在碰撞中结合形成更大的菌胶团并最终从污水中脱离，同时，大分子量的阳离子型污泥脱水剂还具有架桥能力，更促使其絮凝脱水。因此，目前它成为污水处理厂处理污泥的主要产品，占据着污泥脱水市场的绝大部分份额。近年来，随着人们对不同种类的阳离子型污泥脱水剂脱水性能的深入研究及实际应用的要求，处理污泥所用的阳离子型污泥脱水剂开始由单一的阳离子均聚物转向几种阳离子单体的共聚物或它们的复合物。如采用 N-乙烯基甲醚胺和丙烯腈共聚物加酸水解得到的脒类阳离子聚合物、阳离子纤维素衍生物和含季铵基的阳离子聚合物处理污泥。采用共聚物或复合絮凝剂的优点是：可以降低絮凝剂成本，提高脱水效率。其原因可能是不同结构的阳离子基团，吸引负电荷的能力不同，因此对带电量不同的各类污泥粒子都具有较强的吸附架桥作用，从而提高脱水效率。

从产品的剂型来讲，除传统粉状和油包水乳液产品，最近人们又开发出水包水型阳离子乳液。

11.3.1.1　阳离子丙烯酰胺类污泥脱水剂

【制备方法】 聚丙烯酰胺类药剂的应用量最大，其中，阴离子和非离子 PAM 占很大的比例，而阳离子类和各种改性 PAM 只占很小的比例，并且阳离子聚丙烯酰胺的种类较少。阳离子絮凝剂负电荷的胶体有优良的处理效果，应用广泛。阳离子絮凝剂的开发和和应用日益受到人们的重视。丙烯酰胺类阳离子聚合物的合成通常有以下几种方法。

(1) 将 2.89kg 60% DMDAAC 单体溶液，2.11kg 50%AM 溶液，3.31kg 去离子水，27g 40%二乙基三胺五乙酸钠，2g 2,2-偶氮双（N,N-2-甲基异丁胺）盐酸盐，5g 偶氮双(-2-脒基丙烷) 盐酸盐，27g 过硫酸钠，加入 30L 反应器中。反应器配有搅拌装置，加热套，抽真空接口，回流冷凝管，加料孔和反应过程中间加料。体系通过真空和曝气的方法驱除氧气，真空抽气和曝气重复 3 次，使体系完全达到无氧状态。首先，加热反应物，在搅拌过程中引发聚合，同时将反应器内的压力控制在 50～55MPa，该反应是放热反应。一旦发现温度升高，加入剩余的 11.62kg 50%AM 溶液及 3.0g 2,2-偶氮双（N,N-2-甲基异丁胺）盐酸盐，加料速度应适当控制，所有丙烯酰胺加完后，保持温度在 35℃，继续搅拌 40min，通过通入氮气将反应压力控制在常压下，然后在 30min 内将 0.5kg 10%的次亚磷酸钠溶液加入到凝胶产物中，并使之充分混合。在此过程中温度会逐渐升高至 90℃，在此温度下继续保持 2h，以便减少残留单体含量。将胶体产物破碎，在 90℃ 的流化床中干燥 50min，就可以得到单体分布均匀的颗粒状聚合物。聚合物在 4% 氯化钠溶液中的特性教度可以达到 16dL/g。

（2）采用乳液聚合的方法，以亚硫酸钾和过硫酸铵氧化还原体系引发反应，制备丙烯酰胺与二烯丙基二甲基胺氯化物。单体中的杂质对于聚合有很大的影响。为了制备大分子量的共聚物，应该严格控制丙烯酰胺中金属离子、三丙基胺、甲氧基醌以及二烯丙基二甲基胺氯化物中烯丙基二甲基胺、二甲基胺、烯丙基醇等杂质的含量。

（3）根据最终产物的阳离子度，调整丙烯酰胺与丙烯酸二甲氨基乙酯氯化物的摩尔比例，单体总浓度为 20%～30% 的水溶液。反应一般采用无机有机复合引发剂，例如过硫酸铵-硫酸亚铁，过硫酸盐-亚硫酸盐与有机引发剂的体系，例如，偶氮烷基盐酸盐，过氧化二苯酰等。反应一般在 20～70℃ 进行数小时，就可以制得胶体共聚物。再经破碎、干燥、粉碎，最终得到粉状聚合物。为了加快固体聚合物的溶解速度，一船要加入少量表面活性剂。

（4）在四口烧瓶内，配有氮气进口和氮气出口，引发剂加入口的烧瓶内加入 16.6g 50% 的丙烯酰胺溶液，30.3g 75% 丙烯酸三甲基胺乙酯氯化物溶液和 1.6g 丙烯酸甲氧基乙酯，250g 去离子水及 2-乙基三胺五乙酸钾盐作为螯合物，用 1mol/L 的 HCl 溶液将单体溶液的 pH 值调至 3.5，然后通入 N_2，驱除氧气 1h。加入 1g 5.0% 的 2，2-偶氮双二甲基异丁基胺盐酸溶液聚合 24h。通过高压液相色谱分析发现单体转化率可达 99.9%，相对分子质量可以达 670 万。

（5）在配有回流冷凝器、氮气布气管、星型搅拌器、电热偶的反应器中加入 N-乙烯基甲酰胺单体 75g、10% 的聚乙烯醇溶液 40g、水 250g、丙三醇 6g、硝酸钠 120g。在搅拌下加热混合物至 45℃，加入 V-50 引发剂 0.2g（溶解于 20mL 水中）。反应开始后温度逐渐升高。反应过程中逐步加入 125g NaCl。反应时间为 3～3.5h。最后得到乳白色分散液。将上述聚合物分散液配成 2% 的水溶解加入等当量的氢氧化钠，加热到 80～90℃，反应 3h 后，90% 的酰氨基水解成氨基。另外也可以采用酸做水解剂，如果加入等摩尔的酸，水解后形成含有胺和甲酰胺的共聚物，两者比例为 70/30。可以采用向聚合物水溶液中通氯化氢气体或者氨气的方法水解。

（6）在配有回流冷凝器、氮气布气管、星型搅拌器、电热偶的反应器中加入 N-乙烯基甲酰胺单体 54g、丙烯酸乙基己酯 3g、10% 的聚乙烯醇溶液 30g、水 150g、丙三醇 45g、硝酸钠 40g、NaCl 2g。在搅拌下加热混合物至 45℃，加入 V-50 引发剂 0.3g（溶解于 20mL 水）。反应开始后温度逐渐升高。反应过程中逐步加入 100g 硫酸铵。反应时间为 3～3.5h。最后得到乳白色分散液。N-乙烯基甲酰胺与丙烯酸乙基己酯的比例可以任意调整。

（7）聚合物含固量为 15%。丙烯酰胺与丙烯酸二甲胺乙酯苄基氯季铵盐的比例为 90/10。在配有机械搅拌、热电偶、冷凝器、氮气进出口、加料口等的 1500mL 烧瓶内，加入 213g 49.6% 的丙烯酰胺水溶液，56.6g 70.9% 丙烯酸二甲胺乙酯苄基氯季铵盐水溶液，9g 甘油，59g 丙烯酸二甲胺乙酯苄基氯季铵盐与二烯丙基二甲基氯化铵共聚物（浓度为 15%），0.4g EDTA 四钠盐，157g 硫酸铵，424g 去离子水。在强烈搅拌下（900r/min），将混合物加热到 48℃，加入 1.2g1.0%V-50 水溶液。然后通入氮气，驱赶反应器内的氧气，并保持温度在 48℃。2h 后，加入 3.8g1.0%V-50 水溶液；3h 后加入 6g 丙烯酸二甲胺乙酯苄基氯季铵盐。4h 后加入 4g1.0%V-50 水溶液。6h 后将反应液降温至室温，加入 55.0g 硫酸钠和 10.0g 硫代硫酸钠和 10g 乙酸。最终产物为乳白色，其黏度为 30cP。特性黏度为 17.8dL/g（0.045% 溶液，在 0.125mol/L $NaNO_3$ 中于 30℃ 测定）。

（8）聚合物含固量为 15%，丙烯酰胺与丙烯酸二甲胺乙酯氯甲胺季铵盐的比例为

90/10。在配有机械搅拌、热电偶、冷凝器、氮气进出口、加料口等的 1500mL 烧瓶内，加入 335.2g 去离子水，230.3g 48.6％的丙烯酰胺水溶液，43.6g 80％丙烯酸二甲氨乙酯氯甲胺季铵盐水溶液，5g 己二酸，13.5g 甘油，59g 丙烯酸二甲胺乙酯苄基氯季铵盐与二烯丙基二甲基氯化铵共聚物（浓度为 15％），0.42g EDTA 四钠盐，302.0g 硫酸铵。在强烈搅拌下（900r/min），将混合物加热到 48℃，加入 1.0g 1.0％ V-50 水溶液。然后通入氮气（1000mL/min）。在后面 4h 内保持温度在 48℃。3h 后，加入 2.0g1.0％V-50 水溶液；3.5h 后（转化率大约在 80％），加入 0.25g 三甲氧基乙烯己硅烷。4h 后加入 4g 1.0％V-50 水溶液。再反应 4h 后，将反应液降温到室温，加入 5.0g 己二酸和 10.0g 硫代硫酸钠和 10g 乙酸。最终产物为乳白色，其布氏黏度为 150cP（♯3 转子，转速为 12r/min）。特性黏度为 18dL/g（0.045％溶液，在 1mol/LNaNO$_3$ 中于 30℃测定）。

(9) 美国专利 6238486 讲述了一种浓度为 20.5％聚合物分散液的制备方法，可用作阳离子污泥脱水剂。聚合物单体的组成为丙烯酰胺/丙烯酸二甲氨基乙酯氯甲胺季铵盐/二烯丙基二甲基氯化铵的摩尔比为 60/30/10。以 1500mL 烧瓶为反应器，烧瓶配有热电偶、机械搅拌器、氮气进出口、催化剂加料口以及加热板。在烧瓶内加入 80.3g 浓度为 50％的丙烯酰胺水溶液、34.2g 浓度为 80％的丙烯酸二甲氨基乙酯水溶液和 44.6g 浓度为 62％的二烯丙基二甲基氯化铵水溶液。

(10) 加入 60.0g 浓度为 15％丙烯酸二甲氨基乙酯氯甲胺季铵盐水溶液，45.5g 浓度为 15％二烯丙基二甲基氯化铵均聚物水溶液和 12g 聚乙烯醇（相对分子质量为 400），0.2g EDTA 四钠盐，190.0g 硫酸铵，50.0 硫酸钠和 302.9g 去离子水。将上述混合物加热到 48℃，加入 2.0g1.0％2，2-偶氮-2-(2-脒基丙烷)-二盐酸盐（VA-50）。单体的投加时间为 4～4.5h。单体的投加分成两步，首先一半的反应时间内加入 2/3 单体混合物，剩余单体在后一半反应时间内加入。在完全加完单体后，再补加 0.4g VA-50（溶解于 2g 去离子水中，在 48℃继续反应 1h，然后冷却）。最终产品为白色分散液，黏度为 870cP。

(11) 在配有机械搅拌、热电偶、冷凝器、氮气进出口、加料口等的 1500mL 烧瓶内，加入 335.2g 去离子水，17.1g 去离子水，9 份 40％的丙烯酸二甲胺乙酯氯甲胺季铵盐聚合物（重均相对分子质量为 200000），聚合物溶解后，加入 7.08 份 53.64％丙烯酰胺水溶液，14.56 份 72.80％丙烯酸二甲胺乙酯硫酸二甲胺季铵盐水溶液。再加入 0.7 份柠檬酸、8.1 份硫酸铵、2.02 份 1％的 EDTA 溶液。溶液的 pH 值为 3.3。封闭反应器，通入氮气 30min，加入 1.44 份 1.0％ V-50 水溶液，将反应液加热到 40℃，反应 2h；然后升温到 50℃，再反应 8h，单体的转化率可以达到 99％。最终产物为乳白色，其布氏黏度为 2250cP（♯4 转子，转速为 30r/min，25℃）。

(12) 根据阳离子度和固体含量指标和合成产物量计算各种单体，引发剂和水的投加量。将计量好的 150kg 丙烯酰胺（AM）加入溶解池，然后加水 230kg，溶解后过滤，移入反应罐，加入计量后的甲基丙烯酰氧乙基三甲基氯化铵（DMC）72L，偶氮二异丁腈 0.7L，5％的亚硫酸氢钠溶液 72mL，0.15％ N,N-亚甲基双丙烯酰胺 4～8mL，封闭烧瓶，开启搅拌和排气阀门，并开始通入氮气。约 0.5h 后，将计量好的 5％过硫酸铵溶液 315.6mL 加入，继续通入氮气，但是减小气体流量，然后使之静置反应，反应开始后停止搅拌，并提升搅拌器。3～4h 后，反应达到最大温度，继续保温 5h，结束后将胶体产物取出，然后初步切割后，加入挤出机，就可以得到粒状胶体产物。将胶粒产物在 80～95℃烘干，粉碎就可以得到粉状固体产物。利用强度一点法测定相对分子质量为 300 万～500 万。

表 11-9 和表 11-10 分别为以固体和液体丙烯酰胺为原料生产各种阳离子度聚丙烯酰胺的经济效益预测分析。

表 11-9 以固体丙烯酰胺为原料时成本

阳离子度/%	12.5	25	33	50
原料成本/元	18200	22550	26200	29350
生产成本/元	2000	2000	2000	2000
总成本/元	20200	24550	28200	31350

表 11-10 以液体丙烯酰胺为原料时成本

阳离子度/%	12.5	25	33	50
原料成本/元	15500	20160	24100	27530
生产成本/元	2000	2000	2000	2000
总成本/元	17500	22160	26100	29530

【应用】 夏卫红等将液态阳离子高分子絮凝剂 HYC-601，用量在 $10\sim15\text{mg/L}$ 范围内能明显改善生活污水剩余污泥的沉降性能和过滤性能。在 40kPa 的真空度下，可使污泥含水率由 99.5％降至 76％，污泥体积降至原来的 1/48，其脱水性能优于同系列阳离子絮凝剂 CPAM 和 CP-803。

HYC-601 絮凝剂是水溶性合成聚电解质，属聚丙烯酰胺产品，其外观为无色至微黄色透明液体，含固量 15％，pH 为中性，具有较高的阳电荷密度，相对分子质量≥200 万。

(1) HYC-601 絮凝剂对上清液浊度、透光率的影响

絮凝剂上清液的浊度、透光率说明了絮凝剂对污泥中微细颗粒和胶体的去除性能。一种好的絮凝剂不但要求其脱水性能好而且上清液必须澄清度高。絮凝沉降后上清液的浊度越低，透光率越高，说明了絮凝剂泥水分离性能好。为考虑絮凝剂对上清液各指标的影响，将 HYC-601 与常用的碱式氯化铝，聚丙烯酰胺阳离子絮凝剂 CPAM、CP-803 进行比较，原始浓度取 0.2％、0.3％、0.4％三组，选用 0.3％的一组，结果见表 11-11。可见，投加 HYC-601 的样品其上清液具有较低的浊度，较高的透光率。

表 11-11 上清液的浊度、透光率

试样号	剩余浊度/NTU	透光率/%
1#（HYC-601）	4.2	92
2#（碱式氯化铝）	4.6	84
3#（CPAM）	6.8	90
4#（CP-803）	4.4	90

(2) 加凝剂种类对污泥过滤性能的影响

选用 HYC-601 与 CPAM、CP-803 絮凝剂比较测试其过滤性能，由表 11-12 可知加 HYC-601 有较低含水率。

表 11-12 脱水后泥饼的含水率

项目	试样号			
	1#（HYC-601）	2#（CP-803）	3#（CPAM）	4#（空白样）
含水率/%	76	78	83	93

液态阳离子絮凝剂 HYC-601 具有较高的电荷密度和中等的分子量，与同类聚丙烯酰胺阳离子絮凝剂比较具有用量少，沉降速度快，滤液剩余浊度低，透光率高等优点，可作为生活污水剩余污泥的絮凝脱水剂。

(3) 在污泥样品中投加 $10\sim15\text{mg/L}$ 的 HYC-601，在 40kPa 真空度下过滤，污泥的含

水率由 99.5％降至 76％，污泥体积降至原来的 1/48 左右，比阻明显下降，脱水性能优于同系列其他产品。

11.3.1.2 其他阳离子污泥脱水剂

二甲基二烯丙基氯化铵（DMDAAC）与丙烯酰胺（AM）的共聚物（PDA）是一类新型、精细、功能性的水溶性高分子聚合物。与其他阳离子丙烯酰胺类絮凝剂相比，具有阳离子单元结构稳定、高效无毒、使用不受 pH 值变化的影响等优点，广泛应用于石油开采、造纸、纺织印染、日用化工及水处理等领域中。国外从 20 世纪 50 年代开始进行研究，20 世纪 70 年代投入工业化生产。我国在 20 世纪 80 年代末开始研究 DMDAAC 单体和均聚物，后续在高浊度水处理中开始应用。大分子量的 DMDAAC 均聚物或与 AM 的共聚物可作污泥脱水剂使用。

【制备方法】 通常，合成这一类聚合物采用的单体都是 DMDAAC，虽然现在有一些文献中提到可以来用其他卤化物替代 DMDAAC 作为原料，但是鉴于成本的原因，目前大部分厂家都是使用 DMDAAC 作为原料合成聚合物。

（1）水溶液聚合法，在反应釜内加入 DMDAAC 单体 426.9 份，去离子水 78.9 份，丙烯酸 14.0 份，EDTA0.2 份，通入氮气，洗涤釜内氧气，同时升温至 65℃。30min 后，加入 25％的过硫酸铵 17.1 份，溶液黏度上升，同时混合液温度最高可以达到 80℃。

（2）分散乳液聚合法，在反应器内加入 25.667 份 49.0％的丙烯酰胺溶液和 161.29 份 62.0％ DMDAAC 溶液，加入 200 份硫酸铵和 40 份硫酸钠，303.85 份去离子水，0.38 份甲酸钠，45 份 20％的丙烯酸（三甲基胺）乙酯季铵盐氯化物，0.2 份 EDTA，升温到 48℃。加入 2.50 份 4％偶氮二脒基盐酸盐。向反应器中通入高纯氮气 15min。大约 15min 后溶液黏度上升，4h 后溶液温度达到 50℃。然后用注射器加入少量丙烯酰胺和 EDTA 混合液，溶液最后布氏黏度可达 4200cP。

（3）将质量比为 3∶7 的 DMDAAC 与 AM 置于 250mL 四口圆底烧瓶中，用去离子水配成水溶液，调整 pH 值为 1。通氮除氧 30min 后，加入占单体总质量 0.01％的复合引发剂，置于 30℃的恒温水浴中，搅拌聚合 8h 后停止，即得 PDA 共聚物。

【应用】 阳离子 PDA 的黏度达到 1918Pa·s，阳离子度达到 10.25％时，应用于污泥脱水试验，并与已使用的几种市售的阳离子聚丙烯酰胺类絮凝剂进行了絮凝脱水。

阳离子共聚物 PDA 的污泥脱水性能将污泥充分振荡均匀后，取 250mL 置于 250mL 烧杯中，往烧杯中滴加阳离子度为 10.25％的 PDA，快速搅拌 30s，再缓慢搅拌 2min，观察烧杯中产生的絮体大小和絮体沉降速度。静置 5min，测定上清液的浊度，并将其实验结果与其他污泥脱水剂在使用同等剂量情况下的实验结果进行比较，见表 11-13。

表 11-13 合成 PDA 与其他污泥脱水剂的絮凝实验结果比较

污泥脱水剂种类	状态	带电性	相对分子质量	絮体大小	沉降速度	浊度（NTU）
DAⅢ	白色粉末	＋	700 万	较大	快	9.65
PHP	白色粉末	－	1500 万	小	不沉降	
PDA	无色胶体	＋		较大	快	7.52

张跃军等研究了阳离子絮凝剂 PDA 在城市生活污水的污泥脱水处理中的过程优化研究。以处理后上清液的 COD$_{Cr}$、透过率和絮团的尺寸大小、含水率为指标，对 2 种类型污水的不同浓度污泥进行系统的 PDA 投加量试验，并与参照样 F4 的试验结果作对比。实验结果表明，任一种絮凝剂的最佳投加量与污泥浓度均有很大的关系。当控制污泥浓度为 1.6％左右时，絮凝剂 PDA 和 F4 的投加量均达到最小值，相应的药剂与绝干污泥量的质量

分数分别为 0.787‰ 和 2.03‰。此时污泥处理的药剂成本最小、最经济。

将由实验室自制的絮凝剂 PDA 与市售的几种已在污水处理厂作为脱水剂使用的阳离子聚丙烯酰胺絮凝剂（F4，E2，JS）的絮凝效果作了系统对比研究，结果见表 11-14。其中絮凝剂的投加量均为经系统优化后得到的最佳用量。

表 11-14　各种阳离子型污泥脱水剂的处理效果对比

污泥脱水剂种类	投加量/(mg/L)	絮体直径/mm	COD_{Cr} 去除率/%	透过率/‰	滤饼含水率/%
PAC/PDA1	330/58	10	44.4	89.3	89.3
PAC/PDA3	330/46	9.5	46.5	91.2	71.5
PAC/F4	330/94	9.0	29.3	78.7	75.3
PAC/E2	330/58	7.5	29.2	84.7	75.3
PAC/JS	330/105	8.5	43.6	81.2	75.3

由表 11-14 各种阳离子絮凝剂与 PAC 配合使用处理造纸废水污泥的效果比较可以看出，实验室自制的絮凝剂 PDA3 由于电荷密度大且平均相对分子质量较大，达到最佳处理效果时的投加量小且絮凝效果好；由各种阳离子结构的阳离子高分子絮凝剂对比可知，实验室自制的絮凝剂 PDA 的絮凝效果明显优于实验中做对比的市售阳离子聚丙烯酰胺絮凝剂，这可能是由于絮凝剂 PDA 中含有环状的刚性结构，有利于提高聚合物的絮凝性能。

由中国矿业大学开发研制的 KHYC 型有机高分子絮凝剂是丙烯酸酯季铵盐与丙烯酸铵的共聚物，它是一种新型高效系列絮凝剂。其主要性能指标：相对分子质量为 500 万，阳离子度为 80%mol，产品黏度 <40cP，有效浓度为 28%，不含各种油剂、表面活性剂，无二次公害，不易燃易爆。

在中国矿业大学环境工程实验室进行小试研究。取量筒三个，分别加入 100mL 初沉池和二沉池的混合污泥，将原药剂稀释到 0.05%，按 5mg/L、10mg/L、20mg/L、30mg/L、40mg/L 分别加入 KHYC 型有机高分子絮凝剂，以定性了解不同投加量对污水污泥脱水的效果。小试结果见表 11-15。

表 11-15　实验室小试结果

量筒号	投加量/(mg/L)	絮体大小/mm	絮团形成时间/min	沉淀时间/min	上清液量/mL
1#	5	2~5	2.5	12	2.5
2#	10	3~7	2	10	5.5
3#	20	4~7	2	9	6
4#	30	5~10	1.5	6.5	10
5#	40	6~10	1.5	5	12

由表 11-15 可见，絮凝剂投加量越大，污泥絮凝效果越好，污泥脱水越容易。絮凝剂投加量为 5mg/L 时，絮凝效果不好，不能满足要求，而投加量为 40mg/L 时，絮凝效果很好，但投药量太大，药剂费用增加，因此最佳投加量应在 10~30mg/L。按 30mg/L 投加絮凝剂，絮团形成时间短，絮块大，上清液多，沉降时间短，絮凝效果好。10mg/L 和 20mg/L 絮凝效果稍差，但两者各项指标相差不大，考虑到 10mg/L 投药量少，药剂费用低，所以以综合各项指标，并根据小试情况，按 10mg/L 和 30mg/L 的投加量进行污泥脱水上机中试。

按压缩机满负荷供给初沉池和二沉池的混合污泥，分别以 10mg/L、30mg/L 的加药量通过絮凝剂计量泵向带式压滤机加药，连续运行 72h。在稳定情况下，用计量装置测出滤饼重量及厚度，并同时记录下污泥泵、加药泵的流量读数。然后取出少量湿污泥、滤饼送到化验室，分别测出湿污泥及滤饼的含水率。最后根据上述数据计算出污泥脱水率、加药量与干泥比及污泥回收率等主要指标见表 11-16。

表 11-16   污泥脱水上机中试结果

项目	剩余浊度/NTU		备注
	10mg/L	30mg/L	
湿污泥处理量/(t/h)	16.8	8.5	指进入压滤机的污泥
湿污泥的含水率/%	95.98	96.0	
药剂稀释使用浓度/%	0.05	0.04	
加药量/(kg/h)	0.6	0.91	指所需浓度为28%的原药剂重量
滤饼重量/(t/h)	1.60	1.81	指压滤后的污泥
滤饼厚度/mm	5.3	5.4	
滤饼含水率/%	80.61	80.25	
污泥脱水率/%	92.0	92.1	
污泥回收率/%	45.6	47.1	
纯药与干污泥比/%	0.54	1.63	干污泥指不含水分的滤饼

根据小试和上机中试测试结果，KHYC 型有机高分子絮凝剂完全适用于污水处理厂的污泥脱水系统。与其他絮凝剂相比，其特点主要体现在以下几个方面。

① 操作简单，管理方便   污水处理厂原使用的 PAM（聚丙烯酰胺）药剂，不仅搅拌时间长，而且溶解不完全，经常在溶解池底部结成胶凝块状，将溶解池底部出液口及加药管堵死，工人需经常进入溶解池清理铲除或将加药管拆卸冲洗，尤其是冬季在间断使用情况下，不仅操作很麻烦，而且会降低药液浓度，同时造成一部分药剂的浪费。但 KHYC 型絮凝剂则不存在这些问题。由于该种絮凝剂为液体状，流动性好，溶解迅速且无块状，因而操作非常方便，药剂浓度准确，无浪费。

② 污泥脱水效果好   为了说明这一问题，便于比较，现将 KHYC 型絮凝剂的试验结果及污水厂原使用的 PAM 的主要运行指标列于表 11-17。

由表 11-17 可以看出，与 PAM 相比，KHYC 型脱水率提高 2.0%，滤饼含水率下降 3.59%，滤饼厚度增加 1.3mm，污泥回收率提高 3.6%，纯药干泥比仅为 PAM 的 30%，由此可见，KHYC 型絮凝剂的各项指标均优于 PAM。由于用该种絮凝剂滤饼较厚，粘带较少，如果压滤机的转速和带子的张力调节适中，则效果会更好，而且加药量还可以进一步降低。

表 11-17   两种污泥脱水剂的脱水效果对比

污泥脱水剂	出水 SS 含量/(mg/L)	滤饼厚度/mm	滤饼含水率/%	脱水率/%	纯药与干污泥比/%	污泥回收率/%
PAM	10076	4.0	83.84	90	1.7	42
KHYC	6648	5.3	80.25	92	0.54	45.6
增减	−3428	+1.3	−3.59	+2.0	−1.16	+3.6

③ 脱水费用低   由于 KHYC 型是一种新型高效有机高分子絮凝剂，分子链中含有强烈的阳离子基团，不仅脱水效果好，而且加药量低，因此处理费用明显低于 PAM。

④ 污泥适应性强   由于徐州污水处理厂工业污水占 70%，而生活污水仅占 30%，污水成分复杂造成污泥特性不一，脱水难度很大，远高于常规的生活污水污泥。用 PAM 进行污泥脱水，加药 150mg/L 才能基本达到要求，而通过实验室小试和徐州污水厂污泥脱水上机中试，用 KHYC 型絮凝剂仅需投加 50～70mg/L，就能达到很好的处理效果。这说明 KHYC 型絮凝剂对污泥的适应性远强于其他絮凝剂如 PAM。

⑤ 所做污泥脱水上机中试的两家污水处理厂均是未经消化处理的生污泥，如果将污泥

经过消化处理后再加入 KHYC 型絮凝剂，则脱水效果会大幅度提高。

⑥ 如果将 KHYC 型絮凝剂与其他无机絮凝剂混合投配或依次投配，则同样能提高脱水效果。同时因无机絮凝剂价格大大低于有机高分子絮凝剂，因此污泥脱水药剂费用还可进一步降低。

11.3.2　合成型两性污泥脱水剂

两性絮凝剂兼有阴、阳离子基团的特点，不仅具有电中和、吸附架桥作用，而且还有分子间的"缠绕"包裹作用，所以具有较好的脱水性能。它对不同性质、不同腐败程度的污泥都有较好的脱水、助滤作用，得到的泥饼含水率低，且用量较少，所以成为国内外研究的热点。

两性絮凝剂分子中，含有的阳离子基团以氨基（$-NH_3^+$）、亚氨基（$-NH_2^+-$）、季铵基（NR_4^+）为主，含有的阴离子基团以$-COOM$（其中 M 为氢离子或金属离子）为主。例如：含叔胺或季铵基团阳离子单体和丙烯酸的两性共聚物；含叔胺和季铵基的阳离子单体与（甲基）丙烯酸的共聚物；含氨基的丙烯酸盐单体或含氨基的甲基丙烯酸盐单体和丙烯酸的两性共聚物；含有氨基化烷基和羧基的两性聚电解质；阳离子单体、羟基烷基（甲基）丙烯酸和非离子单体共聚得到的阳离子胶束三元共聚物等都可用于污泥的脱水。两性三元共聚物与阳离子型聚合物相比，脱水效果显著，但由于其单体较多，制备分子量大、离子度高的产品不太容易，所以目前主要用于处理难脱水污泥。

11.3.2.1　含磺酸基团的两性污泥脱水剂

将水溶性阳离子型烯类单体与含磺酸基的水溶性烯类单体在链转移剂的存在下进行反相乳液聚合，得含磺酸基团的两性型水溶性高分子。在聚合物的分子内及分子间，阳离子基和磺酸基发生键合生成离子络合物，以这样的高分子作为脱水剂可以解决阳离子型污泥脱水剂在应用过程中出现的投加量过高，耗费过大的问题。

含磺酸基的单体为丙烯酰胺-2-甲基丙磺酸或其盐。另一单体可以是阳离子的丙烯酸或丙烯酰胺。阴离子、阳离子两单体的摩尔比为（0.1~3）：（5~99.9）。采用反相乳液聚合法制造脱水剂，其组分是：①5%~99.9%（摩尔分数）的水溶性阳离子乙烯单体或其混合物；②0.1%~3%（摩尔分数）含磺酸基的乙烯类单体；③其他水溶性单体；④水；⑤对生成反相乳液数量足够且 HLB（亲水亲油平衡）值适宜的至少 1 种表面活性剂。将上述各反应物混合，强烈搅拌，使之形成微细单体相液滴，进行聚合操作。

【制备方法】

(1) 在装有搅拌装置和温度控制装置的反应槽中，装入沸点在 190~230℃ 的异链烷烃120.0kg 以及山梨糖醇酐单油酸酯 7.5g，再加入由丙烯酰氧乙基三甲基氯化铵（AMC）99.7%（摩尔分数，下同）、丙烯酰胺-2-甲基丙磺酸钠（AMPS）0.3%组成的单体混合物200kg，用均化器搅拌乳化，在制得的乳液中加 200g 异丙醇，用氮气置换后，加二甲基偶氮双异丁酸酯 140g，温度控制在 50℃ 完成聚合反应，然后加聚氧乙烯壬基酚醚 7.5kg 混合，作为供试验用的试样（有机污泥脱水剂）。制得的乳液聚合物的特性黏度见表 11-18。

(2) 除采用由丙烯酰氧乙基三甲基氯化铵（AMC）99.0%、丙烯酰胺-2-甲基丙磺酸钠（AMPS）1.0%组成的单体混合物 200kg 外，其余与方案 1 相同，制得的乳液的特性黏度见表 11-18。

(3) 取 AMC 29.7%、丙烯酸（AA）10%、AMPS 0.3%，配成 200kg 单体混合物，除此以外与方案 1 相同，聚合得试料 3（作为本发明的有机污泥脱水剂），所得的乳液的特性黏度见表 11-18。

表 11-18   乳液聚合物的特性黏度

| 例 | 序号 | 试料名 | 药剂名称 | | | | 特性黏度/(dL/g) |
			AMC	AA	AAm	AMPS	
实例	1	试料 1	99.7	0	0	0.3	12.8
	2	试料 2	99.0	0	0	1.0	12.7
	3	试料 3	29.7	10	60	0.3	12.6
	4	试料 4	29.0	10	60	1.0	12.2
	5	试料 5	49.7	0	50	0.3	12.4
	6	试料 6	49.0	0	50	1.0	12.4
比较例	1	试料 7	100	0	0	0	14.8
	2	试料 8	30	10	60	0	14.3
	3	试料 9	50	0	50	0	14.3

注：AMC——丙烯酰氧乙基三甲基氯化铵；AA——丙烯酸；AAm——丙烯酰胺；AMPS——丙烯酰胺-2-甲基丙磺酸钠。

(4) 取 AMC 29.0%、AA 10%、丙烯酰胺（AAm）60%、AMPS1.0%，配成 200kg 单体混合物，其余按方案 1，制得的乳液聚合物的特性黏度见表 11-18。

(5) 取 AMC 49.7%、丙烯酰胺（AAm）50%、AMPS0.3%，制备 200kg 单体混合物，其余按方案 1，制得的乳液的特性黏度见表 11-18。

(6) 取 AMC 49.0%、AAm 50%、AMPS1.0%，配成 200kg 单体混合物，其余按方案 1。制得的乳液特性黏度见表 11-18。

11.3.2.2   其他两性污泥脱水剂

【制备方法】   两性聚（甲基丙烯酰氧基乙基三甲基氯化铵-丙烯酰胺-丙烯酸）三元共聚物（A PAM）的制备。

先将计量的甲基丙烯酰氧基乙基三甲基氯化铵（DMC），丙烯酰胺（AM）和丙烯酸（AA）按一定配比加入反应器中，然后加入适量的水和添加剂，在搅拌下使反应物溶解均匀，通氮 5~10min，加入引发剂过硫酸铵和脲水溶液，搅拌均匀后于 30℃下静置反应 4~6h，得凝胶状的聚合产物。经干燥、造粒得 A PAM 样品，收率大于 99%。

$$\begin{array}{c} \qquad\qquad\qquad\qquad CH_3 \\ \qquad\qquad\qquad\qquad | \\ -CH_2-CH-CH_2-CH-CH_2-C- \\ \quad | \qquad\quad | \qquad\qquad\quad | \\ COONa \quad CONH_2 \quad COO(CH_2)_2\overset{+}{N}(CH_3)_3\overset{-}{Cl} \end{array}$$

【应用】

(1) 磺化厂生化污泥试验

表 11-19 列出了两性聚丙烯酰胺絮凝剂对 P&G 公司磺化厂的生化污泥进行絮凝脱水试验的结果，该磺化厂生化污泥的固含量为 6.66%，pH 值为 4.5。为了便于比较，也分别列出了 CPA2E 型（工业品）和 CPA 2I 型阳离子聚丙烯酰胺絮凝剂按同样操作进行试验所得的结果。试验时，所有样品对生化污泥中固体成分的添加量为 0.75%。从表 11-19 可见，A PAM 22 和 A PAM 24 所形成的絮凝体直径均小于 1.0mm，其对应的滤饼含水率分别为 76.14% 和 78.12%，该数值均高于同系列其他样品的滤饼含水率，甚至比 CPA2E 和 CPA2I 的滤饼含水率（分别为 75.85% 和 74.48%）也高。这一结果说明，使用阳离子度太高的两性聚丙烯酰胺絮凝剂处理 P&G 磺化厂的生化污泥，其脱水效果并不好。而其他阳离子度适中的 A 2PAM 2x（x=1,3,5,…,9）样品均表现出优于 CPA2E 型的絮凝效果。它们所形成的絮状物直径较 CAP2E 大 115~510 倍，滤饼含水率则低 1%~3%。其中，尤以两性特征极为明显的 APAM 27 的絮凝效果最佳（AA 摩尔含量：15%），这充分表现出了两性 A PAM 絮凝剂中阴、阳离子基团在废水处理中的协同作用。

表 11-19 磺化厂生化污泥的絮凝脱水试验结果

样品	1%水溶液黏度/(Pa·s)	pH 值(0.05%水溶液)	絮凝体直径/mm	滤水时间/s	滤饼含水率/%
CPA-Ⅵ	1.65	6.5	1.5	90	74.48
APAM-1	5.15	6.5	3.0	150	73.63
APAM-2	1.70	6.5	<1.0	80	76.14
APAM-3	2.80	6.5	1.5	70	74.46
APAM-4	1.80	6.5	<1.0	75	78.12
APAM-5	1.45	6.0	4.0	120	73.04
APAM-6	4.10	6.0	3.0	150	73.52
APAM-7	2.25	6.0	5.0	120	72.50
APAM-8	3.00	5.5	3.0	150	73.42
APAM-9	7.60	5.5	4.0	120	73.00
CPA-Ⅲ	1.05	6.5	1.0	150	75.85

（2）对生化污泥的絮凝脱水试验

表 11-20 是用 APAM 系列的絮凝剂对广州市大坦沙污水处理厂的生化污泥进行絮凝脱水试验结果。该污水处理厂的生化污泥固含量为 4.1%，pH 值为 7.0。为便于比较，在同一条件下进行了 CPA-Ⅲ 和 CPA-Ⅵ 型絮凝剂的对比试验。表 11-20 所有样品对生化污泥中固体成分的添加量为 1.22%。由于该污水处理厂所处理的污水以生活污水和工业废水为主，其成分极为复杂。即使如此，从表 11-20 仍可看到一些规律。对于分子量适中，AA 在原料配比中含量较大以及 0.05%水溶液的 pH 值远离等电点时的 APAM-5、APAM-7 和 APAM-8* 样品，其所形成的絮凝体直径均大于 CPA-Ⅲ 型比较样，而相应滤饼含水率则低于 CPA-Ⅲ 型样品 3%～5%。这一结果，再一次表明了两性 APAM 絮凝剂中，阴、阳离子基团的协同作用对生化污泥絮凝脱水的促进效果。此外，黏度越大（例如 APAM-1）的絮凝剂，也有利于絮凝体的形成和稳定，相应滤饼的含水率也越低（APAM-1 为 77.30%）。

表 11-20 对工业废水、生活污水和生化污泥的絮凝脱水试验结果

样品	1%水溶液黏度/(Pa·s)	pH 值(0.05%水溶液)	絮凝体直径/mm	滤水时间/s	滤饼含水率/%
CPA-Ⅵ	1.65	6.5	3.0	60	78.24
APAM-1	5.15	6.5	5.0	90	77.30
APAM-2	1.70	6.5	1.5	55	82.62
APAM-3	2.80	6.5	3.0	70	77.97
APAM-4	1.80	6.0	2.0	60	78.63
APAM-5	1.45	6.0	6.0	60	76.32
APAM-6	4.10	6.0	5.0	85	80.96
APAM-7	2.25	6.0	6.0	85	76.97
APAM-8	3.00	5.5	4.0	90	81.84
APAM-9	7.60	5.5	4.0	60	81.79
APAM-3*	2.80	8.0	4.0	39	80.64
APAM-5*	1.45	8.0	4.0	43	80.91
APAM-8*	3.00	8.0	7.0	60	75.50
CPA-Ⅲ	1.05	6.5	5.0	90	80.04

（3）对污泥的脱水性能试验

由于污泥中的微细颗粒带负电，互相排斥，还有部分污泥与表面附着水结合成凝胶体，所以它们能在水中稳定分布，沉降性能较差，靠重力沉降只能将污泥与游离水分开；当加入絮凝剂后，絮凝剂使带负电的污泥颗粒脱稳，并使表面附着水转化成游离水。因为游离水比

较容易脱除，故在相同的过滤条件下，对比滤饼的含水率，可作为衡量絮凝剂性能的一个指标。污泥来自卫河新乡市段，这里污泥淤积严重，含水量高，难于清理，阻塞河道。空白实验时滤饼含水率为 37.8%，而使用絮凝剂 P（AM/AMPS/DMDAAC）后滤饼含水率降为 19.8%，且滤饼不沾滤布，说明这种絮凝剂有较好的污泥脱水效果。

根据厂商报价，新乡产的聚合级 AMPS 为 18000 元/吨，60% 的 DMDAAC 为 16000 元/吨，上海产的 99.9% 的 AM 为 17800 元/吨，工业乙醇为 3700 元/吨，加上生产过程劳务费、水电费等，P（AM/AMPS/DMDAAC）的成本预计为 25000 元/吨左右，与聚丙烯酰胺和无机絮凝剂相比较高，但与其他合成高分子絮凝剂相比，较为适中。

参考文献

[1] 汪多仁. 绿色净水处理剂. 北京：科学技术文献出版社，2006.

[2] 刘宏，黄小红，孙策等. 有机高分子污泥脱水絮凝剂的研究进展//中国环境科学学会学术年会优秀论文集，2006：2944-2948.

[3] 肖锦，周勤，天然高分子絮凝剂. 北京：化学工业出版社，2005.

[4] 李风亭等. 混凝剂与絮凝剂. 北京：化学工业出版社，2005.

[5] 彭晓宏，沈家瑞. 两性聚丙烯酰胺的絮凝脱水性能研究. 石油化工，1998，27：267-270.

[6] 王杰，肖锦，詹怀宇. 两性高分子絮凝剂在污泥脱水上的应用研究. 工业水处理，2000，20 (8)：28-30.

[7] 陈密峰，杨健茂，石启增等. 两性絮凝剂 P（AM/AMPS/DMDAAC）的合成及应用，工业水处理，2005，25 (7)：1-4.

[8] Brian A，Bolto. Soluble Polymers in Water Purification. Prog Polym Sci，1995，20 (6)：1014-1016.

[9] Garnier S，Laschewsky A. Langmuir，2006，22：4044-4053.

[10] 邱会东，朱丽平，罗国兵等. 天然高分子改性阳离子絮凝剂的制备及其性能. 石油化工高等学校学报，2008，21 (4)：30-33.

[11] Kim K S，et al. Biocompatibility of chitosang poly (2-hydroxyethylmethacrylate). membranes，Pollimo，1990，14 (4)：385-391.

[12] Deans，et al. Removing polyvalent metals from aqueous waste streams with chitosan and halogenating agents. US 005336415A. 1994.

[13] Knorr D. Use of chitinous polymers in food. Food Technology，1984，(1)：3.

[14] 曹丽云，黄剑峰. 壳聚糖和丙烯酰胺接枝共聚反应的研究. 西北轻工业学院学报，2001，6 (19)：18-22.

[15] Pourjavadi A. Modified Chitosan. I. Optimized Cerium Ammonium Nitrate Induced Synthesis of Chitosangraft Polyacrylonitrile. Journal of Applied Polymer Science，2003，8 (88)：2048-2054.

[16] Yazdani Pedram M and Retuert J. Homogeneous grafting reaction of vinyl pyrrolidone onto chitosan. Journal of Applied Polymer Science，1997，10 (63)：1321-1326.

[17] Nge T T，Yamaguchi M，Hori N，et al. Synthesis and characterization of chitosan/poly (acrylic acid) polyelectrolyte complex. Journal of Applied Polymer Science，2001，5 (83)：1025-1035.

[18] 董怡华，李亮，胡筱敏等. 壳聚糖改性阳离子絮凝剂的制备及其应用研究. 环境保护科学，2006，32 (5)：20-22.

[19] 封盛，相波，邵建颖等. 改性壳聚糖对处理污泥脱水性能影响的研究. 工业用水与废水，2005，36 (4)：62-64.

[20] 刘千钧，詹怀宇，刘明华. 木素的接枝改性. 中国造纸学报，2004，19 (1)：156.

[21] 刘千钧，詹怀宇，刘明华. 木质素磺酸镁接枝丙烯酰胺的影响因素. 化学研究与应用，2003，15 (5)：737.

[22] 詹怀宇，刘千钧，刘明华，刘梦茹. 两性木素絮凝剂的制备及其在污泥脱水的应用. 中国制浆造纸，2005，24 (2)：14-16.

[23] 张跃军，顾学芳，董岳刚. 阳离子絮凝剂 PDA 用于污泥脱水处理的过程优化研究. 南京理工大学学报，2003，27 (5)：603-608.

[24] 赵华章等. 二甲苯二烯丙基氯化铵（DMDAAC）聚合物的研究进展. 工业水处理，1999，19 (6)：1-4.

[25] 吴全才. PDA 阳离子絮凝剂合成及应用研究. 工业水处理，1997，17 (4)：40-42.

[26] 张跃军，刘瑛，邢云杰等. 阳离子絮凝剂 PDA 的合成与应用——对再生造纸废水的污泥脱水处理. 工业水处理，2002，22（10）：50-52.

[27] Charles L，McCormick，Luis C，et al. Ampholytic copolymers of sodium 2-（acrylamido)-2-methylpropanesulfonate with (2-acrylamindo)-2-methylpropyl trimethylammonium chloride. Macromolecules，1992，25（7）：1896.

[28] Yihua Chang，Charles L，McCormick. Effect of the distribution of the hydrophobic cationic monomer dimethyldodecyl (2-acrylamidoethyl) ammonium bromide on the solution behavior of associating acrylamide copolymers. Macromolecules，1993，26（22）：6121.

[29] Kemppi A. Studies on the adhesion between paper and low density polythylene (5the influence of polyacrylamide). Paperi ja Puu，1998，80（3）：172.

[30] Gould F J. Options for effluent treatment in the paper industry. Paper Technology，1997，38（4）：33.

[31] Alfano J C. Coagulant mediation of interfacial forces between anioic surfaces. Nord Pulp Pap Res J，1999，14（1）：30.

[32] 张万忠，李锦贵. 季铵盐阳离子聚电解质 P（DM-AM）用于造纸废水处理的研究. 水处理技术，1999，25（5）：293.

[33] 张龙，刘雪雁，李长海等. 丙烯酰胺-丙烯酸乙酯基氯化铵共聚物的合成及絮凝作用. 高分子材料科学与工程，1999，15（6）：59.

[34] 张健，张黎明，李卓美. 疏水化水溶性聚电解质的增黏作用. 功能高分子学报，1999，12（1）：88.

[35] 赵勇，李维云，哈润华等.（AM/AA/DADMAC）共聚物堵水剂的反相乳液法制备研究. 精细化工，1997，14（6）：35-37.

[36] 罗儒显. 双功能改性丙烯酸树脂皮革涂饰剂的研制. 精细化工，1997，14（4）：17.

[37] 许国强，黄雪红. 疏水改性聚乙烯醇的黏度行为. 精细化工，1999，16（6）：1-4.

[38] 曾希，陈观文. 聚电解质复合物. 高分子通报，1997，（1）：29.

[39] 杨福廷. 疏水缔合型聚丙烯酰胺共聚物在水处理中的应用. 精细化工. 2001，18（3）：144-147.

[40] 尹华，彭辉，肖锦. 天然高分子改性阳离子型絮凝剂的开发与应用. 工业水处理，1998，18（5）：1-3，28.

[41] ［日］永泽满等. 高分子水处理剂（下卷）. 陈振兴译. 北京：化学工业出版社，1985.

[42] 李多松，康东正等. KHYC 型絮凝剂用于污泥脱水处理的研究. 工业水处理，1997，17（5）：22-24.

[43] 张光华等. 一类新型壳聚糖改性聚合物絮凝剂的制备与性能. 西安交通大学学报，2002，36（5）：541-544.

[44] 吴根，罗人明，赵耕擎. 丙烯酰胺改性壳聚糖的制备. 化学世界，2001，（2）：90-93.

[45] 舒红英，唐星华，付若鸿. 壳聚糖与二甲基二烯丙基氯化铵接枝共聚物. 应用化学，2004，21（7）：734-736.

[46] 张印堂，陈东辉，陈亮. 壳聚糖絮凝剂在活性污泥调理中的应用. 上海环境科学，2002，21（1）：49-52.

[47] 严瑞瑄. 水处理剂应用手册. 北京：化学工业出版社，2003.

12 其他水处理化学品

12.1 水体除氧剂

12.1.1 概述

溶解在水中的氧气具有高度的腐蚀性，因此，除去水中溶解氧保护工业设备是水质控制非常重要的一环。其腐蚀机理是：锅炉内氧化铁保护膜因水质恶化和热应力等原因而部分被破坏，露出钢表面，水与保护膜之间形成局部电池，铁从阳极析出。溶解析出的亚铁离子遇溶解氧，被进一步氧化成氢氧化铁。腐蚀产物呈沉淀物状堆积在阳极上，则在沉淀物内水的氧浓度与覆盖在阴极表面上水的氧浓度之间，产生氧浓度差，形成氧浓差电池。阳极部位的铁进一步被溶解，钢表面加剧腐蚀。

钢铁受到氧腐蚀后，金属表面上产生大小不一的金属锈疱，其直径为1～30mm不等，锈疱表面是一层黄褐色或砖红色硬壳，内部是黑褐色粉末，将这些粉末清除后便呈现出腐蚀凹坑。锅炉的管壁会逐渐溶解变薄，当不能承受炉内巨大的压力时就容易发生爆管，损害锅炉设备，这不仅会大大降低锅炉的使用寿命，而且会带来安全隐患，有可能造成安全事故。

常用的除氧方法有机械除氧、热力除氧和化学除氧。化学除氧是利用某一能与水中的溶解氧进行反应的化学物质，而将水中溶解氧消耗掉的一种方法。这种化学物质叫化学除氧剂。化学除氧剂应具备的如下条件：a. 能迅速与水中溶解氧进行反应；b. 反应产物和除氧剂本身在水汽循环中无毒害作用；c. 具有使金属表面钝化的作用；d. 对生产人员的身体健康影响小；e. 使用时便于控制。

化学药剂主要是传统的亚硫酸钠、（水合）联氨以及新型的二甲基酮肟、异抗坏血酸等。化学除氧具有装置和操作简单、投资省、除氧效果稳定且可满足深度除氧的要求，特别是新型高效除氧剂的开发和成功使用，克服了传统化学药剂的有毒有害、药剂费用高等缺点，被用户接受和推广。此处主要介绍各种除氧剂的制备及应用。

12.1.2 水合肼

【分子式】 $H_2N \!=\!\!=\! NH_2 \cdot H_2O$

【物化性质】 水合肼又称水合联氨。无色发烟液体，有特殊的氨臭味，可燃。相对密度1.032（21℃的水合肼与4℃的水的密度比），熔点−51.7℃，沸点120.1℃，蒸汽压0.67kPa（25℃），闪点73℃（开杯），表面张力（25℃）74.0mN/m，生成热−242.71kJ/mol，折射率（20℃）1.4280。

　　水合肼液体以二聚物的形式存在，与水混溶，不溶于乙醚和氯仿与水混溶，可混溶于乙醇。与极易还原的汞、铜等金属氧化物和多孔性氧化物接触时，会起火分解。能从空气中吸收二氧化碳。水合肼是一种弱碱，其碱性比氨小，与无机酸反应会生成多种有用的盐。有吸湿性，放置空气中会冒烟。燃烧时呈紫色火焰。有强还原性、腐蚀性和毒性。

【制备方法】

（1）Raschig 法

由 Raschig 发明的制肼法于 1906 年最先用于工业化生产。此法以次氯酸钠与过量的氨反应生成水合肼。反应机理如下。

总反应：

$$2NH_3 + NaOCl \longrightarrow N_2H_4 + NaCl + H_2O$$

分两步进行：

$$NH_3 + NaOCl \longrightarrow NH_2Cl + NaOH$$

$$NH_2Cl + NH_3 + NaOH \longrightarrow N_2H_4 + NaCl + H_2O$$

副反应：

$$N_2H_4 + 2NH_2Cl \longrightarrow 2NH_4Cl + N_2$$

工艺流程如图 12-1 所示。

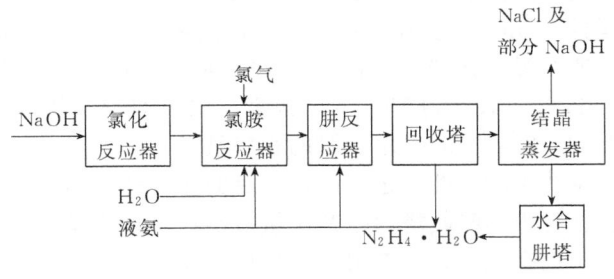

图 12-1　Raschig 法生产水合肼工艺流程

　　反应过程有氯胺生成，故也称为氯胺法。反应所用的 NaOH 质量分数为 8%，在通入 Cl_2 生产 NaClO 时，NaOH 过剩，用纯水吸收 NH_3 成水溶液。NH_3 与 NaClO 溶液混合质量比为 20:1，控制反应温度为 170℃，反应可在加压下进行并在数秒内完成。向反应系统内加入明胶，有助于提高产率。反应塔内馏出物中除含有水合肼外，还含有 NaCl 与 NaOH，再经浓缩由塔顶排出水分，塔底获得水合肼。

　　该法得到的水合肼是 1%～2% 的稀水溶液，总合成率约 67%。需用相当多的热量来提浓稀溶液的水合肼，每回收 1kg 水合肼，需要蒸出 40～110kg 的水。由于使用过量的氨，需增设回收装置，副产大量的 NaCl 和 NH_4Cl 等盐。肼的浓缩和过量氨的回收，能耗高，设备投资和操作费用大，此法已被淘汰。

　　（2）尿素氧化法

　　尿素氧化法又称谢司塔柯夫法，是目前国内主要使用的方法。尿素法实质上是 Raschig 法的改进，用尿素代替氨作为氮源，该工艺不存在过剩反应物大量氨循环的问题。过程简单，合成收率比 Raschig 法高。反应是用氯气与氢氧化钠进行反应生成次氯酸钠溶液后，将尿素与次氯酸钠、氢氧化钠溶液在氧化剂如高锰酸钾、双氧水等的作用下进行氧化反应，再经蒸发、脱盐、精制得成品。其反应机理如下：

$$NH_2CONH_2 + NaOCl + 2NaOH \xrightarrow{KMnO_4} N_2H_4 \cdot H_2O + NaCl + Na_2CO_3$$

工艺流程如图 12-2 所示。

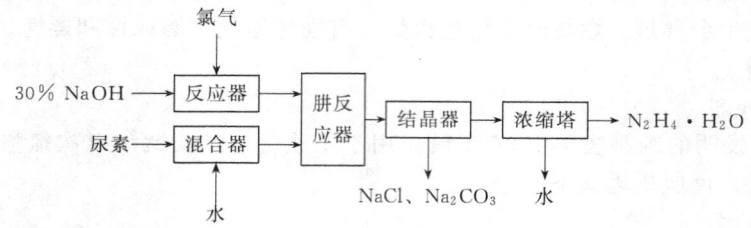

图 12-2　尿素氧化法生产水合肼工艺流程

巫德坤等在稀碱中通入氯气，然后连续不断地加入 42% 浓度的氢氧化钠和氯气，反应生成次氯酸钠和氯化钠，分离除去氯化钠离心后的母液即 25%～27% 的次氯酸钠溶液，将母液、尿素溶液、氢氧化钠溶液送入合成器混合加热生成粗水合肼溶液。将粗水合肼溶液送入反向循环式蒸发器蒸发，水和水合肼蒸气直接进入分馏塔提浓后塔釜液即得 45%～55% 水合肼。

李本林等以氯气和氢氧化钠（30%）为原料制备次氯酸钠溶液，控制氯气通入速度，保证温度在 30℃ 以下，配制成游离碱含量在 10.8% 左右，有效氯在 8.0% 左右的溶液。取尿素 14.3g 加水 23mL 配制成溶液后，在冰水浴中利用分液漏斗向尿素中滴加 186g 次氯酸钠溶液，滴加完后继续搅拌 0.5h。低温反应结束后，向溶液中加入 5g 自制催化剂，转移至三口烧瓶中，边搅拌边急速升温。108℃ 开始回流，维持回流反应 5min。回流完毕后，开始收集馏分，最终得馏分 189.6g，收率为 75.1%。尿素、次氯酸钠与氢氧化钠的摩尔比控制在 (1.10～1.12)∶1∶(2.30～2.42) 时，水合肼的收率最好。

近年来，我国生产企业不断对此法进行改革，目的在于抑制副产物的发生，提高水合肼收率。主要技术改进包括在填料吸收塔内生产次氯酸钠；将罐式反应器改为列管式加热反应器用于合成水合肼，利于提高收率；将五层蒸发器间歇蒸发改为专用新型蒸发器连续蒸发；将液相进塔改为气相进塔提浓，降低蒸气消耗；水合肼粗溶液冷却回收十水碳酸钠，回收副产氯化钠，使副产物得到综合利用以降低生产成本。

（3）酮连氮法

酮连氮法又称 Bergbau-Bayer-Whiffen 法，是 20 世纪 60 年代开发的，最早由德国煤矿协会的附属机构 Bergbau-Farsching 提出专利，分别由 Bayer 公司和 Whiffen & Sons 公司作了工艺改进，该法实质上是原有 Raschig 法的一个变种。步骤如下。

① 在脂肪酮类的存在下，用 NaClO 氧化氨得到腙、连氮或异腙。产物的组成取决于体系的 pH 值、酮的比例和反应条件。在过量酮存在下腙和异腙可转化为酮连氮。

② 待氧化剂完全消耗后，中间体被浓缩，然后水解为肼和肼盐。氨水与 NaClO 溶液在 4MPa 压力和 140℃ 的温度下合成水合肼溶液，经气提脱除多余的氨，再进行蒸发脱盐精馏得成品水合肼。

Bayer 工艺是由丙酮、氧化剂氯或次氯酸钠与氨反应，生成中间体酮连氮。在次氯酸钠∶丙酮∶氨的摩尔比为 1∶2∶20 的混合条件下，经充分反应后其收率达 98%（以氯计）。稀合成液经加压脱氨塔脱去未反应的氨，氨被水吸收后再返回酮连氮反应器；脱氨塔釜液由腙、酮连氮及盐水组成，将其送入酮连氮塔，从塔顶蒸出的是丙酮连氮与水的低沸共混物（沸点 95℃，质量分数为 55.5% 的丙酮连氮），塔釜为盐水，塔顶馏出的丙酮连氮在加压水解塔内于 1MPa 的压力下水解，生成丙酮和水合肼。生成的丙酮由塔顶馏出，返回到酮连氮反应器中，釜液为 10%～12% 的肼水溶液，经浓缩得到 80% 水合肼。其反应机理如下：

$$2NH_3 + NaOCl + 2CH_3COCH_3 \longrightarrow (CH_3)_2C=N-N=C(CH_3)_2 + NaCl + 3H_2O$$
$$(CH_3)_2C=N-N=C(CH_3)_2 + 2H_2O \longrightarrow 2(CH_3)_2C=O + N_2H_4$$

工艺流程如图 12-3 所示。

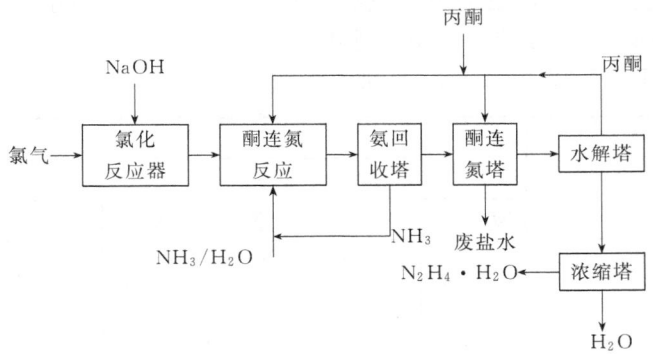

图 12-3　酮连氮法生产水合肼工艺流程

日本工艺是在酮存在下，由 $Ca(ClO)_2$ 与氨水反应制成酮连氮，再经水解得到水合肼的钙酮。该方法中氨和酮可回收并循环使用；含 $CaCl_2$ 的废盐水用 Na_2CO_3 处理，得到 $CaCO_3$ 沉淀，经高温煅烧和加水溶解转化为 $Ca(OH)_2$ 后循环使用。因此，该法具有原料利用率高，副产物少等优点。

针对 Bayer 工艺中存在氨用量大和水解产物中肼浓度低等缺点，我国西南化工研究院开发了一种催化氧化制肼工艺：采用代号为 CL-5 的稀土-硅胶-次氯酸盐复合物作催化剂，催化剂添加量为 NaClO 质量的 0.1%～4%，丁酮、氨与 NaClO 的摩尔比为 (2～8):(2～12):1，反应生成丁酮连氮，丁酮连氮与水分离，经水解后得到水合肼。该法使用了催化剂，在减少氨用量的条件下使丁酮连氮收率提高了 8%～12%，丁酮连氮水解效率大于 99%，水合肼收率大于 98%，大幅度降低了能耗。

（4）过氧化氢法

该法实质上是酮连氮法一个革新。在 20 世纪 60 年代首先由德国 Bayer 公司开发，20世纪 70 年代中期大规模工业化并得到迅速发展。

此法是先由丁酮（甲乙酮）和氨反应生成酮亚胺，使用过氧化氢代替氯和次氯酸盐作为氧化剂去进行氨的氧化，生成甲酮连氮。氨与浓过氧化氢在甲乙酮、乙酰胺和磷酸氢二钠的存在下，于 50℃和 101kPa 下进行反应，生成甲乙酮-酮连氮和水：

$$2NH_3 + H_2O_2 + 2C_2H_5COCH_3 \xrightarrow[Na_2HPO_4]{CH_3CONH_2} \begin{matrix} CH_3 \\ C=N-N=C \\ C_2H_5 \end{matrix} \begin{matrix} CH_3 \\ \\ C_2H_5 \end{matrix} + 4H_2O$$

生成的甲乙酮-酮连氮再水解而成水合肼和甲乙酮。酮连氮法工艺的关键在于酮连氮的水解及分馏提取肼，许多研究集中于水解和分馏工艺和设备。在反应过程中，用于反应的过氧化氢可用质量分数为 70% 的水溶液；氨可用气态氨和液态氨；甲乙酮在反应时可使用工业品，其后可回收利用，应保障其中所含的仲丁醇与甲乙酮的摩尔比最好≤0.03。催化剂可用酰胺、铵盐、砷化合物或肼。酰胺可选用甲酰胺、乙酰胺等，铵盐可选用甲酸盐、乙酸盐、一氯乙酸盐和丙酸盐，砷化合物可选用甲基胂酸、苯基胂酸和二甲胂酸，肼可选用乙腈和丙腈。

过氧化氢法与 Raschig 法及酮连氮法经济性比较，主要取决于氯、NaOH 的相对价格。该法收率 75%，若有价廉的 H_2O_2 来源时，此法颇具吸引力。该法使用甲乙酮，比丙酮贵，但生成的甲酮连氮不溶于水，易分离，不必进行精馏，故能耗比酮连氮法低。过氧化氢法的优点是：无盐类副产物，无环境污染，且氨过量少，连氮回收用相分离操作，能耗比其他方法低，并提高了产品品位。该法的另一重要优点是以 H_2O_2 代替氯，从而避免由于氯及 NaCl 所引起的诸如腐蚀、污染等一系列问题的发生。

【技术指标】 HG/T 3259—2004 工业水合肼

指标名称	指标						
	80			64	55	40	35
	优等品	一等品	合格品	合格品	合格品	合格品	合格品
水合肼质量分数/%	≥80.0	≥80.0	≥80.0	≥64.0	≥55.0	≥40.0	≥35.0
肼质量分数/%	≥51.2	≥51.2	≥51.2	≥41.0	≥35.2	≥25.6	≥22.4
不挥发物质量分数/%	≤0.010	≤0.020	≤0.050	≤0.07	≤0.09	—	—
铁(Fe)质量分数/%	≤0.0005	≤0.0005	≤0.0005	≤0.005	≤0.009	—	—
重金属(以 Pb 计)质量分数/%	≤0.0005	≤0.0005	≤0.0050	≤0.001	≤0.002	—	—
氯化物(以 Cl^- 计)质量分数/%	≤0.001	≤0.003	≤0.005	≤0.01	≤0.03	≤0.05	≤0.07
硫酸盐(以 SO_4^{2-} 计)质量分数/%	≤0.0005	≤0.002	≤0.005	≤0.005	≤0.005	≤0.005	≤0.01
总有机物/(mg/L)	5						
pH 值(1%水溶液)	10～11						

【应用】 吸入本品蒸气，刺激眼、鼻和上呼吸道。接触其蒸气或烟雾时，应该佩带戴防毒面具、化学安全防护眼镜，穿工作服（防腐材料制作），戴橡胶手套。工作后，淋浴更衣。工业水合肼不得与氧化剂、植物纤维混储和共运，并应储存在阴凉干燥处。运输中严防日晒。

水合肼与氧的反应是一个复杂的过程，它受水的 pH 值、水温、催化剂等的影响很大，在碱性溶液中才显强还原性。它可以直接把水中的 DO 还原，温度越高，反应速率越快，水温在 100℃ 以下时，反应速率很慢，水温高于 150℃ 时反应很快。多用于高压（电站）锅炉的除氧。其反应式如下：

$$N_2H_4 \cdot H_2O + O_2 \longrightarrow N_2 + H_2O$$

用水合肼除氧的加药量，除要考虑与给水中溶解氧化合所需要的量外，还应考虑联氨与给水中铁、铜氧化物作用所消耗的量，以及为了保证反应完成，防止有偶然漏氧量。高温时除氧速度快，不会增加锅水含盐量，对金属表面有钝化作用，可延缓金属的腐蚀。但水合肼有毒，不易运输与储存。

水合肼能在金属表面上形成四氧化三铁保护膜，防止金属表面腐蚀，作为强还原剂，是医药、农药、染料、发泡剂、显像剂、抗氧剂的原料，还用于制造高纯度金属、合成纤维、分离稀有元素。此外，水合肼还用来制造火箭料和炸药等，也用作分析试剂。

12.1.3 吗啉

【结构式】

【物化性质】 吗啉又称吗啡啉；对氧氮己环；1，4-氧氮六环。无色吸水性油状液体。相对密度 1.0005，溶点为 -4.76℃，沸点 128.3℃，闪点 37.6℃（开杯），蒸汽压 879.9Pa，自燃温度 310℃，偶极距为 1.58，黏度 0.00223Pa・s（20℃），表面张力 0.0375N/m（20℃），爆炸极限 1.4%～11.20%，折射率 1.4540（20℃）。

有氨味，显强碱性，可溶于水及多数有机溶剂，能随水蒸气挥发，并与水形成共沸混合物，受高热后可分解产生 CO、CO_2、NO_x 和氨有毒烟气。于阴凉、干燥、通风处。防晒、防潮、远离火种、热源。不宜大量或久存，应与氧化剂分隔存放。严密封装于玻璃瓶或陶瓷罐内，外套木桶包装。搬运时轻装、轻卸，避免包装破损。按有毒化学品规定储运。

【制备方法】 目前，生产吗啉的主要方法有二甘醇（DEG）催化氨解环化法、二乙醇胺（DEA）强酸脱水环化法。其中二甘醇催化氨解环化法是国内外主要采用的合成方法。

（1）二乙醇胺（DEA）强酸脱水环化法

将 95%的硫酸与二乙醇胺溶液按一定比例混合，该混合液在 160℃下作用一定时间，冷却后用定量浓氢氧化钠溶液中和，过滤移去硫酸钠，蒸馏得到含水的吗啉溶液，再经蒸馏分馏得到含量为 97%的吗啉。1889 年发现吗啉时，就是将二乙醇胺在浓盐酸中加热至 1500℃以上得到的。后来发现用浓硫酸作为脱水剂更有效，该法曾在工业上大规模应用。目前美国的道化学公司和联合碳化物公司、日本的大阪有机化学公司以及我国的沈阳新生化工厂和上海长江化工厂仍沿用此法。

二乙醇胺强酸脱水法生产吗啉存在很多缺陷，主要为：一是二乙醇胺价格较高；二是产品质量长期上不去，徘徊在含量 95%～97%，制约着吗啉产品的广泛应用；三是由于生产过程中使用强酸、碱介质，导致设备腐蚀严重，设备维护费用较高；四是环境污染较重。因此该工艺现已很少使用。

（2）二甘醇（DEG）法

二甘醇（DEG）法是以二甘醇和氢为原料在加氢催化剂作用下，在一定的温度和压力范围内，与液氨或氨水作用，同时完成氨解和环化反应而制得吗啉。根据反应压力的不同，又可分为高压液相法、低压气液相接触法和常压气相法，其反应式如下：

$$O(CH_2CH_2OH)_2 + NH_3 \xrightarrow[200～250℃]{催化剂} C_4H_9NO + 2H_2O$$

① 高压液相法 高压液相反应通常是在保持二甘醇为液相的压力条件（最好是 6.5～22.5MPa）下进行。由于在较高压力下，原料二甘醇和反应中间体二甘醇胺基本保持液相，所以催化剂颗粒实际上是浸没在反应液中。当反应产物吗啉从上述液相溢出时所受的阻力较大，因此不仅抑制了二甘醇胺向吗啉的转化，而且也更易促进吗啉和二甘醇的缩聚反应，使中间体二甘醇胺和副产物单吗啉基二甘醇及双吗啉基二甘醇的产率升高。此方法的主要缺点是：需用高压设备，催化剂寿命短，吗啉收率低。

② 低压汽液相接触法 低压汽液相接触反应压力在 0.5～4.2MPa 范围内，二甘醇处于气液混相状态，该压力对吗啉的合成反应是有利的。与此同时，反应液中间体二甘醇胺的含量也大大降低。若采用高活性、高选择性的催化剂，以及优化的反应工艺条件（反应温度、反应压力以及原料中二甘醇和氨气及氢气三者的进料配比等）就可以使反应液中吗啉的含量大幅度增加。据文献报道低压法合成吗啉的收率一般均在 70%以上，由此可见对于低压法合成吗啉关键仍是催化剂的活性、选择性和使用寿命。

③ 常压法 常压气相反应压力小于 0.5MPa，在保持二甘醇基本为气相的温度范围内反应。该法的主要优点是不需压力设备，工艺简单，操作安全，投资少，见效快，易于实现工业化。对于中小型吗啉生产装置，常压合成法是可选择的技术路线，但其缺点是选择性没有液相法高，催化剂寿命不长，收率赶不上低压汽液相接触法。

【技术指标】

指标名称	指标	指标名称	指标
相对密度	0.998～1.001	乙醇溶解试验/%	合格
含量/%	≥98.5	不挥发物/%	0.02
沸程(95%)/℃	126.0～129.0		

【应用】　吗啉具有中等毒性，于阴凉、干燥、通风处。防晒、防潮，远离火种、热源。不宜大量或久存，应与氧化剂分隔存放。使用时，操作人员要十分注意保护眼睛及皮肤，戴密闭眼镜、手套等。

吗啉通常用于锅炉给水 pH 调节剂。将吗啉投加到给水中去，利用吗啉溶于水后呈碱性，可以中和水中的游离二氧化碳和高温酸性氧化物反应，提高锅炉给水 pH 值，减缓二氧化碳的腐蚀。但吗啉对于由于氧引起的腐蚀，不起抑制作用，所以加强对给水的热力脱氧，是保证吗啉处理效果的重要步骤，要加以注意。

吗啉在给水中的投加量与给水的 pH 值有关，当给水 pH 值升高到 7.0 时，对中和所需 CO_2 所需的吗啉量为 1.6mg/L，当使给水 pH 值保持为 9.0 时，则吗啉需 4mg/L。

吗啉是制备多种化工产品的中间体，带有仲胺基团，具有仲胺基团的最主要的应用是生产橡胶助剂。同时广泛地用作蒸汽锅炉的缓蚀剂和防垢剂。双吗啉基多硫化物、N-N 亚烷基双吗啉等用于润滑油防腐剂。吗啉水溶液可用于脱除气体 CO_2、H_2S 或 HCN。甲基吗啉和乙基吗啉可用作聚氨酯泡沫塑料的发泡剂。此外，吗啉还可以用于制造表面活性剂、农药、合成荧光增白剂、催化剂、气体吸收剂及除草剂等。

12.1.4　丙酮肟

【结构式】

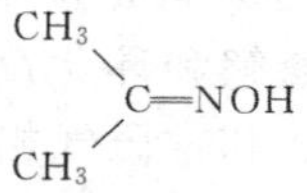

$$\begin{array}{c} CH_3 \\ | \\ C{=}NOH \\ | \\ CH_3 \end{array}$$

【物化性质】　丙酮肟又称二甲基酮肟。白色棱晶、斜晶或粉末状。相对密度 0.9113，熔点 60℃，沸点 134.8℃，闪点 60℃（开杯），折射率 1.4156。有芳香味，具有刺激性。在空气中挥发得很快，易溶于水和醇、醚等有机溶剂，其水溶液呈中性。能溶于酸碱，在稀酸中易水解，是一种强还原剂，在常温下能使 $KMnO_4$ 褪色。放通风低温干燥；与氧化剂、酸类分开存放。

【制备方法】

(1) 硫酸羟胺法

由丙酮与硫酸羟胺反应得到。将硫酸羟胺溶液慢慢滴加于丙酮中，反应温度控制在 40～50℃。将肟化好的反应液用 40% 氢氧化钠中和至碱性为止（pH 值为 7～8），冷却过滤，将滤出的粗品加入沸石，常压蒸馏，冷却得结晶成品。其反应机理如下：

$$(NH_2OH)\cdot H_2SO_4 + CH_3COCH_3 + NH_3\cdot H_2O \longrightarrow H_3C{-}\overset{\overset{\displaystyle NOH}{||}}{C}{-}CH_3 + (NH_4)_2SO_4$$

潘向军等利用两段法合成丙酮肟，一段为液体硫酸羟胺和丙酮反应，配料比为 3∶1，反应时间为 9h，反应温度为 50℃左右，反应 pH 值为 5；二段为丙酮和液体硫酸羟胺反应，配料比为 3∶1。将母液进行浓缩，可以得到副产物硫酸铵。

(2) 氨法

米镇涛等以丙酮、氨和过氧化氢为原料，按 100～300g 溶剂/mol 丙酮用量将丙酮溶于异丙醇，在上述的丙酮溶液中按 3～10g 催化剂/mol 丙酮用量加入 TS-1 催化剂及按 1.2～2mol 氨/mol 丙酮用量加入氨配制反应液，然后在 50～120℃和 0.1～1.0MPa 压力下，向上述反应液中按 1.0～1.3mol 过氧化氢/1mol 丙酮用量缓慢地滴加过氧化氢达 0.25～12h，得到丙酮肟产物。

向 200mL 的反应釜中，加入 1.2g TS-1，11.6g 丙酮，35g 叔丁醇，22g 浓度为 25% 的氨水。将混合物充分混合，密封好反应釜，反应温度控制在 80℃。用微量进料泵连续加入 26g 浓度为 30% 的过氧化氢溶液。过氧化氢连续滴加 2h，继续反应 1h。反应结束后将固体催化剂从溶液中分离出来。丙酮的转化率为 99%，丙酮肟的选择性达到 96%。

该方法的优点在于，反应效率比较高，反应过程简单，且没有传统工艺带来的污染及危害。在氨氧化反应中，丙酮或丁酮的转化率可以达 99% 以上，丙酮肟的选择性可达 96% 以上，反应副产物腈、亚胺较少。

【技术指标】

指　标　名　称	优级品	一级品
熔点/℃	60～62	59～60
灵敏度	合格	—
乙醇溶解试验/%	合格	合格
灼烧残渣（硫酸盐）/%	0.1	0.2
氯化物（以 Cl⁻ 计）/%	0.002	0.01

【应用】　丙酮肟作为一种新型的锅炉给水除氧剂，除氧效果与联氨相同，毒性是联氨的 1/19。有较强的还原性，很容易与给水中的氧反应。与氧反应的化学方程式为：

$$2(CH_3)_2C=NOH + 6Fe_2O_3 \longrightarrow 2(CH_3)_2C=O + 4Fe_3O_4 + N_2O + H_2O$$

丙酮肟高温分解产物甲酸、乙酸及氮的氧化物等，对水汽系统无不良影响。其除氧效果在 pH=9～11 最好，当用除盐水作补给水时，必须加氨处理，并保持给水的 pH 值在 8.5～9.5 以上。在适当条件下，丙酮肟还可以将锅炉中的金属氧化物还原，防止铁垢和铜垢的生成。

丙酮肟还可在热力设备停（备）用保护中起作用。由于其有良好的还原性，它的水溶液在钢材的表面能形成良好的磁性氧化物膜，有效地延缓热力设备停（备）用时的腐蚀。此外，还可代替毒性试剂亚硝酸钠、联氨作热力设备酸洗后的钝化剂，膜质量好，排放无污染。

12.1.5　丁酮肟

【结构式】

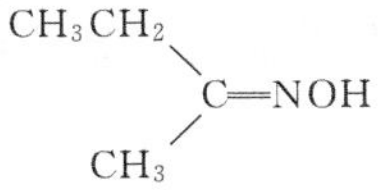

$$\begin{array}{c} CH_3CH_2 \\ \diagdown \\ C=NOH \\ \diagup \\ CH_3 \end{array}$$

【物化性质】　丁酮肟又称甲乙基酮肟。无色油状液体。相对密度 0.923（20℃），熔点 −29.5℃，沸点 152℃，闪点 69～77℃，折射率 1.443（20℃），表面张力 28.7mN/m（20～23℃）。溶于水，与醇、醚可任意混溶。具有很强的还原能力，可将铁离子和铜离子还原为亚铁离子和亚铜离子。本品为可燃性液体，与空气混合可发生爆炸，与硫酸混合加热反应也可发生爆炸。所以如同大多数工业品一样，使用本品时仍需小心从事，避免直接接触，勿使进入体内。丁酮肟的毒性较联氨低得多。对眼睛有刺激作用，经腹腔进入可中毒。由皮下进入人体可产生中等程度中毒。

【制备方法】

（1）盐酸羟胺、硫酸羟胺法

使用盐酸羟胺或硫酸羟胺与丁酮反应制备丁酮肟的方法是目前合成丁酮肟的主要路线。最早使用羟胺的单硫酸钠盐与丁酮反应生成丁酮肟：

$$HONHSO_3Na + H_3C-\overset{O}{\overset{\|}{C}}-CH_2-CH_3 \longrightarrow H_3C-\overset{O}{\overset{\|}{C}}-CH_2-CH_3$$

在碳酸盐、相转移催化剂作用下，使用硫酸羟胺与丁酮反应可以制备丁酮肟：

$$\begin{matrix}CH_3CH_2 \\ \diagdown \\ C=O \\ \diagup \\ CH_3\end{matrix} + NH_2OH\cdot\frac{1}{2}H_2SO_4 \longrightarrow \begin{matrix}CH_3CH_2 \\ \diagdown \\ C=NOH \\ \diagup \\ CH_3\end{matrix} + (NH_4)_2SO_4 + H_2O$$

在碳酸盐、四丁基铵盐作用下，使用盐酸羟胺与丁酮反应可以制备丁酮肟。由于羟胺在水相，丁酮在有机相，反应时需要加入相转移催化剂，而且要加入弱碱作催化剂。由于该路线涉及反应产生或使用存在较为严重的蚀和污染问题，现正逐渐被淘汰。

（2）氨法

在水中与催化剂的作用下，丁酮与过氧化氢和氨反应生成丁酮肟；反应时间为 1～3h，温度为 55～80℃，丁酮、过氧化氢、氨的摩尔比为（1～0.8）∶（1.5～1）∶3.5，反应压力为常压。米镇涛等研究了该法。具体实施：向 200mL 的反应釜中，加入 1.2g TS-1，14.2g 丁酮，35g 叔丁醇，25g 浓度为 25%（质量分数，下同）的氨水。将混合物充分混合，密封好反应釜，反应温度控制在 90℃。用微量进料泵连续加入 26g 浓度为 30% 的过氧化氢溶液。过氧化氢连续滴加 4h，继续反应 1h。反应结束后将固体催化剂从溶液中分离出来。丁酮的转化率为 99%，丁酮肟的选择性达到 95%。

（3）硝基加氢法

$$H_3C-\overset{NO_2}{\overset{|}{C}H}-CH_2-CH_3 + H_2 \longrightarrow H_3C-\overset{NOH}{\overset{\|}{C}}-CH_2-CH_3$$

使用铅等改性的加氢催化剂，使加氢催化剂部分中毒，可以使 2-硝基丁烷加氢生成丁酮肟。由于原料需要经硝化反应得到，废水废气等污染物量很大，不适合于工业生产。

（4）电化学法

丁酮在亚硝酸盐水溶液存在下，使用 Zn 作电极，连续通入 CO 条件下，通入 2.0A 10h，电流效率为 40%。

（5）肟交换法

$$H_3C-\overset{NOH}{\overset{\|}{C}}-CH_3 + H_3C-\overset{O}{\overset{\|}{C}}-CH_2-CH_3 \longrightarrow H_3C-\overset{NOH}{\overset{\|}{C}}-CH_2-CH_3 + H_3C-\overset{O}{\overset{\|}{C}}-CH_3$$

在有机酸如对甲基苯磺酸存在下，丙酮肟与丁酮反应，在 55～60℃下 10h，生成丙酮和丁酮肟，丁酮肟收率 63%。该反应常用于制备大分子的肟。

（6）水合肼法

$$H_3C-\overset{O}{\overset{\|}{C}}-CH_2-CH_3 \xrightarrow[OH^-]{NH_2-NH_2\cdot H_2O} H_3C-\overset{NOH}{\overset{\|}{C}}-CH_2-CH_3$$

丁酮与水合肼在碱作催化剂作用下，丁酮与水合肼先生成腙，腙在碱性条件下水解得到肟。

【应用】　丁酮肟的毒性较联氨低得多。一般用不锈钢或聚乙烯容器或聚乙烯容器包装、密封、运输。其对眼睛有刺激作用，由皮下进入人体可产生中等程度中毒。所以如同大多数工业品一样，使用本品时仍需小心从事，避免直接接触，勿使进入体内。

在锅炉水系统用作脱氧剂时，与水中的溶解氧发生反应，生成丁酮、一氧化二氮和水。同时由于在金属表面形成了一层坚硬的保护膜，从而防止了进一步腐蚀，特别是铁和铜的点蚀。

除此之外，还可用作异氰酸酯的封端剂，醇酸树脂涂料防结皮剂和金属钝化剂。该品作为防止结皮的抗氧剂使用，比丁醛肟、环己酮肟的效果好。

12.1.6 乙醛肟

【结构式】

$$\begin{array}{c} H \\ | \\ CH_3-C=N-OH \end{array}$$

【物化性质】 乙醛肟又称亚乙基羟胺；亚乙基胺。相对密度 0.966，熔点 46.5℃。沸点 114.5℃，闪点 38℃，折光率 1.415。可被盐酸分解成乙醛和羟胺。易溶于水、醇和醚。

【制备方法】 乙醛肟的制备主要利用盐酸（硫酸）羟胺法。

刘万兴等人以亚硝酸钠和二氧化硫为原料，经硫酸羟胺合成乙醛肟。首先向装有温度计、导气管、电动搅拌器的四口烧瓶中加入亚硝酸钠、碳酸钠、水，溶解，降温至 −5～0℃，在搅拌下通入二氧化硫，直至溶液 pH 值达到 2～3。然后慢慢加入乙醛，然后用 50% 的氢氧化钠溶液调 pH 值为 6.5，继续反应至油层出现，分出油层，水层用二氯甲烷萃取，萃取液和油合并，脱去溶剂，降温，得无色针状结晶，即为产品。并得出最佳工艺条件为最佳 pH 值为 6.4～6.6。反应时间定为 10～20min，温度为室温，亚硝酸钠过量 10% 时乙醛肟收率可达 92%。

吴永璐改进了乙醛肟的合成工艺。以盐酸羟胺为原料，滴加乙醛，反应 1h 后，调节 pH 值，然后加入自制强酸弱碱盐进行中和，将反应产物蒸馏得到乙醛肟。当盐酸羟胺和乙醛的摩尔比为 1:(1.05～1.07)、盐酸羟胺和水质量比为 (1:1)～(1:1.2)、反应温度控制在 (10±2)℃、反应体系的 pH 值控制在 6～6.5 时，乙醛肟的收率和纯度分别为 94.1% 和 96.2%。

为减少在产物分离时发生的副反应，Bonfield 等人采用共沸蒸馏的办法将乙醛肟从反应混合物中分离出来。最近，也有从植物或坚果果壳中提取醛肟的报道。

【技术指标】

项目	乙醛肟水溶液	高纯乙醛肟
外观	无色透明清澈液体	白色的固体结晶或无色透明清澈液体
乙醛肟含量	≥40.0%	≥99.5%
色度(Pt-Co)/度	≤10	≤2
乙醛含量	≤0.1%	≤0.1%
铁离子	≤0.1%	≤0.1%
pH 值	8～9	8～9
酸度/(mgKOH/g)	≤1	≤1
包装	25kg/塑桶或190kg/塑桶	≤180kg/塑铁桶

【应用】 乙醛肟是国内在热电厂中应用比较广泛的另一种肟类除氧剂。它无毒、不腐蚀、不结晶，配制安全，可在低温下除氧。乙醛肟与 O_2 及其防腐蚀时发生如下反应：

$$\begin{array}{c} CH_3 \\ | \\ C=NOH \\ | \\ H \end{array} +O_2 \longrightarrow 2 \begin{array}{c} CH_3 \\ | \\ C=O \\ | \\ H \end{array} +N_2O+H_2O$$

$$2 \begin{array}{c} CH_3 \\ | \\ C=NOH \\ | \\ H \end{array} +6Fe_2O_3 \longrightarrow 4Fe_3O_4+2 \begin{array}{c} CH_3 \\ | \\ C=O \\ | \\ H \end{array} +N_2O+H_2O$$

$$2 \begin{array}{c} CH_3 \\ | \\ C=NOH \\ | \\ H \end{array} +4CuO \longrightarrow 2Cu_2O+2 \begin{array}{c} CH_3 \\ | \\ C=O \\ | \\ H \end{array} +N_2O+H_2O$$

利用补给水加药方式向机组投加乙醛肟，可达到很好的除氧效果。尤其是以除盐水直接补充到凝汽器的补水方式，凝结水中的溶解氧下降极为明显。这样，含有乙醛肟的除盐水首先与凝结水混合，利用乙醛肟在低温下可除氧且速度快的特性，大部分氧在凝汽器中即可除去，减轻了低压加热器、高压加热器及其管道的腐蚀。同时，复合乙醛肟在 pH 值较高的稀氨水中的损失不明显，相反，由于使用了补给水加药方式来投加除氧剂，药品的使用更加合理，从而降低了加药量、减少了设备投资。

12.1.7 环己胺

【结构式】

【物化性质】   环己胺又称氨基环己胺；六氢苯胺。无色至黄色液体，有强烈的鱼腥味。相对密度 0.8191，熔点 $-17.7℃$，沸点 $134℃$，闪点 $32.2℃$（开杯），蒸汽压 1.17kPa（25℃），自燃点 293℃，折射率 1.4565（25℃）。很容易与水及普通有机试剂（如乙醇、乙醚、丙酮、酯、烃等）相混溶。能随水蒸气挥发，并与水形成共沸混合物（其中环己胺质量分数为 44.2%），其沸点为 96.4℃。具有强有机碱性质，0.01% 的水溶液 pH 值为 10.5，能吸收空气中的二氧化碳生成碳酸盐。

【制备方法】

（1）苯胺催化加氢常压法

先将苯胺在蒸发器内汽化，再按 1:2（摩尔比）与氢气混合进入催化反应器，在镍系或钴系化剂存在下，于 150~180℃ 常压加氢反应，空速 $0.1~0.12h^{-1}$。反应产物经氢气分离器后，进入蒸馏塔，分离的氢气循环使用，从塔顶得到粗环己胺，经进一步精馏，得产品环己胺，纯度为 98.5%。塔底是未反应的苯胺和副产品二环己胺。苯胺可循环使用，二环己胺也是重要的精细化工中间体。产品收率（以苯胺计）为 90%，每生产 1t 环己胺，耗用苯胺（98.5%）1.12t 左右。反应式如下：

$$\text{C}_6\text{H}_5-\text{NH}_2 \xrightarrow[\triangle]{3\text{H}_2} \text{C}_6\text{H}_{11}-\text{NH}_2$$

（2）苯胺催化加氢加压法

以钴为催化剂，温度 240℃，压力为 14.7~19.6MPa，苯胺与氢气的摩尔比为 1:10，空速 $0.4~0.7h^{-1}$，以固定床液相加氢，可得 80%~89% 环己胺，不生产或很少生成二环己胺，加氢产物经分馏可使产品纯度达 98% 以上。虽质量稍差，但该法空速比常压法高 3~6 倍，装置利用率高。反应式同上。

（3）苯酚催化法

肖钢等人以苯酚、H_2、NH_3 为原料，所用的催化剂以 $\gamma\text{-Al}_2\text{O}_3$ 为载体骨架，通过浸渍硝酸镁和硝酸铝混合溶液，制取镁铝尖晶石载体；再浸渍氯化钯的盐酸溶液，制得专用的 $Pd/Al_2O_3\text{-}MgO/Al_2O_3$ 加氢胺化催化剂。再将催化剂装入积分反应器内，常压下先通入氢气活化，然后在 180℃ 左右按比例通入苯酚、氢气和氨气，从而制得环己胺。

选择平均孔径为 6~8nm、直径为 ϕ3mm 的 $\gamma\text{-Al}_2\text{O}_3$ 30g，在 250℃ 下干燥脱水 5h，作为载体骨架放入烧杯。称取 8g 硝酸镁和 6.9g 硝酸铝，加入 34g 蒸馏水配制成混合溶液，将此溶液倒入装 $\gamma\text{-Al}_2\text{O}_3$ 的烧杯中，分两次进行等体积浸渍。然后在 120℃ 下干燥 6h，在 1000℃ 下焙烧 6h，冷却后得到镁铝尖晶石载体；称取 1.5g 的 $NaHCO_3$ 配成 10mL 溶液，浸渍载体后在 120℃ 下干燥 6h；再称取 0.25g $PbCl_2$，加入 10% 的稀盐酸 10mL 进行溶解，溶解后与上述制得的载体分两次进行等体积浸渍，用蒸馏水洗涤至无氯离子和钠离子，然后在120℃下干燥6h，在500℃下焙烧8h。

　　将制得的催化剂装入内径为ϕ20mm、高度为600mm的不锈钢积分反应器内，催化剂的上下部分装填瓷环。先在300℃用氢气将催化剂进行活化10h，然后用氮气冷却到180℃，在常压下以2.0g/h的速率通入苯酚、以80mL/min的速率通入氢气和氨气，反应温度保持180℃，苯酚的转化率为94.6%，环己胺的选择性为89.4%，二环己胺的选择性为7.4%。

　　该法与国内外普遍采用的苯胺加氢法相比，成本低，可用价格相对便宜的苯酚取代苯胺作为制备环己胺的原料；催化剂活性高，寿命长；产品选择性好，收率高；污染小，符合绿色化工技术的原则。

　　(4) 环己醇催化氨化法

　　在氢存在下，以Rb/Al$_2$O$_3$为催化剂，控制反应温度为150℃左右，于高压釜内加热环己醇，再通入氨，可生成环己胺与二环己胺，经精制分别得到环己胺和二环己胺2种产品。国外有专利报道，用Ru/Al$_2$O$_3$作催化剂，环己醇加压催化氨化制备环己胺，同时副产二环己胺。有的国家和企业环己醇来源容易且价格便宜，因此目前国外有数家企业采用该法生产环己胺。

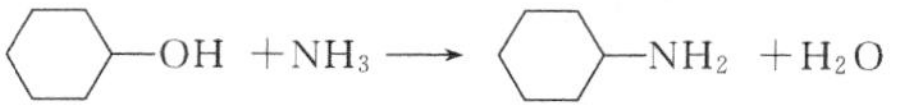

　　(5) 环己酮催化氨解法

　　须在氢气存在下进行。

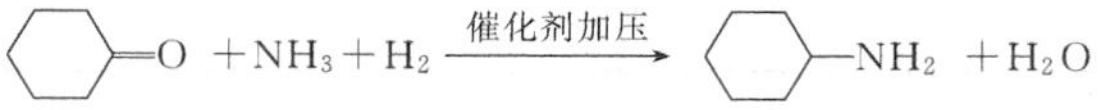

这条路线的主反应为：

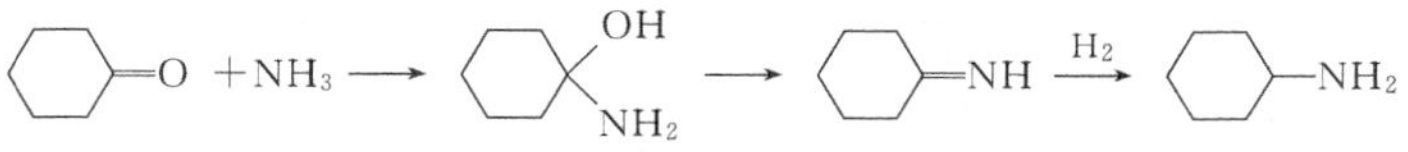

　　副反应为：

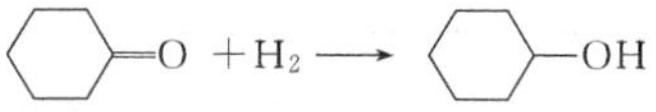

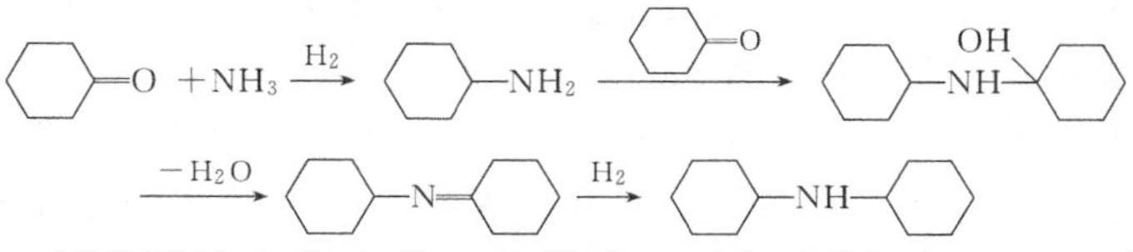

　　将98g (1mol) 环己酮放入压力釜，升温到353K，压入51g (3mol) 氨，通入氢气，调整压强至8.0MPa以上，开动搅拌，可以观察到随搅拌速度的加快，吸收氢气的速度明显加快，维持通入氢的压强在8.0～9.0MPa，反应温度控制在353～393K，在尽可能快的搅拌速度下，反应3h。此时不再吸收氢气，停止加热和搅拌，自然冷却到环境温度，将压力釜缓慢放气，打开压力釜，倒出反应产物，滤出催化剂，赶出溶解的氨，加入适量的环己烷或苯。共沸除水，残留液体精馏，收集132～134℃的馏分。

　　(6) 环己酮肟催化胺解法

　　陈志新等人以环己酮肟为原料，采用雷尼镍 (Raney Ni) 为催化剂，在加入氨的溶剂中与氢气进行还原反应直至压力保持不变为止，反应产物经脱水、干燥、精馏后得环己胺。还原反应压力为1～5MPa，温度为20～150℃，雷尼镍的重量为环己酮肟的0.3%～10%，氨与环己酮肟物质的量的比为 (0～1)∶1。

　　① 制备新鲜的雷尼镍催化剂，将2g Ni-Al合金分批溶于含有10g氢氧化钠的100mL氢氧化钠水溶液中，直至不再产生气泡。倾出上层水溶液，用新鲜蒸馏水洗涤数次，直至最后

的洗液为中性。

② 在 500mL 高压釜中依次加入环己烷 80mL（62.32g/0.74mol），上述制备的全部 Raney Ni 和环己酮肟 113.2g（1.0mol）。先将高压釜用氢气置换三次，然后充至 3.0MPa；再向高压釜中加入氨 17g（1.0mol）。将高压釜中的上述混合物加热至 100℃ 进行还原反应，反应期间压力下降，需不断补充氢气，保持压力为 3.0MPa 条件下加氢；直至不再吸氢为止，此时压力保持恒定，反应时间共为 8h。

③ 反应结束后，自然冷却至室温，慢慢释放氢气，打开高压釜，将上述反应产物用氮气压滤，得滤液 A 和滤饼；滤饼为 Raney Ni 催化剂，可回收利用。用 20mL 环己烷洗涤滤饼，得滤液 B；合并滤液 A 和 B，得总滤液。加热总滤液，环己烷与水蒸馏共沸，将水分出。分水完毕后，常压精馏。

收集 80～82℃ 馏分为环己烷，可回收并循环利用。收集 134～135℃ 馏分，得环己胺，气相色谱分析含量为 99.0%，收率 85.4%。然后 19mmHg 下蒸馏，收集 136～140℃ 的馏分，得二环己胺，其气相色谱分析含量为 98.2%。环己胺与二环己胺的总收率为 93.7%。

该法合成环己胺，反应条件温和，生产成本低，设备简单，易于操作和实现产业化。同时产品纯度较高，且能达到 85% 的收率。

（7）硝基环己烷还原法

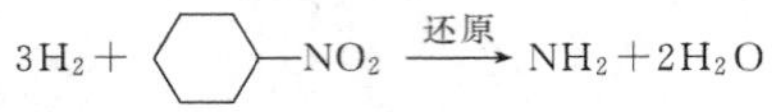

$$3H_2 + \langle\ \rangle - NO_2 \xrightarrow{\text{还原}} NH_2 + 2H_2O$$

【技术指标】　HG/T 2816—1996　工业环己胺

指标名称	指标		
	优等品	一等品	合格品
环己胺/%	≥99.3	≥98.0	≥95.0
苯胺/%	≤0.10	≤0.15	≤0.30
二环己胺/%	≤0.10	—	—
水分/%	≤0.20	≤0.50	≤1.0

【应用】　环己胺呈强碱性。因此刺激皮肤和黏膜。使用时，工作场所空气中最高容许浓度 $1mg/m^3$。设备要密闭，装置内要通风，操作人员戴防护用具。

在水处理中一般用作锅炉给水 pH 值调节剂。环己胺溶于水中呈碱性，可以中和水中的游离二氧化碳，提高给水 pH 值，减缓二氧化碳腐蚀。由于环己胺分配系数小，温度超过 510℃ 时，蒸气易分解。所以目前环己胺主要用于处理中、低压锅炉的给水处理。但药品价格贵，水处理费较高。

此外，还可用作合成脱硫剂、腐蚀抑制剂、硫化促进剂、乳化剂、抗静电剂等。环己胺本身为溶剂，也可在树脂、涂料、脂肪、石蜡油类中应用。

12.1.8　N,N,N,N-四甲基对苯二胺

【结构式】

$$\begin{array}{c} CH_3 \qquad\qquad CH_3 \\ N - \langle\ \rangle - N \\ CH_3 \qquad\qquad CH_3 \end{array}$$

【物化性质】　N,N,N,N-四甲基对苯二胺为从石油醚中析出的闪亮的片状结晶。其熔点为 51～52℃，沸点 260℃。微溶于冷水，较易溶于热水，极易溶于乙醇、氯仿、乙醚和石油醚。具有很高的同氧结合的能力，优良的挥发性能，极易升华。纯净的 N,N,N,N-四甲基对苯二胺或其中间氧化产物均有毒。

【制备方法】 利用苯二胺与氯乙酸反应，生成苯基二亚氨基四乙酸，然后进行脱羧反应，制得成品。

【应用】 N,N,N,N-四甲基对苯二胺类有毒，制备、使用该产品的工作人员，应穿戴必需的防护用具，防止接触或吸入体内。

N,N,N,N-四甲基对苯二胺具有很强的除氧能力，在炉水中能增强金属表面钝化，并且具有很高的气液比值，一般在 2～8，最高可达 12.7，因而更适用于蒸汽冷凝系统的除氧及钝化。其毒性小，特别适用于温度在 121℃ 以上甚至达 316℃，压力在 0.34MPa 以上甚至达 13.8MPa 的高压锅炉系统，在高压汽、水系统中不会产生沉积物。

为防止该类除氧剂由于空气作用而产生裂解，常与一些抗氧化剂复配，如除氧剂二乙基羟胺、柠檬酸、苹果酸、正磷酸盐以及 EDTA 等水处理剂以增强水质稳定性，从而起到良好的除氧、防腐、钝化等综合性能，主要用在水处理领域中，可用作锅炉水的除氧剂。

此外，还可以用作有机合成工业中的添加剂和催化剂。彩色摄影的显影助剂。用作测量空气中甲醛含量的试剂等。

12.1.9 氢醌

【结构式】

$$OH-\!\!\!\!\bigcirc\!\!\!\!-OH$$

【物化性质】 氢醌又称对苯二酚；海得尔、几努尼。白色结晶化合物。相对密度 1.332（15℃），熔点 170.5℃，沸点 286.2℃，闪点 165℃（密封杯），自燃点 515.6℃。

易溶于乙醇、乙醚，微溶于苯，能溶于水，水溶液为弱酸性。其水溶液在空气中因受氧化作用而呈现褐色。能与氧化剂发生反应，碱性溶液中氧化更快。与大部分氧化剂反应而转化成邻苯醌和苯醌。有腐蚀性。

【制备方法】

（1）苯胺法

苯胺氧化法是对苯二酚最早的生产方法，至今已有 70 多年的历史。生产过程通常包括两步反应，即苯胺在硫酸介质中经二氧化锰氧化成对苯醌，再在水中用铁粉将对苯醌还原成对苯二酚，经浓缩、脱色、结晶、干燥得对苯二酚成品。反应式为：

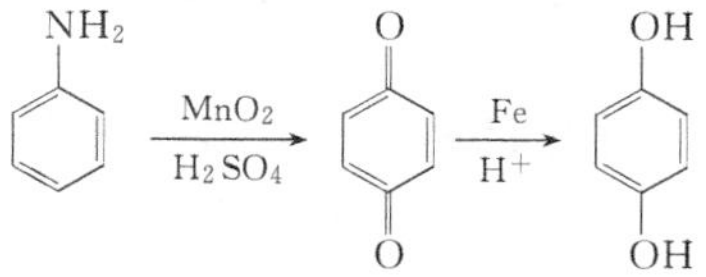

有关专利报导其合成方法如下：在装有搅拌器的反应器内放入 400L 的水，115kg 浓硫酸、15kg 二氧化锰（纯度为 85%），在搅拌下让其冷却至 5℃ 以下；然后保持 5～8℃ 条件下，将 30kg 的苯胺慢慢加入反应器中；然后使温度保持在 5～10℃ 的条件下，将 60kg 的二氧化锰加完之后，再将 3kg 的过氧化氢（以 100% 的过氧化氢计算）加到反应器内，再继续反应一段时间，其氧化反应即告完成；然后再调整反应液 pH 值在 5～6，加热升温至 65～75℃ 时，加入铁粉进行还原反应，待反应完成后冷却反应液到 10℃，经过滤和减压蒸馏后，可以得到 30kg 的对苯二酚，以苯胺计其收率为 84.5%。

此法具有工艺成熟、反应容易控制、收率及产品纯度高等优点。但原料消耗高，在生产过程中产生大量的硫酸锰、硫铵废液和铁泥，环境污染严重；由于反应料液中含有的稀硫酸的腐蚀，设备费用高；此外，锰资源回收利用率低。国外基本上已淘汰此法。我国从 20 世纪 50 年代开始生产对苯二酚，其生产方法普遍采用苯胺氧化法。目前我国大部分生产厂家仍沿用该法。

（2）苯酚羟基化法

以过氧化氢作羟基化剂，反应在催化量的无机强酸或二价铁盐或钴盐存在下进行。其副产物为邻苯二酚。美国专利报道，苯酚在 HSZM-5 型催化剂存在下，用过氧化氢在 80℃ 下反应，则对苯二酚的选择性可达 99%。

（3）二异丙苯氧化法

该法在酸性催化剂（磷酸硅藻土或 AlCl₃）存在下，由苯与丙烯进行 Friedel-Crafts 烷基化反应合成二异丙苯，分离出对位异构体、间位异构体使其转位为对位异构体，把分出的对二异丙苯进行过氧化反应生成二异丙基过氧化物，然后再在酸性催化剂（如硫酸）存在下裂化为对苯二酚与丙酮，产物经中和、萃取、离心分离、提纯、真空干燥后得成品。以对二异丙苯计，对苯二酚收率为 80% 左右。

该法与苯胺法相比具有总成本低（比苯胺法约低 30%）、污染小等优点。但由于该方法副产物多，且成分复杂，使得产物分离较困难。

（4）双酚 A 法

苯酚与丙酮用浓盐酸或离子交换树脂催化反应生成双酚 A，再在碱性催化剂作用下，分解为裂化为苯酚和异丙苯酚。后者用过氧化氢氧化，可得到对苯二酚和丙酮。反应生成的苯酚和丙酮可循环使用。其反应式如下：

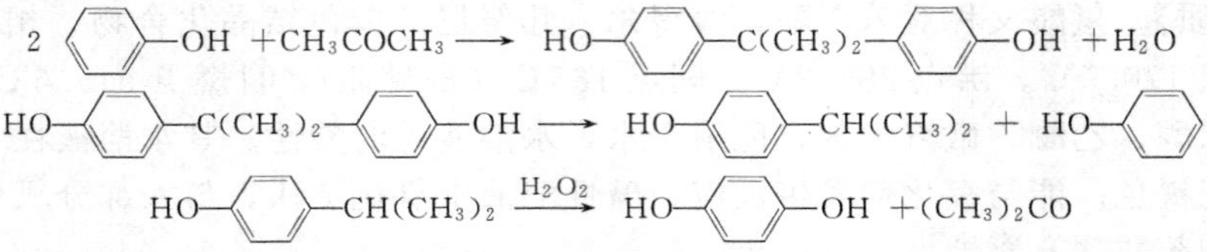

$$2 \bigcirc\!\!-OH + CH_3COCH_3 \longrightarrow HO-\bigcirc\!\!-C(CH_3)_2-\bigcirc\!\!-OH + H_2O$$

$$HO-\bigcirc\!\!-C(CH_3)_2-\bigcirc\!\!-OH \longrightarrow HO-\bigcirc\!\!-CH(CH_3)_2 + HO-\bigcirc$$

$$HO-\bigcirc\!\!-CH(CH_3)_2 \xrightarrow{H_2O_2} HO-\bigcirc\!\!-OH + (CH_3)_2CO$$

该法的优点是选择性高，此外丙酮还可回收再用。实际上，相当于过氧化氢氧化苯酚，但此法比苯酚直接氧化法优越。

（5）电化学法

该法是把苯或苯酚在阳极氧化成对苯二醌，而所得的对苯二醌在阴极还原成对苯二酚。Sotaro 等以 Cu(Ⅰ)/Cu(Ⅱ) 作为氧化还原电极，采用电化学方法由苯合成对苯二酚，对苯二酚回收率为 35%～42%。Iniesta 等则在掺杂硼的钻石薄膜电极上研究了苯酚电化学氧化生成对苯二酚的反应。

由于在对苯二酚的电合成工艺中苯的转化率及有机相中醌含量较低，能耗偏高，电极及隔膜的寿命还难以满足工业化生产的需要，因此至今未能实现工业化。

【技术指标】 HG 7-1360—80

指标名称	指标	
	照相级	工业级
外观	白色、近乎白色的结晶或结晶粉末	深灰色或微带米黄色结晶粉末
含量/%	99.5	99.0
初熔点/℃	171.0	170.5
干燥失重/%	0.1	0.3
灰分(硫酸盐)/%	0.05	0.3
重金属(Pb²⁺)/%	0.0001	
铁(Fe³⁺)	0.001	
硫酸盐/%	0.01	

【应用】 氢醌毒性比酚大，对皮肤、黏膜有强烈的腐蚀作用，可抑制中枢神经系统或损

害肝、皮肤功能。若遇明火则燃烧。一般用聚乙烯塑料袋包装。

在水处理领域，氢醌通常用作锅炉水的除氧剂，在处理污水废水用作控制微生物生长的除氧剂等。此外，氢醌主要用作照相的显影剂；广泛用于单体储运过程添加的阻聚剂，常用的浓度约为 200mg/L；用于制取 N,N'-二苯基对苯二胺，是用于橡胶及汽油的抗氧剂和抗臭剂；用作生产蒽醌染料、偶氮染料的原料等。

12.1.10 碳酰肼

【结构式】

$$H_2N-HN-\overset{\displaystyle O}{\overset{\|}{C}}-NH-NH_2$$

【物化性质】 碳酰肼又称 1,3-二氨基脲；均二氨基脲；卡巴肼。白色结晶粉末，由含水乙醇中结晶而得。相对密度 1.02，熔点 153℃。经静脉、腹腔进入人体能引起中毒。

碳酰肼极易溶于水，水溶液呈碱性。难溶于醇、醚、氯仿和苯。具有极强烈的还原性。与盐酸、硫酸、草酸、磷酸、硝酸反应均生成盐。生成的氯化物均极易溶于水；硫酸盐和草酸盐微溶于水；磷酸盐和硝酸盐则不能析出结晶。在有亚硝酸存在时，碳酰肼会转变成高爆炸性化合物——羰基叠氮化物 $CO(N_3)_2$。水溶液与酸共热时会将碳酰肼分解。

【制备方法】

(1) 碳酸脂的肼解

以碳酸二乙酯与水合肼为原料，加热回流制备了碳酰肼。反应方程式如下：

$$(CH_3CH_2O)_2CO+2NH_2NH_2\cdot H_2O \xrightarrow{\triangle} (H_2NNH)_2CO+2C_2H_5OH+2H_2O$$

以碳酸二甲酯（DMC）与水合肼为原料，其转化率为 75%，大大高于碳酸二乙酯 43.3% 的转化率。

其反应式为：

$$NH_2NH_2\cdot H_2O+ H_3CO-\overset{\displaystyle O}{\overset{\|}{C}}-OCH_3 \longrightarrow NH_2NH-\overset{\displaystyle O}{\overset{\|}{C}}-OCH_3 +CH_3OH+H_2O$$

$$NH_2NH-\overset{\displaystyle O}{\overset{\|}{C}}-OCH_3 +NH_2NH_2\cdot H_2O \longrightarrow NH_2NH-\overset{\displaystyle O}{\overset{\|}{C}}-NHNH_2 +CH_3OH+H_2O$$

其工艺流程图如图 12-4 所示。

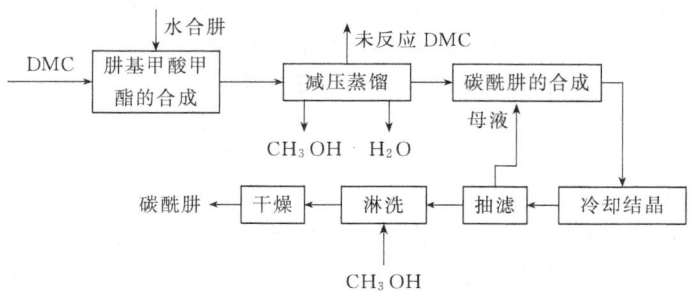

图 12-4 DMC 羰基化合成碳酰肼的工艺流程

国内李贵贤研究，碳酸二甲酯羰基化合成碳酰肼的工艺路线可行，在 $n(\text{DMC}):n$（水合肼）$=1.0:0.9$、温度 70℃、时间 2h、w（水合肼）$=40\%$ 或 80%、n（水合肼）$:n$（肼基甲酸甲酯）$=(2.0\sim2.5):1.0$ 的最优条件下反应，收率达 80%。

(2) 光气的肼解

用光气与肼反应制备了碳酰肼，由于光气比较活泼，反应中产生较多的副产物，产品不易分离。

反应式为：

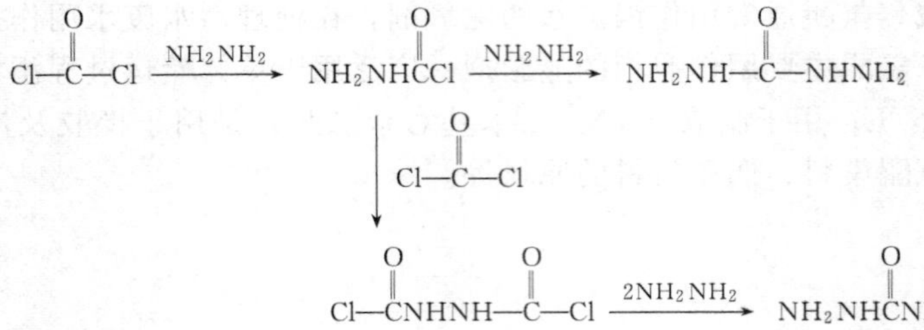

$$Cl-\overset{O}{\overset{\|}{C}}-Cl \xrightarrow{NH_2NH_2} NH_2NHCCl \xrightarrow{NH_2NH_2} NH_2NH-\overset{O}{\overset{\|}{C}}-NHNH_2$$

$$\downarrow Cl-\overset{O}{\overset{\|}{C}}-Cl$$

$$Cl-\overset{O}{\overset{\|}{C}}NHNH-\overset{O}{\overset{\|}{C}}-Cl \xrightarrow{2NH_2NH_2} NH_2NHCNHNHCNHNH_2$$

（3）尿素与水合肼缩合

日本科技工作者提出了用尿素做原料制备碳酰肼的方法，将过量的水合肼与尿素混合，在 1.2h 内使反应温度由室温升到 150℃，在此温度下反应 2h，然后冷却、结晶、过滤、洗涤得到碳酰肼晶体。反应式为：

$$H_2\overset{O}{\overset{\|}{NCNH_2}} + NH_2NH_2 \cdot H_2O \longrightarrow H_2NNHCNHNH_2 + NH_3\uparrow + H_2O$$

由于这种方法反应温度太高，易发生副反应，产品纯度低，得率不高。同时，由于水合肼过量，加热时易挥发成爆炸性气体，安全性差。

【技术指标】

指标名称	优级品	一级品	合格品
外观	白色细短柱状晶体		
含量/%	≥98.5	≥98.0	≥97.0
总挥发分/%	≤0.15	≤0.2	≤0.3
熔点/℃	154～158	153～157	150～156
pH 值	7.2～9.0	6.0～9.0	6.0～9.0

【应用】 碳酰肼在水处理领域可用作锅炉水的除氧剂，其与水中溶解氧的反应式为：

$$H_2N-HN-\overset{O}{\overset{\|}{C}}-NH-NH_2 + 2O_2 \longrightarrow 2N_2 + 3H_2O + CO_2$$

生成二氧化碳、氮气和水，还用作金属表面的钝化剂，以降低金属的腐蚀速度。同水合、肼相比，它用做水处理剂具有以下优势：因其熔点高、毒性小、水溶性好，既可采用固体粉末形式，也可以溶液形式使用，方便、安全；在相同剂氧比（除垢剂同水中游离氧的比例）下，其脱氧效率远大于水合肼。是当今世界上用作锅炉水除氧的最先进材料，毒性小、熔点高、脱氧效率远远大于目前使用的材料，是安全环保理想的产品。

该除氧剂能与铜、铁氧化物反应，使金属钝化，达到防腐之功效，其反应式如下：

$$12Fe_2O_3 + (N_2H_3)_2CO =\!=\!= 8Fe_3O_4 + 3H_2O + CO_2\uparrow + 2N_2\uparrow$$

$$8CuO + (N_2H_3)_2CO =\!=\!= 4Cu_2O + 3H_2O + CO_2\uparrow + 2N_2\uparrow$$

还可用作制造含能材料的中间体，也可直接用于火箭炸药和推进剂的组分。另外，碳酰肼还可以用作化纤行业作弹性纤维的交联剂；作为化工原料和化工中间体，广泛用于医药、除草剂、植物生长调节剂、染料等行业。

12.1.11 异抗坏血酸

【结构式】

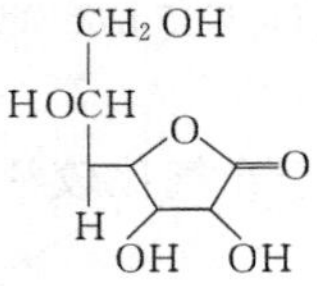

【物化性质】　异抗坏血酸又称为异维生素C。从水中或二噁烷中结晶出来的异抗坏血酸为白色或略带黄色的有光泽的颗粒状晶体或结晶或结晶性粉末，是维生素C的同分异构体。熔点164~169℃。加热分解时可散发出辛辣气味，有刺激性烟雾。

易溶于水、乙醇、吡啶和氧化性溶剂，溶于丙酮，微溶于甘油，不溶于乙醚和苯。有酸味。还原性强，抗坏血作用极小，但抗氧化作用强。在空气中会慢慢氧化而变黑，遇光则缓慢着色并分解。在市场上常以其钠盐的形式出售。其钠盐结晶体易溶于水，水溶液的pH值5~6。在水中的溶解度比游离酸小。

【制备方法】

（1）生物发酵法

以葡萄糖为原料，用荧光毛杆菌使葡萄糖通气发酵（28℃，50h），从而得α-酮葡萄糖酸钙，然后与甲醇在硫酸介质中反应生成甲酯，再加甲醇与氢氧化钠溶液进行烯醇反应得产品。其工艺过程如下：

$$\begin{matrix} & 葡萄糖 & \\ 发酵 &—& 发酵液净化—浓缩—酯化—转化—成品—包装—精制 \\ & 菌种 & \end{matrix}$$

（2）离子交换法

将异抗坏血酸钠配成一定浓度的水溶液，经阳离子交换树脂脱去钠离子，再浓缩结晶得到异抗坏血酸。王锋怀等人用盐酸溶液活化001×7阳离子树脂，异抗坏血酸钠配成溶液，经过阳离子交换树脂交换、减压浓缩、冷却、过滤、洗涤，得到异抗坏血酸结晶。其中，异抗坏血酸钠溶液配制浓度10%~15%（质量浓度），异抗坏血酸交换液浓度8%~12%（质量浓度），异抗坏血酸浓缩温度为45~65℃，异抗坏血酸浓缩后浓度为40%~70%（质量浓度）。

（3）酸化法

① 王敬臣等人利用异抗坏血酸钠直接酸化，利用无机钠盐不溶于醇的特性，使异抗坏血酸钠通过化学反应生成无机钠盐，从混合物中加以分离，通过冷冻降温，可析出异抗坏血酸。该方法可收率达90%以上，异抗坏血酸含量达99%以上。制备步骤如下：

a. 溶解与酸化。异抗坏血酸钠放入醇中，使它溶解，异抗坏血醇钠和醇的摩尔比是1：（8~15）。在10~80℃的温度下，加入一定量的卤化氢、硫化氢或硫酸，酸化剂，其加入量和异抗坏血酸钠的摩尔比是1：（1~1.2），经2~8h反应，反应完毕后保持温度为50℃左右。

b. 除盐和结晶。把无机钠盐去掉，回收其溶剂。

在除去无机盐以后，使残余溶液降温到-5~20℃，使异抗坏血酸析出。

c. 溶剂回收。溶剂又回收使用。

取含量为99.5%（质量分数）的异抗坏血酸钠199g（1mol），加入到1000mL的反应瓶中，再添加99.9%（体积分数）含量的A. R. 级甲醇500mL（15.6mol），在搅拌下使它溶解，然后温度保持为65℃，在搅拌下又将35%含量AR级HCl，经过处理纯化以后，由加料管加入135g（1.1mol），在反应过程中可以明显看见有不溶物析出，待反应结束后，反应产物混合液在52℃下经装有布氏漏斗的负压过滤器，使氯化钠从反应混合物中分离出来；再将混合物溶液在搅拌下置于冰浴中降温至15℃，析出异抗坏血酸，经装有布氏漏斗的负压过滤器使异抗坏血酸从混合物溶液中分离出来，经后处理干燥得到异抗坏血酸产品169.4g（0.955mol）。

采用容量法分析产品含量为99.3%，收率为95.5%，产品色泽纯白，在10倍显微镜下可以观察到多面体不规则结晶，采用WZX-1型光学度盘旋光仪测定其比旋光度为-17.6°。

该法由异抗坏血酸钠直接溶解于醇内，添加酸化剂直接酸化制取异抗坏血酸钠，该方法较为简单实用，纯度达99%以上，收率达96%左右；能耗低。但由于是在醇溶液中进行的，因此，酸化反应受到影响，反应时间较长，且如用甲醇等溶剂不仅有毒，成本也较贵。

② 周明佐等克服了现有技术中存在的缺点，以水为溶剂，将异抗坏血酸钠原料酸化而得到异抗坏血酸。方法包括将异抗坏血酸钠原料和水混合，加入酸酸化，酸化完成后冷却，从水溶液中析出异抗血酸结晶。其中，异抗坏血酸钠原料和水的比例一般为3:1，根据操作的具体情况变化，同时根据使用酸的情况而定，例如，使用盐酸，则可以用较少量的水。在使用异抗坏血酸钠粗品作为原料，在酸化时加入适量活性炭，酸化时搅拌，酸化反应完成后，趁热滤去活性炭，然后降温结晶。母液和洗液用碱中和后，冷却，即可析出异抗坏血酸钠，回收循环使用。

具体实施为将550kg水，1500kg异抗坏血酸钠纯品加入3000L酸化罐中，开动搅拌，用蒸汽加热50℃时从计量罐中加入600L盐酸，保温30min后关闭蒸汽，用冰盐水降温至内温5℃，保温1.5h，有大量产品结晶析出，开离心机甩滤，并用20L冰乙醇/水（4:1）洗涤，干燥得异抗血酸1000kg，含量99.89%，$[\alpha]_D^{25} = -17.56°$，其他指标符合 F.C.C. 标准。将母液，洗涤液打入2000L结晶罐中，用40%氢氧化钠溶液调其pH值至6，用冰盐水降温至5℃，有大量结晶析出，离心机甩滤，用20L乙醇/水（体积比3:1）洗涤干燥，得228kg异抗坏血酸钠成品，含量99.12%，$[\alpha]_D^{25} = +95.92°$。其他指标符合 F.C.C. 标准。

【技术指标】 FAO/WHO 1977

指标名称	指标	指标名称	指标
含量/%	≥99.0	硫酸盐灰分/%	≤0.3
旋光度$[\alpha]_D^{25}$	−16.5～18.0	砷/(μg/kg)	≤10
干燥失重/%	≤0.4	重金属(以 Pb 计)/(μg/kg)	≤20

【应用】 异抗坏血酸无毒。加热分解时可散发出辛辣气味，有刺激性烟雾，故应注意远离热源和火源。

在锅炉水处理、循环冷却水和其他工业用水的除氧剂。它既无毒，与氧的反应又比联氨快，可代替后者使用。与溶解氧发生反应，生成脱氢抗坏血酸，从而将氧除去。在给水系统中与氧及金属氧化物会发生如下反应：

$$2R_1-C-C-R_2 + O_2 \longrightarrow 2R_1-C-C-R_2 + NaOH$$
$$\quad\quad |\quad |\quad\quad\quad\quad\quad\quad\quad\quad\quad |\quad |$$
$$\quad\quad OH\ OH\quad\quad\quad\quad\quad\quad\quad\quad\quad O\ O$$

$$R_1-C-C-R_2 + 3Fe_2O_3 \longrightarrow R_1-C-C-R_2 + 2Fe_3O_4 + NaOH$$
$$\quad |\quad |\quad\quad\quad\quad\quad\quad\quad\quad\quad\quad\quad\quad |\quad |$$
$$\quad OH\ OH\quad\quad\quad\quad\quad\quad\quad\quad\quad\quad\quad\quad O\ O$$

$$R_1-C-C-R_2 + 2CuO \longrightarrow R_1-C-C-R_2 + Cu_2O + NaOH$$
$$\quad |\quad |\quad\quad\quad\quad\quad\quad\quad\quad\quad\quad\quad |\quad |$$
$$\quad OH\ OH\quad\quad\quad\quad\quad\quad\quad\quad\quad\quad\quad O\ O$$

此外，异抗坏血酸在食品、酿酒、制药中还可用作抗氧化剂和防腐杀菌剂；在照相中可作还原剂。

12.1.12 二乙基羟胺

【结构式】

$$\begin{array}{c} CH_3CH_2 \\ \quad\quad\quad N-OH \\ CH_3CH_2 \end{array}$$

【物化性质】 二乙基羟胺又称二乙胺。常温下为无色透明液体。相对密度1.867，溶点−25℃，沸点125～130℃，闪点45℃，折射率1.4195（20℃）。

易溶于水，水溶液呈弱碱性反应，当 pH＝7～11 时稳定。溶于乙醇、乙醚、氯仿和苯。有氨味。高于 570℃ 时被氧化分解为乙醛、二烷基胺类、醋酸铁和乙醛肟等，并有少量氨、硝酸盐和亚硝酸盐生成。具有良好的挥发性能。储存时间延长，颜色会逐渐变黄，阳光直射、大气储存，变色速度快。激烈摇动后会暂时混浊，数小时后自然澄清。

【制备方法】

一般常用三乙胺和过氧化氢法。

在催化剂镉盐（$CdCl_2 \cdot 2H_2O$）或锌盐（$ZnCl_2$）存在下，将三乙胺和过氧化氢加入装有搅拌器、回流冷凝器、滴加器及温度计的 1L 三口瓶中进行氧化。采用水浴调节控制反应温度。然后将氧化工序得到的标准氧化液（含氧化三乙胺约 51.7%）进行脱水，再经油浴调节控制温度，加热分解而得二乙基羟胺。反应过程中要进行不断地搅拌。或在钛硅质岩催化剂（研成细粉末）存在下，以过氧化氢水溶液（30%）氧化二烷基胺制得本品。操作时，先将催化剂和二烷基胺置于反应器中，升温至 80℃ 后，搅拌 35min 内缓慢加入过氧化氢水溶液。产率达 87.1%。

【技术指标】

指标名称	指标	指标名称	指标
外观	无色或淡黄色透明液体	二乙胺/%	≤1.0
含量/%	≥85.0	水分/%	≤15.0

【应用】　二乙基羟胺的毒性低于联氨，人体经皮肤接触中毒，食入或径腹腔进入可发生中度中毒。一般用塑料内胆铁桶包装。

在水处理领域通常作为蒸汽锅炉用水系统的除氧剂，能迅速地与进入锅炉前水中的溶解氧反应而将之除去，从而减轻了锅炉水侧表面的腐蚀。其除氧化学反应的最终产物是乙酸、氮气和水。其反应式如下：

$$4 \underset{C_2H_5}{\overset{C_2H_5}{N}}-OH + 9O_2 \longrightarrow 8CH_3-\overset{O}{\overset{\|}{C}}-OH + 2N_2 + 6H_2O$$

此反应能被 Cu^{2+}，对苯二酚，苯醌催化。在 pH 碱性范围内，此反应速度较快。二乙基羟胺遇热极易挥发，不但低温除氧，而且也适用于高温蒸汽凝结水循环系统的除氧。有研究表明，与 1×10^{-6} O_2 反应需 1.24×10^{-6} DEHA，但在实际中每 1×10^{-6} O_2 推荐 3×10^{-6} DEHA。单独使用 DEHA，除氧深度（44.3%）及除氧速度不理想。与 DEHA 复配使用的中和胺包括环己胺、吗啉、二乙基氨基、醇等。中和胺的催化作用使得 DEHA 与氧反应速度大大加快，除氧深度也有很大提高，可达 98.7%。

有文献报道，羟胺类化合物除氧速度比联氨快，毒性较联氨小（为联氨的 1/37），而且未反应的 DEHA 被蒸汽一起夹带，产生的冷凝液还能起到保护管道不被侵蚀的作用。

此外，用还可作为光敏树脂、感光乳剂、合成树脂的良好稳定剂；光化学烟雾抑制剂；不饱和油类及树脂的抗氧化剂；丁苯乳聚过程的终止剂等；合成橡胶生产过程中作乙烯基单体。

12.1.13　N-异丙基羟胺

【结构式】

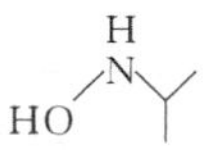

【物化性质】　N-异丙基羟胺简称 IPHA。属仲烷基羟胺类。其密度为 1g/mL，闪点≥95℃，折光率 1.3570，凝固点 3℃。pH10.6～11.2。

【制备方法】

(1) 二异丙胺法

① 氧化　以异丙二胺为原料，置入摩尔比为 0.1～1 的催化剂二氧化碳或二氧化碳的胺盐，在 30～80℃下，缓慢加入摩尔比为 1～4 的过氧化氢，在 3～6h 内完成氧化反应，氧化制得硝酮。

② 酸处理　加入摩尔比为 0.5～2.5 的有机酸或无机酸，在酸性条件下水解制得异丙基羟胺盐。

③ 浓缩　冷却结晶制成异丙基羟胺盐。

④ 中和　在异丙基羟胺盐中加入有机溶剂（醚类或醇类）和摩尔比为 0.5～2.5 的碱，经中和反应后，制成高浓度 N-异丙基羟胺。

取 100g 的二异丙胺原料，放入 500mL 的三口瓶，升温到 70℃的温度下，通入二氧化碳气体催化剂，并缓慢加入 250g 的 30%浓度的过氧化氢氧化剂，在 3～6h 内完成氧化反应，氧化制得硝酮；加入 107mL 浓度为 37%的盐酸，在酸性条件下水解浓缩，冷却结晶制成 98g 异丙基羟胺盐；在异丙基羟胺酸盐中加入 1000mL 石油醚溶剂和 120g 氢氧化钠，经中和反应后，制成高纯度 99%的 N-异丙基羟胺。

该法具有固定资产投资小，生产成本低，操作简单的特点，适合于工业化生产。

(2) 2-硝基丙烷电化学还原法

电化学测试在自制的三电极体系中进行，阴、阳极之间用多孔陶瓷分隔。研究电极为镶嵌于聚丙烯中的圆形平面电极，端面面积均为 0.1cm²，辅助电极为大面积 Pt 片电极，参比电极为饱和甘汞电极（SCE）。阴极液为 1mol/L H_2SO_4 和 0.05mol/L $(CH_3)_2CHNO_2$，阳极液为 1mol/L H_2SO_4 溶液，分别测试铜、铜汞齐、铅、镍和石墨电极上的线性伏安扫描和铅电极上的循环伏安特性。电极表面均用金相砂纸打磨成镜面后清洗，测试前通 N_2 气处理，测试温度均为室温。

合成反应式为：

阴极

$$(CH_3)_2CHNO_2 + 4H^+ + 4e \longrightarrow (CH_3)_2CHNHOH + H_2O$$

阳极

$$2H_2O - 4e \longrightarrow 4H^+ + O_2$$

电解反应

$$(CH_3)_2CHNO_2 + H_2O + H_2SO_4 \longrightarrow (CH_3)_2CHNHOH \cdot H_2SO_4 + O_2$$

化学反应

$$(CH_3)_2CHNHOH \cdot H_2SO_4 + 2NaOH \longrightarrow (CH_3)_2CHNHOH + NaSO_4 + 2H_2O$$

与高压氢化法相比，电解法合成 N-烷基羟胺及其硫酸盐具有反应条件温和，分离工艺简单，原子利用率高等特点，是一种绿色的、低成本的合成工艺。

【技术指标】

规格项目	指标	规格项目	指标
外观	无色透明液体	纯度/%	≥15
色度	≤200	水分/%	≤85

【应用】　N-异丙基羟胺通常用塑料内胆铁桶包装。与联氨相比几乎是无毒的，常作为

火力发电给水系统溶解和去除氧的除氧剂。它有较好挥发性，它的气液比值为 1∶4，因而对炉垢的除氧与防护也是很有效的。IPHA 有很强的还原性。氧化产物二甲基酮肟仍可以继续与 O_2 反应，也会发生水解。据资料介绍，1mg/L 的 O_2 大约需要 1.6mg/L 的 IPHA，推荐剂量比为 3mg/L 的 NIPHA 比 1mg/L 的 O_2，而 IPHA 与二乙羟胺复配对除氧有更好的效果。

12.1.14　氨气或液氨

【物化性质】　氨为无色气体或液体，有强烈的刺激性气味。相对密度 0.77（液体），0.6（空气＝1）。熔点－77.7℃，沸点－33.5℃，闪点－77℃，蒸汽压 1013kPa（25.7℃），自燃点 651℃。

氨气极易溶于水，在标准状况下 1 体积水可溶解 1200 体积氨，溶于醇和乙醚，在常温下加压即可使其液化，并放出大量的热；当压力减低时，则汽化逸出，同时吸收周围大量的热。因此，液氨可用作制冷剂。有水存在时对铜有较强的化学腐蚀作用。当高温时，按可分解成为氮和氢，有还原作用。与空气混合能形成爆炸性混合物。遇明火、高热能引起燃烧爆炸。

【制备方法】　主要原料为煤（或焦炭、天然气等）、空气和水。氮和氢的混合气体加压到 15MPa 后，由合成塔的上部进入合成塔，经热交换器，由中心管进入接触室，自上而下地通过催化剂层，在 480～520℃下进行合成反应：

$$N_2 + 3H_2 \rightleftharpoons 2NH_3$$

反应后的气体经热交换器降低温度后，由塔底出口导出。出塔后经水冷器进一步降温，使氨液化，再经氨分离器分离出液氨。未反应的氮、氢混合气送入合成塔循环使用。

目前，氨合成系统多为单塔操作，少数采用多塔并联。朱鸿利等人发明氨合成工艺，对现有的单塔和多塔氨合成工艺的改进。采用多塔串联的氨合成工艺，使 H_2、N_2 气体经多段反应，氨转化率及出塔氨温度均提高，从而使系统循环气量减少，能耗降低。

Jacobsen Claus J. H. 等人在氨合成中采用氮化硼和/或氮化硅作为催化剂载体、作为氨催化剂用钌作为活性催化剂材料。

【技术指标】

指标名称	优等	一等	合格
氨含量/%	99.9	99.9	99.6
残留物质含量/%	≤0.1	≤0.2	≤0.4
氨含量/%	≤0.1		
油含量/(mg/kg)	≤2		
含铁量/(mg/kg)	≤1		

【应用】　氨属低毒类。储于耐压钢瓶或钢槽中，避免受热、严禁烟火，防止激烈碰撞和振动。低浓度氨对黏膜有刺激作用，高浓度可造成组织溶解坏死，甚至引起反射性呼吸停止。与空气混合能形成爆炸性混合物。遇明火、高热能引起燃烧爆炸。

氨可作为锅炉给水 pH 值的调节剂，用来中和给水中的碳酸，提高溶液 pH 值，减缓给水中二氧化碳的腐蚀。加入的氨将 H_2CO_3 中和成 NH_4HCO_3 时，水的 pH 值约为 7.9；中和至 $(NH_4)_2CO_3$ 时，水中的 pH 值约为 9.2，这样就提高了 pH 值，减缓了给水中二氧化碳的腐蚀。

还可用作锅炉停炉保护剂。基于在含氨量很大的水中，铁具有不被氧腐蚀的性能。氨液停用保护法就是用将除盐水配制成含氨量为 800～1000mg/L 的稀氨液，用泵打入锅炉水汽系统内，并使其在系统内进行循环，直至各取样点取得品的氨液浓度基本相同，然后将锅炉所有的阀门关严，以免氨液漏掉。

此外，可用来制取氨水、硝酸、胺盐、氮肥和制冷剂、防锈剂等。

12.1.15 无水亚硫酸钠

【分子式】 Na_2SO_3

【物化性质】 亚硫酸钠又称硫氧。白色粉末或六方棱柱形结晶。密度 2.633g/cm³ (15℃)。易溶于水，水溶液为碱性。溶于甘油，微溶于乙醇，不溶于丙酮等大部分有机溶剂。有毒物品，无味。强还原剂。在潮湿空气和日光作用下容易氧化成硫酸钠。与二氧化硫作用生成亚硫酸氢钠。无水亚硫酸钠比水合物氧化得缓慢，在干燥器中无变化。

【制备方法】

(1) 纯碱吸收法

将二氧化硫从吸收塔底部通入，与纯碱溶液进行逆流吸收，生成亚硫酸氢钠溶液送至中和槽，缓慢加入纯碱溶液中和至微酸性。然后加入烧碱溶液使 pH 值达 11～12，脱色，过滤，澄清液经蒸发结晶，离心脱水，在 250～300℃下气流干燥，得无水亚硫酸钠成品。反应如下：

$$S + O_2 \longrightarrow SO_2$$
$$Na_2CO_3 + SO_2 \longrightarrow Na_2SO_3 + CO_2$$
$$Na_2SO_3 + SO_2 + H_2O \longrightarrow 2NaHSO_3$$
$$NsHSO_3 + NaOH \longrightarrow Na_2SO_3 + H_2O$$

(2) 无水硫酸钠法

吕国锋等人将硫黄与空气燃烧产生的二氧化硫炉气，通入酸化器中，与酸化器内的一定浓度的化灰悬浮液进行反应，按配比加入工业副产无水硫酸钠，将硫酸钙沉淀过滤得亚硫酸氢钠，并分批加入一定量的纯碱，慢速搅拌，得亚硫酸钠溶液，将此溶液离心分离去除杂质，得亚硫酸钠精制液，进而将其真空蒸发浓缩、结晶，分离母液，将湿品无水亚硫酸钠真空干燥，得成品无水亚硫酸钠。

该方法有效地利用工业副产无水硫酸钠实现副产品循环利用，无废水、废渣，无污染，加强了环境保护，同时可降低亚硫酸钠生产成本 30%～40%，节约了资金，产生的二水石膏又增加了经济效益。

【技术指标】 HG/T 2967—2000　工业无水亚硫酸钠

指标名称	优等品	一等品	合格品
亚硫酸钠(Na_2SO_3)含量/%	≥97.0	≥96.0	≥93.0
铁(Fe)含量/%	≤0.003	≤0.005	≤0.02
水不溶物含量/%	≤0.02	≤0.03	≤0.05
游离碱(以 Na_2CO_3 计)含量/%	≤0.10	≤0.40	≤0.80
硫酸盐(以 Na_2SO_4 计)含量/%	≤2.5	—	—
氯化物(以 NaCl 计)含量/%	≤0.10	—	—

【应用】 亚硫酸钠属有毒物品，一般用内衬塑料袋、外套塑料编织袋双层包装。

水中加入亚硫酸钠，它与水中的溶解氧反应生成硫酸钠。其反应式为：

$$2Na_2SO_3 + O_2 \longrightarrow 2Na_2SO_4$$

通常使用量为溶解氧的 10 倍。在正常温度下，反应较慢，需加入催化剂，例如 Co^{2+} 或 Cu^{2+}。由于除氧剂往往会与有机缓蚀剂、氯、季铵盐杀菌剂反应，因此除氧剂的加药点应放在这些加药点的上游。亚硫酸钠除氧具有价格便宜，除氧投资少，操作较为简单的特点。但其难以克服的问题主要是：加药量及加药周期不易掌握，除氧效果不稳定；投入亚硫酸钠后又增加了锅水的含盐量，对水质有一定影响，导致排污量增大。亚硫酸钠除氧只适合于额定功率不大于 4.2MPa 的非管架式承压热水锅炉和常压热水锅炉，以及额定蒸发量不大于 2t/h，且压力不大于 1.0MPa 的对汽、水品质无特殊要求的蒸汽锅炉或汽水两用锅炉。

此外，亚硫酸钠还可以作为市政用水或工业用水的脱氯剂；生产硫代硫酸钠的原料稳定剂；香料、染料等的还原剂等。

12.1.16 亚硫酸氢钠

【分子式】 $NaHSO_3$

【物化性质】 亚硫酸氢钠又称酸式亚硫酸钠；重亚硫酸氢钠；重硫氧。白色或略带黄色的单斜晶系结晶或粉末。有二氧化硫的臭气味。相对密度 1.48，熔点 150℃。易溶于水，水溶液呈酸性。不溶于乙醇和丙酮。有较强的还原性。在空气中极易氧化放出二氧化硫形成硫酸盐。属低毒化合物。浓溶液对皮肤和黏膜有刺激作用。

【制备方法】

（1）碳酸钠法

生产亚硫酸氢钠溶液的传统工业方法，是将工业碳酸钠溶于水中，制得碳酸钠水溶液，往其中通入二氧化硫至一定 pH 值，即制得产品。由于工业碳酸钠中含有氯化钠以及其他机械杂质，而传统工业方法又缺乏良好的精制手段，故难以制得高纯亚硫酸氢钠溶液。

刁振和等人针对目前工业上难以制得高纯亚硫酸氢钠溶液的缺陷，提出一条生产高纯亚硫酸氢钠溶液的工艺路线。将工业碳酸钠溶于水或返回结晶母液中，开动搅拌加热至一定温度，令其自然沉降，澄清液经过滤进行结晶，得碳酸钠的十水盐，结晶母液返回化碱工序循环使用，结晶的十水盐加入无离子水溶解后通入二氧化硫至一定 pH 值，制得高纯的亚硫酸氢钠溶液。

将工业碳酸钠配制成浓度为 17% 的溶液，搅拌加热至 100℃ 后静置，吸取上层澄清液，将此澄清液冷却至 12℃，析出结晶，经分离得到含碳酸钠 36.6% 的碳酸钠十水盐结晶，用无离子水溶解得到含碳酸钠为 18.5% 的溶液，通入二氧化硫，控制 pH 值为 3.8，得到高纯液体产品。含 $NaHSO_3$ 30.3%，$NaCl$ 0.01%，Na_2SO_4 0.04%，Na_2SO_3 0.1%。

（2）硫酸钠法

卢元健等人利用硫酸钠生产白炭黑的同时，联产亚硫酸钠、亚硫酸氢钠。

$$2Na_2SO_4 + 2nSiO_2 + C \longrightarrow 2Na_2O \cdot nSiO_2 + 2SO_2 + CO_2$$
$$SO_2 + NaCO_3 \longrightarrow 2Na_2SO_3 + CO_2$$
$$SO_2 + Na_2SO_3 + H_2O \longrightarrow 2NaHSO_3$$
$$Na_2O \cdot nSiO_2 + H_2SO_4 \longrightarrow nSiO_2 + Na_2SO_4$$

【技术指标】

指标名称	一级品	二级品
亚硫酸氢钠（$NaHSO_3$）/%	≥38	≥34
二氧化硫（SO_2）/%	≥24.5	≥22
铁/%	≤0.01	≤0.015
pH 值	4.0~4.6	4.3~4.9

【应用】　亚硫酸氢钠属低毒化合物。通常用聚乙烯塑料罐包装，储存在阴凉干燥的库房内。不可与氧化剂和强酸类共储混运。其浓溶液对皮肤和黏膜有刺激作用。皮肤和眼睛接触后，应以清水清洗。误食后，应以大量清水洗胃。

亚硫酸氢钠在水处理和炼油中一般作除氧剂和脱氯剂。在食品工业中用作防腐剂和漂白剂。制药工业的助剂、抗氧化剂和稳定剂等。此外还可用作缓蚀剂、杀菌剂和染料中间体等。

12.1.17　焦亚硫酸钠

【分子式】　$Na_2S_2O_5$

【物化性质】

焦亚硫酸钠又称重硫氧，白色或微黄色结晶。相对密度为1.40，熔点150℃。易溶于水，水溶液呈酸性。溶于甘油，微溶于乙醇。受潮易分解，露置空气中易氧化成硫酸钠。与强酸接触放出二氧化硫而生成相应的盐类。加热到150℃分解，具有较强的还原性。

【制备方法】

(1) 纯碱法

制备焦亚硫酸钠产品，传统方法是利用碳酸钠溶液吸收二氧化硫气生成亚硫酸氢钠溶液，当反应终点时，从亚硫酸氢钠饱和液中析出，经离心脱水，干燥制得。反应如下：

$$2Na_2CO_3 + 4SO_2 + 2H_2O \longrightarrow 4NaHSO_3 + 2CO_2$$
$$4NaHSO_3 \longrightarrow 2Na_2S_2O_5 + 2H_2O$$

(2) 亚硫酸钠法

亚硫酸钠生产标准焦亚硫酸钠与纯碱或烧碱生产原理一致，但过程与操作方法不同，即均通过SO_2形成亚硫酸氢钠再转化而成。反应如下：

$$Na_2SO_3 + SO_2 + H_2O \longrightarrow 2NaHSO_3$$
$$4NaHSO_3 \longrightarrow 2Na_2SO_5 + 2H_2O$$

由于亚硫酸钠包括一定含量的粗亚，其方法较传统纯碱法有相当不同，其方法仍可分为干法与湿法两类。

① 干法过程

a. 将合格亚硫酸钠的干品，在搅拌下缓慢加入液体SO_2（合格品），pH值为4～4.6，干燥，其产品为合格焦亚硫酸钠。

b. 将一定含量的粗亚硫酸钠，在搅拌作用下缓慢加入SO_2或通SO_2气体，pH值为4～4.6，用一定量的正常的水（自来水或自然、合格再生水）洗涤、脱水、干燥成标准品，母液套用。

这里一定含量的粗亚硫酸钠为亚硫酸钠含量45%以非标品位。

② 湿法过程

a. 将合格亚硫酸钠溶解在正常水（自来水或自然、合格再生水）形成饱和溶液。

b. 通入SO_2气体或液体，pH值为4～4.6，形成亚硫酸氢钠结晶。

c. 脱水、干燥成合格焦亚硫酸钠。

纯度不够的亚硫酸钠必须根据含量补充纯碱或烧碱，形成合格焦亚硫酸钠结晶。

在我国保险粉（甲酸钠法）生产中，副产品大量亚硫酸钠，而自身又必须大量焦亚硫酸钠做原料，故采用亚硫酸钠生产焦亚硫酸钠，就能形成循环利用的生产，产生相当效益。

另外，在靛蓝染料生产中，由于富产大量混碱，通过生产亚硫酸钠再形成焦亚硫酸钠，同样会从根本上解决混碱再生利用的途径，形成相当效益。

【技术指标】

指标名称	一级品	二级品
焦亚硫酸钠	≥65.0	≥62.7
铁	≤0.005	≤0.005
水不溶物	≤0.05	≤0.10
pH 值	4.0～4.6	4.0～5.0
外观	白色或淡黄色结晶	白色或淡黄色结晶

【应用】　焦亚硫酸钠通常用内衬聚乙烯塑料袋的塑料编织袋包装，储存于阴凉、干燥的库房中，不宜久储。该产品用作油田注水处理系统的除氧剂，制药及香料等用作乳液防冻剂，也可用作生产氯仿、苯丙砜和苯甲醛的原料，食品漂白剂、防腐剂、护色剂、疏松剂、抗氧化剂和保鲜剂，印染媒染剂，橡胶凝固剂，照相的显影剂。还用于皮革处理，织物漂白。

12.1.18　亚硫酸氢铵

【分子式】　NH_4HSO_3

【物化性质】　亚硫酸氢铵又称酸式亚硫酸铵。纯品为白色或浅黄色的菱形结晶。相对密度为 2.03，150℃时升华。略有二氧化硫气味。在空气中易吸潮。极易溶于水，溶于乙醇，遇酸受热均能分解放出 SO_2。有较强的还原性，长期置于空气中易被氧化为硫酸铵。

产品一般均以溶液形式出售。其溶液为黄褐色液体。相对密度（50%溶液）1.3。能与酸、碱作用。在空气中易被氧化，遇热分解而放出 SO_2。

【制备方法】

我国亚硫酸氢铵的制造，一般是以氨水作氨源原料，回收硫酸尾气中的二氧化硫，经过吸收中和等工艺过程而制得。其反应式如下：

$$2NH_3 \cdot H_2O + SO_2 \longrightarrow (NH_4)_2SO_3 + H_2O$$
$$(NH_4)_2SO_3 + H_2O \longrightarrow 2NH_4HSO_3$$

该生产方法原料来源便利，成本较低，生产技术可靠，亚硫酸氢铵生产能力大，并且为硫酸尾气治理副产品增加了一条新出路。

【技术指标】　HG 2785—1996

指标名称	指标	指标名称	指标
外观	淡黄色液体	硫代硫酸铵/(g/L)	≤0.08
亚硫酸氢铵与亚硫酸铵总和/%	≥54.0	亚硫酸氢铵/亚硫酸铵比值	≥2.5

【应用】　亚硫酸氢铵属低毒化合物。通常用内衬橡胶的钢制槽车装运。容器必须密封，以防止与空气接触被氧化。同时不可与酸类碱类混运。储存时应在阴凉干燥的库房内。其浓溶液对皮肤有轻度的刺激作用，但短时接触不会造成伤害。接触溶液后，用清水冲洗片刻即可。产品本身无火灾及爆炸危险，若发生火灾，可以用水扑灭。

亚硫酸氢铵一般用作锅炉水、油田注水处理系统、钻井泥浆的除氧剂，用以脱除二氧化碳和氧气，防止腐蚀。另外，还可用作制造 100%二氧化硫的原料。在合成纤维制造生产己内酰胺的原料。化妆品中的防腐剂。在纸浆及造纸工业中用于纸浆的蒸煮和漂白处理等。

12.2　消泡剂

12.2.1　概述

消泡剂，顾名思义是消除泡沫的一种助剂。它消除的对象是对日常生产和生活带来危害的泡沫。在工业生产过程中，只要涉及搅拌的都会存在泡沫问题，如制浆造纸、纺织印染、涂料加工等。这些工业过程中的泡沫可能会造成很多问题，如生产能力减小、原料浪费、反应周期延长、产品质量下降等。由此可见，有害泡沫的控制和消除有极大的技术与经济意义。

泡沫消除方法很多，有机械方法和化学方法。机械方法主要通过调节体系的温度和压力等方法消泡，化学方法主要指向体系中加入一定量的消泡剂。

12.2.1.1　消泡剂消泡机理

消泡剂的作用原理是通过进入泡沫的双分子定向膜，破坏其力学平衡，从而达到消泡的目的。消泡剂的消泡机理可分为以下 3 种方式。

（1）化学反应法

消泡剂与发泡剂发生化学反应而消泡。例如发泡剂为肥皂时，加酸使其变为硬脂酸，也可以加入 Ca^{2+}、Mg^{2+} 等金属离子，使其成为不溶于水的固体，导致泡沫破裂。

（2）降低膜强度法

一些非极性消泡剂如煤油、柴油等，还有小分子醇类的消泡剂，它们的表面张力低于泡膜的表面张力，能在气泡液膜表面顶走原来的起泡剂，使泡膜强度降低（由于这些油性物质本身分子链短，不能形成坚固的吸附膜），从而达到消泡的目的。

（3）造成泡膜中局部张力差异

一些消泡剂以及某些固体疏水性颗粒，例如含氟表面活性剂、硅油、聚醚、胶体 SiO_2、二硬脂酰乙二胺（EBS）等，能够进入泡沫的双分子膜中，使泡膜中局部表面张力降低，而其余部分的表面张力不变，这种张力差异使张力较强的部位牵引着张力较弱的部位，从而产生裂口，使泡内气体外泄而消泡。

12.2.1.2　消泡剂的性能要求

作为消泡剂，应具有较低的表面张力和 HLB 值，不溶于发泡介质之中，但又很易按一定的粒度大小均匀地分散于泡沫介质之中，产生持续的和均衡的消泡能力。因此，消泡剂应具有下述性能：a. 消泡剂的表面张力应该低于被消泡体系的表面张力或比起泡剂有更高的表面活性，能促使起泡剂脱附，但它本身所形成的表面膜强度较差；b. 消泡剂泡沫表面有较好的铺展性，在其铺展过程中促进泡沫的排液作用，使液膜变薄；c. 在被消泡的体系中不溶解或溶解度极小，但又有一定的亲和性；d. 化学惰性，不与被消泡体系中的组分发生化学反应。

另外，对不同的应用场合，还要求消泡剂具有无毒、无臭、低挥发性、耐热和耐酸、碱等性质。对长周期循环体系，消泡剂应具有很小的积累副作用。

12.2.2　矿物油、脂肪酸（酯）、酰胺类、低级醇类等有机物

矿物油、脂肪酸（酯）、酰胺类、低级醇类等有机物为第一代消泡剂。矿物油如火油、松节油、液体石蜡等。可用于印花色浆、造纸等行业。脂肪酸及脂肪酸酯类如牛油、猪油、豆油、蓖麻油、硬脂酸乙二醇酯、失水山梨醇单月桂酸酯等。此类消泡剂可用于造纸、纸浆、染色、建筑涂料、发酵等。醇类如椰子醇、己醇、环己醇，可用于制糖、发酵石油精制等。酰胺类如聚酰胺、二硬脂酰乙二胺、二棕榈酰乙二胺等。

有机类消泡剂价格低廉，目前市场上仍在大量使用。它适合于在液体剪切力较小，所含表面活性剂发泡能力较温和的条件下使用，但对致密型泡沫的消除能力较差。由于有机消泡剂的应用领域具有多样性与特殊性，它往往具有专用性，市场份额已不断萎缩，因此在应用上有局限性。近年来，出于对环境保护的重视，天然油脂类消泡剂的地位又有了提高。有机消泡剂与硅氧烷类消泡剂相比生产成本低，因而应在能使用有机消泡剂的场合尽量使用，从这个意义上讲有机消泡剂是很有发展前途的。

12.2.2.1　磷酸三丁酯

【结构式】

$$
\begin{array}{c}
C_4H_9O \\
C_4H_9O \\
C_4H_9O
\end{array}\!\!\!\!\diagdown\!\!P\!=\!O
$$

【物化性质】　磷酸三丁酯又称磷酸三正丁酯。无色无味的易燃液体。熔点$<-79℃$，沸点292℃。常温下稳定。溶于水和许多有机溶剂。遇高热、明火或与氧化剂接触，有引起燃烧的危险。受热分解产生剧毒的氧化磷烟气。

【制备方法】　一般以丁醇和三氯氧磷为原料，在常温下反应，然后升温赶酸、中和水洗、脱醇、蒸馏而得。

从前由丁醇和三氯氧磷直接反应制备磷酸三丁酯的方法，由于丁醇与三氯氧磷的摩尔比较低，故酯化反应不易进行完全，有较多的单酯和二酯存在，因此产率一般80％以下。为了除去反应过程中的副产物氯化氢，大都采用减压脱气，随过量正丁醇蒸出或大量水洗的方法。其缺点是，由于氯化氢倾向于溶解在正丁醇中形成恒沸混合物，不可能由反应混合物中彻底除去，并且在后处理过程中对设备的腐蚀和环境的污染很大。

① 张正之等人采用了丁醇与三氯氧磷摩尔比为（7～12）∶1，反应温度在20～60℃，反应压力在300～700mmHg（表压），反应时间为3～5h，中和时可用固体碳酸钠加少量水，40％～60％碳酸钠水溶液或用20％～40％氢氧化钠水溶液进行，中和温度在20～70℃。此方法用固体碳酸钠，碳酸钠溶液或氢氧化钠水溶液进行副产物氯化氢中和时可使磷酸三丁酯的产率提高到90％左右，并且解决了对设备腐蚀和污染环境等问题。

将1295g（17.5mol）丁醇置于3L的三口烧瓶中，保持在25～60℃，600mmHg（表压）压力，搅拌下滴加384g（2.5mol）三氯氧磷，滴加后在25～60℃保温3h，然后加入500mL水和440g磷酸钠，中和温度保持在25～60℃，滤去固体盐，分出有机相，在70～80mmHg（表压）压力下蒸出过量的丁醇，粗酯用等体积水洗，在3～4mmHg压力下，138～140℃蒸出产物580g，收率91.8％。

② 陆静忠等人发明一种稳定生产高纯度磷酸三丁酯的方法，以得高产率、高纯度的产品。

a. 酯化反应。反应配比为三氯氧磷与正丁醇之摩尔比1∶（5～9），将三氯氧磷投入到反应釜中，在搅拌下，加入正丁醇，保持反应温度为25～35℃，搅拌速度为60～100 r/min，滴加正丁醇的时间为3～5h，滴加结束，继续搅拌1～2h，并保持温度在25～35℃；

b. 碱洗。在搅拌下，向上述反应物料中缓慢加入浓度为20％的碳酸钠溶液，控制温度在60℃以下，搅拌速度为60～80r/min，加碱时间超过1h后，停止加入碳酸钠溶液，静置后分去水相；

c. 脱醇。将碱洗后得到的上述物料通过脱醇塔处理，处理时，先加热，控制物料回流比为1/4～4/5，逐渐将水脱除，当塔顶馏出液密度小于0.809～0.820g/mL（20℃）时，停止回流，将正丁醇蒸出，至塔顶温度达110～130℃时结束；

d. 水洗。在搅拌速度为30～60r/min的条件下，按脱醇后物料与水的质量比为1∶（1.0～2.0）的配比，将纯水加入到物料中，静置后分去水相，得到磷酸三丁酯初产品；

e. 提纯。先调整初产品的pH值为6.5～7.5，然后在减压条件下，应用薄膜蒸发及分子蒸馏提纯，得到高纯度磷酸三丁酯。

该法的向三氯氧磷中加入正丁醇，而不是通常采用的向正丁醇中加入三氯氧磷，反应过程中产生的副产品氯化氢不溶于反应体系而被排除，减少了酯化反应中副产物的产生，有利于反应趋于完善，获得产率超过85％，纯度大于等于99.80％的产品。

【技术指标】

规格项目	指标	规格项目	指标
外观	无色透明液体,不深于 38 号标准色	酸度(以磷酸计)	<0.02%
相对密度(d_{20}^{20})	0.976~0.981	水分	<3%
折射率(20℃)	1.423~1.425		

【应用】 磷酸三丁酯通常用玻璃瓶包装,每瓶净重 20kg 或 25kg,外加木箱加固。储存于阴凉、干燥、通风处、防晒、防热、隔离火源。对皮肤和呼吸道有强烈的刺激作用,具有全身致毒作用。遇高热、明火或与氧化剂接触,有引起燃烧的危险。受热分解产生剧毒的氧化磷烟气。

磷酸三丁酯是很早就使用的消泡剂。可用于水溶液消泡,还可用在润滑油中作为消泡剂。韩世洪等人研究了磷酸三丁酯在纺织浆纱上的应用,将磷酸三丁酯与固体有机硅,乳化有机硅及有机硅油进行消泡性能对比。将产生泡沫的 PVA1788 浆液及变质面粉的浆液分别放到浴锅中煮,并分别加入 5% 的不同消泡剂 2mL。当浆液煮好后,取其中 50mL 倒入 250mL 的具塞量筒中,塞上塞子,握住量筒上下摇 3min,再静止 5min,读出其泡高。实验结果见表 12-1。

表 12-1   实验结果

项目	不加消泡剂	加固体有机硅	加磷酸三丁酯	加乳化有机硅	加有机硅油
PVA1788 浆液加 2mL 消泡剂泡沫高度/mm	18	1	2	3	2.5
变质面粉浆液加 2mL 消泡剂泡沫高度/mm	14	3	2	3	6

从总体上看,磷酸三丁酯对于这两种浆液的平均消泡效果最好。其消泡功能对于不同的浆料适应性更强,而且针对蛋白质形成的泡沫效果要好。

12.2.2.2   OTD 消泡剂

【分子式】

$$C_{17}H_{35}COHNCH_2CH_2NHCOC_{17}H_{35}$$

【物化性质】 OTD 消泡剂又称聚酰胺消泡剂。为淡黄色悬浮液,具有流动性。属于油基型消泡剂,为脂肪酸二酰胺的油基悬浮体,乙撑双硬脂酸酰胺为主要成分。

【制备方法】 张光华等人主要利用硬脂酰胺,一缩二乙二醇油酸单酯进行制备。

(1) 硬脂酰胺的制备

酰胺是羧酸中羟基被氨基置换后的化合物,也可以作为氨或胺分子中的氢原子被酰基取代后的产物。酰胺具有高的溶点和沸点,低级酰胺可溶于水,随着相对分子质量的增大,溶解度逐渐减少。

二胺及其同系物在一元羧酸过量情况下加热,生成相应的单二酰胺。本消泡剂的二酰胺是由硬脂酸与乙二胺反应的产物,室温下为固体,反应在一定温度下进行,不用催化剂。

$$2C_{17}H_{35}COOH + H_2NCH_2CH_2NH_2 \longrightarrow C_{17}H_{35}COHNCH_2CH_2NHCOC_{17}H_{35} + 2H_2O$$

生成铵盐阶段物料黏度较大,电机瞬时负荷增加。搅拌受到影响,为保证充分搅拌,使反应顺利进行,采用在较高温度下加乙二胺的方法,效果较好。

(2) 一缩二乙二醇油酸单酯的制备

羧酸的酯化反应,由于原料结构和反应条件不同,可以按照多种不同方式进行:一是酰氧键断裂;二是烷氧键断裂。一缩二乙二醇与脂肪酸分子间脱水是脂肪酸分子中的羟基和醇中氢原子结合而成水的，其余部分结合成酯，是按酰氧键断裂方式进行的。

（3）消泡剂的制备

本消泡剂的主要活性成分是硬脂酰胺，一缩二乙二醇油酸单酯（分散剂），白油和液蜡。白油和液蜡本身具有一定的消泡作用，又是该分散型消泡剂的载体。

将硬脂酰胺、一缩二乙二醇油酸单酯、液体石蜡按一定比例置于混熔釜中，搅拌，加热，得到清澈均一溶体，乘热压入预先装有重质蜡的均化釜中，高速搅拌，使其冷到室温，停止，即得消泡剂成品。

【技术指标】

指标名称	指标	指标名称	指标
外观	淡黄色悬浮液,具有流动性	抑泡度(FP)	≥65
闪点/℃	≥130	泡沫不稳定度(FP)	≥75
黏度(25℃)/(Pa·s)	160～320		

【应用】　油基型 OTD 消泡剂通常用 125～200kg 塑料桶包装，有效期一年。

主要用于造纸工业的制浆等工段，在以麦草为原料的纸浆中，其消泡能力为煤油的 20 倍以上。该消泡剂也可用于其他含水体系的消泡，如在预制感光版（PS）显影机中试用。

张光华等人研究了 OTD 消泡剂在造纸上的应用。同煤油消泡效果比较，在正常情况下使用，各使用 2h 的结果为耗用 OTD 消泡剂 1kg，而煤油用量则达 20kg 以上，且效果不理想，使用后维持时间也不及 OTD 消泡剂长。

12.2.3　聚醚类

聚醚消泡剂自 1954 年首先由美国 Wyandott 司投产后已经得到迅速发展，特别是 60 年代，随着聚醚工业的迅速发展，聚醚类消泡剂发展更为迅速。我国是在 1967 年研制成功并投入生产的。

聚醚是一类由 C—O—C 键组成的聚合物，主要是利用双金属催化剂或强碱作催化剂在含有活性 O—H 或 N—H 键上嵌入环氧乙烷（EO）、环氧丙烷（PO）或环氧丁烷（BO）而形成的。

聚醚用作消泡剂主要是利用其溶解性和温度之间的关系特性。对于含 EO 的非离子表面活性剂来说，随着温度的升高，聚醚在水中的溶解性从溶于水向不溶于水过渡。当聚醚在水中以一定大小的颗粒存在时，它就符合"不溶于起泡介质"这条消泡剂的特性，因此，它能在此时充当某些介质中的消泡剂。特别是一些不能用有机硅作为消泡剂的行业与领域，例如钢板清洗、电路板清洗、造纸工业等等。但是在很多实际的情况中，聚醚的消泡能力不够，而且实际的消泡温度变化范围较大，此时聚醚消泡剂聚醚表现出明显的缺陷。一般有 GP 型、GPE 型等。

12.2.3.1　聚氧丙烯甘油醚

【结构式】

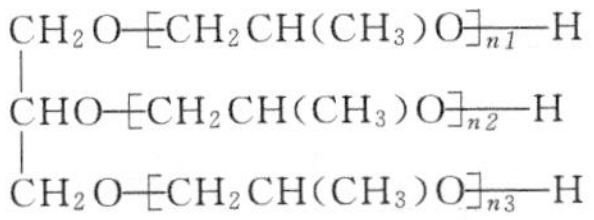

$$
\begin{array}{l}
CH_2O{+\!}CH_2CH(CH_3)O{+}_{n1}H \\
CHO{+\!}CH_2CH(CH_3)O{+}_{n2}H \\
CH_2O{+\!}CH_2CH(CH_3)O{+}_{n3}H
\end{array}
$$

【物化性质】　聚氧丙烯甘油醚又称甘油聚醚或消泡剂 GP。无色或黄色黏稠状液体，有苦味。相对密度 1.004～1.005，闪点 268℃，黏度（25℃）470～520mPa·s。

难溶于水，溶于乙醇、苯等有机溶剂。羟值 45.60mg KOH/g，酸值 0.5mg KOH/g，可燃，无毒。

【制备方法】

（1）氢氧化钾法

孙艳等人以环氧丙烷做原料，在碱性催化剂作用下与起始剂作用开环聚合而成。工艺流程如图 12-5 所示。

将起始剂甘油、氢氧化钾、环氧丙烷按一定配比依次加入不锈钢高压釜内，盖紧，充入 N_2 至表压为 $2\sim3kgf/cm^2$（$1kgf/cm^2=98.0665kPa$），连续进行 3 次（以排除釜内氧气）。开动搅拌器加热升温。釜内温度不宜升得太快，一般在 $1\sim2h$ 升至 $100℃$。经过一段反应后，再少许加热，釜内温度和压力继续上升。当压力、温度达到一定最高点时，持续一段时间又突然下降。待压力降至零时，聚合反应结束。继续搅拌 30min，待温度降至 $100\sim$

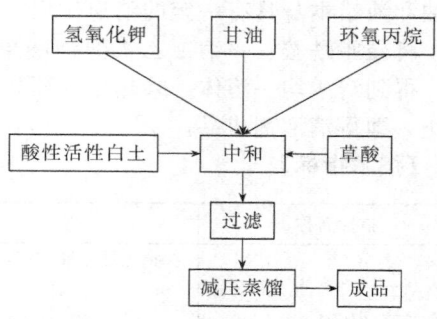

图 12-5　氢氧化钾法工艺流程

$110℃$，趁热出料于三口瓶中，产物为粗聚醚。在 $110℃$ 下经草酸中和后，蒸馏，得精制聚醚。

（2）MMC 法

以 KOH、NaOH 或甲醇钠为催化剂，直接制得的甘油聚醚不饱和度都很高，而且相对分子质量一般不到 6500。王伟松等人以含有 Co、Zn、Pb 等金属离子的多金属氰化物（MMC）为催化剂，甘油低聚物为起始剂，环氧丙烷或环氧丙烷与环氧乙烷或环氧丁烷的混合物为增链剂，在 $90\sim160℃$ 下，制得甘油聚醚。其相对分子质量可为 $300\sim1000$。所用催化剂的加入量可为制得的甘油聚醚最终产品质量百分比的 $0.01\%\sim0.001\%$。

① 甘油低聚物的制备　在实验前先用蒸馏水把 2.5L 高压反应釜洗几次，直到干净为止，烘干反应釜，冷却到 $30℃$ 后备用。反应开始时，先在反应釜中加入甘油 200g，KOH（固体）4.5g，置换 N_2 三次后升温，温度到 $100℃$，脱水 0.5h 后，温度调到 $125℃$ 加环氧丙烷 1301g，加完等压力降到不能降为止，降温脱气出料，制得甘油低聚物。

② 甘油聚醚的制备　在反应釜中加入①制得的甘油低聚物 100g，MMC 催化剂 0.05g，置换 N_2 三次后升温到 $100℃$，脱水 0.5h 后，温度调到 $130℃$ 加环氧丙烷 1401g，加完熟化，等压力降到不能降为止，降温脱气出料。制得产品相对分子质量为 10325，不饱和度为 0.01，催化剂 MMC 用量为最终产品质量的 0.0033%。

（3）H_3PW_{12} 催化法

岳淑美等采用了 $H_3PW_{12}\cdot nH_2O$ 作为催化剂，在中温常压下就可制备聚氧丙烯甘油醚。将计量的丙三醇投入装有搅拌器、温度计、回流冷凝管的四颈瓶中，加入总物料 0.5% 的可溶性 $H_3PW_{12}\cdot nH_2O$ 的催化剂。$60℃$ 左右滴加环氧丙烷，控制滴加速度，使其反应温度不骤升。滴加完毕后，在 $65\sim70℃$ 条件下保温 45h。冷却至室温后，用氧化钙中和处理催化剂，干燥，过滤即可得到产品。

【技术指标】

项目	指标		
	优级品	一级品	合格品
羟值/[mg(KOH)/g]	$43\sim54$	$45\sim56$	$45\sim60$
酸值/[mg(KOH)/g]	$\leqslant0.2$	$\leqslant0.5$	$\leqslant0.6$
铁（以 Fe 计）/%	$\leqslant0.002$	$\leqslant0.002$	$\leqslant0.002$
铅（以 Pb 计）/%	$\leqslant0.0004$	$\leqslant0.0004$	$\leqslant0.0004$
砷（以 As 计）/%	$\leqslant0.0001$	$\leqslant0.0001$	$\leqslant0.0001$

【应用】　为油溶性非离子表面活性剂。用于稀薄发酵液消沫，如酵母、味精、链霉素、造纸、生物农药等，消泡效率比食用油高几倍到几十倍。但其亲水性差，在发泡介质中的溶解度小，所以宜使用在稀薄的发酵液中。它的抑泡能力比消泡能力优越，适宜在基础培养基中加入，以抑制整个发酵过程的泡沫产生。

在味精生产时采用在基础料中一次加入，加入量为0.02%～0.03%。对制糖业浓缩工序，在泵口处，预先加入，加入量为0.03%～0.05%。加入量勿过量，以免影响氧的传递。

12.2.3.2　聚氧丙烯氧化乙烯甘油醚

【结构式】

$$CH_2O(C_3H_6O)_{n1}(C_2H_4O)_{m1}H$$
$$CHO(C_3H_6O)_{n2}(C_2H_4O)_{m2}H$$
$$CH_2O(C_3H_6O)_{n3}(C_2H_4O)_{m3}H$$

【物化性质】　聚氧丙烯氧化乙烯甘油醚又称消泡剂GPE或泡敌。为无色或淡黄色透明黏稠液体，味苦。溶于水、苯、乙醇。溶于水后可降低表面张力，具有消泡作用。

【制备方法】　甘油与氢氧化钾投入聚合釜生成甘油钾，连续投入环氧丙烷进行聚合，温度控制在90～95℃，聚合压力0.4～0.5MPa。聚合完成后，再投入环氧乙烷，以相同的温度和小于0.3MPa的压力下聚合。反应完毕，用草酸中和至中性，加入活性炭脱色。过滤后得成品。

【技术指标】

项目	指标				
	沈阳石油化工厂标准（待执行）			Q/320400 XH004-91	
	优级	一级	合格	一级	二级
外观	—	—	—	无色透明液体	浅黄色透明液体
色泽值（铂-钴色泽比色法）					
羟值/[mg(KOH)/g]	48～54	45～56	45～60	45～56	45～60
酸值/[mg(KOH)/g]	≤0.2	≤0.5	≤0.6	≤0.5	≤0.5
浊点/℃	19～25	17～25	17～25	17～21	17～21
铁（以Fe计）/%	≤0.002	≤0.002	≤0.002	—	—
铅（以Pb计）/%	≤0.004	≤0.004	≤0.004	—	—
砷（以As计）/%	≤0.0001	≤0.0001	≤0.0001	—	—

【应用】　按照环氧乙烷加成量为10%，20%，…，50%分别称为GPE10，GPE20，…，GPE50。可代替豆油消泡，高效、无毒。

本品具有一定的亲水性和伸延性，适用于比较稠厚的发酵液。在较高温度下，加热及多次循环加热，对消泡活性均无影响。用水稀释后，继续冷却到其浊点以下，用以滴加。必须使其全部溶解后，溶液温度再回升到浊点以上，使其形成极细微乳状粒子，能够显著提高消泡能力，反之，液温在浊点以下使用，效果明显降低。使用浓度为3%～5%的水溶液，消泡率比豆油高25～30倍。生产味精时用量为0.02%～0.03%。由于该产品为自身乳化型消泡剂，消泡效果具有持久。

12.2.4　有机硅类

有机硅类消泡剂是目前染整、食品、发酵、造纸、化工生产、黏合剂、润滑油等行业中使用较广泛的一类消泡剂。我国从20世纪70年代开始研制和使用有机硅消泡剂，近年来，取得了较好的效果。

单纯的有机硅，如二甲基硅油，并没有消泡作用。但将其乳化后，表面张力迅速降低，使用很小量即能达到很强的破泡和抑泡作用，成为一种重要的消泡剂成分。常用的有机硅消泡剂都是以硅油作为基础组分，配以适宜的溶剂、乳化剂或无机填料配制成。有机硅作为优良的消泡剂，不仅消泡能力强，而且稳定、难溶，既可用于水体系，又可用于非水体系，因而获得广泛应用。

目前国内市售的有机硅消泡剂按物理性状可分为油状、溶液型、乳液型、固体型四类。

12.2.4.1　二甲基硅油

【结构式】

$$CH_3-\underset{\underset{CH_3}{|}}{\overset{\overset{CH_3}{|}}{Si}}-O-\left[\underset{\underset{CH_3}{|}}{\overset{\overset{CH_3}{|}}{Si}}-O\right]_n-\underset{\underset{CH_3}{|}}{\overset{\overset{CH_3}{|}}{Si}}-CH_3$$

【物化性质】　二甲基硅油又称聚二甲基硅氧烷。无色透明黏稠液体。无臭，无味。不溶于水和乙醇，溶于四氯化碳、苯、氯仿、乙醚、甲苯及其他有机溶剂。其黏度随分子中硅氧链节数 n 值的增大而增高，从极易流动的液体，直至稠厚的半固体。具有优异的电绝缘性和耐热性。闪点高，凝固点低，可在 $-50\sim200℃$ 下长期使用。黏温系数小，压缩率大，表面张力小，憎水防潮性好，耐化学药品性强，对金属不腐蚀，具生理惰性。

【制备方法】　目前工业化生产二甲基硅油一般采用硫酸法。将八甲基环四硅氧烷单体和封头剂六甲基二硅氧烷在硫酸催化下，开环聚合、平衡，制得二甲基硅油。但这种方法生产的硅油，要经过提纯。污染环境，设备要求高。

孔垂华等针对这一情况，采用固体酸性白土作催化剂，同时使用季铵盐作相转移催化剂，进行固/液相合成低黏度二甲基硅油。将八甲基环四硅氧烷单体与封头剂、催化剂（投料总量的 $2\%\sim5\%$）投入反应器中搅拌，升温至 $75℃$。调搅拌速度，保持内温（80 ± 5）℃，反应 3.5h。0.5h 内抽样 $3\sim5$ 次，测样品黏度基本不变，反应终止。冷却后可放料，静置 24h 取上层清液过滤，即得成品。

【改性】　该产品消泡性能好，但是抑泡性能差，不能持续抑制泡沫产生，难以单独应用，所以使用时应对二甲基硅油进行改性。

（1）改进后的本体型有机硅消泡剂

① 混入 SiO_2 气溶胶后构成的复合物

通过研究发现二甲基硅油的消泡能力，能通过加入粒径小于 $25\mu m$ 的硅、镁等氧化物，作为固体填料得到改进。将防水处理后的 SiO_2 气溶胶（就是一般所谓的疏水白炭黑），混入二甲基硅油中，经一定温度处理就可制得。

a. 六甲基二硅醚 1.5 份，与白炭黑 7.5 份，在室温下混合 1h，然后，与黏度 0.5Pa·s（$25℃$）的二甲基硅油 92.5 份，在 $150℃$ 混合 4h。

b. 1∶1 质量比的 Me_3SiNH_2 气体与白炭黑在 $60\sim80℃$ 下经混合处理。此混合物与黏度为 $1cm^2/s$（$20℃$）的二甲基硅油以 1∶9 质量比，在 $100℃$ 混合 1h。

c. 黏度为 $1cm^2/s$（$20℃$）的二甲基硅油以 24∶1 的质量比，与白炭黑混合，在 $150℃$ 下加热处理 0.5h。

要保证消泡剂的质量，对白炭黑的规格有一定的要求：平均比表面积 $160m^2/g$，粒度 $1\sim10\mu m$，$105℃$ 下加热 2h 平均失重 6%。其质量分数为 5% 的水悬浮体的 pH 值为 8.9。近年来，通过多方面的研究，强调硅油与白炭黑混合后的加热温度要足够高，如：94g 黏度为 0.35Pa·s 的二甲基硅油，与 6g 白炭黑混合后，在 $300℃$ 加热 2h，6 周后无沉淀，而在 $200℃$ 加热，则 6 周后含沉淀 3.3%。

② 增混其他的有机硅成分

在二甲基硅油与白炭黑之外，可以再混入硅树脂。

a. 100 份（质量）黏度 3.5cm²/s（20℃）的二甲基硅油和 10 份（质量）硅树脂，于搅拌下，在 100℃之内加热 2～3h，直到溶解，再添加 3 份（质量）白炭黑，混合后，在 150℃下加热处理。

b. 93 份二甲基二氯硅烷，滴加到由二甲基硅油 100 份、白炭黑 5 份、水 5 份组成的均匀混合物中，同时，连续搅拌 1h。由混合物放出 HCl 后，将混合物升温到 140～160℃，痕量 HCl 出喷水泵抽出，再用真空泵在 267～667Pa 真空度下抽真空 2h，可制得一种消泡剂。

c. 二甲基硅油 100 份。含 Si—H 键的二甲基硅油 5 份，白炭黑 5 份，在 150℃下混合 2h。

③ 改进稳定性及效力的制法

a. 将 100 份乙烯基封头的聚二甲基硅氧烷树脂（黏度高于 1m²/s）、75 份表面积大于 225 m²/g 的白炭黑和 22 份羟基化的二甲基硅油混合，并在 175℃以上剪切处理 3h 制得 A 组分。再将制得的 A 组分混入到由二甲基硅油等所组成的 B 组分中，即可制成一种消泡剂。

b. 异氰酸盐和含有活泼氢的化合物，如环己胺，反应制得的固体与硅油混合，亦可制备消泡剂。具体配方为：在 380 羟基封头的二甲基硅油（2cm²/s）中，混入 5.5g 双异氰酸萘，在 150℃下慢慢地与 5.75g 环己胺反应。制得的消泡剂在碱性介质中，以及在机械搅拌、剪切、加热条件下，均有较好的消泡能力。

c. 由一般的二甲基硅油与 γ-Al$_2$O$_3$，亦可混合制得消泡剂。如：96 份黏度为 10m²/g，粒度 5～30μm 的 γ-Al$_2$O$_3$ 混合。

（2）油体系的消泡剂硅油溶液的制备

为了使有机硅消泡剂达到优良的消泡作用，必须将其变为十分微小的颗粒，均匀地分散在消泡对象中。可将硅油溶解在溶剂中制成硅油溶液，有机溶剂应既溶解硅油，本身又易于在起泡体系中溶解、分散。用于非水体系消泡选择的有机溶剂有多氯乙烷、甲苯、二甲苯等；用于水体系消泡选择的有机溶剂有乙二醇、甘油、其他醇等。硅油溶液消泡剂是借助溶剂携带硅油并分散在起泡液中，溶剂扩散，硅油凝聚成微滴，从而发挥消泡作用。

这种简单的方式并没有得到广泛的应用，一是使用大量的溶剂提高了成本；二是如果没有剧烈的搅动，溶剂虽易扩散，有机硅却在原地凝聚成没有消泡活性的、粒度过大的油珠。

（3）固体有机硅消泡剂的制备

把有机硅消泡剂制备成粉剂或与其他有关材料混合制成固体型。主要有：a. 喷雾干燥制粉；b. 制成颗粒；c. 制成蜡块。

【技术指标】

规格项目	指标	规格项目	指标
外观	无色透明液体	闪点/℃	300
黏度/(mm²/s)	100±8	相对密度(25℃)	0.960～0.970
折光度(25℃)	1.400～1.410	凝固点/℃	−55

【应用】 该产品主要用于工业循环冷却水系统的清洗及预膜过程中。由于表面张力小，且不溶于水，动植物油及高沸点矿物油中，化学稳定性好、又无毒，二甲基硅油及其改性产品用作为消泡剂已广泛用于石油、化工、医疗、制药、食品加工、纺织、印染、造纸等。

① 涂抹法 该品一般是不能直接添加到起泡液中，可通过涂抹的方法使用。将其涂在喷嘴口上或容器边上，或把涂有产品的金属网张在桶上。

② 溶剂法　简单地将有机硅液体或有机硅液体与白炭黑的复合物，直接添加到水体中，难以分散，不能充分发挥其作用。把有机硅产物溶解在亲水性溶剂中，如乙二醇等低级醇中，有时也可溶于高级醇、苯酚等在水中微溶的溶剂。溶解状态的有机硅，随亲水性溶剂的扩散，而成一定分散度的液珠微粒，从而发挥消泡作用。

③ 乳化法　被广泛地接受并已得到充分发展的方式是将二甲基硅油乳化，以制成用于水体系的消泡剂。详见 12.2.4.2 乳化硅油。

12.2.4.2　乳化硅油

【结构式】

$$H_3C-\underset{\underset{CH_3}{|}}{\overset{\overset{CH_3}{|}}{Si}}-O-\left[\underset{\underset{CH_3}{|}}{\overset{\overset{CH_3}{|}}{Si}}-O\right]_m\left[\underset{\underset{O-C_2H_5}{|}}{\overset{\overset{CH_3}{|}}{Si}}-O\right]_n\underset{\underset{CH_3}{|}}{\overset{\overset{CH_3}{|}}{Si}}-CH_3$$

【物化性质】　白色黏稠液体。黏度 $(100\sim350)\times10^{-6}\,m^2/s$。

几乎无臭无味。可溶于 $50\sim60℃$ 的温水中，不溶于水（可分散于水中）、乙醇、甲醇，溶于芳香族烃类化合物、脂肪族碳氢化物和氯代烃类化合物（如苯、四氯化碳等）。化学性质稳定，不挥发，不易燃烧，对金属无腐蚀性，久置于空气中也不易胶化。

【制备方法】

(1) 转相乳化法

该法一般由二甲基硅油、白炭黑、乳化剂、乳液稳定剂和去离子水等配制而成。由于硅油较其他油类更难乳化，形成的乳化液稳定性也较差，而乳化液是否能在产品保质期内保持稳定不分层是乳液型有机硅消泡剂产品质量好坏的重要指标，所以以乳化配制中所选择的助剂、乳化剂是否适当，乳化工艺是否合适都十分重要。

乳化剂属于表面活性剂，其分子由亲油基和亲水基两部分组成，它能在分散相微滴的表面上形成薄膜或双电层，阻止这些微滴相互凝聚，有助于形成稳定的乳液。乳化剂分子的亲油、亲水平衡值即 HLB 值必须适中，所配制的乳液才能稳定。乳化硅油在水中所需的 HLB 值，20 世纪 50 年代有人提出为 10.5。后来又有许多研究者提出，将二甲基硅油与水乳化，选用 HLB 值大于 12 的亲水性乳化剂及 HLB 值小于 6 的亲油性乳化剂混合起来使用为宜。近期，较多研究者认为应用于硅油乳化剂的适宜的 HLB 值为 $7\sim9$。

总括起来，乳液是一种液体在另一种不相溶的液体中形成的分散体系。在乳液中，被分散的液体称为内相或分散相，承受分散相的液体称为连续相或分散媒。以甲基硅油等为分散相的乳液有水包油（o/w）型和油包水（w/o）型两种。用于水体系的有机硅消泡剂，往往制成水包油型乳液。它在水体系中易于分散，从而达到用量省、消泡快的目的。制备水乳液常用的乳化剂大多数是相对分子质量较高，而且本身就具有一些胶体性质的表面活性剂。通常，阴离子型乳化剂，如磺酸盐、硫酸酯等具有较好的乳化能力，但均具有不同程度的助泡作用。非离子型乳化剂 Span 类、Tween 类、聚氧烷亚甲基脂肪酸醚和聚氧烷亚甲基苯基壬基醇醚等均可用来乳化聚硅氧烷。其中最常用的有 Span60、Tween60、Myri-52s（聚氧亚乙基单硬脂酸酯）以及它们的混合物。

李连香等在氮气保护、反应温度为 210℃ 条件下，将二甲基硅油和 SiO_2 气溶胶制成有机硅消泡剂的主体材料，然后在搅拌条件下与乳化剂、稳定剂、防腐剂和去离子水乳化制成消泡剂成品。制成的乳液型有机硅消泡剂外观为白色乳状液，pH6.5～7，密度 1.01～10.15g/cm³，稳定性好，不沉降、不分层。

林斌昌等以较低黏度的二甲基硅油为原料（占硅油用量的 10%），在带搅拌装置的三口烧瓶中加入一定比例的二甲基硅油和二氧化硅，在 190℃ 下混合反应一定时间后冷却得到制主消泡剂的复配物。然后在三口烧瓶中加入一定量的主消泡剂复配物，Span-60 和 Tween-60 乳化剂（HLB 值在 8.0～9.0 之间），搅拌，控制乳化的温度和时间，然后将一定量的、一定温度下的羧甲基纤维素钠的水溶液缓慢而均匀地加入烧瓶中，搅拌均匀，再缓慢加入余量的水，最后搅拌 30min 出料，经乳化机乳化后即能制得性能良好乳化硅消泡剂。

（2）有机硅高沸物法

利用有机硅副产物高沸物与乙醇中的乙氧基和水中的羟基进行取代反应，即反应过程中分子间、分子内的水解、缩合，生成含有乙氧基、羟基的有机硅混合物。

国内李晓光，董德等利用综合利用釜进行制备。首先检查实验装置是否正常，然后将所需物料注入储罐中，根据配比按适宜量将高沸物装入综合利用釜，开动搅拌及冷却器，室温下缓慢按配比滴加醇水溶液，一段时间后，待氯化氢气体很少产生时逐步升温釜液，滴加完毕后搅拌 15min，继续升温，回流 2h 后，降温至 50℃ 用氮气吹扫 1h 冷却至室温，分去下层淡黄色液体，再用氢氧化钠、氨水等中和至中性，过滤后蒸出残余乙醇制得中间产品。在室温下将有机硅高沸物中性油、平平加-op、聚乙烯醇投入综合利用釜，搅拌升温 95℃ 约恒温 1h 后，降温至约 40℃ 加乙醇，再升温至 50℃ 滴加去离子水恒温搅拌 2h，搅拌升温至（78±2）℃，恒温蒸醇 2h 后降温，制得乳化硅油。

【应用】 主要用于工业循环冷却水系统的清洗及预膜过程中，清除泡沫剂及污染引起的泡沫。使用有机硅乳剂消泡，耗量少、效果好。在使用乳化硅时，需要考虑乳状液配方的适应性问题。一个好的方法是乳状液中选择性地加入增稠剂，最初是用甲基纤维素，它是一种非常有效的增稠剂，但它在 80℃ 以上不溶于水。现代的硅氧烷消泡乳液使用不凝胶的纤维素作增稠剂，如羟乙基纤维素、藻酸盐衍生物和合成羧基乙烯基聚合物。

12.2.5 聚醚改型聚硅氧烷消泡剂

聚醚改型聚硅氧烷消泡剂是近年来研究很热的一种消泡剂。在硅醚共聚物的分子中，硅氧烷段是亲油基，聚醚段是亲水基。聚醚链段中聚环氧乙烷链节能提供亲水性和起泡性，聚环氧丙烷链节能提供疏水性和渗透力，对降低表面张力有较强的作用。聚醚链端的基团对硅醚共聚物的性能也有很大的影响。常见的端基有烃基、烷氧基等。调节共聚物中硅氧烷段的分子量，可以使共聚物突出或减弱有机硅的特性；同样，改变聚醚段的分子量，会增加或降低分子中聚硅氧烷的比例，对共聚物的性能也会产生影响。

聚醚改性聚硅氧烷消泡剂是将有机硅消泡剂和聚醚消泡剂的优点有机结合起来的一种新型消泡剂。它不仅具有聚硅氧烷类消泡剂消泡效力强、表面张力低、挥发性低、无毒、无污染、生理惰性等特点，而且还具有聚醚类消泡剂的耐高温、耐强碱等特性。它是一种性能优良，有广泛应用前景的消泡剂。

【制备方法】 目前聚醚改性聚硅氧烷的合成主要有两种方法：一种是缩合法制 Si—O—C 型聚醚硅油；另一种是氢硅加成法制 Si—C 型聚醚硅油。其中 Si—O—C 型聚醚硅油，易于水解，化学稳定性较差，在中性水溶液中，也有变质的趋势，不过有资料提到水解产物同样发挥较好的消泡作用。而未配成溶液的聚醚改性硅油共聚物却能保存很长的时间。

（1）缩合法

利用此法制备的聚醚硅油为 Si—O—C 连接型，它是由含羟基的聚醚或聚醚酯与含 SiOR、SiH、SiNH$_2$ 的聚硅氧烷通过缩合反应制得，反应式如下：

$$—\overset{|}{\underset{|}{Si}}OR + HO\text{-}PE \longrightarrow —\overset{|}{\underset{|}{Si}}OPE + ROH$$

$$—\overset{|}{\underset{|}{Si}}OH + HO\text{-}PE \longrightarrow —\overset{|}{\underset{|}{Si}}OPE + H_2$$

$$—SiNH_2 \ +HO-PE \longrightarrow \ —SiOPE \ +NH_3$$

这类反应所使用的催化剂种类可为碱金属，如有机碱、金属卤化物、过渡金属等，也可用酸作其催化剂；此类反应的条件比较温和，容易发生。缺点是产物以 Si—O—C 键连接，形成的共聚物在水溶液中易发生水解。

李春静等以含氢硅油、聚醚为原料，三氟乙酸为催化剂制备了聚醚改性聚硅氧烷共聚物；通过不同原料对共聚物性能影响的研究，得出适宜的原料：含氢硅油的氢基质量分数 1.5%，聚醚的相对分子质量 2000。通过对影响反应的温度、时间、原料质量比及催化剂用量等的考察，利用消泡、抑泡性能测试等手段，确定了合成聚醚改性聚硅氧烷的优化条件：100℃下反应 10h，m（聚醚）：m（含氢硅油）＝15:1，催化剂用量为 0.2%。

（2）加成法

这类反应需要不饱和键参与，根据不饱和键的位置分为两种情况：一种是聚醚上有不饱和键，用含氢硅油进行加成，即硅氢加成反应；这类反应是有机硅化学中应用最广，研究最多的反应之一。其反应通式可表示为：

$$\equiv Si-H \ + \ C=C \xrightarrow{\text{Cat}} \equiv Si-CH_2-\overset{\displaystyle H}{\underset{\displaystyle |}{C}}-$$

另一种是硅油链上含有不饱和双键，再利用碳碳双键引入聚醚基团，得到聚醚硅油；这也有两种方式：一种是采用有机型氧化物氧化双键先制得环氧改性聚硅氧烷，通过环氧改性硅油与羟端基聚醚共聚制备聚醚硅油；另一种是由含 C＝C 键的聚硅氧烷与含 Si—H 键的聚醚加成反应来制取聚醚硅油，这一反应类似于前面提到的硅氢加成反应。Si—C 型匀泡剂是一种改性硅油，为透明的、从无色到琥珀色的黏性液体，由性能差别很大的聚醚链段与聚硅氧烷链段，通过化学键连接而成。从结构上看，它是一种非离子表面活性剂，其浊点在 25～400℃、相对密度为 1～1.1（25℃）、黏度为 1.0～1.5Pa·s（25℃）、折射率 n_D 1.40～1.45；具有良好的水溶性、相容性、乳化性及表面活性；具有耐水解的性能，在无氧情况下可以保存二年以上。它的结构具有多分散性，其结构参数直接影响着应用性能。利用加成法制备的聚醚硅油多为 Si—C 连接型，比较稳定，不易水解；但制备条件比较高，工艺也相对较复杂，生产成本比缩合法制备的高。

① 蔡振云等以高含氢硅油为原料，采用调聚法制备低含氢硅油；同时，以丙烯醇为起始剂、碱为催化剂，进行环氧乙烷、环氧丙烷的开环共聚，制成端烯丙基聚氧烯醚；再用端烯丙基聚氧烯醚对低含氢硅油进行接枝改性，获得聚醚改性聚硅氧烷；以改性后的聚醚聚硅氧烷为主要原料，筛选合适的乳化剂、增稠剂制备出高效的消泡剂。

采用调聚法将 111.5g 二甲基环硅氧烷混合物、6.5g 高含氢硅油和 2.2g 六甲基二硅氧烷加入反应釜中，以浓硫酸作催化剂，在 60～65℃下反应 3～5h；然后降至室温，用碳酸氢钠中和，抽滤，110℃下真空蒸馏脱去低沸物，得活性氢质量分数为 0.09% 的低含氢硅油。在四口烧瓶中，先将反应原料（低含氢硅油、端烯丙基聚氧烯醚）与质量分数为 25% 的甲苯共沸脱水，然后以含量为 30mg/kg 的氯铂酸异丙醇溶液作为催化剂，于氮气氛围下加热至 100℃，反应 4～4.5h；蒸去溶剂后，得聚醚改性聚硅氧烷。再将一定比例的疏水性气相法白炭黑和聚醚改性聚硅氧烷在 160～180℃下搅拌反应 3h，然后降至室温，得硅膏；最后加入一定量的乳化剂、增稠剂，搅拌、升温，使乳化剂完全溶解。继续搅拌约 2h，得粗乳液；然后用高速匀浆器搅拌约 10min，得稳定的乳液消泡产品。

② 李军伟等人以烯丙醇聚氧乙烯醚和低含氢硅油为原料，采用本体聚合法制备 Si—C 型聚醚改性硅油消泡剂。结果表明，Si—H 键与 C＝C 键的量之比为 1:1.2，反应时间

20min，反应温度120℃，催化剂用量15mg/L；制得的聚醚改型硅油透明，消泡时间短，抑泡性良好，可应用于不允许漂油的生产领域。

【应用】 聚醚改性聚硅氧烷用作消泡剂时，应该考虑各种环境条件。李阿丹等以聚醚和二甲基硅油为原料研制了一种新型的消泡剂。以质量分数为1%的十二烷基磺酸钠的水溶液为起泡体系，进行消泡和抑泡试验。探索了该消泡剂的最佳适用条件：适用于弱碱及弱酸性环境，溶液体系的pH值为8，且起泡液的温度为80℃，消泡剂的加入量为起泡液体积的0.3%时，消泡效果最好。

此外，聚醚改性聚硅氧烷还可以作为纤维与纺织剂，油亲水整理剂，聚氨酯泡沫塑料稳泡剂、化妆品添加剂等。

12.3 污泥剥离剂

曾经各种腐烂的生物体在船体，码头，渔网，水坝，管道，冷却塔疯狂地生长，对航海业及淡水业造成了重大的经济和环境损失。腐烂的生物体包括藤壶，蚌类，硅藻属，苔藓虫门，海鞘类等，在不同的方面引起了经济损失。它们生长在船体的外壳上，降低了燃料效率，清理过程中浪费航行时间，降低热传导率等。

污泥剥离剂是在杀菌灭藻剂的基础上发展起来的。通过杀菌灭藻剂对污泥的剥离作用而抑制各种菌类的繁殖。杀生灭藻剂立足于杀灭微生物，杀灭是它们的主要手段。因此往往要求药剂对各种微生物具有极大的毒性，但毒性大的药剂往往难于或不易生物降解而造成环境污染问题。

目前对药剂高效低毒的要求已越来越高，即要求对微生物有高效的杀灭作用，而对人类，对水生生物，特别是对鱼类要求毒性很小。因此合成和筛选这些药物也就越来越困难。目前出现了另外一种观点，即立足于污泥、污垢剥离，以抑制菌藻繁殖和减少它们的危害。按照这种观点，对药品毒性的要求并不很高，但应有极好地剥离污泥的效果。要是能将微生物以及它们所造成的生物黏泥从金属表面或冷却塔壁上完全剥离下来，并对微生物的生存和繁殖进行一定程度的抑制，那么既消除了污垢对热量传递所造成的损失，又解决了垢下腐蚀问题，药剂排放也不会造成环境污染，这样就可以大大减少微生物造成的危害。这是循环冷却水系统微生物处理的一项值得注意的动向。

常用的污泥剥离剂有松香胺和一些两性表面活性剂。它们不但具有污泥剥离的作用，同时也有缓蚀、杀菌的功效。

12.3.1 松香胺

【结构式】

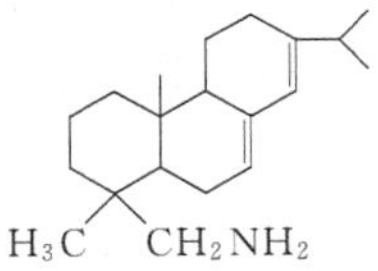

【物化性质】 松香胺为浅黄色黏稠油状液体。有刺激性氨味。相对密度0.9800～1.000，沸点87～211℃（666.5Pa），黏度32～34mPa·s（80℃），87mPa·s（25℃），折射率1.540～1.5450，闪点大于180℃，燃点大于210℃。

微溶于沸水（在100℃沸水中溶液0.5%），易溶于醇、醚、烃类化合物和卤代烃等大部分有机溶剂。与乙基纤维素、天然或合成树脂相容性好，与乙酸纤维、聚乙酸乙烯相容性差。

【制备方法】

（1）高压加氢法

由松香腈，再在高温、高压下催化加氢制得松香胺。常用 C、Ni 等催化剂，其反应式如下：

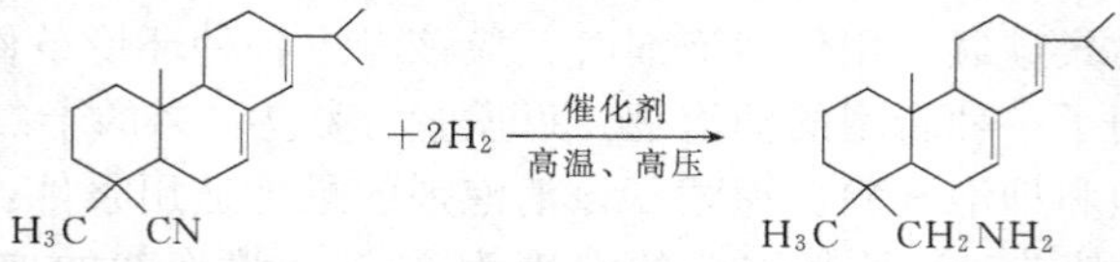

$$+2H_2 \xrightarrow[\text{高温、高压}]{\text{催化剂}}$$

松香腈催化加氢是多相催化放热反应，以骨架镍为催化剂，少量氢氧化钠为助催化剂，乙醇为溶剂。

加氢反应的速度取决于氢气的压力和催化剂的活性。氢气压力愈高，加成反应速度愈快。另外就是催化剂的活性问题。对松香腈一端基的不饱和碳氮键，铂、镍催化剂都具有优良的催化活性。松香腈加氢在碱性溶液中进行，加氢温度为 120～150℃，初始压力 100～150atm/cm^2，采用 Co-Al$_2$O$_3$ 和 Ni-Co 混合催化剂。按上述报道，松香腈加氢压力要求在 100atm/cm^2 以上，这对加氢设备和技术方面要求高，难度大，对今后工业化投产带来一系列问题。加入合适的催化剂，加氢压力可以降低，有利于工业化投产。

工业上，利用松香腈 20kg，工业乙醇 38kg，镍 6kg，氢氧化钠 200g，混合搅拌均匀。真空下加氢至 4MPa。升温至 80℃ 左右，松香腈在骨架镍催化下剂和助催化剂的作用下，与氢加成。此时系统压力下降，反应温度上升（松香腈反应为放热反应），需要不断充入氢气使加氢系统压力一直维持在 4MPa，温度控制在 80～110℃。

（2）松香熔融法

配料比为歧化松香：氨：红磷：硼酸＝1：0.25：0.01：0.0001。在反应器内加入歧化松香，加热熔融至 180℃，搅拌，加入红磷和硼酸，并通入氨气。升温至 280℃，保持 2h 后，继续升温至 320℃。每隔 1h 取样分析酸值，待酸值降至 5 以下时停止反应，过滤除去催化剂。产率 75%，反应时间约 10h。

【技术指标】 企业标准 吉林化工厂商品

指标名称	指标	指标名称	指标
外观	浅黄色油状液体	闪点/℃	≥180
相对密度	0.9800～1.000	燃点/℃	≥210
折射率(20℃)	1.5400～1.5450	胺含量/%	≥90
黏度(80℃)/(mPa·s)	32～34		

【应用】 松香胺一般用铁桶包装。储于阴凉、通风仓库内，远离火种热源。运输时应防止包装破损。松香胺有较强的杀菌作用，其水溶性较好的盐或金属复盐性能更优，如它的五氯酚盐在 100mg/L 浓度下可阻止细菌生长，300mg/L 可抑制霉菌生长。它作为缓蚀剂或杀菌剂、灭藻剂和除虫剂可用于金属设备的保护和清洗除垢。工业水处理中用作缓蚀剂杀菌灭藻剂、污泥剥离剂，松香胺用在颜料、涂料、橡胶、医药、造纸、纺织等领域，作润滑油的添加剂、木材防腐剂。

12.3.2 松香胺聚氧乙烯醚

【结构式】

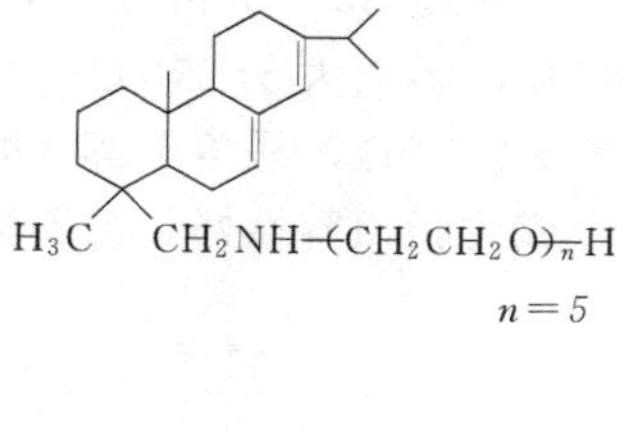

$$H_3C \quad CH_2NH\!-\!(CH_2CH_2O)_n\!H$$

$$n=5$$

【物化性质】　松香胺聚氧乙烯醚又称乙氧基松香胺。黄色黏稠液体。能溶于醇类等有机溶剂。随着环氧乙烷加成数目的增大，产品的水溶性增加，凝固点升高。它兼具缓蚀、杀菌和剥离的效果，可生物降解。

【制备方法】

（1）搅拌法

松香胺通过与环氧乙烷进行聚氧乙烯基化，从而得到聚氧乙烯基松香胺。

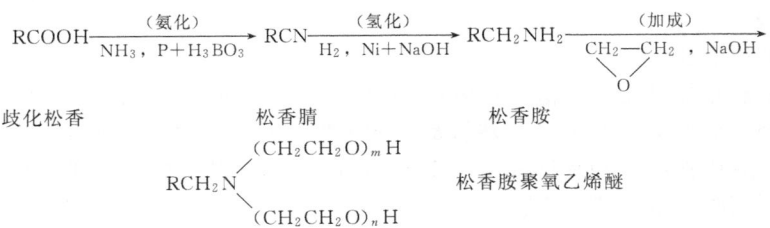

其中，RCOOH 的主要组分为去氢枞酸、二氢枞酸和四氢枞酸。

按照常规加聚环氧乙烷的设备和工艺条件，温度在 $100℃$ 以上，在 $196\sim294kPa$ 压力下，有无催化剂都可方便地得到所需产品。加入碱性催化剂可加速反应。一般加成 5mol 以上的环氧乙烷时，需要添加一定量的催化剂。

目前松香胺聚氧乙烯醚的制备大都采用此法，由歧化松香胺与环氧乙烷在搅拌式反应釜中通过加成反应制备。催化剂为碱性催化剂和酸性催化剂。该法松香胺与环氧乙烷的聚合反应物转化不完全，聚合反应空间小，聚合反应受物料影响大，产物所含黏滞性的伯、仲胺等游离胺较多，反应不完全、不彻底。且反应时间较长，制成成品品质较差。

（2）喷雾法

吴金海等在传统工艺的基础上，采用喷雾法制备松香胺聚氧乙烯醚，并获得专利。反应分两次加入催化剂，第一步在加酸催化剂情况下进行聚合，能让歧化松香胺与环氧乙烷在设定的温度和压力的条件下更好进行胺乙氧基化反应，不同环氧乙烷加合数反应结果是生成一系列伯、仲、叔胺混合物，在酸催化剂的作用下，使不饱和伯胺、仲胺彻底打开，在环氧乙烷作用下，可选择地生成叔胺，使其聚合时反应得更好。第二步加入碱催化剂后，使物料分子结构形成吸脂空隙，使其表面积大幅增加，分子面状态是三维网状结构，具有优良的触变和分散性能。

① 在 2000L 喷雾式反应釜中吸入歧化松香胺 580kg，加热至 $60℃$ 时，吸入 70% 亚磷酸 1.5kg，边抽真空边升温至 $170℃$，控制釜内压力 0.3MPa，关闭真空阀，开启磁力循环泵，物料由釜内吸出再喷入釜内，打开环氧乙烷的阀门，物料与环氧乙烷由喷雾式反应釜的多组组合喷头同时喷出，如此循环反应 1.2h，保温 30min，冷却至 $95℃$；

② 在上述釜内边抽真空，边吸入 50% 氢氧化钾 4kg，边升温至 $125℃$，保温 30min 以上，连续两次用氮气置换釜内空气，升温到 $165℃$，关闭真空阀，开启磁力循环泵，物料和余下环氧乙烷 1080kg 同时喷入喷雾式反应釜，如此循环反应 1.3h，保温 40min，冷却出料。

本方法采用喷雾聚合工艺，从吸料开始，至抽真空、升温反应、冷却、出料全部过程都在连续聚合喷雾反应釜内进行并控制完成，反应雾化效果、反应时间由多组组合喷头人为调节和控制，物料在釜内雾化反应空间大，物料反应接触面积大，反应彻底，效果好，反应时间比搅拌法缩短 $2\sim3h$，产品理化性能指标稳定，易操作，安全可靠。亲水好，活性物含量 $\geqslant95\%$。

【应用】　松香胺聚氧乙烯醚能生物狐降解，不存在公害与污染问题。一般用塑料桶包装。工业水处理中用作缓蚀剂杀菌灭藻剂、污泥剥离剂，用于油井、石油加工厂，锅炉酸洗除垢，是一种金属缓蚀剂、酸洗缓蚀剂。

12.3.3 N-十二烷基丙氨酸

【结构式】

$$C_{12}H_{25}-NH-CH_2CH_2-COOH$$

【物化性质】 N-十二烷基丙氨酸又称 N-月桂基丙氨酸。水溶液为浅色或无色的透明液体。易溶于水、乙醇。耐硬水、耐热。具有优良的乳化性、润湿性、抗静电性。

【制备方法】

（1）丙烯酸甲酯法

丙烯酸甲酯法是最常用的方法，该方法采用 1mol 十二伯胺与 1.1～1.9mol 的丙烯酸甲酯进行反应，经加成反应生成十二烷基氨基丙酸甲酯。然后用氢氧化钠进行皂解反应，生成钠盐和甲醇，最后用盐酸中和其钠盐至 pH＝4 左右，即可以得到不溶于水的两性离子，而生成十二烷基丙氨酸。反应式如下：

$$C_{12}H_{25}NH_2 + CH_2=CHCOOCH_3 \longrightarrow C_{12}H_{25}NHCH_2CH_2COOCH_3$$

$$C_{12}H_{25}NHCH_2CH_2COOCH_3 + NaOH \longrightarrow C_{12}H_{25}NHCH_2CH_2COONa + CH_3OH$$

$$C_{12}H_{25}NHCH_2CH_2COONa + HCl \longrightarrow C_{12}H_{25}NHCH_2CH_2COOH + NaCl$$

（2）丙烯腈法

用丙烯腈代替丙烯酸甲酯，以乙酸为催化剂，与十二胺进行加成反应，可以制取丙氨酸型两性表面活性剂，反应方程式如下：

$$C_{12}H_{25}NH_2 + CH_2=CH_2N \longrightarrow C_{12}H_{25}NHCH_2CH_2CN$$

$$C_{12}H_{25}NHCH_2CH_2CN + NaOH + H_2O \longrightarrow C_{12}H_{25}NHCH_2CH_2COONa + NH_3$$

$$C_{12}H_{25}NHCH_2CH_2COONa + HCl \longrightarrow C_{12}H_{25}NHCH_2CH_2COOH + NaCl$$

该方法生产成本较低，但工艺条件要求较高，操作复杂，产品质量差而且不稳定，因此很少采用此方法合。

（3）丙烯酸法

此方法由十二胺和丙烯酸直接进行加成反应来合成 N-十二烷基丙氨酸，反应式如下：

$$CH_2=CHCOOH + C_{12}H_{25}NH_2 \longrightarrow C_{12}H_{25}NHCH_2CH_2COOH$$

该方法最大的缺点是由于反应过程中黏度剧增而难于操作，有时甚至使搅拌器停止，从而使加进去的丙烯酸不能立即与十二胺反应而导致发生丙烯酸的聚合产生亚胺化合物，使黏度进一步增加，而且此反应中的丙烯酸存在于产品中而难于除去，严重影响产品的性能，因此，该反应虽然减少了皂化和中和两步反应，但仍难以推广到工业生产中去。

Zilkna 等人报道十二胺和丙烯酸在浑浊水乳液中进行加成反应，反应温度为 110～120℃，此方法除了有上述十二胺与丙烯酸直接反应的缺点外，还由于反应温度较高，为防止丙烯酸聚合而加入了阻聚剂，这可能会影响产品的质量。

（4）β-丙内酯法

十二胺和 β-丙内酯反应，可以得到两种产物，其中一种属于 β-氨基丙酸系两性表面活性剂，反应方程式如下：

$$\underset{\substack{| \quad | \\ O-C-O}}{CH_2-CH_2} + C_{12}H_{25}NH_2 \longrightarrow HOCH_2CH_2CONHC_{12}H_{25} + HOOCCH_2CH_2NHC_{12}H_{25}$$

【应用】 氨基酸型两性表面活性剂，具有杀菌灭藻能力，可生物降解，用作水处理的杀菌灭藻剂和污泥剥离剂，以及用作洗涤剂、净洗调理剂、合成纤维的抗静电剂、柔软剂等，还可用于香波中。

参考文献

[1] 胡长诚. 国外水合肼、无水肼制备及提纯方法研发进展. 化学推进剂与高分子材料, 2005, (3): 1-5.

[2] 李本林, 田志高等. 尿素法制备水合肼的研究. 应用化工, 2006, (6): 422-424.

[3] 郑淑君. 水合肼的发展、现状、展望. 化学推进剂与高分子材料, 2005, (3): 17-21.

[4] Jeon-Soo Moon, Kwang-Kyu Park. Reductive removal of dissolved oxygen in water by hydrazine over cobalt oxide catalyst supported onactivated carbon fiber. Applied Catalysis A: General, 2000, 201 (1): 81-89.

[5] Brenguer, Jullin, Ricard. Method for preparing hydrazine. WO 0021921. 2003-05-13.

[6] Schirmann Jean-Pierre, Bourdanuducq Paul. Method for preparing hydrazine hydrate. US 6562311. 2003-05-13.

[7] 粟山育久, 永田信, 吉天净. 酮连氮的合成方法和水合肼的合成方法. CN 1149049. 1997-05-07.

[8] Kuriyama Yasuhisa, Nagata Nobuhiro. Preparation process of hydrazine hydrate. US 5744115. 1998-04-28.

[9] Sridhar S, Srinivasan T, Virendra Usha, et al. Pervapovation of ketazine aqueous layer in production of hydrazine hydrate by peroxide process. Chemical Engineering Journal, 2003, 94 (1): 51-56.

[10] 何铁林, 赵玉茹编. 世界水处理剂商品手册. 北京: 化学工业出版社, 2004.

[11] 何铁林. 水处理化学品手册. 北京: 化学工业出版社, 2000.

[12] Schroader W, Durkheim B, Speyer G H, et al. Preparation of morpholine. US4739051, 1988-04-19.

[13] 张龙传, 邹纪丞. 国内吗啉生产工艺现状. 中国石油和化工, 2007 (9): 56-59.

[14] 郑建东, 廖丹葵, 韦藤幼等. 二甘醇合成吗啉的研究. 化工技术与开发, 2007, 36 (12): 21-23.

[15] 米镇涛, 梁新华, 王亚权. 丙酮或丁酮氧化生产丙酮肟或丁酮肟的工艺. CN 1556096. 2004-12-22.

[16] Krbechek Leroy Orville. Oximation Process. US 5488161. 1996-6-30.

[17] 潘向军. 丙酮肟及固体羟胺的合成. 化工技术与开发, 2006, (3): 1-3.

[18] Lozynki marek, Rusinska-roszak, Danutal. Two-phase preparation of oximes. Pol. J. Chem., 1986, (60): 625-629.

[19] Henry P F, Weller M T, Wilson C C. Structural investigation of TS-1: Determination of the true nonrandom titanium framework substitution and silicon vacancy distribution from powder neutron diffraction studies using isotopes. Phys Chem B, 2001, 105 (31): 7452-7458.

[20] 陈新志, 周少东. 一种丁酮肟的制备方法. CN 101318912. 2008-12-10.

[21] Seidl Peter R, Dacunhapinto, et al. Process for preparation of oximes and resulting products. US 6673969. 2002-09-05.

[22] 吴永璐. 乙醛肟合成方法的改进. 化学与黏合, 2005, 27 (1): 61-62.

[23] 肖钢, 侯晓峰. 一种环己胺的制备方法. CN 101161631. 2008-04-16.

[24] 陈新志, 刘金强, 钱超. 环己胺的合成方法. CN 1900049. 2007-01-24.

[25] Immel Otto, Schwarz Hans-Helmut. Ruthenium catalyst, process for its preparation and process for the preparation of a mixture of cyclohexylamine and dicyclohexylamine using the ruthenium catalyst. US 4952549. 1990-08-28.

[26] 徐克勋. 精细有机化工原料及中间体手册. 北京: 化学工业出版社, 1998.

[27] Ciuba Stanley J. Hydroquinone as an oxygen scavenger in an aqueous medium. US 4282111. 1981-08-04.

[28] 李玉磊, 于萍, 廖冬梅等. 氮四取代苯二胺新型除氧剂的研究. 工业水处理, 2001, (10): 21-24.

[29] Tahara Susumu, Nagai Shigeki, Hayashi Yurio. Method for preparing catechol and hydroquinone. US 3920756. 1975-11-18.

[30] Carleton Peter S. Process for preparing hydroquinone and acetone. US 4207265. 1980-06-10.

[31] Slovinsky Manuel. Boiler additives for oxygen scavenging. US 4269717. 1981-05-26.

[32] Lange, Jr Paul H. Process for making carbohydrazide. US 4496761. 1985-01-29.

[33] 李贵贤. 水处理剂碳酰肼的合成. 精细化工, 2002, (6): 336-338.

[34] 王锋怀, 冯连榕, 张定华等. 异维生素C钠制取异维生素C新工艺. CN 1098412. 1995-02-08.

[35] 王敬臣, 李志初, 成兰兴等. 异抗坏血酸的制备方法. CN 1106808. 1995-08-16.

[36] 周明佐, 曹市城, 周敬凯. 抗氧化剂异抗坏血酸的制备方法. CN 1138579. 1996-12-25.

[37] 王存德, 奚银芬. 二乙基羟胺的合成. 广东化工, 1999, (5): 28-29.

[38] Hwa Chih M, Cuisia Dionisio G, Oleka Ronald L. Composition and method for scavenging oxygen. US 5176849. 1993-01-05.

[39] 陈军民. N-异丙基羟胺生产方法. CN 1709862. 2005-12-21.

[40] 沈一丁. 造纸化学品的制备和作用机理. 北京：中国轻工业出版社，1999. 361-369.

[41] Jacobsen Claus J H. Process for the preparation of ammonia and ammonia synthesis gas. US 6764668. 2004-07-20.

[42] 吕国锋. 一种用工业副产无水硫酸钠制备无水亚硫酸钠的方法. CN 1762809. 2006-04-26.

[43] 卢元健. 用硫酸钠法生产白炭黑、亚硫酸钠和亚硫酸氢钠的工艺. CN 1693194. 2005-11-09.

[44] 化学工业部天津化工研究院等编. 化工产品手册·无机化工产品. 第 2 版. 北京：化学工业出版社，1993.

[45] 黄中杰. 亚硫酸钠生产（标准）焦亚硫酸钠方法. CN 101186315. 2008-05-28.

[46] 严瑞瑄. 水处理剂应用手册. 北京：化学工业出版社，2003.

[47] 王芸，吴飞，曹治平. 消泡剂的研究现状与展望. 化学工程师，2008，（9）：26-28.

[48] 陆静忠. 高纯度磷酸三丁酯的生产方法. CN 1544439. 2004-11-10.

[49] Kodama Y，Kodama T. Process for preparing trialkyophosphate. US 3801683. 1974-04-02.

[50] 张正之，王序昆等. 磷酸三丁酯的生产过程. CN 85104673. 1987-07-22.

[51] 韩世洪，王军平，陈立亭. 消泡剂在纺织浆纱上的应用. 武汉科技学院学报，2006，19（1）：32-34.

[52] 张光华. 表面活性剂在造纸中的应用技术. 北京：中国轻工业出版社，2001.

[53] 王伟松，甘油聚醚的合成方法. CN 100999574. 2007-07-18.

[54] 岳淑美，唐艳茹，丁鹏等. 杂多酸催化合成聚氧丙烯甘油醚. 长春师范学院学报：自然科学版，2006，25（4）：41-45.

[55] R Pelton. A review of antifoam mechanisms in fermentation [J]. Journal of Industrial Microbiology & Biotechnology，2002，29（4）：149-154.

[56] Gyrgy R，Kalman K，Darsh T. Mechanisms of Antifoam Deactivation. Journal of Colloid and Interface Science，1996，181（1）：124-135.

[57] 李连香，李晓娟，温辉城等. 新型有机硅消泡剂. 化学工程师，2005，118（7）：54-55.

[58] 郑立辉，赵艳. 乳化硅油制备的研究. 武汉工业学院学报，2003，（3）：51-52.

[59] Wasan D，Nikolov A. Foaming-antifoaming in boiling suspensions. Ind Eng Chem Res，2004，43（14）：3812-3816

[60] Nikolai D，Denkov，Slavka T. Role of oil spreading for theefficiency of mixed oil-solid antifoams. Langmuir，2002，18（15）：5810-5817.

[61] 安秋凤，李歌，杨刚. 聚醚型聚硅氧烷的研究进展及应用. 化工进展，2008，27（9）：1384-1388.

[62] Crane，William E，et al. Vacuumapplied to the manufacture of siloxane-oxyalkylene block copolymers. US 5869727. 1999-02-09.

[63] 蔡振云，银燕，王健. 聚醚改性聚硅氧烷消泡剂的制备. 有机硅材. 2005，19，（4）：20-22.

[64] 李军伟，王俊. Si—C 型聚醚改性硅油消泡剂的研制. 有机硅材料. 2008，22（6）：365-368.

[65] 天津化工研究院等编. 无机盐工业手册（下册）. 第 2 版，北京：化学工业出版社，1996.

[66] Calik P，Heri N. Novel antifoamfor fermentation processes：fluorocar-bon hydrocarbon hybrid unsymmetrical bolaform surfactant. Langmuir，2005，21（19）：8613-8619.

[67] Jha B K，Christiano S P. Silicone antifoam performance：correlation with spreading and surfactant monolayer packing. Langmuir，2000，16（26）：9947-9954.

[68] 化工部科学技术情报研究所编. 世界精细化工手册. 北京：化工科学技术情报研究所，1987.

[69] 杨胜壁，许建光等编. 化学危险品安全实用手册. 成都：四川科学技术出版社，1987.

[70] Krastanka G，Nikolai D. Optimal hydrophobicity of silica in mixed oil-silica antifoams. Langmuir，2002，18（9）：3399-3403.

[71] Yang Xuefeng，Yao Cheng. Synthesis and comparative propertiesof poly dimethylsiloxane grafted alkyl acrylate. Journal of Applied Polymer Science，2007，6（36）：947-954.

[72] 祁鲁梁，李永存，杨小莉主编. 水处理药剂及材料实用手册. 北京：中国石化出版社，2001.

[73] 张光华. 水处理化学品. 北京：化学工业出版社，2005.

[74] 任天瑞，李永红. 松香化学及其应用. 北京：化学工业出版社，2006.

[75] Kunisch Franz，Kugler Martin，et al. Rosin amine anti-fouling agents. US 6972111. 2005-12-06.

[76] Kunisch Franz，Kugler Martin. Rosin amine anti-fouling agents. EP 99105349. 2001-12-19.

[77] 吴金海. 喷雾法制备松香胺聚氧乙烯醚的方法. CN 101121783. 2008-02-13.

[78] Falbe J. Surfactants in consumer products. Germany：Springer Verlag Heidelberg，1987；116-117.